工程施工组织设计
（下册）

Gongcheng Shigong Zuzhi Sheji

刘 辉 编著

人民交通出版社股份有限公司
China Communications Press Co.,Ltd.

内 容 提 要

本书参考了各部委关于施工组织设计的规范规定,重点借鉴了《铁路工程施工组织设计规范》(Q/CR 9004—2018),系统地总结了中国中铁股份有限公司在铁路、公路、城市轨道交通等领域施工组织管理经验,具有理论性、指导性和实用性。全书分上、下册,共五篇36章,按照专业进行分类,重点针对"为什么编""怎么编""编什么"三个问题,编写形成具有普适性的施工组织设计内容。

本书对提升企业工程施工组织管理水平和施工技术水平具有重要理论和实践意义。全书内容丰富、信息量大、资料全面,可供从事工程建设项目施工组织设计的管理人员、技术人员使用,也可供相关研究、教学等人员参考。

图书在版编目(CIP)数据

工程施工组织设计 / 刘辉编著. —北京:人民交通出版社股份有限公司, 2019.2
ISBN 978-7-114-15293-1

Ⅰ. ①工… Ⅱ. ①刘… Ⅲ. ①建筑工程—施工组织—设计 Ⅳ. ①TU721.1

中国版本图书馆 CIP 数据核字(2019)第 027251 号

书　　名:	工程施工组织设计
著 作 者:	刘　辉
责任编辑:	张一梅
责任校对:	尹　静　张　贺　赵媛媛
责任印制:	张　凯
出版发行:	人民交通出版社股份有限公司
地　　址:	(100011)北京市朝阳区安定门外外馆斜街 3 号
网　　址:	http://www.ccpress.com.cn
销售电话:	(010)59757973
总 经 销:	人民交通出版社股份有限公司发行部
经　　销:	各地新华书店
印　　刷:	北京市密东印刷有限公司
开　　本:	880×1230　1/16
印　　张:	95.75
字　　数:	2752 千
版　　次:	2019 年 2 月　第 1 版
印　　次:	2019 年 2 月　第 1 次印刷
书　　号:	ISBN 978-7-114-15293-1
定　　价:	490.00 元(含上、下两册)

(有印刷、装订质量问题的图书由本公司负责调换)

目 录

第五篇 典型工程施工组织设计案例

第20章 案例1——沪昆铁路长昆段指导性施工组织设计 ... 3
- 20.1 概述 ... 3
- 20.2 建设项目所在地区特征 ... 4
- 20.3 施工总工期、分期修建意见及施工区段的划分 ... 7
- 20.4 施工准备工作 ... 29
- 20.5 主要工程施工方法、顺序、进度、工期及措施 ... 30
- 20.6 解决施工与行车干扰的措施 ... 36
- 20.7 材料供应计划 ... 36
- 20.8 临时工程 ... 37
- 20.9 施工环保措施 ... 60
- 20.10 施工安全措施 ... 60
- 20.11 有关问题 ... 61

第21章 案例2——兰渝铁路LYS-3合同段实施性施工组织设计 ... 62
- 21.1 编制说明 ... 62
- 21.2 工程概况及主要工程数量 ... 62
- 21.3 工程特点及重点、难点 ... 74
- 21.4 施工组织总体方案 ... 76
- 21.5 主要工程项目的施工方案、施工方法 ... 81
- 21.6 重点(关键)和难点工程的施工方案、方法及其措施 ... 119
- 21.7 施工进度安排 ... 145
- 21.8 施工人员、材料、工程设备使用计划 ... 155
- 21.9 施工管理保障体系 ... 159
- 21.10 冬季和雨季施工措施 ... 164
- 21.11 其他需说明的事宜 ... 165

第22章 案例3——蒙华铁路中条山隧道实施性施工组织设计 ... 168
- 22.1 编制说明 ... 168
- 22.2 工程概况 ... 169
- 22.3 建设项目所在地区特征 ... 172
- 22.4 施工组织安排 ... 175
- 22.5 临时工程 ... 180
- 22.6 控制工程和重难点工程施工方案 ... 182
- 22.7 资源配置方案 ... 241
- 22.8 管理措施 ... 242
- 22.9 施工组织附图表 ... 246

第23章 案例4——大理至瑞丽铁路高黎贡山隧道实施性施工组织设计 ... 258
23.1 编制说明 ... 258
23.2 工程概况 ... 259
23.3 施工总体部署 ... 266
23.4 控制工程和重难点工程施工方案 ... 275
23.5 施工机械及测试设备组织及配置计划 ... 292
23.6 隧道工程施工方法及工艺 ... 300
23.7 隧道超前地质预报 ... 354
23.8 隧道监控量测 ... 357
23.9 工程综合管理措施 ... 364

第24章 案例5——青藏铁路多年冻土区隧道施工组织设计 ... 365
24.1 编制说明 ... 365
24.2 工程概况 ... 365
24.3 施工总体部署 ... 368
24.4 总体施工准备与主要资源配置 ... 368
24.5 隧道施工方案 ... 371
24.6 隧道施工注意事项 ... 373
24.7 施工进度计划 ... 373
24.8 试验研究工作安排 ... 375
24.9 综合管理 ... 375

第25章 案例6——厦门海底隧道实施性施工组织设计 ... 378
25.1 编制说明 ... 378
25.2 工程概况 ... 378
25.3 工程特点、重点难点及关键辅助措施 ... 381
25.4 施工总体部署 ... 384
25.5 施工进度计划 ... 388
25.6 主要工程项目的施工方案和施工方法 ... 389
25.7 监控量测及测量控制 ... 421
25.8 隧道地质超前预报 ... 430

第26章 案例7——蒙华铁路龙门黄河大桥施工组织设计 ... 433
26.1 编制说明 ... 433
26.2 工程概况 ... 433
26.3 工程特点、重难点分析 ... 438
26.4 管理目标 ... 439
26.5 项目组织结构 ... 440
26.6 施工部署 ... 441
26.7 施工进度安排 ... 443
26.8 施工准备及资源配置 ... 444
26.9 主要工程施工方案 ... 446
26.10 施工过程监测与控制 ... 479
26.11 施工进度计划 ... 481
26.12 管理措施 ... 482
26.13 施工组织附图表 ... 482

第27章　案例8——南京大胜关长江大桥施工组织设计 ... 488
27.1　编制说明 ... 488
27.2　工程概况 ... 489
27.3　施工总体规划 ... 492
27.4　下部结构施工方案、方法 ... 496
27.5　上部混凝土箱梁施工方案、方法 ... 507
27.6　主桥钢梁架设 ... 510
27.7　综合管理措施 ... 530
27.8　附表 ... 530

第28章　案例9——港珠澳大桥施工组织设计 ... 534
28.1　编制说明 ... 534
28.2　工程概况 ... 534
28.3　总体施工部署 ... 545
28.4　施工总进度计划 ... 551
28.5　施工准备及资源配置 ... 555
28.6　工程的施工方案 ... 557
28.7　施工总体平面布置 ... 633
28.8　综合管理措施 ... 634
28.9　附图 ... 634

第29章　案例10——胶州湾跨海大桥施工组织设计 ... 637
29.1　编制说明 ... 637
29.2　工程概况 ... 637
29.3　总体施工准备与主要资源配置 ... 645
29.4　总体施工部署 ... 647
29.5　施工进度计划 ... 654
29.6　重难点工程及其他工程施工方案 ... 658
29.7　施工测量和监控 ... 671
29.8　综合管理措施 ... 672
29.9　施工组织附图表 ... 672

第30章　案例11——青藏铁路预制铺架施工组织初步设计 ... 675
30.1　编制说明 ... 675
30.2　工程概况 ... 675
30.3　施工总体部署 ... 678
30.4　总体施工准备、主要资源配置及设备改造 ... 681
30.5　预制、铺架工程施工方案 ... 685
30.6　铺架运输组织 ... 690
30.7　施工进度计划 ... 694
30.8　特殊条件下的行车办法 ... 695
30.9　综合管理 ... 697
30.10　附图、附表 ... 704

第31章　案例12——稍子坡滑坡治理工程施工组织设计 ... 710
31.1　编制依据 ... 710
31.2　工程概况 ... 710

31.3	滑坡整治工程概述及主要工程数量	712
31.4	施工方案、技术措施及施工机械的选择	714
31.5	工期、施工顺序和工程进度计划	719
31.6	组织机构、主要人员编制及施工布置	720
31.7	确保工期、质量、安全、雨季施工、环保、道路畅通的措施	721
31.8	施工前准备工作及收尾工作	727
31.9	附表	727

第32章 案例13——甘肃省舟曲县锁儿头滑坡防治工程实施性施工组织设计 729

32.1	编制说明	729
32.2	工程概况	729
32.3	工程管理结构	731
32.4	施工总体部署	731
32.5	施工总平面图	732
32.6	分项工程施工方案与技术措施	733
32.7	工程进度计划及保证措施	740
32.8	施工综合管理	741
32.9	附表	741

第33章 案例14——成都轨道交通9号线4标施工组织设计 745

33.1	编制说明	745
33.2	工程概况	746
33.3	工程特点、重点、难点分析	751
33.4	施工总体部署	755
33.5	前期工程实施方案	761
33.6	施工方案和方法	766
33.7	施工测量与监控量测	824
33.8	综合管理措施	831

第34章 案例15——新建哈齐铁路客运专线"四电"系统施工组织设计 837

34.1	编制说明	837
34.2	工程概况	837
34.3	建设项目所在地区特征	842
34.4	施工组织安排	843
34.5	控制工序和重难点工序施工方案	851
34.6	施工方案	866
34.7	资源配置方案	870
34.8	管理措施	889
34.9	施工组织图表	910

第35章 案例16——宝鸡至兰州铁路客运专线兰州枢纽工程施工组织设计 919

35.1	编制说明	919
35.2	工程概况	919
35.3	施工部署	928
35.4	施工准备及资源配置计划	935
35.5	主要施工方法及技术措施	944
35.6	主要施工管理措施	960

35.7　施工总平面图 …………………………………………………………………… 966

第36章　案例17——昌赣客运专线CGZQ-7标段铺架工程实施性施工组织设计 …… 967

36.1　编制依据、原则及编制范围 …………………………………………………… 967
36.2　工程概况 ………………………………………………………………………… 968
36.3　工程特点、重难点分析及施工对策 …………………………………………… 971
36.4　管理目标 ………………………………………………………………………… 973
36.5　项目组织机构和主要人员表 …………………………………………………… 974
36.6　施工部署 ………………………………………………………………………… 978
36.7　施工进度安排 …………………………………………………………………… 982
36.8　施工准备 ………………………………………………………………………… 984
36.9　资源配置方案 …………………………………………………………………… 986
36.10　主要工程施工方案 …………………………………………………………… 987
36.11　运输组织方案 ………………………………………………………………… 1010
36.12　特殊过程、关键工序界定和管理措施 ……………………………………… 1014
36.13　重大危险源、重要环境因素辨识及措施 …………………………………… 1014
36.14　安全保证措施 ………………………………………………………………… 1016
36.15　质量保证措施 ………………………………………………………………… 1017
36.16　工期保证措施 ………………………………………………………………… 1018
36.17　文明施工、环境与职业健康保护措施 ……………………………………… 1019
36.18　节能减排目标及保证措施 …………………………………………………… 1020
36.19　季节性施工保障措施 ………………………………………………………… 1020
36.20　应急预案 ……………………………………………………………………… 1023

参考文献 ……………………………………………………………………………… 1024

第五篇
典型工程施工组织设计案例

本篇以推广工程建设的先进技术和成功经验为首要任务,提高我国工程施工技术和管理水平,促进施工组织设计编制质量,从而发挥工程项目施工组织设计应有的指导性作用。在《工程施工组织设计》(上册)所介绍内容及理念的指导下,搜集中国中铁股份有限公司下属相关单位近年来已建和在建典型工程施工组织设计案例,精心筛选出17个典型案例进行编排。所选案例主要涉及隧道、桥梁、路基、滑坡、地铁和站后等工程项目,既具有行业领域的普遍性,也具备交通工程的先进性、典型性和代表性。案例编写以真实、完整、系统和实效为原则,从编制说明、工程概况、工程项目管理组织、施工总体部署、施工进度计划、控制工程和重难点工程施工方案、施工组织附图表等方面进行编写,蕴含了工程施工组织设计的基本理论,同时也突出施工组织设计"编什么"的问题。施工组织设计案例为技术人员之间分享经验、加强沟通提供了一种有效媒介,可以了解典型工程的性质、规模、难点和重点,从而对施工过程中出现或将面临的工程难题提出相应的对策和方案,也为工程技术人员编制"工程施工组织设计"提供指导和借鉴,合理规划施工布置和资源配置,并能在工程实践中有效地处理工程中的难点、重点问题,实现施工质量、安全、工期、投资、环保和稳定等建设目标。

本篇案例的选取和编写,与《工程施工组织设计》(上册)的第三篇(专业施工组织设计要点)相呼应,主要从施工组织总体设计、单位工程、特长地质复杂隧道、特殊路基、技术复杂桥梁及水下隧道等站前工程,以及"四电工程""轨道工程""枢纽工程"等站后工程进行分类编写,尤其以铁路行业内的隧道和桥梁专业为重点。案例主要从以下5个方面按顺序进行编写:

(1)总体施工组织设计选用2个案例:新建沪昆铁路客运专线长沙至昆明段指导性施工组织设计,兰渝铁路LYS-3合同段实施性施工组织设计。

(2)隧道工程施工组织设计选用4个案例:蒙华铁路中条山隧道实施性施工组织设计,大瑞铁路高黎贡山隧道实施性施工组织设计,青藏铁路多年冻土区隧道施工组织设计,厦门海底隧道施工组织设计。

(3)桥梁工程施工组织设计选用4个案例:蒙华铁路龙门黄河大桥实施性施工组织设计,南京大胜关长江大桥施工组织设计,港珠澳大桥施工组织设计,胶州湾跨海大桥施工组织设计。

(4)特殊路基施工组织设计选用2个案例:国道316稍子坡滑坡治理工程施工组织设计,舟曲县锁儿头滑坡防治工程施工组织设计。

(5)其他单位工程施工组织设计选用5个案例:青藏铁路冻土路基施工组织设计,成都轨道交通9号线4合同段施工组织设计,哈齐客专"四电"系统施工组织设计,宝兰客专兰州枢纽工程施工组织设计,昌赣客专CGZQ-7合同段铺架工程实施性施工组织设计。

第20章 案例1——沪昆铁路长昆段指导性施工组织设计

20.1 概 述

20.1.1 设计依据

(1)铁道部发展计划司计长函[2009]1号《关于下达2009年铁路勘察设计工作计划的通知》。

(2)国家发展和改革委发改基础[2009]1901号《国家发展和改革委关于新建长沙至昆明铁路客运专线项目建议书的批复》。

(3)原铁道部工程设计鉴定中心对《新建铁路沪昆客运专线长沙至昆明段可行性研究报告》的审查意见(初稿)。

(4)中国国际工程咨询公司对《新建铁路沪昆客运专线长沙至昆明段可行性研究报告》的评估意见(专家意见初稿)。

(5)铁建设[2000]95号《铁路工程施工组织调查与设计办法》。

(6)铁建设[2008]189号《关于发布〈铁路大型临时工程和过渡工程设计暂行规定〉的通知》。

(7)铁建设[2007]152号《铁路建设项目预可行性研究、可行性研究和设计文件编制办法》。

(8)设计图纸及工程数量。

(9)2009年外业定测调查资料。

20.1.2 编制范围

新建沪昆铁路客运专线长沙至昆明段工程贵州、云南段设计范围为:湘黔省界至昆明南站(不含),DK419+530~DK1169+928,正线建筑长度744.288km(其中:贵州段长561.348km,云南段长182.940km),包括引入贵阳枢纽、昆明枢纽相关工程。设计范围如图20-1所示。

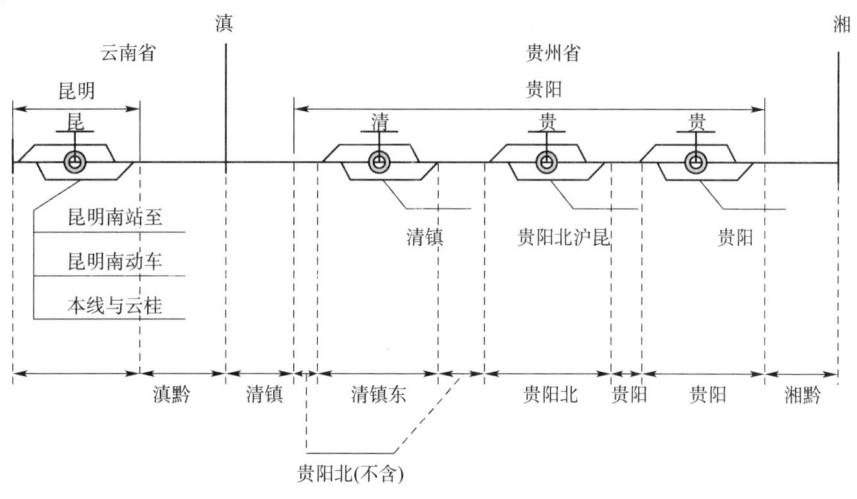

图20-1 设计范围示意图

20.1.3 工程概况

20.1.3.1 线路情况

湘黔省界至昆明南(以下简称全线或本线)线路由湖南省的新晃进入贵州省,自东向西经贵州的玉屏、三穗、凯里、贵定后,与新建贵阳至广州客运专线的贵阳北站相接,出贵阳北站线路过平坝、安顺、关岭、普安、盘县进入云南省,再经云南的富源、曲靖、嵩明后从小哨机场东南面引入昆明市第二客站(昆明南站)。正线建筑全长744.288km,其中贵州境内长561.348km,云南境内长182.94km。

全线共分布16个车站及1个线路所。平均站间距离48.62km,最大站间距离92.318km(三穗～凯里南),最小站间距离10.08km(贵阳东～贵阳北)。其中,贵阳北、昆明南为始发站,其余车站为中间站。

20.1.3.2 全线主要工程分布情况

沪昆客运专线长沙至昆明段(玉屏至昆明)正线全长744.288km,主要工程有:拆迁房屋69.09万m^2。新征用地29535亩。路基土石方7477.0万m^3;挡护圬工502.3万m^3。新建桥梁457座计193.671km,其中正线桥梁442座计182.593km。简支箱梁5033孔。涵洞565座计16928横延米。新建隧道(含明洞)260座计395.113km,其中正线隧道(含明洞)259座计394.596km。正线铺轨1490.950铺轨公里;站线铺轨105.242铺轨公里;铺道岔302组;铺道砟22.7万m^3。新建房屋17.44万m^2。

全线正线桥梁442座计182.593km,占线路总长的24.53%;正线隧道(含明洞)259座计394.596km,占线路长度的53.02%。全线正线桥隧总长577.189km,桥隧比77.55%。正线路基长度167.099km。

重点工程主要有克地坝陵河特大桥(桥长534m,主桥88m+168m+88m预应力混凝土刚构)、北盘江特大桥(桥长724.4m,主桥1-430m上承式钢筋混凝土拱)、岔河特大桥(桥长489m,主桥1-192m钢筋混凝土人字桥)、栋梁坡隧道(9273m)、大独山隧道(11912m)、岗乌隧道(13174m)、壁板坡隧道(14788m)。栋梁坡隧道施工工期33个月,为湘黔省界至贵阳北段控制工期的工程。壁板坡隧道施工工期57个月,为贵阳北至昆明南段控制工期的工程。

20.1.3.3 主要技术标准

(1)铁路等级:客运专线。
(2)正线数目:双线。
(3)速度目标值:350km/h。
(4)线间距:5.0m。
(5)最大坡度:20‰,部分地段25‰。
(6)最小曲线半径:7000m。
(7)到发线有效长度:650m。
(8)牵引种类:电力。
(9)机车类型:动车组。
(10)列车运行控制方式:自动控制。
(11)行车指挥方式:调度集中。

20.2 建设项目所在地区特征

20.2.1 自然特征

20.2.1.1 地形地貌

本线位于云贵高原及边缘过渡地带,属云贵高原剥蚀—溶蚀低中山、低山丘陵和高原盆地地貌,总体地势东低西高。海拔高程由玉屏的350m逐渐上升至昆明的近2000m,受多条深切峡谷切割及高原盆地影响,地势起伏较大。

20.2.1.2 地层岩性

沿线地层出露较完全,主要岩性有碎屑岩、变质岩、碳酸盐岩、岩浆岩以及第四系各类成因的松散堆积物等。主要岩石以石灰岩、白云质灰岩、白云岩为主。

20.2.1.3 主要工程地质问题

沿线地形、地质条件极为复杂,区域地质作用剧烈,碳酸岩分布广泛,不良地质特别发育,地质灾害发生频繁且类型众多。沿线主要工程地质问题有滑坡、崩塌、岩堆、顺层、危岩落石、泥石流、岩溶、煤层瓦斯和采空区、高烈度地震区、砂土液化、风化剥落等不良地质现象,同时有软土、松软土、膨胀岩土等特殊岩土分布。

20.2.1.4 地震动参数

沿线通过地区多为六、七度地震区,地震动峰值加速度为$0.05g \sim 0.15g$,八度、九度地震区仅分布于云南境内曲靖至昆明间的南北向构造带中,地震动峰值加速度为$0.2g \sim 0.4g$。其中,位于寻甸附近的小江断裂带是本线通过的强震带,沿该断裂带一线自北而南,是云南历史上强震集中而又频发的地区。据有关资料,小江断裂带地震活动强烈,并且有强度大、频度高及成带分布的特征,充分显示了断裂带具有强烈的现今活动性。据不完全统计,从公元1500年至今,共发生过$M \geq 5$级地震36次,最大为8级,其中$M \geq 6$级地震12次,$M < 6$级地震24次,有12次地震发生在区内。

20.2.1.5 气象水文

贵州省处亚热带湿润气候区。省内大部年平均气温15℃以上(西北部略偏低),极端最高气温39.5℃,极端最低气温−9℃,冬季高寒山区常有凝冻。年平均降水量1094~1479mm,最大一日降水量133.9~307.4mm,5~8月为雨季期,10月至次年4月为旱季期。年平均风速1.5~2.62m/s,最大风速13.0~23.0m/s。

云南省属热带高原季风气候区。年平均气温14.7℃,极端最高气温32.2℃,极端最低气温−7.8℃,年平均降水量1013mm,6~10月为雨季期,11月至次年4月为旱季期。曲靖至昆明区段属亚热带高原季风气候,年平均降水量1013mm,雨季多集中在6至10月,11月至次年5月为旱季。

沿线地下水主要为岩溶水、基岩裂隙水及第四系空隙水三大基本类型。岩溶水分布广,是全线最主要的地下水类型,水质主要为重碳酸钙镁型淡水,根据初测对沿线地表水、地下水取样分析,水质类型主要为$HCO_3^- \text{-} Ca^{2+}$、$HCO_3^- \text{-} Ca^{2+} \cdot Mg^{2+}$型水,次为$HCO_3^- \text{-} SO_4^{2-} \text{-} Ca^{2+} \cdot Mg^{2+}$、$SO_4^{2-} \text{-} Ca^{2+} \cdot Mg^{2+}$、$SO_4 \text{-} Mg^{2+}$、$HCO_3^- \text{-} \cdot Cl \text{-} Ca^{2+}$、$HCO_3^- \text{-} \cdot Cl \text{-} Na^+$型水等。大部分地表水对混凝土无侵蚀性,部分地段地表水及地下水对混凝土具弱~强硫酸型酸性侵蚀及弱~中等溶出性侵蚀,其侵蚀等级为$H_1 \sim H_3$。

20.2.1.6 环境保护

(1)自然保护区、森林公园、风景名胜、水源保护区:全线沿线地区分布有各类环境敏感区共计61处。大部分环境敏感区均已绕避,但由于地形及工程条件所限,部分敏感区仍难以避让,主要有红枫湖国家级风景名胜区、玉屏侗箫笛之乡省级风景名胜区、玉屏南门坡县级森林公园、贵定洛北河水源保护区等。上述无法避让的环保区,将进一步通过专题论证,并与地方相关部门协调解决方案。

(2)基本农田保护区:全线建设将不可避免的占用部分基本农田,由于沿线基本农田多分布于低洼谷地,线路多以桥梁形式穿越,因此,对基本农田的影响会得到有效降低。

(3)文物古迹:该工程不涉及文物保护单位,主体工程设计时充分考虑了对文物保护单位的绕避,故对文物保护单位基本没有影响。

(4)国家重点保护的野生动植物:根据现场调查,目前未发现工程涉及具有保护价值的野生动植物。

20.2.2 交通运输情况

20.2.2.1 铁路

本线所经云南境内基本靠近贵昆铁路行进,进入贵州后盘县至镇宁段约150km,线路远离既有铁路,此后线路一直沿贵昆铁路和湘黔铁路走行。既有铁路办理货运业务的车站主要有:昆明南(王家营西)、金马村、小新街(塘子)、马龙、曲靖、白水镇、富源、红果、么铺、平坝、湖潮、都拉营、贵定、马场坪、白秧坪(麻江)、凯里、羊坪、玉屏和大龙共19个站。

20.2.2.2 公路

总体上,本线基本穿行于云贵两省东西公路交通走廊腹地,线路所经大部分地区公路交通骨干网基本形成。昆明以东至富源、贵州境内关岭至贵阳以及贵定、凯里、玉屏三地市近郊公路交通相对较发达。区域内主要以国家高速公路——沪瑞高速公路(G065)、国道(G326、G320)、省道(S101、S201、S203)为主干,以县级公路(X)和乡村公路为支线,构成沿线较为便捷的公路交通体系。国道和省道主干交通大致与本线平行,部分区段紧邻本线。普安至安顺段、贵阳至贵定段、凯里至三穗段远离主干公路,而支线公路多与本线相交。贵州地区等级以下公路略好于云南地区,但贵州境内盘山公路较多,或远离线位,或公铁相对高差较大。

20.2.2.3 水运

本线所经珠江和长江两大水系,大致以贵州的苗岭为界(镇宁与安顺间),以北为长江水系,以南为珠江水系。所经珠江水系的南盘江、北盘江,长江水系的清水江、舞阳河等较大河流,均河谷狭窄深切,河床坡度大,多瀑布、暗礁、险滩,水急而不具备有运输能力的通航条件,因此本线不考虑水运。

20.2.3 当地建筑材料的分布情况

(1)砂石料。根据沿线地层岩性揭示,本线由西向东主要分布有碳酸盐岩、变质岩、碎屑岩和岩浆岩。昆明至曲靖段以碳酸岩和碎屑岩相间出露;曲靖至凯里段以碳酸岩地层为主,局部有玄武岩渗透;凯里至新晃段为变质岩、碳酸岩和碎屑岩相间地层。碳酸盐岩代表性岩石的石灰岩、白云质灰岩和白云岩是加工混凝土粗集料的基本原料,因此,本线不缺石料。全线分布的砂场有元谋砂场(河砂)、东川腊利建材厂砂场(河砂),此外有湖南湘江较好的河砂,河砂供应范围:元谋河砂供应至贵定北,火车运至贵定北运距820km;湘江河砂火车运至贵定北运距796km。

(2)道砟。本线正线为无砟轨道工程,不需要道砟。站线和联络线为有砟道床,需少量道砟。道砟考虑由勤丰营和野马寨供应。

(3)粉煤灰。本线主要经过云南东部和贵州西部产煤区,该区域火力发电较为发达,贵州中部地区也分布一定数量的火力发电厂,因此,本线粉煤灰供应较为充足。

(4)砖、瓦、石灰。线路所经主要城镇和较大居民点,都有砖瓦烧制,可就近选用;本线主要经过石灰岩地区,石灰供应充足。

(5)路基工程填料。本线所经大多为山区,除局部地段外,山体岩石风化较轻,路基填料较丰富,部分路堑挖方和隧道弃砟可作路基填料,因此本线不缺路基工程填料。

20.2.4 沿线水源、电源、燃料等可资利用情况

(1)水源。沿线地下水主要为岩溶水、基岩裂隙水及第四系空隙水三大基本类型。岩溶水分布较广,是本线最主要的地下水类型,水质主要为重碳酸钙镁型淡水,一般不具侵蚀性;基岩裂隙水主要分布于贵州东部和西部地区,部分含石膏和煤层的地下水对混凝土具酸性侵蚀性;第四系空隙水分布较为零星,对混凝土一般不具侵蚀性。沿线地表水相对丰富,除局部地段水源点分布间隔稍大,水资源较贫乏之外,全线没有特别困难的缺水地区。大致分布为:云南境内以水库和小溪为主,贵州境

内多以沟河居多。凡城镇和较大居民点一般都有自来水供应。水质以水库水源和普安以东地区河水为佳。曲靖以东至富源、盘县、普安一带,受含煤地层和煤矿开采以及煤炭炼焦加工等综合因素影响,地表水污染情况相对较严重。

(2)电源。本线所经地区电网分布情况较好,沿线覆盖有220kV、110kV、35kV和10kV电力线路,相应变电站分布有序,星罗棋布。供电营业区均属南方电网管辖,按省界划分属贵州电网公司和云南电网公司,其中贵州电网公司下辖玉屏、三穗、凯里、麻江、贵定、贵阳、平坝、镇宁、安顺、关岭、普安、晴隆和盘县等供电营业区,玉屏属铜仁电力公司管辖,三穗、麻江属凯里电力公司管辖,平坝、关岭、镇宁属安顺电力公司管辖;云南电网公司下辖富源、沾益、曲靖、马龙、嵩明、昆明等供电营业区,富源、沾益和马龙属曲靖电力公司管辖,嵩明属昆明供电局管辖。本线无较大的缺电区段,但其电力线路一般以10kV线至各村寨或居民点,线径多满足地方用电负荷为准。本线施工用电量大,负荷高,难以直接连接地方电源线,必须考虑独立的施工电源体系。

(3)燃料。本线所经富源、盘县、普安、晴隆、关岭、贵阳、贵定、凯里等地均为产煤区,不缺燃煤。油料供应主要源自国家两大石油公司,供应方式以遍布沿线的加油站主。油料价格随国家公布价。

20.2.5 地区卫生防疫情况

沿线未发现区域性地方疾病。地方各级卫生防疫系统健全,防治措施行之有效。即便卫生防疫系统和交通条件稍差的偏远山区,亦可因现代通信系统的发达及时通报疫情,并通过上级卫生防疫系统有效控制。

20.3 施工总工期、分期修建意见及施工区段的划分

20.3.1 施工总工期及依据

20.3.1.1 施工组织设计总体方案

结合本线与既有铁路的位置关系、重点桥隧工程分布、控制工期工程情况,围绕简支箱梁施工和无砟轨道工程施工,全线施工组织设计做如下总体安排:

根据本线可行性研究铺轨基地方案比选推荐意见和鉴定中心对可行性研究设计文件审查的初步意见,玉屏至昆明段共设3个铺轨基地,分别设于羊坪、么铺和昆明南(动车运用所)。由成都石板滩长钢轨基地供应500m长轨条,采用无砟轨道长钢轨铺轨专用设备铺设正线无缝线路;到发线和联络线有砟轨道按换铺法施工无缝线路。

简支箱梁尽可能考虑梁场预制,采用客运专线整孔箱梁运架设备架梁。简支箱梁按通过隧道运梁。梁场规模暂按不小于100孔布设,梁场供应范围按保证每天完成一孔箱梁架设为基线。桥隧相连地段和零星分散的桥梁,辅以移动模架和支架现浇箱梁,并优先考虑移动模架方案。连续梁按悬灌法施工。北盘江桥、岔河桥、克地坝陵河等特殊结构桥梁,按设计采用的施工方案施工。桥梁下部工程按常规法施工。本线没有深水复杂桥梁。枢纽联络线等采用的T梁,按T梁架桥机架设。

全线正线设计为板式无砟轨道,其中玉屏至富源段按Ⅱ型板式无砟轨道设计,富源至昆明段高地震烈度区(地震动峰值加速度0.2g～0.4g)按Ⅰ型板式无砟轨道设计。轨道板全部设场预制,汽车运往工地铺设。轨道板预制厂的设置,结合长大隧道和重点桥梁分布,运输条件综合考虑。受重点工程和运输条件制约,局部适当增设轨道板转存场。轨道板预制厂供应范围尽量与梁场结合。长大隧道内无砟轨道施工区段,考虑平导、横洞、斜井增加的施工口;路桥段无砟轨道施工区段相对自由,按各区段铺轨控制工期综合考虑。

全线混凝土供应按集中拌和考虑。拌和站的设置优先选在长大隧道口和复杂桥梁工点附近。

路基工程混凝土用量较小,一般不单独设置拌和站,由相邻桥隧工程所设拌和站兼顾。

路基基床AB组填料和基床表层级配碎石,主要按集中拌和考虑。桥隧密集零星分散的路基地段按局部分散拌和考虑。

20.3.1.2 全线重点工程和控制工期工程情况

全线重点桥梁工程主要有北盘江特大桥、岔河特大桥、坝陵河特大桥;重点隧道有大独山隧道、岗乌隧道和壁板坡隧道。壁板坡隧道为全线控制工期的工程,本次初步设计该隧道施工工期57个月,为全线总工期确定的控制性工程。

1)北盘江特大桥

北盘江特大桥位于北盘江光照水电站大坝下游约1km处,桥址两岸岸坡陡峻(自然坡度37°~62°),局部为陡崖,河床宽约52m,水深约10m。两端岸坡上基岩(灰岩)出露,坡上灌木零星散布,植被不发育,缓坡地带多被垦为旱地。不良地质为岩溶,岩溶中等~强烈发育地带,对桥梁工程影响较大。桥址地震动峰值加速度为0.05g,地震动反应谱特征周期为0.45s。桥位两岸有光照水库库区公路通过,交通较方便。

桥梁中心里程为DK881+933.0,桥梁全长728.93m。主桥采用1-430m上承式钢筋混凝土拱桥。引桥及拱上孔跨布置为:1-32m简支箱梁+2-65m预应力混凝土T构+4-40m预应力混凝土连续梁+4-40m预应力混凝土连续梁+2-65m预应力混凝土T构+2-48m预应力混凝土T构。总工期46个月。

2)岔河特大桥

本桥跨岔河,河谷深切呈"V"字形,河床宽10~20m,水深不足1m。两端岸坡陡坡上基岩(灰岩)多出露,缓坡及破麓地带则多为第四系覆土,缓坡地带多被垦为旱地,植被不发育,坡上灌木零星散布。不良地质主要有岩溶及危岩落石,岩溶弱~中等发育地带,对桥工程有一定的影响。地震动峰值加速度为0.05g,地震动反应谱特征周期为0.45s。

桥梁中心里程为DK896+612,全桥长499.78m,主桥采用1-192m钢筋混凝土人字桥。引桥及人字桥上部结构孔跨布置为:1-40m简支箱梁+(56m+2-104m+56m)人字形桥+3-40m简支箱梁。总工期38个月。

3)坝陵河特大桥

该桥跨越坝陵河,两岸岸坡地势陡峻(自然坡度为30°~66°),地形呈上陡下缓状,河谷深切呈"U"字形,河床宽6~20m,水深不足1m。两岸基岩(灰岩)多出露,缓坡地带多被垦为旱地,植被不发育,坡上灌木零星散布。不良地质主要有岩溶、滑坡、岩堆及危岩落石。岩溶中等发育地带,对桥工程有一定的影响。地震动峰值加速度为0.05g,地震动反应谱特征周期为0.45s。

坝陵河特大桥,中心里程为DK845+179,桥跨布置采用2-32m简支箱梁+(88m+168m+88m)预应力混凝土刚构+2-32m简支箱梁+1-24m简支箱梁+1-32m简支箱梁。总工期28个月。

4)大独山隧道

位于关岭至普安区间,隧道进口里程DK852+735,出口里程DK864+647,全长11912m。为本线第三长隧道。线路纵坡为人字坡。隧道最大埋深380m。具构造剥蚀~溶蚀地貌特点,溶蚀洼地、漏斗、落水洞等岩溶地貌比较常见。地质构造主要共有3处褶皱,7处断层。正常涌水量为84064.691m³/d,雨季的最大涌水量约168129.376m³/d。全隧Ⅱ级围岩段长1240m,Ⅲ级围岩段长2600m,Ⅳ级围岩段长4950m,Ⅴ级围岩段共长3122m。本隧采用复合式衬砌,辅助坑道设"一平一横":贯通平导长11872m,位于线路前进方向右侧35m,1号横洞1405m。平导采用有轨双车道运输,横洞采用无轨单车道运输。施工总工期为52个月。

5)岗乌隧道

位于关岭至普安区间,中心里程DK755+015,全长13174m,为本线第二长隧。全隧纵坡为单面坡,隧道最大埋深约543m。洞身穿越地层以灰岩、白云质灰岩、白云岩夹泥灰岩、泥质灰岩为主,洞身穿越两条断层,全隧正常涌水量约为44408.4m³/d,雨季最大涌水量约88816.7m³/d。全隧Ⅱ级围岩段长2090m,Ⅲ级围岩段长4590m,Ⅳ级围岩段长4645m,Ⅴ级围岩段长1849m。本隧均用复合式衬砌。全隧共设置5座横洞及出口1800m平导,其中,1号横洞长880m,2号横洞长1420m,3号横洞长1650m,4号横洞长1650m,5号横洞长620m。平导按有轨运输单车道考虑,横洞按无轨运输单车道考虑。施工总工期为51个月。

6)壁板坡隧道

位于盘县至富源站区间,中心里程DK985+061,全长14788m,为本线第一长隧。全隧为人字坡。最大埋深约750m,洞身地层以灰岩、泥质灰岩为主,部分地段穿越玄武岩、砂岩、泥岩夹煤层。隧道穿越大塘山等三条断层。全隧正常涌水量$Q=60237\text{m}^3/\text{d}$,雨洪期最大涌水量$Q=149759\text{m}^3/\text{d}$。全隧Ⅱ级围岩段长3290m,Ⅲ级围岩段长2835m,Ⅳ级围岩段长4885m,Ⅴ级围岩段长3778m。洞身DK979+080~DK979+255段穿越二叠系下统梁山组(P_{1L})砂岩、泥岩夹煤层,DK980+850~DK981+185段穿越石炭系下统大唐组万寿山段(C_{1dw})泥岩夹砂岩、煤层,具有瓦斯突出危险及软岩大变形不良地质。于隧道左侧30m设有轨双车道贯通平行导坑,平导全长14802m。施工总工期为57个月。为全线控制工期。

20.3.1.3 施工总工期安排原则和主要工程综合进度指标

根据本线重点工程分布和控制工期工程情况,参照在建类似项目施工组织设计进度指标,综合安排本建设项目施工总工期,具体见表20-1。

长昆客运专线施工组织设计综合进度指标　　表20-1

序号	工程项目		单位	进度指标	备注
1	施工准备		个月	1~3	
2	路基	路基施工	个月	15~18	
		路基沉降期	个月	6~12	
3	桥梁	北盘江特大桥	个月	46	桥梁专业提供
		一般桥梁下部工程	个月	18~24	
		特殊桥梁　混凝土连续梁(144m连续梁)	个月	15	
		特殊桥梁　混凝土连续梁(100m连续梁)	个月	12~14	
		特殊桥梁　混凝土连续梁(80m连续梁)	个月	12	
		特殊桥梁　96m系杆拱	个月	12~18	
		箱梁架设　预制箱梁架设($0<L\leq5$)	孔/d	2.0	
		箱梁架设　预制箱梁架设($5<L\leq9$)	孔/d	1.5	
		箱梁架设　预制箱梁架设($L>9$)	孔/d	1	
		造桥机现浇箱梁	d/孔	15	
		支架现浇箱梁	d/孔	48	
		架桥机桥间转移(不过隧道)	d	1	
		架桥机桥间转移(过隧道)	d	7	
		架桥机掉头	d	15	
		架桥机转场	d	60	
		桥面系作业	个月	1~2	
		桥梁变形及沉降观测	个月	2~6	《无砟轨道铺设条件评估技术指南》

续上表

序 号	工程项目		单位	进度指标	备 注
4	隧道	正洞 Ⅱ	m/月	160	
		正洞 Ⅲ	m/月	120	
		正洞 Ⅳ	m/月	80	
		正洞 Ⅴ	m/月	40	
		辅助坑道 Ⅱ	m/月	200	
		辅助坑道 Ⅲ	m/月	180	
		辅助坑道 Ⅳ	m/月	110	
		辅助坑道 Ⅴ	m/月	80	
		壁板坡隧道	个月	57	隧道专业提供
		隧道变形及沉降观测	个月	3	《无砟轨道铺设条件评估技术指南》
5	无渣轨道道床铺设	路桥地段	双线米/d	100	综合 85 双线 m/d
		隧道内	双线米/d	75	
6	长钢轨铺设(长轨条)		铺轨公里/d	5.0	
7	四电及站后配套(独占工期)		个月	3~6	
8	联合调试		个月	3~6	

20.3.1.4 施工总工期方案

根据可研审查初步意见"本工程总工期暂按5年半安排。其中新长沙(不含)至贵阳北(含)段暂按4年安排",结合上述施工组织设计总体方案,初步设计分别研究了湘黔省界至贵阳北段4年施工总工期方案,贵阳北至昆明南段5.5年以及6年两个施工总工期方案。

1)湘黔省界至贵阳北段4年(48个月)施工总工期方案

本方案的施工关键线路为施工准备→隧道工程→隧道沉降观测→无砟轨道→铺设长钢轨→四电工程→联合调试。关键线路工期安排如下(施工总工期4年施工进度如图20-2所示4年工期、控制工期及工程断面工期检算图如图20-3所示)。

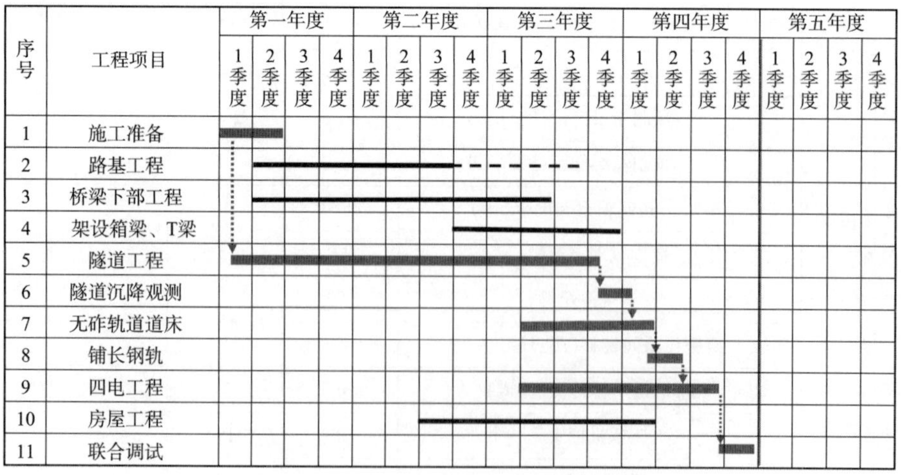

图 20-2 施工总工期 4 年施工进度示意图

(1)施工准备总工期6个月,关键线路上的工期为1个月。
(2)隧道工程的施工总工期为33个月,关键线路上的长大重点隧道工期为33个月(栋梁坡隧道)。

(3)隧道沉降观测总工期3个月,关键线路上工期为3个月。
(4)无砟轨道施工总工期13.5个月,关键线路上工期为2个月。
(5)铺设长钢轨总工期3.3个月,关键线路上工期2.7个月。
(6)四电工程总工期18个月,关键线路上工期为3个月。
(7)联合调试总工期3个月,关键线路上工期为3个月。

关键线路上工期之和为:1+33+3+2+2.7+3+3=47.7个月,满足4年总工期要求。

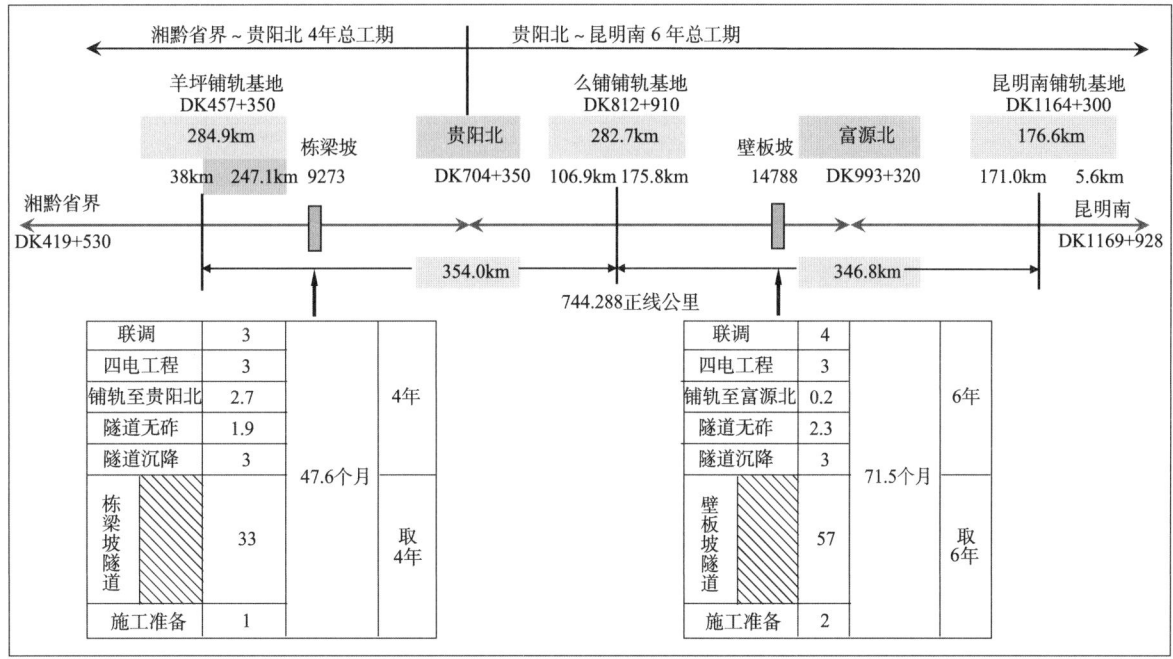

图20-3 4年工期、控制工期及工程断面工期检算图

2)贵阳北至昆明南段施工总工期方案

(1)5.5年(66个月)总工期方案。

该方案的施工关键线路为施工准备→隧道工程→隧道沉降观测→无砟轨道→铺设长钢轨→四电工程→联合调试。关键线路工期安排如下(施工总工期5.5年施工进度示意如图20-4所示5年工期、控制工期及工程断面工期检算图如图20-5所示):

①施工准备总工期6个月,关键线路上的工期为1个月。
②隧道工程的施工总工期为57个月,关键线路上的长大重点隧道工期为57个月(壁板坡隧道)。
③隧道沉降观测总工期3个月,关键线路上工期为3个月。
④无砟轨道施工总工期19个月,关键线路上工期为2.3个月。
⑤铺设长钢轨总工期3个月,关键线路上工期0.2个月。
⑥四电工程总工期24个月,关键线路上工期为3个月。
⑦联合调试总工期3个月,关键线路上工期为3个月。

该方案关键线路上工期之和:1+57+3+2.3+0.2+3+3=69.5个月。不满足5.5年总工期66个月要求。

壁板坡隧道采用有轨双车道贯通平导方案,平导全长14802m,隧道施工总工期57个月。

壁板坡隧道增设辅助导坑条件:全隧无设置横洞条件。从地形上看,该隧在DK984+500附件有设置斜井条件,斜井长约2000m,但该隧为岩溶隧道,且DK984+500前后正位于玄武岩和灰岩接触带,同时地质判释此段为地下水的水平循环带,设置斜井施工风险极高,故该斜井方案不成立。

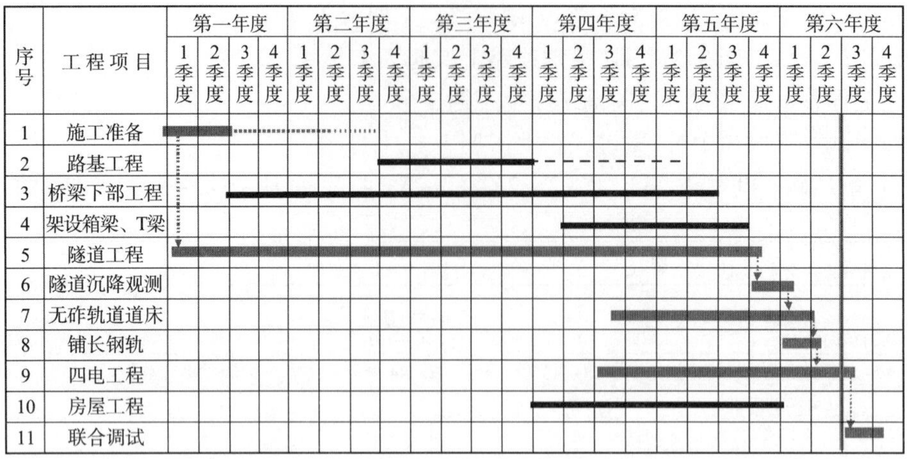

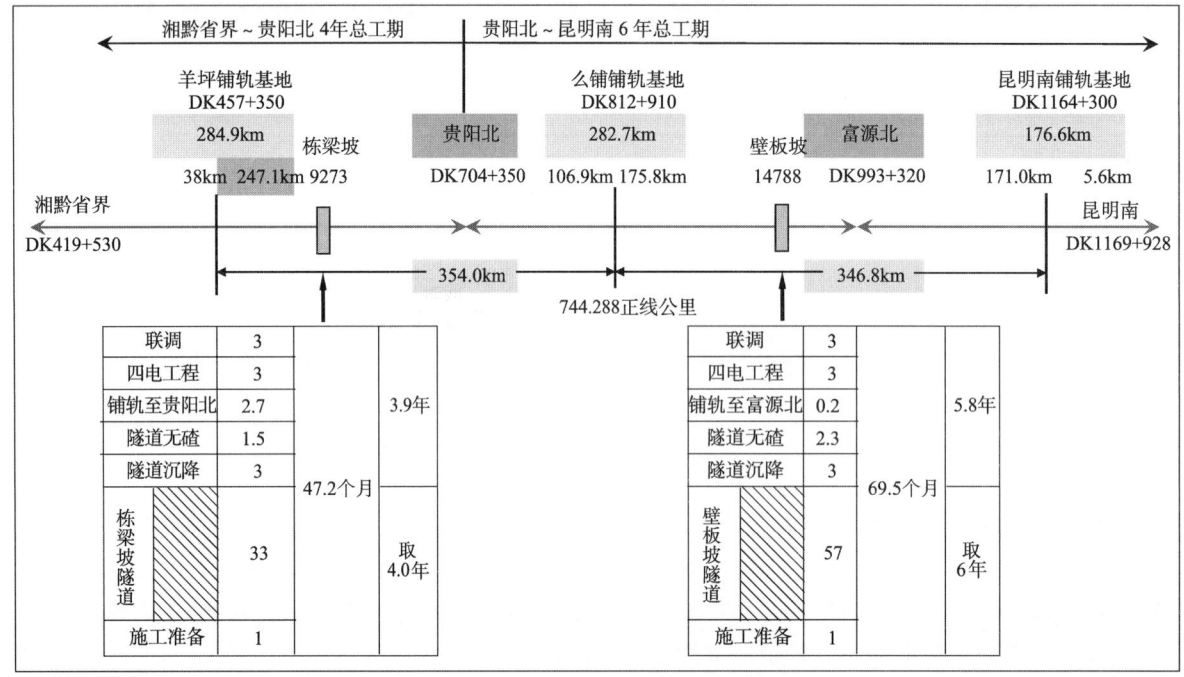

图 20-4 施工总工期 5.5 年施工进度示意图

图 20-5 5 年工期、控制工期及工程断面工期检算图

(2)6 年(72 个月)总工期方案。

该方案的施工关键线路为施工准备→隧道工程→隧道沉降观测→无砟轨道→铺设长钢轨→四电工程→联合调试。关键线路工期安排如下(施工总工期 6 年施工进度示意图如图 20-6 所示,6 年工期、控制工期及工程断面工期检算图如图 20-7 所示):

①施工准备总工期 6 个月,关键线路上的工期为 2 个月。

②隧道工程的施工总工期为 57 个月,关键线路上的长大重点隧道工期为 57 个月(壁板坡隧道)。

③隧道沉降观测总工期 3 个月,关键线路上工期为 3 个月。

④无砟轨道施工总工期 19 个月,关键线路上工期为 2.3 个月。

⑤铺设长钢轨总工期 3 个月,关键线路上工期为 0.2 个月。

⑥四电工程总工期 24 个月,关键线路上工期为 3 个月。

⑦联合调试总工期 4 个月,关键线路上工期为 4 个月。

该方案关键线路上工期之和:2 + 57 + 3 + 2.3 + 0.2 + 3 + 4 = 71.5 个月。

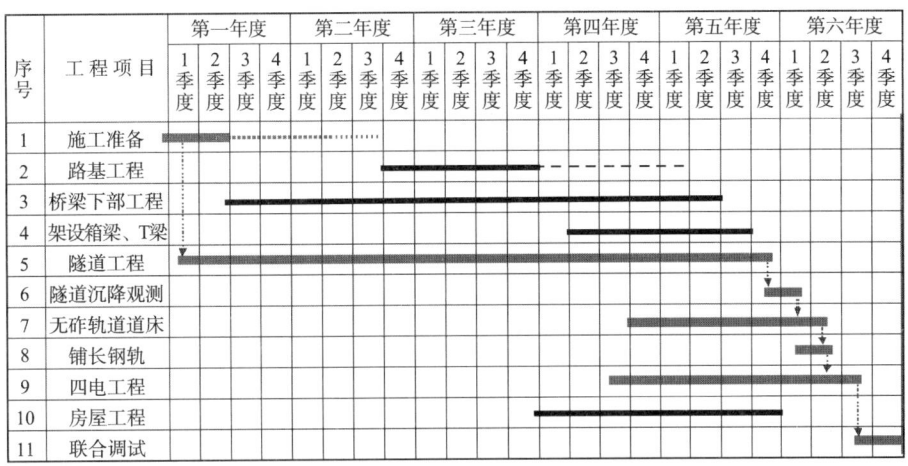

图 20-6　施工总工期 6 年施工进度示意图

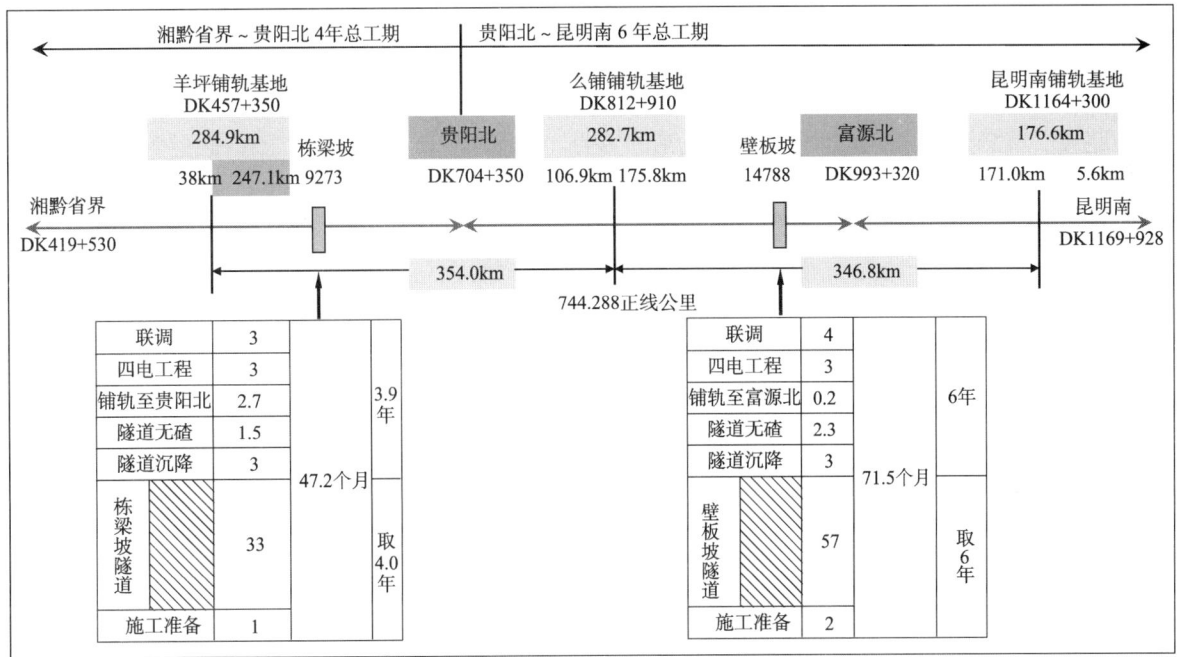

图 20-7　6 年工期、控制工期及工程断面工期检算图

该方案关键线路上的施工准备期 2 个月、四电配套工程工期 3 个月、联合调试工期安排了 4 个月,各工程的衔接和分类工程的工期安排均较合理,总工期亦较合适。

综合以上方案比选结果,沪昆客运专线贵阳北至昆明南段施工总工期推荐 6 年方案。

20.3.1.5　施工总工期推荐意见

湘黔省界至贵阳北段,施工总工期 4 年;贵阳北至昆明南段,施工总工期 6 年。

20.3.2　工期保证措施

为确保工程施工总工期的实现,根据目前掌握的施工方法以及国内施工队伍的水平,主要立足多开工作面,增加主要施工机械设备,加快控制工期工程的进度,加强工程建设各环节的管理控制。各类工程施工具体安排如下。

20.3.2.1　湘黔省界至贵阳北段(总工期 4 年)

1) 施工准备

开工后 6 个月内为全段施工准备时间,此间需完成站前工程施工图设计(至少重点工程施工图完成)、征地拆迁、队伍设备进场、临时便道、临时供电线路等工作。施工准备1个月后,控制工期的工程和部分重点工程必须先期开工。征地拆迁根据工程施工进度分批进行。

2)路基工程

路基施工以不影响该区段运梁车通过为前提。一般路基主体工程施工总工期按15~18个月控制,羊坪梁场和凯里梁场供梁范围东段路基主体工程施工控制在13个月内完成;软土、松软土路基工程的施工总工期按18~21个月控制,其中路基填筑控制在15个月内完成,自然沉降期暂按6~9个月,不考虑堆载预压。具体以现场沉降观测分析结果为准。基床表层填筑控制在1个月以内完成。接触网支柱基础、声屏障基础、通信信号电力电缆槽、过轨管线、路基面的排水等设施应与路基工程统筹安排,在路基工程的施工总工期内完成。

3)桥梁工程

桥梁施工(包括梁部工程),一般以本段无砟轨道施工开始时间控制其完工时间,以利桥梁工程均衡施工,节约资源。桥梁施工应在本段无砟轨道施工开始前1个月完成。

一般桥梁下部主体工程,安排18~21个月内完成。羊坪梁场和凯里梁场供梁范围以东靠近梁场附件的桥梁下部工程,需控制在18个月以内完成。大跨度及技术复杂桥梁主体工程,按24个月组织施工。现浇箱梁施工工期按21个月控制;箱梁预制工期为21个月;箱梁架设工期控制在15个月内完成。梁场建设和制梁生产是桥梁施工的重点,立足尽早开工,羊坪梁场和凯里梁场在开工后9~12个月内建成,以保证该区段架梁的需要。本段设箱梁预制厂7个,配运架梁设备7套。

桥面系按架梁区段施工。因受无砟轨道工期和运梁作业制约,在保证架梁工效情况下,桥面系遮板、电缆槽、排水管、防撞墙及外侧防水层、电化立柱基础,宜利用运架梁间隙,紧跟架梁进行流水作业。一个方向架梁完成后,开始施工防撞墙内侧的防水层、保护层和伸缩缝。无砟轨道完成后施作其余桥面系工程。因此桥面系不另行安排施工工期。

4)隧道工程

该段控制工期的栋梁坡隧道在施工准备1个月后力争开工。重点隧道工程尽量早开工。一般隧道的施工工期应结合各区段架梁和无砟轨道施工综合考虑,以满足通过隧道架梁为前提,以不影响后序无砟轨道施工为原则安排施工。

5)无砟轨道道床施工

无砟轨道道床(含板)施工总工期力争13个月内完成。最早无砟轨道开始时间以最早架梁完成区段时间加1个月控制,最晚无砟轨道结束时间以长轨铺设到达前1个月控制。各施工口的施工工期必须结合区段路基、桥梁、隧道工程沉降检测评估分析具体安排。本段拟开28个无砟轨道道床施工区段,配备21~23套无砟轨道施工机械设备。

6)铺轨工程

长钢轨铺设由羊坪铺轨基地承担,铺轨总工期力争在3个月内完成。长钢轨工地焊接、应力放散、锁定和打磨整形等在全线联调前1个月完成。本铺轨基地配2套铺轨设备。

7)四电及站后工程

"四电"及其他站后配套按铺轨贯通后3个月完成控制工期。电力、电气化、房屋等站后部分土建工程,可在总工期控制范围内与站前工程适时配套施工。

8)联合调试

全段联调安排3个月时间。各子系统调试应在全线联调前完成,不占用全线联调时间。站前及站后各类工程,必须在全线联调前达到规定要求,保证全线联合调试顺利进行。

20.3.2.2 贵阳北至昆明南段(总工期6年)

该段受壁板坡隧道施工工期(57个月)控制,总工期为6年。除北盘江桥、大独山隧道、岗乌隧道、棒古隧道、大茶山隧道、大平地隧道等重点复杂工程施工工期在46~53个月间外,其余工程施工工期相对富余,可在各架梁区段开架控制时间内适时安排施工,以利施工机械和资金的合理使用。

1) 施工准备

开工后 6 个月内为该段施工准备时间,此间需完成站前工程施工图设计(至少重点工程施工图完成)、征地拆迁、队伍设备进场、临时便道、临时供电线路等工作。施工准备 1 个月后,控制工期的工程和部分重点复杂工程必须先期开工。该段重点工程和复杂工程主要分布在安顺至富源区段,贵阳至安顺区段和富源至昆明区段工程相对简单,可适当延后开始施工准备。全段征地拆迁和临时工程建设可根据工程施工总体安排分批进行。

2) 路基工程

路基施工以不影响该区段运梁车通过为前提。一般路基主体工程施工总工期按 15~18 个月控制;软土、松软土路基工程的施工总工期按 18~21 个月控制,其中路基填筑控制在 15 个月内完成,自然沉降期暂按 6~12 个月,不考虑堆载预压。具体以现场沉降观测分析结果为准。基床表层填筑控制在 1 个月以内完成。接触网支柱基础、声屏障基础、通信信号电力电缆槽、过轨管线、路基面的排水等设施应与路基工程统筹安排,在路基工程的施工总工期内完成。

3) 桥梁工程

桥梁施工(包括梁部工程),一般以该段无砟轨道施工开始时间控制其完工时间,以利桥梁工程均衡施工,节约资源。桥梁施工应在本段无砟轨道施工开始前 1 个月完成。

一般桥梁下部主体工程,安排 18~24 个月内完成。大跨度及技术复杂桥梁主体工程,按 24 个月组织施工。现浇箱梁施工工期按 21 个月控制;箱梁预制工期为 21 个月;箱梁架设工期控制在 18 个月内完成。该段一般桥梁施工工期较富余,梁场建设和制梁生产在保证各区段架梁需要的前提下可适时安排。该段设箱梁预制厂 10 个,配运架梁设备 10 套。

桥面系按架梁区段施工。因受无砟轨道工期和运梁作业制约,在保证架梁工效情况下,桥面系遮板、电缆槽、排水管、防撞墙及外侧防水层、电化立柱基础,宜利用运架梁间隙,紧跟架梁进行流水作业。一个方向架梁完成后,开始施工防撞墙内侧的防水层、保护层和伸缩缝。无砟轨道完成后施作其余桥面系工程。因此桥面系不另行安排施工工期。

4) 隧道工程

控制工期的壁板坡隧道在施工准备 1 个月后必须开工,棒古和大茶山隧道在施工准备 1 个月后也须相继开工,其他重点隧道工程尽量早开工。一般隧道的施工工期可结合各区段架梁和无砟轨道施工综合考虑,以满足通过隧道架梁为前提,以不影响后序无砟轨道施工为原则安排施工。

5) 无砟轨道道床施工

无砟轨道道床(含板)施工总工期力争 19 个月内完成。最早无砟轨道开始时间以最早架梁完成区段时间加 1 个月控制,最晚无砟轨道结束时间以长轨铺设到达前 1 个月控制。各施工口的施工工期必须结合区段路基、桥梁、隧道工程沉降检测评估分析具体安排。该段拟开 48 个无砟轨道道床施工区段,配备 37~39 套无砟轨道施工机械设备。

6) 铺轨工程

长钢轨铺设分别由么铺和昆明南铺轨基地承担,铺轨总工期控制在 3 个月内完成。长钢轨工地焊接、应力放散、锁定和打磨整形等在全线联调前 1 个月完成。

7) 四电及站后工程

"四电"及其他站后配套按铺轨贯通后 3 个月完成控制工期。电力、电气化、房屋等站后部分土建工程,可在总工期控制范围内与站前工程适时配套施工。

8) 联合调试

全段联调安排 3 个月时间。各子系统调试应在全线联调前完成,不占用全线联调时间。站前及站后各类工程,必须在全线联调前达到规定要求,保证全线联合调试顺利进行。

20.3.3 分期、分段修建意见

根据湘黔省界至贵阳北和贵阳北至昆明南不同工期方案,结合全线工程分布以及目前客运专线施工水平,考虑贵州省和云南省相应范围由不同的建设单位实施工程管理,建议该项目分段同步实施,一次建成。具体分段实施建议如下:

(1)湘黔省界至贵阳段与全线同期开工,按 4 年总工期建成。

(2)贵阳北至昆明南段根据工程分布和工程复杂情况,大致分为以下 3 个区段组织建设:

①贵阳至安顺段。工程相对简单,没有长大隧道等重点工程,为合理使用建设资金,保证工程建设的连续性,建议线下工程较全线延后 1.5 年开工,总工期控制在 4.5 年,与贵阳北至昆明南段同期建成。

②安顺至富源段。工程最为集中,全线主要重点工程和复杂工程连续分布于此段,全线控制工期的壁板坡隧道(云贵省界 DK987+000 在其内)位于该段末端,建议该段与全线同期开工,按 6 年总工期建成考虑。

③富源至昆明南段。该段除尖山(工期 51 个月)、大平地(工期 51 个月)、文笔山(工期 52 个月)3 座长大隧道外,其余桥隧工程施工工期均小于 30 个月。建议该段除上述 3 座长隧道与全线同期开工外,其余线下工程可较全线延后 1.5 年开工建设,总工期按 6 年控制。

20.3.4 施工区段划分意见

根据全线施工组织设计总体部署,施工区段的划分遵循以下原则:

(1)以建设总工期控制施工区段划分。
(2)以建设单位管辖范围控制施工区段划分。
(3)以长大隧道施工口满足总工期要求为单元划分施工区段。
(4)以重点复杂桥梁为单元划分施工区段。
(5)以架梁区段为主线控制施工区段划分。
(6)施工区段不跨无砟轨道施工单元。
(7)铺轨工程以铺轨基地为单元划分施工区段。
(8)站后工程根据工程性质合理划分施工单元。
(9)施工区段不跨施工合同段。
(10)一个施工区段正线长度宜控制在 30~50km 范围内。
(11)施工区段工期服从总工期要求。

20.3.5 控制工期工程、施工条件困难工程及特别复杂的工程所采取的措施

20.3.5.1 北盘江特大桥

北盘江特大桥位于北盘江光照水电站大坝下游约 1km 处,桥址两岸岸坡陡峻(自然坡度 37°~62°),局部为陡崖,河床宽约 52m,水深约 10m。两端岸坡上基岩(灰岩)出露,坡上灌木零星散布,植被不发育,缓坡地带多被为荒地。不良地质为岩溶,岩溶中等~强烈发育地带,对桥梁工程影响较大。桥址地震动峰值加速度为 0.05g,地震动反应谱特征周期为 0.45s。桥位两岸有光照水库库区公路通过,交通较方便。

大桥中心里程为 DK881+933.0,桥梁全长 728.93m。主桥采用 1-430m 上承式钢筋混凝土拱桥。引桥及拱上孔跨布置为:1-32m 简支箱梁+2-65m 预应力混凝土 T 构+4-40m 预应力混凝土连续梁+4-40m 预应力混凝土连续梁+2-65m 预应力混凝土 T 构+2-48m 预应力混凝土 T 构,其效果图如图 20-8 所示。

图20-8 北盘江推荐1-430m钢筋混凝土拱桥方案效果图

1）总体设计

拱圈立面为悬链线，拱轴系数 $m=3.0$。拱圈跨度为430m，矢高100.0m，矢跨比$100/430=1/4.3$。拱圈采用单箱四室的变宽度箱形截面。拱圈高度取9.0m，拱圈宽度从拱顶至拱脚由20～30m变化，考虑到该桥所采用的拱圈横向分阶段的施工方法，拱箱中间两个箱室采用650cm等宽截面，左右两个边箱室采用350～850cm的变宽。板厚变化采用：顶底板从拱顶至拱脚65～130cm；边腹板：60～120cm，中腹板采用50cm等宽。

65m T构主梁采用单箱单室截面，截面顶宽12m，底宽6.7m，材料采用C55混凝土。箱梁梁高根部至梁端51.5m长范围由3.5～7.2m变化，梁端直线段长为10.0m。顶板厚48cm，腹板变化范围40～80cm；底板变化范围40～100cm。拱上梁采用4-40m预应力混凝土连续箱梁。

引桥桥墩及48m T构桥墩均采用矩形空心墩，基础采用直径1.25m、1.5m的钻孔灌注桩。桥台采用混凝土矩形空心桥台，基础采用直径1.25m的钻孔灌注桩。

交界墩为独柱矩形空心墩，墩高100m。墩颈尺寸为700cm×750cm，横向采用二次放坡。拱上墩采用钢筋混凝土刚架墩。主拱拱座采用明挖基础。

2）施工方法

推荐方案钢筋混凝土拱考虑两种施工方法：①双工字形钢筋混凝土劲性骨架法；②钢箱劲性骨架法。由于该桥跨度大，如采用钢箱劲性骨架法施工，则要求钢骨架的刚度大，用钢量大且埋植于混凝土中无法回收，造价高经济性较差。所以推荐方案暂以双工字形钢筋混凝土劲性骨架施工方法作为该桥推荐的施工方法。下面分别介绍以上两种混凝土拱桥的成拱方法。

（1）双工字形钢筋混凝土劲性骨架法。

该桥跨径大且为铁路桥，拱圈结构断面大节段重，参照国外桥梁建设的成功经验，对于多室箱拱圈，可以考虑横向的分阶段施工。结合该桥的拱圈宽度及横向分阶段的施工方法，拱圈采用单箱四室截面，如图20-9、图20-10所示。

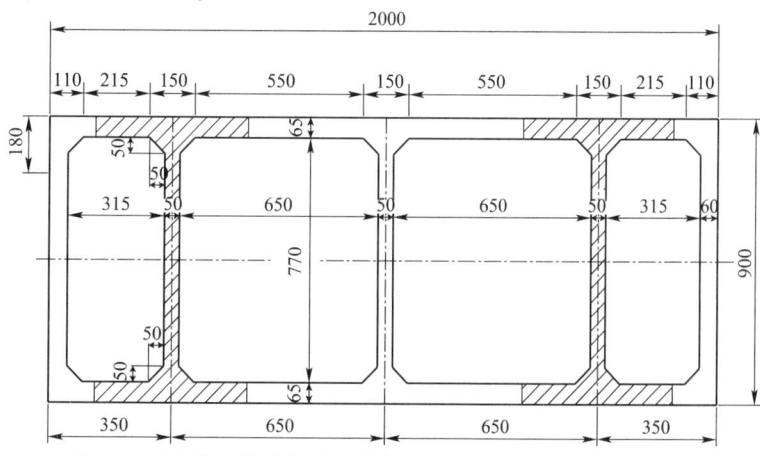

图20-9 主拱圈—拱顶截面图（阴影部分为先浇混凝土，尺寸单位：cm）

在两岸修建缆索吊,在两岸浇筑拱座基础,修建交界墩,在交界墩上搭建扣塔设施。在拱座附近搭设拱脚段现浇支架,在支架上浇筑两工字形骨架拱脚段混凝土,拱脚设混凝土铰。为保证拱圈的横向稳定,工字形截面之间采用型钢桁架进行连接。利用斜拉扣索及挂篮,悬臂浇筑双工字骨架直至合龙。每浇筑两个节段(每节段长约7.5m)张拉一对扣索,每侧设16对扣索,全桥共32对,施工示意如图20-11所示。

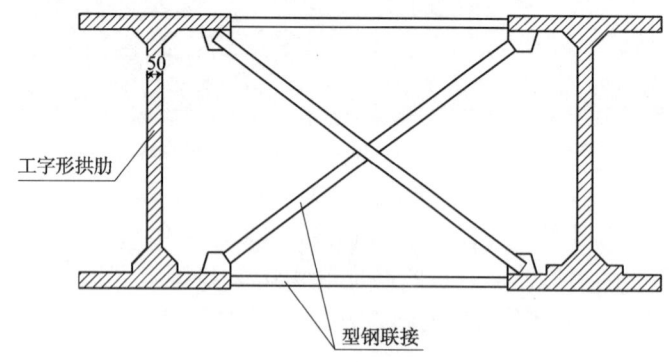

图20-10 主拱先浇部分断面图

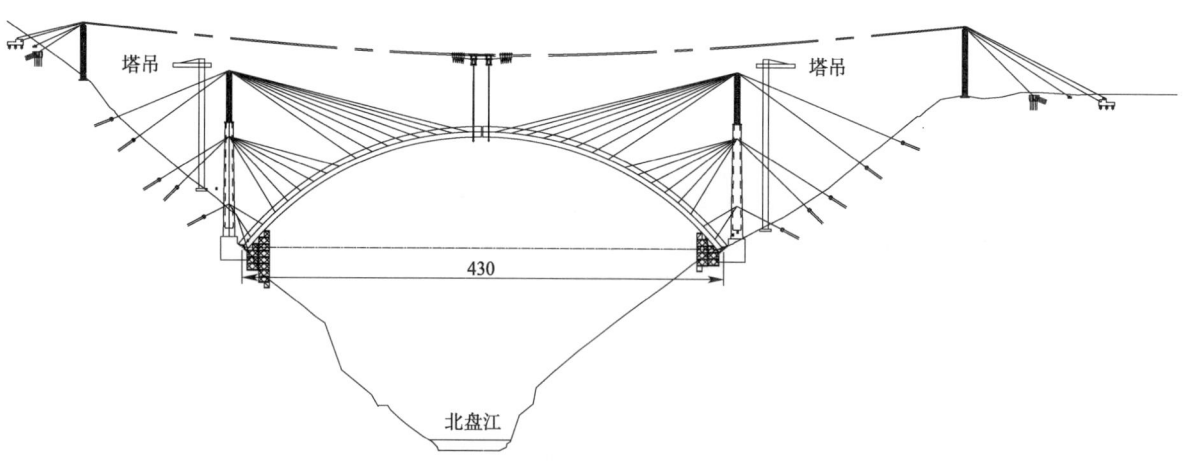

图20-11 北盘江1-430m钢筋混凝土拱桥施工示意图(尺寸单位:m)

工字形骨架合龙后,拆除扣索及塔架,固结拱脚混凝土铰。利用已浇的两工字形拱肋,按顺序浇筑拱圈其余部分混凝土,浇筑顺序如下:浇筑工字形截面之间底板混凝土→浇筑工字形截面之间腹板混凝土→浇筑工字形之间顶板混凝土→浇筑两边箱底板混凝土→浇筑两边箱腹板混凝土→浇筑两边箱顶板混凝土,直至拱圈截面全部浇筑完成。

拱圈灌注完后,施工拱上钢筋混凝土桥墩,同时在交界墩上对称悬臂浇筑65mT构。拱上墩施工完成后,采用支架现浇或者悬臂浇筑法施工拱上预应力混凝土连续梁。引桥48mT构采用挂篮悬臂浇筑法施工,32m简支梁采用支架法现浇施工。桥梁各墩台身采用翻转模板法施工,模板采用大块整体钢模。拱座采用明挖基础,为大体积混凝土,分多次灌注,并采取埋设散热水管等措施降低水化热。

(2)钢箱劲性骨架法。

在两岸修建缆索吊,在两岸浇筑拱座基础,修建交界墩,在交界墩上搭建扣塔设施,拼接吊装劲性骨架,如图20-12所示,待骨架形成后,灌注骨架内混凝土;待骨架内混凝土灌注完成后,挂模板浇筑拱圈其余部位混凝土。待拱圈灌注完后,施工拱上钢筋混凝土桥墩,同时在交界墩上对称悬臂浇筑65mT构。拱上墩施工完成后,采用支架及悬臂浇筑方法施工拱上预应力混凝土连续梁。引桥48mT构采用挂篮悬臂浇筑法施工,32m简支梁采用支架法施工。

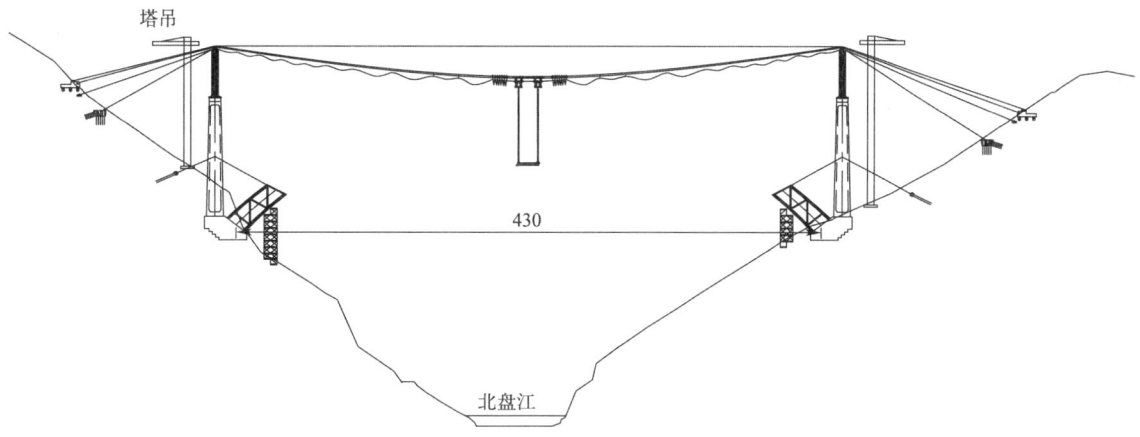

图20-12 430m钢筋混凝土拱桥劲性骨架施工示意图(尺寸单位:m)

3)施工工期

推荐方案:施工准备期2个月;拱座基础及交界墩施工工期10个月,拱圈施工工期22个月,拱上墩及65mT构施工工期7个月,拱上梁部及桥面施工工期4个月,桥面及铺轨工期2个月。总工期为46个月。

20.3.5.2 岔河特大桥

该桥跨岔河,河谷深切呈"V"字形,河床宽10~20m,水深不足1m。两端岸坡陡坡上基岩(灰岩)多出露,缓坡及破麓地带则多为第四系覆土,缓坡地带多被垦为旱地,植被不发育,坡上灌木零星散布。不良地质主要有岩溶及危岩落石,岩溶弱~中等发育地带,对桥工程有一定的影响。地震动峰值加速度为$0.05g$,地震动反应谱特征周期为$0.45s$。

桥梁中心里程为DK896+612,全桥长499.78m,主桥采用1-192m钢筋混凝土人字桥。引桥及人字桥上部结构孔跨布置为:1-40m简支箱梁+(56m+2-104m+56m)人字形桥+3-40m简支箱梁,效果图如图20-13所示。

图20-13 岔河特大桥推荐方案效果图

1)总体设计

主桥梁部为56m+2-104m+56m预应力混凝土连续梁,采用变高度截面箱梁,根部梁高8m,边支点和跨中梁高5m。箱宽6.7m,顶板宽12m,顶板厚40cm,底板厚40~120cm,腹板厚60~100cm。梁体混凝土采用C50。

主墩(交界墩)采用矩形空心墩,墩高74m,横向采用一级放坡。人字形墩采用混筋凝土结构,总高度72.8m,中心跨度为192m。人字形墩立面中轴线为半径$R=322.05m$的圆弧曲线,圆弧最大弦高9.5m,弦线与竖向的夹角为53°。人字形墩截面为单箱三室箱形截面,截面高度为5.5m,在墩顶截面横向宽度为10m,墩底截面横向宽度为17m,人字形墩施工示意图如图20-14所示。

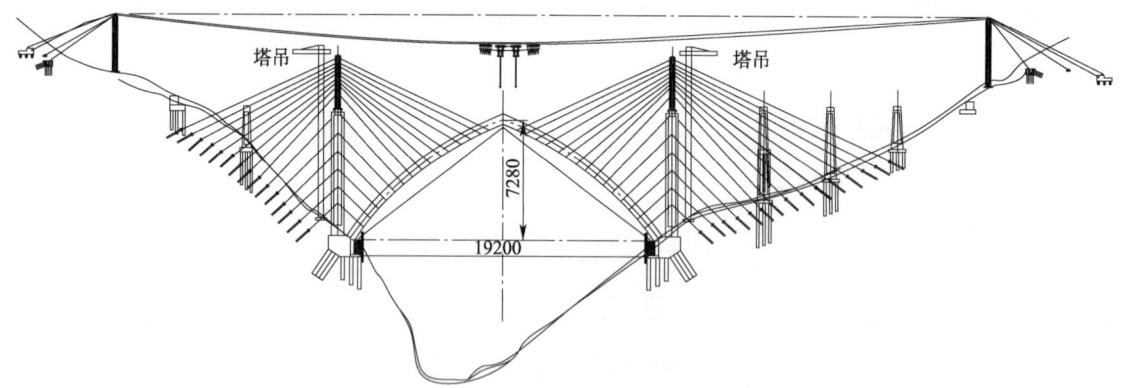

图20-14 人字形墩施工示意图(尺寸单位:cm)

引桥桥墩选用矩形空心墩,基础采用直径1.25m的钻孔灌注桩。桥台采用混凝土矩形空心桥台,基础采用直径1.25m的钻孔灌注桩。

主桥主墩采用矩形空心墩。主墩基础和人字形墩基础合修,竖桩采用钻孔灌注桩,斜桩采用挖孔桩,桩径2.0m,人字形墩墩顶和底截面分别如图20-15和图20-16所示。

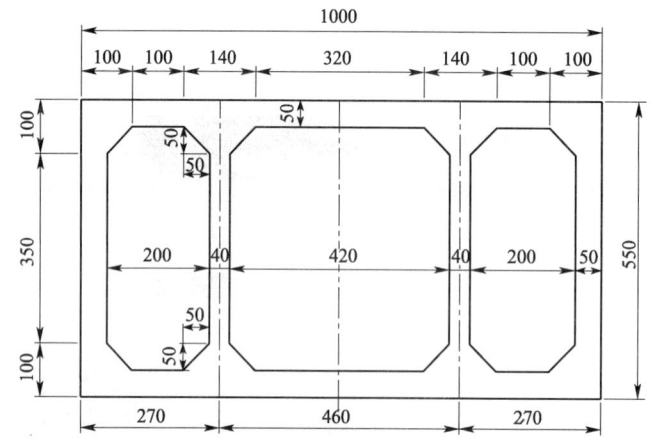

图20-15 人字形墩墩顶截面图(尺寸单位:cm)

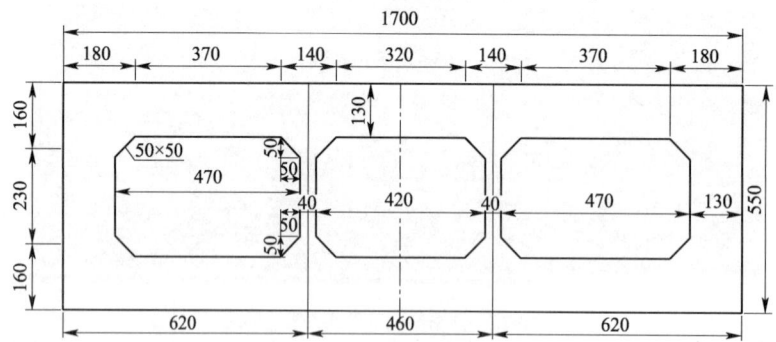

图20-16 人字形墩墩底截面图(尺寸单位:cm)

主桥边墩采用圆端形空心墩,基础采用直径1.5m的钻孔灌注桩。

2)施工方法

该桥人字墩施工方法类似于北盘江大桥拱圈的施工方法。首先在两岸修建缆索吊,在两岸浇筑拱座基础,修建交界墩,在交界墩上搭建扣塔设施。在基础及2、3号墩施工完成后,在2、3号墩上安装钢扣塔架,采用斜拉扣挂方式挂篮悬浇人字墩中箱。人字墩浇筑按每节7.5m划分节段。根据需要张拉必要的扣索、背索,保证人字墩和交界墩受力合理,结构安全,直至墩顶节段。人字形墩中箱合龙后,拆除扣索。再以人字墩中箱为依托,对称浇筑边箱混凝土,直至人字墩截面全部形成。人字墩浇筑完成后,分别在人字形墩顶、交界墩墩顶对称悬臂灌注连续梁,直至合龙。

3)工期

施工准备期3个月,交界墩基础工期6个月,交界墩工期3个月,人字墩工期16个月,连续梁悬臂浇筑工期8个月,桥面系及铺轨工期2个月,总工期为38个月。

20.3.5.3 坝陵河特大桥

该桥跨越坝陵河,两岸岸坡地势陡峻(自然坡度为30°~66°),地形呈上陡下缓状,河谷深切呈"U"字形,河床宽6~20m,水深不足1m。两岸基岩(灰岩)多出露,缓坡地带多被垦为旱地,植被不发育,坡上灌木零星散布。不良地质主要有岩溶、滑坡、岩堆及危岩落石。岩溶中等发育地带,对桥工程有一定的影响。地震动峰值加速度为0.05g,地震动反应谱特征周期为0.45s。

坝陵河特大桥,中心里程为DK845+179,桥跨布置采用2-32m简支箱梁+(88m+168m+88m)预应力混凝土刚构+2-32m简支箱梁+1-24m简支箱梁+1-32m简支箱梁,效果图如图20-17所示。

图20-17 坝陵河特大桥推荐方案效果图

1)总体设计

刚构梁体采用单箱单室截面,桥面宽12.0m,箱宽8.0m,梁高6.0~12.0m,主墩采用矩形空心墩,最大墩高为98m。

引桥桥墩选用矩形实体墩、矩形空心墩,基础采用直径1.25m、1.5m的钻孔灌注桩。桥台采用混凝土矩形空心桥台,基础采用直径1.25m的钻孔灌注桩。

主墩为矩形空心墩,墩高均为98m,为保证主桥横向刚度,横向采用二次放坡。主墩基础均为钻孔群桩基础,桩径2.5m,共21根呈行列式布置。

2)施工方法的初步意见

主墩采用爬模法施工,材料通过缆索吊结合塔吊运输,刚构梁部采用挂篮对称悬臂灌注法施工。引桥简支箱梁采用预制架设法施工。预计施工工期28个月。

20.3.5.4 大独山隧道

1)隧道概况

隧道进口里程DK852+735,出口里程DK864+647,全长11912m。进口段位于长390.41m的直线上,洞身及出口段位于半径R=7005的左偏曲线上。隧道洞内为平坡及人字坡,自进口起分别为坡长55m的平坡,坡长1600m的3‰的上坡,坡长3630m的25‰的上坡,坡长6627m的15‰的下坡。

隧区为黔西高原向黔中丘陵过渡地带,属构造剥蚀、溶蚀中低山地貌,总体来看,地势北西高南东低,最大埋深380m。具构造剥蚀~溶蚀地貌特点,溶蚀洼地、漏斗、落水洞等岩溶地貌比较常见。

2)地质概况

(1)地层岩性。

隧道区基岩大多裸露,为三叠系中统杨柳井(T_2y)白云岩、角砾状白云岩,关岭组二段(T_2g^2)灰岩、泥质灰岩、关岭组一段(T_2g^1)泥质、泥质白云岩、下统永宁镇组三、四段(T_1yn^{3+4})泥质白云岩、白云岩、下统永宁镇组二段(T_1yn^2)泥岩、泥质白云岩,下统永宁镇组一段(T_1yn^1)灰岩、泥灰岩、下统夜郎组(T_1y)泥岩、砂岩夹灰岩地层。

(2)地质构造及地震动参数。

该区区域构造上位于扬子准地台黔北台隆六盘水断陷普安旋扭构造变形区,区域上为法郎向斜北东翼和新场—九头坡向斜南西翼,受褶曲挤压作用,隧址区断裂发育。受断层影响,节理裂隙发育。总体来看,测区地质构造复杂。

隧区共有3处褶皱,7处断层,此外,地表调查及钻探揭示,受区域性构造影响,部分地段岩层产状凌乱,节理发育,小断层及褶曲较发育,小断层破碎带宽度一般1~2m,岩体破碎。

根据《中国地震动参数区划图(1/400万)》(GB 18306—2001),测区地震动峰值加速度为$0.05g$,地震动反应谱特征周期为$0.40s$。

(3)水文地质。

地表水可分为两个水系:DK860+050以西,通过地表沟谷和地下暗河直接汇入北盘江;DK860+050以东,通过地表沟谷和地下暗河排入打邦河,然后汇入北盘江。

罗秧河是隧道出口地下水的排泄基准面,其中有多条NNE支沟汇入罗秧河,最终排入北盘江。支沟时有流水,主沟常年有水流。

地下水特征:本区地下水类型主要为第四系松散土层孔隙水、基岩裂隙水、岩溶水。

水化学特征:隧址区主要地下水类型为$HCO_3^- - Ca^{2+}$、$HCO_3^- - Ca^{2+} \cdot Mg^{2+}$,矿化度较低,一般为0.111~0.326g/L,pH值7.1~7.9,水温13~17°C,地下水多不具侵蚀性。

隧道涌水量预测:经对隧址区水文地质条件的调查、结合区域水文地质资料的综合分析,大气降水、地表水的直接入渗是地下水的主要补给来源。隧道穿越3个不同性质的含水岩系,地下水位不一,地下水渗透性亦存在一定差异。因此,根据隧址区地形地貌、地层岩性、构造及水文地质条件等进行隧道涌水量预算,并采取分段预算方法,隧道各段涌水量采用大气降水入渗法和地下水径流模数法进行预测对比。经综合对比,预测碳酸盐岩段的隧道正常涌水量为84064.691m³/d,雨季的最大涌水量约168129.376m³/d。其中DK855+300~DK858+20和DK860+050~DK864+640段,地表岩溶形态和地下岩溶管道发育,预测的涌水量较大。另外,如果隧道导通暗河,或者溶蚀破碎带等不可预见强富水体时,涌水量会成倍甚至10倍的增加。

(4)不良地质。

不良地质现象为岩溶及岩溶水、顺层偏压、断层破碎带等,特殊岩土为石膏。

(5)围岩级别统计(表20-2)。

大独山隧道围岩级别统计表　　　表20-2

大独山隧道	全长	Ⅱ级围岩段	Ⅲ级围岩段	Ⅳ级围岩段	Ⅴ级围岩段
长度(m)	11912	1240	2600	4950	3122
比例(%)		10.41	21.83	41.55	26.21

3)衬砌支护设计

该隧通过地层以可溶岩为主,交替出现非可溶岩地层,根据物探资料,隧道洞身通过F1~F11共11处推测断层破碎带,根据区域地质资料,洞身穿过7处区域断层破碎带,隧道洞身穿过多处可溶岩与非可溶岩接触带,岩溶、岩溶水发育,推测DK856+630~DK856+650下穿一处暗河,与隧道大角度相交,暗河距拱顶约43m。全隧Ⅳ级及Ⅴ级围岩段长度占隧道总长的68%,该隧道岩溶及岩溶水对隧道影响较大,遇到大型岩溶管道及溶洞可能性较大,易发生突水、突泥现象,地表局部地段发生塌陷可能。隧道洞顶村庄分布广泛,据调查,其主要饮用水源为岩溶水。隧道开挖将形成较大的集水廊道,势必对隧址区水文地质条件产生影响。在线路左侧约2.2km、右侧约2.5km范围内可能出现地下水水位降低、地表部分井、泉干枯等现象,进而影响隧道上方当地村民的生产及生活用水。

(1)洞口明洞段采用明洞衬砌。

(2)根据地勘资料,结合地表村庄分布,对地下水敏感段按照"以堵为主,控制排放"的原则进行设计,采用超前帷幕注浆及开挖后径向注浆等措施,尽量减小隧道开挖引起地下水的渗漏,衬砌结构采用全包防水,考虑到地下水局部堵塞对衬砌结构的不利作用,对衬砌结构予以加强,采用能抵抗一定水压的抗水压衬砌。对断层破碎带,可溶岩与非可溶岩接触带等富水构造,为降低涌水突泥对机械、构筑物、人员可能造成的危害,采用帷幕注浆进行超前预加固,以保证围岩的稳定和施工安全,降低施工风险,同时衬砌结构考虑一定加强措施。

(3)其余段落均采用一般复合式衬砌。

(4)Ⅳ级围岩段采用拱墙格栅钢架或I18型钢架和超前小导管加强支护,Ⅴ级围岩段采用全环I20b型钢架及拱部超前管棚和小导管加强支护,以确保安全。

(5)帷幕注浆范围为轮廓外8m,径向注浆范围为轮廓线外5m,在施工中尚应结合超前地质预测资料,岩溶水情况,围岩溶蚀情况,优化调整注浆方式、段落等。

4)辅助坑道

为加快施工进度、满足隧道内排水需要,改善通风,运输等施工条件,同时兼顾防灾救援通道设置,该隧道辅助坑道采用"一平一横"方案。

平导采用有轨双车道运输,横洞采用无轨单车道运输,除洞口段及断层破碎带,不同岩层接触带采用模筑衬砌外,其余地段采用锚喷衬砌。

(1)贯通平导。

贯通平导长11872m,位于线路前进方向右侧,平导中线与左线线路中线的距离35m,平导中线与正洞中线平行,平导内净空为5.0m(宽)×4.7m(高)。

(2)1号横洞。

在DK861+500处线路左侧设置横洞一座,长1405m,横洞中线与左线线路中线大里程方向的平面交角46°,内净空为5.6m(宽)×6.0m(高)。

5)弃渣及环保

(1)全隧共弃渣245万m³(实方),其中进口工区共弃渣85万m³,站场利用22万m³,剩余弃渣63万m³,弃于DK851+500线路前进方向左侧1000m坡地处;横洞工区弃渣共41万m³,弃于DK861+800线路前进方向左侧300m坡地处。出口工区弃渣共98万m³,弃于DK862+800线路前进方向右侧1600m坡地处,弃渣坡脚采用浆砌片石挡墙挡护,渣堆顶设截水天沟,并做好渣场排水系统,以防止弃渣流失,污染环境。

(2)渣场坡面及顶面均予以绿化。

(3)施工中产生的废渣、废液排放应严格按有关环保要求进行处理,不得随意弃置、排放。

(4)隧道进口及辅助坑道施工场地布置中,均须在洞口外合适位置设置污水处理池。

6)施工组织

(1)全隧按照进口及进口平导工区、横洞工区、出口及出口平导工区组织施工,其中进口及进口平导工区承担正洞5285m施工;横洞工区承担正洞1712m施工;出口及出口平导工区承担正洞4915m施工。

(2)该隧土建工程贯通工期为52个月(不含轨道铺设),每月工作日按30d计。

20.3.5.5 岗乌隧道

1）隧道概况

岗乌隧道设计为单面坡,隧道最大埋深约543m,进口里程DK868+428,出口里程DK881+602,中心里程DK755+015,全长13174m。

2）地质概况

(1)工程地质特征。

隧道区基岩大多裸露,隧道洞身穿越三叠系中统杨柳井组(T_2y)、关岭组二段(T_2g^2)地层,隧道进出口及缓坡地带有少量覆土。

隧址区主体构造为法郎向斜,隧道线路位于法郎向斜的北东翼,属于扬子准地台普安山字型构造变形区;法郎向斜北东与丁头山背斜相邻。

(2)水文地质特征。

地表水及地下水:隧址区属珠江水系北盘江流域,区内主要河流为北盘江,其谷底高程仅为585.4m,成为隧址区地下水排泄的最低侵蚀基准面。测区大片基岩裸露地表,也存在厚重的黏土覆盖,各类型地下水的埋藏、分布、富水性受地质构造、地形地貌、岩性及裂隙发育程度控制。区内地下水位埋藏较浅,类型主要为岩溶水和裂隙水,孔隙水次之。

该隧道地表水不发育,三叠系中统关岭组二段(T_2g^2)地层含数层石膏,地下水对混凝土具SO_4^{2-}侵蚀,建议硫酸盐对混凝土结构腐蚀等级按照H3考虑。

岗乌隧道预测正常涌水量约为44408.4m^3/d,雨季最大涌水量约88816.7m^3/d。

(3)围岩级别(表20-3)。

岗乌隧道围岩级别统计表　　　　　　　　　　表20-3

岗乌隧道	全长	Ⅱ级围岩段	Ⅲ级围岩段	Ⅳ级围岩段	Ⅴ级围岩段
长度(m)	13174	2090	4590	4645	1849
比例(%)		15.86	34.84	35.26	14.04

(4)不良地质。

该隧不良地质现象为岩溶及岩溶水、危岩落石、顺层偏压、断层破碎带等,特殊岩土为石膏。

据区域地质数据,该区地应力不高,隧址区内构造线方向总体近E-W向,推断该段最大水平应力方向为N-S向,线路方向与最大水平应力方向呈大角度相交,对隧道影响不大;隧道最大埋深约570m,隧道深埋段穿越的地层主要为三叠系中统硬质岩,坚硬、性脆,抗压强度较高,具有岩爆的岩性条件。隧道出口外侧为北盘江深切河谷,谷底高程低于隧道高程,地应力在近谷方向应有一定的释放。隧道中段埋深大,地应力相对较高,但中段岩性为灰岩,为地下水活跃的岩溶裂隙含水层,对地应力的调整和释放有利。综合分析认为地应力对隧道的影响主要以深埋段的岩体剥落为主。

(5)地震动参数区划。

根据《中国地震动参数区划图(1/400万)》(GB 18306—2001),测区地震动峰值加速度为0.05g,地震动反应谱特征周期为0.45s。

3）衬砌支护设计

(1)根据地质资料,该隧道进口至出口分别穿越白云岩、泥岩、灰岩地层,洞身存在2处可溶岩与非可溶岩接触带及1道断层,其中隧道在洞口段采用Ⅳ、Ⅴ级c型衬砌,在白云岩及灰岩地层,Ⅳ、Ⅴ级围岩段采用Ⅳ、Ⅴ级a型衬砌,在泥岩地层,Ⅳ、Ⅴ级围岩段采用Ⅳ、Ⅴ及b型衬砌,在洞口及断层破碎带Ⅴ级围岩段采用Ⅴ级c型衬砌,在可溶岩与非可溶岩接触带,采用Ⅴ级抗水压衬砌。

(2)全隧以灰岩、白云岩为主,岩溶发育,此次设计岩溶及岩溶水处理措施如下:

全隧增设5座横洞及1800m出口中部平导,以增加工作面,并同时实现全隧顺坡施工。

DK873+685~DK873+785段及DK877+240~+340段,隧道洞身穿越可溶岩与非可溶岩接触带,施工中极易发生突水、突泥,危急施工安全,此次设计以上2段按超前周边预注浆堵水设计,固结围岩,尽量减少地下水涌出,以确保安全,注浆范围为轮廓外5m。

(3)隧道DK868+415~DK869+400段及DK881+280~DK881+342洞身存在顺层偏压,系统锚杆可采用不对称防护原则,顺层侧锚杆加密,非顺层侧锚杆适当减少,总的锚杆数量不变。

4)辅助坑道设计

为加快施工进度,解决施工及运营期间排水问题,结合地形、地质条件,全隧共设置5座横洞及1800m长出口中部平导。其中,1号横洞长880m,位于线路大里程方向左侧,与左线线路中线交于DK870+500,与线路大里程方向交角78°;2号横洞长1420m,位于线路大里程方向左侧,与左线线路中线交于DK872+500,与小里程方向交角83°;3号横洞长1650m,位于线路大里程方向左侧,与左线线路中线交于DK874+300,与线路大里程方向交角86°;4号横洞长1650m,位于线路大里程方向左侧,与左线线路中线交于DK876+000,与线路小里程方向交角81°;5号横洞长620m,位于线路大里程方向左侧,与左线线路中线交于DK871+300,与线路小里程交角75°;平导里程范围为PDK879+528.14~PDK881+291.96,平导位于线路大里程方向左侧,与左线线路中线间距30m平行布置。

5)弃渣及环保

(1)全隧共弃渣217.8万m^3(实方),其中2号横洞渣场弃渣87.2万m^3,弃于DK873+000~+500左侧2400m处凹地,3号横洞渣场弃渣22.3万m^3,弃于DK874+500左侧2560m处凹地,4号横洞渣场弃渣20.4万m^3,弃于DK878+800左侧2650m处凹地,出口渣场弃渣87.9万m^3,弃于DK879+750左侧2000m处凹地。

(2)弃渣坡脚采用M10浆砌片石挡墙挡护,挡墙背后2m范围内采用大石码砌。墙基底承载力按0.2MPa设计,承载力不满足要求时,需对基底另行处理后再施作挡墙。渣堆顶设截水天沟,渣场底部每隔20m设40cm×30cm(宽×高)的碎石盲沟,沟内用碎石填充,上覆土工布,以引排渣场底部积水。做好渣场排水系统,以防止弃渣流失、污染环境。

6)施工组织

充分利用辅助坑道的设置,在保证工期的条件下,全隧采用顺坡组织施工。

(1)该隧道在1~5号横洞及出口均设置工区,共设6个工区组织施工。

(2)该隧开挖贯通工期为50.22个月,包括正洞准备工期3个月及横洞准备工期2个月,每月按30d计。

20.3.5.6 壁板坡隧道

1)隧道概况

该隧道为一特长隧道,全长14788m,最大埋深为750m,进口位于贵州盘县红果镇上纸厂村,出口位于云南省富源县后所镇三丘田村。隧道进口位于左偏曲线,曲线半径为9000m,出口位于直线上。线路设计为"人"字形坡,进口里程为DK977+667,出口里程为DK992+455。

2)地质概况

(1)工程地质特征。

隧区内出露地层以石炭系、二叠系和三叠系为主。地层主要为石炭系下统大塘组(C_1d)~三叠系下统永宁镇组(T_1yn^1)的海陆交替相碎屑岩、台地浅海相碳酸盐岩和深水广海盆地相陆源碎屑岩地层,区内第四系较发育,主要分布于沟槽低洼地带,厚度一般小于10m。

隧道洞身主要穿过3条断层,它们分别为杨梅山—小达村断层(又称偏头岩断层)、发伍多—东铺断层、迤后所—羊洞断层,具体见表20-4。

壁板坡隧道通过的断层、煤层 表20-4

名　称	断层与洞身相交位置	主要特征
杨梅山—小达村断层	DK981+900	为一高角度的压性逆断层,规模较大,长约73km,断层走向北10°~40°东,倾向南东,倾角31°~70°,断距达700~2000m,上盘为石炭系灰岩,下盘为二叠系玄武岩及茅口灰岩。断层破碎带宽100~150m,带内岩层破碎,可见断面擦痕,地貌上为断层崖
大罗冲断层	DK982+333	为一高角度的压性逆断层,上盘为峨眉山玄武岩组,下盘为二叠系下同茅口组灰岩,带内岩层破碎,可见断面擦痕
发伍多—东铺断层	DK991+350	为弥勒—富源大断裂带中一压性逆断层,规模较大,长约51km,断层走向北10°东,长约73km,倾向南东,倾角41°~70°,断距达500~800m。上盘为二叠系茅口灰岩,下盘为三叠系砂泥页岩。断层破碎带宽100~200m,带内岩层破碎,可见断面擦痕,牵引小褶曲发育,局部地层倒转
迤后所—羊洞断层	DK992+200	为弥勒—富源大断裂带中一压性逆断层,长约10km多,断层走向北东25°东,倾向南东,倾角40°~70°。上盘、下盘均为三叠系飞仙关砂泥页岩。断层破碎带宽50~200m,带内岩层破碎,可见断面擦痕,牵引小褶曲发育,局部地层倒转

洞身 DK979+080~+255 段穿越二叠系下统梁山组(P1L)砂岩、泥岩夹煤层,DK980+850~DK981+185 段穿越石炭系下统大唐组万寿山段(C1dw)泥岩夹砂岩、煤层。

(2)水文地质特征。

地下水类型:根据岩性组合和地下水赋存条件,隧区内地下水类型分为松散岩类孔隙水、碳酸盐岩岩溶水和基岩裂隙水3大类。

据1:20万水文地质资料,在隧区北东侧约5km处有46号泉群排出地表,其流量为82L/s,其发育高程在2200m左右,隧区地下水埋深大于100m。而西侧可溶岩中的地下水则由北向南运移,在富源县南东的68号泉排泄,该泉距富源县约2km,流量159.57L/s,出露高程1890m。

(3)水化学特征。

经采集拟建隧道附近水样,依据《铁路混凝土及砌石工程施工规范》(TBJ210—2001),地下水对混凝土结构有弱腐蚀(弱 HCO_3^- 腐蚀),根据《铁路混凝土结构耐久性设计暂行规定》,在环境作用类别为化学腐蚀环境时,水样水质具硫酸盐酸性侵蚀,水中酸性侵蚀对混凝土结构腐蚀等级为H2,应采用防腐蚀性材料,加强水质监测。根据测绘及初测资料,由于隧道洞身穿过煤系地层(C1dw)万寿山组、(P1l)梁山组,(P2xn)覆盖于(P2β)玄武岩,这两套地层地下水一般具硫酸盐侵蚀,在环境作用类别为化学腐蚀环境时,对混凝土结构腐蚀等级为H2和H3,里程范围为DK978+240~DK991+250。

隧道正常涌水量 $Q=60237m^3/d$,雨洪期最大涌水量 $Q=149759m^3/d$。

(4) 围岩级别(表20-5)。

壁板坡隧道围岩级别统计表　　　　表20-5

壁板坡隧道	全长	Ⅱ级围岩段	Ⅲ级围岩段	Ⅳ级围岩段	Ⅴ级围岩段
长度(m)	14788	3290	2835	4885	3778
比例(%)		22.25	19.17	33.03	25.55

(5) 不良地质。

岩溶:隧区一带主要为碳酸盐岩地层,局部夷平面内发育大量岩溶洼地、岩溶漏斗、落水洞。洞内充填大量黏土及块石,可见深度2～8m,洞口植被发育较好,该区内古岩溶较发育,可能存在古岩溶管道,因此对拟建铁路有一定影响。

煤层瓦斯及采空区:隧道洞身可能通过的可采煤层为石炭系大塘组万寿山段含煤地层及二叠系凉山组含煤地层,含有瓦斯,隧道过煤系地层(C1dw)、(P1l)最大埋深达400～600m,存在瓦斯的危害。P1l梁山组(DK979+130～+210),C1dw万寿山组(DK980+880～DK981+140)为低瓦斯矿。隧道顶部煤矿生产规模很小,开采深度不大,距地表较近,瓦斯指标相对较低。

高地应力及岩爆:隧道最大埋深约744m,隧道深埋段穿越的地层主要为石炭系和二叠系灰岩,为硬质岩,坚硬、性脆,抗压强度较高,出现岩爆的可能性较大,其中C1dw万寿山组泥岩夹砂岩、煤线、P1l梁山组砂岩、泥页岩夹煤层,均以软质岩为主,可能会遇到软质岩变形的问题,主要里程范围为DK979+130～+210(P1l梁山组),DK980+880～DK981+140(C1dw万寿山组)。而隧道洞身埋深大于400m的硬质岩地段,可能发生岩爆现象。

3) 衬砌支护设计

(1) 隧道浅埋段及受断层、物探断层破碎带影响,衬砌结构应加强,具体段落见表20-6。

壁板坡隧道衬砌结构加强段落统计表　　　　表20-6

序号	段　　落	影响因素	采取结构	加强支护	其　他
1	DK977+667～+692、DK992+364～+DK992+389段	洞口段	V_b型复合	全环I20b及拱部φ108大管棚	
2	DK981+740～+950 DK982+240～+425 DK991+245～+445 DK991+980～DK992+359	断层破碎带及其影响段	V_c型复合	全环I20b及拱部超前小导管	
3	DK981+815～+875 DK982+330～+380 DK991+265～+325	物探断层破碎带	V_c型复合	全环I20b及拱部超前小导管	超前帷幕注浆

续上表

序号	段落	影响因素	采取结构	加强支护	其他
4	DK979+100～+160 DK980+860～+920	物探断层破碎带	大变形衬砌	全环I22b及拱部超前小导管	超前帷幕注浆
5	DK978+150～+210	物探断层破碎带	V_c型复合	全环I20b及拱部超前小导管	超前周边注浆

（2）DK982+700～DK984+700长2000m，位于玄武岩和灰岩接触带上，此次设计暂列400m超前帷幕注浆设计。

（3）隧道进口工区DK979+150～+255段穿越二叠系下统梁山组（P1L）砂岩、泥岩夹煤层，DK980+850～DK981+185段穿越石炭系下统大唐组万寿山段（C1dw）泥岩夹砂岩、煤层，基岩裂隙中可能有瓦斯等有害气体逸出。隧道进口工区按低瓦斯隧道组织施工。

（4）施工能揭示岩溶溶洞，对其处理应结合溶洞形态、性质及其与隧道的关系，岩溶水情况等，采用回填、跨越式等溶穴处理措施，且应加强施工防护，以保证施工安全，并为岩溶的调查勘测提供安全空间。

（5）隧道中部地段埋深大，可能发生硬岩弱岩爆的现象，应加强监控量测，硬岩地段根据具体情况增加喷锚支护，增加钻孔释放应力，晒水防护等措施，确保施工及结构安全。

4）辅助坑道设计

为加快施工进度，解决施工及运营期间排水问题，方便弃渣，优化施工通风，结合地形、地质条件，于隧道左侧30m设置有轨双车道运输贯通平行导坑一座。平导全长14802m。

5）弃渣及环保

（1）全隧共弃渣258.2万m³（实方），其中进口弃渣117.6万m³（实方）弃于DK976+500左侧3100m的山坡缓地内；出口工区弃渣140.6万m³（实方）弃于DK992+400左侧350m山凹地带，DK992+250线路右侧330m山凹地带。

（2）弃渣坡脚采用M10浆砌片石挡墙挡护，挡墙背后2m范围内采用大石码砌。墙基底承载力按0.15MPa设计，承载力不满足要求时，需对基底另行处理后再施作挡墙。渣堆顶设截水天沟，按"沪昆贰隧（初）参03-29"图Ⅲ式（$b=100cm,h=100cm$）办理，渣场底部每隔20m设的碎石盲管，沟内用碎石填充，上覆土工布，以引排渣场底部积水。做好渣场排水系统，以防止弃渣流失，污染环境。

6）施工组织

（1）该隧道按进口工区、出口工区组织施工。

（2）该隧开挖贯通工期为57个月，包括正洞及平导2个月准备工期，每月按30d计。

20.3.6 分年度完成的主要工程量

分年度完成的主要工程量见表20-7。

分年度完成的主要工程量　　　　　表20-7

推荐方案	路基土石方 万m³	桥梁 延米	隧道 延米	正线铺轨 km
总工程量	7499	193671	395114	1391
第1年	1995	22117	92287	
第2年	2153	51167	121845	
第3年	2354	61424	100942	
第4年	997	39018	58120	475
第5年		19945	21920	
第6年				916

20.3.7 分年度需要的主要劳动力、材料及机具数量

分年度需要的主要劳动力、材料及机具数量见表20-8。

分年度需要的主要劳动力、材料及机具数量   表20-8

推荐方案	人工	水泥	钢材	木材
	工日	t	t	m³
总数量	310149496	16628815	2609457	301391
第1年	48328595	2591161	406615	46964
第2年	48328595	2591161	406615	46964
第3年	93044849	4988645	782837	90417
第4年	71766159	3847777	603808	69739
第5年	29208779	1566043	245749	28384
第6年	19472519	1044029	163833	18923

20.4 施工准备工作

20.4.1 征地拆迁

该线征地拆迁工作量大，分别涉及贵州省和云南省，涉及昆明、贵阳两个省会城市和曲靖、安顺、凯里等地级市。由于拆迁工作政策性强、涉及面广、难度大，必须充分发挥地方政府积极性和协调性，以法律为准绳，有计划地分步实施。征地拆迁工作以不影响工程施工为目标，逐用逐拆，遵循一次到位，杜绝二次拆迁、重复拆迁。大城市及重点工程的拆迁应高度重视，确保工程顺利实施。

20.4.2 临时电力工程

线正线桥隧总长577.2km，桥隧比77.55%，用电负荷较大，而地方电力线路相对薄弱，受施工总工期制约，部分长大隧道工点必须提前开工，为满足先期开工工程尽早实现有保证的施工电源，应提前与地方电力部门取得联系，争取更多的支持和配合。施工单位在进场前，应通过实地考察评估，做好先期自发电的准备。

20.4.3 施工便道的修建

地区交通主干网虽已形成，但绝大部分工点仍需修建施工便道。总体上看，全线新建主干道多为局部贯通，引入线点多、线短，工程量不大，但因涉及租地和地方老百姓的方方面面，必须高度重视。

20.4.4 施工水源

全线没有特别缺水地区，但旱季水源仍然宝贵，施工用水必然会给地方造成一定水资源压力。全线施工力求不与地方生活用水和农田灌溉用水相争。在水源相对困难地区，取用地下水和铺管选取是应该考虑的两个重要因素。

20.4.5 备料

全线建筑材料（包括三大材和砂石料）和油燃料供给相对充足，但箱梁预制和高强度等级混凝土所需优质砂沿线就近没有料源，目前设计主要考虑从云南元谋和湖南湘潭远运河砂。河砂供应季节性影响很大，洪汛期采集河砂困难，因此必须考虑旱季备砂因素。

轨道工程备料是控制铺轨工期的主要因素之一，应在铺轨开始前按照铺轨基地承担铺轨任务计算备料，保证铺轨按期完成。全线主要大型施工机械设备见表20-9。

主要大型施工机械设备　　　　　　　　　　　表 20-9

序号	名　　称	单　位	数　　量			备　注
			湘黔省界至贵阳北	贵阳北至昆明南	合计	
1	长轨铺轨机	套	2	3	5	本表机械设备，未考虑湘黔省界至贵阳北段先期施工完成后倒入贵阳北至昆明南段使用因素
2	箱梁运架梁机	套	7	10	17	
3	箱梁提梁(搬运)机	套	8	10	18	
4	移动模架造桥机	套	10	6	16	
5	无砟轨道施工设备	套	21	37	58	
6	混凝土拌和设备	套	44	70	114	
7	填料拌和设备	套	12	30	42	
8	T 梁架桥机	套	1	1	2	

20.5　主要工程施工方法、顺序、进度、工期及措施

20.5.1　路基工程

路基工程施工，按以下顺序进行：施工准备→地基加固→路基本体及基床底层填筑→路基沉降及观测→基床表层填筑→配套工程施工→整理验收。

路基基床以下及基床底层填筑必须严格执行《客运专线铁路路基工程施工质量验收暂行标准》(铁建设〔2006〕141 号)所规定施工操作程序。路基填料应满足相关规范对填料性质、最大粒径和级配的要求。过渡段应与其连接的路堤一并整体同时施工。

基床以下及基床底层土石方填筑施工，必须严格控制填筑工艺(如碾压机具、分层厚度、碾压遍数、含水率等要求)、检测频次及数量，并按按照"三阶段"(准备、施工、验收)、"四区段"(填土、平整、碾压、检测)、"八流程"(施工准备、基底处理、分层填筑、摊铺碾压、洒水晾晒、碾压夯实、检验签证、路基整修)的工艺流程组织施工，填筑速度要根据地基变形观测分析结果控制，满足规范要求；后续的梁部架设和无砟轨道施工受路基工程影响，应根据桥梁架设顺序和无砟轨道施工顺序合理安排路基区段施工顺序，保证足够的工后沉降稳定时间。

路基填筑受气候因素影响较大，在低温气候以及雨季气候条件下，原则上不宜进行路基施工，因工期要求必须施工而又在雨天来临时未完成碾压工序的路段应采取覆盖保护措施，避免雨水浸泡。

基床表层全部采用机械施工。级配碎石考虑拌和站集中拌制，通过现场试验确定最佳级配，经拌和后，运至工地分层摊铺、分层碾压。成品拌和料不宜堆放过长，防止含水率变化过大填筑后达不到密实度。对基床表层施工要分两层填筑，每层施工工艺流程分"四区段"(验收基床底层区段、搅拌运输区段、摊铺碾压区段、检测修整区段)、"六流程"(修整基床底层、拌和、运输、摊铺、碾压、检测试验)进行施工。

路基土石方工程在施工准备完成后即可开工，其完工时间应满足该区段架梁工程和无砟轨道施工工程工期要求，路基工程应在该区段架梁工程开始前半个月完成。

湘黔省界至贵阳北段一般路基主体工程施工总工期按 15～18 个月控制，羊坪梁场和凯里梁场供梁范围东段路基主体工程施工控制在 13 个月内完成；软土、松软土路基工程的施工总工期按 18～21 个月控制，其中路基填筑控制在 15 个月内完成，自然沉降期暂按 6～9 个月，不考虑堆载预压。具体以现场沉降观测分析结果为准。基床表层填筑控制在 1 个月以内完成。

贵阳北至昆明南段一般路基主体工程施工总工期按 15~18 个月控制;软土、松软土路基工程的施工总工期按 18~21 个月控制,其中路基填筑控制在 15 个月内完成,自然沉降期暂按 6~12 个月,不考虑堆载预压。

20.5.2 桥梁工程

一般桥梁下部工程按常规法施工。全线没有深水复杂桥梁,下部工程施工工艺相对简单,施工技术较为成熟。长桥下部工程可采取分段平行施工,多开工作面,长桥短修,以利保证工期。桥梁混凝土采用集中生产,输送泵灌注。大体积混凝土应着重控制水化热和灌注温度,以防开裂。深沟高墩桥配以跨桥缆索架施工。

简支箱梁尽可能梁场预制,采用客运专线整孔箱梁运架设备架梁。简支箱梁按通过隧道运梁。桥隧相连地段和零星分散的桥梁,以移动模架和支架现浇箱梁,并优先考虑移动模架施工方案。连续梁按挂篮悬灌法施工。特殊结构桥梁,按设计采用的施工方案施工。枢纽联络线等采用的 T 梁,暂考虑枢纽内 T 预制厂供应,架桥机架设。

桥梁施工(包括梁部工程),一般以全段无砟轨道施工开始时间控制其完工时间,以利桥梁工程均衡施工,节约资源。桥梁施工应在全段无渣轨道施工开始前 1 个月完成。

湘黔省界至贵阳北段一般桥梁下部主体工程,安排 18~21 个月内完成。羊坪梁场和凯里梁场供梁范围以东靠近梁场附件的桥梁下部工程,需控制在 18 个月以内完成。大跨度及技术复杂桥梁主体工程,按 24 个月组织施工。现浇箱梁施工工期按 21 个月控制;箱梁预制工期为 21 个月;箱梁架设工期控制在 15 个月内完成。梁场建设和制梁生产是桥梁施工的重点,力争尽早开工,羊坪梁场和凯里梁场在开工后 9~12 个月内建成,以保证该区段架梁的需要。

贵阳北至昆明南段一般桥梁下部主体工程,安排 18~24 个月内完成。大跨度及技术复杂桥梁主体工程,按 24 个月组织施工。现浇箱梁施工工期按 21 个月控制;箱梁预制工期为 21 个月;箱梁架设工期控制在 18 个月内完成。全段一般桥梁施工工期较富余,梁场建设和制梁生产在保证各区段架梁需要的前提下可适时安排。

桥面系按架梁区段施工。因受无砟轨道工期和运梁作业制约,在保证架梁工效情况下,桥面系遮板、电缆槽、排水管、防撞墙及外侧防水层、电化立柱基础,宜利用运架梁间隙,紧跟架梁进行流水作业。一个方向架梁完成后,开始施工防撞墙内侧的防水层、保护层和伸缩缝。无砟轨道完成后施作其余桥面系工程。因此桥面系不另行安排施工工期。

20.5.3 隧道(含明洞)

20.5.3.1 施工方法

(1)洞口斜切砌门及明洞段均采用明挖法施工,并控制刷坡高度,临时坡面采取锚网喷防护,对于明暗衔接断面根据不同的地质采取锚喷防护,锚杆采用纤维锚杆,长 6.0m。

(2)暗洞段施工。

Ⅱ级围岩:采用全断面法开挖。

Ⅲ级围岩:采用全断面法或台阶法开挖。

Ⅳ级围岩:硬质岩(如通过灰岩、白云岩及砂岩为主的地层)采用台阶法;软质岩(如通过页岩、炭质页岩、泥灰岩为主的地层)、偏压、断层影响带、岩层接触带及岩溶发育地段采用台阶法加临时横撑。

Ⅴ级围岩:硬质岩深埋地段采用台阶法;硬质岩浅埋地段采用台阶法加临时仰拱;软质岩深埋地段采用大拱脚台阶法加临时仰拱;软质岩浅埋、偏压、断层破碎带、岩层接触带及岩溶发育地段采用 CRD 法;处于覆盖层或全风化层(W_4)中的浅埋地段采用双侧壁导坑法。

隧道洞口段位于松散堆积体,或洞身经过断层破碎带以及地表有建筑物或水库且隧道埋深较浅地段,采用超前大管棚或超前小导管预注浆加固岩体,并采用型钢钢拱架及格栅钢支撑等辅助措施通过。

20.5.3.2 施工组织

1)总工期要求

长昆线玉屏至贵阳施工总工期按4年(48个月)控制,根据铺架基地设置等情况,该段段隧道工期(不包括无渣轨道铺设及站后工程施作)安排为不超过34个月。贵阳至昆明施工总工期按6年(72个月)控制,根据铺架基地设置等情况,该段段隧道工期(不包括无渣轨道铺设及站后工程施作)安排为不超过57个月。

2)隧道施工进度

根据全线的地质、地形条件,经与类似条件铁路比较,全线顺坡地段采取的进度指标见表20-10。

施工进度指标(m/月)　　　　　　　　　　表20-10

围岩级别	Ⅱ级	Ⅲ级	Ⅳ级	Ⅴ级
正洞双线	160	120	70~90	30~50
辅助导坑有轨单车道	250	250	160	110
辅助导坑无轨单车道及有轨双车道	250	250	150	100
辅助导坑无轨双车道	200	180	110	80

(1)Ⅳ级、Ⅴ级围岩段硬岩取高值、软岩取中值、特殊地质段取低值。

(2)反坡地段施工考虑排水问题,除Ⅴ级围岩进度不减少外,其余地段均减少20m/月。

(3)工区施工长度大于3km地段,考虑道运输组织及通风时间的限制,Ⅱ级及Ⅲ级围岩进度相应减少20m/月。

(4)辅助导坑的施工准备时间为2个月,正洞洞口施工准备时间为3个月。

(5)帷幕注浆段处理、瓦斯隧道处理通过时间停顿进行处理,定顿处理时间为1~2个月。

3)重点隧道工期

根据以上施工进度指标及隧道的辅助坑道设置,全线控制工程工期见表20-11。

全线隧道控制工程工期　　　　　　　　　　表20-11

序号	工点名称	总工期允许工期(月)	隧道指导性施工组织设计工期(月)	富余工期(月)	备注
1	栋梁坡	33	32.95	0.05	
2	格冲	33	32.42	0.58	
3	茅坪山	33	32.93	0.07	
4	沙坪	34	34.75	-0.75	
5	哪嘈	34	33.7	0.3	
6	大独山	55	50.32	4.68	
7	岗乌	55	50.22	4.78	
8	何家寨	55	31.4	23.6	按照4年的总工期方案来控制
9	棒古	55	54	1	
10	大茶山	56	51.94	4.06	
11	刘家庄	56	48.75	7.25	
12	高家屯	56	49.1	6.9	
13	壁板坡	57	57.4	-0.4	
14	尖山	55	50.09	4.91	
15	大坪地	55	51.2	3.8	
16	文笔山	55	51.87	3.13	

从表中可以看出,栋梁坡、格冲、茅坪山、沙坪、哪嘹、捧古、壁板坡隧道工期风险较高,大坪地、文笔山隧道工期风险一般高。

20.5.3.3 安全施工的措施及注意事项

1)隧道开挖前应先做好洞口的防排水设施

洞口地表存在危岩落石,施工前应先对坡面松动危石进行清理,对倒悬的危石进行支顶嵌补,并于坡面范围设置SNS主动或被动防护网、钢轨栅栏进行防护后,再进行洞口开挖。

洞口地段土层较厚或存在不良地质需做锚固桩、钢管桩等加固措施时,需待锚固桩或钢管桩施作完毕且到达设计强度要求时方可进行洞口及洞内的开挖。

及时做好洞口边仰坡防护,尽早修建洞门及洞口段衬砌,以确保洞口稳定和施工安全。

2)监控量测纳入正常施工工序

针对全线的特点及有特殊要求的隧道,明确监控项目、原则、要求、方法、手段、目的等,监控量测必测项目包括以下内容:对浅埋段开展地表沉降观测;对洞身各级围岩段开展洞内外观察、拱顶下沉、净空变化监控量测。通过监控量测反映的信息指导施工,及时调整施工措施。

3)超前地质预报纳入正常施工工序

通过综合超前地质预报手段探明掌子面前方地质条件,以便采取有效的施工措施,避免施工突发灾害的发生,超前探测重点为岩溶及岩溶水、煤层及瓦斯、断层破碎带及岩层接触带,超前探测方法包括常规地质法、物探法、超前钻探法。

(1)结合全线隧道以岩溶为主的特点,且按《铁路隧道超前地质预测预报技术指南》要求,岩溶隧道应以地质调查法为基础,以超前钻探法为主,结合多种物探手段进行综合地质预报,并应采用宏观预报指导微观预报、长距离预报指导中短距离预报的方法。

①类超前地质预测预报。

采取的方法:常规地质法+物探法(TSP203+红外探水+地质雷达等)+超前钻探法(超前钻孔5孔+加深炮眼)。

适用范围:极易发生突水、涌泥段。

②类超前地质预测预报。

采取的方法:常规地质法+物探法(TSP203+红外探水+地质雷达等)+超前钻探法(超前钻孔3孔+加深炮眼);当综合物探异常时,应增设超前钻孔探测。

适用范围:物探显示异常地段、受岩溶竖井影响段、可溶岩与非可溶岩接触带,非可溶岩断层破碎带。

③类超前地质预测预报。

采取的方法:常规地质法+物探法(地质雷达等)+超前钻探法(超前钻孔1孔+加深炮眼);当综合物探异常时,应增设超前钻孔探测。

适用范围:可溶岩一般地段或地表环境要求较高的非可溶岩地段。

④类超前地质预测预报。

采取的方法:常规地质法+物探法(地质雷达等);当综合物探异常时,应增设超前钻孔探测。

适用范围:非可溶岩一般地段。

(2)平行导坑、横洞及斜井等辅助导坑的超前探测参照正洞设置,超前探测孔数量根据不同的辅助坑道断面适当减少。

(3)当隧道存在平行导坑时,首先应该保证平行导坑施工超前正洞,此种情况下,超前探测的重点应该放在平行导坑,正洞根据平导开挖揭示的地质情况,适当设置钻孔进行验证。

(4)超前探测方法及程序。

①采用地震波勘探设备对掌子面前方30~100m范围内的不良地质体的位置、规模、性质做较为

详细的预报,预报围岩级别和地下水情况,每100m施作一次,当有异常情况时适当加密。

②在地震波勘探的基础上采用超前探测孔验证。对掌子面前方30m左右范围的地质情况做更准确的预报,先进行红外超前探水,然后每个断面布设5个探测孔(其中一孔取岩芯),25m一个循环,单孔长度为30m左右,相邻探测孔之间的搭接长度为5m。当有异常情况时,结合预测结果判释,适当加密钻孔或加长钻孔。

③对多项预测预报手段所得的资料进行综合分析与评判,相互印证,并结合掌子面揭示的地质条件、发展规律、趋势及前兆进行预测、判断,根据超前地质预测预报结果,相应优化调整措施,以确保施工安全及结构安全,确保工程顺利实施。

④针对隧道存在突泥涌水、坍方冒顶、软质岩变形、有害气体聚集等不良地质段落,设计中已采取了相应的措施,但施工中应根据现场超前地质预报和监控量测的情况,若发现异常,及时调整施工方法及措施,确保施工安全。同时在易发安全事故地段,应在施工前准备抢险设备和应急预案,安排专人密切监测掌子面和初期支护的变形情况,准备抢险设备;施工过程中应加强洞内、地表量测,一旦发现数据异常,施工人员迅速撤离现场,准备抢险。

20.5.4 轨道工程

20.5.4.1 施工方法

湘黔省界至昆明南段轨道设计主要为板式无渣轨道,其中湘黔省界至富源北段主要采用CRTS Ⅱ型板,富源北至昆明南段主要采用CRTS Ⅰ型板。枢纽联络线为有砟道床。

无砟轨道的施工,按经规标准[2007]100号"关于发布《客运专线无砟轨道铁路施工技术指南》的通知"要求执行,具体施工方法可根据设计要求组织实施。

无渣轨道可平行施工的工序,应尽可能安排同时进行,需顺序施工的工序应尽量减少时间间隔,以加快施工进度。

板式无砟轨道道床的施工主要分为GRTS Ⅰ和GRTS Ⅱ,其施工流程分别如图20-18和图20-19所示。

20.5.4.2 施工进度指标

无渣轨道道床综合进度,按路桥段100双线米/天、隧道内75双线米/天考虑。铺轨综合进度按5.0铺轨公里/天(500m轨条)计算。

20.5.4.3 施工组织措施

(1)无砟轨道施工前,须及早确定施工队伍,并对其进行全面技术培训。

(2)无砟轨道道床的施工,必须满足沉降控制标准。

(3)无砟轨道道床应尽量采用机械化施工,工作面的开设可结合箱梁架设综合考虑,但必须根据总工期计算确定。

(4)适时建成铺轨基地及联络线工程,铺轨基地在开铺前按照铺轨进度存储足够量的轨料及砟料。

(5)铺轨前须对设备进行调试及试运转,并配备相应的维修保养队伍,做好燃料储备工作。

(6)无缝线路锁定受温度影响较大,高温或低温情况下均不能施工,施工时应尽量避开不利气候影响,或采取必要措施保证锁轨温度。

(7)提前做好物流运输计划,确保各种部件的运输,特别注意轨道板和长轨条的供应保证。

20.5.4.4 施工工期

湘黔省界至贵阳北段,无渣道床施工控制在13个月内完成;铺轨控制在3个月内完成。

贵阳北至富源北段,无渣道床施工控制在19个月内完成;铺轨控制在3个月内完成。

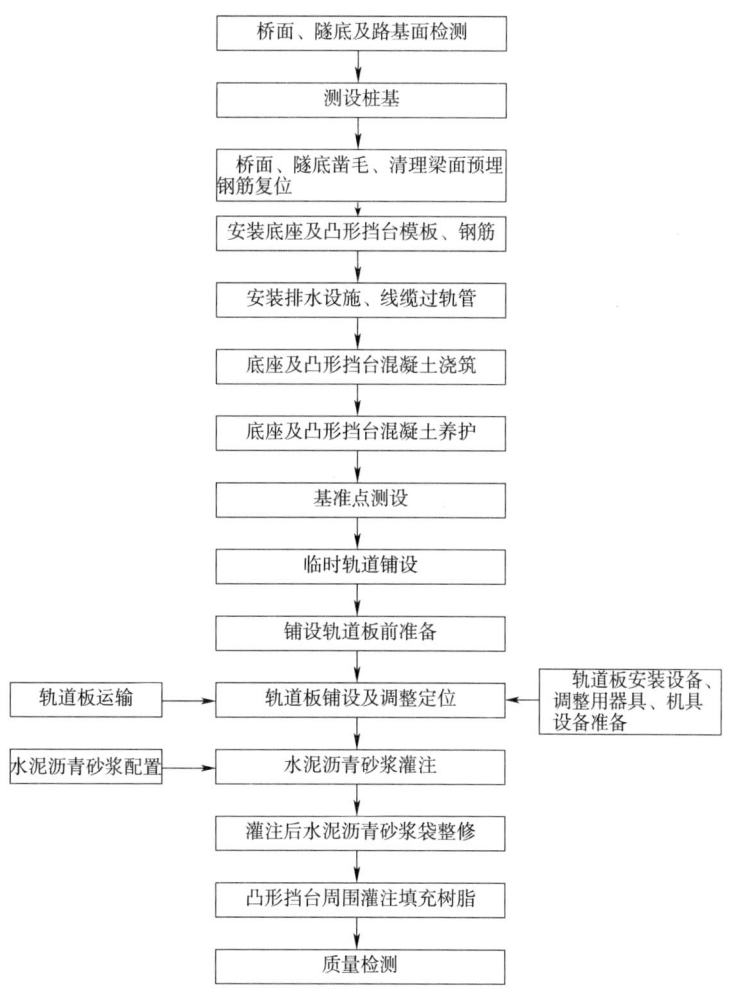

图 20-18 GRTS Ⅰ型板式无砟轨道道床施工基本工艺流程

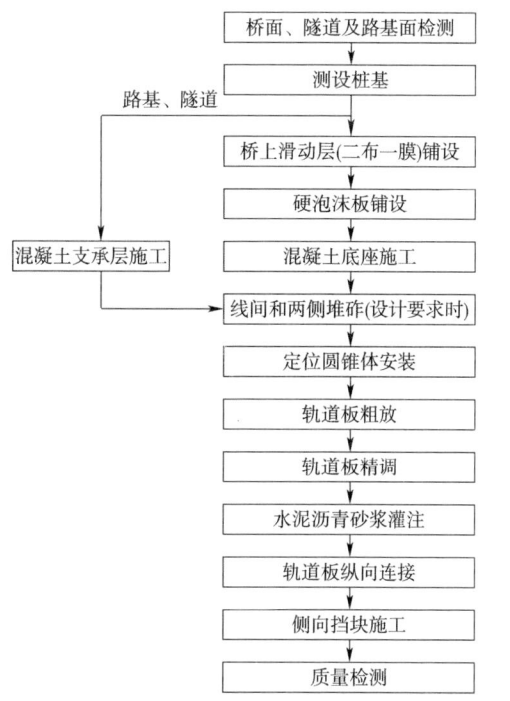

图 20-19 GRTS Ⅱ型板式无砟轨道道床施工基本工艺流程

20.5.5 站后工程施工

站后配套的通信、信号、电力、电化、房屋、给排水、车辆、站场设备等工程,应根据总工期要求,配合站前工程和无砟轨道工程以及铺轨工程适时开展施工,并在全线开通运营前6个月完成满足联调联试要求的所有工程,包括子系统调试工程。

20.6 解决施工与行车干扰的措施

该项目全线无利用既有线和改建既有线情况,但线路多处靠近既有线或与既有线、高速公路等交叉,施工中需采取必要的措施,保证既有线和高速公路等线路的安全运营。

20.6.1 靠近既有线段落需采取的措施意见

(1)靠近既有公路铁路桥梁基坑开挖时,采用挖孔桩或钢轨(钢板)桩防护,必要时对既有铁路架空处理,在施工期间对既有公路或铁路进行沉降和变形观测,如发现异常,应采取相应措施消除安全隐患,确保行车和施工安全。

(2)邻近铁路桥墩施工时应对铁路行车采取限速措施。

20.6.2 与既有线、高速公路交叉处需采取的措施意见

(1)跨越等级公路及铁路桥梁梁部施工作业过程中,应采用防护棚架对桥下道路进行遮蔽防护,防止异物掉落危及桥下行车。

(2)施工影响范围内公路车道设置好各项交通警示标志,施工期间设置专人组织疏导交通,确保行车安全。

20.7 材料供应计划

20.7.1 材料运输方案

(1)全线500m长轨条、100m和25m定尺轨、道岔、接触网立柱、钢筋混凝土轨枕和T梁等直发料,全部先由营业火车运至铺轨基地,再由工程列车运往工地。

(2)钢梁、劲性骨架拱、型钢拱等特殊构件,由营业火车运至相应工点就近的材料厂,再汽车转运至工地。

(3)钢材、木材、水泥等按厂发料考虑,均以沿线所设材料场为起运点,汽车直接运往工地。

(4)预制箱梁和其他高强度等级混凝土所需的优质砂,先由供砂点营业火车运至相应工点就近的材料厂(材料中转站),再汽车转运至工地。

(5)砂石等其他当地建筑材料,一律由施工调查确定的砂石料场,汽车直接运往工地。

20.7.2 主要材料的数量、来源及运输方法

主要材料的数量详见劳材数量汇总表。

(1)500m长钢轨:成都石板滩长钢轨生产基地供应。

(2)100m和25m定尺轨:攀钢供应。

(3)道岔:高速道岔由山海关桥梁厂供应,普通道岔由宝鸡桥梁厂供应。

(4)钢梁:山海关桥梁厂或宝鸡桥梁厂供应。

(5)简支箱梁:现场设预制梁场预制,困难地段部分采用移动模架或支架现浇。

(6)T梁:昆明南相关联络线工程T梁,由昆明枢纽的桃花村制梁场供应,贵阳北相关联络线工

程T梁,由都匀桥梁厂供应。

(7)普通轨枕:昆明大板桥轨枕厂和都匀桥梁厂供应。

(8)接触网立柱:株洲中铁轨道系统集团电气化制品有限公司供应。

(9)钢材、木材、水泥:按厂发料考虑,以沿线所设材料厂为起运点。

20.7.3 当地材料的数量、来源、运输方法及供应范围

(1)箱梁用砂:元谋、湘潭供应。先由供砂点营业火车运至相应工点就近的材料厂(材料中转站),再汽车转运至工地。元谋砂供应昆明南至贵定北段,湘潭砂供应贵定北至湘黔省界。

(2)砂石等其他当地建筑材料:据施工调查确定的砂石料场供应,汽车运往工地。

(3)道砟:勤丰营、野马寨道砟场供应。先由供砟点营业火车运至相应铺轨基地,再工程列车运往工地。勤奉营砟场供应昆明枢纽联络线工程,野马寨砟场供应贵阳枢纽联络线工程。

(4)砖、瓦:沿线各县乡、市郊砖瓦厂供应。汽车运往工地。

20.8 临 时 工 程

20.8.1 大型临时工程设计原则

(1)应认真贯彻国家土地政策,尽量减少土地占用量,尤其是少占耕地占用。

(2)大临工程以满足工程建设需要为前提,以地方现有资源为依托,尽量做到"物尽其用"。

(3)大临工程必须满足建设项目总工期的要求,纳入施工组织设计统筹考虑。

(4)有条件的应充分考虑永临结合,并尽量利用本线预留工程、货场、站坪、维修基地及站前广场等设置大临工程。

(5)大型临时工程设计方案应经过技术经济比较后确定。

(6)大临设施布局力求合理,严格控制其规模、标准和投资。

(7)应高度重视环境保护,水土保持、文物保护、节约能源。

(8)加强地质勘探工作,充分利用正线现有地勘资料,有条件的尽量将大型临时工程设置在地质条件较好的地方。

(9)临时用地的复垦按宜农则农,宜建则建的原则进行设计。

(10)在满足工艺流程设计合理条件下,遵循生产区和生活区既相互分开,又有机联系的原则进行布局。生产区按工艺流程分区划块,尽量做到既紧凑又便于生产流水作业,并有足够的施工作业和活动空间。

(11)铁路大型临时工程设计应符合国家现行的有关强制性标准的规定。

20.8.2 铁路便线、便桥的修建地点、标准及工程量

(1)该次设计的铁路便线和便桥,主要是由既有铁路通往羊坪、么铺和昆明南三个铺轨基地的出入线。

(2)技术标准按Ⅳ级铁路设计标准办理。

(3)铁路便线建筑长度总计12.422 km。其中羊坪3.712km,么铺2.221km,昆明南6.489km(其中利用动车走行线工程1.25km)。

20.8.3 汽车运输便道方案设计(含运梁便道)

20.8.3.1 设计依据

(1)初步设计1:2000、1:10000、1:50000线路平面图。

(2)桥隧工点表。

(3)施工调查资料。
(4)《铁道部铁路大型临时工程和过渡工程设计暂行规定》(铁建设〔2008〕189号)。
(5)《公路路线设计规范》(JTG D20—2006)。

20.8.3.2 设计范围

根据《铁路基本建设工程设计概(预)算编制办法》(铁建设〔2006〕113号),汽车运输便道包括运输干线及其通往隧道、特大桥、大桥和铺轨基地、混凝土拌和站、填料拌和站、制存梁场、材料厂、砂石料场等的引入线,以及机械化施工的重点土石方工点的运输便道。

20.8.3.3 设置原则

(1)尽量利用乡村便道进行改(扩)建。
(2)便道引入尽量照顾相邻工点。
(3)地形条件较差的复杂桥梁工点将便道引至主墩,跨河桥一般考虑两岸引入便道。大于4km的长桥有条件的将便道沿线路适当延长。
(4)隧道工程施工便道引至洞口,适当考虑弃砟便道。
(5)工点引入便道和局部贯通便道经方案比选后确定。
(6)兼顾无砟轨道施工必要的运输条件。
(7)部分既有公路现状较差,考虑整修加固以满足工程施工运输要求。

20.8.3.4 技术标准

(1)一般便道应根据运量、地形条件,参照现行《公路路线设计规范》中四级公路标准设计。其中,新建便道的桥涵设计车辆荷载宜按汽–20级确定;软土地基上的便道应满足变形和稳定性要求。汽车运输便道宜采用泥结碎石路面,也可根据运量大小、当地料源情况选用其他形式路面。

路面路基宽度:引入便道路面按3.5m考虑,路基按4.5m考虑;贯通便道路面按6.0m考虑,路基按7m考虑。需要运输轨道板的便道,原则按路面宽6.0m、路基宽7m考虑。

错车道设置:引入便道结合地形条件,选择有利地点适当加设错车道。错车道段路基宽度按6m控制。

纵坡坡度:最大纵坡暂按8%~10%控制。

路面:泥结碎石路面。

(2)箱梁运梁便道的平、纵断面应满足运梁车的技术要求,运梁便道路基可参照衔接段正线铁路路基标准设计。运梁便道的曲线半径一般≥300m,纵坡一般≤3%。

20.8.3.5 全线运输便道修建情况

根据上述原则和标准,结合地方既有道路情况和工程分布情况,沪昆客运专线长昆段(玉屏至昆明)新建干线87km;新建引入线(含弃砟便道)470km,改扩建便道357km,既有道路整修195km。施工便桥1.2km。利用地方县乡以下既有道路634km做施工运输通道。该段未修建运梁便道。

20.8.4 大型临时辅助设施的设置意见

20.8.4.1 临时材料厂设置

全线材料厂(河砂转运站)均设于贵昆线、盘西线、湘黔线、川黔线办理货运业务的车站或货场,全线设材料厂(河砂转运站)19处,租用场地规模平均约20亩。材料厂设置见表20-12。

长昆客专(玉昆段)—初步设计材料厂设置　　　　表20-12

序号	材料厂名称	设置地点	车站业务办理	材料厂设置	供应范围			轨料供料	备注
					起点	迄点	工点名称		
1	昆明南材料厂(王家营)	昆明南(王家营)	炸△	√				√	拟改名王家营西站

续上表

序号	材料厂名称	设置地点	车站业务办理	材料厂设置	供应范围			轨料供料	备注
					起点	迄点	工点名称		
2	金马村材料厂	金马村站	正○农○	√		DK1169+880	昆明南站		贵昆线:大板桥轨枕场于金马村站出岔
					DK1139+470		石将军隧道		
3	小新街材料厂	小新街站（原名：塘子）	危△	√		DK1139+470	石将军隧道		贵昆线
					DK1103+721		大坪地隧道		
4	马龙材料厂	马龙站	正○农○	√		DK1103+721	大坪地隧道		贵昆线
					DK1055+313		西山隧道		
5	曲靖材料厂	曲靖站	炸○	√		DK1055+313	西山隧道		贵昆线
					DK1027+606		尖山隧道		
6	白水镇材料厂	白水镇站	正○农○	√		DK1027+60C	尖山隧道		盘西线
					DK997+752		凤凰山隧道		
7	富源材料厂	富源站	炸△	√		DK997+752	凤凰山隧道		盘西线
					DK985+061		壁板坡隧道		
8	红果材料厂	红果	正○危△	√		DK985+061	壁板坡隧道		盘西线
					DK892+376		何家寨隧道		
9	幺铺材料厂	幺铺站	正○危△	√		DK892+376	何家寨隧道	√	贵昆线
					DK788+759		大寨隧道		
10	平坝材料厂	平坝站	正○危△	√		DK788+759	大寨隧道		贵昆线
					DK748+735		栗木山隧道		
11	湖潮材料厂	湖潮站	正○危△	√		DK748+735	栗木山隧道		贵昆线
					DK730+582		黄土大坡大桥		
12	都拉营材料厂	都拉营	正○危△	√		DK730+582	黄土大坡大桥		川黔线
					DK674+055		甲界坡隧道		
13	贵定材料厂	★贵定站	炸△	√		DK674+055	甲界坡隧道		黔桂线
					DK633+297		沙坪隧道		湘黔线
14	马场坪材料厂	马场坪站	正○炸△	√		DK633+297	沙坪隧道		湘黔线
					DK610+555		山塘坳隧道		
15	白秧坪材料厂（麻江）	白秧坪站（麻江）	正○危△	√		DK610+555	山塘坳隧道		湘黔线
					DK589+226		雷打坡隧道		
16	凯里材料厂	凯里站	炸△	√		DK589+226	雷打坡隧道		湘黔线
					DK512+491		细宁沟隧道		
17	羊坪材料厂	羊坪站	正○农○	√		DK512+494	细宁沟隧道	√	湘黔线
					DK453+052		盘坡隧道		
18	玉屏材料厂	玉屏站	危△	√		DK453+052	盘坡隧道		湘黔线
					DK439+556		安坪舞阳河大桥		
19	大龙材料厂	大龙站	正○炸△	√		DK439+556	安坪舞阳河大桥		湘黔线
					DK419+530		湘黔省界		
	总计			19				3	

20.8.4.2 铺轨基地设置

1)铺轨基地设置原则

(1)铺轨基地宜设在既有车站附件,并靠近铺轨起点,对运营线路干扰小,列车进出方便,引入线路短的开阔平坦处。

(2)尽量利用荒地,少占农田。

(3)充分利用正式工程的场地和基础设施,减少大临工程数量。

(4)联络线坡度不大于正线最大限坡,曲线半径满足通过500m长轨运输要求,道岔不小于9号。

(5)铺轨基地场坪尽量采用平坡,困难条件下坡度不大于2.5‰。

(6)平面布设满足生产能力、生产作业、材料堆放和运输要求。

(7)长轨存放区股道直线段长度按不小于520m控制。

2)铺轨基地方案比选

初步设计定测,对全线满足铺轨基地设置条件的既有铁路车站进行广泛深入的施工调查,包括本线与既有线位置关系、既有铁路车站出岔条件、铺轨基地上线条件、场地地形条件等。本线与既有铁路靠近的地段主要在:新建昆明南站附近、小哨、马龙、曲靖、富源、红果、么铺、安顺、平坝、贵阳、贵定、白秧坪、凯里、羊坪和玉屏等地区。经实地考察,基本满足铺轨基地设置条件的有昆明南站及附近的王家营西站(现昆明南站)、王家营站,贵昆线上的马龙站、么铺站,湘黔线上的羊坪站、玉屏站。曲靖、富源、红果、安顺、平坝、贵阳、贵定、凯里等其他地区车站或无出岔条件,或无基本的地形和场地条件,或上线距离长且工程量大而不具备设置铺轨基地的条件。

在考虑合理的站点布局以及均衡的铺轨范围情况下,结合可行性研究铺轨基地方案比选和可研文件审查初步意见,此次初步设计主要围绕昆明铺轨基地、么铺铺轨基地和羊坪铺轨基地的具体布设进行方案比选。

(1)昆明铺轨基地。

昆明地区主要考虑昆明南(动车运用所)、王家营西两个铺轨基地方案进行比选。

第一,昆明南(新)铺轨基地。在本线与云桂线共站的新建昆明南站附近设置铺轨基地,即利用新建昆明南站旁的昆明动车运用所场地设置铺轨基地。铺轨基地利用渝黔预留场布置。铺轨基地的岔线由既有南昆铁路王家营西站南宁端牵出线(昆明枢纽改造后)引接到动车所联络线,再利用动车所联络线至铺轨基地,王家营西至动车所联络线长度约4.88km。铺轨基地至沪昆正线(DK1164+300)修建便线,便线长1.612km。500m长钢轨由成都石板滩焊轨基地供应。铺轨范围自新建昆明南至富源站,铺轨长度约176.6正线公里。铺轨时间约2.5月。该方案优点是铺轨基地与昆明动车运用所场地临永结合,石方工程和租地以及拆迁工程几乎不计,既节约投资,又利于环保,上线运距短,且可利用部分动车所联络线工程作为临时工程。昆明南(新)铺轨基地位置详见昆明枢纽总平面布置示意图和昆明枢纽总平面布置示意图(图略)。

第二,王家营西(现昆明南站)铺轨基地。设于南昆线昆明南站(拟改名王家营西站)对侧,与既有昆明南站并列布置,场地满足铺轨基地布设条件。既有昆明南站现有7股道,两端均有至铺轨基地的出岔条件,站房对面有一较大场地,多为菜地,少部分为荒地。菜地低于昆明南站2~3m,荒地与昆明南站大致等高,荒地地势平坦。场地满足布设铺轨基地的条件。上线由既有南昆铁路王家营西站的牵出线引接到动车所联络线,再利用动车所联络线至长昆正线。王家营西至动车所联络线的岔线长度约4.88km。500m长钢轨由成都石板滩焊轨基地供应。铺轨范围自新建昆明南至富源站,铺轨长度约176.6km,铺轨时间约2.5月。该方案优点是场地土石方工程少,上下线条件具备,上线运距短,且可充分利用动车所联络线工程作为临时工程,除租地(菜地)和部分电力线路迁改外几乎没有其他拆迁工程。

综上所述:两方案均为可行的铺轨基地被选方案,各方案优缺点分析如下:

第一方案主要布设于动车所预留场,尽量不占用近期工程场地,土石方工程省,拆迁少,投资相对最小。若仅占用动车所预留工程场地,长昆铺轨完成后,该铺轨基地尚可保留,以备今后的渝昆线铺轨之用。

第二方案除需临时租地外,还有部分土石方工程,投资相对第一方案高,长昆铺轨完成之后亦可予保留,以备今后的渝昆线铺轨之用。

本阶段暂按铺轨基地设于昆明南动车运用所开展施工组织设计。

(2)幺铺铺轨基地。

共考虑两个铺轨基地方案。

方案一:设于贵昆线幺铺站昆明方向左前侧,与幺铺站并行。该处地形较平坦,土石方和拆迁工程量相对较小,场地满足铺轨基地布设条件。

铺轨基地引入线方案:改造既有幺铺站贵阳端咽喉,在车站既有27号岔后,铺设1组临时道岔,顺临时道岔出岔方向修建一条有效长为580m的临时牵出线(因铺轨基地与幺铺站间距较小,直接出岔满足不了曲线半径要求),以满足500m长钢轨运轨要求,进入铺轨基地的联络线在新建的临时牵出线上出岔,与车站并列西行约0.6km接入幺铺铺轨基地。铺轨基地与正线间联络线,于铺轨基地昆明端出岔沿山脚西行约1km,在DK812+910处接上本线。

方案二:设于贵昆线幺铺站贵阳方向左前侧。经此次定测实地考察,此方案存在出岔困难,土石方工程量大等缺点。幺铺站贵阳方向出站后650m范围内有两条既有公路上跨贵昆线,公路桥跨较小,没有增设联络线条件,且幺铺站贵阳方向出站后为一深路堑段,既有线高程为1340m左右,拟设铺轨基地方向地面高程1351~1362m,两者相对高差15~22m,联络线出岔即为大挖方。鉴于上述条件,此次初步设计放弃该铺轨基地方案。

此次初步设计采用第一方案开展施工组织设计。幺铺铺轨基地500m长钢轨由成都石板滩焊轨基地供应。铺轨范围:富源北~贵阳北,铺轨长度282.7正线公里;幺铺以西至富源北175.68km,幺铺以东至贵阳北106.9km。

(3)羊坪铺轨基地。

此次共考虑了羊坪木材加工厂、羊坪站至正线联络线区间、龙塘(长昆正线)3个铺轨基地设置方案。

第一方案:设于湘黔线羊坪站对面的木材加工厂后方。该处地形较平坦,主要为旱地,拆迁工程量小。经初步设计定测现场进行的铺轨基地平面布设,该处场地较为困难,只能勉强满足铺轨基地布设,且土石方工程较大。

第二方案:设于湘黔线羊坪站至长昆正线联络线区间的镜山坪。铺轨基地的引入线方案:首先改造羊坪站上海端的牵出线,将既有牵出线有效长延长至520m,以满足500m长钢轨的运输要求,通过牵出线调车,然后经羊坪站木材加工厂专用线终端车挡出岔,经麻栗山、洞口、镜山坪、桐木湾,接入正线,上线里程DK457+350。联络线线全长3.066km,羊坪站既有牵出线延长320m,该牵出线改造后同时满足车站运营需求。羊坪铺轨基地设于镜坪山,该处地形相对平缓,场坪土石方相对较少,拆迁量少,满足铺轨基地平面布设。

第三方案:联络线自羊坪出岔后于DK457+350接入长昆正线,沿正线铺设临时线路至DK459+100(龙塘),于线路前进方向左侧设置铺轨基地。该段地形相对平缓,但平台宽度有限,顺坡下方有一较大村寨。场坪满足铺轨基地平面布设,但土石方工程量大,房屋拆迁多,同时DK457+350至DK459+100段正线无渣轨道施工需待该铺轨基地铺轨完成后进行。

综上所述,第一方案和第三方案土石方大于第二方案,平面条件也不如第二方案,该阶段设计暂按第二方案开展施工组织设计。羊坪铺轨基地500m长钢轨由成都石板滩焊轨基地供应。铺轨范围:贵阳北~湘黔省界,铺轨长度284.9正线公里;羊坪以西铺至贵阳北,铺轨长度247.1正线公里;

羊坪以东铺至湘黔省界,铺轨长度37.8正线公里。

3)铺轨方案的确定

根据上述铺轨基地设置推荐意见,全线铺轨方案确定如下:

昆明南铺轨基地:单向铺轨,配一套铺轨设备。铺轨范围:昆明南~富源北,铺轨长度176.6正线公里。铺轨总工期3个月。

么铺铺轨基地:双向铺轨,配两套铺轨设备。铺轨范围:富源北~贵阳北,铺轨长度282.7正线公里。么铺以西铺至富源北,铺轨长度175.8正线公里;么铺以东铺至贵阳北,铺轨长度106.9正线公里。铺轨总工期3个月。

羊坪铺轨基地:双向铺轨,配两套铺轨设备。铺轨范围:贵阳北~湘黔省界,铺轨长度284.9正线公里。羊坪以西铺至贵阳北,铺轨长度247.1正线公里;羊坪以东铺至湘黔省界,铺轨长度37.8正线公里。铺轨总工期3.3个月。

全线配置5套长轨条铺轨设备,么铺和羊坪按双向铺轨。全线单向最大铺轨区间247.1正线公里(羊坪至贵阳北),铺轨工期可控制在3.3个月内。

4)铺轨基地设计

(1)昆明南铺轨基地。

王家营西站南宁端牵出线修建联络线作为长钢轨运输车至铺轨基地进路。王家营西站部分到发线在铺轨期间,作为500m长钢轨及其他轨道材料进出铺架基地的交接线。动车走行左线作为进出铺架基地的通道及铺轨机从铺架基地上铺架通道的牵出线。

铺架基地内设4条线,L1有效长为675m,跨线设固定龙门吊机作为轨料装卸及岔料装卸线,龙门吊机布设范围500m,L1与L2线间距暂按15m考虑,作为长钢轨存轨场地;L2有效长为650m,作为长钢轨运输车辆停靠股道及到发线;L3有效长为675m,可停放临时机车、铺轨机组等;L4有效长50m,可供机车停放、转线等。铺轨基地平面布置详见昆明南铺轨基地线路平面图。

(2)么铺铺轨基地。

么铺站贵阳端临时铺设线路作为长钢轨运输车进出铺轨基地的牵出线,么铺站到发线4、5道在铺轨期间,作为500m长钢轨及其他轨道材料进出铺架基地的交接线。

铺架基地内设3条线。由于本铺轨基地铺轨工作量大(282.7km),L1有效长为675m,L2有效长为699m,两线均跨线设固定龙门吊机作为轨料装卸及岔料装卸线,龙门吊机布设范围500m,L1与L2线间距、L2与L3线间距均暂按15m考虑,作为长钢轨存轨场地;L2线兼作长钢轨运输车辆停靠股道及到发线;L3有效长为650m,可停放临时机车和铺轨机组等。铺轨基地平面布置详见么铺铺轨基地线路平面图。

(3)羊坪铺轨基地。

既有羊坪站上海端牵出线延长后可作为运轨车进出铺轨基地的调车牵出线。羊坪车站站房对侧到发线在铺轨期间,可作为500m长钢轨及其他轨道材料进出铺架基地的交接线。

铺架基地内设有3条线,L1道有效长为699m,作为存车线停放临时机车、铺轨机组等;L2道有效长为699m,作为长钢轨运输车辆停靠股道及到发线;L3道有效长为650m。L1与L2线间距、L2与L3线间距均暂按15m考虑,作为长钢轨存轨场地;L2与L3线两线均跨线设固定龙门吊机作为轨料装卸及岔料装卸线,龙门吊机布设范围500m。铺轨基地平面布置详见羊坪铺轨基地线路平面图。

20.8.4.3 制(存)梁场

全线共有简支箱梁5033孔,根据施工组织设计,预制架设箱梁4665孔(占箱梁总数的92.7%),移动模架现浇箱梁353孔(占箱梁总数的7%),支架现浇箱梁15孔(占箱梁总数的0.3%)。

1)梁场设置原则

(1)梁场规模不小于100孔。

(2)预制箱梁运架按通过隧道考虑,但原则上通过隧道的长度不大于4km。

(3)梁场供梁半径,满足一天架设完成一孔箱梁。制梁场合理的供梁范围一般控制在30~35km以内。运梁车满足一天架设完成一孔箱梁合理走行距离一般控制在20km以内。

(4)梁场尽量靠近桥梁集中地段,特别是梁孔数量较多的长桥附近,以缩短运梁距离,加快架梁进度和节约运梁投资。

(5)充分考虑技术复杂桥梁、高墩桥梁以及大跨连续梁桥对架梁工期的控制。

(6)必须考虑软弱地基路基段和长大路基段对架梁工程的影响。

(7)隧道群地段较分散的零星桥梁,箱梁宜采用桥位现浇法施工。当一定范围内箱梁数量相对集中时,优先考虑移动模架法施工。

(8)具备必要的"上线"条件,尽量减少运梁便道工程。

(9)尽量少占农田或耕地,注意保护生态环境。

2)梁场设置情况

根据上述原则,结合可研设计文件审查初步意见,综合区段梁孔数量、长大隧道分布、地形条件、上线条件、单向最大供梁距离等因素,经比选,湘黔省界至昆明南段初步设计共布设玉屏、羊坪、凯里、贵定、乌当、平坝、安顺、盘县、曲靖、大板桥等共计17个梁场。梁场设置具体情况见表20-13。

3)制梁台座、存梁台座设置说明

根据各梁场制梁数量、平均架梁速度、架梁工期、制梁速度(每孔梁占用制梁台座时间)以及根据各梁场具体的地质条件和地形条件确定的存梁方式(单层或双层),通过计算确定各梁场的制梁台座和存梁台座数量。

根据目前我国运架梁设备综合架梁进度,此次初步设计架梁速度暂按运距0~5km内2孔/天、5~14km内1.5孔/天、14~20km内1.0孔/天考虑。综合架桥机、提梁机、运梁车等设备检修时间,此次设计平均架梁速度按1.5孔/天计算。

山区修建客运专线通过隧道运架梁不可避免。此次设计架桥机过隧道转场暂按7d考虑(小解体),由此,各梁场架梁工期=平均架梁速度计算工期+∑(通过隧道座数×7)。

每孔梁占用制梁台座时间综合按6d考虑。箱梁存梁周期按45d考虑。

根据上述原则,全线各梁场制梁台座、存梁台座设置情况见表20-14。

4)各梁场概况

(1)玉屏梁场。

玉屏梁场位于DK437+500左侧,利用玉屏东站位布设,制梁308孔,设制梁台座9个,存梁台座44个,双层存梁,线路高程470.8m,场坪高程371m,占地约76亩(不含站场用地)。详见玉屏梁场平面布置图。

玉屏梁场属丘陵地貌,场坪范围地面高程350~420m。上覆0~8m坡残积黏性土,沟心上部有0~4m软土及松软土,下伏基岩为寒武系清虚洞组($\in 1q$)灰岩夹页岩,地表水较发育,为舞阳河河水,地下水不发育。梁场范围内地震基本烈度<Ⅵ度,地震动峰值加速度为<0.05g,地震动反应谱特征周期为0.35s;不良地质发育为岩溶、顺层,岩溶弱发育;特殊岩土为红黏土,为灰岩残积土,多具有弱膨胀性,工程地质条件一般。

石源:拟由纬建宏发石场或万山郭家石场供应,具体根据地质试验资料确定。

砂源:拟用湘潭河砂。

水源:梁场可以就近取用舞阳河水作为制梁用水。

电源:沿线集中供电。

拆迁:尽量利用车站正线工程场地,最大限度减少拆迁。

梁场设置（初步设计）

表 20-13

编号	梁场名称	相应线路位置关系		预制箱梁数量（孔）	供应范围			架梁总工期（d）	梁场设置					设计高程		备注
		线路里程	位置关系		起点	讫点	供应长度（km）		布置方式	制梁台座（个）	存梁台座（个）	存梁方式	上线方式	线路	梁场	
1	玉屏	DK437+500	跨线偏左	308	DK419+968	DK443+316	23.8	226	横列式	9	44	双层	直上	370.8	371.0	利用玉屏东站位
2	羊坪	DK466+120	右侧	262	DK447+070	DK486+213	39.1	336	横列式	5	25	双层	提梁	487.0	475.0	提梁12m
3	城头	DK518+350	跨线偏左	121	DK508+357	DK529+925	21.6	151	横列式	5	26	双层	直上	542.0	542.0	
4	凯里	DK577+500	跨线偏右	193	DK558+327	DK593+865	35.8	248	横列式	5	25	双层	直上	692.5	692.0	利用凯里南站位
5	青山	DK612+550	跨线偏右	209	DK601+816	DK630+005	28.7	237	横列式	6	29	双层	落梁	957.0	975.0	比较 落梁18m
		DK613+500	跨线偏左										落梁	974.0	980.0	比较 落梁6m
														974.0	974.0	推荐
6	贵定	DK644+700	跨线偏右	139	DK643+607	DK660+558	17.1	135	横列式	7	33	双层	直上	989.2	989.0	
7	乌当	DK686+700	跨线偏左	267	DK667+838	DK698+524	32.3	255	横列式	7	48	单层	直上	1040.0	1040.0	
8	清镇	DK728+000	跨线偏右	383	DK707+980	DK743+834	34.0	304	横列式	8	40	单层	直上	1285.8	1285.0	利用清镇东站位
9	平坝	DK763+500	跨线偏右	346	DK747+105	DK779+865	33.1	294	横列式	8	54	单层	直上	1268.9	1268.9	利用平坝南站位
10	安顺	DK806+500	跨线偏右	281	DK784+286	DK814+592	32.6	278	横列式	7	46	单层	直上	1346.1	1346.0	利用安顺西站位
11	黄果树	DK826+000	跨线偏右	291	DK818+414	DK845+481	27.4	257	横列式	7	37	双层	直上	1290.6	1290.0	
12	盘县	DK955+800	跨线偏右	147	DK943+671	DK965+001	16.5	133	横列式	7	36	双层	直上	1834.5	1834.5	利用盘县工区站位
13	富源	DK1009+200	右侧	297	DK992+814	DK1023+486	33.6	233	横列式	8	58	单层	直上	2024.0	2024.0	
14	曲靖	DK1045+200	跨线居中	449	DK1031+310	DK1061+133	30.3	334	横列式	9	61	单层	直上	1889.0	1889.0	利用曲靖北站位
15	旧县	DK1079+650	右侧	429	DK1063+864	DK1099+907	37.0	349	横列式	8	40	双层	直上	1986.0	1986.0	
16	嵩明	DK1118+000	跨线偏右	249	DK1108+111	DK1124+144	16.6	173	横列式	9	46	双层	直上	1952.5	1952.0	
17	大板桥	DK1157+900	跨线偏左	294	DK1141+993	DK1169+847	28.3	238	横列式	8	40	双层	直上	2081.0	2081.0	
合计				4665			28.7			122	687					

全线各梁场制梁台座、存梁台座设置情况

表 20-14

编号	梁场名称	相应线路位置关系 线路里程	箱梁数量（孔）I	架梁时间（d）T	制梁速度 d/孔	制梁台座 P（计算数量）	制梁台座 设置数量	单层存梁台座 Q（计算数量）	单层存梁台座 设置数量	双层存梁台座 Q（计算数量）	双层存梁台座 设置数量
1	玉屏	DK437+500	308	226	6	8.2	9	61.2	62	43.2	44
2	羊坪	DK466+120	262	336	6	4.7	5	35.1	36	24.9	25
3	坡头	DK518+350	121	151	6	4.8	5	36.1	37	25.6	26
4	凯里	DK577+500	193	248	6	4.7	5	35.1	36	24.9	25
5	青山	DK612+550	209	237	6	5.3	6	36.9	40	28.1	29
6	贵定	DK644+700	139	135	6	6.2	7	46.4	47	32.9	33
7	乌当	DK686+700	267	255	6	6.3	7	47.1	48	33.3	34
8	清镇	DK728+000	383	304	6	7.6	8	56.6	57	40.0	40
9	平坝	DK763+500	346	294	6	7.1	8	53.0	54	37.5	38
10	安顺	DK806+500	281	278	6	6.1	7	45.4	46	32.2	33
11	黄果树	DK826+000	291	257	6	6.8	7	51.0	51	36.0	37
12	盘县	DK955+800	147	133	6	6.6	8	49.7	50	35.2	36
13	富源	DK1009+200	297	233	6	7.6	9	57.4	58	40.5	41
14	曲靖	DK1045+200	449	334	6	8.1	8	60.4	61	42.7	43
15	旧县	DK1079+650	429	349	6	7.4	8	55.3	56	39.1	40
16	嵩明	DK1118+000	249	173	6	8.6	9	64.8	65	45.7	46
17	大板桥	DK1157+900	294	238	6	7.4	8	55.6	56	39.3	40
合计			4665				122		859		601

※注：单层存梁台座合计 850

(2)羊坪梁场。

羊坪梁场(康家地)位于 DK466+120 右侧,紧邻线路,需提梁 12m 上线,制梁 262 孔,设制梁台座 5 个、存梁台座台 25 个、双层存梁,线路高程 487m,场坪高程 475m,用地 166 亩。详见羊坪梁场平面布置图。

羊坪梁场属中低山侵蚀地貌,场坪范围地面高程 440~470m。上覆 0~8m 坡残积黏性土,下伏基岩为寒武系高台组($\in 2g$)白云岩,地表水较发育,为龙塘河河水,地下水不发育。未见地质构造,梁场范围内地震基本烈度 < Ⅵ度,地震动峰值加速度 < 0.05g,地震动反应谱特征周期为 0.35s;岩层单斜,不良地质发育为岩溶、顺层,岩溶弱发育;特殊岩土为红黏土,为白云岩残积土,多具有弱膨胀性,工程地质条件较好。

砂源:拟用湘潭河砂。

石源:拟由慢坡石场(或与之相邻约 1km 的纬建宏发石场,或万山郭家石场)供应,具体根据地质试验资料确定。

水源:梁场可以就近取用沟槽内无名小溪作为制梁用水,村庄生活就用该溪水。

电源:沿线集中供电。

拆迁:有少量民房拆迁。

(3)城头梁场。

该梁场(施洞口胜秉村)位于 DK518+350 左侧,紧邻线路,制梁 121 孔,设制梁台座 5 个,存梁台座 26 个,双层存梁线路高程 542m,场坪高程 542m,占地约 110 亩。详见城头梁场平面布置图。

城头梁场属中低山剥蚀地貌,场坪范围地面高程 530~570m;交通较为方便。上覆 0~5m 第四系冲洪积卵石土及粉质黏土,0~6m 第四系坡残积粉质黏土,下伏基岩为元古界板溪群清水江组(Pt3q1)变余砂岩,地表水发育,为清水江江水,地下水不发育。未见地质构造,梁场范围内地震基本烈度 < Ⅵ度,地震动峰值加速度为 < 0.05g,地震动反应谱特征周期为 0.35s;未见特殊岩土,工程地质条件较好。

砂源:拟用湘潭河砂。

石源:拟由羊满哨石场或大塘石源供应,具体根据地质试验资料确定。

水源:梁场可以就近取用清水江水作为制梁用水,水质清澈,可见底。

电源:沿线集中供电。

拆迁:无民房拆迁。

(4)凯里梁场。

凯里梁场位于 DK577+500 右侧,利用凯里南站位布设,制梁 193 孔,设制梁台座 5 个、存梁台座 25 个,双层存梁,线路高程 692.5m,场坪高程 692m,占地约 37.1 亩(不含站场用地)。详见凯里梁场平面布置图。

该梁场位于侵蚀构造低中山区,枝状沟谷发育,地形起伏大,地面高程 680~800m,相对高差 50~100m;沟槽覆盖第四系人工填土层(Q4ml)、坡洪积(Q4dl+pl)黏性土、软土、松软土、碎石土,缓坡上多为薄层坡残积(Q4dl+el)黏性土、碎石土所覆盖,基岩部分裸露,为寒武系上统娄山关组($\in ol$)地层;地震动峰值加速度为 0.05g,地震动反应谱特征周期为 0.35s;不良地质为岩溶,特殊岩土主要为人工填筑、软土、松软土、红黏土、膨胀土;工程地质条件较差。

砂源:拟用湘潭河砂。

石源:拟由青山石场或下司顺利石场供应,具体根据地质试验资料确定。

水源:梁场靠近市区,可以接市政用水,也可接管道约 5km 取用清水江水作为制梁用水,水质清澈,可见底。

电源:就近引接。

拆迁:利用车站,无拆迁。

(5)青山梁场。

该梁场位于 DK613+500 左侧,紧邻线路,制梁 209 孔,设制梁台座 6 个,存梁台座 29 个,双层存梁,线路高程 974m,场坪高程 974m,占地约 128.1 亩。详见青山梁场平面布置图。

属侵蚀构造低中山区地貌,相对高差 50～160m。该段斜坡上多分布坡残积层红黏土,一般厚 0～8m,局部厚 10～15m,宽缓沟槽中分布 0～8m 的软土、松软土及 2～12m 的坡洪积粉质黏土;下伏基岩为三叠系中统新苑组(T2x)页岩、灰岩,三叠系下统飞仙关组—夜郎组(T1f+T1y)页岩、灰岩,二叠系上统吴家坪组(P2w)灰岩,强风化层一般厚 0～8m,局部 15～30m。地震动峰值加速度为 0.05g,地震动反应谱特征周期为 0.35s。不良地质为岩溶、顺层偏压、断层破碎带及泥页岩风化剥落,特殊岩土主要为软土、松软土及红黏土,工程地质条件较差。

砂源:拟用湘潭河砂。

石源:拟由大湾石场或大良田石源或湘黔煤矿石源供应,具体根据地质试验资料确定。

水源:梁场可以就近取用鱼洞河水制梁,水质清澈,可见底。

电源:沿线集中供电。

拆迁:可尽量避免民房拆迁。

(6)贵定梁场。

该梁场(师范学校)位于 DK644+700 右侧,紧邻线路,制梁 139 孔,设制梁台座 7 个,存梁台座 33 个,双层存梁,线路高程 989.21m,场坪高程 989m,占地 96 亩。详见贵定梁场平面布置图。

该梁场属云贵高原侵蚀丘陵河谷地貌,海拔高程 970～1025m,相对高差约 60m。桥址出露地层主要为第四系全新统冲洪积层(Q4al、Q4al+pl)、坡残积层(Q4dl+el),基岩为三叠系中统新苑组(T2x),三叠系下统紫云组(T1z);地表水主要为西门河水,地下水主要为第四系孔隙水及基岩裂隙水;地震动峰值加速度为 0.05g,地震动反应谱特征周期为 0.35s。主要不良地质为软土,无大面积分布特殊岩土,仅局部存在软黏性土(DK644+700～+800),工程地质条件较好。

砂源:拟用湘潭河砂。

石源:拟由贵定河上冲石场(或破岩垭口石场,或白岩冲石场)供应,具体根据地质试验资料确定。

水源:梁场前方水渠内有常年流水,另梁场位于贵定县城郊,可接市政用水。

电源:就近引接。

拆迁:拆迁少。

(7)乌当梁场。

乌当梁场位于 DK686+700 左侧,紧邻线路,制梁 267 孔,设制梁台座 7 个,存梁台座 48 个,单层存梁,线路高程 1040m,场坪高程 1040m,占地约 131.3 亩。详见乌当梁场平面布置图。

该梁场属云贵高原剥蚀地貌,地面高程 1020～1070m。测区内缓坡上多为薄层坡残积(Q4dl+el)黏性土所覆盖,基岩部分裸露,为白垩系(K),三叠系中统关岭组(T2g),下统安顺组(T1a);南明河从该段右侧绕过,其河流常年流水,地下水主要为土层中孔隙水及基岩裂隙水、岩溶水。不良地质为岩溶、顺层、泥岩风化剥落,特殊岩土为红黏土,工程地质较差。

砂源:拟用元谋河砂。

石源:拟由破岩垭口石场(或白岩冲石场,或徐永堂石场,或照福石场)供应,具体根据地质试验资料确定。

水源:梁场前方大塘河内水质较差,可接水质较好的鱼洞河水,另梁场位于贵阳市乌当区,可接市政用水。

电源:就近引接。

拆迁:拆迁少。

(8)清镇梁场。

清镇梁场位于 DK728+500 右侧,利用清镇东站位布设,制梁 383 孔,设制梁台座 8 个,存梁台座

40个,单层存梁,线路高程1285.8m,场坪高程1285m,占地约93.1亩(不含站场用地)。详见清镇梁场平面布置图。

该梁场云贵高原剥蚀地貌,地面高程1275~1310m。沟槽内分布第四系溶洞充填物(Q4cal)、第四系人工填土(Q4ml)、第四系坡洪积(Q4dl+pl)软土、松软土、黏土、缓坡上多为薄层坡残积(Q4dl+el)黏性土所覆盖,基岩部分裸露,为三叠系下统安顺组(T1a)大冶组(T1d);地表水主要为塘水、沟水,受大气降水补给,地下水主要为土层中孔隙水及基岩裂隙水、岩溶水;地震动峰值加速度为0.05g,地震动反应谱特征周期为0.35s。不良地质为顺层、泥岩风化剥落、岩溶;特殊岩土为红黏土、软土、松软土、人工填土,工程地质条件较差。

砂源:拟用元谋河砂。

石源:拟由金寅石场(或洋塘石场,或大园石场)供应,具体根据地质试验资料确定。

水源:梁场附近未见地表水,工程用水可取用地下水或接自来水。

电源:就近引接。

拆迁:尽量避免民房拆迁。

(9)平坝梁场。

平坝梁场位于DK763+500左侧,利用平坝南站位布设,制梁346孔,设制梁台座8个、存梁台座54个,单层存梁,线路高程1268.9m,场坪高程1268.9m,占地约101.5亩(不含站场用地)。详见平坝梁场平面布置图。

该梁场属云贵高原剥蚀丘陵槽谷地貌,海拔高程1260~1290m,相对高差10~30m。覆盖土层为第四系溶洞充填物(Q4ca)、第四系全新统人工填土(Q4ml)、坡洪积层(Q4dl+pl)、坡残积层(Q4dl+el),下伏基岩为三迭系中统垄头组(T2l)、下统谷脚组(T1g)、大冶组(T1d)地层。主要不良地质为岩溶,特殊岩土主要为软土、膨胀土,地表及地下隐伏岩溶发育,并有膨胀土、软弱下卧土层,工程地质条件较差。

砂源:拟用元谋河砂。

石源:拟由贵阳铁路分局平坝采石供应分段石场(或老坪坝车站对面分布的数处市场)供应,具体根据地质试验资料确定。

水源:梁场处河流虽水量较大,但水质浑浊有异味,需要进行水质检测,制梁用水可采用市政用水或取用地下水。

电源:就近引接。

拆迁:无民房拆迁。

(10)安顺梁场。

安顺梁场位于DK806+500右侧,利用安顺西站位布设,制梁281孔,设制梁台座7个、存梁台座46个,单层存梁,线路高程1346.1m,场坪高程1346m,占地56.2亩(不含站场用地)。详见安顺梁场平面布置图。

该梁场侵蚀中低山丘陵地貌,地形平坦,地面横坡5°~15°,地面高程1333~1345m,相对高差约12m。覆盖层主要为第四系全新统人工填土层(Q4ml)、坡洪积层(Q4dl+pl)、坡残积层(Q4dl+el),下伏基岩主要为三叠系中统关岭组第一段(T2g1)灰岩、泥灰岩;地表水主要为沟水,季节性明显,地下水主要为第四系孔隙水和碳酸盐岩类岩溶水;地震动峰值加速度0.05g,地震动反应谱特征周期为0.45s。不良地质为岩溶,特殊岩土为松软土,工程地质条件较差。

砂源:拟用元谋河砂。

石源:拟由老平坝站附近石场(或张关堡石场,或阳光石场,或白泥石场,或八达石场,或七眼砂石公司石场)供应,具体根据地质试验资料确定。

水源:梁场可以就近取用杨家桥水库水源,距离约2km,或取用地下水。

电源:沿线集中供电。

拆迁:无拆迁,占地全部为水田。

(11) 黄果树梁场。

黄果树梁场(旧寨)位于DK826+000右侧,紧邻线路,制梁291孔,设制梁台座7个、存梁台座37个,双层存梁,线路高程1290.6m,场坪高程1290.6m,占地约157.3亩。详见黄果树梁场平面布置图。

该梁场侵蚀构造低中山区,地面高程1282~1290m,相对高差8m。沟槽覆盖第四系坡洪积(Q4dl+pl)黏性土,缓坡上多为薄层坡残积(Q4dl+el)黏性土所覆盖,基岩部分裸露,为三叠系中下统永宁镇组(T1yn)地层;地表水主要为沟水,地下水主要为第四系孔隙水和碳酸盐岩类岩溶水;地震动峰值加速度0.05g,地震动反应谱特征周期为0.45s。不良地质主要为岩溶,无特殊岩土,工程地质条件较好。

砂源:拟用元谋河砂。

石源:拟由老平坝站附近石场(或张关堡石场,或阳光石场,或白泥石场,或八达石场,或七眼砂石公司石场)供应,具体根据地质试验资料确定。

水源:梁场可取桂家湖水库用作制梁用水,距离约5km,为饮用水保护水源,或取用地下水,凉水井村生活用水即取自地下。

电源:沿线集中供电。

拆迁:无拆迁。

(12) 盘县梁场。

盘县梁场位于DK955+800左侧,利用盘县综合工区布设,制梁147孔,设制梁台座7个,存梁台座36个,双层存梁,线路高程1834.5m,场坪高程1834.5m,占地约66.0亩(不含综合工区用地)。详见盘县梁场平面布置图。

该梁场位于侵蚀构造低中山区,地面高程1282~1290m,相对高差8m。沟槽覆盖第四系坡洪积(Q4dl+pl)黏性土,缓坡上多为薄层坡残积(Q4dl+el)黏性土所覆盖,基岩部分裸露,为三叠系中下统永宁镇组(T1yn)地层;地表水主要为沟水,地下水主要为四系孔隙水和碳酸盐岩类岩溶水;地震动峰值加速度0.05g,地震动反应谱特征周期为0.45s。不良地质主要为岩溶,无特殊岩土,工程地质条件较好。

砂源:拟用元谋河砂。

石源:拟由英武头道沟石场(或亮山石场,或华洪石场)供应,具体根据地质试验资料确定。

水源:附近未见地表水,梁场考虑用地下水,或由盘县接市政水。

电源:沿线集中供电。

拆迁:尽量利用车站正线工程场地,减少大临征拆。

(13) 富源梁场。

富源梁场(棠梨湾)位于DK1009+200右侧,紧邻线路,制梁297孔,设制梁台座8个、存梁台座58个,单层存梁,线路高程2024m,场坪高程2024m,占地约148.2亩。详见富源梁场平面布置图。

该梁场位于滇东高原丘陵区,地势起伏不大,地面高程1800~1910m,相对高差90~120m。沟槽覆盖第四系坡洪积(Q4dl+pl)黏性土、软土,缓坡上多为薄层坡残积(Q4dl+el)黏性土所覆盖,基岩部分裸露,为三叠系下统永宁组第二段(T1yn 2)地层;地表水为沟水及堰塘水,地下水类型主要有第四系孔隙水、岩溶裂隙水;地震动峰值加速度为0.05g,地震动反应谱特征周期为0.45s。不良地质为岩溶、顺层,特殊岩土主要为软土、黏土(红黏土),工程地质条件较差。

砂源:拟用元谋河砂。

石源:拟由云鑫石场(或生金石场,或平河口石场)供应,具体根据地质试验资料确定。

水源:梁场可接引响水河水。

电源:沿线集中供电。

拆迁:利用正线路基工程用地,尽量减少大临征拆。

(14)曲靖梁场。

曲靖梁场位于DK1045+200,利用曲靖北站位跨线布设,制梁449孔,设制梁台座9个、存梁台座61个,单层存梁,线路高程1889m,场坪高程1889m,占地78.3亩(不含站场用地)。详见曲靖梁场平面布置图。

该梁场位于云贵高原的侵蚀中低山地貌区,地面高程1880~1943m,相对高差约63m。覆盖层主要为第四系全新统坡洪积层(Q4dl+pl),下伏基岩为上第三系上新统茨营组(N2C)、泥盆系上统宰格组(D3zg)、泥盆系中统上双河组(D2s);地表水主要为沟水及堰塘水,地下水主要为土层中孔隙水及基岩裂隙水、岩溶裂隙水;地震动峰值加速度为0.15g,地震动反应谱特征周期为0.45s。无不良地质,特殊岩土主要为沟槽中软土,工程地质条件较差。

砂源:拟用元谋河砂。

石源:拟由平河口石场(或磨盘山石场,或寺湾石场)供应,具体根据地质试验资料确定。

水源:梁场可接引大小龙潭地下水。

电源:沿线集中供电。

拆迁:利用正线车站工程用地,房屋拆迁少。

(15)旧县梁场。

旧县梁场(干冲)位于DK1079+650右侧,紧邻线路,制梁429孔,设制梁台座8个、存梁台座40个,双层存梁,线路高程1986,场坪高程1986m,占地约140.5亩。详见旧县梁场平面布置图。

该梁场位于构造剥蚀中低山区,最大埋深38m,穿越一小山包,地面高程1985~2035m,相对高差约50m。上覆破残疾(Q4dl+el)粉质黏土,下伏基岩为寒武系下统龙王庙组($\in$11)地层,隧道进出口及缓坡地带有少量覆土;地震动峰值加速度为0.20g,地震动反应谱特征周期为0.40s;地表水以马龙河水为主,本区地下水类型主要为第四系松散土层孔隙水、基岩裂隙水、岩溶水。不良地质现象为岩溶及岩溶水,无特殊岩土,工程地质条件差。

砂源:拟用元谋河砂。

石源:拟由寺湾石场(或庄郎石场,或梭罗湾石场)供应,具体根据地质试验资料确定。

水源:梁场可接引马龙河水或市政用水。

电源:沿线集中供电。

拆迁:房屋拆迁少。

(16)嵩明梁场。

嵩明梁场(蔡家村)位于DK1118+000右侧,制梁249孔,设制梁台座9个、存梁台座46个,双层存梁,线路高程1952.5m,场坪高程1952m,占地173.1亩。详见嵩明梁场平面布置图。

该梁场位于高原构造盆地地貌,地面相对高差30m。覆盖有第四系全新统坡残积(Q4dl+el),下伏基岩为上第三系上新统(N2)泥岩地层;测区为九度地震区,平均场地峰值加速度为0.382g,地震动反应谱特征周期为0.40s;地下水主要为第四系孔隙水和基岩裂隙水。不良地质主要有膨胀岩、泥岩风化剥落,特殊岩土为石膏,工程地质较差。

砂源:拟用元谋河砂。

石源:拟由梭罗湾石场(或大桥石场,或嘉丽泽农场大东山石场)供应,具体根据地质试验资料确定。

水源:梁场可接引小石缸水库或小海子水库。

电源:沿线集中供电。

拆迁:房屋拆迁。

(17)大板桥梁场。

大板桥梁场(新复村)位于DK1157+900左侧,制梁294孔,设制梁台座8个、存梁台座40个,双层存梁,线路高程2081m,场坪高程2081m,占地约148.7亩。详见大板桥梁场平面布置图。

该梁场位于构造侵蚀低中山区,地面高程2050～2085m,相对高差35m,地势平缓。覆盖层主要为第四系全新统坡残积层(Q4dl+el),下伏基岩为二叠系下统茅口组(P1q+m)灰色、浅灰色灰岩;测区为九度地震区,平均场地峰值加速度为0.351g,地震动反应谱特征周期为0.40s;地下水主要为第四系孔隙水和基岩裂隙水。无不良地质,特殊岩土为红黏土,总体工程地质较差。

砂:拟用元谋河砂。

石源:拟由嘉丽泽农场大东山石场或野毛冲石场供应,具体根据地质试验资料确定。

水源:梁场可接引宝象河或宝象河水库水。

电源:沿线集中供电。

拆迁:无房屋拆迁。

20.8.4.4 轨道板场

轨道板预制厂的设计,按"大临设计暂规"中4.1条和4.2条相关规定办理。板场设置应在考虑无渣轨道线路的轨枕需要量以及满足轨道板铺设工期的前提下,综合轨道板生产线的生产能力和无渣轨道施工中拟设的工作面个数等因素,进行经济、技术比选后统筹考虑。布点原则如下:

(1)尽量选设在既有道路要道附近,以减少轨道板运输距离。

(2)靠近砂石料源,有满足要求的施工水源。

(3)供应范围,应结合困难山区地形情况和既有道路交通条件,通过对运板成本、板场建设成本、便道建设成本等综合分析确定。

(4)尽量利用车站场坪等永久性用地,减少临时占地及拆迁工程。

(5)尽量布设在地质条件较好、地形相对较平缓的坡地,避免布设在软弱地基较厚的洼地。

根据上述原则,结合该线工程分布和交通运输情况,此次初步设计全段共设玉屏、凯里、贵阳东、平坝、晴隆、曲靖、大板桥等10个轨道板预制厂(另设转存场3处)。轨道板预制厂平均间距为74.4正线公里,其中最大供应范围118.4正线公里(曲靖板场),最小供应范围约35.8正线公里(乌当板场)。配备10～12套生产线。轨道板制场设置情况见表20-15。

轨道板制场设置情况 表20-15

序号	轨道板场名称	相应线路里程	供应范围			转存场
			起点	讫点	长度(正线公里)	
1	玉屏	DK467+510	DK419+530	DK503+711	84.2	
2	凯里	DK545+838	DK503+711	DK597+730	91.4	1
3	贵定	DK629+036	DK597+730	DK664+135	66.4	
4	乌当	DK687+687	DK664+135	DK707+628	35.8	
5	平坝	DK761+264	DK707+628	DK813+630	111.2	1
6	关岭	DK840+111	DK813+630	DK881+933	70.0	
7	晴隆	DK896+612	DK881+933	DK920+383	37.9	
8	盘县	DK952+132	DK920+383	DK985+061	59.5	
9	曲靖	DK1053+543	DK985+061	DK1103+721	118.7	1
10	嵩明	DK1136+962	DK1103+721	DK1169+880	66.2	
	平均				74.4	

20.8.4.5 混凝土拌和站

全线混凝土供应,按集中拌和考虑。拌和站的设置优先选设在长大隧道口和复杂桥梁工点附近。路基工程混凝土用量较小,一般不单独设置拌和站,由相邻桥隧工程所设拌和站兼顾。混凝土集中拌和站的布点主要由拌和站的供应半径决定,拌和站供应半径混凝土拌和物运输时间限制见表20-16。

混凝土拌和物运输时间限制 表20-16

气温 T(℃)	无搅拌运输(min)	有搅拌运输(min)
$20 < T \leq 30$	30	60
$10 < T \leq 20$	45	75
$5 \leq T \leq 10$	60	90

拌和站的布点原则:选择地势平坦,具有良好施工水源的交通要道附近;考虑砂石料源点分布,避免材料的反向运输;满足供应范围内各类工程量同期施工混凝土用量需求;供应范围尽量考虑不跨施工区段。根据上述原则和布点要求,结合该线工程量大点多和交通运输条件困难等特点,此次初步设计共布设混凝土集中拌和站114处,配备拌和设备114套,混凝土拌和站设置情况见表20-17。

混凝土拌和站设置情况 表20-17

序 号	拌和站名称	相应工点名称	供 应 范 围	
			起点	讫点
1	弯里	弯里大桥	DK420+047.340	DK429+325.892
2	高桥	高桥大桥	DK429+325.892	DK439+890.231
3	响塘湾	响塘湾大桥	DK439+890.231	DK447+070.000
4	野鸡河	野鸡河大桥	DK447+070.000	DK451+315.000
5	两岔河	两岔河大桥	DK451+315.000	DK454+573.000
6	野鸡河	野鸡河大桥	DK454+573.000	DK456+492.000
7	喇叭冲	喇叭冲大桥	DK456+492.000	DK456+492.000
8	下虎坪	下虎坪特大桥	DK456+492.000	DK462+409.000
9	关山	关山大桥	DK462+409.000	DK469+895.000
10	朱砂堡	朱砂堡中桥	DK469+895.000	DK476+520.000
11	界牌	界牌隧道	DK476+520.000	DK483+376.000
12	三穗站	三穗站	DK483+376.000	DK489+430.000
13	时毛坡	时毛坡隧道	DK489+430.000	DK498+712.000
14	马头坡	马头坡大桥	DK498+712.000	DK508+347.000
15	剪刀花	剪刀花中桥	DK508+347.000	DK513+736.000
16	岑头坡	岑头坡大桥	DK513+736.000	D5K518+926.840
17	平敏1号	平敏1号中桥	DK518+926.840	DK522+715.000
18	棉花坪站	棉花坪站	DK522+715.000	DK535+340.000
19	排生巴拉河	排生巴拉河大桥	DK535+340.000	DK539+685.000
20	翁垌	翁垌3号中桥	DK539+685.000	DK548+037.000
21	杨家庄	杨家庄隧道	DK548+037.000	DK558+326.000
22	红丰	红丰大桥	DK558+326.000	DK559+555.000

续上表

序 号	拌和站名称	相应工点名称	供 应 范 围	
			起点	讫点
23	赖坡	赖坡大桥	DK559+555.000	DK564+847.000
24	红州厂	红州厂大桥	DK564+847.000	DK567+917.000
25	石头寨	石头寨大桥	DK567+917.000	DK571+026.000
26	凯里南站	凯里南站	DK571+026.000	DK580+469.000
27	勒麦山	勒麦山隧道	DK580+469.000	DK586+769.49000
28	湾塘	湾塘清水江特大桥	DK586+769.490	DK590+770.000
29	凉冲	凉冲2号大桥	DK590+770.000	DK601+595.000
30	老王田	老王田大桥	DK601+595.000	DK602+590.000
31	新源	新源大桥	DK602+590.000	DK611+875.000
32	岩寨	岩寨中桥	DK611+875.000	DK617+908.000
33	牌楼	牌楼2号大桥	DK617+908.000	DK620+059.000
34	尚田坪	尚田坪隧道	DK620+059.000	DK625+373.000
35	江边寨	江边寨大桥	DK625+373.000	DK636+589.000
36	东山	东山大桥	DK636+589.000	DK643+457.000
37	贵定北站	贵定北站	DK643+457.000	DK648+076.000
38	定坪特	定坪特大桥	DK648+076.000	DK656+055.000
39	铜鼓山	铜鼓山特大桥	DK656+055.000	DK659+252.000
40	小寨坡	小寨坡特大桥	DK659+252.000	DK667+695.000
41	马路田	马路田大桥	DK667+695.000	DK672+684.000
42	大土	大土隧道	DK672+684.000	DK684+790.000
43	石头寨	石头寨隧道	DK684+790.000	DK693+717.000
44	瓦窑	瓦窑1号中桥	DK693+716.600	DK704+350.000
45	长冲	长冲中桥	DK704+350.000	DK723+777.55000
46	扁担龙滩	扁担龙滩中桥	DK723+777.600	DK740+473.240
47	洞源特	洞源特大桥	DK740+473.200	DK761+743.990
48	看牛坪	看牛坪特大桥	DK761+744.000	DK774+939.84
49	汤官屯	汤官屯特大桥	DK774+939.800	DK794+987.000
50	金银山	金银山	DK794+987.000	DK806+442.000
51	河上堡	河上堡1号中桥	DK806+442.000	DK817+953.000
52	后新坡	后新坡	DK817+953.000	DK824+055.930
53	大冲沟	大冲沟大桥	DK824+055.900	DK833+128.000
54	山甲大寨	山甲大寨特大桥	DK833+128.000	DK838+310.000
55	大平寨	大平寨特大桥	DK838+310.000	DK843+217.000
56	坡贡	坡贡大桥	DK843+217.000	DK844+933.000
57	克地坝陵河	克地坝陵河特大桥	DK844+933.000	DK849+958.000

续上表

序 号	拌和站名称	相应工点名称	供应范围	
			起点	迄点
58	关岭站	关岭站	DK849+958.000	DK864+647.000
59	大花地	大花地刚构中桥	DK864+647.000	DK867+116.000
60	弯腰树	弯腰树特大桥	DK867+116.000	DK868+377.210
61	北盘江	北盘江特大桥	DK868+377.200	DK887+850.000
62	黄龙沟	黄龙沟中桥	DK887+850.000	DK888+306.000
63	何家沟	何家沟中桥	DK888+306.000	DK896+376.000
64	肖家箐	肖家箐刚构中桥	DK896+376.000	DK916+268.000
65	刘家庄	刘家庄大桥	DK916+268.000	DK924+135.000
66	普安站	普安站	DK924+135.000	DK931+300.000
67	软桥哨嘟嘟河	软桥哨嘟嘟河大桥	DK931+300.000	DK936+680.000
68	三角田	三角田中桥	DK936+680.000	DK943+300.000
69	张官屯	张官屯特大桥	DK943+300.000	DK944+819.3400
70	六竹子	六竹子	DK944+819.300	DK952+248.6500
71	海子铺	海子铺大桥	DK952+248.700	DK969+980.000
72	沙坡特	沙坡特大桥	DK969+980.000	DK977+223.000
73	何家地	何家地大桥	DK977+223.000	DK992+455.000
74	东门河	东门河四线特大桥	DK992+455.000	DK999+738.000
75	多乐铺	多乐铺大桥	DK999+738.000	DK1003+642.000
76	海田	海田3号中桥	DK1003+642.000	DK1010+811.8400
77	小塘	小塘特大桥	DK1010+811.800	DK1020+723.000
78	高寨	高寨1号大桥	DK1020+723.000	DK1034+860.000
79	玉光	玉光特大桥	DK1034+860.000	D1K1040+121.440
80	曲靖北站	曲靖北站	DK1040+121.400	DK1049+680.000
81	窄沟岩	窄沟岩特大桥	DK1049+680.000	DK1055+660.000
82	冲头	冲头1号大桥	DK1055+660.000	DK1063+288.000
83	廖家田	廖家田特大桥	DK1063+288.000	DK1072+564.440
84	高枧槽	高枧槽1号大桥	DK1072+564.400	DK1079+400.000
85	上罗贵	上罗贵特大桥	DK1079+400.000	DK1085+230.000
86	梭罗湾	梭罗湾1号大桥	DK1085+230.000	DK1090+754.590
87	山岭坡	山岭坡2号大桥	DK1090+754.600	DK1098+317.44000
88	龙海屯	龙海屯4号大桥	DK1098+317.400	DK1107+535.000
89	小新街	小新街中桥	DK1107+535.000	DK1108+947.890
90	果子园	果子园大桥	DK1108+947.900	D1K1117+102.920
91	罗荣庄	罗荣庄特大桥	DK1117+102.900	DK1132+280.000
92	南冲	南冲大桥	D1K1132+280.000	DK1133+972.000
93	楞口河	楞口河大桥	D1K1133+972.000	DK1141+880.000

续上表

序 号	拌和站名称	相应工点名称	供应范围	
			起点	讫点
94	李子箐	李子箐大桥	D1K1141+880.000	DK1150+980.000
95	大车冲	大车冲特大桥	D1K1150+980.000	DK1156+560.000
96	公山	公山	D1K1156+560.000	DK1164+036.240
97	浑水塘	浑水塘大桥	D1K1164+036.240	DK1169+880.000

另：长大隧道辅助坑道口拌和站共计17个

20.8.4.6 级配碎石和填料拌和站

受交通条件制约，从该线桥隧工点多，长大路基段少的实际情况出发，此次初步设计路基基床AB组填料和基床表层级配碎石的拌和，以设集中拌和站拌和与局部分散拌和相结合的原则综合考虑。路基段相对较长和土石方数量较大的区段，按集中拌和考虑，桥隧密而集零星分散的路基段按局部分散拌和考虑。全线共设集中拌和站42处，具体设置情况见表20-18。

填料拌和站 表20-18

序 号	相应线路里程	名 称	备 注
1	DK424+061	长田湾大桥	
2	DK433+495	高桥大桥	
3	DK458+698	中庵1号中桥	
4	DK486+026	新光大桥	
5	DK517+400	胜秉特大桥	
6	DK525+541	稿仰隧道	
7	DK544+189	翁垌3号中桥	
8	DK586+648	保秧州大桥	
9	DK605+041	新寨湾中桥	
10	DK615+330	岩关大桥	
11	DK650+367	沙冲中桥	
12	DK676+911	猫场隧道	
13	DK693+613	羊田大桥	
14	DK714+446	偏坡大桥	
15	DK722+718	翁井大桥	
16	DK735+100	垄坡大桥	
17	DK753+970	高峰特大桥	
18	DK764+789	谢华寨隧道	
19	DK772+302	双硐特大桥	
20	DK787+586	山岚桥隧道	
21	DK794+836	养马寨隧道	
22	DK808+020	陶官屯刚构中桥	
23	DK823+412	凉水井特大桥	
24	DK839+309	大平寨特大桥	

续上表

序　号	相应线路里程	名　称	备　注
25	DK851+985	关岭站	
26	DK867+331	弯腰树中桥	
27	DK952+830	旧屋基大桥	
28	DK971+586	沙坡特大桥	
29	DK994+900	中安	
30	DK1014+325	大塘特大桥	
31	DK1037+095	大龙潭特大桥	
32	DK1045+150	曲靖北站	
33	DK1059+017	冲头1号大桥	
34	DK1070+043	盛家田1号大桥	
35	DK1087+825	梭罗湾	
36	DK1095+249	新桥1号大桥	
37	DK1110+829	果子园特大桥	
38	DK1119+931	蔡家村2号大桥	
39	DK1134+744	秋木箐大桥	
40	DK1145+206	水冲箐1号大桥	
41	DK1158+345	菁上村大桥	
42	DK1166+452	青龙山大桥	

20.8.5　临时通信

全线暂不考虑设置临时通信贯通线路。

20.8.6　施工供水方案

根据施工调查情况,该线没有特别缺水地区,但旱季水源仍然宝贵,施工用水必然给地方造成一定水资源压力,该线施工力求不与地方生活用水和农田灌溉用水相争。在水源相对困难地区,取用地下水和铺管远取是本线施工供水方案应考虑的两个重要因素。施工供水方案原则是:

(1) 长大隧道工点和重点桥梁工点附近无满足施工用水要求的,考虑局部集中供水方案。给水管路结合施工调查资料合理布设。

(2) 重点考虑制梁场、混凝土拌和站等集中用水点的水源供应,结合施工调查资料布设给水管路。

(3) 施工调查就近有水源的,均不考虑供水管路。

(4) 对库容量不大的水库,尽量避免施工取水。

根据上述原则,该阶段全线共考虑给水管路163km。

20.8.7　施工供电方案

20.8.7.1　施工供电方案

该线地处大山区,交通困难,施工用电量大,地方电源供电能力差,施工供电难度很大。施工用电的解决对整个工程顺利实施将起着十分重要的作用。

1)施工供电工程设计原则

(1)地方10kV电网能够满足施工用电需要的地段,采用分散供电方式,就近接取地方10kV电源供电。

(2)施工用电负荷大,地方10kV电网不能满足施工用电需要的地段采用集中供电方式。从地方电网接取35kV电源,设置临时集中变配电设备,向铁路沿线各施工用电点馈出35kV或10kV干线供电。

(3)电力干线末端电压满足风机类电动机启动要求,不低于额定电压的80%。考虑首端电压提升5%,末端电压降应不大于25%。

(4)临电干线尽量采用10kV,以减少小临工程费用;10kV供电能力不能满足需要时,采用35kV干线供电。

(5)尽量按供电营业区范围供电,供电能力达不到时采用跨供电营业区供电的方案。为施工方便,减少对植被的破坏,电力线路尽量不翻越长大隧道。

(6)为满足电力系统对功率因数的考核要求,在各临时集中变电站设置集中电容补偿装置。

(7)在各临时变电(开关)站馈出线及土建合同段分界点处设置电能计费装置。

(8)大临电力工程范围包括接取地方电源、电源线、临时集中变电(开关)站、临电干线。从临电干线到施工用电点的分歧线路及以下线路和设备纳入小临工程。

(9)电力大临工程费用包括必要的勘察设计和审查、工程施工及青苗补偿、验收移交、与相关单位和人员协调配合等工程实施所需的全部费用。不含电力大临工程供电后的运行维护管理费用。

2)地方电源有关情况

详见本书"建设项目所在地区特征——沿线水源、电源、燃料等可资利用的情况"。

3)施工用电负荷概况

全段新建桥梁413座169.69km,占线路总长的22.8%;全段新建正线隧道(含明洞)247座385.054km,占线路长度的51.7%。全段桥隧总长554.745km,桥隧比重74.5%。

参照同类山区铁路实际施工用电负荷安装容量统计资料,结合在建客运专线施工用电负荷综合分析,该线用电负荷安装容量总需求约118.152MVA。

4)集中供电方案。

贵阳枢纽及昆明枢纽等部分地区,附近地方电源条件较好或桥隧负荷较小,采用就近接取地方10kV电源的分散供电方式,其余地段均采用集中供电方式。

(1)主要施工供电方案。

全线施工用电设置35kV临时集中变电站(开关站)21座。接取地方35kV电源21处。各电源所供施工用电负荷情况如下:

①DK448+000附近设一座35/10kV临时变电站,接取一路35kV地方电源。沿铁路向东馈出一回10kV(LGJ-70)线路供至南门坡隧道;沿铁路向西馈出另一回10kV(LGJ-120)线路供至墨家冲隧道。干线末端最大电压降为15%,有效负荷3838kVA。

②DK485+500附近设一座35/10kV临时变电站,接取一路35kV地方电源。沿铁路向东馈出一回10kV(LGJ-95)线路供至墨家冲隧道;沿铁路向西馈出另一回35kV(LGJ-70)线路供至栋梁坡隧道。干线末端最大电压降为11.63%,有效负荷10218kVA。

③DK524+800附近设一座35/10kV临时变电站,接取一路35kV地方电源。沿铁路向东馈出一回35kV(LGJ-70)线路供至栋梁坡隧道;沿铁路向西馈出另一回10kV(LGJ-70)线路供至报信山隧道。干线末端最大电压降为12.51%,有效负荷7339kVA。

④DK545+200附近设一座35/10kV临时变电站,接取一路35kV地方电源。沿铁路向东馈出一回10kV(LGJ-70)线路供至报信山隧道;沿铁路向西馈出另一回10kV(LGJ-70)线路供至格冲隧道。

干线末端最大电压降为 8.65%,有效负荷 3367kVA。

⑤DK565+066 附近设一座 35/10kV 临时开关站,接取一路 35kV 地方电源。沿铁路向东馈出一回 10kV(LGJ-70)线路供至格冲隧道;沿铁路向西馈出另一回 10kV(LGJ-70)线路供至柿花寨隧道。干线末端最大电压降为 12.7%,有效负荷 3424kVA。

⑥DK587+600 附近设一座 35/10kV 临时变电站,接取一路 35kV 地方电源。沿铁路向东馈出一回 10kV(LGJ-70)线路供至柿花寨隧道;沿铁路向西馈出另一回 10kV(LGJ-95)线路供至茅坪山隧道。干线末端最大电压降为 12.87%,有效负荷 4282kVA。

⑦DK619+000 附近设一座 35/10kV 临时开关站,接取一路 35kV 地方电源。沿铁路向东馈出一回 35kV(LGJ-70)线路供至茅坪山隧道;沿铁路向西馈出另一回 10kV(LGJ-120)线路供至沙坪隧道。干线末端最大电压降为 6.09%,有效负荷 6718kVA。

⑧DK648+300 附近设一座 35/10kV 临时变电站,接取一路 35kV 地方电源。沿铁路向东馈出一回 10kV(LGJ-120)线路供至沙坪隧道;沿铁路向西馈出另一回 10kV(LGJ-120)线路供至哪嗙隧道。干线末端最大电压降为 13.32%,有效负荷 5174kVA。

⑨DK681+200 附近设一座 35/10kV 临时开关站,接取一路 35kV 地方电源。沿铁路向东馈出一回 10kV(LGJ-150)线路供至哪嗙隧道;沿铁路向西馈出另一回 10kV(LGJ-70)线路供至石头寨特大桥。干线末端最大电压降为 15.92%,有效负荷 4521kVA。

⑩DK825+000 附近设一座 35/10kV 临时开关站,接取一路 35kV 地方电源。沿铁路向东馈出一回 10kV(LGJ-70)线路供至白旗屯特大桥;沿铁路向西馈出另一回 10kV(LGJ-70)线路供至坡桑隧道。干线末端最大电压降为 9.31%,有效负荷 3175kVA。

⑪DK843+300 附近设一座 35/10kV 临时开关站,接取一路 35kV 地方电源。沿铁路向东馈出一回 10kV(LGJ-70)线路供至坡桑隧道;沿铁路向西馈出另一回 10kV(LGJ-120)线路供至大独山隧道。干线末端最大电压降为 14.31%,有效负荷 4482kVA。

⑫DK866+500 附近设一座 35/10kV 临时开关站,接取一路 35kV 地方电源。沿铁路向东馈出一回 10kV(LGJ-95)线路供至大独山隧道;沿铁路向西馈出另一回 10kV(LGJ-120)线路供至岗乌隧道。干线末端最大电压降为 12.27%,有效负荷 7114kVA。

⑬DK887+900 附近设一座 35/10kV 临时变电站,接取一路 35kV 地方电源。沿铁路向东馈出一回 35kV(LGJ-70)线路供至岗乌隧道;沿铁路向西馈出另一回 35kV(LGJ-70)线路供至棒古隧道。干线末端最大电压降为 10.25%,有效负荷 10422kVA。

⑭DK906+300 附近设一座 35/10kV 临时开关站,接取一路 35kV 地方电源。沿铁路向东馈出一回 10kV(LGJ-70)线路供至棒古隧道;沿铁路向西馈出另一回 10kV(LGJ-70)线路供至大茶山隧道。干线末端最大电压降为 6.4%,有效负荷 3940kVA。

⑮DK924+134 附近设一座 35/10kV 临时变电站,接取一路 35kV 地方电源。沿铁路向东馈出一回 35kV(LGJ-70)线路供至大茶山隧道;沿铁路向西馈出另一回 35kV(LGJ-70)线路供至高家屯隧道。干线末端最大电压降为 8.48%,有效负荷 9965kVA。

⑯DK970+300 附近设一座 35/10kV 临时变电站,接取一路 35kV 地方电源。沿铁路向东馈出一回 35kV(LGJ-70)线路供至高家屯隧道;沿铁路向西馈出另一回 35kV(LGJ-70)线路供至壁板坡隧道。干线末端最大电压降为 4.82%,有效负荷 9443kVA。

⑰DK995+700 附近设一座 35/10kV 临时变电站,接取一路 35kV 地方电源。沿铁路向东馈出一回 10kV(LGJ-120)线路供至壁板坡隧道;沿铁路向西馈出另一回 35kV(LGJ-70)线路供至尖山隧道。干线末端最大电压降为 5.34%,有效负荷 3894kVA。

⑱DK1047+000 附近设一座 35/10kV 临时开关站,接取一路 35kV 地方电源。沿铁路向东馈出一回 35kV(LGJ-70)线路供至尖山隧道;沿铁路向西馈出另一回 10kV(LGJ-120)线路供至高枧槽特大桥。干线末端最大电压降为 13.93%,有效负荷 5380kVA。

⑲DK1092+800附近设一座35/10kV临时开关站,接取一路35kV地方电源。沿铁路向西馈出一回10kV(LGJ-120)线路供至大坪地隧道。干线末端最大电压降为11.52%,有效负荷2375kVA。

⑳DK1122+000附近设一座35/10kV临时变电站,接取一路35kV地方电源。沿铁路向东馈出一回35kV(LGJ-70)线路供至大坪地隧道;沿铁路向西馈出另一回10kV(LGJ-70)线路供至文笔山隧道。干线末端最大电压降为4.58%,有效负荷4262kVA。

㉑DK1144+200附近设一座35/10kV临时变电站,接取一路35kV地方电源。沿铁路向东馈出一回35kV(LGJ-70)线路供至文笔山隧道;沿铁路向西馈出另一回10kV(LGJ-70)线路供至对歌山隧道。干线末端最大电压降为9.63%,有效负荷4828kVA。

(2)集中供电方案翻越长大隧道的情况。

由于地方电源条件较差,为满足施工用电需要,临电干线翻越8km以上隧道的有:

①栋梁坡隧道:长9.268km,局部翻越至横洞。

②大独山隧道:长11.86km,局部翻越至1号横洞。

③岗乌隧道:长13.19km,局部翻越至3号、4号横洞。

④棒古隧道:长9.375km,局部翻越至1号、2号横洞。

⑤大茶山隧道:长9.95km,局部翻越。

5)施工供电工程的实施

由于该线施工供电工程量较大,地处大山区,交通不便,设备材料运输困难,工程实施难度较大。参照同类山区铁路的施工供电工程的实施周期,结合该线施工临时供电工程量及环境条件,按照此次设计的施工供电方案,施工临时供电工程从开工到供电的时间大约在5~7个月,实施周期较长,对铁路建设总工期有一定影响。

6)可能引起施工供电方案变化的因素

(1)铁路线位方案的调整。

(2)铁路桥梁、隧道长度和位置的调整。

(3)工程工期和施工组织方案的调整。

(4)土建施工方法、施工用电设备类型的变化。

(5)地方电源情况、交通条件的限制和变化。

(6)地方供电部门、林业、环保、规划及其他部门的意见和要求。

(7)主管部门的审批意见。

20.8.7.2 永临结合意见

该线临时施工电源线均由地方接引35kV电源,而正式工程配电所或隧道通风电源线均由地方接引10kV电源,故该阶段暂不考虑永临结合。

20.8.7.3 全线施工供电方案工程数量表(略)

20.8.8 过渡工程措施

湘黔省界至昆明南段此次初步设计正线没有与既有线的过渡工程。仅枢纽范围的联络线接入既有线,站后部分工程对既有线有局部少量干扰。

20.8.9 永久工程和临时工程结合意见

(1)昆明南(新)铺轨基地拟设于新建昆明南站附近的昆明动车运用所,利用新建动车运用所预留"渝黔场"布置,以期减少铺轨基地临时租地、拆迁工程、场坪土石方工程和复垦费用。

(2)此次初步设计的玉屏、凯里、清镇、平坝、安顺、盘县和曲靖共7个箱梁预制厂,暂考虑利用玉屏东、凯里南、清镇东、平坝南、安顺西、盘县(综合工区)和曲靖北站位设置,以期减少梁场建设的临时租地、拆迁工程、场坪土石方工程和部分复垦费用。梁场建设与车站建设,须在满足总工期条件下统筹合理组织施工。

20.9 施工环保措施

该线在建设过程中,应严格按照国家环保要求,积极采取有效措施,做好环境保护工作。

(1)合理设置取弃土场,并适当集中,路基、站场的土石方工程尽量安排在非雨季施工,开挖或填筑的路基土质边坡,应及时采取工程或植物防护措施,防止雨水冲刷造成水土流失。做好土石方挖填调配工作,尽量移挖作填。沿河地段要先挡后弃。强化临时堆放场的保护措施。工程建设要尽量减少永久性占地,特别是林地和耕地,临时占地要先将熟土剥离堆存,项目建设完工后再覆盖熟土并平整绿化。沿线工程也要因地制宜地做好绿化工作,建设工程造成的生物量损失。

(2)对于线路两侧的学校、居民住宅和办公区等噪声敏感区,应采取声屏障、隔声窗等不同的防噪措施,有效控制和减少噪声污染。配合地方政府规划沿线土地使用和建筑布局,严格控制在线路两侧新建学校、医院、住宅和办公区。

(3)桥梁施工应采取先进的施工方法和工艺,基础施工过程中的泥浆、余土及废弃物等,严禁直接排入河流或废弃于河床中,应在工程施工完成后进行清理,集中置于弃土场。

(4)选用低噪声施工机械设备,合理安排施工时间。在噪声敏感集中区,禁止夜间施工,防止噪声扰民,同时还应采取洒水、覆盖等措施,防止扬尘对环境的影响。

(5)应遵守国家有关环境保护、控制环境污染的规定,采取必要的措施,防止施工中燃油、沥青、污水、废料和垃圾等有害物质对河流、湖泊、池塘和水库的污染。

(6)临时生产和生活设施、施工便道等,必须依据环保要求做好环保工作。

(7)在自然保护区、风景名胜区施工,严格遵守国家有关规定,做好边界线、标示牌的设置,限制人员和机械的活动范围。严禁偷猎野生动物和践踏保护植物。

20.10 施工安全措施

根据该线工程分布特点、施工方法及总工期要求,施工前应制订好相关的安全生产保证计划,编制安全技术措施,确保施工顺利进行。

路基工程施工首先做好场地内的排水和防汛工作。石方爆破时必须设立安全警示标志。路堑开挖时应注意边坡稳定,及时防护。

桥梁施工必须对挖孔桩、钻孔桩桩位先进行探测,避免对地下电线电缆和管线工程的破坏,发现问题应及时采取措施。高墩和其他高空施工,应设置必要的安全防护网。龙门吊、运架梁设备、铺架设备等大型机械,必须保证行走安全。预制箱梁架设人员必须经过严格的技术培训,熟悉设备结构原理、性能、操作、保养及维修要求。

隧道开挖前,应对施工人员进行安全教育,从事机械操作人员,必须经过专业培训。随时检查工作面是否处于安全状态。隧道开挖应严格控制循环进尺,及时支护。同时应加强超前地质预报和监控量测,尤其主要对瓦斯、突水、突泥等危险源的监测。炸药、雷管等爆炸品,必须24h专人监管。

轨道施工应保持施工机械的稳定性。长轨条、道岔、轨枕等装车后应及时加固锁定。钢轨落槽就位、现场接头焊接、应力放散等,施工人员应特别加强安全保护。洞内无砟轨道施工,必须保证足够的照明度。

20.11 有关问题

目前沪昆客运专线长沙至昆明段(玉屏至昆明)500m长钢轨由成都石板滩长钢轨生产基地供应,长钢轨生产用的100m定尺轨由攀钢供应,钢轨形成了较大的折角运输,增大了运输成本。结合云桂铁路、渝昆铁路,以及丽香、玉蒙、大瑞、蒙河等铁路的建设,若在昆明选设一个500m长钢轨生产基地是有必要的。选址可对昆明铁路局现有焊轨厂(黄龙山)进行改造,需新征用地约110亩。

第21章 案例2——兰渝铁路LYS-3合同段实施性施工组织设计

21.1 编制说明

21.1.1 编制依据

(1)新建兰州至重庆铁路夏官营(不含)至广元段(不含)LYS-3合同土建工程施工指导性施工组织设计、施工招标技术设计文件、图纸及投标文件、施工图设计。
(2)国家、铁道部和地方政府的有关政策、法规和条例、规定。
(3)现场踏勘所了解、掌握的情况和资料。
(4)该合同段工程设计、施工过程中涉及的相关规范、规程和技术标准。
(5)该工程项目指挥部的组成、机械设备、各类技术人员配备及施工队伍施工能力的基本情况。
(6)相关工程的建设经验,特别是长大隧道工程施工、隧道群施工的经验。

21.1.2 编制原则

(1)贯彻执行国家的方针、政策及相关的工程施工规范、规定,当地政府的相关制度,尊重当地的民风民俗。
(2)按照基本建设施工程序合理安排施工进度,确保合同工期。
(3)贯彻技术与经济统一、科技优先的原则。
(4)贯彻因地制宜、就地取材原则。
(5)贯彻"正、临结合"原则,凡有条件利用的正式工程,均应优先安排施工和利用;应充分利用永久征地,减少临时租地。
(6)发挥专业优势,组织文明施工、科学施工、均衡生产,按经济规律做好企业管理。
(7)符合国家和地方关于环境保护、职业健康安全、水土资源及文物保护、节能减排的要求。
(8)强化组织,加强管理,确保实现建设单位要求的质量、安全、环境保护和文明施工等各项目标全面履约;优化资源配置,实行动态管理。

21.1.3 编制范围

编制范围为新建兰州至重庆铁路夏官营(不含)至广元段(不含)LYS-3合同土建工程,起讫里程为DK173+200~DK259+510,线路总长83.74km,包括迁改工程、路基(含站场)及附属工程、桥梁、涵洞、隧道、轨道、车站房建和运营设备及建筑物。

21.2 工程概况及主要工程数量

21.2.1 工程概况

21.2.1.1 地理位置及工程范围

1)地理位置

新建兰州至重庆铁路夏官营(不含)至广元段(不含)LYS-3合同,即大草滩车站(不含)至青岗隧道(含)段,位于甘肃省定西市,起于漳县(大草滩镇)途经岷县(梅川镇→茶埠乡→岷阳镇→秦许乡→寺沟乡),止于宕昌县(哈达铺乡→理川镇→贾河乡),线路基本呈北向南走向。

2)工程范围

该合同段起讫里程为DK173+200~DK259+510,线路总长83.74km,主要包括迁改工程(道路、光电缆及管道)、路基(含站场)及附属工程、桥梁(下部结构、现浇连续梁及桥面系)、涵洞、隧道、轨道(整体道床和线路标志)、车站房建和运营设备及建筑物(表21-1)。

工程范围及内容　　　　　　　　表21-1

序号	项目	数量	总长	占全合同段比例(%)	说明
1	区间路基	162.8万m³	6.8km	8.12	
2	站场路基	243.8万m³	—	—	岷县站、哈达铺站
3	桥梁	17座	10923.19延长米	12.94	其中特大桥8754.57延长米/8座,大桥2080.42延长米/6座,小桥88.2延长米/3座
4	涵洞	24座	934.79横延米	—	
5	隧道	8座	63.212km	75.50	其中木寨岭、哈达铺隧道为双洞单线特长隧道(木寨岭左线19050m、右线19068.5m;哈达铺左右线均为16591m);纸坊隧道为单洞双线隧道,全长5135m。木寨岭和纸坊隧道为极高风险隧道,哈达铺隧道为高风险隧道
6	轨道		103659m	—	折合单线,其中桥梁段274m,隧道段103385m
7	房屋	20279m²			

21.2.1.2　工程地质与水文地质

1)地形地貌

该合同段主要位于秦岭高中山区,由西秦岭及岷山高中山区等次一级地貌单元组成,高程多在1500~3200m间,相对高差600~1200m。山高谷深,岭谷相间,高差大,沟谷深切多呈"V"字形。西秦岭山区的麻子川梁为黄河、长江两大水系的分水岭,岭北主要河流为洮河、迭藏河及其支流,岭南为小岷江、秋末河、理川河等支流。洮河河谷弯曲较狭窄,两岸阶地断续分布,河谷及支沟两岸大型泥石流、滑坡等不良地质发育;小岷江河谷区山高谷深,仅局部发育有不对称的零星阶地,由河漫滩、阶地、泥石流洪积扇组成,地形沟壑交织,河谷两侧形成狭窄的山间谷地,山体陡峻。

2)地层岩性

该合同段属秦岭~昆仑纬向构造体系被后期构造体系改造,出露三叠系、二叠系、石炭系、泥盆系、志留系等中生界、古生界的地层,山间盆地内仍零星出露第三系白垩系等新生界、中生界的地层,主要为板岩、炭质板岩、灰岩、砂岩、泥岩、砾岩及燕山玢岩等。

3)地质构造及动参数

该区域地质构造复杂,尤其是木寨岭隧道及纸坊隧道一带,地质构造极为复杂,类型多样,区域内断裂构造发育,表现形式多为破碎带、褶皱带及不整合接触带。该合同段主要穿越两大地震带,即北西向展布的天水~兰州地震带和南北向展布的武都~马边地震带,见表21-2。

地震动参数分段划分　　　　表21-2

序号	里　　程	地震动峰值加速度 g	地震动反应谱特征周期 (s)	地震基本烈度 (度)
1	DK173+200～DK220+460	0.15	0.45	7
2	DK220+460～DK259+510	0.20	0.45、0.40	8

4）水文

该合同段地表水主要为江河水、溪水、沟水，地表水系发育，较大的地表水系主要有洮河、迭藏河及小岷江及其支流，江河均为常年流水，水深数米至数十米，河水位受季节性降雨变化，雨季河水汹涌。

21.2.1.3　设计概况

1）技术标准

(1)铁路等级：国铁Ⅰ级。

(2)正线数目：兰州至重庆双线。

(3)限制坡度：兰州至广元双机13‰(隧道不进行折减)。

(4)路段旅客列车设计行车速度与最小曲线半径：兰州至重庆段速度目标值200km/h，对应的最小曲线半径一般3500m，困难地段2800m。

(5)牵引种类：电力。

(6)机车类型：货机初、近期采用SS7型机车，远期采用交流传动HXD3型机车；客机采用电动车组、SS7E型机车。

(7)牵引质量：4000t。

(8)到发线有效长度：880m。

(9)闭塞类型：自动闭塞。

(10)建筑限界：满足双层集装箱运输要求。

2）区间路基与站场土石方工程

(1)路堤设计标准。

①双线设计：通信信号、电力电缆槽接地系统不设在路肩上时，路基标准宽度12.1m；通信信号、电力电缆槽接地系统及声屏障均设在路肩上时，电缆槽位于立柱外侧，路基标准宽度12.4m；线间距4.4m，单侧线路中心线与接触网立柱内侧距离3.1m；接触网立柱直径0.6m，基础直径0.8m。

②单线设计：通信信号、电力电缆槽接地系统不设在路肩上时，路基标准宽度7.7m；通信信号、电力电缆槽接地系统及声屏障均设在路肩上时，电缆槽位于立柱外侧，路基标准宽度8.0m；线路中心线与接触网立柱内侧距离3.1m；接触网立柱直径0.6m，基础直径0.8m。

(2)路堑设计标准。

①双线设计：通信信号、电力电缆槽接地系统均设在路肩上；线间距4.4m，单侧线路中心线与接触网立柱内侧距离3.1m；接触网立柱直径0.6m，基础直径0.8m。

②单线设计：通信信号、电力电缆槽接地系统均设在路肩上；线路中心线与接触网立柱内侧距离3.1m；接触网立柱直径0.6m，基础直径0.8m。

(3)湿陷性黄土路基处理设计。

当地基处理深度$H\leqslant 3$m时，采用挖除换填二八灰土、冲击碾压、重锤夯实等措施；地基处理深度H为3～6m时，采用重锤夯实、强夯、灰土挤密桩等措施；地基处理深度H为6～12m时，采用灰土挤密桩、碎石桩等措施。

路基工程见表21-3。

路 基 工 程 表21-3

序号	里 程	长度(m)	线别	地基处理及挡护形式
1	DK173+200~DK173+340	140.0	双	路基坡面防护及地基处理工程
2	DK192+385~DK192+420	49.9	双	路堤坡面防护及湿陷性黄土地基处理工程
3	DK192+950~DK193+145	193.2	双	
4	DK198+606~DK199+007	315.7	双	
5	DK200+233~DK201+205	942.7	双	
6	DK201+777~DK201+810	38.1	双	
7	DK209+060~DK209+070	13.9	双	路基坡面防护及地基处理工程
8	DK209+674~DK209+850	161.3	双	路堤坡面防护及湿陷性黄土地基处理工程
9	DK209+850~DK211+850	2000.0	双	冲刷防护、路堤坡面防护及地基处理工程
10	DK211+850~DK213+429	1573.6	双	
11	DK214+263~DK214+527	254.6	双	冲刷防护、路堤坡面防护工程
12	DK214+765~DK219+622.1	2602.4	双	冲刷防护、路堤坡面防护及地基处理工程
13	DK220+095.9~DK220+480	236.4	双	路堤坡面防护及地基处理工程
14	DK237+100~DK237+150	50.0	双	路堑坡面防护工程
15	DK239+673.30~DK239+686	12.7	双	短路基地基处理及路堑坡面防护工程
16	DK259+504.00~DK259+510	6.0	双	
合计		8590.5		

3）桥涵工程

桥涵工程详见表21-4和表21-5。

桥 梁 工 程 表21-4

| 序号 | 名 称 | 中心里程 | 长度(m) | 孔跨布置 | 简支梁数量 | | 连续梁数量(联) | 线别 |
					32m	24m		
1	素子沟特大桥（左线）	DK192+686	564.1	1[16×32m+1×24m]梁	16	1		单线
2	素子沟特大桥（右线）	DyK192+695	556	1[15×32m+2×24m]梁	15	2		单线
3	洮河1号特大桥	DK197+143	2928.2	2[89×32m]梁	178			
4	叶家坡特大桥	DK199+620	1235.7	2[35×32+3×24m]梁	70	6		

续上表

序号	名称	中心里程	长度(m)	孔跨布置	简支梁数量 32m	简支梁数量 24m	连续梁数量（联）	线别
5	洮河2号特大桥	DK201+491	571.2	2[17×32]梁	34			
6	迭藏河1号特大桥	DK207+678.1	1469.8	2[1×24+4×32m+2×24m+33×32+(30+48+30)m连续梁+2×32m]梁	78	6	1	
7	西河特大桥	DK209+372	610.1	2[18×32m]梁	36			
8	迭藏河2号特大桥	DK213+846	836.2	2[25×32m]梁	50			
9	拉音沟大桥	DK214+646	242.4	2[9×24m]梁		18		
10	迭藏河3号大桥（右线）	DK219+852	484.3	1[14×32m]梁	28			单线
11	迭藏河3号大桥（左线）	DK219+859	484.3	1[14×32m]梁	28			单线
12	秋末河大桥	DK239+480	386.5	2[(30+48+30)m连续梁+8×32m]梁	16		1	
13	理川河大桥	DK247+210	178.8	2[(32+2×48+32)m连续梁]梁			1	无砟梁
14	油房沟大桥	DK256+279	316.1	2[(60+2×96+60)m连续刚构]梁			1	
15	小桥	DK215+714	88.2	2×(1-16.0m)小桥	4片16m			
16	小桥	DK220+396		1-12.0m框架桥				
	合计		10923.19					

涵洞工程　　　　　　　　　　　　　　　　表21-5

序号	名称及结构	中心里程	涵长	结构形式
1	1-2.0m箱形涵	DK173+210		
2	1-3.0m箱形涵	DK193+081		
3	1-2.0m箱形涵	DK200+412		
4	1-2.0m箱形涵	DK200+596		
5	1-2.0m箱形涵	DK200+889		
6	1-6.0m箱形涵	DK210+518	934.79横延米	现浇混凝土框架结构
7	1-8.0m地道桥	DK210+750		
8	1-2.0m箱形涵	DK211+050		
9	1-4.0m箱形涵	DK211+700		
10	1-6.0m箱形涵	DK211+330		
11	1-4.0m箱形涵	DK211+682		
12	1-3.0m箱形涵	DK211+963		

续上表

序号	名称及结构	中心里程	涵 长	结构形式
13	1-1.5m箱形涵	DK214+780		
14	1-3.0m箱形涵	DK215+076		
15	1-3.0m箱形涵	DK215+389		
16	1-5.0m箱形涵	DK216+039		
17	1-6.0m箱形涵	DK216+379		
18	1-4.0m箱形涵	DK216+673	934.79横延米	现浇混凝土框架结构
19	1-3.0m箱形涵	DK216+880		
20	1-5.0m框架桥	DK237+800		
21	1-8.0m地道桥	DK238+200		
22	1-2.0m箱形涵	DK238+600		
23	1-5.0m框架桥	DK238+960		
24	1-5.0m箱形涵	DK239+002		

4）隧道工程

隧道工程见表21-6～表21-16。

隧道工程　　　　　　　表21-6

序号	名称	里程	坡度(‰)	长度(m)	围岩分级计算长度(m)			
					Ⅲ	Ⅳ	Ⅴ	Ⅵ
1	木寨岭隧道	DK173+320～DK192+370		19050	2960	9270	6820	0
		DyK173+321.5～DyK192+390		19068.5	2960	9270	6838.5	0
2	古子山隧道	DK193+155～DK195+670		2515	140	1985	390	0
3	纸坊隧道	DK201+820～DK206+955		5135	380	3250	1505	0
4	下阿阳隧道	DK208+425～DK209+050		625	0	250	375	0
5	哈达铺隧道	DK220+499～DK237+090		16591	4280	10850	1131	330
		DyK220+499～DyK237+090		16591	4280	10850	1131	330
6	马家山隧道	DK239+696～DK247+131		7435	6956	300	179	0
7	同寨隧道	DK247+308～DK256+135		8827	6057	2110	660	0
8	青岗隧道	DK256+438～DK259+492		3054	1462	1401	191	0
	合计			98873	26335	55946	15942	660
	占总隧长比例(%)				26.6	56.6	16.1	0.7

隧道纵坡设计 表21-7

隧道名称	序号	里　程	长度(m)	坡度(‰)	备　注
木寨岭隧道	1	DK173+350～DK177+680	4330	3	
	2	DK177+680～DK178+300	620	−7	
	3	DK178+300～DK191+600	13300	−13	
	4	DK191+600～DK192+375	775	−12.8	
古子山隧道	5	DK193+155～DK195+670	2515	−12.8	
纸坊隧道	6	DK201+820～DK204+420	2600	5.5	
	7	DK204+420～DK206+955	2535	−3	
下阿阳隧道	8	DK208+420～DK209+050	630	6.5	
哈达铺隧道	9	DK220+498～DK231+198	10700	−13	
	10	DK231+198～DK232+548	1350	−12.9	
	11	DK232+548～DK235+548	3000	−13	
	12	DK235+548～DK236+448	900	−11	
	13	DK236+448～DK237+090	642	−1	
马家山隧道	14	DK239+480～DK239+950	470	−11	
	15	DK239+950～DK240+900	950	−12.8	
	16	DK240+900～DK246+300	5400	−13	
	17	DK246+300～DK247+131	831	−12.8	
同寨隧道	18	DK247+308～DK248+150	842	−12.8	
	19	DK248+150～DK255+200	7050	−13	
	20	DK255+200～DK256+135	935	−12.8	
青岗隧道	21	DK256+438～DK257+700	1262	−12.8	
	22	DK257+700～DK258+800	1100	−13	
	23	DK258+800～DK259+492	692	−12.8	

一般地段单线隧道支护参数 表21-8

围岩级别	预留变形量(cm)	初期支护								超前支护		二次衬砌		衬砌钢筋		
		喷混凝土		锚杆			钢筋网	钢架								
		部位	厚度(cm)	部位	长度(m)	环×纵间距(m)	部位	网格间距(cm)	部位	钢架类型	纵向间距(m)	种类	部位	环向间距(m)	拱墙(cm)	仰拱(或底板)(cm)	主筋(环)	架立筋(纵)	箍筋
Ⅱ	0～2	拱墙	5	局部	2.0										30	(30*)	4φ14	φ10	φ8
Ⅲ	3～4	拱墙	8	拱部	2.5	1.2×1.5	φ6拱部	25×25							35	40			
Ⅳ	3～5	拱墙	12	拱墙	3.0	1.2×1.2	φ6拱墙	25×25							40	40			
Ⅳ加强	6～8	拱墙	23	拱墙	3.0	1.2×1.2	φ6拱墙	20×20	拱墙	φ22格栅或工16	1.2	锚杆或小导管	拱部	0.5	40	40			

续上表

围岩级别	预留变形量(cm)	初期支护									超前支护		二次衬砌		衬砌钢筋		
		喷混凝土		锚杆			钢筋网		钢架								
		部位	厚度(cm)	部位	长度(m)	环×纵间距(m)	部位	网格间距(cm)	部位	钢架类型	纵向间距(m)	种类	环向间距(m)	拱墙(cm)	仰拱(或底板)(cm)	主筋(环)	架立筋(纵)	箍筋
Ⅴ	8~10	拱墙仰拱	23、10	拱墙	3.0	1.2×1.0	φ8拱墙	20×20	拱墙	工16	1.0	锚杆或小导管	拱部	0.4	45*	45*	4φ18	φ12	φ8
Ⅴ加强	8~10	拱墙仰拱	25、10	拱墙	3.0	1.2×1.0	φ8拱墙	20×20	拱墙	工16	0.8	小导管	拱部	0.4	45*	45*	4φ20	φ14	φ8

注：1. 围岩级别栏中下角标"加"表示加强段，无角标表示深埋。
2. 拱部采用 R25 中空锚杆，边墙采用 Φ22 砂浆锚杆。
3. 二次衬砌栏中上角标 * 表示钢筋混凝土，无角标表示模筑混凝土。

一般地段双线隧道支护参数 表21-9

围岩级别	预留变形量(cm)	初期支护									超前支护		二次衬砌		衬砌钢筋		
		喷混凝土		锚杆			钢筋网		钢架								
		施作部位	厚度(cm)	设置部位	长度(m)	环×纵间距(m)	设置部位	网格间距(cm)	设置部位	钢架类型	纵向间距(m)	支护种类	设置部位	环向间距(m)	拱墙(cm)	仰拱(或底板)(cm)	主筋(环)	架立筋(纵)	箍筋
Ⅱ	3~5	拱墙	5	局部	2.5										35	(30*)	5φ18	φ12	φ8
Ⅲ	5~8	拱墙	12	拱墙	3.0	1.2×1.5	φ6拱部	25×25							40	45			
Ⅳ一般	8~10	拱墙仰拱	23	拱墙	3.5	1.2×1.2	φ6拱墙	20×20	拱墙	φ22格栅	1.2	锚杆	拱部	0.5	45	50			
Ⅳ加强	8~10	拱墙仰拱	25、15	拱墙	3.5	1.2×1.2	φ6拱墙	20×20	拱墙	工18	1.0	锚杆或小导管	拱部	0.5	45*	50*	5φ20	φ14	φ8
Ⅴ一般	10~15	拱墙仰拱	27、25	拱墙	4.0	1.2×1.0	φ8拱墙	20×20	全断面	工20b	0.8	小导管	拱部	0.4	50*	55*	5φ20	φ14	φ8
Ⅴ加强	10~15	拱墙仰拱	27、25	拱墙	4.0	1.2×1.0	φ8拱墙	20×20	全断面	工20b	0.6	小导管	拱部	0.4	50*	55*	5φ22	φ14	φ8

注：1. 围岩级别栏中下角标"加"表示加强段，无角标表示深埋。
2. 拱部采用 φ25 中空锚杆，边墙采用 Φ22 全螺纹砂浆锚杆。
3. 二次衬砌栏中上角标 * 表示钢筋混凝土，无角标表示模筑混凝土。

软岩地段单线隧道断面支护参数   表21-10

围岩级别	预留变形量(cm)	初期支护									二次衬砌(钢筋混凝土)	
		喷混凝土		锚杆			钢筋网		钢架			
		施作部位	厚度(cm)	设置部位	长度(m)	环×纵间距(m)	设置部位	网格间距(cm)	设置部位	纵向间距	拱墙(cm)	仰拱(cm)
V	30	全断面	28	拱墙	5.0	1.2×1.0	全断面	20×20	拱墙	3榀/2m	55*	65*

软岩地段双线隧道断面支护参数   表21-11

围岩级别	预留变形量(cm)	初期支护									二次衬砌(钢筋混凝土)	
		喷混凝土		锚杆			钢筋网		钢架			
		施作部位	厚度(cm)	设置部位	长度(m)	环×纵间距(m)	设置部位	网格间距(cm)	设置部位	纵向间距	拱墙(cm)	仰拱(cm)
IV	30	拱墙	27	拱墙	6.0	1.0×0.8	全断面	20×20	拱墙	1榀/0.8m	55	65
V	35	全断面	30	拱墙	6~8	1.0×0.8	全断面	20×20	拱墙	2榀/m	60	70

隧道辅助坑道工程   表21-12

隧道名称	序号	辅助坑道名称	与正洞相交里程	总长(m)	坡度(%)	运输方式	备注
木寨岭隧道	1	石咀沟斜井	DK176+600	1120	6.12	无轨	单车道+错车道
	2	大坪斜井	DK178+500	1440	9.24	无轨	单车道+错车道
	3	大坪有轨斜井	DK180+250	745	42	有轨	双车道主副井
	4	南水沟有轨斜井	DK180+700	700	40	有轨	双车道主副井
	5	鹿扎斜井	DyK183+600	1850	10.12	无轨	单车道+错车道
	6	大沟庄斜井	DyK186+000	1420	9.89	无轨	双车道
	7	大战沟斜井	DyK187+900	1025	9.73	无轨	单车道+错车道
	8	马家沟斜井	DyK190+000	930	9.89	无轨	单车道+错车道
哈达铺隧道	9	阿坞斜井	DK227+100	665	10	无轨	单车道+错车道
	10	哈达斜井	DK228+530	590	10	无轨	单车道+错车道
	11	西迭斜井	DK229+900	400	10	无轨	单车道+错车道
	12	西固斜井	DK231+500	325	10	无轨	单车道+错车道
	13	邓家磨斜井	DK235+700	390	4.5	无轨	单车道+错车道
马家山隧道	14	上罗斜井	DK242+600	900	4.12	无轨	单车道+错车道
	15	出口横洞	DK247+000	435	-2.13	无轨	单车道+错车道
同寨隧道	16	下尕沟斜井	DK253+000	1320	8.36	无轨	单车道+错车道
	17	出口斜井	DK255+500	235	8.11	无轨	单车道+错车道
合计				14490			

辅助坑道围岩级别 表 21-13

隧道名称	序号	辅助坑道名称	总长度(m)	围岩分级长度(m)		
				Ⅲ	Ⅳ	Ⅴ
木寨岭隧道	1	石咀沟斜井	1120	362	738	20
	2	大坪斜井	1440		847	593
	3	大坪有轨有轨斜井	745		477	268
	4	南水沟有轨斜井	700		433	267
	5	鹿扎斜井	1850		1436	414
	6	大沟庄斜井	1420		1328	92
	7	大战沟斜井	1025		560	465
	8	马家沟斜井	930		680	250
哈达铺隧道	9	阿坞二号斜井	665		650	15
	10	哈达斜井	590		578	12
	11	西迭斜井	400		382	18
	12	西固斜井	325		285	40
	13	邓家磨斜井	390		357	33
马家山隧道	14	上罗斜井	900	854	36	10
	15	出口横洞	435	335	40	60
同寨隧道	16	下尕沟斜井	1320	966	250	104
	17	出口斜井	235			235
合计			14490	2517	9077	2896
占总长比例(%)				17.37	62.65	19.98

单车道斜井喷锚衬砌支护参数 表 21-14

围岩级别	衬砌类型	喷层厚度(cm)	φ22 砂浆锚杆			钢筋网 φ6		工 12.6 钢架	铺底 cm
			位置	长度(m)	间距(m)	位置	间距(cm)		
Ⅱ	喷锚	8	局部	2.0	1.5×1.5				20
Ⅲ	喷锚	10	拱部	2.0	1.5×1.5	局部	25×25		20
Ⅳ	喷锚	15	拱墙	2.5	1.5×1.5	拱墙	25×25	局部	30

单车道斜井模筑衬砌支护参数 表 21-15

围岩级别	衬砌类型	喷层厚度(cm)	φ22 砂浆锚杆			钢筋网 φ6		工 12.6 钢架	衬砌(cm)	铺底 cm
			位置	长度(m)	间距(m)	位置	间距(cm)			
Ⅱ	模筑	6	局部	2.0	1.5×1.5				25	20
Ⅲ	模筑	10	拱部	2.0	1.5×1.5	局部	25×25		25	20
Ⅳ	模筑	10	拱墙	2.0	1.2×1.2	拱部	25×25	局部	30	30
Ⅴ	模筑	15	拱墙	2.5	1.0×1.0	拱墙	25×25	1 榀/m	35	35

错(双)车道斜井支护参数 表21-16

围岩级别	衬砌类型	喷层厚度(cm)	φ22 砂浆锚杆			钢筋网 φ6		工16钢架	衬砌(cm)	铺底 cm
			位置	长度(m)	间距(m)	位置	间距(cm)			
Ⅱ	模筑	8	局部	2.0	1.5×1.5	局部	25×25		30	30
Ⅲ	模筑	12	拱部	2.0	1.5×1.5	拱部	25×25		40	35
Ⅳ	模筑	17	拱墙	2.5	1.2×1.2	拱墙	20×20	局部	40	45
Ⅴ	模筑	23	拱部	3.0	1.0×1.0	拱墙	20×20	1榀/m	45	45

5)轨道工程

长度6000m及以上的隧道洞内按铺无砟道床设计,其余隧道一般均采用有砟道床,无砟道床与有砟道床的过渡段设在隧道内。无砟道床高度52cm(双块式)。

6)房建工程

房屋建筑面积20279m^2,其中生产用房18879m^2,生活房屋1400m^2。

7)其他运营生产设备及建筑物

(1)车辆:设红外线探测设备6套,其中岷县站2套、哈达铺站2套,区间加密2套。

(2)给排水如下:

①给水站分布和生活供水站、点数量共有生活供水站2处,为岷县站及哈达铺站,生活供水点10处。

②主要构筑物及设备类型:该段设管井1座,钢筋混凝土大口井10座,钢筋混凝土水池11座。生活供水站污水分别采用污水土地处理系统和SBR处理系统处理达标后排放,生活供水点少量生活污水采用厌氧处理设施处理后排放。

21.2.1.4 工程环境和施工条件

1)气象条件

该合同段属北亚热带湿润向暖温半湿润过渡的季风气候,受境内高山深谷地形的影响,在气候上有明显的区域特征,气候差异悬殊,垂直分带的差异性明显,河谷炎热,山地寒冷。年平均气温5.8~16.1℃。最高温度38.6℃,最低温度-27.9℃,年平均降雨量440.9~941.8mm,相对湿度58%~78%。尤其是该合同段跨秦岭山区麻子川梁山,岭北、岭南气候相差较大。

2)交通运输条件

(1)铁路:该合同段铁路运输较为便利。北面有陇海铁路线上的武山和陇西车站,离合同段北端漳县最近,南面有宝成铁路线上的略阳车站,离合同段南端宕昌县最近;施工时,以合同段北面武山和陇西两火车站为主要铁路转公路车站。

(2)公路:该合同段基本沿G212国道布置,9次跨越G212国道,且沿线基本均有县级公路和乡村间碎石路,公路运输便利。

3)物资设备供应

甲供物资设备由铁道部或建设单位直接招标采购,并组织运输至工程招标时指定的交货地点。甲供物资设备到达指定交货地点的卸车及卸车以后的其他事宜由工程承包单位负责。甲控物资设备由建设单位组织资格预审确定合格供应商,工程承包单位在建设单位监督下采购。甲供、甲控之外的物资设备属工程承包单位自购部分。自购物资设备由工程承包单位自行采购。

4) 当地卫生防疫情况

该合同段未见地方病及流行病发生,卫生防疫情况良好。施工时注意保持生活和生产环境卫生,坚持杀虫灭鼠,注射流感、甲肝、乙肝等相应疫苗。

5) 民风民俗

该合同段穿越藏族等少数民族地区,工程建设期间注意熟悉少数民族地区民风民俗,尊重少数民族宗教信仰、风俗习惯和语言文字,遵守乡规民约,正确处理与少数民族的关系,做到平等待人、和睦共处,把握和谐、平等、团结三要素,构建民族路、和谐路。

21.2.2 主要工程数量

主要工程数量见表21-17。

主要工程数量　　　　　　　表21-17

序号	工程名称		单位	数量	备注
1	路基	区间土石方 土方	立方米	1282940	
2		区间土石方 石方	立方米	21475	
3		区间土石方 改良土	立方米	87623	
4		区间土石方 级配碎石	立方米	70819	
5		区间土石方 B组填料	立方米	164915	
6		区间土石方 小计	立方米	1627772	其中挖方167198m^3,填方1460574m^3
7		站场土石方 土方	立方米	1276466	
8		站场土石方 石方	立方米	846629	
9		站场土石方 改良土	立方米	109672	
10		站场土石方 级配碎石	立方米	63217	
11		站场土石方 B组填料	立方米	142203	
12		站场土石方 小计	立方米	2438187	其中挖方911451m^3,填方1526736m^3
13		总计	立方米	4065959	
14		附属工程	圬工方	144442	
15	桥涵	桥梁工程 桥长	延长米	10923.19	
16		桥梁工程 钻孔桩基础	米	48504	
17		桥梁工程 基础	圬工方	204098.86	含钻孔桩基础混凝土
18		桥梁工程 墩台	圬工方	127104.2	
19		桥梁工程 连续梁	圬工方	10891.1	
20		桥梁工程 桥面系	延长米	10881.09	
21		桥梁工程 附属工程	圬工方	6010.3	
22		涵洞 单孔,孔径<3m	横延米/座	378.41/8	
23		涵洞 单孔,3m≤孔径<5m	横延米/座	216.26/6	
24		涵洞 单孔,孔径≥5m	横延米/座	340.12/10	

续上表

序号	工程名称		单位	数量	备注
25	隧道及明洞	单线隧道 正线隧道	延长米	35616	折合双洞延长米
26		单线隧道 开挖	立方米	5872395	不含斜井及横通道
27		单线隧道 二次衬砌	圬工方	1291664	不含斜井、横通道和正洞初期支护
28		单线隧道 斜井	延长米	11600	
29		单线隧道 横通道	延长米	3080	
30		单线隧道 附属工程	圬工方	378137	包括洞门和弃砟防护
31		双线隧道 正线隧道	延长米	27596	双线单洞延长米
32		双线隧道 开挖	立方米	1557390	不含斜井及横通道
33		双线隧道 二次衬砌	圬工方	814495	不含斜井、横通道和正洞初期支护
34		双线隧道 斜井	延长米	2455	
35		双线隧道 横洞	延长米	435	
36		双线隧道 附属工程	圬工方	116781.06	包括洞门和弃砟防护
37		明洞	延长米	40	哈达铺渡槽
38	轨道	隧道无砟道床	延长米	103385	
39		桥梁无砟道床	延长米	274	
40	房建	生产及办公房屋	平方米	19479	
41		居住及公共房屋	平方米	1400	
42	其他运营生产设备及建筑物	水源井	座	11	
43		给水管道	米	15500	
44		蓄水池	座	11	
45		排水管道	米	7810	
46		化粪池	座	23	
47		污水泵站	座	2	
48		机务整备所	处	4	
49		车辆五T设备	处	1	
50		站场站台墙	米	3960	
51		站台面	平方米	35640	
52		站场堆积场地面	平方米	19990	
53		站台雨棚	平方米	20300	

21.3 工程特点及重点、难点

该工程特点及重点难点见表21-18。

工程特点及重难点划分 表21-18

工程特点	工程重点、难点	处 理 措 施
(1)线路长83.74km,属于综合性铁路工程。 (2)该合同段桥隧比例占线路总长的87.2%,尤其是特长隧道所占比例大,且木寨岭隧道有2座大陡坡有轨运输斜井,施工组织难度较大。 (3)该合同段线路经过甘肃省定西市3县9乡,协调难度大。 (4)哈达铺车站施工拆迁工程量大。 (5)该合同段线路对河流和国道运输交叉干扰大。 (6)线路经过地区地质构造复杂,且处于地震区或地震区影响带内,不良地质发育不同程度存在,对路、桥、隧的施工均会造成不同程度的影响。 (7)该合同段岭南、岭北气候差异大,冬季气温低、下雪、结冰、冻土,春季雪融山水大	(1)该合同段长、工程内容多、综合性强、作业面多、现场施工管理跨度大,科学、合理、有序施工组织是该合同段的重点。 (2)该工程是一个以隧道为主的大合同段综合性高难度项目,做好工程施工组织及统筹调度,做到均衡生产、稳步推进将是保证工程安全、质量、进度可控的关键,是工程的重难点。 (3)该合同段桥隧工程间隔分布且位于秦岭高中山区,山高谷深,岭谷相间,临时工程建设和作业队伍的迅速进场是前期施工任务的重点。 (4)木寨岭隧道、纸坊隧道及哈达铺隧道施工克服特殊不良地质及特殊岩土,是工程安全、按期完工的关键和重难点。 (5)木寨岭隧道、哈达铺隧道2座特长大隧道施工通风是难点。 (6)油房沟大桥墩身高达约62m,施工工艺复杂,技术含量高,为该合同段施工重点	(1)针对木寨岭隧道、纸坊隧道、哈达铺隧道等极高风险和高风险隧道,我们将采取以下措施:针对该工程的特点,组成专家顾问组,为重大施工方案提供咨询;组织有着丰富的软弱、富水、高地应力、大变形等不良地质条件的施工经验,能较好地适应铁路大合同段施工的组织模式;隧道正式施工前根据设计文件施工试验段,根据监控量测结果及时进行总结,真正做好动态设计、动态施工;隧道施工过程中应遵循"先治水、管超前、短进尺,弱爆破、强支护、早封闭、勤测量"的21字方针;隧道开挖前应采取辅助施工措施先治水,尽量做到隧道开挖过程中掌子面围岩不受或少受水的侵害;隧道开挖采用合理的方法,单线隧道可采用三台阶法,双线隧道可采用CRD法或双侧壁导坑法,开挖过程中适当增加预留变形量;隧道开挖完成,应快速组织初期支护施工,尽可能短时间暴露围岩,初期支护应做到步步成环,同时要加强初期支护的施工质量管理;二次衬砌要及时组织施工,仰拱要全幅一次性组织施工,并且要超前于二次衬砌;隧道施工过程中加强监控量测,要做好隧道防坍预案的演练,并做好应急物资的储备和管理。 (2)针对该工程线路长,工程内容齐全、工作面多,桥隧比例高,尤其是特长、长大隧道多、现场施工管理跨度大等因素,我们拟采取以下应对措施:建立科学、高效、精干的施工现场管理机构,对项目实施高效管理;我们将依托建设单位信息化管理的软硬件设施,充分利用先进的科技手段,使施工现场的管理、监控、会议实现视频化,大大缩短信息和指令的周转期;针对木寨岭、纸坊隧道极高风险的特点,我们将选派有类似地质条件隧道施工经验的队伍承担施工任务。 (3)该合同段为综合性铁路工程,工程项目涵盖了路、桥、隧、站、房建等相关专业,做好各专业的协调,尤其是与铺架、电力、通信、信号等专业协调,是本工程管理的重点,为此,我们将采取以下措施:指挥部成立以总工程师为组长的各专业协调小组,成员由各工区、作业相关人员组成,全面负责施工过程中的各专业协调事宜;做好施工图会审工作;指挥部常务副指挥长专门负责与铺架单位的协调,并按铺架单位的铺架顺序组织好工程的施工。 (4)该合同段线路途经定西市3县9乡,与当地居民的施工协调难度大,这是该合同段施工管理的重点。 指挥部成立以党工委副书记为组长的施工协调小组,配合建设单位征地拆迁管理部门,负责做好与当地政府、群众协调工作

21.4 施工组织总体方案

21.4.1 工程建设目标

21.4.1.1 工期目标

该合同段工程合同总工期要求:2009年2月18日至2014年7月17日,总工期65个月,具体节点工期满足业主指导性施工组织设计要求,并满足建设单位全线铺架要求。

21.4.1.2 质量目标

质量符合国家和铁道部有关标准、规定及设计文件要求,检验批、分项、分部工程施工质量检验合格率100%,单位工程一次验收合格率100%,主体工程质量零缺陷;铁路实车检测速度达到设计速度的110%,开通速度达到设计速度目标值。

21.4.1.3 安全目标

严格贯彻执行《中华人民共和国安全生产法》《建设工程安全生产管理条例》,坚持"安全第一,预防为主"的方针,建立健全安全管理组织机构完善安全生产保证体系,落实安全生产责任制,创建安全生产标准工地;实现安全生产达标:杜绝违章指挥、违章作业,消灭责任事故,杜绝责任死亡及以上事故,重伤率控制在0.3‰以下,负伤率控制在10‰以下。

21.4.1.4 环境保护、水土保持、文物保护目标

严格执行环境保护和水土保持"三同时"制度,严格执行该项目《环境影响报告书》及批复意见、《水土保持报告书》及批复意见以及《兰渝公司环水保、文物保护管理办法》有关要求;严格按照设计文件及批准的施工组织设计施工,将环水保、文物保护及土地复垦措施落实到施工全过程;自觉接受并积极配合国家及地方环保、水保行政部门的监督检查。

21.4.1.5 职业健康安全目标

注重职工的职业健康,保证文明施工,保障劳动保护,杜绝职业病发生;加强卫生监控,确保无大的疫情,无传染病流行。

21.4.2 施工组织结构及施工队伍的分布

21.4.2.1 施工组织结构、主要管理人员及部门职责

工程项目组织结构如图21-1所示,职责划分见表21-19。

项目主要管理人员及部门的主要职责划分　　　　表21-19

人员或部门	管理职责
指挥长	主持全面工作,全面履行项目合同,对工程质量、安全、工期和成本控制负全责;负责指挥部内部行政管理工作,包括人员调配、财务管理、对外协调和合同管理等
常务副指挥长	配合指挥长主持全面工作,负责日常工作的处理,对工程质量、安全、工期、成本等负责,在指挥长授权下处理项目的一切工作
副指挥长	主抓施工进度和队伍管理,负责组织指挥施工生产、各作业层的接口界面协调和内部考核,监督年、季、月施工计划执行。施工安全、文明施工,负责制订质量计划和安全生产、文明施工计划,组织定期的安全质量检查,对各施工单位的安全质量进行评比考核
总工程师	主抓技术管理和重大技术方案制订,负责编制年、季、月施工计划,并负责与监理单位、设计单位和建设单位技术部门的协调工作,负责竣工交验

续上表

人员或部门	管理职责
工程部	组织设计文件会审,熟悉施工图纸、施工合同和技术规范,根据合同要求,编制实施性施工组织设计。 负责工程测量、量测、试验、配合设计、监理的工作。 负责建立技术管理日志,做好项目技术档案管理工作。 掌握项目各生产单位工程进展情况,归纳分析影响进度的因素,并提出改进措施。 组织重点技术问题攻关,负责技术交底,检查指导架子队的技术工作。 做好超前地质预测预报工作,动态指导施工。 制订不良地质预报及处理的方案、方法
经财部	根据合同要求,结合工程具体情况,编制项目成本计划和资金使用计划,确定、分解成本控制目标。 归口管理变更洽商,办理验工计价和内部承包核算。 办理与建设单位间工程款的收取、支付。 办理工程施工中各项资金的收支手续和财务报表,负责项目成本核算。 负责财务管理,负责与建设单位代表办理保险事宜。
安质环保部	根据工程具体情况,结合项目管理特点,制订安全、环保等计划及其管理细则,组织处理安全质量事故。 负责进行日常的安全生产检查并做好记录,建立安全管理日志,做好安全、环保档案管理工作。 制订环境保护及水土保持措施,并监督执行。 切实监管质量体系文件执行情况,做好质量监督工作。 调查影响工程质量的不利因素,及时制订相应措施。 配合监理、建设单位及内部各部门做好各类工程质量的检查验收。 按照质量体系文件,全面开展各项质量活动,建立质量管理日志。负责隐蔽工程的检查与评定
物资部	贯彻执行兰渝公司、集团公司制订的物资管理规定。负责编制物资管理办法并监督执行。 组织项目物资招标采购工作,对物资采、供进行全过程监控,建立合格分供方档案,定期对材料分供方进行评价。 建立、完善物资管理台账,编制各类物资用料计划,及时准确地上报各种报表。督促工区做好物资的收发和管理工作。加强现场监督检查,督促相关人员对进库材料进行检验和试验。 协调好内部相关单位之间关系,内部单位与社会合作单位之间的关系,及时分析现场物资管理情况,并向领导提出资源配置和成本控制的相关意见和建议
科研部	针对施工中存在的技术难题,及时咨询专家意见,进行科研攻关。 开展科研技术攻关活动,根据施工进度将该项目的科研课题列出日程安排,按时间进度有计划的组织专家对重大技术方案和施工中遇到的问题进行讨论
办公室	指挥部的综合协调部门,主要负责项目的对外联络、文件的收发、人事劳资、治安保卫、医疗卫生以及内部行政事务
中心试验室	负责该合同段的所有工程的试验和检验工作。及时反馈,指导施工,检查和监督现场的圬工和钢筋施工质量,协助做好新材料的施工试验工作
工区	为项目指挥部派驻的机构,代表指挥部管理基层生产,负责协调管段内各专业的施工管理
架子队	架子队为直接生产单位,全面承担各自的施工任务。负责现场施工及机电设备的使用、保管、维修等工作。 按施工图、合同技术标准、技术交底书、施工计划、成本控制指标组织生产,对现场施工安全、工程质量、计划进度负直接责任,服从项目指挥部的统一指挥调度

21.4.2.2 施工区段划分

根据所承担工程数量及特点,共计设置 8 个工区组织施工,联合方中铁七局设置 3 个工区组织施工。详细施工区段划分见表 21-20。

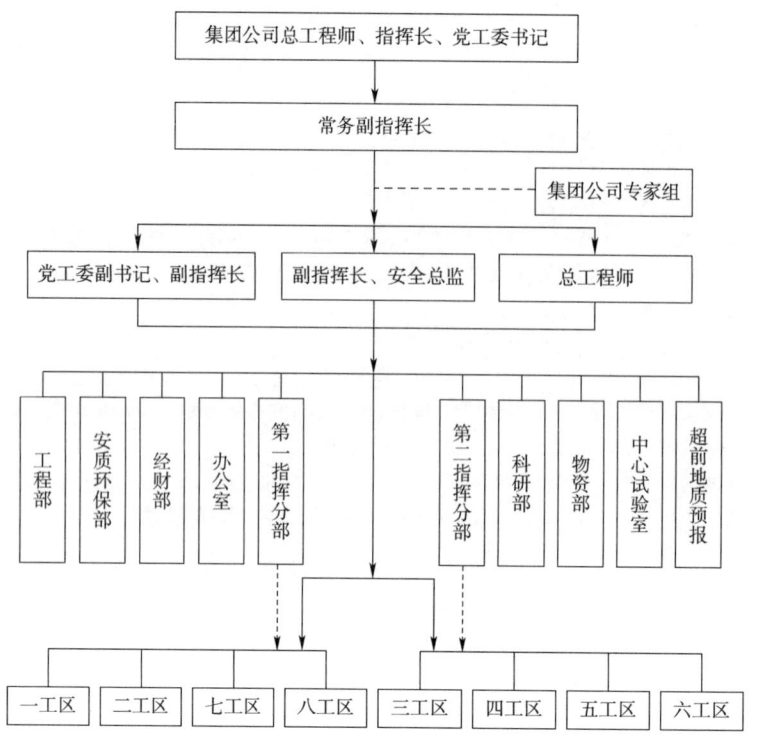

图 21-1　兰渝铁路 LYS-3 合同段工程指挥部组织机构图

施 工 区 段 划 分　　　　　　　　　　　　　　表 21-20

单位	工区	任 务 划 分
第一集团公司	一工区	木寨岭隧道进口、石咀沟斜井、大坪斜井 DK173+200～DK173+350 段路基及附属工程及涵洞 1 座
	二工区	木寨岭隧道大坪有轨无轨斜井、南水沟有轨斜井
	七工区	同寨隧道进口、理川河大桥、青岗隧道出口及 DK259+492～DK259+510 段路基及附属工程
	八工区	青岗隧道进口、同寨隧道出口、同寨隧道下尕沟斜井、油坊沟大桥
	三工区	鹿扎斜井、大沟庄斜井
	四工区	木寨岭隧道大战沟斜井、马家沟斜井、木寨岭隧道出口
	五工区	哈达铺隧道出口及邓家磨斜井、哈达铺车站、秋末河大桥、马家山隧道进口
	六工区	马家山隧道上罗斜井及马家山隧道出口
第二集团公司	一工区	古子山隧道、纸坊隧道进口段、素子沟左线特大桥、洮河 1 号特大桥、叶家坡特大桥、洮河 2 号特大桥、部分路基及附属工程、涵洞 4 座
	二工区	纸坊隧道出口、下阿阳隧道、跌藏河 1 号特大桥、西河特大桥、跌藏河 2 号特大桥、拉音沟大桥、跌藏河 3 号左右线特大桥、岷县车站、部分路基及附属工程、涵洞 15 座
	三工区	哈达铺隧道进口及阿坞斜井、哈达斜井、西迭斜井、西固斜井

21.4.3　临建工程的分布及总体设计

21.4.3.1　施工场地布置

（1）遵循"施工现场标准化"建设的原则，指挥部驻地、工区驻地、钢筋加工厂、混凝土拌和站以及预制厂建设遵循全线统一标准、统一配置的原则，体现施工现场标准化管理风格。

（2）遵循"安全、经济、文明、合法"的原则，该合同段按功能完备、经济合理，尽量减少施工用地，少占农田的要求，使场地布置紧凑合理。

(3) 尽量利用现有乡村道路拓宽后作为施工便道,以减少施工便道工程量,同时考虑为村民的通行提供便利条件。

(4) 尽量选用荒地、坡地、旱地作为施工场地,尽量少占水田,尽量减少房屋拆迁工程量;并使生产设施尽量靠近施工现场,以方便施工,方便材料运输,避免材料、设备的二次倒运,并保证道路运输通畅,以降低运输费用。

(5) 合理划分施工区域,以减少各项施工间的相互干扰,并充分考虑雨季防洪,冬季防冻措施;注意现场水源及用电条件,尽量缩短供水供电管线长度。

21.4.3.2 施工便道

宽度:一般地段有效行车宽6.5m,困难地段4.5m。

会车道:每300m设一处,有效行车宽6.5m;视线不良地段不大于200m设一处。

平面半径:一般最小20m,极困难条件下为15m。

道路纵坡:坡度≤8%,极困难条件下≤10%。

路面:片石垫层+泥结碎石路面,确保下雨不影响通车。

排水:根据实际情况设单侧或双侧排水沟,沟底宽度和深度不小于30cm。

防护:土边坡处视现场情况设下挡和护坡;陡岩地段设置防护墩,路边按规定设各种道路标志。

21.4.3.3 通信方案

该合同段线路经过地区中国移动信号基本都已覆盖。按照建设单位要求,委托中国移动将全线各工点通信连通,形成便捷的电话和网络通信,保证正常的施工通信和网络化办公。

21.4.3.4 生活、生产用房

指挥部根据需要,租用既有房屋,按要求进行改建、装饰、装修。各工区驻地按统一标准,生活驻地建设实现标准化、小区化;将现场建设和企业文化的"落地生根",将培育亮点和提升企业形象相结合,建设86300m² 的标准化临建生活、生产设施。联合方中铁七局建设30267m² 生产、生活用房。

21.4.3.5 拌和站

桥涵、隧道二衬施工用混凝土采用自动计量拌和系统生产,初期支护混凝土采用在各洞口建小型自动计量拌和系统生产。全线共设28座混凝土拌和站,22座小型喷混凝土拌和站。

21.4.3.6 炸药库

根据各隧道工程的施工组织安排,各工区炸药库在适当的位置先行选址,其位置、容量需要满足民爆物品的强制性规定以及生产能力的需要,经当地公安部门批准后,按照标准进行建设。全合同段共设置23座炸药库。

21.4.3.7 弃渣场地

按建设单位与设计院指定的位置进行弃渣,若现场地形与设计不符,及时建设单位、设计联系,办理渣场变更手续。按设计要求,结合现场实际,及时做好渣场的周边防护和排水工作,避免弃渣被雨水冲刷后污染渣场周边环境。弃渣完成后,将弃渣场整平,顶部及边坡填土恢复植被。

21.4.4 施工用水、用电

21.4.4.1 施工用水

该合同段所经地区分布有洮河、小岷江、迭藏河等及其支流,多为季节性河流,天然水质大多较好,适宜作多种用途的水源。同时,地下水水质优良,施工用水水源丰富。对于部分缺水工点,聘请专业的钻井队,钻井取水,钻进深度在150m左右,争取保证正常的施工及生活用水。

21.4.4.2 施工用电

该合同段施工用电密集,施工负荷容量大,因所处地区供电网络薄弱,需采用永临结合方式供

电,前期先利用地方网电和自发电,等建设单位永久供电线路架设完毕后再转接。各工区针对所承担的施工任务情况,按照《施工现场临时用电安全技术规范》等要求,编制专项临时用电方案,报监理站核查后组织实施。

21.4.5 内业资料

为保证内业资料达到规范化、标准化、统一化、系统化,使其能够如实反映工程的实际情况,便于查验、归档、验收、交档。

21.4.5.1 内业资料管理

(1)指挥部设内业资料工程师,全面监督各工区内业资料的编制、整理、存档,对内业资料的准确性进行检查、审核,同时负责指挥部内业资料的管理。工程完工后负责竣工资料的编制、整理、归档及移交工作。

(2)各工区设专职的内业资料员,全面负责工区资料的收集、填写、整理、归档。内业资料员应提高对内业资料重要性的认识,如实填写实际施工情况,做好内业资料工作,为竣工资料移交做好准备工作。

(3)内业资料员必须熟悉施工规范、施工标准、设计图纸,做到:执行规范,不走样;掌握标准,不出错;熟悉图纸,不漏项。

21.4.5.2 内业资料填写与收集

内业资料的填写、收集必须遵循"及时性、真实性、准确性、完整性"的原则,与施工同步,为施工生产提供保障,能够如实地反映工程施工进度,不许追记。具体要求如下:

(1)及时做好内业资料记录和收集。内业是对工程质量情况的真实反映,因此要求各种资料必须按照工程施工的进度及时收集、整理。各种原材料质量证明文件由材料员向材料供应商索取,在试验员取样时将其移交给试验员。试验员完成取样试验后将复检报告、实体检测报告连同原材料质量证明文件一并移交内业资料员,在移交过程中应形成书面的移交签字手续。

(2)确保各种内业资料的真实性。杜绝对原始记录采用"后补"的做法,资料整理必须做到实事求是、客观准确。

(3)准确性是做好内业资料的核心。内业资料人员在内业资料的收集、整理过程中,要与现场保持紧密联系,严格按现场实体进行内业资料收集、整理,确保其准确性。

(4)内业资料必须完整。资料员在填写、整理内业资料时,必须保证内业资料完整,发现内业资料有缺漏时必须及时补上,并向监理工程师说明情况。

(5)内业资料的填写必须准确,严禁涂改,字迹要工整、清楚、整洁,要保证字迹不褪色。签字必须手签,不盖名章,不允许代签、漏签。

21.4.5.3 内业资料整理与归档

(1)内业资料整理归档一般要求:内业资料的整理、归档严格按照建设单位及监理工程师下发的相关规定执行;内业资料的存档不能使用复印件,交建设单位和施工单位自存的档案资料,使用复印件时必须写明原件存于何处;指挥部及各工区要建立内业资料办公室,设立专门的档案柜存放资料,并设专人负责管理;内业资料应分类存入档案盒,档案盒标签要清楚、明晰、整洁,便于查验;各单位往来文件、报告、函件等,应单独装盒保管;指挥部内业资料保管权归属于内业资料工程师,各工区资料员负责保管各工区内业资料,其他人员严禁随意翻阅、带走内业资料。

(2)行政档案:建设单位行政文件档案,监理单位文件档案,施工单位文件档案,各工区文件档案。

(3)技术质量管理档案:综合文件,原材料质量合格证明、试验报告、汇总表,材料试验、检验报告,路基、桥涵、隧道工程技术文件。

(4)音像、图纸、电子档案:照片档案竣工文件,图纸竣工文件,电子档案文件,声像档案文件。

21.4.5.4 内业资料移交

工程项目竣工后,按程序将内业移交给建设单位档案管理部门或自存备查。

21.4.6 主要施工程序

征地拆迁→场地清理→测量放线→现场核对→开工报告→工程实施→报检签证→试验检测→质量评定→工程验收→土地复耕→工程保修。

21.5 主要工程项目的施工方案、施工方法

21.5.1 总体施工方案

21.5.1.1 路基及附属工程

该合同段区间、车站及附属工程路基填方远大于挖方,土方挖方远大于石方挖方,路基最大填挖高度均小于15m。采取多工序平行流水作业的方式,先行安排地基处理、涵洞等结构物以及深挖高填路基施工。路基防排水工程以及其他与路基相关工程随各区段路基施工进度适时安排。

施工前做好详细的土石方调配方案,统筹安排,合理配备土石方作业机械,提前做好排水系统和软基处理及级配碎石拌和系统。

挖方路基:采用纵向分段、水平分层开挖法施工。路堑较浅地段,路基挖土方采用挖掘机单层横向全宽挖掘法挖土,路堑较深时采用多层横向全宽挖掘法挖土,装载机配合挖掘机装土,自卸汽车运至指定地点;开挖自上而下进行,并做好排水沟渠开挖,边坡留足够余量,不能用作填料的废料弃到弃土场,弃土场做好排水、防护及绿化工作。

填方路基:先做试验段取得参数指导施工,路基填筑严格按"三阶段、四区段、八流程"工艺分区段施工,完成一段成型一段。

排水及防护工程随土石方工程的进度及时安排,以保证边坡稳定、排水畅通,防止水土流失破坏环境。路基沉降观测作为重点工序组织施工。

21.5.1.2 桥梁工程

施工时优先安排水中或岸旁桥梁基础施工,影响隧道施工的部分桥梁基础和墩台,待该隧道工程完成后再行施工。根据施工条件多开桥梁施工作业面,以单座桥梁为一个施工作业点平行组织施工。单座桥梁施工顺序按基础→墩身→梁体→附属结构施工。旱地桥下部结构采取就地施工,跨河桥下部结构水中桥墩采取围堰施工,对于高位桥墩采取翻模或滑模施工;桥梁上部连续梁结构采取支架法或悬灌法施工。

21.5.1.3 涵洞工程

该合同段涵洞主要为框架涵。施工中影响路基施工的涵洞和需要进行基底处理的涵洞先行安排。涵洞工程采取施工资源密集投入,分区段平行施工。涵洞基坑主要采用人工配合机械开挖;涵身混凝土采用自动拌和站生产的混凝土,混凝土搅拌运输车运至现场浇注,模板采用组合钢模板。

21.5.1.4 隧道工程

各座隧道根据施工条件平行组织施工。单座隧道平行组织进出口和辅助坑道施工作业面,以单洞口或辅助坑道为一个施工作业点平行组织施工。首先引入便道至各施工口和选好各洞口弃砟场,先进行边仰坡防护工程施工,待洞口刷坡防护后,进行洞身掘进及初期支护施工,仰拱及底板矮边墙超前二衬,二次衬砌适时紧跟,最后进行沟槽(和双块式无砟道床)施工。

21.5.1.5 轨道工程

该合同段轨道工程仅包括双块式无砟道床施工任务。拟投入1个轨道作业架子队,下设2处双块式道床预制存放场,负责该合同段无砟道床施工的全部任务。以单座隧道为一个轨道施工单位组织施工,安排在隧道或桥梁主体结构全部施工完成后组织施工。

21.5.1.6 房建工程

以单个车站工程为单位组织施工,多栋房屋尽量平行组织施工,总体施工顺序为:现有建构筑物拆迁→地基施工→房屋主体结构施工→房屋防水施工→房屋内部设施施工→其他。

21.5.1.7 其他营运生产设备及建筑物

车站营运生产设备及建筑物以单个车站工程为单位组织施工,区间营运生产设备及建筑物待区间线路施工完成后分段施工。施工时,按以下原则进行施工:先施工地下结构,后施工地上结构,最后施工路面及地面附属设施;先施工大型结构,后施工小型结构;地下管道与构筑物同步施工;地下结构施工完成后需回填压实。

21.5.2 主要施工项目的施工方案及方法

21.5.2.1 路基工程

1)施工方案(略)

2)不良地质体和特殊岩土地段路基

(1)滑坡:通过对滑坡地段的地形、地貌、滑坡的规模、滑体厚度、水的活动规律和滑坡成因、发展条件,并结合线路位置和滑动形式等条件来采取抗滑挡土墙、抗滑桩、锚索桩、清方减载等方案,结合地面、地下排水工程进行综合处理。在施工前应先对滑坡顶面的地表水进行处理,可采取截水沟等处理措施,不让地表水流入滑动面内,对于滑坡体下部的地下水源应截断或排出。锚固桩、锚索桩施工应从两端开始逐步向滑坡主轴方向进行。抗滑桩隔桩开挖施工。严格按照设计工序进行施工组织,必须遵循先整治后施工的基本原则。

(2)岩堆:在岩堆地段修筑路基,结合路基工程进行岩堆稳定加固,采用桩板墙、桩间墙。边坡高度<6m,确保开挖工程中边坡稳定,采用重力式挡土墙防护;边坡高度≥6m,采用分层稳定和坡脚锚固桩预加固的措施。松散岩堆,采用重锤夯实、强夯或高压注浆进行地基加固。

(3)危岩落石:对危岩落石路基分具体情况采用主动、被动防护网防护或锚杆、锚索进行加固。

(4)岩溶路基:该合同段部分路基可能存在岩溶塌陷,应采取合理回填、注浆加固等处理措施。防治措施包括以下几方面:路基上方的岩溶泉或冒水洞,用排水沟截流至路基外。对于路基基底的岩溶泉或冒水洞设置涵洞将水排;对于路堑边坡上的干溶洞,洞内用片石堵塞,洞口用干砌片石铺砌,砂浆勾缝或浆砌片石封闭。对位于路基基底或挡土墙基底的干溶洞,当洞口不大,深度较浅时,回填夯实;当洞口较宽及深度较大时,采用桥涵跨越;当干溶洞顶板太薄或岩层较破碎时,炸除后回填,或设桥涵跨越。

(5)顺层地段路基:根据工程和水文地质条件情况、岩层产状、走向与线路夹角、岩层层间充填及结合情况、节理发育程度、风化破碎情况、地下水发育情况等因素,将采用锚固桩、锚索桩等措施加固。

(6)湿陷性黄土路基:当地基处理深度$H \leq 3m$时,采用挖除换填二八灰土、冲击碾压、重锤夯实等措施处理;地基处理深度为3~6m时,采用重锤夯实、强夯、灰土挤密桩等措施处理;地基处理深度为6~12m时,采用灰土挤密桩、碎石桩等措施处理。

(7)膨胀岩(土)路基:该合同段内部分路基穿越膨胀岩土地段,膨胀岩土为一种高塑性黏土,一般承载力较高,具有吸水膨胀、失水收缩和反复胀缩变形、浸水承载力衰减、干缩裂隙发育等特性,性质极不稳定。主要采用换填进行处理。

3) 路基防护及排水工程

(1) 防护工程。防护工程主要有抗滑桩、挡土墙、浆砌片石护坡或护墙施工、拱形骨架护坡施工、喷播植草。

(2) 排水工程:该合同段的排水设施主要有排水沟、侧沟、天沟、吊沟、急流槽、盲沟等。

防护工程和排水工程施工工艺、方法和注意事项等详见本书相关内容。

4) 接触网立柱基础

接触网立柱基础施工流程如图21-2所示。

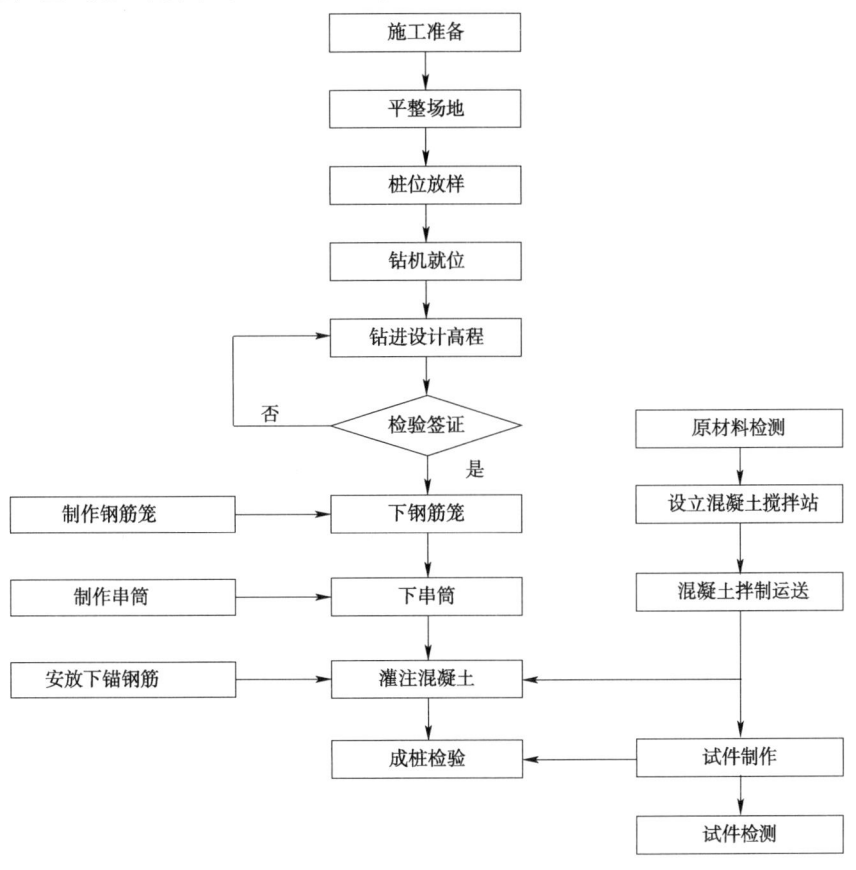

图21-2 接触网立柱基础施工流程图

距线路中心位置允许偏差0、+20mm,截面尺寸±20mm,埋置深度不小于设计。成孔后采用人工清除底部松动土和浮土;浇筑桩基础的桩顶采用定型模板,以保证桩顶几何尺寸;混凝土采用拌和站集中拌制,搅拌运输车运输;振捣采用电动插入式振捣棒进行。当浇筑到预埋地脚螺栓高度时,进行地脚螺栓的安放,安放时按照其几何尺寸,用钢筋焊接在钢筋笼上,以保证预埋螺栓的几何位置正确;混凝土浇灌一次完成。

5) 电缆槽

电缆槽按照设计要求的位置、形状、尺寸与路基同步施工,开挖以及安装施工中防止破坏侧沟、侧沟平台、堑坡坡脚以及路肩,并按照设计要求做好防水施工。路基、站场的两侧电缆槽道采取集中预制,然后运至现场进行安装;桥梁地段及过渡段的电缆槽道采用现场浇筑。电缆槽施工工艺如图21-3所示。

6) 声屏障基础

声屏障基础设置在电缆槽外侧和路肩范围以外,其施工组织安排与接触网立柱基础同期进行。基坑开挖采用专用机械设备进行,保证已完成的路基土工结构安全稳固。声屏障钻孔桩基础桩径70cm,施工时采用螺旋钻机干式钻孔,钻孔桩外露部分采用定型钢模板,混凝土一次浇筑完成,基础回填采用与路基相同填料回填密实,其回填压实标准不低于相部位路基填筑压实标准。

7) 综合接地

在路基基床底层施工完毕后,立即对贯通地线接地电阻测试,每隔500m进行一次测试,如接地电阻不满足标准要求,增设接地极,确保贯通地线上的接地电阻≤1Ω。随着路基工程的继续进行,及时整理引出线不被掩埋,在路基全部完成后引出线头露在表面,在下步电缆槽道施工时,从电缆槽底部预留孔引入信号电缆槽内。

8) 连通管道

路基级配碎石铺摊碾压完成后,开始对预埋管道的准确位置进行现场定测。同时做好管道预埋位置台账。根据测量的位置,用白灰画出管道预埋位置,使用专用切割工具沿白灰线切出一条预埋钢管槽道,人工对预埋钢管槽道进行整修。将加工好的预埋钢管置于槽道中,两根以上的预埋钢管均在同一层埋设。在预埋钢管与路基基床缝隙填入级配碎石,用小型工具进行捣实;钢管两端口用园木封堵。区间从手孔沿路基边坡引下的预埋钢管,要求钢管与电缆槽成45°角,并与手孔联通。连通管道施工工艺流程如图21-4所示。

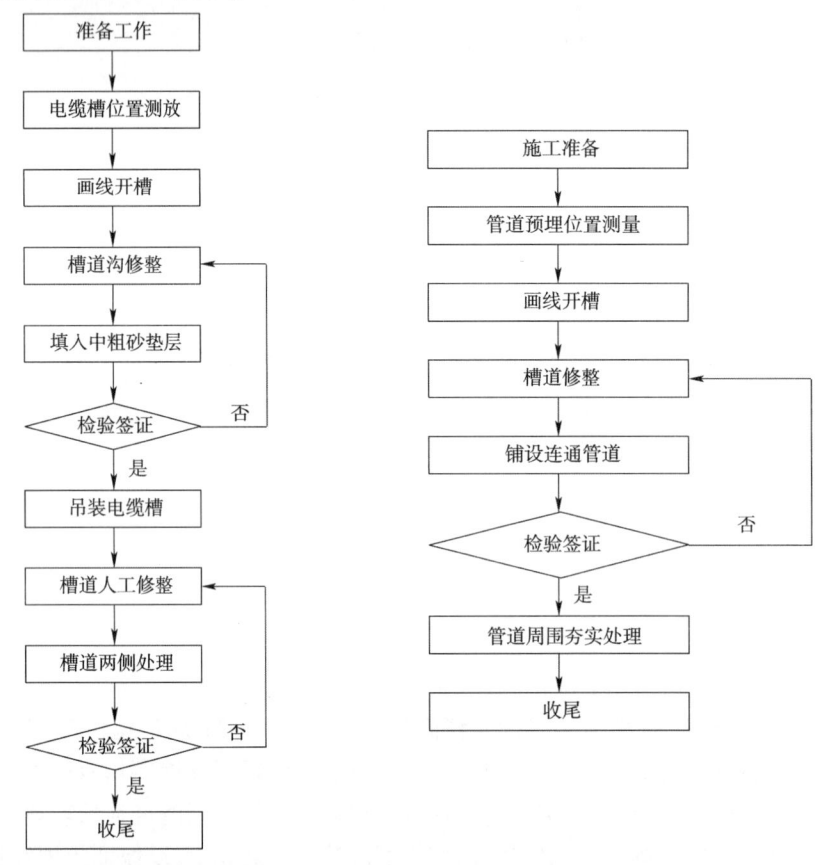

图21-3 电缆槽施工流程图 　　图21-4 连通管道施工工艺图

21.5.2.2 桥梁工程

1) 施工方案

(1) 桥梁基础施工方案有钻孔桩基础、明挖基础、承台。

(2) 墩台施工方案有:墩高<20m的实体墩,一次浇筑混凝土;墩高<20m的空心墩,分二次浇筑混凝土。翻模施工:因地形条件等因素,该合同段部分桥墩(空心墩)在30m以上,最大墩高54m,采用翻模法施工。墩身垂直运输使用墩旁塔吊,人员作业上下使用工作梯。塔吊和工作梯均支承在混凝土基础上。外模采用大块钢模板施工,内模采用标准小块钢模板拼装而成。墩身混凝土均用混凝土输送泵泵送入模,插入式振捣器捣固。

(3) 上部结构施工方案:桥梁上部结构有连续梁和连续刚构两种类型。油坊沟大桥边跨采用满堂支架法现浇施工。支架采用钢管柱支架。外模采用大块钢模,在厂家定型制作,内模采用可拆装式钢内模。钢筋采用在工厂加工后,运到现场人工绑扎成型。混凝土采用拌和站集中拌和,由混凝土输送车运至现场,再由混凝土泵送车直接泵送入模。混凝土一次浇筑成型;油坊大桥中跨及其他连续梁采用全液压式菱形挂篮悬灌施工。

2)施工方法

(1)桥梁基础施工方法。钻孔桩基础施工(图21-5)、承台施工(图21-6)、明挖扩大基础、围堰。

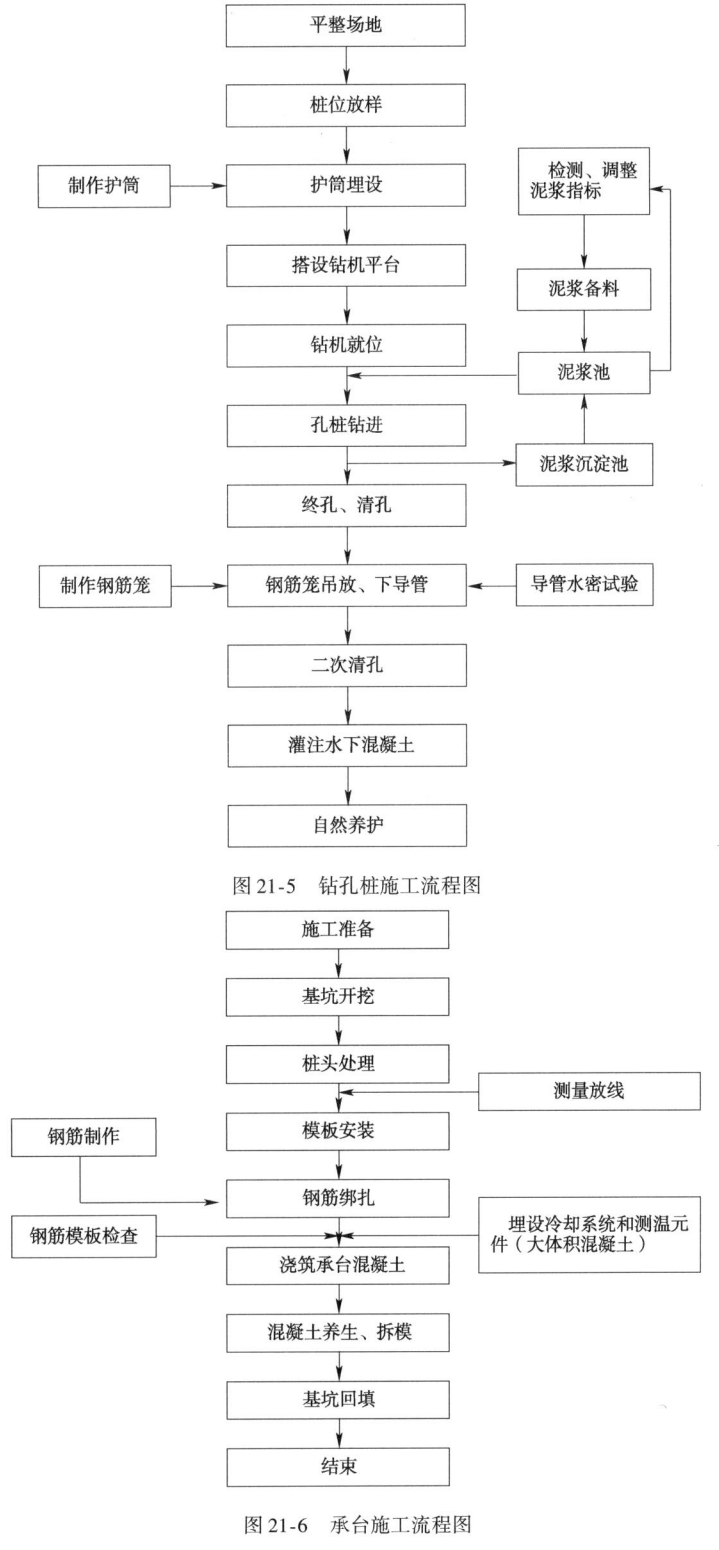

图21-5 钻孔桩施工流程图

图21-6 承台施工流程图

(2)墩身施工方法。

①实体墩施工:实体墩采用一次立模浇筑混凝土。施工工艺流程如图21-7所示。

②空心墩施工:小于20m的空心墩采用支架法施工,施工方法及工艺基本同实体墩。大于20m的空心墩采用翻模法施工。施工工艺流程如图21-8所示,施工方法如图21-9所示。

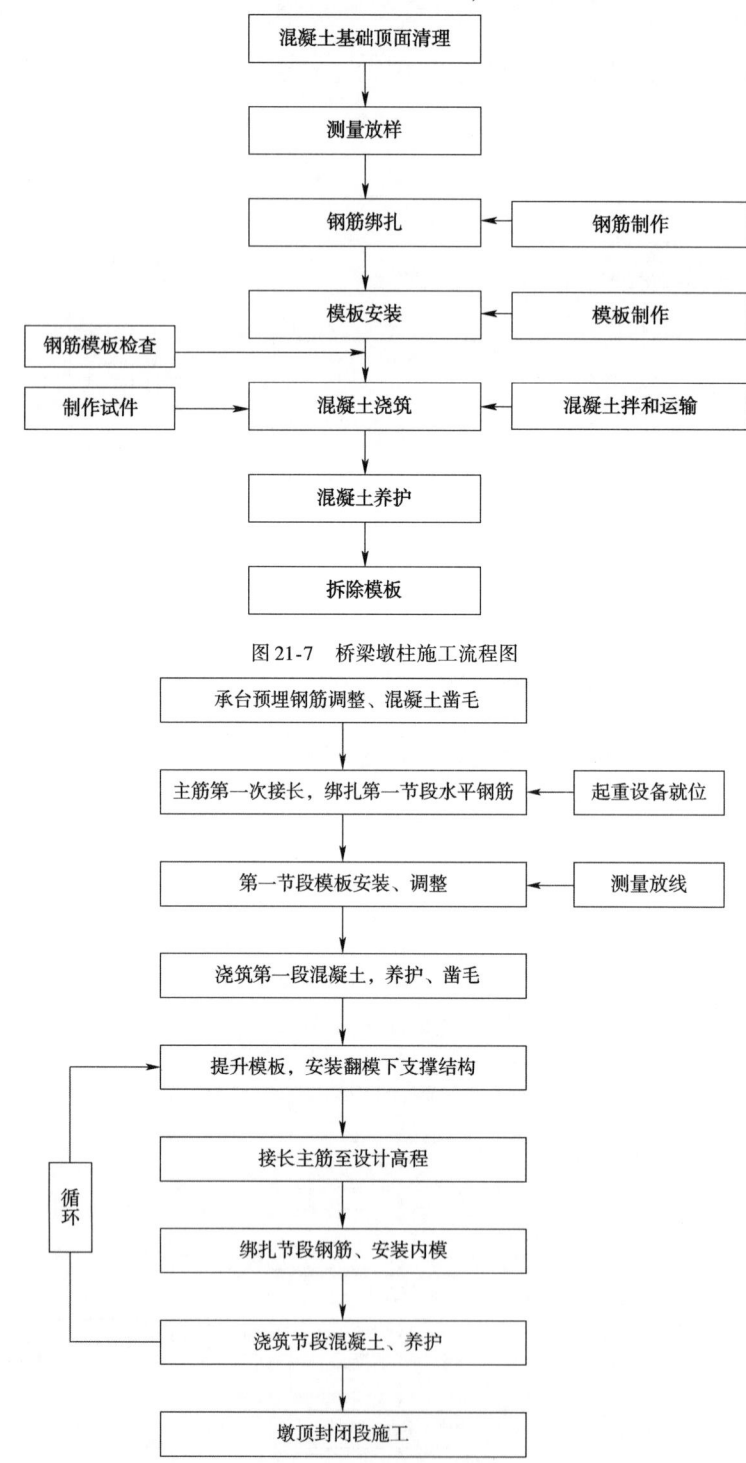

图21-7 桥梁墩柱施工流程图

图21-8 空心墩翻模施工流程图

(3)墩帽施工。墩帽模板采用定型钢模板,钢筋采用卷扬机提升,人工焊接、绑扎。混凝土采用拌和站集中拌和,混凝土运输罐车运输,泵送入模。墩柱支承垫石高程、位置准确控制,垫石顶表面平

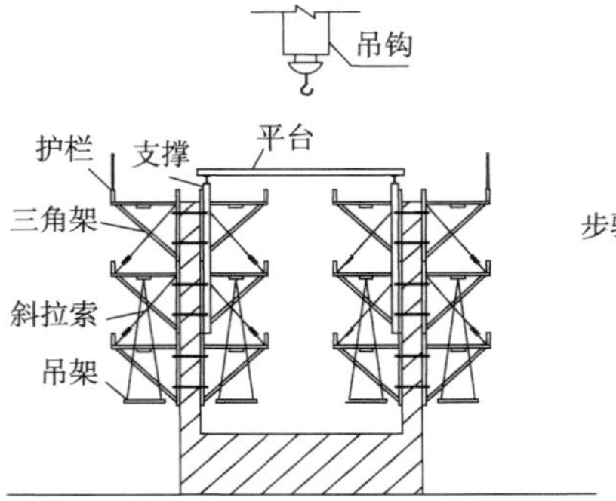

步骤一：
1.立第一节模板，浇筑第一段混凝土，养护。
2.立第二节模板，浇筑第二段混凝土，养护。
3.立第三节模板，浇筑第三段混凝土，养护。

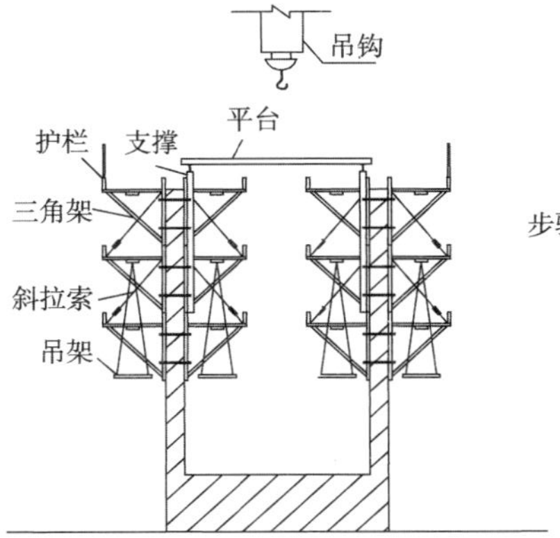

步骤二：
1.绑扎第四段墩身钢筋，拆第一节模板上翻至第四段安装。
2.浇筑第四段墩身混凝土，养护。

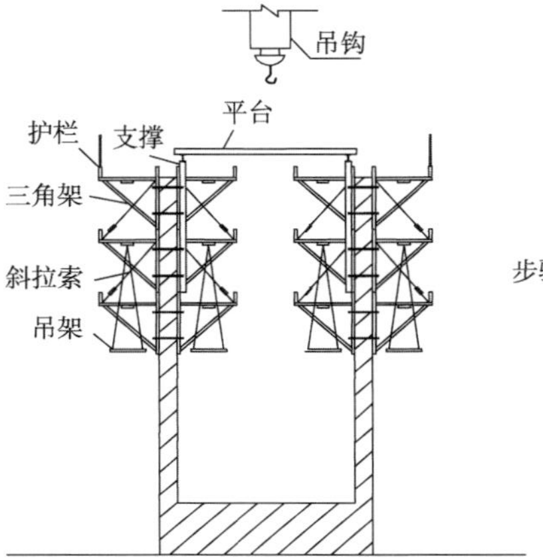

步骤三：
1.绑扎第五段墩身钢筋，拆第二节模板上翻至第五段安装。
2.浇筑第五段墩身混凝土，养护。

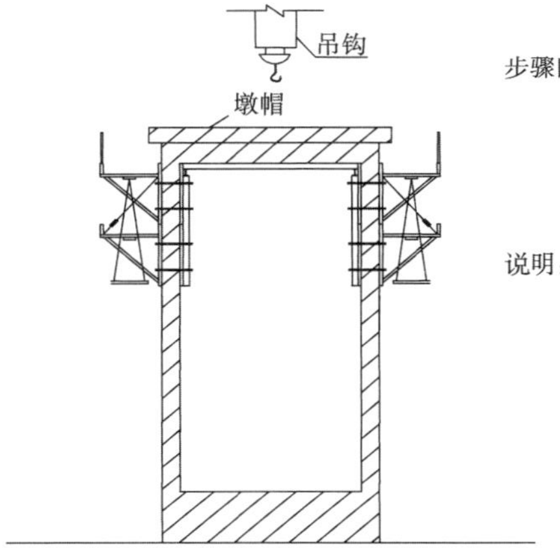

步骤四：
1.绑扎第六段墩身钢筋，拆第三节模板上翻至第六段安装，以此顺序依次上翻，完成墩柱混凝土施工。
2.封闭段、墩帽施工。

说明：
1.本图仅为示意图，图形比例不代表墩柱及模板的实际尺寸。
2.翻模分为三节，每节1.5m；图示吊钩可以是塔吊、吊车的吊钩。

图21-9　空心墩翻模施工方法

整,并按设计或支座生产厂家的要求预留支座地脚螺栓孔。在支承垫石施工前实测墩顶高程,并根据实测高程,调整垫石高度。

(4)桥台施工。桥台施工与墩身施工程序相同。桥台施工完成后及时进行台后填筑,填料用级配碎石掺加5%水泥,分层夯实,每层15~20cm。桥台施工工艺流程如图21-10所示。

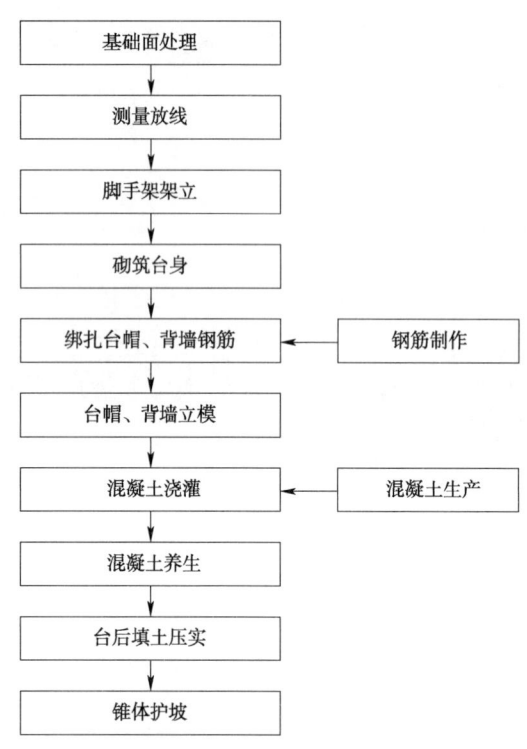

图21-10 桥台施工流程图

(5)连续梁上部结构施工方法:悬浇连续梁施工工艺总流程如图21-11所示。

①墩顶现浇段(0号段)。墩顶现浇梁段(0号段)采用牛腿支架法和墩顶托架法施工,并将0号段混凝土分两次水平分层浇筑,第一次浇注底板及腹板,第二次浇注顶板及翼缘板。墩顶0号段施工流程如图21-12所示,0号段支架示意图如图21-13所示,0号块托架总体示意图如图21-14所示。

②标准块:标准块施工工艺流程如图21-15所示,挂篮结构示意图如图21-16所示,挂蓝拼装流程如图21-17所示。

③边跨现浇段:边跨现浇段根据墩身高度情况,地形起伏高度较低处采用支架法现浇施工,墩身高度较大时采用无支架对称平衡配重施工。

④合龙段施工:连续箱梁合龙施工时先合龙边跨,再合龙中跨。合龙温度应符合设计要求,合龙段两端悬臂高程及轴线允许应符合设计或规范要求。合龙段施工工艺流程如图21-18所示,中跨合龙段吊架布置示意图如图21-19所示。

⑤钢筋、模板及预应力施工。

钢筋由工地集中加工制作,运至现场由吊车提升、现场绑扎成型。

0号段钢筋分两次绑扎,第一次安装底板及腹板钢筋,第二次安装翼缘板及顶板钢筋,其他梁段钢筋一次绑扎成型。

顶板、腹板内有大量的预埋波纹管,为了不使波纹管损坏,一切焊接在波纹管理置前进行,管道安装后尽量不焊接,当普通钢筋与波纹管位置发生矛盾时,适当移动钢筋位置,准确安装定位钢筋网,确保管道位置准确。

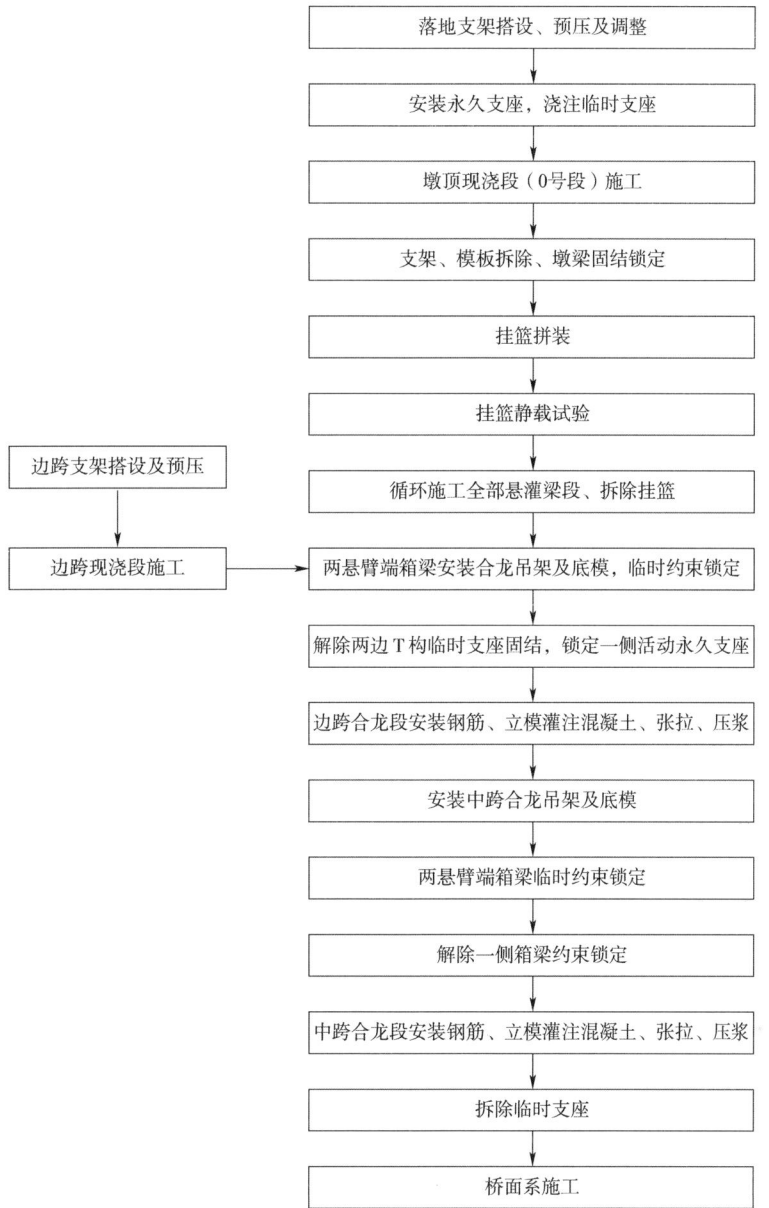

图 21-11 悬浇连续梁施工流程图

钢筋绑扎前由测量人员复测模板的平面位置及高程,其中高程包括按吊架的计算挠度所设的预拱度,无误后方进行钢筋绑扎。纵向普通钢筋在两梁段的接缝处的连接方法及连接长度满足设计及规范要求。

悬灌梁段及现浇段钢筋绑扎流程:先进行底板普通钢筋绑扎及竖向预应力钢筋梁底锚固端(包括垫板、锚固螺母及锚下螺旋筋等)的安装,再进行腹板钢筋的绑扎、竖向波纹管及预应力钢筋的接长、腹板内纵向波纹管的安装,最后进行顶板普通钢筋的绑扎、顶板内纵向波纹管的安装、横向钢绞线及波纹管的安装。

预埋件分为结构预埋件和施工用预埋件。安装预埋件时先进行施工放样,在每次浇筑混凝土之前,仔细检查各预埋件的数量并复测其位置,确认无误后方进行混凝土浇筑。

⑥混凝土工程。

混凝土通过现场搅拌站供应,搅拌输送车运输,混凝土输送泵泵送入模,插入式振捣器捣固。试验室工作人员将原材料检验报告单、混凝土配合比报监理工程师签认。待模板、钢筋及预应力系统和各种预留件安装完毕经监理工程师检查认可后即可进行浇筑。为减少混凝土收缩徐变等的影响,对混凝土各项指标要求严格,严格掌握混凝土的配合比,并规定施工所用碎石、砂要与试验一样,水泥要同一标号、同一牌号、同一厂号,并且每次灌注混凝土时试验人员现场值班,控制混凝土的坍落度,不合格的要及时清除,以免影响梁体的质量,梁体混凝土浇筑要求现场质量检查员旁站作业。

0号段混凝土分两次水平分层浇筑,第一次浇筑底板及腹板,第二次浇筑顶板及翼缘板,由中间向两边浇筑;其他梁段分段一次浇筑成型,先底板,后腹板,再顶板,悬臂段浇筑时确保每个"T构"对称进行,混凝土输送从中间向两端对称泵送,分层浇筑,每层30cm,从前端向后端浇筑,在前层混凝土初凝之前将次层混凝土浇筑完毕,保证层间无施工冷缝。

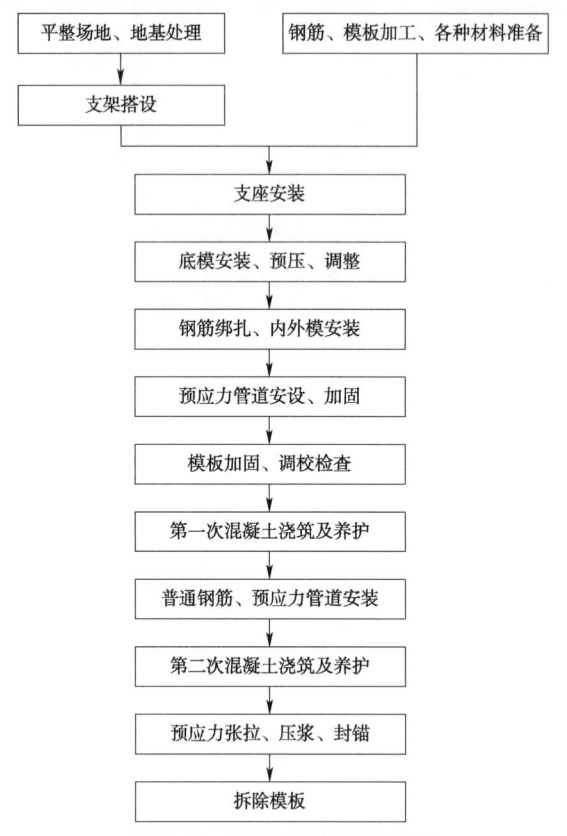

图 21-12 墩顶 0 号段施工流程图

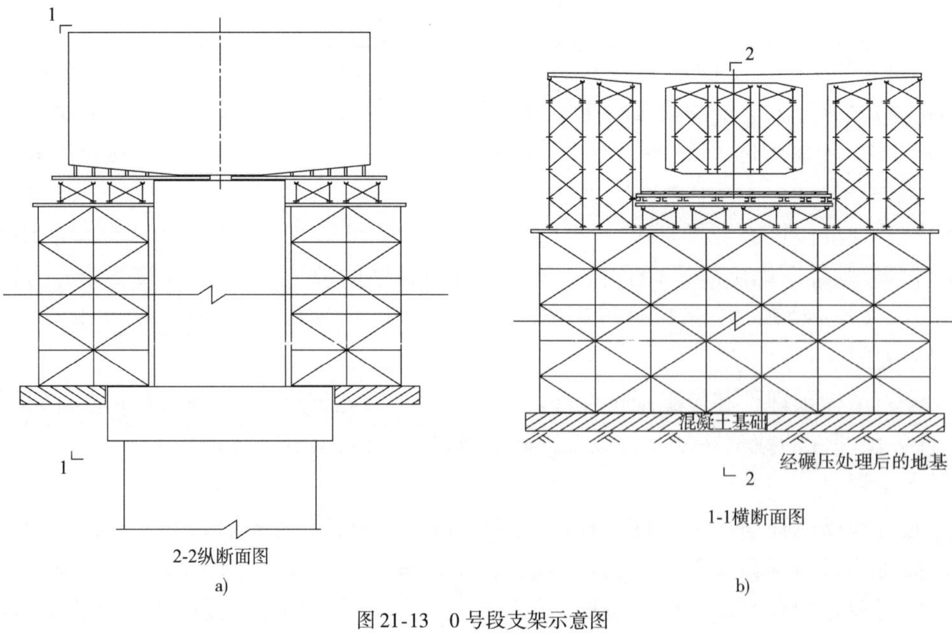

图 21-13 0 号段支架示意图

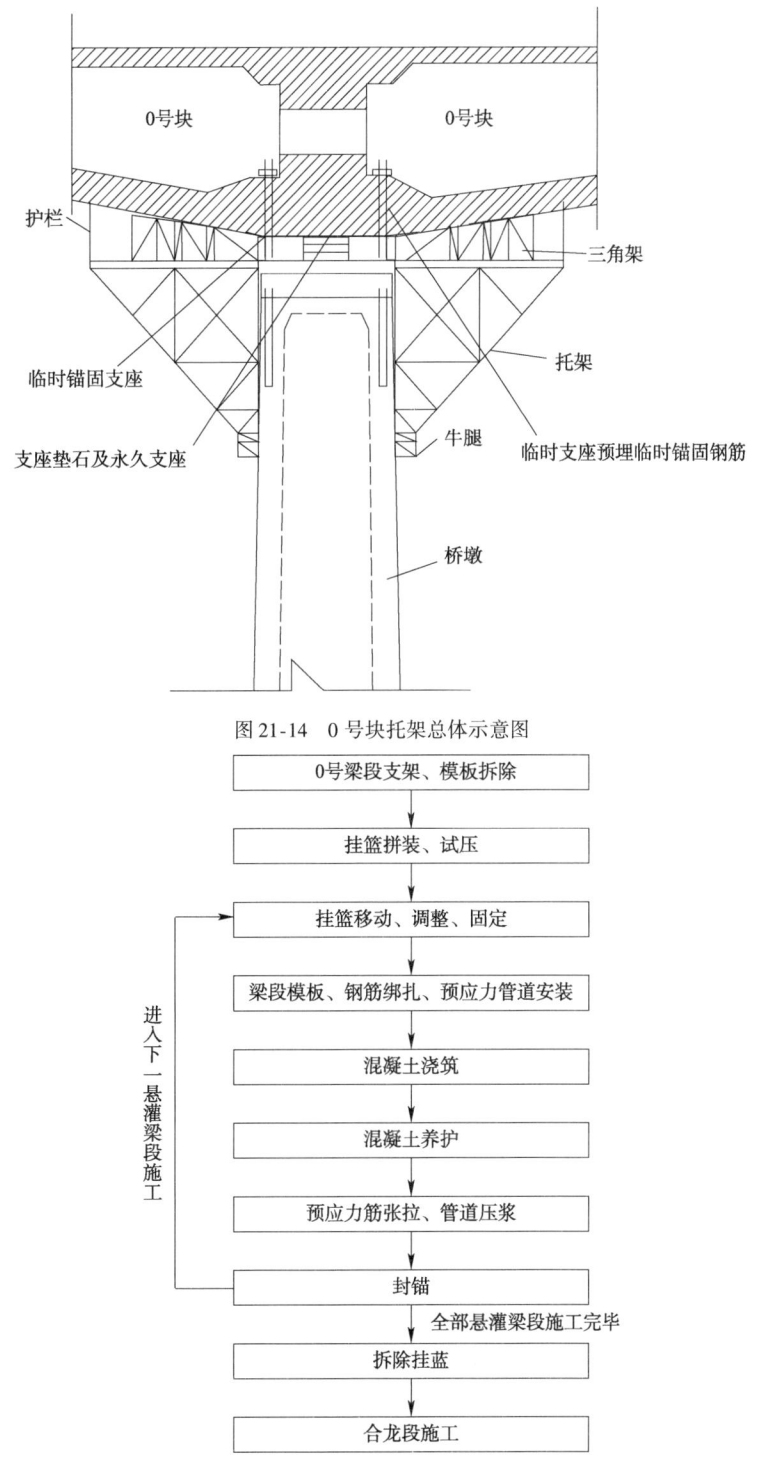

图21-14 0号块托架总体示意图

图21-15 悬灌梁段施工流程图

混凝土的振捣严格按振动棒的作用范围进行,严防漏捣、欠捣和过度振捣。当预应力管道密集,空隙小时,配备小直径的插入式振捣器,振捣时不可在钢筋上平拖,不可碰撞预应力管道、模板、钢筋、辅助设施(如定位架等)。混凝土在振捣平整后即进行第一次抹面,顶板混凝土应进行二次抹面,第二次抹面应在混凝土近初凝前进行,以防早期无水引起表面干裂。

在灌注箱梁混凝土的过程中,要及时测量挂篮主桁、前后横梁、底板、腹板、顶板挠度变化,发现实际沉落与预留量不符合时,采取措施避免结构超限下垂。箱梁质量检查包括已成型各梁段的线性检查、截面尺寸检查及主桥梁的中线检查。在早晨温度变化较小的时候测出顶板上观测点的中线,定出基线,检查主梁中线偏位情况,将检测结果报监理工程师和设计院。混凝土浇筑完毕后,顶面采用麻袋覆盖并浇水养护,箱内及侧墙用流水养护。

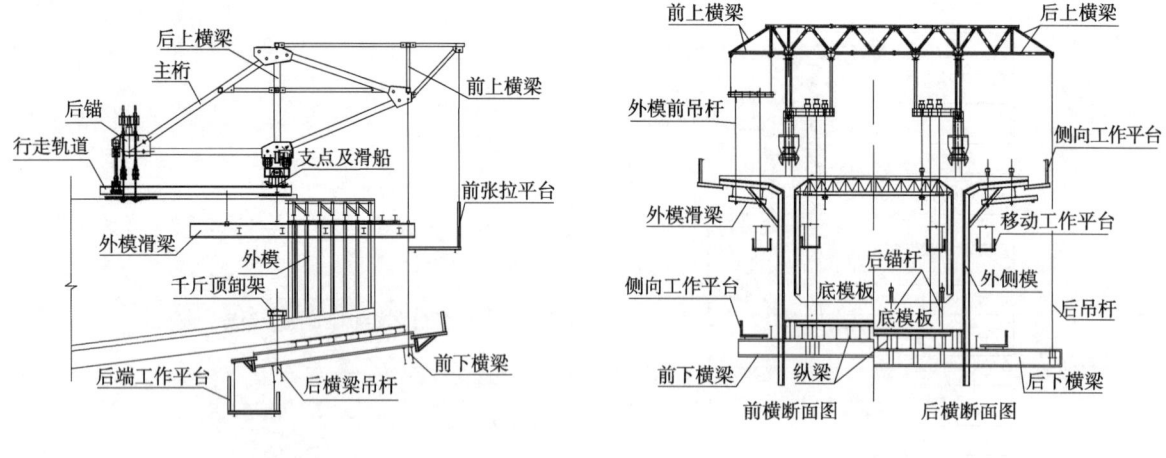

a)挂篮纵断面图　　b)挂篮横断面图

图21-16　挂篮结构示意图

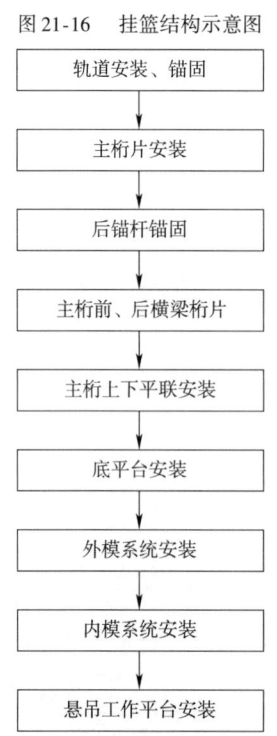

图21-17　挂蓝拼装流程图

⑦预应力工程。

三向预应力施工按先纵向后竖向再横向的顺序进行。预应力筋及其管道的安装、预应力张拉设备使用与锚具相配套的千斤顶及油泵,使用前应先进行标定,确保张拉质量。张拉时做到对称、平衡;压浆及封锚纵向预应力除在两端分别设置压浆孔和出浆孔外,还需按规范要求在中间设接力压浆孔。横向和竖向预应力管道,每一段设压浆嘴、排气孔各一个。相邻两根竖向预应力管道下部采用钢管相连,上部一根为进口,一根为出口,上端排气孔采用在锚板上拉缝留孔的方法处理。预应力管道压浆采用不低于设计等级的水泥浆,并按规定比例加入符合要求的膨胀剂。施工中采用真空压浆工艺,使得管道水泥浆更密实。竖向预应力钢筋压浆时,由相连的一根向另一根压浆,纵、横向预应力管道由一端向另一端压浆;采用不低于设计等级的水泥砂浆或混凝土封锚。

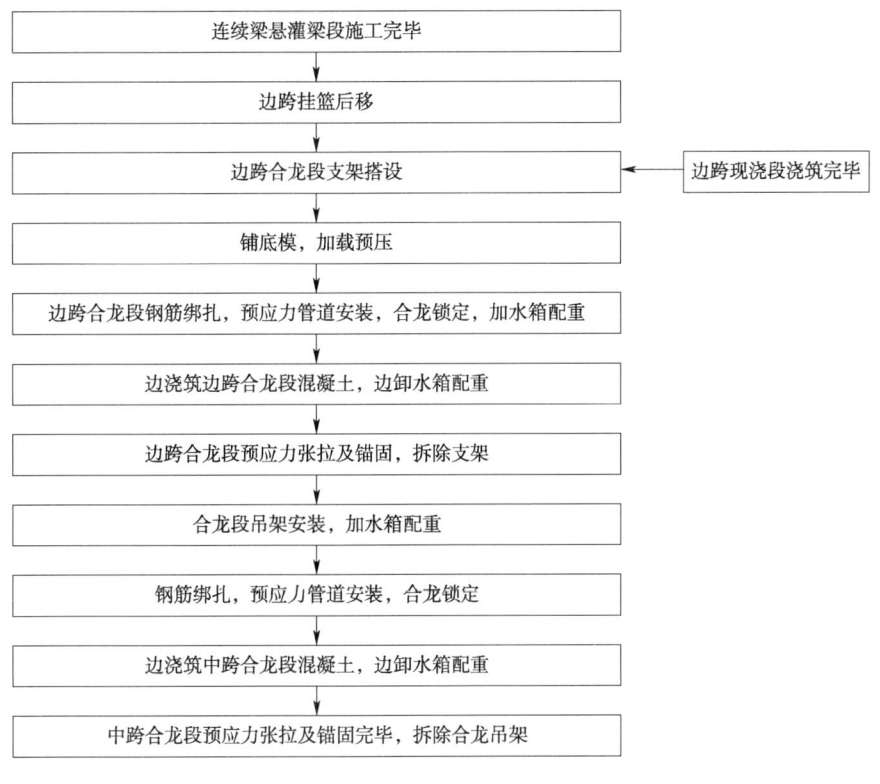

图 21-18　合龙段施工工艺流程图

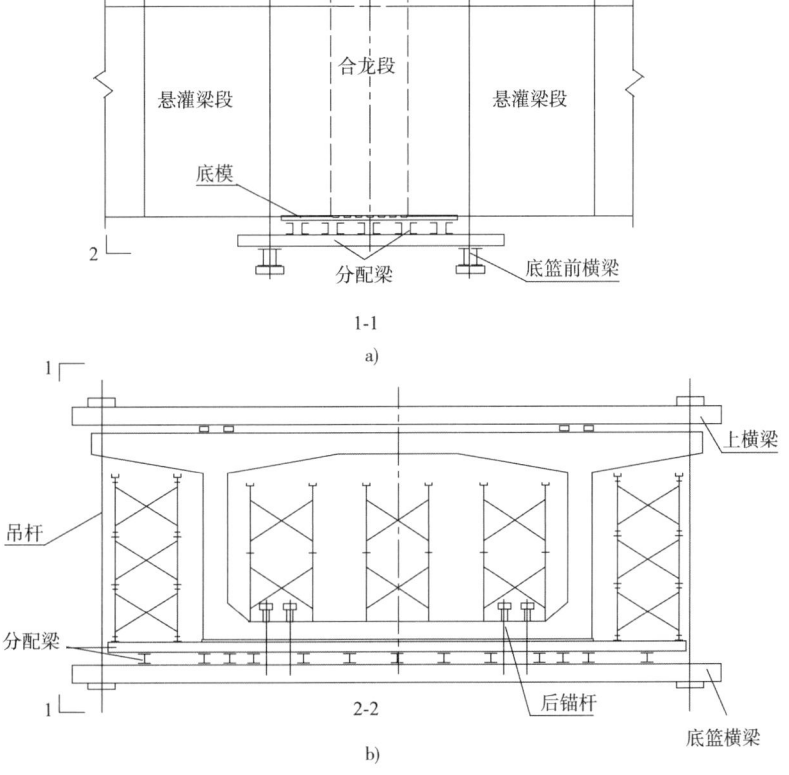

图 21-19　中跨合龙段吊架布置示意图

（6）桥面系。桥面系包括混凝土步道板、钢立柱、钢栏杆、电缆槽、桥墩（台）吊篮和围栏等。桥墩(台)吊篮和围栏在墩(台)施工完后且上部结构施工前施工;混凝土步道板在预制厂预制,桥梁铺架或现浇梁连续梁施工完毕后安装。

21.5.2.3 涵洞工程

1)施工方案(略)

2)施工方法(略)

3)技术措施

基坑开挖以机械施工为主,人工辅助成型,遇石方时采用小药量控制爆破开挖以减小对基岩的影响。有水时在基底四周挖排水沟,并留集水坑,用水泵集中排水。混凝土由混凝土工厂生产,搅拌运输车运输。边翼墙施工侧墙模板压力大,内、外侧模板采用钢模板,用钢管支架支撑。

基坑开挖完毕后,先清除松砟、淤泥、积水,基底修理平整,报监理工程师检验合格后,进行涵洞基础砌筑。如需换填时,先将基底夯实后,再填筑符合要求的材料,并夯实。混凝土浇筑前精确放线,保证涵洞基础、墙身、进出口位置等结构尺寸准确。

基础、墙身混凝土采用符合抗侵蚀混凝土要求的材料,用混凝土搅拌机拌制混凝土,现场浇筑,插入式捣固器振捣。浇筑时按沉降缝分节分段进行施工,保证沉降缝竖直。

缺口回填从涵洞两侧不小于2倍孔径范围内,水平分层对称填土,用电动冲击夯实,压实度达到最佳含水率密实度的95%以上。施工时注意涵洞出入口及附属工程必须与周围环境协调顺接。

21.5.2.4 隧道工程

1)总体施工安排

(1)队伍设置及施工任务划分。

详见"施工区段划分"。

(2)资源配置情况。

详见"施工人员、材料、工程设备使用计划"。

(3)施工组织安排。

重点隧道和一般重点隧道尽量早进场,早开工,缩短施工准备期,尽快形成生产高潮。尽量利用辅助坑道,多工作面作业,实现长隧短打,合理划分各工区任务,设置贯通点,做到策划到位,安排合理,措施可行。正洞施工开挖、支护、仰拱铺底、防水二衬、沟槽等多工序逐步展开,形成流水作业,提高成洞指标。投入经验丰富、能征善战的专业化整建制队伍,投入先进高效配套的机械设备,采用全断面或半断面多功能台架、多台风钻同时打眼,提高钻眼速度;采用大型装运设备、提高装运速度。采用专业喷锚设备、钢便桥、模板台车、大功率风机等大型专用设备提高初支、仰拱铺底、防水二衬、通风等的施工速度或缩短工序时间,从而提高隧道施工进度。配备大功率风机,进行专业化的通风设计,配备专业人员进行通风管理,确保通风效果。

木寨岭隧道:设进口、出口及石嘴沟斜井、大坪斜井、大坪有轨斜井、南水沟有轨斜井、鹿扎斜井、大沟庄斜井、大战沟斜井及马家沟斜井共8个斜井同时施工。

哈达铺隧道:设进口、出口及阿坞斜井、哈达斜井、西迭斜井、西固斜井及邓家磨斜井共5个斜井同时施工。由于哈达铺进口承担了4.4km的施工任务,隧道独头掘进长,因此必须加快阿坞斜井施工进度,尽早与进口贯通,缓解正洞通风压力。出口拆迁困难,短期内难以展开进洞施工,邓家磨斜井进入正洞后,同时向出口方向进行施工。

同寨隧道:设进口及下尕沟斜井、出口斜井同时施工。

马家山隧道:设进口、上罗斜井及出口横洞,出口因地形限制无法开展工作面,设置出口横洞,出口横洞距出口只有131m,主要以向进口端施工为主,缓解正洞施工压力。

纸坊隧道:只有进口、出口两个工作面,没有辅助坑道。由于隧道整体围岩差,褶曲构造及断层构造极其发育,涌水量大,还有软岩变形、断层等不良地质存在,因此在围岩较好地段必须加快施工速度,为处理注浆堵水、过断层等储备更多的时间,拟配备大型的掘进、装运、支护、衬砌设备和大功率风机通风,提高施工速度,确保工期。

青岗隧道和古子山隧道均只有进口、出口两个工作面,下阿阳隧道只有625m,只考虑在进口独头掘进。

2)施工方案

(1)正洞施工方案。

①洞口施工方案:洞口段施工要以"短进尺、弱爆破、强支护、快封闭、勤量测,步步为营,稳步前进"的原则进行施工,及时施作洞口边坡防护及洞顶截排水设施。

②正洞洞身开挖方案:Ⅲ级围岩采用全断面开挖,多功能台架配合人工手持风钻钻眼,全断面光面爆破一次成型;Ⅳ级围岩采用台阶法开挖,上、下台阶均采用多功能台架配合人工手持风钻钻眼,光面爆破;Ⅴ级围岩采用台阶法、三台阶七步法或双侧壁导坑法开挖,人工手持风钻钻眼,弱爆破,或直接采用风镐配合反铲开挖。

③装砟运输方案:该合同段隧道除木寨岭大坪有轨斜井、南水沟有轨斜井外其余正洞及辅助坑道均采用无轨运输,单线采用装载机装砟、双线采用挖掘机配合装载机装砟,自卸汽车运输至洞外指定弃砟场。木寨岭大坪有轨斜井、南水沟有轨斜井因坡度较大,采用有轨运输,正洞隧道出砟采用装载机装砟,汽车运至斜井井底砟场,转运至矿车上,由斜井井口提升机运至洞外弃砟栈桥,自卸汽车转运到指定永久弃砟场。

④初期支护施工方案:采用多功能台架配合人工风钻钻孔、安装锚杆、铺设钢筋网、立拱架,采用湿喷机喷射混凝土。开挖后及时施作初期支护封闭围岩,初期支护紧跟齐头。

⑤仰拱填充、结构防排水、二次衬砌施工方案:仰拱及隧底填充(或底板)施工在隧道底部开挖支护完成后,及时全幅分段施工,为确保洞内交通不中断,采用仰拱栈桥方式,仰拱及填充超前二衬适当距离;排水盲管和防水板采用专用作业台架配合人工铺设;拱墙衬砌采用10.5m、12m液压模板台车全断面整体衬砌;混凝土由洞外自动计量混凝土拌和站生产,专用混凝土运输车运至工作面,泵送入模。

⑥施工排水方案:顺坡开挖隧道,排水主要采用顺坡自然排水,只在开挖面与仰拱区间设抽水设备,将施工废水抽至成形的水沟内自然顺坡排出到洞外污水处理池,经处理达标后排放。反坡开挖的隧道,排水主要采用潜水泵紧跟开挖作业面,在洞内设移动水仓,将开挖作业面的水抽到移动水仓内,从移动水仓中用抽水机将水抽至洞口或顺坡段,引排到洞外的污水处理池中,经处理达标后排放。

⑦施工通风方案:主要采用独头压入式通风,具备条件的采用巷道式通风和接力通风等方案。

⑧不良地质地段及特殊地段施工方案:对于断层破碎带、软弱围岩段、洞口浅埋段,加强超前地质预测预报,以"管超前、严注浆、短进尺、弱爆破、强支护、勤量测"和"分步开挖"的原则组织施工。对于炭质板岩大变形段,加强超前地质预测预报,加强监控量测,加强超前支护,提高初期支护强度和刚度限制围岩变形,及时施作二衬。

⑨隧道超前地质预报、监控量测方案:

a. 超前地质预报:不良地质地段根据设计进行超前地质预测、预报。隧道超前地质预测预报和围岩监控量测纳入施工工序管理,采用地质素描、地质调查、地质雷达、TSP长距离超前地质预报、长距离超前钻孔、炮眼超前钻孔等综合方法进行。

b. 监控量测:施工中进行洞内外观察、地表下沉、水平收敛、拱顶下沉等项目的监控量测。为准确地反映围岩和支护结构的变形情况,拱顶下沉及净空变位采用无尺量测法量测。监测后及时根据监测数据绘制拱顶下沉、水平位移等随时间及工作面距离变化的时态曲线,了解其变化趋势,并对初期的时态曲线进行回归分析,综合判断围岩和支护结构的稳定性,并根据变位等级管理标准及时反馈施工。

⑩机械化配套方案:施工时选用以多功能作业台架、气腿式凿岩机、装载机、湿喷设备、注浆设

备、衬砌模板台车、大型出砟运输机械等为主要特征的大型机械设备配套,组成钻爆、装运、超前支护、喷锚支护、衬砌等机械化作业线,严格机械设备管、用、养、修制度,科学管理,达到快速施工的目的。主要方法有钻爆作业线、装运作业线、喷锚作业线、衬砌作业线等。

(2)辅助坑道施工方案。

该合同段隧道辅助坑道有16座斜井、1座横洞,除木寨岭隧道大坪有轨斜井、南水沟有轨斜井采用有轨运输外其余辅助坑道均采用无轨运输;Ⅲ、Ⅳ级围岩采用全断面法施工(Ⅳ级围岩较破碎且有水地段采用台阶法),Ⅴ级围岩采用台阶法施工;多功能台架人工手持风钻打眼,光面爆破;木寨岭隧道大坪有轨斜井、南水沟斜井采用有轨运输,斜井距掌子面10m内由装载机端砟,PC135挖掘机转装至矿车,然后通过绞车牵引矿车至洞外,正洞采用装载机或挖掘机装砟,自卸汽车运至主斜井底,再通过绞车牵引矿车至洞外,洞外井口设栈桥,通过自卸汽车转运弃砟至弃砟场;其余正洞及辅助坑道均采用无轨运输,装载机或反铲装砟,自卸汽车运输。

3)施工方法

(1)洞口工程施工。

①洞口土石方开挖:洞口土方采用挖掘机分层开挖,自卸汽车运至弃砟场;石方采用浅孔控制爆破,挖掘机或装载机装砟,自卸汽车运至弃渣场。

②洞口边仰坡防护主要有以下3个方面:

a.隧道明洞、洞门开挖前,首先施工洞口边仰坡外的截、排水沟,以避免对边坡冲刷,导致边坡落石、失稳坍塌。明洞及洞门段开挖采用人工配合反铲由上而下进行。结合边坡地形稳定程度,坡面用锚杆、钢筋网、喷混凝土作为临时防护,以确保施工安全。

b.边仰坡刷坡自上而下分层进行,每层高度2~3m,随开挖及时进行锚杆网喷支护。

c.隧道明洞、洞门开挖,避免在雨天进行。

③进洞施工方法及措施:洞口土石方开挖到达明暗洞交界处形成台阶,施作暗洞套拱和安装导向架,在台阶上施作超前大管棚支护,在超前大管棚施作完成后进行洞身开挖。以"管超前、严注浆、短进尺、弱爆破、强支护、勤量测"作为进洞施工的指导方针。

④洞门施工:洞门开挖采用人工配合挖掘机开挖,遇岩层采用弱爆破法开挖,人工清砟;洞门端墙及翼墙混凝土灌筑采用万能杆件支架和特制模板,洞外自动计量拌和混凝土,混凝土罐车运输混凝土,泵送混凝土入模,插入式振动器捣固,按要求做好圬工的养护工作。

⑤明洞施工:明洞土石方开挖采取横向分层纵向分段的方法进行施工,采用挖掘机开挖,必要时采取弱爆破和人工配合机械刷坡,装载机装砟自卸汽车出砟。按照设计施作边仰坡防护。开挖完成后进行基底处理,基底承载力达到要求后施作仰拱、填充混凝土,填充混凝土在仰拱混凝土终凝后进行浇筑;明洞衬砌在仰拱填充完成后由洞内向洞口方向先仰拱后拱墙的顺序施工;明洞衬砌均采用模板台车作内模,外模采用组合钢模对拱墙衬砌混凝土一次性灌注,混凝土由自动拌和站生产,罐车运输,泵送入模,插入式振捣器振捣。洞口衬砌与隧道洞门整体灌注后进行洞顶回填施工;明洞回填分层填筑,每层层厚不大于1m,左右对称回填。码砌及浆砌分层错缝进行、夯填密实,确保施工质量。

(2)洞身开挖。

①隧道洞身开挖:隧道洞身开挖采用的施工方法主要有全断面开挖法、台阶法、三台阶七步开挖法、双侧壁导坑法。

a.全断面法:隧道正洞Ⅲ级围岩地段(辅助坑道Ⅲ、Ⅳ级围岩段)采用全断面开挖,利用多功能台架配合人工钻孔,光面爆破。用人工钻锚杆孔,人工安装锚杆并进行锚固或注浆,采用湿喷机进行喷混凝土。根据量测要求布设量测点,并及时进行分析反馈指导施工。开挖、支护和出砟施工工序如图21-20所示。

b.台阶法:隧道Ⅳ、Ⅴ级围岩(辅助坑道Ⅴ)采用台阶法开挖,台阶长度3~5m,周边采用光面爆破减少对围岩的振动以控制成形。上台阶风钻钻孔,挖掘机扒砟到下断面,下台阶利用风钻钻孔。

下断面出砟利用装载机装砟,自卸汽车运砟至指定的弃砟场地。为确保施工安全量测及时进行。台阶法施工工序如图21-21所示。

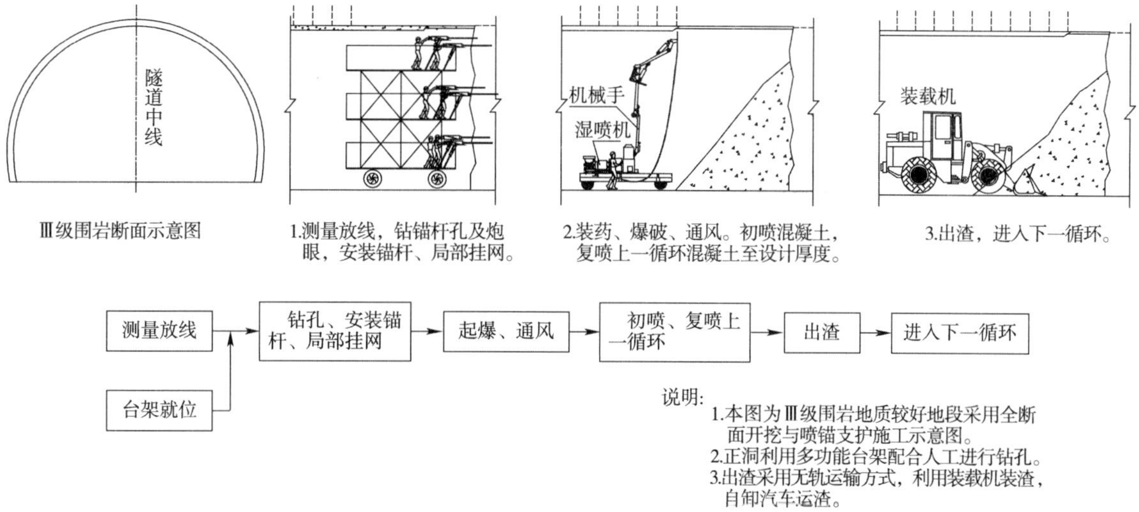

图21-20 全断面开挖施工工艺及流程图

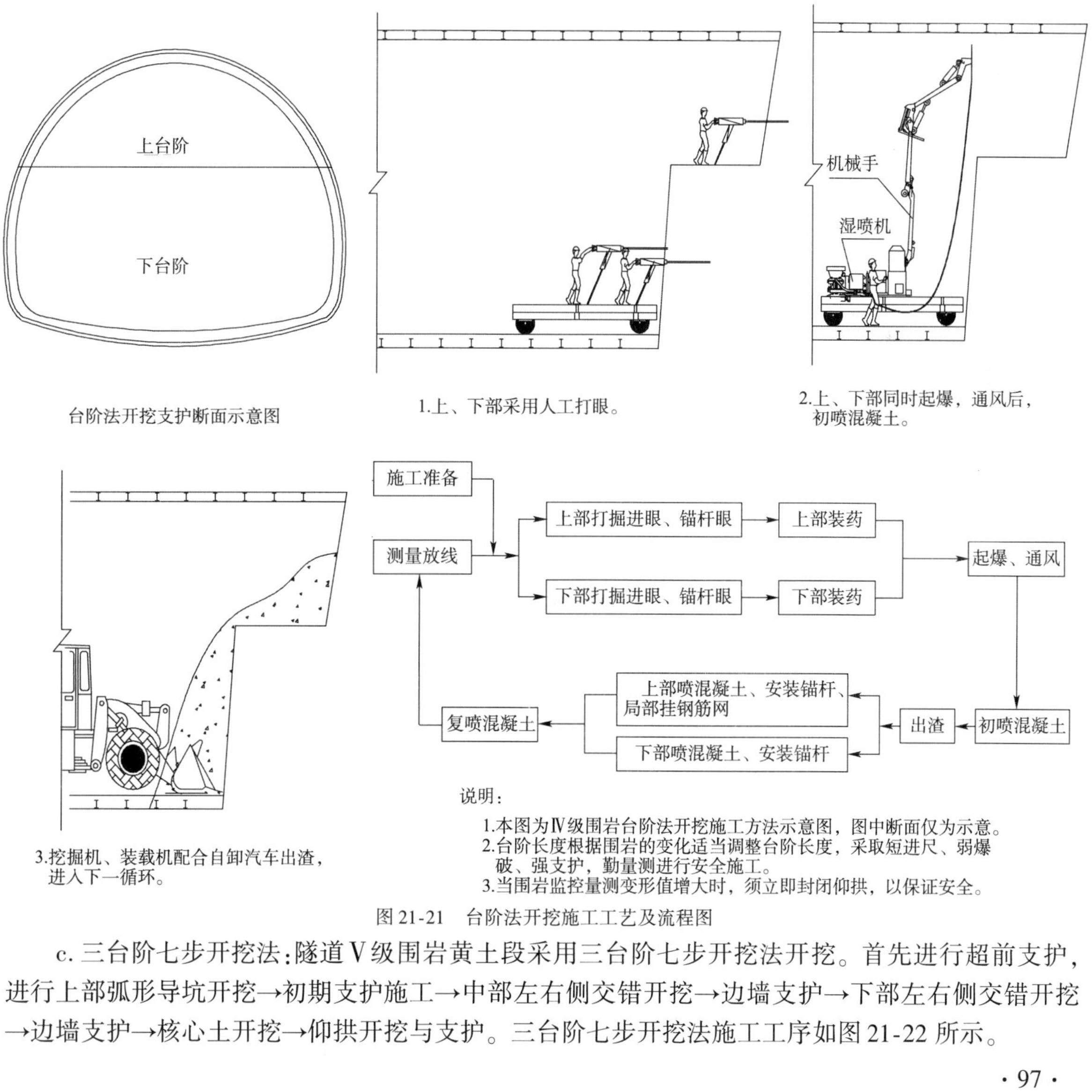

图21-21 台阶法开挖施工工艺及流程图

c. 三台阶七步开挖法:隧道Ⅴ级围岩黄土段采用三台阶七步开挖法开挖。首先进行超前支护,进行上部弧形导坑开挖→初期支护施工→中部左右侧交错开挖→边墙支护→下部左右侧交错开挖→边墙支护→核心土开挖→仰拱开挖与支护。三台阶七步开挖法施工工序如图21-22所示。

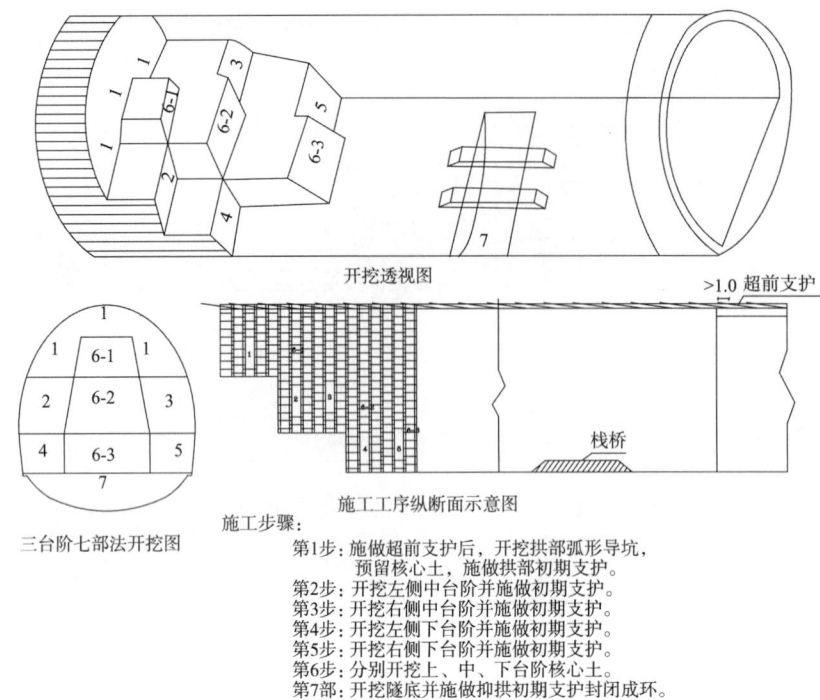

图 21-22 三台阶七步开挖法施工工艺图

d. 双侧壁导坑法：主要在洞身浅埋段采用此施工方法进行开挖。侧壁导坑、中央部上部、中央部下部错开一定距离后平行作业。侧壁导坑可采用短台阶法开挖，必要时安装临时仰拱，左右侧壁导坑施工同步进行。当量测显示支护体系稳定，变形很小时，可适当加大循环进尺。具体施工方法如图 21-23 所示。

②钻爆设计。

根据地质条件，开挖断面、开挖进尺，爆破器材等编制光面爆破设计方案；根据围岩特点合理选择周边眼间距及周边眼的最小抵抗线，辅助炮眼交错均匀布置，周边炮眼与辅助炮眼眼底在同一垂直面上，掏槽眼加深 20cm；严格控制周边眼装药量，间隔装药，使药量沿炮眼全长均匀分布；选用低密度低爆速、低猛度的炸药，该隧道采用乳化炸药，非电毫秒雷管起爆。采用微差爆破，周边眼采用导爆索起爆，以减小起爆时差；掏槽方式采用中空直眼或楔形掏槽；周边眼装药结构采用小直径药卷间隔装药，岩石很软时采用导爆索代替药卷；爆破效果检查项目主要是对断面周边超欠挖检查、开挖轮廓圆顺度和开挖面平整检查、爆破进尺是否达到爆破设计要求、爆出石砟块是否适合装砟要求、炮眼痕迹保率、硬岩≥80%，中硬岩≥60%，并在开挖轮廓面上均匀分布、两次爆破衔接台阶不大于 10cm；每次爆破后检查爆破效果，分析原因及时修正爆破参数，提高爆破效果，改善技术经济指标。

（3）洞身支护。

①大管棚：大管棚采用地质钻机成孔，注浆泵注浆，外插角为 1°～2°。大管棚施工工艺框图如图 21-24 所示。

②小导管：隧道在施工Ⅴ级围岩地段时，由于围岩软弱破碎等，采用小导管超前支护。超前小导管施工工艺图如图 21-25 所示。

③钢(格栅)拱架：钢拱架施工工艺框图如图 21-26 所示。

④中空注浆锚杆：首先按设计要求，在开挖面上准确画出需施设的锚杆孔位。钻孔方式同砂浆锚杆施工。检查锚杆孔达到标准后，安装锚杆并按设计比例配浆，采用注浆机注浆，注浆压力符合设计要求；一般按单管达到设计注浆量作为结束标准。当注浆压力达到设计终压不少于 20min，进浆量仍达不到注浆终量时，亦可结束注浆，并保证锚杆孔浆液注满。最后在综合检查判定注浆质量合格后，用专用螺帽将锚杆头封堵，以防浆液倒流管外。中空注浆锚杆施工流程如图 21-27 所示。

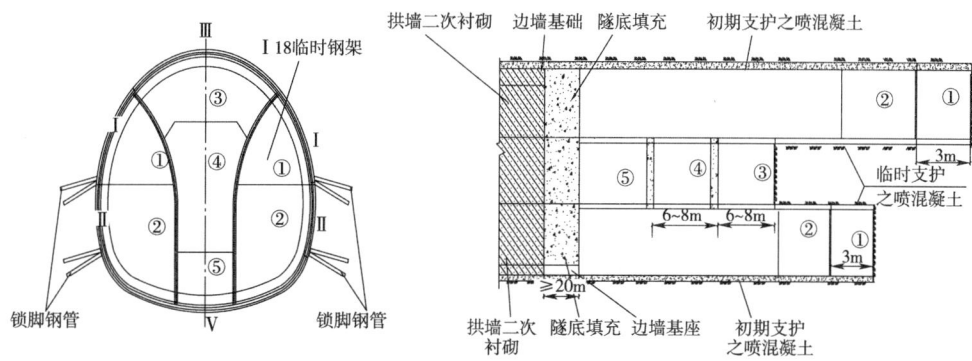

施工工序：
1. （1）利作上一循环架立的钢架施作隧道超前支护。
   （2）弱爆破开挖①部。
   （3）施作①部导坑周边的初期支护和临时支护，即初喷4cm厚混凝土，架立I18和I20a钢架或格栅钢架及I18临时钢架，并设锁脚锚杆。
   （4）钻设径向锚杆后复喷混凝土至设计厚度。
2. （1）滞后于①部一段距离后，弱爆破开挖②部。
   （2）导坑周边部分初喷4cm厚混凝土。
   （3）接长I18和I20a钢架或格栅钢架及I18临时钢架，并设锁脚锚杆。
   （4）钻设系统锚杆后复喷混凝土至设计厚度。
3. （1）利用上一循环架立的钢架施作隧道超前支护。
   （2）开挖③部。
   （3）导抗周边初喷4cm厚混凝土，架立I18和I20a钢架或格栅钢架。
   （4）钻设径向锚杆后复喷混凝土至设计厚度。
4. 弱爆破开挖④部。
5. （1）弱爆破开挖⑤部。
   （2）导坑底部初喷4cm厚混凝土，安设架立I18和I20a钢架或格栅钢架使钢架封闭成环，复喷混凝土至设计厚度。
6. 逐段拆除靠近已完成二次衬砌6~8m范围内两侧壁底部时钢架单元。
7. 灌筑底部仰拱及隧底填充（仰拱及隧底填充分次施作）。
8. （1）根据监控量测结果分析，拆除剩余I18临时钢架。
   （2）利用衬砌台车尽早一次性灌注二次衬砌（拱墙部同时施作）。

图 21-23　双侧壁导坑开挖法施工工艺图

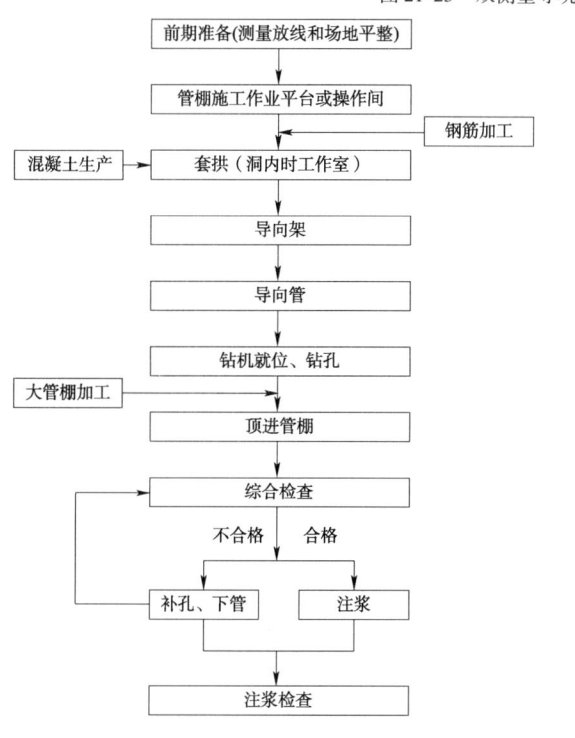

图 21-24　大管棚施工流程图

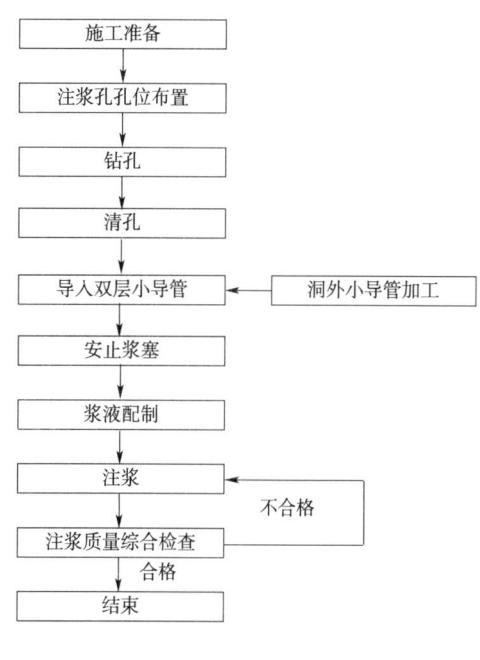

图 21-25　超前小导管施工工艺图

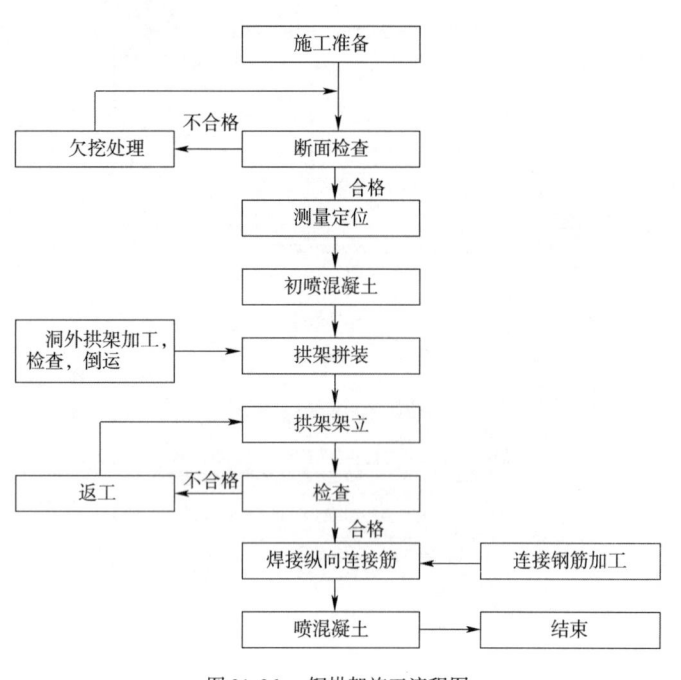

图21-26 钢拱架施工流程图　　　　　图21-27 中空注浆锚杆施工流程图

⑤钢筋网:钢筋须经试验合格,使用前必须除锈,在洞外分片制作,安装时搭接长度不小于一个网格。人工铺设贴近岩面,与锚杆和钢架绑扎连接(或点焊焊接)牢固。钢筋网和钢架绑扎时,应绑在靠近岩面一侧,确保整体结构受力平衡。喷混凝土时,减小喷头至受喷面距离和控制风压,以减少钢筋网振动,降低回弹。

⑥喷射混凝土:喷射混凝土采用湿喷工艺。施工流程如图21-28所示。

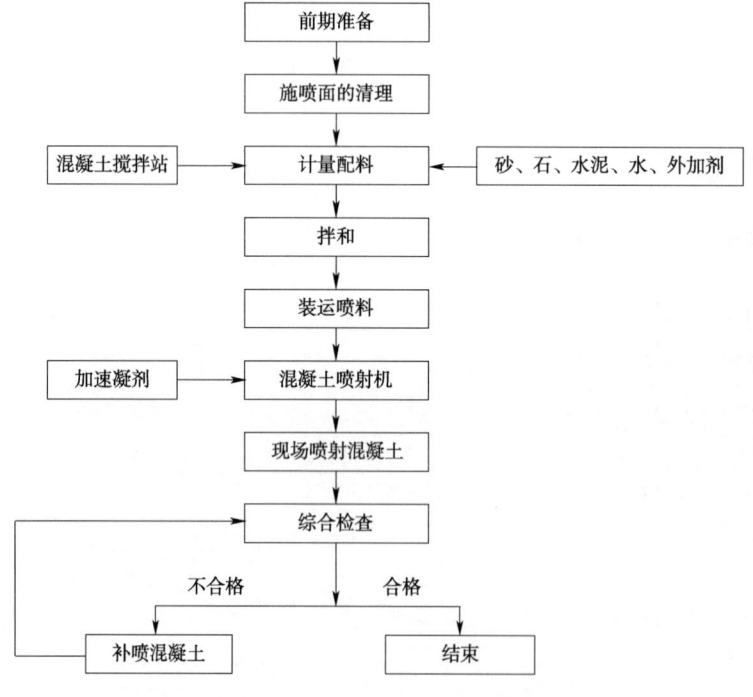

图21-28 湿喷混凝土施工流程图

⑦砂浆锚杆:采用风钻钻锚杆孔,锚杆钻孔利用台架施钻,按照设计间排距,尽可能垂直结构面打入,高压风吹孔。用注浆泵将孔内注满早强砂浆,再用风枪将锚杆送入孔内,并杆体位于孔位中

央,待砂浆达到设计强度后安装垫板,垫板必须用螺帽紧固在岩面上,增强锚杆与喷混凝土的综合支护作用。施工流程如图21-29所示。

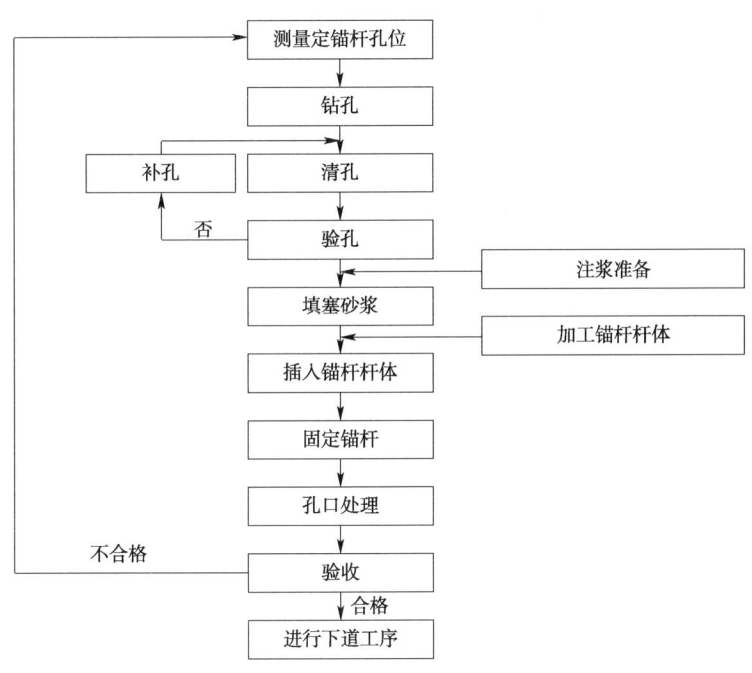

图21-29　砂浆锚杆施工流程图

(4)出渣与运输。

该合同段隧道除木寨岭大坪有轨斜井、南水沟有轨斜井外,其余正洞和辅助坑道均采用无轨运输;无轨运输单线采用装载机装渣、双线采用挖掘机配合装载机装渣,自卸汽车运输至洞外指定弃渣场;木寨岭隧道大坪有轨斜井、南水沟有轨斜井采用有轨运输。斜井建井期间出渣分为两情况,斜井口距掌子面10m内由装载机端渣;斜井井身开挖期间采用PC135挖掘机或扒装机装渣至矿车,然后通过绞车牵引矿车至洞外。正洞采用装载机或挖掘机装渣,自卸汽车运至主斜井底,再通过绞车牵引矿车至洞外,洞外井口设栈桥,通过自卸汽车转运弃渣至弃渣场;仰拱填充工作面设仰拱栈桥通过。

(5)结构防排水工程施工。

隧道采取"防、排、截、堵相结合,因地制宜,综合治理"的原则;在地下水与地表水联系密切且对水环境有严格要求的地段,采取"以堵为主,限量排放"的原则,隧道衬砌结构防水等级应满足现行国家标准《地下工程防水技术规范》(GB 50108)的一级标准、衬砌表面无湿渍。

①盲管、泄水孔施工。

a.环向排水盲管施作方法:隧道初期支护与防水板间设打孔波纹管,在墙脚处与隧道侧沟连通。在水量较大地段适当加密。

b.纵向排水盲管施作方法:纵向排水盲管沿纵向布设于隧道左、右墙脚外,纵向排水盲管采用打孔波纹管,中间设PVC管与隧道中心沟相连。

c.泄水孔施作方法:泄水孔是设于衬砌边墙下部的出水孔道,它将盲管流来的水直接泄入隧道内的纵向排水沟。泄水孔的施作有两种方法。

方法一:在立边墙模块时,就安设泄水管,并特别注意使其里端与盲管接通,外端穿过模板。泄水管可用钢管,竹管、塑料管、蜡封纸管等。这种方法主要用于水量较大时。

方法二:当水量较小时,则可以待模筑边墙混凝土拆模后,再根据记录的盲管位置钻泄水孔。泄水孔的位置应按设计要求设置。

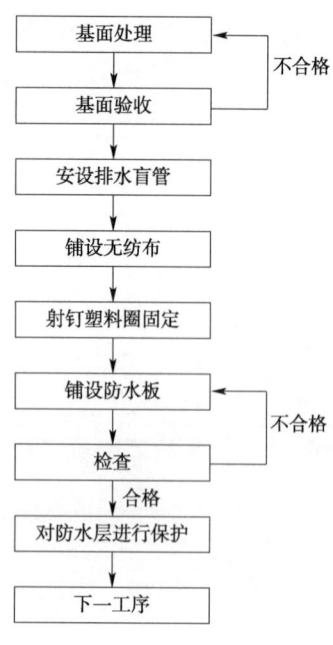

图 21-30 防水层施工流程图

②防水层施工。

初期支护与二次衬砌间设防水板和土工布作为防水层,材质符合设计要求标准。防水层施工流程图如图 21-30 所示。

③止水带施工:止水带施工中采用钢筋对中埋式止水带进行定位,避免其在混凝土浇筑过程中发生移位,对于背贴式止水带焊在防水板上。浇筑混凝土时应注意避免混凝土中的尖角石子和锐利的钢筋刺破止水带。在二次衬砌混凝土浇筑后的 12h 内,拆除挡头模板,然后用钢丝刷将接缝处的混凝土刷毛,并将接缝处清理干净。在下组混凝土浇筑前先将接缝混凝土洒水润湿,然后刷水泥浆两道,30min 后可以浇筑混凝土。止水带全环施作,止水带施作除材料长度原因外只允许有左右两侧边基上部两个接头,接头搭接长度应满足要求。

④抗渗混凝土施工隧道采用抗渗混凝土施工,二衬混凝土抗渗等级不小于设计标准。因此选用合格的原材料,进行选配混凝土配合比,严格控制外加剂的品质和掺量,严格搅拌时间和运输过程的时间控制,使混凝土浇筑过程做到连续,振捣密实,保护层达到规定要求等措施确保混凝土抗渗性指标达到要求。

⑤衬砌背后回填压浆:二次衬砌拱顶预留注浆孔,注浆管 8~10m 一段,两端分别与预设的 $\phi 20$ 镀锌钢管注浆口连接。配合比满足设计要求。回填注浆压力:初压 0.1~0.15MP,终压 0.2MP。

(6)二次衬砌及预埋件施工。

隧道二次衬砌采用防水混凝土,仰拱及隧底填充施工在隧道底部开挖支护完成后,及时全幅分段施工,为确保洞内交通不中断,采用仰拱栈桥方式。拱墙二次衬砌在围岩变形基本稳定后采用液压衬砌台车及时进行跟进。

二次衬砌施工工艺框图如图 21-31 所示。

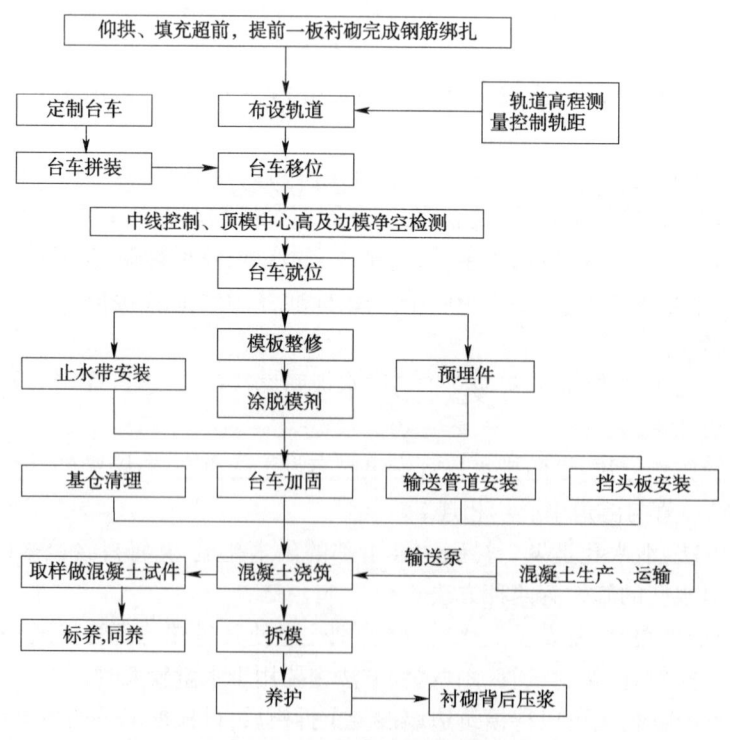

图 21-31 二次衬砌施工流程图

①仰拱和填充施工。

a. 从仰拱开挖到灌筑混凝土之间,隧道受力是处于最不稳定的状态,根据情况开挖仰拱会产生边墙挤出和下沉,围岩条件差时,迅速灌筑混凝土,用仰拱闭合断面。在比较良好的围岩中,没有必要急于断面闭合时,可在不妨碍掌子面开挖作业的距离上,施作仰拱。仰拱栈桥示意图如图21-32所示。

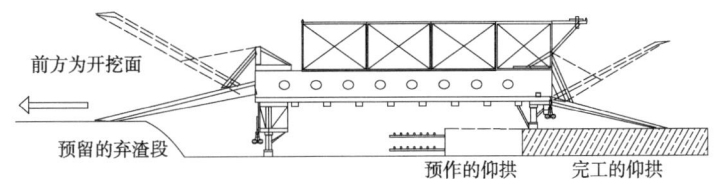

图21-32　仰拱栈桥示意图

b. 仰拱填充:仰拱混凝土强度达到设计要求后,方可灌筑隧底填充混凝土。隧道仰拱上部填充混凝土施工前先清洗仰拱上虚砟及杂物,排除积水。填充混凝土表面要求平整,横坡、纵坡与设计一致;仰拱施工缝与填充混凝土施工缝相互错开,要求施工缝顺直、平整及凿毛清洗,同时设置止水带防水;仰拱填充施工同时施工综合接地及过轨管。

②拱墙衬砌施工:拱墙衬砌根据量测情况在围岩及初期支护变形基本稳定后进行,适度紧跟开挖面满足开挖与衬砌距离要求,拱墙采用12m模板台车衬砌,混凝土采用轮式混凝土运输车运输至工作面,泵送混凝土入模,每环在拱顶预留压浆管兼排气管,保证拱顶混凝土与围岩密贴;混凝土采取附着式振捣器振捣,辅以插入式振捣器辅助振捣。钢筋混凝土衬砌地段,钢筋在洞外下料加工,弯制成型,洞内绑扎或拼装,钢筋绑扎采用多功能作业台架施工;拱顶混凝土密实度解决方案:分层分窗浇筑和采用封顶工艺。

③预埋件施工:预埋件施工与在二次衬砌同时施工。预埋件预埋位置严格按设计要求进行施作,保证预埋件位置及质量要求符合设计和施工规范。

(7)沟槽施工。

水沟、电缆沟施工时间在二次衬砌之后。水沟、电缆沟盖板集中进行预制,预制时严格控制盖板的几何尺寸,采用细粒径的混凝土,混凝土要求匀质、密实、和易性好,盖板表面平整、无凹凸现象,盖板四角棱角分明,无缺棱掉角;水沟、电缆槽采用整体定型钢模板,一次成型,其施工要点是控制好模板的中线、水平,并要求模板支撑牢固,防止浇捣时模板位移和上浮。

(8)施工通风。

3km以下和3~6km的隧道均采用独头压入式通风;6km以上的隧道根据辅助坑道的设置情况,采用独头压入式通风(包括串联接力通风)、巷道式通风和混合式通风等方式,主要通风设备参数见表21-21。

主要通风设备参数　　　　　　　　　　　　　　　　　　　　　　表21-21

名　称	型　号	技　术　参　数			
		速度(r/min)	风压(Pa)	风量(m³/min)	功率(kW)
轴流风机	SDF(C)-NO11	高速	610~4100	1000~1980	55×2
		中速	295~1900	690~1345	17×2
		低速	160~1095	540~1006	8×2
	SDF(C)-NO12.5	高速	1378~5355	1550~2912	110×2
		中速	629~2445	1052~1968	34×2
		低速	355~1375	840~1475	16×2
射流风机	SSF-NO16	风速30.9m/s,风量3727.6m³/min,功率55kW			
拉链式软风管	PVCΦ1500mm和Φ1700mm	平均百米漏风率0.015,摩阻系数0.02,每节长度20m/节或10m/节(20m/节占75%以上)			

(9) 施工排水。

隧道每个洞口均设置污水处理池,对隧道施工废水进行沉淀、油污吸附等处理,达标后方可进行排放。根据具体情况采用顺坡排水和反坡段排水和污水处理池。反坡正洞配置应急排水管及大功率抽水机,确保排水效果。斜井排水:斜井施工时,在掌子面设集水坑,将掌子面污水用潜水泵抽至移动水仓,再利用抽水机抽排至斜井腰部水仓,通过排污管接力排至洞外污水池进行净化处理,达标后排放。横洞顺坡排水:采用机械抽排和自然排放相结合的方式;将掌子面散水汇积至集水坑,由污水泵将集水坑污水抽排至侧沟内,污水顺侧沟排至洞口污水处理池。

(10) 洞内供电及照明。

在网电接入前使用各工区配置的发电机供电,电网接入后发电机作为备用电源。为保证隧道内大型设备用电需要,洞身作业面距离洞口超过 800m 时洞内设移动式变压器将高压引进洞内,随洞身工作面的掘进,移动式变压器分时段向前移动。隧道照明,成洞段采用 220V,一般作业地段不大于 36V,手提作业灯为 12~24V;选用的导线截面应使线路末端的电压降不得大于 10%,36V 及 24V 线不得大于 5%;线路的架设、接入作业时,参照现行的《电业安全工作规程》的规定办理,并设专人经常进行检查维修。

(11) 供风及供水。

每隧道作业面各配置电动空压机若干,以满足隧道开挖、支护等风动机械作业需求,隧道开挖面风压不小于 0.5MPa;在高压风管最低处设置油水分离器,定时放出管中的积油和水。接高压水管至洞内,供洞内施工用水,隧道开挖面水压不小于 0.3MPa。高压风、水管路敷设平顺、接头严密、不漏风、不漏水并符合相关要求,设专人负责检查、养护。

(12) 管线布置。

在施工中除了质量标准化、规范化外,还特别对工地文明施工做出规范化、形象化,尤其对洞内"三管两线"提出标准化。洞内"三管两线"按要求布设,做好洞内排水、洞内路面清理及道路维护,加强洞内通风。洞内管线布置如图 21-33 所示。

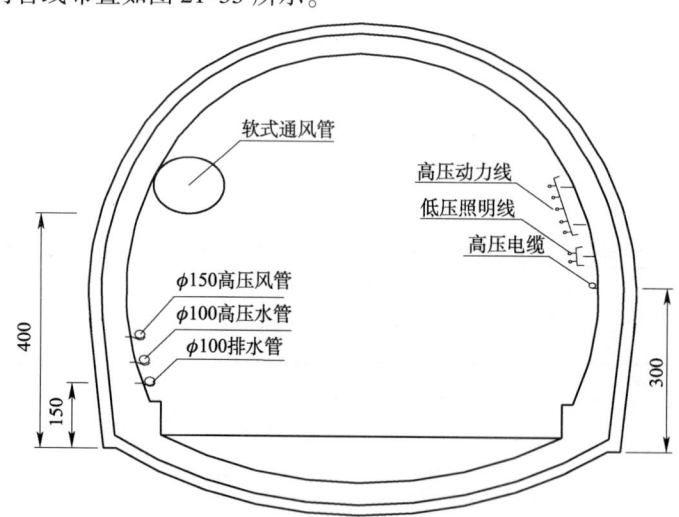

图 21-33 洞内管线布置(尺寸单位:cm)

(13) 弃渣与防护。

工程施工前,首先就弃渣场向当地环保部门办理许可手续,在取得许可证后再开始弃渣。

为避免弃渣流失造成对环境的影响,对弃渣坡脚进行必要的 M10 浆砌片石挡墙防护。挡渣墙施作时应做好地基处理,以满足承载力要求,基底承载力不小于 250kPa,并保持渣场稳定;挡墙尺寸根据地形起伏按直线变化过渡,趾前挡渣墙基础埋置深度不小于 1.5m。为防止墙趾被水冲倒,在墙外 5m 范围内用 M10 浆砌片石铺砌,铺砌厚度 35cm。墙背底部设置一层卵石排水层,墙身中每隔 3m 设置10~15cm孔径的排水孔,梅花形布置;挡渣墙底部纵向每10m设置一道2cm伸缩缝。

弃渣场顶向外作3‰的排水坡,并设纵向排水沟一道,沟宽3m,高1.5m,M10浆砌片石铺砌;在弃渣场底部纵向每20m铺设一跟φ110打孔波纹管,以利排水;在弃渣场周围5m外设一道排水沟,沟宽40m,高60m,M5浆砌片石铺砌;为防止水土流失,弃渣场施工完毕后应在坡面上种植草皮,以利于恢复植被。

4)注浆施工

结合该合同段的不良地质条件,通过木寨岭隧道、哈达铺隧道等断层、褶皱及节理裂隙发育、软弱围岩等不良地质段可采取注浆方案(技术参考)如下:

(1)断层破碎带、浅埋地段等,以超前小导管预注浆+大管棚(浅埋段)+(开挖后的)径向注浆为主,帷幕注浆+(开挖后的)径向注浆为辅。

(2)富水断层破碎带、涌水段,以顶水注浆(必要时进行)+帷幕注浆+(开挖后的)径向注浆为主,超前小导管注浆+(开挖后的)径向注浆为辅。

(3)一般断层带、节理裂隙密集带及浅埋地段,当岩体有一定的自稳能力,成拱后自稳时间在12h以上时,可采取超前锚杆、超前小导管辅助快速通过,之后根据要求采取局部注浆或径向注浆等补充处理措施。

5)不良地质段及特殊地段施工

(1)湿陷性黄土。

①临时便道及洞口边仰坡湿陷性黄土的开挖采用大中型挖机或装载机开挖,配合大中型自卸汽车运输,缩短刷坡开挖时间,力争当天开挖当天防护;刷坡一段支护一段,边开挖边防护,若遇到降雨,在洞门挂设前进行适当覆盖防护防止下雨滑坍。

②若遇大面积湿陷性黄土区,隧道洞口施工可考虑采取明洞进洞,同时辅以超前大管棚支护,待明洞混凝土达到设计规定的强度后及时进行明洞洞顶回填,防止黄土大面积滑坍埋覆洞口;隧顶浅埋黏质黄土地层段洞身开挖时,掌子面及拱顶进行超前预注浆加固,并采用微台阶人工配合机械开挖,减小开挖时间,早封闭,强支护,加强监控量测,根据量测数据及早安排二衬施工;洞身通过的黏质黄土须做消除部分或全部湿陷地层处理,并做好排水。

(2)滑坡。

①特殊不良地质地段的隧道洞身爆破严格控制一次爆破炸药量和爆破段数,以减小爆破振动,防止山体滑坡。

②若洞门顶或边仰坡山体为大滑坡带时,为确保线路运营安全,结合洞口边仰坡设计,宜进行滑坡处理专项设计,洞口施工前先进行滑坡专项整治;若洞门顶坡体为小面积或小块滑坡带时,洞门可采取端墙式钢筋混凝土洞门,且结构适当加厚加高,并提高结构混凝土配筋和混凝土强度等级,加强洞门抵滑力。

③根据地质详勘资料,在滑坡带设监控量测点,适时监控,根据量测数据判断是否需要将滑坡做特殊锚固、支挡处理或其他处理方式,并现场划定安全警示区,且要做好排水、排洪工程,并在施工过程中加强监测和预警,对可能出现的滑坡予以足够的重视。

(3)泥石流。

①木寨岭隧道辅助坑道洞口基本均位于沟谷底,且部分位于泥石流区,施工时,结合斜井及正洞平纵设计,可适当调高和平移洞口至半山坡位置,以躲开泥石流冲流区。

②根据洞口附近泥石流区周边地形地貌,可在泥石流周边适当设置截排水沟,防止泥石流受山水冲带而形成大量泥石流冲流淹埋洞口;洞口生产生活设施布置尽量避开泥石流冲流区,给泥石流留够通道,防止意外灾害事故的发生;若洞口附近泥石流为小型泥石流,结合洞口边仰坡设计,宜进行泥石流处理专项设计,洞口施工前先进行泥石流专项整治,可考虑施作抗滑桩,坡面做好开挖挡护。

③泥石流区下部坡脚位置增加安全防护进行隔离,施工便道尽可能采取绕行,且该区域不设置临时设施。

(4)岩堆及危石。

①洞口场地平整及洞门挂设前先将洞体和边仰坡段岩石堆和危石清除干净,同时洞门尽量采用端墙式;对无法清除干净的岩堆及危石,在现场划定安全警示区和设置挡墙防滚石伤害。

②进出口段隧道浅埋段隧顶有岩堆时,开挖中适当采取预加固措施,加强排水,并严格遵循短进尺、弱爆破的开挖,支护及时跟进加强。

(5)断层破碎带。

①做好超前地质预报:采用开挖面地质素描、TSP203地震反射法、HSP水平声波反射法、地质雷达、红外探水和超前钻探进行超前地质预报,对围岩的破碎和富水程度进行预测和验证,及时进行信息收集、处理、反馈,以调整施工方案和施工方法。

②当断层带地下水是由地表水补给时,在地表设置截排水系统;当断层富水为地下承压水时,在每个开挖初支循环中,向掌子面前方钻凿不少于2个超前钻孔,其深度宜在5m以上,以探明地下水情况;随作业面的开挖进度循环钻孔探水;并在隧道两侧加宽加深排水沟,设置适当积水坑,备足抽水机械设备;对强富水区断层破碎带,隧道开挖可能产生大突水大突泥时,采用超前帷幕注浆堵水,必要时采用化学浆液堵水。注浆结束后,对注浆效果进行检查,是否进行补注浆,是否可以开挖;对断层角砾岩强富水带,可采取超前大管棚注浆预支护。

③洞身穿过一般Ⅳ级围岩和Ⅴ级围岩的软弱破碎地带,采用超前预注浆措施加固地层和堵水;爆破时严格掌握炮眼数量、深度及装药量,采取减震光面爆破,尽量减少爆破对围岩的扰动。

④宜采用台阶法或分部开挖法,下台阶施工采用左、右错进的方法。

⑤开挖后应立即喷混凝土封闭岩面,及时进行钢架支撑、锚、网、喷联合支护,即时施作仰拱(临时仰拱),并及时进行量测反馈修正支护参数。

⑥仰拱超前,二衬适度紧跟:仰拱超前施工,衬砌适度紧跟,形成封闭结构,提高衬砌结构的承载力;施工缝、沉降缝做特殊处理,一方面为了防水,另一方面可减弱地层活动性对衬砌结构的危害。

(6)灰岩及岩溶。

①通过超前地质预报提前预报溶洞位置;通过超前钻孔和开挖时揭露的情况,查清溶洞形态和性质,了解周围基岩的岩性、节理发育情况,节理间充填物性质,风化程度,溶洞充填物性质,水量大小,溶洞间连通性和水量补给源,溶洞大小和隧道的关系,延伸方向,空洞范围,充填的范围等。

②加强对前方水量的探测,做好排水措施,做好涌水应急措施。有条件的应将岩溶水导流,无条件导流的,采取注浆加固堵水;开挖采用台阶法松动爆破开挖施工,及早封闭开挖面,做好渗水处理;隧道洞身通过石灰岩地层段,石灰岩的溶蚀发育,当溶洞较大并有水时,应设置地下水的流水通道,当溶洞较小,对溶洞进行回填,并进行压浆固结,根据不同的溶洞分别采用不同的施工方法;当通过钻孔预报的水量、水压很大,溶洞中的充填物为块、碎石、碎屑类松散体。采用一般注浆止水、加固地层;当溶洞中充填大量流塑黏土,则采用长管棚,采用劈裂注浆固结法。

③隧道拱部的空洞视其稳定性、溶洞岩石破碎程度采用喷锚支护加固,加设护拱及拱顶回填的方法处理;对已停止发育、径跨较小、无水的溶洞,可根据其与隧道相交的位置及填充情况,采用混凝土、浆砌片石回填封闭。

④当隧道一侧遇到狭长而较深的溶洞时,可加深该侧基础通过;当隧道底有较大的溶洞并有流水时,可在隧道底部以下砌筑浆砌片石支墙,支承隧道结构,并在支墙内套设涵管引排溶洞水;当隧道边墙部遇到较大、较深的溶洞,不宜加深边墙基础时,可在边墙部位或隧底以下筑拱跨过。

⑤当隧道中部及底部遇有深狭的溶洞时,可加强两边墙基础,根据情况设置桥台、架梁通过。

⑥溶洞上下小且有部分充填物时,可将隧道顶部的充填物清除,然后在隧道底部高程以下设置钢筋混凝土横梁及纵梁,横梁两端嵌入岩层;如局部、小部充填物溶洞,可采用清除充填物,再按相应

溶洞空穴处理措施处理;如隧底遇充填物溶洞,规模不大,可采用换填局部充填物或设钢筋混凝土盖板通过,如规模较大可采用钻孔桩基础以桥式结构跨越。

⑦对岩溶水的处理,在调查清楚溶洞的形态和性质,根据采取堵、疏、泄、防的处理方法。

堵:地表有岩溶水源时应采取塞地表裂缝,用改河或修截水沟引开地表水。洞内当钻孔预报水的流量很大,不堵不能保证施工安全时;当施工通过后,采用以下疏导措施后水量仍很大,并影响正常使用或者影响表面生活时必须采用注浆堵水。

疏:在调查岩溶水水流方向的基础上,采用疏导的办法恢复被隧道施工时切断的水流通道,这是处理岩溶水的最佳方法。例如隧道回填将溶洞左右水路切断,则在回填时在隧底埋设横向排水暗沟;如隧道将一较窄的溶洞从上下截断,则在回填时增设竖向排水暗沟。

防:按设计要求施工防水层,并做好混凝土施工工作缝处理,把轨面以上渗水防在隧道以外。

泄:在堵、疏无效时出水则经壁后盲沟引入侧沟,大的出水点可接管直接排入侧沟。

(7)板岩及炭质板岩。

隧道洞身通过板岩及炭质板岩区,岩体层理发育,岩体较软,遇水易软化,稳定性较差,局部易垮塌,施工时拟采取以下施工方法。

①施工原则:严格按"早预报、先治水、以堵为主、限量排放、预支护、短进尺、弱爆破、强支护、快封闭、衬砌适度紧跟,勤量测,步步为营,稳步前进"的原则组织施工。

②早预报、先治水:在每个开挖初支循环中,向掌子面前方钻凿不少于2个超前钻孔,其深度宜在4m以上,以探明地下水的情况;随作业面的开挖进度循环钻孔探水;有条件的将富水区裂隙水通过在隧道两翼打设一定长度和数量的排水管导流至掌子面后方已初支段引出至排水边沟,无条件导流的,则采用注浆加固堵水。

③堵排原则:浑水宜以堵为主;清水堵排结合,以堵为主、限量排放。

④预注浆支护:按开挖循环预支护前伸要求,在隧道拱圈及拱部掌子面按一定间距和数量打设超前小导管注堵漏化学浆液,加强注浆堵漏质量,注浆结束后,对注浆效果进行检查,以确定是否可以开挖,还是需进行补注浆;必要时可辅以超前大管棚后退式分段化学注浆或超前帷幕化学注浆施工措施,以加大加强掌子面前方注浆堵漏长度、范围和注浆质量。

⑤开挖工法:主要采用台阶法,辅以分部开挖法,特殊情况下采取微台阶法或双侧壁导坑法开挖。

⑥短进尺:严格控制每循环开挖进尺,缩短单循环开挖时间。

⑦开挖方法:采用弱爆破法开挖,小间距、少药量、浅孔、减振光面爆破,尽量减少爆破对围岩的扰动;周边眼采用小药卷小间距小药量装药。

⑧全断面快速封闭成环:严格控制开挖台阶总长度在1~1.5倍洞径,全断面快速封闭成环,以防止拱部初支后,仰拱初支滞后造成初支未成环段拱顶二次沉降。

⑨初期支护紧跟快速封闭:采用喷、锚、网、喷支护紧跟、钢架支护、及时封闭成环,初期支护紧跟开挖面及时施作,以减少围岩暴露时间,抑制围岩变形,防止围岩在短期内遇水松弛剥落。

⑩保证初期支护施工质量:确保拱架连接螺栓、连接筋安装质量及喷射混凝土厚度。

⑪初支结构变形处理措施:围岩形变轻微时,采用加强初期支护;围岩形变中度时,可采取加强型钢、加长锚杆(锚管),结合设计需要必要时设置预应力锚索;围岩形变严重时,结合设计需要可改善受力结构的断面形式(如圆形断面)。

⑫仰拱超前,衬砌适度紧跟,形成封闭结构,提高衬砌结构的承载力。

⑬勤量测、适时监控、及时调整:加强监控量测工作,根据位移量测结果,评价支护的可靠性和围岩的稳定状态,根据现有资料针对不同断层采取不同的开挖方法,在开挖过程中根据实际情况适时进行调整支护参数,确保施工安全。

⑭步步为营,稳步前进:掌子面开挖初支各道工序合理有序组织,确保施工资源的及时到位,坚

决杜绝开挖后停工待料或断水断电意外情况的发生。

(8) 推测存在瓦斯地段。

木寨岭隧道炭质板岩区可能有瓦斯外溢,施工时应加强该地段的勘探、资料收集工作,并在施工过程中应加强对瓦斯浓度的监测,注意施工通风,严格按《铁路瓦斯隧道技术规范》及《煤矿安全规程》组织施工,采用超前探孔探明瓦斯情况,为后续施工提供安全保障。施工期间加强通风和瓦斯监测,一般固定设备采用防爆型,移动设备采用非防爆型。

(9) 下穿村民区房屋及其他建构筑物段。

①建构筑物调查、收集、整理资料:施工前,地面测量实测本标段线路施工影响范围建构筑的地理位置和平面布置,并统计其类别及数量,调查其周边环境、基础及结构形式等,并将测量和调查资料收集整理,绘制建构筑物实地位置、平面布置图并附相关建构筑物调查描述资料。

②房屋鉴定:施工前,委托有资质房屋鉴定单位对隧道浅埋下穿村民区房屋及其他建构筑物进行房屋安全等级鉴定,出具鉴定书,根据鉴定结果制定相应安全施工措施。

③监控量测:综合建构筑物调查、收集、整理资料和房屋鉴定结果,进行实地监控量测点布置,主要有地表沉降监测点、房屋沉降监测点、房屋倾斜监测点及水位监测孔等,在隧道施工过程中,适时监测、反馈、分析和采取相应控沉措施。

④洞内施工技术控制措施:施工中采取注浆限制失水,超前小导管预支护防坍,弱爆破防坍防震,短进尺、强支护及快封闭控沉相结合的房屋及建构筑物安全保证措施。

6) 超前地质预报

根据各种探测方法的特点,可分为长距离控制预报、中距离预报、短距离验证预报。其中,长距离宏观控制预报:在隧道穿过的灰岩地段以及断层在洞身水平方向上采用 TSP203 超前地质预测预报系统进行距离 100~200m 的预报,采用 150m 的成果。中距离预报:采用仪器(地质雷达、红外探测仪、HSP 水平声波反射法)和超前地质钻孔进行的距离在 30~50m 的验证预报。短距离预报:地质素描法和采用加长炮眼孔进行的距离小于 30m 的预报。超前地质预报工作如图 21-34 所示,综合超前地质预报主要措施见表 21-22。

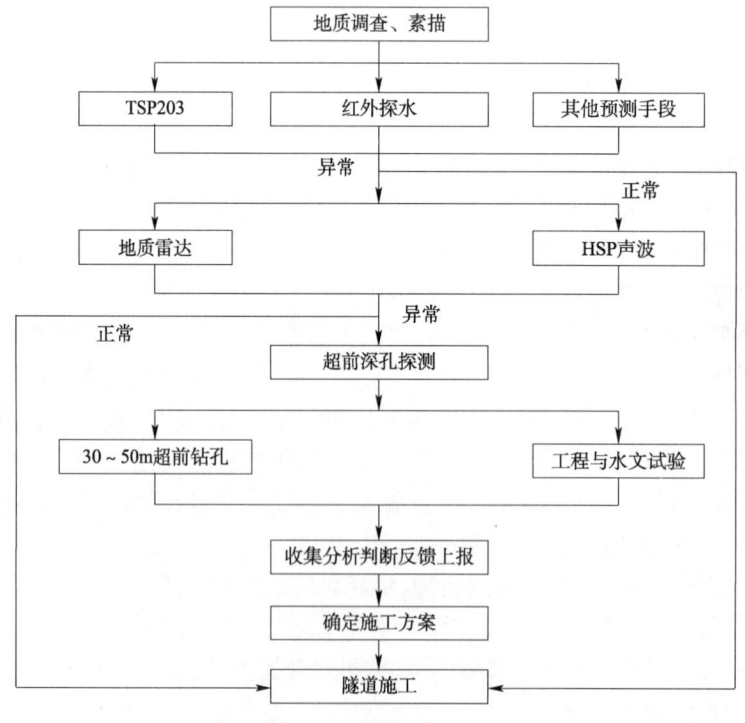

图 21-34 超前地质预报工作流程图

综合超前地质预报主要措施表　　　　　　　　　　　　　　　　　　　　　　　　　　　表 21-22

措　　施		位　　置
地质素描	洞顶及洞壁	左侧洞壁、右侧洞壁、洞顶
	掌子面	每 10m 拍摄一张数码像片计算
物探方法	TSP(掌子面岩溶,不良地质)	洞身每次 150m
	地质雷达(基底岩溶探测)	在隧底中心和两侧,各布置一条测线
	地质雷达(掌子面岩溶探测)	20m 左右一次
	地震反射波法(基底岩溶探测)	在隧底中心和两侧,各布置一条测线
超前水平钻探	单孔水平钻探(一般钻孔深度 30~50m)	
	多孔水平钻探	岩溶地带
基底岩溶勘查	地质雷达和钻探	根据要求
测试试验	长期水文观测点(如泉、暗河、钻孔、沟谷等)	管道流、堰流、深孔
	水量、水压力测试	洞内断层段、溪谷、岩溶水
	软岩物理力学、膨胀性试验	按 50m 计划取样一组
	地下水侵蚀性判定取样	灰岩地段每 150m 计划取样一组,碎屑岩、花岗岩地段每 100m 取样一组

(1)利用工作面地质素描预报。

地质素描在隧道施工中全段进行。地质素描内容为:对开挖掌子面和洞身周边综合分析围岩的岩性、结构、构造和地下水情况,分析判断开挖面前方围岩的工程地质、水文地质特征,并依此提出工程措施建议和进一步预报的方案。根据开挖段围岩的工程地质、水文地质特征进行预报结果的验证,提出是否修改预报方法及参数的意见;根据开挖段及开挖面水文地质情况,提出施工方案的建议。

(2)TSP203 超前地质预报系统超前探测。

隧道掘进过程中,每开挖 150m 通过 TSP203 对开挖前进方向进行中长距离(100~200m)预报,对一定规模的断层破碎带和岩溶带进行预报。

(3)工作面超前地质钻孔探测预报。

在隧道施工通过岩溶、黏质黄土、断层破碎带段每开挖 30m 利用超前水平地质钻孔对开挖前进方向进行 30~50m 的钻探。除可溶岩地段、断层破碎带、可溶岩与非可溶岩过度接触带必须施作超前钻孔外,还要结合超前探测结果的异常段,按地质人员要求增设钻孔。钻机钻孔时要固定牢固,并安设孔口管及高压闸阀,确保超前钻孔涌出高压地下水时,能够有效地控制。在可溶岩地段、可溶岩与非可溶岩过度接触带,以及断层破碎带施工中运用开挖用的钻具进行长 5m 的超前钻孔,对洞身前方进行全方位空间探测,探孔成放射形布设。

(4)开挖后的周边探测。

地质雷达除进行开挖面前方探测以外,在隧道已开挖过的可溶岩地带隧底、断层破碎带洞壁 8~15m 范围进行连续探测,以发现可能的不良地质体,及时上报设计和监理单位进行变更处理,免除后患。

(5)其他地质工作内容及方法。

①岩溶和断层破碎带形态调查:调查岩溶的形态、规模及其分布位置、高程、延伸方向、涌水量大小、充填物情况。

②地表监测:依据提供的工程地质、水文地质图,岩溶隧道中线两侧各 1.5km 与居民生活、生产关系密切的泉水、井水等进行监测。监测内容主要为水量、水温、水压、水质的变化以及当地的气象

与降水;监测手段主要为测量、摄影、笔记等。

③必要时采用超前导坑法进行开挖揭示地质情况。

④地质信息收集与处理:超前地质预报建立一个地质信息系统,通过各种方法收集地质信息,进行综合分析、判断,编制信息预报成果由主管技术人员予以复核,并报设计、监理。为变更设计和施工提供决策依据,及时调整施工方法和支护参数。经分析、整理的地质资料作为施工技术资料存档;采用新的施工方法和支护参数后,有从施工过程中获取新的地质信息,更新地质信息系统,经处理后,再一次反馈给施工,如此往复,形成地质信息系统化。地质预报信息收集处理系统流程如图21-35所示。

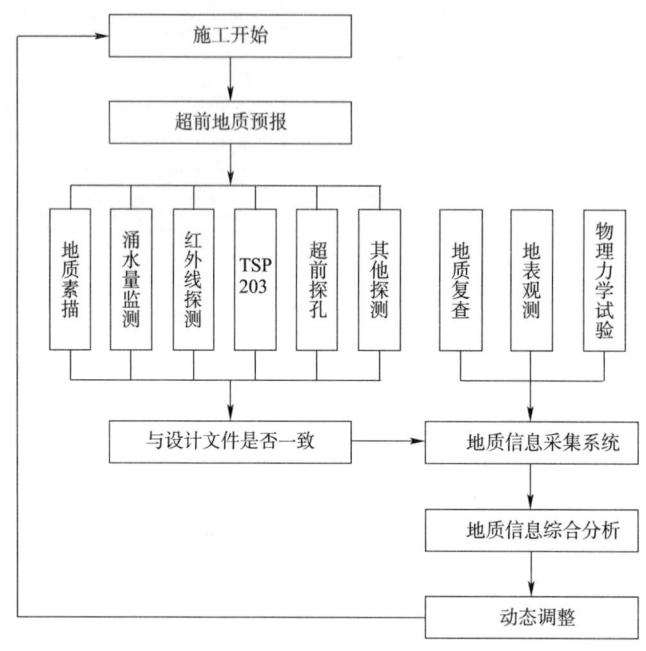

图21-35 地质预报信息处理流程图

7）监控量测与测量

施工测量及监控量测见附录2。

21.5.2.5 轨道工程

1）施工方案

该合同段轨道架子队共设2个双块式轨枕预制存放场,成立2个轨道作业架子队分5个工作面负责全合同段的整体道床施工。

双块式轨枕生产在全封闭厂房内按照循环流水线的方式进行。生产流水线上主要有模板组装和绝缘套管安装、钢筋桁架安装、混凝土浇筑和振捣、蒸汽养护、翻模、脱模、模板清理等控制工序。蒸汽养护采用全自动温度控制系统;底座和道床板混凝土采用模筑施工方案;混凝土采用自动称量的拌和站集中生产,混凝土罐车运输供应,现场混凝土布料斗浇筑的施工方案。

2）施工方法

(1)双块式轨枕预制。

双块式轨枕生产在预制厂按照流水线方式进行。轨枕预制流程如图21-36所示。轨枕模板采用专用钢模板,模具必须保证轨枕几何尺寸和满足施工过程刚度。

钢筋制作在钢筋制作区内用钢筋定长切断机和波型钢筋压制机压制成型后,在专用卡具中将纵筋与波型钢筋点焊成钢筋桁架,然后将钢筋桁架与其他钢筋在钢筋绑扎台上按规定进行绑扎;绑扎好的钢筋骨架在钢筋安装工位安入已安装了套管的模型中,然后由输送辊道将待浇筑模型输送至混凝土浇筑工位再用专用浇筑斗浇筑混凝土;混凝土浇筑后由模型输送辊道输送至混凝土振动工位,用整体式振动台进行振动成型,并静停一段时间;用龙门吊吊入养护池中进行蒸汽养护;当达到脱模强度后将模型吊至翻模机上进行脱模;脱模后,将轨枕在室内短期存放,待轨枕表面温度与室外环境温度小于15℃时,将轨枕运送到存储场地进行自然养护;模型则在清理后通过模型输送辊道回到配件安装工位开始第二个循环预制。混凝土由预制厂混凝土拌和站集中制备,用混凝土浇筑斗车运输至轨枕车间。

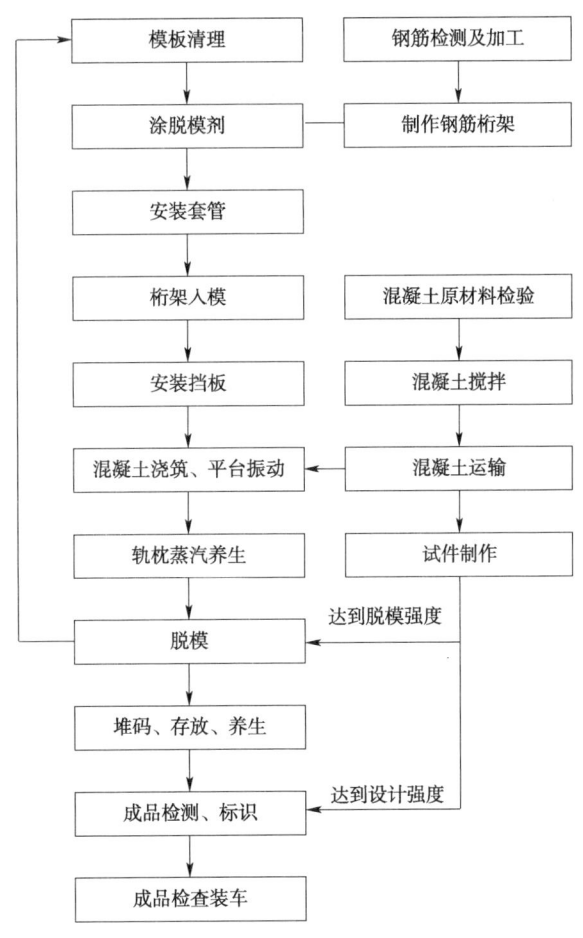

图21-36 轨枕预制流程图

轨枕达到设计强度并检验合格后作为成品明确标识。成品根据现场需要安排运输车辆运送到施工现场。

(2)双块式整体道床施工工艺。

双块式轨道施工流程如图21-37所示。

①施工测量:无砟轨道施工前对隧道进行全面的线路贯通控制测量,控制测量以施工复测时的导线点和线路中心点作为线路的控制基点,形成闭合的导线网,使用全站仪进行精密导线测量,及时进行控制网平差和中线调整。施工测量控制网完成后按二等测量等级增设线路基标。基标分为控制基标和加密基标两种。控制基标一般间距100m设置,变坡点、竖曲线起止点均设置。加密基标间距5.0m,加密基标间距偏差应在相邻两控制基标内调整。采用精密水准仪对隧道仰拱面进行无砟轨道施工前的高程测量。

②隧道基底处理:底座与隧道仰拱回填层合为一体,要求置于稳定的基础上,并加强底部结构和排水系统。仰拱回填层表面必须进行凿毛处理并清洗干净。

③铺放底层钢筋:按照设计要求进行底层钢筋的布设。底层钢筋一定要绑扎垫块。

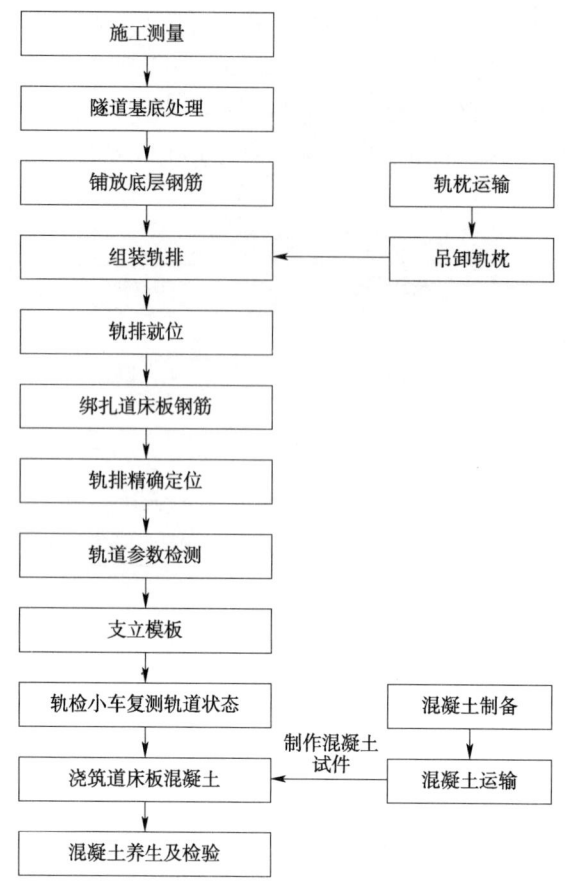

图 21-37 双块式轨道施工流程图

21.5.2.6 房建工程

1)施工方案

每个单位工程本着"先建筑后安装、先地下后地上、先主体后装饰、先地面后墙面"的原则进行施工。同时水暖、电力进行穿插施工。先进行基础工程的施工,待基础工程施工完毕后,集中进行主体工程的施工,室内地沟的施工穿插在主体施工的间隙过程中;主体封闭后,集中施工屋面工程;同时进行内、外墙抹灰工程、室内地面工程及天棚工程的施工;室内抹灰、楼地面、天棚完成后,再进行门、窗扇的安装;水暖工程、电照工程随着工程的进展交叉进行;最后进行细部处理、水电调试、清扫整理、工程交付。

2)施工方法

(1)基础工程。

房屋工程均位于该合同段新建车站岷县站和哈达铺站,为生产办公房屋,基础形式为钢筋混凝土条形基础或片石基础及钢筋混凝土杯型基础,埋深较浅。故采用人工开挖,基础工程完工后进行回填,分层夯实。房屋基础工程施工,先进行场地平整及定位放线,经监理工程师验收合格后进行土方开挖,如遇地质情况与设计土质不符应进行地基处理。验槽合格后进行基础混凝土工程施工,基础工程中垫层混凝土强度达到足够强度后方可在其上部绑扎基础钢筋及支设基础模板,验收合格后进行基础混凝土浇筑,浇筑完应进行洒水或草帘子覆盖养生,而后进行基础砖及地沟墙体的砌筑,最后进行土方回填。基础工程施工工艺流程如图 21-38 所示。

①基础开挖。该合同段房屋工程的土方采用人工开挖,基础面积较大的房屋采用机械开挖,人工配合清底,按规范和设计要求进行放坡,边坡上部堆土距槽边 0.8m 以外,堆土高度不得超过 1.5m,多余土方要及时运出现场。对于地质条件不好的地段,采用换填或加大基础断面方法进行地

基处理。基底的土质必须符合设计要求,并严禁扰动。基底高程允许偏差为 +0mm, -50mm。

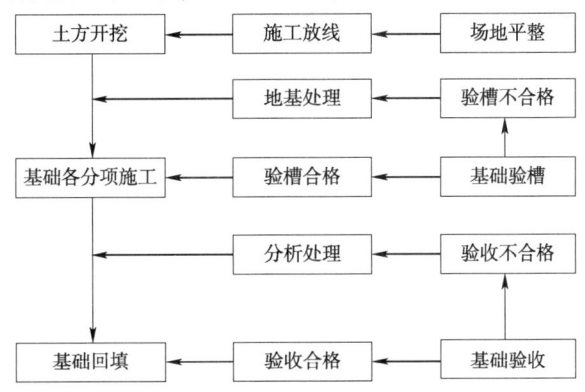

图 21-38　基础工程施工流程图

②基础钢筋混凝土施工。基槽完工后,进行垫层混凝土施工。垫层混凝土强度达到 1.2MPa 后进行基础钢筋绑扎及基础模板支设,基础模板采用组合钢模板,周边用方木支顶牢固,经监理工程师验收合格后浇筑混凝土。钢筋的规格、形状、尺寸、数量、间距、锚固长度、接头位置,必须符合设计要求和施工规范的规定。受力钢筋的间距允许偏差为 ±10mm,排距允许偏差为 ±5mm,受力钢筋保护层允许偏差为 ±10mm。混凝土采用现场搅拌,机械振捣,对于深坑基础要搭设马道,设置溜槽,避免混凝土入模分层离析,混凝土应一次浇筑成型,浇筑后表面覆盖及时洒水养生。

③基础砌体施工。基础混凝土强度达到足够强度后进行基础砌体施工,采用水泥砂浆砌筑,用"一块砖、一铲灰、一揉压"的"三一"砌砖法进行砌筑,不允许干砖上墙,砂浆的稠度控制在 5~7cm,各种沟槽管洞做好预留,避免事后补凿。基础砌筑的同时进行地沟墙体的砌筑,地沟砌筑完成后铺设混凝土盖板。基础结构验收合格后进行土方回填,人工分层回填,用蛙式打夯机夯实,按规定做好干容重及含水率试验,不符合要求进行返工重新回填,为地面分部工程提供可靠的基础保证。

④灰土挤密桩施工。参考湿陷性黄土路基施工中有关灰土挤密桩施工方法。

(2)主体结构工程。

该合同段房屋多为砖混结构,主要采用砌体结构承重,采用红砖砌体,混凝土构件为构造柱、梁、楼板、楼梯等。该合同段各站的信号楼、通信站、行车继电器室、给水所、锅炉房、扳道房等均属于此类房屋。厂房类房屋采用排架结构,主要承重构件为牛腿柱、钢屋架、吊车梁等。10kV 配电所、牵引变电所等框架类房屋采用框架柱、梁、板承重,围护结构为陶粒混凝土空心砌块。楼梯采用现浇钢筋混凝土板式楼梯。主体结构工艺流程如图 21-39 所示。

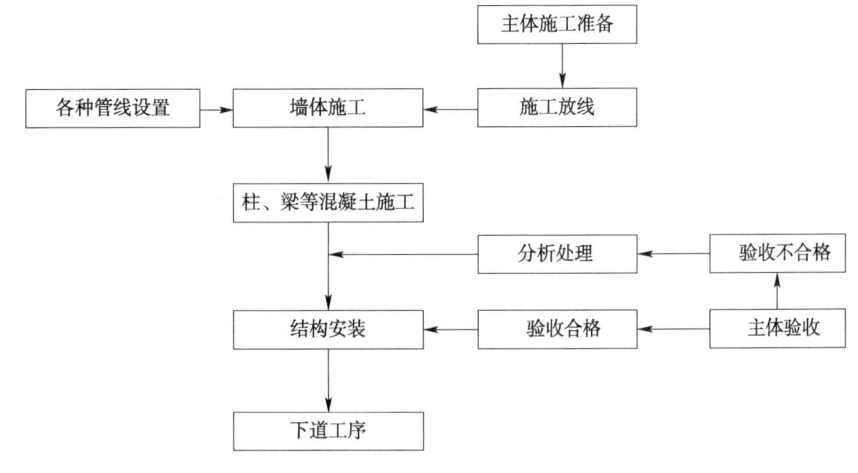

图 21-39　主体结构工艺流程图

砖混结构主体砌筑前先进行抄平放线,然后砌砖。在砌筑工程施工中,水、暖、电照等少数工种做好预留及预埋,砌筑至圈梁及现浇板底后进行模板支设,圈梁、承重柱、构造柱的钢筋先进行绑扎,而后支模,现浇板及简支梁是先支模后绑筋,并且都要经过监理工程师验筋验模合格后方可浇筑混凝土。混凝土浇筑完成后及时浇水养生,在其强度达到1.2MPa后方可进行下一层施工。

框架结构房屋主体结构施工先绑扎柱钢筋,而后支设柱模板,经监理验收合格后浇筑柱混凝土,柱模板拆除后铺设梁及现浇板模板,随后绑扎梁板模板,经监理工程师验收合格后浇筑梁板混凝土。柱混凝土用塑料布包裹或洒水养生,梁板混凝土采用浇水养生。框架主体完成后进行围护结构的砌体施工,采用陶粒混凝土空心砌块。门窗洞口按规定预埋好木砖及塑钢窗安装所需的混凝土块。

厂房类排架结构房屋主体结构施工,可在基础施工同时进行牛腿柱及钢屋架的预制,待基础及柱混凝土强度达到设计强度后进行预制柱吊装。柱吊装完成后,进行钢屋架、吊车梁的吊装及连接。厂房的围护结构为红砖砌体,在主体结构工程中最后施工。

房屋主体结构中的柱、梁模板采用钢或钢木结合方式,大截面或高度较大(大于700mm)的梁设对拉螺栓,确保梁、柱截面几何尺寸的准确。楼梯底模板采用钢模或木模拼装,档口板采用木模,支撑系统采用碗扣式脚手。

预制牛腿柱采用定型木模,内衬白钢板,周边设置可靠的支撑,保证柱截面准确及美观。现浇板模板采用竹胶板,混凝土面或柱面用腻子修补后直接刮大白或刷涂料。

支撑体系采用碗扣式脚手架快支快拆系统。模板及其支架应具有足够的承载能力、刚度和稳定性,能可靠地承受浇筑混凝土的质量、侧压力以及施工荷载。模板工程的允许偏差:轴线位置:5mm;底模上表面高程:±5mm;截面内部尺寸:+4mm、-5mm;相邻两板表面高低差:2mm;表面平整度:5mm。采用钢尺、水准仪、2m靠尺等进行检查。

主体结构的钢筋采用焊接连接或绑扎搭接:柱钢筋采用闪光对焊或电渣压力焊,梁钢筋采用双面搭接焊,直径小于12mm的钢筋采用绑扎搭接。钢筋工程严格执行施工验收规范及施工图纸的要求,同一连接区段内,纵向受拉钢筋搭接接头面积百分率应符合设计要求。当设计无具体要求时,应符合如下规定:梁、板类构件,不宜大于25%,柱类构件,不宜大于50%。混凝土采用现场搅拌,其投料顺序为河砂→水泥→碎石→水,而后进行搅拌。原材料每盘称量的允许偏差:水泥、掺和料:±2;粗细集料:±3%;水、外加剂:±2%。运输到施工地点如发现有离析及泌水现象必须进行二次搅拌,混凝土采用机械振捣,为防止拆模后出现蜂窝、麻面及孔洞现象,必须加强振捣,严格控制振捣时间和点数。

一般房屋的垂直运输机械采用附着式自升龙门架,大型房屋采用塔吊。

主体结构的砌筑工程采用"三一"砌砖法进行施工,砖砌体的位置及垂直度允许偏差:轴线位移:10mm;表面平整度:8mm;水平灰缝平直度:10mm;牛腿柱、钢屋架等大型构件采用汽车吊进行吊装。主体结构施工中,水电等工种配合作业,同步进行。

(3)屋面工程。

该合同段房屋工程多为平屋面,采用柔性防水卷材(氯化聚乙烯),白灰炉渣找坡层;保温层采用水泥珍珠岩,根据不同房屋的使用功能,保温层厚度分为100~240mm不等。排架结构房屋采用彩色压型钢板坡屋面。

屋面工程在主体结构施工封顶后进行,首先做好基层处理,灌好板缝,其次做好隔气层、找坡层、保温层、找平层、防水层等。其中保温层控制好厚度,炉渣找坡层控制好含水率,人工碾压密实。水泥砂浆面层及找平层控制好平整及厚度,防水层按防水材料种类控制好接缝、搭接及粘贴面积。各层完工后均进行质量检查验收,如发现不合格地方,进行分析处理,合格后进行下道工序施工。屋面工程施工工艺流程如图21-40所示。

平屋面及彩板屋面按《屋面工程质量验收规范》及相关标准检查验收。

平屋面处理好各层的施工,基层做好板缝处理,达到强度并干燥后做好隔气层。保温层按规定配比,控制好厚度,确保压实后保温厚度。找坡层按屋面大小及设计坡度控制。水泥砂浆找平层按配比配制,保证达到设计强度,施工时控制好平整度。屋面干燥后进行防水层施工。柔性防水卷材的铺贴采用热熔法及粘结法施工。

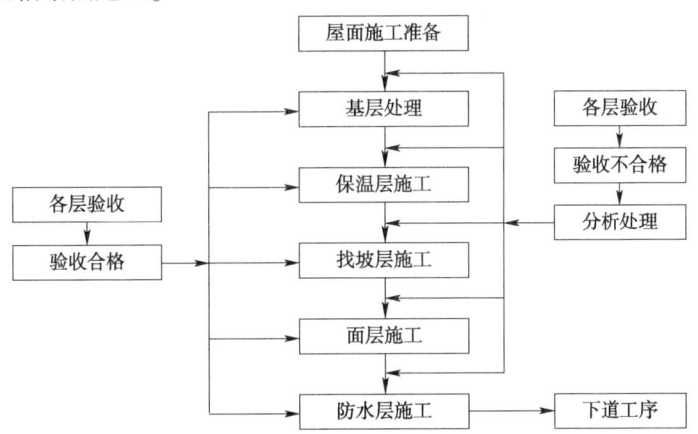

图 21-40 屋面工程施工工艺流程图

彩板屋面施工采用汽车起重机起吊,运输及安装过程中多块彩板整体移动及起吊,单块彩板移动及起吊防止变形,紧固彩板的自攻螺丝要打在波峰上,并有防雨帽。

彩板屋面控制好彩板的横纵向搭接及天沟、屋脊的防水处理,天沟及开孔为屋面防水重要部位,施工人员要精心施工,质检人员要重点检查,检查合格后,进行下一道工序。此部分施工完成后,即不允许任何人员踩踏。

(4)装饰装修工程。

该合同段房屋工程采用中级抹灰,内墙抹混合砂浆刷白色涂料或刮大白,外墙抹水泥砂浆刷防水涂料;一般房屋采用地砖或水磨石楼地面,对于有工艺要求的房屋采用 PVC 工业合成工程防腐地面或抗静电全钢活动地板楼地面;门采用木门或钢木大门,窗采用单框双玻 PVC 塑钢推拉窗。

装饰装修工程在主体工程验收合格后进行,首先做好装饰装修施工准备工作,然后检查隐蔽管线,达到要求后开始装饰、装修工程施工,有墙面施工的先完成门窗框的安装调试,顶棚与其上的电照可同时施工,楼地面施工有楼层的从上层开始施工,抹灰工程完成后进行油漆工程施工,最后进行电器照明器具等安装,各层施工均应进行质量检查验收,验收合格后,进行下一道工序施工。

装饰装修工程在主体结构施工完成后进行,结构工程验收合格后安装门窗框,而后进行室内外抹灰工程施工。抹灰工程完成后,进行楼地面工程的施工,最后进行的是内外墙面粉刷及门窗扇安装。与其他专业施工统筹安排。

21.5.2.7 其他营运生产设备及建筑物

1)施工方案

该合同段其他营运设备及建筑物主要为红外线探测设备、管井、水池围墙、硬面、站台、大门、道路、消防水池、检票口、栈桥、栏杆、轨道线路、工务建筑设备等,承担这些项目施工的队伍为综合施工队。根据施工总体进度安排和工程特点,采取跟进施工的原则。同时根据现场内管道的实际布置及交叉情况按管道的不同高程遵循"先深后浅"的次序施工。

2)施工方法

(1)站台施工。

站台墙为浆砌片石,浆砌片石主要工艺有施工放线、基槽开挖、垫层施工、片石砌筑、帽顶混凝土、勾缝最后养护。

基础开挖至设计位置后,验槽。然后开始砌筑片石。片石砌筑拉线砌筑,第一皮按所放的边线砌筑,以上各皮按准线砌筑。砌第一皮片石时,应选用有较大平面的石块,先在基坑底铺设砂浆,在将片石砌上,并使片石的大面向下。砌每一皮片石时,应分皮卧砌,并应上下错缝,内外搭砌,不得采用先砌外面石块后中间填心的砌筑方法,石块间较大的空隙应先填塞砂浆后用碎石嵌实,不得采用先摆碎石块后塞砂浆或干填碎石块的方法。灰缝厚度为20~30mm,砂浆应饱满,石块间不得有相互接触现象。每隔2m左右设置一块拉结石。片石基础最上一皮,选用较大的平片石砌筑。转角处、交接处和洞口处也应选用平片石砌筑。上部混凝土帽石,采用现浇施工。

(2)混凝土道路施工。

站内道路为混凝土道路。首先进行道路施工放线,然后进行路基土方开挖或回填,路基碾压达到设计要求后进行填筑粗砂垫层以及级配碎石,碾压后支模进行面层混凝土施工,整平振捣、抹平、养护、切缝再养护。

道路路基开挖或回填根据土方调配距离确定采用的土方设备,距离在200m以内的用推土机,距离在200m以上的用自卸汽车配挖掘机或装载机;路基按规定分层碾压,碾压时控制好土方的含水率,采用渗水土填筑;路基验收合格后进行粗砂垫层(厚15cm)填筑,然后进行级配碎石(厚15cm)填筑。

垫层用压路机碾压合格后,进行混凝土路面施工;路面边可用钢模板,在模板与基层接触处,事先用砂浆等材料铺筑填塞密实,以保证模板的稳固。

混凝土灌注用小型自卸车运输,用平板振动器振动;混凝土浇筑摊平后,振动密实并刮平后,用大刮尺抄平,如用真空法施工,则开始铺吸垫,吸完水后,用机械抹光,然后刷毛做缝,人工修理完成后,根据季节条件采取相应的养生措施,如用机械切缝应达到一定的强度后进行;拆模时先起模板支撑、铁杆等,然后拆模板,拆模应仔细,不得损坏混凝土板的边、角;混凝土路面未达到足够的强度不允许施加荷载,应做好成品保护。站场混凝土道路按照《铁路站场建筑工程质量检验评定标准》进行检验。

(3)站台雨棚施工。

①钢结构雨棚施工工艺及流程如图21-41所示。

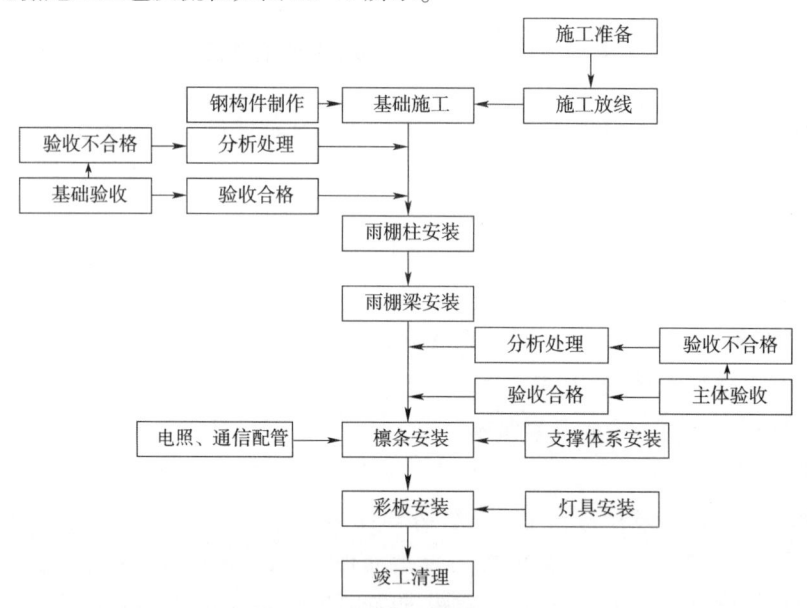

图21-41 钢结构雨棚施工流程图

②施工方法。先根据基线测设出各轴线位置,按设计图纸要求进行基础土方开挖。土方开挖前要同铁通、电务、水电等设备管理单位确认地下电缆、光缆、管路的位置,以便及时排迁;混凝土独立基础施工采用插入式振捣器均匀振捣,预埋螺栓位置要准确,这是直接影响雨棚位置的重要因素;基础混凝土的强度达到80%以后,进行雨棚柱的安装,采用8t汽车吊进行吊装。柱位置校正后进行雨棚梁的安装,梁柱多为铰接;梁安装完成后,随后进行檩条及水平支撑体系的安装,同时进行电照、通信等专业的配管,最后进行的是屋面彩板及灯具安装。

(4)站场给排水施工。

①土方工程。

测量放线:土方开挖前,应先熟悉图纸文件,进行现场勘察,根据设计给定的位置高程进行现场校核。该工程放线应根据设计给定的基线及坐标BM点为基准点放线,放线应该用经纬仪及钢尺放线,放线时杜绝钢尺与既有线路钢轨相碰,防止信号受短路影响行车,管道高程用水准仪进行控制。

复测:放线后,请有关人员(监理工程师、质检部人员等)到现场复测确认,并填写好放线及复测记录,监理工程师签字,后方可开挖。

土方开挖:由于在既有现场内施工,在放线复测后应先办理有关手续,安全协议,请有关单位现场派人进行监护,必要时先挖探沟,防止损坏地下既有设施。根据该工程所处地区,按要求埋深不应小于1.9m 改线道管沟挖深为1.9m+管外径+300mm 砂垫层深度为开挖深度,视管径不同而变,与既有管道相碰头处的挖深应与既有管底相同,排水管道开挖应根据设计图纸要求的高程开挖,排水管挖土杜绝超挖,开挖土方时要根据土质进行放坡,在线间不能放坡时要做好支撑。

堆土及运土:由于在既有线路间施工有些部位不能双面返土,故增加了施工难度,且要土方外运,回填时再运回,这样增加了土方的倒运量,由于既有线路施工后要尽快恢复,故堆土时要在既有线路上铺好彩条布,防止土方掺到道砟上不好恢复,影响行车。股道间的客车上水栓,消防井及站台上的排水井等,所挖的土方要运出采取方案是人力运至站台上或通道处,用机动车运至场外。

积水排除:有的沟深高程过深可能出现地下水,也有可能附近地下既有管道渗漏及雨天施工造成管沟积水,为不影响施工,保证质量,尤其是排水管受高程限制,必须把积水排除,排除方法是挖积水坑,在管沟的最低点,然后用潜水泵及柴油泵排至附近既有排水井内,为了不使既有设施不被淤泥堵塞应在排入既有井前设一个沉淀水箱用以沉砂。

地下设施防护:由于在既有站场内施工,地下有电缆、管道、地下构筑物等设施,为了防止损坏,开挖前应进行交底,并有专人监督。开挖时小心谨慎,当挖到地下设施时应立即停止施工,及时通知相关产权单位及公司安质部门,按产权部门要求进行防护或排迁。

路基及穿越铁路的恢复:开挖后的受损路基的恢复,应请工务部门配合,按要求进行恢复。

②管道铺设及安装。

运管及散管:由于给排水管道在既有线路间施工,给管道运输造成了困难。管道不能直接运至施工地点,必须由人力在统一料场搬运至施工地点。管道运至施工地点后沿管沟方向散开摆好,排水管要看好水流方向,承口顺着水流方向,防止造成错误及误工。

清管沟及垫层:管沟挖好后,在下管前要将管沟底清理干净,给水沟底整平,复测沟深,考虑300mm 砂垫层防止管沟过浅造成埋深不够。排水管沟要复核高程,根据高程进行清底工作,然后填砂垫层,砂垫层上皮为管底高程,砂垫层上皮要平整、夯实找好坡度,上沟上复测如水平板,挂好控制线后复核砂垫层上皮高程确认无误后进行下道工序施工。

下管:下管前要检查管腔内是否有杂物,PE给水管应在沟上进行安装熔接,熔接时应用设备将两根管端切削好,使管口平面与管中心为90°垂直。然后加垫熔接,熔接后翻起的接口要均匀,压力适当并冷却10min后拆掉设备卡具,将管拿出设备外继续冷却,同时准备熔接下一根管道工作。安装时要根据设计图纸位置排好尺寸,甩好各种三通及弯头位置,管道连接好后形成30~40cm时从一端用大绳缓慢下入管沟内。每段下完后要调整好管的位置,三通、弯头的朝向,复核好尺寸后局部埋土压实,接口处不能填土,一切准备完毕进行水压实验,水压实验根据设计压力及安装规范要求进行,各种甩口要封好,同时在打压的另一端设好放气阀及泄水阀,打压时将管内注满水同时放风阀排净管内冷气,进行外观检查,无渗漏后再缓慢升压,打压工序必须提前24h通知监理工程师及安质部,打压时必须到场,打压合格后同时办理内业的会签手续,打压一般以每500m为一段,特殊情况可缩短距离作为一个打压段,但不宜过长。

排水管到下管时要再复核一次控制水平板及褂线的高程,松紧程度,同时复核沟底高程,无误后方可下管安装,排水管的承口必须顺水流方向,排水管采用粘接,使用的胶水必须是厂家配套产品,不能使用其他产品,防止造成排水管渗漏,抹胶宜用板刷在承口、杆口均匀抹好,不漏刷,杆口插入承口后要反复转动管道,使胶液充分接触粘好后再不能转动及碰撞。待胶液达到强度后经过复测监理工程师确认后方可进行回填工作。

回填土沟槽内在管道安装完毕后应尽快回填，一般分为三步：一是为管道上皮 0.5m 内安装完毕后即可回填，接口处留出，其管底部必须填实，在此同时做好隐蔽检查，并签证；二是沟槽其余土方打压分格后再及时回填；三是管道填土在管上皮 0.5m 内要填松细土，从管两侧开始回填，同时管两侧应边填边夯实，管上皮 0.5m 以上每 0.3m 夯一次，直至填满。

③车栓及井座。

该工程客车上水栓为快速注水阀，制动池水，栓上出口与地面快速接头采用 Φ32 镀锌管连接，并盖专业铸铁井盖，井座为管道上皮以下为砌砖抹灰，以上采用钢筋混凝土井圈，井圈安装为三角架搬葫芦安装，条件允许也可用汽车吊安装，井盖上皮一般高出轨面 300mm，横向位置在两股道中心允许 10mm 偏差，纵向一般为 25m 设置一个上水栓。

④排水井、化粪池。

施工前确定好位置、高程，准备好井底梯子，排水井为砌砖，采用 75 号红砖，100 号砂浆，排水井为沉淀井，井盖为铸铁井盖，高程一般高出自然地面 50mm 为宜，化粪池采用混凝土结构，按设计定型图集施工，可委托土建项目部施工，以确保质量，施工用的砖、砂、水泥必须用人工及人力小车运输，特殊地段可用汽车运至施工地点。

⑤管道保温。

按设计图纸要求的位置，进行保温作业，采用发泡保温，发泡保温应均匀密实，接口处应留出，再安装完毕后，经过打压合格后进行现场二次保温作业。

⑥水源井。

施工准备：做好滤水管的加工制作工作，滤水管的孔隙率按 24% 选取，偏差不超过 10%；填砾的形状，以近似圆形颗粒为宜。填砾的化学成分关系到管井的质量与使用寿命，最好采用石英质砾石。

钻进：钻机稳固后安装护口管，开挖泥浆输送系统。冲击钻进，护口管深度应在不透水层内或潜水位以下 1m。泥浆坑位于井孔前方。钻进时，冲程为 0.75~1.0m，冲击次数一般控制在 40~50 次/min。钻进时，根据所钻岩层情况，及时清理井孔；钻进过程中，及时、正确地采取土样。

试孔：安装井孔前，须先用试孔器试孔。试孔时，松放试孔器不要太快，下至孔底如无受阻现象，井孔即合乎要求。否则，须修正井孔；丈量井孔深度；计算安装的全部井管总质量。如总质量超过井管所能承受的拉力时，可采用浮板下管法安装；按照地层柱状图和井的结构图中井管安装顺序丈量尺寸排列在钻机的前方，编好顺号；将井孔中的泥浆适当换稀，但不可向井孔加入清水。换稀的泥浆比重可根据井孔的稳固情况和计划填入砾石的粒径而定，一般为 1.05~1.1；计算井管的总长并核对尺寸，与柱状图无误后方可安装井管。

井管安装：用管卡子将沉淀管在管箍处卡紧，将钢丝绳套套在管卡子两侧，用动滑车将卡好管卡子沉淀管吊起，将第一根井管下入井孔，管卡子即放在下管用方木上。用同样方法吊起第二根管，在第一根上端丝扣部，涂润滑油，对正丝扣，将丝扣拧紧。井管丝扣拧紧后，将井管吊起 2~3cm，先卸掉下端钢丝绳套，再卸管卡子，然后再将第二根管徐徐下入井孔，管卡子放在下管用方木上，按照上述方法连接第三根井管，直至全部井管下入井孔为止。然后用水平尺测量井口，使管口保持水平，并居于井孔中心。

填砾：填砾前按管井施工柱状图将填入砾石规格、数量和深度计算妥当，然后按照各层填砾层面高程进行填砾。用钻机起重设备使全部井管处于拉直状态（井管底不得悬空）。将井管上的卡子用方木垫好，并固定其位置，直待填完滤料封井后再拆除井管上的管卡子。填砾时徐徐填入，不可一次填入过多。填砾石时，一次填完，如因故需要间断时，间断时间不超过 1h。砾石填入高度根据滤水管的位置确定，一般高出滤水管上端 10m。

井管外封闭：进行井管外封闭之前，按照井管的柱状图将"封闭"所需的黏土球和黏土的数量，填入深度等计算妥当，并准备一定的余量。井壁外填黏土球的方法与填砾石的方法相同，但注意防止因黏土球受压缩而错位,井口封闭一般采用黏土封闭,封闭前将黏土捣成碎块,再填入井孔至井口,并夯实。

洗井:洗井必须在下管、填砾、封井后立即进行。一般是先用活塞洗井,或用泥浆泵冲洗水与拉活塞相结合的方法洗井,待泥壁破坏后,再用空压机或离心泵洗井。

抽水试验:生产井只作一次下降,抽水量不少于井的设计水量;抽水试验终止前,取理化分析和细菌分析水样。

⑦工务建筑物施工。

详见房建工程施工方案、施工方法。

21.6 重点(关键)和难点工程的施工方案、方法及其措施

21.6.1 概况

木寨岭隧道为双洞单线隧道,左线总长19050m,右线总长19068m,洞身围岩级别主要为Ⅲ、Ⅳ、Ⅴ级。其中,Ⅳ、Ⅴ级围岩占全隧92.73%以上;洞身穿过板岩及炭质板岩比例较大,占全隧46.53%以上,中段有350m以上的纯灰岩段,先后间断通过11条断层破碎带,断层破碎带长度200~950m,断层带合计占全隧23.66%以上,为极风险隧道。

纸坊隧道为单洞双线隧道,总长5135m,洞身围岩级别主要为Ⅲ、Ⅳ、Ⅴ级。其中,Ⅳ、Ⅴ级围岩合计占全隧92.6%以上;洞身穿过板岩及炭质板岩比例较大,占86.66%以上,先后间断通过4条断层破碎带,断层长度为100~250m,断层合计占隧13.63%以上,为极高风险隧道。

哈达铺隧道为双洞单线,左、右线长度均为16591m,洞身围岩级别主要为Ⅲ、Ⅳ、Ⅴ、Ⅵ级。其中Ⅳ、Ⅴ、Ⅵ级围岩合计占全隧74.20%,Ⅵ级围岩330m;洞身穿过板岩夹灰岩和板岩夹砂岩合计占总隧50.03%以上,同时通过1条断层破碎带长约100m。隧道出口由双洞单线变双连拱隧道出洞,为高风险隧道。

上述3座隧道软岩含量、洞身穿越特殊岩土及断层破碎带不良地质等比例均较高,且均频繁穿越浅埋(最薄仅约30m)地表湿陷性黄土、滑坡、泥石流、岩堆等不良地质段和下穿村民区(最薄仅约30m)、G212国道;隧道洞口基本均临河、临谷、临沟,山体陡峻,除木寨岭隧道进口及哈达铺隧道进口高差较小(5m以内)且洞口有旱地便于布置施工场地外,其他隧道洞口设计路面与洞口既有临近公路路面高差较大(基本均在10m以上),必须从既有公路经山坡长远绕行修建临时便道至洞口。

同寨隧道为单洞双线隧道,总长8827m,全隧道Ⅲ级围岩长6684m,占75.72%;Ⅳ级围岩长1760m,占19.94%;Ⅴ级围岩长383m,占4.34%。隧道处的大地构造属于青藏歹字形构造体系,受构造作用影响,褶皱断裂发育,地质构造十分复杂,隧道范围内受区域地质构造作用影响,发育有断层、褶皱及侵入接触带,地质构造也十分发育。

油房沟大桥325.70m(长)×12.20m(宽)×62.41m(桥高),桥跨2[(60m+2×96m+60m)],最高墩高约54m,为跨沟桥,桥头直接与隧道相连;沟内常年有水,流水宽约6m,水流湍急,临桥上游有一条泥石流沟,桥头山体陡峻,沟两侧坡脚均有岩石堆,施工场地布置困难,墩高跨长,施工难度较大。

21.6.2 安全风险分析

21.6.2.1 木寨岭隧道

(1)隧道洞身通过炭质板岩区,岩体层理发育,岩体较软,遇水易软化,稳定性较差,局部易垮塌,施工中应科学控制药量,严禁放大炮,短进尺,勤支护,加强衬砌,及时疏排地下水。隧道炭质板岩区可能有瓦斯外溢,应加强该地段的勘探、资料收集工作,并在施工过程中应加强对瓦斯浓度的监测,注意施工通风。

(2)进口段隧道通过泥石流区,可考虑施作抗滑桩,坡面应做好开挖挡护,洞口应避免雨季施工,

在洞口处应注意做好排水、排洪工程,给泥石流留够通道,并在施工过程中加强监测和预警,对可能出现的滑坡予以足够的重视,泥石流区下部坡脚位置增加安全防护进行隔离。

(3)出口段隧道处于基岩裸露区域,风化不均,较破碎,易造成崩塌掉块,施工中应采取预加固措施,加强排水,并严格遵循短进尺、弱爆破的开挖,支护及时跟进加强。

(4)隧道进出口及浅埋地段、断裂带和炭质板岩分布段落,应加强支护,避免发生大的变形,并注意渗水、漏水防治,排水措施维护检修。

(5)在地质围岩变化段施工时,应加强资料收集,对出现的岩性变化带、断层破碎带等位置,加强预报,采取短进尺、勤支护、加强排水、衬砌及时跟进,防止掉块,注意工程安全。

21.6.2.2 纸坊隧道

(1)隧道洞口边、仰坡易产生滑坍失稳,对洞内或洞口施工安全造成重大威胁。施工时,洞口边、仰坡应及早做好坡面防护,确保洞口稳定。洞口工程应与洞口相邻工程统筹安排、及早完成,施工宜避开雨季及严寒季节。

(2)隧道洞身通过炭质板岩区,岩体层理发育,岩体较软,遇水易软化,稳定性较差,局部易垮塌,施工中应科学控制药量,严禁放大炮,弱爆破,短进尺,快支护,勤量测,及时施作衬砌,并及时做好疏排地下水工作,以免软化围岩发生较大变形。

(3)隧道进口 DK201+853 处洞顶有冲沟与隧道斜交,施工时应对冲沟采取铺砌措施以引、排地表水,防止地表水下渗。

(4)隧道在通过 f22 断层、F3 断层、f24 断层,断层破碎带由压碎岩、断层角砾及断层泥组成。施工时易发生塌方及突水(泥)。施工时根据现场实际情况,应建立完善的监控量测系统,及时掌握围岩变化情况,根据围岩条件及监控量测资料,合理确定开挖进尺,及时支护结构封闭成环,以确保开挖、支护质量及施工安全。在有可能发生突然涌水突泥地段施工宜采用小药量爆破掘进,在接近突然涌水地段,应做好超前预报,必要时对掌子面前方进行预注浆。

(5)隧道进口至 DK204+425 段均见到炭质板岩,夹于板岩及砂岩层中,层厚在 20~50cm 之间,存在瓦斯等有害气体的形成条件,该段施工时要坚持有害气体检测,注意加强通风。

21.6.2.3 哈达铺隧道

(1)洞口或洞身浅埋地段,容易产生坍塌冒顶、引起地表沉陷或边坡滑坍,危及施工人员及设备安全。施工中,及时进行拱顶下沉、周边位移及地表沉降量测,及时掌握围岩变化情况。设计中考虑采取超前小导管支护措施,并对围岩进行注浆加固处理,必要时可采取地表注浆处理措施。

(2)隧道通过区地质构造复杂,褶皱发育,节理微张,裂隙发育,施工特殊地段时采用超前导管预注浆加固,加强监控量测,及时总结围岩收敛情况,充分利用量测结果来指导施工,并及时完成二次衬砌。

(3)洞身通过的黏质黄土须做消除部分或全部湿陷地层处理,并做好排水工程。

(4)隧道洞身通过石灰岩地层段,石灰岩的溶蚀发育,当溶洞较大并有水时,应设置地下水的流水通道,当溶洞较小,对溶洞进行回填,并进行压浆固结。

(5)隧道洞身位于风化层、黏质黄土中,围岩稳定性较差或一般,施工中应及时支护和衬砌,避免产生围岩失稳。

(6)隧道部分段落位于地下水位下,可能有基岩裂隙水及潜水,施工时应加强排水。反坡地段施工时,当隧道穿过溶洞或隔水层时,有突然涌水的可能。施工中,应做好应急准备,一旦发生涌水,要尽快安装抽水设施,迅速排出,确保安全。

21.6.2.4 同寨隧道

(1)洞口开挖前清除坡积土、松散危石,开挖后边坡采取喷、锚、网及注浆加固措施,确保洞口施工安全及结构稳定。

(2)隧道洞身通过浅埋、偏压、断层破碎带时,要求防小炮、短进尺、强支护、衬砌紧跟,拱背回填密实。

(3)该隧斜井工区为反坡,施工中需机械排水,应配备足够的排水设备,防止地下水软化围岩。

21.6.3 木寨岭隧道

21.6.3.1 工程概况

1)设计概况

(1)工程范围。

木寨岭隧道位于该合同段的前段,起讫里程:左线 DK173+320~DK192+370,长度为19050m,右线 DyK173+321.5~Dyk192+390,长度为19068.5m,为双洞单线分离式特长隧道,含8座辅助坑道(5座单车道无轨斜井、1座双车道无轨斜井、2座双车道有轨斜井)。木寨岭隧道工程示意图如图21-42所示。

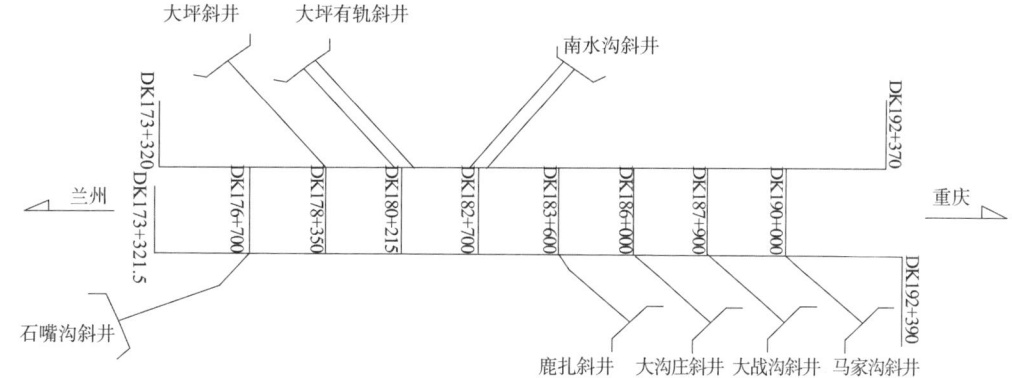

图21-42 木寨岭隧道工程示意图

(2)正洞平面设计。

兰州端洞口段684m线间距30.85m渐变至50m,1116m线间距50m渐变至40m,其余线间距均为40m,重庆端洞口段766.5m线间距由40m渐变至22.5m。隧道除兰州端洞口段561.21位于 $R=7000m$ 的曲线上、重庆端洞口段707.35m(右线出口727.35m)位于 $R=5000m$ 曲线上外,其余地段位于直线上。辅助坑道除鹿扎斜井与正洞相接处位于曲线上外,其余辅助坑道均位于直线上。

(3)正洞纵断面设计。

正洞左线除兰州端4330m段(右线除兰州端40m、4330m段分别为1‰、3‰)为3‰上坡外,其余分别为7‰、13‰、12.8‰的下坡;兰州端洞口路肩高程2540.562m(右线2540.522m)、重庆端洞口路肩高程2366.456m(右线2366.136m)。

(4)辅助坑道设计。

木寨岭隧道辅助坑道设置详见表21-23。

木寨岭隧道辅助坑道设置   表21-23

辅助坑道	与正洞相交里程	侧向	与线路交角	坡度(%)	长度(m)	用途
石咀沟斜井(单车道)	DK176+600	左线右侧	135°	6.12	985	加快进度,缓解通风压力
大坪斜井(单车道)	DK178+500	左线左侧	140°	9.24	1451	
大坪有轨斜井(双车道主副井)	DK180+250	左线左侧	135°	42.00	810	
南水沟有轨斜井(双车道主副井)	DK180+700	左线左侧	40°	40.00	759	
鹿扎斜井(单车道)	DyK183+600	右线右侧	45°	10.12	1850	
大沟庄(双车道)	DyK186+000	右线右侧	37°45′	9.89	1427	
大战沟(单车道)	DyK187+900	右线右侧	62°30′	9.73	1030	
马家沟(单车道)	DyK190+000	右线右侧	45°	9.89	930	

(5)围岩分级及数量。

隧道围岩分级为Ⅲ级2960m、Ⅳ级9270m、Ⅴ级6820m。

其他设计概况详见本书相关内容。

(6)地理位置、地形地貌、交通条件及洞口场地条件。

隧道进口位于漳县大草滩乡漳河西岸洪积扇上,近临漳河及其河漫滩,地形较为平坦开阔,洞口山体坡面较缓已被开辟为耕地,洞口前约150m与G212国道斜交,洞口设计轨面较G212国道路面高约2m;洞身穿越木寨岭高山区,最大埋深约715m,最小埋深约30m;出口位于岷县梅川素子沟内杨家台村,洞口前直临素子沟,沟谷深切呈"V"字形较窄约200m宽,洞口山体较陡基本大于50°,沟内常年流水,但水量不大,沟旁地面为荒地,沿沟有一条碎石路村道,洞口设计轨面较碎石路面高约28m;进出口交通方便,进口场地条件较好,出口场地条件较差。

除马家沟斜井洞口距马家庄碎石路村道约1km且位于半山腰上高差较大(约70m)、石咀沟斜井洞口距G212国道约1km外,其余6座辅助坑道洞口均基本位于沟底缓坡地带与G212国道近临(100m以内)且高差较小(约20m);8座辅助坑道洞口均近临村民区,交通方便,洞口场地条件均较好。

2)工程地质及水文地质情况

(1)工程地质。

该隧道地层条件复杂,按时代由新到老包括了第四系、第三系、二叠系、石炭系、泥盆系等不同时代的地层;特殊不良地质主要有湿陷性黄土、滑坡、泥石流及岩堆等;基岩节理、裂隙发育,多"X"形,特殊地质构造主要有11条断层破碎带(带宽均为200~1000m)、3个背斜及2个向斜构造,属高地应力区;岩土主要有黏质黄土、砂质黄土、板岩、炭质板岩、灰岩、砂岩、泥岩、砾岩、断层角砾、断层压碎岩等。

(2)水文地质。

地下水类型主要为第四系孔隙潜水、构造裂隙水、层间裂隙水、灰岩岩溶水等;属弱富水和中等富水;计算预测隧道单位正常涌水量为547.4~1025.4m^3/(d·km),最大涌水量为964.7~7332.0m^3/(d·km),无腐蚀性。

3)不良地质体

木寨岭特殊不良地质情况见表21-24。

木寨岭特殊不良地质情况　　　　表21-24

隧道名称	序号	特殊不良地质、地质构造及特殊岩土	里程	长度(m)或地点	合计(m)	备注
木寨岭隧道（隧总长19020m）	1	湿陷性黄土	正洞进出口及辅助坑道洞口坡体积土			
	2	滑坡	DK176+030	大坪		
	3		DK186+070	大战沟		
	4		DK189+240	瓦窑沟		
	5		DK189+670	瓦窑沟		
	6	泥石流	DK171+590~DK172+190	隧进口		
	7		DK172+860~DK172+990	酒店子		
	8		DK181+630~DK181+910	老幼店		
	9		DK183+950~DK184+280	鹿扎村		
	10		DK186+265~DK186+350	大战沟		
	11	岩堆	DK175+880~DK175+970	大战沟		
	12	板岩及炭质板岩（占隧46.53%）	DK178+000~DK178+750	750	8850	进口
	13		DK178+900~DK179+900	1000		
	14		DK180+200~DK180+350	150		
	15		DK181+200~DK181+850	650		
	16		DK182+500~DK183+000	500		

续上表

隧道名称	序号	特殊不良地质、地质构造及特殊岩土	里程		长度(m)或地点	合计(m)	备注
木寨岭隧道（隧总长19020m）	17	板岩及炭质板岩（占隧46.53%）	DK183+500～DK183+850		350	8850	
	18		DK184+100～DK185+000		900		
	19		DK185+600～DK186+750		1150		
	20		DK186+900～DK188+000		1100		
	21		DK188+100～DK189+800		1700		
	22		DK191+200～DK191+800		600		
	23	灰岩（合计350m）	DK176+950～DK177+300		350		
	24	断层（占隧23.66%）	F2	DK174+250～DK174+600	350	4500	
	25		f10	DK176+700～DK176+950	250		
	26		f11	DK177+250～DK177+500	250		
	27		f12	DK177+500～DK177+700	200		
	28		f13	DK178+700～DK179+000	300		
	29		f14	DK179+900～DK180+100	200		
	30		f14-1	DK180+300～DK181+250	950		
	31		f14-2	DK181+800～DK182+500	700		
	32		f15	DK183+050～DK183+550	500		
	33		f15-1	DK185+000～DK185+550	550		
	34		f16	DK188+050～DK188+300	250		
		合计			13700		

注：木寨岭隧道板岩、炭质板岩、灰岩及断层合计总长占隧总长的72.03%。

21.6.3.2 总体施工方案

采用8座辅助斜井+正洞进出口组织施工。

1）施工任务划分

按正洞进出口、8座辅助坑道共10个洞口布置施工场地共同承担隧道施工任务。施工任务划分见表21-25。

木寨岭隧道施工任务划分　　　　　表21-25

工区	作业队	承担任务区段	斜井长度(m)	正洞长度(m)
一工区	进口作业队	DK173+320～DK174+905左右线		1545
	石咀沟斜井作业队	石咀沟斜井及DK174+905～DK177+700左右线	985.2	2795
	大坪斜井作业队	大坪斜井及DK177+700～DK179+605左右线	1451.38	1905
二工区	大坪有轨斜井作业队	大坪有轨斜井及DK179+605～DK181+350左右线	主810.23、副809.39	1745
	南水沟有轨斜井作业队	南水沟有轨斜井及DK181+350～DK182+650左右线	主758.7、副777.02	1300
三工区	鹿扎斜井作业队	大坪斜井及DK182+650～DK184+725左右线	1850.26	2075
	大沟庄斜井作业队	大坪斜井及DK184+725～DK186+815左右线	1426.56	2090
四工区	大战沟斜井作业队	大坪斜井及DK186+815～DK188+750左右线	1030.34	1935
	马家沟斜井作业队	大坪斜井及DK188+750～DK190+970左右线	930.01	2220
	出口作业队	DK190+970～DK192+370左右线		1400

2）施工组织

正洞进出口及8座斜井由8个隧道作业队共同承担施工任务；每个施工口进入正洞左右线后均

形成各个施工作业面。施工时,按作业队为单元配足现场作业施工资源,形成多个作业面平行同步施工,并在作业队内各个现场作业面间进行施工资源相互调配均衡施工。相邻施工口作业面同步对向施工至隧道最后贯通。每个开挖作业面按进尺循环开挖初支超前、二衬按组衬砌紧跟(仰拱超前、拱墙滞后)、隧道附属结构集中分段连续兼顾施工。待每个口均施工结束至隧道贯通后分段按组施工无砟道床。

3) 总体施工顺序

总体施工顺序如图 21-43 所示。

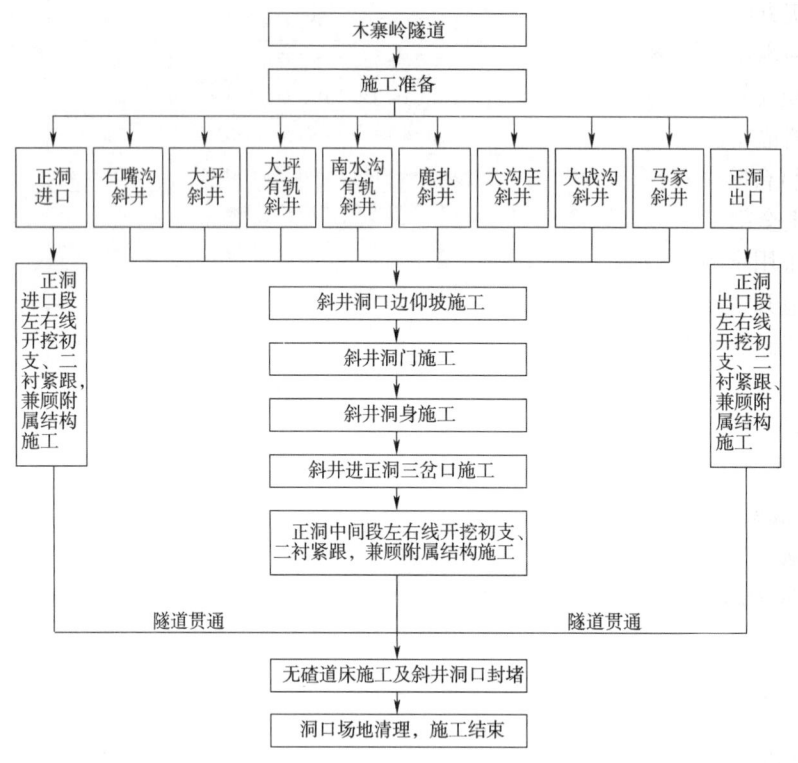

图 21-43　总体施工顺序

4) 施工场地布置及临时设施

从现有 G212 国道或乡村公路分别修建施工便道至木寨岭隧道进口、出口及 8 座斜井洞口,选择坡体较缓且优先选取荒地挖填平整场地,修建各洞口作业队生产设施和生活设施区;其中,蓄水池均位于洞顶山坡上,满足生活用水和一般生产用水,进洞施工所需高压水采用增压泵加压进洞供水;变压器结合临近高压线路走位和洞口位置选址;隧道进口、大坪斜井、大坪有轨斜井、南水沟有轨斜井、鹿扎斜井、大战沟斜井、马家沟斜井及正洞出口各设一座二衬混凝土自动计量拌和站;隧道进口、出口及 8 座斜井洞口各设置一座喷射混凝土小型自动拌和楼;有轨斜井洞口场地按轨道运输场地布置,正洞进出口及无轨斜井洞口按汽车运输场地布置;便道、生产、生活设施、场地、排水及边坡防护等临时设施布置及结构标准均符合相关要求。

5) 施工进度安排

木寨岭隧道为该合同段工期控制性工程,该隧道施工任务重,制约整个合同段施工工期。施工时采用优化斜井断面的方式,增加设备、人员等资源的投入,斜井进入正洞后左右线同时向进出口方向展开施工,以保证在 2013 年 4 月份贯通。

施工准备期 2 个月,受木寨岭洞身穿越隧道中段地层地质条件较隧道前、后段差,中段施工任务较多、工期较长、最后完成,隧道进出口与相邻斜井贯通后,考虑正洞中段施工若由正洞进出口负责运输则运距较长,拟由斜井继续承担施工任务,因此正洞进出口施工任务较少、工期较短,8 座斜井施工任务较多、工期较长。隧道洞口、开挖初支、二衬及附属结构施工任务工期安排为：正洞进口约32.1个月，石嘴沟斜井及正洞约36.5个月，大坪斜井及正洞约47.5个月，大坪有轨斜井及正洞约47.6个月，南水沟有轨斜井及正洞约47.2个月，鹿扎斜井及正洞约46.6个月，大沟庄斜井及正洞约47.5个月，大战沟斜井及正洞约41.5个月，马家沟斜井及正洞约42.1个月，正洞出口约36.6个月。左右线整体道床各约4个月。

该隧道最晚贯通工作面在大坪有轨斜井和南水沟有轨斜井之间，因此关键线路为：施工准备（2009年2月18日）→木寨岭隧道大坪有轨斜井（南水沟有轨斜井）自身施工→木寨岭隧道大坪有轨斜井正洞重庆方向（南水沟有轨斜井正洞兰州方向）开挖施工→木寨岭隧道仰拱及填充→木寨岭隧道洞身衬砌→木寨岭隧道无砟道床（2013年9月9日）。

6）正洞开挖支护

采用钻爆喷锚支护法施工。正洞均为Ⅲ、Ⅳ、Ⅴ级围岩，一般地段Ⅲ级围岩采用全断面法，Ⅳ、Ⅴ级围岩采用(短)台阶法开挖，对环境和地面沉降有严格要求时，可采用三台阶七步法或双侧壁导坑法。喷射混凝土全部采用湿喷工艺。Ⅲ、Ⅳ级（一般）围岩采用全断面无钢架锚喷支护，Ⅳ级（加强）、Ⅴ级围岩采用全断面钢架锚喷支护。

7）辅助坑道开挖支护

采用钻爆喷锚支护法施工。木寨岭8座斜井中，除石嘴沟斜井有约362m的Ⅲ级围岩外，其余均为Ⅳ、Ⅴ级围岩，其中Ⅲ级围岩采用全断面法，Ⅳ级、Ⅴ级围岩采用(短)台阶法开挖。单车道斜井Ⅲ级围岩采用砂浆锚杆锚喷支护，Ⅳ级围岩采用局部钢架砂浆锚杆喷锚支护，Ⅴ级围岩采用钢架砂浆锚杆锚喷支护；错（双）车道Ⅳ级围岩采用局部钢架砂浆锚杆喷锚支护，Ⅴ级围岩采用钢架砂浆锚杆锚喷支护；喷射混凝土全部采用湿喷工艺。

8）装渣运输

（1）正洞：掌子面采用挖机配合装载机装渣、洞内运输采用自卸汽车，经正洞进出口及无轨斜井至洞口外经便道直接运至弃渣场；有轨斜井承担施工任务的运至井底临时存渣仓。

（2）无轨斜井：掌子面采用挖机配合装载机装渣、自卸式汽车直接运至洞口外经便道直接运至弃渣场。

（3）有轨斜井：主副井洞口10m掌子面装渣及井内运输均采用装载机，10m以下至井底采用掌子面挖机装渣、井内单车道有轨运输、斜井提升机牵引小方量自卸式矿车；斜井开挖完成进入正洞开挖后，主井底设临时存渣仓，副井底设卸料栈桥，主井有轨双车道运输(运渣及重型机械下洞)，副井有轨单车道运输(运材料、小型机械、行人及其他)，主井采用大吨位绞车牵引大方量自卸式矿车，副井采用中吨位绞车牵引轨行式材料运输车，正洞自卸汽车运输渣土至主井底直卸渣仓，由井底装载机接力装渣至自卸式矿车，经主井有轨双车道运输至斜井洞口外栈桥卸渣。

（4）洞外运输：正洞进出口及无轨斜井洞口的洞外运输(含洞口至临时存砟场)全部采用自卸汽车直接经便道运至弃渣场；有轨斜井洞口外设临时弃渣场，由主井洞口外双车道有轨运输、绞车牵引至临时弃渣场栈桥卸渣，装载机集中装渣，自卸汽车经便道转运至弃渣场。

9）通风

在隧道进出口及各辅助坑道口均设大功率轴流式风机，左右线间横通道及相邻对向开挖面贯通前采用长管路独头压入式通风方式结合串联接力和射流式通风方式，贯通后采用巷道式通风、压入式通风结合串联接力和射流式通风方式；风管均采用大口径软质风管。

10）排水

采有自然排水和机械排水相结合的方式。斜井及反坡开挖排水，采用隧道两侧设边沟，斜井底设泵站水仓，正洞掌子面积水采用移动潜水泵抽水至就近泵站内，由工作泵接力抽排至下一级泵站，如此接力抽排至斜井底水仓，再在斜井内设多级泵站，接力将水抽排至洞外污水池经净化处理后排放；顺坡开挖采用两侧设边沟以自然排水为主，利用潜水泵将开挖面水抽至衬砌段排水沟自然排水至洞外污水处理池净化后排放;左右线隧道排水系统通过横通道充分连通,以增加左右线排水系统的互补性;洞口外污水池需经处理达标后方可排至指定地点。

11)二次衬砌

采用模筑法施工,以进口、出口及8座斜井各自承担的施工任务为单元,各单元内按纵向分段分组仰拱超前连续施作、拱墙按组紧跟整体衬砌、兼顾附属结构集中施工的方案;仰拱衬砌采用组合模板支架现浇混凝土衬砌,拱墙衬砌采用液压多功能自动整体式液压模板台车衬砌;混凝土采用洞外自动计量拌和站集中拌料,无轨斜井和正洞进出口混凝土采用汽车集中运至洞内,有轨斜井采用副井设置梭槽溜送至正洞混凝土运输汽车转运,直卸输送泵料仓泵送入模,仰拱、回填层及矮边墙采用插入式捣固器捣固密实,拱墙采用插入式振捣器配合附着式振捣器捣固密实。仰拱二衬采用搭设栈桥不影响开挖面运输的方案。有轨斜井承担二衬施工任务的材料运输全部从副井运输。

12)无砟道床

待隧道主体及附属结构全部施工完成贯通后,分隧道前、中、后共3段平行组织、每段纵向分组连续施作;轨枕采取洞外预制厂预制成型,汽车集中运输至洞内,轨行门吊吊装就位;整体道床采取洞外预制钢筋、现场绑扎钢筋成型、关模现浇混凝土成型;混凝土浇筑与主体结构二衬底板浇筑方法相同。

13)超前地质预报

针对木寨岭隧道地质特点,拟采用地貌、设计地质详勘资料、地质调查与地质推理相结合的方法进行超前地质预报,采用长短结合、上下对照、定性与定量相结合的方案来保证预报的准确性,分为长距离控制预报、中距离预报、短距离验证预报等。方法主要有利用工作面地质素描预报、TSP203超前地质预报系统超前探测、工作面超前地质钻孔探测预报、红外线探水、开挖后的周边探测等。

14)监控量测

采用必测与选测结合、观察与仪器监测、洞内与洞外监测相结合的方案,必测项目有洞内外观察及拱顶下沉、净空变化、地表沉降、建筑物沉降等仪器监测;选测项目有围岩压力、钢架内力、喷混凝土内力、二次衬砌内力、初支与二衬间压力、孔隙水压力、爆破振动等仪器监测。对木寨岭隧道穿越不良地质滑坡、泥石流、岩堆、岩溶、断层等重点监测。

15)风险管理

风险管理方案按照以下流程进行:风险辨识→风险评估→制定风险处置措施→风险监控→风险反馈。

21.6.3.3 主要施工方法及措施

正洞施工主要施工方法及措施如下:

(1)开挖。

木寨岭隧道为双洞单线隧道,分为Ⅲ、Ⅳ、Ⅴ级围岩,Ⅲ、Ⅳ级(一般)围岩采用全断面无钢架锚喷设计,Ⅳ级(加强)、Ⅴ级围岩采用全断面钢架锚喷设计。岩性主要为板岩、炭质板岩、灰岩、板岩夹砂岩、板岩夹灰岩、砂岩、泥岩、砾岩等,洞口存在部分黏质黄土、砂质黄土等。

①洞口黄土段开挖:采用上中下三台阶法开挖,台阶高度3.5~4m;上台阶留小梯形短核心土,主要采用人工手持锄头+羊镐+风镐开挖;中台阶采用左右边墙错进2~3榀,下台阶一次开挖成型,中下台阶均采用中小型挖机开挖中间大部分土,人工手持锄头+羊镐+风镐凿边成型;开挖循环进尺:上台阶1榀/循环,中台阶2~3榀/循环,下台阶3~4榀/循环;上台阶长度5~7m,中台阶长度7~10m,总台阶长度15~20m。

②Ⅲ级围岩段开挖:采用全断面光面爆破法开挖,开挖循环进尺2.5~3.0m,爆破设计采用上下楔形掏槽、周边眼小药卷间隔装药,乳化炸药,非电毫米雷管跳段引爆,串联引出电起爆,打钻采用全断面多功能移动式作业台架,YT-28手持式风动风钻打眼。

③Ⅳ级围岩段开挖:采用上下台阶光面爆破法开挖,上下台阶开挖循环进尺1.0~2.0m,下台阶按循环紧跟上台阶,爆破设计采用上台阶水平楔形掏槽、下台阶光面爆破、周边眼小药卷间隔装药,乳化炸药,非电毫米雷管跳段引爆,串联引出电起爆,打钻采用简易台阶作业台架,YT-28手持式风动风钻打眼。

④Ⅴ级围岩段开挖:采用上下台阶光面爆破法或CRD、双侧壁导坑法开挖,开挖循环进尺1榀/循环,下台阶按循环紧跟上台阶,爆破设计采用上台阶水平楔形掏槽、下台阶光面爆破、周边眼小药卷小药量小间距间隔装药,乳化炸药,非电毫米雷管跳段并联延迟引爆,串联引出电起爆,打钻采用简易台阶作业台架,YT-28手持式风动风钻打眼。

⑤特殊地段开挖:隧道下穿浅埋村民区、G212国道地段,以及断层破碎带、板岩、炭质板岩、灰岩段富水区等特殊地段采用上中下三台阶光面弱爆破法、双侧壁导坑法开挖,台阶间按循环紧跟,爆破设计采用上台阶水平楔形掏槽、中下台阶光面爆破、周边眼小药卷小药量小间距间隔装药,乳化炸药,非电毫米雷管跳段并联延迟引爆,串联引出电起爆,打钻采用简易台阶作业台架,YT-28手持式风动风钻打眼。台阶高度3.5~4m,开挖循环进尺:上台阶1~2榀/循环,中台阶2~3榀/循环,下台阶3~4榀/循环;上台阶长度5~7m,中台阶长度7~10m,总台阶长度15~20m。

(2)装渣运输。

掌子面装渣均采用1台中小型挖机配合1台ZLC-50型装载机装渣;洞内运输全部采用18m³自卸汽车运输;有轨斜井承担的开挖任务,主井底设临时存渣仓,正洞自卸汽车运输渣土至主井底直卸渣仓,由1台ZLC-50型装载机接力装渣至12m³侧卸式矿车,经主井双车道有轨运输,洞外3m绞车牵引至洞口外栈桥卸渣至临时存渣场;无轨斜井及正洞进出口承担的开挖任务,洞内运输全部采用18m³自卸汽车直接运至洞口外经便道运至弃土场。洞内运输车辆按正洞进口、出口及8座斜井口所承担的施工任务及作业面施工进度独立适量配置。

(3)初期支护。

Ⅲ、Ⅳ级围岩采用全断面无钢架锚喷支护,Ⅴ级围岩采用全断面钢架锚喷支护,按单线隧道断面初期支护。喷射混凝土采用湿喷工艺,拱墙设置钢筋网,拱部采用中空注浆锚杆或超前注浆小导管,边墙采用砂浆锚杆。全断面开挖法采用开挖成型后一次性全断面初期支护,台阶开挖法采用分台阶开挖成型按台阶初期支护。无钢架锚喷支护施工顺序为:开挖成型→打设锚杆→挂钢筋网→喷射混凝土→开挖成型;有钢架锚喷支护施工顺序为:打设超前小导管→开挖成型→架立钢架→打设锚杆、超前小导管及锁脚锚杆→挂钢筋网→喷射混凝土→超前小导管注浆→开挖成型。软土地段及特殊地段拱部开挖成型后采取先初喷混凝土封闭掌子面再架立钢架。有轨斜井承担开挖初支施工任务的材料运输全部从副井运输,副井设10T绞车牵引,有轨单车道运输。

(4)二次衬砌。

采取模筑法施工,以进口、出口及8座斜井各自承担的施工任务为单元,各单元内按纵向分段分组仰拱超前连续施作、拱墙按组紧跟整体衬砌、兼顾附属结构集中施工的方案;一般情况下仰拱纵向分组长度及里程与拱墙相等,每组12m长,仰拱与拱墙设水平施工缝,拱与墙一体衬砌;仰拱采用组合小模板支架现浇混凝土衬砌,拱墙衬砌采用液压多功能自动整体式液压模板台车现浇混凝土衬砌;施工顺序为:捡底→仰拱混凝土浇筑→混凝土养护→回填层混凝土浇筑→混凝土养护→矮边墙及水沟施工→拱墙防水板铺设→泄水管安设→拱墙钢筋绑扎→台车就位→拱墙混凝土浇筑→拱墙混凝土早期养护→拆模→拱墙混凝土养护。

拱墙防水板铺设及钢筋绑扎采取搭设多功能移动式作业台架,防水板铺设采取爬形热合机双焊缝无钉垫圈铺设;钢筋绑扎采取先预制成型、人工绑扎焊接成型,仰拱关模采取拼装小型钢模板成型,拱墙关模采取台车整体一次就位成型;混凝土浇筑采取洞口自动计量拌和站集中供料,汽车集中运输至洞内(有轨斜井为副井梭槽溜送混凝土,由汽车接力运输),输送泵泵送入模,仰拱、回填层及矮边墙采用插入式振捣器捣固密实,拱墙采用附着式振捣器结合插入式振捣器捣固密实;混凝土养护按要求养护到期。

有轨斜井承担二衬施工任务的材料运输全部从副井运输,副井设 2.5m 绞车牵引,有轨单车道运输。

(5)无砟道床。

无砟道床分为轨枕预制块施工和整体道床施工。施工顺序为:隧道主体及附属结构全部施工无砟道床完成至隧道贯通→测量调平调线→轨枕块洞外预制→轨枕块运至洞内→轨道安装→轨排拼装及就位→门吊安装→轨枕预制块吊装就位→整体道床钢筋绑扎→整体道床混凝土浇筑→混凝土养护。

轨枕预制块采取双块分离式,采取在洞外预制厂预制成型,汽车集中运至洞内,轨道与轨排拉杆对拉固定成型,轨行门吊吊装与轨排孔按孔吻合精测就位。整体道床采取先将隧道二衬底板混凝土凿毛,钢筋预制成型,汽车集中运输至洞内,人工现场绑扎成型,洞外自动计量拌和站集中供料,汽车运输至洞内卸于料斗,轨行门吊提升移动浇筑,插入式振捣器捣固密实,按要求混凝土养护到期。

(6)辅助施工方法。

超前地质预报、监控量测与测量、施工通风、施工排水、注浆施工。

21.6.3.4 辅助坑道施工

1)无轨斜井及横洞施工

无轨斜井中除大沟庄斜井为双车道斜井外,其余均为单车道斜井,单车道和双车道无轨斜井施工均同单线正洞反坡施工方案与施工方法相近。

2)有轨斜井施工

该合同段共有 2 个有轨斜井,分别为大坪有轨斜井和南水沟有轨斜井;大坪有轨斜井长 745m,坡度 42‰,南水沟斜井 700m,坡度 40‰;有轨斜井开挖时,斜井坡度超过汽车行驶允许,须采用有轨运输;受进洞时斜井口与作业面距离较短和掌子面机械作业空间限制,主副井洞口 10m 掌子面装渣及井内运输均采用 ZLC-50 型装载机,10m 以下至井底采用掌子面中小型挖机装渣、井内单车道有轨运输,采用绞车牵引 12m^3 侧卸式矿车出渣;掌子面土石方开挖及钢架架立均沿竖向铅垂面;支护材料通过轨行式运输车运输。其他与单线正洞反坡施工方案与施工方法相近,详见"正洞施工"有关内容。

3)斜井封堵施工

临时辅助坑道施工任务完成后,斜井与正洞连接处、斜井出洞口均采用 3m 厚的 C15 片石混凝土进行封堵,恢复原地貌。

21.6.3.5 其他特殊地段施工

参照不良地质段及特殊地段施工内容。

21.6.3.6 施工安全技术措施

(1)洞顶、坡顶、坡脚及洞口做好截水沟和排水沟,防止雨水冲刷和回灌隧道。

(2)施工中应加强排水,特别是黄土隧道或反坡施工段落,防止积水长期浸泡基底。对于部分隧道采用反坡排水作业,如遇地质条件较差、富水段施工时,必须采用双回路电源,以保证施工安全。

(3)隧道部分段落位于地下水位下,可能有基岩裂隙水及潜水,施工时应加强排水;反坡地段施工时,当隧道穿过溶洞或隔水层时,有突然涌水的可能。施工中,应有应急预案,一旦发生涌水,要尽快安装抽水设施,迅速排出,确保安全。

(4)开挖前进行超前地质预测预报,隧道施工过程中加强监控量测,实行信息化施工,以掌握围岩动态和支护工作状态,及时调整隧道的施工和支护方案,保障围岩稳定和施工安全。

(5)在地质围岩变化段施工时,加强资料收集,对出现的岩性变化带、断层破碎带等位置,加强预报,采取短进尺,勤支护,加强排水,衬砌及时跟进,防止掉块,注意工程安全。

(6)二次衬砌的施工,应根据监控量测及反馈结果确定,一般在隧道周边收敛变形基本稳定后进行;如变形速率增长较快或变形较大时,及时采取措施及进行变更设计。

(7)施工期间注意分段核对地质,如遇与设计不符之处,应及时提出,并及时改变方案,以保证施工和结构安全。

(8)加强施工质量管理,特别注意衬砌外侧要回填密实,防止出现空洞,以免产生质量隐患。

(9)有轨施工时,合理安排工序,注意施工机械的日常保养和严格执行对提升系统、轨道和钢丝绳的检修;有轨斜井施工的特殊性,要加强超前地质预测,做好突泥、突水应急预案。

(10)应加强运输的调度、通风设备的配置。

(11)隧道进出口、浅埋及偏压段施工时,应加强大管棚超前注浆支护加强排水措施,并加强初期支护和二次衬砌。

(12)隧道洞身通过村庄附近时,应对附近居民的水井、泉水出露点进行长期观测,防止隧道施工造成地表水源干涸。

(13)施工时分段化验水质资料,如发现水质对混凝土有侵蚀性时,应采取防侵蚀措施。

(14)在施工过程中应注意进一步总结经验,优化工艺。

(15)隧道塌方处理方法如下:

小型塌方处理:对于小塌方应该先清理塌方面,后对塌方面采用超长锚杆加固,将锚杆伸入到围岩的稳定区,锁住松动圈,然后用加强联合支护法支护,最后再进行塌方处理。

较大塌方处理:塌方的一般规律是围岩压力增大,支撑压紧,发出声响,接着产生位移变形。围岩掉渣,出现裂缝,直至滑动、塌塌。大塌方处理一般是塌方基本稳定后进行,先查看塌方规模,分析产生塌方原因,再制订塌方处理方案或按预案执行。处理方法一般有支顶法、固结法,两种方法均需先进行治水和支护加固,防止塌方事态扩大。

支顶法一般选择围岩稳定地段开挖导洞,埋入型钢,用钢筋混凝土锁住两侧,上部用浆砌片石封填,对较大塌方可用套拱法,保证塌方面稳定后再进行清理。固结法是采用注浆法,先将塌体和松动部分进行注浆处理,将松动部分固结后再清理塌体。

(16)关于塌方的自救互救措施:在开挖易发生塌方的地段,除了在开挖时用人工配合机械法外,专职安全员跟班作业,一旦发现不安全因素立即撤离施工人员,工班长应立即制止人员跑动、组织人员自救互救,洞口值班室立即到洞内查看险情,并及时通知有关人员,启动应急预案。抢险过程中,应充分利用未砸断导管给洞内人员供风、供氧、供水,争取救援时间。

21.6.4 纸坊隧道

21.6.4.1 工程概况

1)设计概况

(1)工程范围:纸坊隧道起讫里程为 DK201+820~DK206+955,全长5135m,为一座双线隧道。

(2)平面设计:兰州端洞口 DK201+820~DK203+854.81 线间距由 4.56m 渐变为 4.4m,出口 DK206+154.1~DK206+955 线间距由 4.4m 渐变为 4.917m。隧道进口段约390m 位于 $R=4000$m 曲线上,出口段约170m 位于 $R=4000$m 的曲线上,其余地段均位于直线上。

(3)纵断面设计:隧道内线路纵坡进口为 0.625‰ 的上坡,出口为 0.625‰ 下坡。

(4)围岩分级及工程量:隧道围岩分级为Ⅲ级380m,Ⅳ级3250m,Ⅴ级1505m。

(5)地理位置、地形地貌、交通条件及洞口场地条件:隧道进口位于岷县茶埠乡奈子沟村洮河边上,近临洮河及其河漫滩,洞口前约200m 与 G212 国道接近于 90°正交;洞身穿越纸坊高山区,最大埋深约248m,最小埋深约45m;出口位于岷县岷阳镇正龙饲料骨粉厂,近临迭藏河及其河漫滩,洞口前约350m 与 G212 国道接近于 90°正交;洮河和迭藏河均常年流水,但水量不大,河旁地面为荒地;进出口交通方便,但洞口山体坡面均陡峻,基本大于 50°,洞口设计轨面较 G212 国道路面均高约

21m,场地条件均较差。

2)工程地质及水文地质情况

(1)工程地质:该隧道地层条件复杂,按时代由新到老分别包括了第四系、第三系、二叠系、石炭系、泥盆系等不同时代的地层;隧道及辅助坑道穿越山体特殊不良地质主要有湿陷性黄土、滑坡、泥石流及岩堆等;隧道通过范围基岩节理、裂隙发育,多"X"型,特殊地质构造主要有4条断层破碎带(带宽均为100~250m),1处向斜和1处背斜,属高地应力区;岩土主要有黏质黄土、砂质黄土、板岩、炭质板岩、砂岩、泥岩、砾岩、断层角砾、断层压碎岩等。

(2)水文地质:地下水类型主要为第四系孔隙潜水、构造裂隙水、层间裂隙水等;属弱富水和中等富水,据设计资料该隧道正常涌水量为2180.39m³/h,最大涌水量为6541.17m³/d。

3)不良地质体

纸坊隧道特殊不良地质情况见表21-26。

纸坊隧道特殊不良地质情况 表21-26

隧道名称	序号	特殊不良地质、地质构造及特殊岩土	里程	长度(m)或地点	合计(m)	备注
纸坊隧道 (隧总长5135m)	1	板岩及 炭质板岩 (占隧86.66%)	DK201+850~DK202+000	150	4405	进口
	2		DK202+100~DK202+900	800		
	3		DK203+150~DK203+600	450		
	4		DK203+750~DK205+900	2150		
	5		DK206+100~DK206+955	855		
	6	断层 (占隧13.63%)	f22 DK202+000~DK202+100	100	700	
	7		F3 DK202+900~DK203+150	250		
	8		f23 DK203+600~DK203+750	150		
	9		f24 DK205+900~DK206+100	200		
合计				5105		

注:纸坊隧道板岩、炭质板岩及断层合计总长占隧总长的99.42%。

21.6.4.2 施工方案

采用钻爆喷锚支护法结合辅助施工措施施工。

1)总体施工任务划分

按正洞进出口共2个洞口布置施工场地共同承担隧道施工任务,进出口组织对向同步施工直至隧道贯通。

2)施工组织

纸坊隧道正洞进出口设隧道进口作业队和隧道出口作业队,形成进出口两个施工作业面对向同步施工直至隧道贯通,按作业队为单元配足现场作业面施工资源;每个开挖作业面按进尺循环开挖初支超前、二衬按组衬砌紧跟(仰拱超前、拱墙滞后)、隧道附属结构集中分段连续兼顾施工。

3)总体施工顺序

总体施工顺序如图21-44所示。

4)场地布置及临时设施

从现有G212国道或乡村公路分别修建施工便道至纸坊隧道进出口,选择坡体较缓且优先选取荒地挖填平整场地,修建各洞口作业队生产设施和生活设施区。其中,蓄水池均位于洞顶山坡上,满足生活用水和一般生产用水,进洞施工所需高压水采用增压泵加压进洞供水;变压器结合临近高压线路走位和洞口位置选址;进口叶家坡大桥附近、出口迭藏河1号特大桥附近各设一座二衬混凝土自动计量拌和站;隧道进出口各设置一座喷射混凝土小型自动拌和楼;进出口均按汽车运输场地布置;便道、生产、生活设施、场地、排水及边坡防护等临时设施布置及结构标准均符合相关要求。

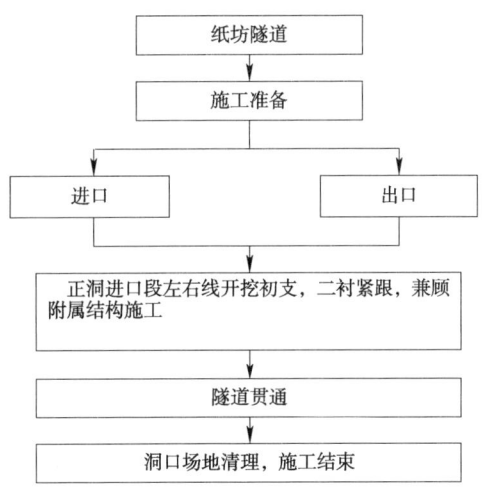

图21-44 总体施工顺序图

5)施工进度安排

纸坊隧道为该合同段的非控制工期工程,施工准备期2个月,设进出口两个作业面对向同步施工至隧道贯通,隧道洞口、开挖初支、二衬及附属结构合计安排37个月施工完成。施工进度横道图如图21-45所示。

图21-45 施工进度横道图

6)开挖支护方案

采用钻爆喷锚支护法施工,正洞均为Ⅲ、Ⅳ、Ⅴ级围岩,一般地段Ⅲ、Ⅳ、Ⅴ级围岩隧道采用台阶法开挖,部分洞口浅埋、偏压段、洞身破碎段可采用CD(中隔墙)法、CRD法或双侧壁导坑法。喷射混凝土全部采用湿喷工艺。Ⅲ级围岩采用全断面无钢架锚喷支护,Ⅳ、Ⅴ级围岩采用全断面钢架锚喷支护。

7)装渣运输

掌子面装渣均采用挖机配合装载机装渣,洞内运输全部采用汽车无轨运输运至洞口经便道运至弃土场。

8)通风

刚进洞20m以内短距离开挖时隧道工作面可采用局扇通风,20m以下至正常段开挖时,在隧道进出口设大功率轴流式风机,采用长管路独头压入式通风方式结合串联接力和射流式通风方式;风管均采用大口径软质风管。

9)排水

采有自然排水和机械排水相结合的方式。反坡开挖排水采用隧道两侧设边沟,设多级泵站,接力将水抽至洞外污水池经净化处理后排放;顺坡开挖采用两侧设边沟以自然排水为主,利用潜水泵将开挖面水抽至衬砌段排水沟自然排水至洞外污水处理池净化后排放;洞口外污水池需经处理达标后方可排至指定地点。

10)二次衬砌

采用模筑法施工,按双线隧道断面衬砌,以进口、出口各自承担的施工任务为单元,各单元内按纵向分段分组仰拱超前连续施作、拱墙按组紧跟整体衬砌、兼顾附属结构集中施工的方案;二衬混凝土运输全部采用从正洞进出口汽车运输至洞内,其他施工方法木寨岭隧道。

11)超前地质预报

同"木寨岭隧道超前地质预报"。

12)监控量测

同"木寨岭隧道监控量测方案"。

13)风险管理

同"木寨岭隧道风险管理方案"。

21.6.4.3 主要施工方法及措施

1)开挖

纸坊隧道为单洞双线隧道,断面较大,分为Ⅲ、Ⅳ、Ⅴ级围岩,Ⅲ围岩采用全断面无钢架锚喷设计,Ⅳ级、Ⅴ级围岩采用全断面钢架锚喷设计。岩性主要为板岩、炭质板岩、板岩夹砂岩、板岩夹灰岩、砂岩、泥岩、砾岩等,洞口存在部分黏质黄土、砂质黄土等。

(1)洞口黄土段开挖:同"木寨岭隧道洞口黄土段开挖"。

(2)Ⅲ级围岩段开挖:采用全断面或上下台阶光面爆破法开挖,上下台阶开挖循环进尺 1.0~2.0m,下台阶按循环紧跟上台阶,爆破设计采用上台阶水平楔形掏槽、下台阶光面爆破、周边眼小药卷间隔装药,乳化炸药,非电毫米雷管跳段引爆,串联引出电起爆,打钻采用简易台阶作业台架,YT-28 手持式风动风钻打眼。

(3)Ⅳ、Ⅴ级围岩段开挖:采用上下台阶光面爆破法开挖,开挖循环进尺 1 榀/循环,下台阶按循环紧跟上台阶,爆破设计采用上台阶水平楔形掏槽、下台阶光面爆破、周边眼小药卷小药量小间距间隔装药,乳化炸药,非电毫米雷管跳段并联延迟引爆,串联引出电起爆,打钻采用简易台阶作业台架,YT-28 手持式风动风钻打眼。

(4)特殊地段开挖:隧道洞口浅埋或破碎段采用短台阶法开挖,若围岩或初支结构产生较大变形及其他特殊情况下,可采用 CD(中隔墙)法、CRD 法或双侧壁导坑法开挖;台阶间按循环紧跟,爆破设计采用上台阶水平楔形掏槽、下台阶光面爆破、周边眼小药卷小药量小间距间隔装药,乳化炸药,非电毫米雷管跳段并联延迟引爆,串联引出电起爆,打钻采用简易台阶作业台架,YT-28 手持式风动风钻打眼。

2)装渣运输

掌子面装渣均采用 1 台中小型挖机配合 1 台 ZLC-50 型装载机装渣,洞内运输全部采用 18m³ 自卸汽车运输直接运至洞外经便道运至弃渣场;洞内运输车辆按正洞进口、出口所承担的施工任务及作业面施工进度独立适量配置。

3)初期支护

Ⅲ级围岩采用全断面无钢架锚喷支护,Ⅳ、Ⅴ级围岩采用全断面钢架锚喷支护,按双线隧道断面初期支护,采用分台阶开挖成型按台阶初期支护,其他同木寨岭隧道。

4)二次衬砌

采用模筑法施工,按双线隧道断面衬砌,以进口、出口各自承担的施工任务为单元,各单元内按纵向分段分组仰拱超前连续施作、拱墙按组紧跟整体衬砌、兼顾附属结构集中施工的方案;二衬混凝土运输全部采用从正洞进出口汽车运输至洞内,其他施工方法与木寨岭隧道相同。

5)其他特殊地段施工

参考"不良地质段及特殊地段施工"章节内容。

21.6.5 哈达铺隧道

21.6.5.1 工程概况

1)设计概况

(1)工程范围:起讫里程:DK220+499～DK237+090(右线里程DyK220+499～DyK237+090),全长16591m,两座单线分离式特长隧道,隧道出口为双连拱隧道,含5座无轨斜井。哈达铺隧道工程示意图如图21-46所示。

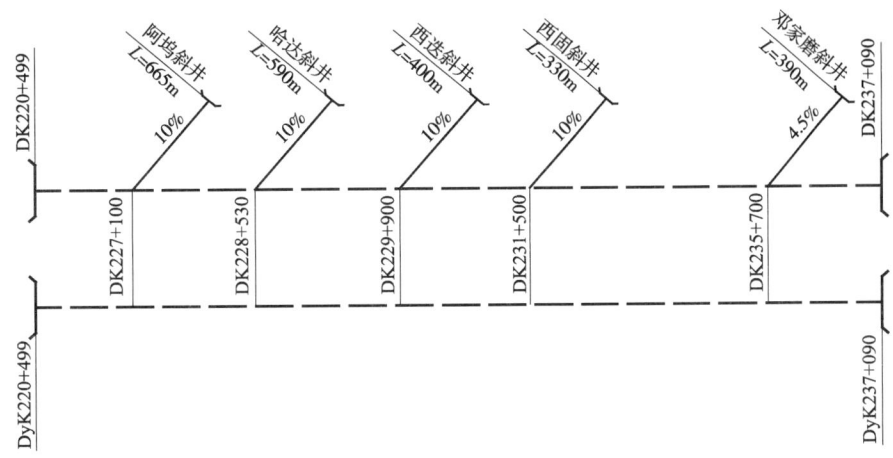

图21-46 哈达铺隧道工程示意图

(2)平面设计:兰州端洞口DK220+499～DK221+300段线间距由28m渐变为40m,出口DK236+300～DK237+090段线间距由40m渐变为5m,其余地段线间距为40m。隧道进口段位于$R=3500$m的曲线上,约1290m位于$R=6000$m的曲线上,出口段约635m位于$R=7000$m的曲线上,其余地段均位于直线上。

(3)纵断面设计:隧道内线路纵坡分别-3.0‰、-12.8‰、-13.0‰、-12.9‰、-13.0‰、-11.0‰的单面下坡。

哈达铺隧道辅助坑道设置见表21-27。

哈达铺隧道辅助坑道设置　　　　表21-27

辅助坑道	与正洞相交里程	侧向	断面类型	坡度(%)	长度(m)	用途
阿坞斜井	DK227+100	左线的左侧	单车道+错车道	10	665	加快进度缓解通风压力
哈达斜井	DK228+530	左线的左侧	单车道+错车道	10	590	
西迭斜井	DK229+900	左线的左侧	单车道+错车道	10	400	
西固斜井	DK231+500	左线的左侧	单车道+错车道	10	330	
邓家磨斜井	DyK235+700	左线的左侧	单车道+错车道	4.5	390	

(4)围岩分级及工程量:隧道围岩分级为Ⅲ级4130m、Ⅳ级10655m、Ⅴ级1476m、Ⅵ级330m。其他设计概况参考隧道设计相关内容。

(5)地理位置、地形地貌、交通条件及洞口场地条件:隧道进口位于岷县寺沟乡固村山坡,近临迭藏河及其河漫滩,洞前地形较为开阔,迭藏河河内常年流水,但水量不大,河旁地面为荒地,洞口前约100m与G212国道斜交,洞口设计轨面较G212国道路面高约5m;洞身为穿越长江、黄河的分水岭——麻子川梁山,最小埋深约30m;出口位与宕昌县哈达铺镇台子村,与G212国道基本平行相距约300m,与碎石路村道斜交且相距约100m,洞口密集村民区;进出口交通均方便,洞口均为缓山坡,场地条件较好。

5座斜井均基本位于谷底,距G212国道较近500m以内,洞前坡面较缓,交通条件和场地条件均较好。

2)工程地质和水文地质情况

(1)工程地质:该隧道洞身经过地层主要有第四系全新统冲洪积淤泥、淤泥质粉质黏土、粉质黏土、粉土、砂质黄土、中砂,洪积(粗)角砾土;下第三系砂岩、砾岩、泥岩及三叠系中统砂岩、板岩局部夹杂灰岩等。隧道及辅助坑道穿越山体特殊不良地质主要有湿陷性黄土、滑坡、泥石流及岩堆等;隧道通过范围基岩节理、裂隙发育,多"X"形,特殊地质构造主要有1条断层破碎带(带宽均为100m),属高地应力区;其中特殊岩土板岩夹灰岩、板岩夹砂岩占隧50.03%。

(2)水文地质:地下水分为基岩裂隙水和第四系松散堆积层孔隙水两类。基岩裂隙水主要储存于洞身的砂岩、板岩、砾岩中。预测该隧道最大涌水量为28648m^3/d。地下水无侵蚀性。

3)不良地质体

哈达铺特殊不良地质情况见表21-28。

哈达铺特殊不良地质情况　　　　表21-28

隧道名称	序号	特殊不良地质、地质构造及特殊岩土	里程	长度(m)或地点	合计(m)	备注
哈达铺隧道 (隧总长16591m)	45	板岩夹灰岩 板岩夹砂岩 (占隧50.03%)	DK220+500~DK225+500	5000	8300	进口
	46		DK225+600~DK226+100	500		
	47		DK233+000~DK235+800	2800		
	48	断层f26(合计100m)	DK225+500~DK225+600	100		
合计				8400		

注:哈达铺隧道板岩夹灰岩、板岩夹砂岩及断层合计总长占隧总长的50.63%。

21.6.5.2 施工方案

采用5座辅助坑道+正洞进出口组织施工。

1)总体施工任务划分

按正洞进出口、5座辅助坑道共7个洞口布置施工场地共同承担隧道施工任务。哈达铺隧道施工任务划分如图21-47所示。

2)总体施工顺序

总体施工顺序如图21-48所示。

3)施工组织

哈达铺隧道正洞进出口及5座斜井共7个施工口为7个独立单元,下设7个独立隧道作业队;每个施工口进入正洞左右线均形成各个施工作业面。施工时,按作业队为单元配足现场作业面施工资源,形成多个作业面平行同步施工,并在作业队内各个现场作业面间进行施工资源相互调配均衡施工。相邻施工口作业面同步对向施工至隧道最后贯通。每个开挖作业面按进尺循环开挖初支超前、二衬按组衬砌紧跟(仰拱超前、拱墙滞后)、隧道附属结构集中分段连续兼顾施工。待每个口均施工结束至隧道贯通后分段按组施工无砟道床。

4)施工场地布置及临时设施

从现有G212国道或乡村公路分别修建施工便道至哈达铺隧道进口、出口及5座斜井洞口,选择坡体较缓且优先选取荒地挖填平整场地,修建各洞口作业队生产设施和生活设施区。其中,蓄水池均位于洞顶山坡上,满足生活用水和一般生产用水,进洞施工所需高压水采用增压泵加压进洞供水;变压器结合临近高压线路走位和洞口位置选址;进口迭藏河3号特大桥附近、哈达铺隧道西迭斜井

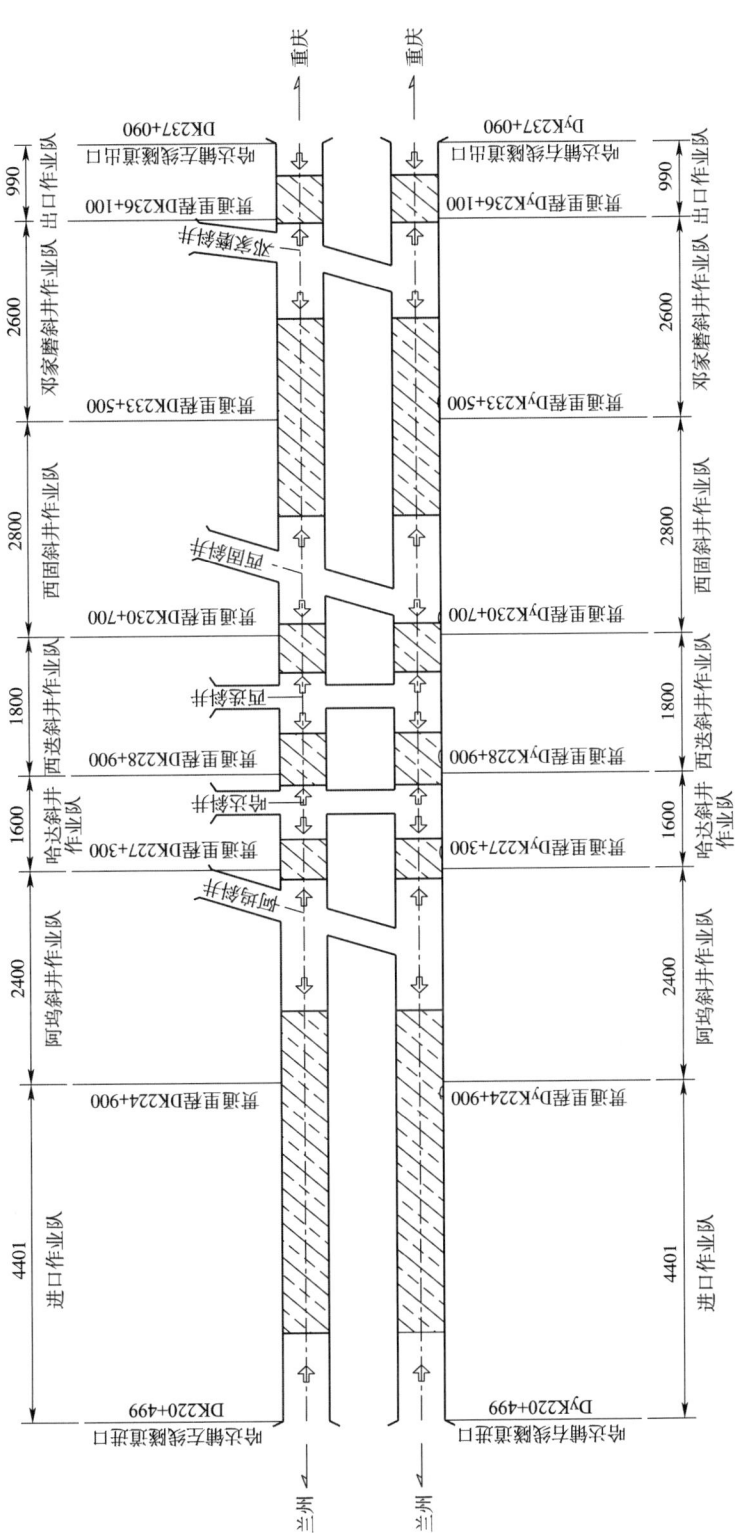

图21-47 哈达铺隧道施工任务划分图（尺寸单位：m）

洞口附近、邓家磨斜井洞口、出口哈达铺车站附近各设一座二衬混凝土自动计量拌和站;隧道进口、出口及5座斜井洞口各设置一座喷射混凝土小型自动拌和楼;各洞口场地均按汽车运输场地布置;便道、生产、生活设施、场地、排水及边坡防护等临时设施布置及结构标准均符合相关要求。

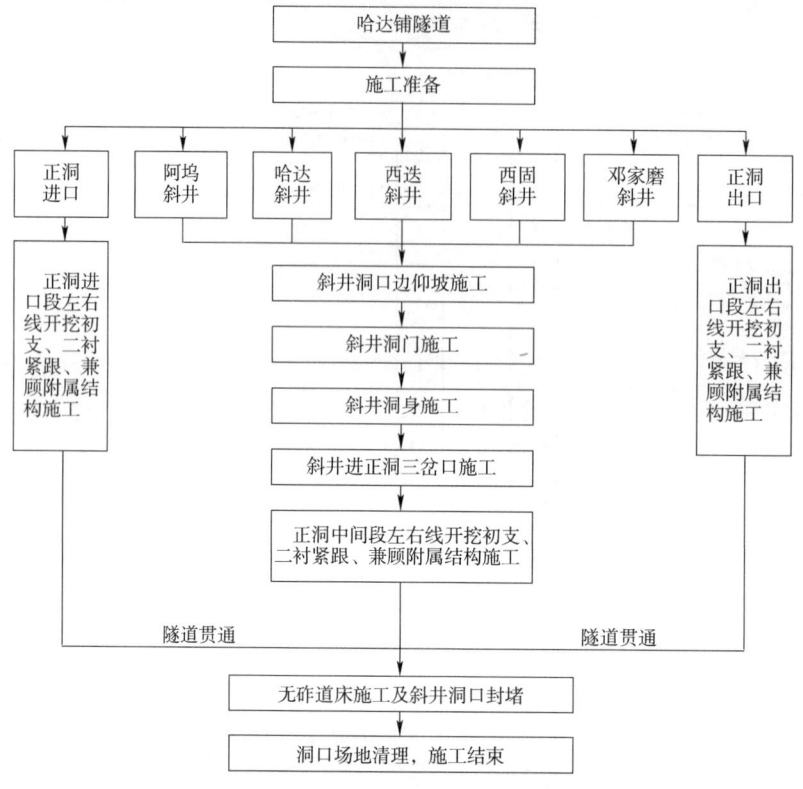

图 21-48 总体施工顺序图

5) 施工进度安排

哈达铺隧道为该合同段非控制工期工程,施工准备期2个月,哈达铺进口及5座斜井洞口场地条件较好早进洞,多承担施工任务,施工工期较长;出口需拆迁哈达铺乡村居民区房屋晚进洞,相对少承担施工任务,施工工期相对较短。隧道洞口、开挖初支、二衬及附属结构施工任务工期安排为:正洞进口约36.5个月,阿坞斜井及正洞约30.7个月,哈达斜井及正洞约31.9个月,西迭斜井及正洞约20.1个月,西固斜井及正洞约22.1个月,邓家磨斜井及正洞约38个月,正洞出口约34.6个月。施工进度横道图如图21-49所示。

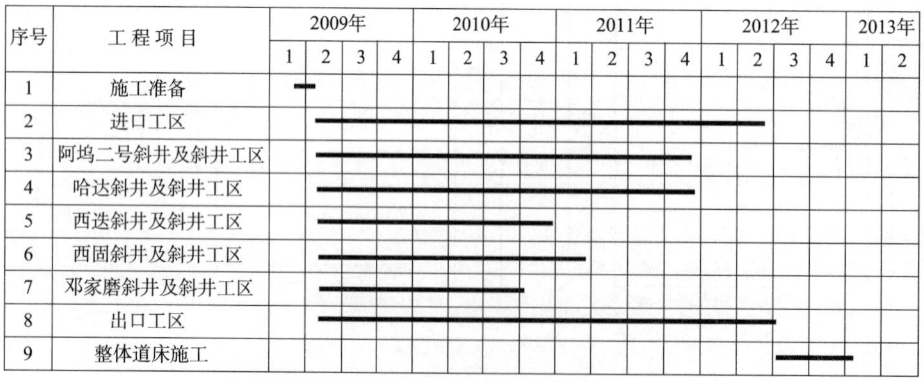

序号	工程项目	2009年				2010年				2011年				2012年				2013年	
		1	2	3	4	1	2	3	4	1	2	3	4	1	2	3	4	1	2
1	施工准备																		
2	进口工区																		
3	阿坞二号斜井及斜井工区																		
4	哈达斜井及斜井工区																		
5	西迭斜井及斜井工区																		
6	西固斜井及斜井工区																		
7	邓家磨斜井及斜井工区																		
8	出口工区																		
9	整体道床施工																		

图 21-49 哈达铺隧道施工进度横道图

6) 正洞开挖支护

采用钻爆喷锚支护法施工,正洞均为Ⅲ、Ⅳ、Ⅴ、Ⅵ级围岩,一般地段Ⅲ级围岩采用全断面法,Ⅳ、

Ⅴ级围岩采用(短)台阶法开挖,Ⅵ级围岩采用环形开挖预留核心土法,对环境和地面沉降有严格要求时,可采用CD(中隔墙)法、CRD法或双侧壁导坑法。哈达铺隧道出口段设计采用双连拱结构,拟采用中洞法施工,采取从洞口向内逆里程施工过渡至双洞单线隧道。喷射混凝土全部采用湿喷工艺。Ⅲ、Ⅳ级(一般)围岩采用全断面无钢架锚喷支护,Ⅳ级(加强)、Ⅴ级围岩采用全断面钢架锚喷支护。

7)辅助坑道开挖支护

哈达铺5座斜井均为单车道无轨斜井,均为Ⅳ、Ⅴ级围岩,采用钻爆喷锚支护法施工,一般情况下采用(短)台阶法开挖,对环境和地面沉降有严格要求时,可采用CD(中隔墙)法、CRD法或双侧壁导坑法。斜井Ⅳ级围岩采用局部钢架砂浆锚杆喷锚支护,Ⅴ级围岩采用钢架砂浆锚杆锚喷支护;喷射混凝土全部采用湿喷工艺。

8)装渣运输

(1)正洞:掌子面采用挖机配合装载机装渣、洞内运输采用自卸汽车,经正洞进出口、无轨斜井至洞口外经便道运至弃渣场。

(2)无轨斜井:掌子面采用挖机配合装载机装渣、自卸式汽车直接运至洞口外经便道运至弃渣场。

9)通风

详见"施工通风"。

10)排水

详见"施工排水"。

11)二次衬砌

采用模筑法施工,以进口、出口及5座斜井各自承担的施工任务为单元,各单元内按纵向分段分组仰拱超前连续施作、拱墙按组紧跟整体衬砌、兼顾附属结构集中施工的方案;二衬混凝土运输全部采用从正洞进出口及斜井汽车运输至洞内,其他施工方法同木寨岭隧道。

12)无砟道床

待隧道主体及附属结构全部施工完成贯通后,分隧道前、中、后共3段平行组织、每段纵向分组连续施作,其他同木寨岭隧道无砟道床施工方案。

13)超前地质预报

同"木寨岭隧道超前地质预报"。

14)监控量测方案

同"木寨岭隧道监控量测方案"。

15)风险管理方案

同"木寨岭隧道风险管理方案"。

21.6.5.3 主要施工方法及措施

1)正洞施工

哈达铺隧道为双洞单线隧道,断面较小,分为Ⅲ、Ⅳ、Ⅴ、Ⅵ级围岩,Ⅲ、Ⅳ级(一般)围岩采用全断面无钢架锚喷设计,Ⅳ级(加强)、Ⅴ、Ⅵ级围岩采用全断面钢架锚喷设计。岩性主要为板岩、炭质板岩、板岩夹砂岩、板岩夹灰岩、砂岩、泥岩、砾岩等,洞口存在部分黏质黄土、砂质黄土等。

(1)洞口黄土段开挖:同"木寨岭隧道洞口黄土段开挖"。

(2)Ⅲ级围岩段开挖:同"木寨岭隧道Ⅲ级围岩段开挖"。

(3)Ⅳ级围岩段开挖:同木寨岭隧道Ⅳ级围岩段开挖"。

(4)Ⅴ级围岩段开挖:同"木寨岭隧道Ⅴ级围岩段开挖"。

(5)Ⅵ级围岩段开挖:哈达铺隧道出口段有约330m的Ⅵ级围岩段,地层为第四系冲积、洪积淤泥质土、粉质黄土和砂质黄土等松软土层。采用上中下三台阶法开挖，上台阶留环形核心土，中台阶留梯形核心土。

台阶高度3.5~4m，上中台阶主要采用人工开挖，上台阶配合风镐开挖、中台阶配合小型挖机开挖；下台阶采用小型挖机开挖为主，配合人工风镐凿边清底成型；中台阶采用左右边墙错进2榀，下台阶一次开挖成型；开挖循环进尺：上台阶1榀/循环，中台阶2榀/循环，下台阶2~3榀/循环；上台阶长度3~5m，中台阶长度5~7m，总台阶长度10~15m。

(6) 特殊地段开挖：同"木寨岭隧道特殊地段开挖"。

(7) 出口双连拱隧道施工：采用从洞口向内逆里程施工过渡至双洞单线隧道，采用中洞法施工。首先，开挖中洞至双连拱与双洞单线分界里程，中洞暂停开挖，模筑混凝土施作中隔墙结构；再者，中洞回填砂袋填满作爆破安全防护；第三，左右侧洞错进开挖初支，单个侧洞二衬结构紧跟开挖初支施作成型至分界里程；最后，按双洞单线断面施工。

(8) 明洞施工：根据招标资料，明洞段地层为土层，采用大中型挖机按设计坡率边刷坡边坡面防护，开挖到位后最后施工明洞结构；明洞结构采取纵向分段按组底板超前、墙顶跟进。

2) 装渣运输

掌子面装渣均采用1台中小型挖机配合1台ZLC-50型装载机装渣，洞内运输全部采用18m³自卸汽车运输直接经正洞进口、出口及5座斜井洞口外经便道运至弃渣场。洞内运输车辆按正洞进口、出口及5座斜井口所承担的施工任务及作业面施工进度独立适量配置。

3) 初期支护

同"木寨岭隧道初期支护"。

4) 二次衬砌

采取模筑法施工，以进口、出口及5座斜井各自承担的施工任务为单元，各单元内按纵向分段分组仰拱超前连续施作、拱墙按组紧跟整体衬砌、兼顾附属结构集中施工的方案。二衬混凝土运输全部采取从进口、出口及5座斜井口汽车运输至洞内，其他施工方法与木寨岭隧道相同。

5) 无砟道床

同"木寨岭隧道无砟道床"。

6) 辅助施工方法

(1) 超前地质预报：详见"超前地质预报"。

(2) 监控量测：详见"监控量测与测量"。

(3) 通风：详见"施工通风"。

(4) 排水：详见"施工排水"。

(5) 注浆：详见"注浆施工"。

7) 辅助坑道施工

施工方案与方法、完工后的斜井封堵与"木寨岭隧道辅助施工方法中无轨斜井及横洞施工相同"。

8) 其他特殊地段施工

详见"不良地质段及特殊地段施工"。

21.6.6 同寨隧道

21.6.6.1 工程概况

1) 设计概况

(1) 工程范围：同寨隧道起讫里程为DK247+308~DK256+135，全长8827m，为双线隧道。

(2) 平面设计：兰州端洞口DK247+308~DK248+100线间距由4.516m渐变为4.4m，出口

DK255+240~DK256+135线间距由4.4m渐变为4.516m。隧道进口段约1773m位于R=4500m曲线上,出口段约2430m位于R=4500m的曲线上,其余地段均位于直线上。

(3)纵断面设计:隧道内线路设计坡度分别为12.8‰、13‰、12.8‰的下坡。

哈达铺隧道辅助坑道设置见表21-29。

同寨隧道辅助坑道设置 表21-29

辅助坑道	与正洞相交里程	侧向	断面类型	坡度(%)	长度(m)	用途
下尕沟斜井	DK253+000	线路左侧	单车道+错车道	9	1325	加快进度缓解通风压力
出口横洞	DK235+500	线路左侧	单车道+错车道	1	280	

(4)围岩分级及工程量:隧道围岩分级为Ⅲ级6834m、Ⅳ级1610m、Ⅴ级377m、明洞6m。

(5)地理位置、地形地貌及交通条件:同寨隧道主要位于地貌上位于西秦岭高中山区,山高沟深,山坡、谷坡较陡,地面最小高程为1936m,最大高程2770m,相对高差为834m,梁顶植被覆盖较差。隧道进出口距宕昌县分别约为30km和10km,已修建的乡村道路为沥青路面结构,路况较好。同时,已新建约4km的施工便道与既有乡村道路连接,施工期间需设专人进行便道养护工作,以满足正常施工运输需要。

2)工程地质及水文地质情况

(1)工程地质:隧道洞身通过的地层主要为三叠系下统板岩夹砂岩及华力西期安山玢岩,进、出口端均基岩裸露,沟谷、斜坡及坡顶覆盖有第四系上更新统风积砂质黄土,第四系全新统坡积及滑坡堆积砂质黄土、碎石类土。

同寨隧道洞身通过的地层主要为三叠系下统板岩夹砂岩及华力西期安山玢岩,出口端基岩裸露,沟谷、斜坡及坡顶覆盖有第四系上更新统风积砂质黄土,第四系全新统坡积及滑坡堆积砂质黄土、碎石类土;工点处的大地构造属于青藏歹字形构造体系,受构造作用影响,褶皱断裂发育,地质构造十分复杂,工点范围内受区域地质构造作用影响,发育有断层、褶皱及侵入接触带,地质构造也十分发育。

(2)水文地质:地下水的分布、埋深与含水层(体)的富水性受控于地形地貌、地层岩性、地质构造和气候条件。该区出露的地层岩性主要有三叠下统板岩和板岩夹砂岩,出口端为印支期安山玢岩。板岩和板岩夹砂岩节理裂隙发育,安山玢岩岩体风化严重,有利于地下水的入渗及储存,隧道区植被覆盖较好,为大气降水入渗补给地下水创造了条件。隧道区地下水类型主要有第四系孔隙水、浅表风化裂隙水、深层基岩裂隙水及构造裂隙水。

3)不良地质体

隧道出口位于贾河乡,山坡基岩裸露,表面经受强烈剥蚀,贾河沟谷深切,地形陡峻,山坡上部发育有零星危岩,危岩主要为一些受节理、裂隙切割形成的孤立岩体,隧道洞身通过2处断层、3处向斜、2处背斜,且在DK255+600左右经过三叠系下统板岩夹砂岩与华力西期安山玢岩侵入接触带,接触带岩体受构造作用影响,节理裂隙发育,岩体较破碎。

同寨隧道特殊不良地质情况见表21-30。

同寨隧道特殊不良地质情况 表21-30

序号	特殊不良地质	里程/部位	长度(m)
1	危岩	隧道出口	
2	浅埋、褶曲	DK247+308~+358	50
3	滑坡物质,碎石土为主	DK254+750~DK255+065	315

续上表

序号	特殊不良地质	里程/部位	长度(m)
4	f27逆断层,板岩加砂岩,角砾岩为主,少量断泥层	DK255+840～DK255+870 下尕沟斜井及出口横洞	30
5	f32逆断层,板岩加砂岩,角砾岩为主,少量断泥层	DK255+450～DK255+493	43
6	向斜(2处),为板岩加砂岩,向斜核部受挤压作用强烈,节理裂隙很发育	DK251+170～DK251+500 DK254+125～DK254+325	530
7	背斜(1处),为板岩加砂岩,背斜核部受挤压作用强烈,节理裂隙很发育	DK252+800～DK253+200	400

21.6.6.2 施工方案

采用钻爆喷锚支护法结合辅助施工措施施工。

1) 总体施工任务划分

按正洞进口、2座辅助坑道共3个洞口布置施工场地,共同承担隧道施工任务,见表21-31。

同寨隧道施工任务划分　　表21-31

序号	作业队	承担任务区段	斜井长度(m)	正洞长度(m)
1	进口作业队	DK173+320～DK174+905左右线		2882
2	下尕沟斜井作业队	石嘴沟斜井及DK174+905～DK177+700左右线	1325	3210
3	出口横洞作业队	大坪斜井及DK177+700～DK179+605左右线	280	2735

2) 总体施工顺序

总体施工顺序如图21-50所示。

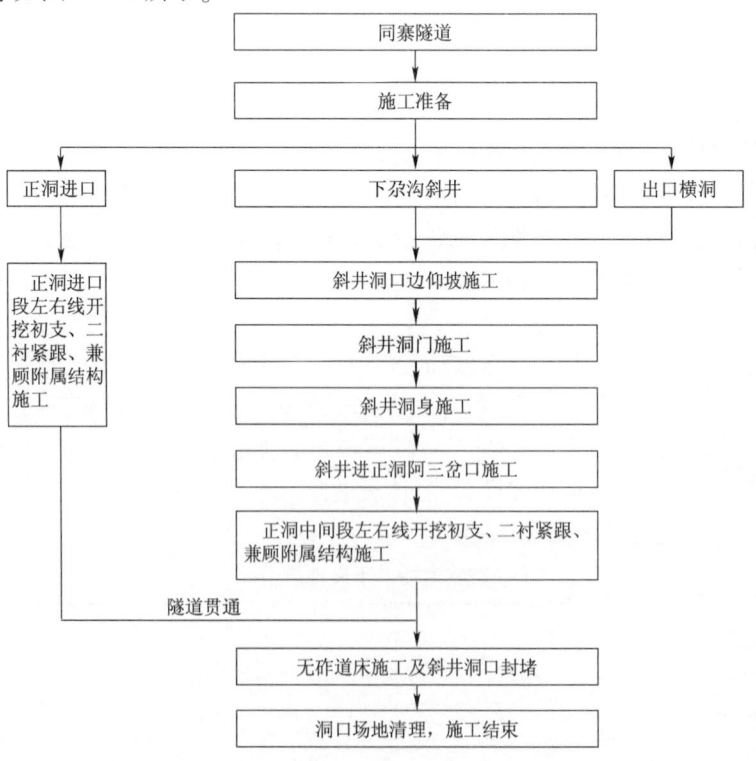

图21-50　总体施工顺序图

3）施工组织

同寨隧道正洞进口及2座辅助坑道共3个施工口为3个独立单元，下设4个独立隧道作业队。施工时，按作业队为单元配足现场作业面施工资源，形成多个作业面平行同步施工，并在作业队内各个现场作业面间进行施工资源相互调配均衡施工；相邻施工口作业面同步对向施工至隧道最后贯通；每个开挖作业面按进尺循环开挖初支超前、二衬按组衬砌紧跟（仰拱超前、拱墙滞后）、隧道附属结构集中分段连续兼顾施工；待每个口均施工结束至隧道贯通后分段按组施工无砟道床。

4）施工场地布置及临时设施

从现有乡村公路分别修建施工便道至同寨隧道进口及2座斜井洞口，选择坡体较缓且优先选取荒地挖填平整场地，修建各洞口作业队生产设施和生活设施区。其中，蓄水池均位于洞顶山坡上，满足生活用水和一般生产用水，进洞施工所需高压水采用增压泵加压进洞供水；变压器结合临近高压线路走位和洞口位置选址；进口、下尕沟斜井洞口、出口横洞附近各设一座二衬混凝土自动计量拌和站和一座喷射混凝土小型自动拌和楼；各洞口场地均按汽车运输场地布置；便道、生产、生活设施、场地、排水及边坡防护等临时设施布置及结构标准均符合相关要求。

5）施工进度安排

哈达铺隧道为该合同段非控制工期工程，施工准备期2个月，隧道洞口、开挖初支、二衬及附属结构施工任务工期安排为：正洞进口约30.9个月，下尕沟斜井及正洞约30.9个月，出口斜井及正洞约22.9个月。施工进度横道图如图21-51所示。

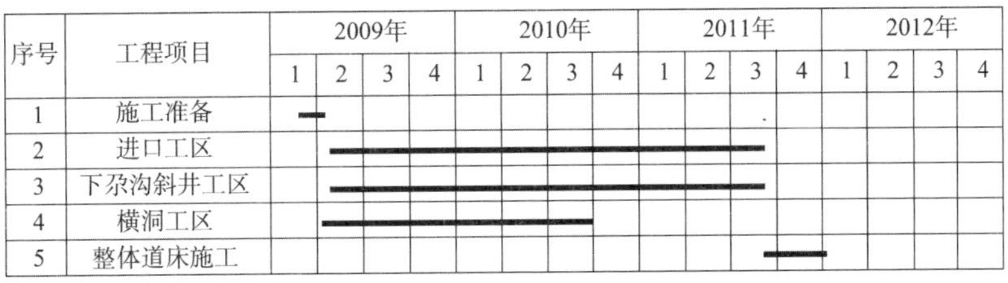

序号	工程项目	2009年				2010年				2011年				2012年			
		1	2	3	4	1	2	3	4	1	2	3	4	1	2	3	4
1	施工准备																
2	进口工区																
3	下尕沟斜井工区																
4	横洞工区																
5	整体道床施工																

图21-51　同寨隧道施工进度横道图

6）开挖支护方案

采用钻爆喷锚支护法施工，正洞均为Ⅲ、Ⅳ、Ⅴ级围岩，一般地段Ⅲ、Ⅳ、Ⅴ级围岩隧道采用台阶法开挖，部分洞口浅埋、偏压段、洞身破碎段可采用CD（中隔墙）法、CRD法或双侧壁导坑法。喷射混凝土全部采用湿喷工艺。Ⅲ级围岩采用全断面无钢架锚喷支护，Ⅳ、Ⅴ级围岩采用全断面钢架锚喷支护。

7）装渣运输

掌子面装渣均采用挖机配合装载机装渣，洞内运输全部采用汽车无轨运输运至洞口经便道运至弃土场。

8）通风

刚进洞20m以内短距离开挖时隧道工作面可采用局扇通风，20m以下至正常段开挖时，在隧道进出口设大功率轴流式风机，采用长管路独头压入式通风方式结合串联接力和射流式通风方式；风管均采用大口径软质风管。

9）排水

采有自然排水和机械排水相结合的方式。反坡开挖排水采用隧道两侧设边沟，设多级泵站，接力将水抽排至洞外污水池经净化处理后排放；顺坡开挖采用两侧设边沟以自然排水为主，利用潜水泵将开挖面水抽至衬砌段排水沟自然排水至洞外污水处理池净化后排放；洞口外污水池需经处理达标后方可排至指定地点。

10）二次衬砌

采用模筑法施工，按双线隧道断面衬砌，以进口、斜井各自承担的施工任务为单元，各单元内按纵向分段分组仰拱超前连续施作、拱墙按组紧跟整体衬砌、兼顾附属结构集中施工的方案；二衬混凝土运输全部采用从正洞进出口汽车运输至洞内，其他施工方法木寨岭隧道。

11) 超前地质预报

同"木寨岭隧道超前地质预报"。

12) 监控量测

同"木寨岭隧道监控量测方案"。

21.6.6.3 主要施工方法及措施

1) 开挖

同寨隧道为单洞双线隧道，断面较大，分为Ⅲ、Ⅳ、Ⅴ级围岩，Ⅲ围岩采用全断面无钢架锚喷设计，Ⅳ级、Ⅴ级围岩采用全断面钢架锚喷设计。岩性主要为板岩、炭质板岩、板岩夹砂岩、角砾岩等。

(1) Ⅲ级围岩段开挖：采用全断面或上下台阶光面爆破法开挖，上下台阶开挖循环进尺1.0~2.0m，下台阶按循环紧跟上台阶，爆破设计采用上台阶水平楔形掏槽、下台阶光面爆破、周边眼小药卷间隔装药，乳化炸药，非电毫米雷管跳段引爆，串联引出电起爆，打钻采用简易台阶作业台架，YT-28手持式风动风钻打眼。

(2) Ⅳ、Ⅴ级围岩段开挖：采用上下台阶光面爆破法开挖，开挖循环进尺1榀/循环，下台阶按循环紧跟上台阶，爆破设计采用上台阶水平楔形掏槽、下台阶光面爆破、周边眼小药卷小药量小间距间隔装药，乳化炸药，非电毫米雷管跳段并联延迟引爆，串联引出电起爆，打钻采用简易台阶作业台架，YT-28手持式风动风钻打眼。

(3) 特殊地段开挖：隧道洞口浅埋或破碎段采用短台阶法开挖，若围岩或初支结构产生较大变形及其他特殊情况下，可采用CD(中隔墙)法、CRD法或双侧壁导坑法开挖；台阶间按循环紧跟，爆破设计采用上台阶水平楔形掏槽、下台阶光面爆破、周边眼小药卷小药量小间距间隔装药，乳化炸药，非电毫米雷管跳段并联延迟引爆，串联引出电起爆，打钻采用简易台阶作业台架，YT-28手持式风动风钻打眼。

2) 装渣运输

掌子面装渣均采用1台中小型挖机配合1台ZLC-50型装载机装渣，洞内运输全部采用18m³自卸汽车运输直接运至洞外经便道运至弃土场；洞内运输车辆按正洞进口、斜井所承担的施工任务及作业面施工进度独立适量配置。

3) 初期支护

Ⅲ级围岩采用全断面无钢架锚喷支护，Ⅳ、Ⅴ级围岩采用全断面钢架锚喷支护，按双线隧道断面初期支护，采用分台阶开挖成型按台阶初期支护，其他同木寨岭隧道。

4) 二次衬砌

采用模筑法施工，按双线隧道断面衬砌，以进口、斜井各自承担的施工任务为单元，各单元内按纵向分段分组仰拱超前连续施作、拱墙按组紧跟整体衬砌、兼顾附属结构集中施工的方案；二衬混凝土运输全部采用从正洞进出口汽车运输至洞内，其他施工方法与木寨岭隧道相同。

5) 其他特殊地段施工

详见"不良地质段及特殊地段施工"。

21.6.7 油房沟大桥

21.6.7.1 工程概况

油坊沟大桥位于宕昌县贾家山村油坊沟上，桥头两端直接同寨隧道与青岗隧道；该沟谷呈"U"形，山高沟深，地形陡峻，相对高差达到120m左右，沟谷两侧都为植被山地，桥头隧道洞口山坡直立，岩石裸露，坡脚有岩堆和村民取土滩地；小里程桥渡跨越一条泥石流沟，该泥石流沟宽约7m，沟深

1.5m;大里程桥渡跨越一新建采石场在山坡坡脚开辟的建筑用地,该片地用碎石堆砌,已经夯实,整平,还未开工;设计桥台底有岩石堆,桥头山坡体有危石;线路法线与河流斜交角度为37°,桥址区段的河道沟槽基本顺直,宽且浅,滩槽内多分布砂石夹杂砾石、卵石,杂草丛生,为常年流水沟,流水宽约6m,河床内水流湍急,水深较浅;桥址距沟口G212国道约8km,沟内大里程侧有宕簸公路,碎石路面,路宽7m,路的左侧向线路大里程为村民开垦的耕地。工程概况见表21-32,桥梁设计截面图如图21-52所示。

工程概况　　　　　　　　　　　　　　表21-32

项　目		结构特点	结构尺寸(cm)	高度(m)	混凝土标号	结构参数(m)	地基	不良地质	备　注
桥台兰州端		挖方内45°三角台	880×860	5.76	C30	325.70×12.20（长×高）桥跨2[(60+2×96+60)],桥高62.41	安山玢岩	危石	碎石垫层+浆砌片石
桥台重庆端			880×860	5.61	C30			危石	
1号桥墩	基础	桩 群桩	Φ150钻孔桩	15	C30		安山玢岩	岩堆	地处河漫滩
		承台 矩形承台	1860×1700×300（长×宽×高）	3	C30				
	墩身	矩形空心桥墩	932×892变截面	51	C35				
2号桥墩	基础	桩 群桩	Φ150钻孔桩	25	C30		安山玢岩		
		承台 矩形台	1860×1700×300（长×宽×高）	3	C30				
	墩身	矩形空心桥墩	952×912变截面	54.5	C35				
3号桥墩	基础	桩 群桩	Φ150钻孔桩	15	C30		安山玢岩	岩堆	
		承台 矩形承台	898×858×300（长×宽×高）	3	C30				
	墩身	矩形空心桥墩	1860×1700	45	C30				
梁体		单箱单室变高度变截面预应力混凝土连续钢构梁	31350×640（长×箱宽）	梁高变截面460~720	C50				

21.6.7.2 总体施工方案

先进行桩基础和承台(桥台基础)施工,然后进行墩身(桥台)施工,最后进行梁体施工。

桩基础采用冲孔桩施工;承台(桥台)采用明挖基坑现浇混凝土施工,基坑土方开挖采用挖掘机开挖,人工配合清土,石方开挖采用风动凿岩机钻孔,浅孔松动爆破;承台结构采用组合钢模板立模,混凝土自动计量拌和站集中拌制,混凝土运输车运至现场直卸入模,分层连续浇筑成型。

墩台身采用滑模法施工,吊车、提升井架或塔式起重机提升材料,人员上下采用施工楼梯;内外模均采用定制专用滑模;钢筋集中下料、现场绑扎、焊接;高性能耐久性混凝土在混凝土自动拌和站集中拌制,混凝土输送车运至工点,垂直提升卸料浇筑,混凝土采用低流动性混凝土。

梁体为预应力混凝土连续刚构梁,边孔采用支架模板现浇法施工,主梁采用悬臂灌注法施工;全联合龙顺序如下:首先合龙第一、四两个边跨,最后合龙第二、三中跨。

21.6.7.3 施工场地布置及临时设施

油房沟大桥施工在河沟两侧各布置一块施工场地,水电管线共用一个总变电房,混凝土采用一个拌和站集中拌料,施工便道及其他生产设施按两个施工场地独立沿河两岸设置。

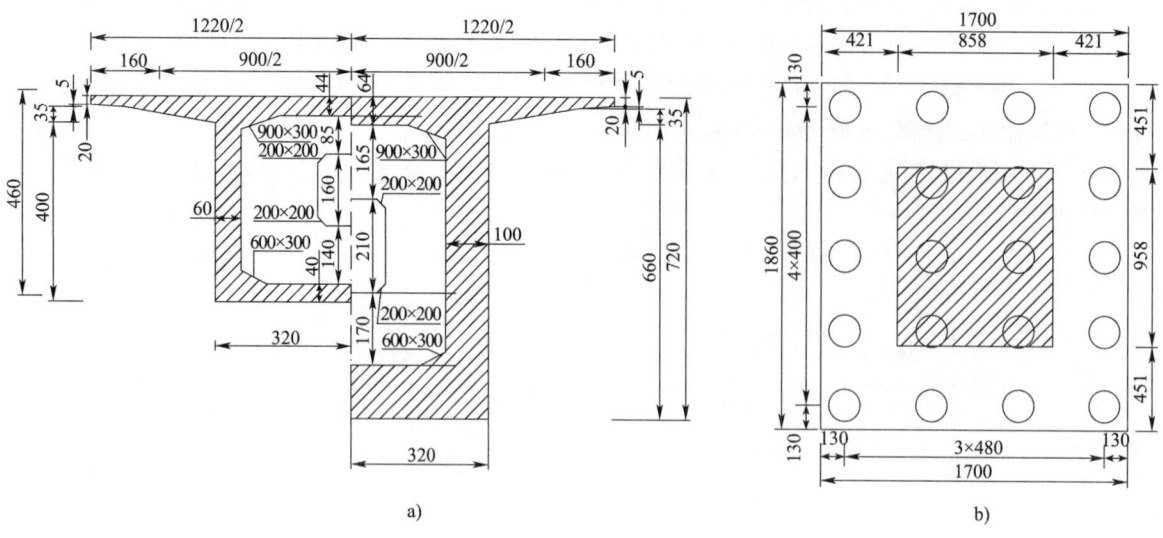

图 21-52 桥梁设计截面图(尺寸单位:cm)

21.6.7.4 施工方法

1)基础

油房沟大桥基础采用钻孔桩群桩 + 承台基础,基础施工前需将桥底坡脚岩石堆挖除干净并平整场地和硬化处理,以满足施工场地布置及承载要求,具体施工方案、方法及措施详见"主要工程项目施工方案、方法及措施中的桥梁基础施工"。

2)墩身滑模

(1)施工步骤。

基顶处理、测量定位等工序与低墩相同。现场绑扎钢笼,组装模板。混凝土集中拌制混凝土运输车运输,脚手架配合井架式吊车提升混凝土。

滑模灌筑低流动性混凝土、混凝土灌筑分层分段进行,每层厚 20～30cm 为宜,灌筑后混凝土表面距模板上缘距离不小于 10～15cm。混凝土初灌厚度 60～70cm,分 2～3 层灌筑。开始提升 2～5cm,再灌筑一层混凝土后提升 10～15cm,模板初升速度要缓慢。初灌段过后进行正常施工。正常施工提升速度控制在 10～30cm/h,模板提升时应做到垂直,均衡一致顶架间高差不大于 20mm,顶架横梁水平高差不大于 5mm。每提升一次模板后应及时测量中线和水平。出现偏扭时应查明原因及时修正,做到均匀垂直提升。混凝土采取拌和站集中供应,混凝土运输车运输,通过吊车或提升井架提升到位倒入溜槽入模,并用插入式捣固器分层振捣。

(2)滑模系统的组装。

①组装准备工作。

清理现场,将基础上的泥土、残砟清理干净,理顺和清洗基础上的插筋。引测标准轴线桩和设立垂直控制点;弹出结构轴线、构件轮廓线和提升架等位置线;按有关制作标准检查模板等部件,进行试组装后,按不同规格、型号和安装先后顺序分别堆放整齐;安装垂直运输机械;进行液压设备的试车、试压检查;在模板高度范围内的首段结构配筋等工作施作,以后随滑随进行;安装搭设临时组装平台。

②滑模系统组装。

安装提升架:安装提升架的布置,按型号安装提升架时,要使各提升架都在同一水平面上,要用水平尺和线锤等检查其水平和垂直度,用仪器检查其中心位置,然后临时进行支撑固定。

安装围圈:将围圈按先内后外、先上后下的顺序与提升架立柱锁紧固定,并将围圈连成整体。安装围圈时,要随时校核提升架的水平、垂直和中心位置,并检查内、外围圈的间距,无误后再拆除临时支撑。另外,将操作平台和内吊脚手架的部件运入附近,以备安装。

安装模板:安装模板前表面应涂刷隔离剂,模板的安装必须保证其几何尺寸的准确,各连接点必须牢固,要有足够的刚度,保持正确的倾斜度,既不允许过大,也不允许过小。

安装操作平台:安装操作平台时,各点的连接必须牢固。内、外吊脚手架,待滑动起步后跟随安挂。内、外操作平台和内、外吊脚手架设置高度不小于1.2m防护栏杆,并挂安全网。

安装电气设备:将操作平台上、下的各种用电线路敷设好,其中包括闸箱布置、照明设施的架设等。供电线路必须做好绝缘保护,加设套管,做好隐蔽敷设。

安装提升设备并检查其运转情况。

安装支承杆:液压控制装置试运转合格后,才能安装支承杆。支承杆应位于千斤顶穿心孔中心,并用线锤找正支承点。

③滑模系统的拆除。

滑模系统采用整体分段拆除,利用塔式起重机或吊车将滑模系统吊到地面上以后在地面解体,但在滑模系统拆除前必须做好以下工作。

切断全部电源,撤掉一切机具;拆除液压设施,但千斤顶及支承杆必须保留;揭去操作平台,拆除平台梁或桁架。

④墩体形体的质量控制。

控制方法:在墩体外用两个锤球(各25kg)分别控制墩柱的纵横轴线,吊锤相对墩柱的中心线控制值为1/1000。

纠偏和纠扭方法:每滑升20~30cm,观测锤球对中心情况,每个班(12h)校核两次半径、中心(垂直度)纠偏和扭转纠偏根据实际情况采用以下4种方法:一是倾斜法——调整平台倾斜面,纠正偏差;二是相对浇筑法——利用混凝土的侧压纠正偏差;三是垫片法——垫高油顶,利用油顶和支承杆的倾斜纠正偏差;四是打撑法——打撑门架,纠正扭偏差。

⑤施工注意事项。

每座桥墩施工尽可能一次滑动施工完成,尽量不划分流水段,减少给模板配制工作带过多的麻烦。

在人力、物力物资供应及运输条件等方面提前做好准备,保证滑模施工的顺利进行,防止中途停歇,造成混凝土与模板粘结现象。

严格按照施工设计规划的材料、设备布置方案执行,防止操作平台出现集中荷载或荷载变化过大,造成模板体系(包括液压提升系统)负荷不均衡,模板系统变形过大的现象。

随时注意校核垂直高度和扭度;控制每模滑升高度及每班滑升总高度;时刻观察混凝土出模强度,如温度过低或混凝土强度过低时,须放慢施工进度。

模板拆除落地解体前应根据具体情况做好拆解方案,明确拆解顺序,制订好临时支撑措施,防止模板系统部件出现倾倒事故。

3)上部结构

详见"连续梁上部结构施工"。

21.7 施工进度安排

21.7.1 施工进度安排原则

按"突出重点、兼顾一般、合理投入、均衡生产"的原则统筹安排施工进度。

(1)提高对施工准备期的重视程度,从实施性施组编制、"四通一平"、复测、图纸审核、原材料进场的检验和试验、征地拆迁、机械调转调试等多角度、全方位的统筹考虑,尽早安排,以缩短施工准备期时间。

(2)以木寨岭隧道为控制工期重点工程,以特长隧道、长大隧道及特大桥、大桥等工程为一般重点工程,兼顾其他桥隧工程及路基、站场、轨道及其他附属工程等,合理有序组织施工,并保证路堤沉降放置期不少于6个月。

(3)抽调有综合性工程施工经验的管理人员和技术工人加强现场管理力量,合理调配资源,确保大型设备的投入,为大规模施工生产创造条件。

(4)选择安全、可靠、经济、合理的施工方案,优化资源配置,实现快速、连续、均衡生产。

(5)以平行流水法施工为基本组织方法,抓住有利季节,减少雨季影响,采取平行、流水、均衡的施工组织,积极谋划,超前运作。

(6)充分考虑施工现场的复杂情况及施工中不可避免的相互干扰和影响,施工进度及工期安排要同具体实际相结合,具有可操作性。

(7)隧道安排原则:早进洞、晚出洞、快速掘进,设备高效精良,工序紧凑合理,措施及时可靠。

(8)充分重视隧道不良地质地段处理的施工难度,将超前地质预报作为工序管理,根据超前地质预报时间合理安排施工进度。

21.7.2 总工期及阶段工期安排

21.7.2.1 开、竣工日期及总工期

该工程计划开工日期为2009年2月18日,计划竣工日期为2014年7月17日。该合同段计划总工期为65个月,满足建设单位指导性施工组织设计总工期和铺架工期要求。

21.7.2.2 分年度形象进度

2009年:有序筹划准备、积极创造条件,控制、重点工程迅速展开施工准备,并形成正常施工能力,临时电力施工、临时房屋有序进行,年底基本完成涵洞工程。

2010年:线下主体工程全面展开,控制、重难点工程早掀施工高潮,实现规模生产,年底完成大部分桥梁下部工程,其他一般工程根据铺架工期要求适时展开。

2011年:主攻控制、重难点工程,持续施工高潮,路基、桥梁主体工程全部完成。

2012年:除木寨岭隧道外,其他控制、重难点工程基本完成,线下工程收尾。

2013年:控制、重难点工程收尾,车站、生产运营设备及建筑物上半年完工。

2014年:配合铺架,桥面系及上砟整道等铺架后续施工全部完成,联合调试一次成功,按期竣工交付。

21.7.2.3 阶段工期安排

阶段性工期安排见表21-33。

阶 段 工 期 安 排 表   表21-33

序号	工程项目	本合同段阶段工期		建设单位及指导性施组工期要求
		计划开工日期	计划完工日期	
1	施工准备	2009年2月18日	2009年4月17日	2009年2月开工,施工准备2个月,个别困难地段按3个月考虑
2	涵洞工程	2009年4月18日	2009年12月31日	2009年4月开工,2009年底基本完成涵洞工程,2011年5月完成路基工程
3	路基土石方及附属工程	2009年4月18日	2011年5月31日	
4	桥梁工程（含整体道床）	2009年4月18日	2012年1月31日	2009年4月开工,2010年底除特殊桥外,完成大部分桥梁下部工程,2011年12月前完成全部桥梁主体工程
5	隧道工程（含整体道床）	2009年4月18日	2013年9月9日	2009年4月开工,2013年9月全部完成
6	房建工程、生产运营设备及建筑物	2012年1月1日	2013年6月30日	2012年1月开工,2013年6月底全部完成

21.7.3 各分项工程的施工作业安排及主要节点工期安排

线下工程在2013年9月9日之前全部完工;各分项工程的施工作业安排见表21-34。

主要各分项工程的施工作业安排及主要节点工期安排　　　　表21-34

序号	工 程 名 称	开工期	结束期	工期(月)
1	总工期	2009年2月18日	2014年7月17日	65.0
2	施工准备	2009年2月18日	2009年4月17日	2.0
3	第一施工区段			
3.1	木寨岭隧道进口	2009年4月18日	2011年12月20日	32.1
3.2	石咀沟斜井	2009年4月18日	2011年5月3日	36.5
3.3	大坪斜井	2009年4月18日	2013年4月3日	47.5
3.4	大坪有轨斜井	2009年4月18日	2013年4月6日	47.6
3.5	南水沟有轨斜井	2009年4月18日	2013年3月25日	47.2
3.6	鹿扎斜井	2009年4月18日	2013年3月8日	46.6
3.7	大沟庄斜井	2009年4月18日	2013年4月5日	47.5
3.8	大战沟斜井	2009年4月18日	2012年10月4日	41.5
3.9	马家沟斜井	2009年4月18日	2012年10月20日	42.1
3.10	木寨岭隧道出口	2009年4月18日	2012年5月5日	36.6
4	第二施工区段			
4.1	素子沟特大桥下部结构	2009年4月18日	2010年7月5日	14.6
4.2	涵洞工程	2009年9月18日	2009年12月31日	3.4
4.3	路基及附属工程	2009年4月18日	2010年1月16日	8.9
4.4	古子山隧道进口(1175m)	2009年4月18日	2011年5月18日	24.0
4.5	古子山隧道出口(1340m)	2009年4月18日	2011年5月18日	24.0
4.6	洮河1号特大桥下部结构(2928.2m)	2009年9月1日	2011年4月1日	19.0
4.7	叶家坡特大桥下部结构(1235.7m)	2009年9月1日	2010年9月1日	12.0
4.8	洮河2号特大桥下部结构(571.2m)	2009年9月1日	2010年5月1日	8.0
4.9	纸坊隧道进口	2009年4月18日	2012年5月18日	37.0
4.10	纸坊隧道出口	2009年4月18日	2012年5月18日	37.0
4.11	下阿阳隧道(625m)	2009年4月18日	2010年7月18日	15.0
4.12	迭藏河1号特大桥下部结构	2009年9月1日	2010年11月1日	14.0
4.13	迭藏河1号特大桥连续梁结构	2010年3月1日	2011年2月1日	11.0
4.14	西河特大桥下部结构(610.1m)	2009年7月1日	2010年5月1日	10.0
4.15	迭藏河2号特大桥下部结构(836.2m)	2009年9月1日	2010年9月1日	12.0
4.16	拉音沟大桥下部结构(242.4m)	2009年7月15日	2010年1月15日	6.0
4.17	迭藏河3号大桥下部结构(484.3m)	2009年4月20日	2009年12月20日	8.0
4.18	涵洞工程(19座)	2009年9月1日	2010年4月1日	7.0
4.19	路基及附属工程(8138.7m)	2009年5月18日	2011年2月20日	21.1
4.20	哈达铺隧道进口	2009年4月18日	2012年5月5日	36.5

续上表

序号	工 程 名 称	开工期	结束期	工期(月)
4.21	阿坞斜井	2009年4月18日	2011年11月8日	30.7
4.22	哈达斜井	2009年4月18日	2011年12月17日	31.9
4.23	西迭斜井	2009年4月18日	2010年12月21日	20.1
4.24	西固斜井	2009年4月18日	2011年2月21日	22.1
5	第三施工区段			
5.1	邓家磨斜井	2009年4月18日	2012年6月17日	38
5.2	哈达铺隧道出口	2010年3月3日	2012年3月4日	34.6
5.3	秋末河大桥下部结构	2009年8月15日	2010年8月11日	11.9
5.4	秋末河大桥连续梁结构	2010年5月12日	2011年3月31日	10.6
5.5	涵洞工程(5座)	2009年4月18日	2009年8月16日	3.9
5.6	路基及附属工程	2009年4月18日	2009年11月17日	7.0
5.7	马家山隧道进口	2009年11月1日	2011年3月16日	16.5
5.8	马家山隧道上罗斜井	2009年4月18日	2011年4月30日	24.4
5.9	马家山隧道出口横洞	2009年4月18日	2011年4月30日	24.4
5.10	同寨隧道进口	2009年4月18日	2011年9月14日	30.9
5.11	下尕沟斜井	2009年4月18日	2011年9月14日	30.9
5.12	同寨隧道出口斜井	2009年4月18日	2010年9月30日	22.9
5.13	青岗隧道进口	2009年4月18日	2011年4月17日	24
5.14	青岗隧道出口	2009年4月18日	2011年4月17日	24
5.15	理川河大桥下部结构	2009年4月18日	2009年11月26日	7.3
5.16	理川河大桥连续梁结构	2009年11月27日	2010年8月18日	8.7
5.17	油坊沟大桥下部结构	2009年4月18日	2010年1月22日	9.1
5.18	油坊沟大桥连续钢构结构	2010年1月23日	2010年11月10日	9.6
6	第五施工区段			
6.1	岷县车站房建工程、生产运营设备及建筑物	2012年1月1日	2013年6月30日	18.0
6.2	哈达铺车站房建工程、生产运营设备及建筑物	2012年1月1日	2013年6月30日	18.0
6.3	改移道路	2009年4月18日	2010年3月20日	11.1
6.4	理川河无砟道床(274m)	2012年1月16日	2012年1月30日	0.5
6.5	木寨岭隧道无砟道床(38100m)	2013年6月9日	2013年9月9日	3.0
6.6	哈达铺隧道无砟道床(33182m)	2012年7月4日	2013年1月19日	6.5
6.7	马家山隧道无砟道床(7435m)	2011年6月16日	2011年9月18日	3.1
6.8	同寨隧道无砟道床(8827m)	2011年9月21日	2012年1月12日	3.7
7	配合铺架、桥面系及上砟整体道床等铺架后续施工	2013年2月15日	2014年3月16日	13.0
8	竣工验收及其他	2014年3月17日	2014年7月17日	4.0

21.7.4 主要工程项目施工进度指标

21.7.4.1 路基工程

该合同段路基区间、站场土石方进度指标均为4000m³/(天·作业队),因区间、站场土石方量大致相等,考虑到冬、雨季及各种施工干扰,按0.8的工效系数,路基区间、站场土石方施工时间均为21.5个月。

21.7.4.2 桥梁工程

1)基础施工进度指标

基础工程施工各项指标见表21-35~表21-37。

钻孔桩(循环钻机,孔深20m以下)施工　　　　　　表21-35

工 程 内 容	工作时间(d)	工 程 内 容	工作时间(d)
钻机就位	0.5	下导管二次清孔	1
钻孔、清孔	4.5	水下混凝土灌注	1
钢筋笼安装	1	合计	8

钻孔桩(循环钻机,孔深20m以上)施工　　　　　　表21-36

工 程 内 容	工作时间(d)	工 程 内 容	工作时间(d)
钻机就位	0.5	下导管二次清孔	0.5
钻孔清孔	9.5	水下混凝土灌注	2.0
钢筋笼安装	0.5	合计	16

钻孔桩(冲击钻机,孔深20m以上)施工　　　　　　表21-37

工 程 内 容	工作时间(d)	工 程 内 容	工作时间(d)
钻机就位	0.5	下导管二次清孔	0.5
钻孔清孔	7.5	水下混凝土灌注	2.0
钢筋笼安装	0.5	合计	11

2)承台施工进度指标(表21-38)

承 台 施 工　　　　　　表21-38

工 程 内 容	工作时间(d)	工 程 内 容	工作时间(d)
基坑开挖	4	立模绑钢筋	2
桩头处理、桩检	2	浇注混凝土	1
基底清理、碎石垫层	1	合计	10

3)墩身、墩帽施工进度指标

墩身12m以下的一次浇筑,墩身模板按12m高度配置,超过12m的按10m一套配置。见表21-39~表21-42。

高度12m以下墩身、墩帽施工　　　　　　表21-39

工 程 内 容	工作时间(d)	工 程 内 容	工作时间(d)
墩身测量放线	1	墩帽支架及底模	2
承台顶面凿毛	1	绑扎墩帽钢筋	2
绑扎墩身钢筋	2	墩帽模板及检查	1
安装墩身模板	2	浇筑墩帽混凝土	1
浇筑墩身混凝土	1	墩帽混凝土养生至拆模	7
墩身混凝土养生凿毛	3	合计	23

高度 12~20m 墩身、墩帽施工　　　　　　　　　　　　　　　　　　　　　　　表 21-40

工程内容	工作时间(d)	工程内容	工作时间(d)
墩身测量放线	1	浇筑第二节墩身混凝土	1
承台顶面凿毛	1	第二节墩身混凝土养生及凿毛	3
绑扎墩身钢筋、模板	4	墩帽支架及底模	1
浇筑第一节墩身混凝土	1	绑扎墩帽钢筋、模板	3
第一节墩身混凝土养生及凿毛	3	浇筑墩帽混凝土	1
第二节墩身钢筋接长	2	墩帽混凝土养生至拆模	7
第二节墩身模板	2	合计	30

高度 20~30m 墩身、墩帽施工　　　　　　　　　　　　　　　　　　　　　　　表 21-41

工程内容	工作时间(d)	工程内容	工作时间(d)
墩身测量放线	1	第三节墩身钢筋接长	2
承台顶面凿毛	1	第三节墩身模板	2
绑扎墩身钢筋、模板	4	浇筑第三节墩身混凝土	1
浇筑第一节墩身混凝土	1	第三节墩身混凝土养生及凿毛	3
第一节墩身混凝土养生及凿毛	3	墩帽支架及底模	1
第二节墩身钢筋接长	2	绑扎墩帽钢筋、模板	3
第二节墩身模板	2	浇筑墩帽混凝土	1
浇筑第二节墩身混凝土	1	墩帽混凝土养生至拆模	7
		合计	35

空心墩施工进度指标分析（按墩高 30m 计算）　　　　　　　　　　　　　　　表 21-42

序号	工程内容	工作时间(d)	备注
1	测量放线	1	墩底实心段
2	绑扎墩底实心段及部分空心段钢筋	2	墩底实心段
3	安装内外模、加固、调整	1	墩底实心段
4	混凝土灌注	1	墩底实心段
5	混凝土养生、拆模	2	墩底实心段
6	绑扎空心段钢筋	8	空心段分5次浇注
7	安装内外模、加固、调整	6	空心段分5次浇注
8	混凝土灌注	6	空心段分5次浇注
9	混凝土养生等强、拆除内模	8	空心段分5次浇注
10	绑扎墩顶实心段钢筋	3	墩顶实心段
11	安装墩顶模板加固、调整	1	墩顶实心段
12	混凝土灌注	1	墩顶实心段
13	混凝土养生等强拆模	3	墩顶实心段
	合计	43	

4) 悬臂现浇连续梁（刚构）施工进度指标（表21-43～表21-45）

连续梁刚构 0 号块施工　　　　　　　表21-43

工 程 内 容	工作时间（d）	工 程 内 容	工作时间（d）
墩旁托架布置及底模外侧模	28	安装顶板钢筋和预应力管道	3
绑扎底板腹板钢筋	6	浇注 0 号块第二次混凝土	1
安装内模及调试	3	混凝土养生	7
浇注 0 号块第一次混凝土	1	张拉纵横向预应力筋	1.5
混凝土养生及凿毛	7	压浆及封端	1.5
接高 0 号块内侧模，安装 0 号块内顶板模	2	合计	60

挂篮悬浇标准块悬浇施工　　　　　　　表21-44

工 程 内 容	工作时间（d）	工 程 内 容	工作时间（d）
挂篮前移	0.5	混凝土灌注	1
挂篮锚固、底篮提升	0.5	混凝土养生、接缝处凿毛	7
绑扎底板腹板钢筋和预应力管道安装	1	张拉纵横向预应力筋	0.5
安装内模	0.5	压浆及封端	0.5
安装顶板钢筋和预应力管道	0.5	合计	12

合 龙 段 施 工　　　　　　　表21-45

工 程 内 容	工作时间（d）	工 程 内 容	工作时间（d）
劲性骨架安装	1	混凝土灌注	1
吊架布置	1	混凝土养生	7
绑扎底板腹板钢筋和预应力管道安装	1	张拉纵横向预应力筋	0.5
安装内模	1	压浆及封端	0.5
安装顶板钢筋和预应力管道	1	合计	14

5) 支架法现浇箱梁施工进度指标（表21-46）

支架法现浇连续梁进度指标分析　　　　　　　表21-46

项　目	时间（d）	项　目	时间（d）
地基处理	7	顶板钢筋绑扎	2
支架安装及预压	30	混凝土浇筑	2
箱梁底板、翼板模板安装	6	养生	7
钢筋绑扎及预应力管道安装	7	张拉、注浆	2
箱梁内模安装	2	合计	65

21.7.4.3　涵洞工程

该合同段共有 24 座涵洞，由路基作业队负责施工，进度指标按全合同段每月完成 4 座计划。

21.7.4.4　隧道工程

1) 隧道开挖及初期支护进度指标

正洞隧道开挖支护作业单循环开挖支护时间见表21-47，斜井、横洞开挖支护作业单循环时间见表21-48。

隧道开挖支护作业循环时间（单位：h）　　　　　　　　　表 21-47

项目 \ 围岩	Ⅲ (2.5m)	Ⅳ (1.5m)	Ⅴ (0.8m)	备 注
地质预报	0.5	0.5	0.5	
测量放线	0.5	0.5	0.5	
超前支护		2.5	3.5	
钻爆及出砟	7.5	4.5	3	
通风排烟、排险	1.5	0.5	0.5	
初期支护	3	3.5	4.5	
循环时间总计	12	12	12.5	

斜井、横洞单循环开挖支护作业时间　　　　　　　　　表 21-48

项目	围岩级别	循环进尺	作业时间(h)				合 计
			测量放线	超前支护	开挖及出砟	初期支护	
无轨斜井	Ⅲ	2.2	0.5		7	1	8.5
	Ⅳ、Ⅴ	1.5	0.5	0.5	3.5	2	6.5
有轨斜井	Ⅳ	1.5	0.5	0.5	6	2	9
	Ⅴ	1.0	0.5	0.5	7	2	10
横洞	Ⅳ、Ⅴ	1.8	0.5	0.5	3.5	1.5	6.0

（1）Ⅲ级围岩开挖支护进度指标为：

$$\frac{720\ 小时/月}{12\ 小时/循环} \times 2.5\text{m}/循环 \approx 150\text{m}/月$$

考虑工序衔接、其他等因素的影响，计划进度指标为 140~150m/月。

（2）Ⅳ级围岩开挖支护进度指标为：

$$\frac{720\ 小时/月}{12\ 小时/循环} \times 2.0\text{m}/循环 \approx 120\text{m}/月$$

考虑工序衔接、其他等因素的影响，计划进度指标为 80~120m/月。

（3）Ⅴ级围岩开挖支护进度指标为：

$$\frac{720\ 小时/月}{12.5\ 小时/循环} \times 1.0\text{m}/循环 \approx 58\text{m}/月$$

考虑工序衔接、其他等因素的影响，计划进度指标为 40~60m/月。

（4）无轨斜井Ⅲ级围岩开挖支护进度指标为：

$$\frac{720\ 小时/月}{8.5\ 小时/循环} \times 2.2\text{m}/循环 \approx 186\text{m}/月$$

考虑工序衔接、其他等因素的影响，计划进度指标为 180m/月。

（5）无轨斜井Ⅳ级、Ⅴ级围岩开挖支护进度指标为：

$$\frac{720\ 小时/月}{6.5\ 小时/循环} \times 1.5\text{m}/循环 \approx 166\text{m}/月$$

考虑工序衔接、其他等因素的影响，计划进度指标为 90~150m/月。

（6）有轨斜井Ⅳ级围岩开挖支护进度指标为：

$$\frac{720\ 小时/月}{9\ 小时/循环} \times 1.5\text{m}/循环 \approx 120\text{m}/月$$

考虑工序衔接、其他等因素的影响,计划进度指标为110m/月。

(7)有轨斜井Ⅴ级围岩开挖支护进度指标为:

$$\frac{720 \text{小时/月}}{10 \text{小时/循环}} \times 1.0 \text{m/循环} \approx 72 \text{m/月}$$

考虑工序衔接、其他等因素的影响,计划进度指标为50m/月。

(8)横洞Ⅳ级、Ⅴ级围岩开挖支护进度指标为:

$$\frac{720 \text{小时/月}}{6 \text{小时/循环}} \times 1.5 \text{m/循环} \approx 180 \text{m/月}$$

考虑工序衔接、其他等因素的影响,计划进度指标为150m/月。

(9)隧道主要进度指标:

根据以上施工循环作业时间及分析计划,通过斜井、横洞进入正洞施工时,考虑施工相互干扰等影响因素,对正常指标进行折减,拟定该合同段隧道正洞、斜井及横洞开挖支护月进度指标见表21-49、表21-50。

单线正洞施工进度指标(m/月) 表21-49

围岩级别 项目	Ⅲ级围岩	Ⅳ级围岩	Ⅴ级围岩
进出口正洞	120	60	30
无轨单车道斜井建井	120	100	50
无轨双车道斜井建井	120	100	50
有轨斜井建井		110	50
无轨斜井担负正洞主攻	120	60	30
无轨斜井担负正洞副攻	84	42	21
有轨斜井担负正洞	—	35	30

双线正洞施工进度指标(m/月) 表21-50

围岩级别 项目	Ⅲ级围岩	Ⅳ级围岩	Ⅴ级围岩
进出口正洞	150	90	60
无轨运输斜井建井	180	150	100
无轨横洞建井	180	150	100
无轨单车道斜井担负正洞主攻	150	90	60
无轨单车道斜井担负正洞副攻	105	63	42
无轨横洞担负正洞主攻	150	90	60
无轨横洞担负正洞副攻	105	63	42

2)隧道衬砌进度指标

隧道二次衬砌按120m/月/工作面安排,衬砌进度受开挖进度控制,衬砌与开挖要保持合理的间距,当衬砌与开挖面距离较远时增加工作面进行施工。

21.7.4.5 轨道工程

按1500m/工作面/月安排。

21.7.5 关键线路分析

该合同段依据单位的资源配置状况和施工生产能力,同时仔细研究了该工程的特点、难点进行计划编制,该合同段桥隧比例高,尤其是隧道比例占合同段全长的75.5%。根据隧道施工流水作业安排和围岩地质情况分析,木寨岭隧道为本标段控制性工程。

木寨岭隧道全长19050m(右线长19068m),共设8个斜井辅助施工,其中两个斜井为有轨运输斜井(大坪有轨斜井、南水沟有轨斜井),斜井建井周期长,所承担正洞段大部分为断层带或炭质板岩变形段,施工任务重,难度大,制约整个标段施工工期。

因此该合同段工程关键线路如下:施工准备(2009年2月18日)→木寨岭隧道大坪斜井(南水沟斜井)自身施工→木寨岭隧道大坪有轨斜井重庆方向(南水沟有轨斜井兰州方向)正洞开挖施工→木寨岭隧道仰拱及填充→木寨岭隧道洞身衬砌→木寨岭隧道无砟道床(2013年9月9日)→配合铺架、桥面系及上砟整道等铺架后续施工→竣工验收及其他→联合调试。

哈达铺隧道、纸坊隧道如果实际地质情况变差或出现其他意外情况,均有可能成为关键线路,控制合同段工期。

21.7.6 重(难)点工程保证工期的措施

该合同段桥隧间隔分布且位于秦岭高中山区,山高谷深,岭谷相间,桥隧相连,隧隧相连,洞口临河、临谷、临沟、山体陡峻,加上半山斜井数量众多达16座,前期施工用电架线、施工便道修建、桥隧施工场地布置、作业队伍的迅速进场是保证性措施。

木寨岭隧道、纸坊隧道及哈达铺隧道施工克服特殊不良地质及特殊岩土是工程安全按期完工的关键和重难点。木寨隧道为极高风险隧道,左线长19020m,右线长19080m,主要不良地质为板岩及炭质板岩,通过11条断层破碎带及高地应力区;哈达铺隧道为高度风险隧道,全长16591m,主要不良地质为板岩夹灰岩和板岩夹砂岩,洞身区域共发育1处断层、1处向斜和1处背斜;纸坊隧道为极高风险隧道,通过4条断层破碎带,每条断层长度较长100~250m,隧道地质条件复杂,不良地质地段多,纸坊隧道全长5135m,主要不良地质为断层破碎带和高地应力。

针对该合同段重(难)点工程,拟采取保证工期的措施如下:

(1)中标后快速进场,缩短施工准备期,组织精干、高效、富有创造力及充满活力的专业化管理机构及专业化架子队伍,按照项目法组织实施本工程的施工。派往该工程任职的主要管理人员和施工人员均具有丰富铁路及类似工程的施工经验,保证人员到场后即能施工。

(2)因地制宜,及早修建隧道各工作面的施工便道,做到早进场,早施工,及早形成施工生产高峰。合理安排单位工程施工,控制、重难点工程提前组织施工,木寨岭隧道进口、八个斜井、出口共10个口同时施工;哈达铺隧道进口、5个斜井、出口7个口同时施工。

(3)广泛调查、深入研究,对现有辅助坑道和工作区段划分进一步优化;将超前地质预报纳入工序管理,力求准确掌握前方地层,超前制订科学合理的施工方案。

(4)制订相应的应急预案并演练,动态调整各区段施工划分,确保工期目标实现。

(5)对控制工期的重点工程建立工期领导负责制。每月由项目指挥长或主管生产的副指挥长主持生产总调度会,调度室每周定期召开一次由各施工队有关负责人参加的生产调度会,各施工队坚持每天一次的生产布置会,及时总结上一施工周期的施工进度情况,安排下一施工周期的施工生产计划;对施工机械设备、生产物资和劳动力做出总体计划安排;并对资金进行合理分配,保证施工进度的落实和完成。在整个工程的实施过程中,坚持"日保周,周保月"的进度保证方针,确保总工期的实现。

(6)针对重(难)点工程提前做好节假日和季节性施工期间的材料计划,此期间的材料采购提前进行,并做好充足的准备,保证冬、雨季物资的供应,不影响施工进度。

(7)在重(难)点工程施工时,配备足够的挖、装、运、衬砌、喷锚、注浆、通风等大型设备,组成机械化配套作业线,以先进的设备,保证施工顺利进行,确保工期目标实现。

(8)对重(难)点工程制定详细的资金使用计划,进场前准备充足的启动资金,设立专项资金用于材料的采购工作,确保材料的供应,任何个人或部门均不得擅自挪用该资金。

(9)桥梁工程下部工程采取分段平行施工,多开工作面的方法,长桥短修,保证整桥工期,对大跨连续梁结构部分,在开工后将其作为整座桥梁工程的重点部分优先考虑,确保简支梁的架设工作得以及时进行。

21.7.7 工程用款计划

为了保障该工程的顺利实施,必须管好现场资金,确保工程资金专款专用。资金管理的内容:为完成该合同段施工工程内容在当地开设工程款结算账户;将流动资金及建设单位所拨付资金专项用于该合同段工程建设;监管全指挥部各工区资金管理,确保所拨付资金专项用于该合同段工程建设。

管理利用好工程资金是保证工程按质按期完成的重要手段,为管好用活建设资金,施工中将根据初步的形象进度计划,编制资金使用流动计划,由财务部门按照流动计划监督和管理资金的使用,确保建设资金专款专用,使各项施工管理得以正常进行。

21.8 施工人员、材料、工程设备使用计划

21.8.1 施工人员组织计划

21.8.1.1 劳动力组织原则

根据该合同段的工程特点、工程规模、施工进度要求等条件,结合投入的机械配备情况及本工程的技术特点,在充分考虑合同条件和工作范围的基础上,本着合理布局、精心组织的原则,进行相关人力资源优化配置,并实行动态管理。

该工程施工将由经验丰富的管理人员、技术人员组成工程指挥部,以具有复杂地质条件下隧道施工经验的施工人员为基础组建专业化施工队伍,以满足该合同段工程施工的需要。

项目管理人员精干高效,职责分明、权限到位;作业工人一专多能,特殊工种持证上岗。主要管理技术人员相对固定,施工作业队人员根据工程进度计划,实行动态管理,满足工程项目进度计划需要和建设单位要求。

21.8.1.2 劳动力计划

根据该合同段工程的特点,结合企业定额水平和综合施工能力,采用机械化作业,提高劳动强度,提高劳动生产率。

劳动力配备主要包括管理人员、技术人员、测量人员、试验人员、钻爆工、隧道工、钢筋工、混凝土工、木工、电工、电焊工、机械车辆司机、机修工、钳工、普工、后勤(包括医务)人员等。管理人员和技术人员均有大、中专以上学历,并具有丰富的施工管理经验,技术工人都持证上岗,普通工人均经培训考核后持证上岗。

21.8.1.3 劳动力进场办法

劳动力动员周期从业主允许进场日期开始,动员周期为整个施工期。劳动力进场结合工程特点及工程进度、工期安排等,采取动态管理的模式进行组织分阶段入场。工程施工阶段分为施工准备阶段,开挖、支护施工阶段,二次衬砌施工阶段、沟槽施工阶段、整体道床施工阶段、退场恢复竣工验收等阶段,参与该项目施工人员可乘旅客列车、汽车等交通工具到达甘肃省陇西市,然后再乘坐汽车抵达工地。

劳动力进场结合工程特点及工程进度、工期安排等,采取动态管理的模式分批分阶段进场。首批人员在接到中标通知书后一周内进场,先办理交接桩手续、进行全线精测、修建临时生产生活房屋、施工便道及水电管路安装;调查材料来源、单价、签订供料合同;组织机械材料设备进场;组建试验室,配齐工程所需的试验设备。

21.8.1.4 劳动力管理和培训

1）劳动力管理

（1）建立由工程指挥部亲自负责的劳动用工管理协调领导小组和劳动争议调解委员会，负责组织和制订本企业劳务用工管理办法和相应的制度。

（2）用工管理协调领导小组和劳动争议调解委员会必须有效开展工作，发生劳务（劳动）争议和纠纷后应及时妥善解决，避免民工聚众闹事。

（3）下设工区与民工（或有资质的劳务公司）签订劳动合同（或劳务合同）。

（4）实施用工名册、劳务用工合同、劳务分包合同、民工工资表册、民工工资发放统计报表备案制度，每月备案不少于1次。坚持对项目资金、用工等实施有效监管。

（5）指挥部必须在施工现场设立明显的公示栏，将发放人工费情况和企业监督电话予以公示。

（6）指挥部在支付工程进度款时，可采取预留保证金的办法，以应对突发事件。

2）劳动力技能培训方案

工程施工前，对劳动力分专业、分工种进行技能和安全质量知识培训，以提高劳动者的劳动技能和安全质量意识，满足专业施工对劳动技能的要求，提高工作效率，提高工作质量。

培训的内容包含工程概况、安全标准、安全知识、质量标准、工期要求、劳动定额、操作规程、劳动保护等；技能培训采用职工夜校授课、现场操作演示、现场指导、现场考核等方法综合进行，授课老师由职教教师及现场工程技术人员担任。

工程指挥部制订奖罚措施，将劳动技能与劳动者个人利益挂钩，激发劳动者提高劳动技能的热情，从而以高技能保证工作的高效率和高质量，以工作的高效率和高质量保证工序的高效率和高质量，最终实现全标段工程的高效益及高质量。

特殊工种要持证上岗。

21.8.1.5 劳动力保证措施

1）组织措施

（1）在该工程投标阶段即对该工程拟设的组织机构及管理模式进行了详细的规划，该工程将组织精干、高效、富有创造力及充满活力的专业化管理机构及作业队。

（2）拟在该工程任职的主要管理人员和施工人员均具有钻爆法施工长大隧道的丰富经验。

（3）负责对参建该工程的主要管理人员进行协调，抽调具有丰富施工经验的施工作业人员。

2）管理措施

（1）重视职工技能的培训工作，使施工人员具有专业知识及专业技能的优势，均能胜任本职工作。

（2）重视职工的思想教育工作，激励员工发扬艰苦朴素、无私奉献的精神，确保参建人员到之能战，战之能胜。

（3）所有参建人员都参加劳动竞赛，建立多劳多得的奖罚机制，员工收入与工作成绩挂钩，激发职工的建设热情。

（4）充分发挥工会的职能，关心员工的思想动态和生活状况，维护员工的合法权益，丰富员工的业余生活，为员工提供娱乐和休闲场所。不定期举行文体比赛，激发员工的生活和工作热情，充分发挥员工的主观能动性，使他们以工地为家，以饱满的热情投入到工作当中。

（5）节假日期间的劳动力保证措施：

①节假日期间本工程正常施工，实行领导干部值班制，主要领导干部不能离开工作岗位。

②职工的假期统一考虑，合理安排在非施工高峰期进行，节假日期间职工一般不休探亲假，保证节假日期间的劳动力数量。

③工地尽可能创造部分职工家属的居住条件，使节假日期间部分职工家属能到工地探亲。

21.8.2 材料物资供应计划

21.8.2.1 主要材料供应办法

甲供材料由铁道部或建设单位直接招标采购,并组织运输至工程招标时指定的交货地点。甲供材料到达指定交货地点的卸车及卸车以后的其他事宜由施工单位负责。

甲控材料由建设单位和施工单位共同组织招标采购,施工单位接受建设单位的监督、检查和指导,最终确定供货厂家,组织供应。

甲供、甲控之外的物资设备属工程承包单位自购部分。自购材料由单位自行采购。但应满足以下要求:

(1)严格按施工合同和《采购控制程序》执行,保证使用合格的材料。

(2)自购物资要经招标采购,同时接受建设单位的监督、检查和指导。

(3)甲供和甲控物资经铁路运至定西或陇西车站货场后,可用汽车直接将材料运至工地。

(4)工程所用中粗砂,沿线资源比较匮乏,供应较为紧张,数量和质量均难以满足施工需要;前期主要依靠从陇西采购,用汽车直接运至工地。

(5)该合同段沿线有石嘴沟、大童、八路沟、滑石关等石料场,各工点就近取料,用汽车直接运至工地,但供应量较小,难以满足正常施工需要,我们将通过自加工和采购相结合的方式满足对碎石的需求。

(6)根据当地公安机关要求在工地设火工品库房,严格执行火工品管理制度。运输时用具有公安局颁发的火工品运输许可证的汽车运输,由公安人员和火工品押运员押运。

(7)指挥部设物资设备部,严格执行项目制订的物资管理办法,确保材料规格、质量符合规范标准,以满足工程质量要求。

21.8.2.2 主要材料供应计划

该合同段主要材料供应计划表(略)。

21.8.2.3 材料供应保障措施

根据施工进度安排编制年、季、月材料设备计划,由各职能部门组织实施。杜绝由于物资供应而影响施工进度现象发生,确保主要材料储备量满足施工要求。

物资设备部专职从事物资的调查、采购、库存、供应及监控工作。

建立专项资金用于物资的采购工作,确保物资的供应,任何个人或部门均不得擅自挪用该资金。

由具有丰富经验的市场调查、采购、库存、供应的专职人员从事物资的采购管理工作。

加强物资的管理工作,物资的库存量合理,确保材料的质量在库存阶段不发生变化,所有已变质不符合设计要求的材料均不能用于该工程,并立即清退出场。

掌握和追踪目前的材料动向和发展状况,追踪新材料、新技术、新工艺的信息,不断提高材料管理水平。

材料的采购有计划、有组织地进行,根据施工的实际进度及相应的施工进度计划进行材料的采购工作。

材料采购计划具有超前性,并经工程技术人员确认,防止材料采购的种类、型号出现错误或采购的时间不对,避免出现采购不及时或库存时间过长等现象。

合理进行材料库及材料堆放场地的布置,材料分批进场,分期库存,库存量合理。

特殊材料如火工品等的采购提前进行,考虑充足的时间富余量,加强与材料供应单位的联系,确保材料的正常供应。

由于节日期间许多企、事业单位有较长的假期,此期间的材料采购提前进行,并作好充足的准备,材料库存量满足节日期间工程施工的正常需要。特殊季节施工做好材料的储备工作。雨季采购、运输材料均有困难,所以要关注天气变化,做好工程材料的储备。

21.8.3 机械设备的使用计划

21.8.3.1 配备原则及调配计划

施工设备作为生产力的要素之一,是企业生产的重要手段,是企业完成施工任务的重要物质基础。

根据该工程设计标准高、施工质量要求严、施工难度大、科技含量高等特点和特殊的施工环境,为确保工程工期、质量和工艺要求,施工设备配置遵循性能优良、科技含量高、生产效率高、环保性能好、采用先进的机械设备和检测仪器的原则进行设备组合匹配,使施工设备的配置充分体现先进性、适用性,配置数量以满足施工需要为前提,使用过程中充分挖掘设备的潜力,做到均衡生产,综合利用,降低机械使用成本。

满足施工需要的原则:在施工中,根据工程量大、工期紧的特点,组织机械化作业;路基施工采用挖、装、运、平、压一条龙的机械化施工,配备先进的挖掘机、装载机、大吨位自卸车、推土机、平地机、压路机等。

机械设备成套、匹配作业原则:施工中,加强设备的维修管理,保障设备的完好,配置施工设备时使设备生产能力高于进度指标,保证即使个别设备发生故障,施工生产也不致受到影响,并定期对机械设备进行维修保养。发挥设备的效率,不单纯追求一台设备的先进,必须是作业系统先进,设备成龙配套,形成高效率综合生产能力。

调配计划:该合同段所有机械设备和试验检测仪器设备,根据配置数量和施工能力均在附近工点就近调配,满足施工和工期要求;路基、桥涵、隧道施工的机械设备和试验仪器设备按照各专业工程施工总体部署、施工顺序以及工序安排适时进行调配,保证机械设备的完好率和使用率,达到均衡生产的目的。

21.8.3.2 配备配套选型

该项目施工种类多、工程量大,施工过程中需要投入较多的机械设备,指挥部设置了机械设备管理机构,并明确各层机械设备管理机构的岗位责任制。

根据该合同段施工方案和工期要求,拟投入包括衬砌台车、湿喷机等隧道施工机械、起重机械、钻孔机械、土石方机械、混凝土机械、金属加工机械、动力机械、运输机械、预应力设备等以及试验测量检测设备参加该合同段施工,拟投入该工程的机械设备主要在该工程所在地区附近工地调集,不足部分由公司总部调集,按施工组织安排时间分批投入使用。

1)主要施工机械设备配备

根据该工程特点,拟投入该工程的施工机械设备主要有:

路基机械:潜孔钻机、挖掘机、推土机、装载机、自卸汽车、压路机、摊铺机、小型打夯机、平地机、及软土地基处理机械设备。

隧道机械:装载机、挖掘机、自卸车、推土机、湿喷机、管棚钻机、空压机、衬砌台车、混凝土输送泵、有轨运输设备、隧道超前地质预报设备、帷幕注浆及配套设备。

桥梁机械:挖掘机、自卸汽车、悬灌梁挂篮设备、混凝土输送泵、钻机、吊机等。

混凝土机械:混凝土运输车、混凝土搅拌站、装载机、混凝土输送泵、混凝土振动棒。

动力机械:柴油发电机、变压器等。

2)主要试验设备、仪器仪表配备

根据该工程特点,拟投入该工程的试验设备、仪器仪表主要有:

材料试验仪器设备:万能材料试验机、压力试验机、混凝土振动台、标准砂石分析筛、混凝土强制式搅拌机、塌落度筒、混凝土试模、混凝土回弹仪、天平。

土工试验仪器设备:核子密度湿度仪、EVD动态弹性模量变形测试仪、电动击实仪、K30承载板试验仪、密度测定筒、标准土壤仪、液限塑限测定仪、荷载仪、环刀密度测试仪、无侧限压缩仪、干燥器。

测量仪器设备:GPS测量设备、全站仪、水准仪、经纬仪、激光定向仪。

桩基检测仪器设备:桩基无损检测仪、超声波检测仪。

机械设备配备要减少机械设备的闲置浪费,充分利用机械设备配备组合,配备机械设备的数量和配件,确保机械设备的完好率。设备调配根据工程需要和建设单位监理单位的要求,及时充分分期分批调入,完工及时退场。

3)拟优化的机械设备配备

木寨岭隧道穿越地层地质条件差,属极高风险隧道,为全线控制性工程;指导性施组进度计划均按峰值指标进行工期安排,且均按照斜井进入正洞向进出口两个方向同时展开施工考虑;隧道施工中工期极易受不可预见因素影响,无工期储备。为了满足兰渝公司指导性施组工期要求,尽可能地加快施工进度,结合该隧道的关键线路和次关键线路,需进一步优化机械设备配备。

(1)拟定在木寨岭隧道2、3、4、5、6号斜井中采用挖装机进行装砟作业,以满足高效、环保、节能的要求;同时为了降低施工成本,尽量不采用进口挖装机,立足国产化。

(2)针对目前湿喷机生产能力较小的问题,拟采用即将生产出的750型大功率湿喷机替代,先在个别斜井试用,然后在木寨岭隧道1、2、3、4、5、6、7号斜井推广使用,以提高初支效率,加快施工进度。

(3)结合木寨岭隧道的科研情况,在条件具备的工作面引入机械手和拱架安装机,以提高喷浆、立拱工效。

21.9 施工管理保障体系

21.9.1 施工技术保证体系

21.9.1.1 组织机构及职责分工

根据相关文件规定,结合现场施工组织管理实际情况,建立兰渝铁路LYS-3合同段施工技术领导层、专家论证指导层、施工现场技术管理层,组织机构框图及职责分述如下:

(1)施工技术领导小组的主要职责:作为该合同段施工的技术领导机构,对施工中遇到的重大技术问题进行研究决策,必要时组织专家进行技术研讨。

(2)施工现场技术管理组的主要职责:负责现场施工技术管理、配合第三方现场小组的地质超前预报和围岩监控量测工作。

(3)专家咨询组的主要职责:跟踪关注该工程项目,对项目的关键技术、难点技术进行动态把握和研究,对施工中突出的技术难题提供强有力的技术支撑。

21.9.1.2 施工技术管理制度

主要包括开工报告申请制度、施工图纸现场核对制度、施工技术交底制度、工程测量复核与管理制度、工程试验管理制度、施工工艺流程设计制度、施工技术资料管理制度、工程调度及统计管理办法的制订和完善。

21.9.2 安全和应急保障体系

以指挥长为安全生产第一责任人,指挥部成立安全生产委员会,工区设专职安全员,工班设兼职安全员,各自明确相应责任并按制度执行。安全管理组织机构如图21-53所示。

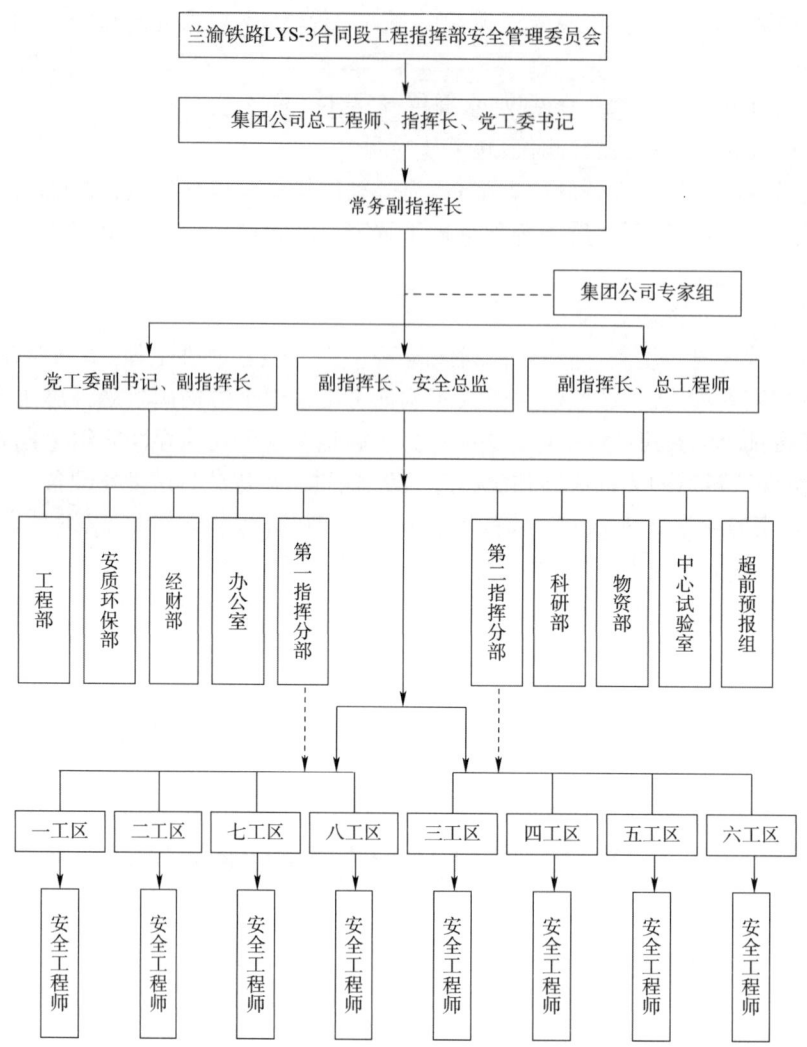

图 21-53 安全管理组织机构框图

21.9.2.1 安全生产管理制度

安全生产责任制度、安全生产教育培训制度、特种作业人员持证上岗制度、施工现场消防安全责任制度、生产安全事故报告制度、生产安全事故应急救援制度、意外伤害保险制度等。

21.9.2.2 安全应急措施

安全生产保证措施路基工程(含站场)安全保证措施、桥涵工程安全保证措施、隧道工程安全保证措施主要包括通风与防尘安全保证措施、临时用电及照明安全保证措施、开挖施工安全保证措施、火工品运输及爆破安全保证措施、装砟及运输安全保证措施、支护、衬砌安全保证措施等。

(1)隧道不良地质地段施工安全保证措施包括隧道断层破碎带施工安全保证措施、隧道突涌水段施工安全保障措施、隧道高地应力施工安全保障措施、与公路立交地段施工安全保证措施、斜井下穿公路施工安全保证措施。

(2)轨道工程安全保证措施包括轨道板预制厂、轨道板运输及洞内安装。

(3)斜井施工安全保证措施包括有轨运输斜井安全保证措施、无轨运输斜井安全保证措施。

其他安全生产保证措施包括洞内施工排水安全保证措施、防洪防汛安全保证措施、防火安全保证措施。

(4)对于突发事件的应急措施和救援措施包括紧急救援组织机构、救援小组职责、救援预案(避难措施、救援措施)。

(5)重大安全风险应急救援措施包括隧道塌方应急措施、火灾事故应急预案、物体打击及高空坠落事故应急措施、触电事故应急措施、突涌水事故应急措施、应急救援措施演练。

21.9.3 动态设计保障体系

21.9.3.1 组织机构

组长、副组长、成员三部分组成的动态设计管理小组办公室设在指挥部工程部。

21.9.3.2 职责分工

(1)动态设计的申请由工区技术部门负责填写,内容包括变更部位、变更理由、工程量及费用增减,并附变更方案、必要的图表、资料。

(2)动态设计变更价款超过100万元的方案或30m以上围岩级别变更现场会勘时,由指挥部工程部组织或委托,其他变更现场会勘时由工区技术部门组织。关键的动态设计变更必须由指挥部办理。

(3)变更索赔的基础资料由工区技术部门准备,保证原始资料的完整性、规范性,并提交指挥部工程部处理。

(4)各工区应积极配合,及时处理实施过程中的各类动态设计变更。

(5)重大技术方案或施工方案的变更必须由指挥部组织会审后方可上报。

21.9.4 施工机械设备保障体系

要对机械设备进行基础管理,使用、保养与维修以及安全管理。

21.9.5 职业健康安全保护措施

主要包括劳动保护措施、医疗卫生保护措施(建立医疗档案和定期体检制度、传染病的预防措施、生活区卫生疾病预防措施、职业病防治措施)。

21.9.6 环境保护保障体系

21.9.6.1 组织机构

成立以指挥长为组长的环境保护领导工作小组,建立与质量、安全保证体系并行的保证体系,配备相应的设施和技术力量,与当地政府部门联合协作,全面控制施工污染,减少污水、空气粉尘及噪声污染,严格控制水土流失,达到国家环保标准。环境保护体系如图21-54所示。

21.9.6.2 环境保护措施

环境保护措施主要包括:施工场地及生活区建设、施工便道、弃砟防护、大气污染及粉尘污染防治、噪声污染防治、固体废弃物处理、完工后场地清理及原貌恢复、水土保持措施。

21.9.6.3 环境保护事故应急机制

环境污染与破坏事故是指由于违反环境保护法规的经济、社会活动与行为,以及意外因素的影响或不可抗拒的自然灾害等原因致使环境受到污染、人体健康受到危害、社会经济与人民财产受到损失,造成不良影响的突发性事件。为有效防范环境污染与破坏事故,特别是重、特大环境污染与破坏事故的发生,确保在发生环境污染与破坏事故后能紧急有效控制和最大限度地减少损失,具体方法是组织管理机构建立、环水保应急事件的报告、事故的应急处理。

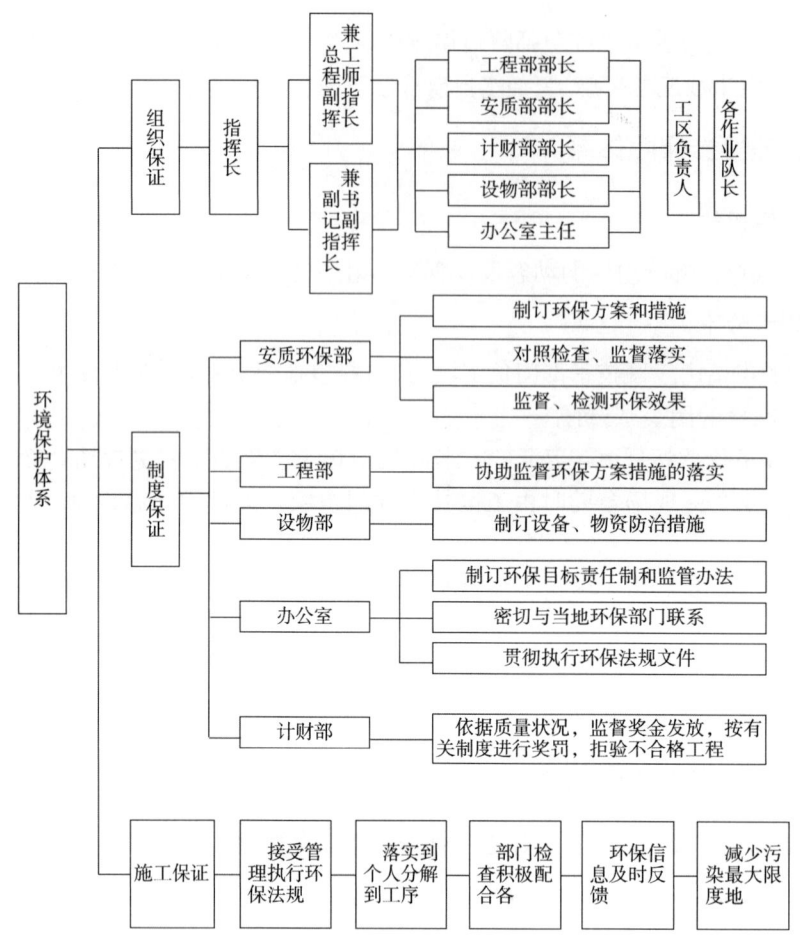

图 21-54　施工环境保护体系框图

21.9.7　质量管理保障体系

21.9.7.1　质量保证体系

建立健全质量保证体系,完善质量控制措施,加强施工过程控制,及时分析反馈质量信息,及时进行纠正和制定预防措施。质量保证体系如图 21-55 所示;质量检查控制程序如图 21-56 所示。

21.9.7.2　质量管理措施

质量管理的措施主要包括:材料、设备、构配件进场检验和质量自查签认验收制度;成品保护制度;隐蔽工程及关键部位验收制度;工程施工质量教育与培训制度;工程施工质量检查制度;工程质量责任追究制度;工程质量事故报告制度。

21.9.7.3　质量保证措施

施工准备阶段质量保证措施、施工工艺质量保证措施(隧道工程施工工艺质量保证措施、路基工程施工工艺质量保证措施、桥涵工程质量工艺保证措施、加强测量、试验、检测等基础性技术工作、控制钢筋工程质量、混凝土质量)、工程材料的质量保证措施、耐久性混凝土质量保证措施、竣工验收阶段质量保证措施、预防及控制质量通病措施(路基工程、桥涵工程、隧道工程)。

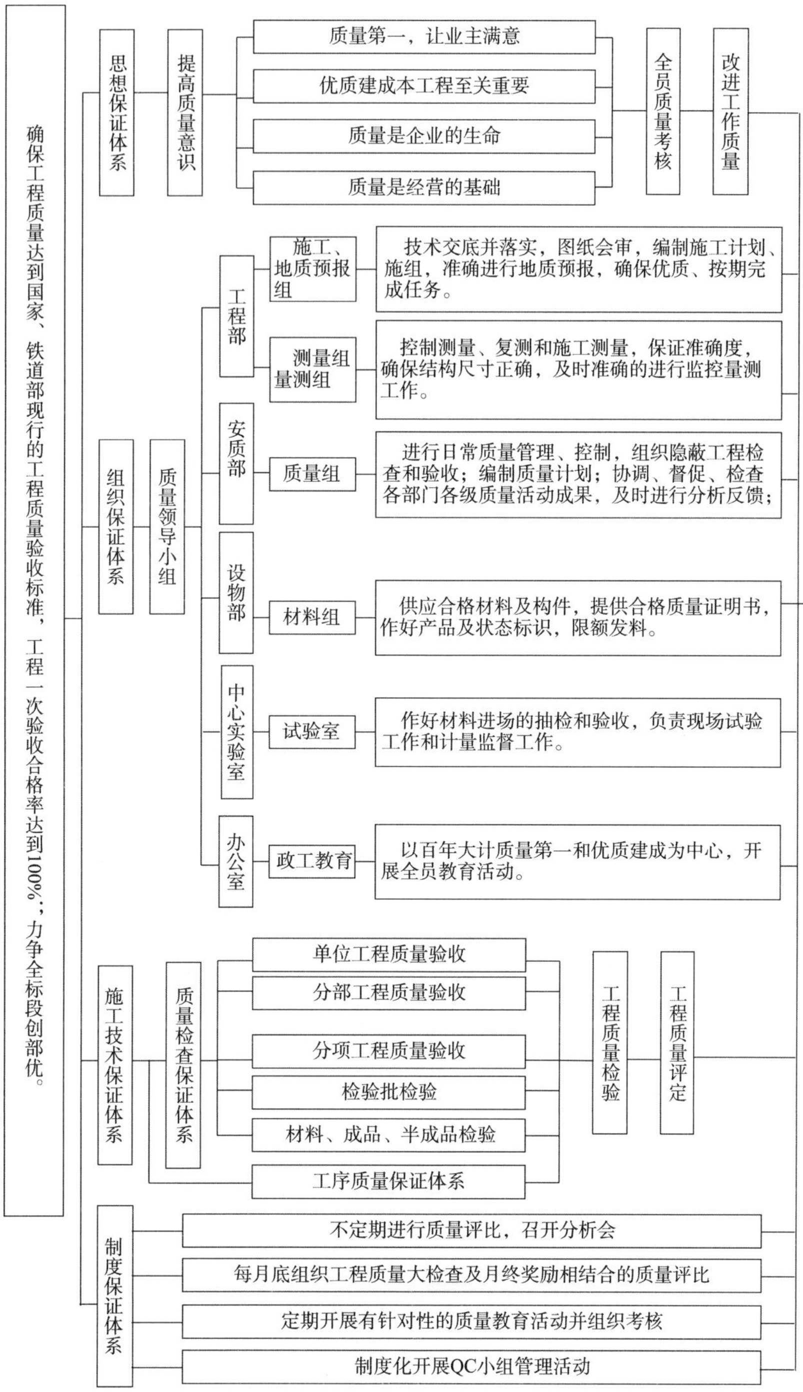

图 21-55 质量保证体系框图

21.9.8 工期保证措施

工期保证措施包括组织保证、计划控制、资源保证、技术措施、思想保证、教育培训及关键线路控制等措施。

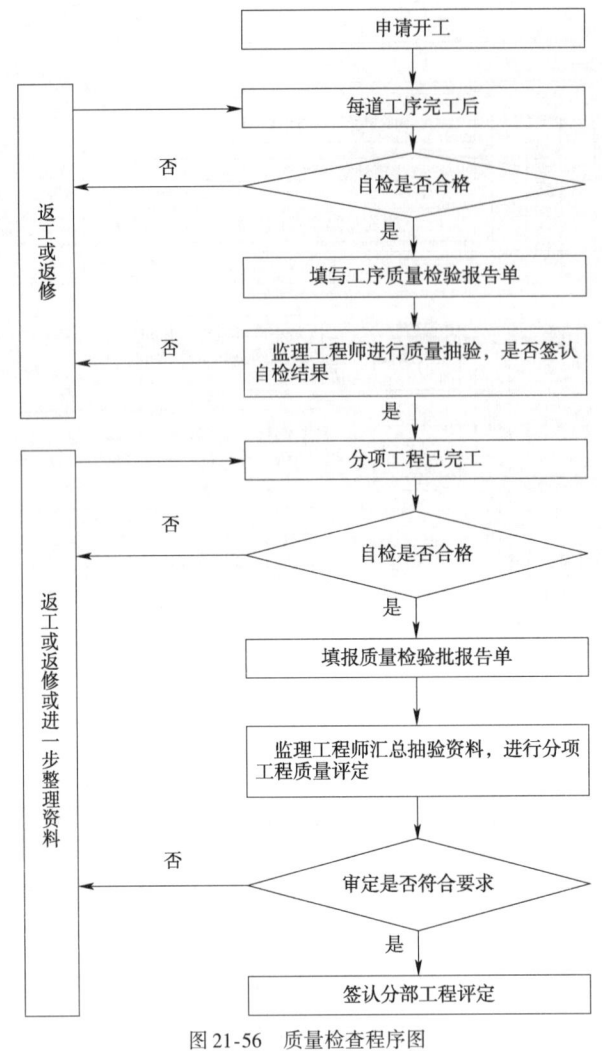

图 21-56 质量检查程序图

21.10 冬季和雨季施工措施

21.10.1 冬季施工专项防寒措施

冬季混凝土施工防寒措施和施工机械防寒措施。

21.10.2 防寒施工安全注意事项

施工人员必须佩戴好安全防护用品,防止出现冻伤事故;在前期用火炉取暖阶段,加强夜间巡视,防止发生煤气中毒;锅炉吊装前,编制锅炉吊装专项安全技术交底,保证吊装安全;加强全体作业人员的防火教育,提高人员的防火意识,防止草原发生火灾;施工中各种行走机械严格按照操作规程进行操作,严禁违章操作,违章指挥。

21.10.3 雨季施工安排

该合同段所属地区年平均降水量596.5mm,年平均蒸发量1188.2mm,日最大降雨量132.5mm,雨季多集中在7~9月,雨季施工应采取以下施工措施:

与当地气象部门紧密联系,随时掌握气象情况,预防为主,并在雨季前做好工程用料储备工作;合理布置施工场地内的排水沟、截水沟等排水设施,雨季派专人负责排水,加强对排水设施的检查维护,确保排水设施的畅通;加强便道的养护,雨季前路面碾压密实,做好便道排水沟和横向排水坡的处理,使道路畅通,路面不积水,便道派专人负责养护;工地预备足够的防汛物资和设备,如草袋、蓬布、大功率抽水机等,严禁挪用防汛物资和设备。砂石大堆料及其他材料堆放,有防冲刷和防洪措施。并作好驻地的防洪工作;对材料做好遮盖防水工作,使任何应避免水的材料、产品、半成品免于浸泡淋湿,钢筋存放于料棚内,防止雨淋;配备足够的发电机,以确保汛期突然停电情况下的防排水需要。设备的电闸箱采取防雨、防潮等措施,并安装好接地保护装置;混凝土生产场地的料场设防雨棚,并做好周围排水,经常检查砂石料的含水量,及时调整并严格控制水胶比;路基施工必须加强检查工作,必要时改进排水措施,确保排水系统畅通。低洼地段、高填深挖地段、重黏土及其他地质不良的土质路基,避开雨天施工,待天晴时加紧施工;桥梁施工,备足防雨棚,砌体或混凝土达不到一定强度时,及时进行遮盖。雨天不安排混凝土浇筑;隧道洞口段在雨季到来之前完成,并做好仰坡坡顶截水沟,搞好坡面防护,防止雨季洞口坍塌。洞口仰坡、边坡勤观察,保持洞顶水沟畅通。加强隧道富水地段施工的防水、排水工作,并派专人负责;在进行场地布置时,生产、生活设施避开可能形成洪水的范围以及可能发生山体滑坡的地方;风雨天加强对高压电力线和通信设施的巡回检查,保证施工用电和通信正常使用。

21.11 其他需说明的事宜

21.11.1 文明施工

21.11.1.1 文明施工管理体系

建立创建文明施工领导小组,健全分级负责的管理网络,各工点区域范围的环保、卫生与施工现场分级负责,工程指挥部定期按文明工地标准进行检查评比,奖优罚劣,服从环保部门的督查,创建文明工地,树立良好形象。文明施工管理体系如图21-57所示。

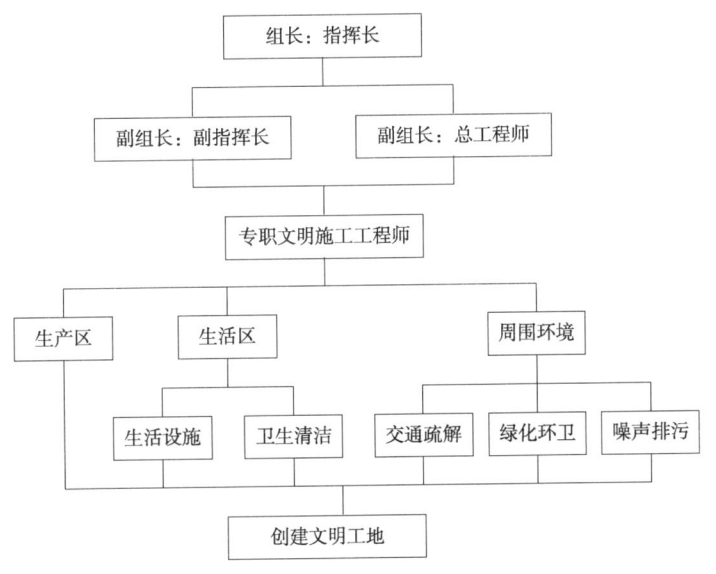

图21-57 文明施工管理体系

21.11.1.2 文明施工措施

文明施工措施主要包括组织领导、健全管理制度、加强思想政治工作、文明施工技术措施及环境卫生管理。

21.11.2 文物保护措施

21.11.2.1 文物保护管理体系

建立创建文物保护领导小组,健全分级负责的管理网络,各工点区域范围的文物保护与施工现场分级负责,指挥部定期按文物保护进行检查评比,奖优罚劣,服从地方部门的督查,创建文明工地,树立良好形象。文物保护管理体系如图 21-58 所示。

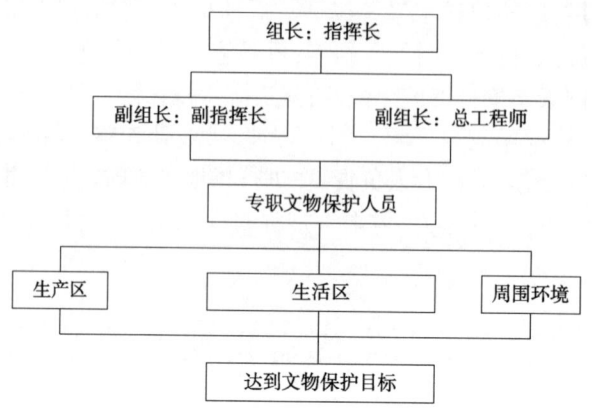

图 21-58 文物保护管理体系

21.11.2.2 文物保护措施

组织施工人员学习文物保护法,便于施工人员认识到所有文物属国家所有,任何人无权将出土文物据为己有;利用图片、板报、音像资料等向职工宣传文物法规,教会大家辨别文物的基本方法,树立起自觉保护文物的意识,并了解文物保护的基本操作程序及方法;施工中发现文物,立即对文物现场进行保护,禁止任何无关人员进入现场,采取有效防护措施,防止任何人员移动或损坏上述物品,并立即向监理报告所发生的情况,并按监理的指标做好保护工作。提供一切方便条件,积极配合文物管理部门进行文物探查或挖掘工作。

21.11.3 土地复垦

21.11.3.1 土地复垦管理体系

土地复垦管理体系如图 21-59 所示。

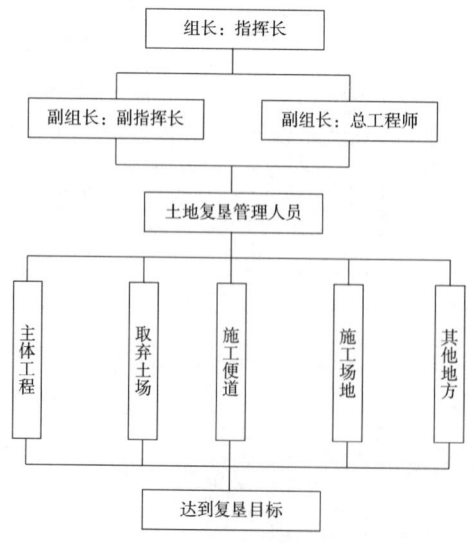

图 21-59 土地复垦管理体系

21.11.3.2 土地复垦措施

土地复垦措施包括主体工程施工、取、弃土场土地复垦、施工便道土地复垦、施工场地土地复垦、生物化学措施。

21.11.4 标准化管理

21.11.4.1 标准化管理体系

为贯彻标准化工地建设要求，推行现代企业管理制度，科学组织施工，做好施工现场的各项管理工作。项目指挥部部成立标准化管理领导小组，分别由项目指挥长、项目副指挥长任正、副组长，成员由工程指挥部各职能部门组成。标准化管理体系如图21-60所示。

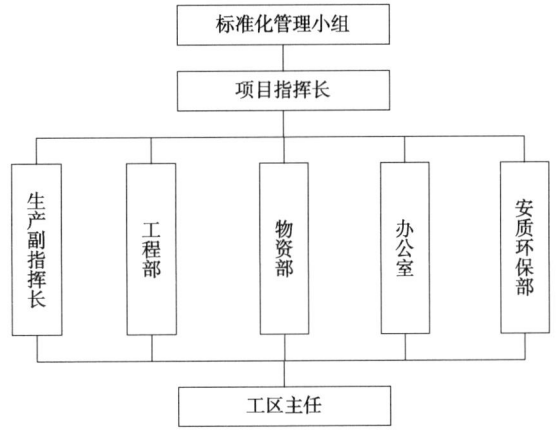

图21-60 标准化管理体系图

21.11.4.2 标准化管理要求

标注化管理的要求主要包括管理制度标准化、人员配备标准化、现场管理标准化、过程控制标准化。

21.11.5 信息化管理

建立健全信息系统的构成及信息化管理体系、信息化管理配置、局域网系统软件配置、信息系统的主要功能等。

21.11.6 施工配合措施

施工配合的主要方面有：施工接口界面协调配合措施、与当地政府主管部门的配合措施、与甲方的配合措施、与监理的配合措施、与设计的配合措施、与专业联合单位及相邻施工单位的配合措施、后续工程配合措施、缺陷责任期内的维护方案、交通配合措施、试验配合。

另外，施工期间要做到以下内容：对地下、地上管线和周围建筑物保护措施、廉政建设措施、确保农民工工资支付的措施、确保既有道路交通畅通的措施、施工中采用的规范、规程、技术指南、验标等。

第22章 案例3——蒙华铁路中条山隧道实施性施工组织设计

22.1 编制说明

22.1.1 编制依据

(1)新建铁路蒙西至华中地区铁路煤运通道工程施工招、投标文件及施工承包合同。
(2)新建铁路蒙西至华中地区铁路煤运通道工程施工图。
(3)新建铁路蒙西至华中地区铁路煤运通道工程晋豫管段重难点控制性工程指导性施工组织设计。
(4)《蒙西华中铁路股份有限公司煤运通道项目建设管理规定(修订)》(蒙西华中综〔2015〕4号)。
(5)设计文件以及工程地质、水文、当地资源、交通状况、民族风俗、施工环境调查报告。
(6)集团公司所拥有的技术装备力量、机械设备状况、管理水平、工法及科技成果和多年积累的工程施工经验。
(7)国家、行业现行设计、施工规范及验收标准。
(8)《铁路工程施工组织设计指南》(铁建设〔2009〕226号)。
(9)蒙华铁路 MHSS-3 合同段项目策划书。
(10)该工程所涉及的国家和地方有关政策和法规,特别是环境保护、水土保持方面的政策和法规。

22.1.2 编制原则

(1)认真贯彻蒙华公司对工程建设的各项方针和政策,严格执行建设程序。
(2)在充分调查研究的基础上,遵循施工工艺规律、技术规律及安全生产规律,合理安排施工程序及施工顺序。
(3)满足建设工期和工程质量标准,符合施工安全要求。
(4)树立系统工程的理念,统筹分配各专业工程的工期,做好专业衔接;合理安排施工顺序,组织均衡、连续生产;以关键线路为中心,进行工期、资源优化;管理目标明确,指标量化、措施具体、针对性强。
(5)积极采用提高工程技术和施工装备水平、保证施工安全和工程质量、加快施工进度、降低工程成本的新技术、新材料、新工艺、新设备。
(6)充分利用现有机械设备,扩大机械化施工范围,提高机械化程度,改善劳动条件,提高机械效率。
(7)合理布置施工平面图,尽量减少临时工程和施工用地。尽量利用正式工程或就近已有设施,做到暂设工程与既有设施相结合、与正式工程相结合。同时因地制宜,就地取材,以求尽量减少消耗,降低生产成本。
(8)围绕质量、安全、工期、投资、环保、创新目标要求,精心组织,攻坚克难,全面推行标准化管理,安全、优质高效完成建设任务。

(9)贯彻"依法合规、科学有序、质量至上、重在实效"的管理理念。

22.1.3 编制范围

该合同段起讫里程为:DK614+862~DK633+608,全长18.746km。

22.2 工程概况

22.2.1 线路概况

中条山隧道穿越中条山山脉,隧道进口端位于运城市盐湖区境内,出口端位于运城市平陆县常乐镇刘卫庄村。中条山隧道设计为双洞单线隧道,一般线间距35m,左线设计长度18405m,右线设计长度18410m。

22.2.2 设计概况

隧道设计为"人"字坡,最大纵坡为5.1‰,进口端14.6km为上坡,出口端3.8km为下坡。隧道轨面以上净空横断面面积为33.07m²,隧道内均采用无砟轨道。隧道采用复合式衬砌,由初期支护、防水层与二次衬砌组成。初期支护由C25喷混凝土、钢筋网、锚杆和钢架组成,喷混凝土采用湿喷工艺,二次衬砌采用模筑混凝土。无轨运输斜井及平导辅助坑道内轮廓断面尺寸为7.50m×6.20m,Ⅴ级围岩采用曲墙式衬砌。单线隧道建筑限界及内轮廓如图22-1所示。

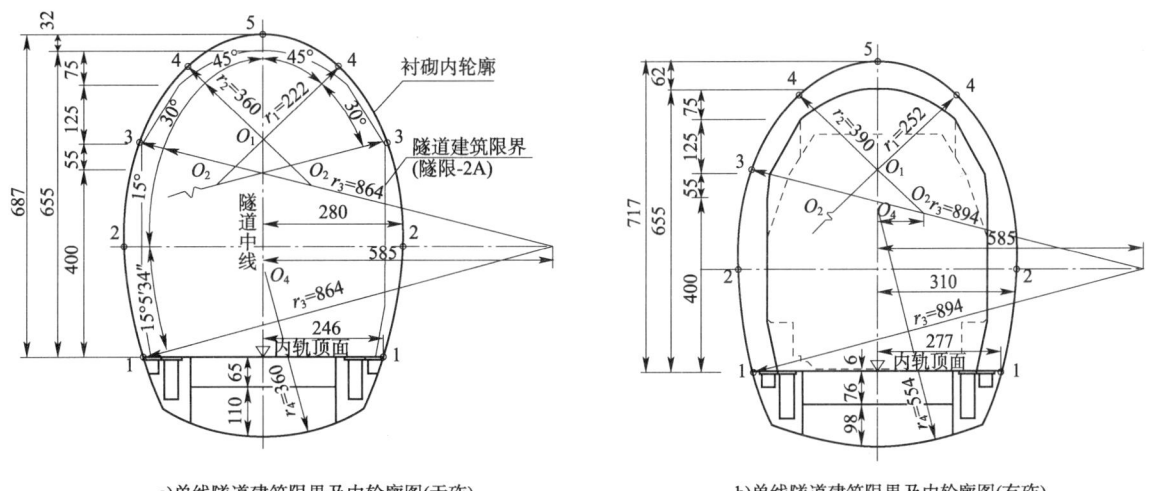

图22-1 单线隧道建筑限界及内轮廓图(尺寸单位:cm)

隧道共设5座斜井、1座平导辅助坑道作为正洞施工辅助坑道,辅助坑道内轮廓尺寸为7.50m×6.20m,Ⅱ、Ⅲ级围岩采用直墙式衬砌,Ⅳ、Ⅴ级采用曲墙式衬砌。中条山隧道围岩级别占比和正洞复合式衬砌支护参数分别见表22-1和表22-2。隧道防排水设计遵循"防、排、截、堵结合,因地制宜、综合治理"的原则,在地下水特别发育且水文环境有严格要求的地段,防排水采用"以堵为主,限量排放"的原则,采用切实可靠的措施,达到防水可靠、排水畅通、经济合理目的。隧道防水以施工缝、变形缝防水为重点,辅以注浆防水和防水层加强防水。

除进口受活动断裂及其影响带范围内和出口过渡段外,隧道内均采用无砟轨道。轨道结构高度:隧道内轨顶面高程=路肩高程+1044mm,无砟隧道仰拱填充面至内轨顶面高度为650mm。有砟及无砟过渡段设在隧道洞内,长度为30m,过渡段轨道高度为766mm。

中条山隧道围岩统计表

表22-1

隧道名称		中心里程	长度(m)	围岩级别					起讫里程
				Ⅱ	Ⅲ	Ⅳ	Ⅴ	Ⅵ	
中条山隧道	左线	DK624+267.5	18405	3300	4765	4255	5585	500	DK615+065~DK633+470
	右线	DK624+280	18410	3300	4745	4275	5590	500	DK615+075~DK633+485

复合式衬砌支护参数

表22-2

衬砌类型	开挖断面(m^2)	预留变形量(cm)	初期支护									二次衬砌	
			C25喷混凝土		钢筋网			锚杆			钢架		拱墙(cm)	仰拱、底板(cm)
			设置部位	厚度(cm)	设置部位	网格间距	钢筋规格	设置部位	间距(m)	长度(m)	设置部位	钢架类型(mm)	间距(m)		
HD	68.66	30	拱墙	25	全环	20×20	φ8	拱墙	0.8×0.8	4	全环	I18型钢	0.6	C50*	55*
			仰拱	25											
HDf	87.33	15	拱墙	25	全环	20×20	φ8	拱墙	0.6×0.6	4	全环	I20a型钢	0.6	C50*	47*
			仰拱	25											
Ⅱ	46.43	1~3	拱墙	5	—	—	—	—	—	—	—	—	—	C30	30*
			仰拱	0											
Ⅲ	49.5	1~3	拱墙	7	—	—	—	局部	1.2×1.5	2	—	—	—	C30	30
			仰拱	0											
Ⅳa	52.48	3~5	拱墙	10	拱墙	25×25	φ6	拱墙	1.2×1.2	2.5	—	—	—	C35	40*
			仰拱	10											
Ⅳb	54.08	3~5	拱墙	18	拱墙	25×25	φ6	拱墙	1.2×1.0	2.5	拱墙	φ20格栅钢架	1.2	C35	40*
			仰拱	10											
Ⅴa	57.15	5~8	拱墙	22	全环	20×20	φ6/8	拱墙	1.0×1.0	3.0	全环	φ22栅钢架	1.0	C40*	45*
			仰拱	22											
Ⅴb	58.84	5~8	拱墙	23	全环	20×20	φ6/8	拱墙	1.0×1.0	3.0	全环	φ22栅钢架	0.75	C45*	50*
			仰拱	23											
Ⅴ土a	58.84	10~15	拱墙	23	全环	20×20	φ6/8	拱墙	1.0×1.0	3.0	全环	I16型钢	0.75	C45*	50*
			仰拱	23											
Ⅴ土b	60.84	10~15	拱墙	25	全环	20×20	φ6/8	拱墙	1.0×0.8	3.5	全环	I18型钢	0.6	C50*	55*
			仰拱	25											
Ⅴ土c	61.87	10~15	拱墙	25	全环	20×20	φ6/8	拱墙	1.0×1.0	3.0	全环	I18型钢	0.6	C50*	55*
			仰拱	25											
Ⅴ土d	62.9	10~15	拱墙	25	全环	20×20	φ6/8	拱墙	1.0×0.8	3.5	全环	I18型钢	0.6	C50*	55*
			仰拱	25											
Ⅴ土f	83.4	10~15	拱墙	25	全环	20×20	φ6/8	拱墙	0.6×0.6	4.0	全环	I18型钢	0.6	C50*	50*
			仰拱	25											

注：表中带*号者为钢筋混凝土。

22.2.3 主要技术标准

铁路等级:国铁Ⅰ级;正线数目:双线;旅客列车设计行驶速度:120km/h;线间距:4m;最小曲线半径:一般1200m,困难800m;限制坡度:浩勒报吉至纳林河双向6‰;纳林河至三门峡下行重车方向6‰,上行方向13‰;牵引种类:电力;牵引质量:10000t,分5000t;到发线有效长:浩勒报吉南至襄阳段1700m;闭塞类型:自动闭塞。

22.2.4 主要工程内容及数量

正洞主要工程数量见表22-3,辅助坑道主要工程见表22-4。

隧道工程主要实物工程数量　　表22-3

项目	单位	数量					
		Ⅱ级	Ⅲ级	Ⅳ级	Ⅴ级	Ⅵ级	合计
长度	延长米	6600	9510	8530	11175	1000	36815
开挖	立方米	316671.92	486033.53	464473.63	697863.25	58840.00	2023882.34
衬砌模筑混凝土	圬工方	57234.29	117062.09	145971.71	192601.61	16250.00	529119.71
衬砌 钢筋	吨	925.75	488.16	2071.52	9906.88	825.13	14217.44
喷射混凝土	圬工方	7482.76	16253.14	27382.93	73589.80	6770.00	131478.63
钢筋网	吨			331.16	882.26	66.00	1279.43
超前小导管	米			18779.41	386644.15		405423.56
砂浆锚杆	米		172.28	184275.80	423721.33	33000.00	641169.41
中空锚杆	米		95100.00	137946.01	236768.28	25500.00	495314.30
格栅支撑	吨			416.23	9083.50	1767.67	11267.39
型钢支撑	吨				8678.40		8678.40
拱顶压浆	延长米	6600	9510	8530	11175	1000	36815
明洞及棚洞	延长米						205

辅助坑道工程量及子项目清单一览表　　表22-4

隧道名称		中心里程	长度(m)	围岩级别					开挖(m³)	喷锚混凝土(m³)	二衬混凝土(m³)	洞门(m³/座)
				Ⅱ	Ⅲ	Ⅳ	Ⅴ	Ⅵ				
中条山隧道	斜井	1号斜井 ⅠXJK1+109	2218	1505	580	100	33		101891	4753.4	4007	176/1
		2号斜井 ⅡXJK1+214.5	2429	390	640	545	854		126893	9488.8	10277	174/1
		3号斜井 ⅢXJK0+937.5	1875	970	250	210	445		90761	5533.8	4844.6	147/1
		5号斜井 ⅤXJK0+338	676				596	80				
		6号斜井 ⅥXJK0+226	452					452	26930	2489.3	3448.9	196/1
	平导	PDK0+306.5	613				613					

22.2.5 工程的特点及难点

该合同段的特点是以隧道工程为主,中条山隧道左线长 18.405km、右线长 18.410km,占合同段总长的 98.2%。设置进口工作面和 5 座斜井、1 座平导辅助坑道,施工正常后作业面多,点多面广,管理难度大。其次,现场条件差,大部分洞口位于沟谷底部,场地狭窄,施工现场布置较困难。

22.2.6 工程的重(难)点

中条山隧道地质条件复杂,主要不良地质问题有塌方、突涌、岩爆、大变形、滑坡和崩塌等。施工风险极高,难度极大,为全线控制性工程,一级风险隧道。主要重(难)点有以下几个方面:

(1)隧道洞身通过的第三系 N2 洪积扇地层中有 2350m 为富水高承压含水层,水头距隧道底板高度 80~177m,正常涌水量达 36500m³/d,特别是 150m 段落粉细砂地层,施工风险极大。高承压富水第三系地段的安全施工是该工程的重点和难点。

(2)中条山山区生态脆弱,隧道部分地段下穿一级、二级水源保护区和碳酸盐岩溶水文区,其上零星分布有村庄,如何在施工期间控制地下水排放,防止出现环境灾害是该合同段的重点和难点。

(3)重载铁路隧道仰拱及底板和无砟轨道施工质量控制是重点。

(4)隧道通过断层破碎带及其影响带,岩体呈碎石角砾状;通过第三系砾岩、砂质泥岩地层,岩体强度低,遇水易软化,防止隧道坍塌是施工安全控制重点。

(5)在隧道通过断层、富水砂层、可溶岩与非可溶岩交界面时,可能出现突水、涌水、涌泥,施工过程中防突是施工安全控制重点。

22.3 建设项目所在地区特征

22.3.1 自然条件

22.3.1.1 气象条件

该段属暖温带大陆性季风气候,昼夜温差大,四季分明。春季干燥多风,夏季炎热,秋季凉爽宜人,冬季寒冷少雪,降水主要集中在夏季、秋季。年平均气温 13.7℃,极端最高气温 42.7℃,极端最低气温 -18.9℃,年平均降水量 550.8~577.5mm,最大冻土深度 43cm。

22.3.1.2 地形地貌

工程区可划分为三个地貌类型,以中条山为界,中条山北麓为运城盆地,中条山为构造侵蚀中山区,中条山南麓为构造-侵蚀堆积地貌。

22.3.1.3 工程地质条件

隧道穿过的主要地层有太古界变质岩,岩性为片麻岩、斜长角闪岩、浅粒岩;震旦系和寒武系沉积岩,岩性主要有灰岩、白云岩、泥岩、页岩;第三系半成岩砾岩、泥岩、砂质泥岩;第四系新、老黄土层。隧道穿越 8 条断层,其中对隧道影响大的有三条,分别是 F2 中条山北麓大断裂(活动断裂)、F7 中条山主干断层和 F11 中条山南麓大断裂。如图 22-2 所示。地震动峰值加速度为 0.15g,地震动反应谱特征周期为 0.35s。

22.3.1.4 水文地质条件

隧址区地下水主要为裂隙水、岩溶水、松散岩类孔隙水(承压水、上层滞水)。根据地质勘察工作成果,地表水、地下水对混凝土结构均无腐蚀性。如图 22-3 所示。中条山隧道分段涌水量见表 22-5。

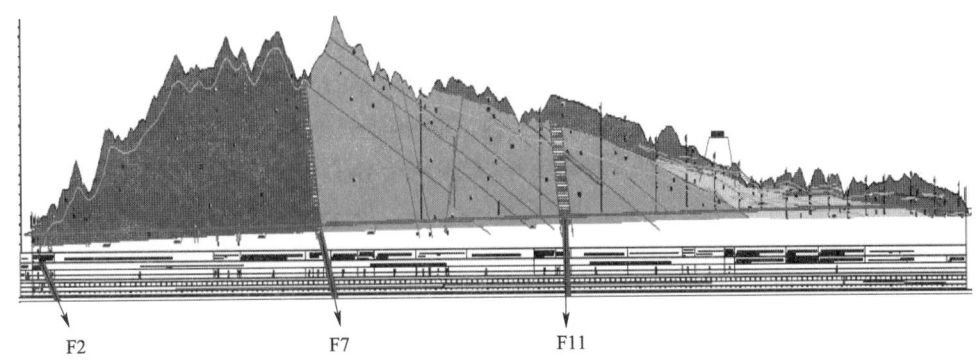

图22-2 地质构造示意图

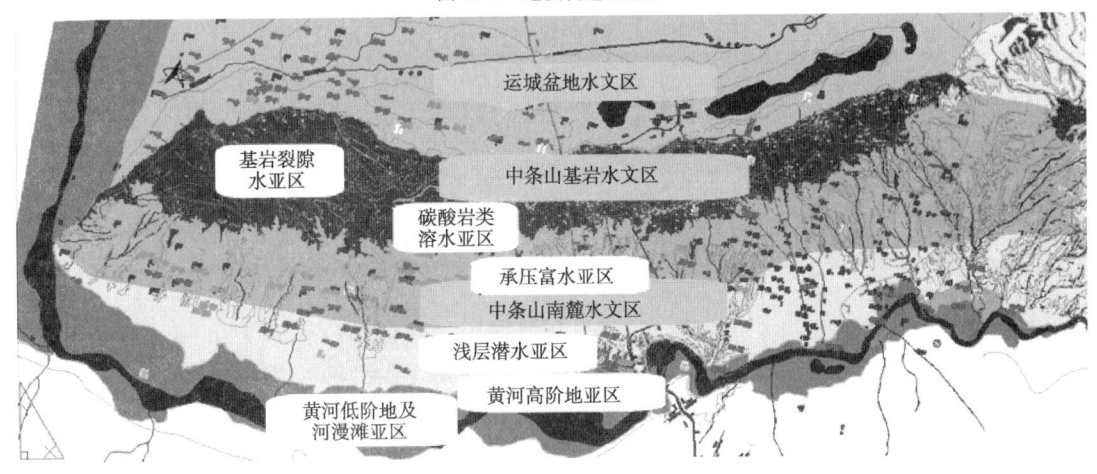

图22-3 水文地质示意图

中条山隧道分段涌水量　　　　　　　　　　　　　　　　表22-5

编号	里程桩号	长度(km)	正常涌水量(m^3/d)	最大涌水量(m^3/d)
1	DK615+065~DK615+625	560	244	487
2	DK615+625~DK620+895	5270	8221	16442
3	DK620+895~DK624+635	3740	6283	12566
4	DK624+635~DK628+690	4055	16828	50485
5	DK628+690~DK633+470	4780	36500	
合计		18405		

22.3.2 交通运输情况

运城地区路网交错，运输较为发达，线路经过地区国道、省道、县乡道四通八达，距离工区最近火车站为三门峡火车站，外地人员可坐火车至三门峡火车站，再乘三门峡至常乐客车至工地；从运城市乘坐汽车到进口基本可以在半小时内到达工地。G209、S75、S337与线位平行或交叉，并有多条县乡道可供施工运料，为施工运输提供了便利条件。平导及各斜井洞口需修建较长便道，总体来说交通较为便利。

22.3.3 沿线水源、电源、燃料等可资利用的情况

22.3.3.1 施工用水

路线所在地区水利资源丰富，且部分沟谷内有常年流水。施工用水可采用收集地表水或打设水井取用浅层地下水。

22.3.3.2 施工用电

前期各工点采用自发电,进入主体工程施工时采用新建变电站架设专线供电,并以自发电为备用电源。周边电网比较发达,但容量不足。拟建35kV变电站架专线到达各施工现场。主要利用解州变电站、常乐变电站、张村镇供电所、运城市平陆县县供电分局及其支线。

22.3.3.3 通信条件

施工临时通信采用无线方式。

22.3.3.4 场地情况

该合同段以隧道工程为主,大多数洞口位置在沟谷底部,地势较陡,除隧道进口场地较平缓开阔外其他洞口施工场地布置较困难。

22.3.3.5 建筑材料分布情况

该工程所用EVA防水板、背贴式橡胶止水带、中埋式橡胶止水带、弹条Ⅶ型扣件为甲供物资,水泥、圆钢和螺纹钢为联采物资,其余为自购。

1)中粗砂

符合条件的中粗砂位于运城市夏县境内,距进口45km,隧道出口83km。

2)碎石

项目附近有高疙瘩坡石场、永固石料场、玉兔建材公司、东裕石料场、鑫海建筑石料、龙威峪晟石料厂、小吕村石料场,产品质量、日生产量可以满足施工需求附近碎石资源较为丰富,材质多为玄武岩,能够满足施工需求。

3)水泥

项目附近有3个水泥厂,其中"崤山牌"水泥位于三门峡陕县张茅后崖村,年产水泥200万t,到常乐60km,解州95km;"盾石牌"水泥位于运城市闻喜县东镇,年产水泥300万t,到常乐镇工地131km(S75侯平高速、209国道、337省道);"中条牌"水泥位于曲沃县里村镇石滩村,年产水泥200万t,到常乐镇工地167km。

4)型材、钢板与钢管

施工附近较近的钢材市场为运城和三门峡地区钢材市场,满足施工。

5)粉煤灰

项目附近有3个电厂,其中侯马热电分公司位于山西省临汾地区侯马市上马乡张少村,年产灰量约19万t,到常乐镇约156.7km(走S75侯平高速到常乐镇);河津清涧电厂位于河津市阳村乡辛封工业园区,年产灰量约120万t,到常乐镇约140km(走108国道、209国道、临陌线、239省道、337省道);三门峡华阳发电有限责任公司(大唐集团)位于三门峡西南曲沃村,年产灰量约30万t,到常乐镇约50km(陕州大道、337省道)。

6)外加剂

有山西桑穆斯有限公司、山西凯迪建材有限公司、山西铁力建材等可随时供货。

7)木材

运城地区有一处木材市场,有4m及4m以上的原木,可以加工成工地所需的板材,货源基本可以满足工地需求。

8)商品混凝土

出口附近有丰源混凝土和磊星商混凝土有限公司,进口附近有清华水泥建材有限公司。

9)氧气、乙炔

平陆县内有氧气乙炔销售,盐湖区有一家相对较大的气体站,另外三门峡市有生产厂家,可以满足施工需求。

22.4 施工组织安排

22.4.1 总体目标

22.4.1.1 质量目标

争创省部级、国家级优质工程。检验批、分项、分部工程合格率100%,单位工程一次验收合格率100%。杜绝工程质量特别重大事故;遏制工程质量重大事故和较大事故;减少工程质量一般事故。

22.4.1.2 安全目标

杜绝生产安全特别重大和重大事故,遏制较大生产安全事故,减少一般生产安全事故,杜绝因建设引起的特别重大和重大交通事故,遏制因建设引起的较大交通事故,减少因建设引起的一般交通事故。

22.4.1.3 工期目标

线下工程2018年10月完成,无砟轨道2019年5月底全部完成。主要节点工期目标见表22-6。

主要节点工期目标   表22-6

序号	节点	工期目标	备注
1	准备开工条件	2015年3月1日	
2	隧道进洞时间	2015年5月1日	
3	隧道线下工程完工时间	2018年10月19日	
4	无砟轨道完工时间	2019年5月22日	
5	路基开始时间	2015年9月1日	
6	路基完成时间	2018年3月31日	
7	涵洞开始时间	2015年6月15日	若因征地原因无法正常开工,工期顺延
8	涵洞完成时间	2015年10月31日	
9	竣工时间	2019年5月31日	

22.4.1.4 环境保护与水土保持目标

1)环境保护目标

坚持"保护优先、预防为主",环境保护贯穿建设全过程。建成一流的资源节约型、环境友好型的绿色"重载铁路"。

2)水土保持目标

水土保持设施与主体工程"同时设计、同时施工、同时投入使用",确保无集体投诉事件。

22.4.1.5 文明施工与文物保护目标

1)文明施工目标

严格按标准化文明施工,现场合理规划、环境整洁、物流有序、标志醒目、遵纪守法、文明用语、文明施工,营造良好的施工环境,让建设单位满意,争创文明施工样板工程。

2)文物保护目标

按照《文物保护法》、设计文件有关要求,将文物保护措施落实到施工全过程,确保文物不被破坏或流失。

22.4.1.6 职业健康安全目标

尘肺等职业病检出率5‰以下,急性中毒发生率4‰以下。严格遵照职业安全健康管理体系的标准建立该项目职业健康体系,制订职业健康等各项制度和措施。保证员工生活及工作场所干净整洁、施工现场粉尘及有害气体不超过国家规定标准、劳动保护符合有关规定;防止食物中毒、传染病扩散、职业病、地方病发生。

22.4.1.7 技术创新目标

满足和响应建设单位全线科技创新目标要求,以促进技术进步和服务工程建设为宗旨,攻克对工程建设安全、质量、工期、环境保护等影响重大的技术难题;获得最大的社会经济效益;争创国家、省部级科技进步奖项。

22.4.2 施工组织结构、队伍部署和任务划分

22.4.2.1 施工组织结构

组建中铁隧道集团蒙华铁路MHSS-3合同段项目经理部,经理部设项目经理、书记、常务副经理、质量总监、生产副经理、总工程师、安全总监、总经济师、副经理(商务);经理部设6部2室,即工程技术部、质量部、安全部、财务部、工经部、物机部、综合办公室和中心试验室,项目经理部设在常乐镇上焦村小学。根据工程的特点及地理位置,项目经理部下设4个工区独立负责各自管段内工程任务的施工,工区作为成本主体单位。各工区设6部2室。项目经理部管理组织机构如图22-4所示。

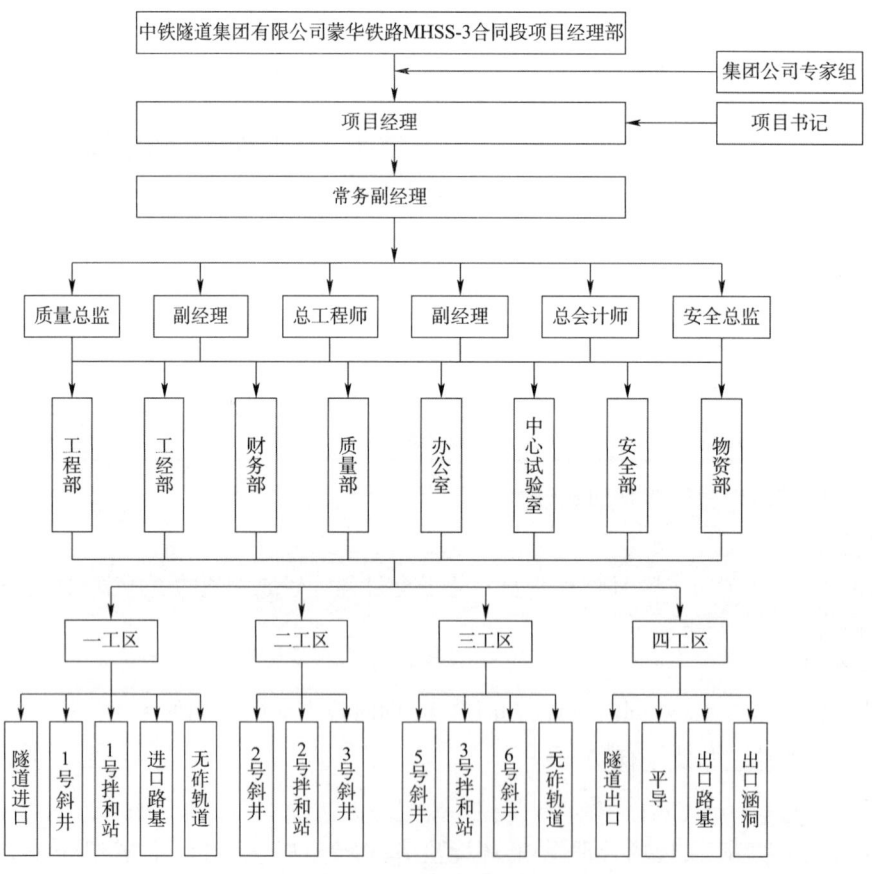

图22-4 项目经理部管理组织机构图

项目主要管理人员和技术人员均来自二处职工,部分从三河圣祥诚劳务分包有限公司中录取,隧道内施工采用自建劳务组织施工,保证关键工程、关键工序由核心队伍承担施工作业。

相关协作方:隧道设计院进行超前地质预报;集团公司物资中心成立物资采购站;集团公司技

术中心负责监控量测;集团公司试验中心负责项目试验室工作;集团公司专家顾问组为该项目提供技术咨询。

22.4.2.2 队伍部署和任务划分

1）队伍部署

全合同段总共划分为13个隧道作业队、1个涵洞作业队、2个路基(含站场)作业队和4个轨道作业队,共20个作业队组织施工。

2）任务划分

该项目划分为4个工区,各工区承担的任务详见表22-7。

工区任务划分　　　　　　　　　　　　　　　　　　表22-7

工　区	队伍来源	工程量	具体情况
一工区(DK614+862~DK623+255)	山西中南部铁路项目二分部	路基207.96m,1号斜井长2218m,隧道长8185m	负责进口、1号斜井及对应正洞、进口路基任务
二工区(DK623+255~DK628+970)	吉图珲铁路项目	2号斜井长2424m,3号斜井优化后长2045m,隧道长5715m	承担2、3号斜井及对应正洞任务
三工区(DK628+970~DK631+345)	山西中南部铁路项目五分部	取消4号斜井,5号斜井优化长676m。6号斜井长452m,隧道长2375m	承担5、6号斜井及对应正洞任务
四工区(DK631+345~DK633+608)	宝兰铁路项目	出口端路基工程(130.5m)、涵洞工(184.54横延米)及6平导辅助坑道613,隧道长2125m	承担平导及对应正洞、出口涵洞、路基任务

22.4.3　总体施工安排和主要阶段工期

1）开、竣工日期

计划开工日期2015年5月1日,竣工日期2019年5月31日。

2）总工期

计划合同总工期1530d,根据重大节点目标的安排,能够满足总工期要求。

3）路基、涵洞工程施工工期

区间路基、站场路基工程2018年3月31日完工,2015年12月26日完成涵洞工程。

4）隧道工程施工工期

主要节点工期目标见表22-8。

主要节点工期目标　　　　　　　　　　　　　　　　表22-8

序　号	节　点	工期目标
1	准备开工条件	2015年3月1日
2	隧道进洞时间	2015年5月1日
3	隧道线下工程完工时间	2018年10月19日
4	无砟轨道完工时间	2019年5月22日

5）分年度形象进度

2015年:有序筹划准备、积极创造条件,大小临工程迅速开展,控制、重点工程中条山隧道按期进洞,并形成正常施工能力,路基及其附属工程陆续开展,力争年底完成涵洞工程。

2016年:隧道开挖全面展开,控制、重难点工程早掀施工高潮,实现大规模生产。

2017年:主攻控制、重难点工程,持续施工高潮,所有斜井施工完成,打开正洞工作面,仰拱及二次衬砌紧随其后,路基土石方工程全部完工。

2018年:正洞开挖工作面全部展开,仰拱及二次衬砌紧随其后,持续施工高潮,到年底,路基附属工程完成,所有开挖、衬砌工作完成。

2019年:完成无砟轨道施工,交工验收。

22.4.4 施工准备和建设协调方案

22.4.4.1 施工准备

1) 技术准备

(1) 导线控制网复核。集团公司精测队根据设计院提供的工程定位资料和测量标志资料,会同设计单位、监理单位进行线路控制桩点交接,形成交接记录;对合同段内线路进行复测和加密施工桩点工作;并与相邻合同段进行联测,将完整的测量资料,报监理工程师审查、批准后,作为施工放样定位工作的依据,并对各个工区进行现场测量资料交底。

(2) 建立中心试验室。根据招投标文件要求、工程特点及工程项目分布情况,同时为了满足工程试验检测以及质量控制,成立蒙华铁路MHSS-3合同段项目中心试验室(设在常乐镇上焦村),每处混凝土拌和站设一个试验组;中心试验室负责该合同段的试验和检验工作,工地试验组负责各自工区原材料自检、送检以及现场试验工作。试验室配备具有丰富试验经验的专职工程师负责该项工作,配备足够的试验、检验人员,配备符合要求的检测试验设备。

(3) 专项方案编制。据现场实际情况、施工图纸及施工进度安排,编制专项施工方案,按程序进行论证和审批后实施。

(4) 办理征、租地及拆迁手续。项目经理部进场以后安排精干、熟练的地亩人员专门负责此项工作,配合建设单位与地方政府有关部门取得联系,根据有关的国家土地政策,协商解决征地拆迁事宜,在开工前对主要的永、临用地项目部与地方政府达成一致意见并签订协议。生产、生活设施全部布置在规划征用的场地内。

2) 设备物资准备

机械设备配置原则以自备为主,进场设备保证机况良好。重点工程详细设备配备详见资源配置;物资按月提前计划,做好物资储备,不影响施工进展。

3) 现场准备

进场后立即进行临时租地、办公、生活生产场地及设施、临时供水、临时供电、临时通信、临时便道等,洞口加固及洞口挖方施工等。

22.4.4.2 建设协调方案

(1) 建设单位的联系。建设指挥部:晋豫指挥部;联络人:项目经理、常务副经理、质量总监、总工、副经理(商务)、副经理(设备)、总会计师、部门负责人各自与指挥部对应接口联系。

(2) 监理的联系。监理单位:四川铁科建设监理有限公司;联络人:项目经理、总工、各工区经理、各工区总工。

(3) 设计院的联系。设计单位:铁道第三勘察设计院、中铁隧道勘察设计院;联络人:项目经理、常务副经理、总工、总经济师。

(4) 地方政府的联系。地方政府:平陆县、常乐镇、公安局、环保局、林业局、国土局、水利局等单位;党工委书记、二三四工区书记专门负责与平陆县征地拆迁工作,一工区书记负责盐湖区征地拆迁工作,协调解决征地过程中出现的问题,尽早签订临时用地协议。

(5)电力系统的联系。联络人:项目部副经理(设备)。任务:前期农电 T 接等,后期专线用电联系。

(6)火工品的联系。联络人:集团物供中心,各工区书记、物资部长。任务:炸药库审批,火工品手续办理及采购。

22.4.5 工程施工工期

22.4.5.1 总体施工顺序及施工方向

隧道进口、5 座斜井、平导辅助坑道同时进行施工,根据进度指标确定各施工面的贯通里程,见表 22-9。施工中根据实际情况进行调整,各工作面本着"不见不散"的施工原则,直至贯通为止。路基及涵洞工程与隧道施工互不干扰,同步开展,前期具备施工条件便投入施工。

各工作面贯通里程 表 22-9

序 号	工 作 面	交汇里程	备 注
1	进口⟷1 号斜井	DK618+574	
2	1 号斜井⟷2 号斜井	DK623+255	
3	2 号斜井⟷3 号斜井	DK625+674	
4	3 号斜井⟷5 号斜井	DK628+970	
5	5 号斜井⟷6 号斜井	DK629+970	
6	6 号斜井⟷平导	DK631+345	

22.4.5.2 隧道主要进度指标

该合同段隧道正洞、斜井开挖支护月进度指标见表 22-10。

单口施工进度指标 表 22-10

施工位置	围岩级别	施工方法	月进尺(m)	备 注
单线正洞(正洞)	Ⅱ级	全断面法	200	
	Ⅲ级	全断面法	200	
	Ⅳ级	台阶法	80	
	Ⅴ级	短台阶法(必要时临时仰拱)	50	
斜井	Ⅱ级	全断面法	230	
	Ⅲ级	全断面法	200	
	Ⅳ级	台阶法	120	
	Ⅴ级	台阶法	70	
正洞	Ⅴ级	辅助施工措施帷幕注浆	台阶法(必要时临时仰拱)	25	
	Ⅵ级	辅助施工措施水平旋喷桩	台阶法(必要时临时仰拱)	13	

22.4.5.3 进度计划横道图

总体施工进度计划横道图(略)。

22.4.5.4 进度计划网络图

总体施工进度计划网络图(略)。

22.4.5.5 关键线路分析

中条山隧道 5 号斜井与 6 号斜井之间洞身地质围岩复杂,DK628+690~DK631+040 段穿过第三系的砾岩、砂质泥岩地层,砾岩中等胶结、弱胶结,夹砂层,砂质泥岩半成岩,岩石强度低,暴露易风化,遇水易软化,含承压水,隧道涌水量大,围岩自稳性差,工程地质条件复杂;5 号斜井出口方向施工是保证中条山隧道贯通的控制工程,也是无砟轨道铺设控制工程。

关键线路为:施工准备→中条山隧道 5 号斜井施工→中条山隧道 5 号斜井向 6 号斜井方向 DK628+690~DK631+040 段正洞施工→无砟轨道施工→竣工验收。

22.4.6 施工总体平面布置

充分利用隧道进出口山间谷地进行作业队的布置,实行作业区、生活和办公区分开设置。

(1)尽可能方便施工,有利于文明施工,节约用地和保护环境。
(2)事先统筹规划,分期安排,便于各项施工活动有序进行,避免相互干扰。
(3)充分利用各种建筑物,降低临时设施费用。
(4)满足安全、环保、节能、消防和劳动保护的要求。

根据总体施工部署,项目经理部设在常乐镇上焦村,施工总平面布置见"蒙华铁路 MHSS-3 标施工总平面布置图"(略)。

22.5 临 时 工 程

22.5.1 弃渣场

该合同段共设计 7 处弃渣场,其位置及规模见表 22-11。弃渣场施工前,先剥离渣场范围内地表种植土集中存放,待渣场施工完毕后,覆盖至渣场顶面,耕植土厚度不小于 30cm。

弃渣场统计表　　　　表 22-11

序号	工点名称	用地位置	使用性质	用地面积（亩）	弃渣数量（万 m³）	土地类别
1	进口	盐湖区解州镇社东村	弃渣	99.6	34	荒地
2	1 号斜井	盐湖区解州镇董家庄	弃渣	111.6	89	荒沟
3	2 号、3 号斜井	常乐镇王峙沟村	弃渣	103.6	109	荒沟、部分林地
4	5 号斜井	常乐镇北留史村、广德村	弃渣	30	15	荒沟、部分草地
5	6 号斜井	常乐镇广德村	弃渣	33	32	荒沟、部分草地
6	平导	常乐镇广德村	弃渣	61	40	荒沟、部分草地
7	出口	常乐镇石家埝村	弃渣	51	27	荒沟、部分果园
8	合计			489.8	346	

施工过程中保护渣场四周的植被,工程竣工后对渣场进行填土恢复、平整、绿化、还耕。在弃渣场顶外 5m 设一道截水沟,沟宽 0.6m,深 0.6m,M10 浆砌片石铺砌,并做好排水系统,以保护生态环境,防止水土流失。

22.5.2 混凝土集中拌和站

根据混凝土供应量和供应半径,结合地形及道路情况,全合同段共设 3 处混凝土搅拌站,设置及供应范围见表 22-12。拌和站采用全自动计量设备,料仓采用浆砌片石或混凝土结构墙间隔,搭封闭彩钢板墙和彩钢瓦屋顶的雨棚,墙与顶封严保温,装料车辆进出设防冷保温门帘,冬季考虑安装锅炉,料场下安设暖气管路,保证冬季混凝土原材料拌和温度。场内需设置集水池、沉淀池、污水过滤池和洗车区,四周应设置排水系统。水泥、粉煤灰等材料采用筒仓储存;碎石按分级配存放,砂子存放区用隔墙隔开,保证各种材料不得混仓;砂石料必须在设有顶棚的场地内存放。

混凝土拌和站配置　　　　　　　　　　　　表 22-12

工区	位　　置	设备配置	供 应 范 围
一工区	中条山隧道进口	2 台 S90	进口、1 号斜井及承担正洞任务、路基附属工程
二工区	3 号斜井	2 台 S90	2、3 号斜井及承担正洞任务
三工区	6 号斜井	3 台 S90	5、6 号斜井、平导辅助坑道及其承担正洞任务、出口涵洞及路基附属工程

22.5.3 施工便道

便道满足施工车辆的行车速度、密度、载质量等要求,便道做到排水畅通,路面无泥、无积水。干线便道路基宽 6.5m,路面宽 5.5m;引入线路基宽 4.5m,路面宽 3.5m,每 300m 左右设 30m 长的会车道。进口、2、3 号斜井便道采用 20cm 厚混凝土硬化,其他便道采用 20cm 厚泥结碎石结构,后期局部破坏地段可采用 30cm 厚洞渣维修;在洞口、加工场、拌和站及小型构件预制厂等主要场地进、出口 100m 范围、弯急及坡度较大地段采用 C20 混凝土进行硬化,厚度不小于 20cm。新建便道 40.59km,改(扩)建便道 26.2km,直接利用既有地方道路 15km。

22.5.4 临时通信

施工临时通信采用无线方式。项目经理部、各工区、各作业队接入互联网,主要工作人员配置移动电话,通过无线网络实现对外联络。各生产生活区、隧道洞内外联系采用无线通信方案。

22.5.5 供电

前期采用地方电力农用混合线路供电,就近"T"接,但容量不足,需建 35kV 变电站,然后架专线到达各施工现场。

22.5.6 施工用水

一工区:采取就近打井取水。进口打 2 口深水井(每口井深 400m 左右),1 号斜井生活区打 1 口井,1 号斜井施工用水采用山涧水。

二工区:2 号斜井口上游自建深机井 2 口,用 φ80 钢管从施工便道引入搅拌站生活区和 3 号斜井(每口井深 400m 左右)。

三工区:5 号斜井、6 号斜井打 2 口深井(井深 200m 左右)作为饮用水,生产水采用山涧水。

四工区:自建深机井 1 口(井深 200m 左右),用 φ80 钢管从施工便道引入生活区和平导口。

22.5.7 小型构件预制

根据工程特点,在中条山隧道进口及 6 号斜井设置 2 处小型预制构件厂,统一预制盖板及其他需要预制的小型构件,确保构件质量。

22.5.8 生产房屋

钢材库弧形彩钢顶棚、平面彩板立墙,棚内配 15t 轨式门吊,棚内设原料区、加工区、成品区,紧邻库区设废料存放区。

一工区加工厂设在中条山隧道进口,供应中条山隧道进口及 1 号斜井;二工区加工厂紧邻拌和站设置,供应 2、3 号斜井;三工区加工厂设置在 6 号斜井井口附近,供应 5 号、6 号斜井;四工区加工厂设置在辅助坑道平导洞口附近,供应辅助坑道平导。

水泥库建设以散装、袋装共用为原则。袋装库容应满足 5~7d 使用量,拌和站布置满足冬季施工要求,设砂石料仓保温棚并设暖气管道,料仓分已检和待检区。

机加工棚、钢筋(钢拱架)加工棚、空压房、小型预制构件场及主材料仓库均采用钢结构彩钢瓦房,钢结构房屋必须进行专门设计和结构受力检算;工地试验室、小型材料库、值班房及看守房采用彩板房。

22.5.9　项目部及工区驻地

经理部办公租用学校,其他房屋结构均采用彩钢板房(除炸药库等有特殊要求的除外),采用阻燃岩棉板,外墙厚7cm,隔墙厚5cm。

经理部办公区设于常乐镇上焦小学,工区驻地设置各施工井口附近。办公区、生活区分开设置,房屋采用彩钢板组合房,主要为双层房屋;办公区、生活区周围设置大门、围墙或围栏,实行封闭式管理。

22.5.10　炸药库

该合同段前期计划修建4个炸药库,根据各工作面位置及周边地理环境条件,结合炸药库建修安全标准及当地公安部门的要求进行选址。

22.5.11　中心试验室

中心试验室设置在项目经理部院内,占地面积约1000㎡,使用面积约600㎡,混凝土室、力学室、胶凝材料室、化学室每个房间均配有空调以保证操作间温度达标。

22.5.12　垃圾及污水处理

为了保护环境和水源不受污染,在生活及生产区附近设防渗漏垃圾池,定期集中处理;在生活区设置卫生间,所产生的粪便集中处理;在各生活、生产场所设立污水处理池,污水经集中净化处理后排放。

22.5.13　医疗设施建设

各工区配备降暑、简单救治烧伤、烫伤、跌伤的药品及器具,遇到紧急情况进行早期抢救,保证伤病职工在1h内得到有效救治;与地方医院合作设立医疗站,运用多种形式对职工进行健康教育;开展卫生防病和卫生监护,杜绝传染病、地方病和疫源性疾病的发生和流行;对施工一线工人常见病、多发病进行诊断和治疗,确保重伤、重病人员及时得到医治。

22.6　控制工程和重难点工程施工方案

该项目控制工程和重难点工程为中条山隧道,该隧道设置5座斜井1座平导辅助坑道,施工高峰期达到26个开挖作业面同时施工,并且隧道存在高承压水、穿越多条断层带、高地应力、高富水中等到弱胶接砾岩地层、砂层以及黄土地层等地段,地质条件相当复杂。如何实现快速进洞、快速实现适应地质条件的能力、快速形成具有攻坚克险能力的作战团队,提高项目"开工必优、一次成优"的标准化作业能力、保障现场团队组织合理性和施工组织的科学性,保证在确保安全、质量、环保基础上顺利履约是该项目成败的关键。

5座斜井和1座平导辅助坑道均采用无轨运输,一般段采用喷锚衬砌,洞口、井底交叉口及断层破碎带等不良地质段,根据量测情况确定是否采用模筑衬砌。断面采用双车道形式。Ⅱ、Ⅲ级围岩段采用全断面法施工,Ⅳ级、Ⅴ级围岩段采用台阶法,Ⅵ级围岩段采用超前帷幕注浆或水平旋喷支护工法施工。斜井底板混凝土采用半幅分段的施工方法。

正洞采用钻爆法施工,无轨运输。每个作业面采用单台ZL40B装载机配PC140挖掘机装渣或扒渣,配25t自卸汽车运渣。多功能台架配合人工手持气腿式凿岩机钻眼,钻爆法开挖;喷混凝土采用机械手湿喷工艺施工;衬砌混凝土采用8m³混凝土搅拌运输车运送;拱墙二衬采用HBT40混凝土输送泵、10.5m和12m长全液压模板台车施工。仰拱与填充超前衬砌工作面,采用自制栈桥整幅分次分段施工。隧道通风采用一站式压入式通风,隧道掘进大于800m时考虑高压进洞。反坡排水掌子面设集水坑,汇集地下水和施工用水,通过管路抽排至集中水仓或顺坡段,在斜井井底设集中水仓、水泵房及配电房,安装抽水设备,通过管路排至洞(井)外。

软弱围岩、大变形段、断层破碎带隧道施工时,要认真落实"三超前、四到位、一强化"施工技术措施。"三超前"即超前预报、超前加固、超前支护;"四到位"即工法施工到位、支护措施到位、快速封闭到位、衬砌紧跟到位;"一强化"即强化监控量测。

22.6.1 洞口工程施工方案

22.6.1.1 洞口开挖、防护

隧道明洞、洞门开挖前,首先施工洞口边仰坡外的截、排水沟。明洞及洞门段开挖采用人工配合反铲由上而下进行。遇个别较大孤石或少量硬质岩,风钻打眼、微药量解体,风镐修凿轮廓或非电控制光面爆破,不得扰动边坡,影响边坡稳定。装载机或反铲装渣,自卸汽车直接运输到规定地点卸渣。边坡开挖坡度按设计施工图坡度,当开挖到暗洞超前支护相应高程时,立即进行超前支护施工。结合边坡地形稳定程度,坡面用锚杆、钢筋网、喷混凝土作为临时防护,以确保施工安全。

边仰坡刷坡自上而下分层进行,每层高度2~3m,随开挖及时进行锚杆网喷支护。做好坡面喷混凝土防护层与原坡面衔接,防止边仰坡防护受到损坏。

22.6.1.2 进洞施工方法及措施

1)进口

进口盖挖地段采用台阶法施工,穿过高速公路盖挖段后,施作双排超前小导管,进行洞身开挖。进洞段采用双排超前小导管进洞,开挖应保持短进尺,用风镐配合反铲开挖,喷混凝土分两次进行,即开挖后初喷,架立钢架(钢架在拱脚处打锁脚锚杆防止拱顶下沉),安装系统锚杆(安装垫板)、挂网后复喷,及时封闭,保证支护质量。

2)出口

出口待涵洞完成后,及时填筑路基。当具备条件后施作洞口工程,出口采用大管棚进洞,大管棚长度30m,施作暗洞套拱和安装导向架,在台阶上施作超前大管棚支护,出口不开工作面。

(1)大管棚采用 $\phi 108 \times 6$ mm 无缝钢管,单根管长30m,由2~4m自由节长度组成,由对口丝扣连接,且同一断面接头数量不超过总钢管数的50%。

(2)大管棚于上断面拱部范围布置,环向间距400mm。

(3)管棚同一断面上接头数不超过管棚总数的50%。

(4)大管棚注浆段注浆孔径15mm,间距150mm,沿管壁呈梅花形布置,沿线路左拱脚开始编号,奇数号用花管注浆孔,偶数号不设注浆孔。

(5)注浆:水泥浆液水灰比1:1,注浆初压0.5~2.0MPa,稳压15min后停止注浆。注浆扩散半径按照现场钻孔时实际围岩级别进行确定。

(6)导向墙采用C20混凝土,截面尺寸1.3m×1m,内设3榀I18工字钢架,钢架外缘设 $\phi 140$ mm、壁厚5mm导向管,钢管与钢架焊接。施工工艺流程如图22-5所示,质量标准见表22-13。

22.6.1.3 洞门施工

洞门开挖采用人工配合反铲开挖,遇岩层采用弱爆破法开挖,人工清渣;洞门端墙及翼墙混凝土灌筑采用万能杆件支架和大块模板,洞外自动计量拌和混凝土,混凝土罐车运输混凝土,泵送混凝土入模,插入式振动器捣固,并做好圬工的养护工作。洞门端墙及翼墙完成后,及时完成洞口防排水系统。

22.6.1.4 明洞施工

1)明洞施工顺序

测量放线→排截水沟施作→边仰坡开挖、支护→基底处理→仰拱、填充施工→拱墙衬砌→明洞

防水层施工→洞顶回填。

2）施工方法

明洞衬砌在仰拱填充完成后由洞内向洞口方向先仰拱后拱墙的顺序施工。

明洞衬砌均采用模板台车作内模，外模采用组合钢模对拱墙衬砌混凝土一次性灌筑，混凝土由自动拌和站生产，罐车运输，泵送入模，插入式振捣器振捣。洞口衬砌与隧道洞门整体灌筑后进行洞顶回填施工。

明洞回填分层填筑，每层层厚不大于0.3m，左右对称回填。

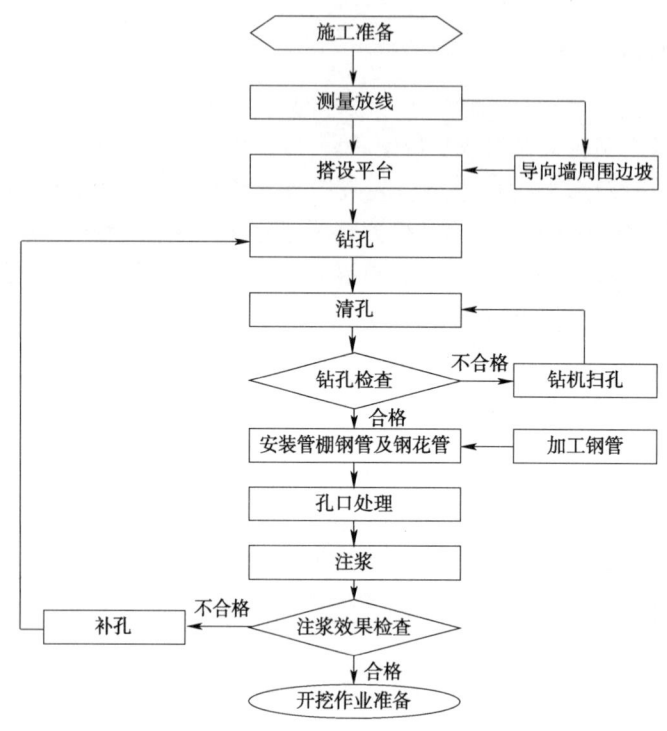

图 22-5　大管棚施工工艺流程图

管棚施工质量要求　　　　　　　　　　　　　　　表 22-13

序号	项 目	质 量 标 准
1	管棚外观检查	钢管的品种和规格必须符合技术交底要求
2	方向角	满足技术交底要求，允许偏差1°
3	孔口距	满足技术交底要求，允许偏差±50mm
4	孔深	满足技术交底要求，允许偏差±50mm
5	搭接长度	满足技术交底要求
6	注浆浆液配合比	满足技术交底要求
7	注浆压力或注浆量	满足技术交底要求

22.6.2　洞身工程施工方案

22.6.2.1　洞身开挖

隧道正洞Ⅱ、Ⅲ级围岩地段采用全断面开挖，采用自制多功能作业台架作操作平台，人工手持风动凿岩机钻孔，人工装药，爆破后找顶以PC140挖掘机为主，人工配合。

隧道Ⅳ、Ⅴ级围岩段采用台阶法开挖。在洞身段、洞身浅埋段和断层破碎带及影响地段、黄土地段必要时加临时仰拱。Ⅵ级围岩段采用超前帷幕注浆或水平旋喷支护工法施工。

上台阶风钻钻孔,挖掘机扒渣到下断面,下台阶利用风钻钻孔。下断面出渣利用装载机装渣,自卸汽车运渣至指定的弃渣场地。在洞身段、洞身浅埋段和断层破碎带及影响地段、黄土地段必要时加临时仰拱。开挖方式:黄土地段采用机械开挖或弱爆破,硬岩部分采用气腿式凿岩机、钻爆作业,采用光面爆破,尽量减少对围岩的扰动。

1)全断面法

隧道正洞Ⅱ级、Ⅲ级围岩地段全断面开挖均采用多功能台架配合人工钻孔,光面爆破。手持风钻钻孔、安装锚杆并进行锚固和注浆,采用湿喷机进行喷混凝土。根据量测要求布设量测点,并及时进行分析反馈指导施工。施工的主要工序如下:

(1)测量放样。测放中线、水平及炮眼位置。

(2)台车就位、钻孔。上部、下部同时人工钻孔,全断面开挖,光面爆破。

(3)通风排烟、出渣。通风排烟后,出渣用装载机装渣,自卸汽车运输至弃渣场。

(4)初期支护。初期支护喷射混凝土采用喷射机械手湿喷。初期支护结束后,进入下一开挖循环施工。

全断面法施工工艺流程如图22-6所示。

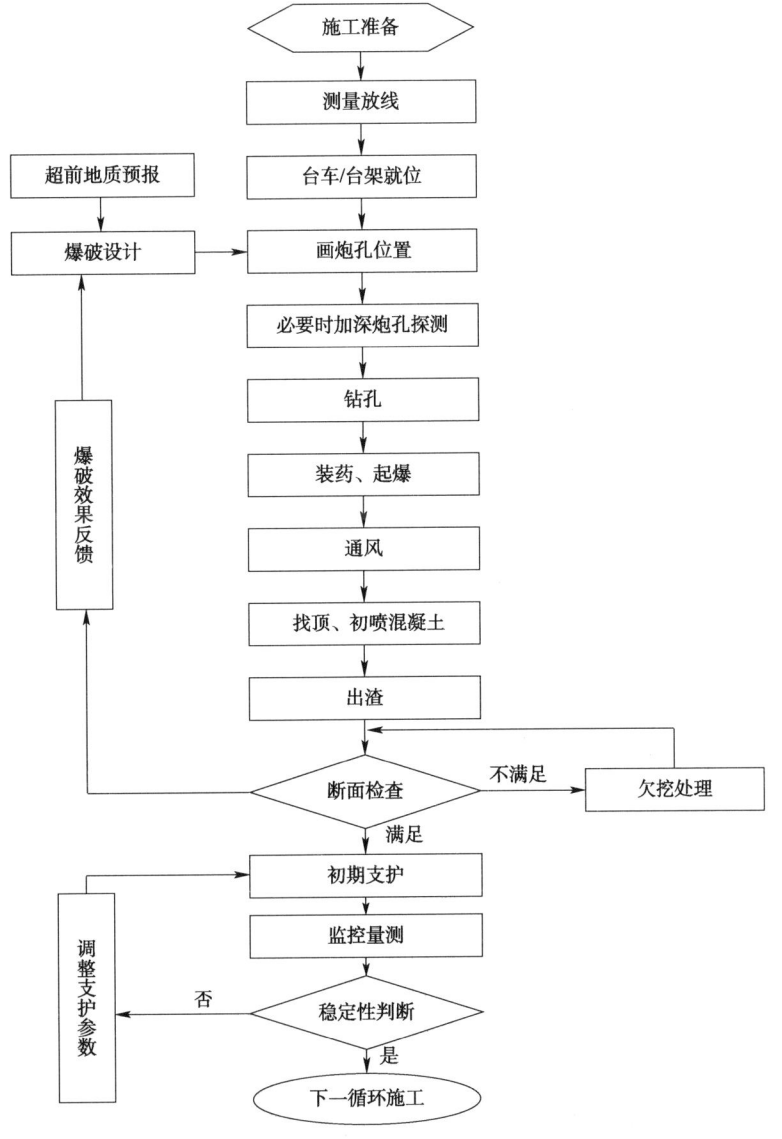

图22-6 全断面法工艺流程图

2) 台阶法

Ⅳ级、Ⅴ级围岩地段采用上、下台阶法开挖，先开挖上部，上部渣土可用小型挖掘机倒入下台阶，当下台阶出渣时，上台阶可以开始喷射混凝土和钻孔。施工现场形成作业台阶后上下台阶同步开挖、支护施工。

采用台阶法开挖，在每一开挖循环中，利用风钻钻孔；出渣用侧卸式装载机装渣，自卸汽车运输至弃渣场；再进行锚杆安装、钢筋网挂设和喷混凝土施工。

测放中线、水平、所有炮眼位置；作业台架就位钻孔爆破：人工钻孔、装药、爆破；爆破后，利用通风机排除炮烟；用装载机装渣，自卸汽车运输至弃渣场；利用湿喷机械手在初喷一层混凝土封闭围岩后，相继施工上、下台阶部锚杆、挂网和喷混凝土作业，然后复喷至设计要求。初期支护完毕，进入下一开挖循环。

台阶法施工工艺流程如图22-7所示。

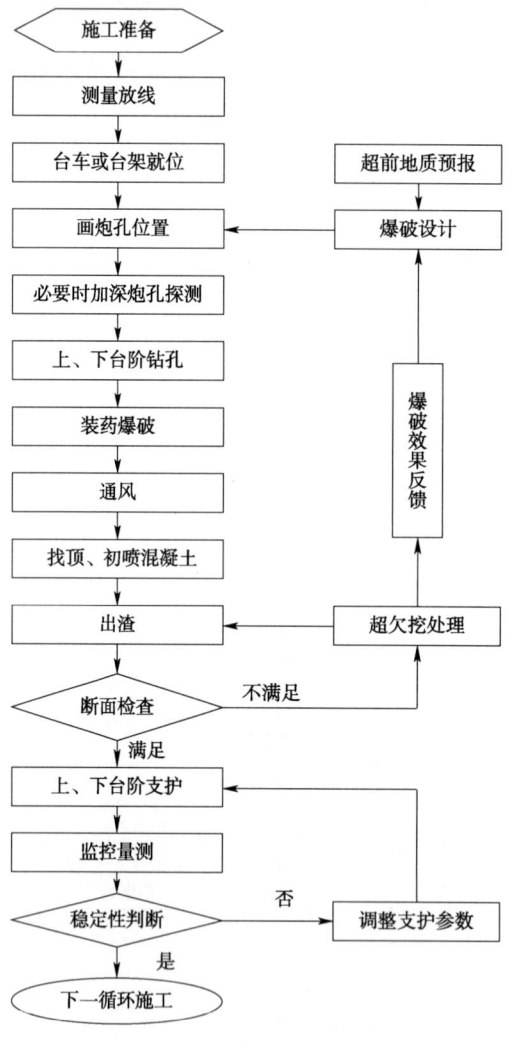

图 22-7　台阶法工艺流程图

22.6.2.2　钻爆设计

该工程岩石地段采用水压爆破，其他地段采用常规爆破施工。

(1) 装药结构：装药结构如图22-8、图22-9所示。

(2) 水压爆破工艺流程如图22-10所示。

(3) 光爆参数选择见表22-14。

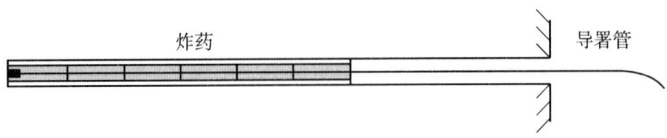

图 22-8　常规爆破装药图

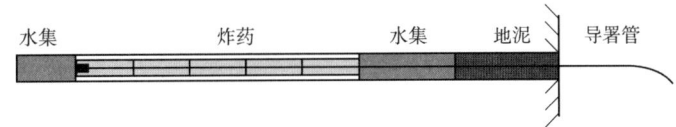

图 22-9　水压爆破装药图

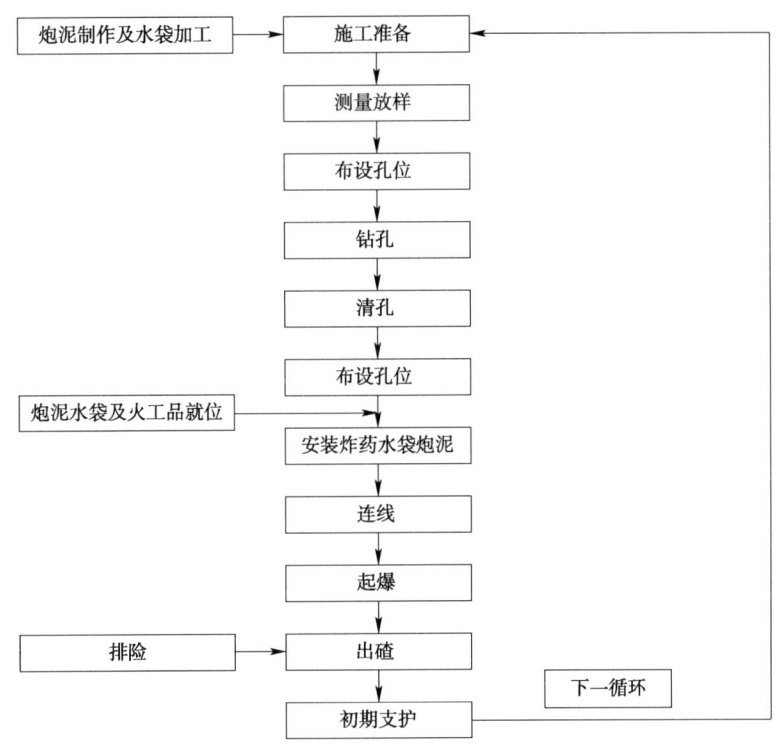

图 22-10　水压爆破工艺流程图

光 面 爆 破 参 数　　　　　　　　表 22-14

围岩级别	周边眼间距 E(cm)	周边眼最小抵抗线 W(cm)	相对距 E/W	周边眼装药参数(kg/m)
极硬岩	50~60	55~75	0.8~0.85	0.25~0.3
硬岩	40~50	50~60	0.8~0.85	0.15~0.25
软质岩	35~45	45~60	0.75~0.8	0.07~0.12

(4)钻爆作业质量控制流程如图 22-11 所示。

(5)各级围岩钻爆设计、钻爆参数及循环网络图,如图 22-12～图 22-15 所示。

施工中每次钻爆完成后,技术人员与爆破人员一起检验爆破效果,主要检验石渣块度是否均匀、周边眼炮痕保留情况、炮眼利用率等,根据爆破效果及围岩实际情况,调整钻爆参数,以求取得更好光爆效果。

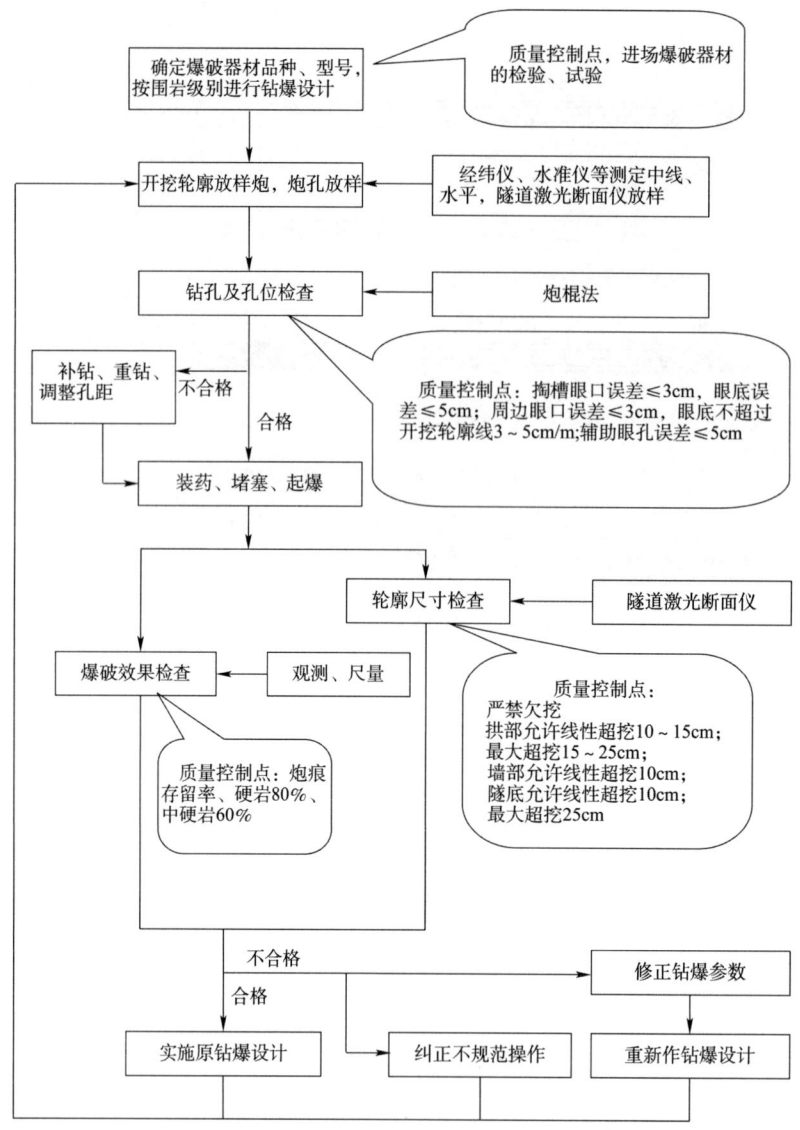

图 22-11 钻爆作业质量控制流程图

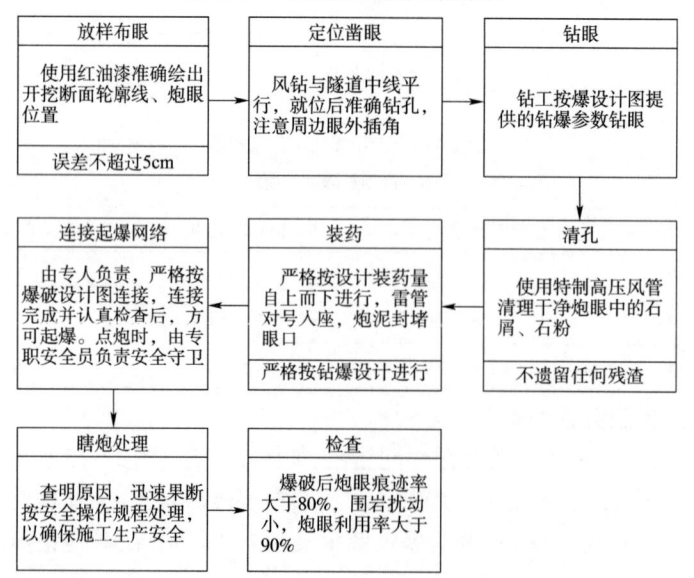

图 22-12 钻爆设计、钻爆参数及循环网络图

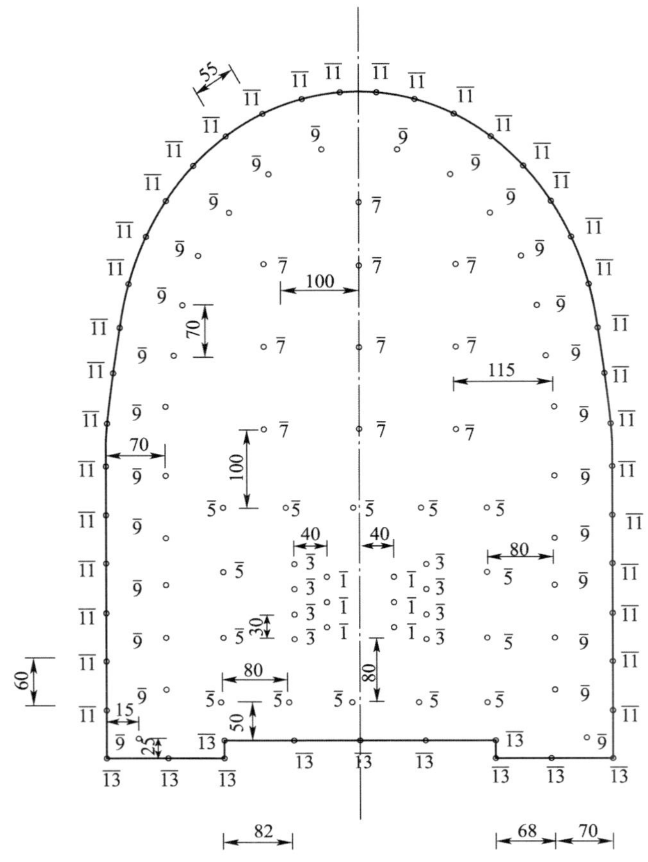

Ⅱ、Ⅲ级围岩开挖爆破设计图

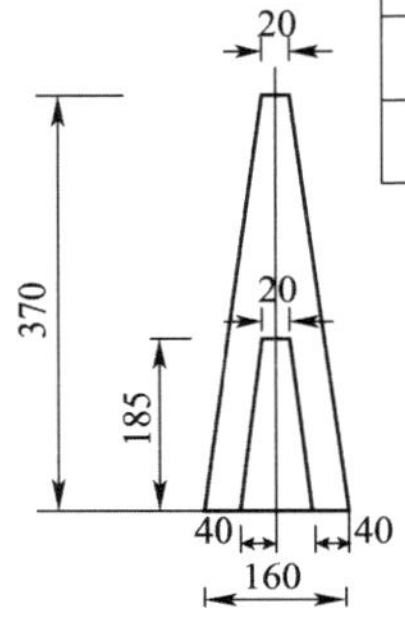

构槽眼示意图

Ⅱ、Ⅲ级围岩爆破设计参数

序号	炮眼名称	雷管区别	炮眼个数	眼深（m）	单孔喷药量		总喷药质量		单耗药量（kg/m³）	备　注
					总数	质量（kg）	数	质量（kg）		
1	构槽眼	$\overline{1}$	6	1.85	8	1.2	48	7.2	全断面面积 Ⅱ级46.43m² Ⅲ级49.5m²	周边眼采用光爆小药卷，ϕ20mm，长20cm，0.1kg。其余炮眼均采用2号岩石乳化炸药，ϕ32mm，0.15kg。构槽眼为斜眼二级构槽形式。全断面进尺为3.5m
2	构槽眼	$\overline{3}$	8	3.7	17	2.55	136	20.4		
3	周边眼	$\overline{11}$	34	3.5	5	0.5	170	17		
4	二圈眼	$\overline{9}$	26	3.5	11	1.65	312	42.9		
5	掘进眼	$\overline{7}$	10	3.5	13	1.95	130	19.5		
6	辅助眼	$\overline{5}$	14	3.5	14	2.1	196	29.4		
7	底板眼	$\overline{13}$	11	3.7	14	2.1	154	23.1		
小计			109					159.5	1.028	

Ⅱ、Ⅲ级围岩钻爆经济技术指标

项　目	单位	指标（全断面）	项　目	单位	指标（全断面）
炮眼利用率	%	99	单方炸药消耗量	kg/m³	1.028
循环进尺	m	3.5	单方炸药消耗量	个/m³	0.74
每循环实体岩石	m³	155.19	每循环炮眼总长	m	375.4

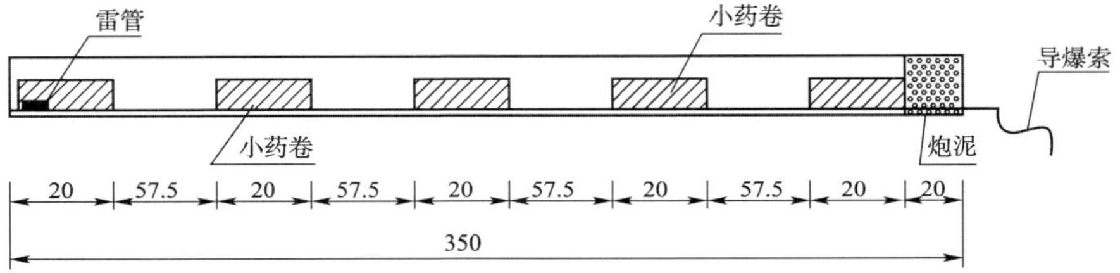

周边眼装药示意图

图 22-13　Ⅱ、Ⅲ级围岩开挖爆破设计图

钻爆设计参数表

炮眼名称		炮眼深度(cm)	个数	装药类型	药卷数量	单孔药量(kg)	总药量(kg)	线密度(kg/h)
上台阶	周边眼	270	29	φ32×200	3	0.45	13.05	0.15
	二圈眼	270	17	φ32×200	7	1.05	17.35	
	辅助眼	270	5	φ32×200	7	1.05	5.25	
	扩槽眼	270	12	φ32×200	9	1.35	16.2	
	掏槽眼	290	10	φ32×200	11	1.65	16.5	
	底板眼	270	11	φ32×200	7	1.05	11.55	
	小计		84				80.4	
下台阶	周边眼	270	12	φ32×200	4	0.6	7.2	
	辅助眼	270	26	φ32×201	9	1.35	35.1	
	底板眼	270	7	φ32×202	8	1.2	8.4	
	小计		45				50.7	
合计			129				131.1	
开挖面积		54.08m²						
炮眼密度		2.3 个/m²						
单位用药量		0.97kg/m³						
预计进尺		2.5m						
说明		本图尺寸均以cm计,本图仅适用于正洞Ⅳ级围岩爆破开挖						

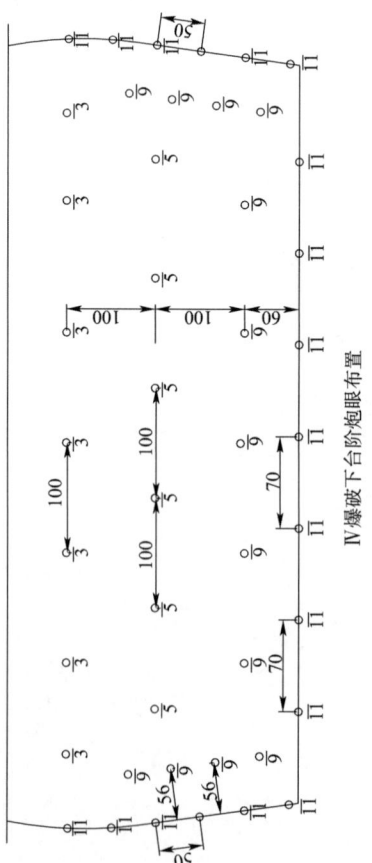

图 22-14 Ⅳ级围岩台阶法开挖爆破设计

钻爆设计参数表

	炮眼名称	炮眼深度(cm)	个数	装药类型	药卷数量	单孔药量(kg)	总药量(kg)	线密度(kg/h)
上台阶	周边眼	170	29	φ32×200	2	0.8	8.7	0.15
	二圈眼	170	17	φ32×200	4	0.6	10.2	
	辅助眼	170	5	φ32×200	4	0.6	3	
	扩槽眼	170	12	φ32×200	5	0.75	9	
	掏槽眼	190	10	φ32×200	7	1.05	10.5	
	底板眼	170	11	φ32×200	5	0.75	8.25	
	小计		84				49.65	
下台阶	周边眼	170	12	φ32×200	2	0.8	3.6	
	辅助眼	170	26	φ32×201	6	0.9	23.4	
	底板眼	170	7	φ32×202	6	0.9	6.3	
	小计		45				33.3	
合计			129				82.95	
开挖面积		58.8m²						
炮眼密度		2.3 个/m²						
单位用药量		0.543kg/m³						
预计进尺		1.5m						
说明		本图尺寸均以 cm 计，本图仅适用于正洞V级围岩爆破开挖						

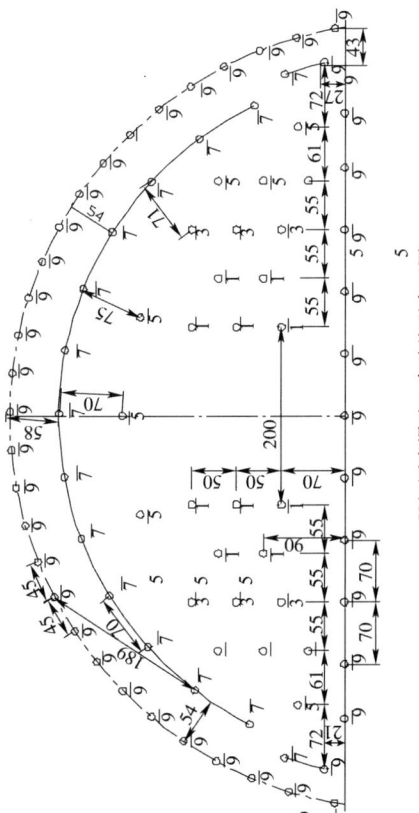

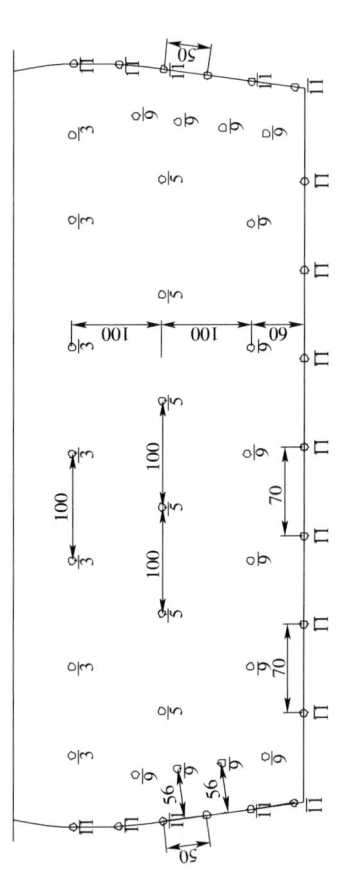

图 22-15 V级围岩台阶法开挖爆破设计图

22.6.2.3 洞身支护

1)小导管

小导管采用 φ42mm 热轧无缝钢管,壁厚 3.5mm,前端做成尖锥形,尾部焊接 φ6mm 钢筋加劲箍,管壁上每隔 15cm 梅花形钻眼,眼孔直径为 6mm,尾部长度不小于 30cm 作为不钻孔的止浆段。

成孔后,将小导管按设计要求插入孔中,外露 20cm 支撑于开挖面后方的钢架上。注浆前先喷射混凝土 10~15cm 厚封闭掌子面,形成止浆盘。

注浆前先冲洗管内沉积物,由下至上顺序进行。单孔注浆压力达到设计要求值 0.5~1.0MPa,持续注浆 10min 且注浆压力达到设计终压或注浆量达到设计注浆量及以上时注浆方可结束。双排小导管为单排小导管同一榀钢架加密布置。

(1)施工工艺流程。

超前小导管施工工艺如图 22-16 所示。

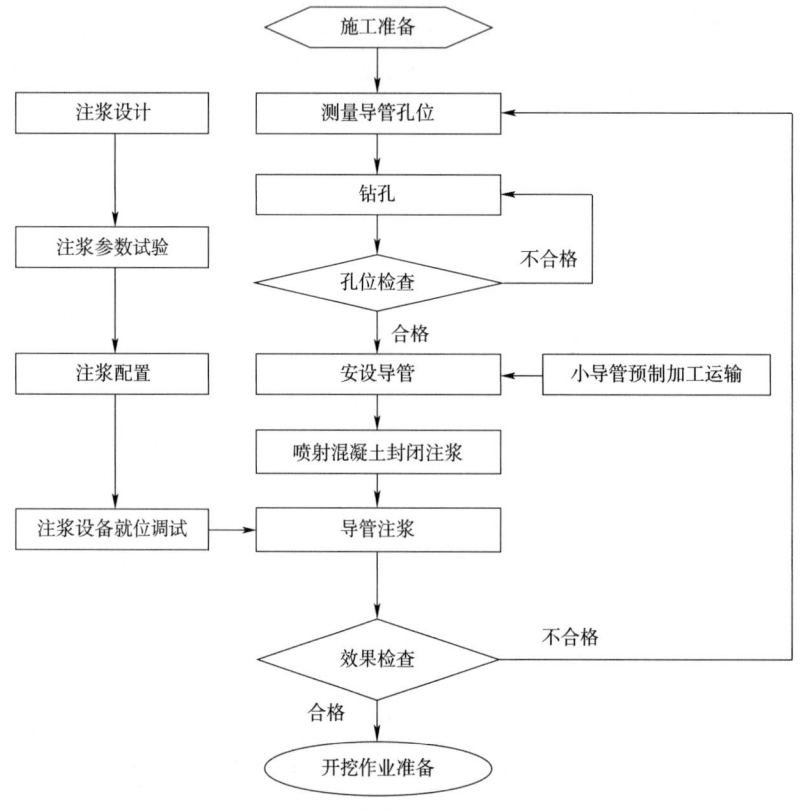

图 22-16 超前小导管施工工艺流程图

(2)超前小导管作业要求见表 22-15。

超前小导管施工作业要求 表 22-15

序号	作业项目	作业要求
1	小导管制作	一般采用直径 38~50mm 的无缝钢管制作。在小导管的前端做成约 10cm 长的尖锥形,在尾端焊接 φ8 钢筋加劲箍;管壁上每隔 10~20cm 梅花形钻眼,眼孔直径 6~8mm;尾部长度不小于 30cm 作为不钻孔的止浆段

续上表

序号	作业项目	作业要求
2	测量定位	按技术交底要求在施工作业面上放出钻孔位置,并做好标记
3	钻孔	采用凿岩机进行钻孔,孔径较设计导管管径大20mm以上
4	清孔	用高压风从孔底向孔口清理钻渣
5	安装	已加工的小导管由专用顶头顶进,顶进钻孔长度不小于90%的管长。小导管外露长度一般为20cm,以便连接孔口阀门和管路,尾部焊接在钢架上。相邻两排小导管搭接长度应符合技术交底要求,且不小于1.0m。钢管顶进时,注意保护管口不受损变形,方便与注浆管路连接
6	注浆	注浆前先喷射混凝土厚度5~10cm封闭注浆面,形成止浆盘;注浆顺序为由下至上,浆液先稀后浓、注浆量先大后小,注浆压力由小至大。注浆结束标准:一般按单孔注浆量达到技术交底要求值,持续注浆10min且进浆速度为开始进浆速度的1/4或进浆量达到设计进浆量的80%以上时注浆方可结束;注浆后要堵塞密实注浆孔,浆液强度达70%以上,或4h后方可进行开挖工作面的开挖

2) 钢(格栅)拱架

全部钢构件均实行集中加工,每个工区均设置了钢构件加工厂,配置了液压闸式剪板机、液压多功能冲剪机、多点焊机等先进的钢构件加工设备,在管理制度上实行了产品实名制(谁加工/制作谁负责),提高了加工速度,保证了加工质量。

型钢(格栅)钢架在洞外按设计加工短构件,在洞内用螺栓连接成整体。开挖后在洞内进行安装,与定位锚筋焊接。型钢(格栅)钢架间设纵向连接筋,钢支撑必须安放在牢固的基础上,架立时垂直隧道中线,采用格栅拱架时和围岩之间设置槽钢垫板。

型钢(格栅)钢架制作:钢架在洞外按1:1比例放样加工,按设计图冷弯成形,焊接完成后,先试拼再运进洞内安装。

型钢(格栅)钢架安装:安装前先准确定出每榀钢架的位置,钢架安设前先喷射不小于4cm的混凝土,钢架必须置于原状岩体上,在软弱地段和使用格栅钢架地段,采用拱脚垫槽钢,避免拱脚下沉。钢架安装完成后,采用锁脚钢管锚固焊接钢筋将拱架与锁脚锚管进行焊接,使之成为整体结构。

喷射混凝土:钢支撑架立后随即喷射混凝土,先将钢支撑与围岩间空隙喷满,然后将钢支撑全部覆盖,使钢支撑与喷射混凝土连成整体共同受力。

格栅、钢架施工质量要求:钢架应架设在与隧道轴线垂直的平面内,钢架安设正确后,纵向连接牢固,并与锚杆焊接成整体。

(1) 钢架支护施工工艺流程。

施工工艺流程图如图22-17所示。

(2) 钢架支护作业要求见表22-16。

3) 中空注浆锚杆

按照设计要求布设锚杆,利用风钻进行钻孔,成孔后进行清孔。在喷射混凝土完成后进行钻孔,钻孔时确保孔口岩面整平,使岩面与钻孔方向垂直,锚杆埋设前,先对锚孔进行检查,孔位、孔深、垂直度、孔径、方向必须合格。同时应用高压风、水清孔,使孔干净无积水残渣。然后将安装好锚头的中空注浆锚杆插入孔底,安装止浆塞、垫板、螺母,然后连接注浆管,用注浆泵通过尾部向孔内注浆,浆液采用水泥砂浆,注浆压力控制在0.5~1.0MPa。注浆顺序自下而上逐根进行。注浆后将止浆塞塞入钻孔内,用速凝水泥封孔。

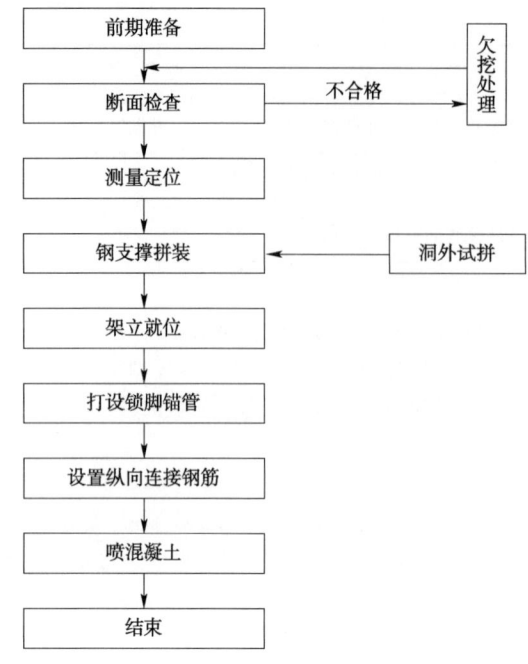

图 22-17 钢架支护施工工艺流程图

钢架支护作业要求　　　　　　　　　　　　　　　　　　　　　表 22-16

序号	作业项目	作业要求
1	测量定位	架设钢架前由测量组精确定出拱架所在里程点的中线、法线和高程,以保证进洞方向的准确性。
2	拱架安装	净空尺寸检查时应对每个节板进行支距检查,沿钢架外缘每隔 2m 应用钢楔,或混凝土预制块与初喷层顶紧,钢架与初喷层间的间隙应采用喷射混凝土喷填密实,架立应符合技术交底要求,合格后连接螺栓必须拧紧,数量符合设计要求,连接板密贴对正,钢拱架连接应圆顺
2	拱架安装	拱脚下松渣或虚渣必须清除,地层松软时应加设垫板或垫托梁,必要时可用混凝土加固地基,以垫实拱脚
2	拱架安装	相邻拱架之间采用连接钢筋纵向连接焊接牢固
2	拱架安装	架立钢拱架时,在每侧拱脚处施作不少于 2 根锁脚锚杆或锚管,长度满足技术交底要求,锚杆头露出岩面为 10cm,锚杆与钢架焊接牢固稳靠

中空锚杆施工工艺流程如图 22-18 所示。

4) 砂浆锚杆施工工艺

钻孔:施工时采用风钻钻孔。孔位偏差应不大于 10mm,孔深偏差不大于 50mm,采用"先灌注砂浆后安装锚杆"的程序施工,钻头直径应大于锚杆直径 15mm。系统锚杆在喷射混凝土完成后打设,钻孔时确保孔口岩面整平,使岩面与钻孔方向垂直,间距 0.6~1.5m,梅花形布置。锚杆埋设:锚杆埋设前,先对锚孔进行检查,孔位、孔深、垂直度、孔径、方向必须合格。同时应用高压风、水清孔,使孔干净无积水残渣。此外检查锚杆钢材、直径、长度应符合设计要求,锚杆端头应加工螺纹长度不小于 10cm。锚杆埋设采取先灌注砂浆后插杆方法施工,砂浆强度不小于 20MPa,用羊角气泵胶管从孔底倒插式注浆,浆满后快速插入锚杆到埋设长度,然后用半干硬砂浆封实孔口,用楔子固定锚杆,并安设垫板,上好螺帽。锚杆埋设后 24h 以内不得碰撞,锚杆砂浆掺膨胀和早强剂,埋设 24h 后,拧紧螺母,使垫板紧贴岩石。

(1) 浆锚杆施工工艺流程。

施工工艺流程图如图 22-19 所示。

(2) 锚杆施工程序要求见表 22-17。

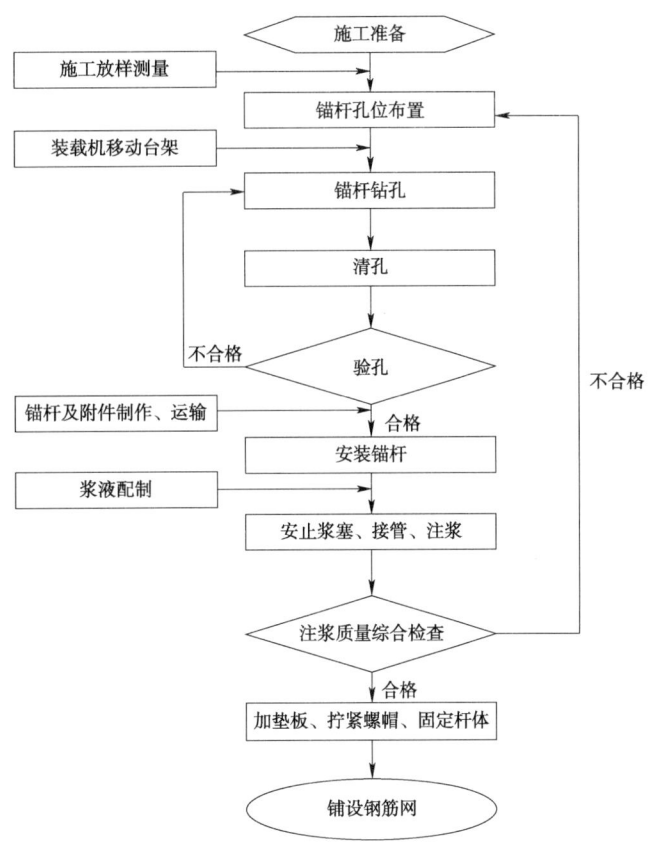

图 22-18 中空锚杆施工工艺流程图

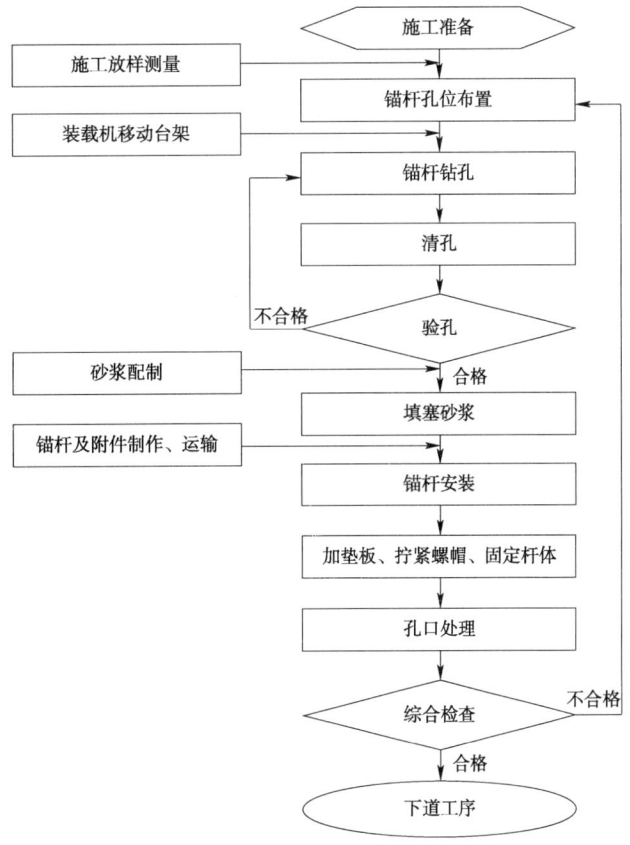

图 22-19 砂浆锚杆施工工艺流程图

锚杆作业要求 表22-17

序号	作业项目	作 业 要 求
1	施工准备	现场锚杆符合要求,螺纹钢端部要求车丝(与螺栓匹配),中空锚杆需附件齐全,锚杆类型、长度等参数满足技术交底要求,锚杆体无锈蚀、弯折现象。施工前对围岩进行检查,看有无掉块、开裂现象,确保安全。根据锚杆类型、规格选择钻孔机具
2	测量定位	测量人员根据施工部位锚杆环纵向设计参数进行布眼,并用红油漆标记,同时放出隧道中线,作为施钻角度的控制依据
3	钻孔	作业台架就位,开始钻孔作业,成孔与围岩面或所在部位岩层的主要结构面垂直,钻孔深度应大于锚杆长度10cm
4	清孔	钻孔完成后,施钻人员采用专用工具进行清孔,用高压风将孔内残渣或积水吹出,清孔时必须逐孔进行,保证每个孔内不留残渣
5	验孔	按质量要求进行检查
6	砂浆锚杆	先将注浆管插至距孔眼底5~10cm处,用高压风将砂浆不断压入眼底,注浆管跟着缓缓退出眼孔,并始终保持注浆管口埋在砂浆内。注浆全部抽出后,立即把锚杆插入眼孔,然后用木楔堵塞眼口,防止砂浆流失。作业工人不准站在注浆口附近
7	自进式锚杆或中空锚杆注浆	配制浆液时,操作工人戴胶手套、护目镜、穿长筒胶鞋。注浆料由杆体中孔灌入,按要求设置止浆塞和排气孔,根据技术交底要求控制注浆压力。注浆采取交错、间隔进行,注浆结束后检查其效果,不合格者补浆。作业工人不准站在注浆口附近
8	锚杆安装	砂浆锚杆或药包锚杆是在砂浆注入或药包装入孔内后插入杆体,锚杆插入长度不得小于设计长度的95%,杆体插入时不断旋转,使砂浆或药卷二次搅拌,增强杆体与砂浆、砂浆与孔壁的握裹力。中空锚杆是成孔后直接将杆体插入孔内,对孔口周边夹塞密封。安装好的锚杆不得敲打或悬挂重物
9	安装垫板	锚杆杆体安装完成,且砂浆或水泥浆达到技术交底要求强度时,安设垫板,上好螺母并拧紧,锚杆垫板与喷混凝土面密贴,以保证锚杆受力良好

5)钢筋网

钢筋须经试验合格,使用前必须除锈,钢筋网在洞外分片制作,安装时搭接长度不小于一个网格。钢筋网焊接采用同步数控技术,焊接时间与分控焊接均由PLC数字编程系统控制,实现智能化;一次压紧,分控焊接,焊点牢固均匀。

钢筋网材料采用$\phi 8mm$或$\phi 6mm$钢筋,网格间距为$20mm \times 20cm$或$25mm \times 25cm$。铺设钢筋网按照以下要求执行:

①钢筋网在初喷混凝土5cm以后铺挂,使其与喷混凝土形成一体。

②钢筋网应与锚杆或型钢钢架连接牢固。

③开始喷射时,应减小喷头至受喷面的距离,并调整喷射角度,钢筋保护层厚度不得小于3cm。

④喷射中如有脱落的石块或混凝土块被钢筋卡住时,应及时清除。

(1)钢筋网施工工艺流程。

施工工艺流程图如图22-20所示。

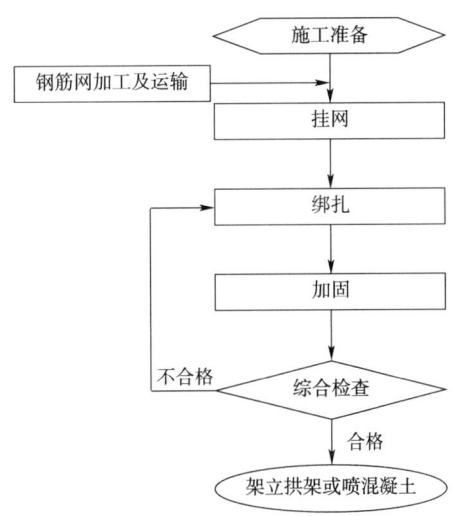

图22-20　钢筋网施工工艺流程图

(2)钢筋网施工作业要求见表22-18。

钢筋网施工作业要求　　　　　表22-18

序号	作业项目	作业要求
1	施工准备	网片变形严重的不准使用。首先进行断面的测量放线,根据测量交底检查断面的超欠挖情况,断面有欠挖则进行处理,对处理欠挖的范围进行初喷混凝土封闭围岩面。同时测量标定出钢筋网铺设范围
2	网片安装	双层钢筋网施工时,第二层在第一层钢筋网被混凝土覆盖及混凝土终凝后挂设。根据测量标定的钢筋网铺设范围,钢筋网片随初喷面的起伏铺设,与初喷面的间隙一般不小于4cm。焊接固定于先期施工的系统锚杆之上,再把钢筋网片绑扎成网,网片搭接长度为1~2个网格。挂网时有脱落的石块或混凝土块被钢筋网卡住时,要及时清除。焊工焊接时必须穿戴防护衣具,站在木板或其他绝缘物上焊接。施工时注意观察围岩或喷混凝土的剥落和坍塌,注意支架或渣堆稳定情况

6)喷射混凝土

隧道初期支护喷射混凝土采用湿喷工艺。喷射混凝土在洞外拌和站集中拌和,由混凝土搅拌运输车运至洞内,采用湿喷机械手喷射作业。在隧道开挖完成后,先喷射4cm厚混凝土封闭岩面,然后打设锚杆、架立钢架、挂钢筋网,对初喷岩面进行清理后复喷至设计厚度。设置控制喷射混凝土厚度的标志,一般采用埋设钢筋头做标志,亦可在喷射时插入长度比设计厚度大5cm的铁丝,每1~2m设一根,作为施工控制用。喷射操作程序应为:湿喷机械手就位→连通电源,开机调试→启动速凝剂计量泵、主电机、振动器→向料斗加混凝土→喷射混凝土→机械手清理、退出保养。喷射混凝土作业应采用分段、分片、分层依次进行,喷射顺序应自下而上,分段长度不宜大于6m。喷射时先将低洼处大致喷平,再自下而上顺序分层、往复喷射。

(1)喷射混凝土(湿喷)施工工艺流程如图22-21所示。

(2)喷射混凝土作业要求见表22-19。

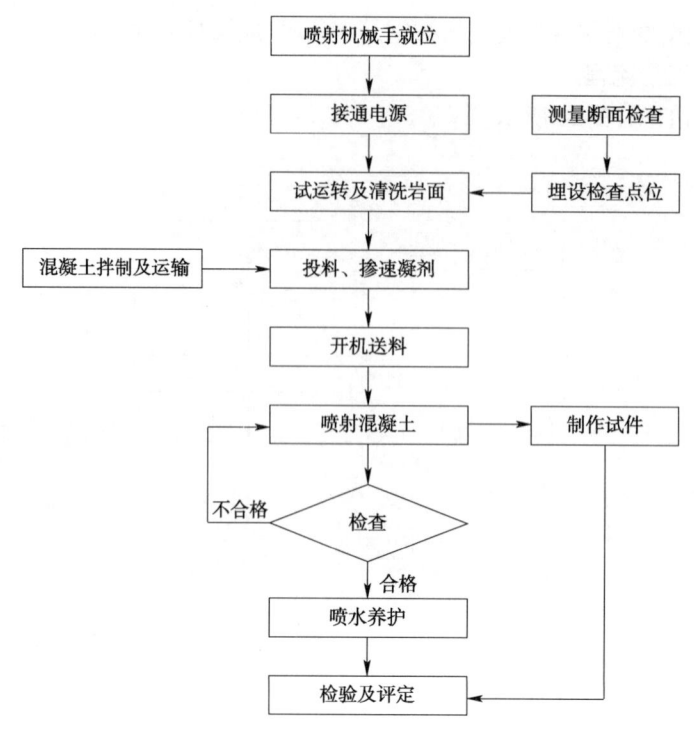

图 22-21 喷射混凝土(湿喷)施工工艺流程图

喷射混凝土作业要求　　　　　　　　　　　　　　　　表 22-19

序号	作业项目	作业要求
1	施工准备	一般岩面用高压水冲洗受喷面上的浮尘、岩屑,当岩面遇水容易潮解、泥化时,宜采用高压风吹净岩面
		设置控制喷射混凝土厚度的标志,每断面从拱顶每2m布设混凝土厚度标志,宜采用埋设钢筋头做标志
		检查机具设备和风、水、电等管线路,并试运转
		混凝土输料距离:水平方向不大于30m,垂直方向不大于20m
		对有涌水、渗水或潮湿的岩面喷射前按不同情况进行处理:大股涌水采用注浆堵水后再喷射混凝土;小股水或裂隙渗漏水采用岩面注浆或导管引排后再喷射混凝土;大面积潮湿的岩面宜采用黏结性强的混凝土,如添加外加剂、掺合料以改善混凝土的性能
2	喷射混凝土	开始时先送风、再开机、再供料,结束时,先停料、在关机,最后停风
		初喷混凝土厚度 3~5cm
		复喷混凝土时分层喷射,后一层喷射应在前一层混凝土终凝后进行,若终凝1h后再进行喷射时,应先用风水清洗喷层表面
		喷射自下而上,先将凹处大致喷平,在顺序分层,往复喷射
		有拱架时先喷拱架与围岩面间混凝土,再喷拱架间混凝土
		边墙从拱脚开始向上喷射,一次喷射厚度 7~10cm,拱部 5~6cm
		喷射混凝土与受喷面保持1.5~2.0m的适当距离,喷射角度尽可能接近90°
		喷射速度要适当,有利于混凝土的密实,控制适当风压
		喷嘴严禁对人放置
		喷射混凝土拌和物的停放时间不得大于30min
		喷射过程中,及时检查回弹率大小及速凝剂掺量。回弹率:侧壁不应大于15%,拱部不应大于25%
3	综合检查	厚度通过厚度标记或钻孔进行检查,喷射质量通过观察和敲击进行检查
4	养护	喷射混凝土终凝2h后,湿度小于90%应喷水养护,时间不得少于14d。气温低于+5℃时不得喷水养护

22.6.2.4 出渣与运输

隧道采用挖掘装载机和侧卸式装载机装渣配合自卸汽车运输。掌子面采用反铲配合装载机装渣、洞内运输采用自卸汽车,直接运至弃渣场。各作业面配足、配强装运渣设备。

通过仰拱或铺底施工地段时,为避免仰拱及铺底施工对其他工序的干扰采用搭设仰拱栈桥,即车辆通过仰拱栈桥过渡到已浇筑仰拱并达到通车强度地段,仰拱落底、清理及浇筑混凝土均在该平台下进行,待平台下仰拱施工结束,混凝土强度达到通车强度后,再向前移动平台,如此周而复始循环推进。

为便于洞内施工组织,提高生产效率,借鉴南吕梁山隧道小断面施工经验,对斜井及正洞横通道做适当的优化。

由于单线隧道断面狭窄,利用斜井井底主副联,正洞运输遵循左线进,右线出的统一交通路线,确保施工通道的畅通。左右线主副联之间的位置用来组装台架、模板台车、安装下井电力设备、空压站、泵房等。

22.6.2.5 结构防排水

隧道防排水遵循"防、排、截、堵相结合,因地制宜、综合治理"的原则;在地下水特别发育且对水环境有严格要求的地段,采取"以堵为主,限量排放"的原则。

防水体系:二次衬砌和初期支护间拱墙敷设 EVA 防水板(厚≥1.5mm)+无纺布(质量 $350g/m^2$)。衬砌纵向施工缝采用中埋式钢边橡胶止水带+外贴式橡胶止水带进行防水处理;环向施工缝采用中埋式橡胶止水带+外贴式橡胶止水带;沟槽分段施工接头处于水沟周边设一道中埋式橡胶止水带进行防水处理。

排水体系:隧道内采用双侧沟排水。衬砌背后的积水通过环向和纵向盲管的汇集后引入侧沟排出洞外。侧沟水每隔 30m 采用 ϕ100PVC(聚氯乙烯)管引入中心排水沟。隧道初期支护与防水板间设置环向及纵向排水盲管,采用 HDPE(高密度聚乙烯)打孔波纹管(外裹无纺布),环向盲管直径为 ϕ50mm,集中出水处视水量大小加密设置;纵向盲管采用直径为 ϕ80mm,每隔 10m 将地下水引入洞内侧沟。

截、堵水体系:主要采用开挖前预注浆或开挖后径向注浆等措施。做好超前地质预报,对可能发生突泥突水的断层破碎带、岩溶地段进行 TSP203、超前钻孔、红外线探水等超前地质预报,查明前方地下水分布及水量后,以径向注浆、帷幕预注浆堵水与排放相结合的措施,将绝大部分地下水尽可能封堵在围岩外,少量水由隧道排放,避免洞内出现大量水而影响施工。对于间隙性涌水采用泄水孔进行排水,同时做好结构防排水的施工。结构防、排水具体设置如图 22-22 所示。

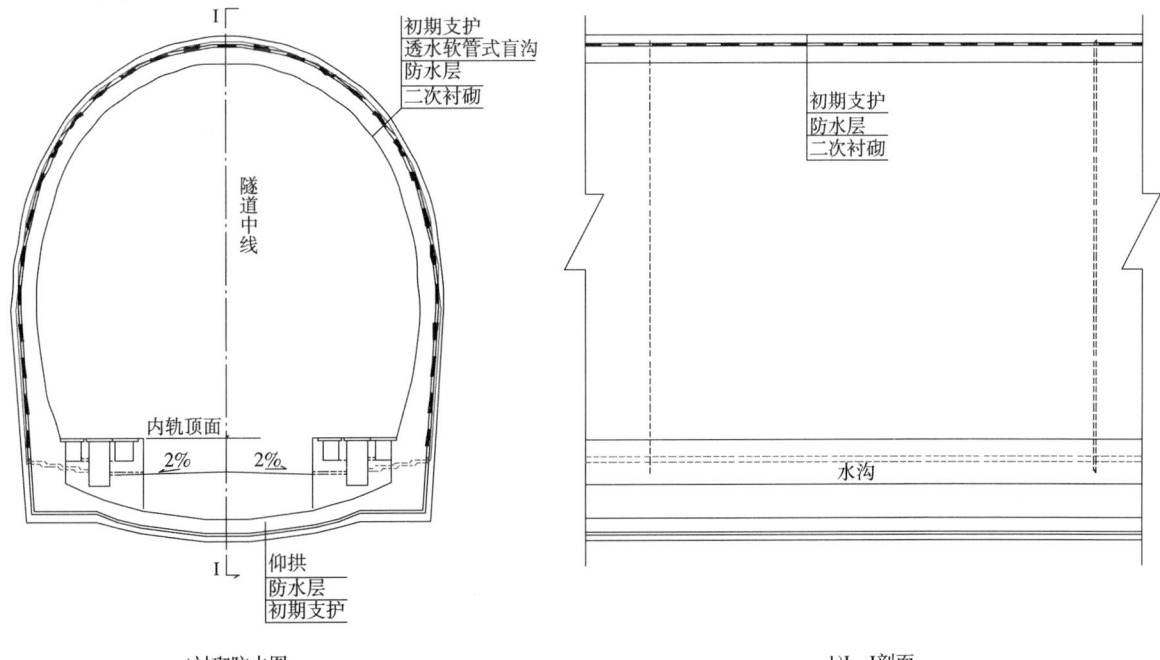

图 22-22 结构防排水设计图

1) 系统排水盲管施工

环向排水盲管施作方法：隧道拱墙设直径50mm软式加劲透水管环向盲管，环向盲管每隔8m设置，并每隔5~10m在水沟外侧留泄水孔，并采用三通接盲管与纵向盲管相连。

纵向排水盲管施作方法：纵向排水盲管沿纵向布设于左、右墙角水沟底上方，为两条直径为HDPEϕ82/72双壁打孔波纹管。纵向排水盲管按设计规定划线，以使盲管位置准确合理，盲管安设坡度与线路坡度一致。

排水管采用钻孔定位，定位孔间距在30~50cm。将膨胀锚栓打入定位孔或将锚固剂将钢筋头预埋在定位孔中，固定钉安在盲管的两端。用无纺布包住盲管，用扎丝捆好，用卡子卡住盲管，然后固定在膨胀螺栓上。采用三通与环向透水管、连接盲管相连。

边墙泄水管施作方法：模板架立后开始施作边墙泄水管，在模板对应于泄水管的位置开与泄水管直径相同的孔。泄水管一端安在模板的预留孔上，另一端安在纵向排水管上，泄水管与纵向排水管用三通连接时必须有固定措施。

排水盲管施工控制要点：纵向贯通排水盲沟安装应按设计规定划线，以使盲管位置准确合理，划线时注意盲管尽可能走基面的低凹处和有出水点的地方；盲管与支护的间距不得大于5cm，盲管与支护脱开的最大长度不得大于110cm；集中出水点沿水源方向钻孔，然后将单根集中引水盲管插入其中，并用速凝砂浆将周围封堵，以使地下水从管中集中引出；盲管上接头用无纺布的渗水材料包裹，防止混凝土或杂物进入堵塞管道。

（1）水盲管施工工艺流程如图22-23、图22-24所示。

（2）作业要求见表22-20。

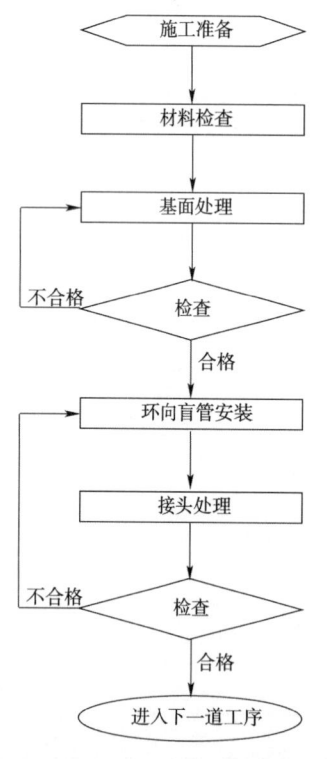

图22-23 环向排水管施工程序图

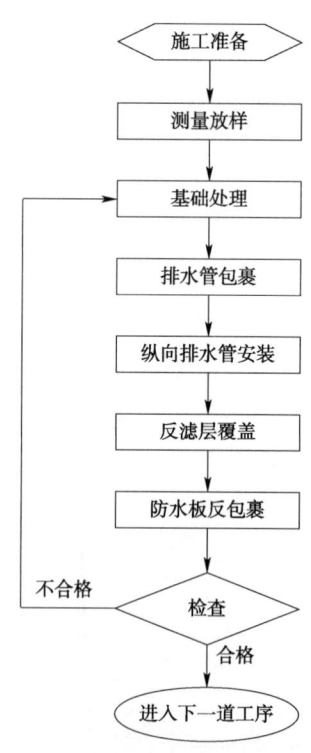

图22-24 纵向排水管施工程序图

盲管施工作业要求　　　　表22-20

序号	作业项目	作业要求	备注
环向排水盲管			
1	施工准备	对施工区域进行安全检查，准备原材料和机具，标识安装位置	

续上表

序号	作业项目	作业要求	备注
环向排水盲管			
2	材料检查	观察和尺量。观察管材的色泽和管身的变形；轻轻敲击观察管体是否变脆；用尺量管径和壁厚	
3	基面处理	采用砂轮机等机具对杂物和尖锐物以及平整度进行处理	
4	渗水处理	要根据开挖时围岩的实际渗水情况，详细做好记录，并作相应的引、排措施。当渗水面积较大时，设置树枝状软式透水管排水；当渗水严重时，设置的汇水孔等排水装置使渗水流向墙脚纵向排水管	
5	盲管安装	喷射混凝土表面处理，达到铺设防水板的要求。然后按照技术交底要求在拱部和边墙环向挂设盲管。采用射钉枪或冲击钻在盲管左右打孔安装螺钉绑扎固定。固定带可采用防水板加工成宽10mm的条，拱部固定间距50cm，边墙固定间距100cm	
6	接头处理	按照技术交底要求和材料使用要求进行连接。若没有要求，盲管长度不够采用套管连接，外裹土工布；与纵向排水管连接宜采用三通或采用直接集成束接入侧沟。管出水口的应按照详细的技术交底进行施作，控制出口高程、固定稳定、与台车的连接方式、出口防护等	
7	检查	检查固定点间距、畅通、接头处理以及预留接口的保护情况。环向排水管布置在土工布外侧紧贴喷射混凝土面，接触面应平顺	
纵向排水盲管			
1	施工准备	对施工区域进行安全检查，准备原材料和机具，标识安装位置；观察和尺量材料外观质量	
2	测量放样	放出纵向排水管安设位置高程、坡度，并标识清楚	
3	基础处理	为了保证纵向排水管安装技术交底方向和坡度进行铺设，避免管身高低起伏不定，平面上忽内忽外的现象。在安装前应测定纵向盲管的坡度，使地下水进入纵向盲管后在一定的坡度下按指定的方向流动。应对高低部分和突出部分进行处理	
4	排水管包裹	根据技术交底要求选择材料，若技术交底为PVC管，应按照技术交底要求加工透水孔，然后采用土工布进行包裹，确保防水卷材阻挡之水经纵向盲管上部透水孔向管内疏导，在纵向盲管安装前，应用直尺检查钻孔的孔径和间距	
5	排水管安装	纵向排水盲管在布设时应注意其细部构造。若采用的是无纺透水盲管应拉直固定。若采用PVC管，首先应用土工布将纵向排水管包裹，使泥沙不得进入纵向排水管；再固定，避免混凝土施工改变管路位置，采用射钉枪或冲击钻打孔安装螺钉绑扎固定。固定带可采用防水板加工成宽10mm的条，固定间距100cm；其次，应用防水板半包裹纵向排水管，使从上部下流之水在纵向盲管位置尽量流入管内，而不让地下水在纵向排水管位置纵横漫流。排水管的连接，应根据技术交底要求进行，不得随意改变。连接位置应准确、接头牢固、防止松动脱落	
6	反滤层覆盖	根据技术交底材料和要求进行施工。注意控制材料质量和覆盖厚度	
7	防水板反包裹	纵向盲管安装完成检查合格后，把预留包裹的防水板向岩面方向弯折包裹纵向排水管	
8	检查	每步应检查，对安装坡度和顺直、固定点间距、管路畅通情况、接头处理情况进行检查	
横向排水盲管			
1	施工准备	对施工区域进行安全检查，准备原材料和机具，标识安装位置。观察和尺量材料外观质量	

续上表

序号	作业项目	作业要求	备注
横向排水盲管			
2	测量放样	放出进出口高程,以及横向排水管纵横向位置	
3	加工固定架	根据技术交底高度和坡度,采用钢筋加工托架。然后采用铁丝或者塑料绑扎绳按照排水管的位置进行固定排水管	
4	横向排水管安装	横向排水管一般采用硬质塑料管,根据技术交底确定。布设方向与隧道轴线垂直,坡度按照图纸横向排水管出入口位置进行计算确定。在进行横向排水管施工时应预留侧沟和中心排水沟的接口	
5	预留接口处理	对横向排水管的检查,主要是接头应牢固、密实,保证侧沟与中心排水管间水路畅通,严防接头处断裂,接头并进行封口处理	
6	检查	每步应检查。对坡度和方向、进出口的保护、固定情况进行检查	

2)防水板拼装与铺设

二衬铺设防水板采用人工+铺设台架铺设,采用超声波焊接。

防水板超前二次衬砌10~20m施工,用自动爬行双缝热焊机进行焊接,铺设采用专用台架进行。防水板铺设应采用无钉铺设工艺,应采用从下向上的顺序铺设,松紧应适度并留有余量(实铺长度与弧长的比值为10∶8),检查时要保证防水板全部面积均能抵到围岩。

防水板铺挂前,用带热塑性圆垫圈的射钉将缓冲层平整顺直地固定在基层上,每幅防水板布置适当排数垫圈,每排垫圈距防水板边缘40cm左右,垫圈间距:侧壁80cm,2~3个垫圈/m^2,顶部40cm,3~4个垫圈/m^2。

(1)防水板施工工艺流程如图22-25所示。
(2)作业要求见表22-21、表22-22。

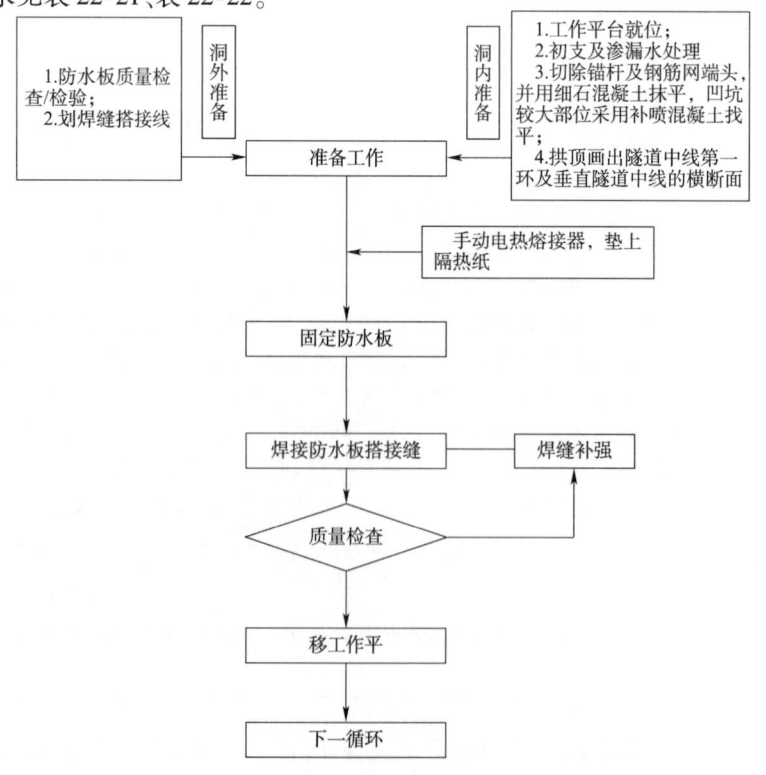

图22-25 防水板施工工艺流程图

防水板施工作业要求

表 22-21

序号	作业项目	作业要求	备注
1	施工准备	对施工区域交通标志进行检查,防止过往车辆侵入施工领域,造成安全隐患;对台架铺设板进行检查确定其稳定性;电线路接头、保护设备以及绝缘情况。灭火器配置位置和数量,水管路位置、上下梯位置和稳定情况;对断面进行检查。工作台面板及人员上下的梯子要稳固可靠,不得有裸露的尖钉及锋利器角物。操作时工作人员严禁吸烟,热焊机操作手应经过培训,并且人员相对固定。准备原材料和机具,标识安装位置。对检验合格的防水板,用特种笔划出焊接线及拱顶分中线,并每循环设计长度切取,对称卷起备用。铺设防水板的专用台车就位,防水板放在台车的卷盘上	
2	材料检查	观察和尺量。全部检查防水板是否有变色、波纹(厚薄不均)、斑点、刀痕、撕裂、小孔、无刺穿、污染、老化等缺陷,如果存在质量疑虑,要进行张拉试验、防水试验和焊缝抗拉强度试验,如发现防水板有裂纹、针孔等应立即修补好。防水板应存放在室内,库房应整洁、干燥、无火源、自然通风要好,并应远离高温热源及油脂等污物,防水板搬运时严禁在地面拖拉	
3	热塑料垫片施工	检查在土工布施工时,热塑料垫片施工数量是否符合要求、是否被破坏、位置是否符合要求。用塑料胀管和木螺丝或射钉枪、射钉将穿过土工布把垫片固定在混凝土上,间距符合上述要求。膨胀螺栓安装孔位要严格控制方向及排列距离,避免安装时搭接困难,并且要尽量垂直岩壁。在凸凹处适当增加固定点。对于缓冲层铺设和垫片的固定,缓冲和垫片材料根据技术交底选用,一般采用射钉固定	
4	防水板试焊	选择两小块防水板进行试焊,调试焊机性能、温度、行走速度	
5	防水板搭接	在上次铺设防水板端头15cm处画出搭接线。环向铺设时,下部防水板应压住上部防水板。三层以上塑料防水板的搭接形式应是"T"形接头。在焊缝搭接的部位焊缝应错开,不允许有三层以上的接缝重叠如下图所示。焊缝搭接应用刀刮成缓角后拼接,使其不出现错台。防水板接缝应与衬砌施工缝错开 1~2m。搭接缝与施工缝错开距离不应小于 0.6m	
6	防水板焊接	采用双焊缝焊机进行焊接,焊接时一人双手控制焊机行走速度、行走线路按照标识搭接线作为参考,将焊机保持在距离基面 5~10cm 的空中,中途不能停顿,整条焊缝的焊接应一气呵成。另一人在爬焊机前方约 50cm 处将两端防水板扶正。单一焊缝宽度 15mm,焊接温度应控制在 200~270℃ 为宜,并保持适当的速度即控制在 0.1~0.15 m/min 范围内。防水板与热熔垫圈的连接采用压焊机进行焊接,焊接时要控制焊机时间和温度	

a) 不允许　　　　　　b) 允许　　　　　　c) 允许

防水板搭接焊缝示意图

续上表

序号	作业项目	作业要求	备注
7	防水板铺设	采用无钉铺设工艺,环向先拱后墙,在隧道拱顶正确标出隧道纵向的中心线,在使防水板的横向中心线与标识的隧道纵向中心线重合,将拱顶部与塑料圆垫片热熔焊接,边铺边与圆垫片压力热焊。防水板的固定采用电热压焊器热熔缓冲层的热塑性垫圈,使防水板和热塑垫圈融化黏结为一体;加固后的防水板用手上托或挤压,防水板不会产生绷紧和破损现象,铺挂松弛实际长度与初期支护基面弧长的比值为10:8。对于避车洞处防水板的铺设,如成形不好,须用浆砌片石或模筑混凝土使其外观平顺后,方可铺设防水板,对于热合器不易焊接的部位用热风枪手工焊接	
8	检查	防水板铺设完成一幅时应进行一次全面的检查,检查是否漏焊、破损、搭接宽度、固定点的稳定情况。对焊缝宽度采用尺量,牢固情况采用手轻拉。搭接缝密封情况采用充气试验检查。对破损处做出标识,修补补丁不得过小,离破坏边沿不得小于7cm,补丁要剪成圆角,不要有尖角	
9	防水板保护	防水层施工完成后,应严加保护,否则极易损坏,导致防水质量下降乃至完全失效,故应予以重视。①任何材料、工具、在铺时应尽量远离已铺好的地段堆放,不得穿带钉子的鞋在防水层上走动,对现场施工人员加强防水层保护意识教育,严禁损坏。②在未设保护层处(如拱顶、侧墙等)进行其他作业时不得破坏防水板,钢筋焊接作业时,防水板要用阻燃材料进行覆盖,避免焊火花损伤防水板。③挡头板的支撑物在接触到塑料防水板处应加设橡皮垫层。④采用钢筋混凝土衬砌时,要对钢筋头部进行防护,避免损伤防水板。⑤绑扎钢筋和安装模板及衬砌台车就位时,在钢筋保护层垫块外包土工布防止碰撞和刮破塑料板。⑥在灌注二次衬砌混凝土时,振捣棒引起的对防水层的破坏不易发现,故二次衬砌模注混凝土施工时应特别注意,不得破坏防水层,浇筑时应有专人观察,发现损伤应立即修补。⑦在灌注二次衬砌混凝土时,应在混凝土输送泵出口处设置防护板,防止混凝土直接冲击防水板。⑧二次衬砌模注混凝土捣固时,避免让捣固器与防水板接触;插入式振动棒需变换其在混凝土中的位置时,应竖向缓慢拔出,不得在混凝土浇筑仓内平拖。⑨二次衬砌中埋设的管料与防水板间距不小于5cm,以防止破损塑料防水板	

土工布施工作业要求 表22-22

序号	作业项目	作业要求	备注
1	施工准备	断面检查、消防检查,准备材料(检验合格)、机具(并调试)、测量放出中线,台架就位	
2	基面处理	在铺设土工布之前应对基面(初期支护表面)的渗漏水、外露的突出物及表面凸凹不平处进行检查处理。初期支护为喷射钢纤维混凝土时,基面应补喷一层水泥砂浆保护层,以保护防水板不受损。采用砂轮机等工具对表面杂物进行处理,使混凝土表面不得有锚杆头、钢管头、锚杆钉头和钢筋头外露;对凸凹不平部位应凿、补喷,使混凝土表面平顺;表面若有明水,应注浆堵埋或排水盲管、排水板将水引入侧沟,保持基面无明显渗漏水。若基面平整度不满足$D/L≤1/10$的要求,应进行喷射混凝土或抹水泥砂浆找平处理。阴阳角处应做成$R≥10cm$圆弧形	

续上表

序号	作业项目	作业要求	备注
2	基面处理	初期支护钢筋头处理示意图 a)切断 b)用锤打 c)砂浆素灰抹面；初期支护钢管头处理示意图 a)切断 b)面要平整 c)用砂浆填死；初期支护锚杆头处理示意图 a)切断（5mm以上切断，螺栓，初期支护界面） b)盖帽（塑料帽，保护砂浆）	
3	铺设土工布	在喷射混凝土隧道拱顶正确标出隧道纵向的中心线，在使土工布的横向中心线与标识的隧道纵向中心线重合，从拱顶向两侧铺设。用塑料胀管、木螺丝或射钉枪和塑料垫片将土工布平顺固定在已达到基面要求的喷射混凝土上。固定点间距：拱部0.5~0.8m，边墙0.8~1.0m，底部1~1.5m，呈梅花形排列，并左右上下成行固定，基面凸凹较大处应增加固定点，使缓冲层与基面密贴	
4	检查	检查基面处理情况，土工布铺设外观、搭接；固定点间距和固定方式	

3）止水带施工

施作方法：沿衬砌轴线在挡头模板上每隔不大于0.5m钻一个φ12mm的钢筋孔。将制成的钢筋卡，由待灌混凝土侧向另一侧穿过挡头模板，内侧卡进止水带一半，另一半止水带平靠在挡头板上。待混凝土凝固后拆除挡头板，将止水带拉直，然后弯钢筋卡紧止水带。

施工控制要点如下：

(1)检查待处理的施工缝附近1m范围内围岩表面不得有明显的渗漏水，如有则采取必要的挡堵(防水板隔离)和引排措施。

(2)按断面环向长度截取止水带，使每个施工缝用一整条止水带，尽量不采取搭接，除材料长度原因外只允许有左右两侧边基上部两个接头，接头搭接长度不小于30cm，且要将搭接位置设置在大跨以下或起拱线以下边墙位置。

(3)止水带对称安装，伸入模内和外露部分宽度必须相等，沿环向每0.5m设二根φ6mm短钢筋夹住，以保证止水带在整个施工过程中位置的正确。止水带处混凝土表面质量应达到宽度均匀、缝身竖直，环向贯通，填塞密实，外表光洁。

(4)浇注混凝土时，注意在止水带附近振捣密实，但不得触碰止水带，防止止水带走位。

①止水带施工工艺流程，如图22-26所示。

②作业要求，见表22-23。

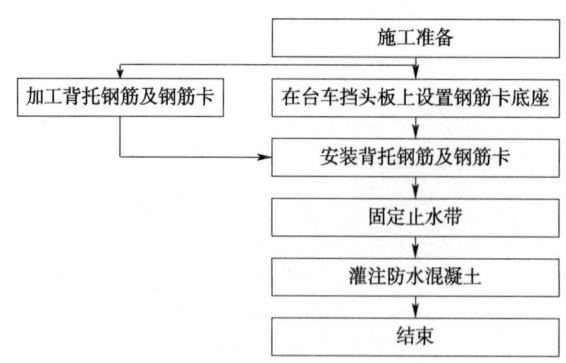

图 22-26 止水带安装工艺流程图

施工缝施工作业要求

表 22-23

序号	作业项目	作业要求	备注
1	施工准备	对施工区域交通标志进行检查,防止过往车辆侵入施工领域,造成安全隐患;对作业架进行安全检查。准备原材料和机具,标识安装位置。摊开止水带放置。对混凝土表面进行凿毛,并凿出先浇混凝土表面的水泥砂浆和松软层,用水冲洗干净。凿毛时,混凝土必须达到的强度,人工凿毛为 2.5MPa,风动机械凿毛为 10MPa。对于纵向施工缝后浇混凝土前,应在凿毛后的先浇混凝土上铺设一层后 25~30mm、水胶比较混凝土略小的1:1水泥砂浆,或铺设一层厚约 30cm 的混凝土,其粗集料宜比后浇混凝土减少10%,然后按照设计要求设置止水条或止水带,再涂水泥净浆或混凝土界面处理剂,及时浇筑混凝土	
2	材料检查	观察和尺量。止水带的表面不得有开裂、缺胶和海绵状等影响使用的缺陷。止水条表面不得有开裂、缺胶等缺陷	
3	施工缝位置	墙体纵向施工缝不应留设在剪力与弯矩最大处或底板与边墙的交接处,应留在高出底板顶面不小于 30cm 的墙体上。墙体上有预留孔洞时,施工缝距离孔洞边缘不应小于 30cm。环向施工缝应避开地下水和裂隙水较多的地段,并宜与变形缝相结合	
止水带施工要求			
4	确定止水带位置	止水带安装的横向位置,用钢卷尺量测内模到止水带的距离,与技术交底位置相比,偏差不应超过 ±5cm。止水带安装的纵向位置,通常止水带以施工缝或伸缩缝为中心两边对称,用钢卷尺检查,要求止水带偏离中心不能超过 ±3cm。用角尺检查止水带与衬砌端头模板是否正交,否则会降低止水带的有效长度	
5	安装钢筋卡	挡头板上采用冲击钻打孔安装,使用冲击钻沿衬砌厚度1/2处,采用与钢筋卡一致的钻头每隔 0.5m 钻一孔。纵向施工缝采用临时骨架进行安装固定	
6	安装止水带	中埋式止水带安装应利用附加的钢筋、卡子、铁丝、模板等将止水带固定。宜采用专用的钢筋套或扁钢固定,采用扁钢固定时,止水带的端部应先用扁钢夹紧,并将扁钢与结构内的钢筋焊牢,固定扁钢的螺栓间距宜为 50cm。中埋式止水带在转弯处做成圆弧形,橡胶止水带的转角半径不应小于 200mm,钢片橡胶止水带转角半径不应小于 300mm,且转角半径应随止水带宽度增大而相应加大。中埋式止水带施工控制要点衬砌环向止水带固定方法如中埋式止水带施工方法示意图所示。中埋式止水带应固定在挡头模板上,先安装一端,浇筑混凝土时另一端应用箱型模板保护,固定时只能在止水带的允许部位上穿孔打洞,不得损坏止水带本体部分。固定止水带时,应防止止水带偏移,以免单侧缩短,影响止水效果。止水带定位时,应使其界面部位保持平展,不得使橡胶止水带翻滚、扭结,如发现有扭结不展现象应及时进行调正。 外贴式止水带安装在安装处标识安装位置,然后采用胶粘或焊粘使止水带与防水板密贴	

续上表

序号	作业项目	作业要求	备注
		止水带施工要求	
		 中埋式止水带施工方法示意图	
7	接头处理	止水带接头处理形式示意图 止水带的长度应根据施工要求事先向生产厂家定制(一环长),尽量避免接头。如确需接头,应满足以下要求:橡胶止水带接头应粘接良好,不应采用不加处理的"搭接"。止水带粘接前应做好接头表面的清刷与打毛,接头处选在衬砌结构应力较小的部位,粘接可采用热硫化连接的方法,搭接长度不得小于10cm,焊接缝宽不小于50mm。冷接法应采用专用黏结剂,冷接法搭接长度不得小于20cm。设置止水带接头时,应尽量避开容易形成壁后积水的部位,宜留设在起拱线上下。 检查接头处上下止水带的压茬方向,此方向应以排水畅通、将水外引为正确方向,即上部止水带靠近围岩,下部止水带靠近隧道衬砌。接头强度检查:用手轻撕接头。观察接头强度和表面打毛情况,接头外观应平整光洁。抗拉伸强度不低于母材的80%;不合格时重新焊接或粘接	
8	混凝土施工	在浇捣靠近止水带附近的混凝土时,应严格控制浇捣的冲击力,避免力量过大而刺破橡胶止水带,同时还应充分振捣,保证混凝土与橡胶止水带的紧密结合,施工中如发现有破裂现象应及时修补。衬砌脱模后,若检查发现施工中有走模现象发生,致使止水带过分偏离中心,则应适当凿除或填补部分混凝土,对止水带进行纠偏	
		止水条施工要求	
9	放出止水条位置	止水条施工采用预留槽嵌入法施工,在衬砌厚度1/2位置放出止水条位置	
10	加工槽模	采用木材加工槽模或具有一定强度的硬塑料、橡胶加工槽模。槽宽应比止水条宽1~2mm	
11	安装槽模	槽模安装应固定稳定,固定间距根据材料,不应大于100cm	
12	浇注混凝土	在浇捣靠近槽模附近的混凝土时,应严格控制浇捣的冲击力,避免力量过大而破坏槽模	

续上表

序号	作业项目	作业要求	备注
止水条施工要求			
13	取出槽模	拆模时应取出槽模,注意不要损坏形成槽的轮廓	
14	清理预留止水条槽	在安装止水带前,应对预留止水条安装槽进行清理,确保深度。槽内不得有水	
15	安装止水条	安装止水条应进行固定,固定间距50cm。止水条接头处应重叠搭接后再粘接牢固,沿施工缝形成闭合环路,其间不得留断点,搭接长度不应小于50mm	

22.6.2.6 二次衬砌及预埋件

隧道二次衬砌采用防水混凝土,仰拱及隧底填充施工在隧道底部开挖支护完成后,及时全幅分段施工。拱墙二次衬砌在围岩变形基本稳定后采用液压衬砌台车及时进行跟进,采取模筑法施工,进口、斜井各自承担的施工任务按纵向分段分组仰拱超前连续施作、拱墙按组紧跟整体衬砌、兼顾附属结构集中施工的方案;仰拱纵向分组长度一般地段不得超过6m,特殊软岩地段不大于3m,仰拱与拱墙设水平施工缝,拱与墙一体衬砌。

施工顺序为:捡底→仰拱混凝土浇筑→混凝土养护→填充混凝土浇筑→混凝土养护→拱墙防水板铺设→泄水管安设→拱墙钢筋绑扎→台车就位→拱墙混凝土浇筑→拱墙混凝土早期养护→拆模→拱墙混凝土养护。

拱墙防水板铺设及钢筋绑扎采取搭设多功能移动式作业台架,防水板铺设采取爬形热合机双焊缝铺设;钢筋制安采取先预制成型、冷挤压套筒压连接;仰拱采用定型边模和定型堵头模板成型,拱墙关模采取台车整体一次就位成型;混凝土浇筑采取洞口自动计量拌和站集中供料,混凝土运输车集中运输至洞内,输送泵泵送入模,仰拱、填充层采用插入式振捣器捣固密实,拱墙采用附着式振捣器结合插入式振捣器捣固密实;混凝土养护按要求养护到期。

隧道采用抗渗混凝土施工,二衬混凝土抗渗等级P8,地下水发育地段抗渗等级P10。选用合格的原材料,进行选配混凝土配合比,严格控制外加剂的品质和掺量,严格搅拌时间和运输过程的时间控制,使混凝土浇筑过程做到连续,振捣密实,保护层达到规定要求等措施保混凝土抗渗性指标达到要求。

二次衬砌施工工艺如图22-27所示。

1) 仰拱施工

采用仰拱先行于衬砌的施工方案,仰拱先行,再施工拱圈,以利于衬砌结构的整体受力,并起到早闭合、防塌方作用。仰拱施工前先清理底面,检查隧道基底高程,各项指标合格后方可灌注仰拱铺底混凝土。并同时浇筑部分边墙,以利墙拱衬砌台车进行施工。

仰拱模板采用自制仰拱模架,仰拱端头模安装完成后,仰拱模架从边墙和栈桥间穿行到位,然后安装横撑加固仰拱模架。仰拱模板的主要功能是为了实现仰拱的分层浇注,并保证衬砌质量,仰拱混凝土的外观质量也得到了很大的提高。

仰拱端头定型模板采用专用组合式钢模板,施工过程中先将底部弧形部分固定,再将中埋式止水带摊铺在弧形模板表面,上部模板压于其上,固定牢靠,环向及纵向止水带在两侧部位必须重叠,止水带接长均采用热硫化焊接,以确保止水效果符合要求。

待喷锚支护全断面施作完成后,根据围岩监控量测结果确定仰拱混凝土施工时间,当地应力较大时,及时开挖并灌注混凝土仰拱及部分填充或铺底,并为施工运输提供良好的条件。

仰拱、填充施工采用6m仰拱腹板、整体连续浇注,严禁半幅施工,确保仰拱及底部施工质量。混凝土由中心向两侧对称、分层浇注,插入式振动棒捣固。仰拱或铺底一次施工长度控制在4~6m,与边墙衔接处捣固密实。仰拱达到设计强度后才能直接在混凝土上行车。仰拱混凝土施工流程如图 22-28 所示。

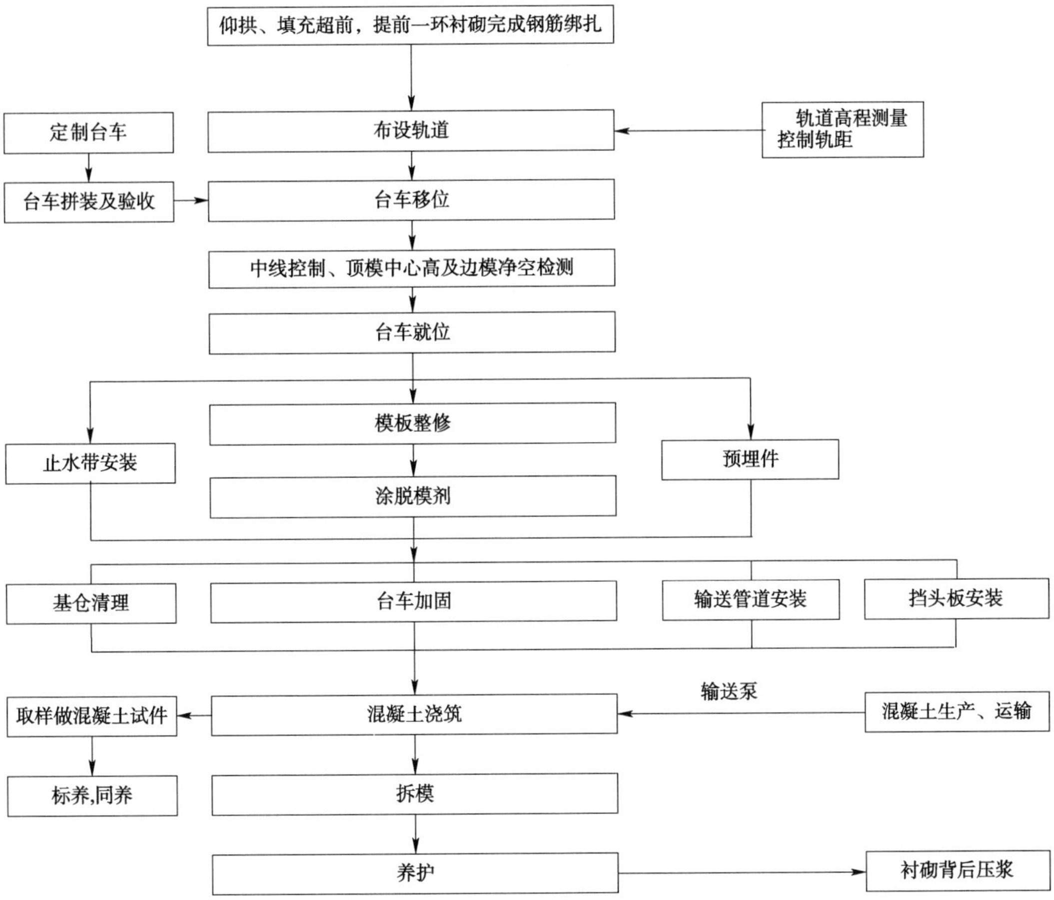

图 22-27　二次衬砌施工工艺流程图

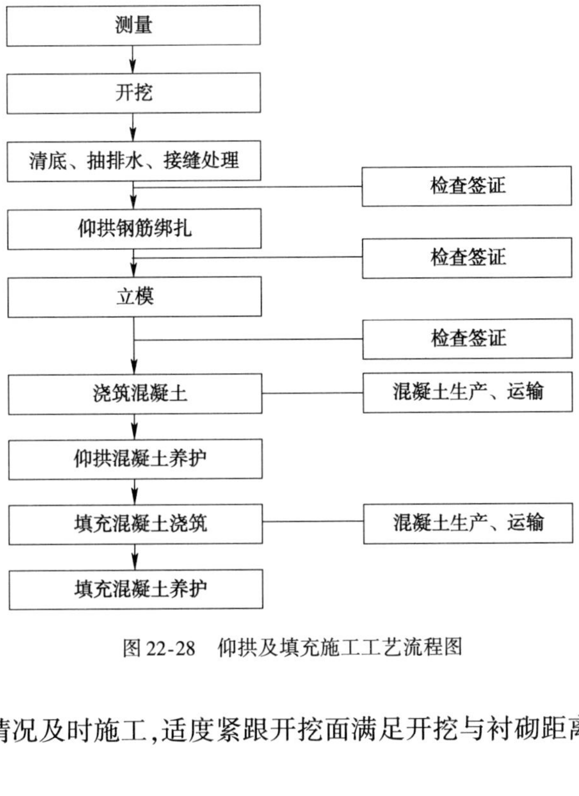

图 22-28　仰拱及填充施工工艺流程图

2）拱墙混凝土施工

拱墙衬砌根据量测情况及时施工，适度紧跟开挖面满足开挖与衬砌距离要求。每环在拱顶预留压浆管兼排气管,保证拱顶混凝土与围岩密贴。混凝土采取附着式振捣器振捣,辅以插入式振捣器辅助振捣。钢筋混凝土衬砌地段,钢筋在洞外下料加工,弯制成型,洞内绑扎或拼装,钢筋绑扎采用多功能作业台架施工。

采用 HBT40 窄体泵泵送。二次衬砌采用全液压自行式模板台车,衬砌台车的数量以保证二衬的施工进度与开挖进度同步,满足施工要求对各作业面进行配置。

(1) 衬砌台车。

该合同段隧道二衬断面采用自行式全断面液压钢模衬砌台车,一次浇筑成型。衬砌台车长 10.5m、12m,挡头模采用自制钢模和木模。

(2) 二次衬砌施工工艺。

二衬严格按照蒙华公司规定步距施作;但软弱围岩及断层破碎带处,由于其围岩自稳能力差,初期支护难以使其达到完全稳定,根据支护情况及量测信息,为确保洞体稳定及施工安全,必要时紧跟开挖面。

①钢筋:衬砌钢筋超前衬砌台车一组施工,衬砌钢筋在洞外加工制作完成,运至洞内按照测量放样进行安装绑扎,环向钢筋连接采用套筒机械连接;台车就位前按照测放的隧道中线及高程对已安扎好的钢筋再次进行结构尺寸检查,检查钢筋位置是否正确,保护层能否满足要求,环向主筋内外面是否已安设混凝土保护层垫块,符合要求后衬砌台车就位。

②立模(台车就位):根据放线位置,移动台车就位。台车就位后,检查台车位置、尺寸、方向、高程、坡度、稳定性,符合要求后,并安设好挡头模板,接头止水带及止水胶条和拱部注浆管,经监理工程师检验合格和签证后方可灌筑边拱混凝土。

③混凝土灌筑:灌筑边拱混凝土时,应由下向上对称灌筑。拱部先采取退出式浇注,最后用压入式封顶。混凝土用附着式振捣器和插入式振捣器联合捣固,安排专人负责,保证混凝土内部密实,外部光滑。并注意保护好预埋于混凝土内部的注浆管,防止其歪斜和倾倒,以确保二衬后回填注浆能顺利进行。混凝土灌筑必须连续进行。

④拆模养护:当边、拱混凝土强度达到 2.5MPa 时,方可拆模,拆模时间不可过早。拆模后及时进行洒水养护,养护时间不少于 7d。

衬砌外观要目测平顺光滑,无蜂窝麻面。断面尺寸及中线、高程用钢尺配合经纬仪、水平仪量测,内轮廓必须符合设计要求。

(3) 二次衬砌施工工艺流程。

施工工艺流程如图 22-29 所示。

(4) 隧道拱顶防空洞施工。

隧道二次衬砌采用整体模板台车进行二次衬砌现浇混凝土施工时,由于拱顶部分产生气囊、混凝土流动性不足、混凝土灌注量不足、直观判断手段不足等因素易导致拱顶产生空洞质量缺陷。为了防止空洞产生,施工采取以下方法:

①拱顶纵向排气、注浆管安设。

a. 施工准备。

Ⅰ. 注浆、排气管采用 ϕ20mm×2.5(AD25)PE 波纹管,波纹管提前用电烙铁钻 ϕ3mm 孔,钻孔沿管路长度方向(线路纵向)间距 300mm,每两个为一对。

Ⅱ. 为防止出现混淆,排气管和注浆管应采用不同颜色区分。

Ⅲ. 为避免混凝土浆液进入注浆软管,需封闭注浆软管钻孔,采用 10mm×10mm 不干胶封口。

Ⅳ. 拱顶注浆/排气软管安装。

b. 安装工艺。

拱顶注浆/排气软管安装于隧道拱顶,用防水板压条将软管包裹后焊接于拱顶防水板上,如图 22-30 所示。

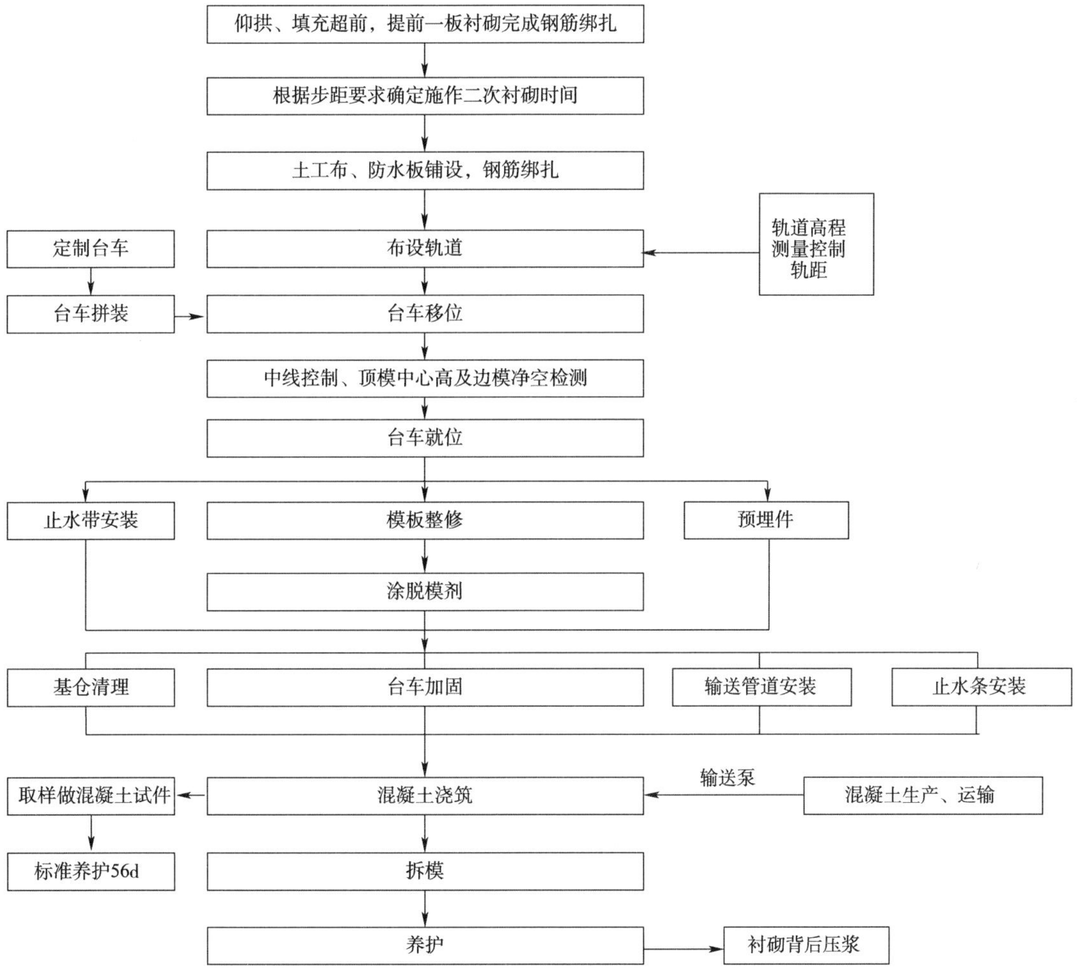

图 22-29 二次衬砌施工工艺流程图

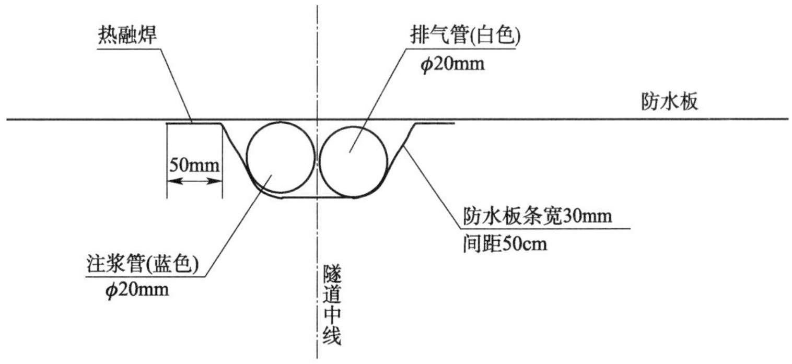

图 22-30 注浆/排气软管安装固定图示

c. 安装总体布置。

拱顶注浆/排气软管安装和竖向排气管布置关系,如图 22-31 所示。

纵向注浆软管三通连接工艺,如图 22-32 所示。

②拱顶竖向排气、注浆管安装。

a. 每台模板台车安装 5 个排气、注浆孔固定装置,搭接端安装套丝式固定装置 1 个,挡头端安装法兰式固定装置 2 个,中部安装固定装置 2 个(法兰式和套丝各一个),如图 22-33 所示。

b. 模板台车上安装的法兰式固定装置,如图 22-34 所示。

c. 模板台车上安装的套丝式固定装置,如图 22-35 所示。

d. 排气管、注浆管安装。

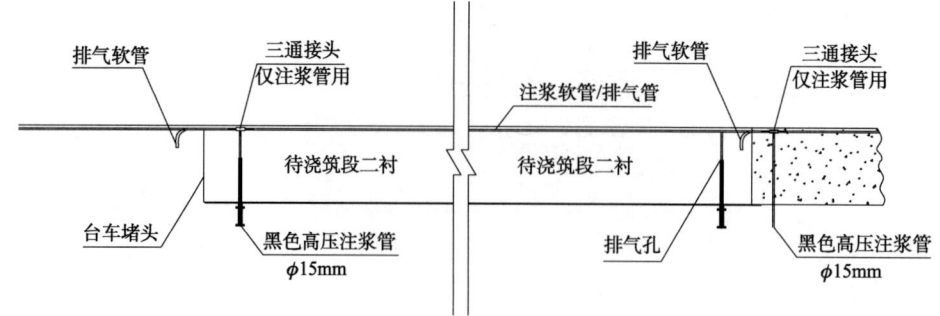

图 22-31　纵向注浆/排气管和竖向排气管布置关系图示

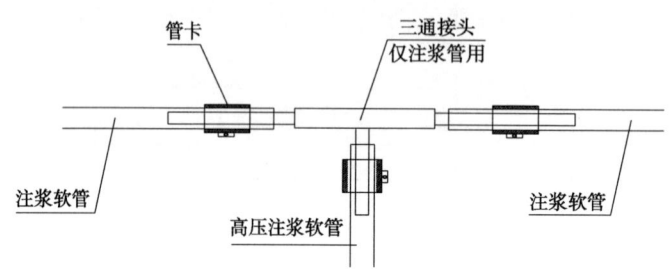

图 22-32　注浆管三通连接图

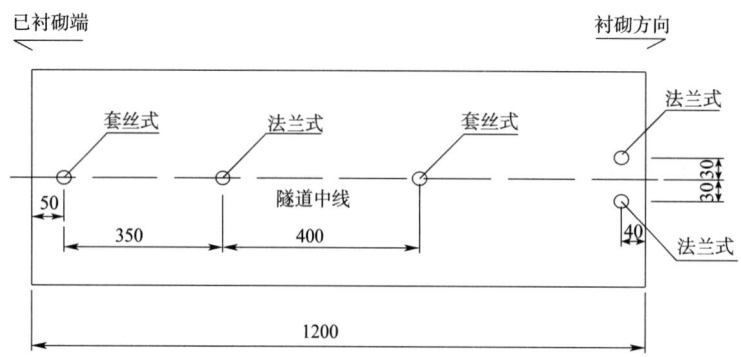

图 22-33　12m 台车注浆排气管固定装置布置图（尺寸单位：cm）

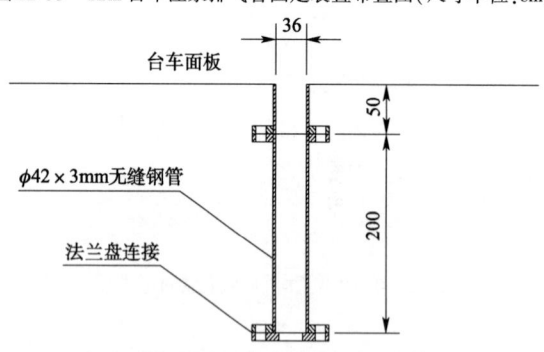

图 22-34　法兰式排气（注浆）管固定装置图示（尺寸单位：cm）

排气管安装时利用固定法兰式装置将 $\phi32\times1.5$ mm PVC 管固定，其上端开口，并紧顶拱顶防水板（防水板紧贴基面）。安装时打开固定装置的下层法兰盘，测量并用手持切割机截取满足长度的 PVC 管，从固定装置下方穿入后，关闭法兰盘固定装置并锁紧即可。脱模时将上层的法兰盘拆除，并用手持切割机将 PVC 管沿法兰盘截断，如图 22-36 所示。

③拱顶混凝土灌注。

a. 混凝土灌注的具体工艺执行隧道混凝土灌注作业文件。

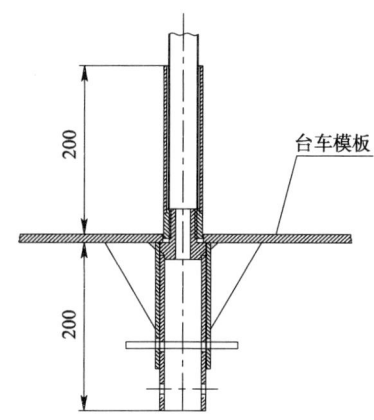

图 22-35　套丝式排气(注浆)管固定装置图示(尺寸单位:cm)

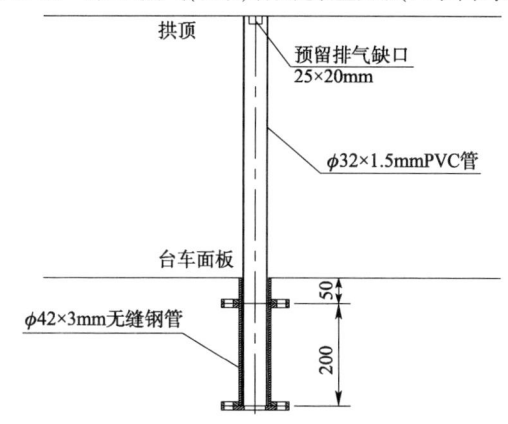

图 22-36　排气管、注浆管安装图示(尺寸单位:cm)

b.采用 1 个孔灌注时,灌注孔距搭接端头处应小于 4.5m;采用 3 个孔灌注时,应由搭接端向挡头端依次使用。

c.工班长观察竖向排气管、挡头处顶部出浆情况,记录混凝土的间歇时间;封顶(刹尖)时领工员必须和工班长共同观察并在"混凝土封顶(刹尖)排气孔安装、出浆检查表"上签字。

d.混凝土封顶时输送泵的工作标准:主系统压力,6.0~8.0MPa;换向压力,10.0~15.0MPa;搅拌压力,2.0MPa。

e.混凝土方量的核算。

在防水层铺设前由测量组测量衬砌断面(每 3m 一个),以此核算该循环混凝土计划数量,对比实际灌注数量,防止混凝土方量不足造成的空洞。

f.封顶混凝土超量预估。

封顶最后一车混凝土,应适当增加预估量。架子队应提前安排好多余混凝土的利用,如预制盖板、沟槽施工等。

④衬砌背后回填注浆。

a.衬砌背后回填注浆应严格纳入工序管理,衬砌完成 7d 后、30d 内实施注浆。

b.注浆采用预留的高压注浆管、套丝式注浆孔进行。

c.注浆材料采用水泥单液浆(1:1),注浆压力控制在 0.3MPa 以内。

⑤空洞检测。

采用敲击法和地质雷达法检测。

3)预埋件施工

预埋件施工与在二次衬砌同时施工。预埋件的种类和位置严格按设计要求进行施作,保证预埋件位置及质量要求符合设计和施工规范。

(1)通信过轨。

①预埋方式要求:过轨钢管垂直于线路平行排列,间距50mm;距电力过轨管净距在1m以上。钢管底部应高出电缆槽底3~5cm。当预埋过轨钢管有弯曲时,弯曲角度应大于120°,以利光电缆穿放。

②过轨钢管规格:内径为φ100mm热浸塑钢管,内穿φ2.0mm铁线并在两端各预留1m以备穿缆使用,管口用油麻封堵,钢管均需抗震抗压。钢管埋设深度需保证过轨钢管在施工后不断裂、不变形、不堵塞。

(2)电力过轨。

①每个变电所空间相应的位置预埋过轨φ150mm热浸塑钢管4根、φ100mm热浸塑钢管10根,预埋至对侧电缆余长腔。

②通信直放站洞室对应位置预埋过轨φ150mm热浸塑钢管6根至电力电缆槽内。

③隧道进出口预埋过轨φ100mm热浸塑钢管6根(电力电缆槽至余长腔)。

④所有预埋钢管内预穿铁线一根,以便后期穿电缆,在两端各预留1m;过轨钢管两端弯曲半径不小于1.5m,钢管两端用布包好,以防异物进入钢管或水泥将钢管封死。过轨钢管热镀锌后喷塑处理。钢管两端端口平滑无毛刺,防止对电缆的损伤。

(3)信息过轨。

①每个变电所空间相应的位置预埋过轨φ150mm热浸塑钢管4根、φ100mm热浸塑钢管10根,预埋至对侧电缆余长腔。

②通信直放站洞室对应位置预埋过轨φ150mm热浸塑钢管6根至电力电缆槽内。

③隧道进出口预埋过轨φ100mm热浸塑钢管6根。

④所有预埋钢管内预穿铁线一根,以便后期穿电缆,在两端各预留1m;过轨钢管两端弯曲半径不小于1.5m,钢管两端用布包好,以防异物进入钢管或水泥将钢管封死。钢管两端端口平滑无毛刺,防止对电缆的损伤。

4)沟槽施工

侧沟、电缆槽施工时间在二次衬砌之后。水沟、电缆沟盖板集中进行预制,预制时严格控制盖板的几何尺寸,采用细粒径的混凝土,混凝土匀质、密实、和易性好,盖板表面平整、无凹凸现象,盖板四角棱角分明,无缺棱掉角。

侧沟、电缆槽采用整体定型钢模板,一次成型,其施工要点是控制好模板的中线、水平,并要求模板支撑牢固,防止浇捣时模板位移和上浮。

22.6.3 不良地质段及特殊地段施工

对不良地质及特殊地质段开挖时必须根据超前地质预报、相关监测和开挖揭示重新进行验证,并及时反馈设计、建设单位、监理单位进行动态设计,采取相对应的处理措施,制订专项施工方案。

22.6.3.1 隧道第三系高承压含水地层施工

中条山隧道DK628+690~DK631+040(2350m)隧道穿过第三系的砾岩、砂质泥岩地层,砾岩中等胶结、弱胶结,夹砂层,砂质泥岩半成岩。该段岩石强度低,暴露易风化,遇水易软化。含承压水,水头高出隧道底板80~177m,隧道涌水量大。

其中,中条山隧道在左线DK629+735~DK629+885、右线DK629+685~DK629+835段,5号斜井(ⅤXJK0+160~ⅤXJK0+240)80m,砂层富水,无胶结,可能突涌,隧道开挖后掌子面无法自稳,设计采用超前帷幕注浆。

左、右线DK629+735~DK629+885,5号斜井(ⅤXJK0+160~ⅤXJK0+240)80m位置穿越砂层,采用水平旋喷进行加固,对仰拱以上或仅拱部以上的开挖轮廓外进行旋喷加固及堵水。水平旋喷预支护工法是在不良地质隧道工作面前方,沿隧道开挖外轮廓线钻孔,达到预定深度后,边后退边高压旋喷注浆,相邻的旋喷固结体相互搭接咬合形成旋喷拱棚。

以上地段施工过程中可能发生坍塌、涌水、突泥,加强超前地质预报工作,获取开挖面前方的地质信息;施工时采用超前预注浆、径向注浆、水平旋喷等方式进行超前支护和封堵地下水,台阶法施工。施工工艺流程如图22-37所示。

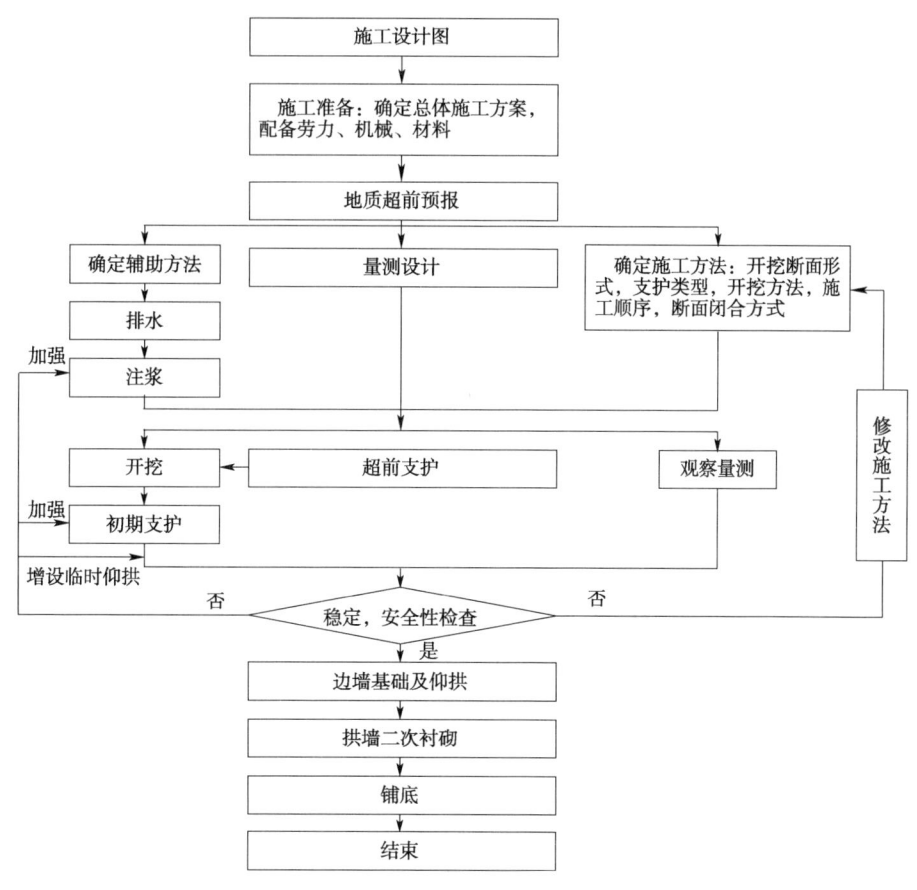

图22-37 施工工艺流程图

1)超前地质预报

施工中将超前地质预报纳入工序管理,第三系地层超前地质预报手段详见超前地质章节。

2)超前泄水

高承压水、突泥突水段开挖前首先打设超前泄水孔,降低水压和水量,防止施工期间坍塌。超前钻孔孔径为 $\phi50\sim\phi100$mm,钻孔探测范围一般控制在30m范围内,根据钻孔出水实际情况增减长度以及孔径大小,以达到泄水的目的。

具体孔位的布置、钻孔与线路的交角、孔位参数等根据围岩及预测结果现场进行施工。超前泄水孔布置示意图如图22-38所示。

3)超前帷幕注浆施工

超前帷幕注浆每次注浆长度约25m,开挖20m,注浆范围为隧道拱部、边墙开挖线以外5m,隧道底部开挖线外3m,注浆加固循环纵向长度25m,掌子面前止浆岩盘厚度不小于3m。掌子面孔位布置图如图22-39所示,隧道帷幕注浆纵断面图如图22-40所示。

(1)止浆墙施工。

止浆墙施作厚度2.0m,采用C20混凝土浇筑,浇筑前止浆墙周边采用2排环向间距1.5m,排距0.5m,长2m的 $\phi25$mm 砂浆锚杆与围岩相连,以保证止浆墙的稳定。

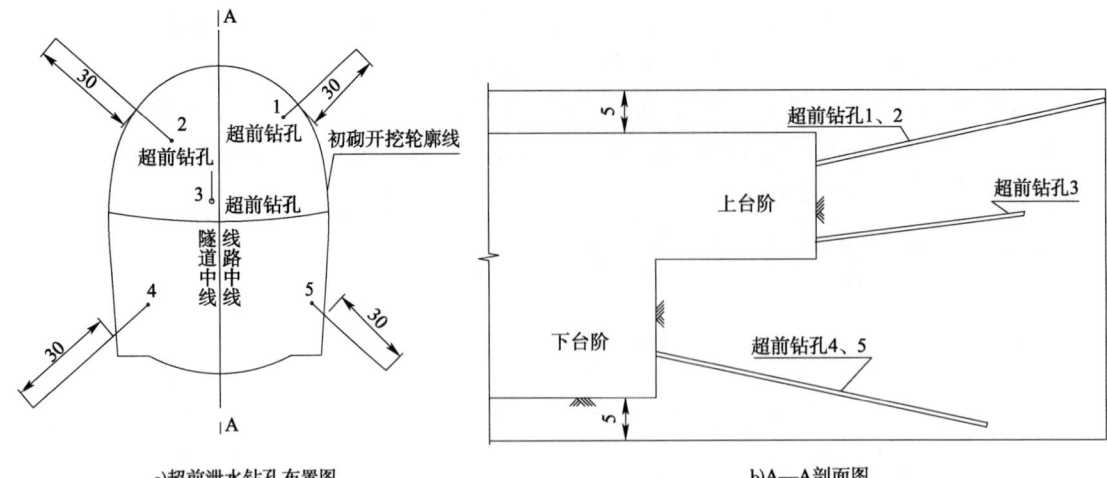

a) 超前泄水钻孔布置图　　　　　　　　b) A—A剖面图

图 22-38　超前泄水孔设计图(尺寸单位:m)

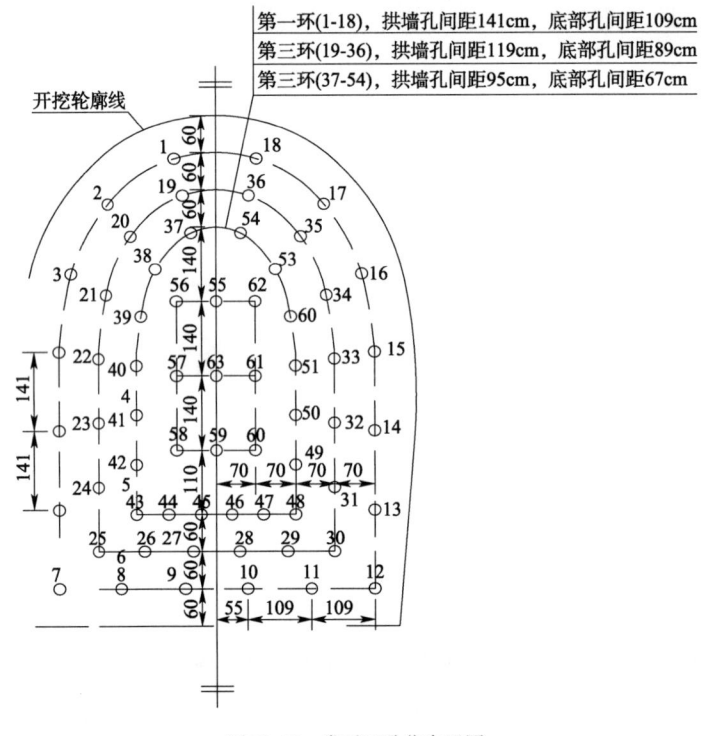

图 22-39　掌子面孔位布置图

(2)钻孔。

开孔时按照轻加压、速度慢、给水要多的操作要点施工。钻孔时,严格做好钻孔记录:孔号、进尺、起讫时间、岩石裂隙发育情况、出现涌水位置、涌水量和涌水压力。

施钻过程中,单孔出水量小于 0.5L/s,继续施钻;单孔出水量大于 0.5L/s,立即停钻进行注浆。

(3)埋设孔口管。

先钻孔 3.2m 深,再将 3m 长一端焊上法兰盘,直径 108mm 孔口管插入,外露 20cm,管壁与孔口接触处用麻丝填塞,再向孔口管内注浆固结。孔口管起着导向作用,钻孔安装时要控制好外插角度。

(4)注浆。

注浆方式:注浆有分段前进式注浆和一次全孔注浆两种方式。钻孔中未出现泥夹层或涌水量小于 0.8L/s,就一钻到底,全孔一次压入注浆封孔;钻孔中遇泥夹层或涌水量大于 0.8L/s 立即停止钻进,采取钻一段注一段的分段前进式注浆,直至终孔。

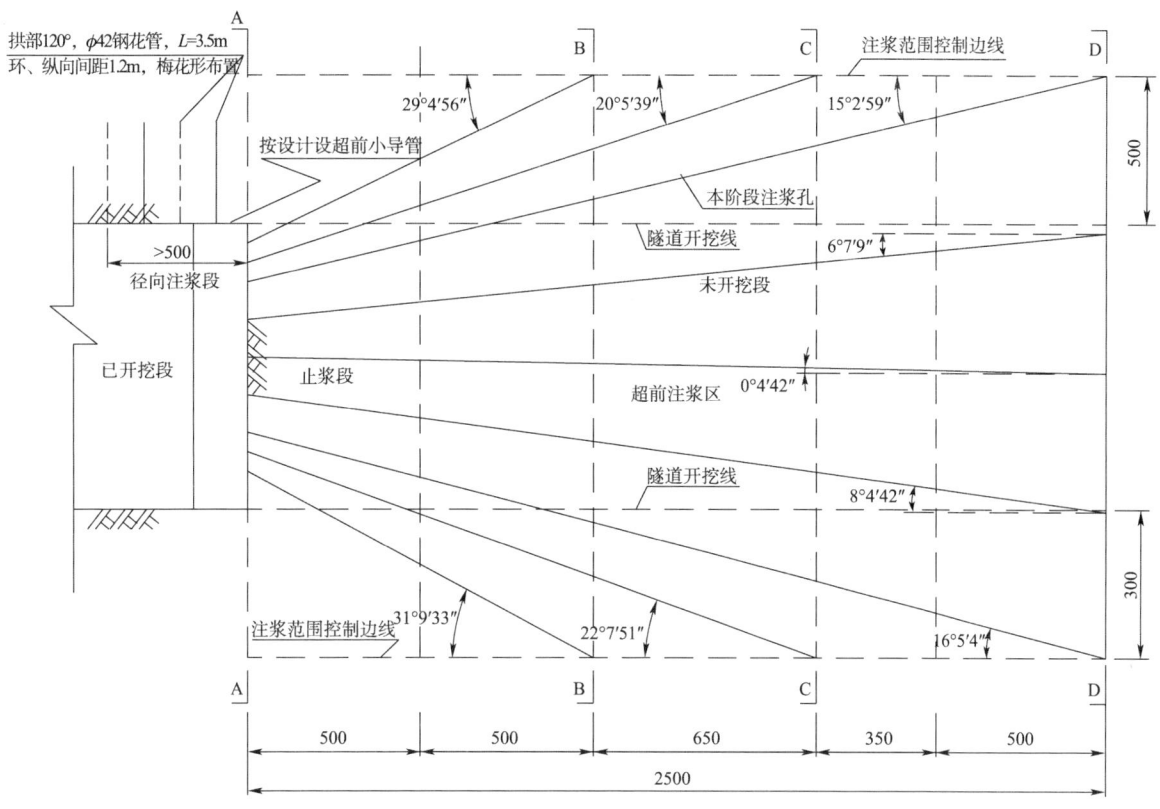

图 22-40　隧道帷幕注浆纵断面示意图(尺寸单位:cm)

钻孔注浆顺序:根据施工试验,先注外圈,后内圈,先近后远,同一圈的孔由下而上间隔施作,同时外孔各孔间距离要尽可能大一些。

注浆速度:当钻孔涌水量大于0.8L/s,注入速度80～150 L/min;当涌水量小于0.8L/s,注入速度30～80L/min。

注浆程序:注浆作业按照钻孔出水→测水压水量→压水试验→注浆扫孔→出水再注浆至设计长度达到结束标准的完整注浆程序进行。

注浆结束标准:单孔注浆压力达到设计终压并继续注浆10min以上,可结束本孔注浆,单孔注浆量与设计注浆量大致相同,结束时的进浆量在20～30 L/min以下可结束本孔注浆。

4)旋喷施工

对正洞全断面位于砂层的,仰拱以上开挖轮廓外进行旋喷加固,周边布置51根,掌子面范围布置58根;对于仅上断面位于砂层的,沿拱部160°范围开挖轮廓外搭设29根旋喷桩,掌子面范围搭设33根。全断面旋喷桩端部示意图如图22-41所示,水平旋喷桩纵断面示意图如图22-42所示。

旋喷桩单根长15m,不设扩大工作室,桩尾3m范围内只成孔不旋喷成桩,实际成桩长度12m,纵向搭接长度不小于1.5m,每循环开挖10m,保留5m,桩环向间距50cm,桩径60cm,环向咬合10cm。

水平旋喷桩施工工艺流程如图22-43所示。

(1)钻进。

①开孔器开孔,采用钻机钻进,钻进深度为1.60m;初始开孔角度1%。退出钻具,准备安装孔口管;将孔口管埋入已开好的孔内,孔口管外露0.30m;在掌子面植12mm钢筋4根,钢筋用锚固剂固结,将钢筋与孔口管焊接牢固,加固孔口管。

②配制循环浆液:用膨润土配制循环浆液。

③钻孔打设:为确保钻孔质量,首应先打设1～2个探孔,查明地层变化情况及地层对钻孔角度的影响,然后根据探孔情况确定旋喷桩钻孔的打设角度。钻进过程中要保持循环液压力1.0～

2.0MPa，防止在钻进过程中，砂石堵住喷嘴。

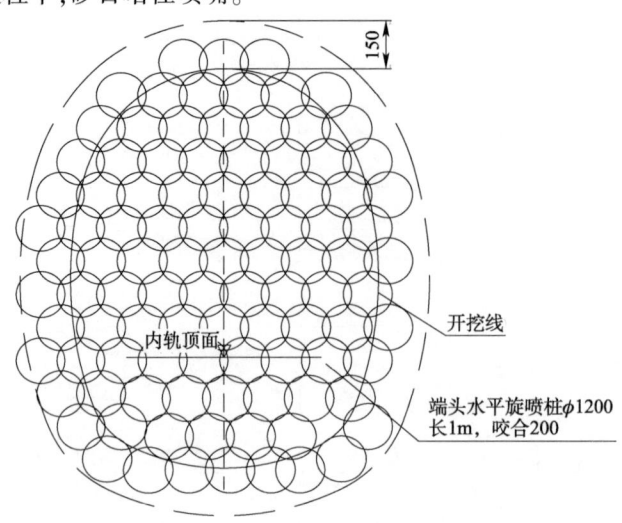

图 22-41　全断面旋喷桩端部示意图（尺寸单位：cm）

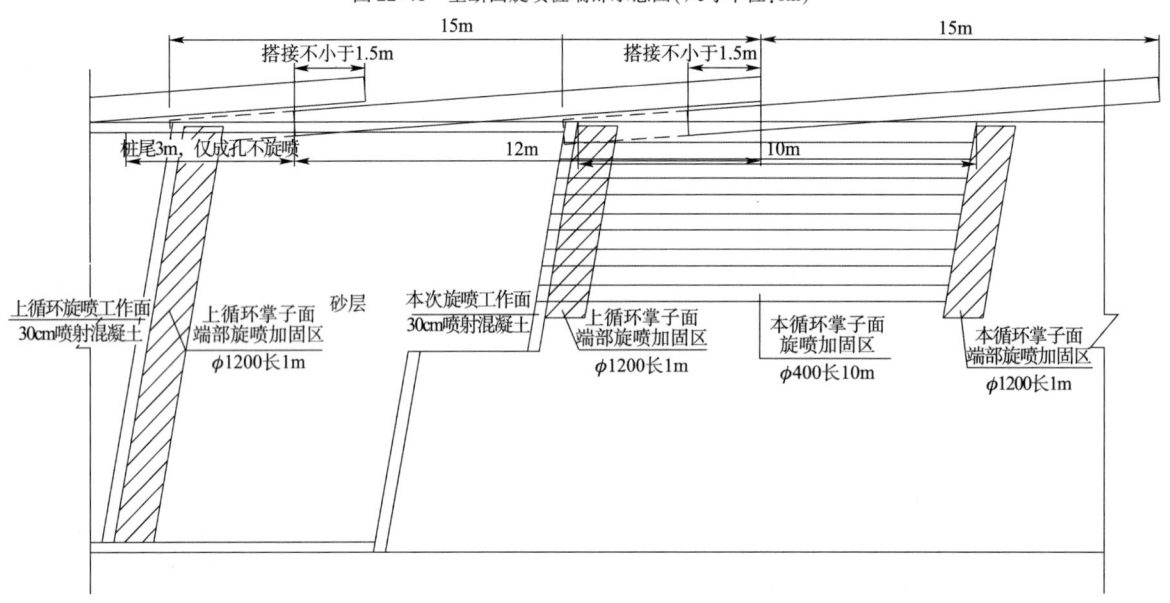

图 22-42　水平旋喷桩纵断面示意图

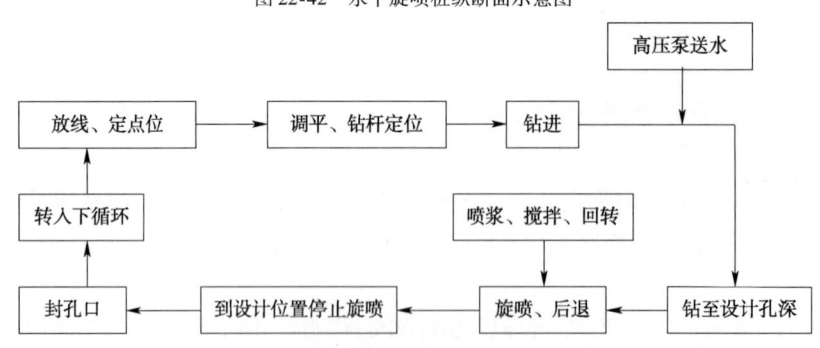

图 22-43　水平旋喷桩工艺流程图

（2）高压旋喷。

①进行高压喷浆前应检查高压注浆泵，查看泵压读数是否达到设计要求（35~40MPa），泵压达到设计要求时才能开始喷浆。

②喷浆前应检查：钻杆接头处是否漏气，喷嘴是否堵住。

③在孔底高压喷浆时应停留一定时间,然后再缓慢外拔钻杆,同时高压喷浆。

④在高压喷浆时,应安排专人观察泵压变化,一旦发现泵压过低时应及时通知机台停止喷浆,查明原因后再恢复高压喷浆。

⑤当钻杆拔至孔口0.50m时停止注浆,关闭浆液通道,再缓慢拔出钻杆,进行封孔作业。

⑥每根高压旋喷钻杆拔出后应立即用清水高压冲洗干净,避免残留浆液凝固,避免下次旋喷时残留颗粒物堵喷嘴。

⑦喷浆参数:浆液要求水:灰比为1:1;注浆压力为35~40MPa。

(3)封孔。

①喷浆至孔口掌子面0.50m时,应停止喷浆。

②卸下孔口管最外端的密封装置,关闭循环液排出口。

③快速拔出钻杆和钻头,关闭大球阀。

④高压旋喷注浆完成后应在循环液排出口处安装压力表,然后用250泵补注浆,注浆压力控制在0.8~1.0MPa。

⑤补注浆完成48h后方能卸下大球阀。

(4)清洗管道及设备。

每根桩施工完毕后都应用清水高压冲洗管道及设备,确保管道内不留在残渣,清洗完毕后移至下一桩位。

(5)核查成桩时间。

钻机移到下一孔位,应核查相邻桩的成桩时间,后施工的桩必须在相邻桩成桩时间超过初凝时间后,前一根桩浆液达到一定强度时才能开钻,确保相邻桩相互咬合,因此移至下一孔位时应跳过1~3根后再施作较合适。

(6)旋喷桩成桩质量检查。

旋喷成桩时,若出现异常情况产生停机,恢复施工时要进行补喷。待水泥浆凝固后,用SM-14地质钻机取芯对旋喷桩进行检查。

5)隧道开挖支护

第三系含水地层段预加固后按照设计进行开挖支护,施工方法及工艺流程与正洞常规施工工艺一致。

22.6.3.2 软岩大变形地段软岩大变形地段

1)施工方法

遵循开挖后"快速支护、合理变形、及时加强、尽早封闭"的理念,开挖主要以短台阶(上下台阶距离小于5m)或环形开挖预留核心土法,采用浅眼光面爆破,尽量减少围岩扰动;及时支护,快速形成封闭结构,充分发挥围岩的自稳能力,控制周边成形;加强监控量测,控制隧道的收敛及拱顶下沉,必要时及时采取加大预留变形量和加强支护措施。

2)支护体系

以确保隧道稳定为目的,先让后抗,以抗为主,先柔后刚,刚柔并举。支护形式采用钢支撑,喷混凝土与锚杆的联合支护,并快速封闭成环;喷混凝土采用逐层加喷的湿喷作业;支护与围岩密贴粘结,形成一体,共同发挥支护效果。当出现初支侵限时,必须逐榀快速拆换,严禁多榀同时拆除。

22.6.3.3 岩爆地段

对可能发生岩爆地段喷混凝土和锚杆加固岩体,以控制岩爆发展;当岩爆特别强烈时增加钢拱架支护。或者采用地应力预先释放法、在开挖爆破之后对掌子面及周边喷洒水、提前开挖小导坑、打应力释放超前孔等措施。加强超前地质预报,对岩爆出现的可能性与等级进行预测,以便施工时提前采取相关措施防范。加强光面爆破,提高光面爆破效果,降低瞬发性的岩爆。加强初期支护,延缓岩爆应变释放的强度和频率。采用喷雾和高压水进行冲洗岩壁,进一步释放岩爆应变能量。

1)喷洒高压水

爆破后向工作面及约15m范围内隧道周边喷洒高压水,以改变岩石表面物理力学性质,降低岩石脆性、增强塑性,以达到减弱岩爆剧烈程度的目的。另外将围岩表面冲洗干净也便于进行检查,此法一般用于轻微或中等程度岩爆。

2)改善岩爆区的施工方法

(1)采用光面爆破技术,在中等以上岩爆区,周边眼间距控制在25cm以内,采用隔眼装药,堵塞炮泥,增加光爆效果,以达到开挖轮廓线圆顺。尽量避免凹凸不平造成应力集中,以达到减弱岩爆的发生。

(2)调整钻爆设计,采用"短进尺、弱爆破"。改其为浅孔爆破,缩短循环进尺,减少一次用药量。拱部采用小药卷光面爆破措施,拉大不同部分炮眼的雷管段位间隔,从而延长爆破时间,减少对围岩的爆破扰动,减少爆破动应力的叠加,控制爆发裂隙的生成,避免由于爆破诱发岩爆,从而降低岩爆频率和强度。

(3)预先在工作面有可能发生岩爆的部位有规则地打一些空眼,不设锚杆而注水,以便释放应力,阻止围岩达到极限应力而产生岩爆。

3)加强初期支护

(1)轻微岩爆区。

实施全断面光面爆破开挖,循环进尺不得超过4m,爆破、通风、找顶后洞壁、掌子面洒水3遍,每遍相隔5~10min,使开挖面充分湿润,洒水喷头水柱不小于10m。打设洞壁环向应力释放孔:孔径ϕ50mm,深3m,间距1.5m×1.5m,挂网喷混凝土初期支护,打设ϕ25×5mm涨壳式预应力中空注浆锚杆长2m,预应力50kN,锚杆间距1.2m×1.2m,锚杆强度180kN。安装时,锚杆垫板要将钢筋网压住在喷射混凝土上。

(2)中等岩爆区。

实施全断面光面爆破开挖,循环进尺不超过4m。必要时作超前30~50m导洞,导洞直径不大于5m,可作为岩爆超前预报和释放地应力。

爆破、通风、找顶后洞壁、掌子面洒水3遍,每遍相隔5~10min,使开挖面充分湿润,洒水喷头水柱不小于10m。

打设洞壁环向应力释放孔:孔径ϕ50mm,深3m,间距1.5m×1.5m。挂网喷混凝土初期支护,打设ϕ25×5mm涨壳式预应力中空注浆锚杆长2m,预应力50kN,锚杆间距1.2m×1.2m,锚杆强度180kN。安装时,锚杆垫板要将钢筋网压住在喷射混凝土上。

对于中等以上的岩爆洞段,在钻爆施工时,可在拱角、边墙及顶部加深钻打周边眼,然后向眼孔内喷灌高压水,对围岩进行软化,从而人为提前加快围岩的应力释放。眼孔超前深度可取2m。

22.6.3.4 突泥涌水地段

DK615+060~DK615+620、DK618+645~DK619+115、DK620+365~DK620+965、DK622+445~DK623+160、DK625+260~DK625+785段隧道过断层,断层是较好的过水通道,岩体破碎,这些段落可能突涌。

左线DK629+735~DK629+885、右线DK629+685~DK629+835段,隧道通过砂层,砂层富水,无胶结,可能突涌。

可溶岩与非可溶岩交界面、第三系地层与寒武系灰岩地层不整合带,岩体破碎,可能富水,容易突涌。

1)工艺流程

超前地质预报→超前支护→短开挖→强支护→仰拱混凝土→拱墙二衬。

2)施工方法

施工到设计突泥涌水段前,采用超前钻孔和加深炮孔进行预测,目的用于探测前方是否有涌水流出。若无涌水流出,则按正常施工方法进行。若探明前方有突泥涌水,则对掌子面进行帷幕注浆。

帷幕注浆结束后,进行弱爆破短开挖,开挖一榀钢架距离及时立钢架锚喷支护。开挖支护挖成后及时施作仰拱混凝土和拱墙二衬。

按此方法反复循环施工,直至渡过突泥涌水段。

22.6.3.5 洞口滑坡崩塌段

隧道出口位于直立边坡上,2号、5号、6号斜井及平导辅助坑道洞口位于黄土深沟沟底,目前边坡在自然状态下稳定,但土体竖向节理发育,施工扰动容易造成崩塌,附近边坡存在崩塌可能,部分斜井施工便道会破坏初始黄土边坡,存在崩塌可能。

针对易滑坡崩塌地段,开挖前先施作洞顶的截排水设施,并且与路基排水沟顺接。结合边坡地形稳定程度,坡面用锚杆、钢筋网、喷混凝土作为临时防护,以确保施工安全。

边仰坡刷坡自上而下分层进行,每层高度2~3m,随开挖及时进行锚杆网喷支护。做好坡面喷混凝土防护层与原坡面衔接,防止坡面风化,引起水土流失、导致边仰坡防护受到损坏。

开挖避免在雨天进行。

洞口土石方开挖到达明暗洞交界处形成台阶,施作暗洞套拱和安装导向架,在台阶上施作超前大管棚支护,在超前大管棚施作完成后进行洞身开挖。

尽可能减少明挖土石方数量,以保持地表的原始状态,刷坡后及时以锚、网、喷对地表加固。

进洞段开挖保持短进尺,用风镐配合挖掘机开挖,喷混凝土分两次进行,即开挖后初喷,架立钢架(钢架在拱脚处打锁脚锚杆防止拱顶下沉),安装系统锚杆、挂网后复喷,及时封闭,保证支护质量。

施工前注意核对洞口地形、地貌及高程等,如发现与设计不符时及时提出,以便修改设计和施工方法。

22.6.4 辅助坑道施工方案

22.6.4.1 斜井及平导辅助坑道

1)斜井及平导辅助坑道洞口段

(1)边仰坡外的截水沟施工。

首先对洞口位置进行测量放样并进行复核,根据测量放样结果,确定截水沟的流向,在边仰坡轮廓线5m以外挖洞顶截水沟,沟体保持顺畅无淤积。

(2)洞口土石方开挖及边、仰坡防护。

洞口段土石方采用明挖法施工。施工前,先根据设计尺寸,在地面上标出斜井中线及边仰坡线,土质边仰坡采用反铲自上而下分层开挖,边开挖边防护,随时监测、检查山坡稳定情况;石质边仰坡采用反铲辅以人工风镐开挖的方法,局部地段可以采用弱爆破。在边坡、仰坡开挖的过程中测量组及时放线,控制坡度和超欠挖,同时严禁陡坡开挖。为便于支护施工,每层开挖高度一般控制在2.5m左右,并按设计进行支护,地质条件较差时,可以加强支护。在上一层开挖成型并完成支护后,方可进行下一层的开挖。

(3)进洞施工。

洞口Ⅴ级围岩段采用上下断面台阶法施工,人工配合机械开挖,装载机装渣,自卸汽车运输,上断面开挖掘进5m后,下半断面左右错开开挖跟进,上下台阶长度控制在3~4m,下断面左右两侧错开接腿,开挖后及时立拱挂网锚喷支护。

(4)洞门施工。

为保证洞口段安全,及时施作洞门。洞门基础采用人工配合反铲开挖,遇岩层采用弱爆破法开挖,人工清渣;洞门墙身采用 M7.5 浆砌片石。洞门墙完成后,及时施作洞口防排水系统和洞门附属工程。

2)斜井井身施工

(1)开挖。

开挖采用多功能台架钻眼,非电毫秒雷管起爆,光面爆破,Ⅱ、Ⅲ级和部分Ⅳ级围岩采用全断面开挖,部分Ⅳ级围岩和Ⅴ级围岩微台阶法开挖,各种施工的工艺流程见正洞的对应施工工艺。爆破参照正洞爆破设计施工。

(2)出渣。

ZL50B 装载机装渣,大型自卸汽车运输。运输车辆由专人负责调度。

(3)初期支护及超前支护。

斜井开挖后立即进行初期支护施工,风钻钻孔安装径向锚杆,铺设钢筋网,湿喷机喷射混凝土,Ⅴ级围岩段设钢架支护,Ⅴ级软弱围岩段设拱部超前小导管注浆作为超前支护,具体工艺详见正洞相应的工法。

3)斜井施工通风

通风方式采用压入式通风,各井口均设独立的通风设备。

4)斜井施工排水

斜井井身施工过程中,采用抽水机抽水到临时水仓,再由抽水机抽排到井外的污水处理池中;斜井在井底处设立井底水仓。斜井内水沟在两侧设置。斜井为反坡排水,长距离斜井在井身按需要间隔增设泵站。正洞开挖反坡面设移动泵站,开挖面积水由移动泵站汇集后经管道排至井底水仓,顺坡面设集水井,用抽水设备将积水抽排至井底水仓,再抽排出洞外污水处理池。

5)井底施工

斜井施工到井底后,先进入正洞施工,正洞向两端施工一定距离之后,施作井底水仓,斜井到井底和正洞交汇处,这部分开挖采用短台阶法,弱爆破、短进尺,减少对围岩的扰动,进尺控制在 1m 以内。支护紧跟,必要时施工超前支护和增设临时仰拱。

22.6.4.2 斜井与正洞交叉口段

3 号斜井与正洞交叉口段施工采用常规支护施工,其他斜井开挖到正洞边时,与正洞交叉口处连续架立 5 榀 I20b 套拱加固斜井强度,斜井套拱立完后,洞壁喷射厚为 50~100mm 的混凝土封闭掌子面,待喷混凝土凝固后,小导管采用 $\phi 42mm$ 的热轧钢管制作,前端做成尖锥形,管壁每隔 10~20cm 交错钻眼,眼孔直径 6~8mm,梅花形布置,尾部焊接直径 6~8mm 钢筋箍。用凿岩机钻孔(孔径较设计导管管径大 20mm 以上),成孔后,将小导管向上 30°~45°打入围岩,然后采用注浆泵压注水泥浆在规定的压力下,灌浆段的吸浆量不大于 0.4L/min,持续灌注 10~15min,灌浆结束将管口封堵,以防浆液倒流管外。

导洞采用矩形开挖形式,拱顶顺正洞弧形开挖,考虑到围岩变形量可能较大,实际开挖尺寸比设计拱顶高程高出 25~35cm(临时拱架 20cm + 预留变形量 25cm),开挖进尺严格控制在 0.6m 以内,施工中导坑成上坡向前开挖,做到边开挖边支护,必要时增加临时仰拱。

1)挑顶施工方法

斜井施工至距正洞与交点里程 5m 处,开始安装异型拱架。在斜井与正洞交叉口处紧贴设置 5 榀型钢拱架,从与斜井垂直调整至与正洞平行,保证相交地段三维受力状态围岩稳定,并在拱架上焊接 I20 型钢横梁,并在两端连接 I20 型钢立柱,为正洞钢拱架提供落脚平台。

2)斜井与正洞相交处施工

斜井上台阶施工到正洞边墙位置时,并排安装 2 榀异形斜井拱架,并在斜井拱架顶端安装纵向 I20b 型钢托梁,如图 22-44 所示。

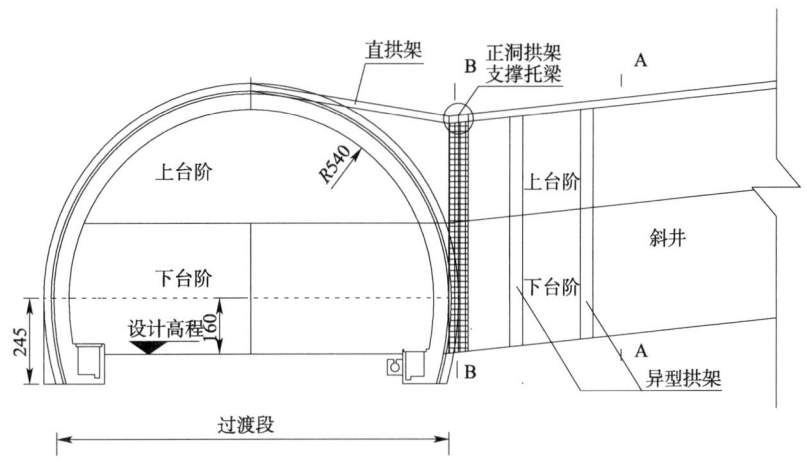

图 22-44 斜井进正洞立面图

在斜井拱架背部按照正洞拱架间距焊接 I20 工字钢立柱，顶端齐平与正洞直墙段高程相等，上面设置 I20 工字钢托梁，并采用喷射混凝土回填密实，待正洞拱架安装时，为正洞直拱架落脚提供支撑，正洞直拱架落脚时应对应于托梁下方的立柱，焊接牢固，并在直拱架两侧打设径向锚杆。工字钢托梁如图 22-45 所示。

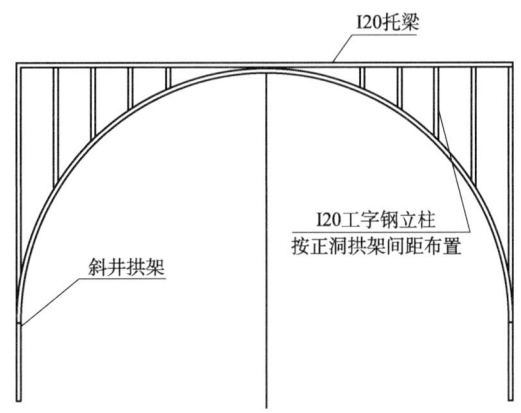

图 22-45 工字钢托梁示意图

3）过渡段施工

过渡段采用台阶法施工，斜井施工到正洞边缘后逐步从斜井上台阶过渡到正洞上台阶，采用矩形断面，高度 3.0m，宽度 4.0m。过渡段超前支护采用 $\phi42$mm 小导管，环向间距 35cm，长 3.5m，纵向每两榀一环；初期支护采用 I20b 门形钢架，间距 0.8m；$\phi22$mm 砂浆锚杆，长 3.5m，并在拱顶铺设 $\phi8$mm 钢筋网片，网格间距 20cm×20cm，喷射 C25 混凝土 23cm 厚进行支护（拱部喷满，边墙喷成"排骨"形式），安装门架时，门架拱部钢架内缘高程应高于直拱架的外缘高程至少 10~20cm。过渡段上台阶施工同时，斜井下台阶同步进行施工。

过渡段门架施工完毕后，安装正洞拱架，正洞拱架安装时，隧道中线一侧采用原设计拱架，靠斜井一侧上导拱架采用直拱架，直拱架落脚。

在斜井拱顶预留的横梁上焊接牢固，并采用喷射混凝土回填密实，其余支护参数按正洞进行施工。待门架范围拱架安装完毕后，割除门架直腿部分，分别向大小里程方向进行正洞开挖，当上导洞开挖支护跨过斜井断面 5.0m 后，开挖下导洞，施作初期支护。

4）监控量测

斜井分叉及挑顶范围，监控量测点按间距 3m 布设，及时有效监测支护变形情况，要求每班必须及时进行监控量测作业，每班量测结果需现场报作业队长及现场值班领导，出现异常需加大监控量测频率并进行针对性应急处理。

22.6.4.3 横通道施工

根据围岩确定开挖工法,为了充分发挥围岩的自承能力,减轻对围岩的振动破坏,采用微振控制爆破技术,尽量实施全断面光面爆破,形成整齐圆顺的开挖断面,减少超欠挖。支护按照正洞施工工艺实施。

横通道开挖采用二级复式掏槽光面爆破,炮眼布置、装药结构及掏槽形式如图22-46所示。

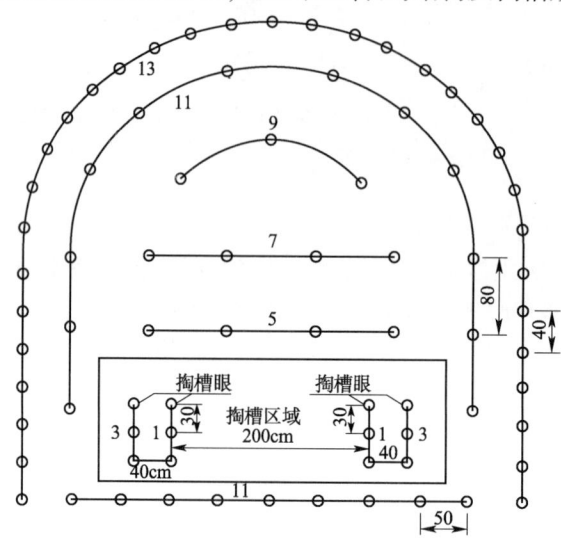

图22-46 横通道开挖炮眼布置图

22.6.5 超前地质预报

针对该合同段隧道工程地质情况复杂的特点,成立专业的超前地质预测预报小组,并将该项工作纳入施工工序管理。实现信息化施工,提前掌握开挖地层的特性,确定合理的支护参数和施工方法,制订施工中可能出现的各种问题的处理预案,确保工程质量和施工安全。在设计地质资料的基础上,采用点面结合,以点为主;长短结合,以短为主;物探与钻探结合,以钻探为主;定性与定量相结合,尽可能收集多种信息,综合分析判断隧道作业面周边的地质条件。

1)超前地质探测与预报组织机构

成立超前地质预报组,由经验丰富的地质、物探技术人员组成,配备先进的地质、物探设备。超前地质预报工作组织机构如图22-47所示。

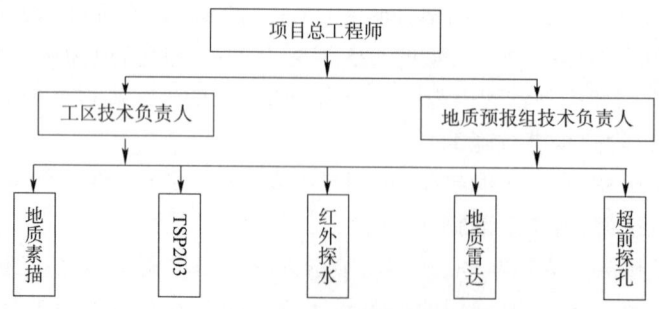

图22-47 隧道超前地质工作组织机构

该工程综合超前地质预报程序如图22-48所示。

前期勘察资料、采用长距离预报与短距离预报相结合,物测与钻探相结合,多种物探方法相互补充,定性与定量相结合的综合地质预报手段。

长距离预报:以宏观预报为指导,以地质分析及长距离物理探测方法相结合为手段,预测掌子面前方存在的岩层分界线、断层和涌水突泥等不良地质体的发育位置及规模。采用 TSP 探测手段,对断层破碎带、软硬岩分界面及其他软弱夹层或节理裂隙发育带,进行重点探测;通过红外线探测仪对前方 30m 范围内的赋水情况进行探测。

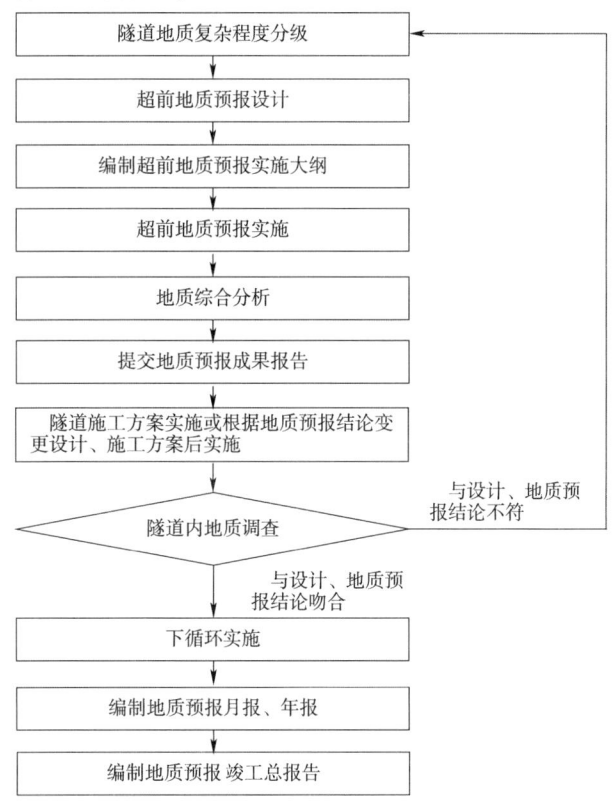

图 22-48　综合超前地质预报程序图

短距离预报:以长距离预报成果为基础,以地质分析法、短距离物理探测、超前地质钻孔及加深炮孔为手段,准确预报前方地质异常体的类型、位置、规模。通过数码地质素描,结合经验判断与地质分析,对地质异常体位置进行初步判断,采用地质雷达对地质异常体进行进一步探测,预测其位置、规模,通过超前地质钻孔及加深炮孔对地质异常体位置及规模进行核实验证和准确判定。

2)地质预报项目

地面预报:在施工过程中,根据设计提供的地质勘探资料,对重点地段可进行地表补充地质测绘,采取地表代表性岩样,并将样品在室内做对比分析和物探资料分析整理。

洞内预报:施工中加强围岩、含水地层等地段的超前地质预报工作,采用开挖掌子面地质素描、超前钻孔并辅以 TSP203、地质雷达、红外线探水仪等物探手段进行综合预测。隧道地下水发育地段及断层破碎带采用超前水平钻探、红外线探水仪等措施。根据超前地质预报获取的地质信息调整隧道的施工方案。

3)工作程序

超前地质探测和预报工作程序如图 22-49 所示。

22.6.6　监控量测与测量

22.6.6.1　监控量测

1)监控量测项目的选择

根据设计图纸要求,该合同段的隧道监控量测项目分为必测项目和选测项目两大类。必测项目见表 22-24。

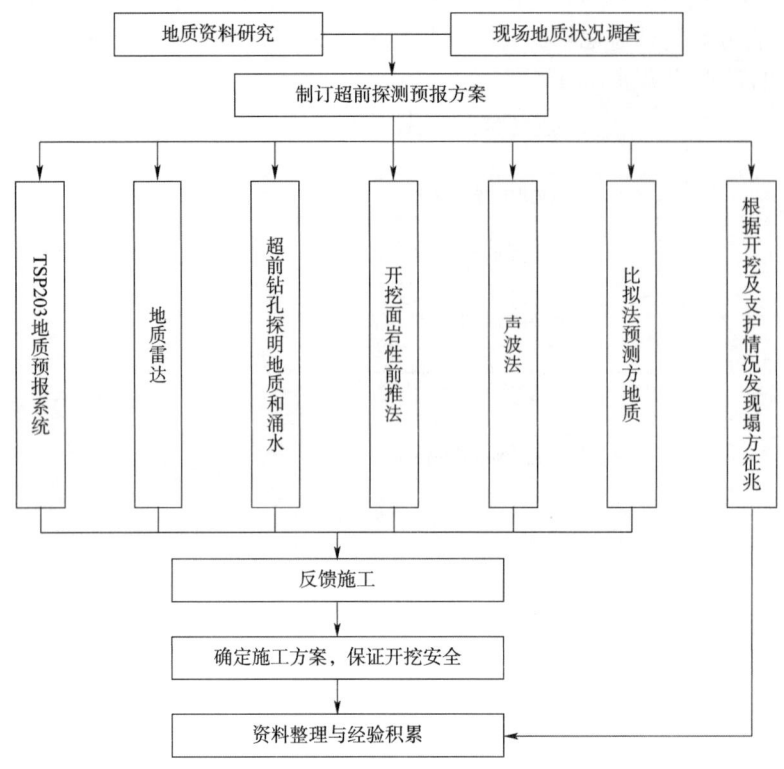

图 22-49 超前地质预测预报工作程序图

隧道监控量测必测项目 表 22-24

序号	监测项目	常用仪器	备注
1	洞内外观察	现场观察、罗盘仪、数码相机等	
2	拱顶下沉	水准仪、钢挂尺或全站仪	
3	净空收敛	收敛计、全站仪	
4	地表沉降	水准仪、因瓦尺或全站仪	洞口及洞身浅埋段
5	水位监测	自动监测或人工监测	观察施工期间周边水位变化
6	水量监测	自动监测或人工监测	对泉流量、水库入库流量、隧道附近沟谷内溪流流量进行动态监测

开挖工作面观察主要是了解工作面工程地质以及水文地质情况，包括岩石种类、构造、地层产状、断层及节理发育状况，地下水状况等。已施工段观察主要包括喷混凝土是否有剪切破坏，锚杆及钢支撑状态，二衬有无开裂等。

洞外观察重点在洞口及洞身浅埋段，包括地表开裂、地表变形、边坡及仰坡稳定状态、地表水渗漏情况、上方建筑物状态等。监控量测断面按表 22-25 的要求布置。

原则上拱顶下沉和周边收敛位移量测布置在同一个断面上。拱顶下沉量测点布置在拱顶；周边位移量测以量测初期支护上各点的约对位移为主，同时增加水平及斜向收敛量测，以校核水平位移结果。选测项目见表 22-26。

控量测断面间距 表 22-25

围岩级别	断面间距(m)	围岩级别	断面间距(m)
Ⅵ	5	Ⅱ、Ⅲ	10~30
Ⅳ、Ⅴ	5~10		

选 测 项 目　　　　　　　　　　　　　　　　表22-26

序号	选测监测项目	常用测量仪器
1	围岩压力	压力盒
2	钢架内力	钢筋计
3	喷混凝土内力	混凝土应变计
4	二次衬砌内力	混凝土应变计、钢筋计
5	初支与二衬间接触压力	压力盒
6	孔隙水压力	水压计
7	爆破振动	振动仪
8	围岩内部位移	多点位移计
9	隧底隆起	水准仪、因瓦尺或全站仪
10	锚杆轴力	钢筋计
11	纵向位移	多点位移计、全站仪

2）监测数据的处理及反馈

建立监测变形管理等级标准，其等级划分及相应基准值见表22-27。

变形管理等级标准　　　　　　　　　　　　　表22-27

管理等级	管理位移	施工状态
Ⅲ	$U_0 < U_n/3$	正常施工
Ⅱ	$U_n/3 \leq U_0 \leq 2U_n/3$	加强支护
Ⅰ	$U_0 > 2U_n/3$	采取特殊措施

注：U_0为实测变形值；U_n允许变形值；U_n的确定应考虑围岩类别、隧道埋置深度等因素并结合现场条件选择。

各个项目的监测数据取得后，及时上传监控量测信息平台，便于有效掌握施工状况，根据监测情况及时调整相应施工措施，确保施工的安全有序进行。

3）监测频率及测点加密

变形观测的频率，根据变形速率、施工的不同阶段等因素综合考虑。如实测位移超过允许值时，应及时采取措施并加密观测次数。监测频率见表22-28。

监测频率　　　　　　　　　　　　　　　　表22-28

监测断面距开挖面距离（m）	监测频率
(0～1)B	2次/d
(1～2)B	1次/d
(2～5)B	1次/(2～3)d
>5B	1次/7d

注：B为隧道开挖宽度。

变形观测的首次（即零周期）观测适当增加观测量，提高初始值的可靠性。

22.6.6.2 施工测量

1）控制测量

项目总工每个季度现场复测一次，并于每个季度第一个月10日前向测量队上报上一季度复测资料。邀请局测量队测量队进行首次控制建网复测和末次贯通测量，在施工过程中正洞每掘进

600m复测一次,贯通面剩余500m时要进行复测。

结合隧道长度、地理环境、地貌状况和该工程测量精度的要求,洞外平面控制采用精密测量复测原设计院提交的洞口导线点;洞口插网采用三角形或多边形闭合环形式,以精密测量复测成果作为起算数据,平差并精确计算出各插点的坐标。高程控制精度达到规范要求。

2)施工测量

洞内平面采用导线闭合环形式布置。导线设计边长为250m左右。

洞内高程测量使用水准仪实测,精度达到规范要求。洞内水准线路由洞口高程控制点向洞内引设,正洞每100m左右设一个水准点,引测水准点采用往返观测,并定期复核,测设精度满足测规要求。

3)竣工测量

施工成形地段进行水平、高程和净空进行检查测量,及时形成记录和正式资料,为竣工验收提交满足要求的合格工程。

22.6.7 无砟道床

开工前选取最先开工的、工艺持续稳定的段落作为无砟轨道首件工程,编制首件工程实施计划,待施工完成建设单位评估通过后再进行大范围施工。

施工顺序为:隧道主体及附属结构全部施工完成至隧道贯通→测量调平调线→轨枕块外购→轨枕块运至洞内→轨道安装→轨排拼装及就位→门吊安装→轨枕预制块吊装就位→整体道床钢筋绑扎→整体道床混凝土浇筑→混凝土养护。

轨枕预制块外购存放于存放场,汽车集中运至洞内,轨道与轨排拉杆对拉固定成型,轨行门吊吊装与轨排孔按孔吻合精测就位。

整体道床施工先将隧道二衬底板混凝土凿毛,钢筋预制成型,汽车集中运输至洞内,人工现场绑扎成型,洞外自动计量拌和站集中供料,汽车运输至洞内卸于料斗,轨行门吊提升移动浇筑,插入式振捣器捣固密实,按要求混凝土养护到期。CPⅢ控制网由集团公司测量队负责。

1)施工工艺

道床施工主要工序为散枕、粗调、精调和浇筑混凝土,如图22-50所示。

2)施工要点

(1)隧道控制网采用CPⅢ控制网必须是经过局、处复核过的测量成果,使用仪器必须经过标定检验合格。

(2)纵、横向钢筋的分布严格按照设计数量将钢筋摆放在水沟两侧,一个工作面钢筋最好一次性全部倒运到位,以备施工方便。

(3)轨排在组装平台上完成组装,人工配合机械通过台架定位座、轨排架对位钢板来控制精确调整、固定轨排几何结构尺寸。

(4)接地端子的设置要与道床板侧面混凝土表面平齐,符合设计标准,满足使用功能,接地端子位置要与接触网支柱基础的端子相对应。每个单元间的所有纵向钢筋搭接处必须全部进行绝缘。

(5)道床混凝土浇筑时,应尽量避免振捣棒碰触钢筋和绝缘卡,浇筑完后,要对道床及时进行检查、复核,对施工中造成的模板跑位等进行及时处理,道床板外形满足允许偏差。

3)无砟轨道轨枕扣件安装工艺

无砟轨道正常段扣件形式采用弹条Ⅶ型扣件。

(1)预安装。

安装铁垫板下弹性垫板→安装铁垫板→安放轨下垫板→安放轨距挡板→安放绝缘轨距块→安放弹条→安装螺旋道钉。

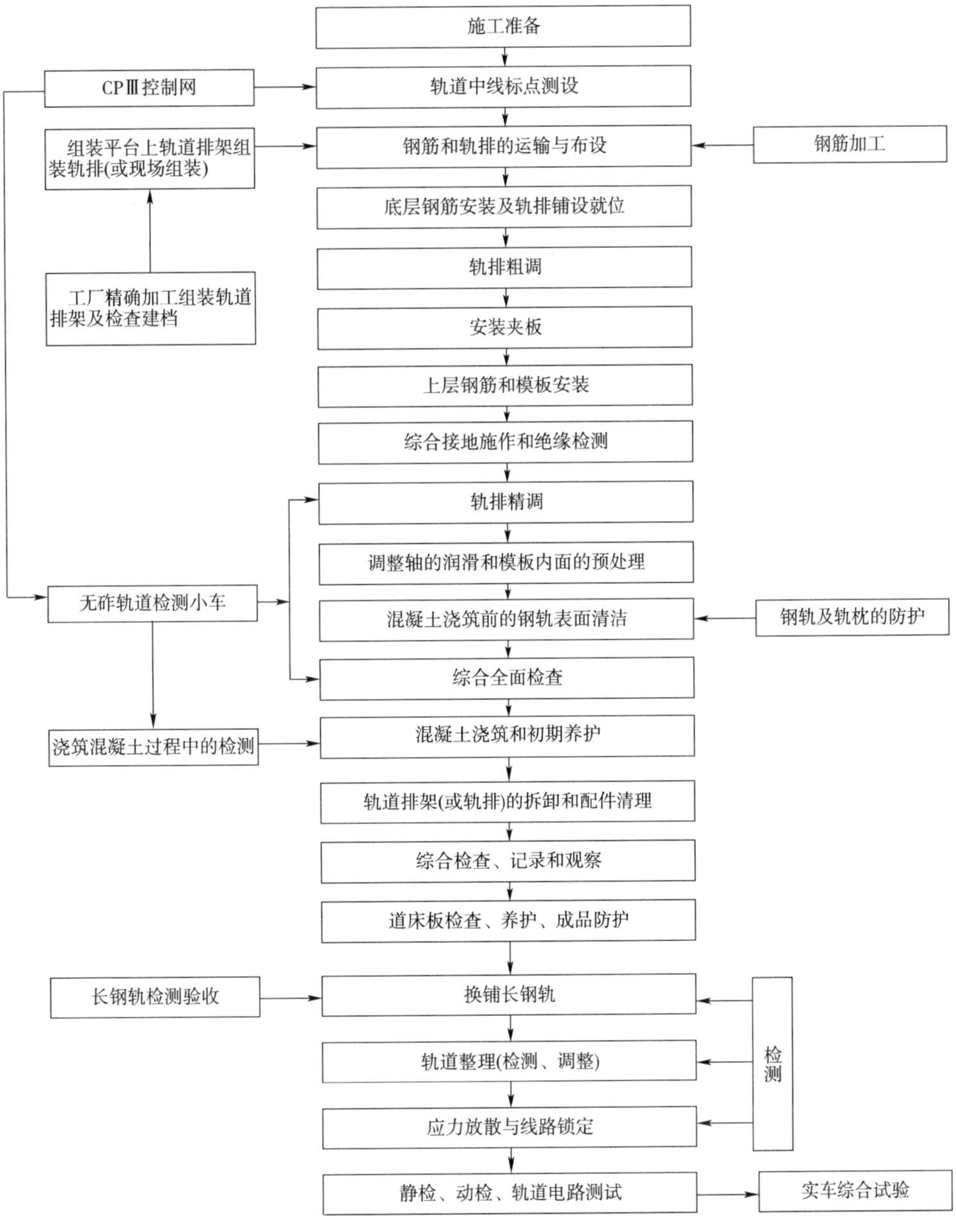

图 22-50 道床工艺流程图

(2)终安装。

松开扣件→铺设钢轨→安放绝缘轨距块→安放弹条→紧固螺旋道钉。

4)物流组织

隧道内无砟轨道施工物流组织始终以"连续供应物资,确保畅通的物流通道"为方针,统一管理,紧张而有序地展开施工。该合同段采用双线并行施工,其物流组织可分为场内周转材料、施工器具的内循环和轨枕、钢筋、混凝土供应的外循环两种类型。物流组织如图 22-51 所示。

22.6.8 其他辅助工程施工方案

22.6.8.1 沟槽施工

水沟、电缆槽间隔二次衬砌面适当距离,采用整体定型钢模板,钢筋采用划线人工绑扎,一次成型;混凝土罐车运输,串筒灌注入模,插入式振捣器振捣。

水沟、电缆沟盖板采用工厂化集中预制,采用厂制定型塑料模具,振动台振捣,棚罩法蒸汽养护,人工安装盖板。安装时,安装牢固,接缝不吻合处用砂浆找平。

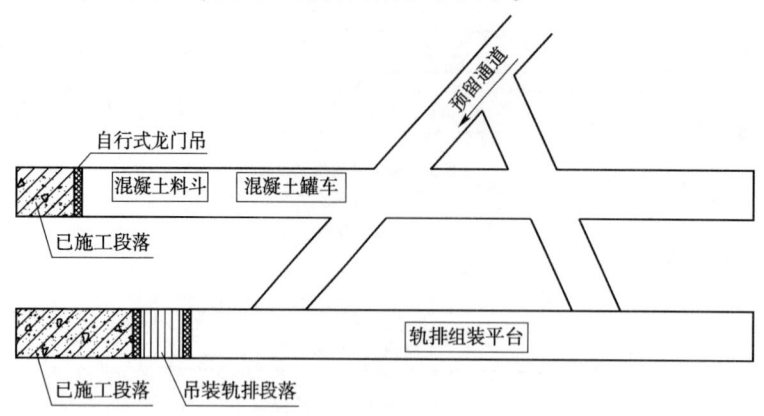

图 22-51 现场施工示意图

22.6.8.2 施工通风

1）各工点通风长度

各工点送风长度见表 22-29。

各工点送风长度   表 22-29

辅助坑道名称	斜井长度(m)	进口方向任务量(m)	出口方向任务量(m)
进口工区	—	—	3482
1 号斜井	2218	1933	2753
2 号斜井	2429	1147	1303
3 号斜井	1875	1897	1407
5 号斜井	676	593	399
6 号斜井	452	695	744
平导工区	613	1056	985

2）施工通风设计标准

（1）隧道中氧气含量按体积百分含量计不得小于20%。

（2）粉尘最高容许浓度,每立方米空气中含有10%以上游离二氧化硅的粉尘为2mg；每立方米空气中含有10%以下游离二氧化硅的粉尘浓度为4mg。

（3）有害气体最高允许浓度：

①一氧化碳最高容许浓度为30mg/m^3。在特殊情况下,施工人员必须进入工作面时,浓度可为100mg/m^3,但工作时间不得超过30min。

②二氧化碳,按体积百分含量计不得大于0.5%。

③氮氧化物（换算成NO_2）为5mg/m^3以下。

（4）隧道内气温不得大于28℃。

（5）隧道内噪声不得大于90dB。

（6）隧道施工通风的风速不应小于0.5m/s。

3）风量计算

隧道施工作业面所需通风量应根据隧道内同时工作的最多人数所需要的通风量,一次起爆炸药量所产生的有害气体降低到允许浓度所需要的通风量,隧道内同时作业的内燃机械产生的有害气体稀释到允许浓度所需要的通风量,并取其中的最大值作为隧道施工作业面的需风量,最后按最低风速进行验算。

(1)需风量计算参数。

根据隧道内施工组织方案确定了风量计算的参数,见表22-30。

风量计算参数 表22-30

项　目		正洞	单　位
开挖断面积		60	m^2
一次爆破炸药量		180	kg
洞内最多作业人数		50	人
人员配风标准		3	$m^3/(人·min)$
通风换气长度		120	m
内燃机械设备	162×1	162×1	kW
	248×1	248×1	kW
内燃机械配风标准		3	$m^3/(kW·min)$
平均百米漏风率		1.5	%
通风时间		15	min
最低风速		0.3	m/s

(2)风量计算结果。

①按洞内同时作业最多人数计算,正洞开挖面需风量为$150m^3/min$。

②按开挖面爆破排烟计算需风量,正洞开挖面排烟需风量为$569m^3/min$。

③按稀释内燃机废气计算需风量,正洞开挖面需风量为$1230m^3/min$。

④按最低风速计算需风量,安全隧道开挖面最小风量为$756m^3/min$,正洞开挖面最小风量均为$1080m^3/min$。

根据以上计算结果,正洞按内燃机械废气计算需风量为控制风量,开挖面需风量为$1230m^3/min$。

4)通风方式选择

根据该项目的施工方法和施工组织情况,各工点均采用压入式通风方式。

5)各工区通风布置

(1)进口工区施工通风布置,如图22-52所示。

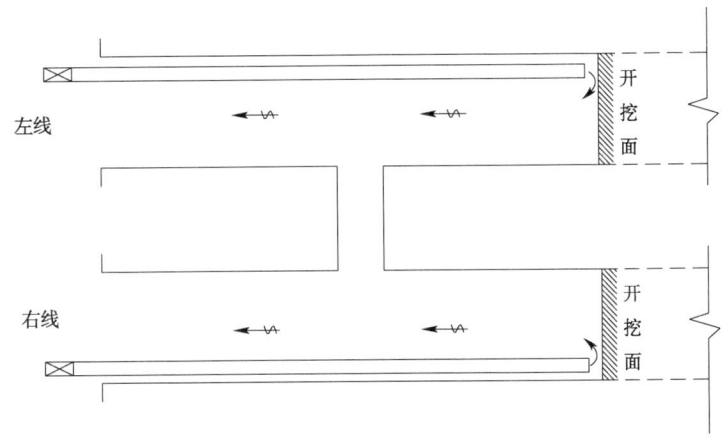

图22-52 进口工区通风布置示意图

(2)1号、2号、3号、5号、6号、平导工区施工通风布置

各斜井工区和平导工区均采用堵头压入式通风,通风示意图如图22-53、图22-54所示。

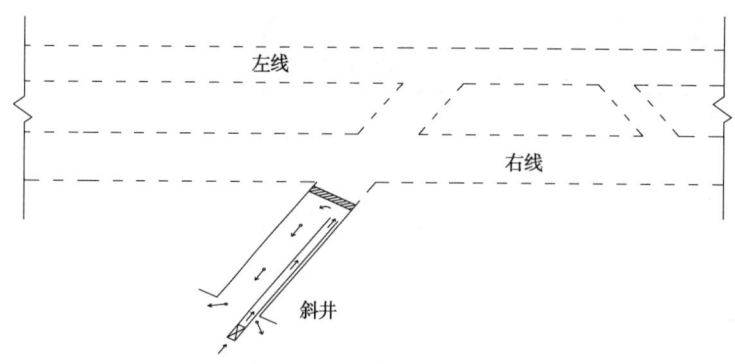

图 22-53　各斜井、平导工区辅助坑道开挖阶段通风布置示意图

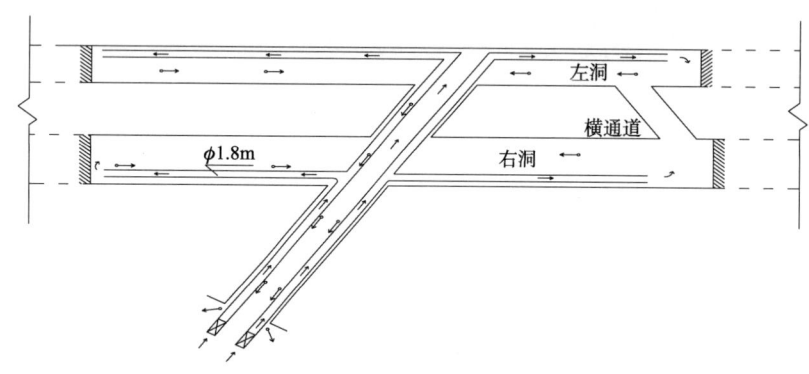

图 22-54　各斜井、平导工区第二阶段通风布置示意图

6）主要通风设备

各工区的风机风管配置型号和数量见表 22-31。

通 风 设 备 配 置　　　　　表 22-31

工区	设备名称	型　号	数　量	备　注
进口	轴流风机	AVH160.110.4.10/50Hz	2	110×2kW
	风管	φ1.8m,20m/节	11400m	百米漏风率1.0%
1号斜井	轴流风机	AVH160.200.4.10/50Hz	2	200×2kW
	风管	φ2.2m,20m/节	6500	百米漏风率1.0%
		φ2.0m,20m/节	14000	百米漏风率1.0%
2号斜井	轴流风机	AVH160.200.4.10/50Hz	2	200×2kW
	风管	φ2.2m,20m/节	7200	百米漏风率1.0%
		φ1.8m,20m/节	7300	百米漏风率1.0%
3号斜井	轴流风机	AVH160.200.4.10/50Hz	2	200×2kW
	风管	φ2.2m,20m/节	5600	百米漏风率1.0%
		φ1.8m,20m/节	9900	百米漏风率1.0%
5号斜井	轴流风机	SDF(C)-№13	2	132×2kW
	风管	φ2.0m,20m/节	2000	百米漏风率1.0%
		φ1.8m,20m/节	3000	百米漏风率1.0%

续上表

工区	设备名称	型号	数量	备注
6号斜井	轴流风机	SDF(C)-№13	2	132×2kW
	风管	φ2.0m,20m/节	1350	百米漏风率1.0%
		φ1.8m,20m/节	4200	百米漏风率1.0%
平导	轴流风机	SDF(C)-№14	2	185×2kW
	风管	φ2.0m,20m/节	3600	百米漏风率1.0%
		φ1.8m,20m/节	6200	百米漏风率1.0%

22.6.8.3 施工排水

1）涌水量及涌水里程

涌水量及涌水里程见表22-32。

中条山隧道分段涌水量　　　　　　　　　　　表22-32

编号	里程桩号	长度 (km)	正常涌水量 (m³/d)	最大涌水量 (m³/d)
1	DK615+065~DK615+625	560	244	487
2	DK615+625~DK620+895	5270	8221	16442
3	DK620+895~DK624+635	3740	6283	12566
4	DK624+635~DK628+690	4055	16828	50485
5	DK628+690~DK633+470	4780	36500	
合计		18405		

2）排水总体安排

斜井为反坡排水，长距离斜井在井身按需要间隔增设泵站。正洞开挖反坡面设移动泵站，开挖面积水由移动泵站汇集后经管道排至井底水仓，顺坡面设集水井，用抽水设备将积水抽排至井底水仓，再抽排出洞外污水处理池。隧道每个洞口均设置污水处理池，对隧道施工废水进行沉淀、油污吸附等处理，达标后方可进行排放。

（1）顺坡排水。

采用机械抽排和自然排放相结合的方式。掌子面与已施工仰拱填充之间的散水汇积至集水坑，由污水泵将集水坑污水抽排至已施作仰拱填充地段侧沟内，污水顺侧沟排至洞口污水处理池。

（2）反坡排水。

洞身反坡段排水采用机械接力式排水，排至洞口污水处理池。反坡正洞配置应急排水管及大功率抽水机。

（3）斜井排水。

斜井施工时，在掌子面设集水坑，将掌子面污水用潜水泵抽至移动水仓，再利用抽水机抽排至斜井中部水仓，通过排污管接力排至洞外污水池进行净化处理，达标后排放。

进入正洞向两端施工一段距离后，设置井底泵站，以利正洞各工作面排水。

3）斜井施工阶段反坡排水设备与管路配置

斜井反坡施工时在掌子面附近设置集水坑，利用斜井泵站配置的多级离心抽水机直接排除隧道外。掌子面流水利用污水泵泵送到集水坑。正洞左右线施工，正洞左右线反坡排水必须通过泵站泵送到二级泵站储水仓，通过二级泵站泵送到隧道外。

4）抽水电源

根据斜井抽水设备配置，2、3、5、6号斜井泵站配置一台800kVA变压器供泵站抽水，备用电源一台800kW发电机。

供电采用洞外高压10kV高压进洞，同时以发电机作为备用电源供电，当一路网电停电时，立即启用发电机电源系统,保证抽水、照明。具体详见排水专项施工方案。

22.6.8.4 洞内供电及照明

在网电接入前采用发电机发电,电网接入后发电机作为备用电源。为保证隧道内大型设备用电需要,洞身作业面距离洞口超过800m时洞内设移动式变压器将高压引进洞内,随洞身工作面的掘进,移动式变压器分时段向前移动。

隧道照明,成洞段采用220V,一般作业地段不大于36V,手提作业灯为12~24V;选用的导线截面应使线路末端的电压降不得大于10%,36V及24V线不得大于5%。

线路的架设、接入作业时,参照现行的《电业安全工作规程》的规定办理,并设专人经常进行检查维修。

22.6.8.5 管线布置

高压风管采用φ159mm钢管,一般水管采用φ100mm铁管(水量较大斜井按照抽排水专项施工方案布置),法兰盘连接,洞内风水管平行布置于洞内一侧,距离底板1m左右。电线敷设于拱墙,距离底板2.5m左右。各种管线路布置要整齐美观。洞内"三管两线"按要求布设,做好洞内排水、洞内路面清理及道路维护,加强洞内通风。洞内管线布置如图22-55所示。

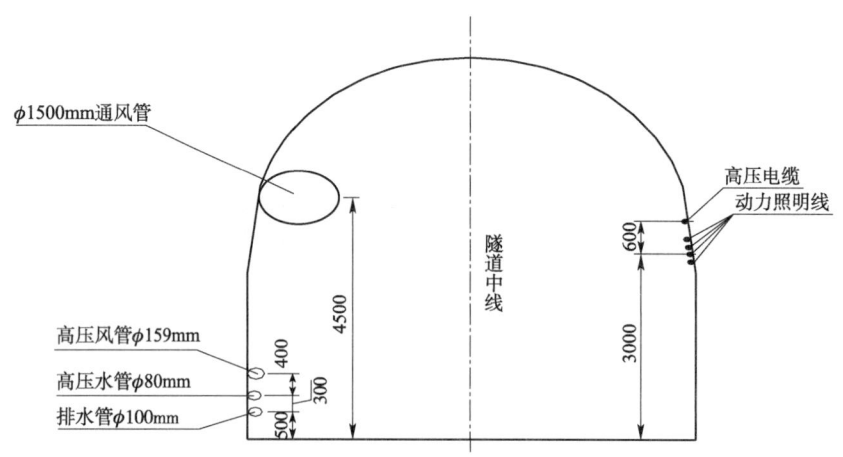

图22-55 风水管路布置示意图(尺寸单位:mm)

22.6.9 隧道风险管理

22.6.9.1 风险识别

1) 自然灾害风险

该合同段属暖温带大陆性季风气候区。四季分明,冬季受极地大陆性气团控制,夏季炎热,冬季寒冷少雪,降雨集中的夏、秋两季。斜井洞口多处于沟谷内,降雨汇水面积大,受季节性降雨影响,有可能发生洪灾或泥土石流。

2) 隧道不良地质施工风险

不良地质和特殊地段主要表现为突泥涌水、岩溶、硬岩岩爆、膨胀性岩土、大变形、富水带、断层带、洞口滑坡段、高地应力等,在施工过程中不可预见因素较多,安全风险大。

3) 其他突发风险

工程项目施工是系统工程,突发事件较多风险较大,还包括机械设备、人员、斜井溜车及水电等风险都应考虑。

通过进场后的现场勘察、设计提供的勘察资料、地勘报告、施工图及施工现状等进行分析,中条山隧道风险辨识及清单见表22-33、表22-34。

中条山隧道初始风险所占比例 表22-33

风 险 等 级	突水涌泥(m)	岩爆(m)	塌方(m)	大变形(m)
Ⅱ（高度）	3085	0	4495	270
Ⅲ（中度）	2075	3555	5450	5785
Ⅳ（低度）	13245	14850	8460	12350

中条山隧道主要风险清单 表22-34

序号	风险事件	风险产生的原因	险源类别	后果
1	塌方	隧址区地质构造较复杂，岩体完整性总体较差，隧址区包含11条断层，断层破碎带对洞体影响很大，岩体呈碎石角砾状。隧道部分通过第三系砾岩、砂质泥岩地层，砾岩胶结程度弱，砂质泥岩半成岩，岩体强度低，遇水易软化	地质因素	人员伤亡 工期延误 投资风险
		（1）施工工法不合理。 （2）监控量测和超前地质预报做不到位。 （3）超前支护和超前加固不到位，质量差。 （4）开挖进尺大。 （5）仰拱封闭不及时	施工因素	
		设计支护参数弱，地质条件和设计不符	设计因素	
2	突水涌泥	（1）隧道通过F2、F5、F6、F7、F8、F9、F10、F11断层破碎带及其影响带，岩体破碎-极破碎，可能存在较丰富的地下水，是较好的过水通道，这些段落可能突涌。 （2）隧道通过砂层，含承压水，水头高出隧道底板几十米至百多米，隧道涌水量大。过砂层段容易突涌。 （3）在可溶岩与非可溶岩交界面、第三系地层与寒武系灰岩地层不整合带，岩体破碎，可能富水，容易突涌	地质因素	人员伤亡 工期延误 投资风险
		（1）超前地质预报不准确，对地质水文情况判断不清。 （2）技术方案不合理、注浆质量效果不好	施工因素	
		支护参数弱、注浆针对性差	设计因素	
3	岩爆和大变形	（1）隧道进口部分地段埋深超过500m，存在高地应力，片麻岩、石英岩等硬质岩，开挖过程可能出现岩爆。 （2）泥岩页岩等软质岩开挖过程可能洞壁位移显著，具膨胀性，持续时间较长，成洞性差，可能会出现变形	地质因素	人员伤亡 工期延误 投资风险
		施工方案不合理，支护措施不到位，支护质量差	施工因素	
		支护参数弱	设计因素	
4	滑坡、崩塌段	4~6号斜井及平导洞口位于黄土深沟沟底，土体竖向节理发育，部分斜井施工便道破坏初始黄土边坡	地质因素	人员伤亡 工期延误 投资风险
		施工扰动，施工方案不合理，支护措施不到位	施工因素	
5	爆破物品爆炸	爆破物品卡控红线不落实，人员违章作业，安全管理不到位	施工因素	人员伤亡
6	交通运输	（1）施工便道坡陡弯急，道路为黄土地段。 （2）1、2、3号斜井长度均在2000m以上，坡度在9%~12%，施工人员坐交通车和施工车辆重车下坡存在着斜井车辆溜车风险	施工因素	人员伤亡

续上表

序号	风险事件	风险产生的原因	险源类别	后果
7	火灾	洞内衬砌段防水材料属于易燃品,存在着钢筋焊接作业,生活区生活区电线路老化、人员违章使用大功率电器等	施工因素	人员伤亡
8	洪水、泥石流	部分斜井口和便道大部分位于冲沟内,雨季可能存在着洪水和泥石流可能	地质灾害	人员伤亡
		对气象信息接收不畅,预警不及时,人员撤离不及时	施工因素	
9	环境破坏	长时间排放地下水,地表水与地下水贯通		
		施工阶段排水措施不当,主体结构防排水措施不当		

22.6.9.2 风险评估

针对该工程在施工期各个环节可能潜在的各种风险进行定性定量分析,综合评价出主要风险源的风险等级,并对风险隧道进行专家评估。在施工过程中存在的安全风险评估:

1)滑坡、崩塌段风险评估

隧道出口及2、3、5、6号斜井及平导洞口段主要为黄土地层,存在多处黄土冲沟,有的近于直立,土体竖向节理发育,高度达40m,施工扰动容易造成崩塌。

根据讨论结果,滑坡、崩塌风险可能性为偶然级别,事故发生后,可能会造成暴露在作业环境中的1~3名作业人员发生伤亡事故,后果等级为严重,按照风险等级判定风险为高度风险事件。

2)爆破物品爆炸

隧道施工采用钻爆法施工,爆破物品工序较多,根据讨论结果,爆炸风险可能性为偶然级别,事故发生后,可能会造成很严重的人员伤亡事故,按照风险等级判定风险为高度风险事件。

3)交通运输安全事故

1、2、3号斜井长度均在2000m以上,坡度在9%~12%。其他斜井坡度也在9%以上。根据类似工程经验,施工人员坐交通车和施工车辆重车下坡存在着斜井车辆溜车风险。概率等级为偶然,事故发生后,可能会造成很严重的人员伤亡事故,按照风险等级判定风险为高度风险事件。

4)火灾事故

洞内衬砌段防水材料属于易燃品,存在着钢筋焊接作业,生活区电线路老化、人员违章使用大功率电器等,根据类似工程经验,发生火灾事故概率等级为偶然,事故发生后,可能会造成很严重的人员伤亡事故,按照风险等级判定风险为高度风险事件。

5)洪灾泥石流

1号斜井位于冲沟内,冲沟口地方政府对此地段设置有警示标志,显示此沟内有泥石流危险。洞口位置两侧洪沟约3km,汇水面积较大,对1号斜井生产区有洪水冲刷可能。2号、3号、5号、6号斜井、平导洞口位于黄土沟内,夏季可能存在着泥石流危险。根据调查意见,发生洪灾泥石流事故概率等级为偶然,事故发生后,可能会造成很严重的人员伤亡事故,按照风险等级判定风险为高度风险事件。

6)环境影响评估

隧道地处一级和二级水源保护区的段落,中条山区生态脆弱,主要存在以下3个环境风险因素:

(1)隧道施工过程对地表和当地生态环境影响。5、6号斜井及正洞部分地段通过砂层段,砂层透水系数大,隧道开挖过程可能会造成地表地下水的下降,影响当地生态环境,可能会造成地上村庄水井水位下降,百姓生活会受到影响。

(2)施工弃渣对环境影响。全隧道弃渣约350万 m^3,大量弃渣会改变部分地段地形地貌,处理不好会造成洪水冲刷泥石流可能。

经过专家调查和头脑风暴法相结合,环境风险等级后果为永久的,但轻微的,为很严重等级标准。

22.6.9.3 风险对策措施

1) 突泥突水风险控制措施

(1) 运用 TSP 法、超前水平钻孔、红外探水、加深炮孔和掌子面地质素描多种预报手段开展超前地质预报工作,判断清楚可能存在突泥涌水的段落。若超前探测有突泥涌水可能,现场采取果断施工技术措施,同时上报监理、设计院及建设单位。对富水地段尽量采用超前止水或超前固岩注浆对地层进行注浆加固。对第三系承压水段落,沿隧道开挖轮廓线(含底部)按轴向辐射状布孔,进行超前深孔帷幕注浆固结止水,使隧道周边及开挖面形成一个堵水帷幕(加固区),切断地下水流通路,保持围岩稳定,增强施工安全。对砂层地段,采用水平旋喷桩进行加固堵水,防止造成涌砂。

(2) 对专项施工方案进行专家评审,严格按照审批的方案施工。施工严格按"早预报、先治水、管超前、短进尺、弱爆破、强支护、紧封闭、勤量测"的原则进行施工降低风险。在施工过程中加强和设计单位沟通,根据围岩情况变化,及时进行支护参数调整和加固措施。

(3) 在一些特殊段落加强监控量测项目及频率,及时分析监控数据,根据监控结果修正加固措施。及时捕捉灾害发生前出现的异常征兆,对灾害进行预测和预报,迅速采取相应的应急措施,将灾害发生时造成的危害减小到最低程度。

(4) 隧道顺坡施工时,将地下水顺着预设的管沟排出洞外,并采取措施降低地下水位,防止涌泥(水)事件发生。斜井及正洞为反坡施工,在隧底中央设置集水井,配置足够的抽排水设备,将水及时排出洞外。

(5) 施工中根据隧道实际涌水状况,建立防突水涌泥施工预案。完善警报装置和应急措施。做好进洞记录、视频监控、声光报警、应急照明系统、安全逃生系统,配备充足的污水泵、潜水泵、发电机等。经常检查排水畅通,以保证发生意外时能够将隧道涌水顺利排出洞外。对施工人员进行日常应急知识和逃生能力培训,出现险情时能够迅速撤离。

2) 塌方风险控制措施

(1) 施工前编制专项安全施工方案,方案没有审批不得施工。施工中必须严格落实施工方案。对围岩破碎、富水地段,增加注浆措施,并设置超前小导管或超前管棚预支护,加强初期支护强度,确保施工安全。对弱胶结第三系砾岩、砂质泥岩地层段,除了超前排水及洞内打设超前泄水孔超前降水减小地下水的影响外,在施工中必须采用"管超前、弱爆破、短进尺、小开挖、强支护、勤量测、快调整、速排水、紧衬砌、早封闭"的原则,通过密排超前小导管、长短管棚、周边帷幕注浆及全断面超前注浆等辅助施工措施增加支护稳定。对弱胶结第三系砾岩、砂岩、泥岩地层段除通过平导及超前泄水孔做好降水外,必须做到"管超前、弱爆破、短进尺、强支护、速排水、快封闭、勤量测"。通过迅速排水做到快速施工,降低安全风险。

(2) 建立监控量测信息平台,按照预警等级及时反馈各级管理人员,做到早发现,早处置。根据位移量测结果,评价支护的可靠性和围岩的稳定状态,及时调整支护参数,确保施工安全。

(3) 加强超前地质预报工作。对断层破碎带及其影响带,采取掌子面地质素描、TSP203 地震反射法、红外线探水、加深炮孔、超前探孔等综合物探和超前钻探,对断层、褶皱、节理发育段进行超前快速预测预报,并利用超前水平钻进行验证。做到"先探后挖",摸清隧道围岩地质情况,动态调整支护参数,做到"岩变我变",确保支护安全稳定。

(4) 严格落实《隧道施工安全九条》《关于进一步明确软弱围岩及不良地质铁路隧道设计施工有关技术规定的通知》(铁建设〔2010〕120 号)、《中国中铁隧道施工防塌卡控红线》要求,尽量采用光面爆破,减少围岩扰动,严格控制炸药用量和爆破震动速度;严格控制进度指标,不得冒进。仰拱开挖、安全步距、超前地质预报、监控量测等作为红线控制。

(5) 编制防塌塌应急预案,并按照计划演练;配备足够的专用设备,特别是超前地质探测设备、抽排水设备,发电设备等。出现险情时能够快速处置,有效应对。

3)大变形风险控制措施

(1)根据隧道围岩情况选择合适的施工工法。Ⅴ级软弱围岩易变形地段采用台阶法预留核心土法施工,确保掌子面的稳定。施工中严格遵循"管超前、严注浆、短开挖、强支护、早封闭、快衬砌、勤量测"的原则。

(2)施工中根据实际揭露围岩状况,合理控制每循环进尺,针对每个循环进尺段,不能人为延长开挖施工时间,及时施作初期支护封闭开挖围岩,避免围岩长时间暴漏;施工中对拱脚、边墙中部及墙基三个关键部位给予充分重视。尽可能及时施作仰拱,仰拱紧跟掌子面,使衬砌尽早形成一个封闭结构。尽量避免超欠挖,尽可能使开挖断面圆顺,以减少应力集中。

(3)通过现场监控量测获得围岩动态和支护工作状态的信息,随时掌握隧道围岩变形情况,经过数据处理和分析,对大变形的发展趋势进行预测,并合理预留变形量,合理评价既有支护及施工技术参数,指导施工中优化支护及施工方案。

(4)做好洞内防排水工作。在施工中对工程用水应加强管理,禁止随意排放,防止施工用水软化地基。

4)岩爆风险控制措施

严格坚持"短进尺、多循环、以防为主、防治结合"的原则组织施工,采取的主要措施有:

(1)做好超前预报工作。采用以超前钻孔为主,结合开挖面及其附近的观察,通过地质的观察、素描,分析岩石的"动态特征",主要包括岩体内部发生的各种声响和局部岩体表面的剥落情况等,做出预报。

(2)对于岩爆地段主要采取以下措施:

①针对岩爆发生的特点和规律,对可能发生岩爆地段喷钢纤维混凝土,对于轻微光爆可有效预防,以确保表层能够承受较大变形而不改早裂。对于中等岩爆地段,采用锚杆加固岩体,同时改变洞壁岩体的应力状态,改变岩爆的触发条件,控制岩爆发生的前两阶段的发展,从而防止岩爆的发生。对于中等岩爆地段,采用锚杆加固岩体,同时改变洞壁岩体的应力状态,改变岩爆的触发条件,控制岩爆发生的前两阶段的发展,从而防止岩爆的发生。锚杆布置采用"短锚密布",可防止大块岩石坠落,锚杆施作应及时;在中等和强烈岩爆区,除了安装系统锚杆外,再配合网喷或喷钢纤维混凝土等综合防治手段,以控制岩爆的强烈程度,当岩爆特别严重时,增加钢拱架支护,拱架之间用 $\phi 22mm$ 钢筋焊连并焊接到锚杆外露端上。

对高地应力地段,防治岩爆可采用地应力预先释放法,在开挖爆破之后对掌子面及周边喷洒水是常用并且简单有效的一种方法。

②优化开挖措施,采用浅孔爆破,降低一次爆破用药量,尽可能减少爆破对围岩的影响,采用短进尺、多循环的作业方式;严格采用光面爆破技术,使开挖断面轮廓圆顺,尽量避免局部出现大的超欠挖,造成应力集中而引发岩爆。

③采用分步开挖,使应力逐步释放,以便降低开挖后的围岩应力。

④安全应急措施:隧道施工中一旦发生岩爆,应立即采取以下措施:彻底停机待避,同时进行工作面的观察记录,如岩爆的位置、强度、类型、数量以及山鸣等。岩爆后加强找顶工作,在工作面、边墙及拱部,每一循环内加强找顶,清除危石,确保施工安全;加强初期支护,二次衬砌紧跟。延长通风时间;对管理人员和施工人员加强岩爆知识教育,严格执行隧道施工的安全规定,强化个人防护意识。加强人员和机械的保护。已完成开挖的岩爆地段设立明显的警示标志,并由安全员加强对该施工段的巡视工作,确保通行人员、车辆的安全。

5)洞口边坡滑坡崩塌风险控制措施

(1)开挖前,针对洞口浅埋段制订详细的地表沉降监测方案,指导施工中优化支护及施工方案,严密观测洞顶围岩变化。

(2)洞口边坡开挖应以机械开挖为主,配合人工开挖进行,如局部需爆破开挖,采用控制爆破,严格控制爆破参数。采用边开挖边防护的施工方法。浅埋段进出洞口Ⅴ级软弱围岩采用弧形导坑预留核心土法开挖。超前支护为超前大管棚和超前小导管注浆加固;初期支护采用喷、锚、网、钢支撑支护。

(3)施工前应根据现场情况,如清除危岩或设置主、被动防护网等其他防护措施。先完成边仰坡、洞顶截排水沟的修筑及洞顶改沟工程,防止地表水渗入开挖面,影响明洞边坡及开挖面的稳定。

(4)施工便道、生活生产区等临时建筑等应尽量避免在这些地段布置。

6)交通运输安全风险控制措施

(1)对既有便道进行改造,尽量降低便道坡度,杜绝长距离下坡。专人对施工便道养护和洒水降尘,保证良好的运输条件。

(2)严格落实中铁隧道集团《交通运输安全管理若干规定》和《中铁隧道集团二处有限公司斜井无轨运输安全作业指导细则》的要求,建立交通运输车辆安全管理制度和岗位责任制,制订和贯彻岗位安全操作规程。

(3)汽车及走行机械,严格执行"三不超"(不超速、不超载、不超劳)、"五不开"(无证不开、无令不开、带病不开、病车不开、酒后不开)的规定。

(4)防溜墩设置应按照公司文件或者技术交底设置。洞内必须按要求设置安全标志,包括警示标志、限速标志、指示标志。洞口、交叉路口和狭窄的施工场地,应设置"缓行"标志。

(5)斜井内必须按要求设置应急照明设备,应急灯设置间距为30m。单线斜井的会车道处必须设置应急灯。

(6)细化车辆安全检查内容,及时消除各种安全隐患。

7)爆破物品爆炸安全风险控制措施

(1)所有涉爆人员必须持证上岗。定期对涉爆人员进行培训教育。

(2)严格执行《中国中铁爆破物品卡控红线》和《隧道施工安全九条规定》要求,指派专人(押运员、安全员)担任监爆员工作,对爆炸物品运输使用等进行全过程监控。

(3)隧道等爆破施工现场禁止钻孔作业与炸药装填、导线连接等同时交叉作业。

(4)按照公司制订的规范项目部日常安全质量管理行为和打击惯性违章的要求加强对爆破物品各个环节进行监督检查,核实爆炸物品卡控红线落实情况。

8)火灾安全风险控制措施

(1)隧道施工防火作业严格执行中国中铁《隧道施工安全九条规定实施细则》和《中铁隧道集团隧道施工防火规定》,生活区临建执行《中铁隧道集团二处有限公司临建房屋防火规定》要求。

(2)建立消防防火管理制度和动火作业审批制度,做好动火时人员监控工作,落实重点防火区域责任人。

(3)加强日常安全检查,及时消除火灾隐患。

(4)要加强隧道施工人员防火知识培训,增强施工人员防火意识,提高火灾自救能力。制定隧道防火预案,定期组织防火应急演练。

9)洪水泥石流安全风险控制措施

(1)加强雨季气象条件收集,针对情况及时发布预警。特别是1号斜井,发现可能存在淹井危险时,必须立即撤离人员。

(2)雨季时组织日常巡查、定期检查、重点检查洞口天沟、边坡、排水沟渠、生活区边坡、便道等部位。

(3)编制应急预案,配备应急设施,并适时组织演练,提高应急处理能力。

10)环境风险应对措施

(1)地下水和水源保护区范围内环境保护。

①隧道施工期间,严格按设计采取"以堵为主,限量排放"的原则,控制地下水流失。对位于水源

地保护区范围内的隧道段落,通过超前注浆和水平旋喷等辅助措施,能对地下水的排放进行有效控制,尽量降低对保护区的影响。

②保护区范围内隧道施工按"预支护、管超前、短进尺、小开挖、强支护、勤量测、快调整、速排水、紧衬砌、早封闭"的原则,以机械开挖为主(水库段落禁止爆破施工),减小对上部地层的干扰,维护地质稳定,确保水源地的安全。

③大临设施及弃砟和污水排放,应严格执行环保要求,达标后排放,减少对周边环境的影响。

④考虑到保护区周边用水主要来源于水库,因此应急预案主要是针对水库予以补偿,考虑在平导洞口下游对现有水库进行扩建,并增设抽水回调设施,将水库水回调至上游油坊沟水库,供周边用水。

⑤施工中对地下水、泉点、水井进行定时观测,以免施工造成水位下降,防止因地下水、地表水流失改变水系,破坏生态平衡。

(2)隧道弃渣环境保护应对措施。

①变更的弃渣场严格按照程序进行审批,所有弃渣场按照要求做好复垦方案评估。隧道进口段和1号斜井弃渣主要弃于运城市盐湖区解州镇社东村、董家庄、辰家庄山坡荒沟内。斜井和平导弃渣场主要弃于平陆县常乐镇王峙沟村、北留史村、么沟村和广德村和峡沟内。弃渣位置常年无流水。弃土避免堵塞河道、改变水流方向和抬高水位而淹没或冲毁农田、房屋。

②弃渣场均设置永久的防护工程。施工期间坚持做到先挡后弃,对砟场底面进行平整,位于山坡的砟场作坡面处理,并对弃渣的稳定性进行检算,避免出现压滑现象。

③弃渣场设置完善的排水系统,根据砟场汇水流量计算,设置相应管径的波纹管外包无纺布排水,防止弃渣流失。

④弃渣完毕砟场恢复植被,砟场顶面回填厚度不小于50cm的种植土并植草绿化,有条件时进行造地还田。

22.6.9.4 风险处置

1)建立健全项目安全生产管理制度

结合蒙华铁路公司管理规定,制订安全生产管理制度,使安全生产形成制度化、程序化、标准化。应制订并不限于以下管理制度:安全生产责任制度,安全生产责任考核办法,安全生产教育培训制度,安全生产检查制度,安全技术交底制度,隐患排查治理制度,安全质量奖惩制度,重大危险源管理制度,消防安全管理制度,安全事故报告和调查处理制度,安全生产监督整改反馈制度,安全风险评估与管理制度,特种作业人员管理制度,特种设备管理制度,安全隐患挂牌督办制度,突发事件应急处理制度等。

2)严格高风险隧道安全风险评估

根据设计院风险评估报告,编制中条山隧道风险管理实施细则,组织专家进行风险评估。根据风险评估细则编制专项施工方案和作业指导书,配备专职安全管理人员进行安全监督。对参与高风险工点施工的人员进行针对性的岗前安全生产教育和风险防范培训,未经教育培训或培训考核不合格的人员,不得上岗作业。对重要风险点施工建立领导干部包保制度和工区领导和部门跟班作业,及时处理存在的安全隐患。

3)安全教育

加强进场人员安全培训教育。根据工程进度和培训对象的实际需求,制订培训计划,并严格按照计划推进实施。要求全员参加安全培训,培训合格后方可上岗。培训方式主要由进场后的三级教育、安全告知书和重大危险源告知、日常周一安全学习、班前安全讲话等。

4)安全检查

根据项目管理精细化要求,制订安全质量巡查计划。编制巡检记录表,明确巡检重点、检查频率和责任人。每周由安全总监组织进行周安全检查。每月末由项目经理带队组织班子成员、各部室、工区负责人对项目进行全面安全质量检查。对检查中发现的问题按照"五定"(定整改责任人、定整改措施、定整改完成时间、定整改资金、定整改验收人)原则下发检查通报,由责任部门和人员负责落实。

5) 安全生产责任制考核

根据合同要求和安全生产目标,细化分解项目安全生产目标,落实责任人、层层签订安全生产责任书,对目标完成情况进行考核兑现,督促各部门和岗位安全管理职责落实。

6) 开展月度安全管理状况评估

安全部收集日常巡查问题情况、月度安全质量环境综合大检查情况、上级单位及相关方检查情况等进行统计分析,建立事故和问题分析台账,分析发展趋势,为项目安全管理持续改进提供依据。

7) 应急管理

针对每项重要危险源均要制订相应的应急预案和现场处置方案,制订应急预案演练计划。进行应急预案培训,并组织演练,形成演练记录或评审报告,修改和完善应急救援预案。项目经理组织相关部门对综合应急预案每年评审、修订一次,专项应急预案、现场处置方案每半年评审、修订一次。

在各洞门口设置应急库房,按照审批的应急救援预案储备应急物资,并定期检查,有过期、损坏,不能正常使用的及时更换。

根据施工实际情况,在过断层带、高承压水段等坍塌风险较大的地段,若确实需要,在洞内靠近开挖面,进洞右手侧位置设置50m长的φ80cm焊管逃生管道,随掌子面的掘进及时跟进。

8) 安全费用投入

每季度制订安全投入计划,系统部门应计划本部门的安全费用投入计划报安全部汇总。安全生产费用使用核销需经项目安全总监审核、工区经理审批确认后方能经公司支付平台支付。安全部建立台账,记录安全费用投入实施情况,督促各项安全投入按计划实施,项目经理应保证安全生产文明措施费足额投入。

22.6.9.5 风险监控

在施工过程中,不断监控风险应对措施的效果,及时评估分析改善施工方案,逐步减少风险的危害。

22.7 资源配置方案

22.7.1 主要工程材料设备采购供应方案

22.7.1.1 甲供物资

该工程甲供物资为隧道EVA防水板、隧道背贴式橡胶止水带、中埋式橡胶止水带、弹条Ⅶ型扣件等采购供应按蒙西华中铁路股份有限公司印发的"蒙西华中物管〔2014〕71号《关于印发物资设备管理细则的通知物资管理办法》"执行。

22.7.1.2 联采物资

该工程联采物资为水泥、圆钢和螺纹钢,按照"蒙西华中物管〔2014〕71号《关于印发物资设备管理细则的通知物资管理办法》"规定:"蒙西华中铁路股份有限公司对联采物资设备实行统一供应管理。由施工单位应按季(分月)向指挥部提报需求计划,指挥部组织审核后,由服务机构制订供应计划并提供相应的供应服务,包括计划管理、生产发运监控、供需协调、调剂供应等方面工作"。项目部及时按照文件规定做好物资计划、验收、保管、结算与支付等工作。

22.7.1.3 自购物资

主要砂石料、外加剂等自购物资向建设单位备案,根据需求自行招(竞)标由集团公司物供中心采购。

22.7.2 关键设备数量及进场计划

主要施工机械设备(略),试验检测设备(略)。

22.7.3 劳动力计划

根据总体施工计划,高峰期为2018年度,期间经理部管理人员39人,各工区管理及技术人员240人,施工作业层3767人,共计4046人。

22.7.4 投资计划

根据合同条款,安排用款计划,用款计划与施工进度计划相协调,根据备料及设备订购计划安排用款。

22.7.5 临时用地与施工用电计划

22.7.5.1 临时用地

临时用地见表22-35。

临时工程占地计划   表22-35

工 区	临时用地			
	施工便道(亩)	生活区(亩)	生产区(亩)	弃渣场(亩)
一工区	98.98	17.70	35.38	122.00
二工区	23.26	8.20	6.90	122.34
三工区	52.20	27.91	5.37	84.90
四工区	58.00	30.00	25.00	90.00
合计	232.44	83.81	72.65	419.24

22.7.5.2 施工供电计划

各工区根据其机电设备配置和生产生活用电需求估算的用电情况。

22.8 管 理 措 施

22.8.1 标准化管理

22.8.1.1 标准化管理体系

为贯彻标准化工地建设要求,推行现代企业管理制度,科学组织施工,做好施工现场的各项管理工作,结合蒙华公司相关要求,项目经理部成立标准化管理领导小组,分别由项目经理、项目副经理任正、副组长,成员由项目经理部各职能部门组成。标准化管理体系如图22-56所示。

22.8.1.2 标准化管理要求

按照蒙华公司的安排部署,建立与蒙华公司标准化管理体系相匹配,涵盖项目工程质量、安全、工期、投资效益、环境保护和技术创新6大要素的制度管理、人员配备、现场管理、过程控制标准化管理体系,在项目建设期间全面实施标准化管理。主要包括管理制度标准化、人员配备标准化、现场管理标准化、过程控制标准化。

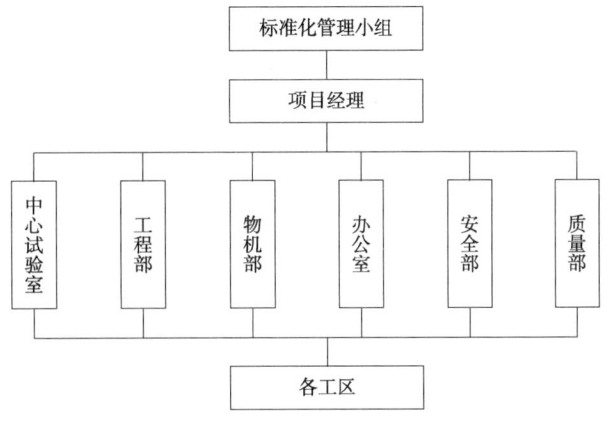

图 22-56 标准化管理体系图

22.8.2 质量管理措施

22.8.2.1 质量保证体系

质量保证体系如图 22-57 所示。

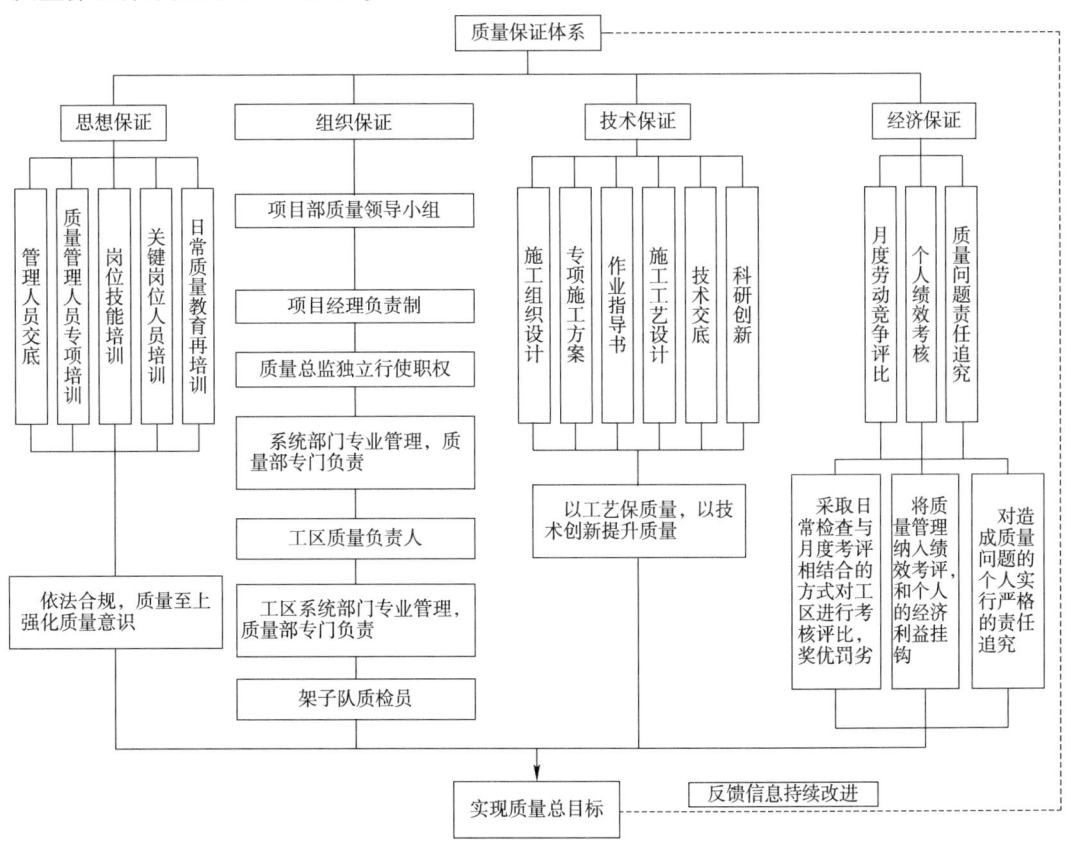

图 22-57 质量保证体系框图

22.8.2.2 质量保证措施

（1）组织保证措施：建立健全组织保证体系，强化各项质量管理工作。在施工中，决策层、管理层、作业层三级职责清楚、权限分明，认真履行《建设工程质量管理条例》规定的职责。

（2）思想保证措施：全体施工人员认真学习国家有关产品质量的政策法规，增强"质量就是企业的生命"的理念。对全体施工人员，特别是各作业队的施工人员，经常进行质量教育，强化质量意识，牢固树立"质量第一"的观念。

(3)技术保证措施:工程施工中做到每个施工环节都处于受控状态,每个过程都有质量记录,施工全过程有可追溯性,定期召开质量专题会,发现问题及时纠正,以推进和改善质量管理工作;制订质量责任制度、质量目标管理制度、技术交底制度、工序"三检"制度、工序交接制度、隐蔽工程检查验收制度、测量复核制度、施工过程质量检测制度、原材料、成品和半成品现场验收制度、仪器设备标定制度、施工资料管理制度、质量预控制度、质量事故报告制度、质量奖罚制度等。

22.8.2.3 已完工程保护措施

工程完工后,积极配合建设单位和监理工程师随时对工程进行的检查,采取对已完工程的保护。

22.8.2.4 确保隧道工程质量措施

制订开挖施工质量措施、支护质量措施、结构防排水工程质量措施、衬砌质量保证措施、沟槽工程质量措施,确保工程质量。

22.8.3 安全管理措施

22.8.3.1 安全保证体系

项目按照"一岗双责,岗岗有责"的要求,建立健全覆盖全体人员,覆盖全部生产管理过程的安全生产责任制,逐级签订安全包保责任状,强化安全生产主体责任的落实和追究。以岗位培训和日常安全教育入手,提高全体人员的安全意识。抓好安全风险评估和重要危险源管理、做到安全风险预控和事先防范、实现对重大风险项目作业的动态跟踪,实现安全生产。

22.8.3.2 安全保证措施

(1)组织保证措施:为了保证工程的施工安全,保障全体员工的安全和健康,使项目部安全管理工作规范化、标准化,项目部成立安全生产委员会及安全管理领导小组,负责该合同段的全面安全管理工作。

(2)制度保证措施:采用新工艺、新方法、新设备或工人调换工作岗位、新工人上岗时,必须进行新操作方法的培训和新工作岗位的安全教育,未经教育、不达标准不得上岗。

(3)技术保证措施:路基工程(含站场)安全技术保证措施;涵洞工程安全技术保证措施;隧道工程安全技术保证措施;与公路立交地段施工安全保证措施;轨道工程安全技术保证措施;斜井施工安全技术措施;冬、雨季施工安全保证措施;治安消防措施。

22.8.4 工期控制措施

缩短施工准备期,尽早形成正常施工能力;建立高效的管理体系;加强施组的动态管理(积极采用新工艺、新设备,依靠科技进步加快施工进度);加强资源储备,保证及时供应(按生产计划情况编制材料供应计划,提前订货加工,及时供货,并备有足够的库存量,保证物资供应);工程进度的监控方法。

22.8.5 投资控制措施

22.8.5.1 资金管理

为了保障该工程的顺利实施,必须管好现场资金,确保工程资金专款专用。为完成该合同段施工工程内容在当地开设工程款结算账户;将流动资金及建设单位所拨付资金专项用于该合同段工程建设。

22.8.5.2 资金流动计划

为管好用活建设资金,施工中将根据初步的形象进度计划,编制资金使用流动计划,由财务部门流动计划监督和管理资金的使用,确保建设资金专款专用,使各项施工管理得以正常进行。

22.8.6 环境、水土保护措施

22.8.6.1 施工环保、水土保持管理体系

施工环保、水土保持管理组织机构;施工环保、水土保持管理检查制度;施工环境、水土保持规划制度;环境保护、水土保持"三同时"制度;环境保护、水土保持目标责任制。

22.8.6.2 环境保护措施

减小生态破坏、噪声、光污染控制、水环境保护、大气环境保护、固体废弃物处理、弃渣措施(清理地表土、浆砌片石施工、排水系统施工、弃渣方法、撒草籽防护)。

22.8.7 水土保持措施

根据工程可能引起水土流失的情况,划分水土流失防治分区,制订相应的水土保持措施方案;合理安排工序,力求挖填方平衡,减少取土挖方量,及时清运开采的土方。对已完坡面工程应及时植草绿化,增加植被覆盖率,减少土壤被雨水冲刷,边坡较高时应石砌护坡,防止滑塌和崩塌;主体工程区和边坡、便道等水土保持区域种植适合当地的树种和草皮,以更好地控制水土流失。详见《环保专项施工方案》。

22.8.8 文物保护措施

遵守国家有关文物保护政策、法规,施工期间如发现有文物或有考古、地质研究价值的物品时,应马上停工并对现场进行妥善保护,及时与建设单位及有关文物保护单位取得联系,并大力配合,妥善处理后再行施工,确保文物完整、不丢失。

22.8.9 文明施工措施

22.8.9.1 文明施工管理体系

建立创建文明施工领导小组,健全分级负责的管理网络,各工点区域范围的环保、卫生与施工现场分级负责,经理部定期按文明工地标准进行检查评比,奖优罚劣,服从环保部门的督查,创建文明工地,树立良好形象。

22.8.9.2 文明施工措施

组织领导、健全管理制度、加强思想政治工作、文明施工技术措施、环境卫生管理。

22.8.10 节能减排措施

节能减排指导施工工程的绿色施工,在保证质量、安全等基本要求的前提下,通过科学管理和技术进步,最大限度地节约资源与减少对环境负面影响的施工活动,把节能减排与项目管理紧密结合,把节能减排工作纳入单位日常管理。实现四节一环保(节能、节地、节水、节材和环境保护)。

22.8.11 节约用地

加强土地复垦工作,施工场地、营地。混凝土拌和站、材料场等要严格按照规划和批复位置和规模设置,严禁随意设置。各种临时设施、小型施工场地、营地的设置应尽量利用沿线既有场地、站区铁路永久征地和城市用地及工业用地。

临时工程结束后,及时对临时工程进行复垦,并经过评估后退还。

22.8.12 预警机制和应急预案

22.8.12.1 突发事件应急措施

工程施工应急管理机构、工程施工应急措施。

22.8.12.2 安全应急救援预案

总则、灾情预警和报告、应急反应机构、灾害处置、抢险步骤、防灾设备、灾情、事故搜集和报告。

22.9 施工组织附图表

蒙华铁路 MHSS-3 合同段施工场地平面布置示意图(略)。

施工组织表见表 22-36～表 22-46。

机械设备配置表(进口)　　　表 22-36

序号	机械名称	型号规格	数量	设备来源	进场时间	退场时间	备注
1	凿岩机	YT28	30	新购	2015年5月01日	2017年10月	
2	湿喷机械手	KC30	1	调配	2015年4月20日	2017年10月	
3	装载机	ZL40B	2	新购	2015年4月25日	2017年10月	
4	挖掘机	SK140	1	租赁	2015年5月02日	2017年10月	
5	挖掘机	小松130	1	租赁	2015年5月02日	2017年10月	
6	电动空压机	20m³	4	调配	2015年5月02日	2017年10月	
7	混凝土输送泵	HBT40	2	新购	2015年5月15日	2017年10月	
8	湿喷机	TK600	2	调配	2015年4月20日	2017年10月	
9	通风机	110×2	2	调配	2015年6月10日	2017年10月	
10	变压器	800kVA	1	调配	2015年5月10日	2019年6月	
11	变压器	630kVA	1	调配	2015年5月10日	2019年6月	
12	变压器	315kVA	2	调配	2015年5月10日	2019年6月	
13	混凝土罐车	8m³	4	租赁	2015年5月04日	2019年6月	
14	出渣车	25t	7	分包	2015年5月01日	2017年10月	
15	衬砌台车	10.5m	2	新购	2015年5月5日	2015年8月	
16	衬砌台车	12m	2	新购	2015年5月15日	2018年9月	
17	搅拌站	HLS90	2	调配	2015年4月18日	2019年6月	
18	装载机	SEM650	2	调配	2015年3月20日	2019年6月	
19	散装水泥罐	100t	8	新购	2015年4月20日	2019年6月	
20	全自动调直机	GT4-14	1	调配	2015年4月20日	2018年8月	
21	全自动联合冲剪机		1	新购	2015年4月20日	2018年7月	
22	冷弯机	LW250	1	调配	2015年4月20日	2018年7月	
23	加油车	湖北程力	1	调配	2015年3月30日	2019年6月	
24	加油机		1	新购	2015年5月15日	2019年6月	
25	炸药车		1	新购	2015年4月30日	2017年9月	
26	洒水车		1	新购	2015年3月20日	2019年6月	

续上表

序号	机械名称	型号规格	数量	设备来源	进场时间	退场时间	备注
27	等离子切割机		1	新购	2015年4月20日	2017年12月	
28	地泵	100t	1	新购	2015年5月10日	2019年6月	
29	升降小车		1	新购	2015年6月20日	2018年7月	
30	蝴蝶筋压制机		1	新购	2015年5月10日	2018年7月	
31	网片焊接机	2500mm	1	新购	2015年4月20日	2018年7月	
32	钢筋接驳机		2	新购	2015年4月20日	2017年12月	
33	龙门吊	5t	1	调配	2015年4月20日	2019年6月	
34	钢筋弯曲机	GW40	2	调配	2015年4月20日	2019年6月	
35	钢筋切断机	GQ40	2	调配	2015年4月20日	2019年6月	
36	电焊机		20	新购	2015年4月20日	2019年6月	
37	发电机	500kW	1	调配	2015年4月20日	2019年6月	
38	轨排		240	新购	2018年5月	2019年6月	整体道床
39	龙门吊	10t	16	新购	2018年5月	2019年6月	整体道床

机械设备配置表（1号斜井下井底前）　　　表22-37

序号	机械名称	型号规格	数量	设备来源	进场时间	退场时间	备注
1	凿岩机	YT28	20	新购	2015年4月30日	2018年8月	
2	湿喷机械手	KC30	1	新购	2015年4月25日	2018年8月	
3	装载机	SEM650	2	调配	2015年3月20日	2018年8月	
4	挖掘机	PC220	1	租赁	2015年3月20日	2016年4月	
5	电动空压机	27m³	3	调配	2015年4月30日	2018年8月	
6	湿喷机	TK600	2	调配	2015年4月30日	2018年8月	
7	通风机	200×2	1	调配	2015年6月20日	2018年8月	
8	变压器	1000kVA	1	调配	2015年4月20日	2019年6月	
9	变压器	315kVA	1	调配	2015年4月25日	2019年6月	
10	混凝土罐车	8m³	3	租赁	2015年4月30日	2019年6月	
11	出渣车	25t	3	分包	2015年4月30日	2018年8月	
12	单级合金离心泵		2	新购	2015年9月20日	2018年10月	
13	电焊机		6	调配	2015年4月30日	2019年6月	
14	发电机	800kW	1	调配	2015年4月20日	2019年6月	
15	加油车		1	调配	2015年3月20日	2019年6月	
16	加油机		1	新购	2015年4月20日	2019年6月	
17	洒水车		1	调配	2015年4月20日	2019年6月	
18	输送泵	HBT60	1	调配	2015年6月01日	2015年10月	
19	炸药车		1	新购	2015年5月30日	2018年7月	

机械设备配置表（1号斜井下井底后）　　　表22-38

序号	机械名称	型号规格	数量	设备来源	进场时间	退场时间	备注
1	凿岩机	YT28	76	新购	2016年4月20日	2018年8月	
2	湿喷机械手	KC30	2	新购	2016年4月20日	2018年8月	
3	装载机	SEM650	1	调配	2015年3月20日	2019年6月	

续上表

序号	机械名称	型号规格	数量	设备来源	进场时间	退场时间	备注
4	装载机	ZL40B	4	新购	2016年4月20日	2018年8月	
5	挖掘机	SK140	4	租赁	2016年4月20日	2018年8月	
6	电动空压机	$20m^3$	8	调配	2016年4月20日	2018年8月	
7	混凝土输送泵	HBT40	4	新购	2016年4月20日	2018年8月	
8	湿喷机	TK600	4	调配	2016年4月20日	2018年8月	
9	通风机	200×2	2	调配	2016年4月20日	2018年8月	
10	变压器	1000kVA	1	调配	2015年3月20日	2019年6月	
11	变压器	630kVA	1	调配	2015年3月20日	2019年6月	
12	变压器	315kVA	1	调配	2015年3月20日	2019年6月	
13	变压器	500kVA	3	调配	2016年4月20日	2019年6月	
14	混凝土罐车	$8m^3$	10	调配	2016年4月20日	2019年6月	
15	出渣车	25t	12	分包	2016年4月20日	2018年8月	
16	衬砌台车	12m	6	新购	2016年4月20日	2018年8月	
17	单级合金离心泵		6	新购	2016年4月20日	2018年10月	
18	电焊机		15	新购	2015年3月20日	2019年6月	
19	发电机	800kW	1	调配	2015年3月20日	2019年6月	
20	加油机		1	新购	2015年3月20日	2019年6月	
21	加油车		1	调配	2015年3月20日	2019年6月	
22	洒水车		1	调配	2015年3月20日	2019年6月	
23	炸药车		2	新购	2016年4月20日	2018年8月	

机械设备配置表(2号、3号斜井)　　　　　表22-39

序号	设备名称	规格型号	数量	设备来源	进场时间	退场时间	备注
1	装载机	50	4	调转	2015年5月25日	2018年8月	
2	空压机	优耐特斯$20m^3$	6	调转	2015年5月20日	2018年7月	
3	发电机	300kW	1	调转	2015年5月20日	2018年7月	
4	发电机	800kW	2	新购	2015年5月20日	2018年8月	
5	搅拌站	HZS90	2	调转	2015年5月10日	2018年8月	
6	喷射机械手	HPS3016	2	新购	2015年5月20日	2018年7月	
7	变压器	500kVA		调转	2015年5月5日	2018年8月	
8	变压器	800kVA	3	调转	2015年5月20日	2018年7月	
9	变压器	1000kVA		调转	2015年5月10日	2018年8月	
10	出渣车	25t	6	外包	2015年5月20日	2018年7月	
11	挖掘机	225	3	调转	2015年5月20日	2018年8月	
12	罐车	$10m^3$	2	新购	2015年5月20日	2018年8月	
13	压路机	20t	1	租赁			临时租赁
14	吊车	25t	1	租赁			临时租赁
15	电焊机	BX1-630	8	调转	2015年5月20日	2018年8月	
16	电焊机	BX1-500	5	调转	2015年5月20日	2018年8月	

续上表

序号	机械名称	型号规格	数量	设备来源	进场时间	退场时间	备注
17	冷弯机	XGLW-20	1	调转	2015年5月20日	2018年8月	
18	注浆机	双液70	2	新购	2015年5月20日	2018年6月	
19	注浆机	挤压	2	新购	2015年5月20日	2018年6月	
20	污水泵	3kW	6	新购	2015年5月20日	2018年8月	
21	砂轮机	400	3	新购	2015年5月20日	2018年8月	
22	配电柜	1.6kA	4	调转	2015年5月04日	2018年8月	
23	切断机	GQ40	1	新购	2015年5月20日	2018年8月	
24	弯曲机	GW40	1	新购	2015年5月20日	2018年8月	
25	切割机	350	1	新购	2015年5月20日	2018年8月	
26	龙门吊	MH5t-20m	1	新购	2015年5月15日	2018年8月	
27	联合冲剪机	Q3.5Y-25	1	新购	2015年5月20日	2018年7月	
28	数控网焊机	BS-220	1	新购	2015年5月20日	2018年8月	
29	八字筋弯曲机		1	新购	2015年5月20日	2018年7月	
30	钢筋接驳机			新购	2015年5月15日		
31	加油车	5t	1	新购	2015年5月20日	2018年8月	
32	电子汽车衡	120t×16m	1	新购	2015年5月15日	2018年8月	

机械设备配置表(5号、6号斜井) 表22-40

序号	设备名称	规格型号	数量	设备来源	进场时间	退场时间	备注
1	洒水车	东风10m³	1	调拨	2015年3月18日	2018年10月	
2	加油车	东风	1	调拨	2015年3月18日	2018年9月	
3	搅拌站	HZS90	3	调拨	2015年5月10日	2018年10月	
4	装载机	ZL50C	3	调拨	2015年5月10日	2018年10月	
5	环保锅炉	0.37MW	1	购置	2015年5月10日	2018年10月	
6	变压器630kVA	S11-10/630kVA	1	调拨	2015年5月10日	2018年10月	
7	电力变压器	S11-10/400kVA	1	调拨	2015年5月10日	2018年10月	
8	直流电焊机	BX1-500A	8	购置	2015年5月10日	2018年8月	
9	型钢弯曲机	加强型	2	购置	2015年5月10日	2018年10月	
10	钢筋拉伸调直切断机	GLS12/GT5-12/GWG16	1	调拨	2015年5月10日	2018年10月	
11	切断机	GQ40	2	购置	2015年5月10日	2018年10月	
12	砂轮机	φ400	2	购置	2015年5月10日	2018年10月	
13	切割机	350	1	购置	2015年5月10日	2018年10月	
14	龙门吊	MH5t-12m	1	调拨	2015年5月10日	2018年10月	
15	联合冲剪机	Q3.5Y-25	1	调拨	2015年5月10日	2018年10月	
16	数控网焊机	ZH-200	1	购置	2015年5月10日	2018年9月	
17	蝴蝶筋自动成型机		1	购置	2015年5月10日	2018年10月	
18	冷弯机	K10-20	1	调拨	2015年5月10日	2018年10月	
19	加油机	正星	2	购置	2015年5月10日	2018年10月	

续上表

序号	设备名称	规格型号	数量	设备来源	进场时间	退场时间	备注
20	地泵	16m	1	调拨	2015年5月10日	2018年10月	
21	炸药车		1	购置	2015年5月10日	2018年9月	
22	深井泵	22kW	1	购置	2015年5月20日	2018年10月	
23	凿岩机	YT-28	80	购置	2015年5月20日	2018年10月	
24	挖掘机	PC220	2	外租	2015年5月20日	2018年10月	
25	挖掘机	PC150	8	外租	2015年12月31日	2018年10月	
26	装载机	SEM650B	8	调拨	2015年5月1日	2018年10月	
27	电动空压机	P950E	8	调拨	2015年5月1日	2018年6月	
28	混凝土输送泵	HBT60	4	调拨	2015年5月1日	2018年10月	
29	搅拌罐车	8m³	8	外租	2015年5月1日	2018年10月	
30	湿喷机械手	PM500	2	购置	2015年5月1日	2018年9月	
31	轴流通风机	SDS-9/110×2	4	调拨	2015年5月1日	2018年10月	
32	变压器1000kVA	S11-10/1000kVA	4	调拨	2015年5月1日	2018年7月	
33	二次衬砌台车	6m	2	购置	2015年5月1日	2018年10月	
34	二次衬砌台车	9m	8	购置	2015年12月31日 2016年6月16日	2018年10月	
35	自卸汽车	15t	12	外租	2015年5月1日	2018年10月	
36	注浆泵	YJ-200A	6	购置	2015年5月1日	2018年5月	
37	专用水平旋喷机	XP-Ⅰ	1	购置	2016年3月1日	2018年5月	
38	高压注浆泵	GPB-90	1	购置	2015年5月1日	2018年5月	
39	钻机	GXY-1	1	购置	2015年5月1日	2018年8月	
40	多级离心抽水机	200D43×3	10	购置	2015年5月1日	2018年9月	

机械设备配置表(平导、出口路涵) 表22-41

序号	设备名称	主要技术规格	数量	设备来源	进场时间	退场时间	备注
1	挖机	PC200	1	租赁	2015年5月10日	2018年8月	
2	挖机	PC240	3	租赁	2015年3月25日	2018年3月	
3	挖机	PC140	4	租赁	2016年10月11日	2018年8月	
4	压路机		2	租赁	2015年3月25日	2018年3月	
5	推土机		1	租赁	2015年3月25日	2018年3月	
6	吊车	25t	1	租赁	2015年6月1日	2016年1月	
7	机械手	PM500	1	调配	2015年5月10日	2018年7月	
8	装载机	SEM650	5	调配	2015年4月10日	2018年8月	
9	发电机	300kW	2	调配	2015年5月10日	2018年8月	
10	空压机	27m³	4	调配	2015年5月10日	2018年8月	
11	通风机	110×2	2	调配	2015年6月1日	2018年8月	
12	输送泵	HBT60	2	调配	2015年5月20日	2018年8月	
13	锅炉	12t	2	调配	2015年5月10日	2018年8月	

续上表

序号	设备名称	规格型号	数量	设备来源	进场时间	退场时间	备 注
14	变压器	S11-800 10/0.4	2	调配	2015年5月10日	2018年8月	
15	配电柜	GGT	4	新购	2015年5月10日	2018年8月	
16	注浆机	YJ-200A	2	新购、调配	2015年5月10日	2018年7月	
17	台车	12m	4	新购	2016年2月1日	2018年8月	
18	台车	6m	1	新购	2016年6月1日	2018年8月	
19	罐车	8m³	6	租赁	2015年5月10日	2018年8月	
20	出渣车	25t	7	分包	2015年5月10日	2018年7月	
21	炸药车		1	新购	2015年5月10日	2018年7月	
22	深井泵	22kW	1	新购	2015年5月10日	2018年8月	
23	蝴蝶筋自动成型机		1	新购	2015年5月10日	2018年8月	
24	冷弯机	H175	2	调配	2015年5月10日	2018年8月	
25	液压剪板机	20×250	1	新购	2015年5月10日	2018年8月	
26	联合冲剪机	Q3.5Y-25	1	新购	2015年5月10日	2018年8月	
27	龙门吊	5t	1	新购	2015年5月10日	2018年8月	
28	加油机		1	新购	2015年5月15日	2018年8月	
29	加油车		1	新购	2015年5月1日	2018年8月	
30	洒水车	10m³	1	调配	2015年5月10日	2018年8月	
31	升降车		1	新购	2015年5月10日	2018年8月	
32	湿喷机	7m³	10	新购	2015年5月10日	2018年7月	
33	圆盘锯	φ300	2	新购	2015年5月10日	2018年8月	
34	增压柜		1	新购	2016年6月10日	2018年8月	
35	切断机	GQ40	2	新购、调配	2015年5月10日	2018年8月	
36	弯曲机	GW40	2	新购、调配	2015年5月10日	2018年8月	
37	钢筋调直切断机	GLS12/GT5-12/GWG16	2	新购、调配	2015年5月10日	2018年8月	
38	网片焊接机	ZH-200	1	新购	2015年5月10日	2018年8月	
39	砂轮机	φ300	2	新购、调配	2015年5月10日	2018年8月	
40	砂轮切割机	φ400	2	新购	2015年5月10日	2018年8月	

试验、检测设备配置表　　　　表22-42

序 号	名 称	单 位	数量	备 注
1	1000kN液压式万能试验机	台	1	
2	300kN液压式万能试验机	台	1	
3	2000kN液压式压力试验机	台	1	
4	劈裂夹具	套	1	
5	冷弯冲头	套	1	
6	钢筋切割机	台	1	
7	游标卡尺(300mm)	把	2	

续上表

序号	名称	单位	数量	备注
8	钢丝反复弯曲试验机	台	1	
9	洛氏硬度计	台	1	
10	水泥恒应压力试验机	台	1	
11	水泥电动抗折试验机	台	1	
12	水泥胶砂搅拌机	台	1	
13	水泥胶砂振实台	台	1	
14	水泥净浆搅拌机	台	1	
15	水泥净浆搅拌锅	个	1	
16	水泥胶砂搅拌锅	个	1	
17	沸煮箱	台	1	
18	水泥标准稠度凝结测定仪	台	2	
19	水泥抗压夹具	台	2	
20	水泥细度负压筛析仪	台	1	
21	雷氏夹测定仪	台	1	
22	雷氏夹	盒	2	
23	自动勃氏透气比表面积仪	台	1	
24	水泥净浆稠度测定仪	台	1	
25	数控水泥混凝土标准养护箱	台	1	
26	电动跳桌	台	1	
27	0.08mm 水泥标准筛	个	3	
28	0.045mm 粉煤灰筛	个	3	
29	软联试模	个	30	
30	秒表	个	4	
31	水泥圆模	个	15	
32	留样桶	个	50	
33	标准砂	袋	80	
34	粉煤灰用标准砂(老标准砂)	袋	20	
35	标准水泥	桶	2	
36	净浆流动度圆模	个	2	
37	比表面积滤纸(每包100片)	包	2	
38	25×25×280	个	18	
39	水泥养护盒	个	40	
40	0.08 水泥标准粉	袋	10	
41	0.045mm 标准粉	袋	10	
42	3刀片岩石切割机	台	1	
43	磨平机	台	1	
44	电锤(各种规格钻头)	套	1	

续上表

序 号	名 称	单 位	数 量	备 注
45	钻芯机(带加长套桶)	台	2	大功率
46	颚式破碎机	台	1	
47	钻芯取样机 φ50 钻头	个	1	
48	钻芯取样机 φ100 钻头	个	2	
49	亚甲蓝搅拌机	台	1	
50	压碎指标仪	个	2	
51	砂子压碎值	个	2	
52	振击式标准振筛机	台	1	
53	针片状规准仪	套	1	
54	砂石筛	套	2	
55	石子筛	套	2	
56	电热恒温干燥箱	台	3	
57	放大镜	个	3	
58	瓷方盘	套	10	
59	碎石坚固性网篮	套	2	
60	砂子坚固性网篮	套	2	
61	砂子饱和面干试模	个	1	
62	灌沙桶	台	1	
63	洛杉矶磨耗机	台	1	
64	网篮(集料轻物质含量试验用)	个	2	
65	100 升强制式单卧轴混凝土搅拌机	台	1	
66	混凝土振动台	台	1	
67	砂浆搅拌机	台	1	
68	砂浆稠度仪	台	1	
69	砂浆分层度仪	台	1	
70	坍落度测定仪	套	5	
71	混凝土含气量测定仪	台	5	
72	混凝土贯入阻力仪		1	
73	容重筒	套	2	
74	混凝土压力泌水仪	台	1	
75	混凝土试模150	个	300	
76	混凝土试模100	组	30	
77	70.7mm 砂浆三联试模	组	10	
78	抗渗试模	个	120	
79	混凝土试件拆模器	台	1	
80	大型高压清洗机	套	1	
81	测温枪	把	3	

续上表

序 号	名 称	单 位	数 量	备 注
82	水灰比测定仪	台	1	
83	喷射混凝土大板试模	个	30	
84	二级测振仪	台	1	
85	电子分析天平	台	1	
86	电子天平	台	4	
87	电子天平	台	2	
88	电子天平	台	2	
89	电子天平	台	2	
90	电子秤	台	2	
91	台称	台	1	
92	浸水电子天平	台	1	
93	大型喷雾式标养室温湿自控仪	套	2	
94	HS-4 混凝土渗透仪（表针式）	台	3	
95	混凝土收缩膨胀仪	台	1	
96	贯入式混凝土测强仪	台	2	
97	1200℃马弗炉	台	2	
98	恒温水浴	台	1	
99	KZY-300 耐蚀系数电动抗折机	台	1	
100	电通量氯离子渗透仪	台	1	
101	回弹仪	台	3	
102	快速冻融机	台	1	
103	动弹性模量测定仪	台	1	
104	静弹性模量测定仪	台	1	
105	外径千分尺	把	1	
106	钢直尺 500mm	把	5	
107	5m 钢卷尺	把	2	
108	游标万能角度尺	把	1	
109	塞尺	把	1	
110	比长仪	台	1	
111	深度游标卡尺	把	1	
112	读数显微镜	台	1	
113	回弹仪钢砧	个	1	
114	表式干湿温度计	支	20	
115	锥形瓶	个	5	
116	0~100℃温度计	只	10	
117	毛刷	套	5	
118	吸球	个	10	

续上表

序 号	名 称	单 位	数 量	备 注
119	量筒	套	2	
120	容量瓶	套	5	
121	烧杯	套	2	
122	广口瓶	套	5	
123	婆梅氏计	支	4	
124	土壤比重计	支	2	
125	表面皿	只	5	
126	玻璃片	片	20	
127	泥浆4件套	套	1	
128	试管刷	套	5	
129	钙镁含量测定仪	台	1	
130	可见分光光度计	台	1	
131	李氏瓶	个	5	
132	碱集料反应试验箱	台	1	
133	碱集料反应养护桶	套	1	
134	火焰光度计	台	1	
135	数显酸度计	台	1	
136	不锈钢电热水自控蒸馏水器	台	1	
137	氯离子测定仪	台	1	

一工区(进口、1号斜井)劳动力计划表　　　　　　　表22-43

年	季	分工种劳动力数量(人)														
		管服	开挖	管道	钢筋	模板	混凝土工	装吊	空压机	机修	电工	电焊	司机	拌和站	普工	合计
2015	一	31								5	1		2		20	65
	二	31	128	1·0	8	8	12	6	12	6	12	10	22	16	61	342
	三	31	128	10	8	8	12	6	12	6	12	10	22	16	61	342
	四	31	128	10	8	8	12	6	12	6	12	10	22	16	61	342
2016	一	31	128	10	8	8	12	6	12	6	12	10	22	16	61	342
	二	31	216	20	8	24	36	12	26	24	21	16	128	16	136	714
	三	31	216	20	8	24	36	12	26	24	21	16	128	16	136	714
	四	31	216	20	8	24	36	12	26	24	21	16	128	16	136	714
2017	一	31	216	20	8	24	36	12	26	24	21	16	128	16	136	714
	二	31	216	20	8	24	36	12	26	24	21	16	128	16	136	714
	三	31	216	20	8	24	36	12	26	24	21	16	128	16	136	714
	四	31	216	20	8	24	36	12	26	24	21	16	128	16	136	714
2018	一	31	72	10	8	8	12	6	8	6	9	8	40	8	41	267
	二	31	72	10	8	8	12	6	8	6	9	8	40	8	41	267
	三	31	72	10	8	8	12	6	8	6	9	8	40	8	41	267
	四	31	0	0	0	6	3	2	0	6	6	0	4	8	20	86
2019	一	31	0	0	32	24	24	6	0	6	6	0	18	8	20	175
	二	31	0	0	32	24	24	6	0	6	6	0	18	8	20	175

二工区(2、3 号斜井)劳动力计划表 表 22-44

分工种劳动力数量(人)																
年	季	管服	开挖	管道	钢筋	模板	混凝土工	装吊	空压机	机修	电工	电焊	司机	拌和站	普工	合计
2015	一	30					0				1		1		15	47
	二	30	45	10	8	8	6	3	6	10	4	10	10	16	80	246
	三	30	90	10	8	8	6	3	6	10	7	10	30	16	80	314
	四	30	90	10	10	10	6	3	6	10	7	10	55	16	80	343
2016	一	30	90	10	10	12	6	3	6	10	7	10	80	16	80	370
	二	30	92	10	10	15	6	5	6	10	7	10	80	16	80	377
	三	30	92	10	10	15	6	6	6	10	8	10	80	16	80	379
	四	30	137	15	10	15	39	6	6	10	10	20	80	16	100	494
2017	一	30	180	20	10	15	72	6	6	35	10	20	80	16	120	620
	二	30	246	20	20	40	72	6	6	35	25	20	115	16	120	771
	三	30	246	20	20	40	72	6	6	35	25	20	130	16	120	786
	四	30	246	20	20	40	72	6	6	35	25	20	172	16	120	828
2018	一	30	246	20	20	40	72	3	6	35	25	20	175	8	120	820
	二	30	246	20	20	40	36	3	6	20	25	18	162	8	120	754
	三	30	216	15	15	40	18	3	6	10	25	12	130	8	75	603
	四	30	90	10	12	16	3	3	6	10	19	10	95	8	35	347
2019	一	10	15	0	8	0	0	0	2	5	10	10	18	8	10	96
	二	6	0	0	0	0	0	0	0	0	4	0	6	5	5	26

三工区(5、6 号斜井)劳动力计划表 表 22-45

分工种劳动力数量(人)																		
年	季	管服	开挖	喷浆	管道	注浆	钢筋	模板	混凝土工	通风	搅拌机	空压机	机修	电工	电焊	司机	普工	合计
2015	一												4	2		2	20	28
	二	10	72	12	48		16	18	16		8	6	8	6	4	4	20	248
	三	10	72	12	72	75	16	18	16		16	6	8	6	4	4	20	355
	四	10	72	12	72	125	16	18	16	8	16	6	8	6	4	4	20	413
2016	一	28	108	30	72	150	24	27	24	20	16	12	16	38	34	28	60	687
	二	28	108	30	72	150	24	27	24	20	16	12	16	38	34	28	60	687
	三	28	108	30	72	150	24	27	24	20	16	12	16	38	34	28	60	687
	四	32	144	48	72	150	32	36	32	20	16	12	16	38	34	28	60	770
2017	一	24	144	48	96	150	32	36	32	20	16	12	16	38	34	28	60	786
	二	24	144	48	96	150	32	36	32	20	16	12	16	38	34	28	60	786
	三	24	144	48	96	150	32	36	32	20	16	12	16	38	34	28	60	786
	四	24	144	48	96	150	32	36	32	20	16	12	16	38	34	28	60	786
2018	一	20	108	30	96	150	24	27	24	20	16	12	16	38	34	28	60	703
	二	20	108	30	56	150	24	27	24	20	16	12	16	38	34	28	60	663
	三	12	36	6	24	50	8	9	8	20	16	12	16	38	34	28	30	347
	四	30					16	18	16		8		16	6	16	18	20	164
2019	一	20					32	24	24		8		12	6	12	18	20	176
	二	20					32	24	24		8		12	6	12	18	20	176

四工区(平导辅助坑道及涵洞路基)劳动力计划表 表 22-46

年	季	分工种劳动力数量(人)													
		管服	开挖	喷浆	管道	注浆	钢筋	模板	混凝土工	通风	搅拌机	空压机	机修	电工	电焊
2015	二	20	30	16	10	10	10	0	4	10	3	12	30	30	185
	三	20	30	16	10	10	10	0	4	10	3	12	30	30	185
	四	20	30	16	10	10	10	0	4	10	3	12	30	30	185
2016	一	20	30	16	10	10	10	0	4	10	3	12	30	30	185
	二	40	120	16	40	20	20	6	8	15	8	20	50	50	413
	三	40	120	16	40	20	20	6	8	10	8	20	50	50	413
	四	40	120	16	40	20	20	6	8	10	8	20	50	50	413
2017	一	40	120	16	40	20	20	0	8	10	8	20	50	50	413
	二	40	120	16	40	20	20	0	8	10	8	20	50	50	413
	三	40	120	16	40	20	20	0	8	15	8	20	50	50	413
	四	40	120	16	40	20	20	0	8	15	8	20	50	50	413
2018	一	40	120	16	40	20	20	0	8	15	8	20	50	50	413
	二	40	120	16	40	20	20	0	0	15	8	20	50	50	413
	三	20	0	10	40	20	20	0	0	10	6	10	20	30	186
	四	10	0	10	10	10	10	0	0	10	4	4	10	20	93

第23章 案例4——大理至瑞丽铁路高黎贡山隧道实施性施工组织设计

23.1 编制说明

23.1.1 编制依据

(1)新建大理至瑞丽铁路保山至瑞丽段站前工程施工总价承包招标文件及答疑书。
(2)《新建大理至瑞丽铁路保山至瑞丽段站前工程土建2标段施工总价承包投标文件》。
(3)《新建大理至瑞丽铁路保山至瑞丽段站前工程土建2标段施工总价承包合同》(合同编号大瑞云铁合〔2015〕11号)。
(4)新建大理至瑞丽铁路保山至瑞丽段站前工程施工总价承包-2标施工图。
(5)国家相关法律、法规和原中铁总公司、中国铁路总公司相关规章制度。
(6)大瑞指挥部关于印发《大瑞铁路实施性施工组织设计施工管理实施细则》的通知。
(7)中国铁路总公司现行的标准、规范、路标、规程、技术指南等。
(8)本工程所涉及的国家和地方有关政策和法规,特别是环境保护、水土保持方面的政策和法规。

23.1.2 编制原则

(1)以确保工程质量、安全为核心,以依法合规、科学有序为原则。
(2)以"高标准起步,高效率推进,高质量达标"为工作方向,全面完成项目质量、安全、工期、投资、环保等各项目标。
(3)以科学组织、合理投入、优质安全、快速高效、不留后患为指导思想。
(4)坚持实事求是的原则,根据本单位的能力,确保施工组织的可行性、先进性和合理性。
(5)实行"项目法施工"组织原则,做到依靠科技、精心组织、合理安排、突破重点、攻克难点。
(6)坚持科学性、先进性、经济性、合理性与实用性相结合的原则。
(7)整体推进,关键突出,均衡生产,确保总工期及阶段工期。
(8)保证关键,突出重点,突破难点,质量至上。
(9)安全第一,预防为主,综合治理。
(10)保持施工组织设计严肃性与动态控制相结合。
(11)强化组织,加强管理,确保各项目标全面履约。
(12)优化资源配置,实行动态管理。
(13)文明施工,保护环境。

23.1.3 编制范围

新建大理至瑞丽铁路保山至瑞丽段站前工程土建2标施工总价承包范围:高黎贡山隧道斜井工区起点至龙陵车站三线大桥大理端台尾,里程范围:D1K198+193～D1K227+500,正线全长29.307km。增建二线工程纳入该标段。

标段施工内容主要包括:
(1)道路改移、临时用地、砍树挖根、改移公路桥。

(2)路基全部工程。
(3)涵洞工程。
(4)隧道全部工程(含综合接地、过轨管线)。
(5)隧道无砟道床(安装、运输)。
(6)地道(不含装修)、排水槽、通站道路。
(7)大临全部工程等。

23.2 工程概况

23.2.1 项目基本情况

大理至瑞丽铁路位于云南省西部地区,东起广大铁路终点大理站,向西经永平、保山、潞西等市县,穿苍山、笔架山、大光山、怒山、高黎贡山等山脉,跨西洱河、漾濞江、顺濞河、澜沧江、怒江和龙川江等大江大河,西至瑞丽,线路长约330.103km。其中大理至保山段全长133.660km,保山至瑞丽段全长196.443km。大瑞铁路贯通的关键性工程——高黎贡山隧道,全长34.5km,是目前国内在建的第1特长单线铁路隧道,世界第7长大隧道。高黎贡山隧道采用TBM与钻爆法相结合的施工方法,正洞和平导洞出口段分别采用直径为9.03m和6.36m的敞开式TBM施工。正洞TBM掘进长度12.37km,施工段最大坡度为-9‰,隧洞最大埋深为1155m,其中有2段施工段(共计300m)采用钻爆法施工后,步进通过2段扩挖段(共计140m),开挖直径增加10cm;平导洞TBM掘进长度10.18km,其中有2段施工段(共计180m)采用钻爆法施工后步进通过。

23.2.2 工程概况

本标段为新建大理至瑞丽铁路保山至瑞丽段站前工程土建2标,工程范围为高黎贡山隧道斜井工区起点至龙陵车站三线大桥大理端台尾,施工起讫里程为D1K198+193~D1K227+500,全长29.307正线公里。

高黎贡山隧道龙陵端的施工属于本标段的主要项目。高黎贡山隧道位于怒江车站至龙陵车站区间,隧道进口里程为D1K192+302,出口里程为D1K226+840,全长为34.538km,其中进口紧邻怒江特大桥,且怒江车站伸入隧道内,结合预留二线工程,进口段498m为双线隧道;出口龙陵车站伸入隧道,并结合预留二线工程,出口段538m为双线,其余地段均为设计时速140km单线电气化铁路隧道。本标段高黎贡山施工范围:正线D1K198+193~D1K227+500,长29307m;平导PDZK197+840~PD2K226+838,长28998m。增建Ⅱ线扩挖DZK192+800.043~DZK226+301.908,长33501.865m(含进口段长链0.57m,出口段长链0.58m)。

23.2.3 主要技术标准

本项目主要技术标准见表23-1。

主要技术标准表 表23-1

序号	主要技术标准		备注
1	铁路等级	Ⅰ级	
2	正线数目	单线	
3	设计行车速度	140km/h	
4	正线线间距	4.6m	
5	限制坡度	12‰,加力坡24‰	
6	最小曲线半径	一般地段1600m,困难地段1200m	

续上表

序号	主要技术标准		备注
7	牵引种类	电力	
8	牵引质量	3000t	
9	到发线有效长度	650m,预留850m	
10	闭塞类型	自动站间闭塞	
11	设计荷载	中—活载	
12	地震动峰值加速度及地震动反应谱特征周期	地震动峰值加速度为0.248g,地震动反应谱特征周期为0.45s	
13	行车指挥方式	综合调度集中	

23.2.4 主要工程内容和数量

23.2.4.1 主要工程内容

工程范围为高黎贡山隧道斜井工区起点至龙陵车站三线大桥大理端台尾,施工起讫里程为D1K198+193~D1K227+500,全长29.307正线公里。本标段施工内容主要包括隧道、站场土石方、路基附属工程、涵洞及无砟轨道工程等的施工。增建二线工程纳入该标段。

23.2.4.2 主要工程数量

本标段主要工程数量见表23-2。

主要工程数量表　　　　表23-2

序号	项目	名称	单位	数量	备注
1	站场土石方	挖土方	m³	195028	
2		利用土填方		24771	
3		挖石方		1060	
4		利用石填方		1060	
5		借石填方		981744	
6		AB组填料		21101	
7		A组填料		24747	
8	路基及站场	区间附属	土方	m³	8960	
9			混凝土及砌体	圬工方	5844	
10			土工合成材料	m²	27580	
11			填砂夹卵(砾)石垫层	m³	11135	
12			土工格栅	m³	39425	
13			锚杆框架梁		166	
14			挡土墙片石混凝土	圬工方	11689	
15			桩板挡土墙		21869	
16			抗滑桩		6576	
17		站场附属	土方	m³	2590	
18			混凝土及砌体	圬工方	10325	
19			土工合成材料	m²	158081	

续上表

序号	项目		名称	单位	数量	备注
20	路基及站场	站场附属	填砂垫层	m³	2391	
21			取弃土(石)场处理:浆砌石	圬工方	5018	
22			场地平整、绿化、复垦	m³	32800	
23		洞	3.1-1.50m(2座)	横延米	106.12	
24			6.1-3.00m(1座)	横延米	248.42	
25	正洞28647m	1号斜井工区5602m	进口方向	m	1307	Ⅲ级围岩757m,Ⅳ级围岩330m,Ⅴ级围岩220m
26			出口方向	m	4295	Ⅲ级围岩2560m,Ⅳ级围岩1195m,Ⅴ级围岩540m
27		1号竖井工区4062m	进口方向	m	1285	Ⅲ级围岩250m,Ⅳ级围岩535m,Ⅴ级围岩500m
28			出口方向	m	2777	Ⅱ级围岩370m,Ⅲ级围岩1247m,Ⅳ级围岩600m,Ⅴ级围岩560m
29		2号竖井工区5723m	进口方向	m	4578	Ⅱ级围岩1130m,Ⅲ级围岩1968m,Ⅳ级围岩9300m,Ⅴ级围岩550m
30			出口方向	m	1145	Ⅲ级围岩285m,Ⅳ级围岩480m,Ⅴ级围岩380m
31		出口工区13260m	单线(TBM)	m	12070	Ⅱ级围岩2040m,Ⅲ级围岩5230m,Ⅳ级围岩3580m,Ⅴ级围岩1220m
32			双线 Ⅴ级围岩	m	523	
33			TBM步进段	m	652	Ⅲ级围岩60m,Ⅳ级围岩250m,Ⅴ级围岩342m
34			明洞及棚洞	m	15	
35	二线扩建段		进口工区4039	m		Ⅲ级围岩1394m,Ⅳ级围岩1667m,Ⅴ级围岩978m
36			1号斜井工区8692	m		Ⅱ级围岩180m,Ⅲ级围岩4330m,Ⅳ级围岩2660m,Ⅴ级围岩1522m
37			2号竖井工区14022	m		Ⅱ级围岩3050m,Ⅲ级围岩4920m,Ⅳ级围岩3702m,Ⅴ级围岩2350m
38			出口段工区6750	m		Ⅱ级围岩310m,Ⅲ级围岩3650m,Ⅳ级围岩2088m,Ⅴ级围岩702m
39	辅助坑道42374m	平行导坑27569m	1号斜井工区	m	4309	
40			(1)进口方向	m	1660	Ⅲ级围岩960m,Ⅳ级围岩430m,Ⅴ级围岩270m
41			(2)出口方向	m	2649	Ⅲ级围岩1689m,Ⅳ级围岩810m,Ⅴ级围岩150m
42			1号竖井工区	m	4992	
43			(1)进口方向	m	2341	Ⅲ级围岩1121m,Ⅳ级围岩880m,Ⅴ级围岩340m
44			(2)出口方向	m	2651	Ⅱ级围岩370m,Ⅲ级围岩1250m,Ⅳ级围岩650m,Ⅴ级围岩381m
45			2号竖井工区	m	6759	

续上表

序号	项　目	名　称		单位	数量	备　注
46	辅助坑道 42374m	平行导坑 27569m	(1)进口方向	m	4219	Ⅱ级围岩1130m，Ⅲ级围岩1780m，Ⅳ级围岩860m，Ⅴ级围岩449m
47			(2)出口方向	m	2540	
48			①一般段	m	2470	Ⅱ级围岩570m，Ⅲ级围岩540m，Ⅳ级围岩780m，Ⅴ级围岩580m
49			②小TBM拆卸洞	m	50	
50			③小TBM接收洞	m	20	
51	辅助坑道 42374m	平行导坑 27569m	出口工区	m	11509	
52			(1)平导(小TBM)	m	10000	Ⅱ级围岩1470m，Ⅲ级围岩4670m，Ⅳ级围岩2960m，Ⅴ级围岩900m
53			(2)小TBM步进段	m	891	Ⅲ级围岩110m，Ⅳ级围岩430m，Ⅴ级围岩351m
54			(3)平导—车站段	m	618	Ⅴ级围岩
55		斜井 7357m	1号主斜井	m	3657	Ⅲ级围岩1523m，Ⅳ级围岩1064m，Ⅴ级围岩1070m
56			1号副斜井	m	3700	Ⅲ级围岩1523m，Ⅳ级围岩1064m，Ⅴ级围岩1113m
57		竖井 2808m	1号竖井主井	m	763	
58			1号竖井副井	m	765	
59			2号竖井主井	m	640	
60			2号竖井副井	m	640	
61	轨道	弹性支承块式		km	27.109	含Ⅱ线
62	大型临时设施	汽车运输便道		km	20.74	新建干线1.34km，新建引入线9.29km，便桥300m
63		TBM仰拱块预制厂		处	1	
64		混凝土集中拌和站		处	3	
65		电力线路		km	56.47	
66		TBM高山水池		座	1	
67		TBM组装场		座	1	
68		隧道施工污水处理		处	1	

23.2.5　工程建设的自然及社会条件

23.2.5.1　地形地貌

工程区位于云南高原西部边缘，属高黎贡山脉南延段，向东南方向大雪山附近与怒山余脉相接，属高黎贡山古生界变质岩紧密褶皱和花岗岩体高山区。高黎贡山脉北起青藏高原的唐古拉山，由西藏入云南，经滇西北、怒江州后进入保山地区境内。主山脉分布在怒江和龙川江之间，呈南北向伸展，在工程区内，主山系消失，往南仅属高黎贡山余脉，分布较为宽阔，海拔降至2000~3000m。区内地势总体上北东高，南西低，山脉大体为南北走向，地表沟谷纵横，地形起伏大，山脉、河流相间。地面高程640~2340m，相对高差约1700m，地形起伏大。

标段内多被松散土层覆盖，基岩零星出露，局部陡峭地段出露较好。斜坡地带地表多为松林或杂木，局部平缓处被垦为旱地。自然横坡20°～60°，局部为陡坎、陡壁。

23.2.5.2 地层岩性

工程区地表零星覆盖第四系全新统滑坡堆积（Q_4^{del}）、坡崩积（Q_4^{dl+col}）、冲洪积（Q_4^{al+pl}）、坡洪积（Q_4^{dl+pl}）、坡积（Q_4^{dl}）、坡残积（Q_4^{dl+el}）、上更新统冲洪积（Q_3^{al+pl}）软土、粉质黏土、粗砂、砾砂、细圆（角）砾土、粗圆（角）砾土、碎石土、卵石土、漂石土、块石土等地层。下伏上第三系（N）；侏罗系中统柳湾组（J_2^1）、勐戛组上段（J_{2m}^2）、下段（J_{2m}^1）；三叠系中统河湾街组（T_{2h}）；泥盆系中统回贤组（D_{2h}）；志留系中上统（S_{2-3}），下统（S_1）；奥陶－志留系（O-S）；奥陶系上统（O_2），下统老尖山组（O_{1l}），漫塘组（O_{1m}）；寒武系上统保山组二段（$\in_{3b}^2$），一段（$\in_{3b}^1$）；寒武系上统沙河厂组上段（$\in_{3s}^2$），下段（$\in_{3s}^1$）；寒武系公养河群二段（$\in_{gn}^2$）；燕山期花岗岩（γ_{53}）、时代不明混合花岗岩（γ_m）、辉绿岩脉（β_μ）及各期断裂、断层破碎带之断层角砾（F_{br}）、压碎岩（C_{rr}）、蚀变岩（S_r）等地层。隧道进口端（14.5km）主要地层岩性为侏罗系玄武岩、砂岩、灰岩；三叠系白云岩、白云质灰岩；奥陶系砂岩；寒武系灰岩、板岩、变质板岩、千枚岩；燕山期混合花岗岩等18种地层。隧道出口端（20km）主要地层岩性为燕山期花岗岩；寒武系变质砂岩、千枚岩、片岩；志留系灰岩、白云质砂岩；泥盆系白云岩、灰岩夹石英砂岩等8种地层。

23.2.5.3 地质构造

测区位于印度板块与欧亚板块相碰撞的板块结合带，为青、藏、滇、缅巨型"歹"字形构造西支中段弧形构造带与经向构造带之"蜂腰部"南段。工作区内，怒江断裂带（F_1）和泸水－瑞丽断裂带（F_2）在本工作区北缘紧密挤压成平行索状，往南两断裂带逐渐撒开，由SN向转向SE或SW向偏转，呈一帚状形态。两断裂带间三角地带为侵入的花岗岩体。SN向转SW向弧形构造带、SN向构造带及NE向构造带组成区内构造体系，形成"A"字形基本构造骨架。隧道进口端发育有镇安断裂、怒江断裂等12条断层（裂）和2个向斜；隧道出口端主要发育勐冒断裂、傈粟田断裂等7条断层和两段蚀变岩带。

23.2.5.4 气象水文

测区属热带—亚热带季风气候区，日照丰富，雨量充沛，气温年差小，日差大，年平均气温为14.9～19.5℃，其中5至9月气温高于20℃，极端最高气温为30.5～36.2℃，12月至次年2月月平均气温较低，一般在0.7～10℃，极端最低气温为-0.6～-4.8℃，地面下10cm月平均温度一般低于当月平均气温2℃左右。区内气候垂直分带明显，一般海拔每增高100m，气温降低约0.5℃。山脉南坡暖于北坡，东侧背风坡暖于西侧迎风坡，深切割的狭窄河谷暖于开阔坝区。

由于受孟加拉湾暖温气流控制，测区每年5至10月为雨季，11月至次年4月为旱季，年平均降雨量为967.1～2105.7mm，最大可达2597.7mm。雨季月平均降雨量一般为120～260mm，山区可达1000mm，最大日降雨量可达100.8mm。由于受地形条件的影响，降雨量有随地形增高而增加的规律。工程区地表分水岭地带，海拔大致在2400m以上，年降雨量均在2000mm以上；低中山区，海拔在1600～2400m范围内，年降雨量一般在1500～2000mm之间；而在坝区、河谷地带及低山丘陵区，年降雨量则小于1500mm。

23.2.5.5 交通概况

高黎贡山隧道出口凹子地附近仅有乡村便道，交通不便。1号斜井出口位于镇安镇黄豆地自然村以北900m一沟槽内，仅有人行小路通行，交通不便；1号竖井位于镇安盆地东边缘，D1K205+080右侧，附近有老滇缅公路通过，交通较便利；2号竖井位于D1K212+435左60m山坡顶部，交通条件较差。

23.2.5.6 物资供应

（1）甲供材料。

根据招标文件要求，本标段工程中的甲供材料包括：隧道防水板、止水带、涵洞防水层和弹性支承块。

(2)其他物资材料。

除甲供材料以外,其余物资材料均就近采购,主要工程材料实行招标采购。所有自购的物资材料规格、型号、性能及数量等要求符合设计及规范要求。

23.2.5.7 水电及通信条件

(1)沿线水源、电源、燃料等可资利用的情况见表23-3。

(2)工程沿线均有无线通信信号,进场后安装有线通信,可以满足施工需要。

资源可利用情况表　　　　表23-3

序号	名称	可利用情况
1	水源情况	当地水资源丰富,可以从山顶或山下河道引取
2	电源情况	可从当地引入35kV高压电
3	燃料及配件情况	油料可从当地采购;普通配件均可从当地采购

23.2.5.8 其他相关情况

(1)地区卫生防疫情况。

本标段地处山区,居住地分散,距离镇附近居住较集中,未见地方病及流行病发生。施工时注意保持生活和生产环境卫生,坚持杀虫灭鼠,注射流感、甲肝等相应传染性疾病疫苗。山区以前有疟疾发生的问题,项目部提前在当地做好调查,并做好应急预防措施。

(2)民风民俗。

本地属于少数民族地区,施工期间注意熟悉少数民族地区民风民俗,尊重少数民族宗教信仰、风俗习惯和语言文字,遵守乡规民约,正确处理与少数民族的关系,做到平等待人、和睦共处,把握和谐、平等、团结三要素,构建民族路、和谐路。

(3)社会环境。

根据龙陵县当地企业了解,当地政府对铁路建设支持力度较大,当地劳务较少,技能水平低,管理难度大。主要施工人员均需从内地招募。项目所处地区离边境线较近,靠近缅甸,人员组成复杂,现场维稳压力较大,隧道出口周边有村寨和当地农田,施工可能会造成扰民。

23.2.6 工程特点、重难点分析

(1)高黎贡山隧道工程地质条件极为复杂,TBM设备应具备相应地层的处理能力。

高黎贡山隧道工程地质条件具有"三高"(高地热、高地应力、高地震烈度)、"四活跃"(活跃的新构造运动、活跃的地热水环境、活跃的外动力地质条件和活跃的岸坡浅表改造过程)的特征。根据设计提供的地质勘探资料,高黎贡山隧道存在高温热害、软岩大变形、涌水、断层破碎带、岩爆、岩溶、蚀变岩及节理密集带、活动断裂带、高烈度地震带、放射性、有害气体、滑坡、偏压、顺层等多种地质条件。出口段主要采用TBM施工,其对地质的敏感性极强,各种不良地质均会对TBM的利用率造成较大影响;针对复杂的地质条件,要求TBM设备具备相应地层的处理能力,配置较为先进的辅助设施,制定并落实各项应对措施,确保施工顺利开展;同时加大科研攻关,群策群力,解决施工遇到的工程问题。

(2)软岩大变形段施工是重、难点。

高黎贡山隧道出口TBM施工的D1K218+600~218+800段、D1K219+100~219+250段穿越片岩、板岩、千枚岩夹石英岩、变质砂岩地层,以及D1K214+810~+860段、D1K217+300~+350段通过傈粟田断层、塘坊断层段可能发生软质岩变形。

隧道施工中,因为开挖后改变了岩体原始的受力平衡状态,岩体暴露在空气中,会发生松弛变形。而软岩段围岩的自承能力不足,更易发生大变形。如果支护不及时、支护强度或刚度不够,均会

导致初期变形过大,超过预留变形量,致使衬砌前需进行换拱处理以保证二次衬砌厚度。在有些高地应力条件下的软岩甚至在二次衬砌施作完成以后仍长期发生持续缓慢的变形,导致次二衬砌开裂,结构侵入限界,需进行返工处理。TBM 软岩施工过程中则可能发生卡机受困事故。软岩变形段施工历来属于隧道施工的质量关键控制点,目前为止,仍未完全解决软岩大变形问题,施工难度非常大,控制软岩大变形是本工程的重点和难点。

(3) 本隧道涌水量大,地下水处理是本工程的重、难点。

高黎贡山隧道出口段涌水量达 $4.15 \times 10^4 m^3$,施工阶段如不能及时排出地下水,积水会软化围岩致使地基承载能力降低,导致结构变形开裂。如遇到向斜或断层破碎带处,没有准确预测水文地质条件,施工中可能存在涌水突泥事故,轻则造成隧道被淹,重则可能导致重大的人员、设备和财产损失。施工阶段防排水施工质量如存在问题,则可能在隧道建成后的运营期间发生渗漏水,会危及结构使用寿命和功能,可能严重影响到运营安全。

地下水的存在严重影响隧道施工作业条件,对安全质量均有重要影响,并可能导致后期运营安全,施工阶段对地下水的处理是保证施工顺利进行,确保工程安全质量的前提,对地下水的探测、处理属于隧道施工的重点,也是难点。

(4) 高黎贡山隧道出口独头施工距离长,洞内多作业面施工,相互干扰、制约,施工组织要求高、管理难度大。

正洞 TBM 独头掘进距离长达 13.26km,同步开展衬砌施工,以及横通道等附属洞室同步钻爆开挖,洞内存在多作业面施工;同步衬砌段的单线运输、连续皮带机穿行台车、横通道防爆时管线防护(需停风)等,对 TBM 施工作业都存在较大干扰。必须做好现场各工序的统一协调,以洞内运输线路的畅通为主线,安排好洞内各作业面的施工平衡点,确保各工序均能顺利开展,整体工作同步推进。

(5) 保证 TBM 施工作业环境,对施工通风要求高。

出口正洞 TBM 独头掘进 13.26km,平导 TBM 独头掘进 11.518km,掘进距离长,加之沿途同步衬砌等作业对通风的影响,以及洞内可存在的高温热害及有害气体、TBM 设备自身运转发热等,很可能导致洞内高温热害。对通风方案的设计和选择及通风管理相对于常规隧道更高。

良好的通风作业效果,对于隧道降低粉尘和有害气体浓度作用明显,对于隧道高温热害地段的降温也意义重大,良好的施工环境是保证洞内作业人员施工效率和身心健康的前提。施工通风是保证隧道安全、快速施工不可或缺的重要前提,属于施工管理的重点。由于高地热环境下的施工通风不同于常规隧道的施工通风,施工期间需要根据地质预报情况优化施工通风方案,制定施工通风预案。

(6) TBM 掘进指高程、工期紧、任务重、建设时间长。

根据施组计划,I 线工期为 78 个月,要求大 TBM 平均进度指标达到 300m/月,小 TBM 平均进度指标达到 350m/月,方能保证出口工期任务。高黎贡山地质的特殊复杂性;节理密集带、蚀变岩等软弱破碎带施工段落长,IV、V 级围岩所占比例达 40%;加之隧道内作业面多,各工序之间相互干扰大,施工效率低,TBM 要达到掘进进度指标困难较大。

(7) 洞口钻爆段工程风险高,施工组织难度极大。

洞口平导、正洞钻爆段均为 V 级围岩,隧道埋深浅,隧间距小,围岩稳定性差,施工过程中易发生大变形,安全风险极高。其中全长 85m 的双侧壁导坑法洞段开挖断面达 $302m^2$,且下穿 1900 万 m^2 的凹子地古滑坡体,顶板最小基岩厚度不足 4m,施工风险极高。施工过程中要严格按照工法组织施工,并加强超前地质预报、监控量测工作,确保施工安全;此外,隧道涉及开挖工法多,且断面转换频繁,高峰期开挖作业面多达 7 个,施工组织难度极大。

(8) 安全风险极高,组织管理的管控要求严,施工安全管理是本工程的重、难点。

高黎贡山隧道属于特长隧道,地质条件极其复杂,工期紧张,属于 I 级风险隧道。隧道存在高地温、涌水突泥、高地应力岩爆、软岩大变形、断层破碎带及活动断层等不良地质,在不良地质地段施工,易发生安全质量事故,稍有不慎就可能造成重大的人员、设备和财产损失。

在Ⅱ线平导扩挖施工阶段中后期,大瑞铁路已经正式运营,扩挖施工属于临近既有线施工,安全风险高,需要采取控制爆破措施,完善安全预案,避免对既有线正常运营的影响,确保扩挖施工顺利进行。

施工过程中如果对风险点识别不完全,方案不合理,把控不到位,则可能发生严重事故,甚至造成重大损失。加强安全风险管控,将安全措施落实到每道工序和各个环节,安全监控无死角,将可能的安全风险损失降低到最低,需要制定隧道施工风险应急预案,配备必要的报警、应急通信、应急照明、应急排水等系统。施工中的安全管理责任重大,施工安全管理属于本标段施工管理的重点和难点。

23.3 施工总体部署

23.3.1 指导思想

针对本工程的施工规模和特点,确立本标段施工规划原则和指导思想为"机构精干,队伍专业,科技先行,设备精良,保障有力,管理规范,施工科学,关系协调,保护环境,保障安全,保证工期,确保质量"。

施工组织以高黎贡山隧道为重点,TBM段的施工组织是该重点的核心。

对各专业施工队伍、机械设备等资源进行优化配置,精心组织。

制定合理的安全保证措施和创优规划,确保招标文件规定的质量、安全技术要求。

制定合理的施工组织设计方案,规范管理,动态控制,保证工程快速施工,确保实现招标文件的工期目标。

在精心组织施工的前提下,自始至终把"环境保护和水土保持"放在日常工作的重要位置,常抓不懈,确保实现招标文件对工程环境保护和水土保持的要求。

23.3.2 施工总目标

23.3.2.1 质量目标

单位工程一次验收合格率100%。

23.3.2.2 安全目标

杜绝生产安全因工责任死亡事故,杜绝特大道路交通、一般C类及以上铁路交通事故,杜绝火灾死亡事故,杜绝特种设备爆炸、倾覆、折断、坠落事故。遏制其他一般事故。

杜绝责任死亡事故,负伤率控制在10‰以下,尘肺等职业病检出率控制在5‰以下,急性中毒发生率控制在4‰以下。

23.3.2.3 环保目标

实现环保零投诉。

23.3.2.4 工期目标

招标文件要求本标段Ⅰ线计划工期为78个月,增建Ⅱ线工程2025年11月30日竣工,Ⅰ、Ⅱ线总工期为120个月。

根据本标段施工组织安排,Ⅰ线工程计划竣工日期为2022年8月24日,总工期为82个月;增建Ⅱ线工程计划竣工日期为2023年9月28日,总工期为94个月。

23.3.2.5 文明施工目标

大理至瑞丽铁路总共9个土建标段,信用评价目标为全线前3名。

23.3.3 施工组织机构、队伍部署和任务划分

23.3.3.1 施工组织机构

按项目法组织施工,集团公司成立项目经理部。项目经理部下设六部两室一厂一中心,即工程部、财务部、工经部、安质部、物资部、设备部、综合办公室、中心试验室、材料厂和技术服务中心,集团公司成立高黎贡山隧道专家组。项目组织机构如图23-1所示。

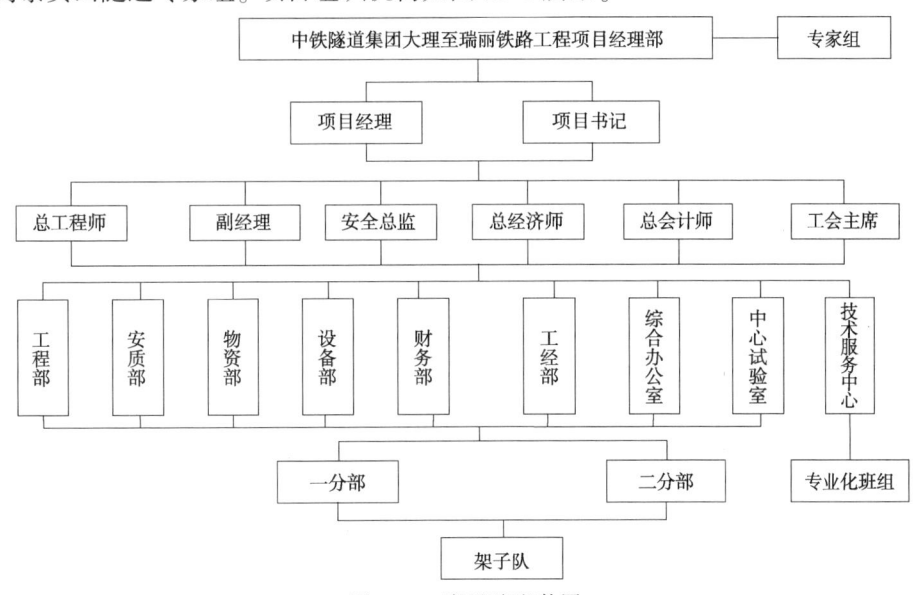

图23-1 项目组织机构图

23.3.3.2 总体施工组织

本工程按项目法组织施工,以"满足全线铺轨要求为底线,紧扣高黎贡山隧道1号斜井工区开挖支护、二次衬砌施工关键线路,竖井工区及出口工区同步推进,配齐资源,适时开展洞外车站路基、涵洞等工程的施工"为总体施工组织原则,确保工程按期进行。为了加强管理,更好地按建设单位要求优质地完成该工程的施工任务,根据本标段工程特点及工程分布情况,并考虑任务量和管理跨度的大致平衡,标段采用项目法组织施工。成立项目经理部,将本标段划分为4个工区,共组织12个专业架子队进行施工。本标段各项目工程分别由专业作业队承担施工。

(1)总体施工组织顺序。

本标段工程总体施工顺序如图23-2所示。

(2)总体施工组织阶段规划。

根据总体组织安排,本项目施工组织规划按照7个阶段进行,项目经理部将以"一丝不苟抓质量,千方百计抓进度,万无一失保安全"的精神,确保把本标段工程建设成为"优质、高效、安全、文明"的工程。

总体施工组织阶段规划表见表23-4。

(3)施工区段划分。

本标段高黎贡山隧道总体施工组织形象示意图(略)。

①Ⅰ线工程施工。

根据本标段工期要求、工程特点及工程分布等实际情况,为了便于管理,更好地按建设单位要求优质地完成该工程的施工任务,结合标段所处的地形、地貌条件、实际交通条件,并考虑工程任务量和管理跨度的大致平衡,靠前指挥兼顾重难点工程的现场管理和现场工程协调,根据项目法组织原则,成立项目经理部,将本标段划分为4个工区进行管理,共组织13个专业架子队进行施工。

②高黎贡山隧道增建Ⅱ线工程施工区段划分。

高黎贡山隧道增建Ⅱ线工程施工采用5个工区(进口工区、1号斜井工区、1号竖井工区、2号竖

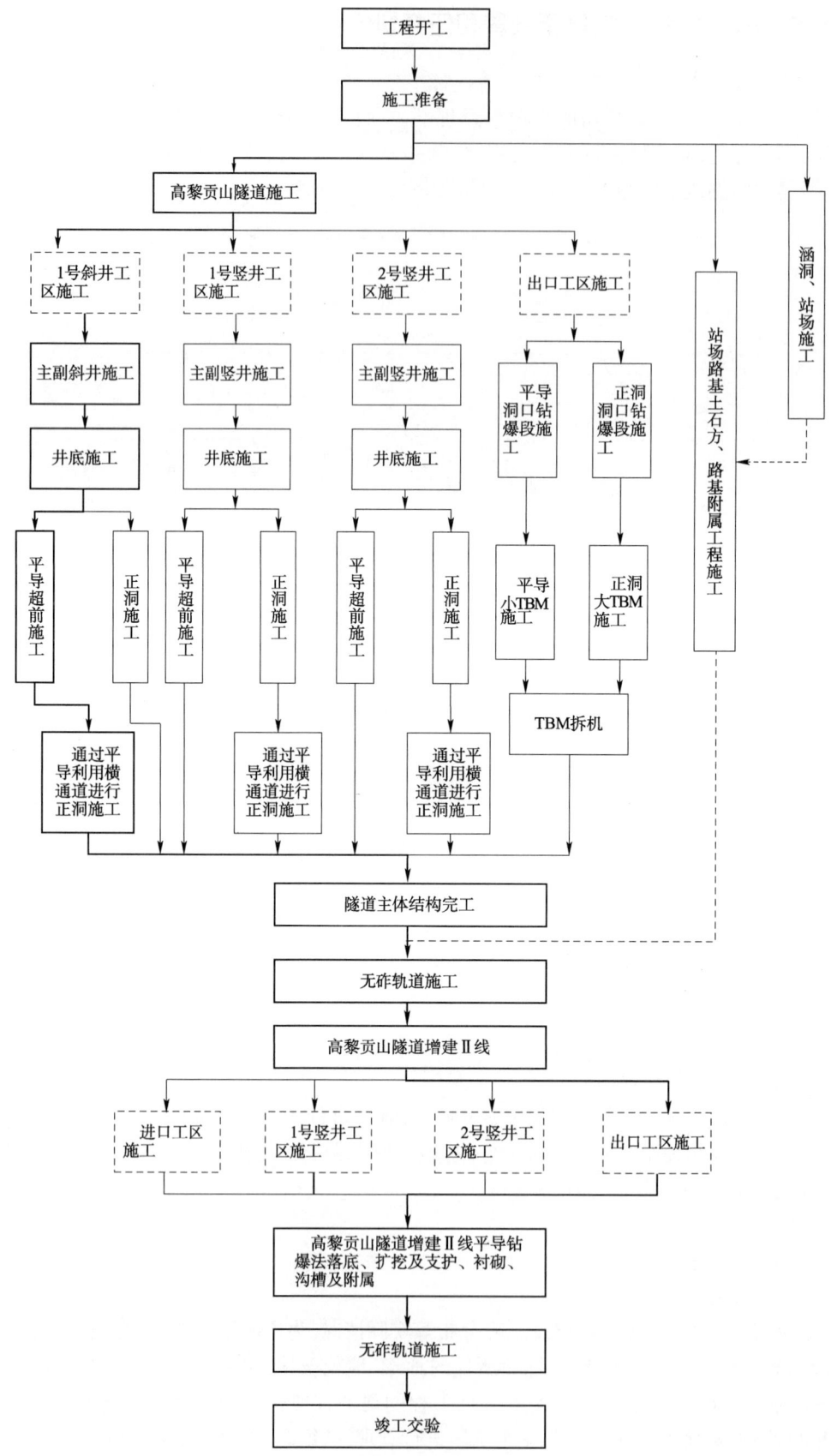

图 23-2 本标段总体施工顺序图

井工区、出口工区)同时施工,共组织5支架子队进行作业。

总体施工组织阶段规划表 表23-4

施工阶段	各施工阶段组织主要内容	
一、前期准备阶段筹划	施工时间	2015年12月1日至2016年3月15日(斜井、竖井口为2个月准备时间)
	计划目标	达到实质性开工条件
	施工区域	1号斜井工区、1号竖井工区、2号竖井工区、出口工区临近洞口施工场地
	施工内容	项目部临时设施等规划,施工组织设计与各项管理计划措施的编制、测量定位、人员调配与培训、设备配置、物资采购以及各种机具的调试等工作,现场具备条件后可立即开始正常施工
二、斜井、竖井及出口段钻爆法施工,TBM采购、制造,洞外工程施工阶段	施工时间	2016年3月15日至2019年1月24日
	计划目标	斜井、竖井施工完成,为及早进行正洞施工创造条件;出口车站钻爆段完成、TBM进场组装、始发
	施工区域	1号斜井工区、1号竖井工区、2号竖井工区、出口工区
	施工内容	1号斜井的开挖、支护施工;1号竖井的开挖、支护、衬砌施工;2号竖井的开挖、支护、衬砌施工;出口车站段正洞、平导的开挖、支护及衬砌施工;洞外车站路基土石方、路基附属工程、车站地道(不含装修)、排水槽、通站道路及涵洞等的施工
三、正洞、平导钻爆法+TBM法施工,洞外站场路基填筑	施工时间	2017年3月15日至2022年5月14日
	计划目标	全面完成正洞、平导开挖、支护、衬砌,站场路基利用洞渣填筑等施工
	施工区域	各工区正洞及平导
	施工内容	通过斜井、竖井进行正洞、平导的开挖、支护及衬砌等施工,洞外站场路基利用出口工区隧道洞渣填筑施工。出口工区正洞、平导TBM掘进、衬砌
四、正洞无砟道床施工及Ⅰ线验收	施工时间	2021年10月17日至2022年8月24日
	计划目标	正洞贯通以后及时进行正洞无砟道床及沟槽附属等施工
	施工区域	本标段正洞
	施工内容	完成隧道正洞双块式无砟道床的运输、安装及沟槽和附属等施工;进行Ⅰ线施工验收
五、增建Ⅱ线平导落底、扩挖施工	施工时间	2018年10月14日至2022年12月30日
	计划目标	增建Ⅱ线施工
	施工区域	本标段平导
	施工内容	完成1号斜井施工联络通道,通过进口工区、1号斜井工区、2号竖井工区、出口工区进行平导钻爆法落底、扩挖,支护及二次衬砌的施工
六、增建Ⅱ线无砟道床施工及验收	施工时间	2023年3月28日至2023年9月28日
	计划目标	平导无砟道床施工
	施工区域	本标段平导
	施工内容	完成隧道平导双块式无砟道床的运输、安装施工,沟槽及附属施工
七、退场、复垦、竣工验收	施工时间	2023年9月28日至2023年11月28日
	计划目标	退场恢复及竣工交验
	施工区域	全标段范围
	施工内容	完成所有的临时场地复垦或清理,完成所有竣工资料的编制及验收

23.3.4 施工总体平面布置

23.3.4.1 施工场地布置原则

(1)临时工程设置遵照《铁路大型临时工程和过渡工程设计暂行规定》。临时工程设施应统筹规划,集约合理,避免超标多建造成浪费。

(2)按照铁路建设标准化管理规定,所涉及的拌和站等大临设施须达到工厂化、机械化要求。

(3)尽量利用现有乡村道路拓宽后作为施工便道,以减少施工便道工程量,同时考虑为村民的通行提供便利条件;贯通便道应尽量在沿线路两侧征地范围内设置,以减少征地。

(4)遵循"安全、经济、文明、合法"的原则,沿线路按功能完备、经济合理、尽量减少施工用地、少占农田的要求,使场地布置紧凑合理。

(5)尽量选用荒地、坡地、旱地作为施工场地,尽量少占良田,尽量减少房屋拆迁工程量;并使生产设施尽量靠近施工现场,以方便施工,方便材料运输,避免材料、设备的二次倒运,并保证道路运输通畅,以降低运输费用。

(6)合理划分施工区域,以减少各项施工间的相互干扰,并充分考虑雨季防洪,冬季防冻措施;注意现场水源及用电条件,尽量缩短供水供电管线长度。

(7)临时工程布置满足生产需要,避开不良地质和地形场所,并满足环保、水保、消防要求。

23.3.4.2 施工驻地建设及平面布置

(1)施工布局。

本标段施工驻地根据各自的施工任务量、工程重难点位置情况原则进行布置,靠前指挥和管理。

(2)实施方案。

住房面积按 $4m^2$/人,办公及公用生活服务设施面积按 $6m^2$/人建设。项目经理部、架子队住宿、公共用房、办公房屋等生活区房屋采用彩钢瓦组合板房,双层结构或单层。项目经理部设在龙陵县龙山镇桤木林。各分部、各工区驻地靠近洞口。

23.3.4.3 临时工程数量

本标段大型临时设施主要包括汽车运输便道、TBM 仰拱块预制厂、混凝土集中拌和站、通信、电力线路、TBM 高山水池、TBM 拼装场、隧道施工污水处理等。小型临时施工生产设施主要包括洞口值班房、空压机房、配电房、库房、加工车间、高山水池、污水处理池等。临时生产设施根据需要在洞口附近布置,以尽量方便施工生产需要。主要临时工程数量见表23-5。

主要临时工程数量　　　　　　　表23-5

序号	设施名称	单位	数量	序号	设施名称	单位	数量
1	生活及办公设施	m²	191470	10	普料库	m²	1600
2	电工房	m²	400	11	配件库	m²	2250
3	钢筋加工房	m²	8000	12	机械修理房	m²	2250
4	混凝土拌和站	m²	13840/4座	13	高山水池	座	1
5	调度室	m²	400	14	污水处理池	座	4
6	试验室	m²	1000	15	新修便道	km	17.2
7	砂石料场	m²	800	16	炸药库	处	4
8	水泥库	m²	800	17	雷管库	处	4
9	仰拱块预制厂	m²	6000				

23.3.4.4 施工平面布置示意图

按照项目经理部和架子队设置,成立"中铁隧道集团有限公司大瑞铁路工程项目经理部",项目经理部下划分为2个分部和1个技术服务中心,配置12支专业架子队进行施工,主要包括4支隧道架子队、1支TBM架子队、1支路基架子队、1支站场架子队、1支无砟道床架子队。

项目经理部设在龙陵县城,各架子队驻地设在1号斜井、1号竖井、2号竖井及高黎贡山隧道出口附近,项目经理部和架子队驻地采用新建防火彩钢板房屋为主,部分临建采用砖混或砖棚结构。

本标段除1号竖井位于路边,交通较为方便外,隧道出口、1号斜井、2号竖井现场道路条件较差。本标段需新建汽车运输便道干线 1.34km,新建汽车运输便道引入线 9.29km。

标段所经地带沿线用电主要以临时电力干线接地方电源为主,施工前期配置自备发电机作为施工电源,主干线接通后发电机作为备用电源。施工总平面布置图略。

23.3.5 施工进度计划

23.3.5.1 阶段工期安排

本标段工程按工程施工内容的区别主要分为三个施工阶段,分别为施工准备阶段、Ⅰ线工程施工阶段及增建Ⅱ线工程施工阶段。

本标段主要分阶段工期安排见表 23-6。

施工工期分阶段工期安排　　　　表 23-6

序号	项 目	工期(d)	开始时间	结束时间
1	施工准备阶段	150	2015 年 12 月 1 日	2016 年 4 月 29 日
2	Ⅰ线工程施工阶段	2216	2016 年 4 月 29 日	2022 年 8 月 24 日
3	增建Ⅱ线工程施工阶段	1810	2018 年 10 月 14 日	2023 年 9 月 28 日

23.3.5.2 隧道开挖/掘进施工进度指标

根据各项指标分析,本标段开挖/掘进施工进度指标见表 23-7。

隧道开挖/掘进施工进度指标　　　　表 23-7

	项　目		Ⅱ	Ⅲ	Ⅳ	Ⅴ
钻爆法进度指标(m/月)	竖井工区（无轨）	竖井工程	80	80	60	45
		通过竖井施工平导	140	140	105	70
		通过竖井施工正洞	105	85	70	45
	斜井工区（无轨）	斜井工程	255	200	140	75
		通过斜井施工平导	255	200	140	75
		通过斜井施工正洞	175	110	80	50
	出口工区（无轨）	平导	260	210	150	85
		正洞	190	120	85	50
		正洞(双线车站段)	—	130	70	40
大 TBM 进度指标(m/月)	出口工区	正洞	350	400	280	120~170
小 TBM 进度指标(m/月)	出口工区	平导	420	480	330	140~200
竖井工区转入正洞、平导换装时间 3 个月,斜井工区转入正洞、平导换装时间 2 个月						

23.3.5.3 隧道衬砌施工进度指标

(1)钻爆法衬砌施工。

根据我集团钻爆法隧道衬砌的施工经验,钻爆段隧道衬砌作业时间见表 23-8。

钻爆段隧道衬砌循环时间表　　　　表 23-8

序号	项　目	钻爆段衬砌时间(h)	备　注
1	铺挂防水板、绑扎钢筋	8	超前施工
2	台车就位	1.0	
3	立挡头板,安止水带	1	
4	浇混凝土	6	对称浇筑

续上表

序号	项 目	钻爆段衬砌时间(h)	备 注
5	等强养生	28	混凝土强度达到要求后拆模
6	脱模、清理、涂脱模剂	2.0	
7	合计	38	不含铺设防水板时间

根据表 23-8,钻爆段衬砌施工进度指标为:

$$\frac{720\ 小时/月}{38\ 小时/循环} \times 12\mathrm{m}/循环 = 227\mathrm{m}/月$$

衬砌施工进度主要受开挖支护工期影响,钻爆法开挖及初期支护后,二次衬砌适时紧跟,平均进度满足平均开挖施工进度需要。

(2)TBM 法施工衬砌施工。

TBM 采用 2 台穿行式模板台车衬砌。TBM 段隧道衬砌作业循环时间见表 23-9。

TBM 段隧道衬砌循环时间表 表 23-9

序号	项 目	TBM 段隧道衬砌时间(h)	备 注
1	铺挂防水板、绑扎钢筋	8	超前施工
2	台车就位	1	
3	立挡头板,安止水带	1	
4	浇混凝土	8	对称浇筑
5	等强养生	28	混凝土强度达到要求后拆模
6	脱模、清理、涂脱模剂	2	
7	合计	40	不含铺设防水板时间

根据表 23-9,TBM 段隧道衬砌施工进度指标为:

$$\frac{720\ 小时/月}{40\ 小时/循环} \times 16\mathrm{m}/循环 = 288\mathrm{m}/月$$

考虑两台模板台车与 TBM 掘进的相互干扰,取每台台车的进度指标为 240m/月,由于 TBM 掘进最大施工进度为 480m/月,因此采用两台模板台车进行二次衬砌能够满足施工需要。

23.3.5.4 主要节点工期安排

本标段主要节点工期安排见表 23-10。

主要节点工期安排表 表 23-10

序号	项 目	工期(d)	开始时间	结束时间
1	工程开工	1	2015 年 12 月 1 日	2015 年 12 月 1 日
2	施工准备及临时工程	150	2015 年 12 月 1 日	2016 年 4 月 29 日
3	隧道施工(未含无砟轨道施工)	2206	2016 年 4 月 29 日	2022 年 6 月 14 日
4	车站、路基附属施工	2011	2016 年 6 月 3 日	2021 年 12 月 5 日
5	涵洞施工	2127	2016 年 3 月 21 日	2022 年 1 月 16 日
6	无砟轨道施工	311	2021 年 10 月 17 日	2022 年 8 月 24 日
7	Ⅰ线完工时间	1	2022 年 8 月 24 日	2022 年 8 月 24 日
8	增建Ⅱ线隧道施工	1810	2018 年 10 月 14 日	2023 年 9 月 28 日
9	增建Ⅱ线隧道完工	1	2023 年 11 月 28 日	2023 年 11 月 28 日

23.3.5.5 专业工程工期安排

主要专业工程工期安排见表 23-11。

主要专业工程工期安排表　　　　　　　　　　　　　　　　　　　　　　　表 23-11

序号	专业工程名称	工期(d)	开始时间	完成时间
1	隧道施工(为Ⅰ线隧道，未含无砟道床施工)	2237	2016年4月29日	2022年6月14日
1.1	斜井工区施工	2189	2016年4月29日	2022年4月27日
－1	主副斜井施工	1000	2016年4月29日	2019年1月24日
－2	井底车场及换装	61	2018年12月18日	2019年2月17日
－3	平导施工	522	2019年2月18日	2020年7月24日
(1)	进口方向(1660m)	370	2019年2月18日	2020年2月23日
(2)	出口方向(2819m)	522	2019年2月18日	2020年7月24日
－4	正洞施工	1136	2019年3月18日	2022年4月27日
(1)	进口方向(1307m)	508	2019年3月18日	2020年8月7日
(2)	出口方向(3230m)	1074	2019年5月19日	2022年4月27日
1.2	1号竖井工区	1965	2016年12月26日	2022年5月14日
－1	竖井施工	665	2016年6月20日	2018年4月16日
－2	井底车场及换装	150	2018年4月17日	2018年9月14日
－3	平导施工	1062	2018年9月15日	2021年8月12日
(1)	进口方向(2761m)	666	2018年9月15日	2020年7月12日
(2)	出口方向(2931m)	1062	2018年9月15日	2021年8月12日
－4	正洞施工	1274	2018年9月15日	2022年3月12日
(1)	进口方向(2350m)	764	2018年9月15日	2020年10月18日
(2)	出口方向(3690m)	1274	2018年9月15日	2022年3月12日
1.3	2号竖井工区	1776	2017年5月1日	2022年3月12日
－1	竖井施工	425	2017年5月1日	2018年6月30日
－2	井底车场及换装	151	2018年6月30日	2018年11月28日
－3	平导施工	1097	2018年7月30日	2021年7月31日
(1)	进口方向(4424m)	1097	2018年7月30日	2021年7月31日
(2)	出口方向(2160m)	987	2018年8月29日	2021年5月12日
－4	正洞施工	1200	2018年11月28日	2022年3月12日
(1)	进口方向(3665m)	1198	2018年11月28日	2022年3月12日
(2)	出口方向(2225m)	711	2019年1月26日	2021年1月6日
1.4	出口工区	2018	2016年5月8日	2021年11月16日
1.4.1	出口钻爆法施工	1339	2016年5月8日	2020年1月7日
－1	平导施工(1173.217m)	1148	2016年5月8日	2019年6月30日
(1)	洞口段施工(993.217m)	459	2016年5月8日	2017年8月10日
(2)	广林坡断层(90m)	96	2018年10月9日	2019年1月13日
(3)	老董坡断层(90m)	95	2019年3月27日	2019年6月30日
－2	正洞施工(含衬砌)	1254	2016年8月1日	2020年1月7日
(1)	洞口段施工(670m)	445	2016年8月1日	2017年10月20日
(2)	广林坡断层(90m)	120	2019年2月14日	2019年6月14日
(3)	老董坡断层(90m)	127	2019年9月2日	2020年1月7日

续上表

序号	专业工程名称	工期(d)	开始时间	完成时间
1.4.2	TBM施工	1528	2017年9月10日	2021年11月16日
—1	小TBM施工(10000m)	1101	2017年9月10日	2020年9月15日
(1)	TBM步进	14	2017年9月10日	2017年9月24日
(2)	起点至广林坡(4900m)	378	2017年9月25日	2018年10月8日
(3)	广林坡至老董坡(760m)	71	2019年1月14日	2019年3月26日
(4)	老董坡至终点(4760m)	444	2019年6月29日	2020年9月15日
—2	大TBM施工	1476	2017年11月1日	2021年11月16日
(1)	TBM步进	29	2017年11月1日	2017年11月30日
(2)	起点至广林坡(5150m)	476	2017年12月1日	2019年3月22日
(3)	广林坡至老董坡(760m)	80	2019年6月14日	2019年9月2日
(4)	老董坡至终点(6500m)	678	2020年1月8日	2021年11月16日
1.4.3	衬砌	2093	2016年9月20日	2022年6月14日
1.4.4	隧道沉降观测	271	2021年9月16日	2022年6月14日
1.5	车站、路基附属施工	2011	2016年6月3日	2021年12月5日
1.6	涵洞施工	2127	2016年3月21日	2022年1月16日
1.7	无砟轨道施工	311	2021年10月17日	2022年8月24日
1.8	Ⅰ线完工时间	0	2022年8月24日	2022年8月24日
2	增建Ⅱ线隧道施工(含无砟道床施工)	1809	2018年10月15日	2023年9月28日
2.1	1号斜井工区施工	365	2021年9月1日	2022年9月1日
—1	进口方向施工(2662m)	151	2021年9月1日	2022年1月30日
—2	出口方向施工(2819m)	214	2022年1月30日	2022年9月1日
2.2	1号竖井工区施工	363	2022年1月1日	2022年12月30日
—1	进口方向施工(2761m)	241	2022年1月1日	2022年8月30日
—2	出口方向施工(2931m)	304	2022年3月1日	2022年12月30日
2.3	2号竖井工区施工	486	2021年6月1日	2022年9月30日
—1	进口方向(4424m)	486	2021年6月1日	2022年9月30日
—2	出口方向(2160m)	273	2021年9月1日	2022年6月1日
2.4	出口工区施工	1173	2018年10月15日	2021年12月31日
—1	进口方向施工(12063m)	1173	2018年10月15日	2021年12月31日
2.5	增建Ⅱ线隧道沉降观测	59	2022年12月31日	2023年2月28日
2.6	增建Ⅱ线隧道无砟轨道施工	184	2023年3月28日	2023年9月28日
2.7	退场恢复及竣工交验	60	2023年9月29日	2023年11月28日

23.3.5.6 关键线路分析

(1)工程进度计划横道图及网络图。

总体施工进度计划横道图见"工程进度横道图及网络图"。

(2)关键线路分析。

本标段是以高黎贡山隧道工程为主的大型铁路工程,同时还包括洞外站场路基土石方及涵洞,主要负责站前土建工程施工。总体施工顺序主要为路基、涵洞、隧道的施工→无砟道床施工→竣工验收。本标段高黎贡山隧道地质条件极端复杂,施工工期非常紧张,施工工法多样,现场组织管理难度非常大,属于标段控制性工程。

本标段施工计划依据中国中铁股份有限公司的资源配置状况和中国中铁股份有限公司的施工生产能力,同时仔细研究了本工程的特点、难点进行计划编制。根据隧道施工流水作业安排、围岩地质情况和不确定因素分析,在Ⅰ线工程施工阶段,高黎贡山隧道1号斜井工区往出进口方向的暗挖施工作业面为本标段的关键控制性工程,增建Ⅱ工程施工阶段出口工区往小里程方向的扩挖为关键工序。

通过施工进度分析,本标段的关键线路为:工程开工→施工准备→1号斜井施工→通过1号斜井正洞出口方向→隧道无砟道床→Ⅰ线工程完工→增建Ⅱ线工程施工准备→增建Ⅱ线工程出口工区平导扩挖隧道→增建Ⅱ线工程无砟道床→退场恢复、竣工交验→工程完工。所有节点工期均满足招标文件阶段工期的要求。

进场后精心组织,实地调查,尽快制定洞口临建及便道施工方案,及时进行洞口施工准备,做到早进场,早施工,尽快形成生产能力,并保持稳产高产。施工中重点加强超前地质预报及监控量测,提早掌握前方地质,超前制定科学合理的施工方案,确保断层破碎带、节理密集带等不良地质段及特殊地质段的安全施工。

23.4 控制工程和重难点工程施工方案

本标段是以高黎贡山隧道为主,以及包括龙陵车站站场路基及涵洞工程的大型铁路项目。高黎贡山隧道全长34.538km,为目前国内在建的第一特长铁路单线隧道,属于大瑞铁路项目的关键控制性工程。高黎贡山隧道地质条件特别复杂,施工难度极大,安全风险极高,为规避施工风险和加快施工进度,高黎贡山设置了辅助坑道,为"1座贯通平导+1座斜井+1号竖井+2号竖井"模式,斜井和竖井均设主副井。现场施工组织和管理难度大。

本标段高黎贡山施工范围为D1K198+193~D1K226+840,长28647m,占隧道总长的82.9%,斜井、竖井均属于本标段施工范围,需同时组织4个工区进行隧道施工。设计采用钻爆法和TBM法同时施工的模式。出口以TBM施工为主,通过斜井和竖井分别进入平导和正洞施工,均采用钻爆法施工。

高黎贡山隧道的安全快速施工,对于确保大瑞铁路项目的顺利实施和按期运营,将起到关键作用。特殊的工程及水文地质条件和独一无二的工程规模注定其施工将广受关注,属于本标段的控制性工程和重难点工程,更是全线的控制性工程和重难点工程。科学合理的组织计划,充足的人力和设备资源保障,积极的技术和科研创新,安全高效的现场管控将是高黎贡山隧道顺利施工的前提。

23.4.1 机械化配套方案

根据文《关于铁路隧道施工机械化配置的指导意见》(铁建设函〔2008〕777号)及《中国铁路总公司关于2013年铁路建设工程质量工作的指导意见》(铁总办〔2013〕3号)对隧道提出机械化施工的要求;施工时选用多功能作业台架、气腿式凿岩机、装载机、湿喷机械手、注浆设备、衬砌模板台车、液压移动栈桥、仰拱移动模架、大型出渣运输机械等为主要特征的大型机械设备配套,组成超前支护、钻爆、装运、喷锚支护、衬砌等机械化作业线,严格机械设备管、用、养、修制度,科学管理,达到快速施工的目的,机械化配套方案按五条主线组织施工,即:钻爆作业线、初期支护作业线、装运作业线、仰拱作业线、防水衬砌作业线。

(1)高黎贡山隧道正洞Ⅱ、Ⅲ级围岩地段开挖按Ⅱ级机械化配套施工。

(2)装运作业线:采用无轨运输方案,侧卸式装载机装渣,挖掘机配合,自卸汽车运输,如图23-3所示。

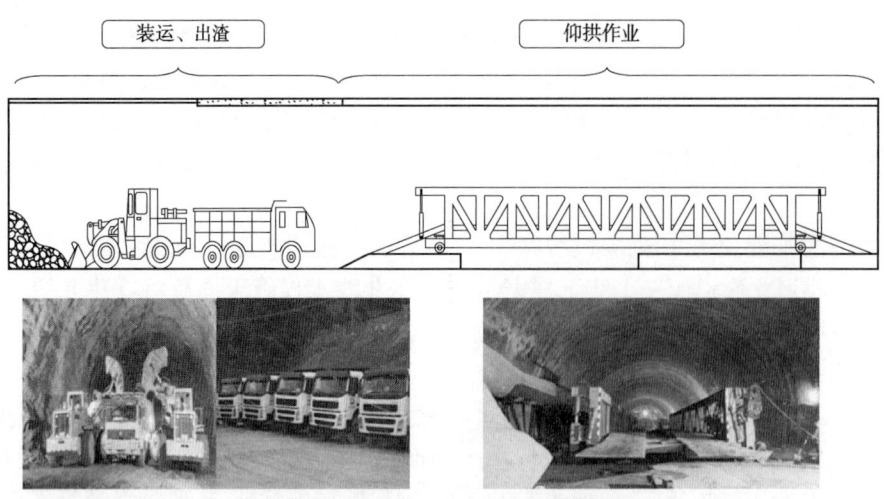

图 23-3　出渣装运及仰拱施工机械化作业线

(3)仰拱作业线:仰拱、填充采取全幅分段施工,利用液压移动栈桥上跨仰拱施工段,确保洞内运输通畅,利用仰拱移动模架立模、泵送混凝土、移动布料机浇筑仰拱混凝土,如图 23-4 所示。

(4)防水衬砌作业线:防水板采用铺设台车施作,洞外设混凝土自动计量拌和站生产混凝土,采用12m 液压模板台车衬砌,混凝土运输车运输,泵送入模,附属洞室采用组合模板施工,如图 23-4 所示。

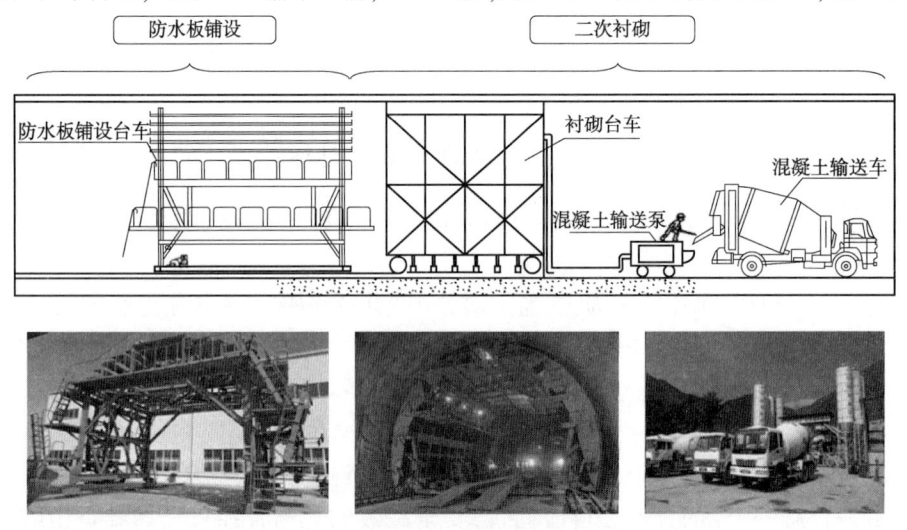

图 23-4　防水板、衬砌机械化作业线

高黎贡山隧道正洞Ⅳ、Ⅴ级围岩地段开挖按Ⅱ级机械化配套,除钻爆作业线采用多功能台架配凿岩机打眼光面爆破外,其他作业线机械配置与Ⅱ级机械化配套一致。

23.4.2　斜井施工方案

23.4.2.1　斜井井身施工方案

1 号斜井井身施工方案:

(1)本工区主井采用双车道衬砌断面,副井、联络通道均采用单车道衬砌断面,主斜井施工 20m 后开始施工副井,至井底进入正洞后,分进出口两个方向施工,其承担正洞 5602m、平导 4079m 施工任务。

(2)斜井洞身Ⅱ、Ⅲ级围岩段采用人工钻爆法全断面开挖,多功能作业台架钻孔,光面爆破,拼装机安装钢拱架,主井装载机装渣,副井采用挖装机装渣;Ⅳ、Ⅴ级围岩采用台阶法开挖,人工手持风钻钻孔,光面爆破,上断面利用挖掘机扒渣至下断面,主井采用装载机装渣,副井采用挖装机装渣,自卸汽车运渣至指定弃渣场;采用钢拱架拼装机安装钢架,湿喷机进行湿式喷混凝土作业。

(3)在斜井洞口设置全自动系统混凝土搅拌站,拌制喷混凝土及衬砌混凝土,喷混凝土采用湿喷工艺。

(4)衬砌段采用9m全断面液压模板台车、泵送混凝土入模的方式施工,仰拱采用栈桥跨越方式全幅一次性浇筑完成。

(5)新增斜井联络通道采用锚喷构筑法施工,Ⅲ级围岩地段采用全断面开挖,Ⅳ、Ⅴ级围岩地段采用台阶法开挖,锚网喷支护。在新增斜井联络通道上跨正洞和平导段衬砌完成后,开始施工新增联络通道。

(6)斜井新增出渣通道下穿线段采用框架涵,新增出渣通道在斜井井底车场建设时同步进行开挖支护工作。

23.4.2.2 斜井出渣运输施工方案

1号斜井主副井施工至井底前采用无轨运输出渣方式;进入正洞和平导施工后,主洞和平导均采用无轨运输,在井底车场建成后,通过无轨运输至斜井弃渣场。

23.4.2.3 斜井施工排水方案

主副斜井在3号联络通道之前均采用潜水泵将各自井身地下水排出洞外;在3号联络通道之后将主副井地下水抽至副井井身泵房,再通过泵房将地下水排出洞外;在井底泵房修建完成后,将地下水汇集至井底主副水仓后直接排出洞外。斜井井身施工期间可利用斜井联络通道设临时集水坑排水。

施工时斜井工区平导 PDK197+840~PDK199+500 及正洞 D1K198+193~D1K199+500 段需反坡排水,地下水通过移动泵房抽排至井底水仓后排出洞外。斜井工区出口方向为顺坡排水,排水主要采用顺坡自然排水,只在开挖面与仰拱区间设集水坑,用抽水设备将污水抽至成型或临时水沟内,自然顺坡排至井底水仓,再抽排到洞外污水处理池,处理达标后排放。为防止斜井洞外水流入斜井洞内,斜井出洞后设置3%的反坡。

23.4.2.4 斜井施工通风方案

1号主、副斜井建井期间采用无轨运输,为降低斜井井身段施工通风的难度,当主副斜井之间的横通道连通前,采用压入式通风,当主副斜井之间的横通道连通后,采用巷道式通风,详见图23-5,利用1号副斜井作为送风井,1号主斜井作为排污井。

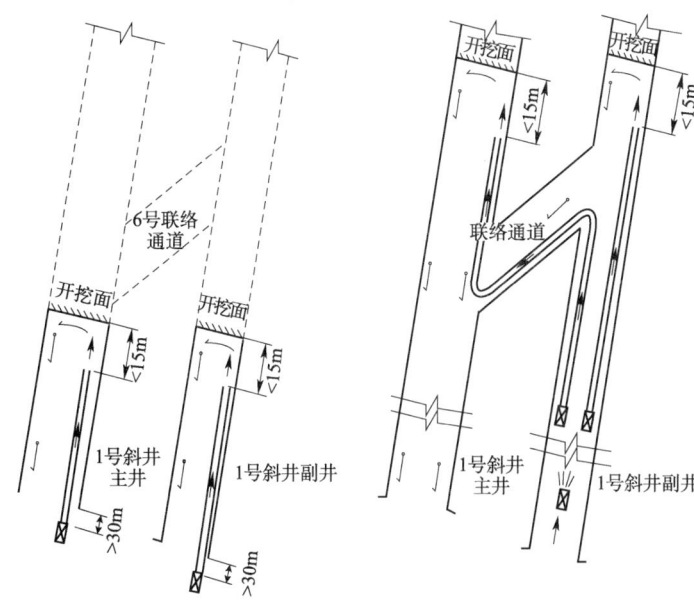

图 23-5　1号斜井施工通风平面布置

通过斜井施工正洞和平导期间,则在斜井段为巷道式通风,在正洞和平导则主要为压入式通风,将轴流风机布置在副井井底与主洞交叉口处,分别往各作业面压入新鲜空气,污风从主井排出,根据需要在洞内设置射流风机,以加快空气流通速度。

23.4.2.5 斜井机械化配套施工方案

施工时选用多功能作业台架、管棚钻机、装载机、挖掘机、湿喷机、仰拱栈桥、模板台车、大型出渣运输车等为主的大型机械设备配套,组成钻爆、装运、超前支护、喷锚支护、衬砌等机械化作业线,严格机械设备管、用、养、修制度,科学管理,达到快速安全施工的目的。

(1)钻爆作业线:采用多功能作业台架钻孔,光面爆破。

(2)装运作业线:采用侧卸式装载机或挖装机装渣,挖掘机配合,自卸汽车运输。

(3)喷锚作业线:采用多功能作业台架湿喷机喷射混凝土,风动凿岩机施工锚杆。

(4)衬砌作业线:洞外设混凝土自动计量拌和站生产混凝土,采用9m液压模板台车衬砌,混凝土运输车运输混凝土,泵送混凝土入模,专用洞室采用组合模板施工。仰拱、填充超前全幅分段施工,仰拱与填充分次浇筑,采用仰拱栈桥方式确保洞内运输通畅。

23.4.2.6 斜井不良地质施工方案

(1)1号斜井顺层偏压施工方案。

1号斜井岩层产状为:30°NW/36°SW,岩层走向与斜井方向近平行,倾向斜井左侧,视倾角约为36°,斜井全洞右侧存在顺层偏压,易造成较大变形和塌方。施工中需加强监测,采用超前管棚、超前注浆、加强支护措施及时封闭等,确保变形可控,避免大变形和坍塌,确保施工安全。

(2)1号斜井穿越断层施工方案。

1号斜井穿越观音山—矿洞断层,施工该段落必须严格按"早预报、先治水、管超前、短进尺、弱爆破、强支护、快封闭、勤量测,步步为营,稳步前进"的原则组织施工。

①超前地质预报。

采用开挖面地质素描、TSP203地震反射法、HSP水平声波反射法、地质雷达、红外探水和超前长距离钻探及炮眼加深探进行综合超前地质预测预报。对围岩的破碎和富水程度进行预测和验证。及时进行信息收集处理反馈,以调整施工方案和施工方法。

②施工方法。

注浆:根据超前地质预报所揭示地质断层及地下水的水量情况、按设计采取局部注浆或开挖后径向注浆和超前小导管注浆等注浆方式,确定注浆的范围。注浆结束后,对注浆效果进行检查,确定是否需进行补注浆,是否可以开挖。

开挖:根据现有资料针对不同断层采取不同的开挖方法,在开挖过程中根据实际情况适时进行调整。

初期支护:采用喷、锚、网、喷支护紧跟、钢架支护,喷射混凝土厚度符合设计要求。加强监控量测工作,根据位移量测结果,评价支护的可靠性和围岩的稳定状态,及时调整支护参数,确保施工安全。

仰拱超前施工,衬砌适度紧跟,形成封闭结构,提高衬砌结构的承载力;施工缝、沉降缝做特殊处理,一方面为了防水,另一方面可减弱地层活动性对衬砌结构的危害。

23.4.3 竖井施工方案

23.4.3.1 竖井井身施工方案

1号、2号竖井主副井井身施工采用短段掘进、衬砌混合作业的矿山法凿井作业方式进行施工。

(1)开挖方案:井身施工在0~25m段时,采用人工钻眼弱爆破,小型挖掘机配合25t汽车吊出渣;井身25m以上,且井架安装完成后,采用FJD-6型伞钻钻孔爆破,挖掘机配合HZ-6型中心回转抓岩机装渣,吊桶出渣。

(2)衬砌方案:竖井井壁采用整体滑模进行模筑混凝土施工。

1号、2号竖井主副井井身均采用短段掘砌混合作业方法,整体式金属模板砌壁;表土段一次掘进、砌壁高度不宜超过2m;基岩段一次掘进、砌壁高度不宜超过4m。在吊盘中层盘绑钢筋,下层盘浇灌混凝土,吊盘下部悬吊的临时盘作为井壁洒水养护和拆模的工作盘。衬砌采用伸缩式液压整体金属模板,整体金属刃角下行模板,该模板仅有一个收缩口,设有两个液压千斤顶,整个模板由3台凿井绞车悬吊,凿井绞车控制可同步起动,又可单独操作。模板上部设有环形浇筑装置,立模时模板垂直部分距上节井壁间留有10~20cm的间隙,形成浇筑口。立模找正后,将吊盘放至距模板3m的地方,分灰器放在吊盘上。井口搅拌好的混凝土经过井口输送槽,通过φ159mm混凝土溜灰管溜灰至吊盘分灰器进行分料,实现混凝土对称浇筑。混凝土分层浇筑厚度不超过300mm,混凝土入模后使用插入式高频混凝土振捣器振捣凝固。

(3)井底车场完成后,为提高作业效率,主副井的提升系统进行二次换装。主井布置2个单层单车(3.3m³ 固定式矿车)罐笼,主要功能为出渣;副井布置1个单层单车罐笼,主要功能为排水,人员进出,施工材料运送。

23.4.3.2 竖井建井出渣运输、混凝土运输施工方案

(1)出渣运输。

竖井采用HZ-6型中心回转式抓岩机装渣,座钩式吊桶出渣,渣提升至井口后,由自卸汽车运到弃渣场。

采用V型井架凿井,天轮布置在井架的天轮平台,在翻渣平台上布置两个渣石溜槽,配备座钩式自动翻渣装置,渣石落地后由装载机装运配合翻渣,汽车运渣。

竖井提升、翻渣布置详见图23-6所示。

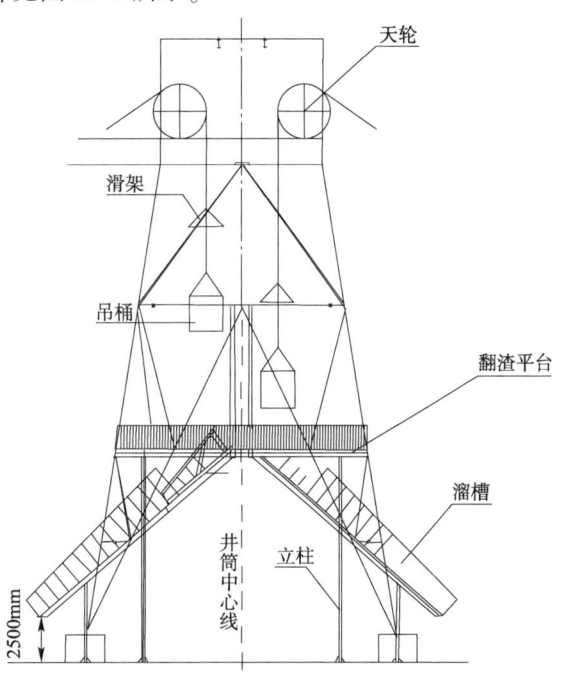

图23-6 竖井提升、翻渣布置示意图

(2)混凝土运输。

建井期间:混凝土采用大直径溜灰管输送到吊盘分混凝土槽内,二次搅拌后通过吊盘周边4根埋线胶管入模。

正洞、平导施工期间:用大直径溜灰管将地表拌制的混凝土输送至井底搅拌场,在井底搅拌场进

行二次搅拌工作后,再通过轨行式混凝土罐车,将混凝土运输至支护、仰拱及衬砌作业面。

23.4.3.3 竖井施工通风方案

竖井井身及井底车场施工期间采用压入式通风,井底车场形成、换装完成后,正洞和平导施工期间采用巷道式通风。以副井作为新鲜风进入通道,在井底副井附近的井底联络风道安装轴流风机,向各作业面供应新鲜风。

根据地热的实际情况,平导及正洞通风管采用双层隔热软风管。当通风降温不足以将作业面附近100m范围区域气温控制在不大于28℃时,启动施工预案,采取机械制冷措施对通风管路内的新鲜风冷却降温,并将新鲜冷却风送至作业面。为克服长距离巷道式通风的阻力,加速空气流动,平导正洞内均设置有射流风机辅以升压。

23.4.3.4 竖井施工排水方案

(1)竖井建井期间排水方案。

在腰泵站施工完成前,竖井工作面的水通过吊泵直接排出井外;井身腰泵站完成后,井底废水先抽排至腰泵站,再集中抽往井外;竖井工作面配置3台80DGL-75×8吊泵,使用1台,检修1台,备用1台;腰泵站配置3台MD46-50×12离心泵,使用1台,检修1台,备用1台。

(2)竖井换装后井底排水方案。

在井底水仓施工完成前,竖井抽排水通过腰泵站和吊泵排出井外;井底水仓完成后,井底废水集中抽往井外;1号竖井井底水仓采用4台MD650-80×11型离心泵作为工作水泵,备用水泵采用2台MD650-80×11型离心泵,检修水泵采用1台MD650-80×11型离心泵,共设置4根排水管,排水管直径为377mm。

2号竖井井底水仓采用3台MD650-80×9型离心泵作为工作水泵,备用水泵采用2台MD650-80×0型离心泵,检修水泵采用1台MD650-80×9型离心泵,共设置3根排水管,排水管直径为377mm。

为提高竖井灾变淹井情况下的排水能力,1号、2号竖井各采用一台YQ550-850/10-2000W-S型潜水泵作为抗灾排水设备,配电控制设备设置于地面,以确保在淹井时可正常开启潜水泵,潜水泵与一台正常工作离心泵并联于一趟排水管进行排水。

23.4.3.5 竖井机械化配套施工方案

竖井井身施工时选用凿井井架、提升机、凿井稳车、卷扬机、整体移动金属模板、伞形FJD-6型钻机、抓岩机等大型机械化配套设施,以加快施工进度、改善作业环境,形成一套稳定的机械化施工作业线,严格机械设备管、用、养、修制度,科学管理,达到快速安全施工的目的。

23.4.4 正洞、平导钻爆段施工方案

高黎贡山隧道正洞D1K198+193~D1K203+795段、平导PDZK197+840~PDZK202+319段通过1号斜井进行施工;正洞D1K203+795~D1K207+857段、平导DZK202+319~PDZK208+011段通过1号竖井进行施工;正洞D1K207+857~D1K213+580段、平导PDZK208+011~PDZK215+320段通过2号竖井进行施工;TBM施工困难的D1K220+080~D1K220+230段、D1K220+930~D1K221+080段、老董坡断层、广林坡断层,正洞D1K225+960~D1K226+302段、平导PDZK226+210~PDZK226+838段及TBM预备洞、出发洞、接收洞均通过出口工区采用钻爆法施工。

23.4.4.1 通过斜井进行正洞、平导施工方案

通过1号斜井施工的正洞D1K198+193~D1K203+795段、平导PDZK197+840~PDZK202+319段采用钻爆法施工,Ⅱ、Ⅲ级围岩地段采用全断面法开挖,光面爆破,挖掘机配合装载机装渣,自卸汽车运输出渣。

Ⅳ、Ⅴ级围岩采用多功能作业台架台阶法,地质条件较差,采用控制爆破、弱爆破,或周边采用光面爆破减少对围岩的扰动以控制成形。挖掘机扒渣到下台阶,装载机装渣,自卸汽车运输。

开挖后及时进行支护,封闭成环。钢筋网、钢架采用钢构件加工场集中加工后运至作业面,钢架通过钢拱架拼装机安装到位;人工利用多功能作业台架施作锚杆、小导管;喷射混凝土采用湿喷工艺,分初喷、复喷两次施工至设计厚度。

斜井建井完成进入正洞后,井底正洞和平导采用无轨运输出渣。

仰拱及隧底填充施工在隧道底部开挖支护完成后,及时全幅分段施工。为确保洞内交通不中断,采用仰拱栈桥方式跨越,仰拱及填充整幅分步浇筑,并超前二次衬砌适当距离。混凝土由洞外全自动计量混凝土拌和站生产,混凝土运输车运至工作面进行浇筑作业。

衬砌根据量测情况在围岩及初期支护变形基本稳定后进行,适度紧跟开挖面满足开挖与衬砌安全步距要求。采用移动式防排水作业台车进行岩面清理和盲管、无纺布、防水板铺设作业,拱墙采用模板台车衬砌,混凝土采用混凝土搅拌汽车运输至工作面,泵送混凝土入模,每环在拱顶预留压浆管兼排气管,保证拱顶混凝土与围岩密贴。混凝土采取附着式振捣器振捣,辅以插入式振捣器辅助振捣。钢筋混凝土衬砌地段,钢筋在洞外下料加工,弯制成型,洞内绑扎或拼装焊接,钢筋绑扎采用多功能作业台架施工。衬砌施工达到设计强度后利用注浆泵进行拱顶压浆,以满足设计要求。

平导主要以喷锚支护为主,开挖方法及喷锚施工与正洞一样,对于一次建成段,二次衬砌采用组合式模板台车,泵送混凝土作业进行混凝土灌注。

23.4.4.2 通过竖井进行正洞、平导施工方案

正洞 D1K203+795～D1K207+857 段、D1K207+857～D1K213+580 段分别通过 1 号、2 号主、副竖井进行钻爆法施工;平导 PDZK202+319～PDZK208+011 段、PDZK208+011～PDZK215+320 段分别通过 1 号、2 号副、主竖井进行钻爆法施工。开挖支护方式与通过斜井施工的正洞、平导相同,运输方式为无轨运输后,通过罐笼出渣。

仰拱、隧底填充以及二次衬砌施工与通过竖井施工的正洞、平导相同。其中平导 PDZK202+490～PDZK202+710 段、PDZK203+910～PDZK204+110 段、PDZK205+970～PDZK206+250 段 3 条导热水断层(裂)段,施工方式与通过 1 号斜井施工的 PDZK201+740～PDZK201+910 段导热水断层(裂)段相同。

23.4.4.3 出口工区正洞、平导施工方案

隧道出口正洞 D1K225+960～D1K226+840 段为钻爆法施工,其中正洞 D1K226+302～D1K226+840 段 538m 为车站双线衬砌断面,采用双侧壁导坑法进行施工,人工手持风钻配合多功能作业台架施钻,光面爆破,挖掘机配合装载机装渣,自卸汽车运输至弃渣场。正洞 D1K225+960～D1K226+302 段 342m 为 TBM 步进段,采用台阶法施工,人工手持风钻配合多功能作业台架施钻,光面爆破,挖掘机配合装载机装渣,自卸汽车运输至弃渣场。开挖后及时进行支护,封闭成环,钢筋网、钢架采用钢构件加工场集中加工后运至作业面;人工利用多功能作业台架施作锚杆、小导管,喷射混凝土采用湿喷工艺,分初喷、复喷两次施工至设计厚度。

出口平导车站段 PDZK226+210～PD2K226+838 及 TBM 预备洞、出发洞、接收洞采用钻爆法施工。Ⅱ、Ⅲ级围岩地段采用人工手持风钻配合多功能作业台架全断面法开挖,光面爆破,装载机配合自卸汽车进行出渣。Ⅳ、Ⅴ级围岩采用人工手持风钻配合多功能作业台架台阶法开挖,凹子地滑坡等地质条件较差段,采用控制爆破、弱爆破以减少对围岩的扰动,装载机配合自卸汽车进行出渣。支护方式与隧道出口正洞钻爆法施工段相同。

同时为降低 TBM 施工安全风险,洞身 D1K220+080～D1K220+230 段及 D1K 220+930～D1K221+080 段,通过老董坡断层、广林坡断层,均采用人工手持风钻配合多功能作业台架台阶法开挖,由于地质条件较差,采用控制爆破、弱爆破以减少对围岩的扰动,挖装机配合梭矿进行出渣,利用平

导采用有轨运输出渣。其中 D1K220+090~D1K220+160 段及 D1K220+940~D1K221+010 段待 TBM 通过后衬砌。初期支护施工方式与隧道出口正洞钻爆法施工段相同。

仰拱、隧底填充以及二次衬砌施工与通过斜井、竖井施工的正洞、平导相同。

隧道出口正洞钻爆法施工段通风方案为 96 号横通道贯通前采用正洞和平导均采用压入式通风,分别采用 SDF(B)-№11 风机匹配 φ1.6m 风管送风。96 号横通道贯通后通过横通道增设一个正洞开挖面,在平导增加一台 SDF(B)-№11 风机匹配 φ1.6m 风管通过横通道向新增正洞掌子面送风,污风通过横通道从平导排出;当正洞施工至分修终止里程后,采用射流巷道式通风,射流风机采用 SSF№1.0 型(功率 30kW),平导引入新鲜风、正洞排出污风,其他通风设备配置不变,实行交通管制,内燃运输机械主要由正洞进出隧道。

23.4.5 TBM 掘进段施工方案

23.4.5.1 TBM 掘进段施工方案

隧道 TBM 段施工采用一台开挖直径 9m 和一台开挖直径 5.6m 的敞开式 TBM,分别对正洞和平导进行开挖施工。正洞 TBM 施工里程为 D1K213+580~D1K225+950,全长 12370m,其中里程 D1K220+080~D1K220+230 段、D1K220+930~D1K221+080 段共 300m 采用钻爆法施工 TBM 步进通过;平导 TBM 施工里程为 PDZK215+320~PDZK225+500,全长 10180m,其中里程 PDZK220+080~PDZK220+170 段、PDZK220+930~PDZK221+020 段共 180m 采用钻爆法施工 TBM 步进通过。TBM 施工段布置示意图如图 23-7 所示。

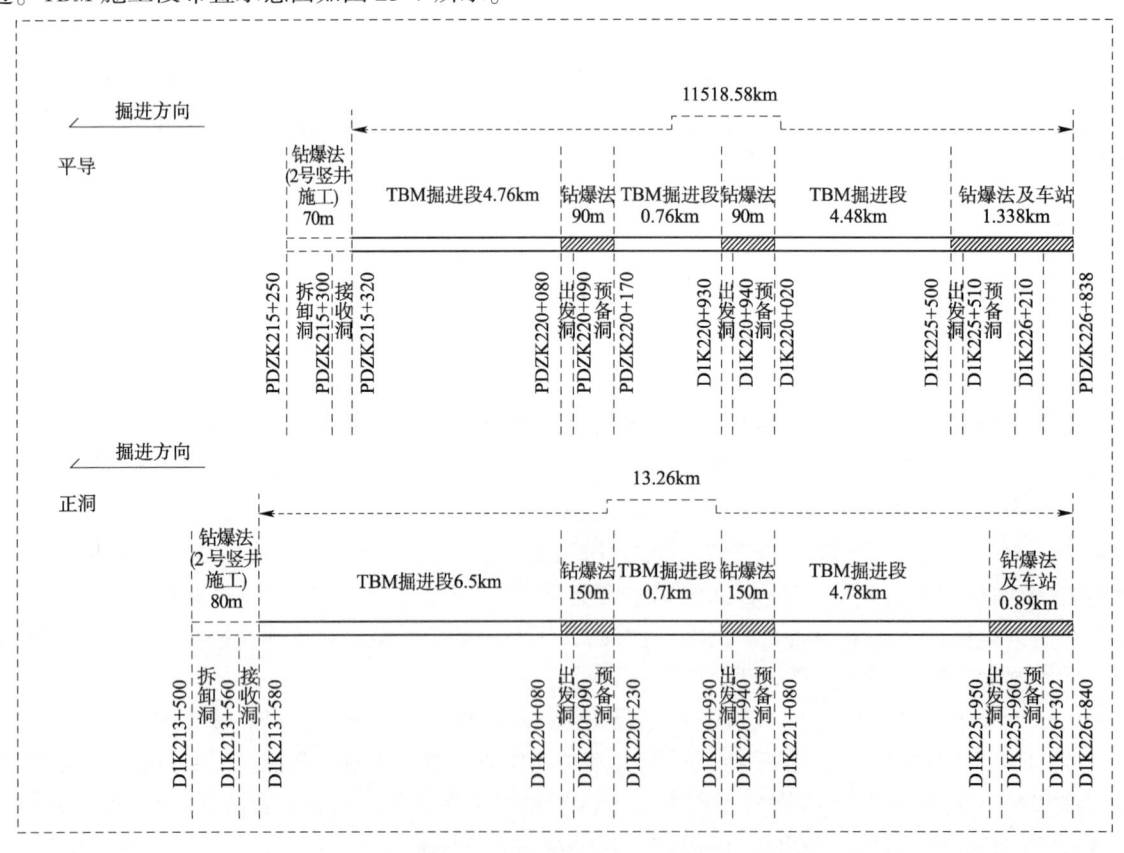

图 23-7　TBM 施工段布置示意图

正洞、平导 TBM 采用洞外错时组装,分别步进进洞方案。其中平导 TBM 早 3 月先行组装,待步进后开始正洞 TBM 组装。TBM 步进及掘进中边前进边铺设仰拱块,仰拱块在洞外预制厂提前预制。采用有轨运输,内燃机车牵引,编组列车运送施工材料,正洞运输轨线为双线四轨,平导运输轨线为三线四轨;正洞、平导出渣均采用皮带机出渣方式。TBM掘进同时正洞采用两台模板台车衬砌施工,平导和正洞在掘进期间均采用巷道式通风,风、水、电、皮带等施工管线随TBM掘进延伸。

23.4.5.2 TBM施工组织

TBM施工段工程地质极其复杂,隧道衬砌频繁变化,施工组织难度大,工期极为紧张,施工中拟采用的措施如下:

(1)建立以项目经理、项目副经理、总工程师为首的指挥管理体系,决策重大施工问题,确定重大施工方案,分析施工进度。做到指挥正确、得力、高效、应变能力强。

(2)由公司及各子公司技术专家组成立专家顾问组。现场管理、技术人员加强与技术专家沟通,借鉴吸取技术专家经验和建议,制定严密、科学、经济、实用、合理的施工方案和方法,开展科技攻关活动,优化施工方案,为加快施工进度、保证工期提供技术保障。

(3)组建专业化的TBM施工队伍和管理班子,制定TBM施工管理制度,重视超前地质预报,加强TBM保养,以提高TBM使用功效。

(4)注重TBM状态保证措施,TBM掘进前通过设计地质说明及超前地质预报对围岩状况进行预测,发现不良地质及时通过超前注浆加固和绕洞提前处理等方案,确保TMB掘进过程顺利;施工中严格加强TBM的保养,对关键部件进行状态监测,TBM运转时出现异时进行检查维修;组建TMB状态监测室,专门负责施工期间油、水、振动、声音、电路等监测,加强监测工作,发现异常情况及时处理,保证TBM施工正常;加强TBM主司机培训工作,提高主司机技能,严格按规程操作。

(5)对TMB进场运输及组装进行细致策划,编制组装方案并按程序评审,保证进场组装工作顺利。

23.4.5.3 TBM施工长距离运输

(1)正洞掘进中水平运输采用双线四轨,掘进采用皮带出渣,TBM车辆编组主要考虑施工材料、仰拱块和人员进出,计划每组配置仰拱块平板2节、材料平板1节、喷混凝土罐车1节及人车2节,采用35t机车牵引。为满足同步衬砌施工要求,考虑在隧道约700m(间隔2个横通道的距离)位置布设一组渡线道岔。后期在正洞二次衬砌完成段,将部分道岔拆除,剩余道岔间距控制在2km左右;正洞衬砌运输车辆采用单独编组,负责衬砌所需材料进出。

(2)平导掘进中水平运输采用三线四轨,编组只考虑施工材料和人员进出,为加强运输管理和应对突发情况,考虑在隧道约3km位置布设一个渡线道岔,道岔随TBM掘进长度增加,根据实际情况增设,道岔至掌子面间距控制在3km左右。

(3)优化混凝土罐车和水管、轨线材料的编组运输方案,合理确认轨线运输车辆的数量,便于组织调度管理,从而加快施工进度。

(4)在衬砌台车位置前后各设置一座移动道岔,便于衬砌输送泵、混凝土罐车和水箱存放,以及运输编组通过衬砌台车,减少施工干扰时间。

(5)考虑到长距离运输调度的难度,同时为了保证列车运行的安全,施工中采用调度集中指挥和视频监控系统,提高运输效率。

(6)加强皮带出渣系统管理,保证出渣皮带机的利用率。

23.4.5.4 大断面长距离通风和TBM隧道施工降温

本工程正洞和平导TBM施工通风距离长达13km和11km,长距离TBM隧道施工通风、降温是关键,施工中拟采取的措施和方案:

(1)采用大直径长风管供风,减少风量损失和降低风阻。

(2)尽量减少洞内的污染源,有利于施工通风。

(3)TBM掘进段通风设备与模板衬砌台车间的软风筒采用每节长度200m的风筒,衬砌模板台车与开挖面之间可设置每节长度为10m或30m的风筒。

(4)对横通道临时封堵,防止污风循环流动。

(5)隧道 TBM 施工中,当作业面环境温度超28℃时,采用机械降温方式进行降温,保证 TBM 施工效率和人员安全。

(6)风机出风口的风管采用负压风管,提高风管的送风效率。

23.4.6 不良地质段施工方案

23.4.6.1 高地温热害段施工方案及预案

高黎贡山隧道越岭地段位于地中海—南亚地热异常带,为区域性的高热流区。洞身存在导热水断裂及异常岩温。正洞和平导热水断裂带总长均为581m,导热水断裂附近可能出现局部热水突出,热水最高温度不超过50℃。全隧热害轻微段总长8716m,中等热害段长1406m(含导热水断裂段581m)。本隧道异常岩温段主要分布1号斜井 D1K198+193~D1K203+795 段5602m、1号竖井工区 D1K203+795~D1K207+582 段3787m,预测异常岩温28~39℃。

(1)地热的危害。

通过国内外大量资料调研表明,施工人员长期在高温环境中作业,容易发生体温调节障碍,盐水代谢紊乱,影响有机体正常机能,同时神经系统、循环系统、消化系统和泌尿系统等均会因高温下机体大量失水,改变正常的功能,可能导致疾病。在高温环境下,作业人员的中枢神经系统特别容易失调,造成精神恍惚、疲劳、浑身无力、昏昏沉沉,会降低劳动生产率,并容易诱发劳动安全事故。同时高温环境对于作业机械效率及隧道实体结构的质量也都有显著影响。在高地温环境下的施工,必须将高地温防治作为施工过程中的主要任务考虑,给施工人员提供一个适当的安全作业环境,并确保工程质量和施工安全。

(2)高黎贡山隧道地热的处理原则。

依据设计治理原则,热害治理的首要任务是对高温水的防治,对于通过热水带的隧道区域,通风及制冷降温只能是在热水治理的基础上按预案实施,故对1号竖井工区既有热水又有岩温的工况下,处理地热减少热害的关键是如何有效地控制热水的涌出以及减少热水的散热面积。

根据设计科研课题的阶段成果,对3条导热断裂采取"以堵为主、限量排放"的处理原则,施工时首先对3条导热断裂进行超前帷幕注浆,帷幕注浆后出水量控制在$5m^3/m \cdot d$,同时要求掌子面前方20m范围内隧道拱墙初期支护的表面淋水面积需控制在55%以内,漫流于仰拱表面的热水在20m后必须归槽处理。

无热水高温地段,依据设计预案主要采取以下原则:

①隧道施工作业面空气温度不得超过28℃。

②当掌子面空气温度为28~30℃时,应采取局部调节风速的措施,使风速达2.5~4.0m/s,并应相应地缩短工作时间。

③当掌子面空气温度超过30℃时,应启动降温预案采取通风降温+局部制冷的降温措施,并将洞内环境温度控制在28℃以内。

④隧道通过导热断裂时,应严格控制热水涌出量和水温。

(3)针对地热段施工所采取的主要措施。

加强预测:在施工过中,加强超前地质预报,准确确定导热断裂的位置及可能的水量,以根据预测结果提前采取针对性的方案和措施。

加强温度检测:施工过程中每天检测作业面岩温、水温、气温及作业环境温度。在条件改变时更应适时检测,如果检测环境温度高于28℃,则必须启动热处理方案,低于28℃则可以按正常状态施工。

热水热气的处理:在导热断裂带如预测将出现热水热气,或开挖后出现异常高温热水热气状况,则需及时处理,避免因温度升高导致作业环境的恶化影响正常施工。在可能遇到大流量热水热气地段,提前进行超前注浆封堵,尽量不排或少排。少量的热水热汽在流出点附近应及时通过隔热排水管抽排至洞外,避免热水热气通过空气热交换升高隧道内温度,影响施工顺利进行。

结构防热措施:在地热段,为保证施工阶段及隧道建成后使用期间的结构强度及功能符合设计要求,必须要将结构内外侧最大温差控制在10℃以内。对于岩温低于40℃的异常地温段,在施工期间洞内采取降温措施,并将作业面100m范围内气温控制在28℃,在衬砌混凝土中掺加矿粉、粉煤灰,可使施工养护阶段及正常运营通风条件下结构内外侧最大温差控制在10℃以内。对于导热断层段,为防止高温湿热环境下衬砌混凝土因温度应力产生结构开裂,对地温高于40℃的地段,需采取隔热措施。结构形式为"初期支护+防水板+二次衬砌(外衬)+隔热层+防水板+模筑衬砌(内衬)"的结构体系。

当地温高于35℃时及导热断层段,根据施工预案在喷混凝土中掺钢微纤维,喷混凝土时喷水降温并加保湿剂。

通风降温:当隧道开挖面空气干球温度在28~30℃时,需要加强通风降温,对掌子面、二次衬砌等作业人员相对集中处,应采取增设局扇,加快空气流通,改善作业人员的热感应舒适度。

机械制冷降温:当隧道开挖面空气干球温度大于30℃时,需采取强制制冷降温措施,将掌子面空气温度降至28℃以下。制冷降温采用制冷设备类降低风流温度。

个体防护:对于高地温环境下的作业人员,应按要求进行个体防护,佩戴安全防护用具,避免人身伤害,以降低高地温的影响。同时对于高温环境,应缩短工作时间,避免出现劳动安全事故。

职业健康:组织施工作业人员进行高温环境下的作业职业安全教育培训,现场配备急救设施和药品。

23.4.6.2 软岩大变形段施工方案

(1)钻爆法软岩大变形段施工。

根据地勘资料显示,本隧道穿越软弱岩层,遇地下水极易软化而发生软质岩轻微大变形。另外隧道通过下腊勐断层、田头寨—腊勐街断层、大坪山断层、南边寨—梁子寨断层、帮别—上马头断层、矿洞—观音山断层、镇东断层、邦迈—邵家寨断层、怒江断层、镇安断层、大坪子田新坡断层、勐冒断层12条断层,可能发生中等大变形。隧道正洞及平导软岩大变形段落总长均为3185m,其中轻微大变形1435m,断层破碎带中局部断层黏粒易发生中等大变形,长度为1750m;1号斜井易发生中等大变形,长度为590m。因此,控制变形是本工程的重点和难点。

施工中主要采用如下措施:

①加强超前地质预测预报:使用如TSP203、超前水平钻孔30m等手段,准确预报前方实际地质情况,提供基础资料以供开挖前做好可能发生大变形的施工方案及预案。

②当遇前述易大变形地段施工时,采取加强超前支护措施。采用超前小导管注浆支护方式,超前加固围岩,如遇松散或破碎围岩时(炭质软岩及断层破碎地段),还可采取注双液浆形式超前快速固结围岩破碎段。

③施工阶段加强初期支护强度和刚度,根据"以抗为主,抗放结合"的原则确定支护参数,开挖后应及时封闭,并采取强支护措施,以抑制变形的发生和发展。

④及时封闭成环措施。根据既有的施工经验,当发生较大变形时,即使采取了加强支护措施,如不及时施作仰拱铺底混凝土,变形值和变形速率不会降低,一旦及时封闭仰拱后,变形速率有明显减缓。因此在软岩地段施工,开挖后宜在3d内进行仰拱封闭施工,以抑制变形的发生和发展。

⑤预留足够的变形空间:根据监控量测数据及时掌握围岩变形情况,在设计开挖断面结构尺寸时,应考虑可能出现的变形值,以保证在出现大变形后,预留二次套拱支护措施的空间,保证隧道内净空尺寸的需要,避免出现大变形后进行拆换钢拱架,危及施工安全。

⑥二衬结构加强：在软岩大变形段，二次衬砌结构应加强，采取加强衬砌厚度、配筋率、混凝土强度等级等措施，尽量提高混凝土的后期强度，并尽量在混凝土结构强度达到设计强度后再拆模养护，以保证混凝土的施工质量，有效抵抗后期变形的发展。

⑦加强监控量测。施工阶段需加强监控量测，及时根据监测数据调整开挖方案及支护参数，以抑制过度变形，并保证安全施工。

⑧软岩大变形段施工历来是隧道施工的难题，目前国内还没有完全掌握控制软岩大变形的有效措施，需要参建各方共同研究，继续完善设计和施工方案，以满足施工安全、质量和工期等要求。

(2) TBM 软岩大变形段施工。

采用 TBM 施工的 D1K218+600~D1K218+800 段 200m 及 D1K219+100~D1K219+250 段 150m 穿越片岩、板岩、千枚岩夹石英岩、变质砂岩地层，为 V 类物探异常区，以及 D1K214+810~D1K214+860 段、D1K217+300~+D1K217+350 段通过傈粟田断层、唐房断层段可能发生软质岩变形，TBM 施工过程中可能被卡受困。由于该段地层含有千枚岩软质岩，有可能出现变形较大的情况。施工期间应加强超前地质预报及超前探孔，及时探测出地下水发育情况，并加强对该段的地应力测试，及时了解变形趋势。

施工过程中应根据预报及测试成果情况采取以下处理措施：

①若变形较小且适当扩挖不会使 TBM 受困时，可采用 TBM 扩孔功能适当扩挖，从而加大开挖直径，以预留足够的变形量使 TBM 机体与围岩之间保持合理的间隙，可避免 TBM 被困，同时还可防止围岩后期变形对隧道净空的影响。必要时可采用加密加长径向锚杆，提高围岩自承能力，或通过预注浆提高围岩稳定性，以控制塑性区的发展，以及设置较长的小导管或中管棚加强超前支护，并采用加密型钢钢架进行支护。

②若变形较大且 TBM 被卡或受困的风险较高时，应根据实际情况调整施工方案，可采取 TBM 停止施工，利用平导或迂回导坑，对该地段采用钻爆法开挖，施工完毕后，TBM 在空载状态下直接步进通过该地段。

③TBM 后配套通过后加强支护，初期支护补强，及时衬砌，尽可能控制变形。

23.4.6.3 涌水施工方案

根据综合涌水量预测，隧道正常涌水量为 $12.77\times10^4\mathrm{m}^3/\mathrm{d}$，最大涌水量为 $19.2\times10^4\mathrm{m}^3/\mathrm{d}$。预测 1 号斜井涌水量为 $12100\mathrm{m}^3/\mathrm{d}$；预测 1 号竖井主井涌水量为 $2090\mathrm{m}^3/\mathrm{d}$，1 号竖井副井涌水量为 $2016\mathrm{m}^3/\mathrm{d}$，最大涌水量按正常涌水量的 3 倍考虑为主井 $6270\mathrm{m}^3/\mathrm{d}$，副井 $6048\mathrm{m}^3/\mathrm{d}$；预测 2 号竖井主井涌水量为 $2006\mathrm{m}^3/\mathrm{d}$，2 号竖井副井涌水量为 $1946\mathrm{m}^3/\mathrm{d}$，最大涌水量按正常涌水量的 3 倍考虑为主井 $6018\mathrm{m}^3/\mathrm{d}$，副井 $5838\mathrm{m}^3/\mathrm{d}$；1 号斜井进正洞预测最大涌水量为 $40835\mathrm{m}^3/\mathrm{d}$，1 号竖井进正洞预测最大涌水量为 $45330\mathrm{m}^3/\mathrm{d}$、2 号竖井进正洞预测最大涌水量为 $37029\mathrm{m}^3/\mathrm{d}$。

隧道施工过程中的涌水危害后果非常大，导热断裂可能出现热水，可能造成既有结构和施工机械设备的损坏，如水量大则可能淹井，在大量高压涌水情况下甚至会造成作业人员的伤亡损失，引起严重不良后果。施工阶段必须针对可能的涌水采取科学合理的施工方案和措施，避免出现涌水所带来的危害，保证施工顺利进行。

针对涌水段施工所采取的主要措施如下：

(1) 加强探水：采取长距离和短距离预报相结合，物探和钻探相结合，宏观和微观相结合的综合地质预报手段，准确确定作业面前方可能的水量、水压及位置，以根据预报结果采取针对性的方案。

(2) 排水泄压：对于水量水压比较大的地段，可提前采取超前 30m 地质钻孔形式，以排放部分水量，降低水压，避免涌突水现象，保证施工安全。

(3) 预注浆堵水：对富水导热断层破碎带，可能揭示地下热水，为避免热害，采用"以堵为主、限量排放"的原则处理；对非导热的富水断层破碎带及可溶岩底层的富水涌水量大的地段，为减少可能的坍方、突泥、涌水及减少斜井、竖井的抽排水压力，需采用超前注浆加固和堵水，开挖后及时径向注浆堵水的措施处理,减少涌水,并防止塌方、突泥,以确保安全。

(4)备足抽排水设备:在施工现场应该配备足够的抽排水设备,并采用双回路电源。涌水采用大功率抽水机排出洞外,对高温地下水采用隔热排水管排出洞外。抽排水设备应该有富裕,以保证涌水以后能够及时抽排出去,避免淹井事故的发生,减少涌水损失。

(5)应急预案:隧道施工时,应制定有针对性的应急预案,并按要求设置应急逃生管道,配置响应的应急救援物资和设备,应急逃生线路标识明确。并定期进行应急演练,在出现不可抗事件时,能够快速撤离至安全地带,避免人员伤亡。

23.4.6.4 断层、构造破碎带、活动断裂带施工方案

本隧道工程地质条件复杂,构造发育强烈,钻爆法施工段分布9条断层,且部分断层位于可溶岩接触带。隧道中部 D1K220+150~D1K220+740 段志留系中上统灰岩、白云岩夹砂岩,出口 D1K225+510~D1K226+840 段泥盆系中统回贤组灰岩、白云质灰岩夹石英砂岩地层均为夹层型可溶岩,极易发生突泥、塌方风险。隧道洞身 D1K206+020~D1K206+200 段、D1K213+000~D1K213+280 段,分别穿越镇安活动断层和勐冒活动断层,该断层水平滑动速率为 $1.07~2.59\text{mm}/\alpha$,其未来百年最大右转位移估计值为 $2.51\text{m}\pm0.66\text{m}$。

钻爆法施工断层破碎带,施工安全风险较高,隧道极易坍塌,容易造成安全质量事故,并引起机械设备损失和人员伤亡事故,施工阶段需高度重视。

TBM 掘进段 D1K214+810~D1K214+860 段及 D1K217+300~D1K217+350 段,分别穿越发育于燕山期花岗岩层中的倮粟田断层、塘坊断层,2 条断裂附近普遍破碎,糜棱岩、碎裂岩发育。TBM 施工中极易发生坍塌、剥落,埋设 TBM 刀盘,当围岩软硬不均时可能会引起 TBM 机体的不均匀下沉,给掘进方向的控制带来困难。

(1)破碎带施工方案及原则。

这些地段施工中需加强超前地质预报、采用超前管棚、超前注浆、径向注浆、加强支护等措施,避免突泥、突水、塌方等事故发生。

①当掌子面前方 30m 范围岩体为破碎带,判识围岩自稳能力较好,探孔地下水成股状水涌出,水压≥0.5MPa 时,根据现场情况,排水降压,以降低施工风险和施工难度,并视排水后效果(水量水压衰减情况),确定开挖时机,开挖及支护方式。

②当掌子面前方 30m 范围岩体为破碎带,判识围岩自稳能力差,介质在水作用下易流失,探孔地下水成股状涌出,水压≥0.5MPa 时,选择合适的排水方式,以降低施工风险和施工难度,并视排水后效果(水量水压衰减情况)酌情实施注浆加固围岩。

③对施工中可能揭示的溶洞先利用综合超前地质预报界定溶腔范围,判识其规模、性质、充填情况等后综合处理。

④对于蚀变带、节理密集带、泥质充填型断层带等易发生涌沙、涌泥的段落,利用超前地质预报确定地层分界线、地层岩性、岩体强度、完整性、地下水发育情况、水压大小等,并采用喷混凝土、玻纤维锚杆等措施加强掌子面防护,确保开挖面稳定后根据预报情况综合处理。

(2)断层破碎带钻爆法施工方案。

断层破碎带施工关键在于减少对围岩的扰动,施工中主要是要超前支护,分部开挖,随挖随护,密闭支撑,监控量测,适时衬砌。采取的措施为:

①利用超前地质探测手段,提前预测松散、破碎带情况,利用地质素描法对断层的长度、宽度、倾角及水量等做出综合预测预报。

②采取超前预加固措施,通过超前注浆或超前小导管对破碎岩体进行加固,并在注浆效果符合设计效果后采用短进尺开挖,避免对围岩的过度扰动。

③施工坚持"早预报、管超前、预注浆、短进尺、弱爆破、强支护、紧封闭、勤量测、快反馈、紧衬砌"

的原则,步步为营,稳步前进。先施作超前支护,然后才能进行开挖。采用分部开挖时,其下部开挖分左右两幅相距交错作业。断层地带的支护宁强勿弱,并经常检查,一旦发现异常情况需及时处理。

④开挖后及时进行加强初期支护,并尽量早封闭成环,条件具备时早施作二次衬砌,以改善结构受力状况,利于结构和施工安全。

⑤通过断层带时,及早施作初期支护,减少岩层的暴露、松动,各施工工序的距离尽量缩短。

⑥加强监控量测,根据量测数据,及时调整施工方案和支护衬砌参数,以保证安全快速通过断层破碎带。

(3)TBM过广林坡断层和老董坡断层施工方案。

本隧道平导和正洞TBM施工在隧洞洞身段存在广林坡断层和老董坡断层,TBM掘进至断层带时,须进行人工处理,TBM步进通过,TBM通过断层带是本隧道TBM施工的控制性工程,也是重难点工程。

①TBM通过广林坡断层之步进段。

步进段设计范围为D1K220+930~D1K221+080段150m及平导PDZK220+930~PDZK221+020段90m,均采用钻爆法施工,隧道D1K220+950~D1K221+000段及平导PDZK220+950~PDZK221+000段穿越广林坡断层,该断层地下水局部较发育,地质预测可能发生中等变形,为降低TBM施工风险,拟采用钻爆法迂回施工该段,正洞TBM和平导TBM均步进通过,如图23-8所示。

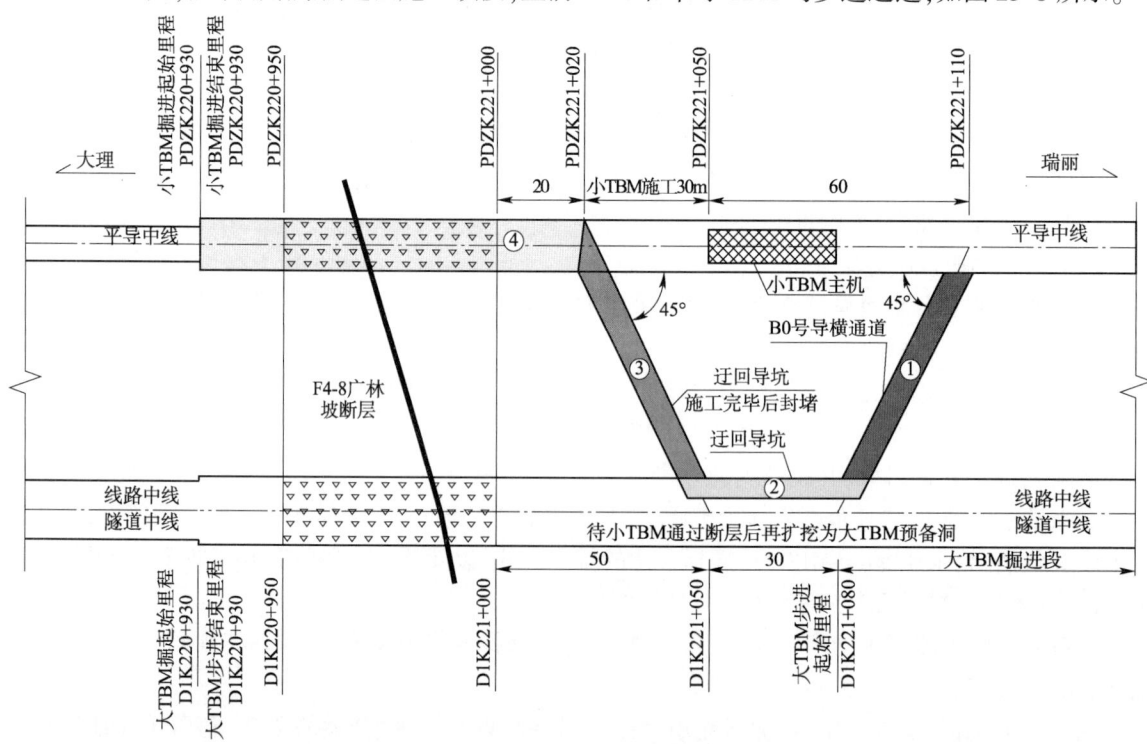

图23-8 广林坡断层步进段施工平面图(尺寸单位:m)

主要施工工序如下:

平导TBM施工至广林坡断层50m处,即施工至PDZK221+050处,平导TBM暂停施工,将后配套设备后退至平导安全地带,为采用钻爆法迂回施工预留空间和通道。

先于平导PDZK221+110处采用钻爆法施工80号横通道,以45°迂回至隧道D1K221+080处,施工D1K221+050~D1K221+080段导坑,导坑按断面4m(宽)×4.5m(高)施作。

再于隧道D1K221+050处施工迂回导坑,以45°迂回至平导PDZK221+020处,该处距广林坡断层20m,距平导TBM主机机头30m。

然后钻爆法施工平导PDZK220+930~PDZK221+020段平导TBM预备洞及出发洞,施工完成后,平导TBM掘进至PDZK221+020~+050段30m,并步进通过广林坡断层后,于PDZK220+930

处继续向前掘进。

待平导TBM通过断层并掘进200m后,再利用平导通过80号横通道将D1K221+050~+080段导坑扩挖为正洞TBM预备洞衬砌,并施工D1K220+930~D1K221+050段正洞TBM预备洞衬砌及出发洞衬砌,施工完成后,正洞TBM步进通过广林坡断层,于D1K220+930处继续向前掘进。平导PDZK220+940~PDZK221+010以及D1K220+940~D1K221+010段,均采用ϕ60mm中管棚超前支护,台阶法施工,型钢钢架加强支护。D1K220+930~D1K221+080段断层施工完成后,80号横通道作为运营期间使用,迂回导坑与正洞及平导连接处及时采用3m厚C20混凝土封堵。

②TBM通过老董坡断层之步进段。

步进段设计范围为隧道D1K220+080~D1K220+230段及平导PDZK220+080~PDZK220+170段90m,采用钻爆法施工;隧道D1K220+100~D1K220+150段及平导PDZK220+100~PDZK220+150段穿越老董坡断层,该断层位于可溶岩与非可溶岩接触带,地下水较发育,为降低TBM施工风险,拟采用钻爆法迂回该断层,正洞TBM和平导TBM均步进通过。主要施工工序如下:

平导TBM施工至距老董坡断层50m处,即施工至PDZK220+200处,平导TBM暂定施工,并将后配套设备后退至平导安全地带,为采用钻爆法迂回施工预留空间和通道。

先于平导PDZK220+260处采用钻爆法施工77号横通道,以45°迂回至隧道D1K220+230处,并施工D1K220+200~D1K220+230段导坑,导坑断面4m(宽)×4.5m(高)施作。

再于隧道D1K220+200处施工迂回导坑,以45°迂回至平导PDZK220+170处,该处距老董坡断层20m,距平导TBM机头30m。

然后钻爆施工平导PDZK220+080~PDZK220+170段平导预备洞及出发洞,施工完成后,平导TBM掘进PDZK220+170~PDZK220+200段30m,并步进通过老董坡段地层后,于PDZK220+080处继续向前掘进。

待平导TBM通过断层并掘进200m后,再利用平导通过77号横通道将D1K220+200~D1K220+230段导坑扩挖为正洞TBM预备洞衬砌,并施工D1K220+080~D1K220+200段正洞TBM预备洞衬砌及出发洞衬砌,施工完成后,正洞TBM步进通过老董坡断层,于D1K220+080处继续向前掘进。

平导PDZK220+090~PDZK220+160段以及D1K220+090~D1K220+160段,均采用ϕ60mm中管棚超前支护,台阶法施工,型钢钢架加强支护。

D1K220+100~D1K220+150段断层施工完毕后,77号横通道作为运营期间使用,迂回导坑与正洞及平导连接处及时采用3m厚C20混凝土封堵。

23.4.6.5 岩爆段施工方案

根据地质资料显示,高黎贡山隧道正洞和平导岩爆段落总长均为2020m,其中中等岩爆均为1250m,轻微岩爆均为770m,1号竖井中等岩爆累计长度为158.6m。其位于花岗岩地层,为弱富水性花岗岩,需采取洒水、及时施作锚杆,喷钢纤维混凝土、超前钻应力释放、管喷高压水孔等措施进行应力释放,以确保施工安全。

TBM使用岩爆段时,施工中应加强监测,若有发生轻微岩爆的可能时,可加大TBM刀盘喷水量对易产生岩爆的地段起到一定的软化作用,促使应力释放和调整,必要时可以打应力释放孔或局部喷混凝土挂钢筋网封闭等措施进行处理,以确保施工安全。

23.4.6.6 TBM过破碎带、蚀变岩及节理密集带施工方案

出口正洞TBM施工段D1K213+580~D1K225+950段,长12370m,根据地质和TBM工法参数资料,共有20段1280m属于岩体破碎~极破碎地段;平导TBM掘进段PDZK215+320~PDZK225+500段,长10180m,共有15段980m属于岩体破碎~极破碎地段,为不宜使用TBM掘进段,其中除老董坡断层和广林坡断层2段各150m通过绕道钻爆提前处理外,其余段均由于岩体破碎、岩石抗压强度低、地下水丰富等原因,易发生TBM卡机被困事故。

本隧道 D1K217+730~D1K217+810 段、D1K218+780~D1K218+850 段、D1K219+360~D1K219+420 段、D1K220+690~D1K220+780 段通过蚀变岩地段。D1K221+650~D1K221+710 段、D1K224+910~D1K224+940 段通过花岗岩节理密集带或断层角砾岩地段，岩体极为破碎，自稳能力差。

(1) TBM 通过时可能存在的风险主要有：

①开挖后工作面及拱顶坍塌、剥落，将 TBM 刀盘埋入，刀盘旋转困难。

②围岩软硬不均，刀盘旋转时易产生振动，影响刀具的使用寿命，增加刀具消耗。

③开挖面及边墙坍塌，撑靴支撑不稳，不能提供 TBM 掘进所需的足够的反力。

④锚喷支护困难。

⑤围岩软硬不均时可能会引起 TBM 机体不均匀下沉，掘进方向难以控制。

(2) 断层破碎带处理预案：

①为使 TBM 在施工时能够安全、顺利地通过断层破碎带，施工中加强超前地质预报，及时探测出断层破碎带位置，规模及水量分布情况，以便在施工中及早采取对策。

②断层破碎带规模较小时，采用低转速、低推力、稳步掘进的方法直接通过，围岩出露护盾后及时挂钢筋网，打锚杆，喷混凝土封闭，根据实际情况架立钢架，减少停机时间，防止地层发生变形使 TBM 刀盘被卡。

③断层破碎带规模为中等规模，坍塌较为严重，TBM 直接掘进无法通过时，采用架立钢架，挂钢筋网，利用手喷混凝土系统向坍塌处喷混凝土及时封闭围岩，以减少围岩暴露时间并尽早形成支护体系，必要时可根据设计图纸施作超前支护；若护盾上方围岩垮塌严重，可利用护盾及后方钢拱架背覆 U14 槽钢及钢板封闭塌腔，然后注浆固结护盾上方塌落围岩，以便减少往前继续掘进时的掉渣量；对撑靴处坍塌较严重部位，在钢架背后立模浇筑混凝土回填，同时对破碎带前方进行注浆预加固地层，以减少或防止围岩变形，然后缓慢掘进通过。

④断层破碎带规模为较大规模，并伴有裂隙水时，先采用预注化学浆加固地层缓慢通过预案，如无法掘进通过则采用迂回导坑，对破碎带钻爆法开挖，TBM 步进通过预案。

23.4.6.7 有害气体、放射性段施工方案

隧址附近断裂切割深度大，一定深度内岩浆活动及热力变质作业强烈，岩石变质作业复杂，矿物变质、富集可能伴生有毒气体，随着地热流体的流动可能局部富集。

根据地质资料，隧道内放射性背景值较高的地层主要为花岗岩、混合花岗岩、花岗片麻岩、片岩等，目前所测的自然伽马为 16~200γ，正常公众停留时间环境 γ 辐射有效剂量当量小于 5γ，隧道洞身、平导、1 号斜井、1 号竖井、2 号竖井均为放射性非限制区。隧道施工过程中应加强监测，尤其是有热水出露地段，掌握异常气体的成分、浓度及对人体的危害程度，加强施工通风、加强相关人员的劳动保护，必要时应配备净化过滤装置，并应及时通知相关单位，以便处理。

23.4.6.8 岩温异常段和导热水断裂带混凝土施工方案

高黎贡山隧道越岭地段位于地中海—南亚地热异常带，为区域性的高热流区，越岭地段出露温泉群 123 个，其中与线路关系密切的温泉、热泉、高温热泉和沸泉共 20 余处。深埋长隧道可能会遇到高温高压热水(汽)及高温岩体等热害问题。

本隧道对于岩温低于 40℃ 岩温异常段，需在混凝土中掺加矿粉、粉煤灰取代水泥用量，以控制水化热与热害叠加引起的混凝土芯部温度和结构内外温差。

通过的 4 条导热水断裂带，地勘预测最高异常温度 43℃ 或 50℃，属中等热害，会导致混凝土因温度应力产生结构开裂，需依据设计文件采用帷幕注浆，"以堵为主、限量排放"处理地下水，衬砌需采取隔热层衬砌措施进行降温，以保证衬砌结构安全，其结构类型为"初期支护+防水板+二次衬砌（外衬）+隔热层+防水板+模筑衬砌（内衬）"的结构体系。

23.4.7 增建Ⅱ线隧道施工方案

高黎贡山Ⅱ线隧道施工范围 DZK192+800.043~DZK226+301.908 段,长 33501.865m(含进口段长链 0.57m,出口段长链 0.58m,实际长 33503.015m)。结合Ⅰ线隧道修建预留Ⅱ线工程情况,其中进出口 2 段计 318.015m,洞身 6 段 1470m 隧道主体工程完工段,需对沟槽及排水系统进行完善;进口端 20755m 范围利用已有平导进行落底扩建为主,出口端 10960m 利用既有平导扩挖为主,施作Ⅱ线隧道衬砌。

本隧道Ⅱ线工程按进口工区、1 号斜井工区、2 号竖井工区及出口工区组织扩挖施工,每个工区单方向开辟 1 个扩挖作业面;进、出口工区采用无轨运输,1 号斜井工区采用无轨出渣和无轨运输进料,2 号竖井工区井下采用无轨运输、竖井采用罐笼进料及出渣。本隧Ⅱ线工程扩挖施工的贯通里程为 DZK219+552。

各工区承担的施工长度见表 23-12。

增建Ⅱ线隧道各工区承担任务　　表 23-12

工区编号	运输方式	扩挖Ⅱ线施工长度(m)			施作Ⅱ线衬砌一侧建成段附属工程长度(m)			总长(m)
		进口方向	出口方向	合计	进口方向	出口方向	合计	
进口工区	无轨		3813	3813		225.527	225.527	4038.527
1 号斜井工区	无轨	2662	5440	8102		590	590	8692
2 号竖井工区	无轨	6420	6772	13192	485	345	830	14022
出口工区	无轨	6658		6658	92.488		92.488	6750.488

23.4.7.1 增建Ⅱ线工程利用钻爆平导落底改造施工方案

本标段内Ⅱ线工程利用钻爆法施工段平导马蹄形衬砌断面扩挖施工,具体扩建段落为 DZK193+025~DZK201+704、DZK201+910~DZK202+490、DZK202+710~DZK203+910、DZK204+110~DZK205+970、DZK206+250~DZK212+230 及 DZK212+780~DZK215+250,共 6 段总长 20.805km。该范围内除下锚区段衬砌、风机安装衬砌及活动断裂设防衬砌等需在既有平导断面基础上挑顶、落底扩挖施工外,其余扩建段均利用既有平导进行落底改造。

平导落底施工前,先对各级围岩平导锚喷衬砌进行观测和测量,确定是否存在变形侵限,并作相应的处理;对于Ⅳ、Ⅴ级围岩地段,按先补强加固,后落底扩挖的原则施工。

平导落底采用人工钻爆法开挖,光面爆破,各级围岩段均按左、右侧分部开挖,先开挖远离Ⅰ线侧隧底分部,滞后 3~5m 距离后再开挖靠Ⅰ线侧隧底分部,并及时施作各侧支护,以避免隧道一次扩挖引起拱部及两侧边墙部位的既有支护同时露空,诱发支护变形侵限或塌方。

出渣采用装渣机装渣,自卸汽车运渣,进、出口工区由汽车直接拉运至弃渣场弃渣;1 号斜井工区采用无轨运输出渣;2 号竖井工区经井底转渣台转渣后通过罐笼出渣。

初期支护采用锚网喷支护,利用平导拱部及边墙部位锚喷支护,作为隧道Ⅱ线初期支护的一部分,并对平导落底扩挖、施作落底部位初期支护,与平导部位既有初期支护共同形成隧道Ⅱ线的初期支护体系。

衬砌段采用 12m 全断面液压模板台车、泵送混凝土入模的方式施工,仰拱采用栈桥跨越方式全幅一次性浇筑完成。

23.4.7.2 增建Ⅱ线工程利用 TBM 掘进平导扩挖施工方案

本标段内Ⅱ线工程利用既有平导 TBM 掘进洞或近圆形步进洞作为超前中导坑,扩挖施工为马蹄形隧道衬砌断面,具体扩挖段落为 DZK215+300~DZK226+210,长 10.91km。

开挖前拆除仰拱块，TBM掘进平导扩挖采用多功能作业台架开挖，Ⅱ、Ⅲ级围岩地段光面爆破，Ⅳ、Ⅴ级围岩采用控制爆破、弱爆破，以减少对围岩的扰动、防坍塌。

出渣采用装渣机装渣，自卸汽车运渣，竖井工区施工段经井底转渣台转渣后通过罐笼出渣，出口工区由汽车直接拉运至弃渣场弃渣。

初期支护采用锚网喷支护，Ⅳ、Ⅴ级围岩增加钢拱架支撑，对于断层地段、蚀变岩、节理密集带以及洞口凹子地滑坡段等Ⅴ级围岩破碎软弱地段采用 $\phi 60mm$ 超前中管棚或 $\phi 42mm$ 超前小导管加强支护，喷混凝土采用混凝土罐车运输，机械手喷射。

衬砌段采用12m全断面液压模板台车、泵送混凝土入模的方式施工，仰拱采用栈桥跨越方式全幅一次性浇筑完成。

23.5 施工机械及测试设备组织及配置计划

23.5.1 本工程的主要施工机械设备配置

23.5.1.1 施工机械设备配置原则

总体配备原则：选型适配，功能适用，能力富余，强调系统的先进性，实际施工快速性，满足本工程快速、优质、安全、经济和均衡生产的要求。

隧道工程机械设备配备要充分体现长大隧道快速施工的要求，同时考虑钻爆、运输、衬砌等各个环节相互协调，拟配备钻爆作业、支护作业、装运作业、防水衬砌作业、超前地质预报作业五条机械化作业生产线和风水电辅助作业线。

1号斜井采用钻爆法施工，无轨运输出渣。

1号竖井、2号竖井均采用钻爆法施工，其中竖井井身施工采用FJD-6伞钻钻眼，中心回转式抓岩机装渣、吊桶出渣，竖井换装后主井采用双罐笼，副井采用单罐笼提升。通过竖井施工正洞、平导采用无轨运输及相应机械设备配套，正洞、平导弃渣经井底车场转载后通过罐笼提升至洞外。

出口TBM工区正洞采用直径9m的敞开式TBM掘进，连续皮带机出渣，隧底铺设仰拱预制块，铺设双线四轨，采用内燃机车进行物料运输；平导采用直径5.6m的敞开式TBM掘进，连续皮带机出渣，隧底铺设仰拱预制块，铺设三线四轨，采用内燃机车和电瓶机车进行物料运输，掘进完成后采用钻爆法扩挖，无轨运输出渣。

23.5.1.2 主要施工设备数量及规格配备计划

略。

23.5.2 施工测量、试验设备配备

为确保工程检测数据准确有效，项目经理部成立中心试验室，各架子队配备相应的测量和试验人员。在各架子队工地试验室、工地测量组配备相应的测量、混凝土、砂浆、钢材、化验等项目试验检测设备。测试仪器在开工前全部上场并标定，检定完毕，尽快通过业主、监理组织的审查验收。中心试验室负责原材料、混凝土和砂浆试件等样品的采集和试验，及混凝土、砂浆配合比的设计和施工控制。

拟投入本合同工程的主要施工测量、试验设备(略)。

23.5.3 TBM设备配置及选型

23.5.3.1 TBM主要技术参数说明

(1)本工程拟采购的硬岩隧道掘进机适应本施工段的综合地质条件，能满足各种硬岩和较破碎

地层的开挖,具有足够的推力、扭矩和功率储备;能满足隧洞的掘进、支护、超前处理、出渣等相关工序的要求;TBM具备连续掘进的能力,辅助设备及后配套系统的配置要求与最大掘进速度相匹配。

(2)TBM边刀磨损到极限时的开挖直径平导洞不小于5600mm,正洞不小于9000mm。正洞TBM能满足连续扩挖的要求,并具备径向扩挖半径不小于50mm的性能,在扩挖工况下刀具的工作性能、工作状态不劣于正常掘进状态。

(3)本工程拟采购的硬岩隧道掘进机具备对花岗岩、岩爆、高地温、小断层、较大的涌水量、有可能存在辐射等地质条件的处理能力。

(4)设备适应性能力:

①TBM能够承受岩爆冲击,不至于轻易造成设备本身的损伤。

②具备施工超前应力释放孔的能力围岩出露后可以及时施工应力释放孔,配备高压水注入系统。

③刀盘护盾后方可以及时施作初期支护,并能够适应喷射钢纤维混凝土、纳米混凝土。

④刀盘喷水满足要求。

⑤由于本标段设计地温达最高到28℃,TBM的工作环境有可能达到40℃甚至以上,TBM各系统设计考虑到此因素,并配备应对高地温条件的专门设计的制冷降温系统,以保证洞内较舒适的作业温度环境。

⑥刀盘驱动采用可靠的变频电机驱动,转速根据地质情况随时可调,无级变速。

(5)TBM具备超前钻探和超前支护功能,能完成超前锚杆、超前小导管注浆等作业,超前注浆能满足水泥浆制备、化学浆液压注需要。

(6)TBM具备精确的导向功能和调整方向的能力,能及时纠正运行的偏差,保证隧洞轴向和坡度在设计允许的范围内。

(7)刀盘表面耐磨性能、加强刀盘结构强度、刀具合理配置。为便于运输,刀盘采用分块设计。

(8)TBM具备后退功能,小TBM掘进行程≥1.5m,大TBM掘进行程≥1.8m,换步时间不大于5min,最小转弯半径不大于500m。

(9)TBM具备仰拱块安装功能。

(10)TBM针对岩爆、塌方、突涌水等不良地质,配置了足够的空间、平台和装置,以满足避险、人工干预、应对意外情况。

(11)设备的通风、除尘和冷却系统应保证隧道掘进机施工区域有适宜的工作环境,具有风、水、电供应管线自动延伸功能。

(12)配置超前地质预报设备,具有超前地质预报和处理功能;具有完善的材料供应系统及起吊设备和良好的轨道延伸功能;具有有害气体检测、通信、闭路电视监视系统。

(13)具有独立完善的供排水系统,满足施工排水的要求。配置循环水管卷筒储存能力不小于50m、耐压大于1.2MPa,排水管路卷筒储存能力不小于50m。

(14)TBM设备配备有钢拱架安装器、钢筋网安装器、L2区锚杆钻机、L2区混凝土喷射系统、砂浆注浆系统(用于小导管注浆和超前管棚施工)、L1区锚杆钻机、L1区应急喷混凝土系统,用于初期支护。

(15)TBM护盾具有足够的强度与刚度,满足高地应力和岩爆条件下围岩变形的要求,有防止壳体变形、裂纹的措施,在本工程中可能遇到的地应力造成的软岩变形挤压下,保证不发生塑性变形;耐磨性能良好。掘进机刀盘后部护盾直径有充足的调节范围,满足最大扩挖要求。顶护盾设计为可安装McNally系统,护盾应具有防尘密封,防止掘进时刀盘内的灰尘进入人员作业区。

(16)钻机系统、喷浆系统、吊机系统、拱架安装系统等辅助系统的操作系统具有防水、防潮、防振等功能,能完全适应隧道内的各种不利作业环境。

23.5.3.2 开挖直径6.36m的TBM初步的设备配置及选型

经过设计变更小TBM直径由原设计的5.6m变更为6.36m。

23.5.3.3 开挖直径9m的TBM初步的设备配置及选型

开挖直径9m的TBM初步的设备配置及选型见表23-13。

正洞9mTBM基本参数　　　　　　　　　　表23-13

主要部件	部件	单位	描述
整机	主机长度	m	大约25
	整机长度	m	大约195
	主机质量	t	大约1200
	整机质量	t	大约1900
	最小转弯半径	m	500
	适应的最大坡度		-3%~+3%
	最大设计速度	m/h	6
	掘进行程	mm	1800
刀盘	刀盘材料		Q345D
	刀盘表面耐磨措施和材质		Hardox 500
	分块数量		5
	重量	t	220
	开挖直径	mm	9030（新刀）
	中心滚刀数量/直径	件/mm	6/432（17in）
	正滚刀数量/直径	件/mm	45/483（19in）
	边缘滚刀数量/直径	件/mm	12/483（19in）
	滚刀额定载荷	t	17in/25t;19in/35t
	最大扩挖量（半径）	mm	100
	扩挖方式		边缘滚刀加垫块结合液压超挖刀
	连续扩挖长度	km	无限制
	铲斗数量		10
主驱动	驱动类型		VFD变频驱动
	功率	kW	8×500=4000
	变频驱动启动控制模式		变频启动/矢量控制
	数量/品牌/产地		8/ELIN/奥地利
	电机和变频器的对应关系（是否一套电机配置一套变频器）		一套电机配一台变频器
	转速范围	r/min	0~3.78~5.73
	额定扭矩	kN·m	10106;3.78r/min
	脱困扭矩	kN·m	15160
	主轴承品牌/产地		Roth Erde/德国 SKF/法国
	主轴承寿命	h	≥15000
	主轴承密封形式		唇形密封,内外各三道密封
	主轴承直径	mm	5200

续上表

主要部件	部　件	单位	描　述
护盾	结构形式		钢结构+油缸
	夹持油缸数量	件	12
	活塞杆/腔径直径	mm	180/200
	顶护盾油缸数量	件	2
	活塞杆/腔径直径	mm	200/240
	底护盾油缸数量	件	4
	活塞杆/腔径直径	mm	200/240
	侧护盾油缸数量	件	2
	活塞杆/腔径直径	mm	125/140
	McNally 系统	套	一套
推进系统	油缸数量	件	8
	活塞杆/腔直径	mm	240/360
	油缸行程	mm	1850
	最大工作压力	MPa	35
	最大伸出速度	mm/min	100
	最大回缩速度	mm/min	1080
	总推力(最大)	kN	24667
撑靴	撑靴油缸数量	件	32
	撑靴油缸活塞杆/腔直径	mm	200/300
	总的有效撑靴力	kN	63302
	撑靴与洞壁接触面积	m²	21.6
	最大接地比压	MPa	<2.6
	液压油缸类型/品牌		恒力
后支撑	支撑油缸数量	件	4
	活塞杆/腔直径	mm	180/250
	总有效支撑力	kN	4140
	后支撑与洞壁接触面积	m²	3
	最大接地比压	MPa	1.38
	控制油缸数量	件	2
	油缸行程	mm	700
	活塞杆/腔径直径	mm	100/150
主机皮带运输机	带宽	mm	1200
	传送带长度	m	大约24
	运输速度	m/s	0~2.5
	装机功率	kW	66
	驱动类型		液压马达驱动
	出渣能力	t/h	1000
后配套皮带运输机#1	皮带宽度	mm	1200
	皮带机长度	m	大约25
	运输速度	m/s	0~2.5
	装机功率	kW	66
	驱动方式		液压马达驱动
	出渣能力	t/h	1000

续上表

主要部件	部　件	单位	描　述
后配套皮带运输机#2	皮带宽度	mm	1200
	皮带机长度	m	大约100
	运输速度	m/s	2.5
	装机功率	kW	75
	驱动方式		电驱
	出渣能力	t/h	1000
锚杆钻机系统	类型		Atlas Copco1838
	数量	套/件	4
	旋转速度	rpm	0~340/210
	钻孔直径	mm	38~42
	操作方式		液压/电控制
混凝土喷射系统	操作方式		电控或液控
	机械手数量	件	2
	喷浆泵数量	件	2
	能力	m^3/h	20
	喷浆范围	°	270
	喷嘴与墙体距离	mm	≥1000
	移动行程	m	6+6
钢拱架拼装机		min	<30
	撑紧方式及撑紧力	kN	大约50
	控制方式		液压控制
	驱动方式		液压驱动
	钢拱架规格		H150/I16
多功能超前钻机(备选)	类型		Atlas Copco 1838
	功率	kW	18
	钻孔直径范围	mm	最大165
	钻孔深度	m	≥50m
	超前角度	°	8
仰拱吊机	形式		双梁行走
	控制方式		有线+无线
	起吊质量	t	依据仰拱质量
	纵向移动行程	m	约为22
液压系统	名义工作压力	MPa	32
	Filter fineness 过滤精度		7μm
润滑系统	过滤精度		7μm

续上表

主要部件	部 件	单位	描 述
电气系统	变压器容量和数量	kV·A	2×2500+1×2500
	功率因数		≥0.9
	变压器防护等级		IP55
	初级电压	kV	20
	次级电压	V	690/400/230
	应急发电机容量	kW	300
	工作区域照明	Lux	≥200
	LV 分配插座		1×400V－63A－4 poles＋g,1×400V－32A－4 poles＋g,1×230V－16A－2＋g poles，每20m
	动力电缆线		阻燃 & LS0H
	发电机启动方式		≥100kW 软起
	电缆卷筒存储能力	m	400
有害气体探测和报警系统	规格型号		感应式
	监测气体种类		CH_4、H_2S、CO、CO_2、O_2
	探测器数量		7
遇火报警和灭火系统	移动灭火器布置位置		大约每隔10m
	自动灭火器安装范围		液压泵站、主电气柜
	水幕位置		后配套尾部
导向系统	类型/品牌		PPS/VMT
	准确度		2″
	操作界面语言		中英文界面
	有效范围	m	200
电视监视系统	摄像头数量	件	7
	摄像头类型/规格/品牌/产地		DH-IPC-HDW3100S/中国
	监测器数量		1个
	硬盘容量	G	1000
通信设备	通信点数量和布置		7
后配套台车	结构		平台
	拖车数量		11+2
除尘系统	除尘器数量	件	1
	类型		干式除尘
	过滤装置精度	μm	0.5
	容量	m³/min	800
	品牌		CFT/ECE
二次通风系统	通风管道直径	mm	2200
	储风筒数量	件	2
	储风筒容量	m	100
	空气软管直径	mm	1200
	空气流量	m³/s	30
	通风冷却器形式		水冷
	冷却器压缩机数量		2

续上表

主要部件	部 件	单位	描 述
空气压缩系统	类型&规格/品牌		Atlas Copco or INGERSOLL RAND
	压缩机数量	台	2
	压缩空气出口长度	m	约20
	压缩机总容量	m³/min	2×20
	最大压力	MPa	0.8
	储气罐容量	m³	2×2
	储气罐数量	件	2
供水系统	整机需水量	m³/h	>50
	水箱容量	m³	回水箱3 供水箱5
	排水管数量/直径	m	DN150/60
	新鲜水卷筒软管直径和长度	m	DN150/60
	排水泵类型		隔膜泵+潜水泵
	排水泵流量	m³/h	
	污水柜体积	m³	4
装机功率	总装机	kW	约为6007
	刀盘驱动	kW	4000
	液压系统	kW	240
	混喷系统	kW	2×90
	主驱动润滑系统	kW	37
	锚杆钻机	kW	4×75
	主机皮带机	kW	共用液压系统
	后配套皮带机	kW	150
	除尘器	kW	160
	二次通风系统	kW	30
	空压机	kW	2×110
	供水系统	kW	35
	污水系统	kW	69.6
	照明	kW	5
	插座箱	kW	160
	空气冷却器	kW	2×110
	其他设备	kW	200

23.5.3.4 本工程TBM适应性分析

为使TBM的选型充分适应本工程的特点,与多个TBM制造厂家进行了技术交流和研讨,召开了技术专题研讨会,认为在本标段采用敞开式TBM是适合的。

1)地质适应性分析

敞开式TBM在Ⅱ、Ⅲ类围岩中,能够发挥较好的掘进效率,主要取决于设备的破岩能力,在石英岩中掘进实践证明掘进较困难,在石英含量较高的围岩段掘进,设备能满足掘进要求,对不良地质设备配备了超前加固设备,能在不良地质段实施预加固,围岩破碎带需配置手喷混凝土系统进行及时支护,另外MCNALLY系统能解决局部掉块的问题,减少清渣时间。软岩段设备直径满足扩挖10mm

的要求,在2处大的断层地段,设计采用了钻爆法提前处理,设备步进通过的措施。总体设备的配置满足本项目要求,但也要做好地质预报,及时进行超前预加固。

2)长距离掘进适应性分析

本工程平导TBM掘进长度10km,正洞TBM掘进长度12km,要求TBM的配套设备如运输设备、通风设备、水电供应设备达到相应的要求。拟采取TBM出渣系统采用长距离连续皮带机系统,它具有经济、高效、环保、安全、便于维护等诸多优点,通过在大伙房、西秦岭工程中的成功使用,这些优点显著地表现了出来,也为项目部积累了丰富的长距离运输皮带机使用经验;主洞内进料运输采用轨道运输方式,内燃机车牵引。连续皮带机运输和有轨运输相互配合达到最佳的运输效果,有效缓解长距离掘进所带来的通风、运输等难题。为了缓解长距离掘进所造成的二次衬砌工期压力,配备能够使连续皮带机、运输车辆穿越的模板台车,实现同步衬砌施工。

3)快速掘进适用性分析

(1)TBM刀盘刀具对快速掘进的适用性。

正刀刀具拟采用19in盘形滚刀、楔形安装,刀具轴承寿命长,刀具更换和检查时间少,刀具承载力满足掘进要求,刀盘结构能承受的设计的总推力,本项目石英含量较高,特别是可能出现石英岩脉,硬岩掘进段对刀具是考验,施工期间需要增加刀具的频次,增加掘进时间。

(2)皮带出渣系统对快速掘进的适用性。

TBM掘进所产生的石渣必须快速运出才能保证快速掘进,本标段2台TBM采用连续皮带机出渣方式,将掘进产生的石渣快速、连续不断地输出洞外。

(3)支护设备对快速掘进的适用性。

TBM配备的钢拱架安装器具有快速运输、快速安装的功能;拟配备两台阿特拉斯公司液压钻机,其钻孔能力与TBM掘进速度匹配;两套喷混凝土机械手前后独立布置,每套喷浆系统沿隧道方向喷射长度不小于6~8m。配置输送泵能力充分考虑与掘进速度相匹配,满足快速掘进需要。

(4)整机设计功能完备、稳定可靠。

TBM设计充分考虑在隧洞施工中可能发生的各种情况,配备TBM施工开挖、出渣、支护、注浆、导向、控制等过程所需的全部功能,包括刀盘刀具、主驱动系统、推进系统、钢拱架安装系统、超前地质预报预测系统、喷浆支护系统、仰拱块安装系统、注脂系统、液压系统、电气控制系统、激光导向系统及通风、供水、供电系统、出渣系统等。

TBM的一个主要特点是结构复杂、功能齐全,各个系统都能正常运行才能完成TBM施工作业,在结构设计时选取了较大的安全系数,各部件的强度、刚度均留有较大余量,以满足施工特殊的荷载要求。

TBM各部件及液压、电气元器件均采用国际知名品牌产品,充分保证TBM各部件质量可靠。其中主轴承采用世界知名的轴承制造公司的产品,钻机系统采用阿特拉斯的产品,液压元器件主要采用德国力士乐公司、哈威公司等知名产品。电气元器件主要采用知名品牌的产品。

(5)良好的可操作性。

TBM的操作设计充分考虑到减轻操作者的劳动强度,提高操作者的劳动效率。司机在主控室内可以控制TBM掘进的大部分系统,如启动泵站、推进、调向、刀盘操作、注脂系统、出渣系统的控制等,TBM的主要状态参数如各种油压油温、各种掘进参数、TBM的姿态等直接反馈到主控室内。

仰拱块安装机的操作采用无线遥控的方式(同时可进行有线操作),不但使操作者能轻松、高效,更使其注意力更多地集中在安装的质量控制上。

喷浆机械手的操作也全部在一个可移动的操作面板上完成,使操作人员远离喷浆区,减小环境对人的伤害。

钢拱架运输和安装均通过机械来完成,并在指形护盾下完成,既安全又快捷。

TBM可操作性的另一个方面还表现在所有的刀具都可以在刀盘背后更换,在护盾的保护下作业环境更安全,避免了人员进入刀盘前面更换刀具而可能发生的危险。

(6)技术先进。

TBM 上大量采用变频、液压、自动控制、导向等领域的新技术。其控制系统的底端全部由 PLC 可编程控制器直接控制,上端由上位机进行总体控制。液压系统的推进、仰拱块安装等大量采用比例控制、恒压控制、功率限制等先进的液压控制技术。

TBM 采用先进的 PPS 激光导向系统来控制隧洞的掘进方向,这在隧洞的方向控制上也是比较前沿的高端技术。

出渣系统采用先进的长距离连续运输皮带机系统,并采用同步衬砌技术。

(7)环境保护。

TBM 设计充分考虑施工及消耗材料对环境的保护要求。

TBM 通过切削岩石实施掘进作业,减小对围岩的扰动;通过以电作为能源的长距皮带机出渣减小洞内因出渣车辆油烟的排放,减轻对环境的污染。

23.6 隧道工程施工方法及工艺

23.6.1 Ⅰ线正洞及平导钻爆法段施工方法及工艺

23.6.1.1 洞口工程施工

(1)洞口土石方开挖。

洞口土方采用挖掘机分层开挖,自卸汽车运至弃渣场;石方采用浅孔控制弱爆破,挖掘机或装载机装渣,自卸汽车运至弃渣场。

①隧道明洞、洞门开挖前,首先施工洞口边仰坡外的截、排水沟,以避免对边坡冲刷,导致边坡落石、失稳坍塌。明洞及洞门段开挖采用人工配合挖掘机由上而下进行。遇个别较大孤石或少量硬质岩,风钻钻孔、微药量解体,风镐修凿轮廓或非电控制光面爆破,不得扰动边坡,影响边坡稳定。装载机或挖掘机装渣,自卸汽车直接运输到规定地点卸渣。边坡开挖坡度按设计图放坡,当开挖到暗洞超前支护相应高程时,立即进行超前支护施工。结合边坡地形稳定程度,坡面用锚杆、钢筋网、喷混凝土作为临时防护,以确保施工安全。

②边仰坡刷坡自上而下分层进行,每层高度为 2~3m,随开挖及时进行锚杆网喷支护。做好坡面喷混凝土防护层与原坡面衔接,防止坡面风化,引起水土流失、导致边仰坡防护受到损坏。隧道明洞、洞门开挖,避免在雨天进行。

(2)进洞施工。

进洞施工前,为确保出口仰坡稳定,于明暗分界直立开挖面处线路两侧分别设 1 号和 2 号预加固桩,桩心里程 D1K226+826.75,1 号桩径 3.0m×3.0m,2 号桩径 3.5m×2.5m,桩长均为 26m,待洞口桩施作完毕且达到设计强度后方可进行洞口开挖施工。

洞口土石方开挖到达隧道里程处形成台阶,施作暗洞套拱和安装导向架,在台阶上施作超前管棚支护,在超前管棚施作完成后进行洞身开挖。

进洞段开挖保持短进尺、弱爆破、强支护,利用作业台架采用人工钻爆,挖掘机配合装载机挖装,喷混凝土分两次进行,即开挖后初喷,采用钢拱架拼装机架立钢架,安装系统锚杆、挂网后复喷,及时封闭,保证支护质量。

(3)明洞施工。

明洞开挖完成后进行基底处理,基底承载力达到要求后方可施作仰拱、填充混凝土,填充混凝土浇筑在仰拱混凝土终凝后进行。

明洞衬砌在仰拱填充完成后由明暗洞交界处向隧道洞口方向衬砌。

明洞拱墙衬砌均采用模板台车作内模,组合钢模作外模,一次性灌注成型。明洞衬砌及隧道洞门施工结束后进行洞顶回填施工。

明洞回填在防水层施作完成后分层填筑,左右交替,对称回填。

(4)洞门施工。

洞门施工在明洞或洞口段衬砌完成后进行;洞门端墙及翼墙混凝土灌筑采用支架和定制模板,混凝土采用洞外自动计量拌和站生产,混凝土运输车运输,泵送入模,插入式振捣器振捣,按要求做好圬工的养护工作。洞门完成后,及时施作洞口防排水系统。

23.6.1.2 隧道开挖

本标段隧道围岩级别主要包括Ⅱ、Ⅲ、Ⅳ、Ⅴ级,Ⅱ、Ⅲ级围岩采用全断面法施工;Ⅳ、Ⅴ级围岩采用人工钻爆台阶法施工。

开挖利用多功能作业台架钻孔,人工装药。Ⅱ、Ⅲ级围岩采用光面爆破工艺;Ⅳ、Ⅴ级围岩开挖采用控制爆破开挖,必要时辅以弱爆破。

1)隧道洞身开挖

本标段隧道除出口 D1K226+302~D1K226+840 段 538m 为双线隧道外,其余均为单线隧道,并预留Ⅱ线工程条件。洞身围岩主要以Ⅱ、Ⅲ、Ⅳ、Ⅴ级围岩为主,地质条件较为复杂,根据各围岩级别施工时采用的施工方法主要有全断面法和台阶法。

(1)Ⅱ、Ⅲ级围岩开挖。

隧道Ⅱ、Ⅲ级围岩地段采用全断面法开挖,光面爆破,挖掘机配合装载机装渣,自卸汽车运输至指定弃渣场。

(2)Ⅳ、Ⅴ级围岩开挖。

车站段双线隧道段全部为Ⅴ级围岩,采用双侧壁导坑法、三台阶法加临时仰拱法施工。其余正洞及平导Ⅳ、Ⅴ级围岩采用多功能作业台架台阶法施工,周边采用光面爆破减少对围岩的扰动以控制成形。挖掘机扒渣至下台阶,装载机装渣,自卸汽车运输至弃渣场。开挖后及时进行支护,封闭成环。爆破参数进行动态管理,不断进行优化。特别注意断面交界处、断层破碎带等地段的超欠挖和成形控制。监控量测要及时紧跟,及时分析反馈,以便指导施工。

2)钻爆设计

(1)设计原则。

隧道爆破施工,需根据工程地质、水文条件,具体开挖断面、开挖进尺,爆破器材等编制各级围岩光面爆破设计方案。

严格控制周边眼装药量,间隔装药,使药量沿炮眼全长均匀分布。

根据围岩特点合理选择周边眼间距及周边眼的最小抵抗线,辅助炮眼交错均匀布置,周边炮眼与辅助炮眼眼底在同一垂直面上,掏槽眼加深20cm。

选用低密度、低爆速、低猛度的炸药,本隧道采用乳化炸药,非电毫秒雷管起爆。采用微差爆破,周边眼采用导爆索起爆,以减小起爆时差。

(2)钻爆参数的选择。

通过爆破试验确定爆破参数,试验时参照表23-14。

光面爆破参数表   表23-14

岩石种类	周边眼间距(cm)	周边眼最小抵抗线 W(cm)	相对距离 E/W	装药集中度 q(kg/m)
极硬岩	50~60	55~75	0.8~0.85	0.25~0.3
硬岩	40~50	50~60	0.8~0.85	0.15~0.25
软岩	35~45	45~60	0.75~0.8	0.07~0.12

(3)爆破器材选型。

选用2号乳化炸药、导爆索、非电毫秒雷管,引爆器材则选用电雷管进而引爆非电毫秒雷管。

(4)掏槽方式选型及开挖钻爆作业程序。

隧道爆破开挖的关键是掏槽,掏槽成功与否直接影响爆破效果,并且掏槽的深度亦直接影响隧道掘进的循环进尺。掏槽采用楔形掏槽方式。

(5)装药结构及堵塞方式。

周边眼装药结构采用用小直径药卷间隔装药,软岩时则采用导爆索代替药卷。

其他眼均采用连续装药结构。

所有装药炮眼用炮泥堵塞,周边眼堵塞长度不小于25cm。

(6)爆破起爆网络。

设计采用的起爆网络为孔内微差起爆网络(一把抓起爆网络):把不同区域炮眼中伸出的非电毫秒雷管导爆管脚线(10~20根)用1段雷管连接起来后,把外部网络雷管的脚线用引爆雷管连接起来。注意:孔外连接雷管必须全是同1段雷管,否则,可能造成部分炮眼拒爆。

各段毫秒雷管脚线集束于掌子面中央悬挂,用电雷管起爆。孔内微差低段雷管一般跳段使用,使各相邻段间隔时间大于50ms。同时每个周边眼孔设两套独立起爆系统确保周边眼同时起爆而保证光爆效果。

(7)爆破效果检查及爆破设计优化。

①爆破效果检查。

全站仪检查断面超欠挖是否满足设计要求;爆破效果检查项目主要有:断面周边超欠挖检查;开挖轮廓圆顺度,开挖面平整检查;爆破进尺是否达到爆破设计要求;爆出石渣块是否适合装渣要求;炮眼痕迹保率,硬岩≥80%,中硬岩≥60%,并在开挖轮廓面上均匀分布;两次爆破衔接台阶不大于10cm。

②爆破设计优化与评价。

每次爆破后检查爆破效果,分析原因及时修正爆破参数,提高爆破效果,改善技术经济指标。

根据岩层节理裂隙发育、岩性软硬情况,修正眼距,用药量,特别是周边眼。

根据爆破后石渣的块度大小修正装药参数。石渣块度小,说明辅助眼布置偏密;块度大说明炮眼偏疏,用药量过大。

根据开挖面凹凸情况修正钻眼深度,使爆破眼底基本落在同一断面上。

根据爆破振速监测,调整单响起爆炸药量及雷管段数。

(8)光面爆破主要技术措施。

正确测设开挖轮廓线,不断优化钻爆设计,采用全站仪监测超欠挖情况,采用定人、定位、定钻,明确责任,保证钻孔质量,实行超欠挖奖罚措施,激发操作人员提高技术水平的热情。

钻眼前,必须根据爆破设计在开挖面上布眼,钻眼时必须按照炮眼位置进行钻眼,钻孔参数符合设计要求。

钻眼前,必须对工作面进行检查,对危石进行彻底清理,围岩较差地段,应加强对围岩的支护,确保工作面安全时,方可进行钻爆作业。

钻眼方向以测量放样的中线走向为准,钻眼时,应控制钻眼深度,所有炮眼底部应落在同一断面上,使开挖面尽量垂直于中线,开挖面与中线不垂直时,应尽快调整,以防止因开挖面不垂直于隧道走向,而造成钻眼方向的失控。

围岩变化时,现场技术员应根据围岩情况随时调整爆破设计参数,并对各种爆破参数进行技术统计,以不断提高爆破的效果。

(9)爆破设计。

①高黎贡山隧道Ⅲ级围岩$Ⅲ_{jk}$型衬砌断面爆破设计。

Ⅲ级围岩$Ⅲ_{jk}$型衬砌断面开挖进尺控制在2.2m,每延米开挖断面方量为59m³。

炮孔孔位布置如图 23-9 所示；装药参数见表 23-15。

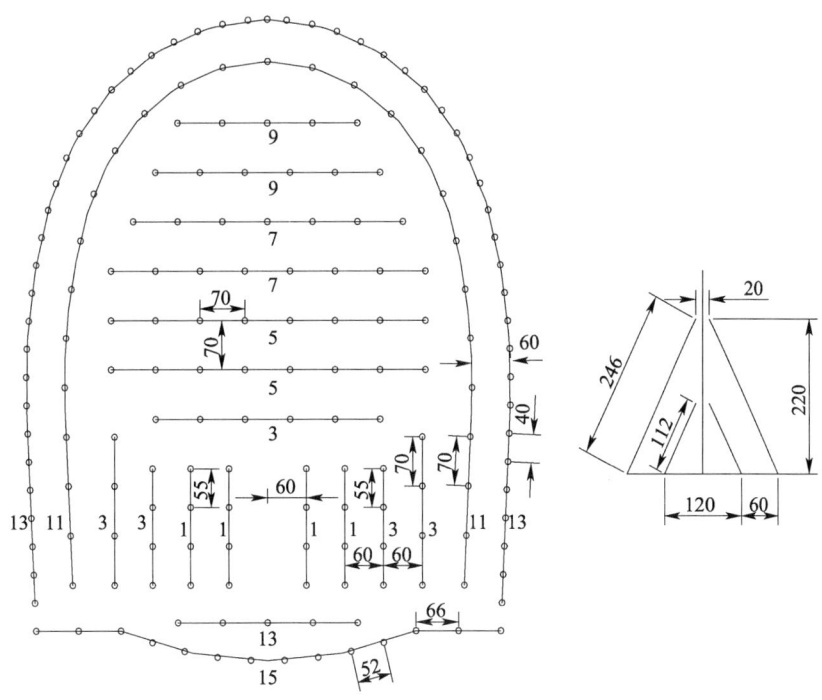

图 23-9　炮眼布置及掏槽示意图（尺寸单位：cm）

开挖装药参数表　　　　　　　　　　　　　　表 23-15

炮孔名称	段别	数量（个）	深度（m）	药卷数量（卷）	单节质量（kg）	用药量（kg）
周边眼	13	53	2.2	2	0.2	21.2
二圈眼	11	27	2.2	3.5	0.2	18.9
辅助眼	9	11	2.2	3.5	0.2	7.7
辅助眼	7	15	2.2	3.5	0.2	10.5
辅助眼	5	16	2.2	3.5	0.2	11.2
辅助眼	3	22	2.2	3.5	0.2	15.4
掏槽眼	1	8	1.12	3.5	0.2	5.6
掏槽眼	1	8	2.46	8	0.2	12.8
底板眼	13	5	2.2	3.5	0.2	3.5
底板眼	15	14	2.2	3.5	0.2	9.8
总计		179				116.6

②D1K209+571 高黎贡山隧道大变形预案Ⅰ型复合式衬砌断面爆破设计。

D1K209+571 高黎贡山隧道大变形预案Ⅰ型复合式衬砌断面开挖进尺控制在 1.0m，每延米开挖断面方量为 58.1m³。

炮孔孔位布置如图 23-10 所示；装药参数见表 23-16。

③高黎贡山隧道钻爆法施工段平导Ⅰ型Ⅴa级喷锚衬砌断面爆破设计。

高黎贡山隧道钻爆法施工段平导Ⅰ型Ⅴa级喷锚衬砌断面开挖进尺控制在 1.2m，每延米开挖断面方量为 37.8m³。

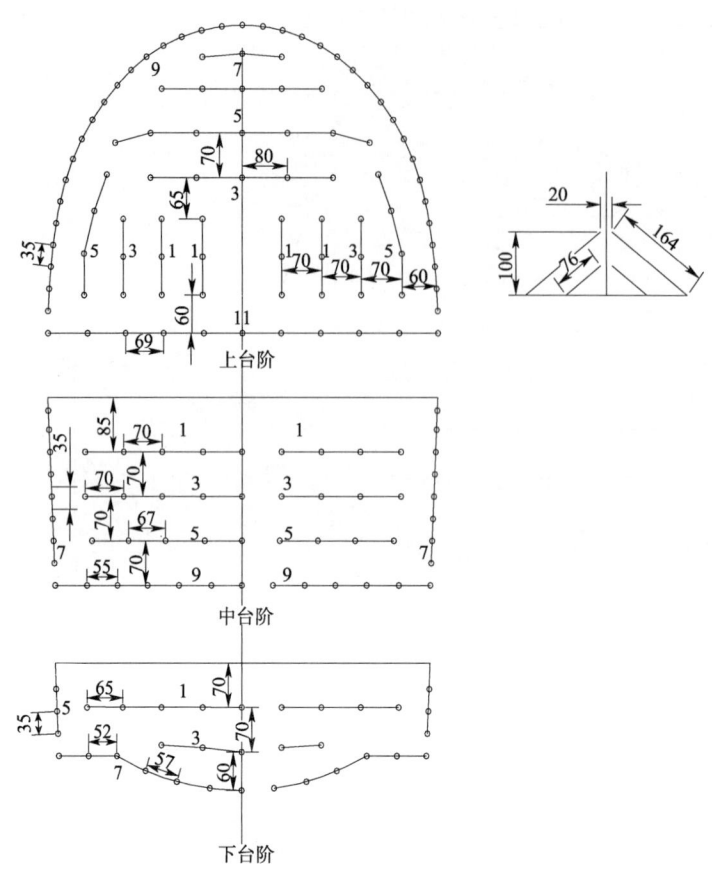

图 23-10 炮眼布置及掏槽示意图(尺寸单位:cm)

开挖装药参数表　　　　表 23-16

上台阶						
炮孔名称	段别	数量(个)	深度(m)	药卷数量(卷)	单节质量(kg)	用药量(kg)
周边眼	9	37	1	0.75	0.2	5.55
辅助眼	7	8	1	1	0.2	1.6
辅助眼	5	7	1	1	0.2	1.4
辅助眼	3	11	1	1	0.2	2.2
掏槽眼	1	6	1.64	1.5	0.2	1.8
掏槽眼	1	6	0.76	1	0.2	1.2
底板眼	9	11	1	0.5	0.2	1.1
总计		86				14.85
中台阶左						
炮孔名称	段别	数量(个)	深度(m)	药卷数量(卷)	单节质量(kg)	用药量(kg)
周边眼	7	8	1	0.75	0.2	1.2
一层眼	1	5	1	1	0.2	1
二层眼	3	5	1	1	0.2	1
三层眼	5	5	1	1	0.2	1

续上表

中台阶左					
炮孔名称	段别	数量(个)	深度(m)	药卷数量(卷)	单节质量(kg)	用药量(kg)
底板眼	9	7	1	1	0.2	1.4
总计		30				5.6

中台阶右						
炮孔名称	段别	数量(个)	深度(m)	药卷数量(卷)	单节质量(kg)	用药量(kg)
周边眼	7	8	1	0.75	0.2	1.2
一层眼	1	4	1	1	0.2	0.8
二层眼	3	4	1	1	0.2	0.8
三层眼	5	4	1	1	0.2	0.8
底板眼	9	6	1	0.75	0.2	0.9
总计		26				4.5

下台阶左						
炮孔名称	段别	数量(个)	深度(m)	药卷数量(卷)	单节质量(kg)	用药量(kg)
周边眼	5	3	0.8	0.75	0.2	0.45
一层眼	1	5	0.8	1	0.2	1
二层眼	3	3	0.8	1	0.2	0.6
底板眼	7	7	0.8	0.75	0.2	1.05
总计		18				3.1

下台阶右						
炮孔名称	段别	数量(个)	深度(m)	药卷数量(卷)	单节质量(kg)	用药量(kg)
周边眼	5	3	0.8	0.75	0.2	0.45
一层眼	1	4	0.8	1	0.2	0.8
二层眼	3	2	0.8	1	0.2	0.4
底板眼	7	6	0.8	0.75	0.2	0.9
总计		15				2.55

④平导Ⅰ型Ⅲ级喷锚衬砌断面爆破设计。

高黎贡山隧道钻爆法施工段平导Ⅰ型Ⅲ级喷锚衬砌断面开挖进尺控制在2.8m,每延米开挖断面方量为35.1m^3。

⑤高黎贡山2号竖井工区TBM拆卸洞室衬砌断面爆破设计。

2号竖井工区TBM拆卸洞室衬砌断面开挖进尺控制在3.0m,每延米开挖断面方量为258m^3。

23.6.1.3 洞身支护

超前支护:超前管棚采用套拱导向管定位,管棚地质钻机钻孔,分段顶入管棚,然后进行注浆加固;小导管采用风钻钻孔,现场搅拌浆液,注浆机注浆。

1)洞身支护

超前支护措施有超前大管棚、超前中管棚和超前小导管三种方式。

(1)超前管棚。

大管棚采用地质钻机成孔,中管棚采用潜孔钻机成孔,注浆泵注浆,外插角为1°~2°。管棚施工工艺流程如图23-11所示。

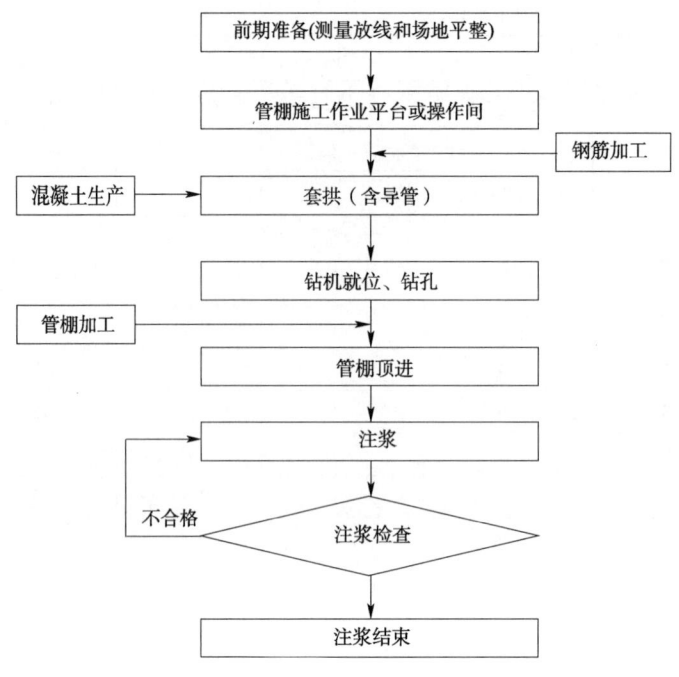

图 23-11 管棚施工工艺流程图

(2)超前小导管。

隧道Ⅳ、Ⅴ围岩地段在隧道开挖时采用小导管超前支护。超前小导管施工工艺流程如图 23-12 所示。

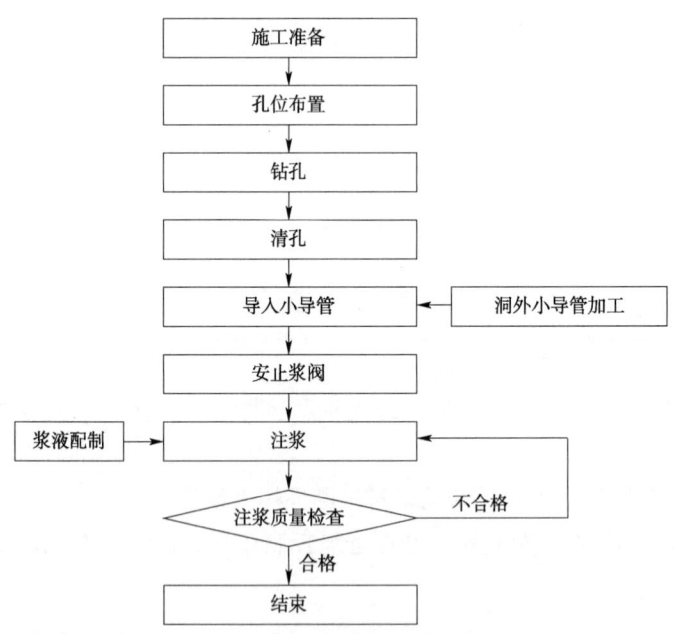

图 23-12 超前小导管施工工艺流程图

采用风钻钻孔,用锤击或钻机将小导管顶入,注浆泵注浆。小导管的纵向搭接长度不小于设计,外插角满足规范要求,与线路中线方向大致平行。孔位钻设偏差不超过 10cm,孔眼长大于设计小导管长,用高压风将管内砂石吹出,钢管顶入长度符合设计要求。

2)系统支护

(1)喷射混凝土。

喷射混凝土采用湿喷工艺。主要措施如下:

①喷射前处理危石,检查开挖断面净空尺寸,当受喷面有涌水、淋水、集中出水点时,先进行引排水处理。

②用高压风吹干净受喷面,设置控制喷混凝土厚度的标志。喷射作业分段、分片、分层,由下而上进行,有较大凹洼处,先喷射填平。

③喷嘴垂直于岩面,距受喷面0.6~0.8m,呈螺旋移动,风压0.5~0.7MPa。液态速凝剂由自动计量在喷嘴处掺入。

④喷射混凝土时按照施工工艺段、分片,由下而上依次进行。一次喷射混凝土的最大厚度不得超过15cm。分层喷射混凝土时,后一层喷射在前一层混凝土终凝后进行。

⑤喷混凝土料由洞外自动计量拌和站生产。混凝土搅拌车运输混凝土,卸入湿喷机,人工配合湿喷机喷混凝土。

(2)钢筋网。

钢筋须经试验合格,使用前除锈,在洞外分片制作,安装时搭接长度不小于一个网格。人工铺设,钢筋网密贴岩面,与锚杆和钢架绑扎连接(或点焊焊接)牢固。钢筋网和钢架绑扎时,绑在靠近岩面一侧,确保整体结构受力平衡。

喷混凝土时,控制喷头至受喷面距离和风压,以减少钢筋网振动,降低回弹。

(3)锚杆。

①中空注浆锚杆。

首先按设计要求,在开挖面上准确测设出锚杆孔位。利用作业台架采用风钻钻锚杆孔,方向尽量垂直结构面,用高压风将岩屑吹干净。检查锚杆孔达到标准后,安装锚杆并按设计比例制浆,用注浆机注浆,注浆压力符合设计要求,并保证锚杆孔浆液注满。最后在综合检查判定注浆质量合格后,用专用螺帽将锚杆头封堵,以防浆液倒流管外。

②砂浆锚杆。

砂浆锚杆施工工艺流程如图23-13所示。

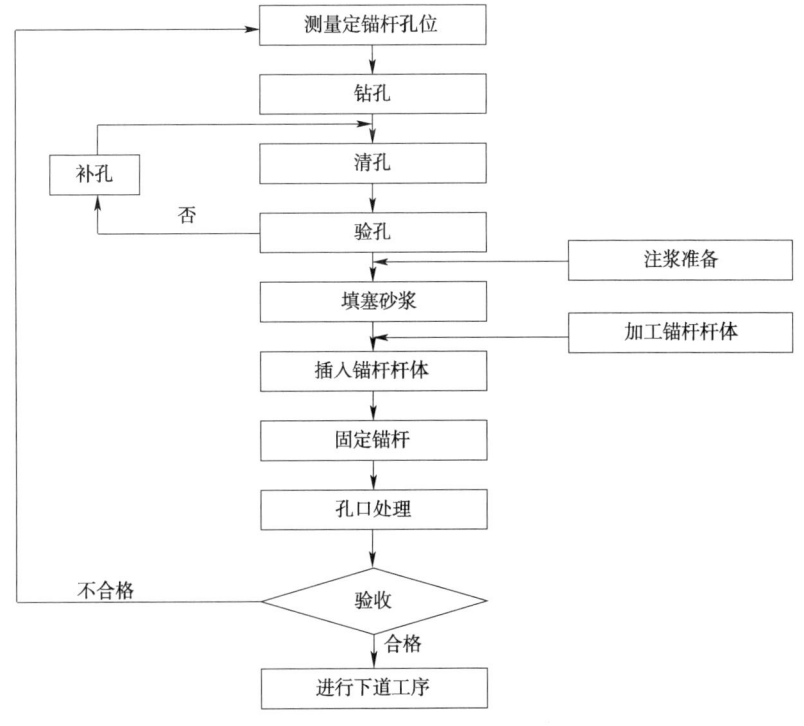

图23-13 砂浆锚杆施工工艺流程图

利用作业台架风钻钻孔,按照设计间排距,方向尽量垂直结构面,用高压风将孔内岩屑吹干净。用注浆泵将孔内注满早强砂浆,再用风钻将锚杆顶入孔内,杆体位于孔位中央,待砂浆达到设计强度后安装垫板,垫板用螺帽紧固在岩面上,增强锚杆与喷混凝土的联合支护作用。

(4)钢拱架。

钢拱架施工工艺流程如图23-14所示。

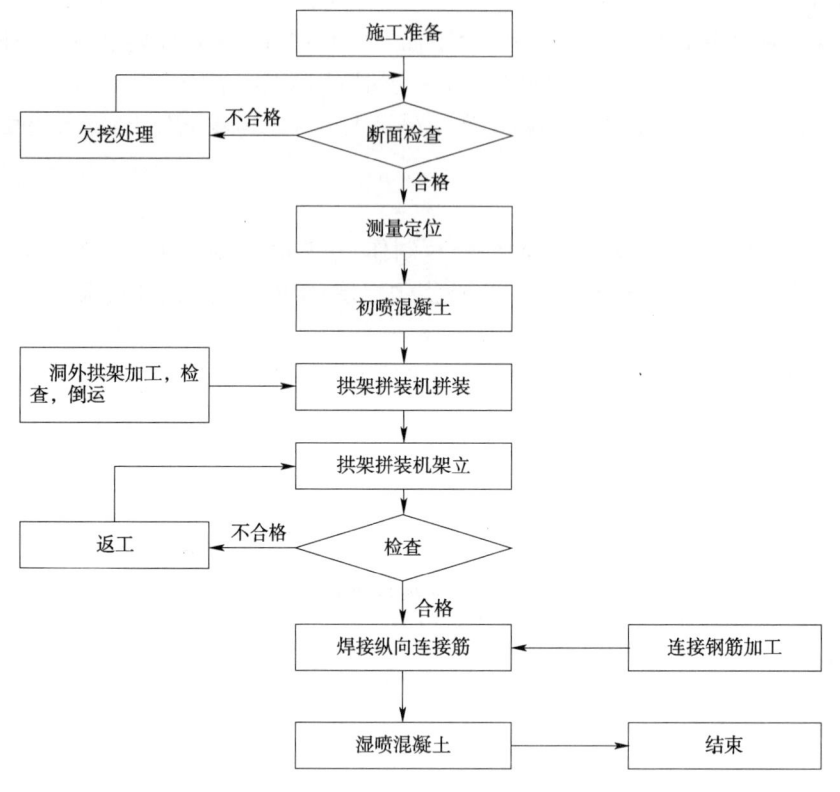

图 23-14 钢拱架施工工艺流程图

①制作。

钢架按设计尺寸在加工厂分节制作,保证每节的弧度与尺寸均符合设计要求,每节两端均焊连接板,加工后进行试拼检查,验收合格后使用。

②安装。

钢架按设计要求安装,安装尺寸允许偏差:横向和高程为±5cm,垂直度为±2°。钢架的下端设在稳固的地层上,拱脚高度低于上部开挖底线以下15~20cm。拱脚开挖超深时,加设钢板或混凝土垫块。安装后利用锁脚锚杆定位。超挖较大时,拱背喷填同级混凝土,以使支护与围岩密贴,控制其变形的进一步发展。两排钢架间用连接钢筋纵向连接牢固,以便形成整体受力结构。

系统支护:喷射混凝土采用拌和站集中拌和,混凝土运输车运输,现场湿喷作业的方法;中空注浆锚杆和全螺纹砂浆锚杆采用购置成品锚杆,现场安装的方法;钢筋网采用洞外预制半成品洞内安装的方法;钢拱架采用洞外预制,洞内人工配合钢拱架拼装机安装的方法。

23.6.1.4 结构防排水及隔热层工程施工

1)一般地段

(1)施工方法和工艺。

隧道防排水遵循"防、排、截、堵相结合,多道防线,因地制宜,综合治理"的原则,采取切实可靠的设计、施工措施,保障结构物和设备的正常使用和行车安全,对地表水和地下水作妥善处理,洞内外形成一个完整的排水系统,以保证隧道衬砌和设备的正常使用和行车安全。并做到衬砌不渗水,安装设备的孔眼不渗水,道床排水畅通,不浸水。

隧道二次衬砌采用防水混凝土结构自防水,抗渗等级不低于 P8;设置双侧水沟,在隧道底板及仰拱填充面紧靠沟槽侧设置 ϕ50mm 硬质 PVC 排水管;在电缆槽底面紧靠水沟侧,在水沟边墙上间隔 3~5m 预留 2cm 泄水槽;为疏导和防止衬砌背后积水,减少静水压力和避免衬砌漏水,在喷射混凝土与二次衬砌之间设置柔性防水层,防水层采用抗拉强度高、断裂伸长率大的 EVA 防水板,厚度不小于 1.5mm,铺设防水层前需在喷射混凝土表面铺设缓冲层,缓冲层采用单位质量不小于 300g/m^2 的土工布。在防水层后间隔 8~10m 设置环向 ϕ50mm 盲管,墙角设 HPDE107/93 纵向盲管,再分别与边墙进水孔连接,将地下水引至洞内水沟。环向施工缝采用外贴式止水带 + 中埋式止水带复合防水构造,并贯通二次衬砌拱墙、仰拱;纵向施工缝处采用钢边橡胶止水带 + 外贴式止水带复合防水构造;变形缝贯通二次衬砌拱墙、仰拱,采用中埋式橡胶止水带 + 外贴式止水带 + 嵌缝材料组成复合防水层,内侧采用密封膏进行嵌缝密封止水带,密封膏沿变形缝环向封闭,任何部位均不得出现断点,以避免出现蹿水现象。

①隧道洞口地面截水沟排水。

洞口地面截水沟主要是隔断地表水源,防止地表水冲刷仰坡。截水沟设置在隧道洞顶边、仰坡以外 5~10m 的位置,坡度根据地形设置,但不小于 3‰;水沟沟底宽度不小于 40cm,深度不小于 60cm,长度应使边、仰坡坡面不受冲刷。

②排水盲管及泄水孔安设。

排水盲管在初期支护表面处理施作完成之后,防水板铺设之前,结合施工缝布置。在隧道环向间隔 8~10m 设置 ϕ50mm 单壁打孔波纹管盲沟,在地下水较发育地段可适当加密,在隧道侧沟泄水孔处,将盲沟直接引入侧沟;沿隧道两侧边墙底部纵向设置 HPDE107/93 双壁打孔波纹管盲沟,并分 10m 一段引入隧道侧沟内,以引排防水层背后的积水。

仰拱顶面水沟侧和电缆槽底面水沟侧泄水孔在水沟电缆槽施工时,预埋同直径大小的 PVC 管。排水盲管施工工艺流程如图 23-15 所示。

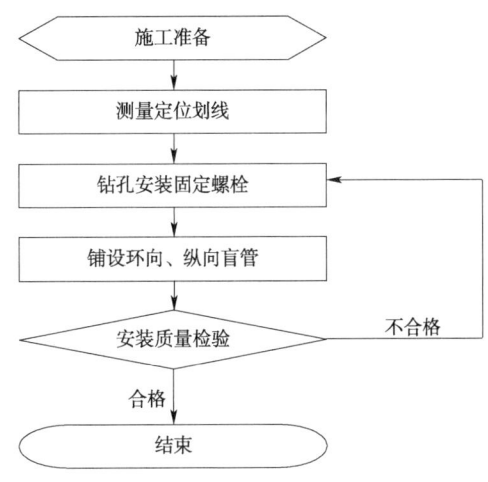

图 23-15 排水盲管施工工艺流程图

③防水层铺设。

全隧道拱墙初期支护与二次衬砌间铺设 EVA 防水板加土工布防水,防水板厚不小于 1.5mm,土工布单位质量≥300g/m^2。防水层采用多功能作业台车配合人工进行整幅式挂设,铺设前安设好环向及纵向排水盲沟管。

防水板铺设前,先对隧道初期支护喷射混凝土表面进行处理,初期支护表面不得有明水流,否则应对喷射混凝土背后进行注浆堵漏处理或用细透水管引排(一般集中出水部位),待基面上无明水流后才能进行下道工序;基面不得有尖锐的毛刺部位,特别是较大的尖锐石子等硬物,应凿除干净或用1∶2.5的水泥砂浆覆盖处理;基面不得有铁管、钢筋、铁丝等凸出物存在,否则应从根部割除,并在割除部位用水泥砂浆覆盖处理;基面应平整,如有凹凸不平处采用补喷混凝土或砂浆抹面抹平处理。

防水层铺设采用简易作业台车配合施作,首先铺设土工布,用 $\phi0.8mm$ 射钉与相配套的塑料垫片将土工布固定在基面上,射钉按梅花形布置,拱顶间距50~80cm,边墙间距80~100cm,土工布之间采用搭接法进行连接,搭接宽度不小于15cm,搭接缝部位采用点黏法进行连接,铺设时应尽量与基面密贴,不得拉得过紧或起大包,以免影响防水板的铺设。土工布铺设完毕后开始铺设防水板,先用简易作业台车将防水板沿环向铺设,并固定到预定位置,然后用手动电热熔接器加热,使防水板焊接在固定无纺布的专用热熔衬垫上。防水板之间采用自动双缝热熔焊接机按照预定温度、速度进行双焊缝焊接,搭接长度不小于15cm,单条焊缝的宽度不小于1.5cm,焊缝完毕后采用充气法进行检测,充气压力为0.25MPa,保持该压力不少于15min,允许压力下降10%,如压力持续下降,应查出漏气部位并对漏气部位进行全面的手工补焊。防水板铺设要松紧适度,不得拉得过紧或出现大的鼓包,并应与基面凹凸起伏一致,保持自然、平整、伏贴,以免影响二次衬砌混凝土厚度尺寸或使防水板脱离塑料垫片;防水板铺设完毕后对其表面进行全面的检测,发现破损部位及时进行补焊,补丁剪成圆角,不得有三角形或四边形等尖角存在,补丁边缘距破损边缘的距离不得小于7cm,补丁应满焊,不得有翘边空鼓部位。

防水板间搭接缝要与变形缝、施工缝等防水薄弱环节错开1m以上。防水层的铺设应超前二次衬砌距离一个衬砌循环,并设临时挡板防止机械损伤和电火花灼伤防水板。绑扎、焊接钢筋时,避免钢筋就位时刺破防水板,特别是焊接钢筋时,应在防水层和钢筋之间设置石棉遮挡板,避免火花烧穿防水板。

④施工缝、变形缝防水施工方法。

隧道环向施工缝采用中埋式止水带+外贴式止水带复合防水构造;纵向施工缝采用钢边橡胶止水带+外贴式止水带复合防水构造;变形缝采用中埋式橡胶止水带+外贴式止水带+嵌缝材料组成复合防水层。

施工缝表面首先使用钢刷将疏松、起皮、浮灰等清理干净,使施工缝表面基本平整、干燥、无污物,再涂刷施工缝界面剂,界面剂可采用水泥基渗透结晶型防水材料,也可采用聚合物基水泥涂层,然后安装。

中埋式止水带使用钢筋卡固定,在二次衬砌浇筑时沿隧道环向每隔0.5m设置定位钢筋,钢筋卡与定位钢筋连接,沿衬砌设计轴线按定位钢筋位置,在挡头板上钻 $\phi12mm$ 钢筋孔,以固定钢筋卡。止水带采用热熔对接法连接,对接部位接缝严密、不透水,对接部位的抗拉强度不小于母材强度的90%。

变形缝部位的混凝土应振捣充分,振捣时振捣棒不得触及止水带,变形缝内嵌缝前,应对变形缝内表面用铁刷进行清理,然后用高压水进行冲洗,待缝内混凝土表面完全干燥后,用专用注胶枪进行注胶,注胶应连续,中间不得断点。

(2)防水措施。

暗挖段衬砌采用防水混凝土施工,初期支护与二次衬砌间拱墙部位铺设防水板加无纺布,且无纺布和防水板应分开铺设;明洞衬砌外缘设置水泥砂浆找平层及防水板、无纺布。

隧道衬砌拱墙、仰拱及纵向施工缝环向施工缝采用外贴式橡胶止水带+中埋式橡胶止水带进行防水处理。

隧道衬砌变形缝采用中埋式钢边橡胶止水带+外贴式橡胶止水带+聚苯乙烯硬质泡沫板+双组分聚硫密封膏嵌缝材料进行防水处理。

二次衬砌拱部预留充填注浆孔,待混凝土达到设计强度后进行充填注浆,充填完毕后,将注浆孔凿毛成倒圆锥体采用水泥砂浆(M20)封闭。

当地下水对混凝土结构具有侵蚀性时,应采取相应的耐腐蚀混凝土。根据设计要求,本工程侵蚀等级H1地段二次衬砌采用C35混凝土,56d电通量(C)小于1200;沟槽身采用C30混凝土,56d电通量(C)小于2000。

2) 设隔热衬砌地段

(1) 隧道施工期间需揭示邦迈—邵家寨断层(F_{1-2})、邦迈—邵家寨次级断层、怒江断裂(F_{1-1})、镇安断裂(F_{4-2})等导热断层(裂),针对导热断层(裂)处采用隔热衬砌的情况,该地段初期支护与二次衬砌间设全环防水板加无纺布+外衬+全环隔热层+全环防水板+内衬的防水措施。

(2) 隧道衬砌纵、环向施工缝及变形缝的处理措施按一般地段实施。

(3) 钻爆法施工TBM通过段。

①钻爆法施工TBM通过段初期支护与二次衬砌间拱墙防水措施、衬砌环纵向施工缝防水措施、衬砌变形缝防水措施,同钻爆法施工一般地段的防水措施。

②单线隧道TBM通过段需铺设仰拱预制块,为增加仰拱预制块的安装铺设及防水效果,预制块之间做成凹凸接触面,接触面采用复合型膨胀止水带止水;预制块中心水沟接头采用普通橡胶及膨胀腻子止水带止水;预制块与边墙之间的纵向接触缝防水采用遇水膨胀止水条止水。

23.6.1.5 二次衬砌及预埋件施工

1) 仰拱和填充施工

仰拱及隧底填充施工在隧道底部开挖支护完成后,及时全幅分段施工。为确保洞内交通不中断,采用仰拱栈桥方式跨越,仰拱及填充整幅分次浇筑,并超前二次衬砌适当距离。混凝土由洞外全自动计量混凝土拌和站生产,混凝土运输车运至工作面进行浇筑作业。

仰拱施工前,先将隧底虚渣、杂物、积水等清除干净。施工前先复核仰拱断面尺寸,不允许出现欠挖,超挖部分采用同级混凝土回填。

仰拱分段施工,钢筋在洞外预制,浇筑采用仰拱大模板由中心向两侧对称施工,一次完成,采用插入式振捣器,加强振捣,保证混凝土施工质量。

仰拱施工与掘进工作平行进行,为解决仰拱施工和其他工序的干扰问题,自制仰拱栈桥,形成立体交叉平行作业体系,减少施工干扰。仰拱栈桥如图23-16所示。

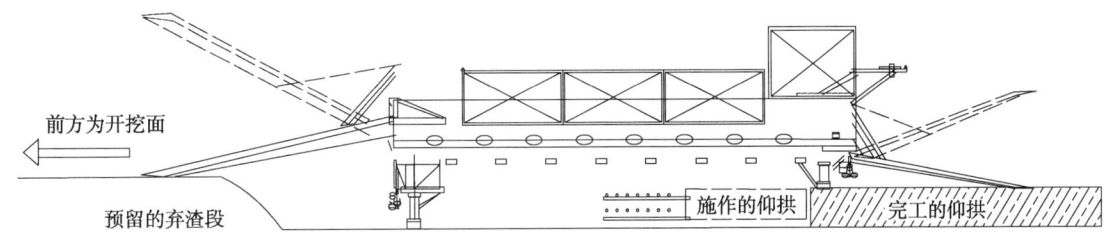

图23-16 仰拱栈桥示意图

仰拱混凝土初凝后,方可灌注隧底填充混凝土。隧道仰拱上部填充混凝土施工前先清洗仰拱上虚渣及杂物,排除积水。填充混凝土表面要求平整,横坡、纵坡与设计一致。

仰拱施工缝与填充混凝土施工缝相互错开,要求施工缝顺直、平整,进行凿毛清洗,并安装止水带防水。

仰拱及填充施工的同时施工综合接地及过轨管。

2) 拱墙衬砌施工

(1) 拱墙施工。

二次衬砌施工方法纵断面示意图如图23-17所示。

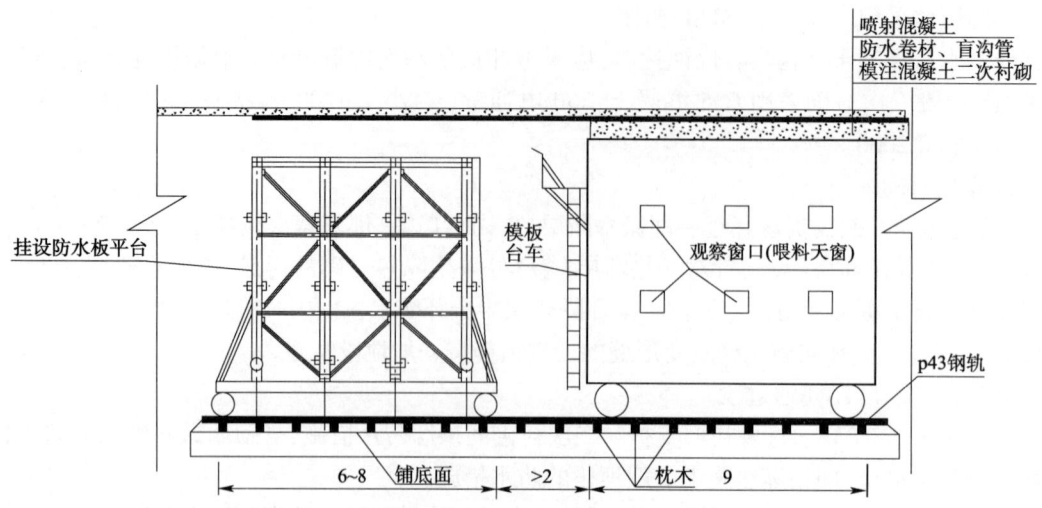

图 23-17 二次衬砌施工方法纵断面示意图(尺寸单位:m)

衬砌根据量测情况在围岩及初期支护变形基本稳定后进行,适度紧跟开挖面满足开挖与衬砌安全步距要求。采用移动式防排水作业台车进行岩面清理和盲管、无纺布、防水板铺设作业,拱墙采用模板台车衬砌,混凝土采用混凝土搅拌运输汽车至工作面,泵送混凝土入模,每环在拱顶预留压浆管兼排气管,保证拱顶混凝土与围岩密贴。混凝土采取附着式振捣器振捣,辅以插入式振捣器辅助振捣。钢筋混凝土衬砌地段,钢筋在洞外下料加工,弯制成型,洞内绑扎或拼装焊接,钢筋绑扎采用多功能作业台架施工。施工工艺流程如图 23-18 所示。

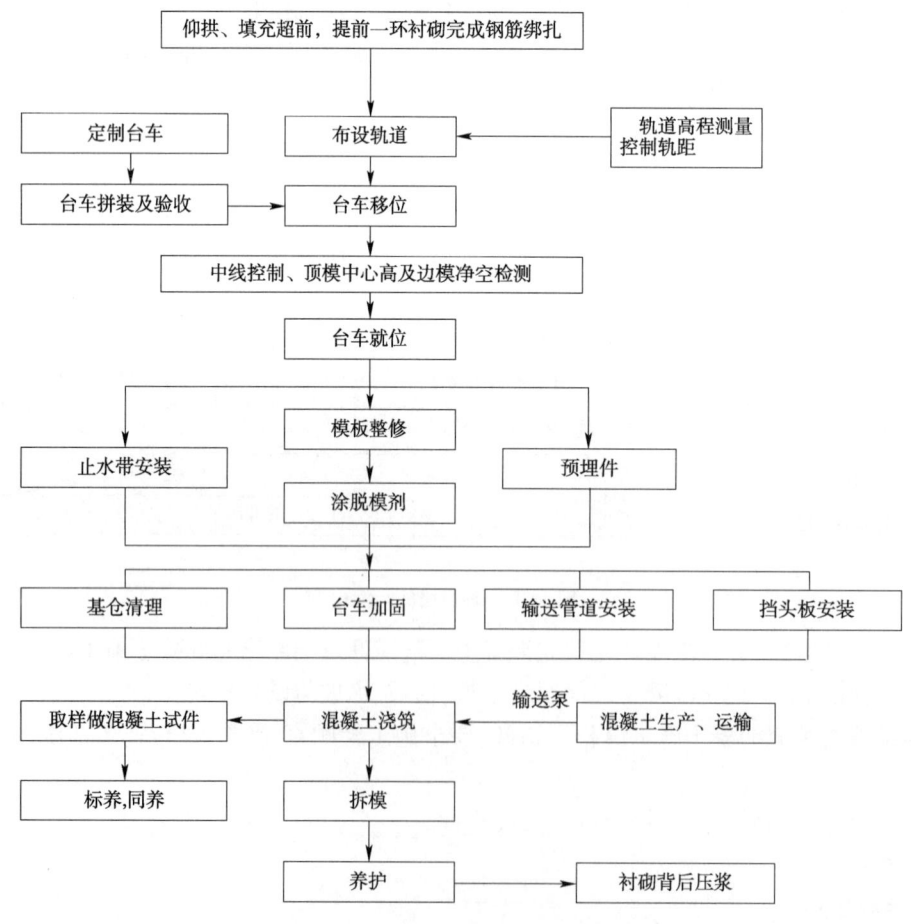

图 23-18 二次衬砌施工工艺流程图

(2)拱顶混凝土密实度解决方案。

①分层分窗浇筑。

泵送混凝土入仓自下而上,从已灌筑段接头处向未灌筑方向分层对称浇灌,转混凝土窗口时两侧交叉进混凝土,防止偏压使模板变形。在出料管前端加接3~5m同径软管,并使管口向下,避免水平对岩面直泵。混凝土浇筑时的自由倾落高度不超过2m。施工时须注意,因浇筑高度过高,或不分层、或直接对岩面泵送,将使得混凝土经岩面—钢模之间多次反弹后,造成物料分离,粗集料下沉,浆液上浮,从而使混凝土表面产生麻面、水泡,导致混凝土不密实。

②采用封顶工艺。

封顶时混凝土泵送软管从模板台车的进料窗口(从最低一级窗口逐渐上移)处注入混凝土。当混凝土浇筑面已接近顶部(以高于模板台车顶部为界限),进入封顶阶段,为了保证空气能够顺利排除,在堵头的最上端预留两个圆孔,安装排气管。排气管采用轻质胶管或塑料管,以免沉入混凝土之中。将排气管一端伸入仓内,且尽量靠前,以免被泵管中流出来的混凝土压住堵死,另一端即露出端避免过长,以便于观察。随着浇筑继续进行,当发现有水(混凝土表层的离析水、稀浆)自排气管中流出时(以泵压≤0.5MPa为准),即说明仓内已完全充满了混凝土,立即停止浇筑混凝土,撤出排气管和泵送软管,并将挡板的圆孔堵死。

封顶混凝土按规范严格操作,尽量从内向端模方向灌筑,排除空气,保证拱顶灌筑厚度和密实。要落实三级检查签认制度,并配备相应的无损检测仪器(地质雷达)进行检测。

3)预埋件施工

预埋件施工与在二次衬砌同时施工。预埋件预埋位置严格按设计要求进行施作,保证预埋件位置及质量要求符合设计和施工规范。

23.6.1.6 沟槽施工

洞内设置双侧排水沟,侧沟过水断面40cm(宽)×45cm(高);中心沟过水断面57cm(宽)×40cm(高)。待隧道衬砌和仰拱施工完成后开始隧道中心水沟、两侧沟槽。中心水沟和沟槽施工采用定型钢模板,一次成型,其施工要点是控制好模板的中线、水平,并要求模板支撑牢固,防止浇捣时模板位移和上浮。人工制安钢筋和预埋管件,插入式振捣器捣固密实,等强脱模后洒水保湿养护14d。

水沟、电缆沟盖板集中进行预制,预制时严格控制盖板的几何尺寸,采用细粒径的混凝土,混凝土要求匀质、密实、和易性好,盖板表面平整、无凹凸现象,盖板四角棱角分明,无缺棱掉角。

23.6.1.7 施工排水

1)水泵的选型与设计

排水管路必须有工作和备用水管。工作水管的能力应能配合工作水泵在20h内排完24h的正常涌水量。工作和备用水管的总能力,应能配合工作和备用水泵在20h内排出矿井24h的最大涌水量。

根据计算得出采用3台MD650-80×9型水泵将地下水由井底车场排至井口。排水管选用φ377mm×22无缝钢管,吸水管选用φ402mm×8无缝钢管。

2)斜井排水

斜井井身施工期间采用4台D280-43×6抽水机(2用2备)抽排至井外。抽水管直径200mm,排水管直径500mm。在3号联络通道连通之后,将主副井地下水抽至副井井身泵房,然后通过2台D280-43×6抽水机(另备用一台,检修一台)将泵房地下水排出洞外,抽水管直径200mm,排水管直径500mm;在井底泵房修建完成后,使用3台D740-80×5(另备用2台,检修1台)将地下水汇集至井底主副水仓直接排出洞外污水处理池,处理达标后排放,抽水管直径300mm,排水管直径500mm。

施工时斜井工区平导 PDK197+840~PDK199+500 段及正洞 D1K198+193~D1K199+500 段需反坡排水。

(1) 在1号斜井工区反坡施工段平导未贯通前,21号横通道贯通后,于该横通道靠平导侧设一集水坑,21号横通道至22号横通道间平导内水流顺平导侧沟流入该集水坑,平导反坡施工段的地下水采用移动泵抽至该集水坑,再排入井底水仓,由井底水仓集中抽排至洞外。正洞及平导反坡施工段间距不大于500m设一集水坑,反坡段地下水经集水坑接力排至井底水仓,排出洞外。

(2) 在1号斜井工区反坡施工段平导贯通后的抽排水方案如下:

①19号横通道贯通后,正洞反坡施工段水流抽排至临近集水坑,正洞顺坡段流经截水坑经该横通道抽排至平导侧沟顺流出洞外。

②18号横通道贯通后,于正洞内设截水沟,将正洞顺坡水流截排至该横通道侧沟内,正洞反坡施工积水流采用移动泵抽排至该横通道侧沟,顺流至平导侧沟排出洞外。

③17号横通道贯通后,正洞反坡施工段水流采用移动泵经该横通道抽排至平导侧沟顺流出洞外。

3) 竖井排水

竖井在腰泵站施工完成前,竖井抽排水通过一台 80DGL-75×8 的吊泵排出井外;井身泵站完成后,井底废水抽排至腰泵站,通过一台 MD46-50×9 的水泵集中抽往井外;正洞及平导出水,在井底水仓由高扬程卧泵一次性抽排至洞外。

1号竖井井底水仓采用直接排水方式,直接采用4台 MD650-80×11 型水泵将地下水由井底车场排至井口,备用2台 MD650-80×11 型水泵,检修1台 MD650-80×11 型水泵。共设置4根排水管,水管直径为377mm。为提高应对灾变淹水能力,采用1台 YQ550-850/10-2000/W-S 型潜水泵作为抗灾排水设备,设备启动设置于地面,确保淹水时可以顺利启动,水管并联于一趟排水管。

2号竖井井底水仓采用直接排水方式,直接采用3台 MD650-80×9 型水泵将地下水由井底车场排至井口,备用2台 MD650-80×9 型水泵,检修1台 MD650-80×9 型水泵。共设置3根排水管。为提高应对灾变淹水能力,采用1台 YQ550-850/10-2000/W-S 型潜水泵作为抗灾排水设备,设备启动设置于地面,确保淹水时可以顺利启动,水管并联于一趟排水管。

出口工区反坡段采用移动泵站和固定泵站相结合的方式,将洞内污水排至顺坡段往洞外排出;但隧道路面高程正洞比平导低90cm,施工时采用在正洞横洞口位置设集水井,通过抽水机抽排至平导排水沟内顺坡排出洞外。

针对隧道不良地质高温地热水段采用抽水机抽排,在隧道边墙布设大直径的专用隔热排水管道排至洞口污水沉淀池后,处理达标后排放。

23.6.2 TBM 施工段施工方法及工艺

23.6.2.1 TBM 运输

根据现场勘查情况了解,TBM 运输至工地的交通条件临近工地位置较差,需对运输道路进行扩建、加固或改建,以保证大型车辆和重型车辆的通行运输安全,TBM 顺利运达工地现场。

23.6.2.2 TBM 验收

根据发包人要求参与 TBM 工厂验收和工地交货验收。

23.6.2.3 TBM 组装、调试

1) TBM 组装

TBM 组装分为工厂组装和现场组装。TBM 工厂组装由 TBM 制造商统一安排和负责,TBM 现场组装由 TBM 制造商负责整机组装调试的技术指导。

(1)组装前的准备。

TBM作为大型的施工设备,设备庞大、系统复杂,为保证安全顺利完成TBM的组装工作,需做好以下准备工作:

①制订详细的、可行的TBM组装、调试计划。

②提前做好技术培训,并做好技术交底。

③制订合理的组装材料、配件计划。

④制作始发基座。

⑤组装零部件标识清楚、堆放整齐,并做好清洁工作。

⑥严格控制组装质量,做好相关记录。

⑦设专职安全员,全程监控TBM组装的安全作业。

(2)组装场地布置。

根据设计图纸,隧道出口接路基工程,洞外车站范围具备作为正洞及平导TBM组装的场地条件,其组装场地设置于隧道出口外龙陵车站D1K226+850~D1K227+060段210m路基范围,场地硬化宽度为20m,具体范围为Ⅰ线线路中线右侧7m,Ⅱ线线路中线左侧8m。TBM组装场地采用混凝土硬化,D1K226+850~D1K226+910段60m浇筑C30混凝土,厚度为30cm,其中D1K226+850~D1K226+880主机安装段设置φ18mm钢筋,钢筋间距为0.4m×0.4m;D1K226+910~D1K227+060段150m采用C20混凝土硬化,厚度为25cm。整个组装工作分为主机组装和后配套组装两部分,在不同的区域同步进行。TBM洞外组装效果如图23-19所示。

图23-19 TBM洞外组装效果图

(3)人员配置。

参与TBM组装的人员需具备一定的专业知识,并经过组装培训,能严格按照技术要求组装设备,确保组装质量。

TBM组装过程复杂、周期长、技术要求高,采用二班制作业。

由于主机和后配套的组装分别在不同的区域进行,要求各组装小组的技术人员负责组装技术和质量把关,严格执行组装的技术方案,确保组装计划按期完成。

(4)组装设备。

根据中国中铁股份有限公司大型设备组装经验,为加快组装进度,节约组装时间,TBM现场组装工作要求在场地内分区域同步进行。

(5)主机组装。

组装前用汽车吊将主机组装所需的部件按组装的先后顺序放在2×75t+15t门吊可以吊装的范围内,主要利用门吊组装,汽车吊辅助。主机主要部件组装分区域同步进行。

①主机组装顺序。

a. 刀盘焊接,放置前行走架,并将下支撑放在前行走架上。

b. 主轴承座和机头架组装在一起,并安装到下支撑上。

c. 主梁安装到机头架上,在机头架和主梁内安装主机皮带机和受料槽。

d. 将刀盘安装到机头架上,同时将鞍架装配到主梁后部,并安装上部水平支撑缸、推进油缸和支撑靴。

e. 装后支撑,将主驱动和侧支撑安装到机头架上。

f. 安装环形梁安装器、钻机、走道和人梯,以及液压和电器部件。

g. 刀盘安装,然后在机头架上安装顶支撑和顶侧支撑。

②组装调试流程图。

TBM 主机组装流程如图 23-20 所示。

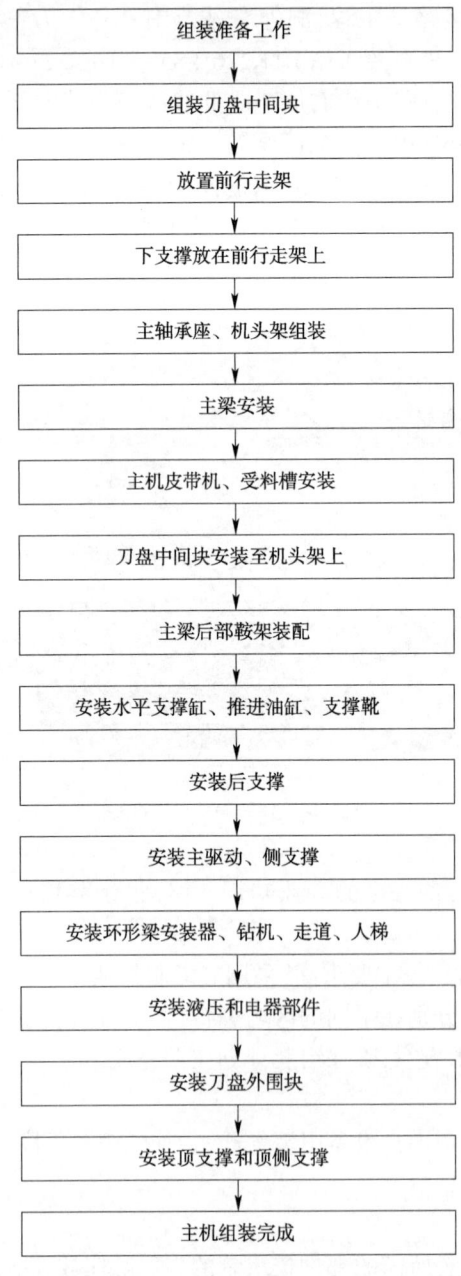

图 23-20　主机组装流程图

(6)后配套组装。

后配套组装顺序如下：

①主机后铺设后配套组装的轨道。

②在后配套组装区内组装1号、2号拖车及其辅助设备,将1号、2号拖车拖到主机后部。

③在组装区内组装3号、4号拖车及其助设备,将3号、4号拖车与1号、2号拖车连接。

④在组装区内组装5号、6号拖车及其辅助设备,将5号、6号拖车拖到与3号、4号拖车连接。

⑤同样方法,完成全部拖车及设备的组装。

⑥组装主机和拖车之间的设备桥及相关设备,与主机和拖车连接。

⑦安装液压元件和电气元件,连接液压管路、敷设电缆;安装皮带。

2) TBM 调试

TBM 调试需提前制订细致的调试方案,分系统进行,主要包括：支撑系统、主推进系统、辅助推进系统、主驱动、后配套运输系统、通风系统、皮带输送系统等。在调试过程中,需配备抢修工具、必要的配件和备件,如：液压系统密封、堵头及其他系统临时需要的管路等,同时需详细记录各系统的运行参数,与制造商提供的设计参数相比较,对不符合设计要求的项目需查找原因并采取必要的措施,以保证设备性能达到设计要求。

(1)空载调试。

空载调试的目的主要是检查设备是否能正常运转。主要调试内容为：电气系统、液压系统、润滑系统、冷却系统、配电系统及各种仪表的校正。

电气部分运行调试流程为：检查送电→检查电机→分系统参数设置与试运行→整机试运行→整机再次调试。

液压部分运行调试流程为：支撑系统→推进系统。

(2)负载调试。

空载调试证明 TBM 具有工作能力后可进行负载调试。负载调试的主要目的是检查各种管线及密封的负载能力;对空载调试不能完成的工作进一步完善,以使 TBM 的各个工作系统和辅助系统达到满足正常生产要求的工作状态。通常试掘进时间即为对设备负载调试时间。负载调试时将采取严格的技术和管理措施保证工程安全和工程质量。

3)皮带机安装

(1)皮带机组成。

①主机皮带机。

掘进过程中,受拖拉后配套影响,TBM 自身皮带机分为两部分,主机皮带机和后配套皮带机。

TBM 掘进时切削岩石产生的渣土通过受渣斗掉落至主机皮带机上,主机皮带机的作用在于将刀盘切削产生的渣土转移至后配套皮带机上。

②后配套皮带机。

后配套皮带机穿过 TBM 设备桥架及后配套,将主机皮带卸下的渣土转运到位于隧道的连续皮带机上。

③连续皮带机系统。

连续皮带机是出渣系统中最关键的环节,连续皮带输送系统由可移动的皮带输送机尾部、皮带存储及张紧机构、变频控制的皮带输送机驱动装置、助力驱动装置、皮带托滚及支架、调心轮、皮带输送机卸载机构、输送带、皮带打滑探测装置、皮带接头、变频控制系统、应急拉索、皮带硫化机等组成。根据单根皮带长度,每掘进单根长度的一半时需要在皮带储存机构内装入新的皮带,把原有皮带切开,在新皮带的两端与旧皮带进行硫化连接,保证皮带机继续延伸。主洞连续皮带输送系统如图23-21所示。

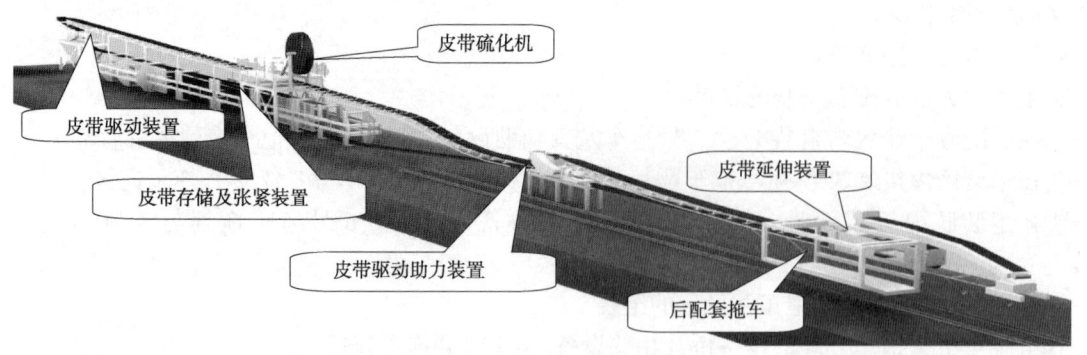

图 23-21 隧道连续皮带输送系统示意图

(2)皮带机安装。

①连续皮带机安装流程。

连续皮带机驱动装置、皮带储存及张紧装置及皮带助力装置等均在 TBM 组装、调试及步进期间,按图示安装完成,在 TBM 掘进过程中,皮带机的延伸支架安装流程如图 23-22 所示。

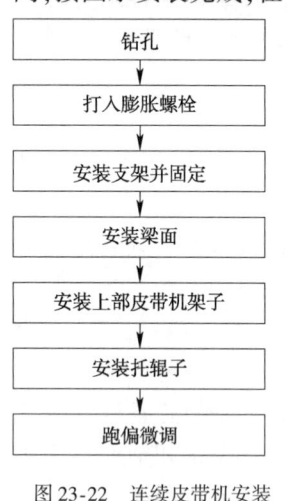

图 23-22 连续皮带机安装流程图

②连续皮带机的安装。

连续皮带机本着固定形式简单易于装卸的原则,采用支架将皮带机固定于隧道内。连续皮带机支架由托梁、托架、托辊和滚筒组成,因连续皮带长度需要不断延伸,所以其托梁端头带有螺栓孔,延伸时采用螺栓连接。

皮带机支架安装:

a. 钻孔。孔的施工:为加快进度,孔的施工分两个小组从两头分别进行施工,施工所使用的工具为冲击钻。

b. 支架的安装。

a)在孔里锚固预埋螺栓。

b)把支架固定在预埋螺栓上面。

皮带机架安装:

将皮带机架安装于支架上。

③连续皮带机的调试。

起动皮带机,观察皮带的张紧和跑偏情况;通过张紧装置来调整皮带的松紧;通过调整托辊和滚筒的角度调整皮带的跑偏;调试皮带机与主机的互锁功能。

④皮带的存储。

连续皮带机系统设有皮带储存装置,皮带可以随着 TBM 的掘进自动释放,由 PLC 程序控制。

⑤皮带的硫化。

将皮带通过电热式硫化机将皮带的两头进行搭接后加热加压。

23.6.2.4 TBM 步进

本隧道根据设计文件分为洞外和洞内步进两种,洞外利用步进机架完成,洞内利用 TBM 撑靴支撑于已衬砌成型洞壁,完成换步和 TBM 前进。

正洞与平导 TBM 步进工艺流程一致,正洞、平导 TBM 步进中线均应与线路中线平行,其中平导 TBM 步进中线位于 Ⅱ 线线路前进方向左侧 0.6m,正洞 TBM 步进中线位于 Ⅰ 线线路中线前进方向左侧 1.2m。组装完成后,平导 TBM 从洞外以直线步进至 Ⅱ 线里程 DZK226+474.680 处,后以 500m 的曲线半径步进,并于 DZK226+478.655 处过度至 Ⅱ 线线路中线,然后沿 Ⅱ 线中线到达出发洞;正洞 TBM 从洞外以直线步进至 Ⅰ 线里程 D1K226+376.997 处,后以半径 500m 的"S"形曲线步进,其步进的左偏曲线为 DZK226+362.004~+376.997 段,右偏曲线为 D1K226+322~+336.994 段,并于 D1K226+322 处过度至Ⅰ线线路中线,然后沿Ⅰ线路中线到达出发洞。

TBM 洞外步进由于撑靴无受力边墙作支撑点,其步进走行采用步进机架完成。在刀盘护盾后机头架下和主撑靴下设置步进机架,在洞外进行平底步进时,先用主撑靴下步进机架支撑 TBM 主机,抬起机头架下步进机架,操作 TBM 推进油缸,TBM 行走一个行程后,放下机头架下步进支撑,抬起主撑靴下步进机架,TBM 主撑靴相应前移一个行程,最后进行后配套的牵引,完成 TBM 一个循环的步进。按照以上的操作步骤循环步进,直至 TBM 走行至圆形断面洞内后,拆除步进机架,按 TBM 掘进过程中正常换步走行进行步进。TBM 步进流程图如图 23-23 所示。

TBM 步进机架为采用轨行式,在 TBM 步进过程中,应及时进行轨道的延伸。

步进至隧道钻爆洞段后,可利用前期钻爆段施工时已施工好的成型洞段,成型洞为圆形断面,其内净空与 TBM 刀盘外缘的空隙为拱墙范围不小于 25cm,底部不小于 20cm,可满足 TBM 步进通过。

因 TBM 步进后,按照设计要求进行调向,及时安装测量导向系统,以备在步进中根据主机姿态和设计偏线进行调向工作,确保 TBM 步进至始发位置时的姿态满足掘进偏差的需要。

TBM 在洞内步进过程即为正常掘进中的换步过程。当步进机架全部拆除后,通过后支撑和撑靴间的相互支撑 TBM 实现步进。首先是 TBM 撑靴撑紧圆形洞壁,操作推进油缸空推一个掘进行程,然后放下后支撑,收回撑靴后再相应前移一个行程,再次用撑靴撑紧圆形洞壁以支撑 TBM,收起后支撑,最

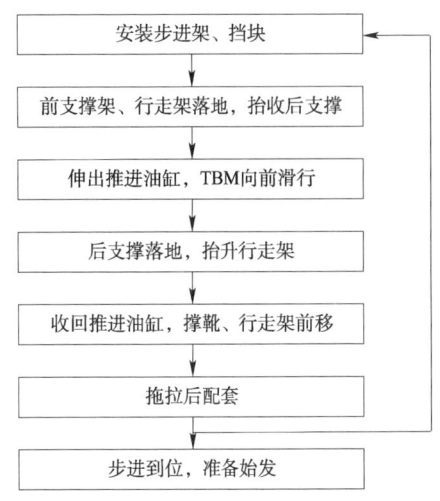

图 23-23 TBM 步进作业流程图

后牵引后配套前行一个行程,完成一个循环的步进。如此循环到 TBM 始发位置。

TBM 主机步进后,后配套跟紧主机同步前进,依序铺设钢轨,钢轨包括运输轨和后配套轨(后配套轨随后配套前移倒用)。同时进行洞内风、水、电的延伸。

洞身段步进:正洞和平导 TBM 通过洞身断层段,均步进通过,步进流程同洞口人工钻爆段洞内步进方式。

23.6.2.5 TBM 试掘进

TBM 步进进入 TBM 出发洞到达掌子面后,开始试掘进运行。TBM 试掘进期间,主要检验 TBM 的协调情况、液压系统、电器系统和辅助设备及 TBM 自带皮带机系统的工作情况,对各设备进行磨合,进一步调整各设备系统使其达到最佳状态,具备正式快速掘进的能力;通过 TBM 试掘进段施工,施工作业人员可基本熟悉设备性能,掌握设备操作、保养的技术要点,并初步总结出本工程掘进参数的选择及控制措施;理顺整个施工组织,在 TBM 连续掘进的管理体系中抓住关键线路的控制工序,为以后的稳产高产奠定基础。

23.6.2.6 TBM 正常掘进

(1)采取超前地质预报探测前方围岩情况。

平导 TBM 正常掘进时,利用超前地质预报预测前方围岩情况,超前地质预报方法以地震波反射法和超前钻探法为主。全段范围开展地震波反射法,对灰岩地段以及物探探查显示有异常地段,设置 1 孔超前钻孔,而断层、蚀变岩、可溶岩与非可溶岩接触带,设置 3 孔超前钻孔探测。

正洞 TBM 正常掘进时,主要利用平导的地质资料,对断层、岩层接触带、可溶岩等地质施作地震波反射法,并设置 1 个超前钻孔进行验证。

通过地质的超前预报可以较准确地掌握前方的围岩地质情况如破碎带边缘、长度、破碎程度、裂隙水情况等,从而为下一步掘进施工措施的选择提供可供借鉴的依据。

(2)TBM 掘进。

TBM 施工集开挖、支护于一体,两者可平行作业。

TBM 掘进时根据地质预报及现场对围岩的观察,确定掘进模式和掘进参数调整范围,适时调整掘进推力、撑靴压力、刀盘转速和循环进尺,在尽量保护设备的前提下实现快速掘进。

在掘进过程中,操作司机应根据隧道测量导向系统显示的掘进偏差适当进行方向调整。

(3)正常施工工序组织。

TBM 掘进施工实行"8+8+8"工作模式,即每天 16h 掘进,8h 进行设备维修保养。掘进施工共分为 3 个掘进班,实行三班倒工作制。

23.6.2.7 换步、主机姿态调整

当主推进油缸达到最大掘进行程时,TBM 需要停机换步,平导 1.5m 换步一次,正洞 1.8m 换步一次。换步时刀盘停止转动,放下后支撑和刀盘底护盾支撑,将撑靴慢慢收回并前移一个行程,撑靴前移到位后再次撑紧岩壁并收回后支撑和底护盾支撑,最后通过操作后配套伸缩油缸牵引后配套走行一个循环。TBM 换步作业流程如图 23-24 所示。

图 23-24　TBM 换步作业流程图

TBM 在进行换步作业时,操作司机根据测量导向系统电脑屏幕显示的主机位置数据进行 TBM 姿态调整,完成对主机掘进方向和主机滚动值的调整,使 TBM 以合理的姿态工作。

23.6.2.8 TBM 操作控制程序

主控室是 TBM 的心脏,设备上 90%的指令在主控室内操作,其内部安装有操作盘,显示仪(包括参数显示、仪表显示、故障显示、状态显示及指示等),PLC 系统,调向显示等。最主要的操作盘上有上百个操作按钮及手柄,控制不同部位设备的运转。只有全面了解设备状态,掌握正确操作规则的人才能担当主司机。

23.6.2.9 方向控制

为了保证 TBM 的快速、准确掘进，TBM 配备 PPS 测量导向系统。PPS 以直观的三视图形式显示到电脑显示屏上。

PPS 导向系统的全站仪和后视棱镜的三维坐标采用人工输入。其后视定向方位角与首次前视马达棱镜方位角与竖直角在测站搬迁后均需要重新输入，用于 PPS 导向系统自检，若系统自身计算的值与手动输入值误差超过一定限额，PPS 系统自动报警提示系统有误。通常情况下，每掘进 100m 左右前移一次全站仪。

采用两套独立的测量系统进行 TBM 掘进导向：PPS 自动导向系统和人工测量系统，两系统互相校核，确保掘进方向的准确性。

仰拱块安装用激光指向仪结合 PPS 测量系统辅助配合指导安装。

23.6.2.10 掘进模式的选择及操作控制

若围岩较硬，掘进推力先达到额定值，此时应以推力变化为参照，选择掘进参数，控制推进压力不超过额定值；若围岩节理发育、裂隙较多或遇破碎带、断层带等时，主要以扭矩变化并结合推进力参数选择掘进参数。特别是在岩石软弱条件下一般采用扭矩和贯入度控制掘进，同时兼顾各种参数变化。

变化的岩石条件反映在与 TBM 设备和掘进进度有关的各参数变化中，如刀盘主驱动电流增大一般表明刀盘超载或刀盘前面出现松散孤石和破碎岩石；刀盘出渣超载一般表明工作面可能出现塌陷；刀盘旋转速度降低一般伴随刀盘主驱动电流增加或刀盘出渣超载；TBM 贯入度降低总是表明异常的工作面条件；TBM 撑靴油缸压力变化反应围岩变化；渣土碎块尺寸和数量参数为岩石条件变化提供信息；TBM 皮带机工作压力高表明皮带机超载，可能正在非常破碎的岩体开挖等。TBM 主司机通过观察及时调整控制这些参数，这些关键参数将被自动记录和存储，以便于随后的调取查询。

23.6.2.11 掘进工艺流程

TBM 掘进作业流程如图 23-25 所示。

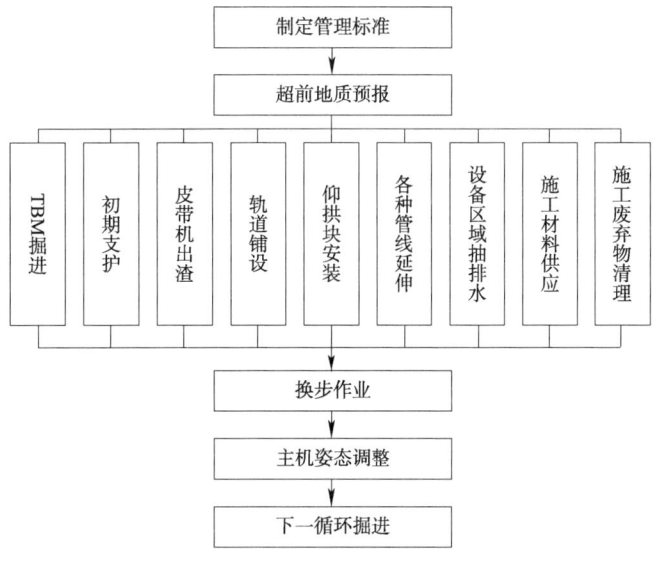

图 23-25 TBM 掘进作业流程图

掘进过程中，以超前地质预报成果为依据，结合掘进参数、出渣情况和成洞质量对掌子面围岩作出较为准确的判断，然后选择相应的掘进模式及掘进参数破岩掘进。在硬岩和软岩两种工况下，采取相应的掘进工序流程进行施工。

（1）硬岩掘进工序流程。

硬岩掘进工序流程如图 23-26 所示。

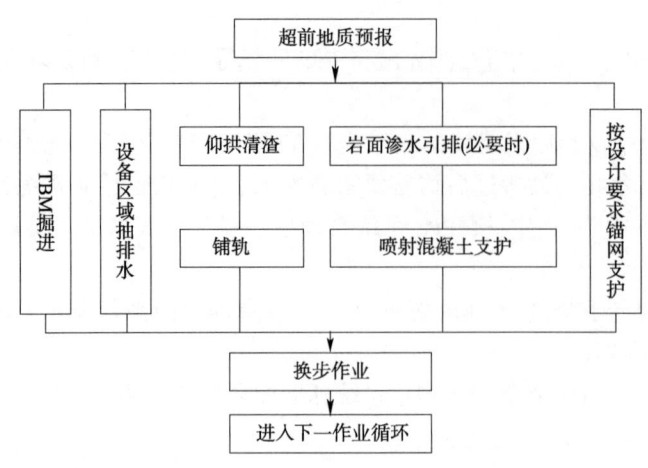

图 23-26 硬岩掘进工序流程图

(2) 软弱破碎围岩掘进工序流程。

软弱破碎围岩掘进工序流程如图 23-27 所示。应特别说明的是软岩地质开挖应严格按 TBM 掘进施工工艺流程进行施工,超前地质预报和采取超前加固围岩是决定 TBM 能否快速、顺利通过软岩地段的关键。

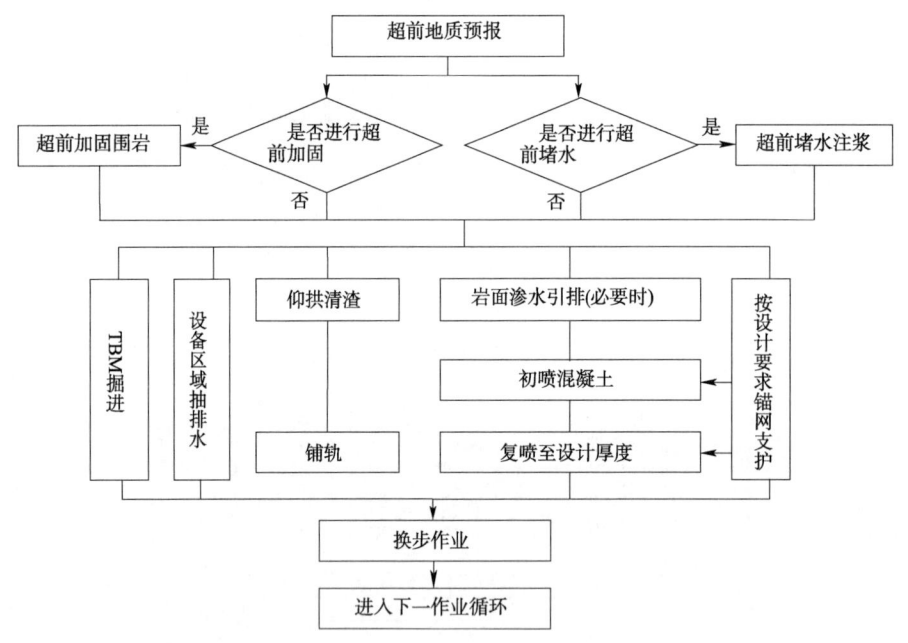

图 23-27 软岩掘进工序流程图

23.6.2.12 仰拱块安装及底部充填

仰拱块车进入连接桥下装卸区后,在回转台下人工回转 90°,然后由 TBM 下仰拱块吊机,用链式吊钩把仰拱块从车上吊起,向前运至所需要安装的位置。

利用安装在仰拱块中心水沟的激光指向仪和水平道尺控制仰拱块的位置。

平导 TBM 掘进段坑底设置仰拱预制块,仰拱块采用洞外工厂化预制,设计两种形式的仰拱预制块,在一般地段支护不设钢架,采用底部不开槽式仰拱预制块;设置钢架段,采用底部弧形开槽仰拱预制块,铺设仰拱预制块后,仰拱预制块底部与围岩间的间隙,利用两侧空隙向底部注入 C20 细石混凝土回填密实,再通过注浆孔补充注浆,保证底部密实。

仰拱预制块安装工艺流程图如图 23-28 所示。

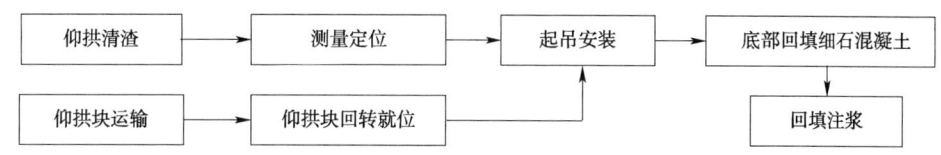

图 23-28　仰拱预制块安装工艺流程图

23.6.2.13　TBM 管、用、养、修

制定强制性保养管理办法,加强 TBM 掘进间的巡视检查,安排技术能力强的机械、液压和电器人员负责对设备进行管理、使用、保养和维修。

23.6.2.14　TBM 施工供水

利用洞外水池,随 TBM 掘进延伸水管,供 TBM 施工所需用水。

23.6.2.15　隧道防排水

(1) TBM 掘进围岩渗水处理。

根据 TBM 掘进后岩面渗水情况分别采用以下两种处理措施。

① 微量水处理。

围岩内只有微量渗水或局部滴水,一般采用无水地段处理办法。用锚杆钢筋网加格栅拱架的加强支护措施,锚杆间距 1.0m,并在拱顶设置草绳或橡胶管引水。在股状、线状出水段,考虑到岩石松软,且发现拱顶有下沉现象,为避免围岩侵入衬砌限界,局部架设全圆钢拱架,间距 2.0m。在集中出水段,间隔打 1.5~2.0m 深排水孔,插入橡胶管,通过软式透水管将水引到隧道底部经管路排出。软式透水管设置间距应加密,顶部铺设防水板,切实做好防排水工作。同时采用防水混凝土。喷射混凝土时,适当增加水泥用量,喷射手要掌握好速凝剂的掺量,并由远及近逐渐向有水地段喷射。混凝土掉落的部位,立即补喷只能引起更大范围的混凝土掉落,根据现场经验,应在 15~20min 后补喷混凝土。有水地段采用潮喷混凝土,以保证喷射效果。

② 较大股涌水。

围岩内有较大股状涌水,一般防水措施很难见效。因此应首先弄清水的来源,是裂隙水还是地表水,及水的出露形式等,然后再进行具体的防水措施。可采用超前钻孔排水。放水过程中,时刻观察水压及水量变化,如水压减小,在做好排水系统的条件下,继续掘进;如排水孔水压及水量不减,对 TBM 设备或施工作业造成影响,则采用灌浆堵水等措施。同时对涌水段,配置足够的排水泵,及时排除仰拱块前方积水,以便仰拱块安装。

(2) 二衬防水。

TBM 掘进段二衬防水同普通钻爆段二次衬砌防水。

(3) 隧道排水措施。

① TBM 步进段。

TBM 通过段采用双侧沟 + 中心水沟排水,侧沟主要汇集地下水,同时起到沉淀和排水的作用,中心沟采用盖板沟的形式,主要用于排水;侧沟与中心沟之间每隔 1.8m 设置一道横向 ϕ50mmPVC 引水管,中心沟过水断面 57cm(宽) × 40cm(高),侧沟宽 40cm,TBM 步进中心沟需设置检查井,检查井间距按 50m 布置,尺寸为 80cm(长) × 57cm(宽) × 86cm(高)。

② TBM 掘进段。

TBM 掘进段的排水防水同 TBM 步进段的排水方式。TBM 掘进段设置中心检查井,检查井间距按 50m 布置,尺寸为 80cm(长) × 57cm(宽) × 86cm(高)。

(4) 施工排水。

本隧道施工排水主要为 TBM 施工用水、地下水以及衬砌所需用水等,严格控制人为用水量,及时注浆封堵地下水等措施减少洞内排水,控制隧道排水量,根据设计要求,正洞排水利用平导进行,拟在通道位置设置污水箱,由正洞TBM施工位置采用水泵抽水至污水箱,再由污水箱位置抽送至平导,通过平导的侧沟和中心沟进行自流排水;正洞TBM未到达排水通道时,根据正洞前期掘进坡度为上坡,可利用正洞仰拱块中心沟自流排水。

平导排水,根据设计要求,平导整体为上坡掘进,拟采用自流方式排水,在遇到水量较大,自流无法满足排水需求时,利用水泵将水抽至TBM后配套尾部,由尾部流出洞外。

施工排水至洞外污水处理池后,经处理达到排放标准时,按照相关要求进行排放。

23.6.2.16　隧道施工通风

平导和正洞均采用射流巷道式通风,平导采用直径1.7m的风筒,正洞采用直径2m的风筒。

23.6.2.17　TBM施工用电

出口工区配置变电站一座,容量为20000kV·A,其中35/10kV部分供给TBM配套设备和常规设备,容量为8000kV·A,35/20kV部分向两台TBM分别提供8000kV·A和4000kV·A容量。洞内变压器和TBM供电采用10kV和20kV铠装电缆沿洞壁挂设。

23.6.2.18　隧道运输及出渣

隧道正洞和平导TBM掘进施工,均采用有轨运输方式,采用皮带出渣。

(1)平导TBM施工编组编制。

平导TBM施工开挖直径为5.6m,每循环进尺1.5m,平导采用皮带出渣方式;运输结合隧道施工所需材料和人员进出,每列编组:2节人车+1节机车+1节混凝土罐车+1节平板车+2节仰拱平板车。

(2)正洞TBM施工编组编制。

正洞TBM施工开挖直径为9m,每循环进尺1.8m,正洞采用皮带出渣方式;运输结合隧道施工所需材料和人员进出,每组编组:2节人车+1节机车+1节混凝土罐车+1节平板车+2节仰拱平板车。衬砌编组:1节机车+2节混凝土罐车。

(3)出渣。

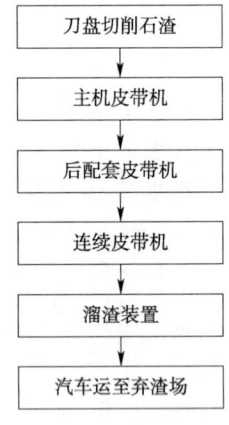

图23-29　出渣运输流程图

①正洞和平导TBM施工均采用皮带机出渣,TBM掘进产生的石渣通过刀盘渣斗后依次进入TBM主机皮带机、后配套皮带机、主洞连续皮带机,由连续皮带机将石渣经过长距离的运输输送到洞外,在洞外皮带机的终端设分流溜渣装置,用自卸汽车运到渣场。运输皮带机采用电力驱动,自动张紧,通过数据线把各皮带机相互联锁,皮带的运行可以在主控室统一控制,也可以单独控制,运行状态可通过视频监控系统在主控室进行监视。连续皮带机设储存装置,位于连续皮带机后部,皮带可以随着TBM掘进自动释放;连续皮带机支架由人工安装,随着TBM的掘进而向前延伸,实现连续出渣功能。皮带出渣流程图如图23-29所示。

②正洞和平导人工钻爆法处理的TBM步进段,采用矿车出渣,出渣编组:1节人车+1节机车+4节矿车+1节平板车。

23.6.2.19　隧道管线布置

风管采用每300m/节的通风软管,存放在TBM后配套上风筒内,TBM掘进后配套拖拉时,自动延伸。洞外设置一个备用风筒,倒换使用。风管自动延伸完成后,利用提升装置进行倒换,人工配合安装即可。

供、排水管计划采用6m/节的钢管,法兰连接。利用停机保养期间,视后配套自带的供排水管卷盘软水管使用情况,决定延伸水管延伸长度。

隧道照明用电前期直接从沿外供电,TBM掘进距离长后,在横通道设置变压器提供照明用电电源,向两端引出照明线。TBM设备本身施工照明用电在正常情况下使用高压电源经变压器降压至220V的电源。在遇到突然停电或断电的情况下,由后配套系统的发电机自动起动提供TBM自身照明用电及安全设备用电。主洞内的照明采用三相五线制,每 30m 布置一盏隧道防水日光灯,照明线支架安装在掘进方向左侧大跨上下部位,采用角钢加工,膨胀螺栓固定,在 TBM 掘进过程中安装完成。

隧道内管线布置如图 23-30、图 23-31 所示。

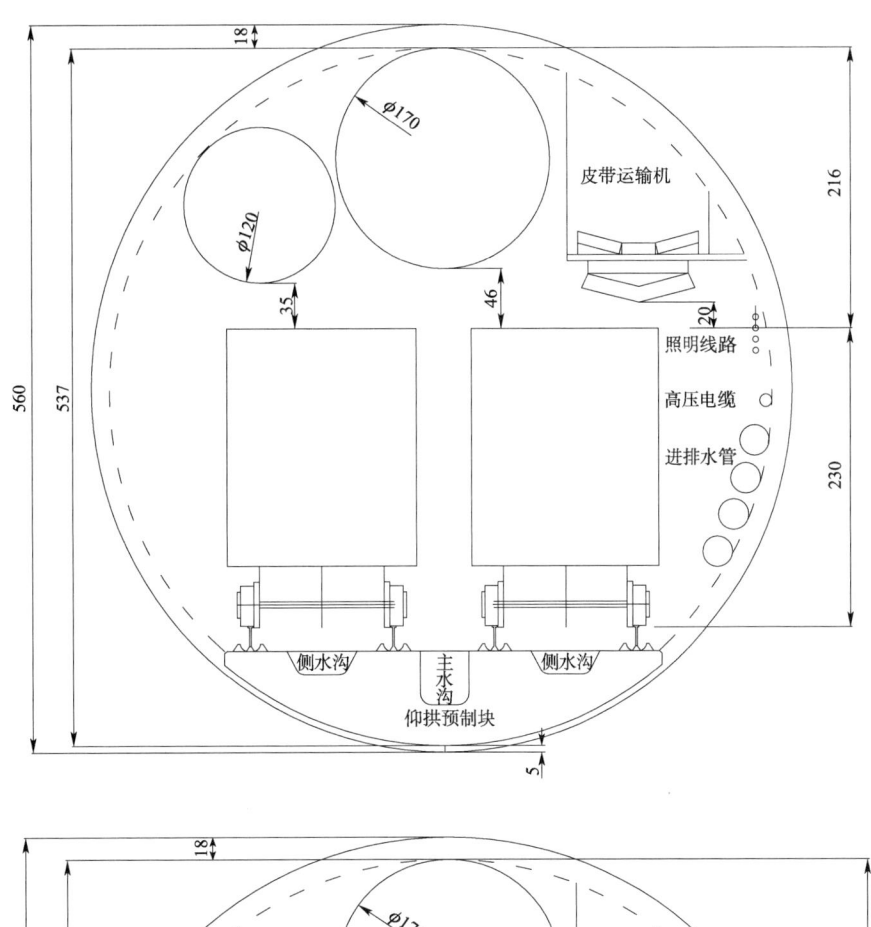

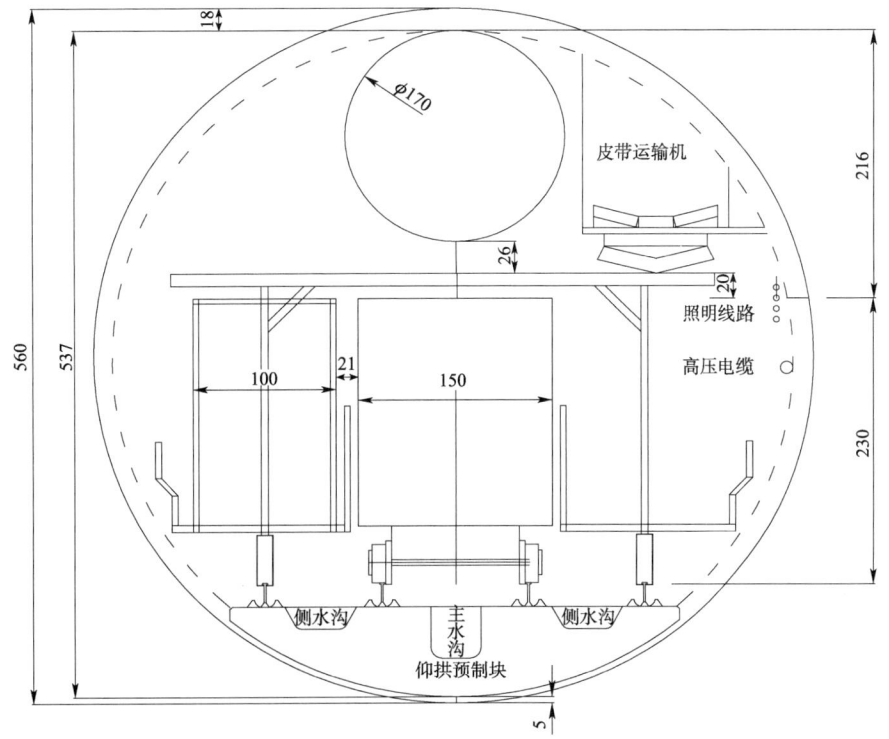

图 23-30　平导管线布置示意图(尺寸单位:cm)

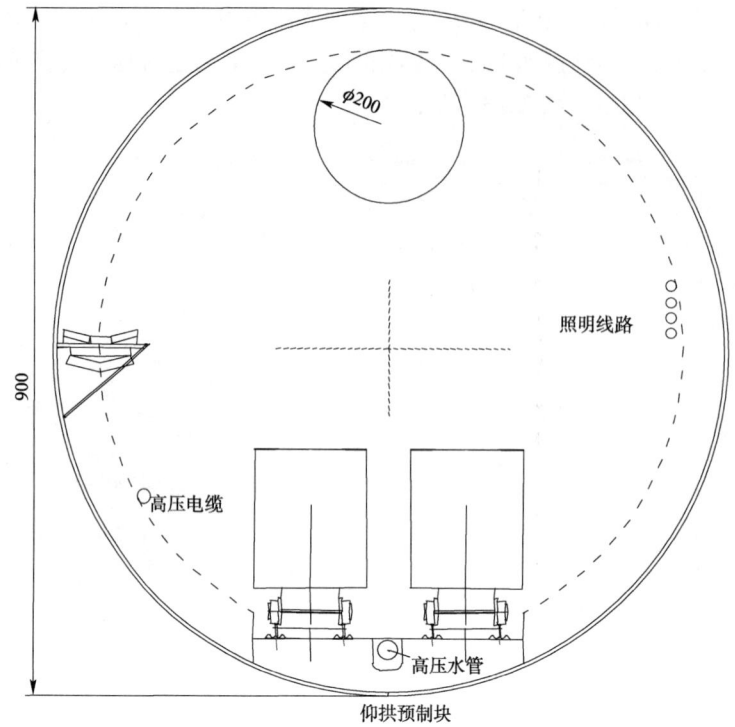

图 23-31　正洞管线布置示意图(尺寸单位:cm)

23.6.2.20　TBM 贯通

TBM 到达贯通面之前 50m 范围内必须检查掘进方向并及时调整方向。为了 TBM 顺利到达,需提前在拆卸洞或贯通洞底部施工混凝土。

TBM 贯通段的掘进除要达到纠偏的目的外,还要注意最后 50m 的掘进控制。在 TBM 到达前首先做好到达准备工作,要加强变形监测,及时与操作主司机沟通以便掘进控制。根据围岩的地质情况确定合理的掘进参数并作出书面交底,总的要求是:低速度、小推力,并做好掘进姿态的预处理工作。

23.6.2.21　TBM 拆卸

根据中国中铁股份有限公司多次的 TBM 拆卸经验,为加快进度,TBM 拆卸分步、分系统同步进行。

TBM 于贯通抵达拆机洞后,利用拆机洞在洞内实施拆卸。

1)后配套拆卸

主机拆卸的同时,后配套同步进行管线的拆除。利用安装的临时吊机将台车拆成小件后利用机车将台车运出洞外,再利用汽车运输至存放点。主机和设备桥等大件利用拆卸洞吊机拆卸。

2)主机拆卸

(1)刀盘。

当 TBM 刀盘进入吊机起吊范围时,将刀盘拆卸,平放至拆卸洞内,按原来分块的形式将刀盘分成块,等主机其他部件运输后用机车牵引特制平板车运输出洞。

(2)其余部件拆卸。

TBM 主机全部到达拆卸洞后,将主机与后配套分离,利用拆卸洞内布置的桥吊将主机解体,拆机顺序按 TBM 结构顺序从前向后依次拆除。主机部件需在拆卸洞内按原有分块的方式分块,用机车将其运出洞外,再用大型拖车和载重汽车将分解后的部件运往存放地点。

3)TBM 运出

拆下的 TBM 部件用机车从隧道出口运出。制作专门的平板车用于主机大件的运输。

4）其他部件存放

TBM 拆卸期间,对各部件进行明确标示,分类存放,以便于保管和维护。

23.6.2.22　TBM 段初支及衬砌

1）平导 TBM 段初支

平导 TBM 段主要以锚网喷支护为主;通过断层破碎带时,采用人工钻爆法开挖,待 TBM 通过后,实施二次衬砌。

(1)衬砌类别。

①TBM 掘进段。

平导 TBM 掘进段采用圆形锚喷衬砌,仰拱设置 C35 钢筋混凝土预制块,各级围岩拱墙均采用锚网喷支护;平导 PDZK217 + 290 ～ + 360 段通过塘房断层,采用 TBM 掘进段 V 级锚网喷套衬,套衬厚 25cm,采用 C20 混凝土。

②TBM 预备洞。

平导预备洞一般采用锚网喷支护,PDZK220 + 090 ～ + 170 段及 PDZK220 + 940 ～ PDZK221 + 020 段通过断层破碎带之 V 级围岩地段,以及 PDZK226 + 150 ～ + 210 段下穿凹子地滑坡段,均采用平导预备洞 V 级模筑衬砌。

③TBM 出发洞。

平导 TBM 共设置三个出发洞,TBM 出发洞除 PDK226 + 219.783 ～ + 480 段下穿滑坡段及洞口 PD2K226 + 808 ～ 838 段 30m 采用 V 级模筑衬砌外,其余段均采用锚网喷衬砌。

(2)初期支护。

初期支护施工工序流程为:开挖后初喷混凝土→系统支护(锚杆、钢筋网、钢架)施工→复喷混凝土至设计厚度→进入下一循环。

①超前支护。

根据围岩条件和超前地质预报,按照设计要求进行超前小导管、超前管棚支护。

②锚杆施工。

施工操作时由 TBM 主机上配备的锚杆钻机实现设计支护范围内的锚杆钻孔施工,或人工手持风钻进行锚杆施工。

③钢筋网片施工。

钢筋网施工根据设计支护参数的要求,在相应的围岩地段安装。钢筋网在洞外预制加工,现场通过 TBM 自带的钢筋网安装器进行安装,人工配合固定。钢筋网与锚杆(或钢架)连接牢固。

④钢架施工。

钢架支撑分为型钢钢架和格栅钢架两种类型,当型钢钢架不能确保围岩稳定时,立即采取措施加固为整体格栅钢架,必要时再增加钢筋网和(或)喷射混凝土支护等措施,直至洞室围岩完全稳定为止,在现场配备可供随时投入使用的备用钢架支撑及其附件。钢支撑之间可采用钢筋网(或钢丝网)制成挡网,并与钢架支撑牢固连接,以防止岩石掉块。

钢架加工:TBM 型钢钢架采用型钢弯曲机弯制,为便于运输和安装,每榀钢架按设计要求进行分段,每段端头焊接连接钢板,采用人工焊接加工成型,安装连接时采用螺栓连接。加工好后的钢架单体根据设计要求进行试拼检查,合格后集中进行存放并标识清楚。

钢架运输和安装:钢架采用 TBM 自带的钢架安装器进行安装。施工时,加工好的钢架通过材料运输车运送到 TBM 吊机附近,由吊机运送到拱架安装器下方,分段连接钢架并旋转安装器,直至下一段拱架可以用螺栓固定在前一段的尾端,重复这个过程直至整环完成。当一环完成后由拱架安装器上的张紧机构将钢架向外扩张,并与岩面楔紧。

钢架锚固:钢架经扩张与岩面楔紧后利用锚杆钻机钻孔施作锁脚锚杆,按设计要求设置纵向连接筋与上一榀钢架纵向焊接相连。

⑤喷射混凝土。

喷混凝土支护由TBM自带的喷射系统完成,混凝土采取有轨混凝土运输罐车进行运送,喷射混凝土由洞外拌和站生产。

TBM自带的喷混凝土系统喷射机械手可以在喷混凝土区域纵向和环向移动,操作人员通过操作控制手柄完成设计所要求的喷混凝土作业。喷混凝土施工的其他施工工艺与技术要求同钻爆法施工工艺。

若遇软弱破碎围岩,需要在护盾后初喷混凝土尽快封闭围岩,此时将利用TBM后配套上喷混凝土区域的混凝土输送管路接长,延伸至护盾后,利用护盾后应急混凝土喷射机械手进行初喷作业。待该段进入机械喷混凝土区域后,采用机械喷射方式复喷至设计厚度。

(3)平导TBM段洞身段衬砌。

平导掘进洞身段衬砌主要以C35仰拱预制块和C20细石混凝土回填为主,对断层规模较小的Ⅴ级围岩岩体破碎~极破碎地段套衬C25混凝土;预备洞和出发洞施作C25早强混凝土弧形轨道,以便TBM步进通过。

平导预备洞衬砌与人工钻爆法开挖施工工艺一致,其中通过PDZK220+090~PDZK220+160段70m老董坡断层及PDZK220+940~PDZK221+010段70m广林坡断层时,采用钻爆法迂回施工。待TBM步进通过后实施二次衬砌,以加强断层段支护,保证施工安全。

平导洞身段出发洞仅施作锚喷支护,支护完成后,TBM步进通过。

2)正洞TBM段衬砌

(1)衬砌类别。

①正洞TBM掘进段。

锚网喷初期支护,二次衬砌仰拱采用预制块拼装,拱墙采用一次现浇模筑衬砌;软质岩地段及受构造影响地段之Ⅳ级围岩,设置全环型钢钢架加强支护,钢架间距1.8m;Ⅴ级围岩地段设置全环型钢钢架加强支护,钢架间距0.9m;通过倮粟田断层、塘房断层,以及花岗岩与片岩、板岩、千枚岩接触带之蚀变岩,断层角砾或节理密集带时,采用φ50mm超前小导管注浆加固,小导管长15m/根,搭接长度为6m,或通过倮粟田断层、塘房断层共计140m段采用扩挖刀扩挖,扩挖5~10cm,以满足TBM二次衬砌要求;若施工期间经分析TBM卡机或受困风险较高时,利用平导迂回钻爆法施工,TBM步进通过;掘进段衬砌断面示意图如图23-32所示。

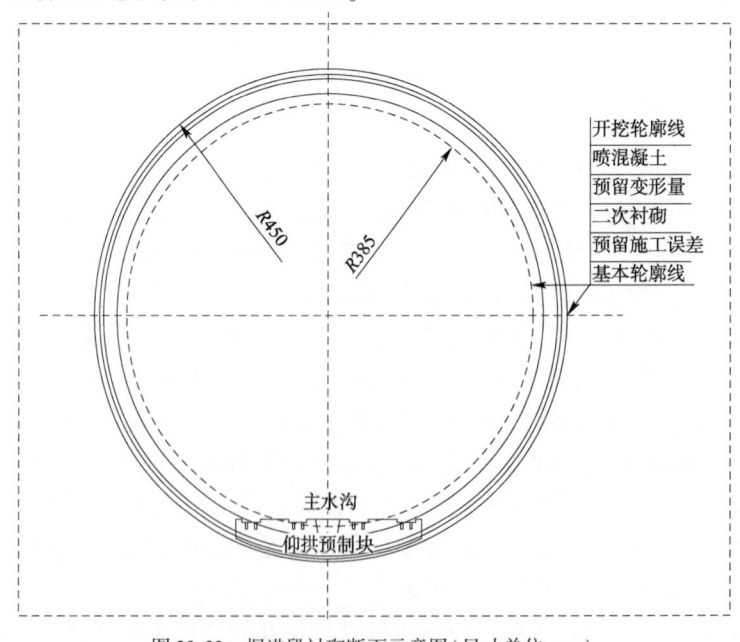

图23-32 掘进段衬砌断面示意图(尺寸单位:mm)

②正洞 TBM 预备洞。

通过老董坡断层、广林坡断层地段,以及洞口 D1K225+960+～D1K226+302 段,TBM 步进通过,采用钻爆法先行施工。

按新奥法组织施工,台阶法开挖,锚网喷初期支护,仰拱超前,拱墙一次衬砌。

Ⅳ级围岩地段采用拱墙格栅钢架加强支护,间距为 1.2m/榀。

通过老董坡断层、广林坡断层之Ⅴ级围岩地段,采用全环 I18 型钢钢架及 φ60mm 超前中管棚加强支护,钢架间距为 0.6m,中管棚长 9m/根,6m/环,每环 30 根。

D1K226+150～D1K226+302 小净距段,下穿地表凹子古地滑坡,采用全环 I18 型钢钢架及 φ60mm 超前中管棚加强支护,钢架间距为 0.6m,中管棚长 9m/根,6m/环,每环 30 根。

D1K225+990～D1K226+040 段位于可溶岩与非可溶岩接触带之Ⅴ级围岩,采用全环 I18 型钢钢架+φ42mm 超前小导管加强支护,钢架间距为 0.8m,小导管长 4.5m/根,3.2m/环,每环 30 根。

各级围岩预备洞二次衬砌完成后,先施作隧底 C20 仰拱充填层,填充层按低于内轨顶面 1.85m 控制,TBM 步进前,于填充面上现浇施工 TBM 步进弧形滑道,待 TBM 主机步进通过后,利用后配套设备于弧形滑道内拼装仰拱预制块。

③正洞 TBM 出发洞及接收洞。

隧道 D1K220+080～D1K220+090 段、D1K220+930～D1K220+940 段及 D1K225+950～D1K225+960 段为 TBM 出发洞,D1K213+560～D1K213+580 段为 TBM 接收洞,均采用钻爆法施工,台阶法开挖,锚网喷初期支护,仰拱及弧形滑道现浇施工,待 TBM 通过后,再一次现浇施作拱墙二次衬砌,Ⅲ级围岩地段采用拱墙 I18 型钢钢架,间距为 1.2m/榀,Ⅳ级围岩地段采用拱墙 I18 型钢钢架,间距为 1m/榀。

④拆卸洞。

D1K213+500～D1K213+560 段为 TBM 拆卸洞,位于Ⅲ级围岩地段,采用钻爆法施工,台阶法开挖,锚网喷初期支护,仰拱超前,拱墙分部衬砌;与前后相邻衬砌连接处露空部分设置钢筋混凝土挡头墙及防水层,挡头墙厚度 0.8m,挡头墙背后采用锚网喷防护。

(2)初期支护。

正洞洞身初期支护采用锚网喷支护,施工工艺同平导初期支护。

(3)二次衬砌。

正洞预备洞采取钻爆法开挖衬砌支护,施工工艺见洞口人工钻爆段开挖,待衬砌完成后,TBM 步进通过。

正洞 TBM 掘进段根据围岩情况选择衬砌形式,各级别围岩对应衬砌见表 23-17。待 TBM 通过后,利用穿行式台车进行衬砌施工,衬砌部位,皮带机自台车内部穿过,风筒自台车预留通风管孔穿过。每环在拱顶预留压浆管兼排气管,保证拱顶混凝土与围岩密贴。混凝土采取插入式振捣器振捣,拱部采用附着式振捣器辅助振捣。钢筋混凝土衬砌地段,钢筋在洞外下料加工,弯制成型,洞内绑扎或拼装焊接,钢筋绑扎采用多功能作业台架施工。当混凝土强度达到设计脱模强度时即可脱模,当湿度不够时,脱模后喷水养护,养护期 14d。

TBM 掘进段各级围岩对应衬砌　　　　表 23-17

围岩	Ⅱ级围岩地段	Ⅲ级围岩节理发育的硬质岩地段	Ⅲ级围岩节理发育的软质岩地段	Ⅳ级围岩节理较发育～发育的硬质岩地段	Ⅳ级围岩节理较发育的软质岩或岩体极破碎的硬质岩地段	Ⅴ级围岩岩体破碎～极破碎的硬质岩地段或软质岩地段	断层规模较小的Ⅴ级围岩岩体破碎～极破碎地段
混凝土强度等级	C30	C30	C30	C30	C30	C40	C30

续上表

围岩	Ⅱ级围岩地段	Ⅲ级围岩节理发育的硬质岩地段	Ⅲ级围岩节理发育的软质岩地段	Ⅳ级围岩节理较发育~发育的硬质岩地段	Ⅳ级围岩节理较发育的软质岩或岩体极破碎的硬质岩地段	Ⅴ级围岩岩体破碎~极破碎的硬质岩地段或软质岩地段	断层规模较小的Ⅴ级围岩岩体破碎~极破碎地段
拱墙钢筋	无	无	无	无	无	HRB400 HPB300	HRB400 HPB300
衬砌厚度(cm)	30	30	30	30	30	30	35

穿行式台车组成、工作原理及特点如下：

①穿行式台车组成。

穿行式模板台车由2~3组模板组成(每组模板长16m)、一台穿行架、一台防水板铺设架、一台后部处理架、一组浮放道岔组成，是一种集机、电、液于一体的大型施工设备，利用TBM施工轨道的两条外轨作为其走行轨道，台车内部安设有浮放轨，以利在衬砌期间车辆通行。

②穿行式模板台车的工作原理。

a.穿行原理说明：穿行式模板台车的特点是穿行架与模板总成可以分离，且模板总成在与穿行架分离后能够自稳，可满足混凝土强度发展要求。

b.台车转移、定位。

台车前移时，由防水板铺设架、后部处理架利用链条提升起浮放道岔，使之脱离施工轨面以上30~40cm；穿行架背后一组模板总成，随同混凝土泵一起在铺设架、穿行架、处理架走行轮同步带动下前行转移。

台车定位由穿行架走行轮、升降油缸、水平平移油缸、穿行架与模板总成间的各伸缩油缸动作完成对接、中线、水平定位，并由穿行架与模板总成间及其自身结构的连接销、锁定螺栓(杆)完成锁定。

c.变截面：模板台车每组模板部成包括顶模、两侧边模、两底模共五大块组成，各块之间连接采取铰接，设计基本半径为R，通过顶模、侧模的相应动作，可适应$R_1 = R \pm 10$cm之间的各种半径衬砌需要，因截面变化不大，因此除基本半径外，在各变截面定位过程中，只保证顶模中线顶点，两侧模底边三点位于变截面圆周上。

③穿行式模板台车的特点。

a.可分离：穿行架与模板总成可以分离，而一般模板台车都为整体式。

b.可自稳：模板总成在与穿行架分离后能够自稳，满足混凝土强度发展要求。

c.可穿行：穿行架可背一组模板从另一组模板下穿过。

d.可连续作业：一台穿行架和2~3组配套模板总成可满足连续衬砌作业，达到快速施工。

e.可平行作业：台车配备有防水板铺设架、后部处理架等作业平台，满足各工序平行作业的要求。

f.可同步作业：台车配备有浮放轨系统，穿行架下空间可满足其他运输车辆通过，不影响其他工作面的施工。

④台车组装。

台车在现场进行组装。

⑤防水板铺设、混凝土生产、运输、灌注设备配备。

为满足穿行式模板台车快速衬砌施工要求，配备如下：

a.防水板铺设：配备自动热合机一台，电锤或射钉枪、电压焊器、手工焊若干。

b.混凝土生产：混凝土由洞外自动计量混凝土拌和站生产。

c.混凝土运输：由衬砌混凝土运输编组运输混凝土。

d.混凝土灌注：由两台轨行式输送泵灌注混凝土入模，泵设置在模板两端，一泵灌一侧，两泵负担同量的混凝土。

穿行式台车施工工艺与施工工法如下：

①工艺流程如图23-33所示。

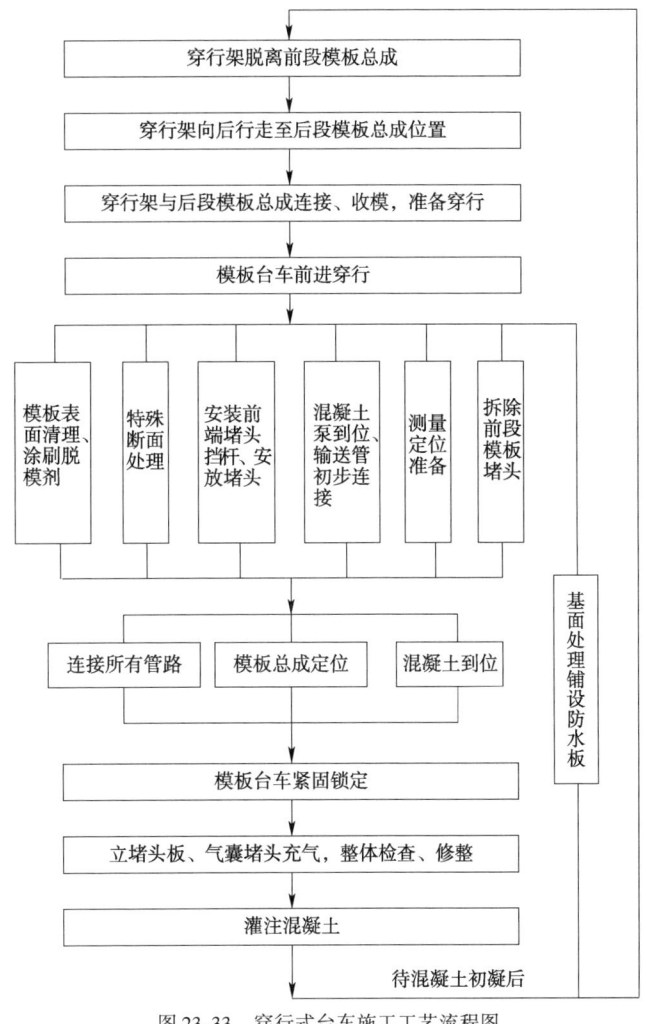

图23-33　穿行式台车施工工艺流程图

②施工方法：

a.防水板铺设：利用铺设架铺设防水板，防水板搭接缝焊采用自动热合机焊接为双焊缝，用手工焊补强。

b.台车转移、定位。

台车转移：台车转移作业流程如图23-34所示。

定位程序：首先通过穿行架走行轮，四个升降油缸，两个水平平移油缸动作完成该组模板后端与上一循环模板实现对接，插上对接销子，连上两颗大连接螺栓，再由人工用仪器依次按高程、中线顺序指挥台车前端升降油缸、平移油缸动作定出顶模位置并锁定；然后操作两侧模伸缩油缸定出两侧模位置，并锁定，之后放下两底模，上紧所有锁定、连接螺栓（杆），完成定位。

定位技术要求如下：

a.要达到两模板高精度对接，台车垂直度、中线水平的高精度定位尤为关键，定位精度要求：中线、高程±2mm。

b.台车紧固锁定时要求两侧对称同时进行。

（4）堵头板安装。

定好位并锁定后，即进行堵头安装，采用标准的钢模配合木板施作。

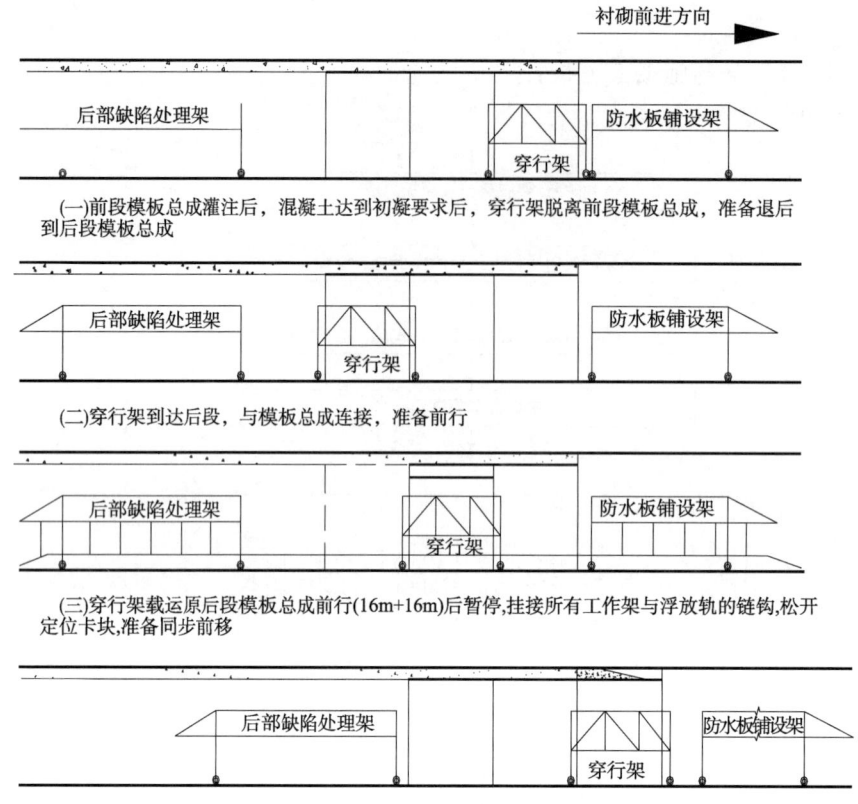

图 23-34 台车前移作业流程图

(5) 预埋件处理。

所有预埋件提前安装，在混凝土灌注过程中应避免混凝土喷出时直接对着预埋件或捣固设备直接接触预埋件，以免造成预埋构件错位等。

(6) 混凝土灌注。

混凝土灌注示意图如图 23-35 所示。

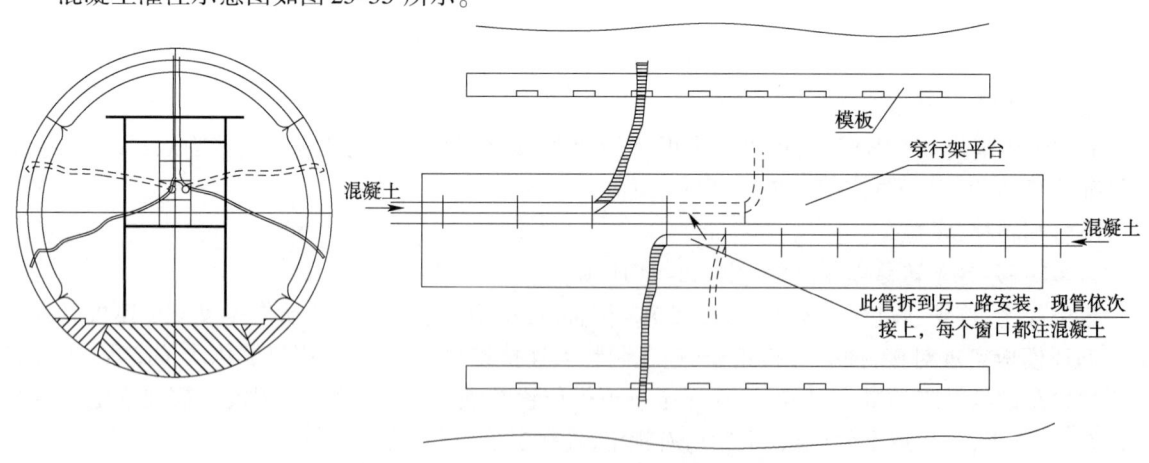

图 23-35 混凝土灌注示意图

(7) 衬砌主要技术措施。

为使衬砌混凝土达到内实外美，不渗、不漏、不裂和混凝土表面无湿渍的质量标准，施工过程采取以下主要技术措施进行控制。

① 混凝土品质控制。

精心试验钢材、水泥、粗细集料、水、外加剂等原材料，经试验后精心选用符合设计强度标准的原材料进行配合比设计并不断优化。

对不同地段的出水点水质进行检验,查看是否对混凝土有侵蚀性。

施工中严格按配合比准确计量,严格按配合比拌制混凝土,混凝土浇筑全部采用泵送混凝土入模。经试验后确定脱模时间,脱模后及时进行养护,养护时间不少于14d。

②清理。

在施工前,对施工区域进行清理,并对待作业区湿润,确保待作业区干净无污物。

③施工缝和接渣措施。

正洞每环施工缝间设止水带,进行凿毛并加接茬钢筋进行连接,施工缝在浇筑混凝土前经充分润湿。拱墙立模前先检查断面、渗漏水情况、中线水平、排水盲管和防水板安装质量。泵送混凝土入模自下而上,两侧分层对称浇筑,防止偏压使模板变形。

④拱顶混凝土密实度和空洞解决措施。

a. 分层分窗浇筑:泵送混凝土入仓自下而上,从已灌注段接头处向未灌注方向。充分利用衬砌台车的上、中、下三层窗口,分层对称浇筑混凝土,在出料管前端加接3~5m同径软管,使管口向下,避免水平对混凝土面直泵。混凝土浇筑时的自由倾落高度不宜超过2m,当超过时,通过模板上预留的孔口加串桶或梭槽浇筑。

b. 采用封顶工艺:当混凝土浇筑面已接近顶部(以高于模板台车顶部为界限),进入封顶阶段,为了保证空气能够顺利排除,在堵头的最上端预留两个圆孔,安装排气管(采用$\phi 50mm$焊管),要避免其沉入混凝土之中。

c. 浇筑过程中派专人负责振捣,保证混凝土的密实,台车就位前准确安装拱顶排气管,确保封顶时不出现空洞,并在后期利用此管进行压浆,使衬砌背后充填密实。

⑤检测和补强。

对已完成的混凝土检查衬砌质量和封顶效果,进行信息反馈,及时进行补强,并分析原因采取纠正和预防措施。

⑥其他技术措施。

严格控制混凝土从拌和出料到入模的时间,一般情况下,当气温为20~30℃时,不超过1h,10~19℃时不超过1.5h。若混凝土运输距离较长时,增加缓凝剂,以保证混凝土和易性。冬、雨季施工时,混凝土拌和运输和浇筑严格按保障措施和规范要求执行。

23.6.2.23 仰拱混凝土预制块施工

1) 仰拱块模具

根据本隧道仰拱块设计,分为四种规格型号,拟投入四种仰拱块模具,正洞带槽仰拱块模具投入6套,正洞不带槽模具投入9套,平导带槽模具投入6套,平导不带槽模具投入9套,用于仰拱块生产,模具由富有模具制造经验的公司负责提供,其精度满足设计要求。

仰拱模具质量控制:

(1) 钢模板的制作质量满足合同技术条款及施工图纸要求,模板具有良好的密封性能,防止在混凝土仰拱块预制过程中发生漏浆现象。模板制作时严格控制模板的强度、刚度、密实度和表面光洁度。

(2) 模板安装完成后会同监理人员对模板安装质量进行检查,并做好相关记录。

(3) 钢模在使用过程中要按要求进行循环检测,主要对模具宽度、厚度、弧长进行检测,配备内径千分尺、游标卡尺、弧长检测仪器等,新模具进行时由厂商提供出厂验收、测量数据、偏差值、测量方法和环境条件等证明文件。

2) 仰拱预制块施工

(1) 概述。

仰拱预制块分正洞和平导两种规格,每种具备两种型号,分别为带槽用于钢架支护段和不带槽用于无钢架支护段,正洞仰拱预制块混凝土为 C40 钢筋混凝土,每块宽 1.8m,顶面弦长 3.8m;平导仰拱预制块混凝土为 C35 钢筋混凝土,每块 1.5m,顶面弦长 3.38m,仰拱预制块生产应适当提前于 TBM,以保证 TBM 所需。

仰拱块生产过程中加强对仰拱块模具的校验、混凝土施工过程的控制、仰拱块的强度试验和抗渗试验,为保证仰拱块质量,冬季采用集中供暖等防寒措施。仰拱块钢筋骨架采用人工操作钢筋弯曲机、弯弧机、切断机、钢筋调直机和焊接机、靠模等加工,钢筋骨架成品采用桥式起重机运输、吊装钢筋骨架入模,人工安装仰拱块预埋件。

仰拱块混凝土采用自动拌和站拌制,混凝土运输车运输桥吊配合吊装混凝土入模,入模后采用附着式振捣器振捣混凝土,人工抹面。仰拱块养护先进行预加热蒸汽养护,再进行主蒸汽养护,最后采用室内养护和自然养相结合的方式。

(2)主要工程数量。

TBM 段仰拱正洞共 7367 块(2667 块带槽块,4700 块不带槽块),平导共 7679 块(2574 块带槽块,5105 块不带槽块)。

(3)仰拱块预制厂房建设。

自行设计、施工、修建仰拱预制块工厂,建设一座钢结构主厂房,厂房基础采用钢筋混凝土基础,整体结构为轻型简易钢结构。墙体采用彩钢板、房顶采用彩钢板和玻璃瓦相间的结构。厂房内布置固定模具、混凝土运输轨线、吊装、养生、脱模等设施;厂房外设热源、拌和站、室外存放场等配套设施。预制工厂设计生产能力保证 30 块/d,仰拱块提前进行生产,保证库存,满足 TBM 施工进度要求。

(4)混凝土材料。

①水泥、集料、水严格遵循相关规范要求。

②混凝土外加剂严格遵守规范及设计要求相关规定。

③施工配合比选定遵守相关规范规定,配合比经批准后任何个人不得私自更改,严格按照配合比要求进行混凝土生产。

④混凝土拌和严格遵守相关规范规定。项目建立自动计量拌和站,拌和站生产效率满足工程高峰期混凝土生产需要,混凝土生产过程中严格控制称量设备,确保混凝土质量。在拌和站修建沉淀池,对拌和站清洗水进行有效处理,防止造成环境破坏。

(5)仰拱块预制厂各功能区设置。

①仰拱预制厂内各功能区域。

仰拱预制厂各功能区域主要有搅拌站、钢筋原材料堆放区半成品加工区、仰拱块翻转台、仰拱块修补标识静养区、仰拱块预制蒸养区、钢筋笼制作区、钢筋笼存放区、配电房和锅炉房等。

②仰拱块储存场地。

仰拱块场外设置仰拱块存放区,对存放区场地进行平整、必要时制作混凝土垫块以便保证混凝土预制块在堆放区不发生滚动等现象。仰拱块按 5 层堆放,将平导和正洞仰拱块分开堆放,同时对开槽和不开槽的仰拱块进行区分堆放,存放场场内设置门吊倒运仰拱块。

③其他功能设置。

温度显示设备:温度显示设备可随时显示养生温度,以便及时调整,保证过程控制,并积累资料,完善养生工艺。

另外修建预制厂办公室、仰拱块预埋件的小型仓库、空压机房等辅助生产房屋。厂房内设起吊装备用于起吊脱模,提升钢骨架,灌注混凝土,预制块存放吊运,室外存放场设门吊吊运预制块。

(6)仰拱预制块生产工艺流程。

仰拱预制块施工生产工艺流程如图 23-36 所示。

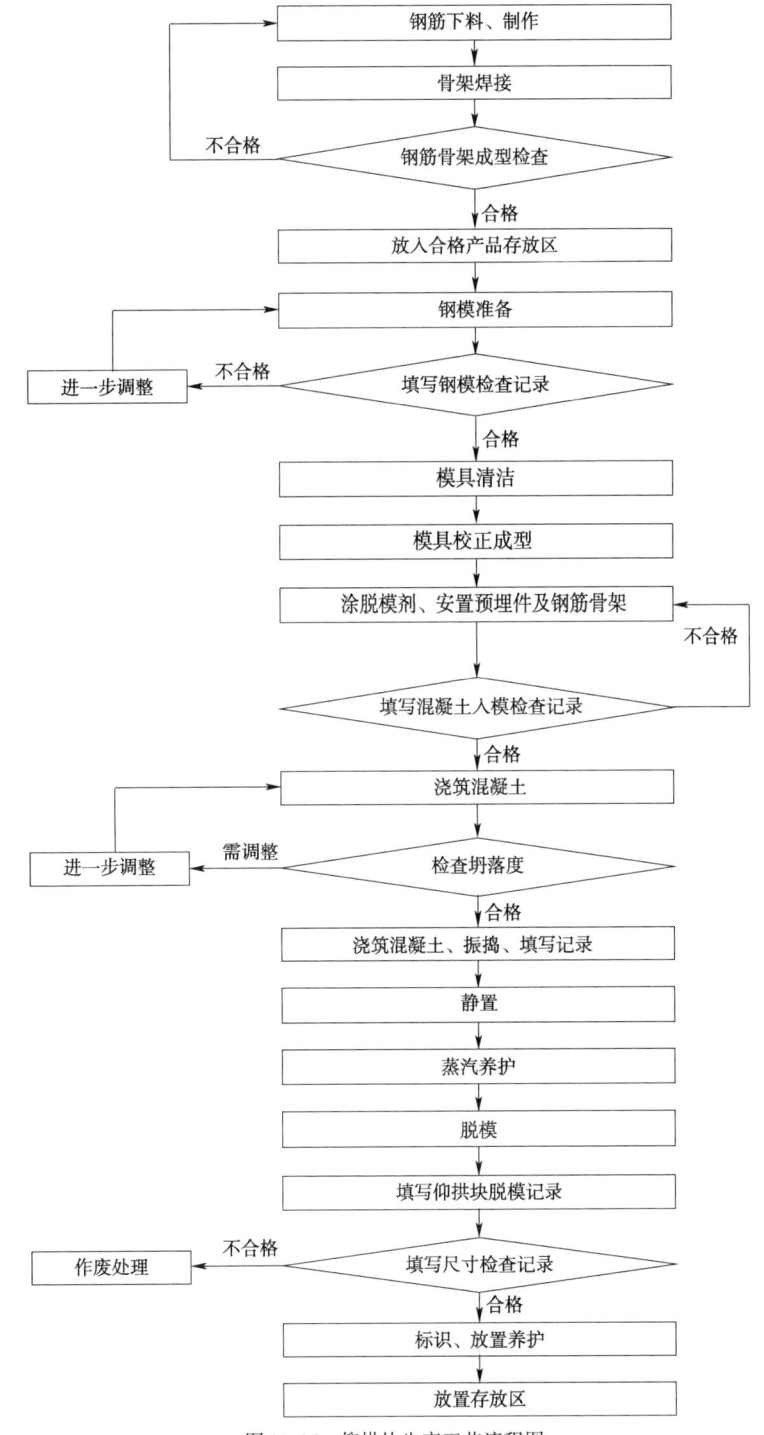

图 23-36 仰拱块生产工艺流程图

(7) 仰拱块生产技术要点。

钢筋制作技术要点如下：

①钢筋笼制作靠模采用钢模形式，精度更高；两端固定，使钢筋骨架在加工时两端始终处于受控状态，充分保证钢筋骨架端面在同一直线，使钢筋骨架入模后保护层均匀。钢筋骨架制作严格按图纸要求翻样、下料成型，不随意更改，半成品分类挂牌堆放。

②钢筋单片及骨架成型均采用低温焊接工艺或二氧化碳保护焊接，不得使用绑扎，焊接操作工经过培训，考核合格后凭证上岗。

③进入下料和弯曲成型阶段的钢筋必须是标识合格状态的钢筋。

④钢筋单片及成型骨架必须在符合设计要求的靠模上制作。

⑤钢筋骨架须焊接成型,焊缝不出现咬边、气孔、夹渣现象,焊缝长度、厚度均符合设计要求,焊接后氧化皮及焊渣必须清除干净。

⑥利用钢筋短料时,一根结构钢筋不得有两个接头。

⑦成型的骨架必须通过试生产,经检验合格后方可大批量生产。

⑧成型后的钢筋骨架质量由专职质检工程师负责检查并报监审批,按规格整齐堆放。

(8)混凝土浇筑施工技术要点。

①模具检查。

a. 每只模具的配件必须对号入座(模具和配件均应编号)。

b. 模具清理彻底,混凝土残渣全部铲除,并用压缩空气吹净与混凝土接触的模具表面,清理模具时不用锤敲和凿子凿,应沿其表面铲除,严防模具表面损坏。

c. 模具清理后需涂刷高效脱模剂,脱模剂应用布块均匀涂刷,不出现积油、淌油现象。

d. 在模具合龙前查看模底与侧模接触处是否干净,然后合上端头板及两侧板,安装吊装杆,吊装杆现底部后顶部安装。

②钢筋骨架入模及安装各预埋件。

a. 钢筋置于模具平面中间,其骨架周边及底面按规定位置和数量安置塑料垫块,垫块符合设计规定的保护层厚度。

b. 安装压浆孔及拼装预埋件时,其底面必须平整密贴于底模上。

c. 所有预埋件按照设计要求准确到位,固定牢靠,以防在振捣时移位。

d. 钢筋上不得有黄油和模板油等杂物。

③混凝土拌和。

a. 上料系统计量装置,按规定定期检验并做好记录,在搅拌中若发生称料不准或拌料质量不能保证时,必须停止搅拌,检查原因,调整后方可继续搅拌。

b. 混凝土配合比经过试配,经业主或监理工程师确认后才能作为仰拱块制作的混凝土配合比。每次搅拌前,应根据含水量的变化及时调整配合比,并以调整配合比通知单进行混凝土拌制,不随意更改配合比。

c. 称量系统严格按规定的程序要求进行操作,并按规定要求对称量系统进行校验,确保称量公差始终控制在允许范围之内。

d. 按石子、水泥、砂的顺序倒入料斗后,然后一并倒入搅拌机的拌筒中,在倒料同时加水搅拌,严格控制搅拌时间。

e. 混凝土坍落度在现场测试,按规范检测,并如实填写记录。

f. 各种原材料的质量符相关质量标准。

g. 定期检验混凝土搅拌站上料系统和搅拌系统电子称量系统,保证机器运行精度。

h. 拌和站修建沉淀池,对生产污水进行技术处理。

④混凝土浇捣。

a. 混凝土铺料先两端后中间,并分层摊铺,振捣时先振中间后两侧。两端振捣后,盖上压板,压板必须压紧压牢,再加料振捣。

b. 振捣过程中须观察模具各紧固螺栓、螺杆以及其他预埋件的情况,发生变形或移位,立即停止浇筑、振捣,尽快在已浇筑混凝土凝结前修整好。

c. 为确保产品振捣质量,采取边浇筑边振捣的施工方法。实际操作振动时间根据混凝土的流动性掌握,目视混凝土不再下沉或出现气泡冒出为止。

d. 混凝土振捣棒振捣是严格按照"快进慢出"的措施振捣。

⑤收面、抹面。

a. 混凝土浇捣后,根据气温,间隔10min才可拆除盖板,进行仰拱块外弧面收面工序。

b. 外弧面收面,先用刮板刮去多余混凝土,使仰拱块弧面同钢模外弧保持和顺与平整,后用拉尺抹平压实,用抹刀抹光,然后据气温再间隔一定时间再做仰拱块外弧面第二次收面。

c. 混凝土初凝前应转动一下模芯棒,但严禁向外抽动;当混凝土初凝后再次转动模芯棒,待2h后才能拔出模芯棒,以防止塌孔现象产生。

⑥养护、脱模、起吊。

a. 模具供热、供风为并联形式,各套模具养生温度、湿度实行集中及分点监测。

b. 预制块养生系采用加盖养生罩,蒸汽锅炉供热给模具下暖气片加热升温。

c. 脱模强度满足设计规范要求方可进行脱模。

d. 罩内湿度保持在90%以上,随时通过补充罩内蒸汽(开关逸汽阀)调控湿度。

⑦仰拱块脱模及室内外存放。

a. 预制块加热养护后,经试验室检查同龄期施工试件强度达标后,即可通知拆模起吊,将预制块翻转后进行室内外存放。

b. 预制块出模应试吊,确认安全后,吊至室内存放线上存放。

c. 同班生产的预制块可两层重叠存放,并用木楔稳定,并做好整形及生产日期、时间编号工作。

d. 仰拱块脱模后在室内存放,洒水保持仰拱块的湿度,以利强度增长。

e. 室外存放可五层叠放,并用木楔稳定。

f. 仰拱块强度经试验室检验合格,明确标识后方可运进隧道内使用。

⑧脱模应注意事项。

a. 先松侧板紧固螺栓,在脱模时严禁硬撬、硬敲,以免损坏仰拱块及钢模。

b. 仰拱块脱模采用专用吊具,平稳起吊,不允许单侧或强行起吊,起吊时吊具和钢丝绳必须垂直。

c. 起吊的仰拱块应在专用的翻身架翻身,使其翻转180°呈平放状态。

d. 仰拱块在翻身架上拆除相关附件时,拆除时应按规定进行,不得硬敲、硬撬,以防止损坏活络模芯、附件及仰拱块。

e. 翻身架与仰拱块接触部位采用柔性材料予以保护。

f. 在脱模过程中遇有仰拱块损坏,应及时按设计要求修复。

(9)脱模后养护及缺陷修补。

①养护。

a. 脱模后的预制仰拱块以正确的堆放方式在仰拱块生产车间室内临时养护区继续养护,在仰拱块逐渐冷却期间采取有效的保水加湿措施,使其表面保持湿润。

b. 仰拱块检测合格打上标识,待仰拱块在室内静停养护后,出厂至存放场地进行自然养护。

②缺陷修补。

对于仰拱块表面出现蜂窝、凹陷、掉角或其他损坏的缺陷修补,修补前必须用钢丝刷或加压水冲刷清除缺陷部分,或凿去薄弱的混凝土表面,用水冲洗干净,采用比原混凝土强度等级高一级的砂浆、混凝土或其他填料填补缺陷处,并予抹平,修整部位应加强养护,确保修补材料牢固黏结,色泽一致,无明显痕迹。

(10)仰拱块标识、运输、堆放、吊运。

①标识:仰拱块在内弧面醒目处注明模具编号、仰拱块型号、生产流水编号和生产日期,以便核查。

②运输:预制混凝土构件的强度达到设计要求后,才可对构件进行装运,卸车时应注意轻放,防止碰损。

③堆放:堆放场地坚实平整,构件堆放不得引起混凝土构件的损坏。仰拱块堆放排列均要对应整齐,并垫上10cm×10cm方木,每层仰拱块之间放方木垫条,垫条应对称放置,使仰拱块间无碰撞。

④吊运:吊运构件时,其混凝土强度不应低于施工图纸和监理人对其吊运的强度要求,吊点应按

施工图纸的规定设置,起吊绳索与构件水平面的夹角不得小于45°。起吊时,注意避免构件变形,防止产生裂缝和损坏。

(11)检验标准。

混凝土预制块严格按照相关规定进行性能检测、外观质量监测及施工安装质量检测。

(12)质量控制。

为了验证是否满足强度方面的要求,应进行仰拱块强度试验。同时,仰拱块厂试验室建立一套完整的监控系统对混凝土坍落度、强度等进行监控。

①钢筋骨架的质量控制。

严格按照设计图纸和相关规范要求控制钢筋骨架的质量。

②混凝土的质量控制。

通过试验确定合理的混凝土配合比,并在混凝土生产过程中严格执行。定期对自动拌和站的计量装置进行检验,确保各项材料计量准确。配备专职的试验工程师对混凝土的质量进行跟踪控制,并定期在现场取样进行试验,以优化配合比。严把材料进场关,确保每批次材料符合要求。

③吊装杆的质量控制。

根据现场监理要求抽样取两个做外观、形状、尺寸及定位精度、抗拔力、硬度、材料特性检查,如不合格则此批不予使用。

④止水条的质量控制。

对每批止水条根据现场监理要求进行取样,按照国标和化工行业标准进行检验。

(13)试验检测。

①外观质量:表面应光洁平整,无蜂窝麻面,无露筋,无裂纹缺角,边棱完整无损,工作孔和定位销孔完整,孔内无水泥浆等杂物。

②预制仰拱块生产过程中,制备足够数量的试件按7d、28d分别进行与仰拱块同程条件养护和标准条件养护,以确定将要安装仰拱块的合适龄期。

③预制混凝土仰拱块的取样频率和检测项目根据现场监理指示进行,试验样品(试块)应当按同条件蒸养后转入标准养护条件,以28d为准。

23.6.3 隧道施工通风

23.6.3.1 Ⅰ线隧道施工通风方案

1)计算参数。

Ⅰ线隧道施工通风计算参数见表23-18。

通风计算基础参数表　　　　　表23-18

项　　目		数量	单位	备　　注
正洞工作面同时工作最多人数		80	人	依据设计施组
正洞开挖面一次爆破炸药用量		240	kg	
平导/斜井开挖面一次爆破炸药用量		225	kg	
正洞开挖断面积		60	m²	
平导和斜井开挖断面积		50	m²	
通风换气长度		150	m	
风管平均百米漏风率		1.5	%	
风管摩擦阻力系数		0.02	—	
机械设备功率	装载机	159	kW	
	出渣汽车	199	kW	

续上表

项　　目	数量	单位	备　　注
空气密度	1.2	kg/m³	依据文献
爆破通风时间	30	min	
正洞隧道内最低允许风速	0.15	m/s	
平导/斜井隧道内最低允许风速	0.25	m/s	
TBM 施工隧道最低风速	0.50	m/s	依据规范
最佳降温风速	0.40	m/s	
人员配风标准	3	m³/(人·min)	
内燃机械设备配风标准	3	m³/(kW·min)	

2）通风方式确定与风量计算

依据各工区施工条件确定采用的通风方式情况如下：

（1）1 号斜井工区以采用射流巷道式通风为主。正洞成洞段进行初期支护和衬砌隔热处理后，风机能够设置在正洞内,则全部采用射流巷道式通风。

（2）1 号竖井工区采用竖井局部射流巷道式通风。副井引入新鲜风,主井排出污风,通过副井采取制冷降温措施。

（3）2 号竖井工区主要采用射流巷道式通风。副井引入新鲜风,主井排出污风,后期关注小里程方向是否存在高地温影响,以便及时采取措施。

（4）出口工区主要采用 TBM 施工,有轨内燃机车运输,实行交通管制,以采用射流巷道式通风为主,但局部独头送风距离较长,需要配备进口大功率风机。

施工通风所需风量按洞内同时作业最多人数、洞内允许最小风速、一次性爆破所需要排除的炮烟量、内燃机械设备总功率以及降温需风量分别计算,取其中最大值作为控制风量。

①按洞内同时作业最多人数计算:240m³/min。

②按洞内允许最小风速计算:正洞 540m³/min、平导/斜井 750m³/min、TBM 隧道正洞 1800m³/min、TBM 隧道平导 1500m³/min、最佳降温正洞 1440m³/min、最佳降温平导 1200m³/min。

③按一次性爆破所需要排除的炮烟量计算:正洞 644m³/min、平导/斜井 558m³/min。

④按内燃机械设备总功率计算:正洞、平导、斜井均为 1074m³/min。

⑤正洞开挖面降温风量 1200m³/min,平导开挖面降温风量 1100m³/min。

依据上述计算结果确定各工区开挖面控制风量如下:

①1 号斜井工区正洞为 1440m³/min、平导 1100m³/min、斜井为 1074m³/min。

②1 号竖井工区正洞为 1440m³/min、平导为 1100m³/min（竖井断面小且距离短,参考平导配风,不再单独考虑）。

③2 号竖井工区正洞和平导均按 1074m³/min 考虑（竖井断面小且距离短,参考平导配风,不再单独考虑）。

④出口工区正洞为 1800m³/min、平导为 1500m³/min。

3）通风设备选型与通风布置

(1)1 号斜井工区Ⅰ线施工通风方案（高地温）。

施工通风布置共分为六个阶段。

第一阶段:施工斜井井身初期,两个斜井开挖面采用压入式通风,主斜井采用 SDF(B)-№14 风机(功率 185×2kW、叶片角度+3°)匹配内径 1.8m 风管送风,副斜井采用 SDF(B)-№13 风机(功率 132×2kW、叶片角度+3°)匹配内径 1.8m 风管送风。

第二阶段:当主副井之间有多个联络通道贯通后,采用射流巷道式通风,主斜井采用 SDF(B)-

№14风机匹配内径1.8m风管送风，副斜井采用SDF(B)-№13风机匹配内径1.8m风管送风，射流风机采用SSF-№1.0型(功率30kW，需要3台)，副斜井引入新鲜风、主斜井排出污风，进行交通管制，运输车辆严禁进入副斜井新鲜风区域内。

第三阶段：进入正洞施工后，先开设两个平导开挖面，再开设两个正洞开挖面，进入高地温区域，风机禁止布设在未经隔热处理的隧道内，其过渡阶段的通风布置图略；四个开挖面全部正常施工后，采用斜井局部巷道式通风，正洞两个开挖面采用SDF(B)-№14风机匹配内径1.8m风管送风，平导两个开挖面采用SDF(B)-№13风机匹配内径1.8m风管送风，射流风机采用SSF-№1.0型(功率30kW，需要6台)，全部采用双层隔热风管。

第四阶段：平导小里程方向贯通，为了防止高地温工区的串风影响，将平导小里程方向封闭，以保证1号斜井工区通风系统的独立性；在大里程方向通过25号横通道增设一个正洞开挖面，此时共有三个正洞开挖面和一个平导开挖面，正洞开挖面均采用SDF(B)-№14风机匹配内径1.8m风管送风，平导开挖面采用SDF(B)-№13风机匹配内径1.8m风管送风，射流风机采用SSF-№1.0型(功率30kW，需要6台)，全部采用双层隔热风管。

第五阶段：正洞小里程方向和平导大里程方向均施工结束，为了保证1号斜井工区通风系统的独立性，将正洞小里程方向和平导大里程方向封闭；在出口方向通过28号和29号横通道增设两个正洞开挖面，正洞三个开挖面均采用SDF(B)-№14风机匹配内径1.8m风管送风，将主副井之间的正洞和21号横通道利用风墙封闭，以便于巷道式通风的风流组织与引流，为正洞开挖面送风的三台风机全部布设在采取过二次衬砌隔热处理的正洞内，新鲜风通过副斜井引入到正洞内，污风全部引流到平导内，再通过主斜井排出洞外；射流风机采用SSF-№1.0型(功率30kW，需要10台)，全部采用双层隔热风管。受断面限制，往平导大里程方向的风机布置在靠近井底的通道内。

第六阶段：只剩28号和29号横通道两个正洞开挖面，延续第四阶段的巷道式通风布置，直到开挖施工结束，布置图略。

(2)1号竖井工区Ⅰ线施工通风方案(高地温)。

施工通风布置共分为五个阶段。

第一阶段：施工竖井井身和井底车场，采用风管独头压入式通风，主副井均采用SDF(B)-№13风机(功率132×2kW、叶片角度+3°)低频率运转匹配内径1.0m风管送风，进入井底车场施工时再增设一路内径1.0m风管送风，在主副井贯通前一直采用此通风系统。

第二阶段：主副井已经贯通，采用竖井局部巷道式通风，副井井底设置SDF-№20型大风量主扇，副井井底车场安设风门，开设两个平导开挖面和小里程方向一个正洞开挖面，正洞采用SDF(B)-№14风机(功率185×2kW、叶片角度+3°)匹配内径1.8m风管送风，平导采用SDF(B)-№13风机(功率132×2kW、叶片角度+3°)匹配内径1.8m风管送风，射流风机采用SSF-№1.0型(功率30kW)，全部采用双层隔热风管。

第三阶段：正洞小里程开挖面施工完毕，开设正洞大里程开挖面，平导仍然有两个开挖面，延续第二阶段通风布置，设备配置不变。

第四阶段：平导小里程方向已贯通，通过39号横通道增设正洞开挖面，所有开挖面都集中在大里程方向，一个平导开挖面和两个正洞开挖面，正洞采用SDF(B)-№14风机匹配内径1.8m风管送风，平导采用SDF(B)-№13风机匹配内径1.8m风管送风，射流风机采用SSF-№1.0型(功率30kW)，全部采用双层隔热风管。

第五阶段：平导大里程开挖面贯通，通过42号横通道再增设一个正洞开挖面，此时共有三个正洞开挖面，均采用SDF(B)-№14风机匹配内径1.8m风管送风，全部采用双层隔热风管。为了避免污风循环，正洞和平导之间的横通道必须利用风墙或者风门进行密封，副斜井井底车场内的联络通道也必须进行密封，需要行车的必须安设风门，为了保证通风系统的独立性，先结束的开挖面与其他工区贯通后必须采用风墙封闭。

(3)2号竖井工区Ⅰ线施工通风方案。

施工通风布置共分为五个阶段。

第一阶段:施工竖井井身,主副井均采用SDF(B)-№12.5风机(功率110×2kW、叶片角度+3°)低频率运转匹配内径1.0m风管送风,进入井底车场施工时再增设一路内径1.0m风管送风,在主副井贯通前一直采用此通风系统,布置图略。

第二阶段:采用射流巷道式通风,副井井底设置SDF-№18型大风量主扇,副井井底车场安设风门,开设两个平导开挖面和大里程方向一个正洞开挖面,均采用SDF(B)-№12.5风机(功率110×2kW、叶片角度+3°)匹配内径1.6m风管送风,射流风机采用SSF-№1.0型(功率30kW)。

第三阶段:大里程正洞开挖面施工结束,开设小里程正洞开挖面,共有两个平导开挖面和一个小里程方向正洞开挖面,延续第二阶段的射流巷道式通风,设备配置不变。

第四阶段:大里程方向平导贯通,为保证2号竖井工区射流巷道式通风的独立性,将大里程方向平导封闭。通过52号横通道增设正洞小里程方向开挖面,均采用SDF(B)-№12.5风机匹配内径1.6m风管送风,其他设备配置不变。

第五阶段:平导小里程方向已贯通,将平导小里程方向也封闭。通过47号横通道再增设一个正洞小里程开挖面,此时三个正洞开挖面均采用SDF(B)-№12.5风机匹配内径1.6m风管送风。为了避免污风循环,正洞和平导之间的横通道必须利用风墙或者风门进行密封,副斜井井底车场内的联络通道也必须进行密封,需要行车的必须安设风门,为了保证通风系统的独立性,先结束的开挖面与其他工区贯通后必须采用风墙封闭。

(4)出口工区Ⅰ线施工通风方案。

施工通风布置共分为五个阶段。

第一阶段:钻爆法施工,压入式通风,正洞和平导均采用SDF(B)-№11风机(功率55×2kW、叶片角度+3°)匹配内径1.6m风管送风。

第二阶段:钻爆法施工,压入式通风,通过96号横通道增设一个正洞开挖面,正洞和平导均采用SDF(B)-№11风机匹配内径1.6m风管送风。

第三阶段:钻爆法施工,射流巷道式通风,射流风机采用SSF-№1.0型(功率30kW),平导引入新鲜风、正洞排出污风,其他通风设备配置不变,实行交通管制,内燃运输机械主要由正洞进出隧道。

第四阶段:TBM施工,射流巷道式通风,正洞采用进口3×AVH180(3×250kW)风机匹配内径2.0m风管送风,平导采用进口3×AVH180(3×250kW)风机匹配内径1.6m风管送风,通过80号横通道开设的正洞钻爆法开挖面采用SDF(B)-№11风机匹配内径1.6m风管送风,射流风机采用SSF-№1.0型(功率30kW),平导引入新鲜风、正洞排出污风,其他通风设备配置不变,实行交通管制,内燃运输机械主要由正洞进出隧道。

第五阶段:TBM施工,射流巷道式通风,只有一个正洞开挖面和一个平导开挖面,均采用进口3×AVH180风机送风,此时局部独头送风距离较长,为避免正洞内径2.0m风管受平导净空限制,必须利用横通道进行设置。为保证出口工区射流巷道式通风系统的独立性,平导开挖面贯通后利用风墙封闭,继续延续射流巷道式通风布置直到贯通。

23.6.3.2 Ⅱ线隧道扩挖施工通风方案

Ⅱ线开挖施工通风设备采用Ⅰ线施工时的通风设备。

(1)1号斜井工区Ⅱ线开挖施工通风方案。

采用射流巷道式通风,新鲜风由副井引入,在Ⅰ线正洞内设置风桥,再通过21号横通道将新鲜风引入Ⅱ线,最后利用射流风机向两侧引流,开设两个Ⅱ线扩挖面,均采用SDF(B)-№14风机匹配内径1.8m风管送风,小里程扩挖面的污风由Ⅰ线平导进口排出洞外,大里程扩挖面的污风由1号竖井排出洞外,所有风机都设置在Ⅱ线新鲜风区域内。进行交通管制,运输车辆严禁进入Ⅱ线新鲜风区域内。Ⅰ线和Ⅱ线之间不用的横通道及时利用风墙封闭,随着扩挖面的推进分阶段前移风机和增设射流风机。

(2)2号竖井工区Ⅱ线开挖施工通风方案。

采用射流巷道式通风,所有风机都设置在Ⅰ线新鲜风区域内,开设两个Ⅱ线扩挖面,均采用SDF(B)-№12.5风机匹配内径1.6m风管送风,污风由2号主竖井和1号竖井排出洞外。Ⅰ线和Ⅱ线之间不用的横通道及时利用风墙封闭,随着扩挖面的推进分阶段前移风机和增设射流风机。

(3)出口工区Ⅱ线开挖施工通风方案。

采用射流巷道式通风,新鲜风由Ⅱ线出口引入,开设一个Ⅱ线扩挖面,采用SDF(B)-№12.5风机匹配内径1.6m风管送风,污风由2号主竖井排出洞外,所有风机都设置在Ⅱ线新鲜风区域内。进行交通管制,运输车辆严禁进入Ⅱ线新鲜风区域内。Ⅰ线和Ⅱ线之间不用的横通道及时利用风墙封闭,随着扩挖面的推进分阶段前移风机和增设射流风机。

23.6.3.3 通风设备配置

各工区通风设备配置情况见表23-19。

高黎贡山隧道2标通风设备配置表 表23-19

工区	设备名称	规格型号	数量	备注
1号斜井工区	变频轴流风机	SDF(B)-№13 (2×132kW)	3台	使用2台,备用1台
	变频轴流风机	SDF(C)-№14 (2×185kW)	4台	使用3台,备用1台
	PVC软风管（双层隔热）	内径1.8m	20000m	考虑损耗,其中热损耗老化较快
	PVC软风管（斜井内使用）	内径1.8m	10000m	
	射流风机	30kW	12台	使用10台,备用2台
	除尘机	HBK01	5台	使用4台,备用1台
1号竖井工区	变频轴流风机	SDF(B)-№13 (2×132kW)	3台	使用2台,备用1台
	变频轴流风机	SDF(C)-№14 (2×185kW)	4台	使用3台,备用1台
	井底主扇	SDF-№20(185kW)	2台	使用1台,备用1台
	PVC软风管（双层隔热）	内径1.8m	20000m	考虑损耗,其中热损耗老化较快
	PVC软风管	内径1.0m	5000m	
	射流风机	30kW	12台	使用10台,备用2台
	除尘机	HBK01	4台	使用3台,备用1台
2号竖井工区	变频轴流风机	SDF(B)-№12.5 (2×110kW)	4台	使用3台,备用1台
	井底主扇	SDF-№18(150kW)	2台	使用1台,备用1台
	PVC软风管	内径1.6m	20000m	考虑损耗
		内径1.0m	3500m	
	射流风机	30kW	12台	使用10台,备用2台
	除尘机	HBK01	5台	使用4台,备用1台

续上表

工区	设备名称	规格型号	数量	备注
出口工区	变频轴流风机	进口 3×AVH180 (3×250kW)	4台	使用3台,备用1台
		SDF(C)-No11 (2×55kW)	3台	使用2台,备用1台
	PVC软风管	内径2.0m	25000m	考虑损耗
		内径1.6m	20000m	
	射流风机	30kW	12台	使用10台,备用2台
	除尘机	HBK01	4台	使用3台,备用1台

23.6.3.4 通风系统与施工环境检测

(1)施工通风系统检测。

对新风区、工作面和回风区分别布点进行检测,利用温、湿度计检测温度和湿度,利用风速仪检测风速利用空盒气压计检测大气压力,利用精密数值压差计和皮托管检测风机和风管内风压,利用功率输出仪检测风机工况,然后结合各项检测结果对通风系统的可靠性和满足设计要求的程度进行分析。对每个工区进行三班倒值班检测,每日提供检测报表,另外还提供总结性的周报月报,由监测组上报项目安检和工程管理部以及项目部安全环保部检测报告,以便对存在和出现的问题及时处理。

(2)施工作业环境检测。

①监测方法。

检测对象主要有温度、湿度、风速、氧气浓度、粉尘和各种有害气体,各工区均采用便携式监测仪,对新风区、工作面和回风区进行巡检,对每个工区进行三班倒值班检测,每日提供检测报表,另外还提供总结性的周报月报。每天检测后由监测组上报工区安检和工程管理部,每周一次上报给项目部安全环境质量监督管理部,并对每次的空气质量进行评价分析处理,以便对存在和出现的问题及时处理。

②控制标准。

隧道在整个施工过程中,作业环境应符合下列职业健康及安全标准:

空气中氧气含量,按体积不得小于20%;隧道内允许最小风速正洞 $v_{min}=0.15\text{m/s}$、辅助坑道 $v_{min}=0.25\text{m/s}$;隧道内气温不得高于28℃,隧道内噪声不得大于90dB;粉尘容许浓度,每立方米空气中含有10%以上的游离二氧化硅的粉尘不得大于2mg,每立方米空气中含有10%以下的游离二氧化硅的矿物性粉尘不得大于4mg;爆破30min后,有害气体二氧化氮不得大于5mg/m³,一氧化碳不超过30mg/m³;二氧化碳不超过0.5%。

23.6.4 隧道制冷降温预案

23.6.4.1 高黎贡山隧道1号斜井工区降温设计方案

1)1号斜井工区地热情况概述

高黎贡山一号斜井工区正洞和平导均在地热段施工,正洞和平导最高围岩温度均为39℃,其中该工区范围内,正洞平导均要提示邦迈—邵家寨次级断层,根据高黎贡山越岭地段加深地质工作及专题地质研究工作成果,该断层为导热断层,施工时可能出现局部热水,导热断层的特征见表23-20。本工区内对应各个里程的围岩温度见表23-21、表23-22。

导热断层特征及工程影响评价表　　　　　　　　　　　　　　　　　　　　　表 23-20

名称	活动时代	水热特征	导热性	工程影响评价
邦迈—邵家寨次级断层	Q_2	在南段寸家寨澡堂断层上盘出露一温泉43℃,流量3.5L/s,温泉北侧断层为一近东西向小断层左旋切错,导热性明显减弱	北段中等,南段差	与隧道正线洞身交于D1K201+756~D1K201+891段,长135m,隧道工程附近导热性弱,预测最高温度43℃,热害中等

高黎贡山隧道1号斜井工区正洞分段围岩温度情况　　　　　　　　　　　　　表 23-21

起点里程	终点里程	长度(m)	温度(℃)	占工区长度比例(%)	热害评估
D1K198+193	D1K198+200	7	30	0.12	轻微热害
D1K198+200	D1K198+600	400	31	7.14	
D1K198+600	D1K198+900	300	32	5.36	
D1K198+900	D1K199+200	300	33	5.36	
D1K199+200	D1K199+500	300	34	5.36	
D1K199+500	D1K200+000	500	35	8.93	
D1K200+000	D1K200+300	300	36	5.36	
D1K200+300	D1K200+500	200	37	3.57	中等热害
D1K200+500	D1K200+600	100	38	1.79	
D1K200+600	D1K200+800	200	39	3.57	
D1K200+800	D1K201+100	300	38	5.36	
D1K201+100	D1K201+400	300	37	5.36	
D1K201+400	D1K201+800	400	36	7.14	轻微热害
D1K201+800	D1K202+900	1100	35	19.64	
D1K202+900	D1K203+795	895	34	15.98	

高黎贡山隧道1号斜井工区平导分段围岩温度情况　　　　　　　　　　　　　表 23-22

起点里程	终点里程	长度(m)	温度(℃)	占工区长度比例(%)	热害评估
PKZK197+840	PKZK197+900	60	29	1.34	轻微热害
PKZK197+900	PKZK198+200	300	30	6.70	
PKZK198+200	PKZK198+600	400	31	8.93	
PKZK198+600	PKZK198+900	300	32	6.70	
PKZK198+900	PKZK199+200	300	33	6.70	
PKZK199+200	PKZK199+500	300	34	6.70	
PKZK199+500	PKZK200+000	500	35	11.76	
PKZK200+000	PKZK200+300	300	36	6.70	
PKZK200+300	PKZK200+500	200	37	4.47	中等热害
PKZK200+500	PKZK200+600	100	38	2.23	
PKZK200+600	PKZK200+800	200	39	4.47	
PKZK200+800	PKZK201+100	300	38	6.70	
PKZK201+100	PKZK201+400	300	37	6.70	
PKZK201+400	PKZK201+800	400	36	8.93	轻微热害

根据我国《铁路隧道工程施工安全技术规程》(TB 10304—2009)以及相关行业的规程规范,本次

高黎贡山隧道采用干球温度作为洞内微气候环境的评价指标,并以干球温度28℃为分界线,当掌子面空气温度低于28℃时,隧道施工不考虑温度影响,当掌子面温度大于28℃时,则根据所外温度的高低采取相应的降温措施。

2)隧道内热力计算

要改变高温隧道施工中洞内作业环境,首先就必须了解引起隧道高温热害的主要因素,深埋隧道内高温产生的原因复杂多样:一方面是自然因素,即工程地质、水文地质等造成的地热因素;另一方面是人为因素,即施工带来的各种热害因素。

3)设计原则和处理对策

根据保山、龙陵气象站收集的高黎贡山隧道所属区域气象资料,以及降温热力学计算结果,高黎贡山隧道降温设计原则和处理对策如下:

(1)本次降温设计采用干球温度作为评价指标,并以干球温度28℃作为降温设计的分界线。

(2)隧道开挖面空气干球温度小于等于28℃时,无需降温。

(3)隧道开挖面空气干球温度位于28~30℃时,对掌子面、二次衬砌等作业人员相对集中处,应采取增设局扇,以加快空气流通,改善作业人员的热感应舒适度,同时应合理安排工序,调整作业人员在洞内的工作时间,建设最长工作时间以不超过6h。

(4)隧道开挖面空气干球温度大于30℃时,应采取强制制冷降温措施,将掌子面温度降至28℃以下。

4)无地下热水时制冷降温方案

根据1号斜井工区不同平长度下的不同围岩温度,本次施工期间降温采用了两种降温方案。

(1)通风降温。

结合施工通风需要和该工区岩温情况,通过计算分析,为保证掌子面至衬砌位置的范围(本设计按100m考虑)的环境条件,其正洞施工通风的风量不小于1200m³/min。平导施工通风量不小于1100m³/min。当预测掌子面空气温度为28~30℃时,除满足上述风量要求下,尚需对掌子面、二次衬砌等作业人员相对集中处,应采取增设局扇,以加快空气流通,改善作业人员的热感应舒适度,在作业工序的安排上,应调整作业人员的洞内工作时间,最长工作时间建议不超过6h。

(2)通风降温+强制制冷。

当预测掌子面空气温度超过30℃时,在保证正洞风量不小于1200m³/min,平导风量不小于1100m³/min的同时,需采用机械制冷冷却风管出口风流,进而保障掌子面附近的作业环境。

①局部制冷情况下制冷降温系统。

制冷降温就是采用制冷设备来降低风流温度,制冷降温是通过制冷降温系统实现的,制冷降温系统是由制冷站、输冷系统、传冷系统和排热系统四个基本要素组成的,制冷降温系统功能是通过制冷剂、载冷剂和冷却水三个独立的循环工作来实现。

a.制冷剂循环系统。

制冷机组通过制冷剂的循环制取冷量。制冷剂循环系统是制冷机组各大部件(压缩机、冷凝器、蒸发器和膨胀阀等)及其连接管道组成。

制冷剂在蒸发器中吸引载冷剂(冷风或冷水)的热量而被气化为低压低温的蒸气,该蒸气被压缩机吸入,并经压缩升压升温。高压高温蒸气再进入冷凝器,并在其中将热量传递给冷却水而被冷凝成液体。液体制冷剂经膨胀阀降压降温后又进入蒸发器中,继续吸收冷水(或风流)的热量,由此循环达到制冷的目的。

b.载冷剂循环系统。

载冷剂(冷冻水)在空冷器中吸引风流的热量之后,通过冷水管道回流到蒸发器中,在蒸发器中载冷剂通过管道将热量传递给制冷剂而自身温度降低。低温载冷剂经管道返回到空冷器中,继结冷却风流,以此达到冷冻风流的目的。

c. 冷却水循环系统。

冷却水循环系统由冷凝器、水冷装置和冷却水管道组成,其功能是将载冷剂从风流中吸收的热量排到大气中去。其作用原理是将制冷剂从风流吸收的热量和压缩机的压缩热在冷凝器中传递给冷却水,冷却水通过冷却水管道进入水冷装置中,在水冷装置中冷却水将热量传递给空气而自身温度降低。

②局部制冷方式。

1号斜井工区正洞D1K200+300~D1K201+100段和平导PDZK200+300~PDZK201+100段为中等热害区段,在掌子面环境温度超过30℃时,局部制冷降温采用冷风机组进行局部降温,即在每个正洞或平导掌子面附近的风管中安装冷风机组。制冷压缩机压缩出来的高压制冷剂蒸气进入冷凝器,在冷凝器内经冷却水冷却,制冷剂蒸气冷凝成高压液态制冷剂,再经热力膨胀阀节流降压,压力迅速下降,并进入蒸发器液态制冷剂在蒸发器中蒸发并通过管壁吸收风流的热量迅速蒸发成气体,而后被吸入制冷压缩机,连续不断地完成制冷循环,此时流过蒸发器的空气,被制冷剂吸收热量而温度下降,再用风管和蒸发器串联,利用风管将低温风流送到掌子面如图23-37所示。

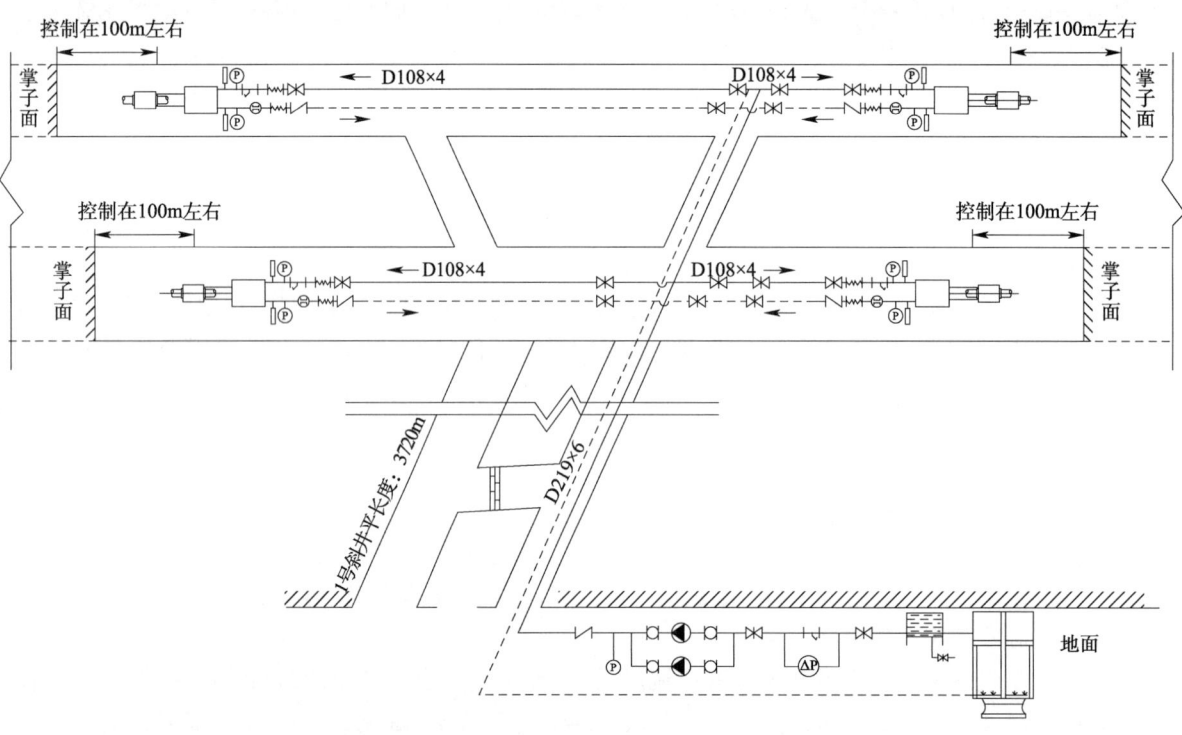

图23-37 1号斜井工区正洞和平导局部制冷降温示意图

③局部制冷情况下掌子面需冷量。

该工况下局部制冷的需冷量采用该工区最高围岩温度(39℃)进行计算,根据热力学计算,该岩温下掌子面100m附近进行局部制冷降温所需要制冷量见表23-23。

高黎贡山隧道1号斜井工区正洞和平导制冷量计算表　　　表23-23

项目	空冷器前焓 (kJ/kg)	空冷器后焓 (kJ/kg)	风量 (kg/s)	需冷量 (kW)
正洞	112.24	105.54	20.63	138.23
平导	108.11	101.28	17.51	119.56

④降温设备选取。

根据热力学计算结果,1号斜井工区地热段所需降温设备见表23-24、表23-25。

高黎贡山隧道1号斜井工区正洞和平导制冷降温设备表 表23-24

项目	掌子面散热量（kW）	降温设备型号	台数	功率（kW）	风量（m³/min）	风管直径（mm）	降温方案
正洞	138.23	ZLF-235型冷风机组	每个掌子面1台	235	1200	1800	局部制冷
平导	119.56	每个掌子面1台	每个掌子面1台	235	1000	1700	局部制冷

1号斜井工区无热水时降温设备数量表 表23-25

序号	名称	型号及规格	单位	数量	备注
1	冷风机组	ZLF-235	台	3	二用一备
2	冷却水循环水泵	2000F43×8	台	3	二用一备
3	地面补水水泵	80RK50-25	台	2	一用一备
4	膨胀水箱	$V=10m^3$	台	1	—
5	冷却塔	CDW-31DA5SY	套	1	—
6	地面补水泵	DN80、DN50	m	2000	—
7	干式变压器	—	台	2	—
8	高压开关柜	—	台	2	—
9	低压开关柜	—	台	2	—
10	馈电开关	—	套	5	—
11	隔热管道	DN300	m	7800	—
12	隔热管道	DN200	m	9600	—
13	隔热管道	DN100	m	1500	—
14	全自动过滤器	—	套	2	—
15	Y形过滤器	—	套	10	—
16	法兰	DN300	对	860	—
17	法兰	DN100	对	260	—
18	法兰	DN200	对	1200	—
19	法兰	DN80	对	500	—
20	闸阀、蝶阀	Z41H-100、DN300	个	12	—
21	闸阀、蝶阀	Z41H、DN20	个	20	—
22	闸阀、蝶阀	Z41H、DN100	个	30	—
23	闸阀、蝶阀	Z41H、DN50	个	20	—

5）考虑地下热水时降温设计

考虑到本工区正洞和平导均要揭示邦迈—邵家寨次级导热断层，且导热断裂最高预测水温为43℃，故本次对高黎贡工隧道开挖时应有地下热水时工况进行降温计算，正洞和平导均按45℃地下热水条件考虑，围岩温度分别取该断层附近相应的围岩温度考虑，具体各计算初始参数见表23-26。

1号斜井工区地热计算基本边界条件 表23-26

项目	参数值	项目	参数值
正洞开挖面积	49.2m	正洞围岩温度	35℃
正洞开挖周长	26.5m	平导围岩温度	35℃
平导开挖面积	40.5m²	正洞有无热水情况	有

续上表

项　目	参数值	项　目	参数值
平导开挖周长	24.0m	正洞热水温度	45℃
地热段正洞通风长度	3650m	平导有无热水情况	有
地热段平导通风长度	3650m	平导热水温度	45℃

1号斜井工区正洞和平导在通过邦迈—邵家寨次级导热断层,出现45℃热水时,各开挖掌子面局部制冷降温采用冷风机组进行局部降温,即在每个正洞或平导掌子面附近的负管中安装2台冷风机组,直接冷却进入开挖面的风流,并在1号斜井洞口地面采用冷却塔排热,冷却水循环使用。

(1)冷风机组隧道制冷降温系统工作原理。

制冷压缩机压缩出来的高压制冷剂蒸气进入冷凝器,在冷凝器内经冷却水冷却,制冷剂蒸气冷凝成高压液态制冷剂,再经热力膨胀阀节流降压,压力迅速下降,并进入蒸发器,液态制冷剂在蒸发器中蒸发并通过管壁吸收风流的热量迅速蒸发成气体,而后吸入制冷压缩机,连续不断地完成制冷循环此时流过蒸发器的空气,被制冷剂吸收热量而温度下降,再用风管和蒸发器串联,利用风管将低温风流送到需冷场所。

(2)局部制冷情况下掌子面需冷量。

因邦迈—邵家寨次级导热断层可能出现43℃的热水,故考虑地下热水工况时,本次1号斜井工区局部制冷的需冷量采用45℃的地下热水及邦迈—邵家寨次级导热断层附近35℃温度进行计算,根据热力学计算,该岩温下掌子面100m附近进行局部制冷降温所需要制冷量见表23-27。

高黎贡山隧道1号斜井工区有热水情况下制冷量计算表　　　　表23-27

项目	空冷器前焓(kJ/kg)	空冷器后焓(kJ/kg)	风量(kg/s)	需冷量(kW)
正洞	95.43	80.46	21.08	283.47
平导	89.65	76.33	18.87	249.32

(3)降温设备选取。

根据热力学计算结果,1号斜井工区地热段所需降温设备见表23-28、表23-29。

高黎贡山隧道1号斜井工区正洞和平导制冷降温设备表　　　　表23-28

项目	掌子面散热量(kW)	降温设备型号	台数	功率(kW)	风量(m^3/min)	风管直径(mm)	降温方案
正洞	283.47	ZLF-235型冷风机组	每个掌子面2台	235	1200	1800	局部制冷
平导	249.32	ZLF-235型冷风机组	每个掌子面2台	235	1000	1700	局部制冷

1号斜井工区45℃热水时降温设备数量表　　　　表23-29

序号	名　称	型号及规格	单位	数量	备注
1	冷风机组	ZLF-235	台	5	四用一备
2	冷却水循环水泵	2000F43×8	台	3	二用一备
3	地面补水水泵	80RK50-25	台	2	一用一备
4	膨胀水箱	$V=10m^3$	台	1	—
5	冷却塔	CDW-31DA5SY	套	1	
6	地面补水泵	DN80、DN50	m	2000	
7	干式变压器	—	台	2	
8	高压开关柜	—	台	2	
9	低压开关柜	—	台	2	

续上表

序号	名称	型号及规格	单位	数量	备注
10	馈电开关	—	套	5	—
11	隔热管道	DN300	m	7800	—
12	隔热管道	DN200	m	9600	—
13	隔热管道	DN100	m	1500	—
14	全自动过滤器	—	套	2	
15	Y形过滤器	—	套	10	
16	法兰	DN300	对	860	
17	法兰	DN100	对	260	
18	法兰	DN200	对	1200	
19	法兰	DN80	对	500	
20	闸阀、蝶阀	Z41H-100、DN300	个	12	
21	闸阀、蝶阀	Z41H、DN20	个	20	
22	闸阀、蝶阀	Z41H、DN100	个	30	
23	闸阀、蝶阀	Z41H、DN50	个	20	

6）地下热水异常时降温设计

当1号斜井工区提示邦迈—邵家寨次级断层出现高于45℃的异常热水时，需采取综合热害治理措施，因为当热水温度超过45℃时，高温水的危害（或危险性）程度远高于高温围岩，同围岩相比，高温水的涌出（突出）可能造成如下伤害：

(1) 大流量的高温水突然涌出，可能淹没隧道使施工无法进行。

(2) 超过45℃的高温水直接喷洒在人体上，会灼伤人体表面皮肤甚至会危及人的生命安全。

(3) 高温水与风流直接接触，会对风流强烈地加热、加湿，恶化作业环境，如在洞中出现60℃的高温水时，会将作业面的空气温度加热到40℃以上；出现75℃的高温水时，将使作业面的空气温度升到45℃以上，此时，将危及人的健康与生命安全。

故针对这种地下热水异常下的降温处理，必须采取综合处理措施，根据目前国内外采矿及地下工程长距离独头掘进施工降温技术的现状，特别是在具有高温水涌出的巷道中，大都采用综合热害治理措施，主要包括高温水治理、隧道壁喷水冷却、个体防护和制冷降温。

23.6.4.2 高黎贡山隧道1号竖井工区降温设计方案及预案

1）1号竖井工区地热情况概述

1号竖井工区正洞和平导均在地热段施工，正洞和平导最高围岩温度均为37℃，其中该工区范围内，正洞和平导均要揭示邦迈—邵家寨断层（F_{1-1}）、怒江断裂（F_{1-1}）、镇安断裂（F_{4-2}）三条导热断裂，根据高黎贡山越岭地段加深地质工作及专题地质研究工作成果，导热断裂附近可能出现局部热水突出，三条导热断裂的各自特征见表23-30。

导热断裂特征及工程影响评价表　　　　表23-30

名称	活动时代	水热特征	导热性	工程影响评价
怒江断裂	Q_2	在中段张田河深切沟谷被一小断层左旋横切，从沟床左岸岩石裂隙中喷出的热泉水温76℃，流量11.8L/s，该段水热活动强烈，向北，向南导热性有所减弱	北段强，南段弱	与隧道正线洞身交于D1K203+928～D1K204+071段，长143m，附近深孔C12Z-G-03最高温度为38.2℃，隧道工程附近导热性弱，预测最高温度50℃，热害中等
邦迈—邵家寨断层	Q_2	在南段寸家寨澡堂断层上盘出露一温泉43℃，流量3.5L/s，温泉北侧断层为一近东西向小断层左旋切错，导热性明显减弱	北段中等，南段差	与隧道正线洞身交于D1K202+518～D1K202+672段，长154m，隧道工程附近导热性弱，预测最高温度43℃，热害中等

续上表

名称	活动时代	水热特征	导热性	工程影响评价
镇安断裂	—	断裂附近深孔钻探，C12Z-G-04\05钻孔孔底温度分别为39.37℃和37.4℃，断裂导热性中等	中等	与隧道正线洞身交于D1K206+041～D1K206+190段，长149m，断裂导热性中等，预测最高温度50℃，热害中等

本工区内对应各个里程的围岩温度见表23-31、表23-32。

高黎贡山隧道1号竖井工区正洞分段围岩温度情况　　　表23-31

起点里程	终点里程	长度(m)	温度(℃)	占工区长度比例(%)	热害评估
D1K203+795	D1K204+700	905	34	22.48	轻微热害
D1K204+700	D1K205+300	600	35	14.91	
D1K205+300	D1K205+700	400	36	9.94	
D1K205+700	D1K205+900	200	37	4.97	中等热害
D1K205+900	D1K206+100	200	36	4.97	轻微热害
D1K206+100	D1K206+200	100	35	2.48	
D1K206+200	D1K206+400	200	35	4.97	
D1K206+400	D1K206+700	300	35	7.45	
D1K206+700	D1K206+900	200	34	4.97	
D1K206+900	D1K207+100	200	33	4.97	
D1K207+100	D1K207+200	100	32	2.48	
D1K207+200	D1K207+300	100	31	2.48	
D1K207+300	D1K207+400	100	30	2.48	
D1K207+400	D1K207+500	100	29	2.48	
D1K207+500	D1K207+820	320	28	7.95	无热害

高黎贡山隧道1号竖井工区平导分段围岩温度情况　　　表23-32

起点里程	终点里程	长度(m)	温度(℃)	占工区长度比例(%)	热害评估
PDZK202+319	PDZK202+900	581	35	10.20	轻微热害
PDZK202+900	PDZK204+700	1800	34	31.59	
PDZK204+700	PDZK205+300	600	35	10.53	
PDZK205+300	PDZK205+700	400	36	7.02	
PDZK205+700	PDZK205+900	200	37	3.51	中等热害
PDZK205+900	PDZK206+100	200	36	3.51	轻微热害
PDZK206+100	PDZK206+200	100	35	1.76	
PDZK206+200	PDZK206+400	200	35	3.51	
PDZK206+400	PDZK206+700	300	35	72.27	
PDZK206+700	PDZK206+900	200	34	3.51	
PDZK206+900	PDZK207+100	200	33	3.51	
PDZK207+100	PDZK207+200	100	32	1.76	
PDZK207+200	PDZK207+300	100	31	1.76	
PDZK207+300	PDZK207+400	100	30	1.76	
PDZK207+400	PDZK207+500	100	29	1.76	
PDZK207+500	PDZK208+017	517	28	9.07	无热害

2）地热段无地下热水时制冷降温方案

当隧道内出现高温热水时导致隧道高温热害的主要因素是高温水，围岩放热次之，依据设计治理原则,热害治理的首要任务是对高温水的防治,对于通过热水带的隧道区域,通风及制冷降温只能是在热水治理的基础上按预案实施,故对1号竖井工区既有热水又有岩温的工况下,处理地热减少热害的关键是如何有效地控制热水的涌出以及减少热水的散热面积。

根据设计科研课题的阶段成果,对3条导热断裂采取"以堵为主、限量排放"的处理原则,施工时首先对3条导热断裂进行超前帷幕注浆,帷幕注浆后出水量控制在$5m^3/m \cdot d$,同时要求掌子面前方20m范围内隧道拱墙初期支护的表面淋水面积需控制在55%以内,漫流于仰拱表面的热水在20m后必须归槽处理。

针对1号竖井工区不同平长度下的不同围岩温度,本次施工期间降温采用了两种降温方案。

(1)通风降温。

结合施工通风需要和该工区岩温情况,通过计算分析,为保证掌子面至衬砌位置的范围(本设计按100m考虑)的环境条件,其正洞施工通风的风量不小于$1200m^3/min$。平导施工通风量不小于$1100m^3/min$。当预测掌子面空气温度为28~30℃时,除满足上述风量要求下,尚需对掌子面、二次衬砌等作业人员相对集中处,采取增设局扇,以加快空气流通,改善作业人员的热感应舒适度,在作业工序的安排上,应调整作业人员的洞内工作时间,最长工作时间建议不超过6h。

(2)通风降温+强制制冷施工预案。

当预测掌子面空气温度超过30℃时,在保证正洞风量不小于$1200m^3/min$,平导风量不小于$1100m^3/min$的同时,需启动降温施工预案,采用机械制冷冷却风管出口风流,进而保障掌子面附近的作业环境。

①局部制冷。

1号竖井工区正洞和平导掌子面局部制冷降温采用高压冷水机组安装在井底,集中向各个掌子面输送低温冷水,并在掌子面附近的风筒中安装空气冷却器,风流通过空气冷却器与低温冷水进行热交换,从而冷却进入开挖面的风流温度。

②冷水机组隧道制冷降温系统工作原理。

从制冷机组蒸发器中流出的低温冷水,由冷水泵经冷水管打入空冷器中。冷水在空冷器中通过管壁吸收风流的热量使风温降低。吸收风流热量的冷水由空冷器中流出后,经管道流回蒸发器,并在蒸发器中将热量传递给制冷剂使本身的温度降低,其再由水泵送到空冷器中继续冷却风流。

③局部制冷情况下掌子面需冷量。

该工况下局部制冷的需冷量采用该工区最高围岩温度(37℃)进行计算,根据热力学计算,该岩温下掌子面100m附近进行局部制冷降温所需要制冷量见表23-33。

高黎贡山隧道1号竖井工区正洞和平导制冷量计算表　　　　表23-33

项目	空冷器前焓 (kJ/kg)	空冷器后焓 (kJ/kg)	风量 (kg/s)	需冷量 (kW)
正洞	85.88	79.45	21.08	123.61
平导	81.41	76.40	18.87	105.48

④降温设备选取。

根据热力学计算结果,1号竖井工区地热段所需降温设备见表23-34、表23-35。

高黎贡山隧道1号竖井工区正洞和平导制冷降温设备表　　　　表23-34

项目	掌子面散热量(kW)	降温设备型号		功率(kW)		风量(m^3/min)	风管直径(mm)	降温方案
		冷水机组	空气冷却器	冷水机组	空气冷却器			
正洞	123.61	ZLSLG-500F型冷水机组正洞和平导共用1台	每个掌子面KLQ-150型/台	500kW/台	150kW/台	1200	1800	局部制冷
平导	105.48		每个掌子面KLQ-150型/台		150kW/台	1100	1700	局部制冷

1号竖井工区无热水时降温设备数量表

表 23-35

序号	名称	型号及规格	单位	数量	备注
1	冷水机组	ZLSL-500F	台	2	一用一备
2	空气冷却器	KLQ-300	台	3	二用一备
3	空气冷却器	KLQ-150	台	3	二用一备
4	冷冻水循环水泵	100D45×4	台	2	一用一备
5	冷却水循环水泵	SLOW100-320I	台	3	二用一备
6	地面补水水泵	80RK50-25	台	2	一用一备
7	膨胀水箱	$V=10m^3$	台	1	—
8	冷却塔	CDW-405A5SY	套	1	—
9	干式变压器	—	台	2	—
10	高压开关柜	—	台	2	—
11	低压开关柜	—	台	2	—
12	馈电开关	—	套	5	—
13	地面冷却水管塔	DN250、DN100	m	1500	—
14	补水管	DN80、DN50	m	2000	—
15	保温管道	DN300	m	800	—
16	保温管道	DN80	m	7000	—
17	保温管道	DN100	m	15000	—
18	全自动过滤器	—	套	4	—
19	Y形过滤器	—	套	8	—
20	法兰	DN50	对	80	—
21	法兰	DN80	对	1000	—
22	法兰	DN100	对	3000	—
23	法兰	DN300	对	250	—
24	闸阀、蝶阀	Z41H-100、DN300	个	12	—
25	闸阀、蝶阀	Z41H、DN250	个	20	—
26	闸阀、蝶阀	Z41H、DN100	个	30	—
27	闸阀、蝶阀	Z41H、DN80	个	50	—

3）考虑地下热水时降温设计

考虑到本工区正洞和平导均要揭示邦迈—邵家寨断层（F_{1-2}）、怒江断裂（F_{1-1}）、镇安断裂（F_{4-2}）三条导热断裂，且预测导热断裂可能出现约45℃的高温热水，故本次对该工区有地下热水时地热计算，正洞和平导均按45℃地下热水条件考虑，围岩温度分别取该断层附近相应的围岩温度考虑。具体各计算初始参数见表23-36。

1号竖井工区地热计算基本边界条件

表 23-36

项　目	参数值	项　目	参数值
正洞开挖面积	49.2m²	正洞围岩温度	36℃
正洞开挖周长	26.5m	平导围岩温度	36℃
平导开挖面积	40.5m²	正洞有无热水情况	有
平导开挖周长	24.0m	正洞热水温度	45℃
地热段正洞通风长度	2580m	平导有无热水情况	有
地热段平导通风长度	2580m	平导热水温度	45℃

(1)1号竖井工区有热水情况下局部制冷情况下降温系统设计。

1号竖井工区正洞和平导掌子面在有热水情况下的局部制冷降温采用高压冷水机组安装在井底,集中向各个掌子面输送低温冷水,并在掌子面附近的风管中安装空气冷却器,风流通过空气冷却器与低温冷水进行热交换,从而冷却进入开挖面的风流温度。

(2)局部制冷情况下掌子面需冷量。

因本工区邦迈—邵家寨断层(F_{1-2})、怒江断裂(F_{1-1})、镇安断裂(F_{4-2})三条导热断裂可能出现不高于50℃的热水,故考虑地下热水工况时,本次1号竖井工区局部制冷的需冷量采用45℃的地下热水及邦迈—邵家寨次级导热断层附近35℃的围岩温度进行计算,根据热力学计算,该岩温下掌子面100m附近进行局部制冷降温所需要制冷量见表23-37。

高黎贡山隧道1号竖井工区有热水情况下制冷量计算表　　　　表23-37

项　目	空冷器前焓 (kJ/kg)	空冷器后焓 (kJ/kg)	风量 (kg/s)	需冷量 (kW)
正洞	89.55	76.25	21.08	256.69
平导	84.44	72.96	18.87	237.0

(3)降温设备选取。

根据热力学计算结果,1号竖井工区地热段所需降温设备见表23-38、表23-39。

高黎贡山隧道1号竖井工区有热水情况下正洞和平导制冷降温设备表　　　　表23-38

项目	掌子面散热量(kW)	降温设备型号		功率(kW)		风量 (m³/min)	风管直径(mm)	降温方案
		冷水机组	空气冷却器	冷水机组	空气冷却器			
正洞	256.69	ZLSLG-500F型冷水机组正洞和平导共用2台	每个掌子面KLQ-300型/台	500kW/台	300kW/台	1200	1800	局部制冷
平导	237		每个掌子面KLQ-300型/台		300kW/台	1100	1700	局部制冷

1号竖井工区45℃热水时降温设备数量表　　　　表23-39

序号	名　称	型号及规格	单位	数量	备注
1	冷水机组	ZLSL-500F	台	3	二用一备
2	空气冷却器	KLQ-300	台	3	一用一备
3	空气冷却器	KLQ-150	台	3	二用一备
4	冷冻水循环水泵	100D45×4	台	3	二用一备
5	冷却水循环水泵	SLOW100-320I	台	3	二用一备
6	地面补水水泵	80RK50-25	台	2	一用一备
7	膨胀水箱	$V=10m^3$	台	1	—
8	冷却塔	CDW-405A5SY	套	1	
9	干式变压器	—	台	2	
10	高压开关柜		台	2	
11	低压开关柜	—	台	2	

续上表

序号	名　称	型号及规格	单位	数量	备注
12	馈电开关	—	套	5	—
13	地面冷却水管塔	DN250、DN100	m	1500	—
14	补水管	DN80、DN50	m	2000	—
15	保温管道	DN300	m	800	—
16	保温管道	DN80	m	7000	—
17	保温管道	DN100	m	15000	—
18	全自动过滤器	—	套	4	—
19	Y形过滤器	—	套	8	—
20	法兰	DN50	对	80	—
21	法兰	DN80	对	1000	—
22	法兰	DN100	对	3000	—
23	法兰	DN300	对	250	—
24	闸阀、蝶阀	Z41H-100、DN300	个	12	—
25	闸阀、蝶阀	Z41H、DN250	个	20	—
26	闸阀、蝶阀	Z41H、DN100	个	30	—
27	闸阀、蝶阀	Z41H、DN80	个	50	—

4)地下热水异常时降温设计

当1号竖井工区揭示三条导热断裂出现高于45℃的异常热水时,需采取综合热害治理措施,因为当热水温度超过45℃时,高温水的危害(或危险性)程度远高于高温围岩,同围岩相比,高温水的涌出(突出),可能造成如下伤害:

(1)大流量的高温水突然涌出,可能淹没隧道使施工无法进行。

(2)超过45℃的高温水直接喷洒在人体上,会灼伤人体表面皮肤甚至会危及人的生命安全。

(3)高温水与风流直接接触,会对风流强烈地加热、加湿,恶化作业环境,如在洞中出现60℃的高温水时,会将作业面的空气温度加热到40℃以上;出现75℃的高温水时,将使作业面的空气温度升到45℃以上,此时,将危及人的健康与生命安全。

故针对这种地下热水异常下的降温处理,必须采取综合处理措施,根据目前国内外采矿及地下工程长距离独头掘进施工降温技术的现状,特别是在具有高温水涌出的巷道中,大都采用综合热害治理措施,主要包括高温水治理、隧道壁喷水冷却、个体防护和制冷降温。

23.7 隧道超前地质预报

23.7.1 综合超前地质预报

结合本隧地层岩性、水文地质、隧道设计方案,确定本隧超前地质预报方案。当预报有异常段落或开挖遇异常地段时,则作动态调整。该隧以地质调查法为基础,结合超前钻孔和多种物探手段进行综合地质预报,采用宏观预报指导微观预报,长距离预报指导中短距离预报,详见图23-38。

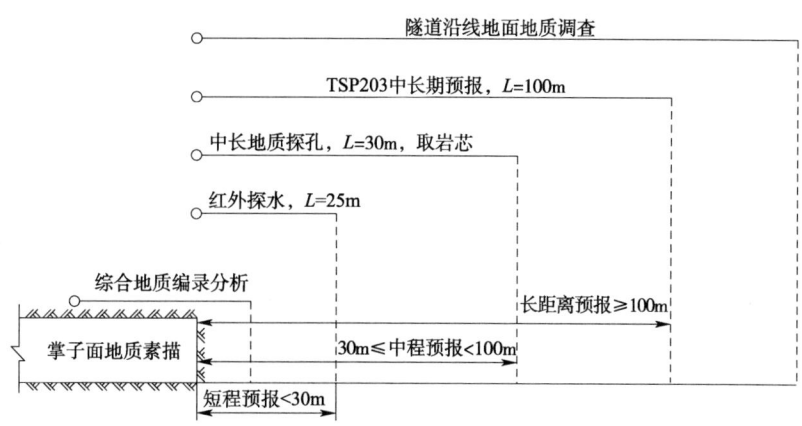

图 23-38 综合地质预报配套模式示意图

23.7.2 综合超前地质预报布置原则

(1)全隧实施地质调查法,正洞使用贯通平导进行预报预测。

(2)根据不同的地质条件,采取不同的物探方法,将全隧物探法分为 7 类组合,适用条件及采用物探方法见表 23-40。

全隧物探法分类表   表 23-40

序号	适 用 条 件	物探类型	采用物探方法	所属地段
1	非可溶岩的一般地段	PWT-1	地震波反射法	平导/1 号斜井主井(副井)
2	岩溶~中等发育段;节理密集、蚀变带	PWT-2	地震波反射法+地质雷达	平导
3	一般断层、构造;地温大于37°	PWT-3	地震波反射法+地质雷达+红外探测法	平导/1 号斜井主井(副井)
4	富水断裂,导热水断裂,可溶岩与非可溶岩之富水段	PWT-4	地震波反射法+地质雷达+红外探测法+时域瞬变电磁法	平导/1 号斜井主井(副井)
5	岩溶弱~中等发育段;节理密集带、蚀变带	WT-1	地震波反射法	正洞
6	一般断层、构造	WT-2	地震波反射法+地质雷达	正洞
7	富水断裂,可溶岩与非可溶岩接触之富水断层	WT-3	地震波反射法+地质雷达+红外探测法	正洞

(3)根据不同的地质条件,采取不同的钻探方法,将钻探法分为 19 类组合,适用条件及采用方法见表 23-41。

全隧钻探法分类表   表 23-41

序号	适 应 条 件	钻探类型	主要手段	所属地段
1	所有地段	PZT-1	加深炮眼(3 孔)	平导/1 号斜井主井(副井)
2	浅埋偏压地段,岩溶弱~中等发育	PZT-2	超前钻孔(1 孔)+加深炮眼(5 孔)	平导/1 号斜井主井(副井)

续上表

序号	适应条件	钻探类型	主要手段	所属地段
3	高应力:岩爆	PZT-3	超前钻孔(1孔)+加深炮眼(5孔),必要时钻孔取芯、进行地应力等测试	平导
4	高应力:软岩大变形	PZT-4	超前钻孔(1孔取芯)+加深炮眼(5孔)	平导/1号斜井主井(副井)
5	节理密集带,蚀变带	PZT-5	超前钻孔(3孔)+加深炮眼(3孔)	平导
6	一般断层、构造	PZT-6	超前钻孔(3孔)+加深炮眼(5孔)	平导/1号斜井主井(副井)
7	富水断裂、导热水断裂,可溶岩与非可溶岩接触之富水段	PZT-7	加深炮孔(5孔),加深炮眼(3孔),所有钻孔均需设置关水阀门,1孔设置测压装置	平导/1号斜井主井(副井)
8	地热段		在钻孔措施基础上测温。一般地热段200m左右测试1次,导热地段20m左右测试一次	平导
9	所有地段	ZT-1	加深炮眼(3孔)	正洞
10	浅埋偏压地段,岩溶弱~中等发育	ZT-2	超前钻孔(1孔)+加深炮眼(5孔)	正洞
11	高应力:岩爆	ZT-3	加深炮眼(5孔)	正洞
12	高应力:软岩大变形	ZT-4	超前钻孔(1孔)+加深炮眼(5孔)	正洞
13	节理密集带,蚀变带	ZT-5	超前钻孔(1孔)+加深炮眼(3孔)	正洞
14	一般断层、构造	ZT-6	超前钻孔(1孔)+加深炮眼(5孔)	正洞
15	富水断裂、导热水断裂,可溶岩与非可溶岩接触之富水断层		加深炮孔(5孔),加深炮眼(3孔),所有钻孔均需设置关水阀门,1孔设置测压装置	正洞
16	地热段		在钻孔措施基础上测温。一般地热段200m左右测试1次,导热地段20m左右测试一次	正洞
17	竖井	ZT-10	加深炮眼(5孔)	竖井
18	凹子地滑坡滑面探测	ZT-11	超前仰角钻孔(单线1孔,双线2孔)	出口凹子地滑坡

23.7.3 洞周探测

对隧道和平导穿越可溶岩地层段,在洞室开挖后,应对洞周隐伏岩溶空洞区进行探测,并根据探测结果采取合理可行的处理措施。隐伏岩溶空洞区探查流程图如图23-39所示。

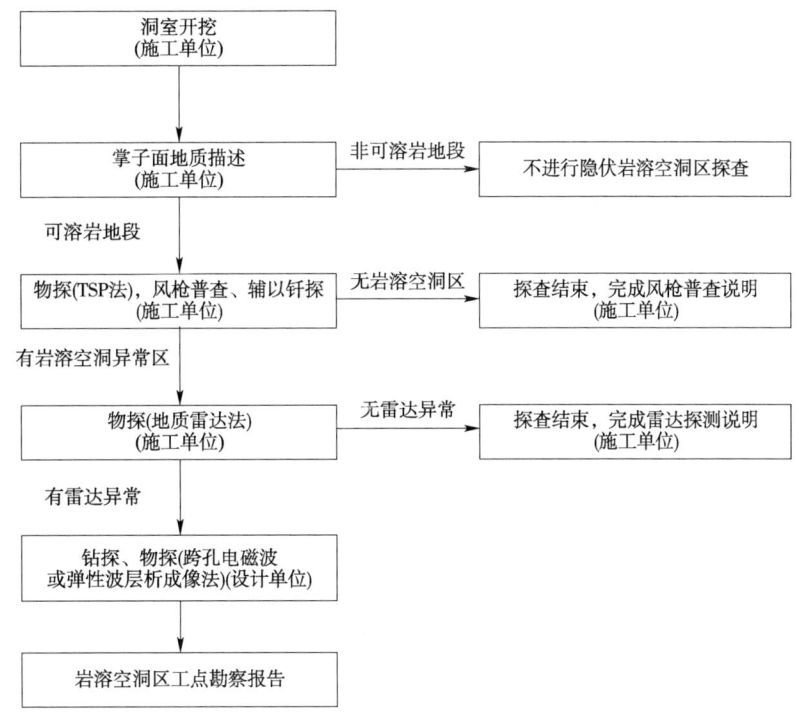

图 23-39 洞周隐伏岩溶空洞区探查流程图

23.7.4 TBM 掘进段

TBM 掘进段的超前地质预测预报工作以平导为主,正洞应充分利用超前平导探测和揭示的地质情况。

(1)平导 TBM 掘进段:超前地质预报方法以地震波反射法和超前钻探法为主。全段范围开展地震波反射法,对灰岩地段以及物探探查显示有异常地段,设置至少 1 孔超前钻孔,而断层、蚀变岩,可溶岩与非可溶岩接触带,设置不少于 3 孔超前钻孔探测。

(2)正洞 TBM 掘进段:在充分利用超前平导的地质资料基础上,对断层、岩层接触带、可溶岩等地质施作地震波反射法,并设不少于 1 个超前钻孔进行验证。

对超前预测预报所得的资料应进行综合分析与评判,相互印证,并结合掌子面揭示的地质条件、发展规律、趋势及前兆进行预测、判断,根据超前地质预测预报结果,相应优化调整措施、工法及特殊处理措施,以确保施工安全及结构安全,确保工程顺利实施。

对平导超前揭示的地质情况及时汇总分析,对平导揭示的构造及不良地质段的发展趋势进行判识,并以此调整优化对应正洞段的预报手段及支护措施,确保施工安全。

23.8 隧道监控量测

施工过程中的监测是隧道信息化施工的重要工序,由于其具有解决不确定性问题的能力,因此,加强施工过程中的监测可降低施工风险、可建立针对重大坍塌和破坏事件的报警系统,实现施工安全和经济的目标。

23.8.1 隧道监控量测的目的

隧道监控量测的目的主要为:
(1)保施工过程的安全和结构的长期稳定性。

(2)验证支护结构效果,确认支护参数和施工方法的准确性或为调整支护参数和施工方法提供依据。

(3)确定二次衬砌施作时间。

(4)监控工程对周围环境影响。

(5)积累量测数据,为信息化设计与施工提供依据。

隧道监控量测流程图如图23-40所示。

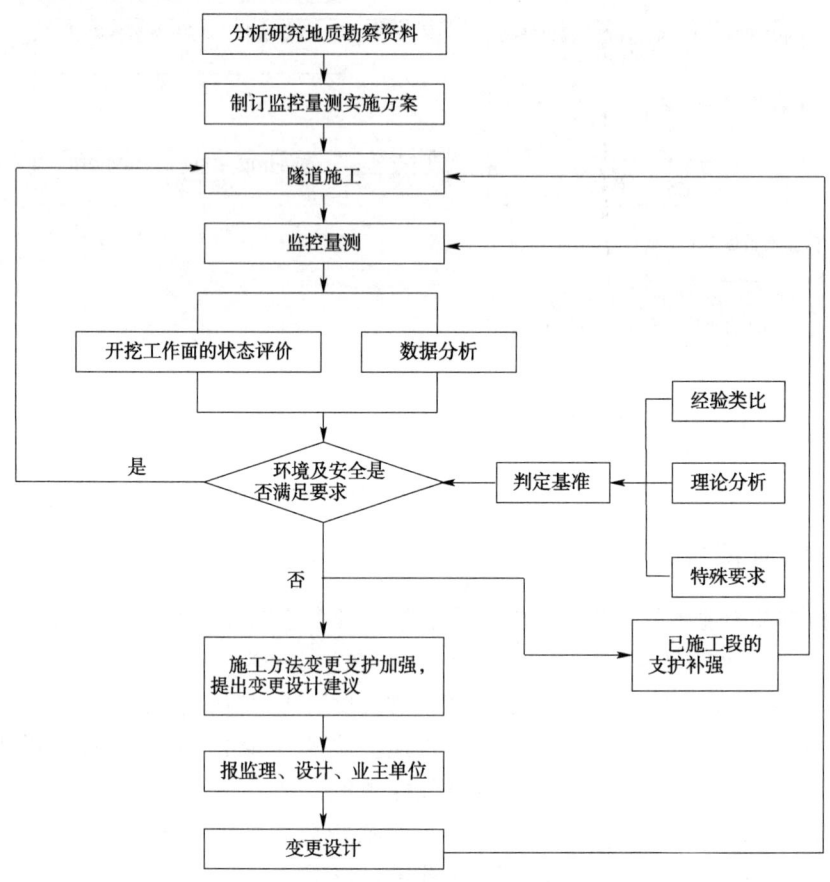

图23-40 隧道监控量测流程图

23.8.2 组织机构

(1)组织机构。

项目经理部成立监控量测工作组,设置在三分部机构内,设置组长和副组长,并由三分部主要负责监督指导各个工区监控量测工作落实情况。

各工区成立监控量测队,设专职监控量测队队长,负责本工区监控量测所有量测工作。

(2)工作职责及程序。

①监控量测工作组组长:负责督促、监督各项目分部监控量测工作落实情况。

②监控量测工作组副组长:负责收集、整理各分部上报的监控量测资料,并将信息汇报给组长以供决策;监督各分部监控量测工作是否认真开展,上报数据是否真实可靠;量测资料及时上报监理站和指挥部。

③监控量测队长:参与并检查隧道监控量测现场作业和资料记录,进行数据分析,向各个工区总工和三分部监控量测工作组汇报每天量测情况;对量测资料的真实性和准确性负责。

④监控量测队成员:严格按照相关施工规范及有关文件要求开展隧道监控量测工作,服从量测队长的工作安排。

23.8.3 监控量测的方案

本标段分为钻爆法和 TBM 掘进两种施工情况,并对凹字地滑坡面进行监测。

23.8.3.1 钻爆法施工监控量测

(1)钻爆法施工监控量测项目的设置。

依据《铁路隧道监控量测技术规程》(Q/CR 9218—2015)要求,监控量测项目的设置如下:

监测项目分为必测项目和选测项目两大类。

必测项目:洞内外观察、拱顶下沉、净空变化、地表下沉。洞内外观察包括洞内观察和洞外观察。其中洞内观察又包括开挖工作面观察和已施工段观察。

开挖工作面观察主要是了解工作面工程地质以及水文地质情况,包括岩石种类、构造,地层产状,断层及节理发育状况,地下水状况等。已施工段观察主要包括喷混凝土是否有剪切破坏,锚杆及钢支撑状态,二次衬砌有无开裂等。

洞外观察重点在洞口及洞身浅埋段,包括地表开裂、地表变形、边坡及仰坡稳定状态、地表水渗漏情况等。

拱顶下沉和净空变化是围岩力学形态变化最直观的表现,具有量测结果直观、测试数据可靠、量测仪表长期稳定性好、抗外界干扰性强等优点,是隧道开挖过程中首选的测试项目。监控量测断面按表 23-42 的要求布置,净空收敛侧线按照表 23-43 布置。

监控量测断面间距表　　　　　　　　　　　　　　　　　　　　　　　表 23-42

围 岩 级 别	断面间距(m)
Ⅴ、Ⅵ	5
Ⅳ	10
Ⅲ	30~50

净空收敛量测测线数　　　　　　　　　　　　　　　　　　　　　　　表 23-43

开挖方法 \ 地段	一般地段	特殊地段
全断面法	一条水平测线	—
台阶法	每台阶一条水平测线	每台阶一条水平测线,两条斜线
分部开挖法	每部分一条水平测线	CD 法上部,每分部一条水平测线,两条斜测线,其余分部一条水平测线

拱顶下沉测点和净空变化测点应布置在同一断面上。

拱顶下沉测点原则上设置在拱顶轴线附近,测点的布设结合施工方法来埋设。全断面施工或台阶法施工中,可在拱顶布设一个测点,其他施工方法中,施工的各个小洞室均需布设拱顶测点,且保证测点在同一断面内。长大隧道采用辅助坑道施工时,辅助坑道同样需要进行拱顶下沉及净空变化的监测工作。

地表下沉主要埋设在洞口及洞身浅埋段,可直观了解隧道开挖过程中上方地表的变位情况,并防止边坡及仰坡的坍塌,断面间距按照表 23-44 布设。

地表下沉量测测点纵向间距表　　　　　　　　　　　　　　　　　　　　表 23-44

埋置深度	地表下沉量测断面间距(m)
$2B < H < 2.5B$	20~50
$B < H \leq 2B$	10~20
$H \leq 2B$	5~10

注:1. 无地表构筑物时取表中上限值。

　　2. H 为隧道埋深;B 为隧道开挖跨度。

横断面方向地表下沉量测的测点间隔应取 5~10m,在一个量测断面内应设 7~11 个测点。地表测点按断面进行埋设,每断面布设 11~13 个测点,断面间距取 10m。

选测项目不是每座隧道都必须开展的工作,是对一些有特殊意义和具有代表性意义的区段进行补充测试,以求更深入地掌握围岩的稳定状态与锚喷支护的效果以及工程对周围环境的影响状况,指导未开挖区段的设计与施工。本标段选测项目见表 23-45。

选测项目表　　　　　　　　　　　　　　表 23-45

序号	选测监测项目	常用测量仪器
1	围岩压力	压力盒
2	钢架内力	钢筋计
3	喷混凝土内力	混凝土应变计
4	二次衬砌内力	混凝土应变计
5	初期支护与二衬间压力	压力盒
6	孔隙水压力	水压计
7	爆破振动	振动仪

爆破振动的测试主要了解工作面爆破时对后方已施工段初期支护的影响,根据测试结果,修正爆破参数,做到在不影响后方初期支护的情况下快速爆破施工。

(2)监测数据频率设定。

监控量测以能系统反映所测变形的变化过程且不遗漏其变化时刻为原则,根据单位时间内变形量的大小及外界因素影响确定。当观测中发现变形异常时,应及时增加观测次数。

必测项目的监控量测频率应根据点距开挖面的距离及位移速度分别按表 23-46 和表 23-47 确定。实际量测频率从表中根据变形速度和距开挖工作面距离选择较高的一个量测频率。

按距开挖面距离确定监测频率表　　　　　　表 23-46

监控量测断面距开挖面距离	量测频率
(0~1)B	2 次/d
(1~2)B	1 次/d
(2~5)B	1 次/(2~3d)
>5B	1 次/周

注:B 为隧道开挖宽度。

按照位移速度确定监测频率表　　　　　　表 23-47

位移速度(mm/d)	量测频率
≥5	2 次/d
1~5	1 次/d
0.5~1	1 次/(2~3d)
0.2~0.5	1 次/3d
<0.2	1 次/周

地表下沉量测应在开挖工作面前后 $H+h$(隧道埋置深度+隧道高度)处开始,直到衬砌结构封闭,下沉基本停止为止。地表下沉的量测频率应和拱顶下沉及水平相对净空变化的量测频率相同。各项量测作业均应持续到变形基本稳定后 1~3 周。

施工过程中测点布设根据现场条件适当进行调整,以保证监测目的和效果为原则。隧道监测项目的设置遵循相应项目的设置,但不拘于上述项目,为施工提供及时可靠的监测数据才是监测工作的重点,因此施工中监测项目的设置根据现场条件来最终确定。如在隧道施工中变形较大的区段加密测点布置,加大测试频率等。

控制网复测周期应根据测量目的和点位的稳定情况而定,一般宜每半年复测一次。在施工过程中应适当缩短观测时间间隔,点位稳定后可适当延长观测时间间隔。当复测成果或检测成果出现异常,或测区受到如地震、洪水、爆破等外界因素影响时,应及时进行复测。

变形观测的首次(即零周期)观测适当增加观测量,以提高初始值的可靠性。

(3)监测数据的处理及反馈。

监测系统是设计、施工的一个重要环节,是确保施工安全的一项重要措施。通过对量测数据的分析后,判断围岩—支护体系的稳定状态以及隧道洞室的安全。

加强监控量测工作的管理,确保信息反馈的准确、及时,监测人员准确、真实地记录监测数据,以便进行设计施工的正常管理,保证监测质量。

根据量测数据绘制的曲线,配合地质、施工等各方面信息,检验支护、衬砌参数、施工方法和工艺及各工序施作时间。如监测数据变化大,及时反馈设计优化支护参数,调整施工方法和作业时间,保证隧道施工的安全。

量测数据的整理与反馈严格按照《铁路隧道监控量测技术规程》(Q/CR 9218—2015),严格把握各监测项目的控制值。如监测值超过设计警戒值,则适当加大监测频率,直到监测值进入稳定值为止。

位移控制基准根据测点距开挖面的距离,由初期支护极限相对位移按表23-48要求确定。

位移控制基准　　　　　　　　　　　　　　　　表23-48

类别	距开挖断面 $1B(U_{1B})$	距开挖断面 $2B(U_{2B})$	距开挖断面较远
允许值	$65\% U_0$	$90\% U_0$	$100\% U_0$

注:B 为隧道开挖宽度;U_0 为极限相对位移值,在缺乏实测资料时,可先按预留变形量作为 U_0 控制,在施工中加以调整。

根据位移控制基准,位移管理按表23-49分为三个等级。

位移管理等级及应对措施　　　　　　　　　　　表23-49

管理等级	管理位移	施工状态	应对措施
Ⅲ	$U < U_{1B/3}$	$U < U_{2B/3}$	正常施工
Ⅱ	$U_{1B/3} \leq U \leq 2U_{1B/3}$	$U_{2B/3} \leq U \leq 2U_{2B/3}$	综合评价设计施工措施,加强监测,必要时采取相应工程措施
Ⅰ	$U > 2U_{1B/3}$	$U > 2U_{2B/3}$	暂时停工,采取相应工程措施,如补强支护等

注:U 为实测变形值,U_B 允许变形值。U_B 的确定应考虑围岩类别、隧道埋置深度等因素并结合现场条件选择。

各个项目的监测数据取得后,尽快以报表形式反馈给设计、监理以及施工单位,便于各方有效掌握施工状况,根据监测情况及时调整相应施工措施,确保施工的安全有序进行。特殊地段如发生大变形时,立即以电话形式通知各方,便于及时掌握施工状况。

23.8.3.2　TBM施工区段监控量测

(1)TBM施工监控量测项目的设置。

洞内外观察、净空水平收敛量测、拱顶下沉量测以及浅埋段地表和构筑物变形量四个必测项目,为日常施工管理提供相关数据材料,监控量测方法与要求见表23-50。

监控量测必测项目表　　　　　　　　　　　　　表23-50

序号	监测项目	常用仪器	备注
1	洞内外观察	现场观察、罗盘仪等	
2	拱顶下沉	水准仪、钢挂尺	
3	净空变化	收敛计	
4	地表沉降	水准仪、钢钢尺	洞口及洞身浅埋段

拱顶下沉和净空变化是围岩力学形态变化最直观的表现,具有量测结果直观、测试数据可靠、量测仪表长期稳定性好、抗外界干扰性强等优点,是隧道开挖过程中首选的测试项目。监控量测断面按表23-51的要求布置。

监控量测断面间距表   表23-51

围岩情况	观测点纵向间距(m)	备注
Ⅳ、Ⅴ级	10	围岩变化处应当加密,在各类围岩的起始段增设拱顶下沉点1~2个,水平收敛1~2对
Ⅲ级	25	
Ⅱ级	40	

拱顶下沉测点和净空变化测点应布置在同一断面上。

浅埋段必须进行隧道地表下沉量测,断面布置宜与洞内水平净空变化和拱顶下沉在同一横断面内,地表沉降观测断面设置要求详见表23-51,围岩、初期支护观测断面设置要求详见表23-52。

监控量测必测项目   表23-52

隧道埋设深度	观测点纵向间距(m)	观测点横向间距(m)
$H > 2D$	20~50	7~10
$D < H < 2D$	10~20	5~7
$H < D$	10	2~5

注:H 为隧道埋设深度,D 为隧道开挖宽度。

(2)TBM施工监控量测项目监测频率设置。

全断面岩石掘进机监控量测频率详见表23-53。

变形量测频率   表23-53

变形速度(mm/d)	施工状况	备注
>10	距工作面1倍洞径	2次/d
10~5	距工作面1~2倍洞径	1次/d
5~1	距工作面2~5倍洞径	1次/(2~3d)
<1	距工作面>5倍洞径	1次/7d

(3)TBM施工监控量测处理与反馈。

根据现场监控量测数据,及时绘制水平相对净空变化、拱顶下沉时态曲线和净空水平收敛、拱顶下沉与距开挖工作面距离的关系图等。

根据量测结果和隧道周边允许位移相对值(表23-54)指导施工。

注:①周边位移相对值系指两侧点间实测位移累计值与两侧点间距离之比或拱顶下沉实测值与隧道宽度之比。

②硬质围岩取表中较小值,软质围岩去表中较大值。

③表23-48中列数值可在施工过程中通过实测和资料累积做适当调整。

隧道周边允许位移相对值   表23-54

围岩级别	埋深(m)		
	<50	50~300	>300
Ⅲ	0.10~0.30	0.20~0.50	0.40~1.20
Ⅳ	0.15~0.50	0.40~1.20	0.80~2.00
Ⅴ	0.20~0.80	0.60~1.60	1.00~3.00

各个项目的监测数据取得后,尽快以报表形式反馈给设计、监理以及施工单位,便于各方有效掌握施工状况,根据监测情况及时调整相应施工措施,确保施工的安全有序进行。特殊地段如发生大变形时,立即以电话形式通知各方,便于及时掌握施工状况。

23.8.3.3 凹子地滑坡变形就监控量测

1) 监测目的

隧道施工时,对该滑坡的变形进行实时监测,实现数据的实时分析,评价滑坡的稳定性,做出有关的预警和预报,实现设计、施工与稳定的实时互动。

2) 监测工程布设

(1) 地表水平位移。

布置地表变形监测点,并在滑坡区外布设工作基点,用以采集滑坡体的地表水平位移。

(2) 滑坡体的水平位移和竖向位移。

布置自动位移监测系统,用以采集滑坡体的水平位移和竖向位移。

(3) 地下水位监测。

布置地下水位监测孔,用以监测地下水位变化情况。

3) 监测措施及要求

本工区主要目的是为了监测滑坡的变形,主要采集滑坡体的水平位移和竖向位移,地下水位情况以及观察坡体表面裂缝发育情况。

(1) 地表位移监测。

本监测采用全站仪监测地表位移。在控制点和监测点上应埋设监测桩。

(2) 滑坡体的水平位移和竖向位移。

本监测采用全向传感自动监测位移计进行滑坡体的水位位移和竖向位移自动位移监测。

(3) 地下水位监测。

水是诱发滑坡发生的一个重要因素,必须加强对滑坡体中地下水的监测。在滑坡体上布设水位观测孔,将水位管预埋在观测孔内,对水位进行监测以了解其变化过程。

(4) 裂缝观测。

裂缝观测以工人巡视为主,若监测发现裂缝,应安排人员实时不间断看守,并立即停止施工。

4) 监测方法与要求

(1) 监测频率。

每 2h 测量和采集传输一次变形数据,可通过数据平台对监测频次参数进行远程设定。

(2) 观测方法。

系统安装后经过 24h 稳定后自动取得初始值,通过专用的监测软件,通过互联网或专网访问数据平台的数据库,实时观测本期位移、累积位移和位移速率等数据。

地表人工监测点埋设稳定后即开始监测,监测频率按施工期 1 次/5d,若发生变形则加密至 1 次/d,并报相关部门。

(3) 数据修正。

定期通过基准点对观测杆(刚性连接在感应杆顶面,露出地面 2cm)进行变形数据修正,将观测数据输入软件进行系统修正,修正频次应根据实际情况确定,宜为每 3 个月 1 次。

5) 监测设备的维护

天线需要警示管的保护,同时以警示管为中心设置水泥保护座,严禁机械经过或碾压,警示管不得覆盖任何物品。

6) 监测注意事项

(1) 监测过程应随时对监测设施进行检查与校正,消除因人为因素或仪器系统误差的影响而使监测结果失真。

(2) 定期对监测设施进行必要的维护与保养,以保证监测设施性能优良、稳定和检测结果的真实、客观。

(3) 在施工过程中及施工结束后,应进行人工巡视及宏观调查,力求仪器测量与人工巡查相结合,确保实时了解滑坡的变形情况。

(4) 设计说明中给出了部分监测仪器的安装步骤及技术要求,由于各种监测仪器结构及原理可能不同,因此具体的安装步骤及技术要求应以所使用仪器的说明书为准。

23.8.4 监测质量保证措施

针对本标的特点建立专业监测组织机构,成立监控量测及信息反馈组,成员由多年从事相关工程施工及监测经验的技术人员组成,具有丰富施工经验和较高结构分析、计算能力的工程师担任组长。因隧道长、项目多,特设置四个监测小组,承担相应的隧道监测工作,每个监测小组各设一名专项负责人,在组长的领导下负责日常监测工作及资料整理工作。

为保证量测资料的真实可靠及连续性,制定如下措施:

(1) 将监测管理及监测实施计划纳入施工生产计划中,作为一个重要的施工工序来抓,并保证监测有确定的时间和空间。

(2) 制订切实可行的监测实施方案和相应的测点埋设保护措施,并将其纳入工程的施工进度控制计划。

(3) 施工监测紧密结合施工步骤,监控每一施工步骤对周围环境、围岩、支护结构、变形的影响,据此优化施工方案。

(4) 监测组与监理工程师密切配合工作,及时向监理工程师报告情况和问题,并提供有关切实可靠的数据记录。

(5) 量测项目人员要相对固定,保证数据资料的连续性。量测仪器专人使用、专业机构保养、专业机构检校。量测设备、元器件等在使用前均经过检校,合格后方可使用。

(6) 各监测项目在监测过程中严格遵守相应的实施细则,量测数据均要经现场检查、室内两级复核后方可上报。量测数据的存储、计算、管理均采用计算机系统进行。

(7) 针对施工各关键问题开展相应的 QC 小组活动,及时分析、反馈信息,指导设计和施工。

23.9 工程综合管理措施

参见附录1工程通用的管理措施和附录2隧道工程的管理措施的详细内容。

第24章 案例5——青藏铁路多年冻土区隧道施工组织设计

24.1 编制说明

24.1.1 编制依据

(1)国务院关于青藏铁路格尔木至拉萨段开工报告的批复。
(2)青藏铁路领导小组第一、二次会议精神。
(3)铁路总公司、卫计委、国家环境保护总局对青藏铁路劳动保护、医疗保障和环境保护的有关文件和要求。
(4)全线预可研设计文件。
(5)格望段施工设计文件;清水河、北麓河、沱沱河试验段施工设计文件;昆仑山隧道施工设计文件;风火山隧道初步设计文件。
(6)2001年7月31日至8月1日铁道部对青藏铁路指导性施工组织设计的审查意见。

24.1.2 编制范围

青藏铁路风火山隧道和昆仑山隧道。

24.2 工程概况

24.2.1 项目基本情况

昆仑山隧道、风火山隧道是青藏铁路格拉段多年冻土区两座长度大于1000m的隧道,由于目前我国乃至世界缺乏多年冻土区隧道的设计和施工经验,这两座隧道的建设难度很大,同时工期很紧,昆仑山隧道只有16个月,风火山隧道只有22.5个月,因此这两座隧道成为全线重点控制工程。

24.2.1.1 昆仑山隧道

全长1686m,起讫里程为DK976+250~DK977+936。隧道大部分为直线段,出口段位于R-1000曲线上,洞身纵坡为14‰、13.4‰,单面坡,Ⅵ级围岩126m,Ⅴ级围岩297m,Ⅳ级围岩1263m。进口采用对称式明洞门,出口采用台阶式明洞门。隧道位于海拔4500~4800m的连续多年冻土区,是青藏线上最长的高原冻土隧道。

全隧道均采用曲墙带仰拱整体式模筑钢筋混凝土衬砌,模筑混凝土支护,施工支护与模筑衬砌之间设5cm厚的隔热保温层。隧道全断面复合防水板,拱墙结合施工缝设环向盲沟,与衬砌纵向盲沟连接;在饱冰、富冰及地下水发育地段采用双层防水板,设在隔热保温面侧。

全隧道内设双侧保温水沟,在衬砌墙脚外侧纵向设ϕ150mmPVC盲沟,在DK976+940~DK977+500段仰拱下设中心水沟,将出口地段侧沟和墙脚盲沟水引入中心水沟,再通过一号施工横洞排出。

隧道洞口300m范围内每隔20~25m设伸缩缝一道,结合施工缝设置,伸缩缝宽1cm,中间夹弹性橡胶材料,施工缝、伸缩缝处设止水条或止水带,施工缝采用水泥基界面剂处理。

24.2.1.2 风火山隧道

全长1334m,起讫里程为DIK1159+000~DIK1160+334,该隧道位于青藏高原腹地,昆仑山与唐古拉山之间,线路行走于风火山低高山,自然坡度平缓,一般为10°~15°,山顶海拔高4996m,隧道最大埋深约100m,属高原丘陵地貌、自然条件恶劣,风火山隧道为世界上目前最高的铁路隧道。

根据设计资料,本隧道衬砌内轮廓尺寸高度为7.2m,最大宽度为7.02m,Ⅵ级围岩84m,Ⅴ级围岩390m,Ⅳ级围岩860m。隧道浅埋段420m。进口明洞35m,为反坡排水,坡度为4.0‰,出口明洞19m,为正坡排水,坡度为14‰,两端洞口明洞采用曲墙带仰拱模筑钢筋混凝土衬砌,全隧道均采用曲墙带仰拱整体式模筑钢筋混凝土衬砌,局部进行钢纤维混凝土试验。隧道支护采用模筑混凝土支护形式,其拱部背后进行回填压浆,在模筑混凝土支护与模筑混凝土之间设5cm厚的隔热保温层。洞内设双侧保温水沟,衬砌墙脚纵向设ϕ150mmPVC盲沟。隧道全断面设复合防水板,拱墙结合施工缝设MF12盲沟与纵向盲沟接连。饱冰、富冰地段采用双层复合防水板,设在隔热保温层两侧,其余地段分别设单层复合防水板及PE板或进行防水处理。

24.2.2 主要技术标准

(1)铁路等级:Ⅰ、Ⅱ级混合标准,线下工程Ⅰ级标准。
(2)正线数目:单线。
(3)最小曲线半径:800m、个别困难地段600m,格尔木至南山口维持既有500m。
(4)最大坡度:20‰。
(5)牵引种类:内燃,预留电气化条件。
(6)机车类型:近期暂定DF8型。
(7)牵引质量:2000t。
(8)到发线有效长度:650m,预留850m。
(9)闭塞类型:自动站间闭塞。

24.2.3 工程建设的自然及社会条件

24.2.3.1 自然环境

线路通过地区宏观上属高准平原地貌。整个地势由西向东逐渐降低。线路经过的主要山系均呈东西走向,自北向南主要由昆仑山、可可西里山、风火山、乌丽山、开心岭、唐古拉山、头二九山、念青唐古拉山。这些山系中,昆仑山北坡及羊八井峡谷地势较险峻,相对高差大于700~1000m,其余山系多呈穹形起伏,相对高程一般小于300m,宏观地形相当开阔,山岭浑圆而坡度平缓,山体窄,而河谷宽。

24.2.3.2 地震

线路经过地区均为高海拔地带,广泛分布高原多年冻土,连续多年冻土北起昆仑山北麓(海拔高程为4350~4560m),南到安多县城北边(海拔高程为4780m左右)。沿线地震烈度高,经过八度地震烈度区382km、九度地震烈度区216km。

24.2.3.3 气象

线路经过地区气候寒冷、干旱,年平均气温-6~8℃,极端最低气温-45~-17℃;降雨量40~

470mm;蒸发量大,年平均大风日数(8级)9~178d;雾、沙暴、雷暴、冰雹也时有发生。沿线有关气象特征详见表24-1。

主要气象资料表　　　　　　　　　表24-1

项　　目	格尔木	西大滩	五道梁	沱沱河	安多	那曲	当雄	拉萨
年平均气温(℃)	6.5	-3.6	-5.2	-4.0	-2.9	-1.3	1.6	7.8
极端最低气温(℃)	-33.6	-27.7	-37.7	-45.2	-36.7	-41.2	-35.9	-16.5
冬季平均气温(℃)	-6.1	-8.7	-11.2	-10.1	-11.6	-7.5	-5.1	-1.1
冬季平均天数	124	316	258	225	204	203	163	59
年平均降雨量(mm)	42	221	291	249	428	293	468	407
年平均降雨天数	29	102	180	173	87	121	113	90
年平均蒸发量(mm)	2393	1470	1317	1639	1783	962	1866	1976
年平均大风天数	10	9	130	178	147	106	57	26

24.2.3.4　地层岩性及地质构造

昆仑山隧道位于乱石沟西侧高山中,顶部山体分布两条冲沟,隧道进口位于一山梁,地表植被发育,覆盖率40%,属高含冰量冻土坡地。出口为陡峻山坡,分布坡积碎石土,局部基岩出露,坡面无植被。隧道地处乱石沟多年冻土区,以古冰川、现代冰川作用及寒冻风化地貌形态为主,地表石海、石冰川、冰锥与冻胀丘、融冻泥流与滑坍发育。处于两条较大逆冲断层间的隆起盘中,出露地层主要为碎石土、卵石土及漂石土,下伏二叠系片岩、板岩、千枚岩、砂岩、辉绿岩、石灰岩等。多年冻土上限为1.5~2.5m。多年冻土厚度为60~120m。按照设计,隧道分别在DK976+940、DK977+500靠公路侧设两个施工横洞,横洞长:1号为262m,2号为111m。

风火山隧道进口端上部地层主要为坡积粉质黏土,厚度为1~3m,下伏为下第三系砂岩、泥岩,泥岩成分较多,全风化层厚度大于20m,钻探岩芯多破碎,呈岩土状,多年冻土上限为1.2~1.5m,在洞口处粉质黏土层以及土岩接触面发育富冰冻土,局部有薄层、厚层地下冰分布,厚度为2.1~4.0m,在洞口两侧约百米处钻孔揭示,泥岩顶部分布有1~3.4m的含土冰层,基岩风化层中多分布有富冰及饱冰冻土,厚度为1~2.5m。隧道出口端上部地层主要为坡积粉质黏土,厚度为2.1~2.4m,下伏下第三系砂岩泥岩,全风化厚度大于20m,钻探岩芯多块状,多年冻土上限为1.45~1.8m,在基岩风化层发育富冰、饱冰冻土,厚度为1.75~4m。隧道通过地质主要为泥岩、砂岩、层状结构,风化严重。气候属高原冰雪气候,气候干燥,气温、气压低,春秋季节短暂,冻结期长。

24.2.3.5　交通运输情况

(1)铁路:本线施工用外来料、直发料、厂发料主要经由青藏线西宁—格尔木段既有铁路运输。

(2)公路:本线基本沿109国道(青藏公路)南行,材料运输主要利用既有公路。

24.2.3.6　当地资源情况

(1)石料:沿线石料主要分布在南山口—望昆(116km)、那曲—谷露(86km)、羊八井—塞曲(50km)之间,其余约860km地段仅风火山、开心岭、错那湖附近有少量分布,多为花岗岩、石灰岩、砂岩。

(2)道砟:既有南山口道砟厂目前年产量2万m³左右,该点石料储量丰富,可临时设点开采;另在错那湖、塞曲亦有质量较好的花岗岩,可临时设点开采。

(3)砂:沿线砂比较丰富,格尔木河、昆仑河、楚玛尔河、沱沱河、那曲河、拉萨河等及其支流均有质量较好的中粗砂分布,但多与卵砾石伴生,使用需筛分;不冻泉—安多之间的清水河、秀水河、北麓河、通天河、扎加藏布等及其支流有细砂分布。

(4)卵砾石:沿线格尔木河、昆仑河、楚玛尔河、那曲河、拉萨河等及其支流可开采卵砾石。

(5)砖、石灰、黏土:沿线砖、石灰产地十分缺乏,仅格尔木市内有灰砂砖厂、石灰厂。一般使用代用材料。沿线没有可供钻孔利用的黏土,需外运解决。

(6)水源:沿线河流密布,格尔木河、昆仑河、雪水河、通天河、扎加藏布、那曲河、拉萨河等及其支流河水大部分水质较好,符合工程用水的标准。不冻泉—开心岭之间的清水河、楚玛尔河、秀水河、北麓河、沱沱河等及其支流水质较差,含汞、盐等超标,不符合工程用水标准,应采用外运或打井解决。

(7)电源:青藏高原目前尚无电网建成,沿线仅干沟、那曲、羊八井三处地方电源,干沟、羊八井两处可资利用。

(8)燃料:沿线没有燃煤可资利用,全部由内地供应。

24.3 施工总体部署

24.3.1 指导思想

(1)昆仑山隧道工期只能提前,绝不能拖后,采取"长隧短打"原则,拟开进口工作面、1号横洞往出口方向工作面、2号横洞往两头开设两个工作面、出口工作面共5个工作面进行施工。

(2)风火山隧道实际工程地质情况,结合隧道施工经验和现有机械设备、施工人员状况,拟采用从进出口两个工作面向中间施工的施工。

24.3.2 施工总目标

昆仑山隧道2001年9月1日开工,2002年12月1日完工;风火山隧道2001年10月1日开工,2001年10月1日至2002年1月25日为试验段工程施工;2002年3月1日全面展开,进口工区负责510m,出口工区负责824m,2003年8月15日完工。

24.3.3 施工队伍部署及任务划分

24.3.3.1 昆仑山隧道

(1)进口工区:安排170人,主要负责进口段615m正洞施工任务。

(2)1号横洞工区:安排150人,主要负责中间455m正洞施工和262m长1号横洞的施工。

(3)2号横洞工区:安排220人,主要负责出口段578m正洞施工和111m长2号横洞的施工。

(4)出口工区:安排50人,主要负责出口段38m正洞和出口洞门施工。

24.3.3.2 风火山隧道

风火山隧道下辖两个施工队,分别担负进口段510m、出口段824m施工,隧道队各安排159人。

24.4 总体施工准备与主要资源配置

总体施工准备与主要资源配置见表24-2～表24-5。

进口机械设备配备表　　　　　表24-2

序号	机械名称	规格型号	生产厂家	功率(kW)	数量
1	三臂台车	BM353E	阿特拉斯		1
2	多功能平台		自制		1
3	衬砌台车		自制		1

续上表

序号	机械名称	规格型号	生产厂家	功率(kW)	数量
4	挖装机	WZ120	南昌通用	45	2
5	电瓶车	12t			7
6	梭矿	S8D			6
7	充电机	GCA-100/23			7
8	电动空压机	4L22/7		132	2
9	电动空压机	4L22/7		75	1
10	内燃空压机	12m³			1
11	轴流通风机			37	2
12	喷射机械手				1
13	混凝土湿喷机	TK961			1
14	压浆设备	一套			1
15	自卸汽车	8t	洞外倒渣		4
16	装载机	ZL40	洞外倒渣		1
17	简易混凝土站	HZS25			2
18	混凝土输送车	7m³			3
19	轨式混凝土车	3m³	自制		2
20	混凝土输送泵	HBT60C	三一	75	2
21	自卸汽车	15t	尼桑		10
22	载重汽车	15t	东风		2
23	发电机	P425E			3

1号横洞机械设备配备表　　　　　　　　　　　　　　表24-3

序号	机械名称	规格型号	生产厂家	功率(kW)	数量
1	四臂门架式台车	ZC9668	日本古河	246	1
2	挖装机	WZ120	南昌通用	45	2
3	电瓶车	12t			5
4	充电机				3
5	电动空压机	4L-20/7		132	2
6	轴流通风机		天津	37	2
7	梭矿	S8D			4
8	混凝土湿喷机	AL285	瑞典		1
9	装载机	WA380	常林小松		1
10	自卸车	EQ340	二汽		3
11	衬砌台车		自制		1
12	发电机组	400kW	高原型	400	3
13	混凝土泵	HBT60A	三一重工	75	1
14	混凝土输送车	7m³			1
15	轨式混凝土车	2.5m³	自制		1
16	简易混凝土站	HZS25	韶挖		1
17	装载机	WA380			1

2号横洞机械设备配备表 表24-4

序号	机械名称	规格型号	生产厂家	功率(kW)	数量
1	二臂台车	BM353E	阿特拉斯		1
2	钻爆平台		自制	11	1
3	挖装机	WZ120	南昌通用	45	2
4	电瓶车	12t	湘潭电机厂		4
5	充电机				3
6	电动空压机	4L-20/7		132	2
7	内燃空压机	17m³			1
8	轴流通风机		天津	37	2
9	梭矿	S8D			6
10	混凝土湿喷机	AL285	瑞典		1
11	装载机	WA380	常林小松		1
12	自卸车	EQ340	二汽		2
13	衬砌台车		自制		2
14	发电机组	400kW	高原型	400	4
15	混凝土泵	HBT60A	三一重工	75	2
16	混凝土输送车	7m³			1
17	轨式混凝土车	2.5m³	自制		2
18	简易混凝土站	HZS25	韶挖		1

风火山隧道设备配置 表24-5

序号	设备名称	型号	单位	数量	产地
1	液压凿岩台车	B00merH177	台	1	瑞典
2	液压凿岩台车	B00merH178	台	1	瑞典
3	电动扒渣机	LZ-120	台	2	南昌
4	轮式装载机	966D	台	1	瑞典
5	梭式矿车	SD14	台	8	江西
6	电瓶车	XK12-7.9/192	中	6	湘潭
7	支护作业台架	10m	台	2	
8	悬臂掘进机	ZLMB-75C	台	1	
9	混凝土搅拌站	H2S25	套	2	陕西
10	混凝土保温输送车	JC-6	辆	6	上海
11	衬砌台车	6m	台	2	
12	混凝土输送泵	HBT60	台	2	三一重工
13	工业蒸气锅炉	5t	台	2	西安
14	发电机组	GH250	套	4	洛阳
15	内燃空压机	750HH21/12	台	4	美国
16	风压供水系统		套	2	
17	高原高寒隧道专用风机	15kW	台	2	

续上表

序号	设备名称	型号	单位	数量	产地
18	运输车辆(载重车)	CQ3260	台	6	重庆
19	运输车辆(生活车)	EQ1092	台	3	二汽
20	装载机	ZL50C	台	2	柳工
21	电焊机	XB-500F	台	2	陕西
22	弯筋机	GW40	台	2	陕西
23	切筋机	GQ40	台	2	陕西
24	卷扬机	JDK-3	台	2	陕西
25	切割机	φ300	台	4	陕西
26	供水车	CA141	台	2	一汽
27	汽车起重机	QY16B	台	1	徐工
28	履带式装载机	963E	台	1	瑞典
29	钢筋调直机	GJ14-40	台	2	陕西
30	灰浆拌和机	HB-300	台	2	西安
31	注浆机	KBY=50/70	台	4	河北
32	仰拱作业平台	10m	套	2	
33	喷涂机	ZUP-5	台	4	
34	推土机	小松 D275A-2	台	1	日本
35	挖掘机	PC220-6	台	2	日本
36	加温预热进风系统		套	2	
37	凿岩钻机	YT28	台	25	天水
38	平板车	5t	台	6	
39	充电机	CKKF-250-290	套	4	湖南
40	露天钻机	ROCD-11	台	1	
41	平板拖车	40t	台	2	西德
42	迈式注浆泵		台	2	
43	煤电钻		台	10	

24.5 隧道施工方案

24.5.1 昆仑山隧道

1)隧道进口

50m Ⅵ级围岩段拟采用人工开挖,Ⅳ、Ⅴ级围岩段采用三臂台车钻眼,扒渣机、梭矿、电瓶车出渣;双轨道有轨运输;衬砌采用泵送混凝土、液压式衬砌台车进行衬砌施工。从进口施工615m。

2)1号横洞(设计长262m)

往出口方向施工。采用钻爆平台,立爪扒渣机、梭矿、电瓶车出渣;双轨道有轨运输;衬砌采用泵送混凝土、液压式衬砌台车进行衬砌施工。从1号横洞施工455m。

3)2号横洞(长111m)

往两头施工,施工578m。采用二臂台车钻眼,立爪扒渣机、梭矿、电瓶车出渣进行双轨道有轨运输,衬砌采用泵送混凝土,液压式衬砌台车进行衬砌施工。

4)隧道出口

隧道出口桥隧相连,又紧靠109国道,洞口距公路高达30m,场地十分狭窄,不宜开设工作面。此处拟采用人工的方法,将出口38m及洞门和洞内桥台施工完即可。

5)模注衬砌

(1)采用低温混凝土施工工艺。在混凝土拌制前,采用蒸汽锅炉、热风机对砂石料及施工用水进行加热处理。

(2)采用H2S25自动计量搅拌站拌制混凝土,JC-6轨行式混凝土保温输送车运送混凝土。HBT60混凝土输送泵泵送混凝土入模,衬砌台车灌注拱墙混凝土,混凝土入仓温度不低5℃。在施工中,仰拱超前,墙、拱一次整体式衬砌。

(3)利用加温预热进风系统,在隧道通风的进风系统中,直接加温预热寒冷空气,从而控制洞内环境温度,保证洞内混凝土施工质量,加快施工进度。

6)防水保温层施工

模筑混凝土衬砌前,按设计要求对支护混凝土面进行处理。使之光滑平顺,无突出物。采用无钉工艺施作防水,保温层,并做好透水管、排水管。

7)施工通风、供氧保温

(1)利用新研制的高原高寒隧道施工专用风机,ϕ1200mm软管系统给洞内通风,改善洞内空气环境质量。

(2)洞内采用作业人员便携式吸氧(车辆携带氧气瓶,人员携带氧气袋)和氧仓吸氧方式。洞内氧仓一次吸氧人数10人。氧气袋、气瓶及氧仓气源由洞口制氧站(30m^3/h制氧机及增压灌装设备)提供。洞口制氧站还集中向各办公室、宿舍供氧。

(3)采用洞口密闭门保温;结合通风的加温预热的空气,对洞内空气进行加温,使洞内环境温度保持在-5~5℃。

8)施工用电

每洞口采用两台250kV·A的柴油发电机组并机运行供电,实际输出容量在375~440kV·A范围内。

24.5.2 风火山隧道

根据风火山隧道实际工程地质情况,结合隧道施工经验和现有机械设备、施工人员状况,拟采用从进出口两个工作面向中间施工的施工方案。

24.5.2.1 明洞段开挖及支护

(1)在洞顶、边坡施工挡水埝水沟,并使洞顶截水沟与边坡排水沟顺接,保证洞顶水不流入开挖路堑内。

(2)施工时遵循"快开挖、快防护、快回填"的"三快"原则。

(3)寒季冻结法施工,采取"分段(10~15m)、分层(1~1.5m)开挖,分层防护"。9~10月份白天用钢桁架结构覆盖棉帐篷遮阳措施,避免冻土融化。

(4)以机械开挖为主,钻爆松动开挖为辅,挖掘机、装载机装渣,自卸汽车运弃渣。

(5)开挖边坡及基底采用喷PU聚氨酯作为隔热层防护,然后用C20混凝土预制块铺砌厚30cm。

24.5.2.2 Ⅵ级围岩和洞口浅埋段开挖与支护

(1)拱部设ϕ42mm超前小导管(L=4.0m),管壁周边设注浆孔,梅花形布置,并预注超早强水泥浆,加固地层和超前支护围岩。

(2) 为保护冻土，用煤电钻麻花钻杆无钻孔液钻孔，人工插管，孔口止浆器止浆。用正台阶法开挖，上断面在注浆小导管的超前支护下，煤电钻打眼，控制爆破开挖。下断面机械开挖，开挖循环进尺 0.7~1.0m，大拱脚先拱后墙及时模筑支护。

用 LZ-120 电动扒渣装载机装渣，XK12-7.9/192 电瓶车牵引 SD14 梭式矿车轨道运输弃渣，洞外轮胎式装载机装车、自卸汽车运输二次倒运弃渣。

24.5.2.3 洞身段开挖与出渣

采用 ELMB-75C 型悬臂掘进机，上、下半断面非钻爆式机械开挖。利用该悬臂式掘进机自身的双边割轮和中央链板直接装渣；有轨梭式矿车盛渣，电瓶车牵引运输。视掘进机工作状态，力求发挥掘进机的工作效率，备用一套钻爆法施工机械。

24.5.2.4 洞身支护

采用中空锚杆，架立格栅钢架和模注混凝土等联合支护；洞口浅埋及Ⅵ级不良围岩段，大拱脚先拱后墙及时模筑混凝土支护。其他围岩段墙拱一次整体式模筑混凝土支护。支护抑拱紧跟。

24.5.2.5 其他

模筑衬砌、防水保温层的施工及施工用水、用电、通风、供氧、保持洞内气温等同昆仑山隧道。

24.6 隧道施工注意事项

隧道洞口开挖，要根据施工季节采取适当遮阳措施。洞口浅埋地段为高含冰量冻土时应认真研究，加强防护措施，确保安全进洞。

洞身开挖，采用台车钻眼，立爪扒渣机、梭矿、电瓶车出渣进行双轨运输。洞身混凝土施工，抑拱超前，墙、拱一次整体衬砌，尽早形成受力圈。选用低温早强混凝土，采用自动计量拌和，混凝土保温输送车运送，泵送入模，衬砌台车灌注拱墙混凝土。

施工中严格按照低温早强耐久性混凝土的配方、掺量要求施工，确保混凝土的施工质量。施工中严格控制施工环境温度，避免冻土热融失稳，并满足混凝土施工温度要求。

24.7 施工进度计划

24.7.1 昆仑山隧道

2001 年 9 月 1 日开工，2002 年 12 月 31 日完工，总工期 16 个月（详见图 24-1），具体安排如下：
(1) 2001 年 8 月 1 日开始施工准备，安排进口 1 个月，1 号、2 号横洞为 1.5 个月。
(2) 2001 年 9 月 1 日至 2001 年 11 月 30 日为试验阶段，安排时间为 3 个月。
(3) 2001 年 12 月 1 日至 2002 年 12 月 15 日为全面展开阶段，安排施工时间为 12.5 个月。
(4) 2002 年 12 月 16 日至 2002 年 12 月 31 日为上渣阶段，安排时间为 0.5 个月。

24.7.2 风火山隧道

2001 年 10 月 1 日开工，2003 年 8 月 15 日完工，总工期 22.5 个月（详见图 24-2）。
(1) 2001 年 8 月 1 日至 9 月 31 日为施工准备阶段，安排时间 2 个月。
(2) 2001 年 10 月 1 日至 2001 年 12 月 31 日为试验阶段，安排时间为 2 个月。
(3) 2002 年 1 月 1 日至 2003 年 7 月 31 日为全面展开阶段，安排施工时间为 19 个月。
(4) 2003 年 8 月 1 日至 2003 年 8 月 15 日为上渣阶段，安排时间为 0.5 个月。

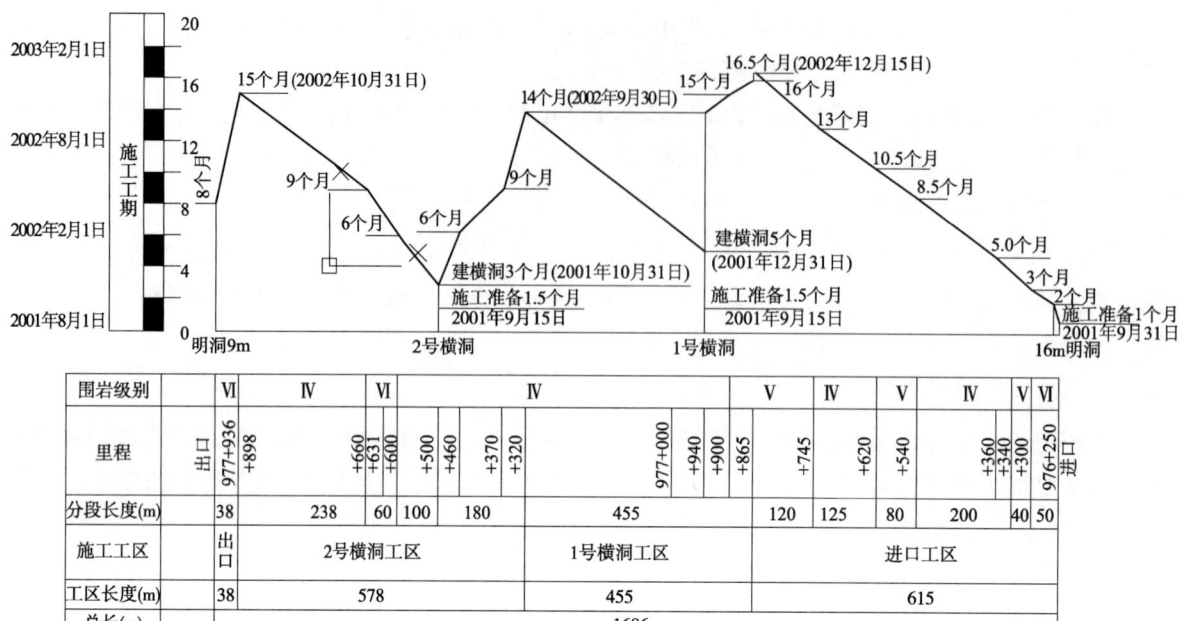

图 24-1 昆仑山隧道施工进度计划图

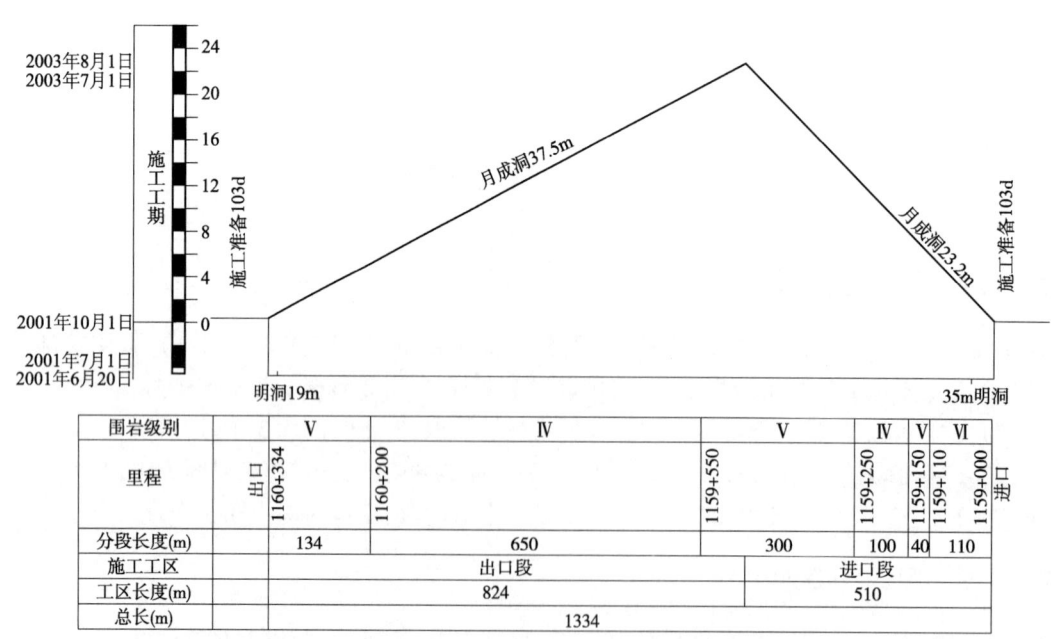

图 24-2 风火山隧道施工进度计划图

24.8 试验研究工作安排

多年冻土隧道试验研究分别在昆仑山隧道和风火山隧道进行。

昆仑山隧道试验研究项目有：洞口及洞内气温测试；洞口及洞内地温测试；气温变化对围岩冻融圈的影响；冻融作用对结构影响分析；衬砌背后地下水规律研究；隧道防排水技术研究；低温早强混凝土试验；喷射混凝土试验；隧道施工通风技术及施工温度场研究。

风火山隧道试验研究项目有：洞口及洞内气温测试；洞口及洞内地温测试；气温变化对围岩冻融圈的影响；衬砌背后地下水规律研究。

试验研究由铁一院牵头，有关科研单位和院校参与。第一批试验研究成果要求在2001年年底拿出，用于验证和修改前期的设计并指导后期的施工。部分试验研究持续进行到隧道建成后三年，为以后的运营阶段的维修养护提供技术支持。

24.9 综合管理

青藏铁路地处青藏高原，海拔高、高寒缺氧、气候恶劣、自然环境极差，加上人烟稀少、交通闭塞、资源缺乏、经济落后，使工程具备先天性的艰巨和困难，传统的施工作业方式和方法必须以特殊的作业方式和方法所取代。在施工中应采取以下措施。

24.9.1 工期保证措施

(1)选用配套合理性能良好、功效强劲的机械设备。

(2)安排好分段平行流水作业，组织均衡生产和稳产高产，对施工进度实行动态管理。

(3)推行工期目标责任制：推行工期目标责任制，并将工期目标作为考核项目领导班子的重要指标，将工期目标分解到班组和个人，确保工期目标落到实处。

(4)确立合理的分阶段工期目标，分阶段进行工期控制，从而保证总工期目标的实现。

(5)强化计划管理，加强协调指挥：根据实施性施组的总体安排和网络计划进度，编制年度、季度和分月、分旬生产作业计划。

(6)做好寒季工地物资储备，确保寒季施工需求，避免大雪封山运输受阻给施工造成影响。

24.9.2 质量保证措施

(1)工程试验。

要根据施工进程超前进行材料和半成品试验；跟踪进行实体试验、成品监测，发现不合格处立即通报上级和监理。

①健全试验责任制，挑选工作负责、业务拔尖的试验人员进入项目，并将试验责任落实到人，实行奖优罚劣并与工资收入挂钩。

②编制详细的试验工作计划，严格按照规范对试验的项目、抽样组数、频次和要求，保质保量进行工作，确保工程材料和混凝土结构等均在有效的监控下，施工质量能得到充分保证。

③配足先进的试验仪器，满足试验工作需要。

④工程材料要把好进料质量关，以保证工程质量。

(2)混凝土。

①原材料保证措施：严格水泥、砂石料、混凝土用水、外加剂、掺合料使用。

②配合比管理措施：配合比由中心试验室和工地试验室负责设计和管理，需根据不同的结构、不同的部位、不同的强度等按设计规定分别进行设计；配合比选定后，严格按照规范要求，制作试件试验，确保

设计的配合比满足设计要求;混凝土施工时,须配齐计量设备,严格按照设计配合比拌制混凝土。

(3)隐蔽工程。

①每道工序完成并经自检合格后,报请驻地监理工程师验收,并做好隐蔽工程验收记录和签认隐蔽工程检查签证。

②所有隐蔽工程必须在获得监理工程师的签证后才允许进行下一道工序的施工,未经签证的工序不得进行下道工序的施工。

24.9.3 安全保证措施

(1)临时及辅助工程施工安全措施。

①临时及辅助工程按相应的国家有关标准、规范要求施工。

②临时道路的弃渣应妥善处理,避免挤压河道、污染水源、破坏植被、扰动多年冻土、引起泥流滑坍和危及行车安全,临时道路在险峻处应设立防护石墩和安全标志。

③临时房屋防火、防洪、防寒和防紫外线应满足要求,并配备消防设施。

④爆破器材库的安全应符合《爆破安全规程》(GB 6722—2014)要求。

⑤临时供电及照明线路应满足《施工现场临时用电安全技术规范》(JGJ 46—2005)要求,电线接头牢固,电力安全工具应定期检查。

⑥锅炉等压力容器的安装和使用应符合国家有关规定。

⑦车辆驾驶人员,须持证上岗。

(2)隧道工程施工安全措施。

①隧道施工各班组间,应建立完善的安全交接班制度。所有进入隧道工地的人员,必须按规定佩戴好安全防护用品,遵章守纪,听从指挥。

②严格控制开挖进尺,根据围岩的实际情况,确定每循环进尺,以防进尺过大造成围岩失稳而塌方。

③隧道掌子面钻眼,钻眼人员到达工作地点时,应首先检查工作面是否处于安全状态,如支护、顶板及两帮是否牢固,如有松动的岩石,应立即加以支护或处理。

④爆破作业,进行爆破时,所有人员必须撤至不受有害气体、振动及飞石伤害的警戒区外,并设置安全警戒,其安全警戒的距离应遵守下列规定:独头坑道内不小于100m。

⑤装渣与运输,各种运输设备不得人料混装,各种摘挂作业,均应设立专职联络员。

⑥衬砌工作台上应搭设不低于1m的栏杆,跳板设防滑条,梯子应安装牢固,不得有钉子露头和突出尖角。

24.9.4 环境保护措施

(1)施工准备阶段。

①做好正式工程用地临时工程用地计划,做到按计划用地。

②保护施工场地及其周围的天然植被。

③生活基地选择在植被稀少的坡地及少水地段,且距线路不少于200m。

④生活、生产房屋凡有人为热源,可能改变冻土环境的,作隔热或架空处理。

⑤生活废水经沉淀处理后就近排至附近水体,不得在生活区形成新的积水池塘。

(2)工程施工阶段。

①坚持按规范和设计施工,确保设计保护冻土环境目标的实现。

②洞口路堑开挖不论采用机械或爆破法开挖,都要有效控制开挖断面,缩短时间减少热融影响。做好遮挡防护,减少热融影响。

③合理调配隧道弃渣,尽量减少渣场设置,对不能利用的弃渣,合理选择渣场,弃在地势低洼、无

地表径流、远离线路、植被覆盖度低的荒地。

24.9.5 医疗卫生保障措施

(1) 设专职人员负责辖区的劳动卫生和医疗保障工作，设立工地急救室，配备足够医疗技术力量，保证高原必需的医疗救护设备和药品。

(2) 设置供氧设备，保证作业人员基本的吸氧需求。

(3) 选拔优秀卫生人员承担高原医疗保障工作。

(4) 控制劳动强度。

(5) 做好施工队伍上高原的各项准备工作。

(6) 加强饮食卫生与营养。

(7) 严格执行《中华人民共和国劳动法》及企业有关劳动保护规章制度。

(8) 定期安排人员下山休整。

24.9.6 其他措施

参见附录1工程通用的管理措施和附录2隧道工程的管理措施的详细内容。

第25章 案例6——厦门海底隧道实施性施工组织设计

25.1 编制说明

25.1.1 编制依据

(1)厦门东通道项目隧道主体工程翔安海底隧道施工招标文件、施工技术规范及参考资料。
(2)海底隧道标前会议纪要及补遗书,现场调查及咨询资料。
(3)厦门东通道海底隧道及两岸接线工程两阶段施工图设计文件。
(4)中国中铁股份有限公司在以往类似工程施工中所积累的成熟施工技术和施工管理经验。
(5)国家及交通运输部现行有关标准、规范、规程。
(6)中国中铁股份有限公司实施ISO9002标准贯标工作质量保证手册和程序文件。

25.1.2 编制原则

(1)科学部署,统筹安排,保证重点,照顾一般,确保工期。
(2)合理组织平行、交叉、流水作业,均衡生产。
(3)优化资源配置,实行动态管理。
(4)充分借鉴利用国内外先进的施工设备和成熟的施工经验,不断优化施工方案,积极采用新技术、新材料、新设备和新工艺,确保工程质量优良。
(5)以人为本、预防为主、确保安全。
(6)精打细算,降低工程成本。
(7)文明施工,保护环境。

25.1.3 编制范围

A4合同段左线起止里程为ZK12+485~ZK13+340,长0.855km,为隧道接线路基;右线起止里程为YK9+700~YK13+355,长3.655km,其中路基长0.845km,隧道长2.810km。

主要工程内容包括隧道上方的通风竖井,隧道与服务隧道之间的横通道,洞口建筑及接线部分。

25.2 工程概况

25.2.1 地理位置

本工程路线在厦门岛高林村南侧,从城市快速主干道仙岳路K5+100起,经店里村北,沿下边村南侧与环岛路相交,穿五通码头以S曲线跨海,跨海经下店村南、肖厝村北与规划的海湾大道、窗东路相交,最后在林前村南侧接上翔安大道,路线全长8.346m。

25.2.2 工程规模

厦门翔安海底隧道工程是我国第一座采用钻爆暗挖法修建的大断面海底隧道工程,连接厦门市本岛和大陆架翔安区,是一项规模宏大的跨海工程。海底隧道呈北东向展布,隧道全长6.05km,其中海域段长4.2km。隧道采用3孔形式,两侧为行车主洞,中间为服务洞;其中,行车主洞为双向六车道,主行车洞中心线距离为60~80m,建筑限界净高5.0m,净宽13.5m。隧道沿线设通风竖井2处,车行横洞5处,行人横洞12处。隧道内轮廓采用三心圆形式,由于海底隧道防水需要,隧道全长设置仰拱,因此隧道开挖跨度达17m,高度达12m。

25.2.3 主要技术标准

厦门翔安海底隧道为高等级公路,同时兼具城市道路功能,两岸接线与城市道路相连。主要技术标准见表25-1。

主要技术标准 表25-1

项　目	单　位	主要技术标准	备　注
计算行车速度	km/h	80	
路基宽度	m	16.25	翔安岸
行车道宽度	m	3×3.75	
平曲线最小半径	m	2300	
直线最大长度	m	1962.494	隧道
最大纵坡	%	2.92	
最短坡长	m	450	
凸形竖曲线最小半径	m	18000	
凹形竖曲线最小半径	m	12000	
隧道净空断面	m	13.5×5	
汽车荷载等级		公路—Ⅰ级,按城—A级验算	
设计洪水频率		道路1/100、隧道1/300	

25.2.4 主要工程数量

本标段主要工程数量见表25-2。

主要工程数量表 表25-2

序号	工程项目		单　位	数　量
1	路基土石方	土方填方	m³	9012
		土方开挖	m³	1125229
2	路基排水沟		延米	6350
3	土工网植草		m²	39572
4	隧道(单洞2810m)	洞身土方开挖	m³	136051.3
		洞身土方开挖	m³	286931.8
		超前注浆小导管(φ42mm)	m	97275.1
		超前注浆小导管(φ50mm)	m	24592
		超前砂浆锚杆(φ22mm)	m	3328
		超前管棚(φ108mm)	m	2226
		超前自进式中空锚杆(φ38mm)	m	25713.3

续上表

序号	工程项目		单位	数量
4	隧道（单洞2810m）	水平高压旋喷注浆（$\phi 60mm$）	m	9360
		帷幕注浆（$\phi 80mm$）	m	945
		帷幕注浆（$\phi 60mm$）	m	7171
		C25喷混凝土	m³	27751
		中空注浆锚杆（$\phi 25mm$）	m	215732.4
		中空注浆锚杆（$\phi 32mm$）	m	135361
		钢筋网	t	617.04
		工字钢	t	5485.53
		C30混凝土（C30防腐混凝土）	m³	6277.9
		C45混凝土（C45防腐混凝土）	m³	61932.6
		C40混凝土路面（厚26cm）	m²	32877
		(PVC)防水板（厚2mm）	m²	88629.3
5	通风竖井		座/m	1/52
6	洞口建筑		座	1

25.2.5 气象条件

厦门地区属亚热带海洋性气候，冬无严寒，夏无酷暑，四季如春。年均气温20.8℃，极端最高气温为38.4℃，极端最低气温2℃。每年2~8月为雨季，年均降雨量1143.5mm，主要风向为东北向，次为东南向，9月至次年4月为沿海大风季节，多为东北风，平均风力3~4级，最大8~9级。7~9月为台风季节，风力7~10级，最大可达12级，最大风速60m/s。

25.2.6 工程地质条件

工程场址位于厦门岛东北侧，地貌单元属闽东南沿海低山丘陵—滨海平原区。

隧址区陆域为风化剥蚀型微丘地貌，地势开阔平坦，主要为残丘—红土台地，丘顶高程为20~35m，丘体多呈椭圆体，坡度和缓。丘间洼地高程一般为5~15m，沟、塘较多。海滨局部为全新世冲海积阶地，地面高程一般为2~5m，略向海边倾斜。海岸带为海蚀海岸及堆积海滩地貌，岸线曲折，岸坡以土质陡坎为主，坎高7~20m，部分地段坎底基岩裸露。西滨岸为堆积海岸，海滩宽阔，滩面被浮泥覆盖，被辟为海产养殖场。

隧址区海域约4200m，西滨侧水下岸坡平缓，一般水深15m，海底平坦，渐升至出露。陆域段占地为鱼塘和农田，对沿线村庄的影响有限。

工程区域基岩以燕山早期第二次侵入的花岗闪长岩及中粗粒黑云母花岗岩为主，海域及五通岸为花岗闪长岩分布区，翔安侧潮滩及其以北地带为黑云母花岗岩分布区，其内穿插二长岩、闪长玢岩、辉绿岩等岩脉，脉宽一般不足1m，个别部位宽达10~20m。基岩按风化程度可分为全、强、弱、微四个风化带，局部发育风化深槽，对隧道有较大影响。

工程场区总体地质条件较好，主要不良地质现象包括：隧道两端洞口段全强风化花岗岩层，海域F_1、F_2、F_3三处全强风化深槽，海域F_4全强风化囊。

场址位于我国东南部地震活跃的东南沿海地震带内。根据《中国地震动参数区划图》（GB 18306—2015），本场址区地震动峰值加速度0.15g，反应谱特征周期0.40s，相当于地震基本烈度Ⅶ度。

25.2.7 水文地质条件

25.2.7.1 水文情况

厦门海域为正规半日潮,历年来最高潮位4.53m,最低潮位-3.30m,平均高潮位2.39m,平均低潮位-1.53m,平均潮差3.92m,最大潮差6.92m,平均海平面-0.32m(黄海高程)。潮流形式属往复型,涨潮时最大流速1.3节,流向333°;落潮时最大流速1.4节,流向137°。场区陆域没有河流,大气降雨靠丘(岗)间沟谷排泄流入港湾或海中。区内小型水体较多,池塘遍布。地表水及地下水对混凝土无腐蚀性。

25.2.7.2 水地下水类型及特征

根据地下水含水层所处位置及其不同的赋存形式,工程范围内地下水分为松散岩内孔隙水、砂层承压水。粗(砾)砂富水性强,渗透性好,为良好的含水层和透水层,具有承压性;全风化基岩孔隙裂隙水总体上富水性弱,渗透性较差,属于弱或微含水层。浅滩段地下水主要接受陆地地下水及海水补给,受地形及海水压力的影响,地下水具承压性。

25.2.7.3 水地下水补、径、排及动态条件

工程范围内砂层中的孔隙水可视为陆域地下水与海域地下水之间的过渡带,受潮汐的涨落影响,当海水处于高潮时,海水向陆域渗透,补给陆域地下水,反之陆域地下水向海域排泄。下部风化基岩孔隙裂隙水因与上部的松散岩类孔隙水之间无隔水层,可接受上部孔隙水的垂直入渗补给或越流补给,各含水岩层的地下水均具承压性。

陆域暗挖隧道最大涌水量(Q_{01}、Q_{02})及正常涌水量(Q_s)分段计算见表25-3。海域段最大涌水量见表25-4。

陆域暗挖隧道最大涌水量及正常涌水量分段计算表 表25-3

分段编号	岩性	起止里程	分段长度	Q_{01}(m^3/d)	Q_{01}(m^3/d)	Q_s(m^3/d)
17	全风化	YK12+255~YK12+370	115	528.4	236.8	81.6
18	亚黏土	YK12+370~YK12+410	40	109.1	37.6	12.8

海域段最大涌水量计算表 表25-4

分段编号	岩性	起止里程	q_0($m^3/d/m$)	Q_0(m^3/d)
9	微风化	YK9+700~YK10+630	1.845	3000.73
10	弱风化	YK10+630~YK10+725	15.410	1463.96
11	微风化	YK10+725~YK10+980	7.255	1849.9
12	弱风化	YK10+980~YK11+095	11.749	1351.11
13	微风化	YK11+095~YK11+265	6.330	1076.03
14	弱、微风化	YK11+265~YK11+530	8.225	2179.85
15	强风化	YK11+530~YK11+715	13.771	2547.72
16	全风化	YK11+715~YK12+255	3.026	1633.91

25.3 工程特点、重点难点及关键辅助措施

25.3.1 工程特点

(1)通过深水进行海底地质勘察比在地面的地质勘察更困难、造价更高,而且准确性相对较低,

所以遇到未预测到的不良地质情况风险更大。

(2) 很高的渗水压力可能导致水在有高渗透性或有扰动区域或与开阔水面有渠道相连的地层中大量流入,特别是断层破碎带的突然涌水。因此必须加强施工期间对不良地质和涌水点的预测和预报。

(3) 很高的孔隙水压力会降低隧道围岩的有效应力,造成较低的成拱作用和地层的稳定性。

(4) 海底隧道不能自然排水,堵水技术是关键技术。先注浆加固围岩,堵住出水点,然后再开挖。在堵水的同时加强机械排水,以堵为主,堵抽结合。

(5) 衬砌受长期的较大的水压作用。

(6) 由于单口连续掘进的距离很长而导致工期很长,投资增大,因此必须采用能快速掘进的设备。

(7) 海域的风化槽/囊段、浅滩的全、强风化段,围岩软弱,自稳能力弱且富水,施工中稍有不当就可能引起大变形、坍塌甚至突涌水。

(8) 隧道结构长期处于海水的包围之中,如何做好隧道的防排水涉及隧道的安全性、可靠性和建设投资;并且海水对混凝土、注浆材料、钢筋和防水材料具有较强的腐蚀性,做好隧道的防腐蚀也关系到隧道的耐久性和运营安全。

25.3.2 工程重点难点

本工程的建成将对展示我国工程技术的发展和实力、推进我国隧道建设技术的进步、缩小与世界海底隧道先进修建技术的差距、寻求适合我国国情的海底隧道建造技术等方面,都将起到里程碑式的作用。同时,对研究发展海底隧道新的修建技术都有重要意义。

25.3.2.1 地质情况复杂,修建难度大,风险大

隧道在陆域段穿越第四系和基岩全强风化形成的软弱土质围岩及一些孤石,地质情况比较复杂,埋深为 8~50m;隧道将穿越条全强风化囊槽及多处软硬围岩交界段。围岩中裂隙发育,翔安端隧道顶部还有砂层,故围岩与海水连通性好。对于陆域段土质围岩,由于埋深较浅,围岩软弱,自稳能力弱且富水,施工中稍有不当就可能引起大变形、坍塌甚至突涌水。同时,由于地表有较多建筑物和道路,故在施工中除了保证围岩稳定外,还需要限制围岩变形。因此,在没有修建经验的情况下,修建本工程的难度和风险是很大的。

25.3.2.2 施工中施工工法和辅助工法齐全

对于陆域段土质围岩,隧道修建过程中采用 CRD 法、双侧壁导坑法、CD 法、台阶法;辅助工法有超前大管棚、小管棚注浆、锁脚注浆锚管、深孔全断面帷幕注浆、地下连续墙降水等方式。

25.3.2.3 修建质量高,结构抗腐蚀性强

隧道防水等级为一级,衬砌结构耐久性按使用年限 100 年设计,这在国内隧道的修建史上尚属首次。锚杆采用耐腐蚀标准,必须进行防腐蚀光亮型热浸锌处理;喷射混凝土抗渗等级为 S8,二次衬砌混凝土抗渗等级为 S12。除了以上个主要特点外,还有工程工期要求紧、组织难度大及对环境的保护要求高等。

由此可见,陆域段土质围岩和海域段风化囊槽的施工是本工程施工中的难点,设计中对该段采用多种施工工法和辅助措施也说明其施工难度和风险性高。

25.3.3 主要应对措施

针对以上特点、难点和重点,结合设计和业主要求拟采用以下应对措施(表 25-5)。

重难点工程的施工对策表 表25-5

序号	工程重难点	主要技术对策
1	陆域及浅滩（YK11+370~YK12+470）全、强风化岩段	（1）采用超前地质预报,提前探明隧道前方工程地质及水文地质情况; （2）采用帷幕注浆及超前管棚注浆等多种手段,通过注浆堵水贯彻"以堵为主、限量排放、综合治理"的方针,严防隧道突泥突水; （3）开挖采用CRD或双侧壁层坑法施工; （4）加强初期支护,仰拱超前,短进尺,衬砌紧跟; （5）根据地质预报和监控量测结果,及时调整施工方案
2	YK10+689F3风化深槽	（1）采用超前地质预报,提前判明隧道前方工程地质及水文地质情况; （2）采用全断面帷幕超前预注浆,进行加固围岩地层、固结堵水和超前预支护,防止突泥突水; （3）开挖采用CRD或双侧壁导坑法施工; （4）设置型钢拱架及超前管棚支护等较强的初期支护,并采取衬砌紧跟; （5）配备专业素质高,施工经验丰富的职工和项目管理人员;配备充足先进的隧道施工机械设备,保证施工顺利进行; （6）加强支护变形监测
3	C45（C30）防腐混凝土和防排水系统施工	（1）针对东通道（翔安隧道）特点,开展科技攻关; （2）加强试验检测,以试验为先导,指导施工; （3）遵循"设计、施工互动"原则,设计服务施工,施工收集的信息来完善、优化设计,提高工程整体质量; （4）与国内进行长期研究并取得初步成果的科研院所开展技术合作; （5）项目部设立专家组,指导施工; （6）选择技术素质高、经验丰富的专业队伍
4	安全快速均衡施工	（1）编制科学的施工组织方案; （2）配备足够的先进的施工设备; （3）组织专业的施工队伍

（1）选配强有力的领导班子和有经验有能力的技术人员,并调用专业的施工队伍。

（2）坚持"科技先导"原则,加强与设计和科研院所的联系,成立科技攻关小组,加强对重、难点工程的科技攻关力度,聘请国内该领域的知名专家成立专家顾问组。

（3）积极采用新技术、新工艺、新设备和新材料,选项配先进的机械设备,确保工程进度和各种技术措施落到实处。

（4）加强对注浆工艺的研究和管理,采用目前国际上先进的钻—注一体化施工设备,保证工程施工中注浆的快速、有效、顺利。

（5）成立专门的地质预报小组和监控量测小组,加强超前地质预报和监控量测工作。

25.3.4 主要辅助施工措施

拟采用的辅助施工措施有:洞口长管棚、双层超前小导管、单层超前小导管、全断面（帷幕）超前预注浆。

25.3.4.1 超前长管棚

设置于隧道洞口,管棚入土深度为40m,管棚钢管均采用 $\phi 108mm \times 6$ 热轧无缝钢管,环向间距

40cm,接头用长15cm的丝扣直接对口连接。钢管设置于衬砌拱部,管心与衬砌设计外轮廓线间距大于30cm,平行路面中线布置。要求钢管偏离设计位置的施工误差不大于10cm,沿隧道纵向同一横断面内接头数不大于50%,相邻钢管接头数至少须错开1.0m。为增强钢管的刚度,注浆完成后管内应以M30水泥砂浆填充。

为了保证钻孔方向,在明洞衬砌外设60cm厚C30钢架混凝土套拱,套拱纵向长2.0m。

钻进过程中必须用测斜仪测定钢管偏斜度,发现偏斜有可能超限应及时纠正,以免影响开挖和支护。

25.3.4.2 双层超前小导管

主要作为穿越海底风化深槽和浅滩全、强风化花岗岩Ⅴ级围岩地段的辅助施工措施。超前小导管采用15m和4.5m两种形式,长短结合,每两排长导管间设置3排短导管,长导管采用外径51mm,壁厚8.0mm,长1500cm的自进式锚杆;短导管采用外径42mm,壁厚3.5mm,长450cm的热扎无缝钢管。钢管前端呈尖锥状,尾部焊接加劲箍筋,管壁钻ϕ8mm压浆孔。钢管环向间距约40cm,外插角控制在8°左右,尾端支撑于钢架上,也可焊接于系统锚杆的尾端。为保证隧道施工过程中掌子面的安全,每环导管施工循环对掌子面喷射6cm后的喷射混凝土进行封闭。

25.3.4.3 单层超前小导管

设置于陆域和海域Ⅲ类围岩地段,小导管采用外径42mm,壁厚3.5mm,长450cm的热扎无缝钢管。钢管前端呈尖锥状,尾部焊接加劲箍筋,管壁钻ϕ8mm压浆孔。钢管环向间距约40cm,外插角控制在8°左右,尾端支撑于钢架上,也可焊接于系统锚杆的尾端,每排小导管的纵向搭接长度要求不小于1.0m。

25.3.4.4 全断面(帷幕)超前预注浆

用于海域Ⅳ、Ⅴ级围岩的风化深槽地段,采用孔口管注浆,钻孔长10~30m,孔口管采用直径76mm,壁厚4mm,长4~10m的热轧无缝钢管,作为止浆和孔口保护。

钻孔以7°~15°外插角向前方打入围岩,环向间距120cm。注浆加固厚度控制在5.0m,注浆孔全断面布置,注浆压力控制在3.0~4.0MPa。为保证注浆效果和均匀性,注浆应分段进行,即每钻进一段(10m)进行注浆,直到一孔结束。注浆起讫范围应根据超前水平钻孔进行判定。

25.3.4.5 加固注浆

分长管棚注浆、周边加固注浆和超前预注浆,主要用在Ⅳ~Ⅴ级围岩地段,通过注浆使浆脉周边的风化土体受到挤密和压实的作用,从而改善风化层的强度和减小渗透系数,同时通过浆脉硬化与土体构成一种复合体,提高土体强度,改善围岩自身承载能力和结构受力条件。

根据前期的注浆试验结论,注浆宜采用纯水泥浆液注浆,不仅可简化工艺,降低造价,而且注浆效果较好。实际施工中通过现场实验根据工程需要,考虑添加少量附加剂来调节浆液性能。

25.4 施工总体部署

25.4.1 指导思想

(1)快进场、快设营、快开工,力争提前进洞。

(2)贯彻"以人为本、安全第一、预防为主"的原则,确保施工安全生产,把施工安全管理贯穿施工全过程。

(3)根据隧道不同的地质条件,制订相适应的科学合理的施工方案。在Ⅰ、Ⅱ级围岩条件好的情况下保持快速掘进,Ⅲ、Ⅳ级围岩段以安全为前提,稳中求快,Ⅴ级围岩为全、强风化段和风化槽段等地质条件复杂地段,稳扎稳打,确保安全。

(4)依靠优化设备配套,大幅度提高工效。运用网络计划技术和先进的管理优化施工安排,实现平行流水作业,加强组织协调,保证工序快速运转。

(5)严格施工方案制订,保证方案科学严谨,技术措施合理到位,以先进科学的施工管理保证施工质量。

(6)组织机构健全,人员精干高效。选派有丰富长大隧道施工管理经验、技术熟练的管理、技术、施工人员担负本工程的施工。

(7)创精品工程,以确保安全、质量为核心。积极采用新技术、新设备、新工艺、新材料,保证隧道施工质量,满足创优要求。

(8)高压风、施工通风、供、排水充分考虑长大隧道管路损失及坡度影响,保证辅助工程不影响施工进度。

25.4.2 施工总目标

25.4.2.1 质量目标

严格遵守《建设工程质量管理条例》(国务院279号令),确保全部工程达到国家现行的工程质量验收标准,符合工程设计文件和有关技术规范要求。确保部优,争创鲁班奖。质量自检检测率必须达到100%,工程一次验收合格率达到100%,优良率达到92%以上,隧道工程不渗不漏,满足创优规划要求。

25.4.2.2 安全目标

杜绝重大伤亡事故,轻伤事故率不超过5‰,特殊作业持证上岗率100%,杜绝重大涌水事故。
(1)"三无":无工伤死亡和重伤事故,无交通死亡事故,无爆炸、火灾、洪灾事故。
(2)"一杜绝":杜绝机械设备重大安全事故。
(3)"一控":控制年负伤频率在行业标准以下。
(4)"三消灭":消灭违章指挥、消灭违章操作、消灭惯性事故。

25.4.2.3 工期目标

本标段合同工期为36个月,于2005年8月15日开工,2008年8月15日竣工。
施工安排为2005年8月15日开工,2008年7月15日完工。

25.4.2.4 环境保护、水土保持目标

符合国家及地方有关环保、水保的要求,在施工中按照国家有关部委批复的环保、水保方案实施,确保工程所处的环境不受污染和通过业主验收。

25.4.2.5 文明施工、文物保护目标

坚持文明施工,促进现场管理和施工作业标准化、规范化的落实,树样板工程,建标准化现场,做文明职工,争创"标准化文明工地"。

责任目标管理体系:把工程管理的责任目标进行层层分解、逐级落实,实行横向到边、纵向到底的责任包保制度。明确各层的管理权限,并与奖励挂钩,做到责、权、利相结合。

25.4.3 施工组织、队伍部署和任务划分

25.4.3.1 施工组织

设立项目经理部、施工队两级管理模式,项目部配置6部2室,下设4个专业化施工队。项目经理部管理组织机构如图25-1所示。

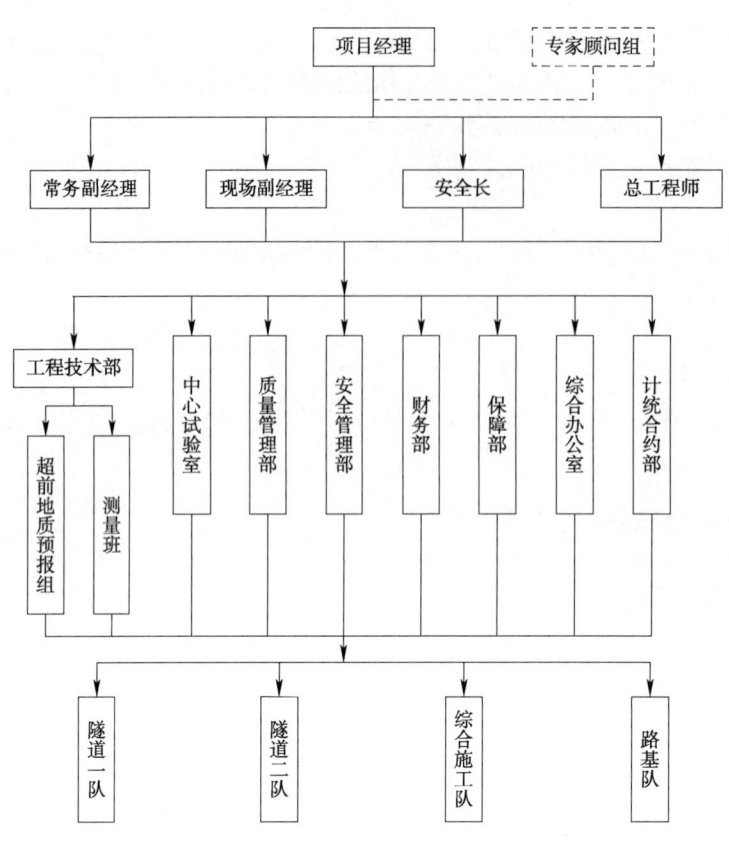

图 25-1 项目经理部管理组织机构图

25.4.3.2 队伍部署和任务划分

(1)队伍部署。

根据工程项目和工程数量,安排 2 个隧道队、1 个路基队、1 个综合队,共 4 个专业施工队。人员数量配置数量及任务划分见表 25-6。

劳动力配置及工程任务划分表　　表 25-6

序号	单 位	投入人数(人)			工程任务划分
		管理人员	劳动力	人数合计	
1	项目经理部	55	5	60	本合同段项目管理
2	路基队	15	180	195	施工便道、路基土石方、边坡防护及排水、路面及隧道洞渣运输
3	隧道一队	30	200	230	YK12+510～YK11+780 段及 YK9+700～YK10+700 段隧道掘进、支护、防水、衬砌施工
4	隧道二队	35	230	265	竖井,YK11+780～YK10+700 段隧道掘进、防水、衬砌施工
5	综合队	20	150	170	管道工程、装修工程及洞口建筑
6	合计	155	765	920	

(2)主要机械设备的配置计划。

采用大型、高效、配套、性能优良的设备,并考虑了设备的完好率和足够的备用量,以施工机械化保障施工快速化,以保证工期。设备选型力求实用、高效、耐用、易修,型号宜少不宜杂,以便于统一管理,设一定数量的备用设备,防止待机误工,在施工中备足易损件,做到随坏随修。

主要施工机械如下:

掘进施工:采用托姆洛克公司生产的 315 型和瑞典阿特拉斯公司生产的 353 型三臂钻孔台车。

出渣施工:采用德国产 ITC312 挖掘装载机和美国产 CAT966F 装载机。
喷锚支护:英格索兰锚杆台车,MEYCO 和 SPRAYMEC7100WPC 湿喷机。
衬砌施工:采用 10m 长钢模衬砌台车;横通道采用 6m 长钢模衬砌台车。

(3)主要试验、测量、质检仪器设备配置计划。

工地中心试验室能完成的试验、检测项目有:砂、石、水泥、钢筋等的材料检验。

水泥混凝土、稳定粒料等的配合比选定;各种材料的比重、压实度、含水率、强度等检验项目。

主要测试质检仪器如下:

测量:全球定位仪,徕卡 TCR-702 全站仪,BJSD-12 隧道断面仪等。

地质预报系统:TSP-203 地质预报系统,地质雷达,TECSM 钻注一体机钻探,红外线探测仪等。

试验检验:万能试验机、压力试验机等。

25.4.4　施工总体平面布置

25.4.4.1　施工场地平面布置原则

合理使用场地,保证现场道路、水、电、排水系统畅通,便道与现场的各工点、仓库、水泥库、砂石、钢筋等堆放位置综合布置,并与场外道路连接。施工队伍驻地尽量靠近施工现场。中国中铁股份有限公司根据业主要求对施工场地进行了布置。

25.4.4.2　临时工程设施布置说明

本合同段工程量大,施工项目多。交通环境较好,便道较短,环保要求高,为保证主体工程尽早开工,对控制工期的项目,临时工程宜先行动工。各种临时工程按照文明施工及环保要求进行设置,少占耕地良田。

(1)施工用风。

为保证隧道供风,在隧道出口和翔安岸竖井口各设一处空压机站,隧道出口布置 4 台 20m³ 空压机,翔安岸竖井口布置 4 台 20m³ 空压机,空压机站设在洞口处以减少主风管长度,空压机均安装在经过消声处理的集装箱内,避免扰民。

(2)施工用水。

在洞口修建 1 座 200m³ 的蓄水池。将 DN150 自来水接口引入蓄水池,用 φ108mm 钢管接至洞口及隧道内各工作面,工程前期在洞口设置增压泵,以满足工程高压用水的需要。同时用 φ50mm 的给水管引水至生活区,供生活用水。竖井施工场地修建 1 座 200m³ 的蓄水池,供施工和生活用水。

(3)施工用电。

业主已将高压线接点送到隧道洞口,在隧道洞口设置 1 台 630kV·A 的变压器,翔安岸竖井口设置 2 台 630kV·A 的变压器。拌和站及钢筋加工厂设 1 台 315kV·A 的变压器。并设置 4 台 315kW 的发电机作备用电源。

(4)施工通信。

项目部和各施工队配置程控电话和移动电话,项目部设传真机 2 部;项目部设计算机联入国际互联网。施工区域内的洞内和洞外采用无线对讲机进行通信。

(5)排水及防洪设施。

洞口排水主要依靠洞口截水沟、边沟等排水系统,将水部分引至工程区外,部分引至隧道洞口集水池。在竖井口周边设浆砌石排水沟,与围堰排水综合考虑,引至沉淀池处理后排放。

在隧道出口和翔安岸竖井口各设一处排水泵房,分别设置 4 台 IS200-150 水泵抽水,其中 2 台备用。并设置污水处理池,对施工废水进行处理后回收利用或排至附近沟渠。

(6)运输线路规划。

本合同段外部交通条件十分方便。进场临时道路从水浒线至隧道洞口长约 3.3km,业主已修建完成,中国中铁股份有限公司负责翔安岸侧施工便道的日常维修工作。

进场后将施工便道引至竖井施工处,并连接到生活驻地及预制厂、拌和站等生产区,便道路面宽7m。

(7)临时用地计划。

临时用地规划本着少占耕地的原则,严格按业主和设计指定位置设置,并按要求进行防护,严防水土流失。

25.5 施工进度计划

25.5.1 总体施工顺序及施工方向

队伍进场后进行施工准备,准备工作完成后,分别进行围堰、路基土石方和隧道出口进洞,围堰施工完成进行竖井施工,竖井施工完成向进口和出口方向施工正洞。

路基土石方施工同时进行路基防护及排水工程。路面工程和隧道装修待隧道衬砌完成后进行。洞口建筑在隧道掘进完成时进行,以不干扰隧道出渣运输为原则。

25.5.1.1 路基工程施工顺序

本合同段路基土石方主要为挖方,施工准备完成后立即进行路基施工,挖方土方用于翔安岸围堰和路基填筑。路基挖方分层开挖,及时进行边坡防护。

路基施工后立即完善洞口排水系统,为隧道施工提供良好的作业面。

25.5.1.2 隧道工程施工顺序

施工准备完成后,由隧道出口进洞,先进行洞口明洞施工,然后进行超前地质预报、超前预支护、开挖、初期支护(监控量测)、防排水施工、二次衬砌。

施工竖井完成后,由竖井向进口和出口方向分两个工作面展开施工。先由施工竖井运输,待竖井至隧道出口(YK11+300~YK12+510)段贯通后,由主洞进行运输。

行车及行人横洞在主洞施工至该里程时进行,以不影响主洞施工为原则。

路面面层施工和隧道装修在本合同段隧道全部衬砌完成后进行。

25.5.1.3 通风竖井施工顺序

通风竖井位于浅滩处,首先进行围堰的施工,为竖井施工提供作业平台。竖井开挖先进行井口周围地层加固,确保竖井开挖安全。竖井开挖后立即进行初期支护、监控量测、防排水施工,由底部向上进行二次衬砌。竖井完成后转后主洞施工。

25.5.2 工期节点

施工准备:2005年8月15日至2005年9月13日。

路基工程:2005年9月14日至2006年1月11日。

防护及排水:2005年10月14日至2006年2月10日。

通风竖井:2005年9月14日至2006年2月10日。

隧道掘进:2005年10月9日至2008年3月9日。

隧道衬砌:2005年10月16日至2008年4月22日。

路面工程:2008年4月23日至2008年7月21日。

洞口建筑:2008年3月10日至2008年7月17日。

工程完成:2008年8月14日。

25.5.3 隧道主要进度指标

影响本工程工期的主要工序为正洞、平行导坑及横洞的开挖掘进,掘进循环时间、进度计算见表25-7。

开挖工序循环时间计算表　　　　表25-7

围岩级别	Ⅰ	Ⅱ	Ⅲ	Ⅳ	Ⅴ	Ⅴ(砂层及风化槽)
工序名称	台阶法	台阶法	台阶法	台阶法	CRD法或双侧壁导坑法	双侧壁导坑法
地质预报(min)	40	40	60	80	100	本方法按帷幕注浆考虑,每次注浆30min,开挖20min,每循环注浆时间为11d,开挖时间按10d考虑
超前支护(min)				60	120	
测量放线(min)	40	40	40	40	40	
钻孔(min)	180	180	180	150	0	
装药(min)	50	50	50	50	0	
通风(min)	50	50	50	50	0	
找顶(min)	60	60	50	30	0	
出渣(min)	180	180	160	150	120	
支护(min)	40	60	60	90	100	
每循环耗时(min)	640	660	650	700	480	
循环进尺(m)	3	3	2.5	1.5	0.5	
计算日进尺(m)	6.8	6.5	5.5	3.1	1.5	
计算月进尺(m)	202.5	196.4	166.2	92.6	45.0	
计划进尺(m)	150	120	90	70	40	25
由竖井施工主洞时,由于受竖井提升条件的限制,计划进尺按由主洞施工适当进行折减						

25.5.4 进度计划横道图

总体施工进度计划横道图(略)。

25.5.5 进度计划网络图

总体施工进度计划网络图(略)。

25.5.6 关键线路分析

根据施工顺序安排及施工工序和组织衔接、施工经验,编制工程进度计划网络图、横道图。通过编制网络计划图,确定本标段的关键线路,即:施工准备—翔安岸围堰—竖井施工—YK9+700~YK11+300段主洞施工。施工中要加强关键线路的施工管理,实行动态控制,优化资源配置,确保关键线路上工程项目按计划完成。

25.6　主要工程项目的施工方案和施工方法

25.6.1　总体施工方案

合理配备先进施工机械,以超前地质预报为基础,以监控量测为手段,信息化施工,强化质量管理体系,采用新技术、新工艺、新材料合理组织,以高性能的机械设备和先进施工工艺为保障,浅滩软岩段和海域风化深槽Ⅳ、Ⅴ围岩地段采取步步为营、稳中有快，Ⅰ、Ⅱ、Ⅲ级围岩开挖，实现快速掘进，确保翔安隧道总体施工目标。

25.6.1.1 隧道掘进

翔安段正洞出口一个工作面，竖井落底后分成两个工作面，共安排三个工作面施工，由两个隧道综合队负责施工。

25.6.1.2 开挖

Ⅰ、Ⅱ、Ⅲ级围岩采用中导洞超前法施工，Ⅳ级围岩采用上下台阶法施工，Ⅴ级围岩采用CRD或双侧壁导坑法。

25.6.1.3 钻爆

采用AXERA T11DATA-315三臂凿岩台车钻孔，底部和横通道采用风枪钻孔。Ⅰ、Ⅱ、Ⅲ、Ⅳ级围岩段均采用三臂凿岩台车钻孔、人工配合机械装药。非电起爆的光面爆破法，Ⅴ级围岩段采用人工式风镐开挖，局部采用微震爆破方法。

25.6.1.4 装渣运输

装渣主要采用ITC312挖掘装载机挖装，同时配合侧卸式装载机装渣；大吨位自卸车无轨运输，分部开挖的地段及断面较小的辅助洞室及横通道采用CAT装载机装渣。

25.6.1.5 初期支护

喷射混凝土采用MEYCO Potenza型混凝土喷射机和TK-961湿喷机相结合的作业方式。锚杆采用DK150型锚杆钻机、H518型锚杆台车联合MZ-1型锚杆注浆机施作锚杆钻孔、插杆及注浆作业。钢筋网在洞外加工厂集中加工，采用移动式升降工作平台铺设；钢架在洞外分单元加工，汽车运至工作面后由人工架设；防水板由热合机焊接，采用移动式升降工作平台铺设；洞身采用长10m的整体式液压全断面衬砌台车，混凝土输送泵泵送入模；横通道及其他洞室采用拱架、钢模板施工；混凝土采用商品混凝土，混凝土搅拌运输车运输。

25.6.1.6 施工通风

竖井与正洞贯通前采取压入式通风，竖井与正洞贯通后，采用混合式通风。

25.6.1.7 施工排水

洞内每隔开500m设一集水坑，通过100mm钢管与高扬程水泵，接力排到洞外集水池经处理后外排。

25.6.1.8 施工用电

洞外安装2×630kV·A变压器供电，洞内10kV高压电进洞、采用一台500kV·A变压器洞内变电。

25.6.1.9 高压供水

洞外设400m^3高压水池，高差大于40m，并在洞口处增设管道泵加压。

25.6.1.10 高压供风

洞外设80m^3的压风站一处，配备4台20m^3的压风机，采用159mm直径钢管送风。

25.6.2 隧道施工控制测量

为保证隧道施工贯通精度，拟定如下测量控制方案。

25.6.2.1 地表平面控制

(1) 为保证洞口投点的相对精度，平面控制网根据设计提供的控制点和实地地形情况布设精密控制网，并保证洞口附近有两个或两个以上的精密控制网点。

(2) 地表控制网经过多级复测，复测无误后方可进行引线进洞的测量工作。

25.6.2.2 洞口联系测量

为保证地面控制测量精度很好地传递到洞内,采用如下洞口控制测量方案:

(1)在洞口仰坡完成及洞口施工至设计高程后,在洞口埋设两个稳固的导线控制点。

(2)洞口附近在基础稳定处埋设2~4个水准点,与地表水准控制网组网观测及平差计算,以便于隧道进洞水准测量。

25.6.2.3 测量方法及措施

(1)地表平面控制测量选用徕卡1610全站仪施测,建立四等导线控制网,并把隧道中线和横向轴线纳入控制网内以保证放样精度。

(2)高程控制按四等网施测,运用光电三角高程新技术,高程起算点利用定测高程,三角高程与地表平面控制测量同时进行相关的平差计算,天顶角观测四个测回,仪器高和反射镜高量至毫米。

(3)洞内控制测量与地表平面控制测量按同等精度建网,施工中线测量使用光电经纬仪。

(4)具体要求如下:

①量测组负责地表平面控制测量、高程控制测量和洞内引线控制测量,提供正确的进洞方位和高程点。技术室对精测组提供的测量成果和桩橛经复核无误后方可使用,并负责中线、高程测量。中线测量在隧道每掘进20m,衬砌每10m时各进行一次,隧道每延伸100m时建导线网复核一次。

②测量作业需按《工程测量规范》(GB 50026—2007)要求,原始记录齐全,测量资料整洁无误,各种计算工作必须由两人独立进行,对照无误后方可进行下一步工作。

③所使用仪器,钢卷尺按规定定期送检。

④测量组需保管好各种测量桩橛,包桩时注明桩号,以防毁坏或用错桩。

25.6.2.4 隧道贯通误差的调整

(1)为保证隧道正确贯通,根据测量规则制定允许误差标准:横向允许误差±100mm,高程允许误差±50mm。

(2)隧道施工测量除在测量设计中对贯通误差限差进行设计外,还应在施工测量中认真仔细,加强复核,并经常与出口进行联测,确保隧道施工的贯通精度。

(3)当贯通误差较小时,可按原设计资料进行衬砌,并在未衬砌段消除贯通误差的影响,保证衬砌断面圆顺过渡。

25.6.3 洞口施工

25.6.3.1 施工工序

如图25-2所示,隧道洞口各项工程应通盘考虑,妥善安排,尽快完成,为隧道洞身施工创造条件。

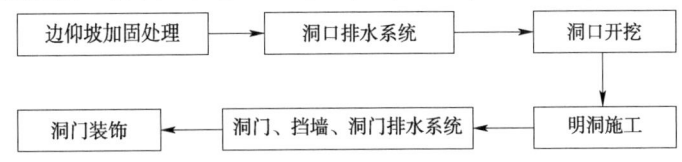

图25-2 隧道洞口施工工艺流程图

在洞口开挖、隧道进洞之前,由于洞口地质条件较差,先进行仰坡加固处理及做好洞顶截水沟,再进行洞口开挖、明洞施工、洞门、挡墙、排水系统等洞口附属工程施工。

25.6.3.2 洞口开挖

(1)施工方法。

隧道洞口地质条件较差,因此施工时保证洞口边仰坡的稳定是洞口安全施工的基本原则。根据洞口浅埋的实际情况,首先做好防排水,按设计图纸和实际地形,修筑洞顶截水沟,并与原有排水系统妥善连接,使之形成完整的排水系统,防止地表水流入施工场地范围内,保持路基洞口边坡稳定、安全。

洞口边、仰坡开挖施工时,按设计图放出中线和开挖边线,清除开挖面上的松渣以及其他杂物,自上而下采用挖掘机配合人工进行开挖,严禁上下垂直作业。用推土机集渣,自卸汽车运渣至弃渣场。为了确保边坡的平顺和稳定,尽量避免超、欠挖和对边坡的过大扰动,如需爆破开挖,采用控制爆破,严格控制爆破参数。边仰坡开挖后,按设计要求及时进行防护。

(2)施工技术要求。

①边坡开挖前,详细调查边坡岩石的稳定性;设计开挖线以内对有不安全因素的边坡,必须进行处理和采取相应的防护措施,山坡上所有危石及不稳定岩体应撬挖排除。

②开挖自上而下逐段进行,不得掏底开挖或上下重叠开挖。

③开挖中随时检查边坡和仰坡,如有滑动、开裂等现象,适当放缓坡度,保证边仰坡的稳定和施工安全。

(3)作业组织。

劳动力:挖掘机司机1人,推土机司机1人,轮装司机1人,汽车司机4人,其他人员10人。

主要机械设备:PC200挖掘机1台,TY220推土机1台,ZLC50C轮装1台,7.5t自卸汽车4台。

25.6.4 明洞施工

25.6.4.1 施工工艺

明洞施工工艺流程如图25-3所示。

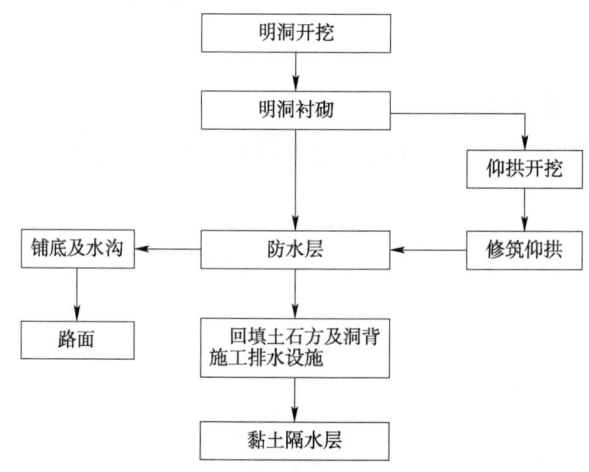

图25-3 明洞施工工艺流程图

25.6.4.2 施工方法

明洞开挖施工同洞口开挖,明洞衬砌采用液压钢模衬砌台车全断面一次衬砌,外模及外支撑采用定制木模和木支撑。混凝土运输车运到工作面,混凝土输送泵泵送入模。其具体施工方法同暗洞洞身衬砌,并加强各部位的内外支撑,防止移位。明洞防水层为复合土工防水板,在外铺一层厚5cm的M7.5水泥砂浆保护层。防水层在明洞外模拆除后采用人工进行。墙背回填两侧同时进行,至墙角90cm采用浆砌片石,以上360cm内采用干砌片石回填。拱背回填对称分层夯实,由于回填量不大,采用人工配合小型机具进行回填。在回填土石上设黏土隔水层。在明洞背后边坡上,开凿成1m×0.75m台阶状,铺设碎石层。明洞与暗洞衔接处,由内向外进行施工,并连接良好。明洞仰拱、铺底、水沟、路面施工同暗洞施工。

25.6.4.3 施工技术要求

(1)灌注混凝土前复测中线和高程,衬砌不得侵入设计净空线。

(2)按断面要求制作定型挡头板、外模和骨架,并采取防止跑模的措施。

(3)浇筑混凝土达到设计强度70%以上时,方可拆除内外支模架。

(4)在外模拆除后立即做好防水层。

(5)明洞回填每层厚度不得大于0.3m,其两侧回填的土面高差不得大于0.5m。回填至拱顶齐平后,立即分层满铺填筑至要求高度。

(6)明洞回填在衬砌强度达到70%后进行。

(7)拱背回填作黏土隔水层时,隔水层与边、仰坡搭设良好,封闭紧密,防止地表水下渗影响回填体的稳定。

25.6.4.4 作业组织

(1)明洞开挖作业组织同洞口开挖。

(2)明洞混凝土施工作业组织同暗洞衬砌施工。

25.6.5 洞口附属工程施工

25.6.5.1 施工方法

(1)洞口附属工程包括洞门修筑、装饰及排水系统、挡墙等。洞门施工在明洞施工完成后进行,洞门混凝土工程采用满堂架支撑,组合钢模板浇筑,混凝土采用商品混凝土,由混凝土运输车运至工作面,混凝土输送泵入模。洞门装饰采用花岗岩,利用洞门混凝土浇筑时的支架进行。

(2)洞口挡墙采用浆砌片石,紧靠端墙3m内的挡墙与洞门端墙整体修筑,挡墙采用挤浆法施工,施工工艺可按路基挡墙的施工工艺。排水沟及截水沟采用浆砌片石,其施工方法可按路基圬工施工方法。

25.6.5.2 施工技术要求

洞门衬砌施工符合以下要求:

①土质地基整平夯实,土层松软时,加碎石,人工夯实,将基础置于稳固的地基上。

②基础处的渣体杂物、风化软层和积水清除干净。

③洞门衬砌按设计要求与明洞采取加强连接措施,确保与已成的拱墙连接良好。

④灌注混凝土时保证模板不移动。

⑤洞门的排水、截水设施与洞门工程配合施工,并与路基排水系统连通。

⑥洞口圬工施工按设计及规范规定进行,施工方法同隧道洞身和路基圬工施工。

25.6.5.3 作业组织

劳动力:混凝土工8人,砌石工5人,其他人员7人。

主要机械设备:混凝土施工机械设备同隧道衬砌施工。浆砌施工配备砂浆搅拌机拌制砂浆。

25.6.6 隧道进洞开挖施工方案

25.6.6.1 隧道洞口段开挖施工

(1)施工前按设计图放出边、仰坡开挖轮廓线,做好洞顶截水沟,以防地表水冲刷边、仰坡,导致边、仰坡失稳坍塌。截水沟结合现场地形修建,要求坡面顺畅、不漏水。

(2)将边、仰坡从上到下边开挖边防护,开挖中应随时检查,以防边、仰坡产生松动破坏。上一级边、仰坡的防护和排水工程未施作完毕不能进行下一级的开挖,动态施工。开挖过程中严格控制边坡位置及坡度,并及时做好边、仰坡防护。

(3)仰坡防护采用$\phi 32mm$中空预应力锚杆($L=10m$,@2.0m,梅花形布置)和$\phi 25$砂浆锚杆($L=6m$,@1.5m,梅花形布置),挂$\phi 6mm$钢筋网(网格$20m \times 20cm$),10cm厚C25喷射混凝土。

(4)为确保洞口边仰坡的稳定,明洞衬砌在洞口长管棚施工完成后施作。明洞基础设置在稳固的地基上,地基承载能力大于300kPa,施工中如果实际揭露的地层,达不到上述要求,对地基进行加固处理。主洞明洞衬砌分别采用80cm厚C30钢筋混凝土结构,在拱圈外模拆除后应立即施作防水涂料,保证防水质量。明洞衬砌达到设计强度后及时回填,两侧墙采用浆砌片石密实回填,片石上方回填土对称分层夯实回填,明洞回填以恢复原有地形。

25.6.6.2 进洞施工方法、工艺及技术措施

隧道洞口段为V级围岩,衬砌形式为S5a,洞口段施作40mϕ108mm长管棚超前支护,管棚端口处明洞衬砌外设2m长80cm厚C30钢架混凝土套拱作为长管棚导向墙。采用CRD法开挖,初期支护为双层20cm×20cm、ϕ8mm钢筋网,30cm厚C25喷射混凝土,50cm间距20b工字钢。

完成进口明挖段开挖及边仰坡防护,做好地表截排水系统后,先进行长管棚注浆然后施工,在管棚支护环的保护下,采用CRD法分四部分两台阶掘进施工。同时加强对洞口边仰坡及洞内初期支护的监控量测。

1)开挖方法

进洞先开挖上台阶第一步,搭设作业平台后,进行测量放样,人工用尖镐或风镐沿第一榀钢架轮廓环形开挖,进洞5m范围保留核心土,进洞5m以后视围岩稳定情况确定是否保留核心土,先初喷第一层混凝土,然后铺设钢筋网,架设进洞第一榀工字钢架,拱脚打设锁脚锚杆,并用连接筋与洞外套拱工字钢架连接,再喷射混凝土,喷射混凝土采用MEYCO Potenza型湿喷机。进洞段上下台阶间距保持3~5m,左右侧导洞工作面错开10~15m,底部临时仰拱根据核心土保留长度的需要及时跟进,初期支护尽早封闭成环。

2)初期支护施工

初期支护紧随开挖面及时施作,以控制围岩变形和减少围岩暴露时间,确保施工安全。

(1)钢筋网、钢架施工工艺。

钢筋网使用前清除锈蚀,第一层钢筋网在岩面喷射一层混凝土后铺设,第二层钢筋网在第一层钢筋网被混凝土覆盖后铺设,保护层厚度不小于20mm。

第一层钢筋网铺设完成后立即安装工字钢架,钢架严格按设计位置架设,纵向间距为0.5m一榀,钢架之间用纵向钢筋连接,拱脚必须放在牢固的基础上,钢架节点采用螺栓连接,要求节点钢板密贴,螺栓拧紧。钢架与围岩尽量靠近,钢架与周围之间设置垫块,预留不小于40mm间隙作为喷射混凝土保护层。

(2)喷射混凝土的施工。

采用MEYCO Potenza型湿喷机喷射混凝土,喷混凝土分3次完成,第一次初喷混凝土,随挖随喷,及时封闭开挖岩面;第二次喷射钢架与围岩之间的混凝土;最后喷射钢架之间的混凝土。喷射混凝土由两侧拱脚向上对称喷射,并将钢架覆盖。

①喷射工艺的选择。

本工程采用湿喷工艺。湿喷工艺可以加快施工进度、减少回弹及粉尘,创造良好隧道作业环境,机械手作业保证施工过程中的人身安全,精控水灰比和外加剂掺量保证混凝土质量。

②设备选型。

采用从法国MEYCO设备公司引进的POTENZA混凝土喷射机器人。该设备可以通过PLC控制系统控制各种数据,实现人机对话,如外加剂掺量、混凝土输出量、送料补偿修正值,并可以直观的检测机器工作状况、安全装置工作状况。

a.喷射机械手。

喷射臂可沿自身轴线移动3m,移动速度可调;可绕承载臂上销轴做侧向±55°和纵向-58°~+26°旋转;带有自动平行机构。固定在小臂上的喷头部分可做360°轴向旋转、70°径向前倾和20°后仰,喷头绕自身轴线呈8°圆锥角的360°自由旋转摆动。遥控操作,喷射宽度22m,喷射高度14m。

b.工作效率。

该套设备可实现30m³/h无间断混凝土喷射。湿喷混凝土工艺流程工艺流程如图25-4所示。

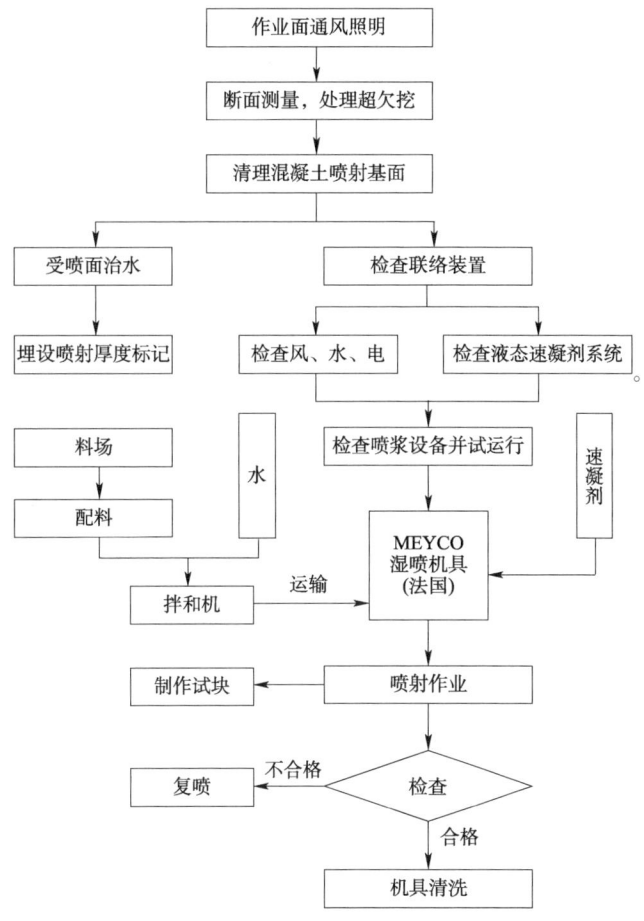

图 25-4　喷射混凝土施工工艺流程图

c. 原材料的选定。

水泥采用硅酸盐水泥或普通硅酸盐水泥,水泥强度等级不小于 32.5MPa;细集料采用坚硬耐久的中砂或粗砂,细度模数大于 2.5;粗集料采用坚硬耐久的碎石,粒径不大于 10mm;使用碱性速凝剂时,不使用含有活性二氧化硅的石料;水采用不含有影响水泥正常凝结与硬化的有机物和无机物的饮用水,pH 值不小于 4,硫酸盐含量不小于 1%;采用无碱速凝剂,使用前与水泥做相容性试验及水泥凝结效果试验,其初凝时间不得大于 5min,终凝时间不得大于 10min,掺量根据初、终凝试验确定,小于水泥用量的 5%;早强剂拟用于堵漏水灌浆,或要求支撑加固尽快达到强度值的部位。

d. 配合比的选择。

根据喷射混凝土的设计强度,综合考虑其生产率、回弹率、一次喷混凝土厚度和混凝土的和易性等,施工前一个月不断调整优化试验,积极配合科研人员的工作,确定混凝土配合比,保证满足设计强度并控制坍落度在 130mm±20mm。

e. 混凝土的计量控制。

搅拌混合料采用 500L 的强制式搅拌机,每次搅拌时间不小于 60s。原材料的称量误差为:水泥、速凝剂 ±1%,砂石 ±3%;拌和好的混合料运输时间不超过 2h;混合料随拌随用。

f. 喷射前的准备工作。

拆除作业面的障碍物、全面清理待喷射的基面,用喷气法清理岩石表面。

对破损岩面,清除所有暴露的破损岩石,并在破损岩面范围内安装附加的岩石加固钢筋。

用高压风水冲洗受喷面,对遇水宜潮解、泥化的岩层,用高压风清扫岩面。

埋设控制喷射混凝土厚度的标志。

喷射机司机与喷射手不能直接联系时配备联络装置。

作业区有良好的通风和足够的照明装置。

喷射作业前对机械设备、输料管路和电缆线路等进行全面检查并试运转。

处理受喷面滴水、淋水：有明显出水点时可埋设导管排水；导水效果不好的含水岩层可设盲沟排水；竖井淋帮水，可设截水圈排水。

检查速凝剂的泵送及计量装置性能。

在已有混凝土面上进行喷射时，清除剥离部分，以保证新老混凝土之间具有良好的黏结强度。既有喷混凝土层首先达到初凝，并使用扫帚、水冲或其他方式除去所有松散物、尘土或其他有害物质。

g. 喷射作业。

喷射作业分段分片进行，喷射顺序自下而上，即先墙脚后墙顶，先拱脚后拱顶，避免死角，料束呈螺旋旋转轨迹运动，一圈压半圈，纵向按蛇形喷射，每次蛇形喷射长度为 3~4m。

素喷混凝土一次喷射厚度边墙为 80~150mm，拱部为 60~100mm。

喷射混凝土时，后一层喷射在前一层混凝土初凝后进行，若终凝 1h 后再进行喷射混凝土时，先用风水清洗喷层表面。

喷射作业紧跟开挖作业面时，混凝土终凝到下一循环放炮时间不小于 3h。

开挖断面周边有金属杆件和钢支撑时，保证将其背面喷射填满，黏结良好。

喷射混凝土的回弹物不重复利用，所有的回弹混凝土从工作面清除。

严格控制喷嘴与岩面的距离和角度。喷嘴与岩面垂直，有钢筋时角度适当放偏，喷嘴与岩面距离控制在 1.0~1.5m 范围以内。

当受喷面有水时，先清除岩层表面的水，混凝土中可根据试验结果增添外加剂，保持混凝土表面平整，呈湿润光泽，无干斑或滑移流淌现象。

正常情况采用湿喷工艺，混凝土的回弹量为 5%~10%。

喷射混凝土表面密实、平整，无裂缝、脱落、漏喷、空鼓、渗漏水等现象，不平整度控制在 ±3cm。

h. 湿喷机司机作业。

作业开始时先启动设备，再给料，结束时待料喷完后再关设备。

向喷射机供料连续均匀，机器正常运转时料斗内保持足够的存料。

喷射作业完毕或因故中断喷射时，必须将喷射机和输料管内的积料清除干净。

i. 钢筋网喷射混凝土施工。

钢筋网使用前清除污锈；钢筋网在岩面喷射一层混凝土后铺设，钢筋网与壁间的间隙宜为 30mm；采用双层钢筋网时，第二层钢筋网在第一层钢筋网被混凝土覆盖后铺设；钢筋网与锚杆或其他锚定装置联结牢固，喷射时钢筋不晃动；开始喷射时减小喷头与受喷面的距离，并调节喷射角度，保证钢筋与壁面之间混凝土的密实性；喷射中如有脱落的混凝土被钢筋网架住，及时清除。

j. 钢架喷射混凝土施工。

安装前，检查钢架制作质量是否符合设计要求；钢架安装允许偏差，横向和高程均为 ±50mm，垂直度为 ±2°；钢架立柱埋入底板深度符合设计要求，不置于浮渣上；钢架与壁面之间的间隙用喷射混凝土充填密实；钢架与壁面之间碶紧，相邻钢架之间连接牢靠；喷射顺序，先喷射钢架与壁面之间的混凝土，后喷射钢架之间的混凝土；除可缩性钢架的可缩节点部位外，喷射混凝土覆盖钢架。

k. 喷射混凝土的养护措施。

喷射混凝土终凝 2h 后喷水养护，养护时间不少于 7d；气温低于 +5℃时，不得喷水养护。

l. 保证喷射混凝土密实防渗的技术措施。

严格控制混凝土施工配合比，配合比经试验确定，混凝土各项指标都必须满足设计及规范要求，混凝土拌和用料称量精度必须符合规范要求。

严格控制原材料的质量，原材料的各项指标都必须满足要求。

保证喷料均匀、连续，同时加强对设备的保养，保证其工作性能。

喷射作业由有经验、技术熟练的喷射手操作，保证喷射混凝土各层之间衔接紧密。

初喷混凝土紧跟掌子面，复喷前先按设计要求完成钢筋网、格栅钢架的安装工作。

渗漏水地段的处理：当围岩渗水不呈线状涌水时，在喷射混凝土前用高压风吹扫，开始喷射混凝土时，喷射混凝土由远而近，临时加大速凝剂掺量，缩短初凝、终凝时间，逐渐合龙喷射混凝土；有呈线状涌水时，斜向窜打深孔将涌水集中，再设软式橡胶管将水引排，再喷射混凝土，最后从橡胶管中注浆加以封闭。止住后采用正常配合比喷射混凝土封闭。

喷射混凝土由专人喷水养护，以减少因水化热引起的开裂，发现裂纹用红油漆作标记，进行观察和监测，确定其是否继续发展，若继续发展，找出原因并作处理，对可能掉下的喷射混凝土撬下重新喷射。

坚决实行"四不"制度。即喷射混凝土工序不完，掌子面不前进；喷射混凝土厚度不够不前进；混凝土喷射后发现问题未解决不前进；监测结构表明不安全不前进。

以上制度由现场领工员负责执行，责任到人，并在工程施工日志中做好记录以备检查，项目监理负责监督。

m. 喷射混凝土安全技术措施。

施工前，认真检查和处理喷射混凝土支护作业的危石，施工机具布置在安全地带。锚喷支护紧跟开挖工作面，先喷后锚，喷射作业中有人随时观察围岩变化情况。

施工中，定期检查电源线路和设备的电器部件，确保用电安全，经常检查输料管和管路接头有无磨薄、击穿或松脱现象，发现问题及时处理。

处理机械故障和向施工设备送电、送风前，通知有关人员。

喷射作业中，非操作人员不得进入正进行施工的作业区，喷头前方严禁站人。

喷射混凝土的操作人员必须穿戴安全防护用品。

3) 进洞超前长管棚施工工艺和方法

长管棚施工工艺流程如图 25-5 所示。

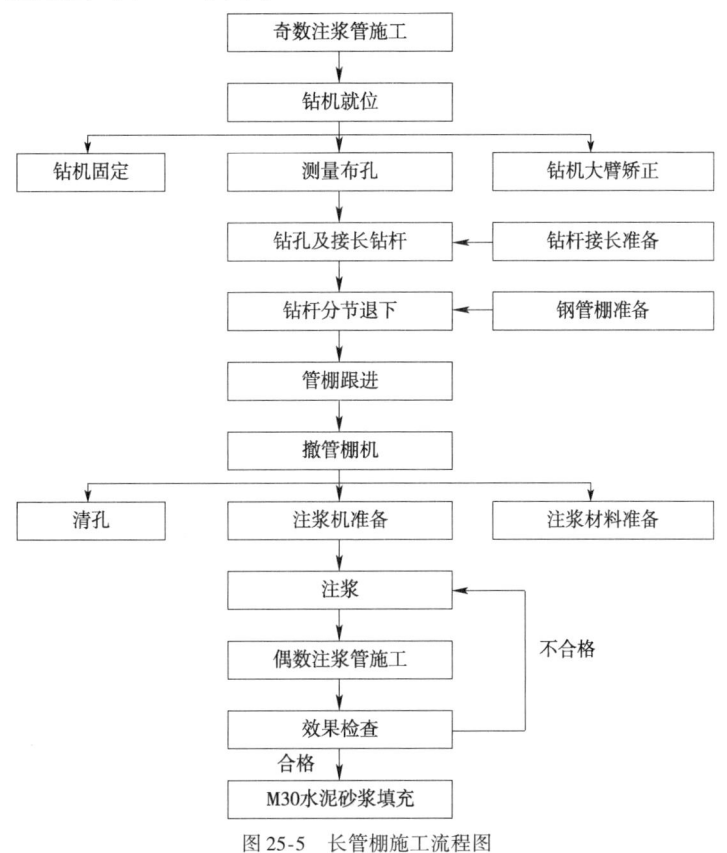

图 25-5 长管棚施工流程图

长管棚采用 $\phi 108mm$ 热轧无缝钢管，壁厚 6mm，节长 3m、6m，管接头采用丝扣连接，丝扣长 15cm，管心与衬砌设计外轮廓线间距大于 30cm，环向间距 40cm，仰角 1°，与线路中线平行。采用分段式注浆，注纯水泥浆，水泥浆水灰比为 1:1.5~1:1，注浆压力为 0.7~1.0MPa。

先测量放样，施作钢架混凝土套拱，套拱内布设 $\phi 127mm$ 孔口管，以控制长管棚的钻孔方向。然后搭设管棚作业平台，进行超前长管棚施工，先打奇数编号的有孔钢花管，待注浆结束后再打编号为偶数的无孔钢管，无孔钢管作为注浆质量检查管。

长管棚施工采用 TEC Median 钻注一体机钻孔，严格控制钻孔方向，每钻完一孔便顶进一根钢管，并用测斜仪监测钢管的钻进偏斜度，发现偏斜超过设计要求，及时调整。为保证钢管接头错开，顶管过程中编号为奇数的钻孔第一节用 3m 钢管，编号为偶数的钻孔第一节用 6m 钢管，以后每节均采用 6m 长钢管。

接管方法是钢管孔外剩余 30~40cm 时，用管钳卡住管棚，反转钻机，使顶进连接套与钢管脱离，人工安装下一节钢管，对准上一节钢管端部，人工持管钳用钢管连接套将两节钢管连在一起，再以冲击压力和推进压力低速顶进钢管。

钻孔及钢管安装完成后，清理管棚钢管内的积物，封堵钢管与套管之间的空隙，喷射混凝土封闭掌子面，进行注浆。注浆前先进行现场注浆试验，根据实际情况确定注浆参数。采用 PH15 型注浆机进行分段注浆，按配合比拌制水泥浆，采用后退式大压力小流量的劈裂注浆，参见计算机自动控制注浆工艺。注浆结束后及时清除管内浆液并用 M30 水泥砂浆进行紧密充填，以增强管棚的刚度和强度。

25.6.6.3 洞身陆域及浅滩全、强风化段施工方法、工艺及技术措施

本合同段陆域及浅滩全、强风化段长度大约 1100m，为 V 级围岩，衬砌断面形式为 S5b，采用超前小管棚作为超前支护辅助措施，采用 CRD 法和双侧壁导坑法开挖，初期支护由全断面 D25 中空注浆锚杆、双层钢筋网、喷射混凝土、工字钢架组成，结合超前小管棚。

施工过程中实施超前小管棚注浆对地层预加固效果，是能否保证开挖顺利进行的关键。同时将严格遵循"管超前、严注浆、短开挖、强支护、快封闭、勤量测"的施工原则，尽量减少对围岩的扰动。并通过地质素描、监控量测和超前地质预报所提供数据的分析，指导隧道施工。当发现地质条件和渗水量发生变化时，及采取措施进行处理，确保施工安全。

1）开挖方法

采用双侧壁导坑法开挖段，侧壁导坑和拱部及核心土第一次开挖采用人工用尖镐或风镐等非爆破法开挖为主，尽量减少开挖中对地层的扰动，核心土第二次开挖采用人工配合 CAT320 型小型挖掘机开挖。侧壁导坑为全断面开挖掘进，初期支护一次完成，根据监控量测结果导坑不宜全断面开挖时，应分上下台阶进行开挖，预留核心土，必要时增设临时仰拱；拱部及核心土第一次开挖采用预留核心土环形开挖法，与核心土第二次开挖台阶间距保持 3~5m。隧道中线左、右两侧导坑开挖面错开距离为 3~5m，严禁同时开挖。

每次开挖循环进尺 0.5m，与设计型钢拱架纵向间距一致，开挖后及时用 5cm 厚的喷射混凝土对开挖轮廓进行封闭，再按照设计进行初期支护。各开挖部位应严格按设计要求保持台阶和左右洞距离，并尽早封闭成环，必要时增加锁脚锚杆，以控制沉降。

2）初期支护施工

初期支护包括工字钢架、钢筋网、中空注浆锚杆、喷射混凝土等工序，应尽早施工，快速封闭，确保安全。

（1）中空注浆锚杆施工工艺。

在钢架安装完成后开始施作中空锚杆，首先施作锚孔，严格控制锚孔位置、方向、直径，锚孔钻完后用气清孔，并将锚杆边旋转边送入锚孔，检查锚孔是否畅通，不合格重新钻孔。然后检查锚杆体表

面质量,将安装好锚头的锚杆插入锚孔,再安装止浆、垫板、螺母。安装垫板时确保垫板与锚杆垂直,并与初喷混凝土面密贴紧压。采用奥地利迈式灰浆泵 M40 注浆,注浆时将锚孔中的气体排出,确保浆液注满孔体,浆液水灰比为 0.45~0.5∶1,注浆压力控制在 0.3~0.8MPa。

中空注浆锚杆施工工艺流程如图 25-6 所示。

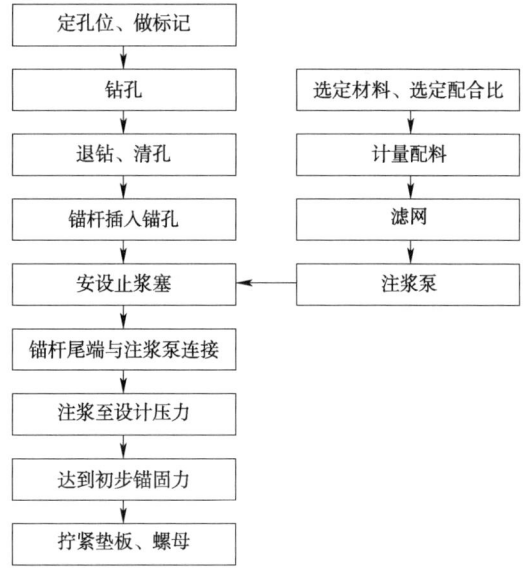

图 25-6 中空注浆锚杆施工工艺流程图

(2)超前小管棚施工方法和施工工艺。

超前小管棚施工工艺流程如图 25-7 所示。

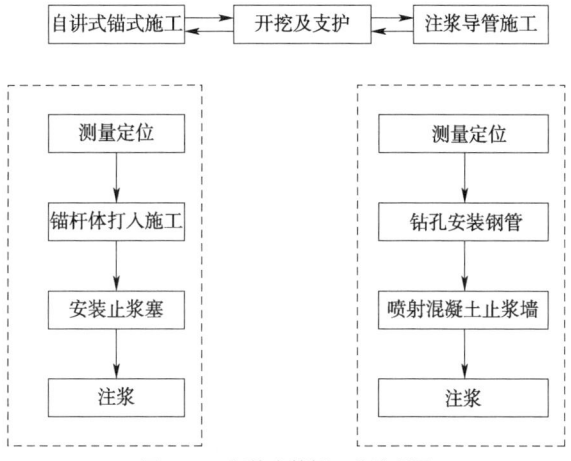

图 25-7 超前小管棚工艺流程图

超前小管棚采用长 10m 和 4m 两种形式,长短结合,每两排长导管之间设置两排短导管,形成双层小管棚超前支护。$L=10m$ 长超前小管棚采用 $\phi 38mm$ 自进式锚杆,壁厚 8mm,钢管与隧道轴线平行并以 10°仰角打入拱部围岩,钢管环向间距 60cm。$L=4m$ 超前导管采用外径 42mm、壁厚 3.5mm 热轧无缝钢管,钢管前端呈尖锥状,尾段焊上 $\phi 6mm$ 加劲箍,管壁四周钻 8mm 压浆孔,但尾部有 1m 不设压浆孔,钢管环向间距 40cm。每排长管搭接长度不小于 2m,短管搭接长度不小于 1m。

超前小管棚注浆采用纯水泥浆液,水泥浆水灰比为 1∶2~1∶1.5,注浆压力为 0.5~1.0MPa。

超前小管棚施作方法为首先检查开挖断面中线、高程,以及开挖轮廓线,然后沿隧道纵向开挖轮廓线,施作超前小管棚。$L=4m$ 注浆管采用手持风钻钻孔,如有堵孔,用 $\phi 20mm$ 钢管制作吹管,将吹管缓缓插入孔中,用高压风吹孔,成孔后再将小导管插入,并用 CS 胶泥封堵管口周围空隙。$L=10m$ 长自进式锚杆,用手持风枪打入。小管棚外插角以不侵入隧道开挖轮廓线,且越小越好,钻孔深度以设计为准,孔径比管棚钢管直径大20~30mm,钻孔顺序由高孔向低孔进行。

每循环自进式锚杆打入地层后,用锚固剂封堵端部孔隙,将止浆塞安装在距离孔自进式锚杆施工开挖及支护注浆导管施工口25cm处,采用奥地利迈式灰浆泵M40注浆,注浆时首先排出锚孔中的气体,清除杆体内的积物,确保浆液注满孔体。

每循环钢花管安装完成后,喷射混凝土封闭掌子面,形成止浆墙,以防漏浆,并清除小导管内的积物。采用PH15型注浆机分段式注浆,注浆前先进行注浆现场试验,根据试验结果确定注浆参数,注浆顺序由下而上,浆液由稀到浓逐级变换。

(3)超前小管棚施工。

超前小管棚是辅助施工措施,采用长10m及4m两种形式,长短结合,环环相扣,通过注浆和棚架作用进一步加固岩体,保证开挖作业顺利实施。

3)Ⅰ~Ⅳ级围岩地段施工方法、工艺及技术措施

本工程爆破开挖施工位于海域地段,是头顶海水进行爆破开挖,施工风险极大。因此,减少爆破对周边围岩的破坏和扰动,最大限度地保护周边岩体的完整性,减少超挖量,提高初期支护的承载能力,避免海水倒灌,是本工程施工控制的关键。同时,由于工期紧,进行快速掘进是按期完工的保障。

本标段行车隧道Ⅰ、Ⅱ、Ⅲ、Ⅳ级围岩段采用钻爆法施工,根据不同围岩等级分别采用不同的开挖方法。具体开挖方法是Ⅳ级围岩段采取上下台阶法开挖;Ⅰ~Ⅲ级围岩段采取中导洞法开挖,钻孔台车钻孔,无轨运输出渣。

(1)Ⅳ级围岩段施工工艺。

施工工艺流程如图25-8所示。

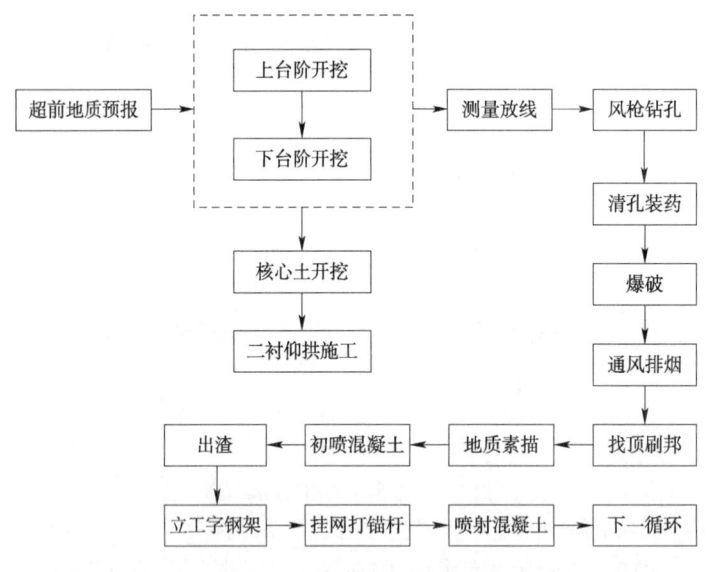

图25-8 Ⅳ级围岩段台阶法施工

Ⅳ级围岩段断面形式为S4b,上下台阶法开挖。初期支护由D25中空注浆锚杆、双层钢筋网、喷射混凝土、工字钢架组成。

Ⅳ级围岩段开挖爆破施工遵循"短进尺、密布眼、少装药、多段别"的原则,实施预裂松动爆破,尽量减少对围岩的扰动。开挖循环进尺1.2m(根据围岩状况调整),上下台阶间距8~10m,下台阶左右两侧相错开挖,初期支护及时施作,二次衬砌仰拱紧跟。同时施工过程中根据监控量测,地质素描和超前预报提供的信息,及时调整隧道开挖方法和支护参数,确定拱墙二次衬砌浇筑时间,确保施工安全。

(2)Ⅰ~Ⅲ级围岩段施工工艺。

施工工艺流程如图25-9所示。

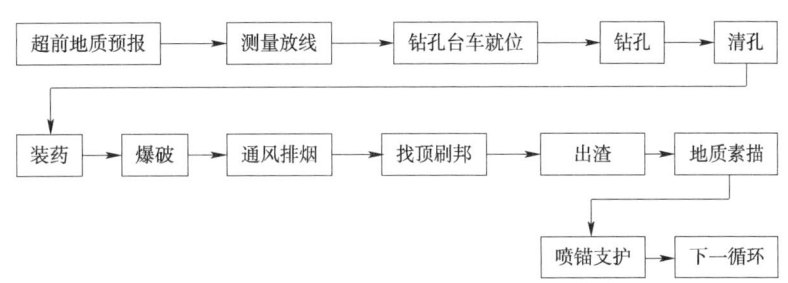

图 25-9 Ⅰ~Ⅲ级围岩施工工艺流程图

开挖方法及技术措施如下:

Ⅰ~Ⅲ级围岩段采用锚网喷支护,通过岩脉地段采用超前锚杆辅助措施,加强地质超前预报,为加快施工进度,提高光面爆破效果,减小爆破震动对围岩的扰动,决定采用中洞超前—预留光爆层法开挖,此开挖爆破方案的优点在于通过超前中导洞给光爆层提高了充分的临空面,减少了二次爆破对围岩的扰动,既提高了光爆层的光爆效果和循环进尺,同时也降低了炸药单耗量。

在满足钻孔和出渣作业空间,风水电管线布置,以及避免前后作业面的干扰等因素的情况下,确定中导洞断面形式,预留光爆层厚度5m,导洞超前距离10~15m。中导洞循环进尺3m,光爆层循环进尺3m,开挖后及时施作初期支护。

(3)控制爆破设计。

遵循"多打眼、少装药、短进尺"的原则,尽量提高炸药能量利用率,以减少炸药用量;隧道周边采用光面爆破,减少对围岩的破坏,控制好开挖轮廓;合理设计起爆顺序,增加毫秒延时雷管的段数,减少一次起爆药量,提高光爆效果;在保证安全的前提下,尽可能提高掘进速度、缩短工期。

①爆破器材选用。

炸药用2号岩石铵梯炸药,选用 $\phi 25mm$、$\phi 32mm$ 两种规格药卷,其中 $\phi 25mm$ 为周边眼使用的光爆药卷。使用的起爆系统为塑料导爆管、等差50ms非电毫秒雷管,火雷管引爆。

②掏槽眼形式。

掏槽方式采用三临空眼形式。

③光面爆破参数。

Ⅳ级围岩段采用上下台阶法施工,Ⅰ~Ⅲ级围岩段采用中导洞法施工,施工中根据爆破效果和围岩变化及时调整钻爆参数,以达到最佳光爆效果。光面爆破参数见表25-8。

光面爆破参数表　　　　表 25-8

爆破技术	围岩类别	周边孔间距 E (cm)	周边孔抵抗线 W (cm)	相对距离 (E/W)	线装药密度 (g/m)
光面爆破	硬岩	50	60~80	0.8~1.0	200
	中硬岩	45	60~75	0.8~1.0	150
	软岩	35	45~55	0.8~1.0	70

④周边炮眼装药结构。

周边炮眼采用不耦合系数小于1.8不耦合间隔装药结构,导爆索、竹片用电工胶布与炸药卷绑在一起,$\phi 42mm$ 钻孔,选用 $\phi 32mm$ 和 $\phi 25mm$ 两种小直径药卷。

⑤起爆顺序如图25-10所示。

图 25-10 起爆顺序图

⑥钻孔设备。

钻爆施工作业中,钻孔作业工序的成孔质量和速度,直接影响施工速度、光面爆破效果以及欠挖。考虑到本工程工期较为紧张,在钻孔设备的选型上,通过方案比选,决定采用钻孔台车,实现了整个钻进过程的全部智能化。从根本上解决了由于人工布孔导致的无法避免的隧道超、欠挖的问题,大大降低了整个开挖施工的作业成本,加快施工速度,提高光面爆破效果。

钻孔台车作业程序是将隧道开挖要求及各项技术参数在办公室的计算机中预先进行设计,设计方案通过数据传输到钻孔台车的机载计算机中,再由钻孔台车将各项设计参数进行数据处理和转换,钻机将按照钻孔智能化的程序自动开始和完成整个的钻孔作业。

钻孔台车彻底摆脱了目前采用其他种类台车在(如液压控制台车)隧道开挖中对隧道断面和钻孔进行的人工测绘和标注的工序,操作人员可通过机载计算机随时监控整个的钻孔作业循环以及完成的情况,并生成结果及分析报告,使得整个隧道施工更科学和系统化。其优点如下:

a. 精确快速的钻孔控制。

开挖断面布孔图包括每个孔的位置、角度和每个钻臂的钻孔数量以及移动顺序和方向均是由机载计算机按照办公室预先优化方案自动进行。

b. 精确定位。

钻孔台车与隧洞定位激光作为定位基准,所有钻孔的定位开孔和钻进的整个钻进循环完全由计算机控制按照设计的要求自动完成。无论上个循环爆破后断面表面的平整度如何,此次钻孔的各个孔的孔底保持在一个平面上,保证精确的钻孔效果。特别是曲线隧道的钻进,更加方便和精确。

c. 数据采集和分析软件系统。

钻孔台车拥有一套完整的数据采集和分析软件系统,每个钻进的参数及整个循环的钻进效果可显示并记录,用于下个循环的分析及布孔的调整。

⑦光面爆破技术措施。

提高测量放样精度,确保周边眼的定位误差在3cm以内。

周边眼钻孔误差控制在2cm以内;钻孔外插角控制在2°以内,控制每循环爆破进尺,确保眼底和孔口之间最大偏距不超过10cm。

根据本工程地质资料,进行论证和爆破试验,选择与本工程地质条件、围岩岩性相匹配的炸药品种,提高爆破效果;通过爆破试验,选择合理的爆破参数。

根据围岩岩性,选择确定光面爆破和松动控制爆破的周边眼间距、抵抗线、不耦合装药结构、起爆顺序、堵塞长度等爆破参数,确定各主爆孔特别是掏槽眼的爆破参数,确保爆破施工达到预期效果。

保证隧道开挖爆破炮眼残留率硬岩达到80%以上,中硬岩达到70%以上,软岩达到50%以上;相邻两炮孔之间的岩面平整,孔壁无明显的爆破裂隙。

⑧爆破施工控制要点。

爆破装药前进行设岗警戒,布设岗哨。

采用光面爆破,严格控制周边眼装药量,最大限度地减小爆破对周边围岩的扰动和破坏。

采用微振控制爆破技术,严格控制段装药量和段间延期时差,达到控制爆破振速的目的。

每个开挖循环都要进行施工测量,标定开挖轮廓线及周边炮眼位置。采用激光准直仪控制开挖方向,钻眼按设计方案进行。周边眼外插角控制在0~2°以内,保持最大超挖量小于7cm。掏槽眼严禁互相打穿相交,底眼比其他炮眼深40cm。

装药前炮眼用高压风吹干净,检查炮眼数量。装药时,由爆破员分好毫秒雷管段别,按爆破设计顺序装药,装药作业分组分片进行,定人定位,确保装药作业有序进行,防止雷管段别混乱,影响爆破效果。每眼装药后用炮泥堵塞20cm。

起爆采用塑料导爆管非电起爆网络,雷管连接好后爆破员进行检查,检查雷管的连接质量及是否有漏连的雷管,检查无误后发出起爆信号。

开挖过程中观察围岩的变化情况及爆破效果,及时调整钻爆设计参数,控制隧道超欠挖,保证开挖轮廓平顺。

⑨隧道超欠挖控制技术措施。

控制超欠挖是确保工程质量的主要措施,这在海底隧道施工中尤为重要。控制好超欠挖可以保证开挖轮廓圆顺平整,减轻应力集中现象,减少超欠挖量,节约大量混凝土和回填圬工,避免局部塌落,并为喷锚支护创造良好的条件,加快施工进度。

a. 采用光面爆破技术,控制超欠挖。

根据隧道不同地质情况选用相适应的光面爆破技术参数。周边眼间距一般为 35~50cm;单孔装药量为辅助眼用药量的 1/3~1/2。

合理确定光面爆破层的厚度,周边眼间距与周边眼抵抗线的比值一般为 0.6~0.85;正确选用周边眼装药结构。周边眼多采用小药卷炸药,不耦合装药结构;当采用间隔装药,相邻周边炮眼药卷的位置要错开,并用导爆索起爆周边炮眼。按设计装药,严格用炮泥进行堵塞,采用非电毫秒雷管按顺序起爆。保证周边炮眼同时起爆,要求各炮眼起爆时差不超过 0.1s。

精确标定开挖轮廓线和炮孔布眼,开挖轮廓线要考虑施工误差,预留围岩变形。

衬砌轮廓线按设计轮廓线径向加大 5cm 考虑。炮孔布眼孔口误差为 ±3cm。轮廓线上的周边眼要圆顺,炮孔用红漆标明。

提高钻孔质量,周边眼的外插角不大于 3% 或前后两循环间的错台不大于 10cm。

各炮眼的方向误差、深度误差要小,要求相邻周边眼炮孔方向应相互平行,同类炮孔孔底深度要一致;为提高周边眼的钻孔质量,施工前对施工人员进行专门技术培训,明确分工,通过强化操作,提高熟练程度;钻孔结束后要清孔,炮眼用炮泥堵塞,保证单孔装药质量。

b. 防止隧道局部坍塌,控制超挖。

因围岩地质条件差异引起隧道局部坍塌也是造成超挖的主要因素。隧道拱部的掉块、脱落往往会使围岩失稳,引发局部塌方,造成超挖。在本隧道中破碎带、不利岩层结构面等均易产生围岩失稳的现象,因此,在施工中严格进行喷锚支护,保证支护及时,支护质量可靠;在破碎围岩地段要缩短循环进尺,采用分部开挖等措施,控制局部坍塌。

c. 使用先进的检测仪器,控制超欠挖。

采用 BJSD-12 断面仪进行爆破质量效果检查,随时抽查隧道超欠挖情况。根据提供的实测断面图,进行分析超欠挖的原因,以便采取对策进行管理。

⑩关于爆破方面的措施。

a. 降低爆破振动的措施。

在海底隧道进行爆破作业,严格控制爆破震动,采用微震爆破技术,最大限度地减少对围岩的破坏。中国中铁股份有限公司已经对小间距隧道施工采用微震爆破技术进行过研究。

在本隧道施工中将采用已经取得的成果和经验对海底隧道施工采用微震爆破技术进行施工。

增加中空眼:在隧道爆破施工中,掏槽眼和底眼装药量最大,因此选用大中空眼掏槽,以减少装药量;在底眼布置时,可间隔布置空眼,以减少装药量。

短进尺:海底隧道施工不同于丘陵隧道施工,爆破应采用短进尺,减少每眼装药量,降低爆破震动。

密布眼:在爆破设计中,适当增加布眼密度,减少每眼装药量,降低爆破震动。

多段网络起爆:在爆破设计中,适当增加起爆段数,减少每段起爆药量,降低爆破震动。

b. 雷电期间爆破作业。

根据气象预报或天气情况,在雷电将来临时,立即停止所有地面或地下的炸药运输和短程搬运,所有人员立即撤至安全地点,并将雷电来临或已过的信号,通知洞内工作人员。

爆破作业完成地段,安装经批准的雷电监控器和自动报警灯。

c. 爆破震动监测。

为减少爆破震动对围岩及邻近构筑物的震动,施工过程中采取控制爆破措施,同时监测并记录爆破震动情况及空气增压情况,分析资料调整爆破作业,控制震速不超过允许值,并防止开挖失稳。

25.6.6.4 出渣及运输

本标段采用无轨运输方式出渣及运输,为减少工序间的相互干扰,实现快速施工,除配备满足施工要求的装运设备外,在 CRD 法施工段、双侧壁导坑法施工段、台阶法和中导洞法钻爆开挖施工段,以及通过二次衬砌仰拱施工段,制定了相应的出渣及运输方案。同时在施工中将建立工程运输调度,根据施工安排编制运输计划,统一指挥,提高运输效率。

(1) CRD 法、双侧壁导坑法施工段出渣及运输方案。

CRD 法施工段上台阶采用人工小推车运渣,通过临时仰拱孔洞经滑槽弃置下台阶已经开挖完成处,然后在下台阶用 X-型小型挖掘机装渣,装渣位置随着开挖推进而前移,同时对临时仰拱上废弃的孔洞进行封闭。下台阶侧墙采用人工开挖的弃渣与中部核心土,用 CT45 型小型挖掘机进行挖装。采用沃尔沃隧道专用出渣自卸车运输。

双侧壁导坑法施工段采用 CT45 型小型挖掘机装渣,沃尔沃隧道专用出渣自卸车运输。

(2) 钻爆法施工段出渣及运输方案。

行车隧道断面较大,台阶法开挖施工段,采用 CT45 型挖掘机将上导坑内的洞渣扒至下台阶,在下台阶采用 966F 侧翻装载机装渣;中导洞法开挖施工段,采用 CT45 型挖掘机配合 966F 侧翻装载机装渣,采用沃尔沃隧道专用出渣自卸车运输。

(3) 通过二次衬砌仰拱施工段出渣及运输方案。

为保证隧道仰拱混凝土施工和洞内出渣运输同时进行,施工中采取仰拱栈桥施工法,即在仰拱施工区段搭设栈桥,在仰拱混凝土施工的同时,出渣车辆从栈桥上通过。

25.6.6.5 二次衬砌施工

1) 施工指导思想

(1) 确保施工质量,本工程设计年限为 100 年,能否达到设计寿命,二次衬砌混凝土施工质量是关键。

(2) 确保结构安全的原则,本工程设计二次衬砌是主要的受力结构,初期支护承担部分荷载,在二次衬砌施工前,初期支护存在安全隐患,特别是软弱围岩地段初次衬砌临时结构破除的过程中,存在较大的安全隐患,因此,必须选择适当的二次衬砌方案以确保施工过程安全。

2) 总体施工部署

本标段包括厦门端及左线主隧道和相应里程的服务隧道及两隧道之间的横通道,施工里程为 ZK6+540～ZK9+700,全长 3160m,标段含有 60m 明挖地段,主洞及服务隧道所穿地层在陆域及浅滩段分别有 880m 和 768m,基本处于全强风化地段,地质相对较差。

跨海部分位于微风化花岗岩地段。根据本隧道Ⅳ、Ⅴ类围岩软弱,掘进速度较慢,而Ⅰ、Ⅱ类围岩掘进速度快的特点,行车隧道和服务隧道各布置 3 台液压整体式台车,1 台布置在明洞洞口段,1 台布置在陆域及浅滩段,1 台布置在海底Ⅰ、Ⅱ类围中。行车主洞台车长 10m,服务隧道台车长 12m。混凝土采用拌和站集中拌和,罐车运送,输送泵泵送入模浇筑,人工机械振捣,洒水养护。衬砌台车采用刚度大的模板台车,模板面板厚度采用 10mm 厚钢板制作,材质为 Q235A 碳素结构钢,通过提高泵送混凝土压力以保证拱顶回填密实。

3) 二次衬砌主要施工方法

(1) 陆域及浅滩段围岩软弱,二次衬砌较初期支护施工有一定的滞后时间,初期支护上的水压力大小对施工的安全将有一定影响,要求初期支护要及时封闭成环,二次衬砌必须紧跟初期支护进行施工,同时Ⅳ、Ⅴ类围岩段采用CRD法或双侧壁导坑法施工,为保证结构施工安全,二次衬砌仰拱采用间隔破除临时结构,跳跃施作,拱墙采用整体台车浇筑的施工工艺。

(2)海底Ⅰ类、Ⅱ类围岩段和服务隧道中采用整体台车整体浇筑施工工艺完成。

(3)横洞二次衬砌采用组合模板浇筑工艺。

4)二次衬砌主要施工工法及工艺

(1)二次衬砌防水施工方法及工艺。

初期支护和二次衬砌之间铺设隧道防水板,根据设计要求选用带注浆及老化能力强,拉伸强度和断裂拉伸率高的PVC防水卷材,防水板搭接采用双缝焊接工艺。

施工缝和沉降缝采用背贴式止水带,中间企口带注浆管,企口两侧安装注浆管橡胶膨胀止水条,内壁加设结晶类填充材料的3种防水方式,以达到分区防水的目的。

(2)二次衬砌钢筋施工方法及工艺。

施工要点如下:

①衬砌钢筋的检验。

钢筋必须有出厂质量证明书或实验报告单,每捆(盘)钢筋均有标志。进场时,钢筋必须按照不同钢种、等级、牌号、规格及生产厂分批验收,分别堆放,并设明标识牌。

进场钢筋应取样试验,出现不合格应予以拒收。

②钢筋加工。

所有钢筋的切断及弯曲应在工地工场内完成,钢筋切断应考虑钢筋配料,优化钢筋原材料的使用,合理搭配,尽量减少余料,并尽量减少接头数目。钢筋必须按图纸所示进行加工。

③钢筋绑扎。

钢筋绑扎的准备工作:准备绑扎用的铁丝、绑扎工具钢筋钩等。

准备控制混凝土保护层用的垫块(砂浆、塑料垫块)。

钢筋绑扎控制标准:在隧道内衬砌工作面,严禁在钢筋安装时损伤防水层。钢筋绑扎结束后,必须对衬砌区的防水层认真检查,对于损伤处采取补救措施,质检工程师重新验收,并报现场监理工程师检查,确保防水层铺设合格,然后进行下一道工序施工。

④钢筋连接。

钢筋连接可采用焊接、绑扎和机械式接头等多种形式。

a. 焊接接头。

热轧钢筋均采用电弧焊。

采用电弧焊接钢筋,焊接接头与钢筋弯曲处的距离不应小于10倍钢筋直径,也不适宜位于构件的最大弯矩处。

b. 绑扎接头。

钢筋绑扎长度为$30d$(d为钢筋直径),绑扎接头应相互错开,错开距离为$1.3L$(L为钢筋搭接长度),且不少于50cm。

钢筋绑扎接头至钢筋弯曲处的距离不应小于10倍钢筋直径,也不适宜位于构件的最大弯矩处。

c. 机械接头。

选用A级钢筋接头,受力钢筋机械接头位置应相互错开,在任一接头中心至长度为钢筋直径35倍范围内,有接头的受力钢筋占比不宜超过50%。

(3)二次衬砌仰拱及填充。

为尽早形成施工支护封闭环,仰拱及填充超前于拱墙衬砌施作,仰拱模板为弧形刚性小模板加横支撑系统,每次施工长度为10m,紧跟开挖掌子面,用混凝土运输车运输混凝土,直接用输送泵泵送至立好的模板内。采用可移动栈桥,确保仰拱施工与隧道掌子面施工平行进行,如图25-11所示。

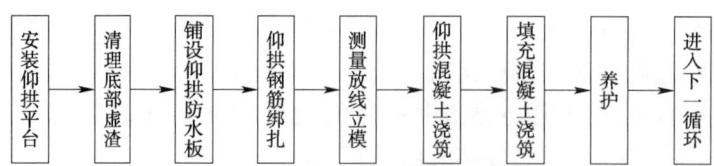

图 25-11 仰拱与充填施工

(4)拱墙二次衬砌施工方法及工艺。

本隧道采用整体式液压台车,为了保证拱顶密实,采用刚度较大的整体模板台车,高压输送泵泵送混凝土,提高泵送混凝土压力,保证拱顶回填密实,加强混凝土的振捣,提高结构自防水能力。在衬砌混凝土完成后,强度达到设计强度,进行拱顶回填灌浆。

施工要点如下:

①商品混凝土的质量控制。

a.二次衬砌采用商品混凝土。

b.每次使用混凝土,商品混凝土厂家必须提供本次混凝土所用水泥、外加剂的质保书与检测报告,砂子与石子的检测报告与施工配合比。

c.通过每车混凝土做坍落度试验对混凝土的和易性进行检测,并根据规定批次,做混凝土强度试验,对于不合格的混凝土予以退回。

d.根据批准的配合比,在生产日中进行配筋量计算,并且在现场做必要校正试验。

②台车加固。

a.衬砌台车自行至衬砌的位置进行测量定位,定位后的加固采用台车自身的调节螺杆完成。

b.按衬砌断面尺寸加工堵头木模板,封堵端部混凝土,木模上钻孔,穿设纵向连接钢筋,以便下循环相连接。

③混凝土施工。

a.混凝土运输。

混凝土采用罐车运送,在运输过程中,罐车应旋转拌料,以防止混凝土出现分层、离析等现象。

混凝土运至浇筑地点时应符合浇筑要求的坍落度,当有离析现象时,必须在浇筑前进行二次搅拌。

b.混凝土浇筑。

每循环衬砌前,对上一组衬砌接缝处的混凝土凿毛、清洗,并刷一层水泥浆以使新旧混凝土接合良好。

浇筑时按照分层、均匀、对称的原则进行。每层浇筑高度控制在300mm以内,两侧混凝土浇筑高差控制在50cm以内。

浇筑过程中应严格控制混凝土的下落高度,混凝土的自由下落高度不超过2m,以防止灌筑过程中混凝土产生离析。

保证混凝土浇筑的连续性。

c.混凝土的振捣。

要按照"快插慢拔"的原则进行混凝土振捣,直至混凝土表面不再冒气泡,开始浮浆,并不再沉落为标准。

振捣器插点要均匀排列,振捣器移动间距不得超过有效振动半径的1.5倍。

使用插入式振捣器时,必须避免与钢筋和预埋构件相接触。

混凝土分层浇筑时,插入式振捣器要垂直插入混凝土内,在振捣上一层时应插入下层混凝土的深度一般为5~10cm,以保证新浇筑混凝土和先浇筑混凝土结合良好。

衬砌拱部采用附着式振动器进行混凝土振捣。

d. 混凝土养护。

为了保证混凝土的正常硬化温度、湿度条件,防止收缩开裂,确保混凝土达到设计要求的强度,混凝土浇筑后由专人对混凝土进行洒水养生,洒水养生不小于10d。始终保持混凝土处于润湿状态。

e. 拆模。

二次衬砌混凝土强度达到设计要求时方可拆模。

(5)二次衬砌背后充填注浆施工方法及工艺。

衬砌施工完毕后,为保证初期支护与二次衬砌之间的密实性,确保二次衬砌的抗渗性,按衬砌预留孔,对二次衬砌进行背后充填注浆。

每模边墙和拱顶分区内共设10个注浆嘴,注浆嘴点焊接在PVC防水板上,并同时用胶带将圆盘四周临时封住,以防止注混凝土时砂浆堵塞注浆管,然后将注浆嘴用注浆管引出,用于注浆。

①工艺流程。

工艺流程如图25-12所示。

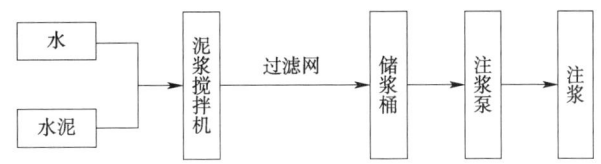

图25-12 二次衬砌背后充填注浆施工工艺流程图

②施工要点。

a. 注浆之前,清理注浆孔,安好注浆管,保证其畅通,必要时进行压水试验。

b. 注浆须连续作业,不得任意停泵,以防浆液沉淀,堵塞管路,影响注浆效果。

c. 注浆顺序是由低处向高处,以利于充填密实,避免浆液被水稀释离析。

d. 注浆时必须严格控制注浆压力,注浆时拱顶处压力一般不超过0.5MPa。

e. 为提高水泥浆的抗水性,可按照施工规范要求在水泥浆中适当掺加防水剂。

(6)隧道边沟、电缆槽、盖板施工。

洞内沟槽采用现浇,沟槽随边墙基础施工一次挖好,盖板在预制厂预制。为便于安装,其周边各面应平整、尺寸准确,且盖板上面做明显记号,以防安放时倒置。

(7)洞室、预埋件施工。

各种洞室与洞身同时开挖。洞室和预留沟槽的立模及预埋钢管的安放牢固。所有预埋管道试穿贯通,不得堵塞,并预穿 ϕ4mm 镀锌铁丝,以利穿线。

25.6.6.6 隧道装修

主隧道全断面采用深蓝色防火涂料、边墙部分增加装饰板修饰。

防火涂料采用 BSEN1363-2 碳氢化合物升温曲线标准,耐火极限不小于2h,采用厚型涂料,无机型涂料,毒性试验指标达到 AQ1(安全一级),充分保证在常温及高温下不释放有害气体,与混凝土的黏结强度大于0.4MPa,并要求在长期潮湿条件下不脱落。

面板采用5mm厚 Glasal 隧道专用墙板,颜色根据后期景观确定,面板性能参见《瓷面纤维增强水泥墙板建筑构造》01ZJ110-1,面板具有半亚光的表面涂层,使光得以漫反射,光亮度指数大于60%,可用机械清洗及高压清洗,能有效地抵抗汽车尾气所排放的碳氢化合物的腐蚀以及在清洗保洁过程中所使用的各种洗涤剂的腐蚀,可提供有效吸音降噪功能,应能为管线系统及设备提供一个空腔围壁,便于维护人员对设备管线进行检修,及便于更换。

所用框架全部由铝合金、热镀锌钢或不锈钢制成,以防止隧道环境下的腐蚀。在安装面板时需预先确定各设备门的安装位置和所需预留的尺寸,注意背部龙骨和支架不影响设备的正常安装。

在喷涂防火涂料前,先对洞身混凝土表面除尘、去污,并对错台进行修补处理,以保证防火涂料喷涂厚度均匀。喷涂前,采用强度等级为32.5的水泥调制纯水泥清浆刷洞身一次,以提高附着力。

防火涂料在特制的轮胎式移动作业平台上进行施工,使用专用设备,喷涂与涂抹相结合,将涂料均匀地喷涂到基面上。防火涂料采用多次喷涂的方法,直到符合设计厚度要求,在室温下每次喷涂时间间隔不小于24h,施涂完成后按照常规进行养护。

防火装饰板采用洞外加工、洞内拼装加固的方法施工。

25.6.6.7 隧道施工排水

厦门地区暴雨多,本工程接线深路堑较长,在暴雨期间,如果洞口的排水设施不全面,能力不足将会严重影响隧道正常施工。施工及生活用水集中处理统一排放,隧道洞口附近设污水处理场一座。

1)洞外截排水

施工期间排水:施工期间隧道内产生的水主要为围岩渗水和施工用水,要求根据实际施工情况设置集水坑,并进行逐级抽水。

针对不良地质洞段的围岩渗水有出现加大的可能性及防灾的要求时,该段施工中需要预备多台大功率的抽水泵和富余的输水管道。所有备用水泵的电源以洞外稳定电源为主。

隧道进洞施工前先做好洞顶、洞口和隧道周围地表的防排水工作。平整洞顶地表,排除积水。所有坑洼、陷穴、探坑、钻孔等,用不透水土壤回填夯实;整理隧道周围流水沟渠,并根据情况以圬工铺砌,防止下渗,并使水流畅通;平整洞口处施工场地,修筑洞外排水系统,并使水流畅通,保证洞口不积水。

为避免洞外雨水流入洞内,路基根据地形情况尽量将边坡水或路面水截流出洞外,其余的水通过在隧道洞口设置三道截水沟,截流进洞口处集水池,并设泵站将雨水排出,抽至污水处理厂,净化处理合格后排放。

2)洞内施工排水

本合同段隧道坡度为0.54%和2.90%,下坡施工,施工期间隧道内产生的水主要为围岩渗水和施工污水,施工排水采用设置集水池,多级接力机械抽排的方法,将洞内积(涌)水利用离心水泵接力抽排至洞外。

在集水坑附近设置泵站,每处泵站的水泵和电机按工作一台、备用一台配备,均为离心式水泵。工作泵和备用泵同时装机。

隧道施工时,利用移动潜水泵将工作面的积水抽入较近的泵站集水坑内,再由工作水泵从集水坑内将水经排水管路抽排至下一个集水坑,如此接力至洞口,汇流入污水处理厂,经净化处理后排放。

洞内汇流水就近引入泵站集水坑内,泵站内设自动化水泵装置,集水坑设两台工作水泵和水位信号控制装置,当水深在第一水位时,两台水泵自动轮换工作,一台水泵出现故障自动切断电源,另一台水泵自动投入工作。当水位升到第二水位时,二台水泵同时自动启动,同时工作。

抽排水系统由专人负责维护,包括水泵、电机的维修保养以及集水坑的清淤、排水管路修整等。施工完毕后,集水坑用混凝土回填密实。

25.6.6.8 隧道施工通风

1)施工通风方式及布置

本合同段隧道长2810m,YK11+300处设通风竖井一处,施工通风分为两个阶段。

第一阶段:隧道出口段和竖井施工段贯通前采用独头压入式通风;在洞口外30m处设两台DT54-12.5型通风机,通风筒采用直径1.5m PVC增强纤维纶布材料柔性优质风筒,风机电动机采用双级变速。

第二阶段:隧道出口段和竖井施工段贯通后,由竖井采用两台通风机压入式通风至工作面,配直径1.5m的柔性风筒,风压不足时串联一台风机,将洞口风机移至竖井处,连接直径1.5m的柔性风筒,伸出竖井井口,污风利用风机从竖井经风筒抽出。

2）通风设计原则

通风时间:为满足快速掘进要求,按通风25min后,工作面具备满足人员进洞施工条件。风速要求:正洞全断面开挖时不小于0.15m/s,但不得大于6m/s,以达到有效排尘;风量要求:供风量保证工作面每人供应新鲜空气不小于3m³/min。

通风设备有适当的备用数量,一般为计算能力的50%。

3）用风量计算

洞内施工所需通风量根据洞内同时工作的最多人数所需的空气量,或满足洞内最小风速要求,或使用同一时间爆破的最多炸药用量产生的有害气体降低到允许浓度所需的空气量,或满足同时在洞内作业的机械设备产生的有害气体稀释到允许浓度所需的空气量等条件分别进行计算确定。以其中最大者来选择通风设备。

对竖井向进口方向掘进1600m进行通风计算。具体计算见表25-9。

需风量计算表　　表25-9

序号	项　目	计算结果	说　明
1	隧道内同时工作最多人数计算风量	$Q_1 = 330 \text{m}^3/\text{min}$	$Q_1 = qmk$ q 为隧道内每人每分钟所需新鲜空气量,$q = 3\text{m}^3/\text{min}$;$m$ 为隧道内同时工作的最多人数,$m = 100$ 人;k 为风量备用系数,$k = 1.1$
2	满足隧道内允许最小风速要求计算风量	$Q_2 = 450 \text{m}^3/\text{min}$	$Q_2 = 60sv$ s 为隧道断面面积,取 50m^2;v 为允许最小风速,全断面开挖取 0.15m/s
3	隧道内同一时间内爆破使用最多炸药用量计算风量（按压入通风计算）	$Q_3 = 578 \text{m}^3/\text{min}$	$Q_3 = 2.25/t[G(AL)2b\phi/P_2]1/3$ t 为通风时间,$t = 25\text{min}$;G 为一次爆破的炸药用量,取 396kg;L 为通风区段长度;通风区段长度 L 大于 $L_{极限}$ 时,式中 L 用 $L_{极限}$ 代替;b 为每公斤炸药产生的 CO 量,取 $40\text{m}^3/\text{kg}$;ϕ 为淋水系数,取 0.6
3	漏风系数 $P = [(1-\beta)L_1/100] - 1 = 2.62$		
3	极限长度 $L_{极限} = 12.5 \times GbK/(AP_2) = 250\text{m}$		
4	按柴油机的废气污染计算风量	$Q_2 = 454 \text{m}^3/\text{min}$	$Q_2 = Q_0 \sum p$ Q_0 为同时在隧道作业各种柴油机功率总和 216kW;$\sum p$ 为柴油机单位功率所需风量,取 $3\text{m}^3/\text{min}$

工作面最大需风量 Q 工选用以上四者最大值（冲淡爆破气体风量 $520\text{m}^3/\text{min}$）来计算。

工作面需风量为:
$$Q_工 = KQQ_3 = 1.14 \times 578 = 660 \, (\text{m}^3/\text{min})$$

风机应供风量 Q_j 计算
$$Q_j = Q_工 \times P = 660 \times 2.62 = 1730 \, (\text{m}^3/\text{min})$$

考虑到独头通风距离较长,为进一步改善施工环境,故选用通风机设计风量 $2000\text{m}^3/\text{min}$。

4）风机全压和电动机功率计算

风机全压和电动机功率计算见表25-10。

风机全压和电动机功率计算表　　　　表 25-10

序号	项 目	计算结果	说 明
1	管道阻力系数 R_f	$R_f = 2.33\text{N} \cdot \text{S}^2/\text{m}^8$	$R_f = 6.5\alpha L_f/D^5$ α 为风管摩阻系数;$\alpha = \rho\lambda/8 = 0.0017$,$\rho$ 为本地区空气密度 0.927kg/m^3,λ 为达西系数,取 0.015;L_f 为风管长度,独头通风 1600m;D 为风管直径,为减少风阻选用 ϕ1.5m 优质软风管
2	管道沿程阻力损失 H_f	$H_f = 740\text{Pa}$	$H_f = R_f Q_j Q_{\text{工}}$
3	风机需提供压力 H_t	$H_t = 1130\text{Pa}$	$H_t = (H_f + 50)/K_r$
	考虑其他的局部阻力,选用风机设计全压 2250Pa 可满足要求		
4	风机配用电动机功率	$N = kQ_j H_t/\eta = 110\text{kW}$	$N = kQ_j H_t/\eta$ 设计风量 $2000\text{m}^3/\text{min}$,全压 2250Pa 配用电动机功率储备系数 $k = 1.08$,风机效率 $\eta = 0.8$

5) 通风机及通风方案的选择

根据以上计算,采用独头压入式通风,风机选用 1 台天津生产的 DT54-12.5 型通风机,每台供风量为 $2100\text{m}^3/\text{min}$、风压为 2250Pa,电动机功率为 110kW,通风筒采用直径 1.5m PVC 增强纤维纶布材料柔性优质风筒,可满足独头 1600m 施工通风。

隧道出口段和竖井施工段贯通后,为改善洞内施工环境,设一台抽出式风机,由通风竖井排出。因为压入式通风机的配置已经满足最不利通风时段的需要,抽出式风机仅满足能够排出大量洞内污浊空气的需要,不做检算。

6) 风流及其质量的控制

防漏降阻是实现长距离通风的技术关键,为了提高隧道的通风质量,在施工中将采取措施,确保隧道通风质量。具体措施见表 25-11。

防 漏 降 阻 措 施　　　　表 25-11

序号	防漏降阻措施	说 明
1	选用优质风管材料,加大风管直径	选用长丝涤纶纤维做基布,压延 PV 塑料复合而成的增强塑料胶布做风管材料
2	加大风管节长	将风管节长增大到 25~30m
3	采用新的风管加工工艺	采用电热塑机加工取代缝制
4	改进风管连接形式	接头及转弯处采用薄钢板制成钢圈,加焊 ϕ10mm 钢筋
5	提高风管安装质量	吊挂风管的缆索要拉平、拉紧

压入式进风管口设在洞外适当位置,并做成烟囱式,防止污染空气再回流进入洞内;通风机装有保险装置,当发生故障时能自动停机。若通风设备出现事故或洞内通风受阻,所有人员应撤离现场,在通风系统未恢复正常工作和经全面检查确认洞内已无有害气体以前,任何人均不得进入洞内。

掘进工作中安全员进行安全质量监测,以确保洞内工作安全;在每班工作期间,用手持式风速仪或皮托管风速量测计,对风道内的风量至少量测一次。如有通风不足,予以记录并研究解决;配备缺氧及游离二氧化硅(SiO_2)等检测仪器,并对测试人员进行专业培训,同时为检测人员提供经批准的防毒面罩等保护设施或用具。

25.6.7 通风竖井

翔安岸竖井位于浅海区域，平均水深 2~3m，竖井里程为 YK11+300，对右线主洞进行送排风，同时还作为左线主洞隧道的紧急情况排烟通道。竖井井深约 52m，竖井断面为圆形，净空直径 8.3m。

竖井施工采用围堰筑岛方式修建，在竖井位置围筑人工岛，作为竖井施工的平台。

通风竖井的施工既为隧道施工探明工程地质和水文地质，同时也为正线隧道的施工提供施工经验和做好施工准备。根据施工整体安排和工期计划要求，竖井计划作为正线隧道施工的一个工作面，加快正线隧道的施工进度。为了保证竖井结构在施工期间和以后运营期间的安全稳定，竖井井圈部位需要进行加强；同时要求竖井的提升设备要能够满足正线隧道施工期间的提升要求。

竖井施工方法上部地质较差部位，采用设计围护结构围护，人工开挖，下部地质情况较好的部位，主要采用钻爆法施工，喷锚支护。竖井提升设备采用设立龙门架、安装机械抓斗和提升吊桶。竖井衬砌安排在竖井至洞口段的开挖完成之后进行，圆形竖井衬砌施工采用滑模施工，渐变段的衬砌采用特制钢模配合型钢支架施工。

排烟风道的施工，计划在竖井开挖至风道位置后，进行风道开口，开挖与竖井开挖同步进行风道衬砌采用简易钢模台车。

25.6.7.1 竖井围堰施工

翔安岸竖井位于浅海域，采用围堰筑岛方式修建，分临时性围堰和永久性围堰两部分。在靠近陆地约 850m 设置临时性围堰，内作为隧道弃渣场地，竖井人工岛外侧设置临时围堰，临时围堰内沿人工岛四周设置永久性桩基础防浪墙护岸，内填土，作为人工岛建筑。

1）临时围堰护岸

（1）施工工序。

①填筑临时围堰 A。

②开挖围堰内环向水沟，同时填筑临时围堰 B。

③临时围堰 A 填砂、弃渣，开挖围堰 B 内环向水沟。

④填筑人工岛围堰，临时围堰 B 内填砂、弃渣。

（2）围堰基底处理。

围堰基底设计为抛石挤淤，石块质量为 10~100kg，用装载机从外侧向岛内侧进行。边抛石边清除挤出淤泥。抛石顶部不平整部分用片石填筑，其上再用级配碎石整平，级配碎石厚度不大于 5cm。

（3）无纺土工布围堰施工。

临时围堰采用土工织物袋装砂，含泥量不大于 5%，织物袋外侧表面缝制一层抗老化无纺土工布，规格为 200g/m²，人工分层码砌。

（4）临时围堰填土。

采用分层填筑碾压，压实度不小于 85%。其上设泥结石路面。

（5）抛石护底。

临时围堰临海一侧设抛石护底，要求石块质量为 200~300kg。临时围堰 A、B 内底层填 50cm 厚砂层，作为弃渣场。

（6）人工岛基底处理。

人工岛基底处理采用清淤换填砂砾垫层，清淤前先在围堰四周开挖排水边沟，以起到排水和降水的作用。

用履带式挖土机挖出淤泥，边开挖边设置临时施工便道，便道基底用抛填片石、砂垫层等方法处理，如基底渗水，开挖排水沟降排水，避免基底软化。

淤泥挖出后,应及时装运出场。车辆的车斗采用封闭式车斗,防止淤泥沿路滴洒。

淤泥一定要彻底清除干净,直至清挖到硬土层为止。

换填料应具有良好的透水性,级配较好,不含有机质、黏土块和其他有害物质。其最大粒径不得大于层厚的2/3,含泥量不得大于5%。按图纸或监理工程师的要求,在清理好的基底上分层铺筑,并逐层压实至规定的压实度。施工中采用静压或弱振的方法,以免造成基底翻浆。

(7)人工岛填筑。

砂垫层填筑合格后,立即进行人工岛土方填筑,填筑按路基施工方法进行,压实度不小于85%。

2)永久围堰护岸

永久围堰为承台桩基础,桩为锤入40cm×40cmC30钢筋混凝土预制方桩,C25钢筋混凝土承台,浆砌块石防浪墙护岸,墙身外表面采用浆砌条石贴面,顶部用C25混凝土压顶。

(1)施工工序。

①填筑人工岛临时围堰。

②开挖围堰内环向水沟及集水坑,临海侧抛石护底。

③施工防浪墙护岸桩基及承台。

④浆砌块石施工到一定高度,墙后抛石,墙前护底抛石。

⑤浆砌块石内预埋钢筋,砌筑至设计高度,砌筑表层条石。

⑥现浇压顶混凝土。

⑦墙后抛填块石、二片石、倒滤层并铺设土工布。

⑧人工岛填砂、填土并分层压实,人行道及护栏施工。

(2)打入桩施工。

施工前首先进行桩位放样,标明桩位置,编制详细的打桩流程图。打桩前先打试桩,检测合格后,采用打桩机打入钢筋混凝土方桩,依靠高程及贯入度确定打入深度。

沉桩采用锤击沉桩法,按照重锤轻击的原则,选用8t、6.2t桩锤。停锤标准以设计要求和规范规定为准。

沉桩时用两台经纬仪呈90°夹角控制桩身垂直度,并使桩锤、桩帽、桩身中心线在同一铅垂线上。当桩的垂直度调整好后,便可开始沉桩。如地面表层土质特别松软时,先利用锤头自重将桩下压,或空打几锤使桩沉入地面3m左右时,再次测量桩身垂直度,无误后方可继续施打,保证垂直度和平面位置尺寸的准确,以免桩发生倾斜而打断。开始沉桩时油门控制要小,随着入土深度的增加,阻力增大,逐渐加大油门。

在施工过程中要随时观测桩的垂直度,以免遇到地下特殊情况使桩发生倾斜而打碎或打断,并观测落锤高度,落锤高度控制在1.8~2.2m。对桩帽内的缓冲垫材要及时更换,以保证桩头完整。

当贯入度已达到设计要求而深度未达到设计要求时,可采用高应变试验检测桩的承载力,如达到设计承载力即可停锤。

沉桩中交接班,应打完一根桩并达到停打标准后,方可进行。沉桩中若出现沉桩速度过快或贯入度极小难以继续再打下的情况,及时通知建设方及监理、设计有关人员,得到同意后停止沉桩。

沉桩过程中,按照规范规定和业主的要求,做好沉桩检测和记录,随时接受建设方和监理工程师检查。

(3)承台施工。

桩基检测合格后即进行承台钢筋混凝土施工。台底基础开挖夯实,并可抹一层砂浆,待砂浆达到一定强度后,绑扎承台钢筋,预埋墩身钢筋,立钢模板并进行加固,在钢模板内侧涂刷脱模剂。除掉桩帽,将桩头凿毛清理干净。每层混凝土的厚度为300mm,采用插入式振捣器水平分层振捣密实,灌注至设计高程后将顶面抹平,待初凝后,用草袋覆盖,洒水养生。

(4) 防浪墙施工

防浪墙浆砌石施工前将承台基础凿毛冲洗,在其上先座一层浆,以利连接,浆砌石料饱和抗压强度不低于50MPa,M20砂浆,浆砌石顶部预埋钢筋,砌筑至设计高程后,砌筑表面条石镶面,条石一丁一顺砌筑,上下无通缝。墙身每隔2m上下交错设置PVC排水管。

压顶混凝土采用组合钢模施工,与浆砌块石通过预埋钢筋连接。

25.6.7.2 竖井锁口盘和其上方混凝土结构施工

人工岛回填时预留竖井施工场地不回填,在原地面处开挖竖井锁口盘位置,开挖深度1.6m,然后测量放线,画出竖井位置,进行竖井周围的围护结构施工,首先进行钢板桩的施工,钢板桩完成后,在其外侧施作φ1200mm旋喷桩。围护结构完成后,在围护结构上部立模施工钢筋混凝土锁口盘。

锁口盘混凝土施工完成后,进行竖井上部混凝土结构施工,上部混凝土结构为方变圆,即由方形井口渐变为圆形。上部结构高为5.0m,采用特别制作的钢模板施工。

锁口盘及其上部混凝土结构施工完成后,可以对锁口盘进行浆砌片石防护,然后周围用回填土夯填密实。

1) 钢板桩施工

竖井上部锁口盘以下15.34m地质情况从上至下主要为淤泥、淤泥混砂、粗砂、全风化黑云母花岗岩。钢板桩底部打入强风化花岗岩层,钢板桩总深度16m。钢板桩的施工采用振动沉桩法施工,施工机械采用15t的插拔振动桩锤。

钢板桩施工注意事项:

(1) 施工中要控制倾斜度在1.5%以内。

(2) 钢板桩入土深度 T 取2倍的沟槽深度。

(3) 钢板桩密排打入,相邻钢板桩采用正反扣。

(4) 打桩时钢板桩顶部戴钢帽,同时要做到横平竖直。当发现板桩入土过慢,桩锤回弹过大,应查明原因,处理后方可继续施打。

(5) 为了有效防水,钢板桩锁口采用聚亚安酯密封剂的RoXan系统止水。

2) 旋喷桩施工

钢板桩外围采用φ1200旋喷桩进行加固周围土体,同时起到止水作用。

旋喷施工选用SNC-H300型注浆车与高压泵配套,采用三重管法施工,喷浆注浆的主要材料为水泥,根据需要可加入适量的速凝、悬浮剂及掺合料,所用外加剂和掺合料的数量应通过试验确定。

高压喷射包括钻孔、置入注浆管、喷射注浆及冲洗等工序。

(1) 旋喷桩的工艺流程图。

旋喷工艺流程如图25-13所示。

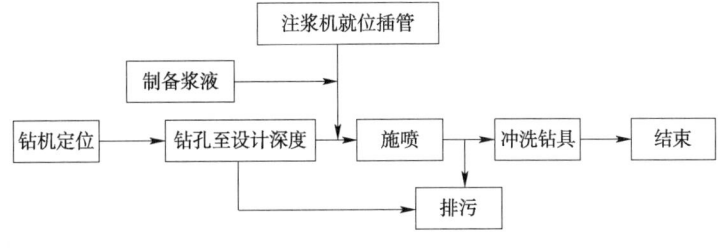

图25-13 旋喷工艺流程图

(2) 施工工艺。

① 钻机就位:钻孔前精确测定旋喷桩中心位置,并用红漆及木桩标出,使钻杆中线垂直对准木桩,并使钻机保持稳定,钻杆与桩设计轴线夹角不大于1.5%。

② 钻孔:使用XY-4型钻机钻孔,钻孔位置与设计位置的偏差不得大于50mm。

③插管:钻机钻孔完毕,拔出岩心管,换上旋喷管插到预定深度,插管过程中,为防止泥沙堵塞管嘴,可以边插管边射水。

④制备浆液:浆液采用纯水泥浆,水灰比1:1,必要时,可以在水泥浆中添加少量水玻璃,以提高浆液抗渗性能。

⑤喷射作业:当喷管插到预定深度后,开始由下而上喷射水泥浆,在原位旋喷30s后开始提升旋喷。在每次换钻杆后,将钻头向下0.5m后再旋喷,以保证旋喷桩在换钻杆处的连续性。

⑥排污:在旋喷过程中,排出的泥浆与水泥浆的混合浆液比较多,应及时排走,以免影响施工。

⑦冲洗钻具:旋喷完成后,及时冲洗钻具,以免水泥浆结块后堵塞喷嘴。移位进行下一桩的施工。

(3)旋喷参数。

旋喷过程中的技术参数根据实际地层及废浆液排出量进行调整,旋喷技术参数初步拟定为:高压水射流的压力宜大于20Pa,低压水泥浆液压力宜大于2MPa,压缩空气压力取0.7MPa,喷嘴1个,孔径2.5mm,旋转速度为15~20r/min,提升速度12~15cm/min,灌浆管外径90mm,流量为80~120L/min。

(4)注意事项。

①钻机定位一定要保证钻杆的垂直度,偏离角度不超过1.5°。

②搅拌好的浆液倒入储浆罐时,必须用直径小于0.8mm的滤网过滤。

③注意换钻杆前后上下段旋喷桩的连接,避免断桩或缩颈现象的发生。

④在旋喷过程中,经常检查旋喷浆液压力、压缩空气压力、浆液流量、旋转速度和提升速度等旋喷参数,保证按设计要求施工。

⑤在旋喷过程中,及时将冒出的废浆液排走,以免影响施工。若发现孔口冒浆量骤减或不冒浆,应及时分析原因,若发现压力急剧上升,喷嘴立即停喷,排除问题后继续旋喷。

25.6.7.3 竖井开挖施工

竖井开挖方法:竖井上部16m地质情况较差,主要为淤泥、粗砂、全风化层,上部开挖采用钢板桩加 $\phi1200$mm 旋喷桩进行围护,开挖采用风动长绳悬吊抓岩机破土、装土配合提升吊桶出渣;竖井下部主要为强~弱风化黑云母花岗岩,强风化带局部以松动爆破方式配合抓岩机破土,较硬的岩石采用手持风枪钻爆法进行开挖,喷锚支护,机械抓斗出渣,每斗3.0m³,提升采用2JK—3.0/20提升绞车。

1)上部开挖及支护

竖井上部采用抓岩机配合提升吊桶直接出渣,人工配合清理周边,开挖直径为9.60m。每循环的开挖深度为0.75m,然后架设20b工字钢拱架,挂设 $\phi8$mm 钢筋网,喷C25混凝土25cm支护。

2)下部开挖及支护

竖井下部强~弱风化花岗岩地段主要采用钻爆法施工,每循环进尺控制1.5m,井壁支护紧跟,井壁支护采用 $\phi25$mm 中空锚杆+钢筋格栅+C25喷射混凝土22cm。

爆破方法采用光面爆破,周边眼间距为 $E=50$cm,内圈眼抵抗线为 $W=62$cm,掏槽方法采用中空直眼掏槽,掏槽眼深1.7m,每循环进尺1.5m。竖井爆破炸药选用乳胶炸药,掏槽眼和掘进眼选用 $\phi32$mm 药卷,周边眼选用 $\phi20$mm 药卷。周边眼采用间隔装药结构。

竖井爆破起爆采用非电毫秒雷管与电雷管结合使用,用电雷管起爆非电毫秒雷管,再由非电毫秒雷管引爆各个炮眼内的炸药。

3)圆形到方形渐变段开挖

竖井在 $-29.947 \sim -34.947$m 之间5m范围内,开挖断面由圆形逐渐变化到方形,开挖的炮眼布置根据断面变化情况每循环均进行调整,逐步进行过渡。变化段的爆破方法与竖井圆形段的爆破方法相同,掏槽眼采用中空直眼掏槽,周边眼采用间隔装药的光面爆破方法。每循环进尺1.5m。

4）正线隧道处喇叭口开挖

竖井自 -34.947m 以下至正线隧道开挖底部13.9m 范围,开挖断面逐渐变化,由方形(9.70m×9.70m)扩大到类似矩形(9.7m×13m)结构。

该段地质属于微风化花岗岩,岩石较硬,同样采用中空直眼掏槽、光面爆破施工,爆破循环进尺1.5m,掏槽眼深1.7m。

开挖断面的炮眼布置也随着开挖断面的变化逐步进行调整。

25.6.7.4 竖井设备及附属设施

竖井施工设备主要有井架、提升绞车、掘井稳车、翻渣设备、人行梯、空压机、水泵、通风机等。竖井提升井架采用煤矿标准Ⅳ型固定式井架,为了提高竖井和隧道开挖期间提升能力,井架上主提升机选用2JK-3.0/20提升绞车,配有 $\phi3.0mm$ 掘井提升天轮两个和 $3.0m^3$ 提升吊桶两个;提升速度为60m/min;竖井井内出渣采用机械抓斗,抓斗容量 $0.2m^3$。竖井施工人员和材料通过吊桶运输。竖井井壁设有安全梯,以备紧急情况使用。竖井周围设有栏杆,井口设有井盖,井盖在人员、物料升降时打开,平时关闭。

竖井的风水管路均有稳车固定设置于竖井一侧,通风机设于井口,竖井通风考虑与隧道施工通风结合,采用压入式通风,风机75kW,配 $\phi1000mm$ 的柔性风管。高压风管和高压水管、混凝土下料管均由稳车悬挂于井内。高压风管采用 $\phi150mm$ 钢管,水管采用 $\phi108mm$ 钢管。

25.6.7.5 竖井防排水措施

初期支护和二次衬砌之间全断面铺设带注浆管的抗老化能力较强、拉伸强度和断裂拉伸率较高的低密度聚乙烯防水卷材。防水板的搭接采用双缝焊接工艺,防水板铺挂采用PVC垫片焊接固定以保证防水板的施工质量。要求在施作防水板前对竖井初期支护渗漏处进行补充注浆处理。

竖井变形缝采用背贴式止水带,中间设置中埋式止水带;竖井施工缝采用中间设置企口,企口一侧安放带注浆管膨胀腻子止水条的防水方式。

25.6.7.6 竖井混凝土衬砌

为了加快施工进度,利用竖井进行行车隧道开挖施工,竖井开挖完成后,先进行正线隧道的开挖,待竖井至洞口方向的开挖完成,不再利用竖井进行正线隧道的出渣运输时,开始进行施工竖井的二次衬砌。竖井衬砌自下而上进行。

施工顺序:行车隧道结构衬砌→喇叭口衬砌→渐变段衬砌→竖井衬砌。

喇叭口和渐变段的混凝土施工均采用大块钢模板和型钢支架来保证混凝土的施工质量。

竖井圆形部分的衬砌施工,采用滑模自下而上连续浇筑。滑模钢模结构主要由钢桁架、钢模板、爬升系统、工作平台、下料系统组成,滑模高度为1.5m,由厚3~4mm的钢板制成,爬升系统由液压千斤顶沿井周均匀布置,滑模在井底安装调试后,即可开始滑升。混凝土下料应对称均匀,以保证滑模系统受力均匀,防止滑升过程中发生倾斜和扭转。

二次衬砌采用全封闭C30现浇防水混凝土,混凝土中添加防水剂,防水混凝土抗渗标号要求达到S12级。

25.6.7.7 排烟风道施工

排烟风道断面小、长度短,断面设计为圆形。竖井开挖到排烟风道位置后,竖井暂时停止开挖,先进行排烟风道口部的施工,风道口部采用加强支护,为不影响竖井施工,排烟风道洞口段施工完成后,暂停施工,继续进行竖井施工,待竖井施工到底,正线隧道开始施工时,再进行排烟风道的施工。

排烟风道开挖采用人工钻孔,全断面光面爆破。出渣采用ZL20装载机将渣土端运到竖井壁处,倒入漏斗然后沿附设在竖井壁内的滑道落入竖井底部,由竖井出渣系统运出竖井,提升到地面。

排烟风道的衬砌根据采用简易的模板台车,全断面一次性浇筑混凝土成型,每次衬砌长度为

6m,不设纵向施工缝。

25.6.7.8 正线马头门施工

由竖井进入正线隧道的施工,竖井底部洞室需要向正线隧道的两个方向进行开口,因此,该处洞室围岩应力集中,围岩受力状态复杂,该处的初期支护需要加强。竖井下部喇叭口部位以及正线隧道的开口段均要求设置 D25 预应力锚杆 + 20b 工字钢拱架 + C25 喷射混凝土 30cm 厚的初期支护。

为保证正线隧道进洞口的安全,隧道开口处施工采用上下台阶法施工,上台阶开挖高度 5.5m,台阶长度为 3~5m,采用上下台阶法施工的洞口段长度为 10m,洞口段施工结束,以后均采用正常施工方法进行施工。

25.6.8 隧道防水施工方法、工艺

25.6.8.1 洞口防排水的施工

隧道纵坡为倒人字坡,洞口两端有很长的引道段路堑,为避免洞外雨水流入洞内,在两端洞口设置断面为 60cm(宽)×40cm(深)的截水沟和集水池,并设泵站将雨水排出隧道。对于运营期间的消防废水、冲洗废水、结构渗水及可能的服务隧道内市政管线检修放水或爆裂的泄露水等将顺纵坡汇集于服务隧道最底部的隧道内集水池中,经泵站排入厦门端地下室集水池,再排入地面污水管道。

在施工过程中截水沟的施工随隧道开挖一同进行。集水池的施工待行车隧道开挖完成后,从服务隧道内施工。集水池的开挖采用人工钻爆,衬砌采用钢模台车。

25.6.8.2 隧道内防排水的施工

1)防水原则

本工程在建设过程中遵循"以堵为主、系统防水"的原则进行治理。

具体防水系统如图 25-14 所示。

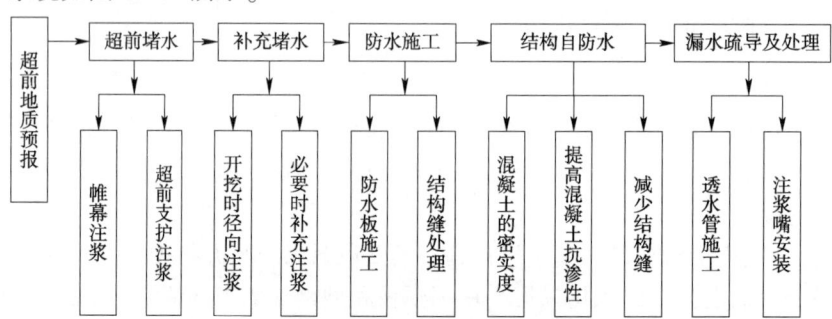

图 25-14　工程施工防水系统图

(1)通过超前地质预报系统分析前方地质破碎带情况,了解所施工段的水文特征。

(2)采用三重注浆方式,将隧道开挖断面周围的涌水或渗水封堵于结构外。

在局部破碎地段,通过超前小导管(或全断面帷幕注浆),在隧道洞室周围形成注浆封堵水圈,封闭基岩中输水裂隙和涌水空间。

通过调整衬砌初期支护中的环向系统注浆锚杆对地层进行注浆堵水。在施工防水板前对初期支护渗漏处进行补充注浆处理。

(3)加强结构自防水功能,封闭少量渗水在初期支护和二次衬砌的流动。

在初期支护和二次衬砌之间(仰拱除外)铺设带注浆管及抗老化能力强、拉伸强度和断裂拉伸率高的隧道防水层,防水板采用双焊缝焊接工艺,铺挂采用 PVC 垫片焊接固定,保证防水板施工质量。

二次衬砌混凝土中添加防水剂,抗渗标号要求达 S8 或 S12 级。

采用三层防水方式进行施工缝、沉降缝防水处理。

应用整体式大刚度模板台车,通过提高泵送混凝土压力以保证拱顶回填密实,提高结构的抗水

压能力。

(4) 采用分区防水形式,充分保证防水板的防水效果。

2) 隧道防水施工

二次衬砌采用防水混凝土,抗渗等级不小于S8。隧道采用ECB防水板进行全包防水处理。防水板厚2.0mm,采用无钉孔铺设双焊缝施工工艺,要求土工布缓冲层为400g/m²。

(1) 防水板施工工艺流程。

本隧道工程对防水的要求很高,防水板铺设的质量,是隧道防水施工的关键环节。

防水板铺挂施工采用PVC垫片焊铺法。防水板施作应根据量测数据在初期支护变形基本稳定和二次衬砌灌注混凝土前进行。

防水板施工工艺流程如图25-15所示。

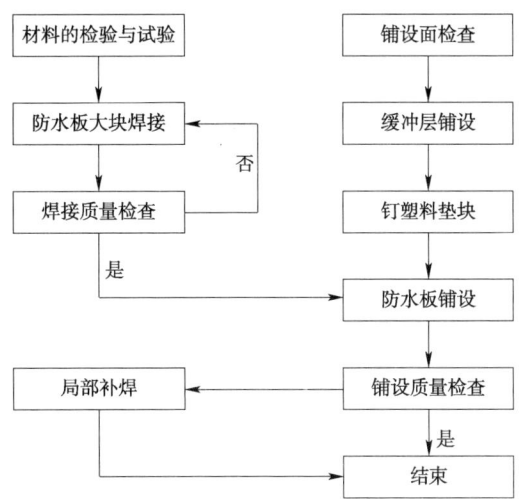

图25-15 防水板铺设工艺流程图

① 施工操作。

a. 材料的检验和试验。采购的防水卷材进场后,要随机取样,委托有资质的鉴定单位进行原材料的检验和试验,对防水卷材的密度、厚度、拉伸强度、断裂伸长率等主要物理性能进行检查,能否满足设计要求。

b. 防水板的大块焊接。由于出厂的防水卷材受到幅宽的限制,所以在使用时首先根据衬砌混凝土施工循环段长度来确定焊接大块防水板的尺寸,具体步骤如下:

a) 找一块用混凝土硬化过的平整场地,清扫干净,把防水板按幅平铺在场地上,使复合在一起的无防布面向上,光面向下接触地面,每幅搭接不小于10cm。

b) 对平铺好的防水板进行检验,无质量缺陷后准备焊接。

c) 将接头待焊接处的水及杂物擦洗干净,采用双焊缝焊机进行焊接。

d) 焊接质量检查、双缝焊接后,应进行充气试验,一般要求在0.1MPa的气压下保持两分钟不漏气,否则进行修补。

c. 铺设面检查:利用工作平台将初期支护裸露的锚杆、钢筋头等铁件割除,使铺设面大致平顺,以防其刺破防水板。

d. 防水板铺设:将防水板吊运到作业平台上,从上到下对称地将防水板焊接到固定垫圈上。采用电热压焊器,黏合要牢固,且不烧穿防水板。

防水板的铺设采用防水板铺设台车,台车由型钢加工制成。上部采用φ108钢管或槽钢弯成与隧道拱部形状相似的支撑架,用丝杠与台架连接,以便其升降;走行部分采用轨行式,轨距与衬砌钢模台车一致,防水板铺设示意图如图25-16所示。

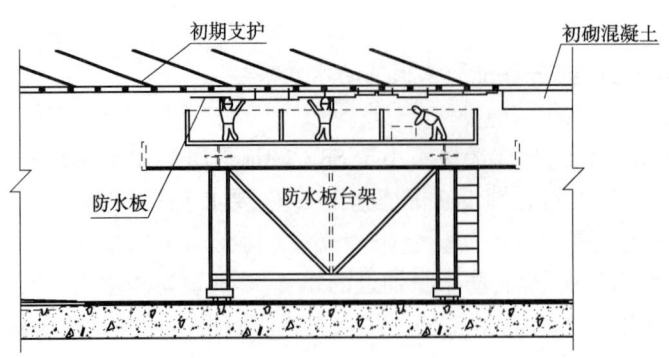

图 25-16　防水板铺设图

e.铺设质量检查:防水板施工完成后,应对施工质量进行检查,自检合格经监理工程师检验认可后,方可进行下道工序的施工。若检查出质量问题应进行补焊,使之达到验收标准。

②操作要点。

a.固定点的布置,在满足固定间距的前提下,应尽量固定在喷混凝土面较凹处,使得防水板尽量密贴混凝土喷射面。

b.固定点间的防水板长度应视初期支护面的平整情况留一定的富余量,本着宁松勿紧的原则,以防止二次衬砌时被挤破。

c.每一循环的防水板铺设长度应比相应衬砌段多出 2.0~2.5m,目的是便于循环间的搭接,并使防水板接缝与衬砌工作错开 2.0~2.5m,以确保防水效果。

d.洞外拼幅采用焊接工艺,搭接宽度为12cm,焊接方式如图 25-17 所示,焊接质量采用打气方法进行检查。检查时用打气筒打气加压至 0.1MPa,并保持 2 分钟不漏气,否则进行修补。

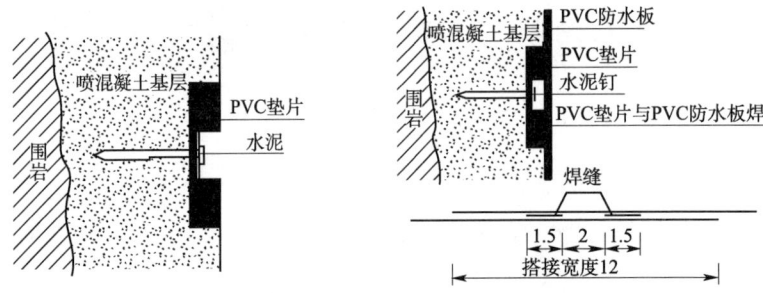

图 25-17　防水板焊接示意图(尺寸单位:cm)

③施工注意事项。

a.铺设防水卷材,是一项很细致而又关键的工序,因而必须专人负责,成立专业工班,工班组成人员上岗前必须经过严格培训,施工前必须进行技术交底,施工中必须按照操作规程操作,不允许违章作业。

b.防水板铺设前检查初期支护表面是否平整,必要时对初支面进行找平。

c.在进行二次衬砌的钢筋绑扎和焊接时,应注意保护防水板,在焊接点与防水板之间,应临时附设防火隔离,以防烧坏防水板。

d.在地下水发育地段,应采用注浆封堵措施。

e.防水板铺设好后,应尽快对称灌注二次衬砌将其保护起来,以避免损伤防水扳,影响防水效果。

(2)施工缝、变形缝的施工方法及工艺。

由于本海底隧道所处的特殊环境,为保证衬砌结构防水能力,沉降缝采取外贴带注浆管背贴式止水带,中间设置带注浆管膨胀橡胶止水条,内侧预留 2.5cm×3.8cm 的槽,内填水泥基结晶类填充材料;隧道施工缝采用外贴带注浆管背贴式止水带,中间设置企口,并安装带注浆管膨胀橡胶止水条,内壁加设填水泥基结晶类填充材料。

①沉降缝、变形缝防水施工。

隧道的沉降变形缝一般设置在围岩类别变化处及衬砌形式变化处。行车隧道、辅助隧道与联络通道的接口部位,变形缝的宽度一般为20mm。变形缝一旦出现渗漏水后较难进行堵漏维修处理,因此变形缝部位的柔性防水层除了要求连续铺设外,还需采取以下四道防线进行加强防水处理。

a. 在变形缝部位的模筑混凝土外侧设置带注浆管的背贴式止水带,背贴式止水带焊接于PVC防水板上,利用背贴式止水带表面突起的齿条与模筑防水混凝土之间的密实咬合进行密封止水,同时在背贴式止水带两翼的最外侧齿条的内侧根部固定注浆管,利用注浆管表面的出浆孔将浆液均匀地填充在止水带齿条与混凝土的空隙部位,达到密封止水的目的,注浆液可以采用水泥浆液,也可以采用化学浆液。背贴式止水带同时起到在隧道内形成防水封闭区的作用。

b. 在变形缝部位设置带注浆管的膨胀橡胶止水条,带注浆嘴的一侧应布置于已浇混凝土的一边,止水条的连接应采用平行搭接方法。

c. 浇筑混凝土时,变形缝内侧应注意预留不小于2.5cm×3.8cm的槽,内填水泥基结晶渗透主动式防水材料。

②施工缝防水施工。

隧道施工浇筑的混凝土施工缝分为纵向施工缝和环向施工缝两种,环向施工缝按每10m设置一道,纵向施工缝根据施工情况而定。两种施工缝部位均采用背贴式橡胶止水带进行加强防水,同时在环向施工缝的背贴式止水带两翼固定注浆管进行后续填充注浆,保证止水带与模筑混凝土之间的密贴。施工缝的中间部位设置带注浆管的膨胀橡胶止水条,止水条的连接应采用平行搭接方法。浇筑混凝土时,变形缝内侧应注意预留不小于2.5cm×3.8cm的槽,内填水泥基结晶渗透主动式防水材料。

仰拱部位的施工缝在中间部位采用膨胀橡胶止水条,在仰拱内侧设水泥基结晶渗透主动式防水材料。

③施工注意事项。

a. 所有施工缝均按设计图要求进行设置。

b. 施工缝垂直设置,不留斜缝。确保止水条安设成全封闭的防水圈。

c. 将施工缝表面凿毛处理,并清扫干净混凝土表面浮渣、尘土及积水。

d. 在浇筑过程中,因设备故障无法连续浇灌时,间隔时间超过2h则按规范要求留置施工缝。

e. 施工所用的所有防水材料满足设计及规范等的要求。

(3) 分区防水施工工艺及方法。

由于海底隧道存在有压水状态下,单层防水系统对现场防水板的保护要求非常严格,一旦有防水板"窜水"从而使整个隧道结构遭受地下水侵害,因此防水设计采用分区处理。通过施工缝、变形缝等处的外贴式止水带与防水板热风密实焊接进行分区,并在中间非施工缝、变形缝部位设置防渗肋条,将防水分区面积控制在150m²。从而形成某一分区的破坏只影响一个分区。同时在每个区域内预先设置注浆管,针对漏水区域进行注浆修补。

①施工缝、沉降缝处的背贴式止水带采用热风密实焊接与PVC防水板进行连接。

②根据分区的要求,防渗肋条的安设在两条施工缝的中间部位,施工方法同背贴式止水带,采用热风密实焊接与PVC防水板进行连接。

③注浆嘴的施工:在PVC防水板铺设施工完成后,根据设计图纸在防渗肋条与被贴式止水带中间布设一环注浆嘴,注浆嘴环向间距5m。注浆嘴采用点焊固定于PVC防水板上,点焊固定后采用临时封口胶带把注浆嘴固定圆盘的周边进行封闭,防止混凝土浇筑时水泥浆进入堵塞注浆嘴。注浆嘴的引出注浆管在经过封口塞封闭后,固定于结构钢筋上,并做好位置标记,以保证混凝土完成后能找出注浆嘴的位置。结构施工完成后,当发现有渗漏水的部位时,才对相应部位的注浆嘴进行注浆

堵水。

(4)特殊、重点结构部位的防水处理。

①全封闭段衬砌与排导段衬砌的防水处理。

根据隧道的结构形式,有仰拱的地段的衬砌防、排水设置为全封闭形式,对于无仰拱的地段的衬砌防、排水设置为排导形式。在两个地段的接合部位容易产生窜流,为此主隧道全封闭衬砌和排导衬砌交接处在初期支护和防水层之间设置膨润土防水毯纵向防窜流分隔。具体形式如图25-18和图25-19所示。

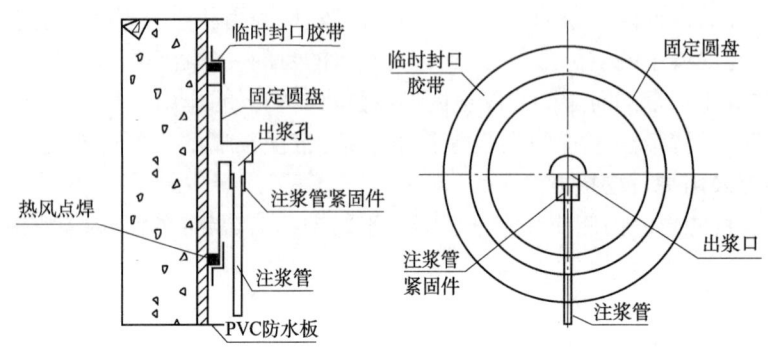

图25-18 注浆嘴安装示意图

防水毯的铺设过程中的施工注意事项如下:

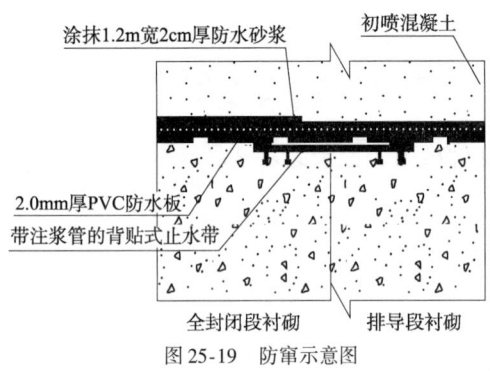

图25-19 防窜示意图

a.防水毯的铺设采用射钉加垫片固定防水毯的施工方法,防水毯要求质量合格,膨润土颗粒含量及膨胀性能满足设计要求。

b.施工前对基面处理满足无明显凸起,无明水,无死角等要求。

c.防水毯按照设计要求进行裁剪,裁剪后应及时对裁剪边进行保护,避免裁剪边处膨润土颗粒洒落遗失。

d.防水毯必须存放于干燥不受雨淋水浸的环境中,避免膨润土颗粒提前膨胀失效。

e.对于在施工缝部位容易受钢筋戳穿或水滴浸泡的地方,应做好防护措施,避免防水毯受到破坏,尤其是避免水对防水毯的破坏,是无法进补救的。

f.防水毯的铺设自下向上铺设,铺设应平整,结构边角或防水毯接头部位应进行铺多次加强。

②行车隧道与联络通道交叉口处的防水。

为确保该交叉口处的防水质量,防水层的铺设方法及保护十分重要。

a.在区间正线开口部位铺设双层$400g/m^2$无纺布和防水板。

b.在防水层与初期支护之间铺设0.6~1mm厚钢板保护层,以防联络通道初期支护破除时,损坏防水层。

c.施工缝设置严格按设计要求施作。

d.行车隧道与联络通道交叉口处设置变形缝,先施工变形缝一侧防水层,并铺设双层,施工时预留出足够的搭接长度,以便后施工一侧防水层搭接,保证防水层封闭。

25.6.8.3 隧道工程的排水施工

根据设计要求,对于排导衬砌在防水板外设置无纺土工布和环向$\phi 5cm$软式透水管,并将软式透水管与主洞两侧的纵向$\phi 11cm$HDPE双壁打孔波纹管连接,并接入路面下的侧排水沟内。具体的排水管布置如图25-20所示。

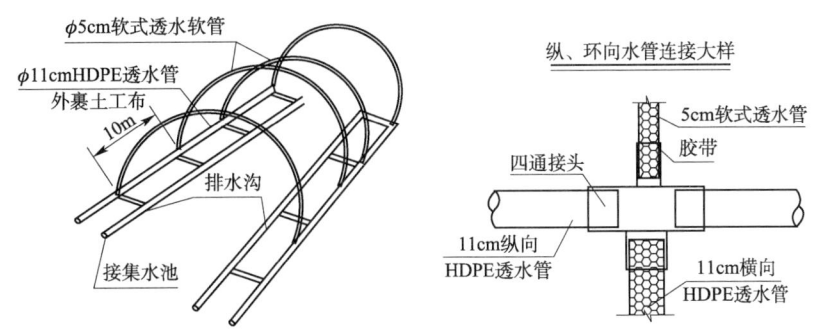

图 25-20 洞内排水系统示意图

在防水板铺设前,根据设计的透水管设置位置采用固定卡把纵、环向透水软管固定。其中纵向 ϕ11cmHDPE 双壁打孔波纹管打孔大小为 3mm×30mm,环向范围 270mm,机械打孔;管外包裹土工布,以防止砂土(混凝土)流入管内。

在施工中做好防护措施,保证侧式及纵、横向排水管不被压碎和堵塞,保证排水系统畅通。

25.7 监控量测及测量控制

25.7.1 施工测量

25.7.1.1 控制网复测

依据设计提供的测量控制点及资料,对该工程的平面及高程控制网按等级要求进行严格复测并进行内业平差计算,当测量成果各项指标符合规范要求后,再根据工程的实际需要加密平面及高程控制网。

25.7.1.2 加密平面、高程控制点布设

(1)平面控制点。

根据工程要求,按控制等级布设控制点,控制点设置在稳固可靠,通视效果良好不易破坏的地方,结合现实际情况,定测时所确定的线路位置以及隧道的进出口,竖井等标桩位置选点布网。在洞口附近设置三个以上平面控制点,便于联测洞外控制点及向洞内测设导线。然后与首级控制网进行联测。按等级及规范要求进内业计算及测量成果整理。作为隧道定位施工控制依据。

(2)高程控制点。

高程控制点可共用平面控制点,在特殊场合也可另设置。洞口水准点布设在洞口附近土质坚实、通视良好、施测方便、便于保存且高程适宜之处。

隧道口设置两个以上水准点,与其高程控制网进行联测,内业平差计算成果作为该项工程高程控制依据。

25.7.1.3 隧道施工测量

(1)双侧壁导坑法开挖施工控制测量。

根据设计图纸计算出隧道中心线坐标,在便于施工控制的条件下,依据隧道中心线,计算出侧壁导坑的控制线坐标,利用控制导线点放样出两条平行于隧道中线的侧壁导坑的控制线。以设计断面图计算各部支距尺寸,以控制线为基准,采用支距法控制侧壁导坑施工,在施工过程中加强对侧壁导坑控制线和高程控制点的复核,确保工程质量。

(2)CRD 法施工开挖控制测量。

依据设计图纸计算出隧道中线坐标,在便于施工的情况下,设定平行于隧道中线的两条施工控制线,以隧道中线坐标为依据计算出施工控制线的坐标,利用导线控制点,采用极坐标方法放样出施

工控制线。按设计断面图计算各部位支距尺寸,以施工控制线为基准,采用支距法控制断面各部开挖尺寸。在施工过程中随时检核控制线和使用的水准基点,保证隧道的设计位置。

(3) 全断面开挖导洞超前法施工控制测量。

全断面开挖,工程要求使用智能型钻孔台车,该台车利用率高,施工过程中只需输入测量和施工参数,就能完成整个断面钻孔过程,因此必须在隧道内适当位置,安装一定数量的激光指向仪,提供给钻孔台车三维坐标。在施工过程中定期检核激光指向仪三维坐标,发现误差超限及时纠正。使隧道沿设计向掘进。采用激光断面仪检测隧道开挖断面,确保隧道施工质量。

25.7.1.4　隧道内控制测量

随着隧道掘进延伸,隧道的掘进方向必须严格控制,因此,从洞外引进导线于洞内,在隧道内设置通视效果好且稳固的导线点,直线隧道施工导线点平均边长 150m,特殊情况下不短于 100m。曲线隧道施工控制点埋设在元素上,一般边长不小于 60m。为保证隧道贯通,采用闭合导线,以导线控制隧道掘进方向,每 200m 内组成一个闭合环。定期检查洞内各导线点,如发现误超限,及时改正,确保隧道高精度贯通。导线布置如图 25-21 所示。

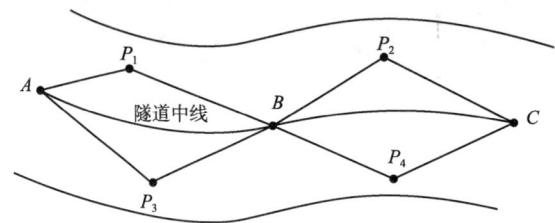

图 25-21　隧道内导线布置图

25.7.1.5　隧道内高程控制测量

由洞外向洞内引测水准点,首先在隧道内埋设好稳固的水准点,然后严格按等级要求与洞外进行联测平差计算测量成果。隧道内每 200m 设置一个高程控制点,定期检核各点高程。

25.7.1.6　竖井地面控制测量

为满足施工需要,严格地按四等导线测量规范增设了导线点,并在竖井处适当位置增设了精密导线点和精密水准点。将新增设的控制点与地面首级控制网进行了联测,确保施工竖井的设计位置在多方控制中。井口平面位置根据图纸设计尺寸,采用极坐标法逐点定出,并用相邻控制点进行检核各部尺寸,误差在规范规定范围内方可施工。

竖井施工中主要依靠井口十字线控制各部尺寸。高程采用钢尺悬吊法。当竖井开挖至设计高程时,进入隧道施工测量可利用竖井的十字线,采用串线法控制隧道中线。

(1) 竖井定向控制测量。

竖井施工完成到设计高程时,根据现场的实际情况和现有的仪器设备,采用 20 万分之一投点仪投点,在井底的井壁上适当位置,分别设置两个强制对中点 TD_1、TD_2,两点相互通视。利用垂准仪由井下向地面投两点 TD_1、TD_2。

将投点仪分别置于 TD_1、TD_2 强制桩上,然后向上投点。在井上或地面上安放透明接受板,按 0°、90°、180°、270° 四个方向投四点,然后再重复投一次,其边长为 1~2mm 的小正方形,取中心点为投点。

将井口两投点 TD_1、TD_2 纳入地面控制网进行联测,将测量数据进行平差后,计算出各投点的坐标(或用前方交会法,定出各点)。为了检核投点精度,将全站仪、棱镜分别置于 TD_1、TD_2 两点上,检测两点距离是否与理论计算相符。然后将全站仪分别架设在各点上。观测通道内设置的控制点,采用全圆法观测各点的角度、距离、平差后计算出各点坐标,以此作为通道、隧道暗挖控制的定向边。

(2) 水准测量。

利用地面上的水准点高程,用水准仪往返测到施工现场设置的高程点上,然后用两台水准仪分别架设在井上、井下适当位置,用检定过的钢尺,挂检定重量的重锤。传递高程时,每次独立观测三个测回,每次测回变动仪器高度,三测回测得地上、地下水准的高程误差小于3mm,三测回测得的高差进行温度、尺长改正,作为最后测量的结果。

25.7.1.7 用陀螺仪定向

由竖井进入隧道施工,在隧道内设置控制导线,由于竖井空间有限,向隧道内传递控制定向边较短,导线控制点在施测过程中产生一定误差。随着隧道掘进延伸,误差随着增大。因此控制在一定的范围采用陀螺仪定向,确保相向开挖高精度贯通。

25.7.1.8 主要测量仪器表

主要仪器表见表25-12。

控制及施工测量主要仪器表　　　　　　表25-12

仪器名称	数量	单位	规格型号	测量精度	检定日期
徕卡全站仪	1	台	TCA2003	0.5″1+1PPm	2005.2.15
徕卡全站仪	1	台	TCA1800/L	1″1+2PPm	2005.3.20
徕卡精密水准仪	1	台	NA2	0.3/km	2005.3.20
徕卡投点仪	1	台	ZL	1/200000	2005.3.20
激光隧道断面仪	1	台	BJSD	测距精度±1mm 测角精度±0.1°	2005.3.25

25.7.2 隧道监控量测

25.7.2.1 监控量测的目的与项目

本隧道采用新奥法设计、施工,且隧道处于海底,开挖跨度大,软弱地层长,要确保施工安全及质量监控量测是重要的技术手段。

本隧道的量测项目有地质和支护状况观察、地表沉降、拱顶下沉、仰拱隆起、净空收敛、围岩压力和接触应力(初期支护水压力、围岩与初期支护接触压力、初期支护与二次衬砌接触压力、二次衬砌水压力、二次衬砌混凝土内力)、钢支撑内力、钢筋内力、锚杆内力与拉拔、地震与位移监测;其量测仪器与频率见表25-13。

监控量测方案表　　　　　　表25-13

序号	监测项目	监测方法及仪器	监测频率
1	地质和支护状况观察	地质罗盘及规尺等	正常情况下: 1次/2d; 特殊情况下: 1～2次/d
2	地表沉降	WILD-N3精密水准仪、钢钢尺等	
3	隧道拱顶下沉	WILD-N3精密水准仪、钢钢尺、挂尺	
4	隧道净空收敛	数显式收敛计、BJSD-3型断面检测仪	
5	仰拱隆起	水平仪、水准尺	
6	锚杆内力	锚杆轴力计	
7	初期支护水压力	渗压计	
8	围岩与初期支护接触压力	压力盒	
9	钢支撑内力	钢筋计、频率接收仪	
10	初期支护与二次衬砌接触压力	压力盒、频率仪	
11	二次衬砌水压力	渗压计	
12	围岩内部位移量测	洞内钻孔安设多点杆式位移计	
13	初期支护应力量测	应变计、频率仪	
14	二次衬砌压应力	应变计、频率仪	
15	钢筋内力	应变计、频率仪	

25.7.2.2 监控量测的方法与内容

1)地质和支护状况观察

地质和支护状况观察分洞内开挖工作面观察和已施工区段观察两部分,开挖工作面观察在每次开挖后进行一次,内容包括节理裂隙发育情况、工作面稳定状态、涌水情况及底板是否隆起等,每次爆破后检查一次,观察后绘制开挖工作面地质素描图。

在观察过程中如发现地质条件恶化,初期支护发生异常现象,立即通知监理、设计、建设单位并采取应急措施,派专人进行不间断观察。

对已施工区段的观察每天至少一次,观察的内容包括喷射混凝土、锚杆、钢架及变形异常的状况,以及施工质量是否符合规定的要求。

2)洞口浅埋地段地表沉降观测

地表沉降量测只需在洞口浅埋地段进行,第一排测点应在隧道尚未开挖前就开始进行,其余地表下沉测点在开挖面前方$(h+9)$m处开始(h为隧道埋深)量测,直到开挖面后方 40~65m,下沉基本停止时为止。地表下沉桩的布置宽度应根据围岩级别、隧道埋置深度和隧道开挖宽度而定。地表下沉量测断面的间距按表25-14采用。

地表下沉量测断面间距表　　　　表25-14

埋置深度 H	地表下沉量测断面的间距(m)
$H > 2B$	20~50
$B < H < 2B$	10~20
$H < B$	5~10

注:1.无地表建筑物时取表内上限值。
　　2.B 表示隧道开挖宽度。

测点和拱顶下沉量测布置在同一断面上,其量测频率原则上采用 1~2 次/日的频率,将每次测到的地表沉降数据进行计算、整理和收集,并根据施工的具体情况,分阶段绘出沉降曲线,对由曲线所形成的地表沉降槽进行分析处理。

(1)基点埋设:基点应埋设在沉降影响范围以外的稳定区域内,且尽量埋设在视野开阔的地方,以利于观测。基点的埋设要牢固可靠。同时应至少埋设两个基点,以便互相校核;基点应和附近原始水准点多次联测,确定原始高程。

(2)沉降点的埋设:先在地表钻孔,然后放入沉降测点,测点采用 ϕ22mm,长 300mm 半圆头钢筋制成。测点四周用水泥砂浆填实。待测点完全稳定后即可开始测量。与基点联测应不少于 3 次,求得平均值,确定沉降点的初始高程。

(3)监测位置:在每端洞口浅埋地段设置观测横断面。测点横向间距 3~4m,纵向 10~50m。

(4)监测工具:WILD-N3 精密水准仪、塔尺、钢钢尺。

(5)监测频率:开挖面前 >30m,1 次/2d;开挖面前后 <30m,2 次/1d;开挖面后 30~80m,1 次/2d;开挖面后 >80m,1 次/7d。

(6)监测精度:$\Delta h = 0.1$mm。

(7)注意事项如下:

①施工前应做好监测准备工作,如设置测点、引入高程控制点及配备必要的人员及仪器。

②在布置测点时应注意在位移量较大的地段将测点布置密一点。

③地表量测与地下洞室各项监测应同步进行,以利于资料的相互印证及相关分析。

④量测数据及分析结果全部纳入竣工资料,备查。

(8)量测数据的整理:绘制每一横断面沉降槽随时间的变化关系图;绘制每一横断面最大沉降量随时间的变化关系图;绘制每一横断面最大沉降量与开挖面距离关系图;对横断面沉降槽垂直位移

进行回归分析;对纵断面沉降槽垂直位移进行回归分析;根据隧道顶部地表沉降及拱顶沉降值对土体内部垂直位移进行回归分析;根据回归分析数据求出每一断面沉降稳定值;根据回归分析数据分析出土体的内摩擦角及内聚力。

(9)在整理资料时,若发现地表位移量过大或下沉速度无稳定趋势时,对下部结构应采取补强措施:

①增加喷混凝土厚度、加长加密锚杆或加挂更稠密、更粗的钢筋网。
②提前施作二次衬砌,要求通过反分析校核二次衬砌强度。
③提前施作仰拱。
④优化开挖施工方案。

(10)在整理资料时,若发现地表位下沉速度具有稳定趋势时,应据此求出隧道结构初期支护及二次衬砌上的最终荷载,以便对结构的安全度作出正确的判断。

(11)若经过对地表及隧道内的量测数据联合分析后,发现初期支护或二次衬砌结构安全系数过大,在经过有关部门同意后,可对下一段与此地质条件相近的支护参数做适当调整。

3)仰拱隆起

仰拱量测在仰拱开挖后12h内进行,Ⅴ级围岩每10m一个测点,Ⅳ级围岩每20m一个测点。

4)拱顶下沉与净空收敛

拱顶下沉量测值是反映隧道安全和稳定的重要数据,是围岩和支护系统力学形态变化最直接、最明显的反应。

隧道开挖后,周边点的位移是围岩和支护力学形态变化最直接、最明显的反应,净空的变化(收缩和扩张)是围岩变形最明显的体现,是监视隧道安全施工的重要手段。通过量测数据的分析与处理,确定支护结构的稳定状态。

拱顶下沉及净空收敛量测在同一断面进行,并采用相同的量测频率。如位移出现异常情况,加大量测频率。

(1)隧道开挖(上下台阶法、双侧壁导坑法及CRD施工法)布置拱顶下沉及净空收敛量测测点。

(2)拱顶下沉及净空收敛量测断面及量测频率见表25-15、表25-16,岩层变化处应调整或增设量测断面。

拱顶下沉及水平收敛量测断面间距表 表25-15

围 岩 级 别	量测断面间距(m)
Ⅱ	根据需要设置
Ⅲ	≤40
Ⅳ	≤20
一般Ⅴ	10
Ⅴ和Ⅵ级围岩断层破碎带	5

量 测 频 率 表25-16

变形速度(mm/d)	测点距开挖面的距离	量测频率
≥5	<1B	2次/d
1~5	(1~2)B	1次/d
0.2~0.5	(2~5)B	1次/d
<0.2	>5B	1次/周

注:B表示隧道开挖宽度。

5) 锚杆内力量测

锚杆内力量测采用光纤式表面应变计,每个锚杆安装4个表面应变计,且等分锚杆长度,全断面选取4根锚杆进行量测。

锚杆上留有凹槽,仪器安装后将光纤数据线置于凹槽内使数据线得到保护,仪器底座与锚杆的连接面上用氧弧焊焊接,光纤数据线用PVC管固定于初期支护上,置于防水板背后,于拱脚处从防水板下侧引出,所有的数据线均由一侧引出。

为使锚杆能够顺利打入钻孔内,在安放钢筋表面应变计的位置,将锚杆直径适当缩小。在埋设仪器前先将选定的锚杆进行加工,将需要焊接仪器的地方打磨平整使仪器安装后不扩大锚杆的断面积,以此来保证仪器在安装过程中的安全性。锚杆内力量测断面为主洞YK10+681处。

6) 隧道初期支护水压力量测

隧道初期支护水压力采用渗压计进行量测。渗压计埋设于围岩与初期支护的接触面上,在围岩侧壁上挖一个沟槽,将渗压计放入其中,使其探头可以直接与水接触,在渗压计四周填上干砂将渗压计固定。数据线用PVC管固定于初期支护上,于拱脚处从防水板下侧引出(所有数据线均由一侧引出),如图25-22所示。

每个断面均设有数据采集箱,将这个断面的所有数据线聚集于此最终导入隧道主光缆。另外,在施工中要特别加强对传感器引线的保护。初期支护水压力量测断面为主洞YK10+681处。

7) 隧道围岩与初期支护接触压力量测

隧道围岩与初期支护的接触压力采用压力传感器进行量测。压力传感器埋设时,先在围岩上凿一个槽,用水泥砂浆将底面抹平,将压力器放入其中使压力盒底面与水泥砂浆全截面接触,在压力传感器四周撒上干沙,然后用水泥砂浆将压力盒固定。再在孔周围钻四个小孔,用十字交叉的耙钉将压力盒固定在孔内。

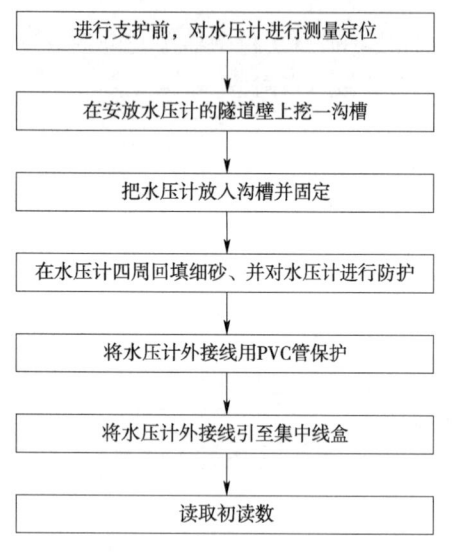

图25-22 水压力量测计埋设施工工序流程图

传感器引出线用PVC管固定于初期支护内层钢筋网上,从防水板下缘引出至电缆槽一侧的预埋箱内,所有的数据线均由一侧引出。施工时用便携式读数仪读数,隧道完工后便于将数据线接入主光缆。

围岩与初期支护接触压力量测断面为主洞YK10+681处。

8) 隧道初期支护钢支撑内力量测

隧道初期支护钢支撑内力采用钢结构表面应变计进行量测。主隧道钢结构表面应变计对称置于工字钢翼缘内表面,服务隧道表面应变计在初期支护格栅钢架主筋上埋设,每个埋点埋设两个光纤式表面应变计,对称布置。数据线套入PVC管固定于初期支护上置于防水板背后,于拱脚处从防水板下侧引出。

钢结构表面应变计外部加装防护罩,并在应变计与防护罩之间灌注耐海水的弹性填封胶防水。

表面应变计安装底座与锚杆的连接面上用氧弧焊焊接,安装完毕后,将全部传感器串联,将线头从电缆槽一侧引出,既能在施工中采集数据,又便于在施工后将传感器接入主光缆。钢支撑内力量测断面为主洞YK10+681处。

通过测量施工过程中初期支护钢支撑结构内力情况,根据钢支撑应变值绘制钢支撑应变随时间的变化曲线。在钢支撑横断面图上,以一定的比例把应变值点画在各应变计分布位置,并以连线的形式将各点连接起来,形成钢支撑应变分布状态图。钢结构表面应变计埋设施工工序流程如图 25-23 所示。

9) 隧道初期支护与二次衬砌接触压力量测

隧道初期支护与二次衬砌接触压力采用压力传感器进行量测。在隧道防水板外表面上焊接另一块防水板,做成口袋,袋口向上,将压力传感器放入其中,再用胶布将口袋封住以防传感器掉出;仰拱位置的传感器,可将仰拱位置找平后,将压力传感器直接置于仰拱上表面并固定。数据线用 PVC 管保护并固定于二次衬砌的钢筋上,集中于拱脚处引入数据采集箱,

所有的数据线均由一侧引出。

初期支护与二次衬砌接触压力量测断面为主洞 YK10 + 676、YK10 + 681、YK10 + 686、YK11 + 295、YK11 + 300、YK11 + 305 处。压力传感器埋设施工工序流程如图 25-24 所示。

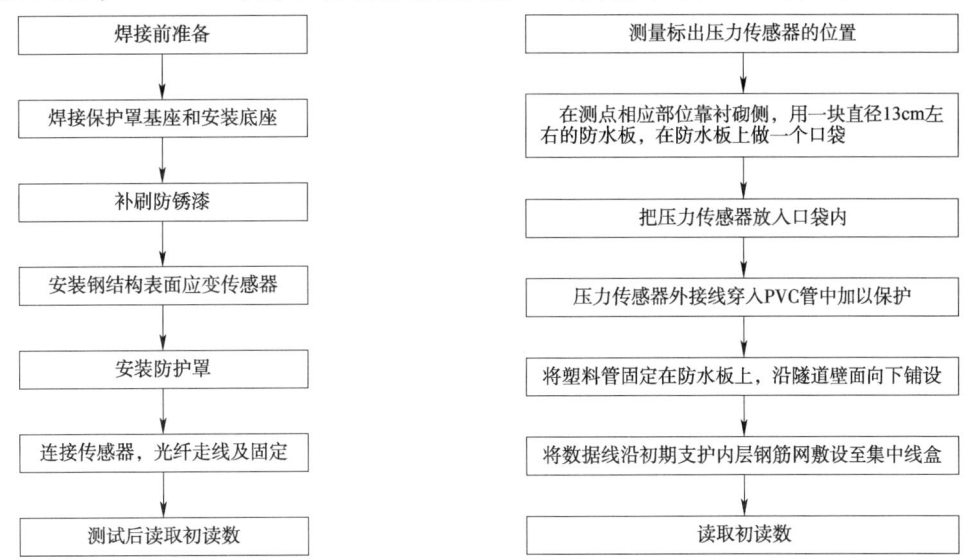

图 25-23 钢结构表面应变计埋设施工工序流程图　　图 25-24 初期支护与二次衬砌间压力传感器埋设施工工序流程图

10) 二次衬砌水压力量测

二次衬砌水压力采用渗压计进行量测。在初期支护上挖一个沟槽,将渗压计放入其中,使其探头可以直接与水接触,在渗压计四周填上干沙将渗压计固定,再用水泥砂浆将沟槽封住以防渗压计掉落。

数据线用 PVC 管保护并固定于初期支护面上,于拱脚处从防水板下缘引出,每个断面设数据采集箱,所有的数据线汇聚于此最终导入隧道主光缆。二次衬砌水压力量测断面为主洞 YK10 + 681 处。

11) 二次衬砌混凝土内力量测

二次衬砌混凝土内力采用混凝土应变计进行量测。混凝土应变计埋设于二次衬砌内部,用细扎丝固定于两根主筋之间,绑扎时应使应变计平行于主筋方向,每个埋点埋设两个混凝土应变计,分别位于二次衬砌的内侧和外侧,对称布置。

数据线用 PVC 管保护并固定于二次衬砌的钢筋上,集中引入数据采集箱,所有的数据线均由一侧引出。

应变计安装完成后,将全部传感器串联,并将线头从电缆槽一侧引出,既能在施工中采集数据,又便于在施工后将传感器接入主光缆。

二次衬砌内力量测断面为主洞 YK10 + 676、YK10 + 681、YK10 + 686、YK11 + 050、YK11 + 295、YK11 + 300、YK11 + 305 处。

根据每次所测得的各测点频率读数,依据压力盒的频率—压力标定曲线来直接换算出相应的压

力值。根据压力值绘制压应力—时间曲线图,在隧道横断面图上按不同的施工阶段,以一定的比例把压力值点画在各压力盒分布位置,并以连线的形式将各点连接起来,成为隧道围岩压力分布形态图。

二次衬砌混凝土应变计埋设施工工序流程如图25-25所示。

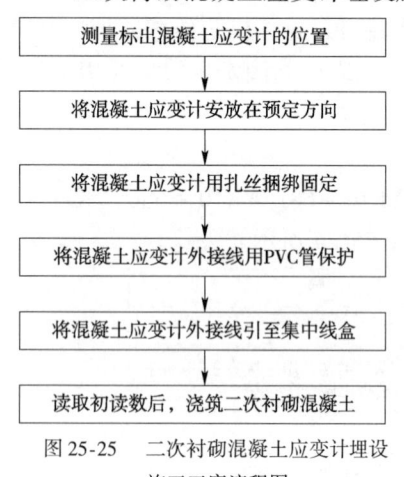

图25-25 二次衬砌混凝土应变计埋设施工工序流程图

12)钢筋内力

钢筋内力量测采用钢筋计量测,钢筋计在主筋铺架时埋设,焊接在衬砌主筋上,每个断面布置12个测点。

13)位移监测

(1)地震监测。

地震监测采用地震三维加速度探头,探头设于隧道拱顶,数据线固定于二次衬砌表面,与该断面的其他数据线集中到一起引入主光缆。

地震监测断面为主洞YK10+681、YK11+300处。

(2)位移监测。

位移监测断面为主洞YK10+676、YK10+681、YK10+686、YK11+050、YK11+295、YK11+300、YK11+305处。

14)爆破与振动

将速度传感器固定在新浇筑混凝土表面上,测量爆破时对新浇筑混凝土振动的最大振速。对于新浇筑混凝土的振速要求,不得超过表25-17规定值。

新浇筑混凝土的振速要求　　表25-17

混凝土龄期(h)	振速限值(mm/s)
12~24	6.25
24~48	12.5
48~120	25

在最邻近爆破地点的现有建筑物所量测的爆破冲击噪声不得超过130dB,使用有线频反应的最大冲击记录仪记录的爆破时空气超压不得超过0.005MPa。

有关振动记录资料应随时提供给监理工程师检查,必要时应提供复印件。

25.7.3 监控量测项目的管理基准

根据既有成功经验,拟采用《公路隧道施工技术规范》(JTG F60—2009)的三级监测管理并配合位移速率作为监测管理基准,见表25-18。即将允许值的三分之二作为警告值,允许值的三分之一作为基准值,将警告值和允许值之间称为警告范围,实测值落在此范围,应提出警告,说明需商讨和采取施工对策,预防最终位移值超限,警告值和基准值之间称为注意范围,实测值落在基准值以下,说明隧道和围岩是稳定的。

位　移　管　理　等　级　　表25-18

管理等级	管理位移	施工状态
Ⅲ	$U_0 < U_n/3$	可正常施工
Ⅱ	$(U_n/3) \leq U_0 \leq (2U_n/3)$	应加强支护
Ⅰ	$U_0 > 2U_n/3$	应采取特殊措施

注:U_0为实测位移值;U_n为允许位移值。

具体监测资料的反馈程序如图25-26所示。

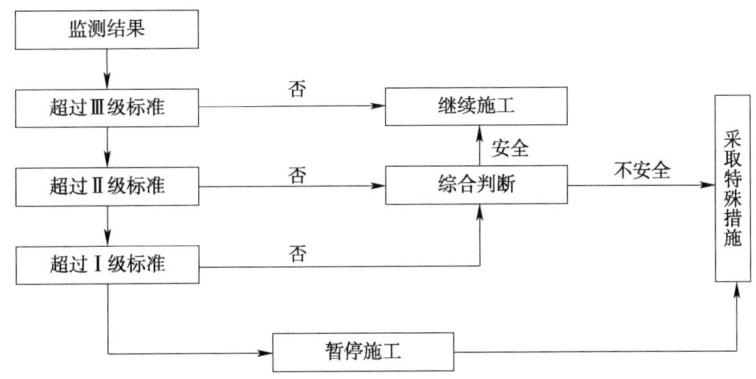

图 25-26 监测资料的反馈程序

现场监测时,可根据监测结果所处的管理阶段来选择监测频率:一般Ⅲ级管理阶段监测频率可放宽些;Ⅱ级管理阶段则注意加密监测次数;Ⅰ级管理阶段则应加强监测,通常监测频率为 1~2 次/d 或更多。

25.7.4 量测数据的处理及应用

(1)拱顶下沉、周边收敛测试数据按表 25-19 格式记录。

测试数据记录表　　　表 25-19

项目序号	时间	测量	总位移(m)	变形速度(mm/d)	距开挖面距离(m)	工序及施作时间
初读数						
第一次						
第二次						

(2)根据现场量测数据绘制位移—时间曲线或散点图,在位移—时间曲线趋平缓时应进行回归分析,以推算最终位移和掌握位移变化规律。当最终位移值超过允许位移的 80% 且无明显减缓趋势,以及位移—时间曲线出现反弯点,即位移出现反常的急骤增加现象,表明围岩和支护已呈不稳定状态,应及时加强支护,必要时应停止掘进,采取必要的安全措施。

当变化速率大于 10~20mm/d 时,需加强支护系统;当变化速率小于 0.2mm/d 时,围岩达到基本稳定。

(3)根据周边位移、拱定下沉量测成果确定预留变形量。

(4)根据周边位移、拱定下沉量测成果确定最佳衬砌施作时机如下。

①各测试项目显示位移速度明显减缓并已基本稳定。

②各项位移已达到预计位移量的 80%~90%(预计位移量可通过回归分析得到),位移速度小于 0.10~0.2mm/d。

③必要时,可提前施作衬砌混凝土。

(5)测量过程中如发现异常现象或与设计不符时,及时提出,以便修改支护参数。

(6)确定支护系统稳定性,及时预报险情。

(7)应力、压力量测成果评价支护设计的安全度。若经过对各种量测数据联合反分析计算后,发现初期支护或二次衬砌结构安全系数较大,则可对下一阶段与此地质类型相近的支护参数做适当调整。

(8)根据弹性波、围岩体内位移量测确定锚杆施作长度。

(9)测点埋设情况和量测资料纳入竣工文件,以备运营中查考或继续观察。

25.8 隧道地质超前预报

厦门东通道海底隧道主要位于海底弱、微风化花岗岩中,穿越3条强风化基岩深槽和4号风化囊,而且微风化槽附近存在微风化岩破碎带,地下水具有一定的承压性。

开挖扰动后,极易发生涌水、突泥和坍塌,威胁施工安全。因此,超前地质预报在本工程中是一项非常重要的工作。

25.8.1 超前地质预报目的

(1)验证设计图中描述的地质情况。

(2)确定隧道工作面前方岩体岩性及水文地质情况。

通过超前地质预报,可以确知前方工作面一定距离范围内岩石的岩性,是软岩还是硬岩,围岩的破碎程度及富水情况,是否存在断层破碎带、软弱夹层及岩脉等。

(3)判断工作面前方地质异常体位于隧道的具体里程及规模。

判断工作面前方一定距离范围内是否存在着地质异常体(风化深槽、风化深囊、断层及岩脉)为超前地质预报的主要目的。通过多种超前地质预报手段,可确知前方地质异常体位于隧道的具体里程,并且可分析出其与隧道立体相交的位置及规模,即首先接触里程及最后淡出里程。通过预报工作面前方地质异常体大小及规模,可评估出其对隧道危害程度。

(4)探测隧道开挖后周围未被揭露出隐伏地质异常体的分布情况。

对在开挖过程中未被揭露或小部分揭露出的地质异常体,虽然对隧道空间进行了安全支护,暂时通过了该里程段,但随着时间的推移以及地表海水运移的影响,该不良地质体有可能被扰动,从而其薄弱结构处突水涌砂,通过超前地质预报,可探测出隧道开挖后周围空间是否存在着隐伏地质异常体,其规模及大小,以及距隧道支护结构壁的最近距离,并通过计算,可评估出其对隧道结构的危害程度,并做出是否处理的施工对策。

25.8.2 超前地质预报组织

(1)成立地质预报工作组,由专家及相关技术人员组成;预报工作组织及相关工作内容见表25-20。

预报工作组织及相关工作内容 表25-20

	组织机构	人数	工作内容
地质预报组	专家	2	制定预报方案,指导预报工作,分析预报结果,提出施工措施
	测试组	8	(1)进行洞外勘察、及时查明地面地质情况及可能对洞内施工的影响。洞内测试、记录,掌子面地质编录,查看钻孔,记录相关数据。 (2)整理内业资料,汇总各方面的信息,发出预报通知等

(2)制定预报工作制度,建立健全相应规章制度,保证预报工作及时、正常、顺利进行。

(3)定期进行工作总结,及时总结预报工作经验,以便能有效地解决工作中存在的问题,更准确地进行地质预报。

(4)及时与施工作业人员进行沟通,以便在施工中采取更有效、经济的施工措施,保证施工安全。

25.8.3 超前地质预报方法

由于海底情况的复杂性和风险性,我们采取"长短结合,物探与钻探结合"的综合超前地质预报体系,通过各种预报技术相互印证、相互补充,确保海底隧道不良地质带超前预报的准确度,主要方法有:掘进工作面地质素描法、TSP、深孔钻探法、短距离钻探法、地面地质调查法、地质雷达等。

本隧道地质超前预报首先采用TSP203初步判断掌子面前方200m的异常构造(结构面、断层、破碎带等),然后采用长距离取芯钻探基本确定掌子面前方的地质情况及结构面和含水体的大致位置,从宏观掌握掌子面前方的地质情况,再采用地质雷达和地质钻探比较准确地预报掌子面前方30m的地质情况,准确判断岩体结构和构造、结构面宽度、断层发育形态、规模及岩石破碎情况,并进行水压和涌水量测试,判断地下水的方向及涌水、突泥的危险程度;最后采用掌子面地质素描、10m短距离的超前钻孔等技术进行每个开挖循环的跟踪预报和探测,根据地质情况制订隧道开挖和支护方案。

25.8.3.1 隧道开挖面的地质素描

专职地质工程师在每次爆破后对开挖面进行地质观测素描和地质作图。内容包括地下水状态(如出水点、出水量、水压力、地下水水质、突水情况等)、地层岩性(如产状、结构、地质构造影响程度等)、岩石特征(如岩石名称、风化状况、岩石结构、质地、强度)、地质结构面(如间距、延伸性、粗糙度、张开性等)、软弱夹层、贯穿性强的节理、断层(如填充情况、风化程度、开度、渗漏)等。根据地质观测素描的结果,做出开挖面前方较短距离内的岩体稳定性分析及地下水和海水的水力联系,通过综合分析判断,提出地质预测报告,必要时还可用数码摄像机摄像,根据岩体变化来推断前方地质变化趋势。

25.8.3.2 TSP-203超前探测系统

本工程全隧道采用TSP地质超前预报,主要采用TSP-203型地质探测仪。TSP-203超前地质预报是目前世界上最先进的长距离超前地质预报系统,同其他反射地震波方法一样,采用了回声测量原理,通过地震波在不同地质体中和地质界面上产生的反射波特性来预报前方的地质状况,地震波在岩体中以球面波形式传播。当地震波遇到岩石物性界面(即波阻抗差异界面,如断层岩石破碎带和岩性变化等)时,一部分地震信号反射回来,一部分信号透射进入前方介质,反射的地震信号将被高灵敏的地震检波器接受,反射信号的传播时间和反射界面的距离成正比,故能提供一种直接的测量。

本工程拟在掘进工作面附近的边墙上布置一个接收器孔和一排24个爆破孔。接收器距掘进工作面约55m,最后一个爆破孔距掘进工作面约0.5m。爆破孔间距1.5m,孔深1.5m,孔径平均42mm。为使接收器能与周围岩体很好地耦合以保证采集信号的质量,采集信号前将两个保护接收器的接收器套管插入孔内,并用含两种特殊成分的不收缩水泥砂浆使其与周围岩体很好地黏结在一起。每爆破孔装药量10~40g,根据围岩软硬完整破碎程度与距接收器位置的远近而不同。采用乳化炸药、瞬发电雷管制成炸药包,每个炸药包药量为60g,一发电雷管,连续激发24炮,进行数据采集,有时需要在隧道另一边墙上也布置一个接收器和24个爆破孔,左右边墙所测资料对比分析,较为准确地判断出软硬岩层的分布情况、断层及其影响带范围、裂隙(破碎)发育带范围、含水情况。

TSP探测范围岩层较好地段150~200m,不良地质和富水带100~150m,最小分辨率1.0m。

25.8.3.3 超前深孔地质水平钻孔

采用TEC-Median钻机对掌子面前方80~100m范围进行超前钻孔探测,准确地探明不良地质体在隧道出现的准确方位,并与TSP203超前地质预报结合相印证。

超前地质探孔施工流程如图25-27所示。

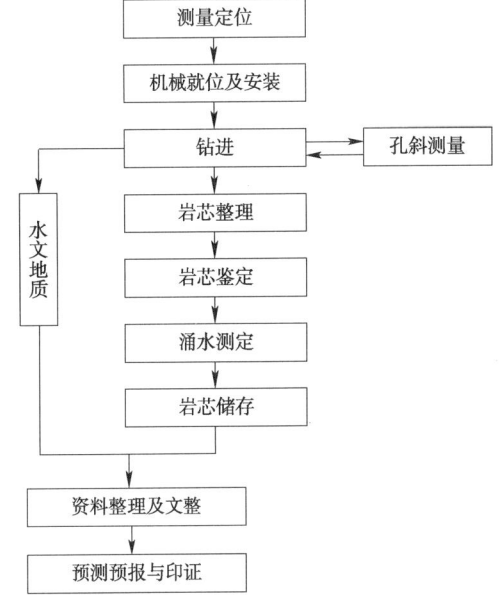

图25-27 超前地质探孔作业流程

25.8.3.4　短距离超前探孔法

短距超前地质探孔预报是目前各种超前地质预报方法中最简单、最有效的一种预报方法,用 TEC-Median 钻机在开挖面钻 1~3 个孔(每次探孔深 15m,开挖 12m,保留 3m,再开始下一次钻孔,一般地质地段超前地质钻孔 1 个,水量较大、砂层和风化深槽地段 3 个)。分别位于拱顶和拱腰部位。超前探孔直径 90mm,终孔位于隧道开挖轮廓线外 1.5~3.0m。探孔的主要目的是探明地下水及水压情况,在钻孔的同时,记录钻孔速度、岩渣岩粉特征、含泥量、出水部位、钻杆是否突进(及深度)等情况,综合判断前方的工程地质和水文地质情况。

在海底地质不良地带及岩面交界处,隧道开挖时,每循环还需要进行短距离超前地质钻探,此时一般可利用钻孔台车对工作面进行补充加密钻探,钻孔深度 5~8m,探孔数量不少于 6 个,探孔分别位于拱顶、两拱腰、两边墙、拱底。探孔探测若无异常情况出现,可进行钻爆开挖。在短距超前探孔预测预报过程中,若工作面局部出水量较大,应增加探水孔数量,以便更加准确地进行预报。

25.8.3.5　GPR(探地雷达)

地质雷达通过向地层中发射宽带、高频电磁波,并对所接收到的反射波进行一系列处理,精确地测定出电磁脉冲传播到目标物并反射回来的时间,探测隧道前方的地层情况,探测隧道前方 20m 左右的地质情况,它利用高频电磁波脉冲信号的反射来探测前方地质情况,特别是对溶洞、地下水、断层等的预报,效果明显。

在该工程中,主要对不良地质地段进行加强探测,来探测围岩内的软弱结构面分布,探测岩溶、富水带分布、断层、断层破碎带分布里程。

25.8.4　地质信息收集与处理

地质预报由专门的地质专业工程师负责,设专职地质组,其他施工、质检人员给予配合,进行资料收集、统计、分析和编制信息预报成果,由主管技术人员予以复核,并将预报结果报设计、监理单位,为变更设计、优化施工方案提供依据。

不断总结经验,对已暴露的实际地质情况与前报内容相比较,评估预报的准确性,为以后地质超前预报工作积累经验。

25.8.5　其他措施

参见附录 1 工程通用的管理措施和附录 2 隧道工程的管理措施的详细内容。

第26章 案例7——蒙华铁路龙门黄河大桥施工组织设计

26.1 编制说明

26.1.1 编制依据

(1)合同文件、招投标文件和建设单位指导性施工组织设计。
(2)工程设计文件。
(3)国家、铁路总公司颁发的现行规范、规程、验标等各项技术标准和有关的法律、法规。
(4)中国铁路总公司工程设计鉴定中心鉴综函〔2014〕、中国地震局中震安评〔2014〕7号文、中铁路总公司办公厅铁总办计统函〔2013〕203号、水利部黄河水利委员会黄水政字〔2013〕43号文等文件。
(5)现场踏勘、调查、采集和咨询所获取的资料。
(6)本单位拥有的科技工法成果和现有的企业管理水平,劳力、设备技术能力,以及在同类铁路施工中所积累的丰富的施工经验。

26.1.2 编制原则

(1)认真贯彻国家对工程建设的各项方针和政策,严格执行工程建设程序。
(2)保证重点,统筹安排,遵守招标文件的规定与投标书的承诺。
(3)遵循建筑施工工艺及其技术规律,坚持合理的施工程序和顺序。
(4)采用流水施工方法、工程网络计划技术和其他现代管理方法,组织有节奏、均衡和连续的施工。
(5)科学地安排冬期和雨季施工项目,保证全年施工的均衡性和连续性。
(6)充分利用本单位现有施工机械和设备,扩大机械施工范围,提高施工机械化使用率;不断改善劳动条件,提高劳动生产率。
(7)尽量利用先进施工技术,科学地确定施工方案;严格控制工程质量,确保安全施工,努力缩短工期,不断降低工程成本。

26.1.3 编制范围

本施工组织设计适用于蒙西至华中地区铁路煤运通道工程浩勒报吉至三门峡段龙门黄河大桥施工。

26.2 工程概况

26.2.1 工程简介

蒙西至华中地区铁路煤运通道(蒙华铁路),起自内蒙古自治区鄂尔多斯市浩勒报吉,终至江西省吉安市,线路全长1817km。该铁路连接蒙陕甘宁能源"金三角"地区与湘鄂赣等华中地区,是"北煤南运"新的国家战略运输通道,是国家综合交通运输系统的重要组成部分。龙门黄达大桥为该条线路中浩勒报吉至三门峡段的重点工程。

26.2.2 设计概况

龙门黄河大桥设计里程为 DK505+956.1～DK506+224.6,桥梁全长267.5m。全桥采用1-202m中承式钢管混凝土提篮拱桥,计算跨度202m,立面投影矢高50.5m,矢跨比1/4,拱肋横向内倾角6°,拱脚部位的拱肋中心距为20.0m,拱轴线采用悬链线,拱轴系数 $m=1.6$。桥面采用钢—混结合梁,主梁孔跨布置为$(2×19+2×13.5+14×9+2×13.5+2×19)$m。两侧桥台均采用双线T台,浩方台采用柱桩,三方台采用明挖基础。边墩采用墩柱倾斜的框架式支墩,将拱座作为其基础。

26.2.3 合同工期

线下工期目标:34个月。

计划开工日期:2015年8月1日;计划完工日期:2018年5月31日。

26.2.4 主要技术标准

主要技术指标见表26-1。

蒙华铁路龙门黄河大桥的主要技术指标　　表26-1

指标	线路等级	正线数目	限制坡度	速度目标值	最小曲线半径	牵引种类	机车类型	牵引质量	到发线有效长	闭塞类型
标准	国铁Ⅰ级	双线	下行6‰,上行13‰	120km/h	一般1200m,困难800m	电力	客车:SS9;货车:HXD系列	10000t,部分5000t	1700m	自动闭塞

26.2.5 工程建设的自然条件

26.2.5.1 地形地貌

桥址处河道较顺直,河床平坦且基岩裸露,无边滩,河道水流方向与线路正交。河道底宽90m,上口宽约150m,小里程侧浩勒报吉岸坡较为平坦,大里程侧三门峡方岸坡较为陡峭,岸边高出河底约50m。

26.2.5.2 地层岩性

桥址区主要地层为第四系全新统人工堆积(Q_4^{ml})素填土,杂填土及填筑土;第四系全新统冲洪积(Q_4^{al+pl})新黄土、细圆砾土、粗圆砾土及卵石土;二叠系中统上石盒子组(P_{2s})泥岩、砂岩;二叠系下统下石盒子组(P_{1x})泥岩、砂岩;二叠系下统山西组(P_{1s})泥岩、砂岩、煤层;石炭系上统太原组(C_{3t})泥岩、砂岩、石灰岩、砾岩、煤层、泥灰岩等;中统本溪组(C_{2b})石灰岩;奥陶系中统峰峰组(O_{2f})角砾状灰岩,上马家沟组(O_{2s})石灰岩、泥灰岩、角砾状灰岩。

26.2.5.3 气象水文

桥址位于山陕高原、属温带大陆性季风气候,四季分明,平均降雨量150～800mm,降雨量自东南向西北递减;多年平均蒸发量800～1200mm,自南向北递增;年内气温以7月份最高,月平均气温大部地区为20～33℃,最低气温出现在1月份,大部地区在0℃以下,气温的分布趋势是西部低于东部、北部低于南部。

桥址地表水主要为凿开河河水,发源于黄龙山之大岭东侧,由西北向东南于禹门口附近汇入黄河,河床宽30～50m,流量为0.0031～3.49m³/s,桥址地下水主要为第四系孔隙潜水及基岩裂隙水。

26.2.6 施工条件

26.2.6.1 周边环境

桥位处跨越黄河,通航,河宽 90~150m,水位较深,河道较顺直。桥位处地势较陡,多为岩石。陆地交通情况一般。龙虎公路在三门峡方向桥位附近经过,大型施工机具可达桥位附近,浩勒报吉方向桥位附近无既有道路,需修建便道进入,因周边地势情况复杂,给修建施工便道带来一定的难度,三门峡侧施工条件极差。

本项目区域附件内韩城市桑树坪煤矿卫生院、龙钢医院、龙门医院、下峪口医院、韩城矿务局医院、韩城市人民医院、韩城市中医院 7 所医院,医疗卫生设备齐全,能满足施工建设医疗及应急救援需求。

26.2.6.2 交通概况

陆地交通情况一般。龙虎公路在三门峡方向桥位附近经过,大型施工机具可达桥位附近,浩勒报吉方向桥位附近无既有道路,需修建便道进入。本项目区域附件内 7 所医院,医疗卫生设备齐全,能满足施工建设医疗及应急救援需求。本项目主要进场道路为陕西韩城境内 X201(宜集韩公路)及山西龙虎公路。X201 等级较低,工程施工运输不便;龙虎公路为重载运煤公路,车流量极大,两侧拱座基础位置几乎没有通行条件,因此,所有工点的运输便道均需整修或者新修建施工便道才能进入现场。

26.2.6.3 物资供应

钢材资源以韩城市为中心向外辐射主要钢材生产 3 个厂家;水泥资源三家水泥厂供应;粉煤灰资源由韩城二电厂区,运距 2km,道路条件良好,交通便利;地材资源位于桑树坪镇境内,区内砂主要从黄河采取,粒径较细,砂、碎石资源较为丰富;碎石主要分布在韩城市龙门山脉,岩石为石灰岩,开采量较多满足需要;商品混凝土桑树坪周边 10km 内有两座商混站,运距分别为 10km 和 2km。

26.2.6.4 水电及交通条件

施工生产用水可直接采用对混凝土结构物无腐蚀性的地下水作为拌和用水,生活用水可接入当地自来水;本桥施工利用附近 1000kV·A 变压器,同时备用 2 台发电机组满足施工要求。

26.2.7 施工条件

主要的工程数量见表 26-2

龙门黄河大桥主要工程量表 表 26-2

部位	项 目	规格及说明	单位	数 量
拱肋	拱肋混凝土	C50 补偿收缩混凝土	m^3	1154.28
		钢纤维、抗拉强度 1000 级	t	23.86
	拱脚外包混凝土	C50 混凝土	m^3	132
		HRB400 钢筋	t	21.86
	弦管	弦管 Q370qD	t	973.84
		节点板 Q370qE	t	298.32
		节点板内腹杆接头板 Q345qE	t	48.33
		加劲隔板 Q345qE	t	83.5
		拱脚锚固加劲板 Q345qD	t	37.14
		加劲环、法兰及接头板 Q345qD	t	214.56
		法兰连接高强度螺栓 M27	套/t	1344/1.461
		ML15 剪力钉 $\phi 22mm \times 150mm$	套/t	16400/5.937
		ML15 剪力钉 $\phi 22mm \times 100mm$	套/t	4424/2.261

续上表

部位	项目	规格及说明	单位	数量
	腹杆	横缀管 Q345qE	t	29.71
		腹杆 Q345qE	t	374.49
		手孔密封门 Q235B	t	1.2
		高强度螺栓 M24	套/t	24336/25.553
	横联	Q345qE	t	126.493
		高强度螺栓 M24	套/t	2184/2.306
	进浆管、排气管	Q345B 钢管	t	1.1
		Q370qD 钢材	t	1.01
	其他钢材	Q345qD	t	185
	钢结构涂装	氟碳面漆涂装体系	m²	13299.38
		氟碳面漆涂装体系	m²	1516.3
梁部	钢纵横梁	Q370qE	t	1178.54
		Q370qE-Z25	t	143.49
		高强度螺栓 M27	套/t	15283/23.51
		高强度螺栓 M24	套/t	42523/42.29
	桥面板	C40 混凝土	m³	655.2
		C45 补偿收缩混凝土	m³	446.4
		M20 砂浆	m³	5.1
		ML15 圆柱头焊钉 φ22mm×200mm	套/t	24827/16.39
		聚丙烯纤维	t	0.99
		填充水膨胀单液型密封剂 P201	m³	0.13
		HRB400 钢筋	t	459.28
		HPB300 钢筋	t	6.19
	桥面板	橡胶垫块（5cm 宽×2cm 厚）	m	2590.92
	钢结构涂装	高强度螺栓连接摩擦面	m²	127.73
		钢混凝土结合面	m²	1708.63
		氟碳面漆涂装体系	m²	9226.8
吊杆	钢绞线	φ15.2mmGJ15-37 环氧喷涂钢绞线	m/t	92.3/4.64
		φ15.2mmGJ15-31 环氧喷涂钢绞线	m/t	481.6/20.17
	吊杆锚具	GJ15B-37 型拉索锚头 张拉端/固定端	套	16/16
		GJ15B-31 型拉索锚头 张拉端/固定端	套	44/44
	吊杆锚固构造	Q370qE	t	107
		高强度螺栓 M24	套/t	316/0.334
支座	球形钢支座	3000DX-50-0.2g	个	1
		3000DX-150-0.2g	个	1
		3000ZX-150-0.2g	个	1
		5000DX-150-0.2g	个	1
		5000ZX-150-0.2g	个	4
		7000DX-150-0.2g	个	4
		7000ZX-150-0.2g	个	1
		7000HX-150-0.2g	个	1
		7000GD-10-0.2g	个	1
		7000GD-0.3g	个	1
阻尼器	液体粘滞阻尼器	额定阻尼力 F=2000kN	个	4
		预埋件 Q345qE	t	6.74

续上表

部位	项 目		规格及说明	单位	数 量
阻尼器	液体粘滞阻尼器		40Cr	t	0.34
墩(台)身	桥台	顶帽、垫石	C40 混凝土	m³	38.23
			HPB300 钢筋	t	0.3
			HRB400 钢筋	t	3.87
		道砟槽及封顶混凝土	C40 混凝土	m³	68.36
			HRB400 钢筋	t	6.4
		台身	C40 混凝土	m³	797
			HRB400 钢筋	t	12.21
	拱座墩	垫石	C40 混凝土	m³	1.08
			HRB400 钢筋	t	0.09
		墩身	C40 混凝土	m³	480.8
			HPB300 钢筋	t	0.3
			HRB400 钢筋	t	129.42
	拱上支墩	钢立柱及横梁	Q370qE	t	86.16
		立柱底座	Q370qE	t	12.3
		法兰连接螺栓	高强度螺栓 M30	套/t	104/0.204
	拱上横梁	钢横梁	Q370qE	t	72.33
			高强度螺栓 M24	套/t	2020/2.162
基础	桥台	三方台底垫石	C30 混凝土	m³	19.8
			HRB400 钢筋	t	1.37
		浩方承台	C30 混凝土	m³	428.4
			HRB400 钢筋	t	12.88
		钻孔桩	钻孔桩径及桩长	m	1.5/115.5
			C30 混凝土	根/m³	9/204.3
			HPB300 钢筋	t	13.68
			HRB400 钢筋	t	0.58
		基坑挖土石方	石方(6m 以内无水无挡)	m³	473.4
			土方(10m 以内无水无挡)	m³	2322.96
		基坑回填	原土	m³	924.7
			C15 混凝土	m³	490.03
			3:7 灰土	m³	72.62
		桩穿土层(桩径1.5m)	新黄土	m	54
			砂砾土	m	36
			次坚实	m	25.5
		泥浆外运		m³	408.21
	拱座基础	拱座	C40 混凝土	m³	3226.3
			C50 补偿收缩混凝土	m³	72.5
			HRB400 钢筋	t	241.18
			散热水管(钢管) Q235B	t	28.4

续上表

部位	项 目		规格及说明	单位	数 量
基础	拱座基础	基坑挖土	土方(6m以内无水无挡)	m³	3201.36
			土方(10m以内无水无挡)	m³	2227.72
		基坑挖石	石方(6m以内无水无挡)	m³	2107.55
			石方(15m以内无水无挡)	m³	1093.47
		基坑回填	C15素混凝土	m³	458.07
			土石方	m³	1195.37
		基坑防护及拱座基础加固	C30混凝土	m³	401.02
			钻孔桩径及桩长	m	1/510.6
			HRB400钢筋	t	36.09
			HPB300钢筋	t	24.06
			基坑喷锚支护	m²	303.2
			基坑顶C15混凝土挡土墙	m²	293.6
			基坑底C15混凝土挡土墙	m²	564.6
			基础加固200号水泥浆	m³	122.8
		防护棚架	钢材Q345B	t	125
			钢材Q235B	t	42
			C30混凝土	m³	58
			5mm厚花纹钢板	m²	2600
			M39锚栓	t	320/2.51
			M24普通螺栓	套	800
		改沟	M10浆砌片石	m³	117
			碎石垫层	m³	39
			石方量	m³	260
		检查台阶	C50混凝土	m³	9.1
			HRB400钢筋	t	9.5
		弃石及弃土外运		m³	4538.67

26.3 工程特点、重难点分析

建设工程的特点、重难点见表26-3。

蒙华铁路龙门黄河大桥的工程特点及重难点分析表　　　　表26-3

工程特点	工程重、难点			
	建设条件的复杂性	结构复杂、施工难度大	技术标准高	安全风险
龙门黄河大桥河底高程为370~380m,河道底宽度90m,上口宽约150m,浩勒报吉岸坡较为平坦,但三门峡方岸坡较为陡峭,岸边高出河底约50m。桥台所在坡体上局部存在崩塌落石,施工开挖时容易出现局部失稳,发生崩塌、落石现象	桥址三门峡侧位于陡峻的悬岩上,拱座基础、桥台、索塔基础及锚碇等位于断崖处,无进场便道,施工场地布置难度大	(1)拱座基础设计为齿状分层扩大基础,三门峡侧拱座基础位于陡峻的悬岩上,采用爆破开挖时,场地狭小,出渣困难; (2)主桥钢拱肋设计为1-202m钢管提篮式拱,采用LSQ110型固定式缆索起重机吊装施工,拱肋最大吊重节段86.5t,最长节段25m;钢梁最大吊重103.6t,最长节段21.35m,吊装高度90m,吊装安装困难大; (3)拱脚外包混凝土,上下弦管设置,变高度悬空支架施工,施工难度大; (4)拱上支墩、拱梁交接横梁及钢梁均采用缆索吊机吊装,支墩吊重约42t,横梁吊重约36t,钢梁最大吊重103.6t,最大吊装长度为21.35m,安装精度要求高	(1)拱肋轴线及线形吊装高度90m,最重杆件86.3t,最长节段24.5m,安装时钢拱肋空中对接及线型控制难度大,精度要求高; (2)拱肋内压混凝土,一次泵压高度55.5m,长度120.98m,一次性泵压顶升难度大,施工工艺要求高; (3)龙门黄河大桥在黄河龙门峡谷最窄处,石龙与龙门河谷之间的湿度相对较大,当地有一定的环境污染,在运营过程中这两方面交叉影响会对钢管拱的腐蚀速度有较大的影响。设计文件要求一次涂刷,防腐年限30年,涂装工艺标准要求高	缆索起重机的运营过程为一级风险源,钢拱肋及桥面钢梁架设属高空作业,安全风险极为突出;三门峡侧跨越山西河津龙虎公路,该公路为重载煤运公路,车流量密集,安全风险大

26.4　管　理　目　标

26.4.1　质量目标

确保"优良"工程。

26.4.2　工期目标

线下工期目标:34个月,按期完工。

26.4.3　安全目标

采取有效措施,杜绝重伤、死亡事故的发生,轻伤率控制在2‰以下,杜绝重大设备、火灾和交通事故。

26.4.4　文明施工

现场管理满足《铁路建设项目现场安全文明标志》《铁路建设项目现场管理规范》(a/CR 9202—2015)和标准化管理要求。做到现场布局合理,施工组织有序,材料堆码整齐,设备停放有序,标识标志醒目,环境整洁干净,实现施工现场标准化、规范化管理。

确保达到"集团公司安标工地"标准。

26.4.5　创优目标

龙门黄河大桥分项、分部工程一次检验合格率100%,满足整体创优规划要求,做到"开工必优,一次成优",确保集团公司优质工程,力争创省部级优质工程和国家优质工程。

26.4.6 环境保护

噪声排放达标,现场无扬尘,运输无遗洒,生产及生活废水达标排放,施工现场夜间无光污染,合理处置固体废弃物,最大限度地节能降耗,不使用有害的建筑材料。

26.5 项目组织结构

26.5.1 项目组织结构图

项目组织结构图如图 26-1 所示。

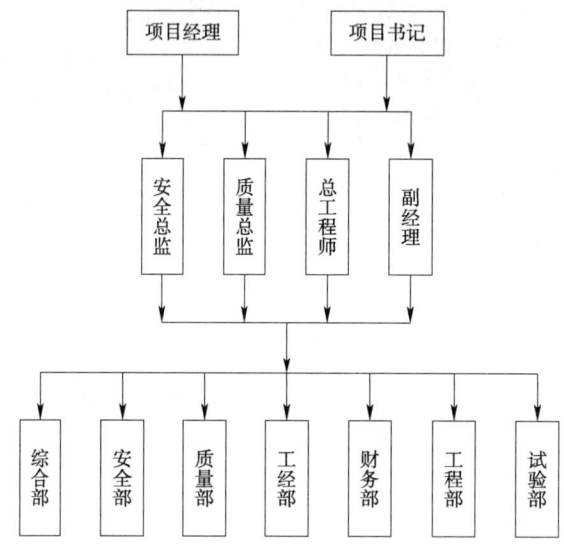

图 26-1 龙门黄河大桥项目组织结构图

26.5.2 主要管理人员及部门岗位职责

主要管理人员配置表见表 26-4。

主要管理人员配置表　　表 26-4

序号	岗 位	职 责
1	项目经理	总负责
2	工区书记	负责征地拆迁
3	副经理	负责现场施工总体策划、管理、协调
4	总工程师	对现场施工技术把关、负责现场技术管理
5	质量总监	施工质量总负责
6	安全总监	施工安全总负责
7	工程部长	负责现场技术管理
8	质量部长	负责现场施工质量控制
9	安全部长	负责现场施工安全管理、保障工作
10	试验主任	负责现场具体试验工作
11	技术人员	负责现场具体技术工作

26.6 施工部署

26.6.1 施工总体部署

实施标准化管理,落实岗位制度,确保项目成本可控。主体工程质量零缺陷,桥梁混凝土结构使用寿命不低于100年。单位工程一次验收合格率100%。杜绝较大事故,控制一般事故,消灭人身伤亡责任事故,实现零死亡。

建设安全文明工地、优质工程的目标:本工程是体量大、复杂程度高,工种交叉作业多,而且涉及的专业面较广,为切实做好本工程安全生产,文明施工,在整个施工过程中,项目部全体人员坚持以"安全第一,预防为主"的方针参加安全生产管理工作,加强安全生产、安全教育、文明施工的管理力度,积极争安全文明工地、优质工程的目标。

26.6.2 场地布置

26.6.2.1 生产、生活房屋规划

生产房屋包括钢筋加工场、材料库等,采用砖砌+轻型钢架结构,生活房屋采用就近租用民房;生活区统一规划、集中布置,营区周围设围护,围护采用铁丝网或波纹板,涂以明显色彩;生活区垃圾集中堆放,定期用垃圾车运往指定处理点处理;生活污水排入污水收集容器处理并拉到指定地点排放。

26.6.2.2 混凝土拌和站规划

拌和站选于距线路主线2.7km的龙门公路砲子沟桥西侧原废弃煤窑处,厂区占地36亩,交通较为便利;该拌和站主要供应四工区全管段内结构物混凝土及三工区部分结构物混凝土,供应混凝土总方量约34万m^3;拌和站内设2台HZS120型混凝土拌和机,每小时生产混凝土240m^3。每台拌和机配5个150t粉罐用于水泥、外加剂存储;设置4个集料储料仓,可存储集料8000 m^3;配备8m^3混凝土输送车10辆和3辆汽车泵,后续根据施工现场需求分批增加。

拌和站场区划分为生产区、办公生活区,其中生产区包括拌和作业区、材料计量区、材料储存区,占地10431m^2,场区全部硬化;办公生活区占地1579m^2,设置拌和站人员办公室、试验站、员工宿舍、食堂、浴室、厕所等设施。主要临建工程数量表见表26-5。

主要临建工程数量表　　　　　表26-5

序号	项　　目	单位	数　　量	备　　注
1	生活、办公设施			活动楼房
1.1	办公、生活用房	m^2	475.2	活动板房
2	生产房屋及设施			
2.1	配电房	m^2	22	活动板房
2.2	发电机房	m^2	22	活动板房
2.3	拌和站料仓	m^2	2560	彩钢棚
3	场地平整、硬化及围墙等			
3.1	浆砌片石	m^3	3000	
3.2	围墙及水沟等砌体(红砖)	块	167416	
3.3	场地硬化	m^3	3367	C15混凝土20cm厚
3.4	场地硬化	m^3	2040	C20混凝土30cm厚

26.6.2.3 钢筋加工场

在DK503+976.59左侧20m处设置龙门黄河大桥钢筋加工场,钢筋集中钢筋加工场加工,运至施工现场,占地面积为5.5亩。

26.6.2.4 运输便道规划

浩勒报吉侧属深陷湿性黄土地质,便道设计长度2km,断面宽度8m,两侧设计排水沟,便道开挖至设计高程后,换填60cm级配碎石层,并碾压密实,上浇筑25cm厚C30混凝土。悬岩上的便道修建时爆破开挖岩体,本段设计长度500m,断面宽度8m,开挖至设计高程后,清理碎石表层,然后浇筑25cm厚C30混凝土。新建单车道设在龙门黄河大桥三方台侧,起点在线路(DK506+178)左侧沿龙虎公路方向150m处,终点在DK506+255.6里程处,长度为500m。

便道道路设计路面宽度8m(双车道),一般转弯半径不小于20m,特殊条件下为15m;坡度一般情况不大于8%,特殊段不大于10%,路基横坡填方双面坡2%,挖方单面坡3%。

重点工程施工等大型作业区,进出场的便道200m范围应进行硬化,标准为C20混凝土,厚度不小于20cm,基础碾压密实。经过水沟的地段,埋置钢筋混凝土圆管或设置过水路面。

施工场地平面布置图详见表26-6。

施工区段划分表　　　　　表26-6

工区范围	施工队伍名称	人数(个)	主要工程名称或里程范围	承担的主要工程内容
一工区 DK765+000~DK774+823	隧道架子1队	220	负责西安岭隧道进口 DK765+275.72~DK767+035段施工	隧道开挖与支护、二次衬砌、防排水及隧道附属工程
	隧道架子2队	330	负责西安岭隧道鞍桥沟斜井及正洞 DK767+035~DK770+570段施工	
	隧道架子3队	330	负责西安岭隧道大石窑斜井及正洞 DK770+570~DK774+823段施工	
	综合架子队	150	负责本标段路基工程及桥梁工程的施工	地基处理、路基土石方开挖、填筑、桥梁下部结构、桥面系
二工区 DK774+823~DK783+400	隧道架子4队	440	负责西安岭隧道阳坡沟斜井及正洞 DK774+823~DK776+915段施工	隧道开挖与支护、二次衬砌、防排水及隧道附属工程
	隧道架子5队	440	负责西安岭隧道虎泉沟斜井及正洞 DK776+915~DK779+030段施工	
	隧道架子6队	330	负责西安岭隧道白云山斜井及正洞 DK779+030~DK781+940段施工。	
	隧道架子7队	220	负责西安岭隧道出口 DK781+940~DK783+339段施工	
	无砟道床架子队	300	西安岭隧道无砟道床	西安岭隧道无砟道床浇筑
合计		2760		

26.6.3 施工队伍部署及任务划分

26.6.3.1 工程分包模式

龙门黄河大桥拟使用7支作业队,其中钻孔桩施工1支,拱座基础施工队伍2支,缆索吊装施工队伍1支,钢结构制作安装队伍1支,吊杆安装队伍1支,桥面系施工队伍1支。

龙门黄河大桥缆索吊、钢管拱钢梁制作安装、吊杆安装使用专业分包模式,其他部位使用劳务分包模式。

26.6.3.2 作业层配置方案

作业层配置方案：龙门黄河大桥按照施工环境、任务及技术要求，选用钻孔桩作业队1支，拱座基础作业队2支（浩方侧、三方侧各一家），缆索吊作业队1支，钢管拱钢梁制作安装作业队1支，吊杆安装作业队1支，桥面系作业队1支。所用队伍均在中铁一局合格分包方注册范围内选取。

26.6.3.3 作业层划分

施工队伍部署和施工任务见表26-7。

施工队伍部署和施工任务划分表　　表26-7

施工队伍	劳动力(人)	担负主要施工任务
拱座基础施工工班	50	浩勒报吉侧、三门峡侧拱座基础施工
钢拱拱肋焊接施工工班	25	钢拱拱肋节段焊接
内压混凝土施工工班	40	内压混凝土施工
钢混结合梁施工工班	30	钢混结合梁施工
钻孔桩施工工班	20	负责浩方台钻孔桩基础施工
承台墩身施工工班	70	负责龙门黄河大桥浩方台、三方台墩台身施工及桥面附属

26.7 施工进度安排

26.7.1 工期安排原则

略。

26.7.2 进度指标

拱座基础：6月/个；钢管拱肋节段加工制造：12d/节；钢管拱肋节段吊装：8d/节；桥面钢梁吊装：5d/节；桥面板预制：2块/d；龙门黄河大桥计划工期34个月；计划开工日期2015年8月1日；计划完工日期2018年5月31日。主要阶段工期见表26-8。

主要阶段工期表　　表26-8

序号	主要工程项目	开始时间	结束时间	工期(d)
1	施工准备	2015年8月1日	2015年9月30日	60
1	控制网测量	2015年8月1日	2015年9月10日	40
1	施工图审核、现场核对	2015年8月1日	2015年9月20日	50
2	场地建设及边坡防护	2015年10月1日	2016年2月29日	151
3	主桥拱座基础及引桥下部施工	2016年3月1日	2016年8月30日	182
3	拱座基础施工	2016年3月1日	2016年6月30日	121
3	引桥下部施工	2016年5月1日	2016年8月30日	121
3	修建拱肋和主梁预拼场地	2015年11月10日	2015年12月20日	40
3	修建二次起吊平台场地	2016年2月9日	2016年2月29日	20
4	缆索吊机系统施工	2015年10月1日	2016年8月30日	334
4	110t缆索吊机拼装	2015年10月1日	2015年11月30日	60
4	索塔基础施工	2015年12月1日	2016年2月28日	90
4	后锚施工、塔架拼装	2016年3月1日	2016年4月30日	60
4	缆索、吊装设备安装	2015年5月1日	2015年7月31日	91
4	缆索系统调试	2016年8月1日	2016年8月30日	29

续上表

序号	主要工程项目	开始时间	结束时间	工期(d)
5	搭设起吊平台贝雷梁	2016年7月1日	2016年7月31日	30
6	钢管拱肋节段加工制造	2016年3月1日	2017年2月21日	357
7	拱肋吊装施工	2016年8月31日	2017年4月30日	242
7	S1-S7、S1′-S7′节段吊装施工	2016年8月31日	2017年4月10日	222
7	S8合龙段吊装施工	2017年4月10日	2017年4月30日	20
8	拱肋分段内压混凝土灌注	2017年5月1日	2017年6月30日	60
9	桥面钢梁及吊杆安装施工	2017年6月30日	2017年10月28日	120
10	桥面板预制	2017年2月28日	2017年4月27日	58
11	桥面板吊装及湿接缝现浇	2017年10月28日	2018年2月24日	119
11	桥面板吊装	2017年10月28日	2017年12月28日	61
11	湿接缝施工	2017年12月29日	2018年2月24日	57
12	附属工程施工	2018年2月25日	2018年5月31日	95
12	拱肋附属设施施工	2018年2月25日	2018年4月26日	60
12	挡渣墙、人行道板等施工	2018年2月25日	2018年4月26日	60
12	钢结构涂装	2018年5月1日	2018年5月31日	30

26.8 施工准备及资源配置

26.8.1 技术准备

本工程承包合同签订后,由技术负责人组织工程技术人员认真审核图纸,做好图纸会审的前期工作,针对有关施工技术和图纸存在的疑点做好记录。工程开工前及时与业主、设计单位联系,做好设计交底及图纸会审工作。进场后将认真调查了解、掌握现场的实际情况和图纸情况,编制出更进一步切合实际的施工方案。

26.8.2 物资招标准备

(1)首先与项目工程部相互沟通了解该施工部位大概情况,并与技术人员通过设计图纸计算出该工程的材料种类、规格、数量以及该工程部位材料的相关设计要求。

(2)考察周围市场、了解周边资源的种类、产量、价格、运距等相关信息等。

(3)制定招投标的相关程序。

(4)签订合同相关要求

26.8.3 施工现场准备

(1)用地落实。

进场施工以来,项目部积极配合当地政府做好征地拆迁工作。完成了红线征地及临时征地的落实工作。

(2)生产、生活设施建设。

生产房屋包括钢筋加工场、材料库等,采用砖砌+轻型钢架结构,生活房屋采用彩钢活动房屋或就近租用民房。

生活区统一规划、集中布置,营区周围设围护,围护采用铁丝网或波纹板,涂以明显色彩。生活区垃圾集中堆放,定期用垃圾车运往指定处理点处理;生活污水排入污水收集容器处理并拉到指定地点排放。

混凝土拌和站位于 DK505+956.1 左侧 4.7km 位置,设置 2 台新筑 120 型混凝土搅拌机,混凝土采用集中供应。在 DK502+778.56 右侧 20m 处设置龙门黄河大桥钢筋加工场,钢筋集中钢筋加工场加工,运至施工现场。砂石料、水泥存放在拌和站。钢筋原材存放在钢筋加工厂。

(3)物资准备和试验。

根据现场是施工进度计划,来制定物资采购计划,对于货源紧张的物资提前安排进行备料,采购的物资应具体相关合格证件及手续。进场并对材料进行相应的质量检验。检测合格后方可用于施工。

(4)施工机械设备。

主要进场设备见表 26-9。

主要进场设备　　　　　表 26-9

序 号	机械或设备名称	型号及使用性能	新旧状况(%)	备 注
1	挖掘机	CAT320	80	4 台
2	空压机	12m³	90	4 台
3	空压机	20m³	90	4 台
4	风钻	YT-28 中国	90	24 台
5	吊车	25T(双钩)	90	1 台
6	风镐	FS2.8	90	24 台
7	装载机	ZLC50C	90	4 台
8	发电机	150kW	80	2 台
9	电葫芦	2t	100	5 台
10	抽水泵	60m 扬程	100	6 台
11	变压器	1000kV·A	100	2 台
12	插入式振动器	ZB110-50	100	10 台
13	交流电焊机	500A	90	8 台
14	混凝土运输车		90	6 台
15	钢筋弯曲机	GW40A	90	2 台
16	钢筋调直机	CT4~14	90	2 台
17	钢筋切断机	GQ50	80	2 台
18	出渣设备	矿山专用	100	4 套
19	潜前孔钻	成探	80	4 台

26.8.4　各方协调工作

(1)与业主的协调。

在施工过程中,服从业主在进度、质量、安全、环保等方面的管理和协调。

(2)与监理工程师的协调。

①施工过程中,严格按照监理工程师批准的"实施性施工组织设计"进行施工,自觉接受监理工程师的验收检查和指导,严格执行监理工程师对施工生产的有关指令,维护监理工程师的权威性。

②所有进入现场使用的成品、半成品、设备、材料、器具,均主动向监理工程师提交产品合格证或质保书,按规定使用前需进行物理化学检测的材料,主动提交检测结果报告。

③严格执行检查签证制度,在自检的基础上,及时向监理工程师呈报签证申请,并为监理工程师

现场签证提供齐全的必需的资料。

(3) 与地方政府的协调。

①派专人负责与当地政府联系,取得他们对本工程施工的支持。

②对于与习新公路接口地段,施工前与当地政府签订安全施工协议,并在施工过程中及时向业主和当地交通部门提供确保习新公路畅通的措施、方案,具体确定便道的标准、数量或其他管制措施。

③教育全体员工自觉遵守当地的规则、法令和村庄民俗,做到尊重当地的各级政务人员和人民,尽量协助地方做好治安、助民及环保工作。

④在既有公路的工程运输路段设置醒目标志,采取必要的隔离措施保证过往车辆及行人安全。在紧急情况下,组织专门交通管理人员疏导交通,对单行道进行指挥调度,使车辆有序通过,同时在弃渣区域配置专用的拖拽设备,将停在既有公路以内的施工车辆和非施工车辆拖运到行车道以外。

⑤出现因施工造成既有公路交通堵塞,应积极采取措施尽快疏通。主动与当地政府及公安交通部门联系,并积极配合业主落实各项保证既有公路畅通的措施。

⑥不在既有公路上及其用地范围内设置障碍、搭棚建房、倾倒垃圾、挖沟引水,不利用公路边沟排放污物或者进行其他损坏、严重污染公路和影响既有公路畅通、安全的活动。

26.9 主要工程施工方案

26.9.1 主桥施工

龙门黄河大桥采用1—202m中承式钢管混凝土提篮拱桥,全桥长度为268.5m,跨度202m,立面投影矢高50.5m,矢跨比1/4,拱肋横向内倾角6°,拱脚部位的拱肋中心距为20.0m,拱轴线采用悬链线,拱轴系数 $m=1.6$。桥面主梁孔跨布置为 $(2\times19+2\times13.5+14\times9+2\times13.5+2\times19)$m 的钢混叠合梁。龙门黄河大桥拱肋及钢梁采用缆索吊吊装施工,拱肋最大吊重节段86.5t,最长节段25m;钢梁最大吊重103.6t,最长节段21.35m,吊装高度90m。

26.9.1.1 钢结构拼装平台施工

龙门黄河大桥主拱上、下弦管及腹杆应按照运输单元在工厂支座,运至工地后在进行组拼成拱肋吊装节段,腹杆节点板也在工厂焊接,为保证钢管拱的线型及横向连接系的安装精度,钢管拱发往工地前应进行卧预拼装,卧预拼装节段应不少于4段,在工地拱肋节段吊装前进行立体预拼。根据桥位情况,在浩勒报吉侧桥台小里程侧横桥向场平的预拼装场,用于拱肋弦管、钢梁及缆索吊塔架钢结构加工及预拼场地,拱肋节段在预拼场地进行立体预拼。预拼胎架要求满足所有可能的预拼方式,其结构的强度根据浩勒报吉侧现场情况。

(1) 场地布置。

①预拼场地根据设计位置进行清表后,开挖至设计高程,然后采用不低于60cm厚的级配碎石换填,并分层碾压密实,最后浇筑30cm厚C25混凝土面层。

②浇筑混凝土前对模板及预埋件位置进行复核测量,并要达到设计要求。尤其是预拼场高程应与起吊平台一致,且略高于桥台顶高程,暂定为+453.868m。

③综合考虑现场场地情况及钢结构加工及拼装的工艺工序,合理布置加工区、拼装区、车道及龙门轨道,保证交叉区域的合理顺接,从而保证场内拱肋、钢梁拼装的平行流水施工。防排水沟及电线管道布设主要依据规划的车道及龙门轨道进行,排水宜采用暗管,保证过渡合理。

④场内合理规划办公、住宿区域,并在四周采用标准围栏进行围护。

(2) 匹配制造胎架。

胎架线型值由计算机放样提供,分段纵向中心线等定位标记,分段匹配制造每完成一轮,要复验胎架线型及所有标记位置。在地上放样控制点,搭设组拼胎架(图26-2),胎架基础应能承载胎架、拱肋及施工载荷的重量,沉降不得大于3mm。胎架顶部支撑拱肋点应与地样控制点投影重合,高度 Δ 值误差1mm(图26-3)。

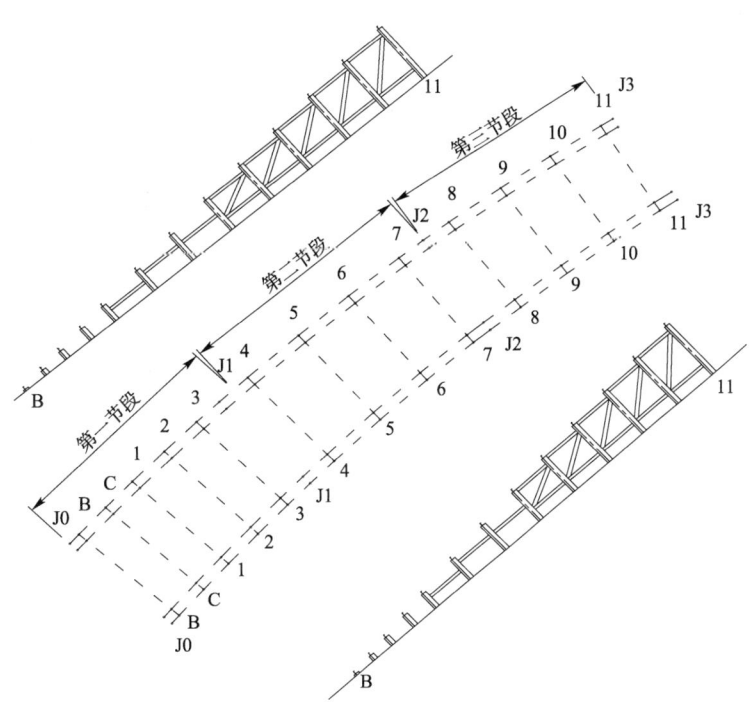

图26-2 胎架示意图

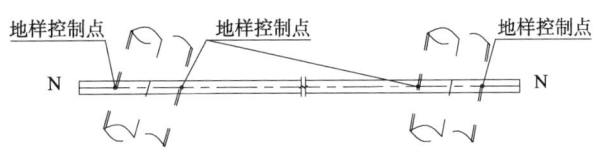

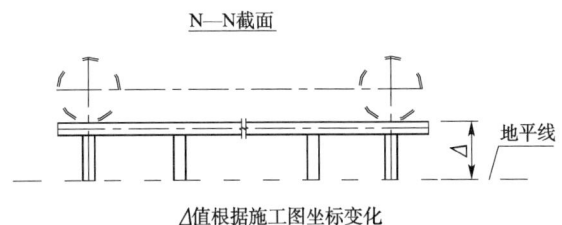

图26-3 控制点及 Δ 值示意图

26.9.1.2 缆索系统施工

龙门黄河大桥采用缆索吊机进行斜拉扣挂法施工。缆索吊机设计413m跨度,110t起重机,沿桥跨布置有两组承重索,每组承重索由9根 ϕ62mm 的钢丝绳组成,通过两端的后拉锚装置锚固在锚锭上。缆索吊为方便现场小构件提升,设计一组副钩,吊重为 1×10t,单组承重索由4根 ϕ56mm 的钢丝绳组成。图26-4为缆索吊总体布置示意图,主钩缆索系统参数和各构件安全系数参数分别见表26-10和表26-11。

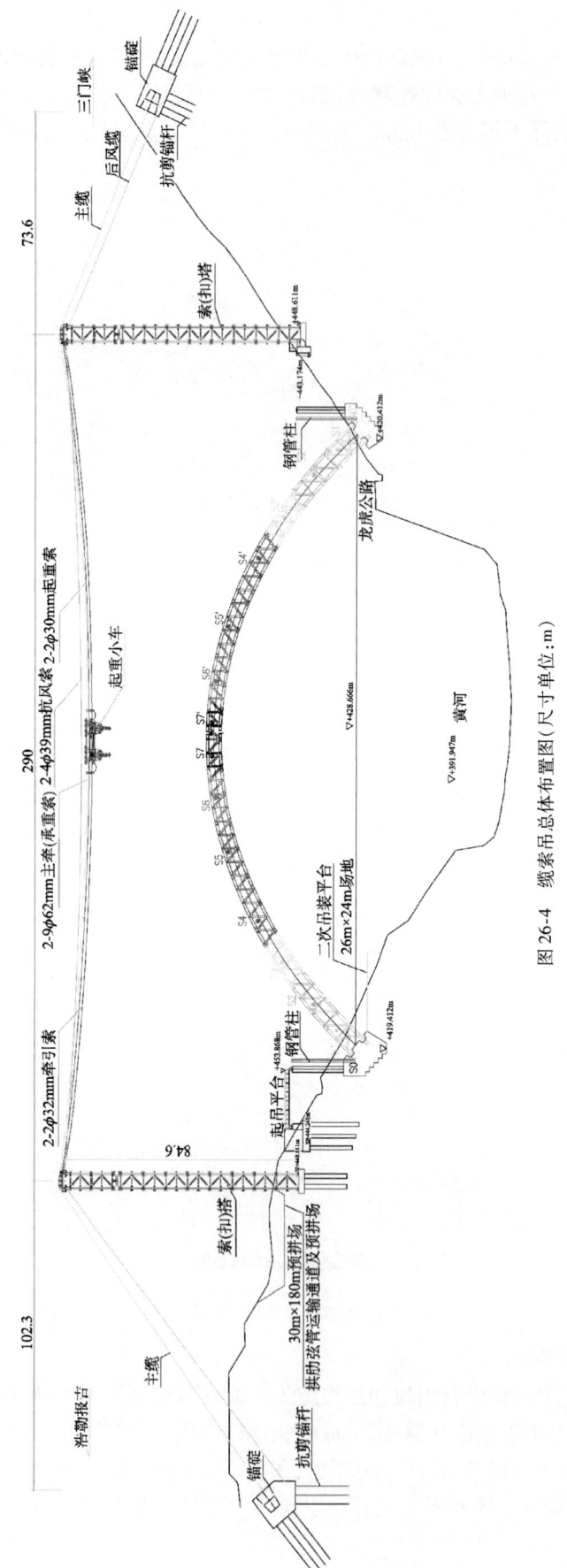

图 26-4 缆索吊总体布置图（尺寸单位：m）

主钩缆索系统参数表 表26-10

主要项目	参　数
单台小车额定起重量(t)	最大吊重110
起升高度(m)	100
起升速度(m/min)	2.5
牵引速度(m/min)	5
承重索跨度(m)	290
承重索	18根ϕ62钢丝绳
起重卷扬机参数	拉力15t,速度10m/min,钢丝绳直径32,容绳量1600m,功率37kW
牵引卷扬机参数	拉力25t,速度10m/min,钢丝绳直径32,容绳量1000m,功率30kW

各构件安全系数参数表 表26-11

名　称	主　索	起　重　索	牵　引　索
规格	16-ϕ62	4-ϕ32	2-ϕ32
	6×37S+FC	6×37S+FC	6×37S+FC
根数(二组索)	16	4	2
单位长重量(kg/m)	16.10	3.89	3.89
钢丝断面积总和(mm²)	1808.00	414.00	414.00
钢丝直径(mm)	3.0	1.5	1.5
钢丝绳换算弹性模量E_k(MPa)	120000	98000	98000
钢丝绳公称强度(MPa)	1870	1770	1770
单根钢丝绳破断力(kN)	2560.0	598.0	598.0
钢丝绳计算最大张力(kN)	733.2	79.4	127.4
钢丝绳计算最大应力(MPa)	833.8	436.8	552.7
钢丝绳计算破断拉力安全系数	3.5	7.5	4.7
钢丝绳计算破断应力安全系数	2.2	4.1	3.2
钢丝绳设计破断拉力安全系数≥	3.0	6.0	4.0
钢丝绳设计破断应力安全系数≥	2.0	3.0	2.0

1)构件制作

钢管立柱为ϕ1000mm×20mm,Q345焊接钢管,法兰连接,主焊缝均为熔透焊缝,法兰与钢管磨光顶紧,法兰表面机加工刨平。重点控制焊缝质量、磨光顶紧质量、管节椭圆度、与轴线重合率和法兰表面平整度。螺栓孔加工等级需达到C级,管节外形尺寸允许偏差见表26-12;管节对口拼装时,相邻管节的焊缝必须错开1/8周长以上;相邻管节的管径偏差应符合表的规定,管径见表26-13;钢管焊接的参数见表26-14;铰轴直径为300mm,材质为40cr钢,是重要的承力构件。施工时,应严格控制构件质量,确保其化学成分及机械性能满足规范要求。

管节外形尺寸允许偏差表 表26-12

偏差部位	允许值(mm)
直径	D/500,且±5
管口圆度	D/500,且≤5
管端平整度	≤2
管面对管轴的垂直度	D/800,且≤3
钢管桩长度	±3.0
弯曲矢高	L/1500且≤5.0

相邻管径允许偏差表　　　　　表26-13

管径(mm)	允许值(mm)
>700	≤3

焊缝外观允许偏差表　　　　　表26-14

缺陷名称	允许偏差
咬边	深度≤0.5mm,累计总长不超过焊缝长度的10%
超高	3mm
表面裂缝、未熔合、未焊透	不允许
弧坑、表面气孔、夹渣、焊瘤	不允许

2)基础施工

根据勘察设计资料,基础设计暂定为平面,高度为2.5m,做好抗冲切配筋。下部设计5根的桩基。在塔架设计位置处进行清表至设计位置,特别是三门峡侧位于陡峻的悬岩上,做好边坡防护施工。桩基根据设计桩长及现场地勘资料选择人工挖孔桩或旋挖桩进行施工。大体积混凝土采用大块钢模板进行施工,并布设冷却水管。混凝土浇筑时需做好塔架钢管立柱预埋件施工,做好预埋件平面定位及平整度。

3)拼装平台及塔吊的设置

基础施工完成(含各类预埋件的埋设)之后,将两索塔处整平地面,并浇筑30cm厚C30混凝土进行硬化。浩勒报吉侧塔架钢结构直接从加工场地进行吊装,塔吊设置在单肢塔架侧,塔吊选型为中联QTZ250塔吊,布置如图26-5所示。

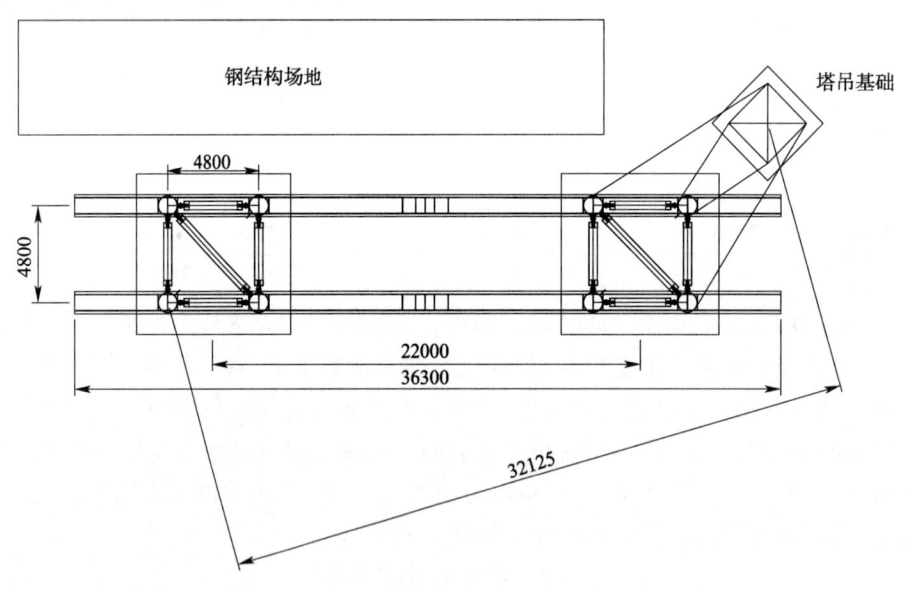

图26-5　浩勒报吉侧塔吊布置图(尺寸单位:cm)

三门峡侧索塔安装考虑设置两台塔吊进行接力吊装。在线路右侧拱座处设置中联平头QTZ160(TCT7015-8E)塔吊,主要用于塔架材料从龙虎公路防护棚架平台吊转至桥台处拼装平台,同时考虑桥台处塔吊的安装;桥台处设置中联QTZ250塔吊,主要用于塔架安装作业。塔吊布置如图26-6所示。塔架钢结构加工完成后,通过便道运输至棚架平台上堆放,在塔架基础施工完成后,利用平头塔吊吊转塔架结构至塔架基础前的场地平台。然后利用塔架前的常规塔吊进行塔架安装作业。

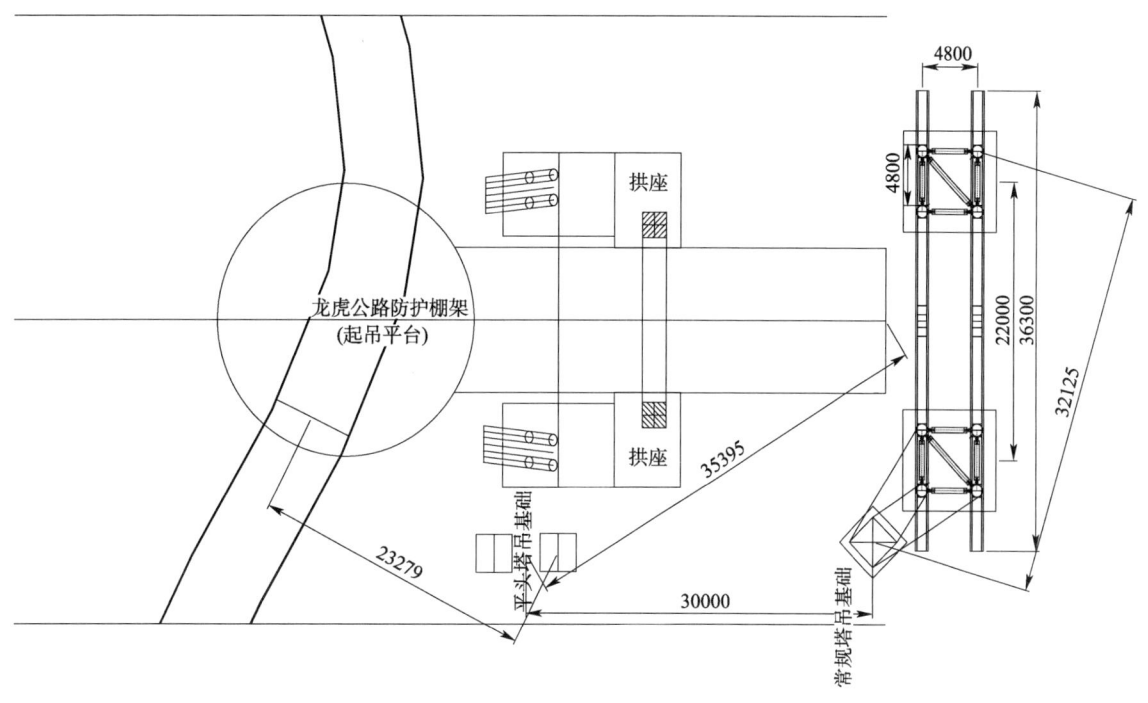

图 26-6 三门峡侧塔吊布置图(尺寸单位:mm)

4)扣塔安装

(1)塔架第一节安装。塔架基础施工完成后,利用塔吊在基础预埋件上直接拼装钢管立柱。利用塔吊吊装钢管立柱,立柱下部与基础预埋件进行焊接,然后销接横杆及斜杆。立柱安装时必须严格控制垂度,8m长节段立柱顶部和底部轴线偏差不大于1mm。同时为保证横杆及斜杆安装顺利,立柱下部与预埋件先点焊,然后销接单节立柱的三层横杆,钢管框架体系成型后,安装斜杆。首节钢管格构构件安装完成后,再次进行钢管立柱垂度调节,确保垂度在设计要求范围内后,立柱底部与基础预埋件焊接连接,并焊接三角缀板加强。

(2)常规节段安装。两侧塔架首节安装完成后,安装第二节钢管格构。在已安装完成的钢管格构横杆搭设木板工作平台,用于第二节钢管格构安装时的操作平台。塔吊精确吊装钢管立柱,并用定位销将钢管立柱与已安装的立柱进行初定位。单肢塔架四根钢管立柱初定位完成后,安装三层横杆;横杆就位后,安装斜杆。钢管格构成型后,再次进行钢管立柱垂度调节,确保本节钢管立柱的垂度,同时与已安装立柱的垂度进行复核,保证安装完成的钢管立柱的垂度误差不大于1/1000。垂度调节完成后,进行立柱间高强螺栓紧固。剩余常规标准节重复上述步骤进行安装。安装过程中必须做好钢管立柱垂度控制,确保安装完成的塔架垂度在设计范围内。

(3)横联安装:扣塔设计两层横联,分别在第2、3节和第6、7节之间。在第二个标准节安装完成后,需安装第一层横联下主横杆。横杆整体吊装,并在设计位置进行拴接,两根下主横杆安装就位后,连接主横杆之间的横杆及斜杆,并铺设木板成工作平台(此时的工作平台严禁堆载)。下主横杆安装完成后,增加两肢塔架的整体稳定性。然后安装第三节钢管格构,钢管格构安装完成后,采用同样的方法安装就位第一层横联的上主横杆,并安装横联的各层横杆及斜杆。重复上述步骤安装第二层横联。

5)锚梁安装

锚梁及分配梁均采用双榀型钢及钢板组焊而成,锚梁、锚板均在加工厂内焊接制作,然后运输至拼装场地,单根锚梁整体吊装安装。锚梁与塔架分配梁焊接固定,并且两侧均为贴角满焊,避免张拉过程中锚梁滑动;分配梁与塔架立柱采用销接连接。自塔架往上 37~64m 之间为锚梁布置区域,共计 7 层,每层间距 4m,安装时须注意对应型号安装锚梁。

6) 铰座安装

铰座安装前,检查铰梁铰孔尺寸、光洁度、孔轴重合率和加工质量;为保证铰轴能顺利通过,在加工场将铰梁、铰轴一起预拼,确保加工精度;单个铰轴重 0.67t,单个铰梁重达 7.87t。铰梁采用塔吊整体吊装到位,调整铰梁平面位置、水平度和索塔立柱的重合率,确保索塔立柱竖直度满足要求;第一层铰梁就位后,及时安装两侧限位支墩,然后整体吊装第二层铰梁,并用铰轴连接。两层铰梁安装必须严格控制第一层铰梁底面和第二层铰梁顶面水平度在设计要求以内,从而确保上部索塔立柱的安装垂度;铰梁就位后,及时进行铰梁横向连接,横向连接设计与扣塔横联主横杆一致,采用同样的方法进行横向连接的安装。横向连接完成后,再次调整第二层铰梁上顶面的水平度,顶面水平误差不得大于 1mm。

7) 索塔安装

(1) 标准节段安装:单肢索塔共设计两节标准钢管格构,首节立柱底部与铰梁焊接连接,第二节与首节立柱高强螺栓拴接,安装方法同扣塔标准钢管格构。立柱安装时,必须严格控制其垂度满足 1/1000。

(2) 滑道梁安装:滑道梁采用 3cm 厚钢板和 2cm 厚钢板焊接的箱形梁,截面高 180cm,宽 80cm,单个滑道梁长度为 36.3m。滑道梁分段加工,采用 8.8 级的高强螺栓进行连接,单段长度为 6m(两端滑道梁长度为 3.15m),最大吊装为 7.56t。滑道梁采用悬臂拼装,利用塔吊首次拼装索塔顶端滑道梁,调整滑道梁位置及顶面水平度,然后与立柱采用 U 形卡进行临时固定,固定需牢靠;然后悬臂安装塔架两端滑道梁,紧固高强螺栓,做横向临时连接,并在两端悬臂的滑道梁上部进行 3t 配重;最后从两侧塔架往中间悬臂拼装滑道梁,直至滑道梁拼装合龙。滑道梁拼装完成后,及时进行平面位置及上顶面水平度调整,确保平面位置在设计位置、水平度横向 100cm 范围不平整度不大于 1mm。滑道梁调整就位后,进行横向型钢连接。

(3) 斜撑安装:滑道梁就位后,拼装斜撑钢管。斜撑在地面进行拼装,利用塔吊整体吊装就位。斜撑与滑道梁、钢管立柱连接完成后,及时进行横杆和斜杆连接。此时复核索塔钢管立柱垂度及滑道梁平面位置、水平度,均满足要求后,滑道梁与钢管立柱进行焊接固结。

8) 风缆安装

塔架稳定系统由主塔前风缆、主塔后风缆、侧风缆组成。索塔侧向风缆设置索塔横向轴线上,横向风缆设置角度为 45°,锚锭具体位置根据地形布置,采用重力式地锚。

索塔一侧设置两组永久风缆,索塔顶面横向风缆位置设置在索塔顶面滑道梁端头,用以抵抗风力荷载和主缆产生的水平力。通风缆索为 $2\times2\phi39mm$ 钢丝绳($6\times37WS+FC$),侧风缆为 $2\times9\phi15.24mm$ 钢绞线,索塔后风缆为 $4\times15\phi15.24mm$ 钢绞线。临时风缆根据索塔安装高度分词布置,每道风缆采用 8 根 $\phi28mm$ 钢丝绳(前后及两侧缆风各 2 根)。

9) 缆索设备安装

缆索吊安装流程如图 26-7 所示。

10) 索鞍安装

滑道梁安装到位后,安装索鞍分配梁及索鞍构件;施工中注意索鞍分配梁及索鞍安装到位后,再安装索鞍反置轮,索鞍反置轮与索鞍分配梁采用 8.8 级 M27 高强螺栓连接,安装时构件各摩擦面摩擦系数不小于 0.45。

11) 跑车安装

缆索吊装跑车由主索索轮,牵引索轮,起重索轮及吊点下挂架组成。主索索轮由 $18\phi400mm$ 滑轮组成;牵引索轮由 $3\phi590mm$ 滑轮组成;起重索轮由 $6\phi590mm$、$10\phi280mm$ 滑轮组成;天车下吊点由 $5\phi590mm$ 组成;滑轮间通过轴承及连接板组合成整体。天车装配图如图 26-8 所示。

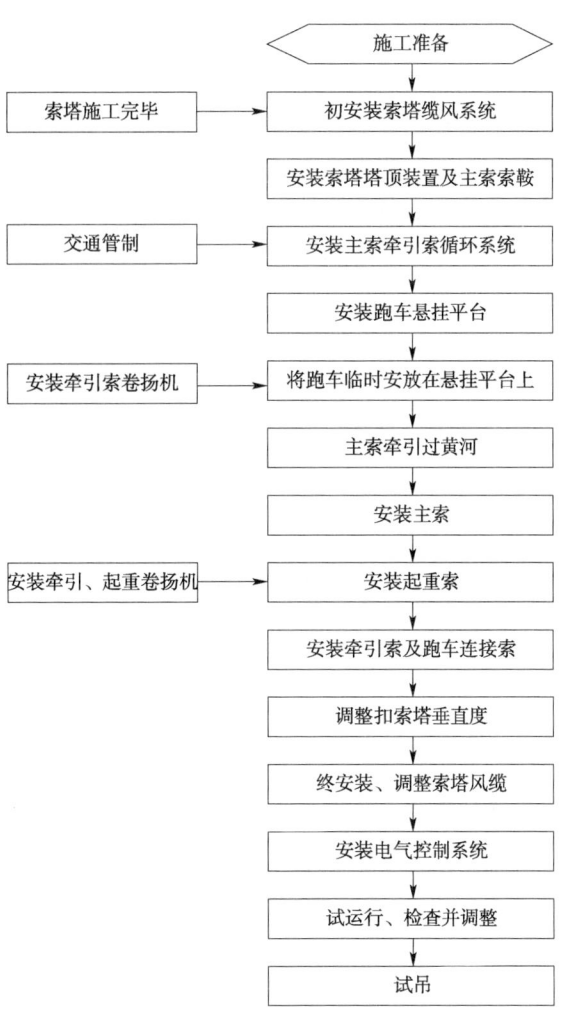

图 26-7 缆索吊安装流程框图

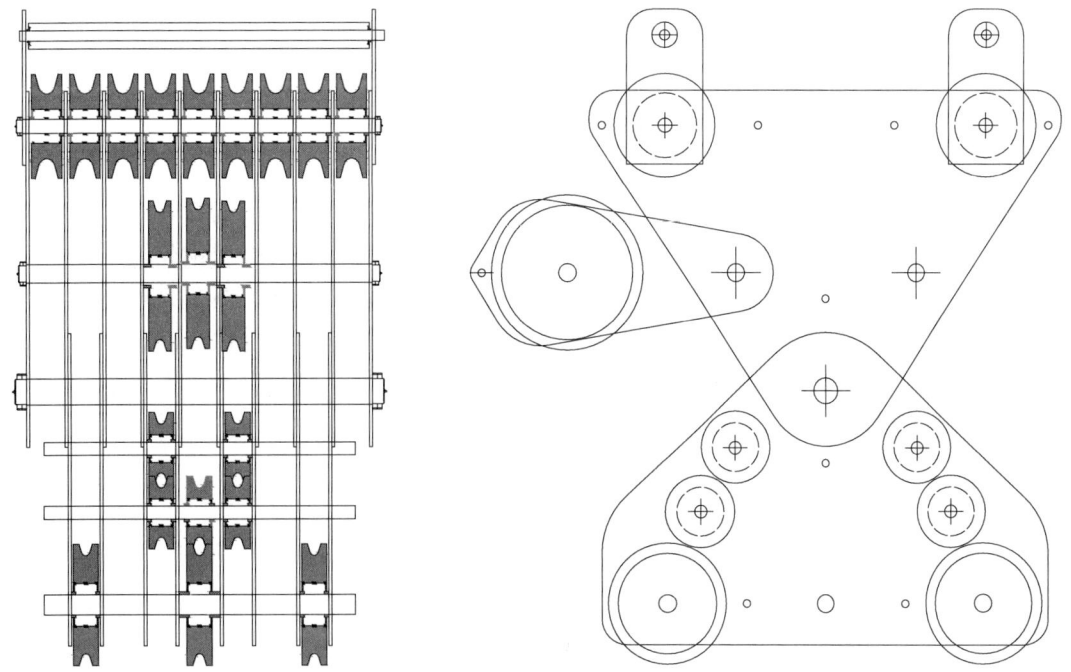

图 26-8 天车装配图

缆索吊系统由4台天车组成。

在索塔拼装完成后,在浩勒报吉侧塔架顶部索鞍的前方搭设一工作平台,该平台必须具有能够支撑天车重量、吊点重量的强度及刚度,将天车安放在工作平台上并确保其稳定,等主索安装完毕后再安装下挂架。下挂架用提升门机将其提升至离天车底部1.7~1.8m距离时,用千斤绳把其与天车进行连接为整体。扁担梁在起重索安装好以后再与下挂架进行连接。

12)主索牵引系统的安装

牵引索采用ϕ32mm钢丝绳,长度大于1500m,左右侧各布置两根。

在浩方岸塔架小里程对称布置4台25t卷扬机;用人工将ϕ8mm的钢丝绳从浩方岸拉到三方岸,该绳长度大于1000m,并两端头进入25t卷扬机。在黄河区域内租赁船只通过;用ϕ8mm的钢丝绳通过卷扬机把ϕ16mm钢丝绳从浩方岸拉到三方岸,并把ϕ8mm从卷扬机里退出来,再把ϕ16mm钢丝绳的两端进入卷扬机;用ϕ16mm钢丝绳利用卷扬机把ϕ32mm钢丝绳从浩方岸拉到三方岸,需拉两根ϕ32mm,并将两根ϕ32mm的钢丝绳的端头进入4台25t的卷扬机里。

13)主索安装

缆索吊主索采用6×37WS+IWR直径为62mm的钢丝绳,共18根。主索过沟谷采用牵引索形成的牵引系统,往复牵引主索过沟(图26-9)。

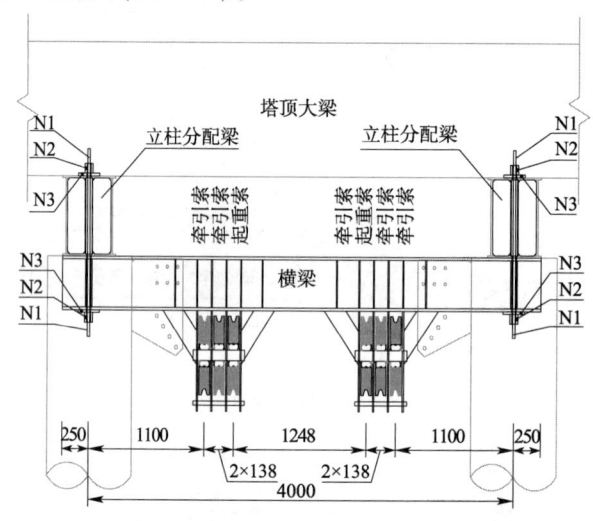

图26-9 牵引转向轮布置图(尺寸单位:mm)

14)牵引索及跑车连接索安装

牵引索采用2ϕ32mm,安装步骤如下:利用两岸25t临时卷扬机进行牵引索穿索工作→牵引卷扬机上盘入全部牵引钢丝绳,人工牵引绳头经转向滑轮至塔底处→塔吊提升牵引钢丝绳至索塔顶转向处,临时固定→牵引索人工穿入天车牵引轮,导向后穿过塔顶转向轮→临时25t循环卷扬机拉着牵引索下至地锚转向轮→25t循环卷扬机的循环索再次带着牵引索至塔顶,临时固定→人工将牵引索头子穿过塔顶转向后,将牵引索锚固在跑车上,形成走3,这样第一根牵引索穿索完毕→按照同样工艺安装其余牵引索→牵引索安装好后,用4根等长钢丝绳将两组跑车进行连接,具体长度由构件吊点距离确定。

15)起重索安装

起重索为2ϕ32mm钢丝绳(6×37SW+FC),牵引索安装完成后进行起重索安装。

起重索安装步骤如下:在浩方岸布置4台15t卷扬机及地锚转向滑轮→起重卷扬机上盘入全部起重钢丝绳,人工牵引绳头经转向滑轮至塔底处→塔吊提升起重钢丝绳至塔顶转向滑轮,临时固定→起重钢丝绳穿入塔顶转向滑轮后,在天车上挂架、下挂架及吊具间人工穿滑轮组→利用临时循环牵引钢丝绳将上挂架起重索牵引至三门峡侧塔顶转向滑轮,并人工穿入转向滑轮内;经转向滑轮牵引至起重索锚碇处固结。至此完成一侧起重索安装→用同样的方法完成剩余起重绳安装。

16）天车连接

牵引索、起重索安装完成后进行天车连接。解除浩方岸侧吊点扁担梁临时限位；张紧起重卷扬机钢丝绳，天车脱离索塔顶临时搁置平台；利用4组定长跑车连接绳，连接跑车。绳长根据吊装节段长度设定。

17）主索调整

主索调整采用分级收紧，具体以每个阶段设计的垂度为控制点（图26-10）。具体操作步骤如下：索采用滑车组收紧，每个锚碇处布置18个100t滑车组→收紧卷扬机与滑车组跑绳连接，解除绳夹→分级收紧主索，利用15t卷扬机逐根对称收紧，通过设计垂度控制收紧→主索分级收紧时，注意观测索塔偏位→收紧完成后，卷扬机调整绳与滑轮组钢丝绳采用绳夹固定。

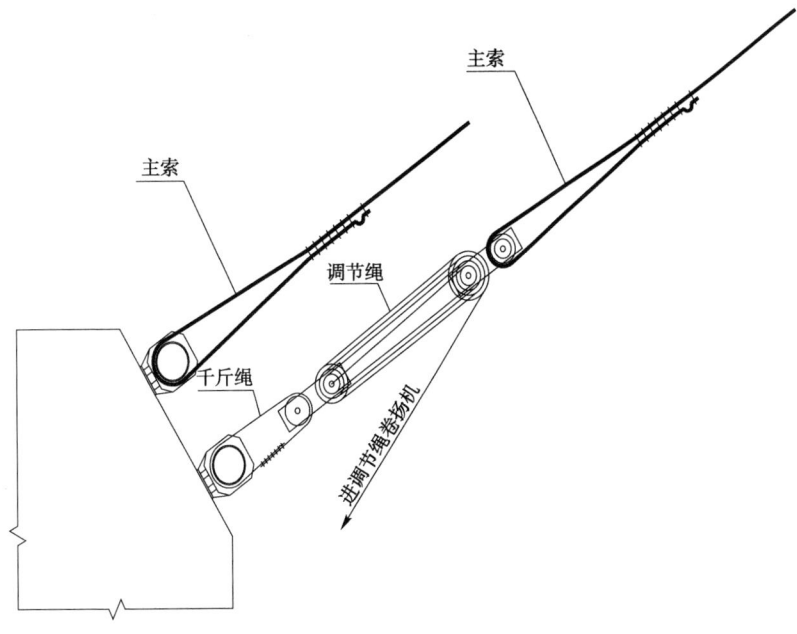

图26-10　主索调整示意图

18）主索、风缆调整

主索安装完成后，根据设计提供风缆的初拉力对索塔所有的风缆进行复核，并确保索塔的偏移量在设计控制范围内。

19）系统调试、试运行、试吊

缆索吊安装完成后，对牵引、起重系统，电气控制系统，限位系统等进行调试及试运行。通过试运行，检查各受力轮运转是否正常，有无摩擦的异响声，牵引索、起重索与其他物体是否有摩擦，各主索受力是否均衡，操作系统、控制系统是否灵敏，卷扬机运转声音、制动系统是否正常。

（1）空载试验：缆机在空载状态下分别开动给机构，进行操作试验，并进行起升高度的测量；空载试验不少于三个完整的工作循环，每个工作循环中各机构制动不少于两次，一个工作循环为：从地面起升试验荷载至起升高度后，小车在工作范围内横移，然后回到载荷起升前的状态；当机构有两个或多个制动器时，要做停电状态下同时制动和单个制动试验；机构间有联动要求，应试验联动动作及联动保护；本设备有抬吊要求，应试验缆机间的联动动作及联动保护。

（2）额定载荷试验：缆机在额定载荷状态下，分别开动各机构，进行操作试验，并进行起升速度、小车横移速度、大车运行速度的测试；额定载荷试验不少于三个完整的工作循环，每个工作循环中各机构制动不少于两次；机构间有联动要求，应试验联动动作及联动保护；设备有抬吊要求，应试验缆机间的联动动作及联动保护。

(3)静载试验:缆索吊正式工作前,进行试吊,静载试验为额定起吊重量的1.25倍,本桥设计吊重为240t,静载试验质量为300t。试验在缆机及主要结构件承受最大荷载的位置和状态下进行;试验荷载应逐级加上去,起升离地面10~20cm,并停留10min;试验时允许调整起重量限制器,液压系统安全溢流阀压力,但试验后要调回到设计规定的数值。

(4)动载试验:动载试验的载荷为额定重量的1.1倍,即264t,试验应在缆机正常工作时承受最大荷载的位置和状态下进行;各机构的动载试验应分别进行,还需试验联动动作和联动保护;对每种动作应在其整个运动范围内做反复启动和制动,并按其工作循环,试验应至少延续1h;动载试验还应对悬吊的荷载做空中启动和制动;试验时允许调整起重量限制器,液压系统安全溢流阀压力,但试验后要调回到设计规定的数值。

26.9.1.3 扣锚系统施工

1)扣挂系统构造

(1)扣塔:根据现场施工条件,扣塔与索塔设计为一体,锚梁在索塔安装时同步就位。

(2)前扣索和后背索布置:扣锚索分为前扣索和后背索,在扣塔合适设置两层对称张拉梁、主拱肋扣点和地锚端均为锚固端,张拉端均设在扣塔锚梁位置,在扣塔张拉梁上对称张拉前后扣(锚)索,调整拱肋轴线及高程,这种方案钢索不弯曲,直线张拉,受力明确。半跨拱肋设置扣索7组(每节段按照拱肋分4个扣点,半跨共计7个节段,共计28个扣点),所有前扣索均布置在扣塔上部,后端对应设置背索锚固于设计锚碇处。

(3)扣索、扣点:扣背索均由$\phi15.24$($R_{by}=1860MPa$)低松弛高强度钢绞线束组成,锚固端采用群锚夹片工作锚和P型挤压锚。根据拱肋悬拼施工节段工况受力计算,确定扣索钢绞线的配置。扣索张拉端设置在扣塔上,在拱肋和后背索地锚设置锚固端。张拉端由锚梁、锚座、工作锚具及张拉机具组成。

2)骨架临时风缆设置

根据设计吊装顺序,1~4节段拱肋没有横向联结系,为保证拱肋架设过程中轴线控制,设置拱肋横向临时风缆;主桥拱肋临时风缆跟索塔横向风缆设置在一起,均设置在索塔横向轴线上(也可根据地形进行单独设计锚碇),距离根据地形确定,风缆与桥轴线水平夹角为16°~45°,风缆锚碇为重力式地锚。风缆索力偏差较大,施工中根据实际需要设置。

3)扣背索施工

扣背索索的施工主要包括施工准备,钢绞线的下料,固定端穿索,张拉端穿索,张拉,索力调整及扣索拆除。

(1)施工准备:由于锚具分别由多个零部件组成,运到工地后应进行检查,检查外观质量,检查有无裂纹,检查锚孔的清洁度,锚孔有无污物,锚具各零件是否齐全成套。锚具安装前应清洁锚孔,并保持清洁无污。

锚具安装就位时要求:锚具组装件的锚板上明显成排的中排孔的中心线必须严格控制在同一垂直平面内;锚板的中心线与承压板(锚垫板)的中心线应力求保持一致,两者偏差不得超过5mm;主桁锚板孔及塔上锚板孔也必须相互对齐,以免钢绞线打铰;挂索前,塔端锚具的锚孔内穿上$\phi5$的牵引钢丝,将来用该牵引钢丝将钢绞线牵引进扣塔端锚具,并对固定端与张拉端的锚孔进行编号;施工前,对所有施工用千斤顶及配套油表按规范要求进行标定(油表用0.4级防震油表)。

(2)铰线展开与下料:铰线展开时,将成盘铰线运至交界墩吊处存放在放索架上,由布置在地面的牵引卷扬机进行牵引,使铰线沿桥位展开;铰线下料时,根据施工现场的具体情况,在引桥处下料。放料场地要求清理平整、无堆积杂物,以保护钢绞线不受损伤。下料长度计算时考虑锚点长度、工作长度(张拉长度)和牵引长度,由于理论长度和实际值不可避免有差别,风缆下料时第一根钢绞线按理论长度加1m进行下料,以检查理论值和实际值的差别,后面的钢绞线根据第一根的实际安装情况可以进行适当调节。

（3）固定端穿索：拱肋扣点穿索时，拱肋扣点锚板设计带 U 形槽口，装索时可以先将 P 形挤压锚头施工完成后，再用小型卷扬机将钢绞线牵引至拱肋锚点位置，人工将钢绞线卡进 U 形槽口，再安装定位锚板；背索锚固点连接时，背索锚固采用钢绞线连接器将背索与预埋在锚锭中的钢绞线相连，穿索时，先将后锚位置连接，再用卷扬机提升钢绞线，进行张拉端穿索。

（4）张拉端穿索：劲性骨架上作业人员将钢绞线一端与牵引钢丝连接，连接牢固后，将该端铰线向锚具内推送，直至该端铰线穿出锚孔达到规定工作长度，拆出牵引钢丝，装上临时工作夹片，用专用打紧器打紧锚固；由于穿索时先穿固定端再穿张拉端，因此穿索过程中两端索孔按照编号相互对应。重复上述操作，直到扣塔前后扣索及背索钢绞线穿好后，两侧钢绞线即可对称进行张拉。由于扣索每节段每束索设置钢绞线数量不同，施工中必须严格按照设计安装索数量及采用对应锚具。

（5）张拉：扣索采用整束钢绞线直接张拉到设计张拉力。扣索采用先整束钢绞线直接张拉到设计张拉力的 90%，松开缆索吊吊钩后再张拉到 100% 设计张拉力的方式进行。

下层和上层主跨扣索拉到后面的钢绞线时会使前面已张拉的钢绞线放松，因此施工过程中需要对索力及拱肋线形进行监控，根据实际索力及拱肋线形调整张拉力；扣索及背索索力同步控制。扣索及背索一一对应，施工施工中注意扣索及背索张拉必须同步，同时张拉时要对诸如油压值、传感器读数及伸长值等参数进行记录和汇总。在扣索张拉过程中随时监控扣塔偏位，避免张拉不同步造成扣塔偏位过大；张拉时，扣索及背索张拉点均在扣塔上，张拉必须有一人协同指挥，让 2 个张拉点同时进行张拉，并控制速度一致。由于每个塔前后索 2 组索同时张拉，这样就每股索之间的索力均匀性就能得到有力保证。从而扣塔平衡性也得到很好地保持。

（6）低应力锚固技术措施：钢绞线安全系数很高，在最大受力情况下风缆安全系数达 2.0～3.0，扣索安全系数也达 2.0，这样的应力属低应力，不利于夹片锚固，为保证其夹持质量和夹持效果，因此必须加强拉索低应力锚固措施，具体措施如下：

①单根张拉时严格控制夹片的平齐和跟进，在夹片外表面涂上退锚灵，以利于夹片跟进，使夹片更好地锚固。

②工作夹片一次性锚固，把撑脚撑在锚板上，用千斤顶抵在撑脚上张拉，张拉到控制应力后才把夹片装入锚孔，再用专用敲夹片工具将夹片敲平齐，然后千斤顶回油，于是钢绞线回缩就把夹片带紧。

③单根钢绞线顶压：利用拉索配套的张拉顶压设备，用专用顶压器对钢绞线进行逐根顶压。

④防松装置：安装锚具自带的夹片防松装置，以随时保持对夹片的压紧力。

（7）索力调整：张拉完成后，根据监控部门分析结果，按监控部门指令进行索力调整，索力调整采用整体张拉调整方式，调索的顺序及索力按监控指令进行。

（8）防腐措施：由于要拆索，必须保留钢绞线长度，所以张拉端不能戴保护罩来灌注黄油，张拉完后就在张拉端和固定端锚头涂抹黄油，特别注意把锚头夹片处涂满黄油；今后每隔两周观察一次黄油掉落情况，两周加一次黄油。

（9）扣索拆除：扣塔扣挂系统待劲性骨架内压混凝土施工完毕后，两侧由拱顶至拱脚依次对称同步拆除扣索及背索。拆索是一项体系转化、将外力释放使内力重新分布的过程，由于力的转化具有滞后性、缓慢性，因此各索的释放顺序、放松量和释放速度亦需按日后设计指令执行；每束索释放顺序，从最外往最内逐渐放松，最后放松最中心的一根钢绞线，由于安装时传感器是安装在此根索上，因此传感器在最后拆除，拆除过程中可以根据传感器的读数，判断钢绞线的索力变化，指导拆除施工。卸压亦要按同步分级对称的方法进行。卸压也要保证每根索同步进行。

26.9.1.4 拱座基础施工

龙门黄河大桥主桥拱座基础为齿状分层扩大基础。拱座基底均位于承载力为 1200kPa 的白云质灰岩中,采用直接坐落于基岩的分离式拱座,基础底面与岩石接触面的尺寸均为(纵向横向)。拱座面与拱肋立面投影轴线垂直,顶面水平。浩勒报吉侧拱座总高13.58m,浩勒报吉侧拱座深入基岩较浅,在两分离式拱座之间设置两道横向联系梁,增加拱座的横向联系和整体性;三门峡侧拱座总高12.508m,三门峡侧拱座位于陡峻的悬岩上,开挖后地质情况较好,不设置横向联系梁。

1)主拱基础开挖方案

拱座、索塔、桥台、塔吊基底均位于承载力为1200kPa的白云质灰岩中,开挖采用爆破开挖,本区段不设炸药库,炸药的存储、保管、发放、炸药及雷管运输、爆破等在有专业资质且经过公安部门批准的专业单位统一安排。

为确保行车运输安全,减小对既公路行车的影响,三门峡方桥台和拱座施工前,在龙虎公路线路两侧各100m范围设置防护棚架,以便在施工过程中起到防落物的安全作用。防护棚架采用门式钢支架支撑。考虑到既有公路的正常通行,本防护棚架设置成宽8m,净空高度5m。棚架基础采用C30混凝土条形基础,沿公路走向施工。基础浇筑前预埋连接钢板,混凝土强度达到75%后,连接型钢立柱。在防护棚顶及三门峡靠山侧铺设5mm厚花纹钢板,防止落石杂物侵入公路内。

2)拱座基础开挖

拱座基础采用爆破开挖法施工。浩方拱座台阶在+432.92高程以上多为砂质黄土,机械开挖至岩石顶面后分层布控爆破开挖,爆破宽度为6.6m,长度根据坡面坡度为5.5~14.771m,爆破分层高度分别为2m、2m、1.7m、5×1.5m共8个台阶;三方拱座台阶在挖机清理表土至+432.92高程后分层布孔爆破开挖,爆破宽度为6.6m,长度根据坡面坡度为5.5~14.771m,爆破分层高度分别是2m、2m、1.2m、1m、4×1.5m共8个台阶。

(1)主炮孔孔网参数:孔距$a=1.1$m,排距$b=0.8$m,底盘抵抗线$w=0.8$m,台阶高度$H=1\sim2$m(根据分层高度),单耗取值$q=0.38$kg/m³(需要经过现场试炮确定)。

(2)主炮孔单孔装药量计算:$Q=q\cdot a\cdot b\cdot H=0.33\sim0.67$kg(根据台阶高度不同而不同)。

(3)光爆孔参数:孔距$a_光=0.4$m,抵抗线(保护层厚度)$W_光=0.5$m,线装药系数$q_线=0.22$kg/m,炮孔深度$h=$分层台阶高度,光爆单孔装药量$Q_光=0.22\sim0.44$kg。

(4)布孔(图26-11):主炮孔按照矩形孔布置,横向宽度6.6m,去掉光爆保护层布置6个孔,轴向长5.5~14.771m,去掉光爆保护层0.5m,布设7~18排;光爆孔沿开挖线按照孔距0.4m布孔,横向布设17个孔,轴向布孔12~36个孔。

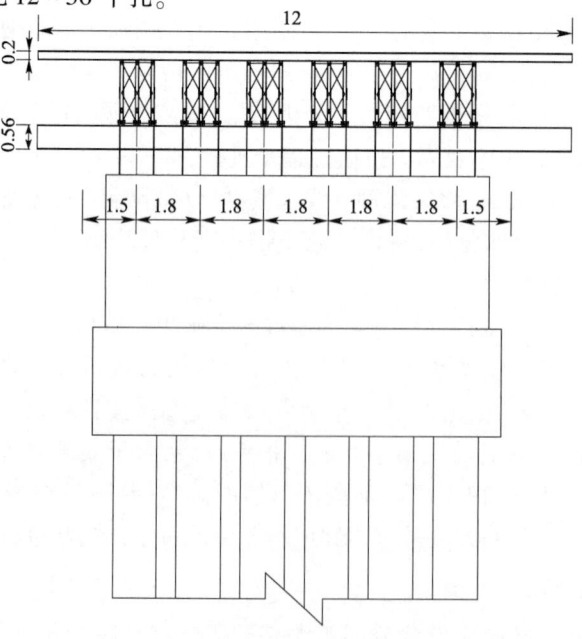

图26-11 拱座基础开挖爆破布孔图(尺寸单位:mm)

(5)起爆网络图:如图 26-12 所示,主炮孔孔内全部装 9 段导爆管的起爆药包每排 6 个为一束,排间用 3 段导爆管雷管连接,排间以 50ms 等差起爆;光爆孔每 10 个孔为一束,每束炮孔内用导爆索将孔内连接药串,孔外用导爆索连接,用 9 段毫秒雷管激发,使得光爆孔比主炮孔晚 200ms 以上起爆。

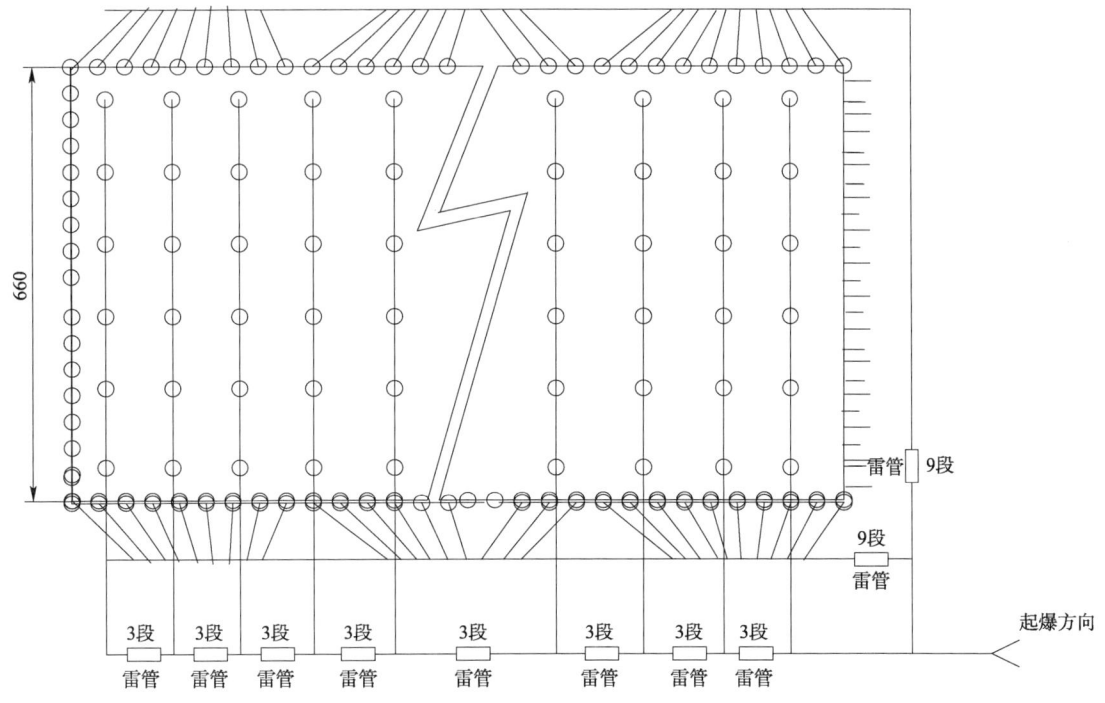

图 26-12 拱座基础爆破起爆网络图(尺寸单位:cm)

(6)钻眼爆破:测量放样布眼:为便于检查开挖断面的尺寸及形状,在施工中应设置控制点。控制点每 5m 设一个,中线控制点设在拱顶处。钻眼前定出开挖断面中线、水平线,用红油漆准确绘出开挖断面轮廓线,并标出炮眼位置(误差不超过 5cm),经检查合格后钻眼。

(7)拱座基础爆破开挖禁止扰动周围岩体方案或措施:

①采用垂直分层开挖方法,避免使用中深孔一次大爆破的开挖方法,减少爆破规模;大幅度降低产生振动破坏的峰值,从而降低扰动的强度,使得爆破的扰动不会造成基岩的破坏。

②采用导爆管排间等差爆破技术,进一步降低一次起爆的齐发炮孔数量,使得爆破振动的数量级别进一步降低,保护周围的基岩。

③钻孔严格按照设计高程分层,距每层基底预留 30cm 保护层,用人工和风镐凿除。

④四周轮廓采用光爆技术,即距四周预留 0.5m 的光爆保护层(光爆孔的抵抗线),轮廓线上钻密集光爆孔,阻断主炮孔爆破时,爆破振动对四周围岩的传播。

⑤三方台对龙虎公路保护,采取搭设双层原木防护排架,阻挡飞石和爆破滚石对公路的破坏。

(8)出渣方案:浩勒报吉侧拱座基础前端为既有土路,便道利用既有土路扩建而成,在拱座基础前进行表层清理,施作施工平台,平台高程比拱座底高程高出 2.5m,浩勒报吉侧拱座基础出渣直接采用挖掘机出渣至平台上渣土车,通过便道运输至弃渣场;三门峡侧拱座基础临近龙虎公路,且拱座底与龙虎公路路面高差 1.6m,在龙虎公路防护棚架近三门峡侧预留出渣口,拱座基础出渣采用挖掘机直接出渣至渣土车,通过龙虎公路运输至弃渣场。

3)拱座基础浇筑

(1)钢筋安装:拱座基础开挖完成,并经过验收合格后,开始进行拱座钢筋绑扎。拱座基础布置 18 层钢筋,间距 15cm、30cm。

(2)钢筋进场时,必须对其指标进行全面检查并按批抽取试件做屈服强度、抗拉强度、伸长率和冷弯试验,其质量应符合国家标准《钢筋混凝土用钢 第1部分:热轧光圆钢筋》(GB/T1499.1—2017)、《钢筋混凝土用钢 第2部分:热轧带肋钢筋》(GB/T 1499.2—2018)、《低碳钢热轧圆盘条》(GB/T 701—2008)等的规定和设计要求。同牌号、同炉罐号、同规格、同交货状态的钢筋,每60t为一批,不足60t也按照1批计,每批抽检一次。并做好钢筋整直和除锈清污。钢筋的弯制时,用Ⅰ级钢筋制作的箍筋,其末端应做弯钩,弯钩的弯曲直径应大于受力主筋,且不小于箍筋直径的2.5倍。弯钩平直部分的长度,一般结构不宜小于箍筋直径的5倍,有抗震要求的结构,不应小于10倍。采用搭接焊时,除了满足强度要求外,搭接长度需符合表26-15和表26-16要求。

钢筋搭接长度　　　　　　　　表26-15

序号	接头类型	接头长度		适用范围
		Ⅰ	Ⅱ、Ⅲ级钢筋	钢筋直径 d(mm)
1	双面焊缝搭接焊	$4d$	$5d$	10~40
2	单面焊缝搭接焊	$8d$	$10d$	10~40
3	钢筋与钢板搭接焊	$4d$	$5d$	10~40

钢筋安装允许偏差表　　　　　　　　表26-16

序号	项目		允许偏差(mm)
1	受力钢筋排距		±5
2	同一排中受力钢筋间距	基础、板、墙	±20
		柱、梁	±10
3	分布钢筋间距		±20
4	箍筋间距	绑扎骨架	±20
		焊接骨架	±10
5	弯起点位置		30
6	钢筋保护层厚度 C	$C \geq 30$mm	+10,0
		$C < 30$mm	+5,0

(3)定位骨架加工及安装:定位骨架用于拱脚预埋段钢管定位安装。定位骨架设计采用圆管分组组焊而成,定位骨架在预拼场进行加工,加工完毕后运输到施工现场进行组拼并定位牢固。

(4)拱脚预埋段安装:依据设计图每片拱肋对应一个钢骨架预埋拱座上。拱脚预埋段靠定位钢骨架支承和定位:拱座基础开挖完成后,在基坑底对应的钢骨架节点处进行岩体清理,保证定位钢支架;拱脚预埋段用三维坐标定位方法精确定位,利用缆索吊机进行安装。为控制拱脚预埋段的安装精度,安装前必须重新复核全桥测量控制网的精度,由两人独立测量、独立计算进行校对,并将满足要求的测量成果报监理工程师批准后方可使用:定位支架和预埋段必须采用钢支撑作加固,确保新浇混凝土产生的侧压力不会使预埋件发生偏移。预埋段安装必须严格控制安装精度,尤其重视保证四片拱肋在拱座上表面的同心度。

(5)混凝土浇筑:根据设计要求,混凝土一次性浇筑完成,且在浇筑前用清水湿润各岩面,并及时清理积水。在施工过程中采用薄层浇筑,合理分层,分层厚度30cm,连续浇筑,一次成型。施工过程中需严格控制混凝土的浇筑速度,尽量减少上下层混凝土的温差,提高新混凝土的抗裂强度,防止老混凝土对新混凝土过大约束而产生断面通缝。混凝土运送至工地后,按照要求做坍落度试验,并观察混凝土的黏结性、保水性和均匀性,符合规范要求才能使用;制作混凝土试块以便测定混凝土的强度和弹性模量。混凝土在浇筑过程中需严格按照泵送工艺进行。

(6)冷却管的布置:为保证大体积混凝土不出现裂纹,必须控制混凝土的内外温差,即对外部混凝土加地膜覆盖,对内部混凝土埋设冷却管通过循环水散热,降低内部混凝土温度。冷却管通水养护时间需符合设计要求,并根据现场测量结果进行适当调整,冷却管的规格、间距及其他注意事项严格按照施工图设计进行购买和布设。冷却管布置示意图如图26-13和图26-14所示。

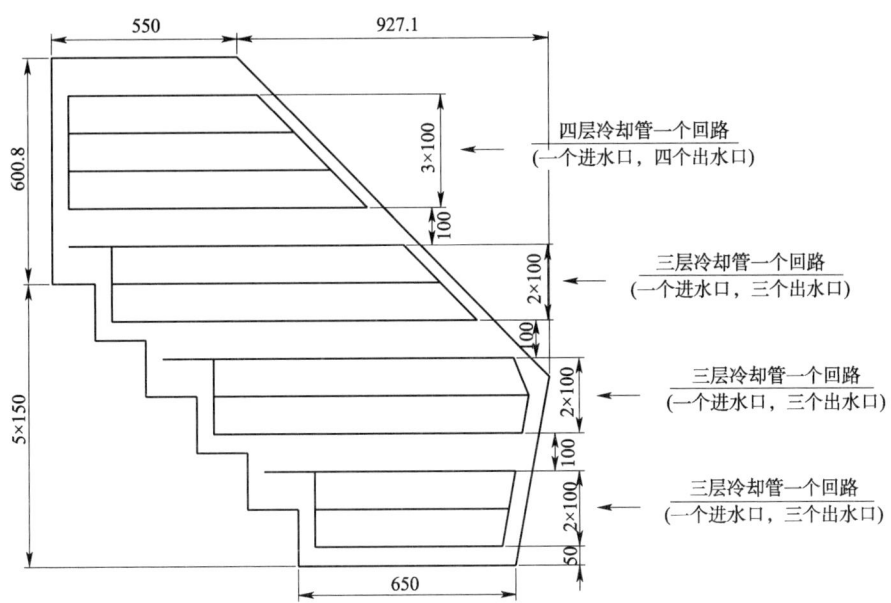

图26-13 拱座侧面冷却管布置图(尺寸单位:cm)

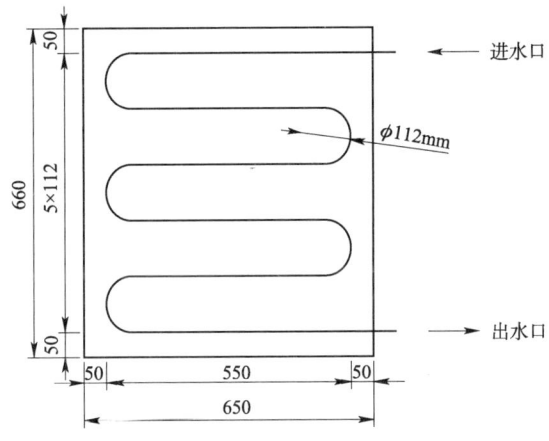

图26-14 拱座平面冷却管布置图(尺寸单位:cm)

26.9.1.5 拱肋吊装施工

1)施工工艺流程

拱肋吊装施工工艺流程图如图26-15所示。

2)钢结构加工

根据龙门黄河大桥桥位情况,在浩勒报吉侧桥台小里程侧横桥向场平的预拼装场,用于钢结构加工及预拼场地,拱肋节段在预拼场地进行立体预拼。场内主要由办公区、原材料进场区、临时车间、临时车间与拼装场过渡区、拼装场、节段出梁区等组成。拱肋节段在钢结构加工厂内制造完成后必须进行预拼,经检验合格后,采用200t运梁车将拱肋吊装节段由加工厂穿过浩勒报吉侧塔架运至起吊平台。为便于施工,所有拱肋吊装节段均采用立位运输,过程中采用拉缆风和固定支架等可靠的措施加固稳固。

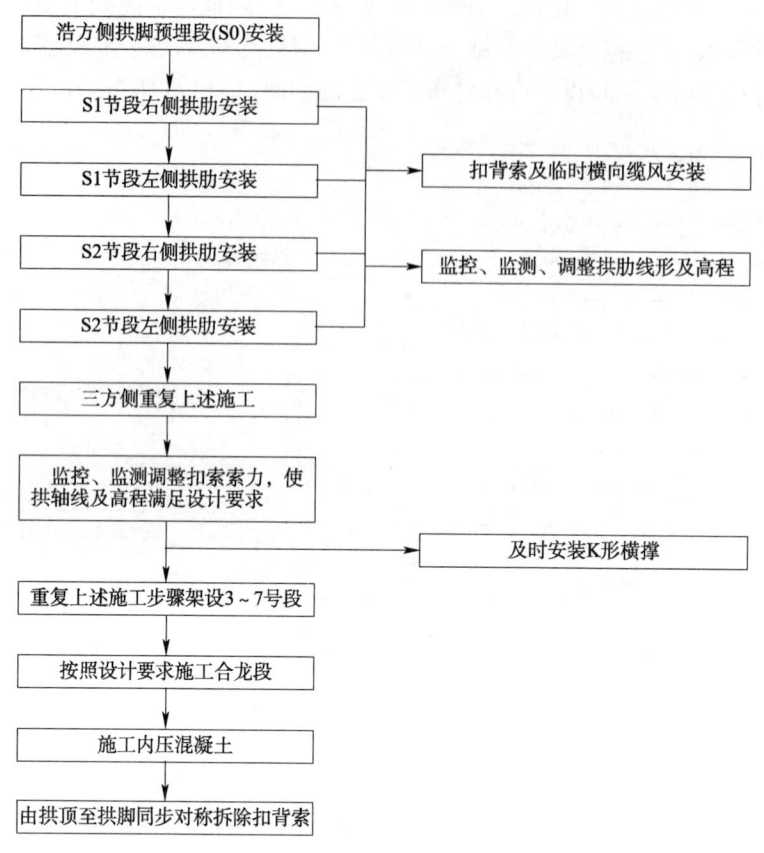

图 26-15 拱肋及拱上构造安装施工工艺流程图

3）起吊平台

在浩勒报吉侧利用桥台与 1 号边墩搭设贝雷梁支架,用于拱肋节段及钢梁节段起吊和中转平台,支架长度为 19.5m,宽度为 12m。起吊平台在浩勒报吉侧桥台及 1 号边墩结构施工完成后,立即开始施工。起吊平台顶面高程与台背顶高程(+453.868m)一致,故采用在墩顶及桥台焊接 $\phi1000 \times 16mm$ 钢管矮墩(高度约为 1.2m),跨度 18.8m;桩顶采用双榀 I56a 型钢承重梁;其上布置"321"加强型贝雷梁,三排单层布置;桥面板采用 I20 型钢上铺设钢板组合。起吊平台如图 26-16 ~ 图 26-18 所示。

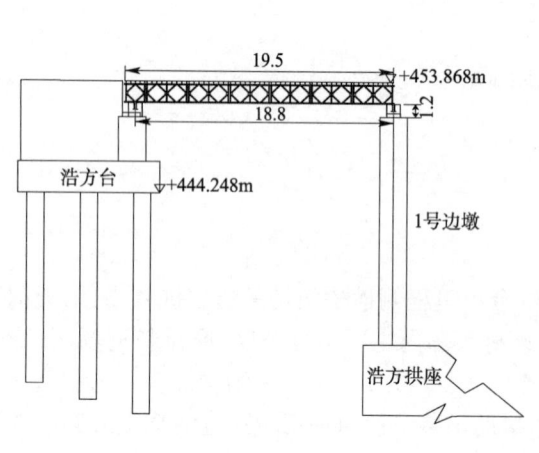

图 26-16 起吊平台立面图

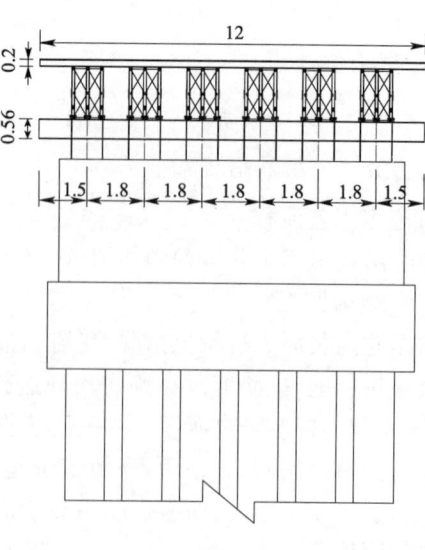

图 26-17 起吊平台横断面图(尺寸单位:m)

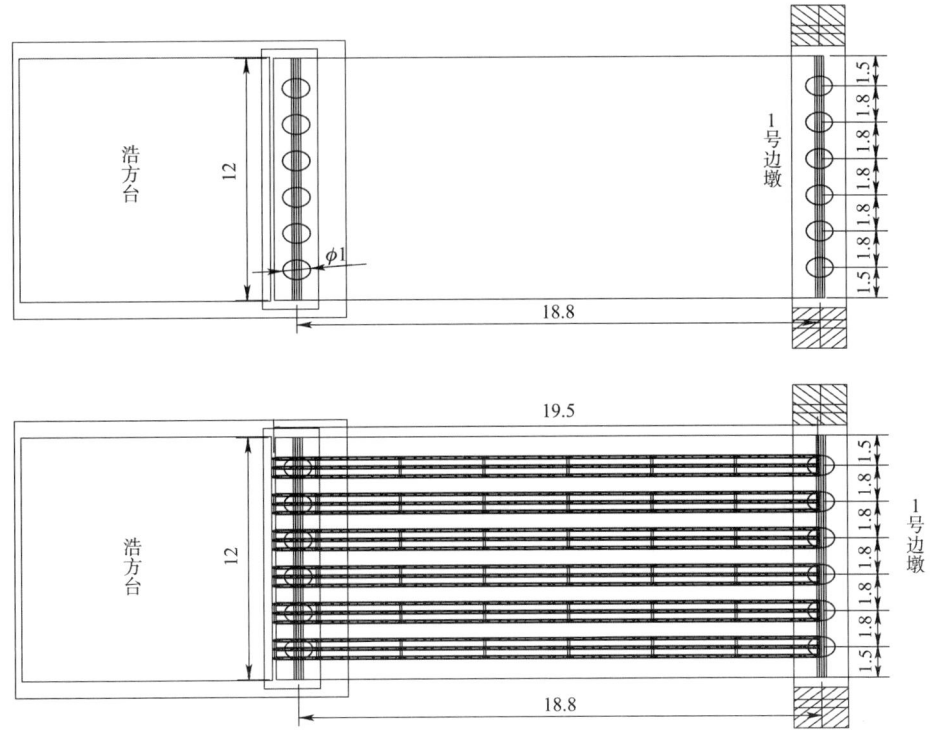

图 26-18　起吊平台平面图(不含分配梁及面板,尺寸单位:m)

(1)起吊平台工艺流程:桥台、拱座基础施工预埋施工→吊装钢管矮墩→安装横向承重梁→安装贝雷梁→铺设桥面板→安装防护设施。

(2)桥台、支墩预埋件施工:在桥台及支墩施工时,按照起吊平台设计钢管矮墩位置精确预埋1cm厚钢板。

(3)钢管矮墩施工:按照设计位置安装钢管矮墩,下端与预埋钢板进行焊接,并增加小缀板加强焊接连接;钢管矮墩就位后及时进行灌砂、注水密实,增加钢管桩整体受力。

(4)横向承重梁的安装:首先在安装就位的钢管矮墩顶测量好高程,在钢管矮墩顶割槽口,安装横向承重梁并测量梁顶高程,分配梁底部与槽口之间若存在缝隙采用钢板进行填塞。横向分配梁安装完成后安装其与钢管矮墩之间的限位钢板以及加劲角板。

(5)贝雷梁的安装:在安装完成后的横向分配梁上安装贝雷梁,采用吊车辅助吊装,完成定位后安装贝雷梁限位槽钢。

(6)桥面系施工:桥面系采用I20满铺在贝雷梁上,定位好后采用U形卡扣将桥面系横肋与贝雷梁拴接。

(7)附属施工:平台栏杆采用$\phi 48mm \times 3.5mm$的钢管进行加工制作;护栏立杆焊接在桥面系横向分配梁上,纵向间距1.5m;每侧护栏设置两道横杆,上横杆距桥面板高度≥1.2m;在平台上应设置照明设施,保证夜间施工安全。

4)二次吊装平台

在浩方拱座基础往大里程侧场平的二次吊装场地,用于主梁拱肋及中跨节段的二次吊装。二次起吊平台需要设置纵横向移动轨道,并采用卷扬机进行移动作业。

二次起吊平台场平及场地硬化要求同"钢结构加工厂",并应按照施工工艺要求设置纵横向移动轨道。

5)拱肋安装

(1)拱肋节段的制造加工:钢结构制作前,应根据设计文件、施工详图的要求以及制作单位的条件,编制制作工艺。制作工艺应包括:施工中依据的标准,制作单位的质量保证体系,成品的质量保证和为保证成品达到规定要求而制定的措施,生产场地的布置,采用的加工、焊接设备和工艺装备,焊工和检查人员的资质证明,各类检查项目表格和生产进度计划表。

制作工艺应作为技术文件经发包单位代表或监理工程师批准。钢结构制作单位应在必要时对构造复杂的构件进行工艺性试验。连接复杂的钢构件,应根据合同要求在制作单位进行预拼装。

(2)拱肋节段的运输:拱肋节段在工厂内制造完成后必须进行预拼,进检验合格后,采用200t运梁车将拱肋吊装节段由加工厂穿过浩勒报吉侧塔架运至起吊平台。为便于施工,所有拱肋吊装节段均采用立位运输,过程中采用拉缆风和固定支架等可靠的措施加固稳固。

(3)拱脚预埋段安装:施工图设计图已考虑每片拱肋对应一个钢支架预埋拱座上。拱脚预埋段靠定位钢支架支承和定位;拱座混凝土施工时,在混凝土表面上对应的钢支架节点处埋设预埋钢板,用于定位钢支架;拱脚预埋段用三维坐标定位方法精确定位,利用缆索吊机进行安装。为控制拱脚预埋段的安装精度,安装前必须重新复核全桥测量控制网的精度,由两人独立测量、独立计算进行校对,并将满足要求的测量成果报监理工程师批准后方可使用;定位支架和预埋段必须采用钢支撑作加固,确保新浇混凝土产生的侧压力不会使预埋件发生偏移。

(4)拱肋安装。

节段质量及外形尺寸见表26-17。

节段质量及外形尺寸　　　　　　　　　　表26-17

序　号	节段编号	节段长度(m)	节段质量(t)
1	S0	1.717	12.223
2	S1	9.398	65.11
3	S2	13.6	85.4
4	S3	13.603	77.226
5	S4	22.6	86.593
6	S5	18	81.672
7	S6	18.2	77.878
8	S7	11.5	56.102
9	S7`	7.3	35.125
10	S8	1	3.868

①吊装浩勒报吉侧的S1节段右侧拱肋桁片就位,挂相应扣背索,安装S1节段右侧拱肋风缆,测量确认拱肋高程和轴线至满足设计要求,同步张拉锚固扣背索。

②吊装浩勒报吉侧的S1节段左侧拱肋桁片就位,挂相应扣背索,安装S1节段左侧拱肋风缆,测量确认拱肋高程和轴线至满足设计要求,同步张拉锚固扣背索。

③吊装浩勒报吉侧的S2节段右侧拱肋桁片就位,挂相应扣背索,安装S2节段右侧拱肋风缆,测量确认拱肋高程和轴线至满足设计要求,同步张拉锚固扣背索。

④吊装浩勒报吉侧的S2节段左侧拱肋桁片就位,挂相应扣背索,安装S2节段左侧拱肋风缆,测量确认拱肋高程和轴线至满足设计要求,同步张拉锚固扣背索。

⑤按照上述顺序对称吊装浩勒报吉侧及三门峡侧剩余的拱肋节段。并在S4以后节段吊装就位后立即安装相应横撑。

⑥观测拱肋线形、高程、合龙段长度与温度的关系,按设计规定的合龙温度,精确测量合龙段长度,切割余量,在规定温度时,安装合龙段,实施强迫合龙,临时连接,在无应力状态下焊接合龙段连接环焊缝。

(5)拱脚 S1 节段的安装:先用缆吊将浩勒报吉侧右侧拱肋桁片吊运至拱座旁,慢慢将拱肋节段拱脚端置于拱座上,借助拱座上预埋件通过链条滑车逐步调整第一节段拱脚端拱轴线位置,使其与预埋的拱脚接触密贴。向跨中一端用侧缆风调整拱肋轴线,同时安装扣背索,根据设计高程张拉扣背索调整安装高程,待力全部交于扣点,拱肋高程、轴线调整满足设计及规范要求后,卸吊钩,然后按同样的方法安装浩勒报吉侧拱脚扣段左侧拱肋桁片。按同样方法吊装三门峡侧拱脚第一段,第一节段拱肋间的横向距离的有效控制通过横向临时风缆设施实现。

(6)一般拱肋节段的安装:

①一般节段参照吊装程序与拱脚 S1 节段的施工方法进行施工。两岸对称分别自拱座第一节段开始,向跨中拼装至第四节段,待整体调整好拱轴线及各控制点高程后,焊接完 H1 横撑,再安装剩余节段,并在后续节段就位后及时安装相应的横撑。

②拱肋桁片吊装就位后,节段下端接头与已安装好的相连段上端接头法兰盘临时用螺栓连接,松下吊钩,挂扣索和横向调整风缆,同步张拉扣背索。经对高程和拱肋轴线调整至满足设计要求后,卸吊钩,围焊节间环焊缝。

③按吊装程序,每一组扣索挂好后,均须检查之前的扣索,确定是否需要进行调索作业。调索作业根据设计方和监控方现场共同发布的调整索力和拱肋高程、调索顺序,对每一扣索采用对应钢绞线束数的千斤顶、油泵张拉设备,同步作业,对称,分级张拉,同时用频谱分析仪对索力进行测试,以确保调索顺利开展,确保各吊段节间连接焊缝及横联、平联连接焊缝、连接螺栓结构拴接安全。对每一节段,均需检查拱肋轴线、拱肋高程,避免拱肋的线形、高程误差累积到最后而造成调整困难,确保其安装精度的有效控制。

④拱肋吊装过程中的稳定措施:拱肋节段起吊就位后上、下游各设一定数量的缆风,以调整拱轴线、保证其悬臂施工阶段的安全稳定性。根据计算缆风索力,一般保证安全系数不小于2,确保施工过程中实际索力与计算不一致时,有一定的富余量。

(7)拱肋合龙:合龙前,根据对拱肋内力及线形的监控结果,通过扣索、缆风索对拱肋进行全面线形、内力调整直至满足设计要求。同时进行温度观测,测量合龙长度,切割合龙段余量,安装合龙段就位,临时连接,根据监控单位提供的合龙要求,进行合龙段施工。

(8)高强螺栓施工:钢管拱腹杆在弦管安装完成后,进行高强螺栓连接施工。

①钢结构用高强螺栓连接副其品种、规格、性能等符合现行国家产品标准和设计要求,出厂时应附带产品合格证明文件、中文标志及检验报告。大六角高强度螺栓出厂时应随箱带有扭矩系数和紧固轴力(预拉力)的检验报告。

②施工前应进行高强度螺栓连接摩擦面的抗滑移系数试验和复检,现场处理的构件摩擦面应单独进行摩擦面的抗滑移系数试验,其结果应符合设计要求,并提出试验报告和复验报告。

③连接板的检测及处理。

连接板不能有挠曲变形,否则必须矫正后方可使用。当连接板间间隙小于 1.0mm 时,可不处理;间隙为 1.0~3.0mm 时,应将高出的一侧磨成 1:10 的斜面,其打磨方向应与受力方向垂直;间隙大于 3.0mm 时,应加垫板,垫板两面的处理方法应与两连接板的处理方法相同。连接板摩擦面表面不能有油污、铁屑、浮锈,必须保持干净。

④高强螺栓连接应在其结构架设调整完毕后,再对接合件进行矫正,消除接合件的变形、错位和错孔。板子接合摩擦面贴紧后,进行高强螺栓安装。为了接合部位摩擦面贴紧,结合良好,先用临时普通螺栓和手动扳手紧固,达到贴紧为止。高强螺栓连接安装前,在每个接点上应穿入不少于安装总数 1/3 的临时螺栓,最少不得少于 2 个,在安装过程中冲钉穿入的不宜多过临时螺栓的 30%,不允

许高强螺栓兼作临时螺栓使用,以防止损伤螺纹引起扭矩系数的变化。一个安装阶段完成后,经检查确认符合要求后方可安装高强度螺栓。

⑤一个接头上的高强螺栓,应从螺栓群中部开始安装,逐个拧紧。初拧、复拧、终拧都应从螺栓群中部向四周扩展逐个拧紧,每拧一遍均应用不同颜色的油漆做上标记,防止漏拧。

⑥高强螺栓的安装:高强度螺栓的安装应在结构构件中心位置调整好后进行,其穿入方向以施工方便为准,并力求一致。高强度螺栓连接副件组装时,螺母带圆台面的一侧应朝向垫圈有倒角的一侧。对于大六角头高强螺栓连接副件组装时,螺栓头下垫圈有倒角的一侧应朝向螺栓头。安装高强度螺栓时,严禁强行穿入(如用锤敲打)。如不能自由穿入时,该孔应用绞刀进行修整,修整后最大直径应小于1.2倍螺栓直径。修孔时,为了防止铁销落入板叠缝中,应将四周的螺栓全部拧紧,板叠缝紧贴后再进行绞孔。高强度螺栓在终拧以后,螺栓丝扣外露应为2~3扣,其中允许有10%的螺栓丝扣外露1扣或4扣。

⑦高强度螺栓的紧固:高强度螺栓的紧固是专门扳手拧紧螺母,使螺杆内产生要求的拉力。

大六角高强度螺栓一般用两种方法拧紧,即扭矩法和转角法。扭矩法分初拧与终拧二次拧紧。为减少初拧与终拧的高强度螺栓预应力的区别,一般先用普通扳手对其初拧。初拧扭矩为终拧的30%~50%,再用终拧扭矩将螺栓拧紧。如板层较厚,初拧的板层达不到充分密贴,还要在初拧与终拧间增加复拧。复拧扭矩和初拧扭矩相同或略大。转角法也分初拧与终拧二次拧紧,初拧扭矩为终拧的30%~50%。使接头的各层钢板达到充分紧贴,再在螺母和螺杆上面通过圆心画一条直线,然后用扭矩扳手转动螺母的一个角度,使螺栓达到终拧要求。转动角度的大小在施工前由试验确定。

扭剪型高强度螺栓紧固也分初拧与终拧二次拧紧。初拧用扭矩扳手,以终拧扭矩的30%~50%进行,使接头各层钢板达到充分密贴,再用电动扭剪型扳手把梅花头拧掉,使螺栓杆达到设计要求的轴力。如板层较厚,初拧的板层达不到充分密贴,还要在初拧与终拧间增加复拧。复拧扭矩和初拧扭矩相同或略大。

⑧高强度螺栓紧固检查按照相关规范要求执行。

26.9.1.6 内压、外包混凝土施工

1)内压、外包混凝土施工简介

(1)本桥在拱脚弦管处设置外包C40混凝土,共计264m³。横向两个弦管设置外包混凝土,全桥共计8个弦管外包混凝土。在拱肋合龙后浇筑拱脚外包混凝土。拱脚外下弦管包混凝土采用钢管支架浇筑,上弦管外包混凝土利用拱肋骨架搭设支撑平台浇筑混凝土。

(2)本桥拱肋劲性骨架上下弦主钢管共计8肢材质采用Q370qD钢材,管内灌注C50补偿收缩混凝土,共计1154.28m³。主钢管外径均为900mm,壁厚采用20~28mm。其中上弦拱脚15.5m(水平距离),下弦拱脚10.5m(水平距离)范围内灌注体积率为1.5%的钢纤维混凝土。拱肋弦管内混凝土自上而下分3段连续对称接力灌注,最大顶升高度22m。拱脚自上分别为Ⅰ、Ⅱ、Ⅲ段,Ⅰ段灌注钢纤维混凝土,Ⅱ、Ⅲ段为C50补偿收缩混凝土。待前一根弦管混凝土强度达到90%后,方可继续灌注下一根钢管内混凝土。

2)施工准备

(1)技术准备

施工前对技术人员和施工班组作业人员进行施工前的培训和技术交底,明确施工工艺流程和施工技术要点,明确安全操作规程和安全注意事项,提高参与施工的所有人员的质量意识和安全意识。为防止堵管,C50补偿收缩混凝土施工前严格进行配比试验,外加剂参考《混凝土外加剂应用技术规范(GB 50119—2013)》选用,并在灌注前做好拌和站生产能力、运输能力的规划,泵送设备的选型等准备工作。全桥拱肋合龙后,绑扎拱座预留槽口钢筋,浇筑预留槽口混凝土。混凝土浇筑时特别注

意接触面的振捣。

(2) 设备准备

两岸各拱脚处各放置工作输送泵 1 台,另设 1 台备用输送泵。输送泵选择 HBT90.20.180S 型混凝土输送泵,其理论泵送混凝土压力最大值为 20MPa,最大理论混凝土输送量为 95m³/h,功率为 90×90kW。两台工作泵均放置在拱座基础上,在工作基础上进行泵送工作,一台备用输送泵放置在浩勒报吉侧靠近拱座附近的便道上,以备在需要时及时到位。

3) 外包混凝土施工

拱肋合龙且拱座预留槽口混凝土浇筑强度达到要求后,安装下弦管拱脚外包混凝土钢管支架,铺设方木竹胶板作为底板模板,支立外侧模板,外侧模板采用大块钢模板;模板验收后绑扎钢筋,浇筑混凝土,单个拱脚外包混凝土一次性浇筑完成。下弦管浇筑完成后,利用拱肋结构搭设上弦管拱脚外包混凝土浇筑支撑。并支立模板、绑扎钢筋、浇筑混凝土。

(1) 施工方案总述。

管内混凝土泵送采用由拱脚至拱顶"连续顶升"施工。即采用一级泵送一次到顶。考虑到现场施工环境情况,结合设备和技术条件,在拱顶弦管内采用泵送隔舱板隔开,两根主钢管两岸同时灌注。泵送过程中始终对拱桥进行监控,控制泵送顶升速度,以保证混凝土密实度达到要求。泵送顺序如图 26-19 所示。泵送原则:两岸泵送速度尽量协调一致,保证混凝土对劲性骨架的加载对称均匀。

(2) 施工工艺流程。

拱顶开排气孔,焊接排气管;拱脚开灌注孔,焊接灌注管→布设输送泵管,进行设备调试、检查→压注清水润滑输送管、主钢管内壁→压注一定量的高标号水泥浆和砂浆先导→压注 C55 混凝土(拱脚设计位置压注钢纤维混凝土)→监测管内混凝土密实度→灌注管处插截止阀→清洗输送泵、管,拆卸堆放→截面应力、线形监测。

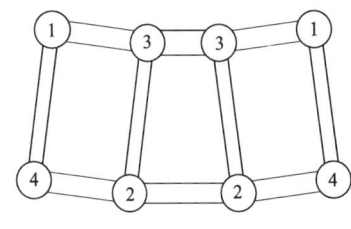

图 26-19 泵送顺序图

(3) 安装灌注管、排气管。

灌注管均采用外径 150mm、壁厚 4mm 的钢管,排气管均采用外径 100mm、壁厚 4mm 的钢管。混凝土灌注管外露部分长约 800mm,并焊好与泵管配套的法兰盘。单根弦管上自下而上焊接 3 根灌注管,灌注管沿拱肋径向设置,与拱肋钢管轴线夹角小于 30°,夹角越小泵送阻力越小,对钢管壁的冲击力亦越小。在拱顶设置排气管,排气管高度为 20cm,直径为 8cm,用于观察灌注到顶后,出浆和原混凝土是否一致。排气管亦可根据后期施工情况确定。拱肋灌注节段划分及各灌注管的布设如图 26-20 所示(后续施工中可进行必要位置的变动)。

4) 布设输送管道

输送管数量应充足,型号齐全,接头胶垫圈位置准确,联结卡箍及螺栓安装正确并上紧。

5) 拱肋混凝土灌注

(1) 灌注顺序:每条拱肋弦杆钢管半跨对称一次性灌注完毕,从每管下端灌进,顺管而上。具体灌注顺序为:左肢外侧上弦管→右肢外侧上弦管→左肢内侧下弦管→右肢内侧下弦管→左肢内侧上弦管→右肢内侧上弦管→左肢外侧下弦管→右肢外侧下弦管。全桥拱肋按照实际时间分 8 次对称灌注。灌注时先拱脚 I 段内的钢纤维混凝土,然后更换灌注管灌注 II、III 段内的混凝土。在前一次混凝土灌注完毕,下一次混凝土开始灌注时,已灌管内混凝土强度应达到设计强度的 90% 以上方可进行。每条管内混凝土约 290.3m³,两端对称灌注,一侧灌注约 145m³,根据所选用的泵机型号、性能,搅拌站的混凝土生产能力及施工中可能出现的问题,灌注一根弦管需 6~8h。

(2) 泵送清水:清水必须湿润所有的输送泵管。检查输送泵工作情况是否正常、输送管道有无渗漏。润湿完泵管后,接好进料管处断开的泵管接头。

(3) 泵送水泥浆和高标号砂浆:注清水完毕后,紧接着泵送 1m³ 水泥浆和 2m³ 同标号砂浆,主要作用是润滑管道减小混凝土泵送阻力。

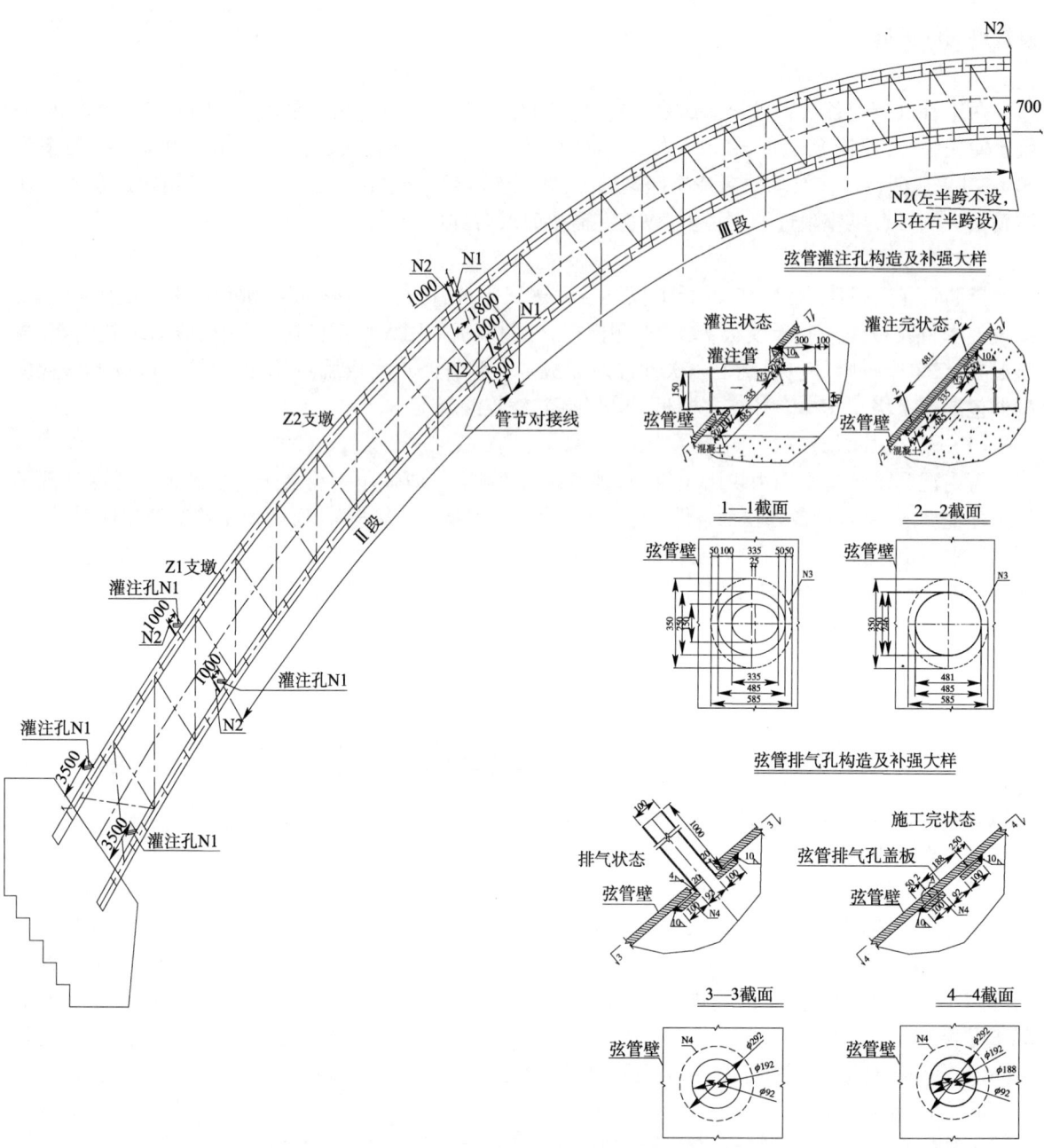

图 26-20 主拱肋灌注施工孔布置示意图(尺寸单位:cm)

(4)泵送 C50 补偿收缩混凝土:钢管混凝土应严格按配合比拌制,按设计灌注顺序连续、均匀进行。

6)内压混凝土质量检测

其密实度的检查一般情况下可通过敲击进行检查,声音沉哑者,表明混凝土已充填饱满;对有异常者可用超声波检测,检测可参照《超声法检测混凝土缺陷技术规程》(CECS 21—2000)及《铁路工程基桩检测技术规程》(TB 10218—2009)布设测点,进行检测。对有缺陷位置可进行钻探,对混凝土剥离不密贴或不饱满的位置可压注超标号的环氧树脂水泥(砂)浆处理。

26.9.1.7 拱上边墩、支墩及拱梁交接横梁施工

龙门黄河大桥全桥设置两个边墩、两个支墩及两个拱梁交接横梁。

1)拱上边墩

拱上边墩支撑于拱座上,为双斜柱式门式框架墩。1 号边墩墩高 17.986m,2 号墩墩高 17.114m。

立柱墩底中心间距15.0m，内倾角4.5°，墩身及横梁截面均为（纵向横向），在墩身周围设置15cm圆角。拱上边墩立柱采用翻模施工，横梁采用钢管桩贝雷梁支架施工。钢管桩支撑于两侧拱座基础上。拱座基础施工完成后，立即进行拱上边墩施工。施工流程详见图26-21。

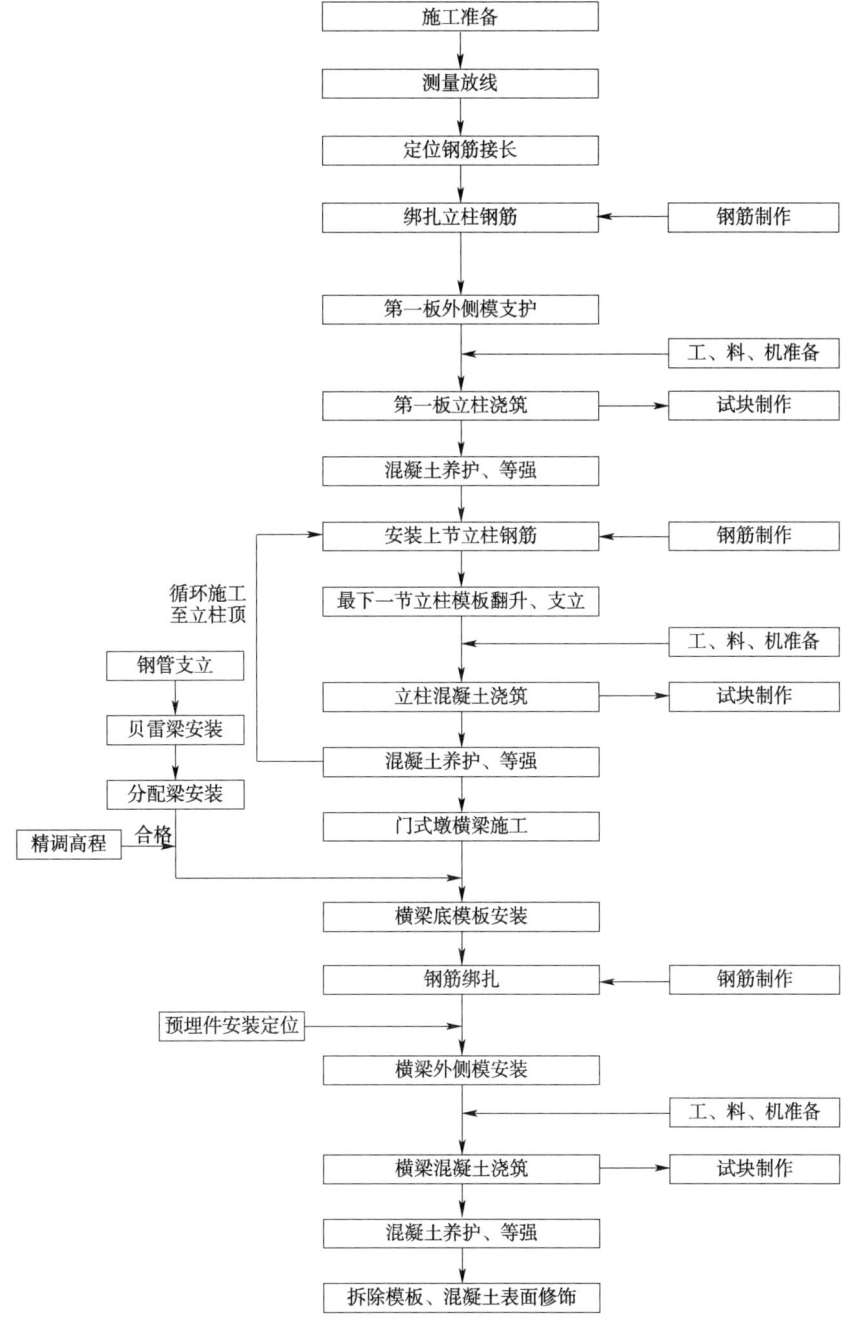

图26-21　拱上边墩施工工艺流程图

2）拱上支墩

在拱肋上弦A3、A3′节点处设置Z1、Z4拱上钢支墩，采用型刚架墩，其立柱内倾角与拱肋倾角一致，横向倾角与理论拱轴线拱肋横倾角保持一致，拱上支墩中心线与拱肋中心线重合。支墩横梁采用箱型带肋截面，截面高1720mm，宽1240mm，上、下翼缘板及腹板板厚均为24mm，在其中心设置宽240mm，板厚16mm、24mm的加劲肋。刚架墩立柱采用箱型带肋截面，截面高1220mm，宽1240mm，上、下翼缘板板厚为36mm，腹板板厚为24mm，在其中心设置宽240mm，板厚16mm的加劲肋。立柱与拱肋上弦钢管上的柱脚采用焊接连接。拱上支墩及拱梁交接横梁为钢结构组焊件，支墩单个重约

42t,横梁单个重约36t,拟采用缆索吊整体吊装就位。

3)拱梁交接横梁

拱梁交接处在拱肋腹杆A6-E6及A6′-E6′,设置Z2、Z3横梁,横梁与拱肋腹杆采用焊接连接。横梁采用箱型带肋截面,截面高1720mm,宽1140mm,上、下翼缘板及腹板板厚分别为24mm、28mm、24mm,在其中心设置宽240mm,板厚16mm、24mm的加劲肋。拱梁交接横梁在拱肋内压混凝土施工完成后及时吊装就位,用于跨中钢梁吊装施工;拱上支墩在跨中钢梁合龙后,拱肋两道"X"形横撑就位后,进行拱上支墩吊装就位。支墩与横梁吊装施工同"钢梁吊装施工"。

4)立柱翻模施工

施工前对技术人员和施工班组作业人员进行施工前的培训和技术交底,明确施工工艺流程和施工技术要点,明确安全操作规程和安全注意事项,提高参与施工的所有人员的质量意识和安全意识。且复核图纸,准确放样。

(1)钢筋工程时,进场钢筋必须有出厂质量证明书及复试报告,并按规范进行相关实验,并由相关人员确认方可进行钢筋的制作;立柱钢筋在钢筋厂内进行加工,运至施工现场进行绑扎安装;筋在进行绑扎安装时,严格按照设计及规范要求进行。钢筋严格按照设计的数量、规格和间距进行安装,钢筋位置的允许偏差见表26-18。

钢筋位置的允许偏差　　　　　表26-18

检查项目		允许偏差(mm)	检验方法
受力钢筋排距		±5	
同排	基础、板、墙	±20	尺量两端、中间各一处
	柱、梁	±10	
分布钢筋间距		±20	尺量连续3处
箍筋间距		±10	
弯起点位置		30	尺量
钢筋保护层厚度$C \geq 30mm$		+10、0	尺量两端中间各两处
钢筋保护层厚度$C < 30mm$		+5、0	

钢筋焊接前,必须进行试焊,合格后方可进行正式施焊。钢筋接头采用焊接或帮条、电弧焊时尽量做成双面焊缝。两钢筋搭接端部预先折向一侧,使两根钢筋轴线一致,接头双面焊缝的长度不小于$5d$,单面焊缝不小于$10d$(d为钢筋直径)。钢筋接头采用帮条电弧焊时,帮条采用与主筋同级别的钢筋,其总面积不小于被焊钢筋的截面积,帮条长度用双面焊接不小于$5d$,单面焊接不小于$10d$(d为钢筋直径)。钢筋焊接后,焊缝表面平整,不得有较大的凹陷、焊瘤;接头处不得有裂纹;咬边深度,气孔、夹渣的数量和大小以及接头偏差,不得超过规范规定的范围。另外,钢筋保护层垫块采用成品高强混凝土垫块,厚度及强度按设计要求确定。垫块表面应洁净,颜色应与结构混凝土外表一致。

(2)模板安装时,门式墩立柱施工采用翻模施工,翻模施工系统由提升机构(缆索吊)、模板系统、工作平台和安全措施组成;模板系统由内模、外模及拉杆组成,其中内模采用组合钢模施工,外模采用自制大块钢模施工。外模模板面板采用6mm厚钢板,6mm厚扁钢横肋和槽16竖肋及槽12后架,竖肋及后架通过螺栓连接在一起。

大块模板委外加工,验收合格后运至现场待用,模板支护时在拱座上沿模板的底面用砂浆做3~5cm厚找平层。对立柱角点放样,弹墨线,沿墨线立模板。模板安装前,应清理干净,并涂脱模剂。安装模板时注意接缝平整、严密,防止漏浆。紧固拉杆的螺栓,在模板内加内撑,保证混凝土尺寸。

(3)混凝土浇筑时,混凝土在拌和站拌和,混凝土运输车运输,运至工地后采用混凝土泵泵送浇筑立柱。混凝土坍落度的检测,到场的混凝土每车检测一次,检测坍落度时,必须认真观察混凝土拌和料的和易性,确保混凝土拌和料的稠度、水灰比等各项技术指标,符合《混凝土质量控制标准》(GB

50164—2011）的有关规定，浇筑时坍落度超出规定范围的混凝土不得使用。同时实验人员做好混凝土试件；水泥混凝土必须均匀，颜色一致，不得有离析和泌水现象，从混凝土拌和、运输到卸料、浇筑，拟控制在25～30min内完成。不得使用已初凝的混凝土，不允许用加水或其他方法重新改变混凝土的稠度；浇筑混凝土前，全部模板和钢筋应清洁干净，不得有杂物，模板若有缝隙要填塞严密，自检合格，并经监理工程师检验批准后才能浇筑混凝土。

①混凝土浇筑：采用一辆拖泵浇筑施工。拖式泵前端软管接长，前接串筒，串筒出料口处混凝土堆积高度不宜超过1.0m。混凝土按一定厚度、顺序和方向斜面分层从一端向另一端进行浇筑，浇筑应在下层混凝土初凝前浇筑完上层混凝土。立柱混凝土水平分层，层厚30cm，机械振捣，采用阶梯式分层方法，确保层间间隔时间$t \leqslant 2h$。

②混凝土浇筑作业，应连续进行，如因故发生中断，其中断时间应不小于前次混凝土的初凝时间或能重塑时间，若超过中断时间，断面应作施工缝处理，凿除处理层混凝土表面的水泥砂浆和松弱层，经凿毛处理的混凝土面，用水冲洗干净，在浇筑次层混凝土前刷一层水泥净浆，并立即向监理工程师报告。

③混凝土振捣由经验丰富的专业技术工人操作，混凝土振捣时，注意振捣棒快插慢拔，振捣棒不能达到的地方应辅以小型振棒振捣或附着式振捣器，以免发生漏振、过振现象，保证混凝土受振均匀，外美内实。

④混凝土浇筑过程中或浇筑完成时，如果混凝土表面泌水较多，须在不扰动已浇筑混凝土的条件下，用人工将水排除。

⑤混凝土终凝以后要及时采取浇水养护和养生布覆盖等有效措施养护，并在浇筑部位注明养护起止日期，以免遗漏。

5) 横梁支架施工

门式墩上部横梁设计采用钢管桩贝雷梁支架施工。立柱施工完成后，钢管支立于立柱左右两侧，间距420cm，并与立柱进行横向连接，钢管选用；上部设置双榀I56a横向横担梁，横担梁横向与立柱进行连接；横担梁上部放置单层双排加强型贝雷梁，跨度为12m，贝雷梁与横担梁设计限位槽钢进行固定；其上放置I25a分配梁，间距50cm。分配梁上部铺设模板。

(1) 支架搭设。

支立钢管桩：钢管桩底部支撑于拱座基础上，拱座基础上做好预埋件施工。立柱施工完成后，利用吊车吊装钢管桩就位，钢管桩底部与预埋件焊接连接，中部及上端采用双榀槽20与立柱进行横向连接，并进行灌砂、注水密实，增加钢管桩整体受力；钢管桩支立时，必须严格保证其垂度，垂度要求误差不大于1/1000。

横担梁的安装：首先在安装就位的钢管桩顶测量好高程，在钢管桩顶割槽口，安装横向承重梁并测量梁顶高程；承重梁底部与槽口之间若存在缝隙采用钢板进行填塞。横向承重梁安装完成后安装其与钢管桩之间的限位钢板以及加劲角板。

贝雷梁的安装：在安装完成后的横担梁上安装贝雷梁，贝雷梁在平台上拼装，采用吊车整体吊装，完成定位后安装贝雷梁限位槽钢。

分配梁的安装：贝雷梁就位后，单根吊装I25a分配梁，分配梁间距50cm，与贝雷梁采用U形卡固定。

(2) 横梁施工。

门式墩横梁模板施工、钢筋工程、混凝土浇筑同"立柱翻模施工"。

26.9.1.8 吊杆施工

为增加结构可靠度，同时考虑吊杆的可更换性，采用横向双吊杆体系，即每道钢梁节段上四排吊杆。全桥共计60根吊杆，双吊杆横向间距0.5m+9m+0.5m。

(1)安装工艺流程。

吊杆的安装艺流程为:吊杆孔填充处理→吊杆孔清理→吊杆锚具检查→实测各吊点高程值→吊杆运输至现场并展开→吊点垂直提吊就位→调节锚具螺母使下锚具达到设计高程→锚具封闭并作防护处理。

(2)安装前的检查工作。

安装前需要检查吊杆的外观质量,特别是检查锚具是否有易松脱的部件,螺纹是否有损伤,锚杯或钢护筒是否受到破坏,是否有损坏现象等。另外,检查吊杆编号是否正确无误,并与吊杆质量资料对照,检查两者是否一致。

(3)安装方法。

长吊杆安装:为了方便安装,加工一个带吊环的锚杆,锚杆旋入吊杆锚头顶部锚杯中,提升吊杆时吊点钢丝绳捆绑于吊环上,吊杆提升至吊点下侧时,使用另外一根较短的钢丝绳穿过吊杆孔置换提升钢丝绳,吊杆锚固螺母穿过置换钢丝绳上,并将吊杆锚具提升穿过吊杆孔旋上螺母定位锚固。

短吊杆的安装:短吊杆直接在边跨位置松展之后,直接提升起来,然后将吊杆下端锚具穿过吊杆孔,并对上端锚具进行锚固。吊杆安装定位之后,需要对吊杆孔进行防护处理,如填充油脂等,并将吊杆孔加盖封闭。因考虑安装钢梁时,还需张拉调节螺母来调整高程,此项工作以后进行。

(4)安装时应注意的问题。

安装工程中应注意的问题:注意保护吊杆防护层,吊杆不能弯折过度,也不能随意拖拉架设;架设吊杆时,上端锚具的调节螺母调至锚杯的中间,以便于安装之后仍然能够上下调整高程;测量人员在进行高程观测时,注意比较上下游同一里程的两根吊杆高差值,以便于调整两侧吊杆至相同的高程。

26.9.1.9 钢梁吊装施工

桥面系采用钢纵、横梁,其上铺设混凝土桥面板的结合梁形式。两侧边主梁横向中心间距为10.4m;小纵梁中心距为4.0m,按线路中心两侧对称布置;横梁在两个19m边跨范围内顺桥向间距4.75m布置,其余位置按顺桥向间距4.5m布置。钢梁设计为纵横梁结构,根据招标图纸采用缆索吊机分节段吊装施工。根据设计文件要求,钢梁吊装过程中,先考虑吊装拱肋下部的中跨节段(L4~L11、L4′~L10′),并完成合龙段L12节段的吊装合龙;然后吊装边跨节段(L3~L1、L3′~L1′),完成全桥钢梁吊装施工。钢梁吊装过程中,先行吊装拱上钢支墩(钢横梁),并及时安装、张拉吊杆。

(1)钢结构加工。

钢支墩、钢横梁、钢梁及吊杆构件均在工厂内加工,运输至工地预拼场组拼,采用运梁车运输至起吊平台,最后采用缆索吊吊装施工。

钢支墩及钢横梁必须按照设计要求,并考虑拱肋安装误差进行加工。Z2、Z3钢横梁必须在预制厂内焊接成型后整体运输、吊装,Z1、Z4钢支墩可根据现场实际情况,按照设计图纸分3段在预制厂内进行加工,运输至吊装台焊接成整体后进行整体吊装施工;钢梁严格按照图纸要求和技术交底进行分段加工制作,采用匹配法加工,并进行现场加工精度监测;高强螺栓孔眼直径、孔距必须严格按照要求进行开孔作业,确保现场的准确拼装;吊杆均采用1860级ϕ15.2mm环氧喷涂钢绞线,按照设计要求进行编竖、下料,并采用配套的锚头进行挤压拉索。

(2)钢梁吊装主要步骤。

①Z2、Z3横梁吊装:缆索吊吊装Z2横梁至设计位置,在横梁与拱肋连接栓孔基本重合的瞬间(相错10mm以内),将小撬棍插入孔内拨正,然后通过起落吊钩使其他孔眼对合。用小锤轻敲冲钉入孔眼(每个接头对角法兰各穿1个),使法兰螺栓孔完全对合。然后松吊钩安装高强螺栓,并按设计要求施加预紧力。同样方法安装Z3横梁。

②L4、L4′节段吊装:将浩勒报吉侧L4节段从边跨起吊平台调转至浩勒报吉侧拱肋下方的二次

吊装场地。钢梁节段在二次吊装场地横移至拱肋下方设计位置,然后用缆索吊装L4节段至设计位置,安装D1吊杆与L4节段间的连接销轴,并锁定Z2横梁处支座的纵向约束。按照设计要求施加D1吊杆张拉,并同时监测主梁线形、应力及吊杆索力,直至满足安装要求,L4节段吊装完成。同样方法吊装三门峡侧L4′节段。

③中跨剩余节段钢梁安装:缆索吊吊装浩勒报吉侧钢梁L5节段至设计位置,在L4节段与L5节段连接栓孔基本重合的瞬间(相错10mm以内),将小撬棍插入孔内拨正,然后通过起落吊钩使其他孔眼对合。用小锤轻敲冲钉入孔眼(每个接头对角法兰各穿1个),使法兰螺栓孔完全对合。然后松吊钩安装高强螺栓,并按设计要求施加预紧力。安装D2吊杆与L5节段间的连接销轴。按照设计要求施加D2吊杆张拉,并同时监测主梁线形、应力及吊杆索力,直至满足安装要求,L5节段吊装完成。重复上述步骤,将钢梁节段L6~L11、L5′~L10′吊装就位,同时安装相应吊杆,并张拉,同时监测主梁线形、应力及吊杆索力,满足要求后,吊装合龙段L12就位,解除Z2横梁处支座的临时纵向约束,完成主梁跨中合龙。

④边跨剩余节段钢梁安装:主梁中跨合龙施工完成后,安装主拱圈拱脚处X形横撑;并重复上述步骤安装完成Z1、Z4钢支墩。提前在Z1钢支墩处安装支座,在浩勒报吉侧边墩起吊平台吊装L3钢梁节段,并辅以卷扬机将L3节段就位,然后进行钢梁高强螺栓拼装。重复上述步骤安装L2~L1、L3′~L1′节段,在L3′吊装就位后,解除Z3横梁处支座的临时纵向约束。

(3)钢梁分块及吊装质量。

钢梁设计为纵横梁结构,按照设计,钢梁在平台拼装完成,整体吊装就位。吊装最长节段21.35m,最大节段吊重103.6t,最小吊装节段长7m,吊重26.1t。

(4)钢梁吊装。

钢梁在钢结构加工厂内加工,通过200t运梁车下穿浩勒报吉侧塔架运输至起吊平台,利用缆索吊吊装至二次起吊平台;起吊点设立要根据钢箱梁的结构特点,为保证其抗扭不变形,吊梁点设置在靠近纵梁与横梁交接处,缆索吊配备扁担梁使其在吊装过程中始终受竖向力。

(5)位置调整。

钢梁缆索吊起吊至设计位置时,需要进行钢梁定位精调。钢梁调整时,先进行竖向位置的调整再进行水平的调整。钢梁调整尽量用螺栓、冲钉进行。当采用倒链和千斤顶调整时,应仔细检查临时支架的牢固程度和拉力作用点的加固,并将钢梁能穿入的部分螺栓和穿钉紧固。

采用千斤顶调整箱梁高度时,应注意千斤顶的作用点的平衡并精确量测。不允许箱梁两端两千斤顶同时起顶,必须一端的高度调整完后再进行箱梁另一端的调整。同端千斤顶起顶时,应注意做到速度一致、行程一致。千斤顶每次起顶过程中,随时用钢板调整保险支墩的高度,确保保险墩和箱梁底的距离始终不大于5mm。

(6)钢梁拼接。

钢梁位置调整好后,经测量各控制点的拱度、曲线及各部尺寸。合格后,依据《钢梁桥高强度螺栓连接施工规定》采用高强度螺栓进行连接。施拧前,采用标定的扭矩扳手校订作业扳手,施拧分初拧和终拧两部进行。按照顺序、交错、平衡的原则上紧高强度螺栓。拼装顺序为先纵向再横向。

桥梁拼装前,应除去拴接面的毛刺、飞边、赃物等,不应在雨中作业。每节点应穿入25%的普通螺栓,冲钉不少于10%,并不得用高强度螺栓代替普通螺栓。高强度螺栓应按生产厂家提供的批号配套使用,并不得改变出厂状态。安装时,严禁用锤直接打入螺栓。高强度螺栓应按螺栓表中列出的板束厚度所对应长度使用。

高强螺栓施工质量的检查应由专职质量检查员进行。用质量约0.3kg的小铁锤敲击螺母对面一侧,以防漏拧。每节点孔群检查5%,但不少于2套。

(7)钢梁施工质量保证措施。

钢梁施工质量保证除按照主体结构相关规定外,重点控制以下几点:

①钢梁的预制:因其各部分的尺寸不同,加工时按图纸施工并标志。工厂的试拼装尤为重要,出现的误差可及时得到调整,避免现场的错误操作。厂内存放在适当位置避免变形。

②钢梁的运输:选用专用的运输工具,避免运输过程中的变形。

③钢梁的拼装和拴接:钢梁拼装时,尽量使用螺栓和冲钉,横梁连接准确控制好高程,避免因拼装造成的变形。

26.9.1.10 桥面板施工

桥面板为混凝土预制板,预制桥面板采用C40混凝土,横缝、纵缝及剪力槽采用C45补充收缩混凝土。桥面板混凝土中均添加如聚丙烯网状纤维0.9,聚丙烯纤维弹模,抗压强度,纤维长度为10～20mm。

现浇桥面板挡砟墙纵向每隔约2m间距设一道1cm宽断缝,在断缝处填以油毛毡。桥面板顶部顺桥向,每隔4.75m或4.5m对应横梁上的横向湿接缝中心设置1020mm(宽深)的切缝,并填充聚氨酯。全桥共计桥面板112块,单块桥面板最大吊重16t;现浇横缝57道;现浇纵缝3道。

(1)面板预制。

桥面板施工工艺流程为:施工准备→预制台座的施工→钢筋安装→模板安装→混凝土浇筑→混凝土养护→起吊桥面板并运至存放场地。

在浩勒报吉侧设置桥面板预制厂,合理规划场地布置,混凝土台座与钢模板相结合施工,侧模板采用I32槽钢钻孔,钻孔处安装钢筋。侧模与底模间设置斜撑、横撑以固定侧模。模板在使用前,应先检查其平整度、尺寸、有无变形等,发现问题应及时整改,并清理模板表面的杂物,然后刷脱模剂,以利于拆模。然后绑扎钢筋、浇筑混凝土并及时拆模养护。待混凝土强度达到设计强度后,通过预埋的吊环将桥面板调运至堆放场,预制板的临时堆放根据设计要求,设置堆放支承点,堆放层数一般不超过3层,每层之间以枕木为支承点。

(2)桥面板吊装施工。

在钢梁吊装完成,且预制桥面板放置时间达到6个月后,采用缆索吊吊装桥面板就位。吊装过程中,精确放样桥面板轴线、边线位置,然后进行固定。

(3)桥面板湿接缝现浇。

①模板安装:模板分两部分:一部分为外模板,用于翼缘板,翼缘板部分模板采用在钢梁上连接角钢托架上铺竹胶板;另一部分为钢梁箱式顶部,用于钢梁内顶板,采用短钢管支撑,浇筑完成后,作业人员通过钢梁端部进入洞拆除模板及支架。在钢梁加工时将托架节点板栓接到钢梁上,钢梁架设完成后,在钢梁上安装模板托架,托架采用等边∠70×70×8角钢(双列),角架式设计,纵向1m设1道,节点板采用钢板焊接,节点板与腹板采用螺栓连接,顶托方木,上铺竹胶板底模。

②钢筋绑扎、预埋件安装:钢筋连接采用双面搭接焊,在钢筋加工场下料成型,利用缆索吊机吊装至桥面,人工绑扎定位。

③凝土浇筑:混凝土采用集中拌制,罐车运输,缆索吊机或泵送配合入模,采用插入式振捣棒振捣,由两侧向中间浇筑完成,覆盖法进行养护。在桥面混凝土强度达到100%才能通过运架设备,并在施工结束后清除钢梁内的施工附属物、杂物,并使底板混凝土表面洁净、干燥。

26.9.2 桥台施工

浩方台与路堑相接,采用双线T台,台高6.068m,轨底至承台顶7.0m,承台尺寸10.5m×13.6m×3m(纵向×横向×高),采用9根φ150cm的柱桩基础,穿过表层黄土,桩基进入承载力未1200kPa的石灰岩中,桩长采用不等长桩,入岩深度基本一致。

三方台与隧道相接,采用实体桥墩。台高8.568m,轨底至基底10.0m,采用明挖施工,基底位于承载力未800kPa的白云质灰岩中。

26.9.2.1 桩基础施工

1) 冲击钻孔桩基础施工方法

(1) 冲击钻孔桩施工准备工作。

①钻孔场地在旱地时,清除杂物、换除软土、平整压实,场地位于陡坡时,可用枕木、型钢等搭设工作平台。

②桩位放样:测定桩位和地面高程。桩位放样时,桩的纵横向允许偏差满足验标要求,并在桩的前后左右距中心2m处分别设置护桩,以供随时检测桩中心和高程。

③为了满足钻孔桩的清孔施工,在墩与墩之间设置泥浆循环净化系统,包括泥浆池和沉淀池,每2个墩共用一个泥浆循环系统,根据现场的跨河、跨路可适当调整。

④钻孔前应设置坚固、不漏水的孔口护筒,护筒内径应比钻头大约40cm。护筒顶面宜高出施工地面0.5m,高出地下水位2m,还应满足泥浆面的高度要求。护筒埋置深度,在黏性土中应不小于1m,砂类土中应不小于2m,护筒四周应回填黏土并分层夯实。护筒顶面中心与设计桩位偏差不得大于5cm,倾斜度不得大于1%。

(2) 钻孔泥浆。

在砂类土、碎(卵)石土或黏土夹层中钻孔,采用膨润土泥浆护壁,冲击钻机钻孔,可将黏土加工后投入孔中,利用钻头冲击造浆。泥浆比重:冲击钻机使用管形钻头钻孔时,入孔泥浆比重为1.1~1.3;冲击钻使用实心钻头钻孔时,孔底泥浆比重砂黏土不宜大于1.3,大漂石、卵石层不宜大于1.4,岩石不宜大于1.2。黏度:一般地层16~22s,松散易坍地层19~28s。含砂率:新制泥浆不大于4%;胶体率:不小于95%;H值:应大于6.5。

(3) 钻孔施工。

①钻机就位前,底架应垫平,保持稳定,不得产生位移和沉陷,钻机顶端应用缆风绳对称拉紧,钻头或钻杆中心与护筒中心偏差不得大于5cm。开孔的孔位必须准确,应使初成孔壁竖直、圆顺、坚实。

②钻孔时,孔内水位要高于护筒底脚0.5m以上或地下水位以上1.5~2m。在冲击钻进中取渣和停钻后,应及时向孔内补水或泥浆,保持孔内水头高度和泥浆比重及黏度。

③钻孔时,起、落钻头速度宜均匀,不得过猛或骤然变速,孔内出土不得堆积在钻孔周围。

④钻孔作业应连续进行,因故停钻时,应将钻头提出孔外,孔口应加护盖。

⑤钻孔过程中应经常检查并记录图层变化情况,并与地质剖面图核对。钻孔到达设计深度后,应对孔位、孔径、孔深和孔形进行检验,并填写钻孔记录表。孔位偏差不得大于10cm。

(4) 冲击钻孔施工过程中的注意事项。

①在碎石土类、岩层中采用十字形钻头;在砂黏土、砂和沙砾石层中采用管形钻头。冲击法钻孔,钻头重量应考虑泥浆的吸附作用和钢绳及吊具的重量,使总重不超过卷扬机的起重能力。

②开始钻孔时应采用小冲程开孔,待钻进深度超过钻头全高加正常冲程后方可进行正常冲击钻孔。钻进过程中,应勤松绳和适量松绳,不得打空锤;勤抽渣,使钻头经常冲击新鲜地层。每次松绳量应按地质情况、钻头形式、钻头质量决定。

③吊钻头的钢丝绳必须选用同向捻制、柔软优质、无死弯和无断丝者,安全系数不应小于12。钢丝绳与钻头间须设转向装置并连接牢固,钻孔过程中应经常检查其状态及转动是否正常、灵活。主绳与钻头的钢丝绳搭接时,两根绳径应相同,捻扭方向必须一致。

④钻孔工地应备有钻头,检查发现钻头直径磨耗超过12mm时应及时更换修补。更换新钻头前,应先检孔到孔底,确认钻孔正常时方可放入新钻头。

⑤为防止由于冲击振动导致邻孔孔壁坍塌或影响邻孔已浇注混凝土强度,应待邻孔混凝土抗压强度达到2.5MPa后方可开钻。

(5)钻孔异常处理。

①钻孔过程中发生塌孔后,应查明原因和位置,进行分析处理。塌孔不严重时,可采用加大泥浆比重、加高水头、埋深护筒等措施后继续钻进;塌孔严重时,回填重新钻孔。冲击钻孔,还可投黏土块夹小片石,用低锤冲击将黏土块和小片石挤入孔壁制止塌孔。

②发生卡钻时,不宜强提。应查明原因和钻头位置,采取晃动大绳以及其他措施,使钻头松动后再提起。

③发生卡钻、掉钻时,严禁人员进入没有护筒或其他措施的钻孔内。必须进入有防护措施的钻孔时,应确认钻孔内无有害气体和备齐防毒、防溺、防埋的保证措施后,方可进入并应有专人负责现场指挥。

(6)清孔。

清孔采用换浆法,以相对密度较低的泥浆逐步把钻孔内浮悬的钻渣和相对密度较大的泥浆换出,换至孔内泥浆相对密度低于1.1以下为止,且孔底沉渣厚度不得大于设计和规范要求。

(7)钢筋骨架的制作和安装。

钢筋笼加工在钢筋加工场集中加工成型,自制平板车拉运。钢筋笼在加工场制作完成经现场质检员检验合格后报现场监理工程师检验合格后方可使用。

成孔清孔验收合格后,利用吊车将钢筋骨架吊入桩孔内;钢筋笼较长时,需分节制作、分节吊装、焊接接长,焊接采用双面搭接焊,焊缝长度不小于$5d$(d为钢筋直径,下同),并在钢筋笼主筋上焊上保护层。

(8)钢筋骨架的制作、运输及吊装就位的技术要求。

①钢筋骨架的制作应符合设计图纸要求和相关规定,集中在模具上制作。具体制作要求如下:钢筋180°弯钩的弯曲直径不得小于$2.5d$,弯钩直线段长度不得小于$3d$;钢筋焊接采取双面搭接焊,焊接长度不小于$5d$,焊缝宽度不得小于$0.7d$并不小于8mm,焊缝高度不得小于$0.3d$并不小于4mm,要求焊接后,钢筋轴线应在一条直线上,焊接前,接头处应先预弯,预弯角度:当焊缝长$10d$时为$0.1\text{rad}=5.7°$,焊缝长$5d$时为$0.2\text{rad}=11.5°$。

②长桩骨架宜分段制作,分段长度应根据吊装条件确定,基本原则不超过三段,应保证不变形、接头应错开。

③骨架入孔一般用吊机,采用两点吊的方法。起吊应按骨架长度的编号入孔。钢筋笼加工完成后及时进行验收,验收合格后在钢筋笼上挂上标牌,注明该钢筋笼的检验状态及使用部位。

④在钢筋笼上端用$\phi16\text{mm}$钢筋设置两根吊筋,吊筋的主要作用是控制钢筋顶面高程和固定钢筋。钢筋骨架的保护层厚度采用$\phi8\text{mm}$钢筋制作,保护层设计厚度为8cm,一环设置4个耳筋,设置密度按竖向每隔2m设一道。

⑤吊放钢筋骨架入桩孔时,待骨架同地面垂直后,检查其是否顺直,垂直度偏差不得大于1%。骨架进入孔口后,将其扶正,缓慢下降,严禁摆动碰撞孔壁。根据护筒上的高程点,推算钢筋笼顶端高处护筒顶端的长度,以此控制钢筋笼高程。骨架落到设计高程后,将其校正在桩中心位置并固定,其方法是利用附近的十字护桩,用掉线垂的方式对钢筋笼进行对中校正。

⑥钻孔桩钢筋笼骨架允许偏差见表26-19。

钢筋笼骨架检验表 表26-19

序号	项 目	允许偏差(mm)	检验方法
1	钢筋骨架在承台底以下长度	±100	尺量检查
2	钢筋骨架直径	±20	
3	主钢筋间距	±10	
4	加强筋间距	±20	尺量检查不少于5处
5	箍筋间距或螺旋筋间距	±20	
6	钢筋骨架垂直度	骨架长度的1%	吊线尺量检查

(9)钢筋笼吊装。

①吊装时设专人指挥,司机与指挥人员必须密切配合,听从指挥人员的信号指挥。操作前,必须先鸣喇叭,如发现指挥手势不清或错误时,司机有权拒绝执行,工作中,司机对任何人发出的紧急停车信号必须立即停车,待消除不安全因素后方可继续工作。指挥人员关闭手机。任何人不得打扰指挥人员指挥。

②吊车司机必须经过专业安全培训,并经有关部门考核批准后,发给合格证件,方准单独操作。严禁无证人员动用吊车。

③吊车在运行时,严禁无关人员进入驾驶室和吊臂范围内。

④在起吊钢筋笼时,应先将钢筋笼吊离地面20cm左右,检查吊车的稳定性和制动器等是否灵活和有效,在确认正常的情况下方可继续工作。

⑤吊车在工作时,作业区域、起重臂下,吊钩和被吊垂物下面严禁任何人站立、工作或通行。

⑥吊车在工作时,吊钩与滑轮之间应保持一定的距离,防止卷扬过限把钢丝绳拉断或起重臂后翻。在起重臂起升到最大仰角和吊钩在最低位置时,卷扬筒上的钢丝绳应至少保留三圈以上。

⑦当钢筋笼吊运至井口上方距地面1m以下时,摘挂钩人员才可到井口配合作业。

⑧当第一节钢筋笼放至井内时,用2根钢管作为横档进行固定、摘钩。第二节钢筋笼吊至井口与第一节进行焊接时,第一节横档不能拆,第二节不摘钩。焊接人员进行焊接时戴安全帽,系安全带,戴手套和面罩。

⑨吊车在工作时,不准进行检修和调整机件。工作完毕,吊钩和起重臂应放在规定的稳妥位置,将所有控制手柄放至零位方可撤离。

⑩在吊装完毕,灌注之前,井口要加盖,恢复护栏和警示标志、警示灯。

(10)下放导管。

水下混凝土的灌注宜选择直径25~30cm、壁厚不小于6mm的无缝导管,钢筋笼安装好后,根据孔深安装导管,导管底部离孔底30~50cm,并应符合下列要求:

①内壁光滑圆顺,内径一致,接口严密,中节长2m,底节长4m。

②使用前应试拼、试压、不得漏水,编号并自下而上标识尺度,连接螺栓的螺帽在上;

③进行水密性试验,按以下公式计算导管可能承受的最大压力:

$$P_{\max} = 1.3(\gamma_c h_{x\max} - \gamma_w H_w)$$

式中:$P_{\max}$——导管可能受到的最大内压力,kPa;

γ_c——混凝土重度,kN/m³,取24kN/m³;

$h_{x\max}$——导管内混凝土柱最大高度,m;

γ_w——孔内泥浆重度,kN/m³,取11kN/m³;

H_w——孔内泥浆的深度,m。

④导管长度根据孔深、操作平台高度等因素决定,漏斗底口至孔口距离应大于一节中间导管长度。

⑤导管组装后,其轴线偏差不宜超过钻孔深度的0.5%并不宜大于10cm。

(11)二次清孔。

钢筋笼安装好后,根据孔深安装导管,然后安装高压气管,在浇筑混凝土前进行气举法二次清孔,通过导管将孔底沉渣吸出,使孔底沉渣厚度满足设计要求(柱桩桩底沉渣厚度不应大于5cm)。经监理工程师检查合格并签证后拆除气管,立即进行水下混凝土的灌注。

(12)浇筑水下混凝土。

①混凝土采用自动计量拌和站拌和。混凝土坍落度控制在18~22cm。导管吊装前先试拼,并进行水密性试验,试验压力不小于孔底静水压力的1.5倍。导管接口应连接牢固,封闭严密,同时检

查拼装后的垂直情况与密封性,根据桩孔的深度,确定导管的拼装长度,吊装时导管位于桩孔中央,并在浇筑前进行升降实验。

②首批混凝土用剪球法进行。在漏斗下口隔水球,当漏斗内储足首批浇筑的混凝土量后,剪断球体的铁丝,使混凝土快速落下,迅速落至孔底并把导管裹住,保证首批初灌混凝土将导管埋深不小于1m,浇筑连续进行。边浇筑混凝土边提升导管和拆除上一节导管,使混凝土经常处于流动状态,提升速度不能过快,导管埋深1~3m。

③浇筑到桩身上部5m以内时,可以不提升导管,至规定高程再一次提出导管,拔管时注意提拔及反插,保证桩芯混凝土密实度。为确保桩顶质量,在桩顶设计高程上超灌1.0m左右,待混凝土凝固后凿除。

(13)桩基质量检测。

采用超声波检测时,其桩基施工应预埋超声波探测管(内径50mm,外壁厚3mm)或采用专用超声波检测管,超声波检测完成后,对钢管内空间采取与桩身混凝土同标号的水泥砂浆注浆进行填充。

(14)钻孔桩施工技术措施。

施工时严格按规范安装护筒,确保埋置深度和顶高程,严防周围封填不密实发生漏水现象,钻孔前检查钻机是否安放平稳,钻头、护筒与孔位的中心偏差须符合规范规定。钻进严格按操作工艺进行,及时记录岩性变化,发现地质与设计不符时及时报告。钻进过程中,确保水头高度、泥浆稠度等主要技术指标满足规范要求,并根据钻进中不同地质情况及时调整,以防塌孔。注意在松软地层中控制进尺,提钻时防止触壁事故发生,认真填写钻孔记录。

成孔过程中及时补给泥浆,并根据钻出的土质变化,调整钻进速度和泥浆参数,做好施工记录。钻孔完成后,严格按规范要求进行成孔检查。并在初次清孔至灌注水下混凝土前,进行二次清孔,确保孔底沉渣符合设计及规范要求。清孔排渣过程中,注意保持孔内水头,防止塌孔。

成孔后更换清底钻头,进行清底,并测定指标。清孔后泥浆符合施工方法和工艺,严格按规范要求进行成孔检查。钢筋骨架按设计及规范要求进行制作和安装。骨架外侧均匀绑扎水泥砂浆垫块,保证保护层厚度。吊放钢筋骨架及时、准确(焊接),竖直下放,防止刮壁受损坍塌,并固定牢靠,防止浮笼现象。钻孔桩成孔后清孔和吊装时间不大于10h,避免孔空时间过长影响桩的承载力。

水下混凝土的配制满足设计及规范规定。混凝土的坍落度控制在18~22cm。首盘灌注混凝土数量须经过计算,确保导管入深度大于1m,灌注过程中导管埋入混凝土1~3m。灌注过程中每灌注2m左右派专人测量导管埋深,填写好水下混凝土灌注记录表。提升导管时避免碰挂钢筋笼。当混凝土面上升到钢筋笼内3~4m,再提升导管,使导管底端高于钢筋笼底端,以免钢筋笼上浮。

灌注工作组织严密、紧凑,确保灌注连续、顺畅进行。一旦发生机具故障或停电等突发情况时,立即启用备用设备,并做好记录。混凝土灌注最后高度高出设计高度1m左右,确保桩头混凝土质量。成桩质量采用无破损法检测,凿除桩头后逐根进行。

26.9.2.2 拱上边墩、墩台身模板需求计划

模板需求计划见表26-20。

龙门黄河大桥施工模板需求计划表   表26-20

	模板需求量	使用部位	本桥周转次数	备注
钢模板	32块2.5m×3m;26块1.2m×1.5m	浩勒报吉侧、三门峡侧拱座基础	2	还可用于桑树坪大桥承台施工
	18块2.5m×3m;21块1.2m×1.5m	浩勒报吉侧、三门峡侧墩台身	4	还可用于桑树坪大桥承台施工
悬臂模板	198㎡	拱上边墩2个	2	还可用于桑树坪大桥墩柱施工

26.9.3 桥面系及附属工程施工

26.9.3.1 人行道及电缆槽

本桥在挡渣墙外设置人行道,宽度1.05m。电缆槽设在人行道步板下,原则上通信、信号设在左侧,电力电槽设在右侧。为了运营后检修人员的安全,在主纵梁边缘设置人行道栏杆。

26.9.3.2 桥面防水层及保护层

桥面防水层采用聚氨酯防水涂料,主纵梁顶部需要喷涂聚氨酯防水涂料,颜色与钢梁主题一致;保护层采用厚6cm的C40细石聚丙烯腈纤维混凝土保护层。

26.9.3.3 梁端伸缩装置及排水系统

梁端主梁与桥台之间设置伸缩缝。浩方台侧伸缩缝采用大位移伸缩缝装置,位移量为±200mm;三方台侧采用位移量±50mm的常规伸缩缝装置。

26.9.3.4 避车台

在桥面人行道栏杆处左右对称设置避车台,全桥共设9对。

26.9.4 后续需要编制的专项方案

根据龙门黄河大桥的工程特点,以及对各分部分项工程进行的风险评估,依据安全管理与质量管理中的要求,本施工组织设计后续还需编制具有针对性的、合理的专项施工方案。其中大型临时工程中主要包括缆扣锁索系统、起重吊装安全、质量措施,拱座、桥台施工基础开挖采用的爆破工程和边坡防护,三方拱座施工龙虎公路防护棚架,钢管拱架设施工监测等增加其他必要的专项方案。

26.10 施工过程监测与控制

26.10.1 主缆索垂度和索力观测

26.10.1.1 垂度测量

通过交会法,采用2台全站仪,在左右两岸设观测站,对主索垂度进行实时测量。通过理论计算,确定每根空索跨中最大垂度位置,用2台全站仪观测并相互进行复核。主索垂度误差小于50cm。

26.10.1.2 索力测量

在基准主索上安装90t的传感器,实时监测索力。基准索上下游对称布置,基准索布置于9根主索中间。

26.10.2 扣锁索力观测

各阶段的扣索索力用频谱分析仪测出,详细记录、资料整理与计算值对比分析,达到监控目的。

26.10.3 锚碇位移观测

在地锚设定标志点,起吊拱肋后用经纬仪在垂直于桥轴线方向观测锚碇有无位移偏差。

26.10.4 拱肋监测与控制

26.10.4.1 拱肋轴线监测与控制

拱肋吊装前,在每节段拱肋轴线上顶面贴上用白漆打底划红漆的三角标志。在大小里程两岸的上下游轴线上适当高程位置各设一个拱肋轴线观测站,观测本岸吊装节段上弦顶面拱肋轴线。

每一组扣索挂好后,均须检查之前的扣索,确定是否需要进行调索作业。调索作业根据设计方和监控方现场共同发布的调整索力和拱肋高程、调索顺序,对每一扣索采用对应钢绞线束数的千斤顶、油泵张拉设备,同步作业,对称,分级张拉,同时用频谱分析仪对索力进行测试,以确保调索顺利开展,确保各吊段节间连接焊缝及横联、平联连接焊缝、连接螺栓结构拴接安全。

26.10.4.2 拱肋扣点监测与控制

拱肋吊装前,在每节段拱肋扣点上顶面贴上用白漆打底划红漆的三角标志。在大小里程两岸的上下游轴线上,适当高程位置利用设置的拱肋轴线观测站,观测本岸吊装节段上扣点。

26.10.5 塔架偏位监测与控制

(1)在塔架垂直于桥轴线方向设一个测站和一个后视点,在塔架顶面上下游两侧设一个固定标尺。

(2)吊装中用全站仪架在测站,对好后视,直接读取固定标尺读数,再与初始读数比较,即可得偏移值。

(3)测站和后视点的设置要求牢固可靠,标尺编号清楚,便于查找。

(4)需用电子自动对中全站仪2台,测量人员4人。

26.10.6 大体积混凝土浇筑温度监测与控制

对于混凝土的测温时间及测温频度,目前尚无具体规定,根据混凝土初期生温较快,混凝土内部的温升主要集中在浇筑后的3~5d,一般在3d之内温升可达到或接近最高峰值。

26.10.6.1 混凝土测温项目和测温频度

(1)记录搅拌车中倒出时的混凝土温度,每3h测记一次。

(2)施工现场大气环境温度,每2h测记一次。

(3)混凝土浇筑完成后,立即测记混凝土浇筑成型的初温度,以后按以下要求测记:第1~5d每2h测记一次;第6~15d每4h测记一次;以后每8h测记一次。

采用埋设铜电阻传感器进行24h监控,以保证混凝土内部温度与外部环境温度的温差在20~25℃之内,大体积混凝土施工温度测记要设专人负责,并做出测温成果即做出温度变化曲线图,及时做好信息的收集和反馈工作。

26.10.6.2 大体积混凝土参照混凝土水化热温度控制方法

(1)用改善集料级配、降低水灰比、掺入混合料、外加剂等方法减少水泥的用量。

(2)降低浇筑层厚度,加快混凝土散热速度。

(3)混凝土拌和必须严格按试验给定的配合比操作,若需调整必须经试验人员签字同意方可。

(4)混凝土运输采用罐车,以保证混凝土不离析,不分层,且和易性好。

(5)天气炎热时,由于整体钢模一次立模较高,模板温度及模内温度都很高,混凝土水分易散失,宜在下午17:00以后浇筑。

(6)做好洒水养护工作。

26.10.7 需与线形监控单位配合完成的项目

拱肋及拱上结构吊装过程中,须对拱肋杆件内力、拱肋控制点高程、拱轴线偏差、扣索索力、塔架偏位及缆索吊机的主要结构等进行全过程的施工跟踪监测和控制。需要监控单位协助完成的工作主要有:钢管拱拱肋拼装、桥面系施工完成后,测量成桥阶段应力,线形、锚索拉力监测,拱肋杆件的内力监测,提供拱肋节段安装高程,预抬值、扣索索力监测、控制、塔架主要构件内力监测、控制、主索、牵引索、起重升绳内力测试及监控等。

26.11 施工进度计划

26.11.1 阶段性工期进度安排表

阶段性工期进度安排见表26-21。

阶段性工期进度安排表　　　　　表26-21

序号	主要工程项目	开始时间	结束时间	工期(d)
1	施工准备	2015年8月1日	2015年9月30日	60
	控制网测量	2015年8月1日	2015年9月10日	40
	施工图审核、现场核对	2015年8月1日	2015年9月20日	50
2	场地建设及边坡防护	2015年10月1日	2016年2月29日	151
3	主桥拱座基础及引桥下部施工	2016年3月1日	2016年8月30日	182
	拱座基础施工	2016年3月1日	2016年6月30日	121
	引桥下部施工	2016年5月1日	2016年8月30日	121
	修建拱肋和主梁预拼场地	2015年11月10日	2015年12月20日	40
	修建二次起吊平台场地	2016年2月9日	2016年2月29日	20
4	缆索吊机系统施工	2015年10月1日	2016年8月30日	334
	4×60t缆索吊机拼装	2015年10月1日	2015年11月30日	60
	索塔基础施工	2015年12月1日	2016年2月28日	90
	后锚施工、塔架拼装	2016年3月1日	2016年4月30日	60
	缆索、吊装设备安装	2015年5月1日	2015年7月31日	91
	缆索系统调试	2016年8月1日	2016年8月30日	29
5	搭设起吊平台贝雷梁	2016年7月1日	2016年7月31日	30
6	钢管拱肋节段加工制造	2016年3月1日	2017年2月21日	357
7	拱肋吊装施工	2016年8月31日	2017年4月30日	242
	S1-S7、S1'-S7'节段吊装施工	2016年8月31日	2017年4月10日	222
	S8合龙段吊装施工	2017年4月10日	2017年4月30日	20
8	拱肋分段内压混凝土灌注	2017年5月1日	2017年6月30日	60
9	桥面钢梁及吊杆安装施工	2017年6月30日	2017年10月28日	120
10	桥面板预制	2017年2月28日	2017年4月27日	58
11	桥面板吊装及湿接缝现浇	2017年10月28日	2018年2月24日	119
	桥面板吊装	2017年10月28日	2017年12月28日	61
	湿接缝施工	2017年12月29日	2018年2月24日	57
12	附属工程施工	2018年2月25日	2018年5月31日	95
	拱肋附属设施施工	2018年2月25日	2018年4月26日	60
	挡渣墙、人行道板等施工	2018年2月25日	2018年4月26日	60
	钢结构涂装	2018年5月1日	2018年5月31日	30

26.11.2 施工工期计划

龙门黄河大桥工期计划网络图、横道图详见本章26.13内容。

26.12 管理措施

参见附录1工程通用的管理措施和附录2桥梁工程的管理措施的详细内容。

26.13 施工组织附图表

26.13.1 附图(网络图、横道图、平面布置图)

图26-22为龙门黄河大桥网络图,图26-23为龙门黄河大桥横道图。

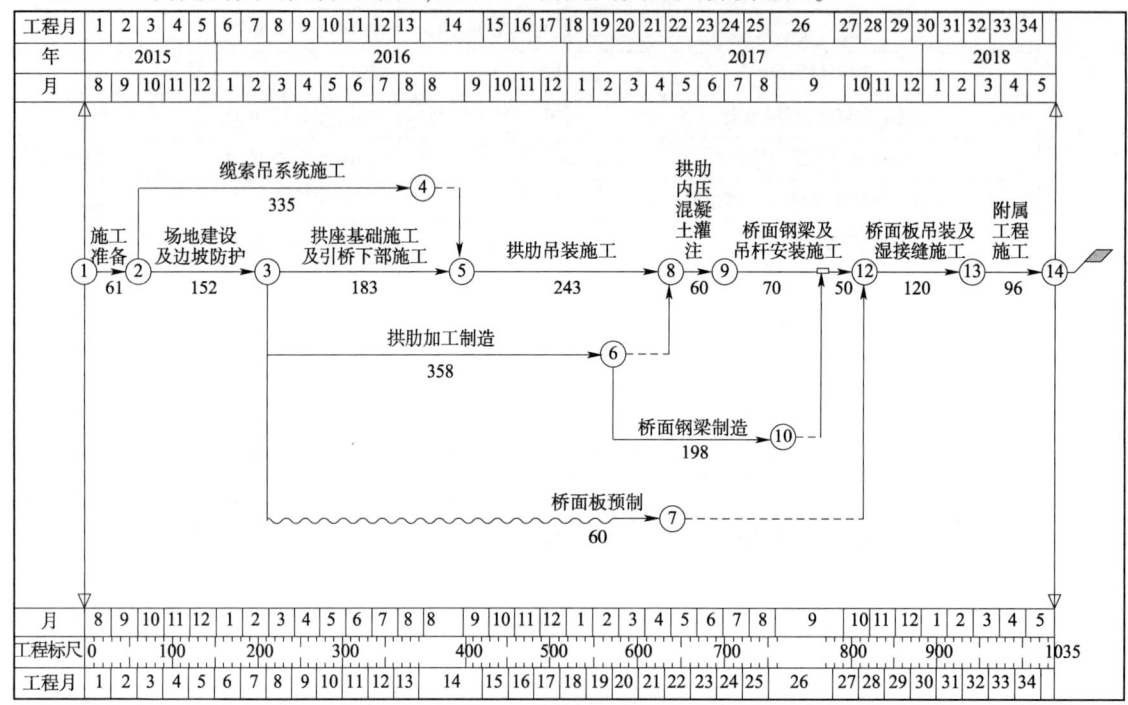

图26-22 龙门黄河大桥网络图

编号	工作名称	持续时间	开始时间	结束时间
1	施工准备	61	2015年08月01日	2015年09月30日
2	场地建设及边坡防护	152	2015年10月01日	2016年02月29日
3	缆索吊系统施工	335	2015年10月01日	2016年08月30日
4	拱座基础施工及引桥下部施工	183	2016年03月01日	2016年08月30日
5	拱肋吊装施工	243	2016年08月31日	2017年04月30日
6	拱肋加工制造	358	2016年03月01日	2017年02月21日
7	拱肋内压混凝土灌注	60	2017年05月01日	2017年06月29日
8	桥面钢梁制造	198	2017年02月22日	2017年09月07日
9	桥面钢梁及吊杆安装施工	120	2017年06月30日	2017年10月27日
10	桥面板预制	60	2017年02月27日	2017年04月27日
11	桥面板吊装及湿接缝施工	120	2017年10月28日	2018年02月24日
12	附属工程施工	96	2018年02月25日	2018年05月31日

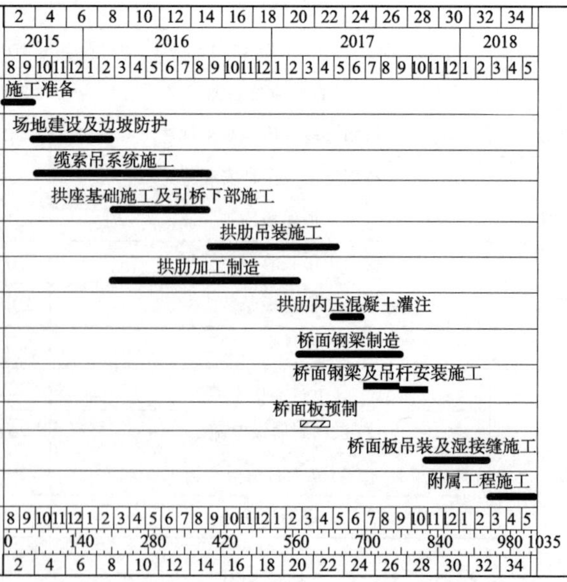

图26-23 龙门黄河大桥横道图

施工场地平面布置图如图26-24~图26-26所示。

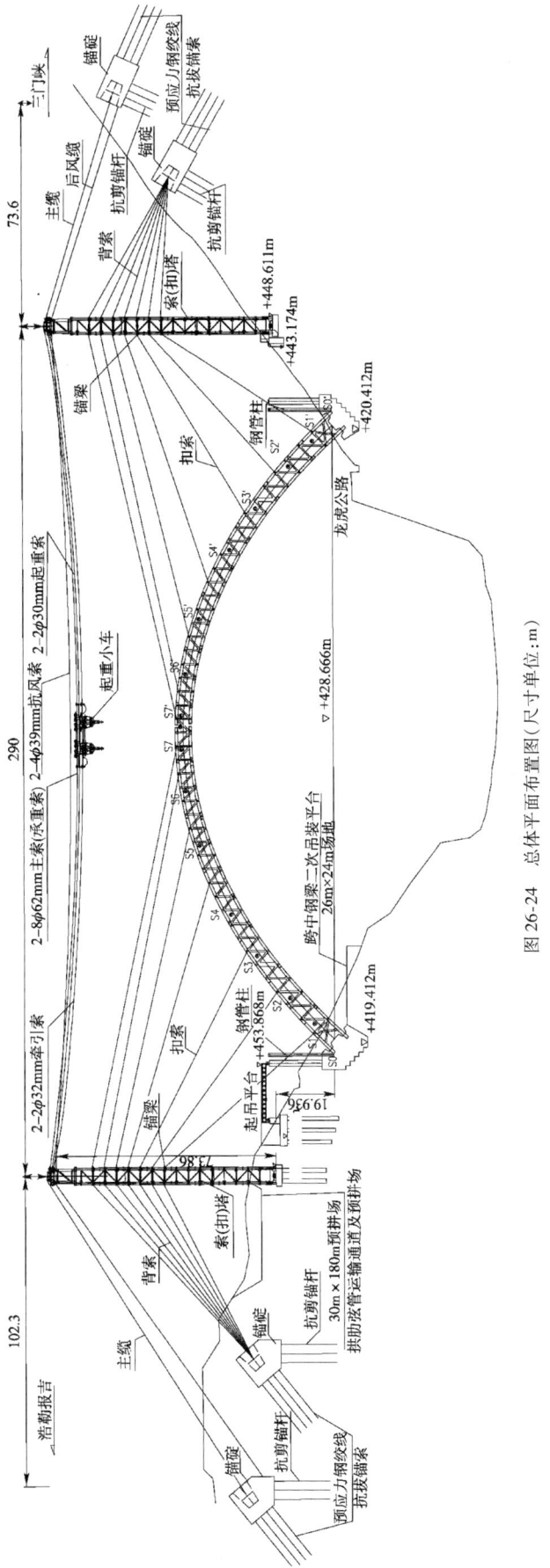

图 26-24 总体平面布置图(尺寸单位:m)

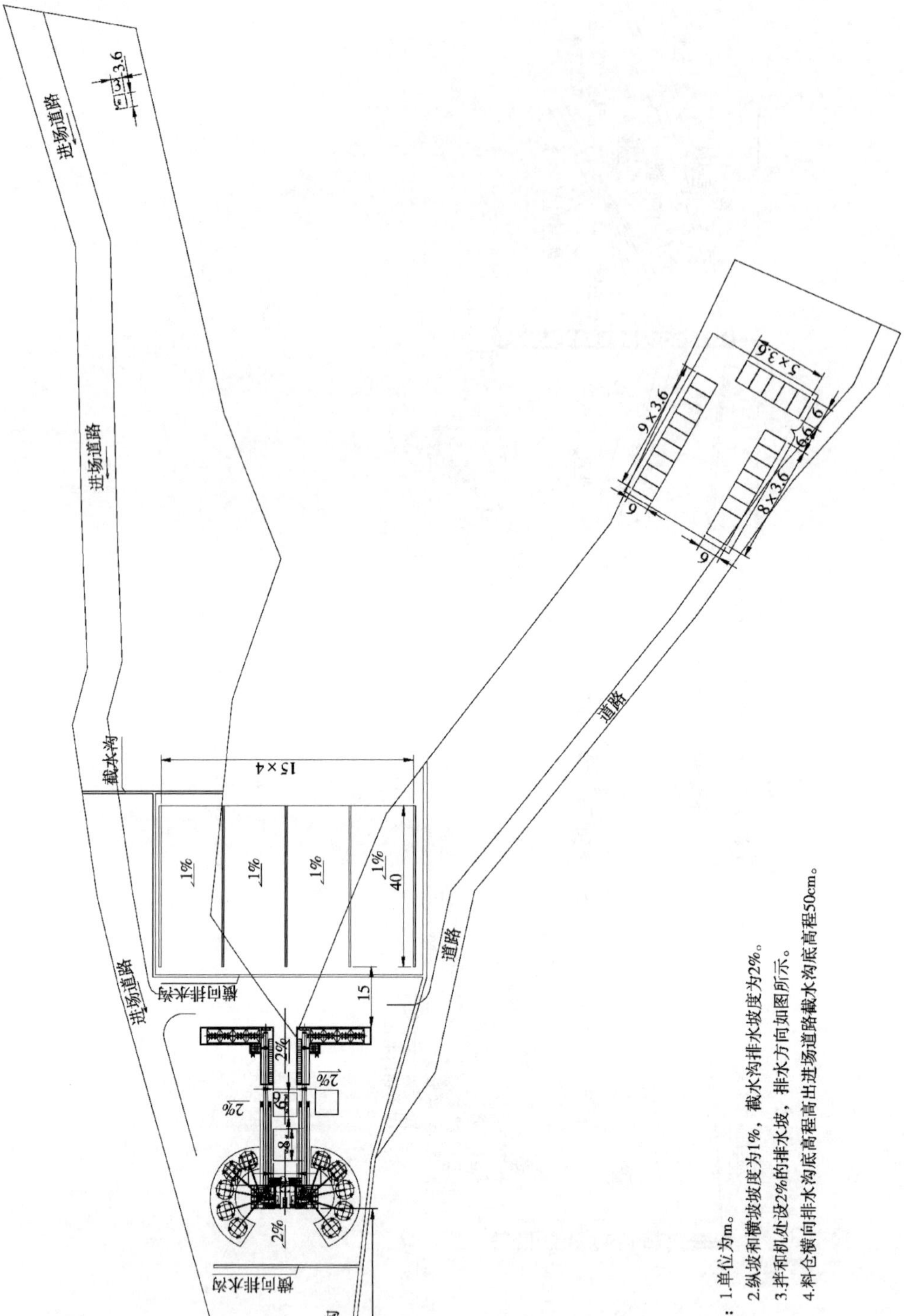

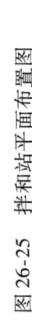

图 26-25 拌和站平面布置图

注：1. 单位为 m。
2. 纵坡和横坡坡度为 1%，截水沟排水坡度为 2%。
3. 拌和机处设 2% 的排水坡，排水方向如图所示。
4. 料仓横向排水沟底高程高出进场道路截水沟底高程 50cm。

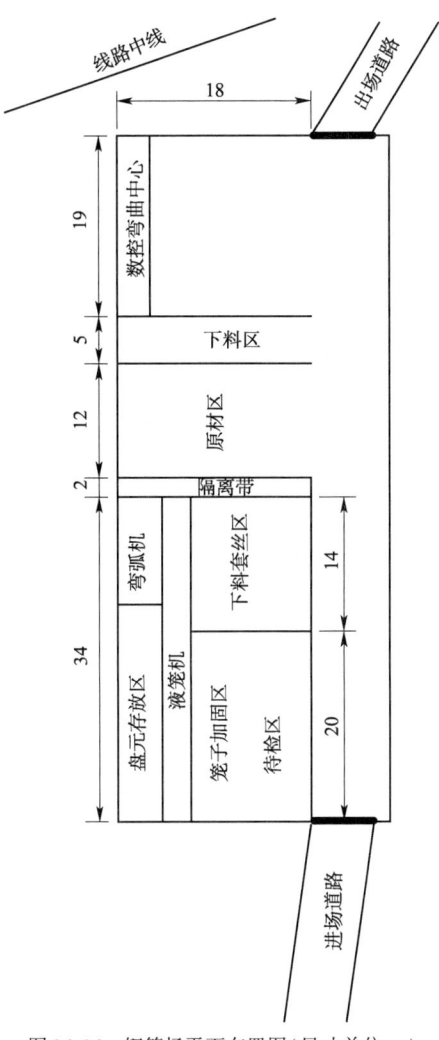

图 26-26 钢筋场平面布置图(尺寸单位:m)

26.13.2 附表

具体内容见表 26-22~表 26-24。

主要施工机械设备使用计划表 表 26-22

序号	设备名称	规格型号	数量	进场日期	退场日期	备注
一、桥涵工程施工主要设备						
1	冲击钻机	ZZ-6A	10	2015年9月20日	2018年3月10日	
2	挖掘机	SY239C8B	1	2015年9月20日	2018年3月10日	
3	自卸汽车	2630K	2	2015年9月20日	2018年3月10日	
4	轮胎式起重机	QY25	1	2015年9月20日	2018年3月10日	
5	轮胎式起重机	QY50		2015年9月20日	2018年3月10日	
6	钢筋弯曲机	GT4-144	1	2015年9月20日		
7	钢筋调直机	WJ-40	1	2015年9月20日		
8	空压机	8m³	5	2015年9月20日		
9	电焊机	BX1-500	4	2015年9月20日	2018年3月10日	

续上表

序号	设备名称	规格型号	数量	进场日期	退场日期	备注
一、桥涵工程施工主要设备							
10	千斤顶		2台	2015年9月20日	2018年3月10日	
11	油泵		2台	2015年9月20日	2018年3月10日	
12	塔吊	50t·m	2	2015年9.月20日	2018年3月10日	
二、混凝土拌和运输设备(变压器、发电机)							
13	混凝土输送车(≥6m³)	SQH5270GJBA	4台	2015年9月20日	2018年3月10日	
14	混凝土搅拌站	HZS90	2台	2015年9月20日	2018年3月10日	
15	混凝土输送泵(≥60m³)	HBT90.20.180S	5台	2015年9月20日	2018年3月10日	
16	变压器		1台	2015年9月20日	2018年3月10日	

测量设备表　　　　表26-23

序号	设备名称	规格型号	数量	进场日期	退场日期	备注
1	电子水准仪		1台	2015年9月20日		
2	全站仪		2台	2015年9月20日		
3	光学水准仪	DSZ2	4台	2015年9月20日		
4	TrimbleGPS		1台	2015年9月20日		

试验检测设备表　　　　表26-24

序号	名　称	规格型号	准确度等级	测量范围	数　量	单　位
1	电子天平	LD-2000g	0.01/Ⅲ级	2000g	1	台
2	电子天平	TD	Ⅰ级/0.1mg	210g	1	台
3	案秤	BS-30KA	1g/Ⅲ	30kg	1	台
4	电子台秤	TCS	—	—	1	台
5	水泥胶砂流动度测定仪	TZ-345	—	—	1	台
6	水泥稠度凝结测定仪	新标准	—	—	1	台
7	雷氏夹测定仪	LD-50	—	—	1	台
8	水泥胶砂振实台	ZT-96	—	—	1	台
9	泥浆比重计	NB-1	—	—	1	套
10	钢筋标距仪	BJ-10	—	—	1	台
11	回弹仪	ZC3-A	—	—	1	台
12	电动抗折试验机	KZJ-50	—	—	1	台
13	水泥抗折抗压试验机	SYE-300	1级	—	1	台
14	万能材料试验机	WED-549B	1	0-549kN	1	台
15	数显万能试压机	WE-100B	1	0-100kN	1	台
16	数字式压力试验机	DYE-2000	1	0-2000KN	1	台
17	沸煮箱	FZ-31A	—	—	1	台

续上表

序号	名　　称	规格型号	准确度等级	测量范围	数　量	单　位
18	标准恒温恒湿养护箱	YH-40B	—	—	1	台
19	养护箱自动控温仪	FHBS-100	—	—	1	套
20	电热鼓风干燥箱	101-2型	10℃	300℃	1	台
21	自动比表面积测定仪	FBT-5	—	—	1	台
22	箱式电阻炉	XMT-15-12	1	1200℃	1	台
23	电动摇筛机	ZBSX-92	—	—	1	台
24	负压筛析仪	FYS-150A	—	—	1	台
25	混凝土振动台	1.0×1.0	—	—	1	台

第27章 案例8——南京大胜关长江大桥施工组织设计

27.1 编制说明

27.1.1 编制依据

(1)《新建南京大胜关长江大桥初步设计文件》、部分施工图及其说明书。
(2)标书文件及合同。
(3)国家、铁路总公司颁发的现行桥梁设计、施工规范、施工技术规程、质量检验评定标准及验收办法等。
(4)施工现场考察及周边环境调查所了解的情况和收集的信息。
(5)大桥局集团公司现有资源。

27.1.2 编制原则

(1)响应和遵守业主、监理、设计要求,内容涵盖全部工程。
(2)施工组织设计编制切实可行,安全可靠,经济合理,技术先进。
(3)实施项目法管理,通过对人力、材料、机械等资源的合理配置,实现工程质量、安全、工期、成本及社会信誉的预期目标。
(4)严格遵守国家、铁路总公司颁发的相关设计、施工规范、技术规程和质量评定及验收标准。
(5)文明施工,严格遵照《南京市建设工程现场文明施工管理办法》组织施工。
(6)在工程建设的各个环节,积极应用桥梁建设的先进技术、成果,并针对工程难点组织技术攻关。
(7)强化精品意识,以"跨越天堑,超越自我"的企业精神为指导,注重工程质量,铸造精品工程。

27.1.3 编制范围

本施工组织设计编制范围为新建南京大胜关长江大桥G0~S24号墩。

27.1.4 编制说明

北岸箱梁预制场原投标方案设于本标段浦乌公路以南约360m处,里程DK993+910~DK994+390。由于工程范围和工程量调整,梁场规模增大,北岸预制箱梁数量由原230片增加至755片,比投标数量增加525片,架梁距离也延伸至G0桥台以北,为少占耕地,满足架梁合理工序和工期需要,经过方案比选,拟将梁场设置在京沪客运专线G0桥台以北西侧,里程DK991+643~DK992+073的山坡丘陵地。

北引桥沪汉蓉基础及下部结构图纸未出,具体工程量表暂未计列;北引桥沪汉蓉基础及下部结构工期计划与京沪高速对应。

27.2 工程概况

27.2.1 桥式布置

(1)北岸引桥:全长5599.237m:预应力混凝土简支箱梁(高旺高架桥)四孔预应力混凝土连续箱梁(浦乌公路立交桥)预应力混凝土简支箱梁(北岸河漫滩地带)预应力混凝土简支箱梁(北岸河漫滩地带)。

(2)北岸合建区段引桥(1202.4m):(44+68+44)m三孔预应力混凝土连续箱梁(北岸大堤)+32×32m预应力混凝土简支箱梁(北岸边孔浅滩区)。

(3)水域合建区段主桥全长1615.0m:钢桁连续梁(北岸边孔浅水区)连续钢桁拱桥。

(4)南岸合建区段引桥全长856.6m:三孔预应力混凝土连续箱梁(跨南大堤)预应力混凝土简支箱梁三孔预应力混凝土连续箱梁(跨电力公司箱涵)预应力混凝土简支箱梁。

桥梁布置详见图27-1。

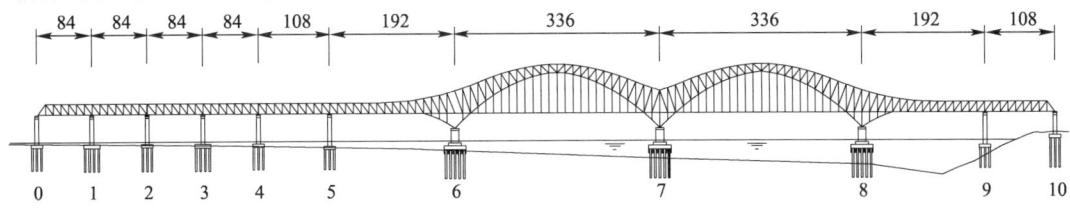

图27-1 主桥桥跨布置图(尺寸单位:m)

27.2.2 桥梁结构

(1)主桥上部桥跨为(108+192+336+336+192+108)m六跨连续钢桁梁拱桥,位于京沪高速客运专线与沪汉蓉铁路合建区段,采用三片主桁,桁宽2×15.0m,桥面为正交异性钢桥面板与主桁下弦结合、钢筋混凝土道砟槽板与桥面板结合的道砟桥面,京沪高速铁路位于下游侧,沪汉蓉铁路位于上游侧。南京地铁荷载较轻,分列于主桁两侧,明桥面布置。横断面图如图27-2所示。

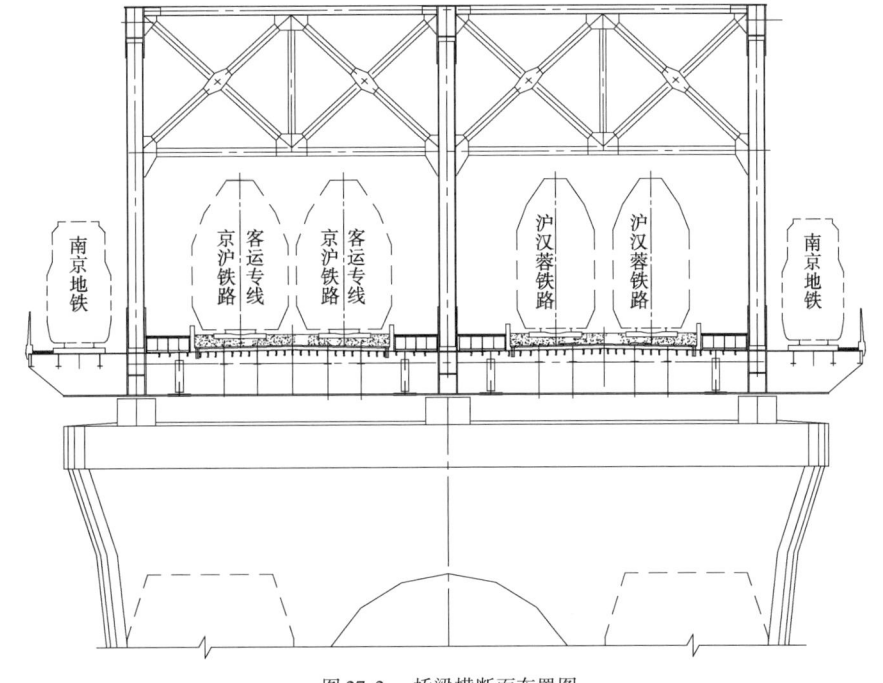

图27-2 桥梁横断面布置图

三个主墩采用12.0m×40.0m的圆端形空心墩,单箱双室截面;主墩基础采用钻孔桩基础,桩长107~112m左右;圆端形高桩承台平面尺寸为34m×76m,承台顶面高程-7.0m,厚6.0m;主桥浅水区4孔84m跨连续钢桁梁结构布置与主桥边跨相同,下部结构采用钻孔桩基础,双幅矩形空心墩身。

(2)南岸引桥均位于京沪客运专线、沪汉蓉铁路和南京地铁合建区段,除南岸大堤与斜交跨越电力公司排水箱涵采用(37+60+37)m预应力混凝土连续箱梁外,其余区段共采用18孔32.7m跨预应力混凝土简支箱梁。基础均采用ϕ2.0m钻孔桩,双幅桥墩基础合建,空心截面墩身,双幅桥梁墩柱在墩顶均以横梁连接。

(3)北岸引桥:北岸跨大堤三孔连续箱梁和北岸边滩32孔32.7m预应力混凝土简支箱梁,基础均采用ϕ2.0m钻孔桩,双幅桥墩基础合建,空心截面墩身,两幅桥梁墩柱在墩顶均以横梁连接。

27.2.3 桥址环境

27.2.3.1 地理位置

新建桥址位于长江下游的南京大胜关河段,距既有南京长江大桥上游约20km,距已建成南京三桥上游1.55km,到长江入海口约350km。

27.2.3.2 自然条件

(1)气象:工程位于江苏省西南部,属北亚热带向中亚热带过渡气候带,具有过渡性、季风性、湿润性的特点(表27-1)。

各月最高、最低、平均气温表(单位:℃) 表27-1

月份	1	2	3	4	5	6	7	8	9	10	11	12
最高	19.6	23.0	29.4	34.0	36.0	35.8	43.0	40.7	39.0	34.0	28.1	24.5
最低	-14.2	-11.0	-7.1	-0.2	5.8	14.3	16.8	18.3	10.3	1.4	6.0	-12.0
平均	1.7	4.1	3.7	14.9	20.1	24.6	28.2	27.8	23.0	17.1	11.0	4.8

春季以风和日丽天气为主,6月前后为一年一度的梅雨季节,夏季天气炎热,雨水充沛,汛期暴雨主要由梅雨和台风形成,雨量集中发生在6~9月,年最大降雨量825.8mm(1991年)、年最小降雨量534.6mm(1978年)、年平均降雨量903.2mm,月最大降雨量618.8mm(1931.7)。主导风向夏半年为西南风,冬半年为东北风,台风影响集中在5~11月。最大10分钟平均风速25.0m/s(1974.6.17),历年极大瞬时风速38.8m/s(1974.6.17)。

(2)水文:桥址河段处于感潮区内,潮汐为不正规半日潮,潮差较小,平均涨潮时间为3.9h左右,平均落潮时间为8.5h左右。最高潮位+8.31m,最低潮位-0.37m,汛期最大潮差1.27m,枯季最大潮差1.56m。每年5~10月为汛期,11月~翌年4月为枯水期,洪峰多出现在6~8月,1月或2月水位最低,设计洪水时主流表面最大流速为2.28m/s。主墩所在的大胜关百年一遇洪水位为+8.65m,二十年一遇洪水位+7.99m。

(3)地质:桥址区属下扬子地层区,宁镇—江浦地层小区。第四系覆盖层为全新统、上更新统黏性土及砂类土组成;基岩以白垩系上统浦口组泥岩、砂岩为主,局部出露侏罗系龙王山组安山岩及中下统象山群组砂岩,二者为不整合接触。

(4)航道及航运:桥航道等级为I级,址处设计最高通航水位为8.78m(黄海高程),设计最低通航水位为0.22m,桥梁通航净空高度不低于24m,通航净空宽度、单孔单向不小于280m,单孔双向不小于490m。

(5)水利防洪:桥位江段两岸堤圩等级均为2级,近期防御洪水标准为50~80年一遇,远期防御洪水标准为100年一遇。

(6)地震:根据本桥《工程场区地震危险性评价报告》50年超越概率10%的地震基本烈度为Ⅶ度。

27.2.4 主要技术标准

大桥的主要技术标准见表27-2。

主要技术标准   表27-2

序号	主要技术标准	高速正线	序号	主要技术标准	高速正线
1	线路等级	高速铁路	7	到发线有效长度	客运650m
2	正线数目	双线	8	牵引种类	电力
3	设计行车速度	300km/h	9	牵引定数	客车700~1100t
4	线间距	高速正线,线间距5.0m	10	列车类型	动车组
5	最大纵坡	12‰	11	设计活载	ZK活载
6	最小曲线半径	一般地段7000m,困难地段5500m			

27.2.5 通航标准

最高通航水位：+8.78m；最低通航水位：+0.22m；航道等级Ⅰ(1)，单孔单向通航净宽不小于280m，单孔双向通航净宽不小于490m，最高通航水位以上不小于24m。

27.2.6 主要工程项目及数量

主要工程数量未计北岸引桥沪汉蓉双线下部结构。

27.2.6.1 主要桥梁工程项目

具体工程数量见表27-3。

主要桥梁工程项目   表27-3

序号	主要工程项目	钻孔桩(根)	承台(个)	墩、台(个)	连续钢桁拱	钢桁连续梁	连续梁	32m简支箱梁
1	主桥	320	11	11	1联	2联	—	—
2	北岸引桥	1026	170	170	—	—	1联	332片
3	北岸合建区引桥	531	35	35	—	—	1联	64片
4	南岸合建区引桥	364	24	24	—	—	2联	36片
5	G0桥台以北							359片

27.2.6.2 主要桥梁工程数量

主要桥梁工程数量见表27-4。

主要桥梁工程数量   表27-4

序号	项目	单位	数量	序号	项目	单位	数量
1	混凝土	m³	1060912	6	塑料波纹管	m	330099
2	钢筋	t	80646	7	锚具	套	21250
3	钢绞线	t	3985	8	支座	个	1161
4	钢梁	t	82308	9	钢桁拱连续梁端伸缩装置	套	12
5	其他钢材	t	32283	10	钢桁拱连续梁端轨道伸缩调节器	套	8

27.2.7 工程特点、重难点分析及应对措施

27.2.7.1 主要工程特点

本桥京沪高速铁路设计速度目标值300km/h，主桥恒载约92t/m，设计活载为六线轨道交通，主

桥最大跨度336m,是目前国际上设计时速300km级别中最大跨度的高速铁路桥梁。

27.2.7.2 工程施工的重点

围堰浮运、精确定位,确保钢护筒插打的平面精度和垂直度;直径超深钻孔桩施工;水上主墩大体积承台施工;主桥钢桁梁的安装;施工期间的河床冲刷防护;引桥32.7m跨简支箱梁的预制与架设。

27.2.7.3 工程难点

主桥施工区域水深、流速大,航道繁忙,特别对南主墩基础施工采用钢吊箱围堰,制作、下河、浮运、定位施工难度大;钻孔桩为大直径超深度钻孔桩,其桩长数量多,要确保每一根桩的施工质量,在深水中插打钢护筒保证位置的精度和顺利下沉到位是一个难点;水上主墩围堰封底及大体积承台混凝土施工质量控制及混凝土施工组织难度较大;钢梁主材新颖,尺寸、重量大,强度要求高,且制造、加工工程量较大;主桥钢梁架设中跨施工吊索塔架高,施工工艺复杂,安装难度大。

27.3 施工总体规划

27.3.1 施工环境

27.3.1.1 场地

桥址两岸地形平坦,长江大堤以内,北岸有较宽河漫滩地,高程大都在4.0~5.0m。南岸有鱼塘、沟壑和少许农田,长江大堤以外两岸多可作施工场地之用。

27.3.1.2 交通

水路:桥位属于长江下游南京河段,水路运输发达。桥区附近有多座港口和码头,主要有梅山冶金公司港。

陆路:桥位区域陆路交通也很发达,板桥和高旺均有公路直抵桥位。北岸乌江—浦镇公路、南岸宁马公路接板桥汽渡公路直达桥位,并与南京外环通道相连,交通条件十分便利。

铁路:南京铁路网与全国紧密相连。

27.3.1.3 水、电

施工用水如混凝土拌和采用合格的江水或井水,生活用水采用地方管网自来水。

北岸施工用电由城北供电局架2条10kV高压电网引入,向下布设供电网路,供生产、生活区使用;南岸施工用电由雨花供电分局板桥变电站架设2条10kV电力线接入生产区内开关站,距离约11km。

27.3.1.4 材料

南京周围及周边地区有大型砂、石料场,砂、石料可水运陆运直达桥位,其他材料供应也较方便。

27.3.1.5 航道

长江南京河段水运交通繁忙,施工期水中基础施工和钢梁节段吊装对航道有一定干扰和影响,开工前与海事、航道和港监部门充分协调。

27.3.1.6 制造

以自身制造为主,结合南京市郊区现有工厂如预制构件厂、材料加工厂及钢结构制造加工厂等,尽早形成生产制造能力。

27.3.2 工程建设目标

质量管理目标:确保全部工程达到国家、铁路总公司现行的工程质量验收标准及设计要求,工程一次验收合格率达到100%,质量零缺陷,并创国优。

安全管理目标:无重大伤亡事故,无重大机械事故,无倒塌事故,年轻伤事故率控制在7‰以下,确保安全生产。

工期管理目标:通过资源投入,优化施工方案,加强科学管理,确保本工程按期完成。

27.3.3 施工组织结构

组织结构如图27-3所示。

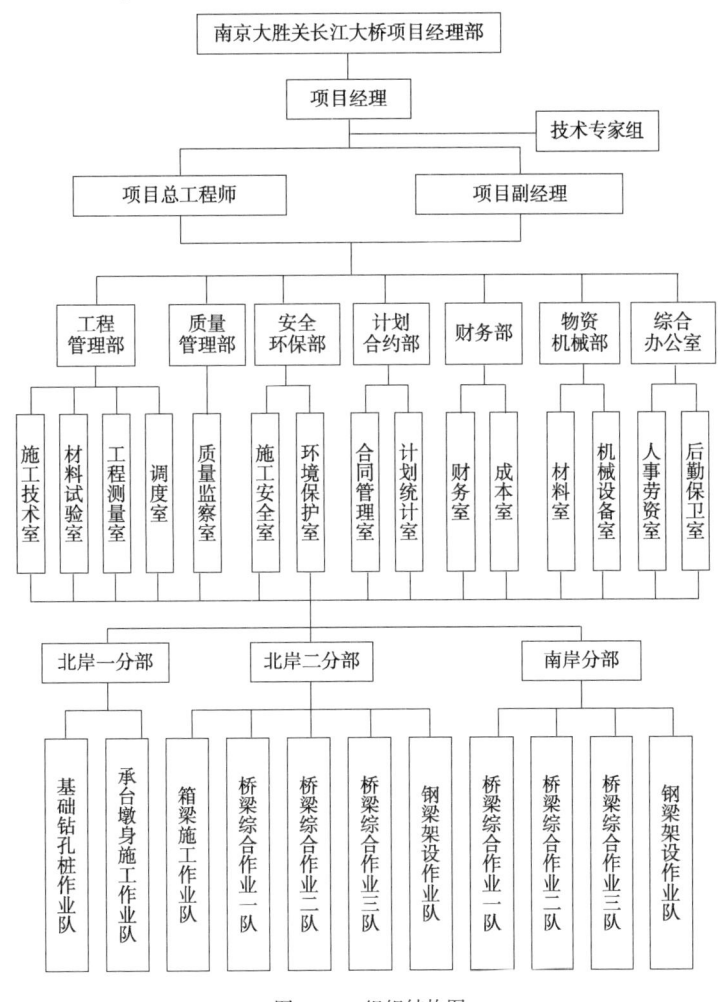

图27-3 组织结构图

27.3.4 施工场地布置

27.3.4.1 场地布置原则

(1)尽量使用永久征地范围,减少临时征地。
(2)根据施工的先后次序,利用永久征地或已完工程作未完工程的临时场地。
(3)不妨碍施工测量放线,保障运输道路畅通。
(4)依实际地形布置场地、修筑施工便道,减少建场费用。
(5)靠近桥轴线,减少工地搬运距离,方便职工上下班。
(6)考虑当地规划,减少复耕费用。
(7)尽量集中,便于管理。符合环境保护,满足使用安全、卫生。
(8)尽量避免洪水及内涝对施工场地的影响和进场道路方便及受地方干扰少的用地。

全桥整体质量达到世界一流标准,经得起运营和历史的检验。

27.3.4.2 施工场地布置

据工程的地理位置及工程特点,北岸一分部负责北岸引桥基础及下部、北岸合建区跨长江大堤三跨连续箱梁基础及上部结构施工;北岸二分部负责主桥0~6号墩下部和上部结构、北岸合建区引桥下部及上部、北岸引桥简支箱梁的预制架设施工;南岸分部负责主桥7~10号墩、南岸合建区引桥全部施工。施工总平面布置如图27-4所示。

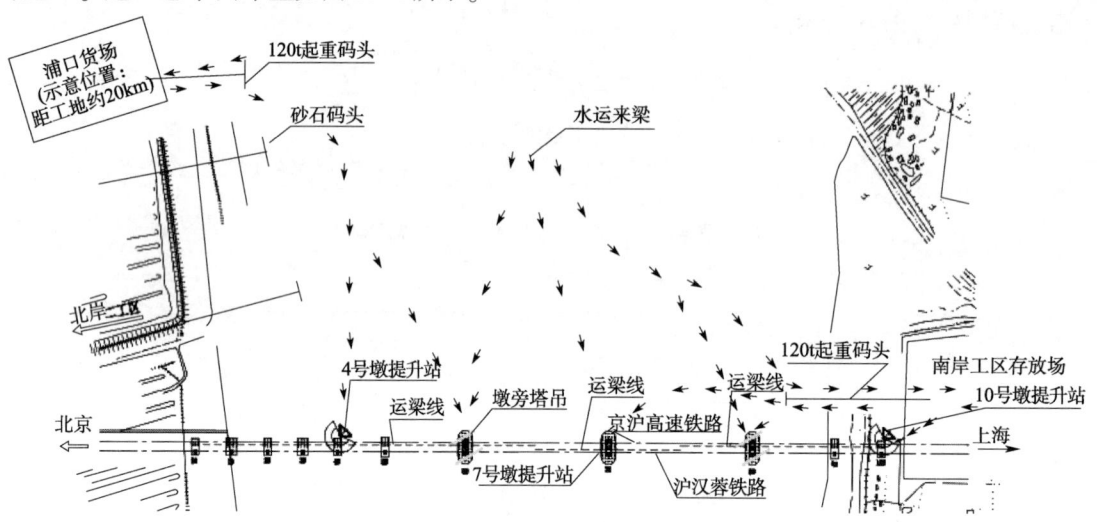

图27-4 施工总平面布置图

27.3.5 主要大型临时设施

27.3.5.1 施工便道

本工程北岸项目位于郊区农村,为方便施工沿桥轴线红线范围内修一条施工便道,长约7.5km。

27.3.5.2 栈桥

北岸在桥位下游设运输(交通)栈桥一座,栈桥全长203m,宽度7.5m,跨度12m,栈桥顶高程为+9.5m,栈桥与既有高旺河下游河堤相接,并加高加宽满足施工要求。南岸起重(交通)码头与主生产区设置连接栈桥,栈桥为贝雷梁组拼而成的多跨连续梁,由堤内、堤外两部分组成,堤内长204m,按单线设计,通行120t轨道平板车;堤外长69m,按双线设计,通行120t轨道平板车和汽车。栈桥主桁桁高1.5m,跨度12m,基础均为钢管桩。

27.3.5.3 临时码头

南、北两岸桥位下游约200m处各设砂石码头一座,负责砂石料的上岸、运输。

27.3.5.4 混凝土箱梁预制场

箱梁预制场设置在沪汉蓉铁路线侧,梁场总占地面积120160m²(合180.24亩)。场内按双层方式存梁,布置10个制梁台座和40个存梁台座,可存梁80片。采用搬运机用于梁场箱梁纵、横移及吊运作业。

27.3.5.5 钢梁预拼场

根据全桥钢梁规模大、单件重、工期紧的特点,钢梁制造运输以水运为主,70t以上杆件直接吊装,部分少量杆件进行预拼,在南北两岸现场设置杆件存放和预拼场地。

27.3.5.6 混凝土工厂

水上布置3座150m³/h的移动混凝土工厂,4号墩平台下游布置一座150m³/h的固定混凝土工厂。移动混凝土工厂建在1500t的铁驳上,各设置2台75m³/h拌和楼,另配备砂石驳、水泥储存驳、拖轮等配套设备。

27.3.5.7 临时供电、供水及通信

北岸施工用电由供电局架2条10kV高压电网引入,下设3台容量为1000kV·A的变压器和4台容量为800kV·A的变压器,向下布设供电网路,供生产、生活区使用。南岸架设2条10kV电力线接入生产区内开关站,距离约11km。施工用水由长江水进行沉淀、过滤处理后使用,生活用水利用当地自来水。通信采用固定和移动电话两种方式。

27.3.6 全桥工期目标

总工期:施工总工期40.5个月;开工日期:2006年7月18日;竣工日期:2009年11月30日。

基础施工:2007年6月底完成8号主墩基础及下部结构;2007年8月底完成6号主墩基础及下部结构;2007年11月底完成7号主墩基础及下部结构;2008年8月完成南引桥基础及下部结构;2008年2月完成北引桥基础及下部结构

连续箱梁施工:2008年10月完成南引桥连续箱梁;2008年2月完成北引桥连续箱梁桥面系;2008年12月完成南引桥桥面系;2009年9月完成北引桥桥面系;2009年11月完成主桥钢梁桥面系。

32m简支箱梁工期如下:

北岸:2007年8月箱梁开始预制;2007年11月箱梁开始架设;2009年2月箱梁预制完成;2009年4月箱梁架设完成。

南岸:2008年12月箱梁架设完成。

钢梁施工:2006年12月完成钢梁制造招标;2007年3月完成制造规则、焊接工艺、制造工艺评审;2007年6月首批钢梁开始发运工;2007年7~8月钢梁工地预拼;2007年8月开始架设8号墩钢梁;2007年10月开始架设6号墩钢梁;2007年8月开始架设南边跨钢梁;2007年8月开始架设北边跨钢梁;2007年12月开始架设7号墩钢梁;2008年3月南边跨钢梁合龙;2008年4月北边跨钢梁合龙;2009年3月南主跨钢梁桁拱合龙;2009年4月北主跨钢梁桁拱合龙;2009年5月主跨钢梁系杆合龙;2009年10月完成道砟槽板施工。

27.3.7 资源配置计划

27.3.7.1 劳动力配置

投入行政管理人员、工程技术人员、船舶管理人员以及各类熟练技术工人约3000名,其中技术、管理人员都具有参与国家重点工程施工及管理的经验,工人都持有相应的技术等级证书。劳动力资源配置如图27-5所示。

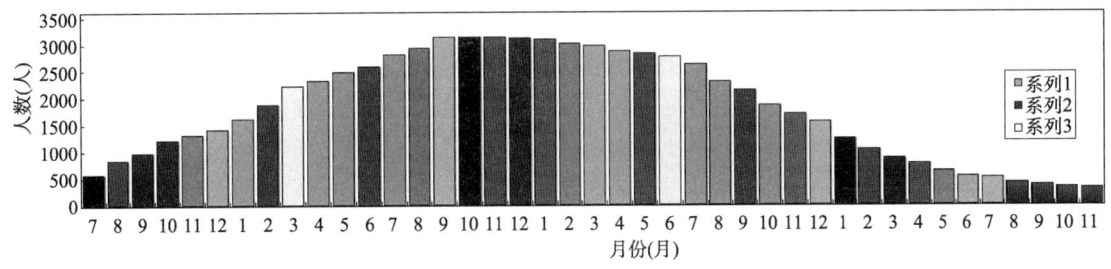

图27-5 劳动力资源配置示意图

27.3.7.2 主要材料供应

工程主要材料包括钢材、水泥、砂、石子、粉煤灰等,实行统一计划、统一供应、统一调度的管理模

式。主要包括材料供应、大型设备(设施)进场计划、全桥主要仪器设备、全桥大临设施。详见表27-17。

27.3.7.3 机械、仪器设备、大临设施配置

根据工程施工方案要求,为满足工程建设需要,对全桥机械、仪器设备、大临设施进行详细规划,合理配置,提前进场,及时投入使用。主要包括大型设备(设施)进场计划表、主要仪器设备表和大临设施。详见表27-18~表27-20。

27.4 下部结构施工方案、方法

27.4.1 施工总体方案

施工进度计划总体思路是:充分准备,合理优化资源配置,确保主桥有序推进,逐步展开引桥施工,按期完成全部施工任务。主桥施工是工程的重点、难点和工期的控制点,特别是6号、7号、8号主墩和钢桁拱梁施工技术标准高、难度大,在安排施工计划时,应细化工序,突出重点,抓住关键,配足资源,保证工程有序推进。

27.4.2 主墩下部结构施工(6号、7号、8号墩)

6号、7号、8号墩是钢桁拱连续梁主桥的三个主墩,墩身为12.0m×40.0m的圆端形空心墩,单箱双室截面,壁厚1.5~2.0m,在顺桥向中部设竖隔墙。3个主墩基础均采用46根$\phi 2.8$m的钻孔桩基础,6号、7号、8号墩桩长分别为107m、107m和112m。承台为圆端形,平面尺寸为34m×76m,承台顶面高程-7.0m,厚度6.0m。3个墩位处河床高程分别为-10.5m、-25.0m、-41.7m,根据河床高程的实际情况,6号墩采用双壁钢套箱围堰施工,7号和8号墩采用双壁钢吊箱围堰施工。3个墩基础均采用双壁钢围堰+锚碇无导向船定位方案。壁厚2.0m的钢围堰作为承台、墩身施工的挡水结构,底节内支撑桁架兼作为钻孔桩施工平台。

27.4.2.1 主墩基础施工

1) 6号墩基础施工

(1)施工方法:先在大桥船厂完成14.5m底节钢围堰制造、拼装,利用气囊辅助整体滑移入水,拖轮浮拖至墩位,锚碇系统收锚,进行围堰初始、精确定位。钢护筒参与结构受力,钢护筒不能一次击振到设计高程,采取大护筒内套小护筒方法,分次接力插打到位。钢护筒按两节制造,先插打定位钢护筒上安装吊挂系统,围堰挂桩完成第一次平台体系转换,围堰及内支撑桁架成为固定式钻孔平台。围堰平台建立后,按要求插打渡洪钢护筒,进行渡洪桩施工。其余钢护筒均按接力方法一次插打到设计高程,完成全部钻孔桩施工后,利用水上浮吊,分块接高围堰,解除挂桩,在可控状态下围堰下沉着床,通过吸泥、射水、压重等措施下沉围堰至设计高程。封底,围堰内抽水,在无水状态下进行承台和墩身施工。

(2)施工流程主要分为以下几个方面:

①围堰制造下水:底节钢围堰工厂分块制造→船厂江滩地基硬化处理、浮箱就位→底节钢围堰拼装→地牛及牵引辅助设施安装→清理场地、安装气囊并充气→启动牵引装置、重力作用下随气囊向前滚动→底节钢围堰整体滑移入水→浮箱灌水下沉、围堰自浮。

②锚碇系统布置:围堰浮运前,预先进行锚碇系统布置→抛设主锚、前定位船边锚,前定位船就位→抛设钢围堰北侧边锚和尾锚,锚绳暂固定于临时铁驳上→抛设钢围堰南侧边锚和尾锚,锚绳暂固定于临时铁驳上→临时铁驳初定位在墩位两侧。

③围堰浮运定位:底节钢围堰在拖轮拖带下,靠邦于上游80m临时趸船→拖轮队列调整→在4

艘拖轮拖带下,围堰开始浮运→围堰浮运到墩位→通过抛锚船,过主拉缆至钢套箱上→过钢围堰边锚、尾锚至钢套箱上→临时铁驳退出→调整各锚绳及拉缆,钢套箱初定位→继续收紧锚绳及拉缆,钢套箱精定位。

④钻孔桩、承台、墩身施工:插打16根定位钢护筒→钢护筒与平台桁架固结,完成第一次平台体系转换→插打其余钢护筒→安放钻机,进行8根渡洪桩施工(洪水前至少完成8根成桩)→钢围堰平台与8根成桩固结,完成第二次平台体系转换→继续进行其余钻孔桩施工→钢围堰分块拼装接高→钢围堰下沉至设计高程→清基→水下混凝土封底→抽水→承台钢筋绑扎→承台混凝土浇筑→墩身施工。

(3)定位系统设计:桥址处水流呈单向流态,定位系统按锚碇+前定位船方案设计。定位船为1艘400t铁驳,主要用于调整和确定钢套箱围堰的位置,调节尾锚、主锚受力,并对钢套箱围堰进行安全防护。定位船上布置有马口、将军柱、绞关、固定座、卷扬机等设备。定位船与钢围堰用4ϕ47.5mm钢丝绳相连。

(4)围堰设计:主墩围堰底节、中节均为双壁钢套箱结构,顶节为单壁结构,围堰结构参数见表27-5。

围堰结构参数(单位:m) 表27-5

长度	宽度	高度	壁厚	吃水深度	精确定位高程	钻孔平台高程	钻孔施工水位	承台设计最高水位	承台施工时侧板顶面高程
80.2	38.2	27	2.0	6.0	+9.0	+9.0	+8.71	+7.0	+9.0

(5)钢围堰制作、下水:钢围堰底节、中节和顶节依据工期要求分阶段进行加工,底节围堰在浦口大桥船厂分单元加工,整体组拼,中节和顶节在项目部钢结构车间分单元加工,分块接拼。钢围堰顶节高度为3.2m,视施工水位情况做接拼方案调整。钢套箱单元件在胎架上组拼及施焊,设置胎架的场地条件及胎架结构的刚度等应满足制作精度要求。钢套箱单元件出厂前严格保证套箱各部位焊缝的焊接质量,对关键受力焊缝应做探伤检验,对有水密要求的焊缝须进行煤油渗透性试验;围堰拼装场地势较平缓,近水面处淤泥沉积,尚不能满足围堰拼装、气囊辅助滑移入水条件,需对地基进行硬化和坡度调整,以达到横向100m范围内坡度1:28的要求。

围堰经检验合格后,清理现场,安装气囊并逐步向充气,气囊充气直径1.5m,长度15m,间距3m,最大承载压力2.0MPa。当气囊高度达到0.8m左右时顶起围堰并抽去支撑钢凳,放松地牛滑车组,钢围堰借自重开始缓慢滑移。围堰每滑移5~6m时,及时向围堰艉端补垫气囊并及时充气,艏端滑出气囊及时倒至艉端备用。围堰艏端悬臂接近60m时,通过围堰艉端圆弧隔仓内注水的方法,调整围堰艏、艉重量差使围堰保持一定的角度并顺利滑移入水。中、顶节围堰在北岸生产区钢结构车间按单元件分块制造完成,经起重码头下河,利用400t平板铁驳,将2~3单元件拼焊成组合块件,再运送至主墩旁,水上浮吊分块接拼。

(6)底节钢围堰浮运、定位:选择操纵性能较先进的360°全回转为首吊拖,以稳定航向,控制淌航和前进的速度。钢围堰后圆端两侧分别由两艘大马力拖轮左右挟持,调整、稳定、控制船位。吊绑于钢围堰尾部,顶推并稳定船位,兼作监护。底节钢围堰浮运到位后,将钢围堰插入两艘事先定位好的二艘临时定位船中,并使围堰锚缆由临时定位船过渡到底节钢围堰上,通过绞锚系统调整钢围堰进行初、精定位。

(7)钢护筒施工:钢护筒作为永久结构的一部分,与桩基础一起共同受力。单根钢护筒总长度53m,质量112t,材质Q345b。护筒在工厂按2节制作,底节长度40m,顶节长度13m。钢护筒加工质量标准具体见表27-6。

(8)钻孔桩施工:280t水上浮吊、165t水上浮吊、80t浮吊和两台轮胎式吊机配合钻孔桩施工作业;KPG3000型、RC300和KTY300型钻机。40m³/min,1.2MPa的压风机、ZX-500型泥浆分离器,每台泥浆净化能力为 500m³/h,KE200 超声波大孔径检测仪检测成孔质量、孔径、孔斜率,钻进成孔质量见表 27-7。泥浆循环系统由 ZX-500 泥浆分离器、沉渣筒、串联钢护筒组成,同时围堰旁配备艘泥浆船。泥浆指标达到设计标准。

钢护筒加工质量标准　　　　　　　　　　　　　　　　　　　　　　　　表 27-6

	对接管相邻管径偏差	直径差≤3mm,周长差≤9.5mm
	相邻管节对口板边高差偏差	<2mm
管桩成品外形尺寸	桩长偏差	+300mm,0mm
	纵轴线弯曲矢高	不大于桩长的 0.1%,并不得大于 30mm
焊缝外观	咬边允许偏差	深度不超过 0.5mm,累计总长度不超过焊缝长度的 10%
	超高允许偏差	3mm
	表面裂缝、未熔合、未焊透	不允许
	弧坑、表面气孔、夹渣	不允许
管节外形尺寸	外周长	±0.5% 周长,且不大于 10mm
	管端椭圆度	±0.5%d,且不大于 5mm(d 为管径)
	管端平整度	2mm
	管端平面倾斜	0.5%d,且不大于 4mm

钻孔质量标准　　　　　　　　　　　　　　　　　　　　　　　　　　　表 27-7

序号	项目	允许偏差	序号	项目	允许偏差
1	孔径	不小于设计孔径	4	倾斜度	不大于 1%
2	孔深	不小于设计孔深	5	浇筑混凝土前孔底沉渣厚度	不大于 100mm
3	孔位中心偏差	群桩不大于 100mm			

钢筋笼制造、安装质量标准见表 27-8。

钢筋笼制造、安装质量标准　　　　　　　　　　　　　　　　　　　　　表 27-8

序号	项目	允许偏差	序号	项目	允许偏差
1	钢筋骨架顶端高程	±20mm	5	骨架保护层厚度	±20mm
2	骨架中心平面位置	±20mm	6	箍筋间距或螺距	±20mm
3	钢筋骨架外径	±10mm	7	钢筋骨架垂直线	0.5%
4	主筋间距	主筋 ±0.5d(d 为钢筋直径)			

(9)浇筑水下混凝土:浇筑水下混凝土填充设备,混凝土填充前,应做好充分准备,填充导管做密水试验,填充导管底口距孔底间距 250～400mm,填充斗与导管设置隔水栓。浇筑混凝土时,混凝土由水上移动混凝土工厂生产并泵送到钻孔平台填充斗中储存,快速拔球,混凝土经垂直导管进入孔中。浇筑过程中,混凝土必须具有良好的和易性和流动性,保持连续浇筑,坍落度控制在 18～22cm,导管埋入混凝土深度控制在 2～6m。

(10)围堰接高下沉:围堰接高时中节围堰经钢结构工厂加工成单元件后,在起重码头组拼成 60t 左右大块件,船运到墩位,利用水上浮吊对称接拼,拼装顺序先内支撑后侧板,先直线段后曲线段,最后圆弧段合龙;围堰下沉时进行河床调整,使得达到整体围堰河床面基本平整,高程接近围堰落床设计高程,尽量减少围堰下沉入土深度;下沉控制时根据围堰下沉期水位预测,计算围堰过程中浮力变化,在围堰平面钢护筒上设置 4 个提升装置,下放过程中,建立提升力、浮力和重力平衡关系,通过提升装置有效控制围堰下放,同时在边桩上安装导向,控制和调整围堰平面位置。

(11)保证围堰下沉预案:墩整个围堰是在提升力、重力、浮力作用下沉,下沉过程是可控的。围堰着床后,墩位处河床面受水流冲刷,局部高程变化较大,特别是上下游高程差异更大,通过吸泥和围堰隔舱内加水等常规方法还不能使围堰正常下沉到高程时,可以采取对围堰施加外力的办法强迫其下沉到位。

(12)围堰封底:围堰下沉到位后,在其顶面上布置水下封底混凝土施工平台,围堰封底混凝土厚5.0m。封底混凝土浇筑面积大,采取分仓浇筑方式,围堰顶部设混凝土总槽和储料斗,沿总槽设多方向的溜槽,多点均匀布设水下封底导管,各导管依此拔球进行连续、多点、快速浇注水下混凝土。封底混凝土达到设计强度后,围堰内抽水。进行桩头凿除和封底混凝土表面清理,桩头预留设计嵌入长度。提前完成桩基质量检测。

(13)承台施工:围堰侧板内壁作为承台浇筑模板,应进行必要清理和涂刷脱模剂。承台钢筋检验合格后,在加工车间制作成型,并按型号、规格堆码整齐备用。钢筋接头采用绑扎或电焊搭接,直径大于25mm的钢筋可采用冷挤压接头或镦粗直螺纹连接。承台钢筋绑扎时,钢筋品种、规格、间距、形状、接头及焊接等均要符合设计图纸和施工规范的要求,另外,大体积混凝土温控措施按照相关施工规范进行施工,承台施工容许偏差见表27-9。

承台施工允许偏差 表27-9

尺寸	±30mm	轴线偏位	15mm
顶面高程	±20mm	平面周边位置	50mm

2)7号墩基础施工

(1)施工方法。

7号墩基础施工采用锚碇+无导向船方案,设前后定位船。钢吊箱作为基础施工的挡水围堰,兼作钻孔桩施工平台。钢吊箱分节制造,底节14.0m、中节9.3m、顶节3.2m。先在距桥址上游5km华江船厂完成14.0m底节钢围堰制造、拼装,利用气囊辅助整体滑移入水,拖轮浮拖至主桥6号墩下游临时锚碇区域定位,进行中节围堰接高(顶节钢吊箱接拼视施工水位而定),钢围堰接高完成后,从临时接拼区域整体浮运至墩位,通过锚碇系统调整,完成钢围堰初始、精确定位。钢护筒参与结构受力,设计钢护筒底高程-43m,顶高程+7.0m,钢护筒总长50m,壁厚25mm,材质Q345b,工厂整节制造。根据地质条件和APE400B双锤并联的击振能力,钢护筒一次击振到设计高程,先插打16根定位钢护筒,在16根定位钢护筒上安装吊挂系统,围堰挂桩完成第一次平台体系转换,围堰及内支撑桁架成为固定式钻孔平台。

围堰平台建立后,继续进行其余钢护筒插打和钻孔桩施工,完成8根成桩时,将围堰体系转挂到成桩上,实现平台体系第二次转换。全部钻孔桩施工完成后,围堰封底、抽水,在无水状态下进行承台和墩身施工。

(2)定位系统设计同8号墩。

(3)钢吊箱设计、制作、下河同8号墩。

(4)钢吊箱浮运。7号底节钢吊箱浮运方法与8号墩基本相同,但底节钢吊箱先不就位而是临时锚碇进行整体接高后,一次浮运就位。

(5)围堰接高。

①临时定位:7号墩底节钢吊箱接高临时锚地选择在6号墩下游区域,该区域位于主航道以北,流速较小,水流平稳,围堰接拼安全可靠,对拖航浮运有利,对6号墩施工和航道无影响。临时锚碇系统由4个8t主锚、4个7t边锚及2个8t尾锚组成,临时锚碇系统布置就位后,底节钢吊箱沿下行航道至桥区下游,向左掉头,迎水而上进入临时锚碇区,钢吊箱北侧的浮运拖轮先退出,1000t工作船北侧靠邦,锚缆临时固定;另艘1000t工作船南侧靠邦,锚缆固定,最后对整个锚碇系统进行调整、顶紧,完成底节钢吊箱的临时定位。

②中节、顶节接高:钢吊箱中节侧板在华江船厂胎架上组拼成单元件,每块侧板质量不超过30t;上层吊杆每4根1组,顶层内支撑主桁组装成整长的单组桁架,每3个单组桁架组拼成1个单元件。单元件由水上浮吊装船运到围堰临时接高水域。水上接拼工作由63t浮吊和50t全回转浮吊共同

完成。

(6)围堰定位、挂桩、钻孔、封底、承台施工方法同8号墩。

3)8号墩基础施工

(1)施工方法。

8号墩基础施工采用锚碇+无导向船方案,设前后定位船。钢吊箱作为基础施工的挡水围堰,兼作钻孔桩施工平台。钢吊箱分节制造,底节14.0m、中节9.3m、顶节3.2m。先在距桥址上游5km华江船厂完成14.0m底节钢围堰制造、拼装,利用气囊辅助整体滑移入水,拖轮浮拖至墩位,锚碇系统收锚,进行围堰初始、精确定位。钢护筒参与结构受力,设计钢护筒底高程-52m,顶高程+10.0m,钢护筒总长62m,壁厚25mm,材质Q345b,工厂分两节制造,底节50m,顶节12m。根据地质条件和APE400B双锤并联的击振能力,钢护筒一次击振到设计高程,先插打16根定位钢护筒,在16根定位钢护筒上安装吊挂系统,围堰挂桩完成第一次平台体系转换,围堰及内支撑桁架成为固定式钻孔平台。

围堰平台建立后,按要求插打8根渡洪钢护筒,进行渡洪桩施工。在洪水到来前,将围堰平台支撑体系转化到8根渡洪成桩上,实现平台体系第二次转换。继续进行其余钻孔桩施工,全部钻孔桩施工完成后,利用水上浮吊,分块接高围堰,解除挂桩,在可控状态下围堰下沉至设计高程。封底,围堰内抽水,在无水状态下进行承台和墩身施工。

(2)定位系统设计。

桥址处水流呈单向流态,定位系统按锚碇+前后定位船方案设计。前后定位船各为1艘400t铁驳,主要用于调整和确定钢套箱围堰的位置,调节尾锚、主锚受力,并对钢套箱围堰进行安全防护。定位船布置有马口、将军柱、卷扬机、固定座等设备,用于调整锚绳、拉缆和兜缆。

前、后定位船与底节钢吊箱之间均设有拉缆和下兜缆。其作用是将钢吊箱所受外力传递给主锚和尾锚。锚具分别采用8t、7t、6t、1t霍尔式铁锚。锚碇系统布置:主锚为8个8t霍尔式铁锚,锚链直径60mm、锚绳6~(37)~48mm。边锚为6个7t霍耳式铁锚,锚链直径60mm,锚绳6~(37)~48mm,前定位船边锚每侧2个1t霍耳式铁锚,锚链直径30mm,锚绳6~(37)~22mm,后定位船边锚每侧1个1t霍耳式铁锚,锚链直径30mm,锚绳6~(37)~22mm。尾锚为4个6t霍尔式铁锚,锚链直径60mm,锚绳6~(37)~48mm。

(3)围堰设计。

8号主墩钢吊箱底节、中节均为双壁钢套箱结构,顶节为单壁结构。主要由龙骨底板、外侧板、主次底隔舱、吊杆、内支撑桁架、上下导环及辅助结构等组成。

其结构参数如下:长度80.0m;宽度38.0m;高度26.5m(其中底节高14.0m;中节高9.3m;顶节高3.2m);壁厚2.0m;围堰定位时底节双壁侧板顶面高程+9.0m;作为钻孔平台时围堰双壁侧板顶面高程+9.0m;钻孔桩施工时最高施工水位+8.71m;承台施工时设计最高水位(取11~4月频率为10%的日平均最高水位)+7.0m;承台施工时侧板顶面高程(围堰接高后)+9.0m。

(4)钢吊箱制作、下水。

①围堰制作。

钢吊箱单元件安装顺序:拼装胎架平台→钢吊箱底部拼装→底隔舱安装→侧板拼装→内支撑桁架安装→导环安装→辅助结构安装。钢吊箱拼装完成对拼装焊缝质量进行检查验收,对关键受力焊缝应做探伤检验,并对钢吊箱外壳焊缝做煤油渗透性试验。观察内外壁板、隔仓板焊接部位是否致密,以确保钢吊箱在浮运、定位、接高及下沉各阶段具有自浮能力。

②围堰下水。

华江造船厂长江水域为非主航道,水面宽阔、水深适宜,适合于钢吊箱下水、浮运。底节钢吊箱利用江边拼装场地和坡度(坡度4%左右),采用气囊法下河,即在拼装场至水边区域设置平整的滑道,利用至少50条$\phi1.2m$、长15m的高压气囊充气托起底节钢吊箱,在地牛拉缆的控制下,依靠钢吊箱自重沿坡道缓慢移近水边,解除地牛拉缆,底节钢吊箱迅速冲入水中,直到底节钢吊箱全部入水,在水中自浮。

(5)钢围堰浮运、定位。

底节钢吊箱在华江船厂下水,沿凡家矶水道下行进入主航道,沿主航道进入桥区。钢吊箱浮运共布置拖轮6艘,总功率配备9000kW,其中领水主拖轮1艘,帮拖轮3艘,备用拖轮2艘,选择气象、水文条件对浮运较为有利的日期进行浮运。钢吊箱浮运至墩位处,停靠在后定位船临时定位位置,将临时系结于后定位船的拉缆和钢吊箱边锚锚绳过缆至钢吊箱绞锚系统,钢吊箱下兜缆分别牵引至前后定位船。

逐步溜放后定位船至设计位置,抛设后定位船边锚,调整锚绳及拉缆,初步定位钢吊箱。在钢吊箱井壁内注水,使钢吊箱下沉,控制钢吊箱底口距设计高程1m左右。钢吊箱在下沉过程中应随时对锚链、锚绳和锚碇设施锚绳的受力状态进行检查和监控,并及时调整,确保各锚绳受力均匀。

钢吊箱井壁内继续注水,钢吊箱底口接近设计高程。对钢吊箱拉缆、下兜缆和边锚循环逐级施加预拉力,实现底节钢吊箱初定位。

由于墩位水深、流速大、河床覆盖层较浅,初定位的钢吊箱处于动态平衡,须对称有序插打16根定位钢护筒,在逐根插打过程中,随时调整锚碇系统,使钢围堰逐渐趋向精确,定位钢护筒挂桩,钢围堰双壁内注水,钢围堰下沉落位,最后实现底节钢围堰精确定位,钢围堰内支架上下导环与定位钢护筒固接,钢围堰完成体系转换。

(6)钢护筒施工。

①钢护筒制造、运输方法同6号墩。

②钢护筒的下沉。

钢护筒采用200t浮吊悬挂2台APE400B型液压振动打桩机并联插打,插打顺序按照对称的原则进行。

钢护筒依靠钢吊箱内支撑桁架上、下导向环作为导向,确保钢护筒插打精度。上、下导向环间离14m,导向环工厂制造,其制造、安装椭圆度不大于5mm。

(7)钻孔桩施工。

①钻孔桩设备配置。

6台KTY-4000型钻机和2台RC400、1台RC300工程钻机;8台ZX-500型泥浆分离器,每台泥浆净化能力$500m^3/h$;8台$40m^3/min$、1.2MPa的压风机。

②钻孔、清孔、钢筋笼制作安装、浇筑水下混凝土工艺同6号墩。

(8)钢围堰接高、下沉。

钻孔桩施工完成后,清理钢围堰平台钻机等设备,底节钢围堰井壁内抽水使其上浮一定高度,解除钢护筒挂桩以及钢护筒与上下导向环之间固结,安装钢围堰下沉导向装置。钢吊箱中节、顶节在永华船厂内组拼焊接,起重码头下河,驳船运输至墩位附近,利用浮吊分块吊装、对称接高,成形整体钢吊箱。接高过程中通过井壁压舱水调整钢吊箱水面高度,钢围堰接高完成后在井壁内注水,下沉至设计高程以上10cm。通过井壁隔舱内压重水和围堰导向调整和控制钢围堰平面位置。围堰下沉到位后在每个钢护筒上安装吊挂系统,钢围堰全部转挂到成桩上。

(9)围堰封底、抽水。

围堰封底、抽水施工方法和工艺同6号墩。

(10)承台施工方法和工艺同6号墩。

27.4.2.2 主墩墩身(基座)施工

主桥6号~8号墩身为12m×40m的圆端形空心截面,单箱双室截面,壁厚1.5~2.0m,高度分别为12.89m、14.26m、12.89m,顺桥向中部设竖隔墙。墩身混凝土设计强度等级为C40,主筋

ϕ32mm 的 II 级螺纹钢筋。基座为 40m×12m×4m 圆端形实体截面。

(1)施工方法:主桥墩身采用整体钢模,翻模法施工,墩周设钢管脚手支架,墩旁塔式吊机配合钢筋、模板安装施工。除提高混凝土性能外,模板制造精度、面板材质和外模刚度必须得到保障,外模主肋按钢桁架或实腹式杆件设计,外模做成两节,每节 6m。内模采用型钢作模板肋,水平方向按一定间距设内支撑,内模做一节 6m 标准节,其他各节依据墩身内轮廓尺寸设计。基座采用大块钢模施工,设钢管脚手支架,基座为大体积混凝土,浇筑时应采取水化热温控措施。

(2)墩身混凝土灌注、养护:墩身(墩座)混凝土设计强度等级为 C40,150m³/h 水上移动混凝土工厂供应混凝土,通过输送泵和泵管输送入模,混凝土应具备良好的和易性、流动性和可泵性,混凝土坍落度为 14~16mm,初凝时间不少于 10h。混凝土分层浇筑,分层厚度控制在 30cm 左右。混凝土振捣时,振捣棒要快插慢拔,混凝土要振捣密实,不能漏振、欠振或过振,振捣时间控制在 10~20s,以表面开始泛浆,不再出现气泡为宜。

混凝土因气候条件采用不同的养护方式,具体按照混凝土养护规范严格执行。

27.4.3 主边墩施工

27.4.3.1 0 号墩基础施工

墩位于南北岸江漫滩,是主桥 2 联 2×84m 连续钢桁梁桥边墩。基础采用 18 根 ϕ2.5m 钻孔桩,桩长 74m。承台结构尺寸 37.5m×19m×5m,承台顶高程 +4.0m,承台底高程 -1.0m,河床面高程 +5.77m。双幅矩形空心框架墩身,墩身高度 30.3m。

钻孔桩施工:0 号墩基础可以实现全部按陆地施工,从防洪大堤沿桥中线下游向 2 号墩铺设 7m 宽的施工便道,施工便道按顶面高程由大堤 +9.5m 至 2 号墩 +4.5m 设纵向坡,先抛片石挤淤,路基填筑山渣土,路面铺设 30mm 碎石。墩位用土质较好的黏土筑岛,表层硬化处理,作为钻孔桩施工平台。

0 号墩承台施工流程:承台采用钢板桩围堰施工方案。钻孔桩施工完成后,插打钢板桩形成围堰,围堰内基坑开挖,吸泥后,进行封底混凝土浇筑,封底厚度为 1.5m。其施工流程为:施工准备→井点降水设备安装支护施工→基坑开挖→凿除桩头→基底处理→安装模板→绑扎钢筋→分层安装冷却管→浇筑混凝土→混凝土养护→拆除模板、基坑开挖、浇筑承台。

27.4.3.2 1 号墩基础施工

该墩位于北岸江漫滩,是主桥 2 联 2×84m 连续钢桁梁桥次边墩。基础采用 28 根 ϕ2.5m 钻孔桩,桩长 85m 双幅矩形空心框架墩身,墩身高度 34.7m。承台结构尺寸 41m×24m×5m,承台顶高程 +3.0m,承台底高程 -2.0m,河床面高程为 +5.54m。

1 号墩基础可以实现全部按陆地施工,1 号墩配置 4 台 KPG3000 或 ZSD300 型旋转钻机,1 台 60t 龙门吊机和 1 台 50t 履带吊机,龙门吊机轨道沿横桥向布置,钻孔桩施工完成后,60t 龙门吊机至 N25~N35 号墩施工;钢护筒顶面高程 +6.0,埋设位置偏差不大于 5cm,倾斜度不大于 1%。利用下游侧施工便道,墩位进行清淤、回填黏土、压实至高程 +6.0 左右,墩位旁布置泥浆池、沉淀池、泥浆净化器等泥浆循环系统,由泥浆泵或泥浆循环槽向孔内供应泥浆;混凝土由生产区混凝土工厂生产、供应,混凝土搅拌车运输至墩位,泵送浇筑。

承台采用钢板桩围堰施工方案。钻孔桩施工完成后,插打钢板桩形成围堰,围堰内基坑开挖,吸泥后,进行封底混凝土浇筑,封底厚度为 1.5m;钢板桩围堰设置一道内支撑,内支撑采用型钢或圆钢管;承台钢筋接头采用绑扎或电焊搭接,直径大于 25mm 的钢筋采用镦粗直螺纹连接。承台钢筋绑扎完成后,分两次浇筑承台混凝土,每次浇筑高度为 2.5m;承台混凝土按大体积进行水化热温控设计。

27.4.3.3 2号墩基础施工

2号墩位于北岸浅水区,是2联2×84m钢桁连续梁中间墩,基础采用21根φ2.5m钻孔桩,纵向3排,横向7排布置,桩长80m。承台结构尺寸41m×19m×5m,承台顶高程3.0m,承台底高程-2.0m。墩位处河床面高程+2.54m。

2号墩钻孔桩采用筑岛施工,承台采用钢板桩围堰水下封底施工,墩身采用翻模法施工,施工方法和施工工艺同1号墩。

27.4.3.4 3号墩基础施工

3号墩位于北岸浅水区,是2联2×84m连续钢桁梁中间固定墩,基础为28根φ2.5m钻孔桩,纵向4排,横向7排;桩长80m,承台结构尺寸41m×24m×5m,承台顶高程0.0m,承台底高程-5.0m,墩位处河床高程-2.99m。

(1)施工平台建立:3号墩施工平台由钻孔平台和作业平台组成,钻孔平台上安装1台ZSL34300型动臂式塔吊,塔吊起重能力1200t·m。动臂式塔吊配合钻孔桩作业和承台施工;作业平台放置变压器及施工结构材料,钻孔桩施工完成后,塔吊退位其上,辅助承台施工;钻孔平台顶面高程+8.7m,平面尺寸30.4m×46.9m,平台由支承钢管桩、钢护筒和梁系组成。支承桩为直径1200mm、壁厚12mm的螺旋钢管桩,桩顶面高程+7.9m。平台梁系支承在支承桩和钢护筒牛腿上,构件焊接牢固,形成稳固的整体;作业平台平行布设在钻孔平台南侧下游端,顶面高程+8.7m,平面尺寸33.65m×15m,作业平台由支承钢管桩和梁系组成,支承桩规格与钻孔平台相同,支承桩钢管间以外径400mm的钢管及[18型钢联结,形成稳固的整体。

3号、4号墩平台连接栈桥:为使4号墩平台固定混凝土工厂向3号墩供应混凝土,3号、4号墩平台间设连接栈桥,栈桥采用六四军用梁结构,全长30.48m,宽度2m。栈桥布设混凝土输送泵管和行人通道。

(2)设备配置:3号墩配置3台KPG3000钻机进行钻孔桩施工,每台钻机相应配置1台ZX-500泥浆分离器,与钢护筒串联组成泥浆循环系统,同时配备1艘泥浆船,1艘排渣船,一台ZSL34300型动臂式塔吊,起重能力1200t·m,1台50t浮吊,1台280t水上浮吊。

(3)钢护筒插打、钻孔桩施工方法同主墩。

(4)钢围堰制造:3号墩承台采用双壁钢套箱围堰,围堰高14.5m,壁厚1.6m,平面尺寸44.4m×27.9m,围堰底高程-7.5m。钢围堰分节、分块在工厂制造。

(5)钢围堰拼装与下沉:钢围堰单元件由起重码头下河,经驳船运输至墩位。280t水上浮吊配合现场接拼,依此安装围堰侧板、顶部支撑和吊放系统;套箱围堰拼装完成经检验合格后,通过吊放系统和下沉。吊放系统由接高钢护筒顶扁担梁、连续千斤顶及其液压配套系统和钢绞线组成,导向装置由四角导向环板和支撑杆组成;启动液压油泵,连续千斤顶提升,使套箱围堰脱离,拆除施工平台,反向操纵连续千斤顶,钢套箱下放着床,通过吸泥、围堰壁仓灌水压重,钢套箱调整到设计高程并悬挂于支承钢护筒上。

(6)封底:围堰下沉至设计高程后吸泥清基,垂直导管分仓进行水下混凝土灌注封底,封底厚度2.5m,混凝土由水上150m³/h移动混凝土工厂和4号墩固定平台混凝土工厂同时供应。

(7)承台、墩身施工方法和施工工艺同主墩。

27.4.3.5 4号墩基础施工

4号墩位于北岸浅水区,是2联2×84m钢桁连续梁和6跨连续钢桁拱梁共同边墩。基础采用21根φ2.5m钻孔桩,纵向3排,横向7排布置,桩长80m,承台结构尺寸41m×19m×5m,顶面高程0.0m,底面高程-5.0m。河床面高程-5.543m。

4号墩位于北岸浅水区,是2联2×84m钢桁连续梁和6跨连续钢桁拱梁共同边墩。基础采用21根φ2.5m钻孔桩,纵向3排,横向7排布置,桩长80m,承台结构尺寸41m×19m×5m,顶面高程

0.0m,底面高程 -5.0m。河床面高程 -5.543m。

4号墩基础采用先平台后钢吊箱围堰施工方案。4号墩施工平台上建立一座150m³/h固定混凝土工厂,供应2号、3号、4号墩等结构混凝土。

(1)施工平台建立:施工平台平面尺寸117m×45.8m,施工平台由混凝土工厂平台、钻孔平台、作业平台3大部分组成,钻孔平台顶高程+9.5,混凝土工厂平台顶高程+10.5,混凝土工厂平台设在钻孔平台下游,作业平台设在钻孔平台北侧;利用280t水上浮吊插打平台支承桩,焊接桩间连接系,钻孔平台分块制造,驳船浮运、并分块吊装组拼成整体。安装钢护筒导向架,插打钢护筒,平台与钢护筒连接成整体,形成钻孔施工平台。

(2)设备配置:4号墩配置3台KPG3000钻机,每台钻机相应配置1台ZX-500泥浆分离器,与钢护筒串联组成泥浆循环系统,同时配备1艘泥浆船,1艘排渣船,1台ZSL34300型动臂式塔吊,起重能力1200t·m,1台50t浮吊,1台280t水上浮吊,1艘1200t大型水上吊船。

(3)钢护筒插打:钢护筒直径为2.8m,壁厚20mm,钢护筒底高程-26.0m,护筒总长35.5m,总重约49.4t。采用280t浮吊配合,APE400B打桩锤并联插打。

(4)钢吊箱围堰设计与制造:4号墩采用钢吊箱围堰施工承台,围堰为矩形结构,平面尺寸为44.2m×22.2m,总高14.0m,分上、下两节,底节围堰为双壁结构,壁厚1.6m,高12.5m,顶节为单壁结构,高1.5m。钢吊箱底高程-7.0m,封底厚度2.0m。

钢吊箱围堰主要由底板、侧板、支撑系统及吊挂系统组成。底节设置内支撑,吊箱底节侧板采用双壁结构。钢吊箱围堰在钢结构工厂分节、分块制造,大桥造船厂组拼成整体。

(5)钢吊箱下水、浮运、吊装:钢吊箱围堰利用气囊辅助滑移入水,通过3艘拖轮将吊箱围堰浮运至4号墩位。

钻孔桩完成后清理平台,安装围堰下放导向,1200t大型浮吊就位,整体吊装底节钢吊箱,钢吊箱对位下放,钢吊箱吊挂于钢护筒完成体系转换。顶节钢吊箱接拼视水情而定。

(6)封底:钢吊箱底板与护筒堵缝,采用垂直导管分仓进行水下混凝土浇筑。封底混凝土强度等级为C25,厚度2.0m,总工程量1300m³。混凝土由水上移动混凝土工厂和平台固定混凝土工厂同时供应。封底混凝土达到强度后抽水进行下步承台及墩身施工。

(7)承台、墩身施工方法同主墩。

27.4.3.6　5号墩基础施工

5号墩采用钢吊箱围堰施工承台,围堰为矩形结构,平面尺寸为50.2m×22.2m,总高14.0m,分上、下两节,底节围堰为双壁结构,壁厚1.6m,高12.5m,顶节为单壁结构,高1.5m。钢吊箱底高程-7.0m,水下封底混凝土厚度2.0m。5号墩采用先建立平台施工钻孔桩,后下钢吊箱围堰施工承台方案。

(1)建立施工平台:5号墩施工平台由钻孔平台和作业平台两部分组成。钻孔平台顶面高程+8.7m,平面尺寸52.5m×26.5m,平台由支承钢管桩、钢护筒和梁系组成。支承桩为ϕ1200mm、壁厚12mm的螺旋钢管桩,桩顶面高程+7.9m。钢护筒顶面高程+9.5m,护筒上端设支承牛腿,牛腿顶面高程为+7.9m,平台梁系支承在支承桩和钢护筒牛腿上,各构件焊接牢固,形成稳固的整体。施工平台上安装1台动臂式塔吊,配合钻孔桩作业和承台施工;作业平台平行布设于钻孔平台北侧下游,顶面高程+8.7m,平面尺寸33.45m×15m,由支承钢管桩和梁系组成,支承桩规格与钻孔平台相同,钢管支承桩间以外径400mm的钢管与[18联结,形成整体。

(2)钢护筒插打:钢护筒直径为2.8m,壁厚20mm,底面高程-42.0m,护筒总长51.5m,总重71.4t;钢护筒在工厂制作、拼装成整节,运输至墩位后用165t浮吊配双机并联的APE400B振动锤振动下沉(必要时可辅助吸泥);钢护下沉完毕,焊接护筒支承牛腿,用楔块将钻孔平台与支承环抄垫密实,参与平台受力。

(3)设备配置:5号墩配置4台KPG3000钻机,每台钻机相应配置1台ZX-500泥浆分离器,与钢护筒串联组成泥浆循环系统,同时配备1艘泥浆船,1艘排渣船,1台ZSL34300型动臂式塔吊,起重能力1200t·m,1台50t浮吊,1台280t水上浮吊,1艘1200t大型水上吊船。

(4)钢吊箱围堰设计与制造：5号墩采用钢吊箱围堰施工承台,围堰为矩形结构,平面尺寸为50.2m×22.2m,总高14.0m,分上、下两节,底节围堰为双壁结构,壁厚1.6m,高12.5m,顶节为单壁结构,高1.5m。钢吊箱底高程-7.0m,水下封底混凝土厚度2.0m;钢吊箱围堰主要由底板、侧板、支撑系统及吊挂系统组成。

(5)其他工序和施工方法同4号墩。

27.4.3.7　9号墩基础施工

9号墩基础采用24根φ2.5m钻孔桩,纵向3排,横向8排,桩底高程-95.0m,桩顶高程为-4.80m,桩长为90.2m,承台尺寸为47m×19m×5m,承台底高程-5.0m。钻孔桩钢护筒直径为2.8m,壁厚20mm,护筒顶高程+6.5m,护筒底高程以满足钻孔桩施工需要,穿过表层粉砂层确定。

(1)总体施工方案：基础施工采用先平台后钢吊箱的施工方案,施工平台采用钢管桩+钢护筒和贝雷梁组成,利用浮吊配合振动打桩机插打钢管桩,安装桩间联结系和贝雷梁形成平台,在平台上安装钢护筒导向架,插打钢护筒、施工钻孔桩;钻孔桩施工完成后进行钢吊箱的安装,钢吊箱采用双壁结构,高13.5m,壁厚1.6m,钢吊箱在工厂制造加工,水上运输单件至墩位,在钻孔平台上组拼后,整体下放到位,堵漏、封底、抽水后进行承台及墩身的施工。

(2)水上平台施工：为满足钻孔桩施工需要,在墩位处搭设水上施工平台,水上施工平台基础为钢管桩和钢护筒,上部为贝雷梁桁架结构形式,其平面尺寸为48m×32.5m,桁高1.5m,平台顶面高程+6.5m,充分考虑墩位河床冲刷、边坡稳定性差等特点,结合围堰吊放下沉及靠船需要,平台钢管桩设计为沿墩位四排布置,数量和范围分布上不仅考虑平台荷载要求,还需要起到河床边坡支护的作用;平台基础采用φ1.2m、δ=12mm的钢管桩,沿墩中心线布置四排,桩顶高程+5.0m。北侧外排钢管桩桩长约45m,中间两排钢管桩桩长约41m,南侧外排钢管桩桩长约37m,入土深度18~20m。利用63t浮吊配合DZ150振动打桩锤水中插打钢管桩,钢管桩插打完毕后,安装联结梁;安装贝雷梁,联结形成平台,在平台上安装钢护筒导向架,由200t浮吊悬吊两台并联的APE400B振动打桩机插打钢护筒;钢护筒插打完毕后,进行桩间连接拼焊,上部放置横桥向桁架梁,横桥向桁架梁与平台桩须固定牢靠,以充分保证平台桩整体性,施工平台桁片分组吊装,在桁组间设置横向联结系。另外在钻机安装前,通过在护筒顶安装支撑环,钻孔工况下平台桩与钢护筒共同受力。

(3)钻孔桩施工：在施工平台东南角布置50t全回转固定吊机1台,北侧布置63t全回转浮吊1台,负责南、北侧施工材料在运输驳船与平台之间的转运和钢筋笼、导管的接长、下放、钻机安装、移位、混凝土浇筑等起重作业。9号墩施工平台布置3台KTY-3000型钻机和1台RC300工程钻机同时钻孔,各自配备压风机、泥浆净化器、泥浆循环沉渣箱等设备。平台通过简易栈桥与长江子堤相连,栈桥作为连接岸上的人行通道、电力铺设通道,栈桥跨径27m+18m+21m,栈桥上部采用贝雷梁结构,下承式桥面,基础采用钢管桩;钻孔桩施工混凝土供应利用岸上150m³/h混凝土工厂供应,混凝土通过搅拌运输车运送至10号墩旁的混凝土泵上,通过泵管输送至孔位。钻孔桩施工工艺参照8号主墩基础。

(4)钢吊箱施工：钢吊箱为矩形结构,平面结构尺寸50.2m×22.3m,高13.5m,壁厚1.6m,吊箱围堰设计底高程为-7.0m,水下封底厚度为2.0m,吊箱围堰钢结构自重约为1000t,吊箱围堰由底板、侧板及内支撑组成;钢吊箱的制造与组拼:分块制造,吊箱底板、侧板均在车间工作平台上分块制造。拼装前在钻孔平台上布置拼装平台,然后依次将吊装底板,安装时准确测量各钢护筒与吊箱喇叭口之间的间距、各块底板水平面高差及位置,精确调整到位,底板拼接缝焊接符合设计并密封不渗水。底板安装完成后再按顺序安装吊杆、支撑桁架、侧板,侧板安装时,侧板与底板以及侧板之间接缝处垫放防漏泡沫胶条。拼装完成后进行连接及焊缝质量检查;钢吊箱下放、固定及位移控制:在钢护筒上安装钢吊箱吊挂系统,利用吊挂系统将吊箱吊放至设计位置;吊箱围堰在船厂内分块制造,并预拼。检测合格的钢围堰单元件由起重码头下河,经驳船运输至墩位。63t 浮吊配合 50t 吊机在平台上拼装围堰底板、侧板成整体,同时完成顶部支撑和吊放系统的安装;吊箱下沉导向装置由四角导向环板和支撑杆组成。套箱吊放系统由钢护筒(接高)顶扁担梁、连续千斤顶和相配套的液压系统和钢绞线组成;围堰下沉时启动液压油泵,通过连续千斤顶使其提升,离开施工平台后拆除平台,反向操纵连续千斤顶,钢吊箱下放至设计高程并悬挂在支承护筒上。

(5)承台施工:承台施工工艺同主墩。

27.4.3.8　10 号墩基础施工

10 号墩位于长江大堤与长江子堤间的水塘处,为主桥南侧边墩,基础为 $\phi 2.5m$ 的钻孔桩计 18 根,纵向 3 排,横向 6 排排列,承台结构尺寸为 37.5m×19m×5m,承台顶面高程为+5.0m,承台底高程为 0.0m;墩身为双幅 6m×10m 的矩形空心墩。墩位处塘底淤泥较浅,为 50~100cm;淤泥下层为软塑状黏性土,具有一定的强度。

根据地质资料及现场实地勘测情况,基础钻孔桩采用填土筑岛+型钢框架平台施工方案,承台采用钢管桩围幕支护开挖的方法施工。

(1)钻孔桩施工。

先将墩位处水塘内的水排干,清除淤泥,换填黏性黄土,分层填筑后分层压实,以减少填土的沉降量。筑岛顶面约 80cm 采用石渣和建筑垃圾填筑,整平压实处理,筑岛顶面高程为+7.5cm。然后在岛面钻机施工范围铺垫 20cm 碎石,并浇筑 20cm 混凝土进行岛面硬化处理。

钻孔施工时,钻机布置在型钢框架平台上,型钢框架底采用方木抄垫,使钻机平台荷载分布到较大的筑岛面上,满足筑岛面上承载力<10t/m² 的要求。同时为了防止钻孔施工过程中泥浆水污染岛面,在各排桩位间设置标准的泥浆循环沟槽,沟槽采用砖砌,并进行砂浆抹面,泥浆循环沟槽用活动盖板覆盖。

钻机选用 1 台 KPG3000A、1 台 KTY3000B 及 1 台 GW35 型旋转钻机,利用 100t 龙门吊机和 50t KH-180 履带吊机配合,插打钻孔桩钢护筒,进行钻孔桩施工。

钻孔桩工艺同主墩。

(2)承台施工。

10 号墩由于处于长江子堤坡脚上,为保证堤防安全,承台基坑开挖采用钢管桩围幕支护+井点降水配合施工方案。

钻孔桩施工完成后,插打钢管桩至设计高程,承台开挖采用挖掘机挖土,并根据实际情况及时井点降水。承台基坑开挖至设计高程以下 0.6m 左右,在基坑底浇筑厚 0.6m 的混凝土作为封底及承台施工垫层。钢管桩围堰内抽水,割除钢护筒、凿除桩头,在围堰内绑扎承台钢筋,按大体积混凝土施工工艺浇筑承台混凝土。

承台混凝土分上下两层两次浇筑,每次浇筑高度 2.5m,第一次浇筑混凝土后,将围堰第二层内支撑转换至已浇筑承台,拆除第二层内支撑进行第一次混凝土浇筑。

承台施工采取大体积温控措施,有效降低承台混凝土水化热。

27.4.4　边墩墩身、帽施工

边墩墩身均为双幅矩形空心结构,为单箱室截面。墩身施工采用翻模法施工,模板为大块整体钢模,墩旁布置 1 台塔式吊机配合施工。墩身施工工艺参照主墩。

27.4.5　引桥施工

27.4.5.1　引桥基础施工

北岸合建区引桥、南岸合建区引桥及北岸引桥位于两岸漫滩地带和丘陵地带。根据桥位处的地形条件,合理安排各墩基础施工方案。低墩墩身施工采用整体钢模,以汽车吊作为起吊设备,四周布置钢管脚手架平台。高墩身施工时采取翻模法分节的方法进行。

(1)钻孔桩施工:各墩可利用施工时已建成的桥中线下游运输便道,另在桥中线上游修筑一条辅助便道,便道采取先抛片石挤淤,后填筑山皮土路基,上设30mm碎石路面,墩位处再用黏土筑岛至+5.0m。具有陆地钻孔条件时采用陆地常规方法施工钻孔桩,无陆地钻探条件时采用钢结构焊接、拼装好的钢架运输河堤形成钻孔平台进行钻孔桩施工。

(2)承台施工:基坑采用挖掘机开挖为主,人工辅助配合完成,基坑边坡放坡比例按规范中要求设置,局部地段基坑深度较大时先设台阶再放坡,部分地段放坡坡度受限制时,可加设支撑防护。坑底在距承台底高程0.5m时,采用人工开挖,防止超挖。基坑开挖时,必须做好施工排水工作。本段施工以明排水为主,主要采取设置排水沟+汇水井汇水、水泵抽水的方式排水,局部段地下水位丰富,用明排水法无法保证在干环境下作业时,可辅以一级井点降水法或深井降水法施工。

凿除虚桩头至设计高程,保证桩顶嵌入长度。对桩基进行质量检测合格后,人工清理基底,绑扎承台钢筋和墩身预埋件钢筋,钢筋的规格、数量、接头方法和位置均应符合设计和施工规范要求。混凝土采用自拌混凝土或使用商品混凝土,泵送入模,插入式振动器捣实。混凝土浇筑方法为水平分层,分层厚度为30cm。混凝土浇筑前基底土要密实,无扰动或浸泡。

27.4.5.2 引桥墩身施工

两幅独立空心墩,墩身帽高度为29~33m,墩身施工采用大块钢模,翻模法施工,利用汽车吊机配合施工。

墩顶整体盖梁施工时空心墩顶部分的底模应在墩身内壁预埋牛腿支撑底模。两空心墩外壁间距离达14m,施工时应在承台顶面设钢管桩支架作为该部分盖梁施工底模支撑。

墩身模板采用整体钢模板。为保证模板刚度,外模采用钢桁架作模板肋,外模分两节,每节6m,均为标准节。为方便拆除,内模采用型钢作模板肋,浇筑混凝土时加内支撑,内模做一节6m的标准节,其他各节根据墩身尺寸配备。由于该模板刚度大,浇筑的墩身整体性好,外表美观。

翻模施工时外模桁架肋作为外侧施工平台,在墩身空腔内设支架作为施工平台兼内支撑。施工时下节段外模板是上节段外模板的支撑,在施工中上、下节段模板交互支撑,交互上升,循环完成墩身空心段施工。内模则是在预埋板上设牛腿作支撑,分节段上升,循环浇筑墩身混凝土。

27.5 上部混凝土箱梁施工方案、方法

27.5.1 概况

北岸32.7m跨简支箱梁在梁场集中预制,采用DLT900C型大型轮胎式搬运机进行箱梁纵、横移和提升,900t轮胎式箱梁运输专用车运梁,900t下导梁式架桥机架设。引桥跨堤连续箱梁采用挂篮悬浇施工,北岸跨浦乌公路连续箱梁采用满堂支架法现浇施工,南岸32.7m跨简支箱梁采用架桥机架设。北岸引桥梁场共预制箱梁数量为755片,见表27-10。

预制箱梁数量表 表27-10

部 位		箱梁数量(榀)
京沪高速	合建区段	32
	引桥段	166
	本标段以北	72
沪汉蓉线	合建区段	32
	引桥段	166
	本标段以北	61

续上表

部　位	箱梁数量(榀)
其他标段(江浦车站以北)	226
汇总	755

27.5.2　箱梁布置

场内设置箱梁预制场、混凝土工厂、钢筋加工车间,材料、设备存放场等。按双层方式存梁,布置10个制梁台座和40个存梁台座,可存梁80片。采用DLT900C型大型轮胎式搬运机用于梁场箱梁纵、横移及提升作业。架桥机在龙门吊机跨度内的路基上拼装。

27.5.3　32.7m跨简支箱梁预制、架设

27.5.3.1　台座布置

箱梁预制台座共布置10个,存梁台座40个,双层存梁,可存梁80片。

27.5.3.2　模板构造

梁场拟投入模板数量:京沪高速铁路箱梁外模共4套,有砟箱梁内模2套,无砟箱梁内模4套。引桥共建区沪汉蓉专线箱梁内、外模各1套。为提高制梁效力,采用整体钢模制梁工艺。整体钢模板由底模、外模、端模、内模系统、液压系统等组成。外模、端模、底模的挠度不应超过模板构件跨度的1/400,内模的挠度不应超过模板构件跨度的1/250,模板的面板变形不应大于1.5mm。

27.5.3.3　钢筋绑扎

梁体钢筋按底、腹板钢筋和桥面钢筋,分片绑扎、整体吊装工艺。梁体底板、腹板钢筋网及桥面钢筋网分别在专用台座的胎架上绑扎成整体,各胎架上预留钢筋保护层厚度并标示钢筋安装位置。梁体钢筋安装时先安装底板、腹板钢筋,在内模安装完成后,进行顶板钢筋的整体吊装。梁体钢筋采用门式吊架配合绑扎,用大吨位龙门吊机配专用吊架整体吊装。预应力孔道波纹管安装分别在梁底腹板与桥面钢筋的绑扎台座上进行。对波纹管进行水密性试验、密闭性、拉力检验,确保接头拉力满足规范要求。

27.5.3.4　混凝土浇筑

梁体混凝土数量较大,为缩短浇筑时间,采用混凝土输送泵浇筑,配合比和搅拌工艺由试验确定。坍落度在12~15cm范围内。梁体混凝土浇筑采用混凝土输送泵+布料机,连续浇筑,一次成型,布料机分两侧对称布置,同一侧两台布料机布料范围应重叠,不得出现布料死角。混凝土浇筑时间控制在10h以内,采取纵向分段、水平分层连续浇筑,由一端向另一端循序渐进的方式浇筑,每层厚度不得大于30cm。布料先从箱梁两侧腹板同步对称均匀进行,先浇筑腹板与底板结合处,然后将底板尚有空隙的部分补齐并及时抹平,再浇筑腹板,最后浇筑顶板。

梁体混凝土浇筑采用侧振+插入式高频振动棒振捣成型工艺,辅以平板振动器振动。混凝土振动时间,不应少于30s,且要满足相关技术要求,混凝土浇筑时应注意总结经验掌握最佳的振动时间。

27.5.3.5　预应力张拉

预应力钢绞线下料、编束、安装等遵照相关规范的规定办理;锚具与夹片应符合《预应力筋锚具、夹具和联结器》(GB/T 14370)的要求,锚具产品要通过有资质的检测部门鉴定,同时在使用前按批次、数量抽样检查外形外观和锚具组装件静力检验,合格后才能使用。

张拉所用的机具设备及仪表,应定期维护和校验。千斤顶在预施应力前必须经过校正,确定其校正系数,千斤顶校正系数不得大于1.05,否则千斤顶应重新检修并校正。

钢绞线预施应力程序采用群锚的预应力张拉(图27-6):初始张拉时梁两端同时对千斤顶主油

缸充油,使钢绞线束略为拉紧,充油时,随时调整锚圈、垫圈及千斤顶位置,使孔道、锚具和千斤顶三者之轴线互相吻合,同时应注意使每根钢绞线受力均匀,随后两端同时加荷到 $0.2\sigma_{con}$,打紧工具锚具夹片,并在钢绞线束刻上记号,作为观察滑丝的标记。并且测量千斤顶至锚具边的距离。钢绞线锚固:钢绞线束在达到 σ_{con} 时,持续 5 min,并维持油压表读数不变,然后主油缸回油,钢绞线束锚固。最后回油卸顶,张拉结束。张拉完成后,在锚圈口处的钢绞线做上记号,以作张拉后对钢绞线锚固情况的观察依据。张拉完成后,要测量梁体上拱度和弹性压缩值。

$$0 \xrightarrow{} 初应力(0.20)\sigma_{con} \xrightarrow{分级} 1\sigma_{con} \xrightarrow{持续5min} (补拉\sigma_{con})锚固$$

图 27-6　钢绞线预应力张拉流程图

27.5.3.6　孔道压浆、封端

预制梁终张拉完成后,在 48h 内进行管道真空辅助压浆。压浆材料为高性能无收缩防腐灌浆剂,水泥浆应采用高速水泥浆搅拌设备搅拌,保证水泥浆各项指标满足设计和压浆工艺要求。真空泵与排气口连接,压浆泵与同一管道的压浆口连接,排气口设在管道一端的上方,压浆口设在管道另一端的下方。

同一管道压浆连续进行,一次完成,因故中途停压不能连续一次压满时,立即用压力水冲干净,处理后再压浆。压浆压力控制在 0.50~0.70MPa,并持压 2~5min。水泥浆搅拌结束至压入管道的时间间隔不得超过 40min。灌浆材料的性能测试应包括初始流动度、流动度的延时变化与温度敏感性、压力引起的最大泌水量以及强度发展速率等。水泥浆在拌浆机中要控制好温度,夏季不宜超过 25℃,冬季压浆时应采取保温措施。

27.5.3.7　箱梁纵、横移和存放

箱梁纵、横移采用 DLT900C 搬运机,该型搬运机能满足 32m、24m、20m 箱梁从生产台座中吊出,倒运到存梁台座上或从存梁台座吊装到运梁车上。在箱梁运架施工开始时将预制混凝土箱梁从存梁台座上吊起。一台搬运机每天从生产台座倒运 2 孔箱梁到存梁台座;从存梁台座上倒运 4 孔箱梁到运梁车上,共吊运 6 次/d。

27.5.3.8　预制箱梁质量标准

(1)混凝土、水泥浆强度等级不得低于设计强度,弹性模量不低于设计值。

(2)混凝土抗冻性试件在冻融循环次数 200 次后,重量损失不应超过 5%、弹性模量不应低于 60%。

(3)混凝土抗渗性试件的抗渗等级不应小于 P20。

(4)混凝土抗氯离子渗透性试件的氯离子渗透值不应大于 1000C。

(5)混凝土抗裂性试件表面非受力裂缝平均宽度不应大于 0.2mm。

(6)混凝土护筋性试件中钢筋不应出现锈蚀。

(7)按施工配合比要求制成的混凝土抗碱—集料反应砂浆棒膨胀率不应大于 0.10%。

(8)预制梁成品的混凝土保护层厚度不应小于 30mm(梁体钢筋最小净保护层除顶板层为 30mm 外,其余均为 35mm)。

(9)预制梁静载弯曲抗裂性 $Kr \geq 1.20$。

(10)预制梁静活载挠度 ψ_r 实测 ≤1.05 倍设计计算值。

27.5.3.9　箱梁架设

箱梁架设按以下顺序进行:梁场以南京沪高速铁路 198 片箱梁架设→梁场以北京沪高速铁路 158 片箱梁架设→梁场以南沪汉蓉铁路 198 片箱梁架设→梁场以北沪汉蓉铁路 201 片箱梁架设。(架桥机调头作业在梁场进行)0 号墩箱梁架设在钢梁架设前完成,避免因钢梁架设后影响箱梁架设。架桥机参数见表 27-11。

JQ900A 架桥机参数 表27-11

项 目 名 称	性 能 参 数	项 目 名 称	性 能 参 数
架设梁型	32m、24m、20m双线等跨箱梁及变跨箱梁	架桥机工作状态风压(N/m^2)	250（六级风）
额定起重量(t)	900	外形尺寸（长×宽×高）(mm)	67130×17400×12638
最小架设曲线半径(m)	5500	架桥机行走速度(m/min)	0.3~3
架设最大纵坡度(‰)	20		

27.5.4 跨堤连续箱梁现浇施工

南北岸跨堤连续箱梁采用挂篮对称悬臂逐段现浇，最后进行合龙和体系转换的施工方法，连续箱梁悬浇施工步骤如下：

利用承台顶面预埋件安装钢管柱，搭设0号、1号块施工支架→安装临时支座并铺设0号块底模→绑扎钢筋、进行内、外模安装，浇筑0号混凝土→同样施工1号块→待0号、1号混凝土达到设计强度后，张拉预应力束→拆除0号、1号块模板，在0号、1号块上拼装悬浇挂篮→绑扎钢筋，进行内、外模安装，浇筑2号块混凝土→待2号块混凝土达到设计强度后，张拉预应力束→挂篮前移到位进行3号块施工→同时进行边跨直线段钢管支架搭设→按3号块施工步骤，一幅对称浇筑至6号块→另一幅对称浇筑至5号块→施工4号块时同时进行两边跨直线段钢筋、模板施工，浇筑边跨直线段混凝土→浇筑完6号块一侧中跨挂篮后移，另一侧中跨挂篮前移进行7号块施工→边跨挂篮前移，施工7号块→待施工完边跨7号块后，挂篮内外模及底模前移，主桁系统不动（或主桁系统后退），施工边跨合龙段，实现边跨合龙→边跨合龙段采用"前支后吊"施工方案，即在已浇7号块梁体内设立后吊点，再利用边跨直线段支架设立前支点施工边跨合龙段→中跨一侧挂篮前移准备中跨合龙段施工→张拉中跨临时合龙束，绑扎钢筋→浇筑中跨合龙段混凝土，实现全桥合龙→拆除挂篮，张拉第一批合龙束→拆除0号块托架临时支座、落梁进行体系转换→张拉第二批合龙束→拆除墩旁支架→进行桥面施工。

27.5.5 跨浦乌公路连续箱梁现浇施工

跨浦乌公路连续箱梁为单幅预应力混凝土箱梁，跨径为40m+2×44m+40m，主要采用满堂碗扣式钢管支架现浇施工。为保证施工期间浦乌公路的畅通，施工支架在浦乌公路范围采用贝雷梁支架，预留浦乌公路上下行通道，通道净高度5.5m，净宽2×12m。

沿桥梁投影线范围外各1m换填碎石层0.3m，采用重压路机碾压，经地基承载力试验，符合要求，铺设$B=20cm$厚预制板→边跨各跨两端搭设钢管支架，排架采用$\phi4.85mm$碗扣钢管支架，严格按设计要求执行→中跨跨浦乌公路段搭设加强型贝雷梁支架→安装纵横分配梁，加载预压→立模、绑扎钢筋，灌注混凝土，养护。

27.6 主桥钢梁架设

27.6.1 钢梁架设总体施工方案及工期安排

27.6.1.1 钢梁架设总体施工方案

六跨连续钢桁拱主桥钢梁架设采用从两侧往跨中架设、跨中合龙的总体方案。北侧从4号墩向6号墩，南侧从10号墩向8号墩方向架设；6号、7号、8号主墩墩顶4个节间在墩旁托架上架设，其余节间钢梁均为双悬臂架设；6号、8号墩各设吊索塔架一座，7号墩设三层平索辅助架梁。六跨连续钢桁拱共设 4 个合龙口,南北两侧 192m 边跨各 1 个,两孔 336m 主跨各 1 个;南北两侧 192m 边跨合龙口设在该跨的第 8 节间,两孔 336m 主跨合龙口均位于跨中(7 号墩两侧第 13 个节间)。全桥 4 个钢梁合龙口均采用双悬臂合龙,合龙顺序是先两侧 192m 边跨,之后再安装合龙两个 336m 主跨。4~0 号墩两联 2×84m 钢梁在 5~6 号墩 192m 边跨合龙后,架梁吊机调转回 4 号墩,从 4 号墩向 0 号墩方向全悬臂架设,直至完成两联 2×84m 钢梁架设。拱桁钢梁悬臂安装顺序先下弦系杆,后拱下弦、上弦,最后安装吊杆。平弦钢梁伸臂安装顺序为先主桁杆件,待各片主桁的三角形闭合后再安装桥面。桥面板分块随下弦在本节间安装,先拴接,后焊接,焊接施工滞后 1~2 个节间,焊接时先横缝,后纵缝。

(1)施工总体布置一(192m 边跨合龙前)。

全桥架梁总体方案图一如图 27-7 所示。

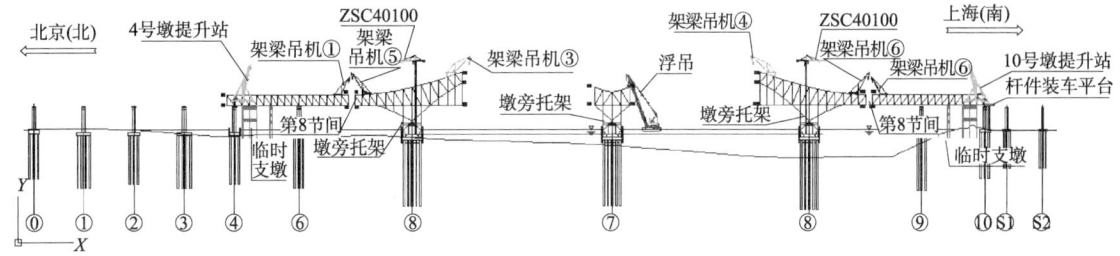

图 27-7　全桥架梁总体方案图一

①边跨钢梁起始节间在临时支墩上单伸臂安装,梁端适当压重,临时支墩设在 4 号与 5 号、10 号与 9 号墩之间。

②主墩墩顶起始 4 个节间利用浮吊在墩旁托架上安装,之后安装 2 台架梁吊机,对称悬臂安装钢梁杆件。

③192m 边跨合龙口设在跨中第八个节间,合龙时中跨钢梁不动,调整边跨。

④全桥共布置架梁吊机 6 台,其中爬坡吊机 4 台,平弦吊机 2 台。

(2)施工总体布置二(2×336m 主拱合龙前)。

全桥架梁总体方案图二如图 27-8 所示。

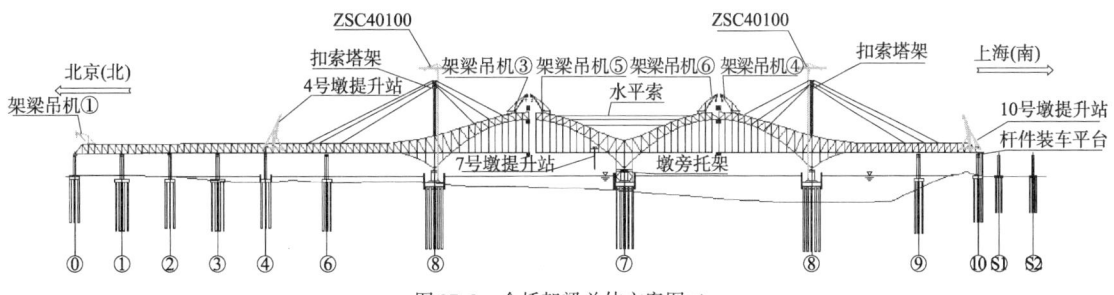

图 27-8　全桥架梁总体方案图二

①钢梁安装多点同时进行,分别在 4 号、7 号、10 号墩处各设钢梁提升站 1 个。

②192m 边跨合龙之后,架梁吊机①调头安装 4 号~0 号墩钢梁,架梁吊机⑤、⑥倒至 7 号墩顶,双悬臂对称架梁。

③6 号、8 号墩旁上、下游各布置 1 台塔吊,用于吊索塔架拼装和挂索。

④主跨在跨中合龙,先拱后系杆,先南主拱后北主拱。

27.6.1.2　钢梁架设主要工期安排

2006 年 12 月完成钢梁制造招标→2007 年 3 月完成制造规则、焊接工艺、制造工艺评审→2007 年 6 月首批钢梁开始发运工地→2007 年 7~8 月钢梁工地预拼→2007 年 7 月完成 8 号墩墩旁托架,8 月 21 日,开始架设 8 号墩钢梁→2007 年 9 月完成 6 号墩墩旁托架,10 月 1 日开始架设 6 号墩钢梁→2007 年 8 月开始架设南边跨钢梁→2007 年 8 月开始架设北边跨钢梁→2007 年 11 月完成 7 号墩墩旁托架,12月21日开始架设7号墩钢梁→2008年3月南边跨钢梁合龙→2008年4月北边跨钢梁合龙→2009年3月南主跨钢梁桁拱合龙→2009年4月北主跨钢梁桁拱合龙→2009年5月主跨钢梁系杆合龙→2009年10月完成道砟槽板施工。

27.6.2 钢梁架设总体布置

27.6.2.1 预拼存放场

北岸预拼存放场设在四公司的浦口货场,水运、陆运均可到达,此场地供应6号墩以北钢梁;钢梁在北岸预拼场预拼后经北岸下河码头下河,水运至4号墩提升站处上桥,或水运至6号墩钢梁架设位置架梁吊机直接起吊安装。南岸钢梁主要由水上来料。预拼场设在现场工区内,兼顾现场杆件存放,主要供应7~10号墩钢梁架设,杆件预拼好后或通过起重码头下河水运至7号墩提升站上桥,或经场内轨道运输至10号墩提升站上桥。

27.6.2.2 提升站

全桥设3座钢梁杆件上桥提升站,分别位于4号、7号、10号墩。4号、10号墩下游侧各设一座钢梁杆件提升站(起吊能力不小于70t,吊距要满足架设两个节间钢梁的要求);7号墩在上游侧钢梁第四节间设一座悬臂梁70t提升站;杆件经提升站起吊上桥,在桥面上的运输利用已架设好的钢梁下弦桥面板上铺设的临时运输道,由运梁台车运输至待架位置,架梁吊机起吊安装。6号、8号墩钢梁在192m边跨合龙前全部由船运至待架钢梁位置下,由架梁吊机(墩顶4个节间由浮吊起吊安装)从水面上起吊安装,南北侧两个192m边跨合龙后各由10号、4号墩提升站上料;4~0号墩钢梁由4号墩提升站供料;7号墩钢梁前5个节间钢梁杆件由船运至待架钢梁位置下,由架梁吊机(墩顶4个节间由浮吊起吊安装)从水面上起吊安装,剩余节间由7号墩提升站供料。

27.6.2.3 下河码头

南、北两岸各设一座70t起重码头,负责起吊钢梁杆件(重量70t以下)上岸或下河。重量超过70t的钢梁杆件直接从水上来料,船运至墩位起吊安装,并与钢梁制造厂家约定好。

27.6.2.4 塔吊布置

主墩6号、8号墩在墩座上下游各布置一台塔吊,主要用于吊索塔架的拼装和挂索;为便于墩身施工和墩顶钢梁杆件安装,上下游塔吊分先后安装。上游一台塔吊在承台墩座施工完毕后安装,作为施工墩身帽的起吊设备,下游一台塔吊在墩顶钢梁杆件安装完毕后安装。

27.6.2.5 临时支墩

南侧10号和9号、北侧4号和5号墩钢梁均采用在支墩膺架上半悬臂拼装方案。临时支墩由钢管柱及分配梁组成。在设计时为安全考虑,在计算支墩所承受的反力时,均按"当钢梁架设至该支墩后,以前的支墩不再受力,由本支墩及桥墩承受钢梁自重及施工荷载"进行考虑。第一孔钢梁为108m,根据地形及钢梁安装的需要,在两墩之间设置了4个临时支墩。每桁临时支墩最大反力约13500kN,考虑温度影响单桩最大反力约4000kN。反力较大的钢管桩采用$\phi12000mm \times 14$的钢护筒,最大有效入土深度约25m。

27.6.2.6 墩旁托架

6~8号墩墩顶4个节间钢梁有节间长度长(有15m和15.72m两种形式)、杆件质量大(最重杆件116t)、安装精度要求高等特点。墩顶4个节间是主跨钢梁的起始点,其安装精度直接影响主跨钢梁的线形,也直接决定了边跨和中跨合龙口的误差。

6号、7号、8号墩采用墩旁托架和钢梁固结方案,但在托架上预留调节钢梁中线的设施。墩顶2个钢梁节间拼装完毕后,对钢梁平面位置进行一次精确调整,之后将墩旁托架和钢梁锁定。具体的方案为:

墩旁托架分为底节和顶节两段,两节之间设置可调分离口,在钢梁安装阶段用钢垫块和连接板将分离口抄死。托架底节采用钢管混凝土立柱,钢管立柱和墩身之间,以及钢管柱之间设置连接系,形成墩旁托架底节平台;墩旁托架顶节采用箱形杆件和墩顶2个节间钢梁拱脚加劲弦预留出来的节点板连为一体,在钢梁安装阶段可以看作是主跨钢梁的一部分。墩旁托架底节钢管立柱施工完毕后,对6根钢管柱进行平面位置和立柱顶高程精确测量,并调整施工误差,之后安装纵横向连接系,形成墩旁托架底节平台。之后安装立柱顶钢垫块,安装托架顶节杆件,并将托架顶节和底节之间的分离口临时锁定,之后安装钢梁支座(支座均按设计位置安装)和墩顶2个节间钢梁杆件。测量墩顶2节间钢梁高程、中线偏差,解除分离口的临时锁定,在托架底节顶托盘上安装千斤顶设备,精确调整钢梁中线后,焊接钢板将分离口完全锁定。安装爬行吊机,拼装完剩余节段钢梁。

托架按拉压杆件设计,除考虑钢梁重量外,还考虑以下不利因素:两侧不对称安装相差三根杆件、架梁吊机走行相差一个节间、施工中不对称荷载、最不利风荷载产生的倾覆弯矩90MN·m。在最不利工况组合时,墩旁托架立柱最大受压约22000kN设计。大桥设计院对托架和承台的连接处进行专门加强设计。边跨钢梁(192m跨)合龙后拆除6号、8号墩托架与钢梁的连接,南、北主拱合龙后拆除7号墩托架与钢梁的连接。

27.6.2.7 三层吊索塔架

全桥吊索塔架2台,用于6号、8号墩钢梁架设;7号墩钢梁架设采用三层平索对拉方案;吊索塔架单桁中心立柱受力约45000kN,塔架高度95m,前后吊索每桁(共3桁)设置3层。塔架立柱下端与钢梁上弦节点预留铰座板铰接,吊索塔架中心立柱每节高度以塔吊的最大起重量控制,因此中心立柱按标准节段(4m一节)设计,重量约16t/节;斜拉索和平索均采用高强平行钢丝,外包PE保护层;斜拉索和平索的设计安全系数均为$K=2$,即拉索的正常使用应力不超过高强钢丝标准强度的50%,并预留10%的调索储备,即拉索最大容许应力$[\sigma] \leqslant 0.55R_b$。吊索塔架利用塔吊分段拼装,6号、8号墩边跨合龙后,对6号、8号墩侧钢梁调整完毕后开始拼装吊索塔架。

27.6.3 钢梁架设

27.6.3.1 北岸0~6号墩钢梁架设

北侧钢梁的安装从4号墩开始拼装,先完成4~6号墩,之后架设4~0号墩间的钢梁。先用4号墩提升站吊机从4号墩开始向5号墩方向在膺架上安装前2个节间(第一个节间靠下游侧的上弦平联暂不安装),再安装临时连接杆件及3号墩方向1个节间,并在已经架设好的钢梁上拼装1台架梁吊机,之后架梁吊机开始向5号墩方向架梁。4与5号墩间的钢梁在临时墩上半伸臂安装,架设到达5号墩后全悬臂拼装,直到5号墩与6号墩间的钢梁合龙口(第8节间),并与从6号墩方向拼装来的钢梁合龙。待北侧192m边跨合龙后,平弦钢梁60t架梁吊机调头转回4号墩,由4号墩向0号墩方向架直至完成两联2-84m钢梁架设。4号与0号墩间的钢梁为全伸臂安装,在全伸臂安装的同时,应通过临时连接,将各联钢梁连为一体,作为对全伸臂安装的相互压重。

27.6.3.2 南边跨钢梁架设

南边跨钢梁的安装从10号墩开始向9号墩方向进行,10号墩至9号墩之间设临时支墩,初始的墩顶2个节间由10号墩提升站吊机吊装架设,之后在已经安装好的钢梁上拼装1台60t架梁吊机(借用北岸半个节间杆件将10号墩墩顶钢梁三角桁补平,以便于安装架梁吊机),向9号墩方向半悬臂架设钢梁。架设到达9号墩后全悬臂拼装,直到9号墩与8号墩间的钢梁合龙口(第8节间),并与从8号墩方向拼装来的钢梁合龙。

27.6.3.3 南、北侧192m跨架设及合龙

从8(6)号、9(5)号墩分别向192m跨中全悬臂拼装7个节间,跨中(第8节间)合龙。6号、8号

墩钢梁支座按设计位置安装,钢梁不进行抬高。为保持6号、8号墩顶两侧钢梁重量基本平衡,6号、8号墩靠河侧拼装6个节间,靠岸侧拼装7个节间。192m跨钢梁合龙原则是:合龙前,保持6号、8号墩顶钢梁不动,4号、5号(9号、10号)墩上钢梁下落一定的高度,并整体纵移,从而消除边跨合龙口两端转角和竖向位移误差,之后按设计杆件长度安装;先合龙下弦杆,再合龙上弦以及斜杆。为使4号、5号(9号、10号)墩钢梁在边跨合龙前有下落空间,4号、5号(9号、10号)墩顶部分支承垫石先不浇筑,钢梁正式支座先不安装,安装时使用临时支座。边跨合龙具体的方案为:

6号、8号墩钢梁在边跨合龙前和墩旁托架固结,支座位于设计位置上。4(10)号墩顶钢梁下落608mm,5(9)号墩钢梁下落74mm,钢梁整体向6(8)号墩方向纵移44mm。达到合龙条件后按标准设计杆件依次安装合龙口下弦、上弦和斜杆。边跨合龙后,解除6号、8号墩墩旁托架,起顶4号、5号(9号、10号)墩钢梁,浇筑支承垫石剩余部分,并将临时支座更换为正式支座。之后将钢梁向中跨侧整体纵移260mm。

27.6.3.4 主拱钢梁架设

6号、7号、8号主墩墩顶4个节间在墩旁托架上架设,3个主墩钢梁支座均放在设计位置上安装,6号、8号墩各设吊索塔架1座,钢梁悬拼13个节间(168m);7号墩设3层平索,钢梁悬拼12个节间(156m);7号墩两侧第13个节间为主拱合龙口。

(1) 6号、8号墩中跨侧钢梁安装。

6号、8号墩钢梁在192m边跨合龙后,对钢梁进行一次整体调整,调整完毕后架梁吊机继续向中跨侧安装钢梁,同时开始拼装吊索塔架。6号、8号墩钢梁中跨侧钢梁主要施工步骤如下:

①爬行吊机拼装完第8节间后,挂设并张拉第一层吊索,前索下锚点距墩中线5个节间,后索下锚点距墩中线13个节间。前索、后索张拉力分别为9620kN、8500kN。

②之后爬行吊机继续向中跨侧安装第9、第10两个节间钢梁,挂设并张拉第二层吊索,前索下锚点距墩中线7个节间,后索下锚点距墩中线16个节间。前索、后索张拉力分别为9650kN、9500kN。

③爬行吊机继续向中跨侧安装第11、第12两个节间钢梁,挂设并张拉第三层吊索,前索下锚点距墩中线9个节间,后索下锚点距墩中线18个节间。前索、后索张拉力分别为9970kN、10000kN。

④爬行吊机前移一个节间,安装第13节间钢梁,准备中跨钢梁合龙。

(2) 7号墩钢梁安装。

7号墩墩顶4个节间钢梁安装完毕后,倒用6号、8号墩边跨侧架梁吊机进行钢梁双悬臂安装,主要施工步骤如下:

①爬行吊机拼装完7号墩两侧第8节间后,挂设并张拉第一层平索,锚点距墩中线5个节间,平索张拉力为13500kN。

②爬行吊机继续向中跨侧安装第9、第10两个节间钢梁,挂设并张拉第二层平索,锚点距墩中线7个节间,平索张拉力为13000kN。

③爬行吊机继续向中跨侧安装第11、第12两个节间钢梁,挂设并张拉第三层平索,锚点距墩中线9个节间,平索张拉力为16000kN。

④调整6号、7号、8号墩吊索索力,以及其他辅助措施,进行合龙口杆件安装。

27.6.4 主跨钢梁合龙

27.6.4.1 合龙总则

主跨合龙顺序:先拱后系杆。根据南京桥工期计划安排,先合龙南主跨,后合龙北主跨,如图27-9所示。

总的原则是,7号墩钢梁和墩旁托架保持固结状态,通过调整6号、8号墩侧钢梁来适应合龙口位移。钢梁架设时,主要通过调整3层吊索索力来调整钢梁内力和线形。为顺利合龙,主要采取如下措施：通过6号、8号墩的调整预偏，来调整x方向（纵桥向）的位移；通过3层索来调整合龙口的z向（竖向）位移和转角，最终将合龙口两端的合龙点调整到预定位置。

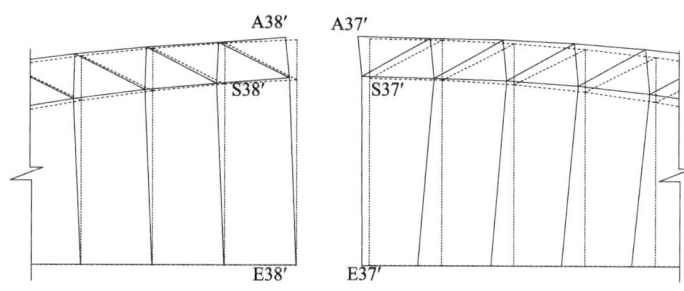

图27-9　钢梁主跨合龙口示意图

注：本图示意合龙前调索完毕，钢梁纵移后合龙口实际位置，虚线为钢梁设计线形，实线表示钢梁变位后线形。

27.6.4.2　南主跨桁拱合龙

合龙顺序是桁拱下弦、上弦和斜杆。钢梁拼装至合龙口后，实测合龙口水平距离和转角及高差，通过索力调整和8号墩钢梁纵向微调，使合龙口两端节点的x、z值及转角一致，然后依次按设计杆件长度安装下弦、上弦和斜杆，完成南主拱的合龙。

27.6.4.3　北主跨桁拱合龙

南主跨桁拱合龙后，解除8号墩支座的纵向约束，开始合龙北主拱。合龙顺序是桁拱下弦、上弦和斜杆。首先，实测合龙口水平距离和转角及高差；然后，通过6号墩上第三层索的索力调整和6号墩钢梁纵向微调，使合龙口两端节点的x、z值及转角一致；最后，依次按设计杆件长度安装下弦、上弦和斜杆，完成北主拱的合龙。北主拱合龙后，解除6号墩支座的纵向约束。

27.6.4.4　系杆合龙

南北主跨合龙后，解除7号墩墩旁托架和钢梁之间的联结。此时，两主跨系杆合龙口均比理论长度短235mm，需逐步释放3个主墩第三层吊索索力使系杆合龙口张开到理论长度。6号、8号墩第三层前索释放10950kN，后索释放10980kN；7号墩第三层水平索释放11600kN，此时系杆合龙口张开至理论长度，按标准设计杆件安装系杆，完成南、北主跨钢梁系杆合龙。

27.6.4.5　关于钢梁合龙口敏感度分析以及钢梁合龙预案

表27-12为单位力（1000kN）作用下合龙口位移分析表。

合龙口两端节点上施加竖向力对合龙口竖向位移最为有效；对于改变吊索索力，调整第三层索（最外索）效果明显；水平向顶拉、温度变化对合龙口纵向和竖向位移均有改变；横向加载对改变桥中线偏位比较有效。

单位力（1000kN）作用下合龙口位移分析表　　　　表27-12

单位荷载	6号墩前端位移					7号墩前端位移			
	节点	Δx（mm）	Δz（mm）	$\Delta \theta$（°）	Δy（mm）	节点	Δx（mm）	Δz（mm）	$\Delta \theta$（°）	Δy（mm）
第一层索增加1000kN	上弦	-13.4	22	-0.005	—	上弦	3.2	6	0.002	—
	下弦	-12.3	22		—	下弦	2.8	5.9		—
第二层索增加1000kN	上弦	-20.5	38.4	-0.013	—	上弦	6	12.7	0.007	—
	下弦	-17.7	38.4		—	下弦	4.6	12.7		—
第三层索增加1000kN	上弦	-28.7	61.8	-0.028	—	上弦	9.1	20.9	0.014	—
	下弦	-22.8	61.8		—	下弦	6.2	20.8		—
合龙口竖向力1000kN	上弦	39.6	-107.6	0.066		上弦	-53	-119.4	-0.073	
	下弦	25.7	-107.1			下弦	-37.8	-118.8		

续上表

单位荷载	6号墩前端位移				7号墩前端位移			
	节点	Δx (mm)	Δz (mm)	$\Delta \theta$ (°)	Δy (mm)	节点	Δx(mm)	Δz(mm)	$\Delta \theta$(°)	Δy (mm)
合龙口水平力1000kN	上弦	-20.2	39.6	-0.022	—	上弦	27.7	53	0.031	—
	下弦	-15.6	39.6		—	下弦	21.3	52.9		—
温升10℃	上弦	16.4	-32.5	0.041	—	上弦	-23.4	-40.3	-0.038	—
	下弦	7.9	-32.7		—	下弦	-15.4	-41.5		—
横桥向100kN					5.5					4.8

钢梁合龙前对于合龙口的调整,以调整最外层吊索索力和整体纵移6号、8号墩侧钢梁为主要调整手段,从而将合龙口杆件位移尽可能调整到接近理想状态,同时准备辅助合龙预案。合龙预案有:合龙口两侧杆件上预留抗剪圆销孔以及定位长圆孔;在合龙口安装水平顶拉设施用千斤顶对顶或对拉调整;逐步打入冲钉调整;架梁吊机移位或者提升另一侧合龙端口以改变竖向集中力;温度变化调整;导链对拉调整;以及最后1~2个节段部分吊杆和桥面板后装等等。考虑到本桥的复杂性,包括整体节点的刚度大、桥面为整体桥面等因素,在设施配备上,预备了至少10%的储备,主要是托架、吊索塔架和斜索。

27.6.5 钢梁架设工艺

27.6.5.1 钢梁安装架设的主要施工步骤

(1)安装4号与5号墩,10号与9号墩临时支墩及膺架,在4号、10号墩各安装一台墩旁吊机(提升站)。利用墩旁吊机(提升站)在4号与5号墩、10号与9号墩临时支墩和膺架上拼装各2个节间钢梁,在钢梁上拼装架梁吊机①、架梁吊机②。

(2)架梁吊机①向5号墩方向,架梁吊机②向9号墩方向逐节间安装钢梁。

(3)浮吊安装6号和8号墩墩旁托架、墩旁吊机及墩顶上4个节间钢梁。

(4)利用120t浮吊(原墩身运架驳改制)在6号和8号墩拱顶钢梁上对称安装爬行架梁吊机③、④、⑤、⑥,爬行架梁吊机双悬臂拼装钢梁。

(5)浮吊安装7号墩墩旁托架墩顶上4个节间钢梁。

(6)架梁吊机①、②向跨中侧继续安装钢梁,直至192m边跨合龙口(合龙口位于第8节间),6号、8号墩边跨侧安装完7个节间,中跨侧安装6个节间后,准备边跨合龙。

(7)通过调整9号、10号墩和4号、5号墩落梁调整边跨合龙口位移,依次合龙两边跨钢梁。

(8)两侧边跨合龙后,解除6号、8号墩钢梁与墩旁托架连接,并将6号、8号墩临时固定支座释放为滑动支座,对6号、8号墩钢梁初步调整。拆除两台爬行架梁吊机,倒至7号墩拱顶钢梁上安装,7号墩对称全悬臂钢梁拼装。架梁吊机①退回并在4号墩调头,开始架设4~0号墩钢梁。

(9)6号、8号墩吊索塔架安装。

(10)6号、8号墩吊机③、④继续向前拼装2个节间钢梁;第一层吊索挂设并张拉;7号墩吊机⑤、⑥向前拼装6个节间,挂设张拉7号墩第一层水平索。

(11)6号、8号墩钢梁继续向前悬臂拼装2个节间挂设张拉第二层索;7号墩钢梁继续向前悬臂拼装2个节间挂设张拉第二层水平索。

(12)6号、8号墩钢梁继续向前悬臂拼装2个节间挂设张拉第三层索;7号墩钢梁继续向前悬臂拼装2个节间挂设张拉第三层水平索。

(13)6号、8号墩第三层吊索张拉索力之后,架梁吊机再向前拼1个节间;准备主跨钢梁合龙(分先后顺序,先南主拱后北主拱)。

(14)通过索力调整和10号、9号、8号墩上钢梁纵移,将7号与8号墩钢梁梁端合龙点的位移、转角偏差调整到安装精度要求之内,进行南主跨钢桁梁拱肋合龙。

(15)通过合龙前调索,及4号、5号、6号墩顶纵横移,将北主拱合龙口梁端位移、转角调整到安装精度要求之内,之后进行北主跨钢梁拱肋合龙。

(16)拆除7号墩墩旁托架,并解除6号、8号墩支座的纵桥向约束,完成体系转换。

(17)通过逐步释放索力,使得两主跨系杆节点栓孔对应,安装系杆合龙点,进行系杆合龙,完成全桥合龙。

(18)拼装主跨钢梁的同时,北侧架梁吊机完成4号~0号墩剩余钢梁的安装。

27.6.5.2 钢梁架设工艺要点

1)钢梁杆件上桥线路

(1)6号墩以北。

线路一:6号墩顶钢梁由水上来料,浮吊、架梁吊机直接起梁架设。

线路二:4号墩旁设一座70t提升站,水上来料经提升站上桥,由桥面运输向两端供梁,边跨合龙后继续向6号墩以南供梁。

(2)7号墩以南。

线路一:8号墩顶钢梁由水上来料,浮吊、架梁吊机直接起梁架设。

线路二:10号墩旁设一座70t提升站,陆上来料经提升站上桥,由桥面运输向前端供梁,边跨合龙后继续向8号墩以北供梁。

线路三:7号墩顶钢梁由水上来料,浮吊、架梁吊机直接起梁架设;之后利用7号墩上游侧钢梁第四节间设一座悬臂梁70t提升站;水上来料经提升站上桥,由桥面运输向前端供梁。

2)钢梁安装原则

(1)为保证钢梁架设过程中的抗倾覆稳定,6号、8号墩双悬臂架梁时,边跨方向架设进度应比中跨方向多出1~2个节间,以保证钢梁自平衡稳定安全。7号墩应对称架设。

(2)膺架上拼装钢梁,除保证膺架有足够的承载力和预留压缩下沉量外,应特别注意钢梁的拼装拱度曲线。在拼装主桁前一节间时在自由状态下进行。即下弦杆前端拼至前一膺架的支点时,不得受力,与膺架支点保持间隙。主桁杆件闭合,节点高强度螺栓100%终拧后,下弦杆前端节点底面与膺架支点垫块之间才能用钢板抄死。该节间高栓全部终拧后,再拼装下一节间。

(3)在膺架上拼装钢梁第一节间的纵梁时,在纵梁的悬臂端设置临时支点。

(4)钢梁悬臂拼装时,临时支座的设置。

第一孔钢梁在膺架上安装时,4号(10号)墩上设临时固定支座,临时固定支座是在正式活动支座上加设止推垫板,将其临时锁定。设置临时固定支座时,要能承受安装时的设计反力和足够的摩擦力,严禁涂油,以防止钢梁滑移。6号、8号墩设计正式支座为活动支座,在悬臂拼装过程中,应临时锁定为固定支座,待边跨合龙后再释放。7号墩顶正式支座为固定支座,不进行变换。

(5)悬臂安装过程中钢梁位置调整。钢梁在悬臂安装到达桥墩后,如前支点横向偏移较大时,应在起顶前横向偏移调整到位。钢梁横向偏移调整前,下平联和上平联节点螺栓必须终拧完毕,以防钢梁受横向水平力的影响造成钢梁轴线发生曲折。钢梁纵移可利用温差的办法进行。

3)钢梁安装要点

(1)单杆件拼装时,为保证拼装拱度,需均匀打入孔眼总数的50%冲钉并上足25%~30%的高强度螺栓,稍拧紧后方能松钩。松钩后立即补足剩余孔眼的高强度螺栓,稍拧紧。按施拧工艺全部高强度螺栓逐一初拧和终拧,高强度螺栓终拧经检查合格后,用相应油漆作标志。将冲钉分次换成高强度螺栓,一次卸下的冲钉数量,最多不超过冲钉总数的20%。全部冲钉换成高强度螺栓后,按工艺标准进行初拧和终拧,高强度螺栓终拧经检查合格后,用相应油漆作标志。高强度螺栓施拧顺序应从栓群中心向四周进行。

(2) 悬臂架设过程中,为保证钢梁的拱度,要求主桁栓合进度不落后于拼装的 2 个节间,即正在栓合的节点与正在拼装的节点距离为 2 个节间。吊机移动前,必须经过值班工程师签证。

为增强钢梁总体刚性,减少晃动,断面联结系、上下平面联结系的高强度螺栓终拧不能落后于拼装进度 3 个节间。当进入封锁阶段后不能落后于拼装进度 2 个节间(24m)。妨碍主桁栓合的交叉型平纵联杆件,可暂拔移,主桁栓合完毕立即复位,但两交叉连接杆件,不得同时拔移,以保持支撑作用。

(3) 主桁下弦拼装距墩顶最后一个节间时,中桁杆件尽快拼装到墩顶,单桁闭合成稳定结构,但不搁置,与支点保持 2~3cm 间隙,立即拼装两边桁及其他杆件。待整体形成稳定结构及各处节点高强度螺栓终拧 50% 后,才将空隙抄实,但不允许起顶。等到再悬臂拼出 3 个节间,使加劲弦杆件全部闭合,并将主桁大节点螺栓全部终拧后,此桥墩支点才允许起顶调梁,支点处桥门架,起顶横梁亦应在起顶前将螺栓终拧完毕。

(4) 架梁爬行吊机在钢梁上弦每隔 12m 移动一次,吊机前轮中心与节点中心的距离应按施工要求办理。

(5) 钢梁悬臂安装时节点挠度及中线的测量,要求每安装一个大节间,各节点测一次挠度,并与计算值对比,测一次中线,判断钢梁制造和安装质量,决定锚孔坡度,使钢梁到达前方支点时,具备足够梁底净高,对下步钢梁横移及起顶设备布置提供参考。加强对各墩支点位移和重要杆件应力测定,及时进行分析对比。主桁拱合龙时应测定相关杆件应力,及时掌握合龙过程杆件应力状况,检验结构特征。

(6) 悬臂安装过程中钢梁重量由正式支座承担,起顶位置设置临时支垫保险。钢梁调整时,正式支座作为保险支座。

(7) 悬臂安装时,前方墩顶支座高程,应由最大悬臂挠度和工厂制造拱度、锚孔梁坡度及墩顶设备高度等因素确定。临时支座应布置良好的竖向、纵横向调节设备,充分考虑支座在温度、风力、静力、动力作用下的稳定性。支承于临时支座(如工钢束、钢垫块、钢轨束等)的主要受力支点,应考虑钢梁转角产生的偏心反力对支座和钢梁节点的影响。

4) 桥面系安装要点

整体钢桥面板是正交异性板的钢桥面板和主桁的下弦杆用焊接连接在一起,桥面板参与弦杆受力的板桁组合结构。

6 号、7 号、8 号主墩顶 4 个节间桥面板通过一台 350t 全回转吊船或一台 200t 桅杆吊船辅助安装。其余桥面板从 4 号、7 号、10 号墩提升站上桥,由运梁台车运输至待架位置,架梁吊机起吊安装。

钢梁桥面板工地焊缝以纵、横向焊缝为主,采取单面焊双面成型工艺保证焊缝质量。

27.6.5.3 墩顶布置及梁体顶落、纵横移

(1) 指导思想。

墩顶布置是以边跨合龙前的状态为主要工况进行设计的,中跨合龙时只进行纵向移动。包括两项内容:钢梁临时支点的设计、位移调整系统的设计。

192m 边跨合龙时,保持 6 号、8 号墩钢梁不动,仅对 4 号、5 号(10 号、9 号)墩钢梁进行调整。在 4 号、5 号(10 号、9 号)墩墩顶布置起落梁及纵横移设备,支点的起落仅在主桁节点下设千斤顶,采用以节点为单位的供油系统,并控制 3 桁间各节点的相对高差不超过 20mm。

位移调整系统,则是在钢梁的起顶点下布置千斤顶及垫座。千斤顶分为竖向千斤顶及水平千斤顶,需要对钢梁位置进行调整时,先起顶竖向千斤顶将钢梁顶起,再启动水平千斤顶顶动竖向千斤顶,往需要的方向移动,竖向千斤顶下面布置有四氟板滑动面。当仅需进行顶落梁操作而不进行纵横移操作时,不得在竖向千斤顶下布置四氟滑板滑动面。

(2)墩顶布置。

墩顶钢梁起顶位置依次布置千斤顶、垫座(带水平顶反力座)、钢垫块、分配梁等。千斤顶设置根据支撑需要确定,竖向多用600t、500t千斤顶,水平向多用350t、100t千斤顶。

27.6.5.4 操作注意事项

(1)墩顶布置操作注意事项。

①顶落梁、纵横移工作必须在各大节点、上下平联、断面联结系等处螺栓全部终拧,有了充分的横向刚度以后方可进行,以防产生弯折线。

②在进行顶落梁、纵横移操作时,必须确保塔吊与钢梁及吊索塔架解除连接。

③工钢组、钢垫块、千斤顶等布置后符合设计要求,工钢组及钢垫块应平整,尤其是滑板上下的不平整度应控制在1mm以内。

④各层钢垫块、千斤顶、钢垫板、钢垫梁及工钢组之间均应加垫3mm厚的石棉板,以防止出现打滑现象,钢垫块干净整洁时,也可间隔加垫石棉板。

⑤钢垫板与四氟乙烯板、不锈钢板接触面要除锈;不锈钢板与四氟板安装前应用棉纱将灰尘擦净,滑动面涂黄油或二硫化钼作为润滑剂;上层钢垫板安装后将滑动面用塑料布包好,防止灰尘进入滑动面而增加摩阻力。

⑥应选用相对较好的钢垫块,尽量选择实心、表面平整(表面机加工刨过的更好)的垫块,如果实在存在不平整现象,在层内也应用石棉纸调平。

(2)顶落梁注意事项。

①顶落梁使用的油压千斤顶,必须带顶部球形支承垫及保险垫块,每个桥墩上共同作用的多台千斤顶必须选用同一型号,用油管并联。油压千斤顶、油泵、压力表、油管长度力求一致。为准确掌握支点反力,应对千斤顶、压力表一并配套校正,并注意定期检查。

②顶落梁中,上支承面及各垫层间应放置石棉板防滑材料,垫座中心应与千斤顶中心轴重合。

③顶落梁施工应按设计文件办理,对顶落高程、支点反力、支点位移,跨中挠度等变化,应进行观测和记录。

④顶落梁时在正式支座顶进行抄垫,将正式支座作为保险支垛。同时在千斤顶起顶时,随时安装千斤顶上的保险垫块(防止划伤油缸)。在施工过程中,每起落5cm高度要停顿一下,测量桁间最大高差不大于3mm时,进行下一次顶落。

⑤即使在顶落过程中千斤顶及油管突然发生问题,正式支座上的保险支垛及千斤顶上的保险垫块仍能承受钢梁的重量。为了防止万一,千斤顶、油管、油泵均要留有备用。

⑥千斤顶安放在墩顶及梁底的位置均应严格按设计规定安放,千斤顶中心轴应与支承结构中心线重合,与起顶中心位置偏差不大于5mm,并不得随意更改。

⑦在顶落梁及纵横移时,应由值班工程师负责,并做好记录,使用多台千斤顶顶落梁时,应统一指挥,由专人负责。

⑧严禁在施工过程中无意碰坏或碰断油泵供油系统。

(3)纵横移注意事项。

①在进行纵横移以前,先检查滑动面情况。滑动面不锈钢板和聚四氟乙烯板要先用机油清洗干净,再涂一层硅脂或二硫化钼润滑剂,切忌有沙粒尘埃附在板面;滑动面上下的钢垫板必须平整,不得有错台。

②移梁前应首先开动垂直千斤顶,顶起钢梁约2cm,同时上好保险箍,再起动水平纵移或横移千斤顶,纵横移操作宜缓慢进行。

③当进行纵横移操作时,支座可挂在钢梁上一起运动,注意上、下摆之间需重新安装临时连板,以防支座转动。支座就位后,取下临时连板。

④开动水平千斤顶进行纵横移前,要详细检查支点附近有无障碍物。为观测横移距离,可在横梁中点处挂上线锤,随时读取与桥墩中心的偏距。为观测纵移距离,可在节点中点处挂上线锤,随时读取与垫石中心的偏距。

⑤纵横移快到位时,应放慢速度,精确调整位置。

⑥纵横移时仅需开动偏移侧的千斤顶,另一侧作为保险。纵横移应使用同类型的千斤顶,且应并联,在操作过程中,每桁千斤顶要保持同步。

27.6.5.5 边跨合龙

(1)边跨合龙特点。

架梁吊机拼装边孔钢梁至192m边跨第7节段(合龙口位于第8节段)为最大悬臂状态,此时梁端挠度达到最大。

192m边跨合龙时,6号(8号)墩钢梁不动,在4号(10号)、5号(9号)墩顶进行起落梁、纵横移操作,使边跨合龙口达到理想状态后安装合龙口杆件;边跨合龙后,解除6号、8号墩墩旁托架和临时支座约束,并继续悬拼钢梁至主跨合龙口。

(2)合龙方案。

①通过调整边跨钢梁前、后支点高差来满足合龙挠度要求。前方支点(5号、9号墩)永久支座先不安装,4号、5号(9号、10号)墩顶部分支承垫石先不浇筑,安装时使用临时支座。4(10)号墩顶钢梁下落608mm,5(9)号墩钢梁下落74mm,钢梁整体向6(8)号墩方向纵移44mm。从而使边跨前端钢梁合龙口转角和位移达到理想状态。

②合龙前详细测量两侧钢梁的纵横竖向偏移及转角和温差、日照影响,根据测量资料认真分析研究调整方法与步骤。一般先贯通主桁中线,再调整合龙口竖向高差,最后调整纵向位移。

③纵向调整利用4号(10号)墩墩顶的顶推设备,将边孔主梁整体向合龙点纵移。

④横移调整通过必要的横移或拖拉措施,也可用倒链在合龙点横向对拉,将主梁端合龙点的位移差调整到10mm以内。

⑤两侧竖向高差调整采用中孔悬臂端加减载,载荷可利用架梁吊机前移或后退调整悬臂端挠度值来完成。

⑥边跨平弦部分先合龙下弦杆,再合龙上弦杆,最后合龙斜杆,接着再安装上、下平联。

⑦利用千斤顶在上弦节点施加张力,使得上弦节点栓孔对应,安装上弦合龙节点,进行上弦合龙。

⑧合龙杆件安装使用的冲钉直径及长度应进行严格挑选,保证冲钉尺寸误差在允许范围内。

⑨边孔合龙后,拆除6号、8号墩边跨侧爬行吊机倒用至7号墩。

⑩拆除6号、8号墩墩旁托架。

⑪通过顶梁及纵、横移位措施,将各主梁支点调整至设计状态。将4号、5号(9号、10号)墩临时支座更换为永久支座,浇筑剩余部分支承垫石。

⑫对6号、8号墩侧钢梁进行一次纵横移调整,使钢梁中线准确,并分别向7号墩方向纵移约260mm。

27.6.5.6 跨中合龙

1)跨中合龙的特点

钢梁为曲弦的刚性拱和柔性系杆体系,其跨中合龙具有下列特点:

(1)跨中悬臂跨度长,合龙端挠度、转角很大,合龙对位困难。

(2)跨中合龙前辅以吊索塔架进行钢梁悬臂安装,拱桁合龙后,吊索塔架还不能拆除,吊索塔架参与主梁受力,构成"斜拉桥"的体系,受力体系比较复杂。

(3)桁拱合龙后欲合龙系杆,还需释放临时固定支座,体系转换过程比较复杂。

(4)合龙点多:钢桁拱合龙有6根弦杆,3根斜杆,系杆还有3根,共有12个点,不可能同时合龙,必须分步进行。

(5)合龙点空间坐标的变化因素多:顺桥向钢梁长度的偏差X,受温度、钢梁制造与安装的偏差及索力的影响。垂直方向的偏差Y,受安装荷载及索力偏差的影响,钢梁中线上下游的偏差Z,受日照、索力与钢梁安装顺序,起吊荷载的影响,调整时X、Y相互影响,合龙时较难掌握。

(6)合龙精度要求高:合龙节点栓孔由工厂按设计图一次成孔,工地用冲钉打入,施工过程中不准扩孔。这样复杂的大型钢结构在空中实行多点合龙,误差要小于0.1mm,施工难度大。

2)合龙方案

主跨跨中合龙时,7号墩钢梁和墩旁托架保持固结状态,通过调整6号、8号墩侧钢梁来适应合龙口位移。钢梁架设时,主要通过调整三层吊索索力来调整钢梁内力和线形。为顺利合龙,主要采取如下措施:通过6号、8号墩的调整预偏,来调整x方向(纵桥向)的位移;通过三层索(6号、8号墩吊索和7号墩平索)来调整合龙口的z向(竖向)位移和转角,最终将合龙口两端的合龙点调整到预定位置,安装合龙口杆件。

钢梁纵向位移调整可根据合龙计算的调整量分期调整。6号、8号墩钢梁位移调整在192m边跨合龙后,先调整一次,具体操作是在解除6号、8号墩墩旁托架后,利用4号、5号、6号(8号、9号、10号)墩顶纵桥向千斤顶将并6号、8号侧钢梁向7号墩方向纵移约260mm。中跨合龙前,调整6号、7号、8号墩吊索索力调整合龙口杆件转角和竖向位移,再根据实测合龙口水平位移偏差进行纵向微调,使合龙口达到理想状态后按设计杆件安装合龙口杆件。桁拱合龙后,解除7号墩墩旁托架,逐步放松索力,使系杆合龙口张开至理论长度,按设计杆件安装系杆。

(1)杆件合龙步骤。

第一步:通过吊索架索力的调整以及墩顶纵移的调整,将南主跨(7~8号墩)钢梁梁端合龙点的位移偏差调整到安装精度要求之内,先行合龙钢桁拱下弦。

第二步:先利用千斤顶在上弦节点间施力,使得上弦节点栓孔对应,安装上弦拱肋节点,进行上弦合龙。之后按同样的操作步骤合龙北主跨(6~7号墩)钢桁拱拱肋。

第三步:解除7号墩墩旁托架,然后通过逐步释放8号墩吊索塔架索力,使得系杆节点栓孔对应,安装系杆合龙节点,进行系杆合龙。之后按同样的操作步骤合龙北主跨系杆。

第四步:吊索塔架逐步放松吊索,拆除塔架。

(2)钢梁位移调整办法。

在跨中合龙前拟仅对6号、8号墩钢梁进行位移调整,使其主动去迎合7号两侧墩钢梁,达到合龙的目的。当达到最大悬臂状态准备合龙时,再根据实测值对7号墩拉索进行微调。跨中合龙时,7号墩钢梁在墩顶固结;南侧利用8号、9号、10号墩(北侧利用4号、5号、6号墩)顶布置中的千斤顶及其纵、横移装置对钢梁的纵向、横向进行调整。

(3)合龙点的"临时锁定"结构措施。

借鉴以往的成功经验,在结构上采用长圆孔加圆孔合龙铰的结构措施,先合长圆孔[当X方向偏差在$(0,+100mm)$时,可在长圆孔内穿铰,使Y方向受到约束,再调X方向合圆孔铰,抽去长圆孔铰轴使合龙节点保持铰接,让桁梁多点合龙,可实现两端弦杆的快速连接和对y向的约束。同时设置一些必要和简易的微调设施,如拉顶千斤顶和对拉临时索等。

3)合龙计算

精确的计算是实现成功合龙的基础和保证,尤其是对于本桥这种技术复杂的新型桥梁,应深化计算合龙节间由于温度、外力、支承条件等变化因素造成的梁端变位情况,以选择最佳的合龙方案。计算重点突出以下内容:

(1)钢梁在悬臂安装及起顶过程中索力和塔顶位移。

(2)合龙端在实际安装荷载作用下,纵向(x)、竖向(y)、横向(z)、转角的位移值。

(3)单位荷载施加在悬臂端不同位置与方向时引起各向位移的变化。

(4)前后支点高差对合龙点各向位移的变化影响;桁拱合龙后,温度、施工荷载、支点高程变化对拱桁、塔、索内力的影响;合龙系杆,各支点的高程应做什么样的调整。

(5)系杆合龙后体系的内力情况;吊索塔架索力解除后体系的内力情况。

4)跨中合龙前的准备工作

(1)测试工作。包括中线、挠度、大气和钢梁温度、钢梁应力测量。钢梁悬臂架设阶段,每拼出一个节间进行一次中线、挠度、应力测量并和电算值比较,以对钢梁架设质量进行监控,为钢梁合龙提供数据,同时绘出一昼夜内时间温度曲线,通过同步观测,测出不同温度、日照下钢梁中线、挠度变化资料,以选择适当的合龙时间。控制杆件的应力测定工作包括布置测点、测出原始初读数及各阶段的应力测定。

(2)设备准备。

①墩顶设施:墩顶设施包括纵、横移支垫工钢束、铸钢垫块、钢垫板、聚四氟乙烯滑板、千斤顶、油泵、油管等。这些设备本身要求有较高的制造精度,需保证质量。墩顶设施应按设计图要求摆设,千斤顶及油泵经严格检查和校对后方可上墩,并备有备用数量。

②合龙铰:合龙铰是节点法合龙钢梁的关键设施,因此要求制作精细,安装时位置要求准确,必须随钢梁杆件在组拼场组拼后一同吊装。铰轴受力大,在施工中不允许有任何损伤。

③顶拉设施:在制造工厂应进行组装试验,到工地后经再次试装确认合乎要求后方可上桥使用,各零部件及销轴不得有损伤。与主桁节点板相连的反力座随钢梁杆件在组拼场组拼。顶拉设施安装需注意:上、下弦设计有顶拉设施,在合龙前需测量合龙口,根据对顶(拉)的需要确定支承座的安装方向;

④临时牵引设施:牵引器、倒链滑车、小千斤顶等合龙辅助工具必须详细检查,认为完好无损方可使用。

(3)人员准备。

合龙方案审查批准以后,认真学习合龙步骤、施工工艺。监控小组根据实际调查的施工荷载,精确的计算出合龙点的位置、高程及各控制点的受力大小。调整时加力与误差变化的关系,现场指挥人员根据这些资料指导实际操作。安装好各个合龙点的顶拉设备,加减伸臂端临时荷载的设施,随时监测用的仪器、仪表与各种工具、安全设施都有专人准备好,各就各位统一指挥,进行合龙前的调整工作。

5)桁拱合龙

(1)天气选择:合龙前要与气象部门取得密切联系,准确掌握合龙前后的气象资料。应尽量选择良好的天气,合龙时钢梁梁体温度差最小或无温差。合龙工作开始后,应不间断地尽快完成。

(2)位移调整:合龙前进行准确的测量,凡测量值与下列规定不符合者均应调整。

①中线测量:保证主桁平面中线差小于2mm。

②间距测量:两悬臂端间隔距离与设计尺寸的间距为(0, +100)mm。

③高程测量:两悬臂端高程一致,转角相等。

④中线(横向)调整方法:中线偏差包括安装测量误差,梁体横断面变形所引起的错位,日照不匀、温度使梁体横向挠曲等。当中线偏差太大时(超过10cm),利用墩顶支点处设置的横移设备来完成;当中线偏差小于10 cm时,可通过对拉导链来实现。

⑤间距(纵向)调整利用墩顶支点处设置的纵移设备,调整边跨钢梁的纵向位置,将合龙口间距调整至(0, +100)mm。

(3)合龙步骤:两侧钢梁利用导链或横向千斤顶对拉,再度精调中线→打入下弦长圆孔钢销[此时悬臂端间隔距离与设计尺寸的间距为(0, +100)mm→对钢梁进行纵移,当合龙口尺寸与设计尺寸偏差在30mm左右甚至更小时,不需再进行纵移,等待温度变化即可,当偏差在0.5mm以内时,打入下弦圆孔钢销→利用上弦顶拉设施调整上口间隙至当偏差在0.5mm以内时,打入上弦圆孔钢销(上弦未设长圆孔,在节点外合龙)→至此,钢梁在跨中呈六点铰支状态→依次在下弦、上弦及斜杆的合龙点上打入50%冲钉、上足30%高栓,然后按照正常的顺序进行冲钉的替换、高栓初拧和终拧,同时退出钢销。

6）系杆合龙

当桁拱合龙完成并体系转换后，立即开始系杆合龙，然后通过逐步释放吊索塔架索力，使得系杆节点栓孔对应，安装系杆合龙节点，进行系杆合龙。在释放索力过程中，对合龙口尺寸及支点位移做好实时观测，当合龙口位移符合下述条件时，立即停止释放：

(1) 间距测量：两悬臂端间隔距离与设计尺寸的间距为(0，+20)mm。

(2) 高程测量：两悬臂端高程一致，转角相等。

然后利用系杆对拉设施或等待温差变化来调整合龙口尺寸，当偏差在0.5mm以内时，打入系杆圆孔钢销，接着再打入50%冲钉、上足30%高栓，然后按照正常的顺序进行冲钉的替换、高栓初拧和终拧，同时退出钢销，完成系杆合龙。

27.6.5.7 高强度螺栓施拧

1）高强螺栓施拧原则

高强度螺栓施拧采用扭矩法施工，紧扣法检查。施工前进行工艺试验，测量扭矩系数、预拉力损失、温度与湿度对扭矩系数的影响，调整扭矩，确定施拧扭矩，紧扣检查扭矩，复验每批板间滑动摩擦系数等工作。

2）高强度螺栓施拧及检查

(1) 施拧方法的内容：高强度螺栓的扭矩系数；施拧扭矩及检查扭矩；温度与湿度对扭矩系数的影响试验；复合应力作用下屈服轴力和破坏轴力试验；板面滑动摩擦系数试验及群栓试验。

(2) 施拧检查方法：高强度螺栓施拧检查验收方法采用紧扣法检查及验收。

(3) 高强度螺栓拧紧：高强度螺栓拧紧分两步进行，即初拧和终拧。初拧值取终拧值的50%，初拧后对每个螺栓用敲击法进行检查，终拧采用扭矩法，采用电动扳手（不能用电动扳手的部位可用带响扳手）将初拧后的螺栓拧紧到终拧值，考虑到螺栓预拉力的损失及误差，实际使用扭矩，按设计预拉力提高10%确定。

(4) 高强度螺栓的施拧管理。

①初拧与终拧：初拧扭矩值为终拧扭矩值的50%，初拧完毕，逐一敲击检查，初拧时螺栓头用工具卡住防止转动，否则影响扭矩值而超拧。检查无漏后即进行终拧，终拧后螺栓端部涂上红色油漆标记。

②施拧顺序：高强度螺栓施拧。无论使用电动扳手、表盘扳手或带响扳手，均从螺栓群中心向外扩展逐一拧紧，否则影响螺栓群的合格率。

③对桥上施拧用的各种扳手进行编号建档，设专人管理。每日上桥前对各种使用扳手进行标定，下桥后进行复验，造册登记校正和复验记录，发现异常或误差大于规定值的3%时停止使用。

④当班施拧的螺栓全部进行复检。使用完的带响扳手，检查后即放松弹簧，特别注意的是电动扳手的输出扭矩随拧紧时间的增长有逐渐增大的趋势，因此在标定电动扳手前空转几分钟或先拧若干个旧螺栓，使其恢复正常输出扭矩，高温季节要限定电动扳手的连续使用时间，控制箱要遮阴，以消除其输出扭矩的误差。

⑤坚持经常的扭矩系数试验和上、下班时用桥上的高强度螺栓标定电动扳手，复验扭矩系数，准确地校核扭矩系数、终拧扭矩和紧扣扭矩比值等。

(5) 高强度螺栓施拧的质量检查。

①高强度螺栓施拧质量检查按《铁路桥涵工程质量检验评定标准》（TB 10415—2018）规定进行，并经监理工程师上桥复检签证验收。

②高强度螺栓施拧质量检查设专职人员进行检查，当天拧好的螺栓当天检查完毕。

③初拧检查：采用0.3kg小锤敲击螺母一侧，手按住相对的另一侧，如颤动较大者为不合格，应再初拧，同时用0.3mm塞尺插入杆缝，插入深度小于20mm者为合格，合格后划线。

④终拧检查：根据试验资料，采用紧扣法检查。首先检查初拧划线，在终拧后螺母的转动角度，

即可判断是否漏拧,同时也可发现垫圈、螺杆是否转动,然后用标定好的指针扳手,再拧紧螺栓读取螺母刚刚转动时扭矩值。超拧、欠拧值均不大于实际规定值的10%。

⑤螺栓的检查数目及时间。主桁大小节点、纵横梁及联结系的栓群中螺栓的抽查数量为其总数的5%,但不少于5套。每个栓群不合格数量不超过抽查总数的20%。如超过此值,则继续抽查至累计总数的80%合格为止。然后对欠拧者补拧,超拧者更换螺栓重拧,检查需在该节点螺栓全部施拧完后24h内完成。

⑥对高强度螺栓加强管理,同一批号的高强度螺栓、螺母、垫圈使用于一个部位,不得混用,在一个节点上不同时使用两个生产厂家生产的同一直径的螺栓。

⑦为便于施拧和检查,在钢梁拼装时,螺栓插入方向以便于施拧为主,还要考虑到全桥螺帽方向的一致性,在螺栓施拧施工工艺中将列出具体规定。

⑧电板电源设专线并配稳压器保证电压稳定。

27.6.5.8 钢梁支座安装

1)梁支座安装前准备

钢梁支座安装前先将支承垫石表面凿毛凿平,再在其上铺一层薄细砂抹平,同时采取措施,防止砂子掉入锚栓孔内。支承垫石高度预留20~40mm的缝隙,以保灌浆的质量。

2)固定支座安装

上、下摆接触部分密贴,上摆槽形与下摆顶部之间顺桥方向的前后侧向空隙均匀,允许偏差±1mm;下摆扭转偏差及下摆四角相对高差的允许偏差见表27-13。

钢梁和支座与设计线路中线和高程容许偏差表　　　　表27-13

	项 目	容许偏差
钢梁中线与设计中线和高程关系	(1)墩、台处铁路横梁中线对设计线路中线偏移	10mm
	(2)两孔间相邻铁路横梁中线相对偏差	5mm
	(3)墩、台处铁路横梁顶与设计高程偏差	±10mm
	(4)两联(孔)相邻铁路横梁相对高差	5mm
	(5)支座十字线扭转偏差	
	①支座尺寸≥2000mm	1/1000 边宽
	②支座尺寸<2000mm	1mm
支座与设计线路中线关系	(6)固定支座十字线中点与全桥贯通测量后墩台中心线纵向偏差	20mm
	(7)辊轴位置纵向位移	按气温安装、灌注定位前±3mm
	(8)支座底板四角相对高差	2mm

3)支座高程的容许偏差

符合设计要求。

4)活动支座安装

(1)固定支座定位(即钢梁定位)后,活动支座底板安装根据设计文件办理,以施工气温(温度计挂在支座所在的弦杆上)为准,底板顺桥方向的安装容许偏差为±3mm。

(2)辊轴与下摆及底板之间密贴,间隙不大于0.1mm,辊轴均与桥中线垂直,辊轴位置误差不大于1mm。

(3)上、下摆安装质量要求及支座高程容许偏差同固定支座。

(4)支座十字线扭转偏差及其四角相对高差见表27-13。

5)位能法灌浆

(1)钢梁调整完毕后,经全面检查签证后可进行灌浆。

(2)支座底板下的定位楔块,在灌的砂浆达到设计强度后取出,填充砂浆。

(3)支座锚栓孔用细石混凝土或水泥砂浆分层捣实填塞,锚栓在拧紧螺母后,至少高出螺母顶面25mm,也不大于40mm。

(4)支座进场验收、装配,以及安装过程均报请监理工程师检查和签证。

(5)钢梁安装完毕,纵横移和高程调整后,质量标准符合设计要求(表27-14)。

钢梁节点位置尺寸和容许偏差表 表27-14

项 目		容 许 偏 差
钢梁主桁平面位置	弦杆节点对梁跨端节点中心连线的偏移	跨度的1/5000
	弦杆节点对相邻两个奇数或偶数节点中心连线的偏移	5mm
	立柱在横断面内对垂直偏移	立柱理论长度的1/700
	拱度偏差:	
	设计拱度≤60mm	±4mm
	设计拱度≤120mm	±设计拱度的8%
	设计拱度>120mm	技术文件中另定
钢梁两主桁相对节点位置	支点处相对高差	梁宽的1/1000
	跨中心节点处相对高差	梁宽的1/500
	跨中其他节点处相对高差	根据支点及跨度中心节点高低差按比例增减

27.6.5.9 钢梁涂装

1)涂装工艺

(1)工厂制造的钢梁杆件运抵工地后,应及时检查涂装质量和了解涂装日期。

(2)钢梁杆件油漆前,应用棉纱或破布清理杆件表面的污尘、积水、霜、雪、雨、露及油脂物等。

(3)钢梁杆件在运输过程中,发现工厂油漆被碰坏、风化变质或有锈斑情况,应彻底清除表面风化层,打磨清理灰粉,将生锈部位清理至显出金属光泽再按修补工艺补涂。若锈蚀严重或小面积破损可用刮刀、钢丝刷、破布清除铁锈,再用软毛刷或压缩空气吹净后补漆。发现其他严重缺陷时,应由工厂负责处理。

(4)对杆件磨擦部分的喷铝面,要严加保护,不得脚踩磕碰、染上污泥、油漆等,以免降低磨擦系数。若发现有脱皮、开裂、碰损、锈蚀等,应处理合格后方能拼装。

(5)杆件栓接面喷铝层破损后要求喷砂除锈,再重新喷铝,使用的铝丝应符合《变形铝及铝合金化学成分》GB 3190—2008)中规定的要求,做电弧喷铝涂层附着力检验。

(6)涂料在涂装前一、二天应将涂料桶严密封盖倒置,以减轻沉淀和结块,云铁涂料使用前及涂装过程中,应经常充分搅拌,有条件时应使用机械搅拌。每组份的涂料,应现配现用,以免胶化变质。

(7)各种涂料调整至施工所需黏度后,应用40~100目金属筛过滤,滤去漆皮和杂质后方可进行涂装。中间漆、面漆必须熟化30min后方可使用。

(8)在钢梁涂装过程中,对可能积水的缝隙应按施工规范要求进行填封后方可继续涂装。

(9)油漆喷涂应由上至下,由内到外,先难后易。

(10)喷漆时,风压应保持0.4~0.6MPa;风力不能含有水份和油等杂质;喷嘴与工作面相距25cm左右为宜。

(11)喷漆时可以横喷或竖喷,但要注意喷涂均匀,每次压叠一半,不易喷到的地方必要时用刷涂补足。喷涂时不得出现缺漏、皱纹、流淌现象。

(12)在预拼场涂装的油漆未干透前不得吊运、翻身和组拼。

(13)钢梁涂装宜在天气晴朗,无三级以上大风和温暖天气进行,在夏季应避免阳光直射,可在背阳处或早晚进行。如气温在10℃以下、35℃以上、钢板温度大于50℃、相对湿度在80%以上以及在有蒸汽等场所,除有确保质量措施外均不得施工。

(14)涂漆间隔时间:底漆与中间漆涂装时间间隔为24~168h,不允许超过168h。中间漆与第一道面漆涂装时间间隔为 24~168h,超过 168h,表面应清理,必要时涂装面漆前表面应用细砂纸打磨,再行涂装。

2)油漆喷涂质量检查

(1)每道油漆涂装过程中,应用滚轮式或梳式湿膜测厚仪测量湿膜厚度,以控制干膜厚度。干膜厚度应按设计文件及其相关规定进行。棱角、死角部分应加大检查力度,不合格处应补涂涂料。对涂层外观目测进行检查,涂层基本无流挂,有一定光泽。

(2)按规定用磁性测厚仪法或杠杆千分尺法测量涂料涂层厚度。钢梁主要杆件抽检 20%,次要杆件抽检 5%,每件构件测三处,每一处取 10cm×10cm 测五点,其测点布置如图 27-10 所示。

涂层厚度平均值应在标准规定厚度 90% 以上,其最低值在标准规定厚度 80% 以上,测点厚度差不得超过平均值 30%。

(3)钢梁涂装完成后,应颜色均匀,不允许有露底、漏涂、涂层脱落、漆膜破裂、起泡、划伤及咬底等缺陷。手工涂刷的不得显有刷痕。涂料屑料和尘土微粒所占涂装面各不得超过 10%。桔皮、针孔和流挂在任一平方米范围内,小于 3cm×3cm 面积的缺陷,不得超过两处;小的凸凹不平不得超过四处。

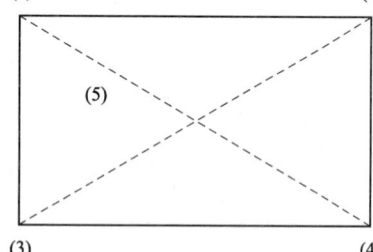

图 27-10 钢梁涂层厚度测点布置示意图

27.6.5.10 道砟槽施工

混凝土道砟槽的浇筑需在钢梁安装成桥(或成联)状态下进行,将桥面板顶面喷砂除锈后,焊接抗剪栓钉并做涂装后,再浇筑混凝土道砟槽板。现浇施工先引桥,后主桥,由跨中向边跨分段推进。

27.6.6 钢梁架设临时设施

27.6.6.1 临时支墩

边孔 4 号与 5 号墩、9 号与 10 号墩间钢梁起始节间在临时支墩膺架上拼装,临时支墩由基础、支架及分配梁三部分组成。

(1)临时支墩设计:临时支墩基础采用打入钢管桩基础,支墩布置横桥向与主桁中线对应。支墩上每桁下均根据计算受力的大小预留了千斤顶顶位。分配梁是将节点集中力均匀分配至支架各个柱脚的结构体系。根据设计荷载的差异,分配梁设计为箱形梁及 I 形梁两种截面。由于层数多,截面大,为增加稳定性,分配梁之间均设联结梁。

(2)临时支墩拼装:临时支墩钢管桩的施工利用打桩船在高水位时插打,插打钢管桩时应保证其竖直和中线位置的准确。分配梁安装时按照设计位置放线、安装。单根分配梁将位置调整好后再安装联结系杆件。上、下层分配梁之间设计通过螺栓连接或施焊固定。下层分配梁安装固定好后再安装上层分配梁。

27.6.6.2 吊索塔架

(1)吊索塔架结构。

本桥共使用 2 台固定式三层吊索塔架,高度 95m,不设走行结构,分别安装于 6 号、8 号墩顶钢梁上,利用墩旁塔吊进行安装。

(2)塔架拼装及挂索。

塔架对应于钢梁每桁顶层挂设三层吊索:6 号墩塔架铰接于 A24(北侧)节点上,后索分别锚固在北侧钢梁 A6、A8、A11 节点上,前索分别锚固在北侧钢梁 A29、A31、A33 节点上;8 号墩塔架铰接于 A24′节点上,后索分别锚固在北侧钢梁 A6′、A8′、A11′节点上,前索分别锚固在北侧钢梁 A29′、A31′、A33′节点上。

拼装塔架时应保证竖直于地面,并辅以临时拉缆确保稳定。

(3)吊索安装及张拉。

①先进行放索:吊索可在墩旁停泊的运索船上放索。

②吊索塔端挂设:塔吊吊装单根吊索,将塔端锚头喂入上锚箱中,在设计位置处戴上螺母及弧形垫圈。松开吊钩,塔吊吊装吊索下端至运索小车上,固定好后,卷扬机牵引运索小车至锚箱小车处。

③前索戴帽:塔架竖直拼好后,安装后索牵引张拉设备(包括千斤顶,张拉螺母,过渡套,牵引杆以及连接器,钢丝绳等)。用10t倒链将前索逐根拽出锚箱戴帽,同时张拉后索牵引设备,以平衡水平力,控制塔顶位移,至此,前索安装(戴帽)完毕,后索临时锚固。

④解除临时支撑架:先降低塔吊,解除塔吊与塔架的附着,使塔架前后索水平张力平衡,解除吊索塔架两侧的临时支撑架,使塔架底端形成铰接。

⑤后索戴帽:后索牵引杆戴帽锚固后,用两台千斤顶交替张拉牵引后索,每个锚箱同时用两台千斤顶对称布置。张拉时,千斤顶要分阶段加载,不得一步到位。直至将锚头引出锚箱,拧上螺母戴帽。再将千斤顶及牵引设备倒至其他后索上,将后索逐根张拉至螺母戴帽状态。

⑥后索张拉:当后索所有螺母均戴帽后,逐根对称、均匀张拉后索至螺母戴帽至设计位置。在后索张拉过程中,前索索力随即增长。

⑦前索张拉:用千斤顶交替张拉每桁前索,张拉时,千斤顶要分阶段加载,不得一步到位,直至达到设计索力。

⑧调索:吊索张拉完成后,精测一遍索力,根据测定结果进行一次微调。

27.6.6.3 爬行架梁吊机

(1)设计功能要求。

本架梁爬行吊机为在钢梁上弦行走的桅杆式起重机,具有提升、变幅、回转、底盘调平、整机前移及锚固的功能,能够实现架梁爬行吊机的一次前移站位锚固,完成两个节间的钢梁架设,架设吊机的主要技术参数见表27-15。

架设吊机的主要技术参数　　　　　　　　　表27-15

起重量(t)	起升高度(m)	起升速度(m/min)	变幅速度(m/min)	回转速度(r/min)	臂杆变幅角度(°)	臂杆回转角度(°)	走行速度(m/min)	变坡范围(°)
≤70	150	12	2	0.3	30~80	±75	1	≤26

(2)架梁爬行吊机的组成。

该吊机桅杆式起重机、变坡底座(平弦可设为固定底座)后支承螺旋调平机构、行走牵引机构、支承锚固系统组成。

(3)工作原理。

在平行弦位置,变坡底座的上平面与下平面平行,后锚固装置锚固于钢梁上弦,当架梁吊机吊重时,荷载通过前横梁传力至轮箱,轮箱上设的承压抗剪装置将压力作用于钢梁的翼缘,后拉力则通过后锚装置承受。当吊机架拱面的钢梁时,变坡机构将变坡底座调成上平面保证水平,下平面锚固在钢梁的上弦。吊重时传力方式与在平行弦基本相同,唯一不同的是,坡面产生的下滑力由钢梁上安装的抗剪块承受。

27.6.7 钢梁安装监控

27.6.7.1 监控的具体工作内容

1)施工控制计算

结构计算就是利用建立的结构计算体系对施工过程中每一阶段结构的应力、内力和位移状态以及施工监控参数进行计算,在结构计算中考虑施工误差、材料属性差异等因素的影响,根据计算结果为节段施工提供施工监控目标值,保证节段施工的顺利进行,从而保证结构最终达到或接近设计要求的成桥状态。计算时首先根据该桥架设过程,进行施工架设直至最终成桥全过程的计算,然后在实际施工过程中结合实际监测数据进行参数识别,调整计算模型进行进一步计算分析。

2)参数的估计、预测和调整

施工控制是全过程的控制,也就是每个施工阶段都要控制,这样才能避免误差的累积和确保施工安全,并顺利实现合龙。

(1)参数估计:首先,根据影响性分析确定需进行参数估计的计算量(如拱肋重量和截面特性);然后根据大量的实测数据,采用最小二乘法确定最优估计值;最后,将最优估计值重新带入安装计算模型重新计算,得到一套进一步精确的理论数据。

(2)滤波和预测:通过参数估计,基本上消除的计算误差(系统误差),但实际施工中由于测量手段、施工工艺的限制,仍然会存在一定的偶然误差,这就需要进行滤波、预测和调整。建立合适的状态方程,采用目前较成熟的卡尔曼滤波法进行滤波和预测,可以得到目前结构状态的滤波估计值和下一步施工参数的预测估计值。根据合理的预测值可以及时采取措施,减小后续施工过程中结构偏差。

(3)优化调整:对于已存在的偏差,根据最小二乘法理论,采用适当手段(吊索塔架吊索索力)进行最优调整,做到既能最大化减小结构偏差,又方便施工。

3)施工质量监测

施工质量监测的主要内容包括:钢桁梁和钢桁拱杆件应力的测试、钢桁梁和钢桁拱温度场的测试、吊索塔架吊索索力测试、钢桁梁和钢桁拱杆件线形的测试(包括桥面高程、拱轴线、拱脚位移)、钢桁拱肋悬臂前端风速的测量。

(1)应力测量。

①测量方法及原理:影响结构应力测试的因素很多,除荷载作用引起的弹性应力应变外,还与温度等有关。目前国内外应力测试一般通过应变测量换算应力值。

②应力元件的选取:应力测试与桥梁施工同时进行,测点按设计要求布置,因而要求测试元件必须具备长期稳定性、抗损伤性能好、粘贴定位容易及对施工干扰小等优点。

(2)线形控制。

施工过程中结构的线形不断变化,为了了解各阶段结构的线形与设计线形的差距,保证最后顺利合龙,必须在主梁施工过程中进行线形控制。线形测量内容:钢桁梁高程测量、钢桁拱空间位置测量、拱脚位移测量、拱轴线测量。

(3)吊索塔架索力测量。

吊索塔架吊索是悬臂拼装过程中的重要受力构件,精确测量其拉力是十分重要的。

反映在频谱图上,各阶频率是等间距的,其间距值大小即等于基频 f_1。在实际测量过程中,可以充分利用这个特性来判断是否为缆索自振的频谱,与缆索振动的频谱特征一致的频谱图才确认为缆索振动的频谱图,否则要分析原因,检查仪器,重新测量,这样才能确保测试结果的正确性。

(4)温度场测量。

温度对本桥的影响主要体现在对拱肋和系杆的影响上,为精确计算结构内力,需要对拱肋和的温度进行测量。钢主拱各截面测点采用预先粘贴热敏电阻测温元件测量。每次监控测量时均需测量温度场和大气温度。在主拱圈合龙前,选择气温变化较大的一天进行全天测试。每隔两个小时测量一次,分析温度场随气温变化的规律。

27.6.7.2 主要仪器和设备

监测主要设备见表27-16。

监测的主要设备及数量　　　　表27-16

设 备 名 称	数 量	设 备 名 称	数 量
TOPCON-6A 型全站仪	1 台	计算分析软件	2 套
LEICA 自动安平水准仪	1 台	高灵敏度加速度传感器	8 个
ZX-212A 型应力计	679(148)个	高倍率直流放大器	1 台
热敏电阻测温元件	48 个	配有频率分析软件和 A/D 转换的微型计算机	2 台
JMZX-300 型振弦监测仪	2 台	铜镍热敏电阻	40 个
笔记本电脑、台式电脑一台	各 1 台	DT9202A 型万用表	2 台

27.6.7.3　施工过程监测与控制

1) 三角网的复测

大桥桥位处江面宽达 1.5km，气象与水文地质条件复杂，天气恶劣，跨江复测的通视要求较高，采用常规测量仪器，难度较大、工期长。本桥基础工程规模大，精度要求高，长江中间又无天然过渡点，因此在基础施工测量过程中，仅用常规测量办法难以满足大桥的施工需要，拟采用全天候 GPS 测量方法及 RTK 技术，并结合常规测量手段来进行大桥的施工测量。

(1) GPS 施工测量控制系统建立。

局部区域 GPS 差分系统 LADGPS 长期基准站的建立：根据本桥工程规模，在两岸各建立一个长期基准站。基准站包括 GPS 接收机，室外专用高天线，计算机及配套通信设施等。

普通基准站的建立要根据大桥施工的需要合理选择和确定施工控制点。合理确定 GPS 网的图形，进行静态相对定位，准确地确定各点坐标。对各控制点高程按精密水准测量的要求进行测量确定。

局部控制网建立目的是满足主墩、南岸深水、浅水区域桥梁和引桥施工测量，以及南岸施工场地布置的需要。布网方案主要根据施工场地地形，以首级控制网为依据，利用 GPS 或全站仪，布设局部控制网。精度要求必须达到国家三等精度。

局部高程控制网建立目的是便于近岸大桥的高程控制、场地的布置以及其他施工的高程控制需要。布网方案必须利用首级水准点，在南、北岸各布设局部水准网，平面控制网点应纳入局部水准网中。精度要求须达到国家三等精度。

(2) 控制网的复测。

① 平面控制网的复测。

平面控制网的复测采用 GPS 静态相对定位法进行。平面控制网的复测在工程开工前进行一次，以后每季度进行一次复测。施工期间可酌情增加，以确保控制点点位准确无误，为施工放样提供可靠依据。复测精度不低于原网的测量精度。

② 高程控制网的复测。

采用精密水准测量方法，即两岸陆地部分用水准仪进行水准联测，跨江部分采用跨河水准测量法。高程控制网的复测原则上每年进行一次，但考虑桥位区域地表松散层厚度较大以及其他原因，地表有一定的沉降量。控制网的加密点的选择要满足通视条件，并顾及所形成加密网的图形强度，以满足近岸桥墩及引桥部分的施工放样需要。加密点的坐标以首级平面控制网为依据，利用 GPS 或全站仪测定，并达到三等三角测量的精度。

2) 测量定位

(1) 初步定位。

① 墩位放样：大桥南主墩距南大堤约为 300m，直接从南岸大堤上的控制点放样比较有利。水中墩基础采用钢套箱施工方案。在钢套箱初步定位阶段可用全站仪前方交会法配合定位船完成。在点位测量时，点位误差的主要来源是测角误差。使用测角中误差为 0.5″的全站仪，根据误差传播定

律,当 $s = 3000$m 时,放样点的点位误差 $m = \pm 7.27$mm,完全满足桥梁基础施工的需要。

②高程放样:高程放样可采用测距三角高程法。此方法的精度主要受竖直角观测误差、测距误差和球气差的影响,其中竖直角观测误差和测距误差可通过选择高精度的全站仪和增加测回数来减小,球气差的影响也可以通过选择适当的观测时机和提高视线的高度来减小。

(2)精确定位。

①墩中心的精确放样:承台施工完成后,用"归化法"精确放样墩中心。具体操作如下:先用全站仪极坐标法初步放样墩中心,再将 GPS 接收机置于放样点上,用静态 GPS 方法精确测量放样点的坐标。然后将此坐标与墩中心设计坐标相比较,再按其差值将初步放样点位改正到设计位置上,从而定出墩中心的准确位置。

②高程的精确测定:承台施工时,为了上部结构高程传递的需要,可在承台混凝土内预埋高程控制点,待承台完工后,精确测定这些点的高程,作为上部结构施工放样的依据。为了提高高程传递的精度,使用测距三角高程法对向测量,可以完全抵消球气差的影响。另外,如果两主墩基础均已完成,则可通过控制点和两主墩上的点形成一个闭合环,对此闭合环进行观测并平差,进一步确保主墩上高程控制点的准确性。

(3)平面及高程控制点的埋设。

浇筑承台混凝土前,要预埋一定数量的平面和高程控制点,待承台竣工后,精确测定这些点的坐标及高程,以备后续工程使用。

27.7 综合管理措施

参见附录 1 工程通用的管理措施和附录 2 桥梁工程的管理措施的详细内容。

27.8 附 表

全桥工期目标见表 27-17。
主要材料供应表见表 27-18。
大型设备(设施)进场计划表见表 27-19。
全桥主要仪器设备表见表 27-20。
全桥大临设施表见表 27-21。

全 桥 工 期 目 标　　　　　　　表 27-17

总工期	基础施工工期	连续箱梁施工工期	桥面系施工工期	简支箱梁施工工期(南北岸)	钢梁施工工期
施工总工期 40.5 个月;开工日期:2006 年 7 月 18 日;竣工日期:2009 年 11 月 30 日	2007 年 6 月底完成 8 号主墩基础及下部结构→2007 年 8 月底完成 6 号主墩基础及下部结构→2007 年 11 月底完成 7 号主墩基础及下部结构→2008 年 8 月完成南引桥基础及下部结构→2008 年 2 月完成北引桥基础及下部结构	2008 年 10 月完成南引桥连续箱梁→2008 年 2 月完成北引桥连续箱梁	2008 年 12 月完成南引桥桥面系→2009 年 9 月完成北引桥桥面系→2009 年 11 月完成主桥钢梁桥面系	北岸:2007 年 8 月箱梁开始预制→2007 年 11 月箱梁开始架设→2009 年 2 月箱梁预制完成→2009 年 4 月箱梁架设完成;南岸:2008 年 12 月箱梁架设完成	2006 年 12 月完成钢梁制造招标→2007 年 3 月完成制造规则、焊接工艺、制造工艺评审;2007 年 6 月首批钢梁开始发运工地→2007 年 7 ~ 8 月钢梁工地预拼→2007 年 8 月开始架设 8 号墩钢梁→2007 年 10 月开始架设 6 号墩钢梁→2007 年 8 月开始架设南边跨钢梁→2007 年 8 月开始架设北边跨钢梁→2007 年 12 月开始架设 7 号墩钢梁→2008 年 3 月南边跨钢梁合龙→2008 年 4 月北边跨钢梁合龙→2009 年 3 月南主跨钢梁桁拱合龙→2009 年 4 月北主跨钢梁桁拱合龙→2009 年 5 月主跨钢梁系杆合龙→2009 年 10 月完成道砟槽板施工

主要材料供应表

表 27-18

材料名称	单位	数量	2006年					2007年												2008年		
			8	9	10	11	12	1	2	3	4	5	6	7	8	9	10	11	12	1	2	3
水泥	t	481480	0	12486	12486	24782	26206	29932	38424	35091	29930	35216	59019	38147	31874	19704	27626	19402	15484	8675	1900	1900
砂	t	770368	0	19979	19977	38652	43930	47383	61878	56545	48730	56745	93831	60434	50397	30925	43599	30442	24173	14878	4038	3038
碎石	t	1000000	0	31436	33321	63377	66860	72135	94280	86133	75962	86439	200000	93602	75468	45720	65083	44981	35404	21203	4642	4642
粉煤灰	t	72222	0	1873	1873	3717	39031	4255	5614	5114	4490	5132	8703	5572	4631	2806	3994	2760	2173	1297	285	285
钢筋	t	80646	0	2531	2531	4815	4783	4269	5488	4696	4649	6103	10087	5904	4929	5166	4869	3400	2700	448	448	448
钢绞线	t	3985	0	0	0	0	0	0	0	0	226	421	508	672	495	443	446	473	301	0	0	0
钢梁	t	72333	0	0	0	0	0	0	0	0	0	0	0	3521	4332	4332	4332	4332	4332	4332	4332	4332
其他钢材	t	32283	0	1007	1007	2102	2182	1977	2462	2147	2128	2529	4114	2536	2061	2156	1759	1155	866	5	5	5

材料名称	单位	数量	2008年									2009年											
			4	5	6	7	8	9	10	11	12	1	2	3	4	5	6	7	8	9	10	11	
水泥	t	481480	1886	1886	1886	1886	1149	22	22	22	22	18	18	18	18	14	621	1031	1031	1031	610	11	
砂	t	770368	3017	3017	3017	3017	1839	36	36	36	36	29	29	29	29	22	836	1650	1650	1650	812	5	
碎石	t	1000000	4609	4609	4609	4609	2809	55	55	55	55	44	44	44	44	33	1277	2487	2487	2487	1215	7	
粉煤灰	t	72222	282	282	282	282	172	3	3	3	1971	1861	3	3	3	2	93	155	155	155	92	11	
钢筋	t	80646	448	448	430	20	20	20	20	20	20	18	18	18	18	18	119	198	198	198	116	15	
钢绞线	t	3985	0	0	0	0	0	0	0	0	0	0	0	0	0	0	0	0	0	0	0	0	
钢梁	t	72333	4332	4332	4332	4332	4332	4332	4332	4332	4332	4332	4332	4332	4332	4332	3	3	3	3	3	3	
其他钢材	t	32283	5	5	5	5	5	5	5	5	5	5	3	3	3	3	3	3	3	3	3	3	

大型设备(设施)进场计划表

表 27-19

机械名称	规格型号	数量(台、套) 小计	来源 租赁	来源 自有	来源 新制	目前进展情况	计划进场时间	用途
1. 起重机械								
架梁爬行吊机	70t	4			4	正在组织研制	2007年10月	钢梁架设
架梁平弦吊机	60t	2			2	正在组织研制	2007年8月	钢梁架设
吊索塔架	2000t	2			2	正在组织研制	2008年3月	钢梁架设
桅杆吊机	120t	3		1	2	进场1台,新制2台	2006年9月	码头吊机
DLT900C 搬运机	900t	1			1	正在组织研制	2007年7月	预制梁施工
水上浮吊	全回转350t	1			1	已开工建造	2007年5月	钢梁架设
水上浮吊	200t	1		1		已进场		水上施工
水上浮吊	280t/250t	2	2			已进场		水上施工
水上浮吊	165t/100t 全回转	2	1	1		已进场		水上施工
水上浮吊	63t、80t	4		4		已进场		水上施工
塔式吊机	2000t·m	10	4		6		2007年5月	钢梁提升站
塔吊	ZSL34300	6	6			已进场2台用于基础施工,其余待进场	2007年5月	上部结构施工
架桥机	900t	1		1			2007年10月	预制箱梁架设
运梁台车	900t	1		1			2007年10月	预制箱梁架设
2. 船舶设备								
水上混凝土工厂工作船	1500t	3		3		已进场		水上混凝土工厂
泥浆船	800~1000t	8		8		已进场		水上施工
抛锚船	200t	2	2			已进场		水上施工
拖轮	2000kW	1		1		已进场		水上施工
拖轮	350kW	2				已进场		水上施工
潜水船	400t 含潜水设备1套	1		1		已进场		水上施工
3. 基础施工机械								
液压旋转钻机	KTY-3000/400	6		6		已进场		主桥钻孔桩
液压旋转钻机	KPG-3000φ3.0m	10		10		已进场		主桥钻孔桩
旋转钻机	RC400/RC300	6	6			已进场		主桥钻孔桩
液压打桩机	APE400B	4		4		已进场		插打钢护筒
4. 运输机械								
运梁台车	900t	2		2		已制造	2007年12月	运梁
5. 千斤顶								
千斤顶	1000t	184		184		方案正在细化	2007年12月	钢梁调整
千斤顶	500t	144		144		方案正在细化	2007年12月	钢梁调整
6. 混凝土机械								
水上移动混凝土工厂	HZS150	3		3		已进场		混凝土生产
水上固定混凝土工厂	HZS150	1		1		已进场		混凝土生产
岸上混凝土工厂	HZS120	3		3		已进场		混凝土生产
岸上混凝土工厂	HZS175	1		1		已选定厂家	2006年11月	混凝土生产
混凝土泵车	臂长40m	4	4			已进场		混凝土运输
7. 其他								
悬浇挂篮		4			4	方案正在研究	2007年7月	箱梁施工

全桥主要仪器设备表　　　　表27-20

序号	仪器设备名称	规格型号	单 位	数 量
1	GPS测量设备		套	4
2	全站仪	TC2002	台	8
3	经纬仪	T2	台	8
4	水准仪	NA28	台	12
5	超声波测深仪		套	2
6	流速仪		套	2
7	超声波探伤仪		套	2
8	压力试验机	NYL-2000	台	2
9	万能试验机	WE-600B	台	4
10	万能试验机	WE-1000B	台	2
11	泥浆测定仪	NJ10-8	套	20
12	砂、石料质量检测仪器		套	2
13	水泥质量检测仪器		套	2
14	混凝土配合比试验仪器		套	2
15	混凝土回弹仪	HT-225	台	2
16	洛氏硬度仪	TH130	台	2
17	高栓试验仪器		套	2
18	钢筋保护层测定仪	GW-1	台	2
19	混凝土坍落度测定仪	100×200×300	台	4
20	压力试验机			2台
21	测量全站仪			4台
22	光电测量仪			2台
23	高栓试验检查设备			2套

全桥大临设施表　　　　表27-21

序号	名　称	规格型号	单 位	数 量
1	轨道牵引车	120	台	3
2	霍尔式铁锚	8t	台	16
3	霍尔式铁锚	7t	台	24
4	霍尔式铁锚	6t	台	8
5	霍尔式铁锚	1t	台	12
6	北岸施工栈桥	$B=8m, L=324m$	座	1
7	北岸砂石码头	$B=3.2m, L=734m$	座	1
8	北岸起重、交通码头	$B=6.5m, L=203m$	座	1
9	改造起重码头	$B=7.5m, L=114m$	座	1
10	南岸起重(交通)码头	$B=9.0m, L=380.4m$	座	1
11	南岸砂石码头	$B=4.9m, L=80m$	座	1
12	变电站	1000kW	座	2
13	变电站	800kW	座	3
14	水下电缆	$90mm^2$	m	3500
15	钢梁转运站		处	2
16	船舶渡洪锚地		处	2
17	高压变电站		处	2
18	生产区排涝泵站		处	3
19	钢梁预拼场		处	3

第28章 案例9——港珠澳大桥施工组织设计

28.1 编制说明

28.1.1 编制依据

施工测量总体实施方案主要依据《港珠澳大桥主体工程建设项目测量管理办法》《港珠澳大桥主体工程测量管理制度》《港珠澳大桥主体工程桥梁 DB02 标段施工图设计》《港珠澳大桥主体工程 CB05 合同段招标文件》《港珠澳大桥主体工程桥梁施工测量技术交底成果资料》等的技术要求。

28.1.2 编制原则

(1)遵循建设项目管理制度、遵守合同的原则；
(2)安全第一的原则；
(3)确保工程质量的原则；
(4)确保工期的原则；
(5)优质高效的原则；
(6)科学配置、科学管理的原则；
(7)文明施工、高度重视环境保护的原则。

28.1.3 编制范围

合同段桩号范围内除桥面铺装、部分交通工程外的土建工程及组合梁施工，主要工作包括：

(1)钢管复合桩的钢管桩制作、运输及打设，海上钻孔灌注桩施工；非通航孔桥承台、墩身的预制、运输及安装；通航孔桥墩台的施工；斜拉索及减振装置、支座、伸缩缝、套箱等约束体系及附属设施的采购、制造及安装；珠澳口岸人工岛连接桥及互通立交施工。

(2)组合梁(含桥面板)、索塔钢结构塔身、各种预埋件、附属结构的材料采购、验收、下料、焊接、预拼装(含工厂涂装、交通工程预焊件)、涂装、桥面板施工、存放、运输、吊装、桥位焊接、涂装等；检查车(梁内和梁外)、塔内检修电梯、除湿系统的采购、运输、安装、调试和试运行。

(3)首件工程认可制的实施，各种施工工艺或方案的设计、评定及相关人员的培训和考核等。

28.2 工程概况

港珠澳大桥跨越珠江口伶仃洋海域，大桥东接香港特别行政区，西接广东省(珠海市)和澳门特别行政区，是国家高速公路网规划中珠江三角洲地区环线的重要组成部分和跨越伶仃洋海域、连接珠江东西岸的关键性工程。路线起自香港大屿山石散石湾，经香港水域，沿23DY锚地北侧向西穿(越)珠江口铜鼓航道、伶仃西航道、青州航道、九洲航道，止于珠海/澳门口岸人工岛，总长约35.6km，其中香港段长约6km，粤港澳三地共同建设的主体工程长约29.6km；主体工程采用桥隧组合方案，其中隧道长约6.7km，桥梁长约22.9km。

CB05合同段起点里程K29+237,终点里程K35+890,主线设计总长度6653m。其中主线桥梁全长6368m,施工主要任务包括营地建设、九洲航道桥、浅水区非通航孔桥及珠澳口岸连接桥,桥跨布置自东向西依次为:浅水区非通航孔桥(钢混组合连续梁桥)、九洲航道桥(双塔单索面钢混组合梁斜拉桥)、珠澳口岸连接桥(预应力混凝土连续箱梁桥)。主线桥梁跨度布置见图28-1。

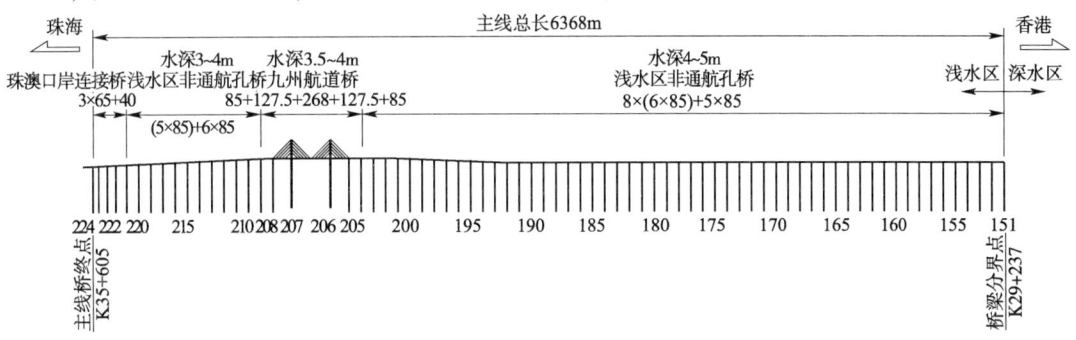

图28-1 主线桥梁跨度布置图(尺寸单位:m)

28.2.1 九洲航道桥

九洲航道桥采用双塔单索面钢混组合梁斜拉桥,主跨设单孔双向通航,全长693m。边中跨比例为0.476:1。主桥基本位于半径$R=14500$m的竖曲线上,主跨桥面标准宽度为36.8m,两侧过主塔后渐变至33.1m,桥面设2.5%横坡。采用塔、梁、墩固结体系。主梁采用分离式开口钢箱+混凝土桥面板的组合截面,主塔采用钢混结构,"风帆"造型。斜拉索采用竖琴形布置,梁上索距12.5m,塔上索距6.1m,见图28-2。

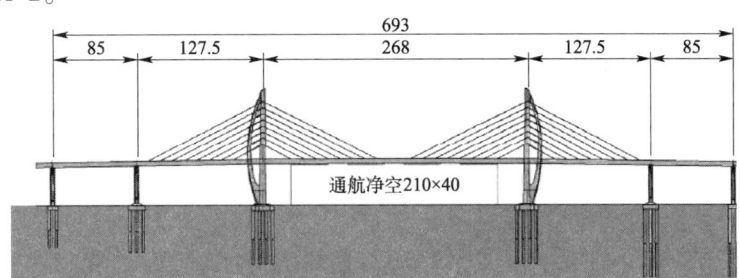

图28-2 九洲航道桥布置图(尺寸单位:m)

28.2.2 非通航孔桥

非通航孔桥采用85m连续组合梁,5~6孔一联,全长5440m。九洲航道桥以东布置53孔,以西布置11孔。桥面总宽33.1m,采用整墩分幅组合梁布置形式,两幅主梁中心距16.8m,桥梁中心线处梁缝宽0.5m,单幅桥面宽16.30m,主梁中心处梁高4.3m,桥面横坡2.5%。主梁采用U型钢梁+混凝土桥面板的组合结构,下部结构采用整体式布置,钢管复合桩基础,埋置式承台。承台和墩身均采用预制施工,见图28-3。

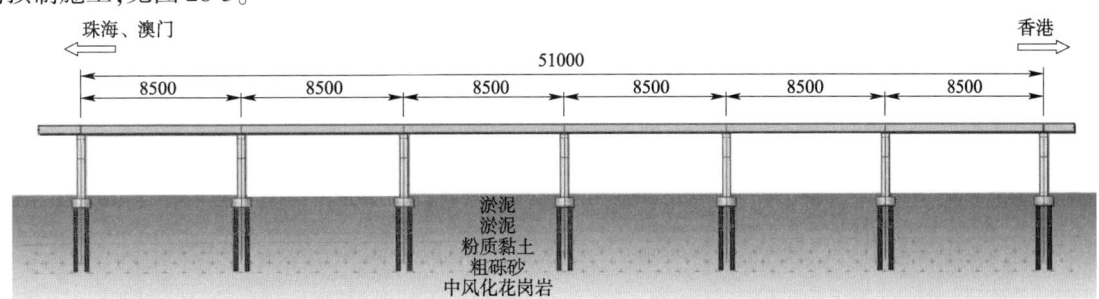

图28-3 浅水区非通航孔桥布置图(尺寸单位:mm)

28.2.2.1 珠澳口岸连接桥

珠澳口岸连接桥桥梁总长为235m,桥跨布置为$(3\times65+40)$m,4跨为一联,采用预应力混凝土连续箱梁桥;连接桥采用分墩分幅布置形式,为了与人工岛上暗桥顺畅衔接,连续梁截面采用变宽方式,单幅桥桥面宽度由16.30m逐渐变化至39.204m,采用单箱双室截面,连续箱梁截面中心处高4.0m,悬臂板长3.50m,桥面设2%横坡。

220~222号桥墩为矩形空心墩,钢管复合桩基础。223号墩为矩形实心墩,224号墩为座板式桥台,均采用钻孔灌注桩基础。

28.2.2.2 收费站暗桥及珠澳口岸互通立交

珠澳口岸人工岛收费站平台位于人工岛东北角。暗桥起点桩号K35+592,与珠澳口岸人工岛接线桥相接;终点桩号K35+890,接人工岛A、B、C、D、F匝道,顺桥向长度298m,起点横向宽度约为72.5m,终点横向宽度约为143.2m。跨径布置为$(8+2\times10)$m+$2\times(4\times10)$m+6×10m+$2\times(4\times10)$m+5×10m,上部为现浇实心钢筋混凝土板梁,联与联之间设置伸缩缝,板梁通过板式橡胶支座与桥梁墩台相连,下部采用桩柱式桥墩,扶壁式桥台。

珠澳口岸人工岛立交A匝道桥,起点桩号AK0+090,终点桩号AK0+290,桥梁总长为200m(不含桥台耳墙),桥面纵向为3.95%和-3.239%的坡度,变坡点为AK0+200,桥面横向布置为单向二车道,桥跨布置为$2\times(4\times25)$m,第二联第二跨上跨D匝道。两联之间设置伸缩缝构造,箱梁通过支座与桥梁墩台相连。上部为预应力混凝土连续箱梁,下部采用薄壁桥墩、座板式桥台及钻孔灌注桩基础。

珠澳口岸人工岛立交C匝道桥,起点桩号CK0+090.5,终点桩号CK0+480.5,桥梁总长为390m(不含桥台耳墙),桥面纵向坡度为3.4%,变坡点为CK0+280,桥面横向布置为单向二车道,桥跨布置为3×25m+4×25m+$(25+40+25)$m+5×25m,第二、三联依次上跨D、F、G匝道,桥跨分布以3跨、4跨或5跨为一联,联与联之间设置伸缩缝构造,箱梁通过支座与桥梁墩台相连。上部为预应力混凝土连续箱梁,下部采用薄壁桥墩、座板式桥台及钻孔灌注桩基础,见图28-4。

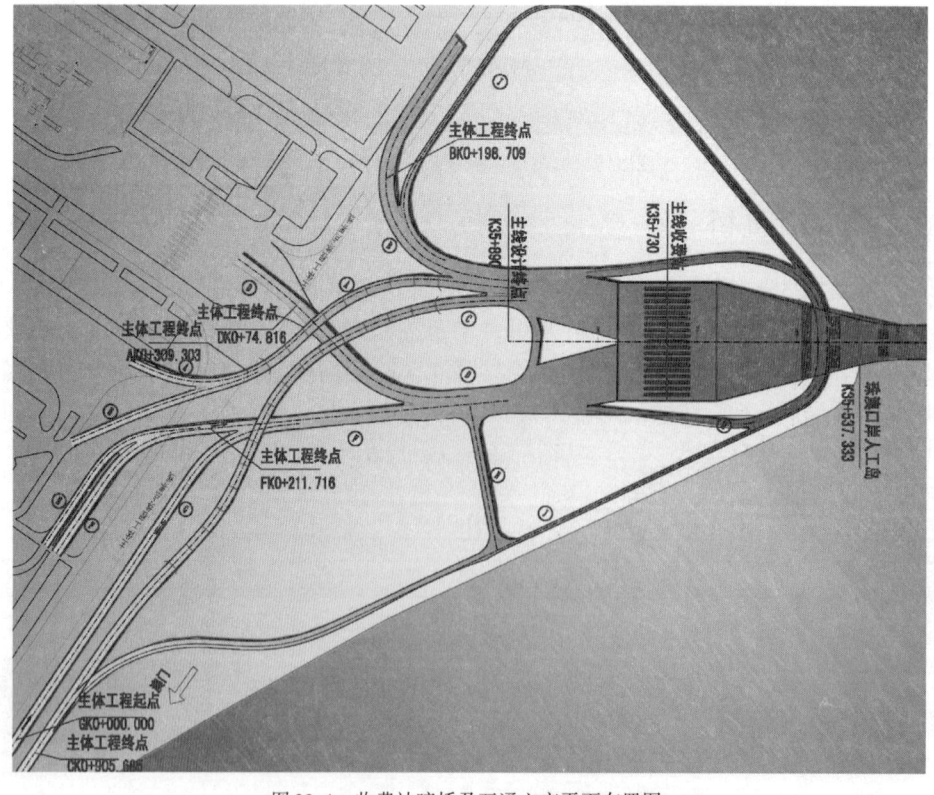

图28-4 收费站暗桥及互通立交平面布置图

28.2.3 主要工程数量及技术标准

主要工程项目及工程数量见表28-1。

主要工程项目及工程数量表　　　　表28-1

项　目	规　格	单　位	数　量	备　注
九洲航道桥	钻孔灌注桩	φ2.5m/φ2.2m	m/根	7038/88	
	承台	37.3×23.5×5.5	m³/座	12453/2	
		36.5×17.0×5.0	m³/座	8365/2	
		18.0×11.0×4.5	m³/座	2380/2	
	主塔	塔高114.7m	t/m³	4514/3229	钢材/混凝土
	墩身		m³/座	4126/4	
	组合梁		节段	58	
非通航孔桥	钢管复合桩	φ2.0m	m/根	11022/294	
		φ2.2m	m/根	4182/78	
	承台	15.6×11.4×4.5	m³/座	36975/49	
		16.8×12.1×4.5	m³/座	11259/13	
	墩身		m³/座	50430/62	
	组合梁	85m	片/孔	128/64	双幅
珠澳口岸连接桥	桩基	φ1.8m	m/根	2376/36	普通钻孔桩
		φ2.0m	m/根	1186/20	钢管复合桩
	承台		m³/座	5955/7	
	墩身		m³/座	3620/7	
	连续箱梁	(3×65+40)m	孔/联	4/2	左右幅
收费站暗桥	桩基	φ1.0m	m	31516	
	板梁	C50	m³	20994	
互通立交	路基	填方	m³	52402.2	
		挖方	m³	14501	

合计：全桥混凝土：298003m³。钢筋：66775t。钢绞线：3308t。钢管桩：15379.5t。组合梁钢材：76720t。主塔钢材：4514t。斜拉索：788t。支座：1164个

28.2.4 通航标准

(1)航道：设计最高通航水位：+3.52m；设计最低通航水位：-1.18m；设计最高水位：+3.82m；设计最低水位：-1.63m；设计通航净空尺度要求见表28-2。

各通航孔净空尺度表　　　　表28-2

通航孔所在航道	通航吨级(t)	通航孔个数	净空高度(m)	净空宽度(m)	备　注
九洲航道	10000	1	40.0	210	单孔双向
各小船航道	500	—	20.0	85	利用边孔

注：非通航孔桥满足渔船通行高度，桥下净高不小于12m。

(2)航空：九洲航道桥航空限高为122m。

(3)海事：在制订总体施工方案时，同时制订详细的航道占用及改移方案，尽量减少对工程所在地航运的干扰。水上交通控制方案充分考虑施工船舶占用水域，尽可能固定安排水上航运和泊位，并设置导航和通航标志，并经海事部门批准。

(4)环保要求:本项目所在海域具有较多的环境敏感点,其中以珠江口中华白海豚国家级自然保护区最为敏感,中华白海豚保护工作对桥梁施工过程提出瞭望观察、监视、噪声及水污染监测与控制等严格的要求。

28.2.5 工程建设的自然及社会条件

28.2.5.1 气象

本项目北靠亚洲大陆,南临热带海洋,属南亚热带海洋性季风气候区。桥区天气特点温暖潮湿、气温年较差不大,降水量多且强度大,年盛行风向以东南偏东和东风为主;桥位区处于热带气旋路径上,登陆和影响桥位的热带气旋十分频繁,据1949年至2008年60年间资料统计,平均每年2个左右,最多时每年可达6个,自4~12月均有可能发生,主要集中在6~10月。正面袭击桥位或对桥位产生严重影响的热带气旋有21个。此外,桥位区域还会遭遇强对流天气带来的龙卷、雷击和短时雷雨大风等灾害性天气。1951~2008年间,桥位附近区域共出现龙卷风125次,其中香港共记录到35次水龙卷或陆龙卷;珠海记录到2次龙卷;澳门观测到水龙卷和漏斗云29次。三地气温见表28-3。

三地气象站气温要素表(单位:℃) 表28-3

项目		月 份											
		1	2	3	4	5	6	7	8	9	10	11	12	年
香港	平均	16.0	16.2	18.7	22.3	25.9	27.8	28.7	28.3	27.6	25.2	21.5	17.8	23.0
	平均最高	18.4	18.5	21.1	24.7	28.2	29.9	31.0	30.7	29.9	27.5	24.0	20.5	25.7
	平均最低	13.8	14.2	16.7	20.4	24.0	25.8	26.5	26.2	25.4	23.2	19.3	15.6	20.9
	极端最高	26.9	27.8	30.1	33.4	35.5	35.6	35.7	36.1	35.2	34.3	31.8	28.7	36.1
	极端最低	0	2.4	4.8	9.9	15.4	19.2	21.7	21.6	18.4	13.5	6.5	4.3	0
	最高气温≥35℃日数	0.00	0.00	0.00	0.00	0.07	0.02	0.05	0.10	0.02	0.00	0.00	0.00	0.25
珠海	平均	14.8	15.5	18.3	22.2	25.8	27.6	28.6	28.3	27.4	24.9	20.8	16.7	22.6
	平均最高	18.2	18.4	21.3	25.1	28.8	30.5	31.8	31.6	30.5	28.1	24.1	20.1	25.7
	平均最低	12.3	13.2	16.3	20.3	23.7	25.4	26.0	25.7	24.8	22.4	18.2	14.0	20.2
	极端最高	27.0	28.3	29.9	33.2	35.4	36.5	38.7	36.9	37.1	35.0	31.5	28.5	38.7
	极端最低	3.2	3.0	2.9	9.7	15.2	19.0	20.1	21.0	17.6	9.5	5.2	2.5	2.5
	最高气温≥35℃日数	0	0	0	0	0.04	0.38	1.72	1.17	0.43	0	0	0	3.68
澳门	平均	14.8	15.1	17.9	21.8	25.6	27.5	28.4	28.2	27.3	24.6	20.6	16.5	22.4
	平均最高	18.1	18.1	20.8	24.6	28.6	30.5	31.6	31.5	30.6	27.9	24.0	19.9	25.5
	平均最低	12.1	12.8	15.7	19.6	23.3	25.2	25.8	25.5	24.6	21.9	17.7	13.6	19.8
	极端最高	29.1	30.2	31.5	35.3	37.5	36.9	38.9	38.5	38.1	36.0	34.2	30.0	38.9
	极端最低	-1.8	0.4	3.2	8.5	13.8	18.5	19.3	19.0	13.2	9.5	5.0	0.0	-1.8
	最高气温≥35℃日数	0.0	0.0	0.0	0.0	0.2	0.4	1.2	1.2	0.5	0.0	0.0	0.0	3.5

统计年限:香港,平均值1948~2008年,极端值1884~1939年及1947~2008年。珠海,平均值1962~2008年,极端值1961~2008年。澳门,1901~2008年。

28.2.5.2 水文

本项目所在的伶仃洋水域是珠江口东四口门(虎门、蕉门、洪奇沥和横门)注入的河口湾,湾形呈喇叭状,走向接近NNW—SSE方向,湾顶宽约4km(虎门口),湾口宽约30km(澳门至香港大濠岛之间),纵向长达72km,水域面积2110km²。

伶仃洋湾顶由沙角和大角山对峙形成峡口,湾口面对万山群岛天然屏障;东部沿岸多湾,由北往南有交椅湾、大铲湾、深圳湾;西岸由北往南多滩,蕉门、洪奇沥和横门的出口附近堆积着许多浅滩;中部有淇澳岛和内伶仃岛扼守湾腰,东南有暗士顿水道经香港的汲水门水道连接维多利亚港,湾口西南侧有洪湾水道与磨刀门河口相通。

伶仃洋湾水下地形具有西部浅、东部深的横向分布趋势和湾顶窄深、湾腰宽浅、湾口宽深的纵向分布特点,水下地形呈"三滩两槽"的基本格局。

伶仃洋湾内有岛屿散布其间,如龙穴岛、舢舨洲、横门山岛、大铲岛、小铲岛、内伶仃岛、淇澳岛和大濠岛等,在湾口和湾外,群岛罗列,如万山群岛、大蜘洲、小蜘洲、桂山岛等。这些岛屿在对外海波能的消减、潮流路径的调整以及局部滩槽的塑造起到重要作用。

28.2.5.3 地质

(1)地形地貌。

CB05合同段水中区段位于里程K29+237~K35+605段,高潮时水深5.0~7.0m,低潮时水深3.5~5.5m,地面较平坦,地面高程一般在-4.0~-6.2m,其中里程K31+500(178墩)~K32+300(187墩)段地面高程在-3.5~-4.0m,里程K35+370(220墩)~K35+550(222墩)(珠澳口岸人工岛连接桥)段受填岛挤淤影响,地面高程在-2.3~-3.0m,海底主要为海相沉积的淤泥。里程K31+705m(180墩附近)北侧约140m处有暗礁,该暗礁在高潮时被水淹没,低潮时露出水面。

(2)场区岩土工程地质特性。

根据地层的成因时代、岩性、埋深及其物理力学性质指标,结合工可阶段和初勘成果,将第四系地层划分为①、②、③、④、⑤五个大层,然后根据其岩性特征将每一大层分为若干亚层,见表28-4。

场区岩土工程地质特性表　　　　表28-4

地 层 划 分	岩 性 特 征
①层为全新统海相沉积物	为淤泥、淤泥质黏土和淤泥质黏土夹砂
②层为晚更新统晚期陆相沉积物	呈断续分布,局部孔段缺失,层厚较薄,岩性主要为软~可塑状黏土,其下部多分布有薄层松散~中密状的粉砂~砾砂,局部夹有透镜体状的圆砾土
③层为晚更新统中期海相冲积物	主要为淤泥质粉质黏土、淤泥质黏土和软~可塑状黏土,夹有粉砂~中砂透镜体,部分地段黏土与粉细砂呈互层状
④层为晚更新统早期河流相冲积物	主要由中密~密实砂类土组成,总体自上而下变粗(粉砂~砾砂),夹有透镜体状的软~可塑状粉质黏土
⑤层为基岩风化残积物	呈硬塑砂质黏性土状

28.2.5.4 水文地质

(1)地表水。

港珠澳大桥位于珠江口的伶仃洋海域,为珠江主要出海口和最大的河口湾。涨潮流来自辽阔的南海,潮流以海水为主,退潮流来自陆域,沿岸主要为珠江水体向海中排泄,海水被冲淡。

(2)地下水。

场区的地下水分为松散岩类孔隙潜水、松散岩类孔隙承压水和基岩裂隙水。

松散岩类孔隙潜水主要赋存于①₁层淤泥中,含水性与富水性差,与海水连通性好。

松散岩类孔隙承压水赋存于②₄中砂、②₅粗砂、④₄、④₅层粗砾砂中,砂层的富水性及透水性较好,是桥位区主要的含水层之一。该含水层具承压性,主要接收径流补给,通过侧向径流及越流排泄。

基岩裂隙水主要赋存于全强风化花岗岩及基岩裂隙中,富水性受基岩的风化程度、构造发育程度、裂隙发育情况的影响,表现在每个地段基岩裂隙水分布不均匀,主要接受上层承压水的入渗及基岩裂隙水的侧向径流补给,通过侧向径流及越流排泄。

(3)环境水对混凝土的腐蚀性判定。

依据《公路工程地质勘察规范》(JTJ 064—98):海水对混凝土具结晶类中等腐蚀性和结晶分解复合类强腐蚀性;地下水对混凝土具结晶类弱~中等腐蚀性和结晶分解复合类弱~强腐蚀性。

依据《岩土工程勘察规范》(GB 50021-2017):海水对混凝土结构及结构中钢筋具中等腐蚀性;地下水对混凝土结构及结构中钢筋具弱~中等腐蚀性。

综合判定:海水与地下水对混凝土及钢筋具强腐蚀性。

28.2.5.5 不良地质

桥址区 CB05 合同段主要不良地质现象为软土震陷、砂土液化及构造破碎带。

(1)软土震陷。

该软土为全新统海积相淤泥,包括①$_1$淤泥、①$_2$淤泥、①$_3$淤泥质黏土,厚度大(厚 10~34m),分布广,具流变性、触变性、压缩性高、强度低等特征,其天然含水率 $w=65.9\%~95.9\%$,天然孔隙比 $e=1.852~2.703$,液性指数 $I_L=1.00~2.99$,灵敏度 2.0~5.9,属中等灵敏~灵敏,先期固结压力 11~89kPa,属欠固结土,地基承载力基本容许值为 40~50kPa。剪切波波速 80~125m/s,当地震烈度为 8 度时,该层土会发生震陷。

(2)砂土液化。

CB05 合同段内 20m 以浅局部分布有第四系全新统饱和粗砾砂①$_{2-1}$层,根据《公路桥梁抗震设计细则》(JTG/T B02—01—2008)判定,该层土为可液化土。液化等级中等,局部严重。

(3)构造破碎带及风化深槽。

CB05 合同段内有 6 条次级破碎带,破碎带多沿高角度裂隙发育,倾角一般在 70°以上,破碎带附近大部分基岩完整性较差,强度相对较低。其中 F4 位于 190 号墩,破碎带内岩体受构造挤压影响严重,风化强烈,不均匀风化明显,岩体软硬不均,沿破碎带发育风化深槽。F5 位于里程 K33+682,F6 位于里程 K34+618,F7 位于 159 墩,F9 位于 207 号墩,破碎带内岩体裂隙发育,呈碎裂结构,裂隙间矿物受挤压影响呈粉末状,岩体破碎呈角砾状,角砾间略有胶结,岩体强度低,泡水易软化,轻敲即散;F8 位于 183 号墩,破碎带内基岩风化呈砂砾状,强度低。

(4)特殊性岩土。

CB05 合同段内分布的特殊性岩土主要为软土及全强风化花岗岩、残积土。

①软土:包括①$_1$淤泥、①$_2$淤泥、①$_3$淤泥质黏土,该层土为欠固结土,广泛分布于桥址区海床表部,厚 10~34m。这 3 层软土均为欠固结土,具有高压缩性、高灵敏度、低强度等特性,含水率高,其中多夹有砂层,土质不均匀,具有触变形、流变性,桩基施工时易产生缩径。

②全强风化花岗岩、残积土。

CB05 合同段内揭露的基岩为燕山期花岗岩,局部有安山玢岩岩脉侵入。该层花岗岩全强风化发育,受构造挤压影响,风化差异大,岩石软硬相间,其间常夹有风化球,在受构造影响严重地段常形成风化深槽,在 190 号墩处全强风化基岩厚达 75m。

CB05 合同段内花岗岩风化垂直分带明显,风化作用由表层逐渐向深部发展,自上而下,岩石风化程度由全风化→强风化→中风化→微风化岩石变化规律,但各带之间没有明显的界线,是逐步过渡的。局部发育沿裂隙带形成的囊状风化壳。

全风化花岗岩的风化程度最大,除保留少量石英颗粒外,其他矿物成分都风化呈粉末状或黏土矿物,风化岩石基本具备土体的工程地质特性,手捻有滑腻感,多呈砂质(砾质)黏性土状,标准贯入实测击数 30~50 击/30cm。

砂砾状强风化花岗岩与全风化花岗岩具渐变特点,在不扰动状态下仍可辨岩石的结构、构造,部分长石手捻呈粉末状,为散体状,强度低,干钻不易钻进,多呈密实砾砂状,标准贯入实测击数大于 50 击/30cm。

碎块状强风化花岗岩以易击碎的酥脆碎块为主,机械钻探取芯呈碎石状,部分呈短柱状。以软岩块为主,强度相对较高,保留有部分岩体强度等性质。

残积土发育在 201 号墩以西地段,多呈硬塑～坚硬状砂质黏性土状,局部含有花岗岩的岩块或岩屑,标准贯入实测击数小于 30 击/30cm。

钻探揭示:全强风化花岗岩及残积土水理性差,具有失水干裂、泡水软化的特性,基桩成孔后需尽快浇筑混凝土,防止该层土因泡水而导致侧摩阻力降低。碎块状强风化花岗岩常有掉块现象,桩基施工时需加以注意。

28.2.5.6 当地建筑材料、设备供应和交通运输等服务能力状况

港珠澳大桥所处位置陆路、水路交通都比较方便。经过地材调查,中山市附近材源较丰富。水泥产家有东莞华润水泥厂有限公司、碎石产地有四会径口石场、砂产地有西江(肇庆段)、粉煤灰厂家有虎门沙角电厂、矿粉产家有东莞华润水泥厂。中山基地及桥址处交通较发达,水陆运输较便利。

28.2.5.7 当地供电、供水、供热和通信能力状况

(1)施工用电。

①唐家湾营地:配 1 台 630kVA 变压器,1 台 350kW 发电机。

②中山基地:原有 SGB10-800kVA/10KV 变压器 2 台 SGB10-630kVA/10KV 变压器 1 台,由于生产负荷的增加,变压器用量已不能满足要求,根据需要,增加 4 台 SGB10-800kVA/10kV 变压器,原有的 3 台变压器仍可正常使用,新增变压器安装在 2 台 800kVA 变压器配电间旁,由于新增 3200kVA 用量,原有高压电缆的型号换为 YJV22-8.7/15kV-3×300 及 YJV22-8.7/15kV-3×185,根据现场用电负荷情况,通过计算,保证变压器之间负荷分配均匀,变压器布置见表 28-5。

中山梁场变压器布置表　　　　表 28-5

变压器编号	变压器容量(kVA)	变压器位置	变压器编号	变压器容量(kVA)	变压器位置
1 号变压器	800	波纹管车间旁	5 号变压器	800	波纹管车间旁
2 号变压器	800	波纹管车间旁	6 号变压器	800 号	波纹管车间旁
3 号变压器	800	波纹管车间旁	7 号变压器	630	搅拌站旁
4 号变压器	800	波纹管车间旁			

③水上施工用电:施工电源由拱北口岸 110kV 变电站 10kV 开关柜引出,采用 YJV22 型高压电缆将电源引至情侣南路和昌盛路交会处的落地式多功能真空开关柜,再采用 YJV43 型水下高压电缆将电源引至珠澳人工岛和水上配电平台各个高压环网柜。

珠海港珠澳大桥选择 14 台 630kVA,1 台 400kVA 的变压器,容量合计为 9220kVA。中山梁场基地选择安装 6 台 800kVA 和 1 台 630kVA 的变压器,容量合计为 5430kVA,变压器布置见表 28-6。

珠海变压器布置表　　　　表 28-6

变压器台编号	变压器容量(kVA)	里程	变压器位置	变压器台编号	变压器容量(kVA)	里程	变压器位置
1 号	400		珠澳口岸立交桥	6 号	3×630	K34+225	207 号墩附近
2 号	630		珠澳口岸立交桥	7 号	3×630	K33+954	206 号墩附近
3 号	630	K35+605	珠澳口岸连接桥终点	8 号	630	K33+827	205 号墩附近
4 号	630	K34+945	215 号墩附近	9 号	3×630	K33+317	199 号墩附近
5 号	630	K34+350	208 号墩附近				

珠海 4 号、9 号两个水上配电平台的合计 4 台 630kVA 的变压器会根据生产需要经常移动,其他的变压器均固定不变。例如 199 号墩水上配电平台上的 3 台变压器负责的供电范围为 203～195 号墩,当 203～195 号墩的桩基施工完毕后,这 3 台变压器将移动至 190 号水上配电平台负责 194～186 号墩的桩基施工,如此重复使用。水上配电平台共计 11 个,分别分布在 155 号、163 号、172 号、181 号、190 号、199 号、205 号、206 号、207 号、208 号、215 号墩附近,其中 205 号、206 号、207 号、208 号墩

水上配电平台上的变压器不会移动,一直使用到工程结束。

(2)供水施工。

唐家湾营地、中山基地墩台身预制场及组合梁组拼场生产生活用水采用城市自来水,海上施工区域及珠澳口岸连接桥采用补给船供水。

(3)燃油。

唐家湾营地、中山基地墩台预制场及组合梁组拼场、珠澳口岸连接桥分别设有临时油库储存站,水上施工机械用油采用补给船供应。

28.2.6 工程特点、重难点分析

28.2.6.1 本项目主要特点

(1)施工环境复杂。大桥跨越珠江口伶仃洋区,连接香港、澳门、珠海三地,受海洋风、浪、流、潮、雾、雨等环境因素的影响较大,且地质条件复杂。

(2)设计寿命120年,防腐要求高。设计基准期为120年,在正常养护条件下,120年内结构混凝土中的钢筋不生锈或钢结构表面不锈蚀,能够保证结构的安全使用;国内首次采用不锈钢筋施工建造跨海大桥,缺乏成熟的经验及规范依据;本合同段设计+8m下墩身承台采用不锈钢钢筋技术,技术标准要求高,对施工控制要求严;混凝土均采用海工耐久混凝土。混凝土构件外表面采用硅烷浸渍;钢主梁、钢主塔(外侧)防腐采用重防腐涂装体系。钢管桩采用环氧重防腐涂装+牺牲阳极的阴极保护。

(3)墩台采用预制安装,施工精度要求高。墩台采用预制安装,施工精度控制要求高。钢管复合桩施工精度控制要求轴线倾斜度偏差不大于1/250,桩顶中心水平偏差不大于50mm;墩身垂直度偏差不大于H/3000,同时墩身各截面中心位置与设计位置偏差不大于20mm。

(4)环保要求高。施工水域属于中华白海豚生活水域,且离两岸三地较近,施工中噪声、污水、废气等均对其产生重大影响。

28.2.6.2 本项目的重点与难点

(1)钢管桩打设精度控制。

钢管桩的打设精度直接关系到预制承台能否顺利下放到位,是下部结构施工中关键的施工工序之一。施工区域风浪较大,水流急,自然条件差,施工环境恶劣,施工安全要求高。

(2)预制承台与钢管复合桩间止水系统。

预制墩台与钢管复合桩间封堵止水是埋置式承台施工的难点之一,只有解决14m水深处预制承台与钢管复合桩间的止水问题,才能确保连接部位及其附属工程能够在有利的作业环境下完成施工。止水系统是本项目的难点工程。

(3)预制墩台吊装及定位系统。

①预制墩台悬挂与定位系统:预制墩台悬挂系统是整个安装过程中最重要的临时结构。吊装过程中,受外界不确定因素影响作用,结构受力复杂,安装精度要求高,针对吊装下放及体系转换过程中功能要求,研制结构合理、拆卸方便、安全可靠、可重复使用的悬挂系统是本项目的重点;桥位处气象水文等建设条件复杂,预制墩台安装精度要求高,定位系统是确保墩台准确达到或调整至设计位置,辅助墩台安全下放并完成体系转换。研制具有三向功能的大吨位定位系统,实现墩台精确调整与定位是本项目的重点、难点工程。

②埋置式基础墩台连接施工技术:钢管复合桩与预制墩台连接部位现浇混凝土浇筑工艺及质量控制措施,特别是如何防止后浇部位混凝土在初凝期因围堰受风浪波流冲击作用而开裂的问题等是本项目的控制重点。

(4)腐蚀保护。

为确保工程质量,主体工程防腐体系包括钢结构涂装、混凝土硅烷浸渍、牺牲阳极阴极保护系

统、环氧钢筋施工和不锈钢筋是本工程重点。

(5)85m组合梁制造、架设。

①85m组合梁制造线形控制:组合梁制造中,严格的几何控制对实现全桥的目标线形具有重要意义。组合梁线形受U型钢梁的制造和匹配、桥面板混凝土收缩与徐变及组合梁简支变连续体系转换的影响。

②85m组合梁架设:85m组合梁采用大型浮吊安装就位,并进行由简支变连续的体系转换,按设计要求,墩顶负弯矩区结合应力控制需多次顶落梁。

(6)九洲航道桥施工。

①主塔钢混结合段施工:钢混之间采用剪力钉、锚杆连接。钢主塔结合段内钢筋密布,剪力钉穿插其中,下塔柱、曲臂预应力锚杆沿断面四周均布,分别平行于自身轴线,相互存在夹角,贯穿结合段混凝土锚固于钢塔承压面横隔板上。钢筋的安装方法、剪力钉、锚杆安装精度、钢混结合段混凝土密实度控制、锚杆张拉有效应力的控制是本项目的难点之一。

②钢主塔安装施工:主塔施工由于受航空限高影响,上塔柱不能采用常规的节段拼装方案,而采用"大节段吊装+竖转"的方案。

28.2.6.3 针对重点难点工程的技术管理措施

(1)工艺技术评审。

为确保本合同工程的建设质量和工程进度,项目部将在施工组织设计的基础上,对生产过程中重要的工艺或方案,开展必要的现场工艺/方案试验,并组织专家进行评审。

(2)人员培训。

本合同段参建队伍全体人员都进行岗前培训,力求做到以下三点:

①坚持多次培训,以培训促学习。

②坚持自主培训为主、外委培训为辅。

③坚持按需施教、务求实效。根据员工多样化培训需求,分层次、分类别地开展内容丰富、形式灵活的培训。

(3)技术措施。

①钢管桩打设精度控制技术措施:钢管桩的施工精度控制采用三次定位,整根打设的技术措施;选择"小天鹅"运架一体船作为导向架的定位船舶,导向架放置船体甲板顶面的滑道之上。通过调整锚绳使船体的初始平面位置,精度控制在±200mm;在滑道上纵横移导向架实现第二次定位,精度控制在±20mm;利用浮吊吊装打桩锤插打导向架的四根定位桩,整体提升导向架并将导向架与定位桩固结,"小天鹅"号退出;起吊整根钢管桩,喂入导向架的导环内,调整导向架的下层导向环,确保钢管桩的平面位置正确,调整上层导向环将桩垂直度控制在设计范围内,完成第三次精确定位。随即采用大型液压打桩锤沉桩到位,然后依次插打其他钢管桩。

②止水施工技术措施:预制承台安装采用逐桩钢筒围堰方案。钢筒围堰与承台通过预埋在承台顶面的锚栓进行连接;在预制承台与钢管复合桩之间的钢漏斗中灌注水下混凝土堵漏。项目部已完成足尺止水模型试验及吊装工艺研究。在风、浪、流及潮差等荷载分析的基础上,采用专用悬吊系统,在承台精确定位后,采用水平和竖向限位装置,保证承台与钢管桩之间的相对固定,解决动水对封堵混凝土的影响,满足14m水深条件下的止水要求。

③预制墩台安装的技术措施:预制墩台吊装方案和大吨位定位系统,具有三向调位、集中控制的功能,满足快速定位、快速安装与拆卸的要求;预制墩台的吊装采用中心起吊运架一体的"小天鹅"号浮吊进行。在承台预留孔周边设置吊装孔,用吊杆进行吊装;在预制墩台安装钢筒围堰后移至出海码头前端,利用"小天鹅"号吊运至墩位。绞锚进行初次定位后,利用专用吊具调整承台的平面位置,通过桩顶导向装置将墩台套入钢管复合桩,悬挂在三根钢管复合桩顶部,"小天鹅"号退出。

使用桩顶的三向调节装置进行承台的精确调位，确保预制承台平面位置和垂直度满足精度要求。通过承台预留孔底部的水平带铰千斤顶进行承台的限位。然后启动钢筒围堰顶面处的液压夹持器，锁定钢筒围堰，完成承台与钢管桩之间的水平及竖向锁定，以控制风力、波浪力、水位变化对封底混凝土的影响；承台预留孔止水封底混凝土及孔内钢筋混凝土在浇筑后至达到设计强度期间，将承台与钢管复合桩之间锁定，使其不发生相对位移，在承台调整到设计位置后，采取以下技术措施。

④墩身安装施工的技术措施：承台及首节墩身施工完毕后，安装墩身作业平台、导向装置和三向调整系统。测量支撑立柱顶面高程并抄垫钢板，保证四点共面和上节墩身的安装精度。然后在其顶面放置50mm高的橡胶板，以缓冲上节墩身的冲击力；"小天鹅"号将墩身运输到待安装墩位，抛锚定位后，在对位导向装置的辅助下，将墩身缓慢置于底节墩身上部的4个支承立柱上，千斤顶起顶精确调整墩身的平面位置并锁定。绑扎钢筋，立模，浇筑湿接缝混凝土。

⑤腐蚀防护措施：主体工程防腐体系钢结构的涂装、混凝土硅烷浸渍、牺牲阳极阴极保护系统、环氧钢筋和不锈钢筋等项目均按规范进行施工，在各个工序控制好工程质量；钢结构防腐涂装采用重装防腐涂装，施工中其关键点为：做好施工环境的监控；整体涂装前的预涂施工；破损部位的修补；焊接部位的修补等；按照《专题技术报告》的具体技术要求和施工应对措施，保证钢筋的环氧涂层在包装、堆放、运输、定位、连接、涂层修补及混凝土浇筑等工序中的完好性。

⑥基坑开挖的技术措施：根据埋置承台足尺模型试验成果，基坑坡度按1:6开挖；采用超开挖来消除基坑回淤的影响，基底超挖深度1.5m，承台侧面超挖宽度2m；根据施工过程中的监测情况，积累经验，根据施工情况调整。

⑦组合梁架设的技术措施：采用"天一"号运架一体船进行组合梁的预制场码头取梁和海上运输。"天一"号取梁后，将组合梁落至船面并通过液压装置与船体固定，起航运输至墩位，由浅水区往深水区方向进行架设；通过抛锚、绞锚完成组合梁初步定位并落梁。再通过滑移副调整组合梁的纵横向位置和高程，保持相邻梁段的断面吻合；在墩顶处对待架组合梁进行转角余量切割后，利用墩顶滑移副进行组合梁的精确对位，连接临时匹配件并在防护棚内焊接钢梁连接缝。工地连接焊缝在检验合格后，进行表面除锈，按设计要求进行涂装；用相同方法完成一联组合梁的架设，按照设计要求分批进行起顶梁、墩顶段湿接缝浇筑、横向预应力和纵向预应力张拉、最后落梁至设计位置，依次完成一联的组合梁安装和体系转换。

⑧九洲航道桥主塔钢混结合段施工的技术措施：在主塔底节混凝土灌注时，设置锚杆定位架，固定每根锚杆的位置，然后浇注底节混凝土灌注。每根锚杆螺纹部分采取临时包裹保护；为解决下塔柱T0、曲臂各自预应力锚杆存在夹角问题，下塔柱T0、曲臂分开起吊安装，通过各自的定位立柱及三向调整装置安装就位。针对曲臂垂直下落碰撞锚栓问题，设置带滚轮的导向架，使曲臂沿斜面缓缓下滑就位；底节混凝土达到强度以后，安装结合段定位立柱及三向调整千斤顶装置，吊机起吊首节钢塔柱T0节段，落于定位立柱顶临时垫块上（临时垫块顶面高于锚栓顶面，避免直接起吊就位碰坏锚杆螺纹），先调整T0节段平面位置、轴线、垂直度，利用竖向千斤顶缓慢倒顶下落至设计位置，安装螺母；首节钢塔柱、曲臂就位后，焊接固定，拆除定位调节装置，然后安装周圈水平环形闭合钢筋；钢筋绑扎时，确保竖向每层钢筋对齐，方便振捣，优化混凝土的配合比及性能，在浇筑承压面下采用压浆，保证钢与混凝土面结合良好；混凝土浇筑之前在锚固螺杆的外表面涂抹隔离剂，保证后期张拉时锚固螺杆能够自由伸长，张拉预应力锚杆时，采取对称、同步、分级的张拉方式。

⑨九洲航道桥桥面以上主塔节段竖转的技术措施：上塔柱吊装就位水平放置到临时墩上后，通过在临时墩顶、下塔柱顶部支撑牛腿上布置三向调节装置，使上塔柱的上铰座中心对准下塔柱牛腿上的下铰座中心，横向转铰（四点）保证的同心、共线；测量主塔轴线，保证主塔轴线与桥轴线重合，实现第一步的线形控制；竖转之前，为增加竖转过程中的纵横向稳定性，预先在竖转塔柱下端横桥向两侧对称设置横向抗风支撑结构及在上下钢塔连接处设置限位牛腿及连接件。在过渡墩与主塔上端设置后锚索，主塔竖转至轴线与水平面夹角为80°时同步收紧后锚索，防止上塔柱突然前倾。塔柱竖

转到位,通过限位牛腿及水平千斤顶方便准确对位及上下断面对齐,锁死临时连接件,迅速完成节段连接;选择气温稳定、风力较小的天气进行竖转施工,提前做转体提升试验,使主塔前端(边跨临时墩顶处)脱开临时墩顶5cm左右,检验结构的安全及测量各对应断面的高程变化;竖转之前,调节竖转压杆长度和拉索的松紧程度一致,保证桥轴线两侧受力变形一致。桥轴线横向两侧扣索采取计算机控制液压同步整体提升技术,在每个竖转扣索锚固点处,各安装一台激光测距仪,用于测量扣索锚固点竖转至不同位置的高度。为了保证提升过程中的位置同步,系统中还设置了超差自动报警停机功能,采取系列技术措施保证对称、同步、分级的张拉,避免发生扭转。

28.2.6.4 针对重点难点工程的组织措施

抓好重点(关键)和难点工程的施工是按期优质完成港珠澳大桥工程的关键。通过认真做好施工组织设计,科学进行计划管理,按时完成重点、难点工程的施工,保证各阶段工期目标和总工期目标的实现,主要采取以下组织措施:

(1)优化施工组织设计,进行科学网络计划管理:编制科学、合理、经济的实施性施工组织设计,指导各工序的施工生产。同时进行科学的网络计划管理,适时调整。

(2)配备精干高效的项目班子及能征善战的队伍:加强领导,在项目班子配备上"下功夫"。本工程技术含量高,因此,在工程管理和工程技术人员的配备上,将从全公司范围内挑选"精兵强将",人员选择有过类似桥形施工经验的人员。优先将具有海上桥梁施工经验的人员充实到本项目施工队伍。

(3)成立专门的HSE管理机构:设立专门的HSE管理机构,由一名专职副经理任HSE总监,负责桥梁施工过程的HSE管理;着力建设绿色施工示范工程。

(4)专业分包管理:坚持"严格资审、质量优先、合同管理"的原则,按照规定程序合理有序地组织分包工作,主动报告分包项目的信息,自觉接受发包人、监理人的监管,择优选用分包人参与工程施工。

(5)界面管理:委派专人负责工作界面的管理与协调,并与其他合同段工作界面管理人员建立定期的沟通机制,对本合同工程实施过程中,已出现或可能出现的各种界面模糊点,进行沟通和协调,明确各方的工作内容和职责范围。

(6)信息化管理:按照合同文件以及建设项目管理制度,结合本合同工程的实际需求,合理设置信息管理机构,落实专业信息管理人员,做好信息管理工作,及时收集施工场地的相关工程信息。

28.3 总体施工部署

28.3.1 施工总目标

28.3.1.1 总体工期目标

总体合同工期为57个月(其中施工准备期与主要结构施工期共36个月,工程维护和照管期为21个月),缺陷责任期为24个月。

28.3.1.2 质量目标

合同段工程交工验收的质量评定:合格。竣工验收的质量评定:合格。

28.3.1.3 HSE目标

追求零伤害、零污染、零事故,在健康、安全与环境管理方面达到国际同行业先进水平,为实现港珠澳大桥建设管理目标提供保障。

28.3.1.4 成本目标

成本控制在合同要求的范围以内。

28.3.2 关键节点工期

整体施工顺序:本合同段采用自西向东的总体施工顺序,合同段控制性工程为非通航孔桥。满足 33 个月完成浅水区组合梁全部架设工作,九洲航道桥 29 个月完成。

非通航孔桥梁:基础完成时间 2014 年 12 月;梁体架设完成时间 2015 年 4 月。

九洲航道桥:主墩基础完成时间 2013 年 10 月;主塔施工完成时间 2014 年 3 月;上部结构施工完成时间 2014 年 10 月 1 日。

28.3.3 工程项目管理组织

28.3.3.1 管理模式

按项目法施工原理组织施工。实行项目经理负责制,项目经理部按项目法施工原理组建,作业层按施工工区(下设专业施工作业队)模式组织;明确公司和公司各职能部门与项目经理部、项目经理部与作业工区之间的责任关系;参与本合同段工程建设的人员均为项目经理部的专职人员。

28.3.3.2 项目经理部

按照"集中领导、职责明确、提高效率、有利协调"的原则组建。项目经理部(以下简称"项目部")设项目经理 1 人,项目经理由中铁大桥局股份有限公司总经理谭国顺担任;设总工程师 1 人、项目副经理 3 人(其中 1 名为 HSE 总监),在项目经理部管理层中设置 HSE 管理部、工程技术部、计划合同部、财务会计部、物资机械部、综合事务部、测量控制中心、试验检测中心等部室,下设各职能部门和施工工区,工区下设作业队。项目部组织机构见图 28-5,各岗位的管理职责及权限见表 28-7。

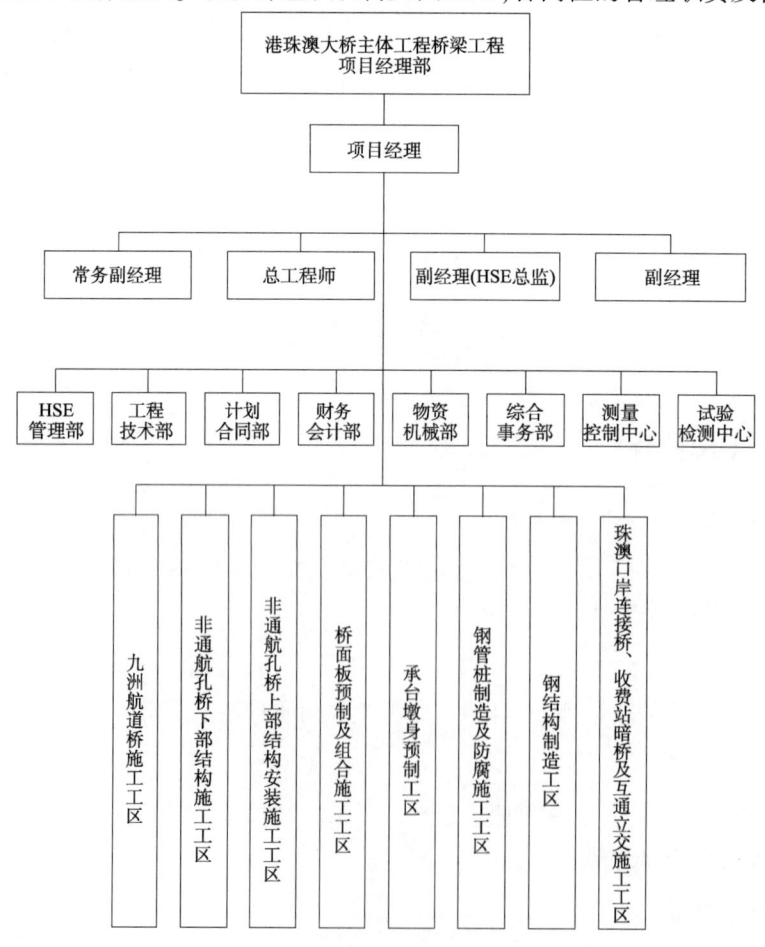

图 28-5 项目部组织机构图

各岗位的管理职责及权限表　　　　　　　　　　　　　　　　　　　表 28-7

序号	岗位	管理职责及权限
1	项目经理	全权代表项目部在本合同段建设中对项目的施工质量、进度、投标承诺、合同兑现及资金运筹等行使组织、指挥、协调、监督职能；代表项目部接受发包人领导；协调与运营、设计、监理、地方关系等。 认真贯彻执行本项目的工程合同、发包人指示、监理指令和公司项目管理文件、质量体系文件、环境管理体系文件，批准发布本项目部的支持性文件，确保项目管理体系、质量体系以及环境管理体系的持续有效运行。 对本工程项目的质量、工期、HSE 和成本负第一责任，严格执行合同、有关标准规范，并根据其要求进行资源配置及组织生产和过程控制，确保工程质量、工期满足规定的要求。 组织内部质量体系的审核，及时纠正质量体系运行的不合格，不断进行质量改进，提高质量管理水平，确保按工期要求，向发包人交验优质的工程产品。有与项目管理有关的人事调配权、资金调度权、一般不合格的处理权
2	总工程师	全权代表项目部在本合同段工程建设中对项目技术负责。 在项目经理的领导下，负责本项目技术管理工作，主抓技术管理和重大技术方案的制定，组织编制并批准本项目的技术文件，确保项目部各部(室)使用的文件和资料是有效版本，负责与监理单位、设计单位和发包人技术部门的协调工作。 负责组织编制实施性施工组织设计和作业指导书等，组织图纸复核、技术交底、技术复核和过程质量控制，并组织分部工程质量评定和审批检验和试验等报告。负责工程交付前的准备工作。编制质量计划。检查、落实不合格项的纠正、预防措施执行情况。 有技术人员、测量人员及试验人员的考核权及调配建议权、有质量奖惩权
3	项目副经理	对项目经理负责，协助项目经理工作；按施工组织设计具体负责组织作业队生产；为满足工程进度、质量管理、HSE 要求，有权在现场调度人员、材料、机械、设备。其中 1 名副经理为 HSE 总监，负责 HSE 管理
4	工程技术部	负责施工全过程中的技术管理工作，包括施工技术、质量管理、界面管理、生产调度等；负责编制施工组织设计、施工工艺及操作细则；对施工过程中出现的问题提出处理方案，负责编制各工序技术文件并进行交底；负责施工全过程中内部监控；组织编制竣工文件
5	HSE 管理部	负责职业健康、安全生产、环境保护及文明施工管理，主要涉及职业健康、安全生产、消防保卫、文明施工、环境保护等工作；协助领导组织处理或直接处理突发事件和重大安全、环保事件；负责编制项目安全专项方案，督促、检查安全设施、施工用电、施工机械、环境保护措施的实施；组织项目经理部及工区人员进行 HSE 管理培训
6	计划合同部	包括计划统计、预算合同等工作；负责工程合同管理及工程计量工作，负责编制年、季、月度施工生产计划，制定下达施工生产、安全措施计划，并检查落实、监督执行；编制统计报表并上报；工程竣工决算
7	财务会计部	负责财务管理和会计核算工作。负责施工生产所需用资金的组织与筹措，保证施工生产资金落实；日常财务报销，季度、年度财务结算和工程竣工决算，各种资金回收及债权的清算
8	物资机械部	负责本工程物资材料、机械设备的调运采购等工作；负责施工生产材料的采购、供应和管理，按施工进度计划提出材料采购计划，按时组织工程材料到位，确保生产用料供应。负责机械设备的管理，施工生产所需机械设备的调配，新增设备订货、采购；申报设备维修，配件采购计划与监督维修保养，确保机械设备正常运转
9	综合事务部	负责项目部的行政事务管理和车辆、海事联络管理，负责本合同段后勤保障工作，负责办公会议的准备工作，协助领导组织处理或直接处理突发事件和重大事件，负责项目经理部文件资料的统一管理；负责本项目经理部人事管理和培训。负责本项目信息管理
10	测量控制中心	对施工图纸所有测量数据进行复核。负责做好施工放样工作，及时做好记录，报监理签字。对各控制点的内容有完整准确的了解，定期对控制点进行检查、复核、确保测量位置的准确性，并做好对标志的保护工作。妥善保管测量资料，填好有关测量体系要求原始记录
11	试验检测中心	负责工程开工前的标准试验和工艺试验工作；负责各项检测工作，包括抽样、样品管理、结果报告等；负责做好试验数据汇总分析；负责做好与建设、监理或第三方试验检测单位等相关方的沟通，服从发包人、监理工作指令，接受监督、检查和指导；负责做好质量管理体系运行过程中形成的各种记录及文件管理

28.3.3.3　技术专家组(略)

28.3.3.4　技术管理

见附录2。

28.3.4 工程应用的新工艺、新技术

28.3.4.1 预制承台及墩身施工

(1) 复合桩钢管桩的高精度控制技术。

选择运架一体船作为导向架的定位船舶,导向架放置船体甲板顶面的滑道之上。通过调整锚绳使船体的初始平面位置,精度控制在±200mm;在滑道上纵横移导向架实现第二次定位,精度控制在±20mm;利用浮吊吊装打桩锤插打导向架的四根定位桩,整体提升导向架并将导向架与定位桩固结;起吊整根钢管桩,喂入导向架的导环内,调整导向架的下层导向环,确保钢管桩的平面位置正确,调整上层导向环将桩垂直度控制在设计范围内,完成第三次精确定位。随即采用大型液压打桩锤沉桩到位,然后依次插打其他钢管桩。

(2) 止水施工技术。

预制承台安装采用逐桩钢筒围堰方案。钢筒围堰与承台通过预埋在承台顶面的锚栓进行连接。在预制承台与钢管复合桩之间的钢漏斗中灌注水下混凝土堵漏。项目部已完成足尺止水模型试验及吊装工艺研究。在风、浪、流及潮差等荷载分析的基础上,采用专用悬吊系统、在承台精确定位后,采用水平和竖向限位装置,保证承台与钢管桩之间的相对固定,解决动水对封堵混凝土的影响,满足14m水深条件下的止水要求。

(3) 预制墩台安装的技术。

预制墩台吊装方案和大吨位定位系统,具有三向调位、集中控制的功能,满足快速定位、快速安装与拆卸的要求。预制墩台的吊装采用中心起吊运架一体的"小天鹅"号浮吊进行。结合承台预留孔施工顺序布置承台的吊点。在预留孔周边预留吊装孔内用吊杆进行吊装。该吊点的设置在满足承台结构受力要求的同时,方便安装和拆除。

在预制墩台安装钢筒围堰后移至出海码头前端,利用"小天鹅"号吊运至墩位。绞锚进行初次定位后,利用专用吊具调整承台的平面位置,通过桩顶导向装置将墩台套入钢管复合桩,悬挂在三根钢管复合桩顶部,"小天鹅"号退出。

使用桩顶的三向调节装置进行承台的精确调位,确保预制承台平面位置和垂直度满足精度要求。通过承台预留孔底部的水平带铰千斤顶进行承台的限位。然后启动钢筒围堰顶面处的液压夹持器,锁定钢筒围堰,完成承台与钢管桩之间的水平及竖向锁定,以控制风力、波浪力、水位变化对封底混凝土的影响。

(4) 墩身安装施工技术。

承台及首节墩身施工完毕后,安装墩身作业平台、导向装置和三向调整系统。测量支撑立柱顶面高程并抄垫钢板,保证四点共面和上节墩身的安装精度。然后在其顶面放置50mm高的板式橡胶支座,以缓冲上节墩身的冲击力;"小天鹅"号将墩身运输到待安装墩位,抛锚定位后,在对位导向装置的辅助下,将墩身缓慢置于底节墩身上部的4个支承立柱上,千斤顶起顶精确调整墩身的平面位置并锁定。绑扎钢筋,立内模,浇筑湿接缝混凝土。

28.3.4.2 耐久性腐蚀防护措施

主体工程防腐体系钢结构的涂装、混凝土硅烷浸渍、牺牲阳极阴极保护系统、环氧钢筋和不锈钢筋等项目均严格按本项目的规范进行施工,在各个工序控制好工程质量。钢结构防腐涂装采用重装防腐涂装,施工中其关键点为:做好施工环境的监控;整体涂装前的预涂施工;破损部位的修补;焊接部位的修补等。

环氧涂层钢筋现场施工问题及对策应结合现场实施情况,对环氧涂层钢筋在包装、堆放、运输、定位、连接、涂层修补及混凝土浇筑等施工过程中涂层完好性保证技术和施工措施进行全面研究,并按照《专题技术报告》的具体技术要求和施工应对措施进行施工。

28.3.4.3 大节段(整孔)组合梁制造技术

组合梁制造与架设划分为三个阶段:板单元制造、节段拼装(含组合施工)及桥位连接,分别安排在专业厂家、中山基地与桥位处进行施工,即在专业厂家制造板单元,海运至中山基地完成钢箱梁节段拼装、组合,再运至桥位处进行焊接、组合。

(1)板单元制造。

根据专业厂家的生产场地、加工设备能力、起吊能力以及所能采购到的钢板规格,在满足标准规范和设计要求的前提下,综合考虑供料、运输及批量生产等因素,尽可能将板单元尺寸作大,以减少其种类和数量及拼接工作量。单个板单元制造完成后在专用胎架上完成板单元合件制作。选用专用车间作为板单元生产制造场地,实现单元化、模块化、批量化、自动化生产,有利于板单元制造质量与制造精度的控制。

(2)节段拼装。

85m钢箱梁采用大节段整体拼装技术,即板单元制造检验合格后,经海运运至中山基地,在车间内采用长线施工法进行整孔节段连续匹配组焊,节段在车间完成组装和预拼工作后,直接在车间内进行整孔节段拼装。然后进行喷砂、涂装。

(3)桥位连接。

焊接作业在封闭空间内进行,降低施工污染。生产生活垃圾分别定点投放、存储,定期进行清除,避免污染源扩散。钢梁85m大节段之间的焊接在桥位的辅助平台上进行,通过功能完善的辅助平台改海上施工为平台施工,改户外施工为防护施工,确保桥位作业安全可靠、质量优良。

28.3.4.4 整孔组合梁架设技术

采用"天一"号运架一体船进行组合梁的预制场码头取梁和海上运输。"天一"号取梁后,将组合梁落至船面并通过液压装置与船体固定,起航运输至墩位,由浅水区往深水区方向进行架设。

通过抛锚、绞锚完成组合梁初步定位并落梁。再通过滑移副调整组合梁的纵横向位置和高程,保持相邻梁段的断面吻合。

在墩顶处对待架组合梁进行转角余量切割后,利用墩顶滑移副进行组合梁的精确对位,连接临时匹配件并在防护棚内焊接钢梁连接缝。工地连接焊缝在检验合格后,进行表面除锈,按设计要求进行涂装。

用相同方法完成一联组合梁的架设,按照根据设计要求分批进行起顶梁、墩顶段湿接缝浇筑、横向预应力和纵向预应力张拉,最后落梁至设计位置,依次完成一联的组合梁安装和体系转换。

28.3.4.5 钢塔竖转施工技术

九洲桥的主塔施工,由于受到航空限高影响,采用竖转方案。

上塔柱吊装就位水平放置到临时墩上后,通过在临时墩顶、下塔柱顶部支撑牛腿上布置三向调节装置,使上塔柱的上铰座中心对准下塔柱牛腿上的下铰座中心,横向转铰(四点)保证的同心、共线;测量主塔轴线,保证主塔轴线与桥轴线重合,实现第一步的线形控制。

为增加竖转过程中的纵横向稳定性,预先在竖转塔柱下端横桥向两侧对称设置横向抗风支撑结构,并在上下钢塔连接处设置限位牛腿及连接件。在过渡墩与主塔上端设置后锚索,主塔竖转至轴线与水平面夹角为80°时同步收紧后锚索,防止上塔柱突然前倾。塔柱竖转到位,通过限位牛腿及水平千斤顶方便准确对位及上下断面对齐,锁死临时连接件,迅速完成节段连接。

选择气温稳定、风力较小的天气进行竖转施工,提前做转体提升试验,使主塔前端(边跨临时墩顶处)脱开临时墩顶5cm左右,检验结构的安全及测量各对应断面的高程变化。

竖转之前,调节竖转压杆长度和拉索的松紧程度一致,保证桥轴线两侧受力变形一致。桥轴线横向两侧扣索采取计算机控制液压同步整体提升技术,在每个竖转扣索锚固点处,各安装一台激光测距仪,用于测量扣索锚固点竖转至不同位置的高度。为了保证提升过程中的位置同步,系统中还设置了超差自动报警停机功能,采取系列技术措施保证对称、同步、分级的张拉,避免发生扭转。

28.3.5 施工测量总体规划

依照"先整体后局部,先控制后施工"的原则,逐级建立完善的施工测量控制网体系。港珠澳大桥桥梁工程CB05标施工测量的总体规划如下:

(1)港珠澳大桥桥梁工程CB05标测量主要采用港珠澳大桥GNSS连续运行参考站系统HZMB-CORS和K33海上测量平台电台参考站进行RTK定位测量,有条件的情况下,用全站仪的极坐标测量方法复核平面位置,用全站仪三角高程测量方法复核RTK高程。RTK主要应用于本合同段的桩基础施工测量、承台墩身定位测量、优先墩的墩身(含墩帽)架设施工测量。在进行墩身架设、九洲航道桥的墩身、塔柱施工、珠澳口岸连接桥的墩身及以上部位的施工测量采用全站仪的极坐标测量方法和三角高程测量方法为主,用RTK测量和几何水准测量的方法进行检核。

(2)K33海上测量平台电台参考站建设,并按管理局测量控制中心的要求进行GPS观测和数据处理,在施工期间按要求对K33海上测量平台电台参考站进行维护工作,保证连续不间断运行,定期或不定期对临时参考站的坐标、高程控制点进行检核测量。

(3)根据施工进展情况用多台GNSS设备进行港珠澳大桥桥梁工程CB05标一、二级施工加密控制网的布设与测量,用两台TM30全站仪精密三角高程的方法测量高程控制点。

(4)九洲航道桥主塔墩塔柱以上部分施工需要建立高精度加密控制网,精度等级以施工部位的精度指标进行按"误差不显著影响原则"进行计算。

(5)在进行上部结构施工前,完成本项目的贯通测量工作,然后采用精密全站仪进行支座安装测量、钢组合梁架设、珠澳口岸部分的上部结构施工测量以及桥面附属工程的施工测量。

28.3.6 试验总体规划

CB05合同段工地试验室是桥梁工程质量控制的关键部门,中铁大桥局股份有限公司中心试验室授权成立港珠澳大桥桥梁工程CB05合同段工地试验室。在预制厂设立分室,在各搅拌站及钢护筒加工区设立现场检测站。以合同段工地试验室为主管单位,各分室、现场检测站共同参与、分工协作。工地试验室将按照港珠澳大桥管理局、试验检测中心、总监办的要求,"严管理、高起点、高标准"的原则进行建设,力求实现管理、技术、质量、服务的全面提升,为港珠澳大桥建成精品工程、不朽工程提供技术支持和保障;桥梁工程CB05合同段工地试验室人员整体素质好、试验室环境佳、设备功能实用、管理一流、数据真实权威。工地试验室工作内容主要包括试验室建设、检测管理、质量控制、数据统计、成果提升五大方面。

28.3.7 航道规划

根据设计文件和实地海域水深测量,本合同段海床高程较高,水深一般在2.8~3.5m,因此,需要选择合适的作业窗口。针对我公司的两艘中心起吊船浮吊的作业特点,选择在高潮位或平潮时段,利用"小天鹅"号浮吊吊装安放承台、利用"天一号"浮吊安装上部结构组合梁,减少对航道的疏浚工作量。

28.3.7.1 航道规划与维护

在海中基础施工和预制构件的安装位置,布设安全合理且明显的航道标示和信号系统;对海中临时使用区域派专职人员进行巡逻和维护;施工期间,中山横门东水道防台锚地适合吃水5m以内施工船舶防台,防台期间其他船舶未经海事主管部门批准禁止进入该水域防台。

28.3.7.2 水上施工区域规划

本合同段水上施工区域主要有九洲航道桥和非通航孔桥的基础施工区域以及上部结构安装时,

大型浮吊的临时航道和锚碇覆盖的区域。九洲航道桥施工时区域规划：航道桥基础施工时，按照工期要求安排，考虑先开工两个边墩和两个主墩基础。采用大型浮吊辅助主塔施工，上部结构采用船舶运输节段，梁面吊机安装主梁节段。

28.3.8 工程维护和照管施工及腐蚀监控

港珠澳大桥 CB05 合同段合同工期为 57 个月，其中施工准备期与主要结构施工期共 36 个月，工程维护和照管期 21 个月，缺陷责任期 24 个月。在工程维护和照管期内，项目部负责照管和维护本合同工程，以及将用于或安装在本工程中的材料、设备。在维护与照管期内，如本合同工程或材料、设备等发生损失或损害，除不可抗力原因之外，均自费更换或修复，直至达到合同要求为止。

28.4 施工总进度计划

28.4.1 施工总体计划

28.4.1.1 工期目标

施工关键节点工期一览表见表 28-8。

关键节点工期一览表　　　　　　　　　　　　　　表 28-8

合 同 段	节点工期目标	施工内容	合同工期
CB05 合同段	2012 年 6 月 28 日至 2014 年 11 月 28 日（29 个月）	九洲航道桥合龙	36 个月
	2012 年 6 月 28 日至 2015 年 3 月 28 日（33 个月）	完成浅水区组合梁架设工作	

28.4.1.2 总体施工顺序

九洲航道桥和浅水区非通航孔桥同步进行施工，浅水区非通航孔桥承台墩身预制、组合梁制造组合与桥梁下部结构施工同步进行。非通航孔桥基础施工先安排测量控制墩优先施工。通航孔桥任务重、难度大要优先施工。

28.4.1.3 关键工程工期控制方案

通航孔桥工期仅 29 个月，是本合同段工程工期控制关键，通航孔桥安排各墩同步施工；非通航孔桥在下部结构施工时，安排 9 个钻孔桩作业面及 4 个承台墩身安装作业面逐墩流水循环施工。按照项目部已已有的施工经验和施工设备效率，针对本项目的各子项工序的特点，编制各项目的施工周期。非通航孔桥及航道桥施工各工序施工周期分析见表 28-9 ~ 表 28-17。总体工期安排见表 28-18。

非通航孔桥钻孔平台施工周期表　　　　　　　　　　表 28-9

工 作 内 容	工 作 时 间	工 作 内 容	工 作 时 间
打桩架定位，钢管桩插打	5d	整体平台安装	3d

非通航孔桥钻孔桩施工周期表（按桩长 30m 计）　　　表 28-10

序号	工程内容	工作时间（d）	序号	工程内容	工作时间（d）
1	钻机就位	1	5	检孔、钢筋笼下放	2
2	覆盖层钻进	3	6	下导管二次清孔	1
3	岩层钻进	15	7	水下混凝土灌注	1
4	清孔	2	8	合计	25

非通航孔承台安装施工周期表　　　表28-11

序号	工程内容	工作时间(d)	序号	工程内容	工作时间(d)
1	承台运输到位并挂桩	2	5	第一批预留孔浇筑	5
2	承台位置调整并锁定	1	6	第二批预留孔施工	11
3	第一批钢漏斗封堵	4	7	合计	25
4	抽水清理第一批桩头	2			

非通航孔体系转换施工周期表(6×85m)　　　表28-12

序号	工程内容	工作时间(d)	序号	工程内容	工作时间(d)
1	起顶N+4号梁	1	5	张拉横向束	1
2	浇注墩顶左右12m以内湿接缝混凝土、养生	8	6	落顶	1
3	纵向束张拉	1	7	同法对称施工N+3、N+5号墩	20
4	浇注墩顶12m处湿接缝混凝土、养生	8	8	同法对称施工N+2、N+6号墩	20
	合计				60

九洲航道桥钻孔桩施工周期表(主塔墩)　　　表28-13

序号	工程内容	工作时间(d)	序号	工程内容	工作时间(d)
1	钻机就位	1	5	检孔、钢筋笼下放	2
2	覆盖层钻进	7	6	下导管二次清孔	1
3	岩层钻进	20	7	水下混凝土灌注	1
4	清孔	2	8	合计	34

九洲航道桥主塔墩双壁围堰承台施工周期表　　　表28-14

序号	工程内容	工作时间(d)	序号	工程内容	工作时间(d)
1	围堰整体下放及调整就位	5	5	第一层浇筑混凝土、养生	10
2	封底、抽水施工	15	6	第二层绑钢筋、冷却管	10
3	凿桩头、清底	10	7	第二层浇筑混凝土、养生	10
4	第一层绑钢筋、冷却管	10	8	合计	70

九洲航道桥塔柱施工周期表　　　表28-15

序号	工程内容	工作时间(d)	序号	工程内容	工作时间(d)
1	下塔柱混凝土节段施工	40	4	固结段安装及桥面板施工	30
2	T0段及曲臂B1节段安装	40	5	上塔柱及曲臂整体竖转施工	45
3	T1、T2节段安装	20			
	合计				175

九洲航道桥现浇墩身施工时间周期表　　　表28-16

序号	工程内容	工作时间(d)	序号	工程内容	工作时间(d)
1	凿毛、放线	2	3	立模	12
2	钢筋安装	14	4	混凝土浇筑、养生	12
	合计				40

九洲航道桥标准节段主梁架设施工时间周期表　　　表 28-17

工作内容	工作时间(d)	工作内容	工作时间(d)
节段主梁架设	1	桥面板拼接预应力张拉	2
节段箱梁焊接	2	斜拉索安装、张拉	3
节段箱梁涂装	3	架梁吊机前移	1
桥面板湿接缝	8	节段合计时间	20
顶节墩身安装	10		

总 体 工 期 安 排　　　表 28-18

序号	项　目	开 始 日 期	完 成 日 期
1. 施工准备			
1.1	施工工艺及方案评审	2012 年 6 月 28 日	2013 年 12 月 1 日
1.2	墩台预制场地建设及改造	2012 年 6 月 28 日	2012 年 12 月 31 日
1.3	机械设备准备及进场	2012 年 6 月 28 日	2013 年 7 月 1 日
1.4	首件制认证	2012 年 8 月 10 日	2013 年 12 月 31 日
1.5	技术工种考核及认证	2012 年 7 月 1 日	2013 年 7 月 1 日
2. 施工			
2.1	非通航孔桥		
2.1.1	钢管桩制作与防腐处理	2012 年 8 月 1 日	2013 年 7 月 1 日
2.1.2	桩基施工	2012 年 8 月 16 日	2014 年 1 月 14 日
2.1.3	墩台预制	2012 年 9 月 1 日	2014 年 7 月 21 日
2.1.4	墩台安装施工	2012 年 11 月 25 日	2014 年 9 月 4 日
2.1.5	组合梁吊装及体系转换	2013 年 7 月 6 日	2015 年 3 月 28 日
2.2	通航孔桥		
2.2.1	桩基施工	2012 年 9 月 10 日	2013 年 5 月 19 日
2.2.2	墩台施工	2013 年 4 月 26 日	2013 年 8 月 7 日
2.2.3	桥塔施工(吊装)	2013 年 9 月 7 日	2014 年 1 月 2 日
2.2.4	组合吊装及斜拉索安装	2014 年 2 月 14 日	2014 年 9 月 29 日
2.2.5	斜拉索索力调整	2014 年 9 月 29 日	2014 年 11 月 28 日
2.2.6	桥面附属工程施工	2014 年 8 月 27 日	2015 年 6 月 28 日
3. 工程维护和照管			
3.1	工程维护和照管期	2015 年 6 月 28 日	2017 年 3 月 28 日

28.4.2　施工进度计划横道图

港珠澳大桥 CB05 合同段施工关键线路为:施工准备→通航孔桥基础施工→塔柱施工→组合梁架设→边孔合龙→中孔合龙→全桥索力调整→桥面及附属工程施工。关键线路工期 1095 日历天。

28.4.3　工期保证体系及措施

28.4.3.1　工期保证体系

项目部将把总工期细化为若干段进行目标管理,抓住"关键线路"不放松,精心准备,以配置足够的生产资源和充分的技术准备等多方面保证,确保总工期目标。工期保证的组织机构见图 28-6、工期保证体系见图 28-7。

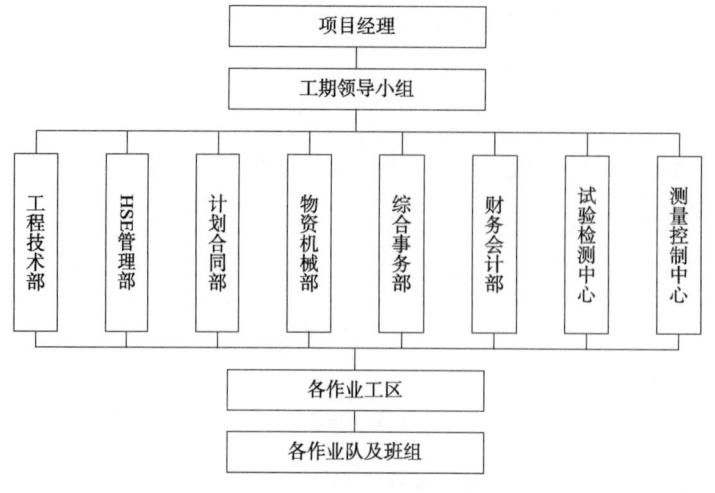

图 28-6 工期保证组织机构框图

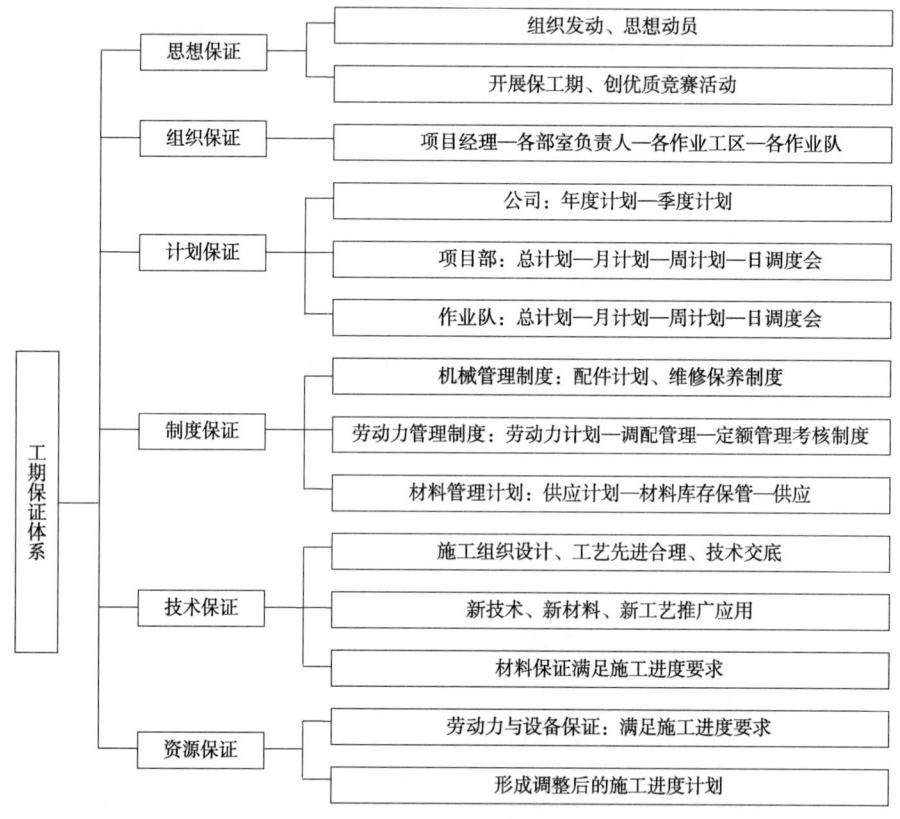

图 28-7 工期保证体系框图

28.4.3.2 工期保证措施

为了使施工总进度计划在施工中得以实施,需要在各个方面、各个环节有严格的保证措施。在施工中将采取以下措施:施工准备及时、充分;抓关键工序施工;组织管理上保证工期;计划安排上保证工期;资源上保证工期;建立施工进度的控制及调整系统;夜间施工保证工期;农忙季节施工保证工期;其他保证工期措施。

28.4.4 作业工区配置及工作内容

本合同段共设九洲航道桥施工工区、非通航孔桥下部结构施工工区、非通航孔桥上部结构安装施工工区、桥面板预制及组合施工工区、承台墩身预制工区、钢管桩制造及防腐施工工区、钢结构制造工区、珠澳口岸连接桥、收费站暗桥及互通立交施工工区等作业工区;下设各作业队,各作业队均设作业队负责人、施工员等施工技术及管理人员,作业队既分工明确亦紧密协作。各工区具体工作内容见表28-19。

各工区具体工作内容　　　表28-19

序号	工区	工作内容
1	九洲航道桥施工工区	九洲航道桥的钢管复合桩、承台、主塔、辅助墩、边墩及组合梁安装、桥面及附属工程的施工
2	非通航孔桥下部结构施工工区	非通航桥钢管复合桩施工、预制承台墩身安装施工
3	非通航孔桥上部结构安装施工工区	非通航桥85m组合梁运输及安装施工、支座、伸缩缝安装、桥面及附属工程的施工
4	桥面板预制及组合施工工区	组合梁桥面板预制及组合施工
5	承台墩身预制施工工区	非通航桥承台墩身的预制施工
6	钢管桩制造及防腐施工工区	钢管桩的加工、制造、防腐及运输施工
7	钢结构制造工区	组合梁钢梁及钢塔的加工制造及防腐施工
8	珠澳口岸连接桥、收费站暗桥及互通立交施工工区	珠澳口岸连接桥、收费站暗桥及互通立交路基及匝道桥的施工、桥面附属工程的施工

28.5　施工准备及资源配置

28.5.1　现场准备

主要的现场准备工作就是唐家湾营地及堆场和中山基地建设,主要包括拆除障碍物、"三通一平"、搭设码头和栈桥等临时设施等内容。

28.5.2　资源配置

28.5.2.1　设备资源配置

设备资源配置见表28-20~表28-22。

投入的主要机械设备表(预制场地)　　　表28-20

序号	设备名称	规格	产地	额定功率(kW)	生产能力	数量(台)				预计进场时间
						小计	其中			
							自有	新购	租赁	
1	混凝土拌和站	HZS120	中国	127		2	√			2012年8月15日
2	混凝土拌和站	HZS180	中国	260		2	√			2012年8月15日
3	发电机组	350kW	中国	350kW		1	√			2012年8月15日
4	发电机组	500kW	中国	500kW		1	√			2012年8月15日
5	变压站	630kW	中国	630kW		1	√			2012年8月15日
6	变压站	800kW	中国	800kW		2	√			2012年8月15日
7	变压站	800kW	中国	800kW		4		√		2012年12月15日
8	混凝土泵	HBT90C-182	中国		200m	1	√			2012年9月15日
9	混凝土泵	HBT90C.18.1	中国		250m	1	√			2012年9月15日
10	混凝土布料机	HGD33A	中国			2	√			2012年9月15日
11	龙门吊机	700t/57m	中国			1		√		2013年12月15日
12	龙门吊机	120t/56m	中国			2	√			2012年9月15日
13	轮胎式平车	400t	中国			2	√			2012年12月15日

续上表

序号	设备名称	规格	产地	额定功率(kW)	生产能力	数量(台) 小计	其中 自有	新购	租赁	预计进场时间
14	步履式横移台车	2700t	中国			4	√			2012年11月15日
15	轮轨式纵移台车	2800t	中国			1	√			2012年8月15日

投入的机械设备表(非通航孔桥施工) 表28-21

序号	设备名称	规格	产地	额定功率(kW)	生产能力	数量(台) 小计	其中 自有	新购	租赁	预计进场时间
1	浮吊	"天一"号	中国	3600	3000t	1	√			2013年12月1日
2	浮吊	"小天鹅"号	中国	2148	2900t	1	√			2012年9月6日
3	起重船	"雪浪"号	中国		400t	1	√			2012年10月1日
4	浮吊	150t	中国			4			√	2012年11月20日
5	混凝土搅拌船	"海天"号	中国		150m³/h	1	√			2012年11月10日
6	挖泥船		中国		100m³/h	1			√	2012年9月15日
7	泥驳船	粤珠海货0098	中国	800	1450m³	1			√	2012年9月15日
8	泥浆船		中国	678	400m³	9			√	2012年11月10日
9	拖轮		中国		2000HP	1			√	2012年11月20日
10	抛锚艇	珠海锚128	中国	735		2			√	2012年9月6日
11	振动锤	APE400	美国			2	√			2012年9月6日
12	钻机	KPG3000A	中国			18	√			2012年11月10日
13	空气压缩机		中国		12m³/min	9	√			2012年11月10日
14	运输驳船	3000t(长度大于60m)	中国			1			√	2012年9月6日
15	交通船	阳平机13	中国			3			√	2012年9月6日
16	泥浆分离器	ZX-250型				9	√			2012年9月6日
17	门式吊机	10t				3	√			2012年9月1日

投入的机械设备表(九洲航道桥) 表28-22

序号	设备名称	规格	产地	额定功率(kW)	生产能力	数量(台) 小计	其中 自有	新购	租赁	预计进场时间
1	混凝土工作船	"海天号"	中国			1	√			2012年8月15日
2	水泥驳	500t				1			√	2012年8月15日
3	浮吊	200t				4	1		3	2012年8月15日
4	打桩船		中国		桩架59m	1	√			2013年9月15日
5	振动打桩锤	160				2			√	2012年9月1日
6	筒式柴油打桩锤	D80				1	√			2012年9月1日
7	振动打桩锤	APE400B	美国	738		2	√			2012年9月30日
8	回旋钻机	kty4000钻机				20				2012年10月15日
9	"海虹"号起重船				200t	1			√	2012年10月15日
10	泥驳船	粤信和682	中国	660	1400m³	1			√	2012年9月15日
11	泥驳船	中山宏鸿129	中国	800	1450m³	1			√	2012年9月15日
12	桥面吊机	BLJ700	中国	180		4	√			2014年1月1日
13	自航式运输驳	2000t				1			√	2014年1月1日
14	苏连海起重5				150t	1			√	2013年12月1日

续上表

序号	设备名称	规格	产地	额定功率(kW)	生产能力	数量(台) 小计	其中 自有	其中 新购	其中 租赁	预计进场时间
15	苏连海起重7				200t	1			√	2013年12月1日
16	宇航起重19				80t	1			√	2012年11月15日
17	WD70C 吊机				70t	2	√			2012年11月15日
18	WD120 桅杆吊机				120t	2	√			2012年11月15日
19	履带吊机				100t	2	√			2012年11月15日
20	运输驳船				800t	1			√	2012年11月15日
21	交通船					2			√	2012年11月15日
22	拖轮					1			√	2012年11月15日
23	抛锚艇					1			√	2012年11月15日
24	发电机				400kW	2	√			2012年11月15日
25	测量仪器	RTK GPS 接收器				1	√			2012年8月15日
26	测量仪器	徕卡光学水准仪				1	√			2012年8月15日
27	浮吊				1000t	1			√	2013年9月15日
28	运输驳船				8000t	1			√	2013年9月15日
29	架梁吊机				700t	4	√			2013年9月15日

28.5.2.2 人力资源配置

按照本合同段施工总进度计划,制订劳动力使用计划(表28-23),分专业、施工计划和工程实际需要,分批组织进场,实行"计划组织、重点控制"的原则。

项目经理部人员配置计划表　　　　　表28-23

序号	部门	人数	说明
1	项目经理	1	公司总经理、高级工程师、一级建造师
2	副经理	2	一级建造师
3	总工程师	1	教授级高级工程师
4	HSE总监	1	注册安全工程师
5	工程技术部	40	部长1人,桥梁工程师8人,钢结构工程师2人,质量管理负责人1人,质量管理工程师4人,界面协调及进度负责人1人,界面协调及进度管理工程师2人,档案资料整理负责人1人,其他技术人员20人
6	HSE管理部	10	部长1人,专职HSE管理工程师2人,其他人员7人
7	计划合同部	11	部长1人,计划合同工程师2人,其他计经人员8人
8	财务会计部	5	部长1人,会计2人,出纳2人
9	物资机械部	12	部长1人,机械管理负责人1人,机械管理工程师1人,物资机械管理人员9人
10	测量控制中心	13	测量管理负责人1人,测量工程师2人,测量员10人
11	试验检测中心	15	试验检测负责人1人,试验检测工程师4人,试验员10人
12	综合事务部	12	部长1人,海事联络员3人,信息工程师3人,小车驾驶员5人
	合计	123	

28.6 工程的施工方案

28.6.1 施工工艺、方案设计及技术要点

施工工艺和方案设计应内容详细、要点明确,包括采取的设备种类、技术措施、安全设施、工序流

程、风险分析及防范措施等。编制的关键施工工艺及方案的技术要点见表28-24。

施工工艺(方案)及技术要点统计表　　　表28-24

序号	方案及工艺	技术要点
1	九洲航道桥U型钢梁制造方案	施工效率、精度控制、焊接质量、HSE方面
2	九洲航道桥桥钢塔水平预拼装方案	施工效率、精度控制、端面接触率、HSE方面
3	九洲航道桥钢锚箱竖向预拼装方案	施工效率、精度控制、端面接触率、HSE方面
4	非通航孔桥U型钢梁制造方案	施工效率、精度控制、焊接质量、HSE方面
5	焊接工艺评定试验工艺	接头形式、焊接位置、焊接顺序、焊接规范、坡口尺寸、衬垫类型、裂纹、气孔、夹渣、未焊透、未熔合、焊缝余高、无损检测、机械性能检查、宏观断面酸蚀
6	焊缝内部质量检验工艺	气孔、夹渣、裂纹、未溶合、未焊透
7	表面处理及涂装施工工艺	表面成形、附着力、膜厚、涂料匹配性、涂层间隔时间
8	高强螺栓施拧施工工艺	扭矩系数检查、环境温度、相对湿度、扭矩系数试验仪、螺栓楔负载检验、螺母保证载荷试验、螺母硬度检验、垫圈硬度检验
9	桥面板预制施工工艺	施工效率、混凝土配合比、台座及模板、钢筋绑扎、预应力束定位与张拉、压浆、预埋件、HSE方面
10	钢混组合梁组合施工工艺	施工效率、混凝土配合比、橡胶条性能、精度控制、湿接缝连接、预应力张拉与压浆控制、HSE方面
11	海工混凝土配合比试验工艺	原材料、混凝土配合比等各项性能指标
12	大节段组合梁及钢塔运输、锚泊及吊装方案	HSE方面、施工效率、精度控制、吊装试验、预控措施和机制、与制造分包人的界面组织、海况气象信息
13	预制构件海上运输、锚泊及吊装方案	HSE方面、施工效率、精度控制、止水试验、吊装试验、预控措施和机制、海况气象信息
14	基坑开挖与疏浚工程施工工艺	HSE方面、检测数据、预控措施和机制
15	钢管桩制造、涂装、运输工艺	施工效率、精度控制、焊接质量;表面成型、附着力、膜厚;船舶结构及支点检算、保护措施、海况气象信息、HSE方面
16	整体式导向架钢管桩插打施工工艺	施工效率、精度控制、海域管线保护、导向结构及吊点检算、涂层保护措施、插打贯入度和高程控制、防腐附件安装、海况气象信息、HSE方面等
17	钻孔灌注桩施工工艺	施工效率、精度控制、焊接质量、HSE方面等
18	非通航孔桥承台、墩身预制施工工艺	施工效率、混凝土配合比、台座及模板、钢筋绑扎、预应力束定位与张拉、压浆、混凝土裂纹控制、预埋件、海况气象信息、HSE方面
19	预制承台止水、安装及连接施工工艺	施工效率、精度控制、止水试验、吊装试验、预控措施和机制、海况气象信息、HSE方面
20	非通航孔桥组合梁体系转换施工工艺	HSE方面、施工效率、精度控制、吊装试验、体系转换、预控措施和机制、与制造分包人的界面组织、海况气象信息
21	九洲桥承台现浇施工工艺	施工效率、精度控制、围堰结构检算、混凝土裂纹控制、预埋件、HSE方面
22	九洲航道桥主塔钢混结合段施工工艺	施工效率、精度控制、密实度检测、预埋锚栓张拉与保护、HSE方面
23	九洲航道桥钢塔竖转施工工艺	施工效率、精度控制、监控检测数据、海况气象、航空信息、HSE方面
24	九洲航道桥斜拉索安装施工工艺	施工效率、精度控制、监控检测数据、HSE方面
25	九洲航道桥主梁安装施工工艺	施工效率、精度控制、监控检测数据、HSE方面
26	支座安装、伸缩缝安装施工工艺	施工效率、精度控制、监控检测数据、HSE方面

28.6.2 总体施工方案

28.6.2.1 九洲航道桥下部结构施工

钢管复合桩施工:打桩船插打平台钢管桩,浮吊安装分配梁、贝雷梁及平台面板形成钻孔平台,平台上设置导向架,浮吊结合打桩锤插打钢管复合桩,旋转钻机成孔,浮吊下放钢筋笼,灌注水下混凝土成桩;

承台:防撞双壁钢吊箱围堰与底板在驳船上组拼,大型浮吊整体起吊下放,挂桩转换后下放就位,堵漏、封底、抽水后,在无水状态下承台混凝土分两层浇筑;

边墩及辅助墩:采用外桁架式大块钢模,翻模法施工墩身,混凝土采用海上混凝土工厂供应,采用泵送入模;

塔座:混凝土一次现浇成型的施工方法。

28.6.2.2 九洲航道桥上部结构施工

九洲航道桥上部结构施工顺序:下塔柱混凝土节段施工→主塔钢混结合段 T0 施工→浮吊安装钢塔 T1、T2 及曲臂 B→墩旁托架安装→塔梁固结段(GJ 段)施工→钢塔立柱竖转→主梁 S1、S2、M1、M2 安装→曲臂 A 节段竖转→700t 架梁吊机安装及节段悬臂架设→先边跨合龙后中跨合龙。

(1)主塔。

"大节段吊装+两次竖转"施工方法。在两次边跨各设置一个临时墩,桥面以下的钢塔柱采用分节段吊装,桥面以上部分采用转体施工。主塔立柱施工完毕,在立柱顶端设置张拉点,将曲臂竖转到位,安装连杆。塔柱与曲臂在塔顶端以螺栓进行临时连接,待钢梁和桥面板安装完成后,再焊接固定,完成主塔施工。

(2)节段组合梁。

主塔 T3(即塔梁固结段 GJ)完成后,先用浮吊安装主塔区 S1、S2、M1、M2 梁段,再在主塔区 S2、M2 梁段上对称拼装两台桥面架梁吊机,利用架梁吊机悬臂对称安装 S3~S8、M3~M8 标准梁段,对称安装相应斜拉索。辅助墩墩顶处的 S10 节段采取与边跨 S11~S17 大节段拼装为一体,采用"天一"号 3000t 起重船左右分幅整孔架设,桥上焊接将左右幅钢梁连接为一体。用桥面吊机对称吊装 S9 节段(边跨合龙段)、M9 节段,实现边跨合龙。桥面吊机继续安装 M10 节段、M11a 节段,最后用两台 700t 架梁吊机同步安装中跨合龙段 M11b 节段,实现主跨跨中合龙。

(3)斜拉索。

主塔顶部附近设置挂索吊架,斜拉索先安装塔端,再安装梁端,并在梁端张拉。塔端斜拉索采用挂索吊架从桥面起吊,起吊至对应套管附近,由塔内 15t 倒链为辅助牵引,提供沿索道管方向的轴线力,直接使锚杯螺母安装到设计位置。梁端斜拉索依据索力计算,短索、长索分别通过 15t 倒链、软牵引、硬牵引提供沿索道管方向的轴向力,桥面汽车吊在梁端索道管附近起吊斜拉索,配合调整方向,牵引使梁端锚杯螺母刚好戴帽后,继续根据监控指令张拉斜拉索到设计吨位。

28.6.2.3 非通航孔桥下部结构施工

钢管复合桩施工:研发可调式导向架控制钢管桩插打垂直度、平面位置,利用打桩锤插打钢管桩施工;设计了整体移动式钻孔平台,每个平台配置两台旋转钻机,进行钻孔桩施工。

墩台预制与运输:预制场设置在中山基地,模板采用专业厂家设计生产制作的全液压钢模系统,钢筋制作在钢筋加工车间加工,自动化设备下料、成形、台座绑扎且钢筋骨架整体预制吊装入模。通过"小天鹅"号吊船,吊装自航出海,运至桥址设计位置处进行下放安装。

预制承台安装采用逐桩钢筒围堰方案。钢筒围堰与承台通过预埋在承台顶面的锚栓进行连接。在预制承台与钢管复合桩之间的钢漏斗中灌注水下混凝土堵漏。采用专用悬吊系统,在承台精确定位后,采用水平和竖向限位装置,保证承台与钢管桩之间的相对固定。使用桩顶的三向调节装置进行承台的精确调位,确保预制承台平面位置和垂直度满足精度要求。分批浇筑预留孔混凝土。

中上节墩身安装:在已安装的墩身节段顶部安设 4 个钢管混凝土支承柱,并准确设定其顶面高程,在墩身顶部边墙顶铺装接缝橡胶板。由小天鹅吊船,将待安装的墩身节段吊装在 4 个支承柱上,用安装在下节墩身顶部的三组调位装置,将待装节段微量顶起,并调整其平立面位置达到设计要求。将待安装节段回落至支承柱上,复测其平立面位置,达到设计要求后,安装湿接头钢筋及模板,灌注湿接头混凝土,完成墩身节段安装。

28.6.2.4 非通航孔桥上部结构施工

板单元在钢梁制造厂家完成制造后,海运送至位于中山基地的总拼装场地,在钢梁拼装车间内将板单元拼装成为整孔钢梁,整孔钢梁总拼完成后,移至喷涂车间进行钢梁的喷砂除锈、涂装,再移至钢梁临时存放台座上存放,再横移至组合台座上与桥面板进行组合施工,组合完成后移至存梁台座存放。存梁台座上的组合梁通过纵横移台车移至2800t出海码头栈桥上待架。

"天一"号浮吊逐孔吊装单孔组合梁,安装采用简支变连续的施工方法,每联由中间向两端逐墩起顶、浇筑墩顶预应力长度范围内的湿接缝(墩顶左右各12m范围内,留预应力两端的湿接缝后浇注)、张拉预应力、浇注预应力两端的湿接缝(墩顶左右各12m范围处)、落梁转换。

(1)组合梁桥面板结合:按设计要求,桥面板与钢梁结合分两次进行,在总拼场地内采用门吊先铺设中间段桥面板,进行湿接缝的施工,完成钢梁与混凝土桥面板第一次组合,梁端各12m范围内的桥面板暂时不组合,留待桥上施工。

(2)组合梁安装:安装采用简支变连续的施工方法,每联由中间向两端逐墩起顶、浇筑湿接缝、落梁完成体系转换。安装顺序需充分考虑两个钢结构加工单位生产组合梁的顺序和基础施工的顺序。

施工工序流程主要分为两步:第一步是利用"天一"号浮吊逐孔吊装单孔组合梁,主梁临时支承于墩顶临时支座上,并将相邻组合梁现场焊接形成6孔一联或5孔一联的连续结构。

相邻组合梁拼接缝设于桥墩墩顶,墩顶设置纵向、横向及竖向调整装置,精确调整安装单元的端口各项坐标,最后进行湿接缝作业。依次施工本联其他孔组合梁;第二步是每联由中间向两端逐墩起顶,浇筑相应的湿接缝完成桥面板组合,逐步完成体系转换。

28.6.2.5 珠澳口岸连接桥施工

(1)下部结构:珠澳口连接桥采用栈桥结合水上施工方法,收费站暗桥及互通立交按照常规陆地法施工;上部结构:采用支架法施工。

(2)路基工程填筑采用大型压路机等设备施工,路面工程严格按照招标文件及设计要求进行路面施工,包括基层、底基层的施工。

28.6.2.6 主要工程施工方案及施工工艺

主要工程施工方案见表28-25。

本合同段主要施工方案表　　　　表28-25

施工部位		施工方法简述
九洲航道桥	钢管复合桩	打桩船插打平台钢管桩,浮吊安装分配梁、贝雷梁及平台面板形成钻孔平台,平台上设置导向架,利用液压打桩锤插打钢管桩,旋转钻机成孔、浮吊下放钢筋笼,灌注水下混凝土施工
	边墩及辅助墩承台	双壁钢吊箱围堰在驳船上组拼,大型浮吊整体下放、挂桩、堵漏、封底,抽水后,干法施工承台,混凝土分两次浇筑
	边墩及辅助墩墩身	采用带外桁架的大块钢模,翻模法施工墩身,混凝土采用泵送入模
	主塔墩承台	双壁钢吊箱围堰驳船上组拼,大型浮吊整体起吊下放就位,堵漏、封底,抽水后,施工承台,混凝土分两层浇筑
	主塔墩混凝土塔柱	采用外桁架式整体钢模一次性浇筑完成,混凝土采用泵送入模
	组合梁节段	墩顶起始五个节段组合梁通过设置墩旁托架,大吨位浮吊分节安装,其余节段组合梁采用桥面吊机对称悬臂安装,边跨采用大型浮吊整孔架设
	钢塔	采用"大节段吊装+两次竖转"的方案,桥面以下的钢塔柱部分采用分节段吊装,桥面以上部分塔柱、曲臂采用转体施工
	斜拉索	运输平车梁面运输斜拉索,斜拉索塔端采用挂索吊架及倒链直接安装到位,梁端采用汽车吊机辅助安装,牵引使张拉锚杯螺母戴帽,并按设计要求张拉

续上表

施工部位			施工方法简述
浅水区非通航孔桥	钢管复合桩		自制可调式导向架导向,利用液压打桩锤插打钢管桩、整体移动式钻孔平台配合旋转钻机成孔、水下混凝土灌注施工
	承台墩身预制		中山基地承台墩身预制场布置预制台座、存放台座,模板采用自动化液压钢模,钢筋制作采用自动化设备加工,墩台钢筋整体吊装入模,混凝土一次浇筑,进行硅烷防腐施工
	承台墩身安装		利用"小天鹅"号吊装承台并挂桩,分批封堵、分批浇筑预留孔混凝土
	墩身间墩身连接		初定位采用临时墩定位支撑结合630t千斤顶精确定位,预制墩之间用湿接缝连接的施工方案
	桥面板		中山基地桥面板预制场规划钢筋绑扎、预制、存放台座,钢筋绑扎及桥面板预制在车间进行,存放6个月
	组合梁制造		板单元在钢梁制造厂家完成制造,运输至中山基地钢梁拼装车间内,将板单元拼装成为钢梁大节段,钢梁总拼成整孔后,喷砂、涂装、横移临时存放,组合,移至组合梁存梁台座存放。存梁台座上的组合梁通过纵横移台车移至2800t出海码头栈桥上待架
	组合梁安装		采用"天一"号运架一体浮吊,精确定位安装、焊接,安装采用简支变连续的施工方法,每联由中间向两端逐墩起顶、浇筑湿接缝、预应力施工、体系转换
珠澳口岸连接桥、收费站暗桥匝道及互通立交	珠澳口岸连接桥	下部结构	采用栈桥结合钻孔平台钻孔桩施工,承台采用钢板桩围堰,墩身采用翻模法施工,混凝土一次性浇筑方案
		上部结构	采用钢管桩贝雷桁架现浇支架施工箱梁,模板采用钢木结合体系
	收费站暗桥	下部结构	钻孔桩采用常规桩基施工方案,承台采用钢板桩围堰,墩身采用翻模法施工
		上部结构	采用满堂支架现浇施工
	匝道及互通立交	下部结构	钻孔桩采用常规施工桩基方案,承台采用有支护基坑开挖,墩身采用翻模法施工
		上部结构	采用满堂支架现浇施工
	路基、路面及附属工程		路基路面采用大型机械化施工,附属工程包括栏杆、防撞护栏、中央分隔带护栏等混凝土采用大块定型钢模板施工,钢结构采取统一的防腐施工安装保证线形顺适、美观、牢固

28.6.3 非通航工程施工

施工过程中优先施工测量墩;其次港珠澳大桥主体分九洲航道桥下部结构、九洲航道桥上部结构、浅水区非通航孔桥下部结构、浅水区非通航孔桥上部结构、珠澳口岸连接桥收费站暗桥及互通立交五大施工方案。

28.6.3.1 非通航孔桥施工

在非通航孔基础施工过程中,钢管复合桩的钢管桩插打,采用三次定位技术,大型浮吊起吊APE400打桩锤进行钢管桩的插打;钻孔平台采用整体移动式平台,布置两台KPG-3000A钻机成孔并进行水下混凝土灌注。采用钢漏斗止水装置的逐桩钢筒围堰结构,进行承台的止水。

(1)钢管桩的制作。

钢管制作工艺流程:带钢卷展开→带钢初矫平→带钢板头板尾切除→带钢头尾对焊→带钢精矫平→带钢边缘修正→螺旋成型→内外焊→焊接剪力环及吊耳→在线超声波连续探伤→外观检查→手动超声波检验→X射线检查及拍片→管端扩径→水压实验→母材及焊缝最终超声波探伤→倒棱→管端无损检测→防腐涂装→成品检查→标号分类→堆码标准。

(2)钢管桩技术要求。

钢管桩采用的Q345C钢材,由符合招标文件中相关要求的厂家制作。并有出厂合格证和质量检验报告,其制作、焊接、拼装、接长符合《港口工程桩基规范》(JTJ 254—98)中钢管桩相应规定。钢管桩各个技术要求见表28-26、表28-27。

钢管桩制作容许偏差表 表 28-26

序号	项 目	允 许 偏 差	检查方法和频率
1	外周长(mm)	±5S/1000	用钢卷尺量两端
2	管端椭圆度(mm)	±5D/1000	用钢卷尺量管端互相垂直两直径之差,每根(节)两个测点
3	管端平整度(mm)	2	用1/4周长的弧形靠尺和塞尺检查两端,或用V形尺检查,取大值,每根(节)两个测点
4	桩顶倾斜度(mm)	5D/1000且不大于4	用大直角尺和楔形塞尺检查垂直两方向,每根(节)两个测点
5	桩长度(mm)	+300,-0	用钢卷尺量,每根(节)一个测点
6	桩纵轴线弯曲矢高(mm)	L/1000且不大于30	在平台上转动或拉线用钢尺量,每根(节)一个测点
7	桩尖对纵轴线偏斜(mm)	10	用大直角尺或拉线用钢尺量,每根(节)一个测点
8	管节对接错牙(mm)	δ/10且不大于3	用焊口检测器检查,每根(节)取一大值,每根(节)一个测点
9	焊接尺寸与外观	满足相关标准要求	样板尺,目测10点
10	焊缝探伤	满足相关标准要求	超声:100%,X射线:按设计规定或2%

注:S为钢管桩外周长;D为钢管桩外直径;L为桩身长度;$δ$为钢管桩壁厚。

焊缝无损探伤的检测方法和数量规定表 表 28-27

焊接方式	超 声 波	射 线 照 相
环焊	100%	100%
螺旋焊	100%	2%
T形焊缝,十字形焊缝,焊接时的起弧点及近桩顶环焊缝重点检查		

(3)钢管桩防腐施工。

钢管桩防腐措施:钢管桩外壁防腐分别对水中区和泥下区进行设计,即承台以下约20m范围采用高性能复合加强双层熔融结合环氧粉末涂层,内层大于或等于300μm,面层大于或等于700μm,加强双层环氧粉末涂层厚度大于或等于1000μm。其余部位采用高性能复合普通双层熔融结合环氧粉末涂层,内层大于或等于300μm,面层大于或等于350μm,复合普通双层环氧粉末涂层厚度大于或等于650μm。内层为耐腐蚀型涂层,面层为抗划伤耐磨涂层。

(4)钢管桩的定位、插打。

导向架经二次定位锚固于定位桩上后,用"雪浪"号吊船起吊整根钢管桩插入导向架桩位孔中。在桩尖未触及海床前,用导向架下层可调式导向经调桩位,再用上层可调式导向精调垂直度,达到设计要求后锁定上下层可调导向,将钢管桩缓慢插入海床并利用自重及锤重下沉。复测桩位及垂直度满足要求后开动打桩锤沉桩。

(5)钻孔桩施工平台工艺流程。

平台钢管桩加工、运输→平台钢管桩沉设及平联及斜撑施工→平台上部结构搭设→平台上机械设备布置及作业→钻孔灌注桩施工→泥浆的制作和循环系统→钻孔施工→检测孔深、倾斜度、直径→桩基清孔→钢筋笼的制作、运输和安装就位→导管安装→混凝土的灌注。钢管桩按施工顺序编号图见图28-8。

(6)钢管桩的验收。

钢管桩制造完成后,检查验收时表面不得有气孔、裂纹、弧坑、夹渣等,有焊瘤时需用砂轮打磨,并需补焊,补焊后也需用砂轮打磨。焊缝高度符合规范要求,对接焊缝表面各焊道交界处在凹沟时最低点不得低于母材表面,严格按照钢管桩加工质量验收标准验收和合同要求程序验收。

28.6.3.2 非通航孔桥承台及底节墩身安装

(1)承台及底节墩身安装步骤。

"小天鹅"号运架一体船航行至预制场码头吊运底节承台墩身构件并运输到待安装→抛锚定位,利用GPS定位系统初步调整其坐标→在平潮期,利用吊具再次调整承台的平面位置,将承台徐徐下放,并缓慢套入并穿过6根钢管桩的顶部→吊挂系统支承于桩顶调节千斤顶上。当承台挂桩完毕后,"小天鹅"号运架一体船脱钩并退出→利用桩顶三向调节装置进行最后的精确调整→锁定钢筒围堰和钢管桩的相对位置→浇筑除挂桩外的另外 3 根钢管桩的承台底部的堵漏混凝土→待堵漏混凝土强度达到要求后,抽出该 3 个钢筒围堰内的水,割除钢管桩,绑扎预留孔内钢筋并浇筑混凝土→待混凝土达到强度后,再封堵另外 3 根钢筒围堰的堵漏混凝土,待其强度达到要求后抽出围堰内水并割除钢管桩,绑扎预留孔内钢筋并浇筑混凝土→待该 3 处现浇混凝土达到强度后,拆除吊挂及钢筒围堰等装置,完成体系转换。

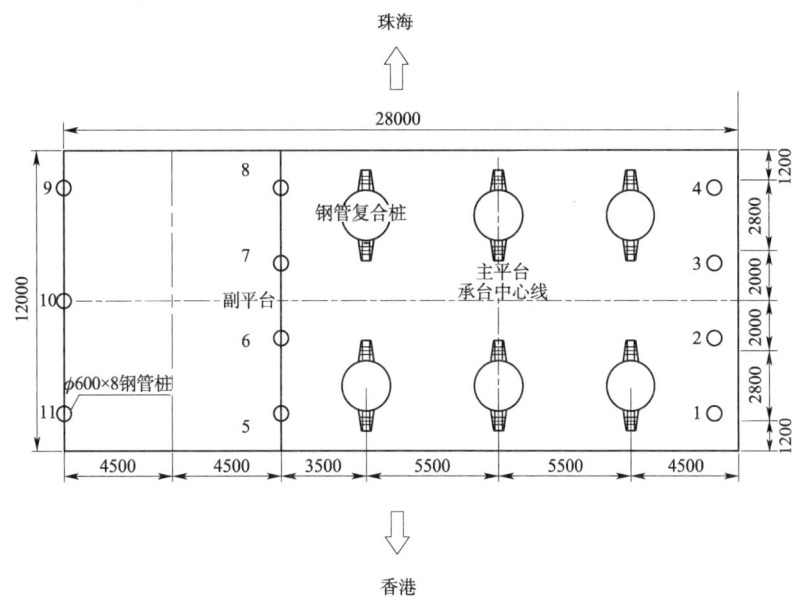

图 28-8　钢管桩按施工顺序编号图(尺寸单位:mm)

(2)墩台安装施工工艺流程。

墩台安装施工流程如图 28-9 所示。

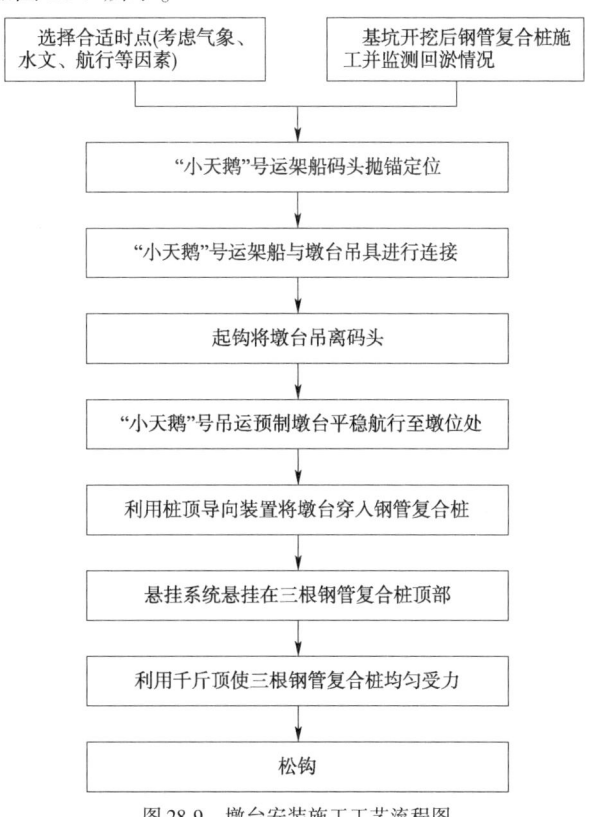

图 28-9　墩台安装施工工艺流程图

(3) 墩台安装前的施工准备。

墩台的安装施工对水文气象环境依赖度较高，为海上作业，受水流、波流和风等因素影响较大，因此首先选定合适的作业时点。根据气象情况的了解，由于风、雨、雾等恶劣天气影响吊装和测量工作，必须随时掌握天气情况，吊装工作选择作业点风速5级以下，无雨雾天气，并且温差变化较小的时段内进行。制订极端恶劣气候下的撤离预案，并且在架设过程与气象和海事部门保持密切联系，以确保工程能够顺利完成和各项设施能在环境突然恶化或紧急突发事件中疏散。在吊具关键位置安装传感器，实时监测架设过程中其应力状况，防止其受力过大，危及吊装安全。

基坑开挖和钢管复合桩施工完成方可进行墩台安装前并监测基坑回淤情况。

(4) 墩台安装方法。

①墩台预制时要准确安装悬挂系统及吊具。

②桩基施工完毕后还对桩顶口进行处理，采用打磨机磨平钢管顶面，保证钢管顶面水平，同时钢管顶面与导向装置之间设置一圈橡胶垫层，以确保钢管顶面受力均匀。此外，在每根钢管顶部需设置工具式导向装置，以利承台预留孔顺利套入钢管，防止承台底部混凝土槽口损伤。

③墩台在运输过程中采取抗滑移、抗倾覆等措施，防止风大倾侧，引起预制墩台滑动或失稳。

④吊装下放墩台时，缓缓落钩，利用钢管导向装置做导向，直至吊具搁置在三根钢管复合桩顶部，逐渐顶升吊具的竖向千斤顶，通过反馈系统，待三个千斤顶受力均匀后松钩，完成转换。

(5) 导向与精调装置。

在钢管桩桩顶设导向装置，作为承台下放时的导向和施工平台，承台墩身精调时在导向装置上放置千斤顶作为精调装置。悬挂系统在单根钢管桩调节装置结构图（图28-10、图28-11）。

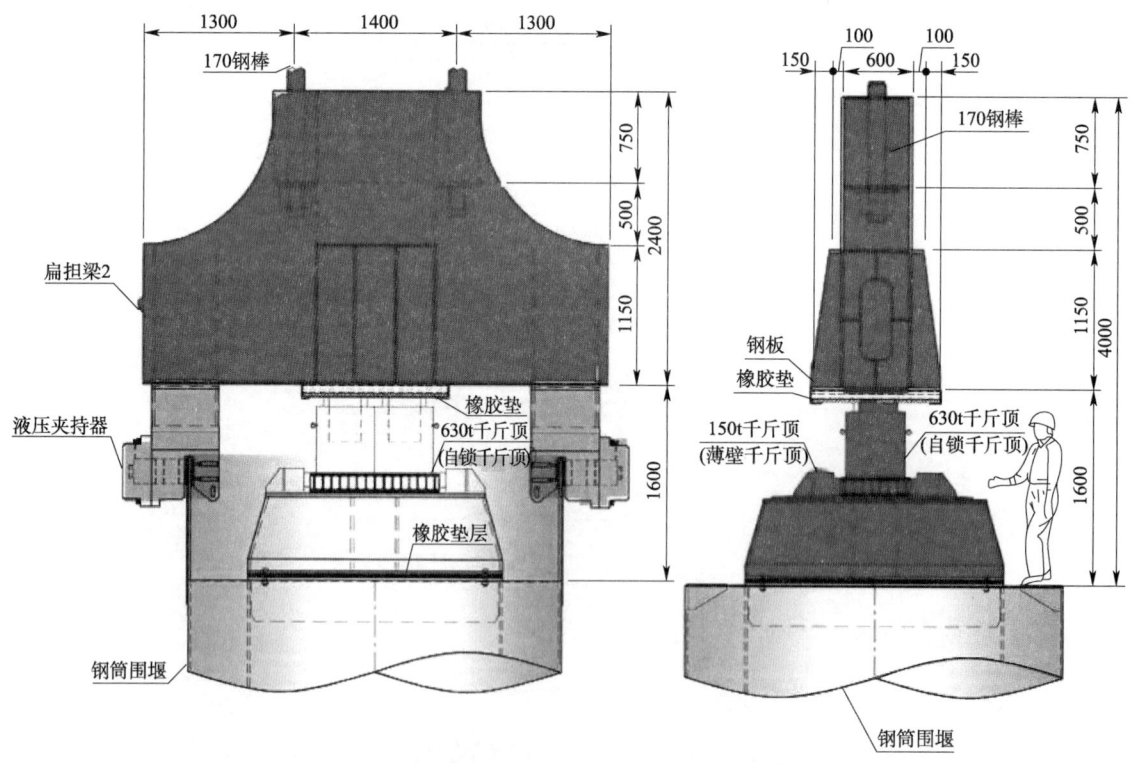

图28-10 墩台安装调节装置结构图（单根钢管桩侧，尺寸单位：mm）

(6) 墩台精确调位施工工艺流程。

墩台精确调位流程如图28-12所示。

(7) 墩台精确调位方法。

①墩台垂直度调整。墩台垂直度主要控制墩身垂直度，通过X方向和Y方向油缸组来精确调

整。墩台垂直度变化时,3个支点的竖向千斤顶荷载将发生变化,因此在调整过程中同步观测各竖向千斤顶的负荷,并同步进行相应调整,确保3个支点的竖向千斤顶受力均衡。

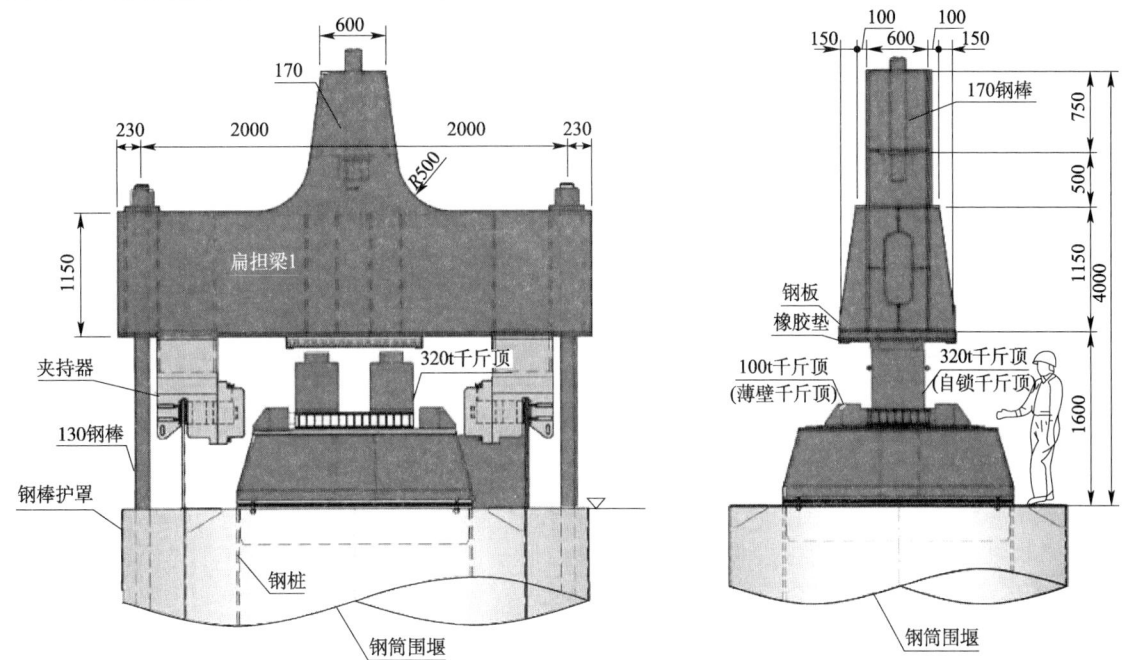

图28-11 墩台安装调节装置结构图(双根钢管桩侧,尺寸单位:mm)

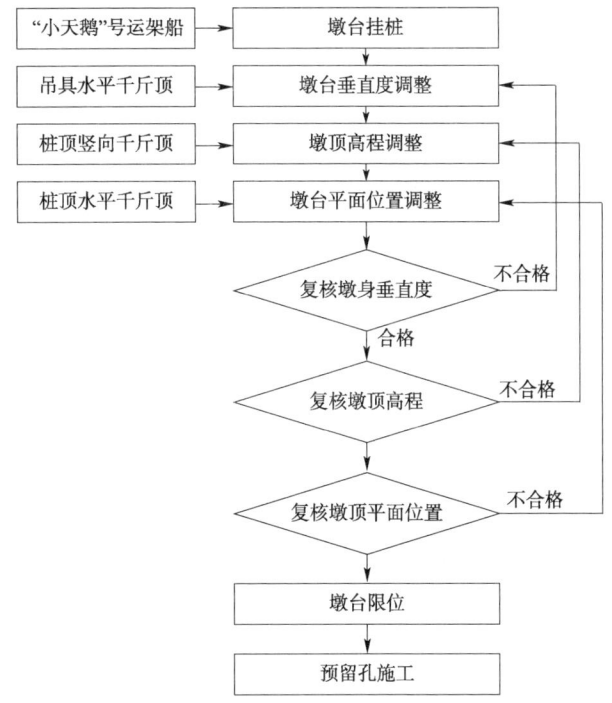

图28-12 墩台精确调位流程图

②墩顶高程调整。墩顶高程调整通过竖向调整油缸组来完成,由于调整墩顶高程是在墩身垂直度调整后进行,因此高程调整时,竖向调整油缸组的3个油缸同步调整。

③墩顶平面位置调整。当墩台垂直度及墩顶高程调整到位后,利用X方向、Y方向油缸组来进行墩顶平面位置的精确调整。根据实测墩顶平面位置偏差,通过X方向、Y方向油缸组实现墩顶平面位置的精确调整。

④墩台调位精度控制。根据《公路桥涵施工技术规范》(JTG/T F50—2011)及港珠澳大桥技术

规范,墩、台身安装的质量标准见表 28-28 和表 28-29。

墩台安装实测项目表　　表 28-28

项次	检查项目	规定值或允许偏差	检查方法和频率	权值
1	轴线偏位(mm)	10	全站仪或经纬仪:纵、横各测量2点	3
2	顶面高程(mm)	±10	水准仪:检查4~8处	2
3	墩身垂直度(mm)	0.3%墩、台高,且不大于20	吊垂线:检查4~8处	2
4	相邻墩、台柱间距(mm)	±15	尺量或全站仪:检查3处	1

调位系统调整范围及控制精度表　　表 28-29

序号	调位千斤顶	千斤顶行程	实时控制精度	备注
1	水平千斤顶	±150mm	±0.5mm	X方向、Y方向
2	竖向千斤顶	±150mm	±0.5mm	Z方向

⑤墩台限位。墩台精确定位后,与扁担梁固结的夹持器夹紧,每个夹持器设计 100t,主要抵抗承台在浇筑预留孔时,由于波浪力及潮位变化产生的竖向位移,可将竖向位移控制在 0.1mm。承台预留孔底部与钢管桩间利用水下 100t 千斤顶进行下限位,在钢筒围堰在顶口利用 50t 千斤顶进行上限位。

⑥安装的精度和测量控制。预制承台、墩身安装施工测量主要工序包括:吊装定位、墩身安装精调位及验收测量。测量与监控的关键工序:平面和高程基准测量,墩身顶口坐标、高程测量及墩身垂直度测量。

吊装控制测量采用 GPS 定位系统。根据预制时在墩顶标定的测量控制点,在承台、墩身下放过程中,实时测量定位点的位置和高程,经过计算机程序计算出承台、墩身下放过程中的平面位置、倾斜度、平面扭角等下放定位参数,控制承台、墩身的下放定位。实测数据与设计坐标成果对比分析,确认最终安装位置。

平面位置测量采用 GPS-RTK 法控制,垂直度采用高差推算法与激光铅直仪法共同控制,并以垂球法复核。高差推算法通过观测墩台身上 4 个角点高差,精确推算墩台身倾斜度,采用天宝 DiNi03 电子水准仪,标称精度:±0.3mm/km。通过测量数据指导调位系统进行墩台垂直度、高程、平面位置精确调位。

28.6.3.3　非通航孔桥墩身安装施工

(1)预制中节及顶节墩身的架设施工顺序。

利用"小天鹅"号安装墩身和墩帽预制构件(上下构件之间设置支撑装置和可调装置)。安装墩内模板及施工平台,浇筑湿接缝混凝土。接缝混凝土养护。待混凝土达到设计强度后,拆除模版并对外部进行修饰。准备下一墩身施工,如图 28-13 所示。

图 28-13　墩身吊装及湿接头现场照片

(2)操作平台。

利用墩身上预埋的爬锥,支撑安装和湿接缝浇筑操作平台。操作平台不仅供操作人员使用,还需要承载钢筋及连接接头模板的重力。操作平台采用钢结构。具体结构见图28-14。

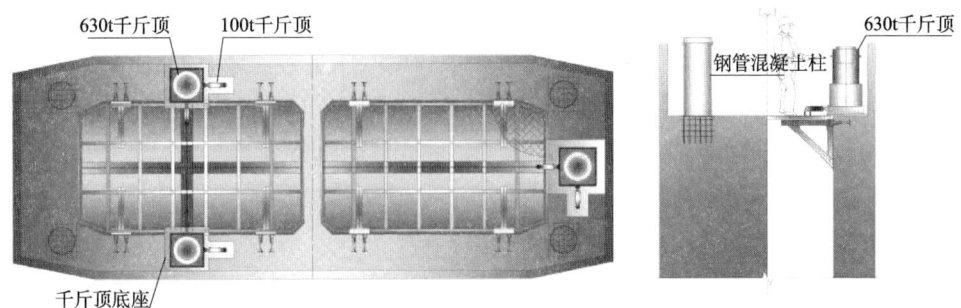

图28-14 墩身内部施工平台布置图

(3)墩身外部施工平台。

在墩身安装完成后,从墩身顶部悬吊操作平台至湿接缝部位,对湿接缝进行修饰,如图28-15所示。

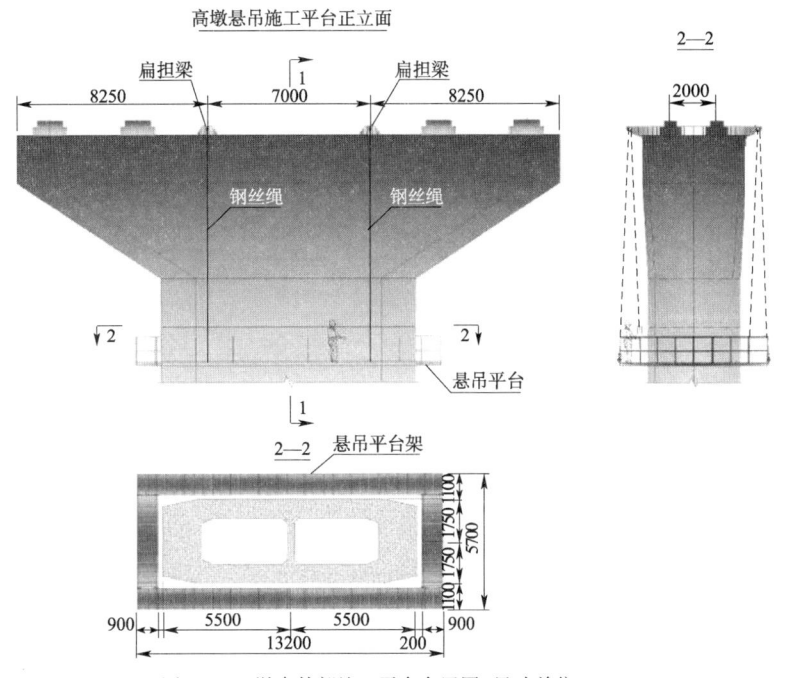

图28-15 墩身外部施工平台布置图(尺寸单位:mm)

(4)墩身安装施工。

(5)墩身湿接缝施工。

①模板安装。利用墩身内预埋的爬锥安装施工托架,安装湿接缝内模。

②混凝土浇筑。湿接缝混凝土浇筑前使用淡水充分湿润接触面,浇筑时施工人员进入墩身内部进行振捣,混凝土由海上混凝土工厂通过输送泵泵送入模,混凝土适当提高坍落度,使有较好的流动性,混凝土终凝前由施工人员在表面铺木板,使用手锤轻砸,进一步使混凝土密实,以保证湿接缝混凝土的外观质量和内在质量。

③混凝土养护。湿接缝混凝土采用人工洒淡水养护。养护时间不少于14d。

28.6.3.4 非通航孔桥上部结构安装

组合梁安装采用简支变连续的施工方法,每联由中间向两端逐墩起顶、浇筑湿接缝、体系转换。施工工序流程主要分为两步。

第一步是利用"天一"号浮吊逐孔吊装单孔组合梁，组合梁临时支承于墩顶临时支座上，并将相邻组合梁现场焊接形成6孔一联或5孔一联的连续结构。相邻组合梁拼接缝设于桥墩墩顶，墩顶设置纵向、横向及竖向调整装置，精确调整安装单元的端口各项坐标，最后进行现场拼缝作业。依次施工本联其他孔组合梁。

第二步是通过特殊的墩顶顶落梁施工实现一联组合梁的体系转换，使一联组合梁支承于永久支座上。总体施工方案流程如图28-16所示。

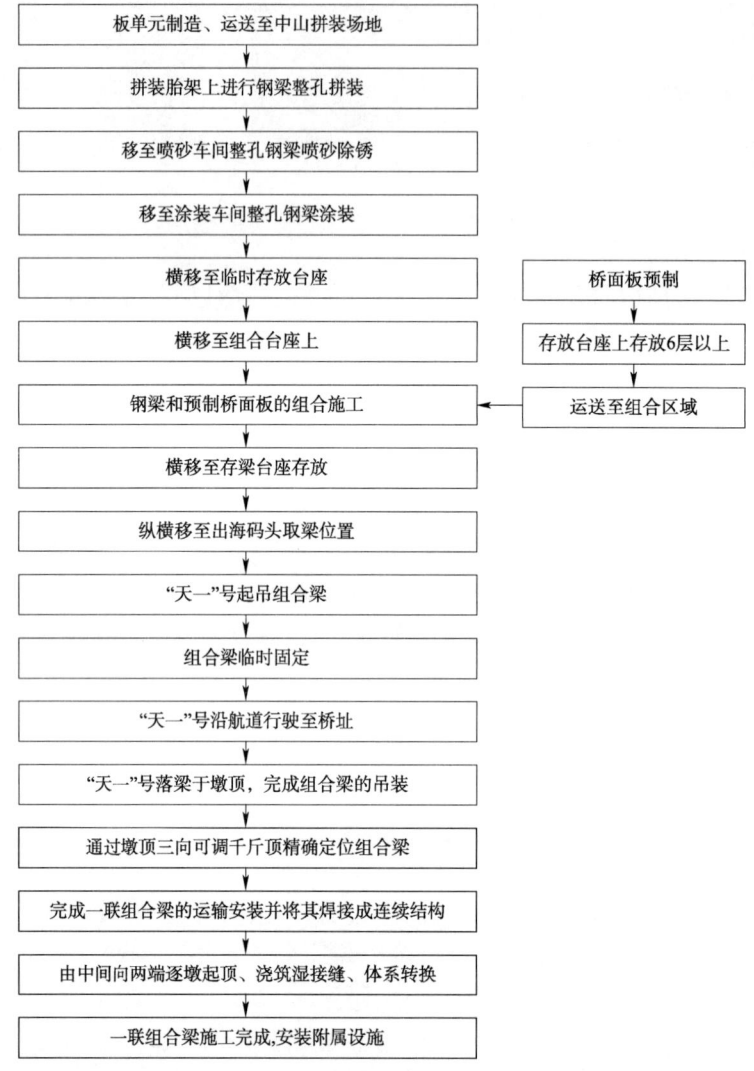

图28-16　总体施工方案流程图

(1)组合梁海上运输。

①运架一体船码头取梁。

85m组合梁预制、拼装场布置于中山基地，将组合好的85m组合梁经轨道移至出海码头起吊位置后等待"天一"号运架一体船驶入栈桥指定位置，通过绞锚绳，使船准确对位，松吊梁扁担，安装吊具，起吊组合梁并提升一定高度后将船退出栈桥，箱梁起吊时应确保各吊点受力均匀、起落同步。"天一"号运架一体船驶出栈桥后将组合梁缓缓落在船体上的临时支点上。运架一体船行驶至箱梁出海栈桥附近，抛锚并将运架一体船的前缆绳系于出海码头的系缆柱上，即可通过绞锚绳使运架一体船缓慢平稳地进入出海码头。

组合梁固定过程→临时拉索作业→"天一"号运架船竖向支承及辅助夹持定位→组合梁临时固定作业监控。

根据"天一"号运、架上海长江隧桥 B4 标 85m、90m、105m 组合梁的经验，船舶在海上航行时的不利因素纷繁复杂，为保证"天一"号的航行安全和运输过程中船体与梁体不会发生相对滑移，将组合梁落位后用100t 横向千斤顶夹紧，并在船甲板上还将进行临时拉索保险预紧措施。临时绑扎措施采用组焊件和钢绞线相结合的形式组成，用拉索将组合梁与船体主甲板进行连接。在梁体横向中心线两侧对称设置共96根1860MPa钢绞线。

②组合梁的固定与监控。

③海上载梁航行。

结合"天一"号运架一体船超宽的特点，航行时将特别谨慎操作，一般不宜采取大舵角转向或避让船舶的措施（除应急情况外），以尽量减轻因大舵角改变航向而导致船舶横摇。航行中必须充分考虑到横流横风等对船舶的影响，及早采取措施，保持船舶在计划航线上航行。载梁航行航线。

④"天一"号运架一体船桥位抛锚定位步骤。

运架一体船桥位抛锚定位步骤如图 28-17 所示。

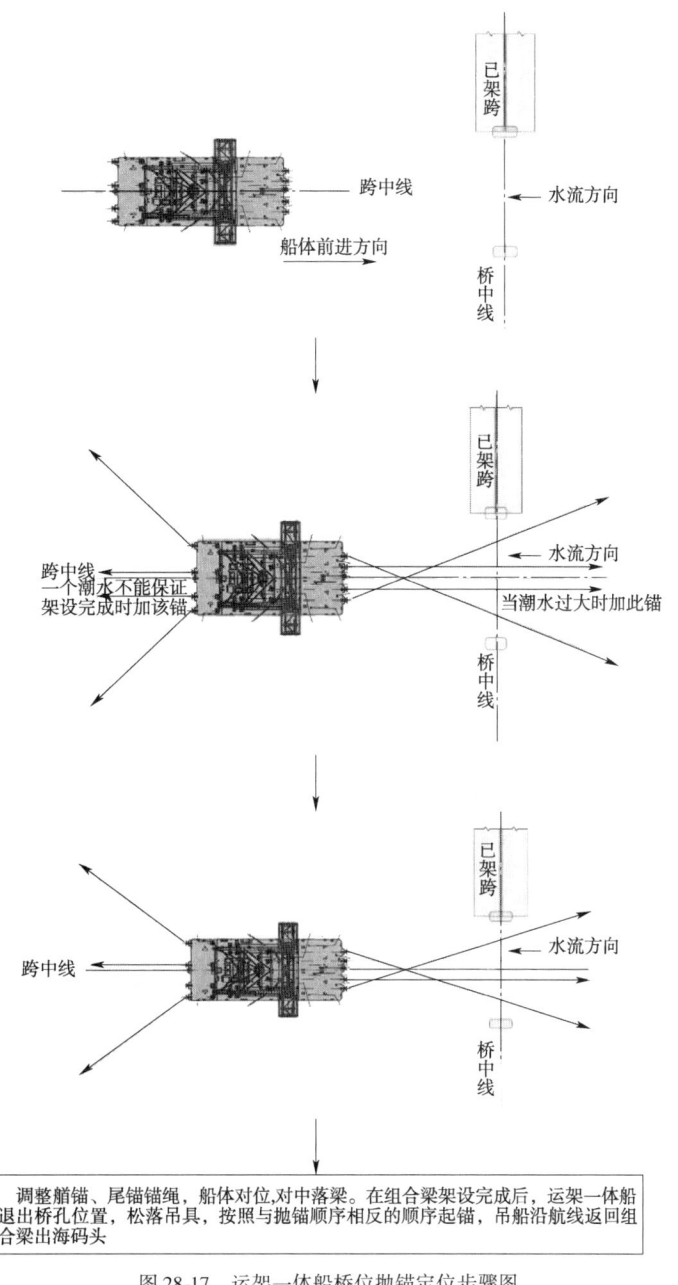

图 28-17　运架一体船桥位抛锚定位步骤图

因箱梁桥面设置 2.5% 的横坡，预制时，将梁体方向调整好，运架一体船仅从一个方向架设，即先架设桥中线其中半幅箱梁，再架设另外半幅箱梁。组合梁架设顺序由低桥墩往高桥墩的方向开始架设。当运架船行至待架梁孔前约 250m 时抛自救锚稳住船体后利用抛锚艇抛锚。

（2）组合梁架设。

组合梁安装采用简支变连续的施工方法，施工工序流程主要分为两步。

第一步是利用"天一"号浮吊逐孔吊装单孔组合梁，组合梁临时支承于墩顶临时支座上，并将相邻组合梁现场焊接形成 6 孔一联或 5 孔一联的连续结构。

第二步是通过特殊的墩顶顶落梁施工实现一联组合梁的体系转换，使一联组合梁支承于永久支座上。

①架设施工总体步骤，见图 28-18。

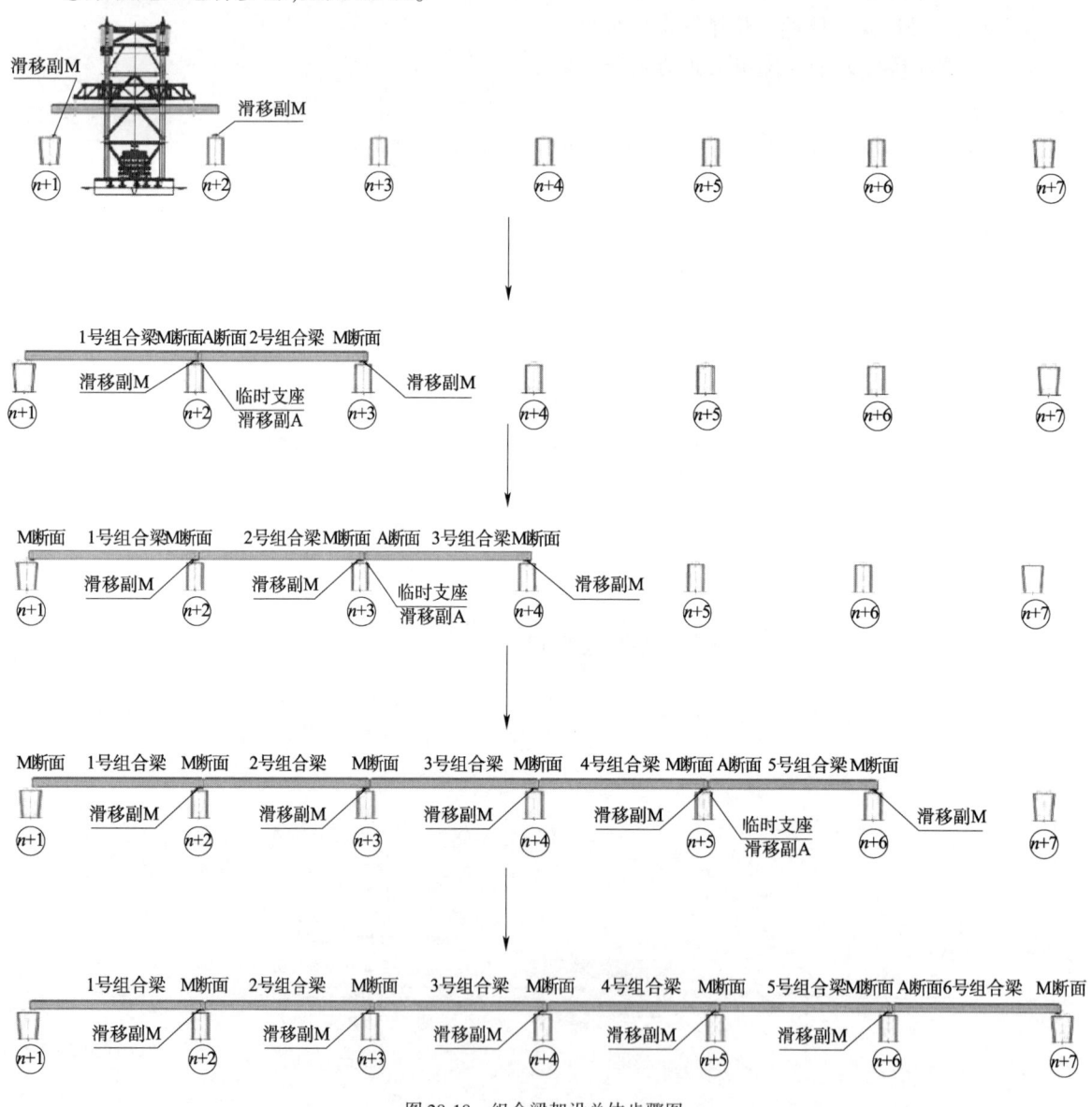

图 28-18 组合梁架设总体步骤图

以一联 6×85m 组合梁为例，墩顶作业工序细分如下，后续数联墩顶作业方法类推。

②组合梁架设施工。

架梁前在墩顶进行测设，放出永久支座中线和临时支座中线，安装临时支座。为了保证组合梁架设的精度。

整个架设过程中,运架一体船尽可能准确定位,保证组合梁可落于四个临时支座上,因临时支座滑移构架的移动范围有限,组合梁落位时应确保轴线平面偏位不得大于150mm,梁体临时支座相对高程偏差不大于2mm。

组合梁初步定位后用墩顶滑移副A、滑移副M对组合梁进行精调,顺序为调整组合梁的高程再调整组合梁的平面位置。检查组合梁的平面位置,根据组合梁的偏位方向,开动相应的水平千斤顶,滑移副在水平顶力作用下与组合梁一起移动,直至组合梁位置满足设计和规范要求。调位时,纵向和横向不能同时进行,应按先后顺序作业。向一个方向调位时,顶推力为相反方向的水平顶顶塞应松开一定的距离,但距离不能太大,以发挥保险作用。若调位幅度较大,可以分几次调节水平顶松开的距离。调整时,采用对组合梁纵轴线上前后两点进行控制的定位方法,在较短的时间内即可准确的完成组合梁的定位。组合梁定位完成后通过测量组合梁四角点设定位置的高程和轴线进一步准确定位,在进行梁段焊接之前需对梁段位置的位置进行复核,误差满足安装精度要求方可进行下一步的焊接工作。墩顶临时支座的吊装和拆卸本设施为分立元件组合而成,安装时可整体吊装,拆卸时可分别拆卸。

工地焊接作业开始前,全面检查相邻组合梁腹板和底板的吻合程度、间隙尺寸及接头坡口尺寸。沿焊缝两侧各宽50mm范围内,表面除锈、清理并达到设计、规范要求。焊接必须采取措施对母材焊接部位进行有效的保护,配置合适的防风、防潮设备和预热去潮的设施,在符合工艺的条件下,方可进行焊接。

(3)组合梁体系转换。

①组合梁体系转换施工步骤。

以一联6×85m组合梁为例,组合梁架设焊接完成后成6孔连续梁,开始进行组合梁体系转换的施工工序,主要施工步骤如图28-19所示。

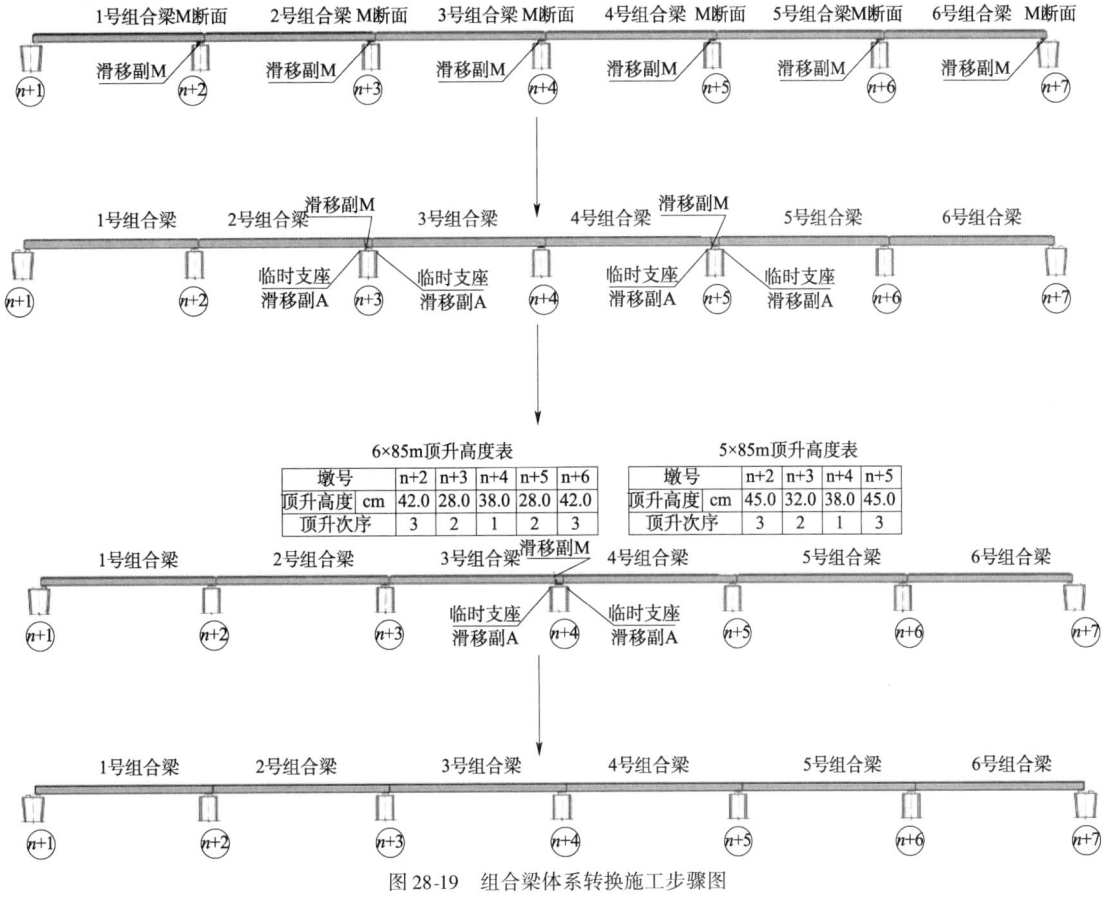

图28-19 组合梁体系转换施工步骤图

②体系转换时顶落梁施工。

千斤顶摆放在滑移副上,安装应平稳。千斤顶安稳后,应先稍微起顶,待检查千斤顶无异常时,再继续起顶;千斤顶起顶时,不得超过额定高度;千斤顶活塞的起升高度,不得超过规定的最大行程,宜为其行程的2/3;多台千斤顶同时顶升或回落时,应使每台千斤顶的负荷达到平衡;多台千斤顶的合力中心应与结构受力断面中心严格对中,误差应符合相关规范或设计要求;千斤顶开始顶升或回落动作时,千斤顶的保险箍应及时跟上,以防不测。根据设计要求,墩顶组合梁顶升量较大,必须分轮次完成顶梁动作。每轮次的顶升或回落动作应缓慢平稳,确保施工安全。

支座预先布置于墩帽上,当落梁至油顶的最后一次行程时,进行支座的安装工作。利用千斤顶、滚筒等工具将支座从墩帽上移至支座垫石上。支座中线和垫石中线、组合梁找平板中线精确对位后,安装支座上下钢套筒。支座中心线应与主梁中心线平行,其交叉角不得大于5°;在安装支座时,通过计算确定支座顺桥向预留偏差值。对全桥进行贯通测量,以保证线形一致,根据贯通测量结果,并根据设计数据对桥墩顶双轴线和高程进行放样,以此作为支座安装的依据,支座轴线放样采用全站仪架设在已知控制点上,后视另一控制点,直接放样出支座双轴线,采用水准仪直接观测出支撑垫石的四角高程,根据放样的双轴线和垫石四角高程来精确安装支座。

③墩顶桥面板湿接缝施工。

a.钢筋、预埋件安装:钢筋在预制基地下料成型,用工作船运输吊装至桥面待用。混凝土保护层垫块采用设计要求的制品,强度与梁体设计强度相同,垫块与模板接触处采用点接触,以防止灌注混凝土后影响梁体外观。

b.制孔管道的安装:制孔管道纵向采用塑料波纹管,横向采用金属波纹管,安装前应进行仔细的外观检查,位置应准确、圆顺,定位网格根据预应力钢筋布置曲线要求设置,定位网格与节段钢筋网牢固连接,必要时采用点焊连接。

c.湿接缝模板:模板采用钢模,模板通过吊杆固定在顺桥向的扁担梁上。模板安装前,钢筋及剪力钉要除锈,并将杂物清除干净,油污用丙酮清洗,表面打磨干净并涂抹脱模剂,模板安装位置要正确、牢固、表面平整,并符合结构要求,接缝处要堵塞严密,注意翼缘板与腹板的倒角处尺寸应与已架设组合梁尺寸吻合,保证接头平滑、不漏浆,以防漏浆影响桥面板外观质量。

d.混凝土浇筑:湿接头处桥面板施工前先进行凿毛处理,在混凝土浇筑前用水湿润接缝两侧预制板侧面,以使新老混凝土能连成整体。钢筋混凝土块件布置及模板安装完成后,经检查满足施工质量要求后,方可进行混凝土浇筑。施工时确保混凝土供应及时,严禁混凝土出现"冷缝"。应注意使接缝混凝土各个部分受到均匀、充分的振捣,要确保混凝土的密实性,特别是新老混凝土接合面,也应防止过振而产生骨料离析现象。混凝土浇筑完成,表面收浆抹平,严禁采用洒水收浆的方式,混凝土初凝前用塑料薄膜加湿土工布进行覆盖养护,严格控制养护关,防止桥面裂纹出现。在混凝土灌注过程中,如有漏浆污染钢梁,要及时用水冲洗干净。在常温下,高性能混凝土应至少保湿养护14d。混凝土采用淡水保湿养护。

e.预应力筋张拉压浆:预应力锚具和夹具的类型应符合设计规定,并抽样进行外观尺寸、硬度及锚固力检查和试验。张拉机具应与锚具配套,使用前对张拉机具进行检查和校验。完成纵向预应力张拉、压浆后浇筑离墩顶左右各约12m处的湿接缝混凝土,待混凝土强度达到强度标准值的90%以上时,张拉墩顶处混凝土板横向预应力钢束。张拉时采用张拉力与伸长量双控制,以张拉力控制为主,实测延伸量与计算延伸量允许±6%的误差。钢束张拉时,剪力钉预留槽或湿接缝现浇混凝土强度应不小于设计强度的90%,且应保证混凝土龄期不小于5d。

预应力钢束张拉及压浆完毕后,进行落梁施工,及时采用等强度混凝土封锚,浇筑桥面板翼缘侧面混凝土。按设计要求进行其他墩顶的桥面板张拉压浆工作,完成连续梁的体系转换。

(4)组合梁架设精度和测量控制。

组合梁架设安装后允许偏差见表28-30。

组合梁架设允许偏差表　　　　　　　　　　表28-30

项目		允许偏差(mm)
轴线偏位	中线	10
	两孔相邻梁中线相对偏差	5
梁底高程	墩台处梁底	±10
	两孔相邻梁相对高差	5
支座偏位	支座纵、横向扭转	1
	固定支座顺桥向偏差	20
	活动支座按设计气温定位偏差	3
	支座底板四角相对高差	2

28.6.4 九洲航道桥施工

28.6.4.1 基础施工

1) 主墩基础的施工

(1) 主墩桩基的施工。

①钻孔平台施工工艺流程见图28-20。

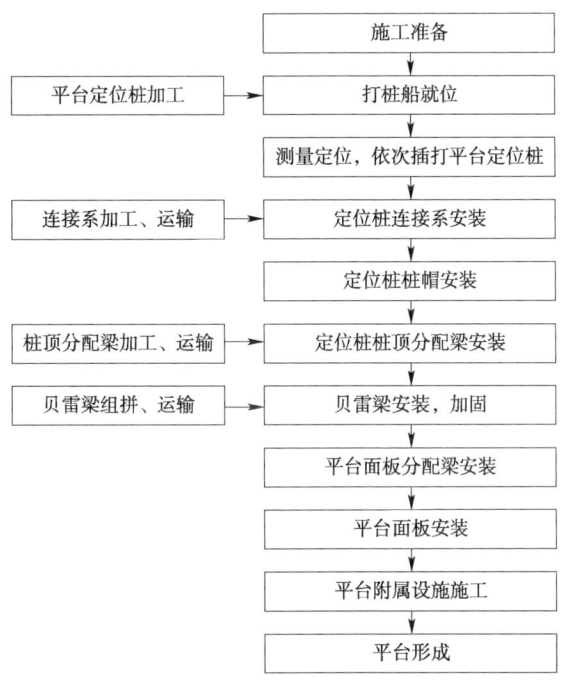

图28-20　钻孔平台施工流程图

施工平台定位桩采用 $\phi 820 \times 8mm$ 螺旋钢管,桩底高程为 $-36.0m$,桩顶高程 $+3.678m$,桩顶分配梁采用I56型钢,上设贝雷梁,桥面板分配梁采用I22型钢,面板采用10mm厚花纹钢板,平台顶高程为 $+6.0m$。生活平台定位桩采用 $\phi 630 \times 10mm$ 螺旋钢管,桩底高程为 $-26m$,桩顶高程 $+5.178m$,桩顶分配梁采用 I56 型钢,上设贝雷梁,桥面板分配梁采用 I22 型钢,面板采用10mm厚花纹钢板,平台顶高程为 $+7.5m$。

②钻孔平台定位桩。

钻孔平台采用钢管复合桩(包含主墩平台水平连接系钢管)施工工艺见图28-21,技术参数见表28-31~表28-34。

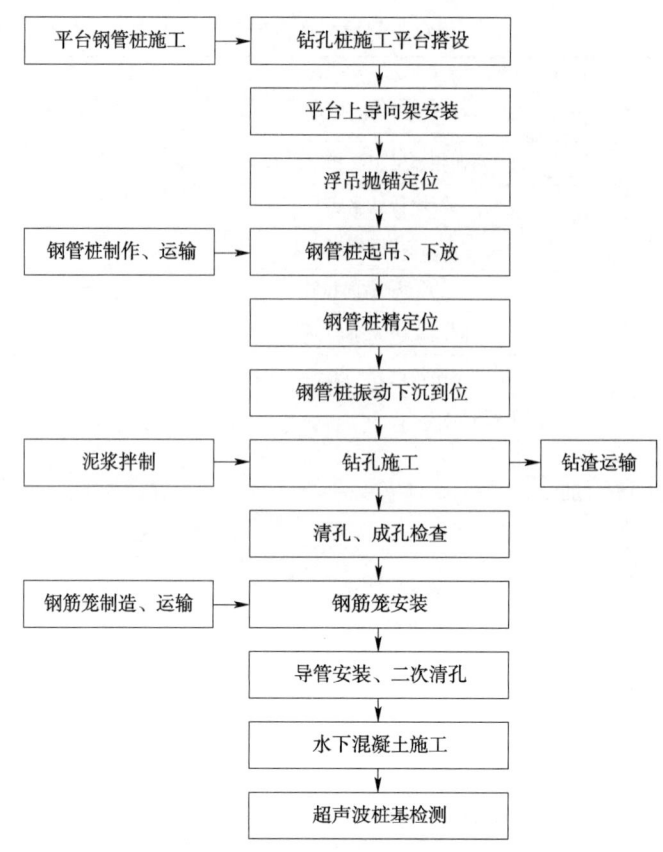

图 28-21　九洲航道桥钢管复合桩工艺流程图

管节外形尺寸允许偏差表　　　　　　　　　　　　　　　　　　　　　　　表 28-31

序号	检查项目	允许偏差(mm)	备注	序号	检查项目	允许偏差(mm)	备注
1	周长	±0.5%D,且≤10		3	管端平整度	2	
2	管端椭圆度	0.5%D,且≤5		4	管端平面倾斜	<0.5%D,且≤4	

注:D 为周长。

焊缝处外观及允许偏差表　　　　　　　　　　　　　　　　　　　　　　　表 28-32

序号	检查项目	允许偏差	序号	检查项目	允许偏差
1	咬边	深度≤0.5mm,总长度不超过焊缝长度的10%	3	表面裂纹、未溶合、未焊透	不允许
2	超高	3mm	4	弧坑、表面气孔、夹渣	不允许

平台定位桩参数表　　　　　　　　　　　　　　　　　　　　　　　　　　表 28-33

序号	部　位		数量(根)	桩底高程(m)	桩顶高程(m)	桩长(m)
1	主墩	施工平台	38	−36(−33)	+3.678	−39.678(−36.678)
2		生活平台	6	−26	−5.178	−31.178
3	辅助墩	施工平台	28	−36.346	+3.678	40.024
4		生活平台	6	−31.346	+5.178	36.524
5	边墩	施工平台	24	−38.346	5.0	43.346

沉桩桩顶偏位表　　　　　　　　　　　　　　　　　　　　　　　　　　　表 28-34

项　目	允许偏差(mm)	备注	项　目	允许偏差(mm)	备注
设计高程处桩顶平面位置	100		桩身垂直度	1%	

③主墩钻孔桩施工。

根据工程特点,基础施工采用海上架设整体式移动钻孔平台为钻孔施工的平台,钻孔桩直径大、地层复杂、入岩深,不同地层钻孔参数见表 28-35,工艺流程见图 28-22。

不同地质钻孔参数表　　　　　表 28-35

地　层	钻压(kN)	转数(r/min)	进尺速度(m/h)	采用的钻头
淤泥层	<200	6~8	0.5~1.0	刮刀钻头
粉(细、中、砾)砂层	200~300	6~8	0.5~1.5	刮刀钻头
全风化花岗岩	400~500	4~6	0.3~1.0	刮刀钻头或滚刀钻头
强风化花岗岩	400~500	6~10	0.1~0.5	刮刀钻头或滚刀钻头
中风化花岗岩	500~600	4~6	0.1~0.5	滚刀钻头
微风化花岗岩	≥600	4~6	0.05~0.3	滚刀钻头

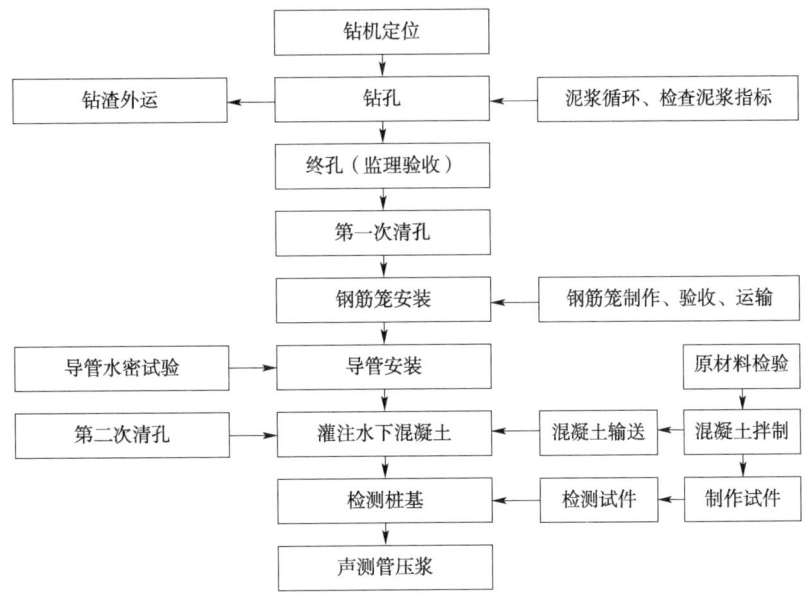

图 28-22　钻孔桩施工工艺流程图

钻孔达设计高程后,对孔深、孔径和孔形进行检查。钻孔到位后,测量孔深,并进行第一次清孔。并报请监理工程师到现场检查验收。检查合格后,用换浆法反循环清孔:将钻具提离孔底 20cm 继续转动钻具,维持泥浆循环,并对泥浆性能进行调整,使泥浆性能指标达到规范要求;泥浆指标及孔底沉渣满足规范要求后,拆除钻杆,下钢筋笼及导管二次清孔,使孔底沉淀物厚度不大于 5cm,准备灌注混凝土,见表 28-36 和表 28-37。

清孔后的泥浆性能指标表　　　　　表 28-36

黏度(Pa·S)	重度(g/cm³)	含砂率(%)	pH 值	胶体率(%)	失水量(mL/30min)	泥皮厚度(mm)
18~20	1.03~1.10	<2	8~10	>98	≤15	≤2

成孔质量标准表　　　　　表 28-37

项　目	允许偏差	项　目	允许偏差
孔的中心位置(mm)	50mm	倾斜度	不大于 1/250
孔径(mm)	不小于设计桩径	沉淀厚度	≤50mm

成孔质量的好坏直接影响钻孔灌注桩的工程质量,因此在成孔后、混凝土灌注前进行桩基成孔质量检测。

检测采用 JL-IUDS(B)超声成孔质量检测仪,该仪器检测精度高,误差为满量程的 0.2%;最大检测孔径 5m;能判断孔的倾斜方向,在垂直度不满足要求情况下,指示修孔方向。泥浆相对密度要求

≤1.2，现场只需要12kV电池供电。钢筋制造车间实行工厂化施工，钢筋采用模块化施工，钢筋车间配备有数控钢筋弯曲中心、数控钢筋弯箍机、钢筋直螺纹镦粗设备及全自动化滚焊机等配套设备。其中数控钢筋弯曲机、数控钢筋弯箍机、全自动化滚焊机，有效控制钢筋成品加工精度，确保现场模块的对接施工，确保钢筋加工精度。

钢筋笼的接头方式采用直螺纹连接，合理规划好钢筋车间，钢筋加工场内摆放切割机、车丝机等均严格按照自动化工厂布置摆放。安装滚轧直螺纹机夹具中心线与放置在支架上的待加工钢筋中心线保持一致。钢筋下料后数控能精确保证钢筋两头切平，保证钢筋的连接顺利进行。丝头质量检查：每加工10个丝头用通、止、环规自检一次，并剔除不合格丝头，经自检合格的丝头，由质检员随机抽样进行检验，以一个工作班内生产的丝头为一个验收批，随机抽检10%，且不得少于10个，填写钢筋丝头检验记录表，见表28-38。

钢筋笼丝头质量检验要求表　　　　　　表28-38

序号	检验项目	量具名称	检验要求	检查结果
1	外观质量	目测	牙形饱满，牙顶宽超过0.6mm，秃牙部分累计长度不超过一个螺纹周长	合格
2	外形尺寸	卡尺或专用量具	丝头长度满足图纸要求，标准型接头的丝头长度允许误差为+2P	合格
3	螺纹大径	光面轴用量规	通端量规能通过螺纹的大径，而止端量规则不应通过螺纹大径	合格
4	螺纹中径及小径	通端螺纹环规	能顺利旋入螺纹并达到旋合长度	合格
		止端螺纹环规	允许环规与端部螺纹部分旋合，旋入量不应超过3P	合格

钢筋骨架制作完成后进行自检，需要对各尺寸规格进行检验，符合钢筋骨架检查项目表的要求，自检合格后，向监理工程师报检，存放整齐标准，见表28-39。

钻孔桩钢筋骨架检查项目表　　　　　　表28-39

序号	项目	允许偏差	检验方法	检查结果
1	主筋间距	±10mm	尺量检查	合格
3	骨架保护层厚度	±20mm	尺量检查	合格
4	钢筋骨架直径	±10mm	尺量检查	合格
5	箍筋间距或螺旋筋间距	±20mm	尺量检查	合格
6	钢筋骨架倾斜度	0.25%且不大于设计桩基倾斜度	吊线或尺量检查	合格

钢筋笼采用平板车（安装搁置支架）和驳船运输，四周塞垫稳固，两侧用手拉葫芦锁死。按制作时的编号顺序从最底层钢筋笼到顶层钢筋笼依次装车转运至码头，再用码头吊机下海，采用800t驳船或1000t驳船运输到墩位处。在钢筋骨架的接长、安放过程中，始终保持骨架垂直；接头处保证顺直度和连接无缝隙的要求，接头牢固。钢筋骨架接好后严格检查焊缝质量，合格后下放钢筋笼。

桩基混凝土由海上混凝土工厂生产，其生产能力为$150m^3/h$，利用HBT-80C混凝土输送泵泵送至灌注架口料斗，经导管灌入孔内。灌注前对孔底沉淀厚度再进行一次测定。如沉淀厚度超出规定，可用喷射法；灌注开始后，设专人进行指挥，紧凑、连续地进行，严禁中途停工，在灌注过程中要防止混凝土拌和物从漏斗顶溢出或从漏斗外吊入孔底；灌注过程中当导管内混凝土不满、含有空气时，后续混凝土要徐徐灌入，以免在导管内形成高压气囊。

混凝土桩头的处理时，事先在桩基施工时桩头的设计高程处安置两个小的取料筒，混凝土灌注接近到设计高程时，采用测砣反复测量确定好高程后再取出料筒，验证到设计高程，保证混凝土密实有均匀的粗集料时，停止灌注混凝土。在混凝土未初凝前，高出设计高程部分混凝土，采用人工进行桩头处理，预留高于桩头高程5~10cm的混凝土由人工手工凿除清理，保证桩头处混凝土与钢桩间密贴。

桩基施工时必须高度重视和严格声测管埋设工作,施工过程中由专人管理负责,仔细检查声测管的固定,确保声测管埋设一次合格,下放每节钢筋笼时候必须做试水试验。现场封水下混凝土时,声测管口做好防护,杜绝声测管堵塞现象。为满足耐久性的需要,对金属声测管采用压浆的方法进行封堵。

(2)主墩承台施工。

主塔墩承台为圆端形,顺桥向宽23.5m,横桥向宽37.3m,承台厚5.5m,承台顶高程+3.8m,底高程-1.7m,承台混凝土方量4466m³;主塔墩承台按照大体积混凝土施工方法分两次浇筑,主塔墩第一次浇筑高度均为2.5m,第二次浇筑高度均为3.0m。九洲航道桥主墩采用防撞套箱与承台施工用钢套箱相结合的方案。

①钢套箱施工。

设计根据承台施工时的水文特征,制作、运输、吊装方式,结合承台结构尺寸等因素综合考虑。考虑钢套箱满足分块吊装和使用状态时的强度、刚度以及设计防撞要求,主墩、边墩及辅助墩钢套箱均设计为双壁。考虑围堰内设置隔离层,围堰内腔净平面尺寸按各边预留0.1m设计,主墩承台平面尺寸为37.3m×23.5m,则围堰平面尺寸为37.5m×23.7m。

钢套箱材料均采用Q235-B级钢。防撞套箱上部挂腿采用橡胶支座,内围壁与承台侧表面之间采用平板橡胶,套箱外表面悬挂圆筒型橡胶件,节段连接板之间安装橡胶条,采用大量的橡胶缓冲承台碰撞以减少撞击能量。防撞套箱顶面高出承台表面,套箱顶部设置挂腿,通过板式橡胶支座支撑于承台表面局部凸起的垫石上。防撞套箱平板橡胶采用不锈钢螺栓与防撞套箱连接,圆筒漂浮型橡胶件采用锚链与防撞套箱连接,每个套箱设置两个检修孔,并设置爬梯作为检修通道,并采取消波措施。

钢套箱作为后续桥墩的防撞设施,对其制造质量应严格控制,侧板分块制造出厂前,应按照设计文件及有关规范、规定的要求,对原材料、制造工艺、焊接及涂装质量进行严格控制,确保结构尺寸及使用安全。

钢套箱分节、分块运输的过程中防止钢吊箱底板及壁体变形。

钢套箱在工厂分块制造,采用吊船整体吊装下沉工艺。钢套箱围堰在起吊下放时防止安装过程中围堰发生变形。

②围堰吊挂系统施工。

封底混凝土达到设计强度后,及时对围堰内基坑进行处理。围堰吊挂系统在围堰抽水后应进行拆除,清理出基坑。吊杆的下部埋在封底混凝土中,应先沿承台底高程以下割除,再进行拆除。根据高程,人工用风镐凿除桩头浮浆及多余的混凝土,并及时将碎渣清理出基坑,按照规定要求进行集中处理。将封底混凝土高出承台底高程的部分凿除。

③承台钢筋的施工。

九洲航道桥承台钢筋采用不锈钢钢筋和HRB335钢筋,其中承台底层、顶层及侧面钢筋均采用不锈钢钢筋,其余采用HRB335钢筋。

承台钢筋安排在唐家湾营地的钢筋加工车间内进行制造,车间内设置一套钢筋自动切割、弯曲设备,实现钢筋下料、弯曲成型的自动化作业。加工前,钢筋表面的油污、浮锈等清理干净,钢筋顺直、无局部弯折。钢筋加工后,表面无明显伤痕。不锈钢钢筋切割和弯曲时,表面不被散落的铁沫或普通钢所污染。制作完成的半成品钢筋编号、分类存放在钢筋车间内,承台施工时船运至现场进行安装。

直径25mm以下钢筋采用绑扎搭接接头,直径大于或等于25mm钢筋采用机械连接接头,且要满足相关规定。机械连接接头使用专用的扭力扳手拧紧至规定的扭力力矩值,不锈钢钢筋的机械连接接头以及不锈钢钢筋和普通钢筋的机械连接接头为不锈钢,不锈钢钢筋连接器强度达到连接钢筋屈服强度的1.25倍。钢筋采用绑扎接头时,在同一连接区段内,受力钢筋的接头面积占受力钢筋总数的百分比,受压区不大于50%,受拉区不大于25%。钢筋安装按设计图纸和规范要求进行施工,钢筋品种、规格、数量、形状、位置、接头等均符合设计图纸和施工规范的要求。

④混凝土的施工。

承台周边的钢筋保护层采用混凝土垫块,其强度、密实性和抗氯离子的渗透性能不低于承台混凝土的设计要求,外观颜色与承台混凝土颜色一致。垫块与钢筋结合处设限位槽,以与混凝土紧密结合,垫块厚度的允许偏差为+1.5~0mm,承台钢筋安装时保护层厚度的允许偏差为+10~0mm。

水上混凝土组成材料以质量比配料,称量和配水机械装置维持在良好状态,水、水泥、外加剂及掺和料的称量准确到±1%,粗、细集料的称量准确到±1.5%。为使混凝土浇筑布料均匀,并减轻操作人员的劳动强度,承台混凝土浇筑时采用布料杆布料,另外,在混凝土下料点布置串筒,使混凝土进入基坑的自由下落高度不超过2m。

混凝土振捣时,振动棒插入下一层一定深度(一般5~10cm);振动棒要快插慢抽,移动间距不大于振动棒作用半径的1.5倍(B50振动棒,一般45~60cm;B70振动棒,一般75~100cm);振捣时插点均匀、成行或交错式移动,以免漏振;每一次振动时间为20~30s,以免欠振或过振,振动完毕后,边振动边徐徐拔出振动棒。

第一次浇筑的承台混凝土强度达到2.5MPa以上后,凿毛混凝土顶面露出碎石吧,并吹干净。当第一次浇筑的混凝土达到设计强度的75%以上且混凝土龄期不少于7d,进行承台的第二次混凝土浇筑,最终进行养护。另外,为减少混凝土的水化热九洲航道桥主塔墩承台共设置5层冷却水管,辅助墩及边墩承台各设置4层冷却水管,每层冷却水管竖向布置间距为1.0m,横向间距为1.25m,并对其进行温度测试和监控。

2)辅助墩基础施工

(1)辅助墩桩基施工。

平台的施工参考主墩平台的施工内容。

每个辅助墩钻孔平台靠近边墩侧布置一台WD70C吊机,作为钻孔桩施工过程中的起吊设备。辅助墩钻孔平台布置见图28-23。

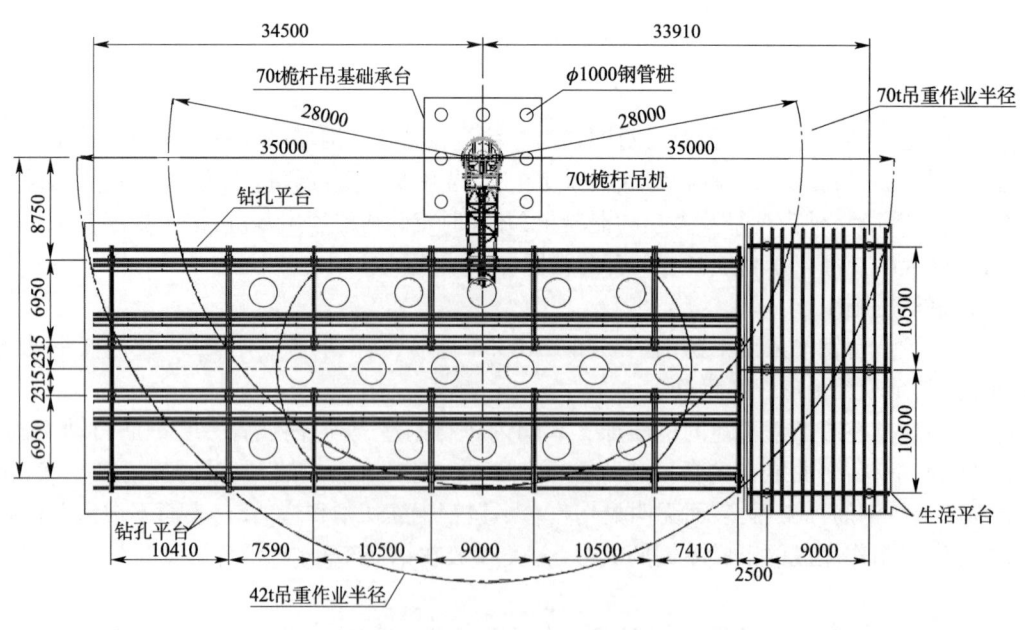

图28-23 辅助墩钻孔平台布置图(尺寸单位:mm)

九洲航道桥辅助墩钻孔平台定位桩和钻孔桩详见主墩基础的施工内容,其主要参数见表28-40。

钢管桩技术参数表 表 28-40

序 号	墩 号	桩 数	承台底高程(m)	钢管桩底高程(m)	钢管桩长度(m)
1	205	16	-1.2	-36.2	35
2	208	16	-1.2	-36.2	35

205号(208号)辅助墩共有16根钻孔桩,布置4台钻机进行钻孔桩施工,每台钻机分别进行4个循环施工。辅助墩钻孔桩桩位编号见图28-24。

1号钻桩(4根):3→2→1→6;2号钻桩(4根):7→12→13→8;

3号钻机(4根):10→5→11→4;4号钻机(4根):14→9→15→16

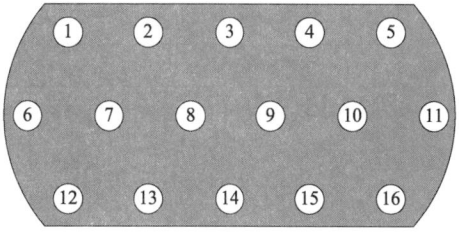

图 28-24 辅助墩钻孔桩桩位编号图

(2)辅助墩承台及墩身施工。

辅助墩承台为圆端形,顺桥向宽17.0m,横桥向宽36.5m,承台厚5.0m,承台顶高程+3.8m,底高程-1.2m,承台混凝土方量2919.5m³;辅助墩承台按照大体积混凝土施工方法分两次浇筑,两次浇筑高度均为2.5m。

辅助墩承台施工参见主墩承台施工。

辅助墩墩身为空心墩,辅助墩墩底截面尺寸12.5m×4.5m(横桥向×纵桥向),顺桥向壁厚0.8m,横桥向壁厚1.2m,内部设纵向腹板1道,厚度为0.3m,墩身高度为36.738m(含墩帽高度为6.0m)。墩身采用C50海工混凝土。

九洲航道桥辅助墩墩身采用翻模法施工高度方向每2.0m一块,每1m设一道桁架,斜拉杆和外拉杆采用直径32mm的精轧螺纹钢。承台及墩座施工完成后,安装边墩及辅助墩墩身施工劲性骨架,绑扎墩身下部12.0m高钢筋,在承台立好12.0m高墩身外模及内模,上好拉杆,经检查合格签证后浇筑第一节12.0m高墩身混凝土。当混凝土强度达到要求后,接高第二节墩身劲性骨架,绑扎第二节10.0m高墩身钢筋,将第一节墩身底层10.0m模板拆除,保留上部2.0m模板不拆,将拆下的模板安装到第二节墩身,第一节墩身的上层模板作为第二节模板的支撑,经检查合格签证后浇筑墩身第二节混凝土,以此重复上述步骤

墩身钢筋加工及安装允许偏差见表28-41。墩身模板制作允许偏差见表28-42。墩身的检查项目,规定值或允许偏差见表28-43。

辅助墩身钢筋加工及安装允许偏差 表 28-41

序号	检查项目	允许偏差(mm)	序号	检查项目	允许偏差(mm)
1	竖直筋长度	±10	4	受力钢筋同排间距	±20
2	箍筋各部尺寸	±5	5	箍筋、横向水平筋间距	0,-20
3	受力钢筋两排以上的排距	±5	6	钢筋骨架尺寸(宽、高)	±5

墩身模板制作允许偏差 表 28-42

序 号	检查项目		允许偏差(mm)
1	长度与宽度	≤2m	±2
2		>2m	±3
3	平面对角线		3
4	表面平整度		2
5	连接孔眼位置		1

墩身质量检验允许偏差 表28-43

序号	检查项目	规定值或允许偏差	序号	检查项目	规定值或允许偏差
1	混凝土强度(MPa)	合格标准内	5	轴线偏位(mm)	20
2	断面尺寸(mm)	±20	6	支承垫石高程(mm)	±10
3	竖直度或斜度(mm)	$H/3000$ 且不大于30	7	大面积平整度(mm)	5
4	墩顶面高度(mm)	±10	8	预埋件位置(mm)	10

3) 边墩基础施工

(1) 边墩桩基施工。

边墩钻孔平台施工流程参考主墩的内容。

施工平台定位桩采用 $\phi 630 \times 10$ mm 螺旋钢管,桩底高程为 -38.346m,桩顶高程 +5m,桩顶分配梁采用 H588×300 型钢,上设贝雷梁,桥面板分配梁采用 I22 型钢,面板采用 10mm 厚花纹钢板,平台顶高程为 +7.318m。每个边墩钻孔平台布置 1 台 100t 履带吊机,作为钻孔桩施工过程中的起吊设备。边墩钻孔平台布置见图 28-25。

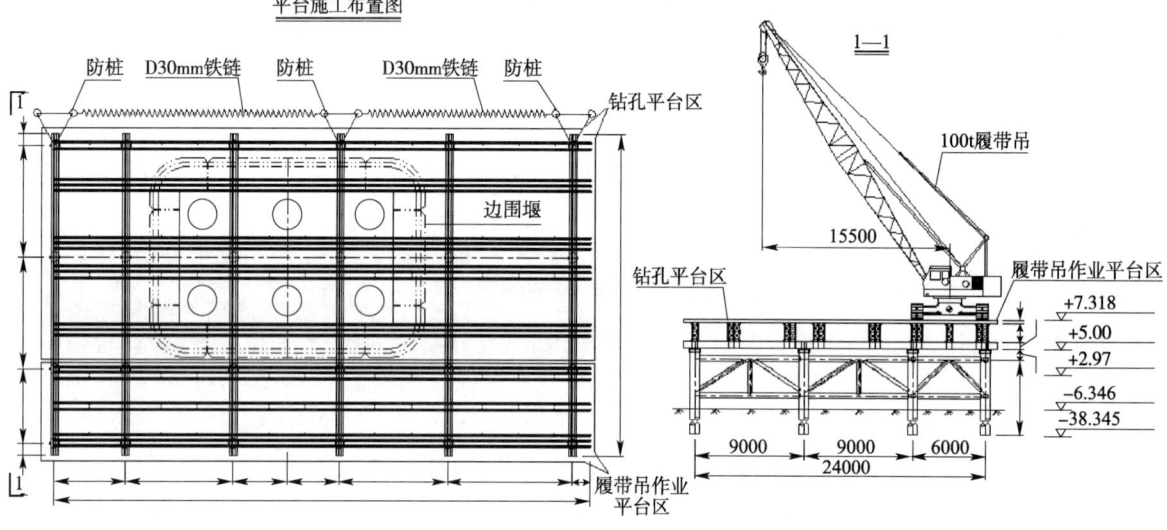

图 28-25 边墩钻孔平台布置图(尺寸单位:mm)

九洲航道桥钻孔桩施工平台定位支撑桩采用打桩船插打,打桩锤选用 D80 筒式柴油锤。

九洲航道桥边墩钻孔平台桩间连接系采用 $\phi 400 \times 6$mm 及 $\phi 300 \times 5$mm 螺旋管,边墩平台桩间连接系采用 [28a 及 [20a 型钢。钢管桩插打采用在平台上设置导向架,其各墩钢管桩技术参数见表 28-44。

钢管桩技术参数表 表28-44

序号	墩号	桩数	承台底高程(m)	钢管桩底高程(m)	钢管桩长度(m)
1	204	6	-0.7	-35.7	35
2	209	6	-0.7	-35.7	35

钢管桩打设参见非通航孔桥桩基施工,边墩钻孔桩施工参见主墩施工的相关内容。

204 号(209 号)边墩共有 6 根钻孔桩,布置 2 台钻机进行钻孔桩施工,每台钻机分别进行 3 个循环施工。

(2) 边墩承台施工。

边墩承台为长方形,顺桥向宽 11.0m,横桥向宽 18.0m,承台厚 4.5m,承台混凝土方量 891m³。承台混凝土为 C45 海工混凝土。边墩承台按照大体积混凝土施工方法分两次浇筑,边墩承台第一次浇筑高度为 2.0m,第二次浇筑高度为 2.5m。

边墩墩底截面尺寸11m×4m(横桥向×纵桥向),顺桥向壁厚0.8m,横桥向壁厚1.2m,内部设纵向腹板一道,厚度为0.3m,墩身高度为36.456m(含墩帽高度为6.0m)。墩身采用C50海工混凝土。

边墩承台施工参见主墩承台施工相关内容、边墩墩身施工参见辅助墩墩身施工。

28.6.4.2 九洲航道桥主墩下塔柱施工

1) 混凝土段主塔施工

本段混凝土主塔采用整体一次性浇筑施工方案。图28-26为主塔钢混结合段构造示意图。

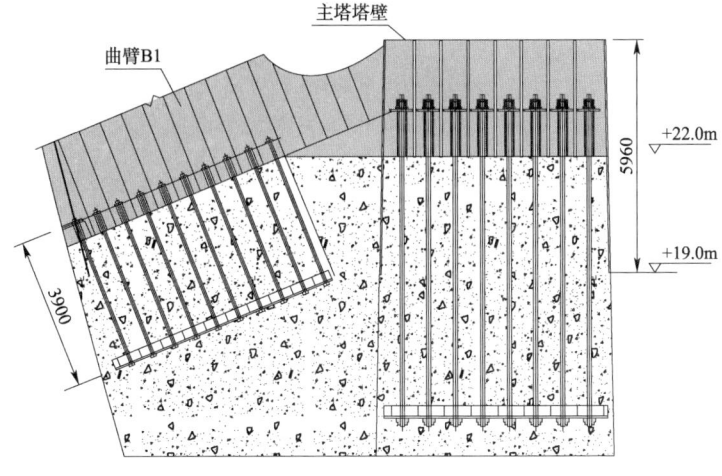

图28-26 主塔钢混结合段构造示意图(尺寸单位:mm)

2) 塔柱钢混结合段施工

钢索塔T0节段高5.96m,底端高程+19.0m,顶端高程+24.96m,钢混结合面高程为+22.0m,采用预应力锚杆和剪力钉连接,钢主塔锚杆规格为φ110mm,数量为30根,曲臂B1段锚杆规格为φ70mm,数量也为30根。钢混结合段中包含部分曲臂B节段,为方便曲臂B节段安装,曲臂B制造时,将曲臂B分为B1、B2节段,其中曲臂B1节段长约12.447m,曲臂B2节段长约21.088m。

混凝土塔柱施工时埋设劲性骨架,底节混凝土达到强度以后,接高劲性骨架,安装下锚梁及锚固螺杆,劲性骨架作为锚固螺杆及钢塔结合段T0节段的定位支架。用1000t浮吊吊装T0节段,通过劲性骨架与钢塔结合段之间的调节装置精确调节结合段位置。曲臂B1段在T0节段安装完成后,用1000t浮吊进行安装,用三向调整设备进行精确定位后,完成曲臂B1节段与塔柱T0节段的焊接连接。

浇筑结合段混凝土浇筑之前在锚固螺杆的外表面涂抹隔离剂,浇筑承压面下混凝土时采用压浆工艺。待结合段混凝土达到强度后,张拉预应力锚杆,完成结合段施工。主塔钢混结合段吊装见图28-27。

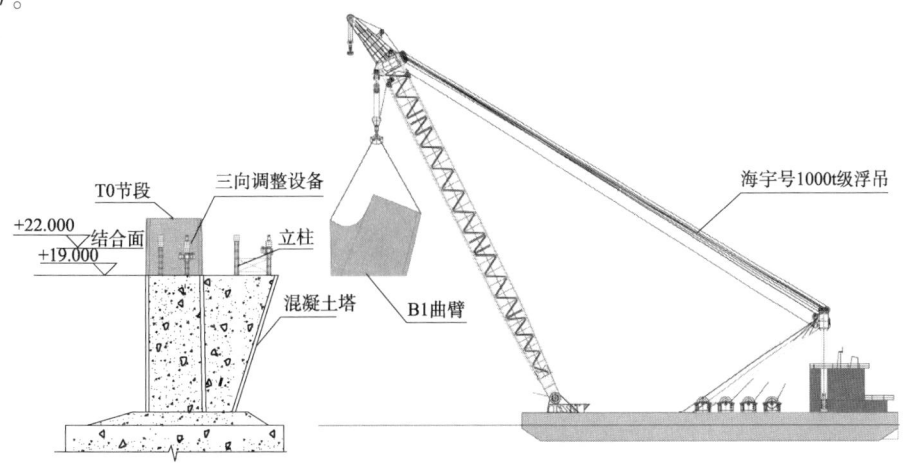

图28-27 主塔钢混结合段吊装示意图

3)钢塔柱 T1、T2、T3 节段及曲臂 B2 节段的安装

桥面以下钢塔柱包括 T1、T2 及 T3 节段,其中 T3 节段为塔梁固结段。

(1)T1、T2 节段施工。

T1、T2 节段为标准节段,高度分别为 9.0m、9.1m,质量分别为 212t、187t。采用 1000t 浮吊直接吊装就位完成拼装。

(2)塔梁固结段(T3)施工。

主塔施工时,塔梁固结区 T3 段作为一个吊装节段,用 1000t 浮吊进行安装。塔梁固结区 T3 节段,高度 9.0m,含主梁固结部分总质量为 567t。主塔墩旁托架由钢管柱立柱、平联、钢箱分配梁等组成。临时钢立柱采用 $\phi 1400 \times 16mm$ 钢管,钢立柱底部支承于主墩承台上。平联及斜撑采用 $\phi 500 \times 8mm$ 的钢管,钢箱分配梁采用焊接箱型结构形式。另外,在墩旁托架顶钢箱分配梁上设置纵横移千斤顶及竖向千斤顶,实现钢主梁的三向调节。

(3)曲臂 B2 节段安装。

曲臂 B2 节段长约 21.088m,质量小于 150t,利用 1000t 浮吊起吊安装,与 B1 节段焊接。

28.6.4.3　九洲航道桥钢塔上塔柱竖转方案

1)概述

九洲航道桥主塔采用钢-混组合结构,由竖直的塔柱和弯曲的曲臂组成,塔高 114.7m,塔顶高程为 +120.0m,塔座顶高程为 +5.3m。主塔中心线处桥面高程为 +49.244m。塔柱和曲臂在主梁位置设置横梁,塔柱、曲臂和横梁形成稳定的菱形结构。在索锚区沿拉索方向在塔柱和曲臂之间设置连杆。塔柱和曲臂自塔底至塔顶依次为:13.7m 混凝土塔柱、3m 钢混结合段和 98.0m 钢塔柱。塔柱桥面以下纵横向均采用变宽设计,桥面以上部分塔柱横桥向宽 4.0m,纵桥向宽 5m;塔底部横桥向宽 7.36m,纵桥向宽为 6.66m,其间以直线渐变。

钢塔柱断面采用带倒角的四边形,壁板板厚 36~80mm,由板肋加劲,板肋高度 300~500mm,厚度 28~60mm。钢曲臂采用切角箱形截面,由板肋加劲,曲臂壁板厚度均为 24mm,加劲板厚度均为 20mm。钢塔柱和钢曲臂箱内均设横隔板,以改善受力性能。塔柱横隔板间距根据不同区段的受力性能和构造需要而不同,钢塔柱拉索区内隔板间距约 3.05m,桥面以下横隔板间距约 3.2m。钢曲臂箱内横隔板间距 3.0~3.9m。钢曲臂在桥面以上部分横向尺寸均为 2.5m,塔底横向尺寸为 5.2m;塔顶纵向尺寸为 2.0m,桥面高度处纵向为 4.0m,塔底纵向为 5.0m,其间以直线渐变。

钢塔柱在高程 +44.659~+48.963m 段与主梁固结。索塔断面为封闭箱型结构,顺桥向立面在主塔内设置双向锚箱,用于安装斜拉索。单个主塔有 8 对斜拉索,每个锚点横向平行布置两根斜拉索。钢塔柱在桥面以上部分材质为 Q345,塔梁固结段及桥面以下部分材质为 Q370;曲臂材质为 Q345,混凝土塔柱材质为 C60,见图 28-28。

2)总体方案

主塔 T3 节段施工完成后,在 T3 节段上安装施工牛腿及下铰座,布置三向调整装置、竖转架、提升及锚固系统、后锚索、后锚固及施工临时墩。竖转塔柱在工厂加工组拼成整体后,水运至施工现场;由 1000t 浮吊将钢塔立柱吊至下铰座及临时墩上;通过布设的三向调整装置将塔柱上铰座喂进下铰座,插上销轴;拆除转铰三向调整装置。竖转架在工厂加工好后,水运至施工现场;由 1000t 浮吊将竖转架安装到位,安装横向抗风装置,布置提升及锚固系统、后锚固及后锚索;调试提升系统,竖转塔柱;在塔柱竖转到一定角度后收紧后锚索;竖转到位连接临时连接件,迅速多点同步焊接塔柱使塔柱连成整体。

塔柱竖转完成后,在塔柱上设置张拉点,将在工厂加工组拼成整体的曲臂 A 运至桥位,用 1000t 浮吊将曲臂吊至下铰座及临时墩上,将曲臂竖转就位,塔柱与曲臂在塔顶端以螺栓进行临时连接,待组合梁和桥面板安装完成后,再焊接固定,完成主塔施工。

钢塔与曲臂分两次竖转施工(图28-29)。

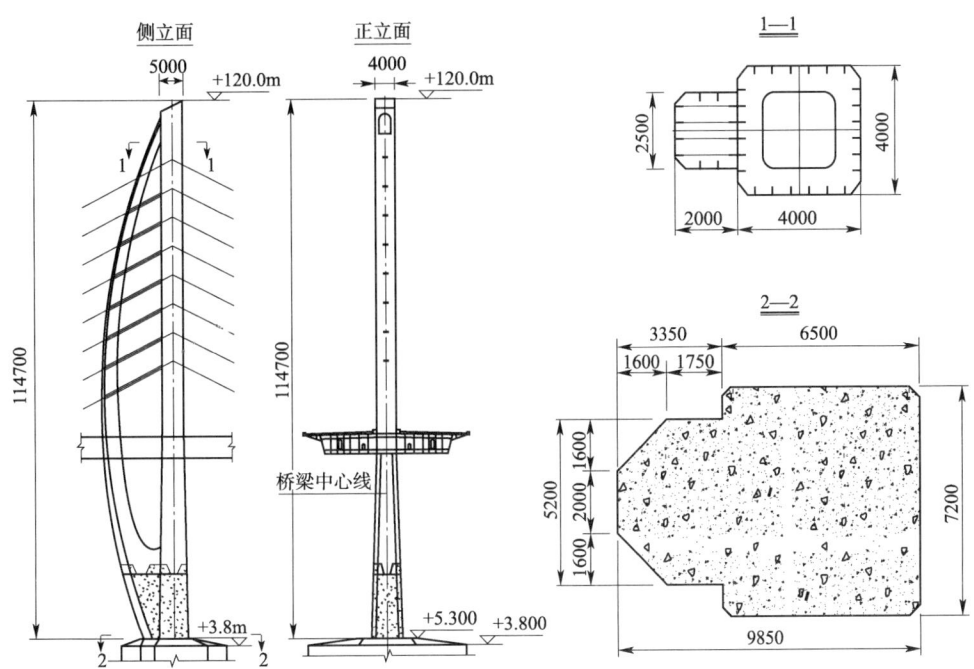

图28-28 主塔结构示意图(尺寸单位:cm)

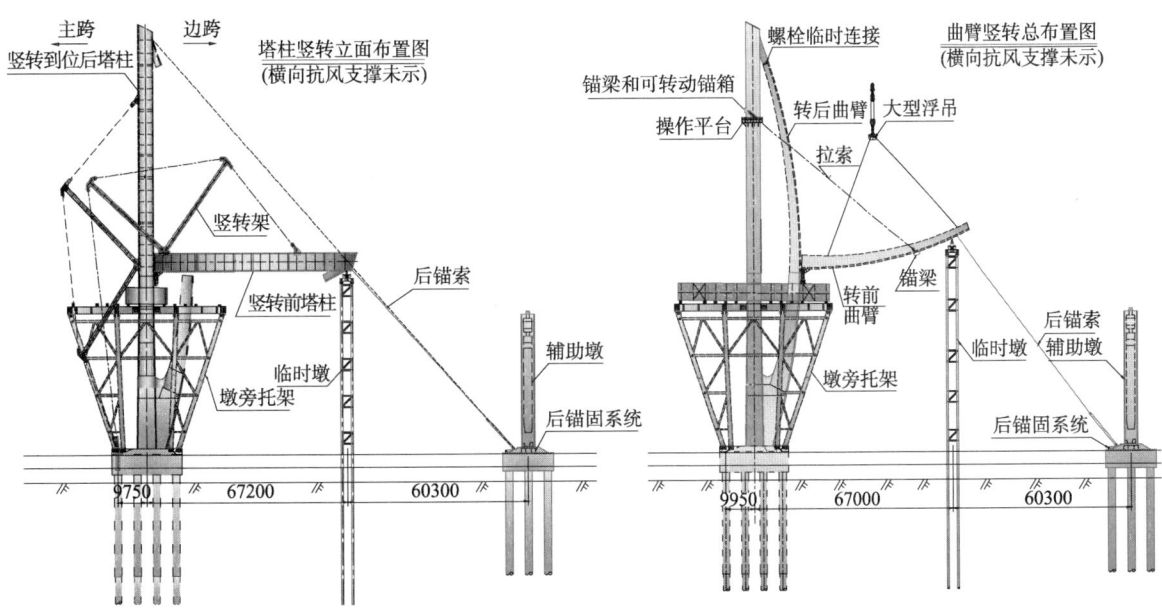

图28-29 竖转方案示意图

3)竖转系统简介

竖转施工主要结构包括:临时墩、竖转架、转铰系统、提升锚固系统、后锚固系统、横向抗风支撑等。

(1)临时墩布置:临时墩采用4根$\phi 800$mm钢管桩基础,并设连接系形成稳定的整体结构,桩顶高程+50.454m;墩顶布设施工平台,设置三向调节装置;为减小调节过程的摩擦力,在墩顶布设滑动面。

(2)竖转架布置:竖转架由拉索1、拉索2、拉索3、钢箱梁1、钢箱梁2组成(图28-30)。钢箱梁1

·583·

与钢箱梁 2 之间采用连接系连成整体,钢箱梁截面尺寸为 1.2m×0.8m。钢箱梁一端与竖转塔柱通过铰座连接,另一端设连接横梁。拉索分三种类型,拉索 1 连接竖转塔柱和钢箱梁 1;拉索 2 连接两根钢箱梁,两端均通过钢锚箱和钢箱梁顶的连接横梁相连;拉索 3 连接提升锚固系统和钢箱梁 2,钢箱梁 2 端通过钢锚箱和钢箱梁顶连接横梁连接。

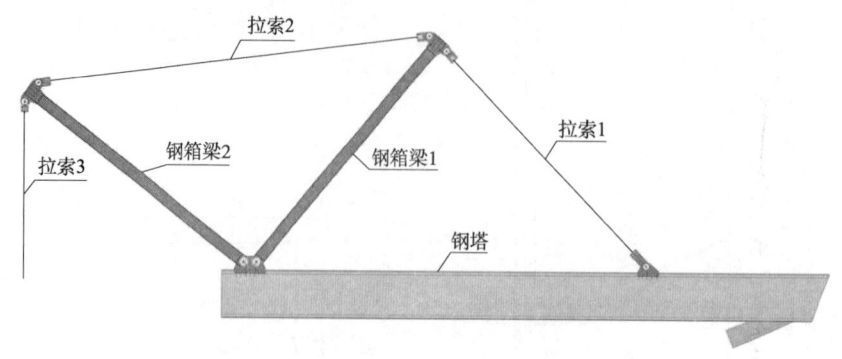

图 28-30　竖转架示意图

（3）转铰系统:九洲航道桥钢主塔与曲臂分两次竖转施工,需设置两处转铰,主塔柱转铰设置在主塔柱 T3 节段,曲臂转铰设置在桥面组合梁 S2 节段。主塔柱及曲臂转铰均通过销轴连接。主塔柱转铰包括上铰座、下铰座和转轴,主塔柱 T3 节段(塔梁固结段)安装完成后,在其上布置牛腿及下铰座,并安装三向调整装置;上铰座布置在竖转主塔柱上,由厂家拼装竖转主塔柱时直接安装到位。上下铰座之间抄垫钢垫块并布设滑动面,竖转主塔柱水平起吊后临时支撑在下铰座牛腿和临时墩顶上,然后通过三向调节装置调节竖转主塔柱,使上铰座准确喂入下铰座,插上销轴拆除三向调整装置及临时支撑,完成主塔柱竖转前的各项准备工作。主塔柱竖转转铰布置见图 28-31。

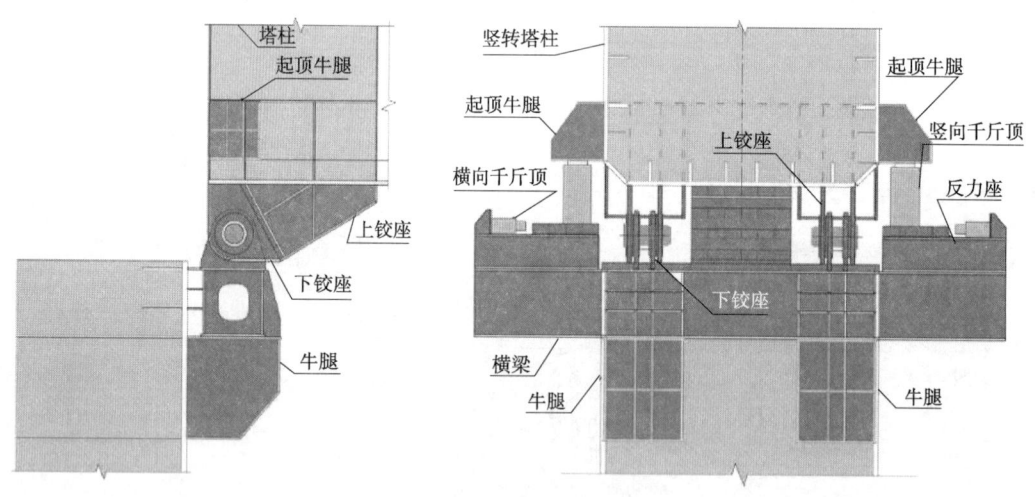

图 28-31　主塔柱竖转转铰布置图

曲臂转铰系统包括上铰座、下铰座和转轴,主塔柱竖转完成后,吊装钢主梁 S1、S2、M1、M2 节段,在 S2 节段上布置垫块、垫梁及下铰座,并安装三向调整装置;上铰座布置在曲臂 A 节段上,由厂家拼装曲臂 A 节段时直接安装到位。曲臂竖转转铰布置见图 28-32。

（4）提升及锚固系统:主塔柱竖转提升及锚固系统由安装在主塔承台上的铰座、连接牵引拉索的钢锚箱及锚箱内张拉千斤顶组成,整个提升过程由 4 组平行的"铰座+钢锚箱+千斤顶+牵引拉索"装置来完成。主塔承台施工时,在承台内预埋 32 根 $\phi40$ 精轧螺纹钢筋,并在混凝土表面设预埋件,在预埋件上安装铰座的底座锚梁,并通过精轧螺纹钢筋和反压锚梁固定铰座锚梁。单根精轧螺纹钢预拉力为50t,在竖转前须全部预拉到位。锚箱内张拉千斤顶采用 TX-560-J 千斤顶,提升过程中每台顶张拉力达325t,确保4根牵引拉索合力达1287t。后锚提升系统见图28-33。

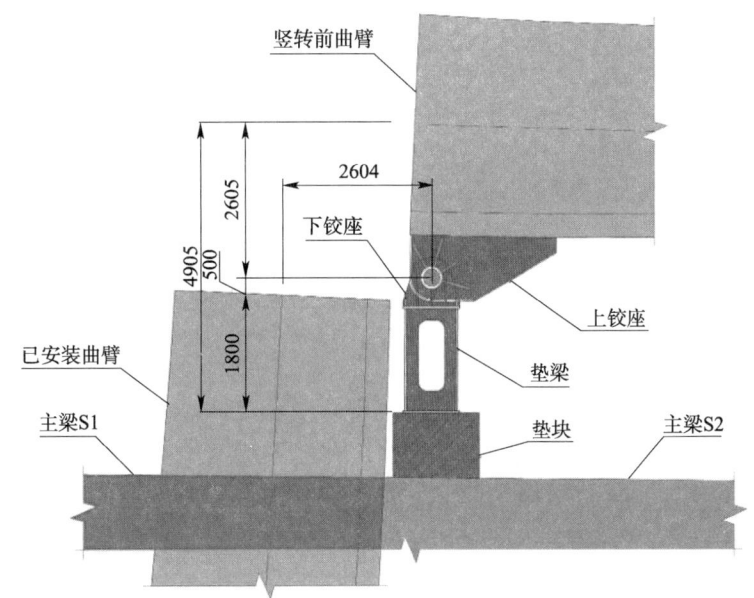

图28-32　曲臂竖转转铰布置图(尺寸单位:mm)

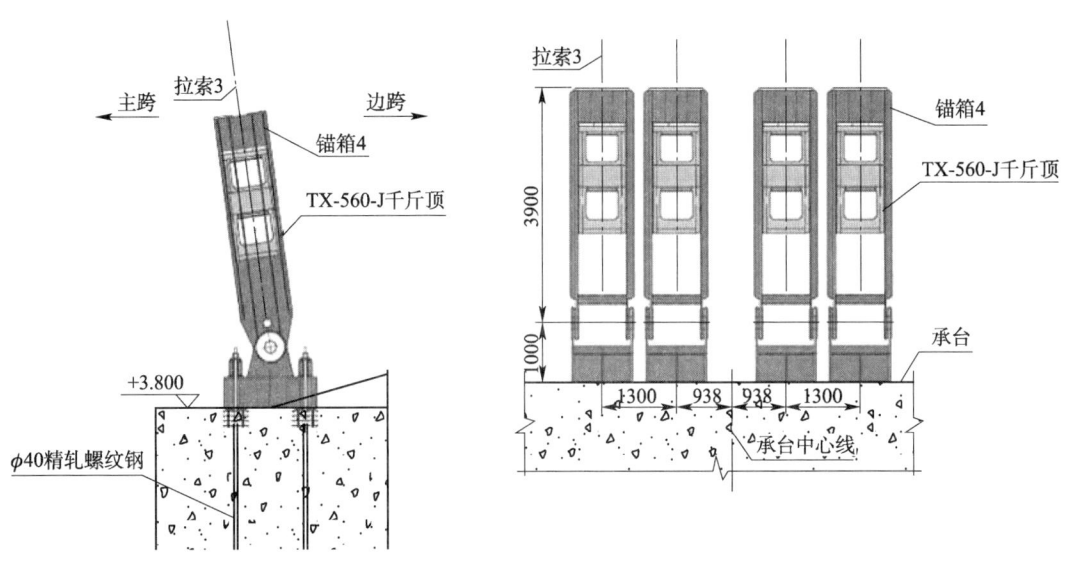

图28-33　提升及锚固系统示意图

(5)后锚索及后锚固系统:主塔柱及曲臂竖转过程中均设置后锚索及后锚固系统以确保施工安全。后锚索及后锚固系统由设置在辅助墩承台上的后锚固、5t卷扬机、滑车组及后锚索组成,防止钢塔在竖转过程中突然发生前倾状况。后锚索在竖转之前须安装到位,待竖转到一定角度后进行收紧以阻止塔柱突然前倾。后锚索及后锚固系统布置见图28-34。

(6)曲臂竖转提升系统:曲臂的竖转施工,在主塔柱竖转安装就位后,在主塔柱上安装锚梁、锚箱、千斤顶及操作平台,利用两台100t千斤顶在主塔柱侧张拉拉索,完成曲臂竖转施工,见图28-35。

(7)横向抗风装置:为保证主塔柱及曲臂竖转过程中的横向稳定性,在竖转过程中,需设置横向抗风装置,以增加主塔柱及曲臂的横向刚度。主塔柱竖转横向抗风装置布置见图28-36。曲臂竖转横向抗风装置布置见图28-37。

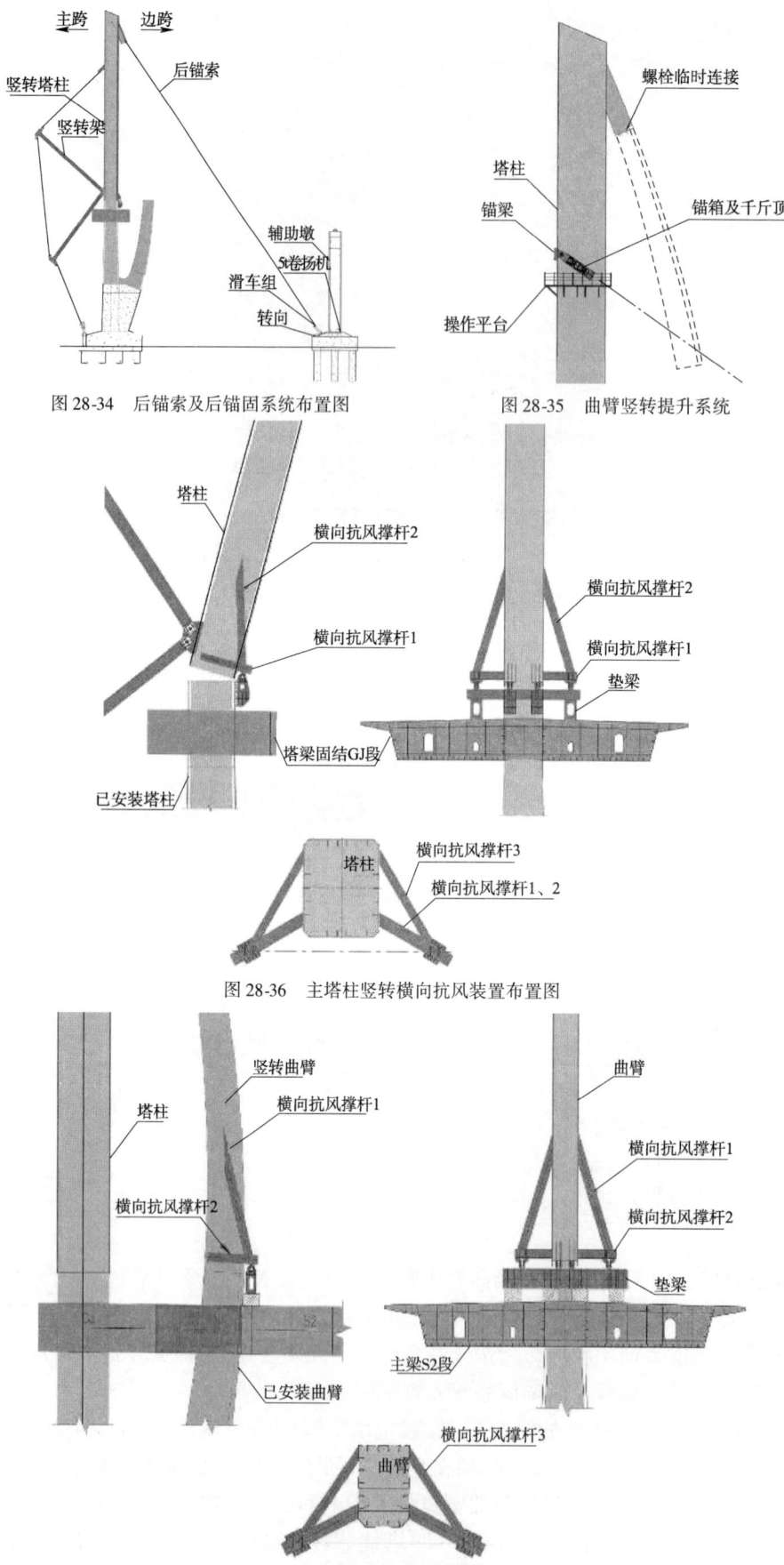

图 28-34　后锚索及后锚固系统布置图

图 28-35　曲臂竖转提升系统

图 28-36　主塔柱竖转横向抗风装置布置图

图 28-37　曲臂竖转横向抗风装置布置图

4）主塔施工线形控制

主塔的线形控制主要从混凝土塔柱的现场浇筑、钢混结合段定位、钢塔工厂拼装、钢塔现场节段吊装及上塔柱竖转定位5个方面进行重点控制。

（1）混凝土塔柱：混凝土塔柱施工前搭设劲性骨架，确保钢筋绑扎及模板安装的定位准确和整体稳定性。模板安装前精确测设塔柱的轴线位置和承台的顶面高程，确定模板安装的平面位置正确，同时确定塔柱的浇筑高度。模板安装完成后检查安装质量，要求平面尺寸、高程均符合设计及规范要求，并对模板牢固程度进行检查，报请监理工程师同意，浇筑塔柱混凝土。

（2）钢混结合段：钢混结合段采用劲性骨架定位，以劲性骨架为支撑吊装钢塔结合段到位，通过劲性骨架与钢塔结合段之间的调节装置精确调节结合段位置。施工过程中为确保钢塔定位的准确性，在结合段先浇筑3m高定位柱，吊装钢塔柱后，由定位调节装置支撑并调整至设计位置，将钢塔柱落至混凝土定位柱上后拆除定位调节装置，再安装高强螺栓，浇筑后浇段混凝土。同时结合段钢塔壁板作为3m高后浇段模板，可确保钢混结合段的线形控制。

（3）钢塔工厂拼装：钢塔工厂拼装过程中，通过在厂内设置部件加工平台、节段组拼平台及竖转钢塔整体大拼胎架，确保每个环节的钢塔制造线形控制。

（4）钢塔现场节段吊装：钢塔现场节段吊装的有T1、T2及T3节段，其中T3节段为塔梁固结段。T1、T2节段吊装施工时，在连接处已吊装节段上设置临时施工平台，并在连接处设置千斤顶调节装置，节段吊装就位后，通过调节装置准确定位，再上定位销轴，测放主塔轴线及高程，达到设计精度要求后，进行节段拼缝焊接；T3节段吊装之前，预先在承台及塔座上安装主梁初始节段拼装支架，在支架顶布设千斤顶调节定位装置，利用1000t"海宇号"整体起吊T3节段至拼装支架上，通过定位调节装置准确定位后安装固结段。

（5）上塔柱及曲臂竖转：上塔柱及曲臂竖转过程中的线形测量控制主要有两方面：上塔柱处水平位置时，上下铰座的对位测量控制；竖转到位后，钢塔接缝连接处理及主塔轴线线形测量控制。

（6）钢塔安装质量控制：钢塔安装检查质量控制见表28-45。

钢塔安装检查质量控制　　　　表28-45

序号	项目		规定值或允许偏差
1	顶面高程(mm)		≤20
2	对接口板错边量(mm)		δ≤2
3	总体垂直度(mm)	桥轴向	H/4000
4		垂直于桥轴向	
5	节段轴线相对于塔柱轴线偏差(mm)	桥轴向	2h/1000
6		垂直于桥轴向	
7	斜拉索锚固点高程偏差(mm)		10

28.6.4.4　九洲航道桥主梁安装施工方案

1）概述

九洲航道桥钢主梁采用分离式开口钢箱+混凝土桥面板的组合截面，斜拉索为中央索面，采用竖琴形布置。钢主梁划分为S1-S17、GJ、M1-M10、M11a、M11b共30种类型、58个节段。钢主梁标准节段长12.5m，节段重量约240t。其中S3-S10为辅助跨斜拉索锚固节段，M3-M10为主跨斜拉索锚固节段，M11a、M11b为跨中梁段(M11b中跨合龙段)，S11-S17为边跨分幅整孔吊装区段。九洲航道桥钢主梁节段布置见图28-38。

钢主梁两钢箱梁间通过箱型横梁连成整体，开口钢主梁主要由上翼缘板、腹板、底板、腹板加劲肋、底板加劲肋、横隔板以及横肋板组成。主跨侧钢主梁标准节段顶宽31.0m，底宽27.1m。辅助跨及边跨侧钢主梁总宽度由S2节段处的31.0m渐变到边墩墩顶处的27.3m，底面总宽度由S2节段处的27.2m渐变到边墩墩顶处的23.5m。钢箱梁外侧腹板为斜腹板，倾角约为71°，内侧腹板为直腹板。

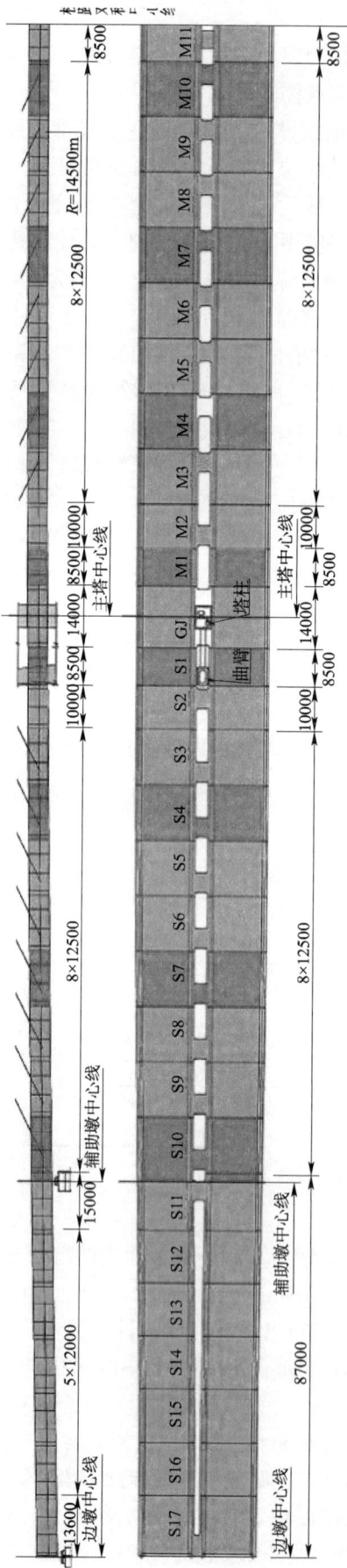

图 28-38 九洲航道桥钢主梁节段布置图(尺寸单位:mm)

九洲航道桥预制混凝土桥面板采用C60海工耐久混凝土,桥面板支承在钢主梁的上翼缘和横梁上翼缘,为纵向单向板,悬臂长度3.5m,跨中板厚0.26m,支承位置加厚至0.5m,悬臂端桥面板厚0.23m,混凝土桥面板与钢主梁之间通过布置于钢主梁顶板的剪力焊钉连接,剪力键采用圆头焊钉,材质为ML15。桥面板在钢主梁上翼板结合处底面宽1.4m,梗肋水平长度为1.5m。悬臂端设置滴水挡块,内侧在板底设置滴水槽。桥面板在剪力钉所在的位置挖空形成预留槽,预留槽横向尺寸为110cm,纵向为50~55cm。横梁顶面现浇缝纵向宽44cm,钢主梁两侧设置后浇带,待横向预应力张拉后浇筑封锚。桥面板现浇部分混凝土采用C60微膨胀混凝土,膨胀率不小于2×10^{-4}。

钢主梁有索区、辅助墩墩顶混凝土桥面板设置纵向预应力钢束,规格为$7-\phi_s 15.2mm$,钢束极限抗拉强度1860MPa,锚下张拉控制应力1395MPa。桥面板横向预应力在纵桥向按间距50cm均匀布置横向预应力,规格为$5-\phi_s 15.2mm$,钢束极限抗拉强度1860MPa,锚下张拉控制应力1395MPa。预埋预应力钢束管道采用金属波纹管,两端张拉,预应力管道压浆采用真空辅助压浆工艺。

2)主梁施工总体方案

九洲航道桥钢箱组合梁安装共分五个部分:主塔区梁段安装、标准梁段安装、S10节段+边跨大节段(S11~S17)组合梁整孔吊装、辅助跨合龙段安装、中跨合龙段安装。

九洲航道桥钢箱组合梁架设分别以两个主塔为独立单元进行,先进行边跨合龙,最后进行中跨合龙。主塔及墩旁托架安装完成并经检查合格后,先用浮吊安装主塔区S1、S2、M1、M2梁段,在曲臂竖转到位后,再在主塔区S2、M2梁段上对称拼装两台桥面架梁吊机,利用架梁吊机悬臂对称安装S3~S8、M3~M8标准梁段,并相应对称张拉各节段斜拉索,S9节段为边跨合龙段,M11b节段为中跨合龙段;对于桥面吊机取梁困难的辅助墩墩顶S10节段同边跨S11~S17节段左右分幅制作并相互拼装为整孔,采用"天一"号3000t起重船左右分幅整孔起吊安装,桥上焊接将左右幅组合梁连接为整体。S10节段+边跨大节段组合梁安装完成后,用桥面吊机吊装S9合龙节段,实现边跨合龙并对称张拉两侧斜拉索;利用桥面吊机吊装M10节段,对称张拉两侧斜拉索,张拉后继续起吊安装M11a节段;最后用桥面架梁吊机起吊M11b中跨合龙节段安装,实现主跨跨中合龙。

3)桥面板的预制及组合

(1)桥面板的预制及存放:本桥桥面板类型比较多,预制板块数量大,制造、存放时,须考虑安装的顺序要求。桥面板存放期间,对外露的钢筋应采取保护措施,确保钢筋不会腐蚀、损伤。预制桥面板应标明编号、制作日期等,标志在规定醒目的位置,避免各块板在吊装时混淆。桥面板堆放时支点位置应设置于吊点附近,板底应采用橡胶块支撑,桥面板最大堆放层数不得大于6层。

(2)桥面板的组合:平板车运至组合梁面板安装区域之内,由门吊起吊安装到钢主梁上。每一标准梁段钢主梁上单幅布置三块桥面板,其中靠近斜拉索锚箱部分的两块桥面板按照设计要求安装到位,浇筑该桥面板间湿接缝和剪力钉预留孔混凝土,完成工厂组合,张拉二期横向预应力。靠近钢主梁拼接缝位置的桥面板在吊装前先不组合,放置在钢主梁上,待钢主梁节段对接焊接完成后,再将该桥面板安装就位,浇筑剩余湿接缝和剪力钉预留孔,张拉横向预应力,浇筑板侧后浇带,完成施工。

4)组合梁的运输

(1)钢箱组合梁的场内运梁平车运输。

(2)组合梁海上运输。

根据组合梁节段参数和码头参数,选择2000t自航式带仓海船作为钢箱组合梁的运输船舶。组合梁装船方案为九洲航道桥组合梁节段在组合场地完成桥面板的组合后,利用两台400t运梁台车运至700t的龙门吊机对应位置处,龙门吊吊装装船,然后通过驳船运至桥位待架处进行安装。

5)墩顶无索区节段架设

主墩墩顶无索区共有5个节段,其中GJ节段为塔梁固结段,在主塔安装时与主塔T3节段焊接为整体起吊安装,其余S1、S2、M1、M2梁段在主塔施工完成后,用1000t起重船起吊安装。

(1)墩旁托架设计:主塔墩旁托架由钢管柱立柱、平联、钢箱分配梁等组成。临时钢立柱采用

$\phi1400 \times 16mm$ 钢管,钢立柱底部支承于主墩承台上。平联及斜撑采用 $\phi500 \times 8mm$ 的钢管,钢箱梁采用焊接箱型结构形式。

(2)墩旁托架安装:承台施工时,在顶部按设计图纸预埋件托架所需构件,并确保预埋件位置准确。钢管立柱、平联分节加工,并在工厂整根预拼,检验合格后拆散编号堆存,驳船运至施工现场,用 200t 起重船由下至上进行吊装。钢管立柱采用法兰连接,平联与立柱采用焊接。

(3)主塔墩墩顶无索区节段安装。

①工艺流程:主塔墩墩顶无索区节段安装工艺流程见图 28-39。

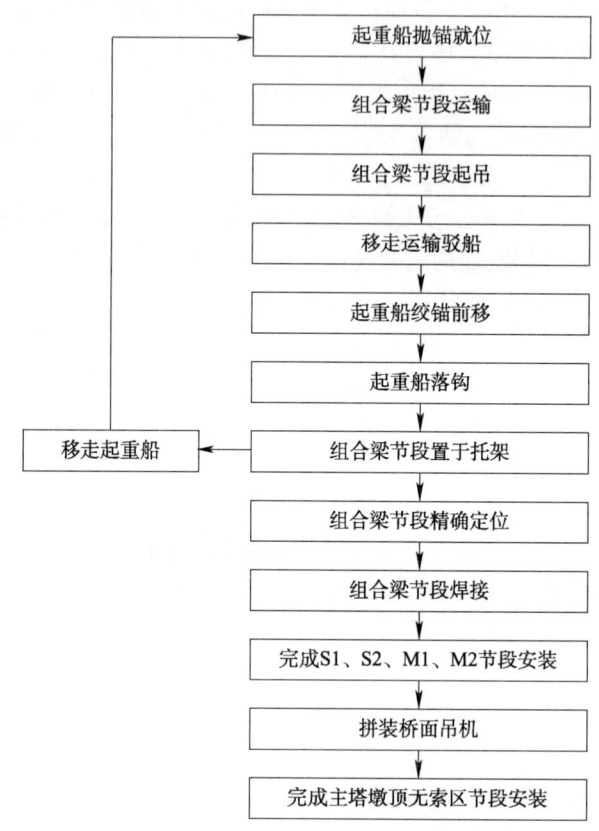

图 28-39　主塔墩墩顶无索区组合梁节段安装工艺流程

②起重设备:起重船采用 1000t 浮吊船,该船主钩最大起升高度为 70m,起升质量为 1000t。

③吊点布置:组合梁每个节段均布置 4 个吊点,吊点均位于组合梁横隔板上。每个吊点布置两个吊耳,组合梁吊耳在吊装过程中只承受竖向荷载,在钢主梁加工制造时一并实施。

④吊架设计:根据各梁段的吊点距离及重心偏离等参数,设计专用吊架,以满足各梁段吊点及重心变化的需要,吊架为钢架结构。

⑤梁段起吊:1000t 起重船抛锚定位后,运梁船也进行抛锚定位,吊船吊起吊架缓慢对准梁段,将吊架吊耳与组合梁销接,然后利用吊船上的电动缆风与组合。梁节段两侧相连,即可正式进行吊装。

⑥梁段精确调整:节段初步就位后,在进行全断面焊接前,需进行精确调整定位。梁段调整采用 8 个 100t 的千斤顶实现三向调整。梁段调整直接在托架顶分配梁上进行,将千斤顶位置设置在组合梁横隔板处,并加垫两块 20mm 厚钢板及橡胶皮(防止底板变形或划伤涂装层)。8 只千斤顶同时顶升,直至组合梁被顶起,然后按照先调整轴线,再调整里程,最后调整高程的顺序调整梁段,直至梁段高程、四角相对高差、轴线符合设计及监控要求后,将该梁段与已成梁段焊接。

6)组合梁悬臂架设

九洲航道桥主桥上部结构 S3~S9、M3~M11 节段组合梁,在主塔墩顶处无索区节段梁安装完成后,在桥面拼装架梁吊机,用桥面架梁吊机对称悬臂拼装。

(1)组合梁悬臂架设步骤。

组合梁悬臂架设施工步骤:①主塔墩顶无索区梁段架设完成后,利用1000t起重船安装桥面架梁吊机→②利用桥面架梁吊机对称悬臂安装组合梁标准梁段,并完成对应斜拉索的安装及张拉→③利用桥面架梁吊机继续对称悬臂安装组合梁标准梁段至S8、M8节段,并完成对应斜拉索的安装及张拉。同时,S10节段+边跨大节段组合梁采用"天一"号3000t起重船分幅整孔起吊安装,桥上焊接将左右幅组合梁连接为整体→④利用桥面架梁吊机对称安装S9(边跨合龙段)、M9组合梁节段,完成边跨合龙,安装及张拉对应斜拉索。中跨继续利用桥面吊机完成M10、M11a节段的架设,并完成对应斜拉索的安装及张拉→⑤据监控结果,选择时机锁定合龙口,利用桥面吊机吊装M11b合龙节段,焊接对接焊缝,完成组合梁中跨合龙。拆除桥面吊机等设施。

(2)桥面吊机拼装与试验。

①桥面吊机安装:主塔墩顶无索区梁段安装完成后,进行桥面吊机安装。为减少拼装时间,桥面吊机在岸上场地组装拼成整体,船运至现场利用1000t起重船整体吊装至桥面。组装顺序为:将主吊架、卷扬机与卷线盘、扁担梁分别组装成整体(单元体)→安装→吊装轨道梁至桥面并锚固完毕→吊装桥面吊机至桥面,并与轨道梁连接→安装其他设备,将其与扁担梁之吊点连接。

②桥面吊机试验:桥面吊机试验分为空载试验和荷载试验。

③桥面吊机移位:当完成梁段拼缝焊接并对该梁段上的对应斜拉索进行第一次张拉后,桥面吊机即可前移,桥面吊机前移程序见图28-40。

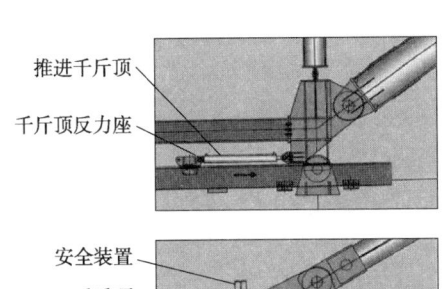

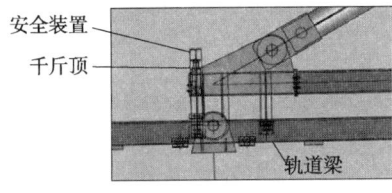

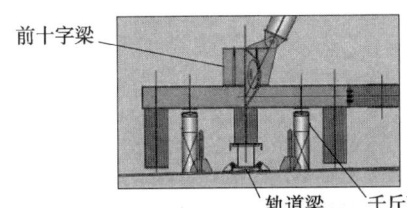

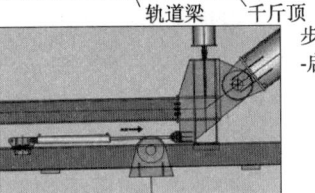

图28-40 桥面吊机前移程序图

(3)标准节段吊装。

桥面吊机安装调试并在荷载试验完成后,在单个主塔两侧对称、同步进行标准梁段的悬拼施工。标准节段梁悬拼吊装工艺流程见图28-41。标准组合梁节段吊装步骤见图28-42。

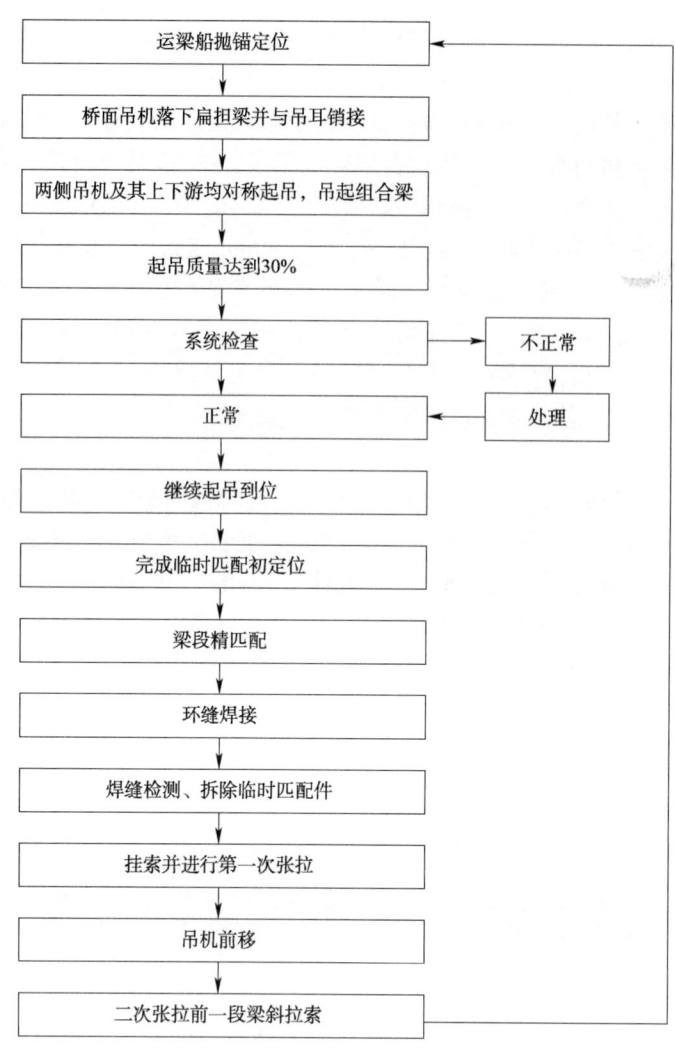

图 28-41 标准梁段悬拼施工顺序流程图

①起吊:运梁船精确定位完成,并经监理工程师验收合格后,将扁担梁上的吊耳与钢箱梁的吊耳连接。连接完成,启动架梁吊机提升系统,使扁担梁的吊耳受力。

②初定位:当钢箱梁提升至距最终位置50cm左右处停止提升操作,在测量的辅助下,调整扁担梁上的千斤顶使钢箱梁节段之提升角度符合设计坡度2.5%,继续提升节段至最终位置,安装临时匹配件,同时悬紧安全螺帽。

③精确定位:钢箱梁精确定位根据监控要求在日落后4~5h进行。精确定位时,首先打掉所有临时匹配件销钉,使梁段完全处于自由状态。此时测量梁段前点高程,根据测量结果调整梁段高度及重心位置,使高程误差在±10mm范围之内,再次安装顶板临时匹配件,之后调整扁担梁上C形夹的位置,调整高程误差至规定范围之内。然后测量轴线偏位情况,使轴线偏位在规定范围之内,安装底板临时匹配件,精调完毕。

④焊接:精确定位完毕,由钢主梁专业制造厂家对接缝进行全截面焊接。

⑤挂索并第一次张拉:焊接完成并验收合格,进行挂索施工,并根据监控单位发出的指令值进行第一次斜拉索的张拉。

⑥前移桥面吊机:组合梁节段焊接完成,挂索并第一次张拉斜拉索后,依次解除组合梁与扁担梁间的连接、提升扁担梁、解除吊机后锚点的约束后,按照"顶升桥面吊机→前移行走轨道→锚固轨道→落放桥面吊机→顶推前移桥面吊机→锚固桥面吊机"的顺序完成桥面吊机前移作业。

⑦第二次张拉斜拉索:桥面吊机行走到位后,根据监控单位发出的指令值,进行斜拉索的第二次

张拉,并测试指定节段的高程、索力以及其他需要测试的内容。

⑧重复上述工序,施工下一节段。

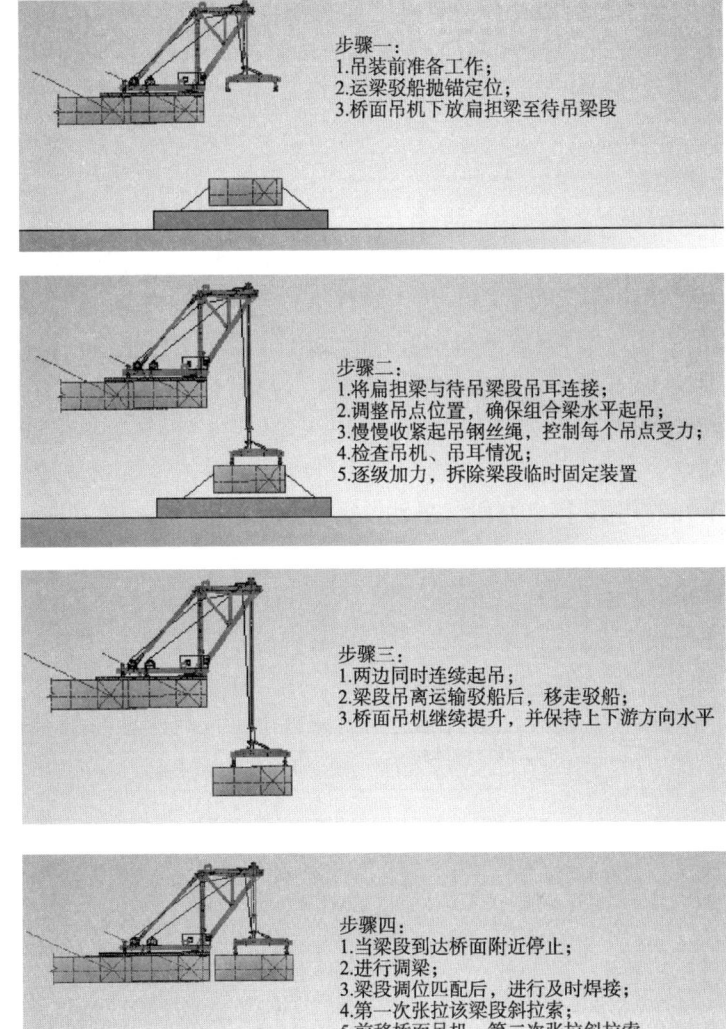

图28-42 标准节段吊装步骤示意图

7)节段匹配定位

在梁段悬臂安装过程中,由于桥面吊机站位梁段与被吊装梁段的受力状态不同,其横向变形方向不一致,必须采取技术措施,实现梁段间横断面匹配,全断面接口对齐,完成悬臂吊装节段的安装焊接。

(1)匹配连接件设置:匹配连接件为两块30mm厚钢板,一端事先焊接在最前端已架设梁段边腹板上,另一端开设高强度螺栓、冲钉孔,钢箱梁起吊到位后,调整待吊装梁段使其中轴线、上下游的里程符合要求后,先将边腹位置对齐,把两侧匹配连接件分别与当前吊装梁端边腹板上端通过高强螺栓、冲钉临时连接。

(2)梁段匹配施工:①吊机松钩,让匹配连接件逐渐承受被吊装梁段的部分重力,同时减少架梁吊机前支腿反力,减小前后梁段的相对变形。逐步松落吊机大钩,然后由边腹位置向中间桥轴线方向,在前后节段上的嵌补件之间安装部分冲钉和螺栓,逐步使桥面板与被吊装梁段的桥面板基本平齐→②待环境温度稳定后提升吊钩,调整梁段前点高程到理论高程,调整对齐四道腹板并用马板固定,用拼接板、冲钉和高强度螺栓将桥面板板肋连接→用马板进行腹板和底板定位组装,梁段调整完毕,转入焊接工序。

8)监控测量

在斜拉索张拉前后,均应进行监控测量工作。监控测量必须在温度比较恒定的凌晨进行,同时测量其主塔偏位、所有已张拉的斜拉索索力、已架梁段桥梁轴线偏位、已架梁段桥梁线形,关键部位钢箱梁应力情况,并记录好当时的大气温度、箱梁内表温度、主塔表面温度、风力等情况,将测量数据如实地及时交监控组进行分析。

9)边跨组合梁整体架设

九洲航道桥边跨大节段设计采用钢-混组合梁结构,跨度为85m,共分S11～S17共7个节段,除边墩墩顶处节段长度为13.6m,辅助墩墩顶处节段长度为13.0m外,其余节段长度均为12.0m。设计推荐左右分幅制作,单幅整孔起吊架设、桥上对焊为整体的安装方案。

为简化S10节段的安装方案(悬臂吊机垂直起吊,S10节段与墩身相碰),采取S10与边跨S11～S17大节段拼装为一体,S10节段+边跨整孔组合后长度为99.1m,质量约为2680t。组拼完成的整孔组合梁由运梁车运至下河码头后,装船运输至桥位,采用"天一"号3000t起重船左右分幅整孔架设,桥上焊接将左右幅组合梁连接为整体。边跨整孔吊装时将梁体位置向非通航孔桥方向偏移,以方便边跨合龙段S9节段的起吊,待合龙段起吊就位后,边跨整孔纵移就位。

10)主梁合龙段施工

根据设计确定的九洲航道桥组合梁施工步骤,上部组合梁合龙分两步进行,先进行边跨合龙段施工,再进行中跨合龙段施工,边跨合龙段设在S9节段,中跨合龙段设在M11b节段。

(1)边跨合龙段施工。

①组合梁边跨合龙施工工艺流程。组合梁边跨合龙施工工艺流程见图28-43。

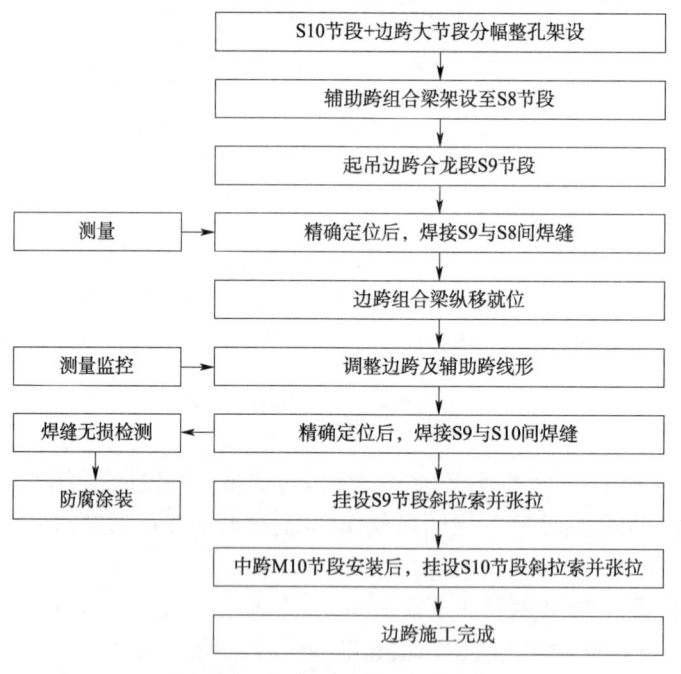

图28-43 组合梁边跨合龙施工工艺流程

②边跨合龙施工方法。在组合梁架设至S8、M8前,完成S10节段+边跨S11～S17梁段整孔组合梁的分幅架设,此时边跨组合梁达到边跨合龙前状态。利用桥面架梁吊机起吊合龙段S9组合梁,进行精确定位后将S9节段与S8节段焊接,然后将边跨大节段组合梁纵移就位,调整边跨及辅助跨组合梁线形后,选择合适的温度及时间,通过调索等措施,迅速将S9节段与边跨组合梁进行锁定,完成S9节段与S10节段焊接,S9节段组合梁挂索并第一次张拉后,对合龙段焊缝进行探伤检查,防腐涂装,完成边跨组合梁合龙。

(2)中跨合龙段施工。

①中跨合龙段施工工艺流程见图28-44。

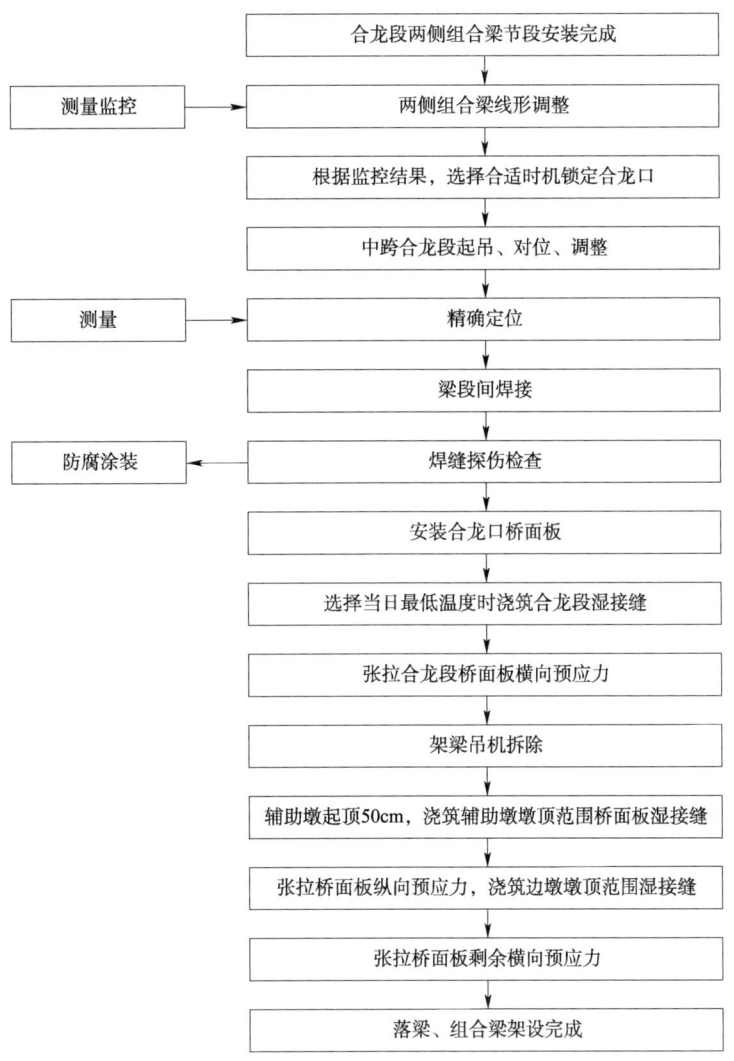

图28-44　中跨合龙段安装工艺流程

②中跨合龙。

边跨组合梁合龙完成后,中跨组合梁继续按照标准梁段的施工方法悬拼M10、M11a节段,此时主跨组合梁达到合龙前状态。中跨合龙段施工是主梁安装的最后一个重要环节,中跨合龙前对全部梁段高程、偏位、温度、索力、索塔应力、主梁应力等进行测量,并依此确定合龙段下料长度。合龙前合龙段两边的线形调整在夜间气温变化不大时进行,以期与合龙时温度状态一致,具体步骤如下:

第一步:加强对已成桥线形、索力、塔偏位及应力等方面的监测,对不满足要求的部位及时进行调整。为确保合龙梁段与两侧M11a、M10梁段的平顺连接,重点控制好主跨两侧梁段的轴线及高程偏差,当梁段的安装接近合龙口时,除了保证梁段的轴线及高程偏差值满足要求外,还须使两侧梁段的偏差方向一致,缩小对应测点的相对差值,尤其是轴线偏位。若对应测点的相对差值较大,应提前几个梁段就开始对两侧梁段进行微调。

第二步:在合龙口两侧梁段上布设测量点,每间隔两小时测量一次合龙口宽度及两侧梁端高程、中线,同时测量大气温度、箱梁内表温度,连续观测48h。根据实测数据,确定合龙梁段实际长度、合龙时间和合龙温度,切割合龙梁段余量。

第三步:利用桥面架梁吊机吊装主跨合龙梁段M11b,合龙梁段可在白天起吊至合龙口底部,晚上合适的时候将 M11b 合龙段吊入合龙口。调整至两侧缝宽满足要求后,立即锁定临时加强件及合龙支撑架,然后由钢主梁制造单位对接缝进行全截面焊接。

第四步:当合龙梁段拼缝施焊完成后,拆除合龙支撑架及通道,拆除桥面架梁吊机,完成组合梁中跨合龙施工。

(3)组合梁合龙质量控制。

组合梁合龙检查项见表 28-46。

组合梁合龙检查项目　　　　　　表 28-46

序　号	检　查　项　目		规定值或允许偏差
1	轴线偏位(mm)		10
2	索力	允许	满足设计要求
3		极值	设计规定值
4	梁锚固点高程或梁顶高程(mm)		设计规定值
5	梁顶水平度(mm)		$\pm L/10000$
6	连接	焊缝尺寸及外观	符合规范要求
7		焊缝探伤	

11)主梁线形控制

九洲航道桥地处南海,跨越九洲航道,气象条件极其复杂,且主桥钢箱组合梁为分离式开口双箱结构,桥位离岸线较远,控制点与测点距离远,使得测量精度控制难度较大。

组合梁在施工过程中,其线形受很多因素的影响,如组合梁自重荷载、施工荷载以及日照引起的温差等。由于组合梁采用节段拼装的施工工艺,不仅要有较高的理论分析计算要求,而且在实际施工中要严格控制,因此,组合梁线形控制及调整难度加大,为确保组合梁的最终线形满足设计要求,组合梁悬臂安装时节点挠度及中线的测量,要求每安装一个节段,测一次挠度与计算值比较,同时测一次中线,判断组合梁制造和安装质量。

(1)主梁高程测量:高程控制基准点设在索塔柱两侧的墙上,由塔墩基点引测其高程。为防止测点位置移动或破坏,每隔一段时间对高程基准点及塔墩水准点进行复核。组合梁高程测量点布置在每节梁段距前端 30.0cm 处,在横断面布置四个测点,用精密水准仪从塔柱基准点引测得组合梁测点高程。

(2)主梁中线偏位与里程测量:根据现场梁段的中线标志,利用全站仪进行中轴线测量和梁端里程测量。

(3)合龙测量:合龙的实施工艺应根据实测的各种资料结合计算综合研究,并在监控小组的指令下进行操作;合龙阶段要反复测量温度和日照对中线和梁端位移影响的情况,并实际丈量合龙两端间距离(并记录温度)与计算数据进行校核。在组合梁节段施工的监控状态(每个节段斜拉索索力补拉完成),测量组合梁的空间几何位置,为下一步施工参数的确定提供依据。

(4)其他措施:根据设计成桥线形,充分考虑各因素的影响,通过监控计算,确定组合梁各节段的控制点坐标。同时,利用专用程序,将各节段上控制点的坐标进行转换,用以指导节段制造,即主要通过匹配梁段的调位,满足匹配面的变化;加强对现场具体情况(如日照、梁段实际质量、临时荷载布置等)的监测,以确定各方面因素对线形的影响;墩顶塔梁固结段制造及安装时要进行精确定位,确保基准块位置的准确。

加强安装过程中的测量,及时汇集监控数据并进行分析,总结规律;节段拼装中各工序严格按规定程序进行;若安装时出现线形偏差,及时分析原因并调整。

12)斜拉桥成桥质量控制

斜拉桥成桥检查项目见表 28-47。

斜拉桥成桥检查项目   表 28-47

序 号	检 查 项 目		规定值或允许偏差
1	桥面中线偏位(mm)		10
2	桥面宽度(mm)	车行道	±10
3	桥长偏差(mm)		±50
4	桥头高程衔接(mm)		±3
5	引桥中线与主桥中线衔接(mm)		±20

28.6.4.5 支座安装施工及其技术措施

1）概述

九洲航道桥边墩顶、辅助墩顶设置具有抗震性能的支座。边墩顶横向布置四个支座,竖向承载力 10000 kN,支座间横向间距为(6.6 +7.0 +6.6)m,支座纵向位移量不小于 ±360mm。辅助墩顶横向布置四个支座,竖向承载力为 16000kN,支座间横向间距为(6.6 +8.626 +6.6)m,支座纵向位移量不小于 ±360mm。

浅水区非通航孔桥采用具有抗震性能的支座,根据设计文件支座类型暂定为铅芯橡胶隔震支座。浅水区非通航桥边墩支座竖向承载力不小于10000kN,支座横向间距为 3.8m。中墩支座竖向承载力不小于 19000kN,横向间距为 3.8m。各支座设计转角不小于 0.01。

连接桥(65 +65 +65 +40)m 等高度预应力混凝土连续箱梁,单幅桥在 N220 号墩上 12000kN 支座 2 个,在 N221 号墩上设 25000kN 支座 2 个,在 N222 号墩上设 30000kN 支座 2 个,在 N223 号墩上设 20000kN 支座 4 个,在 N224 号墩上设 10000kN 支座 5 个。支座设置支座预埋钢板,可通过调整预埋钢板的倾角来适应主梁纵坡。从防腐角度考虑,预埋钢板采用 16mm 普通钢板 +2mm 不锈钢板。为了以后支座维护更换方便,所有支座与梁体采用套筒螺栓连接。

匝道桥采用 200t 抗震球形支座。

2）进场验收、运输、存放

外观隔震橡胶支座表面应当光滑平整,外观质量应符合规范。每个铅芯橡胶支座有明显的编号标志、检验合格印鉴,并附出厂厂家性能检验报告和按比例的第三方检测报告;每件产品采用可靠包装包装,便于运输和搬运。包装外注明产品名称、规格、制造日期,箱内附有产品合格证;产品储存在干燥、通风、无腐蚀性气体、并远离热源的场所。运输过程中避免雨淋,避免阳光直接照射,严禁与酸、碱、油类、有机溶剂等接触,并不得磕碰,防止损伤。

3）支座安装施工

凿毛支座就位部位的支承垫石表面,清除预留锚栓孔中的杂物,并用水将支承垫石表面浸湿。组合梁底部的预留孔的位置和尺寸应准确无误。安装支座并调整其位置及高程,安装灌浆用模板,模板可采用预制钢模,底面设一层 4mm 厚橡胶防漏条,通过膨胀螺栓固定在支承垫石顶面。仔细检查支座中心位置及高程后,用无收缩高强度灌注材料灌浆;灌浆材料性能要求见表 28-48,支座安装实测参数见表 28-49。

灌浆材料性能要求表   表 28-48

抗压强度(MPa)		泌 水 性	不 泌 水
8h	≥20	流动性	≥220mm
12h	≥25	温度范围	+5 ~ +35℃
24h	≥40	凝固时间	初凝≥30min,终凝≤3h
28d	≥50	收缩率	<2%
56d 和 90d 后	强度不降低	膨胀率	≥0.1%

支座安装实测项目表　　　　　　　　　　　　表 28-49

序号	检查项目		规定值或允许偏差	检查方法和频率
1	支座中心与主梁中心线偏位(mm)		2	经纬仪或全站仪与钢尺,每支座
2	支座顺桥向偏位(mm)		10	经纬仪或全站仪或拉线检查,每支座
3	支座高程(mm)		±5	水准仪,每支座
4	支座四角高差(mm)	承压力≤500kN	1	水准仪,每支座
		承压力>500kN	2	

4) 支座安装施工注意事项

支座锚栓预留孔采用重力灌浆方式,灌浆时从支座中心部位向四周注浆,直至从钢模与支座底板周边间隙观察到灌浆材料全部灌满为止。

灌浆前,初步计算所需的浆体体积,灌注实用浆体数量不应与计算值产生过大误差,防止中间缺浆。灌浆材料终凝后,拆除模板及四角钢楔块,检查是否有漏浆处,对漏浆处进行补浆,并用砂浆填堵钢楔块抽出后的空隙;拧紧下支座板锚栓,支座重力灌浆见图 28-45。

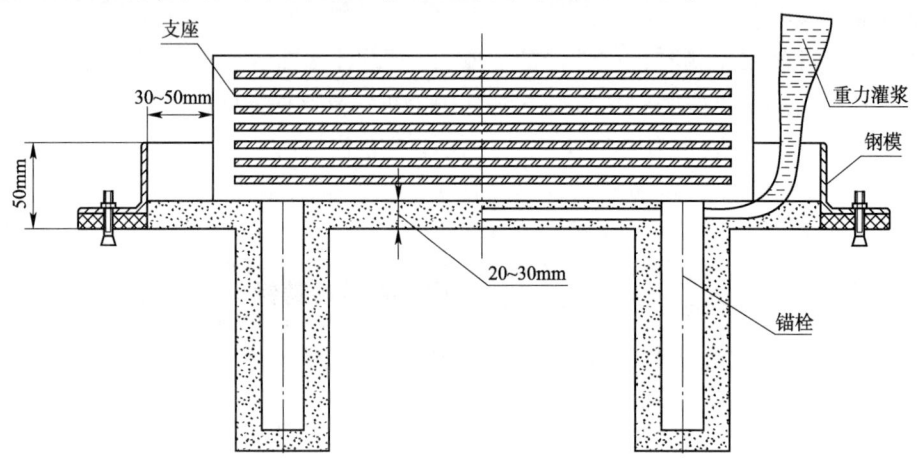

图 28-45　支座重力灌浆

支座注浆时,预留孔内的环氧砂浆(或无收缩砂浆)性能符合设计要求;采取可靠措施,确保支座安装水平,支座不得发生偏歪、不均匀受力和脱空现象;支座安装完成后,检查支座是否受力均匀,周围有无异常突起、脱空等现象;支座的临时约束及时解除;产品供应商提供支座的维修保养技术要求。

5) 伸缩缝安装施工及其技术措施

浅水区非通航孔桥连续梁梁端设置伸缩量为 320mm 的梳齿型伸缩缝,九洲航道桥与浅水区非通航孔桥的衔接处设置伸缩量为 720mm 的梳齿型伸缩缝。伸缩缝在两侧护栏处各伸入 50mm,安装宽度为桥面净宽 15150mm,底部止水带通长安装,伸缩装置的安装梁端间隙尺寸 B 根据施工时的有效温度进行调整,设计温度为 20 度时,B 值设定为:伸缩梁/2 + 最小间隙(10% 伸缩量)。安装设计要求在混凝土桥面板施工时,预埋钢筋 N1、N2、N3(N1、N2 为预埋竖向箍筋,横向间距 200mm),按照设计高度及宽度预留伸缩缝安装槽口。

伸缩缝安装步骤:安装多向变位铰→安装止水结构→在预留槽内浇筑 C60 聚丙烯纤维混凝土→调平并安装跨缝板和固定梳形钢板→混凝土养护。

施工安装前,应按照设计图纸提供的尺寸,核对、确定预留接口的宽度、深度及预埋件等符合安装伸缩装置的技术要求,预留接口的连接处进行除锈和除油污等工作,梁与梁间的缝隙符合安装温度要求。根据安装时实际温度经计算调整后的伸缩缝所需宽度在桥梁两端准确标出缝区边沿位置。切挖缝区混凝土预留槽直至设计安装深度。开挖时,不得破坏桥梁主体,不得将缝区以外的沥青路面或水泥混凝土路面破坏。

将组装好的U形螺栓组吊装就位,调整U形螺栓组的直线度后定位。根据桥面高程,调整U形螺栓组平整度和安装高程,经检查一切符合要求后,将U形螺栓组与预埋筋焊接牢固,如U形螺栓组无法与锚筋连接时,应与桥面铺装钢筋焊牢并植筋与其焊接,以确保连接牢固。吊装固定梳形板就位,通过螺栓将梳形板与U形螺栓组连成一体,螺帽应用加力杆一次性拧紧。混凝土浇筑前,槽口内应提前清理干净,与桥面铺装和桥面板的接茬面应进行润湿。混凝土浇筑时应严格控制好高程和平整度,混凝土面应与桥面铺装的高度相同。

伸缩装置施工验收应按照《公路工程质量检验评定标准》(JTG F80/1—2017)规定进行,伸缩装置安装质量要求见表28-50。

伸缩装置安装检查项目表 表28-50

序号	检查项目	规定值或允许偏差		检查方法和频率
1	长度(mm)	符合设计要求		每道,用尺量2处
2	缝宽(mm)	符合设计要求		每道,用尺量2处
3	与桥面高差(mm)	2		每道,用尺量3~7处
4	纵坡(%)	一般	±0.3	水准仪量两侧锚固混凝土端部3处
		大型	±0.3	
5	横向平整度(mm)	3		每道,用3m直尺测量

28.6.4.6 拉索安装施工及其技术措施

1)概述

九洲航道桥主塔斜拉索采用中央单索面竖琴形布置,为冷铸镦头锚镀锌平行钢丝斜拉索,横向两索面间距为1.0m。全桥一共有64根斜拉索。斜拉索采用直径7mm高强度镀锌平行钢丝拉索,全桥均采用PESC7-451一种规格。斜拉索梁端采用锚管直接锚固于联系两分离式钢梁的箱型横梁上,纵向索距12.5m;在塔上采用钢锚箱锚固,竖向间距6.1m,张拉端设在梁端。斜拉索施工主要包括施工前准备工作、斜拉索运输、斜拉索吊装上桥、桥面放索、挂设、张拉、索力检测、索力调整及减振装置安装等工序。

九洲航道桥206号、207号主塔斜拉索采用中央双索面竖琴形布置,两索面横向间距为1.0m,全桥一共有64根斜拉索。斜拉索梁端采用锚管直接锚固于联系两分离式钢梁的箱形横梁上,纵向索距12.5m;在塔上采用钢锚箱锚固,竖向间距6.1m,张拉端设在梁端。斜拉索布置见图28-46。

图28-46 斜拉索布置示意图

斜拉索采用直径7mm高强度镀锌平行钢丝拉索,钢丝标准强度为1770MPa,采用双层PE护套防护。全桥斜拉索全部采用PESC7-451一种规格,拉索最长为BS8号索长139.536m。

斜拉索锚固在联系两分离开口钢梁的横梁上,锚固间距为12.5m。斜拉索索力通过锚导管传给箱形横梁内的纵向腹板,再传至两侧分离式主梁。斜拉索参数见表28-51。

斜拉索主要参数表　　　　　表28-51

序号	编号	型号	数量	长度(m)	单根质量(t)
1	BS8	PESC7-451	4	139.536	19.717
2	BS7	PESC7-451	4	125.597	17.747
3	BS6	PESC7-451	4	111.627	15.773
4	BS5	PESC7-451	4	97.659	13.799
5	BS4	PESC7-451	4	83.700	11.827
6	BS3	PESC7-451	4	69.748	9.856
7	BS2	PESC7-451	4	55.802	7.885
8	BS1	PESC7-451	4	41.867	5.916
9	ZS1	PESC7-451	4	41.556	5.872
10	ZS2	PESC7-451	4	55.388	7.826
11	ZS3	PESC7-451	4	69.232	9.783
12	ZS4	PESC7-451	4	83.081	11.739
13	ZS5	PESC7-451	4	96.937	13.697
14	ZS6	PESC7-451	4	110.804	15.657
15	ZS7	PESC7-451	4	124.675	17.617
16	ZS8	PESC7-451	4	138.514	19.572

2)斜拉索安装工艺流程

斜拉索安装工艺流程:斜拉索进入施工现场→验收→运输上桥→梁上放索→塔端锚固→安装梁端牵引装置→梁端牵引→锚杯螺母戴帽→梁端张拉,锚固→钢梁合龙后索力调整→安装附属设施→二恒完成,再次调整索力。

3)斜拉索施工设备

(1)桥面放索设备。

为有效的保护好斜拉索,避免斜拉索在上桥过程中的破坏,斜拉索采用整盘上桥,桥面放索的方式,利用浮吊将索盘吊至梁面上,利用放索机进行放索。

(2)斜拉索牵引设备。

斜拉索牵引设备包括牵引卷扬机、挂索吊架、软硬牵引结构、张拉机具及夹具等。

①卷扬机及倒链:扬机为斜拉索挂索施工过程中主要牵引设备,包括用于桥面牵引。斜拉索施工时在桥面布置4台10t放索卷扬机,同时在塔端布置4台15t倒链、梁端布置4台15t倒链配合牵引施工。

②挂索吊架:由于澳门机场航线经过桥址区域,在九洲航道桥桥位处的航空限高高程为+122m,而主塔高程为+120m,塔顶距离航空限界仅2m距离。考虑在上塔柱顶节斜拉索上方+110.7m高程处,设置挂索吊架,挂索吊架塔中心线每侧起吊能力为20t,通过牛腿固结在塔柱外侧。挂索吊架是斜拉索施工的主要垂直起吊设备。斜拉索施工挂索吊架布置见图28-47。

③牵引、张拉工具:根据斜拉索张拉力确定千斤顶的型号,为减少施工过程中的误差、确保千斤顶使用安全,控制每根斜拉索的张拉力在所使用千斤顶50%~85%行程范围内。本桥张拉千斤顶的选用YCW1300型号,最大顶力达1300t。每个箱型横梁张拉端配备两台同型号的千斤顶。牵引及张拉工具委托具有资质的厂家制作。牵引采用钢绞线,与OVM型夹片锚具配套使用;拉杆、螺母、压套、连接器、工具锚具均采用40Cr钢制作。

④索夹:索夹采用壁厚10mm钢管与钢板焊接而成,为防止索夹损伤斜拉索PE套,挂索时在斜拉索与索夹接触处加垫优质橡胶垫。

4)斜拉索施工方案

本桥斜拉索采用塔端锚固、梁端张拉方案。

塔端斜拉索直接采用挂索吊架配合倒链进行牵引,斜拉索锚固端由挂索吊架牵引至对应套管附近,由塔内的15t倒链提供沿索道管方向的轴线力,直接使锚杯螺母安装到设计位置。

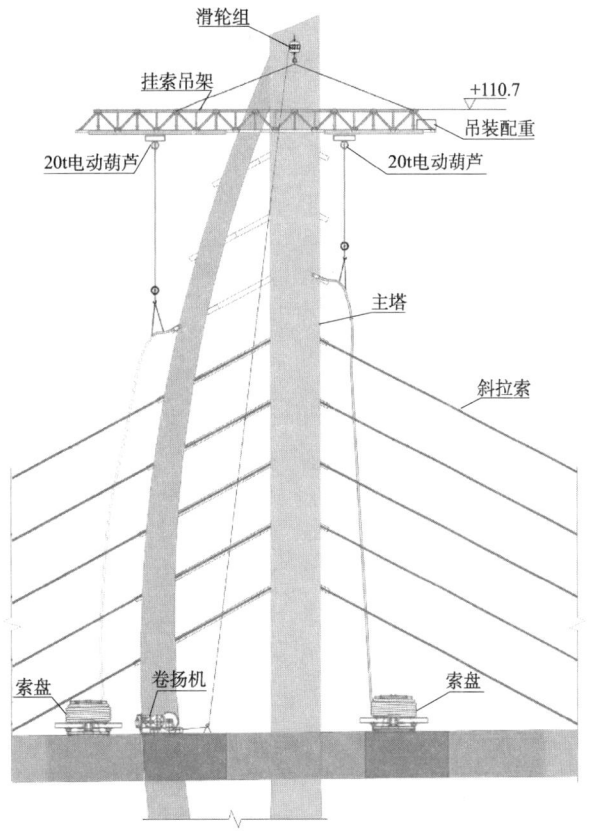

图28-47 斜拉索施工挂索吊架布置图

梁端斜拉索依据索力计算,短索、长索分别通过15t倒链、软牵引、硬牵引提供沿索道管方向的轴线力,桥面汽车吊在梁端索道管附近起吊斜拉索,配合调整方向,牵引使梁端锚杯螺母刚好戴帽后,继续根据监控指令张拉斜拉索到设计吨位。

5) 斜拉索施工工序

(1) 放索:把索放入特制的放索架上,打开包装,同时安装索夹吊具,利用挂索吊架吊起索夹吊具及斜拉索。放索时在隔离带边缘设简易滑道,并保证塔端锚杯在外,先抽出塔端锚杯,在塔端锚杯前依次安装牵引头,在塔端索道管长度范围外安装索夹,通过钢丝绳与吊钩相连;利用挂索吊架起吊斜拉索,在提升过程中要注意索PE护套的防护。

(2) 塔端安装:斜拉索起吊至一定高度后,利用塔内15t倒链及挂索吊架,完成塔端的牵引杆戴帽。

(3) 梁端安装:在距离斜拉索锚杯后端一定距离安装索夹。通过钢丝绳与汽车吊相连。缓慢开动汽车吊机及卷扬机使索慢慢向梁端索道管靠近。在梁端斜拉索锚杯前安装过渡索、牵引杆。利用汽车吊提升锚杯(带牵引杆及过渡套),并调整角度对准索导管,依据不同的短索、长索分别通过15t倒链、软牵引、硬牵引提供沿索道管方向的轴线力,桥面汽车吊配合调整方向,完成牵引、张拉。

(4) 梁端张拉:拆除牵引头,安装大吨位千斤顶及配套撑脚、张拉杆及张拉螺母。单个索塔顺桥向两侧的拉索和横桥向对称的拉索对称同步张拉,同步张拉的不同步索力的相差值不超出设计规定。

张拉斜拉索用的千斤顶超过规定的使用时间和张拉完成4对斜拉索,或使用期间出现异常情况时,均进行一次校验;斜拉索张拉过程中以振动频率计测定的索力或油压表量值为准,以延伸值作校核,并视拉索减振圈以及弯曲刚度的状况对测值予以修正;斜拉索的安装与钢箱组合梁的安装交叉配合进行,在施工过程中,钢箱组合梁各施工控制节段的高程误差不大于±20mm,横向两根斜拉索处相对误差不大于5mm。

6)斜拉索索力控制与调整

(1)索力控制措施:钢混组合梁合龙前呈悬臂状态,施工以主梁线形控制为主,索力、线形双控;合龙后主梁已形成多跨连续梁,施工以索力控制为准。斜拉索索力的控制步骤采用"分次张拉,逐步到位"的方法;主梁架设过程中斜拉索张拉索力以千斤顶读数值控制,调索索力以缆索伸长值控制。

(2)索力调整:一个节段钢主梁架设后会对前一节段索力造成影响,需对前一节段索力进行调整。在边、中跨合龙前、后以及二期恒载安装以后,需进行全面调索。施工过程中索力超过设计规定,也应进行索力调整。调索原则:调整后索力满足设计或规范要求为准。

调索前将张拉千斤顶和配套油泵进行标定;调索前计算各级调整值并列出相应的延伸量;

调索按预定级次的相应张拉力,通过电动油泵进油或回油逐级调整索力。如果是降低索力,则先进油拉动斜拉索,使锚环能够松动,在旋开锚环后可回油使斜拉索索力降低。

7)常见通病及预防措施

(1)缆索外观质量控制措施。

①PE护套的防护:检查成品斜拉索的外表面不能有深于1mm的划痕,不能有面积大于$3mm^2$的损伤;斜拉索用钢盘打盘包装运输,包装好的斜拉索采用库房内存放,在运输和装卸过程中,要防止碰伤锚具和聚乙烯保护层;斜拉索展放时使用放索盘及缆索专用起吊牵引工具,放索时索体要贴在特制的放索小车上拖拉,在放索沿途铺设锚头小车限位走道和缆索三向限位橡胶滚轮滑道;安装减振器。在上、下锚管内安装高阻尼橡胶减振器,以减轻索的振动;不得用起重钩或易于对索体产生集中力的吊具直接挂扣拉索,用带胶垫的管形夹具尼龙吊带或设置多点起吊。

②锚头防护:两端锚具的外表面镀锌层及螺纹不得有损伤;锚圈和锚杯完全能自由旋合,安装过程中锚头螺纹要包裹,拉索防护层和锚头损伤要及时修补并记入有关表格存档以便跟踪维护。当斜拉索接近索导管口时,派专人上挂索电梯进行塔外指挥进孔,避免斜拉索进索道孔过程中丝扣刮伤。

(2)索力张拉与调整精度的预防和控制措施。

千斤顶和油泵等张拉机具由专人使用和管理,并经常维护,定期检验;索力调整前将锚头和锚固锚杯配对并检查其质量;索力调整前将斜拉索锚各个部位杂物逐一清除;锚环、张拉杆、张拉杆锚固螺母等各自的旋紧程度一致;斜拉索、撑架、千斤顶、张拉杆在调索施力过程中位置居中;索力调整过程中,必须同时进行梁段和索塔变位观测并与设计变位值校核;调索过程中要密切注意油泵的压力表值,如遇压力突升要及时关机,查明原因并解决后才能继续工作。

8)安全措施

严禁用钢丝绳直接捆绑起吊或牵引缆索,必须加设橡皮保护和使用起吊夹具;注意保护好锚头和张拉杆外丝扣,防止螺母拧不进去;及时通知测试人员,测量索力与张拉力相比照,发现异常及时汇报;各作业点指挥人员应用对讲机及时联系、统一步调、协调指挥。卷扬机选有经验的工人定岗定人专职操作。另外,电工、修理工,在现场待命,随叫随到,及时排除故障;所有起重用钢丝绳、卸扣、转向滑车等均符合起重行业施工规范,具有足够的安全系数。不超载进行起吊作业;斜拉索放索架安装配重,并有制动装置;为防止索的振动,在减振器未安装前,加设临时减振装置。

28.6.5 中山基地建设(改造)

28.6.5.1 场地规划及布置

改、扩建后的场地占地面积约456亩,包含钢主梁板单元存放与总拼、钢主梁喷砂与涂装、组合梁组合与存放;承台墩身预制构件生产区与存放区、混凝土桥面板的预制与存放、钢筋车间、出运码头、板单元上岸码头以及施工作业人员生活办公区等。场地规划及布置详见图28-48~图28-50。

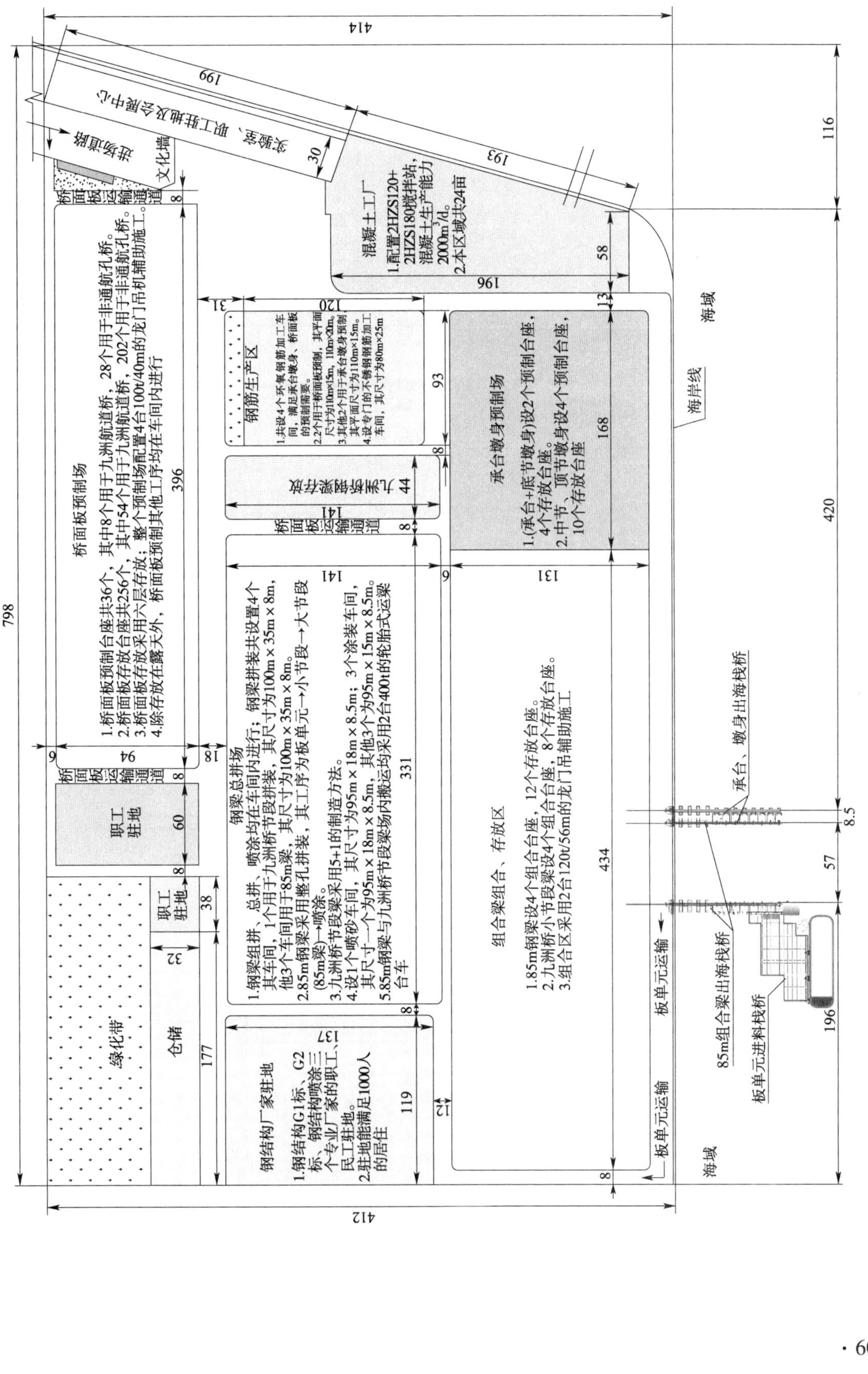

图 28-48 中山基地总体平面区域图（尺寸单位：m）

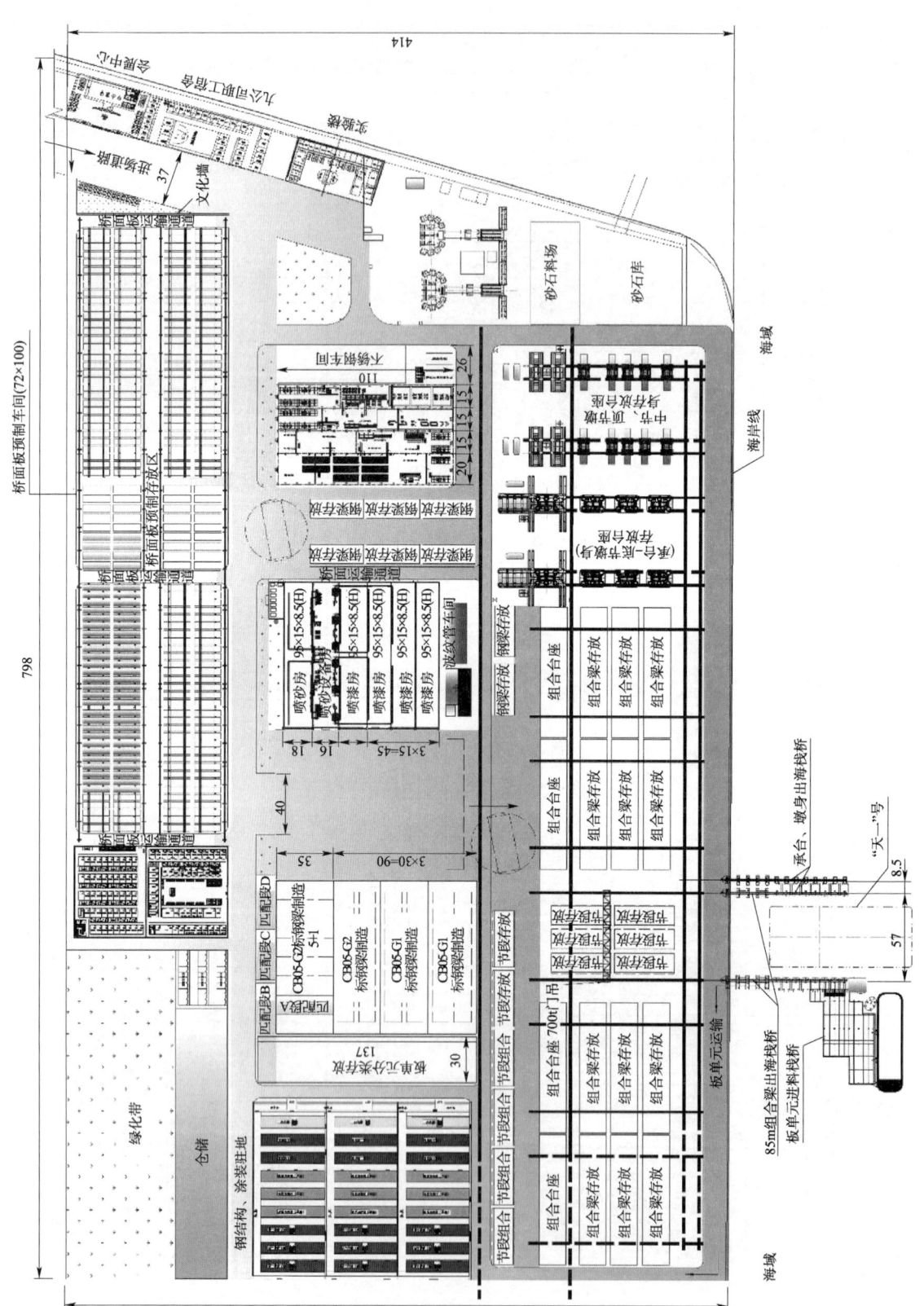

图 28-49 中山基地平面布置图（尺寸单位：m）

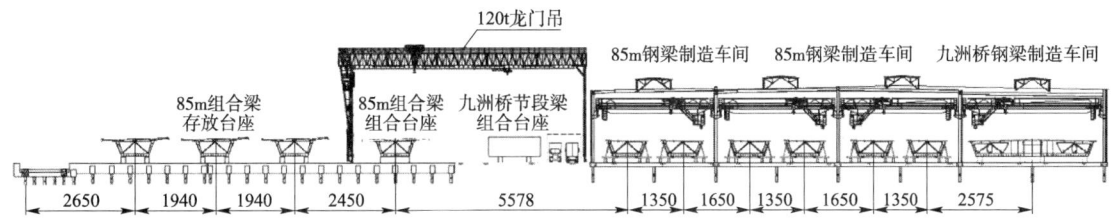
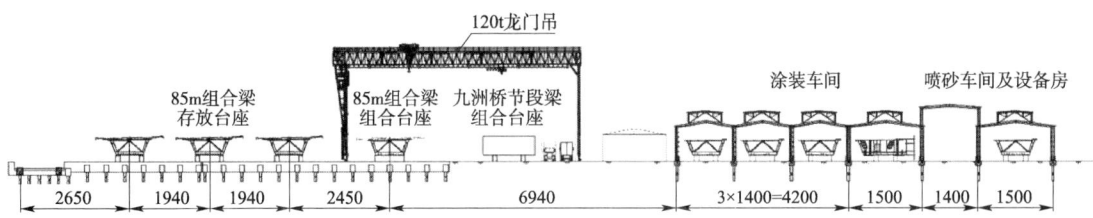
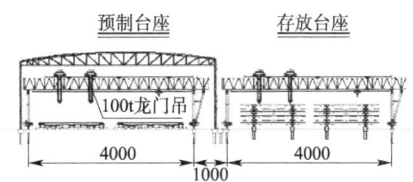

图 28-50　中山基地立面布置图(尺寸单位:cm)

1）混凝土工厂

基地预制件混凝土采取工厂集中生产、集中供应,累计供应量约 16 万 m^3。混凝土工厂总占地面积约 24 亩,配备 2 台 $180m^3/h$ + 2 台 $120m^3/h$ 混凝土搅拌站、8 个 200t 水泥筒仓、4 个 200t 粉煤灰筒仓、4 个 200t 矿粉筒仓,混凝土场内运输配备 8 台 $6m^3$ 混凝土搅拌车,整个混凝土工厂混凝土生产能力为 $2000m^3/d$。混凝土搅拌站技术参数见表 28-52。

混凝土搅拌站技术参数表(单台)　　　表 28-52

序号	项目名称	规格或技术性能	序号	项目名称	规格或技术性能
1	额定生产率	180/(120m^3·h)	7	粉煤灰、矿粉计量精度	±1%
2	配套主机	JS3000/JS2000	8	进料容量	3000L/2000L
3	集料计量精度	±2%	9	电机功率	220/107kW
4	水计量精度	±1%	10	制冷机	东星 DX-240
5	水泥计量精度	±1%	11	制冰机	冰泉 CV10000
6	外加剂计量精度	±1%			

施工用水采用自来水供应,通过 $\phi 100mm$ 管路供水并配制冷机,另设一座供水量为 $500m^3$ 的蓄水池。场内设置设有 5 个砂石料仓,可存放砂石料:$9600m^3$。料仓之间以混凝土挡墙相隔,料仓之上设钢结构屋盖以防雨水,另设一个待检沙石料存放区。砂石料场布置在梁场北端并与内河相邻,在内河一侧设有砂石料靠泊码头两个以供砂石料上岸用,在相应码头处设皮带机输送砂石料上岸。

试验室面积 $1736m^2$,内设混凝土室、标准养护室、力学室、化学室、水泥室、收样室、留样室等,根据施工需求在现有仪器设备上进行补充和更新,确保其面积、规模、条件均能满足工程需要。

2）钢筋加工区

钢筋加工区位于承台墩身预制场与桥面板预制场中间,占地约 15 亩,整体划分为三个区域:承台墩身钢筋加工区、桥面板钢筋加工区以及非通航孔桥桩基钢筋笼生产线、原材料存放区。总计钢筋加工量约 17000t,钢筋制作工期按 18 个月考虑,要求每天平均制作 32t 钢筋。钢筋加工区平面布置如图 28-51 所示。

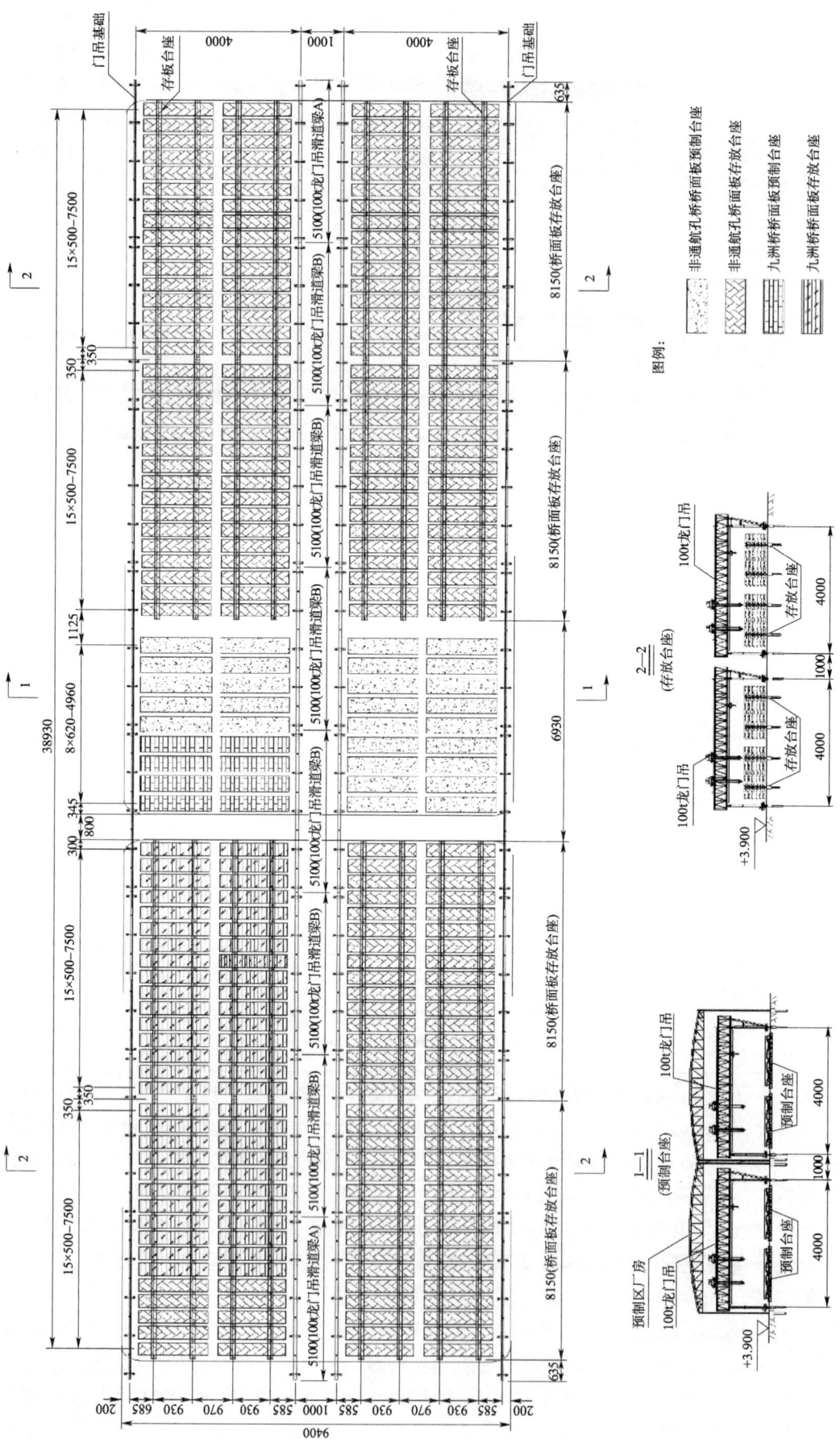

图 28-51 桥面板预制、存放区平面布置（尺寸单位：cm）

3) 承台墩身预制、存放区

承台墩身采用整体式模板,通过加强模板刚度、精细加工及精密测量等技术措施,严格控制墩身节段的尺寸精度。承台+墩身底节、中节墩身、顶节墩身+墩帽分开预制,承台墩身表面硅烷浸渍、墩帽的预应力施工均在存放场内完成。

承台墩身预制场位于基地东北角,占地约33亩,场内设置底节预制台座2个、存放台座6个,中、顶节预制台座共4个、存放台座10个,每个预制台座对应设置1个钢筋绑扎台座。

本合同段底节(承台+底节墩身)共62个,中节墩身共13个,(顶节墩身+墩帽)共62个,合计137个。承台墩身安装共安排21个月,平均每个月安装约7个。

底节(承台+底节墩身)预制区共设置2个预制台座,6个存放台座,每个预制台座工效为1个/10d。

中节、(顶节墩身+墩帽)共设置4个预制台座,10个存放台座,中节预制工效为1个/10d,(顶节墩身+墩帽)为1个/15d。

按预制台座预制工效、存放台座存放能力计算,承台墩身能满足高峰期每月安装32个、平均每月安装16个的需要,远远大于工期安装需要。

4) 组合梁组合及存放区

组合梁组合、存放区紧邻下海码头,占地约85亩,具备九洲航道桥节段梁组合及存放、85m组合梁整孔组合及存放功能。

九洲桥小节段钢主梁按照"5+1"匹配方式,进行流水作业。其小节段组合梁的制造、组合与存放,在原120t门吊以内布置组合台座4个;钢主梁节段存放台座共10个(在门吊以内有4个,在钢筋车间附近布置6个);在出海码头对应的滑道内布置6个组合梁小节段存放台座6个。小节段梁在场内运输由2台400t轮胎式运梁车负责(同时负责85m钢主梁的场内搬运);小节段梁出海由700t门吊负责将节段经出海码头栈桥吊运至运输船上。

场内设置85m梁组合台座4个,每个台位对应3个存放台座,组合完成的梁体经场内横移滑道移位至纵移滑道上,再经纵移滑道移位至下海码头附近横移上码头栈桥,由"天一"号起吊出海;每个制梁台座设置2条横移滑道,其中3个台位可利用场内现有横移,需增加2条横移滑道,同时需对既有纵移滑道进行延长,以满足所有台位的施工需要。

梁段组合区施工由场内既有2台120t门吊负责,根据施工要求需对现有滑道进行延长。

根据工期安排,85m组合梁架设共安排429天,14个月。

(1) 钢主梁拼装及大节段制作工期。

总拼区共设置6幅大节段钢主梁总拼胎架,根据以往钢主梁制造经验,首轮总拼约45d,后续每轮总拼约15d,见表28-53。分析时考虑了改造胎架、梁段出胎和恶劣天气等因素的影响。

总拼产能测算 表28-53

梁段类型		数量	首轮总拼时间(d)	后续每轮时间(d)	总拼时间(d)	备注
非通航孔桥	大节段	132轮	45	15	45+126×15/6=360	
			总时间		360	约12个月

(2) 打砂、涂装厂房产能测算。

钢主梁打砂、涂装区共布置1个打砂厂房,3个涂装厂房,并设置设备间。大节段钢主梁从打砂到完成最后一道面漆施工周期按7天计算,实际工期约10个月(表28-54)。

涂装产能测算 表28-54

梁段类型		数量	每段打砂时间(d)	每段涂装时间(d)	总拼时间(d)	备注
非通航孔桥	大节段	132	1	6	7×132/3=308	
			总时间		308	11个月

(3) 组合梁叠合产能测算。

共132个大节段组合梁,设置4个大节段组合台座。根据以往组合梁施工经验,大节段每段组合时间可按 10d 计算,共需要 11 个月。

5)桥面板预制、存放区

混凝土桥面板预制存放场设在中山基地西北角,总占地面积约 58 亩,主要由预制区(厂房、预制台座)、存放区组成。场内由 4 台 100t 门吊配合施工,门吊跨度 40m,走行轨道采取 0.9m 高混凝土条形基础,基础下 φ400mmPHC 桩,设计桩长 35m,纵向间距 6m。桥面板预制、存放区平面布置见图 28-51、图 28-52。

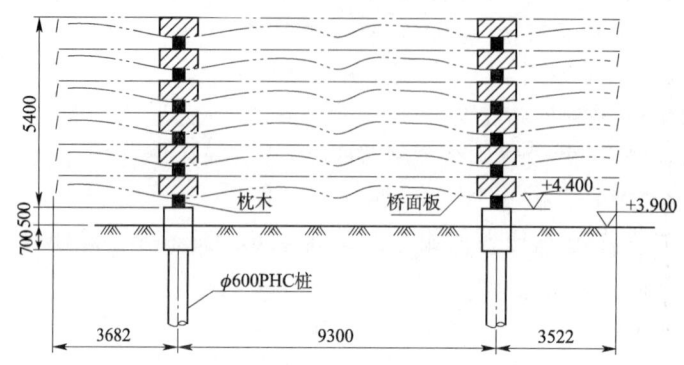

图 28-52 桥面板存放布置(尺寸单位:cm)

预制车间内设计 36 个预制台座,其中 8 个用于九洲桥、28 个用于非通航孔桥。每个台座的工效为 1 块/4d,九洲桥 60 块/月,6 个月内完成全部桥面板的预制。非通航孔桥 210 块/月,满足每个月 10 片组合梁的组合要求。

预制台座共计 36 个,前期 8 个用于九洲航道桥桥面面板的预制、28 个用于非通航孔桥桥面板预制,后期全部由于用非通航孔桥桥面板预制。台座基础采取夯实、换填 30cm 厚砖渣,地基承载力不小于 50kPa;存放台座共计 128 个,预制板存放采取四点支承、6 层存放,层间设置枕木抄垫;存放台座基础采取 1.2m 高条形混凝土梁,沿纵向分段布置;梁底基础为 φ600mmPHC 桩,设计桩长 42m,纵向间距 5m,如图 28-53 所示。

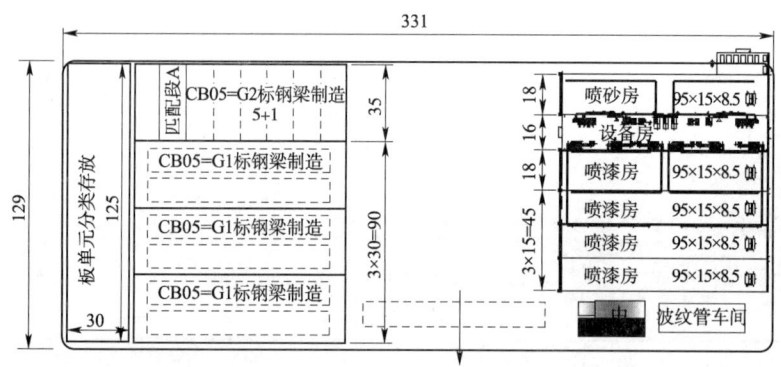

图 28-53 钢梁总拼、喷砂及涂装区平面布置(尺寸单位:m)

6)钢梁总拼、喷砂及涂装区

钢主梁制造区占地总面积约 64 亩,大致分为个区:板单元存放区、85m 钢主梁总拼车间(大节段拼装)、九洲航道桥节段钢梁制造车间(采取"5+1"工艺)、喷砂车间、涂装车间、钢梁整体转运通道等。钢梁总拼车间及喷砂涂装车间均采取专业设计及制安。

7)预制构件出海及板单元上岸码头

①预制构件出海码头:基地原有混凝土箱梁下海栈桥 1 处,可直接作为 85m 组合梁出海码头,由"天一"号负责梁体的运输和架设;在靠近承台墩身预制场一侧,距原栈桥 8.5m 处新增一条出海栈桥,既有栈桥与新建栈桥一起作为承台墩身预制件的出海码头。

②板单元上岸码头:充分利用出海码头南侧既有材料运输通道,并在其码头前端向南侧海域外伸一大型平台,作为板单元吊装、装车作业平台。本码头的起重设备采用 160t 履带吊机进行起吊装车。

8）办公、住宿区

①施工驻地：场内施工驻地总占地约54.2亩，办公楼、住宅楼采用为二层板房，可居住1300人左右，能满足高峰期施工要求，每个居住区设独立的食堂、卫浴、医务等生活基本设施。

②会展中心：会展中心占地面积1426m²，建筑面积406m²，设在进场道路的左侧，规划有会展楼、广场、门卫室及停车场等，房前屋后、道路两侧、停车场外的地面做绿化处理，房前屋后设置花坛，充分利用空地美化环境，可接待上级领导及大型团体的检查、参观。

9）水、电方案

场内各个区域均预留出供电接口，由相关单位自行细化区域内的供电设计及安装。

（1）供水：基地用水采用现有中山场地自来水公司地面水管引入，场内暗敷给水管线，埋深1.0m。生产及生活给水管在适当的位置安装分支闸阀和水平，办公及生活区单栋设阀门，室外消火栓与供水管路合并安装，采取地下式消火栓。场内各个区域均预留出管道接口，由相关单位自行细化区域内的供水设计及安装。

（2）供电：场内施工用电采用基地原有高压电源，将高压电源接入办公区、生活区及生产区。基地原有SGB10-800kVA/10kV变压器2台、SGB630A/10kKV变压器1台（混凝土工厂专用），由于生产负荷的增加，根据生产需求拟新增加4台SGB10-800VA/10kV变压器，安装在目前2台800kVA变压器配电间旁。由于新增3200kVA用量，需将原有高压电缆换为YJV22-8.7/15kV-3×300及YJV22-8.7/15kV-3×185，高压线路采用埋地敷设的方式。

场内同时配置1台350kW发电机（专供搅拌站）、2台500kW发电机，作为生产、生活备用电源。

28.6.5.2 中山承台墩身预制场

预制承台节段达到设计强度、龄期后拆模，由横移台车移动至存放场和出海栈桥；预制墩身节段达到设计强度、龄期后拆模，由横移台车连同底模一并移动至存放场和出海栈桥。

预制构件通过"小天鹅"号起重船吊装出海，运至待安装墩位进行下放安装。

1）预制、存放台座设置

承台墩身预制场位于基地东北角，占地约33亩，场内设置底节预制台座2个、存放台座6个，中、顶节预制台座各2个、存放台座10个，每个预制台座对应设置1个钢筋绑扎台座。底节承台钢筋绑扎与墩身钢筋绑扎分开，承台钢筋绑扎好之后，利用横移台车将其横移至预制台座，由120t龙门吊将底节墩身钢筋及内模整体吊装至承台钢筋上，安装外模、浇筑混凝土。

2）预制台座

预制台座采用混凝土管桩承台基础，上铺分配梁及底模，预留横移滑道位置，地基处理采用ϕ600mmPHC桩，桩长45m。底节及中、顶节预制台座结构类似。台座结构进行专门设计施工。

3）存放台座

承台墩身预制件采用四点支承，支承面顶高程+6.31m，存放台座支点布置于两条横移滑道之间，基础采用ϕ600mmPHC桩，桩长50m。

底节存放台座四点支承间距4.0m×6.0m，每个支点下设置2根桩，桩顶设置2.0m厚承台，承台顶设置1.0m×1.0m混凝土立柱，柱顶安放7cm厚橡胶垫板；中、顶节存放台座四点支承间距5.0m×5.8m，每个支点下设置1根桩，桩顶设置1.5m厚桩头，桩头顶设置0.6m×0.6m混凝土立柱，柱顶安放7cm厚橡胶垫板，垂直滑道方向两个桩头通过系梁连接成整体。

4）横移滑道

承台墩身预制、存放区横移滑道利用场内既有滑道改造而成，每个台位区布置2条滑道，在原有滑道基础上新增加1条，结构形式及布置均参照原有滑道。滑道基础梁顶高程为+4.832m，混凝土梁高2.6m，梁顶布置滑移轨道；梁底基础采用ϕ600mmPHC桩，2根1组，横向桩间距1.8m、纵向桩间距4.5m，桩长45m，单桩承载力350t。

底节台位区滑道梁分三段设置,分段缝隙为5cm,单条滑道长度为114m(34m+60m+20m),除新建1条滑道外,尚需将原有1条滑道延长20m;中、顶节台位区滑道梁分二段设置,分段缝隙为5cm,单条滑道长度为94m(34m+60m),仅需新建1条滑道;新增滑道施工时,需对邻近位置原有滑道高程、桩位进行测量和控制,确保新建滑道与原有滑道匹配、一致。

预制件搬运采用2800t的纵移台车和2700t的横移台车,通过横移→纵移→横移的方式至存放台座存放及出海。纵移利用场内既有滑道系统。

28.6.5.3 出海栈桥

1)85m组合梁出海栈桥

基地现有间距57m的出海栈桥一组,经检算,该栈桥可直接作为85m组合梁出海码头,85m组合梁经纵横移的方式运至指定位置后,由"天一"号负责吊装、运输和架设。85m组合梁出海栈桥平面布置见图28-54。

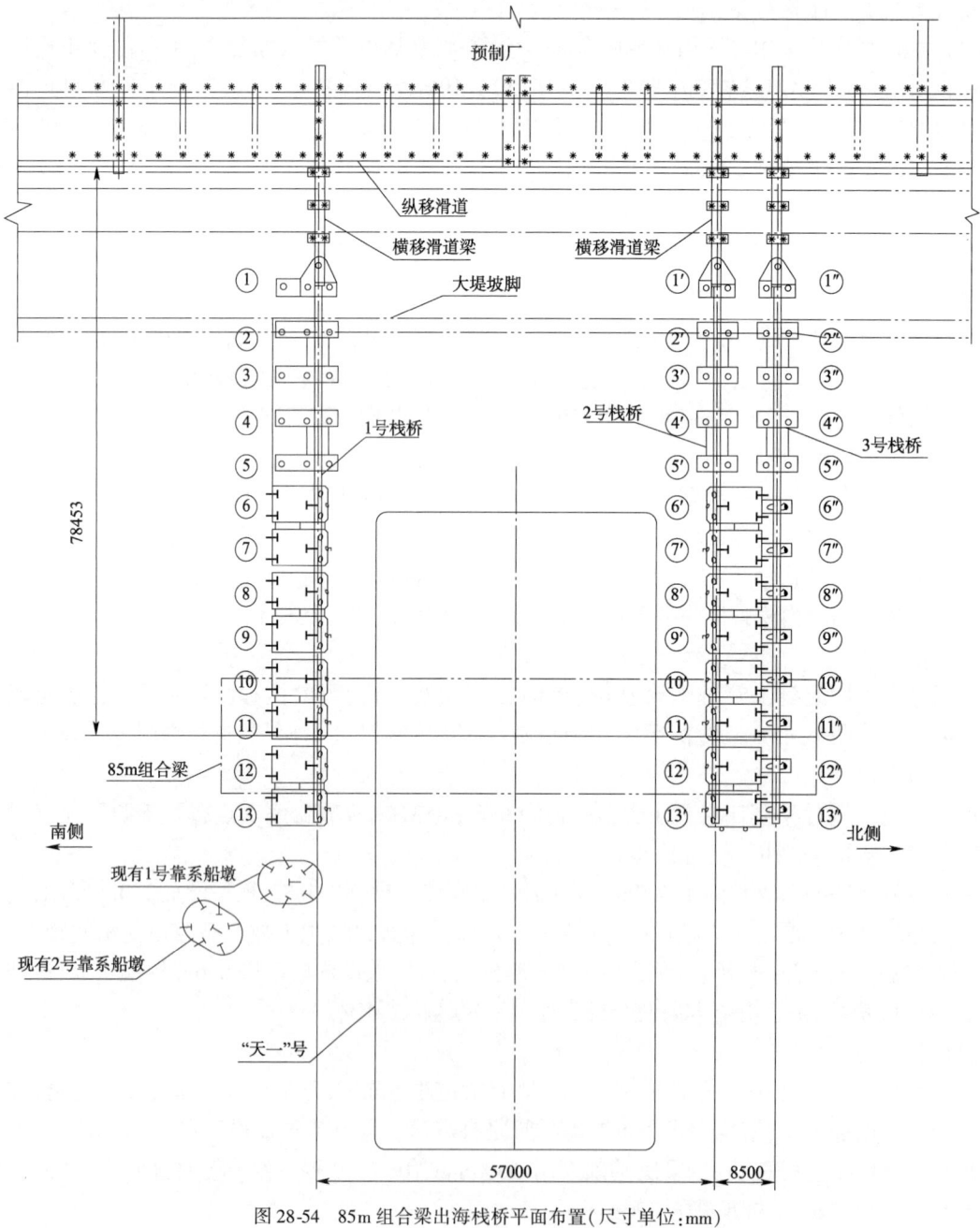

图28-54 85m组合梁出海栈桥平面布置(尺寸单位:mm)

85m组合梁出海栈桥主梁梁顶高程为+4.832m,承台顶高程为+2.982m,设计高水位为+1.6m,设计低水位为-0.5m。

主梁采用钢箱梁,材质为Q345B,梁高1600mm,顶板宽厚40mm,宽1100mm,底板厚度为32mm,宽700mm,腹板厚度28mm;主梁标准节段长12m,节段之间通过高强度螺栓连接。

2)承台墩身出海栈桥

如图28-55~图28-58所示,为适应承台墩身的出海,在原栈桥北侧,在靠近承台墩身预制场一侧,距原栈桥8.5m处新增一条栈桥,与既有栈桥一起作为承台墩身预制件的出海栈桥,由"小天鹅"号负责梁承台墩身的运输和架设。

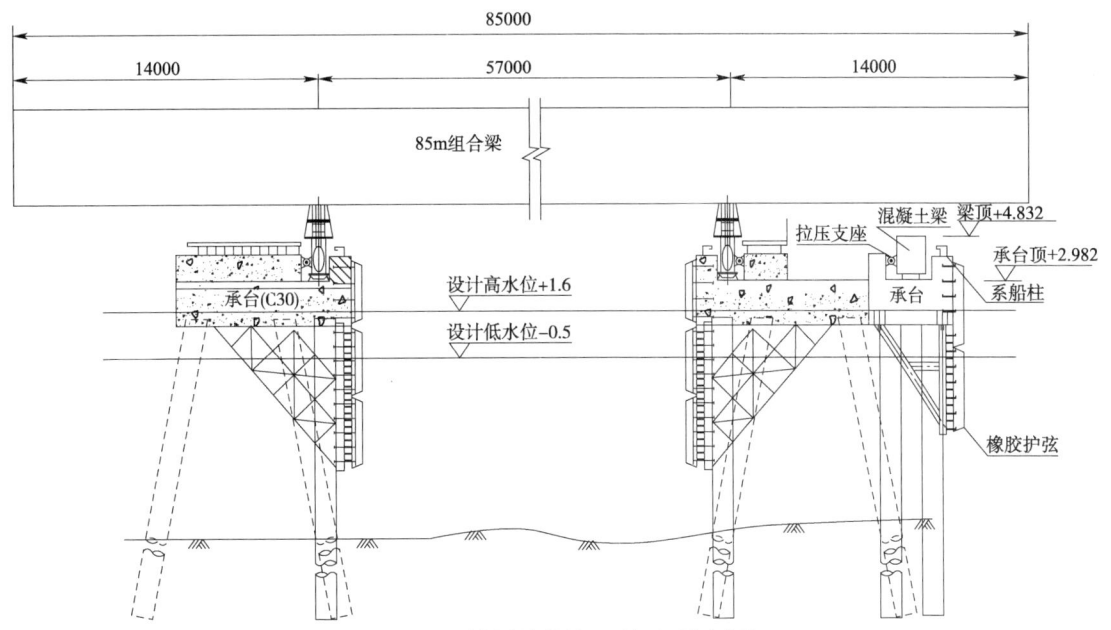

图28-55　85m组合梁出海栈桥立面布置(尺寸单位:mm)

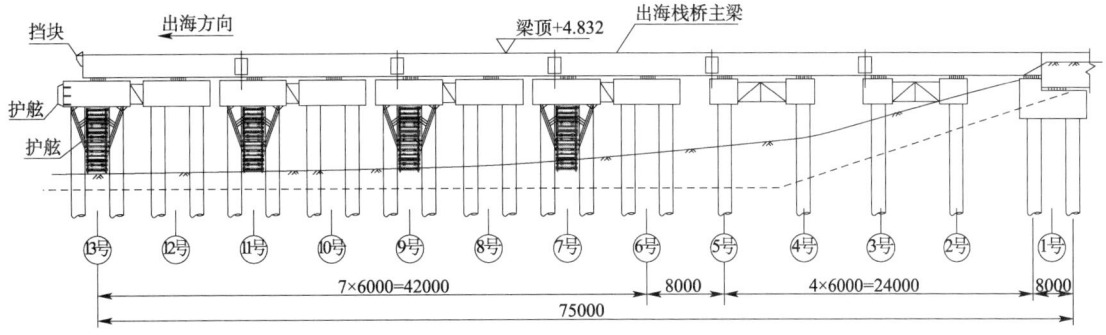

图28-56　85m组合梁出海栈桥侧面布置(尺寸单位:mm)

新增栈桥主梁梁顶高程为+4.832m,承台顶高程为+2.982m,设计高水位为+1.6m,设计低水位为-0.5m。

主梁采用钢筋混凝土矩形截面梁,混凝土级别为C40,梁高1.6mm,宽1.4mm。顶板配置26根直径32mm的HRB335的钢筋,底板配置30根直径32mm的HRB335钢筋,主梁与横移滑道梁之间设5cm宽伸缩缝。

基础在1号~5号墩采用$\phi1.2$m钻孔桩,桩长约47m,在6号~13号墩采用$\phi1$mPHC管桩,AB型,桩长约47m。

28.6.5.4　桥面板预制、组合梁总拼与组合

1)混凝土桥面板预制

预制混凝土桥面板采用C60高性能混凝土,桥面宽16.30m,悬臂长度3.50m。桥面板横桥向在

钢梁小纵梁和钢梁腹板顶处厚50cm,靠近跨中部分厚26cm,悬臂板端部厚22cm,其间均以梗肋过渡。混凝土桥面板外侧设置滴水挡块,滴水挡块高67cm,外侧面倾角73°,内侧滴水挡块竖直设置。

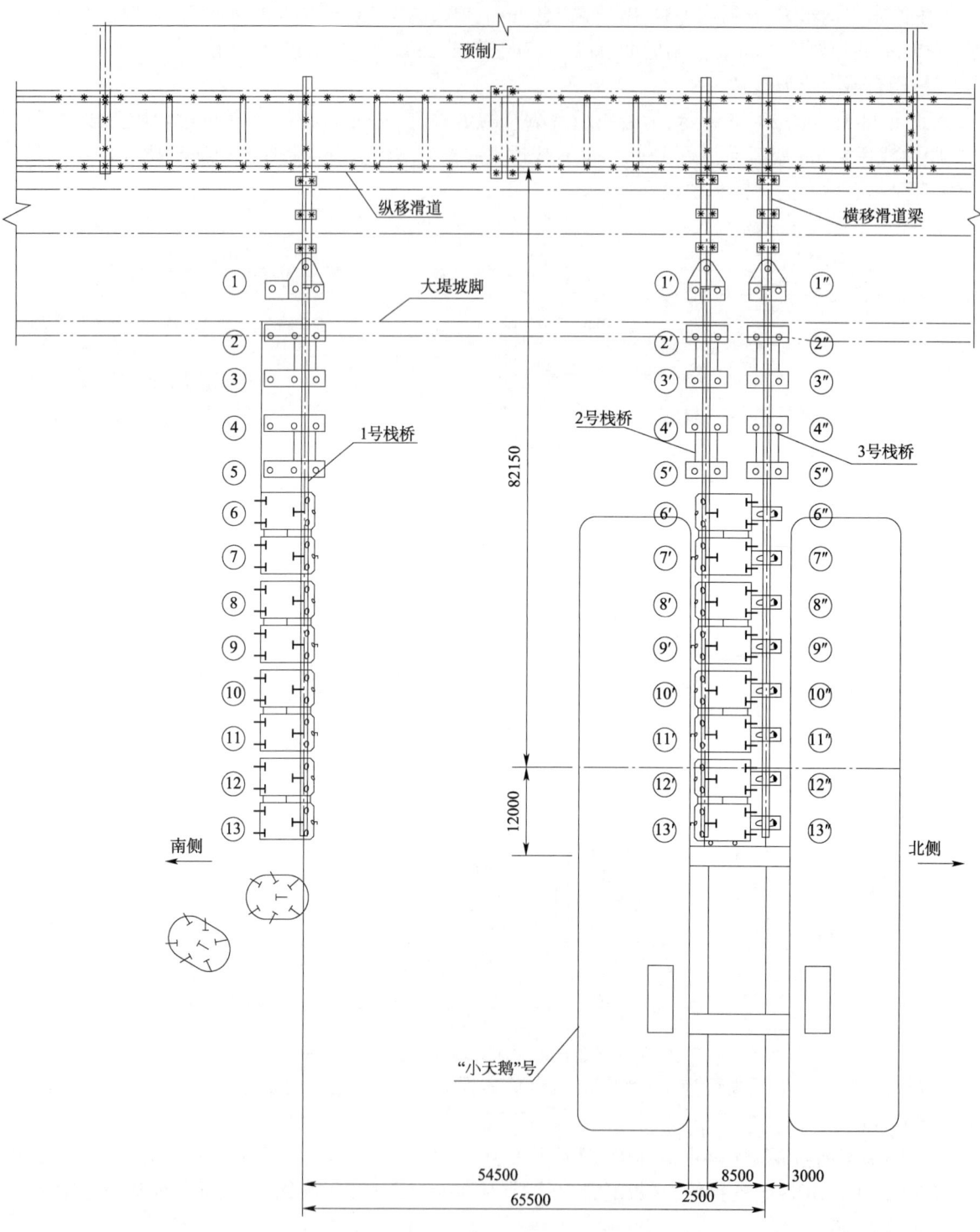

图28-57 承台墩身出海栈桥平面布置(尺寸单位:mm)

桥面板纵桥向分块预制,桥面板横向整块预制,桥面板在剪力钉群处设置预留槽;根据结构尺寸和配筋的不同,预制桥面板在直线段和曲线段各有13种类型,全桥128片梁共2516块桥面板,其中直线段2084块,曲线段共432块。板块纵桥向长度分4.0m、4.15m和3.0m三种,单块预制桥面板的最大质量为76.7t。桥面板湿接缝纵向宽50cm,主梁两侧设置后浇带,待横向预应力张拉后浇注封锚。桥面板现浇部分混凝土采用 C60 微膨胀混凝土。桥面板数量见表 28-55。

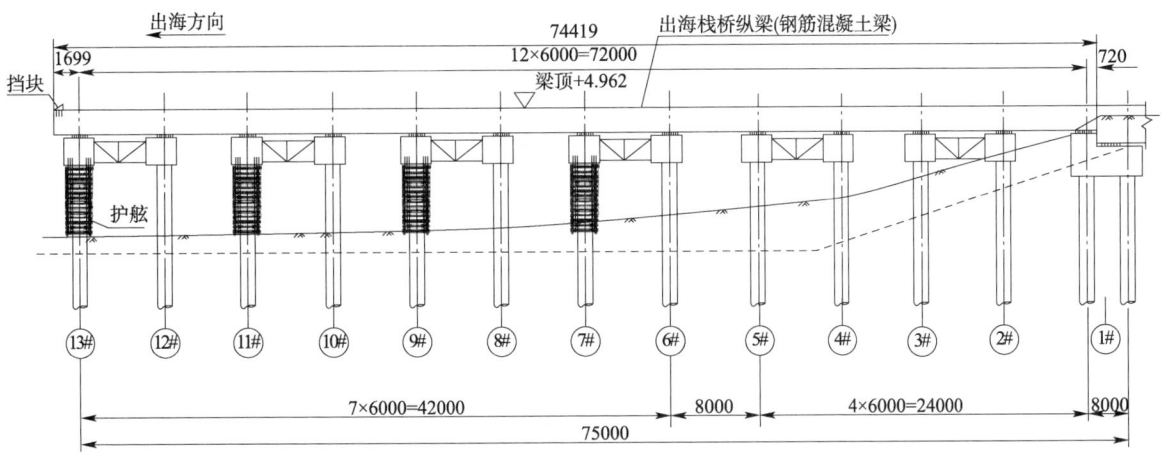

图 28-58　承台墩身出海栈桥侧面布置(尺寸单位:mm)

全桥预制桥面板数量统计表　　　　　　　　　　　表 28-55

编　号	长度(m)	数　量	编　号	长度(m)	数　量
A1	4	22	A8	3	106
A2	4	1244	A9	4.15	106
A3	4	212	A10	3	106
A4	3	106	A11	4	84
A5	4.15	106	A12	4	84
A6	3	212	A13	4	22
A7	3	106	总计		2516

(1) 桥面板预制流程。

桥面板预制施工工艺流程见图 28-59。

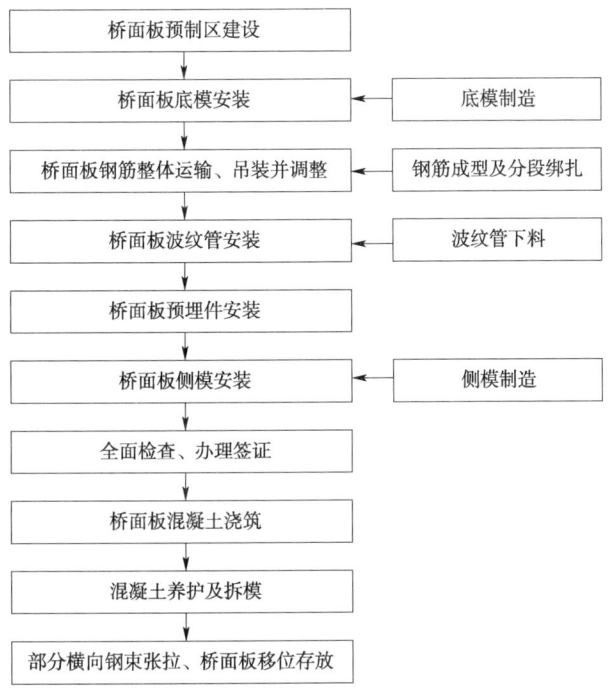

图 28-59　桥面板预制施工工艺流程图

(2)桥面板预制施工。

①模板安装。

桥面板底模采用不锈钢模、侧模采用普通钢模。每块底模制造完毕并经检查合格后,整体吊放到台座上,与台座预埋件焊接成整体,侧模分段吊装与底模组装成整体。模板应有足够的刚度,接缝平顺,板面平整,转角光滑。不锈钢底模底模制造及安装标准为对角线3mm,板面沿长度方向支承面不平整度控制在1mm以内;钢侧模制造及安装标准为对角线3mm,预留钢筋槽位置3mm,分块模板轴线偏差5mm。

②钢筋、预应力管道安装。

桥面板全部采用环氧钢筋,其技术标准除应符合国家标准和其他相关技术规范。桥面板采用的环氧钢筋种类包括HPB235系列钢筋、HRB335系列钢筋。

桥面板设横向通长预应力束,横向预应力采用ϕ_s15.2高强度低松弛钢绞线,标准强度为1860MPa,张拉端采用BM15-5锚具,锚固段采用BM15P-5锚具,横向预应力管道采用金属波纹管成孔;预制桥面板钢筋加工成型采用全自动钢筋弯曲成型机成型;纵向环形钢筋的成型采用闪光对焊,焊接接头错开布置,在同一断面不得超过50%;进行预制板钢筋铺设时,预制板横向钢筋要求其平面位置偏差严格控制在±5mm以内;精制混凝土垫块,保护层垫块保证1平方不少于4个,钢筋净保护层4.5cm为准;波纹管和预应力筋事先穿好,一并安装。

③混凝土浇筑及养护。

混凝土设计强度级别C60,桥面板混凝土采用混凝土工厂拌制,搅拌车运至预制场的方法浇注,每块预制板采用由一边向另一边逐渐展开,一次性连续浇注成型的施工方法。混凝土振捣采用插入式振动器进行。其余参考混凝土施工相关规范。桥面预制板的允许偏差见表28-56。

桥面预制板容许偏差　　　　　　　　　　　表28-56

项　目	容许偏差	项　目	容许偏差
板厚(脱模后)	±3mm	板的侧向弯曲度	<5mm
边长	+5mm	外露钢筋的偏差	厚度方向±1.5mm
板面对角线	±5mm	预应力管道中心位置偏差	±2mm
板底面的平整度	±1mm	混凝土预埋钢板上螺帽偏差	±1mm

(3)桥面板张拉压浆。

预制板起吊前,张拉部分预应力,避免由于桥面板悬臂过大出现裂缝。张拉、压浆部分预应力后,方可起吊移位。预应力钢束张拉、压浆工艺及施工技术要求要求必须严格按照《公路桥涵施工技术规范》(JTG/T F50—2011)执行。

(4)混凝土桥面板吊装及存放。

预制板起吊和存放时,其吊点和支点位置需符合设计要求,位置偏差不大于10cm,存放台座首先应抄平,选择合适的支承块。起吊移位应尽量水平、平稳;预制板堆放点应设置于吊点附近,板底应采用支承块,支承块高宽比应选择得当,以适应板的收缩和徐变。

预制板需要在预制场内存放6个月方可安装,故外露钢筋及金属连接件的防锈必须予以重视,应采用简便有效的锌涂层保护方法进行处理,且须满足预制板间接缝内钢筋的电焊要求,应对预制板的不利影响。同时,应标明编号、制作日期等,标志在规定的位置,以防各块板在吊装时混淆。桥面板在起吊过程中,应轻起轻放,不得与其他物体相互碰撞,起吊时桥面板上应有缆风绳,控制桥面板在起吊后的空间位置,不得让桥面板在空中自由摆动。桥面板由设计专用支架的平板车。

2)钢主梁总拼与涂装

(1)组合梁及索塔钢结构制造分包。

浅水区桥梁(除连接桥以外)上部结构为钢混组合梁结构、航道桥的主塔部分为钢塔结构。其中

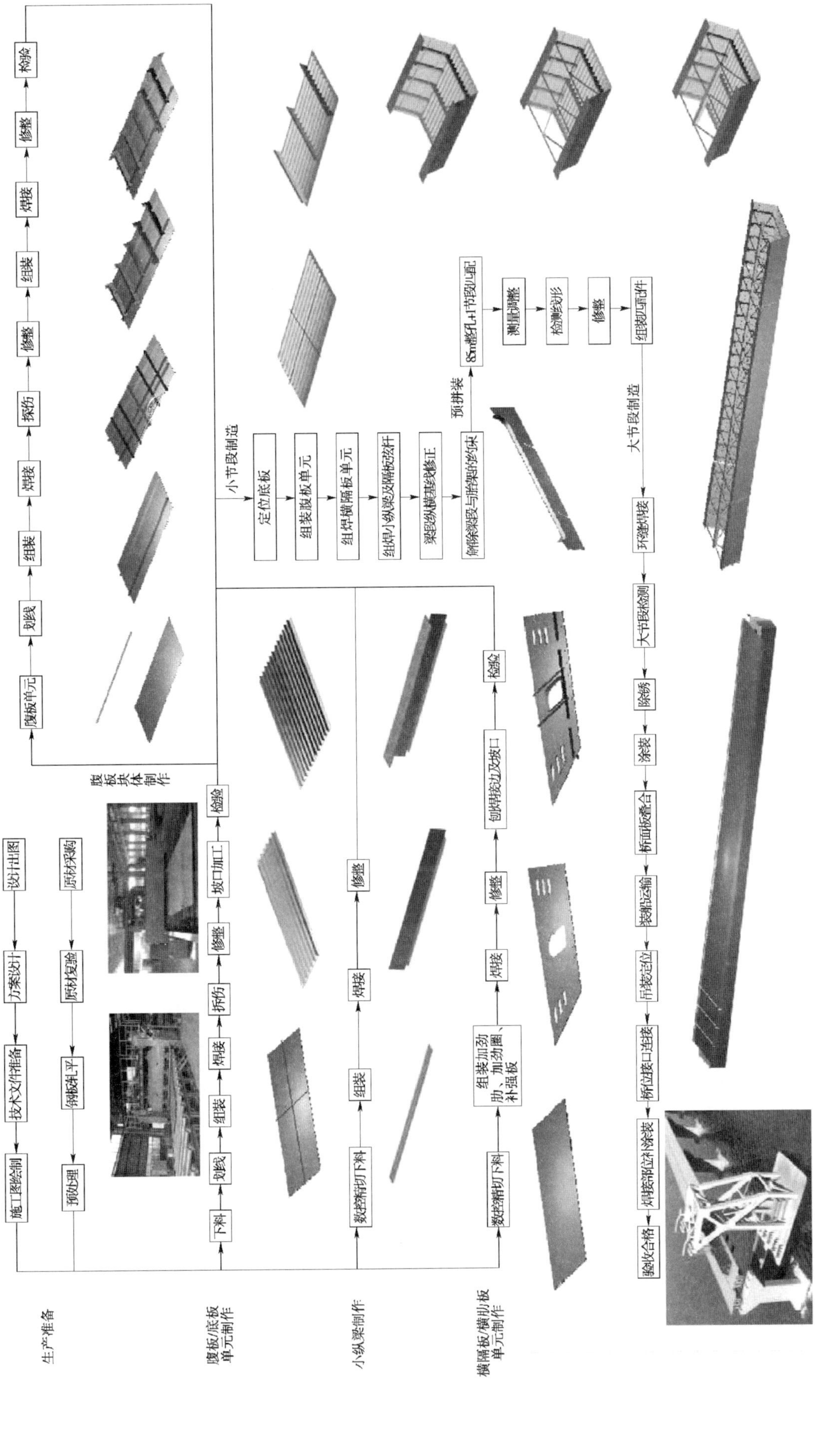

第五篇/第28章 案例9——港珠澳大桥施工组织设计

图 28-60 组合梁制造工艺流程图

钢主梁的制造、总拼、喷砂和涂装需要专业厂家进行承担。上部结构及主塔的分包范围见表28-57。

钢结构分包范围及工程数量表　　　　　表28-57

合同段	桩号范围	工程范围及工程量(t)			合计
		非通航孔桥	九洲航道桥		
		组合梁钢结构	组合梁钢结构	钢塔钢结构	
CB05-G1	K29+237~K32+722	41245	—	—	41245
CB05-G2	K32+722~K35+370	23100	12375	4448	39923

(2)组合梁制造工艺流程。

组合梁制造工艺流程见图28-60。

3)钢梁与桥面板的组合施工

(1)施工方案。

桥面板在预制场内存放6个月后,由平板车运至组合梁面板安装区域之内,由门吊起吊安装到槽型钢梁上,待一孔钢梁上桥面板安装完毕,灌注剪力钉群预留槽混凝土、拼接缝,混凝土拌制、运输由梁场内现有设备(混凝土工厂)完成,混凝土浇筑由吊斗或汽车泵完成。现浇混凝土强度及龄期达到设计要求后,进行桥面板的横向预应力张拉,最后浇筑翼缘板端后浇段混凝土。

总体组合流程如图28-61所示。

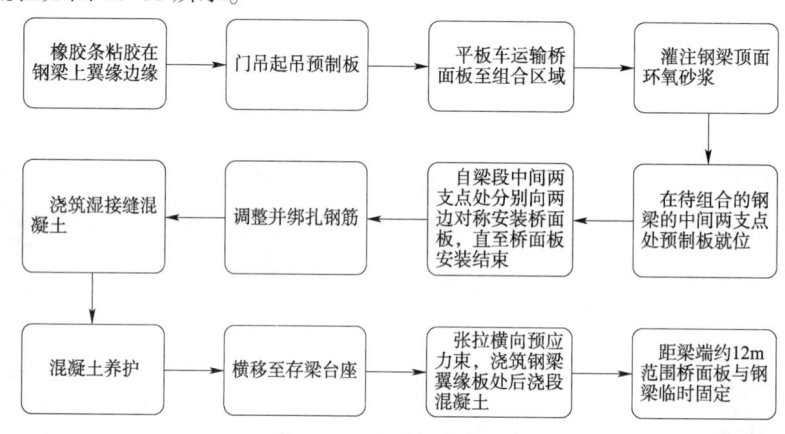

图28-61　组合工序流程图

(2)组合施工。

①组合前准备工作:确定测量基准线→检查槽形钢梁→检查预制桥面板→钢梁支承状态→组合梁线形放样。

以组合台座顶高程为基准线,记录组合梁在预制场地内全过程的线形变化状态;检查槽形钢梁支点处状态、检查钢梁顺桥向变形、检查钢梁焊缝外观;检查预制桥面板外观和清理;钢梁支承状态按设计要求,组合在四点支撑状态下进行,整孔钢梁涂装完成后,利用预先设置在横向滑移轨道上的两个支撑点(支撑点之间间距60m)起顶,两支点位于横移台车上,槽形钢梁向外横移,横移至组合台座,落顶将钢梁放置在组合台座上,开始桥面板安装施工;组合梁线形放样平面放样控制网为二等三角测量,高程放样高程控制用S1级精密水准仪按二等水准测量来进行。

②安装橡胶条:在钢梁上翼缘板两侧边缘顺桥向通长粘贴可压缩的防腐橡胶条(桥面板安装后再在两侧橡胶条之间浇筑20mm厚环氧砂浆),然后吊装和安放混凝土板,在混凝土板在自重作用下,使橡胶条完全压密封闭。

③安装预制桥面板:然后在两侧橡胶条之间浇筑20mm厚环氧砂浆。安装过程中注意预留钢筋与剪力钉的匹配,如与剪力钉矛盾,可适当调整钢筋,避让剪力钉。预制桥面板由门吊吊装就位;预制板吊装到位后吊环予以割除,切割后剩余高度一般不宜超过10mm;切割后预埋件应做防腐处理;按照测量基准线测量调整好桥面板的准确位置、高程。

④安装钢筋及预埋件:钢筋安装包括纵横钢筋,要求材料符合设计要求,具有质保书及选材辅验报告,安装时要求接头符合要求;要求预埋管、预埋角钢、预埋钢板等位置准确,高程符合设计要求,施工时要准确放线,并采取有效措施固定以免分层变动。

⑤安装模板:预制桥面板板横向湿接缝采用吊挂施工。模板安装前,要除锈,并将杂物、油污用丙酮清洗。模板均平整度±1mm,立模时要确保模板具有一定刚度,位置要正确、牢固,表面平整,并符合结构要求。接缝要堵塞严密,以防漏浆,表面涂刷脱膜剂,以便拆除。

⑥湿接缝混凝土浇筑与养护。

浇筑组合梁混凝土湿接缝,桥面板湿接缝包括横向拼接缝及剪力钉洞口等。采用C60微膨胀混凝土灌注湿接缝。桥面板布置及模板安装完成后,经检查合格后,即可浇注混凝土。

距中墩顶左右各约12m范围混凝土桥面板的湿接缝及剪力钉槽暂不浇筑;混凝土浇筑顺序:顺桥向从梁中向两侧,横桥向从桥轴线由里向外的方法浇筑,施工时应列出混凝土浇筑顺序、方法,严禁混凝土出现"冷缝",并以此确定供应速度;应注意使接缝混凝土各个部分均匀性和密实性,特别是新老混凝土接合面,更要防止过振而产生集料离析现象。

在常温下,高性能混凝土应至少保湿养护14d。混凝土采用淡水保湿养护;每组混凝土均要现场应留出与浇接缝混凝土同样级配、振捣和养护条件的混凝土试块,数量和规格按照相关规范执行。

⑦张拉横向预应力束:将组合完成的钢梁横移至存梁台座上,待其强度达到设计值的90%以上,且龄期不小于5天时,张拉剩余横向通长预应力钢束。张拉采用"双控法",张拉程序:0→初应力($0.1\sigma k$)→控制张拉应力(σk)→持荷2min→锚固。

⑧孔道压浆:张拉完毕,及时进行孔道压浆。一般应在48h内灌浆完毕,孔道灌浆浆体应采用掺入一定数量添加剂后的特殊浆体。原材料和浆体应符合下列要求:采用硅酸盐水泥,水泥浆的强度不低于P.O42.5;应不含对预应力筋或水泥有害的成分,可采用清洁饮用水;采用具有低含水量、流动性好、最小渗出及膨胀性等特性的外加剂,它们应不得含有对预应力筋或水泥有害的化学物质,外加剂的用量应通过试验确定。

灌浆浆体的强度应符合设计要求,设计无具体要求时,7d强度不低于40MPa,28d强度应不低于50MPa,水泥浆的技术条件应符合下列规定:浆体水灰比为0.26~0.28;浆体拌和3h后其钢丝泌水率为0,24h内自由泌水率为0;浆体流动宜控制在14~18s,拌制30min后宜控制在50s内;通过试验,浆体内掺入适量膨胀剂,但其膨胀率小于2%~3%;初凝时间应不小于5h,终凝时间小于24h;浆体搅拌及压浆时浆体温度应小于35℃。

a.搅拌设备:水泥浆搅拌机应能制备具有胶稠状的水泥浆,转速不小于1000r/min,搅拌机要有足够的容量,至少能保证一束孔道灌浆用量(一般至少为管道体积的1.5倍)。

b.压浆设备:压浆泵应可连续操作,对于纵横向预应力管道,能以0.7MPa的恒压作业。压浆泵应是活塞式的或排液式的,泵及其吸入循环应是完全密封的;

c.抽真空设备:真空泵应能提供不小于90%真空度的抽真空能力,在真空泵前应配备空气滤清器,防止抽出的浆体直接进入真空泵而造成真空泵的损坏。

d.压浆原理:在压浆之前,首先采用真空泵抽吸预应力孔道中的空气,使孔道内的真空度达到90%以上,然后在孔道的另一端再用压浆机以大于0.7MPa的正压力将水泥浆压入预应力孔道。由于孔道内只有极少的空气,很难形成气泡;同时,由于孔道与压浆机之间的正负压力差,大大提高了孔道压浆的饱满度。在水泥浆中,减小了水灰比,添加了专用的添加剂,提高了水泥浆的流动度,减小了水泥浆的收缩。真空压浆施工工艺示意图见图28-62。

⑨墩顶现浇段桥面板固定。

加工一钢盖板,放入预留槽口内,盖板与桥面板四周楔紧,将距梁端设计要求范围内(约12m)的桥面板进行临时固定。

⑩浇筑钢梁翼缘板处后浇段混凝土。

组合梁横移,至存梁区域存放,张拉压浆完成后,安装翼缘板处后浇段的钢模板,浇筑该处混凝土。至此组合梁组合工序结束。

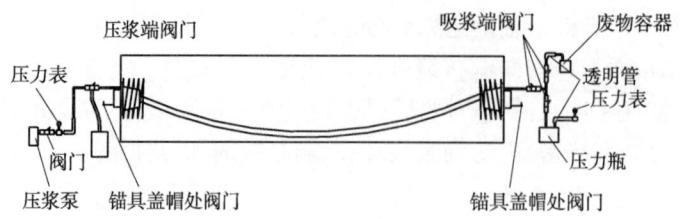

图 28-62 真空压降施工工艺图

4)组合梁场内运输及存放

场内运输包括钢梁在场内的运输和叠合后的组合梁在场地内的运输,钢梁及组合梁陆上转运施工是施工全过程中的重要环节,运输距离大,需运送的次数多,且陆上运输的安全、快捷是控制组合梁预制和安装的关键。场内各种运输方式分类及其运输方案详述如下:

(1)钢梁从钢梁存放台座移至组合台座。

钢梁喷涂完成后,存放在钢梁临时存放台座上,需桥面板叠合施工时再从临时存放台座运输到组合台座。采用两台400t轮胎式运梁台车转运。

钢梁运输到位后将钢梁落位于组合台座的最靠外侧的两支承支点上(中心距离60m),按设计要求在桥面板叠合前,在钢梁中间再增设两个支点,使钢梁为四点支撑状态(支点距离为20m+20m+20m),保证钢梁组合前的拱度与拼装时的拱度一致。

(2)组合梁从组合台座移至存梁台座。

桥面板与钢梁叠合成组合梁后,利用横移台车将组合梁从组合台座横移到存梁台座。组合梁横移台车采用2700t步履式台车,上设4个800t千斤顶。其步骤如下:横移准备→横移台车就位,喂入要起顶组合梁位置→横移台车顶起组合梁→横移台车将组合梁移运至存梁台座。

横移台车运行到组合梁下方后,台车大梁下液压千斤顶油缸起顶,大梁顶面调整至水平,在千斤顶上垫上刚性垫块及石棉板,起动油泵向千斤顶供油。为保证在任何情况下组合梁均处于三支点平衡状态,一端横移台车两台800t千斤顶油路串联,另一端横移台车两台800t千斤顶油路各自独立。

收起台车大梁下液压千斤顶,同步开动横移台车,使台车同步均衡前进。横移时应有专人负责指挥,以防两端起动不一致。两端横移轨道上用红油漆间隔0.5m放出刻度线,并标明数值,以便移动过程中观测两端台车是否同步。当一端与另一端前进距离超过0.5m时应使前进较快的一端台车略做停顿。使两台车基本做到平衡推进;组合梁落在存梁台座后,横移台车即可退出。组合梁需继续横移时重新喂入台车,重复上述步骤即可。

(3)合梁从存梁台座移至出海码头。

组合梁出运采用横移(从存梁台座向纵移滑道)、纵移(向出海码头方向)、横移(出海码头分栈桥轨道上向外侧)的施工程序。纵移台车为轮轨式,横移台车为步履式。组合梁出海施工流程:横移台车喂入至待架组合梁下方→启动垂直顶升千斤顶并锁定→台车前进→纵移台车对位→横移台车上纵移台车→纵移台车起动纵移→纵移台车与出海栈桥对位→横移台车从纵移台车上移动到出海栈桥上。

预制场内横移:横移台车走行至待出运组合梁下方,4×800t 液压千斤顶起顶,组合梁顶升到位后,千斤顶固定导环锁定,台车启动,横移至纵移轨道。

纵移台车对位:为避免组合梁频繁顶升,横移转纵移时采用了横移台车落在纵移台车上并与纵移台车固定为一体一起移动的方案;组合梁横移到与纵移轨道相交处时纵移台车精确对位,纵移台车的中心线应与横移轨道中心线重合。为对位方便应在纵移轨道和台车上用红油漆作出标记,对位时两标记重合即可;纵移台车对位后液压悬架支承千斤顶顶升与横移轨道平齐;纵移台车两端支撑螺杆顶住两侧混凝土牛腿,将纵移台车顶紧,避免水平力对纵移台车产生水平位移;在纵移台车上放出9500mm的中心线并引到两侧边,用红油漆标明,便于横移台车上纵移台车后对位。

横移台车上纵移台车:横移台车继续移动直至横移台车全部上纵移台车,横移台车上纵移台车时速度不宜过快,以免移动过头造成台车偏载;当横移台车与纵移台车中心线重合时停止移动,将纵移台车上的支撑杆与横移台车临时连接固定。支撑杆为正反螺杆结构,其长度用螺纹调节,两端用销轴连接。

组合梁纵移至出海码头:横移台车固定好后纵移台车主梁下的液压悬架系统回落使台车车轮压着轨道面,即可开始纵移。先启动变频电机使纵移台车缓慢起动,待起动后逐步加速直至台车负载运行速度达到1.6m/min即可稳定运行。当运行到与出海码头栈桥横移滑道接近时减速运行,与横移滑道精确对位。为保证对位准确减少对位时间,可根据台车的长度在轨道上放上铁靴阻止台车前进,台车停止前应将速度减到最低速度尽量减小冲击力。

组合梁在出海码头栈桥上横移:码头上的出海栈桥中心距为57m,出海码头栈桥长80m,组合梁纵移到与栈桥对位后,纵移台车液压悬架支承千斤顶顶升与横移滑道平齐,两端支撑螺杆顶住两侧混凝土牛腿,将纵移台车顶紧,避免水平力对纵移台车产生水平位移;松开横移台车两侧顶紧支撑杆,开动横移台车,使横移台车离开纵移台车,开上出海栈桥,继续开动横移台车直至栈桥前端,完成在陆上的运输;待组合梁在栈桥前端起运后,横移台车应及时返回制梁区;组合梁纵、横移时,各个工点应保证通讯畅通,并配备对讲机或其他手段作为出现通信故障时的紧急替代方案。

28.6.6 珠澳口岸连接桥施工

28.6.6.1 概况

珠澳口岸连接桥(220~224号墩台)总长为235m,桥跨布置为(3×65+40)m,4跨一联,采用预应力混凝土连续箱梁桥。

连接桥采用分墩分幅布置形式,为与人工岛上暗桥顺畅衔接,连续梁截面采用变宽方式,单幅桥桥面宽度由16.30m逐渐变化至39.204m,采用单箱双室截面,桥梁宽度变化时,保持悬臂板长度和外腹板斜率不变,依靠逐渐变化底板宽度来实现。连续箱梁截面中心处高4.0m,悬臂板长3.50m,桥面设2.5%横坡。

220~222号墩桩基采用钢管复合桩,其中有钢管段直径2.0M,无钢管段直径1.8m;均按嵌岩支承桩设计,桩底持力层为中风化或微风化花岗岩,嵌岩深度不小于4m,行列式布置。223~224号墩为钻孔桩基础,直径1.8m。

220~222号墩承台放置在海床面以下,223~224号墩承台位于珠澳口岸人工岛上,埋置在地面以下。220~221号墩承台平面尺寸15m×10.5m,厚4.0m,封底混凝土厚2.0m,承台顶面高程-4.5m;222号墩承台平面尺寸19.6m×10.5m,厚4.0m,封底混凝土厚2.0m,承台顶面高程-3.0m。

220~222号墩为水上墩,下面重点介绍。220~222号墩设计基本情况见表28-58。

220~222号墩设计基本情况一览表　　　　　　　表28-58

墩 号	220	221	222	墩 号	220	221	222
地面高程(m)	-2.31~3.01	-2.95	-3.08	承台顶高程(m)	-4.5	-4.5	-3.0
桩顶高程(m)	-8.5	-8.5	-7.0	承台底高程(m)	-8.5	-8.5	-7.0
桩底高程(m)	-58.5	-77.5	-66.0	承台厚度(m)	4.0	4.0	4.0
桩长(m)	50	69	59	封底混凝土厚度(m)	2.0	2.0	2.0
复合钢管桩长(m)	23	23	23	墩身截面尺寸(m)	11.0×3.5	11.0×3.5	15.6×3.5
桩径(m)	2.0/1.8	2.0/1.8	2.0/1.8	墩帽宽度(m)	23.5	23.5	29.7
桩基根数(根)	6	6	8	墩身高度(m)	17.693	16.725	13.924
承台尺寸(m)	15×10.5	15×10.5	19.6×10.5				

注:地面高程根据地质柱状图,其他根据设计图纸。222号墩在高程-5.64~9.34m地层处有厚度约3.7m的块石层,块径0.4~1.0m,为珠澳人工岛护坡时填筑。

CB05合同段水中区段位于里程K29+237~K35+605段,高潮时水深5.0~7.0m,低潮时水深3.5~5.5m,地面较平坦,地面高程一般在-4.0~-6.2m,其中里程K35+370(220墩)~K35+500(222墩)(珠澳口岸人工岛连接桥)段受填岛挤淤影响,地面高程在-2.3~-3.0m,海底主要为海相沉积的淤泥。

根据《人工岛填海工程施工图设计》,222号墩墩位处淤泥层厚度达10.6~15.9m,与连接桥衔接处人工岛护岸块石挤淤的底高程范围为-13.59~-18.89m,换填层立足于粉质黏土层。护岸结构基础外边线(向外海方向)距离护岸结构前沿线设计为等长13.1m,然后向上按1:3的比例放坡,距离坡脚约17m、在高程-8m处形成水平台阶,台阶宽度约10m,之后继续以1:5的比例向上放坡,直到海床顶面。此时水平台阶距离护岸前沿线距离范围30.2~40m。目前反压槽-1.5~-2.78m范围片石尚未抛填。

222号墩位于护岸底口反压槽区域,承台结构处于块径40~100cm的抛石换填层之中。根据大桥院2011年8月份勘测资料,222号墩位-3.04~-5.64m为2.6m淤泥层,-5.64~-9.34m为3.7m块石土,与人工岛设计图略有差别。

28.6.6.2 连接桥工程数量

工程数量见表28-59。

珠澳口岸连接桥工程数量表　　　　　表28-59

项　　目		规　　格	单　　位	数　　量	备　　注
珠澳口岸连接桥	桩基	$\phi 1.8m$	m/根	2376/36	普通钻孔桩
		$\phi 2.0m$	m/根	1186/20	钢管复合桩
	承台		m^3/座	5955/7	
	墩身		m^3/座	3620/7	
	连续箱梁	$(3\times 65+40)m$	孔/联	4/2	左右幅

28.6.6.3 施工方案

1)总体施工思路

为材料、小型机械设备及人员上岛,同时方便连接桥水上施工,拟在连接桥北侧设置施工栈桥一座。

220~222号墩基础施工均采用钻孔平台+钢围堰方案。由200t浮吊+APE400B振动锤施工钢管复合桩。其余水上作业均由100t浮吊+50t履带吊机配合。钻孔平台由分栈桥与栈桥相连,分站桥桩后期考虑作为支架支撑桩使用。水上梁部采用钢管立柱+贝雷梁现浇施工。块石中桩基考虑进行大开挖施工。

2)施工栈桥

栈桥顶高程+7.0m,宽6m,荷载按50t履带吊机、汽车—20t考虑。栈桥桥台设置于人工岛护坡上,埋置于护岸内,考虑后期可不予拆除(基础底荷载约为$40kN/m^2$)。

3)水上基础施工

(1)钻孔平台:220~222号墩拟分别投入2台KTY3000A/ZSD300型钻机,并考虑50t履带吊机作业。

(2)钢围堰:220~222号墩采用钢套箱及钢板桩围堰,且钢材用量基本相同。由于墩身帽梁现浇施工周期长,整体工期紧,围堰无法倒用。

(3)施工方法:220~221号墩按常规水上施工方法施工。222号墩受海床处换填有约3.7m高的40~100cm的花岗岩块石影响,施工较为困难。

为插打钻孔平台钢桩、钢管复合桩及现浇支架钢管立柱,同时考虑承台施工需要,拟将222号墩墩位周围约53m×57m范围内块石挖除,放坡坡度为1:1,见图28-63、图28-64。

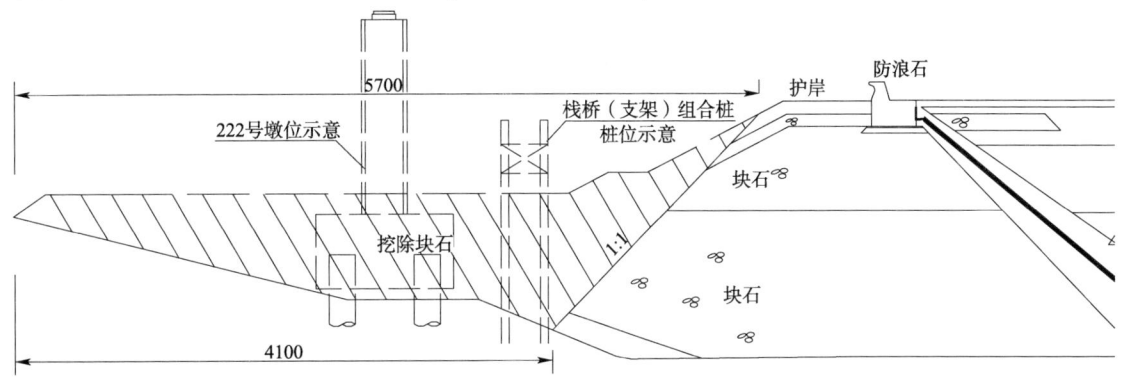

图28-63 放坡开挖立面示意图(尺寸单位:cm)

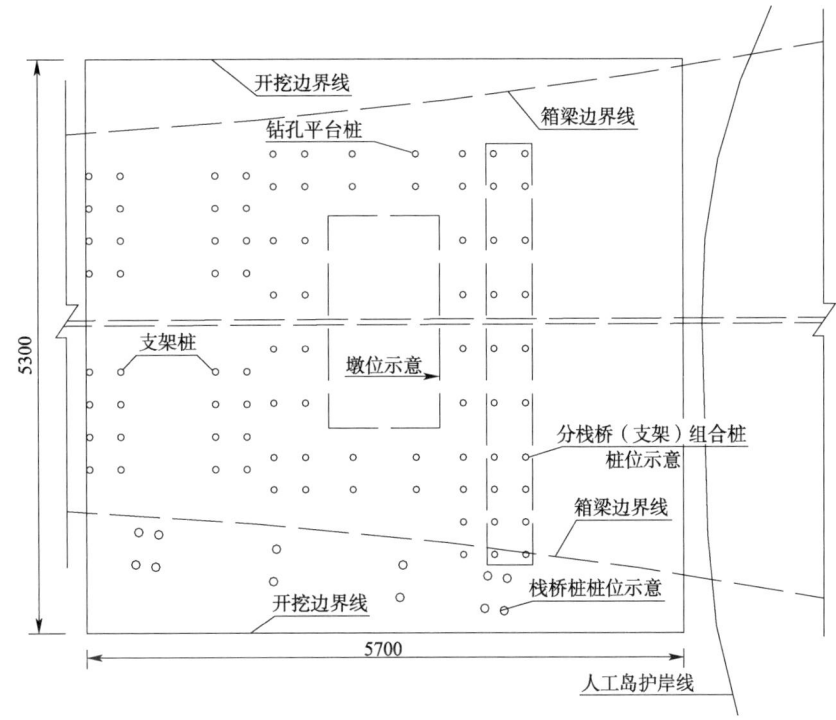

图28-64 放坡开挖平面示意图(尺寸单位:cm)

4)墩帽施工号

根据帽梁特点及墩身数量,采用支架施工。

5)预应力混凝土连续梁施工

连续梁采用支架法分段现浇,受整体工期控制,支架不考虑倒用,左右幅模板考虑倒用;连续梁水上部分(220号~人工岛护岸段)钢管立柱+贝雷梁方案施工,跨大堤段采用21m大跨度(与分栈桥共用桩基),护岸顶采用扩大基础;人工岛上梁段采用碗扣式钢管脚手架施工。

28.6.7 施工控制测量

在工程进行正式施工前,应对管理局测控中心提供的港珠澳大桥控制网按测控中心的技术要求进行复测,以检核各控制点数据是否正确和点位是否稳固可靠;同时检核控制网的精度是否满足施工测量的需要;控制点的精度指标是否达到设计精度等级要求等。

28.6.7.1 控制网施工复测

在接收测控中心代表发包人移交的控制网成果资料后,按要求对港珠澳大桥桥梁工程CB05标施工所需用的平面及高程控制网点进行复测。主要包括含首级加密点、临时参考站的建设、测量以及维护等,以检核各控制点数据正确性和点位稳固性;同时检核控制点的精度指标,将复测结果与测控中心移交控制网成果进行对比分析,上报监理单位和测控中心,经复核、审批后用于施工测量放样定位作业。

1)海中测量平台临时参考站建设与测量

港珠澳大桥桥梁工程共设置 K19、K23、K27、K33 四个用于桥梁工程施工的测量平台,其中 K33 海中测量平台由港珠澳大桥桥梁工程 CB05 标负责建立临时参考站。K33 海中测量平台参考站建设包括:GNSS 观测墩制作、GNSS 设备安装、电台天线安装、太阳能供电设备安装、防雷击保护设备安装、机柜及配件安装。

进行 2 天 48 小时的连续观测,数据进行平差计算,计算出 K33 海中测量平台临时参考站的桥梁工程坐标系(BCS2010)坐标;合理组织测量设备和测量人员进行 K33 海上测量平台到岸上(2.3km)、K27 海上测量平台到 K33 海上测量平台(6.3km)两段跨海高程传递测量。测(2)海中测量平台临时参考站维护;K33 海中测量平台通过定期 GPS 观测及解算来检查平台稳定性、保证电台参考站的连续运行、通过定期检查和跨海高程测量的方法来检查 K33 测量平台的沉降情况、采取合理的措施定期进行防腐、防锈处理等。

根据测控中心要求和施工进度需要,按要求进行一、二级施工加密控制网测量。

2)施工加密控制网的布设

为了满足海中施工平面控制的需要,根据全桥二等精度跨海高程贯通测量的要求,结合施工加密点并利用 K33 测量平台和优先墩,本合同段以每 500m 左右布设一个施工加密控制点(含优先墩),点位埋设在每联箱梁对应的固定支座的墩顶上,埋设不锈钢测量标志。参考站 24 小时不间断观测,施工加密构网形式为加密点与四个参考站点、相邻首级控制网点和首级加密点联测组成施工加密网。

3)GPS 观测

控制网复测与加密在港珠澳大桥 GPS 首级控制网框架系统下进行,按《全球定位系统(GPS)测量规范》要求进行施测,首级复测方案及技术要求与原控制网要求一致,加密网按公路二等要求进行施测,海中加密考虑距离参考站点较远,部分长边需要延长观测时间,GPS 控制网采用大地四边形作为基本图形,以边连接(或网连接)形式布设。GPS 测量基本技术要求,首级控制网按国家 GPS 测量规范 B 级,加密网按 C 级网的指标进行施测。外业测量模式采用高精度双频 GPS 接收机静态相对定位作业模式。观测基本技术指标见表 28-60。

GPS 复测与加密观测基本技术指标　　　表 28-60

项　目	级别 B	级别 C	项　目	级别 B	级别 C
卫星截止高度角(°)	10	≥15	观测时段数	≥3	≥2
同时观测有效卫星数	≥4	≥4	时段长度(h)	≥23	≥4
有效观测卫星总数	≥20	≥6	采样间隔(S)	30	10~30

4)数据处理

(1)基线解算:GPS 控制网平差采用武汉大学测绘学院 Cosa-GPS 数据处理系统进行。GPS 数据解算首级控制网复测采用 GAMIT 软件进行处理,加密网采用 GAMIT 或 GPS 接收机配套的商用软件进行处理,采用精密星历或快速星历进行基线向量的解算,在进行基线处理时须注意正确处理周跳和大残差等质量较差的观测数据,以确保数据正确、可靠。

(2)基线处理结果质量检核:为了提高 GPS 测量精度及可靠性,在基线解算后,应及时计算检验同步环闭合差、异步闭合差及重复边闭合差,闭合差的检核应符合规范要求。通过检核,保留合格基线,对不合要求的基线需仔细分析、准确判断,根据需要进行合理的取舍。并对其中不合格数据进行补测或重测,直到全部合格为止。

(3) GPS网平差:在GPS基线解算质量检核合格的基础上,首先进行GPS网的WGS-84坐标系下的三维无约束平差,以一个参考站点为基准点进行平差,并利用基线向量改正数进行粗差的检验,检验向量间有无明显的系统误差,并剔除含有粗差的基线边,基线向量的改正数($V\Delta X$、$V\Delta Y$、$V\Delta Z$)的绝对值应满足以下要求:

$$V\Delta X \leqslant 3\sigma \quad V\Delta Y \leqslant 3\sigma \quad V\Delta Z \leqslant 3\sigma$$

(4) 独立坐标系下平差:在港珠澳大桥桥梁工程独立坐标系(BCS2010)下进行二维平差,选取联测的所有首级控制网点或参考站点为起算点进行平差,求出加密控制点港珠澳大桥工程独立坐标系(BCS2010)下的坐标。

(5) 高程拟合:根据港珠澳大桥测量控制中心提供的GPS拟合参数,运用GPS静态测量成果进行GPS高程拟合,将GPS大地高程转换成水准高程,计算出控制点拟合高程,作为高程贯通前的施工水准控制。

5) 高程控制网

港珠澳大桥海中施工加密高程控制点与平面控制点共用,采用高程导线从本合同段的一端开始,经海中的每一个加密控制点,按国家三等精度的精密三角高程进行跨海水准高程传递,对本合同段进行高程贯通,并利用测控中心提供测量成果,进行高程严密平差,得出各施工加密控制点高程。

(1) 跨海高程测量:海中进行二等精度三角高程测量,采用带全自动寻找目标的精密全站仪进行施测。针对以上主要误差处理主要技术指标应满足《国家一、二等水准测量规范》(GB 12897—2006)中的有关要求。考虑到本项目跨海高程贯通测量具有距离长、精度要求高的特点,因此部分高程测量测段将采用测控中心制定的跨海高程测量方案,实施外业观测及内业数据处理。

(2) 数据处理:海中跨海高程观测采用全站仪自动存储数据,内业将数据下载到电脑中,首先对一组正镜或倒镜观测值进行粗差检验,剔除不合格的数据,以保证数据准确可靠,以两台仪器同时观测的正倒镜平均值作为一个单测回,与另一组调换仪器所观测的单测回组成一组双测回,将所有双测回取平均值即得出一跨两控制点高差。根据跨海高程观测线路,利用所有观测高差共同组成高程网,按距离定权进行严密平差,求出各海中各加密控制点的高程。水准网平差采用清华山维平差软件进行严密平差。

28.6.7.2　控制网的定期或不定期复测

根据发包人、测控中心、监理和施工要求,对控制网进行定期或不定期复测,复测按前述方案要求进行。复测成果与前期成果进行对比分析,判断点位变化情况,对坐标及高程变化较大且不满足规范要求的点进行数据更新,上报监理单位和测控中心审批,以保证工程顺利进行施工。

28.6.7.3　钢管复合桩施工测量

在临岸区,依据加密控制点用全站仪或者RTK流动站,对需要的桩位进行放样。对于海中施工平台区,首先采用RTK控制钢管桩的插打,安装钻孔平台,待平台铺设完成后,在平台上加密测量控制点,再利用RTK或者全站仪进行钢管复合桩放样、检查及竣工测量。

1) 钢管复合桩定位测量

钢管复合桩检测满足表28-61的要求。

根据港珠澳大桥的平面线形布置,计算非通航孔桥各墩位中心里程坐标及各墩轴线方位角,再根据各钢管复合桩的布置图计算各桩中心坐标。

临时钢管桩插打:采用两台RTK对打桩定位架进行实时定位,并指挥沉桩船只调整平面位置,直到定位桩平面位置满足规定限差要求,即打入定位桩,并用测斜仪测量钢桩的垂直度,然后安装钢管复合桩施工平台。

钢管复合桩允许偏差和检验方法表 表28-61

序号	项目		允许偏差	检验方法
1	钢管桩	轴线偏差	50mm	测量检查
		倾斜度	1/250	测量检查
2	桩位	群桩	绝对容许误差150mm 相对容许误差50mm	用GPS定位或全站仪、经纬仪检查纵、横方向

在形成临时施工平台后,在相对比较稳定的位置建立多个平面和高程三维加密控制点,见图28-65,测量、平差方法和精度要求采用本项目控制网的加密控制点测量的相关要求。在加密控制点上用全站仪极坐标法或RTK进行各钢管复合桩桩位放样测量,在施工平台顶面做出各钢管复合桩位的纵横十字线和高程点。根据纵横十字线调整各钢管复合桩的导向装置的位置,保证钢管复合桩插打后其轴线偏差小于50mm,钢管复合桩垂直度(用M1601A测斜仪测量)小于1/250。

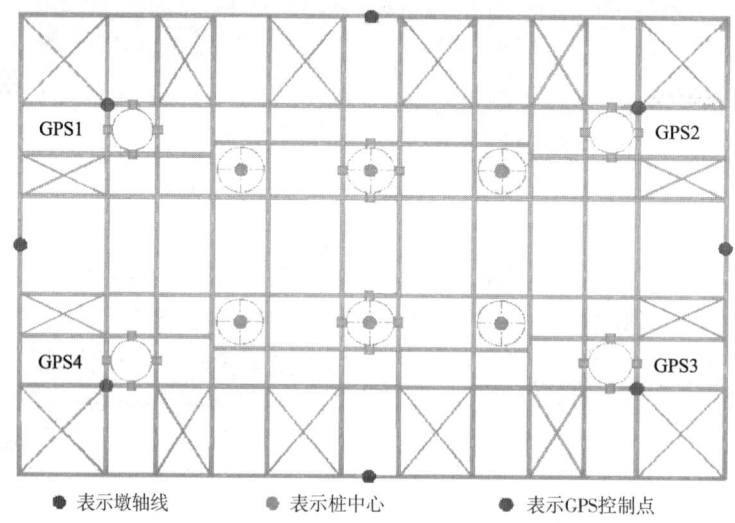

图28-65 沉桩平台测量点位布置示意图

2)垂直度控制

复合桩垂直度控制采用便携式测斜仪,并用全站仪竖丝法或垂球法进行复核。导向架因高度有限,为保证钢管桩打桩精度,采用便携式测斜仪来实时控制钢管桩垂直度。

MI601A型便携式测斜仪是专门用于测量倾斜度的仪器。可以直接观测出物体的竖向垂直度,MI601A型测斜仪观测精度为1/6000,完全可以满足钢管复合桩设计最大倾斜度1/250限差的观测精度要求。

3)成桩检测

沉桩完成后,及时进行桩位的竣工测量,检查桩位的实际中心位置和高程。利用加密控制点的GNSS拟合高程成果或水准贯通测量成果,测量出钢管桩顶高程,并用油漆标记,以此作为钻孔桩施工及混凝土灌注的高程基准。

对于全桥高程没有贯通前的优先墩和非优先墩施工,高程控制只能采用GNSS拟合高程,沉桩完成后,在施工平台上建立加密控制点,观测方法按前控制点加密方案进行,然后利用测控中心提供的GNSS拟合参数求出其GNSS拟合高程,利用GNSS拟合高程作为结构物施工的高程控制;在优先墩施工完毕且具备全桥贯通条件后,组织人员、设备进行全桥高程贯通测量,非优先墩的高程利用全桥贯通的常规水准来控制,高程则利用全桥水准贯通后加密点,通过常规水准或精密三角高程引测至施工平台,平面可采用RTK或全站仪进行施测。

在钢管复合桩顶面用弦线按纵横轴线方向上的红油漆标志交出桩位中心,钻机就位时用吊垂球的方法使钻机钻杆中心与桩位中心处于同一铅垂线上。用水准仪对钻机的水平度进行调整,钻杆中心与设计桩中心偏差不大于50mm,并根据要求填写桩位测量放样报检表等资料,向监理方和测控中心报检。

在钻孔过程中,经常性的检查钻机平面位置的正确性和钻机底座的水平度情况,确保在钻进过程中钻机的位移和倾斜变化能够被发现并及时作出调整,保证成孔时桩位中心平面位置与倾斜度满足规范要求。在终孔前检查钢管复合桩的平面位置、高程和孔底高程,作为成孔和下放钢筋笼定位的依据。

钢管桩混凝土浇筑完成后,精确测量钢管桩垂直度及桩顶中心坐标,计算桩位平面位置偏差及桩与桩相对偏差,并根据垂直度推算到承台安装设计高程面处桩中心坐标,为承台的预制孔位偏差提供准确的数据。按要求填写桩位的竣工测量报检表等资料。

28.6.7.4 非通航孔承台墩身施工测量

非通航孔桥承台采用低桩承台,承台与第一节墩身采用整体预制、运输、吊装。

1)桥址水下地形测量

桥址水下地形测量主要采用GNSS设备(TRIMBLE或同类产品)、测深仪(HY1600)、验潮仪、HYPACK导航软件和测量船组成水下地形测量作业系统。根据桥轴线和其他相关资料布置策深航线,利用港珠澳大桥测控中心提供的GNSS连续运行参考站系统(HZMB-CORS)进行RTK数据采集,同步进行测深仪水深测量。内业根据外业采集的水深数据绘制桥址的水下地形图,精度要求满足相关规范要求。

2)承台及墩身预制测量

承台及墩身模板安装允许偏差见表28-62。

预制墩身、承台模板安装允许偏差表　　表28-62

项　　目		允许偏差(mm)
模板高程	预制墩身、承台	±10
模板内部尺寸	墩台	±20
轴线偏位	墩台	10
装配式构件支承面的高程		5
模板相邻两板表面高低差		3
模板表面平整		10
预埋件中心位置		+10,0

3)承台及底节墩身安装测量

预制承台及底节墩身安装施工测量主要工序包括:吊装定位、墩身安装精调及验收测量。测量与监控的关键工序:承台平面和高程测量,墩身顶口坐标、高程测量及墩身垂直度测量。

(1)吊装过程测量:承台及底节墩身吊装前根据吊挂系统结构,计算吊挂系统在支撑桩上的准备位置,并在支撑桩顶口放样出吊挂系统位置的控制线,用红油漆标记,吊装前,根据支撑桩顶高程和承台底高程,准确调整吊挂系统的吊挂高度,在下放过程中,用RTK或全站仪实时测量墩顶平面位置,控制承台墩身的下放,下放到位前使吊挂系统准确对准支撑桩位上的控制线,来控制承台及底节墩身的平面位置从而对其进行初定位。

(2)精确调位:平面位置测量采用全站仪极坐标法进行控制,垂直度采用高差推算法与倾斜仪法共同控制,并以垂球法复核。高差推算法通过观测墩台身上4个角点高差,精确推算墩台身倾斜度。通过测量数据指导精调系统进行墩台垂直度、高程、平面位置精确调位,使墩身中心、轴线与理论值一致,直到墩身平面定位精度满足规范限差要求。平面调整完毕后再重新检测一下墩身垂直度,如垂直度发生变化,再进行一次调整,直到墩身垂直度、中心、轴线全部满足限差要求,预制墩身、承台安装的允许偏差和检验方法见表28-63。

预制墩身、承台安装的允许偏差和检验方法表　　　　表28-63

序　号	项　目	允许偏差(mm)	检验方法
1	尺寸	±15	用尺量长、宽、高各2点
2	顶面高程	±10	测量5点
3	轴线偏位	20	测量纵横各2点

4)中节及顶节墩身的安装测量

在对预制墩身进行安装时,利用墩身下节导向设施,控制上节墩身准确下放对位,墩身对位后,立即检查桥墩顶面平面位置与倾斜度,墩身倾斜度($H/3000$)和墩顶轴线偏差(10mm),如不满足规范要求,利用支撑千斤顶进行调整,直到满足规范要求。

在墩身安装定位导向支座按要求完成后,墩身的安装就位测量工作主要是控制墩身的平面位置及垂直度。安装前,先检查墩身的高度和断面尺寸,并在墩身顶、底口相应的部位精确标定出其四个轴线点的位置,根据所放样的边线和测定的高程安装导向定位设施,平面位置确定后,对支撑千斤顶面抄平,保证支撑顶面高程与设计高程之差为0~-10mm,各搁置面相对最大高差不超过2mm。安装时,浮吊吊起墩身,利用导向限位装置使墩身精确就位,必要时还可在墩身底面即将接触支座支撑面时对墩身平面位置予以微调,使底口轴线点与定位导向支座上的测设墩身设计轴线点重合,墩身顶口位置和垂直度可通过全站仪和倾斜仪来控制。在底口平面位置调整完毕后松钩并检查墩身顶口平面位置和垂直度,若不满足规范及设计要求,通过调整支撑千斤顶来调整墩身垂直度和顶面平面位置,直至满足规范要求为止。

5)承台、墩身的竣工测量

承台、墩身安装完毕后,应及时对平面位置偏差、轴线偏差、高程和垂直度进行竣工验收测量。测量仪器可采用RTK、全站仪、水准仪、钢卷尺、倾斜仪等,并放样各墩的纵横轴线,以便于进行支座安装和垫石施工测量。

6)垫石、支座的施工测量

(1)平面位置放样:放样支座垫石时,在相邻墩顶的加密控制点上架设全站仪,用极坐标的方法放出墩身轴线和支座垫石纵横桥轴线,用墩身放样的方法进行放样检查,用墨线弹出垫石模板的安装线。

(2)高程放样:墩身验收时,利用全桥贯通高程成果将控制点高程引测至墩顶并在墩顶埋设控制点,在墩顶架设水准仪,在垫石模板上测出各垫石的高程并用红油漆做好明显的标记。

28.6.7.5　浅水区非通航孔85m钢组合梁制造、架设施工测量

1)85m连续钢组合梁的制作和架设

85m跨组合梁单个构件外形尺度85m×16.3m×4.38m,单孔构件最大自重约1900t,整孔出运、运输、吊装,逐孔合龙,形成多跨连续梁。

(1)钢主梁的制作和检查:钢主梁的加工制造应符合建设使用标准,梁场制作和检查采用全站仪三维极坐标法和常规水准法进行施测,确保钢主梁制造加工的质量。每个梁段均应根据施工监控要求设置长度、高程、轴线测量控制点,标记明显、耐久;钢主梁首先在工厂加工成板单元件,然后制作小节段钢主梁,最后将各节段依次摆放在拼装台座上进行现场焊接,形成一孔85m钢主梁。

(2)混凝土桥面板的制作和检查:混凝土桥面板板块在工厂预制,张拉一期横向预应力后,起吊存放至少6个月。桥面板的预制须按相关技术规范和设计要求进行,桥面板平整度须小于±3mm,平整度检测采用2m靠尺,桥面板对角相对高差须小于5mm,板厚偏差为0~3mm。钢主梁构件在拼装车间内完成拼装、检测、喷涂等作业工序后,移至下一台座在四点支撑的条件下进行桥面板铺装架设,待桥面板安装就位后,浇注除墩顶负弯矩区段范围以外的桥面板湿接缝混凝土和剪力钉预留槽

混凝土,在工厂与钢梁结合形成组合箱梁,随同钢梁吊到桥址,组合梁架设到位并完成钢梁连接后,按设计要求起顶中间墩组合梁,待浇混凝土达到规定强度和相关要求后,最后落梁,重复以上步骤完成其他墩墩顶桥面板施工。

(3)组合梁的架设和控制:组合梁架设前,墩顶纵横十字线、架梁端线、支座中心线的精确位置和高程进行重点检查,并在梁上标出箱梁中线和支座中线,以便架梁时与墩顶支座中线吻合,以确保架梁工作能顺利进行。组合梁运输采用大型运输船舶,将一孔组合梁运输到预定桥位。根据事先标注好的架梁线,精确调整安装单元的端口各项坐标,最后进行现场拼缝作业。一联主梁施工完毕后,中间墩墩顶起顶主梁,依次浇筑桥面板横向湿接缝以及预留结合孔等处混凝土,最后回落主梁。重复以上步骤完成其他中间墩顶桥面板施工。

2)变形监测和线性控制

本桥的线形控制的关键在于两方面:一是组合梁节段的制造精度;二是现场平台上组合梁节段的连接精度。

(1)线形测量:线形测量包括节段高程测量及轴线测量。全部组合梁拼装好后,制订全桥线形测量计划。在进行桥面铺装之前,为了便于全桥成桥线形测量,须将梁顶面上全部水准点传递到高于梁面的固定位置上,再将所有高程点按施工水准测量要求进行联测、平差。当桥面铺装完成后,即可利用这些高程点对全桥进行成桥线形测量,采用 RTK 及全站仪放样出全桥桥中线、测量出全桥桥面宽度、全桥平面线形;采用水准仪测出全桥桥面高程、竖向线形等。

(2)中线线形测量:在组合梁进入施工现场后,在每一节段组合梁架设时,同步观测中心控制点点位坐标与设计坐标比较并进行调整。对组合梁中线调整测量应安排在日出前大气温度变化小、气候稳定的时间内快速完成。为保证组合梁架设的顺直,可以采用局部坐标系确定相邻近组合梁中线的办法进行放样。

(3)高程线形测量:架设组合梁最重要的一项测量内容,就是高程线形测量。这项工作也要安排在日出前大气温度变化小、气候稳定的时间内快速完成。良好的拼装线形,不仅其高程绝对值与设计值相差不大,而且应呈现一条顺滑曲线,而不应出现折线形的突变点。

28.6.7.6 九洲航道桥施工测量

根据九洲航道桥的施工方法和技术要求,进行编写施工测量技术方案,上报监理单位、测控中心审批。

1)九洲航道桥下部结构施工测量

九洲航道桥下部结构包括钢管复合桩、承台、塔座,主要施工过程为采用打桩船施打定位钢管桩→建立施工平台及钢管复合桩的定位架→插打钢管复合桩→钻孔桩施工→安装钢吊箱围堰→封底后进行承台(塔座)施工。主要的施工测量有桥址水下地形测量;定位钢管桩及平台施工测量;钢管复合桩的定位测量;钢吊箱围堰制造及安装测量;承台(塔座)施工测量。

水下地形测量、定位钢管桩及平台施工测量,参考 29.8.7.2~29.8.7.4 章节中的相关内容和方法。

(1)承台(塔座)施工测量。

九洲航道桥承台采用有底钢吊箱围堰施工工艺。钢吊箱围堰采用浮吊整体安装,九洲航道桥水深较浅,钢吊箱围堰部分区域将进入淤泥层,因此在承台施工前,需进行适当的挖泥处理,并进行水下地形测量。封底混凝土浇筑并满足强度要求后,抽水割除钢护筒、清理桩头进行承台施工。

①根据九洲航道桥各墩位中心里程坐标及各墩轴线方位角和承台(塔座)平面布置图计算承台的各特征点坐标和承台(塔座)的纵横轴线。

②钢吊箱围堰制造的测量控制。

先根据实测的钢管复合桩中心纵横轴向偏位和实际垂直度,计算出钢管复合桩在钢吊箱围堰底设计高程处的实际中心坐标。放样出围堰的纵横向十字线,用钢尺量距法或用全站仪在底板上标出各钢管复合桩的开孔位置,进行开孔。控制围堰的内部尺寸,特别是在承台设计高程范围内的尺寸,保证不小于承台设计尺寸,以便保证承台施工时可以满足设计要求。制造过程中按要求进行测量控制,如有偏差应及时进行更改或分析对后期施工的影响。

③钢吊箱围堰利用浮吊整体安装,围堰安装就位前需进行适当的挖泥处理,根据围堰底的理论高程进行挖泥,用 RTK 和测深设备进行海床地形的测量和检查承台位置的挖泥深度。围堰安装就位后调整围堰平面位置偏差和垂直度。但如果采用围堰作为承台施工模板时要根据围堰制造的实际尺寸和垂直度的偏差分析出围堰安装时平面位置和垂直度的精度要求,保证承台施工要求。

钢围堰的制作拼装满足表 28-64 的要求。

钢围堰的制作拼装实测项目 表 28-64

项次	检查项目		规定值或允许偏差	检查方法和频率	权值
1	顶面中心偏位(mm)	顺桥向	20	全站仪或经纬仪	1
		横桥向	20		
2	围堰平面尺寸(mm)		直径/500 及 30,互相垂直的直径差<20	尺量:每节检查 4 处	2
3	高度(mm)		±10	尺量:每节检查 2 处	1
4	节间错台(mm)		2	尺量:每节检查 4 处	1

④灌注围堰封底混凝土至设计高程,待封底混凝土达到一定强度,将围堰内水抽干,在封底混凝土上凿毛至承台底设计高程。用 GNSS 设备静态测量方法或全站仪导线测量的方法,在围堰顶面布测多个加密控制点,然后利用全站仪在围堰上放样出承台纵横轴线,并将纵横轴线用激光垂准仪投测到封底混凝土上,用红油漆作出标志,作为承台结构测量控制线。同时用水准仪法按四等水准要求测设承台底高程线,作为立模与绑扎钢筋高度的依据。

⑤待承台混凝土浇筑完毕后及时进行竣工测量,检查承台的平面位置和顶面高程,满足表 28-65 的要求。

承台实测项目 表 28-65

项次	检查项目	规定值或允许差	检查方法和频率
1	尺寸(mm)	±30	尺量:长、宽、高检查各 2 点
2	顶面高程(mm)(海中区)	优先墩±100,其他墩±50	用 GPS、水准仪:检查 5 处
3	轴线偏位(mm)	50	用 GPS、全站仪或经纬仪检查纵、横各测量 2 点

用极坐标法多测回测设出塔座的纵横轴线,按四等水准要求测放高程控制线,作为塔座施工时的位置与高程控制基准。

⑥依据承台竣工测量所测放的塔座纵横轴线和高程控制线,调整塔座模板的底部位置和高程,使其达到设计位置。模板顶部平面位置的调整可用垂球或全站仪进行,按四等水准要求测量塔座模板顶部高程。模板内部尺寸、轴线偏位和模板高程偏差要满足规范要求。同时进行下塔柱预埋连接装置的平面位置和高程测量定位。

⑦塔座竣工测量采用前、后方交会结合法测设塔座中心,然后在中心置镜测放塔座的纵横轴线。检查塔座结构尺寸、轴线偏差;按四等水准要求测量塔座顶面高程,同时布设平面及高程观测点作为形变和沉降观测使用。承台施工完毕后,应及时联测相邻墩台中心跨距、轴线偏位和高程。

(2)九洲航道桥的加密控制网。

在各墩承台施工完成后,在每个承台顶面布设一个加密控制点,控制点加密按前述方案采用 GNSS 静态测量的方法进行,并同时联测最近测量平台加密点和优先墩加密点,按 C 级控制网的精度要求进行测量和平差处理,计算各加密控制点的平面坐标。用全站仪按跨海三角高程测量方法,将高程引测至各控制点上。使每个控制点具有三维坐标,组成九洲航道桥塔柱和墩身施工的加密控制网。同时各控制点可以作为九洲航道桥各承台的沉降变形监测点,按相关技术文件要求,每隔一段时间进行观测,通过各点三维坐标的变化值来判定各墩承台的平面位置位移量和沉降量,并做好相应的记录。

当边墩和辅助墩的墩身施工完成后,以及主塔墩塔梁结合段施工完成后,在各墩身顶面和塔梁结合段顶面采用同样的方法进行加密控制点的布设与测量。同时各加密控制点可以作为九洲航道桥各墩身(下塔柱)的沉降变形监测点,按相关技术文件要求,每隔一段时间进行观测,通过各点三维坐标的变化值来判定各墩墩身(下塔柱)的平面位置位移量和沉降量,并做好相应的记录。

(3)辅助墩、边墩混凝土墩身施工测量。

航道桥的辅助墩、边墩利用相邻墩顶的三维加密控制点用全站仪测量墩身模板,底口检测以承台竣工十字线为检查基础,顶口检查用全站仪把墩身十字线测放到顶口进行顶口的尺寸检查,并指导模板顶部平面位置的调整,采用全站仪进行施测,直到满足相应规范的要求。墩顶高程传递采用鉴定钢尺配合水准仪按四等水准精度完成,用全站仪三角高程测量进行检核,内模检查依据已调整好的外模并结合墩身结构尺寸进行调整,直至满足规范要求。

墩顶的竣工检查:可以采用GNSS加密测量控制点的方法和双仪器三角高程的测量方法在各个墩顶加密三维控制点,进行全桥贯通(九洲航道桥的贯通和港珠澳大桥整个项目的贯通一起完成)测量后,再进行墩顶的竣工检查,并放样各墩的纵横轴线,以便于进行支座安装和垫石施工测量。

2)九洲航道桥主塔墩塔柱施工测量

九洲航道桥主塔施工采用"大节段吊装+竖转"的组合方案:桥面以下部分采用节段吊装,桥面以上部分采用转体施工。

(1)钢塔柱制造拼装施工测量。

钢塔柱拼装过程中,每次荷载变化时要进行沉降观测的测量,如果发生变化则要对测量放样数据进行修正,保证塔柱垂直度。拼装时要实时测量定位构件的三维位置,保证塔柱结构和设计偏差不超过设计或规范要求。拼装完成后,在钢塔柱每节段底面和顶面放样出纵横轴线,做好钢塔柱安装时的测量定位点,并在顶面做好高程标记点。精确测量放样预埋构件的位置和高程。在钢塔柱最顶面的桥轴线中心的大里程处和小里程处各埋设一套棱镜组。

(2)混凝土塔柱施工测量。

①劲性骨架的测量定位:安装塔柱底节劲性骨架前,根据设计图纸计算出不同高程面上劲性骨架各角点的坐标。劲性骨架的平面位置随着高程的变化而变化,安装定位时应先测出每个骨架角点的高程,再根据设计斜率和倾斜方向计算各角点的平面位置。依据计算坐标调整骨架的平面位置,直至骨架的平面位置与其所处高程相对应并符合要求为止。

②塔柱模板测量:劲性骨架安装完毕后,在塔座上放出塔柱底高程及四个角点的位置,作为塔柱模板底口的立模依据。塔柱模板检查时,先测出模板顶四个角点的高程,根据实测高程计算出四个角点在实测高程处的设计平面坐标,然后对四个角点的平面位置进行检查和调整。塔柱的竣工检查,先根据实测混凝土顶面高程,计算与之相对应的平面位置坐标,并放样出纵横轴线,以轴线量出各部位尺寸及壁厚。

(3)钢塔结合段施工测量:精确测量劲性骨架的三维坐标,在混凝土顶面测量出塔柱的纵横轴线和高程,以劲性骨架为支撑吊装钢塔结合段到位,通过劲性骨架与钢塔结合段之间的调节装置精确调节结合段平面位置和高程。施工过程中为确保钢塔定位的准确性,在结合段先浇注定位柱,吊装钢塔柱后,由定位调节装置支撑并调整至设计位置。检查钢塔结合段顶面的纵横轴线、高程、钢塔结合段顶面的平整度和钢塔结合段的垂直度,直到这几项全部满足设计和规范要求为止。

(4)钢塔节段吊装施工测量:每吊装一节钢塔柱,需通过调整装置调整钢塔柱顶面的纵横轴线(制造拼装时已经做好的标志)和高程;检查钢塔结合段顶面的平整度;检查钢塔结合段的垂直度,重复调整直到这几项全部满足设计和规范要求后才可以进行固接施工。

(5)塔梁结合段施工测量:塔梁结合段拼装主要依赖于墩旁托架,采用浮吊起吊安装来完成。安装前先调整支架顶面高度,在支架上放样出中轴线和边线位置,并设置调整装置。为使塔梁结合段整体 X、Y、Z 坐标与扭角符合设计要求,施工时采用高精度全站仪和自动安平水准仪分别用极坐标法和几何水准测量方法来精确测定塔梁结合段轴线和顶面高程;检查梁顶面的平整度;钢塔柱部分的顶面轴线偏差;钢塔柱部分的顶面平整度;钢塔柱部分的垂直度,若观测值与设计值的差值超限,则由施工员指挥现场工人利用安装好的竖向、纵向、横向调整装置系统对塔梁结合段线形用逐渐趋近的方法进行调整,直到满足设计要求。

(6)上钢塔柱转体施工测量:主要利用边墩和辅助墩墩顶的加密控制点,用高精度全站仪 TS30 来测量控制。上塔柱竖转过程中的线性测量控制主要有两方面:上塔柱处水平位置时,上下铰座的对位测量控制;竖转到位后,钢塔接缝连接处理及主塔轴线线性测量控制。上塔柱吊装就位水平放置于临时墩顶,通过在临时墩顶及下塔柱支撑牛腿上布置三向千斤顶调节装置,准确定位后,顺利将上塔柱的上铰座喂入下塔柱牛腿上的下铰座,实现第一步的线性控制;上塔柱竖转之前,预先在上下钢塔连接处设置限位牛腿及连接件,各连接件已精确预留出接头缝隙,确保竖转到位后主塔轴线的精度要求。上塔柱竖转到位后,及时连接连接件螺栓,测量复核主塔轴线及高程,满足要求后进行接头焊接,完成上下主塔对接施工。通过埋设在塔顶的两个棱镜按监控单位的要求进行连续观测,绘制塔柱温度和日照变形图,确定塔柱监测点"零状态"时的三维坐标。

(7)塔柱顶变形监测:在观测主梁线形的同时,同步进行塔顶位移观测。用固定在塔顶横桥向两侧的棱镜作为塔顶位移观测点,用全站仪直接观测其三维坐标,将观测值报送给监控单位,由监控单位对塔顶相邻两工况观测点的坐标变化值进行分析。

3)九洲航道桥钢混组合梁施工测量

九洲航道桥主梁采用整体式钢混组合梁(在独塔柱处开槽)。索塔墩顶梁段,利用墩旁临时支架,采用浮吊安装;边跨钢梁架设测量方法同浅水区非通航孔的施工测量方法:各标准钢混组合梁节段采用桥面吊机小节段平衡悬臂拼装。为减少温差和日照的影响,主要测量工作安排在阴天或晚上进行。

(1)钢混组合梁段制作的测量控制。

钢混组合梁段在制造过程中用仪器安装并检查锚箱的空间位置,在每段钢混组合梁顶面做出 6 个高程点、2 个平面点,其中中轴线上的 2 个点为平面和高程共用点,并提供 6 个高程点的相对高差表。

(2)架设钢混组合梁前的测量准备工作。

墩中心十字线测定的方法和精度要求:墩中心的里程标志可选用交会法测定,用极坐标等方法进行复核。在精确测定好墩中心点位后,则置仪于该点,后视桥中线的固定方向点,用正、倒镜转 $90°$,放样出墩顶的十字线和支座的十字线。这项工作应反复检核。

支承垫石混凝土浇筑完成后,其顶面高程及四角高差应严格控制在设计及规范限差要求内。复测支承垫石顶面高程,检查支承垫石平面位置、锚栓孔位置及深度情况,如不符合要求,及时进行处理。重复检核桥墩中心的距离、支座的十字线。支座上下座板必须水平安装,活动支座上、下座板横向应对正,纵、横向的错动量应根据安装支座时温度与设计温度差及未完成收缩、徐变量进行计算确定。以垫石上做好的十字线与高程控制点为依据,对支座平面位置和高程进行调整,再用水准仪进行复核,直至满足设计规范要求。

(3)钢混组合梁段的悬臂拼装过程测量。

墩顶梁段安装并临时锚固后,在其上拼装桥面吊机,然后用吊机对称悬臂拼装钢混组合梁段,拼装时主要需进行主梁线形控制。主梁线形控制是斜拉桥施工控制的重要项目,其内容包括高程线形测量、中线线形测量等,其中高程线形测量必须是监控、监测单位在对主梁进行监控测量后,提供必要的理论主梁拼装线形,施工单位据此为依据才能对主梁拼装实施线形控制。监控测量内容不仅包括高程线形测量、中线线形测量,还要同步对主塔进行塔顶偏移测量,监控单位对塔顶相邻两工况观测点的坐标变化值进行分析,以判断当前工况下主塔结构是否安全。

①中线线形测量:钢混组合梁受温度影响横桥向方向上易摆动,对正在拼装的钢混组合梁前端中线调整测量应安排在日出前大气温度变化小、气候稳定的时间内快速完成。为保证钢混组合梁架设的顺直,避免两相邻节间拼装出现折线,两相邻节间的钢混组合梁中线控制可采用方向线顺延的办法进行检核。

②高程线形测量:架设钢混组合梁最重要的一项测量内容,就是高程线形测量。这项工作也要安排在日出前大气温度变化小、气候稳定的时间内快速完成。良好的拼装线形,不仅其高程绝对值与设计值相差不大,而且应呈现一条顺滑曲线,而不应出现折线形的突变点。为防止钢混组合梁出现折线形的突变点,使钢混组合梁线形按设计状态延伸,能够在任意时间段对拼装的钢混组合梁高程线形进行复核,可采用"相对高差法",即对相邻已拼装好的钢混组合梁复核其相对线形。高程线形测量的测点位置,可采用在钢混组合梁预拼时设置的6个标记点。观测仪器采用精密自动安平水准仪,取位至毫米。高程线形观测采用几何水准测量方法,组成附合水准线路或闭合水准线路。每个测点均应观测两次,两次读数误差不得超过2mm,并取其平均值。对每节段钢混组合梁端头的测点,分别在每节段钢混组合梁拼装前后,及每对斜拉索初张拉前后四种工况进行测量。

(4)中跨合龙测量。

钢混组合梁中跨的合龙,是全桥受力状况和线形的关键工序。中跨合龙前对相邻两悬臂端的高程、中线按监控单位要求进行连续跟踪观测,找出钢混组合梁在不同时间不同温度状态下两悬臂端的高差及中线偏位值,以制定合理的合龙工序,做到对合龙段的准确控制。根据测量结果确定跨中合龙段最佳的安装时间。

28.6.7.7 珠澳口岸连接桥和互通立交桥的施工测量

1)栈桥施工

栈桥主要用于珠澳口岸人工岛连接桥,由于水深较浅,采用栈桥施工桥梁下部结构,栈桥宽度为6m,最大跨度为12m,主要采用"钓鱼法"的方法施工。

2)基础施工测量

珠澳口岸人工岛连接桥和互通立交桥基础为钻孔灌注桩,先插打钢护筒,然后利用钢护筒搭设钻孔平台施工,钻孔完成后浇筑水下混凝土。

(1)根据港珠澳大桥的平面线形布置,计算珠澳口岸人工岛连接桥和互通立交桥各墩位桩中心坐标。

(2)钢护筒插打时,可以采用全球导航定位系统动态测量模式(RTK)或全站仪进行测量控制,钢护筒插打后(钢护筒内径按大于桩径200mm考虑)要求平面位置偏差小于50mm,钢护筒垂直度在1/300以内,最终确保桩顶高程处的桩位偏差不大于100mm。

(3)在形成临时施工平台后,用全站仪极坐标法或RTK进行各桩位放样测量,在钢护筒顶面做出各桩位的纵横十字线和高程点。

(4)钢护筒上用悬线按纵横轴线方向上的红油漆标志交出桩位中心,钻杆中心偏离设计桩中心允许偏差不大于50mm。

(5)钻孔过程中,经常性的检查钻机位置的正确性和钻机底座的垂直度情况,确保成孔时桩位中心与倾斜度满足规范要求。终孔前检查钢护筒的平面位置和高程,作为成孔和下放钢筋笼定位的依据。

(6)成桩后待桩头清理完毕,及时进行桩位的竣工测量。首先用小钢尺找出钢筋笼的实际中心,(ΔX、ΔY)的平方和的平方根为桩位偏差值。群桩平面位置允许偏差不大于100mm,高程允许偏差为0~50mm。

3)承台施工测量

珠澳口岸人工岛连接桥和互通立交桥的承台施工采用围堰阻水,围堰采用工厂分块加工,现场散拼、整体下放,围堰下沉到位后浇筑封底混凝土。

(1)根据珠澳口岸人工岛连接桥和互通立交桥各墩位中心里程坐标及各墩轴线方位角和承台平面布置图计算承台的各特征点坐标和承台的纵横轴线。

(2)在钻孔桩施工完成,拆除平台后拼装围堰,围堰拼装时要准确防样出承台的纵横轴线,保证围堰的内部尺寸,特别要控制围堰的垂直度,在下放时保证围堰垂直下放。

(3)围堰下沉到位后灌注围堰封底混凝土至设计高程,待封底混凝土达到一定强度,将围堰内水抽干,在封底混凝土上凿毛至承台底设计高程。然后利用全站仪或RTK在围堰内放样出承台纵横轴线,并将纵横轴线用垂球投测到封底混凝土上,用红油漆做出标志,作为立模的基准。同时用水准仪法按四等水准要求测设承台底高程线,作为立模与绑扎钢筋高度的依据。

(4)立模时,除模板下部的位置与纵横轴线间的相对尺寸应符合要求外,模板顶部的位置也应符合规范要求。承台模板内部结构尺寸允许偏差±30mm、轴线偏位不大于15mm、模板高程允许偏差±20mm。

(5)待承台混凝土浇筑完毕模板拆除后及时进行竣工测量,检查承台的平面位置和顶面高程。并用极坐标法多测回测设出塔座的纵横轴线,按四等水准要求测放高程控制线,作为塔座施工时的位置与高程控制。

(6)承台施工完毕后,应及时联测相邻墩台中心跨距、轴线偏位和高程。

4)墩身施工测量

珠澳口岸人工岛连接桥和互通立交桥墩身采用翻模法施工,根据承台施工完毕后的竣工测量安装模板,按验收规范的要求检查并调整模板的尺寸、轴线偏差,测量放样出高程。在施工完成后要及时进行墩顶竣工测量。

(1)墩顶轴线的竣工测量:墩身验收测量首先需要用经标定合格的钢尺将墩身顶的实际纵横轴线分划出来,然后将全站仪架在优先墩控制点、加密的控制点,依照放样时的方法,实测墩顶的实际纵横桥轴线坐标,以检查墩顶轴线偏位是否满足设计要求。

(2)倾斜度的检查:用钢尺分出墩顶和墩底的纵横桥轴线,将全站仪架在附近的墩身上,仪器对准上口的分中线,将仪器镜头向下,在下口用铅笔对出两个点,将两点连成一条竖线,用钢尺量下口分中到观测竖线的距离,这样就可以得出墩身倾斜度的数值。或用吊线锤法测出其倾斜度。

(3)墩顶高程的测量:墩顶高程的控制主要采用在上、下游侧的垂直面,用倒挂钢尺水准测量或用三角高程测量方法将控制点高程转到墩顶,倒挂钢尺或三角高程均采用多次观测取其平均值的方法,或用GNSS加密三维控制点的方法,用此方法加密的高程将作为以后支座垫石施工控制高程所用,此点要求精度高,并做好测量标记。加密好水准点后,再用水准仪验收墩顶高程。

(4)垫石、支座施工测量:放样支座垫石时,在相邻墩顶的加密控制点上或本墩的GNSS加密控制点上架设全站仪,用极坐标的方法放出支座垫石纵横桥轴线,用墩身放样的方法进行放样检查,用墨线弹出垫石轮廓线即垫石模板的安装线,支座垫石纵横桥轴线的墨线应超出垫石轮廓线5cm以上,在墩顶架设水准仪,在垫石模板上测出各垫石的高程并用红油漆做好明显的标记。在垫石顶面放样出垫石纵横轴线,并用红油漆将轴线做好标记,作为支座安装用,再用钢尺量出垫石轴线偏位。安装时用水准仪测量并调整支座的四角高差,调整支座的纵横轴线偏差直至满足要求。

5)上部结构施工测量

支架顶面用全站仪测量放样出梁体的底板的轴线和高程,调整梁体模板直到满足规范要求,测量定位相关的预埋件位置。检查并调整模板的上口尺寸、轴线偏差,测量放样出控制高程,满足相关要求后填写模板检查记录表。梁体竣工测量包括线形测量和挠度测量,线形测量包括梁体高程测量及轴线测量。在进行桥面铺装之前,为了便于成桥线形测量,须将梁顶面上全部水准点传递到高于梁面的固定位置(如防撞墙)上,再将所有高程点按施工水准进行联测、平差。当桥面铺装完成后,即可利用这些高程点对全桥进行成桥线形测量,采用RTK及全站仪放样出桥中线、测量出桥面宽度等。

28.6.7.8 桥面护栏施工测量

桥面行车道护栏坐标依据经检查并确认无误的曲线要素计算,力图方便施工并保证线形完美。

直线段以每5m测设一组对称平面点,曲线段以每2.5m测设一组对称平面点。依据桥面设计高程控制防撞栏的高程,测设护栏高程时,应该在预留的钢筋上抬高10cm测定其高程,便于砂浆找平护栏底部和安装模板,经自检无误后,填写好测量报验资料,上报监理、测控中心检查验收。

28.6.7.9 贯通测量

港珠澳大桥主体工程主要是海上工程,为保证工程质量,保证测量精度,保证桥梁线形,要逐步进行全桥贯通测量。先利用测量平台、优先墩和东、西人工岛进行贯通测量,最后利用全桥正式墩位进行全桥贯通测量。

港珠澳大桥桥梁工程CB05标在完成墩身施工后,利用加密控制点对合同段内全部墩身进行贯通测量,港珠澳大桥桥梁工程CB05标平面贯通采用导线法或GPS静态法,高程采用三角高程或常规水准法,对墩中心平面和高程进行贯通测量,以保证上部结构施工顺利进行。

28.6.7.10 相邻合同段衔接测量

为了保证相邻合同段之间的结构物能正确地进行衔接,在监理工程师(或测控中心)的共同参与下,由相邻两合同段共同对衔接处的结构物进行衔接测量,在确保成果符合规范要求的情况下,将测量结果由双方施工单位和监理(或测控中心)共同确认,并形成测量资料上报监理、测控中心和发包人。

28.7 施工总体平面布置

28.7.1 施工总平面布置原则

根据本项目主体结构的特点和特殊性,科学地、针对性地布置施工场地,尽量减少占用施工场地面积;合理组织场内运输,减少二次搬运;施工区域的划分和场地的临时占用应符合总体施工部署和施工流程的要求,减少相互干扰;充分利用既有建(构)筑物和既有设施为项目施工服务降低临时设施的建造费用;临时设施应方便生产和生活,办公区、生活区和生产区分离设置;场地布置完全符合节能、环保、安全和消防等要求;严格遵照业主的项目管理相关规定。

28.7.2 施工场地的规划与建设

1)施工场地的选择

根据本合同段的工程特点,预制构件、组合梁及索塔的制造需要较大面积的施工区域和适合建造大吨位出海码头的港口。因此,项目部选择和布置了两个施工场地,即唐家湾施工营地及堆场、人工岛场地及中山基地。

在唐家湾施工营地,布置本合同段的项目经理部、施工设施钢结构加工车间、钢筋笼制造车间、机械停放场及斜拉索存放场等。

在中山基地布置本合同段的承台、墩身、桥面板等预制构件的预制和存放以及组合梁的制作与存放等施工作业区。

此外,在发包人指定的大万山群岛西南临时性海洋倾倒区,抛弃和倾倒基坑开挖及钻孔桩钻渣等废弃物。

2)唐家湾营地及堆场

唐家湾施工营地在距离桥位15km,淇澳大桥唐家湾桥头。总营地用地面积58.9万 m^2,是港珠澳大桥主体工程各参建单位集中使用的办公、生活及出海基地,规划有码头、堆场及办公生活等三大功能区;项目部在唐家湾"桥三标"办公生活区规划有150人规模的项目经理部。堆场规划有用于本合同段下部结构钢筋、桩基钢筋笼制造、墩旁托架、栈桥钢结构的加工制造,以及斜拉索的存放场地。场地布置见图28-66。

3) 人工岛场地布置

根据 2012 年 7 月 24 日"CB05 标珠澳口岸人工岛用地方案的协调会议"的会议精神，我项目部对人工岛用地进行了规划，具体内容如下：

(1) 用地区域及面积。

我项目部拟使用场地位于 A2-2 区域(对应护岸里程为 NK0+788－NK1+050)，面积约 29000m²(不含振冲区)。因需避开施工区域及预留场地，施工驻地实际占地面积约 10181m²；人工岛收费站暗桥的施工用地约 18819m²，施工便道约 300m。施工驻地布置有生活区、混凝土工厂($2 \times 150m^3/h$)、钢筋车间、材料堆场、机械设备临时停放场等；同时为满足人、机、料的周转，在混凝土工厂对应位置设综合码头一座。人工岛用地规划见图 28-67。

(2) 用地时间。

根据珠澳口岸连接桥、人工岛互通立交及非通航孔桥施工计划安排，预计施工截止时间为 2015 年 9 月 30 日。

4) 组合梁总拼场地及混凝土构件预制场(中山基地)

预制构件生产集中设置于项目部管辖中山基地，距离设计桥位约 22 海里。中山基地位于中山市火炬开发区横门岛，东面为横门水道，北距中山港区 12 海里。

改、扩建后的场地占地面积约 456 亩，包含钢主梁板单元存放与总拼、钢主梁喷砂与涂装、组合梁组合与存放；承台墩身预制构件生产区与存放区、混凝土桥面板的预制与存放、钢筋车间、出运码头、板单元上岸码头以及施工作业人员生活办公区等。

场地内设置完善的给排水系统、供电系统、消防设施，且场地内道路四通八达，并与进场市政道路相连。

5) 水上施工区域规划

本合同段水上施工区域主要有九洲航道桥和非通航孔桥的基础施工区域以及上部结构安装时，大型浮吊的临时航道和锚碇覆盖的区域。

九洲航道桥施工时区域规划：航道桥基础施工时，按照工期要求安排，考虑先开工两个边墩和两个主墩基础。采用大型浮吊辅助主塔施工，上部结构采用船舶运输节段，梁面吊机安装主梁节段。

非通航孔桥施工时区域规划：非通航孔桥基础施工时，先施工优先墩，再按照总体施工原则，从珠澳口岸人工岛向香港方向进行基础施工。按照工期要求安排，同时安排 9 个施工作业面进行循环作业，依次进行基坑开挖、钢管桩的插打、钻孔平台的安装和钻孔桩的施工。钢管桩的插打利用"小天鹅"号中心起吊船作为施工平台安装导向架，采用浮吊配合打桩锤进行施工。钻孔时每墩处布设两艘工作船和一艘浮吊。

组合梁安装时水上区域规划：组合梁安装时，针对"天一"号的船体平面尺寸和吊装站位抛锚需要布置其吊装时的海中平面位置。在距离桥梁中心线左 200m 右 50m 的范围内，进行航道的清理和海床扫描。在通行的区域布置航标信号系统。

28.8 综合管理措施

参见附录 1 中工程通用的管理措施和附录 2 中桥梁工程的管理措施的详细内容。

28.9 附　图

唐家湾营地及堆场平面布置图见图 28-66。

人工岛场地平面布置图见图 28-67。

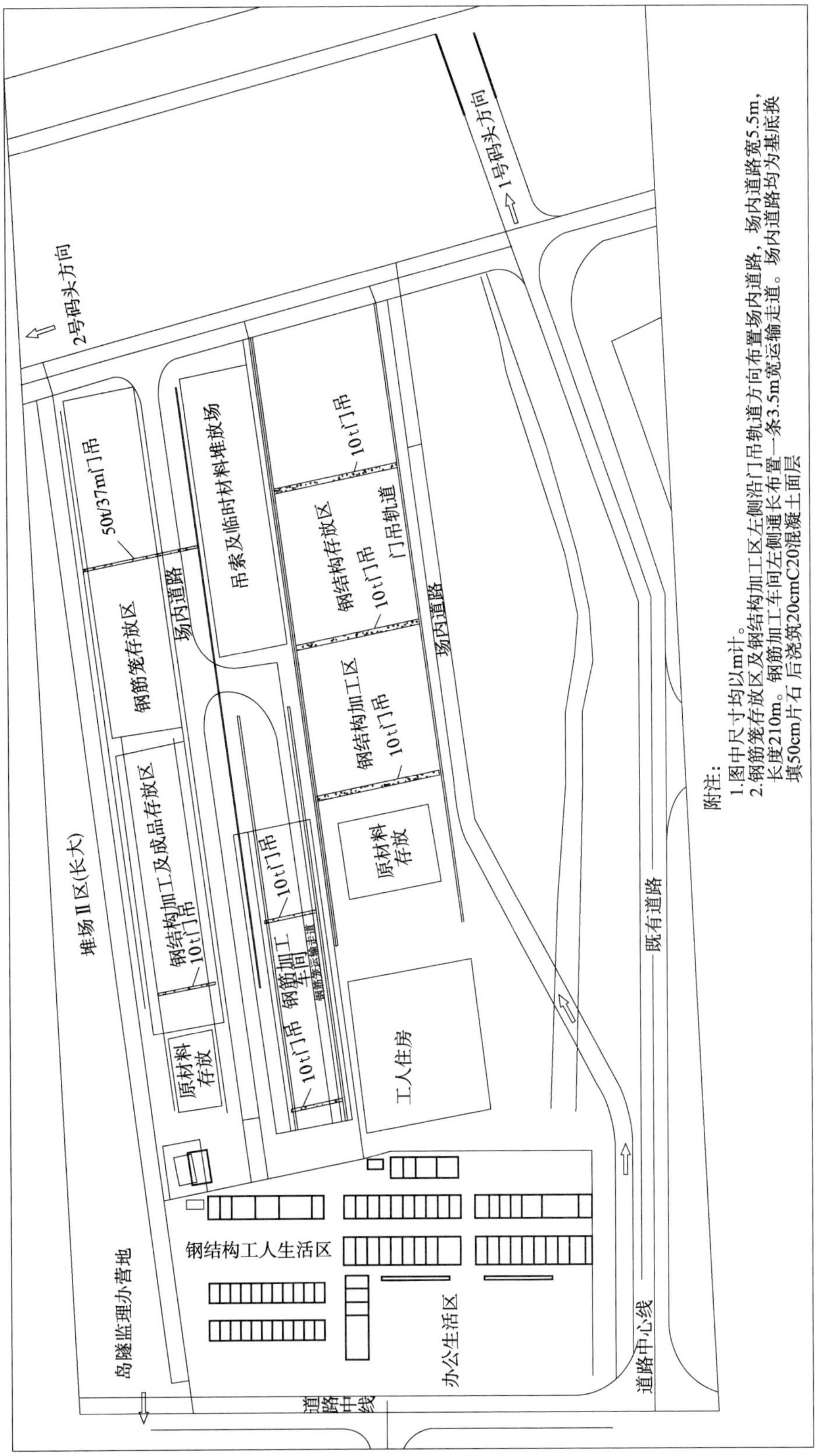

图 28-66 唐家湾营地及堆场平面布置图

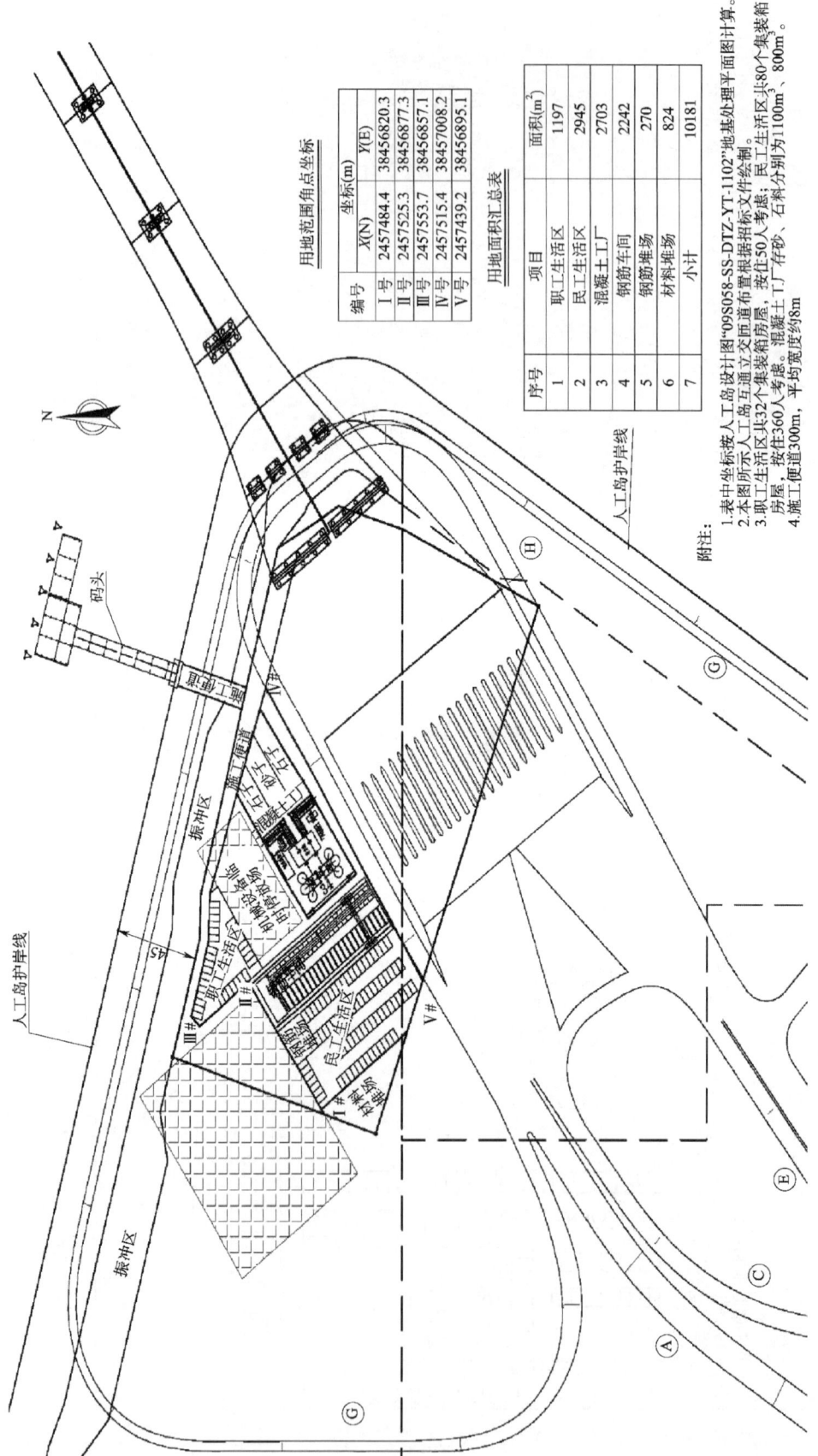

图 28-67 人工岛场地平面布置图

第29章 案例10——胶州湾跨海大桥施工组织设计

29.1 编制说明

29.1.1 编制依据

(1)《青岛海湾大桥土建工程施工招标文件》及补遗文件；
(2)设计图纸等有关资料；
(3)国家现行设计规范、施工规范、验收标准及有关文件；
(4)工程建设标准强制性条文；
(5)施工现场实地踏勘及调查和收集的资料；
(6)公司积累的成熟技术、施工工艺及同类工程的施工经验；
(7)本工程所涉及的地方和国家有关政策和法规；
(8)《山东省公路工程竣工验收文件编制办法》；
(9)《青岛海湾大桥竣工文件编制办法》；
(10)《青岛海湾大桥专项工程质量检验评定标准》；
(11)现场调查对周边环境的了解和所收集的资料；
(12)公司的技术装备、施工能力和管理水平。

29.1.2 编制原则

(1)全面响应青岛海湾大桥第11合同段招标文件要求，投标文件涵盖招标范围所规定的全部内容；
(2)施工方案的编制满足招标文件对工期的要求；
(3)施工方案结合本企业的施工能力编制，力求具体，可操作性强；
(4)力求施工技术创新和采用新工艺、新设备、新技术；
(5)高度重视环保、海资源保护、安全施工问题。

29.1.3 编制范围

本施工组织设计编制范围为青岛海湾大桥工程第11合同段，主要工作内容包括上部结构60m跨连续箱梁的整孔预制及桥面附属工程等，合同段全长4.62km，共计3联4×60m+13联5×60m共154单幅孔(77双幅孔)箱梁。

29.2 工程概况

29.2.1 工程地理位置及情况

青岛海湾大桥位于胶州湾北部，是国家高速公路网青岛至兰州高速公路的起点段，是山东省

"五纵四横一环"公路网主框架的重要组成部分,是青岛市规划的胶州湾东西岸跨海通道"一路、一桥、一隧"中的"一桥",建成后将有利于解决环胶州湾交通瓶颈问题,促进半岛城市群发展。

29.2.2 工程设计方案

青岛海湾大桥起于青岛侧胶州湾高速公路李村河大桥北200m处,设李村河互通与胶州湾高速相接;终于黄岛侧胶州湾高速东1km处,顺接在建的南济青线;中间设立红岛互通立交与红岛连接线相接。全桥里程号为K8+240.000～K34+947.319。

青岛海湾大桥第11合同段工程内容为沧口、大沽河航道桥两侧非通航孔60m跨连续箱梁预制安装(表29-1),里程桩号为K10+310～K28+200,长度4620m主线非通航孔桥。大桥主梁为分离式双幅,单幅箱梁采用单箱单室截面,单幅主梁顶宽17.0m,底宽6.6m,梁高3.5m,平均每片梁混凝土802.8m^3,每联分边梁及中梁,边梁重2000t,中梁重1970t。

非通航孔60m跨连续箱梁整体预制安装分布表　　　表29-1

序号	桥跨布置	长度	墩高	桥梁墩号
1	3×(4×60m)+2×(5×60m)	1320m	18.3～46.1m	39号～61号
2	2×(5×60m)	600m	30.0～47.8m	66号～76号
3	5×(5×60m)	1500m	26.7～57.2m	275号～300号
4	4×(5×60m)	1200m	26.29～55.5m	304号～324号
合计	16联77双幅跨	4620m		

本合同段内永久工程主要项目为77孔双幅共154片梁60m箱梁的整孔预制、架设和湿接头与桥面及附属工程的施工;临时设施主要项目有箱梁梁场制梁台座4个、存梁台座19个,120吨龙门吊2台、钢筋绑扎底腹板及顶板台座各2个、纵移台车1台、横移台车4台、出海码头1座、混凝土搅拌站2座、箱梁运架一体设备2套。

29.2.3 本合同段主要工程项目及数量

本合同段主要工程数量见表29-2。

本合同段非通航孔桥主要工程数量表　　　表29-2

项　目		单　位	数　量
一、钢筋		t	22537.494
上部结构钢筋	带肋钢筋	t	21362.204
附属结构钢筋	带肋钢筋	t	1175.29
二、钢材		t	143.904
钢材Q235		t	143.904
三、钢绞线		t	7331.591
后张法预应力钢绞线		t	7331.591
四、支座		个	372
球形支座	7000kN耐海蚀球形支座	个	128
	15000kN耐海蚀球形支座	个	244
五、混凝土		m^3	127363.28
整孔箱梁预制混凝土		m^3	119319
整孔箱梁现浇混凝土		m^3	3213.6
现浇混凝土附属结构		m^3	4663

续上表

项　目	单　位	数　量
伸缩缝填充环氧混凝土	m³	167.68
六、伸缩缝	m	544
320mm 伸缩缝	m	544

29.2.4　工程施工条件

29.2.4.1　地形、地貌

青岛地区处胶东半岛西南部,东南濒临黄海,全市地形特征属低山丘陵地貌。东南部崂山主峰海拔1113.27m,小珠山(海拔724.9m)、大珠山(海拔686.4m)等组成胶南低山群。

青岛地区分为山前冲积平原区、山间河谷冲积平原区、滨海堆积区。山前冲积平原区主要分布于沧口南部、娄山北部、红石崖西北,高程20m左右,地形微向河流倾斜,堆积物后可达20～20m;山间河谷冲积平原区呈带状分布于河流良策。胶州湾是一深入内陆的半封闭海湾,湾内水深域阔,东西宽27.8km,南北长33.3km,岸线长187km,水域面积382km²,零米等深线以下的水域面积为256km²,平均水深7m左右,最大水深64m。海湾朝东南,一条宽3km,深30～40m 的深水槽与黄海相通。胶州湾海底地势总体上自北向南倾斜,腹大口小。其西北部有7～8km 宽的潮间滩地和宽阔的浅水区。路线经过区位于海湾中北部,因沉积物淤积,地势较平坦,在水深小于5～10m 的区域,形成大片浅水滩,地势坡度小于13°。

29.2.4.2　气象

青岛地处胶州湾畔,濒临黄海,属季风气候区,气候季节变化较明显。冬半年(10月至3月)呈大陆性气候特点,气候干燥、温度低;夏半年(4月至9月)受东南季风影响,空气雨量充沛,日温差小,呈现海洋性气候特征。一年四季均有灾害性天气发生,主要灾害性天气有大风、冰雹、干旱、台风、寒潮、霜冻、浓雾和高温、暴雨、飑线、倒春寒等。对施工影响的主要为大风、大雾和冬季低温。工程地区气象特征见表29-3。

工程地区气象要素特征表　　　　表29-3

项　目		青岛市	备　注
气温	极端最高(℃)	38.9	
	极端最低(℃)	-14.3	
	年平均(℃)	12.7	
	1月平均(℃)	-0.5	
	7月平均(℃)	24.2	
	高温日≥35℃最多年	2	
	年最高(≥35℃)平均日数(d)	0.1	
	高温日≥32℃最多年	12	
	年最高(≥32℃)平均日数(d)	2.8	
降水	最多年降水量(mm)	1253.7	
	最少年降水量(mm)	308.3	
	平均年降水量(mm)	662.1	
	年平均降水日数(≥0.1mm)	83.1	
	日最大降水量(mm)	223.0	
	降水日数最多年	106	
	最长连续降水日数	12	

续上表

项　目		青　岛　市	备　注
雾日	最多年雾日(d)	79	
	最少年雾日(d)	33	
	平均年雾日(d)	50	
相对湿度	1月平均	63%	
	7月平均	88%	
	年平均	70.9%	
雷暴日	最多年雷暴日(d)	29	
	最少年雷暴日(d)	9	
	年平均(d)	20	
最大积雪深度	11月	3 cm	
	12月	12 cm	
	1月	20 cm	
	2月	6 cm	
风	历年最大风速(10min 平均)	32.0 m/s	
	历年极大风速(瞬时)	35.6 m/s	
	春季主导风向	SSE	
	夏季主导风向	SSE	
	秋季主导风向	N	
	冬季主导风向	NNW	
	台风影响最早时间	7.11	
	台风影响最晚时间	9.24	
	受台风影响月份	7月、8月、9月	
	台风年最多	2	
资料统计年限		1965~2004年	

29.2.4.3　水文

(1)地下水。

根据含水介质的特征及其埋藏与分布规律,桥位区地下水可分为三种类型:松散岩类孔隙水、碎屑岩类孔隙裂隙水、基岩裂隙水。

①松散岩类孔隙水:该含水层组主要分布于大站组地层,属晚更新世冲~洪积成因,岩性以中粗砂、砾砂为主,泥质含量高,沿线分布不均匀,根据《青岛城市工程地质》资料,该层富水性中等,单井涌水量500~1000m³/d,地下水主要以侧向补给、径流、排泄为主。

②碎屑岩类孔隙裂隙水:该层含水层组主要分布于桥位区李村河口互通立交向西至K11+700段、K16+100~K26+690段、K28+730~K34+300段,岩性为白垩系角砾岩、泥岩、泥质砂岩,水量贫乏,单井涌水量一般不大于250m³/d,但地下水水质良好,属重碳酸氯化物钙钠型水,矿化度小于0.5g/L,地下水主要以侧向补给、径流、排泄为主。

③喷出岩裂隙水:该层含水层组主要分布于桥位区K11+680~K14+100段,岩性为白垩系青山群流纹岩,岩性较完整,风化程度较低,裂隙不甚发育;K14+100~K16+100段岩性为白垩系青山群玄武岩、安山岩,裂隙发育,强风化层厚度较大,K26+690~K28+730段为玄武岩夹角砾岩、泥质砂岩,该层富水性差,水量贫乏,单井涌水量小于100m³/d,地下水水质较好,属重碳酸氯化物钙型水,矿化度小于0.5g/L,地下水主要以侧向补给、径流、排泄为主。

(2)水质。

①陆域地下水:陆域地下水对混凝土无结晶类腐蚀(环境类别为Ⅱ),无分解类腐蚀(弱透水土

层),无结晶分解复合类腐蚀(环境类别为Ⅱ),对钢筋混凝土结构中钢筋(长期浸水)无腐蚀性,青岛侧对钢结构具中等腐蚀性,黄岛侧对钢结构具弱腐蚀性。

②海水:海水对混凝土具有中等结晶类腐蚀(环境类别为Ⅱ),无分解类腐蚀(直接临水),具中等结晶分解复合类腐蚀(环境类别为Ⅱ),对混凝土结构中钢筋(长期浸水)具弱腐蚀性,对钢结构具中等腐蚀性。

③海域地下水:海域地下水对混凝土具有中等结晶类腐蚀(环境类别为Ⅱ),无分解类腐蚀(直接临水),具强结晶分解复合类腐蚀(环境类别为Ⅱ),对混凝土结构中钢筋(长期浸水)具弱腐蚀性,对钢结构具中等腐蚀性。桥位区地下水与海水水质联系密切。

(3)潮汐特性。

胶州湾属规则半日潮类型,两次高潮的高度基本一致,但低潮有日不等现象,两次低潮的高度略有差异。潮汐周期约为12小时25分,涨潮时间相对较短,落潮时间相对较长,两者相差1小时10分钟左右。青岛长期验潮站实测最高潮位为3.09m,年平均高潮位1.39m;历史实测最低潮位-3.12m,年平均低潮位-1.40m;历年最大潮差4.75m,年平均潮差2.78m;平均涨潮历时5小时39分,平均落潮历时6小时46分,见表29-4。

青岛港与红岛潮汐特征值　　　　表29-4

潮位特征值	青岛港(多年资料统计)	红岛站(1月资料统计)	青岛港(1月资料统计)
平均海平面(m)	0	0.19	0.22
最高高潮位(m)	3.09(1997.8.19)	2.69	2.65
最低低潮位(m)	-3.12(1980.10.26)	-2.26	-2.13
平均高潮位(m)	1.39	1.72	1.70
平均低潮位(m)	-1.40	-1.37	-1.29
平均潮差(m)	2.78	3.10	2.99
最大潮差(m)	4.75	4.68	4.49
平均涨潮历时	5h 39min		
平均落潮历时	6h 46min		

(4)泥沙。

(5)拟建工程区实测含沙量为63.4~0.8 mg/L。各测站大、中、小潮含沙量差别较小,中潮略高,小潮偏低。各站垂线平均含沙量变化区间,大潮期为9.9~19.9mg/L,中潮期为9.6~25.7 mg/L,小潮期为7.8~16.9 mg/L。

(6)拟建工程及其附近海区海底表层床沙总体较细,均为粉砂质黏土或黏土质粉砂,黏土粒级次之,10.4%~44.6%;砂含量较少,部分含有少量砾石和贝壳。

(7)工程海冰。

(8)胶州湾一般年份12月下旬开始结冰,2月中旬消失。冰期在60d左右,特殊年份,最早初冰期在12月上旬,最晚结冰期在1月下旬。最早终冰期在1月中旬,最晚终冰期在3月上旬。固定冰多出现在1~2月内,胶州湾西部、北部和东北部的滩涂和2m等深线以内浅海内可形成10~20cm的固定冰,见表29-5。

20年、50年、100年重现期的工程设计冰厚　　　　表29-5

工程区域	里程桩号	重现期极值冰厚(cm)		
		20年	50年	100年
大沽河口附近海区(Ⅰ)	K25~K30	14.11	21.63	27.60
沿岸区域(Ⅱ)	K9~K11,K13~K28,K30~K33	12.19	19.36	25.15
较深槽区域(Ⅲ)	K11~K13	7.95	14.15	19.34

29.2.4.4 地震

进场区主要内发育北东向、北东东向、近东西向及北西向断裂,经断裂活动性鉴定它们大多为早、中更新世活动断裂,在晚更新世以来均已停止活动,无断错地表的活动。按照地震构造的判定原则,从研究区的断层活动特点结合小震活动特点及历史地震活动情况分析,青岛海湾大桥(北桥位)近场区内无6级以上地震的防震构造条件(表29-6)。

抗 震 设 防 标 准　　　　　　　　表29-6

桥　　梁	设防地震概率水平	结构性能要求	结构校核指标
主通航孔桥	P1:100年10% (重现期950年)	主要结构完好无损,一般构件接近或刚进入屈服	主要结构和一般构件强度
主通航孔桥	P2:100年3% (重现期3283年)	主塔可出现微小裂缝,一般构件变形应小于极限值	主要结构校核强度,一般构件校核变形
非通航孔桥	P1:50年10% (重现期475年)	主要结构接近或刚进入屈服	主要结构校核正常使用极限状态
非通航孔桥	P2:50年3% (重现期1642年)	主要结构变形应小于极限值	主要结构校核变形

29.2.4.5 工程地质条件

1) 工程物探基本结论

(1) 桥址处海域海底水深较浅而地形平坦,海底高程在 $-4 \sim -6m$ 作微小波动(近岸部分除外),仅在 K10+600~K10+900 及 K11+500~K12+300 段分别出现宽为300m和800m的相对深水区,最大水深仅 $7 \sim 8m$。全线没发现任何地形陡坎或陡坡。

(2) 第四系厚度陆域很薄,东侧李村河段 $0 \sim 20m$,西侧红石崖段为 $0 \sim 5m$;海域在东厚、西薄的总趋势下中间变薄:东段厚 $35 \sim 42m$,西段为 $2 \sim 25m$,中西段 K20+700~K27+600 段厚度为30m左右,而中东段因红岛外延,基岩隆起而第四系变薄,厚度为 $1 \sim 25m$。

(3) 第四系在厚覆盖段可划为三层,岩性为淤泥、淤泥质亚黏土(Q_4),亚黏土夹砂(Q_3)及粗砂、砾砂夹亚黏土(Q_3)。

(4) 桥位沿线基岩面形态及埋深分别为:东侧陆域基岩面起伏较大,埋深为 $0 \sim 20m$;西侧埋深极浅,小于5m;中间海域在东深西浅的总趋势下在红岛外侧呈现水下隆起,海域全线基岩埋深不大,其高程在 $-45m$ 以上。基岩岩性在东侧陆域为花岗岩,西侧陆域为片麻岩和变粒岩,海域及两侧陆域近海部位(K9~K35)主要为凝灰岩、砾岩、安山岩及玄武岩。

2) 工程地质情况

(1) 桥址区地形起伏较大,地貌类型复杂,陆域地貌主要以剥蚀、堆积地貌为主,海底地貌为水下浅滩。

(2) 桥址区位于中朝淮地台鲁东隆起区东南部,Ⅲ级构造单元胶莱坳陷中部及胶南隆起东北部,Ⅳ级构造单元朱吴-即墨凹陷南部及胶南凸起东北部。

(3) 近场区新构造运动以长期的间歇性的抬升运动为特征,从晚更新世以来构造活动减弱,所有的断裂均已停止活动,处于较为稳定的缓慢上升阶段,属构造稳定区,适宜建桥。

(4) 桥址区基岩按时代、岩性划分为3个大层组、34个亚层。松散层共分为4大层组、23个亚层。其中松散层不可作为桥基持力层,对于基岩,全风化~强风化层为不良地质层,桥墩需穿过该层,弱~微风化层除⑦层工程性能较差外,其余各层工程性能较好,可直接作为桥基持力层,见表29-7和表29-8。

沿线基岩顶板埋深情况一览表　　表29-7

类别	里 程 桩 号	顶板埋深(m)	控制性断层
凹Ⅰ	K8+770~K14+300	25.20~32.80m	东边界为沧口断裂,西边界为郭城-即墨断裂
凸Ⅱ	K14+30~K20+700	总体不超过20m,最小仅为12~13m	
凹Ⅲ	K20+70~K28+700	23.00~28.00m	东西边界为f5断裂和大沽河口-潮连岛南断裂。基底向东呈阶梯状缓慢陷落
凸Ⅳ	K28+700以西	不超过10m,K32+250以西海域仅为0.5m左右	东边界为大沽河口-潮连岛南断裂,西边界推测为郝官庄断裂
红岛连接线		北端几乎突出海底,在HK2桩以北约100m附近基岩面急剧上升约5m左右	在断裂f10以南为中基性的安山岩和玄武岩等,以北为流纹岩等酸性岩

土体地基承载力及桩基参数推荐值　　表29-8

地层时代	层 号	岩 性	密度及状态	容许承载力 $[\sigma_0]$ (kPa)	桩周土极限摩阻力 τ_i (kPa)
Q_4^m	①$_1$	淤泥	流塑	0~40	20
	①$_2$	淤泥质黏性土	流塑	70~90	20
	①$_3$	粉砂、细砂	松散	70~100	35
Q_4^{al+pl}	②	亚黏土	软塑~硬塑	120	35
Q_3^{al+pl}	③$_1$	亚黏土、黏土	软塑~硬塑	200~240	50~55
	③$_2$	中砂、粗砂	中密	300~350	60~80
Q_3^{al+pl}	④$_1$	亚黏土、黏土	硬塑	260~280	50~55
	④$_2$	粗砂	中密~密实	400~450	80~90
	⑤$_1$	亚黏土、黏土	硬塑	280~300	55~60
	⑤$_{1a}$	粗砂	中密~密实	400~450	80~90
	⑤$_2$	砾砂、粗砂	密实	400~500	80~100
	⑤$_3$	卵石	密实	500	100

29.2.4.6 建筑材料及运输条件

1)主要材料及性能

(1)普通钢筋:采用R235(Ⅰ级)钢筋(公称直径小于12mm)和HRB335(Ⅱ级)钢筋(公称直径大于等于12mm)两种,R235钢筋抗拉强度标准值$f_{sk}=235$MPa,弹性模量$E_g=2.1\times10^5$MPa。HRB335钢筋抗拉强度标准值$f_{sk}=335$MPa,弹性模量$E_g=2.0\times10^5$MPa。

(2)普通钢材:采用Q235-A,必须符合《低合金高强度结构钢》(GB/T 1591—2018)的有关规定,Q235-A屈服强度为235MPa,抗拉强度375MPa,弹性模量$E_g=2.1\times10^5$MPa。

(3)混凝土:箱梁结构均采用C50高性能混凝土。混凝土参考耐久性专题研究结论,按海工防腐高性能混凝土配置。

(4)钢绞线、锚具及波纹管:预应力钢绞线技术标准符合《预应力混凝土用钢绞线》(GB/T 5224—2014),直径为15.24mm,标准强度为1860MPa,计算弹性模量$E_g=1.95\times10^5$MPa。

(5)支座:采用符合《桥梁球型支座》(GB/T 17955—2009)的球型钢支座,并采用耐腐蚀性材料(耐候钢)及重防腐措施,在本工程海洋性环境下寿命不少于60年。

(6)伸缩缝:伸缩缝采用的模数式伸缩量为320mm,其质量必须符合交通部颁布的相关行业标准的要求。

2)运输条件

(1)航道:本工程跨越整个胶州湾,桥位方向基本上为东西走向,通过桥位的航道从东至西有沧口航道、红岛航道和大沽河口航道三个航道。

(2)港口:青岛港主要位于胶州湾内,共有码头13座,码头岸线总长为13km,泊位75个。万吨级以上泊位32个,港口年通过能力已超过1亿吨。青岛港目前拥有20万吨级的专用油码头、10万吨级的矿石码头,5万吨级的杂货码头和专用煤码头以及能停靠第五、六代集装箱船的集装箱专用码头。

(3)船舶运输:受自然条件的影响,目前在李村河口—红石崖桥位影响区域内主要是大量水产部门的小型渔船,吨位较小,大都为总吨在220吨左右的"青渔"号渔船。根据规划,在桥位影响区域主要有客运码头、游艇码头和渔港码头,通过拟建桥址的船型将有客船、渡船、游艇和渔船。

29.2.5 工程特点、重难点分析及应对措施

29.2.5.1 本合同段工程特点

(1)施工环境差:本标段位于青岛胶州湾海上,属海洋性气候,需海上施工;区域内夏季有台风、暴雨等天气;冬季温度低,冬期时间长;胶州湾内水深差别大,大部分地方水深较浅,不利于大型船舶作业,施工条件差。

(2)施工战线长,施工难度大:本标段工程全长4.62km,分散在四个区段,海上施工作业区大,施工战线长,施工组织难度大。

(3)箱梁结构尺寸大,质量大,技术含量高:60m整孔预制箱梁中梁长58.8m,边梁长59.78m,梁高3.5m,箱梁结构尺寸大;箱梁平均预制混凝土803 m^3,箱梁体积大;箱梁中梁重1970t,边梁重2000t,箱梁质量大;本标段共有箱梁154片,预制、架设技术含量高。

(4)箱梁预制架设难度大:预制构件尺寸大,质量大,箱梁架设起吊高度高,安装难度大、精度要求高。

29.2.5.2 重点及难点工程

本合同段重点及关键工程是60m箱梁的预制、箱梁移运及架设;有效控制60m混凝土箱梁施工过程中早期裂纹的产生;保证移、运、架箱梁和待架箱梁不受扭损破坏;确保箱梁架设过程中架梁设备的安全运行。

29.2.6 关键工程关键工序的对策

(1)箱梁预制的对策:60m箱梁的预制进度将是本工程能否保证按期完工的关键工程。60m箱梁预制拟投入4个制梁台座,2套外侧模、2套内模和4套底模,投入底腹板钢筋和顶板钢筋整体绑扎台座各2座、内模拼装台座2座、大吨位120t龙门吊机2台,台座采用钢筋混凝土结构,台座地基采用打入桩和粉喷桩进行加固;箱梁外侧模采用整体式可滑移钢模,采用卷扬机牵引在两个台位间移动;内模采用节段式整体拼装液压内模,设专用拼装台位,拼成整体后利用两台120t龙门吊机整体安装。钢筋分别设底、腹板及桥面钢筋绑扎胎模具,在专用胎模具上绑扎好后利用两台120t龙门吊机整体安装,节省了制梁台位的周转时间,提高制梁速度。箱梁混凝土浇筑采用布料机布料,泵送入模,保证混凝土浇筑质量。

(2)箱梁裂纹防止及箱梁线形控制的对策:加强高性能海工混凝土的配比试验研究,保证混凝土的和易性、坍落度、泵送性、抗裂性、强度和弹性模量等,保证混凝土的质量;加强混凝土的保温保湿养护,混凝土初凝后及时铺设通长喷淋管、覆盖保温保湿材料,保湿养护满足要求,防止干缩裂纹;根据气温变化选择脱模时间,防止温差裂纹;梁场每个制梁台位设三个存梁台位,以保证制梁台位能正常周转。箱梁可以在架设至桥墩后累计简支存放时间不少于两个月再开始湿接头施工;制梁前期对箱梁预应力孔道进行孔道摩阻测试,根据实测孔道摩阻调整张拉控制应力,确保预应力符合设计要求;箱梁张拉前做好跟踪测量标记,张拉完后定期测量线性变化;选择质地坚硬级配优良的粗细集

料,提高混凝土弹性模量,减小梁体的徐变变形;提高混凝土的弹性模量,保证张拉力符合要求,通过加强后期养护减少收缩徐变来提高混凝土的抗变形能力。

(3)箱梁移位和运输的对策:箱梁在陆上纵、横移是箱梁施工全过程中的重要环节,其陆上纵移最大距离225m、单片箱梁横移距离为320m(含栈桥上的横移),移梁总数154片,因此陆上纵横移的安全、快捷是控制箱梁预制和架设的关键。本合同段箱梁横移采用横移台车在横移滑道和出海码头上滑移,箱梁纵移采用轮轨式纵移台车在纵移轨道上纵移。纵横移滑道采用钢筋混凝土结构,基础采用PHC管桩加固,滑道设计刚度满足移梁施工要求;箱梁移运台车上部千斤顶一端油路串联供油,另一端油路独立供油,保证箱梁不受扭曲。

箱梁海上运输采用"天一号"运架一体船,在船上设有特制的起吊扁担,扁担的四个吊点可自动调节;在船上另设有箱梁纵横向限位装置,可保证箱梁不受扭曲,保证海上运输安全。

(4)箱梁架设的对策:箱梁架设采用大吨位运架一体化吊船。架设前,在墩顶布置可水平调节的临时支座,临时支座由钢砂顶及滑道顶推装置组成,在安装临时支座前,对钢砂顶进行预压以消除永久变形,测量弹性变形,并在钢砂顶上根据试验结果设置钢垫块和橡胶垫块,保证箱梁高程准确和箱梁不受扭曲。箱梁临时支座设纵横向移位装置,以保证箱梁纵横向位置。箱梁架设时精确测量临时支座高程,其高程误差控制在设计范围内。

(5)箱梁湿接缝施工和体系转换的对策:湿接缝混凝土由设在桥面的搅拌站生产,浇注前箱梁简支存放时间不少于两个月。湿接缝混凝土配合比为纤维混凝土,其余要求与梁体混凝土相同。搅拌时严格按配合比投料。灌注时间选在一天中最低温度时间段灌注。

待合龙束张拉压浆完成且浆体达到设计强度后即可开始支座体系转换,一联的施工遵循先边跨后中跨,逐跨对称的合龙顺序。

(6)高性能海工混凝土对策:高性能海工混凝土的关键是配合比。混凝土的配合比必须满足规范规定的要求,尽量降低胶凝材料的用量,采用较小的水胶比。为此,应进行大量的配合比试验、选择最优配合比。加强混凝土灌注后的保温保湿养护,防止出现干缩或温差裂纹。

(7)工期控制的对策:制订组织措施保证工期、计划安排上保证工期、从资源和技术上保证工期。

该工程的重点工程,所需的机械、设备、技术人员、劳动力、材料、资金等资源给予优先保证。结合东海及杭州湾跨海大桥的经验,针对该工程的特点制定合理的施工方案并遵照执行。

29.3 总体施工准备与主要资源配置

29.3.1 技术准备

熟悉设计文件内容,掌握设计要求。接桩后,立即派经精测队进行精密复核和施工放线测量。备齐各种标准图、施工规范、质量评定表、检查证和施工记录表资料等。根据规定办理征用土地、青苗补偿及拆迁工作。

29.3.2 现场准备

本合同段所需的主要设备有:发电机、混凝土拌和站、混凝土运输车、混凝土输送泵、吊车、龙门吊机、装载机、运架一体设备、张拉设备及测量试验设备等。

29.3.3 资源配置

29.3.3.1 人力资源

本项目建设共需管理人员、技术人员及各类工种人员在施工最高峰期时约1000人。参与本项目施工的管理及高级技术人员须具有参与同类工程施工管理经验。本合同段劳动力使用计划见表29-9。

劳动力使用计划　　　　表29-9

时间	2007年			2008年				2009年				2010年
劳动力配置	二	三	四	一	二	三	四	一	二	三	四	一
行政管理人员	20	20	20	20	20	20	20	20	20	15	15	15
工程技术人员	15	15	15	15	15	15	15	15	15	15	15	15
测量人员	10	10	10	10	10	10	10	10	10	10	10	10
试验人员	10	10	10	10	10	10	10	10	10	10	10	10
质检人员	8	8	8	8	8	8	8	8	8	8	8	8
安全人员	25	25	25	25	25	25	25	25	25	25	25	15
起重工	40	60	60	60	60	60	60	60	60	60	60	40
钢筋工	40	60	60	60	60	60	60	60	60	60	60	40
模板工	30	60	60	60	60	60	60	60	60	60	60	30
混凝土工	30	60	60	60	60	60	60	60	60	60	60	30
水电工	10	10	10	10	10	10	10	10	10	10	10	5
电焊工	25	25	25	25	25	25	25	25	25	25	25	10
机修工	10	15	15	15	15	15	15	15	15	15	15	5
司机及操作	30	30	30	30	30	30	30	30	30	30	30	20
普工	75	125	145	145	145	145	145	145	145	110	90	50
合计	378	533	553	553	553	553	553	553	553	513	493	303

29.3.3.2 设备资源

本合同段所需的主要设备有梁场建设、箱梁预制主、箱梁移位、箱梁架设、箱梁湿接缝及桥面附属工程施工主要机械设备,具体投入设备见表29-10。

拟投入本合同工程的主要施工机械　　　　表29-10

设备名称	型号、产地	功率、吨位、容积	单位	数量
柴油发电机组	GF500	500kW	台	1
柴油发电机组	GF250	250kW	台	2
浮吊	"天一"号	3000t	艘	1
自卸汽车	FQ150重庆	15t	台	10
推土机	ST140、山东	1m³	台	2
龙门式吊机		跨度46m,120t	台	2
龙门式吊机		跨度22m,10t	台	1
汽车起重机	QY25、徐州	25t	辆	1
运梁台车	自制		台	5
混凝土搅拌站	HZS120、南方	120m³/h	座	2
混凝土输送泵	HBT80 长沙	100m³/h	台	4
真空泵	SZ-2	2m³/min	套	2
压浆泵	FZB4	50m³	套	2
张拉千斤顶	YCW600	600t	套	4
张拉千斤顶	YCW24、柳州	24t	套	6
水平千斤顶	上海实用动力	100t	台	8

续上表

设备名称	型号、产地	功率、吨位、容积	单位	数量
竖向千斤顶	上海实用动力	800t	台	16
混凝土布料机	BLZ28、长沙	27m	台	4
挖掘机	HW160 日立	0.5m³	台	1
装载机	ZL50	120kW	台	4
电动油泵	柳州	60MPa	台	6
灰浆搅拌机	JW180、柳州	180L	台	2
空压机	XAHS367	7m³	台	2
电动卷扬机	JMS 天津	5t	台	4
振动桥	ZHTZ245	15kW	台	2
抛锚船	25t 锚	300kW	艘	2
钢砂箱	自制	600t	个	620
梁上混凝土搅拌站	HZS40	40m³/h	台	2
变电站		800kV·A/630kV·A	台	各1
钢筋加工机械		综合配套	套	4
钢结构加工机械		综合配套	套	4
木结构加工机械		综合配套	套	4
交流电焊机	BX3-500	50kW	台	10
直流电焊机	BX-300	30kW	台	2
汽车电子地泵衡		100t	台	1
竖向千斤顶	CLL8004	800t	台	1
粉喷桩机	FZ250 武汉	30~80	台	2
打桩船	H65P100	100kN	艘	1

29.4 总体施工部署

29.4.1 施工总体规划

29.4.1.1 施工总目标

（1）质量总目标：优良工程。确保工程质量全部达到设计文件、现行施工规范和《青岛海湾大桥土建工程施工技术规范》规定的指标,且无质量事故发生,技术资料档案齐全,确保竣工验收达到优良工程标准。

（2）安全目标：杜绝死亡和重大水陆交通、火灾、机械、爆炸等事故,年负伤频率≤6‰,重伤频率≤0.2‰。

（3）工期目标：根据合同要求,本合同段自2007年5月24日开工,2010年5月23日竣工,总工期36个月。箱梁预制时间为2008年5月至2009年11月,安装时间为2008年8月至2009年12月。

（4）环境保护目标：严格执行国家和地方行政法规及青岛海湾大桥工程环境保护的有关规定,确保施工中的生态环境保护监控项目与监测结果满足业主和设计文件的要求及有关规定。

（5）文明施工目标：施工现场整齐、整洁,施工管理有序、有效,争创青岛市"文明施工工地"。

（6）成本控制：加强责任成本管理,将成本严格控制在合同价格内。

29.4.1.2 施工组织结构

我公司成立"青岛海湾大桥土建工程第11合同段项目经理部"。项目经理部组织机构由领导层、职能部门及作业层组成,领导层由项目经理、项目总工程师、项目副经理组成,职能部门按"五部一室"设立,即工程技术部、安全质量环保部、计划合约部、财务部、物资机械部及综合办公室。另外成立由专家组成的技术专家组,负责本合同段重大技术问题的咨询工作,现场施工组织设6个作业队。

财务部:负责本合同段工程、计量支付、财务管理等。

安全质量环保部:负责本合同段安全质量管理工作,制定质量安全标准及工地的创优规划并负责实施,制订各工种岗位操作规程,对安全生产、劳动保护、质量进行监督检查。

物资机械部:负责施工生产材料的采购、管理,负责按施工计划进度提出材料采购计划,负责船舶、机械设备的管理,施工生产所需船舶、机械设备的调配,新增船舶、机械设备的采购。

综合办公室:负责项目部的行政事务管理和车辆管理,负责本合同段后勤保障工作,负责海事救援工作,负责办公会议的准备工作,协助领导组织处理或直接处理突发事件和重大事件,负责项目部文件和资料的统一管理;负责项目部人事管理和培训。

29.4.1.3 项目组织管理

组织管理、进度、质量管理、安全管理、财务、成本管理。

29.4.2 施工总体方案

29.4.2.1 总体施工方向

进场后,先进行四通一平和生活生产区布置,进行箱梁预制场和箱梁出海码头的建设及设备安装,然后在台座上预制箱梁,利用纵横移体系将箱梁运至出海码头,大吨位运架一体化设备进行箱梁架设;其次箱梁预制、架设根据下部结构施工进度和水位情况进行安排。

29.4.2.2 施工总体方案

见图29-1~图29-3。本合同段60m箱梁采用整孔预制架设施工。箱梁预制场设在四方港区业主指定的场地内,预制场采用双线出海栈桥码头,内设制存梁台座、横纵移滑道、横移栈桥、取梁码头、混凝土工厂、钢筋加工和整体绑扎台座、内模拼装台座、龙门吊机等生产区以及生活区。箱梁在预制台座上预制,箱梁模板采用钢模板,外模采用可移动式整体外模,一片梁预制完成脱模后,外模沿外模滑道移至另一制梁台座,经清理后投入下一片梁的生产。箱梁内模采用液压收缩式内模,在内模拼装台座上拼装完成后,用龙门吊机整体吊装入模,拆模时利用液压装置和内模轨道分节段脱出,经拼装后投入下一片梁的生产。箱梁钢筋和预应力管道及相关预埋件等在底腹板和顶板钢筋绑扎台座上整体绑扎、整体吊装入模。箱梁灌注时采用泵送混凝土,布料机布料入模。混凝土采用插入式振动棒振捣。

根据外界温度采用淋水养护。箱梁混凝土达到设计要求的强度后,在制梁台座上进行初张拉和终张拉,通过横移滑道移至存梁台座进行压浆并存梁,横移采用横移台车和横移千斤顶滑移。纵移采用轮轨式移梁方案,利用纵移台车和轮轨移梁。通过纵移滑道和横移栈桥将箱梁移至出海码头。由"天一号"运架一体船取梁,运至桥位处架设。

梁场内制存梁台座按1:3的比例设置,设制梁台座4座,存梁台座12座,并在出海横移滑道上设7个存梁台座,制存梁台座间设横纵移滑道与栈桥及出海码头相接。制梁台座采用钢筋混凝土结构,端部基础用$\phi0.6m$打入PHC桩加固,其余部位用粉喷桩加固。台座上设箱梁底模,台座两侧设箱梁外侧模纵移走道,走道基础采用粉喷桩加固。在箱梁台座外侧各设布料机基础2座,基础采用扩大基础。存梁台座采用柱式结构,与横移滑道梁连为整体,不单独设置基础。箱梁纵横移滑道采用钢筋混凝土条形梁,基础采用$\phi0.6m$ PHC管桩,横移滑道条形梁上铺设钢板作为滑道,纵移滑道上设预埋件固定钢轨。箱梁预制场共设外侧模、内模和端模各2套,底模4套。梁场设钢筋底腹板和顶板钢筋绑扎胎架各2个,胎架采用型钢焊接而成。内模拼装台座共2座,位于底腹板钢筋绑扎胎架和制梁台座之间。

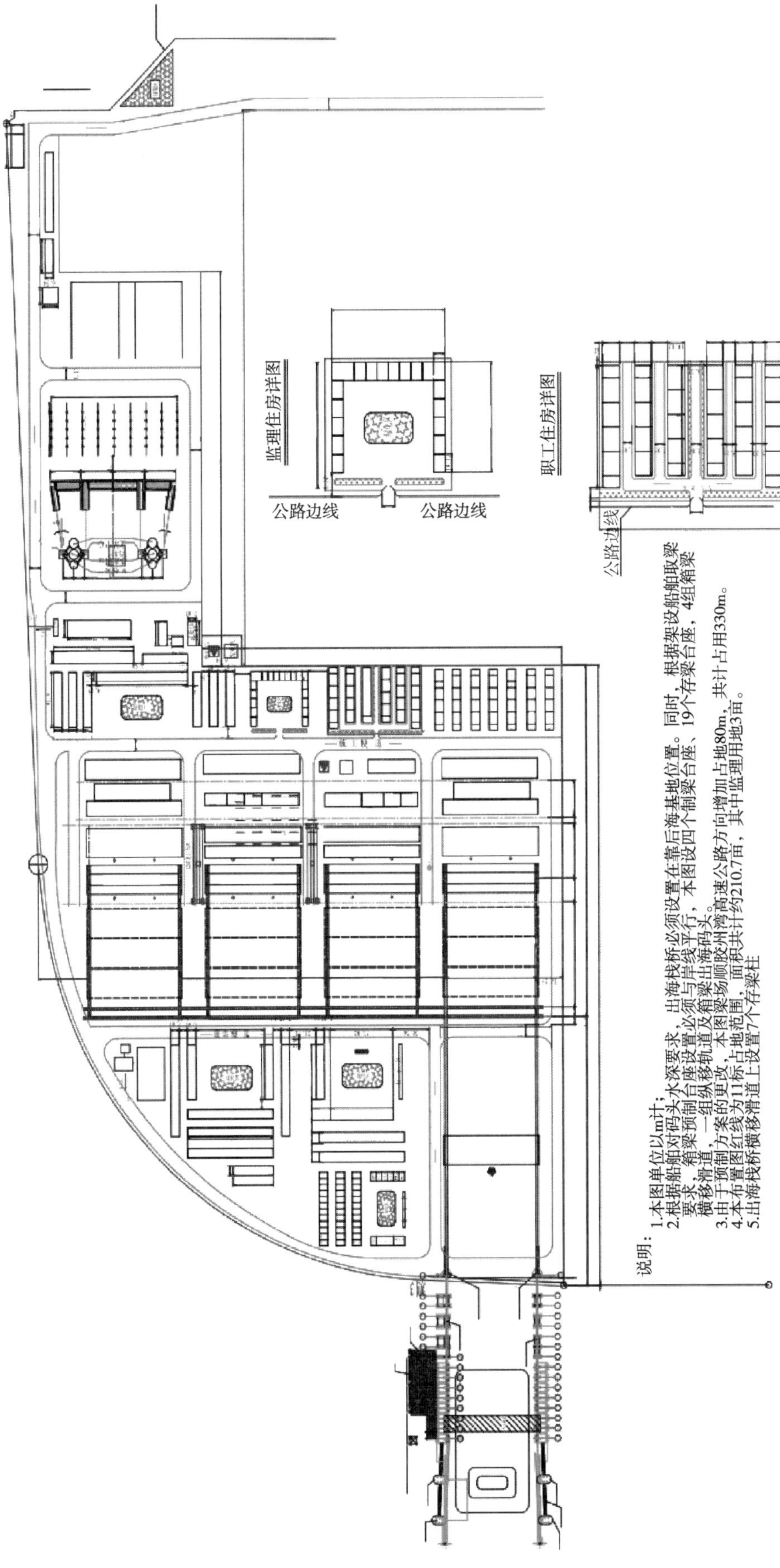

图 29-1 梁场总体平面布置图

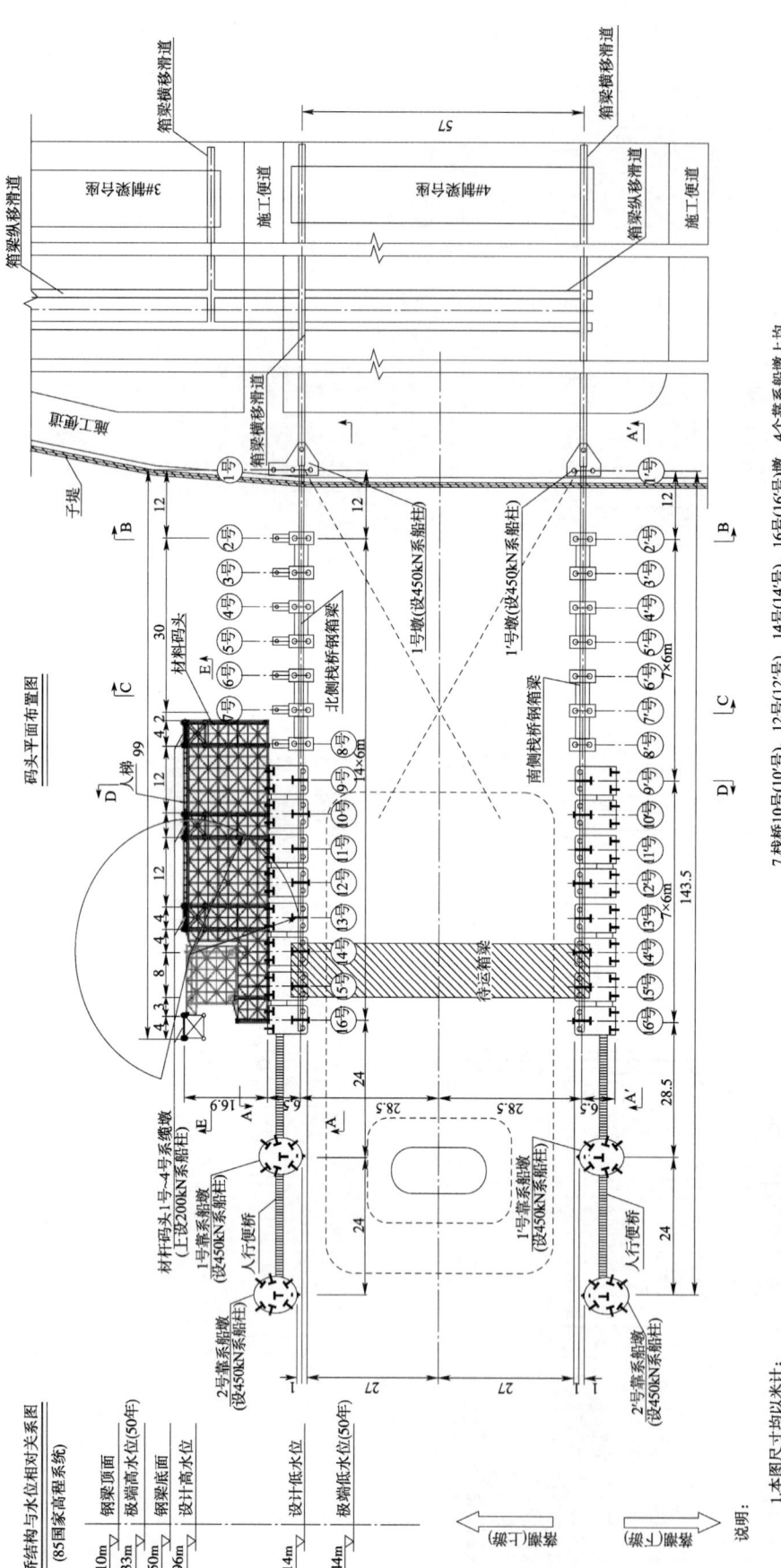

图 29-2 箱梁出海栈桥码头平面布置图

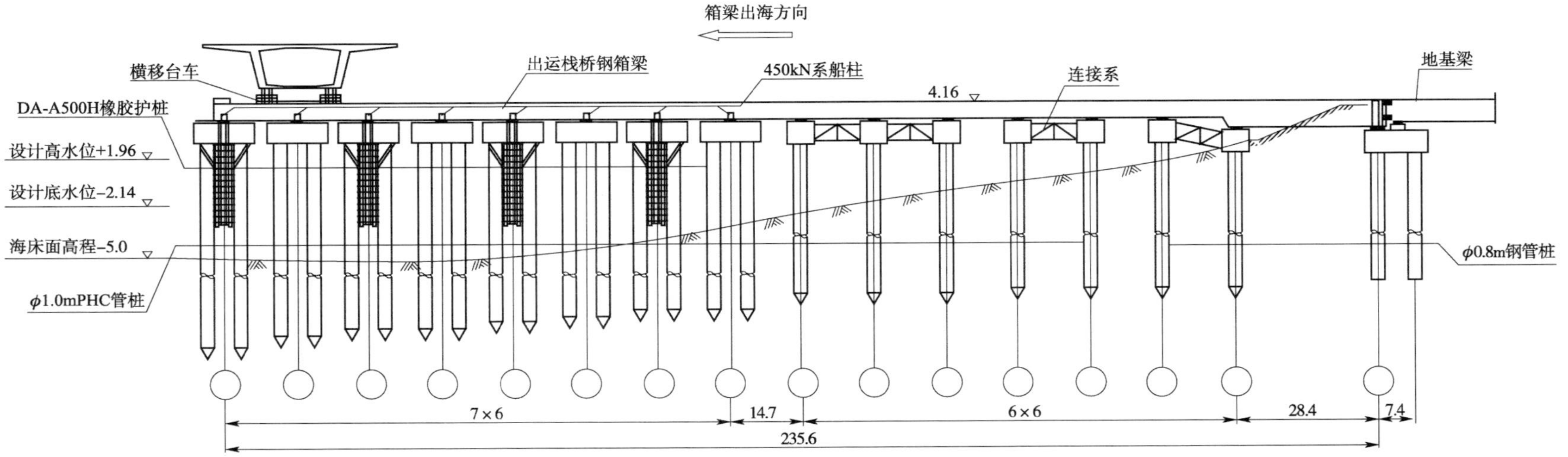

第五篇/第29章 案例10——胶州湾跨海大桥施工组织设计

主要工程数量表

编号	项目	单位	数量	备注
1	钢箱梁	t	435	14根12m的标准节，2根12m的加强节
2	运输道桥面系钢	t	117	145b,14; 130h,57; 116,46
3	材料码头M型万能杆件	t	264	
4	$\phi1.0$m混凝土管桩,(B型2352m,AB型2992m)	m	5344	共计164根
5	$\phi0.6$m混凝土管桩,AB型	m	312	共计12根
6	$\phi1.0$m钢管桩,$\delta=14$mm	t	75	
7	$\phi1.0$m钢管桩,$\delta=16$mm	t	16	WD-20吊机桩，共4根
8	$\phi0.6$m钢管桩,$\delta=12$mm	t	23	共12根
9	预埋件、牛腿及连接达兰、系船柱	t	195	
10	桩间连接系	t	74	145
11	桩间连接系	t	150	[22,98]; [16,52]
12	桥面钢板($\delta=6$mm花纹钢板)	t	115	
13	承台C30混凝土	m	3560	
14	承台钢筋	t	350	
15	安装护弦钢料	t	78	A类护弦蛋，共45；B类护弦6套共33根
16	钢管桩	t	150	$\phi0.8$m,$\delta=14$m
17	材料码头桥面型钢	t	156	22
18	GPZ(II)12.5DX盆式橡胶支座	个	4	
19	GPZ(II)8DX盆式橡胶支座	个	30	

续上表

编号	项目	单位	数量	备注
20	其他钢料	t	65	人行便桥等
21	木料	m	160	
22	围堰模板	t	390	

ΣAB型混凝土管桩: $\phi1.0$m, $L=2992$m; $\phi0.6$m, $L=260$m;
ΣB型混凝土管桩: $\phi1.0$m, $L=2352$m; Σ钢管桩: $\phi0.8$m, $L=544$m;
Σ钢料=2352m(未计万能杆件)；ΣC30混凝土=3560m^3；Σ木=160m^3

主要机具设备表

编号	项目	单位	数量	备注
1	20t履带吊机	台	1	
2	打桩船	只	1	
3	5t卷扬机	台	2	
4	40t浮吊	只	1	
5	橡胶护弦	套	48	DA-A500H,$L=2.5$m(8个); $L=3.5$m(24个)

附注：
1. 本图尺寸及高程以米计，高程系统以1985国家高程为基准。
2. 运架船舶护弦采用DA-A500目标准橡胶护舷。

施工方案说明：
(1)子堤两侧为钢管桩做基础。
(2)利用40t浮吊吊装栈桥钢箱梁，利用70t履带吊机辅助吊装钢箱梁，并吊装承台钢筋、模板、铺设桥面系。
(3)所有管桩均考虑利用打桩船施工。
(4)承台混凝土采用泵送。

图29-3 箱梁出海栈桥码头立面布置图

箱梁出海码头包括横移栈桥、汽车通道和材料码头。汽车通道设于北侧栈桥外侧,在栈桥前端设一座材料码头。

梁场设 800KVA 和 630kVA 变电站各 1 座,备用 650kW 发电机 1 台和 2 台 250kW 发电机。800kVA 变电站供应梁体预制及纵横移设备用电;630kV·A 变电站负责混凝土工厂及生活用电。梁场供水采用自来水,设 500m³ 蓄水池 1 座。梁场内设环形道路与各生产区相通。

梁场内设 HZS120 混凝土搅拌站 2 座,负责梁场混凝土供应,设 120t 龙门吊机 2 台,负责箱梁内模整体吊装和底腹板及顶板钢筋整体吊装,设 10t 龙门吊机 1 台,负责材料吊装等工作。

(1)箱梁预制施工方案。

预制场地平整,对地基进行加固处理,制梁台座、存梁台座施工,对台座进行养护,使其充分完成收缩和徐变。

在台座上安装模板,箱梁内、外侧模板均采用整体钢模板,外钢模采用整体纵移,以利模板倒用及箱梁横移。

绑扎钢筋:梁体钢筋在钢筋绑扎台座上分底、腹板钢筋和顶板钢筋两部分绑扎成整体(同时安装好预应力波纹管),采用 2 台 120t 龙门吊机起吊,分两次整体安装入模。箱梁混凝土浇筑:采用搅拌车配合混凝土输送泵供应,利用布料机分四点同时浇筑。待混凝土达到设计要求强度后,张拉预应力,预应力张拉顺序为:先腹板束、后底板束,先长束、后短束,均衡对称张拉。在临时支座位置设底模加强段,并在加强段外端采取措施预防张拉时荷载转移引起梁端局部压碎。

利用横移滑道及移梁台车将箱梁移至存梁台座,并张拉横向预应力束。

(2)箱梁码头取梁方案。

箱梁运至出海码头前端后,运架一体船采取抛锚初定位,卷扬机调整运架一体船至码头取梁位置后,利用运架一体船起吊设备取梁。

(3)箱梁架设施工方案。

箱梁采用大型运架船运至墩位附近后,抛设锚碇系统,通过绞锚机精确定位,将箱梁置于墩顶临时支座上。箱梁就位成简支状态,最后通过墩顶微调装置将箱梁安装到准确位置。

(4)湿接缝施工及体系转换施工方案。

根据类似工程经验,箱梁简支状态下在梁面设搅拌站能够满足结构受力要求。先将箱梁安放在临时支座上呈简支状态,待吊装完一联箱梁并精确定位后,浇筑该联的墩顶湿接缝,待接缝混凝土达到设计强度后,张拉墩顶合龙束,进行体系转换,由永久支座支承箱梁。为防止箱梁混凝土合龙后产生较大的收缩徐变,箱梁合龙前应简支放置不少于 2 个月。

合龙段施工过程中箱梁之间须采取临时连接,箱梁临时连接的施工和湿接缝的浇筑均应在一天中气温最低时进行。湿接缝合龙束的张拉须遵循对称张拉、先边墩后中墩、先底板后顶板合龙束的原则进行。箱梁合龙简支变连续施工完毕后,应对墩顶湿接缝处混凝土外表面涂刷防水剂(膜)。

(5)桥面附属工程施工方案。

桥面两侧防撞墙采用现浇施工,外模采用悬挂结构,内外模板均采用钢模,以确保防撞墙线形及外观质量。

29.4.3 施工总体平面布置

本合同段施工场地考虑箱梁出海码头的需要,场地位于待建四方港码头区靠海一侧。基于现场总体布置原则,结合业主招标文件要求,60m 箱梁预制场的主要临时设施分为箱梁预制区、箱梁存放区、混凝土工厂、材料存放区、各生产加工车间、生活及办公区,各区之间通过混凝土路面的通道相连,另外设有一座箱梁出海码头和箱梁运输纵横移滑道。

29.4.3.1 生活及办公区

生活及办公区占地面积约 48 亩,场内根据需要进行硬化及绿化处理。按照安全、实用、经济、美观的原则,生活及办公区内设置办公室、宿舍、食堂、浴室、厕所、活动中心、球场、化粪池等。利用空地建立花坛,建筑物周围空地进行硬化或绿化,以美化驻地。

29.4.3.2 混凝土工厂及材料堆放场

预制场设有2座生产能力为120m³/h的混凝土工厂,梁场混凝土采用6台搅拌车和4台输送速度为100m³/h的混凝土输送泵配合,通过布料机直接泵入制梁模板内,进行混凝土的浇注。在台座的两侧各设置2台布料机。混凝土工厂内设有材料堆放场、砂石料场,配置水泥筒仓、矿粉筒仓、粉煤灰筒仓各2个,以满足箱梁的生产。

29.4.3.3 预制及存放区

根据制梁周期及总工期要求,预制区共设4个制梁台座,存梁区设12个存梁台座,在出海滑道上设7个存梁台座;2个顶板钢筋绑扎台座,2个底、腹板钢筋绑扎台座;2个内模拼装台座;并设置2台120t龙门吊机作为钢筋、内模整体吊装的起吊设备。台座间以滑道相连,箱梁在制梁台座上浇注成型,利用陆地及码头上的运输由纵、横移台车进行,箱梁移至出海码头前端后利用运架船运至箱梁待架孔位架设。

29.4.3.4 生产、加工车间

预制场设钢筋车间、机修车间、铆焊车间、木工车间、波纹管加工车间、钢绞线下料场、机械设备停修场、钢材料堆放场、物资库等辅助生产设施。

29.4.3.5 进场及场内道路

按照业主规划进场道路从胶州湾高速公路适当位置接入四方港区,该道路长约1000m,预制场内设环形施工便道,预制场内材料、机械设备可通过施工便道运送到预制场地内各指定地点。施工道路宽7m,道路为混凝土路面,路面设1.0%横坡。

29.4.3.6 栈桥及码头

为满足60m箱梁出海架梁需要,特在预制场临海侧设置箱梁出海码头。出海码头横移滑道顶面高程为+4.1m,横移滑道中心距57m,箱梁横移码头海上部分长度为100m,上设横移滑道至海上深水区。专用运架船设计最大吃水3.5m,为确保箱梁能顺利吊装,必要时采用疏浚以保证行船安全。满足箱梁专用运架船进港提梁及临时存梁的需要。

在箱梁出海栈桥码头北侧设置汽车走道和1座材料码头,材料码头设一个200kN系缆墩,材料码头可泊1000吨级船舶。

29.4.3.7 供电系统

根据现场实际情况,从供电质量和用电安全两个方面考虑供电线路的布置原则。

(1)尽量缩短线路的布置长度,以减少电损和投资。

(2)采用分片供电,预制场设800kV·A和630kV·A变电站变电,供应预制场混凝土施工。

(3)预制场供电输送全部采用高压地下电缆接至变电站处,低压输出用地下电缆线送至各工点。

(4)为避免某一区域有故障造成大范围停电现象,外接高压线路采用双回路,同时备用1台650kW发电机组供紧急情况时使用。

(5)箱式变电站及电缆的安装采取有效的安全隔离措施,以保证安全用电。

29.4.3.8 供水及排水系统

(1)供水系统:进四方港区供水可通过就近接自来水管路进场,主管路采用φ200mm管,60m箱梁预制场内供水主管路采用φ100mm水管,其他采用φ80mm、φ50mm和φ25mm管道。

(2)排水系统:排水采用明挖排水沟;生活废水及污水排水尾端设化粪池,由排污管排出。

29.4.3.9 其他设施布置

(1)通信:预制基地通信采用固定电话和移动电话两种通信方式,安装固定电话,加入业主建立的通信网络保障体系,建立移动移动电话综合虚拟网、宽带局域网,确保通信及数据传输系统的畅通。

(2)公共卫生与消防:每天由当地环卫部门专车清理生活区垃圾。在消防部门的指导下布置消防器材,并设专人负责对工地人员进行消防知识教育,以保证施工和生活的安全。

(3)试验室:工地试验室的建设按照业主的有关要求布置,试验室内设留样室、水泥室、力学室、混凝土试配室、标养室、分析室、标定室和办公室等。

29.5 施工进度计划

29.5.1 施工总体进度计划安排

29.5.1.1 总工期及开竣工日期

我公司计划于2007年5月24日开工,2010年5月23日竣工,总工期36个月。全桥154片箱梁整孔预制安排19个月,2008年5月开始制造;整孔架设安排17个月,2008年8月开始架设。

29.5.1.2 年度阶段工期安排

年度阶段工期安排见表29-11~表29-14。

2007年度阶段工期安排　　　　表29-11

序号	项目	开始时期	完成日期
1	施工准备	2007年5月1日	2007年5月31日
2	机械设备进场	2007年5月15日	2007年6月30日
3	预制梁场建设	2007年5月1日	2007年12月31日
4	出海码头建设	2007年8月1日	2007年12月31日完成工程量70%

2008年度阶段工期安排　　　　表29-12

序号	项目	开始时期	完成日期
1	出海码头建设	2008年1月1日	2008年4月30完成剩余30%
2	箱梁预制施工	2008年5月1日	2008年12月31日完成59片
3	箱梁架设施工	2008年8月1日	2008年12月31日完成59片

2009年度阶段工期安排　　　　表29-13

序号	项目	开始时期	完成日期
1	箱梁预制施工	2009年3月1日	2009年11月30完成剩余95片
2	箱梁架设施工	2009年3月15日	2009年12月31日完成剩余95片
3	箱梁湿接缝及体系转换	2009年1月1日	2009年12月31日完成12双幅联,
4	桥面附属工程	2009年3月1日	2009年12月31日完成10双幅联

2010年度阶段工期安排　　　　表29-14

序号	项目	开始时期	完成日期
1	箱梁湿接缝及体系转换	2010年1月1日	2010年3月31日完成4双幅联,全部完成
2	桥面附属工程	2010年1月1日	2010年4月30完成6双幅联
3	竣工验收	2010年4月15日	2010年5月31日

29.5.1.3 分项工程工期安排

箱梁预制从2008年4月份开始生产,至2008年5月形成制梁生产能力。架梁分为4个区段施工,K10+310~K11+630,K12+230~K12+830,K24+890~K26+390,K27+000~K28+200。为保证形成整联便于湿接头早日开工,架梁前期应尽量保证一个区段先期施工,然后逐步开创其他区段的工作面。为此梁场应合理安排模板的投入和制梁的顺序,以保证中、边梁匹配。特别是要加强与下部基础施工单位的衔接。同时还要提前落实各种梁的型号,早日安排各种不同型号梁的内模及端模的设计制造。力争在2009年3月份形成湿接头作业的能力。各分项工程工期安排见表29-15。

各分项工程工期安排表　　　　表29-15

序　号	工作项目	开始时间	结束时间	备　注
1	一、施工准备及机具设备进场	2007年5月10日	2007年5月31日	
2	填土机械进场及施工准备	2007年5月10日	2007年6月1日	
3	1.其余施工机具设备进场	2007年5月15日	2007年6月30日	
4	二、梁场填土	2007年6月1日	2007年7月15日	
5	三、临时道路及厂区地面硬化	2007年6月1日	2007年10月31日	
6	1.进场道路及场内共用道路	2007年6月10日	2007年8月31日	
7	2.制梁场场内道路	2007年6月1日	2007年9月30日	
8	3.厂区地面硬化	2007年7月1日	2007年12月31日	
9	四、通信线路架设	2007年8月1日	2007年9月1日	
10	五、电路施工	2007年6月15日	2007年9月30日	
11	1.进场高压线路施工	2007年8月1日	2007年8月15日	
12	2.场内电路施工	2007年6月15日	2007年9月30日	
13	六、给排水管路施工	2007年6月15日	2007年9月30日	
14	1.进场主水管路铺设	2007年7月1日	2007年8月1日	
15	2.场内水管路铺设	2007年6月15日	2007年8月31日	
16	3.场内排水管、沟施工	2007年7月1日	2007年9月30日	
17	七、生活、生产房屋建设	2007年5月10日	2007年9月30日	
18	八、梁场地基加固	2007年6月1日	2007年8月31日	
19	九、混凝土工厂	2007年7月1日	2007年10月31日	
20	十、试验室建设、验收	2007年6月1日	2007年7月31日	
21	十一、模板设计、制造	2007年6月1日	2007年10月25日	
22	十二、制梁台座施工	2007年8月1日	2007年10月31日	
23	十三、纵横移滑道施工	2007年8月12日	2007年12月18日	
24	十四、存梁台座施工	2007年8月1日	2007年10月31日	
25	十五、出海码头施工	2007年8月1日	2008年4月15日	
26	十六、龙门吊安装、调试	2007年6月1日	2007年9月15日	
27	十七、钢筋绑扎胎模具制安	2007年7月1日	2007年9月30日	
28	十八、场区场地硬化	2007年7月15日	2007年12月31日	
29	十九、60m箱梁预制	2008年5月1日	2009年11月30日	
30	二十、60m箱梁架设	2008年8月1日	2009年12月31日	
31	二十一、箱梁湿接头施工及体系转换	2009年1月1日	2010年3月31日	
32	二十二、桥面系施工	2009年3月1日	2010年4月30日	
33	二十三、竣工验收	2010年4月15日	2010年5月31日	

29.5.1.4 青岛海湾大桥施工进度横道图

青岛海湾大桥施工进度横道图见表29-16。

青岛海湾大桥土建工程施工第11合同段施工进度计划　　　　表29-16

日　　期	当月箱梁预制数量	累计预制数量	当月箱梁安装数量	累计安装数量
2008年5月	3	3		
2008年6月	6	9		
2008年7月	8	17		
2008年8月	10	27	10	10
2008年9月	10	37	10	20
2008年10月	10	47	12	32
2008年11月	10	57	12	44
2008年12月	2	59	15	59
2009年1月		59		59
2009年2月		59		59
2009年3月	8	67		59
2009年4月	10	77	8	67
2009年5月	11	88	10	77
2009年6月	11	99	11	88
2009年7月	11	110	11	99
2009年8月	11	121	11	110
2009年9月	11	132	11	121
2009年10月	11	143	11	132
2009年11月	11	154	11	143
2009年12月			11	154
合计	154			

29.5.1.5 青岛海湾大桥施工进度网络图

见"青岛海湾大桥土建工程施工11合同段网络图"。

29.5.2 各主要分项工程施工周期

29.5.2.1 箱梁预制施工周期

箱梁预制自2008年5月开始，2009年11月结束，箱梁预制时间为19个月。月最大制梁数11片。箱梁预制施工周期见表29-17。

单片60m箱梁预制施工周期表　　　　表29-17

序号	工作内容	工作时间(h)	备注	序号	工作内容	工作时间(h)	备注
1	台座清理，钢模板调整涂油	24		7	混凝土浇筑	8	
2	底、腹板钢筋吊装	8		8	混凝土养护、拆除端模及内模	48	
3	内模吊装、调整	24		9	混凝土养护、初张拉	6	
4	立端模、安装锚具	22		10	养护、等待强度	54	
5	顶板钢筋吊装、调整、自检	24		11	终张拉、移梁	18	
6	检查签证	4		12	合计	240(10d)	

注：表中初张拉和终张拉实施时间，根据混凝土强度确定。

29.5.2.2 箱梁架设施工周期

箱梁架设自 2008 年 8 月 1 日开始,2009 年 12 月 31 日结束。月最大架梁数可达到 20 片,箱梁架设时间为 17 个月,见表 29-18、表 29-19。

单片箱梁纵横移施工周期表　　　　表 29-18

序号	工 作 内 容	工作时间(h)	备注	序号	工 作 内 容	工作时间(h)	备注
1	横移台车就位、箱梁起顶	2		5	出海码头横移台车就位、纵横移台车转换	2	
2	箱梁横移至纵移滑道	2		6	箱梁出海码头横移至起吊位置	8	
3	纵移台车就位、横纵移台车转换	2		7	合计	17	
4	箱梁纵移至出海码头	1					

单片箱梁架梁施工周期表　　　　表 29-19

序号	作业内容	所需时间(h)	备注	序号	作业内容	所需时间(h)	备注
1	取梁	1.5		5	退船	1	
2	船行	根据全桥取平均距离值为 2		6	起锚	1	
3	定位	1.5		7	返航	根据全桥取平均距离值为 2	
4	架设	1		8	合计	10	

29.5.2.3 一联湿接缝与体系转换施工周期

受简支时间要求,湿接缝施工开始时间比架梁晚。梁端清理、模板安装、绑扎钢筋、安装预应力负弯矩管道等可进行平行作业,浇筑一联混凝土湿接缝按浇筑、养生等待强度、张拉、压浆每联工序时间约 30d。每联施工人员 80 人,见表 29-20。

一联湿接缝与体系转换施工周期表　　　　表 29-20

序号	作 业 内 容	所需时间(d)	备注	序号	作 业 内 容	所需时间(d)	备注
1	锁定、凿毛	1.5		5	张拉	4	
2	立模、绑钢筋、安装预应力管道	12		6	压浆	4	
3	浇筑混凝土	0.5		7	养生、等待强度	4	
4	养生、等待强度	4		8	合计	30	

29.5.2.4 箱梁预制架设工期安排

箱梁预制在 2008 年 4 月开始生产,至 2008 年 5 月形成制梁生产能力。箱梁预制及架设顺序在兼顾成联的前提下,按照下部施工单位的进度和顺序进行实时调整。

由于本合同段箱梁预制架设跨越青岛海湾大桥第 2、7 两个合同段,施工时根据业主招标文件及会议纪要要求,第 2 合同段下部结构施工 2008 年 7 月提供架梁作业面,2009 年 5 月提供原有栈桥作业面。第 7 合同下部结构施工 2008 年 6 月提供架梁作业面。本合同安装要求在 2008 年 8 月至 2009 年 12 月完成。

另外根据有关招标文件要求,箱梁预制后应简支存放不少于 2 个月才能进行箱梁合龙施工。因此本合同段施工工期非常紧张,受相关下部结构施工单位工期的制约,架梁时需根据各合同段的施工情况,在业主的协调下下部结构施工单位每月提供不少于 12 片梁的架设作业面才能顺利完成。

箱梁预制按预制台座、存梁台座、横移滑道、纵移滑道和架梁顺序及左右幅箱梁的情况进行安排,预制时要使各制存梁台座保持均衡,兼顾纵横移滑道的使用效率,同时根据架梁的情况,合理在各台座间安排一联左右幅箱梁的预制。箱梁预制也应根据各相关下部合同段的施工情况进行综合考虑。

29.5.3 箱梁预制架设匹配问题

箱梁预制除上述应兼顾外,最重要的是应与架梁的顺序、架梁的速度相匹配。根据上述制架梁施工周期表,可以清楚地看到,本合同段箱梁预制是控制工期的关键,箱梁架设不是控制工期的关键,因此合理安排箱梁预制,保证箱梁按时架设是本工程的关键。根据对招标文件的理解,在完全响应招标文件要求的前提下,合理利用梁场资源,设计箱梁预制架设的匹配关系。

29.6 重难点工程及其他工程施工方案

29.6.1 重难点工程施工方案

本合同段重点(关键)工程为箱梁预制、箱梁陆上纵横移、码头取梁和海上运输及架设,难点工程为采取有效措施控制箱梁裂纹的发生、防止箱梁起吊及运输过程中的受扭破坏以及高强海工耐久性混凝土施工。

29.6.1.1 箱梁预制工程

1)钢筋加工与绑扎

为保证钢筋绑扎的质量及提高工效,充分发挥大跨度龙门吊机的作用,60m 箱梁钢筋全部在绑扎胎模具上进行。钢筋绑扎分为桥面及底腹板两部分。方案如下:型钢的肢上按钢筋间跨纵横向切开缺口,再按梁体钢筋的形状拼焊成胎模具。梁场共设桥面及底腹板钢筋绑扎胎模具两个。

钢筋绑扎胎模具用型钢制作,其外形分别按照梁体底腹板及桥面形状制作,纵向按照钢筋的间距割槽口,以保证钢筋对位准确,操作方便;为保证波纹管位置准确,纵向每 80cm 设置一道定位网,波纹管起弯部位加密至 50cm。定位网钢见;为保证底腹板及桥面钢筋有足够的刚度,防止起吊或安装人员踩踏变形,横向每隔 2m 增加一道劲性骨架。桥面每 3m 设置一道劲性骨架。筋性骨架由上下两层钢筋间加焊撑铁而成;当梁体底腹板及桥面钢筋绑扎完成后,波纹管安装分别在梁体底腹板与桥面钢筋绑扎台位上进行;波纹管须保证平顺,波纹管与钢筋相碰时,可适当移动梁体构造钢筋或进行适当弯折;钢筋绑扎时,其扎丝头均须进入钢筋区域内,不得外伸至保护层内;保护层垫块采用塑料垫块。垫块应按照钢筋直径制成十字形凹槽状,绑扎在钢筋十字交叉处以保证垫块绑扎后不会转动。底板垫块采用底部带齿状的方形垫块,侧面采用柱状垫块以减少与模板的接触面。无论何种垫块均须保证保护层厚度误差在 0～+5mm 以内;保护层垫块的设置要求如下:垫块呈梅花形布置,底板及翼缘板底面间隔不大于 0.8m,腹板处不大于 1.2m。

2)波纹管安装

波纹管安装前应仔细检查波纹管接头是否良好。安装穿送时前端须人工引导进预设的定位网眼中。穿送时不得用力过猛,以免造成波纹管折断变形;波纹管的接长连接,应采用专用焊接机进行焊接,避免浇筑混凝土时水泥浆渗入管内造成堵塞;波纹管与锚垫板连接时须将锚垫板的喇叭管适当扩大后,将波纹管穿入喇叭管中,并用密封胶将波纹管与锚垫板间的缝隙密封以防止漏浆。波纹管伸入喇叭管中的长度应保证钢筋调整及端模安装时波纹管不会滑脱;波纹管安装完毕后,应检查其位置是否正确,误差应在规定范围内,波纹管曲线应圆顺,否则须进行调整直至符合要求为止;波纹管安装完后,检查压浆孔、抽气孔、排气孔是否畅通,检查合格后将压浆孔、抽气孔、排气孔用封盖封住,防止灌注混凝土时水泥浆渗入造成孔道堵塞。

3)钢筋安装

钢筋安装采用龙门吊及特制吊架分别将钢筋骨架抬吊至生产台位上安装;特制吊架采用工钢作主梁,分配梁采用型钢制作,吊架应具有足够的刚度,起吊时挠度不应大于 1/250,且吊架应同时兼顾起吊底腹板及桥面钢筋的功能;起吊钢筋骨架的吊点间距纵向不大于2.5m,横向不大于3.0m,起吊时应在钢筋骨架内穿入钢管作分配梁,不得将吊钩直接挂在钢筋上,以免造成钢筋变形或脱钩;龙门吊到位后应略做停顿使钢筋骨架不纵向窜动,钢筋骨架对位有少量偏差时应保持一台龙门吊静止,另一台略做移动,便于钢筋骨架精确对位;吊装桥面钢筋时,其腹板箍筋均伸入桥面钢筋内,因而桥面钢筋下落时更应精确对位,另外,桥面钢筋吊装时两端应保持水平,便于桥面钢筋安装;为提高钢筋骨架的刚度,桥面横向应加设焊接骨架,焊接骨架可利用上下层受力钢筋间焊接形成,间距不大于1.0m,直径不小于 $\phi 12$ 钢筋。焊接骨架钢筋间距顺梁向不大于3.0m;钢筋骨架在分阶段安装完后应及时调整保护层垫块的位置,并检查保护层厚度。保护层厚度不得小于设计要求(表29-21)。

钢筋加工及安装允许误差表　　表29-21

项次	检查项目		规定值或允许偏差	检查方式和频率
1	预应力管道坐标(mm)	梁长方向	±30	抽查30%,每根查10个点
		梁高方向	±10	
2	预应力管道间距(mm)	同排	10	尺量抽查30%,每根查5个点
		上下层	10	
3	纵向受力钢筋间距(mm)	两排及以上排距	±5	用尺量,每构件检查2个断面
		同排　　梁	±10	
4	箍筋、横向水平钢筋、螺旋筋间距(mm)		±10	用尺量,每构件检查5~10个间距
5	钢筋骨架尺寸(mm)	长	±10	按骨架总数30%抽查
		宽、高或直径	±5	
6	弯起钢筋位置(mm)		±20	每骨架抽查30%
7	保护层厚度(mm)		±5	每孔梁沿模板周边检查8处

4)模板安装

60m箱梁模板有底模、侧模、内模和端模组成,模板均采用整体钢模板,面板材料采用冷轧钢板。模板在设计制造时应有足够的强度、刚度及稳定性,确保梁体各部位结构尺寸正确及预埋件的位置准确,且具有能够多次反复使用不致产生影响梁体外形的刚度。

(1)侧模板安装:侧模预拼合格后用螺栓将两片侧模初步连接成整体,然后用电焊将侧模的连接缝焊接堵严;侧模纵向移动采用卷扬机牵引台车移动,侧模到位后利用台车上水平千斤顶顶推侧模靠近底模。为便于侧模与底模螺栓连接,螺栓位置除精确放线外,尚须加大螺栓孔直径;侧模拼装步骤:纵移台车对位,利用台车上水平千斤顶将侧模顶推到位→侧模底部安装纵向千斤顶→调节侧模高度→安装底模与侧模紧固螺栓→检查上翼缘内外侧尺寸。

(2)端模安装:为便于内模安装,端模在结构上分为上端模和下端模;底、腹板钢筋吊装后安装下端模,为便于端模安装,梁端外露钢筋待端模安装后逐根插入绑扎;梁端伸缩缝预埋件须与端模可靠连接;端模安装时波纹管及衬管应逐根与端模上锚垫板孔对应穿入,穿进时应缓慢平稳,端模两侧同步移动,不得强行推进,以免波纹管变形;端模安装后,检查梁长及梁宽,锚垫板应与预应力孔道轴线垂直并与端模密贴。

(3)模拼装及安装:内模采用分截段制造及整体吊装技术,每节内模设有一个主梁,全部内模面板及液压收缩装置均以主梁作为承重支撑装置。内模与内模之间用螺栓连接形成整体,每节内模设有两个承重及移模台车,当内模处于工作状态时,其内模、钢筋、混凝土及施工荷载通过4个 $\phi 50mm$ 支撑杆传递给底模。脱模时将内模的走行轮落至走行钢轨上,支撑杆提升到底模混凝土面以上后分截段脱出。内模采用液压式内模,整体拼装入模、分段脱出。

内模拼装方法如下:内模在拼装台位上拼装,拼装前应清除表面铁锈及浮浆,局部接缝处的漏浆须清理干净,局部变形应及时修复。内膜从箱梁内脱出后吊装到内模拼装台位上,将内模车轮子与台位上钢轨对位。向内模车立柱顶伸千斤顶供油,立柱升高至模板在台位上的安装高度,内模车立柱分为两节,其原理如同汽车吊的伸缩臂。伸展内模两侧千斤顶将内模板块由下向上逐块顶推到位,安装内模撑杆并锁紧螺母;伸展内膜两侧模板时应注意保持三台千斤顶同步,否则会造成内模面板变形。将内模小车的4个支承螺杆向下调整到位,用同样的步骤安装第二节模板。两节模板安装到位后,利用龙门吊将两节模板对位后用螺栓将内模主梁及面板连接在一起。

内模安装时采用两台龙门吊整体抬吊入模,入模时应缓慢平稳、对位准确,内模台车四个支撑应落在底模上的相应加劲肋处。为防止混凝土将支撑掩埋,在安装内模前每个支撑处提前放上约300mm高以上的PVC管,PVC管与钢筋固定牢固,为防止PVC管内进浆可将PVC管内填上黄砂,同时PVC管也不得紧贴钢筋,以免造成保护层厚度不够。模板安装尺寸允许偏差见表29-22。

模板安装尺寸允许偏差　　　　表29-22

序号	检查项目		允差(mm)	检查方法
1	模板全长		±10	测量
2	钢底模每米高低差		≤2	用100cm水平尺
3	钢模高度		±5	尺量
4	底板厚度		+10、0	经纬仪定中线查
5	顶板、腹板厚度		+10、0	用尺量
6	上缘(桥面板)内外偏离设计位置		+10、-5	挂线实测
7	腹板中心在平面上与设计位置偏离		10	中线测量
8	端模预应力支承垫板中心偏差		±3	用尺量
9	模板垂直度(每米)		±3	吊线附测量
10	模板接缝、错台	内模	≤3	目测
		外模	≤1	目测
11	预应力孔道中心偏差	纵向	±3	尺量
		横向	±5	尺量

5)混凝土施工

(1)混凝土配合比:见本节"难点工程"中"高强海工耐久性混凝土施工"。

(2)混凝土搅拌:混凝土配料必须按试验通知单进行,并应有试验人员值班;开盘前应检查砂、石的质量情况、使误差控制在规定允许的范围内、准确掌握天气预报情况,对各种不利气候有相应的准备措施、第一盘混凝土应适当增加胶凝材料;混凝土采用强制式拌和机拌和,搅拌时间不宜少于120s,且考虑运输途中搅拌的时间;减水剂采用溶液加入,为充分发挥减水剂的作用,加入减水剂后,混凝土拌和料在搅拌机中持续搅拌时间不得少于30s;前三盘应逐盘测试混凝土的坍落度、温度、含气量,观测和易性并适当调整用水量,直到混凝土和易性及坍落度均符合配合比的要求为止。

(3)混凝土的运输:运输车在运送混凝土过程中应以2~4r/min的慢速进行搅动;泵送混凝土前,应先泵送一部分水泥砂浆,以润滑管道,最先泵出的砂浆及混凝土不得浇注入模板内;混凝土泵开始工作后,中途不得停机。如非停机不可,停机时间不应超过30min,炎热气候停机时间不能超过10min;泵送管道在高温季节应进行覆盖,不宜在太阳下暴晒,当温度超过35℃时尚应洒水降温;混凝土泵送完毕后应立即彻底清洗管道,直到管道排出清水为止。

(4)混凝土的浇筑:梁体混凝土采用一次性连续浇筑成型;浇筑两腹板梗肋处时,应将振动棒插入模板预留孔内,沿周围振捣;浇筑底板混凝土时应让混凝土充分翻浆,从腹板翻出的混凝土基本是密实的混凝土,只有充分翻浆才能保证腹板下梗肋处的混凝土密实。下梗肋处的腹板混凝土在没有灌满之前不应将翻浆堆积的混凝土摊平;灌筑底腹板混凝土时滴落在内模及翼板顶板上的混凝土应及时清除掉;腹板灌注的过程中应派专人用小锤敲击内模,通过声音判断腹板内混凝土是否灌满;在梁体混凝土灌注过程中,应指定专人值班检查模板、钢筋;混凝土灌注入模时下料要均匀,注意与振捣相配合,混凝土的振捣与下料交错进行,每次振捣按混凝土所灌注的部位使用相应区段上的附着式振动器;混凝土振动时间,应以表面没有气泡逸出和混凝土面不再下沉为宜;操作插入式振动器时宜快插慢拔,振动棒移动距离应不超过振动棒作用半径的1.5倍(约40cm),每点振动时间为30～40s,振动时振动棒上下略为抽动,振动棒插入深度以进入前次灌注的混凝土面层下50～100mm为宜;桥面混凝土应确保密实、平整、坡度顺畅,因此除应按规定进行振动外,还必须执行两次收浆抹平,以防裂纹和不平整。桥面振捣应采用振动桥式结构振捣及收浆。振动桥振动方式如下:桥面混凝土灌注一部分后用振动棒先振捣密实初步摊平,将振动桥安装到两侧模翼板的钢轨上,开动振动桥使其上安装的附着式振动器产生振动力,振动桥在自重及激振力的作用下将混凝土摊平并再次振捣使混凝土表面提浆及密实。

(5)混凝土质量检查:混凝土开始浇筑后,应在浇筑底板、腹板和桥面时分别取混凝土制作试件,每次取样数量基本相同;浇筑一片梁制取试件不少于5组,每组试件为3件一组;每浇筑一片梁应做弹性模量试件3组,一组用于终张拉;一组用于28d弹模检验;另一组作为备用;除标准养护试件外,施工用试件随梁体养护,其养护条件与梁体养护条件相同;当现场养护结束试件脱模后,标养试件应立即放入标养池内养护。施工用试件继续与梁体同条件养护,直到规定龄期或试压为止。

(6)混凝土的冬季施工:凡灌注现场昼夜平均气温低于+5℃或最低气温低于-3℃时,混凝土工程应按冬季施工有关规定办理。

在冬季施工条件下,拌和用水、砂、石集料等应符合下列要求:当气温在0～-5℃时:水加温到60℃、混凝土出拌和机温度不低于+10℃,入模温度不低于+5℃;当气温在-5～-10℃时、水加温到80℃以上、砂、石料加热到0℃以上、混凝土出拌和机温度不应低于15℃,入模温度不低于10℃;当气温低于-10℃时,一般不宜浇筑混凝土。

(7)混凝土的夏季施工:当室外温度超过35℃或混凝土拌和物入模温度达到28℃及以上时,应按夏季施工办理。如改变混凝土浇筑时间,尽量安排在上午11:00以前浇筑完或下午16:00以后开盘浇筑。

夏季施工砂石料应进入有遮盖的大棚内。当混凝土的入模温度超过28℃时,应采取降温措施;若混凝土入模温度超过28℃或气温过高尚应对模板外表面洒水降温,对混凝土运输车滚筒洒水降温,混凝土输送泵管应用湿麻袋覆盖并经常洒水降温,洒水时应注意不得将水洒入模板内。

(8)混凝土养护:可参考相关施工技术规范。

6)预应力张拉

(1)钢绞线束制作。

散盘后的钢绞线应细致检查外观,发现劈裂、重皮、小刺、折弯、油污等需进行处理;钢绞线按实际计算的长度加100mm余量作为下料依据,钢绞线下料长度误差不得超过30mm;钢绞线应根据各孔道的长度分别编束绑扎,编束后的钢绞线应顺直不得扭结;编束后的钢绞线按编号分类存放,搬运时支点距离不得大于3m,端部悬出长度不得大于1.5m。

(2)钢绞线穿放。

钢绞线穿放前应清除孔道内杂物,利用人工或卷扬机整束穿放,穿入孔道内的钢绞线应整齐顺直;钢绞线穿入梁体后应尽快张拉,停放时间不宜过长,否则应采取防锈措施。

(3)千斤顶与油表校正。

张拉千斤顶在预施应力前必须经过校正,确定其校正系数,校正工作按以下方法进行:压力环(或测力计)校正方法:将千斤顶及压力环(或测力计)安装在固定的框架中,用已校正过的压力表与千斤顶配套校验;校正千斤顶用的压力环(或测力计)必须在有效期内,压力环(或测力计)的校验有效期为2个月;张拉千斤顶在下列情况下必须重新进行校验;张拉千斤顶校正前,须将油泵、油压表、千斤顶安装好后,试压3次,每次加压至最大使用压力的10%,每次加压后维持5min,压力降低不超过3%,否则应找出原因并处理,然后才进行校验工作。

(4)预施应力。

为防止箱梁早期裂纹应对箱梁进行二次张拉即早期和终张拉,早期张拉应尽快进行,早期张拉后应在制梁台位上继续养护至混凝土达到设计终张要求时方可进行终张拉;预施应力应采用双控制(以张拉控制应力为主,并以钢绞线伸长量校核),实际伸长量应不超过理论伸长量的±6%,当伸长量超过±6%时应查明原因并纠正后方允许张拉;钢绞线伸长量按专业公式进行计算;预施应力程序:$0→0.1\sigma_k$(测初始伸长量及夹片外露量)$→0.2\sigma_k$(测伸长量及夹片外露量)$→\sigma_k$(持荷2min)$→$补拉到σ_k(测控制油压伸长量及夹片外露量)$→$锚固(测锚固回缩量);张拉应左右对称进行,最大不平衡束不得超过一束,张拉顺序严格按设计图纸进行;初始张拉时梁两端同时对千斤顶主油缸充油,使钢绞线束略为拉紧,充油时随时调整锚圈、垫圈及千斤顶位置,使孔道、锚具和千斤顶三者之轴线互相吻合,同时应注意使每根钢绞线受力均匀,随后两端同时加荷到$0.1\sigma_k$打紧工具锚夹片,并在钢绞线束上刻上记号,作为观察滑丝的标记;钢绞线锚固时钢绞线束在达到σ_k时,持荷2min,并维持油压表读数不变,然后主油缸回油,钢绞线锚固。最后回油卸顶,张拉结束;张拉完成后,在锚圈口处的钢绞线上做记号,以作为张拉后对钢绞线锚固情况的观察依据;张拉完成后,要测量梁体上拱度和弹性压缩值。

(5)孔道压浆。

张拉完毕后应尽快压浆,其间隔时间不得超过3d;压浆采用真空辅助压浆技术,压浆工艺流程如下:在压浆孔道出口及入口处安上密封阀门,将真空泵连接在非压浆端上,压浆泵连接在压浆端上。以串联的方式将负压容器、三向阀门和锚垫板压浆孔连接起来,其中锚垫板压浆孔和阀门之间用透明塑料管连接→压浆前关闭所有的排气阀门(连接真空泵的除外),启动真空泵抽真空,使压力达到$-0.08MPa$。在真空泵运转的同时,启动压浆泵开始压浆,直至压浆端的透明塑料管中出现水泥浆,打开压浆三向阀门,当阀门口流出浓浆时关闭阀门,继续压浆并在0.7MPa压力下保压2min。

水泥浆的性能必须满足以下要求:水泥浆体的水灰比应控制在0.3~0.35;水泥浆的泌水率宜控制在2%以内,泌水应在24h内被浆体吸收;浆体流动度宜控制在14~18s;浆体膨胀率<5%;初凝时间应>3h,终凝时间<24h;压浆时浆体温度应不超过35℃。水泥浆的泌水率、膨胀率及稠度按《公路桥涵施工技术规范》(JTJ 041—2000)执行。

29.6.1.2 箱梁移位

箱梁陆上纵横移施工是箱梁施工全过程中的重要环节,其陆上纵横移最大距离约500m,共移梁总数154片,且陆上纵横移的安全、快捷是控制箱梁预制和架设的关键。移梁方案经过东海大桥和杭州湾跨海大桥的检验并完善,同时从工艺方法上采取有效的措施,防止箱梁起顶、运输过程中的受扭破坏。

箱梁从制梁台座到出海码头吊梁处的移动路线由3段组成:在制梁台座与横滑道间横移;纵移滑道上纵移;取梁码头上横移。箱梁横移采用100t水平千斤顶顶推台车移动方案,纵移采用自行式轮轨台车移动方案。

1)滑道结构

单片箱梁质量较大,故箱梁纵横移均在PHC打入桩基础上的滑道梁顶面移动。岸上滑道梁为钢筋混凝土梁,横移滑道梁截面高2.0m、宽1.4m,纵移滑道梁截面高1.6m、宽1.2m,出海码头滑道梁采用钢梁,跨越子堤的第一跨钢梁截面高2.5m,宽1.0m,其余跨主钢梁截面高1.6m,宽1.0m。由于移梁的需要,箱梁在移动过程中需两次进行纵横移转换,纵移滑道梁低于横移滑道梁1.3m,横移滑道顶面高程为+4.1m。所有滑道均为水平。滑道梁顶面平整度要求纵向每2m高差不大于2mm,横移滑道顶面铺设厚度32mm的钢板,钢板宽105cm,沿横移滑道通长布置,滑道两侧设水平千斤顶锚座。纵移滑道上铺设U80钢轨。

2) 箱梁移梁台车

移梁台车分为纵、横移台车。横移台车采用车架自制,上部设有800t竖向千斤顶,并设千斤顶的固定导环。

3) 箱梁在预制场内横移

(1) 滑道构成。

横移滑道由底部32mm钢板、其上铺设3mm厚通长不锈钢板构成下摩擦副,上摩擦副由MGB高分子材料构成。上摩擦副安装在滑板式台车下部。

(2) 将移梁台车放上横移滑道。

在一端(A端)移梁台车上放置2台800t可自锁千斤顶,由2台配套电动泵站分别独立供油,在千斤顶上放置固定式传力支座;另一端(B端)移梁台车上放置2台可自锁的800t千斤顶,油路串联由2台配套电动泵站联合供油,在竖向千斤顶顶上放置单向活动传力支座,支座活动方向与移梁台车纵轴线垂直。运梁时,A端两竖向千斤顶的自锁装置起用,B端不起用。

在箱梁底板底部放出传力支座位置的十字线,确定移梁台车与箱梁间的相对位置;在横移滑道钢板上刻画标尺,使两端移梁台车保持相对位置。将装配完成的横移台车顶入箱梁底部,调整移梁台车位置,确保移梁台车轴线与滑道轴线顺直。移梁台车与待移箱梁的位置偏差不得大于5mm。待两端的移梁台车均准确定位后,同时缓慢向4台800t竖向千斤顶油缸内进油。由于两端的油路连接不同,因此必须调节油泵进油开关以保证两端四个支点抬升速度基本相同。在箱梁抬空制梁台座底板顶面30mm左右时停止进油,锁定A端2台800t竖向千斤顶,开始箱梁的横移过程。

箱梁横移采用2台100t水平千斤顶提供顶推力,其支点通过支撑杆、反力座、滑道梁预埋件相连,传递支点反力。反力座沿横移滑道全长布置,间距140cm。水平千斤顶采用2个顶推液压缸(顶推力1000kN、行程1500mm),实现构件平移和姿态控制。油缸端部球铰轴承,可以适应5°以内的角度变化。尾部采用拉钩机构,提供液压缸顶推的后坐力。通过销轴、螺母连接,安全可靠、装拆方便快捷。两台液压泵站(额定工作压力21MPa),各为两支液压油缸提供动力源。

横移时要求箱梁两端移梁台车同步滑移,其错位不得大于5cm。当需要在存梁台座上落梁时(存梁台座支点高程误差满足设计要求),调节顶推千斤顶,使移梁台车与落梁台座对位(偏差不得大于10mm),松开A端两台800t竖向千斤顶的自锁装置,四点同步缓慢回油,使箱梁落于存梁台座上。用小吨位卷扬机将横移台车拖至台车停放位置进行保养。当不需在存梁台座上落梁时,就可直接将移梁台车顶推至纵移滑道的纵移台车上。

纵移滑道与横移滑道立交,调整纵移台车与横移滑道间的相对位置(偏差不得大于10mm),拧紧纵移台车与两侧挡墙间的顶紧螺栓,安装纵移台车与横移滑道间的连接楔块,将纵移台车固定,继续顶推横移台车至纵移台车上指定位置,将横移台车与纵移台车固定在一起,防止横移台车在箱梁纵移时倾覆,并拆除横移千斤顶,完成箱梁在预制场内的横移及横纵移转换作业。在箱梁横移过程中,竖向千斤顶的配套油泵跟随移梁台车移动;水平顶推千斤顶的配套油泵置于横移滑道中部,配置长油管,在移梁时不动。

4) 箱梁在预制场内纵移

箱梁纵移台车采用24000kN液压平车,液压平车采用轮轨式结构,单车每侧有16个车轮,两侧共计32个车轮,工作轮压38t。平车运行到指定的运梁位置后,台车大梁下液压千斤顶油缸回收,大梁顶面调整至与横移滑道顶面平齐,将台车大梁底面与混凝土滑道梁顶面抄垫密贴,固定纵移台车,此时台车高1170mm。箱梁横移到纵移台车指定位置并固定牢靠后,液压千斤顶起顶,台车高度1200mm。

松落固定台车的螺栓后,台车靠自身的变频马达提供走行动力,箱梁纵移至出海码头后端的指定位置,固定台车,液压千斤顶收缸,水平千斤顶将横移台车顶至出海码头的横移滑道上,完成箱梁的纵移。箱梁纵移时,各个工点应保证通信畅通,并配备对讲机或其他手段作为出现通信故障时的紧急替代方案。

5)箱梁在码头上横移

码头上的横移滑道间距为57m,箱梁纵移到位后,先调整箱梁横坡就位,安装纵移台车与横移滑道及箱梁出海码头滑道的连接楔块,用螺栓固定纵移台车,按在预制场内横移滑道上同样要求横移箱梁。箱梁横移至出海码头前端位置,完成箱梁在陆上的运输。

29.6.1.3 箱梁码头取梁、海上运输及架设施工

1)箱梁架设高度及桥位处海洋潮位情况分析

箱梁海上运输、架设采用运架一体化设备"天一号"进行,本合同段箱梁所处桥位设计高程最高为+57.084m,现有"天一号"最大架设高度为60m,能满足本标段箱梁架设需要。"天一"号起重船根据架设杭州湾跨海大桥70m箱梁(2200t)经验,本桥60m箱梁重按2050t计算,"天一"号重载时舯吃水深2.9m,艉吃水深3.5m。

根据国家海洋局青岛五号码头验潮站2003~2005年的逐时潮汐资料,2003年、2004年、2005年各月每日最高潮位(国家85高程)不同等级出现的天数。

本合同段箱梁墩位处的海床面高程(85高程)最高为-2.90m,海床面高程最低为-6.10m,仅有海床面最高处的一孔须借助一般高潮位架设,其余均可全天候架设,见表29-23。

青岛海湾大桥第11合同段60m箱梁墩位处海床高程统计表(m 国家85高程)　　表29-23

墩号	海床高程	墩号	海床高程	墩号	海床高程
P39	-5.23	P70	-4.9	P295	-3.28
P40	-3.11	P71	-5	P296	-3.27
P41	-5.12	P72	-5.13	P297	-3.24
P42	-5.13	P73	-5.05	P298	-3.31
P43	-5.15	P74	-5.1	P299	-3.19
P44	-5.18	P75	-5.2	P300	-4.4
P45	-5.13	P76	-5.17	P304	-3.14
P46	-3.05	P275	-5.3	P305	-3.16
P47	-4.97	P276	-5.3	P306	-3.24
P48	-4.92	P277	-5.4	P307	-3.33
P49	-4.83	P278	-4.7	P308	-3.33
P50	-8.22	P279	-5.5	P309	-3.62
P51	-4.68	P280	-3.95	P310	-3.6
P52	-4.62	P281	-5.15	P311	-3.59
P53	-4.6	P282	-3.62	P312	-3.59
P54	-4.71	P283	-4.8	P313	-3.68
P55	-4.53	P284	-3.42	P314	-3.78
P56	-4.42	P285	-4.4	P315	-3.96
P57	-4.15	P286	-3.62	P316	-3.86
P58	-3.95	P287	-4.3	P317	-3.63
P59	-3.9	P288	-3.82	P318	-3.62
P60	-6.19	P289	0.05	P319	-3.81
P61	-3.9	P290	-3.44	P320	-3.61
P66	-5.23	P291	-3.23	P321	-3.59
P67	-4.35	P292	-3.31	P322	-3.89
P68	-5.13	P293	-3.3	P323	-3.75
P69	-5.30	P294	-3.29	P324	-3.81

根据架梁周期分析,运架船在桥位架梁所用时间为3h,而当潮位在平均潮位0.00m及以上时,可以利用的有效时间大于6h,因此,利用"天一号"在平潮、涨潮期运输架设本合同段60m箱梁是完全可行的。

2)箱梁码头取梁、海上运输及架设施工流程

箱梁纵移至与出海栈桥对应的横移滑道上端头→箱梁横移至码头取梁位置→运架一体船进入码头→系缆和锚泊定位→下放吊梁扁担→伸出伸缩架和小托梁→系小托梁升降卸钢丝绳→提升小托梁至工作高度、收回伸缩架→按要求安装吊带→起梁至安全高度、解缆起锚→退出码头→箱梁下落、夹梁→航行至架梁海域→松开夹梁设施、起船至待架墩位、锚泊初定位→进入桥墩精确定位→落梁→放出伸缩架接放小托梁、收回伸缩架和小托梁→提升起梁扁担退挡→起锚返航。

3)架梁前海上准备工作

架梁前海上准备工作主要有:墩顶平台安装、测量交接及控制准备工作、临时支座安装、永久支座安装。各施工步骤如下:墩顶平台搭设、测量交接及控制准备工作→临时支座安装(临时支座场内组拼预压、临时支座墩顶安装)→永久支座安装。

4)专用运架船码头取梁

为保证平潮、涨潮期专用运架船在满足载重吃水深度时有足够的施工时间,专用运架船均在低潮期间自出海码头取梁,平潮时退出进行海上运输、架设。出海码头建设时需对码头前端50m范围的海床进行清淤,以保证专用运架船低潮位取梁时的载重吃水深度要求;低潮位时,专用运架船行驶至箱梁出海码头附近,将专用运架船的四根缆绳分别系于出海码头和系缆墩的系缆柱上,即可通过绞锚绳使专用运架船缓慢平稳的进入出海码头;通过绞锚绳,使船准确对位,松吊梁扁担,安装吊具,起吊取梁并提升一定高度,即可退船。箱梁起吊时应确保各吊点受力均匀、起落同步;专用运架船装有动力较大的推动器,能克服一定的流速而平稳行驶。

5)海上载梁航行

专用运架船取梁退出出海码头后,专用运架船载梁航行至待架桥孔位。专用运架梁船航行时,需事先收听气象预报,掌握海上流速和波浪情况,了解风力、风向,以便正常航行。航行中需控制航速,且注意瞭望,以确保航行安全。

6)专用运架船抛锚定位

预制时,将梁体方向调整好,专用运架船仅从一个方向架设,即先架设桥中线右幅箱梁,再架设左幅箱梁。运架船抛锚定位时间专用运架船航行至桥中线上游,距待架桥墩孔约250m时,利用抛锚艇抛两个艉锚及两个艏锚,为便于调位靠船体的艏锚必须成交叉状态抛出,靠船体中线的艏锚和艉锚应顺待架梁孔横桥中线方向抛出。艏锚或尾锚的两锚间夹角65°~70°,锚绳长300m。为了尽快抛锚定位,拟配置两艘抛锚船进行抛锚作业。

前后4个锚完全抛好后,起自救锚,将箱梁提升至架设需要的高度,利用绞锚机将专用运架船绞进桥孔位置。

7)墩顶测量控制

在箱梁架设施工中所需要的控制点,可以利用全站仪通过承台的控制点向上传递,由于各种影响因素造成不能传递的时候进行全球定位系统静态加密控制。

架梁前墩顶测放永久支座中线和临时支座中线,安装临时支座。临时支座钢砂箱须事先预加压力,消除钢砂顶压缩变形,精确测量钢砂顶高度。临时支座安装时要精确测量钢砂箱顶面高程,使钢砂箱支承顶面高程满足设计要求,确保四个临时支座受力均匀。箱梁架设前,在预制场要进行竣工测量,并在梁上标出箱梁中线和支座中线,以便架梁时与墩顶支座中线吻合。

8)海上落梁到位及精确对位

因运架船在预制箱梁架设施工过程中受海浪、风力等诸多施工工况的影响,箱梁落位时不能一次到位,因此箱梁对位分两步:第一步为运架船架设初定位,第二步为落梁后精确调位。

(1)运架船架设箱梁初定位:在运架船抛锚定位完成后,起自救锚,提升梁至架设高度后,用绞锚机将船绞进桥孔位置,启动卷扬机缓慢下放箱梁在距理论位置80cm左右时停止下放,调整锚绳,微调定位、对位,将箱梁安放在砂箱上。尽量控制让梁体架设偏差在支座可调范围内。在整个架设过

程中,专用运架船尽可能准确定位,保证梁可落于4个钢砂顶上,因临时支座滑移构架的移动范围有限,预制箱梁落位时应确保轴线偏位不得大于150mm。

(2)箱梁精确就位:箱梁置于4个钢砂顶上后,即可通过水平顶调整梁体的平面位置。每片箱梁安装时,临时支座竖向采用的4个钢砂顶应严格按照先预压后安装的原则施工,安装到位的4个钢砂顶要严格控制顶部高程,保证4个临时支座安装完成后的顶面高程(梁底理论高程+钢砂顶及缓冲橡胶板弹性变形)与梁底理论高程误差在+3mm以内。梁体初步架设安装完成后应测量梁底高程是否在设计安装范围内,检查实际安装误差是否与理论相符作为后期支座安装借鉴依据。预制箱梁高程就可安装调位顶支座及调位顶。在调位顶安装前应将滑移构架与钢砂顶之间的限位槽钢取出。在梁体精调时,其纵向和横向不能同时进行,应按先纵移后横移的顺序进行。在向一个方向调位时,顶推力为相反方向的水平顶,顶塞应先松开一定距离,但不能太大,以发挥保险作用,若调位幅度较大,可分几次调节水平顶松开的距离。箱梁架设检查项目见表29-24。

箱梁架设检查项目表　　　　　　　表29-24

项　次	检查项目	规定值或允许偏差	检查方法
1	轴线偏位(mm)	10	用经纬仪检查
2	梁顶面高程(mm)	+8,-5	用水准仪检查,每孔3个断面
3	湿接头混凝土强度(MPa)	在合格标准内	按JTJ 071附录D检查

9)主要施工技术措施

(1)箱梁专用运架船8台起重卷扬机每端4台一组控制同步,且提梁前应调整两端水平,避免一端先脱离滑道的不利状况,防止局部挤压造成滑道变形或梁体混凝土破坏。

(2)钢砂箱按设计吨位进行预压,以消除非弹性压缩变形。且墩顶调位装置安放平整、位置正确、抄垫密实,其各支点高程差严格控制在3mm以内。

(3)航道桥两侧高墩区箱梁架设应选择在风浪较小、无雾、平潮的条件下进行,且专用运架船抛锚位距待架孔距离适当增大,艉锚距待架孔300m抛设,距待架孔100m即进行艏锚、侧锚的抛设,并按规定显示相应的锚泊作业信号,箱梁架设时派拖轮交通船对施工水域实行监护,防止走锚和非施工船只擅闯作业区。

(4)高墩区专用运架船箱梁提升高度大,载重吊船重心高,波浪造成船体摇摆使箱梁定位较低墩区困难。因此该区域应适当考虑加大墩顶调位装置的可调范围。

29.6.1.4 有效控制混凝土箱梁预制过程中裂纹的产生防止措施

60m箱梁由于体积及表面积均较大,混凝土一次浇筑,混凝土体内、体外水化热较大;同时由于其结构形式为箱室结构,箱内、箱外极易造成较大温差,形成收缩裂纹及温度裂纹。为避免箱梁混凝土产生裂纹,拟采取以下措施:

(1)混凝土的配制:选用低水化热和较低含碱量的水泥,尽可能避免使用早期强度较高的水泥和高C_3A含量的水泥;选用坚固耐久、级配合格、粒型良好的洁净集料;选用高效减水剂(泵送剂),取偏低的拌和水量;限制单方混凝土中胶凝材料的最低和最高用量,高度重视混凝土集料的全级配设计,集料的粒型符合要求;在满足单方混凝土中胶凝材料的最低用量前提下,尽可能降低胶凝材料中的硅酸盐水泥用量;按要求掺用粉煤灰、磨细矿渣等矿物掺合料,掺合料的质量稳定,并附有品质的性能参数及质量检验证书。掺量必须通过试验论证。

(2)浇筑及养护措施:施工前,编制箱梁混凝土浇筑施工方案及施工工艺,混凝土养护工艺并进行各级技术交底;减少浇筑层厚度,加快混凝土散热速度;夏季对混凝土用料进行遮盖,避免日光暴晒,用冷却水搅拌混凝土以降低入仓温度;混凝土浇筑完成待表面收浆后,及时覆盖保温保湿,加强养护,遇气温骤降时,注意保温;拆模时间合理掌握,以利混凝土保温;冬季对模板表面喷塑料泡沫保温层对模板保温,防止表面温差过大;加快内模拆除的速度,尤其在大风的情况下箱室两端密闭,防止穿堂风对箱内造成降温。

(3)早期预应力张拉措施:在取得设计人员同意的情况下采取预应力分期张拉措施,对梁体在养护阶段施加早期预应力。

(4)管理措施:成立箱梁养护工班,规定其职责,并进行技术培训;养护人员严格按箱梁养护工艺执行,并按规定进行温度测量及养护记录。

29.6.1.5 箱梁纵横移过程中防止扭损破坏防止措施

因支点受力不均、支点高差超标、起落不同步、滑道平整度超标或变形、地基下沉等因素均会造成箱梁纵横移过程中出现受扭现象。根据设计要求,箱梁在任何时候四点高差符合要求。为此,箱梁纵横移过程中必须采取有效的措施如下:

(1)通过起顶装置的工艺措施,消除箱梁在纵横移过程中支点受力不均匀状况。在箱梁一端布置2台800t可自锁千斤顶,其2台配套电动泵站分别独立供油;箱梁另一端布置2台800t可自锁千斤顶,油路串联后由2台配套电动泵站联合供油。达到设备自身调节平衡的功能。

(2)箱梁运输滑道要满足沉降要求,重型钢轨铺设在滑道梁上其位置应准确,两钢轨高度一致,且钢轨不得歪斜,钢轨下抄垫密实均匀,确保滑道面平整、光洁、顺直。

(3)定期对滑道梁、滑道高程及位置进行观测,并做好观测记录,发现局部下沉、变形、位移应及时校正、加固。

(4)在存梁台座、纵移滑道、出海码头上存梁时,其支点应抄垫密实,支点高差符合要求,且布设专用橡胶支座板。为防止梁体在存放时发生不均匀沉降,存梁时采用四点支承的方法,在其4个支承点处各设1根钻孔桩。

29.6.1.6 箱梁海上运输及架设过程中防止扭损破坏防止措施

箱梁架设难点是起吊及架设过程中避免箱梁因吊点(或支点)受力不均产生扭曲现象。针对本难点,拟采取如下措施:

(1)箱梁专用运架船八台起重卷扬机每端四台一组控制同步,且提梁前应调整两端水平,避免一端脱离滑道的不利状况,防止局部挤压造成滑道变形或梁体混凝土破坏。

(2)运架船取梁退出码头后,夹梁人员应检查垫木的完好和铺垫的平整度,防止梁体与夹梁台钢构直接摩擦。

(3)钢砂箱按设计吨位进行预压,以消除非弹性压缩变形。且墩顶调位装置安放平整、位置正确、抄垫密实。

(4)箱梁架设前精确测量钢砂顶顶面高程,使钢砂箱支承顶面高程满足设计要求,确保四个临时支座受力均匀。

29.6.1.7 高性能海工耐久性混凝土施工

高性能海工耐久性混凝土是用混凝土常规原材料、常规工艺、加矿物掺合料及化学外加剂,经配比优化而制作的,在海洋环境中具有高耐久性、高尺寸稳定性和良好工作性的高性能结构混凝土。因其独特的性能要求和特殊的使用环境,对其各方面的性能都提出了更高的要求。60m箱梁构造体积大,梁体截面高,腹板为斜腹板构造,底板的下梗肋薄,而且坡度比较平缓,这些都对混凝土的灌注有一定的影响,同时要保证箱梁表面的光洁度,使梁体混凝土密实,外观颜色一致,这些因素对我们施工过程中的各项控制措施都提出了很高的要求。

1)混凝土的配合比研究

针对青岛海湾大桥高性能海工耐久性混凝土的技术要求,结合桥位处气候、水文等情况,进行了青岛海湾大桥60m箱梁混凝土配合比的试配工作,通过试验和比较,由于时间的关系另选用了7d的强度。试配的材料有青岛家梁S95矿粉、潍坊发电厂的Ⅰ级粉煤灰、日照大宇水泥P.I52.5R硅酸盐水泥。大沽河平段出产的粗砂细度模数为3.1。山东诸城水鑫磊石料厂5~25mm碎石。江苏博特新材料有限公司生产的 JM-PCA（Ⅰ），南京水利科学研究所生产的聚羧酸高效减水剂 HLC-IX、山东华伟银凯建材公司生产的聚羧酸高效减水剂。试验用的原材料具体如下：

（1）水泥：试验采用了山东日照 P.I52.5R 水泥和山东青岛山水集团 P.Ⅱ52.5R 水泥。依据《水泥比表面积测定方法》（GB 807—87）、《水泥标准稠度用水量、凝结时间、安定性检验方法》（GB/T 1345-91）、《水泥胶砂强度检验方法（ISO）》（GB/T 17671—1999）、《硅酸盐水泥、普通硅酸盐水泥》（GB 175—1999）进行试验。

（2）粗集料：依据《建筑用卵石、碎石》（GB/T 14685—2001）、《公路工程集料试验规程》（JTJ 058—2000）、《混凝土用碎石或卵石质量标准及检验方法》（JGJ 53—92），采用山东诸城采石厂和山东平度市灰埠采石厂 5~25mm 碎石进行对比试验。

（3）细集料：依据《建筑用砂》（GB/T 14684—2001）、《公路工程集料试验规程》（JTJ 058—2000）、《混凝土用砂质量标准及检验方法》（JGJ 52-92）采用青岛大沽河粗砂和福建闽江进行了对比试验。

（4）矿粉：依据《用于水泥和混凝土中的粒化高炉矿渣粉》（GB/T 18046—2000），采用青岛家梁 S95 和中矿宏远 S95 进行了对比试验。

（5）粉煤灰：试验依据《用于水泥和混凝土中的粒化高炉矿渣粉》（GB/T 18046—2000），采用青岛电厂Ⅱ级和潍纺Ⅰ级粉煤灰进行了对比试验。

（6）外加剂：采用江苏博特 JM-P（Ⅰ）型混凝土超塑化剂、南京水利研究院聚羧高效减水剂、上海诚城 LEX-9H 高效减水剂和山东华伟高效减水剂进行了试配。

2）试配后选取的 C50 海工耐久混凝土技术性能

（1）工作性能：混凝土的灌注入模坍落度 160~200mm，混凝土出机后 2h 的坍落度大于或等于 120mm。

（2）力学性能：满足 C50 混凝土力学性能，R_4 抗压强度分别 50.8MPa 和 46.5MPa，为设计强度的 102% 和 93%，R_4 的弹性模量分别为 36.8GPa 和 33.6GPa，达到设计值的 96% 和 87%。

（3）长期性能及耐久性能：混凝土 84d 龄期的氯离子扩散系数小于 $1.5 \times 10^{-12} m^2/s$，满足要求。

3）混凝土浇筑

大桥所用高性能海工混凝土，其混凝土的流动度及扩展度均与普通混凝土有较大的区别，同时青岛海湾大桥 60m 箱梁采用一次性整体灌注，箱梁腹板为斜腹板结构，梁体截面高，这些构造对底腹板处混凝土的灌注不利。为此须对箱梁的混凝土灌注工艺进行试验研究，并在箱梁的施工过程中不断完善。以确保梁体混凝土密实、外观色泽一致。主要措施如下：

（1）60m 箱梁混凝土体积大、灌注时间长，应避免先灌注的混凝土已初凝，考虑到混凝土的浇筑分层接缝时间不得过长，尤其是在高温季节接缝的时间不得超过 30min。为此配置了 2 座每小时产量 $2 \times 120 m^3$ 混凝土搅拌站，配置 6 台混凝土搅拌车运输车、4 台输送泵及 4 台布料机，输送泵及布料机布置在台座两侧，力求靠近台位以减少泵送距离。混凝土的产量及运输能力应满足 8h 完成一片箱梁浇筑的要求。

（2）混凝土配料和计量：混凝土配料必须按试验通知单进行，并应有试验人员值班。开盘前试验人员必须测定砂、石含水率，将混凝土理论配合比换算成施工配合比，计算每盘混凝土实际需要的各种材料量。水、胶凝材料及外加剂的用量应准确到 1%，粗细集料的用量应准确到 2%。

（3）开盘前应准确掌握天气预报情况，对各种不利气候有准备措施，如冬夏的施工措施、沙石料保温或降温措施、雨天的防雨措施。

（4）浇筑顺序：箱梁采用一次性连续浇筑成型，梁体混凝土的浇筑顺序如下：施工过程中采用 4 台布料机同时从腹板中间开始向两端浇筑，待第一层混凝土接近初凝时开始向箱内补料，浇筑底板，腹板分五层浇筑完成，腹板浇筑完成后开始浇注桥面，桥面从两端开始向中间分段浇筑，先用振动棒初振,再用振动桥整平、提浆。

(5)桥面混凝土收浆及抹面养护:为防止桥面混凝土出现收缩裂纹,除加强洒水、覆盖保湿外,尚应加强表面的收浆抹面。为了保证桥面平整度符合设计要求,专门设计制造振动桥。其方法是:桥面混凝土浇筑后先用振动棒将混凝土振捣密实并初步找平,后安装振动桥进行振动、找平、提浆,振动桥振动时应以表面泛浆为度。其后由人工用木抹子二次收浆。前一次收浆均以提浆抹平为主,振动桥振动过后即可开始收浆,收浆时应尽量将混凝土中浆液提出,后一次主要是以搓毛为主,后一次收浆的时间应根据混凝土表面情况而定,混凝土初凝前须完成收浆抹面工作。收浆抹面后应注意及时覆盖保温、保湿。

(6)高强度混凝土裂纹控制措施。

高强海工耐久性混凝土与普通混凝土的性能相比有较大区别,混凝土表面的裂纹控制也更难以控制,同时预应力混凝土箱梁属于大体积高强混凝土结构,大体积混凝土开裂主要是水化热使混凝土温度升高引起的,所以采取适当控制措施控制混凝土温度升高和温度变化速度在一定范围内,使温度变化产生的应力小于混凝土的抗拉强度,就可以避免出现裂缝。具体措施是降低混凝土发热量、加强养护、控制拆模时间、采用早期张拉。

29.6.2 其他工程施工方案及方法

29.6.2.1 场地地基处理

根据施工需要,预制场范围需要进行回填。回填时,预留混凝土面层的厚度。生活办公区场地高程+4.0m,混凝土工厂区域、生产区场地高程+4.1m。填筑时先用推土机整平,压路机碾压密实。为了保证梁场大临建设能顺利开展,首先应对制梁台座,混凝土搅拌站PHC管桩基础先行施工,然后对横移滑道及纵移轨道PHC管桩施工。制梁台座PHC管桩完成后应及时对台座中部移模轨道、龙门吊机轨道进行地基加固。确保其他后续工程顺利开展。

29.6.2.2 混凝土搅拌站

单片60m箱梁混凝土体积约800m³,为保证一片梁的灌注时间控制在8h左右,本工程混凝土供应采用2座120m³/h的搅拌站,其主站房基础采用夯实基底后的扩大基础。水泥储料筒仓高度26m,满载后重达700t。考虑到胶州湾的季风大且频繁,筒仓除考虑自身重量外尚须计算抗倾覆,因而储料筒仓的基础均采用PHC管桩基础。水泥筒仓基础采用桩长28m的$\phi0.6$mPHC管桩,矿粉筒仓和粉煤灰筒仓基础均采用桩长25m的$\phi0.6$mPHC管桩。

搅拌站上料系统基础在既有地平面下4.2m,按实测现场高程约为4.0m计,其基础底部深度在5.0m左右,实际基坑开挖后的基底高程-1.0m。现场地质为淤泥,因此上料系统基坑开挖应采用粉喷桩固壁,开挖后基坑底部设集水坑,基础底板灌注完毕后,四周两侧设模板灌注护壁混凝土。

29.6.2.3 制、存梁台位

(1)设4个制梁台位,在温度较高的季节每月平均制梁12片。设12个存梁台位,加上4个制梁台位和出海横移滑道上可存放7片梁,最多可存梁23片。

箱梁在制梁台座上张拉完后,拆除两端活动底模,移入横移台车准备移梁。制梁台座两端因承受箱梁的重量,其底部设较厚的承台,承台与横移滑道一起施工,其施工方法与横移滑道相同,待混凝土浇筑完,对滑道部分抹面找平,对应上部条形基础的部位应预留上部条形基础的接缝钢筋,待二次浇筑前对表面进行凿毛处理,中部条形基础待粉喷桩加固处理后放线开挖基槽并设30cm厚碎石垫层形成复合地基,再在垫层上放线并绑扎钢筋、立模板并浇筑混凝土,每个条形基础均一次浇筑成型。为了保证条形基础顶部平整,保证底模的平整度,在支设条形基础模板时应在模板设计高程处间隔2m放水平控制线,在混凝土初凝前再次每隔2m测量高程,其高程误差不大于3mm/m,3个条

形基础的相对高程不大于5mm。

本梁场每两个制梁台座共用一套外侧模,侧模移动采用台车及卷扬机在移模轨道上运行。移模轨道在移模状态下作为运行轨道,在制梁状态下又作为千斤顶的支承基础。因此基础的承载力必须足够,采用粉喷桩进行加固处理,以满足制梁状态下基础不发生变形。

(2)存梁台座不单独设基础,而是设计成一个直接与横移滑道梁刚性连接成为U形的钢筋混凝土墩。通过横移台车顶部的钢结构(其上设10mm橡胶板),使梁底支承于U形墩上(每个U形墩即为一个支点);每个存梁台位设4个U形存梁墩,每个U形存梁墩顶部设80mm×50mm×4mm橡胶板。4个支点高差不大于5mm,保证箱梁不受扭。

29.6.2.4 纵、横移滑道施工

60m箱梁体积达800m³、质量约2000t,目前较为安全和经济的方法是采用滑道平移。由于梁场区位于填海区,下部地质条件较差,纵横移滑道采用连续梁结构,滑道梁下设直径$\phi 0.6m$PHC打入桩,根据地质条件计算横移滑道基础桩长29m,纵移滑道基础桩长28m。滑道结构根据台车结构及承载力需要采用1.4m×2.0m矩形截面,由于箱梁重,滑道的平整度对箱梁的移运影响极大,因此滑道的施工采用如下方案:

(1)横移轨道梁底部高程1.4m,在此高程下的土层基本为淤泥,其承载力不高。基底开挖深度要考虑300mm厚的宕渣垫层,其上再浇筑100mm厚竹筋混凝土垫层,以确保2.0m高混凝土自重及模板不会产生下沉。

(2)基槽底开挖宽度按2.5m宽考虑,并按照1:1.2放坡,开挖弃土放在离基槽顶面靠存梁台位侧1m外,减少土的堆积对基坑的压力,也便于施工车辆通行。

(3)为了保证横移滑道的表面平整度,混凝土浇筑分两次施工。第一次浇筑至1.5m高处,待混凝土强度达到5MPa后安装滑道预埋件,并用水平仪精确抄平。抄平后的预埋件安装牢固,并作为抹面找平的基准。再浇筑上部的混凝土。滑道模板的上边缘也应采取措施保证滑道收浆抹平。

(4)铺设$\Delta=32mm$钢板时应保证钢板底部密实,为此在铺设钢板前滑道顶面先铺设一层黏稠状的水泥浆并用刮尺刮平,再铺设钢板。

(5)$\Delta=32mm$钢板预底部两侧预埋件满焊。纵移轨道施工完全与横移滑道施工方法相同。只是纵移轨道梁截面为1.2m×1.6m矩形截面,且纵移轨道梁顶面高程要比横移滑道梁顶面高程低1.3m。因此,其基坑开挖更深。

29.6.2.5 龙门吊机轨道

梁场设置46m跨120t门吊2台。龙门吊机主要技术参数见表29-25。

龙门吊机技术参数表　　　　表29-25

整机性能		起升机构		
结构形式	A型桁架	技术参数	主钩	电动葫芦
跨度	46m	起重量	120t	10t
工作时最大风压	300N/m²	起升速度	2.5m/min	8
非工作时最大风压	800N/m²	起升高度	22m	21
电源	380V,50Hz,三相五线	工作类型	M4	
整机质量	226t	小车质量	20t	
大车轮压	300kN			

龙门吊机轨道在粉喷桩加固地基后放线开挖基槽,先浇筑60mm厚垫层混凝土,待混凝土有一定强度后,其上放线绑扎钢筋、支模板、浇筑混凝土。地基不得超挖后又回填,下雨后应清除基础表面泥浆后再浇筑混凝土。

29.6.2.6 布料机布置

每个箱梁预制台位两侧各设2台布料机,共4台布料机同时浇筑,布料机回转半径27m,布料范

围覆盖箱梁顶面。

29.7 施工测量和监控

29.7.1 施工测量

29.7.1.1 施工控制网

为了保证本工程施工时的位置、高程的准确及断面尺寸、线形等符合设计要求,确保本工程的安全和质量,在施工过程中的各个环节进行精确的测量控制,配备 GPS 等先进的测量仪器,派遣经验丰富的测量工程师,确保高精度地完成本工程的测量工作。本合同段工程施工测量控制网的建立、使用和维护均以现行国家标准为依据,并满足《青岛海湾大桥土建工程施工技术规范》中附录 J"GPS 施工测量实施规程"、附录 K"项目测量控制管理办法"、附录 L"桥梁各部位结构施工测量"的要求。

1)测量仪器

根据招标文件和技术规范要求,设置满足相应施工的 GPS RTK 流动站,所用仪器 GPS 接收机与业主 GPS 参考站接收机兼容,并能正确接收参考站发射的数据信息。标称精度要求见表 29-26。

标称精度要求 表 29-26

		备 注
静态测量	5mm + 0.5ppm(平面)	其他施工测量所采用的常规仪器根据招标文件要求和实际施工配置,以满足本合同段工程施工需要,其精度不低于技术规范要求标准
	5mm + 1ppm(高程)	
RTK 测量	10mm + 1ppm(平面)	
	20mm + 2ppm(高程)	

2)测量控制网的布设

我们将与业主、工程监理一道,进行工程测量控制网的交接桩工作,然后用 GPS 全球定位系统、全站仪、经纬仪、水准仪、光电测距仪等仪器进行精确测量,和监理工程师共同复核施工测量控制网。确认控制网符合要求后,即设点对控制网点进行保护,并进行加密,建立健全本标段工程平面及高程控制网,做到桥梁中心线、箱梁支座位置及高程准确无误。

测量控制网的布设根据青岛海湾大桥工程测量控制中心提供的首级控制网及首级加密网布设一、二级加密网,并根据实际情况及时复测,最长不得超过 3 个月,监理工程师审批后,将成果上报给业主。使用首级控制点前至少应使用另外 2 个控制点进行检核,确认无误后方可使用。

(1)平面控制网。

在工程沿线建立平面控制网,控制网为由双大地四边形或双三角形、闭合导线组成。桥轴线上两主点与国家三角点联测,并计算其在国家坐标系中的坐标值。全桥控制网严密平差。

(2)高程控制网。

根据桥梁施工的精度要求及有关规范规定建立高程控制网。岸上、海上高程的传递采用 GPS 测量方法进行,采用黄海高程系统。控制点的 GPS 拟合高程所用的 GPS 高程拟合参数,要用业主提供的高程拟合参数,应用公路 GPS 一级精度测设大地高推算 1985 年国家高程。

(3)与相邻合同段联测。

青岛海湾大桥是一项庞大的系统性工程,工程复杂、战线长、合同段多,施工过程中必须及时与相邻合同段进行联测,确保整个大桥的线形。

29.7.1.2 箱梁预制施工测量

预制场建设时在场区内选择通视良好,不会沉降变形的测量后视控制桩,后视控制桩采用打入桩。大临施工期间利用此控制桩控制台座、滑道的位置及高程。箱梁预制阶段的测量以此控制桩作后视点,检查模板的轴线,高度及梁体的线型。

模板在安装后用经纬仪、水平仪及钢尺进行测量,测量的内容有:轴线、底宽、翼板宽、全长、支座中心线、腹板厚度、顶底板厚度,其误差须满足《青岛海湾大桥土建工程施工技术规范》要求;箱梁出场前的检查主要有:轴线、全长、顶、底板宽、支座中心线、梁体拱度等。

29.7.1.3 箱梁安装施工测量

箱梁安装前,对下部结构的中心坐标及高程进行复核测量,若发现超过质量标准,及时向监理及业主报告,未处理前不进行架梁工作;利用全站仪或经纬仪在墩帽上放样预制构件中线、边线的理论位置。安装时保证预制箱梁的中线与墩帽上理论中线重合,同时兼顾边线,确保预制箱梁平面位置符合限差要求;安装预制箱梁时,测出箱梁前、后端的上、下游四个点的顶面高程,并换算为底面高程,使各点高程,上、下游对称点高差均在限差范围内;一联梁体的合龙、体系转换时,测量箱梁顶面高程及轴线,以及温度影响偏移值,观测合龙段在温度影响下梁体长度的变化。

29.7.2 施工监控

桥梁施工控制是一个"施工—测量—计算分析—修正—预告"的循环过程,最基本的要求是在确保结构安全施工的前提下,做到箱梁线形和内力在设计规定的允许误差范围内。监控测量是施工控制中的重要环节,包括几何指标参数测量和力学指标参数的测量。

29.7.2.1 预制箱梁线形控制

(1)箱梁制造过程中工序检查设工序自检和专职质检及监理工程师检查监控;在箱梁预制前期,应逐片检查箱梁全部检查项目,为施工过程控制提供参数,便于施工总结,对箱梁的高度、桥面平整度、预应力张拉完后的拱度进行测量。箱梁架设前在梁顶板、底板上放中心线作检查及安装用。

(2)箱梁线形控制在施工中是一个重要的控制环节,必须仔细、认真地进行,对每次的测量数据进行比较分析,得出经验预控数据。

(3)箱梁体系转换施工前,对简支于墩位的箱梁进行测量记录,体系转换后定期观测并记录数据,以利分析改进施工工艺,控制箱梁整体线型。

29.7.2.2 箱梁架设施工监测

(1)局部控制点建立。

箱梁架设前采用GPS静态相对定位法及水准测量,每隔500m(具体间距视情况而定)在墩帽上设置三维坐标点,作为局部控制点,为上部结构施工提供局部基准。

(2)箱梁架设对位控制。

箱梁为整片架设,需在墩顶上测放十字线,可利用局部控制点,每个控制点之间定出各墩中心点,再利用全站仪测放跨距。

(3)箱梁精确对位、控制测量。

利用GPS控制系统准确测放梁顶测点三维坐标,然后利用全站仪、水准仪等常规测量仪器对其中线、高程进行控制,使箱梁进行精确对位。同时在进行墩顶箱梁湿接头施工前,校核梁顶测点三维坐标,防止因墩身沉降而产生累计误差。

29.8 综合管理措施

综合管理措施详见附录1和附录3的相关内容。

29.9 施工组织附图表

码头平面布置图见图29-4。

大桥土建工程施工网络图见图29-5。

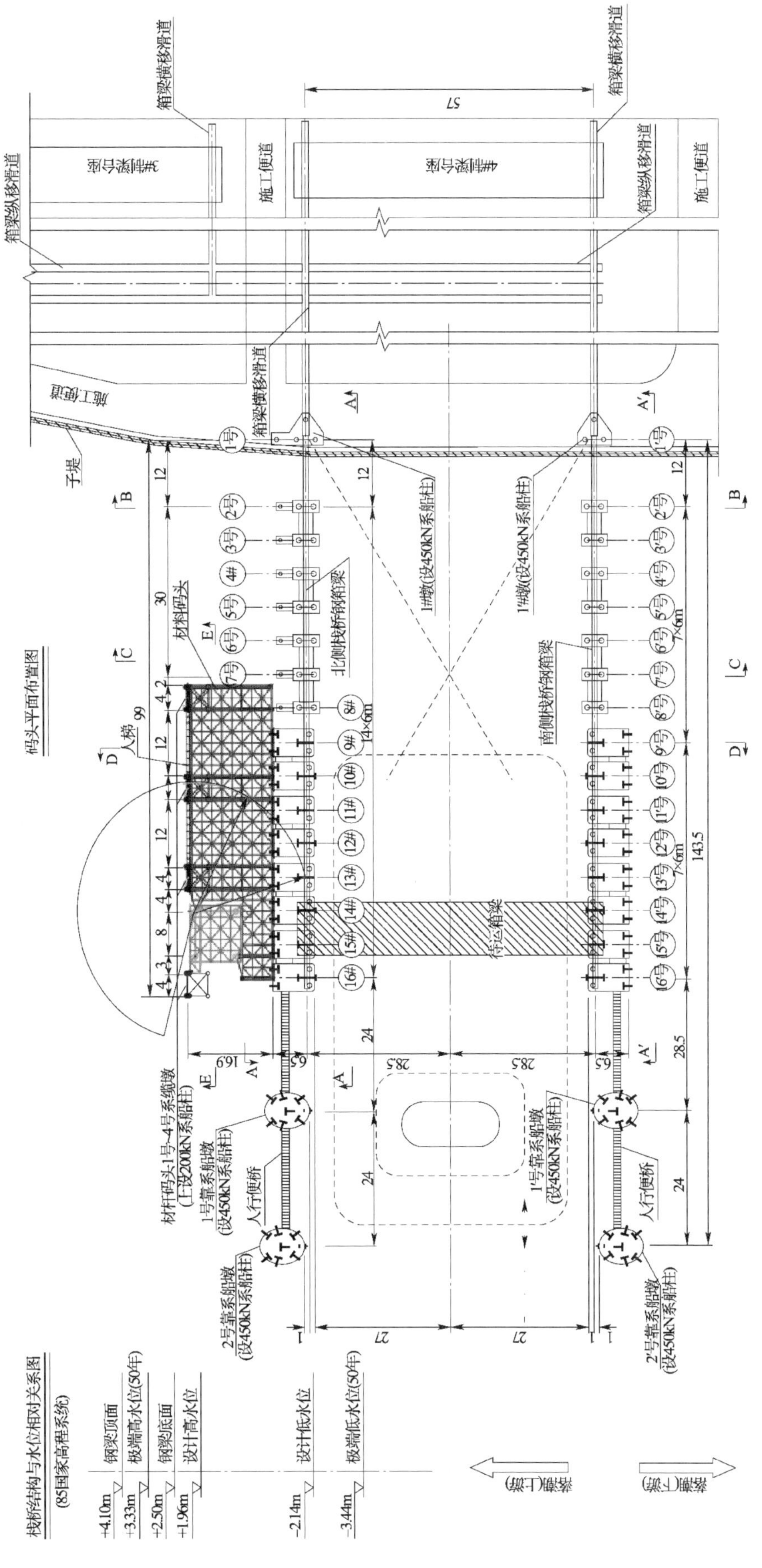

图 29-4 码头平面布置图

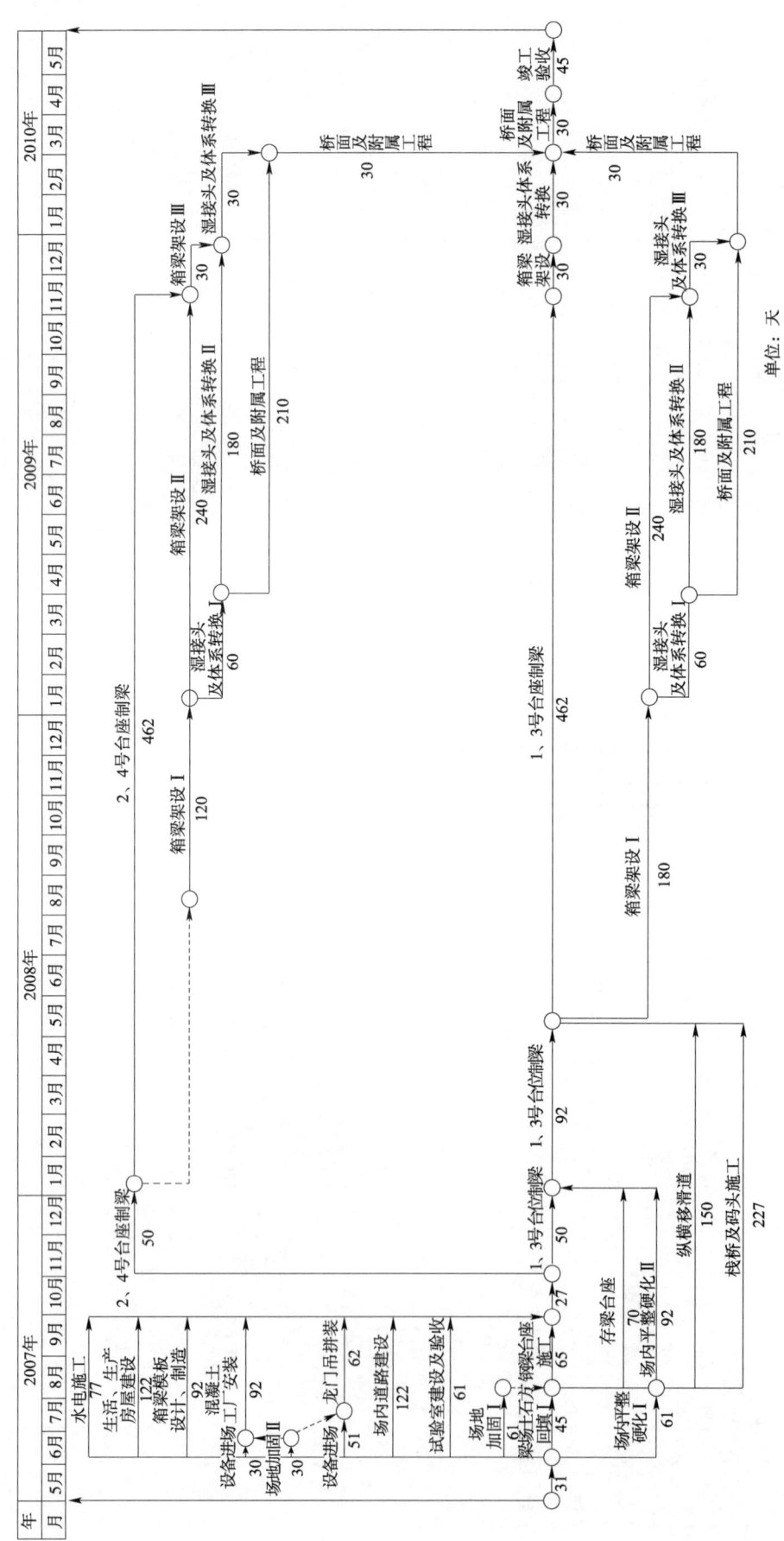

图 29-5 大桥土建工程施工网络图

第30章 案例11——青藏铁路预制铺架施工组织初步设计

30.1 编制说明

30.1.1 编制依据

(1) 国务院关于青藏铁路格尔木至拉萨段开工报告的批复。
(2) 青藏铁路领导小组第一、二次会议精神。
(3) 原铁道部、原卫生部、原国家环境保护总局对青藏铁路劳动保护、医疗保障和环境保护的有关文件和要求。
(4) 全线预可研设计文件。
(5) 格望段施工设计文件;清水河、北麓河、沱沱河试验段施工设计文件;路基施工设计文件。

30.1.2 编制范围

青藏铁路的铺架工程的主要控制工程,即南山口、二道沟、沱沱河、雁石坪、妥如、乌马塘、羊八井、塞曲等铺架工程。

30.2 工程概况

30.2.1 项目基本情况

青藏铁路格拉段,从南山口站引出,基本沿青藏公路南行,途经纳赤台、五道梁、沱沱河、雁平坪、翻越唐古拉山进入西藏自治区境内,经安多县、那曲市、当雄县至西藏自治区首府拉萨市,全长约1110km。全线铺架工程主要工程数量为:架梁1790孔,其中:32m-980孔,24m-527孔,16m-263孔,12m-20孔,正线铺轨1137.3099km;主要设置的预制梁场有南山口、二道沟、沱沱河、雁石坪、妥如、乌马塘、羊八井、塞曲等地设制梁场。

30.2.2 主要技术标准及作业标准

30.2.2.1 技术指标

正线钢轨采用类型为次重型,预留重型条件。

(1) 钢轨:50kg/m、长25m标准钢轨。长度大于或等于1000m的隧道内,采用60kg/m、长25m标准钢轨。
(2) 轨枕:采用YⅡ型混凝土枕,桥枕采用ⅡZQ混凝土桥枕。
(3) 扣件:采用弹条Ⅰ型。
(4) 铺设标准:当采用50kg/m钢轨时,铺设1760根/km轨枕;采用60kg/m钢轨时,采用1840根/km轨枕。

(5)道床类型:采用碎石道砟道床。

30.2.2.2 控制性工程的作业指标

(1)南山口至二道沟:架梁:3.5 孔/d,铺轨:3.0km/d;
(2)二道沟至安多:架梁:3.5 孔/d,铺轨:2.9km/d;
(3)安多至拉萨:架梁:3.5 孔/d,铺轨:3.0/d。

30.2.3 工程建设的自然及社会条件

30.2.3.1 自然环境

线路通过地区宏观上属高准平原地貌。整个地势由西向东逐渐降低。线路经过的主要山系均呈东西走向,自北向南主要由昆仑山、可可西里山、风火山、乌丽山、开心岭、唐古拉山、头二九山、念青唐古拉山。这些山系中,昆仑山北坡及羊八井峡谷地势较险峻,相对高差大于 700~1000m,其余山系多呈穹形起伏,相对高程一般小于 300m,宏观地形相当开阔,山岭浑圆而坡度平缓,山体窄,而河谷宽。

30.2.3.2 地震

线路经过地区均为高海拔地带,广泛分布高原多年冻土,连续多年冻土北起昆仑山北麓(高程 4350~4560m),南到安多县城北边(高程 4780m 左右)。沿线地震烈度高,经过八度地震烈度区 382km、九度地震烈度区 216km。

30.2.3.3 气象

线路经过地区气候寒冷、干旱,年平均气温 8~-6℃,极端最低气温 -17~-45℃;降雨量 40~470mm;蒸发量大,年平均大风日数(8级)9~178d;雾、沙暴、雷暴、冰雹也时有发生。沿线有关气象特征见表 30-1。

主要气象资料表 表 30-1

气象站	格尔木	西大滩	五道梁	沱沱河	安多	那曲	当雄	拉萨
年平均气温(℃)	6.7	-3.6	-5.2	-4.0	-2.9	-1.3	1.6	7.8
极端最低气温(℃)	-33.6	-27.7	-37.7	-45.2	-36.7	-41.2	-35.9	-16.5
冬季平均气温(℃)	-6.1	-8.7	-11.2	-10.1	-11.6	-7.5	-5.1	-1.1
冬季平均天数(d)	124	316	258	225	204	203	163	59
年平均降雨量(mm)	42	221	291	249	428	293	468	407
年平均降雨天数(d)	29	102	180	173	87	121	113	90
年平均蒸发量(mm)	2393	1470	1317	1639	1783	962	1866	1976
年平均大风天数(d)	10	9	130	178	147	106	57	26

30.2.3.4 地层岩性

南山口地段,表层主要为冲、洪积层,厚 5~25m,以卵石土、圆砾土为主,夹少量砾砂;二道沟地段表层 2~3m 为中密砾砂,下卧风化砂岩(6m 左右)、砂岩等;沱沱河地段表层 2~3m 为中密砾砂,下卧风化泥岩(8m 左右)、泥岩等;雁石坪地段表层 1~2m 为中密砾砂,石灰岩等;妥如地段地表为卵石土、圆砾土,厚 0~3m,低洼处有湿地 0.5~1m,下卧砂、页岩及灰岩;乌马塘地段表层有坡积碎石土、薄层砂黏土或黏砂覆盖,以下为卵石土,厚度大于 20m;羊八井和塞曲地段表层有 1~2m 的卵石土,以下为花岗岩。各处地质情况复杂,在选定梁场位置时应进行钻探勘测。

30.2.3.5 冻土类型

道沟、沱沱河、雁石坪地段属于多年冻土类型,冻土属于岛状多年冻土,岛状冻土主要以高含冰量冻土为主,局部地段为低含冰量冻土,高含冰量冻土主要为富冰冻土、饱冰冻土,多年冻土上限2~4m,下限10~25m,多年冻土厚度10~20m,年平均地温 $T_{cp} \geq -0.5℃$,属于高温极不稳定区。

对冻土地段的制、架梁已经经过技术研究和专家论证,认为具有可行性,在二道沟、沱沱河、雁石坪地段加设梁场,可以加快全线的制梁工作,同时也可以对以上所在地的梁进行预架,加快整个青藏线的建设。

30.2.3.6 交通运输情况

(1)铁路:本线施工用外来料、直发料、厂发料主要经由青藏线西宁~格尔木段既有铁路运输。

(2)公路:本线基本沿109国道(青藏公路)南行,材料运输主要利用既有公路。

30.2.3.7 当地资源情况

(1)石料:沿线石料主要分布在南山口~望昆(116km)、那曲~谷露(86km)、羊八井~塞曲(50km)之间,其余约860km地段仅风火山、开心岭、错那湖附近有少量分布,多为花岗岩、石灰岩、砂岩。

(2)道砟:既有南山口道砟厂目前年产量2万m³左右,该点石料储量丰富,可临时设点开采;另在错那湖、塞曲亦有质量较好的花岗岩,可临时设点开采。

(3)砂:沿线砂比较丰富,格尔木河、昆仑河、楚玛尔河、沱沱河、那曲河、拉萨河等及其支流均有质量较好的中粗砂分布,但多与卵砾石伴生,使用需筛分;不冻泉~安多之间的清水河、秀水河、北麓河、通天河、扎加藏布等及其支流有细砂分布。

(4)卵砾石:沿线格尔木河、昆仑河、楚玛尔河、那曲河、拉萨河等及其支流可开采卵砾石。

(5)砖、石灰、黏土:沿线砖、石灰产地十分缺乏,仅格尔木市内有灰砂砖厂、石灰厂。一般使用代用材料。沿线没有可供钻孔利用的黏土,需外运解决。

(6)水源:沿线河流密布,格尔木河、昆仑河、雪水河、通天河、扎加藏布、那曲河、拉萨河等及其支流河水大部分水质较好,符合工程用水的标准。不冻泉~开心岭之间的清水河、楚玛尔河、秀水河、北麓河、沱沱河等及其支流水质较差,含汞、盐等超标,不符合工程用水标准,应采用外运或打井解决。

(7)电源:青藏高原目前尚无电网建成,沿线仅干沟、那曲、羊八井三处地方电源,干沟、羊八井两处可资利用。

(8)燃料:沿线没有燃煤可资利用,全部由内地供应。

30.2.4 工程特点、重难点分析及应对措施

30.2.4.1 工程特点

(1)青藏线是世界上目前海拔最高、技术难度最大,穿越高原、高寒及连续性永久冻土地区最长的铁路。

(2)线路所经过地区海拔大于4000m的地段长达965km,年平均气压620~544MPa,是海平面的60%~70%,空气中含氧量比海平面减少38%~46%,气候寒冷干燥,风沙大,雷电多,人员稀少,自然环境恶劣。

(3)全长1110km的干线铁路,单口独头进行铺架施工,在我国铁路建设历史上是绝无仅有的。桥梁、轨排及其他后续工程材料的运输要求增加机车、车辆等运输设备和人员,由此引起施工组织、运输组织和协调难度也随之增大。

(4)工期紧,铺架指高程,难度大,也是新建铁路之最。

(5)长距离连续大坡度超长大区间是本线的又一特点。

(6)施工安全在本线尤为突出,长大坡度大风条件下的施工,防寒、防雷电等工作必须做好。

30.2.4.2 工程难点

(1)高原、高寒、缺氧和低气压,使人的身体和机能发生一系列复杂的适应性变化,人的体质和对疾病的抵抗能力、机体的恢复能力、劳动能力、生存能力都大大降低,恶劣的生存环境和现有的技术装备水平使人无法长时间、超强度的进行重体力劳动。

(2)高原、高寒、缺氧和低气压,使以内燃机为主的各类机械设备,尤以铺架工程所使用的架桥机、铺轨机、机车、机养车等大型设备,都必须进行必要的改造,才能满足铺轨、架梁正常作业的要求,而低温下的防寒、电器元件的适应性都有待于进一步探讨。

(3)高原、高寒、超长距离、长大区段、长大坡度、独头单方向运送建设物资、组织铺架施工、管理难度、协调难度非常大。

30.2.4.3 工程重点

(1)由于高原特殊气候的影响,使每年有效作业天数减少和人、机的效能大幅度降低,为了有效地控制铺架施工进度,要在方案制定、选择上下功夫,要在劳动力调配、设备配置、后勤保障、施工组织等方面进行优化,做到科学、有效,确保铺架施工进度,全面优质地实现工期目标。

(2)高原及长、大坡道、大区间进行铺架施工,将给作业人员的人身安全、铺架施工安全、工程运输安全造成重大影响,所以,要在铺架施工前,对施工人员进行全面的安全培训,制定强有力的安全保证措施,建立健全规章制度和岗位责任制,使铺架施工安全始终处于受控之中。

(3)鉴于青藏线所经地区生态环境比较脆弱,维护生态和环境保护是一条必须遵循的重要原则,在铺架施工过程中,依据国家有关环保法律、法规及青藏铁路在环保方面的有关规定,自觉维护青藏高原的生态环境,并无条件地接受环保监测部门的指导和监督,使施工中容易引发污染和破坏生态环境的源头得以有效控制。

30.2.4.4 采取的对策

(1)人在高原缺氧环境下正常工作、生活是首先要解决的基本问题,必须采取先进的科学技术手段和全方位的后勤保障措施,最大程度地满足人的工作、生活需求。前方铺架、运输、机械化养路施工作业人员,采取分期分批的轮换工作制,原则上施工作业人员每年工作时间不超过6个月。

(2)铺架施工机械和运输设备,采用高原增压器等措施,解决功率降低问题;对柴油机、增压器、冷却系统、制动装置等零部件进行改造,满足适应高原气候条件下的技术需要。

(3)重视在连续大坡道上铺架作业的安全保障工作,制订大坡度上铺架施工作业方法和操作工艺及防溜安全保障措施。

(4)在长大区间及特大桥附近适当位置增设临时岔线,作为铺架机械停留线,以缩短两机转换时间,加快铺架速度。

(5)以桥代路地段采取临时便线通过,利用第二台架桥机架设此段桥梁,开辟第二作业面,降低铺架作业指标,确保实现分阶段工期及总工期。

(6)铺架设备按3套配置,同时配足机车、车辆,以满足铺架施工进度的需要。

30.3 施工总体部署

30.3.1 指导思想

铺架施工单位要选派年富力强优秀人才,集结精干专业化队伍,采用先进铺架机组和运输设备,充分利用成熟的技术经验,针对高原修建铁路特点、难点和重点,采取相应配套措施,本着"以人为本、依靠科技、顽强拼搏、注重环保、保障健康、争创一流"的施工原则,创造性地组织并安全、优质、高效、均衡、有序的铺架施工,为开发祖国西部做出积极的贡献。

30.3.2 施工总目标

铺架工程 2002 年 7 月 1 日正式开工,2005 年 9 月 20 日铺架至安多,2006 年年底铺架至拉萨。

30.3.3 总体平面布置

30.3.3.1 预制梁场平面布置

梁场宜设在地形开阔、地势平坦的地带,梁场宜采用纵列式布置的方式,以提高机械使用率。主要设制梁区、半成品梁区、成品梁区、砂石料场、钢筋料场等,梁场主要机械设备为起重设备、混凝土施工设备、钢筋加工设备、供汽设备、供电设备、高原医疗设备等。梁场规模需综合考虑台座模型的数量、生产能力、存梁能力、制运架工期关系等因素,在保障工期的前提下宜尽量降低梁场的设计存梁能力,减小梁场的规模。下面以 3 个具有代表性的梁场进行平面布置,其他梁场可以参照这 3 个梁场布置设计,具体工程数量见本章 30.10。

南山口梁场为非冻土区梁场代表:本梁场设在南山口车站附近,承担 CK845+366~CK1156+000 区间制梁任务,其中 16m 梁 565 孔,24m 梁 147 孔,32m 梁 550 孔,12m 梁 20 孔,8m 梁 16 孔,共计 1298 孔,梁场采用纵列式布置的形式,占地 36806m^2,设 32m 制梁台座 12 个,其中与 24m 制梁台座共用 4 个,16m 三片位先张制梁台座 1 座,最大可存各类梁 260 片。梁场布置详见南山口梁场平面布置图,主要的工装设备及临时工程数量见本章 30.10。

沱沱河梁场为冻土区梁场代表:本梁场设在沱沱河车站附近,相应铁路里程为 CK1231+454~CK1231+654,承担 CK1214+900~CK1343+500 区间制梁任务,其中 16m 梁 41 孔,24m 梁 206 孔,32m 梁 168 孔,共计 415 孔,梁场采用纵列式布置的形式,占地 25250m^2,设 32m 制梁台座 6 个,24m 三片位制梁台座 2 座,存梁台座 4 个,最大存梁 118 片。梁场布置详见沱沱河梁场平面布置图,主要的工装设备及临时工程数量见本章 30.10。

塞曲梁场:设在塞曲车站附近,承担 CK1936+000~CK1994+700 区间制梁任务,其中 16m 梁 30 孔,24m 梁 32 孔,32m 梁 58 孔,12m 梁 3 孔,共计 123 孔,梁场采用纵列式布置的形式,占地 24000m^2,设 32m 制梁台座 4 个,24m 制梁台座 2 座,16m 单片位制梁台座 2 座,最大存梁 128 片。梁场布置详见塞曲梁场平面布置图,主要的工装设备及临时工程数量见本章 30.10。

30.3.3.2 铺架工程平面布置

1)铺架基地

(1)南山口铺架基地。

南山口站设物资储备基地,混凝土枕和桥梁也将在现场预制。根据工程需要,结合地形特点,拟在南山口站设置铺架基地。

根据南山口车站平面设计图和现场调查情况,本着因陋就简,尽量减少临时工程的原则,进行铺架基地的平面布置。基地设在南山口站对面空地内,从车站 2 号道岔岔尾和 5 道,分别引入铺架基地。铺架基地由编发线、存梁场、混凝土枕存放场、轨节拼装场、轨料存放场和机务整备场六大部分组成。其中制梁场近期满足南山口至望昆区间存梁 150 孔,远期制梁场可根据工程需要扩建达到制梁 300 孔的能力。为了统一规划,基地中的大型临时工程除设计了轨节拼装、制梁场还考虑了物资储备基地、轨枕场以及后续铺架施工的需要。

(2)安多铺架基地。

安多铺架倒装基地设于安多站,负责安多至拉萨 442.70km 的正线铺架施工任务,本着永临结合,既满足施工需要,同时又尽量节省施工成本的原则,对基地股道及生产生活以及后勤保障设施进行合理的配置。基地设股道 19 股,铺岔 26 组,铺轨总长度 14km(含设计永久线路)。

2）沿线临时工程

（1）南山口至望昆。

根据铺架运输特点,分别在干沟、昆仑桥、纳赤台、小南川、大滩、望昆开站,完成前后方轨排、桥梁列车的会让和编组作业,每个站设搬道器 4 组,警冲标 4 个,站界标 2 个,生产生活房屋 96m²。

（2）望昆至拉萨。

望昆至拉萨段临时工程,根据站场布置原则,视设计资料及现场实际情况设置。

3）预留车站及区间岔线布置

（1）区间临时岔线布置原则。

①区间 10～15km 左右或大桥附近铺设临时岔线一处,长 100～400m。

②预留车站增设临时股道一条,长为 400m,布置为贯通式岔线。

③区间岔线有效长度视选择地形条件确定,条件好时每处铺设线路 400m,用于铺架两机交会和工程列车会让;条件稍差时,铺设不短于 100m 线路,用于两机交会和一孔梁车会让。

④区间岔线均应选在直线地段,坡度控制在 6‰ 及以下。岔线与正线的线间距设为 4.2m。

⑤区间岔线位置尽量选在挖方路堑内,充分利用路堑及用道砟填充两侧水沟的场地作为临时出岔位置。

⑥尽头式岔线均选在向桥头出岔的顺开岔。

（2）岔线铺设标准。

每处铺设 50kg1/9 道岔 1 组或 2 组,50kg/m25m 钢轨,木枕 1440N/km,道砟 0.96m³/m。

（3）区间岔线布置:南山口至望昆设岔线 8 处,见表 30-2、表 30-3。

预留车站及区间临时岔线布置表　　　　　　　　　　　　　　　　　　　　表 30-2

序　号	设计位置相应正线里程（左右）	岔线长度（m）	道岔（组）	铺道砟（m³）	备　注
1	DK858+132.07（左）	400	2	384	
2	DK874+500（左）	100	1	96	
3	DK887+200（右）	100	1	96	
4	DK892+200（右）	400	2	384	昆仑桥
5	DK914+430（左）	400	2	384	
6	DK917+300（左）	100	1	96	
7	DK931+180（右）	100	1	96	
8	DK938+000（右）	100	1	96	
小计	8	1700	11	1632	

临时岔线铺设表　　　　　　　　　　　　　　　　　　　　表 30-3

序　号	里　程	预留车站	道岔组数	岔线长度（m）
1	CK1564+800	错那湖	1	400
2	CK1610+200	地马耳	1	400
3	CK1646+400	岗密学	1	400
4	CK1689+900	罗玛	1	400
5	ICK1696+800	桑雄	1	400
6	CK1740+450	桑利	1	400
7	CK1819+400	龙仁	1	400
8	CK1860+400	宁冲	1	400
9	CK1896+700	羊八岭	1	400
10	CK1934+900	岸嘎	1	400

望昆至拉萨段岔线,根据岔线布置原则,根据现场实际情况,在全段预留站位置铺设一股400m长到发线,以发挥辅助铺架作用。临时轨道采用50kg/m;25.00m标准长度钢轨,木枕1520根/km,临时道岔采用改进后长度为25.00m,可随时更换为25m标准长度钢轨的50kg/m、1/9号道岔,上道砟数量为1.15m³/m。所铺岔线在铺架通过后仍然保留,作为工程列车会让线路所,以保证工程列车运输效率。

30.4 总体施工准备、主要资源配置及设备改造

30.4.1 施工准备

前期重点做好南山口铺架基地筹建工作,科学合理地设计铺架基地,处理好基地与材料厂、桥梁预制厂、轨枕厂等单位相互衔接关系,基地于2001年6月15日前施工设计修改完成并开工建设,2002年2月底铺架基地建成投入使用。2002年3月6日轨节拼装生产线安装调试完毕,并开始试生产轨排,4月底前生产存放轨排30km。南山口地区临时通讯组网工程建设,在2002年元月底前完成。2005年9月20日建设安多铺架基地,年内建成。

30.4.2 制梁场主要资源配置

主要资源配置见表30-4。

30.4.3 铺架工程主要资源配置及设备改造

30.4.3.1 主要资源配置

铺架工程选用适合高海拔地区施工的高原45型铺架机械投入施工,并将铺轨机及架桥机各准备一台备用,确保铺架施工顺利进行。

架桥机选用高原45型Ⅰ号架桥机(新制),采用改造后的TJ130型(高原45型Ⅱ号)架桥机作为备用;高原45型Ⅰ号架桥机是铁道建筑设计院在DJK140型架桥机基础上,充分考虑青藏线高原缺氧、高寒低温、大风沙、多雷击、线路坡度大、工期短等施工特点设计的适应高原铁路铺架施工的一种新型架桥机。它植入了高原工程机械研究的最新成果,能在海拔高度3000~5300m,环境温度-35~+40℃,坡道≤22‰高原条件下架设32m及以下跨度预应力混凝土梁,自行稳定性好,同时可以实现一次落梁到位,架梁工作效率处于国内领先水平。(铺架工程的主要设备配置见表30-5)。

30.4.3.2 主要设备的改造

1)改造原则

(1)选用高原功率恢复型增压器,并进行良好的增压匹配;良好的高原功率恢复型增压匹配,可以使柴油机动力性、经济性、可靠性指标完全恢复到原基本型柴油机低海拔水平,且在海拔高度4500m左右保持性能的基本稳定。

(2)采用高原空气滤清器。多风沙的高原恶劣环境,对柴油机的空气滤清器提出了新的要求,采用适应高原环境的空气滤清器,使之具有效率高、阻力小、流量大、寿命长、体积小、质量轻、易保养等各种优良性能是十分重要的。

(3)提高低温启动性能。高原低温启动是在缺氧条件下完成的,由于气压的下降,导致充气量减少,使得压缩终点压力和压缩终点温度降低,发动机着火延迟期增长,造成启动困难程度超过同一温度下的低海拔地区,同时,蓄电池的工作能力和环境温度对油液黏度的影响,也是导致高原低温启动性能较差的一个重要原因。

制梁厂主要生产设备及工装设备表

表 30-4

序号		名称	规格型号	单位	南山口	二道沟	沱沱河	雁石坪	妥如	乌马塘	羊八井	塞曲	备注
一		混凝土施工设备											
	1	混凝土搅拌站	HZG-50	座	2		2						高原型
	2	混凝土搅拌站	HZG-25	座		2						2	高原型
	3	电子地磅	40t	台	1						1	1	
	4	电子地磅	40t	台		1	1	1	1	1			高原型
	5	装载机	ZL40	台	2						2	2	
	6	装载机	ZL50G	台		2	2	2	2	2			柳工
	7	卧式供料器	HBT30	台	1	1	1	1	1	1	1	1	
	8	混凝土输送泵	HBT60S阀	台	2	2	2	2	2	2	2	2	高原型
	9	混凝土输送泵		台	1	1	1	1	1	1	1	1	
	10	布料杆	20m	台	2	2	2	2	2	2	2	2	
	11	附着式振动器	1.5kW	台	180	80	100	80	80	80	80	80	
	12	工业锅炉	4t	台	2	2	2	2	2	2	2	2	环保型
	13	工业锅炉	2t	台									环保型
二		张拉压浆设备											
	1	液压油顶	YZ-85	台	10	8	8	8	8	8	8	8	
	2	液压油顶	YC-60	台	2	2	2	2	2	2	2	2	
	3	液压油泵	ZB4-50	台	10	8	8	8	8	8	8	8	带加压油箱
	4	液压油泵	ZB4-50	台	2	2	2	2	2	2	2	2	
	5	灰浆拌和机		台	2	2	2	2	2	2	2	2	
	6	压浆机		台	2	2	2	2	2	2	2	2	
三		起重设备											
	1	龙门吊	75t	台	2	2	2	2	2	2	2	2	
	2	龙门吊	10t	台	3	3	3	3	3	3	3	3	

续上表

序号		名称	规格型号	单位	南山口	二道沟	沱沱河	雁石坪	妥如	乌马塘	羊八井	塞曲	备注
四		钢筋加工设备											
	1	钢筋切断机	GJ40-1	台	2	2	2	2	2	2	2	2	
	2	钢筋弯曲机	GJB1-40	台	2	2	2	2	2	2	2	2	
	3	钢筋调直机	GJ4-14	台	2	2	2	2	2	2	2	2	
	4	对焊机	UV-100	台	1	1	1	1	1	1	1	1	
	5	电焊机	BX3-400	台	7	7	7	7	7	7	7	7	
	6	电焊机	BX3-500	台	3	3	3	3	3	3	3	3	
五		机修加工设备											
	1	剪板机		台	1	1	1	1	1	1	1	1	
	2	滚丝机		台	1	1	1	1	1	1	1	1	
	3	车床	C6140 1500	台	1	1	1	1	1	1	1	1	
	4	摇臂钻床	ZK40	台	1	1	1	1	1	1	1	1	
六		其他设备											
	1	静载试验设备		套	1	1	1	1	1	1	1	1	
	2	制梁模型	32m 梁	套	6	3	3	3	0	0	0	2	
	3	制梁模型	24m 梁	套	2	2	1	2	0	3	1	1	
	4	制梁模型	16m 梁	套	3	1	1	1	3	1	4	1	
	5	发电机组	300kW	组		3	3	3	2	2	2		
	6	发电机组	200kW	组	3							2	
	7	高压氧舱		个		1	1	1	1	1			

铺架工程的主要设备配置   表30-5

序号	名　称	单　位	数　量	
			南山口	安多
1	钉联机	套	1	1
2	变压器	台	2	2
3	发电机	台	2	2
4	龙门吊	台	12	15
5	内燃机车	辆	15	10
6	轨道车	辆	2	2
7	吊车	台	1	2
8	软水设备	套	1	1
9	卷扬机	台	4	2

(4)提高金属材料的冲击韧性、降低材料的冷脆性；

(5)高原施工对液压系统的要求：在标准举升荷载下，液压系统对发动机产生的负荷是一个定值，不会因海拔高度的升高而发生很大变化，由于高原对发动机性能的影响，从而使液压系统与发动机匹配性能发生变化，动作时间随海拔高度增加而趋向迟缓，以至于在海拔3000m左右的情况下，进入不能有效举升额定载荷的临界状态。所以要求密封件和橡胶管件要有较强的耐久性和抗破损性，同时，要求液压油要具有闪点高、凝点低、黏温性能变化小、抗氧、抗腐、防锈、抗泡等性能。

(6)在高原施工条件下，铺架机械驾驶室应具有良好的密封性、保暖性能、除霜性能、防紫外线辐射性能和新鲜空气交换性能，同时应配备供氧装置。

2)高原45型架桥机改造方案

主要改造措施：

(1)主要钢结构采用Q345E耐低温钢材,提高使用可靠性；

(2)采用配带增压中冷的柴油机；

(3)采用免维修瑞典蓄电池,配备冷却液加热器,能在-35℃低温条件下顺利启动；

(4)电机全部采用绝缘等级F级；

(5)采用适应高原、高寒地区用的液压、电气、制动部件和元件,提高防护等级；

(6)采用适合高原高寒地区的传动、液压、润滑油料；

(7)增设遥控操作系统,以利落梁衡移就位,进一步提高整机作业效率,增强安全性；

(8)改进驾驶室,使驾驶室具有密封、保暖、除霜、换气、供氧、防紫外线辐射等功能。

3)高原45型铺轨机改造方案

高原45型铺轨机是铁道建筑研究设计院在DPK32型铺轨机基础上,结合青藏线铁路施工特点,植入最新高原工程机械研究成果而设计的新型高原用铺轨机,能在海拔高度3000~5300m,环境温度-35~+40℃,坡道≤20‰等困难条件下铺设25m轨排,并悬臂架设16m及以下预应力混凝土梁,其性能完全能满足青藏线铺轨需要。

(1)更换发电机组,选用带增压中冷、重载空气滤清器的发动机,同时采用与柴油机相匹配的发电机；

(2)电机绝缘等级全部提高为F级,对液压、电气、制动部件和元件进行更换,以提高各系统的使用可靠性；

(3)选用适应高原低温气候的传动,液压,润滑油料；

(4)对主要钢结构进行探伤、补焊或加焊,避免在低温条件下发生冷脆；

(5)更换液压密封件；

(6)提高施工作业的机械化程度;
(7)设有遥控操作系统;
(8)改造驾驶室;
(9)铺轨速度可达6~8km/d。

4)东风DF4型内燃机车改制方案

经过精确的数值分析和现场实验,采用新购DF4型机车并对其进行必要的改造完全能够适应青藏线铺架施工特点,能在海拔3000~5300m,环境温度-35~+45℃,正常运行。对原有DF4型机车进行技术改造,改造后的机车也能满足青藏铁路施工运输要求。改造的主要项目有:

(1)机车采用16V240ZGJD型高原柴油机,标定功率2425kW,使用VTC254-13D型高原增压器,在海拔高度4500m功率不低于2350kW;
(2)采用辅助柴油发动机向主柴油机和油、水系统中加热器供电,对油、水进行加热,保证主柴油机随时启动;
(3)蓄电池防冻采用阀控式免维修蓄电池。改造驾驶室,加装双热风机,备有供氧设备;
(4)冷却水系统采用密封加压的方式,提高水的沸点;
(5)加装电阻制动,保证工程列车在长大坡道上的运输安全;
(6)加装HB-1轮缘喷油器,改善轮缘磨耗;
(7)加装空气净化装置,提高柴油机的进气清洁度。

5)宿营列车(自有改造)

宿营列车由指挥车、宿营车、餐车、炊事车、医务车、发电车、垃圾车组成,根据青藏线特点在原有YZ22型客车体的基础上对宿营车进行改进:

(1)宿营车内部增加5cm厚聚乙烯保温层;
(2)改制宿营车的床位空间;
(3)安装补氧装置,通过管路分配到每个床头,并通过呼吸器进行补氧;
(4)更换宿营车现有锅炉,采用顺德产RVL-LZ104型锅炉供暖;
(5)配置一台100GF-W6型柴油发电机组,解决宿营车用电。

6)龙门吊(新制)

针对青藏线高原缺氧、高寒低温的特点,在龙门吊设计制造过程中采取如下措施:

(1)设计中选用Q345E钢材,降低材料的冷脆性,外露的销轴等连接做防护处理;
(2)新制驾驶室,使其具有密封、保暖、除霜、换气、供养和防紫外线辐射等功能;
(3)龙门吊的所有电动机选用绝缘等级为F级,电机外壳防护等级为IP55的电动机;
(4)电缆采用沈阳电缆厂生产的金杯牌耐高寒耐辐射电缆,确保使用安全。

30.5 预制、铺架工程施工方案

30.5.1 预制梁的施工方案

30.5.1.1 制梁工艺流程

制梁工艺流程,对于先、后张梁均按一套模型配两个台座或两个片位的模式设计流程,对于二道沟、沱沱河、雁石坪、妥如、乌马塘、羊八井等高原严寒地区,每制一片梁或一槽梁循环周期:32m后张梁66h,先张台座77h;对于南山口、塞曲海拔较低、气温较高地区,每制一片梁或一槽梁循环周期:32m后张梁60h,先张台座77h。

设计制梁计划时综合考虑-15℃以下停止施工,6级以上大风、大雨雪、地滚雷等影响,根据季节,划分白天施工、白天晚上均施工、白天晚上均不能施工3种形式,合理安排劳力和施工生产。

对高原严寒地区,后张梁每台座每月设计生产能力为 6~8 片,成品周期为 18~22d,先张梁每片位每月设计生产能力为 6~7 片,成品周期为 4~6d;对南山口、塞曲海拔较低、气温较高地区,后张梁每台座每月设计生产能力为 7~9 片,成品周期为 15~20d,先张梁每片位每月设计生产能力为 6~7 片,成品周期为 4~6d。

附制梁工艺流程图。每个梁场安排建厂工期为 2 个月(8~9 月)。试生产期,含生产许可证时间为 4 个月,每年有 3~4 个月的非生产期。

30.5.1.2 主要的施工方法

1)制梁施工方法

温度在 5℃以上时,施工工艺同内地混凝土预制梁施工工艺,本篇着重考虑温度在 5~ -15℃时候的施工工艺。

(1)制梁台座、存梁台座设计方案。

青藏铁路格拉段存在广泛的冻土,冻土的种类多样,地质和水文情况复杂,为防止因热融和冻胀造成台座的不均匀沉陷或隆起,对所选梁场位置需做认真细致的地质、水文勘探,查明冻土的天然上限;二道沟、沱沱河、雁石坪处于多年冻土区段,制梁台座、存梁台座需特殊设计,设计为桩基础和换填表层季节性冻土;南山口、妥如、乌马塘、羊八井、塞曲为非多年冻土地段,其制梁台座、存梁台座同平原区设计,直接采用换填。

以沱沱河为例,根据现有的资料,本地地处融区,融化层 2~4m,融化层冻土按季节融化大致可以分为五个阶段:4 月上旬至月末,为不稳定融化期;4 月末至 5 月下旬,缓慢稳定融化期;6 月上旬至 8 月上旬,融化迅速发展期;9 月中旬至 10 月下旬,融化动态平衡期;10 月下旬至 11 月中旬,融化退化消失期;本地段多年冻土层较厚一般为 5~25m,多年冻土较一般很稳定。考虑台座承受荷载小,作用时间短,确定按控制融化的原则设计。

①制梁台座。

台座采用钢筋混凝土,台座基础采用钻孔灌注桩。根据本地地质资料、冻土特征以及地下水发育丰富的特点,桩基设计要考虑桩基和台座的自身重力以及制梁时的施工荷载,冻土产生的冻涨力、切向力、抗拔力等。桩基施工采用回旋式钻机正循环成孔,加快成孔速度减少施工时候对多年冻土的热扰动。

本地段冻土上限的融化层一般为 2~4m,采用粗颗粒土换填,并在换填土层中加一层保温材料隔热,以保证多年冻土不受施工热源影响而融化;开挖基坑时拟采用一次爆破、机械开挖,迅速开挖迅速回填,尽可能地减少基坑的暴露时间。

桩基和基坑开挖施工尽量选在寒季施工,以加快冻土的回冬时间。

制梁台座上设型钢纵横梁系统,底模为与台座相固接的 δ12mm 钢板,按提梁机起移梁方案设计,重点考虑:梁体张拉后的变形位移及两端地基承载力、底模设为在一定范围内可上下调节,以保证底模的反拱及平整度、保证蒸养管路安装及侧模固定等功能要求、采取抗冻胀的措施,在承台基础底部及基础侧面换填弱冻胀土或涂抹渣油;在基底换填层铺设保温材料,以保持桩底持力层处于冻结状态、完善两侧的排水设施,防止雪水流入基础两侧的地层、基础埋设的最小深度 $H_{min} \geqslant mthT + \Delta H$、承台基础按悬空支撑在桩基上的连续梁进行结构设计和配筋设计。

另外,对先张梁台座还需考虑以下问题:片位的设计,需综合制梁规模、生产周期、模型数量、预应力损失等多种因素,在可能的情况下,宜采用长线位的台座;张拉的工艺,根据张拉的吨位和张拉设备的情况,按单拉整放或整拉整放的工艺设计;锚梁必须有足够的刚度,以减小应力的损失;锚座局部承压的强度和倾覆稳定性;纵梁的轴心受压强度和平面内外的失稳;放张的行程,确定放张楔块的型号和数量;放张时梁体的运动方向和运动量,确定扩孔的方向和大小。

对 24m 折线配筋梁,设导向辊、万向绞和抗拔桩,导向辊压在钢绞线上,使钢绞线形成一定的角度,万向铰为一在空间三个方向均可自由转动的传力结构,一端连在导向辊上,另一端通过扁担梁锚固于抗拔桩上,抗拔桩用以平衡因折线配筋产生的竖向荷载,同时也是台座基础的一部分,承受台座、底模基础传来的其他竖向荷载。

②存梁台座。

按双层存梁设计,底座为片石混凝土明挖基础,垫层换填碎石,要求持力层最小深度 $H_{\min} \geqslant m\mathrm{thT} + \Delta H$,要求完善两侧的排水设施,防止雪水流入基础两侧的地层。

(2)寒季施工的防寒。

①根据梁场的生产规模、施工期气温情况,通过热工计算选定锅炉的供汽量,保证热源供应能力,满足预制梁施工的质量要求。

②冬期施工的关键工序为梁体混凝土的浇注,需从配合比的选定、混凝土原材料的保温、灌注的工艺环节进行控制,确保蒸养前混凝土的温度不低于5℃。

a. 配合比的选用:选用低温、早强减水剂,(能满足 -15 ~ -10℃的防冻要求),由试验室根据选用的外加剂和集料做好配合比的选配工作;同时也应根据本地的气候条件和月平均温度各试配几组配合比。

b. 混凝土原材料的保温:水用热水,从蒸汽管路接汽管到搅拌站,要求水温达到30℃左右,水箱包裹严密,所有水管路在未使用时,排干管内积水,或打开水龙头让水处于流动状态;骨料加热:已筛洗砂石料堆放场地设小棚,埋设蒸汽管路,使蒸汽对已经筛洗好的砂石料进行预热,要求骨料无冻块无结冰;搅拌站搭设暖棚,以保证混凝土出厂温度。

c. 灌注工艺:梁体混凝土浇筑前及灌注过程中,用蒸养罩覆盖制梁台座,锅炉班供应少量的蒸汽,对模型和钢筋进行预热,确保在正式升温蒸养前,蒸养罩内温度控制在5℃以上;搅拌站在梁体混凝土浇筑前以及浇筑中,做好对搅拌站各种设备的检查维修工作,以确保梁体混凝土的顺利灌注;在未进行灌注前各种设备用篷布覆盖好,尤其是对输送泵、输送管和布料机的保温防护;在输送泵周围接上蒸汽管,梁体混凝土浇筑时,通蒸汽保温并用篷布覆盖输送泵,输送管道用防寒材料包裹好,以避免混凝土在输送过程中受冻;梁体混凝土的浇筑时间控制在 -15℃以上时进行。

③张拉作业。

张拉作业既是特殊工序,也是关键工序,油顶张拉力的大小直接影响梁体的质量,但当环境温度低于5℃时,精密压力表已超出其允许的使用范围,当温度更低时,液压油趋于黏稠,油顶摩擦阻力增大,油顶校验系数很难满足 K 小于1.05的要求。为此,设专门的张拉区,在张拉区搭设暖棚,用电热器加温,确保精密油表在5℃以上工作,同时使用防冻液压油,以确保张拉力的准确。

④压浆作业。

对二期尚未张拉的孔道,电吹风吹干孔道内的积水,塞子堵住孔道,防止雨雪飘入孔内,在正式张拉前,需用探孔器清孔。压浆时,将水适当加热,水温不宜超过80℃,投料顺序为:应先投入砂料和已加热的水,然后再投入水泥。为防止热量散失,设专门的压浆区,埋设蒸汽管道,篷布覆盖梁体,通少量蒸汽养护,保证梁体温度不低于5℃。

(3)温差裂纹的控制。

早期初始裂纹,尤其是在低温环境下因温差而引起的裂纹,具有相当的隐蔽性和危害性,可采取以下控制温差裂纹的措施:

①测温要全面准确,能真实反映梁体各部的温度,在高寒地区施工,可采用梁体内设热电偶,找出梁体各部温差的规律或金属温度计插入孔道内量测等办法。

②在养生的过程中,采用电磁阀、计算机控制养护温度,记录有关数据,使养生更加科学。

③加快梁体内部的降温速度,可采用对孔道通风或通对流水降温,可在跨中8m范围中性轴附近,每隔一定间距梅花形布设预埋管,对预埋管通风或通对流水降温等办法。

④摸索恒温温度和恒温时间的最佳值,在保证梁体早期强度增长的同时,能缩短降温的时间和降低梁体与环境的温差。

⑤对于后张梁采取尽早张拉的措施,可分三期张拉,达到设计强度的60%即对部分钢束预张拉,以控制竖向裂纹的产生。

(4)制梁机械设备选型。

①电子设备:目前普通电子设备仅适应海拔4000m以下的高度,对于4000m以上高原,需特别选型,如电子地磅、电磁阀、计算机等。

②内燃设备:随着海拔的上升,空气逐渐稀薄,燃烧不充分,功率下降,选型时需考虑功率的折减或对发动机进行改造,使之符合高原特点,如发电机、装载机、汽车等。

③搅拌设备:选择高原型的搅拌站和输送泵。

④张拉设备:张拉油泵增设增压箱,使之符合高原特点。

⑤锅炉设备:如采用燃煤型,由于高原含氧量低,燃烧不充分,供汽量下降;外界气压降低,约降低0.05MPa,锅炉内外压差由1.1MPa增为1.15MPa,需调整额定汽量,保证锅炉安全。

具体机械设备选型详见本章30.10。

2)运、架梁施工方法

(1)南山口梁场预制梁的运、架。

①南山口梁场运、架梁是沿南山口既有铁路向那曲方向架设,其架梁工艺和施工方法同现行普通铁路。

②架梁设备只需对内燃动力设备进行动力恢复或加大功率使用,其余同现行普通铁路。

(2)其他梁场预制梁的运、架。

青藏铁路沿线高原低温、低气压、缺氧的特点以及现有的青藏公路运输条件,运、架梁机械设备应进行必要的改装才可满足二道沟、沱沱河、雁石坪、妥如、乌马塘、羊八井、塞曲地区现场预制梁的运、架梁和铺轨施工任务。

(3)有轨式运、架梁。

①施工条件。

a.线路:在已成型的路基和已架设桥梁梁面上预铺设轨道线路,在轨道上进行运、架梁施工,线路的要求为:纵向坡度≤20‰。

b.环境:施工气温在-15°C以上,风力小于8级。

②运梁。

a.装梁:装梁台车可利用我国铁路现有的专用运梁平板N15,在装梁台区由两台75t提梁机吊装到平板上,桥梁装载、加固同我国现行普通铁路桥梁运输。

b.牵引:可向国内轨道机车(车辆)厂订购可分解成单件质量和尺寸能满足公路运输要求的轨道动力车。也可使用现有的重型轨道车进行改造后单机或联机(双机)牵引,每列可牵引4~8片梁。

c.倒装:在离所架设桥合适的距离,利用倒装龙门吊两台,将运梁平板上的预制梁倒装到自带动力的轮轨式运梁车(或架桥机2号车)上,由其给架桥机喂梁。

③架梁。

a.对现行的JQ130悬臂轮轨式架桥机进行改造,使其分解后单件质量和尺寸满足于公路运输;或对秦沈线使用的桁架拼装式DF450/32架桥机进行改装,使满足轮轨式架梁,在施工场地现场组装并调试成待架状态。

b.当运梁车(或架桥机2号车)运送桥梁进入架桥机腹内,由起吊天车提起桥梁,纵移到位,横移、落梁(定位)。具体架梁工艺同我国现行普通T型梁架设。

c.架桥机可完成各种跨度T型梁的等跨和变跨架设。

④架梁设备。

a.架桥机:起重量130t,轴重满足轨道线路要求,能完成各种跨度T型梁的等跨和变跨的架设要求,数量1台。

b. 架桥机 2 号车:能自行运载 32m、24m、20m、16m 各种梁型,并能为架桥机喂梁,数量 1 台。

c. 牵引机车(重型轨道车):单机或双机牵引 4～8 片梁/列,数量 3～6 台。

d. 装梁台车(平板):可利用现有装梁平板 N15,数量 2～5 列,12～16 辆/列。

e. 倒装龙门吊:机械或液压式,65t×2 台。

⑤有轨式运、架梁设备的选用及改进研究。

对于内燃动力设备必须采取增加进气压力、增加散热效果等措施来恢复动力性能;设备在低温下的各种润滑油须选用闪点低、凝点低、黏温性能稳定的油品。

a. 架桥机、架桥机 2 号车

目前我国普通铁路 T 型梁架设的设备——悬臂 JQ130 的特点是轮轨式,可自行或被机车牵引走行。如在二道沟、沱沱河、雁石坪、妥如、乌马塘、羊八井、塞曲地区现场完成预制梁的运、架梁和铺轨施工任务。架桥机须经过青藏公路运输至现场,架桥机有以下结构不能满足公路运输要求;架桥机:利用秦沈高速铁路架设箱型梁设备—DF450/32 双臂桁架式架桥机,只需对其进行支腿部分改造后即可满足各种 T 型梁的轮轨式架设,且其分解后单件重量不大于 10t,长度不大于 10m,可满足公路运输。

b. 装梁车:我国现有的装梁 N15 平板,长度 8.17m,质量 16t,可满足公路运输要求。

c. 牵引机车:目前现有的重型 JY400—5 轨道车,对其发动机进气系统进行部分改装后牵引力单机或联机可满足牵引任务,另外对车体改造质量和尺寸可满足公路运输要求。

d. 倒装龙门吊:目前现有的机械式或液压式 65t 倒装龙门吊,两台共同可完成 32m 及以下 T 型梁的倒装,其外形尺寸和单件质量均满足公路运输要求。

(4)无轨式运、架梁。

①施工条件。

a. 线路:未铺设渗水料、底渣及轨道的已成型路基和已架设桥梁梁面,在此路基面和梁面上进行运、架桥梁施工,即具体满足:运梁便道宽度、纵向、横向坡度、密实度同正式路基要求;已架设左右梁至少焊接两端和跨中横向连接板;运梁车运梁时轮胎对地最大压力小于 0.4MPa/cm,路基可满足要求;运梁车轮胎左右中心距 2.0m,运梁通过架设梁面可满足桥梁强度和稳定度要求;轮胎运梁车运梁时纵向、横向的稳定度满足运输要求;采取枕木或碎石铺垫顺坡的办法,运梁车可通过桥台台阶;梁面内侧挡渣墙不影响运梁车通过。

b. 环境:施工气温在 -15°C 以上,风力小于 8 级。

②运梁。

a. 运梁便道:从制梁场的装梁台区向正式路基引入运梁便道。

要求:纵向坡度≤30‰,横向坡度≤40‰,宽度 7.1m,转弯半径大于 30m,密实度同正式路基。

b. 运梁设备:采用国产 130t 重型轮胎式拖车装运,多台拖车循环往返运输。

c. 当运梁距离大于 10km 时,选取适当较宽路基加宽大约为 40×12m,以利于运梁车会让。

d. 桥梁倒装:在离所架设桥合适的距离,利用倒装龙门吊两台,将桥梁倒装到架桥机的自行式轮胎喂梁车上,由其给架桥机喂梁。

e. 喂梁车:短距离运梁并为架桥机喂梁。

③架梁。

a. 采用可分拆式双臂桁架式 130t 架桥机架设。其设备分解后从青藏公路运输到现场拼装,并调试成待架状态。

b. 喂梁车运送桥梁进入架桥机腹内,由前后起吊天车提起桥梁,纵移到位后横移,落梁(定位)。

c. 架桥机可完成 32m 及以下等跨和变跨的各种梁型的架设。

d. 具体架梁工艺同我国现行普通铁路。

④设备。

a. 架桥机:可利用秦沈高速铁路箱型梁架设的 DF450/32 架桥机进行改进,满足普通铁路各种跨度 T 型梁架设。

b. 喂梁车:可利用秦沈变速铁路箱型梁运输的 DCY450 轮胎式运梁车进行改造,满足普通铁路各种跨度的 T 型梁的运输和为架桥机喂梁要求。

c. 轮胎式重型拖车:我国现有可满足各种 T 型梁公路(路基)运输的轮胎式重型拖车。

d. 倒装龙门吊:可利用已有的普通 T 型梁倒装的机械或液压式 65t×2 台的倒装龙门吊。

⑤无轨式运、架梁设备的选用和改进研究。

无轨式运、架梁在秦沈高速铁路中已有很好的应用,其工艺也比较成熟,在二道沟、沱沱河、雁石坪、妥如、乌马塘、羊八井地区运、架梁,可选用以下设备(另外对于内燃动力设备采取增加进气压力、增加散热效果等措施来恢复动力性能;设备在低温下的各种润滑油选用闪点低、凝点低、黏温性能稳定的油品)。

a. 架桥机:利用秦沈高速铁路架设箱型梁设备—DF450 双臂桁架式架桥机,对其进行改造后可满足各种 T 型梁的架设,且其分解后单件重量 10t,长度 10m,可满足公路运输。

b. 喂梁车:利用秦沈高速铁路架设箱梁设备—DCY450 轮胎式运梁车,对其进行改造后可满足各种 T 型梁的运输及为架桥机喂梁,且其分解后单件质量小于 20t,长度小于 10m,满足公路运输。

c. 轮胎式重型拖车:可用国产重型平板拖车,其平板和动力可分离,能够满足公路运输。载质量 130t、左右轮距 2.0m

d. 倒装龙门吊:可用已有的 65t 机械或液压式倒装龙门吊,其分解后能满足公路运输。

e. 架桥机的桥间转移可采用喂梁车驮运架桥机的方法完成。

30.5.2 铺架施工主要方案

(1)沿线各站的道岔,当车站靠近公路时,采用人工提前预铺,远离公路时,采用预留岔位临时过渡换铺的方法铺设。

(2)沿线各站站线铺设,均不占用正线铺架时间,当出站距离超过 10km 架桥时,利用备用铺轨机铺设。

(3)为满足长大区间铺架两机的交换和空重车的会让,提高有效作业时间,加快铺架进度,沿线所开站股道一次铺设到位,缓开站增铺长约 400m 的股到一条,区间每隔 10~15km 或桥头附近铺设临时岔线一处,其长度(100~400m)视现场实际情况确定。

(4)跨度为 16m 及以下的桥梁,为减少出退机作业次数,均采用 PG—30 架桥机铺设。

(5)跨度为 20m 及以上的桥梁,当桥与桥之间的距离等于或小于 500m 时,均采用 JQ-130 架桥机铺设。

(6)不冻泉至楚马尔河区间 CK1016+550~CK1032+550 以桥代路地段,约 16km,采用临时便线通过,其间的 4 座桥 429 孔梁,采用第二套架桥设备架设,不占用正常铺架作业时间。届时在 CK1016+550 处直线地段适当位置插入临时股道 1 组,然后利用正式轨排绕桥铺设临时便线 16km,在 CK1032+550 处直线地段适当位置并入线路设计位置,正常铺架继续南下,等第二套架桥机架完 4 座特大桥桥梁后,利用行车间隙,拉萨端拨接连通正式线路。备用铺轨机择时拆除临时便线,所拆便线轨排装车后,运往前方铺设,同时利用备用铺轨机拆除临时道岔并恢复岔位处正线线路。

30.6 铺架运输组织

30.6.1 铺架期间临时通信、信号

30.6.1.1 临时通信

工程运输期间,行车临时通信采用无线通信。为满足行车指挥需要,确保通信准确、迅速、安全、

可靠,格拉段设列车调度、闭塞、扳道三个无线通信网;列车调度通信网设基地台,闭塞电话采用车载台,扳道电话采用对讲机,车站值班员与扳道员间单独对讲。

为保障行车指挥不间断的特点,利用地方光缆自动电话做列车调度和闭塞备用通信。

30.6.1.2 信号

工程运输期间无信、联、闭设备,格尔木拉萨间全线使用电话闭塞法,列车占用区间的行车凭证为特制的路证。检查接发列车进路空闲的方法,使用目视和对道法进行检查。列车进路上的道岔全部使用钩锁器加锁。接车时人工引导接车。

30.6.2 行车组织工作

30.6.2.1 行车组织原则

行车组织工作必须贯彻安全生产的方针;坚持高度集中、统一领导、逐级负责的原则;科学组织、协同动作,加速机车车辆周转,提高运输效率,以最少的投入,最大限度地满足施工生产需要,优质、高效地完成工程运输任务。

30.6.2.2 技术管理

加强站、段技术管理,严格执行《铁路技术管理规程》《铁路机车运用管理规程》《新线行车组织规则》等规章、办法。建立健全各工种、各岗位技术作业标准和责任制;结合格拉段实际,制定适合该线特点的运输组织措施,行车办法和《车站行车工作细则》《机务管理细则》等技术文件。

30.6.2.3 列车运行图

(1)铺架期间提高通过能力的临时措施:在南山口—望昆间将昆仑桥预留站及DK858+132.07~DK858+532.07和DK914+430~DK914+830段各铺设有效长400m到发线一条临时开站。

(2)列车运行图中对会车方案的原则规定:根据唐古拉以北各站两端制动距离内纵坡情况及重空车方向,原则上上行列车应等会下行列车。

(3)线路容许速度:南山口—望昆在铺架期间,线路容许速度15km/h,铺轨后1个月内线路容许速度达到30km/h,大型机养车整第一遍道后,容许速度达到45km/h。

(4)过岔速度:铺轨后1月内正向过岔速度30km/h,侧向过岔速度15km/h。

(5)上下行方向及列车车次编定:

拉萨向格尔木方向为上行,列车车次编为双数,反之为下行,列车车次编为单数。

(6)列车换算长度:换算长度规定为54.0。原则上不准开行超长列车,但遇特殊情况需开行时,须请示调度所主任同意后,方准按列车调度员的命令办理;跨调度区段开行超长列车时,还必须征得相邻调度区段的同意后方可开行。

(7)机车类型:全线使用DF4型内燃机车。

(8)牵引方式及牵引定数:全线采用双机牵引。牵引定数上、下行均为1200t。

(9)机车运用方式:实行肩回式长交路。机车乘务实行四班包乘制(一班值乘,二班宿营车休息,一班在本段待班);列车机后挂宿营车,采用途中换班。

30.6.2.4 行车指挥

(1)列车调度员为各该调度区段的行车指挥人,有关行车人员必须执行列车调度员命令,服从调度指挥,认真执行车机联控制度。

(2)列车调度员负责组织实现列车运行图和列车编组计划。严格按列车运行图指挥行车;注意列车在车站到发及区间内运行情况,遇列车晚点时,应积极采取措施,组织恢复正点;正确及时处理临时发生的问题,防止列车运行事故。

30.6.2.5 列车运行

(1)列车主管压力及每百吨闸瓦压力的规定:全线各种列车主管压力一律为600kPa。货物、路用列车每百吨列车重量换算闸瓦压力不得少于300kN;旅客、专运列车不得少于580kN。

(2)铺架、临管期间,列车均应编挂守车,并配备规定数量的防溜工具。

(3)运用的机车、轨道车、值乘运转车长均应配备质量良好的无线通信设备和规定备品。机车出段前,运转车长出乘报到时,必须对通信设备进行检查和通话试验,发现性能不良时,机车不准出段,运转车长不准出乘。

(4)司机在运行中随时检查总风缸和制动主管压力。司机要精心操纵,起动要稳,停车要准,按规定鸣笛,防止列车冲动和断钩。

(5)运转车长在列车运行中应加强瞭望,注意列车运行状态及信号显示,发现危及行车及人身安全情况时,应立即使用紧急制动阀停车。

(6)恶劣天气时的行车办法。

①遇暴风雨、雪、大雾天气时,车站值班员、运行中的司机应及时向列车调度员报告;列车调度员接到报告后应立即了解全区段天气情况,布置安全事项;站长要亲自上岗监控车站作业情况,检查车辆防溜措施;线路养护部门要加强重点病害地段的检查、看守,及时做好抢险准备。

②列车调度员进行运行调整时,应减少或避免下行列车站停次数。

③昼间手信号显示距离不足200m时,应使用夜间信号,并以音响信号辅助;适当降低调车速度。

④车站接发列车时,应提前检查、准备列车进路,进路准备妥当后不准变更,提前派引导员出务接车,引导员站立的引导位置应适当外移;发车时应提前办理闭塞手续;发车人员应中转运转车长的发车信号,也可事先与运转车长联系,由车站直接发车。

⑤遇暴风雪时,站长要及时组织全站员工清扫道岔积雪,防止道岔冻结;清除机车前后踏板积雪、结冰,脚踏板上必须撒灰。

⑥禁止调动铺轨机、架桥机、机养车、公务车和宿营车。

30.6.2.6 特殊条件下的特定行车办法

1)不设线路所管理的区间岔线行车办法

(1)为缩短铺轨机、架桥机换机时的运行距离,加速铺架进度,需在区间铺设岔线时,指定靠近工地的车站为区间岔线管理站,区间岔线的道岔平时开通正线钉固、加锁,钥匙由站长保管。

(2)大型线路机械向岔线进机时:机长向岔线管理站值班员提出口头申请,车站值班员报告列车调度员;列车调度员通过两端站值班员确认该区间空闲后,向两端站、司机(机长)发布调度命令封锁区间,该调度命令即为大型线路机械车进入封锁区间的行车凭证;线路机械车进入封锁区间时,按调车办理,岔线管理站长担当调车指挥人,并按规定领车;线路机械车在区间岔线道岔前50m一度停车,由调车指挥人开启道岔,指挥车组进入岔线;摘车前先做好防溜措施,后摘车,单机自岔线进入正线后一度停车,将道岔开通正线钉固、加锁;单机返回车站后,告知车站值班员区间岔线道岔开通正线钉固、加锁正确;车站值班员报告列车调度员区间空闲;列车调度员发布调度命令开通区间。

(3)大型线路机械自区间岔线出机时:行车办法与向岔线进机时同。岔线管理站长担当调车指挥人,登乘机车前往区间岔线,在岔线道岔前50m一度停车,开启道岔,单机进入岔线,调车指挥人检查线路及机组连接状态,确认无异常后,先连挂机组,再撤除防溜措施,然后牵引机组进入正线一度停车,将道岔开通正线钉固、加锁后返回车站;告知车站值班员岔线道岔开通正线钉固、加锁正确;车站值班员报告列车调度员开通区间。

2)超限列车行车办法

(1)凡挂有超限或跨装车辆的列车,一律使用超限货物列车车次;列车调度员下达日班计划或发布超限列车运行条件的命令时,必须重点布置安全事项及限速要求,对超级超限列车应指明特别规定的运行条件。

(2) 机车乘务员、运转车长出乘时，机务值班员（派班员）认真传达安全事项及对乘务工作的具体要求。

(3) 列车运行中司机操纵要稳，严禁超速；运转车长密切注意列车运行情况，发现异常时，立即使用紧急制动阀徐徐放风，使列车停车。超限货物列车到达规定的检查站后，运转车长应逐车认真进行检查。

(4) 车站接超限货物列车时，必须接入超限货物列车固定线路，有关接发车人员密切监视列车运行状况，发现异常时立即报告列车调度员，危及行车或货物安全时立即显示停车信号。

3) 列车在运行中守车自动制动机故障时的处理办法

列车守车在运行中自动制动机故障时，运转车长确认紧急制动阀作用良好，可将守车与相邻车辆的提钩杆及钩锁销捆绑后，关闭截断塞门，排除副风缸余风，继续运行至前方列检作业站修理。

4) 车站无空闲线路时的接车办法

(1) 在站内无空闲线路的特殊情况下，只准接入为排除故障、事故救援、疏解车辆等需要开行的救援列车、不挂车的单机及重型轨道车。上述列车均应在站界标外停车，由接车人员向司机通知事由后，用调车手信号以不超过10km/h速度将列车领入有车线，距原停留车不少于30m的距离外停车。

(2) 车站值班员派出领车人员前，应通知接车线路上的调车指挥人或司机不得移动机车、车辆。

5) 电话中断时的行车办法

(1) 车站一切电话中断时，按单线书面联络法办理行车，列车进入区间的行车凭证为《红色许可证》。

(2) 按单线书面联络法行车时，其优先发车站规定为：

① 已办妥闭塞而尚未发车的车站；

② 未办妥闭塞时为开下行列车的车站。

(3) 如优先发车站没有待发列车时，应主动用技规附件三的通知书格式，通知非优先发车的车站；传送通知书的方法：在确认区间空闲后，可使用重型轨道车或单机传送。

(4) 一切电话中断后，连续发出同一方向的列车时，两列车的间隔时间应按图定区间运行时间另加3min。

(5) 一切电话中断时禁止发出以下列车：在区间内停车工作的列车（救援列车除外）；开往区间岔线的列车；须由区间内返回的列车。

6) 列车在区间被迫停车时的处理办法

(1) 列车在区间被迫停车后，不能继续运行时，司机应立即使用无线电话通知两端站和运转车长，运转车长向列车调度员报告停车原因和停车位置，请求救援列车调度员应立即封锁区间。如自动制动机故障时，运转车长（单机挂车时为司机）应组织乘务员按每百吨列车重量拧紧不少于5.4个手制动机轴数。

(2) 需要防护时，列车前方由司机负责，列车后方由运转车长负责，无运转车长时由司机负责。

(3) 对已请求救援的列车，不得再行移动，并按规定进行防护。

(4) 被迫停在长大坡道和10‰以上坡道的列车，不准分部运行。

(5) 符合列车分部运行条件时，运转车长应使用无线电话报告前方站和列车调度员，从司机处收回行车凭证，并做好遗留车辆的防溜（除拧紧规定数量的手制动机轴数和放风制动外，还必须在车辆下坡方向的一端放置不少于4只止轮器）、防护和看守工作。司机在记明遗留车辆数和停留车位置后，根据运转车长的口头指示牵引前部车辆运行至前方站。司机确认车站引导员的引导手信号后可直接进站。待将遗留车辆全部拉回车站，运转车长将行车凭证交车站值班员，车站值班员确认区间空闲后，报告列车调度员开通区间。

(6)下列情况列车不准退行:在长大上坡道区间,被迫停车的列车;在无运转车长值乘的单机挂车;在降雾、暴风雨雪及其他不良条件下,难以辨认信号时;一切电话中断后发出的持有《红色许可证》中通知书之二的内容的列车。

(7)列车符合退行条件退行时,应遵守:运转车长站在列车尾部注视运行前方,发现危及行车、人身安全时,立即使用紧急制动阀停车;退行速度不得超过15km/h;车站接到列车退行的报告后,应立即报告列车调度员,并根据到发线情况,准备好进路,派出引导员直接将列车接入站内。

30.7 施工进度计划

30.7.1 施工准备

前期重点做好南山口铺架基地筹建工作,科学合理地设计铺架基地,处理好基地与材料厂、桥梁预制厂、轨枕厂等单位相互衔接关系,基地于2001年6月15日前施工设计修改完成并开工建设,2002年2月底铺架基地建成投入使用。2002年3月6日轨节拼装生产线安装调试完毕,并开始试生产轨排,4月底前生产存放轨排30km。

南山口地区临时通讯组网工程建设,在2002年元月底前完成。2005年9月20日建设安多铺架基地,年内建成。

30.7.2 制梁场工期安排

制梁场工期安排见表30-6。

30.7.3 铺架工期安排

全线正线新建铺轨1110km,预铺线路119.91km。架梁3062孔,其中机械架梁1674孔,预架梁959孔,便线绕避桥梁429孔,按铺架进度指标,全线机械铺轨时间为15个月,机械架梁时间为21个月。合计理论铺架时间为36个月,(图30-1~图30-3及表30-6)分年度安排如下:

青藏线格拉段制梁计划表　　　　表30-6

月制日期	南山口		二道沟		沱沱河		雁石坪		妥如	乌马塘		羊八井		塞曲	
	32m	24m	32m	24m	32m	24m	32m	24m	16m	24m	16m	24m	16m	32m	24m	16m
01-10-1	25															
01-11-1	29	6														
02-4-1	29	6														
02-5-1	30	10														
02-6-1	32	16	8	4												
02-7-1	32	16	16	10	16	18										
02-8-1	32	16	16	10	16	18										
02-9-1	32	16	20	10	12	16										
02-10-1	24		20	10												
02-11-1	29	6														
03-4-1	29	6	16	10				2								
03-5-1	30	10	16	8	8		12	8								
03-6-1	32	16	20	10	16	16	16	10								
03-7-1	41	7	20	10	12	18	16	10								

续上表

月制日期	南山口		二道沟		沱坨河		雁石坪		妥如	乌马塘		羊八井		塞曲		
	32m	24m	32m	24m	32m	24m	32m	24m	16m	24m	16m	24m	16m	32m	24m	16m
03-8-1	48		16	10	16	18	16	10								
03-9-1	48		16	10	16	18	16	10								
03-10-1	28		16	10	16	18	12	6								
03-11-1						10										
04-4-1						10										
04-5-1					8	16										
04-6-1					16	18	6	4						4	2	2
04-7-1					16	18	16	10		6		6		10	4	4
04-8-1							16	10	18		18		24	10	4	4
04-9-1							16	10	18	3	18		24	10	4	4
04-10-1							12	6	18	6	18		24	6	2	2
04-11-1									4	3	9		12		2	
05-4-1															2	
05-5-1									2	6	2		12	10	4	5
05-6-1									6	18	6		24	8	4	5
05-7-1									3	16	5		20		4	4
05-8-1																

（1）2002年6月1日开始在南山口～干沟间试铺架，2002年7月1日开始铺轨，11月6日到达望昆；年内正线铺轨116.56km，架梁270孔，铺架时间4.17个月。

（2）2003年3月15日由望昆开铺，11月27日到达秀水河～二道沟间的CK1143+550处；清水河附近CK1017至CK1033段铺架时设16km便线绕行通过，以桥代路的4座429孔16m桥梁用第二套架桥机架设，若设计论证后改为8m梁，则采用汽车吊架设。年内预铺线路38.055km，预架梁299孔。（二道沟梁厂99孔，预架范围14km；沱沱河梁厂200孔，预架范围24km），机械铺轨181.16km，架梁460孔，2003年正线铺轨219.21km，架梁759孔，铺架时间8.6个月。

（3）2004年3月15日由秀水河～二道沟间的CK1143+550处开铺，11月23日到达通天河～雁石坪间的CK1316+075大桥拉萨台；年内预铺线路27.334km，预架梁128孔。（沱沱河梁厂46孔，预架范围10km，雁石坪梁厂82孔，预架范围17km），机械铺轨123.15km，机械架梁470孔。2004年合计正线铺轨150.48km，架梁598孔。机械铺架时间8.33个月。

（4）2005年3月15日由通天河～雁石坪的CK1316+075大桥处开铺，10月27日到达安多，第一铺架区段结束，第二铺架区段准备工作全面展开。机械铺轨181.765km，架梁326孔。机械铺架时间7.4个月。

（5）2006年3月15日由安多开始进行第二铺架区段的铺架工作，11月3日到达拉萨车站；本段内预铺线路54.5km，预架梁532孔（妥如梁厂107孔、乌马塘梁厂135孔、羊八井梁厂159孔、塞曲梁厂123孔），特殊梁8孔，预铺线路54km。机械铺轨387.07km，机械架梁148孔。合计铺轨441.57km，合计架梁680孔。机械铺架时间7.5个月。

全线施组铺架时间为36个月。

30.8 特殊条件下的行车办法

30.8.1 不设线路所管理的区间岔线行车办法

（1）为缩短铺轨机、架桥机换机时的运行距离，加速铺架进度，需在区间铺设岔线时，指定靠近工地的车站为区间岔线管理站,区间岔线的道岔平时开通正线钉固、加锁,钥匙由站长保管。

(2)大型线路机械向岔线进机时:机长向岔线管理站值班员提出口头申请,车站值班员报告列车调度员;列车调度员通过两端站值班员确认该区间空闲后,向两端站、司机(机长)发布调度命令封锁区间,该调度命令即为大型线路机械车进入封锁区间的行车凭证;线路机械车进入封锁区间时,按调车办理,岔线管理站长担当调车指挥人,并按规定领车;线路机械车在区间岔线道岔前50m一度停车,由调车指挥人开启道岔,指挥车组进入岔线;摘车前先做好防溜措施,后摘车,单机自岔线进入正线后一度停车,将道岔开通正线钉固、加锁;单机返回车站后,告知车站值班员区间岔线道岔开通正线钉固、加锁正确;车站值班员报告列车调度员区间空闲;列车调度员发布调度命令开通区间。

(3)大型线路机械自区间岔线出机时:行车办法与向岔线进机时同。岔线管理站长担当调车指挥人,登乘机车前往区间岔线,在岔线道岔前50m一度停车,开启道岔,单机进入岔线,调车指挥人检查线路及机组连接状态,确认无异常后,先连挂机组,再撤除防溜措施,然后牵引机组进入正线一度停车,将道岔开通正线钉固、加锁后返回车站;告知车站值班员岔线道岔开通正线钉固、加锁正确;车站值班员报告列车调度员开通区间。

30.8.2　超限列车行车办法

(1)凡挂有超限或跨装车辆的列车,一律使用超限货物列车车次;列车调度员下达日班计划或发布超限列车运行条件的命令时,必须重点布置安全事项及限速要求,对超级超限列车应指明特别规定的运行条件。

(2)机车乘务员、运转车长出乘时,机务值班员(派班员)认真传达安全事项及对乘务工作的具体要求。

(3)列车运行中司机操纵要稳,严禁超速;运转车长密切注意列车运行情况,发现异常时,立即使用紧急制动阀徐徐放风,使列车停车。超限货物列车到达规定的检查站后,运转车长应逐车认真进行检查。

(4)车站接超限货物列车时,必须接入超限货物列车固定线路,有关接发车人员密切监视列车运行状况,发现异常时立即报告列车调度员,危及行车或货物安全时立即显示停车信号。列车守车在运行中自动制动机故障时,运转车长确认紧急制动。

30.8.3　列车在运行中守车自动制动机故障时的处理办法

阀作用良好,可将守车与相邻车辆的提钩杆及钩锁销捆绑后,关闭截断塞门,排除副风缸余风,继续运行至前方列检作业站修理。

30.8.4　车站无空闲线路时的接车办法

(1)在站内无空闲线路的特殊情况下,只准接入为排除故障、事故救援、疏解车辆等需要开行的救援列车、不挂车的单机及重型轨道车。上述列车均应在站界标外停车,由接车人员向司机通知事由后,用调车手信号以不超过10km/h速度将列车领入有车线,距原停留车不少于30m的距离外停车。

(2)车站值班员派出领车人员前,应通知接车线路上的调车指挥人或司机不得移动机车、车辆。

30.8.5　电话中断时的行车办法

(1)车站一切电话中断时,按单线书面联络法办理行车,列车进入区间的行车凭证为《红色许可证》。

(2)按单线书面联络法行车时,其优先发车站规定为:已办妥闭塞而尚未发车的车站;未办妥闭塞时为开下行列车的车站。

(3)如优先发车站没有待发列车时,应主动用技规附件三的通知书格式,通知非优先发车的车站;传送通知书的方法:在确认区间空闲后,可使用重型轨道车或单机传送。

(4)一切电话中断后,连续发出同一方向的列车时,两列车的间隔时间应按图定区间运行时间另加3min。

(5)一切电话中断时禁止发出以下列车:在区间内停车工作的列车(救援列车除外);开往区间岔线的列车;须由区间内返回的列车。

30.8.6 列车在区间被迫停车时的处理办法

(1)列车在区间被迫停车后,不能继续运行时,司机应立即使用无线电话通知两端站和运转车长,运转车长向列车调度员报告停车原因和停车位置,请求救援列车调度员应立即封锁区间。如自动制动机故障时,运转车长(单机挂车时为司机)应组织乘务员按每百吨列车重量拧紧不少于5.4个手制动机轴数。

(2)需要防护时,列车前方由司机负责,列车后方由运转车长负责,无运转车长时由司机负责。

(3)对已请求救援的列车,不得再行移动,并按规定进行防护。

(4)被迫停在长大坡道和10‰以上坡道的列车,不准分部运行。

(5)符合列车分部运行条件时,运转车长应使用无线电话报告前方站和列车调度员,从司机处收回行车凭证,并做好遗留车辆的防溜(除拧紧规定数量的手制动机轴数和放风制动外,还必须在车辆下坡方向的一端放置不少于4只止轮器)、防护和看守工作。司机在记明遗留车辆数和停留车位置后,根据运转车长的口头指示牵引前部车辆运行至前方站。司机确认车站引导员的引导手信号后可直接进站。待将遗留车辆全部拉回车站,运转车长将行车凭证交车站值班员,车站值班员确认区间空闲后,报告列车调度员开通区间。

(6)下列情况列车不准退行:在长大上坡道区间,被迫停车的列车;在无运转车长值乘的单机挂车;在降雾、暴风雨雪及其他不良条件下,难以辨认信号时;一切电话中断后发出的持有《红色许可证》中通知书之二的内容的列车。

(7)列车符合退行条件退行时,应遵守:运转车长站在列车尾部注视运行前方,发现危及行车、人身安全时,立即使用紧急制动阀停车;退行速度不得超过15km/h;车站接到列车退行的报告后,应立即报告列车调度员,并根据到发线情况,准备好进路,派出引导员直接将列车接入站内。

30.9 综合管理

青藏铁路地处青藏高原,海拔高、高寒缺氧、气候恶劣、自然环境极差,加上人烟稀少、交通闭塞、资源缺乏、经济落后,使工程具备先天性的艰巨和困难,传统的施工作业方式和方法必须以特殊的作业方式和方法所取代。在施工中应采取以下措施。

30.9.1 工期保证措施

(1)选用配套合理性能良好、功效强劲的机械设备。

(2)安排好分段平行流水作业,组织均衡生产和稳产高产,对施工进度实行动态管理。

(3)推行工期目标责任制:推行工期目标责任制,并将工期目标作为考核项目领导班子的重要指标,将工期目标分解到班组和个人,确保工期目标落到实处。

(4)确立合理的分阶段工期目标,分阶段进行工期控制,从而保证总工期目标的实现。

(5)强化计划管理,加强协调指挥:根据实施性施组的总体安排和网络计划进度,编制年度、季度和分月、分旬生产作业计划。

(6)做好寒季工地物资储备,确保寒季施工需求,避免大雪封山运输受阻给施工造成影响。

30.9.2 质量保证措施

在开工前,各铺架施工单位要针对全线创优的质量目标、质量方针以及青藏铁路工程本身特点、各分部、分项工程质量要求、质量制度、质量管理办法等进行从上至下的分层次的质量教育。并且,将质量教育做到经常化、制度化,贯穿于施工的全过程。进行质量教育的同时,各局还要对所有参与本标段施工的干部、职工进行岗位培训工作,做到不仅质量意识强而且管理水平、操作技能也要符合质量创优目标的要求。

30.9.2.1 制定细部创优规划,完善质保体系

各局在施工过程中,要进一步细化总体质量创优目标,制定以分项工程创优保全标段创优目标的规划,本着横向到边、纵向到底的原则,把创优规划分解至每道工序的具体操作人员,从而建立起有目标、有措施、有检查、网络化的、可操作性强的现场质量保证体系。

30.9.2.2 建立适合本工程特点的质量管理制度,设立执行制度的内部执法小组。

进一步完善图纸审核及会审、测量的双检复检、书面技术交底制度、质量定期检查、质量评定奖罚、质量问题报告、竣工质量签证、重点工序把关等质量管理制度。并组成专门检查制度落实情况质量督察组,保证质量制度的有效实施,做好定期质量检查工作,使工程质量在施工的全过程中始终处于受控状态。

30.9.2.3 强化测试工作,完善检测手段

定期对各种计量检测试验器具、测量设备进行维修、保养,以保证检测精度,并且,要加强对计量测试人员的管理和技术培训,确保测试成果的可靠性。

30.9.2.4 做好施工标准化工作,严格质量过程控制

"过程控制"是质量达标手段的重点。在施工中要做到事事有标准,事事依标准;质量检查评定达不到标准的工程,坚决返工,直到达标为止,推行样板引路,超前示范。

30.9.2.5 设置质量预控点,施工中加强预控点管理

各铺架施工单位要针对青藏铁路铺架工程的具体特点,综合考虑特殊过程和关键工序以及施工中的薄弱环节等因素设置质量预控点,结合 ISO9002 全面质量管理体系,编制特殊工程施工工艺方案和质量控制方案,实施预测预防,进行超前控制,防患于未然,管理好这些关键部位的施工,从点到线,从线到面控制好全线的工程质量。

30.9.2.6 开展 QC 小组活动,进行科技攻关工作

各施工单位要设立针对前述各关键工序和特殊过程、工程难点的质量管理 QC 小组,配合日常质量工作,以彻底消除质量通病,保证质量目标和创优目标的实现。

30.9.2.7 强化质量奖罚制度,保证质量目标实现

充分运用经济奖罚手段奖优罚劣,促进质量工作开展,保证质量目标和创优目标的顺利实现。各施工单位在质量管理中要真正赋予质量管理人员充分的质量奖罚权,从而保证各项管理目标的实现。

30.9.3 安全保证措施

30.9.3.1 安全生产目标

青藏铁路全部铺架工程实行安全生产目标管理,确保施工安全达标,总的安全生产目标就是:"五无、两控、一确保",即:

(1)杜绝职工因工责任死亡事故。

(2)年职工重伤率控制在0.5‰以内。

(3)年职工负伤率控制在5‰以内。

(4)无机械设备、车辆运输大型事故。

(5)无火灾事故。

(6)无器材设备、危险品、爆炸品被盗和爆炸事故。

30.9.3.2 安全生产的组织保证

(1)设置机构,建立安全生产管理体系。根据本工程特点,青藏铁路建设指挥部对铺架工程实行建设指挥部、各局指挥部、各公司、专业队、作业班(组)层层负责的多级安全管理模式,各级第一管理者亲自抓安全。要求各局指挥部成立以指挥长为组长的安全生产领导小组,各作业层成立相应的安全管理机构,配齐专(兼)职安全员,充分发挥各级安全员的监督检查作用,由各级专职安全员负责制订安全工作计划,开展多层次、多形式的安全教育和岗位培训及安全生产竞赛活动,增强全员安全意识,定期组织安全检查,召开安全会议,总结安全生产情况,分析安全形势,研究和解决施工中存在的安全问题,深入现场,跟班作业,加强防范,及时发现和排除事故隐患,把不安全因素消灭在萌芽状态。

(2)健全制度,实现安全生产责任目标。在铺架施工过程中,要求各施工严格单位行有关安全生产和劳动保护方面的法律、法规和技术标准、规则,建立健全适合本标段特点的安全生产管理制度。实行安全生产责任制,层层签订安全责任状,建立与经济挂钩的激励约束机制。突出安全管理重点,划分安全责任区,明确各级岗位职责,做到纵向到底,横向到边,调动安全生产的积极性和自觉性,坚决实行安全责任目标。

(3)严格监督,完善安全生产检查制度。各施工单位在安排施工计划的同时,要有针对性地明确安全目标、预防措施及安全控制重点,并落实到具体人员。青藏建设指挥部将根据工程进度和季节情况,定期组织安全大检查,各局指挥部每月、处项目部每周进行一次检查评比,实行奖罚。对重点项目、重要工序和关键部位推行安全岗位责任制,实行全过程监督检查,及时发现问题,及时消除隐患。使整个施工过程完全处于受控状态。

(4)科学施工,完善安全生产技术措施。对于施工组织设计、施工方案、作业方法,要做到科学合理,安全技术可靠,同时严格进行安全技术交底,严格按安全技术规则施工,防止各种违章指挥和违章作业行为的发生。各施工单位在编制施工组织设计的同时,必须制订相应的安全技术措施。

(5)突出重点,健全安全生产预报措施。青藏铁路铺架施工中,存在的主要问题就是人员高原反应及设备功率降低的问题。为确保安全生产,各施工单位要分析本标段工程具体情况,要抓住重点,控制难点,不断调整主攻方向,做好超前预防预控。青藏铁路全段铺架施工的安全事故控制点主要有前方铺架现场、铺架运输及汽车运输、各高海拔站点、大型设备及附近人员等几个方面。

(6)抓住现场,坚持标准化管理。沿线各施工现场内各种机械设备、材料、临时设施、临时水电线路等必须按施工总平面布置图合理布置,在全线积极开展建设安全标准工地活动,做到现场布置标准化、临时防护标准化、安全作业标准化和安全标志标准化。严格执行《中华人民共和国消防条例》,建立防火安全责任制,设置符合要求的消防措施。

30.9.3.3 冬季施工安全措施

(1)对冬季从事铺架施工的高空作业人员,要有防滑、防寒、防坠落措施,特别是架桥机大臂、墩台作业人员,各级领导和相关部门都要加强检查监督。

(2)铺架机械起重设备的钢丝绳要选用低含油、绕性好的钢丝绳。对铺架和运输机械易冻结的制动部分,要及时排水,做好检查,必要时采取空气和电瓶双制动的方式,确保制动状态良好。对液压传动系统,要采用冬用液压油和利用添加剂,降低凝固点,密封件采用适应低温的橡胶。电器系统增设紧急断电措施。并应加强日常检查,消除冬季易发事故的隐患。

(3)加强对汽车驾驶员的冬季行车安全常识的学习和行车纪律教育,一定要根据冬季路面状况,严格控制车速,严禁酒后及无证驾车,加强汽车各部位尤其是制动系统的维修保养,以确保冬季交通安全。

30.9.3.4　雷雨季节(防雷电)施工安全措施

(1)在雷雨季节到来之前,对防雷电装置进行全面检查和维修完善,雷雨期间坚持日常检查,确保雷雨季节施工安全。

(2)雷雨天,所有高空作业人员应下至地面,人体不得接触防雷装置。

(3)配电室的进线或出线处要将绝缘子铁脚与配电室的接地装置相连接。

(4)铺轨机、架桥机、龙门架等机械及运输设备,若在相邻建筑物、构筑物的防雷装置保护范围以处,要安装防雷装置,防雷引线可利用设备的金属结构体,但应保证电气连接。避雷针长度为1~2m。

(5)安装避雷针的机械、运输设备上的动力、控制、照明、信号及通信等线路,应以钢管敷设,并将钢管与该机械设备的金属结构体作电气连接。

(6)在施工或运输过程中,如遇有地滚雷,应回避到安全地带,不得接触钢轨和机车。铺架施工和工程运输过程中,操纵和作业人员均配备绝缘鞋、绝缘手套。

(7)通信设备塔架等均应配备避雷装置。

30.9.3.5　安全用电管理措施

青藏铁路铺架施工现场的临时用电,必须严格按照《施工现场临时用电安全技术规范》(JGJ 46—2012)的规定执行。

(1)临时用电工程的安装、维修和拆除,必须由经过培训并取得上岗证的电工完成,非专业人员不准进行电工作业。

(2)电缆线路采用"三项五线"接线方式,电气设备和电气线路必需绝缘良好,场内架设的电力线路其悬挂高度及线距应符合安全规定,并应架设在专用电杆上。

(3)变压器必须设接地保护装置,其接地线阻不得大于4Ω,变压器设护栏,设门加锁,专人负责,近旁悬挂"高压危险,请勿靠近"的警示牌。

(4)室内配电盘、配电杠要有绝缘垫,并要安装漏电保护装置。

(5)各类电气开关和设备的金属外壳,均要设接地或接零保护。配电箱能防火、防雨,箱内不得存入杂物并应设门加锁,专人管理。

(6)移动电气设备的供电线,使用橡胶套电缆,穿过行车道时,套管埋地敷设,破损电缆不得使用。

(7)检修电气设备时要停电作业,电源箱或开关握柄要挂"有人操作,严禁合闸"的警示牌或设专人看管。

(8)现场架设的电力线路,不得使用裸导线,临时敷设的输电线路,不得挂利用钢筋模板和脚手架架设,必须安设绝缘支撑物。

(9)严禁用其他金属丝代替熔断丝。

(10)严禁个人乱拉、乱接照明灯或其他电器。

30.9.3.6　防火安全管理措施

(1)各局指挥部要建立由相关部门参加的消防组织,每个施工队要组成一个由15~20人的义务消防队,从组织上做好防火准备。所有施工人员要熟悉并掌握消防设备的性能和使用方法。

(2)消除一切可能造成火灾、爆炸事故的根源,严格控制火源、易燃和助燃物。

(3)生活区及施工现场配备足够的灭火器材和消防水源,并派专人进行管理。各施工单位要积极与当地消防部门取得联系,得到他们的支持和协助,加强安全防火工作。

(4)施工期间要特别做好防火灾工作,各施工单位要密切配合当地环保部门做好周围环境保护工作,配备环保人员,在干草区设置防火标志,加强平时警戒巡逻。

(5)各施工单位要对职工进行防火安全教育,杜绝职工乱用电炉和电褥子、乱扔烟头等不良习惯。

(6)在生活区及工地重要电器设施周围,要设置接地或避雷装置,防止雷击起火,造成安全事故。

(7)对工地及生活区的照明系统要派人随时检查维修养护,防止漏电失火引起火灾。

(8)营区布置设计要符合消防要求,通风良好,以防煤气中毒等影响职工生命财产的不安全因素发生。

(9)油库要按有关规定设置,严禁烟火,要装避雷针,有专人看守,严防各种火灾的发生。

30.9.3.7 铺架施工机械安全措施。

青藏铁路铺架工程是全线的控制工程,上场机械设备数量多,品种、规格、型号繁杂,如何保证机械设备的安全运行,是施工安全的重要组成部分。为确保机械设备处于良好的运行状态,特制定如下安全技术措施:

(1)各种机械操作人员和车辆驾驶人员,必须取得操作合格证,不准操作与证不相符的机械,不准将机械设备私借给他人操作,对机械操作人员要建立档案,专人管理。

(2)操作人员必须按照本机说明规定,严格执行工作前的检查制度和工作中注意观察及工作后的检查保养制度。

(3)驾驶室或操作室要保持整洁,严禁存放易燃、易爆物品。严禁酒后操作机械,严禁机械带病运转或超负荷运转。

(4)机械设备在施工现场停放时,应选择安全的停放地点,夜间需有专人看管。

(5)用手柄启动的机械应注意手柄倒转伤人,向机械加油时要严禁烟火。

(6)严禁对运转中的机械设备进行维修、保养、调试等作业。

(7)指挥施工机械的作业人员,必须站在可以准确瞭望的安全地点,并应明确指挥联络信号。

(8)使用钢丝绳的机械,在运转中严禁用手套或其他物件接触钢丝绳,用钢丝绳拖、拉机械或重物时,人员要远离钢丝绳。

(9)起重作业严格执行《建筑机械使用安全技术规程》(JGJ 33—2012)和《建筑安装工人安全技术操作规程》,并且,各施工单位要根据青藏铁路的实际情况,制定有关机械设备的特殊要求。

(10)定期组织机械设备、运输车辆安全大检查,对检查中查出的安全问题,进行严格的调查处理,制订防范措施,防止机械事故的发生。

(11)处于轮换下场或处于闲置状态的机械设备,要及时进行维修、保养,使机械设备随时处于良好状态。

(12)对施工机械落实各种安全管理措施的同时,要对机械车辆按规定进行保险,将由于自然原因及其他原因造成的损失减小到最低程度。

30.9.3.8 大风季节施工安全措施

(1)各铺架施工单位要积极与当地气象部门取得联系,随时掌握气象信息(包括风力、风速情况等),在大风到来之前,提前采取有效的防范措施,对现场各种设备和临时设施进行必要的防护,避免造成设备、设施损坏及人员伤亡。

(2)风力大于6级时,禁止进行架梁施工。

(3)风力为4~6级进行架梁则应区别顺风、横风,在连续或间歇有风等具体情况下对轮压、稳定、桥梁摆动、防护等问题按规定办理,以防发生意外。

(4)大风条件下,司乘人员必须加强瞭望,确保安全运输。

(5)对大风情况下,架桥机械的轮压增加问题进行检算,检算背风侧的允许拨道量时,要将轮压增加量包括在内,布置拨道曲线时,要将最大拨道处放在迎风侧的梁上。

(6)为了防止突发性大风侵袭,在大风多发季节、多发路段,架桥机对位后,要用枕木支垫架桥机背风面,单梁式的架桥机在对位过程中,要让摆臂钢丝绳处于受力状态,以平衡风压。

(7)作业人员在架梁过程中,必须有可靠的安全防护,机身要装好栏杆,墩台顶要提前装好围栏,在有可能发生坠落的地方要设置安全网。

30.9.3.9 工程运输安全措施

(1)教育职工牢固树立"安全第一,预防为主"的思想。职工上岗前必须再经过不少于40h的岗前培训,使之熟悉青藏高原特殊的自然环境对工程运输的诸多影响和结合青藏线的技术特征所制定的各种特定行车办法,经考试合格后,方准持证上岗。

(2)各级干部必须加强对安全生产工作的领导,狠抓"两纪"(劳动纪律、技术纪律)、"一化"(作业标准化),落实各级领导安全生产负责制和各工种岗位责任制,切实做到各司其职,各负其责。

(3)落实行之有效的安全"自控、互控、监控"和站长班中巡视制度,项目经理部、队领导不定期添乘及超限货物列车、上级检查车必须添乘的制度。

(4)定期和不定期进行安全生产及行车设备大检查,查安全意识,查执行规章制度、查事故隐患和行车设备,对查出的问题限期整改和复查。

30.9.4 环境保护措施

30.9.4.1 保护大气环境措施

坚持高标准的环保质量,是青藏铁路施工中应坚持的根本方针,是承建全体员工的神圣责任,在有高质量环保意识的同时,还要必须无条件做到以下各项环保措施。

(1)施工期间,做好宣传教育工作,加强环境保护管理工作,不得随意破坏铁路沿线的自然生态环境。

(2)高原生态环境十分脆弱,植被破坏很难恢复。必须限制人员和机械设备的活动范围,不准超界工作和生产。充分利用线下施工的临时便道,运输专用车道,禁止对道外地表植物的破坏。少扰动地表、避免破坏地表植被,保护生态平衡。

(3)职工宿营、铺轨基地、铺架工程等,必须占用地表植被的,优化设计减少占地,并且要先移植被后施工,要认真研究高原植物生长规律,确保成活率,做到等面移植,最大限度地保护地表植被、保护冻土稳定,并做好施工期永临结合的排水、防风、固沙防护系统,确保环境保护效率。

(4)在施工过程中,必须避开野生动物、植物自然保护区和自然人文景观,严禁损害野生动物、植物自然保护区、自然人文景观的原有风貌。在工程向纵深进展时,要留有野生动物的过路通道。

(5)对工程废弃物,如油污、水泥、沥青等对土壤有破坏性侵蚀,易造成植物死亡,生活垃圾易腐败,有毒有害物质易造成环境的污染,要分类集中处理。

①前方铺轨宿营车上设置带分类格的垃圾车箱,轮换处理,及时将施工中的垃圾、废弃物和宿营车上的生活垃圾分类集中存放在垃圾车中,对垃圾车箱定期、不定期进行消毒,喷洒或投放除四害和防腐除异味药物,以防止对周围环境和宿营车的污染。

②在铺轨基地设置封闭式分类垃圾存放场。在温度较高的夏季,喷洒或投放除四害药物,进行初步处理,生活区后方施工现场、车间产生的垃圾统一分类堆放垃圾场。

③前方的垃圾车轮换将垃圾运至基地垃圾场,及时清运,由基地垃圾车运往指定垃圾处理场,集中处理。

(6)生活区周围设置棘线网围栏,代替控鼠沟,减少对地表植被的破坏。棘线网围栏1m高,细网眼,上端设芒棘,老鼠不能越过,网外设置捕鼠箱,避免鼠类对宿营区的侵袭。

(7)对基地营区,按15%~25%的系数面积进行绿化。

(8)施工期间,大力宣传对生态环境及野生动物的保护,严禁采挖野生植物,严禁捕猎国家保护的野生动物。遇有受伤动物送有关部门保护,严禁携带野生动物皮、肉、肢体等进入营区。

30.9.4.2 保护大气环境措施

(1)在干燥大风的情况下,采取防护措施,防止尘土、水泥、沙料飞扬,及时洒水,用隔离或屏蔽方法控制外逸。

(2)车辆进入铺轨基地及人员密集区,限制车速,洒水处理,避免扬尘。

(3)施工用料中水泥、沙料等现场拌和场应选址距居民区300m以上,沥青烧炼更应远离营区和市区。

(4)车辆尾气排放达到国家标准,达不到标准的车辆不准进场施工,合格的车辆也要安装设备尾气净化装置。

(5)恒温锚固车间熬制硫黄,产生二氧化硫等,对空气和车间内职工造成影响,我们采用硫黄抽吸溶解装置,熬制硫黄锅的上方制作吸气铁皮罩,通过管道输送到碱性溶解池内进行处理。

30.9.4.3 保护水环境措施

(1)在施工中加强领导,制订规章制度,严禁各种施工废弃物直接对水体的侵害,将施工中产生的废物和垃圾集中处理,用垃圾车运送到固定的垃圾场中集中处理,防止污染水体。

(2)机械设备的油污应及时清理,装到垃圾车中,运送到固定的垃圾场中,集中进行填埋处理。对机械设备设置固定地点检修,防止漏油污染水体。

(3)生活中污水处理采用两条线处理方法,对无污染的生活用水进行沉淀和化学方法处理后回收利用洗衣洗澡,对有污染生活用水和施工中废水,用化学方法进行无害化处理,达到国标排污标准再排放。

(4)在施工中不得改变水系结构、堵塞河道、填埋水域及向河道水域倾倒有害废弃物,施工过程中与设计单位共同处理有重大生态意义的特殊地质、地貌结构。

30.9.5 医疗卫生保障措施

根据《青藏铁路卫生保障措施(暂行)》要求,结合青藏铁路海拔高(最高点海拔5072m)、易发高原突发病的特点,各施工单位在铺架施工过程中,应就近设快速反应急救站,配备带有高压氧加压气袋及急救药品的救护车,由技术过硬的医生、护士值班,同时建立120专线急救通信联系,做到一旦发生突发病,救护车在5min内赶到现场,实施救护。同时,选拔素质好,业务过硬的医务人员上场,并相应配属高气压医学专科医师进驻,专项负责高原病的治疗和给氧的研究工作。三级医疗机构依托格尔木市人民医院及拉萨市人民医院。

根据青藏铁路海拔高的特殊自然环境,以机体适应高原低氧环境状态为基础,按劳动强度增加的等级计算机体耗氧量。通过吸氧装置吸入氧含量为40%的混合气体的方法补给,按耗氧量增加多少,补充多少的原则(即:低氧分压补差),使机体内环境始终处于高原适应状态。严格控制吸入气体氧浓度和吸入时间,科学合理地掌握吸纯氧的适应证。避免在高原由于吸入过多的纯氧造成脱适应证发生。

30.9.5.1 高原习服

指人体进入高原的适应性,职工必须达到高原习服后方可上岗。人体进入高原1～2周后,高原反应症状逐渐消失。经过适应后达到下述指标的称为习服(基本适应)。

(1)高原反应症状消失。

(2)安静状态下的脉率,肺通气量恢复到近式或略高于平原值。

(3)红细胞数达到相应高度的水平后,不再增加。

(4)体重趋于稳定不再下降。

(5)工作能力恢复至该高度移居人的正常水平。

保障高原习服的具体措施：

①搞好进场职工的高原病防治教育，要求凡进驻高原的职工必须经过高原病防治知识考核，合格后方可进驻。

②严格进驻职工的体格检查。

③严格把握高原禁忌证范围。

④搞好工前、工中、工后体检建立健康档案。

⑤科学合理安排阶梯进驻。

30.9.5.2 低氧分压补差氧疗措施

(1)各工种的低氧分压补差氧疗措施。

高空作业：职工在铺架机上高空电焊作业、高桥铺架易发生恐高症，高原缺氧可加重或加速恐高症的发生，严重者可发生坠落事故。必须保证氧气的供给。

电焊高空作业：由于电焊时电弧光燃烧消耗一定数量的氧。电焊工低头作业头部距电弧光的距离最近。身体处于低氧环境内。在高原进行电焊作业时，这种低氧环境随着海拔高度的增加而逐渐加重。造成脑缺氧，反应迟钝，影响正常工作，易发生质量事故，严重的可诱发恐高症的发生，造成坠落伤亡事故。拟采用高空悬挂式高压气瓶补氧方式补给。严格把握吸入含氧40%混合气体的吸入量，防止脱适应证的发生。

机械驾驶员：根据供气站距机械施工现场的远近，采用机械安装高压气瓶，管道流量控制、螺纹管、面罩吸入含氧40%混合气体方式和携带氧气瓶、面罩吸入含氧40%混合气体方式。

机械安装高压气瓶体积大、压力高、充气量大、使用时间长，适用于离供气站较远的施工现场(如铺架机车)。离供气站较近的机械施工现场采用小氧气瓶供氧即可满足要求。

其他工种：采用机动车方式供给。

(2)高原宿营氧疗。

设床头、头罩式小环境内送气的方式供气，特点是头部置于宽松的头罩内，吸入气体，呼吸无阻力，可自由活动。呼出的水分留在罩内，起到湿化罩内气体的作用，高原空气干燥的问题迎刃而解。吸入时间和流量根据职工的疲劳程度，由宿营车医师制定含氧40%混合气体方案。严格控制吸气量，防止脱适应证发生。

30.9.5.3 预防用药

职工进入高原适应后，体内无氧代谢供能方式增加，红细胞代谢性增高，需要维生素量较平原增加，需合理补充维生素和服用抗疲劳抗缺氧药物，预防高原适应不全症的发生。

30.9.5.4 其他

合理配膳，增加营养，保证睡眠，高原饮食要适合高原营养和预防高原适应不全症发生的需要。未尽事宜可参考附录3。

30.10 附图、附表

青藏铁路铺架安排表见表30-7。

架设一孔32m梁进度网络计划图见图30-1。

铺一组轨排网络进度网络计划图见图30-2。

轨排生产进度网络计划图见图30-3。

表 30-7 青藏铁路铺架安排表

序号	作业区段	里程	桥梁数量（孔）					机械架梁数					机械铺轨 km	预铺轨 km	机械架梁时间（计算时间）(d)	机械铺轨时间（计算时间）(d)	铺架起讫时间 日历时间	铺架区段	建设区段
			32	24	16	12	8	32	24	16	12	8							
1	南山口~干沟	DK845+366-DK869+400	19	7				19	7				23.88		7.4	8	2002.7.1-7.17	南山口至安多第一铺架区段	格尔木~望昆为第一建设区段
2	干沟~纳赤台	DK869+400-DK904+700	46	6	5		1	46	6	5		1	35.3		16.6	11.8	2002.7.18-8.17		
3	纳赤台~西大滩	DK904+700-DK946+550	111	17	6	7		111	17	6	7		41.85		40.3	14	2002.8.18-10.16		
4	西大滩~望昆	DK946+550-DK964+550			17	13	15			17	13	15	18		12.9	6	2002.10.17-11.6		
5	望昆~不冻泉	DK964+550-CK1002+100	119	38	58			119	38	58			37.69		61.4	12.6	2003.3.15-6.23		
6	不冻泉~楚玛尔河	CK1002+100-CK1050+300			453					24			48.2		6.9	16.1	2003.6.24-7.24		
7	楚玛尔河~五道梁	CK1050+300-CK1089+050	25	33	1			25	33	1			38.75		16.9	12.9	2003.7.25-8.31		
8	五道梁~秀水河	CK1089+050-CK1126+300	79	11	23			79	11	23			37.27		32.3	12.4	2003.9.1-10.31		
9	秀水河~二道沟	CK1126+300-CK1143+550	45	4				45	4				17.25		14	5.75	2003.11.1-11.27		
10	二道沟~乌丽	CK1143+550-CK1163+400	136	42	2			30	11	2			12.67	7.2	39.7	4.2	2004.3.15-5.14		望昆~休冬曲为第二建设区段
11	乌丽~沱沱河	CK1163+400-CK1209+900	153	90	15			106	84	10			39.55	6.8	57.14	13.6	2004.5.15-8.24		
12	沱沱河~通天河	CK1209+900-CK1230+400	49	74	3			17	47	6			3.48	15.8	8.9	1.2	2004.8.25-9.9		
13	通天河~雁石坪	CK1230+400-CK1274+900	81	126	9			7	53	5			26.275	18.255	18.6	9.1	2004.9.10-10.20		
14	雁石坪~雀巧	CK1274+900-CK1316+075	27	8				27	8				41.175		10	13.7	2004.10.21-11.23		
15	雀巧~休冬曲	CK1316+075-CK1334+550	28		1			28		1			8.608		8.3	2.9	2005.3.15-3.31		
16	休冬曲~休玛	CK1334+550-CK1381+000	84	9	33			5	9	30			29.116	17.334	12.4	10	2005.4.1-5.2		休冬曲~拉萨为第三建设区段
17	休玛~安多	CK1381+000-CK1429+900	31	18	19			31	18	19			48.877		19.4	16.9	2005.5.3-6.24		
		CK1429+900-CK1478+200	8		64			8		64			48.3		20.6	16.7	2005.6.25-8.17		
		CK1478+200-CK1540+000		78	35				78	35			46.864		32.3	16.16	2005.8.18-10.27		

续上表

序号	作业区段	里程	桥梁数量(孔)					机械架梁数					预架梁数					机械铺机 km	预铺机 km	机械架梁时间(计算时间)(d)	机械铺机时间(计算时间)(d)	铺架起讫时间 日历时间	铺架区段	建设区段
			32	24	16	12	8	32	24	16	12	8	32	24	16	12	8							
18	安多~联道河	CK1540+000－CK1588+400	31	77	77			31	77									48.35		30.9	16.1	2006.3.15－5.16		
19	联道河~嘎加	CK1588+400－CK1630+900		38	38				38									42.135		10.9	14	2006.5.17－6.19		
20	嘎加~那曲	CK1630+900－CK1667+500		2	2				2									34.26		0.6	11.42	2006.6.20－7.6		
21	那曲~妥如	CK1667+500－CK1710+500		16	16	5								16	5			41.09			13.7	2006.7.7－7.24	安多至拉萨第二铺架区段	休冬曲~拉萨为第三建设区段
22	妥如~谷露	CK1710+500－CK1720+900	15	15	13	12							15	13	12		44.975			15	2006.7.25－8.14		
23	谷露~乌马塘	CK1720+900－CK1806+800	14	75	75	11	2						14	75	11	2	39.062			13	2006.8.15－9.1		
24	乌马塘~当雄	CK1806+800－CK1841+100		5	67	67							5	67				34.3			11.4	2006.9.2－9.16		
25	当雄~达琼卜	CK1841+100－CK1877+700		13	30	3							13	30	3			36.6			12.2	2006.9.17－10.3		
26	达琼卜~羊八井	CK1877+700－CK1913+900		4	41								4	41				36.2			12.1	2006.10.4－10.19		
27	羊八井~塞曲	CK1913+900－CK1963+950	12	89	89								12	89				22.9	27.1		7.6	2006.10.20－10.30		
28	塞曲~拉萨	CK1963+950－CK1999+500	46	32	16	3	特殊梁 8孔						46	32	16	3	特殊梁 8孔	7.19	27.4		2.4	2006.11.1－11.3		
	合计		1130	629	1210	55	38	810	405	423	20	16	320	221	790	35	22	990.1	119.9	478.64	333.58			

注：(1) 全线架梁3062孔中不含望~那间91孔建议更改为框构桥的8m、12m梁桥。
(2) 全线架梁3062孔，全线架梁机架1674孔，便线绕行429孔，预制预架959孔。
(3) 计算时间为有效工作日（每月按26d计）。

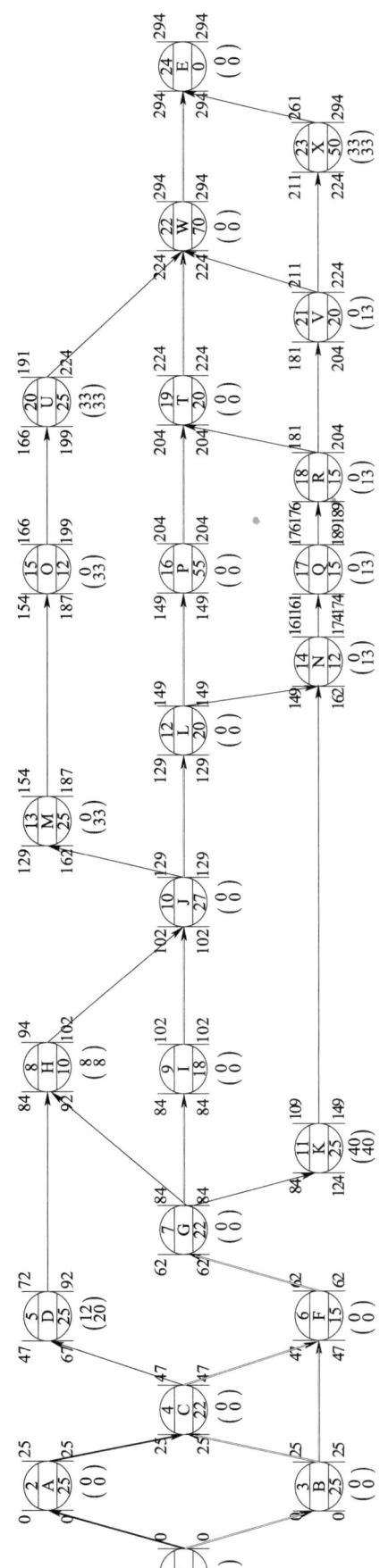

图 30-1 架设一孔 32m 梁进度网络计划图

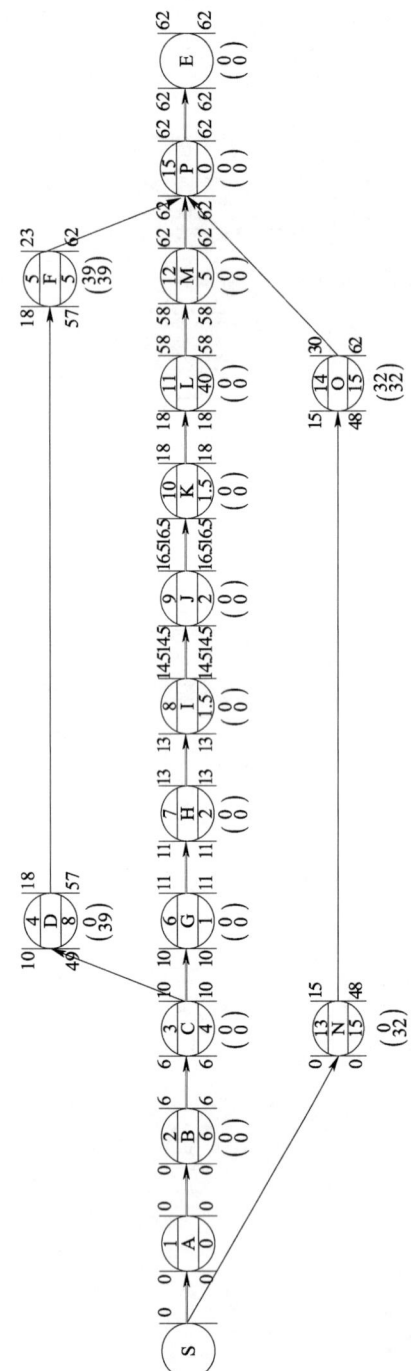

编号	工序	工序内容	作业时间(min)	编号	工序	工序内容	作业时间(min)
1	S	本循环开始	0	9	J	连接轨头	2
2	A	铺轨开始	6	10	K	轨排对中落位	1.5
3	B	2号车装运轨排	4	11	L	铺2～6排机	40
4	C	拖拉轨排	8	12	M	拖拉第二组轨排	4
5	D	2号车返回装轨排	5	13	N	拨道补螺栓	15
6	F	2号车运送轨排	1	14	O	拨道补螺栓	15
7	G	1号车对位	2	15	P	铺第一组轨排结束	0
8	H	挂钩轨排	1.5		E	本循环结束	
9	I	往返线路					

图 30-2 铺一组轨排网络进度网络计划图

说明: 1. 网络图内时间以 min 计;
2. 每一组为六节轨排;
3. 双箭号为关键线路。

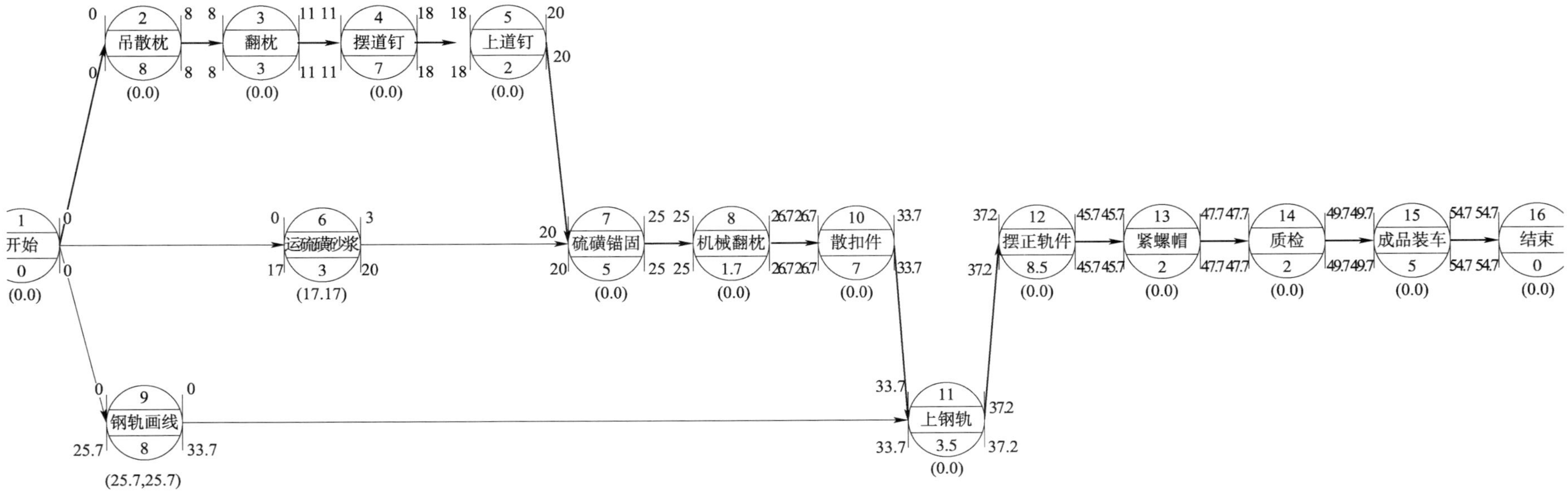

说明：1. 工序时间以 min 计；

2. 在实际生产过程中，采用流水作业法，平均每 8min 生产一排轨。

图例：

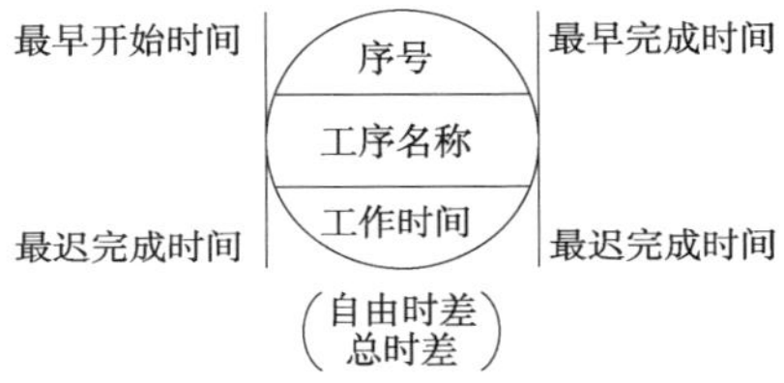

图 30-3　轨排生产进度网络计划图

第31章 案例12——稍子坡滑坡治理工程施工组织设计

31.1 编制依据

(1)甘肃省公路局所发《招标书》《招标补遗书》及有关文件;

(2)《国道316线(K2556+340~K2563+000段)天水稍子坡滑坡群原线整治工程施工图设计》;

(3)2001年4月1日施工现场调查资料和标前会议纪要;

(4)2000年1月1日起施行的交公路发[1999]615号《公路工程国内招标范本》及有关规范。

31.2 工 程 概 况

31.2.1 2号滑坡

(1)滑坡区自然地质环境。

2号滑坡位于改建公路K2557+449~K2557+729段,公路以填方形式从滑坡后部通过。1999年3月新公路修建中,该路段填高4~5m,于6月份在该段线路山侧及路基一带出现弧形拉张裂缝,并不断发展,斜坡大范围整体滑动,到本次勘察期间,滑坡范围较上次勘察时向北扩大至K2557+729,扩大约50m。

2号滑坡滑带有两层,浅层滑带主要沿青灰色粉质黏土层顶面发育生成,滑体物质为黄褐色粉质黏土,在二者接触带附近,岩土已成软塑状。深层滑带位于在青灰色粉质黏土底,以钻孔内发现与泥岩接触带处倾角7°的滑带为依据。此为老滑坡滑动的痕迹。Ⅰ~Ⅰ'断面青灰色黏土较厚,滑带多沿含砾、碎石较多的黏土层顶面滑动。据探坑揭示前缘出口处滑带倾角4°~9°,局部略有反翘。

(2)滑坡的特征及成因分析。

2号滑坡原本是老滑坡,滑体物质为天然状态下呈饱水的青灰色粉质黏土,具有持水性好而排水性差的特点。为此老滑坡处于极限平衡状态。

新建公路在路基附近填方加载,使得该软弱层内产生附加应力,产生压缩变形后发展成滑动变形。

由于公路排水系统不完善,路基内侧低洼聚水,经历两次雨季后,地表水大量下渗浸泡滑体。

以上三方面综合作用的结果造成2号滑坡的最终复活并产生整体滑动。

31.2.2 2-2号滑

2-2号滑坡位于公路K2557+946~K2558+100段。公路在老滑坡中部挖方通过,形成高约8~18m的路堑边坡。

该滑坡具有两级错台,老滑坡形成的错台位于高程1810m处,此处目前没有形成新的开裂变形,新生的浅层滑坡错台位于高程1800m处,形成最高达2.5m的错壁。浅层滑坡为红泥岩以上的坡残积层滑坡,厚6~7m。主滑方向为SE80°。深层老滑坡在挖方形成路堑后,截断了山侧推力,为此前部滑体(路基外侧)处于稳定状态。而路基内侧深层滑坡为岩石滑坡,在路堑开挖后具有潜在滑动的可能性。

31.2.3　2-3号滑坡

2-3号滑坡位于公路K2558+100~K2558+300段,公路在滑坡前缘以挖方形式通过。该滑坡目前是沿公路山侧护墙顶滑塌。滑带附近大量渗水,其主要原因系开挖引起。在南侧K2558+120~K2558+160处坡体大量出水,坡面渗水呈饱水状态,该层水系F5断层补给,为基岩裂隙水。

2-3号滑坡系一老滑坡,坡面形态为北西高南东低的圈椅状洼地。老滑坡没有发生整体变形,仅是堑坡顶局部松弛部分的岩土(残坡积层)沿完整隔水的泥岩顶面滑动。其变形范围较小,主要是大气降雨渗入松散的残坡积层后,水体被泥岩隔断沿泥岩顶渗流,在开挖路堑后形成滑坡。

31.2.4　3号滑坡

3号滑坡位于公路K2558+926~K2559+006段,公路在滑坡后部以挖方通过。3号滑坡为一老滑坡,平面上呈长条形。地层上部为砂砾岩,下部为片岩,滑坡主要沿片岩顶面滑动,老滑坡后壁位于去齐寿乡简易公路内侧,略呈圈椅状外貌,坡度约40°,高差20余米。滑体长192m,宽80m,平均厚10m,滑坡体体积15.3万m^3,主滑方向NE28°。

该滑坡历史上已发生多次整体滑动,本次滑动是在沟水常年冲刷淘蚀作用下长期处于蠕动状态下的结果,所以该滑坡今后产生剧烈滑动的可能性较小。但该滑坡地面坡度较大,地下水活动较强,滑体长期处于高含水状态,前缘又受到南沟河冲刷,抗滑力逐年减小。因此,滑体在重力及水的作用下,仍长期处于缓慢蠕动状态,可造成路面开裂下沉以至于断道等危害。这种滑坡如遇地震可能发生大规模整体下错,滑移距离较远。

31.2.5　9号滑坡

9号滑坡为一老滑坡群。该段公路从老滑坡群中前部以挖方通过。路堑开挖后,堑顶频繁发生小规模坍塌。1999年老滑坡体大范围复活,并逐级向后发展,形成三条拉张裂缝带。滑坡目前变形规模沿线路宽240m,垂直线路长160m,平均厚度12m,体积12万m^3,主滑方向NE48°。

31.2.6　12号滑坡

12号滑坡位于公路K2561+112~K2561+212段,公路以填方形式从滑坡中部通过。为一老滑坡,地形上呈一凹槽。滑坡属岩石切层滑坡,滑体主要由扰动的粉砂质泥岩,粉砂岩组成。

老滑坡垂直线路长86m,沿线路宽100m,平均厚度5m,滑体方量4.3万m^3,滑坡主滑方向NE76°,与公路延伸方向垂直。滑带生成于岩石内缓倾角的构造面。

长期以来,公路外侧老滑体前部陡坡段处于不稳定状态,发育小规模滑塌体,使路基下沉,影响交通安全。新滑坡体垂直线路长30m,沿公路宽约53m。探坑揭露滑动带倾角22°,主滑方向NE75°。

12号滑坡的成因由地震和河流冲刷引起。由于该滑坡处于南河沟凹岸,河流侧向侵蚀作用强烈,使老滑坡前缘地形坡度变陡,坡体稳定性降低,坡体前缘长期处于缓慢蠕滑状态,每逢大雨即产生浅层坍滑,在公路改建中填方加载诱发了较大范围的滑体复活。公路外侧斜坡已出现滑动破坏迹象:公路边坡已产生下错裂缝,后缘已达公路中部,前缘鼓胀变形明显,滑坡处于蠕滑变形阶段。

31.3 滑坡整治工程概述及主要工程数量

31.3.1 2号滑坡

(1)抗滑桩:该滑坡滑带分深、浅两层,为保证公路的安全运营,设计中考虑深层、浅层同时治理,在路基外侧设一排钢筋混凝土抗滑桩,桩型为两种,其中1~13号桩为Ⅰ型抗滑桩,截面2.0m×3.0m,桩长28m,共13根;14~29号桩为Ⅱ型抗滑桩,截面2.0m×2.6m,桩长23m,共16根。

(2)截水渗沟:因滑体饱水,为减低地下水对滑坡的不利影响,在路基内侧侧沟下方设一条截水渗沟以疏导地下水。截水渗沟宽1.8m,深3.0m,长210m。截水渗沟流水坡度为5.5%,出口设在K2557+436.5处的原引水渗沟处。

(3)截排水沟:水是形成滑坡的主要因素,设计中作截排水沟以疏排地表水。在滑坡体外侧设一条截水沟,将地表水自截水沟排至路基侧沟。

31.3.2 2-2号滑坡

(1)刷方减载:在滑坡范围内进行刷方,将浅层滑面以上的滑坡清掉,以减小滑坡推力。

(2)抗滑桩:该滑坡分深、浅两层,抗滑桩是针对深层滑坡。抗滑桩布设在路堑边坡上,桩长16m,截面1.8m×2.4m,共15根。

(3)坡脚挡墙:为保持桩间路堑坡面的稳定,在路堑坡脚处里程K2558+000~K2558+100的范围内设坡脚挡墙,挡墙高5.0m,用M10浆砌片石砌筑。

(4)仰斜排水孔:为疏排地下水,降低地下水对滑坡的不利影响,在路堑边坡上设一排仰斜排水孔,孔深20m,间距6.0m,仰角5°。

(5)截水渗沟:水是形成滑坡的主要因素,设计中作截排水沟以疏排地表水。设计将2号-2和2号-3滑坡地表排水同时考虑,在两滑坡体外侧设一条截水沟,将水自截水沟排至路基侧沟。

31.3.3 2-3号滑坡

(1)支撑盲沟:根据地质资料,该滑坡为一浅层滑坡,且滑体饱水,设计中除考虑支挡工程外,主要考虑排除地下水。因而在边坡变形较为严重的K2558+100~K2558+160以及K2558+190~K2558+285的范围内设兼具支挡和排水作用的支撑盲沟。支撑盲沟共两种类型,Ⅰ型支撑盲沟设于K2558+100~K2558+160的范围内,沟长25m、宽2m,间距10m;Ⅱ型支撑盲沟设于K2558+190~K2558+285的范围内,沟长13m、宽2m,间距10m。

(2)截排水沟:坡体饱水是形成该滑坡变形的主要因素,设计中作截排水沟以疏排地表水。设计将2号-2和2号-3滑坡地表排水同时考虑,在两滑坡体外侧设一条截水沟,将水自截水沟排至路基侧沟。

31.3.4 3号滑坡

(1)预应力锚索抗滑桩:考虑到滑坡整治工程主要针对保证公路路基畅通的设计原则,设计中在路基外侧设一排钢筋混凝土抗滑桩,桩长19m,截面1.8m×2.4m,共17根。每桩桩头设两孔预应力锚索,每孔锚索长24m,下倾20°,锚索设计荷载500kN,锁定荷载400kN。共34根,计816m。

(2)仰斜排水孔:在路基上侧陡坡上打一排仰斜排水孔,孔径110mm,排水孔仰角5°,孔深18m,孔内放置Φ100mmPVC管,孔水平间距4.0m,共10孔,计180m。

(3)截排水沟:在滑坡后缘外侧设一条截水沟,长110m,自西向东将地表水截至滑坡东侧的自然沟内,减少降水对滑体的不利作用。

31.3.5　9号滑坡

(1) 钢筋混凝土抗滑桩：在公路外侧直接危及路基稳定的范围内设置钢筋混凝土抗滑桩，桩截面1.8m×2.4m，桩长19.0m，桩中~中间距6.0m，共11根。

(2) 仰斜排水孔：在两桩之间路基外侧边坡上设置仰斜排水孔排除滑体内地下水，仰斜排水孔孔深30m，水平间距6.0m，共10孔，计300m。

(3) 截排水沟：完善公路内侧坡体地表排水系统，防止表水下渗滑体，共修建排水沟长95m。

31.3.6　12号滑坡

(1) 钢筋混凝土抗滑桩：在路基外侧新滑坡范围内设置钢筋混凝土抗滑桩排，抗滑桩中至中为6.0m，截面2.0m×2.6m，桩长22.0m，共10根。

(2) 引水渗沟：在两桩间设置引水渗沟通过路基以排除滑体内地下水，同时兼顾排除老滑滑体内地下水，引水渗沟长15m、水平间距12m、共8条。

(3) 河岸防护：为防止河流冲刷坡脚，河岸做坡脚挡墙，坡脚挡墙长108m。

(4) 地表排水：完善公路内侧地表排水系统，防止表水下渗滑体，设置截排水沟，长260m。

整治工程数量见表31-1。

整治工程数量表　　　　　　　　　　　　　　　　　表31-1

工程项目		单位	数量
截水沟	M7.5级浆砌片石	m³	818.11
	M10级浆砌片石	m³	293.9
	挖土石方	m³	1879.32
	碎石垫层	m³	215.26
支撑及截水盲沟	土工布	m²	2573.28
	砂袋层	m³	706.9
	干砌片石	m³	2356.4
	M10级浆砌片石	m³	160.32
	挖土石方	m³	3243.4
	泄水孔	m	21.4
仰斜排水孔	排水孔	m	760
	φ110PVC管	m	760
引水渗沟	土工布	m²	1112.5
	夯填黏土	m³	222.6
	干砌片石	m³	528
	回填碎卵石	m³	404.3
	M10级浆砌片石	m³	642.6
	挖土石方	m³	2175.8
	C20预制盖板	m³	10.92
	砂袋层	m³	241.6

续上表

工程项目	单位	数量
挡土墙		
M10 级浆砌片石	m³	2802.2
填方	m³	81.2
挖土石方	m³	1957.4
拆除旧挡墙	m³	544
锚索		
钢绞线	t	4.077
波纹管	m	2100
OVM 锚具	套	28
φ80PVC 管	m	61.6
φ60 钢管	m	32.2
φ8 钢筋	m	184.8
1:1 砂浆	m³	15.96
φ130 钻孔	m	672
钢筋混凝土抗滑桩		
C20 钢筋混凝土	m³	11007.16
C25 钢筋混凝土	m³	925.4
Ⅰ级钢筋	t	152.78
Ⅱ级钢筋	t	883.014
挖土石方	m³	12635.64

31.4 施工方案、技术措施及施工机械的选择

31.4.1 抗滑桩施工方案和主要技术措施

挖孔矩形截面钢筋混凝土抗滑桩施工,在我国已有30多年的历史了,早在20世纪60年代修建成昆铁路时,中铁西北科学研究院滑坡专家徐邦栋研究员等人就设计出了抗滑桩,并指导施工,取得成功,现已成为治理滑坡的主要工程措施之一,施工工艺成熟,属于常见工程(图31-1)。结合本工程特点应采取下列措施,注意有关事项。

(1)由于现场施工场地狭窄,抗滑桩排又位于公路边,施工期间必须确保公路运输畅通,因此应在场地安排材料运输、安全防护等方面采取针对措施,在本设计中采取以下措施:

①材料堆放一律不占用公路路面,而是根据现场条件平整场地,在滑坡段公路外侧平台上设一级主料场和搅拌站,在滑坡区公路边小平台处设二级辅助料场和混凝土搅拌站。以主搅拌站出料的混凝土为主,辅助料场的出料混凝土可直接到达工程部位,主要用于弥补主料场的不足,达到很少影响公路交通的目的。

②在抗滑桩排外侧搭设宽4m的脚手架平台,拓宽工作场地,工地搬运主要通过脚手架平台运输,不占用公路。

(2)抗滑桩按桩排方向控制桩身坐标,反复校核,准确放线定位。

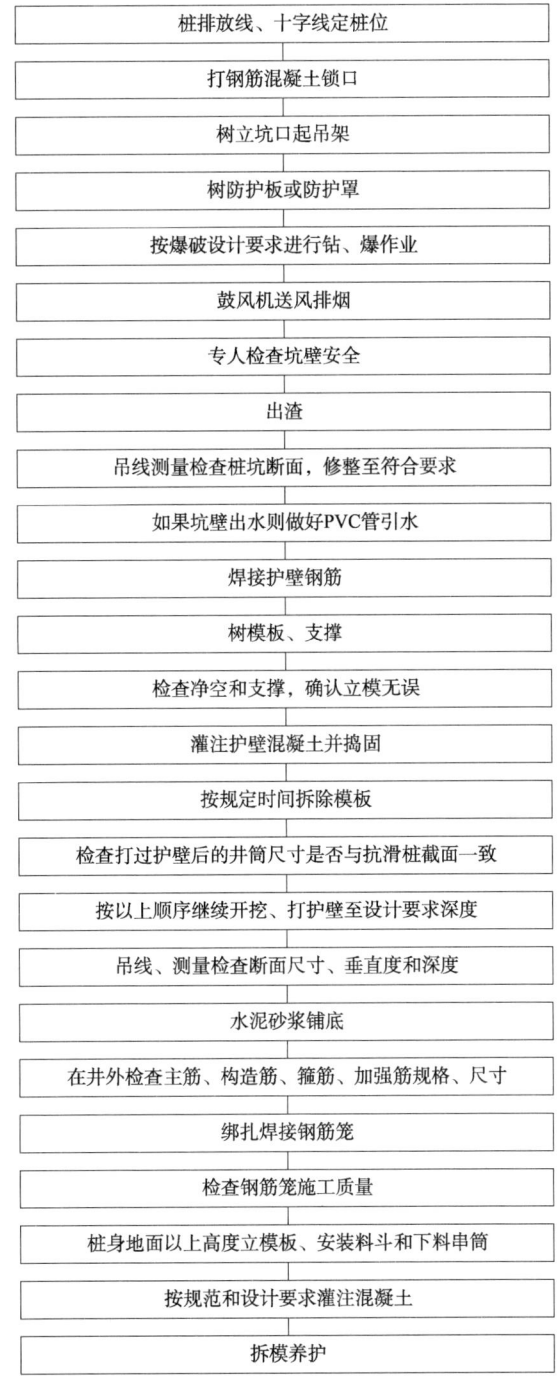

图 31-1 抗滑桩施工工艺流程图

(3)抗滑桩施工前须先将桩位附近边坡或表层易滑塌部分予以清除。并做好桩位附近地表水的拦截工作。

(4)抗滑桩采用跳槽开挖,按设计要求做好锁口盘和每节护壁。每节开挖深度为0.5~2.0m,每开挖一节,及时做好该节护壁,当护壁混凝土具有一定强度后方可开挖下一节。各节护壁纵向钢筋必须焊接。

如果桩坑坑壁有地下水流出,则首先在坑壁上进行处理,把相近出水点的水汇集后在汇集点埋设PVC管,把水引到桩坑内再用于抽水机抽出桩坑,绝不能不经引水就浇筑护壁混凝土。

(5)对一般的土层均采用人工开挖,如遇巨大块石或桩孔进入完整基岩,则采用风镐及爆破开挖。

①爆破开挖采用微振爆破,采用多打眼,使药量均匀分布的方法,使爆破公害降至最小,并对周边岩石扰动区域减少,以确保施工安全。

②抗滑桩坑口浅部开挖部分,采用松动爆破并加以防护,以达到减少飞石,以确保安全。

③进行安全监测工作,根据监测数据修正爆破参数。

④爆破作业将严格遵守安全生产管理制度进行操作,以确保安全。

(6)浇筑护壁混凝土时,必须保证护壁不侵入桩身截面净空以内。桩坑开挖过程中随时校准其垂直度和净空尺寸。

(7)在开挖桩孔过程中,地质工程师要下坑进行地质编录,核对地层岩性及滑面位置,如发现与设计情况不符时,及时与监理及设计人员联系,以便及时作出设计变更。

(8)抗滑桩桩身主筋焊接,一律采用电渣压力对焊技术进行对焊,并做抗拉试验,在纵向2m范围内接头数不超过主筋总数的25%。施工前先根据设计要求对纵筋接头进行配置设计,根据设计长度加工分段钢筋,编号分别放置。在井口架设支架固定纵筋位置进行焊接。焊工必须持证上岗,严格按施工规范要求进行,确保焊接质量。

钢筋笼直接在井内绑焊,之前先在井口、中部和井底三个截面安设定位架,以固定钢筋位置。

(9)桩坑挖至设计高程进行验槽后,清净浮渣并在桩底铺一层10cm厚的1:3水泥砂浆,保持井内清洁。

(10)在高陡边坡坡脚下施工抗滑桩时,必须设防护棚架,防止滚石掉入坑中造成事故。

(11)桩坑坑口设遮雨棚,以防雨季雨水进入坑内,影响坑内作业和混凝土质量,确保按期完成任务。

(12)根据稍子坡滑坡治理工程的实际情况,混凝土工程量大,工期紧,为加快施工进度,将采用在浇筑混凝土时加入速凝剂、早强剂等工艺,以争取抗滑桩尽快发挥作用。

(13)灌注桩身混凝土前,安排好搅拌机设备及料斗、串筒,桩身混凝土灌注量大,为便于施工及加快灌注速度,采用桩口就地灌注,一次连续不间断灌注成桩,施工中应分层施工,分层捣固密实。若遇特殊情况必须分节灌注时,施工缝应避开滑动面及岩土分层带等薄弱环节。

混凝土施工必须严格按《混凝土施工与验收规范》的要求进行,确保工程质量。

31.4.2 预应力锚索施工方案和主要技术措施

锚索工程不仅是整个工程的重要组成部分,而且也是锚索桩桩身受力的重要构件,关系到锚索桩工程的成败,必须采取科学的施工方案和有效的技术措施,确保锚索的质量和工期。

(1)锚索施工主要有两大环节:一是锚索孔成孔,二是锚索灌浆,锚索孔成孔的技术关键是如何防止孔壁坍塌卡钻、灌浆的技术关键是如何将孔底的空气、岩渣和地下水排出孔外,保证灌浆饱满密实。

我们拟采取以下方案和技术措施:

①采用MD-50型双管同步液压水平钻机打锚索孔。

该钻机是针对破碎松散地层,引进国外先进技术而研制成功的新型国产专用钻机。采用高频轻型潜孔锤冲击、套管同步跟进钻进成孔,可保证钻孔顺直、锚索孔成孔质量和成孔速度。

②高风压冲击和旋转相结合。

滑坡上钻锚索孔,不能开水钻进,以防循环水进入坡体,进一步加大滑坡险情并影响锚固效果,所以采用干钻方式,以冲击为主,较软地层用牙轮钻头旋转钻进,高压风出渣。因为锚索孔孔径大,上述钻机钻进效率高,单位时间内孔内锤击和切削出的岩渣多,只有将孔底岩渣及时排出,才能保证钻进速度,避免岩渣滞留孔内,引起扭矩增大,甚至包钻,造成事故,影响施工进度。我们拟配备美国英格索兰VHP-700型空压机,输送压力为1.2MPa,风量为20m³/min。

③钻具安装导向装置,使锚索孔顺直,保证锚索处于良好的受力状态。

④采用反向压浆工艺,确保锚索灌浆饱满。

反向压浆工艺是指压浆管下到孔底,由内向外压浆,防止正向压浆(由孔口向孔底压浆)中常出现的弊端－由于排气管堵塞、锚固段底部有压缩空气或滞留泥水而造成灌浆不饱满,不能保证灌浆质量。

⑤消除粉尘,保护施工环境

由于第一标段施工位于国道316线公路边,若不采取消尘排渣措施,冲击钻时将使施工现场粉尘弥漫,岩渣乱飞,造成环境污染影响交通视线。因此,我们将在钻机处搭建防尘棚并安装专用集尘器,最大限度地清除粉尘对施工环境的污染和对公路上过往车辆行驶的影响。

(2)锚索施工工艺流程见图31-2。

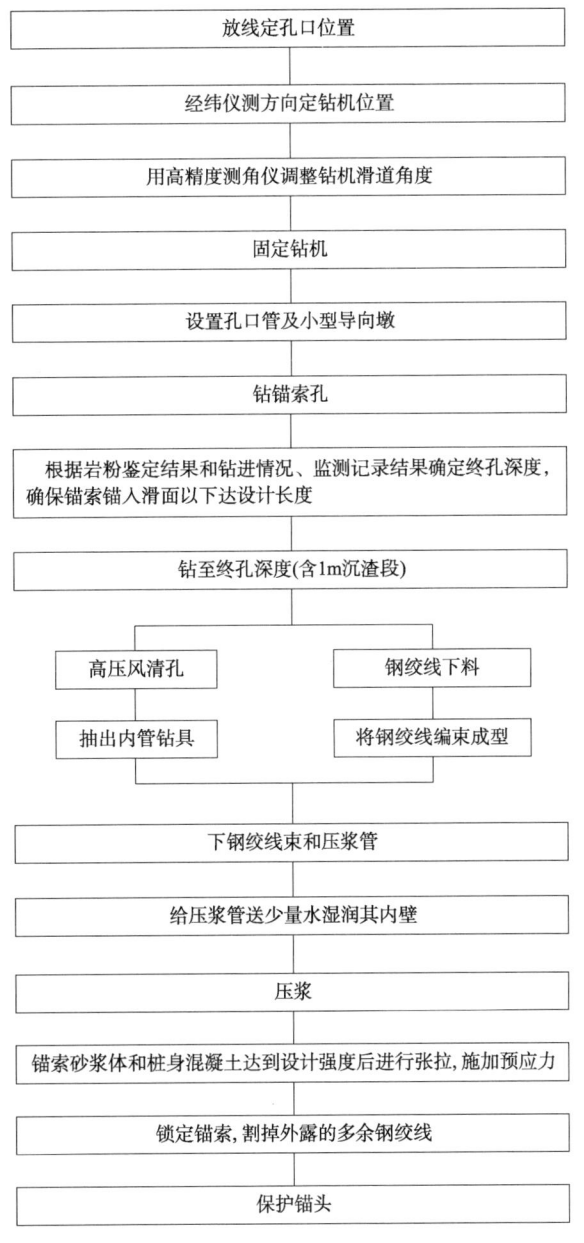

图31-2 锚索工程施工工艺流程图

(3)锚索施工要点:

①沿锚索抗滑桩排搭设一排宽5m,高5m的作业平台;

②放线定出锚索孔位,检测钻孔倾角、方向、调整并固定钻机,设置孔口导向管,保证锚孔顺直;

③钻孔进程中根据岩粉鉴定结果和钻进情况,监测并确定终孔深度,超钻进1.0m,用高压风进行清孔,保证孔底残存岩渣低于沉渣段顶端;

④编制钢绞线并对自由段进行防腐处理,由技术人员和监理工程师检查合格后,采用钻机钻杆顶入的方法下钢绞线和压浆管;

⑤采用UBJ2型挤压式砂浆泵进行孔底反向压浆,待孔口溢出浆液时,停止注浆,以保证孔内注浆饱满;

⑥在施工现场制作砂浆试块,进行压模试验;

⑦待锚索砂浆体、抗滑桩桩身混凝土达到设计强度后进行张拉,施加预应力分5级张拉,即设计预应力的25%、50%、75%、100%、110%、每级稳定5min,锁定值100%;

⑧张拉前向监理工程师提交张拉设备及有关机具的标定检验报告,经监理工程师批准后方可进行。

31.4.3 挡土墙施工方案和主要技术措施

(1)分段施工,务必跳槽开挖不得全断面开挖基坑,防止因施工开挖削弱坡脚支撑造成坡体坍塌失稳;

(2)按设计要求修整坡面,开挖墙趾基坑,遇特殊情况,应通知设计人员进行变更设计,加深基坑,确保工程可靠;

(3)挡墙每隔8m设一2cm宽伸缩缝,墙中预留泄水孔;

(4)挡墙砌筑时保证设计砂浆标号,采用挤浆法砌筑,砂浆必须饱满,不留空洞,保证质量。

31.4.4 支撑盲沟、截水沟、引水渗沟施工方案和主要技术措施

(1)支撑盲沟基底用M10浆砌片石铺砌,顶部用单层干砌片石覆盖,表面用水泥砂浆勾缝,并按照设计要求设置反滤层,加土工布及砂袋层,层层砌筑,以保证质量。

(2)截水沟、引水渗沟在通过软硬不同的地层分界处以及每隔10~15m需设沉降缝,缝宽2cm,并用沥青木板填实,表面用水泥砂浆抹平。

(3)在施工过程中注意夯实沟底土层和坡面严格按设计要求铺底,以防止因下沉拉断水沟,使地表水渗入坡体,破坏坡体稳定性。

31.4.5 仰斜排水孔施工方案和主要技术措施

(1)施工中首先保证钻机平台的稳定性,并将钻机与平台固定连接,其次采用测角仪器精确确定钻孔仰角,钻进过程中钻具安装导向装置,保证钻孔顺直,倾角满足要求;

(2)排水孔采用MD-50型水平钻机、高频轻型潜孔锤冲击钻进、套管同步跟进的成孔技术,以保证钻孔顺直和成孔速度;

(3)在滑坡体上钻孔,不能开水钻进,以防止循环水进入坡体进一步加大滑坡险情。因此将采用无水干钻,高压风排渣的方法进行施工;

(4)孔位放置及钻孔倾角须严格遵照设计要求;

(5)采用除尘设备,保护施工环境。

31.4.6 主要施工机械配置

(1) VHP-700型美国英格索兰柴移式空压机1台;VY-9/7型柳州产柴移式空压机动1台;
(2) MD-50型国产水平钻机各3台;
(3) 潜孔冲击器30套,QDEX钻具5套;
(4) 24kW柴油发电机1台,75KW柴油发电机2台;
(5) JZC500混凝土搅拌机1台,JZC350混凝土搅拌机2台;
(6) UBJ2型砂浆泵4台(最大压力1.4MPa,工作压力0.8~1.2MPa);
(7) 张拉设备2套,包括:1)2500kN穿心式千斤顶1台,行程200mm;1200kN穿心式千斤顶1台,行程160mm;2)BZ4/500型高压油泵2台,工作压力可达50MPa;
(8) 风镐15台,YT-25风动凿岩机3台;通风机15台,潜水泵12台,污水泵3台;
(9) 5吨卷扬机4台,1吨卷扬机动性4台;
(10) 混凝土振动捣固机器5台;
(11) 自卸汽车1台,客货两用车1台,卡车1台,工程指挥车1台;
(12) 电渣对焊机3台,钢筋切断机2台,钢筋弯曲机2台;
(13) 光电测距仪1台,全站仪1台,土工试验仪器1套;
(14) 混凝土回弹测定仪1台,混凝土含量测定仪1台;
(15) 其他机具:潜孔冲击头100个,齿轮钻头10个,电焊机5台,切割机4台,立式5t千斤顶4台,翻斗车2辆,以及风管、钻杆、压浆管、电缆、钻机配件、篷布、活动帐篷等。

31.5 工期、施工顺序和工程进度计划

31.5.1 工期

招标书要求总工期为5个月,日历150d。
公司计划工期为5个月,日历150d。

31.5.2 施工顺序

1) 施工顺序的安排原则

第一标段主体工程抗滑桩混凝土量达11932.56m³,锚索钻孔672m,仰斜排水孔760m,挡土墙浆砌片石量2802.2m³,而且各滑坡点较为分散,须合理安排,全盘考虑。

(1) 钻孔施工、抗滑桩施工和浆砌片石施工各有特点,应统筹考虑,合理交叉减少干扰;
(2) 钻孔施工既不受季节影响,又可全面铺开,控制工期的主要是钻孔工序,而钻锚索孔可根据锚索数量、工期要求而安排钻机台班。因此,钻孔作业可与抗滑桩混凝土施工交叉进行,先施工抗滑桩或先施工钻孔都是可行的。
(3) 抗滑桩施工必须跳槽开挖,分三批施工,挖坑工作面小,工序多,每开挖0.5~2.0m深就需灌注一节钢筋混凝土护壁,施工速度慢,混凝土施工又受气温影响,第一批桩浇注混凝土后要停顿7~10d,才能施工第二批桩,同样第二批桩施工完成后也要停顿7~10d后才能施工第三批桩,所以抗滑桩工程施工控制整个标段的工期,必须首先安排抗滑桩施工并采取有效措施,确保按时或提前完成全部施工任务。

2) 施工顺序的安排

预应力锚索抗滑桩施工和仰斜排水孔及挡墙、截水沟等两大分项工程施工互不干扰,同步进行。

因桩身施工控制工期,所以首先安排第一批抗滑桩施工。

因为第一标段山坡较陡,若先施工抗滑桩,后施工锚索,搭设工作平台的工程量大,而且地层复杂,锚索孔深,若先施工钢筋混凝土桩,后施工锚索,万一个别锚索孔报废,后施工桩身。具体安排如下:

(1)锚索抗滑桩分三批施工(各滑坡同步进行)施工桩号顺序如下:

第一批抗滑桩包括1号、4号、7号、10号…

第二批抗滑桩包括2号、5号、8号、11号…

第三批抗滑桩包括3号、6号、9号、12号…

施工顺序见图31-3。

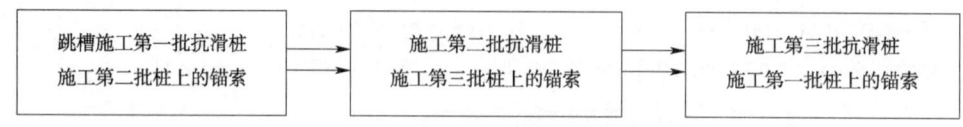

图31-3 预应力锚索抗滑桩施工顺序示意图

(2)仰斜排水孔施工顺序如下:

仰斜排水孔在2-2号滑坡、3号、9号滑坡点分布,其中3号滑坡点排水孔位于路基外侧,与抗滑桩排分处两排,因而施工可同时进行互不干扰。而2-2号、9号滑坡排水孔与抗滑桩同处一排,因而在施工第一批桩时,钻机在第二批桩处打排水孔,这样就可以加快进度,合理施工。

(3)挡土墙、截水沟等施工顺序如下:

挡土墙、截水沟等施工与抗滑桩等主体工程同步进行,并在各滑坡点统筹考虑,合理安排调动人员、机具,按期保质保量完成任务。

31.5.3 工程进度计划

(1)总工程进度计划。

自开工之日起所有人员、设备由汽车运输全部进入施工现场,自开工日起15日内完成施工前的各项准备工作,包括清理场地,搭建临时设施住房、空压机站,发电机站,混凝土搅拌站和起吊架,施工机具就位等,具体见本章31.9。

(2)各分项工程进度计划。

各分项工程施工进度形象图见本章31.9。

(3)进度形象图。

进度形象图见本章31.9。

31.6 组织机构、主要人员编制及施工布置

31.6.1 组织机构

组织机构见图31-4。施工队长2人,爆破工2人,电工2人,卷扬机司机13人,空压机司机4人,发电机司机2人,安全防护人员及道路管理人员6人,钻机司机10人,钢筋工16人,普工66人,混凝土工26人,压浆工人12人,张拉工人12人,其他辅助工人26人,共计210人。

31.6.2 平面布置

施工场地布置主要是空压机站房、发电机站房、材料棚及其加工场所和砂石料堆放地,具体位置根据现场情况在不影响交通的前提下就近设置(详见施工平面布置图)。

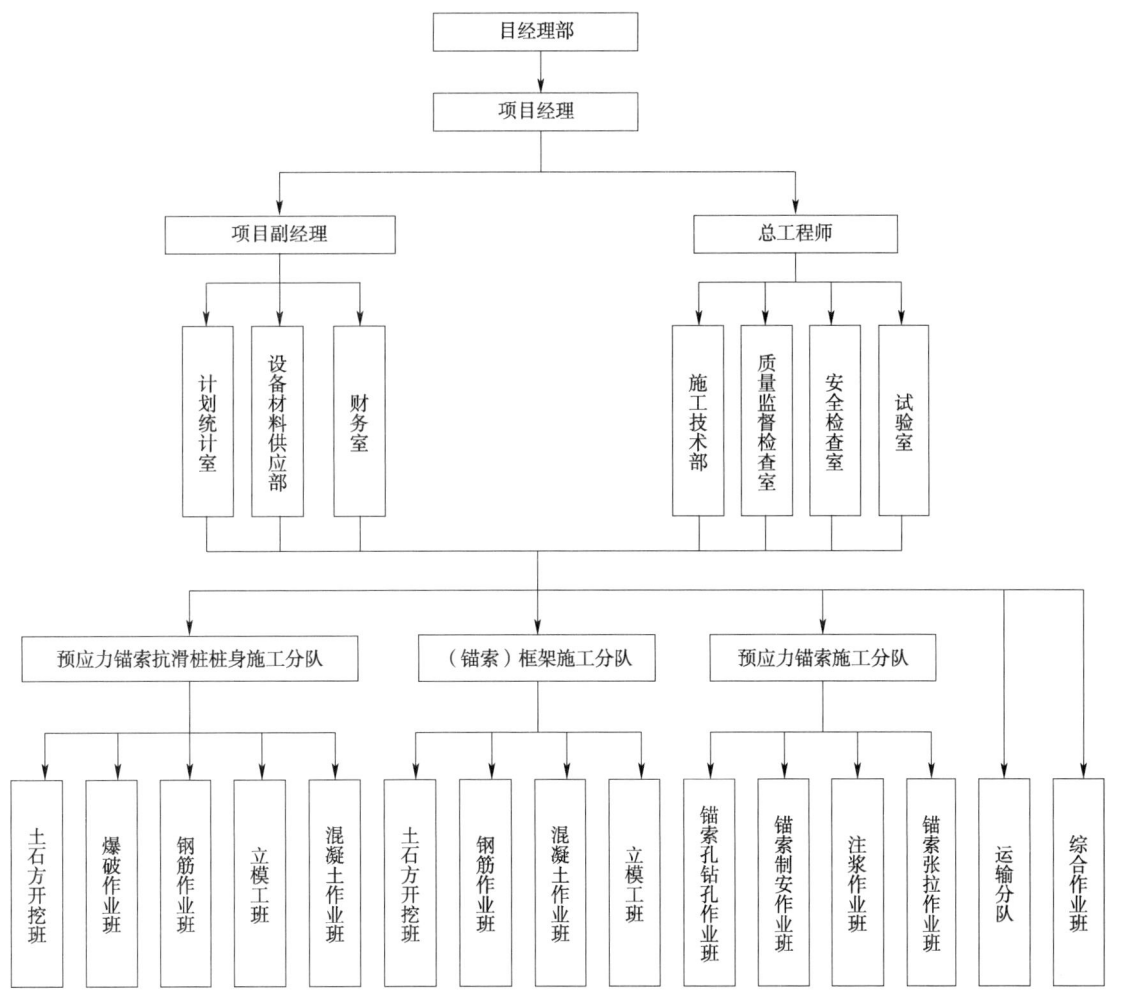

图31-4 项目组织结构图

沿抗滑桩排搭建两排高4～6m,宽5～6m的作业平台,同时可作为灌注混凝土及运料时的通道,搭建脚手架斜坡通道与公路连接。

在第一标段施工区间两端设立道路管理站,派专人24h看守,以确保施工中的交通安全及道路畅通。

31.6.3 营地、项目指挥部

施工人员宿舍、食堂及项目指挥部设在工点附近较平缓的安全地带。

31.7 确保工期、质量、安全、雨季施工、环保、道路畅通的措施

31.7.1 保证工期的主要措施

"时间就是生命,工期就是效益和信誉",为使该项目按合同工期建成,我们主要采取下列措施:

(1)指挥机构迅速成立,及时到位。

为保证和加快工程速度,我公司将成立强有力的现场指挥机构,对内指挥施工生产,对外负责合

同履行及协调联络,项目经理部主要成员已经确定(见主要人员编制表),一旦中标,即可到位行使职能。

(2)施工力量迅速进点。

实施本项目的施工队伍已选定,中标后即可迅速进点,进行施工准备,机械设备将随同施工队伍迅速抵达,确保主体工程按时(或提前)开工。

(3)施工准备抓早抓紧。

尽快做好施工准备工作,认真复核图纸,编制实施性施工组织设计,落实重大施工方案,积极配合甲方做好各方面工作,施工中遇到问题影响进度时,将统筹安排、见缝插针、及时调整,确保总体工期。

(4)施工组织不断优化。

以投标的施工组织进度和工期要求为依据,及时编制实施性施工组织设计,落实施工方案,报监理工程师审批。根据施工情况变化,不断进行优化,使工序衔接、劳动力组织、机具设备、工期安排等更趋合理和完善。

(5)施工调度高效运转。

建立从项目经理部到各施工队的调度指挥系统,全面、及时掌握并迅速、准确地处理影响施工进度的各种问题。对工程交叉和施工干扰加强指挥和协调,对重大关键问题要超前研究,制订措施,及时调整工序和调动人、财、物、机,保证工程的连续性和均衡性。

(6)根据工程过程的网络计划,编制分阶段和月度网络计划,及时发现关键。

工序的转化,确定阶段工作重点。进行网络计划动态管理,及时掌握进度,分析调整,使项目实施处于受控状态。

(7)强化施工管理,严明劳动纪律,对劳动力实行配套管理,优化组合,使作业专业化、正规化。

(8)实行内部经济承包责任制,既重包又重管,使责任和效益挂钩,个人利益和完成工程量挂钩,作到多劳多得,调动单位、个人的积极性和创造性。

(9)安排好雨季施工。

根据当地气象、水文资料,有预见性的调整各项工程的施工顺序,并做好预防工作,使工程能有序和不间断地进行。在桩坑坑口设遮雨棚,以防雨水进入坑内,影响坑内作业和混凝土质量,以确保工期和质量。

(10)加强机械设备管理。

切实做到加强机械设备的检修和维修工作,配齐维修人员,配足常用配件,确保机械正常运转,对主要工序储备一定的备用机械。

(11)确保劳力充足、高效。

根据工程需要,配备充足的技术人员和技术工人,并采取各种措施,提高劳动者技术素质和工作效率。

31.7.2 确保质量的措施

在全体员工中不断强化质量意识,实行全员质量管理,严格执行各项规章制度,把质量作为企业生存和发展的头等大事抓紧抓好。工程质量保证体系见图31-5。

1)质量目标

按照招标书要求,确保工程质量达到优良。

(1)项目经理部与各施工队共同制定全部工程创优规划,制定目标,提出要求,明确任务,落到实处。

(2)各施工队制定分项工程创优措施和分期实施计划,落实任务,找准关键,选定课题,成立QC小组,积极开展活动,确保质量全优。

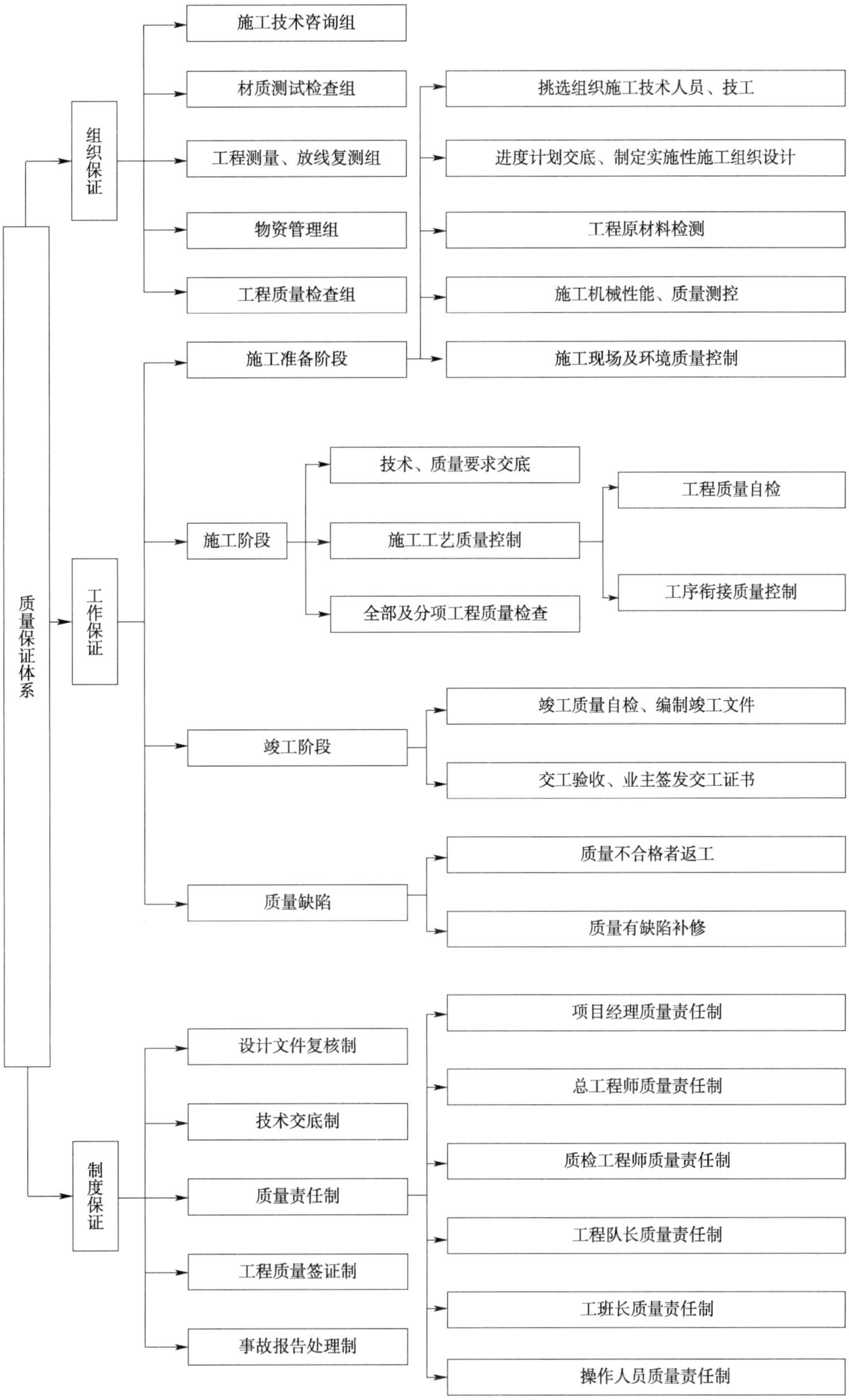

图 31-5 工程质量保证体系框图

（3）各施工作业班组，要根据自己的创优任务拟订项目工程具体的实施计划，责任到人，严格要求，全员保证，精益求精。

2)保证质量的主要措施

(1)强化质量意识,健全规章制度。

①在职工中树立"质量终身负责,搞好质量人人有责"的观念,使其认识到质量工作的好坏与企业、个人利益的关系,把质量工作贯穿到施工的全过程中,深入到企业的每一个人,形成道道工序齐抓共管、上下自律,使工程质量始终处于受控状态。

②施工前组织技术人员,对照工地实际,细致复核图纸,发现问题及时与设计单位取得联系,待设计单位确认后,方可进行施工。

③严格按照有关工程施工规范和设计要求施工。

④推行《技术管理条例》和"分级技术负责制",使基层单位技术工作规范化。

⑤推行全面质量管理,实行项目分解及目标管理,对重大技术问题组织 QC 小组攻关,科学指导施工。积极推广新技术、新工艺、新材料,为创质量全优的目标共同努力。

⑥坚持质量双检制,隐蔽工程签证,质量挂牌,质量讲评,质量双检,质量事故分析等行之有效的质量管理。

⑦严格执行施工前的技术交底制度,对作业人员坚持进行定期质量教育和考核。

⑧项目经理部建立严格的质量检查组织机构,全力支持和发挥质检机构和人员的作用,主动接受监理工程师的监督和帮助,积极为监理工程师的工作提供和创造便利条件。

(2)严把主要材料采购、进场、使用的检验关。

①进入工地主要材料要严格符合规范设计要求,从信誉好的厂家进货。所有厂制材料必须有出厂合格证和必要的检验、化验单据,否则不得在工程中使用。

②每批进场水泥、钢材等主要材料,应向监理工程师提供供货附件,明确生产厂家、材料品种、型号、规格、数量、出厂日期、出厂合格证、检验、化验单据等,并按国家有关标准和材料使用要求,分项进行抽样检查试验,试验结果报监理工程师审核,作为确定使用与否的依据。

③粗细集料应按规定做相关试验,各项指标必须符合规定及设计要求方可使用。试验结果同时报监理工程师。

④预应力张拉的千斤顶、油泵等必须按规定进行试验、标定,经监理工程师同意后才能用于施工。

(3)强化施工管理,确保工程质量。

①抗滑桩工程。

a. 要通过精确测量确定桩位。

b. 严格按控爆设计进行钻爆作业,护壁施工要保证桩井的垂直度和净截面尺寸,桩井经过监理工程师检查认可后方可进行下步作业。

c. 严格按照《混凝土施工与验收规范》的要求进行钢筋笼和桩身混凝土施工,要特别注意混凝土必须用串通送到井下,避免离析,振捣要充分、密实。

②锚索工程。

a. 钻孔孔位和方向必须用仪器精确定位,钻机要固定好,防止钻孔移位和偏斜,采用双管同进钻孔工艺可以保证钻具刚度,加上钻头导向技术,确保钻孔平直度,经监理工程师认可后再进行下道工序。

钻孔过程中详细记录、分析钻进参数和岩粉鉴定结果,保证孔深达设计值。

b. 采用高压风以及自行研制生产的反向排风清孔器反复清孔,保证孔内清洁。采取反向压浆和止浆塞技术,保证孔内注浆饱满。

c. 严格按设计要求编制锚索,做好钢绞线防腐处理。

d. 对锚索采用的水泥、砂的质量要严格控制,按设计要求比例拌和,并要现场取样进行检验。

e. 由于锚索属隐蔽工程,因此每一道工序完成后都要在严格自检的基础上经监理工程师检查认定后方可进行下一道工序。

f. 锚索张拉要按有关规范规定进行分级张拉和记录拉力、锚头位移值,按设计要求进行锁定。

g. 按设计要求数量对锚索进行抽检。

③挡土墙及仰斜排水孔工程。

a. 挡土墙工程严格按照设计要求及有关规范施工,采用挤浆法压基砌石,砂浆饱满,层层砌筑,保证质量。对施工选用的石料、水泥要严格控制。

b. 仰斜排水孔工程采用仪器准确定位,钻机固定牢固,严密组织施工,

每一道工序都要请监理工程师认可后再进行下道工序。在施工中严把材料关,并保证孔深达到设计值。

31.7.3 保证安全的主要措施

为杜绝重大责任事故和人身伤亡事故的发生,把一般事故减少到最低限度,确保施工的顺利进行,制定安全措施如下:

(1)采取多种手段,包括安全教育和学习、树立安全生产标语、制订安全生产制度并督促检查实施、制定奖罚制度等,使职工树立安全第一的思想,不断强化全员安全意识,建立安全保证体系,使安全管理制度化,教育经常化。

(2)在下达生产任务时同时下达安全技术措施,检查工作时同时检查安全技术措施执行情况,总结工作时同时总结安全生产情况,把安全生产贯彻到施工全过程。

(3)建立安全检查制度,设立安全监督岗,对发现的事故隐患要立即处理作出记录,限期改正,落实到人。

(4)施工前必须向员工进行安全技术交底,指出工作要点,对起吊设备须进行安全设计和技术鉴定,合格后方可使用。

(5)对从事卷扬机操作的工人上岗前要进行技术考核,合格后方可操作,架上作业必须按规定设置和佩戴安全防护用品。

(6)施工机械和电器安装必须由熟练技术工人操作,严禁非操作人员替代作业。焊工、电工必须持证上岗。

(7)工地修建的临时房屋、架设的动力、照明线路、库房,都必须符合防火、防水、防触电、防雷击、防爆的要求,配置足够的消防设施,做好现场临时排水工程。

(8)在施工场地周围树立醒目的告示牌,防止游人或非生产人员进入工地。

(9)重视防火工作,对员工经常进行防火教育工作。

(10)建立安全保证体系。

施工安全保证体系见图31-6。

31.7.4 雨季施工保证措施

雨季施工时在桩坑坑口搭设防雨棚,做好防水措施,确保混凝土质量,加强对混凝土护壁支撑进行观测发现问题立即撤离施工人员,确保人身安全。

31.7.5 环境保护工作

(1)编制实施性施工组织设计时,把环保工作作为施工组织设计的重要组成部分,并认真贯彻执行。

(2)加强环保教育,组织职工学习环保知识,强化环保意识,使大家认识到环保工作的重要性,遵守地方各项规定。

(3)强化环保管理,定期进行环保检查,及时处理违章事件。

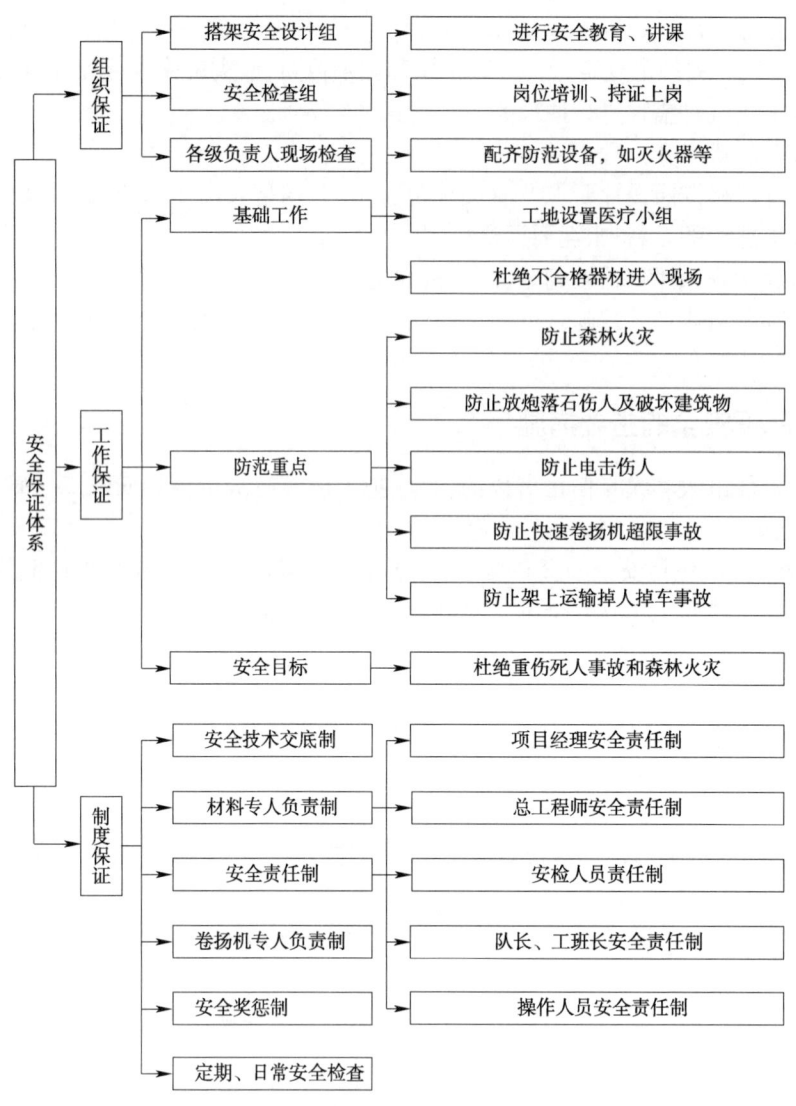

图 31-6 施工安全保证体系框图

(4)做到文明施工。场地废料、土石渣要按设计要求运到指定地点倾倒;机具、材料要定点堆放整齐;道路畅通,工地干净卫生。

(5)若因施工要求需砍树,必须按甲方规定程序报批后方可实施,严禁乱砍滥伐,尽量减少对周围环境的破坏。

(6)对钻孔时吹出的岩粉和灰尘必须采取技术措施消尘。

(7)工程竣工后要及时清理施工现场,把机具设备、剩余材料归到库房或运出工地,清除施工垃圾,对大型临时设施的处理要和甲方协商解决。

(8)及时编制竣工资料,尽早报请甲方进行验收。

31.7.6 确保施工中过程中道路畅通的措施

(1)空压机、发电机站,混凝土搅拌站,水泥料库及生活办公住所等临时设施尽量布置在公路边侧的空地处,以不侵占公路路面为适,并设置标志牌。

(2)砂、石料应详细排出用量计划,用多少进多少,尽量少侵占公路路面。在砂、石料堆放在公路路面一侧时。必须在公路施工段两端设置明显的警示牌,以确保交通安全。

(3)在施工道路两端设专职道路管理员,确保行车和人员安全。

(4)在标段起终点树立门架,安装施工公告牌、安全质量公告牌。

31.8 施工前准备工作及收尾工作

(1)按照招标文件要求的时间进驻工地,15日内将所有施工用设备、机具仪器,开工所需的材料运进现场并调试安装完毕。

(2)15日内完成上料栈道及钻孔工作平台的搭设,修通运渣便道,以及完成平整施工场地等工作。

(3)接通水源、电源和风管,并开机试运转。

(4)完成营地、库房、现场办公室的搭建工作。

(5)工程竣工后及时清理施工现场,将设备、仪器运至库房,擦净装箱或维修,随后运出工地;将剩余的材料收归库房;清除所有施工垃圾。

(6)工程竣工后,立即整理资料,编制竣工文件,尽早报请甲方验收。

31.9 附 表

工程进度计划见表31-2。

工程进度计划 表31-2

第二标段

年度	2001年								
季度	二			三			四		
月份	4	5	6	7	8	9	10	11	12
图例: 100(%) 90 80 70 60									

施工总体计划表见表31-3。

施工总体计划表 表31-3

第一标段

年度	2001年								
月份	4	5	6	7	8	9	10	11	12
1.施工准备	12　27								
2.防护及排水		28		31					
3.抗滑桩		28				31			
4.其他				1	11				

工程生产率和施工周期表见表31-4。

工程生产率和施工周期表　　　　　　　　　　　　　　　　　　　表31-4

合同段:一标段

序号	工程项目	单位	数量	平均每生产单位规模（__人,各种机械__台）	平均每单位生产率（数量,每周）	每生产单位平均施工时间(周)	生产单位总数（个）
1	路基防护及排水	Km	0.8	6,7	0.05	5	2
2	抗滑桩	根	82	8,11	5	6	2

工程管理曲线见表31-5。

工程管理曲线　　　　　　　　　　　　　　　　　　　表31-5

第32章 案例13——甘肃省舟曲县锁儿头滑坡防治工程实施性施工组织设计

32.1 编制说明

32.1.1 编制依据

(1)《甘肃省舟曲县锁儿头滑坡防治工程可行性研究报告》;
(2)《甘肃省舟曲县锁儿头滑坡防治工程勘查报告》;
(3)《锁儿头地质灾害治理施工图设计》(甘肃地质灾害防治工程勘查设计院,2013年2月);
(4)《甘肃省舟曲县锁儿头滑坡防治工程补充设计勘查报告》;
(5)现场调查资料;
(6)其他相关规范和标准。

32.1.2 编制原则

(1)认真贯彻国家对工程建设的各项方针和政策,严格执行工程建设程序。
(2)保证重点,统筹安排,遵守招标文件的规定与投标书的承诺。
(3)遵循建筑施工工艺及其技术规律,坚持合理的施工程序和顺序。
(4)采用流水施工方法、工程网络计划技术和其他现代管理方法,组织有节奏、均衡和连续的施工。
(5)科学地安排冬期和雨季施工项目,保证全年施工的均衡性和连续性。
(6)充分利用本单位现有施工机械和设备,扩大机械施工范围,提高施工机械化使用率;不断改善劳动条件,提高劳动生产率。
(7)尽量利用先进施工技术,科学地确定施工方案;严格控制工程质量,确保安全施工,努力缩短工期,不断降低工程成本。

32.1.3 编制范围

甘肃省舟曲县锁儿头滑坡范围。

32.2 工程概况

32.2.1 项目基本情况

锁儿头滑坡位于舟曲县城西山北坡,是全国有名的滑坡之一,该滑坡不仅直接威胁着滑坡体上4个行政村643户2718名群众的生命财产安全。根据《甘肃省发展和改革委员会关于舟曲县锁儿头滑坡防治工程可行性研究报告的批复》(甘发改地区[2013]29号)文件,锁儿头滑坡治理工程总投资17209.89万元,因投资较大受资金所限,故按照"整体规划、分步实施;重点治理、逐级稳定"的原则,分期对其进行治理。本项目前期已拨付7966万元治理资金,优先实施了地表截排水工程、H0-2滑坡截排水廊道工程、滑坡前缘西侧(H0-2-1-1滑坡前缘)抗滑桩工程和前缘东侧(H0-2-2-1-1滑坡前缘)抗滑桩工程。本次补充设计的治理范围确定为锁儿头滑坡前缘次级滑坡:H0-2-2-2滑坡和H0-2-2-1-0滑坡。

32.2.2 工程建设的自然及社会条件

32.2.2.1 地形地貌

舟曲县属西秦岭地质构造带南部陇南山地,西秦岭与岷山山脉呈西北~东南向横贯全县,岷山、迭山山峦重叠,沟壑纵横,海拔在1473~4505m,地势西北高,东南低,为高山峡谷地貌。

工作区位于舟曲县北山西侧,高程1300~3200m,相对高差2000m,坡度15°~35°,植被覆盖率不足5%。锁儿头滑坡为断裂带滑坡,从滑坡两侧看,整个滑坡处于一沟槽中,上部地形起伏较大,大部分地带被改造成耕地或梯田,有巨型块石分布在耕地中,其中最大的体积近1万m^3,质量在2万t以上,中部两侧冲沟发育,下部地形经人工改造成耕地或宅基地。滑坡前缘位于白龙江左岸,该处河道仅宽15m左右,滑坡前缘受白龙江河流侧向侵蚀。

H0-2-2-2滑坡位于锁儿头滑坡前缘滑坡体最东侧,西侧紧邻H0-2-2-1次级滑坡,东侧发育有寨子村滑坡,原313省道穿越滑坡体而过。H0-2-2-2滑坡高程1348~1452m,相对高差100m,上部地形起伏较小,大部分被改造成耕地或梯田,下部地形经人工改造成耕地或宅基地。

32.2.2.2 气象、水文地质条件及地质构造

本区属北亚热带向北温带的过渡区,受大气环流和地形影响,具有垂直气候分带明显和干湿季分明两大特点。降水少而不均匀,冬春干燥,夏秋多雨,降水主要集中在5~9月。区内气温变化较小,昼夜温差不大,多年平均气温12.9℃,最热7月平均气温23.0℃,最低一月平均气温1.7℃,受地理位置、地形和植被的共同影响,境内气候西南温暖潮湿,东北阴凉干燥,河谷区气温明显高于山区。

据舟曲县气象站统计资料,调查区内多年平均降雨量为435.8mm,日最大降雨量为63.3mm,1小时最大降雨量为47.0mm,多年平均蒸发量2000mm,无霜期250天。但此次"8·7"强降雨形成灾害的降雨量为96.3mm,小时降雨量达到77.3mm。

工作区河流属长江流域嘉陵江水系。白龙江发源于西倾山与岷山之间的郎木寺,属嘉陵江上游一级支流,源头海拔4072m,流经四川、甘肃两省,流域面积32810km^2,多年平均流量339m^3/s,多年平均径流量106.7×$10^8 m^3$,项目所在地舟曲县流域长228km,流域面积10630m^2,占全流域的33%,据西北水电设计院1959年的调查,本项目上流5km处沙川坝1904年的洪峰流量2280m^3/s,1955年的洪峰流量为1100m^3/s,兰州市水电勘测设计院于2012年设计舟曲县城防工程计算的二十年一遇洪水流量为1100m^3/s,五十年一遇洪水流量为1437m^3/s。

调查区具体位置处于白龙江复背斜北翼的迭部—舟曲—武都逆冲断裂构造带上(坪定—化马),由南部尖尼—刀扎—洛大—憨班断裂和北部葱地—铁家山断裂带组成。断层性质以逆断层为主,断层面倾向南,后期活动多产生滑脱,沿背斜轴及两翼呈北西—北西西向展布,形成几十千米至上百千米长的断裂带,呈波状延伸,垂直断距2000~3000m,水平断距最大可达6000m。主干断裂两侧次一级断裂发育,形成北西向构造挤压带。次一级断裂为北东及近南北向平推断层。

32.2.2.3 水电及交通条件

本工程的施工用水为舟曲县自来水,可满足施工和生活用水需要。锁儿头村村内有供电线路通过,可作为本工程的施工电源,需要架设专门输电线路连接到施工位置。

32.3 工程管理结构

(1)管理模式:采用直线项目管理模式。
(2)项目经理部管理结构图(图32-1)。

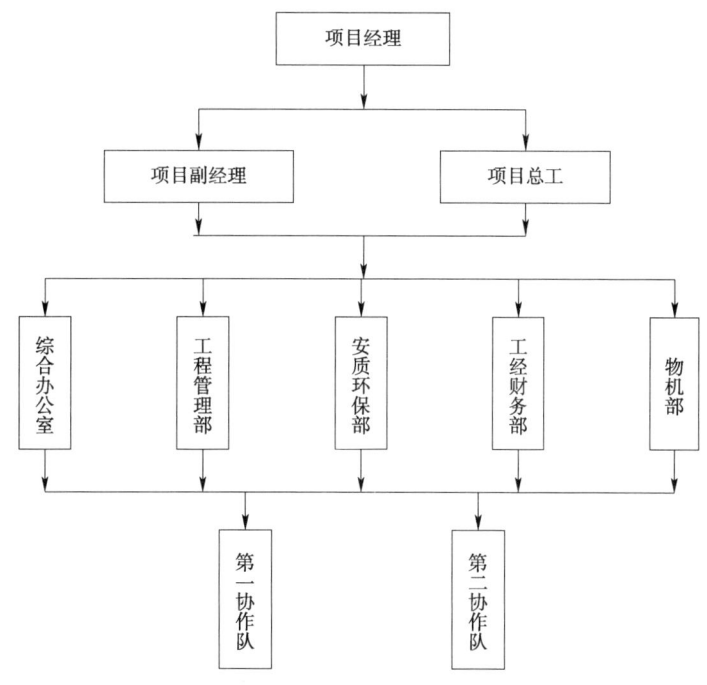

图 32-1　项目组织结构图

为了确保工程达标,本项目实行"项目管理责任制"。为了加强管理力度,将选派一名有丰富施工经验、专业特长和具有高度责任心的优秀项目经理,并配备强有力的项目管理部和技艺精湛的施工队伍。项目经理、项目经理部有关技术管理人员及施工人员在本工程施工期间,不另行在公司本部或其他工地任职,并且保证项目经理不少于招标文件规定的时间在本工地统筹施工。公司将与本工程的项目经理部签订项目责任书,据此明确项目经理部从项目负责人到每个管理人员的责任。定期与不定期地对项目管理部进行检查、监督、考核,确保工程质量、安全生产、文明施工和施工工期的各项措施和要求得到贯彻落实,并实现预定的目标。

32.4　施工总体部署

32.4.1　施工指导思想

本次治理工程的任务就是消除斜坡的不稳定隐患,确保坡脚村民的生命财产安全。由于施工场地地质条件复杂,所以在整个过程中都必须加强监测,提前采取预控预防措施,发现问题,立即采取措施,消除险情、隐患,确保下道工序的正常施工。

32.4.2　施工总体方案

结合施工总体部署及各分项施工顺序,舟曲县锁儿头滑坡防治工程治理工程主要由削坡减载、抗滑桩施工、挡土板支挡工程、排水渠施工。治理工程总体施工顺序为:水、电、路、材料、设备、等组织准备→抗滑桩施工→挡土板施工→排水渠施工→工程验收→工程维护与监测管理。

32.4.3 施工资源配置

32.4.3.1 设备配置

根据本工程的施工要求及特殊性,在施工前期准备及施工全过程中,我们充分考虑本工程的难度及业主对本工程工期及施工的要求,保证充足、齐全、先进的机械、机具设备,以满足不同施工要求及施工过程中的需要。

(1)我们安排精良的机械设备进场。根据本工程总体施工部署在分项工程开工前 3d 内分批运到施工现场。由专人进行保养和调试。

(2)所有机械设备进场后均按事先规划的位置适当停放,小型设备规划房间集中储存备用。

(3)拟投入本工程的机械设备目前处于待工状态,随时可以进行调配,而且根据工程进展情况可以随时调配除此以外的所需机械设备。

32.4.3.2 劳力配置

(1)为本工程配备的主要劳力已经准备就绪,根据工程施工进度的要求分批乘汽车进入施工现场(表32-5)。

(2)拟投入本工程的劳力视现场工程进展情况随时增减。

(3)特殊工种人员持证上岗,对特殊工种的人员均持有有关劳动部门或建设主管部门统一考核颁发的操作作业证及技术等级证书。

32.4.3.3 材料配备

(1)工程的物资采购计划已经全部落实,根据工程施工进度的要求分批进入施工现场。

(2)施工常用物资,如:搭建临时设施的用料、临时办公桌、办公椅,各类施工工具,测量定位仪器、消防器材等,均要求提前进场,并合理分类堆放。

(3)施工所用水泥、砂石料、片石等主要材料视施工阶段进展情况计划材料进场时间,预先编制采购计划,并报请业主及监理工程师审核、确认。所有进场物资将预先进场分类别堆放,并做好标识。

32.5 施工总平面图

本工程的施工布置是针对工程现场的施工要求进行相应布置。本工程施工场地布置的具体原则及总平面布置说明如下:

按施工阶段划分施工区域和场地,保证施工期间交通的畅通和合理布局以及在施工各阶段满足材料运输方便;各种生产设施便于工人的生产开展,且满足安全防火,劳动保护的要求;符合工程总体环境保护要求,不破坏植被、不污染环境,见图13-4。

(1)临时设施设置的基本原则。

根据施工现场情况,各种临时设施设置遵循施工便利、安全可靠、有利环保的基本原则,尽量减少对天然坡体的扰动破坏和对村民的生产生活带来的不利影响,按施工工序有条理的组织施工。

(2)工程需要设置的临时设施规划。

生产、生活区与办公区的临时用房,与当地的村民进行协商,临时租用民房。本工程临时设施为:重要材料仓库等设施。

(3)施工生活用水、用电设施规划。

本工程的施工用水为舟曲县自来水,可满足施工和生活用水需要。锁儿头村村内有供电线路通过,可作为本工程的施工电源,需要架设专门输电线路连接到施工位置。

(4)现场指挥交通工具、消防及临时通信设施规划。

为了确保施工期间交通畅通无阻和施工人员的安全,派专人对过往车辆、村民通行指挥,确保道路安全、畅通。在施工区、生活区按消防要求设置足够的消防设施。现场临时通讯采用无线对讲机指挥联系。治理工程外部运至场内的物资采用机动车辆运输和人力运输相结合方式实现。

32.6 分项工程施工方案与技术措施

32.6.1 总体构思

招标单位要求在建设单位和监理单位的协调下,对本工程招标范围内全部工程进行施工以及对承包范围内的所有内容进行质量控制、进度控制和协调管理,真正有效地实施全过程、全方位、全天候的管理职责。根据类似工程施工中所取得的成功经验,结合学习了国内优秀施工企业的管理机制,针对本工程的主要特点和难度,对各分项工程制定了相应的施工方案和技术措施,现分述如下。

32.6.2 分项工程施工方案及技术措施

本工程主要关键分项工程有:测量放线、削方减载、抗滑桩施工、挡土板预制和砌筑、排水渠工程修建、工程验收工程维护与监测管理。

32.6.2.1 测量放线

按工程平面布置图、工程排布方向、设计提供的控制点高程、坐标,设计图纸,准确测量施放工程点位置,放线定位,并随时校正、核实。

32.6.2.2 削方减载工程

(1)削方减载削填方区位不稳定斜坡的前缘,施工前应做好安全防范措施。
(2)施工准备:
①做好施工现场的"三通一平"。
②按施工图给定的坐标测放出削坡减载、边坡支护的位置及范围。
③做好基坑开挖的临时排水及临时支撑用料,需要时准备好基坑抽水设备。
④准备好施工用料和施工机具。
⑤安排好边坡动态监测。

32.6.3 抗滑桩施工工程

抗滑桩布置:在H0-2-2-2滑坡前缘公路内侧设置C型抗滑桩,桩断面为 $b \times a = 2.5 \text{m} \times 3.0 \text{m}$ 矩形,桩中心间距6m,共18根。采用C30混凝土浇筑,在抗滑桩上部施加两束预应力锚索,锚索设计荷载550kN。桩间设置C25混凝土预制板,板长5m,高0.6m,厚0.3m,墙后土方回填。在H0-2-2-1-0滑坡前缘公路内侧设D型抗滑桩,桩长36m,桩断面为 $b \times a = 2.5 \text{m} \times 3.0 \text{m}$ 矩形,桩中心间距6m,抗滑桩共8根,采用C30混凝土浇筑。

32.6.3.1 工艺流程图(图32-2)

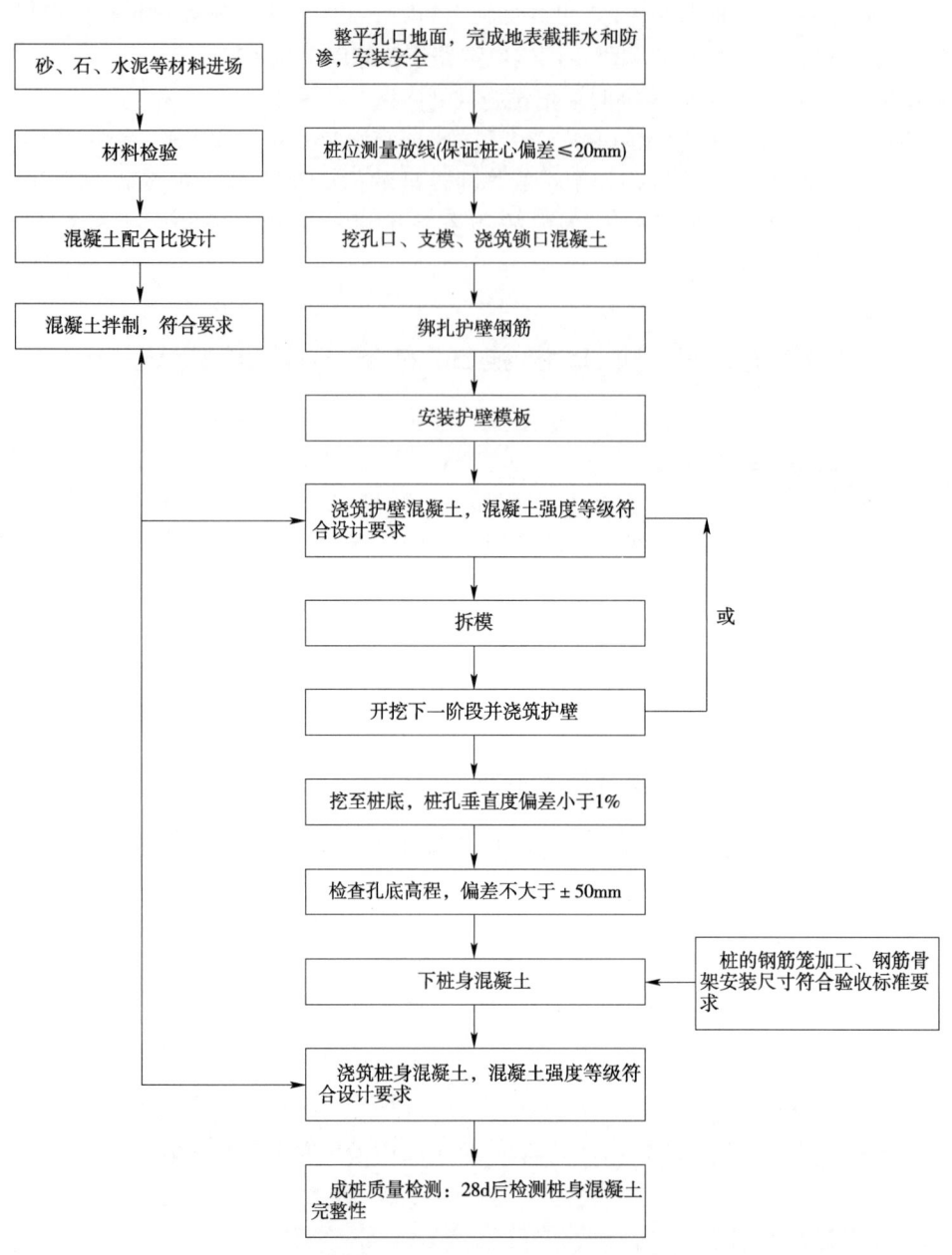

图32-2 抗滑桩施工工艺流程图

32.6.3.2 施工顺序

土石方开挖→测量放线定位→锁口施工→桩孔孔壁支护→挖孔→钢筋制安→混凝土浇筑。

32.6.3.3 施工方法

(1)本工程采用人工进行开挖,为加快施工进度,对于强度较高且直径较大的孤石,可采用风镐开挖,禁止爆破。

(2)当孔挖至设计深度前0.5m时采用人工凿至设计深度。桩钢筋在钢筋加工房内下料,搭架运送至桩孔内,在孔内进行安装。桩芯混凝土采用集中拌制,设置搅拌站,桩混凝土用振动器振捣密实。

(3)根据地层分析该滑坡地层的岩性主要为千枚岩、炭质板岩和砂岩,故当挖孔至炭质板岩地层时为了防止瓦斯气体发生中毒事件,工人在下井前一定要进行井内通风,不通风不下人。

(4)施工放线测量按设计坐标,放线复测桩位,在桩位外设置龙门桩,以便施工时随时校正桩位,保证桩心偏差不大于20mm。

(5)在挖孔桩孔口做钢筋混凝土护圈,护圈厚400mm,高于周边土300mm,以防地表坡体滚石下井。在井圈上方设置挡土板,在每个孔口搭棚防雨,以保证桩开挖顺利进行。

(6)在护圈上用钢管搭设操作平台,平台3m×3m,平台上铺设8mm厚木板,在平台上搭设提升脚手架井架,以利土石方运输,井架荷载不大于2000kg。平台上搭设彩条布,以遮挡雨水。

(7)挖孔采取人工开挖及风镐剥削方式相结合的开挖方案,即对土层及碎石土采用人工掏挖,孤石用风镐剥削,再进行人工清除、修整。

(8)采用跳桩开挖,二序施工法,即一序开挖孔号为每间隔一桩孔开挖。

(9)施工中应边挖边支护,应根据土体的稳定性确定每循环的开挖深度,挖好一段必须及时支护一段,并保证井壁的支护质量。

(10)孔内照明设施必须用安全电压照明,电压36V以下,并全部采用防爆灯具。

(11)挖孔时如有水渗入,应及时支护孔壁,防止水在孔壁浸泡流淌造成坍孔。渗水应设法排除,如用井点降水或集中泵排。孔内积水必须及时抽排。挖孔如遇到涌水量较大时,可采用水泥砂浆灌压环圈或其他有效的措施。

(12)桩孔挖掘及护壁两道工序必须连续作业,不宜中途停顿,以防坍孔。护壁每天必须检查是否有变形、裂缝、渗水等情况。孔内设置应急软爬梯,人员上下井采用安全可靠并有自动卡紧保险装置的吊笼。

(13)每天必须校核挖孔的垂直度。挖孔桩垂直度偏差小于0.5%。

(14)现场地质工程师及时对开挖面进行地质编录和检测,重点检查滑带、滑面出水的位置,准确划定滑带土的厚度,进行岩性编录,如滑面位置与设计有较大出入,应及时向监理工程师及设计人员报告,以及时妥善处理。挖桩底高程应会同设计勘查单位现场确定。

(15)挖至设计孔深(最后0.5m采用人工剔打),清理孔内积水、残渣,验收合格后,立即进行砂浆封底。

(16)施工现场应将不同型号的钢筋标明并分别堆放,以便明确识别。钢筋应保持清洁并应无锈蚀、锈屑、氧化皮、油、油脂、柏油、泥土、油漆、缓凝剂、滴下的混凝土以及盐或其他任何材料的污染等使混凝土与钢筋之间黏结受到损害。

(17)钢筋接头部位,受力钢筋采用机械连接。

(18)钢筋绑扎严格执行《建筑安装工程施工工艺及操作规程钢筋工程》(DB 51/32.4-91)绑扎程序。钢筋在施工面处直接绑扎。桩筋的顶部增设两道$\phi 10$箍筋与主筋用铁丝扎牢固,保证主筋间距位置均匀排列。桩筋底部在焊接前,将上层筋位置校正,再与下层筋焊接,桩箍筋绑扎采用分层套箍法,保证箍筋支数。主筋保护层厚度采用砂浆垫块固定其位置。各受力钢筋之间的绑扎接头位置应相互错开,当采用焊接接头时,从任一接头中心至长度为钢筋直径的35倍且不小于500mm的区段的范围内,有接头的受力钢筋面积不超过受力钢筋总面积的容许百分率;

(19)在绑扎骨架中非焊接的接头长度范围内,当搭接钢筋为受拉时,其箍筋间距不应大于$5d$,且不应大于100mm;当搭接钢筋为受压时,其箍筋间距不应大于$10d$,且不应大于200mm(d为受力钢筋中的最大直径)。

(20)受力钢筋的混凝土保护层厚度,应符合要求。为保证混凝土保护层厚度,浇筑混凝土时钢筋使用的垫块应在混凝土浇筑前获得业主的批准。混凝土垫块的等级应保证与浇筑构件的混凝土等级相同。此垫块应用铅丝绳系在钢筋上。

(21)对来自各个货源集料应按批对产品进行验收,其强度、级配、坚固性、吸水量、有害物质含量及含泥量等均应符合《普通混凝土用砂、石质量及检验方法标准》(JGJ 52—2006)所规定的要求。当怀疑集料中所含成分可能引起碱-集料反应时,应根据混凝土结构或构件的使用条件,进行专门试验,以确定是否可用,或可参照有关部门规定执行。

(22)为改善混凝土的和易性,提高混凝土的抗渗性、耐久性或为了护壁混凝土尽早达到一定强度,在混凝土搅拌过程中所掺加的外加剂应符合相关规定。本工程中不得使用高含量碱和氯的外加剂。含有外加剂的任何类型混凝土,在施工前应单独设计配合比,并要做单独的试验和试搅拌。

(23)施工前应会同搅拌混凝土施工小组根据结构种类、技术要求、钢筋疏密程度及混凝土输送和浇捣的方法提交具体施工方案,在征得业主同意的情况下,才能进行施工。施工时应在整个混凝土浇捣过程中,按稳定连续的速率为混凝土的浇筑作出周密的安排。

(24)高处倾落混凝土时,其卸落高度不应超过2m。若超过2m时,应采用滑槽、导管或串筒等,但在使用前必须用水湿润,如卸落高度超过10m时,导管、串筒内要装有减速装置,以防混凝土离析。混凝土灌入桩内应及时进行捣实,要避免漏振、欠振和超振。混凝土分层捣固时,为使上下层混凝土结合成一整体,振捣器应插入下层混凝土不少于5cm。振捣器应尽量避免碰撞钢筋或预埋件。表面振动的移动间距应能保证振动器的平板覆盖已振实部分的边缘。

(25)浇筑前底部应先填筑5~10cm厚与混凝土配合比相同的砂浆,桩混凝土应分层振捣,每层厚度不大于50cm。

(26)混凝土浇筑完毕后,应在12h以内加盖草垫和浇水,浇水次数应以保持混凝土有足够的润湿状态为准,养护期一般不小于7昼夜。

32.6.3.4 施工防水降水措施

(1)桩孔采用以人工开挖为主,开挖前应整平孔口,孔口应有明确施工安全标志,并做好桩区围栏和地表截、排水及防渗工作。在雨季施工时,孔口地面上加筑适当高度的围堰。

(2)桩孔开挖过程中应及时对地下水进行处理。当发生井内渗水时,用导水管进行疏导并采用水泵支接抽排。

32.6.4 挡土板施工工程

挡土板采用预制C25钢筋混凝土板,板厚0.3m,宽0.6m,长5m,共计153片。每层挡土板安装后进行土方回填夯实,回填土方应分层夯实,压实系数不小于0.95。

32.6.4.1 施工准备

(1)施工场地及临时预制厂地必须做好"三通一平",现场四周设置排水沟、集水井、桩孔中积水、经沉淀排入水道。

(2)备好个工序所需的机具器材和排水,通风,照明设施。

(3)预制厂地要平整、硬化道路畅通,满足吊机,运板设备的运行条件。

32.6.4.2 挡土板的预制

(1)挡土板采用现场预制,在运输过程中采用有效措施防止面板破损,面板在运输过程和堆放时要竖立不可平方堆叠。

(2)预制厂地宜平整压实,并与混凝土硬化。当采用底垫时,可只平整压实不硬化:面板预制模板宜采用组合钢模板或定型模板,模具应涂刷隔离剂,使用后要及时清理。

(3)按照要求做好钢筋及预埋件的下料、弯制、绑扎、焊接等工序,预制时严格控制预埋件孔、件位置和混凝土保护层厚度,不得出现漏筋。

(4)按规格要求做好挡板的脱模、养护。

32.6.4.3 挡土板的安装

(1)必须待桩身混凝土达到70%后方可开挖桩前岩石,进行挡土板施工,每次开挖深度少于2m,边开挖边进行挂板。滑坡地段桩间土体应间隔开挖,并宜从上至下逐层开挖,随挖随安装挡土板,随设置挡板后的反滤层。

(2)挡土板按照所挂的位置做好编号(挡土板根据所处高度不一样,土压力不一样的性质,其板厚度不一样),挡土板的运输、吊装时应布设好合理的支点和吊点,避免强烈震动与摔打,防止挡土板破损。

(3)挡土板施工时严格控制挡土板的垂直度,并使挡土板外漏面平整,最后用钢垫板与桩身预埋件进行锚固焊接。

(4)待桩前挡土板全部施工结束后,进行桩身及桩身与挡土板连接处灌筑封闭混凝土,应保证挡土板与桩身的连接密贴,外观整齐如一。

32.6.4.4 墙后填筑

每层挡土板安装后进行土方回填夯实,待墙后填筑和反滤层应在桩身强度达到设计要求后方可施作。填料的质量及密实度满足设计要求,回填土方应分层夯实,压实系数不小0.95。

32.6.4.5 安全

(1)因为挡土板是处于高支护桩地带施工,必须设置危险警示标志,警示标志要醒目,支设安全标语,标牌,做到警钟长鸣,防止施工人员出现麻痹心理。

(2)严禁工人酒后作业,赤脚,赤被,穿拖鞋及易滑鞋参加施工。

32.6.5 截排水工程施工

(1)排水沟施工按以下工序实施施工:施工准备→定位放线→沟槽开挖→地基处理→混凝土浇筑等,施工过程中为控制施工质量应做好各项施工工序中间验收工作(图32-3)。

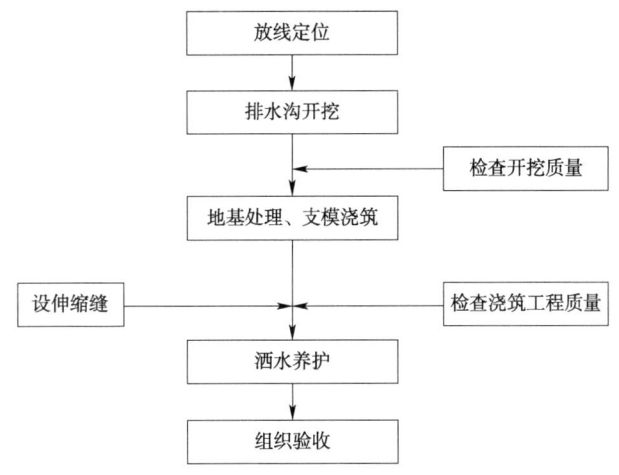

图32-3 排水沟施工工艺流程图

(2)施工前应按设计要求,选定位置,确定轴线。然后按设计图纸尺寸,高程,量定开挖基础范围,准确放出基脚打样尺寸,开挖地基,进行砌筑。

(3)施工时沟型开挖必须规则,夯实基底和坡面,保证基底干燥,并每隔15m设一道伸缩缝,缝宽2cm,内填沥青模板条。

(4)截排水渠一定要做到排水通畅,防止沟底漏水。

(5)当坡度大于1:1.5时,应设置急流槽或吊钩。

(6)与即有渠道相接处,应顺接完好,做到线性平顺,排水流畅。

(7)施工前应做好临时排水工作,防止基底受水浸泡。

(8)截排水渠弃土如无法运走,应平整并植草绿化。

(9)截水沟及排水沟应依地形挖成顺坡,不允许出现局部倒破、洼段等,并与天然排水沟和公路排水沟平顺连接。

(10)排水沟应结合实际地形修建,在通过软硬地层分界处以及每隔10~15m须设沉降缝,缝宽2cm并用沥青木板填实,表面用2cm的水泥砂浆抹平。

(11)在施工过程中注意平整沟和坡面,使截水沟两壁与坡面平缓衔接,并夯实土层,以防止因下沉拉断水沟,使地表水渗入坡体,破坏坡体稳定性。

(12)急流槽设在坡体较陡的部位,高度每5m设一道耳墙,以防止滑落。

(13)急流槽与截水沟在衔接处注意两种不同断面的平缓衔接。

32.6.6 关键工序的施工技术说明及常见问题的控制措施

32.6.6.1 混凝土施工技术

(1)混凝土浇筑:按设计分层立模浇筑,一般混凝土采用振动棒法浇捣,由混凝土的入仓能力、仓面面积和混凝土初凝时间确定。卸料时,首先均匀多点下料,人工平料,若有粗骨料堆叠时,将集料均匀分布于砂浆较多处,不得用砂浆覆盖,以免造成内部蜂窝。在靠近模板的地方,人工铲料,使集料均匀分布。不合格混凝土料严禁入仓,已入仓的不合格料必须清除,并按规定在指定地点弃渣。

(2)混凝土捣实:所有混凝土,一经浇筑,应立即进行全面的捣实,使之形成密实均匀的整体。混凝土的捣实,一般均应使用内部机械振捣。振器应能以不小于4500脉冲的频率传递振动于混凝土,使在距振捣点至少0.5m以内的混凝土产生25mm坍落度的可见效应。工地上应配有足够数量的处于良好状态的振捣器,以便可随时替补。振捣应在浇筑点和新浇筑混凝土面上进行,振捣器插入混凝土或拔出时速度要慢,以免产生空洞。振捣器要垂直地插入混凝土内,并要插至前一层混凝土,以保证新浇混凝土与先浇混凝土结合良好,插进深度一般为50~100mm。插入式振捣器移动间距不得超过有效振动半径的1.5倍。模板角落以及振捣器不能达到的地方,辅以插针振捣,以保证混凝土密实及其表面平滑。不能在模板内利用振捣器使混凝土长距离流动或运送混凝土,以致引起离析。混凝土振捣密实的标志是混凝土停止下沉、不冒气泡、泛浆、表面平坦。混凝土捣实后1.5~24h之内不得受到振动。

(3)混凝土养护:混凝土浇筑完成后,待表面收浆后尽快对混凝土进行养护,洒水养生应最少保持7d或监理工程师指示的天数。预应力混凝土的养生期应延长至施加预应力完成为止。构件不应有由于混凝土的收缩而引起的裂线缝。结构物各部分构件,不论采用什么养护方法,在拆模以前均应连续保持湿润。同样构件尽可能在同一条件下养护。当结构物与流动性的地表水或地下水接触时,应采取防水措施,保证混凝土在浇筑后7d之内不受水的冲刷。当环境水有侵蚀作用时,应保证混凝土在浇筑后10d内以及其强度达到设计等级的70%以前,不受水的侵袭。养生期间,混凝土强度达到2.5MPa之前,不得使其承受行人、运输工具、模板、支架及脚手架等荷载。

32.6.6.2 关键部位质量保证措施(表32-1)

关键部位质量保证措施一览表　　　　　表32-1

阶段		控制环节	控制部位	责任人	控制内容	依据	记录
施工准备	1	图纸交底	图纸自审图纸交底	技术负责人	图纸是否满足施工及完整性、可行性、准确性进行会审	规范规定及设计图纸	交底记录会审记录
	2	制定施工文件	施工组织设计方案	技术负责人	编制施工组织设计及方案	图纸及规范	施工组织设计
	3	组建人员	人员配备	项目经理	技术管理会议	项目法文件	任命文件
	4	施工合同	合同交底	经营部门	合同条款	合同法及招标文件	合同书

续上表

阶段		控制环节	控制部位	责任人	控制内容	依据	记录
施工准备	5	材料机具准备	项目部提需用计划	项目经理、技术负责人	审核审批	定额	批准计划
	6	施工现场准备	施工平面图	项目经理、技术负责人	水、电线、材料堆放，临设等定位	图纸及施工现场	相应记录
	7	设备材料进场	设备、材料验收、保管发放	项目经理、技术负责人、材料员	设备规格、数量及合格证，材料质保书，建立台账	进货清单、材料预算、设备计划	进货记录、验收单、进领料单
施工阶段	8	开工报告	确认开工条件	项目经理	三通一平、人员上岗	施工文件	批准的开工报告
	9	技术交底	分工种技术交底	技术负责人、施工员	按图纸及规范进行交底	图纸及规范	交底记录
	10	定位放线	测量精确	技术负责人	轴线、高程、控制桩设置及保护	图纸及规范	检查记录
	11	主体工程	钢筋绑扎及焊接	技术负责人、施工员、质量员	规格、品种、尺寸、位置、焊接质量	规范、施工方案、工艺标准	隐蔽工程检查记录
			模板安装	技术负责人、施工员、质量员	尺寸、位置、支撑情况	规范、施工方案、工艺标准	隐蔽工程检查记录
			脚手架工程	技术负责人、施工员、质量员	编制方案	规范、施工方案、工艺标准	审批方案检查记录
			混凝土工程	技术负责人、施工员、质量员	计量、搅拌、坍落度、和易性、振捣、养护	配合比、工艺标准、规范	试验单
	12	施工变更	施工变更	技术负责人、施工员	认真领会	设计变更通知	变更记录
	13	隐蔽工程验收	分项工程	施工员、质量员	工程隐蔽内容	图纸规范	隐蔽工程记录
	14	质量评定	分项工程	施工员、质量员	分项项目、允许偏差	验收标准	验收记录
			分部工程	质量科	基础、主体专业部分	验收标准	验收记录
			单位工程	质量科	所含资料	验收标准	验收记录
交工验收阶段	15	成品保护	成品保护	项目经理	竣工验收产品的保护措施	成品保护程序	交底验收记录
	16	资料整理	资料整理	技术负责人、施工员、资料员	所有工程竣工相关资料	质量记录	各种质量记录
	17	工程交工	办理交工	生产科、技术科项目部	交工文件资料归档	竣工交付资料	交工验收资料
	18	竣工决算结算	按施工图结算	经营科、项目部	按图纸、变更、市场价格进行结算	图纸、签证及市场价格	结算记录

32.6.6.3 主要技术环节质量保证措施

(1)模板设计与制作。

本合同项目工程模板以木模板为主,模板的制作满足施工图纸要求的建筑物结构的外形,并有足够的强度能够承受混凝土浇筑振捣时的侧压力和振动荷载,模板表面光洁平整,接缝严密不漏浆。

(2)模板的安装、模板的制作允许误差遵照表32-2和表32-3执行。

模板制作的允许偏差 表32-2

偏差项目		允许偏差(mm)
一、木模		
小型模板:长和宽		±3
大型模板(长、宽大于3m):长和宽		±5
模板面平整度 (未经刨光)	相邻两板面高差	1
	局部不平(用2m直尺检查)	5
面板缝隙		2
二、钢模		
模板长和宽		±2
模板面局部不平(2m直尺检查)		2
连接配件的孔眼位置		±1

模板的安装允许误差遵照表 表32-3

偏差项目	允许偏差(mm)	偏差项目	允许偏差(mm)
轴线位置	5	板表面平整度(2m长度内)	3
底模上表面高程	±5	拼装板表面高差	1
截面内部尺寸 基础	±10	侧向弯曲 梁、柱、板	$L/1000$且≤ 15
截面内部尺寸 柱、墙、梁	+4~-5	侧向弯曲 墙板、薄腹梁、桁架	$L/1500$且≤ 15
相邻两板表面高差	2	预留孔、洞尺寸及位置	+10~0

32.7 工程进度计划及保证措施

能否保证施工工期,关系到公司的经济利益和企业信誉,工程中标后,公司将相应制定内部工期奖罚规定,以从管理制度上保证按计划竣工。在施工组织方面,计划采取如下措施。

32.7.1 施工进度计划

(1)编制依据。

①施工管理水平,按照目前当地建筑水平考虑;

②筹建期完成施工场地的三通一平建设,为顺利开工创造条件;

③拟建工程的设计图、工作量;

④地质灾害防治、水利水电等相关规范。

(2)进度安排。开工日期:2015年10月8日。竣工日期:2016年1月8日。施工总期90d。

施工前期准备计划2015年10月8日开始,10月10日准备就绪;削方减载施工计划2015年10月10日开始,10月20日结束;抗滑桩施工计划2015年10月20日开工,2016年1月10日结束。挡土板施工计划2015年11月25日开始,2015年1月10日结束;地面排水工程施工计划2015年12月21日开工,2016年1月10日结束;后期场地清理计划2016年1月10日开始,1月18日结束;项目管理贯穿施工的全过程即2015年10月8日到2016年1月18日。

32.7.2 工期保证体系

32.7.2.1 调遣精兵强将,投入足够资源

(1)指挥机构迅速成立,及时到位,为保证和加快工程速度,我们将成立强有力的现场指挥机构,对内指挥施工生产,对外负责合同履行及协调联络,项目经理部主要成员已经确定。

(2)施工力量迅速进点:实施本项目的施工队伍已选定,可迅速进点,进行施工准备,机械设备将随同施工队伍迅速抵达,确保主体工程按时开工。

(3)根据工程需要,配备充足的技术人员和劳工,并采取各种措施,提高劳动者技术素质和工作效率。

32.7.2.2 以抓经济效益为中心,促生产率提高保工期

(1)施工调度高效运转:建立从项目经理部到各作业班的调度指挥系统,全面、准确地处理影响施工进度的各种问题。加强指挥和协调,对重大关键问题要超前研究,制定措施,及时调整工序和调动人、财、物、机,保证工程的连续性和均衡性。

(2)实行内部经济承包责任制,既重包又重管,使责任和效益挂钩,个人利益和完成工程量挂钩,调动单位、个人的积极性和创造性。

32.7.2.3 加强施工技术管理确保工期

(1)施工准备抓早抓紧:做好施工准备工作,认真复核图纸,编制实施性施工组织设计,落实重大施工方案,积极配合甲方做好各方面工作,确保总体工期。

(2)施工组织不断优化:以本施工组织进度和工期要求为依据,及时编制实施性施工组织设计,落实施工方案,报监理工程师审批。根据施工情况变化,不断进行优化,使工序衔接、劳动力组织、机具设备、工期安排等更趋合理和完善。

32.7.3 工期保证措施

32.7.3.1 明确阶段目标,保证局部计划和总体计划的完成

根据制定的工程过程计划,编制分阶段计划,及时发现关键工序的转化,确定阶段工作重点。进行网络计划动态管理,及时掌握进度,分析调整,使项目实施处于受控状态。

32.7.3.2 施工调度高效运转

建立从项目经理部到各施工队的调度指挥系统,全面、及时掌握并迅速、准确地处理影响施工进度的各种问题。对工程交叉和施工干扰加强指挥和协调,对重大关键问题要超前研究,制定措施,及时调整工序和调动人、财、物、机,保证工程的连续性和均衡性。

32.8 施工综合管理

施工综合管理见附录3。

32.9 附 表

拟投入的主要施工机械设备表见表32-4。

拟投入的主要施工机械设备表　　　　表32-4

序号	设备名称	型号规格	数量	生产能力	用于施工部位	备注
1	挖掘机	CAT320	2	良好	削方 减载	
2	装载机	ZL50	2	良好	削方 减载	
3	振动棒		4	良好	抗滑桩 截排水沟	
4	混凝土搅拌机	JZC500型	1	良好	抗滑桩 截排水沟	
5	混凝土搅拌机	JZC750型	1	良好	抗滑桩 截排水沟	
6	水泵		2	良好	施工	
7	工程用车		15	良好	施工	
8	卷扬机	ZJKL3	13	良好	施工	
9	电焊机	BX-200	4	良好	施工	
10	混凝土罐车	12m³	1	良好	施工	
11	混凝土输送泵	GB-80	1	良好	施工	.
12	切割机	J3CT-HU-400	1	良好	施工	.
13	风镐		15	良好	施工	
14	注浆泵	UBJ2	2	良好	施工	
15	空压机	XRHS385MD	4	良好	施工	
16	注浆机	DM400	2	良好	施工	
17	千斤顶		2	良好	施工	
18	钢筋调直机		1	良好	施工	
19	张拉泵		1	良好	施工	
20	钻机	80型	4	良好	施工	

劳动力计划表见表32-5。

劳动力计划表(单位:人)　　　　表32-5

工　种	按工程施工阶段投入劳动力的情况			
	2015～2016年			
	10月	11月	12月	1月
管理人员	12	12	12	12
测量人员	2	2	2	2
钢筋工	0	14	14	14
挖掘机驾驶员	2	2	2	2
装载机驾驶员	2	2	2	2
模板工	0	20	20	20
混凝土浇筑工	5	10	10	10
架子工	0	13	13	13
普工	15	15	15	15

续上表

工 种	按工程施工阶段投入劳动力的情况			
	2015～2016年			
	10月	11月	12月	1月
机械工	4	4	4	4
空压机司机	2	2	2	2
自卸车司机	6	6	6	6
电工	3	3	3	3
机修工	3	3	3	3
合计	56	108	108	108

计划开、竣工日期和施工进度计划横道图见表32-6。

施工进度计划表   表32-6

项目	2015~2016年										
	10月			11月			12月			1月	
	10	20	30	10	20	30	10	20	30	10	20
前期准备	10.18	10.20									
削方减载工程	10.20	10.25									
抗滑桩施工			10.25							1.10	
挡土板施工					11.25					1.10	
排水渠施工							12.21			1.10	
竣工验收										1.10	1.18
项目管理	10.18										1.18
备注	在现场实际操作中，根据具体情况适当作以调整，计划工期为2015年10月18日至2016年1月18日，共90d										

拟投入本合同工程主要材料试验、测量、质检仪器设备表见表32-7。

拟配备本工程主要材料试验、测量、质检仪器设备表   表32-7

序号	仪器设备名称	型号规格	数量	国别产地	制造年份	已使用台时数	用途	备注
1	全站仪	sokka	1台	日本	2008年		测量放线	
2	水准仪	S6	1台	国产	2009年		测量放线	
3	烘箱(1 m³)		1台	国产	2006年		试验检测	
4	沙石筛		1套	国产	2008年		试验检测	
5	石子标准筛		1套	国产	2009年		试验检测	
6	电子秤，感量1g，称量15kg		1台	国产	2008年		试验检测	
7	电子天平，感量0.1g，称量1000g		1台	国产	2009年		试验检测	
8	水泥标准稠度仪		1台	国产	2008年		试验检测	
9	水泥标准养护箱		1台	国产	2006年		试验检测	

续上表

序号	仪器设备名称	型号规格	数量	国别产地	制造年份	已使用台时数	用　途	备　注
10	混凝土试模		6个	国产	2006年		试验检测	
11	坍落度筒		1个	国产	2008年		试验检测	
12	砂浆试模		2条	国产	2009年		试验检测	
13	标准砂		1袋	国产	2008年		试验检测	
14	水泥取样筒		2个	国产	2008年		试验检测	
15	电动抗折仪		1台	国产	2006年		试验检测	
16	安定性沸煮箱		1台	国产	2009年		试验检测	

第33章 案例14——成都轨道交通9号线4标施工组织设计

33.1 编制说明

33.1.1 编制依据

(1) 中国中铁城市投资公司总体计划及对工程4标形象进度的要求;
(2) 成都轨道交通9号线一期工程4标项目设计施工图及有关设计文件;
(3) 成都轨道交通9号线一期工程4标项目岩土工程勘察报告及现场实地踏勘情况;
(4) 国家现行有关施工规范、规则、质量技术标准,以及成都市在安全、文明施工、环境保护方面的规定;
(5) 有关地铁施工的劳、材、机定额;
(6) 施工现场调查的情况和理解程度;
(7) 公司施工技术水平、现有可用于本工程的机械和技术装备,以及施工区域可利用的资源;
(8) 公司从事地铁及其他地下工程建设的经验。

33.1.2 编制原则

以满足业主期望为目标,在深刻理解本标段工程特点、重点与难点的基础上,按照"技术领先、资源可靠、施工科学、组织合理、措施得力"的指导思想,遵循以下原则进行编制。

1) 人本安全原则

建立、健全消防、保卫、职业健康安全管理体系,以人为本,维护和保障施工作业人员的安全与健康,施工过程严格执行ISO 18000标准控制程序,保证职工的职业健康和安全。

2) 质量保证原则

建立完整的工程质量管理体系和控制程序,明确工程质量目标,结合本工程特点与实际情况制订切实可行、有效的工程质量保证措施,施工过程严格进行质量管理与控制,确保工程达到国家优质工程质量标准。施工过程按照ISO 9001标准进行质量管理。

3) 工期保障原则

根据业主对本合同段工程工期要求,科学组织施工,合理配置资源,使各项分部工程施工衔接有序,充分利用本项目的资源,确保里程碑计划或节点目标计划的实现,确保总工期。

4) 技术可靠性原则

根据本合同段工程特点,吸收国内外暗挖施工的施工技术、管理方法等成熟经验,编制可靠性高、可操作性强的施工技术方案进行施工,确保工程安全、优质、快速地建成。

5) 经济合理性原则

针对工程的实际情况,本着技术先进、安全可靠、经济合理的原则比选施工方案,并合理配备资源,施工过程实施动态管理,从而使工程施工达到既经济又优质的目标。

6) 环保原则

充分调查了解工程周边环境情况,施工紧密结合环境保护进行。合理布置施工场地,加强施工过程环境控制,减少空气、噪声污染,排放污水、丢弃垃圾等对环境的污染。施工过程按照 ISO 14001:1996 标准进行环境保护与管理,建设"绿色工地",实施"环保施工"。

7) 风险可控的原则

根据我单位施工经验和本工程的实际情况,利用类比法及时对项目风险进行辨识、分析、评估,对风险源进行管理控制,降低风险发生的频次,对风险等级较高的制订应急预案,实施风险预控。

8) 合规、履约原则

贯彻执行国家相应的方针、政策、法律、法规,确保满足建设、设计、监理单位管理要求,严格按照实施性施工组织设计合理编制、确保合同履约。

33.1.3 编制范围

本标段有 2 个车站(簇桥站、武青南路站)及 2 个区间(金桥医院站—簇桥站、簇桥站—武青南路站)范围内的工程施工。

33.2 工程概况

33.2.1 项目基本情况

成都轨道交通 9 号线是位于成都市三、四环之间的一条环形线路,是城市快速轨道交通层次中的市域快线,具有线路长、换乘节点多、站间距大、速度目标值高等特点。9 号线一期工程从三色路站至黄田坝站由南至西沿顺时针方向敷设,线路全长 22.18km,全线均为地下线,共设 13 座车站,其中换乘站达 11 座,换乘站比例近 85%,设元华停车场、武青车辆段两座站场。本工程为 PPP(公程合作)项目,项目发起人为成都轨道交通集团有限公司,项目承办人为中国中铁股份有限公司,设计单位为中铁隧道勘测设计院有限公司。本标段承担 2 个车站(簇桥站、武青南路站)及 2 个区间(金桥医院站—簇桥站、簇桥站—武青南路站)范围内的工程施工。

33.2.2 武青南路站概况

如图 33-1 所示,武青南路站为地下三层 14m 岛式站台明挖车站,武青南路站为 9 号线与 3 号线二期武青南路的换乘站,换乘形式为 T 形节点换乘,9 号线车站主体位于武侯大道与武侯大道铁佛段交叉口,车站基本为南北方向设置。本车站有效站台中心里程为 YCK50+006.000,设计起点里程为 YCK49+897.000,设计终点里程为 YCK50+138.001。根据 9 号线一期工程总体筹划,车站两端均为盾构始发。车站主体长 241m,站台中心里程覆土约 3.5m,标准段线间距 17.2m,标准段宽 23.5m,车站主体基坑深度约 25.2m,主体建筑面积 15991m²,附属面积 5410m²,总建筑面积 21401m²,本车站计划以明挖法施工为主。

图 33-1 武青南路站平面位置图

33.2.3 簇桥站概况

如图 33-2 所示,簇桥站为 12m 岛式车站,采用单柱双跨地下两层现浇框架结构,本站车站有效站台中心里程为 YCK48+304.000,设计起点里程为 YCK47+788.800,设计终点里程为 YCK48+409.802。车站位于武侯大道与百锦路交叉口,沿簇锦北路大致呈东西、南北方向布置。簇桥站全长 621m,标准段宽 21.1m,车站主体基坑深 18.3m,车站主体建筑面积 26552m²,总建筑面积 33507m²,共设置 5 个出入口,3 组风亭及 1 座冷却塔。本车站计划以明挖法施工为主,盖挖法(永久顶板)施工。

图 33-2 簇桥站平面位置图

33.2.4 盾构区间概况

成都轨道交通 9 号线一期工程 4 标项目包括:武青南路站至簇桥站盾构区间,区间全长 1505.8m;簇桥站至金桥医院站盾构区间,区间全长 944m。本工程区间隧道盾构法施工总长 4902.146 单线延米,区间采用 4 台盾构机掘进施工,盾构机分别由金桥医院站大里程方向始发至簇桥站,与武青南路站小里程方向始发至簇桥站,盾构分别到达簇桥站后,由簇桥站预留吊装口吊出,从而完成区间掘进施工。如图 33-3 所示。

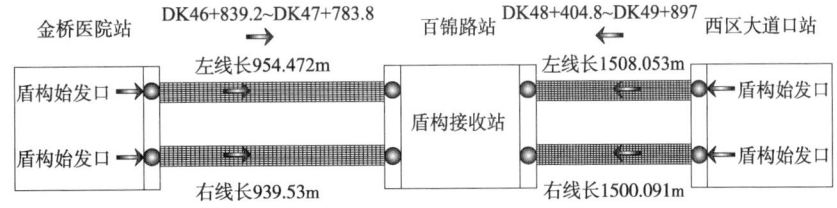

图 33-3 盾构区间示意图

33.2.5 工程地质

标段内开挖地层主要为人工杂填土、第四系全新统(Q_4^{al})粉质黏土、粉细砂,第四系上更新统($Q_3^{2fgl+al}$)粉、细砂及中、粗砂和卵石层,下伏白垩系上统灌口组(K_{2g})地层。卵石层自稳能力差,含透镜状砂层,不利于基坑支护的稳定性;人工杂填土结构松散,组成较杂,自稳能力差,易塌;施工中应加强基坑支护。

33.2.6 水文地质

标段内地下水为赋存于黏土层之上的上层滞水和第四系孔隙水。上层滞水由于其水量相对小,

对地下工程基本无影响,对工程影响较大的主要为第四系孔隙水,其特征如下:

该层地下水主要赋存于全线第四系全新统、上更新统的砂、卵石层中,水量较丰富,为孔隙潜水,部分地段由于地形和上覆黏性土层控制,具微承压性,地下水埋深一般为4.1~6.7m,水位变化较大,含水层有效厚度为5.0~30.0m。根据成都地区水文地质及相关工程资料,该层砂、卵石土综合含水层渗透系数 K 为10~30m/d,为强透水层,水量丰富,本标段受其影响大。

33.2.7 地震烈度

拟建场地位于抗震设防烈度7度区内,地震动峰值加速度值为 $0.10g$,设计地震分组为第三组,建筑场地类别为Ⅱ类,地震动反应谱特征周期均为0.45s。地面26m深度范围内的土层均不液化。地下车站结构的抗震设防分类为乙类,性能要求为Ⅰ类,抗震设防烈度为七度,抗震等级按三级考虑。

33.2.8 工程地质评价

该段内卵石层渗透系数大,透水能力强,地下水位在4.1~6.7m,基坑涌水量较大,施工中应加强排水。地下水对混凝土结构、混凝土结构中钢筋具有微腐蚀性,该段除部分分布稍密卵石层、密实粉砂层外无不良地质,特殊岩土主要为人工填土、膨胀性土、膨胀岩,对工程影响不大。该段工程地质条件一般。

33.2.9 主要工程数量

成都轨道交通9号线一期工程4标项目主要包括2站2区间(盾构区间),主要工程数量见表33-1~表33-4。

簇桥站主要工程数量表　　　　　　　　表33-1

工程及费用名称	单位	数量	工程及费用名称	单位	数量
一、车站主体	m³	26552	(5)人工钻孔桩(1500mm)	圬工 m³	486.070
(一)明挖地下车站	m³	21254.920	①人工钻孔桩(1500mm)	圬工 m³	486.070
1.围护结构	圬工 m³	15335.807	②弃渣外运、泥浆外运	m³	812.480
(1)旋挖钻孔桩(1200mm)	圬工 m³	10091.670	2.土石方、支撑及降水	元	251889.100
①旋挖钻孔桩(1200mm)	圬工 m³	10091.670	(1)土石方	m³	251889.100
②旋挖钻孔桩截桩头外运、泥浆外运	m³	10873.520	①挖土方(顶板底面以上部分)	m³	31734.080
(2)土钉墙	m²	2084.670	②明挖土方(顶板以下部分)	m³	178181.470
①土钉墙	m²	2084.670	③回填土石方	m³	41973.550
(3)桩间网喷混凝土	m²	16545.000	(2)支撑	t	2796.700
①桩间网喷混凝土	m²	16545.000	①钢支撑	t	2796.700
(4)挡土墙、冠梁、排水沟等	圬工 m³	2154.120	②混凝土支撑	圬工 m³	970.280
①挡土墙、冠梁、排水沟等	圬工 m³	2154.120	(3)降水	m	989.120
②拆除的混凝土外运及弃渣土补贴	m³	1907.450	①降水井	口	65

续上表

工程及费用名称	单位	数量	工程及费用名称	单位	数量
3.主体结构	圬工 m³	42967.000	②拆除的混凝土外运及弃渣土补贴	m³	1357.270
(1)内部钢筋混凝土结构	圬工 m³	42881.000	2.土石方、支撑及降水	m³	59085.100
(2)人防墙	圬工 m³	86.000	(1)土石方	m³	59085.100
(3)防水	m²	37903.440	①挖土方(顶板底面以上部分)	m³	7443.800
4.抗拔桩	圬工 m³	52.560	④盖挖土方	m³	41795.650
①混凝土灌注桩	圬工 m³	52.560	⑤盖挖石方	m³	
②混凝土立柱桩截桩头外运及泥浆外运	圬工 m³	115.300	⑥回填土石方	m³	9845.650
5.临时混凝土立柱	圬工 m³	816.150	(2)支撑	t	699.180
①时混凝土立柱桩	圬工 m³	816.150	①钢支撑	t	699.180
②临时混凝土立柱桩截桩头外运及泥浆外运	m³	2226.890	②临时纵梁盖挖	圬工 m³	415.500
③临时立柱桩格构柱	t	525.830	(3)降水	m	1483.680
6.注浆加固	m³	2916.000	①降水井	口	52.800
(1)袖阀管注浆(加固基坑长度756米)	m³	2916.000	3.主体结构	圬工 m³	9469.960
(2)钢花管注浆	m³	2040.000	(1)内部钢筋混凝土结构	圬工 m³	9469.960
(二)盖挖地下车站	m²	5640.880	(2)防水	m²	9475.860
1.围护结构	圬工 m³	5538.700	4.临时混凝土立柱	圬工 m³	22.040
(1)旋挖钻孔桩(1200mm 含玻璃纤维筋桩)	圬工 m³	3494.840	①临时混凝土立柱桩	圬工 m³	22.040
①挖钻孔桩(1200mm 含玻璃纤维筋桩)	圬工 m³	3494.840	②临时混凝土立柱桩截桩头外运及泥浆外运	m³	85.120
②旋挖钻孔桩截桩头外运、泥浆外运	m³	4243.830	③临时立柱桩格构柱	t	20.270
(2)桩间网喷混凝土	m²	4853.267	5.临时钢管立柱	圬工 m³	1032.370
①桩间网喷混凝土	m²	4853.267	①时钢管柱混凝土立柱桩	圬工 m³	1032.370
(3)挡土墙、冠梁、排水沟等	圬工 m³	1315.870	②临时钢管柱混凝土立柱桩截桩头外运及泥浆外运	m³	2616.910
①挡土墙、冠梁、排水沟等	圬工 m³	1315.870	③临时钢管柱	t	423.760

武青南路站主要工程数量表   表33-2

工程及费用名称	单位	数量	工程及费用名称	单位	数量
一、车站主体	m²	15991.000	②明挖土方(顶板以下部分)	m³	122965.600
(一)明挖地下车站	m²	15991.000	③盖挖土石方	m³	8872.500
1.围护结构	圬工 m³	11547.200	④回填土石方	m³	18564.000
(1)旋挖钻孔桩(1200mm桩)	圬工 m³	8227.240	(2)支撑	t	2756.220
①旋挖钻孔桩	圬工 m³	8227.240	②钢支撑(明挖)	t	2756.220
②旋挖钻孔桩截桩头外运、泥浆外运	m³	8742.990	③混凝土支撑	圬工 m³	218.240
(2)桩间网喷混凝土	m²	10641.800	(3)降水	口	38
(3)挡土墙、冠梁、排水沟等	圬工 m³	1723.690	(4)钢便桥	m²	377.000
①挡土墙、冠梁、排水沟等	圬工 m³	1723.690	3.主体结构	圬工 m³	30756.180
②拆除的混凝土外运及弃渣土补贴	m³	1542.030	(1)内部钢筋混凝土结构	圬工 m³	30709.440
2.土石方、支撑及降水			(2)人防墙	圬工 m³	46.740
(1)土石方	m³	155189.200	(3)防水	m²	21226.000
①挖土方(放坡开挖)	m³	4787.100			

盾构区间主要工程数量表   表33-3

项目名称		长度(m)	工 法
金桥医院站—百金锦站	左线	954.472	盾构法
	右线	939.53	盾构法
	联络通道兼泵房	8.6	矿山法
簇桥站—武青南路站	左线	1508.053	盾构法
	右线	1500.091	盾构法
	联络通道1号	13.5	矿山法
	联络通道兼泵房2号	13.47	矿山法
总计	盾构隧道区间共计4902.146延米,其中左线盾构2462.525延米;右线盾构2439.621延米;始发井4个,洞门8座		

注:因正式施工图纸下发不全,本工程数量暂以初步设计清单为准统计,实际工程数量需依据施工图确定。

工程范围及内容表   表33-4

序号	项目	数量	总 长	占全标段比例(%)	说 明
1	区间路基	75000m³	0.2km	1.07	
2	站场路基	160000m³	0.1km	0.53	平陆站
3	涵洞	1座	186.54横延米	—	
4	隧道	1座	18.4km	98.4	中条山为双洞单线特长隧道,左线全长18405m,右线全长18410mm。中条山隧道为一级风险隧道、控制工程
5	轨道		35.845km	—	无砟道床

33.3 工程特点、重点、难点分析

33.3.1 工程特点

33.3.1.1 交通压力大

本工程的两个车站分别位于武侯大道铁佛段、簇锦北路,武侯大道铁佛段为武侯区主干道,车流量很大,且上级有关部门要求,施工期间必须保留双向4条车道+2条非机动车道,交通压力大;簇锦北路为武侯区武侯大道铁佛段支路,交通压力相对较小,施百锦路至龙井西街段封路车辆沿龙井西街、龙井中街、百锦路绕行。

33.3.1.2 地下水丰富

本工程所处地区为富水砂卵石地层,地下水丰富,给基坑支护和土方开挖带来很大难度,所以应有有效的降水措施和支护开挖方案,保证支护开挖的安全。

33.3.1.3 文明施工、环境保护要求高

本工程位于武侯区主要交通干道,车流量和人流量大,建设单位要求高,地理位置重要,文明施工、环境保护、降低噪声、控制扬尘等各方面要求高。

33.3.1.4 工程管理跨度大、接口协调工作量大

(1)本工程区间线路较长,共包含2个区间、2座车站及其附属工程。区间采用盾构法施工,每座车站采用两台盾构机,4台盾构机总掘进长度为4902.146延米。盾构施工和车站存在交叉施工现象,相互间有一定的施工干扰,存在部分协调工作。

(2)本工程区间内道路比较窄,可以利用的土地较少,钢筋加工厂、原材料、变压器等场地难以规划,另外,建设单位要求钢筋加工需要采用数控设备,但是现场两个工区可利用土地只能由同一处钢筋加工厂加工,所以需在施工范围外额外征地才能满足施工要求。

(3)施工期间金—百区间盾构由六局金桥医院站始发,武青南路站两端始发,除始发本单位的西—百盾构区间,另一侧始发盾构为航空港施工,均需要进行场地协调工作。

(4)本工程区间沿线两侧有多处居民小区,特殊地段主体结构距离居民小区非常近,施工过程中地基的沉降情况尤为重要。

(5)沿线地下管线极其复杂,增加了施工难度,对施工进度计划挑战巨大。

(6)盾构区间内要多次穿越地面重要构筑物及市政道路,多处需要提前协调场地进行盾构机通过前的地表预处理,以保证盾构机的顺利掘进和管线的安全,做好现场施工管理、各个接口的协调和场地协调是保证本工程顺利施工的重点。

33.3.1.5 周边建(构)筑物密集,管线较多

簇桥站沿簇锦北路成南北布置,簇锦北路车流量较大,周围建(构)筑物密集,管线较多且走向复杂,施工要求高。施工前必须对管线或构筑物进行细致探测,全过程加强周边建(构)筑物和管线的监控量测,实行信息化动态施工,确保建(构)筑物和管线安全。

33.3.2 工程重点、难点及施工对策

33.3.2.1 深基坑施工

1)重难点分析

本工程基坑开挖深度大,簇桥站车站主体基坑深度约18.3m(两层车站),武青南路站车站主体基坑深度约25.2m(三层车站),基坑开挖范围地质多为粉砂、砂卵石地层。土层自稳性差,地下水丰

富,而开挖又逢成都市雨季,结合以上因素,深基坑施工是本工程的第一个重难点。

2)施工对策

做好基坑内外的防排水,确保地表水不流入基坑内,雨季配备足够的抽水机,防止基底浸泡。合理分段分层,开挖后及时架设支撑,严格按设计及时适量对钢支撑施加预应力。基坑开挖要控制合理的开挖速度,充分利用时空效应,开挖时及时形成支撑系统。减少基坑顶边缘地面荷载,严禁超载。基坑开挖及结构施工期间,设专人进行各项施工监测,实行信息化施工,以反馈信息确保开挖方法科学、安全、可靠。

33.3.2.2 围护桩施工

1)重难点分析

围护桩施工的质量关系到基坑开挖的安全,围护桩的桩位、垂直度等的精度影响支撑体系的施工进度,决定了土方开挖的速度。同时围护桩施工可以看作是对本工程场地的地质水文情况和地下管线情况进行的一次最为详细的探测,围护桩的顺利完成将为整个工程建设提供最强有力的保证,是确保合同工期的一个关键步骤。

2)施工对策

(1)施工前加大地下管线勘测的力度,先采取挖探沟探测场地内管线情况,再使用探测仪器进行详细勘测,并及时将信息反馈业主、产权单位进行管线的迁改,同时做好管线保护方案。

(2)围护钻孔桩施工时严格控制好测量放线的精度,每一根钻孔灌注桩的施工,技术人员应全程监控,并测量每一根桩成孔时的垂直度,不符合要求的,及时制订方案修正。

(3)合理组织安排钻孔顺序,充分发挥机械的使用效率,确保钻孔桩施工的有序进行。

(4)计划每个站配置2台旋挖钻机施工。施工时严格控制垂直度,确保钻孔桩的精度和施工质量。

33.3.2.3 主体结构施工

1)重难点分析

车站主体结构工程和重要的附属结构设计使用年限为100年,质量标准高。

(1)结构混凝土施工大多为大体积混凝土施工,如何控制好大体积、大面积混凝土结构的裂缝是施工的重点。

(2)地下结构对防水要求较高,全部采用结构自防水,防水混凝土的施工是质量控制的重点。

(3)混凝土结构表面的表观质量也是质量控制的重点。

2)施工对策

(1)合理划分结构施工区段及结构施工顺序,确保结构受力条件和防水效果。

(2)减少混凝土施工时的水化热,控制混凝土裂缝。混凝土施工的每一环节都要保证混凝土密实度,同时制定控制混凝土开裂的措施。

(3)采取掺加高效减水剂及粉煤灰"双掺"技术,减少水泥用量,降低水化热,减少收缩裂缝的产生。

(4)对模型支撑系统的刚度、强度、稳定性事先进行检算,确保模型、支撑系统刚度、强度、稳定性。

(5)把养护工作当作一项重要工序来抓。

(6)结构表面模板采用全新的大面积钢模板、竹胶板,模板使用前需均匀涂刷专用脱模剂,并控制好混凝土振捣。

(7)车站主体与出入口及通道、风道的接口施工时,需精心组织,严格按设计和规范施工,确保接口处的施工质量。

(8)制订大体积、大面积混凝土施工方案,并严格按方案执行。

33.3.2.4 地下工程防水施工

1) 重难点分析

地下工程的防水施工是一个复杂的系统工程，牵涉的工序多、工艺要求严，它的质量是通过每一道工序施工及工艺的质量来综合体现，任何一个环节做得不好，都有可能对整体防水效果产生很大的影响。因此，在整个施工过程中，必须加强过程控制，一步一步地做好每一道工序的防水质量。由于本站接口多，防水难度大，因此防水施工是本站施工的重难点之一。

2) 施工对策

(1) 对车站外防水按设计要求精心组织，认真施工，同时做好主体结构变形缝、施工缝、车站与附属接口处的防水工作，确保防水工作质量。

(2) 在结构混凝土施工时，首先从混凝土的配比、运输、入模振捣、综合控温和及时养护方面，防止混凝土开裂。

(3) 严格把特殊部位防水施工的质量。

33.3.2.5 盾构长距离穿越富水饱和砂卵石地层

1) 重难点分析

本工程盾构区间穿越的主要以砂卵石地层为主，卵石含量高，卵石成分主要为中等风化的岩浆岩与变质岩类岩石，单轴抗压强度较高，局部夹漂石；地下水位较高，隧道穿越地层富水。施工时，受卵石土层的影响，刀盘、刀具由于不均匀的受力或外力的冲击，容易产生异常损坏。盾构在该类地层掘进时，刀盘、刀具和螺旋输送机的磨损严重，盾构姿态调整与控制难度较大。盾构长距离穿越富水饱和卵石土地层施工是工程的重点。

2) 施工对策

(1) 合理盾构选型是长距离穿越富水饱和砂卵石地层施工的前提保障。

总结成都轨道交通 7 号线和 3 号线的施工经验，在本工程盾构设备选型时，CRTE121 号、CRTE122 号刀盘开口率为 36%，以增强刀盘对掌子面的有效支撑和保证渣土能流畅地进入盾构土仓，同时减小刀具与卵石的摩擦，降低刀具刀盘磨损，提高掘进效率；刀盘开口允许 290mm 粒径以下的卵砾石不经破碎可直接进入土仓，减少卵石土对刀盘刀具的磨损。

选用镶嵌有碳化钨和二氧化钴合金的、耐磨性比较高的刀具，增强刀具在卵石土地层的耐磨性，切刀为宽刀，切削轨迹有部分重叠。螺旋输送机叶片装有可在机内更换的耐磨钢板衬块，在螺旋输送机筒体的不同部位堆焊耐磨钢板，增强螺旋输送机在卵石土地层的耐磨性。

盾构机同时配备有泡沫(聚合物)系统、膨润土系统和加泥系统等渣土改良系统(旋转接头有各自独立的膨润土和泡沫通道，并均能注入到刀盘前面，保证其与渣土的充分搅拌)，通过添加泡沫、膨润土泥浆、聚合物等措施，形成非渗透性和流塑性的渣土，增强渣土的流动性，减少卵石土对刀盘、刀具的磨损。

刀盘开口和螺旋输送机可满足最大粒径 290mm 的卵砾石通过。

盾壳上预留超前注浆孔，在施工过程中可以根据需要，进行超前地质勘探、超前钻孔和注浆作业，加固前方地层。

盾构机配备有可以进行带压作业的双仓压力仓，保证盾构在需要进行刀具检查、更换及带压处理大漂石时可以随时进行。

(2) 掘进过程中采取可行的技术措施确保长距离穿越富水饱和砂卵石地层施工安全。

① 有计划地进行刀具检查、维修与更换。

② 合理选择掘进参数。

降低刀盘转速，减轻与卵石圆砾的碰撞冲击，减小盾构掘进对地层的扰动。适当降低掘进速度，加强盾构姿态调整与控制，保证盾构掘进方向满足规范及设计要求。

③加强渣土改良。

通过向土仓注入泡沫或添加膨润土泥浆加强渣土改良,降低圆砾石、卵石对刀盘、刀具的磨损。

④加强螺旋输送机维修保养。

降低螺旋输送机转速,向螺旋输送机内添加泡沫、泥浆,减少卵石圆砾对螺旋输送机的磨损,减小振动。为避免因螺旋输送机振动造成故障频率升高,安排维修人员加强对螺旋输送机的维修。

⑤调整注浆参数。

适当加大同步注浆量,有效地填充盾尾空隙,并根据监测结果及时进行二次补充注浆,控制地表沉降。

⑥针对本工程的工程情况,事先编制施工预案和进行现场准备,以防突发性事件的发生。

33.3.2.6 区间穿越房屋、管线、构筑物较多

1)重难点分析

本标段盾构穿越构筑物密集,金百区间正穿房屋22栋(15栋为砖混结构,7栋为框架结构,预计居民在200户以上),区间侧穿房屋4栋,旁穿房屋20栋(其中旁穿距离均在1~7m以内),区间下穿宽6.5m河流,河深1.8m,河与隧顶间距10.8m,且河底无任何防渗措施;百西区间共旁穿房屋2栋,房屋为框架结构,区间穿越管线较多,其中一条直径1.2m污水管,埋深8m,一直沿掘进方向前行,对盾构掘进施工影响较大。

因区间埋深变化大,卵石富水较多,掘进方向盾构在部分地段穿越不稳定粉砂层,掘进中刀盘对地层的扰动会很快反应到地表,故掘进施工前对区间构筑物的加固与掘进参数的控制是本标段穿越构筑物施工的重点、难点。而金—百区间,正穿房屋22栋,建筑物砖混结构较多,房屋普遍老旧,基础埋深均在0.8~2.5m之间。整区间房屋两侧加固施工困难,因房屋较宽,加固体延伸不到隧顶上部区域,大多只能入户施工加固,增加前期施工与隐患排查的困难度。

2)施工对策

(1)严格控制盾构正面土压力。

土仓中心土压力值根据埋深及土层情况设定,一般设定在$(0.9 \sim 1.3) \times 10^5 Pa$(上部土压),压力波动控制在$\pm 0.2 \times 10^5 Pa$,施工中土压力与出土量紧密联系,及时总结最合理的土压力及出土量,减少对土体的扰动,使土体位移量最小。

(2)推进速度控制。

盾构推进通过对土压传感器的数据来控制千斤顶的推进速度,推进速度控制在45~65mm/min,并保持推进速度、刀盘转速、出土速度和注浆速度相匹配;在推进过程中保持稳定,每班推进4~6环。

(3)出土量控制。

出土量与土压力值一样,也是影响地面沉降的重要因素,砂卵石地层每环出土控制在66~68m³,每环出土质量138~142t,保证出土方量与质量双控。

(4)同步注浆。

同步注浆量一般控制在建筑空隙的150%~180%,即每环同步注浆量为7.6~8.5m³。注浆压力控制在$(2.5 \sim 3.0) \times 10^5 Pa$之间。施工过程中严格控制同步注浆量和浆液质量,严格控制浆液配比,使浆液和易性好,泌水性小。为减小浆液的固结收缩,试验室定期取样,进行配合比的优化。盾构下穿房屋期间浆液初凝时间以调整在5~6h为宜。同步注浆尽可能保证匀速、均匀、连续的压注,防止推进尚未结束而注浆停止的情况发生。

(5)严格控制盾构纠偏量。

盾构进行平面或高程纠偏的过程中,必然会增加建筑空隙,造成一定程度的超挖。因此,在盾构机进入建筑物影响范围之前,将盾构机调整到良好的姿态,并且保持这种良好姿态穿越建筑物。在盾构穿越的过程中尽可能匀速推进,最快不大于70mm/min;盾构姿态变化不可过大、过频,控制每环

纠偏量不大于6mm(高程、平面),控制盾构变坡不大于1‰,以减少盾构施工对地层的扰动影响。

(6)管片拼装。

在盾构处于拼装状态下时,千斤顶的收缩会引起盾构机的微量后退,因此在盾构推进结束之后不要立即拼装,等待几分钟,待周围土体与盾构机固结在一起后再进行千斤顶的回缩,回缩的千斤顶数量应尽可能少,满足管片拼装要求即可。在管片拼装过程中,严格控制K块预留间隙,安排最熟练的拼装工进行拼装,减少拼装的时间,缩短盾构停顿的时间;拼装过程中发现前方土压力下降,可以采用螺旋机反转的手段,将螺旋机内的土体反填到盾构机的前方,起到维持土压力的作用。拼装结束后,尽可能快地恢复推进。

(7)改良土体。

盾构在富水砂卵石地层中施工,进行渣土改良是保证盾构施工安全、顺利、快速的一项不可缺少的重要技术手段。可以利用加泥孔向前方土体加膨润土或泡沫剂来改良土体,增加土体的流塑性。①使盾构机前方土压计反映的土压数值更加准确;②确保螺旋输送机出土顺畅,减少盾构对前方土体的挤压;③及时充填刀盘旋转之后形成的空隙。

(8)二次注浆及跟踪注浆。

由于同步注浆的浆液时,有可能会沿土层裂隙渗透而依旧存在一定间隙,且浆液的收缩变形也引起地面变形及土体侧向位移,受扰动土体重新固结产生地面沉降。

根据实际情况(监测结果)需要,在管片脱出盾尾3~4环后,可采取对管片后的建筑空隙进行二次注浆的方法来填充,浆液为水泥、水玻璃双液浆,注浆量根据现场实际情况而定,注浆压力$(3 \sim 3.5) \times 10^5 Pa$;必要时在地面预留孔进行跟踪注浆,注浆量根据地面监测情况随时调整,从而使地层变形量减至最小。

33.4 施工总体部署

33.4.1 组织机构与现场管理

33.4.1.1 项目组织机构

成都轨道交通9号线一期工程4标项目经理部由项目经理、项目书记、项目副经理、项目总工程师、分部项目经理组成领导层,下设五部两室:工程部、安质部、物机部、工经部、财务部、办公室、试验室;现场设四个施工工区,每个工区分别配备各自的专业施工队伍。在项目经理部的统一领导下,按照各自的施工任务及施工需要,确保工程安全、优质、高效、按期完成。项目组织机构见图33-4。

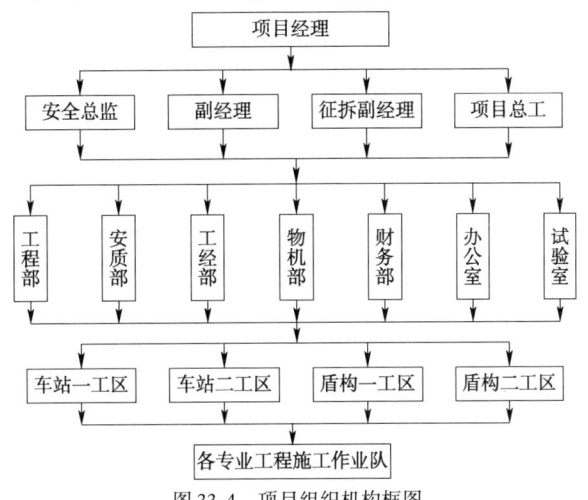

图33-4 项目组织机构框图

33.4.1.2 现场管理

1)现场主要管理人员及施工人员配备

(1)本项目的管理人员,均由取得相应专业技术职称或受过专业技术培训,并具有一定施工及管理经验的技术、经济类人员组成。

(2)专业工种人员均按照国家有关规定的要求进行培训考核,获取上岗证及相应技术等级,持证上岗。

(3)新工人、变换工种和特种作业工人上岗前对其进行岗前培训,考核合格后上岗。

(4)施工中采用新工艺、新技术、新设备、新材料前,组织专业技术人员对操作者进行培训。

(5)建立健全岗位责任制,每项工作都由专人负责。

2)施工区段划分

本标段按工程量的分布划分成4个施工段落。从标段开始到结尾依次为金—百盾构区间施工段、簇桥站施工段、百—西盾构区间施工段及武青南路站施工段(表33-5)。

施工区段划分表　　　　表33-5

区段名称	主要结构	起止里程	长度或建筑面积
车站一工区	簇桥站	YDK47+788.800~ YDK48+409.800	33507m²
车站二工区	武青南路站	YDK49+897.000~ YDK50+138.001	21401m²
盾构一工区	金—百盾构区间	YDK46+839.200~ YDK47+788.800	944双延米
盾构二工区	百—西盾构区间	YDK48+409.800~ YDK49+897.000	1508.053双延米

本段桩基施工队伍,拟选定一个,负责两个车站工区的围护桩及冠梁施工;车站工区各选一个专业土建施工队,负责车站主体及附属结构的所有土建工程施工;区间盾构各选一个下部结构施工队,负责盾构掘进、管片拼装的施工。各专业施工队伍及施工机械,由项目工程部根据工程需求,统一调配,由各施工区负责管理,区段的负责人对本区段的施工进度和施工质量负责。

3)现场管理原则

(1)组织均衡生产,确保整个施工过程的连续性。

(2)在满足总工期、关键工期要求的基础上,安排各阶段施工进度。

(3)根据施工重点、难点及施工关键点安排人员、机械及材料。

(4)平行作业、多创造工作面及资源投入平衡合理。

33.4.2 施工总体目标

33.4.2.1 工期目标

积极响应合同文件的要求,本着"统筹策划、阶段控制、抓住关键线路"的原则,立足专业化、机械化、标准化施工,精心组织、精心施工,确保工程总工期、关键节点工期及阶段性工期的顺利实现。

中国中铁成投公司对本标段工期要求2017年1月1日开工,2019年3月31日竣工;武青南路站2017年12月24日封顶,2018年2月30日武青南路站具备盾构始发条件。

33.4.2.2 施工质量目标

杜绝工程质量责任事故,工程质量符合国家现行工程施工质量验收规范合格标准,并达到建设工程承包合同的质量标准;按照验收标准,各检验批、分项、分部工程施工质量检验合格率达到100%,单位工程一次验收合格率达到100%;主体工程质量零缺陷。

本工程创"全国优质工程奖"或"鲁班奖"。

33.4.2.3 安全文明目标

(1)生产安全:杜绝安全生产责任事故;杜绝较大及以上火灾、机械设备责任事故,遏制一般火灾、机械设备责任事故,杜绝压力容器爆炸事故;杜绝特大道路交通安全责任事故,遏制重大道路交通安全责任事故;杜绝因施工造成地表沉陷而导致交通中断、通信中断、漏水、漏气等设备、管线重大事故;杜绝10人以上集体中毒事故;实现施工安全生产持续稳定。

(2)职业健康:严格执行有关职业健康和各项有毒有害施工作业的防护保护的法律、规章、条例、规定,做到无任何作业场地、场所安全设施不到位和作业环境有害物质超标,营造良好工作环境。

33.4.2.4 文明施工与环境卫生目标

争创成都市文明施工工地及文明施工先进单位。

工程施工期间,对噪声、振动、废水、废气和固体弃物进行全面控制,对地下管线与地下市政设施与建筑物、城市绿化等进行完善保护,达到成都市政府有关环境保护规定的要求。

33.4.2.5 环境保护目标

严格遵守成都市对环保的有关规定,在当地环保部门的指导下,按照有关要求,在施工期间加强环保意识、保持工地清洁、控制扬尘、杜绝漏洒材料,重点防止扬尘、噪声及废水废物的排放。在施工过程中和完工后全面达到环保标准。

33.4.3 总体施工组织

33.4.3.1 施工组织安排

根据本标段工期要求和工程特点,同时考虑便于施工管理,施工安排上分为5个施工区段,在项目部统一指挥和组织协调下,彼此相对独立地组织施工。

同时车站与相邻区间之间地段均存在接口处理,所以车站跟相邻区间以及区间两线在施工顺序和进度安排上既相互独立又紧密联系,各区段施工时需统筹规划、周密安排、协调进行。

33.4.3.2 施工阶段划分

根据中国中铁城市投资发展有限公司对成都轨道交通9号线一期的总体工期筹划、现场的施工调查,结合公司的施工优势,合理选择配套设备组织施工。结合本身的结构特点以及场地周围复杂的环境特点,总体来说,本车站共分三阶段施工:第一阶段为施工准备阶段(临时迁改出车站范围的管线、车站车站周边建筑物的拆迁、园林绿化拆迁、施工临时设施建设等前期工程);第二阶段为施工阶段,主要施工车站主体、区间盾构工程及附属工程;第三阶段为竣工验收阶段。

33.4.3.3 单位工程施工顺序

1)武青南路站

武青南路站采用明挖法施工,车站主体长241m,站台中心里程覆土约3.5m,标准段线间距17.2m,标准段宽23.5m,车站主体基坑深度约25.2m。主体建筑面积15991m²,出入口人行道建筑面积2215m²,总建筑面积21401m²。车站大小里程端均为盾构始发。

车站采用明挖顺筑法施工,主要施工步骤如下:

(1)施工前准备,三通一平,进行地下管线的改移以及交通疏解。

(2)围护结构施工。

(3)基坑降水。

(4)从上至下开挖基坑到各支撑设计位置下800mm,架设各道支撑。

(5)开挖到最终基坑面,基底验槽(过程中轨排段锚索施工)。

(6)铺设接地网,做垫层,浇筑底板、底梁混凝土及负三层侧墙(同步施作防水层),待底板混凝土到达强度后拆除第四道支撑。

(7)施作钢筋混凝土结构、负二层中板及侧墙(同步施作防水层),待中板混凝土达到强度后拆除第三道支撑。

(8)施作钢筋混凝土结构、负一层中板及侧墙(同步施作防水层),待中板混凝土达到强度后拆除第二道支撑。

(9)浇筑顶板,待车站顶板(梁)达到强度后,施作顶板防水层。

(10)拆除最后第一道支撑,回填覆土,前期作为盾构施工场地,盾构施工完成后恢复交通。

(11)内部结构及附属结构施工。

2)簇桥站

簇桥站采用明挖法施工,簇桥站全长621m,标准段宽21.1m,车站主体基坑深18.3m,车站主体建筑面积26552m²,总建筑面积33507m²,车站为地下两层单柱双跨结构岛式车站。

车站采用明挖顺筑法以及端头盖挖法施工,主要施工步骤如下:

(1)施工前准备,三通一平,进行地下管线的改移以及交通疏解。

(2)施工围挡,管井降水,施作北侧围护桩、冠梁临时立柱桩基础及临时立柱,开挖基坑并浇筑盖挖顶板及挡土墙,回填土体恢复路面系统。

(3)施工围挡,管井降水,施作南侧围护桩、冠梁,开挖至第一道撑位置,施作第一道钢支撑。

(4)由上向下依次分层开挖基坑并架设钢支撑系统,开挖至基坑底部后,施作垫层、底板防水及防水保护层,施作结构底板、底纵梁。

(5)待底板达到设计强度后,拆除第三道钢支撑,施作第二道支撑以下侧墙防水层、侧墙、立柱、中纵梁、中板等。

(6)待中板及侧墙达到设计强度,拆除第二道钢支撑,施作顶板以下部分侧墙防水层、侧墙、中柱。

(7)拆除第一道混凝土支撑(隔一拆一)施作剩余主体结构及防水层。

(8)拆除临时立柱,回填施工区域内顶板覆土,回填后封闭降水井、施作永久路面,恢复交通,施作内部结构。

3)金—百—西盾构区间

(1)盾构始发井、盾构接收井。

盾构施工集土坑设置在武青南路站顶板上方,车站端头两侧设置管片堆放区,用于盾构掘进施工中的渣土临时储存和管片堆放。管片堆放在始发井周边,处于龙门吊覆盖范围内,按三片重叠,现场按存放40环管片布设。

(2)主线隧道施工。

簇桥站—武青南路站盾构区间由武青南路站小里程端始发,到达簇桥站吊出,完成本区间施工任务,该盾构区间总长约1500m。

金桥医院站—簇桥站盾构区间由金桥医院站大里程端始发,到达簇桥站吊出,完成本区间施工任务,该盾构区间总长约944m。

(3)联络通道施工。

联络通道结构采用复合式衬砌,初期支护采用喷混凝土、钢筋网和格栅钢架,二次衬砌采用钢筋混凝土,并在隧道拱部辅以$\phi 42$mm小导管作为超前支护。联络通道在预降水的情况下施工,通道开挖后,初期支护应及时支护,及时封闭成环;二次衬砌应及时施作,先施作底板衬砌,拱墙衬砌全断面整体模筑。

33.4.3.4 分阶段组织措施

1)施工准备阶段组织措施

建立精干高效的现场管理机构,组织具有丰富地铁项目施工经验的管理人员以及地铁项目施工的专业化队伍承担本工程的施工任务。

迅速组织人员和机械设备上场,全面展开前期工程。修建施工便道等临时工程,做好施工准备。施工队伍和机械设备进场做到"三快":进场快、安家快、开工快,迅速掀起施工生产高潮,确保总工期目标的实现。

通过各种方式,积极宣传建设本项目的深远意义,使当地民众家喻户晓,从而赢得社会的关注、理解与支持。自觉遵守与维护当地政府的有关条例、规定,规范行为、遵章守纪。同有关行政单位、企事业单位保持密切的联系,维护当地群众的利益,创建和谐、宽松的外部施工环境。

2)施工阶段组织措施

优化施工方案,合理布置队伍,科学配置机械设备,提高设备利用率和机械化作业程度,为工程施工赢得时间,确保工期。

建立工程信息管理系统,全面收集工程测量、工程地质、施工调度、施工进度、生产要素、工序质量控制和施工安全等方面的信息,综合分析、判定施工运行状态,针对问题,采取有效措施,实现施工过程有序、可控。

抓质量、保安全、促进度,确保不出现任何安全质量事故,确保工程顺利进展。强化管理,加强考核,加大奖惩力度,落实各项责任制。

积极推行"四新"成果的应用,采用先进设备,以科学的管理和技术手段加快施工进度。

严密组织施工,合理安排施工顺序,实行分段平行流水作业,加强工序衔接以获取对时间的最佳利用。对施工进度实行动态管理,根据工程实际情况及当地气候情况及时调整施工方案,根据各项工程的进度情况及时调整生产要素,保证全线均衡施工,稳产高产,以日进度保月进度,月进度保年进度,年进度保总工期目标的实现。

工程所需各种物资和设备按计划提前组织进场,并有一定的储备量。

定期召开施工调度例会,强化施工调度指挥与协调工作,超前布局谋策,强化监控落实,及时解决问题,避免搁置延误。

加强内业资料的管理与完善,内业资料主要包括工程日志、自检资料、监控量测资料、检验及隐蔽工程检查资料等,要求各种资料真实、可靠、齐全,签字手续齐全。

3)竣工阶段组织措施

验收阶段:组成行政、技术、施工在内的竣工验收领导小组,学习验标,准备资料、完善现场,为运营开通做充分准备,确保验交一次成功。

33.4.4 施工工筹计划

33.4.4.1 武青南路站

根据建设单位及中国中铁城市投资发展有限公司对节点工期的要求,武青南路站需在2017年12月31日前车站完成主体结构全部封顶,且需在9月15日前提供给西—机区间盾构下井条件,为此制订武青南路站具体施工工筹计划。

33.4.4.2 簇桥站

簇桥站为盾构两端接收车站,簇桥站车站主体结构及附属结构施工需在2019年3月全部完成,根据总工期计划,簇桥站主体结构需在2018年4月10日之前完成,为此制订簇桥站具体共筹计划。

33.4.4.3 金—百—西盾构区间

金桥医院站—簇桥站盾构区间拟采用两台盾构机间隔一个月从金桥医院站始发,金—百区间盾构左线始发时间为2017年11月1日~2018年4月30日,盾构右线掘进时间为2017年12月1日~2018年5月30日,联络通道施工时间为2017年6月5日~8月5日;武青南路站—簇桥站盾构区间拟采用两台盾构机间隔一个月从武青南路站间隔一个月始发,西—百区间盾构左线掘进时间为 2018 年 1 月 15 日~11 月 15 日,西—百区间盾构右线掘进时间为 2018 年 2 月 15 日~12 月 15 日,西—百区间联络通道施工时间为 2018 年 12 月 21 日~2019 年 2 月 18 日。

33.4.5 施工进度计划

33.4.5.1 施工进度计划及措施

本标段为二站二区间,即:金桥医院站—簇桥站站盾构区间、簇桥站、簇桥站—武青南路站盾构区间、武青南路站。按照中国中铁城市投资发展有限公司计划安排本标段为第二批开工站点,为确保工期要求,武青南路站计划于 2017 年 2 月 1 日开工,簇桥站计划于 2017 年 3 月 1 日开工;武青南路站—簇桥站盾构区间计划于 2017 年 11 月 30 日开工,簇桥站—金桥医院站盾构区间计划于 2018 年 3 月 30 日。初步拟定采用 4 台盾构机,其中 2 台盾构机分别由武青南路站小里程端间隔 1 个月始发,到达簇桥站后吊出撤场,另外 2 台盾构机从金桥医院站大里程端间隔 1 个月始发,到达簇桥站后吊出撤场。

33.4.5.2 主要进度指标

见表 33-6。

主要进度指标　　　　表 33-6

序号	工程名称	参数	备注
1	交通疏解和管线迁移	0.5~1 个月	施工过程中,分期交通疏解和管线迁改指标
2	施工准备	1 个月	达到开始施工条件
3	明挖车站(普通站)	7~21 个月	从维护施工到主体全部完成,达到铺轨条件
3.1	围护工程	4~5 个月	从围护开始施工到冠梁施工完成
3.2	土方开挖	6~7 个月	每天平均 700m^3
3.3	主体结构	9~12 个月	从第一组底板开始施工,到主体结构全部完成
3.4	附属工程	8~12 个月	
3.5	盾构始发井主体结构	8~9 个月	从围护施工开始到具备始发条件
3.6	盾构接收井主体结构	6~7 个月	从围护施工开始到具备接收条件
3.7	具备盾构机调头条件	6~7 个月	从围护施工开始到具备调头条件
4	盾构区间		
4.1	盾构机下井组装调试	1.5 个月/次	第一次下井、组装、调试
4.2	盾构机掘进	220m/(月·台)	平均掘进速度
4.3	盾构机转场	1.5 个月/次	吊出、转场、下井、组装、调试
4.4	盾构机调头	1 个月/次	解体、吊出、下井、组装、调试

33.4.5.3 施工进度横道图

略。

33.4.5.4 施工进度网络计划

略。

33.5 前期工程实施方案

33.5.1 武青南路站施工期间的交通疏解

33.5.1.1 交通现状

武青南路站位于武侯区武侯大道与武青南路交汇处,车站站位位于武侯大道铁佛段上,沿武侯大道铁佛段呈南北设置。

武侯大道铁佛段道路现状道路宽30m,包括机动车道6条、非机动车道2条。施工影响道路长约350m。

33.5.1.2 交通疏解围挡方案

武青南路站采用明挖法施工,施工分为四期围挡。

1)一期交通疏解打围

一期第一步围挡进行武侯大道铁佛段道路影响范围内的绿化带、交安设施、管线迁改等移植工作,并进行道路改造及围护结构的施工,为二期的车站主体施工打围创造条件;围挡面积为5654m^2。一期第二步围挡主要进行车站两侧的绿化迁移、管线迁改、场地平整及围护结构的施工,总占地面积为4835m^2。一期围挡施工工期共3个月。

2)二期交通疏解打围

二期交通疏解打围进行的是武侯大道铁佛段车站主体结构的施工部分,包括管线迁改、场地平整。整个围挡面积为13300m^2。二期打围施工过程中,围挡左侧保留单向2条机动车道和1条非机动车道的通行能力,围挡右侧保留单向2条机动车道和1条非机动车道的通行能力。道路宽17m。周边其他道路未做改变,占用时间18个月。

3)三期交通疏解打围

三期交通疏解打围主要进行的是武侯大道铁佛段右侧车站附属结构施工部分,施工位置基本不影响道路交通,道路交通恢复双向6条机动车道和2条非机动车道,道路宽23m。三期整个围挡面积为6470m^2,占用时间4个月。

4)四期交通疏解打围

四期交通疏解打围主要进行的是武侯大道铁佛段左侧车站附属结构施工部分,施工位置基本不影响道路交通,道路交通保留双向6条机动车道和2条非机动车道,道路宽30m。四期整个围挡面积为6260m^2,占用时间6个月。

33.5.2 簇桥站施工期间的交通疏解

33.5.2.1 交通现状

簇桥站位于武侯区武侯大道铁佛段与百锦路交汇处,车站站位南北布设。

武侯大道铁佛段道路现状为道路宽30m,包括机动车道6条、非机动车道2条。施工影响道路长约650m。

33.5.2.2 交通疏解围挡方案

簇桥站采用明挖法施工,施工分为四期围挡。一期交通疏解围挡进行绿化移植及道路改造施工,同时进行围护桩施工,围挡面积共15700m^2,占用3个月;二期交通疏解围挡进行主体结构施工,围挡面积共 24030m²，占用 18 个月；三期交通疏解围挡进行附属结构施工，围挡面积共 10504m²，占用时间 1~3 个月；四期交通疏解围挡进行路面修复工作，围挡面积共 3445m²，占用时间 1 个月。

一期西侧围挡：进行西侧绿化移植及道路改造，总围挡面积共 15700m²，其中簇锦北路在百锦路至龙井西街区间内进行道路封闭施工，两侧对地面附着物进行清除，同时进行管线迁改、道路硬化以及直径 1200mm 污水管顶管顶坑预留，打围时间 3 个月；簇锦北路两侧道路在簇锦横街至百锦路区间内对地面附着物进行拆除、管线迁改、道路硬化以及直径 1200mm 污水管顶管顶坑预留，保留该区间原有道路车道，打围时间 3 个月。

二期围挡：面积 24930m²，占用时间 16 个月。施工期间，将簇锦北路进行临时封闭，五岔路口在施工期间变成十字路口，便于管理，大里程盖挖部分设置环岛，待盖挖施工完成后放开五岔路口处施工。

三期围挡：进行附属结构施工；右侧围挡面积共 5196m²，左侧围挡面积共 5308m²，占用 1~3 个月。在打围后保留双向 4 条车道 +2 条非机动车道通行。

四期围挡：进行附属结构施工，右侧围挡面积共 1075m²，左侧围挡面积共 2370m²，占用 1 个月。在打围后保留双向 4 条车道 +2 条非机动车道通行。

33.5.3　施工场内布置

33.5.3.1　施工场地布置的原则

施工现场布置依据建设单位提供的"总平面图"、办公区指定地点及符合本工程施工要求，针对本工程实际情况进行相应的布置。本工程施工场地布置的具体原则是：

（1）划分施工区域和生活区域，材料堆放合理，保证材料运输道路畅通，施工方便。

（2）符合施工流程要求，减少对各工种方面的干扰。

（3）各种生产设施布置便于施工生产安排，且满足防水要求、劳动保护要求，临时设施布置尽量合理适用。

（4）施工现场布置按不同施工阶段进行调整。

33.5.3.2　临时设施布置及说明

根据实际情况及施工需要，利用万虹路金太阳幼儿园旁既有四层楼房设为临时办公场地，该临时场地分为办公区、生活区。同时在车站围挡范围内设置 2 间临时办公室，以满足施工需求。

项目部办公区位于万虹路金太阳幼儿园旁既有四层楼房。

（1）办公区设施主要是一栋四层结构砖混结构办公楼，总面积约 2440m²。一楼西侧 2 间房屋合并为会议室；中央大厅为餐厅；东侧为食堂加工区。二楼西侧设置 1 间经理办公室及 1 间书记办公室；北侧设置副经理办公室、工经部及财务部办公室；东侧设置小餐厅；楼层中部分割为 4 间办公室及 1 间接待室，4 间办公室分别为 3 间副经理办公室、1 间综合部办公室。三楼西侧设置 4 总工办公室及物机部办公室；中间大厅为工程部办公室；东侧设置活动室；北侧分割为 4 间女生宿舍。四楼为男生宿舍及洗澡间。

（2）民工驻地选地为原保利花园项目部驻地，位于万兴路与聚龙路交叉口。保利花园项目部现有 5 栋板房。北侧一栋办公用板房。根据保利花园的既有构造，对其进行改造，将原有 5 栋板房改造后作为工人宿舍用，将北侧原有办公室用板房一层改造为厨房、食堂，二层可作为施工队管理人员宿舍，在东侧加建一栋一层的活动板房作为工人洗漱等生活场所，对南侧现有堆放材料场地进行清理改造，作为施工队作业人员小型机具存放空间使用。

（3）临时场地施工标准。

①场地平整：场地内多为平整场地，对局部存在高差的采用挖掘机平整，压路机压实，局部采用碎卵石找平。

②场内地面硬化：除便道以外的场内地面采用C20混凝土浇筑，厚度10cm，混凝土表面抹平收光，并拉毛。场地内地面硬化时，板房位置地面高出其他区域地面5cm。

③场地内道路：道路宽4m，厚20cm，采用C30混凝土浇筑。路面混凝土表面抹平收光，并拉毛。每隔3m切割一道伸缩缝，缝宽10mm。

④围挡：场内围挡采用轨道交通公司指定产品进行打围，遵循连续围挡，封闭施工的原则。

⑤临建场地内排水沟：场地内排水沟断面尺寸为30cm×30cm，房屋周边水沟断面尺寸为25cm×20cm，采用钢筋焊接的箅子覆盖，箅子宽度25cm。便道边的水沟采用25mm厚钢板加工成的雨水箅子，宽度30cm。场地内排水沟距板房外墙1.5m。

⑥周边主排水沟：采用0.5m×0.8m的界面尺寸，两侧边墙使用砖砌12cm厚，沟底找平后砂浆抹面。沉淀池与市政管网连接，采用ϕ800mm混凝土管，埋深深度根据现场排水要求确定，所有施工污水必须经沉淀池沉淀后，方可排入市政排水管道。

⑦洗车槽：洗车槽长6m，宽3.2m，四周设置30cm×30cm的截水槽，截水槽覆盖40cm宽钢板箅子。沉淀池分三级，尺寸为2m×3m×0.8m，沉淀池内拦水埂高度为0.7m。

⑧预埋水管：主线路采用ϕ100mm PE管，接入施工场内办公区的支管采用ϕ50mm PE管，接入盾构始发井的施工用水支管采用ϕ150mm不锈钢管，埋深0.2m。在需要使用自来水的板房拐角处，预留水管接头，采用三通管接触混凝土面10cm。

⑨预埋电力线（包括接入变压器电线和大型设备电缆线）：由高压线落地点将动力电引入施工场地内，埋设2根ϕ400mm PVC管和1根ϕ100mm PVC管，埋深0.8~1m。龙门吊、空压机等大功率设备用电，每台设备配备1条占用预埋管（ϕ100mm PVC管），电缆线接口处设置1座检查井，检查井为0.5m×0.5m，深度1m，井口用0.6m×0.6m钢板覆盖。

⑩预埋电线管：由变压器位置向其他地方辐射，引入钢筋加工场的采用ϕ100mm PVC管，取变压器到钢筋加工场的直线距离；引入办公区的主线采用ϕ100mm PVC管。

⑪现场大门：宽6.2m，高2.4m，大门两侧各设1个门柱，门柱基础为1m×1m×0.5m砖砌结构，门柱为0.7m×0.7m×3m砖砌结构。

⑫化粪池：化粪池设置在厕所的外侧，距离围墙4m，长3m，宽2m，深2m，四周采用0.37m厚砖砌结构，中间设立支撑墙，墙厚0.24m，后设沉淀池，宽1.5m。底部采用20cm C20混凝土浇筑并抹平。厕所污水管采用ϕ150mm PVC管，设置5%的排水坡度。

33.5.3.3 供电系统

临时用电设计考虑气候特点及施工高峰时人员数量等综合因素，进行临时用电计算，选择导线截面及电器装置的规格型号。应根据每个宿舍内居住的人数合理地设置照明灯及电源插座；电缆架设、灯头高度、开关安装位置均应满足《施工现场临时用电安全技术规范》中的有关规定。

根据标段的施工策划，在簇桥站大里程小平广场东北侧角处空地上设置2台630kV·A箱式变压器、龙锦苑原大门（现已封堵）处配置1台630kV·A，主要用于车站主体结构施工和施工生活区用电；前期主要用于车站主体结构施工，后期用于附属结构施工。在武青南路站设2台630kV·A变压器车站和盾构施工使用。盾构施工区用电，分别设2台2300kV·A高压开关柜，3组630kV·A低压箱变，整个施工区域的供电系统采用TN-S系统方式，中性点接地。

严格按照施工用电的规定，将供电局提供的高压电引入至本施工生产区域变压器，由变压器引至办公区及生活区配电柜。再由配电柜引至生活、食堂、宿舍处的配电箱，最后由配电箱引入到各个房间及用电器等。办公区及生产区均采用国家标准配电箱及用电设备，以达到文明、安全施工的要求。

33.5.3.4 给水系统

给排水的布置充分了考虑季节性特点及施工高峰时人员数量等综合因素，配置足够数量的水龙头和水池,满足施工生产需要,做到排水畅通、生产区内无积水。在排水沟交接处做铁篦子以防止老鼠进入;厕所设置水冲式龙头,并加设洗手池及冲洗池。

33.5.3.5 现场消防

1)干粉灭火器布置

(1)现场加工区域布置:在现场的钢筋场放置 2 台干粉灭火器,材料堆场放置 2 台干粉灭火器,配电房门口放置 2 台干粉灭火器,仓库门口放置 2 台干粉灭火器,发电机棚处放置 2 台干粉灭火器。

(2)现场办公区域布置:人员办公室门前放置若干组干粉灭火器(2 台干粉灭火器为 1 组),两组之间布置间距不大于 25m;每个厨房布置 2 台干粉灭火器。

(3)地下车站施工:地下车站施工期间施工阶段,大、小里程明挖基坑处各放置 2 台干粉灭火器,灭火器置于人员上下通道处。

(4)盾构隧道内布置:盾构掘进设备上放置若干组干粉灭火器(2 台干粉灭火器为 1 组),隧道内走道板侧每隔 50 环放置 1 组干粉灭火器。

2)现场设置一处消防砂池

砂池应建造在离取砂点近的地方,砂池内存砂 $1\sim2m^3$,砂池附近宜保留至少 2 把铁铲和至少 2 个铁桶。

3)高压水管布置

利用降水井排水系统,在地面设置 1 台高压水泵。在每个生活、办公区和施工区内留设 1 个消防水接驳口,保证满足消防要求。

4)武青南路站加油站消防措施

车站东南侧及车站西南侧均存在加油站,考虑到车站结构距离加油站较近故制定施工安全方案,以确保施工过程中加油站及周边环境的安全。

33.5.3.6 预防地表水和地下水污染的措施

(1)废水排入城市下水道悬浮物执行《污水综合排放标准》的三级标准 400mg/L。

(2)根据施工地区排水网的走向和过载能力选择合适的排口位置和排放方式。

(3)在工程开工前完成工地排水和废水处理设施的建设,并保证工地排水和废水处理设施在整个施工过程中的有效性做到现场无积水、排水不堵塞、水质达标。

33.5.3.7 施工期间排水和防洪措施

生产区沿施工区域设总排水沟,采用三级沉淀方式与排水沟连接,废水经泥浆池沉淀后,排入市政管网。生活区废污水敷设管道与周边原废污设施连通。

(1)保持车站围挡以外的市政雨水系统的完好有效,利用市政雨水系统拦截车站外侧的水流,作为施工防洪的第一道防线。

(2)在场地四周设置施工围挡,围挡基础采用高 400mm 的高砌体墙,作为施工防洪的第二道防线。

(3)在车站基坑周边设置散水倒坡和 300mm(宽)×300mm(深)的主排水沟,同时在场地内设置顺畅的排水沟、沉淀池和排污管道,场地周围设置 300mm×500mm 排水沟,确保及时将水排出,防止雨水灌入基坑,作为防洪的第三道防线。在端头井处设置 200mm 厚、500mm 高挡土墙,防止水流倒灌进入盾构接收井。

(4)在车站基坑或冠梁坑底每隔 20m 设置一口 500mm×500mm×1000mm 集水井,集水井四周设置 300mm 宽引水槽,坡度 1‰。

(5)适时维修、加固施工现场的防洪与排水系统,保证防洪与排水设施性能良好、排水畅通。

(6)配备足够的抽水机及相应的物资作为施工期间抽排水的重要设备,并对设备定期保养,确保能正常使用。

33.5.4 地下管线改移及保护方案

根据武青南路站、簇桥站地下管线分布情况,有针对性地采取相应的改移、迁改措施。

33.5.4.1 施工时地下管线改移、迁改采取的措施

(1)根据管线的结构形式和管线建设单位一起定出管线的允许沉降指标,并以此作为保护管线的依据。

(2)在管线的顶部地面及在有条件的管线内部设置观测点,随时监测管线的变化情况。

(3)在管线所有单位和设计等部门支持下,制定出管线的详细保护措施及方案,确保管线安全。

(4)管线改移时,按照设计图纸、行业规范在征得有关部门的同意后进行施工。改移的管线位置、埋深通过准确测量、坐标定位,如实描绘在图纸上,并在原地做出明显、易找的标记,保证在管线恢复时提供准确资料和实地位置。加强施工现场排污和水电使用管理。设置沉淀池、污水处理池等设施,污水经沉淀达到排放标准后,排入地下管道。

(5)对需拆除改移的管线,由专业部门承担,遵照建设单位及有关部门的指示,积极配合协助。

33.5.4.2 悬吊措施

施工前应调查所有施工影响范围内的管线,着重查明悬吊管线种类、规格、埋深、材质、接头型式、节长和管线基础等资料。根据查明的管线资料,针对各种管线的控制要求,采取相应的保护方案,设计出具体的支托参数。

管线悬吊必须事先制定出详细的施工方案,并获得建设单位、监理单位认可,同时与管线所有单位共同商讨,并达成一致意见。支托结构必须座落在坚实的、稳定可靠的支墩上。管线应在其下面的原状土开挖前支吊牢固,并经检查合格后,再采用人工开挖其下部土方。

在施工过程中,应对刚性悬托管线进行监测,管线上观测点的数量,应征求管线主管单位的意见,一般应在每节管线上设一观测点,观测标志可用抱箍直接固定在管线上。

车站施工时,不得碰撞管道悬吊系统或利用其做起重架、脚手架或模板支撑。

悬吊管线应依据管线的类型分别设立一定的安全保护区域,严禁机械设备靠近。

基坑回填土前,悬吊的刚性管线下应砌筑支墩加固,防止下沉,并按设计要求恢复管道和回填土。

在具体施工阶段,加强施工监测,通过与管线基准值的对比分析来掌握管线的实际状况,并反馈信息,及时、灵活地调整施工工艺。

针对每个不同类型管线的特点,结合施工工况,制订出不同的有针对性的钢丝绳悬吊、贝雷梁或军用梁承托(悬吊)、支撑梁承托等保护方案。另外,对于不同特性的管线,要采取以下防护措施,确保管线安全。

(1)通信类管线:采取护套包裹,防止尖锐物刺穿或撞击损坏。

(2)高压电力管线:须采取贝雷梁承托并加侧面、顶面防护的方式防止物体打击、撞击。

(3)燃气管线:因燃气管线属于高危管线,一旦发生事故,容易产生人身事故,社会影响极大,故燃气管线原则上建议迁出。实在无法迁出时,必须采取以下保护措施:

用贝雷梁等钢梁承托保护,燃气管线与钢梁之间用阻燃材料隔离,容许钢梁有一定的变位变形,燃气管线四周加设薄钢板或钢格栅网等防打击、防撞击设施。燃气管线两端也要加设阀门等设施,一旦有紧急情况,能够及时关闭,避免事故升级。

(4)对于燃气等对结构有特殊受力要求的防护结构,都必须经过科学的计算,并富余一定的安全系数。

33.5.4.3 雨污水管线封堵

据调查发现,簇桥站大里程端盖挖处存在雨水及污水管线影响主主体施工的问题。管线迁改完成后需将剩余段雨污水管线进行封堵,封堵施工前先打开50m范围内的既有井盖,进行通风处理,并对管道内进行气体检测,确保无有毒气体时方可进入管道进行封堵作业。

根据管径大小,进入管道施工的人数不应超过两人,一人施工,另一人在井口下方转运材料。地面上应有一人向井下输料,并责成专人在地面看护,并随时与洞内人员保持联系。当施工人员感觉不适时,立即停止作业,返回地面。一旦产生突发事件,立即启动应急预案。

管道封堵前,在井口用沙袋挡水,防止新建雨水管道的水流入废旧管道,沙袋堆填高度满足挡水需求后要满足通风的要求,然后进行废弃管道内既有水的抽排工作,等水抽排完成后,人工进入管道清理淤泥,清理长度为2.3m。管道淤泥清理完毕后方可进入到下道工序施工。

管道封堵时先在远离井口的位置砌筑三七砖墙,并用砂浆塞填砖墙与管壁之间的缝隙,砌筑完成后,在中间管壁上沿环形植入钢筋,保证混凝土浇筑后与管子形成整体,防止雨水冲出封堵物流入基坑。

中间钢筋间距环形6根,纵向间距50cm设1道,共计3道。钢筋植入深度大于或等于8cm。钢筋植入完成后,砌筑靠近井口的砖墙,在管道顶部预留浇筑混凝土输料口,等混凝土浇筑完毕后,立即封堵输料口,完成整个封堵工作。

33.6 施工方案和方法

33.6.1 施工方案综述

33.6.1.1 车站设计概况

1)武青南路站设计概况

武青南路站总建筑面积为21401m²,其中主体建筑面积为15991m²,附属建筑面积为5410m²。本站有效站台中心里程为右DK50+006.000,设计起点里程为右DK49+897.000,设计终点里程为右DK50+138.001,车站总长241.001m。站台中心里程覆土约3.5m,标准段线间距17.2m,标准段宽23.5m,车站主体基坑深度约25.2m。车站近期共设置两个乘客出入口,一个无障碍电梯,两组风亭组,两个安全出入口及一座冷却塔。本车站采用明挖法施工,车站两端区间采用盾构法施工,本站工程筹划为两端盾构始发。

(1)围护结构设计概况。

车站主体:围护桩249根,桩长平均为29.4m,最深钻孔深度为32m。

(2)基坑支护设计概况。

车站主体土石方均采用明挖方法,按照"纵向分段、竖向分层、先支后挖"的原则进行施工。主体开挖由两端向中间分层台阶法开挖,竖向分四层开挖,竖向设置四道钢支撑(第一道2.0m,第二道7.0m,第三道14.0m,第四道20.5m),每层开挖至钢支撑位置以下80cm后停止开挖,并立即进行钢支撑安设。

武青南路站长241.001m,宽23.5m,深25.20m,开挖土方约14万m³。

(3)车站主体结构设计概况。

①结构:车站主体结构为地下三层钢筋混凝土框架结构。第一层站厅层高4.95m,第二层站厅层高6.58m,最底层站台层高6.58m。主体结构底板厚1.1m,中板厚0.4m,顶板厚0.9m,侧墙厚度

为0.7m,车站两侧端头侧墙厚度为1.0m;附属结构底板厚0.6m,顶板厚0.6m,中隔墙厚0.5m,墙厚0.6m。

②防水形式:车站均为全包式密封型,采用预铺式柔性防水材料。底板和边墙防水层在混凝土浇筑前铺设,顶板防水层在混凝土浇筑后铺设,并在顶部铺设100mm厚细石混凝土作保护层。

2) 簇桥站设计概况

本站车站有效站台中心里程为YCK48+304.000,设计起点里程为YCK47+788.800,设计终点里程为YCK48+409.802。车站位于武侯大道与百锦路交叉口。簇桥站全长621m,标准段宽21.1m,车站主体基坑深18.3m,车站主体建筑面积26552m²,总建筑面积33507m²,车站主体主要位于卵石土层中,底板基本位于在密实卵石土层上。

(1) 围护结构设计概况。

车站主体:围护桩596根,桩长平均为18.5m,钻孔深度为24.1m。

(2) 基坑支护设计概况。

簇桥站车站主体土石方采用明挖方法,按照"纵向分段、竖向分层、先支后挖"的原则进行施工。主体开挖由两端向中间分层台阶法开挖,竖向分三层开挖,竖向设置三道钢支撑(第一道1.3m,第二道7.45m,第三道13.45m),每层开挖至钢支撑位置以下80cm后停止开挖,并立即进行钢支撑安设。

簇桥站长621m,宽21.1m,深18.3m,开挖土方约26万m³。

(3) 车站主体结构设计概况。

①结构:车站主体结构为地下两层钢筋混凝土框架结构。站厅层高5.25m,站台层高8.51m。主体结构底板厚1.0m,中板厚0.4m,顶板厚0.9m,标准段侧墙厚度为0.7m,车站两侧端头侧墙厚度为0.8m;附属结构底板厚0.6m,顶板厚0.6m,墙厚0.6m,中隔墙厚0.5m。

②防水形式:为全包式密封型,采用预铺式柔性防水材料。底板和边墙防水层在混凝土浇筑前铺设,顶板防水层在混凝土浇筑后铺设,并在顶部铺设100mm厚细石混凝土作保护层。

33.6.1.2 车站主体结构施工方案概述

施工组织管理以"统筹规划、科学组织,重点先行、分段展开,均衡生产,标准化作业,有序推进"为原则,系统策划、合理布局、统筹安排专业接口。

由于工期紧张,要合理、紧凑地安排施工,尽最大可能利用场地范围大的优势进行工序错位搭接。为了在施工中有效利用各项资源,方便对施工全过程的控制,本工程施工安排上分为区间盾构和车站两个施工区段,在项目部统一指挥和组织协调下,彼此相对独立地组织施工。同时车站与相邻区间之间存在接口处理,所以车站跟相邻区间以及区间两线在施工顺序和进度安排上既相互独立又紧密联系,各区段施工时需统筹规划、周密安排、协调进行。

武青南路站采用明挖法施工。先施工侧明挖主体围护结构,围护结构完成后进行土石方开挖和基坑支护,再进行车站主体结构施工。为保证武青南路站—簇桥站区间盾构机能按预定工期接收,车站主体结构由小里程端向另一端流水式施工。待明挖主体结构施工完成后施工附属结构。

附属围护结构待主体结构全部施工完成,回填路面后开始施作。具体施工流程见图33-5。

33.6.1.3 盾构区间设计概况

隧道断面外径6700mm,内径6000mm,衬砌厚350mm,管片混凝土强度等级C50,抗渗等级P12,管片采用六分块方案:三块标准块(B1、B2、B3)、两块邻接块(L1、L2)和一块封顶块(F)。管片组合方式为直线环+左、右转弯环,左、右转弯环楔形量均为38mm。纵向设置10根螺栓(每36°一根),环向设12根螺栓,管片螺栓为m7型弯螺栓,螺栓为6.8级,管片间采用三元乙丙橡胶条防水。曲线部分,$R>400$m的,采用1.5m宽管片,$R\leq400$m的,采用1.2m宽管片。本盾构区间最小曲线半径为450m,故管片采用1.5m幅宽,管片采用错缝拼装。

两条盾构区间均设有联络通道,联络通道采用降水条件下的矿山法施工,支护体系主要由超前支护、初期支护和二次衬砌三部分组成,其中初期支护与二次衬砌之间设全包防水层。

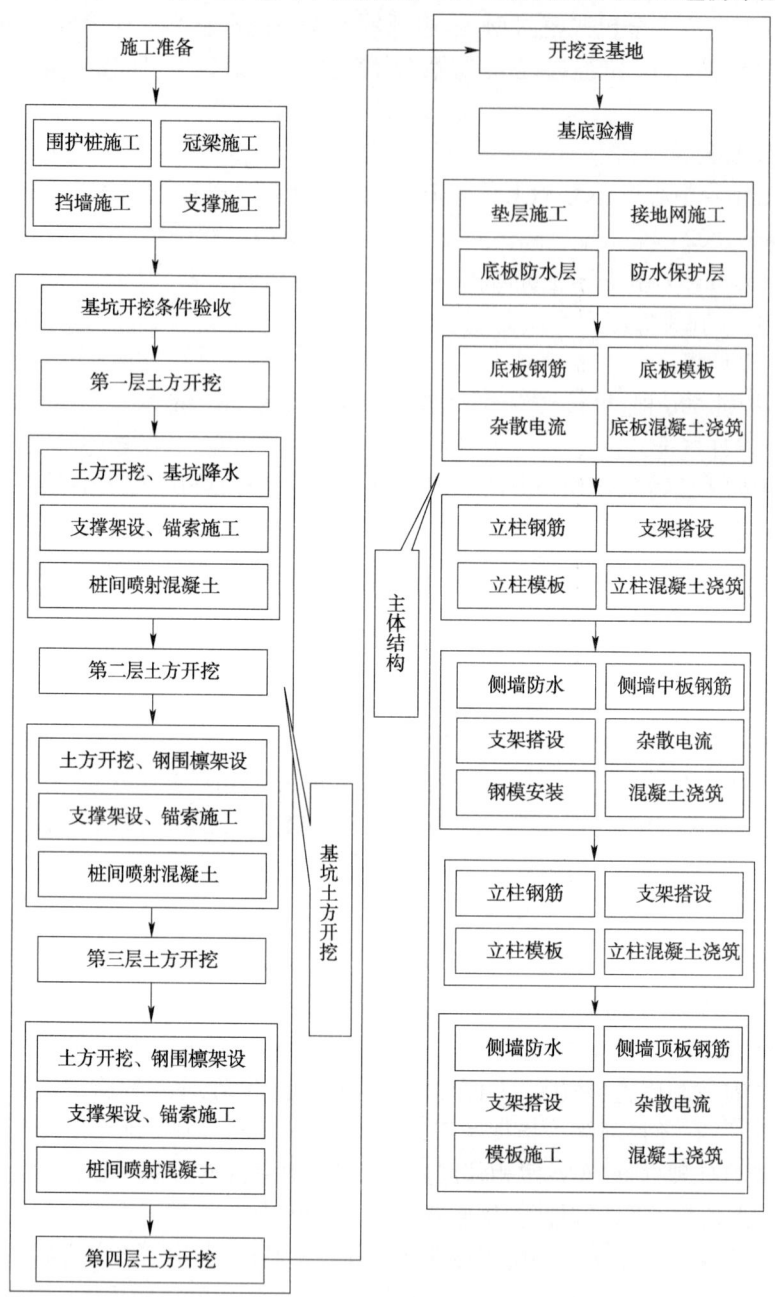

图 33-5　明挖车站主体施工流程图

33.6.1.4　盾构区间方案综述

初步拟定采用 4 台盾构机,其中两台盾构机由武青南路站小里程端间隔 1 个月始发,到达簇桥站后吊出撤场,另外两台盾构机从金桥医院站大里程端间隔 1 个月始发,到达簇桥站后吊出撤场。

33.6.2　施工降水

33.6.2.1　车站水文地质和降水方案设计

1)水文地质条件

车站内地下水埋藏浅,季节性变化明显,水位西北高、东南低。根据区域水文地质资料,成都地区丰水期一般出现在7~9月,枯水期为12月~次年2月,以8月地下水位埋深最浅,其余月份为平水期。在天然状态下,区内枯水期地下水位埋深3~5m,洪水期地下水埋深2~4m。根据既有资料及本阶段资料,该场地范围内地下水位埋深4.1~6.7m,稳定水位高程496.57~499m。根据区内地下水位动态长期观测资料,在天然状态下,水位年变化幅度一般在1.2~3.5m之间。

2)降水设计方案

基坑开挖前对场地进行降水,降水工作在基坑开挖前7d进行,确保水位在基坑底以下0.5m。基坑降水采用管井降水和排水沟等辅助措施相配合的方法。

(1)明挖降水。

降水井应在基坑外缘采用封闭式布置,井管内径300mm,管井间距15m左右(特殊位置稍作调整),井深25~37m,在地下水补给方向应适当加密。降水过程中,应定期取样测试含砂量,保证含沙量不大于细沙1/10000、中沙1/20000、粗沙1/50000。按此原则整个车站布置降水井。

(2)辅助降水措施。

①排水沟:在基坑四周设置排水沟,排水沟宽300mm,深300mm,采用人工配合小型挖机开挖,3cm砂浆抹面。排水沟向集水井方向纵向设置1%下坡度,基坑中间相两侧排水沟设置3%人字坡,以利于水能及时流入排水沟。

②集水井:在基坑四角及中部共设置6个临时集水井,深度为1000mm,长宽各1000mm。

③水泵:每个集水井内放置1台高压离心式水泵,管径80mm,扬程30m。

④基坑残留水处理:基坑内在潜水层分布范围有可能会出现少量的残留滞水,采取在基坑内和周围开挖排水沟,将残留水引入坑底积水坑集中排走的措施进行处理。

33.6.2.2 降水井构造

(1)井口:井口要低于地面0.02m,井口上覆盖2cm钢板并注明井位编号。

(2)井壁管:管井采用ϕ300mm钢筋混凝土管。

(3)井管深度:管井深入基坑底8~12m。

(4)过滤器(滤水管):滤水管面长度5m,滤水管外包一层60目细滤网和一层土工布,滤水管的直径与井壁管的直径相同。当地层中含有砂层时,过滤管应在竖向避开砂层。

(5)沉淀管:沉淀管主要起到保护过滤器不致因井内沉砂堵塞而影响进水的作用。沉淀管接在滤水管底部,直径与滤水管相同,长度为2.5m,沉淀管底口需封死。

(6)填砾料:滤水管部位采用颗粒磨圆度较好的绿豆砂围填,围填部位从井底向上至滤水管顶部以上,填至地表以下1.0m深。

(7)封孔:在地表下1.0m采用黏土封孔。

33.6.2.3 管井施工

在基坑计划开挖前,将基坑内地下水降到基坑底开挖面以下1.00m深,并在结构施工过程中保持此深度,基底保持干燥无水。

(1)降水井成井施工方案。

成孔施工机械设备根据地质条件,采用冲击钻成孔、泥浆护壁的成孔工艺及井壁管、滤水管+围填砾料、黏性土封孔成井法。

(2)降水井成井施工工艺及具体方法,见图33-6。

①测放井位:根据降水井井位平面布置图测放井位,当布设的井点位置受地面障碍物或施工条件影响时,可作适当调整。

②埋设护口管:护口管底口要插入原状土中,管外用黏性土和草辫子封严,防止施工时管外翻浆,护口管上部高出地面0.10~0.30m。

③安装钻机:机台安装稳固水平,大钩对准孔中心。

④钻进成孔:井孔采用冲击钻成孔,降水井开孔孔径为设计井径大小加100mm,一径到底。开孔时保证开孔钻进的垂直度;钻进过程中泥浆密度控制在$1.10 \sim 1.15 \text{g/cm}^3$,当提升钻具或停工时,孔内必须压满泥浆,以防止孔壁坍塌。

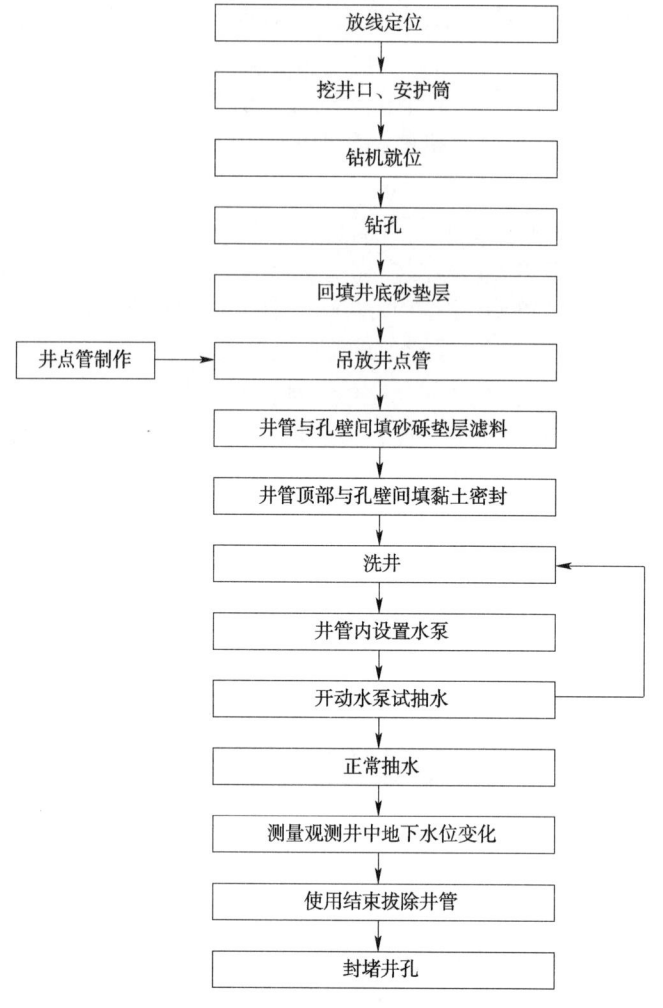

图33-6 降水井施工流程图

⑤清孔换浆:钻孔钻进至设计高程后,在提钻前将钻头提至离孔底0.50m,进行冲孔,清除孔内杂物,同时将孔内的泥浆密度逐步调至1.10g/cm^3,使孔底沉淤小于30cm,翻出的泥浆内不含泥块为止。

⑥下井管:井管进场后,检查过滤器的缝隙是否符合设计要求。下管前必须测量孔深,孔深符合设计要求后,开始下井管。下管时在滤水管上下两端各设一套直径小于孔径5cm的扶正器(找正器),以保证滤水管能居中,井管拼接要牢固、垂直,下到设计深度后,井口固定居中。

⑦井口封闭:为防止泥浆及地表污水从管外流入井内,在地表以下围填1.0m厚优质黏性土封孔。

⑧洗井:在提出钻头后利用下塑料管、接上泥浆泵先进行抽水,待井能出水后提出抽水管再利用活塞洗井,活塞必须从滤水管下部向上拉,将水拉出孔口;对出水量很少的井可将活塞在过滤器部位上下窜动,冲击孔壁泥皮,此时要向井内边注水拉活塞。当活塞拉出的水基本不含泥砂后,可换用空压机抽水洗井,吹出管底沉淤,直至水清不含砂为止。

⑨安泵试抽:成井施工结束后,在井内及时下入潜水泵、接真空管,进行排水管道及电缆、地面真空泵安装,电缆与管道系统在设置时要注意避免在抽水过程中被挖掘机、吊车等碾压、碰撞损坏,要在这些设备上进行标识。抽水与排水系统安装完毕后试抽水,先采用真空泵与潜水泵交替抽水,真

空抽水时管路系统内的真空度适宜,以确保真空抽水的效果。降水运行时要用管道将水排至场外市政管道中。

33.6.2.4 降水监测与运行管理

1）地面排水系统

施工现场的临时排水统一设计,在四周均设置排水沟,排水沟设置有3‰的坡度,上覆盖板,雨水及基坑抽水流入排水沟,经沉淀池沉淀后排入市政排污管网。现场设专人对排水系统进行维护,保证排水畅通。

2）监测项目及频率

结合工程地形地质条件、支护类型、施工方法等特点,确定监测项目和使用的监测仪器。监测项目及频率内容详见表33-7,具体监测实施方案有监测单位(第三方)完成,并单独编制专项方案。

降水施工监测项目汇总表　　　　表33-7

监测项目	测点数量	仪　器	布点间距
地表下沉	每断面9个点	电子水准仪	横向2~5m,纵向10m一个断面
地下水位监测	6个点	尺量	两端及中心位置

3）监测数据的整理

(1)采集。

通过现场监测、搜集、记录等方式进行数据采集。本监测项目采用的仪器如水准仪需人工读数、记录,然后将实测数据输入计算机;全站仪则自动数据采集,并将量测值自动传输到数据库管理系统。

(2)整理。

每次观测后应立即对原始观测数据进行校核和整理,包括原始观测值的检验、物理量的计算、填表制图、异常值的剔除、初步分析和整编等,并将检验过的数据输入计算机的数据库管理系统。

(3)分析。

采用比较法、作图法和数学、物理模型,分析各监测物理量值大小、变化规律、发展趋势,以便对工程的安全状态和应采取的措施进行评估决策。

施工期间一般绘制监测数据随时间变化的规律曲线——时态曲线(或散点图),并在时态曲线图上注明关键施工工序等,以便对工程结构的变形、受力状态进行分析,指导设计和施工。现场量测过程中按照要求做好巡视记录并及时整理分析量测数据。绘制的时态曲线包括:

①监测变量累计值(P)-时间(t)的时态关系曲线;

②监测变量变化速度(ΔP)-时间(t)的时态关系曲线。

(4)预报和反馈。

为确保监测结果的质量,加快信息反馈速度,全部监测数据均由计算机管理,每次监测必须有监测结果,及时上报监测周报表,并按期向有关单位提交监测月报,同时附上相应的测点位移时态曲线图,对当月的施工情况进行评价并提出施工建议。

监测数据一般是随时间和空间变化的,一般称为时间效应和空间效应。及时地用变化曲线关系图表示出来,使监测成果"形象化",以便及时发现问题和分析问题。

4）控制基准和预警值

监测预警是监测工作的目的之一,是预防工程事故发生、确保工程结构及周边环境安全的重要措施。监测控制基准和预警值一般采用监测变量累计值和变化速率两项指标共同控制。

监测控制基准和预警值应由工程设计方根据工程的设计计算结果、周边环境中被保护对象的控制要求等确定。监测工作实施过程中,一般根据设计文件和规范要求,确定适合本工程的监测控制基准和预警值要求(表33-8)。

监测控制基准及预(报)警值指标 表33-8

监测项目	判定内容	控制基准
地表下沉	累计值和单日变形量	累计值:30mm;单日变形量:5mm

5)管理等级及对策

根据现场量测的分析成果,按照监控控制标准和预警值指标制定对应的监测管理等级和对策,见表33-9。

本工程施工监测工程险情预警体系 表33-9

预(报)警等级	预(报)警状态描述	监测管理机制	应对措施
黄色预警	累计值达到控制基准的60%;或单日变形量达到控制基准;或在现场巡视显示工程结构及周边环境存在安全隐患	在现场将预警信息采用"短信"在2h内告知指挥部驻地工程师、监理单位、施工单位等;随后及时将反映本次预警信息的《施工监测联系单》提交至上述单位签收;各监测单位应加强监测	施工方应加强对预警点附近的工程结构、建(构)筑物及地下管线的检查,必要时必须采取应急防范、加固措施
橙色预警	累计值达到控制基准的80%;或单日变形量连续两次达到控制基准时	在现场将预警信息采用"电话+短信"在1h内告知分指挥部领导及主管部门、驻地工程师、监理单位、施工单位等;随后及时将反映本次预警信息的《施工监测预警报告》提交至上述单位签收;各监测单位加密监测,并加强对工程结构及周边环境动态的观察	分指挥部领导立即组织各参见单位召开会议,讨论调整施工工艺或加强工程措施处理
红色报警	累计值达到控制基准的100%;或单日变形量连续三次达到控制基准时	在现场将预警信息采用"电话+短信"即刻告知指挥部领导、分指挥部领导、主管部门、驻地工程师、监理单位、施工单位和轨道交通公司主管部门等;随后及时将反映本次报警信息的《施工监测报警报告》提交至上述单位签收;各监测单位监测频率调整为不间断监测,并加强对工程结构及周边环境动态的观察	暂停施工,指挥部及工程部立即启动应急预案,组织各参加单位召开会议,讨论加强工程措施处理

6)降水运行管理

(1)试运行。

基坑开挖前要进行现场抽水试验,根据实测结果修正设计,以检查抽水设备、抽水与排水系统能否满足降水要求。水位降到设计深度后,即暂停抽水,观测井内的水位恢复情况。

(2)降水运行。

降水井施工同整体工程安排相应,基坑开挖前20d以前成井并具备降水条件。基坑开挖前7d开始基坑抽降水,必要时可根据现场实际情况调整提前降水。

降水运行过程中,做好各井的水位观测工作,及时掌握含水层水头的变化情况。

降水运行期间,现场实行24h值班制,值班人员要认真做好各项质量记录,做到准确齐全。

降水运行过程中对降水运行的记录,及时分析整理,绘制各种必要图表,以合理指导降水工作,提高降水运行的效果。降水运行记录每天提交一份,对停抽的井及时测量水位,每天1~2次。

33.6.2.5 降水施工对地上建筑物的影响及保护措施

1)降水对周边环境的影响

降水一方面可以保证基坑侧壁与坑底处于干燥环境,防止渗水,降低基坑侧壁土体内的渗流作用,防止流沙,增强基坑的稳定性,为主体施工提供条件;另一方面,降低土的含水率可以提高土体的压缩性等物理力学指标,在支护体系中可以降低主动土压力,提高支护体系的稳定性,减小支护体的位移。此外,降水还可以作为一种加固地基的有效方法降水使土的固结度增加,相应的土体有效应力也会增加,进而提高土体的抗剪强度。

但是对基坑周边环境的不利影响同样不容忽视,首要影响即为周边可能出现的地面沉降,尤其是簇桥站周边房屋距离车站基坑距离普遍距离较近,以及因此产生的管线破坏、构筑物开裂等。引起沉降的原因是:地下水按埋藏条件的不同可分为上层滞水、潜水、层间水三种类型。井点降水属于强制式降水,这种方法是通过对地下水施加作用力来促使地下水的排出,从而达到降水的目的。当井点埋设完成后进行抽水,井内水位下降。在无承压水的条件下成降水漏斗,降水漏斗范围内的地下水下降以后,就必然造成地面固结沉降。在有承压水的工作条件下,降水会造成承压水头下降,层中有效自重应力增加,同样会引起地基沉降。沉降并由此引发的一系列其他问题,具体有以下几点:

(1)使城市各类管线、房屋及重要公路等基础设施产生不均匀沉降;

(2)城市环境受到破坏,地裂缝频发,危及城乡建筑安全,引起社会恐慌;

(3)包括地面高程的地形测绘资料等大范围失效。

2)降水不利影响的防治措施

基坑施工中为减少井点降水对周围环境的影响和危害,可采取以下几项措施:

(1)降水前应做好周围环境的工程地质水文情况,地下储水体查清周围地面和地下建筑物的基础形式,做到心中有数。而且降水应结合当地经验,选择恰当的降水方法。

(2)点井降水时应减缓降水速度,均匀出水,减少地下水对含水层的潜能作用。

(3)点井应连续运转,尽量避免间歇和反复抽水,以减少在降水期间引起的面沉降量。

(4)充分估计降水可能引起的不良影响。降水工程是一项复杂的以岩土及其储存的地下水为对象的岩土工程,必须按照岩土工程的勘察、设计、施工、监测程序进行。在降水设计中,要充分估计可能引起的不良影响,考虑周密,防患于未然。降水过程中,要有周密可靠的监测,制订防范措施,发现问题及时处理。

(5)合理使用井点降水,尽可能减小对周围环境的影响。降水必然会形成降落漏斗,从而造成周围地面的沉降,但只要合理使用井点,可以把这类影响控制在周围环境可以承受的范围之内。

(6)调整井点管的埋深。一般情况下,井点管埋深应该使坑中的降水曲线在坑底下 0.5~1.0m,但在没有密封挡土墙的情况下,井点降水不仅使坑内水位下降。也会使坑外水位下降,如果在降水影响区范围内有建筑物、构筑物、管线需保护时,在确保基坑不发生涌砂和地下水不从坑壁渗入的条件下,可以适当提高井点管的设计高程,以降低水位降深,减小影响范围。当井点设置较深时,随着降水时间的延长,可适当地控制抽水量或抽吸设备真空度。

(7)当降水井含沙量监控过大时,对周边建筑物立即采用注浆固土技术防止水土流失。为了减少坑内井点降水时降水曲面向外扩张,避免邻近建筑物基础下地基土因地下水位下降水土流失而沉降,在井点降水前,在需要控制沉降的建筑物基础周边,布置注浆孔,控制注浆压力,以达到挤密土层中的孔隙,降低土的渗透性能,使之不产生流失,以保证基坑邻近建筑物、管线的安全。

33.6.3 车站围护结构(钻孔灌注桩)施工

33.6.3.1 车站围护结构概述

武青南路站明挖主体结构围护采用桩径1.2m的旋挖桩,桩的嵌固深度约为5.1m,主体两侧桩间距均为 2.0m，车站端头两侧桩间距为 1.6m。盾构进出洞范围采用 5 根直径 1.2m、间距 1.6m 的玻璃纤维筋旋挖桩。车站附属结构围护桩桩径 1.0m，间距为 2.0m，桩的嵌固深度为 3.5m。

簇桥站明挖主体结构围护采用桩径 1.2m 的旋挖桩，桩的嵌固深度约为 3.8m，主体两侧桩间距均为 2.2m，车站端头两侧桩间距为 2.2m。盾构进出洞范围采用 3 根直径 1.2m、间距 2.0m 的玻璃纤维筋旋挖桩。车站附属结构围护桩桩径 1.0m，标准间距为 2.0m，桩的嵌固深度为 3.5m。

33.6.3.2 钻孔灌注桩的施工工艺

见图 33-7。

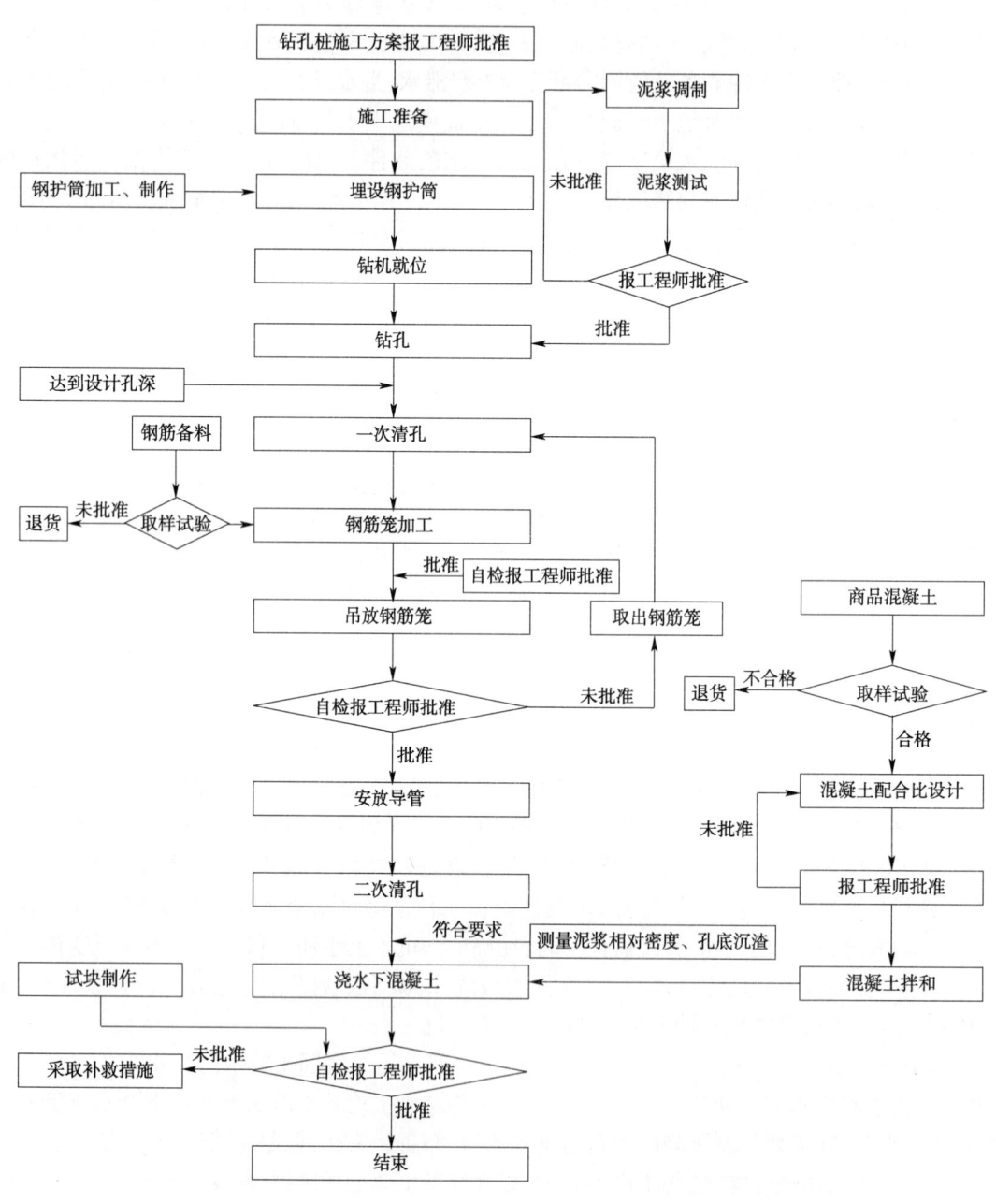

图 33-7 钻孔桩施工工艺流程

33.6.3.3 钻孔灌注桩施工方法及技术措施

（1）钻机就位：旋挖钻机利用自身履带移至桩位处，通过操作室内计算机控制系统准确地把钻头对准桩位。钻机钻孔前利用全站仪从两个方向来校验钻杆的垂直度。

(2)钻孔:成孔到设计深度后进行孔深、孔径、垂直度、泥浆浓度、沉渣厚度等指标测试检查,确认符合要求后,才可进行下一道工序。在砂砾土中钻进时,循环泥浆黏度控制在35~45s;在砂土和较厚夹砂层中钻进时,泥浆黏度控制在26~35s。控制泥浆选用化学泥浆。整个钻进过程中,定时检测泥浆比重,根据检测结果适时向孔内注入泥浆液或清水,调整泥浆比重,起到护壁及排渣作用。钻进过程中,保证钻孔垂直,旋挖钻钻杆中心与护筒中心偏差不大于20mm,钻进中如遇塌孔,立即停钻,回填黏土,待孔壁稳定后再钻。钻头提升时应平稳,防止冲撞护筒和孔壁,造成护筒倾斜、塌孔;严禁孔口附近站人,防止发生钻具撞击人身事故;停钻时,孔口应覆盖保护,并在孔周围设立警示标志,并严禁将钻具留在孔内。围护桩泥浆性能指标见表33-10。

泥浆性能指标表　　　　　　　　　　　　表33-10

地层状况	Neptune 泥浆 (kg/立方水)	黏度(s)	地层状况	Neptune 泥浆 (kg/立方水)	黏度(s)
黏土与页岩	0.2~0.6	24~30	粗砂,较小的砾石	0.4~0.9	26~35
淤泥,细~中砂	0.3~0.7	26~32	卵砾石	0.7~1.1	35~45

钻孔渣土由钻筒直接提出,暂时堆放在桩旁边的空地上,用铲车将其堆放于现场临时渣土堆放场地,待土方达到一定数量且土方较干时,用出渣车运输到指定的弃土场地。若土方较湿且不得不外运时,必须采用封闭运渣车运输,防止泥浆抛洒在路面上污染环境。钻孔泥浆由集中设置的泥浆池存放,主要存放孔内灌注混凝土时流出的泥浆,为下一个桩钻孔用,该泥浆可循环使用。每孔挖出的弃渣及时用装载机清理干净。

(3)桩身垂直度控制措施:桩孔的垂直度是确保桩身质量及基坑开挖的一个重要条件。为了保证成孔的垂直度满足设计要求,在施工过程中采取两大措施:扩大桩机支承面积使桩机稳固;钻机刚开始起动时旋挖速度要慢,防止扰动护筒。在孔口段5~8m旋挖过程中特别要注意通过控制盘来监控垂直度和孔径,如有偏差及时进行纠正。

(4)钢筋笼加:工钢筋笼加工必须在作业平台上进行,(平台可使用方木找平)保证钢筋笼外形、主筋顺直。钢筋接头可采双面或单面搭接焊,同一截面接头率不大于50%,单面焊搭接长度≥10d,双面焊搭接长度≥5d(d为钢筋直径)。折角要精确,保证两根钢筋轴线在同一直线上,焊缝要饱满,施焊过程中不得烧伤钢筋,不得有残留药皮,箍筋与主筋采用点焊或扎丝绑扎。

(5)下导管:导管质量检查,采用φ300mm的安全可靠的卡旋式导管,在下导管前,对导管进行认真检查,查看其是否损坏,密封圈、卡口是否完好,内壁是否圆顺光滑,接头是否紧密。对导管做水密、承压、接头抗拉试验,以检验导管的密封性能、接头抗拉能力,符合规范要求后方可下导管。导管下放:下导管必须有专人负责,导管必须居孔中心,下导管时防止导管插入钢筋笼和孔底。导管距离孔底30~50cm,导管埋入混凝土深度应保持2~3m,并随提升随拆除。导管在井口位置用卡盘固定,并安装灌注料斗,安装球胆隔水塞。

(6)水下混凝土拌和、运输、灌注:混凝土由商品混凝土站拌和运输,要求混凝土坍落度为180~210mm,浇筑时间按初盘混凝土的初凝时间控制。灌注的桩顶高程应比设计桩顶高出0.5~0.8m(以后凿除),以保证桩顶混凝土强度。由于灌注使用商品混凝土,混凝土抗压强度资料及有关原材料由搅拌站提供。作为双控措施,施工现场每桩制作试块2组,以检验混凝土强度。

33.6.3.4　冠梁施工

(1)桩顶冠梁施工在围护桩施工完成后分段进行,冠梁施工流程见图33-8。

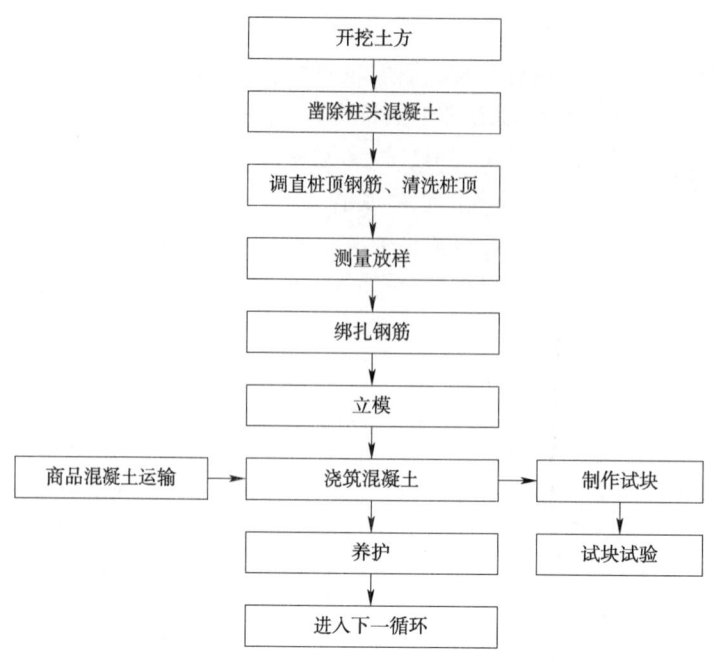

图 33-8　冠梁及挡土墙施工流程图

(2) 冠梁施工。

① 土方开挖：基坑开挖至冠梁底(即围护桩顶)高程时，停止开挖，进行冠梁施工；若场地不具备全面开挖的条件，也可单独开挖冠梁位置基坑，挖至桩顶高程时进行冠梁施工。

② 桩头处理：冠梁施工时，需将深入冠梁内的桩头凿除，凿除时，要凿至桩顶设计高程，桩顶要求凿平，露出新鲜的均质混凝土面，并清除表面的混凝土碎渣。

③ 钢筋及预埋件的制作和安装：钢筋采取提前加工现场绑扎成型的方法，重点是保证钢支撑预埋钢板的位置和角度。当预埋筋与冠梁钢筋冲突时，适当挪动冠梁钢筋。

④ 立模：模板采用竹胶板模板拼接，拼接时要求模板表面平整，无缝隙，表面满涂隔离剂(机油)。加固方式采用拉筋对拉和钢管支撑的方法。

⑤ 浇筑混凝土：混凝土由商品混凝土站供应，浇筑前先将原混凝土表面洒水湿润，以保证新老混凝土的结合良好。浇筑时应水平分层，纵向分段，分梯次向前浇筑，分层厚度约为40cm。并对浇筑层使用插入式振动棒捣固，振捣至表面泛浆不再冒出气泡为止。捣固间距控制在30cm，深入下层混凝土10cm左右。

⑥ 冠梁施工质量控制标准应满足设计及规范要求，具体控制标准见钢筋加工允许偏差、钢筋安装允许偏差表、模板安装、预埋件、预留孔允许偏差。

33.6.4　基坑开挖

33.6.4.1　基坑开挖顺序

车站主体土石方采用明挖方法，按照"纵向分段、竖向分层、先支后挖"的原则进行施工。主体开挖由两端向中间分层台阶法开挖。基坑开挖采取纵向分段、竖向分层的方式开挖，武青南路站由大里程向小里程开挖，簇桥站由两端向中间开挖；武青南路站竖向共分为5层：第一层为原地面至第一道钢支撑底0.8m，第二层为第一道钢支撑底0.8m至第二道钢支撑底0.8m，第三层为第二道钢支撑底0.8m至第三道钢支撑底0.8m，第四层为第三道钢支撑底0.8m至第四道钢支撑底0.8m，第五层为第四道钢支撑至基坑底0.3m，人工清底。簇桥站竖向共分为4层：第一层为原地面至第一道钢支撑底0.8m，第二层为第一道钢支撑底0.8m至第二道钢支撑底0.8m，第三层为第二道钢支撑底0.8m至第三道钢支撑底0.8m，第四层为第三道钢支撑底0.8m基坑底0.3m，人工清底。

1)纵向顺序

簇桥站由两端向中间依次分段开挖,武青南路站由大里程端向小里程端方向依次分段开挖,每段开挖长度为15～20m,纵向开挖顺序如图33-9和图33-10所示。

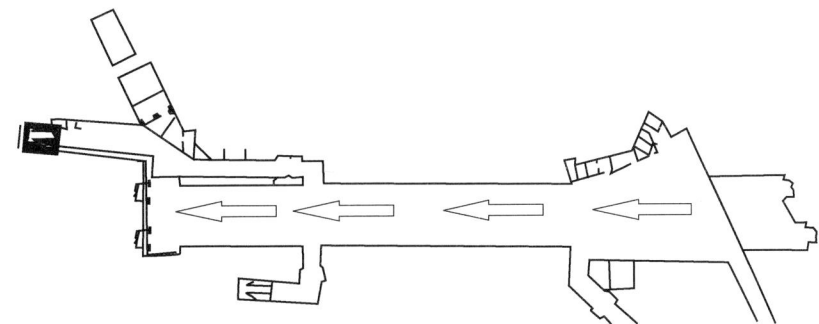

图33-9　武青南路站基坑开挖顺序示意图

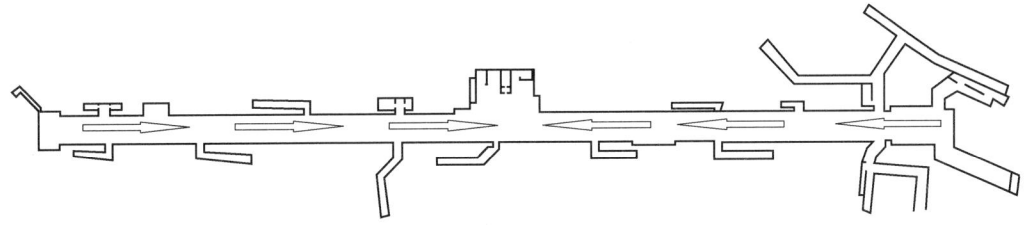

图33-10　簇桥站基坑开挖顺序示意图

2)竖向顺序

开挖顺序为先将第一层土挖除,依次分段开挖第二、三、四层至设计高层。然后由第四层开始,依次开挖第三、二、一层,按此步骤分层分段循环开挖。基坑开挖步骤如图33-11和图33-12所示。

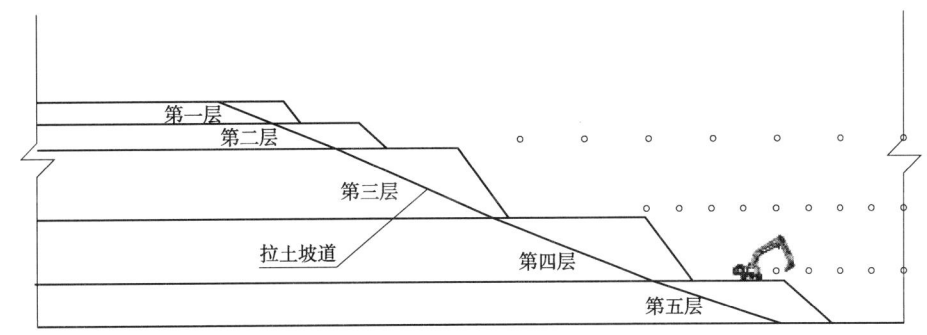

图33-11　武青南路站基坑开挖竖向顺序图

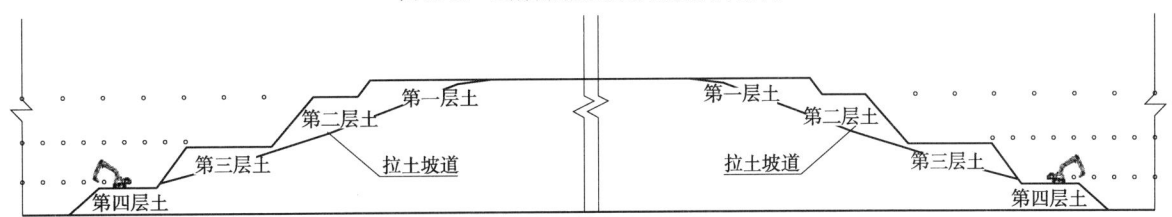

图33-12　簇桥站基坑开挖竖向顺序图

33.6.4.2　车站基坑开挖准备工作

1)方案论证

按设计规定的技术标准、地质资料以及周围建筑物和地下管线等的详实资料,严格细致地做好基坑施工组织设计(包括周围环境的监控措施)和施工操作规程,对开挖中可能遇到的渗水、边坡稳定等现象进行技术讨论,提出应急措施预案并提前进行相关的物资储备。准备好地面排水及基坑内抽排水系统。

2）内支撑材料保证

按设计要求加工、租赁钢支撑，备足钢支撑，备好出土、运输和弃土条件，确保连续开挖。

3）制定施工组织设计和施工操作规程

按施工图纸、现行技术标准、地质详勘资料以及周围建筑物和地下管线等详细资料，认真进行安全技术交底，使全体施工人员熟悉深基坑开挖支撑施工必须依循的技术标准以及所设计的施工程序及施工参数。施工参数是对开挖分步和每步开挖的实际尺寸、开挖时限、支撑时限、支撑预应力等各道工序的定量施工管理指标。开挖与支撑施工技术的要点是"沿纵向按限定长度的开挖段逐段开挖；在每个开挖段中分层、分小段开挖，随挖随撑，按规定时限施加支撑预应力，做好基坑排水，减少基坑暴露时间"，将开挖分层位置、高程、深度和各道支撑位置等施工参数、技术指标和质量标准，向全体施工人员详细进行技术交底，使全体施工人员熟悉并掌握本工程所执行的各项技术措施和技术标准。预先做好监测点的布设、初始数据的测试和检测仪器的调试工作、监测工作准备。

4）机械设备保证完好

配备足够的开挖及运输机械设备，做好机械的检测、维修保养等工作，确保机械正常作业。

5）监控量测

施工前需按监测方案设置监测点，做好初始值采集工作。

6）基坑排水措施

车站地层中富含粉砂层，为透水层，因此在基坑开挖过程中要做好基坑内的排水工作，以起到排水固结土体的作用。

7）落实弃土地点

基坑开挖前，落实好弃土堆放场地，保证出土顺畅，尽量减小对交通主干道的交通影响。场内设置临时堆土场，保证可存放一天的出土量。

8）基坑开挖条件验收

基坑开挖前，由建设单位组织监理、设计和施工单位项目负责人参加基坑开挖条件验收会议，质检站监督，形成验收意见，合格后方可进行。

9）测量放线

测量放线主要包括基坑内施工的坑内控制导线测量、水准控制测量，在施工过程中及时纠正土方开挖偏差。测量班组每天检查开挖深度，由于基坑开挖较深，采用50m钢尺进行高程传递。在待测基坑边架设一吊杆，从杆顶向下挂一根钢尺（钢尺0点在下），在钢尺下端吊一重锤，重锤的重力应与鉴定钢尺时所用的拉力相同，由水准仪直接读出钢尺的读数，根据吊点的高程计算出仪器的视线高程，用此方法即可将地面的高程传递到基坑内。要控制基坑底板开挖轮廓线，杜绝欠挖，控制超挖，确保基坑底表面平整，达到设计基底高程。

基坑开挖阶段测量放线重点是要准确测放钢支撑的位置及高程，控制好钢围檩的高程，防止钢支撑轴心倾斜失稳。

33.6.4.3 车站基坑开挖施工方法

1）开挖方法

采用机械开挖，根据出土方法可分为两个部分：坡道出土部分和垂直出土部分。

明挖段基坑部分满足拉坡条件的采取拉坡出土，剩余部分土方由于没有拉坡距离，采取龙门吊垂直出土。开挖必要时使用挖掘机进行一次倒运。可拉坡出土部分以拉坡坡道线为界，极限拉土坡道线以上部分可采用直接拉坡出土，极限出土坡道线以下部分则不能采用拉坡出土。在基坑开挖时，应严格按照"时空效应"的理论，采用"分段、分层、分块、对称、平衡、限时"的时空效应方法组织施工，减少围护结构横向位移和地面沉降。做好支撑和挖土的紧密配合，随挖随撑，控制无支撑暴露时间在24h之内。车站基坑开挖安排大、小里程明挖段两个工作面,每个工作面由一端向中间开挖。采用两台挖掘机在基坑的两侧同时挖土,一起分小段向前推进,可以极大提高挖土速度,为早日安装支撑提供条件。

2)基坑开挖流程

基坑开挖过程中要"边开挖、边支护",挖到钢支撑位置底50cm时,立即进行钢支撑的施作,挖出的基坑要及时进行挂网喷射混凝土支护,基坑开挖施工流程如图33-13所示。

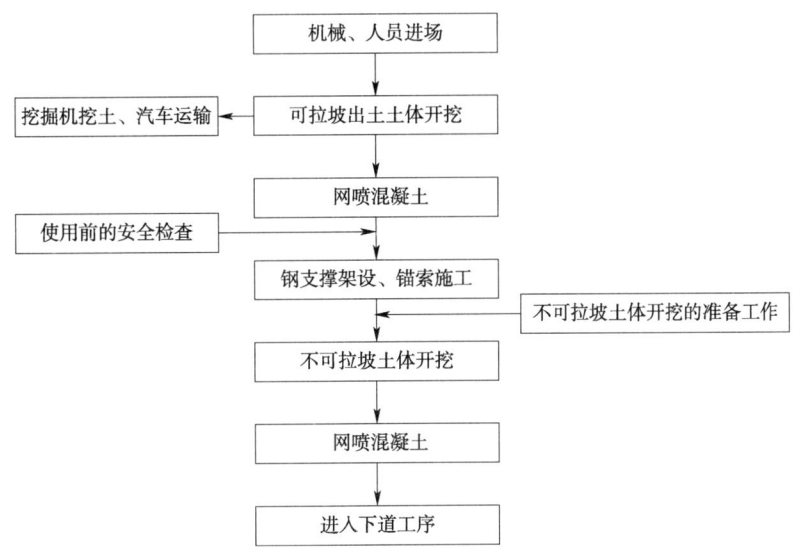

图33-13 基坑开挖施工流程图

3)基坑开挖施工要点

(1)基底以上30cm采用人工突击开挖,严格控制最后一次开挖,严禁超挖。

(2)钢支撑附近土方采用挖槽法人工配合小型机具开挖,严防机械碰撞钢支撑。

(3)为确保基坑稳定,垫层施工完5d之内将钢筋混凝土底板浇筑完毕,尽量减少基坑暴露时间。

(4)开挖过程中设专人及时绘制地质素描图,当基底地层与设计不符时,及时与设计、监理单位沟通、共同处理。

(5)分段开挖时两段设截流沟和排水沟,渗水及雨水及时泵抽排走。

(6)开挖过程中,按既定的监测方案对基坑及周围环境进行监测,以反馈信息指导施工。

4)下翻梁处土方开挖

下翻梁的存在对整个基坑施工安全造成不利影响。首先增加了开挖深度,同时也增加了施工的难度;其次使施工工序更加复杂,大大增加了开挖作业的时间,延长了基坑结构底板封闭的时间;最不利的是使基底垫层混凝土的支撑作用大打折扣,如基坑开挖时变形过大,应制订如下措施:

(1)采取先挖到基底,浇筑垫层混凝土后,再分段凿除,向下开挖下翻梁,并及时浇筑下翻梁垫层和底板混凝土。

(2)必要时,在翻梁垫层混凝土中隔一定距离埋设一根500mm×200mm H型钢,作为对撑传力,撑在下翻梁两侧的混凝土上,抑制基坑变形。

(3)当基坑变形继续增大时,在靠近基底加设临时钢支撑。

(4)监测地下水位变化,若有必要,采取基坑降水。

33.6.4.4 外运弃土

(1)本站出土量大,每天平均出土量达1100m³,外运弃土受出土时间,运距等影响较大,合理组织安排弃土是一个关键环节。

(2)弃土外运专人负责组织安排,场地内、外统一调度,协调内外关系,组织安排出土车辆运输。场地外的运输路线与建设单位及有关部门协调安排,确保外运弃土按计划进行。

33.6.4.5 车站基坑开挖安全技术保证措施

(1)采用分段分层开挖,设置合理的台阶和开挖坡度。

(2)开挖过程中,若出现围护结构渗漏,及时采取必要措施进行处理。基坑四周设排水沟,基坑内设足够集水坑。

(3)严格按既定的方案进行开挖,随开挖随架设支撑。

(4)基坑开挖过程中,边开挖边架设钢支撑,及时施加预应力,确保支撑与预埋件、钢围檩牢固可靠,并采取防坠落措施保障支撑体系稳定。

(5)施工时严格控制钢支撑各支点的竖向高程及横向位置,确保钢支撑轴力方向与轴线方向一致。

(6)当支撑轴力超过警戒值时,立即停止开挖,加密支撑,并将有关数据反馈给设计部门,共同分析原因,制定对策。

33.6.4.6 临边防护与施工便道

为保证施工安全,预防高空坠落事件的发生,基坑开挖施工过程中要做好临边防护工作。在距基坑边缘设置钢管栏杆,防护栏杆由上、下两道横钢管和中间钢管组成,上横杆为 $\phi32mm$ 钢管,离地面高1.2m,下横杆为 $\phi32mm$ 钢管,离地面高0.2m,中间钢管采用 $\phi16mm$ 钢管,间距为30cm,用十字扣件与栏杆柱连接。底座斜腿为八字形。在醒目位置设置安全警示标识、安全宣传标语。围栏用黄、黑反光漆,涂斜45°,水平间距30cm宽的警示条。

基坑开挖施工期间,除放坡处有施工便道外,还应在个别地段设置钢便梯供人员上下基坑用。钢便梯宽1000mm,步阶高300mm、宽400mm,安装倾斜角度60°,钢步梯两侧、底部满挂密目式安全网。

开挖至第二层以下时,钢便梯在围檩间作"之"字形架设,在便梯转弯处搭设 $1.2m\times1.6m$ 平台,平台满铺2cm厚木板,下承 $\phi48mm\times3.5mm$ 钢管网架,网格尺寸 $0.3m\times0.4m$ 。平台通过拉杆、卸撑与钻孔灌注桩上的锚固连接件连结牢固,并在边缘设置1.2m高的双层钢管脚手架,外侧满挂密目式安全网。

33.6.5 基坑支护

33.6.5.1 桩间挂网及喷射混凝土施工

武青南路站总长241m,标准段基坑宽度为23.5m,端头井基坑宽27.9m,基坑深度约为25.5m。桩间挂网锚喷支护,喷层厚度平均150mm,挂网钢筋采用 $\phi8mm@200mm\times200mm$,喷射混凝土等级C20,桩间土体设置 $\phi16mm$ 加强环筋,并在每根桩上植入钢筋 $\phi18mm$,$L=0.45m$,加强环筋、桩上植筋的竖向间距为1.5m;端头井盾构穿越区域钢筋网采用玻璃纤维筋,钢筋网规格为 $\phi12mm@150mm\times150mm$ 。加强环筋、横向拉筋需与挂网钢筋、旋挖桩牢固连接。

簇桥站外包总长621m,标准段基坑宽度为21.1m,端头井基坑宽25.5m,基坑深度约为18.3m。桩间挂网锚喷支护,喷层厚度平均150mm,挂网钢筋采用 $\phi8mm@200mm\times200mm$,喷射混凝土等级C20,桩间土体设置 $\phi16mm$ 加强环筋,并在每根桩上植入钢筋 $\phi18mm$,$L=0.45m$,加强环筋、桩上植筋的竖向间距为1.5m;端头井盾构穿越区域钢筋网采用玻璃纤维筋,钢筋网规格为 $\phi12mm@150mm\times150mm$ 。加强环筋、横向拉筋需与挂网钢筋、旋挖桩牢固连接,避免钢筋网掉落。外加2cm厚砂浆抹面找平层。

1)钢筋网施工

(1)钢筋加工:钢筋进场后首先应进行调直,然后按所需长度下料。

(2)钢筋网片加工:把下好的钢筋加工成每片为 2000mm×1000mm 钢筋网片,节点处全部采用电焊焊接,网片应有较好的整体性,不得变形松脱。

(3)钢筋网片安装:在基坑开挖过程中,钢筋网片与在桩中间锚入的 HRB400、直径 18mm、长度 45cm 的植筋挂接,并设置加强竖筋以及加强横筋。加强竖筋规格为 HRB400、直径 16mm,横向间距为桩间距,加强横筋规格为 HRB400、直径 16mm,竖向间距 1.5m。

(4)钢筋网挂设完毕后进行自检,并向监理工程师报检合格后,及时喷射混凝土。

2)喷射混凝土作业

喷射混凝土需掺速凝剂,原材料符合下列规定:

水泥:优先选用普通硅酸盐水泥,强度等级不低于 P.O42.5,性能符合现行水泥标准。细集料采用中砂或粗砂,细度模数大于 2.5,含水率控制在 5%~7%。粗集料采用卵石或碎石,粒径不大于 15mm。水:采用饮用水。速凝剂使用前做水泥相容性试验及水泥净浆凝结效果试验,初凝时间不超过 5min,终凝时间不超过 10min。

(1)机械安设:喷射机安好调试后,先通水再通风,清通机筒及管路,喷射混凝土前,清扫受喷面,检查基坑尺寸,埋设喷射混凝土厚度的标志,对机具进行试运转。

(2)操作顺序:喷射时,应先送水后送风,然后进料。根据受喷射面和喷射出的混凝土情况,调节注水量,以易黏着、回弹小和表面呈湿润光泽为度。

(3)喷射部位顺序:应分段、分片进行,喷射混凝土分片依次自下而上进行,每次喷射厚度为 100mm,混凝土回弹量不宜大于 15%。

(4)上料:要连续上料,经常保持机筒内料满,在料斗口上设一活动的 15mm 孔径筛网,避免超径集料进入机内。最佳喷射距离与角度:喷头出料口至受喷面距离,视供风压力大小随时调整,一般以 0.6~1.0m 为宜。喷射料束角度以垂直受喷面为最佳。

(5)喷射料束运动轨迹:环形旋转水平移动,一圈压半圈,环形旋转直径约 0.3m。喷射第二行时,依顺序由第一行起点上方开始,行间搭喷为 2~3cm。

(6)喷射料旋转速度及一次喷厚:以 2s 转动一圈为宜。一次喷射至不附落时的临界状态或所需厚度时,可向前方移动,螺旋状移动一般不小于 5cm。

3)网喷混凝土施工要点

(1)混凝土养护。

喷射混凝土厚度较薄,当空气中水分不足时,极易发生早期干缩裂纹,同时所掺入的速凝剂在一定程度上抑制了水泥的水化反应,影响了混凝土的强度发展,为此,喷射混凝土后 2h 必须洒水养护,养护时间不小于 7d,并在 7d 内随时保持表面湿润。

(2)喷射的混凝土要密实、平整、无裂缝、脱落、漏喷、漏筋、空鼓、渗漏水等现象,平整度允许偏差 30mm。

(3)非操作人员不得进入正进行施工的作业区。施工中,喷头管前严禁站人。

(4)施工操作人员的皮肤应避免与速凝剂直接接触,喷射混凝土作业人员应采用个体防尘用具。

33.6.5.2 钢支撑体系施工工艺、方法

武青南路站围护结构竖向设四道支撑,第一道支撑标准段及第二、三、四道支撑均采用 ϕ609mm($t=16$mm)的钢管支撑,水平间距主要为 3.0m;车站端头局部扩大段采用 800mm×800mm 混凝土撑。第一、二道钢支撑竖向间距为 5m,第二、三道钢支撑竖向间距为 7m,第三、四道钢支撑竖向间距为 6.5m。支撑与钻孔桩间设置三拼 I50a 组合型钢腰梁。

簇桥站设三支撑,其中第一道支撑为混凝土支撑,第二、三道为 ϕ609mm($t=16$mm)钢管支撑,支撑水平距离主要为 3.0m;第一、二道钢支撑竖向间距为 6.15m,第二、三道钢支撑竖向间距为 6.0m。支撑与钻孔桩间设置三拼 I45c 组合型钢腰梁。

1) 钢支撑、钢围檩加工概述

(1) 钢支撑加工与连接：武青南路站钢支撑采用 φ609mm、壁厚 16mm 的 Q235 钢管支撑，钢围檩采用三拼 I50a 组合型钢腰梁。钢支撑由固定端头、中间节（多节不同长度）、活动端头通过法兰盘连接而成，固定端头长 0.2m，活动端头长 1.45m，再配 1m、0.5m、0.3m、0.1m 调节钢支撑拼接长度，拼装采用高强螺栓连接或焊接，并保证拼接点的强度不低于构件自身的截面强度。钢支撑分节在现场加工，经监理检验验收合格后，采用龙门吊运输至坑内拼装。各段之间采用 12 孔法兰盘由高强度螺栓连接成整体，钢管支撑端部（活动端）按设计图纸设预加轴力装置。法兰盘处螺栓安装必须正反间隔连接，横撑上法兰螺栓应采用对角和分等分顺序扳紧，并用力矩扳手检查力矩值。钢支撑拼装时，活络端伸缩值控制在 10～20cm 以内。

地面拼接完成，需进行架设时，采用 16t 龙门吊吊整体吊装架设。

(2) 钢围檩加工：钢围檩采用工字钢 I45c 双拼加缀板焊接加工。为确保其整体性，工字钢应土面及背土面设置 20mm 厚通长加强钢板，采用 16mm 厚钢板将两节工字钢焊接连成整体，确保围檩整体受力性能和刚度。钢围檩长度一般为 6m、12m。在每段钢围檩上用 200mm×200mm×20mm 厚钢板焊接吊装孔，方便钢围檩安装。根据钢支撑安放位置在钢围檩底部用 I18a 槽钢（固定端长 770mm，活络端长 1220mm）加 20mm 厚加劲钢板焊接成钢支撑支座，并分段编号，防止吊装时出错。钢围檩构造见图 33-14。本工程采用斜支撑支座代替钢支撑斜头，在加工钢支撑时不再加工斜头，斜支撑支座采用 20mm 钢板根据图纸尺寸焊接而成，要求焊缝饱满。斜支撑支座构造见图 33-15。

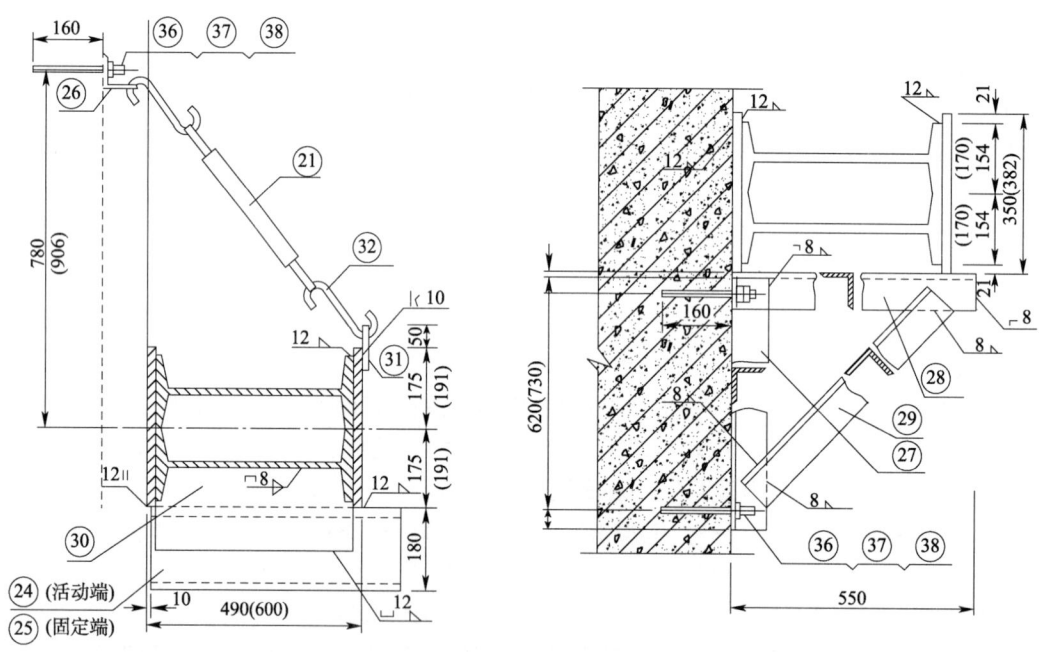

图 33-14　钢围檩构造图（尺寸单位：mm）

(3) 钢牛腿加工：采用 20mm 钢板加工。在冠梁预埋钢板上焊接 1500mm×200mm×20mm 钢板，下方焊接三道 150mm×150mm×20mm 三角形支撑钢板，钢板之间满焊，焊缝饱满。

(4) 钢围檩支架加工：标准段钢围檩支架采用 75mm×8mm 角钢焊接。距每榀钢支撑中心两侧 1300mm 各安装 1 个支架，在靠近围护桩侧留置 2 个 φ22mm 安装孔。斜撑段钢围檩自重较大，支架采用 75mm×10mm 角钢焊接。支架适当放大至 1.5m×1.5m×1.8m，在靠近围护桩侧留置 2 个 φ22mm 安装孔。每个支架采用 2 套 φ20mm（L=220mm）膨胀螺栓固定在围护桩上。斜支座处支架适当加密，确保钢围檩稳定、牢固、可靠。支架安装如图 33-16 所示。

（5）钢楔子加工：钢楔子采用45号铸钢加工而成，长度均为320mm，宽度有100mm、50mm、40mm、30mm、20mm等，每个楔子距顶端50mm处设 ϕ8mm 圆孔，使用时插入 ϕ6mm 钢筋。

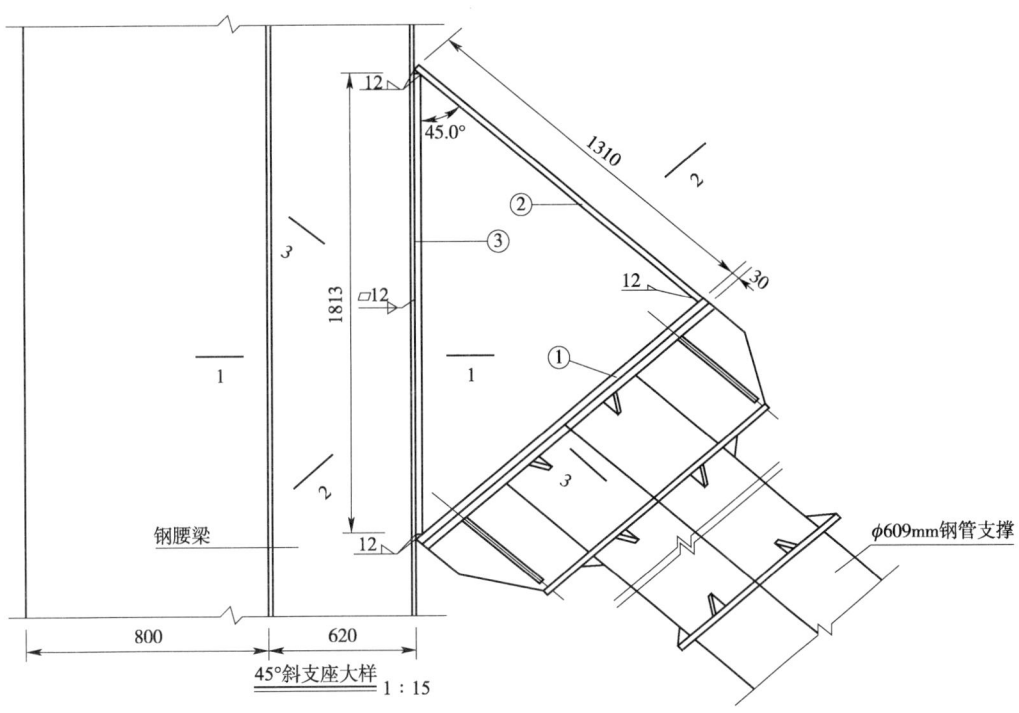

图 33-15　斜支撑支座构造图（尺寸单位：mm）

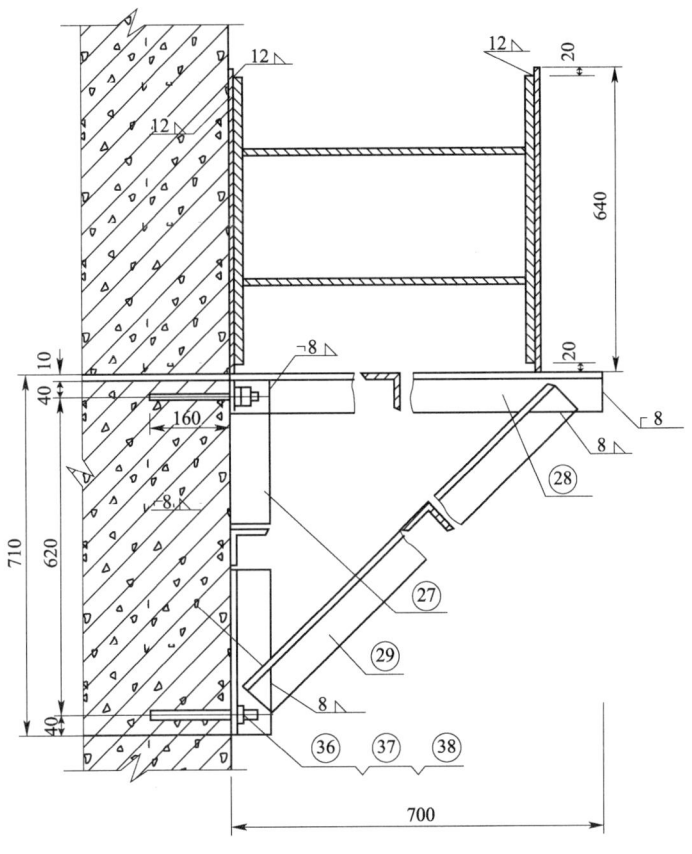

图 33-16　钢围檩支架安装示意图（尺寸单位：mm）

2)钢支撑安装

(1)钢支撑施工流程及步序。

钢支撑架设与基坑土方开挖是深基坑施工密不可分的两道关键工序,钢支撑架设极具时间性,钢支撑架设的时间、位置直接关系到深基坑稳定,基坑开挖遵循"分段分层、由上而下、先支撑后开挖"的原则,由两端向中间开挖,明挖主体结构分段开挖,基坑土方开挖至支撑轴线下 0.8m 时,及时架设支撑,使围护结构提前接受支撑反力作用,减少围护结构的变形。每一段从上到下分四步按钢支撑架设步序分层开挖,开挖及施工步序如下,详见图 33-17。

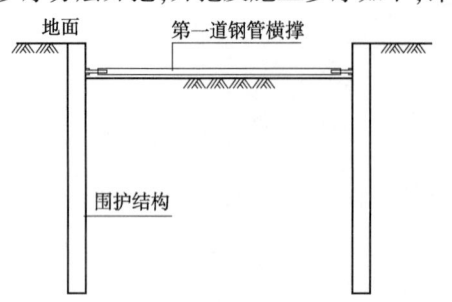

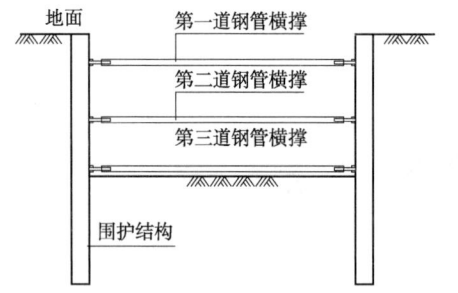 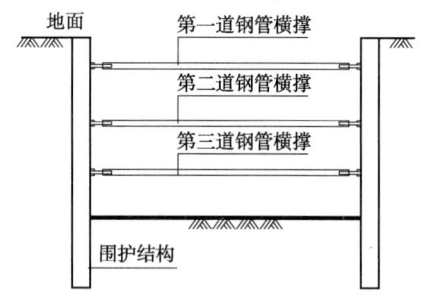

图 33-17 基坑开挖及支撑施工步序图

第一步:开挖至第一道钢支撑下 0.8m 处,架设第一道钢支撑。

第二步:开挖至第二道钢支撑下 0.8m 处,架设第二道钢支撑。

第三步:开挖至第三道钢支撑下 0.8m 处,架设第三道钢支撑。

第四步:开挖第三道钢支撑以下至基坑底部分的土方。

(2)钢支撑架设。

①钢围檩架设。

a.先在冠梁及暴露出来的桩面上准确标出支撑位置,待挖至支撑位置下方50cm处,及时施作牛腿并架设钢围檩。

b.支架或钢牛腿安装:在冠梁预埋钢板上焊接钢牛腿,第二层、第三层支撑位置上用冲击钻在钻孔桩上钻孔,将加工好的支架用膨胀螺栓固定在桩上。

c.钢支撑架设部分采用25t汽车吊配合16t龙门吊,提升钢围檩缓缓落在钢支架或钢牛腿上,不得冲击、碰撞钢支架或钢牛腿。钢围檩安放好后用C20细石混凝土填塞钢围檩背后的缝隙。

d.钢支撑吊装到位后,先不松开吊钩,将一端的活络头拉出顶住预埋钢板,采用 16t 龙门吊配合下放 2 台 100t 液压千斤顶至顶压位置,用托架固定,千斤顶一端顶在封端板上,另一端顶在连续墙底座上,接通油管后即可开泵施加预应力,支撑预应力加设值一般取设计轴力的 50%~80%。通过压力表读取预应力值,当压力读数与需要加设的预应力值相符时,稳定千斤顶压力,用钢楔块撑紧端头处的缝隙并焊牢。然后回油松开千斤顶,解开起吊钢丝绳,完成这根支撑的安装。

②钢支撑吊装与安装。

a. 开挖时必须及时架设支撑,在支撑位置挖出来之后,迅速支撑(时间控制在4h内),并及时按设计值施加预应力。

b. 采用16t龙门吊提升钢支撑就位,吊绳采用4根6m长ϕ28mm钢丝绳,吊具采用10t吊环。钢丝绳使用前仔细检查其安全性,若有破损、起毛、断股等现象,及时更换钢丝绳。

c. 钢支撑需事先在地面上试拼好,然后再吊运至基坑,及时架设。钢支撑法兰盘连接螺栓采用对角和分等分顺序扳紧,一般分两次拧紧,支撑拼接采用扭矩扳手检测其力矩是否符合要求,保证法兰螺栓连接强度。拼接好的支撑经质检工程师及监理工程师检查验收合格后方可安装。

d. 吊放钢支撑要缓慢放在钢围檩托架上,不得冲击、碰撞钢围檩。

e. 轴力监测点布置:按监控量测施工布置图,确定钢支撑轴力监测点位置,拼接钢支撑时,考虑轴力计的长度,实际拼接长度要比普通钢支撑短20cm。轴力计布置在受力集中的典型断面上。

f. 钢围檩防坠落措施:在确保钢板与钢围檩的焊接质量的同时,还应保证钢围檩与围护桩之间的稳定性。为了防止钢围檩松动、滑落,采用悬挂的方法,将钢拉钩一端用膨胀螺栓固定在桩上,另一端挂起钢围檩,将其悬挂在围护桩上,详见图33-18。

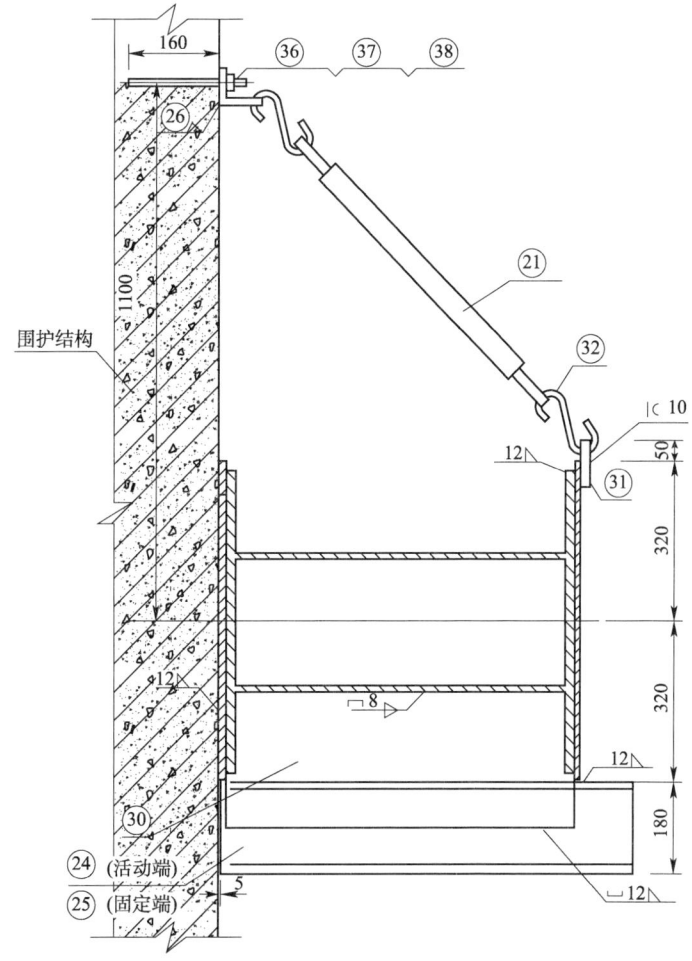

图33-18 钢围檩悬挂保护示意图(尺寸单位:mm)

(3)钢支撑施加轴向预应力和复加预应力。

在下列情况下,要及时对钢支撑复加轴向预应力。

①在第一次加预应力后12h内观测预应力损失及桩体水平位移,并复加预应力至设计值。

②当昼夜温差过大,导致支撑预应力损失时,立即在当天低温时段复加预应力至设计值。

③当桩体水平位移速率超过警戒值时,可适量增加支撑轴力以控制变形,但复加后的支撑轴力和挡墙弯矩必须满足设计安全度要求。

a. 每日地下排桩变形速率>0.5mm,且第一道已施加的支撑轴力<80%的设计轴力时,在晚间温度最低时复加预应力至80%的设计轴力。

b. 每日地下排桩变形速率>0.5mm,且第二道已施加的支撑轴力<100%的设计轴力时,于晚间温度最低时加预应力至100%的设计轴力。

c. 每日地下排桩变形速率>0.5mm,且第三道已施加的支撑轴力<120%的设计轴力时,于晚间温度最低时复加预应力于至<120%设计轴力。

④当轴力变化大于3%时,按规定复加轴力。

3) 钢支撑拆除

(1) 钢支撑拆除顺序及施工步序。

①钢支撑拆除顺序。

支撑起吊收缩→施加预应力→拆去钢楔→卸下千斤顶→吊出支撑。

②钢支撑拆除施工步序。

第一步:待底板混凝土达到设计强度的80%时,拆除第三道钢支撑。

第二步:待中板混凝土达到设计强度的80%时,拆除第二道钢支撑。

第三部:待顶板混凝土达到设计强度的80%时,拆除第一道钢支撑。

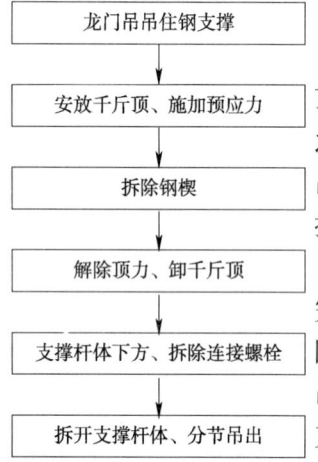

图 33-19 钢支撑拆除工艺流程图

(2) 拆除方法。

拆除时,先用汽车吊吊住钢支撑,并在管端千斤顶座上设置千斤顶,操作千斤顶逐步给钢支撑卸荷,在完全卸荷后,拆除活络端与围檩之间的钢斜楔;然后给千斤顶减压并在完全放松后移走千斤顶;最后用吊车将管撑起吊,吊运至现场临时堆放点。钢支撑拆除采用手工工具拆除,即用人工拆除螺栓或用气割切断螺栓或焊接缝。

钢支撑卸荷及拆除要结合结构施工过程,部分钢支撑等结构浇筑完成并养护一定时间后再拆除,以免发生质量事故及安全事故。在拆除时,按设计要求的顺序进行拆除,在卸掉钢管支撑之前,操作工人与吊车的吊点分别位于钢管的两侧,以免钢管起吊后摆动,伤及工人。钢支撑拆除工艺流程如图 33-19 所示。

4) 钢支撑质量标准验收

见表 33-11。

支撑支护质量标准   表 33-11

项目	序号	检查项目	允许偏差或允许值		检查方法
			单位	数值	
主控项目	1	支撑位置	mm	30	水准仪
	2	高程平面	mm	100	用钢尺量
	3	预加顶力	kN	±50	油泵读数
一般项目	4	钢围檩高程	mm	30	水准仪
	5	开挖超深(开槽放支撑不在此范围)	mm	<200	水准仪
	6	支撑安装时间	设计要求		用钟表估测

5) 钢支撑安装质量验收标准

见表 33-12。

钢管支撑安装允许偏差表　　　　表33-12

项目	横撑中心及同层支撑顶面高程差	支撑两端高程差	支撑挠曲度	横撑竖向轴线偏差	横撑水平轴线偏差
允许值	≤±30mm	≤20mm ≤$L/600$	$L/1000$	≤30mm	≤30mm

注：L 为计算跨度。

6）支撑体系施工要点及保护措施

（1）支撑体系施工要点。

a. 基坑开挖过程中要防止挖土机械碰撞支撑体系，以防支撑失稳，造成事故。为防止基坑内起吊作业时碰动钢管支撑，每根钢管支撑、钢钢围檩要求通过钢丝绳固定在围护结构上。

b. 施工过程中加强监测，若因侧压力造成钢管横撑轴力过大，造成横撑挠曲变形，并接近允许值时，必须及时采取增加临时竖向支撑等措施，防止横撑挠曲变形过大，保证钢支撑受力稳定，确保基坑安全。

c. 开挖时必须及时架设支撑，在支撑位置挖出来之后，迅速支撑，并及时按设计值施加预应力。

d. 支撑架设前，依据设计事先在桩上标出支撑位置，并对提前对围檩与桩体之间的空隙进行细石混凝土回填，保证支护体系的整体受力。

e. 围檩架设前，先在支撑端面中心线两侧钻孔桩上钻眼安装牛腿支撑，为支撑的安全架设提供平台。

f. 支撑架设前先以设计净空为依据，对基坑的净空分断面进行实测后，进行现场接长试拼，保证接长后支撑的长度允许偏差±50mm。

g. 钢支撑预加力后，在土方开挖和结构施工时，做好监测工作，根据监测结果，发现异常及时采取补救措施。

h. 在施工冠梁时，必须保证支撑端面支撑处混凝土纵横向平整度不大于±10mm，以满足一道支撑的横向均匀受力和不发生支撑弯曲变形。

i. 在架设二、三道钢围檩时，围檩竖向必须垂直，纵向线形平顺，焊接良好，同时依照设计安装紧线器，以减小牛腿荷载。防止支撑受力后上翘或下曲，且与围护桩密切，背部采用C30细石混凝土回填密实，严防支撑因围护结构变形或施工撞击而脱落。

j. 支撑托座须与围檩焊接牢固，焊缝高度不小于10mm，支撑架设时，确认支撑端部与托座是否靠稳，牛腿锚固深度必须满足设计。

k. 支撑分节拼装后，凸缘盘处螺栓安装必须正反间隔连接，以防支撑局部变形，造成连接处掉落，同时必须将凸缘处螺栓上紧，支撑加力后，螺栓可能出现松动现象，应及时跟随加力拧紧螺栓。

l. 支撑架设初期，必须在24h内完成第一阶段预加应力，防止基坑的变形和外围土体失稳。

m. 围檩及支撑就位时，须缓慢放置在牛腿或托座支架上，不得有碰撞和冲击现象。

n. 钢支撑最终拼接长度比设计长度小10cm，架设时10cm空隙调节活络头弥补，活络头最大伸缩长度为34cm。

o. 当土方分层开挖至设计支撑底约50cm处时，立即测量支撑架设的准确高度和位置，保证两侧支撑对称连接。

p. 斜撑的架设最为关键，必须保证斜撑端面的支座与拼装的支撑配套施工，基坑开挖后采用大钢尺现场实测基坑净空，然后推算斜撑的实际架设长度，斜托支座必须与围檩焊接牢固。

（2）钢支撑防坠落措施。

①开挖过程中，注意对钢支撑的保护，必要的部位贴反光贴，防止挖掘机碰撞钢支撑。

②架设钢支撑的过程中，避免碰撞已安装好的钢支撑。

③及时对已架设到位的钢支撑施加轴力。

④钢支撑施加轴力后,将φ14mm钢丝绳一端用膨胀螺栓固定在桩上,另一端绕钢支撑将其捆绑,使钢支撑悬挂在围护桩上。如图33-20所示。

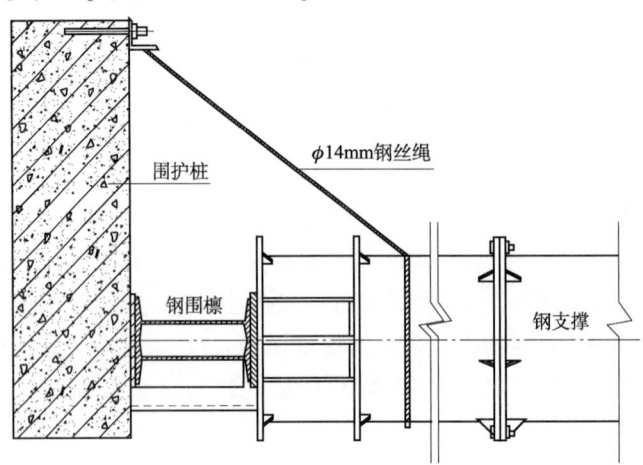

图33-20 钢支撑悬挂保护示意图

(3)针对温度变化的措施。

①为避免温度变化产生的围护结构的附加变形和支撑的次应力,在设计和施工中必须加强施工监测,同时合理优化施工工序,采取措施减少支撑次应力,以确保围护结构和施工的安全。

②设计和施工中要严格控制支撑轴线的偏心,设计要验算允许偏心下引起的弯矩。支撑轴力计中心与支撑轴线要尽量一致,此偏差不大于1cm。

③架设支撑时应避免选择在温度最高和最低时进行。以钢支撑架设时段昼夜平均温度作为基准温度,根据钢材膨胀系数、支撑长度换算。根据支撑架设时的温度,调整预应力值。

④支撑预加轴力的施加应当根据温度条件进行一定调整。现场温度高,减小预加轴力;现场温度低,增大预加轴力;增大和减小的范围根据计算确定。

⑤对于超宽基坑必须进行信息化设计和施工,以便在施工中通过加强监测及时反馈信息,修改调整施工方案,使施工始终处于安全可控状态。

33.6.6 车站明挖主体结构施工

33.6.6.1 结构设计方案

(1)设计概况。

武青南路站主体长241m,主体结构标准段宽23.5m,扩大段宽27.9m,顶板覆土约3m;车站主要受力体系由侧墙、立柱、梁和板组成。

簇桥站主体长621m,主体结构标准段宽21.1m,扩大段宽25.5m,顶板覆土约3m;车站主要受力体系由侧墙、立柱、梁和板组成。

(2)车站结构施工布署。

①明挖车站结构分别由"从两端向中间,纵向分段,竖向分层"平行、流水作业,每段从下到上顺作施工。

②纵向施工顺序。

武青南路站分段施工顺序:第1段→第2段→第3~10段。

簇桥站分段施工顺序:第1段→第2段→第3段→…→第13段;第25段→第24段→第23段→…→第14段。

(3)分段长度考虑结构受力、一次混凝土灌注能力、混凝土水化热、结构防水、抗裂、混凝土收缩与

徐变等的影响,并结合本车站的具体特点综合考虑。施工分段划分的原则如下:

①施工缝设置于纵梁弯矩、剪力最小的地方,即跨距的 1/4～1/3 位置。

②分段位置和各层板上楼梯口、电梯井口及侧墙上的通道位置尽量错开。

③根据施工图纸及技术规范要求,施工分段长度一般考虑在 18～20m。

④根据设计图纸要求及现场施工需要,在施工明挖主体结构时需设置 24(簇桥站 9 道)道施工缝。本站主体结构不设变形缝,只在主体结构和附属结构接岔处设变形缝。

(4)竖向采用自下而上顺作法施工,水平施工缝设置 4 道,第一道设置于底板腋脚上 100cm,第二道设置于中板下 30cm,第三道设置于中板上 30cm,第四道设置于顶板下 30cm。明挖主体施工步骤施工步骤如图 33-21 所示。

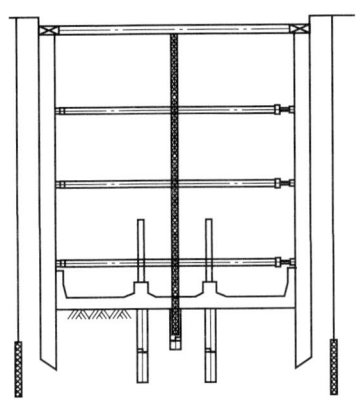
第一步:基坑开挖至设计高程,埋设综合接地装置,施作底板与侧墙防水工程后再施作底板与部分侧墙等主体结构。

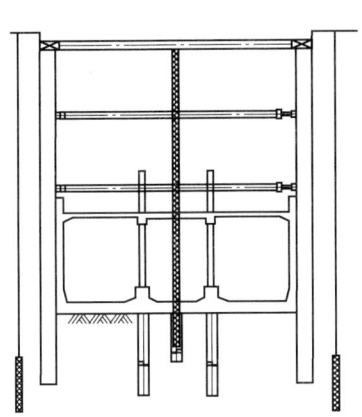
第二步:待先浇筑的底板混凝土强度达到90%以上,侧墙混凝土强度达到80%以上后,再拆除第四道支撑,再施作侧墙防水工程,部分侧墙和地下二层。

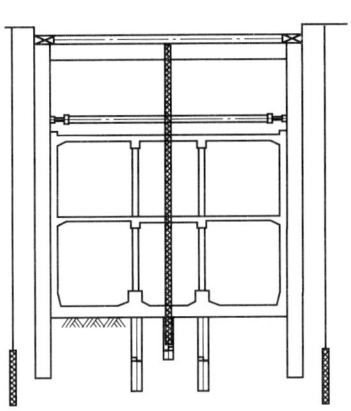
第三步:待先浇筑的侧墙和地下二层混凝土强度达到80%以上后,再拆除第三道支撑,再施作侧墙防水工程,部分侧墙和地下一层。

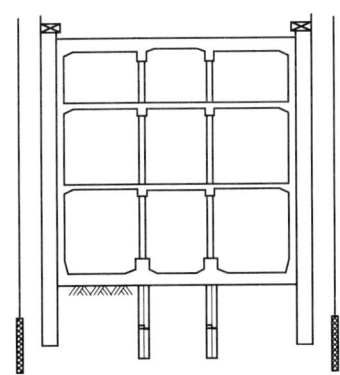
第四步:待先浇筑的侧墙和地下一层混凝土强度达到80%以上后,再拆除第二道支撑,再施作剩余防水工程和主体结构。

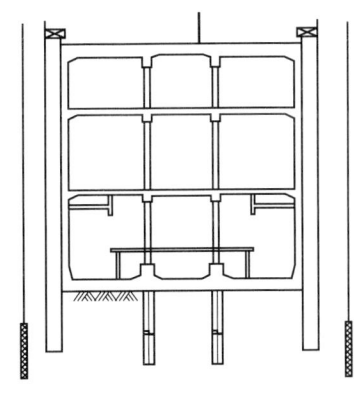
第五步:待先浇筑的主体结构混凝土强度达到80%以上后,施作顶板。

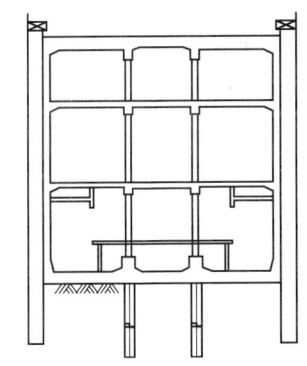
第六步:待顶板混凝土强度达到80%以上后,施作压顶梁,拆除第一道支撑,顶板回填部分覆土,疏导交通。

图 33-21 明挖主体施工步骤图

33.6.6.2 接地网施工

1)接地网施工方法

(1)在每段基坑开挖至距基底设计高程 20～30cm 范围内时,测放出垂直接地体及水平接地体位置,开始进行接地网施工。

(2)接地引出线的水平接地体为 50mm×5mm 紫铜排,垂直接地体为 ϕ17.2mm×3m 铜棒,接地体之间连接采用铝热焊。接地体埋深在车站结构垫层下0.8m以下。

(3)水平接地网采用人工开挖,垂直接地体采用XY-150型地质钻机埋设、钻孔紧跟开挖施工以避免与结构施工之间的干扰。仅对综合接地网周边水平接地体施放降阻剂;当接地引出线穿过钢筋网时,用JRD型复合绝缘热缩带包缠铜排,而后加热,使热缩带与铜排紧密结合,保证钢筋与引出线之间的绝缘要求;在施放水平接地的水平接地体沟槽中采用低电阻率的黏土回填。

(4)为使接地体形成连通回路,水平接地体交叉、外圈水平接地体与垂直接地体的连接、垂直接地体的对接、水平均压带的对接均采用普通铜焊,保证牢固、无虚焊。接地网施工时,以尽量减少接地体的连接点为宜。

2)接地网施工技术措施

(1)接地网在车站底板垫层下的埋设深度不小于0.8m,若底板垫层底部高程有变化,仍保持0.6m的相对关系。

(2)接地网的引出线要求引出车站底板以上0.1m,为防止结构钢筋发生电化学腐蚀,用绝缘热缩带进行绝缘处理,同时为防止地下水渗入结构底板,引出线上安设止水板。

(3)每一节段接地网施工完后进行接地电阻、接地电位差及跨步电位差测试,整个接地装置的接地电阻应满足国家相关标准规定及设计有关规定。

(4)水平接地网沟用粘性土回填密实后方可进行下道工序的施工。

(5)接地网施工全过程应严格按《电气装置安装工程接地装置施工及验收标准》(GB 50169—2006)的有关要求进行。

(6)在垫层施工期间,不仅对接地引出线进行绝缘处理,而且采取有效的保护装置并设立明显标志保证其不受损坏。

33.6.6.3 垫层施工

(1)车站明挖至基底设计高程以上30cm时用人工进行基底清理,避免扰动原状土。施工段两侧设截水沟和集水坑,防止基底浸泡变软。

(2)底板下垫层采用C20混凝土,厚度为15cm,垫层混凝土灌注采用商品混凝土泵送入模,平板振动器振捣,分段对称连续浇筑。

(3)因为底板直接在已做好的垫层上施工,所以为给底板施工创造条件,在垫层施工时注意以下几点。

①根据现场实际情况及计算选择是否按设计高程提高20mm作为板预留沉降量(经计算确定沉降量)。

②垫层向底板施工分段外延伸4.0m,提供本段的施工作业空间。

(4)根据预先埋设的高程控制桩控制垫层施工厚度,满足设计要求,并及时收面、养护,确保垫层面无蜂窝、麻面、裂缝。

33.6.6.4 底板及底纵梁施工

(1)车站底板紧随垫层、底板防水层之后施工。

(2)车站底板钢筋及混凝土施工。

底板施工浇筑混凝土时,首先浇筑至底板腋脚上1200mm,钢筋在地面加工制作好后,吊入基坑内安装;底板横向主筋、纵向主筋采用单面搭接焊,其余钢筋均采用扎丝进行绑扎或点焊,制作安装好的钢筋经监理工程师检查合格后安装快易收口网、各种预埋件、预留孔,并经检查、核对无误后浇筑底板混凝土。底板采用C35、P8防水混凝土,底板顶面混凝土保护层为40mm,底板底面保护层为50mm,采用商品混凝土泵送入模,插入式振捣棒振捣,分层、分段对称连续浇筑,底板上、下翻梁与底板一次浇筑,并预埋立柱、站台板下墙钢筋。底板腋脚及上翻梁模板支撑如图33-22和图33-23所示。

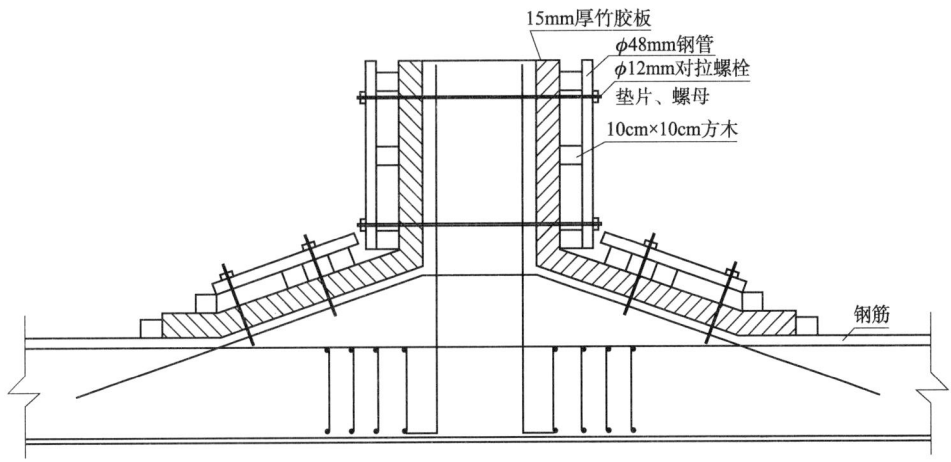

图 33-22　底板腋脚模板支撑图

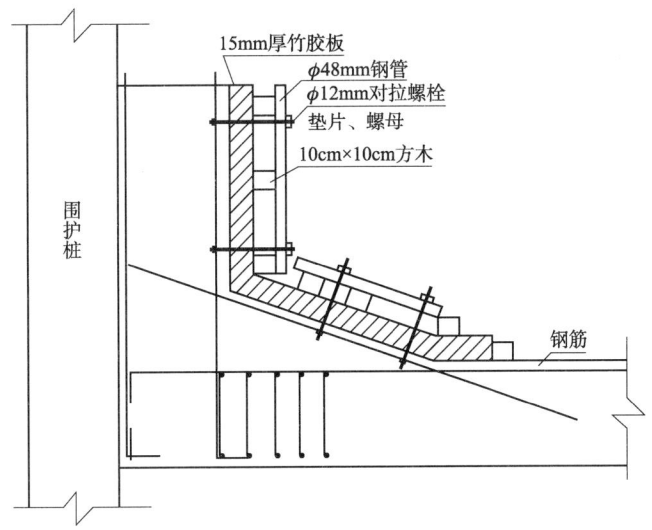

图 33-23　上翻梁模板支撑图

(3)底板施工过程中,对接地网引出线进行保护(图 33-24)。

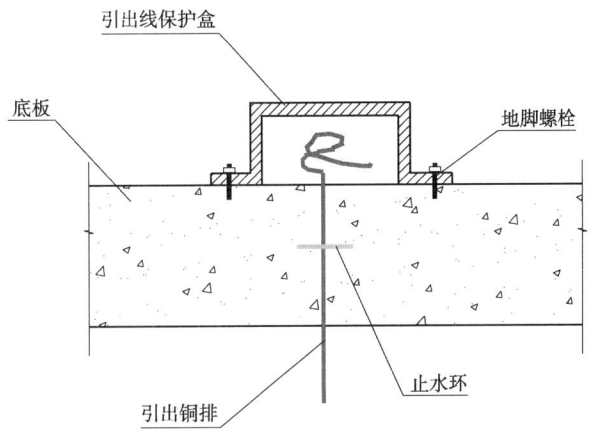

图 33-24　接地网引出线保护示意图

33.6.6.5　车站立柱施工

(1)铺定型组合钢模板块:可从一侧开始铺,每两块板间边肋用 U 形卡连接,U 形卡安装间距一般不大于30cm(即每隔一孔插一个)。每个U形卡卡紧方向应正反相间,不要安在同一方向。楼板在大面积上均应采用大尺寸的定型组合钢模板块,在拼缝处可用窄尺寸的拼缝模板或木板代替,但均应拼缝严密。

(2)立柱模板采用钢模板,横肋采用2根竖向并排16a槽钢,净间距500mm,并在两头用拉杆对拉;施工时模板对接在一起,在连接处用A16螺栓连接。沿柱子纵向布置一排对拉螺栓,水平间距60cm,保证立柱的垂直度。模板及支撑系统刚度要事先经过检算。

(3)明柱采用C45混凝土,保护层厚度为40mm,待监理工程师检验合格后进行混凝土浇筑,浇筑时分层进行浇筑并采用插入式振捣棒进行振捣,拆模后采用塑料薄膜进行包裹养护,立柱一次灌注成型。

33.6.6.6 车站侧墙及中板、顶板施工

(1)车站侧墙及中(顶)板采用分次浇筑。侧墙侧模采用组合钢模板+三角斜撑的方式进行施工,模板支撑系统经过受力检算,确保支撑系统强度、刚度、稳定性满足施工要求。

(2)中(顶)板底模采用在方木上铺压缩竹胶板,利用盘扣钢管脚手架支撑,钢管支架的密度事先检算,保证强度及变形满足施工要求。当板厚度较大时,拟采取以下措施保证模型刚度、强度:支架钢管间距加密;选用大截面优质方木,并将方木间距加密;选择较厚的竹胶板。中(顶)板模板支撑如图33-25所示。

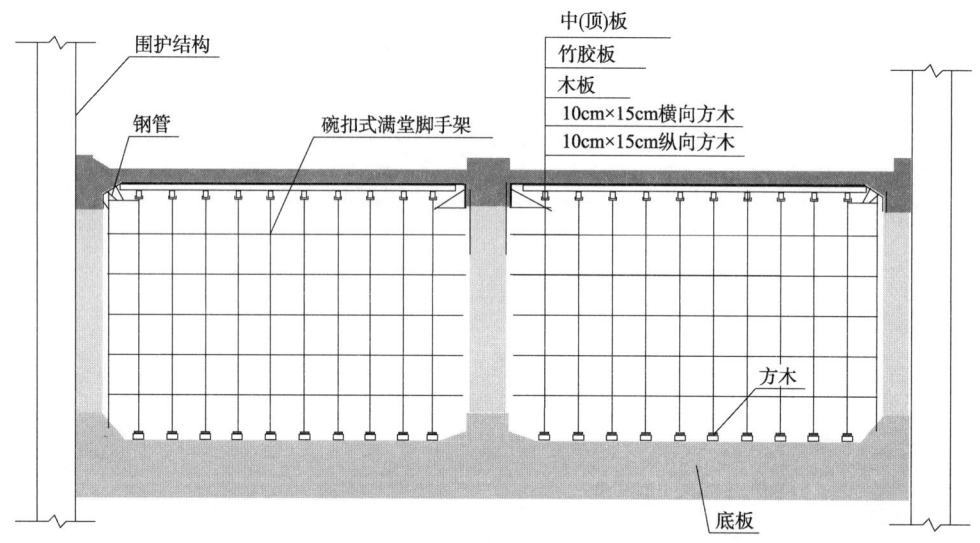

图33-25　中(顶)板模板支撑图

(3)模型按设计预留上拱度,支架在顶(楼)板达到设计强度后拆除,避免板体产生下垂、开裂。

(4)在施工接缝处设立快易收口网而形成粗糙表面,无须凿毛,为下次混凝土灌注提供非常理想的结合面。收口网设立要牢固,避免因超重物挤压损坏。

(5)侧墙采用C35、P8防水混凝土,侧墙外侧保护层厚度为50mm,侧墙内侧保护层厚度为40mm,泵送混凝土入模,分层分段对称浇筑至设计高程。采用插入式振捣棒为主,附着式振捣器为辅,保证侧墙混凝土振捣密实。

(6)中板、中梁采用C35混凝土,顶板、顶梁采用C35、P8防水混凝土,板顶面保护层厚度为50mm,板底面保护层厚度为40mm(中板保护层厚度均为40mm),采用泵送混凝土,分层分段对称浇筑。顶板混凝土终凝之前做好压实、提浆、抹面工作。

(7)对于浇筑后的中空楼板,由于中空面积较大,在楼板达到设计强度、拆除钢支撑之前,采取在中空部位增设临时钢管支撑(间距由计算确定)的办法来保证楼板不被损坏。

33.6.6.7 内部结构施工

1) 车站站台板施工

站台板安排在相应主体结构施工完成后分段进行站台板的施工。站台板采用C30混凝土,站台板结构施工分段与主体结构分段一致。第一部分为站台墙施工,第二部分为板体施工。

站台板施工方法:

(1) 支撑体系采用可调式DWJ碗扣式支架,墙体加固使用穿墙螺栓。

(2) 模板采用0.915m×1.83m、1m×2m竹胶板模板。

(3) 采用混凝土输送泵灌注入模,设专人捣固。

(4) 结构钢筋加工在钢筋加工棚内按设计加工成型,运送至现场绑扎,支撑墙与站台板连接的预埋钢筋采用焊接。

(5) 板面混凝土初凝后,进行压实、抹面,终凝后用湿麻袋覆盖,定时洒水养护。

2) 轨顶风道施工

根据工程筹划,本车站没有涉及盾构过站工序,因此车站轨顶风道施工与车站主体结构施工同步进行,对于盾构接收端头的部分在盾构吊出后施工。

现浇部分施工时,支撑体系采用可调式DWJ碗扣式支架,墙体加固使用穿墙螺栓。模板采用1.22m×2.44m竹胶板。现场绑扎钢筋,采用混凝土输送泵及溜槽灌注入模,设专人捣固。

3) 楼梯、扶梯施工

车站内楼梯和扶梯安排在主体结构施工完后组织施工,楼梯采用C30混凝土,施工采用分段进行。其施工方法与主体相同。楼梯施工时需注意浇筑踏步混凝土时须从底部向上逐层施工。

33.6.6.8 钢筋施工注意事项

(1) 底板钢筋在垫层上绑扎,顶板钢筋在模板上绑扎。施工时,在模板与主筋之间加设垫块,确保钢筋保护层厚度。施工顶板时,先立好顶板纵梁底模,绑底梁钢筋,之后立纵梁侧模及顶板底模,最后再绑顶板钢筋;侧墙钢筋由作业人员搭架绑扎。

(2) 钢筋机械连接或搭接焊。

(3) 在绑扎双层钢筋网时,钢筋骨架以梅花状点焊,并设足够数量及强度的架立筋,保证钢筋位置准确。钢筋网片成形后不得在其上设置重物。

(4) 施工缝处予留钢筋搭接长度并按规范错开。

(5) 钢筋按设计要求加工、安装。

33.6.6.9 混凝土灌注施工注意事项

车站底板、底板纵梁、侧墙、顶板、顶梁、暗柱均采用防水等级为P8的C35防水混凝土,车站明柱采用C45混凝土,中板、中梁、内墙、楼梯、站台板采用C35混凝土。主体结构分段进行浇筑,同一段内顶板、底板、侧墙在端头的施工缝设在同一截面。

1) 底板混凝土灌注(浇筑至底板腋脚上1000mm)

(1) 采用商品混凝土泵送入模,插入式振捣棒及平板振捣器振捣,每30cm一层、分段对称连续浇筑。

(2) 在结构分段内底板混凝土顺车站坡度方向由高向低连续浇筑。

(3) 底板厚度大,混凝土灌注采用纵向斜面分层浇筑,横向由中间向两端浇筑。

(4) 底板与侧墙交接部位分层浇筑,加强振捣,确保混凝土浇筑质量。

(5) 底板采用洒水覆盖保湿材料养护。

2) 立柱混凝土灌注

立柱采用泵送混凝土入模,插入式振捣棒振捣,每30cm为一层进行浇筑。

立柱拆模后用塑料薄膜养护。阻止混凝土内部自由水过早蒸发,以达到自养的目的,并能提高混凝土和水泥砂浆表面的抗压、抗折、抗渗强度,增强表面硬度,提高耐磨性能。

3)侧墙混凝土灌注

(1)侧墙混凝土采用分层对称连续浇筑,浇筑至中板顶100mm。每次30cm分层连续浇筑,由高至低徐徐浇筑。

(2)侧墙水平施工缝以上50cm范围注意振动棒插入深度及混凝土下落速度,防止使注浆管发生移位。

(3)控制混凝土入模温度,本站主体施工时处于秋季和冬季,浇筑时间一般选在白天,冬季气温较低时,采取保温措施。

(4)侧墙采用浇水自然养护,以达到自养的目的,并能提高混凝土和水泥砂浆表面的抗压、抗折、抗渗强度,增强表面硬度,提高耐磨性能。

4)中板与顶板混凝土灌注

(1)中板与顶板混凝土采用分段水平连续浇筑,注意施工缝的清理及振捣工作。

(2)中板顶板采用蓄水保温法养护,养护时间不少于14d。

33.6.7 车站附属结构施工方案

33.6.7.1 车站附属工程概述

(1)武青南路站站附属结构共设2个出入口通道、1个无障碍电梯、2组风亭、2个安全出入口及1座冷却塔。2个风道为地下两层结构,基坑深度约为18.42m。2个出入口为地下一层结构,基坑深度约为10.15m。中间风井为地下两层结构,基坑深度约为23.8m。根据《成都地区建筑地基基础设计规范》(DB51/T5026—2001),2个风道及中间风井基坑工程安全等级为一级,2个出入口基坑工程安全等级为二级。根据站址场地环境地质情况,车站通道、风道及中间风井均采用明挖顺作法施工,其围护结构采用基坑外管井降水、间隔围护桩。

(2)2个风道的围护结构都采用直径1200mm的间隔围护桩,桩中心间距2200mm,开挖面采用150mm厚的网喷混凝土支护,同时在竖向采用三道水平间距约3m的钢管支撑。2个出入口的围护结构都采用直径1000mm的间隔围护桩,桩中心间距为2000mm,开挖面采用150mm厚的网喷混凝土支护,同时在竖向采用两道水平间距约为3m的钢管支撑。中间风井的围护结构都采用直径1200mm的间隔围护桩,桩中心间距为2000mm,开挖面采用150mm厚的网喷混凝土支护,同时在竖向采用四道水平间距约为3m的钢管支撑。附属通道、风道主体结构均采用单层单跨矩形现浇钢筋混凝土框架结构。通过计算及工程类比,结构构件尺寸为:顶板厚700mm,侧墙厚600mm,底板厚700mm,中隔墙厚500mm。

(3)簇桥站附属结构共设5个出入口通道、3组风亭。出入口及风亭底板埋深约9.6m,根据《成都地区建筑地基基础设计规范》(DB51/T5026—2001),其基坑工程保护等级为二级。根据站址场地环境地质情况,车站通道、风道均采用明挖顺作法施工,其围护结构采用基坑外管井降水、间隔围护桩。

(4)桩加内支撑参数:围护桩采用ϕ1000mm@2000mm,开挖面采用150mm厚的网喷混凝土支护,同时在竖向采用二道水平间距约为3m的钢管支撑。

(5)附属主体结构底板厚0.6m,顶板厚0.6m,墙厚0.6m,中隔墙厚0.5m。

33.6.7.2 施工安排

1)施工安排原则

(1)根据车站三期围挡占用时间,安排附属工程施工。

(2)根据车站总的施工方案、施工总进度进行附属结构分段施工安排。

2)施工顺序

根据施工总体安排,附属工程在主体结构完工后进行。土方开挖采用分段分层明挖施工。施工顺序为:钻孔桩施工→基坑开挖与钢支撑架设、锚杆施工→结构施工→顶板防水层施工→回填施工。

33.6.7.3 车站附属围护结构钻孔桩施工方法

车站主体完成后,即开始着手安排三期围挡,开始附属结构施工,钻孔桩施工工艺同主体结构,不再叙述。

33.6.7.4 车站附属结构冠梁施工

车站附属围护结构桩顶设置钢筋混凝土冠梁,将桩基连接为整体,使其成为一个密封框架。钢筋混凝土冠梁采用 HRB335 级钢筋,C30 混凝土浇筑。施工安排在围护结构桩基施工完成后分段组织施工。冠梁采用组合钢模板,现场绑扎钢筋,商品混凝土运至现场灌注,插入式振动器捣固密实,洒水养护。

33.6.7.5 车站附属结构基坑开挖施工

1)降水施工

根据地质水文条件,选择合理的降水方案。参照相关章节,此处不再赘述。

2)基坑开挖施工

(1)进度安排。

基坑开挖实行每段三班倒单工作面连续作业。出入口通道安排在三期围挡内施工。

(2)开挖顺序。

车站出入口通道明挖段采用分层分段明挖施工。采用挖掘机和长臂挖掘机挖装,人工配合吊车设置钢围檩和架设钢支撑。基坑支护结构的斜撑、横撑在开挖到设计位置后及时安装,基坑斜支撑的架设最为关键。钢支撑的架设方法与主体基坑开挖时架设钢支撑方法相同。开挖时在基坑内设集水坑排水,抽水机排水。

33.6.7.6 车站附属结构施工

1)结构施工步序

出入口通道结构采用顺作法施工。

2)结构施工方法

(1)模板:侧墙、顶板采用大块竹胶板模板。

(2)支架:侧墙采用钢管对口撑,顶板采用满堂红盘扣式脚手架。支撑与主体结构的侧墙、顶板支撑相类似,对口撑位置与门形架位置相协调,撑杆具有足够的强度和刚度。支架作检算并预留沉降量。

(3)钢筋在加工场地加工,基坑内绑扎。

(4)混凝土浇筑:混凝土采用商品混凝土,泵送入模,人工使用平板式和插入式振动器振捣。

(5)养护:采用湿麻袋覆盖养护,洒水养护不少于14d。

(6)其他具体施工方法见主体结构的相应部分。

33.6.7.7 出入口通道、风亭及风道的结构施工技术措施

板、墙、柱施工要求及技术措施,钢筋、模板、混凝土的施工质量控制等与主体结构施工相同。在附属结构的施工中,出入口的楼梯段顶板,其混凝土的灌注、楼梯等的施工是结构的施工重点。其施工技术措施如下。

1)斜面板混凝土的灌注

(1)控制混凝土坍落度在100~210mm,由下至上,实行斜面分层法浇注。浇筑时下料点经常挪

动,同一地点混凝土一次下料量不能过大,一般以25~30cm的分层厚度来控制,并适当延长混凝土浇筑时间。

(2)振捣以密阵点快插慢提的方式进行,严禁少振、过振,确保混凝土密实。

(3)板体混凝土一次浇筑。

(4)混凝土浇筑前,在板体两侧墙面或钢筋上弹出板顶高程线,配备足够的劳动力,随时将坍下的混凝土向上倒。混凝土的坍落度小,要及时做好板顶面压光工作,收面时,以高程线严格控制板面坡度正确。

(5)斜面顶板脚架垂直与板面设置,使用钢管与水平段脚手架牢牢相连,防止脚手架失稳。

2)楼梯板施工

楼梯板模型的安装质量是控制楼梯板施工质量的关键,为此:

(1)施工前,将楼梯板结构及各细部尺寸向施工人员进行详细技术交底,以便于施工中随时针对安装尺寸进行检查。

(2)施工前根据实际层高放样,模板安装时遵循先梁模,再楼梯底模,然后外帮侧板、踏步侧板的施工顺序。每一道模型安装完,先进行高程及尺寸检查,合格后方可继续下道工序模板的安设,避免误差累计。

踏步侧板现场安设:以布设于外侧帮侧板内侧的底板厚度线及踏步位置线保证踏步高度,宽度正确,梯板底支撑间距以0.8m为好,上下端都固立牢靠,不使用已弯曲变形的模板作为踏步侧板。

(3)混凝土入模采用人工倒运入模的方式。拆模时要小心谨慎,以防破坏踏步板棱角。楼梯踏步完工后,表面棱角处用木板保护,以防撞坏棱角。

33.6.7.8 车站附属结构回填施工

本站出入口通道、风道顶板混凝土达道设计强度并做好防水层后分段分层回填。具体施工方法和程序参照车站顶板回填施工。

33.6.7.9 车站附属与主体结构接口施工

(1)出入口及风道与主体结构接口处1m范围施工分别待附属结构各段施工完成后再进行,以减少差异沉降对车站防水带来的危害。

(2)出入口及风道与主体结构及预留接口的变形缝防水是薄弱环节,变形缝的施工及防水构造严格按设计及规范施工,具体详见防水工程施工。

33.6.8 车站结构防水施工

33.6.8.1 防水标准

车站主体、出入口及人行通道防水等级一级,结构不允许出现渗水,结构表面不得有湿渍。风道及风井防水等级为二级,不允许漏水,结构表面允许有少量的偶见湿渍,在侵蚀性介质中的混凝土耐蚀系数不应小于0.8,否则应采取防腐措施。

33.6.8.2 防水设计

主体结构采用防水混凝土,外包全封闭防水形式。顶板:采用2.5mm厚的优质柔性防水涂料,根据现场实际情况选择设置隔离油毡(有种植要求时),采用100mm厚细石混凝土作保护层。如顶部有种植要求,应用抗刺穿层代替隔离油毡层。侧墙采用能倒置粘贴于主体结构的预铺式柔性防水材料,并做临时保护。底板采用能倒置粘贴于主体结构的预铺式柔性防水材料,细石混凝土保护层厚度不应小于50mm。不同材料的搭接必须采用相容的粘接剂及封缝材料。在侧墙防水板内侧应采用临时挡板,防止机械损伤或焊接火花灼伤防水层。

出入口通道采用全包防水,底板采用50厚细石混凝土保护层,整个断面铺设改性沥青防水卷材,施工缝位置预埋注浆管。车站结构防水断面如图33-26所示。

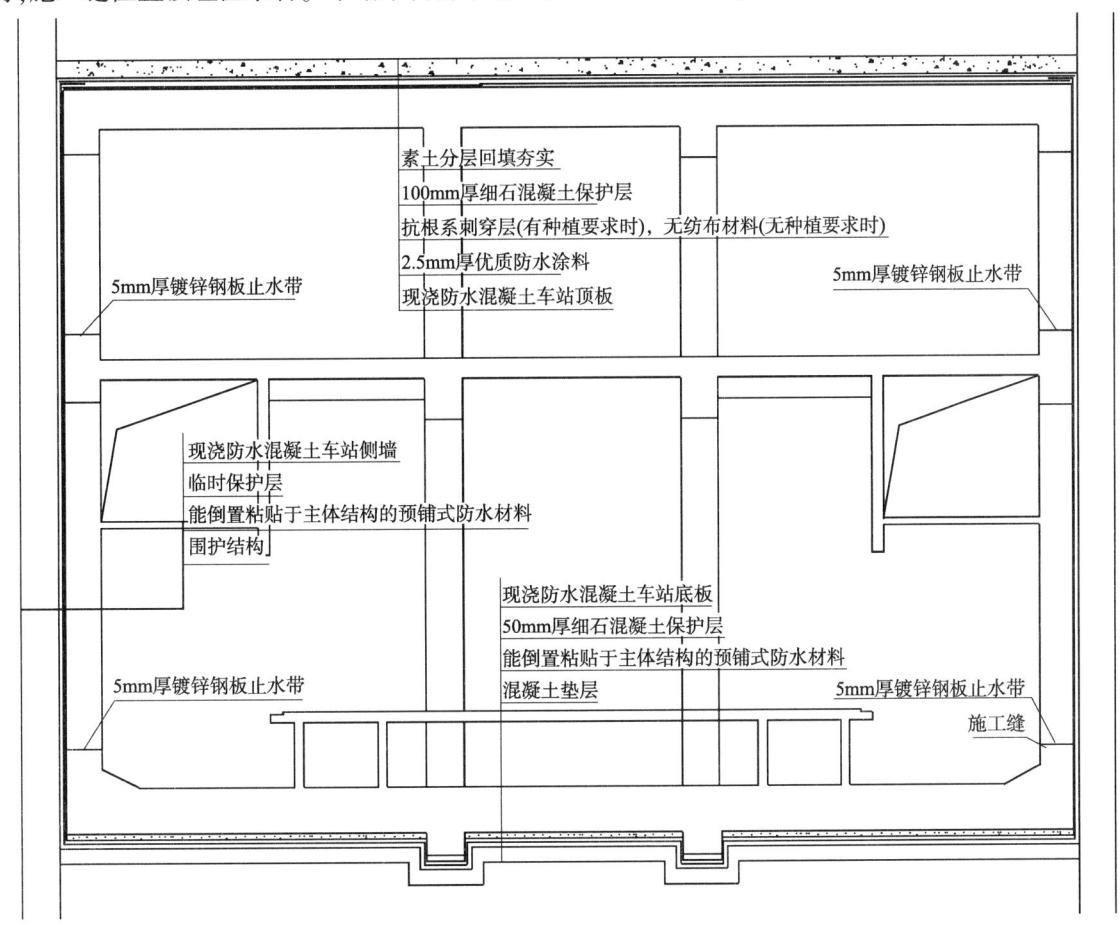

图33-26 车站结构防水断面

33.6.8.3 防水施工遵循的原则

防水施工是保证地铁工程质量的关键,贯穿于施工的全过程,为保证本站防水工程的施工质量,根据结构特点、施工方法、使用要求及水文地质条件等因素,遵循"以防为主、刚柔结合、多道防线、因地制宜、综合治理"的原则,以结构自防水为主,外防水为辅,同时结合公司以往地铁施工经验及技术研究成果,并针对该车站特点,采取以结构自防水为根本,接缝防水为重点,辅之以附加防水层加强防水,关键处理好施工缝、变形缝、穿墙管、结构预留孔等薄弱环节的防水。

33.6.8.4 防水施工组织

成立以项目经理为首的防水工作领导小组,由总工程师为主抓此项工作,下设一名专职质量检查工程师及数名专业技术人员,抽调有多年地铁防水施工经验的技术工人组建防水班。平时由总工程师及质检工程师对有关人员进行技术培训,使防水工作人员做到心中有数,并持证上岗按规范及要求进行施工。

33.6.8.5 基坑开挖阶段防水施工

该阶段防水工作主抓两个方面:控制围护结构变形及堵漏。

1)控制围护结构变形方面

(1)通过检算确定钢围檩有足够的刚度、强度来控制围护结构的变形。

(2)支撑架设紧随开挖进行,实行掏槽开挖,减少土体暴露时间,控制围护结构初期变形。

(3)定期校核加力设备,采取措施减少预应力损失,通过检算确保钢支撑轴力施加准确,控制围护桩变形。

（4）按既定的方案进行开挖，以周密的施工监测为手段，实行信息化施工，确保基坑开挖过程中的支撑轴力、钻孔桩变位等处于受控状态。

（5）对流砂现象严密监视，提前进行方案论证及相关应急物资储备。

2）堵漏

（1）仅有少量渗漏水的，用双快水泥或掺有"堵漏灵"的防水砂浆凿槽抹面处理，外加剂掺量由现场试验确定。

（2）有明显漏水点时，先引流埋管，后做注浆处理。

（3）必要时在墙外实施高压喷射注浆止水。

（4）出入口围护结构有明显漏水时，先引流埋管后，再进行注浆处理。

33.6.8.6 车站主体结构混凝土自防水

结构防水混凝土采用普通硅酸盐水泥或其他低水化热水泥，并在防水混凝土中掺入适量粉煤灰和高性能减水剂，控制水胶比、坍落度及混凝土入模温度，降低温差收缩和干燥收缩带来的不良影响，提高混凝土抗裂、防渗的要求，增强防水混凝土的自防水能力。

提高防水混凝土的防水抗裂性能采取如下措施：

（1）使用生产质量比较稳定的转窑水泥，含碱量不超过 0.6%，不使用受潮和过期水泥。对各种粗细集料、拌和水及外加剂进行严格的质量与计量控制，采用洁净饮用水拌制混凝土。砂石除符合《普通混凝土用砂质量标准及验收方法》和《普通混凝土用碎石或卵石质量标准及验收方法》的规定外，石子最大粒径不大于 40mm，含泥量符合规范要求，且所含泥不得呈块状或包裹在石子外面，吸水率不大于 1.5%。

（2）采用掺加高效减水剂及粉煤灰"双掺"技术，减少水泥用量，降低水化热，减少收缩裂缝的产生。

（3）精心进行配合比设计，通过试验反复比选，确定用于不同浇筑方法、不同施工环境的最佳配比。混凝土灌注控制自由倾落高度，当自由高度大于 2m 时，使用溜槽或串筒，并在溜槽或串筒前设一段水平溜槽，防止混凝土发生离析。采用振捣器振捣，振捣时间为 10~30s，以混凝土开始泛浆、不冒气泡及混凝土面不再下沉为准。

（4）对商品混凝土的计量、拌和、运输等环节进行全过程监控，每罐混凝土现场测试合格后方能使用，严禁在现场加水，按规定留足抗压抗渗试件。

（5）现浇混凝土垂直施工缝加设端头模板，结合永久性混凝土模板和快易收口网两者一起使用。

（6）结构施工缝留置在结构受剪力或弯矩最小处。

（7）采取措施使防水混凝土结构内部设置的各种钢筋或绑扎铁丝不接触模板。固定模板不设穿过混凝土结构件的对拉螺栓。

（8）防水混凝土施工过程中，严格按下列规定进行各项质量检查。

①对防水混凝土原材料进行检查，如发生变化，及时调整混凝土配比。

②每班检查原材料质量不少于 2 次。

③在拌和和浇筑地点测定混凝土坍落度，每班不少于 2 次。

④连续浇筑混凝土 500m³ 以下时，留 2 组抗渗试块，每增加 250~300m³ 增留 2 组，如使用的原材料配比或施工方法有变化时，均另行留置试块，试块在浇筑地点制作，其中一组在标准情况下养护，另一组与现场情况相同情况下养护，试件养护期 28d，最后做对照检查。

⑤防水混凝土垫层厚度不小于 150mm。

⑥防水混凝土拆模时，混凝土结构表面温度与周围气温差不超过 15℃。

⑦在防水混凝土结构中有密集管群穿过处，预埋件或钢筋稠密处，预埋大管径的套管处等部位采取切实有效的措施，确保混凝土的浇筑质量。

33.6.8.7 车站结构防水施工

1) 车站底板防水施工

主体结构采用防水混凝土,外包全封闭防水形式。底板采用能倒置粘贴于主体结构的预铺式柔性防水材料,50mm 厚细石混凝土保护层(图 33-27)。

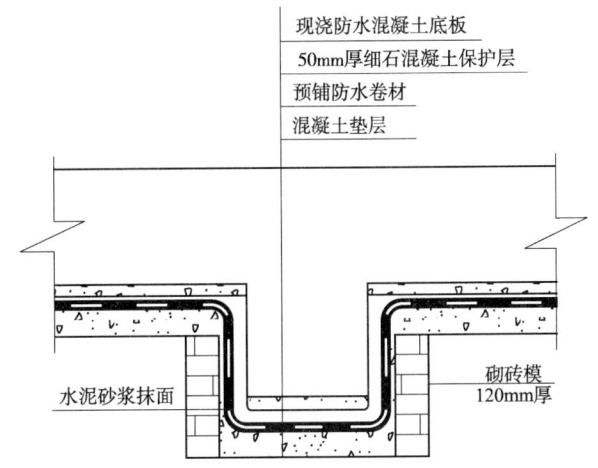

图 33-27 底板及下翻梁防水层施做示意图

改性沥青自黏防水卷材外施作混凝土垫层。施工时精确抄平,3m² 设一个点,确保混凝土垫层平整度。灌注时原浆抹面、压光,人工铺设防水卷材。

(1)小心将防水卷材运至施工现场,以防损坏防水卷材。

(2)将防水卷材照设计尺寸剪裁好后进行铺设,两块防水卷材之间搭接处不少于 100mm(焊道一般只有 40~50mm,如搭接处不能保证 100mm,焊接时稍有不慎,焊道很容易滑出搭接处外,造成瑕疵),利用自动爬行焊接机焊接。

(3)以气压法测试焊缝(压力为 1.0~2.0kg/cm²,维持 5min),如测试失败时,检查失败处并加以修补,再以真空罩测试。

(4)对已完成焊接的防水卷材进行保护,以防损坏。

2) 车站顶板防水施工

车站结构部分顶板外侧涂刷 2.5mm 厚优质单组分聚氨酯涂膜防水卷材,再施作 100mm 的细石混凝土保护层,最后素土分层回填夯实(图 33-28)。

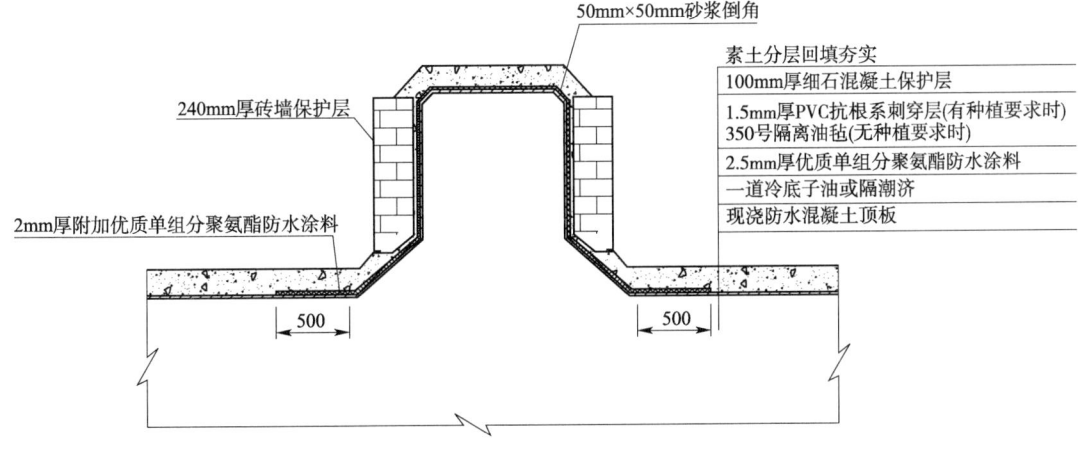

图 33-28 顶板及上翻梁防水施工示意图(尺寸单位:mm)

(1)基层施工。

防水基面按设计要求用 1:3 的水泥砂浆抹成 1/50 的泛水坡度,其表面要抹平压光,不允许有凹凸不平、松动和起皮等缺陷存在。施工时防水基层基本呈干燥状态,含水率不超过9%。

(2)涂层施工。

现将顶板基层均匀涂刷一层隔潮剂,再涂2.5mm厚优质单组分聚氨酯防水涂料。

涂层施工:在隔潮剂基本干燥固化后,用塑料或橡胶刮板均匀涂刮一层涂料,涂刮时要求均匀一致,不得过厚或过薄,涂刮厚度为2.5mm。

(3)防水卷材铺设。

涂膜达到铺设要求后及时进行顶板两侧的卷材铺设。

顶板两侧卷材收头处,用与卷材同质的密封膏封固。

贴卷材时,卷材要在松弛状态下,不得拉伸卷材,不得有折皱,对准基线铺贴。

卷材铺设时,将卷材与顶板间的空气挤出,以免在阳光下起泡胀鼓,在排除气泡后,平面部位用压辊滚压压实,使黏结紧密。卷材之间采用搭接法连接,搭接宽度为10cm。施工在5℃以上的气温下进行。

(4)防水层的保护。

顶板防水层铺好后,及时灌注细石混凝土保护层。

灌注细石混凝土用平板振动器振捣。灌注沿同一方向依次推进。

加强对现场施工人员的教育,提高保护意识。

3)车站结构侧墙处防水施工

围护结构与主体结构密贴的结构形式,侧墙采用能倒置粘贴于主体结构的预铺式柔性防水材料,并做临时保护。

(1)施工方法。

侧墙外防水层:防水层是依附于基层的,基层质量的好坏,将直接影响防水层的质量,所以基层就成为保证防水施工质量的基础。基层的整体刚度、平整度、含水率,以及表面完善程度(无起砂、起皮及裂缝)等,可以通过找平、排水、打磨等各种方法达到以上要求。若有局部渗水情形阻碍防水层铺设时,则必须给予止水或导水处理,以利施工并可确保施工质量。

(2)施工工艺。

①混凝土基面处理。

将混凝土基面的灰、泥等用钢丝刷、打磨机刷磨干净,再用水冲洗,凹凸不平处用防水砂浆找平。

将围护结构内表面钢筋及凸出的管件等尖锐物,从混凝土表面处割除,并在割除部位涂抹防水砂浆。

若有局部渗水情形,加以封堵或导流处理,以不影响铺设防水层为准。

②防水卷材铺设。

按设计、规范的要求在墙面上施工自黏聚合物改性沥青自粘防水卷材,防水卷材搭接宽度:短边不小于150mm,长边不小于100mm,相邻两幅接缝处需错开,并且错开结构转角处不小于600mm。防水层铺设好后,及时浇筑侧墙混凝土。浇筑侧墙防水混凝土时,振动棒不得接触防水层。侧墙钢筋绑扎及焊接过程中在钢筋和防水卷材之间临时放置石棉保护板,侧墙混凝土施工时再将石棉板及时取出。

33.6.8.8 特殊部位防水施工

1)施工缝防水施工

施工缝采用镀锌钢板止水带,钢板厚5mm,宽300mm,采用Q235钢;在部分施工缝处涂刷界面剂。镀锌钢板止水带燕尾朝向迎水侧。钢板止水带的接头均采用焊接接头,止水带的位置必须定位准确,同时采取有效措施,保证在施工振捣混凝土时不得损坏止水带。施工缝防水示意如图33-29所示。中埋式止水带采用镀锌钢板止水带。

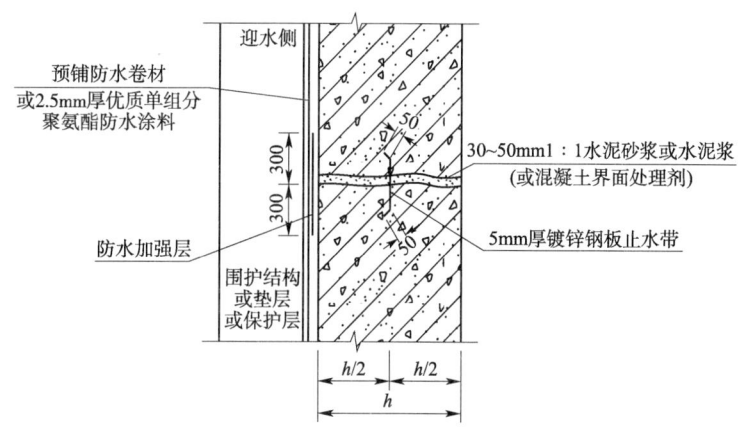

图 33-29　施工缝防水示意图(尺寸单位:mm)

2) 止水带连接施工

(1) 为能产生较好的接触效果,施工时将施工缝表面凿毛,必要时在表面涂刷界面剂。镀锌止水带焊接连接,施工过程中注意钢板止水带定位准确,焊接牢靠,不产生偏斜;为更好地保持止水带连接质量,钢板止水带贴合面四边满焊。施工缝止水带连接方法示意如图 33-30 所示。

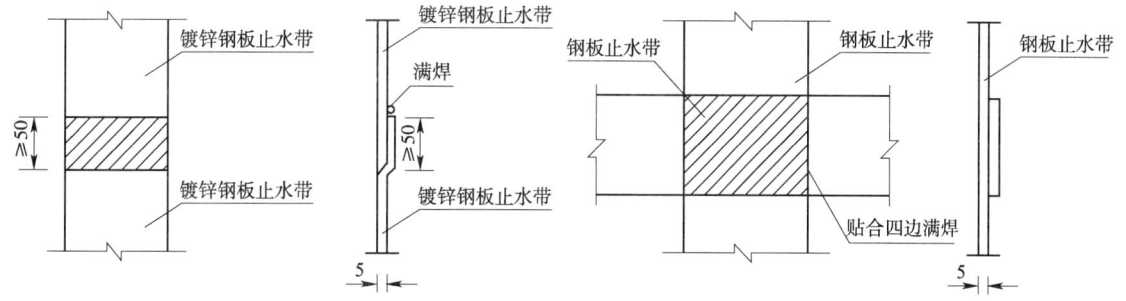

图 33-30　施工缝止水带连接方法示意图(尺寸单位:mm)

(2) 施工缝处混凝土振捣:竖直向止水带两边混凝土加强振捣,保证缝边混凝土自身密实。同时将止水带与混凝土表面的气泡排出。

3) 施工缝、止水带表面处理

(1) 水平施工缝浇灌混凝土前,将其表面浮浆和杂物清除,先铺净浆,再铺 30~50mm 厚 1:1 水泥砂浆或涂刷混凝土界面剂,并及时浇灌混凝土。

(2) 垂直施工缝浇灌混凝土前,将其表面清理干净,并涂刷水泥净浆或混凝土界面处理剂,并及时浇灌混凝土。

(3) 转角处防水施工。

结构的转角做成 50mm×50mm 水泥砂浆倒角,阴角做成半径 50mm 的圆弧,转角及特殊地方要增设一层加强防水层。

(4) 车站与区间及出入口通道、风道接口处防水。

注意搭接好底板、侧墙、顶板的全包防水层。接口处按变形缝进行防水处理。

在凿除掉的围护结构的拐角处设置外贴式止水带,并在此处施工缝中间设置两圈缓膨胀型遇水膨胀止水条。

在接口衬砌中设一圈封闭的背贴式止水条,防止地下水沿衬砌窜漏。

将车站外防水层与附属外防水层连为一体。

必要时对附属与主体结构连接的混凝土(截止到变形缝)做后浇带处理。后浇带采用补偿收缩混凝土浇筑,其强度等级不低于两侧混凝土。

(5）变形缝防水。

暗挖隧道两端和明挖主体结构间各设置一道变形缝，施工缝位于洞内距离洞口 2.5m 处，变形缝两侧混凝土同时浇筑，变形缝宽 20mm，采用聚乙烯板填塞。变形缝的构成为外贴式止水带 + 中置式止水带 + 牛皮纸填塞 + 密封胶封堵 + 聚氨酯涂层 + 接水盒，变形缝防水全环设置，具体构造如图 33-31 所示。

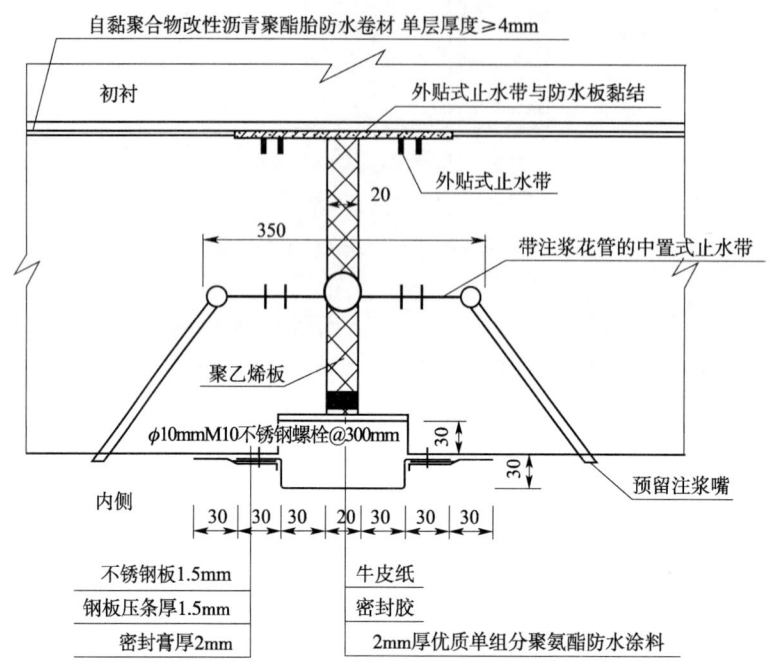

图 33-31　变形缝防水构造图（尺寸单位：mm）

①外贴式止水带在钢筋绑扎前与防水板粘贴。

②中间采用带注浆管中置式止水带，在钢筋绑扎完成后置于两侧钢筋网之间，并将注浆管口留置在模板外侧。

③接水盒设置。

为保护变形缝不受损坏并且干燥、美观，采取变形缝处设接水槽的方法。接水槽安装要求如下：

a. 变形缝两侧采用切割机切开槽面，槽深 30mm、宽 80mm。要求槽口两侧平整，缝内表面混凝土用钢丝刷和高压空气清理干净，确保缝内混凝土表面干净。

b. 在缝内变形缝内填塞牛皮纸，并用密封胶封堵，混凝土槽底涂刷 2mm 厚聚氨酯防水涂料嵌入不锈钢接水槽并固定牢固。

c. 涂密封胶于槽正面，两侧槽面用 M10 膨胀螺栓钉牢接水槽钢边，螺栓间距 300mm。

d. 接水槽两侧与混凝土接缝处使用 2mm 厚密封膏封堵。

33.6.9　盾构施工方案

33.6.9.1　始发前期准备

盾构机始发场地平面布置。

地面系统主要包括吊装运输系统、搅拌站系统、充电系统、通风系统、通信系统等。

吊装运输系统：包括两台 50t 龙门吊、渣土运载车辆，主要负责管片水平和垂直吊运及渣土吊装和装载运输。

搅拌站系统：包括操控室、搅拌系统、自动送料系统、水泥罐、粉煤灰罐，以及送浆泵及送浆管路，始发之前必须组装调试完成。

充电系统:负责为电瓶车充电,始发之前必须调试完毕。

通风系统:包括轴流风机和通风管,可先完成调试,待需要时进行安装。

通信系统:包括内线电话和监控系统,内线电话将直接安装于盾构机内和各办公室之间,监控系统则装于经理办公室,盾构机各参数可实时传递到办公室计算机上,便于项目管理。

33.6.9.2 始发试掘进作业流程

盾构始发试掘进施工作业流程如图33-32所示。

1)端头加固

(1)端头地质分析。

武青南路站盾构始发端头地质断面如图33-33所示。

(2)端头加固方法。

①施工降水。

及时降低承压含水层的承压水水头高度,防止盾构始发时洞门突涌的发生,确保施工安全。始发端头加固前利用车站端头布设的降水井进行降水处理。

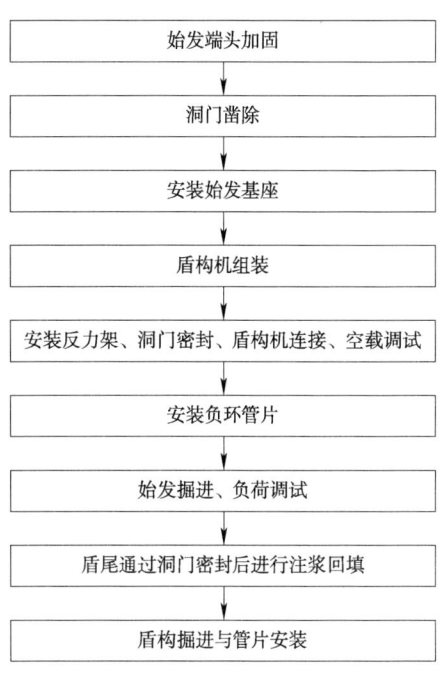

图33-32 盾构始发试掘进施工作业流程图

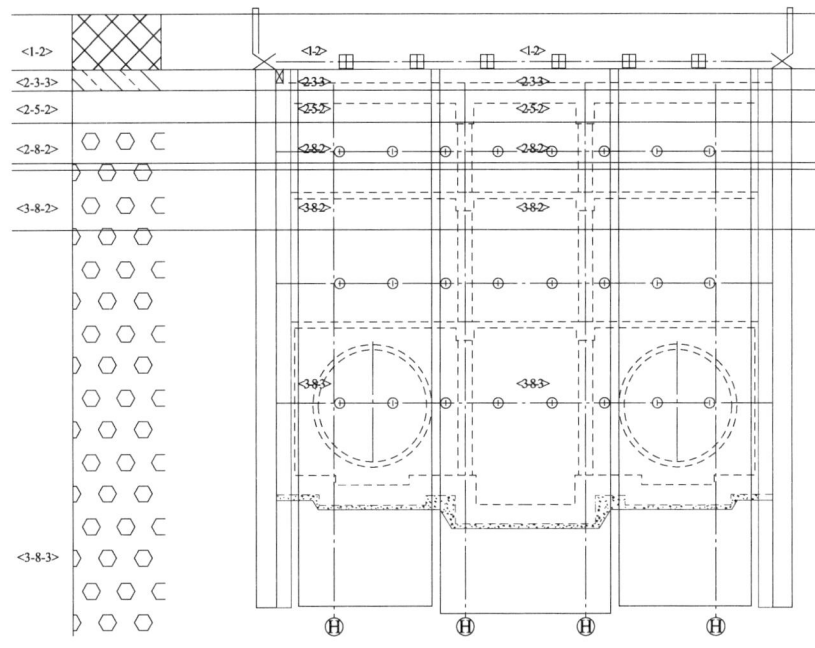

图33-33 武青南路站盾构始发端头地质断面图

控制措施:

a.严密监控地下水位,及时进行降水,使水位降至洞底1.5m以下。

b.降水井备用电源要及时、可靠,确保降水的连续性。

②大管棚加固。

本区间洞门采用"大管棚+管棚内注浆"方式加固。沿拱部120°范围内(圆弧长度为6.90m)布设 ϕ108mm、壁厚6mm无缝钢管,分节安装,管棚分节为1.5m×10=15m,管棚孔口位置在盾构拱部开挖轮廓线外310mm处布置,相邻的钢管中心间距为400mm。注浆管上钻注浆孔,孔径10mm,孔间距200mm,呈梅花形布置。单个洞门共需打设19根钢管,管棚单根长度15.0m,钻入长度10m,外露

0.3m，钻孔的外向偏角为1°~2°（水平方向向洞径外侧偏，垂直方向向上偏），确保钢管不侵入盾构机掘进范围。

注浆浆液采用水泥浆液，参数为：水泥浆水灰比0.8:1~1:1，注浆压力0.2~0.4MPa。经加固的土体应达到以下目的：其28d无侧限抗压强度应不小于1MPa，渗透系数≤10^{-6}cm/s。其加固范围如图33-34所示。

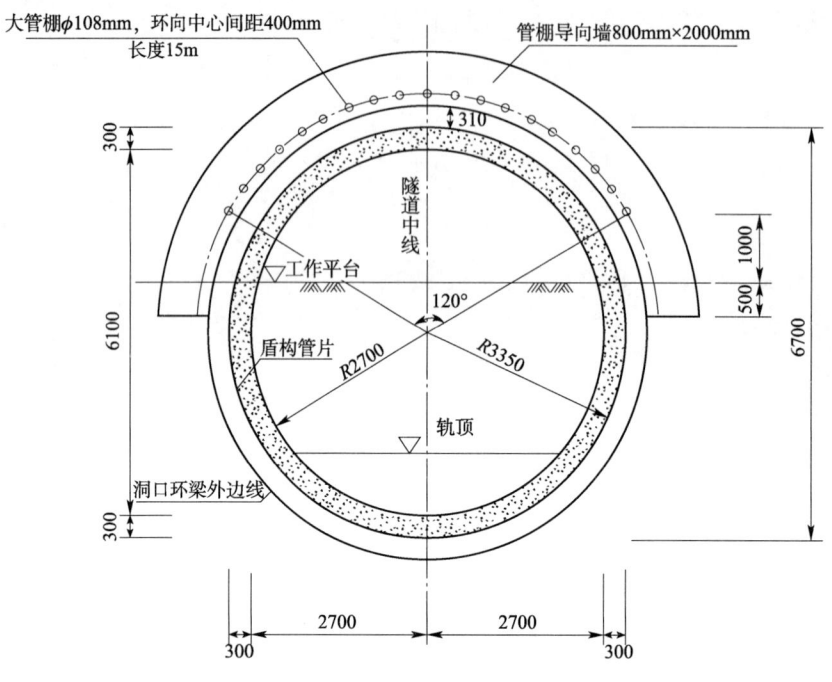

图33-34 洞口管棚加固范围（尺寸单位：mm）

2）洞门凿除

洞门破除是盾构进出洞门的关键工序之一，其施工质量、安全等关键因素直接影响到盾构施工能否顺利进行，虽然洞门破除工序简单，但其安全隐患较多，难度较大。车站始发洞门围护结构均为φ1200mm玻璃纤维围护桩，盾构始发前需对外侧700mm长的围护桩进行凿除，凿除洞门采用人工风镐的方法（图33-35）。

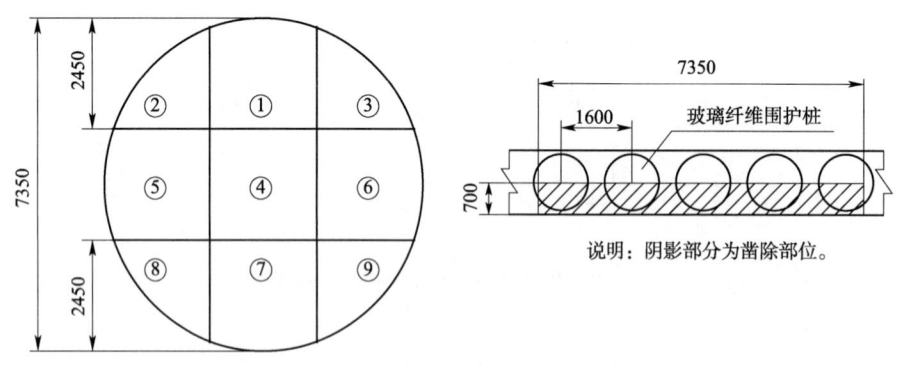

图33-35 洞门凿除（尺寸单位：mm）

3）始发基座安装

盾构机组装前，依据隧道设计轴线、洞门位置及盾构机的尺寸，反推出始发基座的空间位置。始发托架由型钢和钢板加工而成，现场拼装，加工精度要求为±1mm，拼装精度要求为±2mm；托架安装精度要求为水平方向±5mm，垂直方向±2mm，在托架施工前应预先由测量组测定盾构始发井托架轨道底板原始高程，采用钢板垫块进行高度调节（图33-36）。

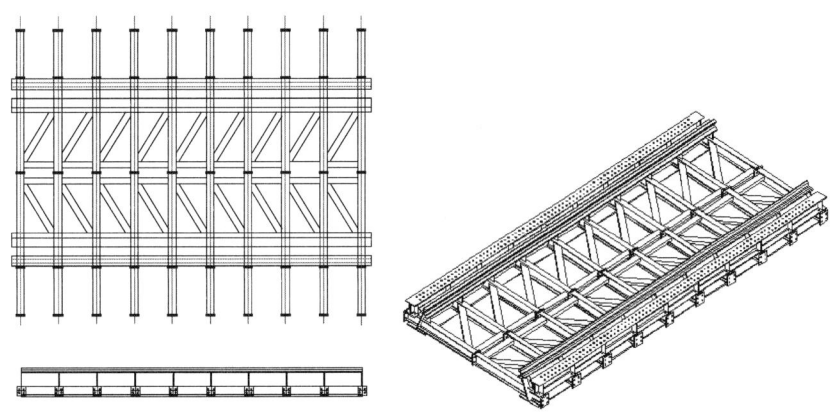

图 33-36　盾构始发基座结构图

考虑始发托架在盾构始发时要承受纵向、横向的推力以及抵抗盾构旋转的扭矩,所以在盾构始发之前,对始发托架两侧用 H 型钢进行加固。盾构机始发进入隧道后,会因机头过重而稍微下沉,始发前,要求盾构机头始发中心线比设计线路中心线高 30mm,盾构机轴线坡度比线路超高 2‰。对此,始发托架在安装施工阶段必须按要求进行调整(图 33-37)。

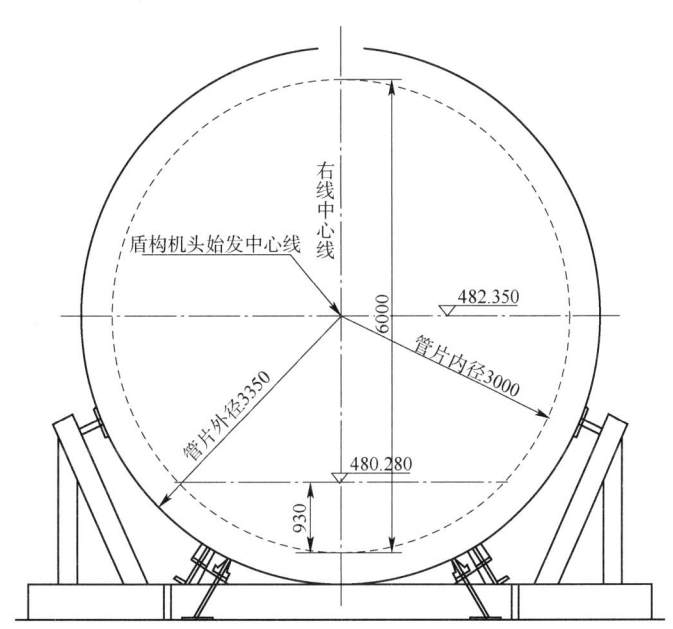

图 33-37　盾构机始发中心与线路中心位置关系(尺寸单位:mm)

4)始发基座验算

本标段始发托架长 9m,盾体支撑采用 43kg/m 重轨,重轨截面中心线过盾体中心,并且垂直于轨面,轨面距盾体中心 3475mm。托架底部支撑采用 HW175×175 型钢(图 33-38)。

按 305t 自重对重轨支撑强度进行校核。

每个重轨承受盾体的质量 $N_1 = 305/(2\cos25°) = 168(\mathrm{t})$。

考虑到支撑架中的承重加上重轨及其他部件按 200t 验算。

支撑架长度以 9m 计算,每 0.75m 支承架的承受力 $P = 0.75 \times 200/9 = 16.66(\mathrm{t}) = 167\mathrm{kN}$。

支反力 $R_\mathrm{A} = R_\mathrm{B} = P/2 = 167/2 = 83.5(\mathrm{kN})$。

最大变距在距两端 0.75/2m 处。

$M_{\max} = R_\mathrm{A} \times 0.375 = 83.5 \times 0.375 = 31.31(\mathrm{kN \cdot m})$。

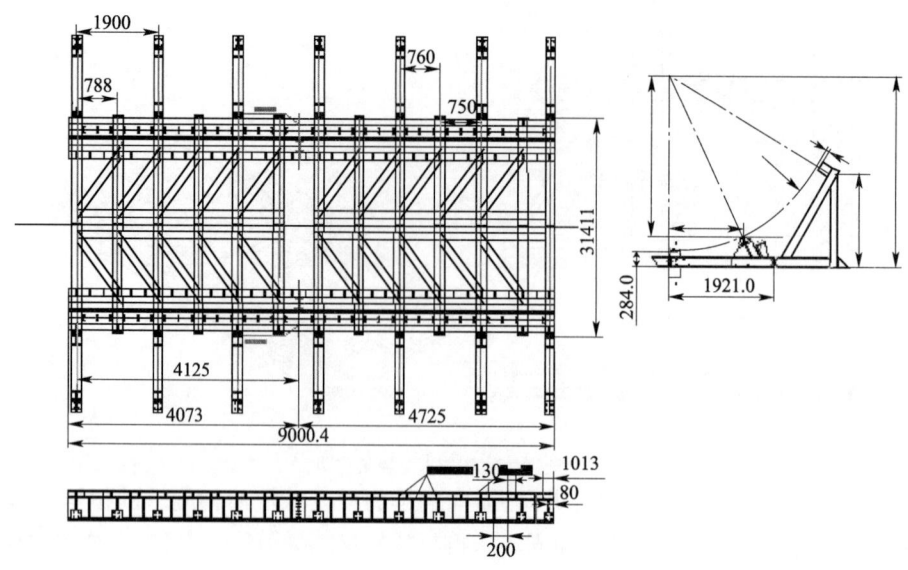

图 33-38 始发基座平剖图(尺寸单位:mm)

查表得截面面积 $A = 51.43 \text{cm}^2$。

中性轴惯性矩 $I_z = \int Ay^2 dA = 1/3 \times A \times y^3 = 1/3 \times 51.43 \times 8.75^3 = 14856 (\text{cm}^4)$。

最大弯应力 $\sigma_{max} = M_{max} \cdot y/I_z = 31.31 \times 0.0875/14856 \times 10^{-8} = 18.44 (\text{MPa}) < [\sigma_w] = 140 \text{MPa}$。故始发基座结构强度满足要求。

5)导轨安装

导轨近掌子面端距洞门掌子面最突出位置保持800mm的距离,以防止刀盘旋转损坏导轨,近帘布橡胶板端距帘布橡胶板距离以不损坏帘布橡胶板为准。导轨位置以始发台滑轨延伸对应的位置为准,导轨采用43kg/m的钢轨。

6)盾构组装

(1)组装及吊装设备。

盾构机按后配套拖车、主机依次进场组装。

吊装设备为:320t履带吊一台(自带副臂进行辅助翻身)、150t汽车吊一台、100t液压千斤顶两台、小型泵站一台,以及相应的吊具、机具、工具。盾构主要吊装部件尺寸及质量见表33-13,组装设备见表33-14。

盾构主要吊装部件尺寸和质量   表33-13

序 号	构件名称	盾 构 机			
		长(mm)	宽(m)	高(m)	质量(t)
1	刀盘	1603	6980	6980	58
2	前盾	2495	6950	6950	114
3	中盾	2966	6940	6940	105
4	盾尾	3930	6930	6930	38
5	螺旋机	13060	950	950	33
6	拼装机	5455	5043	3558	25
7	连接桥	12940	4875	3176	11
8	1号拖车	9382	4715	3390	28

续上表

序 号	构件名称	盾 构 机			
		长(mm)	宽(m)	高(m)	质量(t)
9	2号拖车	12184	4120	3417	36
10	3号拖车	9992	3910	3390	24
11	4号拖车	9992	4285	3390	25
12	5号拖车	9992	4315	3390	20
13	6号拖车	6400	4046.5	3390	12
14	管片小车	5675	3320	1073	3.5

组 装 设 备 表　　　　　　表33-14

序号	名　称	数　量	序号	名　称	数　量
1	液压扭力扳手	1把	15	空压机	1台
2	液压泵站(1)	1台	16	重型风动扳手	2把
3	拉伸预紧扳手	1把	17	1.5t卧式千斤顶	1台
4	液压泵站(2)	1台	18	砂轮机	2把
5	氧气乙炔割具	2套	19	插线板	3套
6	千斤顶	2台	20	注脂管路	1套
7	100t推进油缸	2根	21	活动人梯	2架
8	液压泵站(3)	1台	22	液压工具	1套
9	大撬棍	8根	23	电工工具	1套
10	小撬棍	8根	24	枕木	30根
11	2t倒链	2个	25	工字钢20a或175H钢	20m
12	5t倒链	2个	26	δ20mm或δ10mm钢板	若干
13	10t倒链	6个	27	电动扳手	1台
14	电焊机	2台			

(2)盾构机组装调试程序。

如图33-39所示。

(3)盾构机组装措施。

盾构组装应注意以下几方面工作：

①盾构组装前必须制订详细的组装方案与计划,同时组织有经验并经过技术培训的人员组成组装班组。

②组装前应对始发基座进行精确定位。

③履带吊工作区应铺设钢板,防止地层不均匀沉陷。

④大件组装时应对始发井端头墙进行严密的观测,掌握其变形与受力状态。

⑤大件吊装时履带吊副臂辅助翻转。

⑥保护好盾构机各部件间连接管线接头的编号,避免因无编号而造成线路连接错误,影响安装进度。

⑦下井安装过程中,各专业技术人员协同工作,相互配合,按照相关技术规范和工艺标准进行

组装。

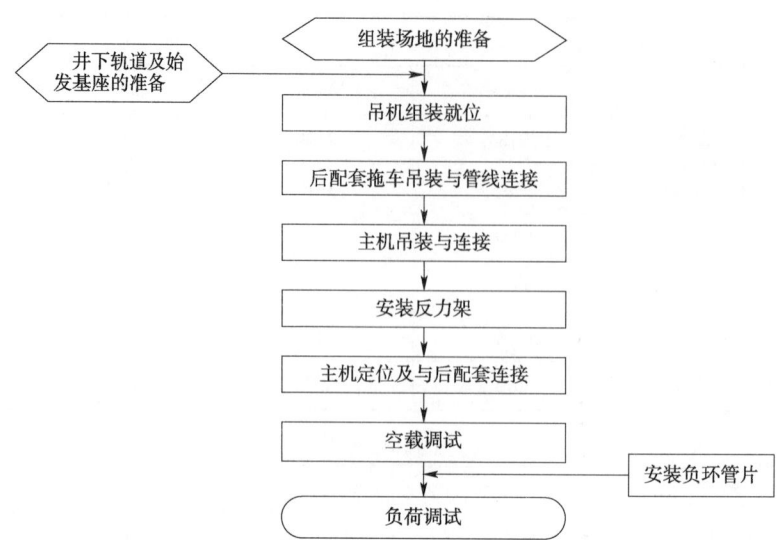

图 33-39 盾构组织调试示意图

7）洞门密封

洞口密封采用折叶式密封压板，其施工分两步进行：第一步在车站大里程端头井侧板施工工程中，做好始发洞门预埋件的埋设工作，预埋件必须与端墙结构钢筋连接在一起；第二步在盾构正式始发之前，清理完洞口的渣土，完成洞口密封压板及橡胶帘布板的安装（图33-40）。

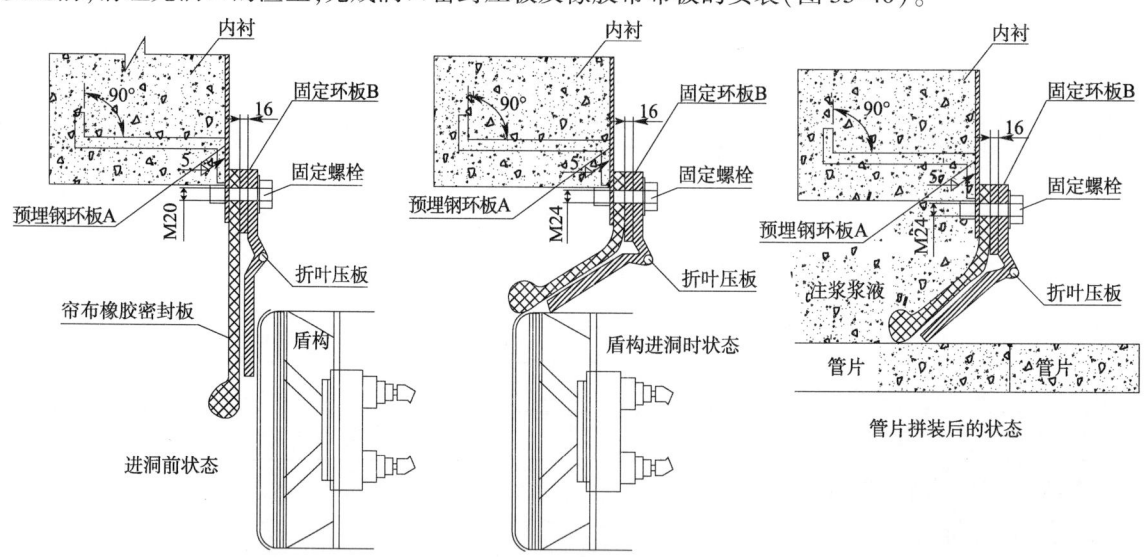

图 33-40 始发洞口密封原理

在安装帘布橡胶板前先检查螺栓丝扣，同时必须确保螺栓栓结牢固，螺栓检查后，安装帘布橡胶板；帘布橡胶板安装完成后安装折页压板，折页压板外侧加垫圈并以螺母栓结固定折页压板，施工时必须确保螺母栓结牢固。为防止盾构机推进时，刀盘损伤帘布橡胶板，在盾构向前推进前，在帘布橡胶板外侧及边刀上涂抹黄油。

8）盾构机定位

（1）初始定位。

初始掘进时，考虑到始发时盾构机机头容易下行的特点，始发定位时，始发前的盾构机头中心点比线路中心超高30mm，盾构机轴线坡度比线路超高2‰。

自动导向系统安装、测试完毕。

自动导向系统的安装位置及测量原理如图33-41所示。

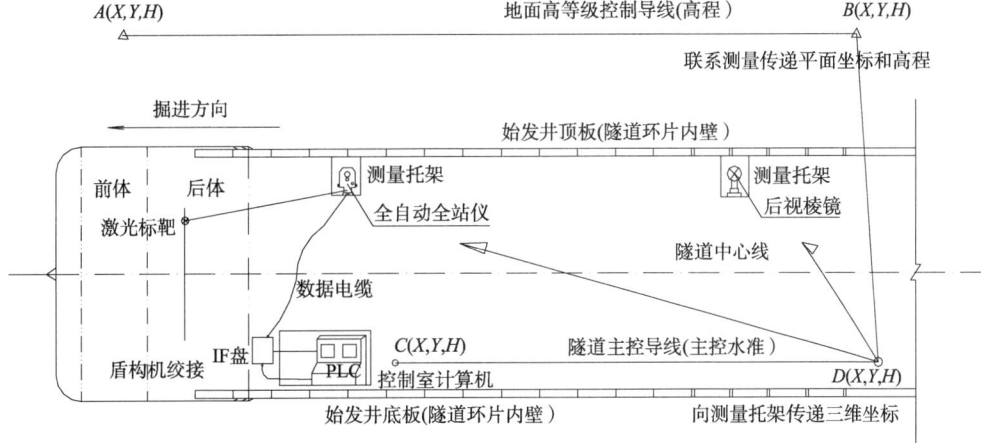

图 33-41 自动导向系统安装原理图

在自动导向系统安装调试完成后,将把有关的线路资料输入计算机,作为掘进过程中参照的设计线路位置。初始掘进范围内的地面监测点已布设完毕并获得初始的数据。

(2)基准点的布设。

根据观测对象情况,在始发井布设不少于3个的稳固的基准点。

9)反力架安装

反力架为钢结构,根据设计的洞门(成都轨道交通规定进洞门长度为700mm)、盾构井主体结构,确定负环管片为6环1.5m管片和1环1.5m零环。反力架提供盾构机推进时所需的反力,因此反力架须具有足够的刚度和强度。将反力架放在放样好的位置上,调整好位置以后,在车站结构体纵向和横向之间用 $\phi600$mm 钢管支撑,支撑与结构接触位置垫10mm钢板(图33-42、图33-43)。

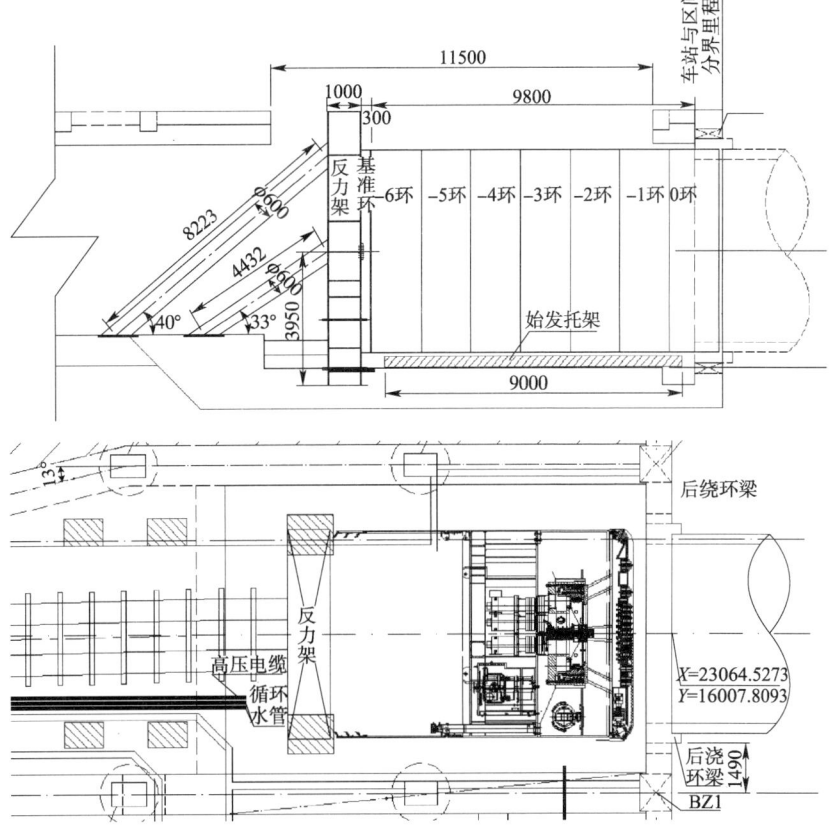

图 33-42 盾构始发反力架布置(尺寸单位:mm)

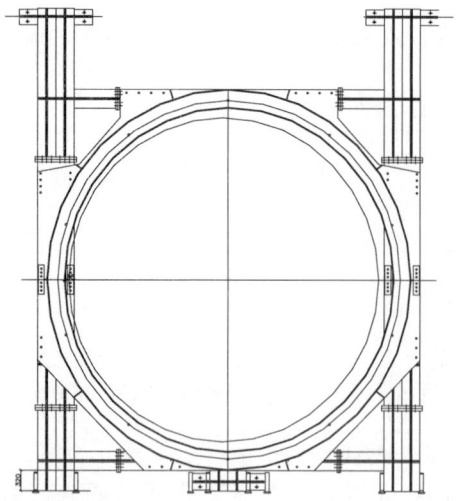

图 33-43　反力架安装示意图(尺寸单位:mm)

10）负环管片安装

如图 33-44 所示,在安装第一环负环管片时,首先在盾构机盾尾盾壳下半圆内部安设 5 根厚 65mm、长 1700mm 的槽钢,等负环管片顶到反力架上受力后,将槽钢割除。

负环管片全部采用标准环,负环管片采取通缝拼装以便于后期拆除,通缝 1 点或 11 点进行拼装。

−6～−1 环管片只粘贴丁腈软木橡胶板和软木衬垫,管片连接螺栓也不需加遇水膨胀橡胶圈,从 0 环开始正常使用防水材料。

当继续拼装负环管片时,盾尾内的负环管片将陆续移出,利用木楔将管片支垫在始发托架上,另外,将三角支架按图 33-42 要求与始发托架焊接一体,在每环管片推出盾尾后,在管片外的支撑三角架纵向工字钢及始发架轨道上用木制楔子及时进行支垫,将管片压力均匀地传递到三角架和托架上。

图 33-44　支撑槽钢布置和负环管片安装示意图

11）盾尾的密封刷涂满密封油脂

在盾构机始发之前,将三排密封刷与盾尾环板及管片之间所围成的密闭空间填充满油脂是件十分重要的工作,其工作质量将直接影响到盾尾在隧道开挖过程中的防水能力,必须予以充分重视。

12）盾构调试

(1)空载调试。

盾构机拼装和连接完毕后,即可进行空载调试,空载调试主要是检查设备是否正常运转。主要调试内容为液压系统、润滑系统、冷却系统、配电系统、变速系统、管片拼装机以及各种仪表的校正。

调试过程必须有建设、监理、设计、施工单位和盾构机生产厂家等各方参与,至调试完成,各方签字认可,确认盾构机满足始发要求后,方可进行下一步负载调试。

(2)负载调试。

通常试掘进时间即为对设备负载调试时间。负载调试时将采取严格的技术和管理措施,保证工程安全、工程质量和线形精度。负载调试待安装好负环管片、洞门凿除和洞门密封环板完成后进行。

33.6.9.3 始发试掘进施工

1）盾构始发施工参数取值

盾构始发100m为盾构试掘进段,试掘进段需在设定参数的基础上根据各种参数的使用效果及地质条件变化进行适时调整(表33-15)。

盾构始发试掘进参数表（1.5m管片） 表33-15

推力 (t)	扭矩 (kN·m)	刀盘转速 (r/min)	土仓压力 (Pa)	注浆压力 (Pa)	出土量 (m³)	注浆量 (m³)	掘进速度 (mm/min)	工 程 地 质
<800	<1000	0.6~1.3	0	—	66~70	6~7	<40	玻璃纤维围护桩
1000~1500	2000~4500	0.9~1.4	$(0.7\sim1.0)\times10^5$	$(2\sim4)\times10^5$	65~69	6~9	40~65	10m 大管棚加固区
1000~1600	2500~5500	1.0~1.4	$(0.9\sim1.3)\times10^5$	$(2\sim4)\times10^5$	65~68	6~9	45~70	砂卵石原状地层

2）土仓压力

始发时,根据盾构始发经验,掘进玻璃纤维围护桩时,不建立压力,尽量把玻璃纤维筋输送出来,防止卡螺旋输送机,即将进入原状地层土仓压力逐步减到$(1.0\sim1.2)\times10^5$Pa。

土仓压力值 P 的选定：

P 值与地层土压力和静水压力相平衡,设刀盘中心地层静水压力、土压力之和为 P,则 $P = K \cdot P_0$,其中 K 值根据施工经验取 $1.0\sim1.3$。初始土压力值可由以下公式来确定：

$$P_0 = k_0 \cdot \gamma \cdot h$$

式中：P_0——土仓压力；

k_0——侧压力系数（一般取 0.39）；

γ——土的重度；

h——刀盘中点处的埋深。

在盾构机掘进过程中,由于土层的变化,开挖面中心地层静止土压力、水压力也随之而变化。因此,初始土压力值也随土层的变化而变化,以满足土压仓的土压力足以平衡开挖面的稳定。

3）盾构机推力

盾构始发试掘进推力设定为800~1400t,并根据实际施工情况做相应调整。

4）盾构推进速度及刀盘转速

始发时推进速度控制在 10~20mm/min,在盾构机脱离盾构井端头区后可逐步提高到 40~60mm/min,初始设定刀盘转速为 1.0~1.2r/min。

5）出土量

根据成都地区施工经验,1.5m管片在使用泡沫作为渣土改良材料的情况下每环出渣量为 65~68m³,质量为 136~140t,采用体积、质量双控制（龙门吊自带称重系统）。在掘进过程中,必须严格控制每环的出土量,并做好记录。

6）注浆压力与注浆量

注浆压力是一个非常重要的参数。其值的确定也是注浆施工中很重要的一个方面,过大可能会损坏管片,反之浆液又不易注入,故应综合考虑地质情况、管片强度、设备性能、浆液性质、开挖仓压力等,以确定能完全充填且安全的最佳压力值。

依据区间线路埋深及地质情况,注浆压力可取1.1~2倍的静止水土压力,初始盾尾注浆压力设定为$(2\sim4)\times10^5$Pa。

盾尾同步注浆理论量为每环 $4.57m^3$，根据经验选用合理的充填系数，注浆时每环应为 $7.6\sim 8.5m^3$，同时要求同步注浆速度必须与盾构推进速度一致。

7）洞口密封处压浆

洞口密封处的充填注浆采用二次压浆方式注入双液浆。注浆压力控制在 $(3\sim 4)\times 10^5$。

8）渣土改良

盾构机配有两套渣土改良系统：泡沫系统和膨润土（泥浆）系统。两者管路可以互用，所有管路经旋转接头均可到达刀盘面板。

(1) 泡沫系统采用 6 路布置，与膨润土可同时注入刀盘前部，也可与膨润土管路共用。每路泡沫采用单管单泵设计，当由于刀盘喷口阻力不同时，每路泡沫仍能够等量喷出，以避免在中、强风化岩中掘进时的泥饼问题。

(2) 膨润土系统采用两台软管作为注入泵，一般情况下两台泵单独注入，一台 $16m^3/h$ 注入能力的泵用于渣土改良，一台 $8m^3/h$ 注入能力的泵用于盾壳外润滑，能力足够。当特殊情况需要大流量时，也可将两台泵并联用于渣土改良。

(3) 刀盘中心设有高压水喷头，可以根据实际情况向刀盘添加高压水防止刀盘结泥饼。

施工中渣土改良措施应根据具体情况，本着经济、合理、有效的原则进行综合考虑，并在实践中摸索经验，以达到快速、安全、经济的目的。

33.6.9.4 始发试掘进参数控制

1）刀盘转动控制

(1) 刀盘起动时，须先低速转动，待油压、油温及刀盘转矩正常，且土仓内土压变化稳定后，再逐步提高刀盘转速到设定值。

(2) 刀盘起动困难时，应正、反转动刀盘，待刀盘转矩正常后，开始正常掘进。

(3) 在操作过程中，应严密监控刀盘转矩、油压及油温等参数，若其中某参数报警，应立即停机。需查明原因，进行修理，待该参数恢复正常后方可继续掘进。

(4) 刀盘转动时，盾构机会出现侧倾现象。当盾构机侧倾较大时，应反方向转动刀盘，使盾构机恢复到正常姿态。

2）千斤顶控制

(1) 在掘进过程中，各组千斤顶应保持均匀施力，严禁松动千斤顶。考虑到盾构机自重，掘进过程中盾构机下部千斤顶推力应略大于上部千斤顶推力。

(2) 在掘进施工中，千斤顶行程差应控制在 50mm 内，且单侧推力不宜过大，以防挤裂管片。

3）出土控制

(1) 出土时的操作顺序为打开螺旋输送机，然后开启出土口，出土口在刚开启时不宜过大，须先观察出土情况，如果无水土喷泄现象，可将出土口开启至正常施工状态。

(2) 螺旋输送机转速和敞口的大小应由土压决定，当仓内土压大于设定值时，方可进行出土作业。

(3) 排出的渣土以疏松、潮湿为最佳。如出现水土分离或土质过干现象，需向螺旋输送机内注入土体改良添加剂。

4）推进控制

在初始阶段时，推进速度要慢，转速为 1r/min，速度控制在 10mm/min 左右。待刀盘通过土层加固区后速度逐渐调为 $40\sim 50mm/min$。在盾构机掘进的同时，可向仓内注入土体改良添加剂，以改良土体，降低刀盘转矩。

5）壁后注浆控制

壁后注浆工艺流程如图 33-45 所示。

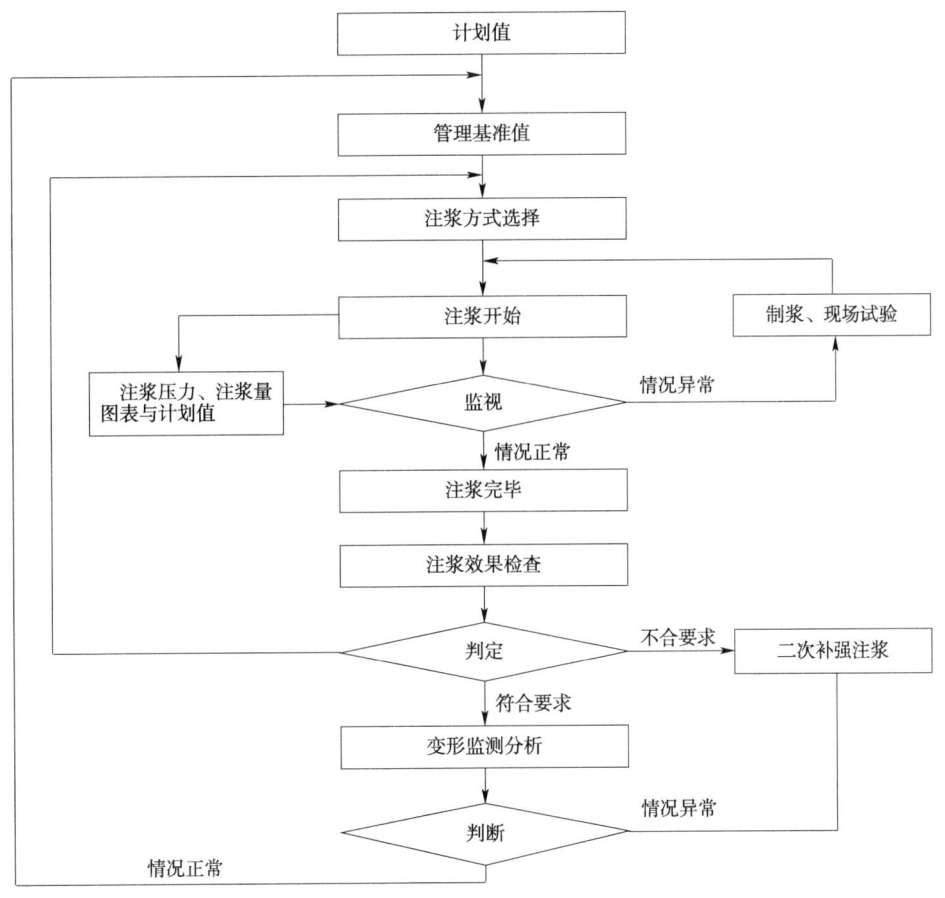

图 33-45 壁后注浆工艺流程图

(1) 注浆材料及配比。

①注浆材料。

采用水泥砂浆作为同步注浆材料,该浆材具有结石率高、结石体强度高、耐久性和能防止地下水浸析的特点。水泥采用强度等级为 42.5 的抗硫酸盐水泥,以提高注浆结石体的耐腐蚀性,使管片处在耐腐蚀注浆结石体的包裹内,减弱地下水对管片混凝土的腐蚀。

②浆液配比及主要物理力学指标。

根据盾构施工经验,同步注浆初步拟采用表 33-16 中的配比。在施工中,则根据地层条件、地下水情况及周边条件等,通过现场试验优化确定(表 33-17)。同步注浆浆液的主要物理力学性能指标如下。

同步注浆材料配比表　　表 33-16

水泥(kg)	粉煤灰(kg)	膨润土(kg)	砂(kg)	水(kg)	外加剂
160~220	300~320	50	850~900	480	按需要根据试验加入

二次注浆配比表　　表 33-17

水 灰 比	A 液:B 液(体积比)	浆液密度(g/cm³)	凝结时间(s)
1:1	1:1	1.44	30~50

a. 胶凝时间:一般为 3~10h,根据地层条件和掘进速度,通过现场试验加入促凝剂及变更配比来调整。对于强透水地层和需要注浆提供较高的早期强度的地段,可通过现场试验进一步调整配比和加入早强剂,进一步缩短胶凝时间。

b. 固结体强度:1d≥0.2MPa,28d≥2.5MPa。

c. 浆液结石率:>95%,即固结收缩率<5%。

d. 浆液稠度:8~12cm。

e. 浆液稳定性:倾析率(静置沉淀后上浮水体积与总体积之比)<5%。

(2)参数控制。

①注浆压力。

同步注浆时要求在地层中的浆液压力大于该点的静止水压力及土压力之和,做到尽量填补同时又不产生劈裂。注浆压力过大,管片周围土层将会被浆液扰动而造成后期地层沉降及隧道本身的沉降,并易造成跑浆;注浆压力过小,浆液填充速度过慢,填充不充足,会使地表变形增大。同步注浆压力取值为$(2~4)\times10^5$Pa,二次注浆压力控制在$(3~5)\times10^5$Pa,并根据监控量测结果作适当调整。

②注浆量。

同步注浆量理论上是充填盾尾建筑空隙,但同时要考虑盾构推进过程中的纠编、浆液渗透(与地质情况有关)及注浆材料固结收缩等因素。注浆量可用下式进行计算:

$$Q = V\lambda$$
$$V = \pi(6.98^2 - 6.7^2) \times 1.5 \div 4 = 4.51(m^3)$$

其中,刀盘直径为6980mm,管片外径为6700mm,管片环宽1500mm。

根据经验注浆量一般为理论注浆量的1.5~1.8倍,并应通过地面变形观测来调节,则实际注浆量为7.6~8.5m³/环。

③注浆速度。

盾构机掘进的同时,进行同步注浆,同步注浆的速度与盾构机推进速度相匹配。

④注浆顺序。

采用4个注浆孔同时压注,在每个注浆孔出口设置压力检测器,以便对各注浆孔的注浆压力和注浆量进行检测与控制,从而实现对管片背后的对称均匀压注。

⑤结束标准。

采用双指标标准,即注浆压力达到设计压力或注浆压力未达到设计压力,但注浆量达到设计注浆量,即可停止注入。

注浆效果检查主要采用分析法,即根据 P-Q-t 曲线,结合掘进速度及衬砌、地表与周围建筑物变形量测结果进行综合分析判断。必要时采用无损探测法进行效果检查。

6)管片拼装控制

采用预制管片衬砌,管片外径6700mm、内径6000mm,每环管片长1500mm,管片采用错缝拼装,管片接缝采用橡胶止水条防水。

先拼装底部管片,然后自下而上左右交叉安装,最后拼装锁定块。拼装中每环管片应均布摆匀并严格控制环面高差。管片拼装前,先在每块片管片螺栓孔位置做好标记,以便于管片的定位。管片拼装时,应先将待拼管片区域内的千斤顶油缸回缩,满足管片就位的空间要求。在进行管片初步就位过程中,应平稳控制管片拼装机的动作,避免待拼管片与相邻管片发生摩擦、碰撞,而造成管片或橡胶密封垫的损坏。管片初步就位后,通过钢尺对相邻管片相邻环面高差进行量测,根据量测数值对管片进行微调,当相邻管片环面高差达到要求后,及时靠拢千斤顶,防止管片移位。千斤顶顶紧后进行管片连接螺栓的安装。前一块管片拼装结束后,重复上一步骤,继续进行其他管片的拼装。

为保证管片拼装质量及施工进度,施工时必严格按照如下要求进行管片拼装的施工:

(1)快拼装施工速度,必须保证管片在掘进施工完成前10min进入拼装区,以便为下一步施工做好准备;另外,为保证管片在掘进过程中不被泥土污染,也不宜提前将管片备好。

(2)必须注意管片定位的正确,尤其是第一块管片的定位会影响整环管片拼装质量及与盾构的相对位置,尽量做到对称。

(3)拼装要严格控制好环面的平整度及拼装环的椭圆度。

(4)管片拼装完后,要及时靠拢千斤顶,以防盾构后退及管片移位,在每环衬砌拼装结束后及时拧紧连接衬砌的纵、环向螺栓,拧紧时要注意检查螺栓孔密封圈是否已全部穿入,不得出现遗漏。在该衬砌脱出盾尾后,应再次拧紧纵、环向螺栓。在进入下一环管片拼装作业前,应对相邻已拼装成型的3环范围内隧道的管片连接螺栓进行全面检查并复紧。

(5)块防水密封垫应在拼装前涂润滑剂,以减少插入时密封垫间的摩阻力。

(6)片拼装的过程中如果需要调整管片之间的位置,不能在管片轴向受力时进行调整,以防止损坏防水橡胶条。

7)盾构姿态控制

(1)始发时姿态。

盾构始发时其铰接角度为零,盾构中心轴线位于隧道设计中心线的外侧,即处于盾构始发路径的延长线上,同时由于盾构机刀盘及前体较重,始发过程中易出现盾构机"低头"的情况,盾构机的始发姿态宜适当"抬头",其坡度比隧道设计坡度略大2‰。

(2)离开始发台前姿态复核、控制。

在盾构开始始发前,对盾构姿态进行认真的复核,保证盾构顺利通过洞门。

盾构离开始发台前基本沿预定始发路径直线前进,必要时可通过对推进千斤顶的选择来对盾构姿态作微量调整,在此期间盾构须破除玻璃纤维桩,以慢速、低压为推进原则,以确保盾构姿态的稳定。

(3)离开基座后姿态控制。

盾构位于始发台上时尽量不要进行姿态调整,盾尾离开始发台后盾构已处于相对自由的状态,一般通过盾构推进千斤顶的合理选用来调整盾构姿态,必要时可同时使用铰接功能来调整,以使盾构逐步沿隧道设计轴线推进。

整个盾构掘进过程中,纠偏实行"勤纠、量小"的原则,每环姿态调整量控制在6mm以内;盾构轴线偏离设计轴线不大于±50mm,地面隆陷控制在+10~-30mm。

在始发掘进时,严格控制盾构机的各组油缸压力不大于7×10^6Pa,盾构机总推力小于9800N,刀盘转矩小于2800kN·m。

8)运输组织控制

垂直运输均采用布置在车站盾构吊装井与出渣井上的龙门吊进行,后配套台车与垂直运输设备之间的隧道内水平轨道运输均为单轨运输,电瓶车牵引板车进行。掘进施工中每条线配备1台电瓶车,列车采用渣土车(5个)+砂浆车(1个)+管片车(2个)编组。

(1)渣土运输。

始发开始工作面渣土的运输是经螺旋输送机出土口采用渣土车出土,每个渣土斗容积为18m³,利用电瓶车拉至预留出土口,用龙门吊吊至地面集土坑,通过翻转架将渣土翻入集土坑,再经挖机转装,通过运土卡车运至弃土场。

(2)管片运输。

每环推进结束,渣土运至地面后,开始管片的运输。运输管片的板车每车放3块管片。吊管放片前,板车上要垫好垫木,确保管片放置稳定、安全。管片吊运顺序要与拼装顺序相协调。

(3)材料运输。

材料运输共用管片运输板车,一般在铺轨期间进行轨枕、轨道等施工辅助材料的运输。

(4)浆液运输。

浆液从地面搅拌站自流至砂浆运输车内,由砂浆运输车运至后配套台车的储浆罐内。

(5)轨道铺设。

①轨道材料。

本工程采用43kg/m钢轨,其中电瓶车轨道为6m/根,盾构台车轨道3m/根;采用自加工轨枕;采用鱼尾板连接轨道,轨道与轨枕采用小压板固定。

②钢轨的运输堆放。

钢轨分批运到工地。钢轨运送到工地后,堆放在材料存放区,洞内需延长轨道前,用龙门吊将钢轨吊装在平板运输车上,运送到铺轨处。

③轨道铺设。

随着盾构的向前推进,轨道需不断向前延伸。当盾构推进4环后,开始进行第一次轨道延伸。以后原则上每推进4~5环延一次轨,每次延伸6m。轨道铺设一般在管片拼装时进行。

④轨道铺设要求。

a. 轨枕水平、稳定。轨枕间距1m,要求分布均匀,间距误差不大于50mm。

b. 轨道顺直,接头间隙控制在1~2mm,错台控制在2mm以下。

c. 轨距为900mm,误差控制在3mm以内。

d. 轨道连接及固定零件齐全,紧固有效。

⑤轨道维修。

及时的维修对于保证运输安全、杜绝运输事故有着极其重要的作用。钢轨检查内容主要有:

a. 轨面是否有裂缝、凹坑。

b. 钢轨接缝是否有伤、缺损或者接缝过宽。

c. 钢轨扣件及接头夹板是否松动、缺损。

d. 轨距及钢轨线形是否发生变化。

e. 管线延伸。

随着盾构的向前推进,冷却水管、高压电缆需同步不断向前延伸。每班由专人负责管线延伸。每次推进盾构前必须对管线进行检查,确保其能满足盾构正常推进的需要。

33.6.9.5 负环管片、反力架和始发架拆卸

1)反力架拆除

将反力架的各部分固定、拆卸并吊出,其中由于立柱较长,需要在井下将其放倒,然后将其吊出,如图33-46~图33-48所示。

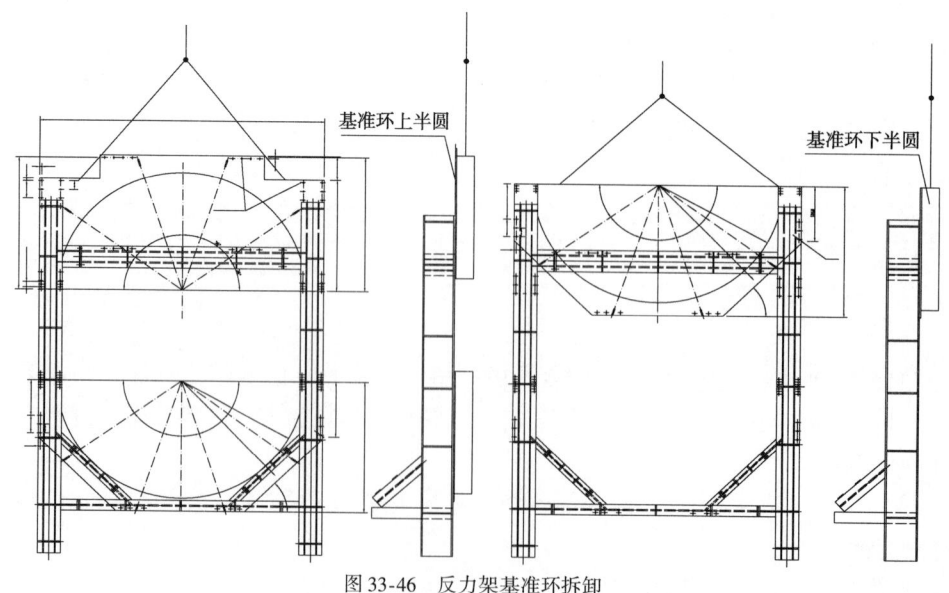

图33-46 反力架基准环拆卸

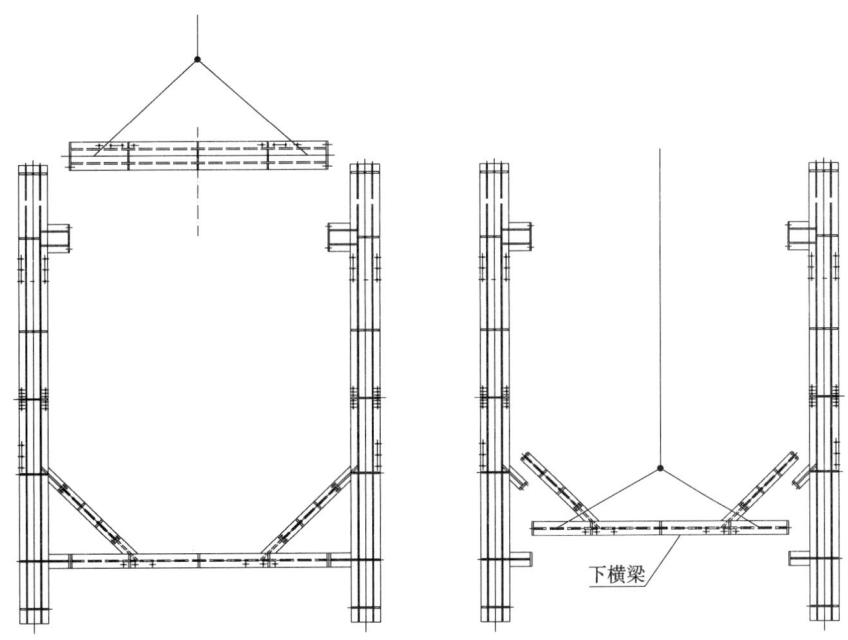

图 33-47 反力架上下横梁拆卸

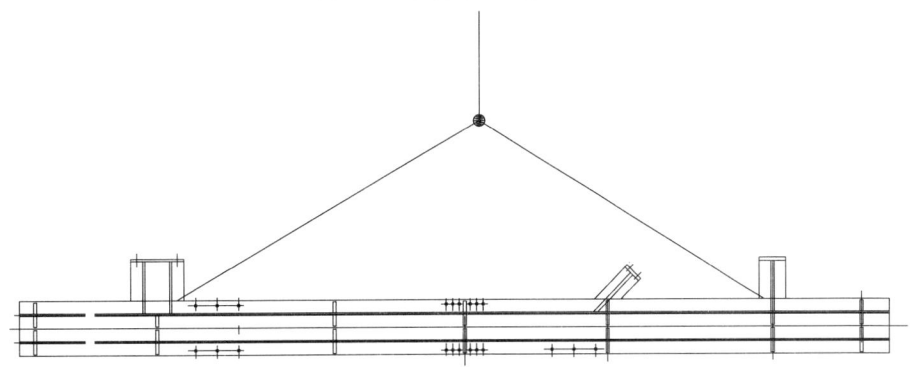

图 33-48 反力架钢立柱拆卸

2）负环管片拆除

在拆除负环管片之前，先固定反力架，然后割除反力架后侧的斜向支撑、水平支撑，拆除负环和基准环之间的纵向螺栓，并将反力架向后移动，使反力架基准环和管片分离，移动到位以后要固定好反力架，才能进行下一步工作。

临时管片的 K 块只在 1(或 11)点位置，先拆除 K 块与 B(或 C)块。使用冲击钻将 K 块与 B(或 C)块管片吊装孔打穿，用直径为 18mm 的钢丝绳从 C 块吊装孔穿入，再从 B 块吊装孔穿出，用绳扣连接钢丝绳，然后用 45t 的龙门吊吊住钢丝绳的另一端，拉紧钢丝绳(拉紧要适度，既不能太紧，也不能太松)，拆除该块管片纵、环向螺旋，最后将其吊出地面。

用两支预先制好的短螺栓，利用管片上部的两个螺栓孔，将钢板与管片固定，作为钢丝绳吊点，拉紧钢丝绳(拉紧要适度，既不能太紧，也不能太松)，先从上到下先拆除该块管片的纵环向螺栓，再拆除下部的环向螺栓，然后将其吊出地面。

其余管片同步骤 3 依次从上到下，从后向前进行拆卸。

负环拆除时，先将底部的两块管片留下，待上部的 4 块管片全部拆除完之后，再拆除底部的 2 块管片。

3）始发架拆除

始发架成品由 4 个主要部件组合而成，起吊前先拆成部件，并将其依次吊出。

4) 注意事项

(1) 拆除负环时盾构机应停机,同时其所处位置地层稳定;随时对盾构机姿态进行监测,确保盾构机停机时姿态稳定;全程进行旁站监控,注意吊装作业安全;必须对零环进行监控。

(2) 施工前组织有关人员熟悉方案及进行技术交底。

(3) 在吊装过程中,吊点应按规定设置不得随意改动。

(4) 在吊装过程中,应把构件扶稳后,吊机才能旋转和移动。

(5) 机械设备、机具使用前应重新检查其机械性能,确保符合使用要求。

(6) 选用钢丝绳长度必须一致,严禁长短不一,以免起吊后造成构件变形。

(7) 各构件起吊后呈水平状态。

(8) 起重机起吊后,吊臂需转动,构件距离地面800mm左右,不得起吊太高进行旋转。

(9) 各构件应小心移动,速度应缓慢。

(10) 各环管片环与环之间加强连接,每环管片的两边外侧采用10t的葫芦向两侧固定。

33.6.9.6 正常掘进施工

盾构掘进作业流程如图33-49所示。

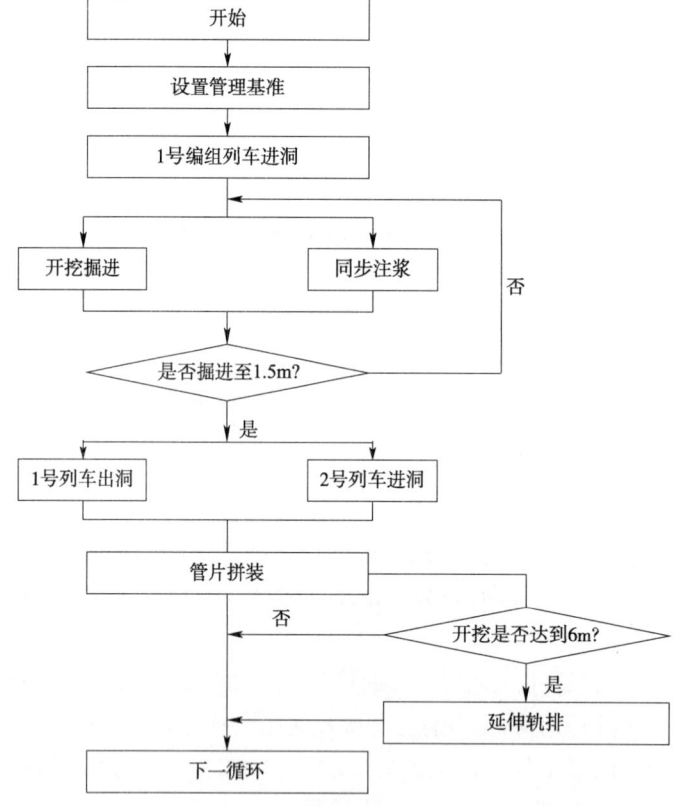

图33-49 盾构掘进作业流程

1) 盾构掘进参数控制

本标段盾构区间穿越地层均为砂卵石地层,盾构机在全程推进过程中采用土压平衡模式进行掘进施工。正常掘进主要参数(1.5m)见表33-18。

正常掘进主要参数(1.5m)　　表33-18

推力 (N)	扭矩 (kN·m)	刀盘转速 (r/min)	土仓压力 (Pa)	注浆压力 (Pa)	每环注浆量 (m³)	出土量 (m³)
12000~15000	2500~5800	1.0~1.5	$(0.9~1.5)\times10^5$	$(2~4)\times10^5$	7.6~8.5	66~68

2）盾构掘进技术措施

针对砂卵石地层，盾构掘进技术措施主要有：

（1）在砂卵石中掘进的一个重要关键点是防止刀盘刀具的过度磨损，主要采取的方法是向开挖舱内注入泡沫和适量的膨润土，同时适当控制盾构的推进速度（推进力）和刀盘转速。

（2）严格建立压力平衡模式掘进。掘进过程中调整盾构机的掘进参数，严格控制出土量，适当少于理论出土量，保持土体的密实，以便土仓内建立土压平衡。

（3）定期使螺旋输送机的正反来回转，保证螺旋输送机内畅通，防止发生螺机堵塞现象。

3）盾构机姿态控制

（1）盾构掘进方向控制。

①盾构机上配有自动全站仪。

a.该全站仪能实时反映盾构机的当前位置和理论位置，并提供调整指示，能够全天候在盾构机主控室动态显示盾构机当前位置与隧道设计轴线的偏差以及趋势。据此调整控制盾构机掘进方向，使其始终保持在允许的偏差范围内。

b.随着盾构推进导向系统后视基准点需要前移，须通过人工测量来进行精确定位。为保证推进方向的准确可靠，每天进行一次管片与盾构姿态的复测，且每100m进行一次人工整体测量，以校核自动导向系统的测量数据并复核盾构机的位置、姿态，确保盾构掘进方向的正确。

②分区操作盾构机推进油缸控制盾构掘进方向。

推进油缸按上、下、左、右分成4个组，每组油缸都有一个带行程测量和推力计算的推进油缸，根据需要调节各组油缸的推进力，控制掘进方向。

在上坡段掘进时，适当加大盾构机下部油缸的推力；在下坡段掘进时，则适当加大上部油缸的推力；在左转弯曲线段掘进时，则适当加大右侧油缸推力；在右转弯曲线段掘进时，则适当加大左侧油缸的推力；在直线平坡段掘进时，则应尽量使所有油缸的推力保持一致。

（2）盾构掘进姿态调整与纠偏。

实际施工中，由于地质突变等原因盾构机推进方向可能会偏离设计轴线并达到管理警戒值；在稳定地层中掘进，因地层提供的滚动阻力小，可能会产生盾体滚动偏差；在线路变坡段或急弯段掘进，可能产生较大偏差。因此应及时调整盾构机姿态、纠正偏差。

①姿态调整。

参照上述方法分区操作推进油缸来调整盾构机姿态，纠正偏差，将盾构机的方向控制调整到符合要求的范围内。

②滚动纠偏。

当滚动超限时，盾构机会自动报警，此时应采用盾构刀盘反转的方法纠正滚动偏差。

允许滚动偏差≤1.5°，当超过1.5°时，盾构机报警，提示操纵者必须切换刀盘旋转方向，进行反转纠偏。

③竖直方向纠偏。

控制盾构机方向的主要因素是千斤顶的单侧推力，当盾构机出现下俯时，可加大下侧千斤顶的推力；当盾构机出现上仰时，可加大上侧千斤顶的推力来进行纠偏。

④水平方向纠偏。

与竖直方向纠偏的原理一样，左偏时应加大左侧千斤顶的推进压力，右偏时则应加大右侧千斤顶的推进压力。

4）管片拼装

管片衬砌有标准环、左楔环和右楔环三种。衬砌环中心环宽为1500mm，沿环向分为6块管片，即3块标准块（中心角72°）、2块相邻块（中心角64.5°）和1块封顶块（中心角15°）。相邻环的管片拼装采用错缝拼装。纵缝和环缝均采用弯螺栓连接，环向管片间设2个单排螺栓，纵向共设10个螺栓。封顶块采用纵向插入的拼装方式。

(1) 管片安装程序。

管片安装工艺流程如图 33-50 所示。

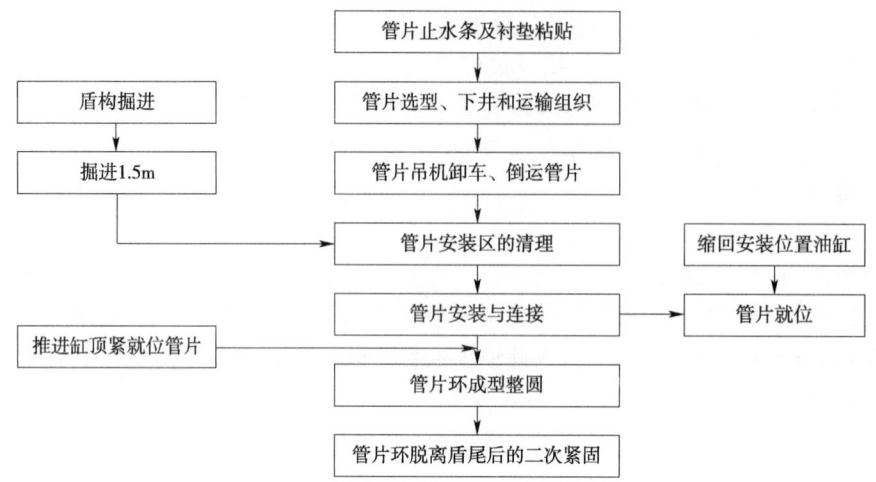

图 33-50　管片安装工艺流程图

(2) 管片拼装方法。

管片由管片车运到隧道内后,由专人对管片类型、龄期、外观质量和止水条黏结情况等项目进行最后一次检查,检查合格后才可卸下。管片经管片吊车按安装顺序放到管片输送平台上,掘进结束后,再由管片输送器送到管片拼装机工作范围内等待安装。

①管片选形以满足隧道线形为前提,重点考虑管片安装后盾尾间隙要满足下一掘进循环限值,确保有足够的盾尾间隙,以防盾尾直接接触管片。

②管片安装必须从隧道底部开始,然后依次安装相邻块,最后安装封顶块。安装第一块管片时,用水平尺与上一环管片精确找平。

③安装邻接块时,为保证封顶块的安装净空,安装第五块管片时一定要测量两邻接块前后两端的距离(分别大于 C 块的宽度,且误差小于 10mm),并保持两相邻块的内表面处在同一圆弧面上。

④封顶块安装前,对止水条进行润滑处理,安装时先径向插入 2/3,调整位置后缓慢纵向顶推。

⑤管片块安装到位后,应及时伸出相应位置的推进油缸顶紧管片,其顶推力大于稳定管片所需力,达到规定要求,然后方可移开管片安装机。

⑥管片安装完后及时整圆,并在管片脱离盾尾后要对管片连接螺栓进行二次紧固。

⑦安装管片时采取有效措施避免损坏防水密封条,并保证管片拼装质量,减少错台,保证其密封止水效果。安装管片后顶出推进油缸,扭紧连接螺栓,保证防水密封条接缝紧密,防止由于相邻两片管片在盾构推进过程中发生错动,防水密封条接缝增大和错动,影响止水效果。

⑧联络通道处管片的 B2、B3 块采用特殊混凝土管片,通缝安装。接近联络通道时准确核实通道位置,调整好盾构机姿态,便于联络通道处管片的正确安装和保证安装质量。

5) 小半径管片破裂防治措施

(1) 严格控制管片生产质量,不合格管片禁止入场,对下井管片进行严格检查控制,不合格管片一律不允许下井。

(2) 盾构机在砂卵石地层中施工,适当加入泡沫剂与膨润土,使其有良好的塑流性,增大刀盘的开口率,保持较低的推进力。

(3) 加强盾尾清理工作,不清理干净不拼装管片,保持传力衬垫粘贴的准确性、平整性。

(4) 定期对千斤顶撑靴进行检查,一旦检查有损坏现象立即修理。

(5) 严格控制盾构掘进参数,纠偏要控制在一定范围内,慢慢纠偏,并且合理选择管片型号,不能硬拼。

（6）管片吊机抓取管片时要慢提慢放以免损坏吊装孔，拼装时一定要每块拼装到位以防止封顶块因空间不足而导致密封胶条凸起。

6）刀具检查与更换

（1）刀具更换时间和地点的确定。

根据盾构掘进的速度、刀具的磨损程度、地面环境情况和地层条件等因素来决定刀具的更换时间和更换地点。

刀具磨损量的预测：

$$\delta = K \cdot \pi \cdot D \cdot N \cdot L / V$$

式中：δ——磨损量（最外周部），mm；

K——磨损系数，28mm/km；

D——盾构外径，6.28m；

N——刀盘转速，1.5r/min；

L——推进距离，km；

V——推进速度，40mm/min。

根据本标段盾构区间地质情况，区间隧道主要穿中密砂卵石层与密实砂卵石层，磨损量按边缘滚刀15mm计算，为724m。

推算出卵石地层掘进500m左右需要检查或更换刀具。

停机检查时，避开高富水建构筑物及管线位置、交通流量大的路段。在通过地面建（构）筑物通过前，加强对刀具检查，对磨损较大的刀具进行更换。本标段盾构换刀位置拟选择在以下里程段进行（表33-19）。

盾构机停机位置和地表情况 表33-19

位置信息	停机位置	停机处地表环境	停机位置地层	备注
第一次停机	簇桥下街与簇锦南路交叉口处	簇锦南路	隧道穿越密实卵石层；拱顶上为中密卵石层	左、右线

以上停机位置均避开地表建（构）筑物，隧道位置均在地面水位线以下。地下存在管线，施工前进行周边管线调查，并在地面标示出实际管线位置和走向，钻孔施工时避开地下管线位置进行施工，施工过程中注意保护地下管线的安全。考虑到施工安全和成都地区地质情况，在地层较好、掌子面较稳定、地面条件允许的条件下选择常压换刀方式；带压方式作为备选，在常压换刀方式无法实现的情况下使用。

（2）常压换刀技术措施。

在地层较好、掌子面较稳定、地面条件允许的条件下，可以在常压条件下进行进仓作业。

①开仓前准备工作：根据现场施工情况和区间周边环境，提前一个月在预定停机位置采用先加固后降水的措施，加固范围为刀盘里程前后6～8m，横向宽度按双线加固宽度20m、单线10m考虑。降水井按双线3口（隧道双线外侧2～3m各设置1口，双线中间设置1口），单线2口考虑（隧道双线外侧2～3m各设置1口）。地面加固采用袖阀管注浆加固，袖阀管间距0.6m，呈三角形布置。加固至少达到稍密地质处，具体需视地质情况而定。降水井位于加固区域外侧，孔径0.3m，最外侧降水井距离隧道边线2～3m，降水井深度为隧底以下1m。

②开仓前向监理工程师打开仓报告，监理工程师同意后方可开仓。开仓前必须保证人员全部到位，同时将准备好的机具、工具、材料等运送到工作区域，并进行清点登记。

③将土仓内渣土出至仓门以下，打开仓门，通入新鲜空气，将土仓内空气置换。完成置换后用气

体测试器进行测试,一切正常后方可进仓进行操作。

④人员进入气压仓后,观察周围情况是否稳定,如果比较稳定则按计划进行仓内作业,同时现场工程师收集影像资料。

⑤仓内作业完毕后,现场人员应按进仓前登记记录检查是否在气压仓遗留有工具或其他杂物,仓内的管线、管路是否完好正常。确认后,撤离土压仓,关闭仓门。

由于盾构开仓检查换刀属于危险性较大工程,且需要进行条件验收才能进行,故在此只做简单位置描述,详见《区间工程盾构换刀安全专项施工方案》。

7）盾构到达施工

(1)盾构机到达施工流程。

盾构到达是指盾构沿设计线路,自区间隧道贯通前100m掘进至区间隧道贯通后,然后从预先施工完毕的洞口处进入车站或竖井内的整个施工过程。其工作内容包括:盾构机定位及接收洞门位置复核测量、洞门处理、安装洞门圈密封设备、安装接收基座等。盾构机到达施工流程如图33-51所示。

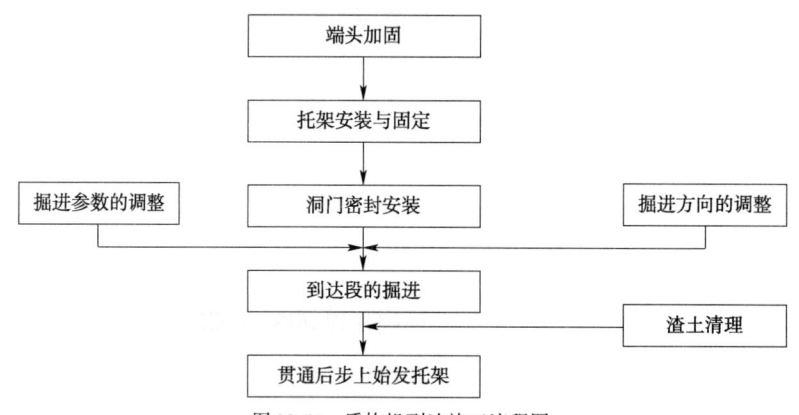

图33-51 盾构机到达施工流程图

(2)盾构到达参数控制。

盾构到达段掘进主要施工掘进参数见表33-20。

盾构到达段掘进主要施工掘进参数　　　表33-20

推力 (N)	扭矩 (kN·m)	刀盘转速 (r/min)	土仓压力 (Pa)	注浆压力 (Pa)	掘进速度 (mm/min)	施工范围
10000~12000	2000~4500	1.0~1.2	$(0.9~1.3)\times10^5$	$(2~3)\times10^5$	40~60	100~50m范围内
8000~9000	1000~3000	0.8~1.2	$(0.7~1.2)\times10^5$	$(2~3)\times10^5$	20~50	50~10m范围内
<8000	<1500	0.6~0.8	$(0~0.6)\times10^5$	$(3~4)\times10^5$	<10	10m~刀盘顶出

(3)到达前准备工作。

到达段100m为接收施工段,盾构机接收是隧道贯通的关键。应在此段的推进中严格控制盾构机的水平、垂直偏差,并结合盾尾间隙使盾构接收段管片偏差控制在最小。

①盾构机到达测量。

盾构到达段施工是指盾构机在接收井前100m到盾构机被推上接收托架的整个过程。其首要工作内容是进站前的测量及监测工作。

a.洞门复测。

在盾构机距洞门100m时,进行洞门复测,复测内容包括:洞门的中心坐标、洞门环向直径以及接收井高程等。要求在洞门复测前,首先应进行平面和高程控制网联测,确保在控制点位精度符合规范要求的情况下实施洞门复测,以保证复核结果的正确性。到达段共进行两次复测,即盾构机距到达洞门100m和50m位置处,复测结果及时报送监理单位和第三方测量单位进行复核。

b.盾构机姿态测量。

盾构机驶入到达接收段时要对隧道基线进行测量,确认盾构机的位置,把握好洞口段的线形,并根据盾构机的实际姿态测量以及洞门钢环的坐标定出盾构机进站的姿态数据。

测量盾构机与设计轴线之间的方位角误差,及时纠正偏差,调整盾构机姿态,确保盾构机顺利的进站。盾构机必须在洞门钢环范围内贯入,所以对洞门的直径进行多次检查,采取措施保证其净空,防止因施工误差将盾构机卡在洞门内。

在盾构推进至距洞门100m时,组织对隧道导线网和接收洞门位置等进行测量,把握好隧道线形,并最终确定盾构机的贯通姿态。确保盾构机轴线与线路中线误差满足设计要求,确保盾构机顺利出洞。测量成果及时报监理和第三方测量进行复核。

根据纠偏计划,对盾构机姿态进行逐步调整,确保破洞门前,盾构机姿态偏差不大于50mm,仰俯角允许偏差控制在2mm/m内,且避免出现俯角姿态。同时做好铰接千斤顶的行程控制,避免千斤顶出现最大和最小行程的极限状态。严格注意盾尾间隙的控制,保持盾尾间隙均等。

②托架安装。

盾构接收托架的安装应注意洞口所处的线路平纵曲线条件、盾构机仰俯角及隧道设计轴线坡度保持一致。接收井内洞门凿除及洞门密封工作准备就绪。在托架安装时,安装高度应低于盾构机刀盘20mm,防止盾构机出洞因托架安装过高而推移托架。另外,在盾构机最后50m进站段掘进中,严格控制盾构机姿态,确保盾构机安全、平稳进入接收托架。

③洞门导轨安装。

为保证盾构贯通后能及时推出洞门,在洞门围护桩凿除前便安装好导轨。导轨长度为60cm,高度根据预计盾构贯通姿态与洞门圈之间的空隙确定。为保证盾构能顺利推上导轨,导轨近洞门掌子面端可适当低于刀盘20mm。导轨由$\delta 20mm$钢板制作以$\phi 18mm$膨胀螺栓固定在洞门圈上。

④洞内管片加固。

盾构机进站后还要安装5~6环管片才能完成区间隧道。同时,随着隧道的贯通,盾构机前面没有了反推力,将造成管片之间的环缝连接不紧密,容易发生错台和漏水。所以在随后管片安装时,根据现场实际情况,应采取以下措施:

a.盾构刀盘贯穿洞门后,盾构机前面没有了反力,提高管片环缝压紧程度。在靠近洞门段7环管片,用14b槽钢加强连接条将管片纵缝连接拉紧,将管片拉成一个整体,保证止水条压缩到位。

b.管片安装好后要反复拧紧管片螺栓,且在下一环掘进完成后再次拧紧螺栓,保证管片在拖出盾尾后,紧固次数不少于3次(即:初次拧紧、推进油缸加力后拧紧、脱出盾尾后拧紧)。连接扁钢施工时,先分两节(中间断开)套在螺栓两头,待推进油缸加力后拧紧螺栓并将断开的扁钢焊接起来,防止下一环拼装时收回油缸后管片接缝松动。

c.提高管片拼装质量,特别注意K块的安装质量,尽量避免K块挤坏和错台等现象。

d.管片安装前应保证止水条不损坏、不预膨胀,并及时清理管片上的混凝土残渣和泥土等。

⑤接收井端头加固及降水。

a.端头加固。

盾构到达端头加固与始发端头加固相同,均采用大管棚注浆加固的方法。

b.端头降水。

若发现洞门有漏水现象,采取注浆方式效果不明显的情况下,为降低盾构在砂卵石层接收的施工风险,采用井点降水的方式防止接收时可能出现的大量涌水。具体措施如下:

在端头加固区布设两口降水井,将微承压水的水位降至(隧道底板以下1.5m)。降水过程中记录降水量以及观察水位,将地下水位降至隧道底板以下1.5m并稳定后,方可进行洞门破除作业。观察井井点构造形式与降水井一样,若降水效果不理想,可改成降水井增大抽水量。降水时间一直持续到盾构进洞施工完成,降水期间加强地面建筑物及管线的沉降变形监测。

⑥密封、防水装置安装。

a. 洞门采用橡胶帘布、折页压板、B环板用螺栓按照一定顺序固定在洞门钢环上的方式进行洞门密封。在盾构通过处采用折页压板进行密封。

b. 在车站主体结构施工时,安装洞门预埋钢环。预埋钢环板加工时严格按照交底图纸说明进行,严格控制构件的加工精度以保证正常使用;在车站主体结构施工时预埋,预埋时严格控制安装精度(洞门钢环平面位置及高程)。

c. 在洞门凿除后安装橡胶帘布、B环板、折页压板。安装顺序为:洞门预埋钢环(车站施工时已预埋)→安设双头螺栓→帘布橡胶板→B环板→折页压板→垫圈→螺母。

d. 折页压板的调整与拉紧。

盾构刀盘推出洞门盾壳接触帘布橡胶板前,先松弛钢丝绳,待盾构机进入洞门密封后,将折页压板向内作适当调整,并以倒链将钢丝绳适当拉紧。待盾尾推出洞门,管片外弧面接触帘布橡胶板后,将折页压板尽量向内调整将帘布橡胶板紧压在管片外弧面上,并以倒链拉紧。

当盾构前体盾壳被推出洞门时,通过压板卡环上的钢丝绳调整折页压板使其尽量压紧帘布橡胶板,以防止洞门泥土及浆液漏出。在管片脱出盾尾时再次拉紧钢丝绳,使压板能压紧橡胶帘布,让帘布一直发挥密封作用。

(4)到达段掘进控制。

①盾构推进过程中严格控制轴线与设计轴线的偏差值,保持盾构机平稳前进。接收段有一定纵坡,所以每环推进结束后,必须拧紧当前环管片的连接螺栓,并在下环推进时进行复紧,克服作用于管片推力产生的垂直分力,减少成环隧道浮动。调整好土压力设定值,以切口土体不隆起或少隆起为主,并且要严格控制注浆量和注浆部位。

②推进过程中要严格控制盾构推进速度,掘进速度应控制在 10~20mm/min,以较为平缓的速度推进。

③盾构机刀盘距离车站端头墙 5 环时,逐步降低盾构机正面土压力设定值,距端头墙 3 环时土压力降至 0.6×10^5 Pa,直至刀盘切入玻璃纤维桩体 70cm 后,土仓压力降至 0。减少因盾构机推进而对前部土体产生的压力,避免压力过高将端墙混凝土破坏。

④推进时在接收井内进行同步监控,及时调整正面土压力设定值和掘进速度。在盾构机靠近连续墙后,将切口正面土压力降至 0,盾构机停止推进,刀盘在尽可能将土体出空后停止转动。待确认门洞破除完毕后,继续推进至接收架。盾构机司机在此过程应密切注意刀盘电机的动力变化,如出现异常应放慢推进速度或停止推进。

⑤盾构接收环拼装后,需再作数环推进,方能使盾构到达接收架上。盾构机上接收架之前和上架过程中需根据测量所得盾构机姿态,及时调整接收架的位置和高低,以使盾构机能够平稳上接收架。当盾构机的前半段全部上接收架上后,将铰接千斤顶回缩,保持盾构机前后段成一直线。

33.7 施工测量与监控量测

33.7.1 测量方案

施工测量是确保工程质量的前提和基础,地铁工程施工测量的施测环境和条件复杂,要求的施测精度又相当高,必须进行精心施测和成果整理,工程测量成果必须符合相关规范。

33.7.1.1 测量控制网的建立

1)地面平面控制测量网

根据建设单位提供的工程附近的 GPS 控制网点为基础,沿线路方向布设附合导线网。

导线点点位选在施工范围之外的合适位置,稳定可靠,并能与控制网点通视,供施工过程中的复核使用。所有点必须实地注记并落实保护措施。

精密导线点选位时还应符合下列规定:

(1)相邻边长差不宜过大,个别边长不宜短于100m。

(2)点位应避开地下管线等地下建(构)筑物。

(3)相邻点的视线距障碍物的距离以不受旁折光影响为原则。

(4)充分利用城市导线点。

2)地面高程控制测量

在提供的水准主网的控制点之间布设形成闭合环线的二等加密水准网引向施工口,在每座车站各设两个以上水准点,一个深标,一个浅标,保证点位稳固,能长期保存便于寻找和引测。

33.7.1.2 施工控制测量

1)平面控制测量

在进场施工时,将首先对建设单位交桩时提供的测量控制点进行整体联测复核,观测数据经平差计算根据结果满足规范要求后报监理工程师审核同意方投入使用,利用建设单位提供的测量控制点,在施工场区内按精密导线网布设,精密导线点应沿本标段的实际地形选定,以 GPS 网为基础布设成附合导线、闭合导线或结点网;为了保证本标段与相邻标段的贯通,导线测量所用的控制点至少要贯通联测到相邻标段所用的控制点两个以上,利用贯通平差后的控制点对建筑物的轴线进行测设。

精密导线技术精度要求:导线全长 3~5km,平均边长为 350m,测角中误差应在 ±2.5″之内,最弱点的点位中误差应在 ±15mm 之内,相邻点的相对点位中误差应在 ±8mm 之内,方位角闭合差应在 $±5\sqrt{n}$(n 为导线的角度个数)之内,导线全长相对闭合差 ≤1/35000。测量仪器使用 II 级全站仪测 6 测回。

本标段拟布设趋近导线,导线点沿线路两侧交错布设,可充分利用城市已埋设的永久标志,或按城市导线标志埋设,但必须选在基坑开挖影响范围之外,稳定可靠,而且能与附近的 GPS 的通视,平均边长为 60m,最短边应大于 30m,导线测设时按左右角同时观测,加强检核条件,应符合精密导线的有关技术精度要求。

2)高程控制测量

地面高程控制网分为主网和加密网,主网为成都轨道交通9号线工程线路布设 II 等水准网;加密网为向各施工口引测的 II 等水准加密网。II 等水准主网布设成环线和结点网。沿本标段施工线路布设成附合线路、闭合线路或结网点,每个区段附近设两个水准点,一个深标,一个浅标,保证点位稳固安全,能长期保存便于寻找和施测,加密网在 II 等水准点之间布设成附合或闭合环线,往返较差、附合或闭合环线闭合差 $≤ ±8\sqrt{L}$(L 为往返测段、附合或环线的路线长度,以 km 计算)。

加密精密水准测量的主要技术要求应符合表 33-21 的规定,精密水准测量的每一测段应采用往测和返测的观测方法,宜分别在上午、下午观测,也可在夜间观测。当往测和返测两次高差超限时应重测,如重测成果与原测成果比较,其较差均不超限时,应取三次成果的平均数。

精密水准测量观测的主要技术要求 表 33-21

项　　目	技术要求	项　　目	技术要求
水准仪的型号	DS1	每公里高差权中误差(mm)	2
视线长度(m)	50	路线长度(km)	1
前后视较差(m)	1.0	水准仪的型号	DS1
前后视累积差(m)	3.0	标尺类型	钢瓦

续上表

项　　目	技术要求	项　　目		技术要求
视线离地面最低高度(m)	0.5	观测次数	与已知点联测	往返各一次
基铺分划读数较差(mm)	0.5		附合或环线	往返各一次
基铺分划测高差较差(mm)	0.7	往返较差、附合或环线闭合差(mm)		$8\sqrt{L}$

注：水准视线长度小于20mm时，其视线高度不低于0.3m；L为往返测段、附合或环线的水准路线长度(km)。

对于车站施工时的高程测量控制，利用复核或增设的水准基点，按精密水准测量要求把高程引测到基坑内，并在基坑内设置水准基点，且不能少于两个，通过基坑内和地面上的水准基点对车站、区间施工进行高程测量控制。

33.7.1.3　施工现场测量

1) 明挖车站施工测量

根据施工的组织流程特点，其施工测量包括基坑围护结构施工测量、基坑开挖施工测量和主体结构施工测量。

(1) 基坑围护结构施工测量。

地铁车站采用钻孔桩围护基坑，其施工测量技术要求符合以下规定：

①围护桩的地面中心线依据线路中线点进行放样，放样误差控制在±5mm之内。

②围护桩施工应测量其深度、宽度和垂直度。

③围护桩竣工后，其实际中心线位置与设计中心线的偏差值应小于30mm。

(2) 基坑开挖施工测量。

①采用放坡开挖的基坑，其边坡线位置放样允许误差为±50mm。

②基坑纵向边坡应不大于1:3，可采用坡度尺或其他方法检测边坡坡度。

③基坑底部线路中线纵向允许误差为±10mm，横向允许误差为±5mm。

(3) 明挖车站结构施工测量。

①结构底板施工前在垫层上依据线路中线放样钢筋位置，放样允许误差为±10mm。

②底板混凝土立模的结构宽度与高度、预埋件的位置和变形缝的位置放样后，必须在混凝土浇筑前进行检核测量，测量技术要求按相关施工验收规范。

③结构边、中墙模板支立前，按设计要求，依据线路中线放样边墙内侧和中墙中心线，放样允许误差为±10mm。

④顶板模板安装过程中，将线路中线点和顶板宽度测设在模板上，并测量模板高程，其高程测量允许误差为0～10mm之内，中线测量允许误差为±10mm，宽度测量允许误差控制在10～15mm之内。

2) 暗挖施工联系测量

联系测量包括：地面近井导线测量和近井水准测量；通过竖井的定向测量和传递高程测量；地下近井导线测量和近井水准测量。

(1) 地面近井导线测量。

为满足联系测量的要求，在竖井附近设置近井点。根据现场设计控制点布设情况，测定近井点的坐标，可采用极坐标法或导线测量法。

①极坐标法测定近井点。

当竖井附近的设计控制点能够直接测定近井点时，可利用设计控制点采用极坐标法直接测定近井点坐标。为保证测量精度，此时应进行双极坐标测量，即独立进行两次极坐标测量。近井点的点位中误差应在±10mm以内。

②导线测量方法测定近井点。

采用导线测量方法测定近井点时，以设计控制点为起算数据，在其间加密近井导线，并形成附合路线,近井点要纳入近井导线中。近井导线测量按精密导线测量的技术要求施测,最短边长不应小于50m,近井点的点位中误差应在±10mm以内。在必要的情况下,可在竖井口附近测设两个近井点,连接成双导线形式。

近井点位置处在施工影响的变形区内,因此每次进行联系测量时都要重新对近井点进行复测。地面近井点与精密导线点应构成附合导线或闭合导线,并按精密导线网测量的技术要求施测。近井导线总长不超过350m,导线边数不超过5条,最短边长不应小于50m。

(2)地面近井水准测量。

高程近井点利用设计水准点直接测定,并构成附合或闭合水准路线。高程近井点按二等水准测量技术要求施测。

(3)联系三角形测量。

联系三角形定向测量亦称一井定向测量。一井定向是在一个竖井中悬挂两根钢丝,在地面,近井点与钢丝组成三角形,并测定近井点与钢丝的距离和角度,从而算得两钢丝的坐标以及它们之间的方位角。在井下,同样井下近井点也与钢丝构成三角形,并测定井下近井点与钢丝的距离和角度,由于钢丝处在自由悬挂状态,可认为钢丝的坐标和方位角与地面一致,通过计算便可获得地下导线起算点的坐标和方位角,把地上的导线传递到地下。

①联系三角形设置时需满足以下几点:

a. 竖井中悬挂钢丝间的距离 C 应尽可能长。

b. 联系三角形锐角 γ、γ' 应小于1°,呈直伸三角形(即 C、C' 在 01、02 延长线附近设置)。

c. a/c、a'/c 应小于1.5(有条件时应小于或等于1)。

②测量精度:

a. 测角中误差≤2.5″;

b. 联系三角形定向推算的地下起始边方位角的较差应≤12″,方位角平均值中误差≤8″;

c. 联系三角形边长测量各测回较差≤1mm,地上与地下丈量的钢丝间距较差应小于2mm。

③具体施测方法:

联系三角形边长测量采用全站仪配合反射片测距和经检定的钢尺丈量相结合的方法。每次独立测量三测回,每测回读数三次,每测回较差应小于1mm。地上与地下丈量的钢丝间距较差应小于2mm。钢尺丈量时施加钢尺检定时的拉力,并进行倾斜、温度、尺长改正。

角度观测采用方向观测法观测6测回,测角中误差应在±2.5″之内。同时测角精度应满足表33-22。

方向观测法水平角观测技术要求 表33-22

全站仪的等级	半测回归零差	一测回内2C较差	同一方向值各测回较差
Ⅱ级	8″	13″	9″

④联系三角形测量所需仪器设备:

莱卡全站仪 TS06 并配反射片;10kg 重锤 2 个;ϕ0.3mm 高强钢丝80m;小绞车、导向滑轮;机油 2 桶(作为阻尼液);经过比长的钢卷尺等。

⑤内业计算:

在进行内业计算前,应对全部记录进行检查。内业计算分为两部分:解算连接三角形各未知要素及其检核;按一般导线方法计算各边的方位角与各点坐标。

a. 三角形的解算及平差。

(a)根据 a、b、c、γ 求 β,即 $\sin\beta = b\sin\gamma/a$。

(b)c 的计算值:$c_{算} = b\cos\gamma + a\sin\beta$。

(c)c 的不符值:$h = c_{算} - c$。

(d) a 边改正值：$\Delta a = -h/4$，b 边改正值：$\Delta b = -h/4$，c 边改正值：$\Delta c = h/2$。

以改正后的边长 a、b、c 为平差值，按正弦定理计算出 α、β，即为平差后的角值。γ 改正很小，仍采用原测角值。采用上述方法可计算出井下三角形平差后的边角 a'、b'、c'、α'、β'。γ' 改正很小，仍采用原测角值。

b. 坐标和方位角传递计算。

已知 A 点坐标为 X_A、Y_A，DC 方位角为 D_0。根据平差后的三角形边角进行计算。

(a) $C'D'$ 方位角 D'_4。

DC 方位角为 D_0，$CO1$ 方位角为 $D_1 = D_0 - 180° + \omega$，$O1O2$ 方位角为 $D_2 = D_1 + 180° - \beta$，$O2C'$ 方位角为 $D_3 = D_2 - 180° + \beta'$，$C'D'$ 方位角为 $D_4 = D_3 - 180° + \omega'$。

(b) C' 点坐标。

$$X_B = X_A + b\cos D_1 + c\cos D_2 + b'\cos D_3$$

$$Y_B = Y_A + b\sin D_1 + c\sin D_2 + b'\sin D_3$$

联系三角形测量，每次定向应独立进行三次，三次的较差及平均值中误差满足要求时，取三次平均值作为定向成果。

(4) 高程联系测量。

高程联系测量采用在竖井内悬挂钢尺的方法。测量时地上和地下安置的两台水准仪应同时读数，并在钢尺上悬挂与钢尺鉴定时相同质量的重锤。

传递高程时，每次独立观测三测回，测回间变动仪器高，三测回测得地上、地下水准点间的高差较差应小于 3mm。高差进行温度、尺长改正。

一井定向因工作环节多，测量精度要求高，同时又要缩短占用井筒的时间，所以必须有很好的工作组织，才能圆满地完成定向工作。

3) 竣工测量

车站结构施工完成后，对设置在底板上的线路中线点和高程点进行复测，并对车站各层结构净高、净宽尺寸及高程进行复测，复测结果报请监理工程师审定，归档作为技术档案资料。

暗挖隧道施工完成后，测量队根据地铁建设指挥部的相关规定，恢复中线控制桩，加密中线桩，进行断面测量，并将测量资料报监理单位。

33.7.1.4 施工控制测量成果的检查和检测

为了确保隧道正确贯通和满足设计的净空限界，必须有严格的检查和检测制度。

检测均按照规定的同等级精度作业要求进行，及时提出成果报告，一般检测互差应小于两倍中误差，若大于该值或发现粗差，应由监理会同监理部采取专项检测来处理。

检测地上、基坑内导线的坐标互差分别应在 ±12mm、±20mm 之内；检测地上、基坑内高程点的高程互差分别应在 ±3mm、±5mm 之内；检测基坑内导线起始边（基线边）方位角的互差应在 ±10″之内；检测相邻高程点互差应在 ±3mm 之内；检测导线边的边长互差应在 ±8mm 之内。

33.7.2 施工监测方案

33.7.2.1 监测方案设计及布设原则

1) 监测方案的设计原则

以安全检测为目的，根据施工步序、地段和参数等确定监测项目、监测仪器及精度、测点布置等，监测频率及变形速率为主要的报警值，针对监测对象安全稳定的主要指标进行方案设计。

监测点的布置应能够全面反映监测对象的工作状态；采用先进的仪器、设备和监测技术，如计算机技术等。

各监测项目能互相校验,以利数值计算、故障分析和状态研究。

方案在满足监测性能和精度的前提下,可适当降低检测频率,减少检测元件,以节约监测费用。

监控量测工作设专人负责,按设计文件、招标文件技术要求和监测计划有步骤地进行,及时做好数据处理和信息反馈,并以此指导施工,从而提高检测工作质量。

2)测点布设原则

观测点类型和数量的确定结合工程性质、地质条件、设计要求、施工特点等因素综合考虑。测点布置严格按照设计图纸要求布设。

为验证设计数据而设的测点布置在设计中最不利位置和断面上,为结合施工而设的测点布置在相同工况下的最优施工部位,其目的是及时反馈信息、指导施工。

表面变形测点的位置既要考虑反映监测对象的变形特征,又要便于应用仪器进行观察,还要有利于测点的保护。

埋设点不能影响和妨碍结构的正常受力,不能削弱结构的变形刚度和强度。

在实施多项内容测试时,各类测点的布置在时间和空间上有机结合,力求使一个监测部位能同时反映不同的物理变化量,找出内在的联系和变化规律。

根据监测方案在施工前布置好各监测点,以便监测工作开始时,检测元件进入稳定的工作状态。

监测点在施工过程中遭到破坏时,尽快在原来位置或尽量靠近原来位置补设测点,保证该点观测数据的连续性。

33.7.2.2 施工监测方法

根据车站的施工工法、环境情况及地质条件等,在车站施工期间拟进行的施工监测,以保证施工及周边建(构)筑物安全。

1)围护结构水平位移及沉降监测方法

在基坑开挖施工过程中,对围护结构的变形、受力等进行施工监测。监测的频率在施工过程中每天至少两次,测点布置一般在10~20m范围内。当结构距周边建筑特较近时,适当加密测点,并提高监测频率。附属结构施工时,选择在其围护结构代表性处根据需要适当加密监测点。

2)围护桩变形监测方法

支撑的监测:在施工过程中对基坑的支撑系统进行全方位的监测,监测内容包括支撑轴力、变形及稳定性,监测频率每天至少两次。

在围护结构上选择一些代表性的位置布设围护结构的变形监测点,测斜孔竖向间距1m,并以每10m一个断面在桩内设置收敛计。主要目的是监测围护结构的变位情况,确保基坑在施工期间的稳定。附属结构施工时,选择在其围护结构代表性处根据需要适当加密监测点。

3)支撑轴力监测方法

基坑开挖架设支撑时,选择在与监测线相对的具有代表性的支撑端部和基坑斜撑端部布设轴力监测点。轴力监测元件为两枚对称焊接在支撑两侧的振弦式轴力计。按钢支撑的30%设置,必要时可根据实际情况作适当调整监测点数,轴力监测直至支撑拆除。主要目的是监测支撑受力情况,确保安全。若基坑开挖过程中,轴力出现异常,则加大监测频率并采取安全措施。

4)地表变形监测方法

地面沉降监测:在施工期间对车站周围的道路、环境、地面等进行监测,监测频率在施工过程中每两天至少一次,测点布置一般在20m左右,遇特殊要求时,可适当提高监测频率和加密测点布置。

选择距离基坑边15m(或按照设计施工图纸给定距离)的地表范围作为沉降监测区域。基点应埋设在沉降影响范围以外的稳定区域,并且应埋设在视野开阔、通视条件好的地方,基点数量根据需要埋设,基点要牢固可靠。平行于基坑方向按20m间距布设,垂直于基坑方向的地面沉降点,距基坑较近处按1m左右的距离布置,远一些的按5m距离布置。地表沉降监测贯穿于围护结构、基坑开挖主体结构施工的全过程,其目的是保证施工期间地表及周围环境的安全。

5)地下管线沉降监测方法

进行管线调查,确定管线的情况,随着施工的进行,对管线进行位移观测,确定其变位情况。在本标段监测范围内,主要为通信管线悬吊保护监测。监测沿管线的走向在地下管线外壁上每隔 10m 布设监测点,对临时悬吊的管线,采取在管线上或支撑桁架上观察点进行沉降和水平位移观测。根据现场管线的位置将监测点传至地表,便于利用仪器进行沉降监测。目的是确保基坑开挖和结构施工过程中管线的安全。

6)毗邻建(构)筑物沉降与水平位移监测方法

在车站施工过程中,对邻近施工影响范围内的建(构)筑物进行变形、沉降、裂隙及构筑物的倾斜等监测。监测频率为在施工基坑过程中,每天至少一次,施工主体结构时,每两天至少一次,遇重点或特殊保护的建筑物时,监测频率适当提高。

周围构筑物的沉降观测主要是监测由于基坑开挖而导致的周围构筑物产生不均匀沉降的情况,监测点应布设在容易产生沉降的地方。开挖过程中如果地表沉降明显,应加大观测次数。并且在围护结构施工前要做好场地及周围环境的详尽调查和记录,采用数码相机拍照、录像等方式记录施工前地表状态,以便掌握地表细微变化动态。

7)结构顶板沉降监测方法

沿纵向在顶板上的位置布设,按施工段每段设两个点,主要目的是监测主体结构的稳定性。

8)基坑底部回弹、隆起监测方法

基坑开挖后在周围土压力的作用下,基坑可能回弹,施工过程中加强基坑回弹的监测工作。具体做法如下:

回弹监测点设置在沿基坑中央及距基坑 1/4 距离的位置上,监测点每 50m 一个(或按照设计施工图要求确定),并在基坑外选设水准点及定位点。

回弹测设采用几何水准法,高程误差不大于 1mm,在观测点位置预埋回弹观测标。

监测频率:每次开挖后立即进行,开挖后 7d 内 2 次/d,15d 内 1 次/d,15~30d 1 次/2d。

9)净空收敛监测方法

(1)测点埋设。

根据设计图纸要求,收敛测线埋设时,应在掌子面开挖出渣完毕后,拱架架立时,将预埋件焊接至拱腰,应尽量使两预埋件位于同一轴线上。待该环混凝土喷射完毕牢固后,将预埋件上混凝土清除干净,即可进行量测。测线布设原则同拱顶测点,且同拱顶测点布设在同一断面。

(2)收敛量测方法。

①初次量测在钢尺上选择一个适当孔位,将钢尺套在尺架的固定螺杆上。孔位的选择应能使得钢尺张紧时支架与百分表(或数显表)顶端接触且读数在 0~25mm 的范围内。拧紧钢尺压紧螺母,并记下钢尺孔位读数。

②再次量测,按前次钢尺孔位,将钢尺固定在支架的螺杆上,按上述相同程序操作,测得观测值 R_n。按下式计算净空变化值:

$$U_n = R_n - R_{n-1}$$

式中:U_n——第 n 次量测的净空变形值;

R_n——第 n 次量测时的观测值;

R_{n-1}——第 $n-1$ 次量测时的观测值。

(3)数据的分析与处理。

首先做出时间-位移及距离-位移散点图,对各量测断面内的测线进行回归分析,并用收敛量测结果判断隧道的稳定性。如果收敛值过大,应改善周围岩体或土体的稳定性,改变开挖方法,尽量减小开挖对周围岩（土）体的扰动；或加强支护等，以确保收敛值在规范允许的范围内。

（4）监控标准。

地铁浅埋暗挖法施工监控量测值控制标准，区间周边位移极限值20mm，位移平均速度极限值1mm/d，位移最大速度极限值3mm/d。

拱顶沉降监测方法如下：

①测点埋设。

根据设计图纸要求，拱顶测点埋设时，应在掌子面开挖出渣完毕后，拱架架立时，将预埋件焊接至拱顶，待该环混凝土喷射完毕牢固后，将预埋件上混凝土清除干净，即可进行量测。测点布置如图所示。

拱顶测点布设原则为临近竖井则及重要量测地段间距为5m布设一组测点，特殊情况测点可适当加密。

②量测方法。

拱顶下沉量测主要采用精密水准仪，量测各测点与基准点之间的相对高程差。本次所测高差与上次所测高差相比较，差值即为本次沉降值；本次所测高差与初始高差相较，差值即为累计沉降值。

③数据分析与处理。

监测数据的填写、处理与地表下沉相同。如果拱顶下沉超限，可采取以下方法控制拱顶的下沉：改良拱顶岩体或土体的稳定性；改善开挖方法以减小开挖对拱顶围岩的扰动；加强支护等，或采取以上几种方法进行综合处理。

④监控标准。

地铁浅埋暗挖法施工监控量测值控制标准，区间拱顶土体及结构沉降极限值30mm，位移平均速度极限值2mm/d，位移最大速度极限值5mm/d。

33.8　综合管理措施

33.8.1　施工风险分析及应急预案

本工程危险源主要有以下几方面：

(1)盾构隧道穿越的管线、河流；

(2)盾构或暗挖隧道侧穿邻近建筑物；

(3)下穿重要市政供排水管线、煤气管道；

(4)下穿既有桥梁；

(5)距离基坑较近的房屋建筑物及供排水管线、煤气管线；

(6)距离线路较远但对变形非常敏感的构造物或文物设施；

(7)其他应判定为环境风险源的。

结合《中国中铁成都地铁轨道交通工程建设指挥部重大危险源管理办法》判定本标段的区间隧道及明挖车站风险等级为Ⅱ级。

33.8.2　施工风险源分析

33.8.2.1　武青南路站

车站开挖深度约25.2m，标准段宽23.5m，长241m。基坑采用$\phi1200$mm@1600mm钻孔灌注桩加内支撑的围护形式。车站沿基坑竖向设4道钢支撑。车站范围电力、污水、燃气、通信管沟等管线复杂，需对管线进行保护和监测。施工过程中需对管线进行监测，必要时需管线进行注浆加固。

33.8.2.2 簇桥站

车站开挖深度约18.3m,标准段宽21.1m,长621m。基坑采用φ1200mm@2200mm钻孔灌注桩加内支撑的围护形式。车站沿基坑竖向设3道钢支撑。车站范围电力、雨水、给水、电信等管线复杂,需对管线进行保护和监测。重大危险源清单见表33-23。

重大危险源清单 表33-23

序号	重大危险源名称	存在部位	可能导致的事故	风险等级	预防、控制措施	控制时间
1	基坑支护、开挖不按照要求进行施工	深基坑	坍塌	Ⅱ级	编制专项方案,施工现场检查把关	基坑开挖时
2	基坑边建筑物变形,失稳	深基坑	坍塌	Ⅱ级	编制专项方案,加强监测,到达预警值立即采取措施	基坑开挖时
3	未按规定设置剪刀撑或剪刀撑搭设不符合规定	脚手架搭设拆除作业	坍塌、高处坠落	Ⅱ级	编制专项方案,依据方案搭设与拆除,现场检查把关	脚手架施工时
4	各杆之间搭接不符合规定	脚手架搭设拆除作业	坍塌、高处坠落	Ⅱ级	编制专项方案,依据方案搭设与拆除,现场检查把关	脚手架施工时
5	脚手架未按要求高于作业面,高出部分未设置护栏	脚手架搭设拆除作业	高处坠落	Ⅱ级	现场检查把关	脚手架施工时
6	模板支撑的强度、刚度和稳定性不符合要求	模板制作、存放、安装、拆除	坍塌	Ⅱ级	编制专项方案,对支撑的强度、刚度和稳定性进行验算,现场检查把关	模板工程时
7	模板上施工荷载超过规定	模板制作、存放、安装、拆除	坍塌	Ⅱ级	按规定现场检查把关	模板工程时
8	未达到三级配电两级保护	施工用电	触电	Ⅲ级	编制临时用电方案,依据方案实施	施工全过程
9	电缆电流过载,发热,短路	施工用电	触电、火灾	Ⅲ级	按照临时用电方案进行电缆配电	施工全过程
10	违章使用大负荷电器,短路	施工用电	火灾	Ⅱ级	按规定现场检查把关	施工全过程
11	在潮湿场所不使用低于36V安全电压	施工用电	触电	Ⅲ级	按规定现场检查把关	施工全过程
12	施焊带电设备或带压、储存易燃易爆物品的容器、管道	焊接作业	火灾	Ⅲ级	严格执行动火审批制度,具备用火人、看火人、消防措施后,进行施工,现场检查把关	施工全过程
13	易燃危险场所施焊	焊接作业	火灾	Ⅱ级	严格执行动火审批制度,具备用火人、看火人、消防措施后,进行施工,现场检查把关	施工全过程

续上表

序号	重大危险源名称	存在部位	可能导致的事故	风险等级	预防、控制措施	控制时间
14	氧气瓶、乙炔瓶和焊点间的距离超标准	焊接作业	火灾	Ⅲ级	按规定现场检查把关	施工全过程
15	龙门吊未按规定要求进行安装、拆卸	起重作业	坍塌、机械伤害、物体打击	Ⅱ级	编制龙门吊专项安装拆除方案,依据方案实施	龙门吊安拆
16	钢丝绳断裂	起重作业	起重伤害、物体打击	Ⅱ级	每天专人进行检查	龙门吊作业时
17	提升装置无过卷、过速、过负荷、防坠等应急装置	起重作业	起重伤害	Ⅱ级	安装时,现场检查把关	龙门吊作业时

33.8.2.3 金—百—西盾构区间

盾构穿越前需对盾构进行全面检查,保证设备完好,确保盾构掘进的连续性,该处根据中国中铁城市投资公司重大危险源管理办法编制安全专项施工方案。

33.8.3 施工风险的规避及采取措施

33.8.3.1 联络通道矿山法隧道风险规避措施

(1)超前地质预报:及时采取超前地质预报措施,包括超前地质探孔和掌子面地质素描,经综合分析,判定前方土体情况并采取相应的施工措施。

(2)超前支护措施:尽早采用超前支护措施,及时对掌子面拱部及前方地层打设超前小导管,采用水泥浆或水泥-水玻璃双浆液进行注浆加固。

(3)开挖采用人工配合机械预留核心土开挖,开挖完后先素喷5cm厚的混凝土封闭掌子面,及时架设格栅及临时仰拱及中隔壁,快速封闭成环。

(4)加强支护:严格按照设计及规范要求进行初期支护,在围岩较差地段,及时联系相关单位调整原设计初期支护参数或根据加强支护方案进行施工。

(5)加强监控量测:施工时加强监控量测,增加量测频率,及时反馈量测信息,及时根据量测结果调整支护参数。

33.8.3.2 盾构法隧道风险规避措施

(1)在盾构施工前,对区间内进行详细的地面建(构)筑物摸查。

(2)在盾构机到达建筑物密集区域之前调整好姿态,加强出土量和轴线的控制,尽量减小盾构纠偏量以减小对周围土体的扰动,确保地面建筑物的安全。

(3)随时调整盾构施工参数,减少盾构的超挖和欠挖,以免造成盾构前方地面土体发生坍塌或隆起。

(4)在掘进过程中严格进行同步注浆,充分填充盾尾后隧道外建筑空隙,以减少隧道周围土体的水平及垂直位移而引起的地表沉降。

(5)加强对地表的变形、沉降的监测,如发现有较大变位,及时采取措施,防止变形加大,带来不利的后果。盾构穿越后,仍需监测,直到沉降变形基本稳定为止。

(6)在盾构穿越后,对隧道周边的土体进行二次注浆加固。

(7)派技术人员跟班作业,及时指导、校正掘进参数,发现问题及时处理、汇报。

33.8.3.3 明挖基坑风险规避措施

(1)喷锚支护结构施工要分层、分段开挖,分段不宜过长。
(2)对土层间渗漏的滞水要埋管引排(管要包网),发现空鼓部位及时填实。
(3)围护桩施作时,严格控制桩身质量,避免出现断桩、夹泥等现象。
(4)锚索张拉与施加预应力须待锚固体强度达到设计强度要求后方可进行。
(5)锚索张拉与支撑加压应考虑邻近锚杆或支撑的相互影响。
(6)锚索与支撑锁定后方可进行土方开挖,并严禁碰撞锚头或支撑。
(7)合理安排土体开挖顺序,并复核审定的施工方案。
(8)避免超挖,每层土体开挖后立即架设支撑或施作锚杆。
(9)基坑周边防止过多的超载。
(10)在围护桩、支撑及立柱相应位置安装监测仪器,妥善保护并确实监控。
(11)对监测数据要及时进行认真地分析及响应。
(12)在基坑开挖、支护期间要加强对支撑及锚头的观察、检查并定期调整,每班要有专人巡视。
(13)做好桩间土的支护,对坍塌部位及时填实。
(14)及时输排桩间渗水,避免土颗粒流失。
(15)对工程使用的各种材料严格把关,并按有关规定抽检。
(16)加强对各类监测点、仪器、仪表的保护,避免所示或出现偏差。
(17)加强对监控对象的巡查、监测,发现事故预兆及时报告有关部门并启动专项预案。

33.8.4 应急预案

33.8.4.1 应急救援组织

应急救援组织机构如图 33-52 所示,发生突发事件上报程序如图 33-53 所示。

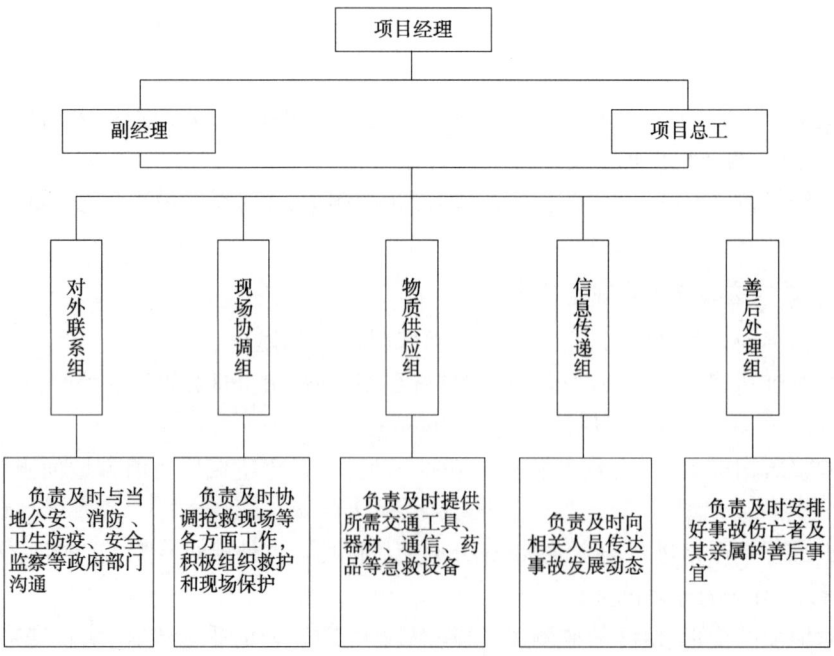

图 33-52 应急救援组织机构图

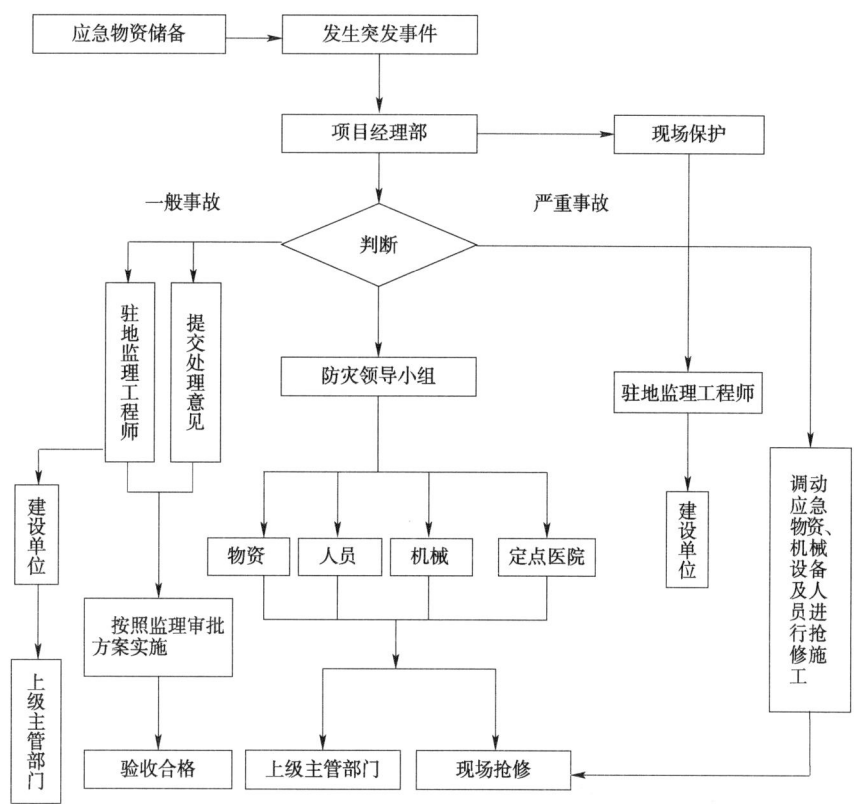

图 33-53　发生突发事件上报程序图

33.8.4.2　应急救援预案编制

结合本工程施工特点,确定为有坍塌危险的场所(暗挖开挖作业面、明挖基坑)、有触电伤害危险的场所、有高处坠落危险的场所、有机械伤害的场所等为应急防范重点区域,对此类区域设定"监控点",制订应急预案。预案的内容包括工程概况、事故形式、事故的危害和造成的经济损失、救灾技术方案、防灾措施、救灾领导小组以及事故发生后的联络、救护、疏散和善后处理工作等。

33.8.4.3　管线伤损事故的应急预案

施工前认真核实地下管线资料,调查清楚各管线类型、规格、埋深,做好详细的改移、保护方案;对可能破坏的各类管线,结合施工现场及工程施工阶段分别制订相应的应急措施,并取得相应管理单位的认可;根据管线的分布及特点,建立各自的安全区域,挂牌标志,严禁机械设备碰撞;确保各类管线闸阀始终处于正常工作状态。一旦出现渗水、漏气等异常情况,立即查明原因、采取措施,并与管理单位取得联系,制定补救措施并立即组织修复,确保管线安全。

33.8.4.4　明挖基坑施工突发事故的应急预案

1) 基坑开挖引起坍方

基坑开挖引起坍方主要是因为基坑内外水位差较大,处于粉砂土等细颗粒土层,放坡不均匀等,对此采用以下处理措施:

立即停止基坑内降水或挖土;加大管井降水能力,保证降水曲线在开挖面以下;及时观测,放坡均匀,及时休整边坡。

2) 基坑围护结构向基坑内侧产生较大位移或破坏

基坑围护结构向基坑内侧产生较大位移或破坏的主要原因是基坑未能分层开挖、分层支护或一次开挖高度过大或支撑强度不够,对此采取以下措施:

停止开;尽快回填超挖土方或堆土反压;对发生位移和破坏部位加强支护,控制其继续发展而后制订处理方案。

33.8.4.5 暗挖隧道塌方应急预案

当塌方事故发生后,立即向项目经理及驻地监理汇报,然后采取应急措施,防止危险进一步扩大。塌方处理过程中抢险人员要随时观察塌方情况,防止塌方伤人;必须确保通信畅通,并对处理情况及时上报,以便抢险有困难时领导决策,及时采取救援。应急措施如下:

(1)上报塌方情况的同时,立即组织向事故现场调配抢险所备用的抢险机械设备、抢险物资及人员,以便及时进行抢险;当险情危及重大设备及人身安全时,人员及设备要撤离危险区。

(2)项目部接到报告后,立即组织救助队进行救助工作,并组织医务人员赶赴现场随时听候调遣,尽可能将损失降低到最小程度。

(3)当塌方段有渗水时,采用塑料管对渗水进行引流处理,防止渗水软化塌方土体,引起连续塌方事故。

(4)对于一般塌方段用方木、工字钢支撑塌方掌子面,及时挂网喷射混凝土封闭塌方土体并对距离掌子面5m范围内初期支护采用工字钢支撑进行加固,喷射混凝土封闭后在塌方段径向打设注浆小导管并及时注浆回填。

(5)待土体达到强度后可破除工作面混凝土,开挖过程中采取增加小导管数量,调整超前支护注浆的浆液的类型、配比及注浆压力、持压时间等措施,控制开挖进尺,避免开挖临空时间过长,以免类似事故再次发生。

(6)对于重大塌方段,如对路面、管线及周边建筑物造成影响,应立即封闭道路,疏散附近道路行人车辆,然后立即对事故现场采取回填处理,以免对周围环境造成影响。

33.8.4.6 交通疏解区域汽车肇事事故的预防和应急措施

根据交通疏解方案,交通疏解期间实行围挡,除出入口外,对其余路口进行封锁。为确保交通及施工安全,采取如下措施:

(1)采取措施,保证结构质量,路面平顺。

(2)在邻近通车路侧,在车辆驶入施工区域前路段设置道路状态指示牌和减速慢行的标志,同时在施工作业区两端设置明显的路栏。晚间要在路栏上架设施工标志灯,车辆限速30km/h。

(3)按成都市交管部门的有关规定设置夜间警示灯。

(4)在车流高峰时间,安排专人协助交警对过往车辆进行交通指挥,疏导车辆。

(5)在吊车起重作业如果靠近疏解道路时,派专人在疏解道路上引导车辆及行人通行,防止事故的发生。

第34章 案例15——新建哈齐铁路客运专线"四电"系统施工组织设计

34.1 编制说明

34.1.1 编制依据

(1)哈齐铁路客运专线有限责任公司指导性施工组织设计、新建哈齐铁路客运专线"四电"系统集成及相关工程和客运信息系统施工总价承包招标文件及我单位投标文件;

(2)新建哈齐铁路客运专线"四电"系统集成及相关工程和客运信息系统工程的施工图设计文件和相关图纸;

(3)《铁路工程施工组织设计指南》(铁建设〔2009〕226号);

(4)《铁路营业线施工安全管理办法》(铁运〔2012〕280号);

(5)《铁路通信、信号、电力、电力牵引供电施工安全技术规程》(TB 10306—2009);

(6)《铁路建设项目竣工验收交接办法》(铁建设〔2008〕23号);

(7)《高速铁路竣工验收办法》(铁建设〔2012〕107号);

(8)现行的验收标准、技术标准和施工规范;

(9)我单位质量、职业健康安全、环境保护体系文件;

(10)我单位施工管理及技术人员、机械、仪器仪表等资源;

(11)我方以往类似工程的施工经验;

(12)现场调查情况。

34.1.2 编制范围

新建哈尔滨至齐齐哈尔铁路客运专线起点为哈尔滨站(不含),向西北方向经肇东、安达、大庆,终止于齐齐哈尔南站(含)。正线起点里程为DK1+600,终点里程为DK282+737,线路全长280.893km。包括滨洲线哈尔滨至哈尔滨北站外 BZDK1+600~BZDK14+000段电化;哈尔滨北站上行联络线 LDK12+547.134~LDK17+505.890、L右DK12+287.156~L右DK17+490.760段电化;既有平齐线 PK567+200~PK570+821.9段电化;既有齐齐哈尔站1~4道电化。

34.2 工程概况

34.2.1 线路概况

哈齐铁路客运专线起自哈尔滨站站外DK1+600沿滨洲线右侧折向北,跨过松花江、三环路后设哈尔滨北站,下钻绕城高速公路后,线路沿王万上行线右侧前行至万乐,之后并行滨洲线右侧经肇东、安达、龙凤、大庆西、泰康,以桥梁形式通过扎龙保护区实验区至红旗营东,然后线路折向北,跨齐泰公路、于榆树屯北跨过平齐线、军队专用线,沿平齐线左侧至齐齐哈尔市南苑开发区新设齐齐哈尔南站,出站后完成与平齐左线及动车组走行右线疏解,至齐齐哈尔南站外DK282+736.494,与既有平齐线相接。线路全长280.893km,主要分布哈尔滨北、肇东、安达、龙凤、大庆西、泰康、红旗营东、齐齐哈尔南、齐齐哈尔站。

全线桥梁长度约180km,无隧道,桥梁长度占线路总长约65%。

34.2.2 主要技术标准

铁路等级:客运专线;正线数目:双线;设计行车速度:250km/h;最小曲线半径:5500m;最大坡度:20‰;牵引种类:电力;机车类型:动车组;到发线有效长度:650m;行车指挥方式:调度集中;列车运行控制方式:自动控制;供电方式:直供＋回流。

34.2.3 主要工程内容和数量

34.2.3.1 通信工程

通信工程包括与哈齐铁路客运专线工程相关的通信线路、传输及接入系统、电话交换系统、GSM-R移动通信系统、数据通信系统、调度通信系统、会议电视系统、应急通信系统、时钟同步及时间分配系统、综合视频监控系统、电源系统、防雷接地系统、电源及环境监控系统以及综合布线系统。主要工程数量见表34-1。

主要工程数量表 表34-1

序号	工程名称	型号	单位	数量	备注
1	敷设干线光缆	32芯	km	660	
2	会议电视		系统	8	
3	安装基站设备		架	59	
4	安装GSM-R铁塔		座	41	
5	安装SDH 2.5Gb/s	分插复用器	端	12	
6	安装SDH 622Mb/s	分插复用器	端	102	
7	安装光纤传输SDH 155Mb/s	一体机	端	23	
8	安装DWDM/SDH		套	2	

34.2.3.2 信号工程

(1)哈尔滨枢纽:新建计算机联锁2站2场,哈尔滨站、庙台子站,哈尔滨普速客车整备场和动车存车场、哈北普速场;万乐站自闭结合改造,哈尔滨至庙台子至哈北普速场(新建)至万乐站间既有自动闭塞改造,西庙台子站至庙台子、哈北普速场站间闭塞改造;新建枢纽范围内列控系统、集中监测系统。

(2)齐齐哈尔枢纽:新建齐齐哈尔站南场和齐齐哈尔站计算机联锁1站1场,改建大民屯至齐齐哈尔站南场间自动闭塞7.23km;新建枢纽范围内列控系统、集中监测系统。

(3)客运专线正线:新建全线调度集中系统14站(含枢纽),新建电务段监测中心2处、集中监测分机19站(场)9个中继站,自动闭塞282km 9座中继站,新建计算机联锁8站1场。联锁道岔总计323组;哈尔滨枢纽台和哈齐台,进行CTC总机软件修改及调试;新建列控系统和临时限速系统303km,安装TCC站机14站、中继站站机9站,新设临时限速服务器(TSRS)。

(4)客运专线正线9个车站、庙台子站、哈北综合场列车进路上的道岔、哈尔滨普速客车整备场与动车组存车场及齐齐哈尔南动车组存车场道岔新建置融雪装置。

(5)大庆西站客运专线场:大庆西站客运专线场新设CTC分机、列控系统地面设备以及综合接地相关工程投资纳入哈齐铁路客运专线工程;新建计算机联锁、信号集中监测、综合防雷设备投资纳入大庆站搬迁改造工程中,由哈齐铁路客运专线有限责任公司代建并同步实施。

主要工程数量见表34-2。

主要工程数量表　　　　　　　　　　　　　　　　　　　　　表34-2

序号	工程名称	型号	单位	数量	备注
1	列控中心设备		站	22	
2	联锁道岔		组	289	
3	计算机联锁设备		站	13	
4	矮型信号机		架	299	
5	高柱信号机		架	78	
6	信号微机监测		站	22	
7	CTC系统设备		站	13	
8	道岔融雪室外设备安装		组	219	
9	智能电源屏		站	22	
10	挖、填电缆沟		hm	547	

34.2.3.3 信息工程

信息工程主要包括哈尔滨北站、肇东站、安达站、大庆东站、大庆西站、泰康站、齐齐哈尔南站7个站的信息系统及火灾报警。其中大庆西站为代建工程。主要内容有：票务系统、旅客服务信息系统、办公管理信息系统、公安管理信息系统、车站综合布线系统。主要工程数量见表34-3。

主要工程数量表　　　　　　　　　　　　　　　　　　　　　表34-3

序号	工程名称	型号	单位	数量	备注
1	票务系统		站	7	
2	集成管理平台		站	7	
3	综合显示系统		站	7	
4	广播系统		站	7	
5	视频监控		站	7	
6	综合布线		站	7	
7	安检系统		站	7	
8	办公自动化		站	7	

34.2.3.4 防灾安全监控工程

防灾安全监控系统是风监测子系统、雨量监测子系统、雪深监测子系统、异物侵限监控子系统的集成系统。其设备由风、雨、雪以及异物侵限现场监测设备，现场监控单元，监控数据处理设备，工务终端，调度所设备，传输网络等组成。主要工程数量见表34-4。

主要工程数量表　　　　　　　　　　　　　　　　　　　　　表34-4

序号	工程名称	型号	单位	数量	备注
1	敷设内屏蔽数字信号电缆	SPTYWPL23型8B	hm	16.78	
2	敷设内屏蔽数字信号电缆	SPTYWPL23型12B	hm	35.06	
3	敷设内屏蔽数字信号电缆	SPTYWPL23型16B	hm	497.36	
4	敷设内屏蔽数字信号电缆	SPTYWPL23型21B	hm	374.81	
5	敷设内屏蔽数字信号电缆	SPTYWPL23型24B	hm	233.24	
6	敷设信号电缆PTYL23	（PTYLH23)型8芯	hm	36	
7	敷设信号电缆PTYL23	（PTYLH23)型12芯	hm	467.27	

续上表

序号	工程名称	型号	单位	数量	备注
8	敷设信号电缆PTYL23	(PTYLH23)型16芯	hm	585.31	
9	安装风速风向计		套	30	
10	安装雨量计		处	14	
11	安装雪量计		处	5	
12	安装异物侵限监测网(公跨铁)		延米	2046	
13	安装监控单元		套	36	
14	安装工务调度终端		套	4	
15	安装监控数据处理设备		套	1	
16	安装调度所设备		套	1	

34.2.3.5 电力工程

全线新建10kV电力综合贯通线及一级负荷电力贯通线;哈尔滨北至哈尔滨段,利用哈尔滨35/10kV变配电所新增铁路的10kV贯通线(自DK1+600处)为本线新增负荷供电;大庆站改工程让胡路35/10kV变电所向本线供电;新建的贯通线采用全非磁性屏蔽铠装铜材单芯电缆,沿预制电力电缆槽蛇形敷设;全线新建5座10kV配电所;配电所外部电源从地方接引两路独立电源。本工程集成范围内不含哈尔滨站配电所至DK1+600范围的贯通线。让胡路35/10kV变电所已在大庆站改工程中建成。主要工程数量见表34-5。

主要工程数量表　　　　　　　　　　　表34-5

序号	工程名称	规格	单位	数量	附注
1	110/10kV变配电所安装	GIS型	座	1	
2	10kV配电所安装	GIS型	座	5	除电源外已实施
3	箱式变电站安装	SC10-10/0.4/0.23kV	座	88	
4	室内变电所安装	SC10-10/0.4/0.23kV	座	4	
5	高压电缆线路敷设	YJV23-10 三芯	hm	756	
6	高压电缆线路敷设	YJV63-10 单芯	hm	20290	
7	低压电缆线路敷设	YJV23-1	hm	1696.5	
8	升降式高杆灯塔安装	21.5m	座	47	
9	动力配线		kW	21220	

34.2.3.6 变电工程

新建5座牵引变电所,分别在里木店(DK41+450)、宋站(DK94+970)、大庆东(DK146+750)、高家(DK201+700)、红旗营东(DK254+550);新建5座分区所,分别在DK18+400、DK68+650、DK121+740、DK174+907、DK229+028;新建1座分区所兼开闭所,齐齐哈尔南(DK280+650)。

34.2.3.7 接触网工程

正线:哈尔滨站外(DK1+600)至齐齐哈尔南站外(DK282+736.494),线路长度为280.893km;滨洲线哈尔滨至哈尔滨北站外电化(BZDK1+600~BZDK14+000),长度约14km;新建哈尔滨北下行联络线(LDK12+547.134~LDK17+505.890),长4.959km;新建哈尔滨北上行联络线(L右DK12+287.156~L右DK17+490.760),长5.204km;既有平齐线电化(PK567+200~PK570+821.9),长3.622km;既有齐齐哈尔站电化1~4道。主要工程数量见表34-6。

主要工程数量表 表34-6

序号	名 称	型 号	单 位	数 量
1	H型钢柱		根	12299
2	轻便型硬横梁		根	327
3	T梁桥钢柱	G120	根	196
4	硬横梁	硬横梁<30m	根	211
5	倒立柱		根	129
6	腕臂安装	钢腕臂+组合定位器	套	15553
7	补偿下锚装置		套	1384
8	无补偿下锚装置		套	104
9	正线线材	JTMH-120+CTS-150	条千米	723
10	站线线材	JTMH-95+CTS-120	条千米	110
11	回流线	JL/LB1A-240-26/7	条千米	618
12	加强线	JL/LB1A-240-26/7	条千米	171.8
13	供电线	LBGLJ-300	条千米	32.45
14	悬挂调整		条千米	832
15	弹性吊索安装		条千米	723
16	单极电动隔离开关安装		套	161
17	避雷器安装		套	616
18	分段绝缘器安装		套	26
19	冷、热滑试验		条千米	832

34.2.3.8 房建工程

四电房屋及铁塔基础和箱变基础工点共169处,分别为通信44栋、信号13栋、电力4栋、牵引变电11栋,箱变基础56处、铁塔基础41处,建筑面积16553m^2,混凝土道路9771.25m^2,实体围墙9055m,散水9040m^2、电缆沟1205.5m,排水沟9296m,法拉第笼1683m^2,土方163592m^3。

34.2.4 工程特点

(1)处东北严寒地区,有效施工期短,设计最低温为-40°,最高温为40°,环境对设备、零部件等的影响大,应采取相关技术措施,各专业施工要做好冬季施工方案。

(2)本线全线与既有滨州线并行,普遍间距在20～30m之间。在进行接触网立柱组立时,一定要注意邻近既有线的行车安全;对于间距比较近的地段以及与既有车站合站的,作业时必须严格按照既有线安全管理执行。

(3)接触网工程工程量大、工期紧、交叉施工多,受线下工程及无砟轨道和铺轨的施工进度影响较大,且铺轨完成后留给接触网施工、冷滑试验的工期很短,要和土建施工单位做好协调,实现节点施工目标。

(4)环境方面沿线工点穿越扎龙自然保护区和龙凤湿地自然保护区,涉及土石方工程的施工对环境的影响较大,环境保护和水土保持的技术措施要求更高。

34.3 建设项目所在地区特征

34.3.1 自然特征

34.3.1.1 地形地貌
标段沿线经过的地貌为冲积平原(ⅡB)。DK1+600~DK38+000属于松花江河漫滩;DK38+0600~终点属于冲积平原,地势由南向北呈缓坡状起伏,局部为洼地、水泡及沼泽湿地,海拔在117.32~160.57m。

34.3.1.2 工程地质
标段主要地层为第四系及第三系地层;标段经过地区的大地构造属新华夏系第二沉降带,构造单元主要为:松嫩平原沉降带、松辽盆地的中央拗陷区,主要断裂隐伏于松嫩平原,对铁路的修建影响不大;主要有软土、松软土、盐渍土、膨胀土和填土等,其中DK49+300~DK49+800、DK60+900~DK61+900段分布有软土,DK63+204.5~DK71+500段的盐渍土成片分布,标段沿线普遍存在着松软土及膨胀土。

34.3.1.3 地震动参数
地震动峰值加速度值为$0.05g$,地震基本烈度Ⅵ度。

34.3.1.4 水文地质
标段沿线第四系松散堆积层中广泛赋存孔隙潜水,地下水较丰富,地下水类型主要为第四系孔隙潜水,局部为基岩裂隙水及承压水。其埋藏条件因地势高低和地层岩性的不同而差别很大,地下水埋深0~16.30m(高程113.06~134.49m),主要含水层为砂类土及碎石类土。主要靠大气降水和地表水补给,水位变幅1.0~3.0m。

34.3.1.5 河流水系、水文
本线所经的河流属松花江水系,附近有呼兰河、松花江、嫩江,主要河流有肇兰新河、乌裕尔河等。

34.3.1.6 气象
沿线大部属于中温带亚湿润~亚干旱大陆性季风气候区。冬季严寒干燥漫长,夏季多雨凉爽,春、秋季干旱多风;蒸发强烈且持续时间长,蒸发量大于降水量3倍左右。由于沿线最冷月平均气温均低于-15℃,按对铁路工程影响的气候分区,均属严寒地区。根据气象(1979~2007年)和调查资料,标段沿线土壤最大冻结深度划分两段:DK49+300~DK80+000为1.89m、DK80+000~DK109+000。最大冻结深度为2.14m。

34.3.1.7 污秽区划分
沿线主要有24处污染源,分布在哈尔滨、大庆、齐齐哈尔地区。全线污秽等级设计按重污区划分。

34.3.2 交通运输情况

34.3.2.1 铁路
哈尔滨枢纽范围与滨绥线、滨北线、拉滨线、王万联络线相连接,大庆地区与通让线相连,齐齐哈尔枢纽范围与齐北线、平齐线相连。

34.3.2.2 公路
沿线公路主要有哈大高速公路、大齐高速公路、301国道、让杜公路等。

34.3.3 沿线水源、电源、燃料等可资利用的情况

34.3.3.1 施工用水

该地区附近有呼兰河、松花江、嫩江,一般7、8、9月是丰水期,1、2、3月是枯水期;哈尔滨、大庆、齐齐哈尔市区范围严禁打井,考虑接引自来水施工;四电、信息工程用水量少且分散,施工用水可利用城镇自来水;无条件时可采用地表水与利用自来水相结合的方法。

34.3.3.2 施工供电

沿线经过地区10kV电力线分布较为密集,可以直接从地方10kV或35kV电力线上"T"接;但扎龙自然保护区范围基本上没有电网,房建等工程可采用自发电。

34.3.3.3 施工所用燃料

线路经过的大庆市为我国重要的石油化工基地,所需燃料由地方石油公司供应。

34.3.4 当地建筑材料的分布情况

沿线砂石料、满足冻胀要求的路基填料均极度缺乏,石料、土源集中在滨绥线阿城地区和滨洲线碾子山地区、扎兰屯地区;工程用砂产地集中在齐齐哈尔嫩江流域和哈尔滨的呼兰河一带,运距较远;石灰、砖瓦由当地就近供应。

34.4 施工组织安排

34.4.1 建设总体目标

34.4.1.1 建设总体目标

实行标准化管理,创建哈齐铁路客运专线精品工程、安全工程。

34.4.1.2 工期目标

2013年10月1日开工,2014年10月31日联调联试,2014年12月1日正式开通运营。

34.4.1.3 质量目标

检验批、分项、分部工程施工质量检验合格率100%,单位工程一次验收合格率100%,主体工程质量零缺陷;杜绝工程质量特别重大事故、重大事故和较大事故;遏制工程质量一般事故;减少工程质量问题,实现质量创优规划目标。

34.4.1.4 安全目标

杜绝生产安全特别重大事故、重大事故和较大事故,遏制一般生产安全事故,杜绝因建设引起的特别重大、重大、较大、一般B类及以上铁路交通事故和一般C类及以上旅客列车事故,遏制因建设引起的一般B类以下铁路交通事故和一般C类以下旅客列车事故。

34.4.1.5 环境保护、水土保持目标

严格按照国家有关部委和地方有关部门批复的环境保护、水土保持及文物保护方案组织工程实施,严格执行"三同时"制度,配设满足要求的环境保护与水土保持专业人员,各项施工及工程设施符合国家、中国铁路总公司(铁道部)及地方有关规划、环境保护及水土保持、节能和新技术应用要求,确保工程所处的环境不受污染。

34.4.1.6 职业健康安全目标

杜绝生产安全较大及以上事故,杜绝责任火灾、爆炸、交通事故,杜绝从业人员责任死亡事故,杜

绝群体性中毒事件;安全隐患整改率100%,安全管理人员到位率100%,特种作业人员持证上岗率为100%,安全教育培训合格率100%,安全交底落实率100%,安全防护用具发放率100%,人身意外伤害保险投保率100%,施工现场环境与卫生达标率100%;安全设施与主体工程"三同时"。

34.4.1.7 文明施工目标

现场人员持证、挂牌;现场道路整洁、畅通;现场环境干净、卫生;现场布置整齐、合理;现场着装整齐、统一;现场标牌明显、明确;现场言行文明、得体;现场施工安全、规范。

34.4.2 施工组织机构、队伍部署和任务划分

34.4.2.1 管理模式

中铁电气化局和通号公司分别在哈尔滨组建项目部,中铁电气化局负责电力、接触网、变电、房建、客服及防灾的施工及调试,通号公司负责通信、信号的施工和调试。项目部各专业下设项目分部,分部下设作业队的管理模式。组织结构如图34-1所示。

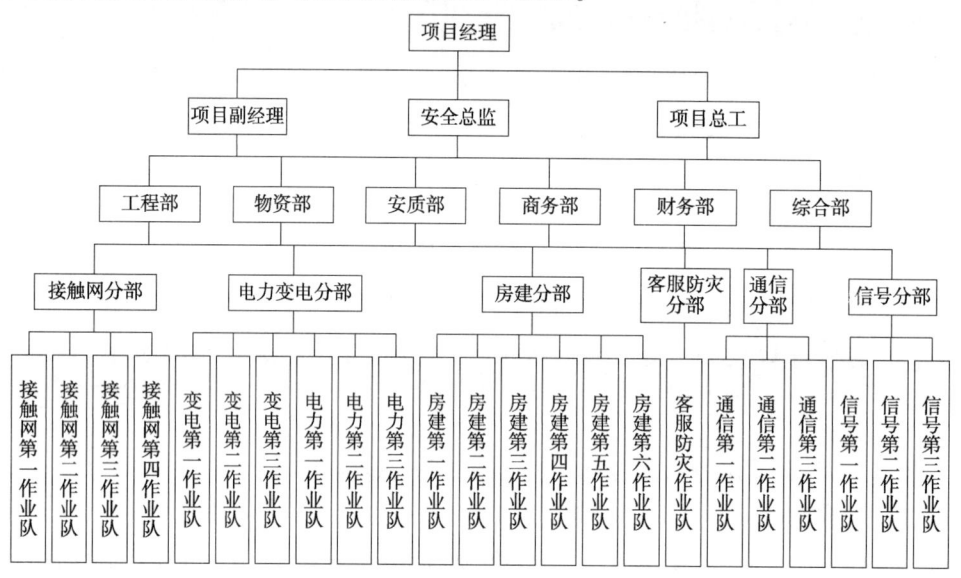

图34-1 组织结构图

34.4.2.2 队伍部署和任务划分

通信工程:在大庆设项目分部,下设3个作业队;信号工程:在大庆设项目分部,下设3个作业队;客服及防灾工程:在大庆设项目分部,下设1个作业队,负责管段内信息及防灾监控施工及设备的安装调试;电力及变电工程:在大庆设项目分部,下设3个电力作业队和3个变电作业队;接触网工程:在大庆设项目分部,下设4个接触网作业队;房建工程:在大庆设项目分部,下设6个房建作业队。

34.4.3 总体施工方案和主要阶段工期

34.4.3.1 总体施工方案

(1)通信工程:以隐蔽工程为先导,室内外建筑安装工程平行推进的方法组织施工;在专业衔接上,紧跟站前各专业施工进度,合理安排区间光电缆敷设,力争电缆槽道贯通一段敷设一段。同时做好专业间工序衔接,通过打穿插做好房建弱电沟槽管线的预留、预埋;根据电力专业分段供电时间表,合理安排通信各子系统的设备加电调试、试验,按计划进行全线的通信联调、联试工作;通信系统调试按照先电源、再传输、后其他的原则进行,以便为电力、信号、信息等相关专业及时提供远程传输通道和业务终端服务。

(2)信号工程:首先进行电缆线路信号点复测,然后依次进行信号电缆敷设、区间信号点设备安装配线、车站信号电缆敷设、室内信号设备安装、室外信号设备安装、室内模拟试验、室内外联锁试验、车载信号设备调试,最后进行综合调试。

(3)信息系统工程:在房屋建筑施工的同时,通过合理穿插配合房建做好弱电系统沟槽管线的预留、预埋和信息缆线布放,待房屋装修基本完成后,开始信息设备和终端设备安装、配线和系统调试,确保各信息点正确畅通。

(4)防灾安全监控工程:先进行风、雨、雪和异物侵限监测设备的安装,防灾机房具备条件后进行监控单元等室内设备的安装及调试。

(5)电力工程:首先进行外电源线路引入施工(供电局间隔接入报装是重点),然后同步展开区间贯通线路及变配电所设备安装工作,之后进行车站电力工程施工。待通信专业提供远动通道后,进行电力SCADA调试。

(6)接触网工程:首先进行接触网下部工程(支柱基础由站前施工,既有线除外),然后依次进行支柱装配、导线架设,最后进行网上设备安装及静态检测。

(7)牵引变电工程:首先进行牵引变电所、分区所、分区所兼开闭所室外设备基础的施工,再进行室外设备安装,待房屋主体完成后进行室内设备安装、调试。

(8)房建工程施工:办理征地手续后,先施工基础,然后按施工面积及层数按正常施工主体结构,主体结构施工时注意预埋管线、孔洞,最后进行装饰和水电暖通安装。

34.4.3.2 主要阶段工期

2013年10月1日开工,哈尔滨北—齐齐哈尔区段2014年9月1日开始联调联试,哈尔滨北—哈尔滨站区段2014年10月31日开始联调联试,全线于2014年12月1日正式开通运营。

34.4.4 施工准备

34.4.4.1 现场准备

(1)施工调查:调查施工场地地形地貌地势、场地拆迁平整及排水设施状况、地表障碍物及架空线路、地下管道等构筑物的分布情况及产权人。

(2)施工条件调查:对工程施工条件的调查,掌握当地气象、水文、给水、供电、通信、排水、市政道路、铁路、公路、水运、取土弃渣等施工条件,以及各种建筑构件、材料和工程物资的供应情况。

(3)周边环境调查:调查工程现场周边建筑设施、村庄、当地道路交通人流等情况。

(4)现场核对:组织设计图纸和有关文件的现场核对,掌握水准点和坐标点的准确位置,了解既有设施及平面、高程等有关技术参数。

对综合接地、接触网立柱基础、过轨管线与电气化相关的预埋结构等接口工程进行检查、核对。

34.4.4.2 技术准备

施工图技术交底、实施性施工组织设计的编制、接配线供图、技术培训、三级技术交底。

34.4.4.3 资源准备

(1)物资材料:签订自购料采购合同或意向,确定材料的运输和交付方式;按照单项工程施工进度计划,确定主要物资的使用时间和进场批量;物资部门组织开展采购前市场调查,做好采购前准备和市场信息收集工作;分别采用招标、议标或竞争性谈判等方式实施采购,保证工程物资及时进场满足施工需要;组织好物资催运和发货工作;做好物资验收和仓储保管工作,保证物资供应满足施工需求。

(2)劳动力准备:前期各种管理人员先期到达现场,结合现场实际和物资到达情况合理安排作业人员进入现场,并根据现场实际进展情况合理调配人力资源,满足现场实际需要。

(3)施工机械及仪器、仪表准备:前期以施工指挥车辆为主,陆续安排施工机械车辆进场。仪器仪表随工程进展合理调配,满足现场施工需要。

34.4.5 各专业工程施工工期

34.4.5.1 通信工程

2013年10月1日~2013年10月15日施工准备;

2013年10月16日~2013年12月10日为大庆东、大庆西客运信息开通提供临时通信、临时过渡通道;

2013年10月16日~2014年6月30日光缆线路;

2013年11月20日~2014年7月10日GSM-R铁塔安装及天馈线安装;

2014年4月1日~2014年6月30日设备安装配线;

2014年6月20日~2014年8月31日设备单机调试、各子系统调试。

34.4.5.2 信号工程

2013年10月1日~2013年10月20日施工准备;

2013年10月20日~2014年6月20日室外电缆敷设;

2013年11月20日~2014年7月9日室外设备安装配线;

2014年4月10日~2014年7月9日室内设备安装配线;

2014年7月10日~2014年8月31日联锁子系统等调试。

34.4.5.3 信息工程

2013年10月1日~2013年10月15日施工准备;

2013年10月16日~2013年12月10日大庆东、大庆西综合布线及设备安装;

2013年12月5日~2013年12月30日大庆东、大庆西客运信息设备调试;

2013年12月31日大庆东、大庆西客运信息设备正式开通;

2014年4月1日~2014年6月31日其余各站吊挂件安装、综合布线系统线缆敷设;

2014年6月1日~2014年7月30日其余各站客运信息系统设备安装;

2014年7月20日~2014年8月31日其余各站客运信息系统设备单机调试、子系统调试。

34.4.5.4 防灾工程

2013年10月1日~2013年10月20日施工准备;

2013年10月21日~2014年6月30日电缆线路及异物监测网安装;

2014年4月15日~2014年5月31日外场采集器及现场控制箱安装;

2014年4月15日~2014年6月20日监控单元安装;

2014年6月20日~2014年7月30日数据处理中心设备及终端安装;

2014年7月30日~2014年8月31日设备单机调试、各子系统调试。

34.4.5.5 电力工程

2013年10月1日~2014年3月31日施工准备;

2014年4月1日~2014年7月31日变配电所设备安装;

2014年4月1日~2014年7月15日电力电缆敷设;

2014年4月1日~2014年7月31日供电设备安装;

2014年4月1日~2014年7月20日外部电源安装;

2014年5月21日~2014年7月10日电网内部调试。

34.4.5.6 变电专业

2013年10月1日~2014年3月31日施工准备;
2014年4月1日~2014年6月30日变电所及分区所基础及架构施工;
2014年6月15日~2014年7月15日变电所及分区所设备安装;
2014年7月1日~2014年7月31日外部电源安装及外电引入;
2014年7月1日~2014年8月20日变电所实验及相关配套工程调试;
2014年8月20日变电所带电同时具备向接触网送电条件。

34.4.5.7 接触网专业

2013年10月1日~2013年11月14日施工准备;
2013年11月15日~2014年6月31日接触网支柱组立;
2014年4月1日~2014年6月31日供电线基础浇制;
2013年12月1日~2014年7月31日接触网腕臂及定位装置安装;
2014年4月1日~2014年8月10日接触网承导线及附加线架设;
2014年5月1日~2014年8月31日接触悬挂调整安装;
2014年6月1日~2014年8月10日开关、设备等安装调整;
2014年8月20日~2014年8月22日接触网冷滑试验;
2014年8月28日~2014年8月31日接触网热滑试验。

34.4.5.8 房屋工程

2013年10月1日~2013年10月5日施工准备;
2013年10月6日~2013年11月15日基础分部;
2013年10月15日~2014年6月10日主体分部;
2013年11月15日~2014年6月1日满足设备安装条件;
2014年5月10日~2014年8月31日水暖电安装分部。

34.4.6 征地拆迁

涉及四电房场坪的征地拆迁、外电源线路的征地拆迁、接触网供电线路的征地拆迁及变电大型设备运输通道的临时拆迁等。四电各受影响专业采取相应的措施,调整施工工序,组织施工,保证总体工期的实现。

34.4.7 工程接口及配合

见表34-7~表34-9。

站前站后接口关系表 表34-7

序号	项目	路基	桥梁	架梁	铺轨	站场建筑
1	接触网立柱基础(吊柱)	●	△	○	○	●
2	综合接地预埋件	●	●	△	△	●
3	电缆槽	●	△	△	△	●
4	过轨管线	●	●	○	△	●
5	设备安装基础	○	○	○	○	●
6	管线及设备入室	○	○	○	○	●
7	信号设备安装及联锁	●	○	○	●	●

续上表

序号	项　　目	路基	桥梁	架梁	铺轨	站场建筑
8	房屋建筑	△	○	○	○	●
9	接触网	○	○	○	●	●
10	牵引所所址、场坪道路	●	○	○	○	●
11	电力变配电所、箱变	●	●	△	○	●

注："●"表示必须做项目;"○"表示无此项目;"△"表示根据需要和设计文件确定。

接口检查和施工条件确认一览表　　　　　　　　　　　　　　　　表 34-8

专业名称	接口检查和进场条件
牵引变电	牵引变电所、分区所、分区兼开闭所等房屋门窗安装完毕、内墙面、吊顶粉刷完成,地面应为毛地面,具备基础槽钢安装条件,防静电架空地板应考虑设备支架安装预留
	室外场地平整、道路已成型,提供的进所道路应满足大型设备运输要求
	沟、槽、管、洞已按施工图纸预留,施工现场的用电、用水满足施工需求
	SCADA 控制中心电源为正式电源,控制中心门窗应考虑 SCADA 设备吊装通道
电力	路基、桥梁、站台、车站房屋内的沟、槽、管、洞按图纸要求预留,预埋件位置、尺寸、高程符合图纸要求
	车站房屋暗装配电箱预留位置准确,尽量避免二次剔凿。土建工程范围内的电缆吊架、电缆管具备电缆敷设条件
	变配电所房屋门窗安装和墙面粉刷完毕,地面为毛地面,具备基础槽钢安装条件。室外道路已成型,具备设备运输条件。土建工程范围内的电缆吊架、电缆管具备电缆敷设条件
	区间贯通线路电缆沟应施工完毕,电缆预留管道齐全,具备电缆敷设条件
	预留的沟、槽、管、洞在站后进场施工前,应按照设计要求全部验收完毕,尤其预留的电缆沟槽要确保整个区间连续
接触网	接触网预留基础、拉线基础在站后进场施工前,应按照设计要求全部验收完毕,并确保正确
	车站站线应随同正线同期铺轨,并满足施工车辆临时驻车要求
	应提供路基地段预埋沟槽管线施工资料和交桩,并合理安排路基和接触网交叉施工
通信	通信基站在进场前房屋门窗安装和墙面粉刷完毕,地面为毛地面,具备基础槽钢安装条件。室外道路已成型,具备设备运输条件
	区间贯通线路电缆沟应施工完毕,电缆预留管道齐全,具备电缆敷设条件
	铁塔基础用地征地完成,完成地基钻探工作;站房按时提供,房屋按合同要求装修。预留的沟、槽、管、洞在站后进场施工前,应按照设计要求全部验收完毕,尤其预留的电缆沟槽要确保整个区间连续
信号	区间贯通线路电缆沟应施工完毕,电缆预留管道齐全,具备电缆敷设条件
	贯通地线满足四电接地要求
	轨旁设备安装前,轨道施工完毕
	站房按时提供,房间按设计图装修并完成信号房屋屋顶避雷网、避雷带、引下线、接地系统等屏蔽措施,并预留接线端子。预留的沟、槽、管、洞在站后进场施工前,应按照设计要求全部验收完毕,尤其预留的电缆沟槽要确保整个区间连续

相关专业间的施工技术配合　　　　　　　　　　　　　　　　　　表 34-9

配合工序	施工技术配合内容	施工技术配合措施
接触网基础—路基	接触网在路基上进行下部工程施工	施工时注意保护路基、保证水沟畅通、路基清洁,施工后恢复至原样或按设计规定施工,保证路基稳定
接触网—桥梁	桥钢柱预留基础螺栓的技术状态	中标后立即派技术员提前指导,对已完部分共同确定技术方案,施工中注意对桥梁的保护
接触网—轨道	接触网的上部施工基准	获取交桩数据,接触网竣工前请求提供轨道竣工情况
变电—电力	协助办理变电所用电协议	提供技术数据,通报施工情况,施工时请求现场配合

续上表

配 合 工 序	施工技术配合内容	施工技术配合措施
接触网—通信、信号	变电所回流电缆与信号扼流变压器的连接。支柱或基础与通信、信号电缆沟位置冲突	互相提供平面布置图、共同核对专业设施的位置关系,接触网施工定测邀请通信、信号配合。设计方案向通信、信号专业通报,施工时请求配合
接触网—变电	变电所回流电缆与接触网回流线的连接,变电所馈线方向与接触网供电方向一致	共同核对图纸,共同进行施工定测,共同确定材料申请的名称、规格、数量和施工范围
变电—通信	变电专业与通信专业共同确定远动通信信道接口	共同核对设计图纸及定测,互相提供调试条件,调试后互相提供调试结果
变电—房建	变电专业的墙上或地面孔洞沟槽、预埋件的预留及二次预埋	共同核对设计图纸,房建施工时变电专业负责配合,变电专业二次预埋应保持房屋建筑的完整和美观
通信—信号	通信工程给信号行车指挥系统提供传输通道	在信号行车指挥系统调试之前提供可靠的传输通道,并配合调试
电力—通信、信号	电力工程给通信、信号工程提供可靠的电源	在通信、信号设备调试之前提供可靠的电源,保证设备正常运行
通信—远动	通信工程给电力、电气化提供远动通道	电力、电气化远动系统调试之前提供可靠的传输通道,并配合调试

34.4.8 联调联试及运行试验

34.4.8.1 系统试验完成后,四电系统应具备的条件

(1)牵引供电和电力供电系统:牵引供变电子系统所有设备安装、电缆接续完毕,单体试验、子系统调试完成;接触网子系统完成所有安装、架设和调整工作,完成低速动态测试(冷滑试验),基本达到设计及相关规范要求;电力子系统所有设备安装、电缆接续完毕,单体试验、子系统调试完成;牵引和电力供电远动(SCADA)子系统所有设备安装、电缆接续完毕,各功能项目已完成调试;外部电源已接入。以上各项功能指标和安全措施符合设计及相关规范要求。

(2)通信信号系统:光通信和传输子系统完成调试,具备开通条件;信号所有室内外设备安装、电缆接续完毕,单体试验、子系统调试完成。车站联锁已具备开通条件;CTC系统具备列车追踪与监视功能并实现人工和自动进路办理。集中监测系统具备实时地监测信号设备的运行状态、提供各种实时数据。

(3)防灾安全监控系统:风、雨监测子系统所有设备安装、电缆接续完毕,单体试验、系统调试完成;异物侵限监测子系统所有设备安装、电缆接续完毕,单体试验、系统调试完成;防灾现场监控单元设备安装、电缆接续完毕,单体试验、系统调试完成;防灾监控数据处理设备安装、电缆接续完毕,单体试验、系统调试完成;调度所防灾终端,工务处、工务段防灾终端设备安装、电缆接续完毕,单体试验、系统调试完成;防灾监控系统系统调试完成。以上各项功能指标和安全措施符合设计及相关规范要求,具备开通条件。

(4)信息系统:信息系统所有设备安装、线缆敷设接续完毕,单体试验、子系统调试完成,票务、旅客服务、动车运用检修、办公、维修、公安管理等各系统的各项功能指标和安全措施符合设计及相关规范要求。

34.4.8.2 配合动态验收、安全评估、试运行的方案及措施

高速铁路联调联试的内容主要包括轨道、接触网、变电、通信、信号、运营调度、客运服务、防灾安全监控、综合视频监控系统联调联试和综合接地、电磁兼容、振动噪声、路基状况、路基及过渡段动力性能、桥梁动力性能、列车空气动力学性能测试等。

高速铁路联调联试及运行试验工作,由中国铁路总公司统一组织,各客运专线公司及铁路局负责实施,设计与施工单位配合。

成立四电系统集成试运行领导小组,组织机构如图34-2所示。

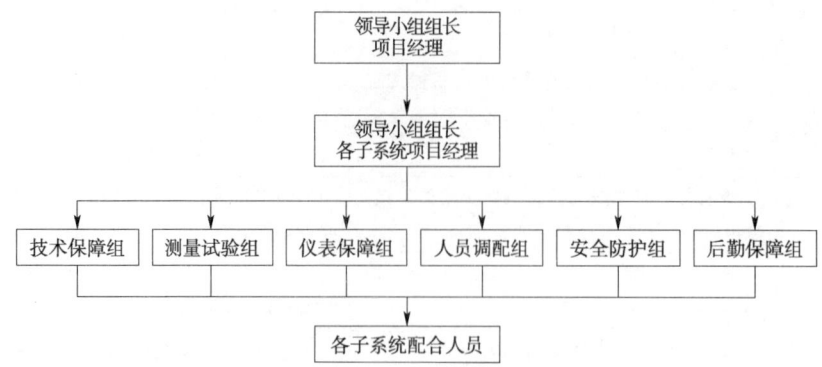

图34-2 四电系统集成试运行领导小组组织机构图

1)试运行组织机构职责分配

(1)领导小组组长职责:根据建设单位的试运行整体规划对试运行实行全过程组织、指挥、协调和管理,满足建设单位对试运行各个环节的要求,确保试运行目标的实现。

(2)领导小组副组长职责:负责试运行期间的资源配置工作,且为试运行期间子系统的直接负责人。

(3)技术保障组职责:全面负责试运行工程技术管理工作。主持复核试运行计划,负责组织本专业试运行计划的编制和审查,审核多专业协同工作方案。

(4)测量试验组职责:负责试运行期间的测量和必要的试验工作。

(5)仪器仪表保障组职责:负责机械设备、仪器仪表的配置,建立台账,负责日常维护;根据试运行计划配置设备,负责日常领用工作。

(6)人员调配组职责:负责试运行配合人员的管理,对试运行任务组织实施负责。

(7)安全防护组职责:负责试运行期间的安全防护管理,建立试运行期间上道测试的安全管理制度,监督安全管理制度的实施。

(8)后勤保障组职责:负责试运行文明施工、环境环保、劳动卫生和医疗保障及后勤服务等工作。

2)试运行人员配备及工作内容

我方配备足够的人员和必要的测试仪表配合试运行工作,主要工作内容包括:保证通信设备正常运行、进行必要的测试、填写试验记录。

3)试运行安全规程

安全生产,人人有责。所有工作人员必须遵循《铁路通信、信号、电力、电力牵引供电施工安全技术规程》(TB 10306—2009)以及运营管理部门有关安全制度;各级领导必须将安全、防火、防盗纳入自己工作的重要议事日程,天天讲安全;行车部门使用的操作台,必须对行车部门使用人员进行操作使用培训,经考察合格后,方准上岗操作使用;安全防护组应对工具、安全防护用品进行检测,并组织一次安全生产分析会;作业人员应认真执行"三不动、三不离"的安全制度;与接触网、电力线或与有危及人身安全的线路交越,接近处所进行新改、更换、修理导线、电缆及其他有危险性工作时,应与有关单位协调停电或采取保证安全措施后进行;在正线上检修或紧急处理故障,应根据程序获得批准后,方准上线作业;进行高空作业及协助人员应戴安全帽防护,高空作业必要时使用安全带;当设备房办公室发生火灾时,应立即关掉电源开关,并进行救火。设备起火应使用干式灭火器、二氧化碳灭火器,不得使用泡沫灭火器灭火;遇雷雨天气时,禁止在杆上或靠近接触网地带工作;易燃、易爆、腐蚀和有毒的材料,禁止存放在设备房内,应有专人负责,妥善保管;进行任何可能沾染腐蚀物资和有毒化学物品时,应穿工作服、胶鞋,戴口罩、手套、护目镜等防护用品;测试电源屏、不间断电源、电力配电设备时,应采取安全措施,防止电击,并在交流配电屏相应间刀挂安全牌;落实以项目经理为主的安全组织措施和保障安全技术措施的实施;任何工作人员发现有违反《安全规程》的行为应予劝阻。对危及设备和人身安全的作业和行为,坚决制止;对认真遵守《安全规程》人员,给予表扬和奖励。对违反《安全规程》人员,认真分析,加强教育,个别情况严肃处理。造成严重事故者,视情节轻重给予罚款和处分。

34.4.9 施工总平面布置示意图、总体形象进度图、横道图、网络图

可参考本书上册相关章节进行编制。

34.5 控制工序和重难点工序施工方案

本工程专业多,涉及内部、外部接口单位多,协调处理工作量较大。控制工程和重难点分析见表34-10。

控制工程和重难点分析　　　　　　表34-10

工程名称	重难点
站前站后接口预留	直接影响集成工程的工期和质量
征地拆迁	关系到四电独立设备房屋能否按计划交付,直接影响四电工程能否如期展开
通信系统铁塔基础	本系统的控制工程和重难点工程
信号控制系统控制	信号补偿电容、轨道电路设备与轨道连接及应答器安装;列控软件的编写及发布
防灾安全监控系统控制	公跨铁桥异物侵限双电网传感器的安装;轨旁控制器的安装
信息工程控制	管线及桥架安装、综合显示系统、广播系统、时钟系统
电力供电系统外电源	务必提前着手进行外电源线路施工和间隔接入报装工作
牵引变电控制工程	接地网敷设、牵引变压器安装、综合自动化装置及盘柜安装
接触网支柱基础	弓网关系能否满足动车组高速运行条件
房屋专业部分	房屋在湿地上施工以及冬季混凝土施工
联调联试检验各系统	线路投入试运行前的重要环节

34.5.1 站前站后接口预留工程方案

站前、站后接口工程主要涉及综合接地系统、电缆沟槽、过轨管线、接触网支柱基础、站房管线引入、综合布线管线预埋等内容,因此,站前接口预留工程的施工质量、工程进度直接影响并制约着站后各专业的施工进程和质量。

坚持样板引路。未正式施工的接口工程施工前,通过样板工程施工试验,总结技术参数和样板工艺。通过召开现场经验交流会,统一标准、统一工艺,推广经验,以点带面,全面提升施工质量;派专人配合站前施工单位的接口工程的施工,对施工完的接口工程,及时联系站前施工单位对其进行复核,以确保接口工程各部尺寸、高程、位置等正确无误。

34.5.2 征地拆迁工程方案

成立征地拆迁小组,设专门领导负责,配合地方政府、建设单位做好征地拆迁的有关具体工作,协助建设单位落实外部协议签订,做好征地拆迁、管线迁改、交叉跨越等外部协调工作;根据全线总体工期安排,站后征地拆迁工作将快速展开,征地拆迁以保证控制工期工程按时开工为首要工作。

34.5.3 通信系统控制工程和重难点工程施工方案

由于铁塔基础施工受外界干扰较多、施工周期长,故列为通信控制性重难点工程。为满足工期要求,采取多组平行作业和专业流水作业相结合的方法,依次完成基础坑开挖、垫层浇筑、承台绑筋浇筑、立柱连系梁绑筋浇筑、养护、基础回填夯实工序,确保工艺统一、质量保证的施工要求。

34.5.3.1 基础开挖

略。

地基承载力复核:基坑挖好后用3M轻型动力触探仪选取16个点进行检测,各土层承载力必须满足表34-11、表34-12。

黏性土承载力标准值　　　　　　　　　　　　　　　　　表34-11

N_0	15	20	25	30
σ_0(kPa)	105	145	190	230

素填土承载力标准值　　　　　　　　　　　　　　　　　表34-12

N_0	15	20	25	30
σ_0(kPa)	85	115	135	160

注:$N_0 = N - 1.645$,其中N为不同检测位置的击数平均数。

34.5.3.2 换填土施工

换填土施工包括灰土垫层施工、级配砂石垫层施工。具体施工方法此处不详述。

34.5.3.3 基础垫层施工

略。进行试块制作时,要求在浇筑时现场制作。

34.5.3.4 基础承台施工

(1)基础承台钢筋加工、绑扎施工:略。

(2)基础承台模板制作:按照设计文件中基础图尺寸的要求进行模板安装。模板的表面应平整且接缝紧密不漏浆,模板在安装前应与混凝土的接触面上涂废机油或脱模剂,并确认侧面模板按规定加入保护层垫块。模板安装好后,应检查其尺寸是否符合设计文件的要求,并采取加固措施保证模板固定;模板在安装完成后,在浇筑混凝土前和浇筑过程中,必须对模板、钢筋骨架随时进行检查。当发现问题时,应及时处理并做好记录。

(3)主要检查内容:模板的高度、位置及尺寸是否符合设计图纸要求。模板、支架、支柱、支撑是否可靠,是否能保证施工安全进行。钢筋骨架的位置是否满足设计要求。脱模剂的涂刷是否完整。

(4)基础承台混凝土浇筑:工程统一采用商品混凝土,混凝土的配制要严格按照检测单位出具的混凝土配合比进行,保证混凝土的强度等级不低于设计要求。

①浇筑前须复核基础顶面对角根开,底面对角根开,模板顶面的高差,合格后方可浇制。

②凡有地下水的基础,均应有合理有效的排水措施,不得带水浇筑。

③混凝土浇筑时应采用插入式振捣器进行分层振捣,一般规定为不大于50cm振捣一次。振捣器平行移动时,间距不得大于振捣器作用半径的1.5倍,与侧模保持5~10cm的距离。每一位置的振捣,应能保证混凝土获得足够的捣实程度,每一振点的振捣延续时间为20~30s,以混凝土表面呈现水泥浆,不再冒气泡,不再下沉为止,防止过振、漏振。在混凝土浇筑及振捣过程中,密切注意模板是否变形、下沉、移动及跑浆等,发现后立即处理,要防止基础露筋。要注意模板间相交转接处的混凝土质量,避免蜂窝、麻面。

④捣固人员必须戴安全帽,为防止捣固人员踩踏钢筋骨架而造成钢筋或模板偏移、下沉及变形,在基坑内应搭设作业平台。

⑤混凝土浇筑应连续进行。

⑥浇筑完成的混凝土,应在初凝时对表面进行压实、抹光。

⑦试块制作要求在浇筑时现场制作,其养护条件和配合比与基础相同,并在试块上写好桩号、制作日期和试块标号。

(5)基础承台混凝土养护:即混凝土常规养护。具体略。

34.5.3.5 基础支柱施工

(1)基础支柱钢筋绑扎:略。

(2)地脚螺栓固定:按照设计图的要求,绑扎好基础钢筋笼后,将铁塔基础预埋螺栓与基础钢筋笼进行连接固定,调整好钢筋笼即预埋螺栓在基坑中的位置,测量预埋螺栓的间距,并在上部用固定支架进行固定,以防在混凝土浇筑过程产生偏差;安装地脚螺栓时,地脚螺栓之间的间距及外露尺寸符合设计要求;同组地脚螺栓中心间距及对角线尺寸要反复核对,间距及高度误差均不得大于5mm;立柱模板顶面的相对高差应符合设计要求。浇筑时4个地脚螺栓之间用专用模具固定;基础支柱模板制作时按照设计图纸确定模板安装尺寸,施工方法同基础承台模板安装;基础支柱混凝土浇筑采用混凝土浇筑方式同铁塔基础承台浇筑。并按规定制作混凝土试块。

34.5.3.6 基础养护

见混凝土养护相关规范、规程。具体略。

34.5.4 信号系统控制工程和重难点工程施工方案

34.5.4.1 信号补偿电容、轨道电路设备与轨道连接及应答器安装方案

轨道板、道床、铺轨未完工,信号补偿电容、轨道电路轨旁设备、轨道连接线及应答器安装就无法进行或无法一次达标。安装任务数量巨大,安装质量涉及动车行车安全,按正常方案,铺轨完成后才能进行信号轨旁设备安装;根据工期节点情况,采取必要的"先行安装、过程保护、跟进连接"的方案组织施工,确保信号节点工期如期实现。

34.5.4.2 土建接口对信号电缆敷设影响的施工方案

电缆槽道、过轨管线和手孔以及路基、桥梁引下分歧槽道预留,对信号电缆工程进度和质量影响最大。

34.5.4.3 方法及措施

1)应答器安装流程

应答器施工流程如图34-3所示。

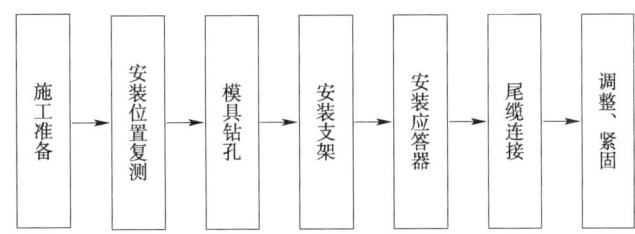

图34-3 应答器施工流程图

2)应答器安装要求

(1)应答器应采用横向安装方式,安装在轨枕的中间,如图34-4所示。

(2)安装高度:应答器侧面基准标记点至钢轨顶部为$h=93\sim150$mm,可通过调节底部衬垫数量,使其符合安装高度要求。

(3)X坐标轴应与钢轨平行,应答器顶面基准标记中心点至两条钢轨间中心线的最大横向误差为±15mm。

(4)应答器与正常方向的角偏离范围:应答器允许的倾斜角(X轴旋转)为±2°;应答器允许的俯仰角(Y轴旋转)为±5°;应答器允许的偏转角(Z轴旋转)为±10°。应答器安装误差示意如图34-5所示。

应答器安装允许误差见表34-13。

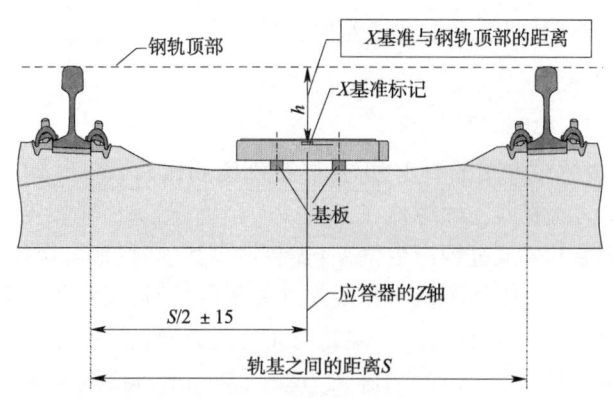

图 34-4　答应器安装示意图

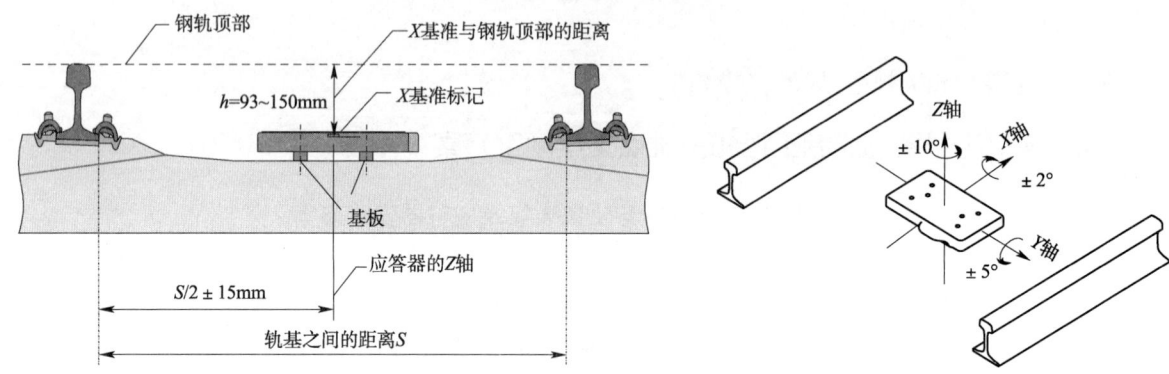

图 34-5　应答器安装误差示意图

应答器安装允许误差　　　　　　　　　　　　　　　　　　表 34-13

序号	名　　称		参　　数
1	安装角度	以 X 轴旋转（倾斜）	±2°
2		以 Y 轴旋转（俯仰）	±5°
3		以 Z 轴旋转（偏转）	±10°
4	Y 轴方向允许的横向安装误差		±15mm
5	应答器 X 基准标记至钢轨顶部的距离 H		93～150mm

（5）应答器安装位置应符合无金属空间的环境要求，并符合图 34-6 的要求。

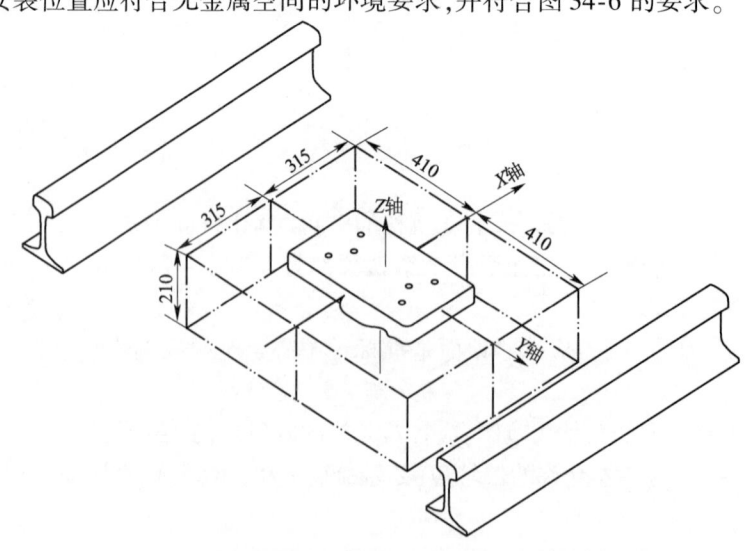

图 34-6　应答器安装无金属空间的示意图（尺寸单位：mm）

应答器安装无金属距离要求见表34-14。

应答器安装无金属距离　　表34-14

序号	名　　称	参数(mm)
1	从应答器中心至钢轨的横向无金属距离(Y轴方向)	410
2	从应答器中心沿着轨道中心的无金属距离(X轴方向)	315
3	应答器下面的无金属距离,从应答器的X基准标记测量	210

(6)当应答器安装在护轮轨处时,应答器中心至护轮轨轨底之间横向无金属距离缩小为320mm;沿应答器X轴方向,应在基准点±300mm的范围内的每根护轮轨断开至少20mm的间距,并安装绝缘节以减少护轮轨对应答器传输的影响。应答器安装在护轮轨处无金属范围如图34-7所示。

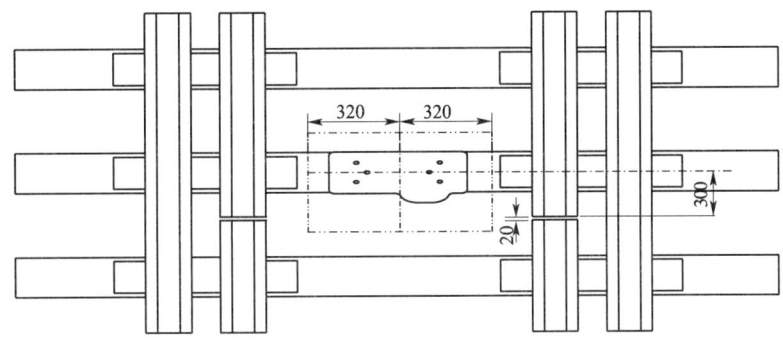

图34-7　答应器安装在护轮轨处示意图(尺寸单位:mm)

3)应答器尾缆安装要求

(1)应答器尾缆在电缆终端盒内与应答器干线电缆进行连接,终端盒可采用HZ-6电缆盒。

(2)应答器干线电缆应在室内单端接地,应答器电缆的金属护层(钢带、铝护套、泄流线)与尾缆中的金属屏蔽网线采用压接的方式连接。

(3)应答器电缆与应答器尾缆在电缆箱盒内,通过接线端子按电缆芯线相同颜色对应相接,电缆芯线连接时不得破坏两侧电缆芯线的原扭绞结构。

(4)应答器尾缆长度应符合现场实际需要。

(5)应答器尾缆应套防护管防护,并与轨道板、道床板、轨枕固定。

(6)应答器尾缆在路肩上与线路垂直部分应采取UPVC管防护后埋入路肩沥青防水层下。

4)应答器安装方法

(1)施工准备:根据图纸及设计院提供的应答器安装位置表,对应答器安装位置进行初测,根据测量的现场情况及应答器的分类,完成对应答器及支架的订货。

(2)安装位置复测:根据应答器的设置原则,对应答器的安装位置进行复测,并用红笔进行标记。

(3)模具钻孔:根据现场实际情况,选对应答器安装支架,用钻孔模具进行钻孔。

(4)应答器安装:根据应答器安装位置及安装里程,选用相应型号、编号的应答器,完成对应答器的安装。

(5)尾缆连接:根据有源应答器的安装位置,选好尾缆并进行连接,并用自带的卡具固定,防止大机捣固。

(6)调整及紧固:根据应答器的技术要求,完成应答器的调整,并紧固各个螺钉。

34.5.4.4　列控软件的编写及发布方案

列控软件的编写及发布过程环节多且复杂,特别是站前工程数据需及早稳定,集成商进场后要高度重视此项工作,主要工序如下:

运营、建设单位明确编制原则→设计单位编制运营里程、允许速度报批文件→运营、建设单位审核→报原铁道部审批→原铁道部审查批复→设计单位编制列控数据表→运营、建设单位审核→集成商输入审核→设计单位对集成商意见确认后发布→集成商编制列控软件、报文→电务段仿真试验通过→集成商正式发布(现场安装)及调试。

34.5.5 防灾安全监控系统控制工程和重难点工程施工方案

34.5.5.1 公跨铁桥异物侵限双电网传感器的安装

1) 准备工作

专业安装工具的准备、工具材料的准备。

2) 螺栓预埋情况

观察公跨铁桥是否有预埋螺栓,并测量预埋螺栓的范围、尺寸是否符合设计图纸的要求。

3) 无预埋情况下打孔并植入化学锚栓

(1) 植入化学锚栓的施工标准:在公跨铁桥无预埋螺栓的情况下,按照设计图纸打孔并植入化学锚栓;打好孔以后用硬毛刷刷孔壁,再用吹风机吹出孔内的灰尘,如此反复进行不少于 3 次。必要时可用干净棉布蘸少量丙酮或酒精擦净孔壁;保证螺栓表面洁净、干燥、无油污;确认玻璃管锚固包无外观破损、药剂凝固等异常现象,将其圆头朝内放入锚固孔并推至孔底;使用电锤或电钻及专用安装夹具,将螺杆强力旋转插入直至孔底,以达到击碎玻璃管并强力混合锚固药剂的目的。电锤或电钻的转速应调至慢速挡,且不应采用冲击方式;当旋至孔底或螺栓上标志位置时,立刻停止旋转,取下安装夹具,凝胶后至完全固化前避免扰动。超时旋转将导致胶液流失,影响锚固力;外观检查固化是否正常。重要部位的螺栓需进行现场抗拔试验,检验其锚固力是否满足设计要求;合格后方可进行下一道工序的施工。

(2) 对植入化学锚栓的要求:严格按照螺栓的类型及尺寸来决定钻孔的深度(M20 螺栓长度不小于 280mm,植入深度不小于 170mm,外露长度不小于 110mm);每个化学锚栓的间距以及每组凸缘之间的间隔必须满足设计院图纸要求;植入的化学锚栓的组数必须满足设计防护范围。

4) L 形支架的安装

在已经预埋螺栓的情况下,需先用 L 形支架底座模板纠正预埋螺栓孔间距以便于安装 L 形支架;在植入化学锚栓的情况下,可直接安装 L 形支架。安装 L 形支架的施工标准:同一侧的 L 形支架要进行水平竖直方向的校准,保证在同一水平面上和竖直面上,每个 L 形支架法兰与化学锚栓固定必须采用平、弹垫片和双螺母,涂抹螺栓防松动胶,保证化学锚栓的丝扣外露长度不小于 5mm,安装 L 形支架后要统一进行水平和竖直调整。

5) L 形支架的扁钢连接

用接地扁钢把桥每一侧所有 L 形支架的凸缘盘连接起来。

6) 安装水平承重网和竖直监测网

安装标准:在安装前应对每块竖直监测网进行导通测试及绝缘性能测试,绝缘电阻在 500MΩ 以上方可;安装水平承重网及竖直监测网,其固定的 U 形卡应保证螺母面对桥面方向,以便检修;水平承重网及竖直监测网均采用 U 形卡进行固定,涂抹螺栓防松动胶,平、弹垫片和双螺母朝向桥面方向,并保证丝扣外露长度不小于 5mm;水平承重网及竖直监测网安装完毕要做到牢固、水平、竖直、整齐,要保证水平承重网及竖直监测网的打磨面朝向桥面方向,接线盒的固定螺栓要保证平、弹垫片和双螺母朝向桥面方向,涂抹螺栓防松动胶,丝扣外露长度不小于 5mm;L 形支架、水平承重网、竖直监测网全部安装完毕。

7) 竖直监测网的接线及导通测试

安装完竖直监测网后需要将相邻网格的双电网对应芯线连接,屏蔽层连接;单侧所有接线完成后,在竖直监测网与电缆连接处用万用表分别测量电网 1、电网 2 的电阻值并记录,根据防护范围通过电阻值确认导通性(单侧28m的电阻值为40~60Ω);线间及对地绝缘电阻应大于500MΩ;电缆芯线接续采用压接技术;屏蔽连接采用压接和机械固定的方式保证电缆的屏蔽层可靠连接及盒体机械强度增强,再灌注冷封灌胶确保盒体的密封性,以实现电缆接续免维护。

8)接地线的连接、双电网与电缆的连接

双电网传感器缆线的屏蔽层与电缆内层铝皮相接,双电网传感器缆线各芯线分别与引下电缆的芯线相连。将$50mm^2$接地线利用铜鼻子连接到L形支架的凸缘螺母上,与电缆一起沿桥墩引下接入轨旁控制器,与轨旁控制器接地线一起纳入铁路的综合接地;桥体和桥墩的防护管利用卡子固定,卡间距不大于1.5m。

34.5.5.2 轨旁控制器的安装

轨旁控制器安装在公跨铁立交桥桥下,不得侵入铁路限界,安装位置与接入基站在同一侧;水泥基础要深入地面以下500mm。

轨旁控制器安装标准:轨旁控制器底座与地面的固定、轨旁控制器的固定都必须采用平弹垫片和双螺母,同时涂抹螺栓防松动胶;轨旁控制器安装要使箱体门背对铁轨方向。

34.5.5.3 电气性能测试

电缆及地线接入轨旁控制器后,应测量电网1、电网2的导通性、绝缘性和地线的对地电阻。根据防护范围,通过电阻值确认导通性(56m的电阻值约为80~120Ω);线间及对地绝缘电阻应大于500MΩ。

34.5.6 信息工程控制工程和重难点工程施工方案

34.5.6.1 站房的管线及桥架安装

1)项目实施的难点

交叉施工多,施工协调工作量大,管线工程数量大,线缆数量多,敷设难度大。

2)应对施工方案及措施

做好详细的施工调查和准备工作,加强协作;减少干扰,理顺工序,合理安排,加强管理;确保进度,加强工序检验制度,避免返工,及时供应所需物资,确保人员、机具充足。

34.5.6.2 综合显示系统

根据施工图设计,认真进行现场测量定位,确定显示屏安装位置和环境、显示屏承重钢构及预埋件的结构及安装方式等;测量机房内防静电地板高度,绘制设备底座加工图;测量计算各种缆线的长度及工作量,确定缆线敷设方式;对照施工图设计,找出施工参照物,尤其是施工轴线,为显示屏及构件的安装准确定位。在保证系统功能质量的前提下,提高工艺标准要求,确保施工质量。

显示屏的安装方式一般有吊装、壁装和立柱式安装三种方式,根据现场调查结果,设计显示屏安装方式并报请设计审批后,加工安装显示屏安装所需的吊挂件、壁挂的结构件、立柱等。各种钢构件按照设计要求焊接,焊缝表面不得有裂纹、未焊透、未熔合、焊瘤、气孔、夹渣等缺陷,焊缝高度6mm满焊。焊接时采取有效措施防止钢结构件变形。同一块屏的钢构在x轴方向和z轴方向要保持一致,y轴方向垂直。误差在钢构可调节范围以内。焊好后的结构件要根据现场装修风格进行相应颜色的烤漆处理。

结构件安装完成后,进行显示屏的安装。显示屏的安装位置及方式符合设计要求,固定牢靠,显示屏像素管安装一致,无松动及管壳破裂。

电源及信号线引线隐蔽安装。管路两端设备处导线根据实际情况留有足够的冗余。导线两端按照图纸提供的线号用标签进行标记,根据线色来进行端子接线,并在图纸上进行标记,作为施工资料进行存档。

设备安装牢固、美观,顶装设备横、竖成列,墙装设备端正一致,资料整理正规、完整无遗漏,各种现场变更手续齐全有效。

34.5.6.3 广播系统

1)扬声器、噪声检测器安装

明装声柱根据设计要求的高度和角度位置预先设置胀管螺栓或预埋吊挂件;明装壁挂式分线箱、端子箱或声柱箱及设置在吊顶内嵌入式喇叭紧急广播系统,按设计说明(产品说明书)正确连接;大型组合声柱箱的安装需外接插座面板,安装前盒子收口要平齐,内部需清理干净,导线接头需压接牢固,面板安装要平整;音量控制器安装时先将盒内清理干净,再将控制器安装平整、牢固。

2)广播用扩音机及机房设备安装

当大型机柜采用槽钢基础时,先检查槽钢基础是否平直,其尺寸是否满足机柜尺寸。当机柜直接稳装在地面时,先根据设计图要求在地面上弹上线;根据机柜内固定孔距,在基础槽钢上或地面钻孔,多台排列时,从一端开始安装,逐台对准孔位,用镀锌螺栓固定。然后拉线找平直,再将各种地脚螺栓及柜体用螺栓拧紧、牢固。设有收扩音机、录音机、电唱机、激光唱机等组合音响设备系统时,根据提供设备的厂方技术要求,逐台将各设备装入机柜,上好螺栓,固定平整;采用专用导线将各设备进行连接好,各支路导线线头压接好,设备及屏蔽线压接好保护地线;当扩音机等设备为桌上静置式时,先将专用桌放置好,再进行设备安装,连接各支路导线;设备安装完后,调试前先将电源开关置于断开位置,各设备采取单独试运转后,再整个系统进行统调,调试完毕后经过有关人员验收后交付使用,并办理验收手续。

34.5.6.4 时钟系统

设备安装:车站设备安装,包括子钟驱动器、子钟安装、缆线敷设。子钟安装牢固、美观,周围无遮挡物;设备机柜安装,注意机柜垂直度、水平度、设备间隙符合规范;布放控制电缆,从分路输出接口箱到传输设备及到控制中心的各子系统设备。

34.5.7 电力供电系统控制工程和重难点工程施工方案

34.5.7.1 配电所外部电源方案

配电所外电源接入是客运专线电力供电系统的控制工程、难点工程。其包括外电源线路施工和间隔接入两个部分。

1)加强人员配置

指定一名施工项目部副经理专门负责外电源工作;各作业队设 1 名副队长专项负责外电源工作;各作业队指定 1 名专人负责联络青苗赔偿事宜;施工项目部各指定 1 名专业工程师负责外电源间隔接入报装手续报批(包含电源线路径路规划手续报批)。

2)加大间隔接入报装工作力度

国网供电系统供电报装流程如图 34-8 所示。

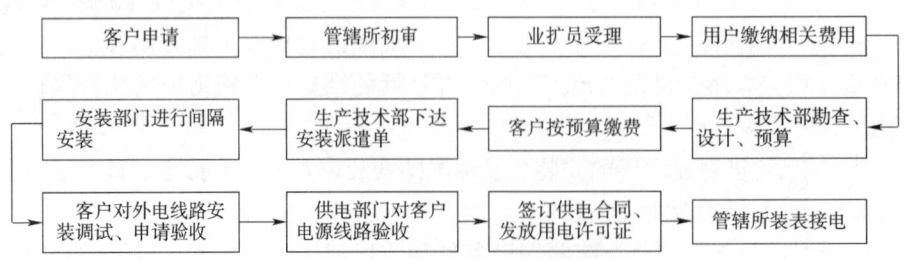

图 34-8 国网供电系统供电报装流程图

3) 永临结合电源线路处理

提前着手,认真调查永临结合电源线路状况、所属施工、运管单位情况,充分考虑使用情况,摸清整改工作量,制订可行整治措施,对其进行完善整改,使其达到正式运行线路标准。

34.5.7.2 电缆敷设及电缆附件制作安装

电缆敷设及电缆附件制作安装流程如图34-9所示。

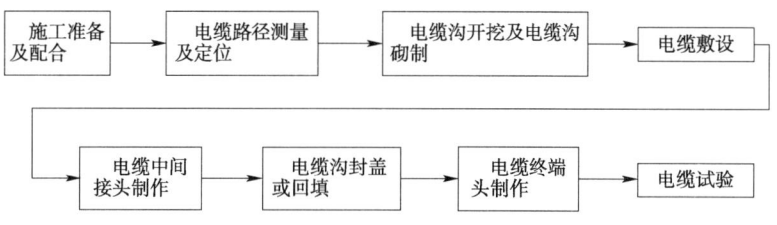

图34-9 电缆敷设及电缆附件制作安装流程图

34.5.8 牵引变电控制工程和重难点工程施工方案

34.5.8.1 牵引变电所外部电源方案

(1)关于电力公司要求直采牵引变电所电源进线电压电流值及进线电源开关位置等信息,根据原铁道部与国网公司会议纪要及开通的客运专线经验,由建设单位牵头,设计院供变电、通信专业和电气化、通信施工单位配合,与电力公司协商解决。

(2)牵引所内计量及采集、信息直采相关工程由电气化、通信施工单位实施完成。

(3)根据电力公司要求,牵引变电所内设置电能质量监测装置。

(4)根据部文要求,牵引变电所的架空外部供电电源架空线路避雷线应在进所前的杆塔单独接地,不得引入所内进行接地。

(5)积极与设计单位、监理单位配合完成与外部电网供电用电协议的合同签署。

(6)督促供电部门按协议签订的内容如期完成供电线路的施工。

34.5.8.2 接地网敷设(图34-10)

各所接地网沟采用人工开挖。接地网沟挖至设计规定深度时,根据接地极平面布置图,确定各水平接地体位置,按每一条水平接地体长度将水平接地体、垂直接地体焊接成一个整体,各接地极焊接位置须与接地极平面布置图位置对应,焊接采用放热焊,且必须满足牵引变电施工规范要求;将焊好的水平接地体理直,各接地极对应平面布置图位置,将垂直接地体打入地下设计深度。接地网敷设完成后,素土回填,并层层夯实,以减少接地体与土壤之间的接触电阻;每道工序均要监理工程师确认,达不到要求不回填埋设;接地网敷设完毕后,测量接地电阻,如接地电阻达不到设计要求,采取降阻措施,直至满足设备运行需要。

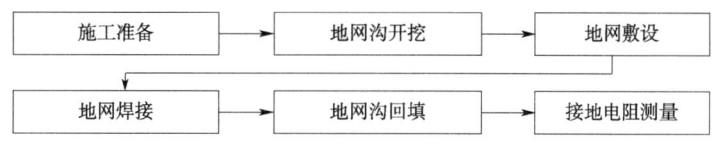

图34-10 电缆敷设及电缆附件制作安装流程图

34.5.8.3 主变就位安装(图34-11)

(1)主变运输就位:根据沿线各所、亭实际情况,主变运输就位可先采用通过铁路或公路运至变电所附近或变电所场地,再采用"自锚滑行"法或吊装法将变压器就位;制订运输方案及安全技术保证措施,向全体参加人员进行交底、分工,确保主变运输安全。

(2)主变附件安装检查附件及所带密封件,连接件应齐全、良好。瓦斯继电器、套管、温度计经试验合格。

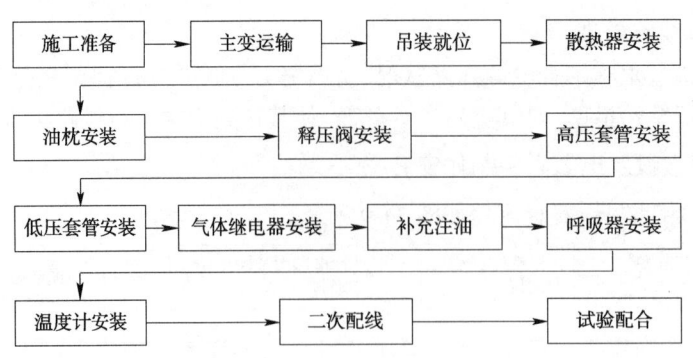

图 34-11　主变电就位安装流程图

拆下散热器集油管封板,取出干燥剂,用白布擦净凸缘结合面。关闭本体油箱蝶阀,取下凸缘封板,擦净凸缘接合面,擦净密封胶垫,在胶垫两个接合面涂抹密封胶,然后将胶垫坐入凸缘槽内。吊起散热器按制造厂标记进行装配,连接凸缘螺栓,并对角拧紧。依次安装全部散热器。

打开油枕端盖及瓦斯继电器连接的凸缘封板,将内壁擦洗干净。将胶囊顺油枕方向放置平整,向胶囊内充氮气作漏气检查,经检查无漏气后,将压力泄放,装上端盖。将油位计擦干净装上,拧紧固定螺母固定。吊装油枕就位后,拧紧托架固定螺栓。

擦净瓷面及凸缘接合面,检查油位及有无渗油现象。拆下高压套管上端的接线板、导电密封头,穿入 $\phi 8mm$ 尼龙绳。拆下油箱上高压套管座封板,清洗套管座凸缘,擦净密封胶垫,涂抹密封胶,置入凸缘密封槽内。将高压套管吊至套管座上方时,将高压侧接线端拴在尼龙绳上。将尼龙绳穿入套管内,慢慢降落套管至套管座。待凸缘相接时,把尼龙绳牵出套管顶端,上好凸缘连接螺栓,上好导电座密封头和接线板。

打开瓦斯继电器封板,擦净连接凸缘接合面。拆下油箱和油枕与瓦斯继电器相连接的法兰封板,并擦净接合面和密封胶垫,涂抹密封胶,置入密封槽内,将瓦斯继电器置于两凸缘中间,箭头指向油枕,对好位置,对角拧紧连接螺栓。拧紧袖枕与支架的连接螺栓。

将呼吸器连管与油枕相接,中部卡在油箱体上,将装满合格硅胶的呼吸器与下凸缘连接。取下呼吸器罩、密封胶圈。在罩内注入变压器油至油面线后,去掉密封胶圈将罩装上。

在油箱注油阀上连接输油管路,打开有关阀门,开启滤油机,当抽真空达到 0.101MPa 或变压器规定要求时,停机保持真空度在 8h 内无变化,然后以不超过 100L/min 的速度用真空注油法将变压器油注入油箱,监视油位计,注油位略高于正常油位。为提高变压器安装质量,用大功率 ZKL-100 真空滤油机对变压器本体进行加温过滤循环,以驱除铁芯内部残留潮气,使变压器运行更具安全性、可靠性。

(3)二次配线:详见控制电缆敷设和二次接线施工方法。

34.5.8.4　综合自动化装置及盘柜安装

综合自动化系统主要由保护控制盘柜、交直流盘、监控柜和综合保护控制装置构成。安装流程见图 34-12。

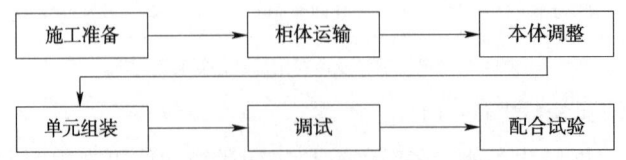

图 34-12　综合自动化装置及盘柜安装流程图

(1)盘柜的安装调整:盘柜运输、调整、试验是盘柜安装的关键,我方将严格产品安装说明书规定方法和程序进行安装调整。

(2)二次电缆的敷设和配线:详见控制电缆敷设及二次接线施工方法。

(3)综合自动化装置柜安装调试:综合自动化装置柜安装调试是牵引变电工程的关键控制环节,我们将严格按照供货商试验计划书的内容和项目进行测试,确保经调试将满足合同规定。

34.5.9 接触网控制工程和重难点工程施工方案

34.5.9.1 接口检查

接触网基础为站前预留的,应提前介入,按照设计图纸对基础的类型、位置(限界、跨距)、质量等进行检查;采用钢卷尺和全站仪等进行支柱位置和高程、螺栓长度等检查;采用模型板方式检查螺栓间距,模型板按照支柱底板进行加工;采用目测方式进行基础外观、螺栓防腐性能检查;采用查验资料(检测报告)的方式进行螺栓材质、混凝土强度检查。检查主要内容见表34-15。

接触网接口检查项目　　表34-15

序号	项　　目	误差要求
1	螺栓组中心距线路中心线的距离	符合设计图纸要求
2	螺栓组中心顺线路方向偏移	
3	基础预埋件应牢固可靠,螺栓外露长度及螺纹长度	
4	螺栓相邻间距	
5	螺栓对角线间距	
6	螺栓防腐质量	
7	螺栓材料质量	
8	预埋钢板应与基础面齐平或略高	
9	预埋钢板中部预留孔中混凝土略高于预埋钢板顶面	
10	预埋钢板应水平,高低偏差	
11	螺栓应垂直于水平面,每个螺栓的中心偏差在顶端偏移	
12	靠近线路侧螺栓连线的法线应垂直线路中心线,一组螺栓的整体扭转	
13	基础面至轨面距离;基础面高出桥梁面距离;基础平台尺寸;预埋钢板尺寸	
14	基础断面尺寸;钢筋保护层厚度	
15	混凝土强度	
16	基础外观质量	

34.5.9.2 补偿棘轮安装、调整

1)施工流程

如图34-13所示。

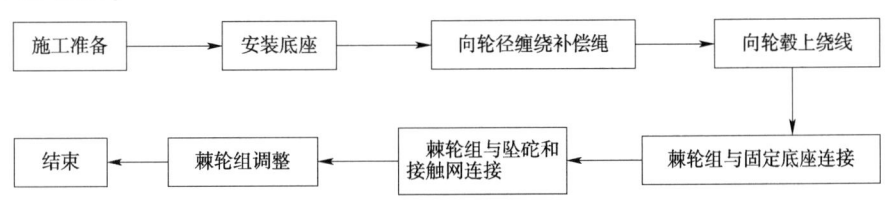

图34-13　补偿棘轮安装、调整流程图

2)施工准备

对安装作业人员进行技术交底和安装培训,并进行样板示范安装,使其清楚安装技术标准和安全注意事项,进行考核,合格后方可上岗。按施工计划从库房领取安装所需材料,并进行外观检查。把合格用料和安装工具一并提前装在送工车上。

3) 安装底座

两人上杆,系好安全带,与地面人员配合,按设计要求安装棘轮补偿底座。

与支柱相连螺栓为 M20×100,承力索下锚底座 16 个,接触线下锚底座 24 个,由支柱外穿向支柱内,力矩 125N·m。

承力索下锚底座主角钢与副角钢相连水平方向螺栓为 12 根 M20×80,垂直方向两背角钢连接螺栓为 4 根 M20×100,接触线下锚底座本体与角钢相连水平方向螺栓为 12 根 M20×80,垂直方向两背角钢连接螺栓为 2 根 M20×80。螺栓穿向为水平方向螺母朝向支柱,两角钢垂直方向连接螺栓的螺母朝上,力矩 125N·m。承力索下锚底座和接触线下锚底座有一孔位调节扁钢和下方角钢相连,连接螺栓为 2 根 M20×80,力矩 125N·m,螺母朝下,这两个连接螺栓等棘轮安装后再拧紧;底座本体和支柱连接、底座本体与角钢连接好后,预紧固螺栓。调整位置,使底座连接角钢相对支柱左右对称,上下连接孔中心铅垂,并用线坠确认调整,最后用线坠确认上下连接孔中心铅垂。

4) 棘轮装置安装

(1) 在地面上将补偿绳展开,释放补偿绳的自身应力,使补偿绳顺直。分别在大轮和小轮上盘绕相应的圈数,补偿绳盘绕圈数查看下锚图;

(2) 在支柱顶部挂个大滑轮,用大绳将棘轮拉到待安装棘轮底座处;

(3) 从固定螺栓轴中抽出销钉,拧开螺母,从补偿轮竖轴中抽出螺栓,在固定底座之间推动补偿轮竖轴,使补偿轮竖轴与固定底座的安装孔对齐,将螺栓从上固定底座穿入,经过补偿补偿轮竖轴一直到下固定底座,然后轻轻拧紧螺母,插入销钉;

(4) 用精确的水平尺靠在棘轮的轮体上,观察气泡,通过调整下底座的调整板的中间孔位置使棘轮轮体铅垂,然后紧固调节板螺栓,使补偿轮竖轴在受力后不产生偏移;

(5) 放线前和落锚后,再次用水平尺检查棘轮轮体是否铅垂,精调,并调整制动卡块到棘轮(齿尖)间距为 20mm,卡块上不锈钢螺栓力矩 90N·m;

(6) 棘轮上补偿绳在缠绕前应将补偿绳的扭力彻底放散,缠绕时并顺着绞线的方向,防止补偿绳在放线后因内应力产生扭绞,安装前应重点检查。

5) 棘轮装置调整

棘轮上的补偿绳缠绕圈数按照所架设 1/2 锚段长度和当时温度的值查棘轮安装曲线表,确定大轮和小轮补偿绳的缠绕圈数。挂坠陀时补偿绳缠绕应该紧密,不能留有空隙,不能相互绞合,缠绕圈数要严格按技术给定的标准执行。根据图纸上查得坠砣顶面的高度悬挂坠砣,承导线坠砣顶面应在一个平面上。

棘轮补偿装置补偿绳的缠绕圈数为:大轮+小轮=4.25 圈(在任何温度下)。

坠砣串质量应符合设计要求,施工允许偏差为 ±1%(坠砣质量包括坠砣、坠砣杆、坠砣抱箍及连接补偿绳的楔形线夹等质量)。

承力索、接触线两下锚绝缘子串应对齐,施工允许偏差为 ±50mm。

坠砣杆应顺直,坠砣外观应平整光洁。坠砣串排列整齐,其开口相互锚位 180℃。坠砣单个实际质量应用油漆白底黑字标注在开口的反侧,开口方向一致。坠砣质量标志应上、下对齐。坠砣串随温度上、下移位应灵活,不得有卡滞现象。坠砣串距地面的高度应符合设计要求,施工允许偏差为 0~-100mm。坠砣限制架顺线路方向两固定角钢水平中心线应在同一垂面内。

34.5.9.3 接触线架设

工艺流程如图 34-14 所示。

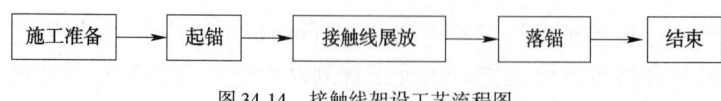

图 34-14 接触线架设工艺流程图

1)施工准备

(1)检查架线锚段的承力索已架设,并归位。检查补偿装置是否安装正确。

(2)检查放线机械、工具及材料的质量及数量是否符合作业要求,并将工具和材料装在架线车上。

(3)事先向架线人员进行技术交底培训,使每个作业人员均为合格的操作者。

(4)起锚人员提前到达现场,检查支柱强度及拉线、坠砣及棘轮补偿等是否达到要求。在支柱合适位置安装固定抱箍,把坠砣提到设计位置后,固定在临时抱箍上(或用尼龙套固定在限制框架合适位置上),使坠砣串基本保持在该位置。

(5)架线车编组顺序为:恒张力架线车(头车)+轨道吊车+平板车。

(6)技术人员应按设计图纸提前做好放线计划及示意图,发给架线车司机、驻站联络人和施工负责人每人一份。

(7)提前将架线封闭线路要点的架线作业计划提交给线路临管单位运输部门调度,以便安排作业封闭点计划。

(8)施工前应将架线车组停放在需架线区间的邻近车站,将所放锚段的线盘装在车上,并将接触线平直度整正器安装调试好。

(9)架线当天,架线人员全体人员应在封闭点前1h到达车站,并上车准备。

(10)检查线盘号与锚段号是否符合,打开线盘注意线头方向是否正确。

(11)架线人员配合将卷扬机钢丝绳缠绕在绞盘上,恒张力架线车司机按操作程序将张力和百分比的设定值设为"0",工况转换开关用1号位;将压块与绞盘的间隙适当调大,把卷扬机离合器脱开位(离合器手把在内侧),按走线方向绕过绞盘(绕一圈半),最后从绞盘下面向线盘方向引出(架线作业人员配合)并将接触线与网套连接好。助理司机摇动支架,将立柱顶部张力滑轮抬高。

(12)司机按程序操作,先把线盘与两个绞盘上的线收紧,将百分比设为20%,工况转换开关用1号位。将"绞盘缓解"按钮按下后,线盘应缓慢转动,直到把线收紧为止。

(13)司机按程序把选择开关(电器柜上)打到遥控位,工况转换开关用2号位,把卷扬机离合器扳到接合位,操作遥控器收回卷扬机钢丝绳,同时将线盘上的金属线引出,缠绕在两个绞盘上。

(14)司机按程序操作,解除线盘移动定位,并用细绑线将打开后的线盘移动定位板固定住。把工况转换开关扳到3号位,用手稍微推、拉摇动杆,线盘应随着左右横向移动。

(15)司机按程序操作,将液压装置全部恢复到原始位置,所有的定位销(定位板)置于锁定位。

(16)提前将接触线校直器安装在架线上立柱位置,并调整好。

(17)将接触线头与网套分离,将卷扬机离合器扳到脱位,人工将卷扬机钢丝绳收回,把接触线拉向作业台。待放接触线起锚端引过柱顶部张力滑轮,将其拉到作业平台,架线人员按《接触线锥套式终端锚固线夹安装(拆卸)指导书》安装好起锚端终端锚固线夹,使终端锚固线夹的位置置于作业平台长度的2/3处,并将接触线放在校正器内,合好校正器,拧紧连接螺栓。

2)起锚

(1)接到线路封锁命令后,架线车组运行至起锚支柱位置停车,司机摘开高速运行挡,转换到液压走行挡位。将工作台栏杆扶起固定好,解除作业台回转定位、绞盘架摆动定位。把工况转换开关扳到1号位,并在操作室计算机显示器上确认,同时确认张力和百分比皆为"0"。

(2)司机按程序把工况控制板上"线盘制动缓解"和"绞盘制动缓解"按钮持续按住,将线盘和绞盘缓解。

(3)架线作业人员人工转动线盘与绞盘,将线索端头拉到补偿装置附近。

(4)司机按程序操作,将立柱升到工作高度,同时将立柱张力轮托起。

(5)架线车司机遥控操作,旋转并升作业平台靠近锚柱补偿装置位置处。起锚人员一人上杆,配合架线车上人员将补偿连接件复合绝缘子递给架线车上人员,并检查补偿绳是否在棘轮槽内、平衡绳是否平顺,架线车上作业人员将接触线终端锚固线夹与复合绝缘子连接上。

(6)司机遥控操作,使架线平台归位。将架线车与轨道吊和平板车解体,起锚人员下杆,起锚完成。

3)接触线展放

(1)架线车司机在操作台上将放线距离数值清零,计算机故障确认(清零)设定架线参数(即张力等)。架线速度选1速。将张力轮下降,司机用遥控器操作放线车开始放线。

(2)作业负责人负责观察线条的走向,并负责指挥司机和作业人员操作,一人准备"S"钩和滑轮,两人挂"S"钩和滑轮,架线车边走边挂,每跨不少于4个;"S"钩上部挂在承力索上,下部挂滑轮,再将接触线挂在滑轮内。为避免产生波浪弯,挂"S"钩时应从上向下拉,不可人为抬动接触线。

(3)展放过程中,指挥人员应特别注意协调张力车走向速度和挂线作业人员的一致性,恒张力车应尽可能避免停车、启动,并避免两车间距过大(对接触线平直度影响较大)。

(4)架线车上的作业平台基本接近下锚柱时停止展线,指挥人员与起锚人员随时联系,掌握起锚处的变化状况,并根据此情况指挥司机和架线人员使架线车停止前进,准备进行落锚。

4)落锚

(1)架线到落锚地点后,司机将工况选择开关保持在3号位不动,司机遥控操作,将作业台转向锚柱,并操作使放线车体倾向下锚侧(田野侧)。

(2)落锚施工人员在接触线和下锚连线的适当位置安装紧线器,用链条葫芦把补偿装置与接触线连接。拉紧链条葫芦,当链条葫芦加力至葫芦逐渐向田野侧偏移时,司机配合逐渐降低接触线的张力,待实际张力稳定后,把张力与百分比的给定值同时设为"0",此时线索基本到下锚方向。

(3)链条葫芦继续拉紧,起、下锚人员观察坠砣串及b值,当b值符合设计要求时,通知紧线作业人员停止紧线。

(4)司机将立柱缓慢下落,使立柱顶线索松开。立柱下落后,如张力与百分比值都已到零,但从外观看不出从架线车立柱顶部引出的线索完全松弛,此时可应下锚人员要求向起锚方向稍微移动架线车(距离0.5~1m)以彻底使金属线松弛。此时,严禁使用遥控器移动架线车,必须在司机室内操作。

(5)断线安装终端锚固线夹:根据《接触线锥套式终端锚固线夹安装(拆卸)指导书》工艺要求,准确对位(在起锚、落锚坠砣高度都符合设计要求的情况下,进行对位剪线)。剪线后,严格按《接触线终端锚固线夹安装(拆卸)指导书》安装好终端线夹。

(6)将接触线锥套式终端锚固线夹与落锚补偿装置的复合绝缘子连接牢靠,将接触线校正器螺栓松开,抬起校正器,取出接触线。

(7)紧线操作人员缓慢松链条葫芦,拆除链条葫芦和紧线器,架线车归位,即完成正式落锚连接。架线车司机操作使作业平台及车体归位到正常位置。

(8)架线人员将卷扬机和钢丝绳与剩余线头连接,开关在1号位,百分比设为25%,张力为0。按控制板上"线盘制动缓解"和"绞盘制动缓解"钮,把线头收回到立柱滑轮附近。司机将工况转换开关用2号位,百分比设为25%,用遥控器收线。

(9)在一个锚段找3~5个跨距用接触线平直度检测尺检测所放锚段接触线平直度是否符合要求。

34.5.9.4 接触网几何参数的测定

1)检测设备

接触网几何参数测定,采用接触线位置和磨耗检测系统,将该系统安装于我集团公司的接触网冷滑检测车上。

2)检测计划安排

接触网几何参数测定时间安排在接触网工程安装完成后,接触网送电前进行,可与冷滑试验同步进行。

3) 检测波形

波形检测示意如图 34-15 所示。

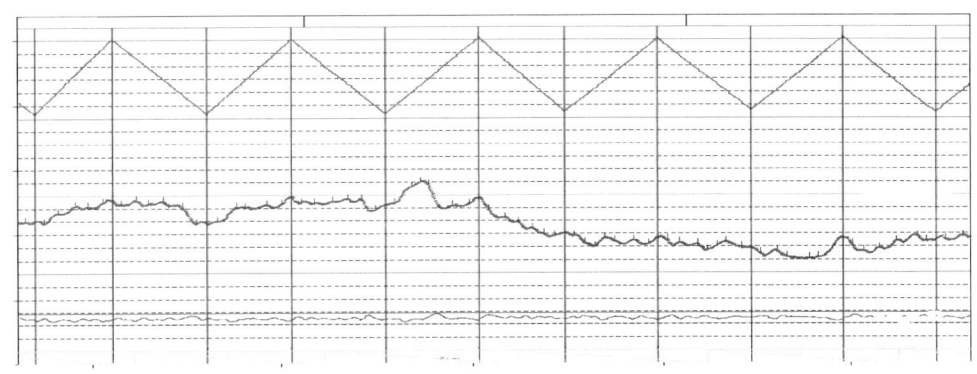

图 34-15 波形检测示意图

第一条曲线:带边界值的拉出值(+/-300mm)。

第二条曲线:边界值的导高(5330mm/5270mm)。

4) 接触网几何数据允许公差

接触线拉出值:±300mm(以设计图为准);允许误差:±30mm;导高:5.300mm(以设计图为准);允许误差:±30mm;相邻支撑点:±20mm。

5) 接触网精细化调整

根据检测波形,由接触网专业系统工程师进行分析,提出接触网精细化调整方案,作业队对该段接触网进行精细化调整,调整完成后,进行第二次检测,检测合格后,可向接触网送电。

34.5.10 房屋建筑工程控制工程和重难点工程施工方案

34.5.10.1 湿地施工

部分房屋坐落于龙凤湿地和扎龙湿地中。在施工过程将会出现湿地中建房的情况,机械、设备、材料进场困难,基础施工困难,应考虑降水措施。

1) 施工方法及工艺

成立专业小组提前对施工场地进行测量调查,确定房屋的位置、施工道路的情况,提前规划施工材料、设备的存放位置;基础施工前,应做好降水工作,抽水设备可采用深井潜水泵,在基础周围设降水井,每一口管井内设一台潜水泵,降水由专人负责,配专职抽水工及电工各一名,24h值班;在实施基坑开挖前5d开始降水,观测井水位降至下一次开挖基底下0.5m时,进行下一次开挖。

2) 抽水监测与管理

(1) 降排水之前观测一次自然水位,在抽水开始的5~10d内,要求每早晚各观测一次水位、流量;以后改为每天观测一次,并做好记录。进入雨季或出现新的补给源时,应增加观测次数。

(2) 对观测记录应及时整理,绘制抽水量-时间与水位下降值-时间关系曲线图,分析水位下降的趋势与流量变化,预测水位下降达到设计要求的时间;根据实际抽水情况,研究降水设计的可靠程度或提出调整措施;查明抽水过程中的不正常状况及其产生的原因,及时组织排除。

(3) 对抽水设备应建立定期检修维护制度,保持设备的正常运行。降水期间不得停泵。

(4) 抽出的水应排至降水区以外,不应产生回渗。遇有大雨或暴雨,应及时排除地面和基坑积水,以减少下渗,保证降水。

34.5.10.2 冬季混凝土施工

室外日平均气温连续5d稳定低于5℃时,混凝土拌制应采取冬施措施,并应及时采取气温突然下降的防冻措施;配制冬期施工的混凝土,应优先选用硅酸盐水泥或普通硅酸盐水泥,水泥强度等级不应低于42.5,最小水泥用量不宜少于300kg/m³,水灰比不应大于0.6;冬期施工宜使用无氯盐类防冻剂,对抗冻性要求高的混凝土,宜使用引气剂或引气减水剂;混凝土所用集料必须清洁,不得含有冰、雪等冻结物及易冻裂的矿物质;冬期拌制混凝土应优先采用加热水的方法。水及集料的加热温度应根据热工计算确定,但不得超过表34-16的规定。水泥不得直接加热,并宜在使用前运入暖棚内存放。

拌和水和集料最高温度(℃)　　　　表34-16

项　　目	拌 合 物	集　料
强度等级小于52.5的普通硅酸盐水泥、矿渣硅酸盐水泥	80	60
强度等级大于52.5的普通硅酸盐水泥、矿渣硅酸盐水泥	60	40

当集料不加热时,水可加热到100℃,但水泥不应与80℃以上的水直接接触。投料顺序为先投入集料和已加热的水,然后再投入水泥;混凝土拌制前,应用热水或蒸汽冲洗搅拌机,拌制时间应取常温的1.5倍。混凝土拌合物的出机温度不宜低于10℃,入模温度不得低于5℃。

(1)冬期混凝土拌制的质量检查除遵守上述一般的规定外,尚应进行以下检查:

检查外加剂的掺量;测量水和外加剂溶液以及集料的加热温度和加入搅拌机的温度;测量混凝土自搅拌机中卸出时的温度和浇筑时的温度;以上检查每一工作班至少应测量检查4次;冬期混凝土试块的留置除应符合上述的一般规定外,尚应增设不少于两组与结构同条件养护的试件,分别用于检验受冻前的混凝土强度和转入常温养护28d的混凝土强度。

水、集料加热温度及混凝土拌合物出机温度应符合要求并做好检查施工记录。

(2)应注意的质量问题:混凝土强度不足或强度不均匀,强度离差大,是常发生的质量问题,是影响结构安全的质量问题;混凝土裂缝是常发生的质量问题。

混凝土拌合物和易性差,坍落度不符合要求。造成这类质量问题原因是多方面的;冬期施工混凝土易发生冻害;要注意水泥、外加剂、混合料的存放保管。

34.6 施工方案

34.6.1 通信工程

(1)施工程序:施工接口配合→施工准备→无线铁塔施工→光电缆线路施工→各子系统设备安装→各子系统安装调试→子系统部分调试→通信系统调试→全线综合系统调试。

(2)施工接口配合:主要工程内容为前期站前站后接口工程检查,在各站前单位派驻人员进行检查和指导施工。主要检查内容为通信过轨管道、沟槽,通信直放站、基站、通信系统接口等。发现问题及时与站前单位沟通或向监理、建设单位反映,及时处理。

(3)施工准备:主要工作内容为施工图纸的接受与审核,编制物资供应计划,进行物资筹备;编制施工组织方案的实施计划;检查施工机具的种类、数量及功能是否满足施工要求,检查场地是否满足进场条件;对各级施工人员进行有关施工工艺、质量、安全等方面的培训与考核;检查结构预留孔洞、沟槽及设备基础是否符合要求。

(4)光、电缆线路工程施工:长途通信光缆敷设于路基两侧预留的电缆槽内,站场光电缆敷设于管道或槽道内,光电缆过轨采用预埋好的钢管进行防护。光缆敷设一般采用人工方式,在尚未铺轨的施工区段可采用机械牵引方法敷设;对于需要直埋敷设地段,用地下管线探测仪探明重点地段缆沟径路的地下管线情况,并划出双线径路,重点标明有地下管线的地点。采用人工方式进行光、电缆沟的开挖,及时敷设,及时回填;敷设完成一定长度后,组织接续班组进行接续工作。

(5)无线铁塔施工:进场后,首先根据设计文件,对铁塔位置进行复查,准确了解铁塔基础所在位置的地质情况,为基础设计和施工提供科学、准确的资料。然后根据铁塔基础的设计文件,进行铁塔基础部分的施工,预埋铁塔地脚螺栓,为铁塔架设做好准备。在铁塔基础保养期后,进行铁塔架设,包括相关附属设备的安装,为天馈系统安装做好准备。

(6)设备安装施工:安装工作开始后,首先进行首站定标工作,确定施工工艺和施工方法,然后按确定的工艺方法分组逐站进行全线的设备安装工作,安装工作完成三分之二后,组织进行设备安装试验工作、部分试验、系统试验,最后进行集成试验。

34.6.2 信号工程

(1)施工程序:施工接口配合→施工准备→区间电缆线路施工→区间轨旁设备安装→站内电缆线路施工→站内轨旁设备安装→室内设备安装→安装试验→部分试验→信号系统试验→系统集成试验。

(2)施工接口配合:主要工程内容为前期站前站后接口工程检查,在各站前单位派驻人员进行检查和指导施工。主要检查内容为信号过轨管道、沟槽,信号楼、中继站等信号房屋征地落实等通信系统接口内容。发现问题及时与站前单位沟通或向监理、建设单位反映,及时处理。

(3)施工准备:主要工作内容为施工图纸的接受与核对,现场复测,编制物资供应计划,进行物资筹备;编制施工机具使用计划;检查场地是否满足进场条件;对各级施工人员进行有关施工工艺、质量、安全等方面的培训与考核;检查结构预留孔洞、沟槽及设备基础是否符合要求。

(4)电缆工程施工:信号电缆敷设于路基两侧预留的电缆槽内,站场电缆敷设于贯通站场的槽道内,电缆过轨采用预埋好的钢管进行防护。考虑到全线桥梁占的比重比较大,各专业要在同一施工作业面交叉施工,主要采用人工方式进行敷设以降低相互干扰;对于需要直埋敷设地段,用地下管线探测仪探明重点地段缆沟径路的地下管线情况,并画出双线径路,重点标明有地下管线的地点。采用人工方式进行电缆沟的开挖,及时敷设,及时回填。敷设完成一定长度后,组织接续班组进行接续工作。

(5)轨旁设备安装:在线路铺轨完成后,开始进行室外设备安装、调试,因此铺轨工程对信号室外设备安装是一个制约点。

(6)室内设备安装:设备到货后,采取汽车集中装车,逐站卸车方案进行运输,设备进入站点后,对设备采取防潮、防盗临时存放措施。设备安装时再进行开箱检验及安装工作;安装工作开始后,首先进行首站定标工作,确定施工工艺和施工方法,然后按确定的工艺方法分组逐站进行全线的设备安装工作。

(7)安装试验:对照施工图纸检查信号设备的外观、安装位置、接线,按照《铁路客运专线竣工验收暂行办法》(铁建设〔2007〕183号)测试信号设备的技术指标。

(8)部分试验:对CTC、联锁、列控(包括车地)、信号集中监测等子系统功能试验,用于证明各个子系统满足合同要求。

(9)系统试验:对CTC、联锁、列控(包括车地)、信号集中监测各子系统在内的信号系统进行联调以验证系统是否达到设计要求。包含应答器数据、链接测试,轨道标识测试,移动授权测试,停车位置测试,线路限速、临时限速测试,调车区域测试等列控系统测试在内的信号系统试验。

(10)集成试验:对信号系统与其他有关系统的接口进行检查,以保证所需联调的各系统通过其接口达到工程设计的要求。

34.6.3 信息工程

施工工序:施工准备与配合→管线预埋→支架安装→室外设备安装→室内设备安装→室内外设备调试→联调联试→运行试验和验收。

34.6.4 防灾监控工程

(1)施工程序:电缆线路复测→电缆敷设→设备安装配线→设备自检、单体调试→子系统调试→

系统集成试验→试运行测试和验收。

(2)在各分项工程施工前,必须按照下述总体要求进行:

接到设计文件后,对设计文件进行审核,填写设计文件审核记录,如发现问题需变更,会同设计、建设单位一起进行设计变更;由教育部门对参加施工的职工进行岗前培训,使每个职工对本工程所采取的技术标准、安全规则有一个全面了解,培训结束后进行考试,合格者才能上岗,并加强对新技术、新工艺、新设备、新材料的技术培训;根据设计文件、施工调查及施工组织安排提出材料、设备、工器具的申请计划,合理安排工、料、机的使用计划。

(3)施工准备。

安装技术人员、质量监督人员及物资管理人员提前介入,主要工作有:

①进行技术施工图纸接收与审核,编制物资供应及招标计划,在建设单位监督下进行甲控物资设备招标工作,确定物资设备供应厂家签订供货合同,进行物资筹备。

②由技术人员结合本工程的特点,充分考虑本工程的工期要求和高架桥上施工时的相互干扰等,提出施工方法和施工组织方案,编制切实可行的施工组织方案实施计划,制订施工图技术交底工作计划。

③检查安装机具的种类、数量及功能是否满足施工要求;检查场地是否满足进场条件。

④对各级施工人员进行有关安装工艺质量及安全等方面的培训,经考核合格,方准参加本工程的施工。

⑤项目部工程技术部牵头组织项目技术主管工程师、施工班组长、施工班组技术员(或技术骨干),进行现场调查与施工定测工作,以利于熟悉现场设备安装位置、现场施工条件及情况。

⑥检查结构预留孔洞、沟槽及设备基础是否符合要求,发现与设计不符者,应及时提出,并与土建承包人协商处理。

(4)电缆工程施工方案:考虑到各专业要在同一施工作业面交叉施工,主要采用人工方式进行敷设以降低相互干扰。尽量考虑与路基、桥梁、隧道施工同步。

(5)设备安装施工方案:设备到货后,采取汽车集中装车,逐站卸车方案进行运输,设备进入站点后,对设备采取防潮、防盗临时存放措施。设备安装时再进行开箱检验及安装工作。

34.6.5 电力工程

电力供电系统的施工主要包括:外部电源工程、区间电力贯通电缆、箱变及无功补偿、变配电所、站场电力及其他工程。电力专业除长距离高压电力电缆敷设外,均为常规施工。

(1)室外设备:箱式变电站除了受基础和运输条件制约外(争取抓住铺轨前有限时间进行机械运输就位),其他专业影响不大,可先期进行此工作。而站场电力设备受站场其他专业的影响较大,积极与站场其他专业进行沟通,合理地组织,进行交叉施工作业。

(2)室内设备:将在设备安装所需房屋具备安装条件后,进行室内设备安装、调试,要求房建专业能按时达到电力设备安装的要求。

(3)统筹考虑和站前专业、铺轨专业交叉配合施工,采用专用机械进行电缆敷设方式和利用轨行车辆进行机械敷设电缆相结合方式组织施工。

(4)电力远动系统安装采取程序化、标准化施工,纳入全线 SCADA 系统,调试采用同步分级方式,争取在最短时间内高质量完成电力远动系统调试任务。

34.6.6 变电工程

(1)主要施工程序:施工准备与配合→施工定位与测量→基坑开挖与浇制→预埋件安装→接地网敷设→电缆沟支架安装→构支架组立→室外高压设备安装→主变安装→软母线制安→室内设备安装→电缆敷设及二次配线→室外室内设备自检、单体调试→室内设备单体调试→所内系统调试→

SCADA联调→送电运行→全段变电子系统联调→系统联调联试→运行试验和验收。

（2）室内外设备：将在设备安装所需的场坪、基础和房屋完成后，开始进行室外室内设备安装、调试，因此应提前加强与其他专业协调。

（3）主变运输、安装、油处理和测试为变电专业施工中的关键工序，大型设备安装、调试国标有明确规定，各施工单位必须遵照执行。

34.6.7 接触网工程

（1）主要施工程序：预埋件检查→支柱和吊柱安装→底座、肩架、腕臂及拉线安装→附加线架设→承力索、接触线架设→悬挂调整→设备安装→冷滑试验→送电开通→克服缺点→系统联调联试→运行试验和验收。

（2）支柱的安装：有两种方法，尽可能利用成型的路基在无砟轨道整体道床施工前接触网利用汽车吊进行支柱安装；或根据条件采用安装列车进行安装。利用铺轨基地作为支柱的存放场所，安装列车配两个平板用于支柱的运输，支柱安装计划服从轨道占用计划。

（3）吊柱的安装：采用接触网作业车进行安装的方法，即利用作业车的自带小吊将吊柱吊装到作业平台，通过作业平台的升降及旋转进行吊柱安装。利用铺轨基地作为吊柱的存放场所，安装列车配平板用于吊柱的运输，吊柱安装计划服从轨道占用计划。

（4）底座、肩架及腕臂安装：采用接触网作业车安装的方法，利用铺轨基地作为吊柱的存放场所，安装列车配平板用于吊柱柱的运输，施工服从轨道占用计划。

（5）附加线：采用接触网作业车安装的方法，利用铺轨基地作为附加线的吊装场所，安装列车配平板用于附加线的运输，施工服从轨道占用计划。

（6）承力索、接触线架设：承力索和接触线按锚段长度进行配盘，采用恒张力架线车组进行架设，同时采取超拉或额定张力自然延伸等措施使新线初伸长（蠕变）一次基本出尽，保证接触悬挂调整一次到位。

（7）接触悬挂安装调整：悬挂安装调整内容主要包括整体吊弦、组合定位装置、线岔、分段分相关节和电连接等安装调整工作。子系统集成商应采用接触悬挂安装调整钟表化、计算微机化、预配工厂化、安装专业化和程序化的一次到位技术和工艺，确保安装质量。

（8）接触网检测：接触网工程的检测是评价工程质量的科学和公正的依据，而检测的项目、标准和可靠的检测手段是检测技术的关键，接触网检测分静态检测和动态检测两个阶段。应建立完善的接触网检测体系，并配备先进的检测工具和仪器。静态检测主要是在工程安装阶段对接触网结构参数（导线高度、拉出值、限界、动态包络线检查等）进行测量，采用多功能激光接触网测量仪等仪器进行无接触静态检测。动态检测主要是在工程完工后对接触网进行功能检测，分低速动态检测和动态检测，低速动态检测采用接触网冷滑装置或接触网弓网接触力测量装置；动态检测采用接触网图象分析测量系统，主要测量弓网接触力、定位器抬升（检测车测量、地面测量）、受电弓运行加速度、离线率（电弧）、视频记录等。

34.6.8 房屋工程

大体施工顺序为先土建，后安装；先结构、后装饰；先高空，后地面。安装工程施工时，对装饰采取防护（针对楼梯、台阶、门口）、包裹（如对塑钢门窗用塑料布包扎）、覆盖（如楼地面可用锯末、毡布等覆盖）、封闭（房间地面完成后，可将该房间局部封闭，待养护期过后方可进行安装施工）、合理安排施工顺序（房间内应先做抹灰和涂料而后装灯具，可防止污染、损害灯具）。对于设备安装工程应尽量先安装设备，后进行管道、电气安装；对于设备安装应先安装重、大、关键设备，后安装一般设备。管道安装工程应按先干管、后支管，先大管后小管、先里面后外面的顺序进行施工。

符合施工总顺序之间逻辑关系连接的原则，房屋工程以主体为主线，其他项目穿插进行。单个房屋的一般施工顺序为：基础工程→主体工程→屋面工程→抹灰工程→地面工程→门窗工程→装饰及水电安装→收尾竣工。

34.7 资源配置方案

34.7.1 主要工程材料设备采购供应方案

34.7.1.1 物资供应管理

物资设备管理遵循"源头把关、过程控制、精细管理"的原则，确保物资设备质量合格、供应及时、采购供应成本最低。

34.7.1.2 物资设备的采购范围

负责施工范围内的通信、信号、牵引供电、电力供电、防灾安全监控、信息系统和四电独立房屋建筑的材料及设备采购。

34.7.1.3 材料及设备的总体要求

1）总体要求

确保供应的产品能在规定的环境条件下连续运行；负责统一"四电"子系统各设备之间的接口，并考虑设备与其他相关设备间的接口问题；相同的设备和材料必须是可互换的，而设备零部件也是可互换的；采用的"四电"设备及系统均符合设计方案的要求；采用的"四电"设备及系统符合国家及铁路行业相关技术标准、规范的规定；采用的"四电"设备及系统均达到国内国际先进水平，满足"四电"系统 RAMS 的要求；提供的所有设备的设计、制造、文件、资料及图纸标注都采用公制单位；提供的设备和仪器、材料的设计和制造应符合 ISO 或 IEC 或我国 GB、TB 标准；提供的设备的金属构件表面除了机加工面和电镀表面以外，都进行热镀锌、喷涂等户外安装的防锈处理，质量均达到《涂装前钢材表面锈蚀等级和除锈等级》(GB 8923)或等同标准的要求。

2）技术文件和清单

提供一套完整的供货设备及系统技术文件，包括但不限于主要的性能、技术参数、施工特点、相关的外观图纸/图片、原理图和安装图；提供保证设备、系统及各部分正常运行所需要的完整的技术文件，其中包括设备的型号、商标和目录号。

3）检验检查

(1)工厂检验：确保设备供货商根据 ISO 9001 的规定对所有的元器件进行例行检查，检查合格的元器件才能用于系统，以确保设备供货商按工厂(工业)标准进行常规的试验和检验。系统和设备的出厂检验在供货商工厂或分包商制造工厂内进行。

(2)到货检查：合同项下提供的所有设备、材料及技术文件运抵规定的交货地点后，建设单位(或监理)和项目部人员共同对其进行检查，并认真做好检验记录，双方签字。建设单位(或监理)和项目部人员共同对其进行开箱前检查。

4）开箱检验

到货检查后，建设单位、监理和项目部(必要时协同商检局)将按时间表开箱进行检验。除商检局规定外，货物的密封包装仍不得拆开；建设单位于上述到货开箱验货 10d 前，通知项目部验货日期，如果我方不能按时抵达，建设单位有权自行开箱。

34.7.1.4 包装、运输

设备制造完成并通过试验后及时进行包装，否则应得到切实的保护，其包装符合铁路、公路和海运部门的有关规定；设备的包装、运输需按照相关规程、规范的要求进行，保证不受损伤、进水或受潮;每个包装箱附有两个拷贝份装箱单和质量证书,一份放在箱内,另一份在外,每个包装箱的相邻的装货人、商品名及合同号,运输标记面需使用永久性的涂料。

以安全、经济、合理的运输方式组织工程物资的运输,满足施工的需要。

每一包装箱上标明发货人、发站、收货人、目的地、物资名称、毛质量/净质量、外形尺寸及该批发货总件数。并根据物资的特点和运输的不同要求,标注"小心轻放""请勿倒置""防潮"等字样和其他适当的标志。在产品包装的适当位置上使用产品质量认证标识。

对于质量为2t或超过2t的合同设备,还将在包装箱上标明质量、重心和挂钩位置。

物资的包装、标记和证件,严格遵守国家有关规定和买方的任何要求。

进口物资的每个包装箱的邻接4个侧面上用不褪色的油漆以明显易见的英文和(或)中文字样标明以下内容:合同号、唛头标记、目的地、收货人、合同设备和进口零部件名称及项号、箱号/捆号、毛质量/净质量、尺寸。根据进口合同设备和进口零部件在装卸、运输上的不同要求,在包装箱上用英文和(或)中文显著地标明"轻放""勿倒置""保持干燥"等字样以及其他国际运输中通用的标记。对于含有易燃易爆物品、腐蚀物品或放射性物质等危险品的设备,在包装箱上标明危险品标志。

进口物资使用的木质包装由输出国家或地区政府植物检疫机构认可的企业按照国际植物保护公约(以下简称IPPC)的要求进行除害处理,并在木质包装显著位置(至少应在相对的两面)加施清晰易辨、永久且不能移动的IPPC专用标识(标识避免使用红色或橙色)。除害处理方法和专用标识符合中国国家质检总局关于检疫除害处理方法和专用标识的规定。

34.7.1.5 现场交货

设备、材料运至施工现场后进行初步验收,主要核对制造商、到货的数量、件数、外观质量、包装状况,并予签收,妥善保管,承担保管责任。对包装破损、数量不符等情况,在签收时注明。

34.7.1.6 材料、设备供应计划

见表34-17~表34-24。

通信系统主要材料供应计划表　　　　表34-17

序号	设备、材料名称	第一批设备、材料		最后一批到货时间	备 注
		到货时间	到货数量(%)		
1	光电缆及接头盒	2013年11月15日	30	2014年3月31日	
2	铁塔	2013年11月15日	30	2014年3月31日	
3	通信设备	2013年11月20日	40	2014年3月31日	

信号系统物主要材料供应计划表　　　　表34-18

序号	设备、材料名称	第一批设备、材料		最后一批到货时间	备 注
		到货时间	到货数量(%)		
1	信号电缆	2013年11月20日	20	2014年3月31日	
2	电缆接续材料	2013年11月20日	30	2014年3月31日	
3	各种箱盒	2013年11月20日	30	2014年3月31日	
4	列控设备	2013年11月20日	50	2014年3月31日	
5	联锁设备	2013年11月20日	50	2014年3月31日	
6	CTC设备	2013年11月20日	50	2014年3月31日	
7	信号监测设备	2013年11月20日	50	2014年3月31日	
8	轨道电路设备	2013年11月20日	60	2014年3月31日	
9	电源设备	2013年11月20日	50	2014年3月31日	
10	转辙机安装装置	2013年11月20日	60	2014年3月31日	

续上表

序号	设备、材料名称	第一批设备、材料		最后一批到货时间	备 注
		到货时间	到货数量(%)		
11	信号机、标志牌	2013年11月20日	50	2014年3月31日	
12	防雷设备	2013年11月20日	50	2014年3月31日	
13	各种继电器、变压器	2013年11月20日	50	2014年3月31日	
14	各类电源线	2013年10月20日	30	2014年3月31日	
15	接地材料	2013年10月20日	60	2014年3月31日	

防灾安全监控系统主要材料供应计划表　　　　　表34-19

序号	设备、材料名称	第一批设备、材料		最后一批到货时间	备 注
		到货时间	到货数量(%)		
1	电缆	2014年2月20日	30	2014年4月20日	
2	水泥	2014年2月20日	30	2014年4月20日	
3	钢管	2014年2月20日	40	2014年4月20日	
4	悬臂梁	2014年4月10日	40	2014年5月10日	
5	异物传感器网片	2014年4月10日	40	2014年5月10日	
6	风、雨、雪现场设备	2014年4月10日	50	2014年5月1日	
7	监控单元	2014年4月10日	50	2014年5月10日	
8	防灾安全监控数据处理设备、终端	2014年6月10日	100		

信息系统主要材料供应计划表　　　　　表34-20

序号	设备、材料名称	第一批设备、材料		最后一批到货时间	备 注
		到货时间	到货数量比例(%)		
1	综合布线系统材料	2013年11月15日	60	2013年10月31日	
2	线缆与防护材料	2013年11月15日	80	2013年10月31日	
3	电源及防雷接地系统设备	2013年11月15日	60	2013年10月31日	
4	票系统设备	2013年11月15日	60	2013年10月31日	
5	旅客服务系统设备	2013年11月15日	60	2013年10月31日	
6	办公自动化系统设备	2013年11月15日	60	2013年10月31日	
7	公安管理信息系统设备	2013年11月15日	60	2013年10月31日	
8	综合维修管理系统设备	2013年11月15日	60	2013年10月31日	
9	电源及环境监控系统	2013年11月15日	60	2013年10月31日	
10	客运服务安全保障平台	2013年11月15日	60	2013年10月31日	

电力供电系统主要材料供应计划表　　　　　表34-21

序号	设备、材料名称	第一批设备、材料		最后一批到货时间	备 注
		到货时间	到货数量比例(%)		
1	杆塔、底盘、卡盘、拉线盘	2013年11月20日	50	2014年1月25日	
2	横担、瓷瓶、铁配件、金具	2013年11月30日	50	2014年1月25日	
3	架空线路使用线材	2013年11月10日	50	2014年1月25日	
4	高低压电力电缆、控制缆	2013年11月5日	30	2014年1月31日	
5	变配电所内设备	2013年12月15日	30	2014年1月31日	包含综合自动化设备

续上表

序号	设备、材料名称	第一批设备、材料		最后一批到货时间	备 注
		到货时间	到货数量比例(%)		
6	区间箱变、电抗器、	2013年12月25日	30	2014年2月25日	
7	配电箱、灯具、投光灯塔	2013年12月20日	50	2014年1月31日	
8	电力远动终端设备	2013年12月20日	50	2014年3月31日	随被监控设备到达

牵引变电工程主要材料供应计划表　　　　　　　　　　　　　　　　　表34-22

序号	设备、材料名称	第一批设备、材料		最后一批到货时间	备 注
		到货时间	到货数量比例(%)		
1	接地线	2013年11月20日	60	2013年12月31日	
2	接地极	2013年11月20日	60	2013年12月31日	
3	钢支柱	2013年12月15日	60	2013年12月31日	
4	牵引变压器	2014年2月15日	60	2014年3月31日	
5	GIS柜	2014年2月15日	60	2014年3月31日	
6	三极电动隔离开关	2013年11月25日	60	2014年1月31日	
7	互感器	2013年11月25日	60	2014年1月31日	
8	氧化锌避雷器	2013年11月25日	60	2014年1月31日	
9	综合自动化系统	2014年2月15日	60	2014年3月31日	
10	交直流屏	2014年2月15日	60	2014年3月31日	
11	安全监控系统	2014年2月15日	60	2014年3月31日	
12	电缆	2014年2月15日	60	2014年3月31日	

接触网工程主要材料供应计划表　　　　　　　　　　　　　　　　　　表34-23

序号	设备、材料名称	第一批设备、材料		最后一批到货时间	备 注
		到货时间	到货数量(%)		
1	支柱	2013年11月15日	10	2014年3月20日	
2	接触网零配件	2013年12月10日	10	2014年3月28日	
3	承力索	2013年12月10日	10	2014年3月30日	
4	接触线	2013年12月10日	10	2014年3月30日	
5	附加线线材	2013年11月10日	10	2014年3月31日	
6	隔离开关	2014年3月10日	50	2014年3月30日	
7	避雷器	2014年3月10日	50	2014年3月30日	
8	分段绝缘器	2014年2月1日	50	2014年3月31日	

房屋建筑及其他工程主要材料供应计划表　　　　　　　　　　　　　　表34-24

序号	设备、材料名称	第一批设备、材料		最后一批到货时间	备 注
		到货时间	到货数量(%)		
1	钢筋	2013年10月4日	30	2013年12月31日	
2	模板	2013年10月4日	30	2013年12月31日	
3	蒸压灰砂砖	2013年10月15日	20	2013年12月31日	

续上表

序号	设备、材料名称	第一批设备、材料		最后一批到货时间	备注
		到货时间	到货数量(%)		
4	加气混凝土砌块	2013年10月15日	20	2013年12月31日	
5	水泥	2013年10月5日	20	2013年12月31日	
6	砂	2013年10月5日	20	2014年1月15日	
7	石子	2013年10月5日	20	2014年1月15日	
8	脚手架	2013年10月15日	40	2013年10月15日	
9	防水卷材	2013年10月20日	40	2013年12月15日	
10	墙砖、地砖类	2013年11月4日	20	2014年1月15日	
11	涂料类	2013年11月4日	20	2014年1月15日	
12	吊顶材料	2013年11月4日	20	2014年1月15日	
13	电线电缆	2013年10月4日	40	2013年12月15日	
14	照明器具	2013年11月15日	30	2014年1月20日	
15	门窗	2013年10月1日	30	2014年1月15日	
16	给排水材料及洁具	2013年10月15日	30	2014年1月15日	
17	暖通设备及配件	2013年10月15日	40	2014年1月15日	

34.7.2 关键施工装备的数量及进场计划

施工设备作为生产力的要素之一，是企业生产的重要手段，是企业完成施工任务的重要物质基础。

根据本工程设计标准高、施工质量要求严、专业多、施工难度大、交叉施工作业多等施工特点，为确保工程工期、质量和工艺要求，施工设备配置遵循科技含量高、性能优良、生产效率高、环保性能好、采用先进的机械设备和检测仪器的原则进行设备组合匹配，使施工设备的配置充分体现先进性、适用性，配置数量以满足施工需要为前提，做到均衡生产，综合利用，降低机械使用成本。

满足施工需要的原则：针对不同的工序施工按专业化组织流水作业，与施工方法相适应，与工期安排相适应，各工点兼顾，加大投入、满足施工需要又略有富余，节约资金、合理配置的原则，机械及时进场和及时退场的原则，来满足施工需要，并实现各机械化作业线的有机配合，用机械化程度的提高来实现施工的稳产、高产。

提高机械化水平，配备大型设备，配备效率高的施工机械、大容量自卸汽车等。设备数量充足、机况良好，主要设备均有备用。

在设备配备上使机械设备能力大于进度计划指标能力，有足够的设备储备。

设备选型以电动液压为首选，机械设备配备采用无轨及有轨机械化配套技术，合理匹配，使全线形成快速施工能力。

接触网专业以机械化安装为主，配备多台先进的安装作业车。接触网架设时采用国际领先的恒张力架线车组，提高施工效率，减小劳动强度，保证工程质量。通信及信号、电力和房屋建筑等施工项目同样采用先进的机械设备，满足工程的施工需要。

机械设备应按匹配原则进行配置：施工中，加强设备的维修管理，保障设备的完好，配置施工设备时使设备生产能力高于进度指标，保证即使个别设备发生故障，施工生产也不致受到影响，并定期对机械设备进行维修保养。发挥设备的效率，不单纯追求一台设备的先进，必须是作业系统先进，设备成龙配套，形成高效率综合生产能力。

拟投入本工程的主要施工设备见表34-25，拟配备本工程的测量、试验仪器设备见表34-26。

拟投入本工程的主要施工设备表　　　　　表34-25

序号	设备名称	规格型号	数量	产地	制造年份	额定能力	生产能力	用于施工部位
专用设备									
1	接触网立杆车	QYD-10	8	徐州	2010	165kW	良好	立杆、安装
2	恒张力架线车租	FX-5B 带恒张力架	2	襄阳	2009	380kW	良好	架设接触线
3	接触网安装作业车	DA4 型	16	襄阳	2009	300kW	良好	安装、调整
4	附加导线展放机		12	宝鸡	2008	—	良好	接触网施工
5	接触网检测车	JX300A	1	德国	2010	—	良好	接触网检测
6	额定张力机械落锚装置	XM-3	24	保定	2010	—	良好	接触网施工
7	液压阻尼放线装置	FX-1.5	12	石家庄	2010	—	良好	接触网施工
8	轨道平板车	60	12	太原	2010	—	良好	接触网施工
9	轨道吊车	DQ-25	8	襄阳	2010	186kW	良好	物资吊装
10	汽车起重机	Z-16	8	徐州	2010	135kW	良好	物资吊装
11	汽车吊车		6			126kW	良好	物资吊装
12	自卸汽车	Q-8	6	长春		127kW	良好	物资运输
13	混凝土搅拌机	T225M-4	6	潍坊		89kW	良好	混凝土施工
14	通信测试专用仪器仪表						良好	通信测试
15	信号测试专用仪器仪表						良好	信号测试
16	电气化测试专用仪器仪表						良好	测试
17	电力测试专用仪器仪表						良好	测试
18	光缆熔接机	FSW-60S	4	日本	2011		良好	光缆接续
19	光时域反射仪	MW9070B	4		2011		良好	传输系统调试
20	ZPW-2000专用仪表	TD1900	4		2011		良好	测试
21	列控地面专用测试工具		4		2011		良好	测试
22	电力高压试验车	整组配套	1	中国	2008	82kW	良好	电力试验检测
其他设备									
一	集成项目部									
1	工程指挥车	切诺基2021	2	北京	2009	73.5kW	良好	交通
2	工程指挥车	哈弗H6	4	北京	2010	73.5kW	良好	交通
3	面包车	金杯	2	沈阳	2005	70kW	良好	交通
4	汽油发电机	YAMAHA	2	日本	2007	4.5kW	良好	临时用电
5	台式计算机	联想 T3900 S64	10	中国	2012	—	良好	办公
6	激光打印机	HP LaserJet 1010	4	日本	2011		良好	办公
7	数码复印机	Canon NP3300M	2	日本	2012		良好	办公
8	传真机	Canon FAX-L380	3	日本	2011	—	良好	办公
9	客货车	三菱 4G63	1	日本	2011	120kW	良好	接送工、运料
10	交流发电机	EF4600	3	日本	2011	150kW	良好	发电

续上表

序号	设备名称	规格型号	数量	产地	制造年份	额定能力	生产能力	用于施工部位
11	基地电台	MOTO	2	天津	2010		良好	通信
二				通信系统				
1	指挥车	本田	2	广州	2009	80kW	良好	工程指挥
2	仪表车	依维柯	4	南京	2010	90kW	良好	仪表运输
3	客货车	三菱4G63	4	日本	2011	120kW	良好	接送工、运料
4	面包车	金杯	8	北京	2010	90kW	良好	接送工
5	载重汽车	EQ1090E	4	长春	2008	150kW	良好	材料运输
6	自卸汽车	ZZ3257M3647C1	4	湖北	2007	5t	良好	物资运输
7	汽车起重机	XZJ5090J	2	山东	2010	5t	良好	设备材料装卸
8	叉车	2t	4	山东	2011	2t	良好	设备材料装卸
9	混凝土搅拌机	T225M-4	4	潍坊	2009	200kW	良好	基础施工
10	平面夯	HDZ-200	4	天津	2010	6kW	良好	基础施工
11	插入式振捣器	XZ-17	4	天津	2010	5kW	良好	基础施工
12	发电机	本田 EG2500	8	日本	2009	2.5kW	良好	发电
13	电焊机	BX-2500型	4	西安	2009	2kW	良好	焊接
14	切割机	LGK8-63A	4	香港	2009	1500kW	良好	线路工程
15	弯管机	DWG-3A	4	中国	2010	0	良好	加工
16	电动砂轮机	2416型	4	日本	2009	0.8kW	良好	设备材料安装
17	冲击钻	博士 GSB20-2	16	中国	2011	1.5kW	良好	设备材料安装
18	手枪钻	博士 GBM6	16	中国	2012	1.5kW	良好	通用工具
19	搅拌机	JZC500	8	中国	2012	2.0kW	良好	基础浇筑
20	振动棒	ZN50	8	中国	2012	1.5kW	良好	基础浇筑
21	压接工具	0.4～40mm²	8	杭州	2011	—	良好	设备材料安装
22	光缆接续工具	滕仓	8	日本	2011	—	良好	光缆接续
23	电烙铁	30～100W	24	上海	2012	—	良好	焊接
24	便携计算机	联想	12	中国	2011	0.2kW	良好	办公
25	激光打印机	HP LaserJet1010	6	日本	2011	0.2kW	良好	办公
26	数码复印机	Canon NP3300M	4	日本	2012	0.3kW	良好	办公
27	套管打号机	BK2-M-1PRO	4	上海	2010	0.2kW	良好	打号
28	传真机	Canon FAX-L380	5	日本	2011	0.1kW	良好	办公
三				信号系统				
1	指挥车	丰田	4	中国	2010	85kW	5人	工程指挥
2	商务车	别克	10	中国	2009	85kW	11人	人员运输
3	汽车吊车	8t XZJ5100	4	中国	2009	8t		物资吊运
4	载重汽车	东风5t	12	中国	2009	5t		物资运输
5	发电机	YAMAHA EF2600	14	中国	2013	75kW		机具供电

续上表

序号	设备名称	规格型号	数量	产地	制造年份	额定能力	生产能力	用于施工部位
6	电焊机	DX1-500-1	4	中国	2013	2kW		焊接
7	切割机	LGK8-63A	8	中国	2013	2.5kW		加工
8	冲击钻	博士 GSB20-2	12	中国	2011	1.5kW		安装打孔
9	冲击钻	喜利得 TE-72	10	中国	2012	2kW		安装打孔
10	轨道钻	23mm/13mm	8	中国	2011	1.5kW		安装打孔
11	手枪钻	博士 GBM6	12	中国	2010	0.8kW		安装打孔
12	冲电式手枪钻	Skil2738U	10	中国	2011	0.8kW		安装打孔
13	电动砂轮机	2416 型	10	日本	2012	0.8kW		工具加工
14	电动云石机	4100NB	12	日本	2011	0.8kW		开孔
15	塞钉拉伸器	PH3IN	4	法国	2009	3kW		塞钉安装
16	笔记本电脑	HP	16	日本	2011	0.05kW		办公
17	台式计算机	联想 T3900 S64	12	中国	2012	0.05kW		办公
18	激光打印机	HP LaserJet 1010	5	日本	2012	0.05kW		办公
19	数码复印机	Canon NP3300M	5	日本	2012	0.05kW		办公
20	传真机	Canon FAX-L380	5	日本	2012	—		办公
21	对讲机	建伍 TK378	80	日本	2012	—		防护
22	NTC 线号印字机	Canon M-1 Pro	4	日本	2012			套管打字
23	组合工具	常规	120	中国	2012			施工安装
24	套管打号机	BK2-M-1 Pro	45	上海	2010		良好	打号
25	压接钳	0.4～40mm²	16	杭州	2012	—		线环压接
26	电缆盘支架	3t	8	天津	2009	—		电缆敷设
27	对讲机(录音)	GP88	4	天津	2008	—		通信联络
28	信号立杆成套		4	自加工	2010			高柱信号机用
29	金具加工成套		4	中国	2010			设备支架
30	转辙机调整工具		4	中国	2010			道岔调整
四	防灾安全监控系统							
1	指挥车	途胜	2	北京	2009	85kW	5人	生产指挥
2	载重汽车	EQ1092F	4	湖北	2006	100kW	5t	设备材料运输
3	面包车	金龙	4	厦门	2008	75kW	19人	人员运输
4	双排座	福田	4	北京	2009	81kW	6人	设备材料装卸
5	汽车吊车	XZJ5090J	4	山东	2008	120kW	5t	设备材料装卸
6	发电机	本田 EG2500	8	日本	2008	75kW		机具供电
7	电焊机	DX1-500-1	4	日本	2006	2kW		设备安装
8	切割机	LGK8-63A	4	香港	2007	2.5kW		设备安装
9	冲击电钻	博士 GSB20-2	24	杭州	2008	1.5kW		设备安装
10	手电钻	博士 GBM6	16	杭州	2007	0.8kW		设备安装

续上表

序号	设备名称	规格型号	数量	产地	制造年份	额定能力	生产能力	用于施工部位
11	电动砂轮机	2416型	4	日本	2007	0.8kW		设备安装
12	压接工具	0.4~40mm²	8	杭州	2008	—		设备安装
13	电缆盘支架	3t	8	天津	2009	—		电缆敷设
14	对讲机	GP88	40	天津	2008	—		通信联络
15	组合工具	常规	16	天津	2008			设备安装
16	电烙铁	75W、25W、100W	20	上海	2009			设备安装
17	便携计算机	联想	8	中国	2008	—		办公
五				信息系统				
1	工程指挥车	长风猎豹	2	中国	2010	95kW	良好	指挥协调
2	面包车	金杯	4	北京	2010	104kW	良好	指挥协调
3	面包车	瑞风	4	中国	2009	34.7kW	良好	人员运送
4	随车吊	PY5111	4	湖南	2009	132kW	良好	物资装卸运输
5	小货车	CA1046K2L2	4	长春	2008	47.2kW	良好	设备材料运输
6	工程车	东风15座	4	湖北	2009	92kW	良好	人员小料运送
7	便携式计算机	联想	20	中国	2008	0.3kW	良好	办公
8	电焊机	BX-300	4	中国	2007	5kW	良好	焊接
9	切割机	ϕ300mm	4	中国	2007	2kW	良好	加工
10	台钻	ZQ4132	4	中国	2008	1kW	良好	加工
11	弯管机	DWG-2A	4	中国	2010		良好	加工
12	交流发电机	本田	8	日本	2009	2kW	良好	施工
13	移动式升降台	GTWY18-160	4	泰州	2007	1.5kW	良好	施工
14	电锤	博士ϕ30mm	16	德国	2007	1kW	良好	钻孔
15	电锤、电钻	博士ϕ18mm	16	德国	2008	0.75kW	良好	钻孔
六				电力供电系统				
1	工程指挥车	长风猎豹	6	中国	2008	80kW	良好	指挥协调
2	汽车吊车	PY5141JQZ8	14	湖南	2007	135kW	良好	吊装物资
3	载重汽车	EQ1060G2D	8	十堰	2009	150kW	良好	运输物资
4	面包车	金杯	4	沈阳	2007	70kW	良好	交通
5	试验车	ECD-1	2	武汉	2010	100kW	良好	试验
6	搅拌机	JZC350	8	石家庄	2010	5.5kW	良好	基础浇制
7	交流发电机	S195	8	上海	2012	40kW	良好	临时用电
8	交流弧焊机	BX3-300S-1	8	天津	2011	120kW	良好	焊接
9	电缆盘支架	$H=1.5m$ 可调式	30	郑州	2008		良好	放电缆
10	冲击电钻	喜利得	8	德国	2011	5kW	良好	钻孔
11	手提式砂轮机	125mm GP3	8	杭州	2011	0.5kW	良好	打磨
12	虎台钳		8	北京	2010		良好	临时加配件

续上表

序号	设备名称	规格型号	数量	产地	制造年份	额定能力	生产能力	用于施工部位
13	台式钻床	Z403-Z406B-1	2	北京	2010		良好	临时加配件
14	压接钳	液压电动、手动	25	上海	2011		良好	电缆及导线接头
15	手扳葫芦	3t	20	北京	2011		良好	架线
16	倒链	3t	20	北京	2010		良好	吊装
17	套管打号机	BK2-M-1 Pro	5	上海	2010		良好	打号
七				牵引变电工程				
1	空压机		5	太原	2006	10kW	良好	挖坑、打孔桩
2	凿岩机		5	太原	2006	10kW	良好	基础施工
3	电锤		18	德国	2007	1kW	良好	钻孔
4	真空滤油机	ZL-3	2	中国	2004	150kW	良好	主变滤油
5	柴油发电机	75kW 三相380V	2	中国	2003	75kW	良好	主变滤油
6	发电机	单相220V	6	中国	2006	100kW	良好	发电
7	交流弧焊机	BX1-250A	6	中国	2004		良好	焊接
8	手扳葫芦	QYLJ5	6	北京	2009	3t	良好	起吊
9	导链		6	北京	2009	3t	良好	起吊
10	压接钳		6	上海	2011		良好	压接
11	断线钳		6	上海	2007		良好	电缆施工
12	混凝土搅拌机	JZC350	4	中国	2007	150kW	良好	搅拌混凝土
13	插入式振捣器	JX50	18	北京	2008	0.55kW	良好	基础
14	切割机	JK16	9	邢台	2009	47.5kW	良好	切割
15	台式钻床	Z535	9	中国	2007	20kW	良好	
16	指挥车		5	中国	2005	80kW	良好	工程指挥
17	面包车	19座	3	中国	2005	100kW	良好	接送工
18	客货汽车	1.5t	3	长春	2008	27.2kW	良好	施工
19	载重汽车	5t	6	中国	2005	150kW	良好	材料转运
20	大型拖车	120t	3	—	—	—	—	主变运输
21	叉车	2t	3	山东	2011	2t	良好	设备材料装卸
22	吊车	QY-8t	5	中国	2008	100kW	良好	设备杆塔
23	大型吊车	120t	2	中国	2006	120kW	良好	吊装主变
24	SF6断路器充气装置	包括SF6气瓶	2	深圳	2009		良好	检测
25	SF6微水测试	SC-6	2	深圳	2009		良好	检测
26	SF6气体检漏仪	LS790	2	深圳	2009		良好	检测
27	27.5kV电缆头制作工具	整套	5	郑州	2011		良好	电缆头制作
28	经纬仪	0.2级	2	上海	2008		良好	测量
29	水准仪		6	上海	2008		良好	测量
30	塔尺	铝合金	9	上海	2008		良好	测量

续上表

序号	设备名称	规格型号	数量	产地	制造年份	额定能力	生产能力	用于施工部位
31	配线工具	整套	30	郑州	2011		良好	配线
32	电动液压钳	3t	3	上海	2011		良好	压接
33	母线煨弯机	SLB-120	3	北京	2012		良好	硬母线加工
34	号码烫印机	HY-ST	3	上海	2010		良好	电缆标牌
35	组合工具	常规	3	天津	2008		良好	设备安装
36	电缆放线架	$H=1.5m$ 可调式	6	郑州	2008		良好	放电缆
37	套管打号机	BK2-M-1 Pro	3	上海	2010		良好	打号
38	电气综合检测试验车	依维柯	2	中国	2006	80kW	良好	电气试验
八				接触网工程				
1	工程指挥车	哈弗 H6	8	北京	2010	73.5kW	良好	交通
2	面包车	金杯	8	沈阳	2011	70kW	良好	交通
3	送工车	宇通 ZK6858H9	12	郑州	2011	310kW	良好	人员运输
4	载重汽车	EQ1060G2D	10	襄阳	2008	150kW	良好	货运
5	汽车起重机	12t	6	湖南	2007	135kW	良好	吊线盘,安装部分支柱
6	汽车起重机	25t	8	湖南	2008	199kW	良好	安装部分支柱
7	汽车起重机	8t	5	徐州	2007	105kW	良好	吊线盘,安装部分支柱
8	高架桥支柱专用安装设备	EEBQJ-2t	4	石家庄	2009		良好	轨道铺架前支柱安装
9	接触网架线车(组)	JX-6	6	襄阳	2002	300kW	良好	架设承力索、附加线
10	梯车	自制	40	郑州	2012		良好	调整
11	接触网扭面器		30	宝鸡	2012		良好	调整
12	腕臂制作平台	EEBWB-30	6	石家庄	2009		良好	腕臂预配
13	倒链葫芦	SDH20	30	北京	2009	3t	良好	架线
14	整体吊弦制作平台	DT-3	6	石家庄	2010		良好	吊弦制作
15	交流发电机	S195	6	无锡	2010	40kW	良好	供电
16	插入式振捣器	JX50	12	北京	2008	0.55kW	良好	基础浇制
17	抽水泵	200QG	12	解州	2008	0.55kW	良好	基坑开挖
18	升降梯	1~4m 铝合金	14	保定	2010		良好	设备安装
19	切割机	JK16	6	邢台	2009	7.5kW	良好	切割
20	搅拌机	JZC350	5	郑州	2010		良好	基础浇筑
21	空压机	W-10/60G	5	太原	2006	10kW	良好	挖坑、打孔桩
22	风镐	CA700	12	沈阳	2009	1.8kW	良好	开挖
23	冲击电钻	喜利得	50	德国	2011	5kW	良好	钻孔
24	发电机	5kW 220V	5	日本	2010			
25	发电机	三相 380V	15	日本	2010			
26	发电机	单相 220V	30	日本	2010			
27	交流电焊机	BX3-300S-1	8	上海	2010	120kW	良好	焊接

续上表

序号	设备名称	规格型号	数量	产地	制造年份	额定能力	生产能力	用于施工部位
28	台式钻床	Z535	6	石家庄	2007	0.18kW	良好	钻孔
29	电分段安装工具	液压式	10	宝鸡	2012		良好	分段安装
30	电动套丝机		18	郑州	2008		良好	
31	独立整杆器		20	郑州	2008		良好	枢纽混凝土支柱整正
32	对讲机	motorola	50	深圳	2010	0.005kW	良好	通信
九				房屋建筑工程				
1	挖掘机(≥1m³)	PC300-6	8	广东	2010	120kW	良好	土方
2	碾压机(≥50t)	XS550	4	徐州	2008	95kW	良好	场地平整
3	推土机	T3-100	5	徐州	2011	135kW	良好	场地平整
4	装载机(≥2.5m³)	ZL50C	8	四川	2008	162kW	良好	土方
5	自卸汽车(≥15t)	斯太尔后八轮	12	湖北	2010	122kW	良好	土方
6	平板夯	RP300	10	河南	2010	5kW	良好	土方
7	汽车吊(≥20t)	TG200E	4	山东	2010	155kW	良好	吊装
8	柴油发电机	10kV·A	12	湖南	2010	10kW	良好	临时用电
9	柴油发电机	30kV·A	2	安徽	2012	30kW	良好	临时用电
10	钢筋切断机	GQ40	8	山东	2008	3kW	良好	钢筋加工
11	钢筋弯曲机	GW40	8	成都	2010	4kW	良好	钢筋加工
12	钢筋调直机	UN1-100	8	上海	2011	3kW	良好	钢筋加工
13	木工电锯	MJ500	12	无锡	2011	5kW	良好	模板加工
14	木工压刨	MB105 12	12	无锡	2011	11kW	良好	模板加工
15	木工压刨	MB504D 12	12	无锡	2011	3kW	良好	模板加工
16	电渣压力焊机具	HYS-630	50	上海	2010	30kW	良好	焊接
17	砂浆搅拌机	NP3000CA	12	深圳	2008	3.5kW	良好	砂浆施工
18	插入式振捣器	Wolf2707	40	英国	2010	2.5kW	良好	混凝土施工
19	混凝土平板振捣器	ZB-0.12	16	宁德	2011	1.5kW	良好	混凝土施工
20	蛙式夯	HW60	16	山东	2011	5kW	良好	土方
21	电动空气压缩机	DT16	12	上海	2011	25kW	良好	装饰
22	混凝土搅拌机	J2-350	12	西安	2009	5.5kW	良好	混凝土
23	单(多)级离心清水泵	80D12X8 卧式	24	广东	2011	1.5kW	良好	临水
24	污水泵	ZPNL	12	广东	2011	1.5kW	良好	临水
25	管子切断机	QJ111	24	上海	2011	10kW	良好	切割
26	云母切割机	40D	15	北京	2009	1kW	良好	装饰、土建
27	切割机	LGK-63	12	北京	2011	10kW	良好	切割
28	电动液压煨弯机	1/4″~6″	4	山东	2011	1.5kW	良好	钢管煨弯
29	快速提升架	5t	12	福州	2009	50kW	良好	垂直运输
30	液压弯管机	WYQ90	8	山东	2011		良好	安装

续上表

序号	设备名称	规格型号	数量	产地	制造年份	额定能力	生产能力	用于施工部位
31	电动套丝机	TQ-80-80	6	山东	2009	0.75kW	良好	安装
32	氧焊设备	YH-1	6	河南	2011		良好	焊接
33	电焊机	BX-300	15	河南	2010	25kV·A	良好	焊接
34	单平咬口机	δ=0.5~1.2mm	2	河南	2009		良好	配件制作
35	卷板机	δ=0.5~1.2mm	2	江苏	2010		良好	配件制作

拟配备本工程的测量、试验仪器设备表　　　　表34-26

序号	仪器设备名称	规格型号	数量	产地	制造年份	已使用台时数	用途	备注
通信工程									
1	光时域反射仪	E6000C	4	美国	2011	70	光缆测试	自有
2	光缆熔接机	FSM-60S	4	日本	2011	70	光缆接续	自有
3	光源	TOP160	4	美国	2010	58	传输系统调试	自有
4	光功率计	OLP-15A	4	美国	2010	58	传输系统调试	自有
5	回波损耗测试仪	HP8153A	4	美国	2008	210	传输系统调试	自有
6	光同步系统测试仪	HP37718A	4	台湾	2008	224	传输系统调试	自有
7	话路特性测试仪	MS371A	4	天津	2010	48	传输系统调试	自有
8	示波器	HP54503A	4	北京	2009	185	传输系统调试	自有
9	2M 误码仪	Sunlite E1	4	美国	2010	68	传输系统调试	自有
10	光可变衰耗器	HP8158B	4	北京	2009	88	传输系统调试	自有
11	电平振荡器	UX18-A	4	广州	2008	132	调度系统调试	自有
12	选频电平表	UD22-A	4	天津	2008	122	调度系统调试	自有
13	低频测试仪	DP7311-3B	4	天津	2009	80	数据网调试	自有
14	监视器	14寸	4	天津	2008	100	视频调试	自有
15	视频综合测试仪	VM700P	4	美国	2010	46	视频调试	自有
16	数字频率计	E312A	4	天津	2009	65	视频调试	自有
17	时钟精度测量仪	ITP02	4	上海	2009	50	同步系统调试	自有
18	无线综合测试仪	BR12-IFR2966A	4	上海	2011	45	无线系统调试	自有
19	场强测试仪	R-505C	4	广州	2008	77	无线系统调试	自有
20	驻波比测试仪	S331C	4	深圳	2009	60	无线系统调试	自有
21	通过式功率计	NAS-Z3	4	台湾	2010	55	无线系统调试	自有
22	频谱分析仪	8591C	5	台湾	2007	45	无线系统调试	自有
23	经纬仪	J2	5	湖北	2008	288	无线系统调试	自有
24	罗盘	C-100	5	日本	2010	120	天线调试	自有
25	角度仪	DP-360	5	香港	2008	212	天线调试	自有
26	网络布线测试仪	DSP-4100	4	美国	2009	96	综合布线调试	自有
27	直流电桥	QJ45	4	英国	2008	190	通用仪表	自有

续上表

序号	仪器设备名称	规 格 型 号	数量	产地	制造年份	已使用台时数	用　　途	备注
28	耐压测试表	2万V	5	日本	2008	96	通用仪表	自有
29	数字万用表	DT9203	10	上海	2008	235	通用仪表	自有
30	绝缘电阻测试仪	KIKUSUI8850	10	北京	2011	38	绝缘测试	自有
31	电容耦合测试仪	QS35	8	湖北	2009	179	电缆测试	自有
32	杂音计	ND10	8	北京	2008	48	电缆测试	自有
33	接地电阻测试仪	ZC-8	10	上海	2010	95	接地电阻测试	自有
34	电缆故障探测仪	DGT-1	10	广东	2010	88	故障点测试	自有
35	频率表	NK-24	4	上海	2010	55	测试	自有
36	电缆耐压测试仪	JN5008	2	北京	2009	46	测试	自有
37	电缆故障定位仪	NW-108A	1	日本	2009	36	测试	自有
信 号 工 程								
1	列控地面专用测试工具		10	中国	2006	180	专用工具	自有
2	联锁专用测试工具		10	中国	2006	180	专用工具	自有
3	CTC专用测试工具		10	中国	2006	190	专用工具	自有
4	集中监测专用测试工具		10	中国	2008	90	专用工具	自有
5	电容测试仪	VC6243	10	日本	2008	56	电容测试	自有
6	数字万用表	187	50	中国	2009	70	测试	自有
7	数字万用表	DT930FG	20	中国	2006	120	测试	自有
8	指针式万用表	MF368	80	中国	2008	130	测试	自有
9	接地电阻测试仪	ZC29B-2	14	中国	2009	80	电阻测试	自有
10	电能质量分析仪	43B	10	中国	2008			自有
11	频率计数器	5347A	10	中国	2008			自有
12	兆欧表	ZC25B-3	20	中国	2006	280	绝缘测试	自有
13	电缆故障测试仪	JH5135	12	中国	2008	80	故障探测	自有
14	移频测试仪	CD96	24	中国	2009	90		自有
15	地下管线测试仪	433HCTX-2	12	英国	2008	160	径路探测	自有
16	相位测试仪	EMP7128	10	中国	2009	60	相位测试	自有
17	移频表	CD96-Z	12	中国	2009	60		自有
18	钢筋探测仪	SMY-300	12	中国	2009	50		自有
19	道岔测试仪	SZD-6X	20	中国	2008	110	道岔测试	自有
20	直流电桥	QJ45	25	中国	2009	80	电阻测试	自有
21	钳形电流表	33	25	中国	2008	50	电流测试	自有
22	高阻计	QZ-4	12	中国	2006	260	绝缘测试	自有
23	电务检修车		1	德国	2009	100	电务检修	自有
24	电缆耐压测试仪	JN5008	1	北京	2009	46	测试	自有
25	电缆故障定位仪	NW-108A	1	日本	2009	36	测试	自有

续上表

序号	仪器设备名称	规格型号	数量	产地	制造年份	已使用台时数	用途	备注
26	地线表	ZC-8	5	西安	2009	100	测试	自有
27	电缆绝缘测试	ZC25-4	2	杭州	2008	95	试验	自有
防灾安全监控工程								
1	指北针	KA3652 军用指北针Ⅱ	16	中国	2010	87	风速风向计定位	自有
2	网线测试仪	TP100	8	中国	2010	90	网络布线测试	自有
3	手持式风速仪	DEM6	16	中国	2010	80	风速风向计测试	自有
4	数字万用表	F15B	20	美国	2008	235	通用仪表	自有
5	绝缘电阻测试仪	DME2306	8	武汉	2007	128	绝缘测试	自有
6	接地电阻测试仪	ZC-8	8	上海	2004	121	接地电阻测试	自有
信息工程								
1	手持电台	GP88S	50	天津	2010	380	施工联络	自有
2	电缆故障测试仪	RX8181	5	上海	2011	80	测试	自有
3	直流电桥	QJ45	5	上海	2010	100	电缆测试	自有
4	兆欧表	ZC-7	10	上海	2011	800	电缆测试	自有
5	钳形接地电阻测试仪	ETCR2000	10	武汉	2011	400	接地测试	自有
6	数字万用表	VC98	30	深圳	2011	800	设备调试	自有
7	相位表	MG2000D	5	上海	2012	210	设备调试	自有
8	电缆测试仪	FlukeDTX1800	10	美国	2011	608	电缆测试	自有
9	网络测试仪	Fluke 683	10	美国	2011	305	网络测试	自有
10	网线测试仪	HT6055	2	意大利	2010	400	网线测试	自有
11	功率放大器	BK2721A	5	厦门	2012	150	设备调试	自有
12	信号发生器	HP8904A	5	美国	2012	150	设备调试	自有
13	模拟示波器	GOS-620	5	台湾	2012	150	设备调试	自有
14	SDH/PDH 测试仪	HP37717C	4	美国	2012	160	设备调试	自有
15	光纤熔接机	FSM-60S	5	日本	2012	600	光缆接续	自有
16	光纤熔接机工具箱	STK-1	5	日本	2012	600	光缆接续	自有
17	光时域反射仪	E6000C	5	美国	2012	610	光纤测试	自有
18	光纤电话	PHDTDM	10	美国	2012	480	光纤测试	自有
19	稳定光源	OLS15	5	美国	2011	700	光纤测试	自有
20	光功率计	OLP15	5	美国	2011	605	设备调试	自有
21	光可变衰耗器	OLA-15	5	美国	2011	486	设备调试	自有
22	水平尺	FSK	10	日本	2012	600	设备安装	自有
23	数字式超声波探伤仪	MFD500	5	青岛	2011	30	吊挂件检测	自有
24	激光测距仪	徕卡迪士通 D5	10	中国	2010	200	设备安装	自有
25	激光水准仪	EK-266P	15	中国	2009	580	设备安装	自有
26	手持式视频测试仪	HY-Vtest825	15	中国	2009	860	设备调试	自有

续上表

序号	仪器设备名称	规格型号	数量	产地	制造年份	已使用台时数	用途	备注
27	电缆耐压测试仪	JN5008	5	北京	2009	46	测试	自有
28	电缆故障定位仪	NW-108A	2	日本	2009	36	测试	自有
29	红外墨线仪	VH800	6	中国	2012	100	划线施工	自有
电力供电工程								
1	接地电阻测试仪	HANDY GE	10	美国	2006	45	接地电阻测试	自有
2	数字万用表	HP34401A	10	美国	2005	100	电缆测试	自有
3	钳流表	ST3062	10	北京	2008	60	测试	自有
4	经纬仪	JGY-150kV	10	上海	2006	100	测量	自有
5	水准仪	TDJ2E	5	上海	2008	100	测量	自有
6	兆欧表	BM11D	5	北京	2003	55	试验	自有
7	数字电感电容表	M6243	5	上海	2007	100	测量	自有
8	交直流电源	YSJ-1	2	北京	2008	85	电源	自有
9	直流高压发生器	BYZ	2	北京	2008	85	试验	自有
10	升流器	SZ3	1	武汉	2007	85	试验	自有
11	耐压测试器	CY2661A	2	武汉	2007	90	试验	自有
12	互感器自动校验仪	DTP-2	2	太原	2008	90	试验	自有
13	断路器分析仪	TM1600	2	瑞典	2004	45	试验	自有
14	介损测试仪	BID0LE	2	美国	2004	45	试验	自有
15	局部放电测试仪	JF-8601	2	上海	2004	45	试验	自有
16	数字相频计	DPF-30N	2	日本	2003	50	试验	自有
17	极性试验器	KS-1A	2	武汉	2003	50	试验	自有
18	SF6 检漏仪	RD95	2	北京	2003	60	试验	自有
19	调压器	TDGC	2	成都	2007	60	试验	自有
20	避雷器检测仪	MSBL-Ⅱ	2	美国	2006	60	试验	自有
21	三倍频发生器	SPB-1	2	北京	2005	65	试验	自有
22	直流电阻快速测量仪	SPB-3	4	北京	2006	65	试验	自有
23	变比电桥	QJ-35	2	上海	2008	95	试验	自有
24	电缆耐压测试仪	JN5008	5	北京	2009	46	测试	自有
25	电缆故障定位仪	NW-108A	2	日本	2009	36	测试	自有
牵引变电工程								
1	绝缘高压试验变压器	FVTB/5,5kV·A	3	中国	2008	120	绝缘测试	自有
2	绝缘电阻测试仪	BM11D,1000V	5	中国	2008	120	绝缘测试	自有
3	感性电阻测试仪	WRM-10	5	中国	2008	140	电阻测试	自有
4	自动变比测试仪	SR2000,1~3000	2	中国	2008	120	测量	自有
5	自动介质损失测试仪	M8000	2	中国	2008	160	测量	自有
6	断路器动作参数测量仪	EAGIL	2	中国	2008	200	测量	自有

续上表

序号	仪器设备名称	规格型号	数量	产地	制造年份	已使用台时数	用途	备注
7	局部放电测试	JF2001	2	中国	2008	240	高压测试	自有
8	真空度测试	FST-8041	2	中国	2008	120	测试	自有
9	主导电回路电阻测试仪	DMOM-100	5	中国	2008	280	电阻测试	自有
10	互感器校验仪	0.2级	5	中国	2008	120	测量	自有
11	电压与电流传感器测量仪	HEW 2000	2	中国	2008	120	测量	自有
12	绝缘油耐压试验器	6803B,0~100kV	2	中国	2008	120	试验	自有
13	直流高压发生器	BBG-00kV/2.5mA	2	中国	2008	120	提供高压	自有
14	高压工频耐压测试仪	GTB-50/3.5.10	2	中国	2008	320	绝缘测量	自有
15	标准电流互感器	0~2500/1A,/5A	2	中国	2008	120		自有
16	大电流发生器	SL-11,0~2500A	2	中国	2008	130		自有
17	电能参数测量仪	DSA2000	2	中国	2008	120		自有
18	数字录波仪	3166,8/16通道	5	中国	2008	120	波形测试	自有
19	万用电桥RLC测量仪	B131	5	中国	2008	220	电阻测量	自有
20	电缆故障探测仪	T903	5	中国	2008	120	距离测量	自有
21	继电保护测试仪	CMC 156	5	中国	2008	120	保护测试	自有
22	电缆耐压测试仪	JN5008	5	北京	2009	46	测试	自有
接触网工程								
1	接触网光学测量装置	EEBsg	10	石家庄	2007	160	测量	自有
2	全站仪	SET-500	1	广州	2006	300	测量	自有
3	经纬仪	J2	5	广州	2007	150	测量	自有
4	静态接触网测量仪	EEBsg	5	石家庄	2007	160	测量	自有
5	动态接触网检测仪	—	5	—	—	—	接触网检测车、动车检测	
6	弹性吊索张力测量仪	EEBsg	12	石家庄	2007	160	测量	自有
7	接地电阻测试仪	ZC29B-2	5	上海	2004	200	电阻测试	自有
8	接触网波浪弯靠尺	0.0012mm/m	10	上海	2008	200	接触线平直度测量	自有
9	兆欧表	ZC25B-3	5	上海	2006	280	绝缘测试	自有
10	验电器	TG1831	20	北京	2010	21	验电	自有
11	TRG高度测量器	TR-7.0	10	宝鸡	2008		测量	自有
12	激光测距仪	徕卡D5	10	瑞士	2009	90	测量	自有
房屋建筑及其他工程								
1	水准仪	TDJ2E	12	上海	2010	良好	测量	自有
2	全站仪	CN61M/KTS-422	4	北京	2010	良好	测量	自有
3	经纬仪	JGY-150kV	8	上海	2010	良好	测量	自有
4	激光经纬仪	DT-2L	5	北京	2010	良好	测量	自有
5	轻便触探仪		12	安徽	2012	良好	试验	
6	坍落度筒	100mm×200mm×300mm	12	湖南	2011	良好	测坍落度	自有

续上表

序号	仪器设备名称	规格型号	数量	产地	制造年份	已使用台时数	用途	备注
7	钢卷尺	50m	20	江苏	2012	良好	测量	自有
8	混凝土试模	150mm×150mm×150mm	36	湖南	2010	良好	试验	自有
9	砂浆试模	70.7mm×70.7mm×70.7mm	36	湖南	2010	良好	试验	自有
10	游标卡尺	0~200mm	4	湖南	2011	良好	测量	自有
11	垂直检测尺	2000mm×55mm×25mm	8	湖南	2010	良好	测量	自有
12	对角检测尺	958mm×22mm×13mm	8	湖南	2009	良好	测量	自有
13	台秤	50KG	12	湖南	2010	良好	试验	自有
14	电子天平	MP2000-B	10	湖南	2010	良好	试验	自有
15	力矩扳手	SF-02	10	上海	2010	良好	试验	自有
16	重度筒	20L	8	湖南	2008	良好	试验	自有
17	钳工水平仪	200mm×0.04mm	8	湖南	2009	良好	测量	自有
18	砂浆稠度仪	SZ-145	22	湖南	2008	良好	测砂浆	自有
19	万用表	MF14500型	10	苏州	2010	良好	测电压\电流	自有
20	接地电阻测试仪	HANDY GE	10	杭州	2012	良好	接地电阻测试	自有
21	兆欧表	XC-7	10	苏州	2010	良好	测电压\电流	自有
22	百分表	0~10	8	杭州	2012	良好	接地电阻测试	自有
23	养护室自动控制仪	BYS-3	2	湖南	2010	良好	试验	自有

34.7.3 劳动力计划

1)劳动力配置

具体劳动力配置见表34-27。

劳动力配置表　　　　　　　　　　　　　　　　表34-27

工　种	按工程施工阶段投入劳动力情况				
	2013年四季度	2014年一季度	2014年二季度	2014年三季度	2014年四季度
一、项目经理部					
管理人员	13	13	13	13	13
工程技术人员	43	43	43	43	43
普通工人	10	10	10	10	10
小计	66	66	66	66	66
二、通信系统工程					
管理人员	10	20	30	30	20
工程技术人员	20	20	40	40	30
技术工人	40	40	80	80	40
普通工人	30	200	300	300	150
小计	100	280	450	450	240

续上表

工 种	按工程施工阶段投入劳动力情况				
	2013年四季度	2014年一季度	2014年二季度	2014年三季度	2014年四季度
三、信号系统工程					
管理人员	10	15	15	15	10
工程技术人员	25	40	40	40	30
技术工人	55	180	180	180	150
普通工人	50	350	350	350	300
小计	140	585	585	585	490
四、防灾安全监控工程					
管理人员	2	3	6	6	3
工程技术人员	2	4	12	9	4
技术工人	2	10	30	24	9
普通工人			60	12	
小计	6	17	108	51	16
五、信息工程					
管理人员	6	10	10	10	6
工程技术人员	10	30	30	30	20
技术工人	50	80	80	80	50
普通工人	50	150	200	200	30
小计	116	270	320	320	106
六、电力供电系统					
管理人员	4	12	12	12	4
工程技术人员	10	40	40	40	10
技术工人	20	160	160	160	40
普通工人	30	320	320	320	80
小计	64	532	532	532	134
七、牵引变电工程					
管理人员	5	10	10	10	5
工程技术人员	5	40	40	40	20
技术工人	20	90	90	90	30
普通工人	30	120	120	120	40
小计	60	260	260	260	95
八、接触网工程					
管理人员	25	30	30	30	20
工程技术人员	25	40	40	40	30
技术工人	120	300	300	300	160
普通工人	280	600	600	600	300
小计	450	970	970	970	510

续上表

工 种	按工程施工阶段投入劳动力情况				
	2013年四季度	2014年一季度	2014年二季度	2014年三季度	2014年四季度
九、房屋建筑及其他工程					
管理人员	15	4	15	8	15
工程技术人员	40	8	40	20	40
技术工人	35	15	35	25	35
普通工人	350	80	350	200	350
小计	440	107	440	253	440

2）劳动力组织保证措施

施工人员进场后进行上岗前的安全质量教育，合格后上岗；在开工前进行经审批后的施工组织设计交底，并传达设计交底的内容；在每个分项工程开工前，制定相应施工技术标准，并对施工人员进行技术交底；根据工程的技术特点，采用成熟的施工工法和先进的施工工艺，采取流水、平行作业，提高劳动生产效率；做好与其他专业施工的协调和配合，减少交叉干扰施工；加强施工进度和质量的检查工作，避免出现偏差而引起的赶工或返工；在施工过程中，通过开展劳动竞赛，发挥施工人员的积极性和创造性。

3）劳动力平衡措施

项目部在满足工程建设要求下，根据施工进展，对架子队下设专业工班或综合工班进行调整或增减，但调整或增减须经建设单位同意并备案；在施工高峰期，发挥专业化施工队伍的优势，调集其他施工线的队伍，进行支援；严把施工质量关，杜绝一切由于施工质量问题出现的返工现象；采取小工班，大循环和根据工序特点，组织流水线作业的施工方法，提高工作效率；贯彻实施自主开发的一系列工艺、工法，提高劳动效率；与站前专业搞好施工配合，做好技术交底工作，组织好专业的交叉施工；雇佣经过培训的短期合同工，由责任心强、技术过硬的职工带领，从事一些简单的技术工作。

34.8 管 理 措 施

34.8.1 标准化管理

（1）严格遵守铁路建设项目施工管理规定及施工技术标准，按照建设单位要求，建立起全过程、全方位、全覆盖的施工现场管理、技术管理、质量管理、安全管理、物资设备管理等管理制度，制订切实可行的考核标准。

（2）根据"四电"集成工程特点和工期要求等，按照精干高效原则和扁平化管理要求设置项目部、项目分部，配备责任心强、客运专线施工经验丰富的项目经理和管理人员，按照架子队管理模式组建作业队，加强对技术人员、作业人员的岗前培训，并按照考核办法对员工进行考核。

（3）按照《铁路建设项目现场管理规范》（Q/CR 9202），做好施工现场布置工作，做好现场安全防护设施、警示标志的设置和安全防护用品的配备，确保现场作业安全、用电安全、危险爆破品使用安全，创建安全标准工地。加强项目内业管理，积极运用全面质量管理、ISO 9001质量体系，加强质量预控、质量监控，对质量体系的运行状况进行定期分析，及时总结改进。有效运行环境保护、水土保持管理体系，加强现场环境保护的制度建设、培训教育、监察控制工作，及时处理现场废物垃圾，整治道路污染。规范管理机械设备，按照施工需要配置机械设备，加强机械设备维护，使机械设备处于良好状态。加强物资材料管理，严把物资材料进场质量关，规范物资材料保管工作。加强技术管理，组织做好施工图现场核对、施工技术调查、施工技术交底和工程测量等工作，对重点、难点工程强化技术方案、技术措施和安全控制措施。运行文明施工保证体系，进一步规范文明施工的行为标准，制定和落实实施措施,实现文明施工目标。运行职业健康安全管理体系,完善岗位职责,制定和落实各项职业健康安全保护措施,实现职业健康安全目标。

(4)优化资源配置,按计划组织项目实施;按子系统编制《作业指导书》《施工标准》等施工指导性技术文件,明确各子系统的技术标准、操作程序和工艺流程,统一规范全线施工技术和质量标准,做到实施有规范、操作有程序,对施工提供有力的技术支撑。细化工程项目的安全、质量目标,建立完善的安全、质量保证体系,强化安全、质量保证体系的运行程序,将各项保证措施落实贯彻到整个施工过程,落实到每项工作、每道工序。严格按照施工图和作业标准进行施工,编制《创优规划》《安全质量管理手册》等保证质量和安全措施,加强安全质量管理和监督检查,设置安全质量监督组,对施工现场进行监督检查,将各种管理要求和措施融入到作业标准中,落实到作业人员的操作中,强化过程控制。加强对轨行车辆的管理,制定《施工轨道车管理细则》等规章制度。对每组设备实行车长负责制,建立干部盯岗制度,以规范操作人员行为,提高安全防范意识,确保规范管理、规范操作、规范作业过程,以确保施工安全。落实质量责任制和程序性文件,实现全员质量管理,对影响质量的要素实行重点管理。制定落实安全管理责任制和各子系统应急预案,分析影响安全的要素,配备安全设施,严格执行安全作业程序。严格施工过程考核、评定工作,做好工程自验。做好工艺工法的过程控制和创新等工作。做好信用评价工作,按照《关于印发铁路建设工程施工企业信用评价暂行办法的通知》(铁建设〔2011〕183号),进一步提高对信用评价工作的认识,健全组织,明确责任,全面做好工程的合同履约、质量管理、安全管理、环境保护、文明施工,切实夯实内业基础工作,杜绝各类安全和质量事故,减少"不良行为",确保信用评价目标的实现。

34.8.2 质量管理措施

34.8.2.1 质量管理机构

为了加强领导,实现创优目标,本工程成立以项目经理为组长的质量管理领导小组,成员由副经理、总工程师、专职质量工程师和专业工程师组成,日常活动由项目副经理主持。

质量管理结构如图34-16所示。

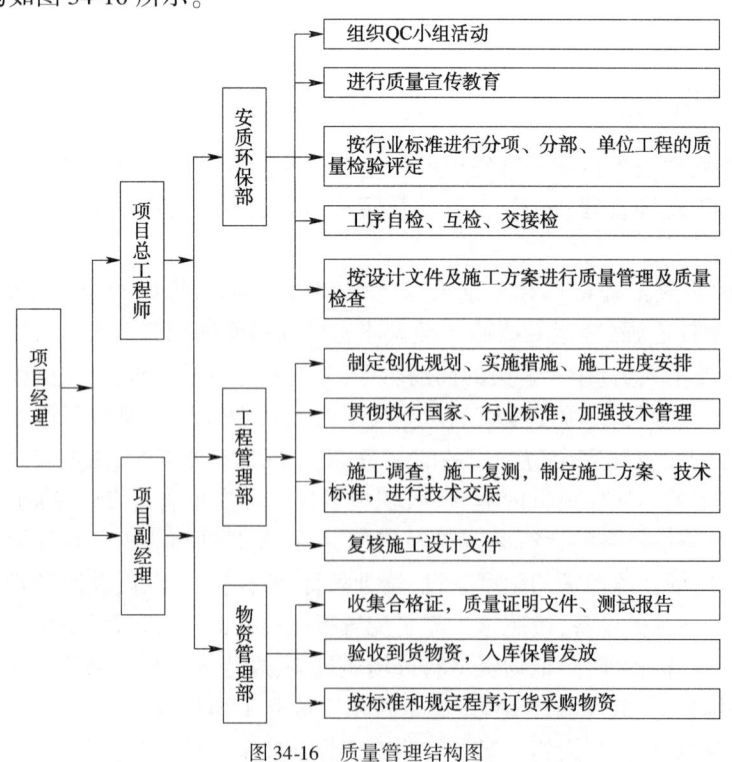

图34-16 质量管理结构图

34.8.2.2 质量保证体系图

在施工过程中,认真贯彻 ISO 9001:2000 质量管理体系,建立、健全工程质量保证体系,完善质量管理制度,并定期对质量管理体系进行检查。项目部的质量行为接受建设单位、监理工程师和质监站的监督。

34.8.2.3 质量保证措施

1) 施工过程质量保证措施

项目经理部将抽调精干的施工技术队伍,并在施工全过程中进行各项业务技术培训,不断提高施工技术队伍的整体素质和业务能力;根据本工程的特点,为保证施工质量统一标准,项目经理部将根据工序特点,在各专业作业队的管段内成立专业化作业小组,实行"大循环,小流水"专业化作业管理模式;施工前由项目经理部总工程师、专业工程师、作业队技术主管、班级技术人员逐级进行技术交底;对施工中容易出现的质量通病,开工前应制定防止出现质量通病的专项技术措施进行预防,并在进行技术交底时重点强调,在实施过程中严格控制,确保不在本工程出现。加强对新材料、新工艺的施工技术研究和科技攻关,大力开展 QC 小组活动,及时解决施工中出现的问题。采用先进的施工机械及高精度的检测仪器,并由专人进行保管和使用,确保不因机械和仪器的原因出现质量问题。

(1)保证工程质量及施工工艺的技术措施。

质量过程控制流程如图 34-17 所示。

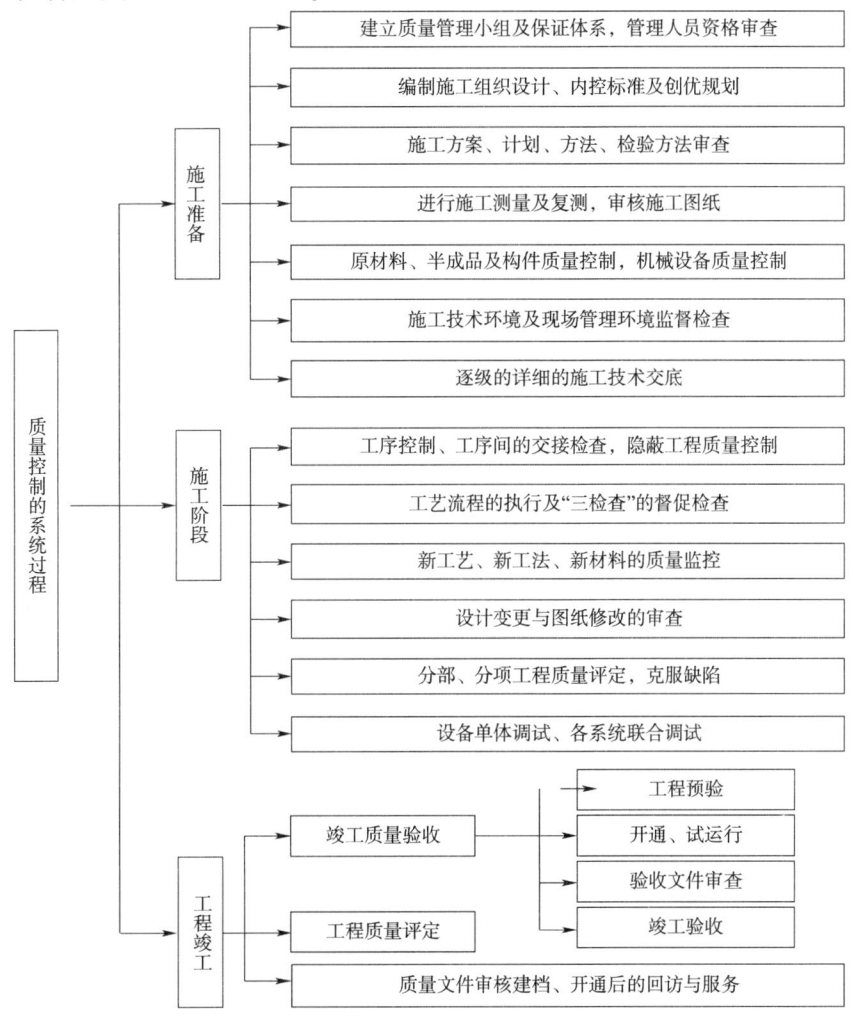

图 34-17 质量过程控制流程

(2)工序质量控制。

工程实体质量是在施工过程中形成的。施工过程由一系列相互联系与制约的工序构成,工序是人、材料、机械设备、施工方法和环境等因素对工程质量综合起作用的过程,故对施工过程的质量控制,必须以工序质量控制为基础和核心。施工过程质量控制的主要工作是:以工序质量控制为核心,设置质量控制点,进行预控,严格质量检查和加强成品保护。工序质量控制包括对工序活动条件和工序活动效果的控制。工序质量控制内容见表34-28。工序控制流程如图34-18所示。

工序质量控制内容　　　　　　　表34-28

项 目	内 容
工序活动条件控制	对施工操作者和有关人员确保符合上岗条件;材料质量符合标准,能满足使用;施工机械设备的条件诸如规格性能数量满足要求,质量有保障,拟采用的施工方法及工艺恰当,产品质量有保证;施工环境良好
	对影响工序产品质量的各因素的控制不仅体现在开工前的施工准备中,而且应当贯穿于整个施工过程中,包括各工序、各工种的质量保证与控制活动
工序活动效果控制	对工序活动的产品采取一定的检测手段进行检验,根据检验结果分析、判断该工序活动的质量,从而实现对工序质量的控制

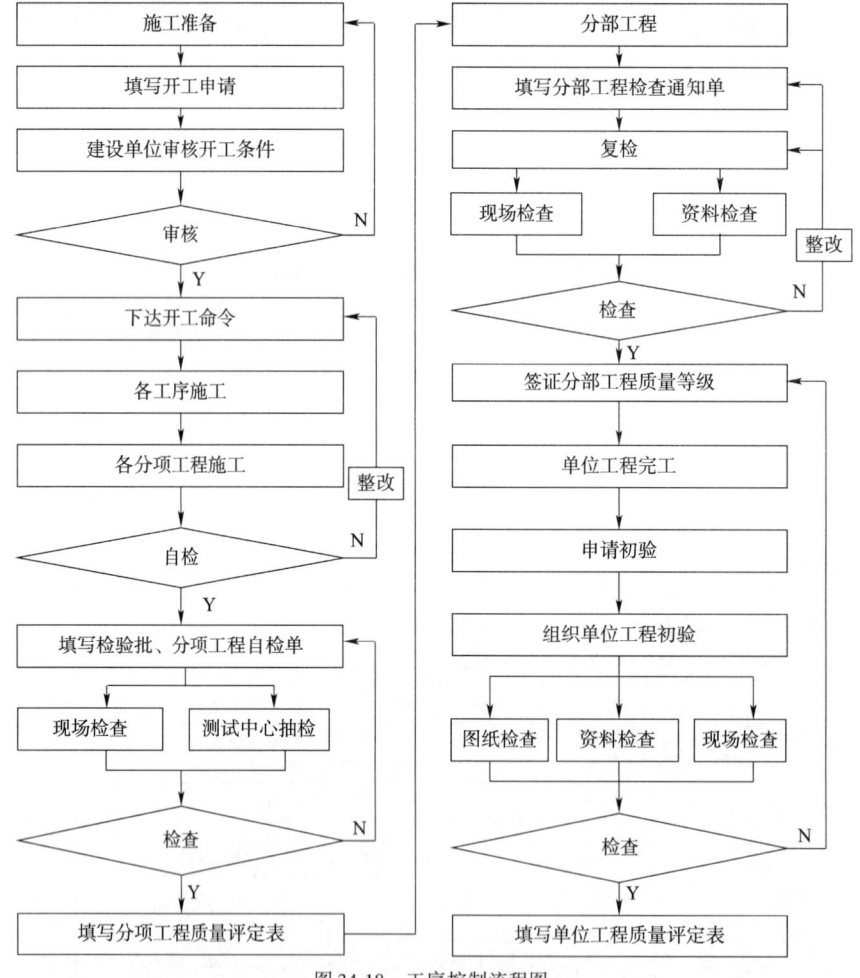

图34-18　工序控制流程图

质量控制点的设置:依据工程项目的特点,抓住影响质量的重要部位和薄弱环节,分析原因,提出措施进行预控,制定各工序的质量控制点;对于关键工序,制定相应的作业指导书来指导施工。作业指导书下发时,对专业施工小组进行技术培训工作,并进行考核,合格后方可在现场进行施工。

2)各专业工程质量保证措施

(1)通信专业:首先,施工前认真复核设计文件、图纸,如发现问题及时与设计联系,把技术问题解决在施工之前,要制定统一施工技术标准、操作工艺,推行"首段定标"的施工方法,对光缆接续、设备安装调试组织现场示范培训,做到全段标准一致、施工工艺高度统一。其次,在每道工序施工前按设计要求、技术标准、施工工艺,对施工班组进行详细的技术交底工作,在交工程数量的同时交施工方法、质量要求、安全措施;施工中严格按设计图纸和规程、规范进行施工,同时强化施工准备的质量控制,主要是做好:技术准备、物资准备、组织准备、施工机具、施工现场的准备。再次,要做好施工过程中的质量控制工作,具体包括:工序自检、互检、专业检;施工项目有方案、技术措施有交底、图纸有审核记录、材料有检验验收记录、隐蔽工程有签证、计量器具有校核、设计变更有手续、质量处理有复查、有质量一票否决、质量记录文件有归档等。最后,要对形成产品的质量进行控制,具体措施是:组织联调试验;准备竣工验收资料,组织自检和初步验收;按规定的质量评定标准和办法,对完成的分项、分部工程及单位工程进行质量评定,同时收集好技术档案资料,认真做好竣工交付、工程保修工作。

(2)信号专业:针对本工程项目编制切实可行的质量计划,在施工程序、控制组织、控制措施、控制方式等方面,形成一个有机的质量计划系统,确保项目质量总目标和各分解目标的控制能力;加强思想教育及技能培训,合理组织、严格考核,并辅以必要的激励机制,使参加项目施工的员工的潜在能力得到最好的组合和充分的发挥,从而保证项目部员工发挥主体自控作用;充分认真审核施工图纸,积极参加建设单位组织的设计交底和图纸会审会,理解设计意图的对施工质量的要求。加强与设计沟通发现问题及时予以反馈,尽快得到问题的解决方案,避免返工;建立健全有效的材料、构配件、部品和设备的采购控制程序,主要材料设备采购前将采购计划报送建设单位和监理单位审查,在建设单位监督下实施招标采购。合理选用施工机械设备和施工临时设施,合理布置施工平面图和各阶段施工平面图;工序作业人员在工序作业过程中严格进行质量自检,通过自检不断改善作业;并创造条件开展作业质量互检,通过互检加强技术与经验交流;对已完工序作业产品,即检验批或分部分项工程,严格坚持质量标准。对不合格的施工作业质量,不得进行验收签证,并按规定程序进行处理;在施工方案中针对天气气象方面的不利条件制定相应的施工方案,明确施工措施,落实人员、器材等方面各项准备以紧急应对,从而控制其对施工质量的不利影响。

(3)接触网专业:认真审核设计文件,了解掌握设计意图、技术要求、施工难点。进行层层技术交底和技术培训,使作业人员了解技术要求、施工工艺及作业要点。加强质量教育,强化质量意识,坚持持证上岗制度。在现场调查的基础上,编制具体详细的、切实可行的项目改造实施方案和作业指导书,并进行交底。确保施工安装一次到位达标;推行"样板引路制",严格执行工法工艺及技术标准,对关键过程的质量、工序、材料、设备及环境进行验证,使施工工艺的质量控制符合标准化、规范化和制度化的要求。对人、机、料、法、环五大影响质量要素进行严格控制,使工序质量波动处于允许范围以内。严把工序质量关,并进行评定,未达标工程严禁进入下道施工工序,并及时分析原因,采取措施使其达标;质检工程师积极配合监理工程师对隐蔽工程项目的检查确认,并做好隐蔽工程记录;以规范和设计文件及企业内控标准为准绳,严格执行"三检"制度,对质量未达标的工程,坚决推倒重来;强化过程控制,加强工程质量监督、检查指导力度。各级质检、技术人员经常深入工地,检查指导施工,随时处理解决施工中存在的质量问题。指挥部、项目部、作业队要定期、不定期地进行质量检查,对检查出的质量问题要立即整改和达标,严格执行质量奖惩制度,实行优质优价;对接触网工程的关键过程要制定详细具体、切实可行的作业指导书,上报批准后,严格据此施工,确保一次达标。

(4)电力专业:电杆按100%自检检测。检查支柱表面应光洁平整,不应有混凝土剥落、露筋等缺陷;电杆的横向位移、转角杆和终端杆的顶偏值应符合验标要求;绝缘子安装应牢固,连接可靠,弹簧销子、螺栓及穿钉齐全,其穿入方向符合施工规范规定;采取防护措施保证架空电线路使用的线材不应有松股、交叉、折叠、断裂及破损等缺陷;导线的驰度应符合设计规定的驰度表或驰度曲线;金具组装配合良好,镀锌良好,无锌皮剥落、锈蚀现象;杆上变压器一、二次引线排列整齐,绑扎牢固,接地可靠;杆上隔离开关瓷件与引线连接可靠,操作机构动作灵活,隔离开关刀刃合闸时,接触紧密;杆上避雷器瓷套与固定抱箍之间应有垫层。排列整齐,高低一致,连接紧密;做好设备运输、开箱检查、安装调试及试验工作。

(5)变电专业:接地体的埋设深度及焊接质量必须经监理检验后才能进行下一道施工作业;接地体搭接长度应保证扁钢搭接不小于其宽度的两倍(至少焊接三个棱边),圆钢搭接不小于其直径的六倍(为两侧焊接)。每一设备的工作接地和保护接地应单独与接地干线或接地网可靠连接,禁止将几个部件串联接地。所有设备接地线其露出地面部分及埋入地下部分均应作防腐处理;架构组立之前必须对电杆进行材质检查,即电杆不得有纵向裂缝,横向裂缝的宽度不应大于0.1mm,电杆本体不能有混凝土脱落及露筋现象。架构组立时,应保证设备支架倾斜度不得大于3‰;整组试验前应做好试验程序表,要做到不缺、不漏,试验严格按试验程序表分回路及试验次序进行。凡需"远方"传动的电气设备在进行传动时必须室外、室内人员相配合并认真核对设备。

(6)防灾专业:针对本工程项目编制切实可行的质量计划,在施工程序、控制组织、控制措施、控制方式等方面,形成一个有机的质量计划系统,确保项目质量总目标和各分解目标的控制能力;加强思想教育及技能培训,合理组织、严格考核,并辅以必要的激励机制,使参加项目施工的员工的潜在能力得到最好的组合和充分的发挥,从而保证项目部员工发挥主体自控作用;充分认真审核施工图纸,积极参加建设单位组织的设计交底和图纸会审会,理解设计意图的对施工质量的要求。加强与设计沟通发现问题及时予以反馈,尽快得到问题的解决方案,避免返工;在施工方案中针对天气气象方面的不利条件制定相应的施工方案,明确施工措施,落实人员、器材等方面各项准备以紧急应对,从而控制其对施工质量的不利影响;建立健全有效的材料、构配件、部品和设备的采购控制程序,主要材料设备采购前将采购计划报送建设单位和监理单位审查,在建设单位监督下实施招标采购。合理选用施工机械设备和施工临时设施,合理布置施工平面图和各阶段施工平面图。

(7)房建专业。

①钢筋工程:认真审核图纸,针对本工程的设计和构造要求,根据钢筋的型号、规格,准确地掌握在不同的设计抗震等级和不同的混凝土强度等级的情况下,各种钢筋的锚固长度和搭接长度。同时,还要注意能够满足设计的构造要求。

钢筋料表要经过技术主管复核无误后方可下料加工。钢筋的构造节点做法要满足图纸要求和规范的构造做法。钢筋搭接接头的位置、搭接长度、锚固长度、钢筋直径间距、保护层厚度等要严格按照设计图纸施工。

②模板工程:利用成熟经验,改进支模工艺,保证梁柱接头的混凝土质量,消除混凝土质量通病。后浇带处的梁板模板及支撑不得随意拆除,以免出现裂缝,必须在后浇带混凝土浇筑完成后达到一定强度后方可拆除。

③混凝土工程:对钢筋密集的梁、梁柱接头部位要采用插钢管,用细振捣棒,留设振揭孔等措施来保证混凝土振捣质量。加强成型混凝土的养护,强化养护是混凝土强度增长的必需条件。设专人负责,坚持按规范要求进行养护。按规定留设同条件养护试块和标准养护试块,以同条件试块的强度来确定拆模时间。

④装饰工程:推行样板制,凡装修项目均要先做样板块,经设计、建设和监理单位认可后再大面积施工;抹灰工程要由上而下,按先顶后墙再楼地面的施工顺序进行,抹灰前应首先进行基层清理,浇水湿润基层,并在混凝土表面涂刷界面剂。根据墙体平整度、垂直度找方,抹灰饼,找规矩。内外设计为贴面的按照块料模数,要予留面层做法厚度。

外观要达到横平竖直,洁净平整,线条清晰顺直,棱角分明,观感得分率争取达92%以上。采取有效措施,做好成品保护工作。

⑤给排水工程:管材管件及阀门等材料,在安装前先检查和试验,合格后再进行使用。注重管道的焊接、丝接、粘接的质量,严格把关。管道的法兰连接、法兰阀门的连接,法兰端面及垫板要清理干净,保证接触良好。各种管道安装完成后及时固定、采取强有力的保护措施,防止因外力造成损坏。

3)制度保证措施

(1)质量检查制度:严格执行工程质量检查制度,做好"六检"工作,即自检、互检、交接检和施工前、施工中、施工后的检查程序。坚持上道工序服务于下道工序,上道工序未达标不进行下道工序的原则,严把工序质量关,执行《过程控制程序》《进货检验和试验程序》《过程检验和最终检验程序》《不合格品控制程序》《纠正预防措施程序》和《过程试验和最终试验程序》。坚持定期召开质量分析会制度,对工程中发现的质量通病,执行《不合格品控制程序》和《纠正预防措施程序》,采取预防措施,防止发生;对施工中发生的质量隐患,采取纠正措施,限期整改,确保工程质量。推行全面质量管理,开展QC小组活动,制定课题和攻关计划,选择应用统计技术,解决施工中的难点和质量通病。

(2)质量跟踪卡制度:实行质量跟踪卡制度,执行《物资标识和可追溯性程序》和《过程产品标识和可追溯性程序》,建立施工质量档案,增强施工人员和检验人员的责任感;虚心接受建设单位的各项质量检查,在施工过程中和监理积极配合,开工前严格按照建设和监理单位的要求提报各种开工准备资料。未经建设和监理单位的批准,一律不得擅自开工。

(3)材料设备进货检验和试验制度:坚持材料设备进货检验和试验制度,物资采购严格按照《物资采购控制程序》,加强材料设备的进货验收检查工作,杜绝不合格产品进入施工现场;严格执行关键部位和隐蔽工程的预检和复检制度,执行《过程控制程序》《进货检验和试验程序》《过程检验和最终检验程序》和《过程试验和最终试验程序》。

(4)图纸会审及技术交底制度:坚持图纸会审和技术交底制度,加强技术管理工作,领会设计意图,明确技术要求,以作业指导书和技术交底的方式,在项目部内部进行层层交底,保证技术责任制的落实;重视施工图核对工作,制定相应管理办法,落实责任制,根据国家和中国铁路总公司(原铁道部)相关规程、规范、标准和有关规定,对施工图进行现场核对和确认,发现施工图与现场实际、地质等情况不符,必须及时向建设、监理和设计单位书面报告,并提出建设意见。对因施工图明显差错、施工图与现场实际不符,未向建设、监理和设计单位报告,或未按建设单位要求进行纠正、完善造成的工程质量事故,要承担相应的责任;由于本工程工期安排非常紧张,工序衔接和设计文件提供衔接工作要求高,因此,我方将密切配合建设和设计单位的工作,及时准确提供现场实测资料,配合提高设计质量和设计与现场的吻合度。

(5)工班日志填写制度和作业卡制度:坚持工班日志填写制度和作业卡制度,工班日志详细记载当天的施工进度和质量情况及相关施工人员,作业卡主要内容包括工序施工流程、工艺标准、技术标准和质量通病控制方式等。

34.8.3 安全管理措施

34.8.3.1 安全保证组织机构

安全保证体系组织机构如图34-19所示。

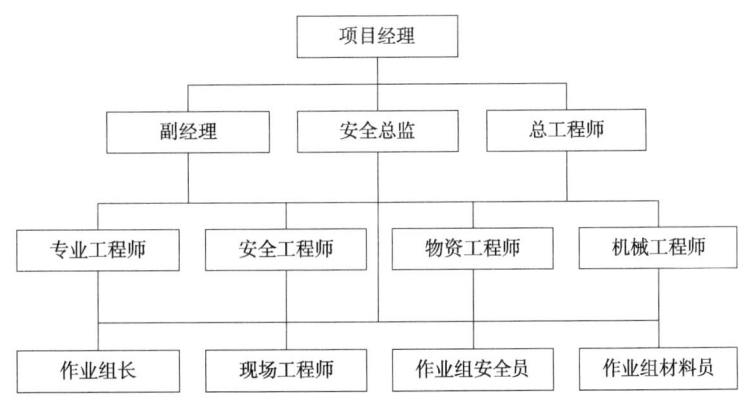

图34-19 安全保证体系组织机构

34.8.3.2 安全保证体系

安全保证体系如图34-20所示。

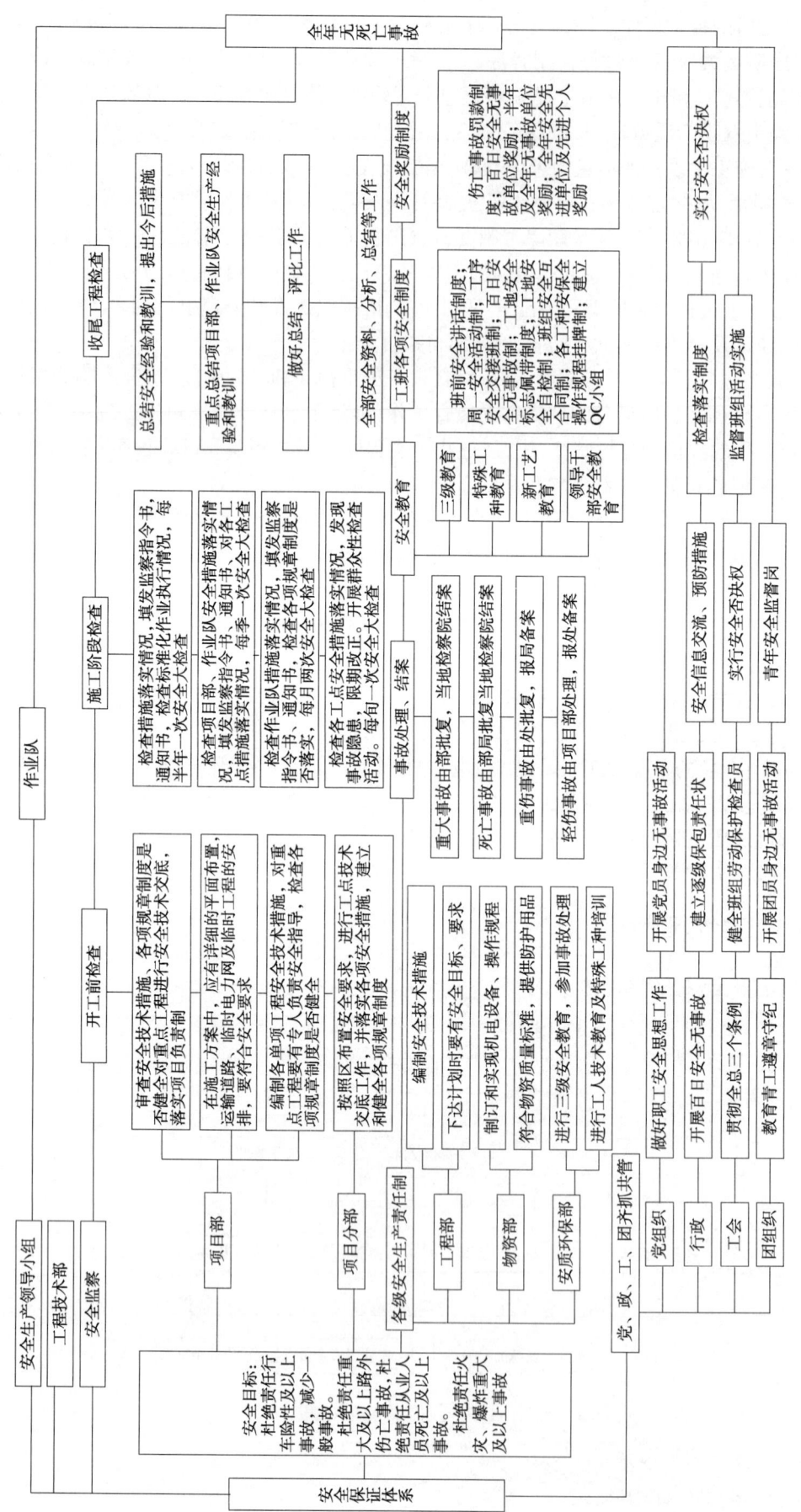

图 34-20 安全保证体系

34.8.3.3 岗位职责

1）项目经理安全职责

认真执行《中华人民共和国安全生产法》及国家有关安全生产、劳动保护方面的政策、法令和规章制度。建立项目安全管理机构，组织安全教育，参加安全生产检查，建立安全生产奖惩机制。主持制定项目安全生产管理制度，审查安全技术措施，定期研究解决安全生产中的问题。定期主持安全生产经验交流会、事故分析会，总结好的经验，吸取教训。

2）安全总监安全职责

制订安全战略和安全策略，推动工程实施安全策略。建立健全安全生产责任制度和安全生产教育培训制度，制定安全生产规章制度和操作规程。对工程进行定期和专项安全检查，并做好安全检查记录。监督工程项目的安全生产，对外联络和协调安全生产方面工作。

3）项目副经理安全职责

在组织与指挥生产过程中，协助项目经理做好安全管理工作。督促各级管理人员履行安全职责，组织或参与安全检查。对现场施工安全负责。对违反安全操作规定的施工作业，有权制止并行使处罚权。参加事故分析会，根据"四不放过"的原则，主持制定整改措施，并督促实施。

4）总工程师安全职责

对安全生产和劳动保护方面的技术工作负全面领导责任。在组织编制施工组织设计或施工方案时，同时编制相应的安全技术措施。当采用新工艺、新材料、新技术、新设备时，制定相应的安全技术操作规程。解决施工生产中安全技术问题。制定改善工人劳动条件的有关技术措施。对职工进行安全技术教育，参加重大伤亡事故的调查分析，提出技术鉴定意见和改进措施。

5）安质部长安全职责

做好安全生产业务管理，做好安全内业资料，监督检查现场安全工作，贯彻执行劳动保护法规。督促实施各项安全技术措施，开展安全生产宣传教育工作。组织安全生产检查，研究解决施工生产中的不安全因素。参加事故调查，提出事故处理意见，制止违章作业，遇有险情有权暂停生产。

6）专业工程师安全职责

在组织编制施工组织设计或施工方案时，同时编制相应的安全技术措施。当采用新工艺、新材料、新技术、新设备时，在总工程师领导下编制相应的安全技术操作规程。做好施工前调查工作，对特殊施工区段制定相应的安全技术措施，并对作业队做好技术交底工作，确保行车、设备的使用安全。

7）安全工程师安全职责

做好安全生产管理和监督检查工作，贯彻执行劳动保护法规。督促实施各项安全技术措施，开展安全生产宣传教育工作。组织安全生产检查，研究解决施工生产中的不安全因素。参加事故调查，提出事故处理意见，制止违章作业，遇有险情有权暂停生产。

8）机械工程师安全职责

定期对施工车辆、机械设备的操作人员进行安全教育和培训。作业前向机械操作人员进行安全操作交底，使其对施工要求、场地环境、气候等安全生产要素有清楚的了解，严禁机械带病运转。定期检查施工车辆、机械设备技术状况，消灭安全隐患，确保机械设备安全使用。

9）作业队长安全职责

模范遵守安全生产规章制度，熟悉并掌握本工程的安全技术规程。带领本队人员按章操作，认真执行安全措施，发现本队成员身体状况或思想反常，将采取措施或调离危险工作岗位。定期组织安全生产活动，进行安全生产和遵章守纪的教育，发生工伤或事故立即上报。

34.8.3.4 安全体系的运行

项目经理部将负责施工现场的安全管理工作，建立安全保证体系；接受建设单位和监理对安全生产的指导和协调；接受建设单位对我方违章、违法行为和存在问题所采取的相应措施；承担因我方责任而发生的生产事故或重大人员伤亡事故造成的经济损失及给建设单位造成的连带经济损失;按照安全作业规范针对工程特点、性质、规模以及施工现场条件编制施工组织设计和专项安全施工方案,制定和组织落实各项施工安全技术措施,并向全体人员进行安全技术交底,严格按照施工组织设计和有关安全要求施工;按照"安全自查、隐患自改、责任自负"的原则加强对施工责任区的日常安全检查,及时制止和处理各类违法违章行为,及时采取措施消除隐患。

34.8.3.5 安全管理制度

包括安全教育制度、安全培训上岗制度、干部盯岗制度、施工作业票制度、施工防护制度、安全班前讲话制度、安全生产例会制度、全操作挂牌制度、安全包保责任状制度。

34.8.3.6 安全保证措施

1) 通信专业工程安全保证措施

(1) 通信工程施工主要有下列危险源、危害因素:光电缆施工防护不当;工具材料侵限;光电缆接续、割接错误,零线与保护地合设,电源的正负极接错及外电源引入质量不良,通信数据未备份;室内施工使用电器产生明火,室内施工损伤既有设备;无线铁塔组立、天馈线安装未防护;采用综合接地时,未与综合接地系统的贯通地进行等电位连接;系统的防雷、电磁兼容及接地不彻底。

(2) 通信工程中的系统割接、无线铁塔安装等工序,以及既有通信工程改造中的影响行车和既有设备安全、新建设施开通为重大危险源,应制定专项施工方案,并按规定审批。施工时专职安全员应进行现场指导。

(3) 工程开工前,应与相关部门签订施工安全协议,办理开工报告。

(4) 营业线施工时,执行营业线施工确保行车安全的有关规定,减少施工对铁路运输及安全的影响,对通信设备的搬迁、割接、改线和倒替,必须取得相关部门的批准,尽量缩小设备停用范围和时间。

(5) 光电缆接续、高空作业等特殊工序的作业人员按规定持证上岗。

(6) 在雷雨、冰雪、能见度低及6级以上大风等环境恶劣条件下严禁高处作业。

(7) 在营业线施工作业严格执行"三不动、三不离"。

(8) 使用起重机等大型机械进行搬运、吊装等作业前,应核实机械设备状态正常符合使用要求。搬运、吊装的作业半径不得侵入铁路建筑限界。使用人力进行搬运等作业时,必须配备足够的劳力。

(9) 夜间施工应有良好的照明条件。

(10) 桥梁上作业应符合下列安全要求:

施工应设防护,由专人负责统一指挥,并配备良好通信设备、照明设备,作业台上放置的材料和工具,应有防止脱落的安全措施,材料堆放不侵入限界,堆放处设反光标志;安装的设备位置和方式防护设计要求,安装牢固、接地良好。施工完毕,应指派专人进行检查,确保所有作业项目可靠固定,全部人员和剩余物资撤离现场。

(11) 桥遂打孔、灌注及埋入件安装作业应符合下列要求:

桥遂接缝处严禁打孔;使用化学锚栓、药剂应在有效期内。化学锚栓、膨胀螺栓操作必须按照使用说明书进行;注化学锚栓前,必须清除孔内所有的灰尘及水分,孔内不得有任何的杂质或油污;安装化学锚栓后,检查是否安装牢固;打孔时,应使用湿式作业方法或其他除尘措施。

2) 信号专业工程安全保证措施

(1) 保证施工和安全的技术措施:在既有线改造工程开工前,应与电务、工务、车务及水电部门签订必要的施工、安全、技术协议;做好新旧设备的倒替施工方案,并经运营部门批准后实施,确保行车安全;对妨碍和危及行车安全的信号施工,必须与车站值班员办理施工许可证,并按规定采取防护措施;对妨碍行车的施工,应设防护;未设好防护,不得开工;线路状态未恢复到正常行车条件,不得撤除防护;在开工前认真做好现场及项目周边环境的施工调查;室外设备应尽量避绕建筑物、有化学腐蚀物质以及土质路肩等地段;电缆埋设前应仔细检查电缆外皮,如有破损应予以更换;在站前专业施工时应进行既有或改建完成的信号设备的防护;既有车站室内改造施工时,应做好既有在用设备的保护,避免错误修改,关键部位应至少双人实施修改,对拆改配线进行核实;在营业线电力牵引区段接触网不停电更换轨道电路设备时,应按规定办理登记要点手续;更换轨道变压器、电阻器及配线时,严禁切断扼流变压器的轨道侧回路;安装高柱信号机时,与接触网应保持安全距离,保证人身安全。

(2)营业线施工过渡安全措施:施工前应根据站场、线路的方案制定完善的信号过渡方案;应量直接完成新老设备的交接使用,必须过渡时尽量减少中间过渡环节,减少临时过渡设站场土方工程未动工前对影响站场改建的信号设备进行移设及防护;施工时,对必需的临时设施,正式工程尽量使用,最大限度地降低工程费用;过渡时应与各部门、相关专业及其他单位密切配合,合理安排施工时间和设备倒换,施工过渡不能影响既有设备的正常使用,尽量减少对行车运输的干扰,同时应充分利用天窗时间。

(3)施工期间确保安全运营的措施:营业线施工必须把确保行车安全放在首位,坚持"安全第一,预防为主,综合治理"的方针,执行有关规定,确保行车和施工安全;根据站场、线路的方案制定完善的营业线信号施工安全措施。

尽量直接完成新老设备的交接使用,必须过渡时尽量减少中间过渡环节,减少临时过渡设施;必需的临时设施,正式工程尽量使用,最大限度地减少临时过渡设施、过渡时间和过渡次数;信号施工过渡时应与各部门、相关专业及其他单位密切配合,合理安排施工时间和设备倒换,施工过渡不能影响既有设备的正常使用,尽量减少对行车运输的干扰,同时应充分利用天窗时间;凡影响行车的施工作业,不得利用列车间隔进行,都必须纳入天窗;凡施工影响使用中的信号、联锁及闭塞设备时,应先进行登记,经车站值班员同意后,并由有关部门派人配合,才可进行施工;营业线站场改造工程中,凡所接入或移动的道岔,均按信号过渡工程设计、施工,将道岔表示纳入车站联锁后再开放相应的进站或出站信号机;车站联锁设备施工后利用天窗进行联锁试验,确认联锁关系无误后再开通使用。

3)防灾安全监控专业工程安全保证措施

(1)施工准备阶段的安全措施:根据设计交底、现场调查情况和有关施工安全的政策法规,核对设计文件、设计图纸;与设备管理单位共同调查确认各类地下管线、隐蔽建筑物的位置、各类建筑物的限界;严格执行《铁路技术管理规程》等有关施工安全生产的管理办法和补充规定;编制施工组织设计方案;制定施工安全措施,建立各岗位安全生产责任制和日常安全管理检查制度;加强员工安全意识和施工安全技术教育;实行联防联控、群管共治安全生产管理体制,个人对班组负责,班组对作业队负责、作业队对项目部负责,做到责任层层分解、层层落实;严格执行特殊工种持证上岗制度,认真执行为确保作业安全的强制性规定;班组是企业的细胞,是搞好安全生产的基础,班组长要做到"三坚持",即坚持班前安全讲话、坚持班中安全检查、坚持班后安全总结,班组成员必须服从班组长统一指挥,遵守劳动纪律和工艺纪律,集中思想,谨慎操作;全面贯彻《中华人民共和国劳动法》,根据本工程特点及时发放劳动保护用品,包括安全帽、工作服、工作鞋、手套、安全带等。做好防寒保温,预防食物中毒,确保施工人员身体健康。

(2)施工阶段的安全措施:全面贯彻执行各项安全管理制度;施工人员必须认真执行"三不动""三不离""四不放过"和"三级施工安全措施"四项基本安全制度;所有作业人员进入站场进行施工时,必须穿着统一的安全防护服,上下班时严禁走道心;加强对劳务工的管理;施工中使用的机具、材料不得侵入限界,严禁将料、具及其他物品放在道岔或钢轨上,以及其他任何妨碍行车安全的地点;加强施工过程中的安全预想,周密策划施工方案,合理确定施工方法;为了保护工程、保障施工人员和周围群众的安全,在必要的地点和时间内,设置照明和防护、警告信号和看守;在施工中,遇有动力设备、高压电线路、地下管道、压力容器、易燃易爆品、有毒有害物体等情况,需要按设计要求采取特殊防护,应采取可靠安全防护措施,确保施工生产安全;在既有线路附近施工时,在列车通过施工地点前10min,及时下道避让;安全保护用品,每次使用前必须进行检查;在带电设备附近作业时,严格按照标准作业。高空作业时必须系好安全带,安全带应挂在人体上方牢固可靠处。在易燃、易爆物品存放区周围严禁采用明火作业。

(3)工程开通验交前的安全措施:已严格按设计文件和技术标准要求,完成所有项目的施工;并在自检、预验的基础上,按规定要求准备好所有竣工资料后,才能申请验收。

4)信息专业工程安全保证措施

严格按国家、省、市有关安全生产、文明施工标准、法规和文件的规定施工。任何情况下,不得违章指挥或违章操作。建立施工项目安全组织系统及相应的责任系统,以加强安全组织工作;施工人员必须坚持安全第一、预防为主的方针,层层建立安全责任制;高空作业系好安全带,进入工地戴好安全帽;各种仪器、仪表及施工器材要有专人管理,防止丢失或损失;在施工过程中,进行安全生产教育,包括安全思想教育和安全技术教育;采取安全技术组织措施,包括技术措施和组织措施;配备施工项目的安全技术人员;定期组织召开安全生产会议,研究安全措施和对策;安全技术人员在施工过程中,要每天巡视现场,发现隐患组织解决;组织开展现场安全施工活动,建立安全施工工作日志;加强安全检查和考核,发现安全防护的薄弱环节,检查执行安全纪律和规章制度的状况;贯彻国家消防工作方针,部署防火工作;组织安全防火检查,监督消除隐患措施的落实;制定安全消防制度及保证防火的安全措施;做好安全用电工作。

5)电力供电专业工程安全保证措施

(1)立杆作业:立杆时须有专人指挥,电杆竖起,杆坑未填实前,不得登高作业;在杆上作业时,不得抛掷工具、材料;防滑脚扣使用前确认牢固;作业人员必须戴安全帽,系好安全带,安全带挂钩应锁紧。

(2)新建线路与既有线路相接:严格执行停电作业票制度。

(3)电缆敷设:电缆盘要架设稳固,轴杠保持水平,方向正确,电缆盘架设距地面不大于0.1m,并有制动措施;人工敷设电缆时,作业人员戴防护手套。每人承担的质量不大于35kg,敷设电缆时设专人统一指挥,扛电缆的作业人员均站在电缆的同一侧,并保持适当间距,在拐弯处站在拐弯外侧;上下坡、跨沟渠和拐弯处,设托、扶防护人员。往地面或沟内放电缆时,按先后顺序轻拿轻放。

(4)停电施工安全注意事项:需要停电施工时,必须严格按照、停电、验电、悬挂接地线、悬挂警示牌进行操作。

6)牵引变电专业工程安全保证措施

(1)基坑开挖施工:在土质地带挖坑时,为了防止坑壁坍塌,坑壁应做出适当的坡度或安装防护板;挖坑时,坑边不得放置重物或工具,弃土距坑边0.6m以外,堆土高度不得大于1.5m。挖坑深度大于1.5m时,坑内人员应戴安全帽;坑底面积过小时,只准一人在坑内工作;对已开挖的基坑,如不能及时立杆和回填,应采取安全措施,设置醒目的防护标志。

(2)主变压器安装:主变压器附件安装时使用的吊车必须起落平稳,起吊绳索应牢固地固定在变压器盖上的起吊环内,起吊点两绳的夹角应符合制造厂的要求。

(3)断路器安装:安装调整大型高压断路器,沿断路器周围搭设工作架,架顶木板要铺设稳固,架板外侧要有防护设施;调整、检查断路器及传动装置时,必须有防止开关意外脱扣伤人的安全措施,工作人员必须避开开关可动部分的动作空间;放松、拉紧开关的返回弹簧及自动释放装置的弹簧时,使用专用的工具,不得徒手直接操作,严禁快速释放;慢分慢合的断路器,初次动作时,严禁快分快合,并设置防护设施;对于液压、气动及弹簧操作机构严禁在有压力及储能状态下进行拆装检查工作;对断路器进行远方操作检查调整时,要有专人指挥、操作和检查,操作人员之间要有联络措施。

(4)瓷件和盘体安装:安装瓷件时,法兰螺栓要按对角受力顺序均匀拧紧,在瓷件上方工作时,对瓷件要有保护措施;不得将任何瓷件作为起吊物件的受力点,不得在瓷件上捆绑物件,不得任意蹬踩瓷件;在设备上方进行焊接作业时,对设备进行防护,防止焊渣烧伤设备或瓷件;挪动盘体就位时有专人指挥,防止倾倒和将人挤伤盘底座加垫时不得将手伸入盘底,多面盘并列安装时不宜将手伸入盘间;重心偏移在一侧的盘体,在未安装固定前,要有防止倾倒的措施;调整、操作隔离开关时,隔离开关可动范围内不得有人;不得攀登在互感器及避雷器上工作;瓷套型互感器注油时,下部金属帽必须接地,防止产生静电。

(5)电气试验安全、人身保证措施:凡电气试验工作均由两人以上进行,分工明确,试验负责人在工作前进行安全技术交底;试验前,做好各项准备工作,在做高压试验前准备好接地线、放电棒、绝缘工具,在试验现场周围设置围栏并悬挂警示标志牌;试验用电源开关闸刀,在断开位置时手柄应大于90°,以防误合;高压试验时,应确认被试设备额定电压和试验电压,试验设备接地可靠;试验结束后,应先对被试设备放电后拆除地线。

7)接触网专业工程安全保证措施

(1)施工测量:线路测量过程中要设防护人员,有车辆通过时,两端的防护人员应及时通知测量人员离开线路;在桥墩台面上测量时,作业人员应扎好安全带和采取相应的安全措施。

(2)基坑开挖作业安全措施:每个基坑不得少于两人,坑内作业时,坑上必须有人防护。遇有大雨、暴雨、连阴雨时,不得开挖基坑。保护工程、保障施工人员和过往行人的安全,在必要的地点和时间内,设置照明和防护、警告信号和看守。挖塌方坑时,坑壁应做出适当的坡度或安装防护板,使用的防护板应经计算确定,经常检查防护板有无变形、损坏或折断。防止基坑坍塌,影响路基稳定和行车安全。挖坑时,坑边不得放置重物或工具,弃土距坑边0.6m以外,堆土高度不得大于1.5m。挖坑深度大于1.5m时,坑内人员应戴安全帽。对已开挖的基坑如不能及时进行后续作业,应采取安全措施,设置醒目的防护标志。基坑顶有重载时,坑顶缘与动载间至少留1m护道。在输油管道及地下通信光缆的附近开挖时,禁止爆破。基坑开挖前要做好施工调查,并使用地下电缆探测仪及金属探测仪等现场查探无误时方准开挖。斜坡地段基坑开挖时要确保排水流畅,暂时不能改移时,应做好疏通改道排水工作。

(3)支柱整正:放入坑内的支柱,顶端不得向线路内侧倾斜;白天施工天窗内吊立的支柱,必须在当天整正回填完毕,夜间施工天窗内吊立的支柱,必须在18h内整正回填完毕。使用支柱整正器需要用力均匀,不得猛拉、猛推,以免支柱断裂;调整钢柱时,螺母只能松开,不可卸下,且调一侧,松一侧螺母,不能全部松动。

(4)接触网安装作业车施工和支柱安装:触网安装作业车施工安排专人监护,严禁侵入临线限界,临线来车时,必须停止施工;立杆前,施工负责人必须对该施工区段的电力线、通信线等施工障碍情况进行了解,并提出安全措施向全体施工人员交底;施工列车在运行中,不得进行起吊工作。吊车立杆作业应有专人指挥,并设专人防护;吊车起吊应平稳,吊起的支柱在未对好坑位的情况下,严禁下边站人。

(5)接触网支柱装配:高空作业前要检查安全带是否牢固,上杆后首先系好安全带,严禁两人在同侧同时爬同一杆(塔),尽量避免上下层同时作业,若确实需要时,要有安全措施,上下工作人员分别位于支柱两侧;上部作业必须携带工具袋,严禁将料具随便放置在杆上或梯车上,传递料具应用绳索系牢,严禁抛掷;利用行车间隙施工时,必须设好行车防护,长大桥梁施工时,必须要点封锁线路。

(6)硬横梁安装:硬横梁安装是接触网工程施工的重要环节,要在充分调查的基础上,制定针对硬横梁安装施工的安全细化措施。施工车辆在运行中,吊臂要停放在规定位置,不得超过机车车辆限界。横梁运输时,要绑扎牢靠,严禁超限运载;梁安装时必须要点封锁横跨的所有线路进行施工。吊装时吊臂要平稳移动,保持横梁平衡,防止碰撞既有设备;横梁与支柱连接螺栓按设计要求连好后,吊臂方可撤出,严防安装的横梁下滑侵线。

(7)接触网承力索、导线架设:接触网放线、零部件安装作业严禁踩踏接触线。架线运行中,经过横跨电力线路时,施工负责人应提醒作业人员注意各种物件伸出不得超过承力索高度;作业台升降时,严禁作业人员上下,以免被梯撑剪伤;架线车运行中,作业平台无特殊情况不得任意升降,架线车运行过程中,作业平台上操作人员身体不得探出栏杆外面;架线过程,看线盘人员随时注意线盘运转情况和线索质量情况,发现异常应迅速要求停车;曲线区段作业台上人员必须站在曲线外侧;接头处应有专人监护,并持报话机与架线车负责人保持联系;紧线过程中,看线防护人员应密切监视线索及支柱动态,如发现线索在滑轮中卡住或从滑轮中脱落等情况,立即通报指挥人员采取措施防止事故发生;线盘要加固并有制动措施,放线时防护人员要加强巡视防止线条滞在线路设备上。架线及紧线时要放线滑子,滑子要用铁丝封口。坠砣要达到一定的高度不能使坠砣落地,造成线条驰度过大影响行车;架线前,与接触网交叉、接近的电力线、通信线等障碍物的拆迁、改建应完成,若在架线前不能完成,必须采取保证架线安全的措施;架线前应将线盘进行详细检查,线末端固定在引线盘上,防止放线时线条脱出伤人,线盘制动设施完好。放线作业台升降时,不得上下人,架线车应运行平稳,速度不得大于 5km/h;架线时,接触线或承力索下方不得有人,在行人较多的地方要派人防护;高压线下放线,其两端支柱的放线滑轮开口应封死,防止导线跳出触电;接触线在每跨内均匀悬挂 2～3 组 S 钩滑轮;架线完成后,必须沿架线区段巡回检查一遍,确认该区段接触网无侵入铁路基本建筑限界情况及其他不良状态,各部件连接可靠,线路上无遗留工具及其他妨碍行车物体,都符合要求后,架线车方可返回车站。

(8)悬挂调整:梯车作业时,上面作业人员不得超过两人,下面推车速度不得超过 5km/h,不得发生冲击和急剧停车现象。在曲线半径较小的区段要采取防止梯车倾倒的安全措施,且作业具员应站在曲线外侧;凡占用线路作业,设好现场防护员,配备有效防护用具,严禁不设防护施工作业,施工过程中联系中断或报话机失灵应立即停止施工;曲线区段悬挂调整时,遇有雷雨、大雪、浓雾或风力在六级及以上等恶劣气候时,停止露天高空作业。凡上部施工,遇有电力线干扰时,作业车及人员、工具材料的任何部位距输电线的安全距离必须符合规定。

(9)冷滑试验:凡参加试验人员必须佩戴安全帽、防护眼镜。运行中车顶人员应坐稳,不得侵限,不得站立或走动,以防紧急制动时摔伤或碰伤;在确认试验区段接触网接地的同时,必须对受电纠正弓也实行接地,以防感应电压伤人;常速行使时,试验车顶上不得有人;试验负责人及安全监护人员应面对列车前进方向,时刻警惕,当发现异常情况时,及时发出信号,以便司机采取减速、降弓或制动措施。

(10)接触网施工现场巡视:根据经验,结合该项目的情况,制定接触网巡视巡检制度,安排足够的人力对架设的接触网进行巡守,特别是采取临时固定的接触线、承力索要重点看护,严防接触网因失盗造成行车事故。

8)房屋建筑及其他工程安全保证措施

(1)土方工程防护措施:施工前先了解工程地质勘察资料、地形、地貌及滑坡迹象等情况;不宜雨季施工,同时不应破坏挖方上坡的自然植被,并要事先做好地面和地下排水设施;遵循先整治后开挖的施工顺序,在开挖时,须遵循由上到下,先左后右的开挖顺序,严禁先切除坡脚和掏挖;施工时,对现场的基坑周边仔细检查,并定期进行监测,发现滑坡迹象时,应立即暂停施工,必要时所有人员和机械要撤离至安全地点;土方开挖从上到下分层施工,开挖至计划高程后,在边坡上作护坡,防止塌方,采用人工开挖、清底,防止基底原土的扰动,同时在边坡上作护坡;基坑上口设置红白相间的水平警示护拦一道,采用 $\phi 48mm \times 3.5mm$ 钢管搭设,立杆间距 3m,净高 1.2m,横杆两道,分别设置在 0.6m、1.2m 处,并用密目网进行封闭封挡,待土方回填完毕后,方可全部拆除;严禁在基坑 1.0m 内堆放物资、弃土和移动施工机械;上下坑沟应先挖好阶梯或设木梯,不要踩踏土壁及其支撑上下;用挖掘机施工时,挖掘机的作业范围内,不得进行其他作业。

(2)外脚手架、外网:首先所选用的钢管、扣件、必须符合要求,外架搭设前地基平整夯实,立杆底要设垫块(板);拐角处设剪刀撑,中间每隔 6～7 根立杆设剪力撑,其下端埋在地下不小于 30cm,其搭接长度不能小于 50cm(使用 2 个扣件);底层顶一周设平网,里底外高,以上每隔 2 层设一底网。外架始终高出建筑物一个步距(施工层),外围从底层顶开始,外围用密目安全护网,随大横杆向上敷设,上网间必须严密,防止人、物向外时坠落,发生事故;要做好对楼梯口、预留口、通道口等必要的防护措施;外架作业人员必须经我方医生体检合格,不适合从事高空作业的人员一律禁止从事高空作业;高空作业区域应划出禁区,并设置围栏,禁止闲人、行人通过和闯入。

(3)高处坠落事故的预防措施:凡是进行高处作业施工的,应使用脚手架、平台、梯子、防护围栏、挡脚板、安全带、安全网等。作业前应认真检查所用的安全设施是否牢固、可靠;高处作业人员必须经体检合格后方可上岗。项目部要为作业人员提供合格的安全帽、安全带等必备的个人防护用具,作业人员应按规定正确佩戴和使用;凡从事高处作业人员应接受高处作业安全知识的教育,特殊高处作业人员应持证上岗,上岗前应依据有关规定进行专门的安全技术交底。采用新技术、新方案、新材料和新设备的,应按规定对作业人员进行相关的安全技术教育;高处作业区域应划出禁区,并设置围栏,禁止闲人通过和闯入;项目部应按类别,有针对性地将各类安全警示标志悬挂于施工现场各相应部位,夜间应设红灯示警;高处作业应设置可靠的扶梯,作业人员应沿扶梯上下,不得沿着立杆和栏杆攀登;高处作业应布置足够的避雷设施;高处作业用的机具、设备等,必须根据施工进度,随用随运,禁止超负荷;在雨雪天应采用防滑措施,当风速在10.8m/s以上和雷电、暴雨、大雾等气候条件下,停止露天作业;高处作业面要设材料机具堆放区,确保材料机具堆放平稳,操作工具用完应随手放入工具包内,严禁乱堆放和抛掷材料、工具、物件等,上下立体交叉作业时,中间须设隔离设施;高处作业上下应设置联系信号或通信装置,并指定专人负责高处作业前,项目部应组织有关部门对安全防护设施进行验收,经验收合格签字后方可作业。需要临时拆除或变动安全设施的,应经项目技术负责人审批签字,并组织有关部门验收,经验收合格签字后方可实施;竖向洞口如楼梯平台洞口、通道口洞、临边均用钢管或钢管栏杆设门或栏杆;洞口的防护应视尺寸大小,用不同的方法进行防护。如短边尺寸小于25cm的洞口,可用坚实的盖板封盖,达到钉平钉牢不易拉动;边长在25~50cm的洞口,用坚实的盖板封盖并用木枋固定其位置,盖板要求达到钉平钉牢不易拉动;边长在50~150cm的洞口,洞边设1.2cm高钢管栏杆,四角立杆要固定,设置以扣件扣接钢管形成的网状,并在其上满铺5cm厚的脚手板,达到钉平钉牢不易拉动。

(4)机械伤害事故的预防:机械设备应按其技术性能的要求正确使用。缺少安全装置或安全装置已失效的机械设备不得使用;严禁拆除机械设备上的自动控制机构、限位器、自动报警、信号等安全装置。其调试和故障的排除应由专业人员负责进行;各级人员应模范地遵守和贯彻机械操作规程。

机械设备的操作人员必须持证上岗。凡违反操作规程的命令,操作人员有权拒绝执行;机械作业时,操作人员不得擅自离开工作岗位或将机械交给非本机操作人员操作。严禁无关人员进入作业区和操作室内;机械操作人员和配合作业人员,都必须按规定穿戴劳动保护用品;日作业两班及以上的机械设备均须实行交接班制。操作人员要认真填写交接班记录;当机械设备发生事故或未遂恶性事故时,必须及时抢救,保护现场,并立即报告领导和有关部门听候处理。公司领导对事故应按"三不放过"的原则进行处理;施工升降机的地基、安装和使用须符合原厂使用规定,并办理验收手续,经检验合格后,方可使用。施工升降机使用中,应定期进行检测,其安全装置必须齐全、灵敏、可靠;打夯机必须两人操作,操作人员必须戴绝缘手套和穿绝缘鞋。手柄应采取绝缘措施。打夯机用后应切断电源,严禁在打夯机运转时清除积土;氧气瓶不得暴晒、倒置、平放使用,瓶口处禁止沾油。氧气瓶和乙炔瓶工作间距不得小于5m,两瓶同焊炬间的距离不得小于10m;圆锯机的锯盘及传动部位应安装防护罩,并应设置保险档、分料器。凡长度小于50cm、厚度大于锯盘半径的木料,严禁使用圆锯;平面刨(手压刨)安全防护装置必须齐全有效;吊索已达到报废标准的,必须及时更换;钢丝绳应根据用途保证足够的安全系数。凡表面磨损、腐蚀、断丝超过标准的,打死弯、断股、油芯外露的不得使用。

(5)房建及其他工程施工用电。

①支线架设:配电箱的电缆线要有套管,电线进出不混乱,大容量电箱上进线加滴水弯。支线绝缘好,无老化、破损和漏电。支线应沿墙或电杆架空敷设,并用绝缘子固定。过道电线可采用硬保护管理地并作标记。室外支线应用橡皮线架空,接头不受拉力并符合绝缘要求。

②现场照明:一般场所采用220V电压。危险、潮湿场所和金属容器内部照明及手持照明灯具,应采用符合要求的安全电压。照明导线应用绝缘子固定。严禁使用花线或塑料胶质线。导线不得随地拖拉或绑在脚手架上。照明灯具的金属外壳必须接地或接零。单相回路内的照明配电箱必须装设漏电保护器。

③架空线:架空线必须设在专用电杆(水泥杆、木杆)上,严禁架设在树或脚手架上。架空线应装设横担和绝缘子,其规格、线间距离等应符合架空线要求,其电杆板线离地2.5m以上应加绝缘子。架空线要离地4m以上,机动车道为6m以上。

④配电箱:电箱应有门、锁、色标和统一编号。电箱内开关电器必须完整无损、正确。各类接触装置灵敏可靠,绝缘良好,无积灰、杂物,箱体不可歪斜。电箱安装高度和绝缘材料等均应符合规定。

电箱内应设置电保护器。配电箱应设总熔丝、分熔丝、分开关。零排地排齐全。动力和照明分别设置。配电箱的开关电器应与配电经线或开关箱一一对应配合,作分路设置,以确保专路专控;总开关电器与分路开关电器的额定值、动作整定值相适应。熔丝应和用电设备的实际负荷相匹配。金属外壳电箱应作接地或接零保护;同一移动开关箱严禁配有380V和220V种电压等级。

⑤接地接零:接地体可用角钢、圆钢或钢管,但不得用螺纹钢,其截面不小于$48mm^2$,一组2根接地体之间不小于2.5m,入土深度不小于2m,接地电阻应符合规定;橡皮线中黑色或绿/黄双色线作为接地线。与电气设置相连接的接地或接零截面最小不能低于$2.5mm^2$多股芯线;电杆转角杆、终端杆及总箱、分配电箱必须有重复接地。

34.8.4 工期控制措施

34.8.4.1 工期组织保证

工期组织保证结构图见图34-21。

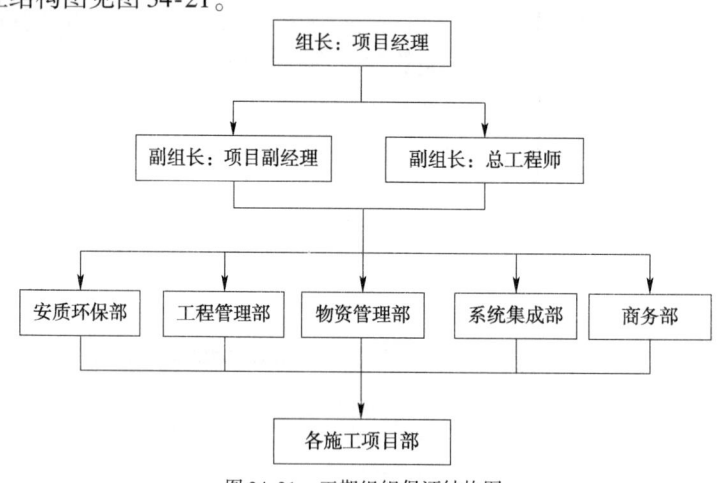

图34-21 工期组织保证结构图

34.8.4.2 工期保证体系

建立工期保证体系,落实到工期的每一个施工环节,确保总工期目标的实现。工期保证体系如图34-22所示。

34.8.4.3 工期保证措施

为了保证本工程按进度计划竣工,并交付建设单位投入使用,进度计划要编排紧凑,尽量满足建设单位的要求,各专业工程精心施工、相互配合,早日使本工程按期竣工。

(1)影响工期目标实现的内外因素及对策:做好前期准备;组织精干、务实、高效的项目领导班子;加强资源配置;优化施工方案;强化工期管理;应用新技术,采用先进设备;设备交货影响对策;交叉施工应对措施;与站前工程的协调及配合;征地拆迁进度影响对策;外部电源影响对策。

(2)各专业工程工期保证措施:通信工程工期保证措施、信号工程工期保证措施、防灾安全监控工程工期保证措施、电力供电工程工期保证措施、牵引供电工程工期保证措施、接触网工程工期保证措施、房屋建筑及其他工程工期保证措施

(3)关键工程工期控制措施:网络技术控制、施工技术管理控制、资源配置控制。

34.8.5 投资控制措施

34.8.5.1 投资控制目标

在保证工程质量、满足总工期要求的前提下,把投资控制在铁道部(中国铁路总公司)批准的施工图预算范围以内。

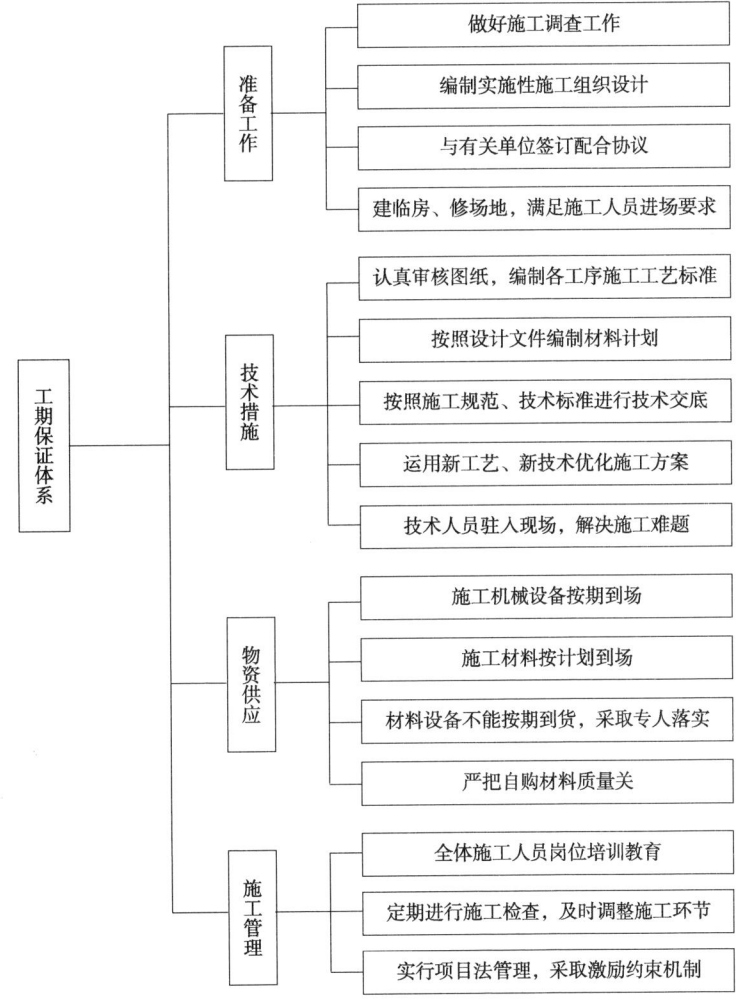

图 34-22 工期保证体系图

34.8.5.2 编制合理可行的实施性施工组织设计方案

实施性施工组织设计是指导施工的纲领性文件,是保证工程顺利进行,确保工程质量、有效地控制工程造价的重要工具。为控制工程造价,每一建设工程都应在保证质量的前提下,对各种施工方案进行技术上、经济上的对比分析,从中选出最能合理利用人力、物力、财力资源的方案,从而降低工程造价。施工现场的良好管理,施工中新技术、新工艺的采用,都能够最大限度地提高劳动效率,降低工程造价。

34.8.5.3 做好工程施工预算

在工程开工前,先熟悉图纸,做好施工预算工作,通过施工预算可对工程的投资控制做到心中有数。并且通过预算工作,可以详细了解图纸,发现一些审图时发现不了的问题,提前解决,以便更准确地掌握投资额。

34.8.5.4 健全设计变更审批制度,严格控制工程变更

工程设计如需进行变更,提前提出;设计变更实行工程量及造价增减分析,并经原设计单位同意;如有变更后的工程造价突破总概算,必须经有关部门审查同意;在施工过程中,严格按图施工,不随意提出变更。但随着施工的不断进行,由于客观上遇到不可预见情况、环境等造成的工程变更,通过监理工程师要及时处理并确认变更的合理性。首先,在施工图会审时要及时发现问题,避免由于设计错误或不当而造成的浪费。其次,对建设单位提出的变更,如果因此而使变更后投资加大,需要从实际出发,提醒建设单位慎重考虑。变更是对工程造价影响较大的一部分,必须对工程变更进行有效地控制。

34.8.5.5 完备工程现场签证手续,控制施工中期造价

在工程建设施工中,如果缺乏充足的现场签证工作,势必增加工程结算中的难度,为此,要求各施工队严格控制施工现场的每一隐蔽工程的签证,建立完备的隐蔽工程现场监理签证手续,变事后被动为事先主动控制工程造价;及时进行成本核算,找出原因,控制施工成本。

34.8.5.6 严把材料关

材料在建筑安装工程中占很重要的一部分,一般占到整个建筑安装工程费的60%~70%,把好材料关是控制造价最有效的方法;项目部以设备物资部为主要管理部门,实行计划、采购、质检、合同审核、货款支付等环节的相互监督的分段管理模式。物资采购采取协议采购、招标采购、询比价采购等多种方式,确定科学理性的采购价格,最终确定质优价廉的工程材料供应商。

34.8.5.7 合理处理工程索赔

索赔主要发生在施工阶段。作为施工单位必须注意资料的收集和积累,并争取到所涉及的当事方的代表签字,做到处理索赔时有据可依、有案可查。

34.8.5.8 紧抓工程进度确保投资控制

结合施工组织设计审查设计方案,并对方案进行优化,有利于加快施工进度;提前做好"四通一平"等进场前的准备工作;及时落实材料、设备使用情况,特别是进口材料和设备的运输、报关、验收等,并将可能出现的困难提前排除;制定形象进度计划,将实际进度与其对比,进行动态管理,及时进行调整,对新技术、新方案提前落实、参观学习;制定出特殊条件下的施工安全技术措施,如抗雨施工、夜间施工及其他赶工措施;检查工程进度,落实周计划、月计划、季计划。

34.8.5.9 做好工程竣工结算工作

通过竣工结算才能对项目全过程进行总结,对比投资概算、施工图预算、招标合同价结算、财务结算的差异及可控程度,分析投资控制偏差或失控的原因;竣工结算必须以竣工图纸、签证变更、索赔报告、认价通知书等为依据,逐项审查。对于套用定额的结算来说,一是要核对数量,看看数量是否准确,二是要核对项目情况,看看项目是否有重复或套用的定额是否合理;对于采用清单结算的来说,就要完全履行合同,按照合同规定的办法来计算,审核工程量的增减、项目的变更。审查决算的过程既要求造价人员有高度的责任心,又要求有过硬的业务素质,这样才能保证工程造价的合理性。

34.8.6 环境保护措施

建立健全环境保护及水土保持管理体系,做到环保设施与工程建设"三同时"(同时设计、同时施工、同时投入使用)。

严格遵守《中华人民共和国环境保护法》以及相关的法律、法规、规章制度,保护和改善作业现场的环境,控制现场的各种粉尘、废水、废气、固体废弃物、噪声、振动等对环境的污染和危害。

林木、植被及地下水资源的保护,是施工中环境保护和水土保持的重点。规定施工区域内的植被、树木等尽量维持原状。需砍除树木和其他经济作物时,事先应征得环境保护和水土保持部门、所有者同意,严禁超范围砍伐。

严格按设计规定的征地范围和数量丈量用地,严禁超范围占用土地和水面。临时生产生活设施、施工便道的设置,必须按照先设计规划申请同意后的方案实施,依据环保的相关要求做好环境的保护工作。

施工中弃土、排污等按设计文件与当地环保部门签订的有关协议和要求进行处理。对有害物质(如燃料、废料、垃圾等),按规定进行处理,以减少对环境的污染,防止对动、植物造成损害。

在运输细粉状和易飞扬物料时用篷布覆盖严密,并装量适中,不得超限运输。对散装材料采用密闭运输、存放。运转时有粉尘发生的施工场地,如水泥混凝土拌和站、灰土拌和场等均必须有防尘设备等措施。

在自然保护区、风景名胜区施工,应严格遵守相关规定,做好有关边界线、标示牌的设置,限制人员、机械的活动范围,严禁有关人员偷猎动物和采摘、践踏及随意铲除植物等。

施工过程中采用先进设备,使用清洁能源,在设备选型时选择低污染设备,并安装空气污染控制系统。应防止严重漏油,禁止机械在运转中和维修时产生的含油污水未经处理直接排放,应对含油污水进行隔油处理后再行排放。

施工物料堆放应严格管理,防止在雨季或暴雨将物料随雨水径流排入地表及附近水域造成污染。

施工及生活废水的排放遵循清污分流、雨污分流的原则,各种施工废油、废液集中储积,集中处理,严禁乱流乱淌,防止污染水源,破坏环境。

34.8.7 水土保持措施

水土保持的原则:重规划、少占地、少开挖,多利用、少弃渣、快恢复,严管理、少流失。

遵守国家和省有关水土保持的规定,采取必要的措施防止施工中的燃料、油、沥青、污水、废料和垃圾等有害物质对河流、湖泊、池塘和水库的污染;不得破坏、占压、干扰河道、水道及既有灌溉、排水系统。必须占压的,应首先征求主管部门同意,并采取必要的防护、替代措施。防止工程施工中开挖的土石材料对河流、水道、灌渠等排水系统产生淤积或堵塞。

34.8.8 文物保护措施

开工前仔细阅读图纸和设计文件,认真研读当地历史资料,并向当地文物保护单位进行调查,对可能隐藏有文物的地点制定相应对策。对施工过程中影响到文物和古树采取保护措施,对于要迁移的树木,在园林单位确认后委托园林部门负责迁移,对需要保护的文物,在文物单位的指导下提出保护方案,通报文物保护单位,并组织现场保护。

施工时,发现有历史文物、古墓、古生物化石及矿藏等或有考古、地质研究价值的物品时,立即停工,及时向建设单位、当地政府、文物管理单位报告,并采取严密的保护措施,派专人看守,绝不允许任何人随意移动和损坏,直到专业或政府部门人员到场。配合文物管理部门做好必要的其他保护工作,对文物遗迹的各类现场保护情况及时书面报告建设单位。

每一施工区的第一负责人为文物保护的责任人。文物保护的责任人对辖区内施工人员进行文物保护条例的教育和学习。

工程开工前,主动与当地文物保护主管部门取得联系,了解施工区文物分布情况,积极的采取文物保护措施。

认真执行国家、地方和建设单位对文物保护的有关法规和文件,进场后,由施工单位主动肩负起文件保护的责任,施工时时注意,全过程监控,使施工过程的文物保护处于受控状态。

利于图片、录像、文字资料等各种宣传形式,宣传文物保护的重要意义,同时教会职工简单的文物辨别知识,教育参加施工的人员树立文件保护意识。

对已落实为文物保护区的工地,施工时严禁大型机械施工,均采用人工配合小型机械施工的办法,以防文物受到破坏。

在施工过程中发现文物或有考古、地质研究价值的物品时,应暂停施工,封闭现场,防止文物被损坏或流散。施工队立即通知项目部,由项目部尽快通知建设单位和当地有关文物保护管理部门,对文物进行保护。

发现的所有文物均归国家所有,任何单位和个人不得私自藏匿和处理。

34.8.9 文明施工保证体系和措施

1)文明施工保证体系

文明施工保证体系如图 34-23 所示。

2)文明施工实施措施

为更好地完成施工任务,展示职工队伍的精神风貌,树立企业形象,加强职工行为规范教育和职业道德教育,提高职工的文明意识和文明行为,将采取以下措施:

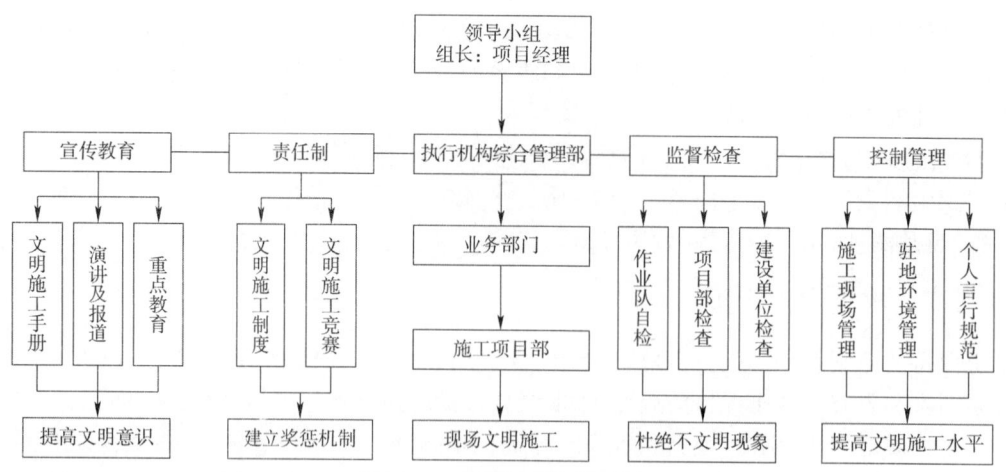

图 34-23 文明施工保证体系图

尊重建设单位、监理、设计单位的意见,认真领会设计文件,及时汇报施工中存在的问题。

注重施工队伍的精神风貌;行为规范,举止文明,礼貌待人。尊重驻地的民俗民风,搞好与当地政府及当地群众的关系。

正确处理施工中的协调与配合,密切与兄弟施工单位的合作关系,做到互谅互让,以礼待人。

在施工现场的出入口旁必须挂设标牌,标明工程名称、施工单位和项目经理、技术负责人姓名。施工现场的主要管理、施工人员在施工现场应当佩戴证明其身份的证卡。要做到文明施工,爱护铁路运输设施。施工完毕,做到人走、料净、场地清,对既有设施要及时恢复,防止道床污染。

施工完毕,将施工现场恢复原样,做到文明进入,文明撤离。

现场临时使用水电,必须有专职人员负责。水、电、电器设备架设要符合规范,线路、开关、水喉如有损坏应及时修理更换,严禁乱拉乱接。

施工现场四周不准乱倒拉圾、淤泥,不准乱扔废弃物;不准把含有砂浆、杂物或未经处理的废水排入道路和下水道;不准损坏和堵塞原有的排水系统。

应当严格依照《中华人民共和国消防条例》的规定,在施工现场建立和执行防火管理制度,设置符合消防要求的消防设施,并保持完好的备用状态。在容易发生火灾的地区施工或者储存、使用易燃易爆器材时,应当采取特殊的消防安全措施。

施工现场应当设置各类必要的职工生活设施,并符合卫生、通风、照明等要求。职工的膳食、饮水供应等应当符合卫生要求。

施工现场凡需搭设临时厕所、浴室的,必须报施工现场所在地的市容环境卫生部门备案。粪便、污水要有接、载、流措施,并应定期清洗,保持清洁,严禁粪便,污水外流。

建立文明施工档案。将施工现场文明施工的各项制度的执行情况,和建设、监理等部门对施工现场文明施工的检查情况归档。开展每月文明施工流动红旗评比活动,并给予一定的物质奖励。

文明施工的制度包括:各责任人的权力和义务;环境管理;场地设施管理;安全生产和防水管理;教育培训;检查验收要求;卫生管理;档案管理。

34.8.10 冬季施工措施

本工程地处东北严寒地区,10月底气温就已经急剧下降,不利于施工,为了不影响与其他专业的施工节点,特考虑制订冬季混凝土施工的保证措施。

1)冬季混凝土施工的保证措施

(1)混凝土工程冬季施工的保证措施:冬季条件下灌注的混凝土,在遭受冻结之前,采用普通硅酸盐水泥配置的混凝土,其临界抗冻强度不低于设计强度等级的30%,C15及以下的混凝土,其抗压强度未达到5MPa前,不得受冻。在充水冻融条件下使用的混凝土,开始受冻时的强度不低于设计强度等级的70%。

(2) 冬季施工的混凝土配制、拌和、运输的保证措施：减少、防止混凝土冻害，选用较小的水灰比和较低的坍落度，以减少拌和用水量，此时可适当提高水泥强度等级，水泥强度等级不低于P.O 32.5。当混凝土掺用防冻剂（外加剂）时，其试配强度较设计强度提高一个等级。在钢筋混凝土中禁止掺用氯盐类防冻剂，以防止氯盐锈蚀钢筋；拌和设备进行防寒处理，设置在温度不低于10℃暖棚内。拌制混凝土前及停止拌制后用热水洗刷拌和机滚筒。拌制混凝土时，砂石集料的温度保持在0℃以上，拌和用水温度不低于5℃。必要时，先将拌和用水加热，当加热水不能满足拌和温度时，可再将集料均匀加热；水及集料按热工计算和实际试拌，确定满足混凝土浇筑需要的加热温度；水的加热温度不宜高于80℃，当集料不加热时，水可加热至80℃以上，此时要先投入集料和已加热的水进行搅拌均匀，再加水泥，以免水泥与热水直接接触；当加热水不能满足要求时，可将集料均匀加热，其加热温度不应高于60℃。片石混凝土掺用的片石可预热；水泥不得直接加热，可以在使用前转运入暖棚内预热；混凝土的运输过程快装快卸，不得中途转运或受阻，运送中覆盖保温防寒。当拌制的混凝土出现坍落度减小或发生速凝现象时，应进行重新调整拌和料堤的加热温度；混凝土拌和时间较常温施工延长50%左右，对于掺有外加剂的混凝土拌制时间应取常温拌制时间的1.5倍。混凝土卸出拌和机时的最高允许温度为40℃，低温早强混凝土的拌和温度不高于30℃；集料不得带有冰雪和冻块以及易冻裂的物质，严格控制混凝土的配合比和坍落度，由集料带入的水分以及外加剂溶液中的水分均应从拌和水中扣除。拌制掺用外加剂的混凝土时，当外加剂为粉剂时，可按要求掺量直接撒在水泥上面和水泥同时投入；当外加剂为液体，使用前按要求配置成规定溶液，然后根据使用要求，用规定浓度溶液再配置成施工溶液。各溶液分别放置于有明显标志的容器内，不得混淆。

(3) 冬季施工运输混凝土拌合物时，尽量减少混凝土拌合物热量损失措施；正确选择拌和机摆放位置，尽量缩短运输距离，选择最佳运输路线，缩短运输时间；正确选择运输容器的形式、大小和保温材料。对长距离的运输，采用混凝土输送车，容量根据混凝土施工用量和浇筑时间选择。距离较小时可采用敞开式运输车，但必须进行加盖隔热材料；尽量减少装卸次数并合理组织装入、运输和卸出混凝土工作。

(4) 冬季施工的混凝土浇筑的保证措施：混凝土浇筑前，清除干净模板和钢筋上的冰雪和污垢，当环境气温低于-10℃时，采用暖棚法将直径大于25mm的钢筋加热至正温；混凝土的灌注温度，在任何情况下均不低于5℃，细薄截面混凝土结构的灌注温度不宜低于10℃，混凝土分层连续灌注，中途不间断，每层灌注厚度不大于20cm，并采用机械捣固；清理新、旧混凝土施工缝。

(5) 冬季施工混凝土养护的保证措施：混凝土养护采用暖棚法和掺加防冻剂法养护；暖棚法养护适用于框架施工。

(6) 混凝土拆模的保证措施：满足混凝土正常温度下拆模强度的要求，并同时满足抗冻要求的规定；达到正常温度下混凝土拆模强度；混凝土与环境的温差不得大于15℃，当温度差在10℃以上，但低于15℃时，拆除模板后立即在混凝土表面采取覆盖措施，如覆盖草袋及彩胶布；采用暖棚法养护的混凝土，当养护完毕后得环境气温仍在0℃以下时，应待混凝土冷却至5℃以下后，方可拆除模板。

2）机械设备在冬季施工要求

冬季施工使用的各种机械应全面检查，对有问题的机械设备及时修理，不得带故障运转。机械在使用前应首先检查传动系统，无冻结情况后方可启动，停用后应将供水系统的水放净，非专职机电人员严禁动用机械设备；各种机械按规定定期维修保养，更换各种润滑系统用油及燃料，对有问题的机械设备及时修理，不得带故障运转；机械在使用前应首先检查传动系统，无冻结情况后方可启动；非专职机电人员严禁动用机械设备；低温施工运行的机械、设备必须使用冬季标号的油料并加防冻剂，夜晚水箱余水必须排空；工程车辆在大雪及结冰路面区段坡道运行，必须采取车辆轮胎防滑措施，降低行车速度，杜绝交通事故；轨行车辆作业机械如吊车、轨道车、架线及作业车等，当位于坡道作业或连接时，采取防溜放措施，并减速慢行，确保人身安全及施工机械完好；雪天严禁吊装作业。

34.8.11 雨季施工措施

雨季对本工程干扰很大。在具体组织施工时，对要施工的项目进行调查研究，落实编制实施性的雨季施工组织计划。

积极与气象部门取得联系,及时掌握施工年度与各施工期的气象情况。根据各阶段的气象预报,及时进行汛前防洪检查,提前做好施工安排及防洪措施,做到有备无患。

雨季要做好施工防范及各种临时设施的防排水工作,要保持排水沟渠的畅通。

详细调查并掌握供水材料,检查易于发生水害地段的施工安全,做好施工中的临时防护措施。对影响施工的运输道路、进行必要的改善、整修和加固,对常用的主要材料工具要在雨季之前备足,并增建必要的防雨、防洪措施;对施工人员配备必要的劳动保护用品;在洪水位以下的材料,生活房屋及机械设备,雨季前应搬到安全地带。

机械设备、配电箱等设置防雨设施。电力线可靠接地,防止雷击造成危险。

34.8.12 既有线管理措施

接触网工程邻近铁路营业线施工,严格执行《铁路营业线施工安全管理办法》(铁办〔2012〕280号)和哈尔滨铁路局营业线施工安全管理实施细则等有关规定的程序办理。抓住既有线施工关键工点及重点工序,严密防范。针对本工程的特殊性,在既有线施工中重点强化措施如下:

(1)首先技术人员和施工负责人要熟悉设计文件,进行现场调查,了解施工地段邻近既有线的距离,了解站前施工单位接触网基础施工进度、轨道板铺设及钢轨铺设的计划安排。结合现场调查结果,审核施工图纸,向设备维管单位了解既有设备的技术条件和维管天窗情况。结合站前施工安排和既有设备维护状况,优化设计方案,尽量减少过渡工程。将初步施工方案与站前施工单位、设备维管单位进行协商,科学安排每个施工阶段和每道工序,合理运用每个封闭天窗及交叉施工。根据站前施工单位、设备维管单位意见,优化、完善施工方案。

(2)施工方案经路局主管部门、监理、建设单位审核批准后,按规定与路局有关部门签订相关安全协议,明确双方各自的安全责任。对涉及既有线施工管理负责人、技术员、安全员、工班长、领工员等须经过路局相关单位组织的既有线施工安全知识培训合格,方可上岗。

(3)施工前,针对工程特点及要求充分做好人员、技术、材料、工具等准备工作,对所有上道作业人员开展既有线施工安全知识教育培训,结合当天施工内容,逐级进行技术交底,明确岗位职责,使参加既有线改造过渡施工人员人人明白,步步清楚;对施工过程中的每一个环节可能存在的风险因素慎重分析,制定预防措施,同时制定可能发生后的应急预案。

(4)严格按照路局批准的施工安全防护方案,现场实施到位,并经常进行检查维护,严禁不按规定设置好防护就开工。上跨、临近既有营业线路的施工作业,必须做好各种机械、材料安全防护和加固工作,严禁超限或滑落。现场负责人和安全员每天对天窗施工情况进行总结,及时解决出现的问题。

(5)施工中严格执行技术标准、作业标准、工艺流程和卡控措施,防止超范围作业,确保施工质量;施工领导人必须到现场指挥;对未验交已使用的行车设备,必须坚持巡检制度。

(6)严格按照批准的施工方案、范围和批准的封锁要点计划组织施工,停电作业严格按照执行停电作业程序流程,严格遵守在调度令天窗时间内上道作业,严禁早点抢工,保证做到不误点,不延点并提前15~20min撤离所有机具、材料和人员,必须达到既有线或高铁营运线路放行条件,并经设备管理单位确认后方可开通。

(7)现场施工时注意保护铁路线路、通信、信号、电力、接触网等既有设施,维持轨道线路清洁,严禁出现施工损坏铁路设施或危及行车安全情况发生。

34.9 施工组织图表

施工组织图表见图34-24~图34-31。

序号	工作名称	持续时间(d)	开始时间	结束时间
1	接触网冷滑、热滑	12	2014年8月20日	2014年8月31日
2	开关、设备等安装	71	2014年6月1日	2014年8月10日
3	接触悬挂调整安装	123	2014年5月1日	2014年8月31日
4	接触网承导线及附	132	2014年4月1日	2014年8月10日
5	接触网腕臂及定位	243	2013年12月1日	2014年7月31日
6	供电线基础浇制	91	2014年4月1日	2014年6月30日
7	接触网支柱组立	228	2013年11月15日	2014年6月30日
8	施工准备	45	2013年10月1日	2013年11月14日

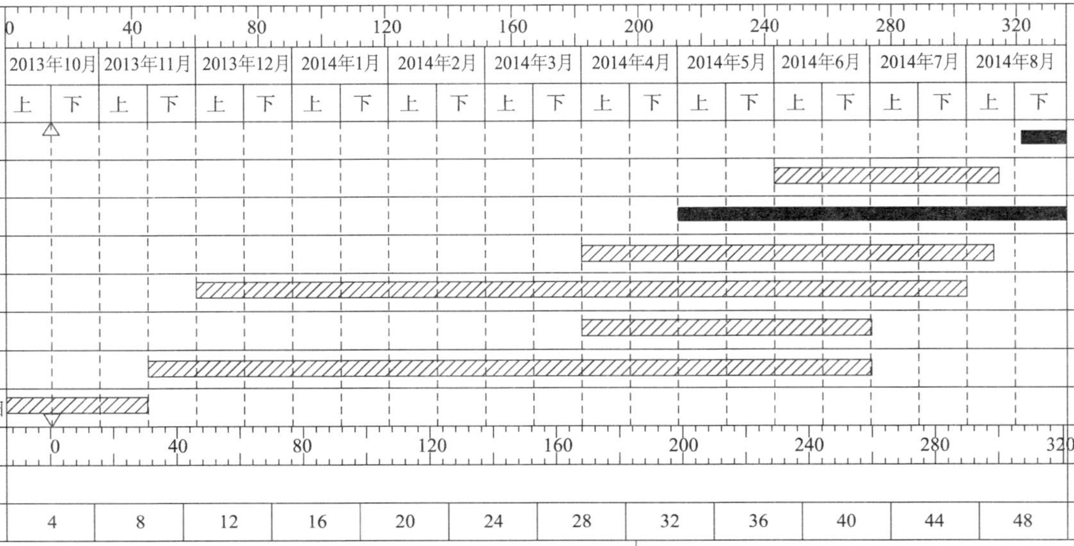

网络图说明

项目负责人		文件名	
绘图人		总工期	335d
审核人		备注：	
校对人			
起始时间	2013年10月1日		
结束时间	2014年8月31日		
梦龙软件制作		2013年10月15日	

图 34-24 新建哈齐铁路客运专线接触网工程施工进度网络图

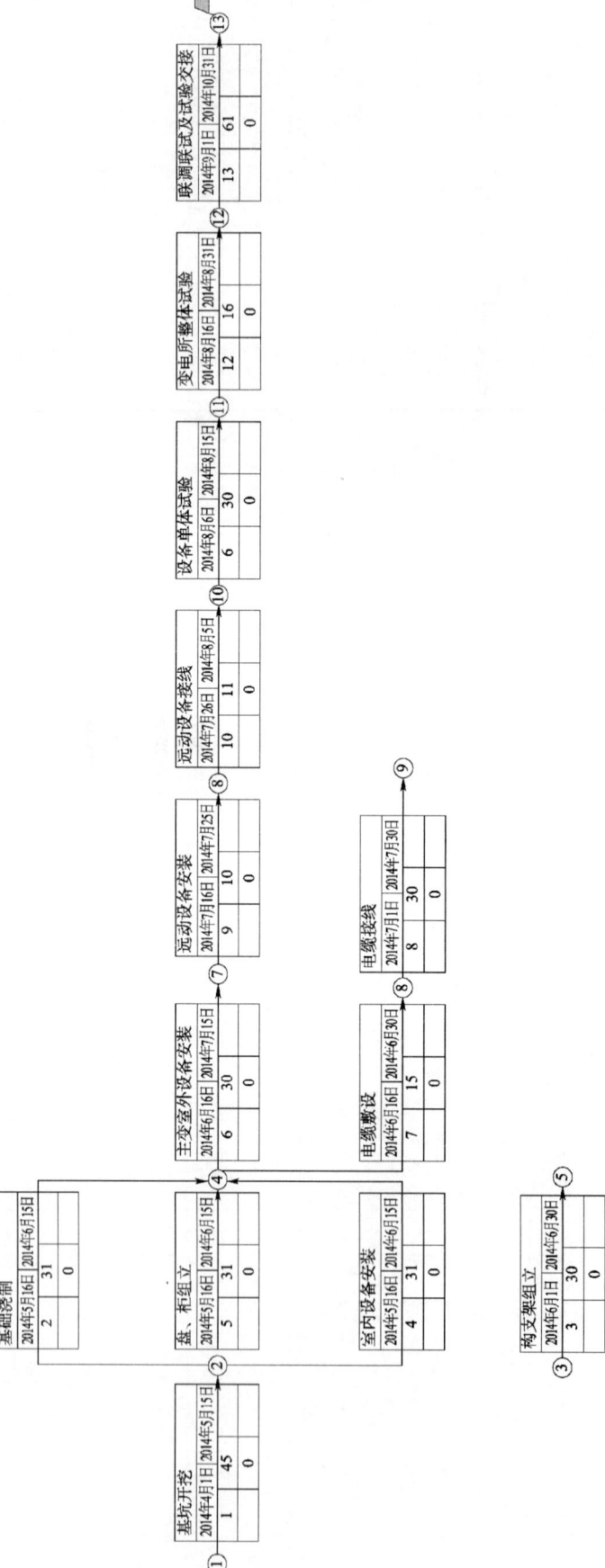

图 34-25 新建哈齐铁路客运专线变电工程施工进度网络图

序号	工作名称	持续时间(d)	开始时间	结束时间
1	联调联试及试验交	61	2014年6月1日	2014年10月31日
2	变电所整体试验	16	2014年8月16日	2014年8月31日
3	设备单体试验	10	2014年8月6日	2014年8月15日
4	远动设备接线	11	2014年7月26日	2014年8月5日
5	远动设备安装	10	2014年7月16日	2014年7月25日
6	电缆接线	30	2014年7月1日	2014年7月30日
7	电缆敷设	15	2014年6月16日	2014年6月30日
8	主变室外设备安装	30	2014年6月16日	2014年7月15日
9	室内设备安装	31	2014年5月16日	2014年6月15日
10	盘、柜组立	31	2014年5月16日	2014年6月15日
11	构支架组立	30	2014年6月1日	2014年6月30日
12	基础浇制	31	2014年5月16日	2014年6月15日
13	基坑开挖	45	2014年4月1日	2014年5月15日
进度标尺				
工程周				

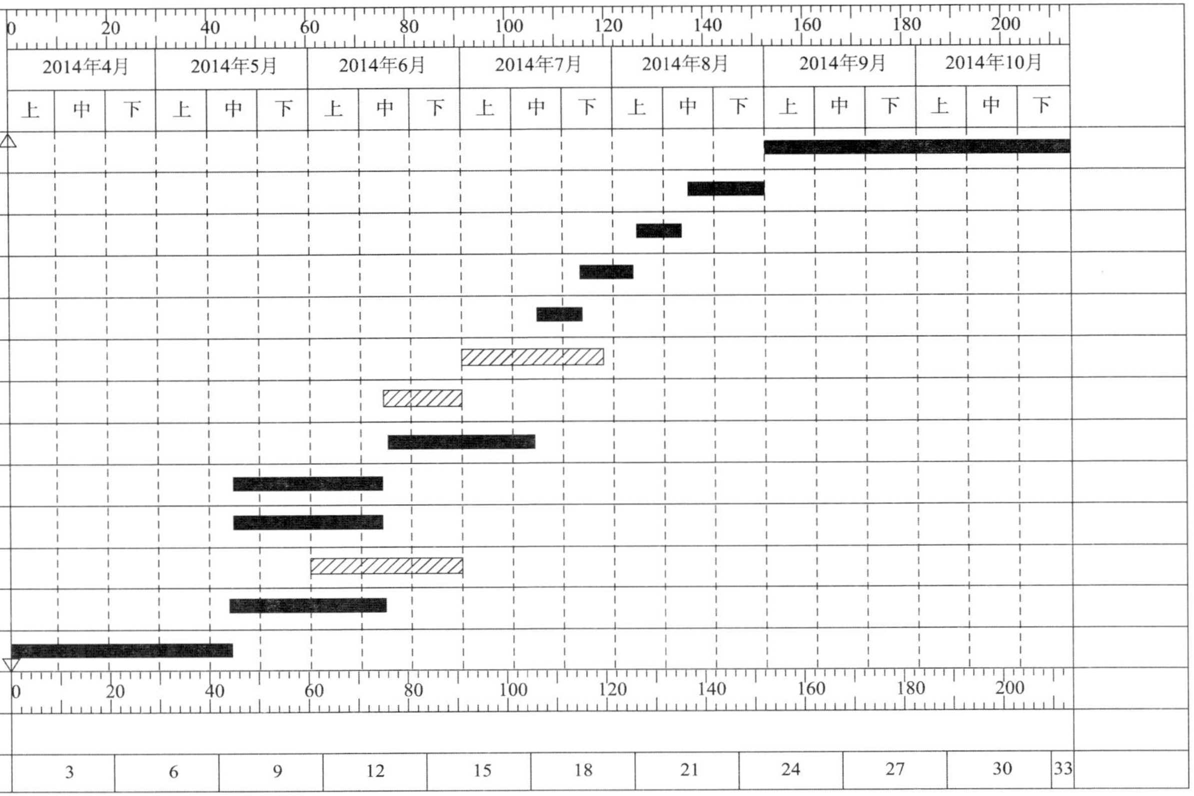

图 34-26　新建哈齐铁路客运专线变电工程施工进度横道图

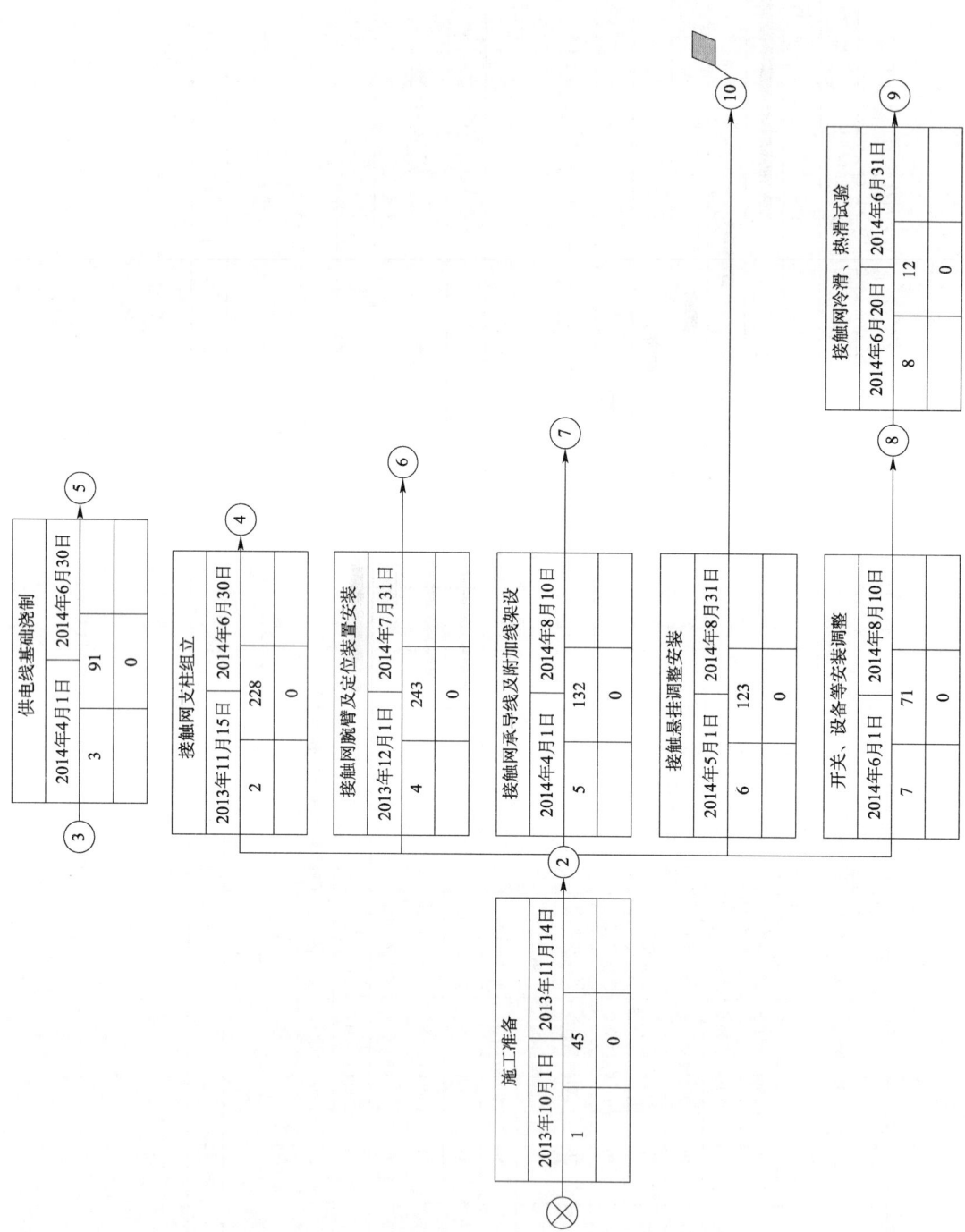

图 34-27 新建哈齐铁路客运专线接触网工程施工进度横道图

序号	工作名称	持续时间(d)	开始时间	结束时间
1	室外设备接线	31	2014年8月1日	2014年8月31日
2	室外设备安装	61	2014年6月1日	2014年7月31日
3	灯塔箱式变安装	50	2014年6月1日	2014年7月20日
4	灯塔、箱式变等设	78	2014年4月15日	2014年7月1日
5	室外灯塔、箱式变	76	2014年4月1日	2014年6月15日
6	室外电缆敷设	61	2014年5月16日	2014年7月15日
7	室外电缆沟开挖	45	2014年4月1日	2014年5月15日
8	联调联试及验收交	61	2014年9月1日	2014年10月31日
9	配合通信、信号专	15	2014年8月17日	2014年8月31日
10	设备系统调试	16	2014年8月1日	2014年8月16日
11	设备单体调试	31	2014年7月1日	2014年7月31日
12	远动设备接线	15	2014年6月16日	2014年6月30日
13	远动设备安装	15	2014年6月1日	2014年6月15日
14	室内电缆接线	61	2014年5月16日	2014年7月15日
15	室内电缆敷设	31	2014年5月1日	2014年5月31日
16	室内设备安装	30	2014年4月1日	2014年4月30日
17	室内设备支架安装	31	2014年3月1日	2014年3月31日
	进度标尺			
	工程周			

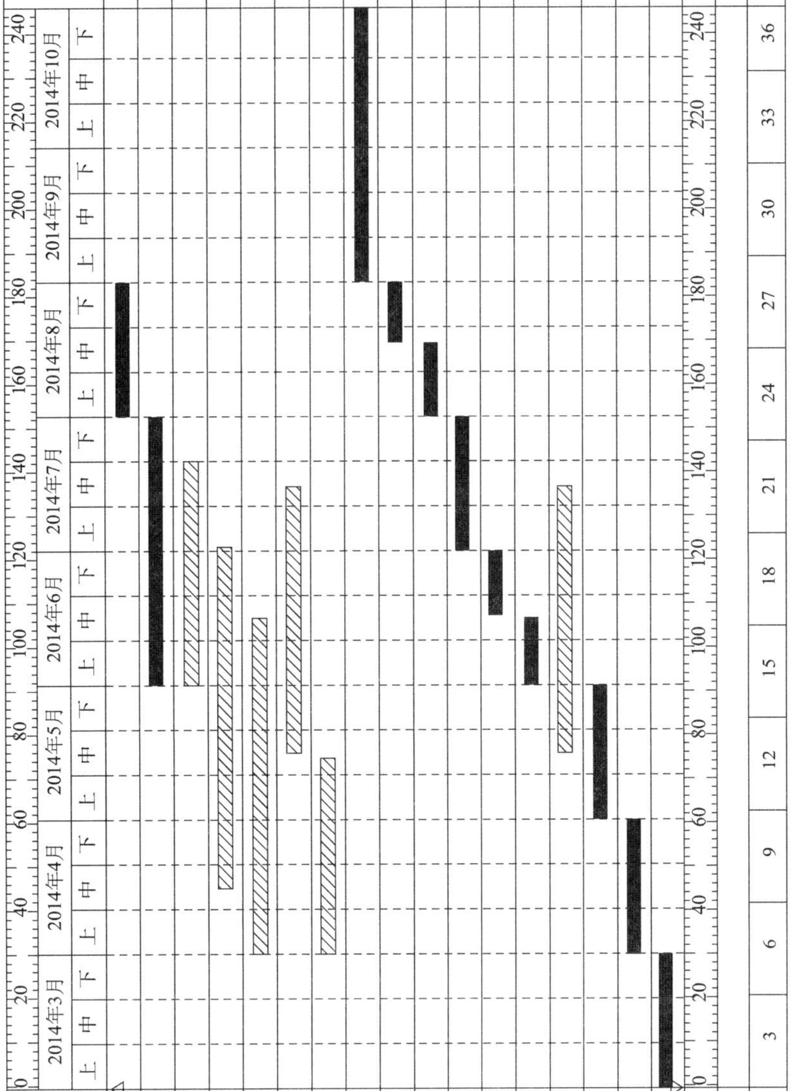

图34-28 新建哈齐铁路客运专线电力工程施工进度横道图

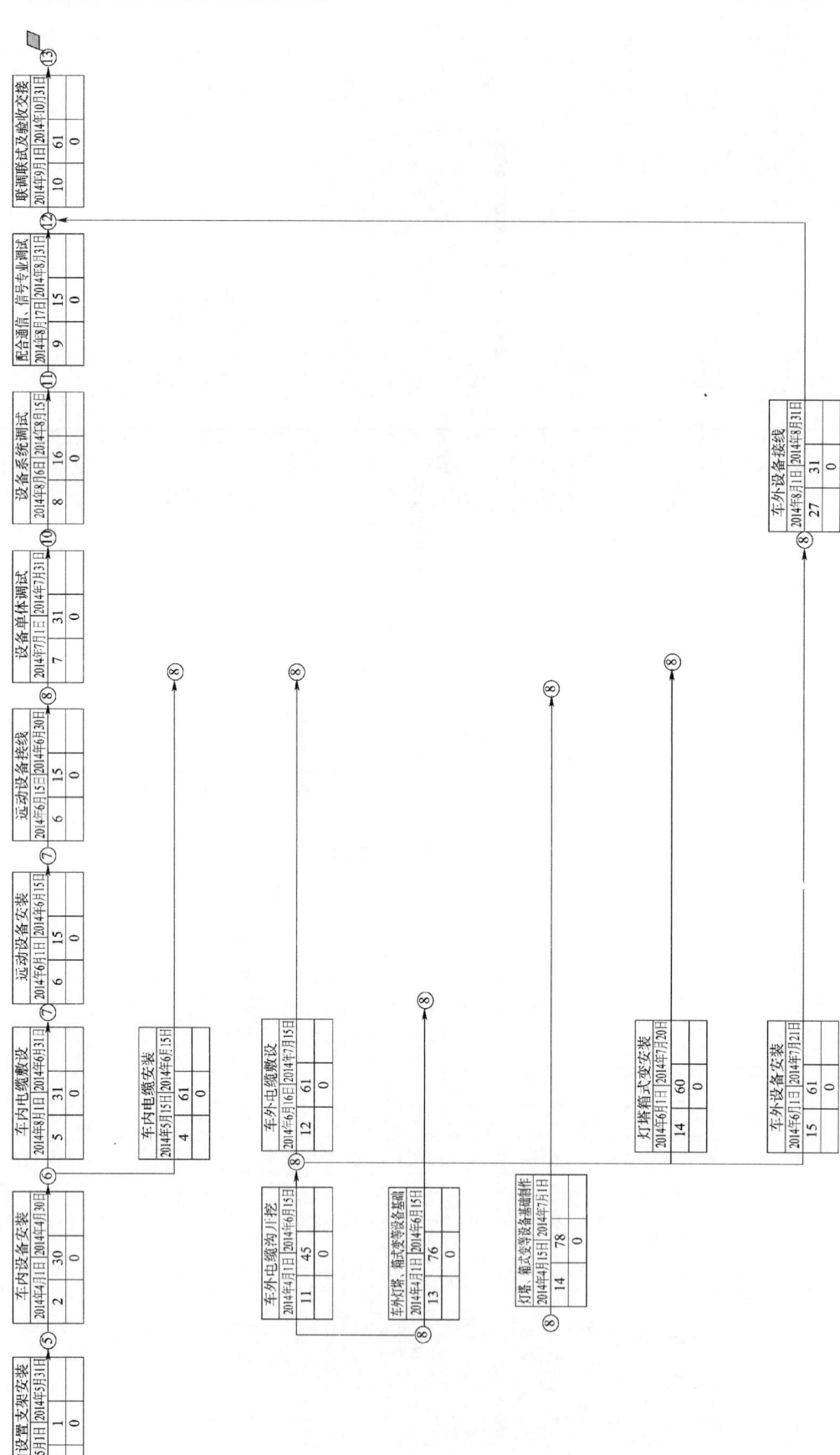

图 34-29 新建哈齐铁路客运专线电力工程施工进度网络图

标识号	ℹ	任务名称	工期	开始时间	完成时间
1	▦	工程开工日期	0工作日	2013年10月1日	2013年10月1日
2	▦	施工准备	5工作日	2013年10月1日	2013年10月5日
3		房屋基础	41工作日	2013年10月6日	2013年11月15日
4	▦	土方开挖	20工作日	2013年10月6日	2013年10月25日
5	▦	基础工程	37工作日	2013年10月10日	2013年11月15日
6		主体、屋面、门窗及装修工程	239工作日	2013年10月15日	2014年6月10日
7	▦	主体工程	199工作日	2013年10月15日	2014年5月1日
8	▦	屋面工程	182工作日	2013年11月10日	2014年5月10日
9	▦	门窗工程	187工作日	2013年11月10日	2014年5月15日
10	▦	室内装修工程	212工作日	2013年11月1日	2014年5月31日
11	▦	室外装修工程	183工作日	2013年12月10日	2014年6月10日
12		水电暖通设备安装工程	290工作日	2013年10月15日	2014年7月31日
13	▦	水电暖通预留预埋	198工作日	2013年10月15日	2014年4月30日
14	▦	水电暖通设备安装	83工作日	2014年5月10日	2014年7月31日
15		附属及配套工程	293工作日	2013年10月6日	2014年7月25日
16	▦	土方工程	71工作日	2013年10月6日	2013年12月15日
17	▦	围墙工程	86工作日	2014年5月1日	2014年7月25日
18	▦	道路、硬化面工程	86工作日	2014年5月1日	2014年7月25日
19	▦	电缆沟工程	32工作日	2014年4月30日	2014年5月31日
20	▦	清理现场及调试	22工作日	2014年7月15日	2014年8月5日
21	▦	静态验收	31工作日	2014年8月1日	2014年8月31日

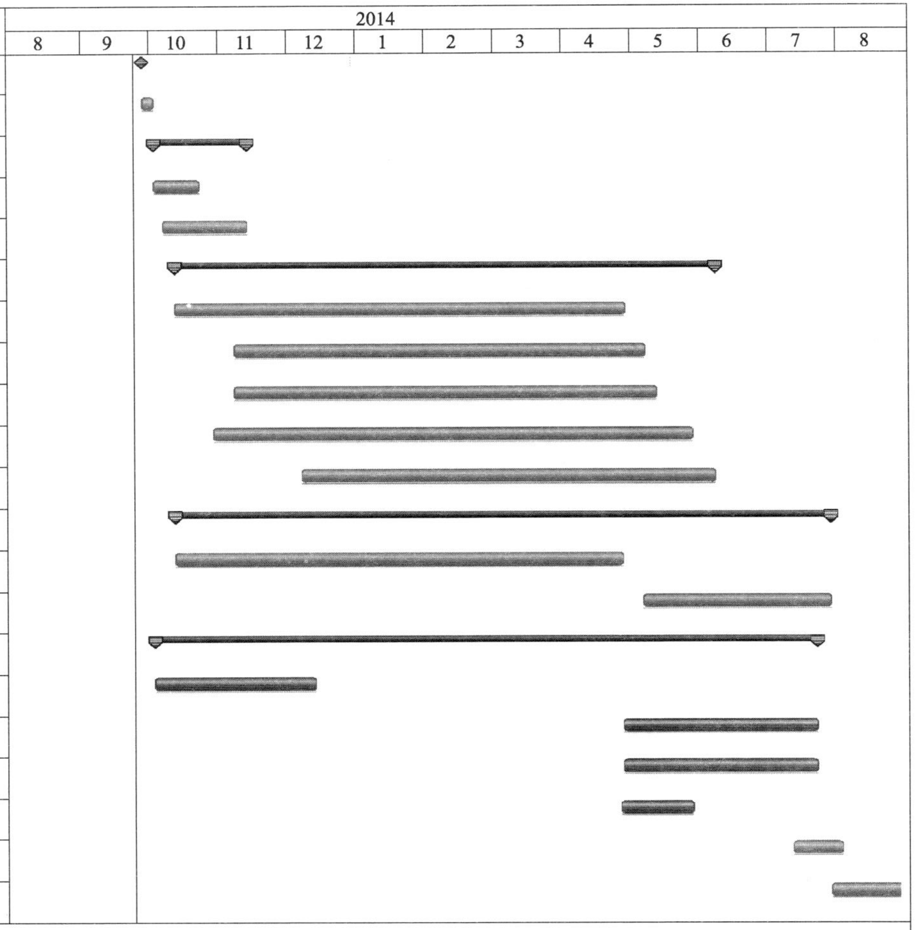

任务　关键任务　里程碑 ◆　摘要　项目摘要

图 34-30　新建哈齐铁路客运专线房建工程施工进度横道图

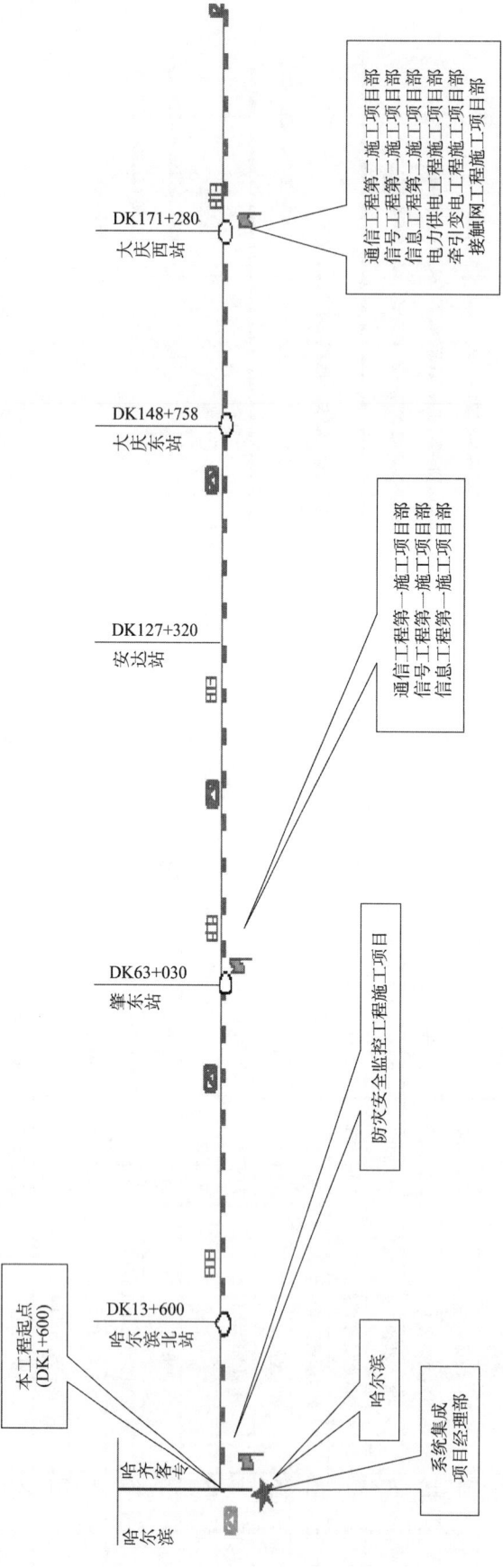

图 34-31

第35章 案例16——宝鸡至兰州铁路客运专线兰州枢纽工程施工组织设计

35.1 编制说明

35.1.1 编制依据

(1)新建宝鸡至兰州铁路客运专线兰州枢纽工程(BL-LZSN-2标段)施工合同;
(2)工程施工图纸;
(3)相关的规程、规范、标准、法律法规;
(4)集团公司《质量、环境和职业健康安全质量管理手册》《程序文件汇编》和相关文件;
(5)本公司施工工法和科技示范工程;
(6)本公司现有施工力量、技术能力和机械设备;
(7)本公司同类工程施工经验。

35.1.2 编制范围

兰州西站站房工程。

35.2 工程概况

35.2.1 设计概况

35.2.1.1 总体简介

兰州西站位于兰州市七里河区,处在兰州市中心地带,车站北侧为城市公路主干道西津西路,南侧为建西西路。兰州西站站房建筑面积99963m^2,呈"工"字形布置,分为南站房、北站房及中部高架候车区,地下一层,地上两层。地下一层为南北城市通廊及出站厅,兰州市轨道交通2号线位于地下一层正下方,沿站房中线南北向贯穿,地上一层为进站大厅,地上二层为高架候车层。

站房中心里程DK1039+157,轨顶高程1542.1562m,南北站房之间站场规模为13台26线,由北向南依次为普速场6台13线、高速场7台13线,其中正线2条;北设550m×18m×1.25m基本站台一座,南设550m×12m×1.25m基本站台一座,550m×12m×1.25m中间站台11座。

兰州西站效果图如图35-1所示,鸟瞰图如图35-2所示。

35.2.1.2 建筑设计概况

1)建筑设计简况

兰州西站平面主要采用南北地上进站、高架候车、地下出站的功能格局,旅客流线采用"南北进站"和"上进下出"的方式;根据站房的功能和城市既有的规划条件,建筑的主要功能分区大致为三层,局部设夹层。

图 35-1　兰州西站效果图

图 35-2　兰州西站鸟瞰图

2）建筑设计概况

详见表 35-1。

建 筑 设 计 概 况　　　　表 35-1

序号	项目	内容					
1	建筑功能	特大型交通枢纽建筑,集铁路、地铁、公交、出租等市政交通设施为一体					
2	建筑面积(m²)	站房工程总面积	99963	出站层	23722	其他	南北城市通廊	19930
				站台层	19678		出租车道引入工程	14778
				高架层	56563		无站台柱雨棚	102000
3	建筑层数	地下一层,地上两层,局部夹层			地下出站层,地面进站层,高架候车层及办公、商业等夹层		
4	建筑层高(m)	出站层	10.5				
		基本站台层	9.7				
		高架候车层	29.85	候车厅一层	6.1		
				夹层至檐口	13.5		
				檐口至屋顶	10.25		
5	建筑高度(m)	室内外高差	0.3	±0.000 相当于绝对高程 1543.4661m			
		站房檐高	39.55				
		雨棚	10.45				
		基底高程	-12.35				
6	门窗	建筑外窗采用隔热铝合金型材,玻璃为中空钢化 LOW-E 玻璃,内门窗采用普通铝合金型材。进站厅主要出入口采用地弹玻璃门,车站办公用房采用木门,贵宾候车室采用高级实木门。票据室、财务室、出纳室等其他重要房间门设防盗门。设备用房按要求采用钢质防火门					

续上表

序号	项目		内容
7	建筑保温		站房金属屋面采用50mm+50mm厚48kg/m² 厚离心玻璃棉毡，双层错缝搭接。铝板幕墙与围护墙体间采用100mm厚岩棉板保温
8	防水工程	地下室 防水等级	I级
		地下室 防水作法	地下室底板和外墙、有覆土的顶板均采用C35防水混凝土自防水，混凝土抗渗等级为P6，外贴4厚沥青基聚酯胎预铺卷材
		屋面 防水等级	站房主体屋面为一级，雨棚为二级
		屋面 防水作法	站房金属屋面：0.9mm厚65/400型氟碳涂层直立锁边铝镁锰合金屋面板，内置防水膜。雨棚金属屋面：0.9mm厚65/400型氟碳涂层直立锁边铝镁锰合金屋面板，下层板为0.8mm厚压型钢板，两层板间设置防水透气膜
		卫生间等有防水要求房间 防水作法	在地面找平的基层上做聚氨酯防水涂料两道每道厚1.5mm，有防水要求的墙面做1.5mm厚聚合物水泥基复合防水涂料防水层
9	装饰工程	顶棚 铝合金顶棚	出站厅、城市南北联系通廊、售票厅、出租车道上客平台、进站大厅、进站广厅、高架候车厅等
		顶棚 涂料顶棚	库房、机房、水泵房、配电房、出租车道、行包通道等
		顶棚 石膏板吊顶	检票大厅、走廊、办公用房等
		内墙面 干挂花岗岩墙面	出站厅、城市南北联系通廊、售票厅、出租车道上客平台、进站大厅、贵宾候车室门厅、进站广厅、高架候车厅、贵宾休息室等
		内墙面 涂料墙面	值班室、库房、配电间、出租车道、行包通道等
		内墙面 吸音墙面	空调机房、通风机房、水泵房、消防控制室、信息机房、票务机房、综合监控室、通信机械室等
		内墙面 面砖、玻化砖墙面	检票、补票大厅，卫生间、走廊、售票室、检票员室、车站办公用房等
		楼地面 磨光花岗石地面	出站厅、城市南北联系通廊、售票厅、进站大厅、进站广厅、高架候车厅等
		楼地面 细石混凝土地面	库房、空调机房、通风机房、水泵房、加压泵房等
		楼地面 地砖地面	检票、补票大厅，卫生间、办公室、休息室、会议室、办公门厅、广播公区用房、车站办公用房等
		楼地面 水泥基自流平地坪	行包库、行包通道
		楼地面 防静电架空地板	售票室、信息配线及设备间、弱点设备间、计算机房、行包窗口、配电间、信息机房、票务机房等
		外立面 玻璃幕墙	采用LOW-E中空玻璃8+12A+8和LOW-E中空夹胶玻璃8+12A+8+1.52PVB+8
		外立面 石材幕墙	采用30mm厚花岗岩
		外立面 金属幕墙	采用3mm厚铝单板

35.2.1.3 结构设计概况

结构设计概况见表35-2。

结构设计概况　　　　表35-2

序号	项目		内容
1	结构形式	基础	站房柱下独立承台基础,采用钻孔灌注桩; 雨棚柱下独立承台基础,采用钻孔灌注桩
		主体结构	站房部分采用现浇钢筋混凝土框架结构+钢结构夹层+钢结构屋盖结构体系,屋盖主结构采用正交空间管桁架结构;雨棚屋架为钢桁架结构
2	地基	地基类型	天然地基,部分地基做加固处理
		地基持力层	桩端持力层为卵石层
3	混凝土强度等级	桩、承台、基础梁	承台混凝土采用C35,与地铁底板结合处的承台采用C40,桩身混凝土采用C30
		基础梁、底板	基础梁混凝土采用C35
		梁、柱、板、墙、钢管柱	普通混凝土柱混凝土为C40,桥梁柱为C50; 普通混凝土梁为C35,预应力混凝土梁为C50; 板混凝土为C35; 侧墙混凝土为C35; 雨棚钢管柱内灌C40微膨胀混凝土,站房钢管桩内灌C50微膨胀混凝土; 构造柱、压顶梁、过梁、栏板等主要采用C30
4	钢筋类别		HPB235、HPB300、HRB335、HRB400
5	钢筋连接		≥18mm的钢筋采用直螺纹连接,其余采用绑扎搭接
6	型钢、钢板、钢管		无站台柱雨棚钢材采用Q345C、Q235C,商业夹层及屋面钢材选用Q345C
7	抗震设防	抗震设防烈度	8度　　　场地类别　　　Ⅱ类
		结构安全等级	南、北站房一级,雨棚二级　　抗震等级　　框架结构一级,钢结构二级
8	建筑耐火等级		站房地下部分耐火等级为一级; 站房地上部分及雨棚耐火等级为二级
9	砌筑工程		非承重外围护墙:±0.000以下采用200mm厚MU10实心混凝土小型砌块,M10水泥砂浆砌筑; ±0.000以上采用200mm厚MU10小型混凝土砌块,M10水泥砂浆砌筑; 非承重内墙:±0.000以下采用200mm厚MU10实心混凝土小型砌块,M10水泥砂浆砌筑, ±0.000以上采用200mm厚蒸压加气混凝土砌块(B06级),M7.5水泥砂浆砌筑

35.2.1.4 专业设计概况

1)电力系统

电力系统见表35-3。

电力系统　　　　表35-3

序号	系统名称	设计概况
1	变配电系统	采用10kV电源供电,在兰州西站站房内新建10kV配电所两座,各由站区10kV配电所引接2路10kV专线电源,供车站动力照明使用
2	动力配线	380/220V电源从变电所采用放射式与树干形式相结合的方式引至各用电点,主要配电干线沿出站层电缆桥架(线槽)引至各电气竖井,支线穿钢管敷设
3	照明系统	照明分为一般照明、应急疏散照明、广告照明和建筑景观照明。本站设智能照明系统一套,对候车室、进出站大厅及公共区域等非应急照明及建筑景观照明等采用智能照明控制系统控制,由楼宇控制中心统一管理,在火灾事故时,疏散照明及备用照明皆自动转换为受火灾自动报警系统监控,由消防联运信号强制控制其开启,以保证消防安全

续上表

序号	系统名称	设计概况
4	防雷、接地系统	本工程为二级防雷,结合屋面金属架构设置避雷网作为接闪器,利用钢结构柱、混凝土结构柱内主筋作为防雷引下线,建筑物内所有金属结构,外墙金属门窗,玻璃幕墙,铝板金属支架等均与防雷引下线可靠连接
5	火灾自动报警(FAS)	本工程设置FAS系统,实现对整个站房火灾自动监测与报警及消防设备的联运控制,及时排除灾害,组织指挥抢险救援工作。 在地面层设消防控制室,作为火灾报警系统控制指挥中心。FAS系统采用集中式火灾自动报警系统
6	设备监控系统(BAS)	本工程设置BAS系统,实现对站房内通风、空调、照明、排水、电扶梯等设备运行状态的监控,系统主机设置在消防控制室。BAS系统采用分布式系统结构,即现场分散控制、控制室集中管理的组成模式

2)客服系统

客服系统见表35-4。

客 服 系 统　　　　　　　　　　　　　　　　　　　表35-4

序号	系统名称	设计概况
1	票务系统	本工程设置一套车站级票务系统,接入新建的铁道部客专票务数据中心系统
2	旅客服务系统	本系统以车站级施旅服集成管理平台为核心,实现对车站各旅客服务子系统的集中监视和控制、信息共享和功能联动,并预留与客服区域中心(不包含在本次设计范围中)联网的备件

3)智能建筑

智能建筑见表35-5。

智 能 建 筑　　　　　　　　　　　　　　　　　　　表35-5

序号	系统名称	设计概况
1	机电设备监控系统	本系统具有PID调节控制功能、逻辑控制和模式控制功能。对站内通风空调系统、给排水系统、电扶梯系统等各种机电设备实现监视和控制
2	智能照明系统	本工程车站智能照明系统依据车站实际到发车次、日照时间,以及车站本身结构特点,将照明区域细化,每个区域分别设置相应的照明模式,由系统自动判断各种状态,启停灯光,同时保留了原有手动操作模式,多路并行,双机热备,提高了系统的可靠性
3	办公管理信息系统	本工程在兰州西站房的地下一层出站厅办公区域、高架售票及办公夹层、候车厅办公区域构建办公管理信息系统计算机网络
4	公安管理信息系统	在进出站口、公安值班室设置公安专用管理信息系统计算机网络
5	综合布线系统	站房设置综合布线系统,每个工作区信息点设置原则:站房办公区按1个信息点/10m²。语言与数据信息点按1:1配置

4)给水排水系统

给水排水系统见表35-6。

给 水 排 水 系 统　　　　　　　　　　　　　　　　　　　表35-6

序号	系统名称	设计概况
1	生活给水系统	生活用水由西站供水系统供给,管道呈枝状布设,采用下行上给式,南北各设一给水引入管
2	生产给水系统	冷却塔置于站房外广场,由西站供水系统供水
3	热水系统	采用分散设置电热水器的方式供应热水

续上表

序号	系统名称	设计概况
4	饮用水系统	各候车室均设饮水间供应饮用水
5	污废水系统	采用污废合流的管道系统。地下污水提升排放。站台层采用重力流排出,高架候车厅采用重力流排出。地下出站通道、行包通道设明沟集水排放
6	雨水排水系统	站房屋面采用虹吸式排水。站台雨棚采用半有压流排水,游客平台采用虹吸式排水半有压排水方式

5) 消防系统

消防系统见表 35-7。

消防系统　　　　　　　　　　　　　表 35-7

序号	系统名称	设计概况
1	消火栓系统	采用临时高压制。管道呈环状布置,环管管径为 200mm
2	自动喷水灭火系统	系统采用临时高压制。管道呈枝状布置
3	消防炮系统	高架候车厅设置。系统采用高压制,管道呈环状布置
4	气体灭火系统	站房内信息机房等采用柜式全淹没七氟丙烷气体灭火系统

6) 通风与空调采暖

通风与空调采暖见表 35-8。

通风与空调采暖　　　　　　　　　　表 35-8

序号	项目	设计概况
1	冷热源	夏季采用电制冷冷水机组+冷却塔方式提供空调冷水,冬季利用城市热网高温热水经板式换热提供空调热水及采暖热水。水系统为两管制变流量系统
2	空调末端、采暖形式	高架层候车大厅等高大空间,空调末端采用分层空调形式,冬季优先采用低温地板采暖系统供暖。站台层候车大厅等大空间采用全空气系统。管理办公用房等采用风机盘管加新风系统。贵宾室设置独立的空调系统。通信、客运等用房设置自带冷热源的机房专用空调系统
3	通风系统	地下出站层南北联系通道设置机械排风及机械补风系统。柴油发电机机房设置机械通风系统。变电所、气体灭火设置机械通风系统。冷热源机房、水泵房等分别设置独立通风系统

35.2.1.5　工程典型平、剖面图

工程总平面图、典型剖面图分别如图 35-3、图 35-4 所示。

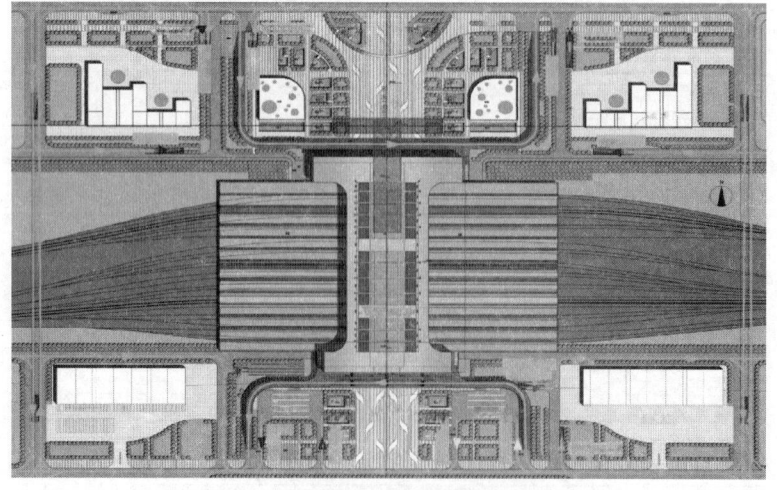

图 35-3　工程总平面图

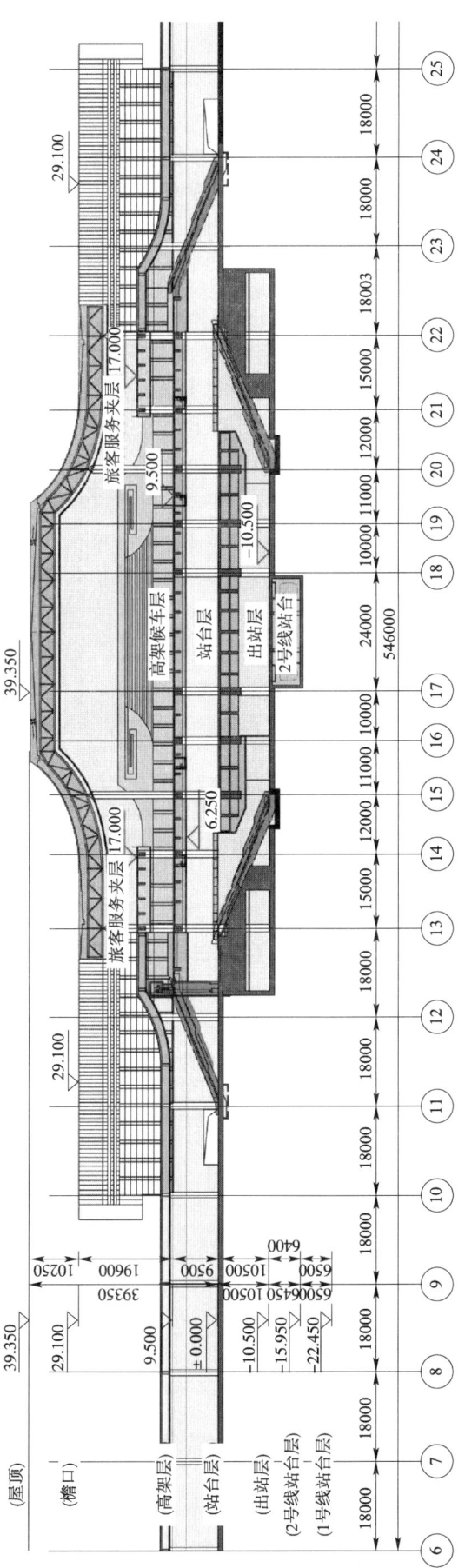

图 35-4 典型剖面图（尺寸单位：mm）

35.2.2 工程现场条件

35.2.2.1 施工用地及水、电等条件

施工现场征地拆迁基本完成,工程位于原有兰州西车辆段院内,车辆段已经全部搬迁,剩余部分办公、生产用房可供施工使用。施工用电由车辆段配电室引出,施工用水由市政管网引入。

35.2.2.2 施工现场的具体情况

1)地质特征

施工场地位于兰州市七里河区内,地貌单元属黄河南岸Ⅱ级阶地,地形较平坦,场地整体高程介于1538.31~1543.60m,地层以第四系堆积物为主,上部为填土层及粉土层,其下为大厚度卵石层。本次勘察深度范围内,拟建场地地层自上而下依次分布有填土层、黄土状粉土层。填土层(Q_4^{ml}):厚度0.6~2.81m,黄褐色-褐色,土质不均匀,以粉土为主,含三七灰土、混凝土块、砖块、煤渣、生活垃圾等,稍湿,松散-稍密。黄土状粉土层(Q_4^{al+pl}):埋深0.6~2.81m,厚度16.4~20.6m,总体呈北薄南厚分布,层面高程1537.45~1542.76m。褐黄色,土质较均匀,孔隙较发育,见有少量垂直裂隙,无光泽,干强度低,韧性低,摇振反应中等,稍湿,稍密。局部夹有褐红色粉细砂夹层及青灰-黑灰色,夹有黄色条带粉质黏土层。场地土黄土状粉土层具湿陷性,湿陷带分布深度8.00~18.50m,湿陷性系数δ_s=0.001~0.086,自重湿陷性系数δ_{zs}=0.001~0.048,自重湿陷带分布深度3.50~8.00m。计算总湿陷量在270.0~328.5mm,自重湿陷量262.50~356.25mm,属Ⅱ级自重湿陷性土层。

该场地黄土状粉土层压缩性很不均匀,表层1.0~8.0m压缩性系数α_{1-2}=0.52~0.91MPa^{-1},平均值0.69MPa^{-1},呈高压缩性;8.0~20.0m压缩性系数α_{1-2}=0.09~0.43MPa^{-1},平均值0.20MPa^{-1},呈中压缩性。

2)水文特征

在勘探过程中未见到稳定地下水位,但部分钻探显示,20.0m以下粉土呈饱和状态。

3)地震基本烈度

本场地抗震设防烈度为8度,设计按9度考虑,设计基本地震加速度值为0.20g,设计地震分组为第三组。根据场地地层岩性等工程地质条件,遵照《建筑抗震设计规范》(GB 50011—2010)的规定,从场地土的性质和覆盖层厚度判定,场地类别可划分为Ⅱ类,场地无液化土层,属建筑抗震有利地段。

4)气象特征

工程所在地在兰州市七里河区,兰州地区属于大陆性半干旱气候区,昼夜温差大,降水量少,蒸发量大,7、8、9月为雨季,年极端最高气温达39.8℃,极端最低气温-21.7℃,年平均气温9.5℃,年平均降水量319.6mm,年平均蒸发量1457.7mm,年平均风速0.9m/s,瞬时最大风速29.5m/s,最大积雪深度10cm,最大土壤冻结深度103cm。

5)周边道路

本项目处于兰州市七里河区,周边道路有西津西路、建西西路,交通便利,在施工现场东北、东南、西北均有道路能够直接通到现场。但高峰期道路拥堵,施工运输需要考虑错开高峰时段。

35.2.3 工程特点、施工难点

35.2.3.1 管理重点

施工中针对工程的特点,把以下两个方面作为工程管理重点。

1)跨既有线施工防护

做好施工中既有线行车安全及施工人员安全,是本工程安全管理重点。

解决对策:在行车线附近施工,需按有关文件提出申报和审批,在取得相关部门的认可后方可施

工,施工中严格按照批准的施工计划和方案执行。为了减小南站房结构施工对兰新过渡线及回拨后北站房装饰装修对兰新线行车的影响,施工中做好隔离防护措施,并按要求上报相关部门,确保既有线安全。

2)工期短,施工任务重

施工工期短,施工任务重,是本工程的一个管理难点。

解决对策:项目部建立和完善工期管理体系,建立以项目经理为首的工期目标控制体系,对工期目标进行层层分解,明确体系中各部门的职责。加强组织领导,抓紧前期施工准备工作。建立从项目部到各作业队的调度指挥系统,建立动态网络管理,全面及时掌握并迅速、准确处理影响施工进度的各种问题。狠抓关键线路,保证重点统筹安排;在转线前,将基础、地下、地上结构、钢结构施工作为重点;在抓重点部位施工同时,将整体工程划分为南北两个施工区,分别由两个单独的施工队伍进行施工,同时在各施工区内,站房及雨棚同时在独立的区域内自行流水作业,组织均衡、连续的施工;扩大工厂化、机械化的施工程度,钢结构构件在加工厂集中生产,土石方工程一律采取机械化施工;施工时根据现场实际情况分区域展开作业。

35.2.3.2 施工重点与难点

1)桩施工

本工程站房及雨棚基础为钻孔灌注桩,桩数量多、分布广、桩径大、施工周期长,其中站房桩直径为1500mm,总根数为2013根;雨棚桩直径为700mm,总根数为836根。有效桩长从10.4m到24.5m不等,为确保桩基础施工周期,应合理配备施工机械,合理穿插施工。

2)预应力工程

本工程预应力梁跨度大,最大跨度24m,同一梁中预应力孔道较多,最多为4束,每束12根,双方向预应力孔道存在交叉,预应力梁连续跨数较多,预应力在后浇带处需要合理的分段搭接。

预应力波纹管在梁柱节点的铺设一向是预应力施工的重点和难点。在复杂梁柱节点施工之前必须对节点处钢筋、预应力筋进行三维、立体放样。

3)关键部位模板支撑体系的选择

本工程轨道层框架梁、高架候车层框架梁采用预应力梁,预应力梁最大截面尺寸达1000mm×2000mm、1500mm×2500mm、1000mm×1800mm,跨度24m,支撑高度12m,截面尺寸大,支撑高度高,且高架候车层两侧区域楼板支撑体系直接落在基坑回填土上,施工时需对该部位支撑体系进行特殊处理。

4)钢结构施工

本工程站房候车大厅屋盖系统最大跨度66m,桁架呈空间交叉型,支撑点为钢管混凝土柱。站房钢结构的安装构件多,由主桁架、联系桁架、封边桁架、次桁架、腰桁架、南北两端最外侧吊挂桁架及相应的钢梁组成。主桁架中部跨度达到66m。采用合理的施工方法进行施工确保钢结构施工安装的质量,同时保证其他专业各工序合理进行平行流水是施工重点。

5)站房及雨棚屋面板施工

本工程高架候车层站房屋面与雨棚屋面均为0.9m厚直立锁边铝镁锰合金屋面,为保证施工质量、安全,施工时必须严格按照设计图纸施工,施工前提前对屋面板及压型钢板进行抗风揭试验,验证屋面板、T码和檩条的连接可靠性,底板的压型钢板、螺钉、檩条的连接可靠性,保证线路安全,是本工程重点。同时,如何控制好屋面施工防水施工质量,尤其是细部节点的处理是确保屋面防水质量的重点。

6)装饰装修施工

本着"以人为本"的铁路发展理念,为旅客创造舒适优美的候车环境,是施工的重点。因此,室内装修要精益求精,严格控制每道施工工序,严把施工质量,同时对于装饰装修的深化设计以及细部处理要力求做到美观、实用,我单位将利用大型旅客车站的施工经验对本工程的细部节点进行妥善处理,力求做到精益求精。

35.3 施工部署

35.3.1 施工组织机构

1)施工组织机构

施工组织机构图如图 35-5 所示。

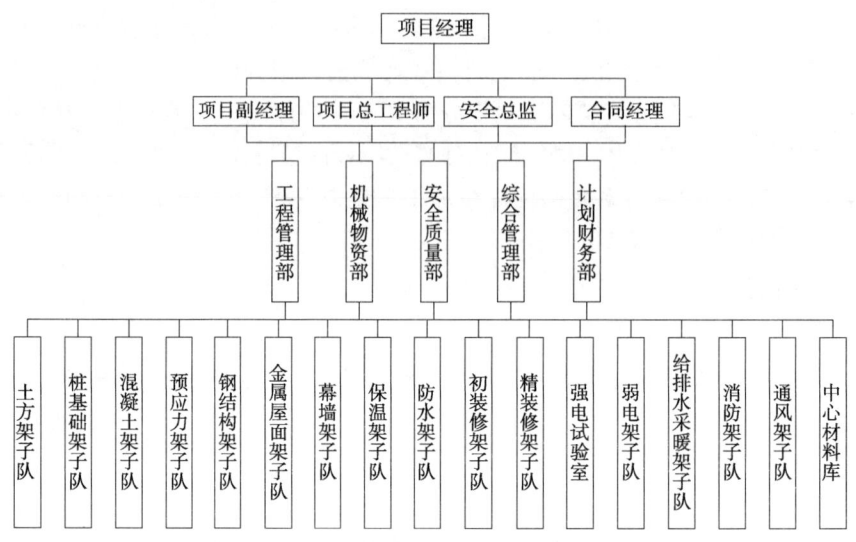

图 35-5 施工组织机构图

2)项目主要人员管理职责

项目经理:现场管理工作的具体执行人,对项目安全、质量、工期、成本负责。

项目副经理:对项目经理负责,加强内外、上下协调,合理组织施工力量,保证工程质量、安全和工期,创优质工程;协助项目经理对工程的施工进度、工程质量及质量体系的运行情况进行监督检查,定期组织对安全生产、工程质量进行检查,确保施工安全和质量体系有效运行;负责召开安全生产、质量、进度分析会,对存在的问题组织审定,制订相应的整改措施并监督检查落实。

项目总工程师:协助项目经理做好施工技术管理的各项工作,负责解决项目施工中的技术难点和重点问题;解决设计变更及洽商中的技术问题,组织工程总体施工方案及主要分部、分项施工方案编制,做好对各专业分包的技术管理。

合同经理:协助项目经理负责项目合同管理工作,主要对工程合同、工程预算、项目备实计划等商务工作进行协调管理。

安全总监:贯彻落实国家有关安全生产法律法规和标准;组织制定本项目安全生产管理制度并监督实施;编制项目生产安全事故应急救援预案并组织演练;保证项目安全生产费用的有效使用;开展项目安全教育培训;

综合管理部:负责本项目部内务后勤工作、环境保护工作等。全面落实对外和对内管理工作。

工程管理部:负责编制工程施工组织设计,对特殊过程编制作业指导书,对关键工序编制施工方案,对分项工程进行技术交底,组织技术培训,办理工程变更,及时收集整理工程技术档案,组织材料检验、试验、施工试验和施工测量,检查监督工序质量,调整工序设计,并及时解决施工中出现的技术问题。负责组织施工组织设计实施,制定生产计划,组织实施现场各阶段的平面布置,安全文明施工及劳动组织安排,工程质量等施工过程中各种施工因素管理;负责各劳务分包和工程分包的协调管理。工程管理部下设中心试验室,负责项目部全部试验工作。

计划财务部:负责工程成本核算、工程资金管理,编制工程预算、决算,验收及统计等工作。

安全质量部:负责施工现场安全防护、文明施工、工序质量日常监督检查工作。负责施工现场治安保卫、防火消防和成品保护工作。

物资设备部:负责工程材料及施工材料和工具的购置、运输,监督控制现场各种材料和工具的使用情况。负责施工机械调配、进场安装及维修、保养等日常管理工作,确保机械处于良好运行状态等。

架子队队长:负责工程实施及施工现场管理,对施工的安全质量负直接责任。严格按照设计文件、施工规范、技术交底、施工工艺、实施性施工组织设计的要求组织工程施工,确保安全、质量、工期目标的实现。每天向项目副经理汇报当天的施工情况,做好各项施工原始资料的填写、签认、收集、保管、整理工作。

35.3.2 工程任务划分

1)工程任务划分

分项工程任务划分见表35-9。

分项工程任务划分　　　　表35-9

序号	工 程 项 目	分包(协作)单位
1	站房及雨棚工程	中国中铁建工集团有限公司
2	行包通道、综合管沟、南北落客平台、室外工程	中国中铁一局集团有限公司
3	土方及护坡	中国铁建二十一局集团有限公司

2)合同范围内分包计划

合同范围内分包计划见表35-10。

合同范围内分包计划　　　　表35-10

序号	分包项目	分包性质	序号	分包项目	分包性质
1	结构工程	劳务分包	3	钢结构工程	专业分包
2	防水工程	专业分包	4	预应力工程	专业分包

3)工程设备材料采购分工

工程设备材料采购分工见表35-11。

工程设备材料采购分工　　　　表35-11

序号	设备、材料名称	负责单位	备 注
1	空调设备	建设单位	甲供
2	电梯、扶梯	建设单位	甲供
3	钢材	施工单位	按分工各单位自采
4	混凝土	施工单位	按分工各单位自采
5	钢结构	施工单位	按分工各单位自采

35.3.3 工程目标

35.3.3.1 工程质量目标

严格遵守国务院颁发的《建设工程质量管理条例》(国务院令第279号)、《铁路建设工程质量管理规定》(铁道部令〔2006〕25号)及国家和铁道部现行的工程质量验收标准。检验批、分项、分部工程施工质量检验合格率100%,单位工程一次验收合格率100%。

创优目标:创甘肃省"飞天奖""鲁班奖"。

35.3.3.2 工期指标

根据总体要求,开工日期为2013年2月28日,竣工日期为2016年2月27日,南北站房及雨棚在 2014 年 12 月 31 日完成。其中全部生产房屋提供四电设备安装日期为 2014 年 5 月 30 日,装修装饰工程完成日期为 2014 年 12 月 31 日。

35.3.3.3 安全目标

严格贯彻执行《中华人民共和国安全生产法》《建设工程安全管理条例》。坚持"安全第一,预防为主"的方针。建立健全安全生产责任制,制定严密的安全保证体系和措施,确保全体施工和相关人员无人身重大伤亡责任事故,年度轻伤频率控制 3‰内。

35.3.3.4 文明施工目标

创建甘肃省安全文明工地,确保不发生影响社会治安的案件。

35.3.3.5 环保

环保、水保本着"三同时"原则与工程本体同步实施。符合国家、铁道部及地方政府有关环保、水保的标准,在施工过程中严格按照国家有关部委批复的环保、水保方案实施,确保工程所处的环境不受污染和通过国家验收。

35.3.4 施工部署及总体施工顺序

(1)首先进行现场的临时设施的施工,同时进行桩基础施工。

(2)站房先进行桩基础及地铁逆筑支护桩施工,然后进行出站层结构施工,之后依次进行站台层、高架候车层结构施工。

(3)兰州西客站主要由站房和两侧雨棚组成,根据平面布局划分为 5 个区域,分为别北站房 N 区、中间高架通廊 C 区、南站房 S 区、西侧雨棚 W 区、东侧雨棚 E 区。

(4)根据现场施工条件,先进行 N 区和 C 区南部分施工,在 C 区站房具备条件后由两侧向中间推进。完成 N、C 区全部的结构后拆除塔吊,并完成雨棚与站房连接部位的钢结构。

(5)针对站房范围内轨道交通 2 号线工程,C 区 9 轴以南站房(南区)采用明挖顺做方式,N 区部分采用明挖顺做方法,C 区采用逆作法进行施工。

(6)雨棚部分先由线下单位中铁二十一局进行地基处理工作,然后我单位进行基础施工,同时进行钢结构加工,随后进行钢结构安装、装饰施工。

(7)雨棚施工阶段与线下施工单位中铁二十一局需要进行联合编制施工组织,分区段移交场地,穿插进行站场土方回填、站台墙、路基与线路等工序施工。在施工站台墙完成后,我方进行站台面施工。

(8)本工程计划分为 3 个阶段进行结构验收,分别为地下室工程、高架层结构、钢屋盖结构。验收完成拆除脚手架,插入砌筑及机电安装工程。

35.3.5 施工流水段划分

35.3.5.1 北站房区

北站房区施工考虑在基础施工阶段根据后浇带位置与地铁位置划北站房(N)、中间通廊(C)、轨道交通、出租车坡道 4 个区,共 19 个流水段。上部结构根据后浇带施工划分为 11 个流水段,具体划分如图 35-6、图 35-7 所示。

35.3.5.2 南站房区

基础阶段共分为 2 个施工区,12 个流水段。第一施工区段为 C3~C9 轴高架、出租车通道,该施工区再分为 6 个施工段;第二施工区为 C1~C3 轴和南站房,该施工区再分为 6 个施工段;轨道交通施工单独划分为 10 个流水段;地上主体结构以 C3 轴为界划分为 2 个施工区,7 个流水段。第一施工区划分为 3 个流水段,第二施工区划分为 4 个流水段。具体划分如图 35-8、图 35-9 所示。

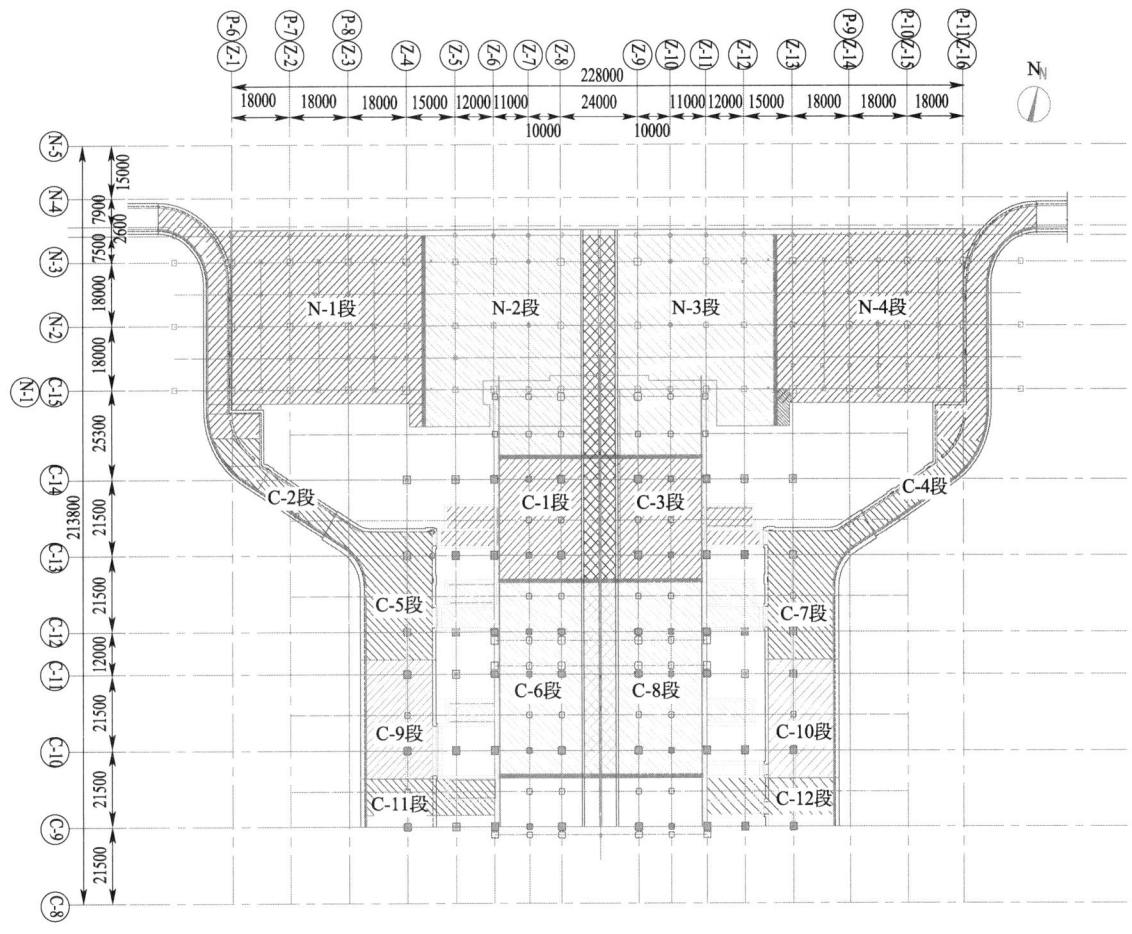

图 35-6　北站房区基础流水段划分示意图(尺寸单位:mm)

35.3.6　主要分部分项工程施工方案选择

35.3.6.1　高程引测及建筑物定位

本工程定位采用设计院交付的 CPⅡ103、CPⅡ104 点作为轴线控制及高程引测的依据。根据设计院提供的控制点,采用 GPS 对设计院提供点位进行复核,同时建立本工程的平面与高程控制网。本工程控制网建立的同时与站场施工单位的控制网进行复核,误差复核要求后报验监理与建设单位,批准后进行放线控制。本工程在场区共设置 4 个平面加密控制点、3 个高程控制点,控制桩采用混凝土浇筑,深度大于 800mm,确保其牢固稳定。

35.3.6.2　土方开挖及边坡支护

站房基坑南北长 227m,东西宽 66m,开挖深度为 5.75m。受原有建筑拆除及既有线拨移影响,土方开挖以站房 C5 轴为界分为两个施工区,即北侧为一区、南侧为二区,均采用明挖顺筑法施工。其中一区分三个阶段施工,二区分两个阶段施工。基坑北侧侧壁安全等级为一级,其余侧安全等级为二级,具体省略。

35.3.6.3　钻孔灌注桩

站房及雨棚桩基均采用钻孔灌注桩,桩径在 700～1500mm 之间不等,桩长在 14.5～17m 之间。场区内土层为黄土状粉土层、粉质黏土,大部分区域湿陷性等级为Ⅱ级自重湿陷性。施工区 20m 以下粉土呈饱和状态,地下水较深,本工程灌注桩采用干成孔工艺。

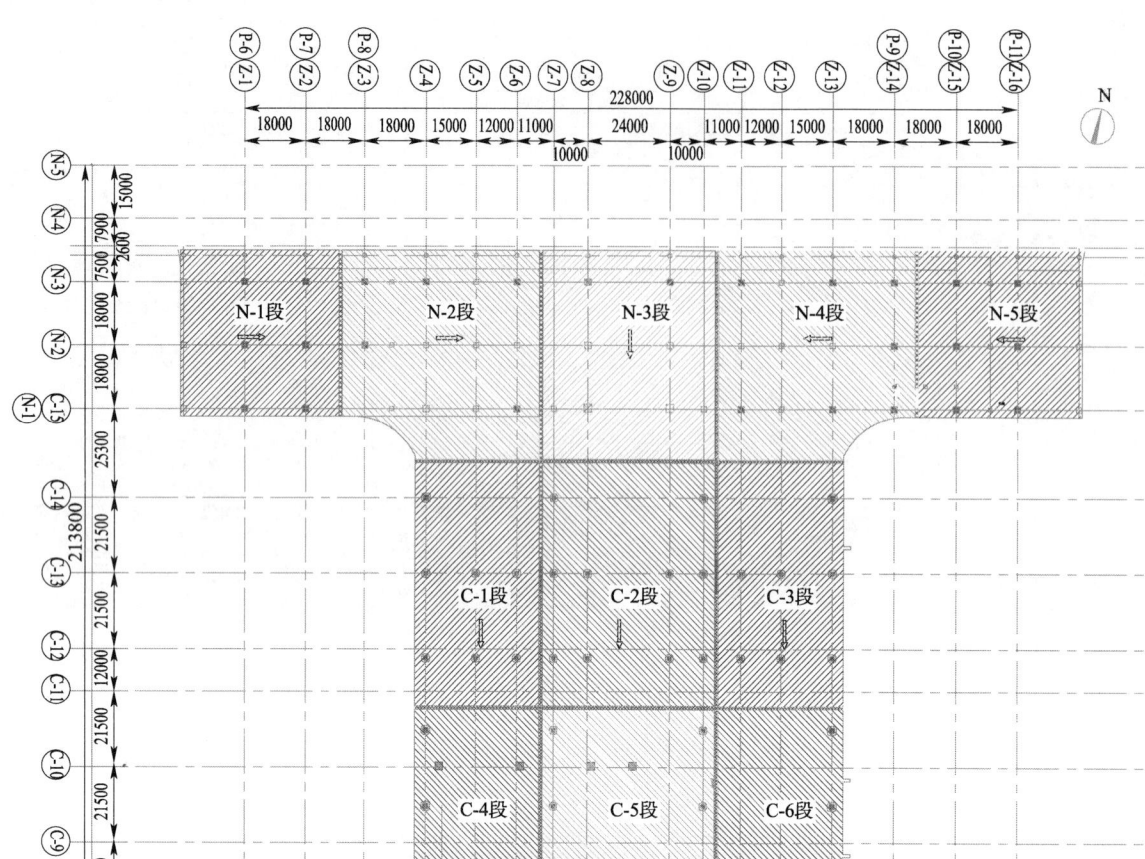

图 35-7 北站房区主体结构流水段划分示意图(尺寸单位:mm)

35.3.6.4 混凝土结构

(1) 钢筋工程:钢筋采用现场加工;直径大于18mm时采用滚轧直螺纹机械连接,其余采用绑扎搭接连接;由于轨道层梁板钢筋承受动荷载作用,使用前需由有资质的试验室进行200万次抗疲劳试验,试验合格后方可投入工程中。

(2) 模板工程:顶板、梁、墙体、楼梯、矩形框架柱均采用木模体系,多层板面板、木方龙骨;出站层及站台层圆角框架柱采用定型钢模板。

(3) 混凝土工程:本工程结构耐久性按100年考虑,需进行耐久性设计;站房钢骨柱和雨棚钢管混凝土柱采用高抛免振自密实混凝土;主体结构采用预拌混凝土,对耐久性混凝土及自密实混凝土需进行专项配合比设计及试配;混凝土垂直运输以汽车泵为主,局部地泵配合浇筑。

35.3.6.5 地铁预留段工程

轨道交通2号线位于兰州西站出站层城市通廊的底板以下,呈南北走向,区间段总长421m,区间标准段宽11.4~13.6m,基坑周长约785m,面积约为5517.7m²。基坑支护采用钻孔灌注桩加两道支撑;C9轴以南站房(南区)采用明挖顺做方式;N区部分采用明挖顺做方法,C区采用逆作法进行施工。

35.3.6.6 钢结构工程

钢结构工程主要包括钢柱及屋盖两部分。屋盖主桁架为倒三角管桁架结构,最大跨度66m,高4.75m,单构件最大重量约54t。钢构件在专业厂家加工,现场组拼。屋盖主桁架分成两段,在楼面拼装后,利用汽车吊和塔吊吊装就位,次桁架采用25t汽车吊在楼面吊装。由于桁架节点复杂,需运用数控技术对构件进行仿真加工及下料,保证拼装精度。利用有限元软件MDS800对钢结构吊装、安装、卸载等最不利工况下应力、变形分析,确保安全可靠。

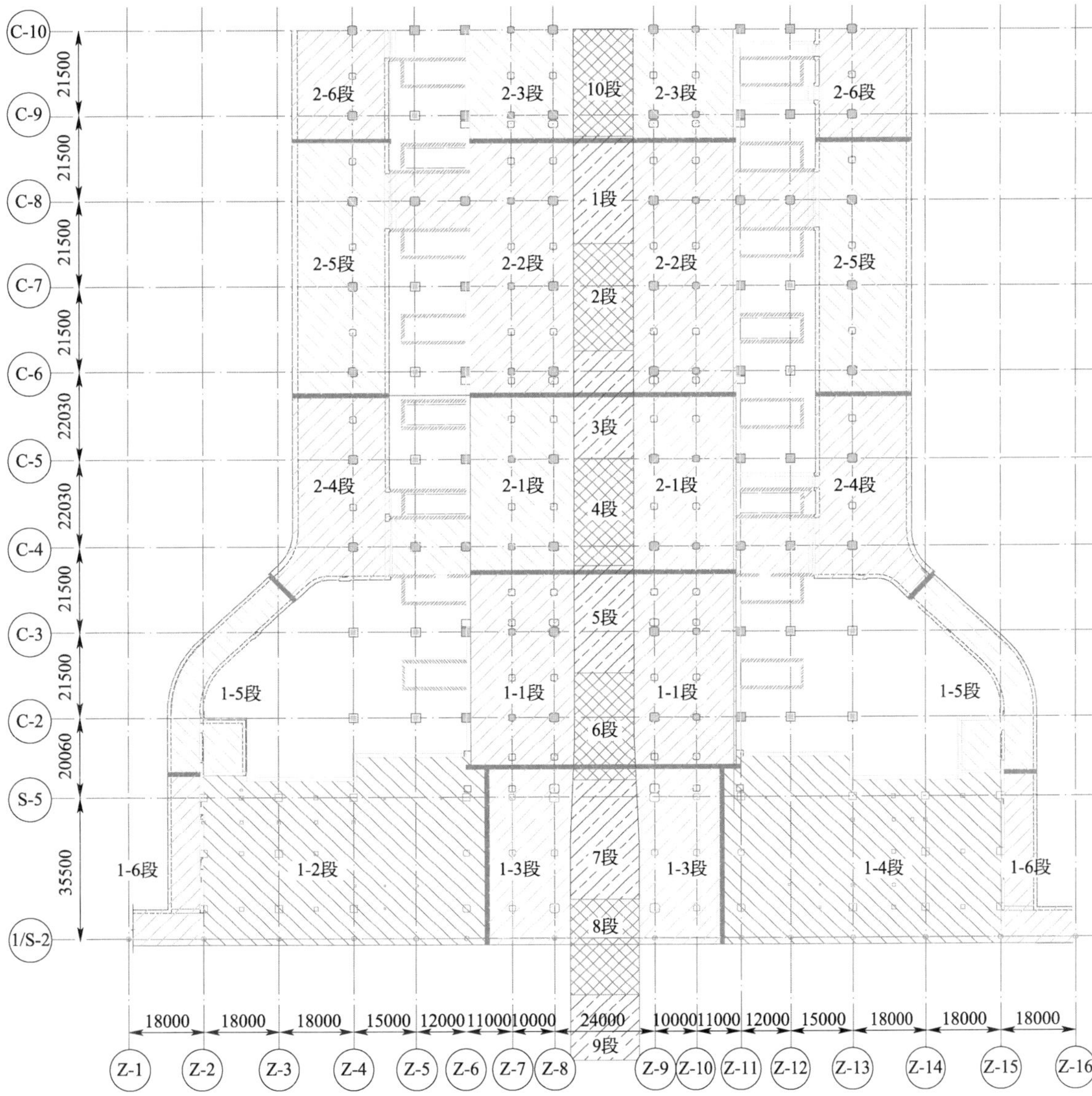

图 35-8 南站房区基础底板流水段划分示意图(尺寸单位:mm)

北站房钢结构吊装顺序:采用 2 台 150t 履带吊及塔吊进行 9.45m 高程以上钢柱及夹层吊装→采用 2 台 350t 履带吊结合 2 台 150t 履带吊进行 N3～N1 轴屋盖钢结构及檩条安装→采用 2 台 350t 履带吊进行 C15～C9 轴屋架吊装→站房屋架吊装完成后,将雨棚与站房之间预留场地部位钢结构安装完成。

南站房区受既有线影响,施工顺序为:在吊装 C10 轴的 ZHJ1 第二段和第一段之前支设临时支撑,为 ZHJ1 吊装提供安装和施工平台→吊装 C9 轴三节柱、ZHJ1 第二段及 C9～C10 轴之间的商业夹层→2 台履带吊从北往南,按照顺序从北往南依次吊装,直至完 C1 轴吊装→待过渡线改移后,吊装完成南站房屋架钢结构。

35.3.6.7 脚手架工程

梁板模板支撑系统采用碗扣式脚手架;内装修主要采用工具式脚手架,高大空间部位采用扣件式脚手架;为保证兰新正线的顺利转线,外幕墙装修需与站台层结构及装修同步进行,采用盘扣式脚手架作为外幕墙操作平台,架体搭设高度 28m,最大跨度 21.5m。

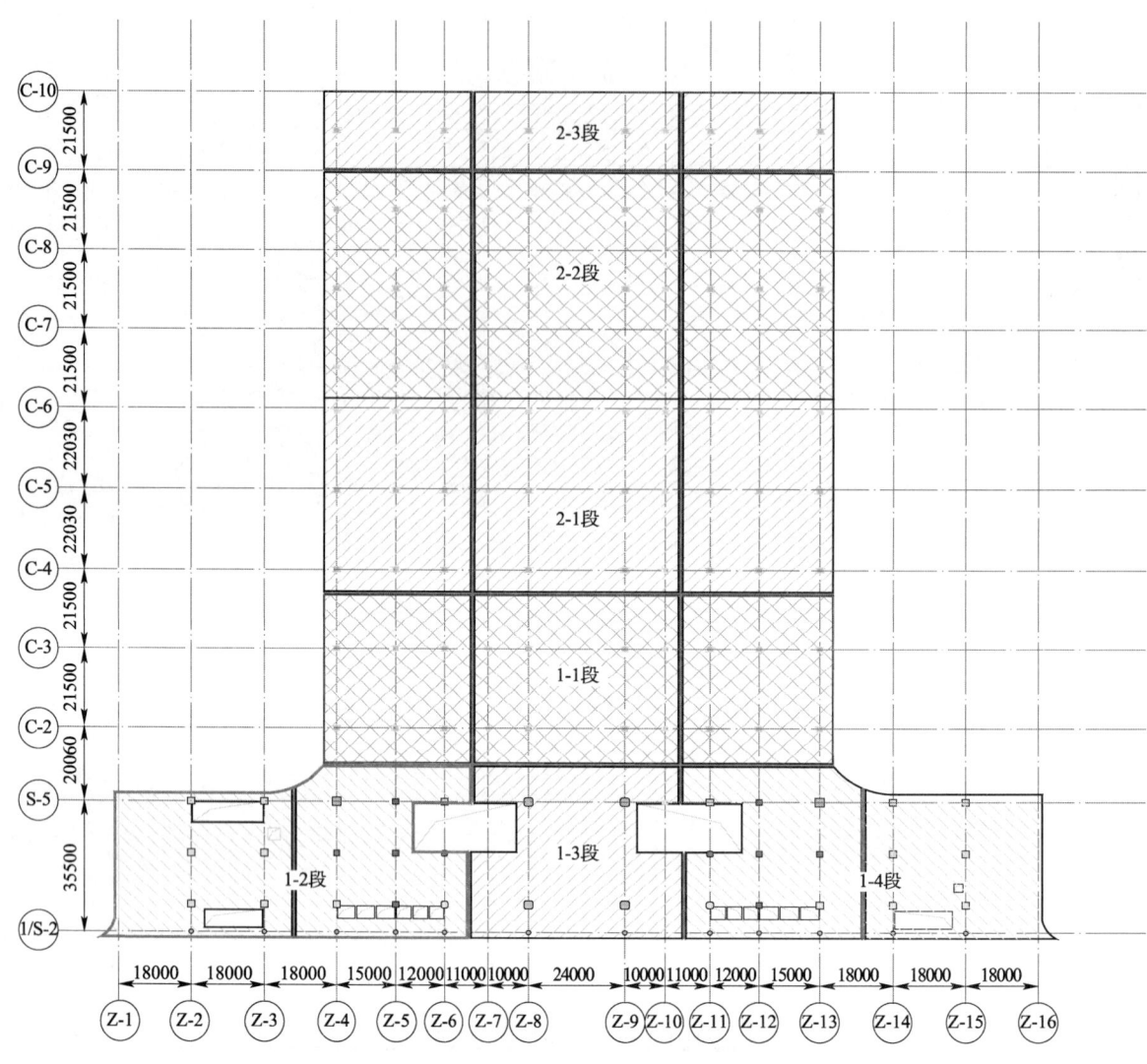

图 35-9　南站房地上主体结构流水段划分示意图(尺寸单位:mm)

35.3.6.8　幕墙工程

本工程外立面均为幕墙,石材幕墙采用背栓式连接,北立面外幕墙采用双曲面仿石铝板。铝板幕墙施工前对现场进行实测,收集数据后对双曲面进行 CAD 三维建模分析,并通过将模型拆分进行单块曲面铝板下料,保证曲面拼接角度与安装效果。

35.3.6.9　管线综合排布

兰州西站机电系统种类繁多,强弱电、给排水、通风空调等二十多个系统汇聚其中。为了各专业管线顺利敷设及保证整体施工观感质量,采用 BIM 技术直接在三维模型上进行机电深化设计和管线综合,按照管线综合排布原则,在考虑施工和未来检修空间的前提下,通过调整机电模型中管线的水平和垂直方向位置,设立组合共用支吊架,解决狭小空间管线冲突,确保机电管线安装顺利进行。

35.3.7　进度计划

阶段工期目标见表 35-12。

阶 段 工 期 目 标　　　　　　　表35-12

序号	施工项目	完成节点	备注
N区、S区（南北站房区）			
1	灌注桩	2013年5月3日	
2	基础底板	2013年6月8日	
3	出站层	2013年7月31日	
4	首层	2013年9月31日	
5	高架层	2013年12月30日	含钢结构安装
C区（高架区）			
6	灌注桩	2013年5月30日	
7	承轨层	2013年8月30日	
8	高架层	2013年10月15日	
9	钢结构	2013年12月31日	
W区（西雨棚区）			
10	灌注桩	2013年6月30日	
11	承台	2013年7月20日	
12	钢结构	2013年10月15日	
13	装饰及屋面	2013年12月30日	
14	预留区钢构	2014年1月20日	
E区（东雨棚区）			
15	灌注桩	2013年6月30日	
16	行包通道	2013年8月30日	与C区结构同步进行
17	承台	2013年7月20日	
18	钢结构	2013年10月15日	
19	装饰及屋面	2013年12月30日	
20	预留区钢构	2014年1月20日	
轨道交通区			
21	N区	2013年6月30	
22	C区	2014年1月10日	

注：站场移交时间为2014年1月20日。

35.3.8 施工组织协调

施工组织协调主要包括：图纸会审和设计交底制度、日例会制度、周例会制度、月工程质量和安全施工检查制度、制定专题讨论制度、考察制度。

35.4 施工准备及资源配置计划

35.4.1 技术准备

35.4.1.1 一般性准备工作

项目技术负责人组织各专业技术人员认真学习；执行工程策划，编制工程项目管理计划，制定特殊工序、关键工序、重点工序质量控制措施；编制施工方案，做好技术交底；准备好本工程所需用的主要规程、规范、标准、图集和法规;对工程使用的模板进行模板设计和加工;认真做好工程测量方案、测量仪器的校验工作,为工程的测量施工做好准备。

35.4.1.2 施工方案编制计划

一般工程的施工组织设计和专项方案见表35-13,危险性较大工程编制安全专项施工方案见表35-14。

一般工程的施工组织设计和专项方案　　　　　表35-13

序号	方案名称	编制人	审批人	计划完成时间
1	实施性施工组织设计	项目总工程师	公司总工程师	2013年3月
2	临设施工组织设计	项目总工程师	公司总工程师	2013年3月
3	临电施工组织设计	机电副经理	公司总工程师	2013年3月
4	钻孔灌注桩施工方案	土建工程师	项目总工程师	2013年3月
5	预应力工程施工方案	专业公司	项目总工程师	2013年6月
6	模板工程施工方案	土建工程师	项目总工程师	2013年5月
7	钢筋工程施工方案	土建工程师	项目总工程师	2013年4月
8	混凝土工程施工方案	土建工程师	项目总工程师	2013年4月
9	冬期施工方案	项目总工程师	公司总工程师	2013年10月/2014年10月/2015年10月
10	雨期施工方案	项目总工程师	公司总工程师	2013年5月/2014年5月/2015年5月
11	施工测量方案	测量工程师	项目总工程师	2013年3月
12	防水施工方案	土建工程师	项目总工程师	2013年4月
13	钢管混凝土施工方案	土建工程师	项目总工程师	2013年6月
14	脚手架工程施工方案	土建工程师	项目总工程师	2013年6月
15	砌筑工程施工方案	土建工程师	项目总工程师	2014年10月
16	屋面工程施工方案	土建工程师	项目总工程师	2014年9月
17	内装修工程施工方案	土建工程师	项目总工程师	2014年2月
18	精装修施工方案	专业工程师	项目总工程师	2014年3月
19	外幕墙装修施工方案	土建工程师	项目总工程师	2013年10月
20	公共空间装修施工方案	土建工程师	项目总工程师	2014年3月
21	门窗工程施工方案	土建工程师	项目总工程师	2014年1月
22	节能工程施工方案	专业工程师	项目总工程师	2014年1月
23	电气工程施工方案	专业工程师	项目总工程师	2014年1月
24	水暖工程施工方案	专业工程师	项目总工程师	2014年1月
25	消防工程施工方案	专业工程师	项目总工程师	2014年1月

危险性较大工程编制安全专项施工方案　　　　　表35-14

序号	方案名称	编制人	审批人	计划完成时间
1	土方开挖及边坡支护安全专项方案	项目总工程师	公司总工程师	2013年3月
2	地铁预留段半逆作施工安全专项方案	项目总工程师	公司总工程师	2013年3月
3	高大模板支撑体系安全专项方案	项目总工程师	公司总工程师	2013年5月
4	大钢模安全专项方案	项目总工程师	公司总工程师	2013年5月
5	预应力工程安全专项方案	项目总工程师	公司总工程师	2013年6月
6	钢结构工程安全专项方案	项目总工程师	公司总工程师	2013年6月
7	盘扣脚手架安全专项方案	项目总工程师	公司总工程师	2013年6月
8	外幕墙工程安全专项方案	项目总工程师	公司总工程师	2013年10月
9	群塔作业安全专项方案	安全工程师	公司总工程师	2013年4月

35.4.1.3 试验工作计划

本工程试验室采用外委试验方式,试验内容及项目见表35-15。

工程试验工作计划 表35-15

序号	试验名称	必试项目	验收批划分	取样数量
1	水泥	安定性;凝结时间;胶砂强度	品牌、品种、强度等级、编号 袋装≤200t 散装≤500t	12kg
2	砂	筛分析;含泥量;泥块含量;表观密度	1批/产地、规格、进厂时间≤400m³(600t)	20kg
3	石	筛分析;含泥量;泥块含量;针片状颗粒总含量;压碎指标值	1批/产地、规格、进厂时间≤400m³(600t)	40kg/(D_{max}为10、16、20); 60kg/(D_{max}为31.5、40)
4	热轧带肋钢筋	拉伸弯曲;弯曲试验;重量偏差	1批/厂别、炉罐号、规格、定货状态≤60t	5个试件进行重量检查,其中2个进行力学检查,见证取样数量≥30%
5	热轧光圆钢筋	拉伸弯曲;弯曲试验;重量偏差	1批/厂别、炉罐号、规格、定货状态≤60t	5个试件进行重量检查,其中2个进行力学检查,见证取样数量≥30%
6	普通混凝土	稠度;抗压强度;结构实体检验	每100盘且不超过100m³的同配比的混凝土,取样不得少于一次;当连续浇筑超过1000m³时,同一配合比混凝土每200m³取样不少于一次;建筑地面的混凝土,以同一配合比,同一强度等级,每一层或1000m²为一检验批	1组(3个试块),见证取样数量≥30%
7	抗渗混凝土	稠度;抗压强度;抗渗等级	同一混凝土强度等级、抗渗等级、同一配比,生产工艺基本相同,每单位工程不得少于两组抗渗试块;连续浇筑混凝土每500应留置一组抗渗试件,且每项工程不得少于2组	1组(6个试块),见证取样数量≥30%
8	机械连接	工艺检验;接头拉伸;母材抗拉	同批、同形式	6组(接头3组,母材3组),见证取样数量≥30%
		现场检验;接头拉伸	1批/等级、形式、规格≤200头	3组
9	型钢焊接	拉伸;弯曲		6组(拉伸2组,冷弯4组),见证取样数量≥30%
10	石材	放射性元素含量(室内用);石材幕墙工程;弯曲强度;冻融循环	天然花岗岩 1批/同产地、同品种、同等级、同规格≤200m³	≥10块,见证取样
			天然大理石 1批/同产地、同品种、同等级、同规格≤100m³	
11	幕墙	抗风压性能;空气渗透性能;雨水渗透性能;平面抗变形性能	同品种、同窗型	1组,见证取样

续上表

序号	试验名称	必试项目	验收批划分	取样数量
12	外门窗	抗风压性能;空气渗透性能;雨水渗透性能;平面抗变形性能	同品种	3樘,见证取样
13	节能工程 墙体	(1)保温材料的导热系数、密度、抗压强度或压缩强度;(2)黏结材料的黏结强度;(3)增强网的力学性能、抗腐蚀性能	同厂家、同品种,单位工程建筑面积20000m²以下各抽查≥3次;单位工程建筑面积20000m²以上各抽查≥6次	
	门窗	夏热冬冷地区:气密性、传热系数,玻璃遮阳系数、可见光透射比、中空玻璃露点	同厂家、同品种、同类型	≥3樘(件)
	屋面	保温隔热材料的导热系数、密度、抗压强度或压缩强度	同厂家、同品种	≥3组
	地面	保温材料的导热系数、密度、抗压强度或压缩强度	同厂家、同品种	≥3组
	幕墙	(1)保温材料:导热系数、密度;(2)幕墙玻璃:可见光透射比、传热系数、遮阳系数、中空玻璃露点;(3)隔热型材:抗拉强度、抗剪强度	同厂家、同品种	≥1组

35.4.1.4 样板项、样板间工作计划

样板项、样板间工作计划见表35-16。

样板项、样板间工作计划 表35-16

序号	项目名称	部位(层、段)	时间
1	钢筋工程施工	N区站房	2013年4月25日
2	模板工程	N区站房	2013年5月17日
3	混凝土工程	N区站房	2013年5月20日
4	砌筑工程	四电用房	2013年11月1日
5	内装饰工程	首层样板间	2014年3月1日
6	幕墙工程	首层样板墙	2014年1月20日
7	大厅吊顶	首段样板	2014年4月1日

本工程采用的建筑业新技术主要有9大项、33子项,具体件表35-17。

本工程主要采取的新技术 表35-17

序号	项目名称		使用部位	成果(总结)完成时间
1	地基基础与地下空间工程技术	灌注桩后注浆技术	桩基础	2014年5月
2		逆作法施工技术	地铁	2014年5月
3	混凝土技术	高耐久性混凝土	主体结构	2014年5月
4		自密实混凝土技术	主体结构	2014年5月
5		混凝土裂缝防治技术	主体结构	2014年5月

续上表

序号	项目名称		使用部位	成果(总结)完成时间
6	钢筋及预应力技术	高强钢筋应用技术	主体结构	2014年5月
7		大直径钢筋直螺纹机械连接	主体结构	2014年5月
8		无粘结预应力技术	主体结构	2014年5月
9		有粘结预应力技术	主体结构	2014年5月
10	模板及脚手架技术	清水混凝土模板技术	主体结构	2014年5月
11		组拼大模板技术	主体结构	2014年5月
12		插接式钢管脚手架及支撑技术	主体结构	2014年5月
13	钢结构技术	深化设计技术	钢结构	2014年5月
14		厚钢板焊接技术	钢结构	2014年5月
15		钢与混凝土组合结构技术	钢结构	2014年5月
16	机电安装工程技术	管线综合布置技术	机电安装	2014年12月
17		变风量空调技术	空调工程	2014年12月
18		非金属复合板风管施工技术	空调工程	2014年12月
19		薄壁金属管道新型连接方式	空调工程	2014年12月
20		管道工厂化预制技术	空调工程	2014年12月
21	绿色施工技术	施工过程水回收利用技术	全过程	2014年12月
22		预拌砂浆技术	砌筑工程	2014年12月
23		外墙自保温体系施工技术	外墙保温	2014年12月
24		工业废渣及(空心)砌块应用技术	砌筑工程	2014年12月
25		铝合金窗断桥技术	门窗工程	2014年12月
26	防水技术	防水卷材机械固定施工技术	屋面防水	2014年12月
27		遇水膨胀止水胶施工技术	地下防水	2014年5月
28		聚氨酯防水涂料施工技术	室内防水	2014年12月
29	信息化应用技术	虚拟仿真施工技术	机电安装进度控制等	2014年12月
30		施工现场远程监控管理及工程远程验收技术	现场监控	2014年12月
31		工程量自动计算技术	工程预算	2014年12月
32		项目多方协同管理信息化技术	参建方协调	2015年1月
33		塔式起重机安全监控管理系统应用技术	塔吊监控	2014年5月

35.4.2 施工现场准备

35.4.2.1 施工便道设置

本工程工程量较大,涉及物资较多,为保证物资及车辆通行畅通,计划围绕站房工程修建两条环路,内环路围绕站房施工区设置,外环路围绕雨棚施工区设置,施工道路考虑宽度为6m,长度为2km,路面采用混凝土浇筑。

35.4.2.2 拌和站选用

站房工程采用商品混凝土。为保证混凝土质量,搅拌站必须经过监理单位、建设单位验收批准后才能使用。同时因为本工程混凝土用量非常大,为保证工程顺利进展,选用不少于三家搅拌站。

35.4.2.3 施工变电站

施工现场西侧原车辆段搬迁后,留有变电站一座,容量为1200kV·A,目前已经移交我单位,可以使用。同时为保证应急需求,200kV·A发电机备用。

35.4.2.4 施工用电

本工程临时用电使用原有车辆段内专用供电箱变,引入本施工现场的红线内,采用三相五线制配线引入总配电箱。施工现场内配电方式采用TN-S系统,在总配电箱处、二级箱处做重复接地,接地电阻小于4Ω。低压电缆沿现场围挡敷设,大部分埋地,由配电室向各配电点供电。消防水泵的电源由总配电箱的上口接,严禁经任何开关进行控制。现场所有布设严格执行《施工现场临时用电安全技术规范》(JGJ 46—2005)的要求。

(1)施工阶段用电量计算

根据土建专业提供的拟投入本工程的主要施工设备表及施工平面布置图进行用电量计算。

(2)临时用电安全措施

材料的质量、线路敷设、配电、接地、电缆敷设均满足要求,且必须进行相应的电气防火措施和施工用电保障措施。

35.4.2.5 施工用水

临时用水包括生活、生产给水及消防给水。施工现场附近提供的水源由DN200的市政给水管网提供,满足施工现场临时消防用水的需要。施工用水总量按消防用水量计算。根据《建设工程施工现场消防安全技术规范》(GB 50720—2011)的规定,临时消防用水量为临时室外消防用水量和临时室内消防用水量之和。

(1)临时消防设计:临时室外消防用水量、在建工程临时室内消防用水量、施工现场临时室外消防给水系统的设置、在建工程临时室内消防竖管的设置。

(2)临时排水工程:生活排水、生产排水、雨水排水。

(3)临时用水维护及故障解决方法。

35.4.2.6 临时通信

施工现场有中国网通固定电话和移动通信网覆盖,通信条件良好。另外,配备无线对讲机及移动电话,以满足施工通信需要。

35.4.3 资源配置

主要的资源配置见表35-18~表35-22。

现场主体结构及装饰施工阶段机械设备　　　　表35-18

序号	设备名称	规格型号	数量	国别产地	制造年份	用于施工部位
1	挖掘机	PC-400	6	徐州	2007	土方阶段
2	碾压机	20t	4	徐州	2006	土方回填
3	装载机	ZL50	12	厦门	2006	桩基施工
4	自卸汽车	载质量10t	20	青岛	2007	土方阶段
5	蛙式打夯机	HW60	8	山西	2007	土方回填
6	塔吊	7525	9	湖南	2007	垂直运输
7	地泵	HBT80	4	河北	2009	混凝土运输
8	混凝土汽车泵	49m、56m臂长	6	日本	2008	混凝土运输
9	钢筋弯曲机	GW40	16	合肥	2006	站房结构

续上表

序号	设备名称	规格型号	数量	国别产地	制造年份	用于施工部位
10	钢筋切断机	GQ40	16	合肥	2007	站房结构
11	钢筋调直机	GT40	8	合肥	2007	站房结构
12	钢筋套丝机	MS-3	36	山东	2007	站房结构
13	木工机械	圆锯500	8	牡丹江	2005	站房结构
14	木工机械	平刨MB503	8	牡丹江	2005	站房结构
15	木工机械	压刨MB106	8	牡丹江	2005	站房结构
16	平板式振捣器	HZ2-5	8	安阳	2007	结构阶段
17	插入式振捣器	φ50mm/φ30mm	40/20	安阳	2008	结构阶段
18	交流电焊机	BX1-500	20	北京	2006	站房结构装修
19	气泵	V1.6	6	江苏	2007	结构阶段装修
20	快速提升架	SSB100	8	上海	2005	站房垂直运输
21	潜水泵	300QJ200-80/4	10	天津	2007	现场消防
22	柴油发电机	200kW	4	上海	2005	现场应急

计量、测量及试验等器具配置计划　　　　表35-19

序号	设备名称	规格型号	产地	技术状况	数量(台)	设备来源
1	全站仪	Niv02.c	日本	良好	3	自有
2	水准仪	DS3	北测	良好	6	自有
3	经纬仪	TDJ2	北京	良好	2	自有
4	电子水准仪	DS1	北光	良好	1	自有
5	工程检测尺	2m	温州	良好	6	自有
6	钢筋保护层测定仪	PROFOMETER4	瑞士	良好	2	自有
7	混凝土回弹仪	HT-225A	北京	良好	1	自有
8	塔尺	5m	华宾	良好	4	自有
9	自动温控仪	—	北京	良好	2	自有
10	试模	150mm×150mm	北京	良好	80	自有
11	混凝土振动台	0.5m²	上海	良好	2	自有
12	靠尺	2m	北京	良好	4	自有
13	卷尺	5m	北京	良好	10	自有
14	天平	500g	无锡	良好	2	自有
15	游标卡尺	0~150mm	哈尔滨	良好	4	自有
16	超声波探伤仪	CTS-26	德国	良好	2	自有
17	磁粉探伤仪	DCT-E	中国	良好	2	自有

劳动力配置计划　　　　表35-20

工 种	按工程施工阶段投入劳动力情况							
	2013年				2014年			
	一季度	二季度	三季度	四季度	一季度	二季度	三季度	四季度
木工	20	400	1200	600	100	400	400	100
瓦工	30	30	30	30	400	800	800	100

续上表

工 种	按工程施工阶段投入劳动力情况							
	2013 年				2014 年			
	一季度	二季度	三季度	四季度	一季度	二季度	三季度	四季度
钢筋工	300	800	1000	300	50	0	0	0
混凝土工	50	200	200	100	40	50	50	0
架子工	40	200	300	200	150	150	250	80
油工	20	10	0	0	0	200	200	50
壮工	40	100	200	200	200	200	200	50
钢结构装配工	0	0	40	400	100	0	0	0
探伤检测工	0	0	2	6	4	0	0	0
焊工	30	30	40	60	40	30	30	30
起重工	20	40	40	80	40	20	20	20
信号工	0	40	40	60	20	20	20	20
防水工	0	80	80	0	0	80	20	0
幕墙工	0	0	0	20	80	300	300	80
电工	4	60	60	60	60	160	160	160
水暖工	2	60	60	60	60	200	200	200
其他	200	200	100	100	100	100	100	100
合计	766	2350	3372	2276	1444	2710	2700	830

物 资 配 置 计 划　　　　表 35-21

序号	材料名称	单位	数量	计划进场时间	备注
一			土建专业		
1	混凝土	m³	240000	2013 年 3 月	分批
2	钢筋	t	57826	2013 年 3 月	分批
3	钢结构	t	17000	2013 年 6 月	分批
4	加气混凝土砌块	m³	19276	2013 年 10 月	分批
5	屋面板	m²	189000	2013 年 12 月	分批
6	玻璃幕墙	m²	16019	2014 年 1 月	分批
7	石材幕墙	m²	16216	2014 年 1 月	分批
8	金属幕墙	m²	29154	2014 年 1 月	分批
9	花岗岩地面	m²	30704	2014 年 6 月	分批
10	玻化砖	m²	22192	2014 年 6 月	分批
11	铝板吊顶	m²	1113331	2014 年 3 月	分批
12	金属网板吊顶	m²	11953	2014 年 6 月	分批
13	石膏板吊顶	m²	10343	2014 年 3 月	分批
二			电气专业		
1	干式变压器	台	14	2014 年 4 月	—
2	高压成套配电柜	台	54	2014 年 4 月	—

续上表

序号	材料名称	单位	数量	计划进场时间	备注
3	低压开关柜	台	123	2014年4月	分批
4	低压密集母线	m	800	2014年8月	分批
5	10kV 电缆	m	10560	2014年8月	分批
6	10kV 桥架	m	535	2014年6月	分批
7	电缆	m	220902	2014年8月	分批
8	桥架	m	15020	2014年6月	分批
9	双电源切换柜(箱)	台	118	2014年5月	分批
10	单电源切换柜(箱)	台	240	2014年5月	分批
11	软启动控制箱	台	16	2014年5月	—
12	EPS 变电所	台	4	2014年5月	—
13	EPS 配电箱	台	30	2014年5月	分批
三	通风空调及给排水专业				
1	冷水机组	台	6	2014年6月	—
2	冷却塔	台	6	2014年6月	—
3	换热器	台	8	2014年5月	—
4	大便器	组	367	2014年5月	分批
5	小便器	组	193	2014年5月	分批
6	洗脸盆	组	291	2014年6月	分批
7	潜污泵	台	103	2014年6月	分批
8	空调泵	台	36	2014年6月	—
9	消防泵	台	6	2014年6月	分批
10	消防水炮	台	24	2014年8月	—
11	消火栓	套	441	2014年7月	分批
12	喷头	个	11526	2014年5月	分批
13	风机盘管	台	392	2014年7月	分批
14	风机	台	127	2014年7月	分批

周转材料供应计划   表 35-22

序号	材料名称	用途	单位	数量	计划进场时间	备注
1	钢管	脚手架	m	20000	2013年3月	分批
2	扣件(一字)	脚手架	个	3000	2013年3月	分批
3	扣件(十字)	脚手架	个	10000	2013年3月	分批
4	扣件(旋转)	脚手架	个	5000	2013年3月	分批
5	脚手板	脚手架防护	m²	350	2013年3月	分批
6	密目安全网	脚手架防护	m²	30000	2013年3月	分批
7	水平安全网	安全防护	m²	15000	2013年3月	分批
8	碗扣架(立杆)	楼板支撑体系	m	50000	2013年5月	分批
9	碗扣架(水平杆)	楼板支撑体系	m	40000	2013年5月	分批

续上表

序号	材料名称	用途	单位	数量	计划进场时间	备注
10	顶托	楼板支撑体系	个	15000	2013年5月	分批
11	底托	楼板支撑体系	个	15000	2013年5月	分批
12	安德固脚手架	外脚手架及模板支撑	m^3	100000	2013年5月	分批
13	木方(50mm×100mm)	顶板次龙骨	m^3	6000	2013年5月	分批
14	木方(100mm×100mm)	顶板主龙骨	m^3	2000	2013年5月	分批
15	多层板(15mm)	顶板、梁模板	m^2	230000	2013年5月	分批
16	组合钢模板	基础及承台	m^2	5000	2013年5月	分批
17	定型钢模板	圆柱及倒角柱	m^2	5000	2013年5月	分批

35.5 主要施工方法及技术措施

35.5.1 主要分项工程的施工方法

35.5.1.1 平面控制网的建立

(1)根据建设单位提供控制点,引设4个加密控制桩,作为本工程的永久控制桩点。布网精度为一级,测角中误差±5″,边长相对中误差1/30000。

(2)施工高程控制网:根据建设提供的场区水准基点布置高程控制网。场区内共设置高程控制点4个。高程控制点按国家三等水准测量要求施测。

(3)轴线控制桩测设:根据建设所给控制点与轴线的关系,引测轴线控制桩,精度同平面控制网。在基础施工过程中,主要轴线控制桩设立护桩,护桩远离施工影响范围,确保局部控制桩在施工中损坏时能够恢复建立。

(4)±0.00以下结构平面控制。

(5)±0.00以下结构高程控制。

(6)±0.00以上结构平面控制。

(7)±0.00以上高程的传递。

(8)结构工程施工测量。

(9)装修工程施工测量。

35.5.1.2 基坑支护及土方开挖

1)基坑支护

基坑侧壁安全等级为一级,其余侧安全等级为二级。根据本工程基坑特点、场地地质条件,并结合兰州地区经验,国铁基坑采用的支护形式为二级放坡开挖,放坡坡度(高宽比)均为1:0.75,各级放坡之间设置6m宽的平台。坡面及平台设置150mm厚喷射混凝土钢筋网面层,并施作梅花形地锚钢筋。

2)土方开挖

土方开挖分为两部分,第一部分为自然地坪向下开挖至-9.35m,开挖深度为4~5m;第二部分为-9.35m开挖至底板板底及承台底,开挖深度为2~3m。

3)土方开挖区域划分及工程量

国铁基坑施工以站房C5轴为界拟分为北区、南区,见图35-10。北区基坑面积约63360m^2,土方开挖工程量约为207671m^3。南区基坑面积约29360m^2,土方开挖工程量约为97015m^3。两区土方开挖同时组织施工。

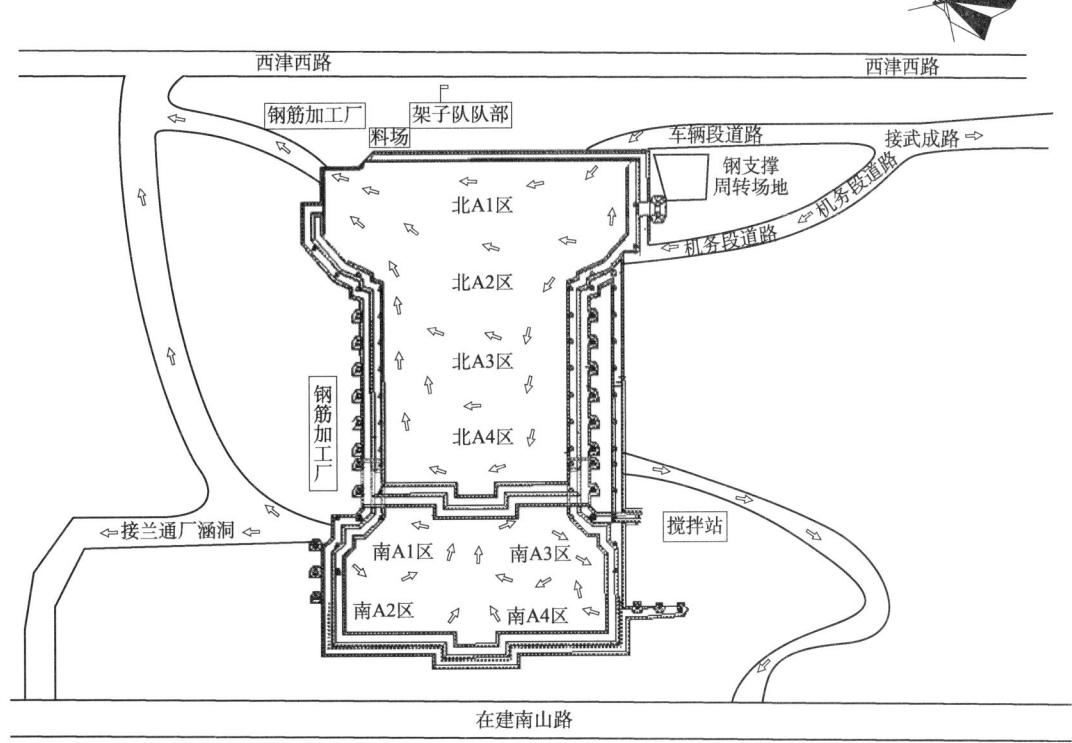

图 35-10 兰州西站站房开挖平面布置示意图

4）土方开挖顺序

（1）北区站房基坑的开挖步骤分为三个阶段，即于春节前后进行北站房基坑开挖（2013 年 1 月 13 日～2013 年 2 月 25 日）→开挖既有兰新上行线至站房 C5 轴之间的站房基坑土方（2013 年 2 月 25 日～2013 年 4 月 15 日）→春节后随着兰州市供暖期的结束，兰西机务段内的锅炉房、机修库以及入 3 线与出段线将相继拆除，同时在完成兰新下行线的迁改过渡施工任务后，将进行兰西机务段至既有兰新线之间的站房基坑土方开挖，实现南北站房基坑的贯通（2013 年 4 月 5 日～5 月 10 日）。

（2）南站房基坑的开挖步骤分为两个阶段，即于春节后进行南站房基坑开挖站房 C5 轴至过渡线北侧 15m 的位置（2013 年 2 月 25 日～4 月 15 日）→第二阶段开挖南区站房基坑剩余土方（2013 年 4 月 5 日～5 月 10 日）。

35.5.1.3 桩基础工程

本工程站房基础采用 ϕ1500mm 钢筋混凝土灌注桩，雨棚基础桩采用 ϕ700mm 钢筋混凝土灌注桩，机械旋挖干成孔，同时为了提高承载力，采用桩端后注浆工艺。

注浆管按 2 备 1 用设置，用铁丝与钢筋笼固定牢固，管顶高出桩头 0.2m，管底大于桩底 0.1m；桩端注浆在桩混凝土达到设计强度的 70% 以后进行，注浆时宜低压慢速；注浆采用 42.5 级普能硅酸盐水泥，水灰比为 0.55～0.6。

1）工艺标准

场地整平→放线、定桩及确定高程→检查桩位轴线→旋挖钻就位、挖土方→成孔验收→放钢筋笼→放混凝土导管→浇筑桩身混凝土→井口覆盖保护。

在正式施工前，宜先进行试成孔。证明工艺可行性、取得施工参数等数据后，方可进行大面积施工。

2）施工方法

旋挖机就位后，必须平整、稳固，确保在成孔过程中不发生倾斜和偏移→钻机定位后，应进行复检→桩位、桩径及垂直度控制→桩底清底→桩钢筋笼加工及安装、混凝土浇筑→桩底注浆管与超声波检测管公用→工程桩检测。

35.5.1.4 钢筋工程

本工程的结构形式为框架结构,钢筋采用 HPB235 级、HRB335 级、HRB400 级钢筋。主要内容有钢筋的加工、钢筋的连接、钢筋绑扎、钢筋定位措施。

35.5.1.5 模板工程

1)模板体系的选择

模板体系选择见表 35-23。

模 板 体 系 选 择   表 35-23

序号	构 件 名 称	模 板 体 系	配 置 数 量	备 注
1	承台基础	木模板	按工程量的 1/4 配置	—
2	出站层墙体模板	木模板	按工程量的一半配置	—
3	框架柱(倒角)	定型钢模板	按出站层 1 个流水段配置	—
4	框架柱(矩形柱)	木模板	按工程量的 1 个流水段配置	—
5	顶板、框架梁	木模(15mm 厚覆面多层板,次龙骨用 50mm×100mm 木方,主龙骨采用 100mm×100mm 木方)	按站房框架结构面积全部配置	采用碗扣架支撑体系
6	楼梯	木模,同顶板	满配	覆面多层板
7	站台墙	木模	按 2 个站台配置	覆面多层

2)基础模板

基础高度为 2200mm,采用 15mm 厚多层板模板;主次龙骨采用白松木方。坑边加斜撑支顶。

3)矩形柱模板

本工程断面带倒角的框架矩形柱模板采用专业厂家生产的全钢定型大模板。面板由 6mm 厚钢板组成,背肋采用 8 号角钢及槽钢,柱模四角用 $\phi 25$mm、间距 600mm 的螺栓连接;所有柱模接缝处、根部贴海绵密封条,密封条必须粘在模板下口和拼缝处,再进行合模。

4)顶板模板

清理作业面→测量放线→搭设满堂红脚手架→安装板主龙骨→安装板次龙骨→安装顶板模板;楼板模板均采用 15mm 厚的多层板,次龙骨 50mm×100mm 白松木方,间距 200mm,主龙骨用 100mm×100mm 白松木方,间距 900mm;竖向支撑立杆横向间距 900mm,纵向间距 900mm,步距 1200mm;模板拼缝采用硬拼,在与墙体交接处粘贴 3mm 厚海绵条;跨度大于 4m 的梁板按照设计要求起拱,起拱时四周边线不起拱,在中部均匀起拱。

5)梁模板

所有梁模板均采用 15mm 多层板,下部钉 50mm×100mm 的木龙骨,底模落在脚手架的横杆上,横杆间距 900mm,梁下加顶撑,间距 900mm。梁侧模采用 $\phi 48$mm、壁厚 3.5mm 的钢管固定,沿梁高每 600mm 加设一道穿墙螺栓,两侧用支顶保证梁的垂直。模板在拼装部位粘海绵密封条,以防浇筑混凝土时漏浆。根据规范要求跨度大于 4m 的梁按 2‰起拱。

6)高大模板支撑架

根据本工程特点,N 区出站层、站台层搭设高度均大于 8m,最大跨度大于 18m;C 区站台层楼板支撑体系高度大于 8m,出站层、站台层支撑体系最大跨度均超过 18m。

7)楼梯模板

楼梯模板采用覆面多层板配木方构成,支设方法同顶板模,节点支设如图 35-11 所示。

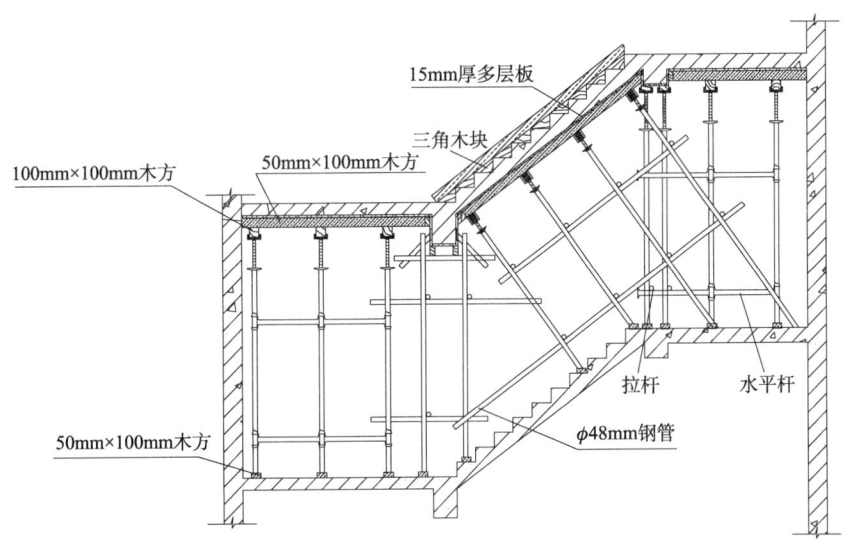

图 35-11 楼梯模板支设示意图

8）墙体模板

地下通道墙体模板,采用 15mm 厚多层板木模,模板竖向排列。主次龙骨采用白松木方加固,坑边加斜撑支顶。

9）支模质量要求

依照施工方案检查,保证每个流水段模板以及每块模板及其支架必须符合施工方案的要求;接缝宽度不大于 1.0m;模板接触面必须清理干净,接缝严密,满涂隔离剂。

10）模板拆除

略。

35.5.1.6 混凝土工程

本工程主要选用 C30、C35、C40、C50 等强度等级的商品混凝土。地下室施工阶段垂直运输选用汽车泵,6 台汽车泵,臂长分别有 49m、56m;主体结构施工阶段垂直运输计划采用 4 台地泵配合汽车泵。

1）混凝土浇筑

（1）柱混凝土施工:混凝土浇筑前应先浇筑 50mm 厚同配比减石水泥砂浆,以防止混凝土下落时石子与砂浆产生离析,柱混凝土浇筑时用串筒伸至柱内。

（2）梁、楼板混凝土施工:先浇筑框架梁,分层浇筑,每层厚度为 500mm。

（3）墙体混凝土施工:墙体浇筑混凝土前,应在新浇混凝土与下层混凝土接槎处均匀浇筑 30～50mm 厚与墙体混凝土配比相同的无石子水泥砂浆;凝土分层浇筑振捣,每层浇筑厚度控制在 400mm 左右,浇筑墙体混凝土应连续进行,间隔时间不得超过混凝土初凝时间。

2）施工缝留置位置

竖向施工缝留置位置:竖向施工缝以梁板高程作为标准;本工程梁板水平施工缝留在施工后浇带处,楼梯施工缝留在休息平台板跨中 1/3 范围内。

3）混凝土的养护

略。

4）混凝土试块的留置

略。

35.5.1.7 砌筑工程

1）砌筑概况

本工程主要采用小型混凝土空心砌块。防潮层以下采用 240mm 厚页岩实心砖。

2)砌块墙施工

(1)施工要求:砌块进场应进行抽样见证试验,合格后方可使用。砌筑砂浆采用机械搅拌并随伴随用(2h 内用完);砌块上楼板砌筑前,根据砌筑部位尺寸排砖撂底,先砌 200mm 高页岩砖,宽度同墙厚;与构造柱交接处应沿纵向每高 250mm 留马牙槎,长 60mm,砌筑时应从转角或定位处开始砌筑,先退后进纵横墙交错搭接;砌块应错缝搭砌,不得有通缝,搭接长度不应小于 90mm。空心砖在墙的转角部位用页岩砖匹配砌筑,门窗洞口等部位浇筑混凝土现浇带。严禁空心砖打成半砖或七分头使用;室内高程高于室外高程时,所有砌体墙身在低于相应室内地面高程 60mm 处铺设 1:2 水泥砂浆(加 3% 防水剂)防潮层,室内相邻地面有高差时,在高差处墙身的外侧面加设 20mm 厚防潮层。砌筑砂浆试块为每一楼层或 250m³ 砌体留置一组。砌筑砂浆必须搅拌均匀,随拌随用。水泥砂浆和混合砂浆应分别在拌成后 3h 和 4h 内用完。砂浆稠度宜为 70mm;需要移动已砌好的砌块或被撞动的砌块时,应重新铺浆砌筑;对设计规定的洞口、管道等,应在砌筑时预留或预埋,严禁在砌好的墙体上打凿;砌体每日砌筑高度不宜超过 1.8m。

(2)构造要求:填充墙长度大于 5m 时,墙顶须与框架梁或楼板拉结。墙长超过层高 1.5 倍时须在墙内设置构造柱。墙高超过 4m 或墙上有门窗洞口时须在墙体半高处和外墙窗洞的上部及下部,内墙门洞的上部设置与柱连接且沿墙贯通的现浇钢筋混凝土带;填充墙与混凝土墙柱交接处,沿墙高每 400mm 在灰缝内配置 2ϕ6mm 水平拉结筋,伸入混凝土墙或柱内 200mm,拉结筋伸入砌块墙内 1000mm;门洞口两侧设置抱框,当门洞口≥2100mm 时,抱框直通到顶部,上端钢筋可在梁板相应位置上与埋件焊接,抱框下端钢筋锚入楼地面层内;与结构连接:钢筋混凝土结构中的砌体填充墙,在平面和竖向布置上均匀对称,避免上下层刚度变化过大,或形成短柱,减少因抗侧刚度偏心所形成的扭转。

35.5.1.8 脚手架工程

1)概况

外脚手架:外墙四周采用盘扣式脚手架;梁板模板支撑系统:碗扣式脚手架;内装修脚手架:工具式脚手架或者扣件式脚手架。

2)盘扣式外脚手架施工方案

外脚手架采用盘扣式脚手架,主要用于结构施工的外防护以及外装修使用,搭设高度 30m。架体横距 1.8m,排距根据建筑造型进行组合,主要有 0.9m、1.2m、1.5m、1.8m,步距最大为 2m。外脚手架用于结构施工和外装修;盘扣式钢管脚手架采用 60mm 的管径钢管,采用格构柱形式进行设置,4 根立杆组成一个格构柱,格构柱间采用斜杆、立杆做悬跨。

3)脚手架的施工要点

立杆纵向间距为 1.8m,中央横向间距为 1.8m,两侧立杆间距为 1.25m,水平横杆步距 1.8m,在距地 300mm 的高度上设扫地杆;在脚手架外侧立面整个长度高度上设置连续剪刀撑,斜杆与地面的倾角在 45°~60°之间。中间断面每隔 6 跨即 9m 设一道剪刀撑。上方两侧悬挑 2m 下方设置斜支撑,采用旋转扣件固定在与之相交的横向水平杆上。采用搭接连接,搭接尺寸不小于 1000mm,连接扣件数量不小于三个;在作业层上脚手板满铺,脚手板厚度 5cm,不得有疤疥和横向裂纹。脚手板应铺设在至少三根横向水平杆上,当脚手板长度小于 2m 时,可采用两根横向水平杆,并将脚手板的两端与横向水平杆用 8 号铅丝绑牢,以防倾翻,铺设时不得出现探头板;操作平台四周设置 1500mm 高防护栏并在外侧挂密目安全网围挡,高度不小于 1500mm。脚手板下方满挂安全网,每隔 4m 挂设一道水平网。

4)碗扣式脚手架

楼板及梁的竖向支撑采用碗扣式脚手架,板支撑体系立杆间距分别采用 900mm、1200mm,上面设可调顶托,水平拉杆间距不大于 1200mm,第一道立杆距墙边距离不得超过 300mm。梁根据界面打下不同,支撑体系沿梁长度方向立杆间距为300mm、600mm,横向间距为300mm、600mm,水平杆步距为1200mm。

35.5.1.9 屋面工程

本工程站房屋面及站台雨棚均为为金属屋面。采用直立缝锁边钢屋面做法,屋面上均设有不锈钢天沟和虹吸排水系统,并增设有保温层和吸音层,设计防水等级为二级。

1)施工工艺

安全通道搭设→测量放线→屋面檩条安装→不锈钢排水沟安装→穿孔衬板安装→100mm厚铝箔玻璃丝棉毡安装、屋面板制作→专用防水透气膜铺设→直立缝锁边镀铝锌彩色面板安装→屋面板咬口锁边→天沟处屋面板修整→屋面檐口铝板收口→屋脊及其他细部收口

2)施工要点

(1)"T"形固定座安装。

屋面系统的"T"形固定座,是将屋面风载传递到衬檩的受力配件,它的安装质量直接影响到屋面板的抗风性能。"T"码的安装误差还会影响到屋面板的纵向自由伸缩,因此,"T"码安装成为本工程的关键工序。"T"码的数量决定屋面板的抗风能力,"T"码沿板长方向的排数必须按建筑物的高度、屋面坡度、不同位置和迎风方向、最不利荷载(屋顶转角和边缘区域)等因素而定,尤其是转角和边缘部位更是重点。

①放线:用经纬仪将轴线引测到次檩条上,作为"T"码安装的纵向控制线。第一列"T"码位置要多次复核,以后的"T"码位置用特殊标尺确定。"T"码沿板长方向的位置只要保证在檩条顶面中心,间距不大于60cm,铝合金屋面板为纵向安装,扣件的放线位置亦为纵向,应根据设计图从中间位置开始往外放线,板块间距为400mm。

②钻孔:"T"码用螺钉固定,先用电钻与檩条上预钻孔。钻孔直径应根据螺钉的规格确定,一般应比螺钉直径略小,以保证直攻螺钉的抗拔能力。

③安装"T"码:"T"码安装时,先用经纬仪将轴线引测到檩条上,作为"T"码安装的纵向控制线,第一列"T"码位置要多次复核,以后的"T"码位置用特殊标尺确定。装好后还要复查"T"码位置,用目测的方法检查每一列"T"码是否在一条直线上,如发现有较大偏差时,在屋面板安装前一定要纠正,直至满足板材安装的要求。安装"T"码时,其下面的隔热垫必须同时安装,每钻完一个螺钉孔,立即打一颗螺钉。每个"T"码需要对称打两颗螺钉。

④复查"T"码位置:用拉线的方法检查每一列"T"码是否在一条直线上,如发现有较大偏差时,在屋面板安装前一定要纠正,直至满足板材安装的要求。"T"码如出现较大偏差,屋面板安装咬边后,会影响屋面板的自由伸缩,严重时板肋将在温度反复作用下磨穿。

(2)屋面板安装。

①放线:在"T"码安装合格后,只需设板端定位线并拉齐找直,一般以板出排水沟边沿的距离为控制线,板块伸出排水沟边沿的长度以略大于设计为宜,以便于修剪。

②就位:施工人员将板抬到安装位置,对准板端控制线,然后将搭接边用力压入前一块板的搭接边,最后检查搭接边是否紧密接合。

③咬边:屋面板位置调整好后,用专用电动咬边机进行咬边,要求咬过的边连续、平整,不能出现扭曲和裂口;在咬边机咬合爬行的过程中,其前方2mm范围内必须用力卡紧使搭接边接合紧密,这也是机械咬边的质量关键所在;当天就位的屋面板必须当天完成咬边,以免来风时板块被吹坏或刮走。

35.5.1.10 防水工程

地下室底板及墙面采用4mm厚沥青基聚酯胎双面自粘卷材防水,卫生间、盥洗室采用环保聚氨酯涂膜防水。防水区域主要是地下室防水施工,卫生间、盥洗室环保聚氨酯涂膜防水施工。

35.5.1.11 装饰装修工程

在装修工程开始前进行装修策划,并单独编制装修阶段施工组织设计,本节仅简要介绍各部位装修做法及工艺。主要装修工程是:地面工程、墙面工程、顶棚、门窗、外立面。

1)地面工程

(1)水泥砂浆(细石混凝土)楼地面施工工艺:基层处理→找高程、弹线→洒水润湿→抹灰饼和标筋→抹水泥砂浆结合层→铺水泥砂浆(细石混凝土)面层→压光→养护。

(2)地砖(大理石、花岗岩)楼地面施工工艺:检验水泥、砂、砖质量→试验→技术交底→选砖→准备机具设备→排砖→找高程→基底处理→铺抹结合层砂浆→铺砖→养护→勾缝→检查验收。

(3)防静电地板施工工艺:基层清扫→找中、套方、弹线定位→安装固定支柱→安装横梁→安装防静电地板。

2)墙面工程

(1)墙面抹灰施工工艺:基层处理→洒水湿润→贴灰饼→冲筋→抹底子灰→抹罩面灰。

(2)面砖施工工艺:基层处理→排砖→贴砖→勾缝。

(3)吸音墙面施工工艺:墙体表面处理→打底、找平→弹线→吸音材料安装→面板安装。

(4)干挂花岗岩或大理石墙面施工工艺:石材排版→石材表面处理→试拼→干挂花岗岩→打胶。

3)门窗工程

木门安装施工工艺:找规矩弹线、找出门框安装位置→安装样板→门框安装→门扇安装。

4)吊顶工程

施工工艺:样板间→放高程控制线→安装龙骨吊杆→安装龙骨→安装罩面板。

5)幕墙工程

施工工艺与质量控制:

(1)主体施工时根据幕墙设计位置、尺寸埋设预埋铁件。

(2)根据设计图纸尺寸对结构尺寸进行复核,根据调整之尺寸在楼板边缘弹出竖向龙骨中心线,同时核对各层预埋件中心线与预埋龙骨中心线是否一致,如有误差,与幕墙施工公司制定处理方案。

(3)紧固件连接:紧固件为钻孔角钢,根据弹线位置与预埋钢板焊牢,通过螺栓来固定竖向主龙骨,紧固件安装是幕墙安装的主要环节,直接影幕墙与结构主体连接牢固和安全程序,安装时须将紧固铁件在纵横两方向中心线进行对正再进行电焊焊接,焊缝长度、高度及电焊条质量严格按结构焊缝要求施工,明露铁件应刷防锈漆,防止铁件二度生锈。

(4)主龙骨安装:主龙骨安装为从下而上安装,每两层为一整根,每楼层通过紧固件与楼板连接;主龙骨通过紧固铁件与连接件的长螺栓孔进行上、下、左、右调整,确保主龙骨上、下垂直,间距符合设计要求;主龙骨通过内套管竖向接长,为防止铝材受温度影响而变形,接头处应留适当宽度的伸缩孔隙,具体尺寸按设计要求,接头处龙骨中心线要上下对正、顺直。

(5)次龙骨安装:待竖向主龙骨安装完毕且校正好垂直度、水平度及间距后,开始安装次龙骨。先初装次龙骨,初拧连接件螺栓,然后用水平仪抄平、拉线,将次龙骨调整完毕后且复核完横向龙骨的中心距离及立面平整度,后再紧固螺栓。

(6)楼层防火岩棉填装:按设计要求在楼层与幕墙间填塞好防火岩棉并处理好上下封口。

(7)幕墙玻璃盖口条安装及打胶:幕墙玻璃由上往下安装,安装时先安好橡胶定位块,然后将橡皮条嵌入铝合金框格槽内,再进行玻璃安装。玻璃安嵌在框槽内,四周嵌入深度要一致,玻璃安装定位完毕后即可打密封硅胶,硅胶打设必须均匀饱满、密闭。最后为盖口条安装,盖口压条安装应符合设计要求。

(8)玻璃幕墙按楼层从上而下一次安装成型,上层安装检验合格后方可进入下一楼层施工。

35.5.1.12 给排水、暖卫工程

1) 预留孔洞

预留孔洞的尺寸可按《采暖及卫生工程施工及验收规范》(GBJ 242—98) 第二章"通用规范"执行，套管及防水套管的制作工艺要求按《全国通用给排水标准图集》(S312) 的要求执行，长度按土建结构施工图确定，套管直径一般比所穿管道的直径大 30~50mm。

2) 套管安装

(1) 钢套管：根据所穿构筑物的厚度及管径尺寸确定套管规格、长度，下料后套管内刷防锈漆一道，用于穿楼板套管应在适当部位焊好架铁。管道安装时，把预制好的套管穿好，套管上端应高出地面 20mm，厨房及厕浴间套管应高出地面 50mm，下端与楼板面平。预埋上下层套管时，中心线需垂直，凡有管道煤气的房间，所有套管的缝隙应按设计要求做填料严密处理。

(2) 防水套管：根据构筑物及不同介质的管道，按照设计或施工安装图册中的要求进行预制加工，将预制加工好的套管在浇筑混凝土前按设计要求部位固定好，校对坐标、高程，平正合格后一次浇筑，待管道安装完毕后把填料塞紧捣实。

3) 托、吊、卡架铁件预埋安装

(1) 型钢吊架安装：在直段管沟内，按设计图纸和规范要求，测定好吊卡位置和高程，找好坡度，将吊架孔洞剔好，将预制好的型钢吊架放在洞内，复查好吊孔距沟边尺寸，用水冲净洞内砖渣灰面，再用 C20 细石混凝土或 M20 水泥砂浆填入洞内，塞紧抹平；用 22 号铅丝或小线在型钢下表面吊孔中心位置拉直绷紧，把中间型钢吊架依次栽好；按设计要求的管道高程、坡度结合吊卡间距、管径大小、吊卡中心计算每根吊棍长度并进行预制加工，待安装管道时使用。

(2) 型钢托架安装：安装托架前，按设计高程计算出两端的管底高度，在墙上放出坡线，或按土建施工的水平线，上下量出需要的高度，按间距画出托架位置标记，剔凿全部孔洞；用水冲净两端孔洞，将 C20 细石混凝土或 M20 水泥砂浆填入洞深的一半，再将预制好的型钢托架插入洞内，用碎石塞住，校正卡孔的距墙尺寸和托架高度，将托架栽平，用水泥砂浆将孔洞填实抹平，然后在卡孔中心位置拉线，依次把中间托架栽好。

(3) 活动支架及固定支架形式、规格，均应按设计或标准图集要求制作。

(4) 立管卡安装：金属管道立管管卡安装应符合下列规定：

楼层高度小于或等于 5m，每层必须安装一个。楼层高度大于 5m，每层不得少于 2 个。管卡安装高度距地面应为 1.5~1.8m，2 个以上管卡应匀称安装，同一房间管卡应安装在同一高度上；按设计或施工规范要求在墙上画好卡位印记，按印记剔直径 60mm 左右、深度不少于 80mm 的洞，用水冲净洞内杂物，将 M50 水泥砂浆填入洞深的一半，将预制好 $\phi 10mm \times 70mm$ 带燕尾的单头丝棍插入洞内，用碎石卡固找正，上好管卡后用水泥砂浆填塞抹平。

4) 填堵孔洞

管道安装完毕后，必须及时用不低于结构强度的混凝土或水泥砂浆把孔洞堵严、抹平，为了不致因堵洞而管道移位，造成立管不垂直，应派专人配合土建堵孔洞；堵楼板孔洞宜用定型模具或用木板支搭牢固后，往洞内浇点水再用 C20 以上的细石混凝土或 M50 水泥砂浆填平捣实。

5) 管道安装

(1) 压力管道的坡度、坡向应符合相关规定。

(2) 无压管道坡度必须满足水的流动排出功能，其最小坡度必须符合施工规范规定。包括污水、雨水及空调凝结水管道等不得倒坡。

(3) 保证管道坡度安装正确。

6) 管道连接

(1) 各专业管道及设备在安装工程施工中各类接口的质量是系统运行中出现问题的关键部位，

管道及设备出现的跑、冒、滴、漏及堵塞、断裂等质量问题绝大多数均是由接口质量不良所造成的,所以要求各类接口应平整、严密、无渗漏。接口质量要达到平整、严密,无渗漏、无堵塞,除了必须严格按工艺标准及质量要求施工外,还应从"病因"上找出薄弱环节来加以解决。

(2)各类管道及设备为了防止渗漏、堵塞、污染等质量问题,施工中还应加强施工质量。

7)室内给水管道安装

(1)室内给水管必须采用与管材相适应的管件,镀锌钢管必须使用热镀锌管件,镀锌管材损坏镀锌处应防腐良好。DN>100mm 管径使用焊接时必须二次镀锌,以防止水质污染,不准使用黑管件或冷镀锌管材。生活给水系统的管材及设备(如箱、罐及附属设备所涉及的材料)必须达到饮用水卫生标准。

(2)给水管道的法兰、油任、卡箍等活接头不得埋地和入墙设置,必须设置在便于检查维修位置。

(3)给水管不得穿越污水井、化粪池等污染源,穿越外墙、伸缩缝、采光井位置时应有防水套管和防沉降、防冻等有效技术措施。

(4)给水系统竣工后必须进行冲洗试验,不得利用试压水的排放作为管道冲洗,饮用水管道应冲洗后消毒并由卫生检疫部门检查水质符合饮用水卫生标准。

(5)水表应安装在便于观测、检修的位置,水表底部应单独设置支撑,表前与阀门应有水表接口直径 8 倍的直线管段。

(6)消火栓设置位置准确,符合规范和使用要求。消火栓应栓口朝外,并朝门开启一侧,水龙带绑扎严密,盘、挂正确,便于使用。

(7)喷淋灭火系统的喷淋头应在管道试压冲洗合格后安装,喷头与门、窗、墙面、通风管道等距离、位置应符合规范规定不得影响使用,风管宽度大于 1.2m 时喷头应装在风管腹面。有吊顶喷头应配合装修布置均衡美观,且不得污染。防晃支架安装位置正确,固定牢固。

(8)消防报警装置、止回阀、水流指示器、泵接合器等应安装位置、水流方向正确,减压孔板应安装在管道内水流出水转弯一侧直管上。

(9)消防泵、给水泵、稳压泵安装应位置准确,减振装置符合规范及设计要求,固定牢固。水泵配管的柔性接头、止回阀、控制阀以及压力表、信号阀等附属设备安装型号、规格方式及位置符合有关规定(如喷淋消防泵逆水口不得使用蝶阀,稳压罐管道出口与水泵连接管处应设安全阀,压力表应有缓冲管及旋塞等)。

(10)水箱的满水试验应在水箱配管甩口封堵后进行。生活水箱的给水进水管应高于溢流水位的最小空气间隙不小于配水出水管径的 2.5 倍,水箱溢流管及泄水管不得与排水管道和排水设施直接连接,溢流管末端应有防污染网罩。

(11)给水管道及设备必须防腐良好,无锈蚀,表面涂层光滑整洁,无渗漏。凡非采暖房间、结冻影响使用的给水及消防管道和设备均应保温良好不得产生结冻。凡结露影响使用的给水管道必须做好防结露的绝缘层。各类保温层厚度及使用材质应由设计人员确定。

8)卫生器具安装

略。

9)中水管道安装

中水管道供水使用的管件及配件应采用耐腐蚀的给水管材及附件,中水原水管道使用的管材及配件应符合排水管道要求。为此,中水管道安装应符合建筑给、排水管道的相应规范及有关规定要求;中水箱与生活给水水箱必须保持 2m 以上的防污染距离;中水给水管道不得设取水嘴,便器冲洗阀应采用密闭型设备和器具、绿化、冲洗的给水栓应采用壁式或地下式,这些规定主要是避免与生活给水管交叉、污染及误饮、误用;中水管道严禁与饮用水管道连接,并在中水管道及设备上应标志浅绿色标志和中水字样以区别生活给水,防止混用。

10)通风、空调工程的风管及设备安装

通风、空调工程中的金属、非金属和复合材料风管、风道及附属设备的加工、制作所使用的材料、部件、附件等必须符合有关规范和设计要求;风管及部件成品、半成品的加工制作应符合相关要求;风管系统及部件安装需要相关要求;通风及空调附属设备安装需要符合相关要求。

35.5.1.13 电气工程

1)工程概况

本工程电气施工中应及时与土建配合预埋电气管线及各种设备的固定构件等,并合理安排管路敷设的位置、数量,明确各专业接口要求,确保强、弱电接口准确安全。当与其他工程或专业相冲突时,应及时调整。

2)工艺流程图(图 35-12)

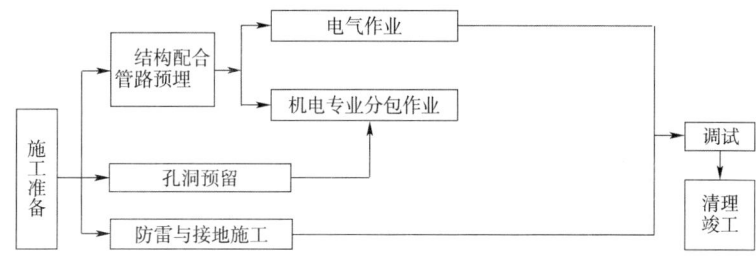

图 35-12 电气工程工艺流程图

3)主要施工方法

(1)穿墙保护制作安装:供给本工程的电力电源由室外引入室内。强、弱电电缆进入建筑物需要穿越外墙,在穿墙处安装电缆保护管,套管使用镀锌钢管,钢管由内向外略向下倾斜,管路伸出墙外 2.5m。

(2)防雷与接地工程:本工程防雷接地重点在于屋顶接闪器焊接及所有进出建筑物的金属管道接地,施工中必须与各专业密切配合防止漏焊。其施工方法:本工程接地焊接处焊缝应饱满并有足够的机械强度,不得有夹渣、咬肉、裂纹、虚焊、气孔等缺陷,焊接处的药皮敲净后,刷沥青做防腐处理(混凝土内不做防腐处理);镀锌扁钢搭接焊长度不小于其宽度的 2 倍,且至少三个临边焊接,敷设前需调直,煨弯不得过死,直线段上不应有明显弯曲,并应立放;镀锌圆钢搭接焊长度为其直径的 6 倍,并应双面施焊。镀锌圆钢与镀锌扁钢连接时,搭接长度为圆钢直径的 6 倍。

(3)钢管敷设工程施工方法:敷设于多尘和潮湿场所的电线管路、管口、管子连接处均应作密封处理。暗配钢管宜沿最近的路线敷设并应减少弯曲;砖墙或混凝土内的管子,离表面的净距不应小于 15mm。进入落地式配电箱的电线管路,排列应整齐,管口应高出基础面不小于 50mm。埋入地下的电线管路不宜穿过设备基础,在穿过建筑物基础时,应加保护管。

根据设计图要求确定盒、箱轴线位置,以土建弹出的水平线为基准,挂线找平,线坠找正,标出盒、箱实际尺寸位置。

稳注盒、箱要求灰浆饱满,平整牢固,坐标正确。现浇混凝土板墙固定盒、箱加支铁固定,盒、箱底距外墙面大于 3cm 时,需加金属网固定后再抹灰,防止空裂。

管路连接采用焊接或管箍连接,管箍长度为连接管径的 2.2 倍。钢管采用套管焊接时,套管长度为管外径的 1.5~3 倍,焊缝应牢固严密。

管路超过下列长度,应加装接线盒,其位置应便于穿线:无弯时,30m;有一个弯时,20m;有二个弯时,15m;有三个弯时,8m。

盒、箱开孔应整齐并与管径相吻合,要求一管一孔,不得开长孔。铁制盒、箱严禁用电、气焊开孔,并应刷防锈漆。管口入盒、箱,暗配管可用跨接地线焊接固定在盒棱边上,管口与敲落孔点焊三点。

现浇混凝土楼板配管:先找灯位,根据房间四周墙的厚度,弹出"十"字线,将堵好的盒子固定牢,然后敷管。有两个以上盒子时,要拉直线。如为吸顶灯或日光灯,应预下木砖。管进盒、箱长度要适宜,管路每隔 1m 左右用铅丝绑扎牢,如有超过 3kg 的灯具应焊好吊杆。

管路过伸缩缝处应做相应处理。管路应作为整体接地连接,穿过建筑物变形、沉降缝时应有接地补偿装置。

(4)设备、材料的保管办法:材料保管员应对材料、设备的名称、规格、数量、堆放地点详细登记造册,以便能清楚地了解库存材料、设备的数量及规格,使常用材料既能满足需要又不积压闲置;严格区分不同材料的保管要求,注意防潮,注意保护外壳不能碰撞,以免掉漆。

35.5.2 重点工程施工方案

35.5.2.1 特殊混凝土工程

1)耐久性混凝土

兰州西站设计使用年限100年,对混凝土的耐久性要求高。

(1)原材料的选用与拌制要求:施工前应与选择的商品混凝土搅拌站签订技术合同,明确耐久性混凝土的各项技术要求。

(2)混凝土运输及泵送:浇筑混凝土前,制定运输方案,确保现场混凝土浇筑不间断。混凝土水平运输采用搅拌车运输,运输过程中宜以 2~4r/min 的转速搅动。当搅拌运输车到达浇筑现场时,应高速旋转 20~30s 后再将混凝土拌合物喂入泵车受料斗。运到浇筑地点时,混凝土不分层、不离析、不漏浆,并具有要求的坍落度和含气量等工作性能。混凝土的入模控制在搅拌后 60min 内泵送完毕,最长时间不超过 1/2 混凝土初凝时间,混凝土初凝时间由试验室根据施工气温试验确定,并符合有关规范要求。在交通拥堵和气候炎热等情况下,在保证混凝土性能前提下,适当增加混凝土初始坍落度,防止混凝土坍落度损失过大。

(3)混凝土浇筑:混凝土浇筑时根据混凝土结构每浇筑层的循环时间、混凝土初凝时间,考虑泵车的使用数量。注重混凝土的入模温度及水化温度的控制。夏季在炎热的气候条件下,混凝土入模温度不宜超过30℃,钢筋、模板及局部气温不超过40℃。冬季浇筑混凝土时入模温度和模内环境温度不得低于5℃。

(4)混凝土振捣:振捣宜采用插入式振捣器垂直点振,对于耐久性、低水胶比的混凝土应加密振点分布。

(5)混凝土养护:混凝土浇筑完成后要及时进行紧密覆盖(可采用塑料布、篷布),防止水分蒸发和混凝土表面与环境温度的温差。在养护期间养护用水要注意水温与混凝土表面温差不得超过15℃,采用水养护时应采用在塑料布覆盖下喷雾式养护。

2)自密实混凝土

(1)自密实混凝土配合比设计:施工前,对混凝土性能进行试验,选用不同的搅拌站进行自密实混凝土配合比的配置工作,每个搅拌站进行两组试验,一组检验自密实混凝土的抗离析性、微膨胀性,另一组检测混凝土的施工的工艺。通过试验检测,选取配置的自密实混凝土在高抛过程中未发生离析,打开钢板模具后与混凝土间未出现缝隙,并且有足够的流动性、满足导管浇筑要求的搅拌站配置的自密实混凝土进行试验钢柱试验。

(2)自密实混凝土浇筑施工技术:针对钢柱内多隔板的特点,自密实混凝土采用导管自溢法进行浇筑,其原理是通过混凝土自溢将钢柱内空气排出,即:采用导管自下而上浇筑,在向上提升导管的过程中,管口始终埋在已经浇筑的自密实混凝土内部;为避免内隔板下的混凝土产生气泡,保证混凝土浇筑的密实性,每节柱混凝土浇筑至内隔板下 200mm 处,混凝土保持慢速连续自由下落浇筑,等混凝土溢出隔板上不小于 150mm 高时,提升导管至该隔板上继续浇筑上一层混凝土。

(3)混凝土检测:对每节钢管柱混凝土留置试块,检测混凝土强度是否达到设计要求。对钢管柱内混凝土密实度采用超声波检测。根据合理布设检测点,对钢管混凝土的密实程度和均匀性进行全面而细致的检测。检测钢管混凝土是否存在缺陷及缺陷位置,做好详细的记录和标记,对不密实的部位采用局部钻孔、压浆法进行补强,然后将钻孔补焊封闭牢固。

35.5.2.2 钢结构工程

1) 概况

站房钢结构分柱和屋盖两部分,其中屋盖主要采用管桁架结构,平面尺寸为370m×240m,管桁架采用相贯焊接点,66m跨管桁架的高度为29.10~39.35m。支撑屋盖的柱采用箱形柱,截面规格为□1200mm×1200mm×20mm×20mm、□1200mm×1200mm×30mm×30mm,材质为Q345C。无站台柱雨棚屋盖最高点高程11.100m,单片屋盖沿顺轨方向总长214m,垂直轨道方向总长306m。主要由横向刚架组成,横向刚架采用钢管混凝土柱+空间三角形钢桁架结构形式,纵向在柱顶设置支撑。屋面为轻型有檩屋盖体系。雨棚纵向柱网以24.0m为主,局部为25.79m、21m,横向刚架跨度自东至西为49.1m、43.5m、34m、43m、43m、33.5m、44.1m。截面主要规格为钢管柱φ700mm×25mm,□1000mm×700mm×18mm×18mm,主梁:□800mm×300mm×14mm×16mm,□800mm×300mm×20mm×30mm,□900mm×300mm×20mm×30mm,□900mm×300mm×20mm×40mm,材质为Q345GJC及Q345C。兰州西站站房轴测图如图35-13所示。

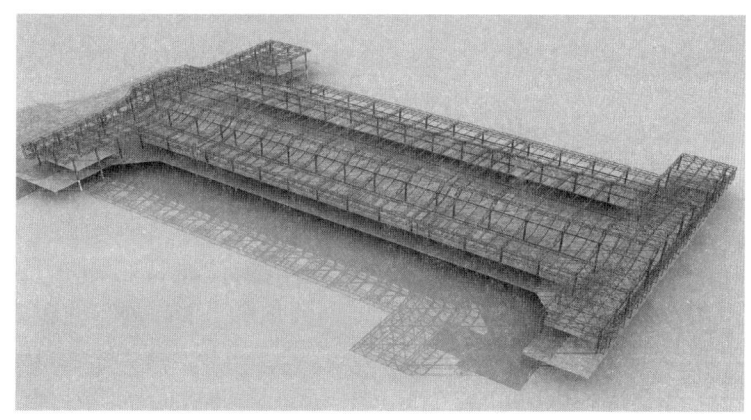

图35-13 兰州西站站房轴测图

2) 材料的采购、验收及管理

(1) 材料的采购:本工程所用材料,包括钢材、焊接材料、高强度螺栓等,均应完全符合相应的国家规范和规程之要求。

(2) 原材料的检验及管理:本工程加工制作中主要材料严格把好质量关,以保证整个工程质量。

3) 钢结构加工

本工程钢结构加工在专业厂家进行,现场进行组拼,施工前单独编制专项加工方案。

4) 钢结构安装步骤

(1) 北站房区钢结构安装。

采用2台150t履带吊及塔吊进行9.45m高程以上钢柱及夹层→采用2台350t履带吊结合2台150t履带吊进行N3~N1轴屋盖钢结构及檩条安装→采用2台350t履带吊进行C15~C9轴屋架吊装→站房屋架吊装完成后,将雨棚与站房之间预留场地部位钢结构安装完成。

(2) 南站房区。

在吊装C10轴的ZHJ1第二段和第一段之前,先支临时支撑(采用我公司自有的临时支撑架),为ZHJ的吊装提供安装和施工平台→吊装C9轴三节柱,ZHJ1第二段及C9~C10轴之间的商业夹层→2台履带吊从北往南,按照顺序从北往南依次吊装,直至完C1轴吊装→待过渡线改移后,吊装完成南站房屋架钢结构。

35.5.2.3 预应力混凝土工程

1) 工程概况

由于结构受力、荷载及大跨度使用的要求,本工程在站房高架候车大厅层和轨道层框架梁采用了有黏结预应力技术,次梁和楼板采用了无粘结预应力技术,其中板黏无粘结预应力技术为了抵抗温度应力。技术含量较高,施工难度较大。

2) 预应力施工重点难点分析

本工程预应力梁施工难点:

(1) 本工程预应力梁多为多跨连续梁,南北向 19 跨共 305.0m,东西向 13 跨共 228.0m,按照规范规定对预应力筋原则上 36m 以下一端张拉,36m 以上两端张拉,长度超过 60m 的预应力筋,应分段张拉和锚固,分段张拉的张拉节点处理是本工程的一个难点。

(2) 本工程部分结构选型为钢骨混凝土柱 + 预应力钢筋混凝土框架结构,预应力孔道需要穿过钢骨柱,故钢骨柱要在预应力孔道相应位置预先开洞,由于预应力施工对矢高控制比较严格,开洞位置应非常准确,在加工厂制作钢骨柱时要将预应力筋位置定位准确,这是钢骨混凝土柱 + 预应力钢筋混凝土框架结构一大难点。

(3) 本工程预应力配筋较多[如 YZKL3-14(6)1000mm × 1500mm,预应力配筋为 4 孔,每孔预应力根数为 12 根],预应力筋铺放时,孔道走向与普通钢筋位置冲突的地方将较多,另外,预应力张拉时,所需要张拉设备吨位也随之增大,如何保证张拉过程的质量及安全,是本工程的又一个难点。

(4) 后浇带处预应力筋的的避让为本工程的一个难点。

(5) 由于本工程候车大厅分为两个大区段(南区和北区)。每个大区又分为若各个流水段,这样对于预应力的铺放张拉带来了极大的困难,因此若部分预应力筋在划分的施工流水段分界线处贯通,这些通长的预应力筋可以先铺放一部分,另一部分则卷起来,在下一个施工段开始施工时再接着铺放,但同时预应力筋也要做好成品保护。这部分预应力筋的张拉要在后浇筑的混凝土达到设计要求的强度后再进行张拉。

(6) 本工程预应力梁多为有黏结多跨连续梁,为了减小摩擦损失及张拉空间需要,预应力筋布置采用分段搭接、分段张拉的布置形式。有黏结预应力连续梁搭接时,采用梁侧加腋出张拉端的做法。张拉端节点设计的优劣直接影响到预应力筋张拉的施工和质量。本工程的张拉端主要分两大类。一类是设置在结构周圈边梁的张拉端,另外一类是设置在多跨连续预应力梁跨内的张拉端。

本工程预应力筋采用 $\phi^s15.2mm$ 高强 1860 级国家标准低松弛预应力钢绞线,直径 15.2mm,其标准强度 $f_{ptk} = 1860N/mm^2$,张拉端采用夹片式锚具,固定端采用挤压式锚具。

3) 工艺流程

如图 35-14 所示。

4) 波纹管的加工及端头安装

(1) 波纹管的现场加工:有黏结预应力筋所用波纹管一般 4m 一根,在现场进行拼接。波纹管尺寸视设计施工图中每束预应力筋的根数而定。

(2) 安装端头:先将非预应力筋骨架铺设好后,按设计图纸和本施工组织设计图所示位置将喇叭管安装在端模或非预应力筋骨架上。

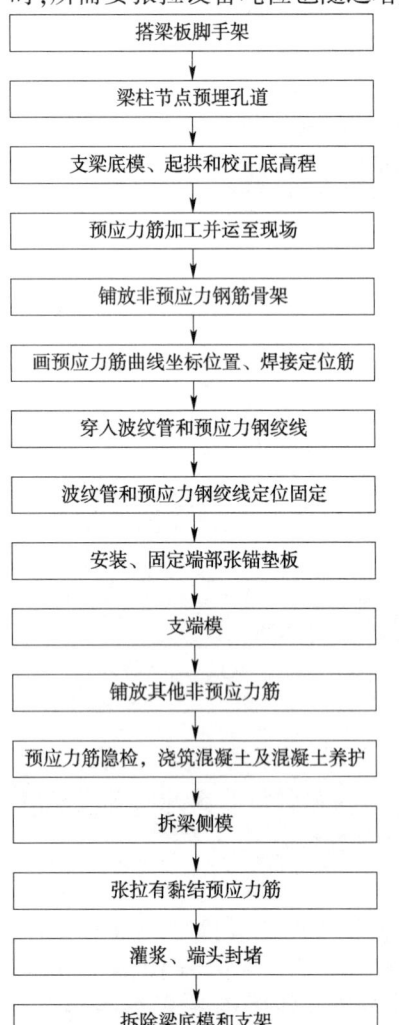

图 35-14 施工工艺流程

(3)铺设波纹管:按图纸位置铺设波纹管,每隔1~2m绑扎一道架立筋,图中所标为预应力筋集团束的中心线高度,定位筋上皮高度=图中高度–波纹管半径;铺设波纹管用4~5人沿梁的两侧排开,从一端开始传入波纹管,待管全部传入后,两端要插入已定位的喇叭管中,并用胶带将波纹管与喇叭管的连接处缠绕密封,避免漏浆。

5)穿预应力筋

(1)钢绞线要定长下料,梁中预应力筋在下料时应考虑不小于一倍结构高度的曲线增量,预留张拉长度不小于1000mm。钢铰线应用砂轮锯切割,不得用电气焊切割;下料长度L=梁内曲线长度L_1+张拉端工作长度L_2。

(2)如是多束,则采用分束多次穿入的方法。

(3)穿预应力筋由锚固端向张拉端穿,避免扭曲。若现场锚固端无穿筋位置,则波纹管与预应力筋先组装好,与非预应力筋同步进行。钢绞线穿入孔道后,不得使用电气焊,以避免造成预应力筋的强度降低。预应力筋的矢高应按照施工矢高翻样图所示,严格控制最高点、最低点和反弯点的矢高,矢高的误差控制在±10mm以内。

(4)灌浆孔设置在张拉端部(锚垫板的灌浆孔应朝上),考虑本工程预应力筋较长,必要时也可将中部排气孔作为灌浆孔;在固定端处设置排气孔(兼泌水孔),排气孔用增强塑料管留设,并高出梁面500mm。本工程预应力筋为连续跨,在中间每个最高点两侧都要设置排气孔。

(5)节点安装要求:要求预应力筋伸出喇叭口长度(预留张拉长度)应满足张拉要求;喇叭口与波纹管,排气管与波纹管接口处应用胶带密封牢固,避免漏浆;预应力筋必须与喇叭口外表面垂直,其在承压板后应有不小于30cm的直线段;在预应力筋的张拉端喇叭口后按要求安装大螺旋筋。

6)浇筑混凝土

(1)检查铺设情况:浇筑混凝土之前,应再次检查管道位置是否正确,管道数量是否正确,各种接头密封情况及有无破损,引出管是否牢固,喇叭管是否端正,位置是否准确,如发现问题应及时改正。只有在作隐蔽工程检查合格后,才能浇筑混凝土。

(2)封堵孔洞:将排气口、喇叭管、灌浆管和波纹管端口临时封堵严密,避免漏浆。

(3)浇筑混凝土时要振捣密实,尤其在端部,严禁出现蜂窝麻面等情况;同时,禁止振捣棒直接碰撞波纹管。如果拆模后发现端部出现有蜂窝孔洞等缺陷,需要在张拉前进行修补。

(4)浇筑混凝土时,应避免砸坏波纹管。同时,总包及施工方需要有专人负责看管。

(5)当考虑到冬期施工或由于其他因素需要在混凝土中添加外加剂时,应禁止使用含氯离子的外加剂,以避免对预应力筋产生不利影响。

(6)混凝土浇筑前,应对预应力筋的位置加以标示,防止在混凝土振捣时破坏预埋波纹管。

7)预应力筋的张拉

张拉前的准备工作:按照图纸要求,混凝土达到设计强度方可张拉;张拉前要检查混凝土质量,尤其重要的是端部混凝土,不得有孔洞等缺陷,如发现问题应及时采取补救措施;在张拉端要准备操作平台,可以利用原有的脚手架,应保证宽不小于1.5m,原则上要求张拉工人有足够摆放机具及张拉操作的空间;根据设计要求确定每束预应力筋控制张拉力值,计算出其计算伸长值,张拉用千斤顶和油泵根据设计要求事先标定好。

张拉流程及要求:记录原始缸长;张拉至10%设计张拉力,持荷1min,记录初始缸长,张拉至最终张拉力,持荷2min,记录缸长。

8)灌浆及端部封堵

根据设计图纸要求,有黏结预应力孔道灌浆采用强度等级为42.5的普通硅酸盐水泥,水灰比控制在0.40~0.45,并掺入适量膨胀剂,以增加孔道灌浆的密实性,水泥浆28d强度不得低于30MPa。水泥需作进场复试;水泥浆中不能含有氯离子或其他队预应力筋有腐蚀作用的外加剂;浆料要充分搅拌均匀,由近至远逐个检查出气口,待出浆后逐一封闭;当最末出气孔封闭后继续加压30s,封闭灌浆孔,灌浆压力应在 0.5～0.6MPa,如超出应停机检查采取措施后方可继续灌浆;孔道灌浆后,切除多余外露预应力筋,切除后预应力筋露出夹不小于 30mm,然后用不低于梁混凝土强度等级的细石微膨胀混凝土进行封锚,要求封锚混凝土振捣密实,并且要求张拉端全部封住,不得露筋。

35.5.2.4　大跨度盘扣式脚手架

为保证幕墙与线路同时施工,幕墙脚手架采用大跨度盘扣式脚手架,最大跨度达 21.5m。

1)施工工艺流程

C 区东西立面操作架:测量放样→按照架体投影进行排底→格构架体搭设→悬跨搭设→安装防护网→悬跨下架体拆除→安装木跳板→操作施工。

2)施工步骤

按照施工方案进行排底,并隔跨设置 1815 水平斜杆,以保证架体方正,间隔 5.4m 做一个格构柱,中间进行悬跨搭设→按照方案进行拆除,将跨中两侧格构柱拆除→按照方案将跨中格构拆除,内侧两步悬跨架架体,通过钢丝绳拉紧器进行拉掉架体→按照方案,外侧 4 排立杆继续搭设至设计高度,至完成。

3)施工要点

第一步:依支撑架配置图尺寸放样后,将调整座排列至定点,再将标准基座的主架套筒部分朝上套入调整座上方。

第二步:将横杆头套入圆盘小孔位置使横杆头前端抵住主架圆管,再以插销贯穿小孔敲紧固定。水平斜杆则固定于大孔位置。

第三步:将基础立杆置入标准基座上方套筒内。

第四步:将斜拉杆全部依顺时针或全部依逆时针方向组搭。将斜拉杆套入圆盘大孔位置,使斜杆头前端抵住立杆圆管,再以插销贯穿大孔敲紧固定。斜拉杆具有方向性,方向相反即无法搭接。

第五步:重复以上的步骤,安装圆盘支撑架到墩顶,将调整座插入立杆管中,再以扳手调整至所需高度。

4)架体观测

外观观测:在使用过程中,在悬跨部位、连墙件部位、钢丝绳等位置安排专人进行外观观测,发现位移变形过大等情况及时报告。沉降观测:在架体使用过程中,在架体悬跨等荷载较大位置布置沉降观测点,并进行编号。

5)架体拆除

施工时有关注意事项如下:

当支架使用完成后,进行拆除。拆除前应对支架作一次全面检查,清除所有多余物件,并设立拆除区,禁止人员进入。拆除作业按先搭后拆,后搭先拆的原则,从顶层开始,逐层向下进行,严谨上下层同时拆除,严谨抛掷。拆除的构件用吊具吊下,或人工递下,严禁抛掷。及时分类堆放拆除的物件,以便运输保管、利用。

35.5.2.5　既有线防护方案

1)防护方案概况

转线前将影响行车安全的所有装修工作全部施工完成。6、7 道两侧施工时,需要在线路两侧的 3、4 站台安装蓝色彩钢板作为防护,分别位于 3、4 站台中央,固定牢固,以防施工材料、人员进入车辆运行线路内,影响行车安全;南站房结构施工阶段在临近过渡线一侧,搭设钢管防护架,防护架高度为 9m,生根与灌注桩冠梁上。

2)防护围挡施工顺序

施工物资准备→施工物资倒运→定位放线→预埋件安装→立柱、龙骨焊接→斜撑加固→彩钢板安装。

3) 施工安全监护配合

严格按照铁道部《铁路营业线施工安全管理办法》(铁办〔2008〕190号)、《营业线施工安全管理实施细则》、铁道部《关于公布"铁路营业线施工安全管理补充办法"的通知》铁运〔2010〕51号、《铁路工程基本作业施工安全技术规程》(TB 10301—2009)等有关规定进行施工,避免因施工影响造成的行车事故、列车延误以及人员伤亡等情况出现。具体事宜略。

35.5.3 季节性施工措施

35.5.3.1 冬、雨期施工部位

根据该工程施工进度计划安排,该工程跨越2个冬期和2个雨期。冬期施工:在2013年冬季,主要为轨道交通结构、钢结构安装,2014年冬期主要施工调试、竣工验收。雨期施工:2013年主要为基础结构施工,2014年为装饰装修工程。为确保季节施工的质量,在季节施工前,要按照季节施工有关要求,结合当时的施工部位,编制季节施工方案,并提前做好季节施工的各项准备工作。

35.5.3.2 冬期施工措施

1) 钢筋工程

在负温条件下使用的钢筋,施工时应加强检验。钢筋在运输和加工过程中应防止撞击和刻痕;雪天不宜在现场进行施焊;雪天或施焊现场风速超过3级施焊时,要采取遮蔽措施,焊接后冷却的接头应避免碰到冰雪;在负温条件下进行焊接,应对焊接设备采取防寒措施,并防止冷却水管冻裂。

2) 混凝土工程

混凝土采用综合蓄热法。混凝土提前配制配合比,掺加防冻剂;混凝土模板外和混凝土表面覆盖的保温层采用草帘被覆盖,新浇混凝土表面应铺一层塑料薄膜,再用保温材料铺盖;当日平均气温低于5℃时,不得浇水;混凝土试块的留置除按常温规定要求外,增设不少于两组与结构同条件养护的试块,分别用于检验受冻前的混凝土强度和同条件养护28d再转标准养护28d的混凝土强度;冬施做好测温工作,监测混凝土表面和内部温差不超过25℃,在达到临界强度前每2h测一次,以后每6h测一次;运输和浇筑:混凝土出机温度不低于10℃,入模温度不低于5℃;混凝土的养护:混凝土养护采取塑料薄膜加盖阻燃保温被养护,防止受冻并控制混凝土表面和内部温差;混凝土拆模:根据混凝土养护测温记录,确定混凝土拆模时间,拆模时混凝土表面温度和自然温度之差不能超过20℃。

3) 脚手架工程

冬施期间要随时清理脚手架上的积雪、杂物,一方面减少脚手架的雪荷载,另一方面避免出现人员滑倒事故;冬期施工结束后及时检查脚手架基础是否稳定,避免由于土层解冻造成脚手架下沉。

4) 钢结构工程

满足基本要求,符合钢结构安装施工措施。冬季运输堆存钢结构时,必须采取防滑措施。构件堆放场地必须平整坚实,无水坑、地面无结冰;钢结构安装前除按常规检查外,尚须根据负温度条件对大体量构件的质量进行详细复验;构件表面有积雪、结冰、结露时,安装前应清除干净,但不得损伤涂层;在负温度下安装钢结构的专用机具应按负温度要求进行检验;高强度螺栓接头安装时,构件的摩擦面必须干净,不得有积雪、结冰,不得雨淋,接触泥土、油污等脏物。

5) 砌体工程

砌筑前,应清除块材表面污物、冰霜等。砌体用砖或其他块材不得遭水浸冻。砌体材料应达到相应的要求强度;砂浆需掺加防冻剂;冬期施工不得使用无水泥配制的砂浆;冬期施工中,每日砌筑后应及时在砌筑表面覆盖保温材料,砌筑表面不得留有砂浆。在继续砌筑前,应扫净砌筑表面,然后再施工;冬期砌筑工程应进行质量控制,在施工日志中除应按常规要求外,尚应记录室外空气温度、暖棚温度、砌筑时砂浆温度、外加剂掺量以及其他有关资料。

35.5.3.3 雨期施工措施

1）装饰装修

各种惧雨防潮装修材料按物质保管规定入库和覆盖防潮布存放,防止变质失效。室外存放的材料必须进行架空垫高处理,采用塑料薄膜进行防护和覆盖,确保不被污染;雨天室内工作时,操作人员避免将雨水带入室内造成污染,一旦污染及时清理;室内进行装修时,外门窗采取封闭措施,防止作业面被雨水淋湿或浸泡。

2）砌筑工程

严格控制砌筑砂浆的水灰比和构造柱、混凝土梁的配合比,应注意现场的砂、石含水率的测定,及时调整施工配合比。各种砌块材料进行覆盖处理。

3）脚手架工程

外脚手架座落于回填土上,故必须保证回填土的质量,同时立杆下垫 50mm 厚通长木板,并在木方下满铺碎石子或混凝土硬化,使质量均匀分布于回填土上,在距脚手架外立杆外 500mm 处设排水沟,及时将雨水排走,以免脚手架基础被雨水浸泡造成地基沉陷;设专人在雨前检查立杆垫木是否有效,回填土有无塌陷;雨后基础有无沉陷,立杆有无下沉,脚手架有无变形,如有不正常之处,须迅速加以加固和修整。架子应设扫地杆、斜撑、剪刀撑,并与建筑物拉结牢固;上人马道需做防滑条,做好防滑措施;马道两侧加设 300mm 高挡脚板,同时加设不低于 1.2m 的安全护拦,满挂密目安全护网;大雨期间,不得进行脚手架的搭设和拆除,避免作业人员直接暴露在建筑物最高处,防止雷电直接伤人;大雨、大风后应及时对脚手架进行检查修理,有安全隐患的整改合格后方可投入使用。

35.6 主要施工管理措施

35.6.1 工期保证措施

35.6.1.1 技术措施

（1）建立健全完善的技术保障体系,确保施工生产顺利进行,实行总工程师质量总负责的技术责任制,配备足够的有施工技术经验的工程技术人员,除编制好实施性施工组织设计外,对关键工序还必须编写施工方案;认真执行技术交底制,实行分项工程施工前的现场技术交底制度,技术交底必须成为施工生产的依据,确保施工质量和安全生产,加快施工进度。

（2）采用先进合理的施工技术。

提前进行机电深化设计。利用 BIM 软件在三维模型中将机电管线以加工尺寸进行切分,导出明细加工图,指导后台预制化加工,最大化利用标准化半成品原材料,增大后台加工比例,减少现场临时修改加工的工作量,对同一类型管线根据支吊架设计规范布置组合集中支吊架,减少支吊架材料消耗和工作量,加快施工进度。

大力应用、推广"四新技术"（新材料、新技术、新工艺、新设备）,运用 ISO 9001 国际质量标准、TQC、网络计划、计算机局域网等现代化的管理手段或工具为本工程的施工服务。充分利用我公司现有的先进技术和成熟的工艺保证质量,提高工效,保证进度。

采用木模体系和钢模体系,按清水混凝土要求施工,能保证除清水装饰混凝土以外的部位不抹灰,提高施工速度;直径≥18mm 的钢筋采用机械连接,减少现场焊接,加快施工进度;结构施工阶段配备合理的水平和垂直运输设备,充分满足施工需要;工程总体分成站房部分和雨棚部分两个施工区段,站房部分再分为主站房和辅助用房两个部分组织施工,配备充足劳动力,确保总体工期目标的实现;制定详细的材料供应计划,提前提交材料计划报告,保证各类材料根据施工需要,按时保量供应;水电专业管线安装与土建施工穿插进行,减少实际占用的天数。

35.6.1.2 管理措施

成立进度网格化管理机构,成立驻场建造组、过程监控组、质量考评组、成品保护组、重大问题商讨组、每天下午对每个片区的施工生产进度和质量进行检查评比,分日评、旬评、月评,对施工质量优秀的施工班组和管理人员进行奖励,相反则进行处罚。通过对每日的进度管理保证总体进度目标实现;严格按照批准的施工组织设计安排施工进度,确保工期。组建强有力的项目经理部,精干高效,主要管理人员具有同类型工程施工经验,劳务队伍与我公司长期合作,能够保证充足的合格劳动力,特殊工种做到持证上岗;工期合理穿插,提前插入样板间施工,以尽早确定材料选型和施工做法,为确保装饰施工工期积极创造条件;加强工程进度的计划性;加强各专业的配合工作。

35.6.2 质量保证措施

35.6.2.1 质量目标

检验批、分项、分部工程施工质量检验合格率100%,单位工程一次验收合格率100%,工程创"飞天奖""鲁班奖"。

35.6.2.2 质量保证体系

严格贯彻执行《质量管理体系标准》(GB/T 19001—2000),建立完善的质量保证体系,切实发挥各级管理人员的作用,使施工过程中每道工序质量均处于受控状态;在施工过程中,以设计文件及现行规范标准为依据,按《质量手册》《程序文件》编制该工程《质量计划》,通过对质量要素和质量程序的控制,对各道工序从"人、机、料、法、环"诸方面加以控制,确保工程质量。

35.6.2.3 质量网格化管理

根据组织机构,成立质量网格化管理机构,成立驻场建造组、过程监控组、质量考评组、成品保护组、重大问题商讨组,每天下午对每个片区的施工生产进度和质量进行检查评比,分日评、旬评、月评,对施工质量优秀的施工班组和管理人员进行奖励,相反则进行处罚。

35.6.2.4 组织保证措施

项目经理、工长、质检员、安全员、试验员、测量员、机械员等管理人员,均为取得相应的专业技术职称或受过专业技术培训,具有较为丰富的同类型工程的施工及管理经验者,并持证上岗;工程专业技术人员,均具备相应的技术职称,并按照有关规定要求进行相关知识的培训;新工人、变换工种人员和特殊工种作业人员,上岗前必须对其进行岗前培训,考核合格后方能上岗;施工中采用新工艺、新技术、新设备、新材料前必须组织专业技术人员对操作者进行培训;严格实行质量责任制,每项工作均由专人负责。

35.6.2.5 质量管理制度

(1)技术交底制度:分项工程开工前,主管工程师根据施工组织设计及施工方案编制技术交底,并向作业人员进行技术交底,讲清该分项工程的设计要求、技术标准、施工方法和注意事项等。

(2)工序交接检制度:工序交接检包括工种之间交接检、总包与分包间之间交接检、分包与分包之间的交接检等。上道工序完成后,在进入下道工序前必须进行交接检,做到上道工序不合格不准进入下道工序,确保各道工序的工程质量。坚持做到"三不交接"即:无自检记录不交接;未经专业技术人员验收合格不交接;施工记录不全不交接。

(3)隐蔽工程签证检查制度:凡属隐蔽工程项目,首先由班组、项目部逐级进行自检,自检合格后会同监理工程师一起复核,检查结果填入隐检表,由双方签字。隐蔽工程不经签证,不能进行隐蔽。

(4)施工测量复核制度:施工测量必须经技术人员复核后报监理工程师审核,确保测量准确,控制到位。

(5)施工过程的质量三检制:施工过程的质量检查实行三检制,即:班组自检、互检、工序交接检。

项目部质检员负责质量核定,确保分项工程质量一次验收合格。

(6)严格执行材料半成品、成品采购及验收制度:原材料采购需制定合理的采购计划,根据施工合同规定的质量、标准及技术规范的要求,精心选择合格分供方,同时严格执行质量检查和验收制度,按规定进行复试及见证取样,确认合格后方可使用。所有采购的原材料、半成品、成品进场必须由专业人员进场验收,核实质量证明文件及资料,对于不合格半成品或材质证明不齐全的材料,不许验收进场,所有材料进场后应及时标识,确保不误用、混用。

(7)仪器设备的标定制度:项目经理部设专职计量员负责各种仪器设备和计量器具的管理,各种仪器设备和计量器具均需定期进行标定。建立计量器具台账。

(8)质量奖惩制度:项目经理部制定质量奖罚制度,从总价中提出相应的费用建立项目质量保证基金,实行内部优质优价制度。同时实行质量风险金制度,项目经理部各级人员均按其所负责质量责任,在项目开工时,交付质量风险金,作为个人质量担保之费用,充分发挥经济杠杆的调节作用。

(9)坚持持证上岗制度:电气焊工、电工、防水施工人员、试验工、测量工、架子工、起重工、大型设备司机、测量员、材料员、资料员、质检员、安全员、工长等必须持证上岗。

(10)实行质量否决制度:选派具有资质和丰富施工经验的人员负责质检工作,质检员具有质量否决权、停工权和处罚权。凡进入工地的所有材料,半成品、成品,必须经质检员检验合格后才能用于工程。对分项工程质量验收,必须经过质检员核查合格后方可上报监理。

(11)认真执行"样板制":施工中执行"样板墙、样板间、样板层"制度,明确标准,增强可操作性,便于监督检查。"样板"必须按规定经验收合格,并经监理、建设单位确认后方可大面积展开施工。

(12)做好施工中的协作配合工作:为确保工程质量目标实现,我们以真诚的合作诚意与设计、监理共同把好质量关,在施工全过程中,教育所有施工人员,尊重和服从建设单位、监理工程师和设计人员的监督和指导。

35.6.2.6 对分包工程质量的管理和控制

根据工程质量目标,要求和督促分包建立起完善的质量保证体系,将分包纳入总包的质量保证体系,确保质量体系的有效运行;督促分包制订质量通病预防及纠正措施,实现对质量通病的预控;质量控制包括对深化设计和施工详图设计图纸的质量控制、施工方案的质量控制、设备材料的质量控制、现场施工的质量控制、工程资料的质量控制等诸多方面;严格程序控制和过程控制,使各分包工程质量实现"过程精品";对各分包严格质量管理,严格实行样板制、三检制,严格实行工序交接制度;最大限度地协调好各分包的立体交叉作业和正确的工序衔接;严格检验程序和检验、报验、试验工作;电气调试时,由总包单位制定各系统联动方案,并牵头组织各专业相关人员进行联动调试;制定切实可行的成品保护方案和管理细则,统一部署,与各分包一起做好成品保护工作;协助、检查、督促各分包做好工程资料管理和竣工图、竣工资料的工作,要求竣工图、竣工资料与工程竣工同步。

35.6.3 技术管理措施

在本工程的施工过程中,推广和运用新技术、新工艺、新材料、新设备,才能确保本工程各分项工程的质量,从而保证工程质量满足规范要求。

35.6.3.1 主要方案选用

基础边坡采用锚杆与土钉墙结合护坡施工,能够确保边坡稳定安全,并有效地节约施工场地;模板体系柱模采用全钢大模板,顶板模板采用覆膜木质多层板,能够保证混凝土表面的清水效果,减少二次抹灰工作;钢筋连接采用直螺纹连接技术,接头质量为Ⅰ级接头,能够加快工程施工进度,并保证接头质量;混凝土浇筑采用泵送技术,能够高效的完成混凝土浇筑。

35.6.3.2 采用新技术

本工程运用建设部推广的建筑业10项新技术(2010版)中的九大项、33个子项新技术。新技术实施前编制专项技术交底,过程进行监督,施工完成后及时进行总结;本工程中计划应用BIM技术,建立工程建筑、结构、机电的施工模型,包含施工采购设备信息,将模型与施工进度计划相关联,验证施工进度计划合理性,利用BIM的仿真模拟原理,将复杂节点建立模型进行展示和仿真模拟,提前发现并解决施工过程中会发生的问题,将钢结构吊装方案进行模拟,确保钢结构吊装在保证质量的前提下顺利进行。

35.6.4 安全保证措施

35.6.4.1 安全管理方针

安全管理方针为"安全第一,预防为主"。

35.6.4.2 安全生产目标

严格贯彻执行《中华人民共和国安全生产法》《建设工程安全管理条例》。坚持"安全第一,预防为主"的方针。建立健全安全生产责任制,制定严密的安全保证体系和措施,确保全体施工和相关人员无人身重大伤亡责任事故,年度轻伤频率控制在3‰内。

35.6.4.3 安全生产保证体系

组织保证体系、资金和信息保证体系、制度保证体系。

35.6.4.4 安全生产教育

安全教育内容分别为安全生产思想教育、安全知识教育、安全技能教育。安全教育分三个层次进行,一是对管理人员的安全教育。二是对分包施工负责人、安全员开展的安全业务培训。三是对工地施工人员的入场教育,每一批工人进场,由项目部组织进行岗前安全培训,由安全部门统一命题考试,合格者才能上岗,并在分项工程施工前由施工负责人进行安全技术交底。

35.6.4.5 安全检查

建立定期和不定期的现场安全检查制度。定期检查:项目经理部每半月进行一次安全检查;安全员和作业班组随时注意安全检查。每次检查都必须做好记录,发现事故隐患要及时签发安全隐患通知单,并本着三定的原则(即定整改负责人、定整改时间、定整改措施)及时解决,将事故苗头消灭在萌芽状态。

35.6.4.6 安全管理措施

结合本工程特点,需要制定重点安全措施的方面应包括深基坑防护、"洞口及临边"防护、高大脚手架,各类临时支撑体系、钢结构安装、大型施工机械的安装、使用和拆除、现场消防安全、现场周边环境安全的安全措施等。采用的具体安全措施如下:

"三宝"安全使用、"洞口及临边"安全防护、模板支撑体系安全防护、主体结构安全防护、钢结构工程安全防护、屋面工程安全防护、脚手架和作业平台安全防护、高空作业安全防护、临时用电系统和电动机具、设备管理安全防护、大型施工机械管理安全防护、现场周边环境安全。

35.6.4.7 现场安全标识

建设标准化工地,按京沪高速铁路标准化要求现场挂设标准化安全标识。

35.6.5 架子队管理

35.6.5.1 架子队组建

架子队应按照"管理有效,监控有力,运作高效"的原则组建;架子队要设置专职队长、技术负责人,配置技术、质量、安全、试验、材料、领工员、工班长等架子队主要组成人员。各岗位要明确职责,落实安全生产责任。

35.6.5.2 架子队管理

略。

35.6.6 文明施工管理措施

35.6.6.1 现场场容

施工现场:采用钢质围挡进行封闭,高度不低于1.8m。

施工大门:施工大门和门柱坚固美观,大门上设有企业统一标志;在大门内侧设置企业统一格式的"七牌一图"(即施工标志牌、工程概况表牌、管理人员名单牌、安全生产管理制度牌、文明施工管理制度牌、消防保卫管理制度牌、施工现场环境保护管理制度牌和施工平面图)。

施工制度:严格执行文明施工各项制度和措施;施工人员必须在指定的施工区域内施工。所有施工人员统一着装,配戴胸卡;施工现场在主要施工部位、作业点和危险区域以及主要通道口悬挂安全警示牌;施工排水措施得当,确保施工场内排水畅通、不积水。

施工道路:施工现场道路畅通、平坦、整洁,无散落物。施工现场的大模板堆放区、材料存放区场地平整。

施工区域、办公区域:划分明确,设标志牌,明确负责人,确保施工现场整洁、环境优美;施工现场暂设用房整齐、美观。施工现场适当地方设置吸烟处,作业区内禁止吸烟。

35.6.6.2 现场材料管理

建筑材料、构件、料具严格按施工现场平面布置图堆放,布置合理;建筑材料、构配件及其他料具做到安全、整齐堆放(存放),不得超高,需防雨的材料进库存放或加盖防雨篷布。堆料分门别类,悬挂标牌;仓库、工具间材料堆放整齐,易燃易爆物品分类存放,专人负责,确保安全。

35.6.6.3 环境卫生和卫生防疫

办公区保持整洁卫生,垃圾存放在密闭式容器内,定期灭蝇,及时清运;施工现场保证供应卫生饮水,有固定的盛水容器,有专人管理,并定期清洗消毒;施工现场制定卫生急救措施,配备保健药箱、一般常用药品及急救器材;施工现场对传染病、食物中毒等制定卫生防疫措施,并指定专人负责。

35.6.7 环境保护措施

35.6.7.1 降低扬尘措施

施工现场主要道路进行硬化处理,采取覆盖、固化、绿化、洒水等有效措施,做到不泥泞、不扬尘。在土方存放在施工现场期间,采取对土方进行覆盖措施,遇有四级风以上天气不得进行土方回填、转运以及其他可能产生扬尘的施工。施工土方、渣土和施工垃圾的运输车辆,严密覆盖。工地出口设置冲洗设施,运输车辆驶出施工现场时将车轮和槽帮冲洗干净,不带泥砂出现场并做到沿途不遗洒。建筑物内的垃圾清运采用封闭式垃圾道或采用封闭容器吊运,严禁随意倾倒和凌空抛洒。现场垃圾站必须做封闭处理。建筑垃圾垃圾、生活垃圾分类存放。施工垃圾清运时应提前适量浇水,并按规地及时清运销纳。施工现场按作业组划分区域管理,配备相应的洒水设备,指定专人每天洒水清扫,减少扬尘污染。为有效减少扬尘,施工现场的搅拌机棚采取封闭措施,并配有效的降尘防尘措施。水泥、石灰等可能产生扬尘污染的建材必须在库房存放或严密覆盖。施工现场使用电茶炉供应热水。施工机械、车辆尾气排放符合环保要求。

35.6.7.2 噪声控制措施

施工前,仔细分析施工中可能产生的各种噪声源,详细制定降低噪声的措施,遵照《中华人民共和国建筑施工场界噪声限值》规定,确保施工现场白天的施工噪音控制在70dB以内,夜间的施工噪声控制在55dB以内,选择低噪声机具进行施工;对全体施工人员进行文明施工意识的教育,教育施工人员施工时,不得敲打钢管、钢模板,尽量减少施工噪声。合理安排强噪声施工项目的施工时间,模板加工尽量安排在白天进行,拆除模板时,禁止用大锤敲击;振捣混凝土时振捣棒不得直接接触在模板和钢筋上,以降低施工噪声;为减少施工噪声对周围环境的影响,为噪声较大的设备搭设封闭式操作棚;对人为的施工噪声有管理制度和降噪措施,并进行严格控制;承担夜间材料运输的车辆,进入施工现场严禁鸣喇叭,装卸材料应做到轻拿轻放,最大限度地减少施工噪声扰民;施工现场应设专人进行噪声值监测,用声级计随时测现场噪声级数,监测方法执行《建筑施工场界噪声测量方法》(GB 12524—90),噪声值不超过国家或地方噪声排放标准;装修材料尽量采用定尺定料,在地下室选一间房间进行现场切割,以降低施工噪声。

35.6.7.3 污水处理措施

搅拌机前台、现场大门口车辆清洗处设沉淀池,排放污水沉淀后方可作现场洒水降尘、厕所冲洗之用;现场存放的油料,必须对库房进行防渗漏处理,储存和使用都要采取措施,防止油料泄漏,污染土壤水体。

35.6.7.4 化学危险品、有毒、有害废弃物

施工用化学危险品设专库存放。有毒、有害废弃物集中后按国家规定标准处理。

35.6.7.5 严格控制光污染,减少对周围环境的干扰

夜间施工照明采用低照,不施工时关闭所有大型照明灯;夜间施焊时,采用搭设防护棚罩进行封闭。

35.6.8 降低成本措施

35.6.8.1 管理措施

推行全面质量管理、提高施工管理水平,牢固树立以人为本,推动全体职工提高质量、安全、工效、成本、进度意识;充分发挥已有的企业内部信息网络系统,达到正确决策,提高工作效率和工程质量,降低成本获取效益;建立施工项目的资金使用计划,使项目上的成本管理工作规范化、程序化,进而优化施工组织设计,降低资金投入峰值,完善项目管理。同时还可以合理安排资金的投入,并在满足总工期要求的前提下,调整施工进度计划;继续推广使用已成熟的项目管理软件,全面实现变更设计、劳务使用、物资设备订货、材料发放与回收、机械使用、奖惩制度等信息管理网络化,提高各部门协作效率,确保人、机、料的使用得到有效控制,降低成本;在整个工程准备阶段,选择并确定合理的施工工艺及流程,尽可能选择通用设备,以避免计划不周所造成的人力、物力、工期的损失;合理组织水电、暖卫及各专业分包队等专业施工,与土建密切配合,合理安排工艺流程、工序交接,避免窝工返工修补损失;现场成立综合管理班,负责施工用水、用电、施工机械的维修保养等管理,消灭长流水、长明灯、确保机械设备保持良好状态,使现场各项成本都得到有效控制;严格材料管理制度,坚持按计划进料,严格限额领料,根据总施工进度计划合理安排材料进场时间,及时做好材料进场制度;要求施工人员操作做到工完、料净、场地清,施工现场设集中垃圾站,及时集中分拣、回收、利用、清运。

35.6.8.2 技术措施

坚持技术创新,优化施工方案,力求使施工方案实现经济与技术、进度、质量、安全诸方面的最优点;达到清水混凝土工艺,减少抹灰工作量,缩短工期,模板重复周转使用,避免一次投入造成浪费;设置沉淀过滤池,将沉淀过滤后的清水用于现场道路洒水降尘等,有效地节约能源;物资采购前编制采购技术要求,并充分考虑下料的工艺要求,尽可能地降低余料和料头;物资采购采用公开招标的方式,选择质量信誉较好,价格合理的材料,要求尽可能采用模块供应方式,避免现场二次加工,降低总成本;充分发挥我公司综合实力,利用我公司自有周转材料,降低周转料费;利用自有的大型机械设备,减少外购、外租,降低施工成本;根据工程实际,采取流水施工,既节约模板、脚手架等周转料的投

入,又减少施工人员,做到各工种合理有序的流动;钢筋集中加工,减少中间环节,合理搭配长短钢筋接头,利用钢筋下脚料制作定位箍、拉接筋、马凳等,提高钢筋利用率。

35.6.9 成品保护措施

(1)工地成立由项目经理、安全员、警卫班组成的成品、半成品防护领导小组,制定并定期或不定期检查落实成品、半成品保护措施。

(2)项目经理亲自安排指导防护工作,根据施工进度落实各阶段的成品半成品防护措施。

(3)成品、半成品保护要点。

定位桩防护:对定位标准桩、轴线引测桩、标准水准点,用钢筋笼罩住并做好明显标志,施工时不得碰撞,经常定期复测;钢筋成品保护;模板支、拆成品保护;砌块成品保护;门窗成品保护;抹灰成品保护;地面、楼梯的成品保护;电气工程成品保护;专业工程成品保护。

35.7 施工总平面图

35.7.1 平面布置原则

(1)由于本工程施工区域占地面积大,同时结合本工程施工组织,现场平面按南区、北区分别布置。两个施工区内分别布置办公区、宿舍区、加工区及存料区等。

(2)施工场地布置本着因地制宜、方便施工、节约资金、永临结合和最大限度地减少废弃工程的原则,并满足环保、水保、创文明工地等方面的要求。尽量减少施工用地,平面布置力求紧凑合理。

(3)施工期间,施工总平面布置随不同阶段的施工要求进行动态的调整,确保整体施工目标的实现,同时尽量减少临时设施的变动。

将施工临时设施主要布置在新建站用地范围内,并与周边社会公共区隔离开来。施工现场生产区、生活区、办公区划分明确,避免区域交叉。施工现场生产道路地面采用硬化地面,并设消防通道,宽度不小于6m。

(4)各种设施的建造既要满足生产、生活需要,又要避免破坏生态环境。施工现场搞好"三通一平",生活区和施工现场建设上下水设施。

(5)施工材料堆放尽量设在塔吊大臂覆盖范围内,以减少二次搬运。中小型机械的布置,避开高空物体打击范围,必要时设防砸棚。

(6)为了便于对现场平面布置进行管理,按照基础、主体、装修三个阶段进行平面布置。

35.7.2 各施工阶段平面布置内容

1)结构施工阶段平面布置

站房施工阶段设置9台塔吊,在北站房北侧布置2台,在高架候车区布置4台,南站房布置3台,相应在塔吊覆盖范围内布置钢筋、木工加工区及周转料堆放区,共布置8套。沿施工区布置施工道路,在施工区域内形成环形贯通路线,场区南北侧分别设置两个施工出入口。

2)屋面钢桁架安装阶段平面布置

办公区、生活区、出入口及场区围墙等位置不变;钢筋堆放及加工场地拆除,变为钢构件堆放区,用于进场构件的临时堆放。在站房高架区东西两侧与雨棚区之间预留36m作为吊装区域。

3)装修阶段施工平面布置

装饰装修阶段,拆除塔吊,拆除原设在雨棚区的钢筋加工场、材料存放场。在现场北侧及站房的东西两侧设置6部提升电梯,作为垂直运输设备。

第36章 案例17——昌赣客运专线CGZQ-7标段铺架工程实施性施工组织设计

36.1 编制依据、原则及编制范围

36.1.1 编制依据

(1)本项目施工图及相关设计资料。

(2)国家有关方针政策和国家、原铁道部、中国铁路总公司现行铁路技术标准、设计规范、施工规范、施工指南、验收标准和相关规定等。

(3)现场踏勘调查的相关资料。

(4)昌九城际铁路股份有限公司编制的昌赣客运专线《指导性施工组织设计》,中铁一局昌赣客运专线CGZQ-7标项目经理部《实施性施工组织设计》。

(5)《铁路工程施工组织设计规范》(Q/CR 9004—2015)、《高速铁路轨道工程施工质量验收标准》(TB 10754—2010)、《高速铁路工程施工技术指南》。

(6)本项目的《施工调查报告》《项目管理策划书》。

(7)我单位的技术力量、设备能力、同类工程的施工经验等。

36.1.2 编制原则

1)坚持科学、先进、经济、合理与实用相结合的原则

结合本标段工程特点,采用先进的施工技术,应用科学的组织方法,合理地安排施工顺序、优化施工方案,组织均衡、连续生产;以关键线路为中心,建立数学模型进行工期、资源优化;管理目标明确,指标量化、措施具体、针对性强。

2)创新、发展的原则

积极采用、鼓励研发提高工程技术和施工装备水平、保证施工安全和工程质量、加快施工进度、降低工程成本的新技术、新材料、新工艺、新设备。

3)坚持安全第一、预防为主、综合治理的原则

在总结、吸取多年施工经验教训的基础上,执行"安全第一、预防为主、综合治理"的方针和国家、中国铁路总公司、行业等安全规章制度,结合本项目各专业工程的特点,抓住安全工作的重点、难点、关键环节,制定出切实可行的施工安全措施和控制流程,责任、目标逐级分解,定期检查与考核,使安全工作变被动防预为主动控制,全面实现安全管理目标。

4)坚持百年大计、质量第一的原则

坚持质量第一的原则,确立质量目标,制定创优规划,严格执行质量检验及验收标准,制定科学合理的施工方案,确保结构安全,确保全部工程达到国家及中国铁路总公司现行的施工质量验收标准,并满足按设计速度开通要求。

5)坚持全面创优的原则

从源头把关,抓过程控制,精细管理,用心做事,充分发挥样板引领的示范作用,确保项目安全、

优质、高效建设,一次成优。

6)文明施工、环境保护的原则

实行文明施工,重视环境保护,珍惜土地,合理利用,严格执行《环境管理体系 要求及使用指南》(GB/T 24001—2004)和《职业健康安全管理体系 要求》(GB/T 28001—2011)。严格遵循有关环保和水保法规,以及建设单位对本工程环境保护的要求,配合当地政府和有关部门做好环保和水保工作。

7)全面推行标准化管理的原则

严格执行中国铁路总公司相关文件精神,以工程质量安全为核心,以施工组织设计为基础,以机械化、工厂化、专业化、信息化为支撑,结合建设项目特点,制定标准化管理实施方案。建立严格的考核制度,将质量、安全、工期、成本控制、环境保护和技术创新等各项工作落到实处,落实相关管理要求,全面推进标准化管理,并接受发包人的监督考核。

36.1.3 编制范围

新建南昌至赣州铁路客运专线站前施工CGZQ-7标段所有铺架工程施工。

36.2 工程概况

36.2.1 项目简介

昌赣客运专线CGZQ-7标,正线起讫里程分别为DK221+934.73、DK254+435.8,途径吉安市、吉安县及泰和县。标段起点位于吉安市吉州区曲濑镇凫溪口村,经过瓦桥村、彭家坊村后跨越禾水河进入吉安县,上跨省道S319及君山大道,而后以32m简支梁上跨吉井铁路,随后进入横江镇,跨越105国道及泉南高速公路后沿京九铁路平行,逐渐并入泰和站,正线全长32.501km。铺轨工程途经吉安、泰和、万安、兴国、赣县等地,主要涉及以下几个方面的内容:

(1)架梁工程包括:井冈山联络线T梁架设。

(2)桥面系工程:DK221+934.73(标段起点)~DK254+435.8(标段终点)标段内所有箱梁及连续梁桥面系,井冈山联络线T梁横向连接及桥面系工程。

(3)铺轨工程:包括正线、站线及井冈山联络线、赣县北东北联络线、赣州西站动车组存车场走行线。

正线起讫里程为DK221+934.73(标段起点)~DK423+420(铺轨终点),合计双线长度193.254km。站线包括:泰和、万安、兴国西、赣县北、赣州西5个车站。井冈山联络线:高塘线路所至余家线路所,施工里程为L1DK0+000~L1DK4+276.32;高塘线路所至河边线路所,施工里程为L2DK0+000~L2DK2+148.95,合计单线长度6.425km。赣县北东北联络线:东北上行联络线NESDK0+000~NESDK3+674.64,东北下行联络线NEXDK0+000~NEXDK2+473.74,合计单线长度6.148km;赣州西站动车组存车场走行线DZ1DK0+222.17~DZ1DK2+305.34,合计单线长度2.083km。

36.2.2 主要设计技术标准

36.2.2.1 正线主要技术标准

正线主要技术标准如下:

铁路等级:客运专线;正线数目:双线;设计速度:250km/h,基础设施预留进一步提速条件;线间距:5.0m;最小曲线半径:4000m,地形较好地段可适当放宽;限制坡度:20‰;牵引种类:电力;机车类型:动车组;到发线有效长度:650m;列车运行控制方式:自动控制;运输调度指挥方式:调度集中;轨道类型:GRTS-Ⅲ型板式。

(1)钢轨:采用60kg/m、100m定尺长、无螺栓孔U71MnG新轨。

(2)扣件:路基、隧道和桥梁地段均采用 WJ-8B 型扣件。

(3)轨道板:主要采用 P5600 轨道板为标准轨道板进行布板设计。轨道板宽度为 2500mm,厚度为 200mm,采用双向预应力结构。板底设置"门"形钢筋,轨道板混凝土等级为 C60。

(4)自密实混凝土及限位凹槽:轨道板下铺设自密实混凝土,设计厚度为 90mm,长度和宽度与轨道板对齐,采用单层钢筋焊网。自密实混凝土与混凝土底座采用限位凹槽的方式进行限位和纵横向力的传递。

(5)底座:路基地段底座:底座采用钢筋混凝土结构,混凝土强度等级为 C35,长度为 3~4 块轨道板对应长度。底座宽度较轨道板边缘各宽 300mm,为 3100mm;底座板厚度为 300mm。在每块轨道板对应范围内设置两个限位凹槽。桥梁地段底座:底座采用钢筋混凝土结构,混凝土强度等级为 C40,长度为对应每块轨道板长度。底座宽度较轨道板边缘各宽 200mm,为 2900mm;底座板厚度为 200mm。在每块轨道板对应范围内设置两个限位凹槽。隧道地段底座:底座采用钢筋混凝土结构,混凝土强度等级为 C35,长度为 3~4 块轨道板对应长度。底座宽度较轨道板边缘各宽 200mm,为 2900mm;底座板厚度为 200mm。在每块轨道板对应范围内设置两个限位凹槽。

(6)中间隔离层:在自密实混凝土于底座间设置中间隔离层,采用厚度为 4mm 的土工布。

(7)轨道结构高度:单位为 mm。

36.2.2.2 联络线主要技术标准

铁路等级:客运专线的联络线;正线数目:单线;速度目标值:设计速度 160km/h;设计竖向荷载:"ZK 活载";轨道类型:有砟轨道;正线有砟轨道结构设计:用 60kg/m、100m 定尺长、无螺栓孔 U71MnG 新轨,路基上采用 2.6m 长Ⅲ型有挡肩轨枕,桥上护轮轨地段铺设Ⅲc 型桥枕,均按 1667 根/km 铺设,扣件采用与Ⅲc 型有挡肩轨枕配套的弹条 V 型扣件,轨道结构高度的单位为 mm。

36.2.3 主要工程内容和数量

桥梁架设:架设联络线 32m T 梁 94 孔,24m T 梁 5 孔,合计 T 梁共 99 孔。

正线铺轨:DK221+934.73(铺轨起点)~DK423+420(铺轨终点)铺轨 392.45km,无砟道床 64.26km;站线铺轨 34.91km(含井冈山、赣县北东北、赣州西联络线铺轨),铺道岔 98 组(无砟道岔 55 组,有砟道岔 43 组),铺道砟 94688m³;CPⅢ测设 32.495km,线路备料 439.06km。

桥面系:DK221+934.73(标段起点)~DK254+435.8(标段终点)标段内所有箱梁及连续梁桥面系 23.478km,T 梁横向连接及桥面系 3.76km。

主要工程数量见表 36-1。

主要工程数量汇总表　　　　　　表 36-1

工程项目			单位	数量	备注
线路长度			km	193.254	主线(铺轨)
			km	14.656	联络线
桥梁工程	T 梁架设	32m	孔	94	联络线
		24m	孔	5	联络线
	桥面系	箱梁桥面系	延米	23478	
		T 梁横向连接及桥面系	延米	3760	
轨道工程	正线	铺新轨	铺轨公里	392.45	
		铺道床	铺轨公里	64.26	
	站线	铺新轨	铺轨公里	34.91	含联络线
		铺新岔	组	98	
		铺道床	铺轨公里	34.91	含联络线

续上表

工程项目		单 位	数 量	备 注
大小型临时设施	小型Ⅲ型板存放场	处	4	
	长钢轨铺轨基地	处	1	
	小型预制构件场	处	1	

36.2.4 工程所在地环境

36.2.4.1 自然特征

线路沿线属中亚热带丘陵山区季风湿润型气候,区域内气候温和湿润,四季分明,雨量充沛,日照充足,无霜期长;多年平均气温 18.3℃。7 月为最热月,多年平均气温 29.5℃,极端最高气温 40.2℃;1 月为最冷月,多年平均气温 6.2℃,极端最低气温 -8℃。多年平均日照时间 1821.8h,无霜期 256~238d;多年平均降水量为 1459.8mm,汛期 4~9 月约占全年降水的 72%,雨量集中且降雨量大是降雨的显著特征;年平均蒸发量 1520mm,多年平均相对湿度 78%;最小相对湿度 9%;全年主导风向为北风,多发生在冬春季节,7、8 月多西北风,长有台风入侵,多年平均风速 2.4m/s,多年平均最大风速 15m/s,最大风速 20m/s,风向为南风。

36.2.4.2 地形地貌

本标段线路位于江西省的中南部,线路所经的主要地貌单元为河谷阶地与丘陵区。主要为阶地地貌,地形平缓、开阔,由一级阶地和高阶地组成。

36.2.5 水文地质条件

36.2.5.1 水文特征

线路经过河流阶地、低山、丘陵和谷地,地下水主要类型有松散岩类孔隙水、基岩裂隙水和碳酸盐岩溶水;孔隙水多为孔隙潜水,局部略具承压性,分布于河流阶地、河床及漫滩区的砂类土以及山区斜坡洪积、坡积层碎石类土中,地下水埋深一般在 0.3~11.9m 不等,主要由大气降水补给,水量丰富,多与地表水系有水力联系;基岩裂隙水主要富含于低山、丘陵区中节理、裂隙发育的基岩中,一般泥质岩地带水量不丰富,砂岩、砂砾岩地层中水量较丰富,在断层破碎带、节理密集破碎带,两种不同地层不整合接触带附近,一般水量较丰富;碳酸盐岩溶水,地下水水量较丰富,但分布面积不大,地下水多为承压性水;地下水、地表水一般具酸性、二氧化碳侵蚀,化学环境等级为 H1,全线碳化环境为 T2。

36.2.5.2 工程地质特征

1) 总体地质情况

本标段为丘陵区地貌,丘陵缓坡地段表层多为褐黄色、灰黄色、棕色粉质黏土、黏土等,以硬塑状为主;吉安县区间内地层主要为第四系粉质黏土、砂砾层、黏土、网纹状黏土、淤泥、淤泥质土等,一般厚 5~40m 不等,局部厚度超过 60m;泰和县区间内丘陵缓坡地段表层多为褐黄色、灰黄色、棕色粉质黏土、黏土等,以硬塑状为主,部分含碎石;丘间谷地表层为粉质黏土、黏土、淤泥、淤泥质土、砂砾、碎石层等,厚度为 5~35m 不等。

2) 不良地质及特殊岩土

沿线主要的不良地质有岩溶、花岗岩崩岗区以及赣南山区的崩塌落石等;本标段吉安横江镇(DK231+100~DK239+800)及井冈山联络线(L1DK2+100~L1DK4+276.32)等段落分布有岩溶;地下水发育路基,分布于泰和站前后,泰和站站场存在地下溶洞。分布覆盖型岩溶,为古岩溶在后期地质条件的作用下,部分古岩溶与现代岩溶混合、同化,形成复杂的岩溶发育形态。钻探显示灰岩岩溶发育,岩溶多呈溶沟、溶槽,串珠状发育,充填或半充填型。根据岩溶发育情况宜采用钻孔、注浆、灌砂等工程措施进行处理。

36.2.6 施工条件

36.2.6.1 交通运输情况

(1)既有铁路:沿线地区主要铁路有京九铁路、昌九城际;东西干线沪昆、赣龙等铁路,以及井冈山铁路等;本线与既有京九铁路走向基本并行,本工程施工时,可以通过京九铁路将主要材料运至既有邻近的车站,再转运到工地。

(2)既有公路:公路:沿线地区主要南北公路有大广高速公路、樟吉高速公路、G105,东西公路有沪昆高速公路、厦蓉高速公路、泉南高速公路、G319、G320、G323 等,并辅以其他省道和县乡道路形成综合道路网,为本工程的材料运输提供了较为便利的施工条件。

(3)水运:本项目通航河流为赣江,为江西省第一大河流、长江第二大支流,是江西的水运大动脉。

据本建设项目的工程分布情况,结合材料的来源地及供应点以及公路交通运输情况,在船运距离较短,水运效率不高,且还需汽车二次倒运的情况下,难以发挥航运低价优势,综合各因素本工程不考虑水路运输方案。

36.2.6.2 水、电、燃料等

(1)水源:沿线河网密布,水系发达,施工用水可就近利用地表水,线路穿越城镇地段可利用城镇自来水。

(2)电源:沿线地方电力资源丰富,施工用电拟采用引接地方电源为主,采用分散供电,就近"T"接10kV 电源供电,自发电为辅。

(3)燃料:铁路沿线汽油、柴油等燃料供应点甚多,能满足工程需要,可就近购买。

36.2.6.3 其他与施工有关的情况

(1)沿线卫生防疫注意事项:施工时,施工驻地设专人负责卫生管理,明确责任,保持整洁卫生。生活区内应有除"四害"措施,控制"四害"孳生。

(2)地区性疾病情况:沿线无区域性疾病。

36.2.7 建设、设计、咨询、监理单位情况

建设单位:昌九城际铁路股份有限公司;设计单位:中铁第四勘察设计院集团有限公司;监理单位:铁四院(湖北)工程监理咨询有限公司。

36.2.8 合同约定目标

总工期:53.5 个月。计划开工日期2015 年7 月15 日,计划竣工日期2019 年12 月31 日。分阶段工期要求:以上为7 标节点要求工期,照施工任务划分,7 标负责7~12 标段的铺轨施工,铺轨开始日期2018 年12 月1 日,铺轨结束日期2019 年2 月21 日。

36.3 工程特点、重难点分析及施工对策

36.3.1 工程特点

(1)本工程涉及施工种类多:含CRTSⅢ型板、双块式、长枕埋入式整体道床施工;有砟道床施工;箱梁、T 梁架设及桥面系施工。

(2)无砟轨道设计等级、技术标准和质量要求高,工程结构的耐久性、强度和刚度要求高,对轨道板的铺设要求严格,精度要求高。

(3)营业线及邻近营业线施工安全风险大、施工难度大。

(4)由于标段分布有岩溶,地下水发育路基,形成复杂的岩溶发育形态。根据岩溶发育情况宜采用钻孔、注浆、灌砂等工程措施进行处理。延长线下工程施工工期,增加施工难度,为后续铺架工期增加压力。

36.3.2 工程重、难点分析

本标段重难点工程有:CRTSⅢ轨道板整体道床施工、桥面系施工(特别是箱梁桥面系施工是我单位首次施工)、营业线及邻近营业线施工是重难点工程。

CRTSⅢ型板式无砟轨道技术新,是对既有无砟轨道的优化与集成。CRTSⅢ型板式无砟轨道施工质量标准高,特别是结构精确,测量及质量控制技术要求严格,施工质量直接影响到高速行车的安全、平稳和舒适度。CRTSⅢ型板式无砟轨道施工是本工程的一个难点。

桥面系施工:特别是箱梁桥面系施工是我单位首次施工,集团公司虽然有相当成熟的工艺工法,我公司施工仍然有一个熟练过程,并且箱梁桥面系施工种类多,施工烦琐,包含预制构件及现浇施工、桥上施工、高空作业、安全风险大,特别是挂遮板施工,交叉作业,施工干扰大是本工程的又一个重点。

营业线及邻近营业线施工,本标段涉及的营业线施工包括井冈山铁路上下行联络线、赣龙铁路上下行联络线、京九泰和站插入道岔引入铺轨基地,因此营业线及邻近营业线施工的安全防护是本标段施工控制的又一重点。

36.3.3 重难点工程施工对策

工程重难点及施工主要对策见表36-2。

工程重点、难点主要对策表 表36-2

序号	项 目	主 要 对 策
1	施工组织管理	(1)加强领导组织力度,针对施工的难点及关键点建立专家委员会,研究和确定优选的施工方案,及时解决施工中出现的问题。 (2)加强对现场作业人员的培训和详细的技术交底,使全体参建人员明确施工方法,保证施工质量及安全。 (3)制定符合项目特点的劳动力和机械保证措施,确保施工的效率,加强施工组织,并制订合理的进度计划,保证工期。 (4)应用程序化的工艺、专业化的设备、标准化的检测手段,确保工程质量的稳定。 (5)针对本标段大跨桥梁、无砟道床、长轨铺设施工成套机械设备配置以及施工管理等课题开展科技创新活动,积极组织推广应用"四新"技术,开发新成果
2	无砟道床施工	(1)根据客专铁路无砟轨道的特性,对无砟轨道的施工方法、工艺流程、试验检测、关键技术及工装配备使用等进行全面系统地培训。 (2)建立一套完整的、统一的、精确的、可靠的CPⅢ测量系统,以确保无砟轨道施工的高精度。 (3)选择先进成熟配套的无砟轨道施工设备和检测仪器,加快施工进度和提高检测水平。对路基、桥涵等线下基础的沉降进行分析评估,满足要求后方可实施无砟道床施工
3	桥面系施工	(1)根据箱梁桥面系的特性,对桥面系的施工方法、工艺流程、试验检测、关键技术及工装配备使用等进行全面系统地培训。 (2)选用经验丰富的作业队,经过系统的技术培训,安全教育后上岗。 (3)选择先进成熟配套的桥面系施工设备,加快施工进度和提高施工水平

续上表

序号	项 目	主 要 对 策
4	营业线施工	营业线施工必须把确保行车安全放在首位,坚持"安全第一、预防为主、综合治理"的方针,做到分工明确,责任清楚,措施具体,管理到位。营业线施工安全管理严格执行《铁路营业线施工安全管理办法》(铁运〔2012〕280号)中相关规定,确保营业线行车和施工安全。 成立营业线施工协调管理小组,及时做好与铁路部门管理单位的联系协调工作,制定施工安全措施和防护办法,经有关管理部门批准后执行。强化安全教育,提高参建员工的质量标准意识、安全防范意识、工期进度意识,设专职安全管理人员进行监督,确保营业线运输安全。并根据南昌铁路局营业线施工管理办法制定相应的营业线专项施工方案

36.4 管理目标

36.4.1 安全管理目标

杜绝重伤及以上一般生产安全责任事故;杜绝一般D类及以上铁路交通责任事故;杜绝一般及以上火灾事故;杜绝一般及以上特种设备责任事故;杜绝一般及以上道路交通事故,遏制"三违"行为。争创集团公司"安全标准化文明工地"。

36.4.2 质量管理目标

确保工程质量符合国家和行业有关标准、规范及设计文件要求;单位工程一次验收合格率100%;杜绝工程质量事故;杜绝较大及以上不良行为,遏制工程质量一般不良行为;一次成优,全段全优。确保工程质量达到集团优质工程标准,争创股份公司优质工程。

36.4.3 工期目标

项目总工期:32个月。计划开工日期2016年6月21日,计划竣工日期2019年2月21日。

36.4.4 创优规划目标

创建"集团公司优质工程",力争创建"股份公司优质工程"。

36.4.5 环境与水保护及文明施工管理目标

杜绝环境污染和水土流失事件;对生产和办公产生的固体废弃物分类统一处理,处理率100%;排放污水与废气达到国家和江西省行政主管部门相应的排放标准;生态保护和水土保持符合江西省行政主管部门规定要求。

36.4.6 职业健康目标

(1)贯彻国家、吉安市劳动卫生部门劳动卫生管理条例精神,落实各项劳动卫生保障措施;杜绝传染病、地方病的发生及流行,保障施工人员的身体健康,保证施工顺利进行;改善作业环境,降低员工劳动强度,把职业病控制在最低限度,控制施工中无病亡事故。

(2)各类作业场所有毒有害气体、粉尘、噪声的检测和治理达到国家、行业及吉安市的卫生标准;为作业人员提供符合安全卫生标准的劳动保护设施和个人防护用品,杜绝职业病及群体性职业中毒事件发生;对从事有害作业的人员进行防护和健康检查,预防和消除职业危害。

36.4.7 节能减排目标

本项目万元营业收入综合能耗目标不超过 0.0515t 标准煤。杜绝发生节能减排数据严重不实事件、杜绝发生环境责任事故、杜绝发生被政府主管部门或上级通报造成较大负面影响的环境责任事件。

36.5 项目组织机构和主要人员表

36.5.1 项目组织结构

为达到精细化管理目标,结合项目实际情况,项目部设项目经理 1 人、副经理 2 人、项目党工委副书记 1 人、总工程师 1 人、安全总监 1 人,共设置 7 个管理职能部门。下设 4 个作业队:铺架作业队、综合作业队、基地作业队、运输作业队(图 36-1)。

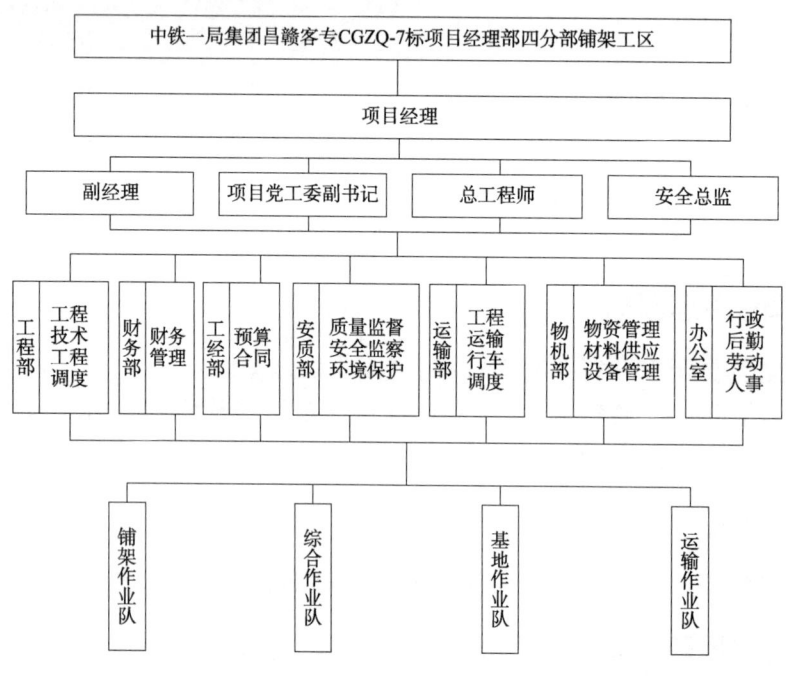

图 36-1 项目组织机构图

36.5.2 主要管理人员及职责分工

36.5.2.1 主要管理人员

项目部主要管理人员见表 36-3。

项目部主要管理人员表　　　　表 36-3

序号	职务	职责
1	项目经理	负责项目全面管理工作
2	副经理	负责项目施工生产管理工作
3	项目党工委副书记	负责党务及征地协调工作
4	总工程师	负责项目全面技术管理工作
5	安全总监	负责项目安全、质量管理工作
6	工经部	负责合同管理、验工计价工作

续上表

序号	职 务	职 责
7	物机部	负责物资、机械管理工作
8	工程部	负责技术管理工作
9	安质部	负责安全质量环保管理工作
10	财务部	负责财务管理工作
11	办公室	负责人事劳资、公共关系、后勤综合管理工作
12	运输部	负责铁路运输管理工作

36.5.2.2 管理人员职责

管理人员职责分工见表36-4。

管理人员职责分工表　　　　　　　　表36-4

序号	岗位部门	管理职责
一	项目经理	对本工程实施组织、指挥、协调与监控,处理一切与本工程相关的事务,对建设单位全面负责。履行合同赋予的权利和义务。 执行与有关本工程的实施、完成等方面的有关事务。对本工程安全保证、质量保证、工期保证、环境保护、水土保持、劳动卫生等工作负责。认真贯彻落实中央提出的有关科学发展观和铁路发展的总体要求,以人为本、协调发展,做好本工程的建设
二	项目党工委副书记	负责召集支部委员会和党员大会,传达贯彻党的路线、方针、政策和上级党组织的指示、决议;研究安排支部工作,将支部工作中的重大问题,及时提交委员会和党员大会讨论决定。 了解和掌握党员与群众的思想、工作、学习、生活情况,发现问题及时解决,做好经常性的思想政治工作。负责抓好支委会自身建设,按时组织支部委员学习,按期主持召开民主生活会,督促落实党风廉政建设责任制,充分发挥支委会集体领导作用。 参与协调处理项目部与业主、地方政府和党委的关系,抓好共建活动
三	总工程师	对本工程质量、施工技术、计量测试等负直接技术责任,带领并指导所有技术人员开展扎实有效的技术管理工作。提出并贯彻改进工程质量的技术措施。负责组织图纸会审,组织重大技术方案的审查,组织对施工组织设计的审查及批准,检测标准方案的制定。负责新技术、新工艺、新设备、新材料及先进科技成果的推广及应用。具体负责组织对本标段施工方案、施工组织设计进行编制及批准后的实施。对施工中可能出现的质量通病及其纠正、预防措施进行审核。组织科研攻关项目,解决工程施工中的关键施工技术和重大技术难题。对工程的环境保护、劳动保护和安全生产的技术工作负责,结合本工程的作业环境和施工特点,科学周密地制定并下达安全生产的技术方案、劳动保护措施和环境保护的具体措施,并认真贯彻落实。抓好技术管理工作,对施工中的重难点工程组织专题方案研究,管理和指导施工技术部工作
四	副经理	协助管理施工生产。在施工中严把安全质量生产关,抓好施工中安全质量工作,把安全质量责任落实到位。抓好施工生产计划的落实,处理施工中出现的具体问题。负责处理现场的一些日常工作
五	安全总监	贯彻落实国家环境、职业健康安全法律法规和公司环境、职业健康安全规章制度。协助项目部建立健全环境、职业健康安全保证体系和监督管理体系。督促项目部制定各级环境、职业健康安全管理制度。负责审定项目部环境、职业健康安全费用投入计划,监督环境、职业健康安全费用投入的有效实施。参与施工组织设计施工方案的审查,并督促落实。督促技术、设备物资、工程管理等部门履行工程施工安全技术措施方案、设备物资、工程施工等安全管理工作职责。监督项目部环境、职业健康安全目标考核、检查、教育、培训和安全信息报送事故报告等日常管理工作。督促项目部组织开展危险源辨识、风险评估、监控、特种作业和特种设备的安全许可、应急管理体系的建立运行和应急预案演练等环境、职业健康安全管理活动。参与、配合或主持生产安全事故、事件的调查、监督落实事故处理决定

续上表

序号	岗 位 部 门	管 理 职 责
六	项目经理部各职能部门职责	
1	办公室	负责处理项目部一切日常工作,负责人事、劳资、文秘、后勤、接待及对外关系协调等工作。负责项目信息管理、视频电话会议和工程视频监控网络等系统的建立和维护。按建设单位要求对需要的所有数据以电子文档的形式通过互联网或其他介质传送给建设单位
2	工经部	负责向建设单位办理验工计价和合同管理,按时向建设单位报送有关报表和资料,负责内部承包合同的制定、签定和管理,指导各架子队开展责任成本核算工作。负责本工程进度目标的分析和论证、编制进度计划、采取纠偏措施,并根据施工进度计划和工期要求,适时提出计划修正意见报项目经理批准执行。对本工程各工序进行成本测定及分析,适时算出各工序成本并分析各项目定额单价
3	财务部	负责工程项目的财务管理、成本控制工作。办理工程款的收取、支付。组织开展成本预算、计划、核算、分析、控制、考核工作。按照会计法负责本工程的资金管理,确保项目建设资金的安全和专款专用
4	工程部	依据实施性施工组织设计对本工程的施工进度进行管理和协调工作。依据国家及当地环保部门的有关规定,针对本工程环境特点,制定具体详细的环保、水保规划与措施,并督促各施工作业队抓好贯彻落实,确保施工不对当地环境造成任何损害。协调内、外施工环境,确保本工程的顺利进行和如期完成。负责本标段施工过程中的文物保护工作。 编制实施性施工组织设计。对施工测量组进行指导并检查。对设计图纸进行核对、技术交底、过程监控,解决施工技术疑难问题。编制竣工资料和进行技术总结,组织实施工程竣工后保修和后期服务。组织推广应用"四新"技术,开发新成果。按照合同规定,与建设单位协作配合,协调各施工作业队做好与其他各承包单位、前后专业工序之间的联系与配合。 负责控制测量、放线定位测量和对工程进行复核、检查及其他抽查性测量工作;负责测量桩橛的交接,根据建设单位和设计部门给定的控制点,布置施工阶段的测量控制网,负责实施竣工测量,并按规定做好相关的测量记录,参与验工计价
5	物机部	根据工程特点及工程量完成设备物资采购和管理,并制定本标段的设备物资管理办法。根据建设单位的物资供应方案,积极配合做好"统一采购、集中配送"的物资采购工作,按时上报主要物资申请计划,按招标结果和配送中心的分配数量与中标厂商签订供货合同,在现场进行物资的验收、现场物资信息的反馈,确保施工生产需要。联系厂家完成重大型机械设备的操作与维修保养培训工作,制定施工机械、设备管理制度。 根据建设单位的物资供应方案,积极配合做好"统一采购、集中配送"的物资采购工作,按时向公司上报主要物资申请计划,在现场进行物资的验收、现场物资信息的反馈,及时按工程需要供应材料,确保施工生产需要
6	安质部	依据安全目标制定本标段的安全管理规划,负责安全综合管理,编制和呈报安全计划、安全技术方案等具体的安全措施,并认真贯彻落实。组织定期安全检查和安全抽查,发现事故隐患,及时监督整改。负责安全检查督促,对危险源提出预防措施,制定抢险预案。定期对所有参建员工进行安全教育。 依据质量方针和质量目标,制定质量管理规划,负责质量综合管理,行使质量监察职能。按照质量检验评定标准,对本项目全部工程质量进行检查指导。负责全面质量管理,指导工程项目的 QC 小组活动
7	运输部	负责项目部运输技术和运输设备的全面管理工作。负责制定本项目工程运输组织方案,科学、经济、合理地使用机车车辆,不断降低运输生产成本。负责编制车站行车工作细则,机务段技术管理细则,列检所作业办法等有关技术文件、办法和措施等。并配合人事部门做好本项目运输人员的技术培训。负责提报机车车辆大、中修计划,编制下达小辅修计划,并组织实施。 负责督促检查对运输有关规章制度的执行情况和业务指导,参与有关行车事故的调查、分析、处理工作并提出防范措施。 负责与路内外单位签订有关运输安全协议。审核分界口各种费用的使用和交纳情况

36.5.3 管理职责责任矩阵

见表36-5。

昌赣客运专线CGZQ-7标项目部四分部铺轨工区主要管理职责责任矩阵　　　表36-5

序号	工作职能	必要工作事项	办公室	物机部	工程部	安质部	运输部	工经部	财务部
1	前期策划	施工调查	☆	☆	★	☆	☆	☆	
		项目管理策划书	☆	☆	★	☆	☆	☆	
		产品清单和责任矩阵	☆	☆	★	☆	☆	☆	
		经济承包责任书	☆	☆	☆	☆	☆	★	
2	技术管理	施工组织设计和施工方案、竣工文件		☆	★	☆	☆	☆	
		交接桩、测量放样、复核			★	☆			
		试验控制			★				
		科研和节能减排	☆	☆	☆	☆	★	☆	☆
3	安全质量管理	安全质量体系建立，安全质量职业健康、环保管理，事故处理	☆	☆	☆	★	☆	☆	
4	进度管理	进度控制		☆	★	☆	☆	☆	
5	运输设备管理	运输设备限价、采购、租赁、核算（含合同）	☆	☆		☆	★	☆	
		运输设备配置及验收		☆		☆	★	☆	
		运输技术文件制定及监督落实				☆	★		☆
		行车调度指挥、组织及协调				☆	★		
6	物资机械设备管理	限价、采购、租赁、核算（含合同）		★	☆	☆		☆	
		供应商管理	☆	★	☆				
		周转材料、机械设备配置及验收		★	☆	☆	☆	☆	
7	分包管理	准入、考核评价		☆	☆	☆		★	☆
		合同、结算、决算	☆	☆	☆			★	☆
8	财务管理	预算、债权债务管理	☆	☆	☆		☆	☆	★
		资金、税务管理	☆	☆				☆	★
		财务决算	☆	☆	☆			☆	★
9	责任成本管理	测算、分解、分析	☆	☆	☆		☆	★	☆
		经济活动分析	☆	☆	☆		☆	★	☆
		变更索赔		☆	☆			★	☆
10	后评价	项目后评价		☆	★	☆	☆	☆	☆
11	信息化管理	信息系统建设、应用、维护	★	☆	☆	☆	☆	☆	
12	综合管理	项目月度、季度、年度报告	☆	☆	★	☆	☆	☆	
		绩效考核	★	☆	☆				
		公文、印章管理	★						
13	文化建设	项目文化和团队理念	★	☆					
14	收尾管理	费用控制							★
		清算	☆	☆	☆			★	☆
		施工总结	☆	☆	★	☆		☆	

注："★"为主责部门，"☆"为辅责部门。

36.6 施工部署

36.6.1 总体施工布置

根据施工生产需要及施工调查情况,将项目经理部设置在标段中部的吉安县凤凰工业园内;铺轨基地设置在既有京九线泰和站外1km处,由既有泰和站四道引出进入铺轨基地;小型构件场设置在距离经理部1km处的一水泥预制厂房内,实现工厂化生产;4处CRTSⅢ轨道板分别布置在禾水河特大桥第150号墩台下、白圻村特大桥赣州台下、塘下特大桥37号墩台下、泰和铺轨基地附近。

根据昌九城际铁路股份有限公司指导性施组安排,局指挥部最新工期计划要求,按照现场施工进度,拟定总体施工布置:先进行铺轨基地大临建设,根据箱梁架设进度完成箱梁桥面系施工,箱梁架设到井冈山联络线后,T梁架设通道打开,进行T梁架设及T梁桥面系施工。在箱梁先架方向(赣州方向)完成箱梁架设后,进行先架方向的整体道床浇筑CRTSⅢ轨道板施工,后加方向(南昌方向)完成箱梁架设,并完成联络线T梁架设后,在进行整体道床施工,正线整体道床施工的顺序是现浇筑正线道岔,在进行正线整体道床施工。完成后进行长钢轨铺设施工,站线联络线铺轨铺岔施工,最后进行焊轨放散线路精调。

36.6.2 施工任务划分及队伍部署

其他施工按照作业队及外协劳务队配置,具体见表36-6。

其他施工按照作业队及外协劳务队配置　　　　　　　　　　　　　　　　　表36-6

序号	名称	外协劳务配置	主要工作内容
1	铺架作业队		负责全线铺轨(含联络线)施工及联络线T梁架设施工
2	基地作业队		负责泰和铺轨基地管段内长轨、轨料装卸施工
3	综合作业队	桥面系施工配置5个,整体道床配置3个,站线及联络线铺轨铺岔配置2个	前期负责桥面系施工,后期负责CRTSⅢ板式无砟轨道施工。负责车站道岔及站线轨道铺设施工,应力放散与锁定施工。全线钢轨接头焊接
4	运输作业队		6台车按照司机,调车长二班配置
5	测量队	外包线路精测精调工作	接收、保管、复核测设移交的水准点、坐标控制点,路基桥梁验收等工作。CPⅢ测设轨道精调外包

36.6.3 主要工程施工方案

36.6.3.1 联络线T梁架设施工方案

联络线T梁架设采用JQ185公铁两用架桥机进行架设,架桥机在梁场进行组装,组装完成后从梁场经昌赣正线运行至联络线起点后开始架梁施工。先架设下行线,架设至联络线禾水河特大桥,共计57孔T梁。完成后架桥机后退至联络线起点架设上行T梁。上行线受社门范家特大桥上跨门式墩的影响只能架到24号墩台,共21孔T梁。架桥机后退在上行线L1DK3+040.57～L1DK4+276.32段路基处进行掉头,在从社门范家特大桥49号墩架设至29号墩,共20孔T梁,联络线架梁完成时间2017年10月10日。

36.6.3.2 CRTSⅢ型板式无砟轨道施工方案

CRTSⅢ型板式无砟轨道根据正线箱梁架设进度分三个作业面进行。1号作业面从横江山特大桥(DK233+550)处开始向西土玄特大桥终点,共计20.9km,作业方向为吉安向赣州方向,预计施工时间为2017年5月～2018年4月30日。2号作业面为西土玄特大桥终点至标段终点(DK254+

435),共计20.9km,作业方向为吉安向赣州方向,预计施工时间为2017年5月。3号作业面为横江山特大桥(DK233+550)处至标段起点(DK221+934),共计23.1km,作业方向为赣州至吉安方向,预计施工时间为2017年11月。CRTSⅢ型板式无砟轨道先施工桥梁地段,再施工隧道地段,路基地段最后施工。轨道板铺设桥上采用汽车吊吊板上桥并粗铺,桥下便道较好地段用平板汽车运输,泵车直接泵送自密实混凝土至桥上灌注。在跨河、公路和便道较差或不通地段,用轮胎式双向运板车运送轨道板,铺板龙门吊铺设。

根据目前施工情况,三个作业面能满足施工现场施工要求,若后续施工工期紧张,可根据施工现场实际情况增加施工作业面。

CRTSⅢ型板式无砟轨道作业面配置,见表36-7。

CRTSⅢ型板式无砟轨道作业面配置表　　　表36-7

序号	施工段落	施工内容	施工方向	施工长度(单线km)	作业面
1	DK233+550~西土玄特大桥终点	混凝土底座 轨道板安装 自密实混凝土灌注	大里程→小里程	20.9km	1号
2	西土玄特大桥终点~标段终点	混凝土底座 轨道板安装 自密实混凝土灌注	小里程→大里程	20.9km	2号
3	DK233+550~标段起点	混凝土底座 轨道板安装 自密实混凝土灌注	小里程→大里程	23.1km	3号

36.6.3.3 轨道工程施工方案

根据土建单位工程进度调查情况统计,属于中铁一局标段范围内的线下工程进度满足铺轨施工,因此铺轨时先从泰和铺轨基地向南昌方向(标段起点)铺轨,随后掉头往赣州西方向铺轨。正线长轨推送采用WZ500E机组进行铺设施工,长轨铺设前,各车站正线道岔应先浇筑完成,打开铺轨通道。铺轨机组进场时间初步拟定在2018年7月。

36.6.3.4 站场轨道施工方案

各车站根据土建单位移交时间,采用先移交的先施工的原则进行。道岔直接利用汽车运送至各个车站进行拼装。车站到发线采用人工铺设工具轨,待正线铺轨到达后机车牵引长轨车至施工现场,用"换铺法"进行长轨换铺施工。其他站线及次要站线有缝线路采用人工铺轨施工。

36.6.3.5 联络线施工方案

井冈山联络线、赣县北东北联络线、动车走行线采用有砟轨道,同站线铺轨方式采用"换铺法"进行施工。联络线接轨涉及营业线施工将编制专项施工方案。井冈山联络线预计2018年6月可以开始铺轨。赣县北东北联络线及动车走形线预计2018年11月开始铺轨。

36.6.3.6 钢轨焊接及无缝线路施工方案

2018年8月底计划进场1台K922型焊机,利用两个月时间进行焊接试验,辅助1台轨道车及2台平板10月初下线焊轨,先焊接7标管段内的64km钢轨,剩余328km焊轨与铺轨同时交替进行作业。在铺轨完成后一个月完成全线钢轨焊接及无缝线路施工。

36.6.4 主要临时工程施工部署

36.6.4.1 泰和站铺轨基地施工

1)主要工程数量

主要工程数量见表36-8。

主要工程数量表

表36-8

序号	临时工程名称	单位	类型或规格	标准图号	数量	附注
轨道工程数量						
1	铺轨	km	50kg/m		1.75	
			60kg/m		0.225	
2	临时铺设道岔	组	P50-1/9		2	木枕
			P60-1/9	SC390	2	混凝土
3	铺龙门架走行线	双米	50kg/m		130	
4	铺道床	m³			4246	
5	铺龙门架走行线道床	m³			200	
6	基地围栏	km			4	
路基工程数量						
7	挖土方	m³			25000	
8	填方	m³			27300	
附属设施工程数量						
9	群吊基础土石方量	m³	C30		55	
10	群吊基础混凝土	m³			105	
11	长轨台位基础土石方量	m³			240	
12	长轨存轨台位基础混凝土	m³	C30		464	
13	场内排水设施	m			3000	
14	道路硬化	m²			7000	
15	生产生活房屋	m²			1850	
16	临时平过道	个			1	
17	机车临时检查坑	个			1	
18	临时车挡	个			2	
拆除线路、复耕工程数量						
19	拆除轨道	km	50kg/m		1.75	
			60kg/m		0.225	
20	拆除道岔	组	P50-1/9		2	木枕
			P60-1/9	SC390	2	混凝土
21	拆除道床	m³			4246	
22	拆除群吊基础	m³	C30		130	
23	拆除长轨台位基础	m³			464	
24	拆除生产生活房屋	m²			1850	
25	拆除临时平过道	个			1	
26	挖方	m³			27300	
27	拆除临时车挡	个			2	

2）铺轨基地选址方案

我单位承建的昌赣客运专线CGZQ-7标段铺架工程正线起讫里程为DK221+934.73～DK423+420，沿途经泰和站、万安站、兴国西站、赣县北站、赣州西站。其中具备与营业线接轨条件的车站有泰和站和赣县北站。经我单位实地调查，赣县北站车站中间为桥梁段，两端是隧道，不具备设置铺轨基地的条件，因此铺轨基地选址在泰和站。

泰和站符合建设铺轨基地条件的场地共有两处：略。

3)铺轨基地设置及储存能力分析

根据方案比选,泰和铺轨基地选址在中心里程 DK252+290 处。对应京九铁路里程为 K1705+600～K1707+250。泰和站铺轨基地承担正线 392.45km、站线 34.91km、道岔 98 组的铺设及钢轨、道岔、轨料储存任务。配备一套 WZ500E 铺轨机组,先从铺轨基地向吉安方向铺设,再向赣州站方向铺轨。铺轨基地占地约 55 亩❶。

铺轨基地由既有泰和站 4 道赣州端 DK251+200(K1705+590)位置处插入临时道岔 L1 引出。修联络便线在 DK251+700 位置进入铺轨基地,并在新建昌赣铁路 DK252+840 位置处插入临时道岔 L2 进入正线(左线)。利用正线(左线)作为列车牵出线,铺轨机组从铺轨基地进入左线进行铺轨,右线铺轨可在新建泰和车站进行转线。

存轨能力分析:昌赣铁路正线及站线铺设长轨共 420km(单线公里),铺轨基地建成后可存长轨 300km,剩余 120km。按照施组安排,CGZQ-7 标管段内正线 DK221+934.73～DK254+435.8 段线路可以提前开始铺轨,可提前消化共 64km 长轨,减小存轨压力。到全线正式铺轨前,除去场内存放的 300km 长轨,正线只剩余 60km 长轨。铺轨工期共 3 个月,铺轨基地平均每月只需进长轨 20km 即可,因此铺轨基地长轨储存能力可以满足施工要求。

道岔储存能力分析:铺轨基地储存道岔 15 组,主要储存 18 号以上的大号码道岔,其余型号道岔可根据土建完成时间直接运送至各个车站进行铺设道岔。

土建工程完成 DK252+000～DK254+000 段路基工程后,铺轨基地利用新建昌赣铁路左线 DK252+920～DK253+920 段线路作为长轨列车的牵出线。利用新建昌赣铁路左线 DK251+200～DK252+840 段线路作为长轨列车的调车线。利用新建昌赣铁路泰和站进行左/右线转线作业。

新建昌赣铁路 DK252+800～DK252+880 段线路(80m),因为要插入临时道岔连接铺轨基地,所以暂不铺设轨道板,铺设临时轨道,待拆除铺轨基地后,再施工此处轨道板。

4)主要技术标准

(1)路基设计标准:路基按照Ⅲ级铁路中型设计,单线路堤宽度 5.5m,边坡坡率 1:1.5,曲线地段曲线外侧路基面加宽 0.5m。联络线路基横坡设置为 2‰,铺轨基地内路基横坡为 2‰。路基基床 1.5m(其中表层 0.4m,底层 1.1m)。

(2)轨道设计标准:联络便线及铺轨基地站线轨道类型参照其他站线及次要站线设计。

联锁区段:钢轨采用 60kg/m 轨,道岔均采用 P60-1/9 混凝土枕道岔(道岔型号 SC390),轨枕采用混凝土Ⅱ型枕,铺设标准 1520 根/km,扣配件采用弹条Ⅱ型扣件,单个弹条扣压力 ≥8KN,弹程为 8～9mm,道床采用单层道床,厚度为 35cm。道床顶面宽度为 2.9m,道床坡率为 1:1.5。

非联锁区段:钢轨采用 50kg/m 轨,道岔均采用 P50-1/9 木枕道岔,轨枕采用木枕,铺设标准 1520 根/km。道床采用单层道床,厚度为 20cm。道床顶面宽度为 2.9m,道床坡率为 1:1.5,扣配件采用以木枕及 50 钢轨配套的扣件。

联络线 DK251+200～DK251+400 坡度为 10‰的下坡,DK251+400～DK251+700 坡度为 0.86‰的上坡。铺轨基地内线路均设置为 1.2‰的上坡。相邻坡度差大于或等于 3‰时设置竖曲线,竖曲线半径按照 5000m 考虑。

5)铺轨基地泰和站接轨施工方案

根据现场勘查,拟定方案如下:

待线下路基工程完工后,利用泰和站既有 4 道要点卸临时岔料和便线轨料(岔料垛码至 4 道外侧路肩上);组织人工铺设施工便线、安全线及安全线道岔(L3 号岔),整道达标至开通进车条件;在既有 4 道路肩上搭设台位拼装 L1 号岔,然后封锁泰和站既有 4 道 240min,将预拼的 L1 号岔插铺至既有 4 道

---

 ❶ 1 亩 = 666.6m², 下同。

相对于新建昌赣铁路里程 DK251+138 处,整道达标,点内启用 L1 号岔、L3 号岔;开通泰和站既有 4 道作为工程运输车的交接线行车,开通铺轨基地联络线行车。施工前将编制详细专项施工方案。

36.6.4.2 吉安小型预制构件场

1)建场概况

小型构件预制厂占地 7000m²,位于吉安县凤凰工业园内,场内严格按昌九城际铁路股份有限公司工厂化、标准化的要求进行布置,按照流水生产线设置,依次设置钢筋存放区、下料区、加工区、绑扎区、钢筋成品存放区(含预埋件存放区)、产品预制区、产品养护区、产品堆放区等,生产区全部达到工厂化生产要求。场区建成后先进行遮板生产,后进行栏杆及 RPC 盖板生产,除 RPC 混凝土通过 JS750 搅拌机搅拌生产外,其他混凝土通过昌赣客运专线 CGZQ-7 标段 2 号拌和站供应。

小型构件预制厂主要负责桥面系及桥梁附属施工中的小型构件预制,主要生产任务有:遮板预制 22990 块,RPC 盖板预制 189904 块(约 5.8 万 m²),栏杆预制 23002 套。

经过场内优化布置,小型构件场的实际生产能力如下:

单独生产遮板:100 块/d,独生产栏杆:100 套/d;单独生产 RPC 盖板:1000m²/d;实际储存能力:遮板 4000 块、栏杆 4000 套、RPC 盖板 1.5 万 m²;为了减少场区存储压力,实行边生产边安装原则,并根据现场情况将部分成品储存在施工现场。

2)产品质量控制措施

36.6.4.3 CRTS Ⅲ 型板式无砟轨道板临时存放场

根据本标段无砟轨道铺设范围,考虑铺板时的运输距离,在沿线运距等距位置附近寻找地势平坦、交通便利、与线路高差较小处设置 4 处小型 Ⅲ 型板存放场。

36.6.4.4 经理部驻地部署

项目经理部设置在吉安县凤凰工业园内,租用当地既有办公楼。规划整齐,办公、会议、住宿、就餐、卫生洗浴、文体活动等功能齐全。配备现代化的办公设备,具备集约、高效的管理能力;根据工程结构物分布情况,施工营地沿线路两侧分散布置,每个施工营地内设生活营地、材料堆放场、钢木加工场、材料库、停车场及修理房等;生产用房屋采用活动棚搭建。生产及生活区内修建污水池和垃圾处理场,做好营区周围绿化工作,保护施工工区所在地生态环境。

36.7 施工进度安排

36.7.1 总体进度安排

项目总工期:32 个月。计划开工日期 2016 年 6 月 21 日,计划竣工日期 2019 年 2 月 21 日。

36.7.2 关键工程节点安排

铺轨基地建设:2016 年 6 月 21 日~12 月 31 日,共计 6 个月 10 天。
桥面系施工:2016 年 8 月 20 日~2017 年 12 月 20 日,共计 16 个月。
联络线架 T 梁:2017 年 7 月 25 日~10 月 10 日,共计 2.5 个月。
铺轨施工(含道床浇筑):2017 年 6 月 20 日~2019 年 2 月 21 日,共计 20 个月。

36.7.3 单位工程或分部工程进度安排

施工准备:2016 年 3 月 21 日~6 月 21 日,工期 3 个月。
大临建设:2015 年 6 月 21 日铺轨基地开始建设,计划 2016 年底达到存轨条件。
桥面系工程:2016 年 9 月 1 日开始,2017 年 12 月 20 日完成;含 T 梁桥面系施工,工期计划为

2017年8月28日开始,2017年12月20日完成。

架设T梁:2017年7月25日开始架梁,2017年10月10日架梁完成。

无砟轨道工程:桥梁、隧道段开始2017年6月20日,路基段(桥梁架设2017年10月20日完成后,预压6个月)2018年4月30日完成。

铺轨施工:2018年6月1日开始,2019年2月21日完成。按照施工任务划分,项目部负责7~12标段的铺轨施工。按照本标段施工进度,铺轨2018年6月1日开始,由于其他标段施工进度不一致,按照指导性施工组织设计,完成时间为2019年2月21日。根据现场施工情况,各个站线可坚持先成型先施工的原则进行,为后续施工减轻压力。

配合联调联试及竣工收尾:2019年2月21日开始,2019年12月31日结束。

36.7.4 各工序主要施工进度指标

(1)整体道床

无砟轨道工程施工进度指标见表36-9。

无砟轨道工程施工进度指标　　　　表36-9

序号	项目	施工周期
1	混凝土底座	80~120单线米/d(每个作业面)
2	轨道板安装	80~100单线米/d(每个作业面)
3	板下自密实混凝土	100单线米/d(每个作业面)

(2)铺架工程

铺轨工程主要施工进度指标一览表见表36-10。

铺轨工程主要施工进度指标一览表　　　　表36-10

施工项目		进度指标	备注
铺轨	人工铺轨	0.4km/d	
	铺设500m长钢轨	5km/d	
T梁架设		2孔/d	
上砟整道	预铺底层道砟	1.0km/d	
	人工初步整道	2.0km/d	
	大型机械整道	5km/d	
无缝线路施工	现场钢轨焊接	16个头/d	
	无缝线路应力放散及锁定	4.0km/d	
道岔铺设	单开道岔	1组/2d	
	特种道岔	1组/5d	

(3)桥面系工程

桥面系工程主要施工进度指标一览表见表36-11。

桥面系工程主要施工进度指标一览表　　　　表36-11

施工项目		进度指标	备注
箱梁桥面系	遮板预制、安装	100块/d	
	RPC盖板预制、安装	800m²/d	
	栏杆预制、安装	100套/d	
	A/B墙、防护墙现浇	50m/d	
T梁桥面系	横向张拉、湿接缝	1孔/d	
	桥面系	1孔/d	

36.8 施工准备

36.8.1 技术准备

36.8.1.1 内业技术准备

(1)组织技术人员认真阅读、审核施工图纸,编写审核报告,澄清有关技术问题;熟悉相关专业施工规范、质量评定标准;认真熟悉、核对施工图纸,核对地形地质资料,研究和优化施工技术方案,进行临时工程施工设计,编写实施性施工组织设计、管理计划,编写各种施工工艺标准、保证措施及施工作业指导书;根据业主管理办法,制定本项目技术管理办法;结合本工程施工特点,编写技术管理办法和实施细则。

(2)对重点工序制定施工安全方案和安全保证措施,提出应急预案。制定质量管理计划,健全项目质量保证体系,成立 QC 小组,针对质量控制重点开展活动。

(3)在设计进行技术交底后,对施工人员进行技术交底,对参加施工员工进行上岗前技术培训,考核合格后挂牌上岗。

(4)制定施工安全技术交底,对跨营业线路等重点工程制定专项安全方案并进行评审。

(5)成立技术小组,对本标段工程重难点施工技术和工艺提前进行专项研究,提出施工方案。

36.8.1.2 外业技术准备

(1)现场详细调查;报请建设单位、设计单位、监理单位和有关人员进行工程交接桩与复测;各种工程材料料源的调查与比选;各种仪器、仪表及设备的测试检验,并办理计量合格证书,进行状态标识。

(2)同建设、设计、监理单位一道进行测量控制网点的交接,使用 GPS、全站仪、电子水准仪等对控制网进行复核测量,确认精度符合要求后,对桩点进行保护。加密桩点,建立本工程平面与高程控制网。

(3)高标准建立项目检测试验中心,配置满足施工需要的试验仪器与设备,安装调试,通过标定。进行原材料取样分析、试验,提出试验报告,做好混凝土配合比的试配与优化。在施工过程中,对混凝土进行跟踪质量检测,及时反馈信息,指导施工。

(4)施工作业层中所涉及的各种外部技术数据收集。

36.8.2 物资机械准备

施工生产用料、施工机具、生产工艺设备等根据工程施工进度需要或业主、监理工程师要求,分期分批进入现场,并根据情况变化,随时调整。

36.8.3 组织准备

健全规章制度,架子队组建并组织进场和技术交底。

36.8.4 施工现场准备

测量征地范围内的耕地面积和各种障碍物,平整场地,做好施工现场的技术调查工作。修建临时工程,施工机具进场安装、调试。做好冬雨季施工的现场准备。

36.8.5 试验、检测准备

36.8.5.1 试验、检测手段

为确保构成本工程的各种原材料、轨料、混凝土成品、半成品以及施工过程中钢轨焊接、整体道床的质量,拟采取以下措施予以控制:

建立科学先进的检测试验手段,落实职责,确保工程质量;委外试验室使用前报有关部门验收认可;落实管理制度,强化检测试验工作。

36.8.5.2 主要检测项目及检测方案

混凝土检测、道床钢筋检测、钢轨、道岔检测、扣配件检测、钢轨焊接检测、道砟检测。

36.8.5.3 混凝土试验

现场和易性试验、混凝土试件送检。

36.8.5.4 钢筋试验

取样和数量、取样方法、试验项目。

36.8.5.5 钢筋接头试验

(1)钢筋接头采取电弧焊接头。

(2)钢筋焊接操作人员必须持有上岗证,上岗前应执行班前焊考核,同时用于焊接参数的确定和钢筋可焊性的检验。班中焊的试验用于对钢筋焊接成品质量的检验。

(3)在现场焊接条件下,同一焊工以300个同接头形式、同钢筋级别的接头为一批,不足300个接头仍作为一批,每批从成品中取3根试件做拉力试验。取样长度为焊缝两端各留200mm,试验结果应符合相关要求。

36.8.5.6 钢轨进场检验

(1)所用钢轨每批数量进场前,供货商应将该批生产厂家钢轨的产品质量证明书移交施工单位。钢轨质量证明书非原件时,供货商应加盖供货商公章。

(2)接到供货商移交的钢轨产品质量证明书,施工单位依据《43~75kg/m 热扎钢轨供货技术条件》(TB/T 2344—2012)标准要求,核对钢轨质量证明书中表明的技术参数与其标准相对比,符合标准要求时方可进场。

(3)钢轨进场后,依据《43~75kg/m 热扎钢轨供货技术条件》(TB/T 2344—2012)标准要求,对每批钢轨进行验证。

(4)验证要求。

(5)所有该批进场钢轨的外观、外型进行及时抽检,抽检数量不低于本批到货总数的15%,对于不合格钢轨隔离存放,退货给供应商。

36.8.5.7 钢轨焊接试验

根据本项目工程特点,正线轨道铺设均采用60kg/m、100m 定尺长、无螺栓孔 U71MnG 新轨钢轨,采用移动式接触焊焊轨机组现场进行钢轨单元焊。

检测依据的标准、检验规则、成品检验、型式检验、生产检验。

36.8.5.8 钢轨连接件及扣配件

(1)扣件。

(2)同类、同规格的道岔,应在生产厂家或现场试铺,满足技术要求后,方可使用。

(3)60kg/m 钢轨用接头夹板应符合《60kg/m 钢轨用接头夹板型式尺寸》(TB/T 2342.3—93)的规定;60kg/m 钢轨接头螺栓及螺母应分别符合《钢轨用高强度接头螺栓与螺母》(TB/T 2347—93)的规定;60kg/m 钢轨弹簧垫圈应分别符合《钢轨接头用弹性防松垫圈》(TB/T 2348—93)的规定。材料进场采验相关的出厂合格证及质量证明文件。

36.8.5.9 材料见证取样送检频率

略。

36.8.5.10 试验检测计划

略。

36.9 资源配置方案

36.9.1 施工队伍及劳动力配置计划

施工队伍及劳动力配置计划见表36-12。

施工队伍及劳动力配置计划表　　　表36-12

序号	名称	人员配置(人)	外协劳务配置	施工任务划分
1	项目经理部	33		主要负责全面项目管理
2	铺架作业队	80		负责全线铺轨(含联络线)施工及联络线T梁架设施工
3	基地作业队	40		负责泰和铺轨基地管段内长轨、轨料装卸施工
4	综合作业队	220	桥面系施工配置5个,整体道床配置3个,站线及联络线铺轨铺岔配置2个	前期负责桥面系施工,后期负责CRTSⅢ板式无砟轨道施工。负责车站道岔及站线轨道铺设施工,应力放散与锁定施工。全线钢轨接头焊接
5	运输作业队	80		6台车按照司机、调车长二班配置
6	测量队	12	外包线路精测精调工作	接收、保管、复核测设移交的水准点、坐标控制点,路基桥梁验收等工作。CPⅢ测设轨道精调外包

36.9.2 主要物资及周转料配置计划

1)当地建筑材料的分布情况

江西省工程物资储备总量丰富,但区域差异较大。以中铁一局昌赣项目部四分部所在地为凤凰镇工业园为中心,按照由近及远的原则展开有序的调查工作。调查的主要内容包括:生产厂的基本情况、生产能力、产品规格等级、产品质量证明材料、现行市场价格、运距运价等因素。通过调查资料与数据对本项目的主要材料的合格料源地以及保供能力等方面进行分析总结。

2)主要物资配置计划

略。

3)甲供物资的供应及运输方案

甲供材料的物资供应计划上报给局指物资供应站,由局指物资站负责联系业主、甲供材料供应商,协调物资的发货、签收事宜。

根据合同条款要求,部分甲供材料的到站地均为昌赣客运专线CGZQ-7标段施工沿线工地。甲供材料可以根据施工现场的需求情况,合理安排运输。钢轨和单开道岔60kg/m 42号通过既有京九铁路运输,由泰和站与铺轨基地相连的临时线路进入铺轨基地卸车存放。

正线轨道用的CRTSⅢ型轨道板通过汽车从轨道板厂运输至存放场暂时存放,待使用时通过吊车配合运输车辆运至施工现场。

弹条扣件、普通道岔、混凝土岔枕及混凝土轨枕可以直接通过汽车运输至施工现场。另外,新建昌赣客专与既有京九铁路走向基本并行,也可以通过京九铁路将主要材料运至既有邻近的车站,再转运到工地,但是要增加二次倒运的费用,在后期材料运输时要根据甲供材料合同中的到站地点与供应商做好沟通,由其负责二次倒运,我方只负责现场接收。

我分部施工段沿线地区主要南北公路有大广高速公路、樟吉高速公路、G105,东西公路有沪昆高速公路、厦蓉高速公路、泉南高速公路、G319、G320、G323等,并辅以其他省道和县乡道路形成综合道路网,对于以上材料通过汽运提供了便利条件。

4)自购物资的供应及运输方案

根据建设单位、集团公司和公司对物资集采的相关要求,针对自购物资按时向局指物资站和公司上报物资集采需求计划,重要自购物资由局指物资站负责招标采购,除甲供材料及重要自购物资之外的材料由公司组织相关的招议标工作。

重要自购物资中的钢材、土工布、钢轨绝缘接头等通过汽车运输至铺轨基地、小型预制构件场或其他施工点。

5)周转材料配置计划

略。

36.9.3 主要机械设备配置计划

略。

36.10 主要工程施工方案

36.10.1 预制件加工方案

36.10.1.1 遮板预制施工

(1)遮板预制施工工艺流程(图36-2):遮板预制生产,采用规范化、标准化工厂模式进行施工。本项目根据施工情况,为达到标准化生产要求,计划用昌赣客运专线CGZQ-7标段2号拌和站的成品混凝土进行施工。

(2)遮板施工控制要点,略。

36.10.1.2 栏杆的预制施工

1)栏杆的施工工艺流程

栏杆预制生产,采用规范化、标准化工厂模式进行施工,混凝土采用2号拌和站成品混凝土进行施工。具体的施工工艺为:原材料的计量→搅拌→振动(全程振动)→布料(分三次布料)→刮平→找平→校正尺寸→收光→铺薄膜→预养护→脱模→堆放→养护→出场运输→安装。

2)栏杆施工控制要点

(1)模具检查:

①根据图纸核对盖板模具型号,分类规整、码放。

②检查模具的尺寸以及内部是否存在杂物,清洗要到位,满足施工要求。

(2)2号搅拌站搅拌:搅拌机搅拌由于各种原材料采用电子自动计量系统来按料仓进行装载机上料,注意各种原材料的投料顺序,切忌放错料仓。

搅拌时间的控制除满足相应的混凝土的搅拌时间,如果需要加入单丝纤维,每斗料延长搅拌时间0.5~1min;投料顺序单丝纤维和砂先进行搅拌,然后加入水泥、掺和料等,"二次投料",搅拌更充分。

(3)放置模具:根据振动台的型号进行模具的归类放置,保证振动台的振动效果;模具的清洗、脱模剂的涂抹是否均匀有现场技术员和质检员双重把关,切断根源,此系保证产品外观的第一道关。

(4)成型:由于栏杆采用流水线高频振动成型,振动时间的控制尤为重要,振动密实的标志注意把握:不冒气泡、均匀翻浆时再停留3~5s的时间即可成型,及时进行一次收面,此系保证产品外观质量的第二道关。

(5)场地内一次转移:从振动台振动密实成型后进行转移,注意过程注意车速的匀速,减少混凝土初凝时间内的扰动,保证早期强度的上升,转移道路的平整性在此尤为重要。

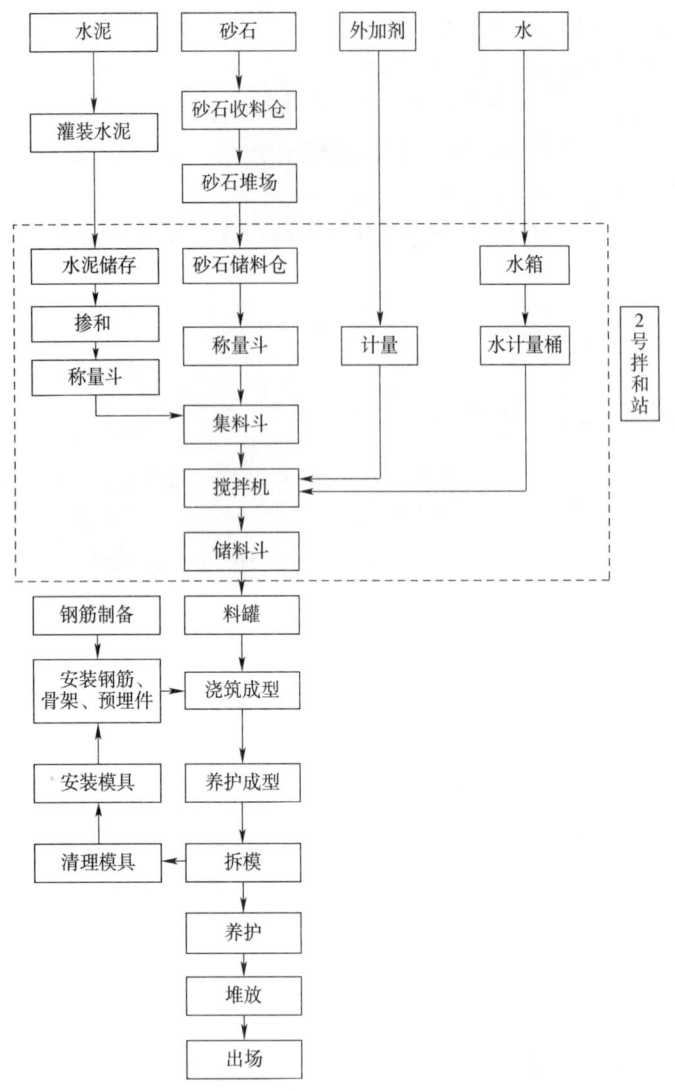

图 36-2 遮板预制施工工艺流程图

(6)收面、码放:半成品产品是采用先期初步温室养护,码放是层与层之间竹胶板隔开,每层二次收面完成后铺上一层塑料薄膜进行覆盖,然后放置竹胶板隔开,再放置半成品,再铺薄膜、竹胶板,码放的高度不宜超过1.5m。

(7)卸模:产品在温度为20℃的保温棚内养护不少24h,然后进行卸模,卸模时注意工装的配套使用,场地下放置软物以缓冲,避免产品在初期强度未达到时损伤,整个过程中要轻拿轻放;卸模完毕后对模具及时进行清理,清洗,对于较难清理的磨合进行盐酸泡洗,清洗好的模具按照类型摆放整齐,便于清点和现场放置振动台时的方便。

(8)构件堆放。

36.10.1.3 RPC 盖板预制施工

略。

36.10.2 营业线施工方案

36.10.2.1 井冈山联络线接轨施工方案

井冈山铁路联络线与井冈山铁路衔接设余家线路所(井冈山上行联络线 L1DK4+276.32=井冈山铁路里程 K11+672.90)。

总体方案思路:井冈山联络线铺轨至余家线路所后,进行养护达标,在余家线路所旁边组装道岔,通过封锁点采用"道岔滑移法"进行道岔插入施工,在施工在后续施工中将编制专项施工方案。

36.10.2.2　赣龙东北联络线接轨施工方案

赣县北东北联络线与赣龙铁路衔接设平江(赣龙)线路所,东北上行联络线NESDK0+000=赣龙设计右线YDK28+711.41,与赣龙右线L1号道岔连接。东北上行联络线在赣龙里程GLYDK27+671.96上跨赣龙铁路右线,高差13.364m,在赣龙里程DK27+432.369上跨赣龙左线,高差13.38m,在昌赣里程DK381+647.835上跨昌赣客运专线,高差12.537m,在赣县北站由60kg-1/18编号8号道岔(NESDK3+674.64=昌赣客运专线DK379+838.996)引入昌赣客运专线。

东北下行联络线NEXDK0+000=赣龙设计左线DK28+310.45,与赣龙右线L2号道岔连接,在赣县北站由60kg-1/18编号2号道岔(NEXDK2+473.74=昌赣客运专线DK379+838.996)引入昌赣客专线。

总体方案思路:赣县北东北联络线铺轨至平江线路所后,进行养护达标,在平江线路所旁边组装道岔,通过封锁点采用"道岔滑移法"进行道岔插入施工,在施工在后续施工中将编制专项施工方案。

36.10.2.3　营业线施工安全保障措施

邻近营业线施工安全措施;营业线施工安全措施;防止挖断光电缆措施;防止机械设备及车辆侵限安全措施;行车设备及信号的安全防护措施;材料、机具安全措施。

36.10.3　箱梁桥面系施工方案

桥面系施工主要包含桥面预制构件的预制及安装、桥面现浇施工两大部分,前面在预制构件施工方案中已经编制了预制构件的预制方案,以下是桥面系现浇施工方案。

36.10.3.1　施工准备

在开工前组织技术人员认真学习实施性施工组织设计,阅读、审核施工图纸,熟悉规范和技术标准。制定施工安全保证措施,编制应急预案。对施工人员进行技术交底,明确施工要点和关键部位卡控重点,对参加人员进行岗前技术培训,考核合格后持证上岗。施工作业层中所涉及的各种外部技术数据收集。

36.10.3.2　工艺流程

如图36-3所示。

36.10.4　T梁架设施工方案

本项目架设T梁共计99孔(其中32m94孔,24m5孔),设计T梁采用《通桥(2012)2101》系列梁图。根据现场施工环境,拟定采用JQ185公铁两用架桥机组进行架梁,YL200车进行运梁。因T梁架设技术已经非常成熟,不涉及新工艺,简单介绍如下。

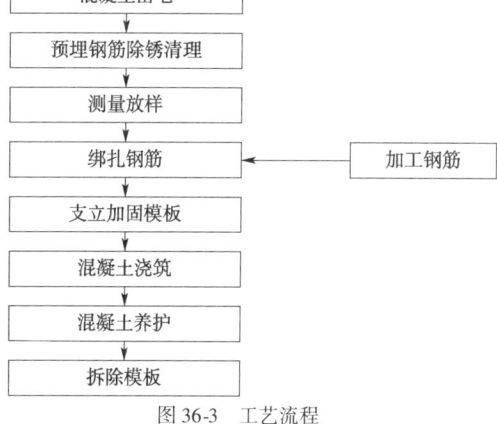

图36-3　工艺流程

36.10.4.1　T架设前外观验收(表36-13)

T梁的梁体外形尺寸允许偏差和检验方法　　表36-13

序号	项目	允许偏差(mm)	检验方法
1	△梁全长	±20	尺量检查上、下部
2	△梁跨度	±20	尺量检查支座中心至中心
3	下翼缘宽度	0,+20	检查1/4跨、跨中、3/4跨和梁两端
4	腹板厚度	0,+15	用U形尺量检查跨中、1/4跨、3/4跨和梁两端

续上表

序号	项目			允许偏差(mm)	检验方法
5	桥面内外侧偏离设计位置	$L \leq 16$m		-5,+10	用水平样杆和尺量1/4跨、跨中、3/4跨和梁两端
6		$L > 16$m		-10,+20	
7	梁高度			-5,+20	检查梁两端
8	梁上拱	先张法		±20(张拉30d时)	用水准仪测量跨中
		后张法		$L/1000$(终张拉30d时)	
9	挡砟墙厚度			0,+20	尺量检查最大偏差处
10	横隔板厚度			0,+20	
11	横隔板位置			20	尺量检查
12	腹板及横隔板垂直度			每米高度不大于4	吊线尺量检查不少于5处
13	表面平整度			5	1m靠尺和塞尺检查不少于5处
14	预埋件	(1)U形螺栓	①偏离设计位置	10	尺量检查不少于5处
			②外漏长度	±20	
			③两肢中心距	±1	
		(2)连接角钢	①偏离设计位置	20	尺量检查
			②上下两端垂直度	20	吊线尺量检查角钢上下端
		(3)支座板	①先张法T梁板面边缘高差 铸钢支座		水平尺和塞尺检查四边
			板式橡胶支座		
			②后张法T梁板面边缘高差 T梁	2	
			③定位挡条 间距	-1,+2	尺量检查
			偏离中心	5	
			④支座中心线偏离设计位置	3	尺量检查
			⑤螺栓中心位置	2	游标卡尺测量检查4个螺栓中心距(长宽和对角线)

36.10.4.2 T梁架设工艺流程(略)

36.10.4.3 T梁架设质量控制及检验

(1)质量控制。
(2)质量检验。

36.10.4.4 桥梁横隔板焊接

施工程序及工艺流程、施工准备、施工工艺、质量控制、质量检验、安全及环保要求。

36.10.5 无砟轨道施工方案

36.10.5.1 无砟轨道结构特点介绍

1)正线CRTSⅢ型板式无砟轨道结构特点介绍

CRTSⅢ型板式无砟轨道结构由钢轨、扣件、预制轨道板、自密实混凝土、限位凹槽、中间隔离层(土工布)和钢筋混凝土底座等部分组成。CRTSⅢ型板式无砟轨道轨道板采用单元分块式结构(图36-4),在路基、桥梁和隧道地段轨道板间采用不连接的分块式结构。

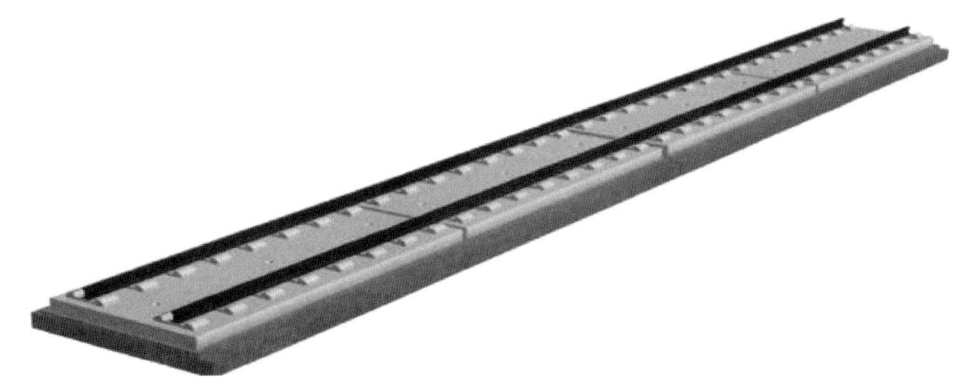

图 36-4 轨道板采用分块单元结构布置

(1)钢轨:采用60kg/m、100m定尺长、无螺栓孔U71MnG新轨。钢轨质量应符合《高速铁路用钢轨》(TB/T 3276—2011)要求。在 $R \leq 2800m$ 地段,根据铁道部运输局《关于印发〈钢轨使用指导意见〉的通知》(运工线路函〔2012〕264号)要求,采用U71Mn热处理钢轨。

(2)扣件:采用与CRTSⅢ型板式无砟轨道配套的WJ-8B扣件,桥上除连续梁及紧靠连续梁的一跨简支梁采用小阻力扣件外,其余简支梁均采用常阻力扣件;采用小阻力扣件地段,梁端的一组扣件采用常阻力扣件。扣件间距一般为630~650mm,一般情况下相邻扣件节点间距≤687mm。由于各种原因在极端情况下个别大跨度桥梁的大梁缝地段扣件间距最大不超过725mm。

(3)道板:轨道板采用先张法预应力轨道板。轨道板与自密实混凝土间的连接方式采用"门"形钢筋(HRBφ12mm)的方式(图36-5)。在轨道板下设置门形钢筋,使轨道板与自密实混凝土很好的连接为一整体;项目采用的标准轨道板型号为P5600、P4925和P4856三种,板厚均为200mm,承轨台高度为38mm,混凝土强度等级为C60;有缓和曲线地段采用二维可调高模板,半径≤3000m地段的圆曲线地段采用一维可调模板(本线没有此种半径),半径>3000m地段的曲线直线地段轨道板均采用固定模板。

(4)自密实混凝土及限位凹槽:轨道板下铺设自密实混凝土,强度等级为C40,设计厚度为90mm,长度和宽度与轨道板对齐,采用单层钢筋焊网,直径为12mm。自密实混凝土与混凝土底座采用限位凹槽的方式进行限位和纵横向力的传递,每块轨道板下设置两个限位凹槽,凹槽尺寸为700mm×1022mm,限位凹槽处加设配筋,限位凹槽周围(侧面)设置弹性垫层,弹性垫层应满足结构受力、变形和材料耐久性要求;在自密实混凝土和底座之间设置中间隔离层(土工布)。自密实混凝土通过轨道板预留灌注孔进行灌注。自密实混凝土中设置2根φ14mm的HRB400螺纹钢筋通过绝缘卡固定在轨道板门型钢筋内侧。凹槽钢筋和自密实混凝土钢筋网片通过绑扎形成整体。

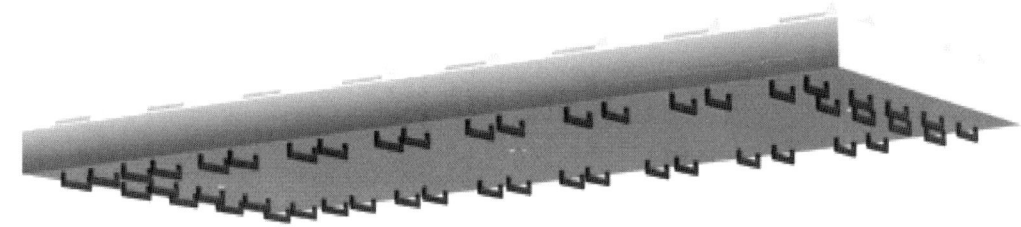

图 36-5 轨道板底设置"门"形钢筋结构图

(5)底座:底座采用钢筋混凝土结构,双层CRB550级冷轧带肋钢筋焊网,直径为11mm(路基和桥梁)或者10mm(隧道)。底座伸缩缝宽度为20mm,采用闭孔聚乙烯塑料泡沫板填缝,底座两侧与线间纵向伸缩缝、底座横向伸缩缝,线间封闭层混凝土横向伸缩缝均采用有机硅铜密封。

①路基地段底座:路基地段底座混凝土强度等级为C35,底座宽度较轨道板边缘各宽300mm,为3100mm,底座板厚度为300mm。每3块轨道板对应长度设置一个底座单元,底座单元之间设置宽度为20mm伸缩缝,个别地段4块轨道板对应长度设置一个底座单元。在伸缩缝位置设置传力杆,传力杆采用8根φ36mm光面钢筋,长度为500mm。

②桥梁地段底座:桥梁地段底座混凝土强度等级为C40,长度为对应每块轨道板长度。底座宽度较轨道板边缘各宽200mm,为2900mm,底座板厚度为200mm。

③隧道地段底座:底座采用钢筋混凝土结构,混凝土强度等级为C35,底座宽度较轨道板边缘各宽200mm,为2900mm,底座板厚度为200mm。每3块轨道板对应长度设置一个底座单元,底座单元之间设置宽度为20mm伸缩缝,个别地段4块轨道板对应长度设置一个底座单元;内布板原则上按照跨缝设计,跨沉降缝处底座单元设计加强钢筋处理。隧道洞口100m范围,底座板与隧道基础采用销钉加强连接。

(6)中间隔离层:自密实混凝土层与底座间设置厚度为4mm土工布隔离层,隔离层宽度需覆盖自密实混凝土的宽度范围,保证对自密实混凝土层与底座间的良好隔离效果。

(7)道超高:曲线地段超高采用外轨抬高方式,在底座上设置,并在缓和曲线地段按线性变化完成过渡。

(8)道结构高度:略。

(9)轨道绝缘:轨道板内钢筋进行绝缘处理,在满足轨道电路要求下,自密实混凝土与底座内钢筋可不作绝缘处理。

(10)综合接地:在轨道板内设接地端子,将轨道板在纵向上划分成长度不大于100m的接地单元,每一单元与贯通地线单点"T"形连接一次。

(11)浆孔:在自密实混凝土凝固前通过轨道板灌浆孔、检查孔按要求插入自密实混凝土内1个S形钢筋,采用补偿收缩混凝土进行填筑。

(12)有砟~无砟过渡段设计:无砟轨道与有砟轨道过渡段通过设置辅助钢轨和调整扣件刚度及有砟轨道范围设置混凝土搭板等方式进行过渡。过渡段线路两基本轨之间设置两根60kg/m辅助轨,长度为25m,其中无砟轨道内5.8m,有砟轨道内约20m;路基过渡段范围内,设置钢筋混凝土搭板,厚200mm,有砟轨道范围内10m。桥上无砟过渡段底座和桥梁之间通过植筋加强连接;过渡段及靠近过渡段两端各2.5m范围内不得设置钢轨接头。

2)道岔区轨枕埋入式无砟轨道结构特点介绍

(1)路基上道岔区轨枕埋入式设计。

①结构组成:路基上道岔区轨枕埋入式无砟轨道采用纵连式结构,从上到下的组成为道岔钢轨、扣件系统、岔枕、钢筋混凝土道床板和支承层,设计轨道结构高度为860mm。道岔钢轨、扣件、岔枕应满足相关技术条件的要求。

②道床板:道岔区道床板采用C40混凝土现场浇注而成,厚300mm,道床板边缘至外侧轨道中心线的距离为1600mm,道床板顶面根据具体情况设置一定的横向排水坡。道床板内钢筋按照绝缘设计,除接地钢筋交叉、搭接采用焊接外,其余钢筋交叉、搭接处均应设置绝缘卡;转辙机牵引点所在位置的道床板设置横向的拉杆槽,槽底距离钢轨底不得小于250mm,槽宽按照岔枕间隔控制,槽长根据道岔设备图纸要求确定,槽底由内向外设置1%的横向排水坡。

③端梁:在每组道岔前后端分别设置端梁,端梁与道床板浇筑为一整体,端梁在路基基床表层内埋置深度为1m,厚1.6m,宽3.4m。端梁范围内道床板下设置强度等级为C30的钢筋混凝土底座,并采用L形钢筋与道床板连接,其他地段道床板下设置支承层。

④支承层:支承层采用低塑性混凝土,支承层厚度300mm,边缘至外侧轨道中心线的距离为1900mm。支承层连续铺筑,应每隔5m设一深度约105mm的横向伸缩假缝。切缝应在支承层硬化前进行。

⑤转辙机平台:在转辙机安装位置设计钢筋混凝土转辙机平台,转辙机平台的表面与轨面的高度可根据转辙机的安装情况进行调整。

⑥综合接地:道岔道床板内应设置接地钢筋和接地端子,接地单元长度不得大于100m。每一单元内接地钢筋间采用搭接焊方式进行连接,焊接长度单面焊不小于200mm,双面焊不小于100mm,焊

接厚度至少4mm,钢筋间十字交叉时采用"L"形钢筋进行焊接。每一单元通过接地电缆与接触网支柱贯通地线单点"T"形连接一次。每一单元间的接地钢筋采用绝缘接头连接,转辙机及密贴检查器处综合接地按信号专业要求设置处理。

⑦双块式轨枕:岔区轨枕埋入式无砟轨道连接段,采用SK-2型双块式轨枕,轨枕设计见部颁通用参考图:通线[2011]2351-Ⅰ。扣件采用与SK-2型双块式轨枕相配套的WJ-8B弹性扣件。轨道结构高度为860mm。

⑧有砟无砟轨道过渡段设计:有砟轨道与无砟轨道过渡段的设计原则是两者应在同一下部基础上过渡,正线和到发线过渡均采用设置辅助轨方式;助轨采用25m定尺长60kg/m钢轨,其中无砟轨道地段长5m,有砟轨道地段长20m,同时在无砟轨道和有砟轨道过渡段13m范围设置厚20cm的钢筋混凝土底板,其中无砟轨道长度5m,有砟轨道长度8m。

(2)桥梁上道岔区轨枕埋入式设计。

①结构组成:桥上道岔区轨枕埋入式无砟轨道采用单元式结构,从上到下的组成为:道岔钢轨、扣件系统、岔枕、钢筋混凝土道床板、中间分隔层和钢筋混凝土底座,设计轨道结构高度为850mm。道岔钢轨、扣件、岔枕应满足相关技术条件的要求。

②道床板:道岔区道床板采用C40混凝土现场浇注而成,厚360mm,道床板边缘至外侧轨道中心线的距离为1600mm,道床板顶面根据具体情况设置一定的横向排水坡。道床板内钢筋按照绝缘设计,除接地钢筋交叉、搭接采用焊接外,其余钢筋交叉、搭接处均应设置绝缘卡;桥上道岔道床板构筑于钢筋混凝土底座上,中间设置分隔层,并通过底座的纵、横向限位凹槽固定道床板位置。道床板根据道岔轨枕的布置划分为多个单元块,单元块之间设横向伸缩缝,伸缩缝宽100mm,伸缩缝根据岔枕铺设情况垂直于直股线路中心线布置,并位于两岔枕正中位置;转辙机牵引点所在位置的道床板设置横向拉杆槽,槽底距离钢轨底不得小于250mm,槽宽按照岔枕间隔控制,槽长根据道岔设备图纸要求确定,槽底由内向外设置1%的横向排水坡。

③底座:桥上道岔区底座采用C40混凝土在桥面现场浇注而成,设计底座厚度为230mm,通过预埋连接钢筋与桥面相连。底座分段长度与道床板单元一致,宽度比道床板两侧各宽250mm,即底座边缘至外侧轨道中心线的距离为1850mm。底座顶面水平,道床板外侧250mm范围设3%的横向排水坡。底座内钢筋按照绝缘设计,所有钢筋搭接及交叉处设置绝缘卡。

④中间隔离层:道岔区道床板与底座间设置4mm厚土工布中间隔离层。底座顶面设置底宽700mm、深130mm的纵、横向限位凹槽,其长度及个数根据分块布置及结构受力要求设计,限位槽四周安装弹性垫板

⑤转辙机平台:在转辙机安装位置设计钢筋混凝土转辙机平台,平台顶面设置4%排水坡,转辙机平台的表面与轨面的高度可根据转辙机的安装情况进行调整。平台与道床相接处设置20mm的结构缝,用聚乙烯塑料泡沫板填充,并用有机硅酮嵌缝材料密封。

⑥双块轨枕:依据轨枕布置的要求,道岔道床板内配置了一定数量的SK-2型双块式轨枕,扣件采用与SK-2型双块式轨枕相配套的WJ-8B弹性扣件。

⑦综合接地:同路基地段道岔区无砟轨道设计。

(3)隧道内道岔区轨枕埋入式设计。

隧道内道岔区轨枕埋入式无砟轨道采用纵连式结构,从上到下的组成为道岔钢轨、扣件系统、岔枕、钢筋混凝土道床板,设计轨道结构高度为560mm。道岔钢轨、扣件、岔枕应满足相关技术条件的要求;道床板、转辙机平台、综合接地及道岔间道床板内配置了一定数量的SK-2型双块式轨枕等设计情况同路基地段;根据无砟轨道结构特点,按照施工工序分别制定了不同的施工工艺进行施工。

36.10.5.2 底座板施工

(1)技术准备:对施工图的会审已经完成。对所有进场人员进行技术培训,考核合格后方可上

岗。现场管理人员应熟悉无砟轨道及底座施工的程序和方法；技术人员应熟练掌握无砟轨道底座施工及相关工序的施工方法、技术要求、验收标准并完成对作业人员的技术交底；作业人员应熟练掌握底座施工方法、工序要求、作业标准，完成配合比试验，确定配合比。

线路沉降变形需通过预评估，布设CPⅢ网，CPⅢ测量完成并通过评估。

施工前需通过"施工现场质量管理"检查，检查记录按规定签认。

(2)材料准备：完成原材料进场验收，确保原材料各项性能指标符合设计及相关规范、标准的要求；模板采用定型钢模板，以满足混凝土底座高程控制要求。所需底座模板、连接件、固定件按计划数量准备齐全。

(3)现场准备：底座基面(如梁面、路基表面、隧道基面等)验收合格；配置满足施工技术和工艺参数要求的混凝土搅拌站、混凝土输送车、混凝土输送泵、钢筋加工场等资源；确保施工便道畅通、施工用电设施到位。

(4)技术要求：

①无砟轨道工程施工前通过"无砟轨道铺设条件"评估，工后沉降变形符合设计要求。

②梁面高程满足设计要求，对蜂窝、麻面进行处理，处理后无浮渣、浮灰、油污等，平整度要求整孔梁面平缓变化，梁面预埋件规格、数量、位置、状态符合设计要求，伸缩缝安装牢固无脱落现象；路基高程及表面密实度满足设计要求，路基表面应平整无积水，排水系统符合设计要求。

③底座施工前，必须精确放出底座中心线，直线地段底座中心线与轨道中心线重合，曲线地段底座中心线与轨道中心线存在偏心值，偏心值可在设计图"曲线超高地段底座横断面相对坐标表"中查出。

④桥梁地段底座采用C40钢筋混凝土结构，宽2900mm，厚200mm；底座均采用单元式结构，单元间设置宽度为20mm的横向伸缩缝；每一个单元底座对应1块轨道板。路基地段和隧道地段底座采用C35钢筋混凝土结构，宽3100mm，厚300mm；一个底座单元对应3块轨道板(个别地段对应4块轨道板)，每两个底座单元之间设置宽度为20mm的伸缩缝；路基上的底座单元在伸缩缝位置设置传力杆，传力杆采用8根ϕ36mm光面钢筋，长度为500mm。伸缩缝填充采用聚苯乙烯泡沫塑料板，并在伸缩缝顶面和两侧采用嵌缝材料密封，其中伸缩缝顶面嵌缝材料尺寸为20mm(深)×20mm(宽)×底座宽度(长)；两侧嵌缝材料尺寸为40mm(深)×20mm(宽)×底座宽度(长)；底座两侧与桥面保护层采用聚氨酯嵌缝材料密封，嵌缝材料尺寸为20mm(深)×15mm(宽)。隧道两端一定长度范围基面植筋或预埋门型钢筋与底座相连，尺寸及分布据施工图确定。

⑤底座配筋根据梁跨长度、路基和隧道地段各布板单元的布置组合不同而各不相同，如32m梁型布板单元为2×4925mm+4×5600mm，路基上有3×4856mm、4×4856mm布板单元等多种形式，应按照施工图进行配筋。底座钢筋采用CRB550级冷轧带肋钢筋焊接网片，分上下2层，外形尺寸相同，但上层网片在凹槽设计部位预留有长方形孔。

⑥梁缝小于140mm地段，底座和轨道板必须与梁端对齐；梁缝大于140mm地段，底座伸出量除考虑挡水台设置需要外，为保证扣件间距小于687mm，梁端轨道板和底座按悬出按0~60mm控制。底座伸出后施工时需注意：除铺设轨道板外，施工期间禁止在其上堆放重物或通行车辆，如必须通行车辆时，应采用搭设短桥的方式通过，避免悬出端混凝土局部受损。

⑦每块轨道板对应的底座上均设置两个深度为100mm的凹槽(郑徐客专之平面尺寸为：上口纵向700mm×横向1000mm，底部纵向680mm×横向980mm)。底座顶面、凹槽底部和四周侧面设隔离层和复合弹性橡胶垫层。

⑧CPⅢ测设完成并通过预评估验收。CPⅢ点沿线路布置的纵向间距宜为60m，最大不宜超过70m；横向间距不应超过结构宽度。同一对CPⅢ点的里程差不宜大于1m。桥梁上的CPⅢ点应设在桥梁的固定支座端。

(5)施工程序与工艺流程：

①底座板施工程序：施工准备→底座基面处理与验收→底座钢筋网片加工与现场安装→安装底

座模板→安装限位凹槽模板→浇筑混凝土→底座混凝土收面与养护→伸缩缝填缝。

②底座施工工艺流程:无砟轨道底座施工工艺流程如图36-6所示。

(6)施工要求:

①施工准备:根据线路平、纵断面资料,确定底座高程。注意消除因线路纵坡及平面曲线引起的误差,必要时对轨道板板缝宽度进行调整;底座施工前,除按技术要求放出底座中心线外,应同时在底座基面上放样底座边线、伸缩缝位置和凹槽中心线位置(弹出凹槽底部边线),以便于作业。

②底座基面处理与验收:底座板施工前对基面进行处理和验收。桥梁、隧道基面应按设计要求进行拉毛处理。其纹路应均匀、清晰、整齐,否则须将轨道中心线两侧1.45m范围内基面进行凿毛处理,凿毛后露出新鲜混凝土面积应不低于总面积的75%。凿毛后及时清理基面的浮渣、碎片、尘土、油渍等;打开梁面预埋套筒封盖,清除套筒内杂物,以连接钢筋(ϕ16mm)螺扣端试装应满足设计要求。安装连接钢筋时拧入套筒内的长度为21mm,扭紧力矩不小于80N·m。套筒(总长度42mm)旋入深度不正确时应予以调整、螺纹损坏时用相应规格的丝锥对套筒套丝,套筒损坏时予以更换。当上述三种情况都

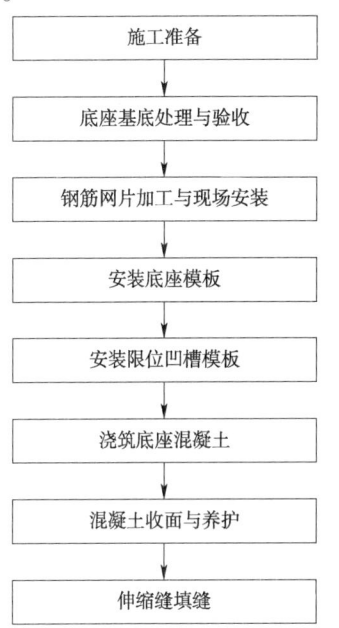

图36-6 无砟轨道底座施工工艺流程图

不能正确处理时,则需要补植锚固钢筋,即在桥梁梁面上钻孔,经清孔、除尘后植筋。植筋孔径、深度与所使用锚固胶类型、生产厂家有关,但无论哪种锚固胶均应满足抗拔性能要求;路基高程满足设计要求、表层平整无积水,密实度检测符合规定值要求;隧道内植筋钢筋直径、植筋深度、外露长度及植筋间距应满足设计要求,预埋钢筋应扶正,已损坏的予以补植,补植方案由设计单位提出。

③钢筋网片加工与现场安装:底座内的钢筋网片可一次加工成型,其他钢筋(如架立筋、U形筋、连接筋等)由钢筋加工场集中加工,再运输至施工现场备用;安装底座钢筋前按保护层厚度要求安放好钢筋保护层垫块(保护层厚度35mm),按设计图要求确定对应于底座的钢筋网片规格、数量、安装位置(混凝土保护层厚度两端为45mm、两侧为75mm),并安放稳固;桥梁上的底座钢筋通过桥面植筋与桥梁结构连接。先放置好底层网片,再将连接钢筋拧入套筒中,并达到规定深度和扭矩。底层钢筋网片应与最近的连接钢筋加以绑扎;架立筋和U形筋的尺寸应满足设计,以保证钢筋网片位置准确,尤其是曲线超高地段,超高采用外轨抬高方式,配筋高度在缓和曲线区段按线性变化完成过渡,必须注意其内外侧高差及其沿线路纵向的渐变。

④安装底座模板:应当严格控制底座板高程施工精度,曲线范围须保证最小底座厚度不小于100mm。由于CRTSⅢ型板式无砟轨道对底座高程和平整度有严格要求,所以应采用定型钢模板。模板安装前必须对模板表面清理后涂刷脱模剂;模板安装时,根据CPⅢ控制网测量模板平面位置及高程,并通过模板的调整螺杆调整模板顶面高程达到底座设计高程。纵向模板间用螺栓连接;模板应定位准确,横向伸缩缝按放样尺寸严格控制,并应采取固定措施,防止其位移、上浮。模板安装要平顺、牢固,接缝严密,防止胀模、漏浆。

⑤安装限位凹槽模板:每块轨道板对应的底座板范围内设置两个限位凹槽。将加工好的限位凹槽模板放置到底座单元固定位置处,并以插销或螺栓与侧模加以连接固定。

⑥浇筑底座混凝土:在浇筑底座板混凝土前宜在底座板两侧各设置4根直径20mm、长度为10~15cm的PVC管,为横梁提供下拉固定点。安装PVC管时,宜上翘2度,使之在施工期间不易进入雨水并便于挂扣,自密实混凝土灌筑完成后用普通混凝土或微膨胀混凝土封闭。

⑦混凝土收面与养护:底座板两侧有6%的横向排水坡,变坡点位于自密实混凝土边缘往轨道中心线方向5cm处。对应于桥梁其宽度为25cm,路基上其宽度为35cm。桥梁在浇筑混凝土时在侧模内侧

25cm处拉线确定其位置,路基在侧模内侧35cm处拉线确定其位置。振捣密实后,先用木抹找平基准面,再用铁抹精抹收平;混凝土达到设计强度的75%之前,禁止在底座上行车;混凝土浇筑完成后及时进行覆盖养护,养护时间不少于7d。必要时予以补水,养护用水的温度与混凝土表面温度之差不得大于15℃。当环境温度低于5℃时禁止洒水,可在混凝土表面喷涂养护液并采取适当保温措施。

⑧伸缩缝填缝:伸缩缝填缝施工前,先将底座表面予以清扫,对接缝内松散混凝土采用刷子清理,对个别突出点用角磨机加以修理,并用吹风机对接缝灰尘、浮渣进行清理;必要时根据所填充伸缩缝尺寸对定尺嵌缝板加以切割,或补充拼缝条。再将嵌缝板嵌入伸缩缝内,可使用竹片等辅助工具,确保嵌缝板安装到位;灌注填缝密封材料前,在接缝两侧的底座表面粘贴薄膜,以防止污染且保证在及时撕掉薄膜后填缝线型美观。在嵌缝板顶面及接缝两侧涂刷界面剂,待界面剂表干30min后再灌注填缝密封材料;硅酮填缝密封材料的适宜施工温度为 -10~40℃,聚氨酯填缝密封材料的适宜施工温度为 5~35℃;对于双组分填缝密封材料,应按照产品规定的配比将A料和B料进行混合,混合均匀后应在30min内灌注完毕;采用专用施工机具进行填缝密封材料的灌注施工。灌注时,灌注口应靠近接缝处,灌注速度应缓慢均匀、接缝饱满,尽量避免产生气泡;对于曲线超高地段接缝,应从高处分段灌注,使填缝密封材料顺序流向低处,灌注过程中应尽量避免填缝密封材料溢出;填缝密封材料灌注完毕至实干前,应采取有效防护措施防止雨水、杂质落入,并避免下一步工序对填缝密封材料的损坏。

(7)劳动力组织:

采用架子队管理模式。施工资源的配置根据施工段落划分、工期要求合理组织。一个工作面的人员配置见表36-14。

混凝土底座施工人员配置表　　　　表36-14

序号	作业岗位	数量(人)	序号	作业岗位	数量(人)
1	施工负责人	1	7	钢筋安装人员	16
2	技术主管	1	8	模板工	16
3	技术人员	3	9	混凝土工	10
4	专兼职安全员	2	10	养护工	2
5	质检、试验、测量人员	6	11	普工	5
6	工班长	1	12	合计	63

(8)设备工装:

一个工作面所需机具、材料配置见表36-15。

底座板施工机具材料配置表　　　　表36-15

序号	机具设备名称	型号规格	单位	数量	备注
1	混凝土搅拌站	90或120型	座	1	与其他工序共用
2	混凝土输送车	8m³	辆	3	数量据现场实际调整
3	混凝土泵车	布料杆≥30m	辆	1	或输送泵
4	振捣棒	φ40mm	根	4	
5	底座模板	成套	延米	200	含侧模、端模、固定件等
6	汽车吊	25t	辆	1	
7	柴油发电机	50kW	台	1	
8	电焊机	X300	台	2	

(9)材料要求:

混凝土、钢筋网片、桥面连接钢筋、路基段传力杆等材料的性能指标、数量必须满足设计要求。

(10)质量控制及检验：

①底座结构：线路上轨道板的位置和数量原则上是固定的，但在特殊情况下，如桥梁上、隧道口过渡段、曲线段需要结合实际情况对轨道板板缝予以调整，底座长度及钢筋长度也应做相应调整；底座施工时，应严格控制底座表面高程施工误差，确保自密实混凝土调整层的厚度。

②钢筋质量及安装要求：钢筋质量和焊接网片必须符合相关标准和规程的要求。钢筋焊接网验收时，不仅需要检测其抗拉强度（≥550MPa）、屈服强度（≥500MPa）、伸长率（$A \geqslant 8.0$）、冷弯、抗剪等力学性能，还需要对钢筋焊接网片的外观尺寸和质量进行检测，尤其是质量必须过磅，并按实重验收，焊接网片的实际质量与理论质量的允许偏差严格控制在±4%以内；底座钢筋安装应符合下表要求，钢筋网片几何尺寸的允许偏差应符合下表的规定，且在一张网片中纵向、横向钢筋的数量应符合设计要求。

③底座模板：模板及支撑杆件的材质及支撑方法应满足施工工艺要求；模板安装必须稳定牢固，接缝严密，不得漏浆。模板必须打磨干净并涂刷隔离剂。混凝土浇筑前模板内的杂物必须清理干净；用指压法确定伸缩缝端模和凹槽模板的最佳脱模时间。所有所有脱模过程应确保混凝土表面及棱角不受损伤，拆模时混凝土表层与环境温差不应大于15℃。

④限位凹槽模板：凹槽模板不仅要求强度、刚度满足，且需要安装牢固，偏差符合设计要求。

⑤传力杆安装：路基地段混凝土底座传力杆安装允许偏差应符合设计规定。

⑥混凝土：原材料、施工配合比与混凝土拌制、混凝土性能要求。

⑦底座板结构尺寸当底座混凝土施工完成后具体检查内容：底座混凝土结构应密实、表面平整、无露筋、蜂窝、孔洞、疏松、裂纹、麻面和缺棱掉角等外观缺陷，外观尺寸符合设计要求。

⑧伸缩缝填缝：填缝所用材料的品种、规格、质量等应符合设计要求和相关标准的规定；缝槽应干净、干燥，表面平整、密实，无起皮、起砂、松散脱落现象；密封材料应与缝壁粘结牢固，嵌填密实、连续、饱满，无气泡、无开裂、脱落等缺陷。嵌填深度符合设计要求；嵌填完成的密封材料表面宽度不得小于伸缩缝宽度，最宽不得超过伸缩缝宽度+10mm；填缝板厚度允许偏差±2mm，高度允许偏差±5mm；嵌填完成的密封材料表面应平滑，缝边应顺直，无凹凸不平现象。

(11)安全及环保要求：

①安全要求：作业中的起重设备旋转半径范围内任何人员不准靠近，操作人员和防护人员必须做好观察及瞭望，杜绝碰伤、刮伤、挤伤事故。小型材料吊装必须使用吊篮，以免捆扎物品高空坠落；底座钢筋网片吊装前一定要检查吊车的钢丝绳、吊链及吊具的安全状况；施工现场所有用电设备，除作保护接零外，必须在设备负荷线的首端处加设两极漏电保护装置。遇到跳闸时，应查明原因，排除故障后再行合闸；工地照明设备齐全可靠，夜间施工现场照明条件可确保夜间施工安全；长桥施工设置的临时专用上桥楼梯，应有安全护栏并标定可承载人数。桥面上施工场面狭窄，各种机具设备要堆放整齐，留有专门的过人通道；人员进入施工现场必须配戴安全帽。定期开展施工安全、交通法规等的教育，不断强化安全意识。

②环保要求：收集的各种固体废弃物必须按照相关规定进行处理或统一运输到指定弃渣场，避免洒落到桥下或路基旁污染周边环境；施工用水必须规范，且经过沉淀处理。特别是在冲洗桥面或养护混凝土的过程中，避免施工用水对周边环境的污染；无砟轨道施工机械在施工或修理过程中必须加强油料管理，避免洒落，污染桥面且进行必要的回收处理；混凝土等材料运输过程中注意便道要洒水，避免尘土飞扬。

36.10.5.3 隔离层及弹性垫层施工

1）适用范围

本作业工艺适用于新建昌赣客运专线CRTSⅢ型板式无砟轨道隔离层及弹性垫层施工，以及其他铁路客运专线单元型式带凹槽结构的底座施工。

2)技术准备

组织技术人员学习有关规范和技术标准,会审施工图纸,编制材料计划。对作业人员进行施工技术交底和施工组织设计交底、技术培训,培训合格后上岗;做好各种原材料的检验验收工作;中间隔离层和弹性垫层施工前清理底座板顶面,不符合标准的应进行修整并达到验收标准。

3)材料准备

施工前应做好备料工作,原材料各项指标应符合相关规范和设计文件的要求;施工场地内不同规格的材料应分别堆放,同时材料堆放应有防止日晒、雨淋、碾压等措施。

4)技术要求

自密实混凝土与底座之间设置中间隔离层。隔离层应采用聚丙烯非织造土工布,不得添加除消光剂、抗紫外线稳定剂之外的添加剂;土工布定制幅宽2600mm,允许偏 -0.5%。厚度4mm,允许偏差为 ±0.5mm。单位面积质量700g/m²,允许偏差为 -6%;土工布应铺贴平整,无破损,边沿无翘起、空鼓、褶皱、封口不严等缺陷,轨道板范围内土工布不得搭接或接缝;弹性垫层厚度应均匀一致。铺设后与限位凹槽四周侧面粘贴牢固,顶面与底座表面平齐,周边无翘起、空鼓、封口不严等缺陷。

5)施工程序与工艺流程

底座板上隔离层及弹性垫层施工程序:施工准备→中间隔离层土工布铺设→凹槽四周弹性垫板粘贴。

6)施工要求

(1)施工准备:施工前对底座进行验收,验收内容见相关的要求;土工布、弹性垫层、胶粘剂、封口胶带已通过进场验收。

(2)中间隔离层施工:底座顶面清理、测量放样、中间隔离层土工布铺设。

(3)弹性垫板施工:限位凹槽清理、整备弹性垫板、弹性垫板施工。

7)劳动力组织

劳动力组织方式:采用架子队组织模式。人员组合应结合工期要求合理配置。

8)设备机具配置

施工所需机具材料。

9)材料要求

土工布、弹性垫板和粘胶剂的品种、规格及质量应满足设计要求,进场时应进行现场验收。

10)质量控制及检验

(1)中间隔离层和弹性垫板施工前应将底座表面和限位凹槽清理干净并保持干燥。

(2)中间隔离层和弹性垫板所用材料的规格、材质、性能指标应符合相关规范要求。弹性橡胶垫板材料为天然橡胶,不得掺入再生胶。

(3)中间隔离层应铺贴平整,无破损,边沿无翘起、空鼓、皱褶、封口不严等缺陷。

(4)弹性垫板与限位凹槽侧面应粘贴牢固,顶面与底座表面平齐,周边无翘起、空鼓、封口不严等缺陷。土工布与泡沫板及弹性垫板间采用胶带密封,以避免接口处侵入混凝土,满足相关要求。

11)安全及环保要求

(1)安全要求:制定安全保证措施,施工前对作业人员进行安全交底培训;施工区域设置安全警示标志,人员进入施工现场必须配戴安全帽。上桥通道派专人看守,严禁非施工人员进入施工现场;作业工区设置专职安全员,负责施工的安全监督与检查,坚持班前安全教育制度。桥面作业人员要在防护墙内侧施工,进入防护墙外侧作业时执行高空作业管理制度。

(2)环保要求:废弃的土工布、弹性垫层及其他垃圾固体必须集中统一处理,可回收利用的予以回收,严禁随意丢弃或焚烧;施工作业时要对所有生活和生产废水经过过滤、沉淀后集中处理。施工营地设置集中垃圾收集地,设专人管理,经无害化处理后定期填埋,严禁就地焚烧。

36.10.5.4 轨道板运输及存放施工

1）作业准备

掌握各施工段落所需轨道板的数量、规格,编制轨道板供应计划并按计划流程申报;结合现场实际情况确定临时存板场所、存板台座设置、存放管理等要求做好规划工作,保证轨道板存放满足相关技术条件;底座板施工达一定数量后,检查落实存板场地及台座须符合要求,及时组织轨道板运输进场和临时存放作业;在轨道板运输进场前,检查运输道路情况,必要时予以整修。对已存放的轨道板按相关规定对存板台座进行检查,出现问题及时整改。

2）技术要求

轨道板出场前应明确运输责任单位和验交地点,轨道板铺设前的临时存放和保管由铺板单位负责。一般情况下,桥梁和路基地段可沿线路分散存放、隧道地段则在洞口外集中存放;若临时存放时间较长,均应集中存放。

（1）轨道板验收要求。

轨道板外形尺寸偏差及外观质量应符合表36-16的要求。

轨道板外形尺寸偏差和外观质量要求　　　　表36-16

序号	检查项目		允许偏差	每批检查数量（出厂检验）	检验项别
1	长度(mm)		±3.0	10块	C
2	宽度(mm)		±3.0	10块	C
3	厚度(mm)		±3.0	10块	B2
4	预埋套管	同一承轨槽两相邻套管中心距(mm)	±0.5	全检	B1
		歪斜(距顶面120mm处偏离中心线距离)(mm)	2.0	全检	B2
		凸起高度(mm)	-1.0,0	全检	B2
5	承轨台	预埋套管处承轨台横向位置偏差(mm)	±0.5	全检	B1
		预埋套管处承轨台垂向位置偏差(mm)	±0.5	全检	B1
		单个承轨台钳口距离(mm)	±0.5	全检	A
		承轨台与钳口面夹角(°)	±1.0	全检	B1
		承轨面坡度(轨底坡)	1:37~1:43	全检	B1
		承轨台间外钳口间距(mm)	±1.0	全检	A
		承轨台外钳口距外侧套管中心距(mm)	±1.0	全检	B1
6	其他预埋件位置及垂直歪斜(mm)		±3.0	全检	C
7	扣件间距	板端螺栓孔距板端距离(mm)	±2.0	10块	B1
		扣件间距(mm)	±2.0	10块	B1
8	板顶面平整度	轨道板四角的承轨面水平(mm)	±1.0	10块	B1
9		单侧承轨面中央翘曲量(mm)	≤1.0	10块	B1
10	保护层厚度(mm)		0, +5	10块	B1
外观质量					
11	肉眼可见裂纹		不允许	全检	A
12	承轨部位表面缺陷(气孔、粘皮、麻面、裂纹等)		长度≤10mm,深度≤2mm	全检	B2
13	锚穴部位表面缺陷(裂纹、脱皮、起壳等)		不允许	全检	C
14	其它部位表面缺陷(气孔、粘皮、麻面)		长度≤30mm,深度≤3mm	全检	C

续上表

序号	检查项目	允许偏差	每批检查数量（出厂检验）	检验项别
15	轨道板四周棱角破损和掉角	长度≤50mm,深度≤15mm	全检	C
16	预埋套管内混凝土淤块	不允许	全检	A
17	轨道板漏筋	不允许	全检	A
18	承轨台外框低于轨道板面	不允许	全检	B1
19	轨道板底浮浆	不允许	全检	C

注：1. A 类项别单项项点合格率100%。

2. B1 类项别单项项点合格率不小于95%。

3. B2 类项别单项项点合格率不小于90%。

4. C 类项别总项点合格率不小于90%。

(2)轨道板存放要求。

①轨道板临时存放应按《CRTSⅢ型板式无砟轨道混凝土轨道板暂行技术要求》编制存放方案,报监理单位审查后实施。内容包括:不同规格的轨道板数量、存放位置、存板台座设计、存放管理制度等。

②存板区内按型号(相同型号分左右线)和批次分别存放,并做好标识。预埋扣件套管和起吊套管等处用塑料盖子或胶带封好,防止异物进入。轨道板存放后,宜进行遮盖,以防止轨道板被污染以及因长期爆晒造成翘曲变形和开裂。

③轨道板存放场地应平整,集中存放场地宜进行硬化处理。台座承载力要满足沉降要求。轨道板应垂直立放,并采取防倾倒措施。轨道板与台座之间可用木块或橡胶板隔离,支点位置为轨道板起吊套管位置。临时存放不超过7d 可以平放,但不应超过4层,层间(含门型筋)净空不小于20mm,水平三支点中的单支点应为2个方木墩并列,并保证承垫物上下对齐。

④存放区设置承载力满足要求的存板台座,存板台座进行地基承载力检算,应满足强度和沉降要求。地基处理的方式为在开挖好的基坑内先换填砂砾石垫层,并在上面铺设砂浆垫层,然后在垫层上浇筑50mm 厚M7.5 砂浆硬化层,硬化层上浇筑 C40 混凝土台座,台座之间地基需夯实平整,并浇筑100mm 厚C20 混凝土,场地四周设置排水沟,存放场地内设置排水坡,防止积水浸泡台座基础。存板台座凸出地面应≥15cm,且表面坚固、平整;存板台座由两个条形基础构成,以P5600 型轨道板为例,并排两组存板台座,台座中心间距3.280m,放置混凝土轨道板后,相邻两组轨道板端部距离≥50cm;台座为 C30 钢筋混凝土结构,截面设计为倒"T"形,并在存板台座端头设置防倾倒支架。

⑤定期检查轨道板存放是否安全。对存板台座进行沉降观测,存放时前3d 每天观测一次,若沉降变形趋于稳定,以后每周检测一次,一个月后每两周检测一次。若沉降变形过大影响轨道板安全存放时应及时转移轨道板。

⑥轨道板存放场地内应考虑起吊作业安全空间。

(3)轨道板运输要求。

①选择适当的运输路线,运输范围是轨道板生产场地至轨道板临时存放场地或铺设工点。必须经过的施工便道应在轨道板开始运输前完成修整,并确保道路平整、密实、畅通。

②相同型号的轨道板按"先进先出"的顺序发运,注意左右线轨道板接地端子朝向。

③轨道板吊装采用汽车吊(板场为门吊)配备专用四吊点吊具作业,以保证四角受力均匀。装车、卸车时严禁碰、撞、摔轨道板。装车时应注意不同长度的轨道板的吊装顺序,留出装卸位置,保证装卸方便。

④轨道板采用汽车运输,原则上要求采取三点支承的侧斜式方式,以保证运输途中轨道板不受过大的冲击。当以平放形式装车时,装载层数不能超过4层。装车前先在车厢底板上画出纵横向装车中

心线,尤其是需要前后俩垛装运,须确保对称装载。每层轨道板纵横向中心线应重合,其纵向中心线投影应与车厢底板纵向中心线重合,偏差控制在±20mm以内。车箱底部加装支承垫木,轨道板间垫以20cm×20cm×20cm的方木墩,以三点支承形式形成稳固支垫,支点上下须对齐,支点位置与轨道板起吊套管位置相一致。同时应在车厢立柱与轨道板间或前后俩垛轨道板间加垫木板或草帘等其他软质材料,以限制轨道板的水平位移。最后用绳索进行捆扎,在轨道板棱角处加垫软质衬垫物。

⑤要求汽车在运输过程中避免紧急制动,道路路况较差时须限速慢行。

⑥轨道板经出厂检验合格后每块板均配有唯一的出厂合格证,应安排专人做好轨道板交接工作。

3)劳动力组织

略。

4)设备机具配置

略。

5)质量控制及检验

(1)轨道板存放质量控制:存板台座基础须坚固、平整,除条形基础外没有额外支点接触轨道板下侧面;轨道板堆码整齐。存放期间应采取措施避免被污染、防止因外力作用引起轨道板变形和损坏;平行放置的轨道板之间利用板上预留的灌注孔以连接杆和U形卡进行交叉连接,同时在最外侧设置防倾倒装置;轨道板临时存放期间,所有扣件绝缘套管、起吊套管和接地端子均应安装塑料防护盖。

(2)轨道板运输质量控制:轨道板装卸作业时,应规范装车作业流程,装车层数符合规定要求,且装载稳定,捆绑牢靠,轨道板堆码整齐。严禁碰、撞、摔轨道板;宜采用紧线器捆扎,轨道板两侧捆扎处加垫橡胶垫或麻布;装车完成后应进行全面检查,严禁出现支撑不平稳、捆绑不牢靠的现象;运输过程中,注意检查轨道板的捆绑情况,防止由于捆绑松动导致轨道板出现碰撞现象或滑落坠下。轨道板支承点以外超出车箱底板时,应按规定设置安全警示标识;轨道板运输车辆要进行定期检查保养,严禁车辆"带病"作业。

(3)质量检验:轨道板质量检验应满足《高速铁路CRTSⅢ型板式无砟轨道先张法预应力混凝土轨道板暂行技术条件》的要求,外形尺寸偏差和外观质量满足相关要求。

6)安全及环保要求

(1)安全要求:施工前对运输人员进行安全教育,并进行岗前安全培训。明确运输过程中应该注意的安全事项和应急处理措施;进行安全技术交底和重点防范事项说明,定期检查吊具、钢丝绳等的可靠性,加强每一位作业人员的安全意识,做到防患于未然;运输前检查车辆是否运行良好,确定最大载货能力,严禁超载装运;作业人员严禁酒后作业、疲劳驾驶。雨后应采取防滑措施,佩带安全保护用品,确保作业安全;装卸作业时,必须有固定的指挥人员以约定的手势信号或对讲机现场指挥,指示信号须清晰明确。作业时,非作业人员不得进入吊装现场,禁止现场指挥人员和作业人员站在吊装物下方;车辆在工作区域的限速为5km/h,其他区域不超过30km/h。运输设备安装倒车信号报警器,防止由于后视不清,发生意;特殊气候情况下禁止轨道板的装车运输,如风力超过六级不允许门吊装车。

(2)环保要求:轨道板存放区须防止机械油污染环境。破损的预埋件等塑料制品、橡胶垫板的边角料等均应按工业废弃物进行集中处理;合理规划临时存板区,避免夜间施工噪声扰民,尽量减少占用耕地,避免破坏自然植被。

36.10.5.5 轨道板粗铺施工

1)技术准备

轨道板铺装前应认真研究相关设计文件,熟悉无砟轨道板铺装相关规范、标准和指南等;中间隔离层和弹性垫板施工验收合格。

2）现场准备

结合前期轨道板临时存放场地位置情况，整修或增设施工便道。需要从集中的临时存放点转运的轨道板，应就运距、铺设顺序做好物流安排。

3）技术要求

对CPⅢ网进行联测复核，防止误用被破坏或触动变位的CPⅢ网点而形成错误的测量数据；标准轨道板现有P5600、P4925、P4856三种型号，特殊地段，如桥台、非标梁、隧道口过渡段、岔区前后等则采用非标轨道板（或其他结构形式）。非标准设计据施工图确定；轨道板粗铺时应保证自密实混凝土调整层厚度及其配筋（含凹槽配筋）位置、轨道板与底座板相对位置基本正确。具体要求是：自密实混凝土厚度90mm，长度和宽度与轨道板对齐，采用单层钢筋网配筋，在限位凹槽处加设配筋；凹槽钢筋与自密实混凝土钢筋网片通过绑扎形成整体，以保证具有良好的受力性能；轨道板与底座之间中心线重合、轨道板缝中心线与底座伸缩缝中心线重合，在桥梁两端轨道板端与梁端对齐；轨道板缝设计值为70mm或80mm（根据板型和布板单元确定）。因曲线、温度、施工误差等原因导致线路长度发生变化时，相邻轨道板间距应根据实际情况作适当调整，一边板缝控制在70~100mm，特殊情况下最小板缝不得小于60mm，最大不大于140mm，同时应保证轨道板板之间扣件间距≤687mm，个别大跨度的大梁缝地段扣件间距最大不超过725mm。

4）工艺流程

轨道板粗铺、粗调施工程序：施工准备→轨道板粗铺放样→调整层内钢筋安装→轨道板粗铺、粗调。

5）施工要求

（1）施工准备：中间隔离层及弹性垫板验收；轨道板粗铺前完成对中间隔离层和弹性垫板施工质量的检查验收，如有问题及时整改；轨道板外观质量检查；在粗铺前按技术要求对轨道板外观质量进行检查，对可修补的缺陷进行修补，确认报废的轨道板不能进入铺设现场；自密实混凝土调整层中的钢筋网片已通过进场验收并已运输至施工现场备用；准备若干用于轨道板粗铺的硬质垫木条。垫木条规格为长15cm×厚9cm×宽9cm。

（2）轨道板粗铺放样：用全站仪在土工布隔离层上对轨道板铺设位置进行放样，然后用墨线弹出轨道板4条边线和精调支座位置中线。

（3）钢筋网片加工与现场安装：调整层内的防裂钢筋网集中加工成网片，再运输至施工现场安装固定。同时，加工好粗铺轨道板时必须现场安装的每块轨道板下2根ϕ12mm固定长度的钢筋。该定长钢筋用于贯穿连接轨道板承轨台正下方的门型钢筋内，其长度与相应网片的纵向钢筋长度相同；安装钢筋网片前绑扎好底座限位凹槽内的钢筋骨架。同时在已铺设好的隔离层上安放混凝土保护层垫块，垫块按每平方米不少于4个呈梅花形布置；钢筋网片就位时应依据所放样的轨道板边线控制其纵向和横向边沿，不得出现偏斜，同时根据设计图将底座限位凹槽内的钢筋骨架与钢筋网片连接并绑扎；钢筋安装绑扎过程中不得损坏土工布。必要时，在钢筋网片上侧面固定一定数量的垫块，以保证灌注混凝土时钢筋网片不上浮、不下沉，以满足混凝土保护层厚度要求。

（4）轨道板粗铺：轨道板吊装就位、轨道板粗铺与粗调。

6）劳动组织

略。

7）机具设备配置

略。

8）质量控制及检验

轨道板粗铺时，应有专人核对轨道板规格与设计文件是否一致，须确保轨道板规格正确；轨道板粗铺时的位置偏差纵向不大于10mm，横向偏差不超过±5mm，高程与自密实混凝土设计厚度偏差在±10mm内，粗铺后注意对整个表面的覆盖防水。轨道板粗铺、粗调应重点控制横向和纵向位置，尤其是当轨道板纵向偏差超过10mm时，应重新起吊并控制好纵向偏差后就位；钢筋绑扎安装允许偏差应符合相关规定。

9）安全及环保要求

（1）安全控制要点：轨道板吊装作业时必须遵循起吊作业相关规定，确认在任何时间都不能有人在吊装中的轨道板下方；经常检查起重设备钢丝绳、吊钩、吊具等的安全状况，吊装过程必须有专人指挥，吊臂下及吊装范围内严禁站人；夜间施工时应保证照明亮度，防止损伤人员及设备；起重运输车作业时，严禁液压支腿直接支承在已完工的道床板上；专用设备操作人员必须经过培训并持证上岗。严格按操作规程进行操作并定期保养设备；道床板施工区域内各种车辆应限速行驶，并严禁超车；固定纵模用的短钢筋头要及时清理或防护好，以免扎破车辆轮胎；夜间施工时应保证照明亮度，现场人员都穿着反光防护服，防止损伤人员及设备；作业人员应戴安全帽，防止高空坠物伤人。

（2）环境保护控制要点：施工作业时要对所有生活和生产废水经过过滤、沉淀后集中处理。施工营地设置垃圾集中到收集池，经无害化处理后排放，定期填埋，严禁就地焚烧。对营地生活垃圾（包括施工废弃物）集中装运至指定垃圾处理场处理；施工现场距离居民区或工厂、学校较近时，应尽量减少夜间作业，避免噪声扰民；严格按照使用要求检修和保养发动机，使用合格的燃料油，以提高发动机的燃烧和工作质量，减少发动机废气对环境的污染。

36.10.5.6 轨道板精调施工

1）作业准备

在正式上线作业前进行实做培训和练习，测量人员和现场作业人员应配合默契。技术人员应熟练掌握测量仪器、测量软件的使用方法；现场调整作业人员应掌握精调技巧和指令要求的内容；无砟轨道精调测量必须建立专项管理制度，明确职责。作业班组（含测量人员和调整作业人员）负责现场测量和精确调整，以及提交精调成果数据；测量主管工程师负责复核成果；工程技术部门负责精调成果验收归档；全站仪应具有自动目标搜索、自动照准、自动观测、自动记录功能，其标称精度应满足方向测量中误差不大于±1″，测距中误差不大于±1mm+2ppm；全站仪需架设在带有可调螺旋的强制对中三角架上，该三角架出厂前需精密标定其高度；温度计读数精确至0.5℃，气压计读数精确至0.5hPa；全站仪须经过专门检定机构的检定，并处于检定证书的有效期内，在进行距离或坐标测量时，应进行气象改正。

2）技术要求

技术人员必须对所使用的全站仪、精调标架与精调软件之间的兼容性进行确认，才能正常操作；熟悉所需采集数据的基本要求；掌握精调软件对精调数据的处理方法和成果归档要求。

3）施工程序与工艺流程

轨道板精调施工程序：施工准备→测量系统的布置和安放→测量与精确调整→（压板与封边→）轨道板位置精度复测→数据分析处理。

轨道板精调施工工艺流程如图36-7所示。

4）施工方法

（1）施工准备：技术人员对轨道板的粗铺情况进行检查。轨道板粗铺位置偏差满足要求，纵向相邻轨道板间基本平顺，没有板下钢筋网片或垫块顶住轨道板的现象；全站仪和精调标架校核：精调系统使用前一定要进行检校或在检校有效期内使用。硬件常数（强制对中三角架高度，小型三角支座棱镜高度）、标架两端支脚的平整度要进行检核和调整，将必要的常数录入到程序中。在使用过程中，如发现异常应重新检校；检查精调支座（精调爪）外观质量，新购置的精调支座与轨道板密贴面不得出现毛刺，调节螺杆应

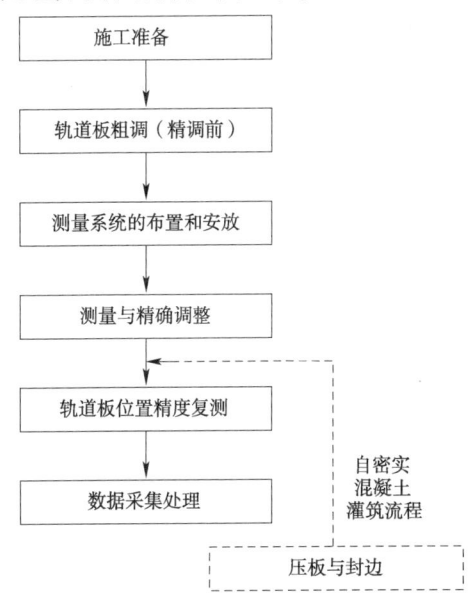

图36-7 轨道板精调施工工艺流程

活动自如,检查过程中对调节螺杆适量加注润滑油。精调作业前将精调支座安装到轨道板左、右两侧的预埋套管上,每块板安装4个支座。安装套管螺杆时扭紧力应大小合适,保证支座侧面与轨道板侧面密贴,两根螺杆受力均匀;安装妥当之后,4个支座同步转动竖向调节螺杆,使轨道板慢慢升起,取出粗铺轨道板时安放的垫木条,并确认轨道板下无其他废弃物。

(2)轨道板粗调:精调作业前对轨道板进行粗调。首先在轨道板左、右两侧的预埋套管上安装精调支座(精调爪),每块板4个支座。安放支座前目视轨道板两侧与放样边线的偏差情况,若两侧偏差不大,则将支座横向(水平)调节螺杆的初始位置设置在中间点位,以留出调整余地。安装支座时,同一支座的两根固定螺杆应使用相同的扭紧力矩,扭紧力矩在200～300N·m范围,保证支座侧面与轨道板侧面平行密贴,受力均匀;支座安装妥当之后,4个支座同步转动竖向调节螺杆,使轨道板慢慢升起,取出粗铺轨道板时安放的垫木条,并确认轨道板下无其它废弃物;先调轨道板水平位置,再调整轨道板高程。要求横向位置偏差不超过±5mm,纵向偏差不超过10mm。当纵向偏差超过10mm时,应调用起重设备纵移轨道板至正确位置。高程以直线无纵坡地段相邻两块轨道板顶面相对高差不超过2mm继续控制,按设计自密实混凝土垫层厚度±10mm作校核;粗调到位后应在24h内实施精调,以利提高精调支座利用率、提高轨道板精调作业效率。

(3)测量系统的布置和安放:首先在测段前后线路两侧各2对共8个CPⅢ点套管上插入配套的观测棱镜,再将全站仪架设在测量前进方向的轨道板上,其中心尽量靠近轨道板中心线,使全站仪分别照准至少6个CPⅢ棱镜进行设站,建站精度为0.5mm。精调前利用标准标架对另外3个标架(精调标架数量与所采用产品及软件有关)进行检校,满足1mm精度要求,精调标架采用扣件的预埋套管定位结构形式并采用与之配套的精调处理软件。精调前,将1、2号标架插脚放置到待调轨道板板端向内数第2个承轨台内侧的扣件预埋套管内,将3号标架放置在前一块(已调整好的)轨道板向内数第2个承轨台上。测量过程中,全站仪的位置与1号标架间距控制在5～40m,超过此范围时须重新设站。

(4)测量与精确调整:设站完成后先调整高程,后调整横向位置。4个精调支座各配置1名操作人员,作业时按照手簿显示数据或精调技术员发出的指令等方式进行轨道板调整,调整高程时注意避免单个支座受力,调整水平时须左右两侧同向调整。正常情况下调整2～3次即可到位,若延续已精调的轨道板连续作业,须对上一块轨道进行搭接符合测量,相邻轨道板接缝处承轨台顶面相对高差不大于0.5mm,再精调下一块轨道;精调过程中,应采用水平靠尺对已完成精调的轨道板进行复核,测量板端高差间隙,高差小于0.5mm为合格,可进行下一块轨道板精调;两个测量段落相向合龙时,最后约100m范围内应兼顾搭接控制,确保线形平顺;轨道板调整完毕、误差满足要求后,及时存储测量数据;精调后,在轨道板上放置"禁止踩踏"等警示标识,在轨道板上安装跨线栈桥,以避免踩踏、碰撞对精调结果产生影响。

(5)封边与压板:为保持精调成果,提高轨道板的精调质量和作业效率,宜在轨道板精调后24小时内完成板下自密实混凝土灌筑。为此,可在精调一个段落(如40块轨道板或单线200m)后及时进行轨道板的封边和压板作业,在精调班组未离开前进行轨道板复测;轨道板封边与压紧装置为组合式独立作用结构,轨道板四周缝隙采用封边模板密封,封边模板内侧固定有模板布,以改善封边透气性,每一块板有3～5根压板横梁。

(6)轨道板位置精度复测:轨道板精调后,因为没有及时灌注自密实混凝土(如时间超过24h,或温差超过15℃),以及受到外力扰动(如封边压板、灌筑自密实混凝土等),可能对精调成果产生影响,在上述三种情况下应检查轨道板的位置精度。CRTSⅢ型轨道板铺设精度复测可利用CPⅢ自由测站方法进行;专用精调标架可采用螺孔定位和钳口定位两种定位方式,不管采用哪种方式都应确保还原轨道板设计参数,保证测量的精度和全线测量的一致性。

(7)数据采集处理:CRTSⅢ型轨道板铺设精度测量数据的采集处理采用专用软件进行。一个工作日或一个测量段落完工后,现场测量人员须向内业数据处理技术人员提交现场测量数据,内业组人员应及时检查测量数据;现场测量数据由内业数据处理技术人员集中归档保存。

5）人员配备

略。

6）仪器装备

略。

7）质量控制及检验

（1）精调作业前,测量人员必须按规定对测量仪器、精调标架进行校核。精调作业后妥善保管测量仪器、精调标架,避免偶然误差影响精调精度。

（2）测量系统的安放位置必须正确,精调标架安装到位且保持稳定,尤其注意全站仪设站所处轨道板必须稳定。

（3）轨道板精调作业应避免在夏季午后日光强烈、气温变化剧烈、大风、雨雾雪等条件下进行。必须进行精调时要采取相应防护措施,如搭设防护棚等。遇偶然出现的机械振动过大、雷雨天气,应停止作业。

（4）轨道板精调后,禁止人员踩踏,并尽量在24h内完成自密实混凝土灌筑。若24h内不能灌注轨道板,或者精调轨道板时与灌注轨道板时的温差超过15℃,应予以复测。

（5）轨道板封边、压板后可能影响精调成果,应予以复测。轨道板精调后的位置偏差应符合相关规定。

8）安全及环保要求

（1）安全保证措施：便道入口处应设警告标识,禁止非施工车辆和人员进入；施工人员进入施工现场必须戴安全帽,穿防滑鞋。精调作业人员在桥面施工时,禁止跨越至防护墙外。

（2）环境保护措施：精调作业人员带入现场的包装物及其他生活垃圾应带离并抛弃至垃圾箱。

36.10.5.7 自密实混凝土灌注与养护施工

1）人员准备

管理人员、技术人员及现场作业人员应按要求配备到位。无砟轨道施工前组织技术人员认真学习实施性施工组织设计,阅读、会审施工图纸,熟悉规范和技术标准；对所有现场作业人员进行技术培训,对相关人员进行技术交底。要求各工序现场管理人员和作业人员熟练掌握无砟轨道相关施工方法及验收标准,考核合格后方可上岗。

2）工装设备

材料、试验准备：开工前,各种设备、工装、器具齐全到位,且经检测调试、运转正常。材料及其试验检测的性能指标全部合格；自密实混凝土供应能力满足施工进度要求。

3）技术准备

按规定要求完成轨道板自密实混凝土灌注揭板试验。根据相关文件要求,实尺施作2块直线轨道板和2块曲线轨道板的底座。通过现场调板、封边、揭板试验验证和完善施工工艺、施工装备以及施工组织。揭板试验通过验收合格后方可正式施工。

4）技术要求

自密实混凝土的主要功能为结构调整层,强度等级C40,设计厚度为90mm,长度和宽度与轨道板对齐,为防止调整层产生脆性碎裂,在自密实混凝土层中设置了单层钢筋网片配筋。为水平定位轨道板和防止轨道板在列车荷载作用下拍打自密实混凝土,在轨道板下预留设置有门型钢筋与自密实混凝土层内的钢筋网片相连,该钢筋网片同时与底座凹槽中的配筋相连,使调整层具有限位和纵横向力的传递功能。

5）施工工艺流程

自密实混凝土施工工艺如图36-8所示。

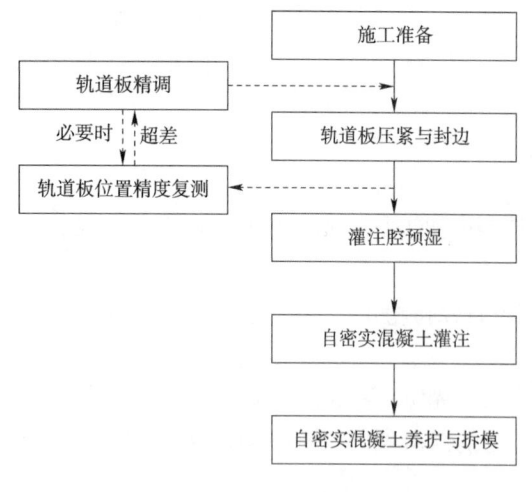

图36-8 自密实混凝土施工工艺流程图

6)施工要求

(1)施工准备:轨道板精调已完成并通过复测,压板、封边材料准备到位;混凝土搅拌站、运输设备、灌注漏斗等机具设备准备妥当;混凝土配合比已确定并得到审批;所要求的自密实混凝土揭板试验已完成并通过验收。

(2)轨道板压紧与封边:轨道板精调后应在24h内完成自密实混凝土垫层灌注。

轨道板精调一个段落(如40块轨道板或单线200m)后宜立即进行压紧和封边作业,再对轨道板的位置精度进行复测,以掌握轨道板因压紧和封边所产生的扰动情况。必要时,解除压紧和封边装置重新精调。

①自密实混凝土封边:封边模板采用定制钢模板,高度14cm,端模采用与轨道板相同弧形角结构。模板设计必须考虑对精调支座的保护,模板安装后应与轨道板密贴并在转角设置有排气功能。为改善封边模板的透气性,模板内侧可以粘贴一层透气模板布,否则应涂刷隔离剂;固定封边模板的"门"形支架(4道)横跨于轨道板之上,安装时应与模板垂直。端模采用X形加固件及木楔固定。安装时应保证各支架受力均匀。

②压紧轨道板:为保证在灌注自密实混凝土时轨道板不上浮,尤其是曲线超高段灌注时轨道板不产生横向位移,需对轨道板进行压紧限位。每块轨道板采用不少于4道长槽钢整体扣压;安装扣压横梁时,先在底座板侧面预埋的PVC管内插入"T"形钢筋,拉线器下端环套挂在"T"形钢筋上,拉线器上端挂钩挂在横梁端部固定销上;曲线段加设防侧移装置,桥梁上利用防护墙在其外侧设置3个挂钩式防侧移装置;压紧装置安装到位后,封边模板必须必须稳固牢靠,接缝严密,保证灌注混凝土时不漏浆,拆模后无烂根现象,接缝处平整,错台不大于1mm。

③排气孔设置:封边模板应在轨道板转角处预留共计至少4个排气孔,且排气孔口上边缘高于板底,可采用插板密贴封孔。应采取措施防止自排气口冒出的自密实混凝土污染作业现场。

(3)轨道板预湿:轨道板预湿采用旋转喷头施工。在灌板前1h分别从三个板孔伸入轨道板内进行雾状喷射,足够湿润的标志是表面潮湿而不积水。每个孔中的喷雾时间控制在5~8s。要求板腔内及隔离层表面无明水、积水;灌注混凝土前10min再检查一次轨道板下方的混凝土底座表面状况,查看其表面是否有积水和雾化不彻底等现象,预湿干燥后要求补充预湿。

(4)自密实混凝土搅拌:搅拌自密实混凝土时,宜向搅拌机中投入粗集料、细集料、水泥、矿物掺和料等,搅拌均匀后,再加入拌和水和外加剂,并继续搅拌均匀为止。其中上述每个阶段不宜少于30s,总搅拌时间不宜少于3min;冬期施工时,应先进行热工计算,并应试拌确定拌和水和集料需要预热的最高温度,以保证自密实混凝土的入模温度不低于5℃;正式生产前必须对自密实混凝土拌合物进行鉴定,检测其工作性能。

(5)自密实混凝土运输:自密实混凝土运输过程中,应确保自密实混凝土拌合物均匀性,运输到灌注地点时不发生分层、离析和泌浆等现象。用于自密实混凝土灌注的料斗应装有搅拌装置,当需要进行水平运输时,水平装置应采用带有自转功能的小型运输车。

(6)自密实混凝土灌注:

①自密实混凝土灌注前,完成并检查以下工作:

确定灌注口位置为轨道板中心孔,其余2个作为观察、排气孔。灌注料仓和灌注漏斗在灌注孔上方就位,观察孔垂直插入长度约40cm的防溢出PVC管(曲线超高端应适当加长),并做好PVC管与观察孔间的密封。钢筋网片的位置正确、与轨道板下门型钢筋间的贯穿钢筋位置正确、紧固程度合适。

轨道板密封情况良好,预留排气口位置正确且未被堵塞。轨道板高程及轴向平顺,精调支座的受力状态及其紧固程度合格;底座混凝土表面和轨道板底面预湿情况良好,并确定不得有明显积水。

②自密实混凝土入模前,应检测混凝土拌合物的温度、坍落扩展度、扩展时间 T500、含气量及泌水率等拌合物性能,并填写试验记录。

③采用中转料仓和灌注料仓进行灌注。当混凝土输送车到达灌注现场时,应使罐车高速旋转 20~30s 再卸料至中转料仓中。中转料仓由汽车吊提升至灌注料仓上方卸料。

④自密实混凝土从轨道板中心孔灌注。灌注时直线段轨道板上设置的下料管露出轨道板上表面的高度不宜小于 0.7m,曲线地段轨道板上设置的下料管露出轨道板上表面的高度不宜小于 1.0m。自密实混凝土灌注速度不宜过快。应保证下料的连续性和混凝土拌合物在轨道板下的连续流动,待四角排气孔内自密实混凝土浆面全部超出轨道板,且排气孔出现粗集料时,关闭灌料斗阀门,停止灌注。灌注完毕,及时移除灌注漏斗并清除灌注口上方多余混凝土。要求一块板的灌注过程一次完成,不得二次灌注,灌注时间控制在 8~12min。

⑤施工中要安排专人观测轨道板状态,不得出现拱起、上浮现象,严禁踩踏轨道板。当混凝土灌注至 2/3 左右时,应降低灌注速度,以便空气排出,直至完全充满轨道板下空隙,轨道板底面气泡基本排除后,停止灌注。

⑥操控人员应注意控制灌注料仓出料速度,灌注料仓设置有专人管理,灌注期间对灌注料仓内的混凝土进行适度搅拌,发现混凝土存量不足时及时通知中转供料人员及时添加。

⑦自密实混凝土的入模温度宜控制在 5℃~30℃,在炎热季节灌注自密实混凝土时,应避免模板和混凝土直接受阳光照射,保证混凝土入模前模板和钢筋的温度以及附近的局部气温均不超过 40℃。

⑧自密实混凝土自搅拌开始到灌注结束的持续时间不宜超过 120min。

⑨在低温条件下(当昼夜平均气温低于 5℃ 或最低气温低于 -3℃ 时)灌注自密实混凝土时,入模温度不得低于 5℃,并应采取适当的保温防冻措施。

⑩在相对湿度较小、风速较大的环境下灌注自密实混凝土时,应采取适当的挡风措施,防止混凝土失水过快。

⑪在自密实混凝土灌注过程中,应按要求取样制作混凝土强度和耐久性试件,试件制作数量应符合相关规定。

⑫一块轨道板灌注结束后,推移料斗进行下一块轨道板灌注。当浇筑时间间隔大于 2h 时,应及时清洗料仓及送料管道。

(7)自密实混凝土的养护与拆模:

①混凝土养护:自密实混凝土灌注完成后应及时养护,养护时间不得少于 14d;调支座在自密实混凝土初凝(灌注后 3~4h)后予以松动,扣压装置在混凝土灌注 24h 后完全松开。自密实混凝土带模养护时间不得少于 3d,强度到达 10MPa 以上,其表面及棱角不因拆模而受损时,方可拆除轨道板精调压紧装置及四周模板;拆模后,采用土工布 + 塑料薄膜的方式将自密实混凝土表面四周予以包裹,必要时补水或喷涂养护剂进行养护;养护用水温度与混凝土表面温度之差不得大于 15℃;冬季施工时,应对混凝土做好保温养护措施,保证抗压强度达到设计强度的 70% 之前不得受冻。

②拆除封边模板:封边模板的拆除应在自密实混凝土强度达到 10.0MPa 以上,且其表面及棱角不因拆模而受损时进行;拆模宜按立模顺序逆向进行,不得损伤轨道板四周混凝土,并减少对模板的破坏。当模板与自密实混凝土脱离后,方可拆卸、吊运模板;自密实混凝土达到 100% 设计强度后,轨道板方可承受全部设计载荷。拆模后,若天气产生骤然变化时,应采取适当的保温隔热措施,防止自密实混凝土开裂。

(8)轨道板位置精度复测:轨道板精调后经过封边压板、灌筑自密实混凝土等工序后,其位置精度可能受到扰动。另外,精调后至灌注时的时间可能超过 24h 或温差超过 15℃,也会对精调成果产生影响,在上述情况下应抽查复测轨道板的位置精度。

7)劳动组织

略。

8)机具设备

略。

9)材料要求

略。

10)质量控制

(1)自密实混凝土的质量检验包括原材料检验、拌合物性能检验和硬化混凝土性能检验。

(2)施工前核查配合比试拌过程以及相关混凝土力学性能、抗裂性能和耐久性能等试验结果。

(3)施工过程中应对自密实混凝土用主要原材料的品质和自密实混凝土拌合物性能按相关规定进行日常检验。检验结果应满足相关要求。保证专仓专用,防雨水、防污染。

(4)施工中如更换水泥、外加剂、矿物掺和料等主要原材料的品种及规格,应重新进行混凝土配合比试验。

(5)对用于施工过程控制或质量检验的混凝土强度和耐久性取样试件,应从同一盘混凝土或同一车运送的混凝土中取出。

(6)应选用能确保灌注工作连续进行、运输能力与混凝土搅拌机的搅拌能力相匹配的混凝土专用运输设备,应尽量减少自密实混凝土的倒运次数和运输时间。

(7)搅拌混凝土前,应严格测定粗细集料的含水率。准确测定因天气变化而引起的粗细集料含水率变化,以便及时调整施工配合比。一般情况下,含水率每班抽测2次,雨天应随时抽测,并按测定结果及时调整混凝土施工配合比。

(8)在炎热季节灌注自密实混凝土时,应避免模板和混凝土直接受阳光照射,保证混凝土入模前模板和钢筋的温度以及附近的局部气温均不超过40℃。

(9)在低温条件下(当昼夜平均气温低于5℃或最低气温低于-3℃时)灌注自密实混凝土时,入模温度不得低于5℃,并应采取适当的保温防冻措施,保证混凝土抗压强度达到设计强度的70%之前不得受冻。

(10)混凝土灌注期间,混凝土与钢模、邻接的已硬化混凝土或岩土介质间的温度差不得大于15℃。

(11)在相对湿度较小、风速较大的环境下灌注自密实混凝土时,应采取适当的挡风措施,防止混凝土失水过快。

(12)不能在混凝土内部温度最高时拆模,拆模后不能立即浇凉水,且应注意保温。

(13)施工完成后应当注意成品保护,严禁在轨道结构上堆放施工材料、机具等,防止对轨道结构及其他构筑物造成伤损。

(14)自密实混凝土垫层尺寸允许偏差应符合相关规定。

(15)自密实混凝土灌注完成后轨道板位置允许偏差应符合相关规定。

11)安全及环保要求

(1)安全控制要点:施工用电应有专人检查防护,电线外皮不能破损,并安装漏电保护器。电工必须持电气作业许可证上岗;吊装作业时,应有专人进行指挥,要经常检查钢丝绳、吊钩、夹具等的安全状况,吊臂下及吊装范围内严禁站人。吊装时应防止损坏上部已安装的接触网线;专用设备操作人员必须经过培训并持证上岗。严格按操作规程进行操作并定期保养设备;夜间施工时应保证照明亮度,防止因照度不足而损伤人员及设备;施工作业人员应戴安全帽,防止高空坠物伤人。

(2)环境保护控制要点:施工完成后及时清扫施工废弃物及垃圾,垃圾不得由梁面直接抛下,亦不可由泄水孔道入梁内。废弃的混凝土等固体废弃物必须按照规定集中统一处理,严禁随意排放污染环境;现场压板封边装置、精调支架等应集中收集管理,并及时清理、转移;在距离居民区、学校较近的地段施工时,注意发动机噪声扰民。

36.10.6 无砟道岔轨枕埋入式铺设施工

本项目正线道岔设计为轨枕埋入式无砟道岔,主要无砟道岔型号有18号无砟道岔。拟定施工方案为轨枕埋入式原位铺设法施工,具体施工工艺如下:

36.10.6.1 内业技术准备

(1)铺岔前,组织进行施工设计图纸会审,掌握轨道相关施工、设计文件以及现行无砟道岔相关规范、规程、技术条件、验收标准。

(2)道岔测量、岔件吊装、道岔焊接等工种人员需持证上岗。

(3)项目部组织无砟道岔吊装、测量、组装、精调和焊接作业交底。

(4)混凝土配合比、道岔钢轨焊接型式检验已完成。

36.10.6.2 外业技术准备

(1)施工界面划分情况:结合站场无砟道岔和无砟轨道道床施工以及线下施工分工,按照有关程序和规范要求,对线下工程质量、CPⅢ控制网、沉降变形观测与评估等事项进行检查和确认、办理相关交接手续。

(2)施工便道:结合站场轨道和站房以及相关工程安排,实际调查施工便道的通行情况,确保各项施工有序、不间断进行。

(3)原材料进场和试验:按照施工相关要求做好钢筋等原材料进场检验、混凝土试件取样、钢轨焊接型式检验。

(4)道岔进场验收:按照物资材料验收相关规定,对道岔岔件等进行验收。

36.10.6.3 技术要求

(1)道岔铺设前核查托运单及装箱单所列的道岔零部件品种、规格及数量,并检查外观和质量保证文件。

(2)铺设前确认路基填料、外形尺寸、压实度及工后沉降应符合相关技术要求。

(3)按照道岔铺设图的要求,采用专用机械设备进行道岔的吊装。

(4)道岔铺设在道岔区路基或桥梁工程施工质量验收合格及测设道岔区精测网后进行。

(5)道岔铺设位置应按测设的控制基桩确定,遵守制造厂家提供的安装手册等技术文件的相关规定,道岔铺设验收合格后方可放行机车车辆。

36.10.6.4 施工程序与工艺流程

施工程序:施工准备→或底座混凝土施工→道床底层钢筋网绑扎→组装平台搭设→吊卸、组装岔件连接→粗调→上层钢筋网绑扎→道床混凝土模板安装→精调→混凝土浇注→道床混凝土养生→道岔初步精调→钢轨铝热焊接锁定→道岔精调整理→道岔交验。

36.10.6.5 施工要求

施工准备、岔位测设、混凝土底座、桥上道岔隔离层铺设、钢筋绑扎、道岔组装、道岔粗调、道岔第一次精调、道床板模板安装、道岔第二次精调、道床板混凝土施工、道岔钢轨铝热焊接、道岔线性调整。

36.10.7 CPⅢ轨道控制网测设施工

轨道控制网(CPⅢ)控制点埋设为强制归心标志,沿线路纵向左右对称布设一对,起闭于基础平面控制网(CPⅠ)或线路平面控制网(CPⅡ)及线路水准基点,是沿线路布设的平面、高程三维控制网,在线下工程竣工并通过沉降变形评估合格后进行施测,是轨道铺设和运营维护的基准。平面控制网应用自由测站边角后方交会导线测量原理施测,高程控制网采用精密水准测量原理施测。

(1)施测方法:在测量标志上安置棱镜,采用专用数据采集软件控制智能型全站仪按自由测站边交后方交会法进行平面控制网测量数据的采集,在测量标志上安置水准测量连接杆,应用电子水准仪按环形水准路线进行高程控制网观测,采用经系统认证的CPⅢ控制网平差软件将观测数据导入计算机进行数据质量检核及平差处理得到控制网精度信息和坐标、高程成果。

(2)测设工艺操作要点:CPⅠ、CPⅡ及线路水准点复测、CPⅡ控制点加密测量、CPⅢ控制点布设实施、CPⅢ埋设、CPⅢ外业数据采集、平差计算、精度检查及成果资料整理归档、评估验收及CPⅢ控制网的复测与维护。

36.10.8 长钢轨铺设施工

项目部承担着全线近400km的长轨铺设任务,涉及的正线、站线及联络线长轨铺设施工,根据本项目特点计划采用长轨推送法进行施工。

钢轨铺设施工内容主要包括:人工铺轨施工、有砟道岔铺设、工地移动闪光焊施工、无缝线路应力放散与锁定施工、轨道精调施工及钢轨预打磨施工等。工艺要点及操作要点限于篇幅,此处不再详述。

36.11 运输组织方案

36.11.1 编制依据

(1)中国铁路总公司《铁路技术管理规程》、南昌铁路局《行车组织规则》及南昌局相关文件。

(2)《铁路货物运输规程》《铁路运输调度规则》《机车操作规则》《铁路机车运用管理规程》《铁路货车运用维修规程》等铁路相关规定、办法。

(3)昌九城际铁路股份公司关于工程线施工行车相关文件。

(4)中铁一局《行车组织规则》,新运公司《运输技术管理办法》《运输组织管理办法》《运输设备管理办法》等。

(5)昌赣客运专线四分部编制的《昌赣客运专线轨道工程实施性施工组织设计》。

36.11.2 运输组织机构

36.11.2.1 运输组织机构

如图36-9所示。

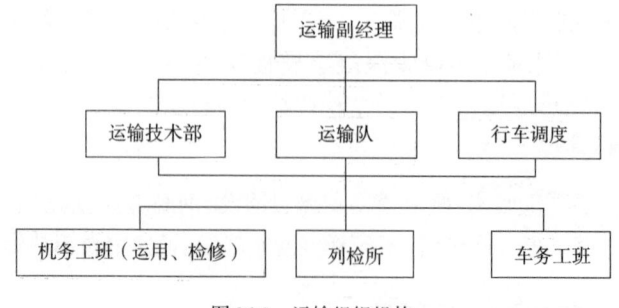

图36-9 运输组织机构

36.11.2.2 运输副经理职责

(1)负责运输生产的全面管理工作,执行铁路运输的各项法律、法规、技术规范,组织编制项目运输的相关制度、办法、措施,并负责抓好贯彻落实。

(2) 按照分工抓好运输安全生产工作,对主管范围内的安全生产工作负领导责任。

(3) 负责协调好内外关系,保证运输生产工作顺利进行。

36.11.2.3 运输技术部岗位职责

(1) 负责本项目运输技术和运输设备全面管理工作,正确贯彻执行铁路运输的方针、政策、法规、铁路现行的有关规章制度和公司运输技术制度、标准及办法等。

(2) 负责制定本项目运输组织方案、机务整备线管理办法、车站临时作业办法、列检所作业办法等有关技术文件、办法和措施。

(3) 负责收集国家铁路局、中国铁路总公司、南昌局、新运公司的各种运输技术文件和资料,及时准确地传达并认真贯彻执行;负责本项目运输人员的技术业务指导和培训,督促检查其对运输有关规章的执行情况。

(4) 负责建立健全部门技术管理台账、报表,督促检查运输队、班组技术和生产台账的建立和填记,做好运输统计和报表上报。

(5) 负责提报机车大、中修计划,编制下达小、辅修计划并组织实施;负责提报车辆厂(大)修计划,编制下达小、辅修计划,并组织实施。

(6) 科学、经济、合理地使用机车、车辆,不断降低运输生产成本,提高运输效率。

(7) 与相关单位签订有关运输协议及机车、车辆维修协议,保证工程运输安全、畅通。

(8) 负责办理路用平板车、风动卸砟车、T11型长轨专用车等相关办理事宜。

(9) 负责本单位机车乘务人员取证考试、驾驶证年鉴、机车车辆过轨鉴定的对外联系和组织工作。

(10) 负责《质量管理体系 要求》(GB/T 19001)、《环境管理体系 要求及使用指南》(GB/T 24001)、《职业健康安全管理体系 要求》(GB/T 28001)、《工程建设施工企业质量管理规范》(GB/T 50430)在本部门的有效运行和持续改进。

36.11.2.4 行车调度职责

(1) 在项目经理部的直接领导下,负责全线行车的统一指挥。

(2) 经济合理的使用机车、车辆,充分利用通过能力和运输设备,最大限度地满足铺架施工、线路上砟、机养工作。

(3) 负责调度日班计划的编制和下达,根据次日长轨列车、道砟装车、机养车、轨道车的开行计划,编制次日行车计划,下达至各站、机务,并组织实施。

(4) 依据《铁路运输调度规则》对全线列车运行进行调度指挥,正确及时地发布调度命令,调度命令中对施工地点、起止时刻及作业内容要明确,并密切注意影响行车的施工作业动态,处理随时可能发生的紧急问题。

(5) 合理调配机车车辆、组织列车的开行;准确掌握列车运行情况和铺架施工进展情况,并根据情况变化,及时调整行车计划。

(6) 及时收取、上报事故概况和自然灾害情况,对中断行车的事故应及时向项目部领导和有关部门汇报,并采取积极措施恢复行车,启动救援预案。

36.11.2.5 运输队职责

运输队是具体实施运输工作的基层生产单位,由车站、机务运转、机务检修、列检所4个部门组成。

(1) 负责运输队各班组安全、技术管理和基础工作。

(2) 严格执行《铁路技术管理规程》《铁路机车运用管理规程》《铁路货车运用维修管理规程》《铁路行车组织规则》《铁路机车操作规则》《铁路货物装载加固规则》等中国铁路总公司有关规章、新运公司有关文件、项目部下发的有关文件。

(3)建立各工种、各岗位技术作业标准和责任制。

(4)负责日常职工的业务教育和安全教育工作。

(5)对长轨、石砟以及其他货物的装载、加固进行及时对位与监督检查。

(6)安全正点的完成长轨、石砟等其他货物的运输任务,确保运输满足施工。

(7)安全、高效的完成工程运输任务。

36.11.3　行车组织原则及相关要求

(1)行车组织工作必须贯彻安全生产的方针,坚持高度集中,统一领导原则。科学组织、协同动作,因陋就简,充分发挥人的积极因素,发扬协作精神。使车、机、辆等部门密切配合,加速机车车辆周转,不断提高运输效率,以较少的运输投入,最大限度地满足运输生产需要,安全、优质、高效地完成运输生产任务。

(2)调度指挥工作:

铁路运输调度是日常运输组织的中枢,行车调度员代表铺架四分部单一指挥行车工作。相关行车人员必须无条件服从行车调度员的指挥,按照调度命令作业。

①行车调度员应严格按照《铁路运输调度规则》指挥行车工作,合理利用机车车辆,均衡组织各项运输生产。

②行车调度员必须严格按照标准绘制列车运行图,按照《铁路技术管理规程》和中铁一局《铁路行车组织规则》要求及时、准确和规范地下达调度命令和口头指示。

③行车调度员必须严格执行施工计划审批、组织实施程序,严禁无计划施工。

④行车调度员应充分发挥组织、协调、沟通的职能,安全、优质、高效地完成和超额完成各项运输任务。

36.11.4　主要运输工程量

昌赣正线工程量为无砟轨道铺轨 392.45km,合计 47100t;站线及联络线铺轨 34.91km 合计 4200t,线路备料 439.06km,架设 T 梁 99 孔(其中 32m T 梁 94 孔,24m T 梁 5 孔);K 车卸道砟 94688m²。

36.11.5　运输设备配置

(1)配备 DF4 型内燃机车 6 台,高塘线路所—泰和站—赣州西站间:下行方向单机牵引定数为 1050t±50t,双机为 2100t±50t;上行方向机牵引定数为 900t±50t,双机为 1800t±50t,天气不良时可适当减吨。

(2)配备 JY290/GC220 型轨道车 2 台。

(3)车辆配置。

36.11.6　全线开设车站一览表

略。

36.11.7　区间长大坡道一览表

略。

36.11.8　沿线通信设备设置

(1)行车调度、沿线车站行车闭塞电话配备中国移动手机,扳道员、行车室配备对讲机。

(2)机车配备对讲机与车长、车站之间进行车机联控、呼唤应答制度。开行的列车值乘车长配备中国移动手机,负责与车站、行车调度之间的联系。

(3)在隧道内作业通讯不良时,车列中间适当设置中转人员。

36.11.9 行车闭塞及行车凭证

工程运输期间无信联闭设备,均采用电话闭塞法办理行车,列车占用区间的凭证为路证;开续行列车或有补机由区间折返时,须发布调度命令,列车占用区间的凭证改为路票,全线行车均采用手信号,接车时按人工引导办法接车。当一切电话(行车工作配备手机)中断时,禁止办理行车(救援列车除外)。

36.11.10 列车车次规定表

略。

36.11.11 运输组织阶段性重点工作

36.11.11.1 2016年运输总体计划安排

(1)做好开工前的运输技术准备工作,积极做好南昌局相关站段的协调工作并签订各项运输配合协议。

(2)做好前期运输人员规划。

(3)年底线路开通后组织机车进场。

36.11.11.2 2017年运输总体计划安排

(1)做好机车车辆过轨联系准备以及设备进场的维修保养、报验工作。

(2)做好人员培训,使车站驻站、机车司机、调车组人员熟知南昌局相关文件要求以及站内线路状况。

(3)严把车列取送,认真执行车机联控、呼唤应答、道岔确认制度以及空车外排加固、过轨把关等工作。

36.11.11.3 2018年运输总体安排

(1)做好运输设备的进场前期调查以及各岗位运输人员进场安排。

(2)建立健全行车指挥调度系统,保证其运转正常。

(3)设备进场后做好检修保养、进场报验工作。

(4)统一印刷各工种各岗位的台账。

(5)认真做好运输人员进场安全教育及技术交底。

36.11.11.4 2019年运输总体安排

(1)落实现场标准化作业,狠抓行车安全。

(2)加强行车调度监控指挥,落实现场添乘检查。

(3)定人、定机重点盯空泰和站取送车作业。

(4)及时督促台账填写以及日常培训教育的落实情况。

(5)合理协调施工、行车工作,严格落实施工防护制度。

(6)加强机车车辆日常检查保养维修工作,杜绝带病作业。

为了减少列车长大距离运输在赣州西车站设置存砟场并开站。由于基地站只有1条装卸车线路及1条机车整备线,所以在正线正式铺轨之前,应考虑提前铺设新泰和站站线且与基地连通形成回路,以备调车作业使用。

36.11.12 运输安全保障措施

(1)教育职工牢固树立"安全第一、预防为主、综合治理"的思想。行车人员上岗前必须经过岗前培训,使之熟悉昌赣客专的技术特征所制定的各种特定的行车办法。

(2) 各级管理人员必须加强对安全生产工作的领导,狠抓紧"两纪一化"(两纪:劳动纪律、作业纪律;一化:作业标准化),落实各级领导安全生产负责制和各工种岗位责任制,切实做到各司其职,各负其责。

(3) 落实行之有效的安全"自控、互控、他控"制度,所有作业区段安排专业管理人员对作业进行监督、卡控,不定期添乘,保证安全。

(4) 配合施工时行车人员听从施工负责人统一指挥,但如有违章现象,现场配合施工的行车人员应提醒施工负责人,并有权拒绝违章行为,确保行车安全。

(5) 司机在作业中要加强瞭望、平稳操纵,严禁超速运行。在长大下坡道运行中,机车乘务员随时注意各风表压力及空气压缩机的工作情况,电阻制动良好时,空电结合制动,制动时应合理减压,掌握充风时间,缓解列车制动时,尽量利用电阻制动创造凉闸条件,防止车辆闸瓦熔化,机车动轮驰缓。准确掌握制动时机,严格遵守各种限制速度和最小有效减压量的规定,防止制动失效造成放飏。无电阻制动的机车,单机挂车少于5辆时禁止在长大下坡道区间运行。

(6) 沿线施工点较多,车列在区间运行过程中司机、车长要加强瞭望,在通过施工作业地点时,把运行速度控制在10km/h以内,注意施工机具、侵限设备及线路作业人员,防止设备及路内、路外人员受到伤害。

(7) 制定行之有效的作业标准、办法等技术文件,组织作业人员认真学习,在作业中坚决贯彻执行。

36.12 特殊过程、关键工序界定和管理措施

36.12.1 特殊过程、关键工序界定

根据项目特点,界定特殊过程及关键工序见表36-17。

特殊过程、关键工序界定表　　　　表36-17

序号	施工类别	特殊过程	关键工序
1	高速(客运专线)铁路工程	无砟道床施工	线路控制桩CPⅢ测设、底座板施工、隔离层及弹性垫层施工、轨道板运输及存放、轨道板粗铺、轨道板精调、自密实混凝土灌注与养护
		无缝线路应力放散及锁定	钢轨焊接
2	客运专线联络线铁路工程	T梁架设	桥梁横隔板连接
		无缝线路应力放散及锁定	钢轨焊接

36.12.2 特殊过程、关键工序相关管理措施

管理措施、技术措施、具体针对性措施。

36.13 重大危险源、重要环境因素辨识及措施

经过前期对线路进行调查,进行全线安全风险评估,龙门架安装拆卸、高空作业、起重吊装、邻近营业线施工、营业线施工、行车安全、防洪、火灾、触电、机械伤害作为本项目重点盯控安全风险管理点,着重加强安全风险点的施工作业过程控制。见表36-18。

危险源辨识及预控措施 表36-18

序号	危险源	辨识	预控措施
1	龙门吊安装拆卸	(1)安装拆卸人员无证操作。 (2)操作人员未经安全教育培训上岗作业,未按照技术交底施工。 (3)操作人员违章操作	(1)操作人员必须经质量技术监督局培训取得证书的人员进行安装拆卸作业。 (2)作业必须经过机械部、安质部岗前培训及技术交底。 (3)操作人员严格执行操作规程
2	起重吊装	(1)钢丝绳钢丝断丝、超标,未及时更换而断裂。 (2)指挥不当,起重机下站人。 (3)绳索捆绑不牢固,起吊后脱落。 (4)操作人员违章操作	(1)加强钢丝绳的检查,钢丝绳达到报废标准时及时进行更换。 (2)加强现场监管,做到起重作业专人指挥,信号显示正确及时,作业人员站位正确,严禁在起重机臂回转范围内站立、通行。 (3)加强现场监管,起重司机落实"十不吊"原则,挂钩人员必须挂钩牢靠,吊点选择正确。 (4)加强作业人员教育及现场监管,防止违章操作
3	邻近营业线施工、营业线施工	(1)列车通过与施工人员、设备发生碰撞。 (2)管线不明,施工中挖断管线,造成停车。 (3)机具侵线剐蹭列车。 (4)机械设备影响行车安全。 (5)机具侵限,造成行车安全。 (6)无专职防护员,未实行一机一人防护。 (7)无防护措施	(1)进场后对全员进行安全教育,对于紧靠营业线施工地段,必须设防护员,施工期间设专人驻站,使施工现场时刻与车站保持密切联系,以便列车逼近时施工人员、设备及时待避,确保行车安全。 (2)在施工前探明设备管线位置,提前防护、提前拆改。 (3)设定好安全硬隔离线,配备专职现场防护员。 (4)设专职防护员进行盯控,确保安全距离。 (5)设专人防护、专人盯控,保证机具与营业线的安全距离,坚持一机一人进行施工防护
4	高处作业	(1)施工方案未审批,作业人员未技术交底。 (2)未佩带安全防护用品,对作业人未体检(是否可以从事高空作业)。 (3)安全措施未落实(防护),造成人员坠落伤亡。 (4)施工时工具材料摆放不当,下滑、掉落地面,造成人员伤亡、设备损坏。 (5)作业人员安全思想意识不强,违反"三违"行为	(1)严格按审批的施工技术方案作业,对作业人员进行书面技术交底。 (2)操作人员正确佩带个人安全防护用品。人员进场后先进行体检,凡经医生诊断具有不适于高处作业病症的人员,不得从事高处作业。 (3)设专人监护,作业线下严禁站人。四口临边安全防护栏、防护网。 (4)高处作业使用的工具随手放入工具袋内,较大的工具应系保险绳子。传递物品时,严禁抛掷,防止高处坠物;所用材料要堆放平稳。 (5)加强安全日常教育
5	行车安全	(1)轨道线路状态不良。 (2)车辆偏载、路基桥头下沉。 (3)司机瞭望不彻底。 (4)超速行驶造成的脱线。 (5)带病作业。 (6)无计划施工。 (7)未按规定设置防护	(1)加强线路检查维修,及时消除线路病害。 (2)运行时司机加强瞭望。 (3)严格控制运行速度。 (4)出车前加强检查,无偏载、不带病出车。 (5)严格按照批复的施工计划施工、设置防护

续上表

序号	危险源	辨识	预控措施
6	机械伤害	(1)机械本身设计缺陷。 (2)设备本身无安全防护或未采取防护措施。 (3)作业人员违章操作。 (4)机械设备运转状态不良	(1)选用安全合格的机械设备。 (2)完善既有设备本身防护设施,确保设备本质安全制定设备防护措施。 (3)加强培训及监督检查,督促人员落实安全操作规程,防止违规操作加强机械设备的检修保养。 (4)防止带病作业
7	防洪防汛	(1)遇大雨、洪水。 (2)雨后冲毁路基、桥头下沉	(1)制定防洪度汛预案,配齐配足度汛物资,做好汛情预报,汛期期间加强巡视。 (2)汛期前对路基检查,影响行车安全的及时报局指进行处理
8	触电	(1)未按规定布设接零、接地装置和漏电保护器。 (2)未执行"一机一闸一箱一漏"规定。 (3)非电工人员私自操作接电。 (4)绝缘装置失效。 (5)宿舍私拉乱接电线,或插座、电线破损。 (6)无安全警示标识	(1)加强用电教育及管理。 (2)杜绝非电工人员私自操作接电。 (3)加强设备的检修保养,及时更换失效的绝缘装置。 (4)加强用电安全检查,严禁私拉乱接电线行为,插座、电线破损时及时安排电工进行修理。 (5)在有电危险的位置悬挂安全警示标志
9	火灾	(1)动火前未办理动火许可证。 (2)焊接作业旁有易燃品,防护措施不得力。 (3)氧气、乙炔操作过程安全距离不满足要求。 (4)材料区存放易燃物品。 (5)未按规定配备消防设施或灭火器失效。 (6)私拉乱接电线或违章使用大功率用电器。 (7)生产生活用电接线不合格	(1)动火前办理动火许可证。 (2)气瓶在使用过程中必须满足安全距离要求。 (3)施工前周边进行全面检查,清理一切可燃物或设置防护措施。 (4)加强员工教育及宿舍检查。 (5)合理布设生活用电,保证用电安全。 (6)按规定配备数量充足的消防器材,并进行检查。 (7)严禁私拉乱接电线盒违章使用大功率用电器

针对不同危险源预控措施,优化施工工艺和施工方案,对营业线施工,邻近营业线施工、特种设备的安装拆除编制施工安全专项方案,并紧盯安全风险措施的落实情况,彻底消除安全隐患。

36.14 安全保证措施

36.14.1 安全管理目标

杜绝一般及以上安全生产责任事故;杜绝因工引起的营业线铁路交通一般 D 类及以上责任事

故;杜绝火灾事故和特种设备事故;杜绝一般及以上道路交通责任事故,遏制"三违"(违章指挥、违章作业、违反劳动纪律)行为和一般事故(不包含伤亡)。

杜绝因工重伤事故和死亡事故。

36.14.2 安全管理组织机构

按照"管生产必须管安全"的原则,成立以项目经理为组长,副经理、安全总监、总工程师为副组长,各职能部门和作业队主要负责人为组员的安全生产领导小组,确保安全目标实现,图略。

36.14.3 安全保证体系图

成立安全管理机构领导小组,建立健全"安全保证体系"。设置安全生产管理部门,负责安全生产领导小组的日常工作;施工队设专职安全员,班组设兼职安全员。按照安全管理法规、标准和合同要求开展日常安全管理工作。

36.14.4 安全保证措施

安全管理制度措施、施工现场安全用电措施、营业线、邻近营业线施工安全管理措施、高空作业的安全措施、起重吊装安全措施、工程列车运行安全措施、防火安全保证措施。

36.15 质量保证措施

36.15.1 质量目标

(1)确保工程质量符合国家和行业有关标准、规范及设计文件要求。
(2)单位工程一次验收合格率100%。
(3)杜绝工程质量事故;杜绝较大及以上不良行为,遏制工程质量一般不良行为。
(4)一次成优,全段全优。确保工程质量达到集团优质工程标准,争创股份公司优质工程。

36.15.2 质量管理组织机构

建立工程质量工作领导小组,成立以项目经理为组长,党工委副书记、副经理、安全总监、总工程师为副组长,各部门负责人及作业队负责人为组员。制定详细的质量过程管理措施,定期或不定期进行质量检查,分析质量存在问题,制定整改措施,不断提高工程质量。

36.15.3 质量保证体系图

为实现工程质量目标,按照《质量保证体系 要求》(GB/T 19001),针对项目部工程特点和质量目标,建立工程质量保证体系图,如图36-10所示。

36.15.4 质量管理措施

质量管理制度,轨道工程质量保证措施,材料采购的质量保证措施,钢筋、模板工程的质量保障措施,T梁架设质量保证措施,桥面系施工质量保障措施,CRTSⅢ型板式无砟道床施工质量保证措施,无砟道岔铺设质量保证措施。

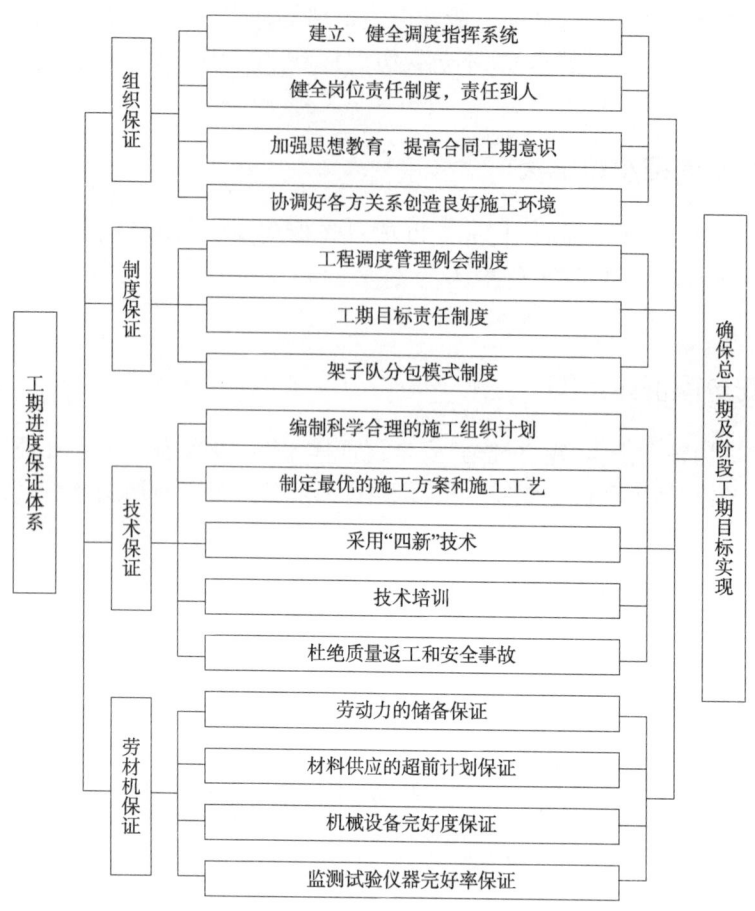

图 36-10 工期保证体系框图

36.16 工期保证措施

建立并完善工期保证体系,明确人员职责,保证按进度计划实施,按合同工期完成。工期保证体系如图 36-11 所示。主要措施管理保证措施、施工组织保证措施、施工设备、资金保证措施、材料、人员保证措施、技术保证工期。

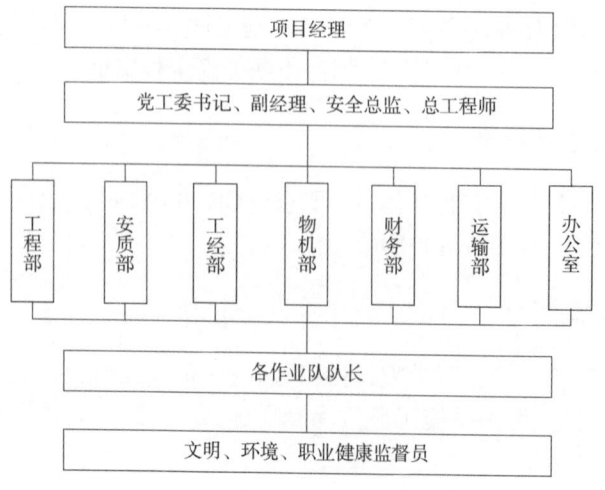

图 36-11 管理机构框图

36.17 文明施工、环境与职业健康保护措施

36.17.1 文明施工及环境保护管理目标

现场管理满足《铁路建设项目现场安全文明标志》《铁路建设项目现场管理规范》和标准化管理要求。

实现排放污染物达到国家或所在地相应排放标准;无集体投诉事件,环境监控达标;环境保护、水土保持设施与主体工程"同时设计、同时施工、同时投入使用",杜绝环境污染事故的发生。

贯彻国家、当地劳动卫生部门劳动卫生管理条例精神,落实各项劳动卫生保障措施;杜绝传染病、地方病的发生及流行,保障施工人员的身体健康,保证施工顺利进行;改善作业环境,降低员工劳动强度,把职业病控制在最低限度。实现控制施工中无病亡事故。

36.17.2 成立组织管理机构

建立文明施工、环境保护领导小组,健全以项目部经理为组长的文明施工、环境保护领导小组的各项职能。各施工队具体落实各项管理举措,加强管理力度。提高施工人员文明施工意识,组织学习文明施工条件及有关常识,进行职业道德教育,树文明新风。

36.17.3 文明施工、环境与职业健康保护措施

现场布局合理,不扰民,场地整洁,物流有序,标识醒目,标牌规范,达到建设单位要求的安全文明工地标准。

(1)开展文明施工,现场管理有序,场地布置统一规划,施工区材料堆码整齐,场地平整,道路及排水畅通,施工安全紧张有序,各种材料按照"安标工地"的标准进行正确醒目的标识,场内管线布置线条整齐、清洁。

(2)强化施工现场管理,建立健全包保责任制,明确分工,责任到人,奖罚分明,做到突出重点,分批落实,规范施工,注重实效。坚持施工人员挂牌上岗,施工现场设置醒目的标示牌,主要有责任划分牌、工艺流程牌、形象进度牌、质量标准牌、安全警示牌、成本控制牌等,使全体职工树立文明施工的自觉性和责任感。

(3)施工期间,对施工机械、车辆频繁通行的道路进行经常性维修,确保畅通,方便沿线人民的生产生活。

(4)车辆在运输过程中,对易飞扬的物料用篷布覆盖严密,且装料适中,不得超限;车辆轮胎及车外表用水冲洗干净,保证道路的清洁。严格控制扬尘,对易飞扬物质采取如洒水、地面硬化、围挡、密网覆盖、封闭等措施。

(5)工地内加工车间、易燃易爆仓库内严禁烟火,操作人员必须持证上岗,电弧焊作业应采取遮挡措施,尽量避免或减少对周围居民造成光污染。乙炔和氧气两瓶使用时其间距在5m以上,存放时必须封闭隔离木工加工间、油库、仓库、宿舍、伙房以及木料堆等场所,必须配全备足各类相应有效的灭火器材。

(6)加强安全保卫和综合治理工作,对所有施工人员要办理暂住证。严禁接收三无盲流人员。做好防盗工作,落实防范措施,各类违法行为和暴力行为要及时制止,同时报告公安部门,确保在施工地区内施工人员无违法违纪现象发生。尊重所在地区防委会等当地管理部门的意见和建议,积极主动地争取居委会和各行政管理部门支持,自觉遵守社区中各项合法的行政管理制度和规定,搞好社区文明共建工作。

(7)土方开挖时应减少对土层的扰动,保护周边自然生态环境;对于因施工而破坏的植被、造成

的裸土,必须及时采取有效措施进行保护,避免土壤侵蚀、流失。

(8)施工建设中如果遇到文物古迹,根据《中华人民共和国文物保护法》的要求立即停止施工,保护好现场并及时通知有关部门,并采取严密的保护措施,派专人看守,严禁任何人随意移动和损坏,直到专业或政府部门人员到场。

(9)建立劳动保护用品正确使用管理规定,所有人员进入施工现场必须接受检查,检查的内容主要包括:是否穿戴劳动保护用品、穿戴是否正确、是否穿戴足够防护用品。

(10)合理安排工作和作息时间。夏季露天作业,延长中午休息时间,避开高温环境下作业,作业人员戴手套、草帽、穿工作服,及时向作业人员提供含盐的清凉饮料。

36.18 节能减排目标及保证措施

36.18.1 节能减排管理目标

万元营业收入综合能耗控制在0.0515t标准煤/万元以下。杜绝发生节能减排数据不实事件,杜绝发生被国家、地方政府主管部门和公司及建设单位通报的环境责任事故和节能减排重大违法违纪违规事件。

节能减排经费投入不低于项目总营业收入的0.05%。

在用水、用电、用气、用油方面较上年平均能耗降5%以上,达到逐年下降的目标。

36.18.2 组织管理机构

四分部成立以项目经理为组长,总工程师、副经理为副组长,铺架分部各部门、作业队负责人组成的节能减排领导小组,其中包括运输部、物机部、工程技术部、安质环保部、财务部、工经部、办公室,负责节能减排的全面工作和节能减排目标的实现。

领导小组办公室设在运输部,运输部为节能减排工作主责部门,配备节能减排工作人员,负责节能减排的日常工作。

36.18.3 工作措施和要求

(1)各部门、作业队以及小型预制构件厂要严格按照节能减排工作目标和"四节一环保"为主要内容的节能减排标准化工地建设,增强节能意识,实现低碳生活,切实做好节能减排的各项工作,确保节能减排工作目标及指标的完成。

(2)要求相关部门将节能减排工作编制独立章节于施工组织设计或运输方案中,包括节能减排工作目标和"四节一环保"施工要求等。

36.18.4 节约能源的措施

节约油耗措施、节约用水的措施、节约材料的措施、其他节能措施。

36.19 季节性施工保障措施

36.19.1 冬季施工措施

在进行工期安排时,对受冬季施工影响较大的混凝土工程施工,尽量避开冬季施工期。确需在冬季进行混凝土施工时,需从配合比设计、材料选择、拌和工艺、运输、浇筑、养护等各过程严格控制,保证混凝土工程的质量。

(1) 当连续5d室外昼夜平均气温低于+5℃或最低气温低于-3℃时,应采取冬季措施进行混凝土施工。

(2) 加强混凝土原材料控制,保证砂石料中无冰块。对水泥、集料、砂进行篷布覆盖,避免受冻,拌和站设立棚盖及热源。

(3) 尽可能缩短混凝土的运输时间,且在运输机具上采取保温措施。

(4) 浇筑完毕的混凝土面要及时用覆盖,进行蓄热养护。

(5) 安排在冬季施工的混凝土项目,混凝土添加防冻复合早强剂,掺量为水泥用量的1%~2%,溶成30%~35%的溶液同拌和水一起加入搅拌机内,拌和时间不少于3min,确保混凝土出仓温度大于15℃,混凝土入仓温度大于5℃。

(6) 重视预应力张拉灌浆材料、配合比和工艺的选择,严格控制泌水,优先选用早强型灌浆材料。冬季施工不应采用水冲洗预应力管道,应在灌浆前将孔道内积水(冰)冲洗干净。气温或构件温度低于5℃时,不安排压浆作业,管道内水泥浆注入后48h内结构物的温度不能低于5℃,如不能满足这个要求,则应采取保温措施。

(7) 鉴于现行混凝土同条件养护试件不能很好地反映结构实体混凝土温度、强度及弹性模量的发展,建议采用实体温度测量与匹配养护试件相结合,为合理确定养护方式、拆模时间、预应力张拉工艺以及合龙前应力计算提供参数。

(8) 为确保无砟道床板砂浆的质量,砂浆灌注施工施工时,确保砂浆施工满足5~30℃的环境温度要求。

(9) 冬季开挖基槽时,应周密计划,做到连续施工,以防基槽底层原土冻结。气温低于0℃时,应预留30dm厚的原土或覆盖防冻物。

(10) 应力放散及锁定施工,应合理安排工期,尽量避免在冬季施工,确需在冬季进行施工时,应计算好锁定温度及拉伸量,保证拉伸量在拉伸器有效拉伸范围内,并同时增加撞轨点数量,保证放散质量。

(11) 高度重视冬季施工的组织管理。应根据各单项工程特点制定具体实施方案,进行施工工艺设计。切实落实各项冬季施工方案和措施,保证施工安全和工程质量。

(12) 所有施工机械在入冬前进行保养,按要求更换冬季机油。每日工作前对所用机械进行预热,并做详细检查,确认无问题后正式作业。施工机械、车辆采用低标号柴油,每日施工完毕后排空水箱余水,防止冻结,对有特别要求的机械开进车库保温。在冰雪天气作业的车辆安装防滑链。

(13) 进入冬期前,提前作出防寒保暖工作方案,将责任分解到岗落实到人。根据方案备足材料、设备、工具及劳保用品。

(14) 冬季施工作好构筑物、人员、设备的防冻防滑的工作。作业前,场地清出积雪冻冰,架梁时墩台顶加设围拦、防滑条等防滑措施。

(15) 冬季施工加强施工场地、道路管理工作,及时清理冰雪,保证施工安全;加强机械设备的管理工作,配备必要的防滑设备。

(16) 户外机械设备及时放水、更换燃油、加防冻剂,加强零部件的检查和调换。班前仔细检查劳动工具的完好状态,发现问题及时更换。构筑物的防冻按照专项组认真操作。

(17) 定期进行防火、防冻、防煤气中毒安全检查,及时消除隐患。雪后派专人对施工场地、道路积雪及时进行清理。严防机械冻坏,运输车辆安设防滑链,雪后在坡道上进行防滑处理,防止车辆发生事故。

36.19.2 夏季施工措施

做好施工区域的防暑降温工作,由专人收集天气预报,根据天气情况合理安排施工,施工尽量避开每天温度最高的中午时段,在不扰民的情况下适当增加夜间施工时段,并做好防护工作。

为了降低混凝土入模温度,在炎热季节拌和混凝土时加入适量冰块进行降温处理,并做好混凝土运输环节的协调工作,尽量缩短混凝土运输时间,在运输过程中做好防晒工作。

炎热季节混凝土灌注尽量安排在下午至夜间时段进行,并搭设遮阳棚防晒,混凝土浇筑完成后及时进行遮盖养护。

长钢轨施工做好防晒降温及增加测温频次,根据测温结果确定合理的焊接、拼装时间段,以减小温度应力对轨道施工的不利影响。

另外,有高温混凝土施工和夏季施工安排。

36.19.3 雨季施工措施

施工前,与地方气象部门联系,掌握当地的气候变化情况,避免雨天施工,并做好防护措施。根据雨季施工特点,编制防洪应急预案,并组织演练。

进入雨季,为保证工程顺利进行。项目经理部建立汛期防汛指挥领导小组,设专人值班,积极和当地气象部门取得联系,及时掌握汛期水位等气象信息、汛情动态,确保汛期防汛指挥畅通无阻。

提前备足防汛、防雨器材和材料。提前建立好防洪抢险组织,制定实施预案,切实保证施工作业顺利进行。

准备雨期施工的防洪材料、机具和必要的遮雨设施。

工程材料特别是水泥、钢筋应防水、防潮;施工机械防洪水淹没。

雨期施工的工作面不宜过大,应逐段、逐片分期施工;对有排洪要求的河渠内工程全部安排在枯水期间完成,对有可能受洪水危害的工程,在雨季施工时应有防洪抢险措施。

施工现场及施工便道要有排水坡度,便道旁边要开挖排水沟,以避免便道积水而影响来往车辆行驶。构件生产基地,根据地形对场地四周的排水系统进行疏通,做到施工作业场地不积水,并防止周邻地表水流入场内;雨季中施工现场应设专人负责,随时随地疏浚,确保现场安全。

机电设备的电闸箱或开关采取进盒和搭篷等防雨、防潮措施,并安装接地保护装置。怕雨、怕潮、怕裂、怕倒的原材料、构件和设备等放入室内,或设立坚实的基础堆放在较高处,或用篷布封盖严密等措施,进行分别处理。

混凝土浇筑选择晴好天气,以避免下雨对混凝土施工的影响;刚浇筑完时要覆盖好,必要时采取搭棚防雨,避免雨水冲刷。

施工前对排水系统应进行检查、疏通或加固,必要时增加排水措施。

雨后模板及钢筋上的淤泥、杂物,在浇筑混凝土前应清除干净。

雷区应设置防雷措施,露天使用的电器设备要有可靠的防漏电措施。

36.19.4 施工期间的防汛措施

建立防汛抗洪组织机构。经理部成立防洪领导小组,由项目经理任组长,项目副经理任副组长,下设防洪办公室,每个施工队成立防洪抢险队,由施工队长担任防洪抢险队队长,抢险队选择身体强壮、责任心强、有经验的人员参加。

制定各项防洪工作制度,对防洪工作做出具体安排。将防洪工作责任进行分工,责任层层分解落实到人。

与当地气象部门加强联系,了解近期气象预报,掌握雨汛情况,做到心中有数,一旦遇到灾害性天气,及时做出部署。

汛期到来之前,对施工管段进行检查,对检查后发现的问题和隐患应布置处理。一时处理不及的,应布设重点防洪看守。

及时做好疏通清理工作,做到沟不积水、涵不堵塞、涵沟相连,在施工中被损坏的排水设施应在洪汛到来之前予以恢复。

在汛期,施工用的机具、材料、设备等,放置在不易被水淹没的高处,因施工需要或地形限制设在低洼处时,采取有效的防淹措施。

防洪值班员每天与当地气象部门取得联系,并将气象预报及时通知有关人员和单位,并严格执行雨前、雨中、雨后检查制度,对防洪工作情况了如指掌。

防汛期间领导干部24h轮流值班,防汛重点施工项目设专用通信工具,以便及时了解现场情况。汛期准备充足的器材、运输工具及劳动力,以备应急抢险。

36.20 应急预案

36.20.1 成立应急组织机构

略。

36.20.2 对内外求助电话

略。

36.20.3 应急救援物资

略。

36.20.4 应急预案清单、培训、演练

应急预案清单见表36-19。

应急预案清单 表36-19

序号	应急预案名称	编制时间	演练时间	备注
1	高空坠落应急预案	2016年8月15日	2016年10月	桌面推演
2	火灾应急预案	2016年8月15日	2016年10月	实际演练
3	触电应急预案	2016年8月15日	2016年10月	实际演练
4	食物中毒应急预案	2016年8月15日	2016年10月	桌面推演
5	交通事故应急预案	2016年8月15日	2016年10月	桌面推演
6	防洪应急预案	2016年8月15日	2016年10月	实际演练
7	突发事故应急预案	2016年8月15日	2016年10月	桌面推演
8	煤气中毒应急预案	2016年8月15日	2016年10月	桌面推演
9	防风应急预案	2016年8月15日	2016年11月	实际演练
10	机车车辆故障应急预案	2016年12月10日	2017年4月	实际演练
11	机车火灾应急预案	2016年12月10日	2017年4月	实际演练
12	列车脱线应急预案	2016年12月10日	2017年5月	实际演练
13	列车挤岔应急预案	2016年12月10日	2017年5月	实际演练

列出应急预案清单和加强应急预案培训工作,主要目的是使应急人员掌握事故发生时"做什么""怎么做""谁来做"及相关事故危险和应急责任。

加强演练工作的主要目的是:测试预案的充分程度,提高预案的可操作性和实用性;测试预案的有效性和应急人员的熟练性;测试应急的反映装置、设备和其他资源的充分性;通过演练来判别和改进应急预案中的缺陷和不足;每年进行一次培训与演练,提高应急处置能力。

参 考 文 献

[1] 中华人民共和国铁道部.铁路工程施工组织设计指南(铁建设[2009]226号)[M].北京:中国铁道出版社,2010.
[2] 中国铁路总公司.铁路工程施工组织设计规范(Q/CR 9004—2015)[M].北京:中国铁道出版社,2015.
[3] 中华人民共和国国家标准.GB/T 50903—2013 市政工程施工组织设计规范[S].北京:中国建筑工业出版社,2013.
[4] 中华人民共和国国家标准.GB/T 50502—2009 建筑施工组织设计规范[S].北京:中国建筑工业出版社,2009.
[5] 中华人民共和国行业标准.SL 303—2017 水利水电工程施工组织设计规范[S].北京:中国水利水电出版社,2017.
[6] 中华人民共和国行业标准.SL 757—2017 水工混凝土施工组织设计规范[S].北京:中国水利水电出版社,2017.
[7] 安国栋.高速铁路施工组织设计[M].北京:中国铁道出版社,2009.
[8] 曹吉鸣,徐伟.网络计划技术与施工组织设计[M].上海:同济大学出版社,2000.
[9] 徐伟,苏宏阳,金福安.土木工程施工手册[M].北京:中国计划出版社,2002.
[10] 王安德.工程施工组织与管理[M].武汉:中国地质大学出版社,2009.
[11] 刘津明,韩明.土木工程施工[M].天津:天津大学出版社,2001.
[12] 刘瑾瑜,吴洁.建设工程项目施工组织及进度控制[M].武汉:武汉理工大学出版社,2005.
[13] 黄发祺,王健,徐生明.机械化施工组织与运行管理[M].成都:电子科技大学出版社,2013.
[14] 卿三惠.工程项目施工组织设计范例[M].北京:中国铁道出版社,2014.
[15] 高民欢.工程项目施工组织设计原理及实例[M].北京:中国建材出版社,2004.
[16] 陈馈,洪开荣,吴学松.盾构施工技术[M].北京:人民交通出版社,2009.
[17] 张凤祥,朱合华,傅德明.盾构隧道[M].北京:人民交通出版社,2004.
[18] 住房和城乡建设部标准定额研究所.城市轨道交通标准汇编[M].北京:中国计划出版社,2009.
[19] 铁路工程技术标准所.铁路工程建设标准汇编——隧道工程[M].北京:中国铁道出版社,2009.
[20] 单向华.《铁路工程施工组织设计指南》的编制与应用[J].铁路工程造价管理,2010,25(3):4-10.
[21] 赵站.公路工程施工组织设计管理存在的问题分析与标准化管理措施[J].交通标准化,2008(8):32-34.
[22] 蔡兰海.公路工程施工组织设计中存在的问题与改进分析[J].交通标准化,2014,42(3):19-81.
[23] 李超.海外高速铁路施工组织设计应重点考虑的问题[J].铁路工程技术与经济,2017,32(1):48-50.
[24] 孙贵江.高速铁路(客运专线)的施工组织设计探讨[J].中国工程咨询,2004(12):24-26.
[25] 郑妍.施工组织设计的重要性及国内外发展趋势[J].福建建材,2012(11):12-13.

[26] 刘静雯.施工组织设计对铁路工程造价影响的探讨[D].成都:西南交通大学.2016.

[27] 王伟.GoogleEarth 在施工组织中的可行性研究[J].科技资讯,2017,15(31):59-60.

[28] 朱颖,蒲浩,刘江涛,等.基于数字地球的铁路三维空间选线技术研究[J].铁道工程学报,2009,26(07):33-37.

[29] 梁博.中国大中型施工总承包企业施工项目管理信息化研究与实践应用[D].北京:中国建筑科学研究院,2009.

[30] 李倩.客运专线动态可视工程施工管理信息系统关键技术研究[D].长沙:中南大学,2010.

[31] 张建平,余芳强,赵文忠,等.BIM 技术在邢汾高速公路工程建设中的研究和应用[J].施工技术,2014,43(18):92-96.

[32] 肖绪文.绿色建造发展现状及发展战略[J].施工技术.2018,47(06):1-4,40.

[33] 肖绪文,田伟,苗冬梅.3D 打印技术在建筑领域的应用[J].施工技术,2015,44(10):79-83.

[34] 何华武.京津城际铁路科技创新[J].铁道建筑技术,2009(02):1-12.

[35] 何华武.中国高速铁路创新与发展[J].中国铁路,2010(12):5-8.

[36] 卢春房.中国高速铁路的技术特点[J].科技导报,2015,33(18):13-19.

[37] 刘辉.中国高速铁路的创新与发展[J].领导科学论坛,2018(12):42-62.

[38] 刘辉,秦顺全.高速铁路900t 级常用跨度桥梁建造技术[J].铁道工程学报,2009(02):60-63.

[39] 洪开荣,陈馈,冯欢欢.中国盾构技术的创新与突破[J].隧道建设,2013,33(10):801-808.

[40] 洪开荣.地下水封能源洞库修建技术的发展与应用[J].隧道建设,2014,34(03):188-197.

[41] 洪开荣.我国隧道及地下工程近两年的发展与展望[J].隧道建设,2017,37(02):123-134.

[42] 齐延辉.哈大高速铁路技术创新//中国铁道学会.高寒地区高速铁路技术研讨会论文集[C].北京:中国铁道学会,2017:5.

[43] 孟祥红.哈大高铁60kg/m 钢轨62 号高速道岔关键制造技术研究[J].铁道工程学报,2015,32(07):40-45.

[44] 寇宗乾,李学斌.高速铁路"四电"集成技术与管理[J].铁道建筑技术,2008(06):15-19.

[45] 中国高铁工程建造技术系统构成[J].铁道建筑,2011(02):116.

[46] 赵世运,张先军,石刚强.严寒地区高速铁路关键施工技术综述[J].铁道标准设计,2012(05):1-9.

[47] 王争鸣.兰新高铁穿越大风区线路选线及防风措施设计[J].铁道工程学报,2015,32(01):1-6,60.

[48] 郭福安.我国高速道岔技术体系[J].中国铁路,2011(04):1-5.

[49] 王树国.我国铁路道岔现状与发展[J].铁道建筑,2015(10):42-46.

[50] 翟婉明,赵春发.现代轨道交通工程科技前沿与挑战[J].西南交通大学学报,2016,51(02):209-226.

[51] 耿志修.大秦线开行20kt 级重载组合列车系统集成与创新[J].中国工程科学,2008(03):31-43.

[52] 张志方.30t 轴重重载铁路轨道结构技术创新与发展[J].中国铁路,2014(03):12-15,20.

[53] 青藏铁路施工新技术编委会.青藏铁路施工新技术[M].兰州:甘肃科学技术出版社,2007.

[54] 吴克俭,芦金宁.中国高速铁路技术标准体系[J].中国铁路,2010(07):1-7.

[55] 《中国公路学报》编辑部.中国桥梁工程学术研究综述,2014[J].中国公路学报,2014,27(05):1-96.

[56] 《中国公路学报》编辑部.中国隧道工程学术研究综述,2015[J].中国公路学报,2015,28(05):1-65.

[57] 国家铁路局铁路优质创新工程简介(1)[J].铁道学报,2017,39(10):25,32,42,50,67,75.

[58] 国家铁路局铁路优质创新工程简介(2)[J].铁道学报,2017,39(11):7,37,45,82,88.
[59] 国家铁路局铁路优质创新工程简介(3)[J].铁道学报,2017,39(12):15,31,49,75.
[60] 国家铁路局铁路优质创新工程简介(4)[J].铁道学报,2018,40(01):30,49,62,73,102.
[61] 国家铁路局铁路优质创新工程简介(5)[J].铁道学报,2018,40(02):7,22,44,51.
[62] 国家铁路局铁路优质创新工程简介(6)[J].铁道学报,2018,40(03):50,81,125,131,152.
[63] 国家铁路局铁路优质创新工程简介(7)[J].铁道学报,2018,40(04):82,119.
[64] 佚名.广州新光大桥[J].土木工程学报,2009,42(10):141.
[65] 秦顺全.南京大胜关长江大桥[J].民主与科学,2017(02):51.
[66] 秦顺全.无应力状态控制法斜拉桥安装计算的应用[J].桥梁建设,2008(02):13-16,30.
[67] 秦顺全.高速铁路大跨度桥梁//中国土木工程学会桥梁及结构工程分会,天津市建设管理委员会.第十八届全国桥梁学术会议论文集(上册)[C].中国土木工程学会桥梁及结构工程分会,天津市建设管理委员会,中国土木工程学会,2008:7.
[68] 秦顺全.武汉天兴洲长江大桥主塔基础选型及施工技术//铁道部工程设计鉴定中心,中国铁道学会.铁路客运专线建设技术交流会论文集[C].铁道部工程设计鉴定中心,中国铁道学会,2005:7.
[69] 高宗余.跨长江黄河的高速铁路大跨度桥梁[J].中国工程科学,2009,11(01):17-21.
[70] 张喜刚,刘高,马军海,等.中国桥梁技术的现状与展望[J].科学通报,2016,61(Z1):415-425.
[71] 苏权科.港珠澳大桥建设理念与创新实践[J].建筑,2017(12):24-27.
[72] 钟章队.GSM-R技术在我国铁路的研究与创新[J].铁路技术创新,2011(02):41-46.
[73] 赵勇,田四明.中国铁路隧道数据统计[J].隧道建设,2017,37(05):641-642.
[74] 钱清泉,高仕斌,何正友,等.中国高速铁路牵引供电关键技术[J].中国工程科学,2015,17(04):9-20.
[75] 江明,王建敏.自主化CTCS-3级列控系统技术创新及装备研制[J].铁路通信信号工程技术,2018,15(04):1-4.
[76] 张汉波.郑西客运专线的四电系统集成与创新技术[J].铁道建筑技术,2010(07):4-6,14.
[77] 王朝存,于凤.BIM技术在铁路四电领域的综合运用探讨[J].铁路技术创新,2014(02):22-25.
[78] 冯光东,许永宏,操锋.BIM技术在武襄十铁路全专业的应用[J].铁路技术创新,2017(01):61-64.
[79] 方旭明,崔亚平,闫莉,等.高速铁路移动通信系统关键技术的演进与发展[J].电子与信息学报,2015,37(01):226-235.
[80] 李启翩.CTCS-4级列车控制系统研发关键点分析[J].铁路通信信号工程技术,2016,13(01):1-5.
[81] 李建华,何伟,王百泉.开挖舱高压环境下盾构刀盘动火修复技术[J].隧道建设,2015,35(09):891-896.
[82] 杨延栋,陈馈.中国隧道技术的创新与发展[J].施工技术,2017,46(S1):673-676.
[83] 彭立敏,王哲,叶艺超,等.矩形顶管技术发展与研究现状[J].隧道建设,2015,35(01):1-8.
[84] 杜立杰.中国TBM施工技术进展、挑战及对策[J].隧道建设,2017,37(09):1063-1075.
[85] 陈馈,杨延栋.中国盾构制造新技术与发展趋势[J].隧道建设,2017,37(03):276-284.
[86] 黄耀怡,余春红.略论我国大吨位架桥机从创始到世界领先之路(上)[J].铁道建筑技术,2015(02):1-13,24.
[87] 刘汉龙,赵明华.地基处理研究进展[J].土木工程学报,2016,49(01):96-115.
[88] 郝际平,孙晓岭,薛强,等.绿色装配式钢结构建筑体系研究与应用[J].工程力学,2017,34(01):1-13.

[89] 杨煜,曹少卫.铁路站房施工技术发展与展望[J].施工技术,2018,47(06):109-113,154.
[90] 杨建江,陈响.3D 打印建筑技术及应用趋势[J].施工技术,2015,44(10):84-88,121.
[91] 王子明,刘玮.3D 打印技术及其在建筑领域的应用[J].混凝土世界,2015(01):50-57.
[92] 易君,魏来.BIM 技术在绿色建筑评价体系中的应用[J].工程建设标准化,2014(04):51-55.
[93] 徐博.基于 BIM 技术的铁路工程正向设计方法研究[J].铁道标准设计,2018,62(04):35-40.
[94] 张为和.基于 BIM 的夜郎河双线特大桥施工应用方案研究[J].铁道标准设计,2015,59(03):82-86.
[95] 鲁敏.BIM 技术在铁路四电工程中的应用探讨[J].铁路工程技术与经济,2018,33(03):12-14.
[96] 张玉芳.道路边坡灾害整治新技术及应用//中国科学技术协会,交通运输部,中国工程院.2018 世界交通运输大会论文集[C].中国科学技术协会,交通运输部,中国工程院,中国公路学会,2018:12.
[97] 隋海波,施斌,张丹,等.边坡工程分布式光纤监测技术研究[J].岩石力学与工程学报,2008(S2):3725-3731.
[98] 朱鸿鹄,施斌,严珺凡,等.基于分布式光纤应变感测的边坡模型试验研究[J].岩石力学与工程学报,2013,32(04):821-828.
[99] 卿三惠,李雪梅,卿光辉.中国高速铁路的发展与技术创新[J].高速铁路技术,2014,5(01):1-7.
[100] 项海帆.21 世纪世界桥梁工程的展望[J].土木工程学报,2000(03):1-6.
[101] 赵勇,田四明,孙毅.中国高速铁路隧道的发展及规划[J].隧道建设,2017,37(01):11-17.
[102] 刘轶伦.高速铁路新型铜镁接触线关键技术[J].铁道机车车辆,2014,34(02):112-115.
[103] 郭进,张亚东,王长海,等.我国下一代列车控制系统的展望与思考[J].铁道运输与经济,2016,38(06):23-28.
[104] 刘大为,郭进,王小敏,等.智能铁路信号系统展望[J].中国铁路,2013(12):25-28.
[105] 郑刚,龚晓南,谢永利,等.地基处理技术发展综述[J].土木工程学报,2012,45(02):127-146.
[106] 张建清.工程物探检测方法技术应用及展望[J].地球物理学进展,2016,31(04):1867-1878.
[107] 王清勤,孟冲,李国柱.健康建筑的发展需求与展望[J].暖通空调,2017,47(07):32-35.
[108] 汪小东,陈骏,苏章,等.我国信息化施工技术发展及展望[J].建筑技术,2018,49(06):648-651.
[109] 刘子金,王春琢,张淼.建筑施工装备研发历程回顾与展望[J].建筑科学,2018,34(09):99-109.